Mass Spectra of Designer Drugs

Peter Rösner, Thomas Junge, Folker Westphal, and Giselher Fritschi

1807–2007 Knowledge for Generations

Each generation has its unique needs and aspirations. When Charles Wiley first opened his small printing shop in lower Manhattan in 1807, it was a generation of boundless potential searching for an identity. And we were there, helping to define a new American literary tradition. Over half a century later, in the midst of the Second Industrial Revolution, it was a generation focused on building the future. Once again, we were there, supplying the critical scientific, technical, and engineering knowledge that helped frame the world. Throughout the 20th Century, and into the new millennium, nations began to reach out beyond their own borders and a new international community was born. Wiley was there, expanding its operations around the world to enable a global exchange of ideas, opinions, and know-how.

For 200 years, Wiley has been an integral part of each generation's journey, enabling the flow of information and understanding necessary to meet their needs and fulfill their aspirations. Today, bold new technologies are changing the way we live and learn. Wiley will be there, providing you the must-have knowledge you need to imagine new worlds, new possibilities, and new opportunities.

Generations come and go, but you can always count on Wiley to provide you the knowledge you need, when and where you need it!

William J. Pesce
President and Chief Executive Officer

Peter Booth Wiley
Chairman of the Board

Mass Spectra of Designer Drugs

Including Drugs, Chemical Warfare Agents, and Precursors

Volume 1

*Peter Rösner, Thomas Junge,
Folker Westphal, and Giselher Fritschi*

Wiley-VCH Verlag GmbH & Co. KGaA

The Authors

Dr. Peter Rösner
Posener Str. 18
24161 Altenholz / Germany

Chem.-Ing. Thomas Junge
LKA Schleswig-Holstein
Mühlenweg 166
24116 Kiel / Germany

Dr. Folker Westphal
LKA Schleswig-Holstein
Mühlenweg 166
24116 Kiel / Germany

Dr. Giselher Fritschi
Hessisches Landeskriminalamt
Hölderlinstraße 5
65187 Wiesbaden / Germany

All books published by Wiley-VCH are carefully produced. Nevertheless, authors, editors, and publisher do not warrant the information contained in these books, including this book, to be free of errors. Readers are advised to keep in mind that statements, data, illustrations, procedural details or other items may inadvertently be inaccurate.

Library of Congress Card No.:
applied for

British Library Cataloguing-in-Publication Data
A catalogue record for this book is available from the British Library.

Bibliographic information published by the Deutsche Nationalbibliothek
The Deutsche Nationalbibliothek lists this publication in the Deutsche Nationalbibliografie; detailed bibliographic data are available in the Internet at <http://dnb.d-nb.de>.

© 2007 WILEY-VCH Verlag GmbH & Co. KGaA, Weinheim

All rights reserved (including those of translation into other languages). No part of this book may be reproduced in any form – by photoprinting, microfilm, or any other means – nor transmitted or translated into a machine language without written permission from the publishers. Registered names, trademarks, etc. used in this book, even when not specifically marked as such, are not to be considered unprotected by law.

Printed in the Federal Republic of Germany
Printed on acid-free paper

Printing   Strauss GmbH, Mörlenbach
Binding   Litges & Dopf Buchbinderei GmbH, Heppenheim
Wiley Bicentennial Logo   Richard J. Pacifico

ISBN   978-3-527-30798-2

Contents

Introduction *VII*

Presentation of Mass Spectra *VII*

Recording of Mass Spectra *VIII*

Mass Spectra Quality *IX*

Statistical Data of Designer Drugs 2006 *X*

Structural and Empirical Formulas *X*

Chemical Warfare Agents *X*

Indexing *X*

References *XII*

Internet Addresses *XIII*

Acknowlegments *XIII*

Authors *XIV*

Mass Spectra *1*

Compound Index *1763*

Designer Drugs

Introduction

The impressively large number and variety of clandestinely produced drugs and their increasing distribution is of concern to analytical chemists in forensic, clinical, toxicological, and university laboratories providing services to law-enforcement authorities, including identification of drugs and determination of their legitimacy. The mass spectral database Designer Drugs is the result of our efforts to collect the spectral data of legal and illegal drugs, their metabolites, precursors, natural and synthetic by products and impurities essential to scientists engaged in forensic analysis.

The database contains mass spectra of new designer drugs and other narcotic or psychotropic compounds that have appeared on the illicit market, and their metabolites, precursors, natural and synthetic byproducts, and impurities. The latest compound to be included is *N*-hydroxyethyl-3,4-methylenedioxyamphetamine, an analog of MDA seized in Luxemburg in 2005 which was previously unknown on the illicit market (REF: PIH 107). Many previously unreported phenethylamines, amphetamines, and phenylbutaneamines have been synthesized and included to facilitate identification of clandestinely produced compounds likely to appear in the future. Many compounds used world wide for pharmaceutical purposes have been included. Since the last publication in September 2004 the number of mass spectra has been increased by addition of more than 2000 new spectra, bringing the total number to more than 5500 spectra of 4739 different compounds.

Presentation of Mass Spectra

For identification of unknown compounds the mass spectra are arranged in ascending order of the nominal mass of the most intense fragment (base peak). Compounds with identical base peaks are ordered by their second intense fragment, and so forth. The mass spectra are presented as bar-graphs, the abscissa gives the nominal *m/z* value and the ordinate the relative intensity as a percentage.

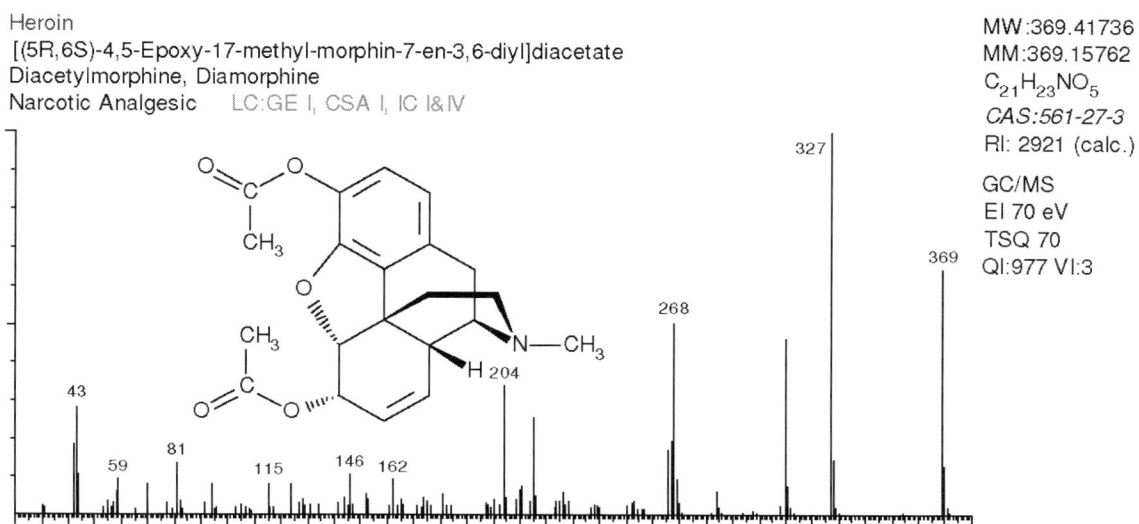

Mass Spectra of Designer Drugs: Including Drugs, Chemical Warfare Agents, and Precursors. Peter Rösner, Thomas Junge, Folker Westphal, and Giselher Fritschi.
Copyright © 2007 Wiley-VCH Verlag GmbH & Co. KGaA, Weinheim ISBN: 978-3-527-30798-21

Predominant ions are labeled with their *m/z* values. The mass range below the molecular ion has been expanded if the molecular ion was of low relative intensities. These spectra are marked "expanded" and were generated from the base peak plus 1 mass up to the molecular ion region with normalized intensities. For clarity, the fragments in the mass interval below the first fragment of an expanded spectrum are not plotted. Expanded mass spectra are arranged in the same way as full mass spectra. CI spectra which proved useful for differentiation of closely related designer drugs are occasionally given.

At the top of each mass spectrum the INN (international nonproprietary name) in English is given, if available. The systematic names are found below the INN names. If several different names are used for one compound, only the IUPAC (International Union of Pure and Applied Chemistry) name is stated and, if possible, the WHO (World Health Organization) name. Synonyms (SYN) and proprietary names (PN) are only occasionally given. The information is completed by the legal category (LC) on the lists of the US Controlled Substances Act (CSA), the UN list of substances under international control (IC), and the German (GE) controlled substances list; some aspects of therapeutic or illegal use are also given. This reference does not give complete information and does not fully assess the pharmacological potential of a given drug.

The block of information at the right of the spectrum is divided in two parts. The upper part contains compound-specific data – the molecular weight (MW) and the weight of the molecular ion (MM). The molecular ion is calculated on the basis of the isotopes with the greatest natural abundance. The nuclide masses and isotopic abundance used for calculation of the mass of the molecular ion were taken from the literature [1]. This follows the empirical formula, a verified Chemical Abstracts registry number (CAS), if available, and the measured or calculated gas chromatographic Kovats retention index (RI) [2–4] for an SE 30 (DB1, OV-1, OV-101) column. It is not claimed the calculated RI values are exact; they do, however, aid location of a compound in gas or total-ion chromatograms in situations where no measured or published Kovats retention index is available.

The lower part of the information block contains information about the conditions used to record the spectra, for example interface type (GC–MS, DI–MS), the mode of ionization (EI 70 eV), and the type of spectrometer data system used (i.e. TSQ 70). In the last line of the recording information block a quality field is given in which the quality index (*QI*) and the verification index (VI) of the mass spectrum can be found.

Recording of Mass Spectra

Electron impact (EI) mass spectra were acquired with an ionization energy of 70 eV. Chemical ionization (CI) mass spectra with methane as reagent gas were recorded at a pressure of 130 pa (1 torr) using an ionization energy of 70 eV. Unless otherwise stated compounds were transferred via an SE 30 or OV-1 capillary column into the mass spectrometer. The was source maintained at 150°C. If necessary the samples were eluted directly (DI) into the mass spectrometer source.

The bulk of mass spectra were recorded on quadrupole mass spectrometers. A small number were acquired on ion-trap or magnetic-sector mass spectrometers. Because EI mass spectra recorded on different types of mass spectrometer may be very different in appearance, spectra acquired using different types of mass spectrometer have been collected for each compound, to avoid errors arising from use of different spectra and MS search algorithms.

Quality of Mass Spectra

As far as possible, all spectra were verified by use of standard mass spectra libraries [5–9] and checked by use of mass spectral interpretations. When no molecular ion was obtained under EI conditions the spectrum was also acquired under CI conditions.

Comparison of unknown and reference mass spectra is a key step in the mass spectral identification of chemical compounds by automated systems. The quality of reference mass spectra is very dependent on operating procedures and sample purity. All electron-impact mass spectra therefore were given a numerical quality index rating on the scale proposed by D. Speck, R. Venkataraghavan, and F.W. McLafferty [10]. The quality index (QI) is a numerical value between 0 and 1000 and the product of seven quality factors:

1. the source of the spectrum
2. the ionization conditions
3. high-molecular-mass impurities
4. illogical neutral losses
5. isotope abundance accuracy
6. number of peaks
7. lower mass limit of peaks

The software Chemograph Plus [11] was developed to calculate these quality factors . The overall quality index QI is given for all the mass spectra is presented. The software has been found useful in finding "garbage" spectra and preparing a high-quality mass-spectral data base. Electron-impact mass spectra judged to be unsatisfactory ($QI < 900$) by the software were eliminated; only for ion-trap mass spectra, very rare drugs, metabolites, very compact molecules, or uncommon substance-specific fragmentation was a $QI < 900$ accepted. Chemical ionization mass spectra having a quality index of 0, by definition, were also accepted. A high quality factor is indicative of the absence of standard errors in the spectrum. Some serious errors, for example rearrangement of ions before dissociation, cannot, however, be detected by this method [12]. This type of error can be detected only by mass spectroscopists who are knowledgeable about ionic fragmentation processes.

In addition to the quality index, a verification index (VI) is given, if possible. The number behind the verification index gives the number of standard mass spectral libraries [5–9] in which this mass spectrum corresponds to a reference mass spectrum with a similarity equal to or larger than 90%. Approximately 13% of all mass spectra in Designer Drugs 2006 were verified in this way. This low verification rate is indicative of the large number of mass spectra which can be found in Designer Drugs 2006 only.

An important aspect of the quality of reference mass spectra is use of a pure sample free from chemical noise. If possible, therefore, mass spectra were added to the collection only when the signal-to-noise ratio of the peak in the total-ion current chromatogram was larger than 10.

Accurate intensity information is crucial to identification of chemical compounds by library-search processes. Small intensity differences between two mass spectral peaks of almost equal intensity may result in a total failure of compound identification by standard presearch library-search processes. To avoid distorted intensity data from saturated peaks we rejected mass spectra with an overall intensity of more then 10 million counts. By addressing the problem in this way we produced library mass spectral data with more accurate intensity information enabling more definitive library matches.

Statistical Data of Designer Drugs 2006

Number of mass spectra: 5584
Number of structures: 5584
Number of different compounds: 4739
Average number of peaks per spectrum: 150
Average quality index of spectra: 921
Replicate spectra: 42
Number of GC–MS spectra: 5467
Number of direct insertion probe mass spectra: 117
Number of verified mass spectra: 722 (12.9%)

Structural and Empirical Formulas

Structural formulas are uniformly drawn in their precise stereochemical representation. The elements of empirical formula are arranged according to Hill [13]:

1. Number of carbon atoms
2. Number of hydrogen atoms
3. Alphabetical order of the other elements
4. Increasing number of elements

Chemical Warfare Agents

The threat of chemical weapons has become real since the terrorist attacks in Tokyo and New York. The authors therefore decided to add electron-impact mass spectra of all important chemical warfare agents and explosives. The most important class of chemical weapons is the nerve agents, which are mainly derivatives of the cholinesterase inhibitor insecticides. The agents enter the body mainly by inhalation and percutaneous absorption. Because many of these compounds are readily hydrolyzed at the monovalent phosphorus bond the mass spectra of several degradation products were added [14]. The former IG Farben discovered the organophosphorus compound Tabun. Originally synthesized as an insecticide it rapidly became adopted for battlefield use soon after related compounds such as Sarin and Soman were developed. The three compounds Tabun, Sarin and Soman were given the military codes GA, GB, and GD respectively. Other high toxic nerve agents were synthesized in the US Edgwood Arsenal laboratories in Maryland. These agents are named according to the military code – EA (origin) and number 1701 (current number) e.g. EA 1701 for VX [15].V in VX probably describes a physical property – viscous liquid of low volatility. It has a tendency to cling to everything it comes into contact with and is the most insidious threat of all nerve agents. Russia and China developed VX analogues which are known as V-gases (VR and VC, respectively).

Indexing

An alphabetical index of names and synonyms with page information for the corresponding full, expanded and CI spectrum is provided.

Abbreviation	Meaning
A	Artifact
AC	Acetylated
BBA	Biologische Bundesanstalt für Land- und Forstwirtschaft code
CI	Chemical ionization
CSA	US Controlled-substances Act
CAS	Chemical Abstracts Registry Number
DEA	US Drug Enforcement Administration
DI	Direct insert
DMBS	Dimethylbutylsilylated
ECF	Ethyl chloroformate
EI	Electron impact
ET	Ethylated
eV	Electron volt = 96,487 kJ mol^{-1} = 23.06 kcal mol^{-1}
FORM	Formylated
GE	German Controlled Substances Act (BtMG)
GCQ	GCQ Ion Trap Mass Spectrometer, Finnigan/Thermoquest
HCF	Hexyl chloroformate
HFIP	Hexafluoroisopropanol
HP 5972	HP 5972 Quadrupole mass spectrometer, Agilent
MCF	Methyl chloroformate
IBCF	*iso*-Butyl chloroformate
INN	International Nonproprietary Name
IND	Indication or use i-PROP iso-propylated
IUPAC	International Union of Pure and Applied Chemistry
IC	UNO Substances under International Control
LC	Legal category (GE German, CSA US Controlled Substances Act, IC International Control)
LIT	Literature
M	Metabolite
ME	Methylated
MM	Molecular weight calculated with the isotopes of greatest natural abundance (corresponds to the weight of the molecular ion)
MW	Molecular weight
NH	In NMR spectra: exchangeable protons of amine and ammonium groups
PECSS	Perkin–Elmer Lambda Series UV–visible spectrometer
PFO	Perfluorooctanoylated
PFB	Pentafluorobenzylated
PFP	Pentafluoropropionylated
PN	Proprietary name
PROP	Propionylated
REF	Reference to psychoactive compounds included in PiHKAL [16] (PIH:) or TiHKal [17] (TIK:)
RI	Gas chromatographic Kovats retention index
TBDMS	*tert*-Butyldimethylsilylated
TFA	Trifluoroacetylated
TFP	Trifluoroacetylpropylated
TMSH	Trimethylsulfoniumhydroxide
TMS	Trimethylsilylated

TRACE	TRACE DSQ Single Quadrupole Mass Spectrometer, Finnigan/Thermoquest TSQ
TSQ 700	Triple Quadrupole Mass Spectrometer, Finnigan/ Thermoquest
WHO	World Health Organization

Pesticide abbreviations

Ins	Insecticide
Aca	Acaricide
Fun	Fungicide
Rod	Rodenticide
Bac	Bactericide
Alg	Algicide
Rep	Repellent
Nem	Nematicide
Her	Herbicide
Mol	Molluscicide

References

[1] F.W. McLafferty and F. Turecek, Interpretation of Mass Spectra, University Science Books, Mill Valley, California, 1993.

[2] R.H. Rohrbaugh and P.C. Jurs, Prediction of Gas Chromatographic Retention Indexes for Diverse Drug Compounds, Anal. Chem. 60, 2249 (1988).

[3] E. Kovats, Helv. Chim. Acta 41, 1915 (1958).

[4] Gas-Chromatographic Retention Indices of Toxicologically Relevant Substances on SE-30 or OV-1, Deutsche Forschungsgemeinschaft, TIAFT The International Association of Forensic Toxicologists, VCH-Verlagsgesellschaft mbH, 69460 Weinheim, 1985.

[5] K. Pfleger, H.H. Maurer, and A. Weber, Mass Spectral and GC Data of Drugs, Poisons, Pesticides, Pollutants, and their Metabolites, Wiley–VCH, Weinheim, Parts 1–4, 2000, ISBN 3-527-29793-6.

[6] T. Mills and W.N. Price, Instrumental Data for Drug Analysis, Elsevier Science, 52 Vanderbilt Avenue, New York 10017, 1985, ISBN 0-4444-00718-0.

[7] R.E. Ardrey, A.R. Allen, T.S. Bal, J.R. Joyce, and A.C. Moffat, Pharmaceutical Mass Spectra, Pharmaceutical Press, London, 1985, ISBN 0-85369-172.

[8] NIST 05 Version of the NIST/EPA/NIH Mass Spectral Database.

[9] Mass Spectra of Volatiles in Food, 2nd edn, John Wiley and Sons, 2003.

[10] D.D. Speck, R. Venkataraghavan, and F.W. McLafferty, A Quality Index for Reference Mass Spectra, Org. Mass Spectrom. 13, 209 (1978).

[11] O. Koepler, Nachrichten aus der Chemie, 52, 565 (2004); www.Chemograph.de

[12] P. Ausloos, C.L. Clifton, S.G. Lias, A.I. Mikaya, S.E. Stein, and D.V. Tchekhovskoi, The Critical Evaluation of a Comprehensive Mass Spectral Library, J. Am. Mass Spectrom. 10, 565 (1999).

[13] Hill, J. Am. Chem. Soc, 22, 478 (1900).

[14] Martin Weber, Dissertation, Zur Problematik der Entgiftung sowie der Nachweisverfahren von Methylthiophosphonsäure-*O*-alkyl-*S*-(2-*N*,*N*-dialkylaminoethyl)-estern (sog. VStoffen), Christian-Albrechts-Universität Kiel, 2000 7.

[15] Edgwood Research Development and Engineering Center (ERDEC), Lethal Nerve Agent (VX), www.apgea.army.mil\safty\msds

16 Alexander Shulgin, Ann Shulgin, PiHKAL A Chemical Lovestory, Transform Press, Berkeley, California, 1991.
17 Alexander Shulgin, Ann Shulgin, TiHKAl The Continuation, Transform Press, Box 13675, Berkeley, CA 94701, 1997.

Internet Addresses

1   http://www.rhodium.ws
2   http://www.erowid.org
3   http://www.erowid.org/psychoactives/psychoactives.shtml
4   http://www.erowid.org/library/books_online/pihkal/pihkal.shtml
5   http://www.lycaeum.org
6   http://www.the-hive.ws
7   http://www.poppies.org
8   http://www.hellers.com/steve/resume/p86.html
9   http://www.apgea.army.mil\safty\msds
10 http://pubchem.ncbi.nlm.nih.gov
11 http://webbook.nist.gov/chemistry/cas-ser.html

Acknowledgments

The authors are indebted to the following colleagues for supplying reference substances or the contribution of spectra:

H. Bergkvist (Linköping), S. Borth (Kiel), T. A. Dal Cason (Chicago), M. Erkens (Aachen), M. Gimbel (München), M. Hanke (München), W. Hänsel (Kiel), H. Huizer (Rijswijk), A. Jacobsen-Bauer (Stuttgart), F. Pragst (Berlin), B. Quednow (Magdeburg), A. Reiter (Lübeck), G. Rochholz (Kiel), E. Schneider (Stuttgart), J. Schäfer (Kiel), H.W. Schütz (Kiel), R. Strömmer (Munster), A. Schmoldt (Hamburg), S. Stobbe (Hamburg), M. Weber (Munster)14, R. Wennig (Luxembourg), L. Zechlin (Mainz).

We would also like to thank Dr Oliver Koepler from German National Library of Science and Technology (TIB), Hannover, Germany, for his help and expert advice on database design and data management of chemical information.

An electronic library of mass spectra named "Designer Drugs 2006" is also available in all major MS library formats which can be used directly with different mass spectrometer systems. Because of the large amount of data a computer with at least 500 MByte RAM is recommended

The graphics in this manual were prepared with the Windows computer software Chemograph Plus Version 6.4 (www.Chemograph.de) [11].*

The structural and spectral data in this manual are also available in an electronic form which can be accessed by the computer software Chemograph Plus under all Windows 32 bit operating systems. Because of the large amount of data a computer with at least 500 MByte RAM is recommended.

All rights reserved. No part of this publication may be reproduced or transmitted in any form or by any means, electronic or mechanical, including photocopy, recording, or information storage and retrieval systems without prior written permission.

This manual has been prepared with the greatest care. Because of the extremely large amount of data, however, the possibility errors cannot be completely discounted and no legal responsibility can be accepted for any inaccuracies of statements, data, illustrations, procedural details, or other items. Users are requested to report any error found or other suggestions by E-mail to P.Roesner@t-online.de or by Fax: 0049 431/32723. In forthcoming editions suggestions will be included and errors will be corrected.

Use of any commercial or trade names, etc., in this publication, even if not specifically identified, does not imply these names have been released for general use under the legislation on trademarks and trademark protection.

We hope that this compilation of mass spectral data will be useful also to other analytical chemists in forensic, clinical, or university laboratory in the analysis of new drugs and other drug related compounds.

*) DigiLab Software GmbH, 24229 Scharnhagen, Dörpstraat 29a, www.Chemograph.de, Tel.: 0049(0) 4308/182704. Fax: 0049(0) 4308/182705, E-Mail: info@chemograph.de

Authors:

Dr. Peter Rösner
Posener Str. 18
D-24161 Altenholz
0049-431-322427
P.Roesner@t-online.de

Dr. Folker Westphal
Landeskriminalamt Schleswig-Holstein
Mühlenweg 166
D-24116 Kiel
0049-431-160-4724
dr.-folker.westphal@polizei.landsh.de

Dipl.-Chem.-Ing. Joachim Tenczer
Landesinstitut für gerichtliche und
soziale Medizin, Toxikologie
Invalidenstr. 60
D-10557 Berlin

Dipl.-Chem.-Ing. Thomas Junge
Landeskriminalamt Schleswig-Holstein
Mühlenweg 166
D-24116 Kiel
0049-431-160-4721

Dr. Giselher Fritschi
Hessisches Landeskriminalamt
Hölderlinstr. 5
D-65187 Wiesbaden
0049(0)-611-832722

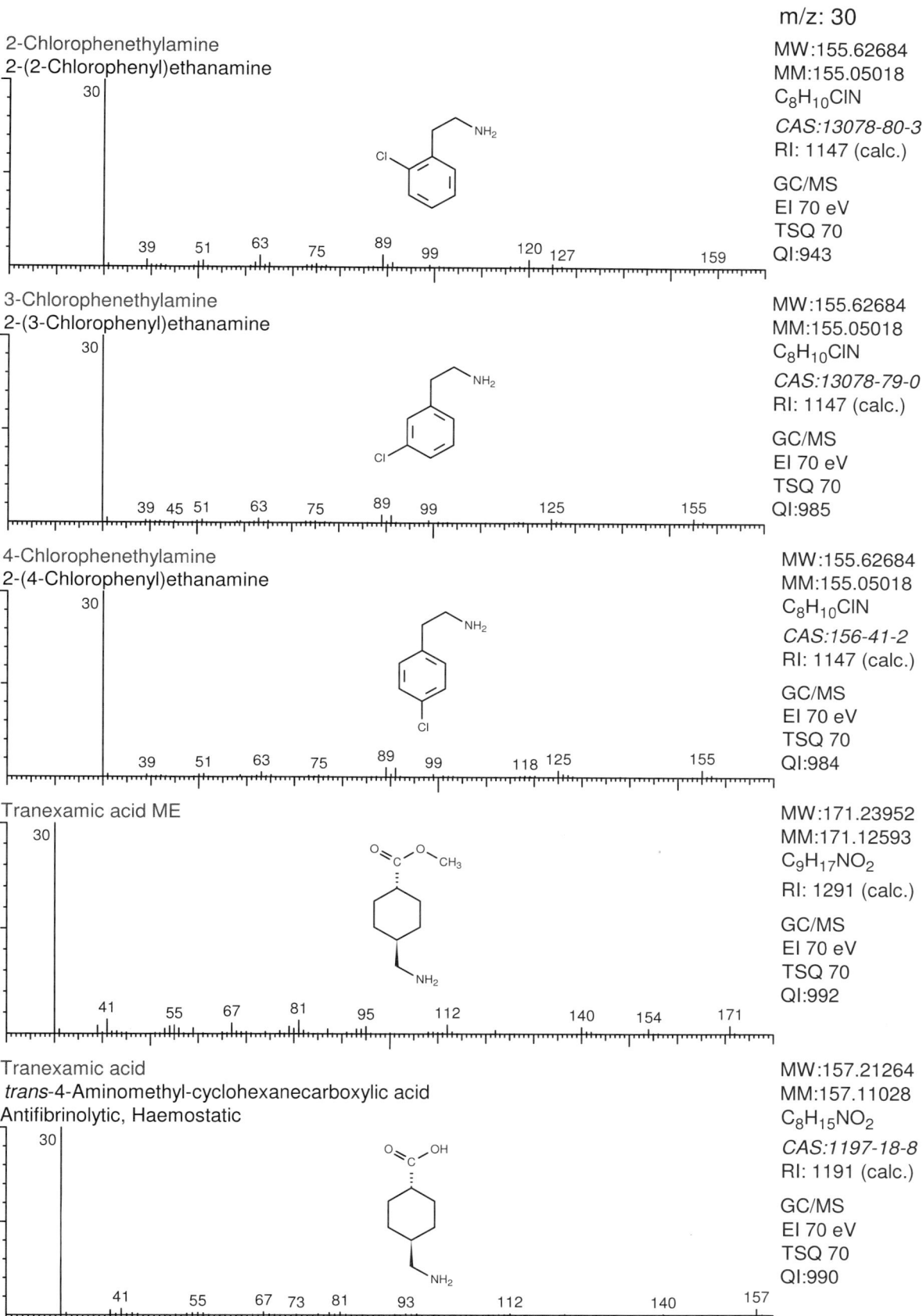

m/z: 30

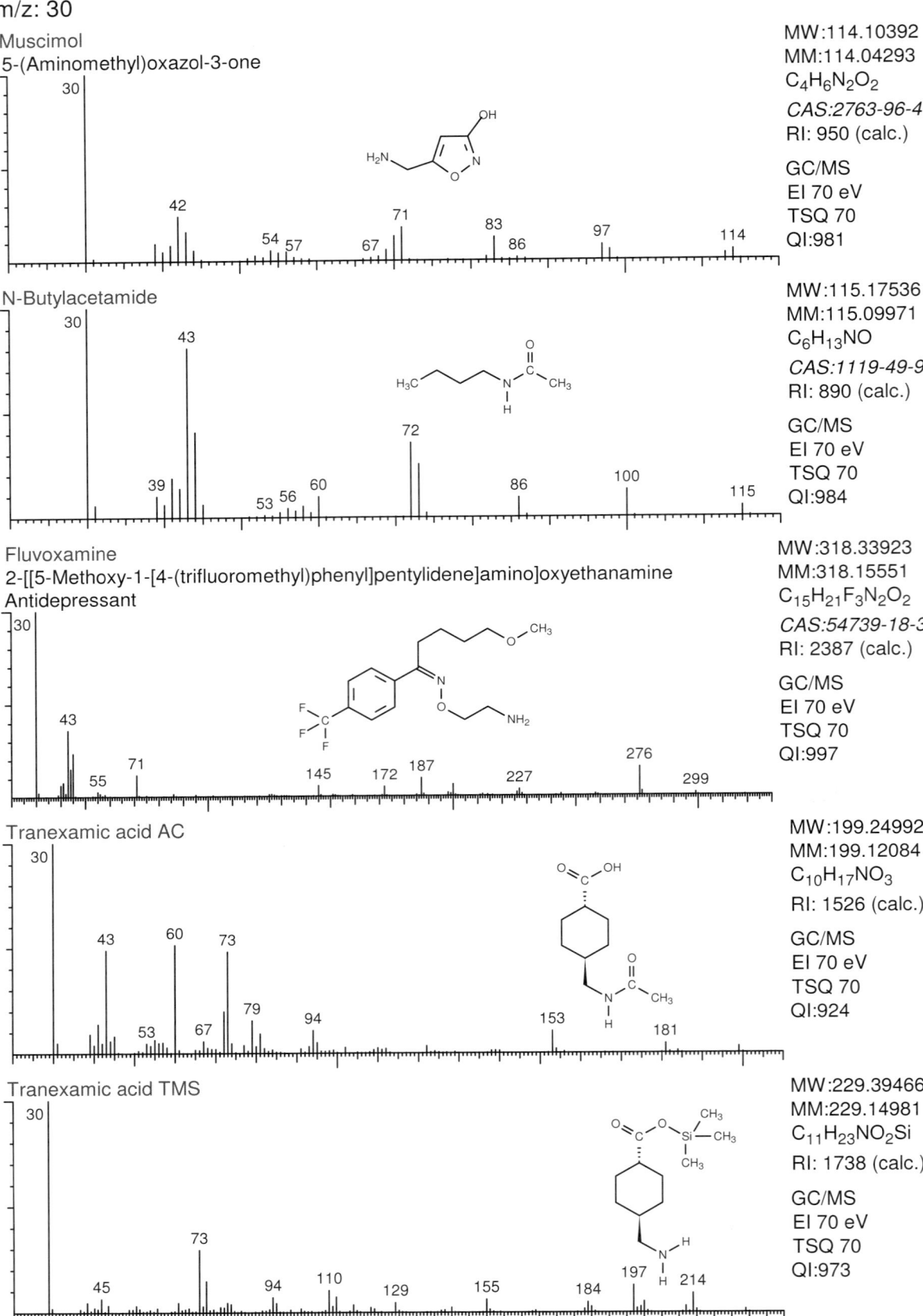

Muscimol
5-(Aminomethyl)oxazol-3-one

MW:114.10392
MM:114.04293
$C_4H_6N_2O_2$
CAS:2763-96-4
RI: 950 (calc.)

GC/MS
EI 70 eV
TSQ 70
QI:981

N-Butylacetamide

MW:115.17536
MM:115.09971
$C_6H_{13}NO$
CAS:1119-49-9
RI: 890 (calc.)

GC/MS
EI 70 eV
TSQ 70
QI:984

Fluvoxamine
2-[[5-Methoxy-1-[4-(trifluoromethyl)phenyl]pentylidene]amino]oxyethanamine
Antidepressant

MW:318.33923
MM:318.15551
$C_{15}H_{21}F_3N_2O_2$
CAS:54739-18-3
RI: 2387 (calc.)

GC/MS
EI 70 eV
TSQ 70
QI:997

Tranexamic acid AC

MW:199.24992
MM:199.12084
$C_{10}H_{17}NO_3$
RI: 1526 (calc.)

GC/MS
EI 70 eV
TSQ 70
QI:924

Tranexamic acid TMS

MW:229.39466
MM:229.14981
$C_{11}H_{23}NO_2Si$
RI: 1738 (calc.)

GC/MS
EI 70 eV
TSQ 70
QI:973

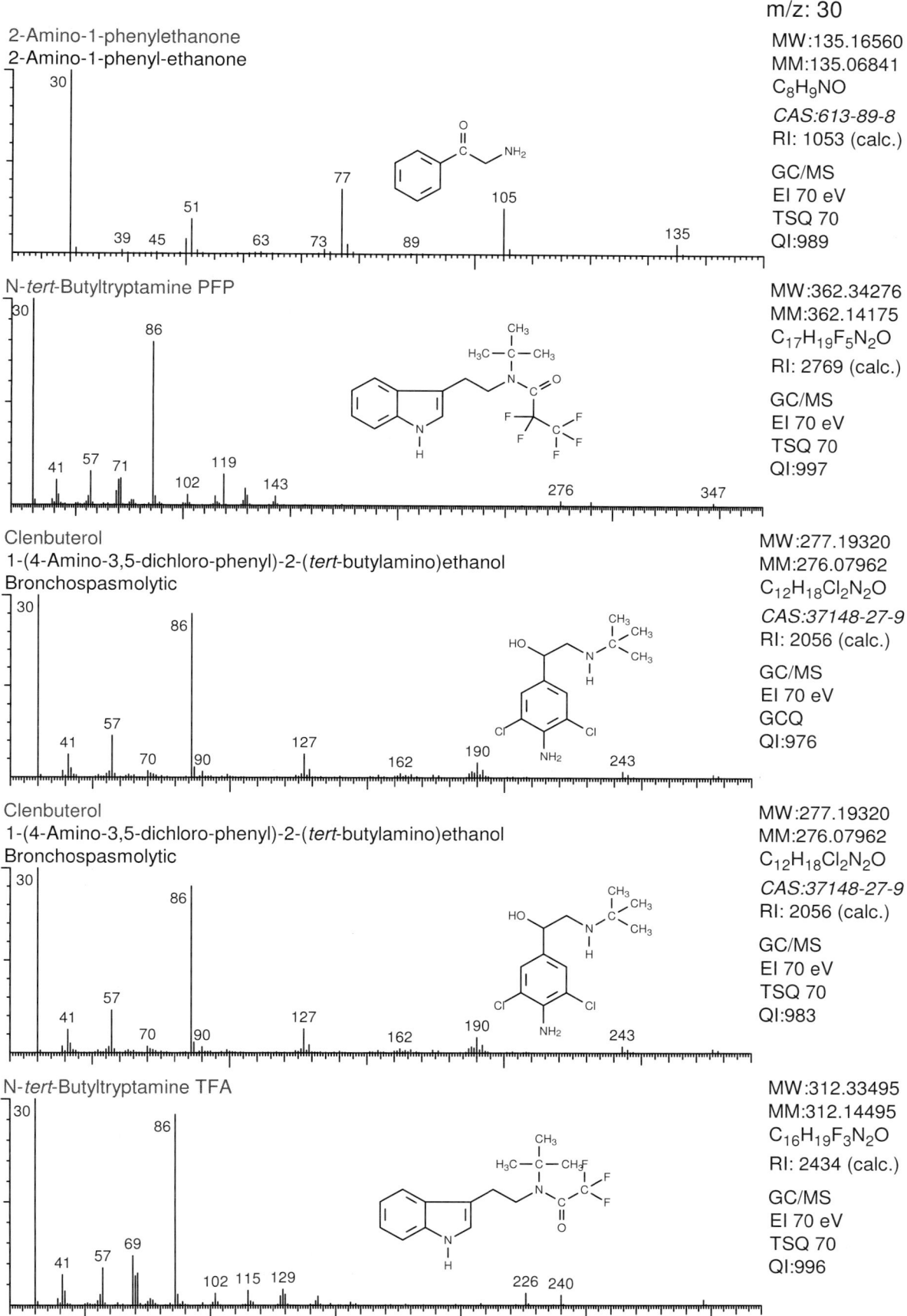

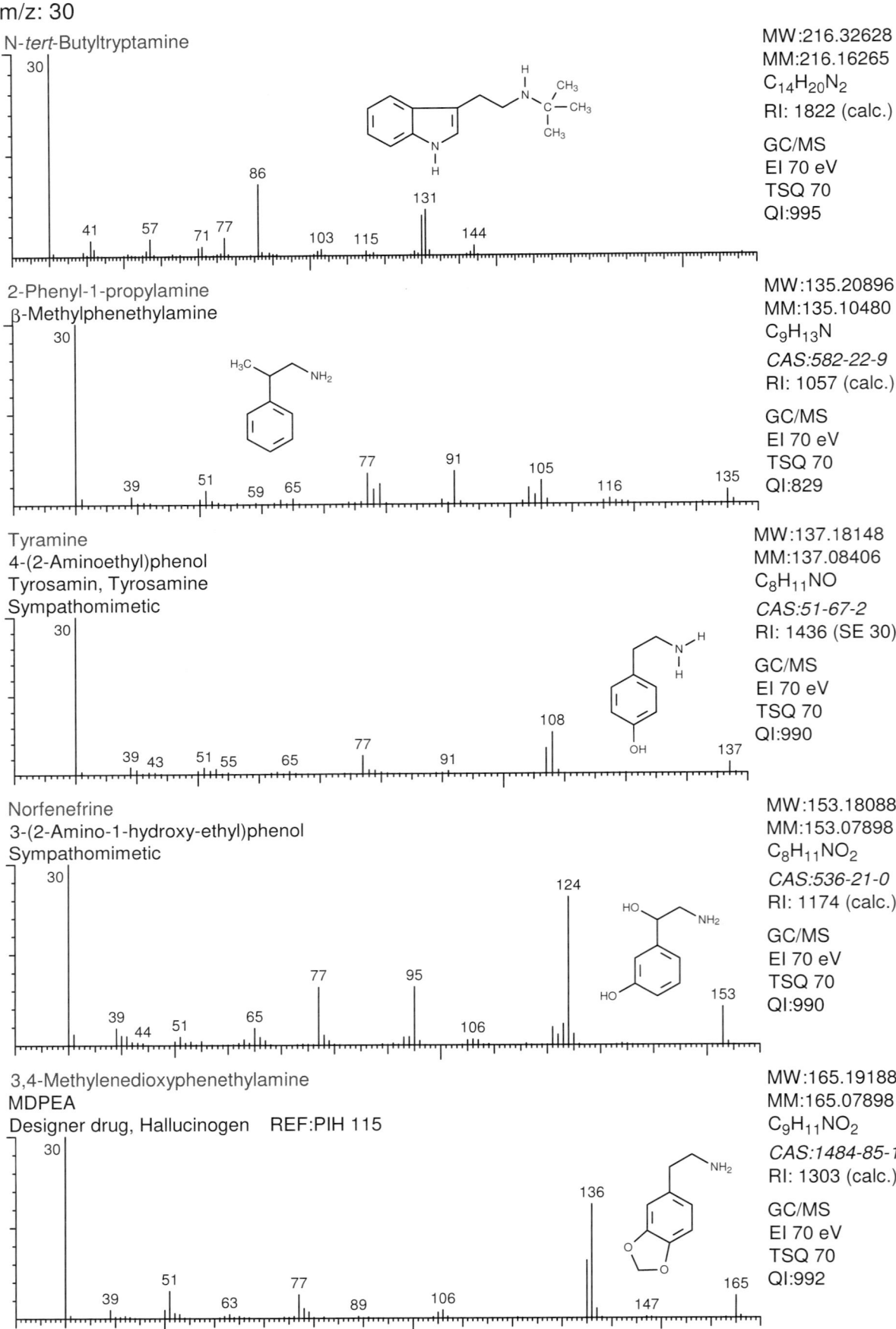

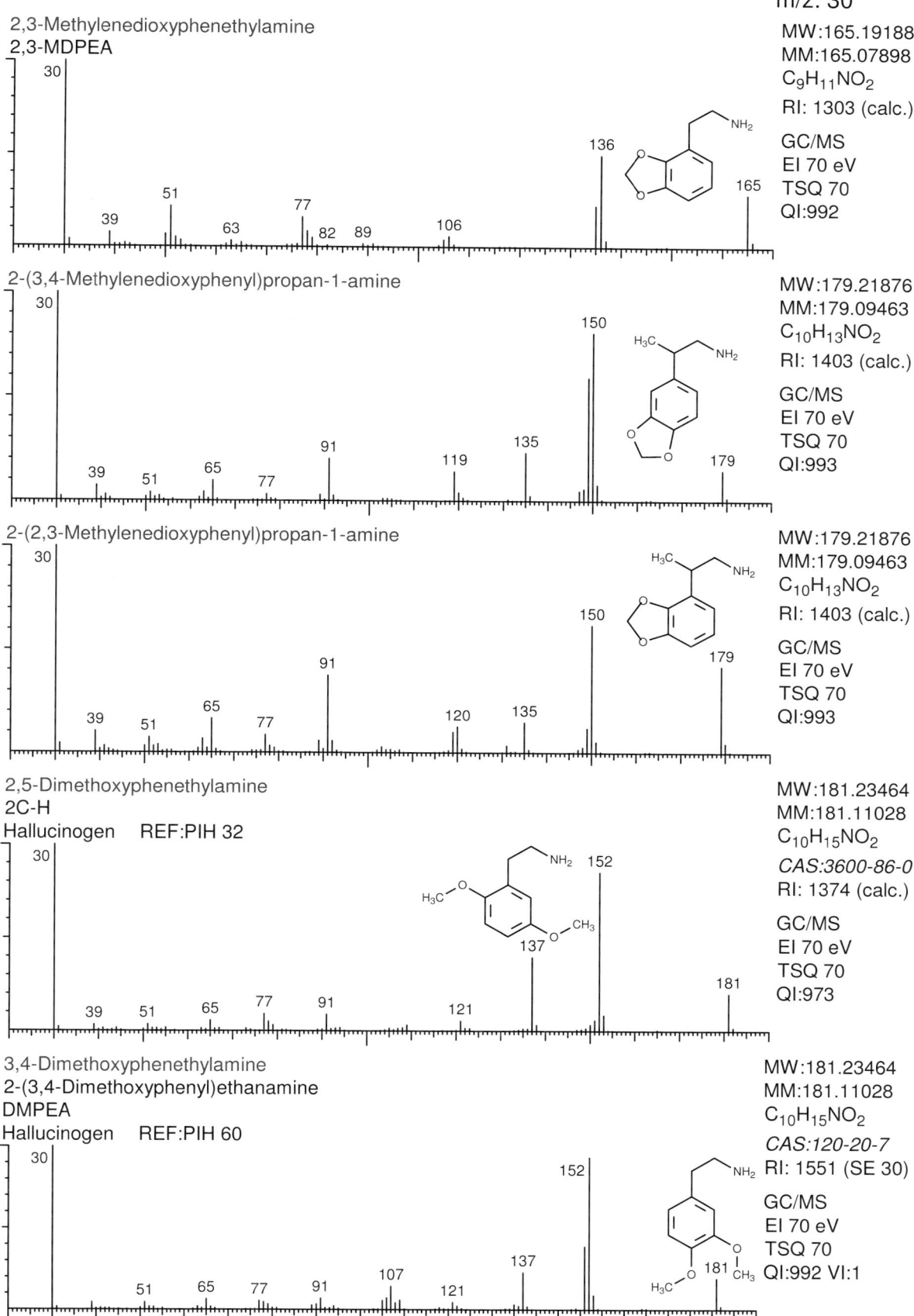

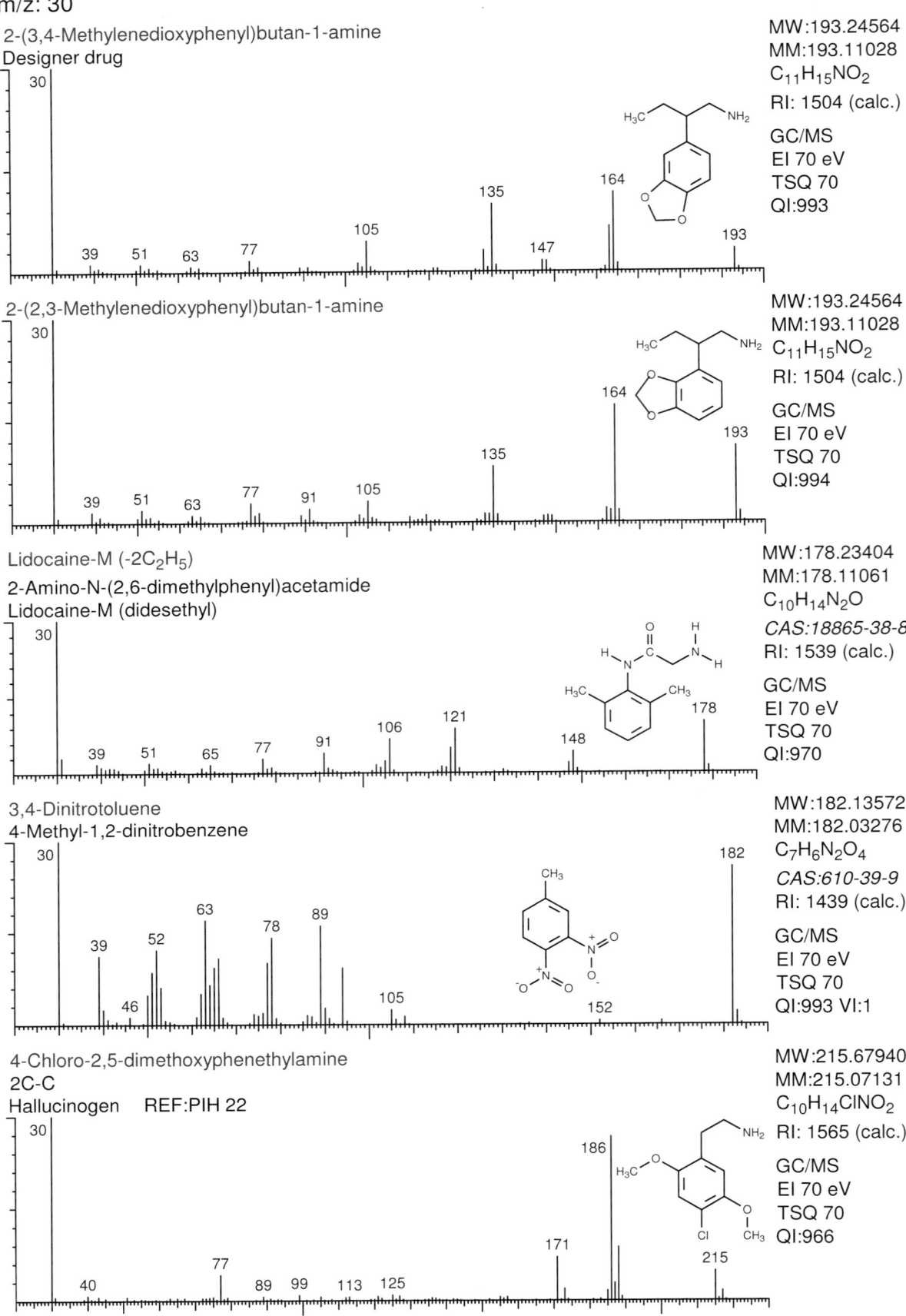

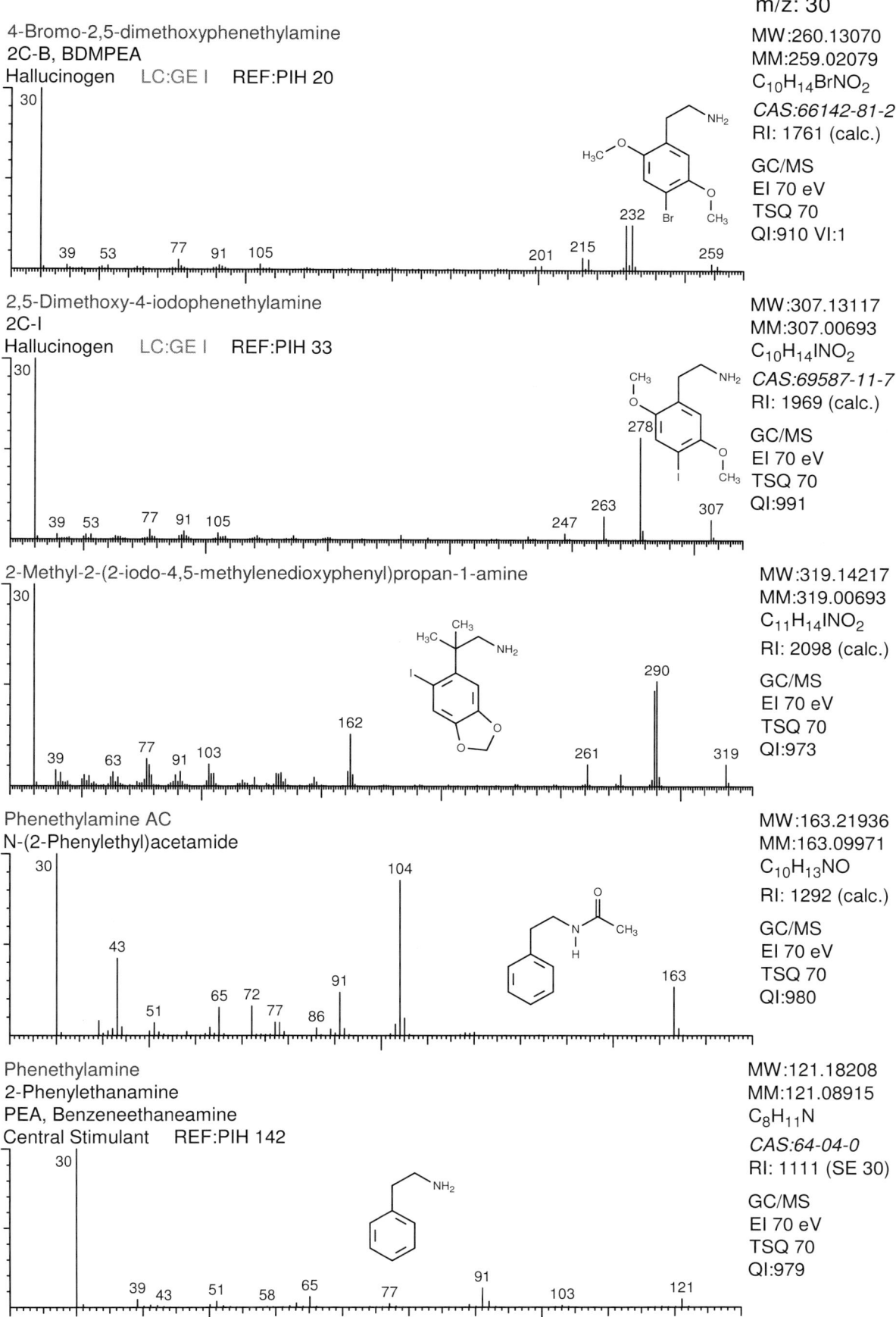

m/z: 30-34

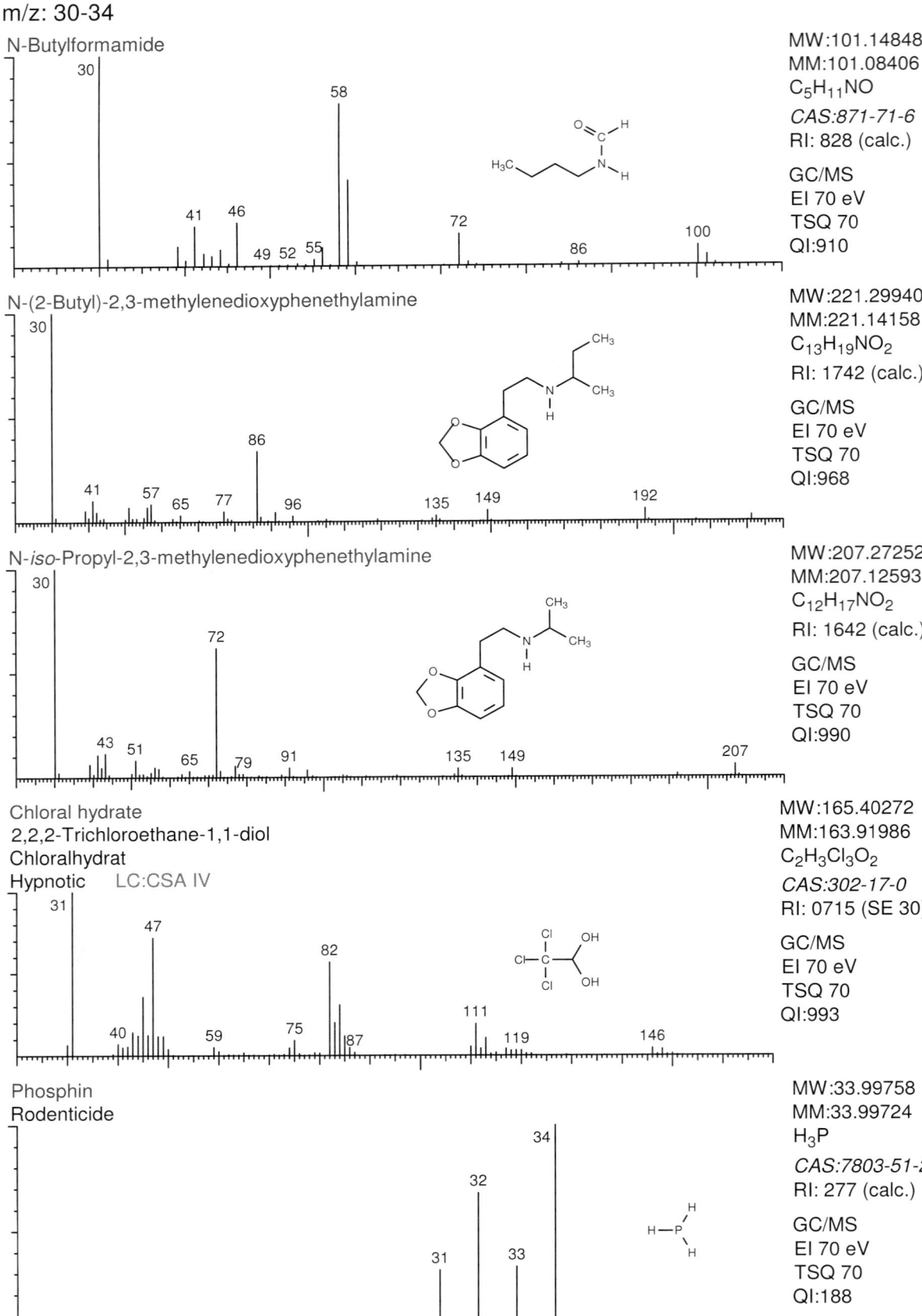

N-Butylformamide
MW:101.14848
MM:101.08406
$C_5H_{11}NO$
CAS:871-71-6
RI: 828 (calc.)
GC/MS
EI 70 eV
TSQ 70
QI:910

N-(2-Butyl)-2,3-methylenedioxyphenethylamine
MW:221.29940
MM:221.14158
$C_{13}H_{19}NO_2$
RI: 1742 (calc.)
GC/MS
EI 70 eV
TSQ 70
QI:968

N-*iso*-Propyl-2,3-methylenedioxyphenethylamine
MW:207.27252
MM:207.12593
$C_{12}H_{17}NO_2$
RI: 1642 (calc.)
GC/MS
EI 70 eV
TSQ 70
QI:990

Chloral hydrate
2,2,2-Trichloroethane-1,1-diol
Chloralhydrat
Hypnotic   LC:CSA IV
MW:165.40272
MM:163.91986
$C_2H_3Cl_3O_2$
CAS:302-17-0
RI: 0715 (SE 30)
GC/MS
EI 70 eV
TSQ 70
QI:993

Phosphin
Rodenticide
MW:33.99758
MM:33.99724
H_3P
CAS:7803-51-2
RI: 277 (calc.)
GC/MS
EI 70 eV
TSQ 70
QI:188

m/z: 40-41

3,4-Methylenedioxycinnamic acid ethylester

MW:220.22488
MM:220.07356
$C_{12}H_{12}O_4$
RI: 1626 (calc.)

GC/MS
EI 70 eV
TSQ 70
QI:964

Brotizolam
2-Bromo-4-(2-chlorophenyl)-9-methyl-6H-thieno[3,2-f][1,2,4]triazolo[4,3-a][1,4]diazepine
Anxiolytic   LC:GE III

MW:393.69406
MM:391.94981
$C_{15}H_{10}BrClN_4S$
CAS:57801-81-7
RI: 2956 (calc.)

GC/MS
EI 70 eV
TSQ 70
QI:721

Colchicine
(S)-N-(5,6,7,9-Tetrahydro-1,2,3,10-tetramethoxy-9-oxobenzo(a)heptalen-7-yl) acetamide
Kolchizin
Gout Suppressant

MW:399.44364
MM:399.16819
$C_{22}H_{25}NO_6$
CAS:64-86-8
RI: 3055 (calc.)

GC/MS
EI 70 eV
TSQ 70
QI:972

Isoamylnitrite
3-Methylbutylnitrite
Vasodilator

MW:117.14788
MM:117.07898
$C_5H_{11}NO_2$
RI: 861 (calc.)

GC/MS
EI 70 eV
TSQ 70
QI:989

Allobarbitone
5,5-Diprop-2-enyl-1,3-diazinane-2,4,6-trione
Allobarbital
Hypnotic   LC:GE III, CSA III

MW:208.21696
MM:208.08479
$C_{10}H_{12}N_2O_3$
CAS:52-43-7
RI: 1699 (calc.)

GC/MS
EI 70 eV
TSQ 70
QI:967

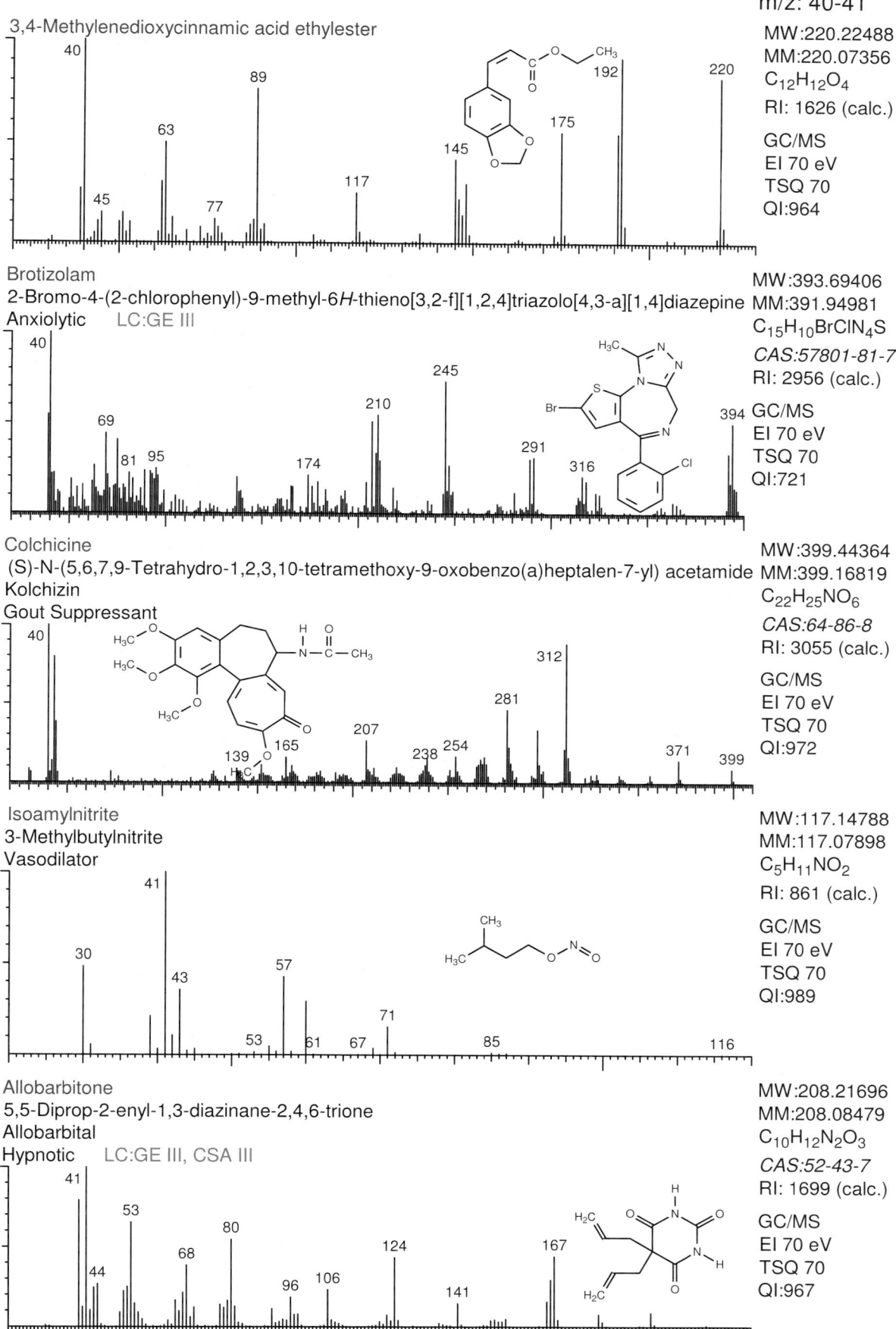

m/z: 41

Di-Hexylcarbonate

MW:230.34764
MM:230.18819
$C_{13}H_{26}O_3$
RI:1577 (SE 54)

GC/MS
EI 70 eV
GCQ
QI:945

2-Methyl-2-propyl-1,3-propanediol
Meprobamat-A

MW:132.20284
MM:132.11503
$C_7H_{16}O_2$
RI: 902 (calc.)

GC/MS
EI 70 eV
TSQ 70
QI:381

Pentetrazol
1,8,9,10-Tetrazabicyclo[5.3.0]deca-7,9-diene
Respiratory stimulant

MW:138.17236
MM:138.09055
$C_6H_{10}N_4$
CAS:54-95-5
RI: 1552 (SE 30)

GC/MS
EI 70 eV
TSQ 70
QI:832

1-Tetradecene
Tetradec-1-ene

MW:196.37632
MM:196.21910
$C_{14}H_{28}$
CAS:1120-36-1
RI: 1390 (SE 30)

GC/MS
EI 70 eV
TSQ 70
QI:913

tert-Butyl-hexadecanoate

MW:312.53640
MM:312.30283
$C_{20}H_{40}O_2$
RI: 2151 (SE 54)

GC/MS
EI 70 eV
GCQ
QI:957

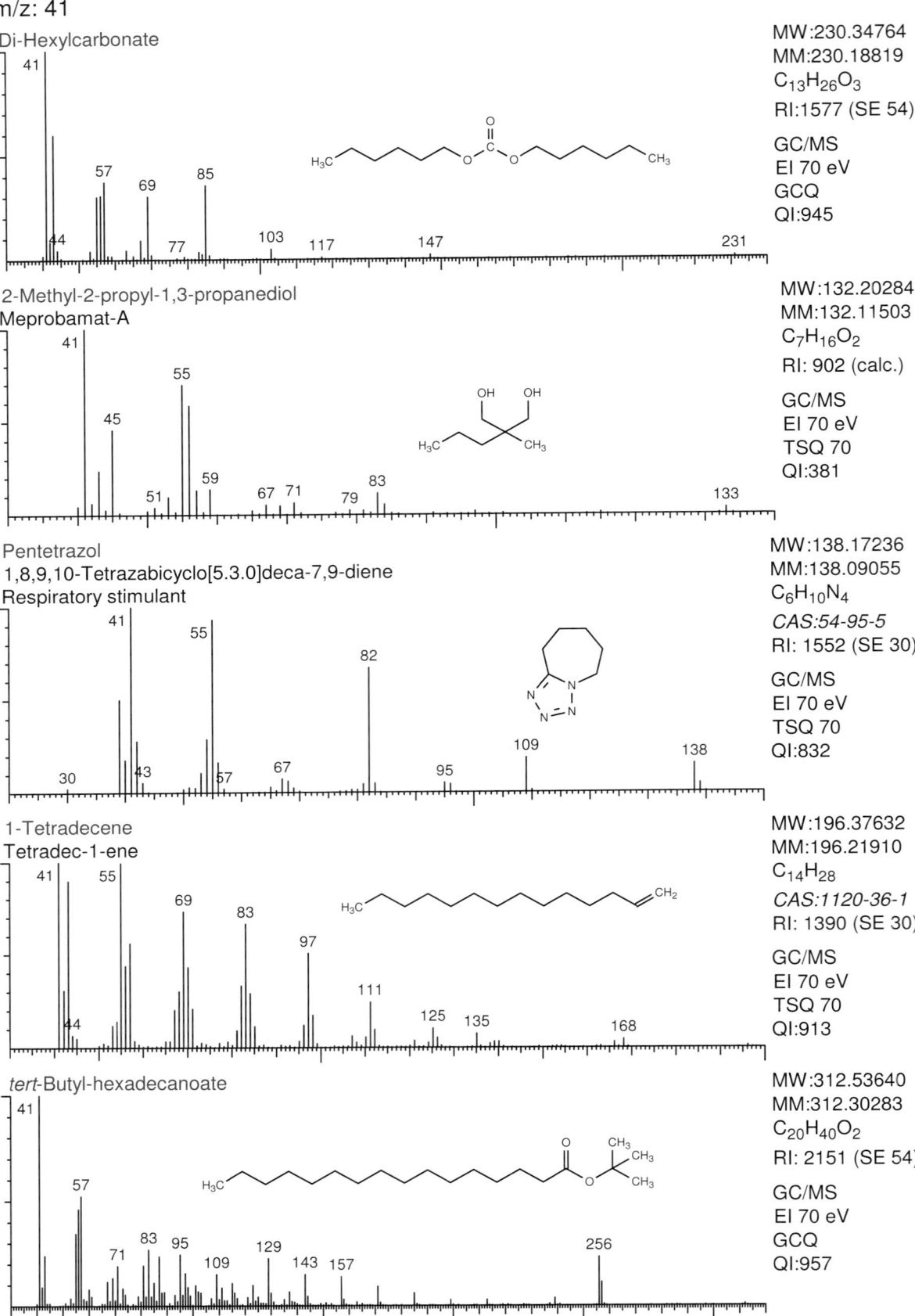

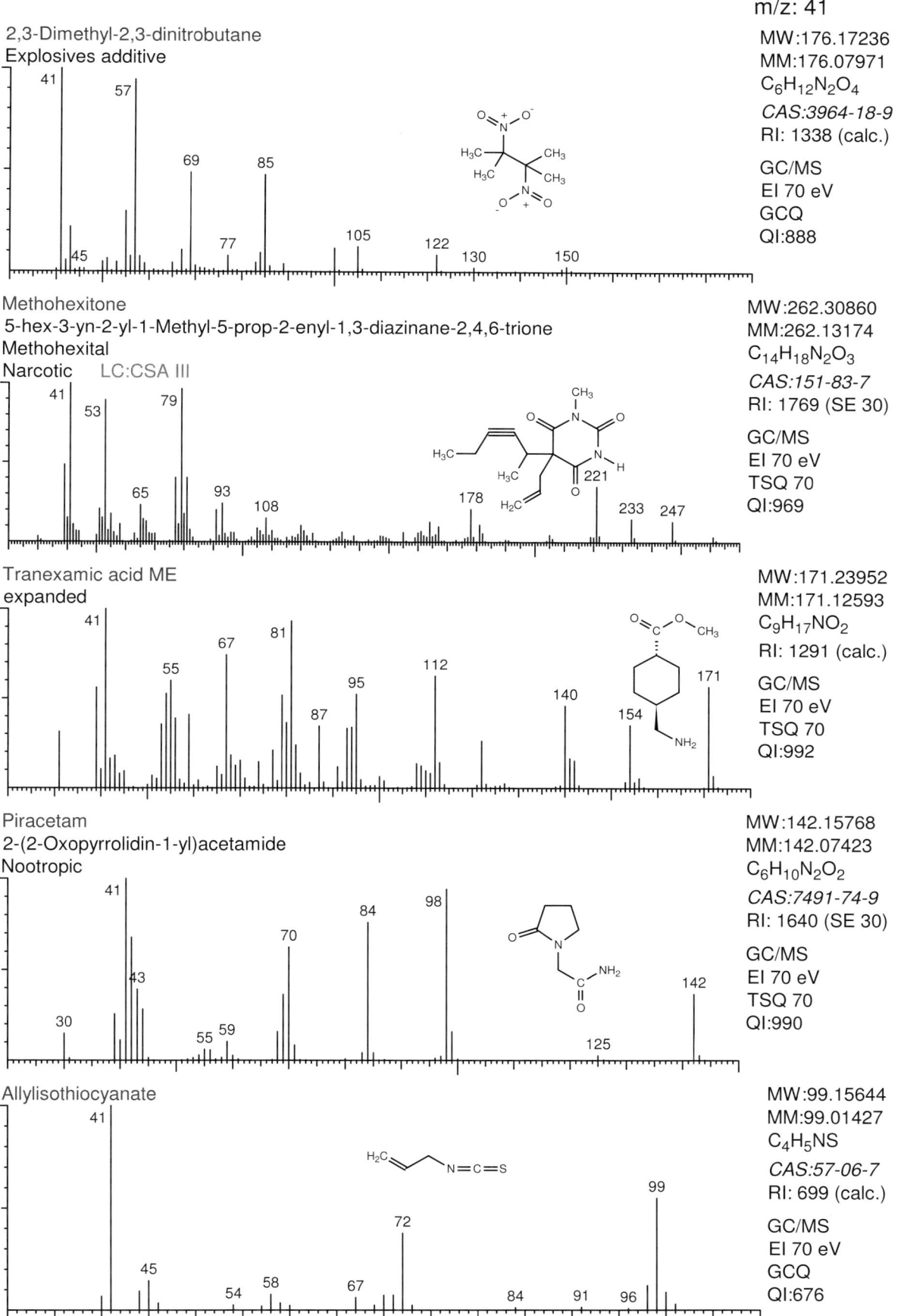

m/z: 41

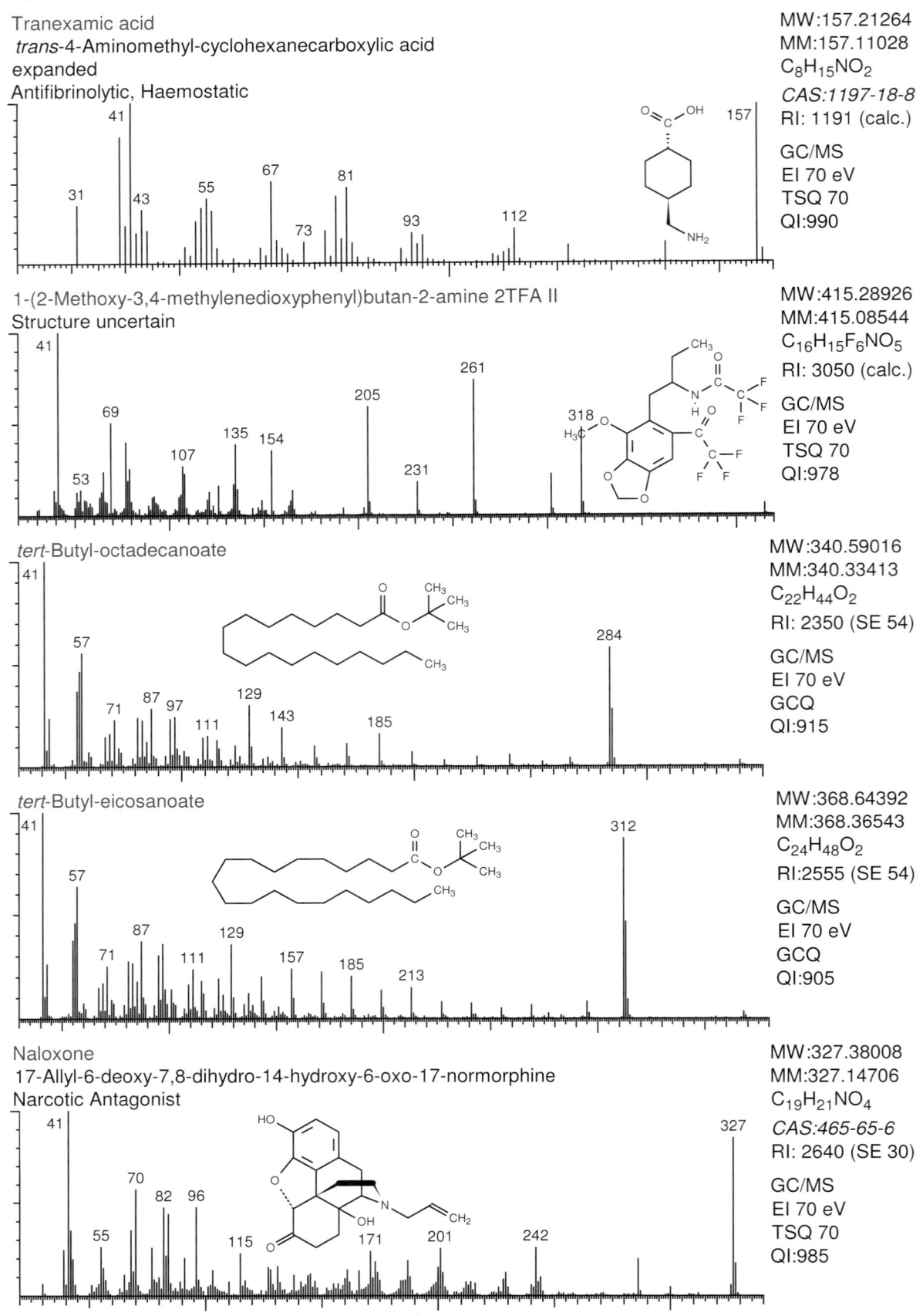

Tranexamic acid
trans-4-Aminomethyl-cyclohexanecarboxylic acid
expanded
Antifibrinolytic, Haemostatic

MW:157.21264
MM:157.11028
$C_8H_{15}NO_2$
CAS:1197-18-8
RI: 1191 (calc.)

GC/MS
EI 70 eV
TSQ 70
QI:990

1-(2-Methoxy-3,4-methylenedioxyphenyl)butan-2-amine 2TFA II
Structure uncertain

MW:415.28926
MM:415.08544
$C_{16}H_{15}F_6NO_5$
RI: 3050 (calc.)

GC/MS
EI 70 eV
TSQ 70
QI:978

tert-Butyl-octadecanoate

MW:340.59016
MM:340.33413
$C_{22}H_{44}O_2$
RI: 2350 (SE 54)

GC/MS
EI 70 eV
GCQ
QI:915

tert-Butyl-eicosanoate

MW:368.64392
MM:368.36543
$C_{24}H_{48}O_2$
RI: 2555 (SE 54)

GC/MS
EI 70 eV
GCQ
QI:905

Naloxone
17-Allyl-6-deoxy-7,8-dihydro-14-hydroxy-6-oxo-17-normorphine
Narcotic Antagonist

MW:327.38008
MM:327.14706
$C_{19}H_{21}NO_4$
CAS:465-65-6
RI: 2640 (SE 30)

GC/MS
EI 70 eV
TSQ 70
QI:985

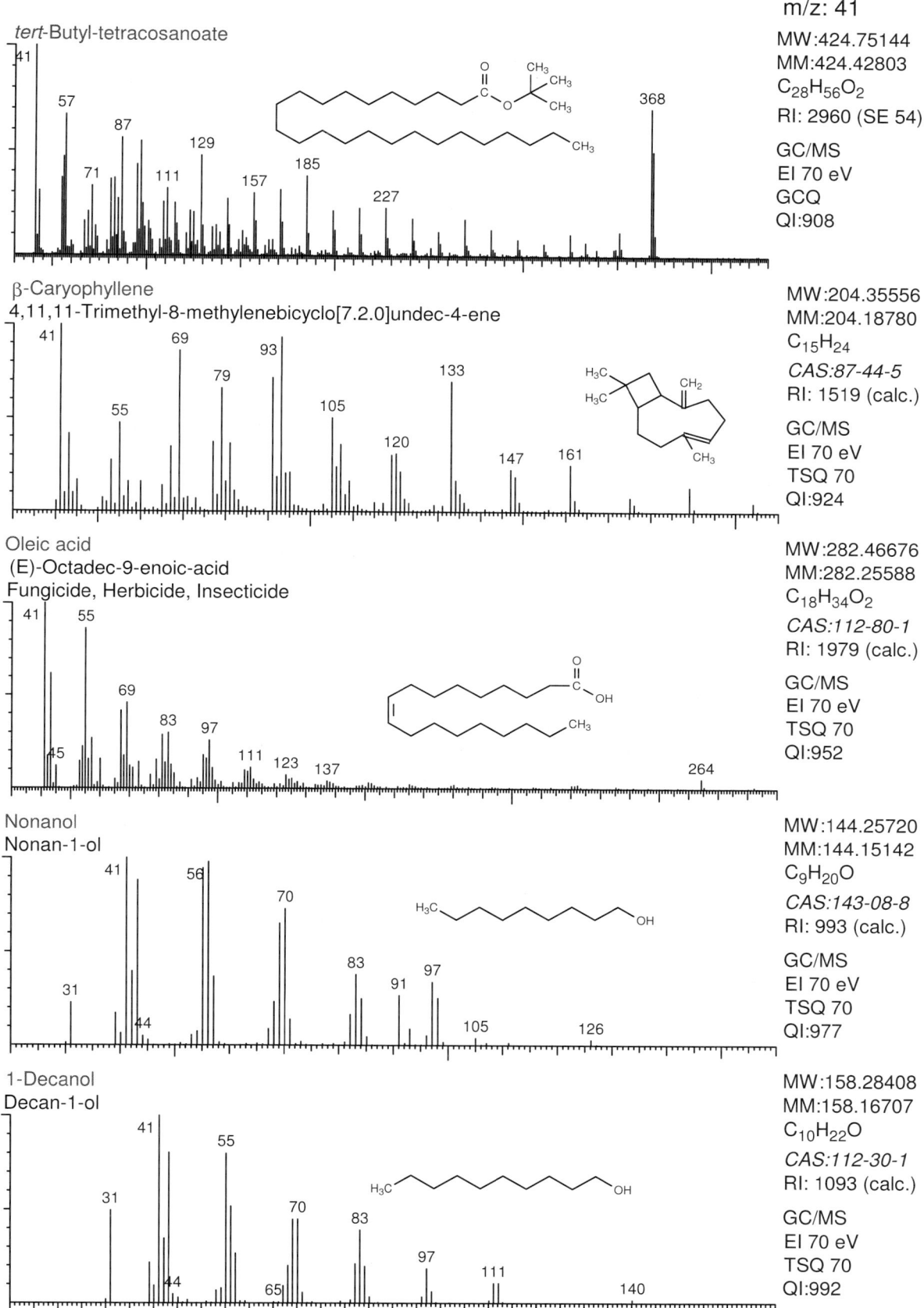

m/z: 41-42

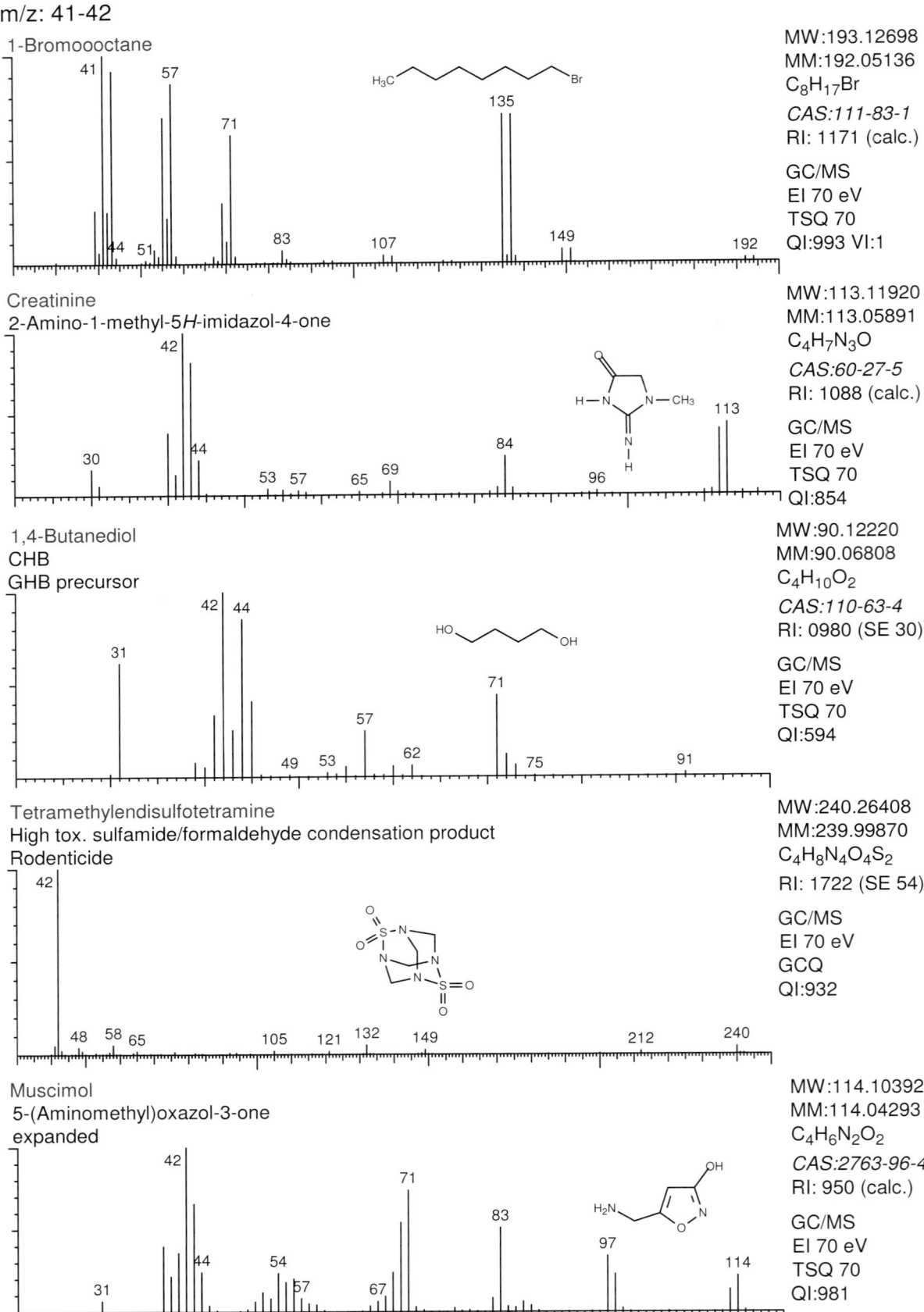

1-Bromooctane

MW:193.12698
MM:192.05136
C$_8$H$_{17}$Br
CAS:111-83-1
RI: 1171 (calc.)

GC/MS
EI 70 eV
TSQ 70
QI:993 VI:1

Creatinine
2-Amino-1-methyl-5H-imidazol-4-one

MW:113.11920
MM:113.05891
C$_4$H$_7$N$_3$O
CAS:60-27-5
RI: 1088 (calc.)

GC/MS
EI 70 eV
TSQ 70
QI:854

1,4-Butanediol
CHB
GHB precursor

MW:90.12220
MM:90.06808
C$_4$H$_{10}$O$_2$
CAS:110-63-4
RI: 0980 (SE 30)

GC/MS
EI 70 eV
TSQ 70
QI:594

Tetramethylendisulfotetramine
High tox. sulfamide/formaldehyde condensation product
Rodenticide

MW:240.26408
MM:239.99870
C$_4$H$_8$N$_4$O$_4$S$_2$
RI: 1722 (SE 54)

GC/MS
EI 70 eV
GCQ
QI:932

Muscimol
5-(Aminomethyl)oxazol-3-one
expanded

MW:114.10392
MM:114.04293
C$_4$H$_6$N$_2$O$_2$
CAS:2763-96-4
RI: 950 (calc.)

GC/MS
EI 70 eV
TSQ 70
QI:981

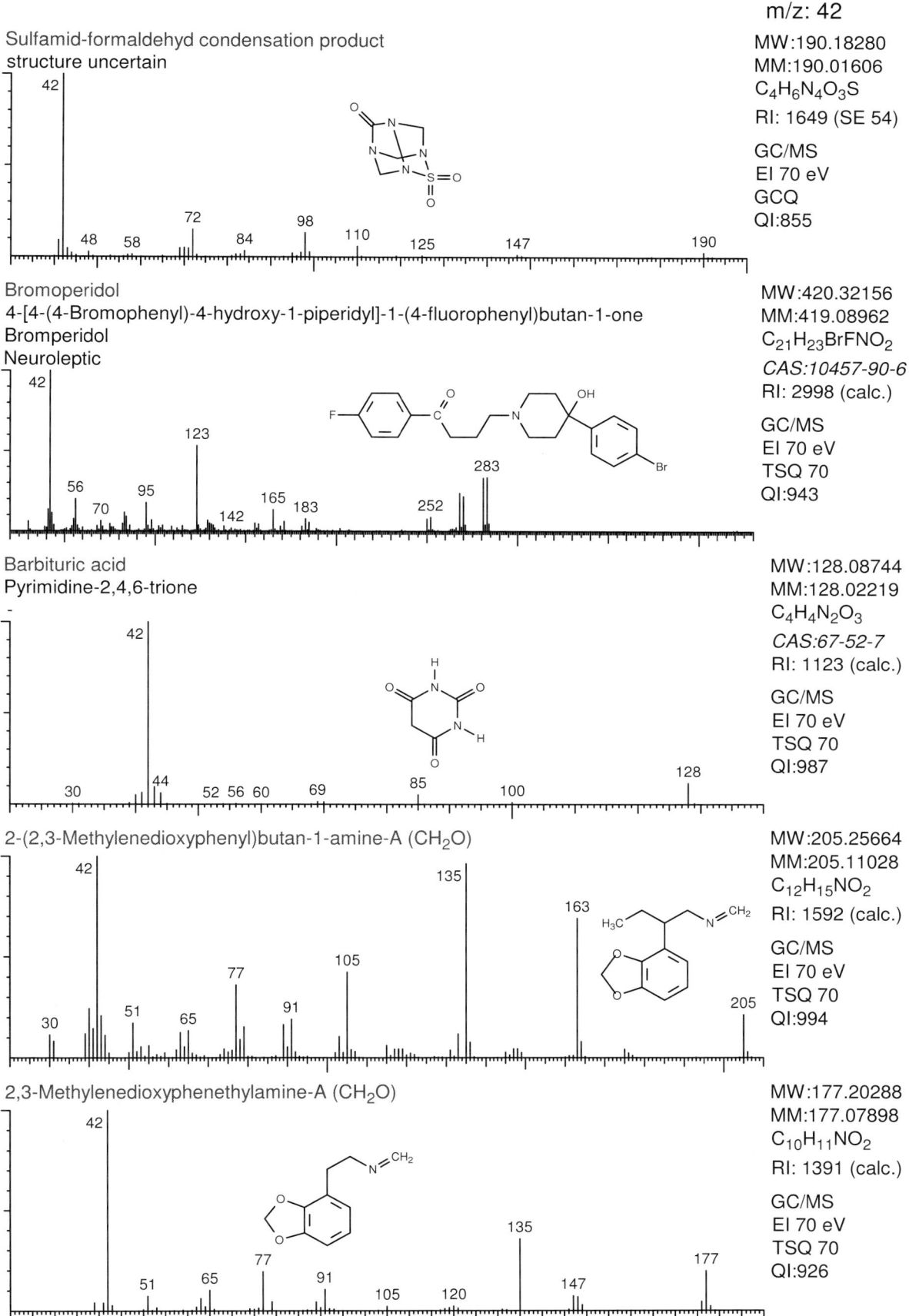

m/z: 42

Sulfamid-formaldehyd condensation product
structure uncertain

MW:190.18280
MM:190.01606
$C_4H_6N_4O_3S$
RI: 1649 (SE 54)

GC/MS
EI 70 eV
GCQ
QI:855

Bromoperidol
4-[4-(4-Bromophenyl)-4-hydroxy-1-piperidyl]-1-(4-fluorophenyl)butan-1-one
Bromperidol
Neuroleptic

MW:420.32156
MM:419.08962
$C_{21}H_{23}BrFNO_2$
CAS:10457-90-6
RI: 2998 (calc.)

GC/MS
EI 70 eV
TSQ 70
QI:943

Barbituric acid
Pyrimidine-2,4,6-trione

MW:128.08744
MM:128.02219
$C_4H_4N_2O_3$
CAS:67-52-7
RI: 1123 (calc.)

GC/MS
EI 70 eV
TSQ 70
QI:987

2-(2,3-Methylenedioxyphenyl)butan-1-amine-A (CH$_2$O)

MW:205.25664
MM:205.11028
$C_{12}H_{15}NO_2$
RI: 1592 (calc.)

GC/MS
EI 70 eV
TSQ 70
QI:994

2,3-Methylenedioxyphenethylamine-A (CH$_2$O)

MW:177.20288
MM:177.07898
$C_{10}H_{11}NO_2$
RI: 1391 (calc.)

GC/MS
EI 70 eV
TSQ 70
QI:926

m/z: 42

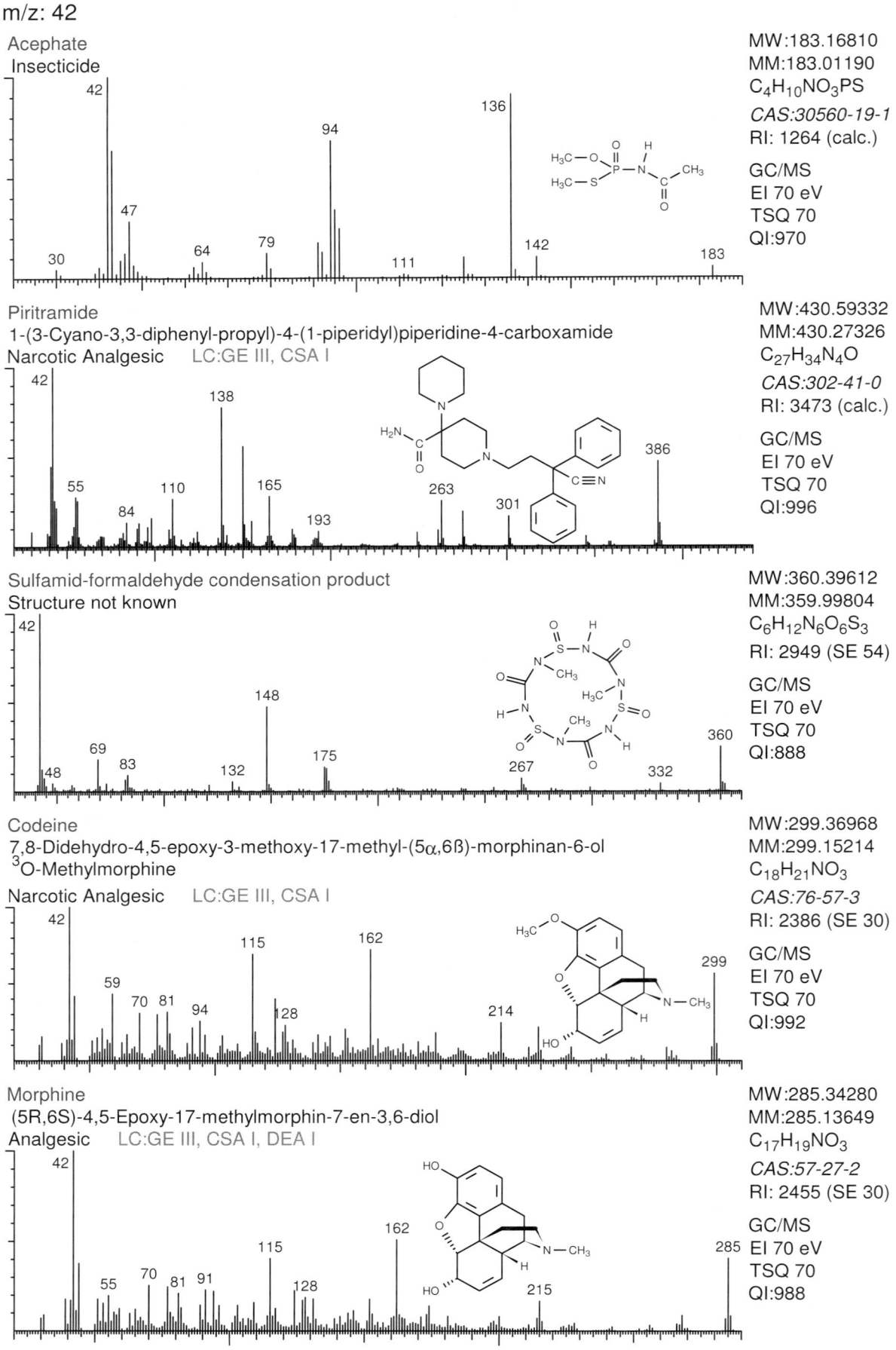

m/z: 42

Hydrocotarnine
4-Methoxy-6-methyl-5,6,7,8-tetrahydro-1,3-dioxolo[4,5-g]isochinoline
Opium alkaloid

MW:221.25604
MM:221.10519
$C_{12}H_{15}NO_3$
CAS:550-10-7
RI: 1742 (calc.)

GC/MS
EI 70 eV
TSQ 70
QI:933

Phethidinic acid
1-Methyl-4-phenylpiperidin-4-carbonic acid

MW:219.28352
MM:219.12593
$C_{13}H_{17}NO_2$
RI: 1692 (calc.)

GC/MS
EI 70 eV
TSQ 70
QI:995

Haloperidol
4-[4-(4-Chlorophenyl)-4-hydroxy-1-piperidyl]-1-(4-fluorophenyl)butan-1-one
Neuroleptic

MW:375.87026
MM:375.14014
$C_{21}H_{23}ClFNO_2$
CAS:52-86-8
RI: 2942 (SE 30)

GC/MS
EI 70 eV
TSQ 70
QI:992

Thebaine
4,5α-Epoxy-3,6-dimethoxy-17-methylmorphina-6,8-dien
Antitussive   LC:GE II, CSA II

MW:311.38068
MM:311.15214
$C_{19}H_{21}NO_3$
CAS:115-37-7
RI: 2517 (SE 30)

GC/MS
EI 70 eV
TSQ 70
QI:946

Hydrochlorothiazide 4Me

MW:353.85056
MM:353.02708
$C_{11}H_{16}ClN_3O_4S_2$
CAS:55670-20-7
RI: 2602 (calc.)

GC/MS
EI 70 eV
TSQ 70
QI:925

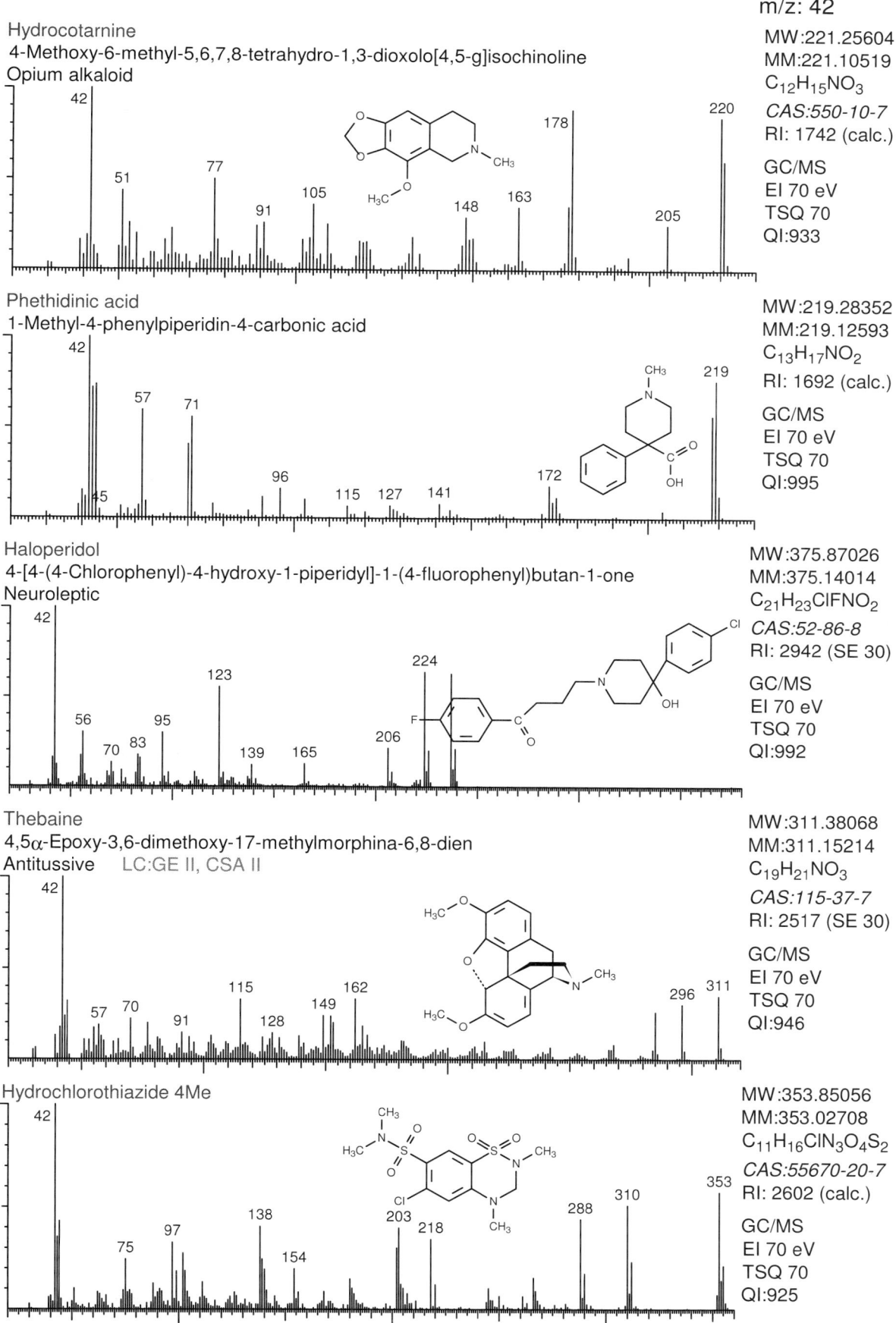

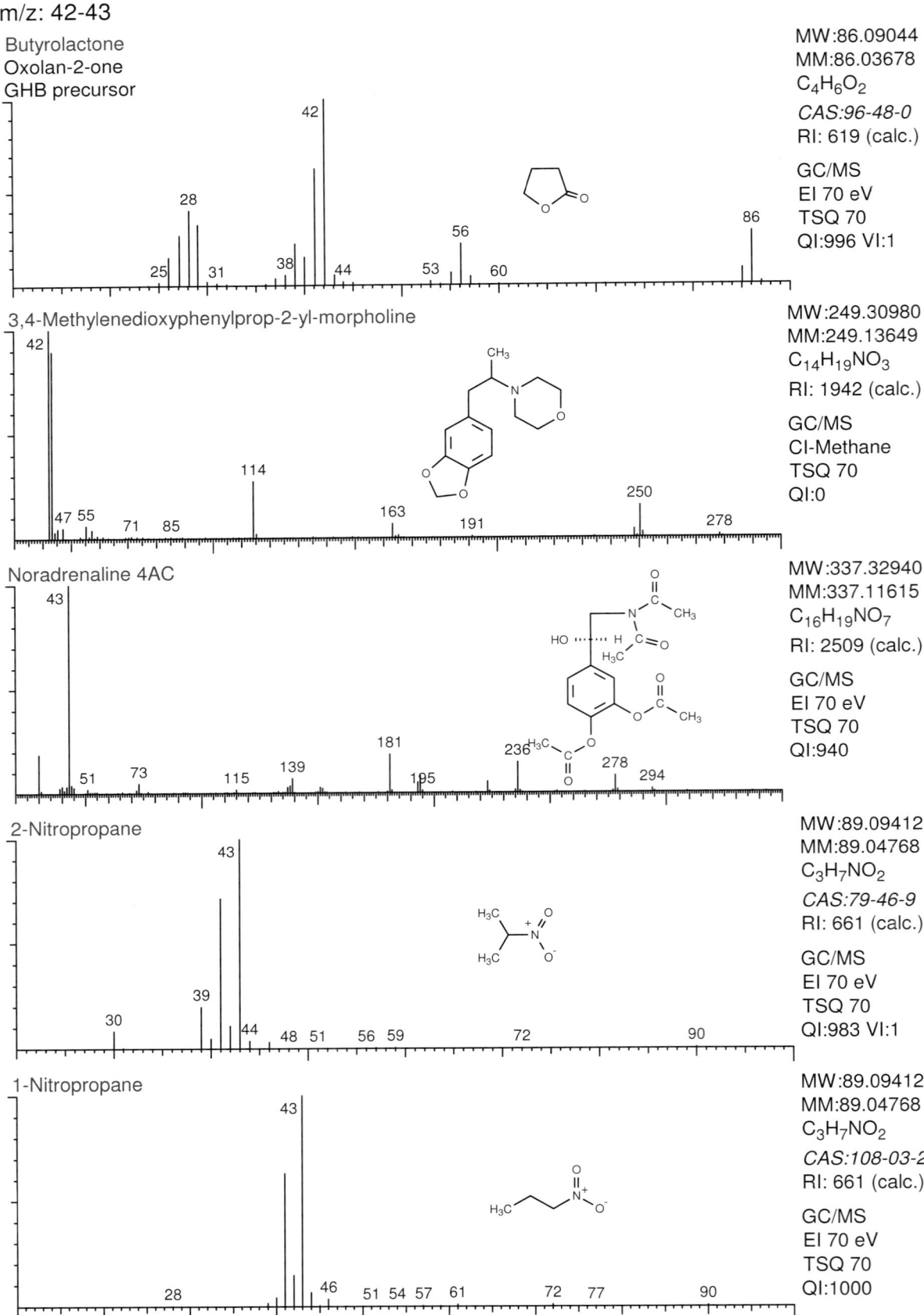

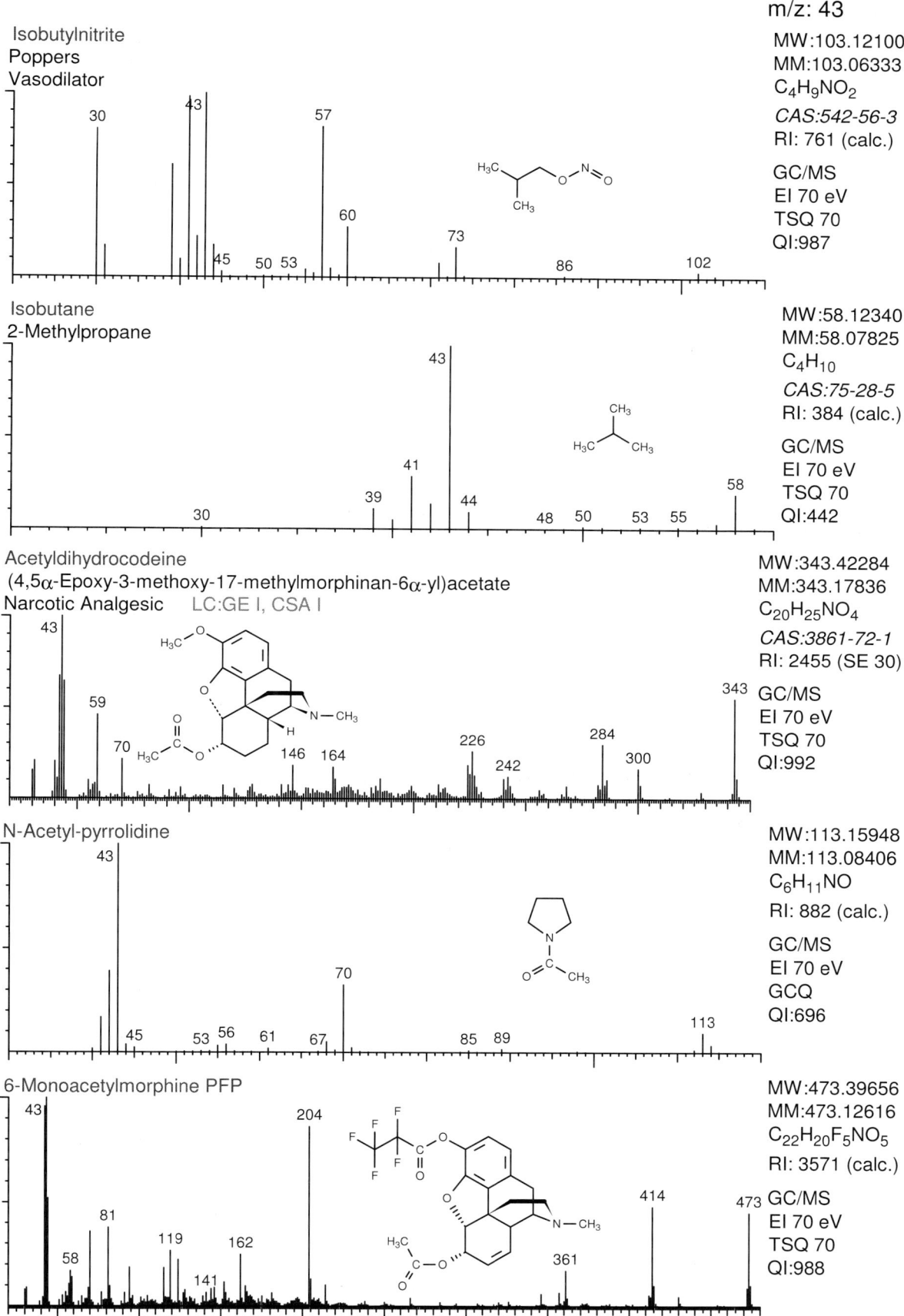

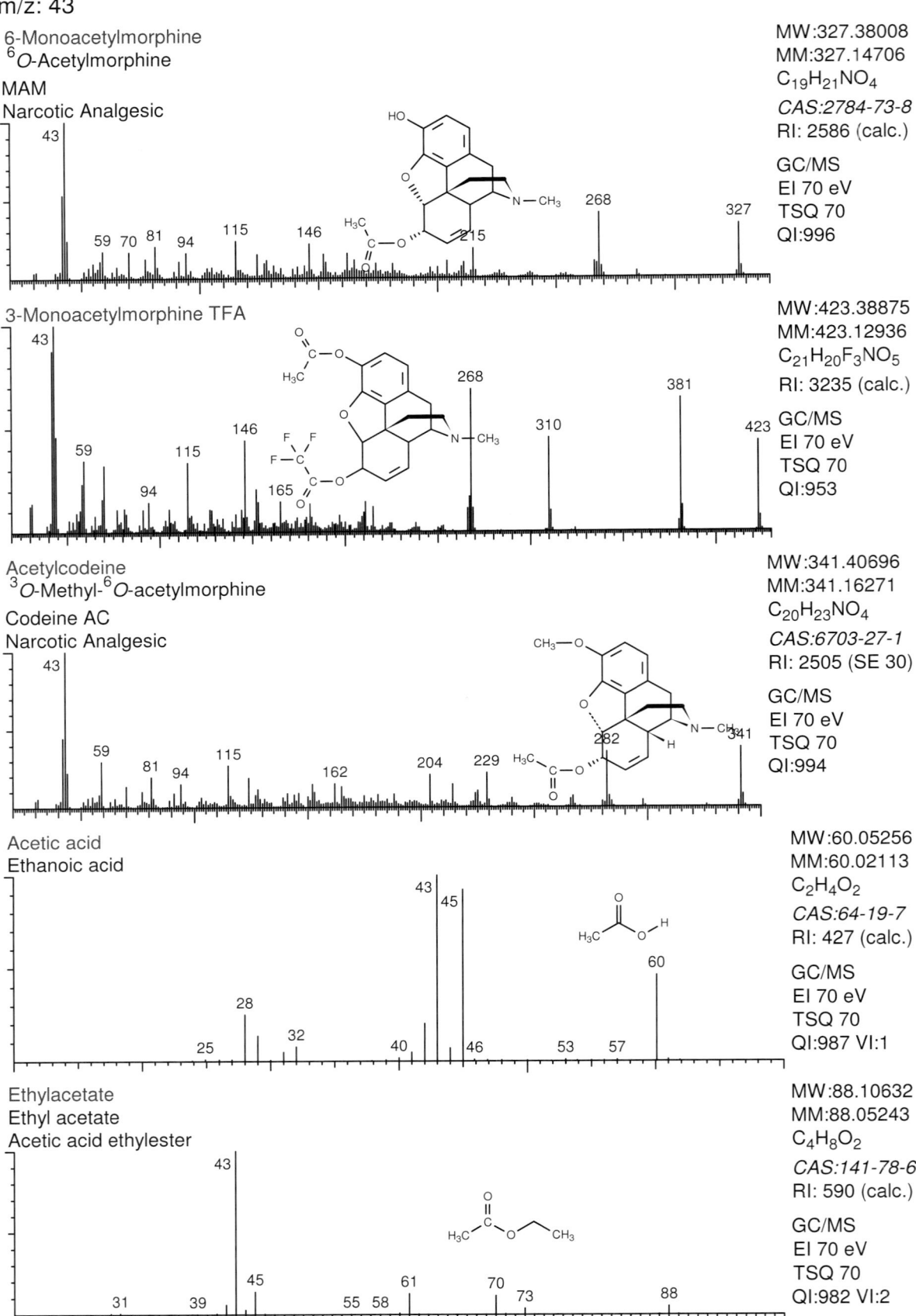

m/z: 43

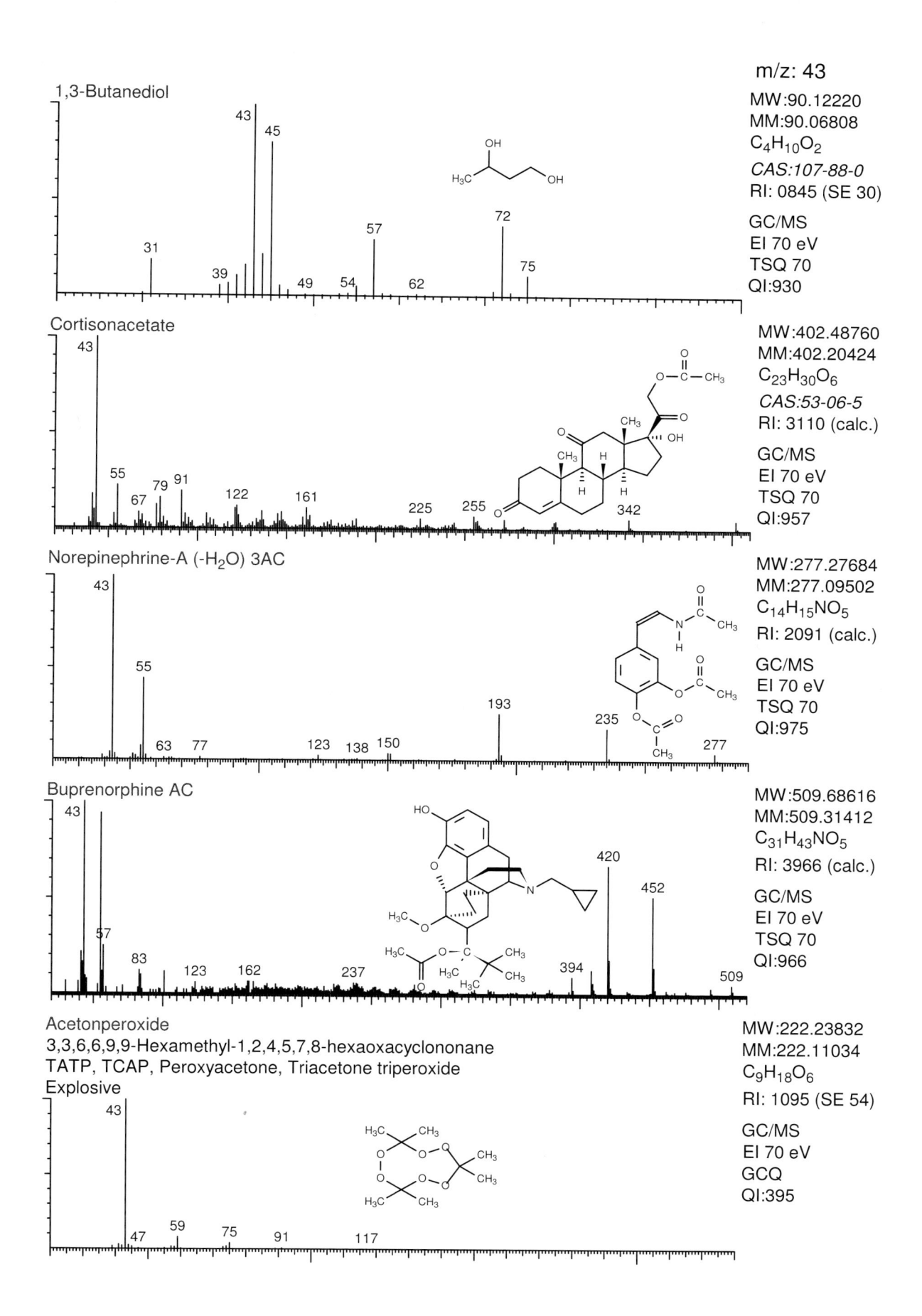

1,3-Butanediol

MW: 90.12220
MM: 90.06808
$C_4H_{10}O_2$
CAS: 107-88-0
RI: 0845 (SE 30)

GC/MS
EI 70 eV
TSQ 70
QI: 930

Peaks: 31, 39, 43, 45, 49, 54, 57, 62, 72, 75

Cortisonacetate

MW: 402.48760
MM: 402.20424
$C_{23}H_{30}O_6$
CAS: 53-06-5
RI: 3110 (calc.)

GC/MS
EI 70 eV
TSQ 70
QI: 957

Peaks: 43, 55, 67, 79, 91, 122, 161, 225, 255, 342

Norepinephrine-A (-H$_2$O) 3AC

MW: 277.27684
MM: 277.09502
$C_{14}H_{15}NO_5$
RI: 2091 (calc.)

GC/MS
EI 70 eV
TSQ 70
QI: 975

Peaks: 43, 55, 63, 77, 123, 138, 150, 193, 235, 277

Buprenorphine AC

MW: 509.68616
MM: 509.31412
$C_{31}H_{43}NO_5$
RI: 3966 (calc.)

GC/MS
EI 70 eV
TSQ 70
QI: 966

Peaks: 43, 57, 83, 123, 162, 237, 394, 420, 452, 509

Acetonperoxide
3,3,6,6,9,9-Hexamethyl-1,2,4,5,7,8-hexaoxacyclononane
TATP, TCAP, Peroxyacetone, Triacetone triperoxide
Explosive

MW: 222.23832
MM: 222.11034
$C_9H_{18}O_6$
RI: 1095 (SE 54)

GC/MS
EI 70 eV
GCQ
QI: 395

Peaks: 43, 47, 59, 75, 91, 117

m/z: 43

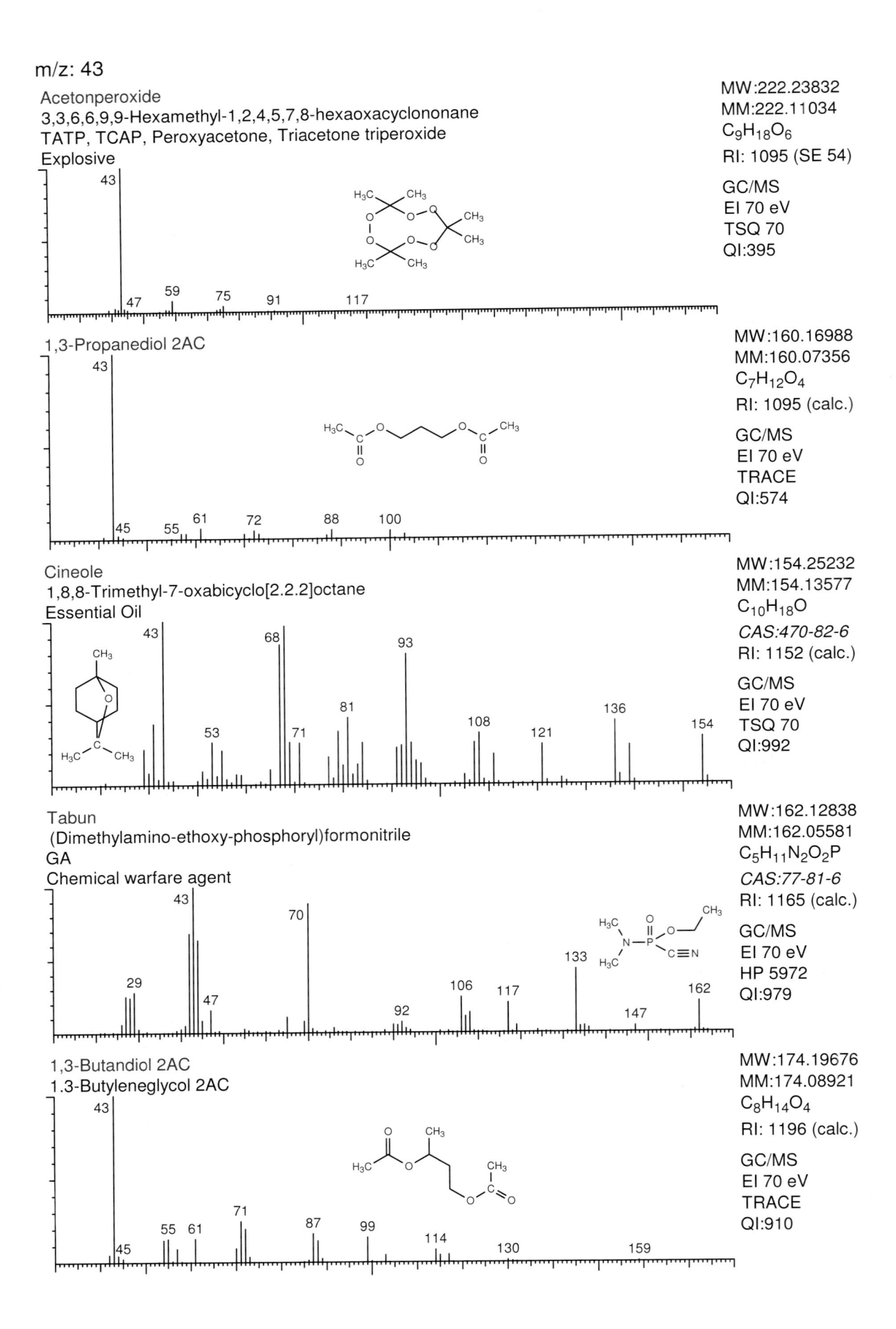

Acetonperoxide
3,3,6,6,9,9-Hexamethyl-1,2,4,5,7,8-hexaoxacyclononane
TATP, TCAP, Peroxyacetone, Triacetone triperoxide
Explosive

MW:222.23832
MM:222.11034
$C_9H_{18}O_6$
RI: 1095 (SE 54)

GC/MS
EI 70 eV
TSQ 70
QI:395

Peaks: 43, 47, 59, 75, 91, 117

1,3-Propanediol 2AC

MW:160.16988
MM:160.07356
$C_7H_{12}O_4$
RI: 1095 (calc.)

GC/MS
EI 70 eV
TRACE
QI:574

Peaks: 43, 45, 55, 61, 72, 88, 100

Cineole
1,8,8-Trimethyl-7-oxabicyclo[2.2.2]octane
Essential Oil

MW:154.25232
MM:154.13577
$C_{10}H_{18}O$
CAS:470-82-6
RI: 1152 (calc.)

GC/MS
EI 70 eV
TSQ 70
QI:992

Peaks: 43, 53, 68, 71, 81, 93, 108, 121, 136, 154

Tabun
(Dimethylamino-ethoxy-phosphoryl)formonitrile
GA
Chemical warfare agent

MW:162.12838
MM:162.05581
$C_5H_{11}N_2O_2P$
CAS:77-81-6
RI: 1165 (calc.)

GC/MS
EI 70 eV
HP 5972
QI:979

Peaks: 29, 43, 47, 70, 92, 106, 117, 133, 147, 162

1,3-Butandiol 2AC
1.3-Butyleneglycol 2AC

MW:174.19676
MM:174.08921
$C_8H_{14}O_4$
RI: 1196 (calc.)

GC/MS
EI 70 eV
TRACE
QI:910

Peaks: 43, 45, 55, 61, 71, 87, 99, 114, 130, 159

m/z: 43

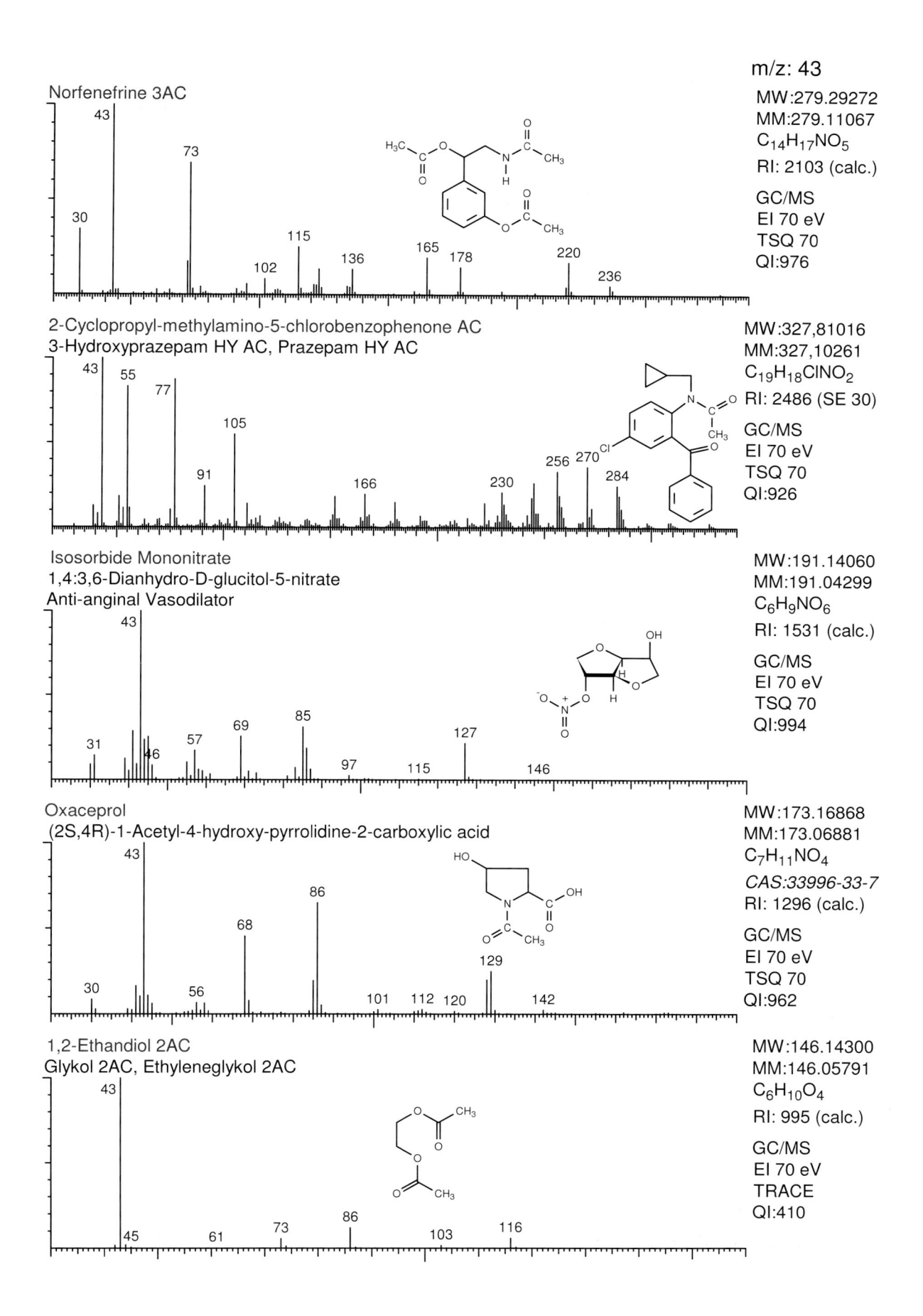

Norfenefrine 3AC

MW: 279.29272
MM: 279.11067
$C_{14}H_{17}NO_5$
RI: 2103 (calc.)

GC/MS
EI 70 eV
TSQ 70
QI: 976

Peaks: 30, 43, 73, 102, 115, 136, 165, 178, 220, 236

2-Cyclopropyl-methylamino-5-chlorobenzophenone AC
3-Hydroxyprazepam HY AC, Prazepam HY AC

MW: 327,81016
MM: 327,10261
$C_{19}H_{18}ClNO_2$
RI: 2486 (SE 30)

GC/MS
EI 70 eV
TSQ 70
QI: 926

Peaks: 43, 55, 77, 91, 105, 166, 230, 256, 270, 284

Isosorbide Mononitrate
1,4:3,6-Dianhydro-D-glucitol-5-nitrate
Anti-anginal Vasodilator

MW: 191.14060
MM: 191.04299
$C_6H_9NO_6$
RI: 1531 (calc.)

GC/MS
EI 70 eV
TSQ 70
QI: 994

Peaks: 31, 43, 46, 57, 69, 85, 97, 115, 127, 146

Oxaceprol
(2S,4R)-1-Acetyl-4-hydroxy-pyrrolidine-2-carboxylic acid

MW: 173.16868
MM: 173.06881
$C_7H_{11}NO_4$
CAS: 33996-33-7
RI: 1296 (calc.)

GC/MS
EI 70 eV
TSQ 70
QI: 962

Peaks: 30, 43, 56, 68, 86, 101, 112, 120, 129, 142

1,2-Ethandiol 2AC
Glykol 2AC, Ethyleneglykol 2AC

MW: 146.14300
MM: 146.05791
$C_6H_{10}O_4$
RI: 995 (calc.)

GC/MS
EI 70 eV
TRACE
QI: 410

Peaks: 43, 45, 61, 73, 86, 103, 116

m/z: 43

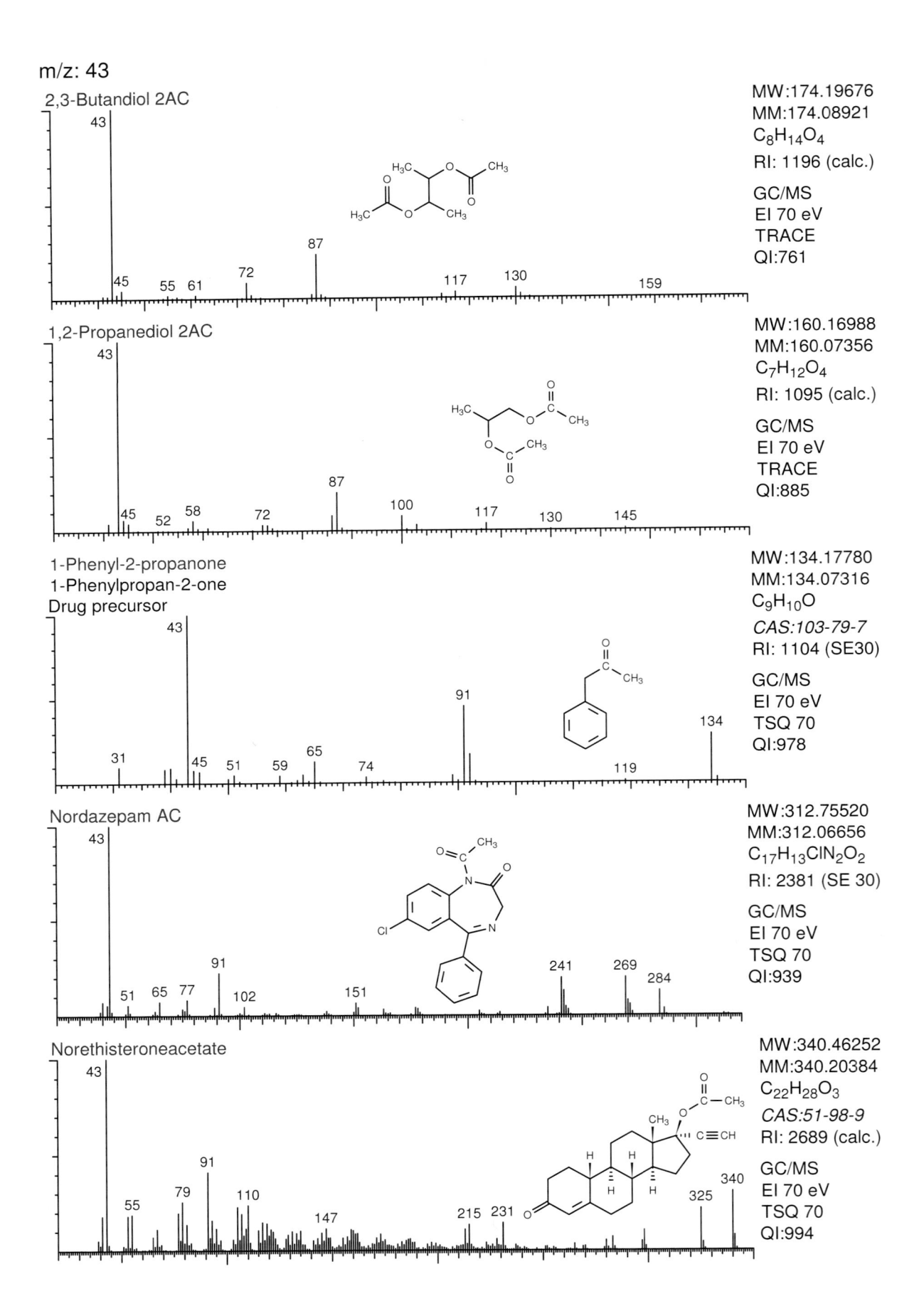

2,3-Butandiol 2AC

MW: 174.19676
MM: 174.08921
$C_8H_{14}O_4$
RI: 1196 (calc.)

GC/MS
EI 70 eV
TRACE
QI: 761

Peaks: 43, 45, 55, 61, 72, 87, 117, 130, 159

1,2-Propanediol 2AC

MW: 160.16988
MM: 160.07356
$C_7H_{12}O_4$
RI: 1095 (calc.)

GC/MS
EI 70 eV
TRACE
QI: 885

Peaks: 43, 45, 52, 58, 72, 87, 100, 117, 130, 145

1-Phenyl-2-propanone
1-Phenylpropan-2-one
Drug precursor

MW: 134.17780
MM: 134.07316
$C_9H_{10}O$
CAS: 103-79-7
RI: 1104 (SE30)

GC/MS
EI 70 eV
TSQ 70
QI: 978

Peaks: 31, 43, 45, 51, 59, 65, 74, 91, 119, 134

Nordazepam AC

MW: 312.75520
MM: 312.06656
$C_{17}H_{13}ClN_2O_2$
RI: 2381 (SE 30)

GC/MS
EI 70 eV
TSQ 70
QI: 939

Peaks: 43, 51, 65, 77, 91, 102, 151, 241, 269, 284

Norethisteroneacetate

MW: 340.46252
MM: 340.20384
$C_{22}H_{28}O_3$
CAS: 51-98-9
RI: 2689 (calc.)

GC/MS
EI 70 eV
TSQ 70
QI: 994

Peaks: 43, 55, 79, 91, 110, 147, 215, 231, 325, 340

m/z: 43

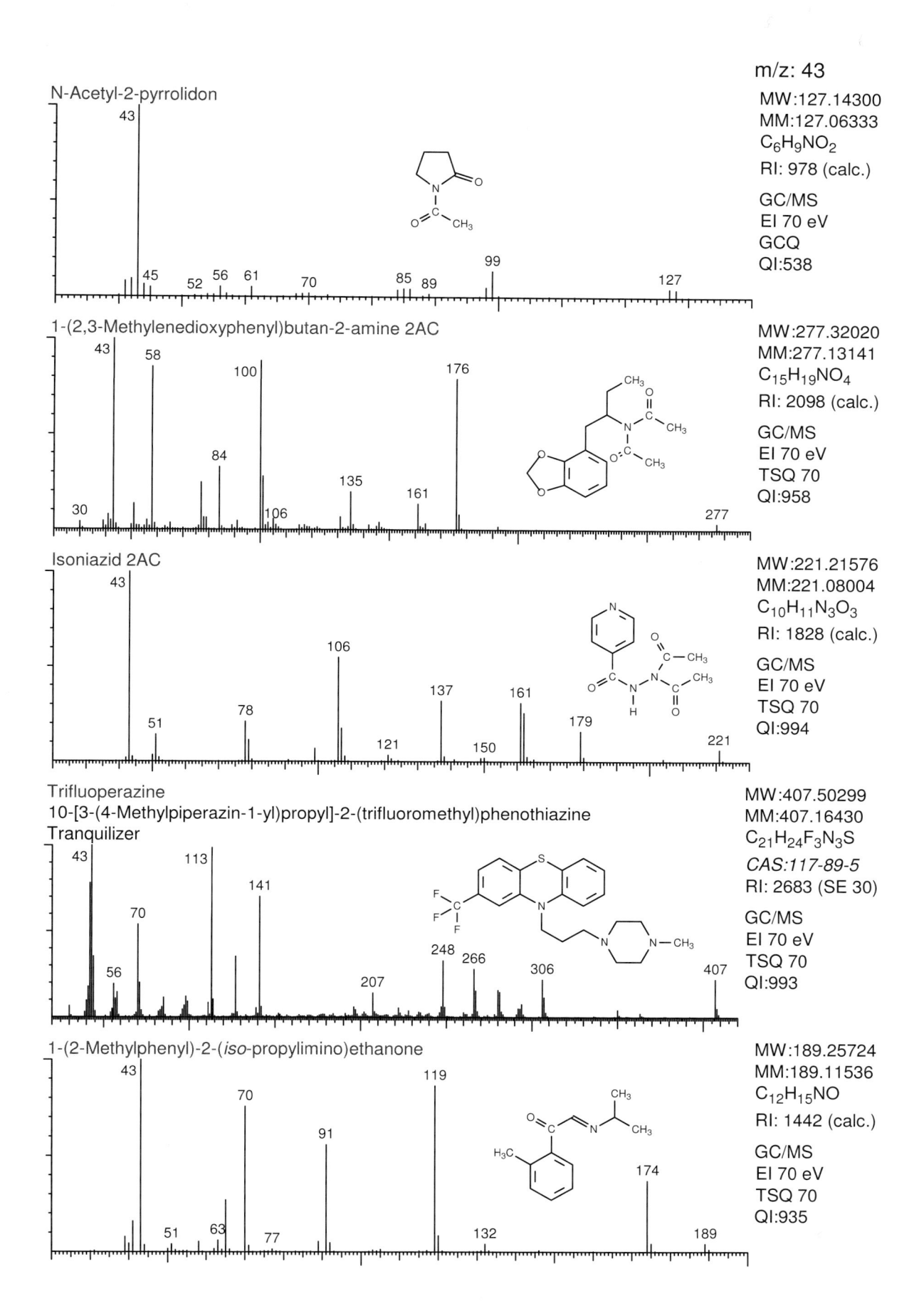

N-Acetyl-2-pyrrolidon

MW: 127.14300
MM: 127.06333
$C_6H_9NO_2$
RI: 978 (calc.)

GC/MS
EI 70 eV
GCQ
QI: 538

Peaks: 43, 45, 52, 56, 61, 70, 85, 89, 99, 127

1-(2,3-Methylenedioxyphenyl)butan-2-amine 2AC

MW: 277.32020
MM: 277.13141
$C_{15}H_{19}NO_4$
RI: 2098 (calc.)

GC/MS
EI 70 eV
TSQ 70
QI: 958

Peaks: 30, 43, 58, 84, 100, 106, 135, 161, 176, 277

Isoniazid 2AC

MW: 221.21576
MM: 221.08004
$C_{10}H_{11}N_3O_3$
RI: 1828 (calc.)

GC/MS
EI 70 eV
TSQ 70
QI: 994

Peaks: 43, 51, 78, 106, 121, 137, 150, 161, 179, 221

Trifluoperazine
10-[3-(4-Methylpiperazin-1-yl)propyl]-2-(trifluoromethyl)phenothiazine
Tranquilizer

MW: 407.50299
MM: 407.16430
$C_{21}H_{24}F_3N_3S$
CAS: 117-89-5
RI: 2683 (SE 30)

GC/MS
EI 70 eV
TSQ 70
QI: 993

Peaks: 43, 56, 70, 113, 141, 207, 248, 266, 306, 407

1-(2-Methylphenyl)-2-(*iso*-propylimino)ethanone

MW: 189.25724
MM: 189.11536
$C_{12}H_{15}NO$
RI: 1442 (calc.)

GC/MS
EI 70 eV
TSQ 70
QI: 935

Peaks: 43, 51, 63, 70, 77, 91, 119, 132, 174, 189

m/z: 43

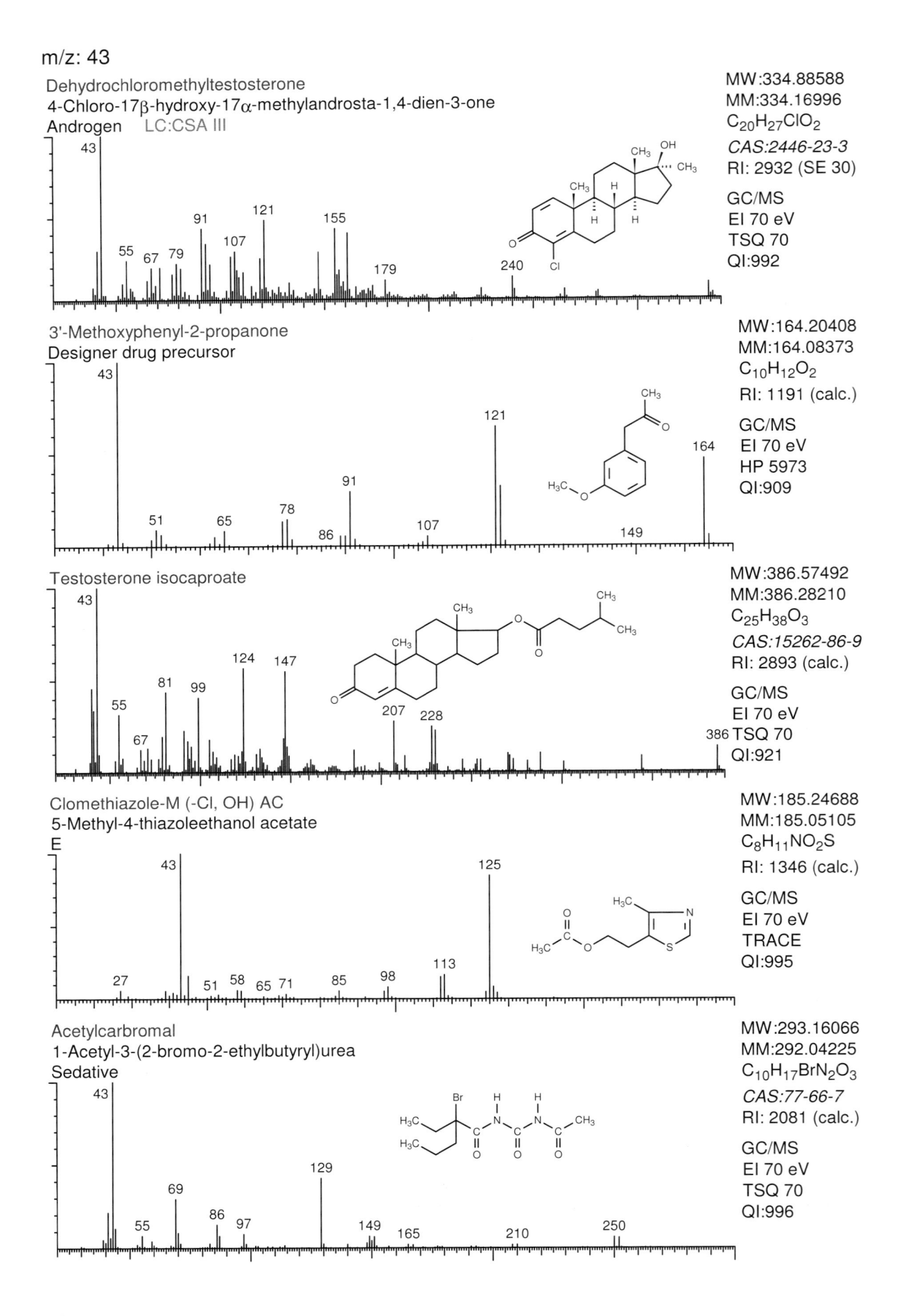

Dehydrochloromethyltestosterone
4-Chloro-17β-hydroxy-17α-methylandrosta-1,4-dien-3-one
Androgen   LC:CSA III

MW:334.88588
MM:334.16996
$C_{20}H_{27}ClO_2$
CAS:2446-23-3
RI: 2932 (SE 30)

GC/MS
EI 70 eV
TSQ 70
QI:992

Peaks: 43, 55, 67, 79, 91, 107, 121, 155, 179, 240

3'-Methoxyphenyl-2-propanone
Designer drug precursor

MW:164.20408
MM:164.08373
$C_{10}H_{12}O_2$
RI: 1191 (calc.)

GC/MS
EI 70 eV
HP 5973
QI:909

Peaks: 43, 51, 65, 78, 86, 91, 107, 121, 149, 164

Testosterone isocaproate

MW:386.57492
MM:386.28210
$C_{25}H_{38}O_3$
CAS:15262-86-9
RI: 2893 (calc.)

GC/MS
EI 70 eV
TSQ 70
QI:921

Peaks: 43, 55, 67, 81, 99, 124, 147, 207, 228, 386

Clomethiazole-M (-Cl, OH) AC
5-Methyl-4-thiazoleethanol acetate
E

MW:185.24688
MM:185.05105
$C_8H_{11}NO_2S$
RI: 1346 (calc.)

GC/MS
EI 70 eV
TRACE
QI:995

Peaks: 27, 43, 51, 58, 65, 71, 85, 98, 113, 125

Acetylcarbromal
1-Acetyl-3-(2-bromo-2-ethylbutyryl)urea
Sedative

MW:293.16066
MM:292.04225
$C_{10}H_{17}BrN_2O_3$
CAS:77-66-7
RI: 2081 (calc.)

GC/MS
EI 70 eV
TSQ 70
QI:996

Peaks: 43, 55, 69, 86, 97, 129, 149, 165, 210, 250

m/z: 43

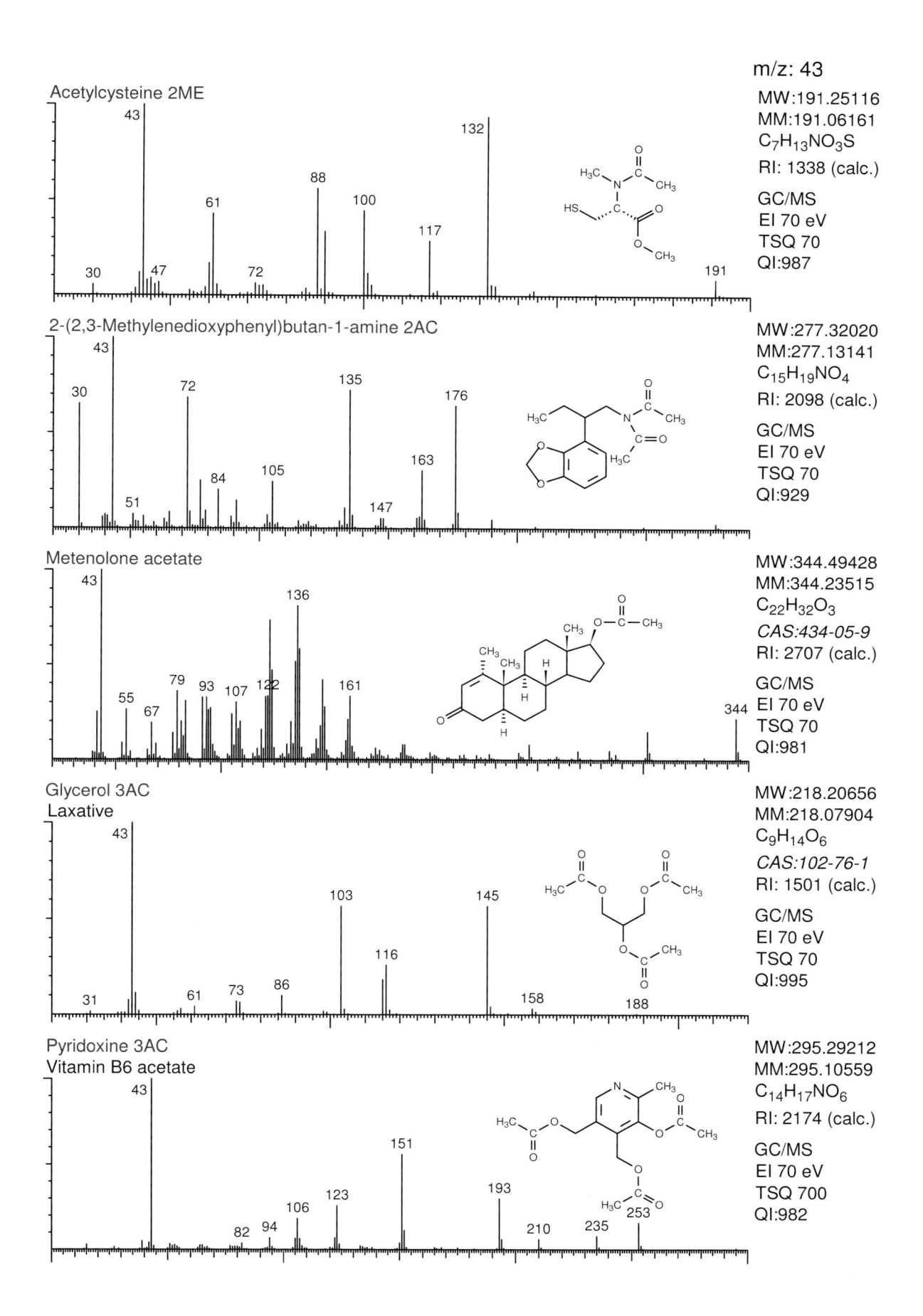

Acetylcysteine 2ME

MW: 191.25116
MM: 191.06161
$C_7H_{13}NO_3S$
RI: 1338 (calc.)

GC/MS
EI 70 eV
TSQ 70
QI: 987

Peaks: 30, 43, 47, 61, 72, 88, 100, 117, 132, 191

2-(2,3-Methylenedioxyphenyl)butan-1-amine 2AC

MW: 277.32020
MM: 277.13141
$C_{15}H_{19}NO_4$
RI: 2098 (calc.)

GC/MS
EI 70 eV
TSQ 70
QI: 929

Peaks: 30, 43, 51, 72, 84, 105, 135, 147, 163, 176

Metenolone acetate

MW: 344.49428
MM: 344.23515
$C_{22}H_{32}O_3$
CAS: 434-05-9
RI: 2707 (calc.)

GC/MS
EI 70 eV
TSQ 70
QI: 981

Peaks: 43, 55, 67, 79, 93, 107, 122, 136, 161, 344

Glycerol 3AC
Laxative

MW: 218.20656
MM: 218.07904
$C_9H_{14}O_6$
CAS: 102-76-1
RI: 1501 (calc.)

GC/MS
EI 70 eV
TSQ 70
QI: 995

Peaks: 31, 43, 61, 73, 86, 103, 116, 145, 158, 188

Pyridoxine 3AC
Vitamin B6 acetate

MW: 295.29212
MM: 295.10559
$C_{14}H_{17}NO_6$
RI: 2174 (calc.)

GC/MS
EI 70 eV
TSQ 700
QI: 982

Peaks: 43, 82, 94, 106, 123, 151, 193, 210, 235, 253

m/z: 43

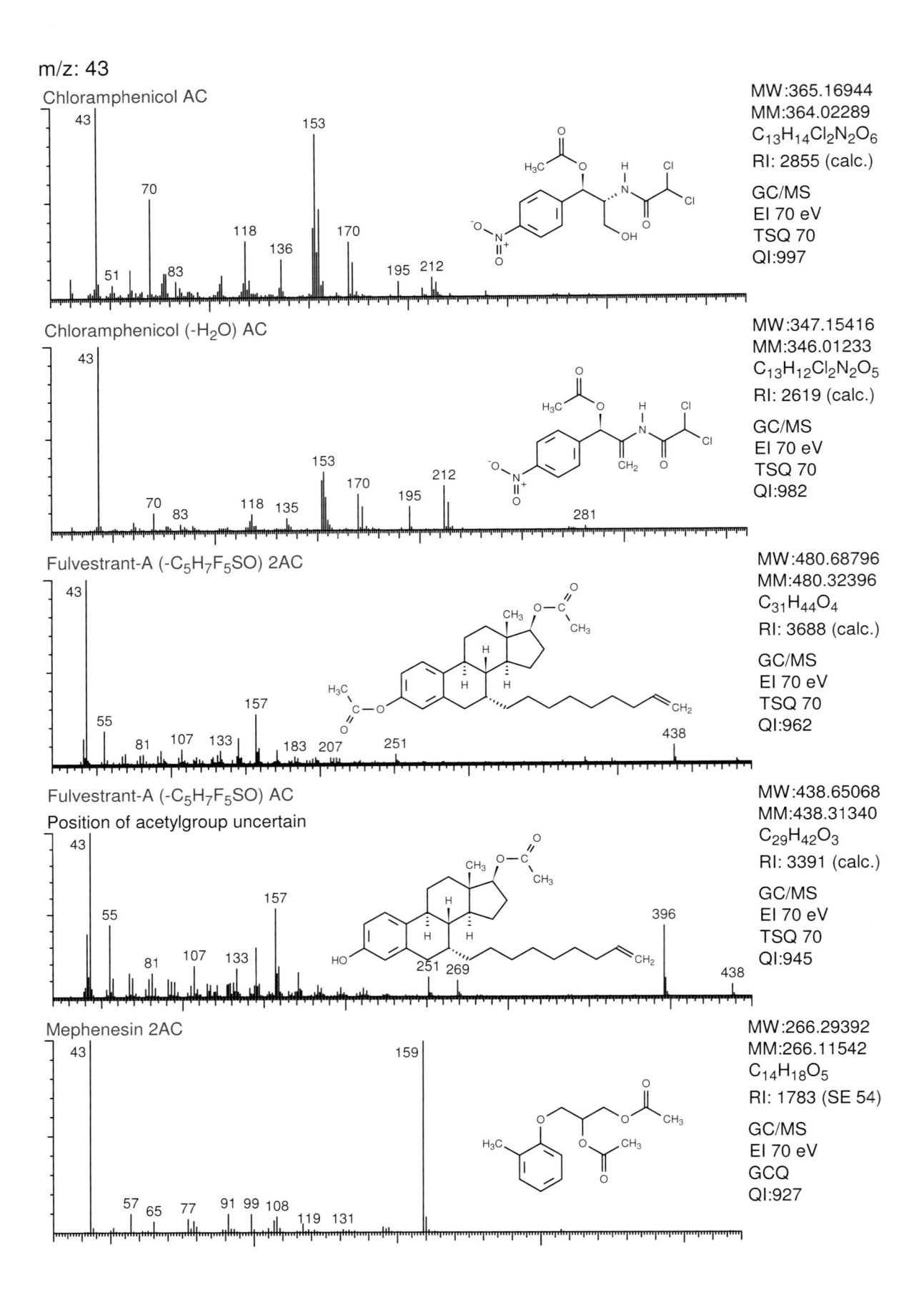

Chloramphenicol AC

MW: 365.16944
MM: 364.02289
$C_{13}H_{14}Cl_2N_2O_6$
RI: 2855 (calc.)

GC/MS
EI 70 eV
TSQ 70
QI: 997

Peaks: 43, 51, 70, 83, 118, 136, 153, 170, 195, 212

Chloramphenicol (-H₂O) AC

MW: 347.15416
MM: 346.01233
$C_{13}H_{12}Cl_2N_2O_5$
RI: 2619 (calc.)

GC/MS
EI 70 eV
TSQ 70
QI: 982

Peaks: 43, 70, 83, 118, 135, 153, 170, 195, 212, 281

Fulvestrant-A (-C₅H₇F₅SO) 2AC

MW: 480.68796
MM: 480.32396
$C_{31}H_{44}O_4$
RI: 3688 (calc.)

GC/MS
EI 70 eV
TSQ 70
QI: 962

Peaks: 43, 55, 81, 107, 133, 157, 183, 207, 251, 438

Fulvestrant-A (-C₅H₇F₅SO) AC
Position of acetylgroup uncertain

MW: 438.65068
MM: 438.31340
$C_{29}H_{42}O_3$
RI: 3391 (calc.)

GC/MS
EI 70 eV
TSQ 70
QI: 945

Peaks: 43, 55, 81, 107, 133, 157, 251, 269, 396, 438

Mephenesin 2AC

MW: 266.29392
MM: 266.11542
$C_{14}H_{18}O_5$
RI: 1783 (SE 54)

GC/MS
EI 70 eV
GCQ
QI: 927

Peaks: 43, 57, 65, 77, 91, 99, 108, 119, 131, 159

Mephenesin 2AC

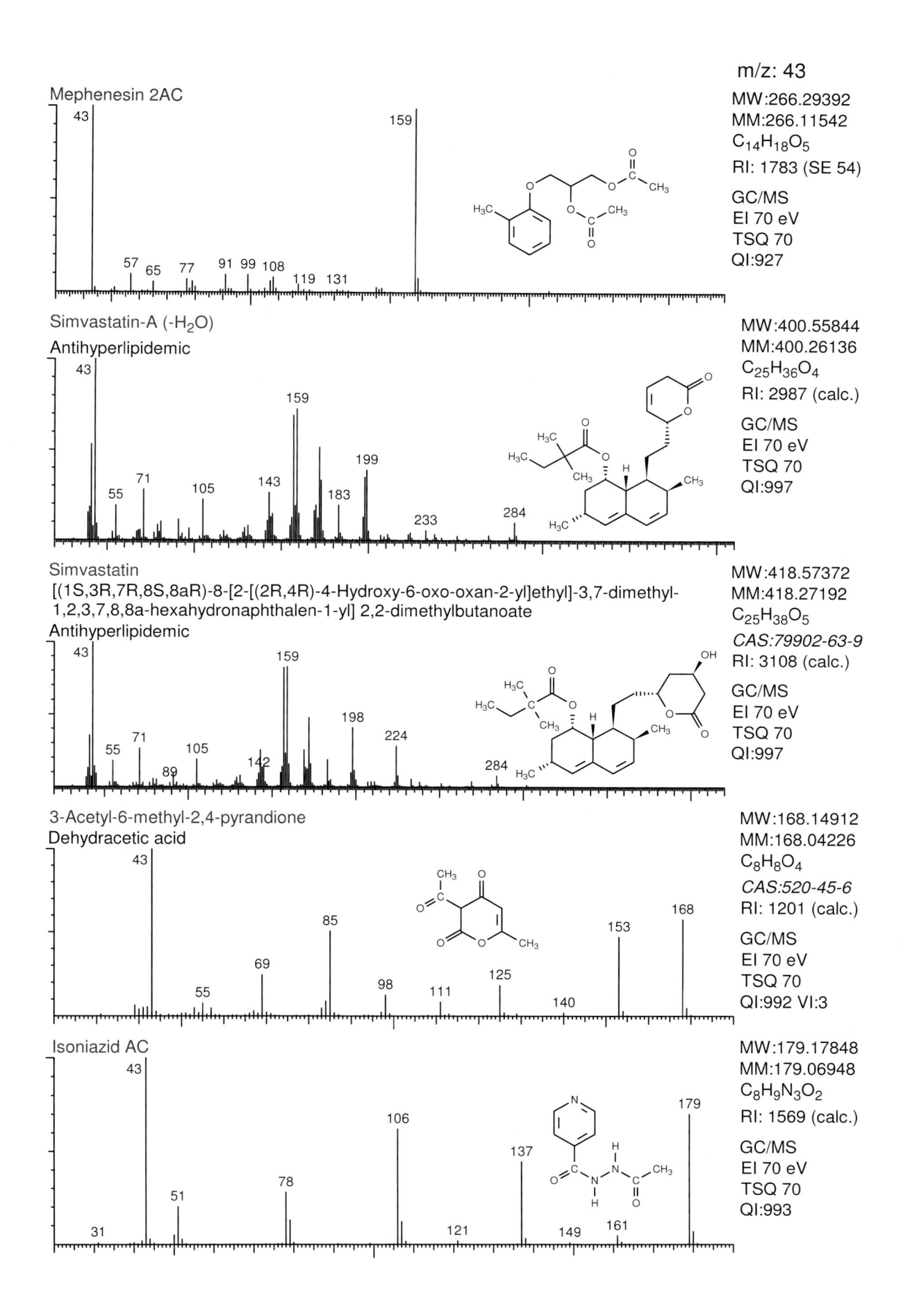

m/z: 43
MW: 266.29392
MM: 266.11542
$C_{14}H_{18}O_5$
RI: 1783 (SE 54)

GC/MS
EI 70 eV
TSQ 70
QI: 927

Simvastatin-A (-H$_2$O)
Antihyperlipidemic

MW: 400.55844
MM: 400.26136
$C_{25}H_{36}O_4$
RI: 2987 (calc.)

GC/MS
EI 70 eV
TSQ 70
QI: 997

Simvastatin
[(1S,3R,7R,8S,8aR)-8-[2-[(2R,4R)-4-Hydroxy-6-oxo-oxan-2-yl]ethyl]-3,7-dimethyl-1,2,3,7,8,8a-hexahydronaphthalen-1-yl] 2,2-dimethylbutanoate
Antihyperlipidemic

MW: 418.57372
MM: 418.27192
$C_{25}H_{38}O_5$
CAS: 79902-63-9
RI: 3108 (calc.)

GC/MS
EI 70 eV
TSQ 70
QI: 997

3-Acetyl-6-methyl-2,4-pyrandione
Dehydracetic acid

MW: 168.14912
MM: 168.04226
$C_8H_8O_4$
CAS: 520-45-6
RI: 1201 (calc.)

GC/MS
EI 70 eV
TSQ 70
QI: 992 VI:3

Isoniazid AC

MW: 179.17848
MM: 179.06948
$C_8H_9N_3O_2$
RI: 1569 (calc.)

GC/MS
EI 70 eV
TSQ 70
QI: 993

m/z: 43

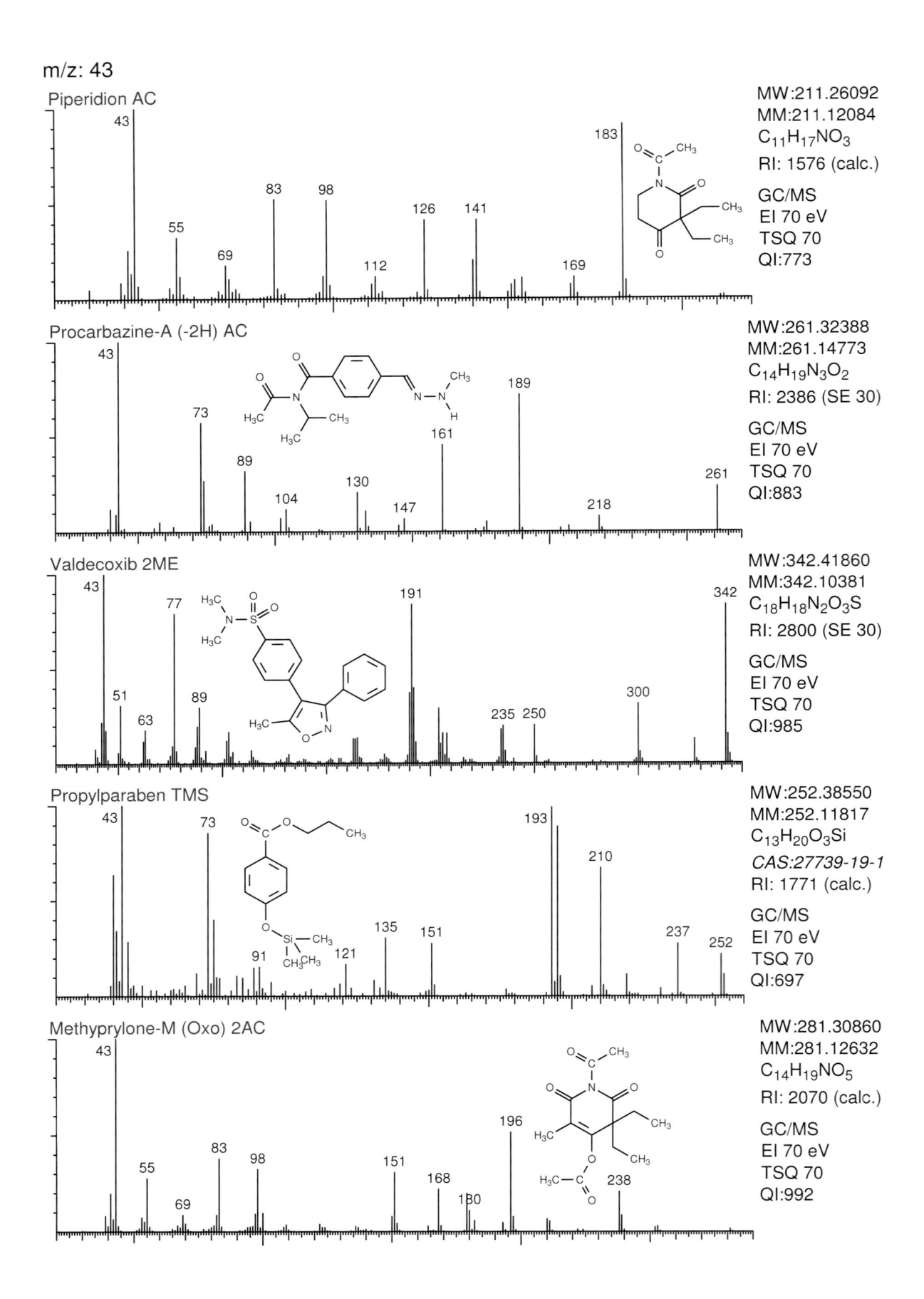

Piperidion AC

43, 55, 69, 83, 98, 112, 126, 141, 169, 183

MW:211.26092
MM:211.12084
$C_{11}H_{17}NO_3$
RI: 1576 (calc.)

GC/MS
EI 70 eV
TSQ 70
QI:773

Procarbazine-A (-2H) AC

43, 73, 89, 104, 130, 147, 161, 189, 218, 261

MW:261.32388
MM:261.14773
$C_{14}H_{19}N_3O_2$
RI: 2386 (SE 30)

GC/MS
EI 70 eV
TSQ 70
QI:883

Valdecoxib 2ME

43, 51, 63, 77, 89, 191, 235, 250, 300, 342

MW:342.41860
MM:342.10381
$C_{18}H_{18}N_2O_3S$
RI: 2800 (SE 30)

GC/MS
EI 70 eV
TSQ 70
QI:985

Propylparaben TMS

43, 73, 91, 121, 135, 151, 193, 210, 237, 252

MW:252.38550
MM:252.11817
$C_{13}H_{20}O_3Si$
CAS:27739-19-1
RI: 1771 (calc.)

GC/MS
EI 70 eV
TSQ 70
QI:697

Methyprylone-M (Oxo) 2AC

43, 55, 69, 83, 98, 151, 168, 180, 196, 238

MW:281.30860
MM:281.12632
$C_{14}H_{19}NO_5$
RI: 2070 (calc.)

GC/MS
EI 70 eV
TSQ 70
QI:992

m/z: 43

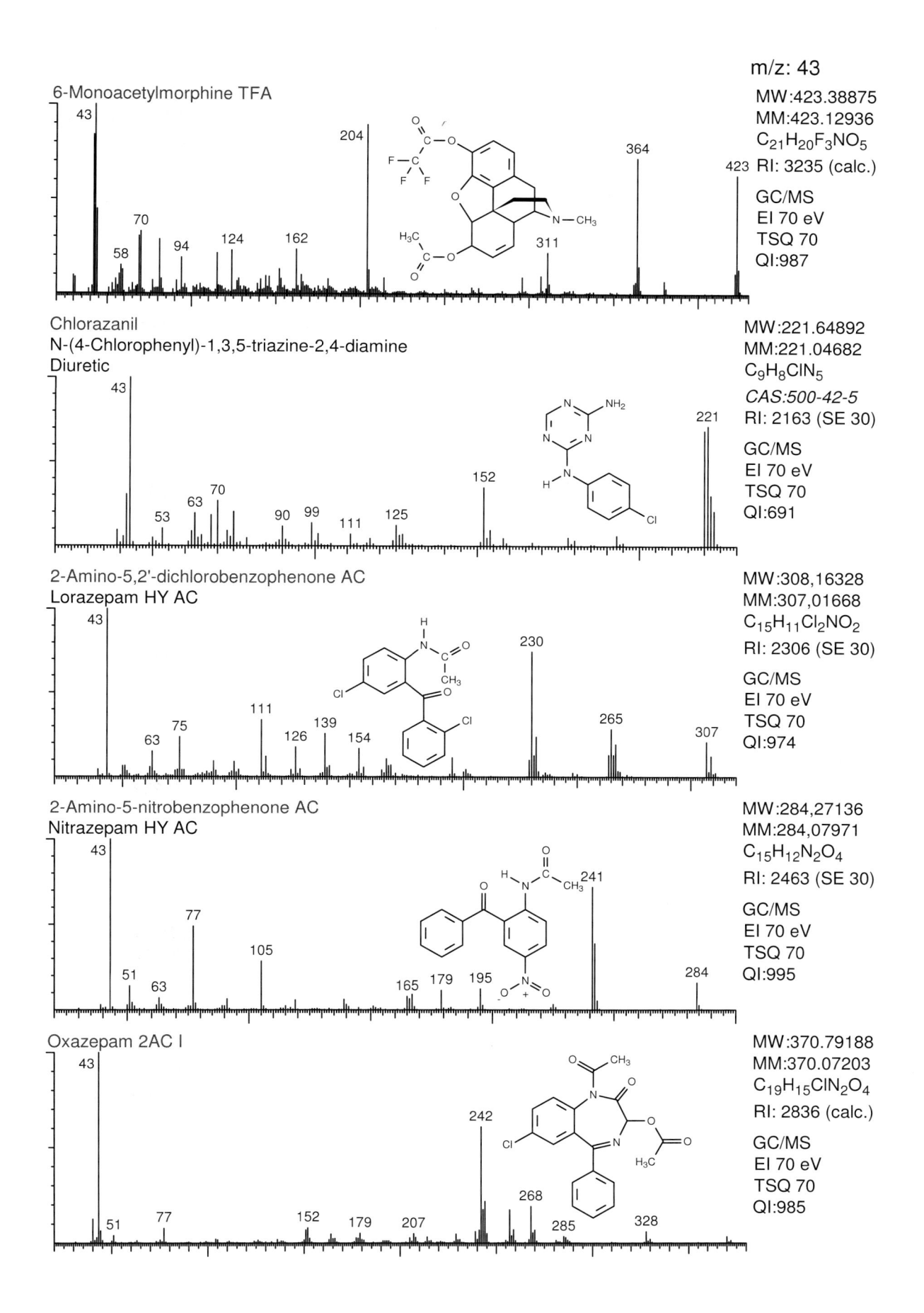

6-Monoacetylmorphine TFA

MW: 423.38875
MM: 423.12936
$C_{21}H_{20}F_3NO_5$
RI: 3235 (calc.)

GC/MS
EI 70 eV
TSQ 70
QI: 987

Peaks: 43, 58, 70, 94, 124, 162, 204, 311, 364, 423

Chlorazanil
N-(4-Chlorophenyl)-1,3,5-triazine-2,4-diamine
Diuretic

MW: 221.64892
MM: 221.04682
$C_9H_8ClN_5$
CAS: 500-42-5
RI: 2163 (SE 30)

GC/MS
EI 70 eV
TSQ 70
QI: 691

Peaks: 43, 53, 63, 70, 90, 99, 111, 125, 152, 221

2-Amino-5,2'-dichlorobenzophenone AC
Lorazepam HY AC

MW: 308,16328
MM: 307,01668
$C_{15}H_{11}Cl_2NO_2$
RI: 2306 (SE 30)

GC/MS
EI 70 eV
TSQ 70
QI: 974

Peaks: 43, 63, 75, 111, 126, 139, 154, 230, 265, 307

2-Amino-5-nitrobenzophenone AC
Nitrazepam HY AC

MW: 284,27136
MM: 284,07971
$C_{15}H_{12}N_2O_4$
RI: 2463 (SE 30)

GC/MS
EI 70 eV
TSQ 70
QI: 995

Peaks: 43, 51, 63, 77, 105, 165, 179, 195, 241, 284

Oxazepam 2AC I

MW: 370.79188
MM: 370.07203
$C_{19}H_{15}ClN_2O_4$
RI: 2836 (calc.)

GC/MS
EI 70 eV
TSQ 70
QI: 985

Peaks: 43, 51, 77, 152, 179, 207, 242, 268, 285, 328

m/z: 43

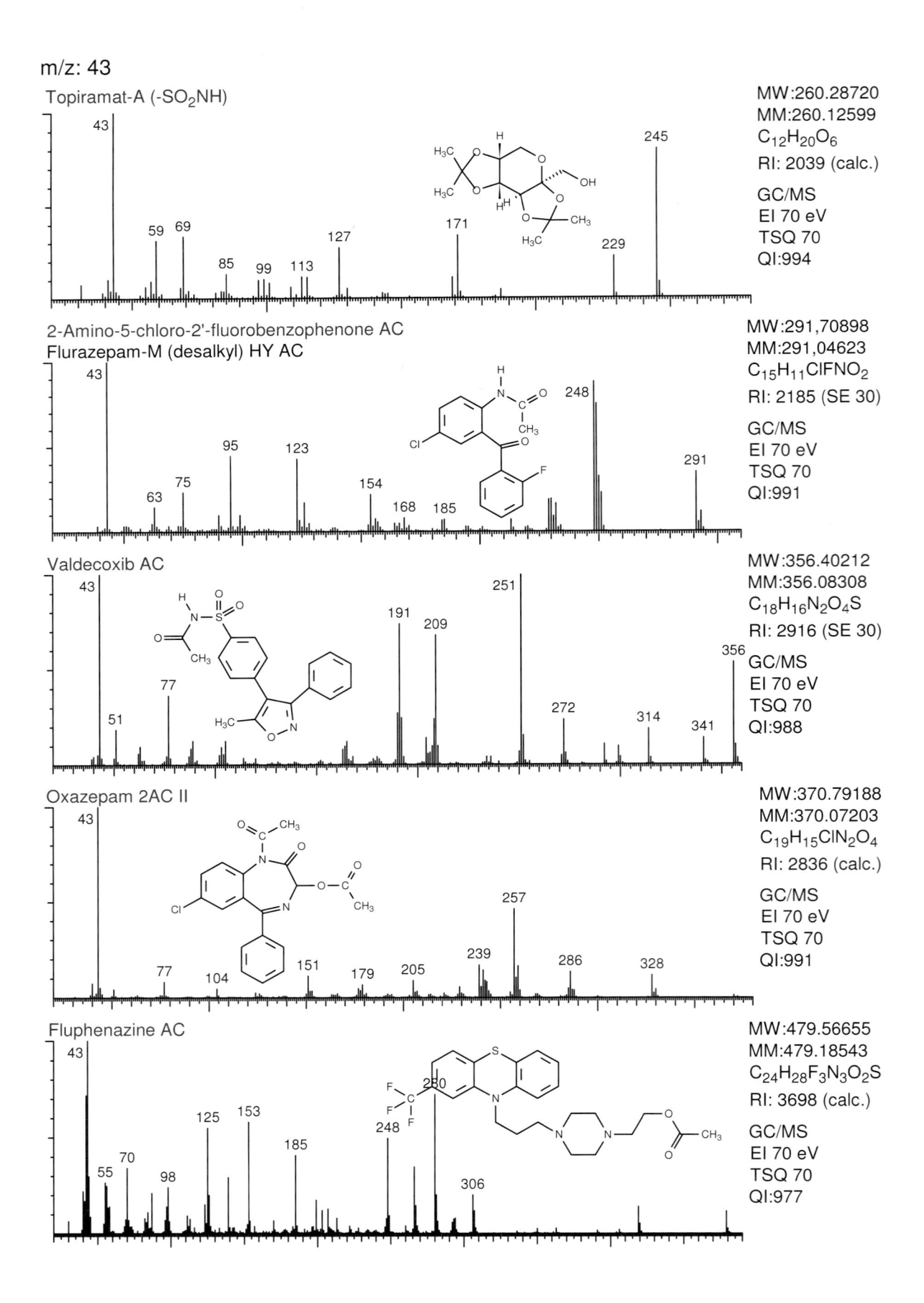

Topiramat-A (-SO$_2$NH)

MW: 260.28720
MM: 260.12599
C$_{12}$H$_{20}$O$_6$
RI: 2039 (calc.)

GC/MS
EI 70 eV
TSQ 70
QI: 994

Peaks: 43, 59, 69, 85, 99, 113, 127, 171, 229, 245

2-Amino-5-chloro-2'-fluorobenzophenone AC
Flurazepam-M (desalkyl) HY AC

MW: 291,70898
MM: 291,04623
C$_{15}$H$_{11}$ClFNO$_2$
RI: 2185 (SE 30)

GC/MS
EI 70 eV
TSQ 70
QI: 991

Peaks: 43, 63, 75, 95, 123, 154, 168, 185, 248, 291

Valdecoxib AC

MW: 356.40212
MM: 356.08308
C$_{18}$H$_{16}$N$_2$O$_4$S
RI: 2916 (SE 30)

GC/MS
EI 70 eV
TSQ 70
QI: 988

Peaks: 43, 51, 77, 191, 209, 251, 272, 314, 341, 356

Oxazepam 2AC II

MW: 370.79188
MM: 370.07203
C$_{19}$H$_{15}$ClN$_2$O$_4$
RI: 2836 (calc.)

GC/MS
EI 70 eV
TSQ 70
QI: 991

Peaks: 43, 77, 104, 151, 179, 205, 239, 257, 286, 328

Fluphenazine AC

MW: 479.56655
MM: 479.18543
C$_{24}$H$_{28}$F$_3$N$_3$O$_2$S
RI: 3698 (calc.)

GC/MS
EI 70 eV
TSQ 70
QI: 977

Peaks: 43, 55, 70, 98, 125, 153, 185, 248, 280, 306

m/z: 43

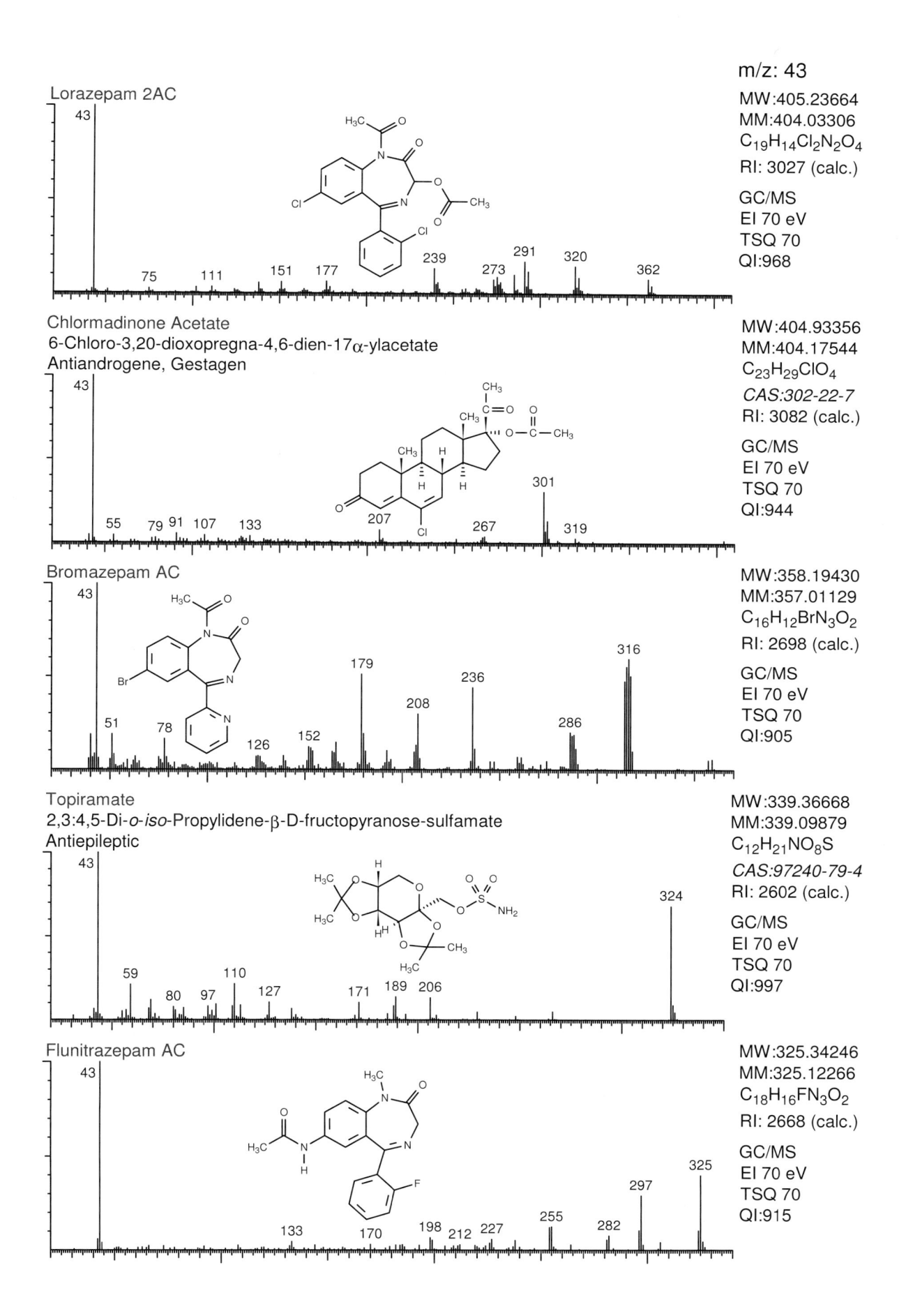

Lorazepam 2AC

MW: 405.23664
MM: 404.03306
$C_{19}H_{14}Cl_2N_2O_4$
RI: 3027 (calc.)

GC/MS
EI 70 eV
TSQ 70
QI: 968

Peaks: 43, 75, 111, 151, 177, 239, 273, 291, 320, 362

Chlormadinone Acetate
6-Chloro-3,20-dioxopregna-4,6-dien-17α-ylacetate
Antiandrogene, Gestagen

MW: 404.93356
MM: 404.17544
$C_{23}H_{29}ClO_4$
CAS: 302-22-7
RI: 3082 (calc.)

GC/MS
EI 70 eV
TSQ 70
QI: 944

Peaks: 43, 55, 79, 91, 107, 133, 207, 267, 301, 319

Bromazepam AC

MW: 358.19430
MM: 357.01129
$C_{16}H_{12}BrN_3O_2$
RI: 2698 (calc.)

GC/MS
EI 70 eV
TSQ 70
QI: 905

Peaks: 43, 51, 78, 126, 152, 179, 208, 236, 286, 316

Topiramate
2,3:4,5-Di-o-iso-Propylidene-β-D-fructopyranose-sulfamate
Antiepileptic

MW: 339.36668
MM: 339.09879
$C_{12}H_{21}NO_8S$
CAS: 97240-79-4
RI: 2602 (calc.)

GC/MS
EI 70 eV
TSQ 70
QI: 997

Peaks: 43, 59, 80, 97, 110, 127, 171, 189, 206, 324

Flunitrazepam AC

MW: 325.34246
MM: 325.12266
$C_{18}H_{16}FN_3O_2$
RI: 2668 (calc.)

GC/MS
EI 70 eV
TSQ 70
QI: 915

Peaks: 43, 133, 170, 198, 212, 227, 255, 282, 297, 325

m/z: 43

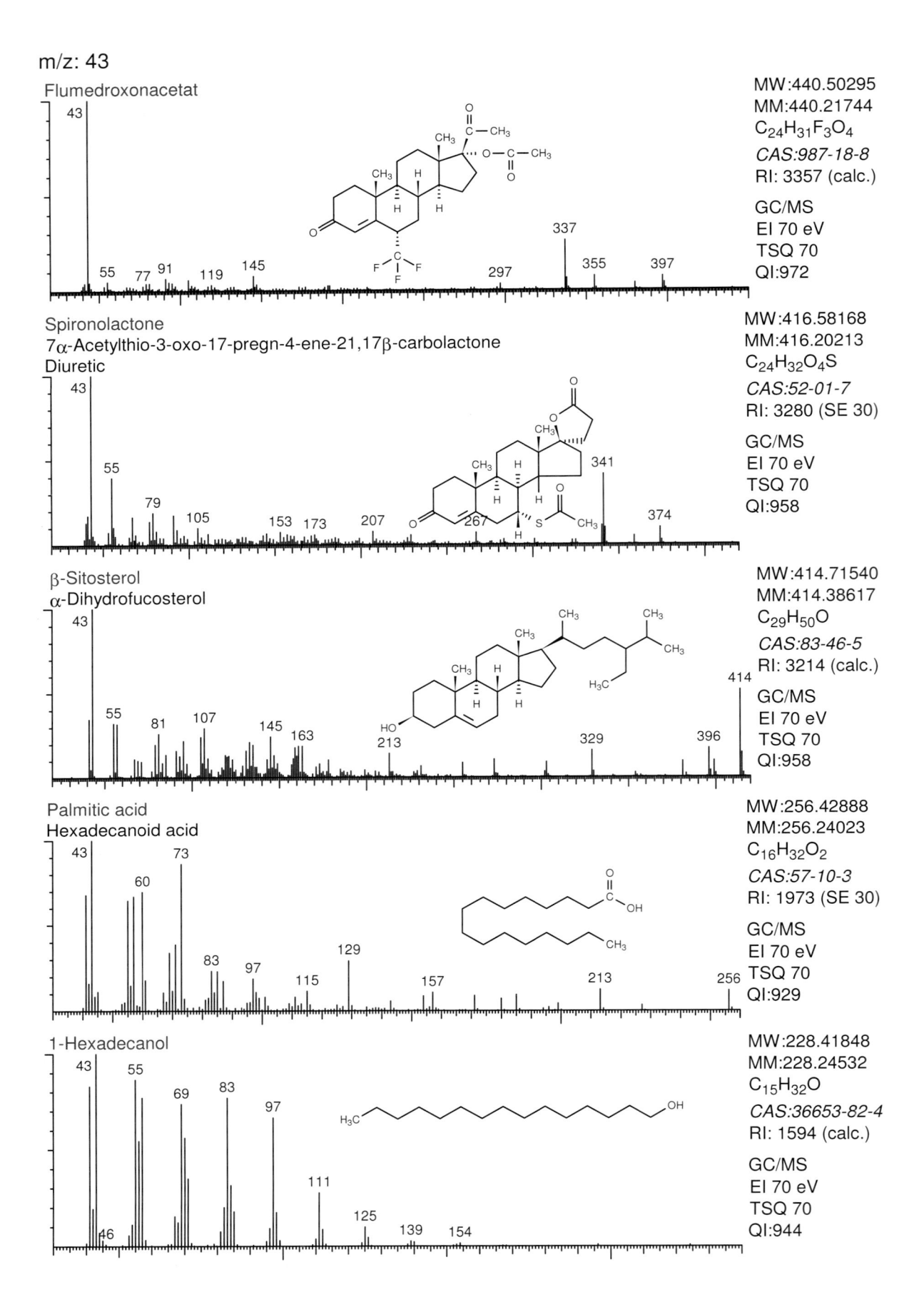

Flumedroxonacetat

MW: 440.50295
MM: 440.21744
$C_{24}H_{31}F_3O_4$
CAS: 987-18-8
RI: 3357 (calc.)

GC/MS
EI 70 eV
TSQ 70
QI: 972

Peaks: 43, 55, 77, 91, 119, 145, 297, 337, 355, 397

Spironolactone
7α-Acetylthio-3-oxo-17-pregn-4-ene-21,17β-carbolactone
Diuretic

MW: 416.58168
MM: 416.20213
$C_{24}H_{32}O_4S$
CAS: 52-01-7
RI: 3280 (SE 30)

GC/MS
EI 70 eV
TSQ 70
QI: 958

Peaks: 43, 55, 79, 105, 153, 173, 207, 267, 341, 374

β-Sitosterol
α-Dihydrofucosterol

MW: 414.71540
MM: 414.38617
$C_{29}H_{50}O$
CAS: 83-46-5
RI: 3214 (calc.)

GC/MS
EI 70 eV
TSQ 70
QI: 958

Peaks: 43, 55, 81, 107, 145, 163, 213, 329, 396, 414

Palmitic acid
Hexadecanoid acid

MW: 256.42888
MM: 256.24023
$C_{16}H_{32}O_2$
CAS: 57-10-3
RI: 1973 (SE 30)

GC/MS
EI 70 eV
TSQ 70
QI: 929

Peaks: 43, 60, 73, 83, 97, 115, 129, 157, 213, 256

1-Hexadecanol

MW: 228.41848
MM: 228.24532
$C_{15}H_{32}O$
CAS: 36653-82-4
RI: 1594 (calc.)

GC/MS
EI 70 eV
TSQ 70
QI: 944

Peaks: 43, 46, 55, 69, 83, 97, 111, 125, 139, 154

m/z: 43

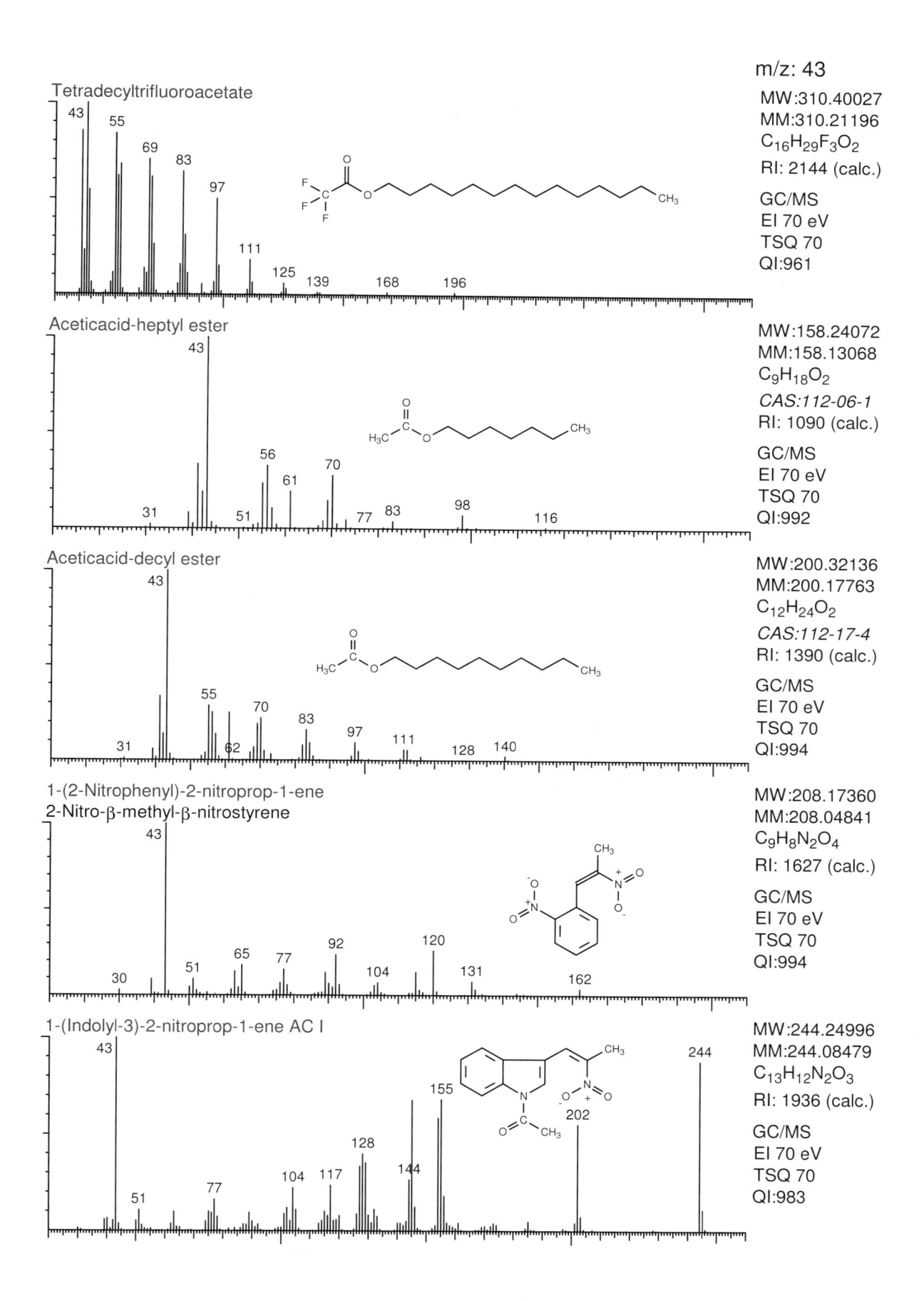

Tetradecyltrifluoroacetate

MW: 310.40027
MM: 310.21196
$C_{16}H_{29}F_3O_2$
RI: 2144 (calc.)

GC/MS
EI 70 eV
TSQ 70
QI: 961

Peaks: 43, 55, 69, 83, 97, 111, 125, 139, 168, 196

Aceticacid-heptyl ester

MW: 158.24072
MM: 158.13068
$C_9H_{18}O_2$
CAS: 112-06-1
RI: 1090 (calc.)

GC/MS
EI 70 eV
TSQ 70
QI: 992

Peaks: 31, 43, 51, 56, 61, 70, 77, 83, 98, 116

Aceticacid-decyl ester

MW: 200.32136
MM: 200.17763
$C_{12}H_{24}O_2$
CAS: 112-17-4
RI: 1390 (calc.)

GC/MS
EI 70 eV
TSQ 70
QI: 994

Peaks: 31, 43, 55, 62, 70, 83, 97, 111, 128, 140

1-(2-Nitrophenyl)-2-nitroprop-1-ene
2-Nitro-β-methyl-β-nitrostyrene

MW: 208.17360
MM: 208.04841
$C_9H_8N_2O_4$
RI: 1627 (calc.)

GC/MS
EI 70 eV
TSQ 70
QI: 994

Peaks: 30, 43, 51, 65, 77, 92, 104, 120, 131, 162

1-(Indolyl-3)-2-nitroprop-1-ene AC I

MW: 244.24996
MM: 244.08479
$C_{13}H_{12}N_2O_3$
RI: 1936 (calc.)

GC/MS
EI 70 eV
TSQ 70
QI: 983

Peaks: 43, 51, 77, 104, 117, 128, 144, 155, 202, 244

m/z: 43

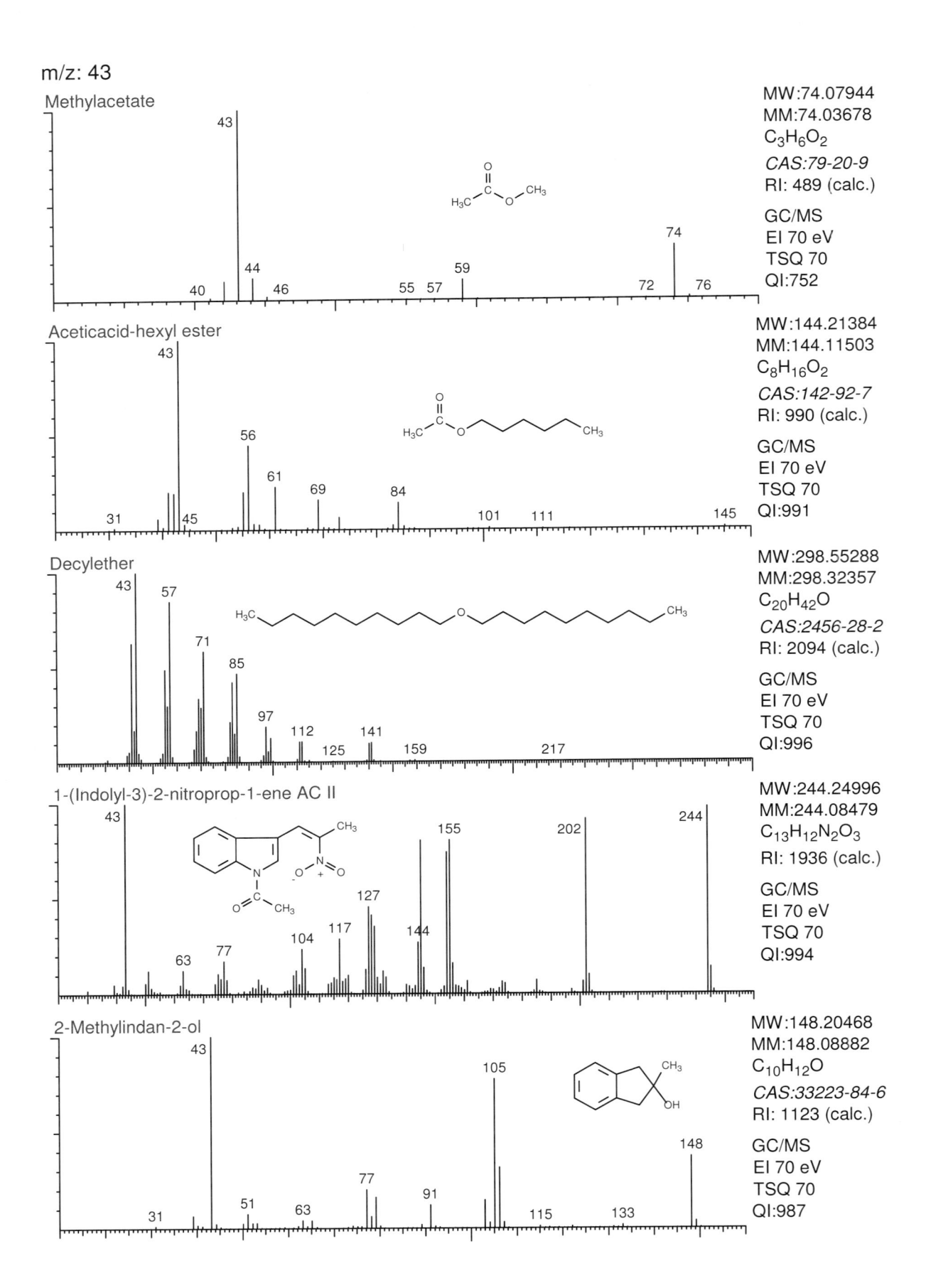

Methylacetate

MW:74.07944
MM:74.03678
C$_3$H$_6$O$_2$
CAS:79-20-9
RI: 489 (calc.)

GC/MS
EI 70 eV
TSQ 70
QI:752

Aceticacid-hexyl ester

MW:144.21384
MM:144.11503
C$_8$H$_{16}$O$_2$
CAS:142-92-7
RI: 990 (calc.)

GC/MS
EI 70 eV
TSQ 70
QI:991

Decylether

MW:298.55288
MM:298.32357
C$_{20}$H$_{42}$O
CAS:2456-28-2
RI: 2094 (calc.)

GC/MS
EI 70 eV
TSQ 70
QI:996

1-(Indolyl-3)-2-nitroprop-1-ene AC II

MW:244.24996
MM:244.08479
C$_{13}$H$_{12}$N$_2$O$_3$
RI: 1936 (calc.)

GC/MS
EI 70 eV
TSQ 70
QI:994

2-Methylindan-2-ol

MW:148.20468
MM:148.08882
C$_{10}$H$_{12}$O
CAS:33223-84-6
RI: 1123 (calc.)

GC/MS
EI 70 eV
TSQ 70
QI:987

m/z: 43-44

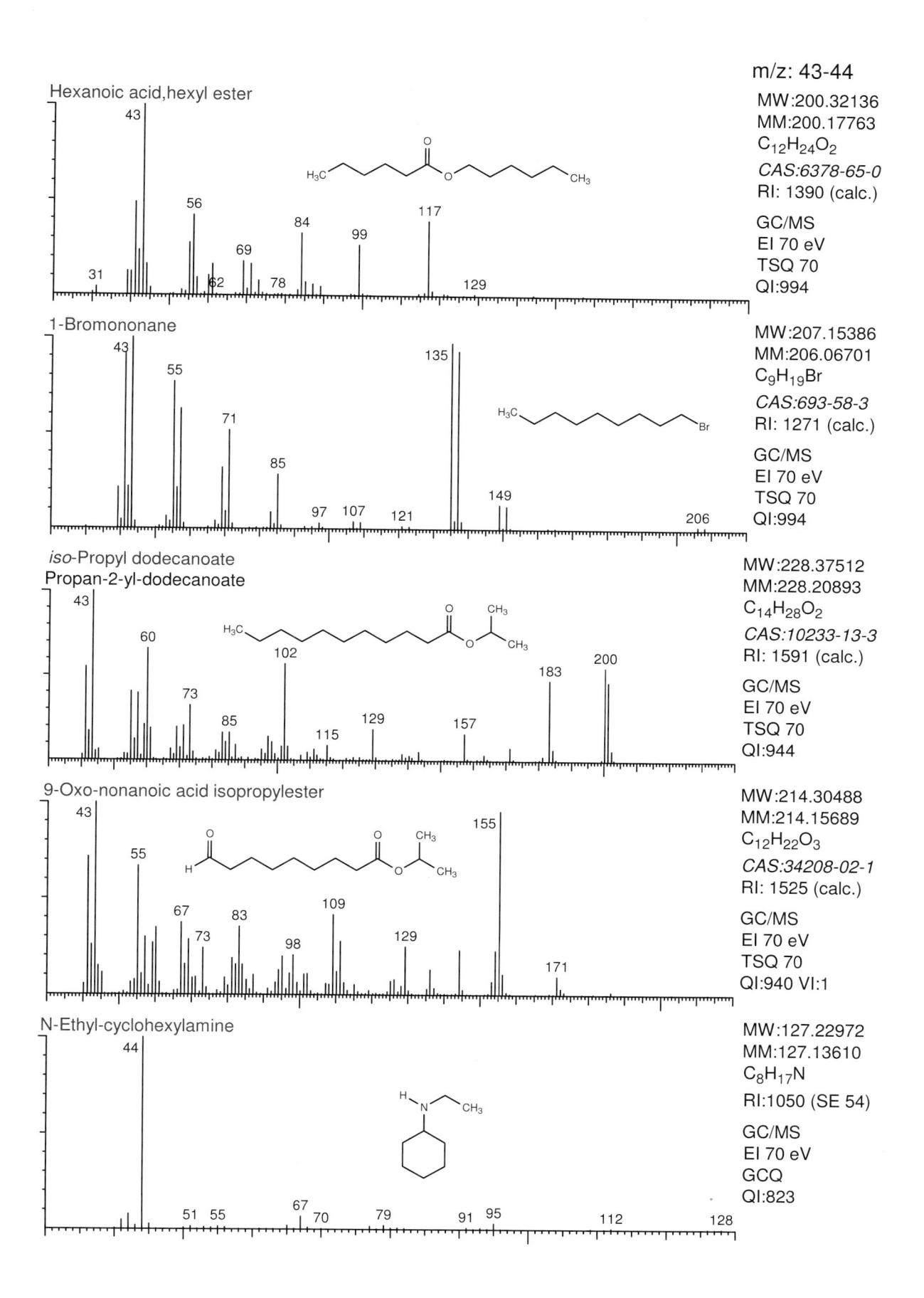

Hexanoic acid, hexyl ester

Peaks: 31, 43, 56, 62, 69, 78, 84, 99, 117, 129

MW: 200.32136
MM: 200.17763
$C_{12}H_{24}O_2$
CAS: 6378-65-0
RI: 1390 (calc.)

GC/MS
EI 70 eV
TSQ 70
QI: 994

1-Bromononane

Peaks: 43, 55, 71, 85, 97, 107, 121, 135, 149, 206

MW: 207.15386
MM: 206.06701
$C_9H_{19}Br$
CAS: 693-58-3
RI: 1271 (calc.)

GC/MS
EI 70 eV
TSQ 70
QI: 994

iso-Propyl dodecanoate
Propan-2-yl-dodecanoate

Peaks: 43, 60, 73, 85, 102, 115, 129, 157, 183, 200

MW: 228.37512
MM: 228.20893
$C_{14}H_{28}O_2$
CAS: 10233-13-3
RI: 1591 (calc.)

GC/MS
EI 70 eV
TSQ 70
QI: 944

9-Oxo-nonanoic acid isopropylester

Peaks: 43, 55, 67, 73, 83, 98, 109, 129, 155, 171

MW: 214.30488
MM: 214.15689
$C_{12}H_{22}O_3$
CAS: 34208-02-1
RI: 1525 (calc.)

GC/MS
EI 70 eV
TSQ 70
QI: 940 VI:1

N-Ethyl-cyclohexylamine

Peaks: 44, 51, 55, 67, 70, 79, 91, 95, 112, 128

MW: 127.22972
MM: 127.13610
$C_8H_{17}N$
RI: 1050 (SE 54)

GC/MS
EI 70 eV
GCQ
QI: 823

m/z: 44

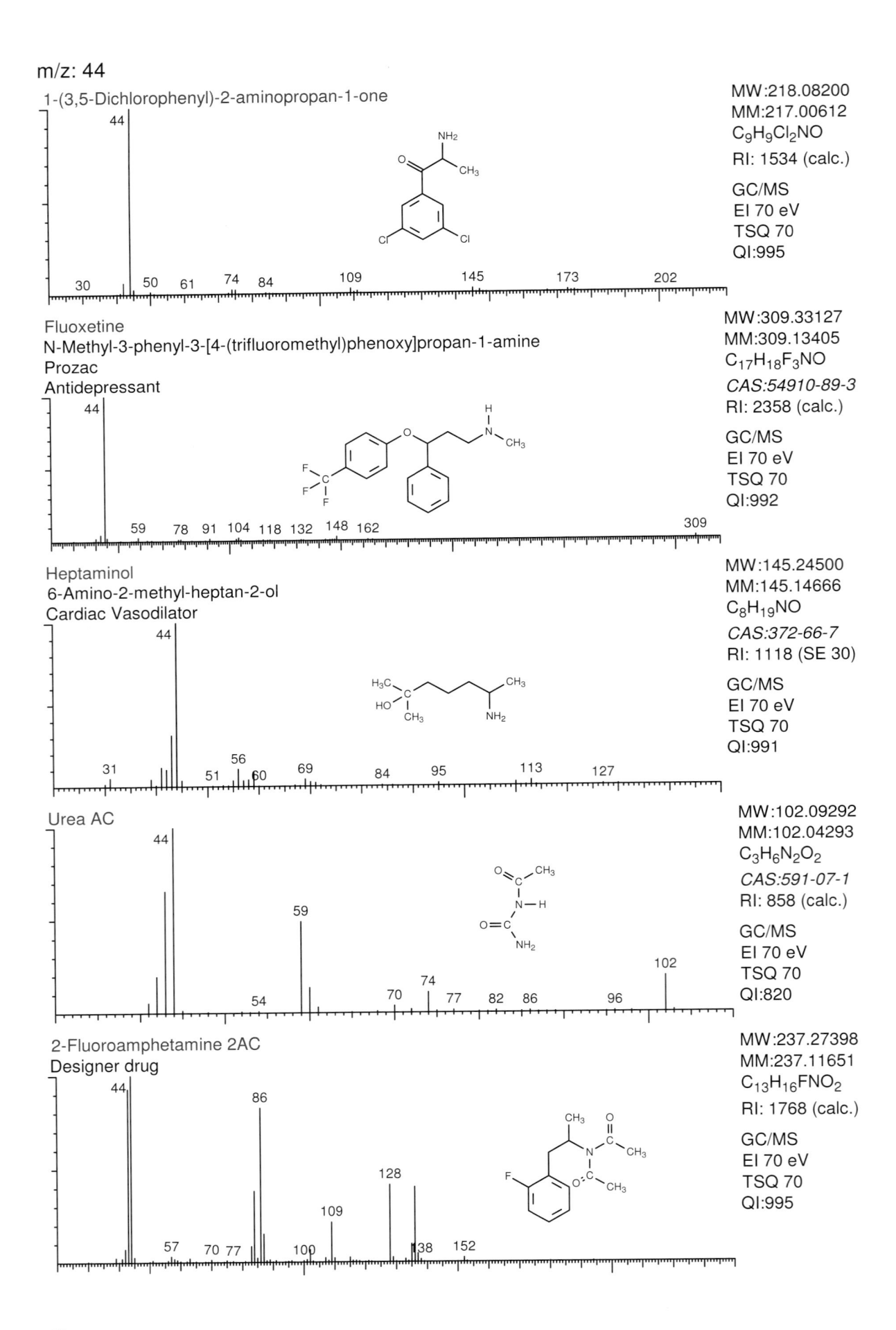

1-(3,5-Dichlorophenyl)-2-aminopropan-1-one

MW: 218.08200
MM: 217.00612
$C_9H_9Cl_2NO$
RI: 1534 (calc.)

GC/MS
EI 70 eV
TSQ 70
QI: 995

Peaks: 44, 30, 50, 61, 74, 84, 109, 145, 173, 202

Fluoxetine
N-Methyl-3-phenyl-3-[4-(trifluoromethyl)phenoxy]propan-1-amine
Prozac
Antidepressant

MW: 309.33127
MM: 309.13405
$C_{17}H_{18}F_3NO$
CAS: 54910-89-3
RI: 2358 (calc.)

GC/MS
EI 70 eV
TSQ 70
QI: 992

Peaks: 44, 59, 78, 91, 104, 118, 132, 148, 162, 309

Heptaminol
6-Amino-2-methyl-heptan-2-ol
Cardiac Vasodilator

MW: 145.24500
MM: 145.14666
$C_8H_{19}NO$
CAS: 372-66-7
RI: 1118 (SE 30)

GC/MS
EI 70 eV
TSQ 70
QI: 991

Peaks: 44, 31, 51, 56, 60, 69, 84, 95, 113, 127

Urea AC

MW: 102.09292
MM: 102.04293
$C_3H_6N_2O_2$
CAS: 591-07-1
RI: 858 (calc.)

GC/MS
EI 70 eV
TSQ 70
QI: 820

Peaks: 44, 54, 59, 70, 74, 77, 82, 86, 96, 102

2-Fluoroamphetamine 2AC
Designer drug

MW: 237.27398
MM: 237.11651
$C_{13}H_{16}FNO_2$
RI: 1768 (calc.)

GC/MS
EI 70 eV
TSQ 70
QI: 995

Peaks: 44, 57, 70, 77, 86, 100, 109, 128, 138, 152

m/z: 44

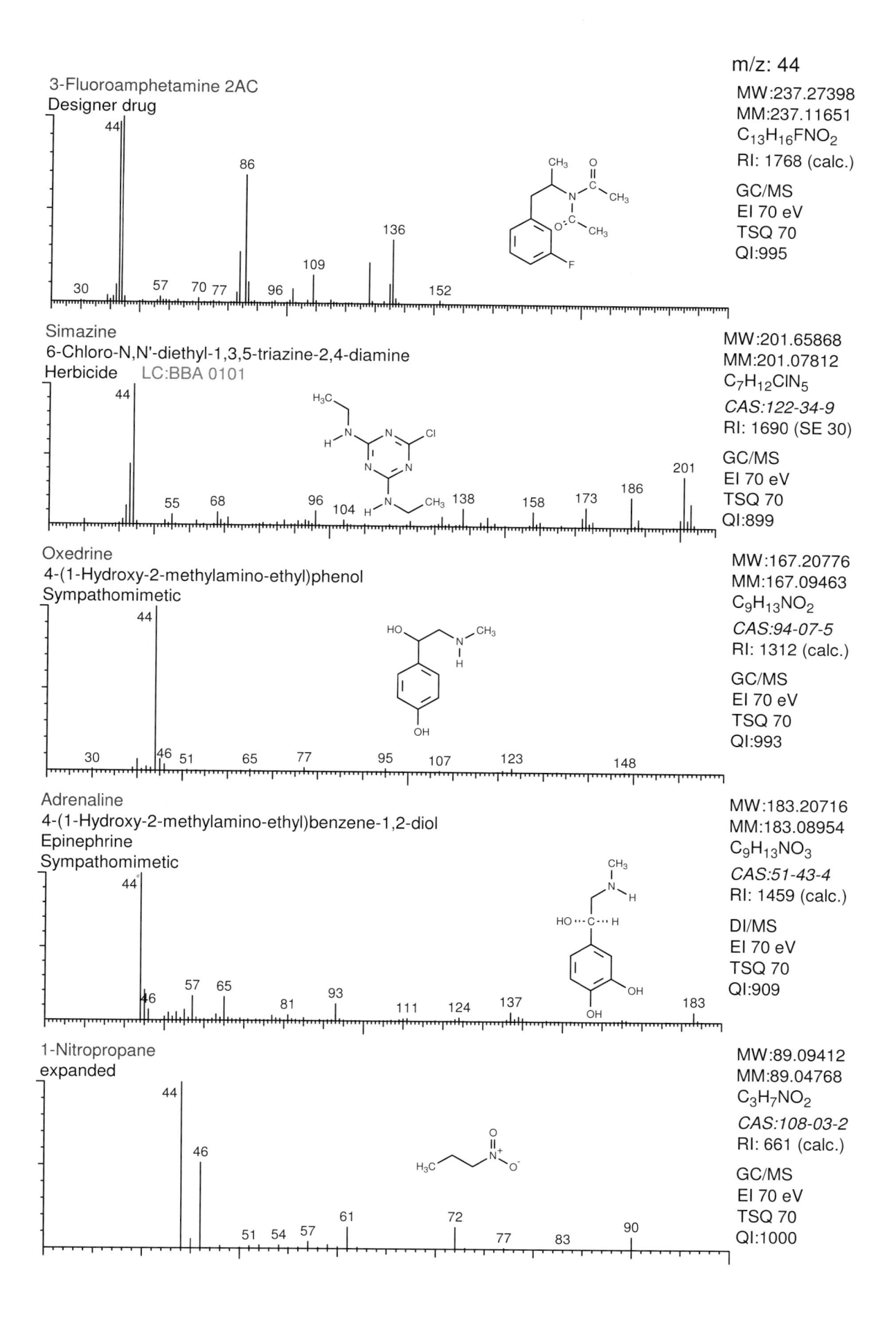

3-Fluoroamphetamine 2AC
Designer drug

MW: 237.27398
MM: 237.11651
$C_{13}H_{16}FNO_2$
RI: 1768 (calc.)

GC/MS
EI 70 eV
TSQ 70
QI: 995

Peaks: 30, 44, 57, 70, 77, 86, 96, 109, 136, 152

Simazine
6-Chloro-N,N'-diethyl-1,3,5-triazine-2,4-diamine
Herbicide   LC:BBA 0101

MW: 201.65868
MM: 201.07812
$C_7H_{12}ClN_5$
CAS: 122-34-9
RI: 1690 (SE 30)

GC/MS
EI 70 eV
TSQ 70
QI: 899

Peaks: 44, 55, 68, 96, 104, 138, 158, 173, 186, 201

Oxedrine
4-(1-Hydroxy-2-methylamino-ethyl)phenol
Sympathomimetic

MW: 167.20776
MM: 167.09463
$C_9H_{13}NO_2$
CAS: 94-07-5
RI: 1312 (calc.)

GC/MS
EI 70 eV
TSQ 70
QI: 993

Peaks: 30, 44, 46, 51, 65, 77, 95, 107, 123, 148

Adrenaline
4-(1-Hydroxy-2-methylamino-ethyl)benzene-1,2-diol
Epinephrine
Sympathomimetic

MW: 183.20716
MM: 183.08954
$C_9H_{13}NO_3$
CAS: 51-43-4
RI: 1459 (calc.)

DI/MS
EI 70 eV
TSQ 70
QI: 909

Peaks: 44, 46, 57, 65, 81, 93, 111, 124, 137, 183

1-Nitropropane
expanded

MW: 89.09412
MM: 89.04768
$C_3H_7NO_2$
CAS: 108-03-2
RI: 661 (calc.)

GC/MS
EI 70 eV
TSQ 70
QI: 1000

Peaks: 44, 46, 51, 54, 57, 61, 72, 77, 83, 90

m/z: 44

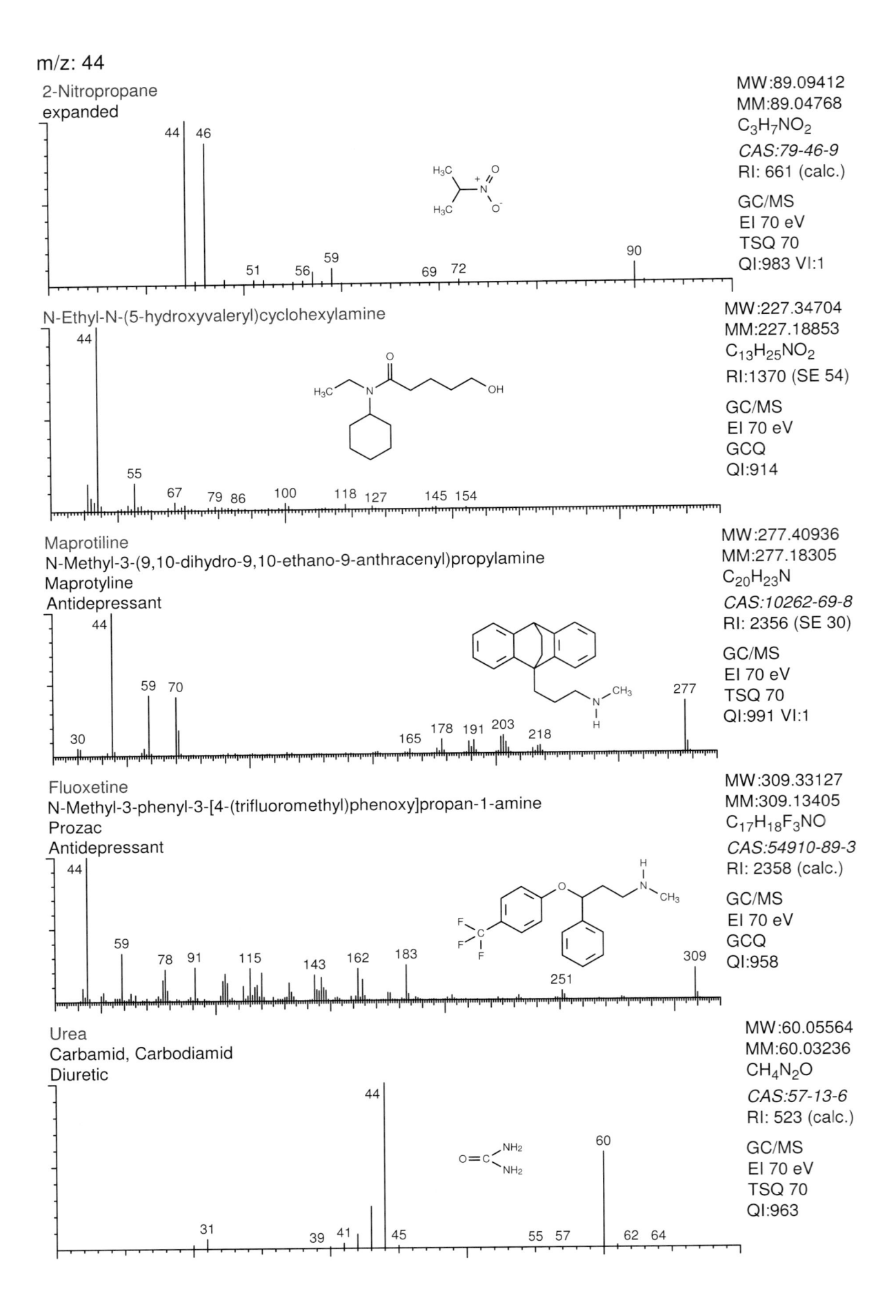

2-Nitropropane
expanded

MW:89.09412
MM:89.04768
$C_3H_7NO_2$
CAS:79-46-9
RI: 661 (calc.)

GC/MS
EI 70 eV
TSQ 70
QI:983 VI:1

Peaks: 44, 46, 51, 56, 59, 69, 72, 90

N-Ethyl-N-(5-hydroxyvaleryl)cyclohexylamine

MW:227.34704
MM:227.18853
$C_{13}H_{25}NO_2$
RI:1370 (SE 54)

GC/MS
EI 70 eV
GCQ
QI:914

Peaks: 44, 55, 67, 79, 86, 100, 118, 127, 145, 154

Maprotiline
N-Methyl-3-(9,10-dihydro-9,10-ethano-9-anthracenyl)propylamine
Maprotyline
Antidepressant

MW:277.40936
MM:277.18305
$C_{20}H_{23}N$
CAS:10262-69-8
RI: 2356 (SE 30)

GC/MS
EI 70 eV
TSQ 70
QI:991 VI:1

Peaks: 30, 44, 59, 70, 165, 178, 191, 203, 218, 277

Fluoxetine
N-Methyl-3-phenyl-3-[4-(trifluoromethyl)phenoxy]propan-1-amine
Prozac
Antidepressant

MW:309.33127
MM:309.13405
$C_{17}H_{18}F_3NO$
CAS:54910-89-3
RI: 2358 (calc.)

GC/MS
EI 70 eV
GCQ
QI:958

Peaks: 44, 59, 78, 91, 115, 143, 162, 183, 251, 309

Urea
Carbamid, Carbodiamid
Diuretic

MW:60.05564
MM:60.03236
CH_4N_2O
CAS:57-13-6
RI: 523 (calc.)

GC/MS
EI 70 eV
TSQ 70
QI:963

Peaks: 31, 39, 41, 44, 45, 55, 57, 60, 62, 64

N-Ethyl-cyclohexylamine AC

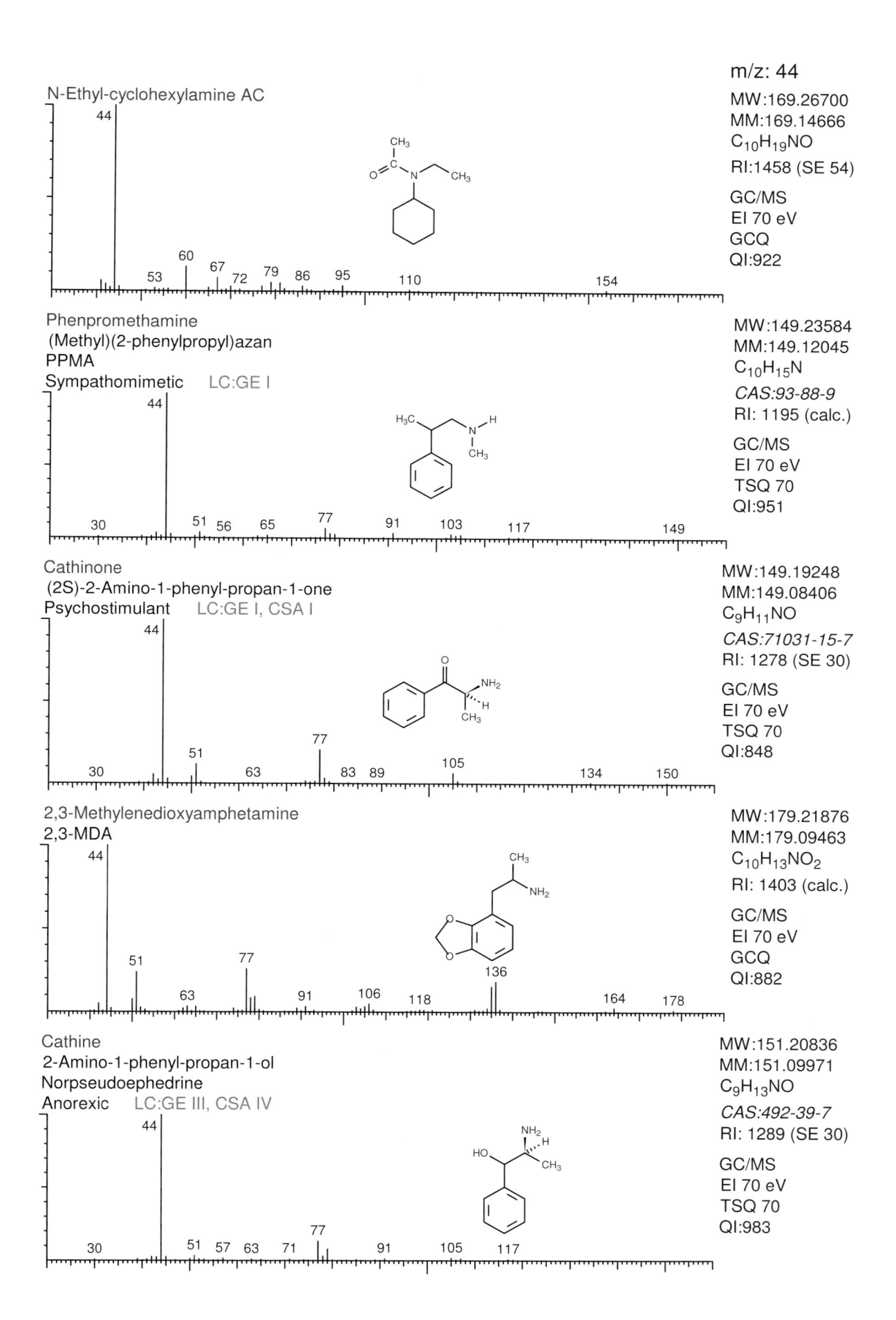

m/z: 44
MW:169.26700
MM:169.14666
$C_{10}H_{19}NO$
RI:1458 (SE 54)

GC/MS
EI 70 eV
GCQ
QI:922

Peaks: 44, 53, 60, 67, 72, 79, 86, 95, 110, 154

Phenpromethamine
(Methyl)(2-phenylpropyl)azan
PPMA
Sympathomimetic   LC:GE I

MW:149.23584
MM:149.12045
$C_{10}H_{15}N$
CAS:93-88-9
RI: 1195 (calc.)

GC/MS
EI 70 eV
TSQ 70
QI:951

Peaks: 30, 44, 51, 56, 65, 77, 91, 103, 117, 149

Cathinone
(2S)-2-Amino-1-phenyl-propan-1-one
Psychostimulant   LC:GE I, CSA I

MW:149.19248
MM:149.08406
$C_9H_{11}NO$
CAS:71031-15-7
RI: 1278 (SE 30)

GC/MS
EI 70 eV
TSQ 70
QI:848

Peaks: 30, 44, 51, 63, 77, 83, 89, 105, 134, 150

2,3-Methylenedioxyamphetamine
2,3-MDA

MW:179.21876
MM:179.09463
$C_{10}H_{13}NO_2$
RI: 1403 (calc.)

GC/MS
EI 70 eV
GCQ
QI:882

Peaks: 44, 51, 63, 77, 91, 106, 118, 136, 164, 178

Cathine
2-Amino-1-phenyl-propan-1-ol
Norpseudoephedrine
Anorexic   LC:GE III, CSA IV

MW:151.20836
MM:151.09971
$C_9H_{13}NO$
CAS:492-39-7
RI: 1289 (SE 30)

GC/MS
EI 70 eV
TSQ 70
QI:983

Peaks: 30, 44, 51, 57, 63, 71, 77, 91, 105, 117

m/z: 44

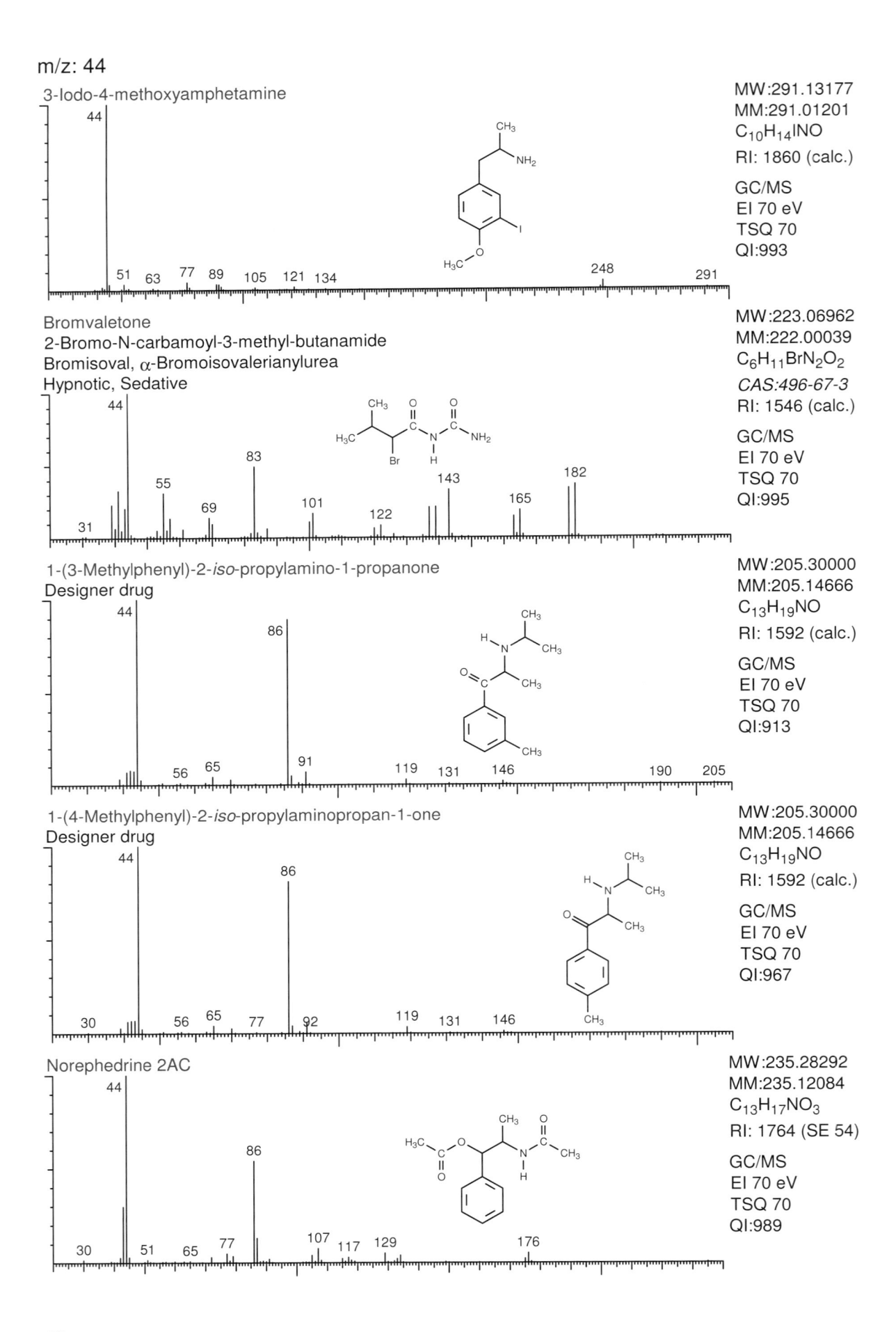

3-Iodo-4-methoxyamphetamine

Peaks: 44, 51, 63, 77, 89, 105, 121, 134, 248, 291

MW: 291.13177
MM: 291.01201
$C_{10}H_{14}INO$
RI: 1860 (calc.)

GC/MS
EI 70 eV
TSQ 70
QI: 993

Bromvaletone
2-Bromo-N-carbamoyl-3-methyl-butanamide
Bromisoval, α-Bromoisovalerianylurea
Hypnotic, Sedative

Peaks: 31, 44, 55, 69, 83, 101, 122, 143, 165, 182

MW: 223.06962
MM: 222.00039
$C_6H_{11}BrN_2O_2$
CAS: 496-67-3
RI: 1546 (calc.)

GC/MS
EI 70 eV
TSQ 70
QI: 995

1-(3-Methylphenyl)-2-*iso*-propylamino-1-propanone
Designer drug

Peaks: 44, 56, 65, 86, 91, 119, 131, 146, 190, 205

MW: 205.30000
MM: 205.14666
$C_{13}H_{19}NO$
RI: 1592 (calc.)

GC/MS
EI 70 eV
TSQ 70
QI: 913

1-(4-Methylphenyl)-2-*iso*-propylaminopropan-1-one
Designer drug

Peaks: 30, 44, 56, 65, 77, 86, 92, 119, 131, 146

MW: 205.30000
MM: 205.14666
$C_{13}H_{19}NO$
RI: 1592 (calc.)

GC/MS
EI 70 eV
TSQ 70
QI: 967

Norephedrine 2AC

Peaks: 30, 44, 51, 65, 77, 86, 107, 117, 129, 176

MW: 235.28292
MM: 235.12084
$C_{13}H_{17}NO_3$
RI: 1764 (SE 54)

GC/MS
EI 70 eV
TSQ 70
QI: 989

m/z: 44

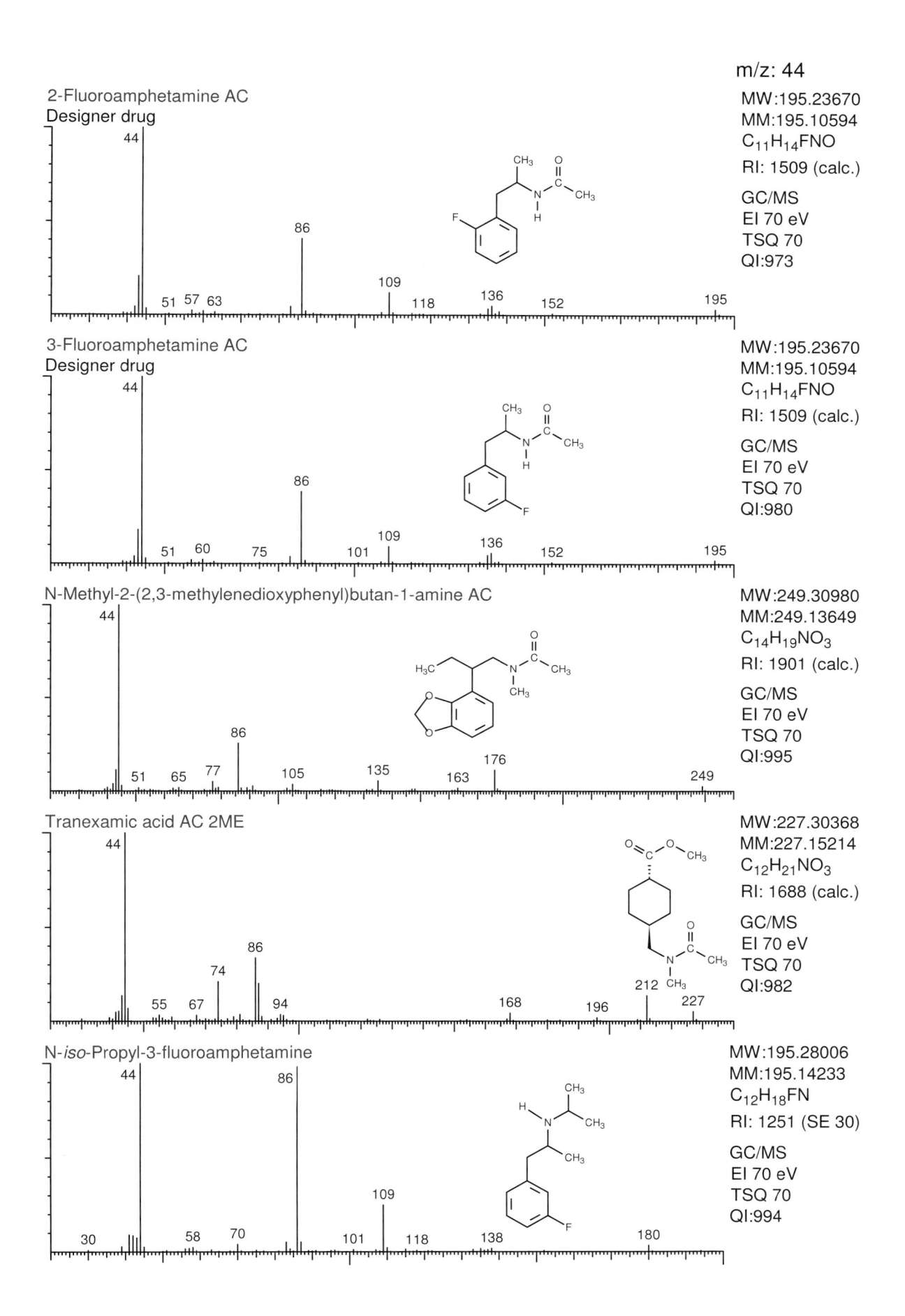

2-Fluoroamphetamine AC
Designer drug

MW: 195.23670
MM: 195.10594
$C_{11}H_{14}FNO$
RI: 1509 (calc.)

GC/MS
EI 70 eV
TSQ 70
QI: 973

Peaks: 44, 51, 57, 63, 86, 109, 118, 136, 152, 195

3-Fluoroamphetamine AC
Designer drug

MW: 195.23670
MM: 195.10594
$C_{11}H_{14}FNO$
RI: 1509 (calc.)

GC/MS
EI 70 eV
TSQ 70
QI: 980

Peaks: 44, 51, 60, 75, 86, 101, 109, 136, 152, 195

N-Methyl-2-(2,3-methylenedioxyphenyl)butan-1-amine AC

MW: 249.30980
MM: 249.13649
$C_{14}H_{19}NO_3$
RI: 1901 (calc.)

GC/MS
EI 70 eV
TSQ 70
QI: 995

Peaks: 44, 51, 65, 77, 86, 105, 135, 163, 176, 249

Tranexamic acid AC 2ME

MW: 227.30368
MM: 227.15214
$C_{12}H_{21}NO_3$
RI: 1688 (calc.)

GC/MS
EI 70 eV
TSQ 70
QI: 982

Peaks: 44, 55, 67, 74, 86, 94, 168, 196, 212, 227

N-iso-Propyl-3-fluoroamphetamine

MW: 195.28006
MM: 195.14233
$C_{12}H_{18}FN$
RI: 1251 (SE 30)

GC/MS
EI 70 eV
TSQ 70
QI: 994

Peaks: 30, 44, 58, 70, 86, 101, 109, 118, 138, 180

m/z: 44

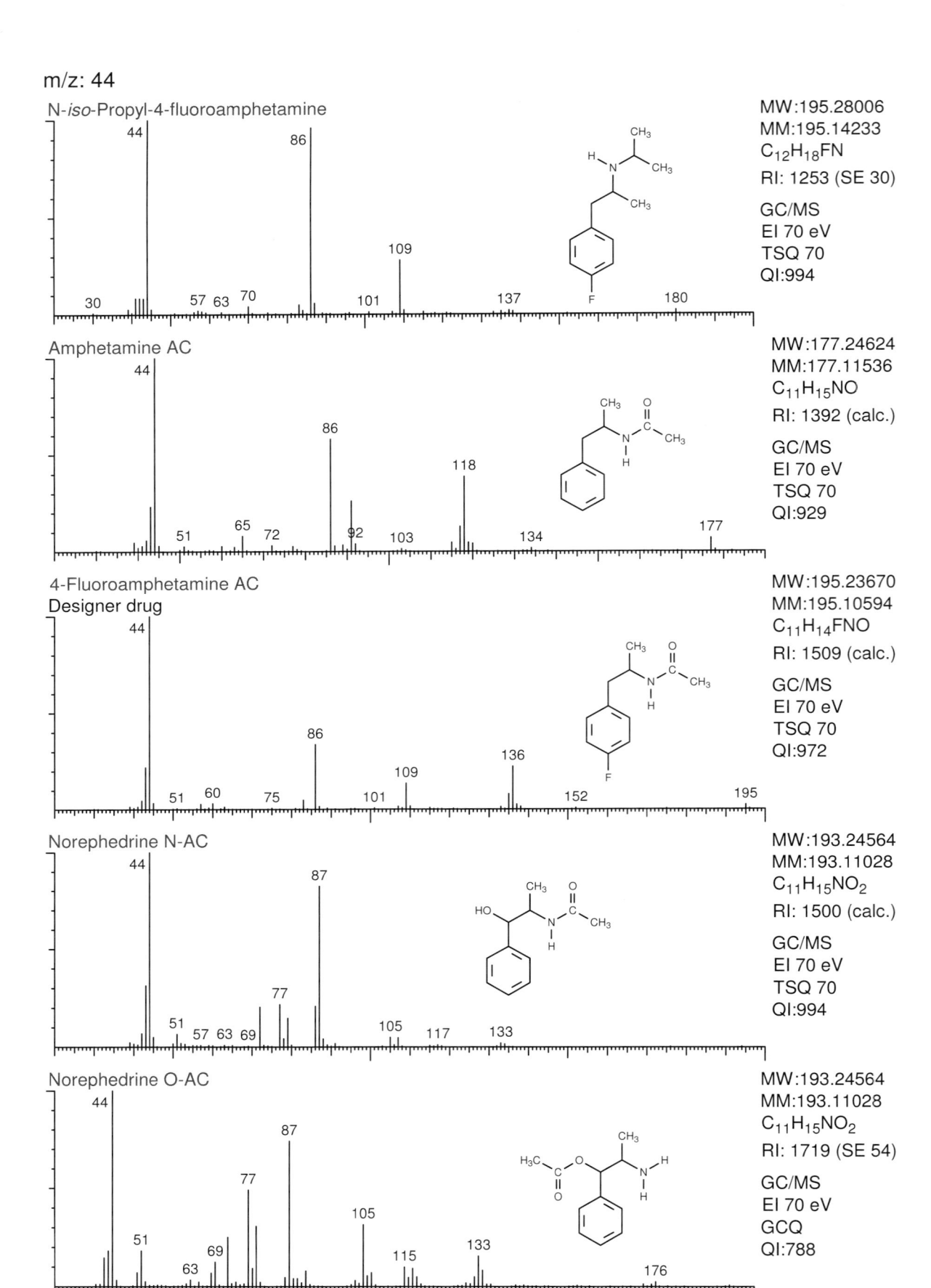

N-iso-Propyl-4-fluoroamphetamine

Peaks: 30, 44, 57, 63, 70, 86, 101, 109, 137, 180

MW: 195.28006
MM: 195.14233
$C_{12}H_{18}FN$
RI: 1253 (SE 30)

GC/MS
EI 70 eV
TSQ 70
QI: 994

Amphetamine AC

Peaks: 44, 51, 65, 72, 86, 92, 103, 118, 134, 177

MW: 177.24624
MM: 177.11536
$C_{11}H_{15}NO$
RI: 1392 (calc.)

GC/MS
EI 70 eV
TSQ 70
QI: 929

4-Fluoroamphetamine AC
Designer drug

Peaks: 44, 51, 60, 75, 86, 101, 109, 136, 152, 195

MW: 195.23670
MM: 195.10594
$C_{11}H_{14}FNO$
RI: 1509 (calc.)

GC/MS
EI 70 eV
TSQ 70
QI: 972

Norephedrine N-AC

Peaks: 44, 51, 57, 63, 69, 77, 87, 105, 117, 133

MW: 193.24564
MM: 193.11028
$C_{11}H_{15}NO_2$
RI: 1500 (calc.)

GC/MS
EI 70 eV
TSQ 70
QI: 994

Norephedrine O-AC

Peaks: 44, 51, 63, 69, 77, 87, 105, 115, 133, 176

MW: 193.24564
MM: 193.11028
$C_{11}H_{15}NO_2$
RI: 1719 (SE 54)

GC/MS
EI 70 eV
GCQ
QI: 788

m/z: 44

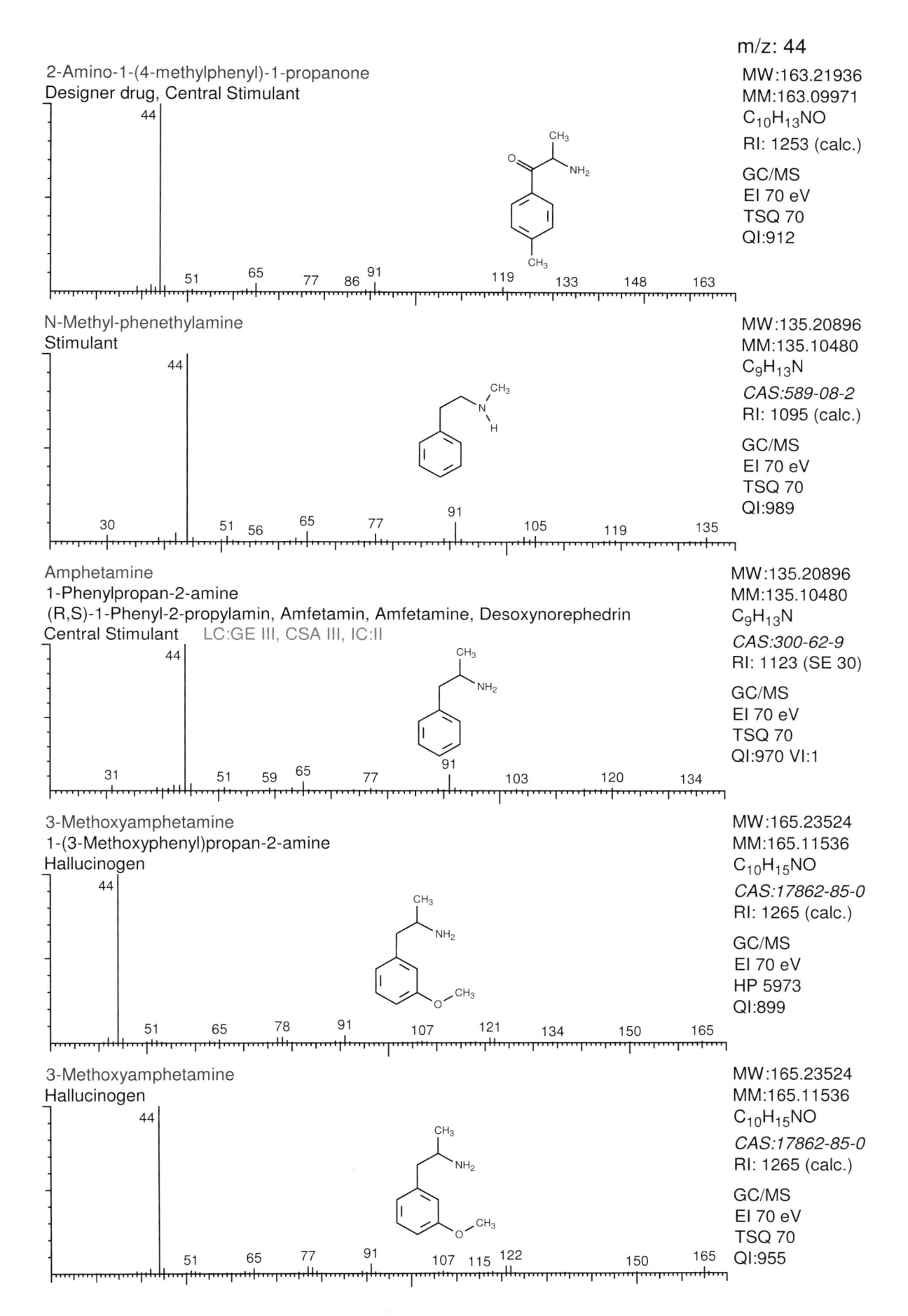

2-Amino-1-(4-methylphenyl)-1-propanone
Designer drug, Central Stimulant

MW: 163.21936
MM: 163.09971
$C_{10}H_{13}NO$
RI: 1253 (calc.)

GC/MS
EI 70 eV
TSQ 70
QI:912

Peaks: 44, 51, 65, 77, 86, 91, 119, 133, 148, 163

N-Methyl-phenethylamine
Stimulant

MW: 135.20896
MM: 135.10480
$C_9H_{13}N$
CAS:589-08-2
RI: 1095 (calc.)

GC/MS
EI 70 eV
TSQ 70
QI:989

Peaks: 30, 44, 51, 56, 65, 77, 91, 105, 119, 135

Amphetamine
1-Phenylpropan-2-amine
(R,S)-1-Phenyl-2-propylamin, Amfetamin, Amfetamine, Desoxynorephedrin
Central Stimulant   LC:GE III, CSA III, IC:II

MW: 135.20896
MM: 135.10480
$C_9H_{13}N$
CAS:300-62-9
RI: 1123 (SE 30)

GC/MS
EI 70 eV
TSQ 70
QI:970 VI:1

Peaks: 31, 44, 51, 59, 65, 77, 91, 103, 120, 134

3-Methoxyamphetamine
1-(3-Methoxyphenyl)propan-2-amine
Hallucinogen

MW: 165.23524
MM: 165.11536
$C_{10}H_{15}NO$
CAS:17862-85-0
RI: 1265 (calc.)

GC/MS
EI 70 eV
HP 5973
QI:899

Peaks: 44, 51, 65, 78, 91, 107, 121, 134, 150, 165

3-Methoxyamphetamine
Hallucinogen

MW: 165.23524
MM: 165.11536
$C_{10}H_{15}NO$
CAS:17862-85-0
RI: 1265 (calc.)

GC/MS
EI 70 eV
TSQ 70
QI:955

Peaks: 44, 51, 65, 77, 91, 107, 115, 122, 150, 165

m/z: 44

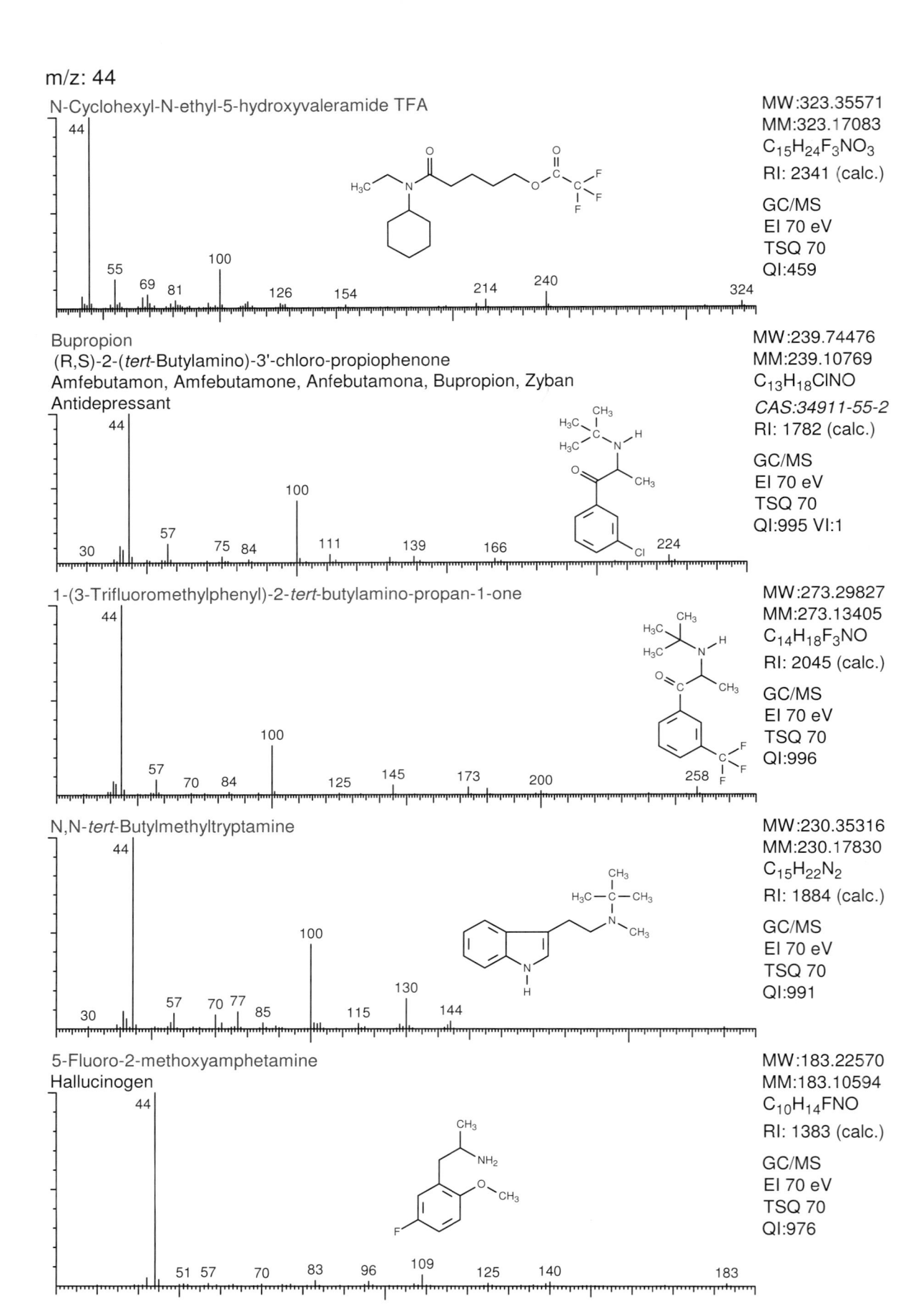

N-Cyclohexyl-N-ethyl-5-hydroxyvaleramide TFA

MW:323.35571
MM:323.17083
$C_{15}H_{24}F_3NO_3$
RI: 2341 (calc.)

GC/MS
EI 70 eV
TSQ 70
QI:459

Peaks: 44, 55, 69, 81, 100, 126, 154, 214, 240, 324

Bupropion
(R,S)-2-(*tert*-Butylamino)-3'-chloro-propiophenone
Amfebutamon, Amfebutamone, Anfebutamona, Bupropion, Zyban
Antidepressant

MW:239.74476
MM:239.10769
$C_{13}H_{18}ClNO$
CAS:34911-55-2
RI: 1782 (calc.)

GC/MS
EI 70 eV
TSQ 70
QI:995 VI:1

Peaks: 30, 44, 57, 75, 84, 100, 111, 139, 166, 224

1-(3-Trifluoromethylphenyl)-2-*tert*-butylamino-propan-1-one

MW:273.29827
MM:273.13405
$C_{14}H_{18}F_3NO$
RI: 2045 (calc.)

GC/MS
EI 70 eV
TSQ 70
QI:996

Peaks: 44, 57, 70, 84, 100, 125, 145, 173, 200, 258

N,N-*tert*-Butylmethyltryptamine

MW:230.35316
MM:230.17830
$C_{15}H_{22}N_2$
RI: 1884 (calc.)

GC/MS
EI 70 eV
TSQ 70
QI:991

Peaks: 30, 44, 57, 70, 77, 85, 100, 115, 130, 144

5-Fluoro-2-methoxyamphetamine
Hallucinogen

MW:183.22570
MM:183.10594
$C_{10}H_{14}FNO$
RI: 1383 (calc.)

GC/MS
EI 70 eV
TSQ 70
QI:976

Peaks: 44, 51, 57, 70, 83, 96, 109, 125, 140, 183

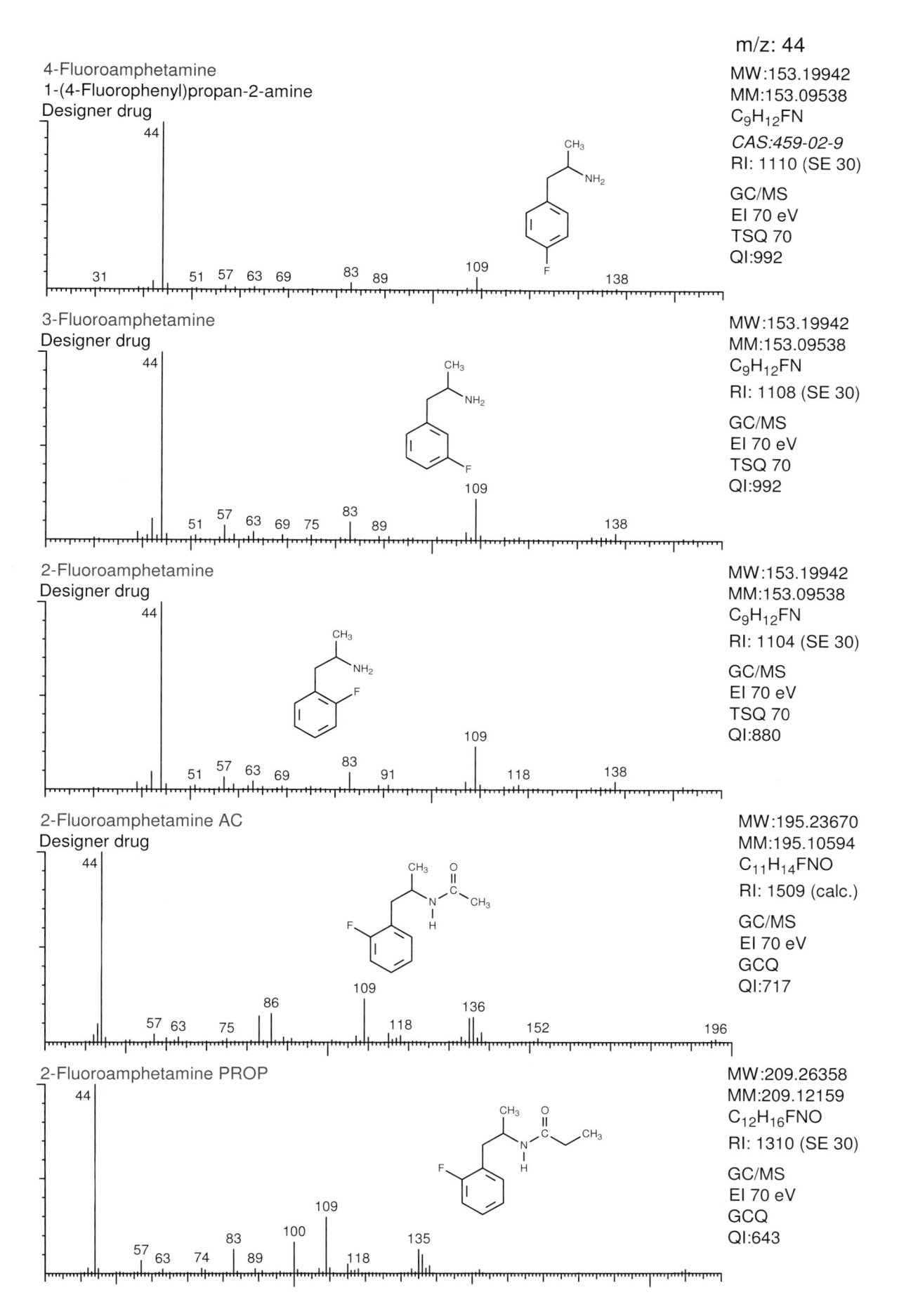

4-Fluoroamphetamine
1-(4-Fluorophenyl)propan-2-amine
Designer drug

m/z: 44
MW: 153.19942
MM: 153.09538
$C_9H_{12}FN$
CAS: 459-02-9
RI: 1110 (SE 30)

GC/MS
EI 70 eV
TSQ 70
QI: 992

Peaks: 31, 44, 51, 57, 63, 69, 83, 89, 109, 138

3-Fluoroamphetamine
Designer drug

MW: 153.19942
MM: 153.09538
$C_9H_{12}FN$
RI: 1108 (SE 30)

GC/MS
EI 70 eV
TSQ 70
QI: 992

Peaks: 44, 51, 57, 63, 69, 75, 83, 89, 109, 138

2-Fluoroamphetamine
Designer drug

MW: 153.19942
MM: 153.09538
$C_9H_{12}FN$
RI: 1104 (SE 30)

GC/MS
EI 70 eV
TSQ 70
QI: 880

Peaks: 44, 51, 57, 63, 69, 83, 91, 109, 118, 138

2-Fluoroamphetamine AC
Designer drug

MW: 195.23670
MM: 195.10594
$C_{11}H_{14}FNO$
RI: 1509 (calc.)

GC/MS
EI 70 eV
GCQ
QI: 717

Peaks: 44, 57, 63, 75, 86, 109, 118, 136, 152, 196

2-Fluoroamphetamine PROP

MW: 209.26358
MM: 209.12159
$C_{12}H_{16}FNO$
RI: 1310 (SE 30)

GC/MS
EI 70 eV
GCQ
QI: 643

Peaks: 44, 57, 63, 74, 83, 89, 100, 109, 118, 135

m/z: 44

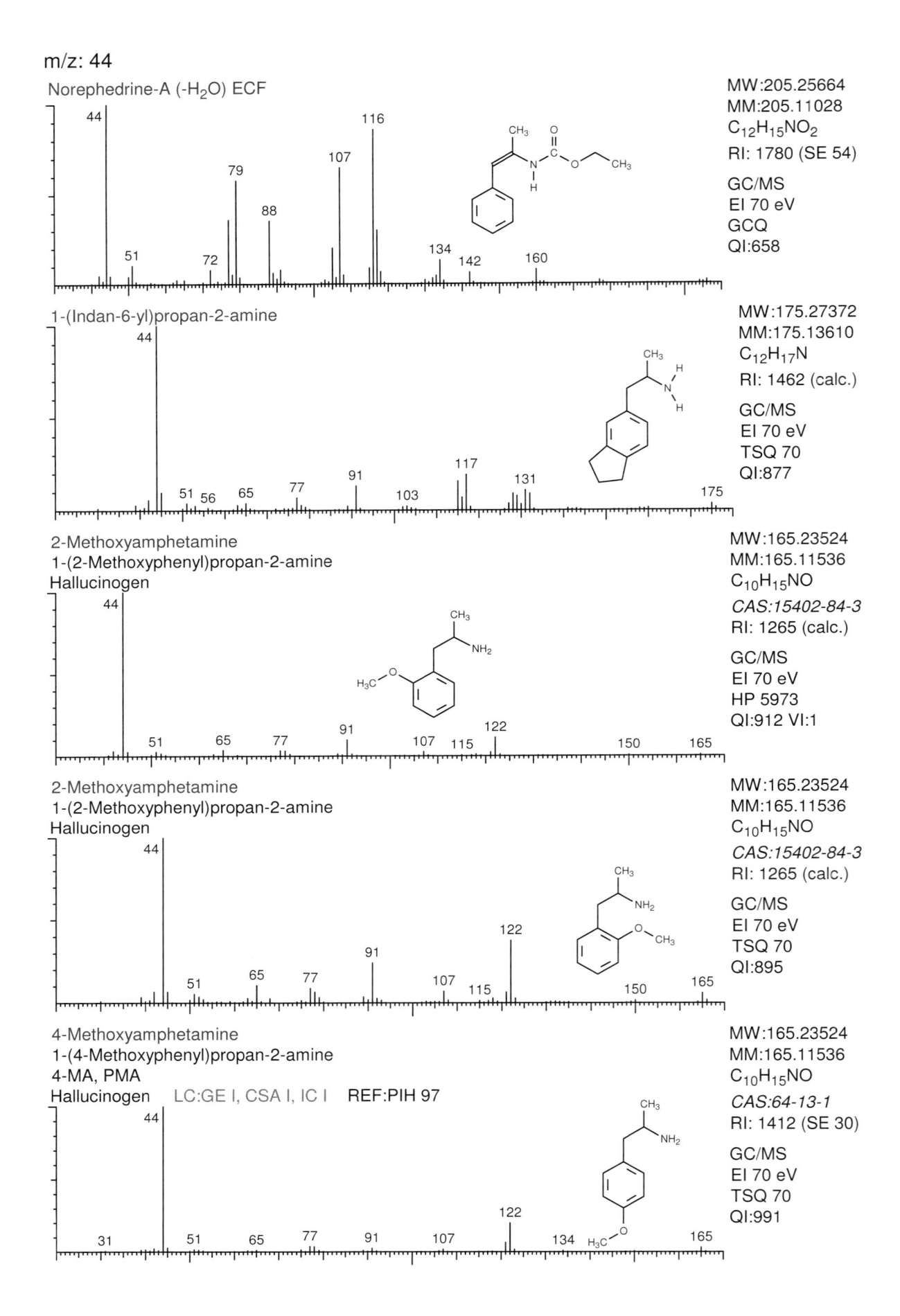

Norephedrine-A (-H₂O) ECF

Peaks: 44, 51, 72, 79, 88, 107, 116, 134, 142, 160

MW:205.25664
MM:205.11028
$C_{12}H_{15}NO_2$
RI: 1780 (SE 54)

GC/MS
EI 70 eV
GCQ
QI:658

1-(Indan-6-yl)propan-2-amine

Peaks: 44, 51, 56, 65, 77, 91, 103, 117, 131, 175

MW:175.27372
MM:175.13610
$C_{12}H_{17}N$
RI: 1462 (calc.)

GC/MS
EI 70 eV
TSQ 70
QI:877

2-Methoxyamphetamine
1-(2-Methoxyphenyl)propan-2-amine
Hallucinogen

Peaks: 44, 51, 65, 77, 91, 107, 115, 122, 150, 165

MW:165.23524
MM:165.11536
$C_{10}H_{15}NO$
CAS:15402-84-3
RI: 1265 (calc.)

GC/MS
EI 70 eV
HP 5973
QI:912 VI:1

2-Methoxyamphetamine
1-(2-Methoxyphenyl)propan-2-amine
Hallucinogen

Peaks: 44, 51, 65, 77, 91, 107, 115, 122, 150, 165

MW:165.23524
MM:165.11536
$C_{10}H_{15}NO$
CAS:15402-84-3
RI: 1265 (calc.)

GC/MS
EI 70 eV
TSQ 70
QI:895

4-Methoxyamphetamine
1-(4-Methoxyphenyl)propan-2-amine
4-MA, PMA
Hallucinogen   LC:GE I, CSA I, IC I   REF:PIH 97

Peaks: 31, 44, 51, 65, 77, 91, 107, 122, 134, 165

MW:165.23524
MM:165.11536
$C_{10}H_{15}NO$
CAS:64-13-1
RI: 1412 (SE 30)

GC/MS
EI 70 eV
TSQ 70
QI:991

m/z: 44

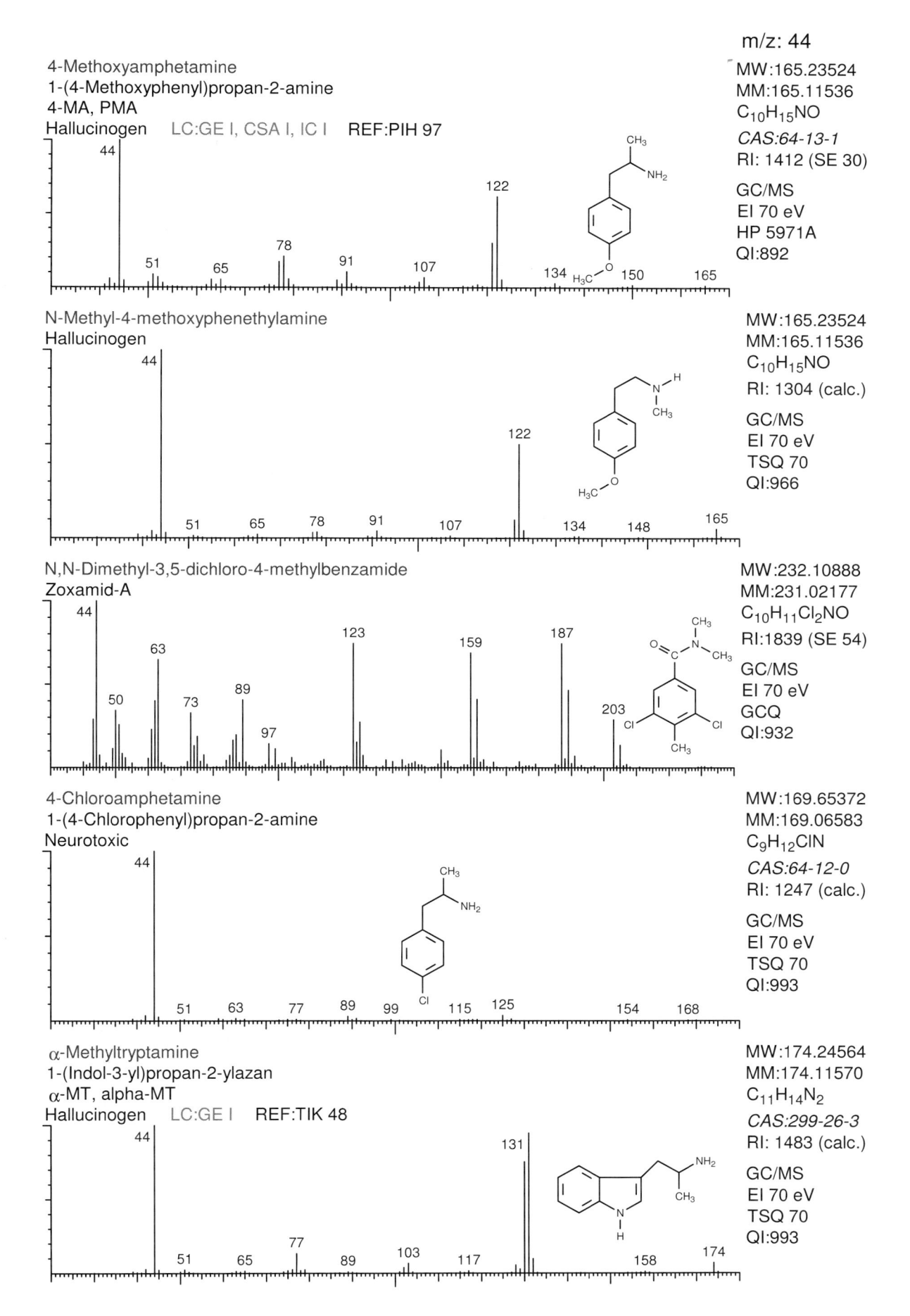

4-Methoxyamphetamine
1-(4-Methoxyphenyl)propan-2-amine
4-MA, PMA
Hallucinogen   LC:GE I, CSA I, IC I   REF:PIH 97

MW:165.23524
MM:165.11536
$C_{10}H_{15}NO$
CAS:64-13-1
RI: 1412 (SE 30)

GC/MS
EI 70 eV
HP 5971A
QI:892

Peaks: 44, 51, 65, 78, 91, 107, 122, 134, 150, 165

N-Methyl-4-methoxyphenethylamine
Hallucinogen

MW:165.23524
MM:165.11536
$C_{10}H_{15}NO$
RI: 1304 (calc.)

GC/MS
EI 70 eV
TSQ 70
QI:966

Peaks: 44, 51, 65, 78, 91, 107, 122, 134, 148, 165

N,N-Dimethyl-3,5-dichloro-4-methylbenzamide
Zoxamid-A

MW:232.10888
MM:231.02177
$C_{10}H_{11}Cl_2NO$
RI:1839 (SE 54)

GC/MS
EI 70 eV
GCQ
QI:932

Peaks: 44, 50, 63, 73, 89, 97, 123, 159, 187, 203

4-Chloroamphetamine
1-(4-Chlorophenyl)propan-2-amine
Neurotoxic

MW:169.65372
MM:169.06583
$C_9H_{12}ClN$
CAS:64-12-0
RI: 1247 (calc.)

GC/MS
EI 70 eV
TSQ 70
QI:993

Peaks: 44, 51, 63, 77, 89, 99, 115, 125, 154, 168

α-Methyltryptamine
1-(Indol-3-yl)propan-2-ylazan
α-MT, alpha-MT
Hallucinogen   LC:GE I   REF:TIK 48

MW:174.24564
MM:174.11570
$C_{11}H_{14}N_2$
CAS:299-26-3
RI: 1483 (calc.)

GC/MS
EI 70 eV
TSQ 70
QI:993

Peaks: 44, 51, 65, 77, 89, 103, 117, 131, 158, 174

m/z: 44

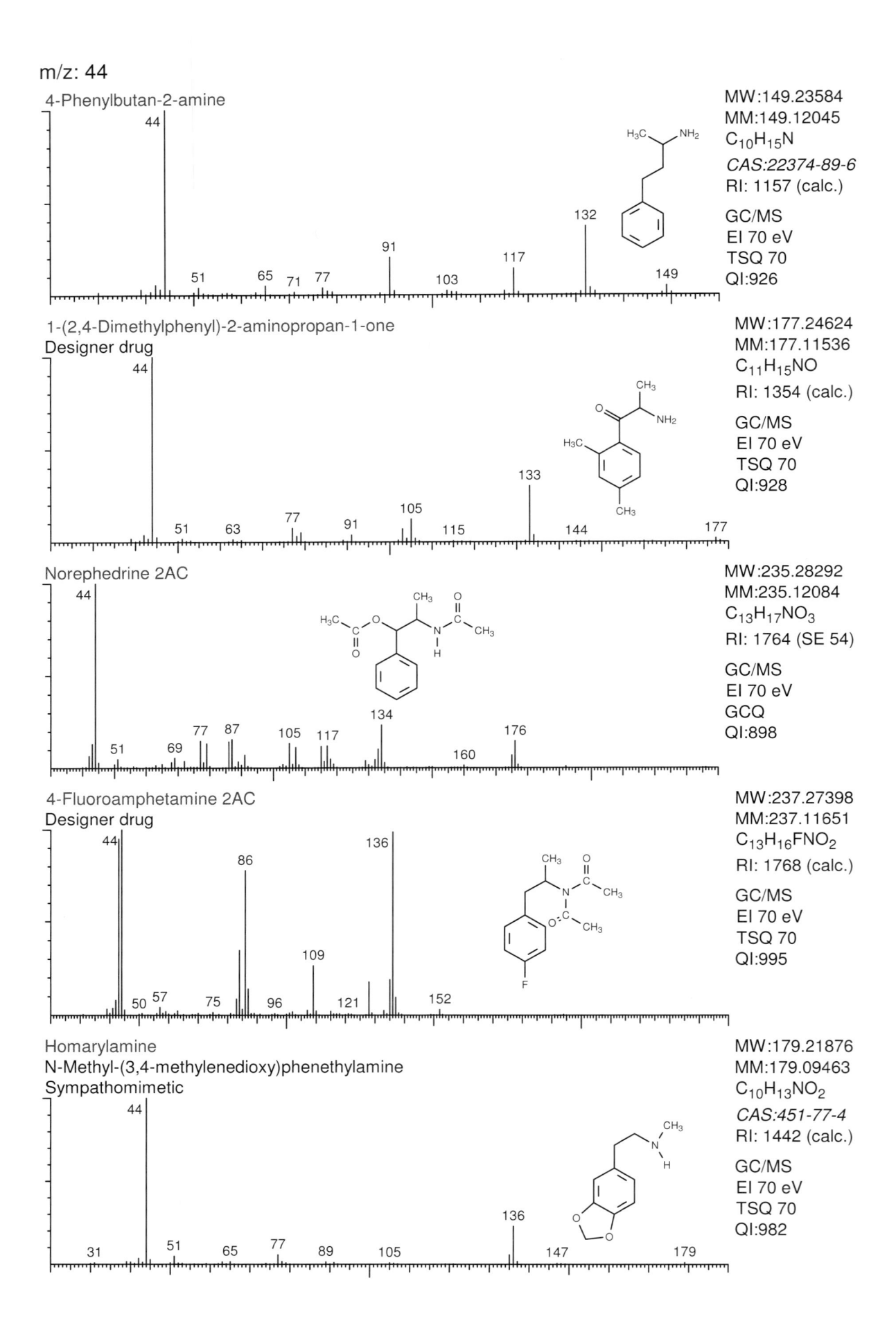

4-Phenylbutan-2-amine

MW:149.23584
MM:149.12045
$C_{10}H_{15}N$
CAS:22374-89-6
RI: 1157 (calc.)

GC/MS
EI 70 eV
TSQ 70
QI:926

Peaks: 44, 51, 65, 71, 77, 91, 103, 117, 132, 149

1-(2,4-Dimethylphenyl)-2-aminopropan-1-one
Designer drug

MW:177.24624
MM:177.11536
$C_{11}H_{15}NO$
RI: 1354 (calc.)

GC/MS
EI 70 eV
TSQ 70
QI:928

Peaks: 44, 51, 63, 77, 91, 105, 115, 133, 144, 177

Norephedrine 2AC

MW:235.28292
MM:235.12084
$C_{13}H_{17}NO_3$
RI: 1764 (SE 54)

GC/MS
EI 70 eV
GCQ
QI:898

Peaks: 44, 51, 69, 77, 87, 105, 117, 134, 160, 176

4-Fluoroamphetamine 2AC
Designer drug

MW:237.27398
MM:237.11651
$C_{13}H_{16}FNO_2$
RI: 1768 (calc.)

GC/MS
EI 70 eV
TSQ 70
QI:995

Peaks: 44, 50, 57, 75, 86, 96, 109, 121, 136, 152

Homarylamine
N-Methyl-(3,4-methylenedioxy)phenethylamine
Sympathomimetic

MW:179.21876
MM:179.09463
$C_{10}H_{13}NO_2$
CAS:451-77-4
RI: 1442 (calc.)

GC/MS
EI 70 eV
TSQ 70
QI:982

Peaks: 31, 44, 51, 65, 77, 89, 105, 136, 147, 179

m/z: 44

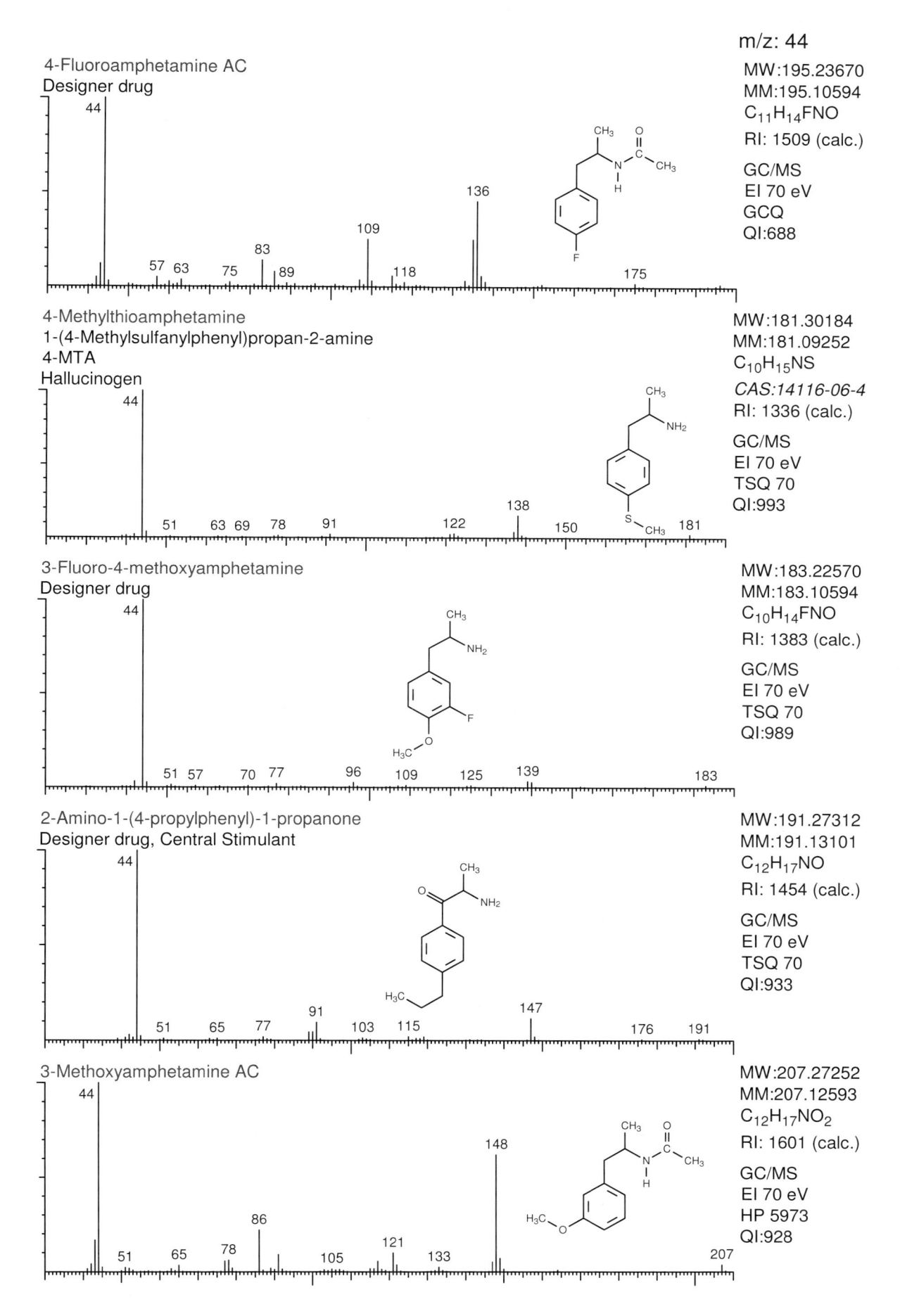

4-Fluoroamphetamine AC
Designer drug

Peaks: 44, 57, 63, 75, 83, 89, 109, 118, 136, 175

MW: 195.23670
MM: 195.10594
$C_{11}H_{14}FNO$
RI: 1509 (calc.)

GC/MS
EI 70 eV
GCQ
QI: 688

4-Methylthioamphetamine
1-(4-Methylsulfanylphenyl)propan-2-amine
4-MTA
Hallucinogen

Peaks: 44, 51, 63, 69, 78, 91, 122, 138, 150, 181

MW: 181.30184
MM: 181.09252
$C_{10}H_{15}NS$
CAS: 14116-06-4
RI: 1336 (calc.)

GC/MS
EI 70 eV
TSQ 70
QI: 993

3-Fluoro-4-methoxyamphetamine
Designer drug

Peaks: 44, 51, 57, 70, 77, 96, 109, 125, 139, 183

MW: 183.22570
MM: 183.10594
$C_{10}H_{14}FNO$
RI: 1383 (calc.)

GC/MS
EI 70 eV
TSQ 70
QI: 989

2-Amino-1-(4-propylphenyl)-1-propanone
Designer drug, Central Stimulant

Peaks: 44, 51, 65, 77, 91, 103, 115, 147, 176, 191

MW: 191.27312
MM: 191.13101
$C_{12}H_{17}NO$
RI: 1454 (calc.)

GC/MS
EI 70 eV
TSQ 70
QI: 933

3-Methoxyamphetamine AC

Peaks: 44, 51, 65, 78, 86, 105, 121, 133, 148, 207

MW: 207.27252
MM: 207.12593
$C_{12}H_{17}NO_2$
RI: 1601 (calc.)

GC/MS
EI 70 eV
HP 5973
QI: 928

m/z: 44

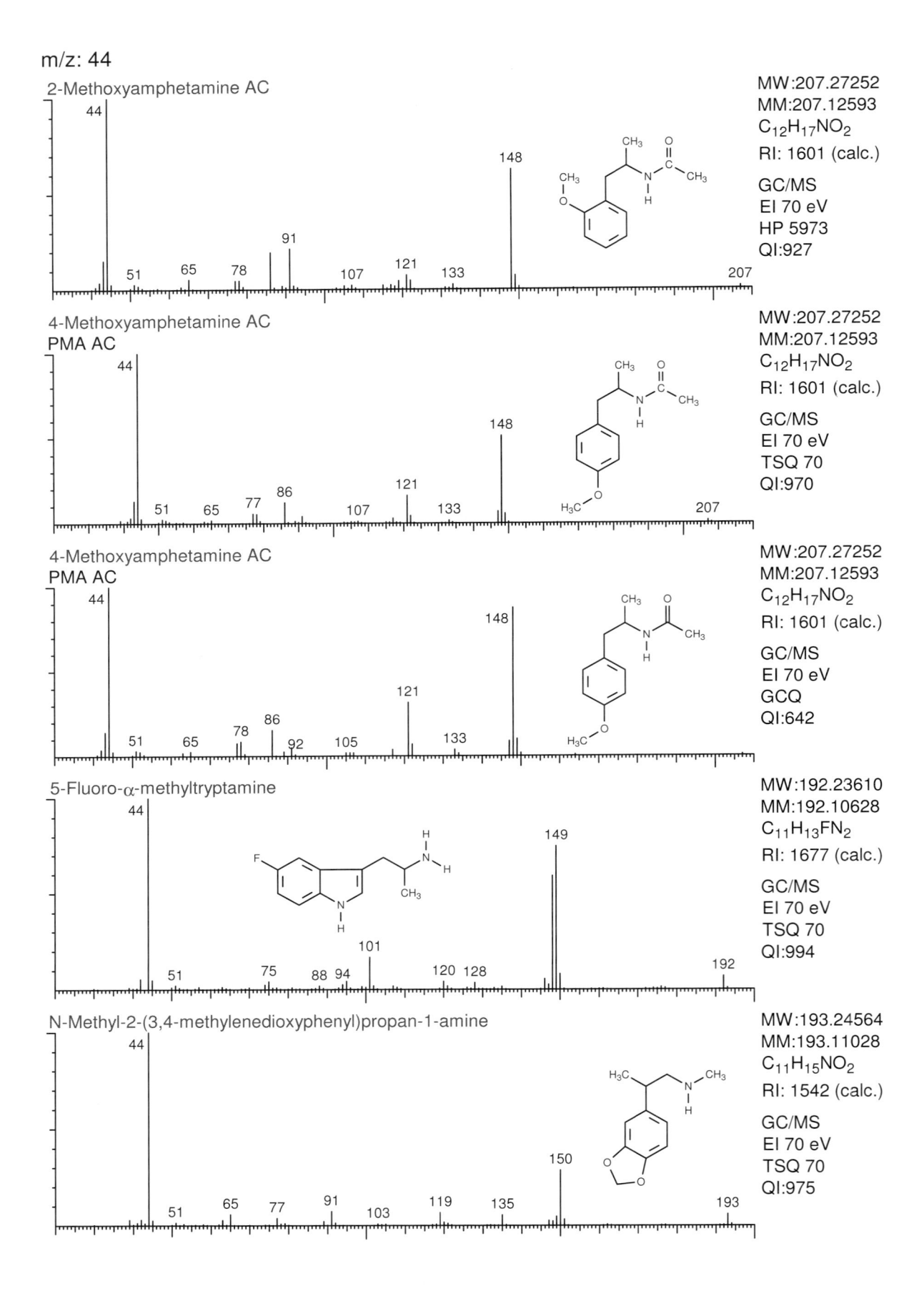

2-Methoxyamphetamine AC

MW: 207.27252
MM: 207.12593
$C_{12}H_{17}NO_2$
RI: 1601 (calc.)

GC/MS
EI 70 eV
HP 5973
QI:927

Peaks: 44, 51, 65, 78, 91, 107, 121, 133, 148, 207

4-Methoxyamphetamine AC
PMA AC

MW: 207.27252
MM: 207.12593
$C_{12}H_{17}NO_2$
RI: 1601 (calc.)

GC/MS
EI 70 eV
TSQ 70
QI:970

Peaks: 44, 51, 65, 77, 86, 107, 121, 133, 148, 207

4-Methoxyamphetamine AC
PMA AC

MW: 207.27252
MM: 207.12593
$C_{12}H_{17}NO_2$
RI: 1601 (calc.)

GC/MS
EI 70 eV
GCQ
QI:642

Peaks: 44, 51, 65, 78, 86, 92, 105, 121, 133, 148

5-Fluoro-α-methyltryptamine

MW: 192.23610
MM: 192.10628
$C_{11}H_{13}FN_2$
RI: 1677 (calc.)

GC/MS
EI 70 eV
TSQ 70
QI:994

Peaks: 44, 51, 75, 88, 94, 101, 120, 128, 149, 192

N-Methyl-2-(3,4-methylenedioxyphenyl)propan-1-amine

MW: 193.24564
MM: 193.11028
$C_{11}H_{15}NO_2$
RI: 1542 (calc.)

GC/MS
EI 70 eV
TSQ 70
QI:975

Peaks: 44, 51, 65, 77, 91, 103, 119, 135, 150, 193

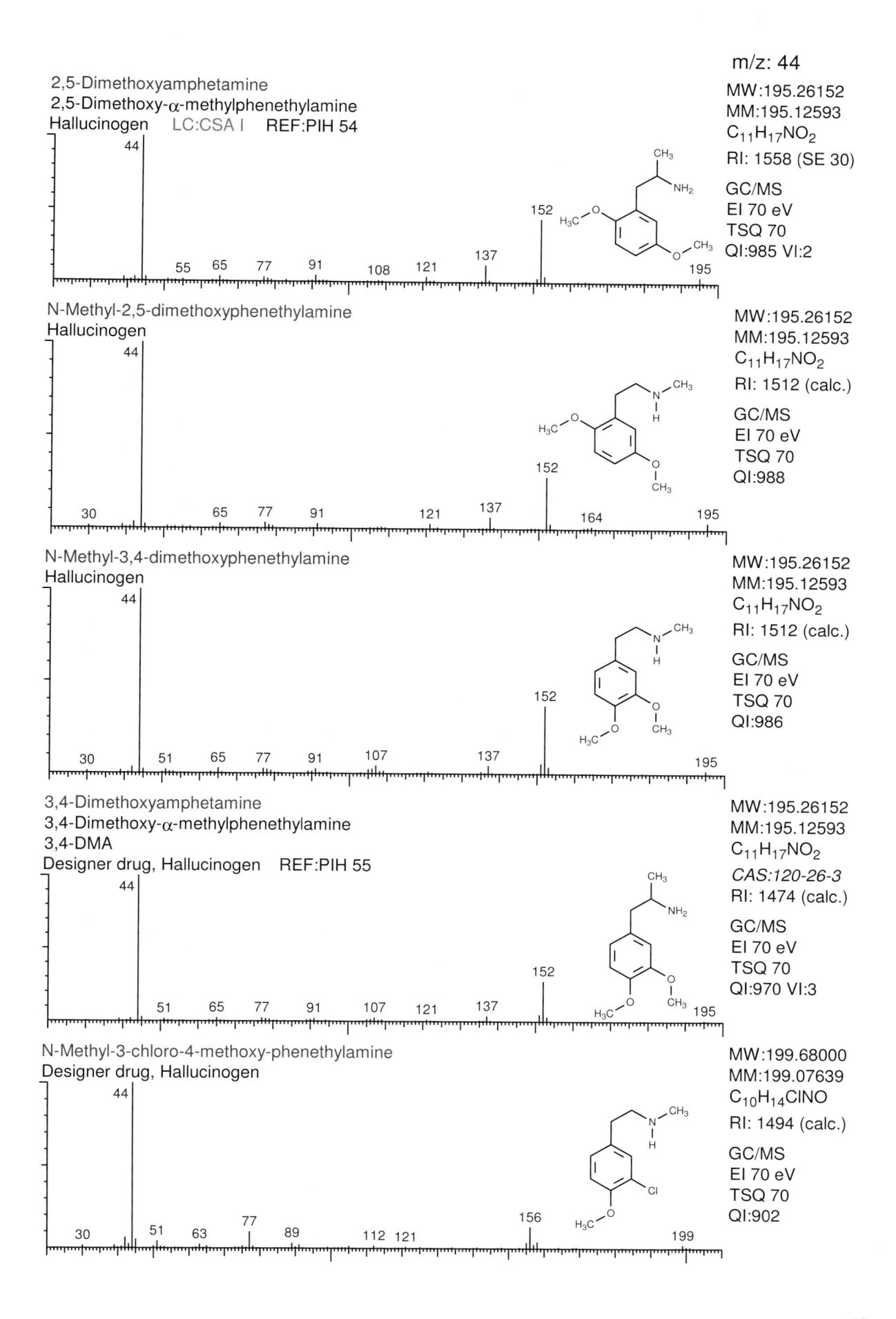

2,5-Dimethoxyamphetamine
2,5-Dimethoxy-α-methylphenethylamine
Hallucinogen   LC:CSA I   REF:PIH 54

m/z: 44
MW: 195.26152
MM: 195.12593
$C_{11}H_{17}NO_2$
RI: 1558 (SE 30)

GC/MS
EI 70 eV
TSQ 70
QI:985 VI:2

Peaks: 44, 55, 65, 77, 91, 108, 121, 137, 152, 195

N-Methyl-2,5-dimethoxyphenethylamine
Hallucinogen

MW: 195.26152
MM: 195.12593
$C_{11}H_{17}NO_2$
RI: 1512 (calc.)

GC/MS
EI 70 eV
TSQ 70
QI:988

Peaks: 30, 44, 65, 77, 91, 121, 137, 152, 164, 195

N-Methyl-3,4-dimethoxyphenethylamine
Hallucinogen

MW: 195.26152
MM: 195.12593
$C_{11}H_{17}NO_2$
RI: 1512 (calc.)

GC/MS
EI 70 eV
TSQ 70
QI:986

Peaks: 30, 44, 51, 65, 77, 91, 107, 137, 152, 195

3,4-Dimethoxyamphetamine
3,4-Dimethoxy-α-methylphenethylamine
3,4-DMA
Designer drug, Hallucinogen   REF:PIH 55

MW: 195.26152
MM: 195.12593
$C_{11}H_{17}NO_2$
CAS:120-26-3
RI: 1474 (calc.)

GC/MS
EI 70 eV
TSQ 70
QI:970 VI:3

Peaks: 44, 51, 65, 77, 91, 107, 121, 137, 152, 195

N-Methyl-3-chloro-4-methoxy-phenethylamine
Designer drug, Hallucinogen

MW: 199.68000
MM: 199.07639
$C_{10}H_{14}ClNO$
RI: 1494 (calc.)

GC/MS
EI 70 eV
TSQ 70
QI:902

Peaks: 30, 44, 51, 63, 77, 89, 112, 121, 156, 199

m/z: 44

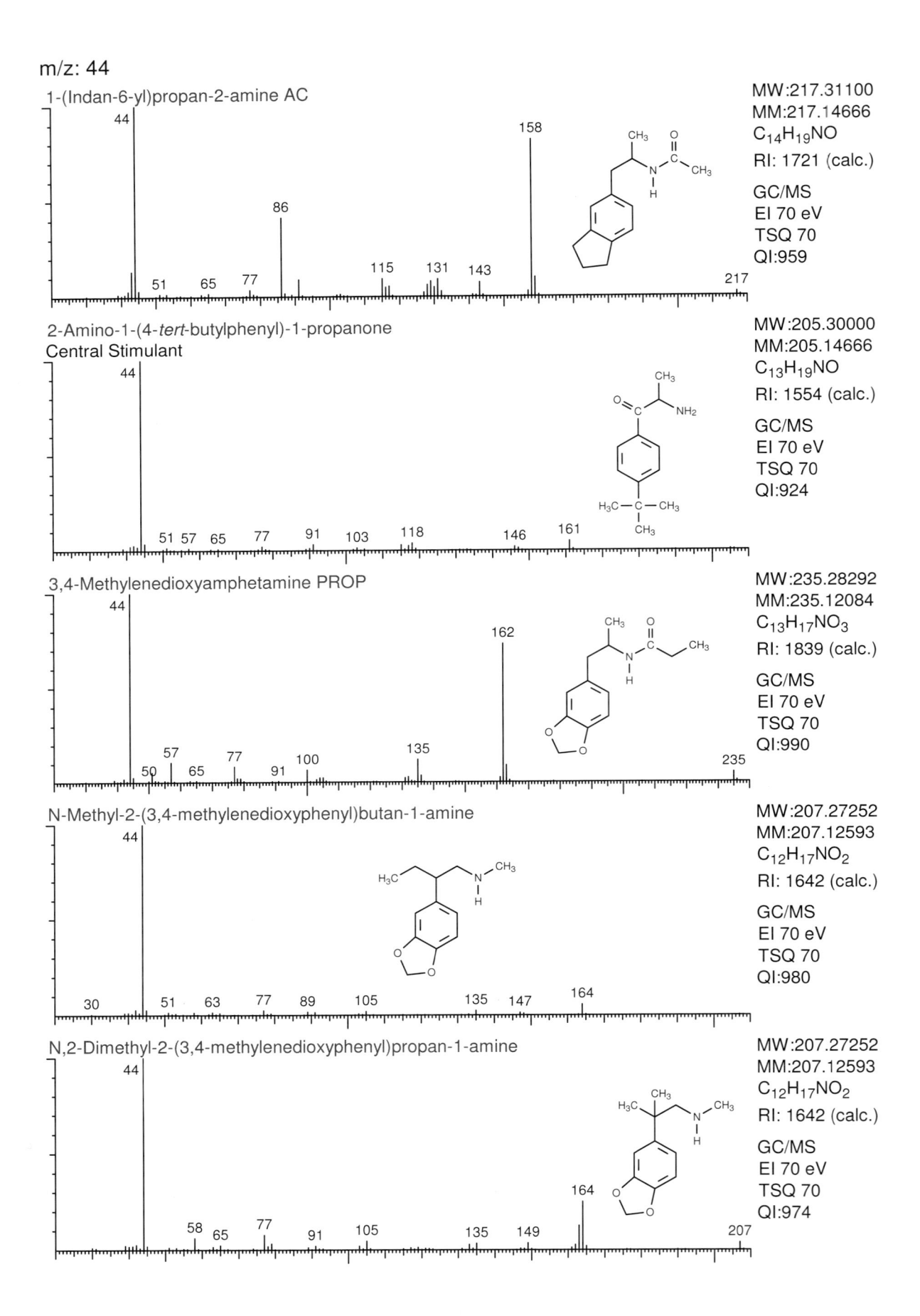

1-(Indan-6-yl)propan-2-amine AC

MW:217.31100
MM:217.14666
$C_{14}H_{19}NO$
RI: 1721 (calc.)

GC/MS
EI 70 eV
TSQ 70
QI:959

Peaks: 44, 51, 65, 77, 86, 115, 131, 143, 158, 217

2-Amino-1-(4-*tert*-butylphenyl)-1-propanone
Central Stimulant

MW:205.30000
MM:205.14666
$C_{13}H_{19}NO$
RI: 1554 (calc.)

GC/MS
EI 70 eV
TSQ 70
QI:924

Peaks: 44, 51, 57, 65, 77, 91, 103, 118, 146, 161

3,4-Methylenedioxyamphetamine PROP

MW:235.28292
MM:235.12084
$C_{13}H_{17}NO_3$
RI: 1839 (calc.)

GC/MS
EI 70 eV
TSQ 70
QI:990

Peaks: 44, 50, 57, 65, 77, 91, 100, 135, 162, 235

N-Methyl-2-(3,4-methylenedioxyphenyl)butan-1-amine

MW:207.27252
MM:207.12593
$C_{12}H_{17}NO_2$
RI: 1642 (calc.)

GC/MS
EI 70 eV
TSQ 70
QI:980

Peaks: 30, 44, 51, 63, 77, 89, 105, 135, 147, 164

N,2-Dimethyl-2-(3,4-methylenedioxyphenyl)propan-1-amine

MW:207.27252
MM:207.12593
$C_{12}H_{17}NO_2$
RI: 1642 (calc.)

GC/MS
EI 70 eV
TSQ 70
QI:974

Peaks: 44, 58, 65, 77, 91, 105, 135, 149, 164, 207

m/z: 44

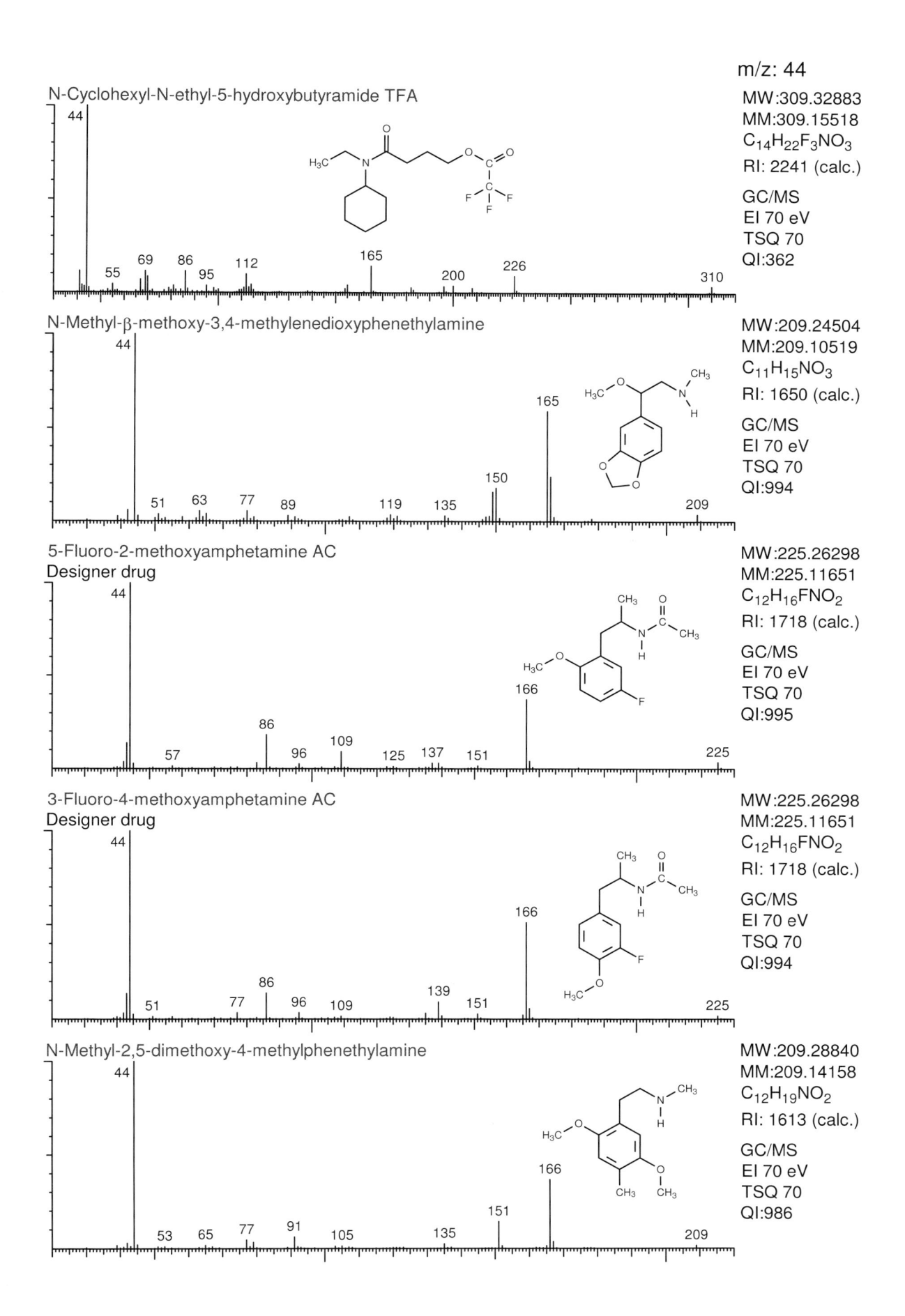

N-Cyclohexyl-N-ethyl-5-hydroxybutyramide TFA

MW:309.32883
MM:309.15518
$C_{14}H_{22}F_3NO_3$
RI: 2241 (calc.)

GC/MS
EI 70 eV
TSQ 70
QI:362

Peaks: 44, 55, 69, 86, 95, 112, 165, 200, 226, 310

N-Methyl-β-methoxy-3,4-methylenedioxyphenethylamine

MW:209.24504
MM:209.10519
$C_{11}H_{15}NO_3$
RI: 1650 (calc.)

GC/MS
EI 70 eV
TSQ 70
QI:994

Peaks: 44, 51, 63, 77, 89, 119, 135, 150, 165, 209

5-Fluoro-2-methoxyamphetamine AC
Designer drug

MW:225.26298
MM:225.11651
$C_{12}H_{16}FNO_2$
RI: 1718 (calc.)

GC/MS
EI 70 eV
TSQ 70
QI:995

Peaks: 44, 57, 86, 96, 109, 125, 137, 151, 166, 225

3-Fluoro-4-methoxyamphetamine AC
Designer drug

MW:225.26298
MM:225.11651
$C_{12}H_{16}FNO_2$
RI: 1718 (calc.)

GC/MS
EI 70 eV
TSQ 70
QI:994

Peaks: 44, 51, 77, 86, 96, 109, 139, 151, 166, 225

N-Methyl-2,5-dimethoxy-4-methylphenethylamine

MW:209.28840
MM:209.14158
$C_{12}H_{19}NO_2$
RI: 1613 (calc.)

GC/MS
EI 70 eV
TSQ 70
QI:986

Peaks: 44, 53, 65, 77, 91, 105, 135, 151, 166, 209

m/z: 44

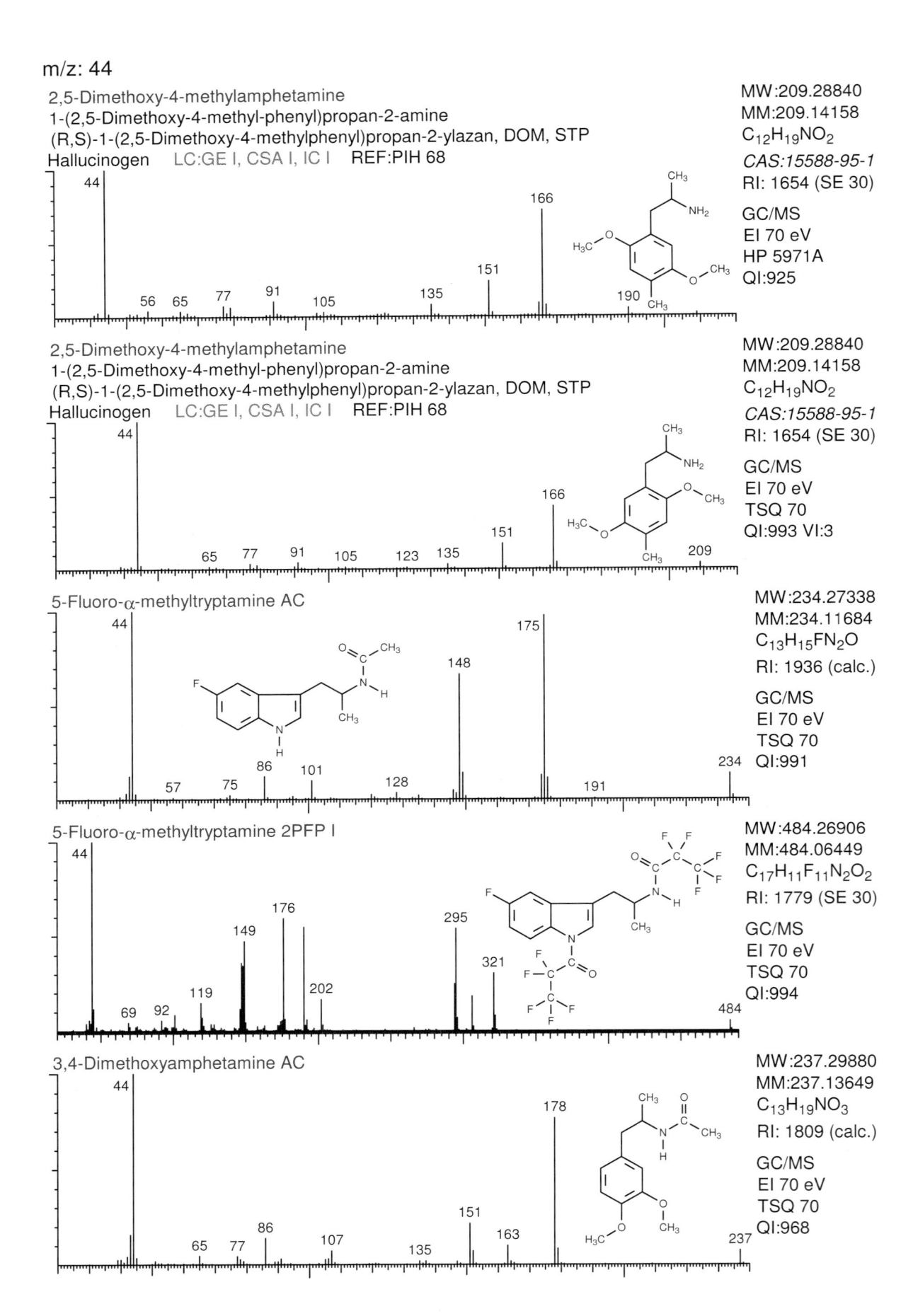

2,5-Dimethoxy-4-methylamphetamine
1-(2,5-Dimethoxy-4-methyl-phenyl)propan-2-amine
(R,S)-1-(2,5-Dimethoxy-4-methylphenyl)propan-2-ylazan, DOM, STP
Hallucinogen   LC:GE I, CSA I, IC I   REF:PIH 68

Peaks: 44, 56, 65, 77, 91, 105, 135, 151, 166, 190

MW:209.28840
MM:209.14158
$C_{12}H_{19}NO_2$
CAS:15588-95-1
RI: 1654 (SE 30)

GC/MS
EI 70 eV
HP 5971A
QI:925

2,5-Dimethoxy-4-methylamphetamine
1-(2,5-Dimethoxy-4-methyl-phenyl)propan-2-amine
(R,S)-1-(2,5-Dimethoxy-4-methylphenyl)propan-2-ylazan, DOM, STP
Hallucinogen   LC:GE I, CSA I, IC I   REF:PIH 68

Peaks: 44, 65, 77, 91, 105, 123, 135, 151, 166, 209

MW:209.28840
MM:209.14158
$C_{12}H_{19}NO_2$
CAS:15588-95-1
RI: 1654 (SE 30)

GC/MS
EI 70 eV
TSQ 70
QI:993 VI:3

5-Fluoro-α-methyltryptamine AC

Peaks: 44, 57, 75, 86, 101, 128, 148, 175, 191, 234

MW:234.27338
MM:234.11684
$C_{13}H_{15}FN_2O$
RI: 1936 (calc.)

GC/MS
EI 70 eV
TSQ 70
QI:991

5-Fluoro-α-methyltryptamine 2PFP I

Peaks: 44, 69, 92, 119, 149, 176, 202, 295, 321, 484

MW:484.26906
MM:484.06449
$C_{17}H_{11}F_{11}N_2O_2$
RI: 1779 (SE 30)

GC/MS
EI 70 eV
TSQ 70
QI:994

3,4-Dimethoxyamphetamine AC

Peaks: 44, 65, 77, 86, 107, 135, 151, 163, 178, 237

MW:237.29880
MM:237.13649
$C_{13}H_{19}NO_3$
RI: 1809 (calc.)

GC/MS
EI 70 eV
TSQ 70
QI:968

m/z: 44

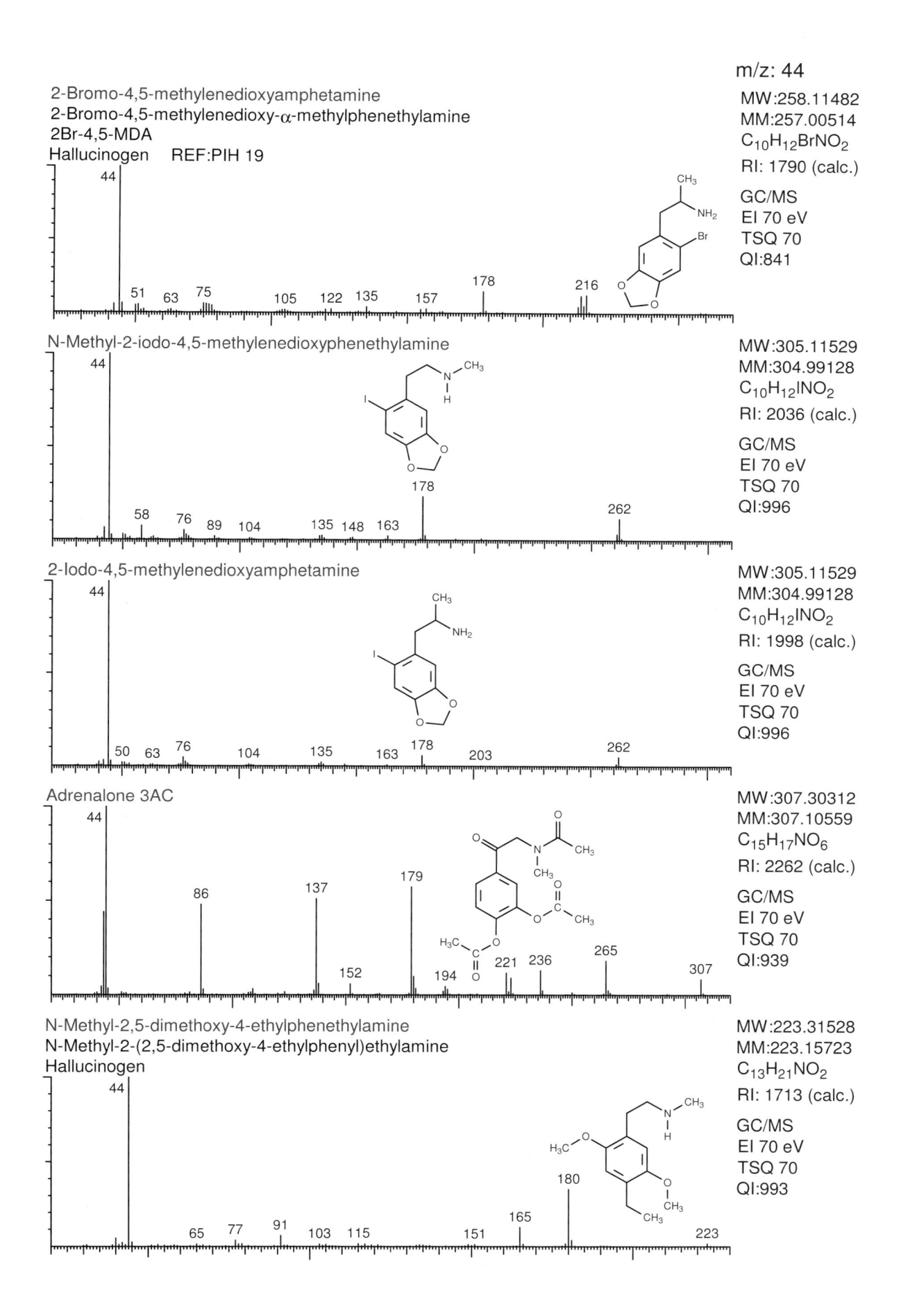

2-Bromo-4,5-methylenedioxyamphetamine
2-Bromo-4,5-methylenedioxy-α-methylphenethylamine
2Br-4,5-MDA
Hallucinogen   REF:PIH 19

MW: 258.11482
MM: 257.00514
$C_{10}H_{12}BrNO_2$
RI: 1790 (calc.)

GC/MS
EI 70 eV
TSQ 70
QI: 841

Peaks: 44, 51, 63, 75, 105, 122, 135, 157, 178, 216

N-Methyl-2-iodo-4,5-methylenedioxyphenethylamine

MW: 305.11529
MM: 304.99128
$C_{10}H_{12}INO_2$
RI: 2036 (calc.)

GC/MS
EI 70 eV
TSQ 70
QI: 996

Peaks: 44, 58, 76, 89, 104, 135, 148, 163, 178, 262

2-Iodo-4,5-methylenedioxyamphetamine

MW: 305.11529
MM: 304.99128
$C_{10}H_{12}INO_2$
RI: 1998 (calc.)

GC/MS
EI 70 eV
TSQ 70
QI: 996

Peaks: 44, 50, 63, 76, 104, 135, 163, 178, 203, 262

Adrenalone 3AC

MW: 307.30312
MM: 307.10559
$C_{15}H_{17}NO_6$
RI: 2262 (calc.)

GC/MS
EI 70 eV
TSQ 70
QI: 939

Peaks: 44, 86, 137, 152, 179, 194, 221, 236, 265, 307

N-Methyl-2,5-dimethoxy-4-ethylphenethylamine
N-Methyl-2-(2,5-dimethoxy-4-ethylphenyl)ethylamine
Hallucinogen

MW: 223.31528
MM: 223.15723
$C_{13}H_{21}NO_2$
RI: 1713 (calc.)

GC/MS
EI 70 eV
TSQ 70
QI: 993

Peaks: 44, 65, 77, 91, 103, 115, 151, 165, 180, 223

57

m/z: 44

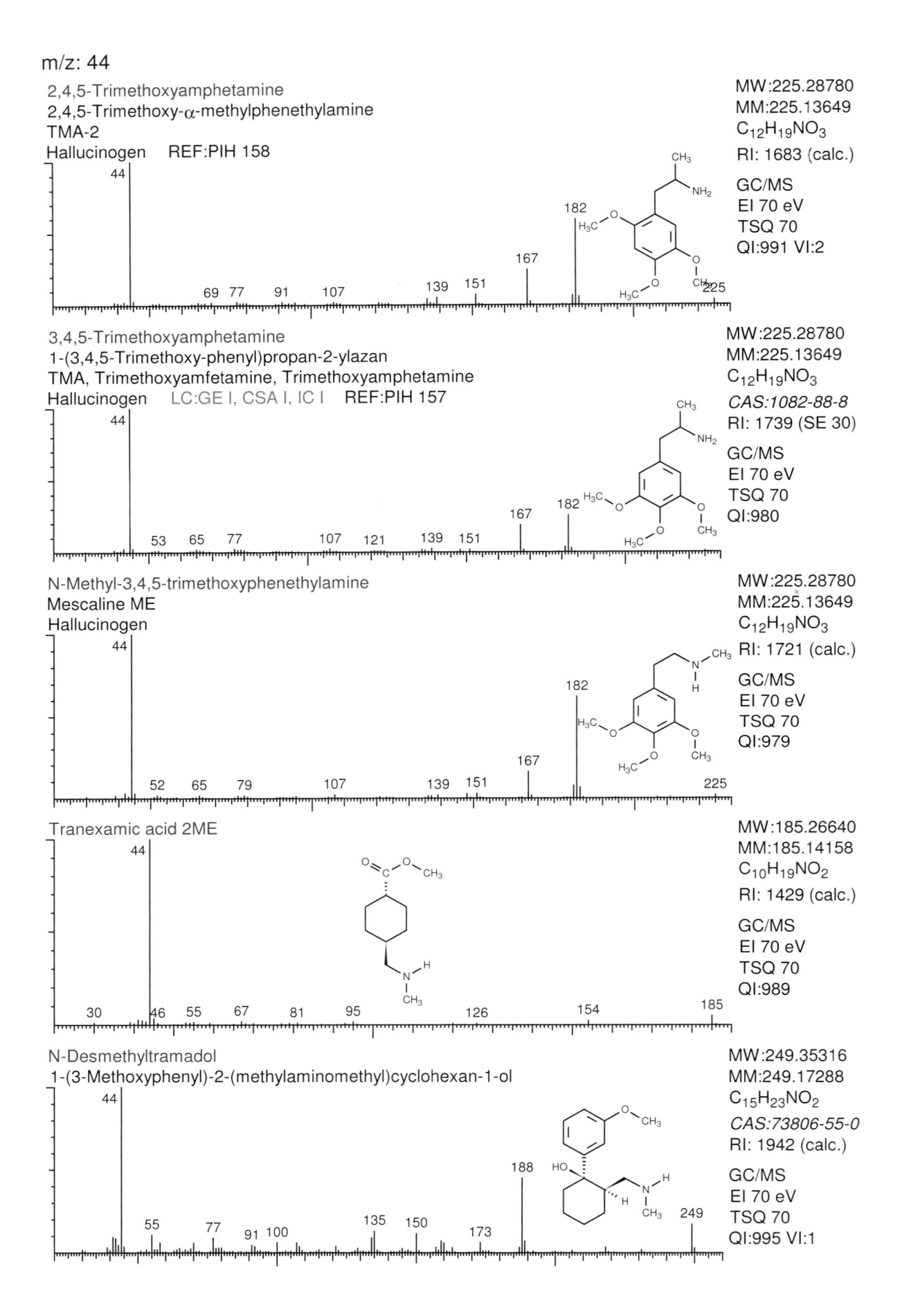

2,4,5-Trimethoxyamphetamine
2,4,5-Trimethoxy-α-methylphenethylamine
TMA-2
Hallucinogen   REF:PIH 158

MW:225.28780
MM:225.13649
$C_{12}H_{19}NO_3$
RI: 1683 (calc.)

GC/MS
EI 70 eV
TSQ 70
QI:991 VI:2

Peaks: 44, 69, 77, 91, 107, 139, 151, 167, 182, 225

3,4,5-Trimethoxyamphetamine
1-(3,4,5-Trimethoxy-phenyl)propan-2-ylazan
TMA, Trimethoxyamfetamine, Trimethoxyamphetamine
Hallucinogen   LC:GE I, CSA I, IC I   REF:PIH 157

MW:225.28780
MM:225.13649
$C_{12}H_{19}NO_3$
CAS:1082-88-8
RI: 1739 (SE 30)

GC/MS
EI 70 eV
TSQ 70
QI:980

Peaks: 44, 53, 65, 77, 107, 121, 139, 151, 167, 182

N-Methyl-3,4,5-trimethoxyphenethylamine
Mescaline ME
Hallucinogen

MW:225.28780
MM:225.13649
$C_{12}H_{19}NO_3$
RI: 1721 (calc.)

GC/MS
EI 70 eV
TSQ 70
QI:979

Peaks: 44, 52, 65, 79, 107, 139, 151, 167, 182, 225

Tranexamic acid 2ME

MW:185.26640
MM:185.14158
$C_{10}H_{19}NO_2$
RI: 1429 (calc.)

GC/MS
EI 70 eV
TSQ 70
QI:989

Peaks: 30, 44, 46, 55, 67, 81, 95, 126, 154, 185

N-Desmethyltramadol
1-(3-Methoxyphenyl)-2-(methylaminomethyl)cyclohexan-1-ol

MW:249.35316
MM:249.17288
$C_{15}H_{23}NO_2$
CAS:73806-55-0
RI: 1942 (calc.)

GC/MS
EI 70 eV
TSQ 70
QI:995 VI:1

Peaks: 44, 55, 77, 91, 100, 135, 150, 173, 188, 249

m/z: 44

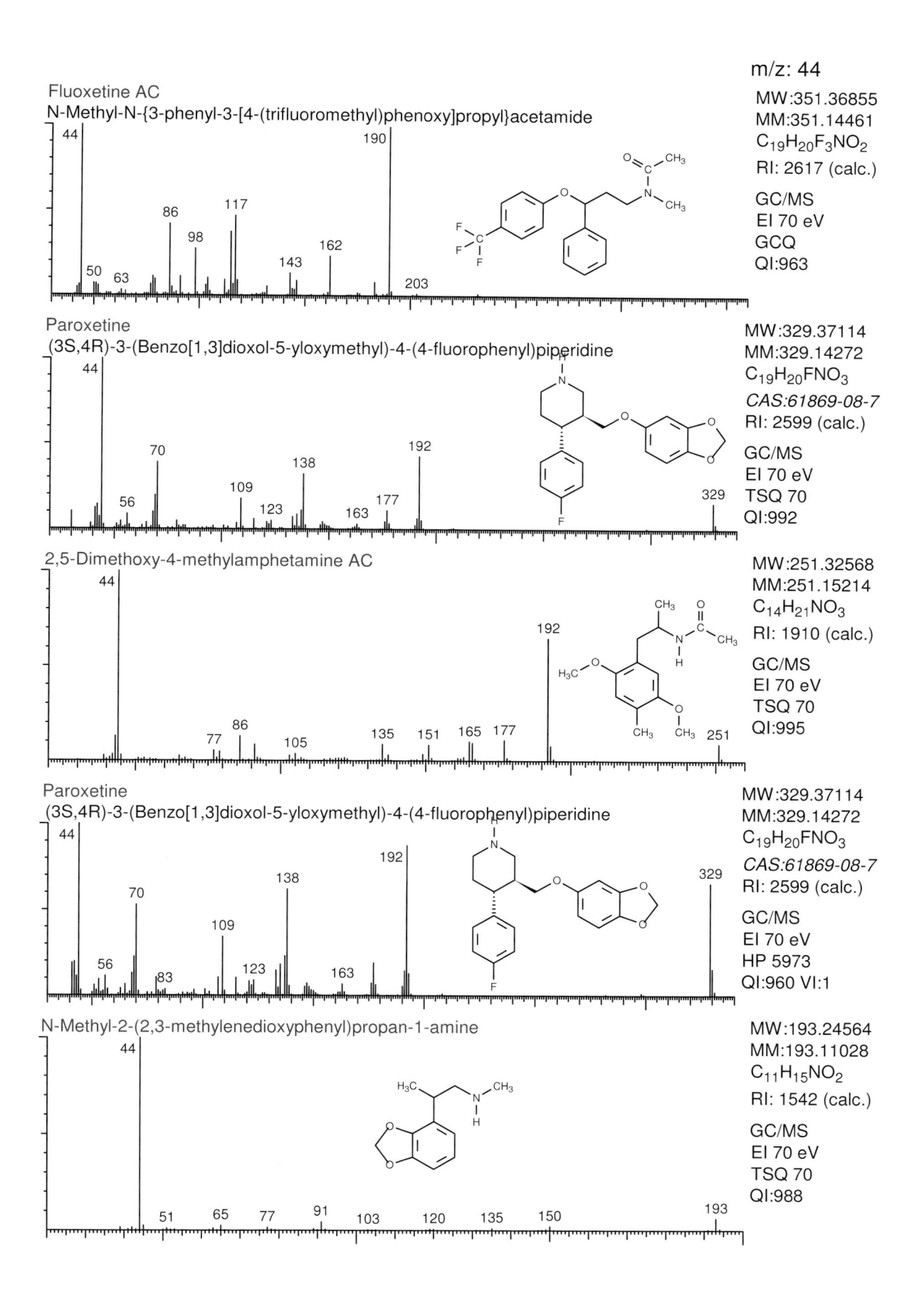

Fluoxetine AC
N-Methyl-N-{3-phenyl-3-[4-(trifluoromethyl)phenoxy]propyl}acetamide

MW: 351.36855
MM: 351.14461
$C_{19}H_{20}F_3NO_2$
RI: 2617 (calc.)

GC/MS
EI 70 eV
GCQ
QI: 963

Peaks: 44, 50, 63, 86, 98, 117, 143, 162, 190, 203

Paroxetine
(3S,4R)-3-(Benzo[1,3]dioxol-5-yloxymethyl)-4-(4-fluorophenyl)piperidine

MW: 329.37114
MM: 329.14272
$C_{19}H_{20}FNO_3$
CAS: 61869-08-7
RI: 2599 (calc.)

GC/MS
EI 70 eV
TSQ 70
QI: 992

Peaks: 44, 56, 70, 109, 123, 138, 163, 177, 192, 329

2,5-Dimethoxy-4-methylamphetamine AC

MW: 251.32568
MM: 251.15214
$C_{14}H_{21}NO_3$
RI: 1910 (calc.)

GC/MS
EI 70 eV
TSQ 70
QI: 995

Peaks: 44, 77, 86, 105, 135, 151, 165, 177, 192, 251

Paroxetine
(3S,4R)-3-(Benzo[1,3]dioxol-5-yloxymethyl)-4-(4-fluorophenyl)piperidine

MW: 329.37114
MM: 329.14272
$C_{19}H_{20}FNO_3$
CAS: 61869-08-7
RI: 2599 (calc.)

GC/MS
EI 70 eV
HP 5973
QI: 960 VI:1

Peaks: 44, 56, 70, 83, 109, 123, 138, 163, 192, 329

N-Methyl-2-(2,3-methylenedioxyphenyl)propan-1-amine

MW: 193.24564
MM: 193.11028
$C_{11}H_{15}NO_2$
RI: 1542 (calc.)

GC/MS
EI 70 eV
TSQ 70
QI: 988

Peaks: 44, 51, 65, 77, 91, 103, 120, 135, 150, 193

m/z: 44

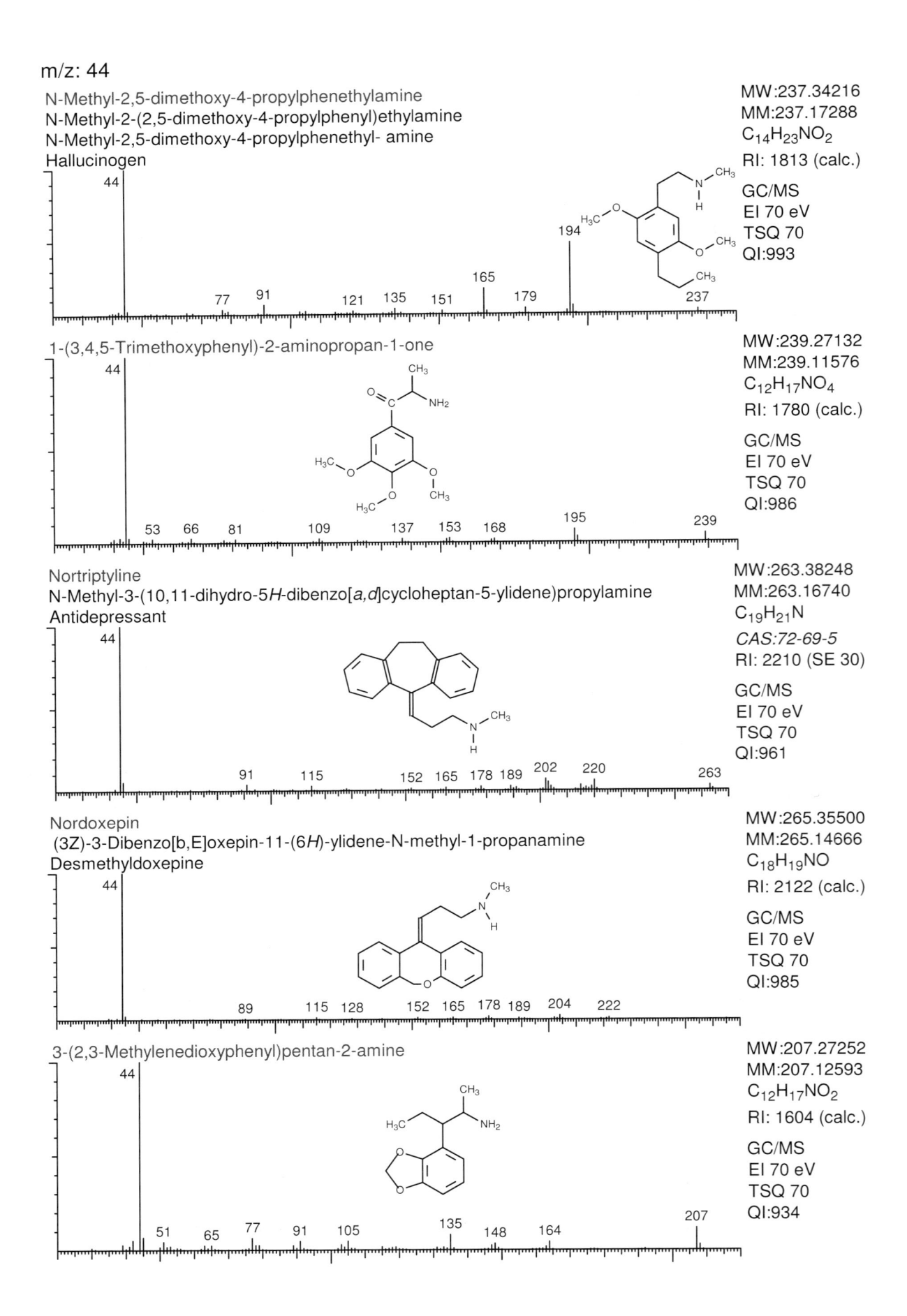

N-Methyl-2,5-dimethoxy-4-propylphenethylamine
N-Methyl-2-(2,5-dimethoxy-4-propylphenyl)ethylamine
N-Methyl-2,5-dimethoxy-4-propylphenethyl- amine
Hallucinogen

MW:237.34216
MM:237.17288
$C_{14}H_{23}NO_2$
RI: 1813 (calc.)

GC/MS
EI 70 eV
TSQ 70
QI:993

44, 77, 91, 121, 135, 151, 165, 179, 194, 237

1-(3,4,5-Trimethoxyphenyl)-2-aminopropan-1-one

MW:239.27132
MM:239.11576
$C_{12}H_{17}NO_4$
RI: 1780 (calc.)

GC/MS
EI 70 eV
TSQ 70
QI:986

44, 53, 66, 81, 109, 137, 153, 168, 195, 239

Nortriptyline
N-Methyl-3-(10,11-dihydro-5H-dibenzo[a,d]cycloheptan-5-ylidene)propylamine
Antidepressant

MW:263.38248
MM:263.16740
$C_{19}H_{21}N$
CAS:72-69-5
RI: 2210 (SE 30)

GC/MS
EI 70 eV
TSQ 70
QI:961

44, 91, 115, 152, 165, 178, 189, 202, 220, 263

Nordoxepin
(3Z)-3-Dibenzo[b,E]oxepin-11-(6H)-ylidene-N-methyl-1-propanamine
Desmethyldoxepine

MW:265.35500
MM:265.14666
$C_{18}H_{19}NO$
RI: 2122 (calc.)

GC/MS
EI 70 eV
TSQ 70
QI:985

44, 89, 115, 128, 152, 165, 178, 189, 204, 222

3-(2,3-Methylenedioxyphenyl)pentan-2-amine

MW:207.27252
MM:207.12593
$C_{12}H_{17}NO_2$
RI: 1604 (calc.)

GC/MS
EI 70 eV
TSQ 70
QI:934

44, 51, 65, 77, 91, 105, 135, 148, 164, 207

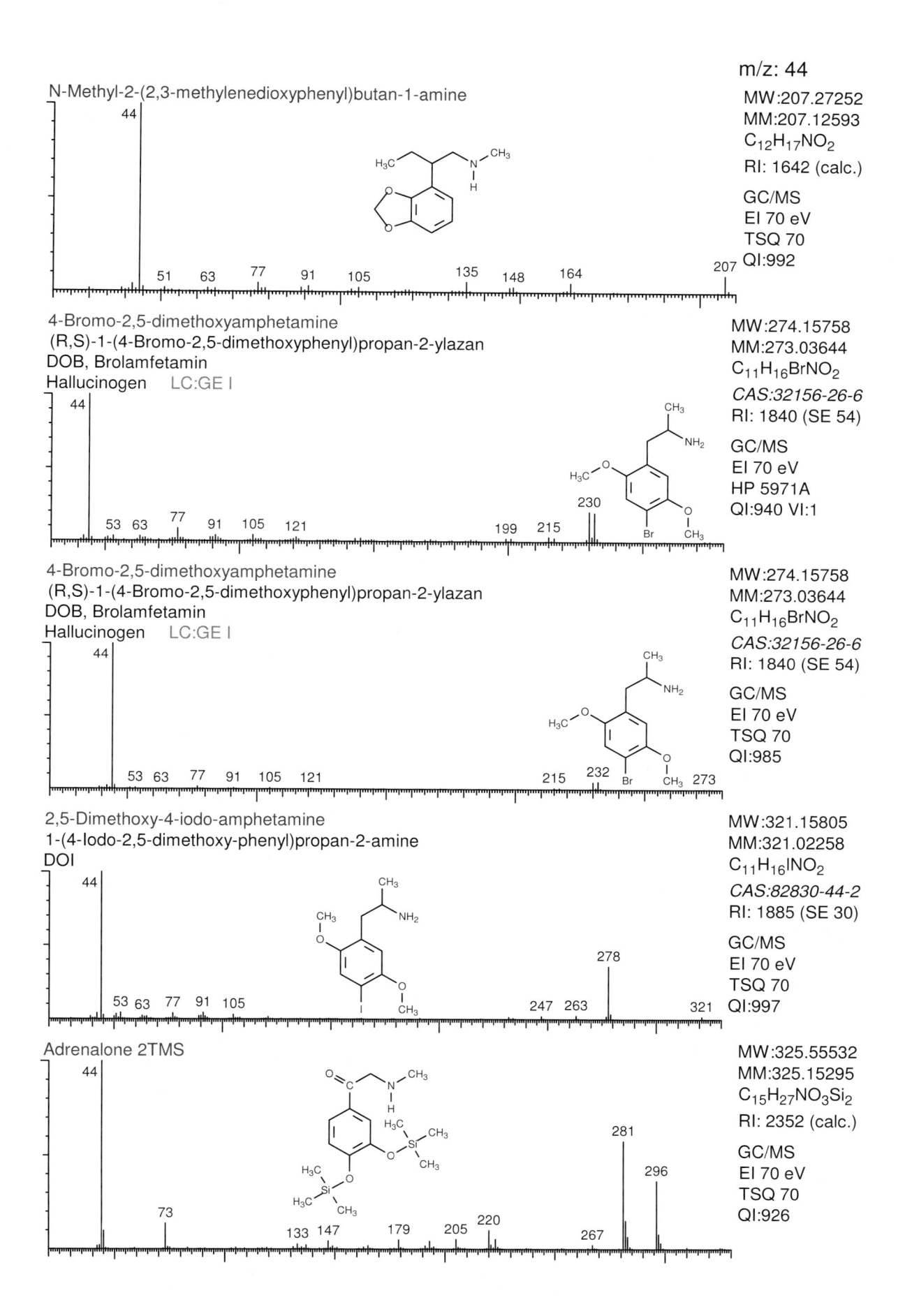

N-Methyl-2-(2,3-methylenedioxyphenyl)butan-1-amine

Peaks: 44, 51, 63, 77, 91, 105, 135, 148, 164, 207

m/z: 44
MW: 207.27252
MM: 207.12593
$C_{12}H_{17}NO_2$
RI: 1642 (calc.)

GC/MS
EI 70 eV
TSQ 70
QI: 992

4-Bromo-2,5-dimethoxyamphetamine
(R,S)-1-(4-Bromo-2,5-dimethoxyphenyl)propan-2-ylazan
DOB, Brolamfetamin
Hallucinogen   LC:GE I

Peaks: 44, 53, 63, 77, 91, 105, 121, 199, 215, 230

MW: 274.15758
MM: 273.03644
$C_{11}H_{16}BrNO_2$
CAS: 32156-26-6
RI: 1840 (SE 54)

GC/MS
EI 70 eV
HP 5971A
QI: 940 VI:1

4-Bromo-2,5-dimethoxyamphetamine
(R,S)-1-(4-Bromo-2,5-dimethoxyphenyl)propan-2-ylazan
DOB, Brolamfetamin
Hallucinogen   LC:GE I

Peaks: 44, 53, 63, 77, 91, 105, 121, 215, 232, 273

MW: 274.15758
MM: 273.03644
$C_{11}H_{16}BrNO_2$
CAS: 32156-26-6
RI: 1840 (SE 54)

GC/MS
EI 70 eV
TSQ 70
QI: 985

2,5-Dimethoxy-4-iodo-amphetamine
1-(4-Iodo-2,5-dimethoxy-phenyl)propan-2-amine
DOI

Peaks: 44, 53, 63, 77, 91, 105, 247, 263, 278, 321

MW: 321.15805
MM: 321.02258
$C_{11}H_{16}INO_2$
CAS: 82830-44-2
RI: 1885 (SE 30)

GC/MS
EI 70 eV
TSQ 70
QI: 997

Adrenalone 2TMS

Peaks: 44, 73, 133, 147, 179, 205, 220, 267, 281, 296

MW: 325.55532
MM: 325.15295
$C_{15}H_{27}NO_3Si_2$
RI: 2352 (calc.)

GC/MS
EI 70 eV
TSQ 70
QI: 926

m/z: 44

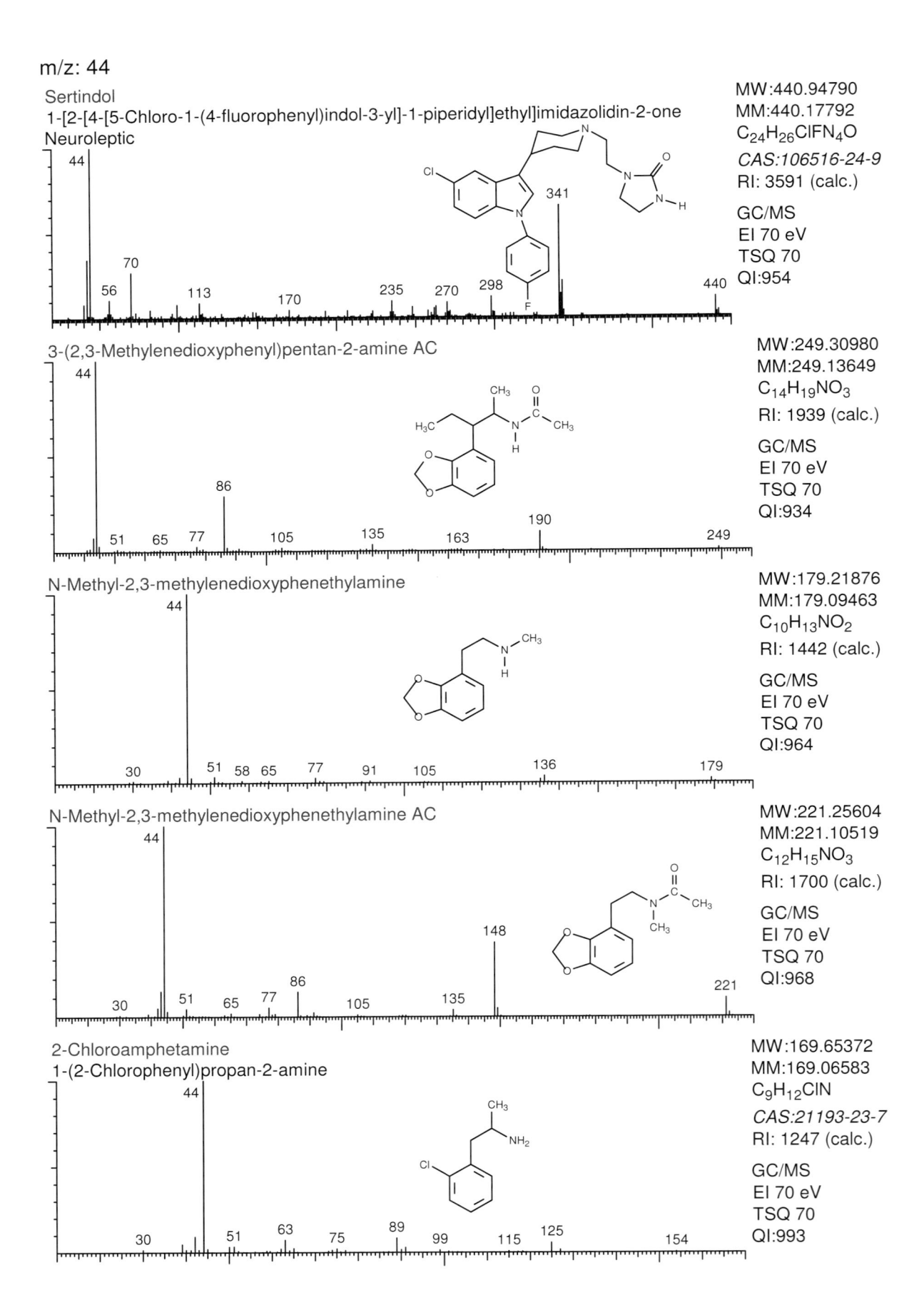

Sertindol
1-[2-[4-[5-Chloro-1-(4-fluorophenyl)indol-3-yl]-1-piperidyl]ethyl]imidazolidin-2-one
Neuroleptic

MW: 440.94790
MM: 440.17792
$C_{24}H_{26}ClFN_4O$
CAS: 106516-24-9
RI: 3591 (calc.)

GC/MS
EI 70 eV
TSQ 70
QI: 954

Peaks: 44, 56, 70, 113, 170, 235, 270, 298, 341, 440

3-(2,3-Methylenedioxyphenyl)pentan-2-amine AC

MW: 249.30980
MM: 249.13649
$C_{14}H_{19}NO_3$
RI: 1939 (calc.)

GC/MS
EI 70 eV
TSQ 70
QI: 934

Peaks: 44, 51, 65, 77, 86, 105, 135, 163, 190, 249

N-Methyl-2,3-methylenedioxyphenethylamine

MW: 179.21876
MM: 179.09463
$C_{10}H_{13}NO_2$
RI: 1442 (calc.)

GC/MS
EI 70 eV
TSQ 70
QI: 964

Peaks: 30, 44, 51, 58, 65, 77, 91, 105, 136, 179

N-Methyl-2,3-methylenedioxyphenethylamine AC

MW: 221.25604
MM: 221.10519
$C_{12}H_{15}NO_3$
RI: 1700 (calc.)

GC/MS
EI 70 eV
TSQ 70
QI: 968

Peaks: 30, 44, 51, 65, 77, 86, 105, 135, 148, 221

2-Chloroamphetamine
1-(2-Chlorophenyl)propan-2-amine

MW: 169.65372
MM: 169.06583
$C_9H_{12}ClN$
CAS: 21193-23-7
RI: 1247 (calc.)

GC/MS
EI 70 eV
TSQ 70
QI: 993

Peaks: 30, 44, 51, 63, 75, 89, 99, 115, 125, 154

m/z: 44

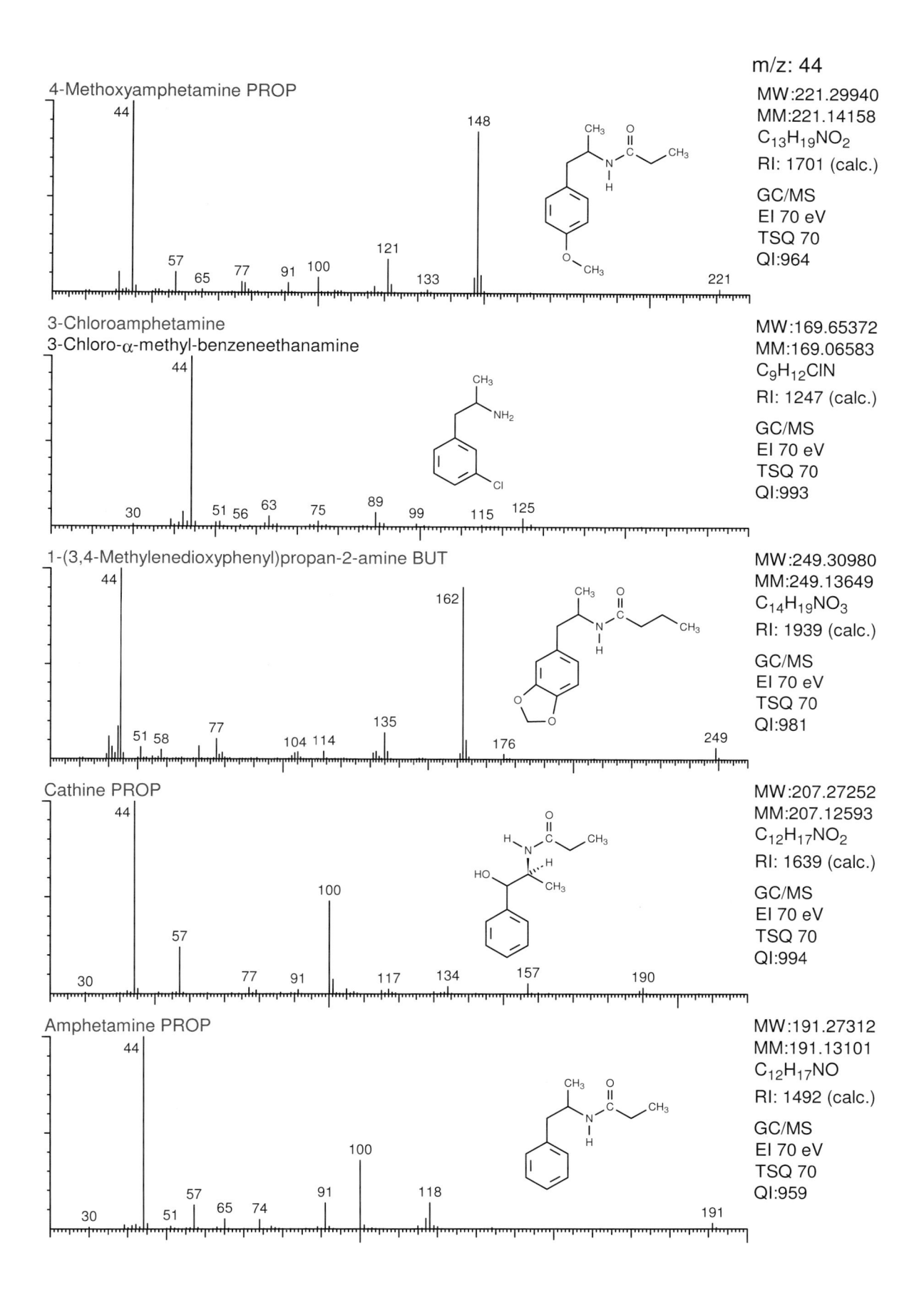

4-Methoxyamphetamine PROP

MW: 221.29940
MM: 221.14158
$C_{13}H_{19}NO_2$
RI: 1701 (calc.)

GC/MS
EI 70 eV
TSQ 70
QI: 964

Peaks: 44, 57, 65, 77, 91, 100, 121, 133, 148, 221

3-Chloroamphetamine
3-Chloro-α-methyl-benzeneethanamine

MW: 169.65372
MM: 169.06583
$C_9H_{12}ClN$
RI: 1247 (calc.)

GC/MS
EI 70 eV
TSQ 70
QI: 993

Peaks: 30, 44, 51, 56, 63, 75, 89, 99, 115, 125

1-(3,4-Methylenedioxyphenyl)propan-2-amine BUT

MW: 249.30980
MM: 249.13649
$C_{14}H_{19}NO_3$
RI: 1939 (calc.)

GC/MS
EI 70 eV
TSQ 70
QI: 981

Peaks: 44, 51, 58, 77, 104, 114, 135, 162, 176, 249

Cathine PROP

MW: 207.27252
MM: 207.12593
$C_{12}H_{17}NO_2$
RI: 1639 (calc.)

GC/MS
EI 70 eV
TSQ 70
QI: 994

Peaks: 30, 44, 57, 77, 91, 100, 117, 134, 157, 190

Amphetamine PROP

MW: 191.27312
MM: 191.13101
$C_{12}H_{17}NO$
RI: 1492 (calc.)

GC/MS
EI 70 eV
TSQ 70
QI: 959

Peaks: 30, 44, 51, 57, 65, 74, 91, 100, 118, 191

m/z: 44

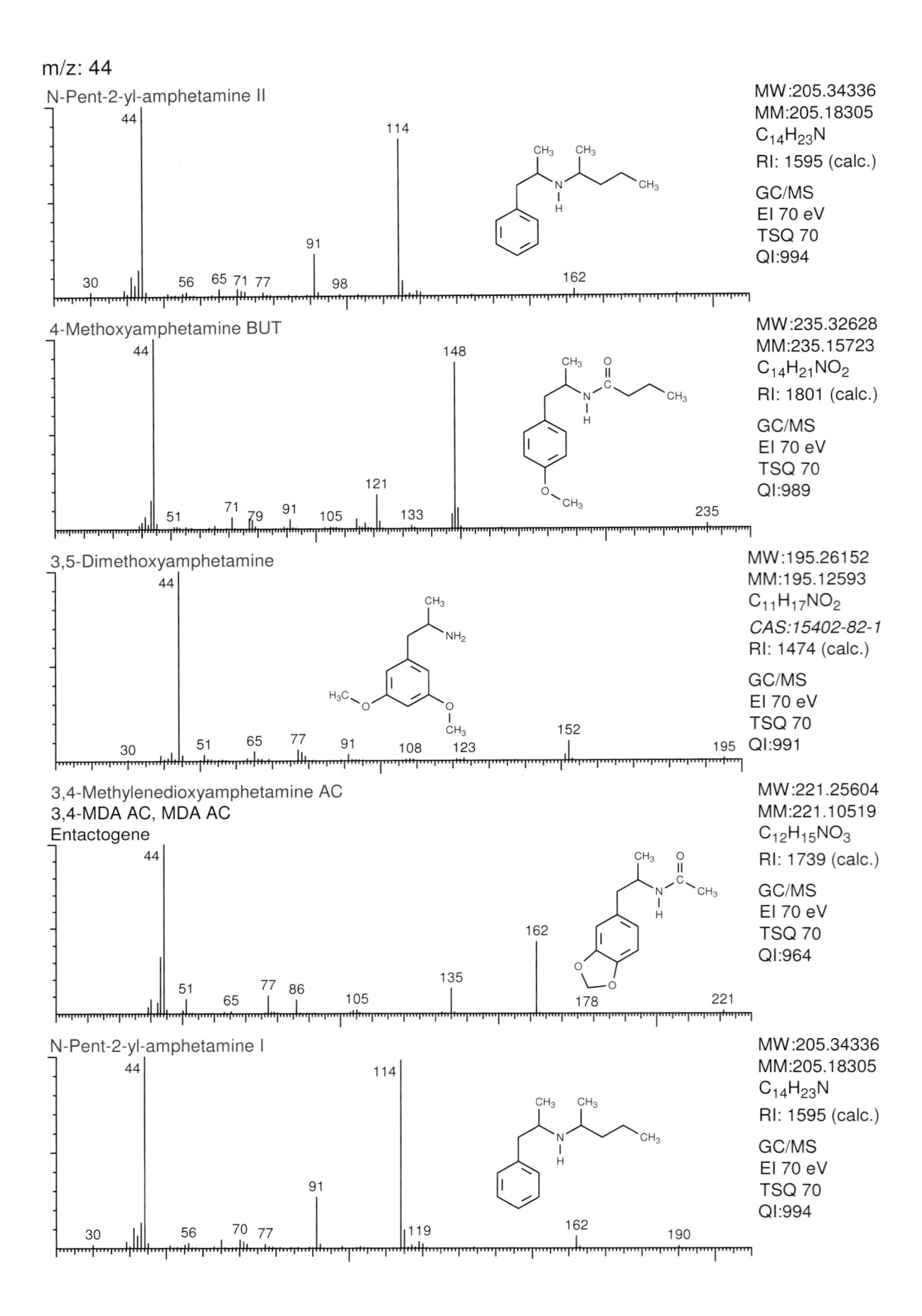

N-Pent-2-yl-amphetamine II

44, 30, 56, 65, 71, 77, 91, 98, 114, 162

MW:205.34336
MM:205.18305
$C_{14}H_{23}N$
RI: 1595 (calc.)

GC/MS
EI 70 eV
TSQ 70
QI:994

4-Methoxyamphetamine BUT

44, 51, 71, 79, 91, 105, 121, 133, 148, 235

MW:235.32628
MM:235.15723
$C_{14}H_{21}NO_2$
RI: 1801 (calc.)

GC/MS
EI 70 eV
TSQ 70
QI:989

3,5-Dimethoxyamphetamine

44, 30, 51, 65, 77, 91, 108, 123, 152, 195

MW:195.26152
MM:195.12593
$C_{11}H_{17}NO_2$
CAS:15402-82-1
RI: 1474 (calc.)

GC/MS
EI 70 eV
TSQ 70
QI:991

3,4-Methylenedioxyamphetamine AC
3,4-MDA AC, MDA AC
Entactogene

44, 51, 65, 77, 86, 105, 135, 162, 178, 221

MW:221.25604
MM:221.10519
$C_{12}H_{15}NO_3$
RI: 1739 (calc.)

GC/MS
EI 70 eV
TSQ 70
QI:964

N-Pent-2-yl-amphetamine I

44, 30, 56, 70, 77, 91, 114, 119, 162, 190

MW:205.34336
MM:205.18305
$C_{14}H_{23}N$
RI: 1595 (calc.)

GC/MS
EI 70 eV
TSQ 70
QI:994

m/z: 44

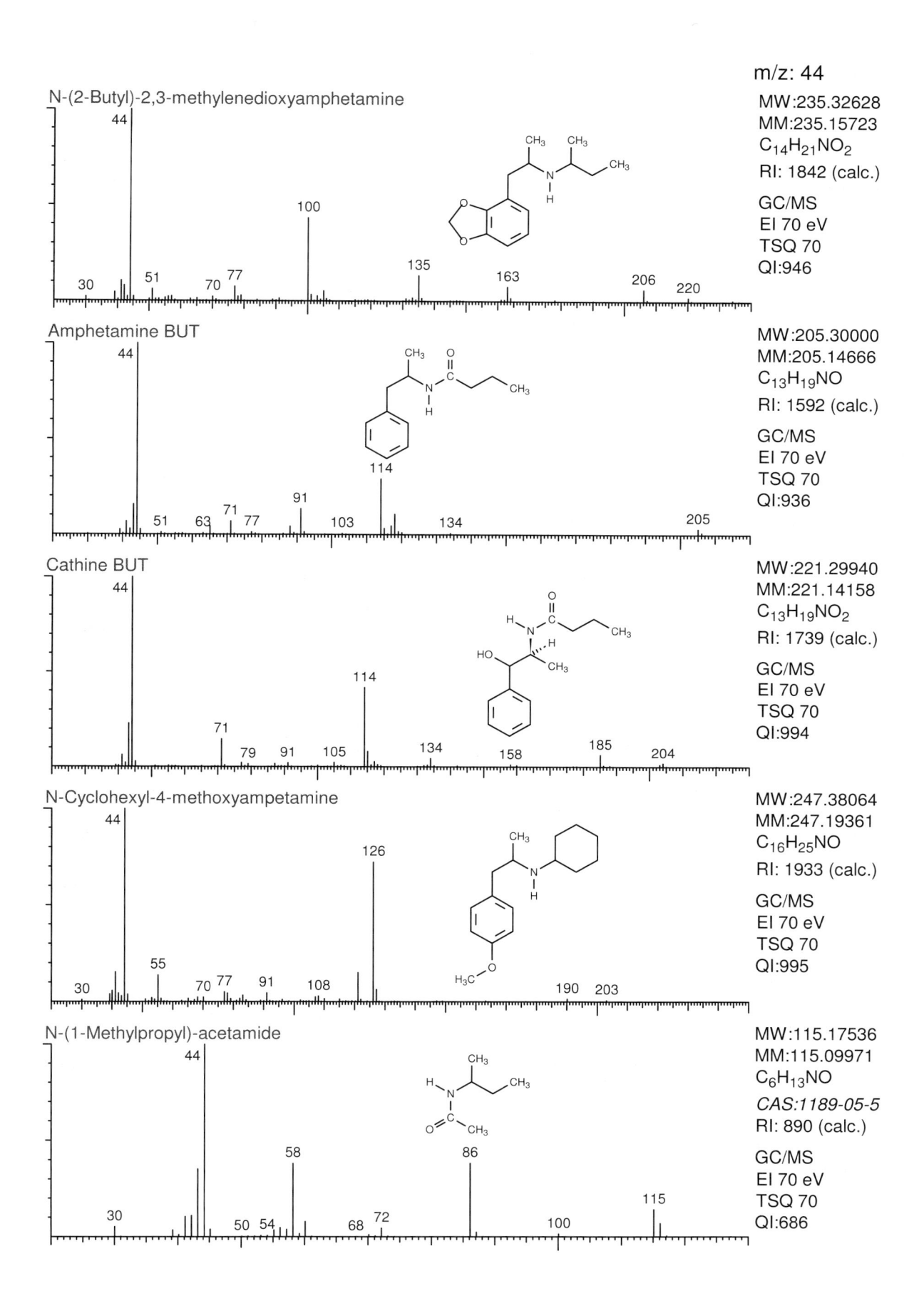

N-(2-Butyl)-2,3-methylenedioxyamphetamine

MW: 235.32628
MM: 235.15723
$C_{14}H_{21}NO_2$
RI: 1842 (calc.)

GC/MS
EI 70 eV
TSQ 70
QI: 946

Amphetamine BUT

MW: 205.30000
MM: 205.14666
$C_{13}H_{19}NO$
RI: 1592 (calc.)

GC/MS
EI 70 eV
TSQ 70
QI: 936

Cathine BUT

MW: 221.29940
MM: 221.14158
$C_{13}H_{19}NO_2$
RI: 1739 (calc.)

GC/MS
EI 70 eV
TSQ 70
QI: 994

N-Cyclohexyl-4-methoxyampetamine

MW: 247.38064
MM: 247.19361
$C_{16}H_{25}NO$
RI: 1933 (calc.)

GC/MS
EI 70 eV
TSQ 70
QI: 995

N-(1-Methylpropyl)-acetamide

MW: 115.17536
MM: 115.09971
$C_6H_{13}NO$
CAS: 1189-05-5
RI: 890 (calc.)

GC/MS
EI 70 eV
TSQ 70
QI: 686

m/z: 44

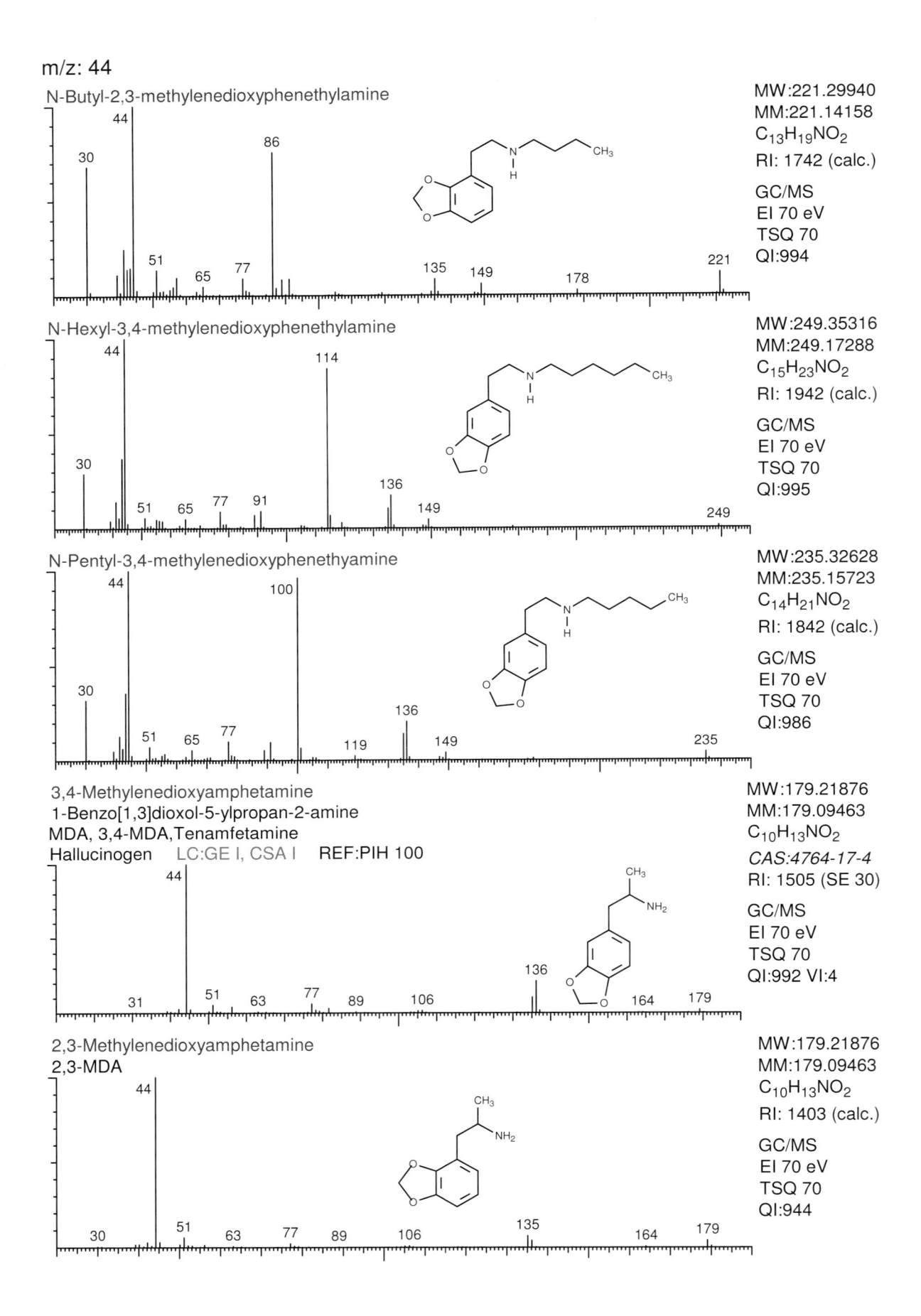

N-Butyl-2,3-methylenedioxyphenethylamine

MW: 221.29940
MM: 221.14158
$C_{13}H_{19}NO_2$
RI: 1742 (calc.)

GC/MS
EI 70 eV
TSQ 70
QI: 994

N-Hexyl-3,4-methylenedioxyphenethylamine

MW: 249.35316
MM: 249.17288
$C_{15}H_{23}NO_2$
RI: 1942 (calc.)

GC/MS
EI 70 eV
TSQ 70
QI: 995

N-Pentyl-3,4-methylenedioxyphenethyamine

MW: 235.32628
MM: 235.15723
$C_{14}H_{21}NO_2$
RI: 1842 (calc.)

GC/MS
EI 70 eV
TSQ 70
QI: 986

3,4-Methylenedioxyamphetamine
1-Benzo[1,3]dioxol-5-ylpropan-2-amine
MDA, 3,4-MDA, Tenamfetamine
Hallucinogen   LC:GE I, CSA I   REF:PIH 100

MW: 179.21876
MM: 179.09463
$C_{10}H_{13}NO_2$
CAS: 4764-17-4
RI: 1505 (SE 30)

GC/MS
EI 70 eV
TSQ 70
QI: 992 VI:4

2,3-Methylenedioxyamphetamine
2,3-MDA

MW: 179.21876
MM: 179.09463
$C_{10}H_{13}NO_2$
RI: 1403 (calc.)

GC/MS
EI 70 eV
TSQ 70
QI: 944

m/z: 45

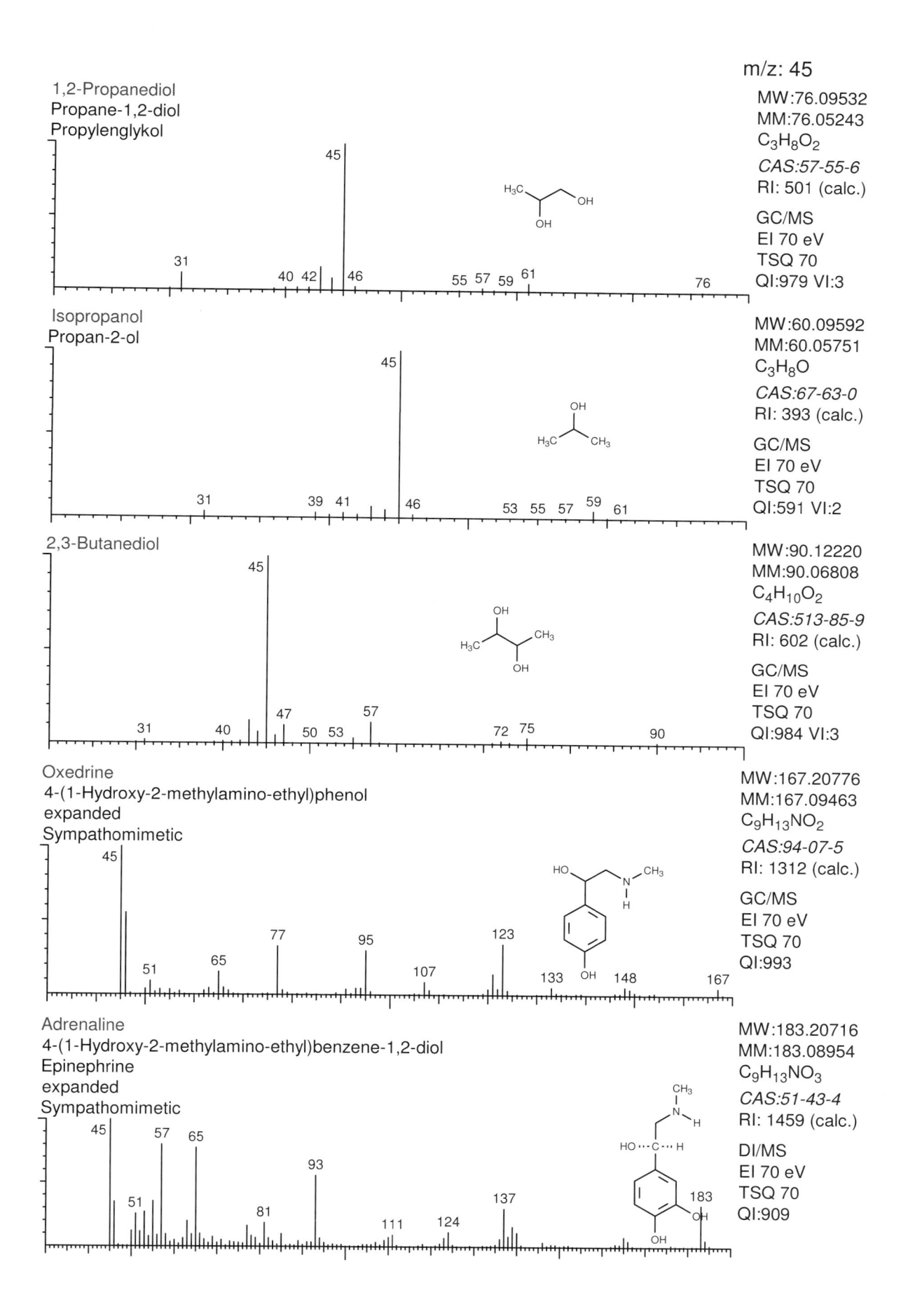

1,2-Propanediol
Propane-1,2-diol
Propylenglykol

MW: 76.09532
MM: 76.05243
$C_3H_8O_2$
CAS: 57-55-6
RI: 501 (calc.)

GC/MS
EI 70 eV
TSQ 70
QI: 979 VI:3

Isopropanol
Propan-2-ol

MW: 60.09592
MM: 60.05751
C_3H_8O
CAS: 67-63-0
RI: 393 (calc.)

GC/MS
EI 70 eV
TSQ 70
QI: 591 VI:2

2,3-Butanediol

MW: 90.12220
MM: 90.06808
$C_4H_{10}O_2$
CAS: 513-85-9
RI: 602 (calc.)

GC/MS
EI 70 eV
TSQ 70
QI: 984 VI:3

Oxedrine
4-(1-Hydroxy-2-methylamino-ethyl)phenol
expanded
Sympathomimetic

MW: 167.20776
MM: 167.09463
$C_9H_{13}NO_2$
CAS: 94-07-5
RI: 1312 (calc.)

GC/MS
EI 70 eV
TSQ 70
QI: 993

Adrenaline
4-(1-Hydroxy-2-methylamino-ethyl)benzene-1,2-diol
Epinephrine
expanded
Sympathomimetic

MW: 183.20716
MM: 183.08954
$C_9H_{13}NO_3$
CAS: 51-43-4
RI: 1459 (calc.)

DI/MS
EI 70 eV
TSQ 70
QI: 909

m/z: 45

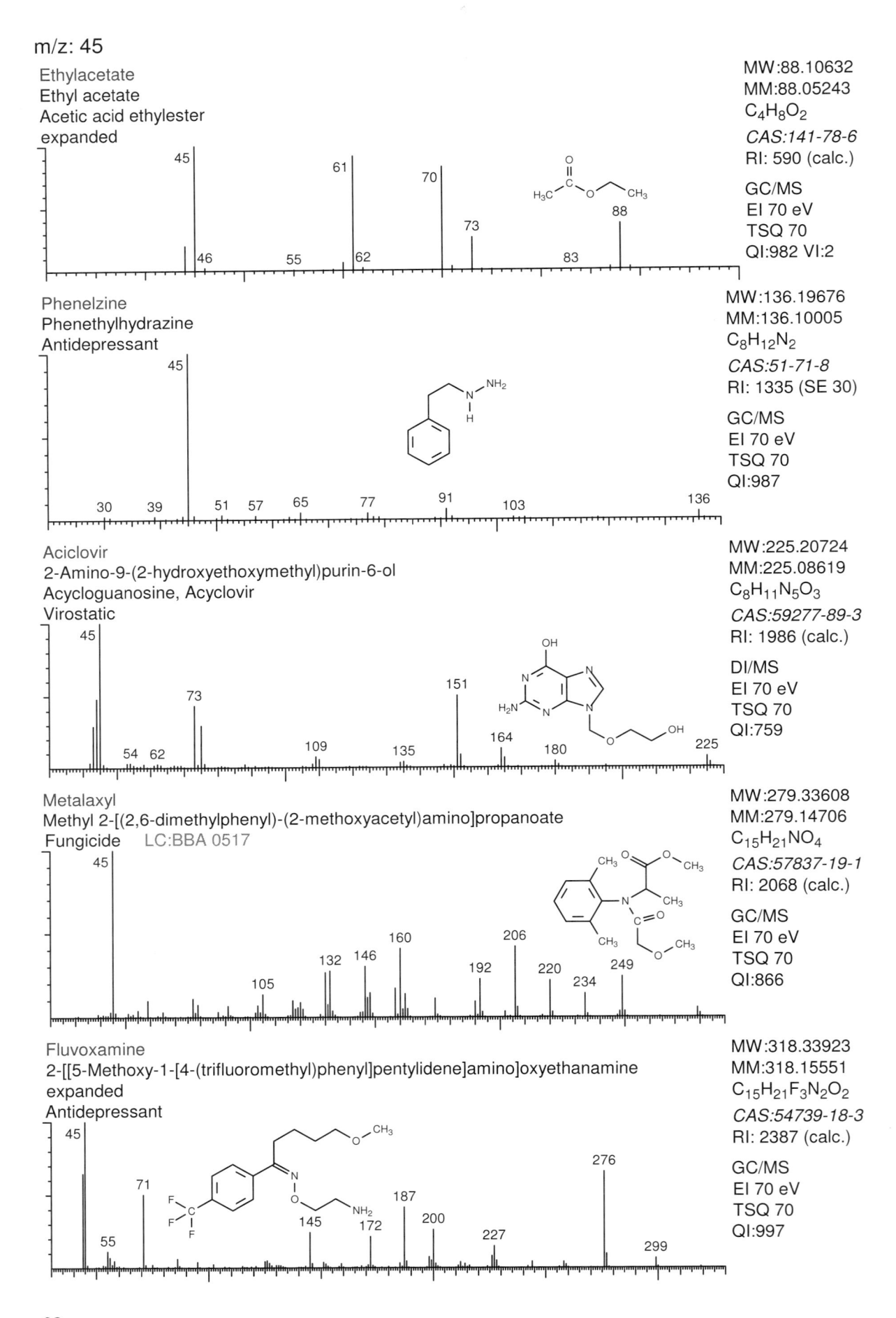

Ethylacetate
Ethyl acetate
Acetic acid ethylester
expanded

MW:88.10632
MM:88.05243
$C_4H_8O_2$
CAS:141-78-6
RI: 590 (calc.)

GC/MS
EI 70 eV
TSQ 70
QI:982 VI:2

Peaks: 45, 46, 55, 61, 62, 70, 73, 83, 88

Phenelzine
Phenethylhydrazine
Antidepressant

MW:136.19676
MM:136.10005
$C_8H_{12}N_2$
CAS:51-71-8
RI: 1335 (SE 30)

GC/MS
EI 70 eV
TSQ 70
QI:987

Peaks: 30, 39, 45, 51, 57, 65, 77, 91, 103, 136

Aciclovir
2-Amino-9-(2-hydroxyethoxymethyl)purin-6-ol
Acycloguanosine, Acyclovir
Virostatic

MW:225.20724
MM:225.08619
$C_8H_{11}N_5O_3$
CAS:59277-89-3
RI: 1986 (calc.)

DI/MS
EI 70 eV
TSQ 70
QI:759

Peaks: 45, 54, 62, 73, 109, 135, 151, 164, 180, 225

Metalaxyl
Methyl 2-[(2,6-dimethylphenyl)-(2-methoxyacetyl)amino]propanoate
Fungicide   LC:BBA 0517

MW:279.33608
MM:279.14706
$C_{15}H_{21}NO_4$
CAS:57837-19-1
RI: 2068 (calc.)

GC/MS
EI 70 eV
TSQ 70
QI:866

Peaks: 45, 105, 132, 146, 160, 192, 206, 220, 234, 249

Fluvoxamine
2-[[5-Methoxy-1-[4-(trifluoromethyl)phenyl]pentylidene]amino]oxyethanamine
expanded
Antidepressant

MW:318.33923
MM:318.15551
$C_{15}H_{21}F_3N_2O_2$
CAS:54739-18-3
RI: 2387 (calc.)

GC/MS
EI 70 eV
TSQ 70
QI:997

Peaks: 45, 55, 71, 145, 172, 187, 200, 227, 276, 299

m/z: 45-46

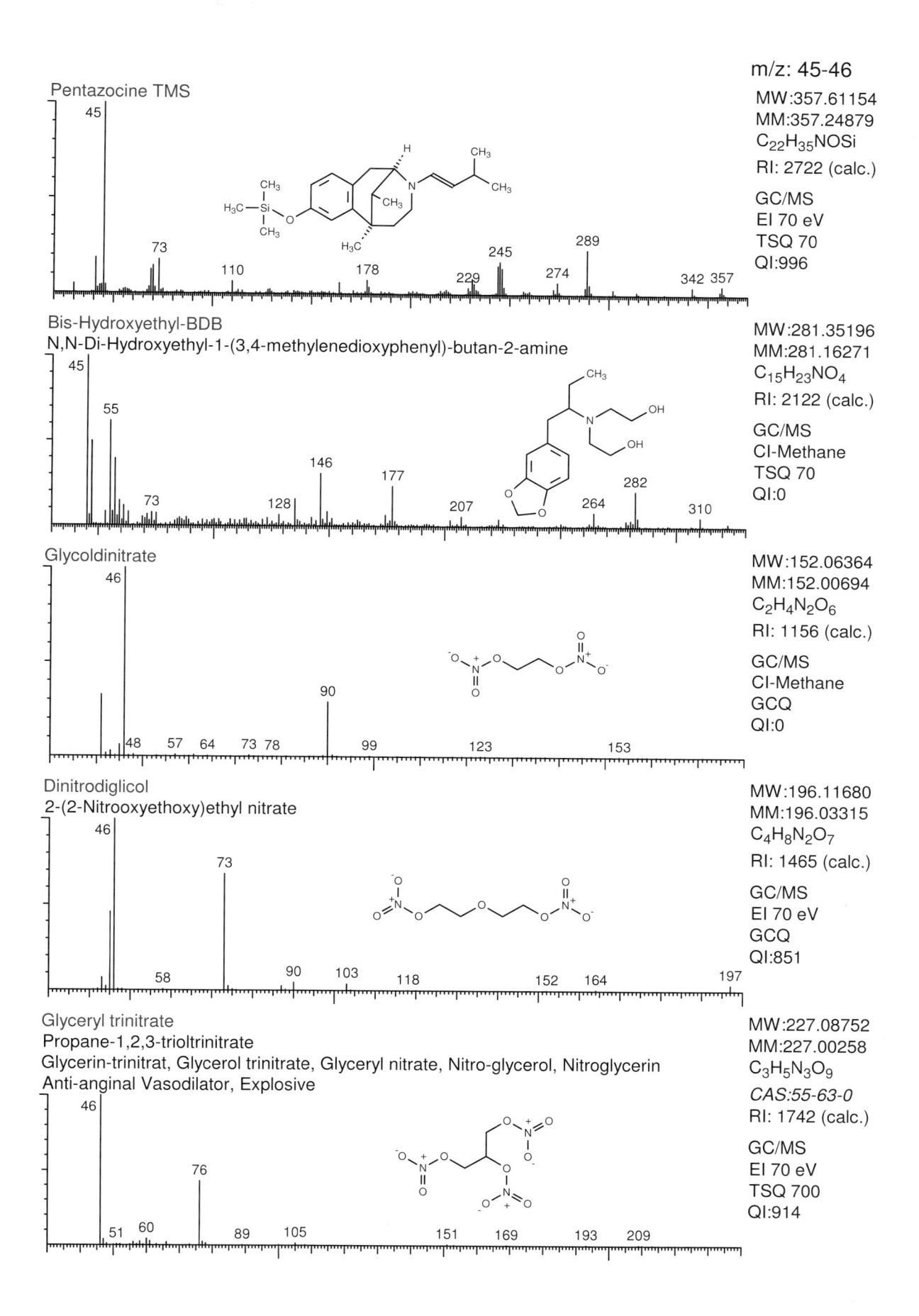

Pentazocine TMS

MW: 357.61154
MM: 357.24879
$C_{22}H_{35}NOSi$
RI: 2722 (calc.)

GC/MS
EI 70 eV
TSQ 70
QI: 996

Peaks: 45, 73, 110, 178, 229, 245, 274, 289, 342, 357

Bis-Hydroxyethyl-BDB
N,N-Di-Hydroxyethyl-1-(3,4-methylenedioxyphenyl)-butan-2-amine

MW: 281.35196
MM: 281.16271
$C_{15}H_{23}NO_4$
RI: 2122 (calc.)

GC/MS
CI-Methane
TSQ 70
QI: 0

Peaks: 45, 55, 73, 128, 146, 177, 207, 264, 282, 310

Glycoldinitrate

MW: 152.06364
MM: 152.00694
$C_2H_4N_2O_6$
RI: 1156 (calc.)

GC/MS
CI-Methane
GCQ
QI: 0

Peaks: 46, 48, 57, 64, 73, 78, 90, 99, 123, 153

Dinitrodiglicol
2-(2-Nitrooxyethoxy)ethyl nitrate

MW: 196.11680
MM: 196.03315
$C_4H_8N_2O_7$
RI: 1465 (calc.)

GC/MS
EI 70 eV
GCQ
QI: 851

Peaks: 46, 58, 73, 90, 103, 118, 152, 164, 197

Glyceryl trinitrate
Propane-1,2,3-trioltrinitrate
Glycerin-trinitrat, Glycerol trinitrate, Glyceryl nitrate, Nitro-glycerol, Nitroglycerin
Anti-anginal Vasodilator, Explosive

MW: 227.08752
MM: 227.00258
$C_3H_5N_3O_9$
CAS: 55-63-0
RI: 1742 (calc.)

GC/MS
EI 70 eV
TSQ 700
QI: 914

Peaks: 46, 51, 60, 76, 89, 105, 151, 169, 193, 209

m/z: 51-55

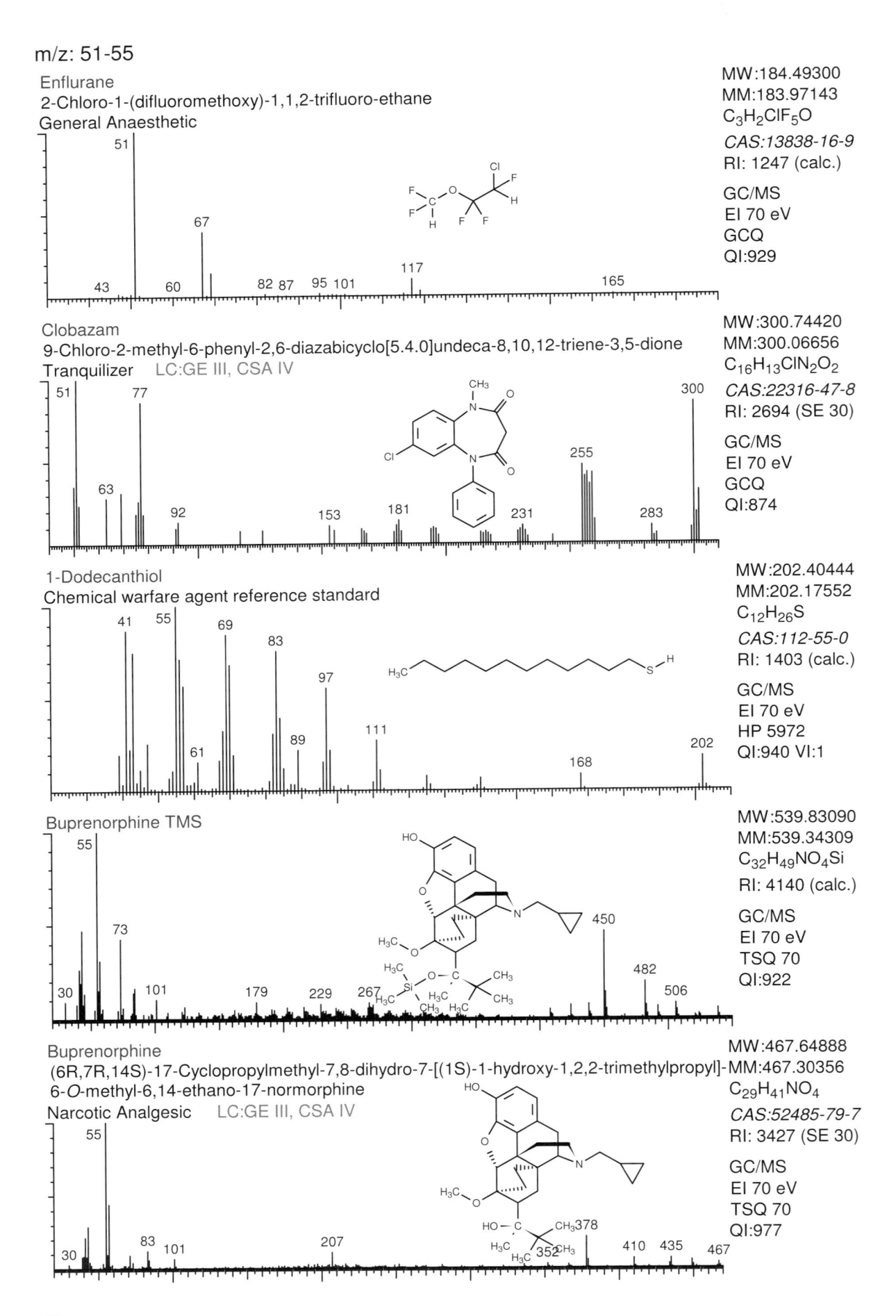

Enflurane
2-Chloro-1-(difluoromethoxy)-1,1,2-trifluoro-ethane
General Anaesthetic

MW:184.49300
MM:183.97143
$C_3H_2ClF_5O$
CAS:13838-16-9
RI: 1247 (calc.)

GC/MS
EI 70 eV
GCQ
QI:929

Peaks: 43, 51, 60, 67, 82, 87, 95, 101, 117, 165

Clobazam
9-Chloro-2-methyl-6-phenyl-2,6-diazabicyclo[5.4.0]undeca-8,10,12-triene-3,5-dione
Tranquilizer   LC:GE III, CSA IV

MW:300.74420
MM:300.06656
$C_{16}H_{13}ClN_2O_2$
CAS:22316-47-8
RI: 2694 (SE 30)

GC/MS
EI 70 eV
GCQ
QI:874

Peaks: 51, 63, 77, 92, 153, 181, 231, 255, 283, 300

1-Dodecanthiol
Chemical warfare agent reference standard

MW:202.40444
MM:202.17552
$C_{12}H_{26}S$
CAS:112-55-0
RI: 1403 (calc.)

GC/MS
EI 70 eV
HP 5972
QI:940 VI:1

Peaks: 41, 55, 61, 69, 83, 89, 97, 111, 168, 202

Buprenorphine TMS

MW:539.83090
MM:539.34309
$C_{32}H_{49}NO_4Si$
RI: 4140 (calc.)

GC/MS
EI 70 eV
TSQ 70
QI:922

Peaks: 30, 55, 73, 101, 179, 229, 267, 450, 482, 506

Buprenorphine
(6R,7R,14S)-17-Cyclopropylmethyl-7,8-dihydro-7-[(1S)-1-hydroxy-1,2,2-trimethylpropyl]-
6-O-methyl-6,14-ethano-17-normorphine
Narcotic Analgesic   LC:GE III, CSA IV

MW:467.64888
MM:467.30356
$C_{29}H_{41}NO_4$
CAS:52485-79-7
RI: 3427 (SE 30)

GC/MS
EI 70 eV
TSQ 70
QI:977

Peaks: 30, 55, 83, 101, 207, 352, 378, 410, 435, 467

m/z: 55

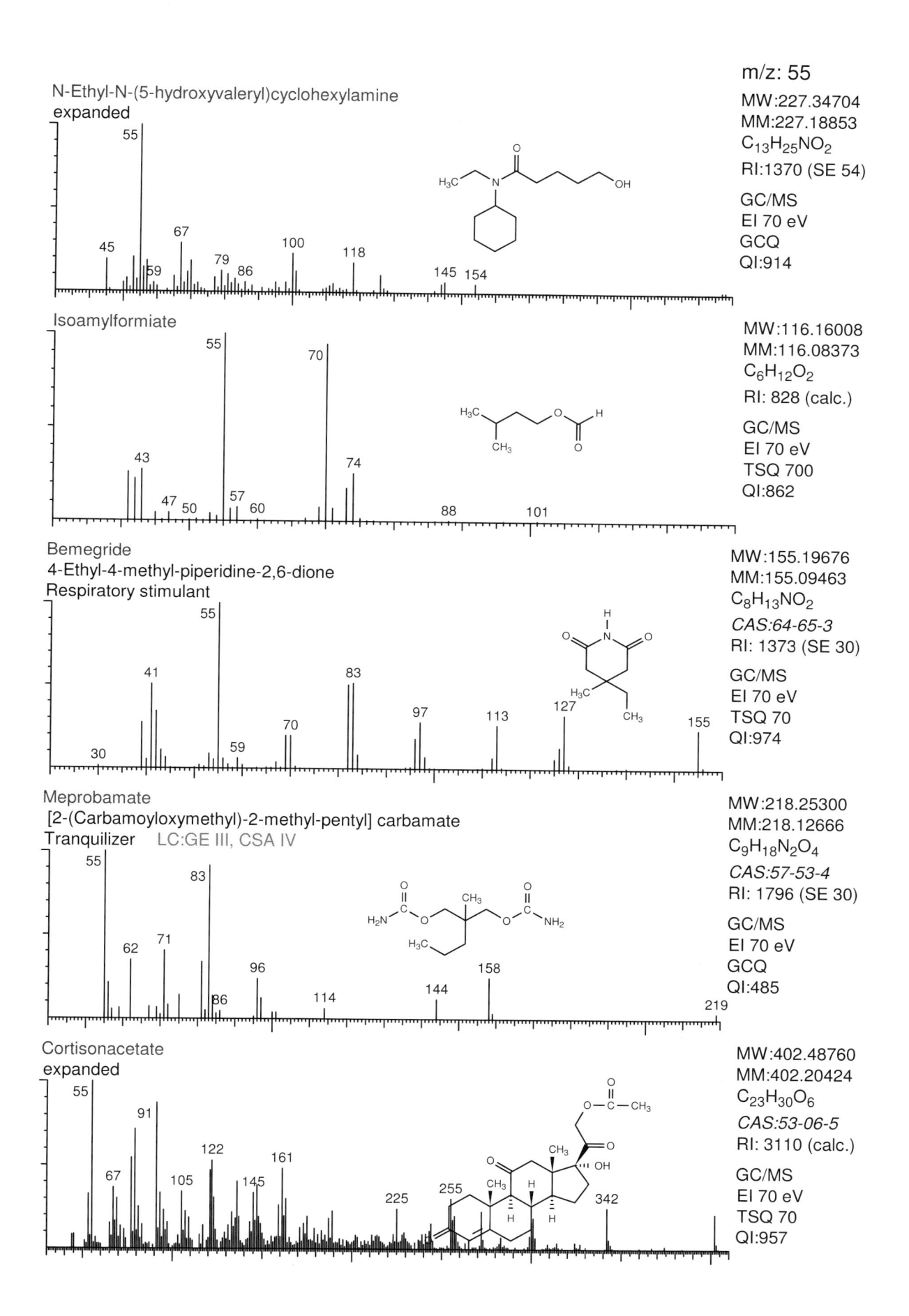

N-Ethyl-N-(5-hydroxyvaleryl)cyclohexylamine
expanded

Peaks: 45, 55, 59, 67, 79, 86, 100, 118, 145, 154

MW:227.34704
MM:227.18853
$C_{13}H_{25}NO_2$
RI:1370 (SE 54)

GC/MS
EI 70 eV
GCQ
QI:914

Isoamylformiate

Peaks: 43, 47, 50, 55, 57, 60, 70, 74, 88, 101

MW:116.16008
MM:116.08373
$C_6H_{12}O_2$
RI: 828 (calc.)

GC/MS
EI 70 eV
TSQ 700
QI:862

Bemegride
4-Ethyl-4-methyl-piperidine-2,6-dione
Respiratory stimulant

Peaks: 30, 41, 55, 59, 70, 83, 97, 113, 127, 155

MW:155.19676
MM:155.09463
$C_8H_{13}NO_2$
CAS:64-65-3
RI: 1373 (SE 30)

GC/MS
EI 70 eV
TSQ 70
QI:974

Meprobamate
[2-(Carbamoyloxymethyl)-2-methyl-pentyl] carbamate
Tranquilizer   LC:GE III, CSA IV

Peaks: 55, 62, 71, 83, 86, 96, 114, 144, 158, 219

MW:218.25300
MM:218.12666
$C_9H_{18}N_2O_4$
CAS:57-53-4
RI: 1796 (SE 30)

GC/MS
EI 70 eV
GCQ
QI:485

Cortisonacetate
expanded

Peaks: 55, 67, 91, 105, 122, 145, 161, 225, 255, 342

MW:402.48760
MM:402.20424
$C_{23}H_{30}O_6$
CAS:53-06-5
RI: 3110 (calc.)

GC/MS
EI 70 eV
TSQ 70
QI:957

m/z: 55

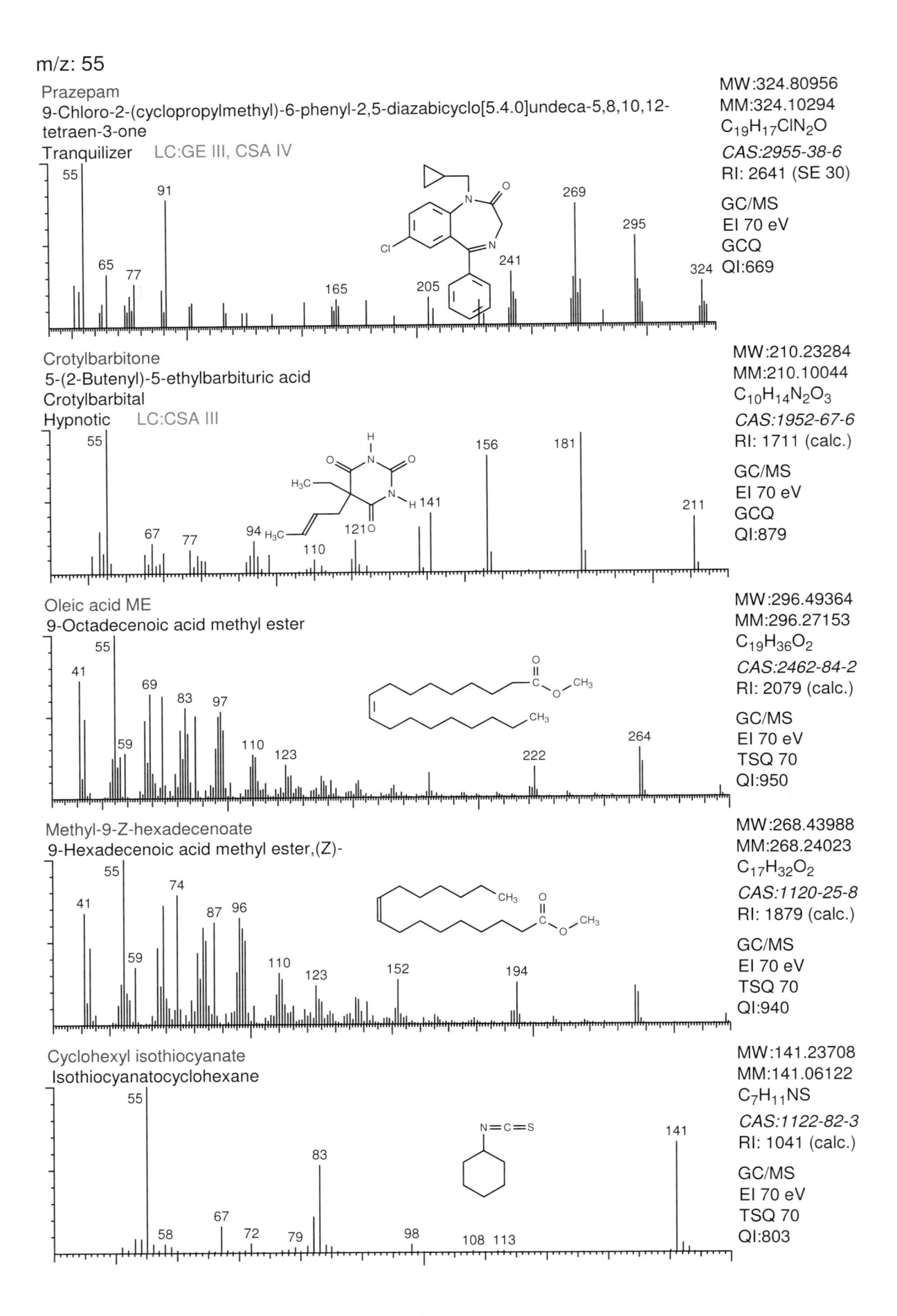

Prazepam
9-Chloro-2-(cyclopropylmethyl)-6-phenyl-2,5-diazabicyclo[5.4.0]undeca-5,8,10,12-tetraen-3-one
Tranquilizer   LC:GE III, CSA IV

MW:324.80956
MM:324.10294
$C_{19}H_{17}ClN_2O$
CAS:2955-38-6
RI: 2641 (SE 30)

GC/MS
EI 70 eV
GCQ
QI:669

Crotylbarbitone
5-(2-Butenyl)-5-ethylbarbituric acid
Crotylbarbital
Hypnotic   LC:CSA III

MW:210.23284
MM:210.10044
$C_{10}H_{14}N_2O_3$
CAS:1952-67-6
RI: 1711 (calc.)

GC/MS
EI 70 eV
GCQ
QI:879

Oleic acid ME
9-Octadecenoic acid methyl ester

MW:296.49364
MM:296.27153
$C_{19}H_{36}O_2$
CAS:2462-84-2
RI: 2079 (calc.)

GC/MS
EI 70 eV
TSQ 70
QI:950

Methyl-9-Z-hexadecenoate
9-Hexadecenoic acid methyl ester,(Z)-

MW:268.43988
MM:268.24023
$C_{17}H_{32}O_2$
CAS:1120-25-8
RI: 1879 (calc.)

GC/MS
EI 70 eV
TSQ 70
QI:940

Cyclohexyl isothiocyanate
Isothiocyanatocyclohexane

MW:141.23708
MM:141.06122
$C_7H_{11}NS$
CAS:1122-82-3
RI: 1041 (calc.)

GC/MS
EI 70 eV
TSQ 70
QI:803

m/z: 55

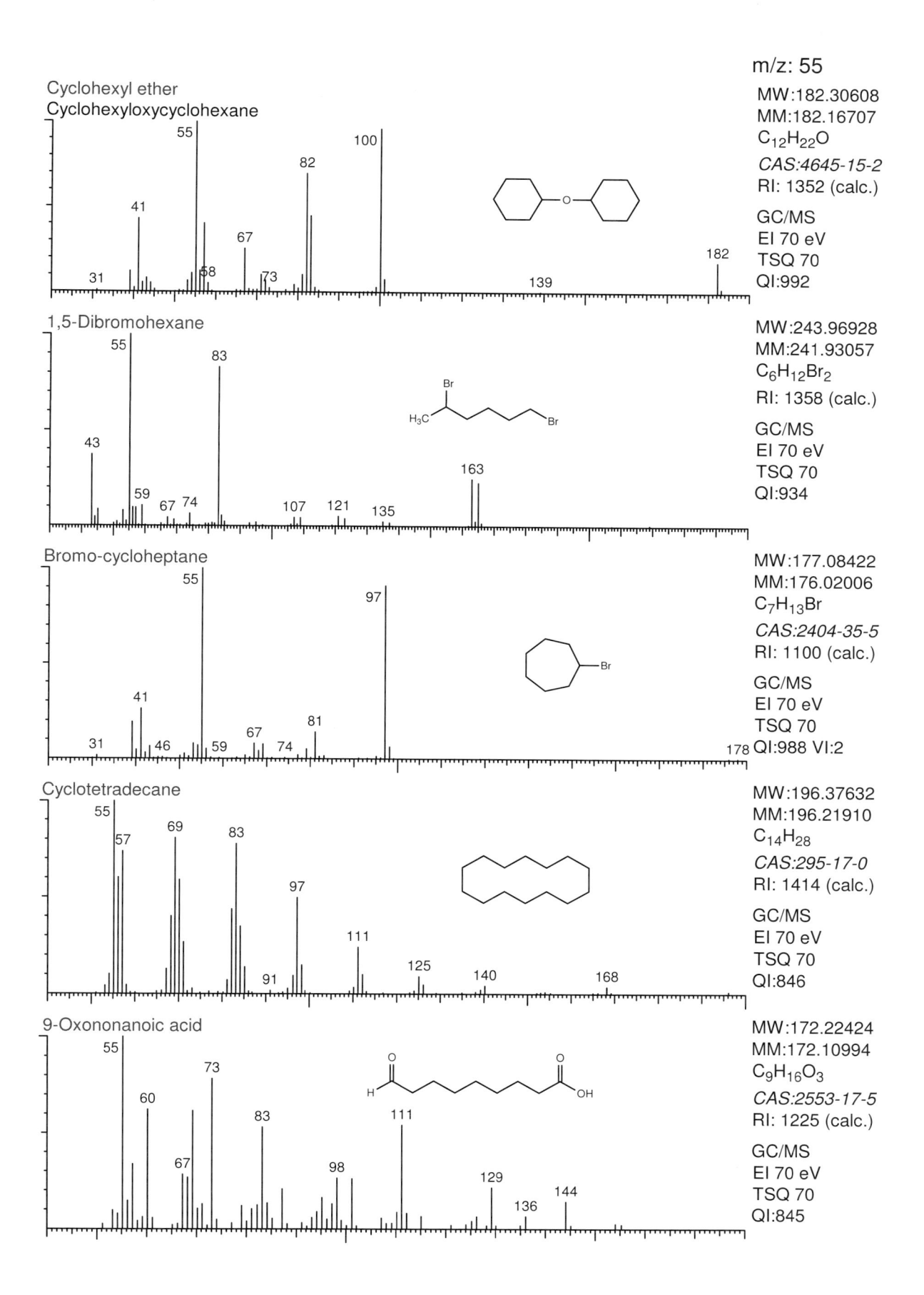

Cyclohexyl ether
Cyclohexyloxycyclohexane

MW: 182.30608
MM: 182.16707
$C_{12}H_{22}O$
CAS: 4645-15-2
RI: 1352 (calc.)

GC/MS
EI 70 eV
TSQ 70
QI: 992

Peaks: 31, 41, 55, 58, 67, 73, 82, 100, 139, 182

1,5-Dibromohexane

MW: 243.96928
MM: 241.93057
$C_6H_{12}Br_2$
RI: 1358 (calc.)

GC/MS
EI 70 eV
TSQ 70
QI: 934

Peaks: 43, 55, 59, 67, 74, 83, 107, 121, 135, 163

Bromo-cycloheptane

MW: 177.08422
MM: 176.02006
$C_7H_{13}Br$
CAS: 2404-35-5
RI: 1100 (calc.)

GC/MS
EI 70 eV
TSQ 70
QI: 988 VI:2

Peaks: 31, 41, 46, 55, 59, 67, 74, 81, 97, 178

Cyclotetradecane

MW: 196.37632
MM: 196.21910
$C_{14}H_{28}$
CAS: 295-17-0
RI: 1414 (calc.)

GC/MS
EI 70 eV
TSQ 70
QI: 846

Peaks: 55, 57, 69, 83, 91, 97, 111, 125, 140, 168

9-Oxononanoic acid

MW: 172.22424
MM: 172.10994
$C_9H_{16}O_3$
CAS: 2553-17-5
RI: 1225 (calc.)

GC/MS
EI 70 eV
TSQ 70
QI: 845

Peaks: 55, 60, 67, 73, 83, 98, 111, 129, 136, 144

m/z: 55

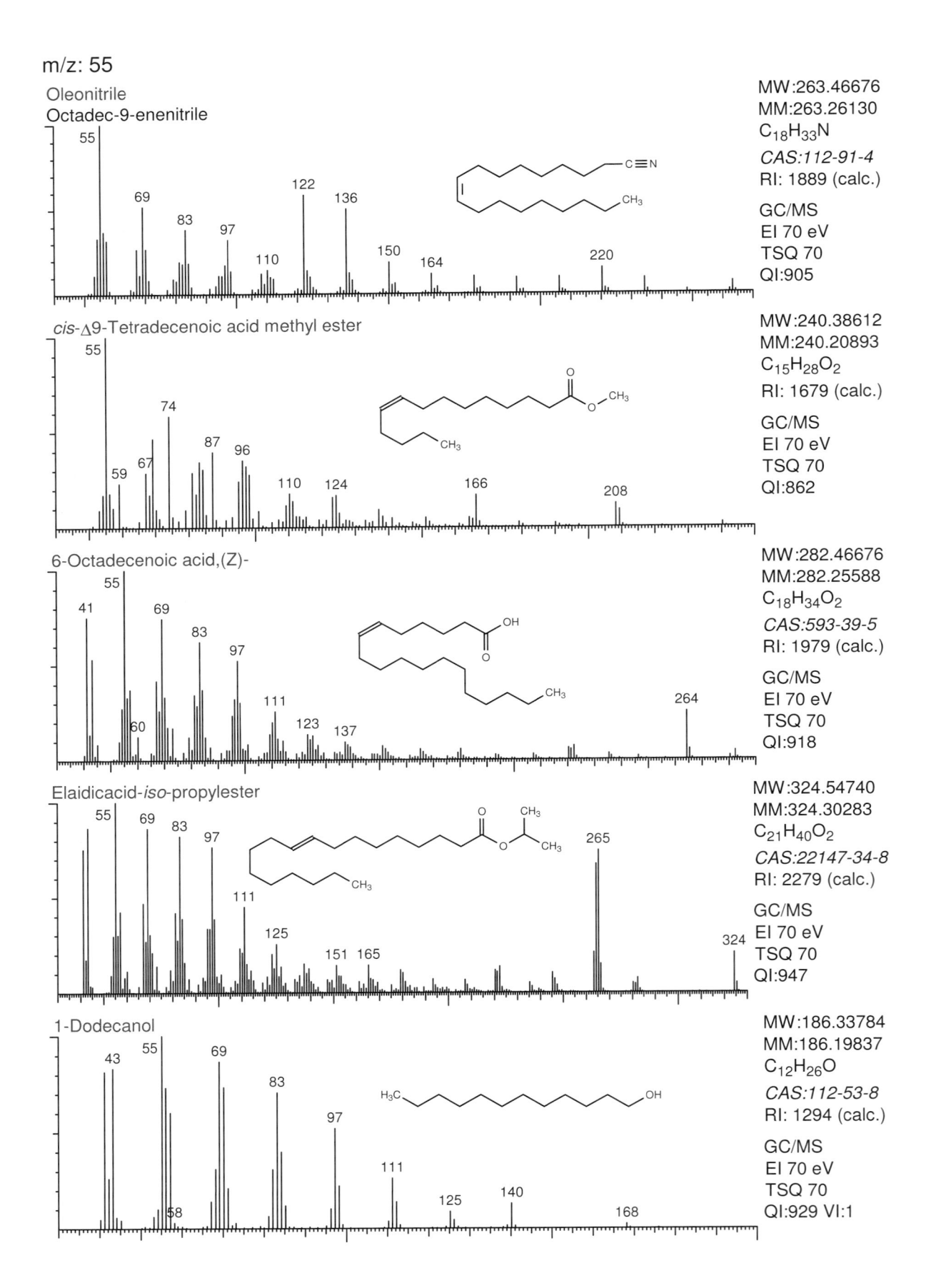

Oleonitrile
Octadec-9-enenitrile

MW: 263.46676
MM: 263.26130
$C_{18}H_{33}N$
CAS: 112-91-4
RI: 1889 (calc.)

GC/MS
EI 70 eV
TSQ 70
QI: 905

Peaks: 55, 69, 83, 97, 110, 122, 136, 150, 164, 220

cis-Δ9-Tetradecenoic acid methyl ester

MW: 240.38612
MM: 240.20893
$C_{15}H_{28}O_2$
RI: 1679 (calc.)

GC/MS
EI 70 eV
TSQ 70
QI: 862

Peaks: 55, 59, 67, 74, 87, 96, 110, 124, 166, 208

6-Octadecenoic acid,(Z)-

MW: 282.46676
MM: 282.25588
$C_{18}H_{34}O_2$
CAS: 593-39-5
RI: 1979 (calc.)

GC/MS
EI 70 eV
TSQ 70
QI: 918

Peaks: 41, 55, 60, 69, 83, 97, 111, 123, 137, 264

Elaidicacid-iso-propylester

MW: 324.54740
MM: 324.30283
$C_{21}H_{40}O_2$
CAS: 22147-34-8
RI: 2279 (calc.)

GC/MS
EI 70 eV
TSQ 70
QI: 947

Peaks: 55, 69, 83, 97, 111, 125, 151, 165, 265, 324

1-Dodecanol

MW: 186.33784
MM: 186.19837
$C_{12}H_{26}O$
CAS: 112-53-8
RI: 1294 (calc.)

GC/MS
EI 70 eV
TSQ 70
QI: 929 VI: 1

Peaks: 43, 55, 58, 69, 83, 97, 111, 125, 140, 168

m/z: 55-56

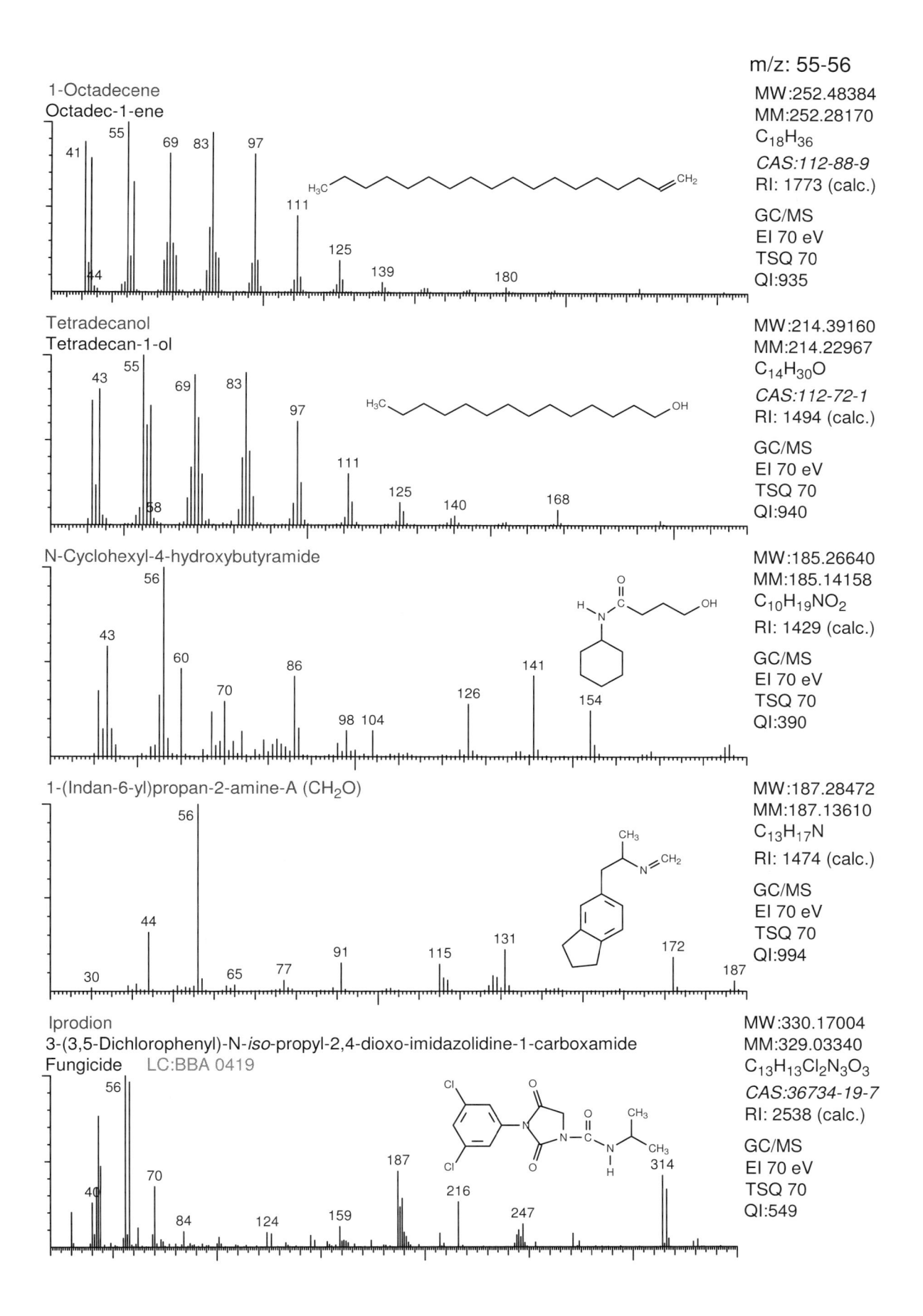

1-Octadecene
Octadec-1-ene

Peaks: 41, 55, 69, 83, 97, 111, 125, 139, 180

MW: 252.48384
MM: 252.28170
$C_{18}H_{36}$
CAS: 112-88-9
RI: 1773 (calc.)

GC/MS
EI 70 eV
TSQ 70
QI: 935

Tetradecanol
Tetradecan-1-ol

Peaks: 43, 55, 69, 83, 97, 111, 58, 125, 140, 168

MW: 214.39160
MM: 214.22967
$C_{14}H_{30}O$
CAS: 112-72-1
RI: 1494 (calc.)

GC/MS
EI 70 eV
TSQ 70
QI: 940

N-Cyclohexyl-4-hydroxybutyramide

Peaks: 43, 56, 60, 70, 86, 98, 104, 126, 141, 154

MW: 185.26640
MM: 185.14158
$C_{10}H_{19}NO_2$
RI: 1429 (calc.)

GC/MS
EI 70 eV
TSQ 70
QI: 390

1-(Indan-6-yl)propan-2-amine-A (CH$_2$O)

Peaks: 30, 44, 56, 65, 77, 91, 115, 131, 172, 187

MW: 187.28472
MM: 187.13610
$C_{13}H_{17}N$
RI: 1474 (calc.)

GC/MS
EI 70 eV
TSQ 70
QI: 994

Iprodion
3-(3,5-Dichlorophenyl)-N-*iso*-propyl-2,4-dioxo-imidazolidine-1-carboxamide
Fungicide   LC: BBA 0419

Peaks: 40, 56, 70, 84, 124, 159, 187, 216, 247, 314

MW: 330.17004
MM: 329.03340
$C_{13}H_{13}Cl_2N_3O_3$
CAS: 36734-19-7
RI: 2538 (calc.)

GC/MS
EI 70 eV
TSQ 70
QI: 549

m/z: 56

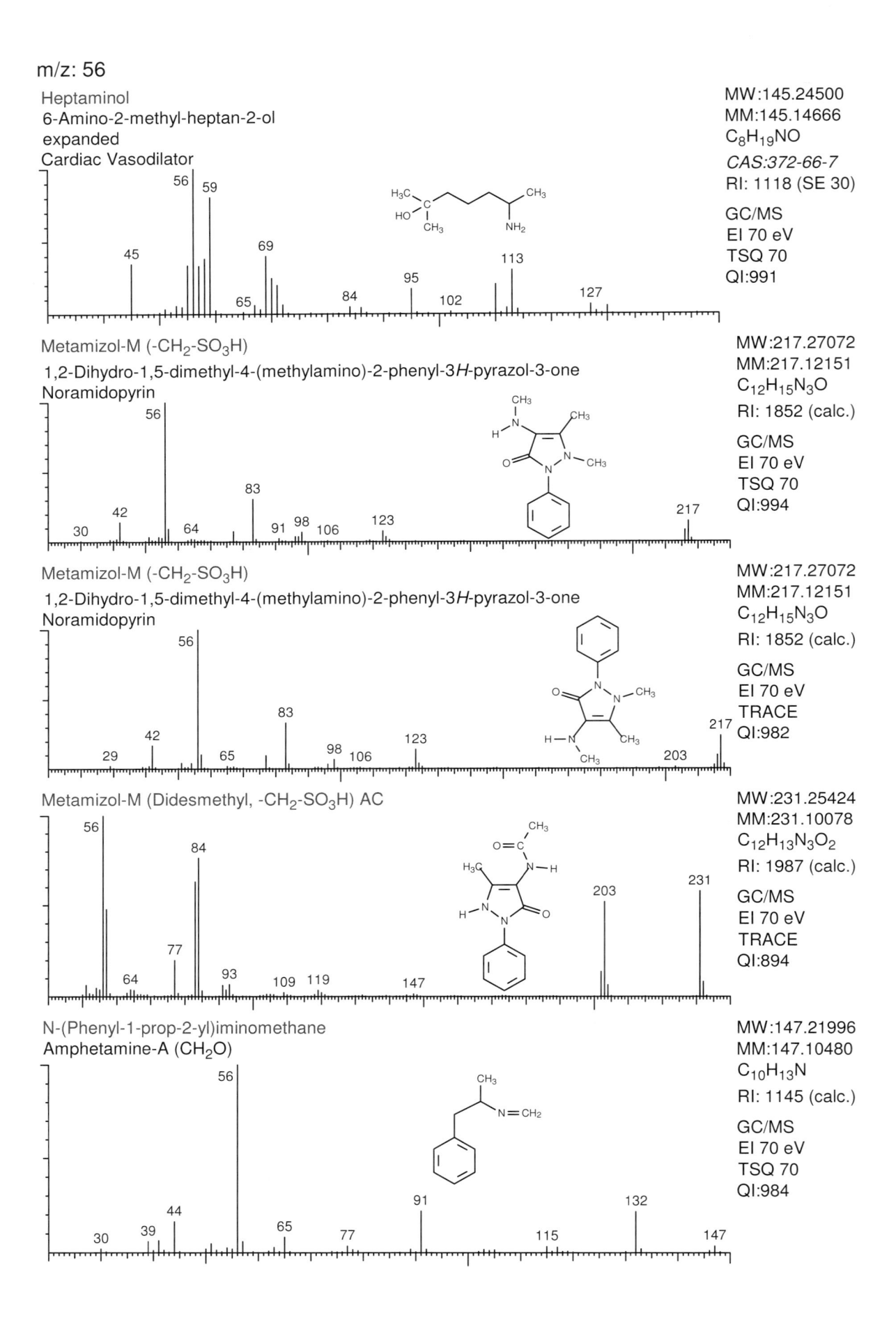

Heptaminol
6-Amino-2-methyl-heptan-2-ol
expanded
Cardiac Vasodilator

MW:145.24500
MM:145.14666
$C_8H_{19}NO$
CAS:372-66-7
RI: 1118 (SE 30)

GC/MS
EI 70 eV
TSQ 70
QI:991

Metamizol-M (-CH$_2$-SO$_3$H)
1,2-Dihydro-1,5-dimethyl-4-(methylamino)-2-phenyl-3H-pyrazol-3-one
Noramidopyrin

MW:217.27072
MM:217.12151
$C_{12}H_{15}N_3O$
RI: 1852 (calc.)

GC/MS
EI 70 eV
TSQ 70
QI:994

Metamizol-M (-CH$_2$-SO$_3$H)
1,2-Dihydro-1,5-dimethyl-4-(methylamino)-2-phenyl-3H-pyrazol-3-one
Noramidopyrin

MW:217.27072
MM:217.12151
$C_{12}H_{15}N_3O$
RI: 1852 (calc.)

GC/MS
EI 70 eV
TRACE
QI:982

Metamizol-M (Didesmethyl, -CH$_2$-SO$_3$H) AC

MW:231.25424
MM:231.10078
$C_{12}H_{13}N_3O_2$
RI: 1987 (calc.)

GC/MS
EI 70 eV
TRACE
QI:894

N-(Phenyl-1-prop-2-yl)iminomethane
Amphetamine-A (CH$_2$O)

MW:147.21996
MM:147.10480
$C_{10}H_{13}N$
RI: 1145 (calc.)

GC/MS
EI 70 eV
TSQ 70
QI:984

m/z: 56

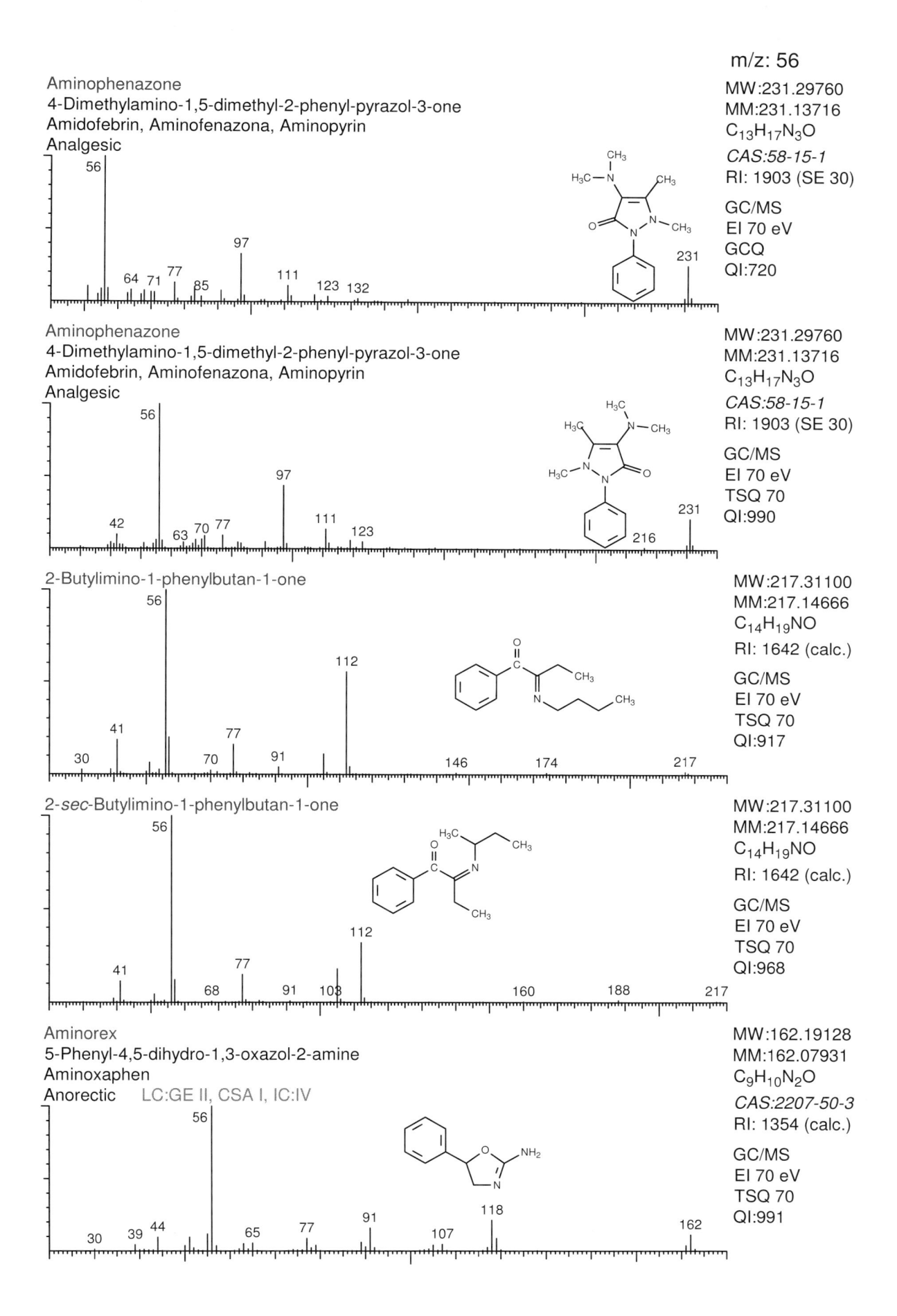

Aminophenazone
4-Dimethylamino-1,5-dimethyl-2-phenyl-pyrazol-3-one
Amidofebrin, Aminofenazona, Aminopyrin
Analgesic

MW:231.29760
MM:231.13716
$C_{13}H_{17}N_3O$
CAS:58-15-1
RI: 1903 (SE 30)

GC/MS
EI 70 eV
GCQ
QI:720

Peaks: 56, 64, 71, 77, 85, 97, 111, 123, 132, 231

Aminophenazone
4-Dimethylamino-1,5-dimethyl-2-phenyl-pyrazol-3-one
Amidofebrin, Aminofenazona, Aminopyrin
Analgesic

MW:231.29760
MM:231.13716
$C_{13}H_{17}N_3O$
CAS:58-15-1
RI: 1903 (SE 30)

GC/MS
EI 70 eV
TSQ 70
QI:990

Peaks: 42, 56, 63, 70, 77, 97, 111, 123, 216, 231

2-Butylimino-1-phenylbutan-1-one

MW:217.31100
MM:217.14666
$C_{14}H_{19}NO$
RI: 1642 (calc.)

GC/MS
EI 70 eV
TSQ 70
QI:917

Peaks: 30, 41, 56, 70, 77, 91, 112, 146, 174, 217

2-*sec*-Butylimino-1-phenylbutan-1-one

MW:217.31100
MM:217.14666
$C_{14}H_{19}NO$
RI: 1642 (calc.)

GC/MS
EI 70 eV
TSQ 70
QI:968

Peaks: 41, 56, 68, 77, 91, 103, 112, 160, 188, 217

Aminorex
5-Phenyl-4,5-dihydro-1,3-oxazol-2-amine
Aminoxaphen
Anorectic   LC:GE II, CSA I, IC:IV

MW:162.19128
MM:162.07931
$C_9H_{10}N_2O$
CAS:2207-50-3
RI: 1354 (calc.)

GC/MS
EI 70 eV
TSQ 70
QI:991

Peaks: 30, 39, 44, 56, 65, 77, 91, 107, 118, 162

m/z: 56

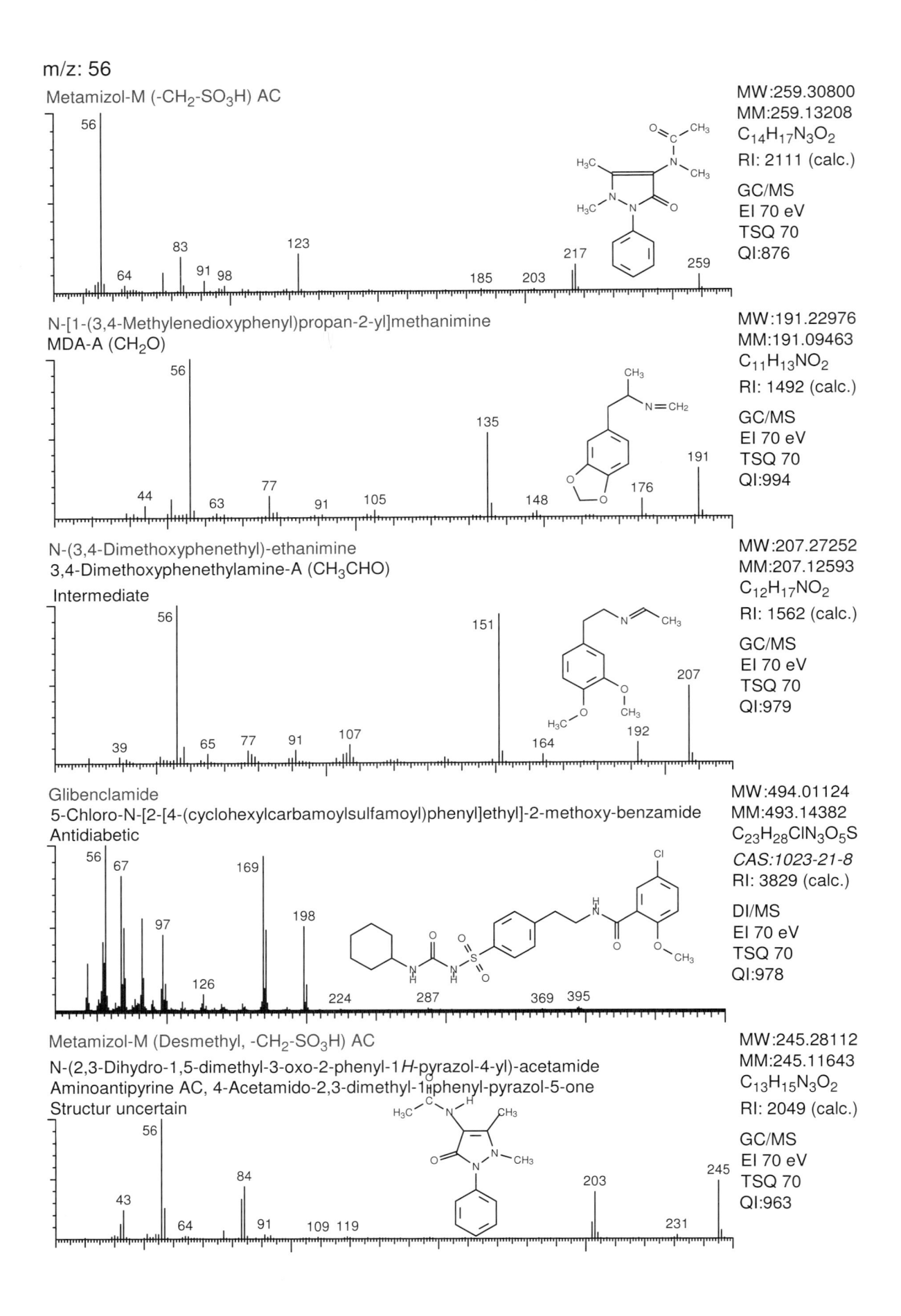

Metamizol-M (-CH₂-SO₃H) AC

MW: 259.30800
MM: 259.13208
C₁₄H₁₇N₃O₂
RI: 2111 (calc.)

GC/MS
EI 70 eV
TSQ 70
QI: 876

Peaks: 56, 64, 83, 91, 98, 123, 185, 203, 217, 259

N-[1-(3,4-Methylenedioxyphenyl)propan-2-yl]methanimine
MDA-A (CH₂O)

MW: 191.22976
MM: 191.09463
C₁₁H₁₃NO₂
RI: 1492 (calc.)

GC/MS
EI 70 eV
TSQ 70
QI: 994

Peaks: 44, 56, 63, 77, 91, 105, 135, 148, 176, 191

N-(3,4-Dimethoxyphenethyl)-ethanimine
3,4-Dimethoxyphenethylamine-A (CH₃CHO)
Intermediate

MW: 207.27252
MM: 207.12593
C₁₂H₁₇NO₂
RI: 1562 (calc.)

GC/MS
EI 70 eV
TSQ 70
QI: 979

Peaks: 39, 56, 65, 77, 91, 107, 151, 164, 192, 207

Glibenclamide
5-Chloro-N-[2-[4-(cyclohexylcarbamoylsulfamoyl)phenyl]ethyl]-2-methoxy-benzamide
Antidiabetic

MW: 494.01124
MM: 493.14382
C₂₃H₂₈ClN₃O₅S
CAS: 1023-21-8
RI: 3829 (calc.)

DI/MS
EI 70 eV
TSQ 70
QI: 978

Peaks: 56, 67, 97, 126, 169, 198, 224, 287, 369, 395

Metamizol-M (Desmethyl, -CH₂-SO₃H) AC
N-(2,3-Dihydro-1,5-dimethyl-3-oxo-2-phenyl-1H-pyrazol-4-yl)-acetamide
Aminoantipyrine AC, 4-Acetamido-2,3-dimethyl-1-phenyl-pyrazol-5-one
Structur uncertain

MW: 245.28112
MM: 245.11643
C₁₃H₁₅N₃O₂
RI: 2049 (calc.)

GC/MS
EI 70 eV
TSQ 70
QI: 963

Peaks: 43, 56, 64, 84, 91, 109, 119, 203, 231, 245

m/z: 56

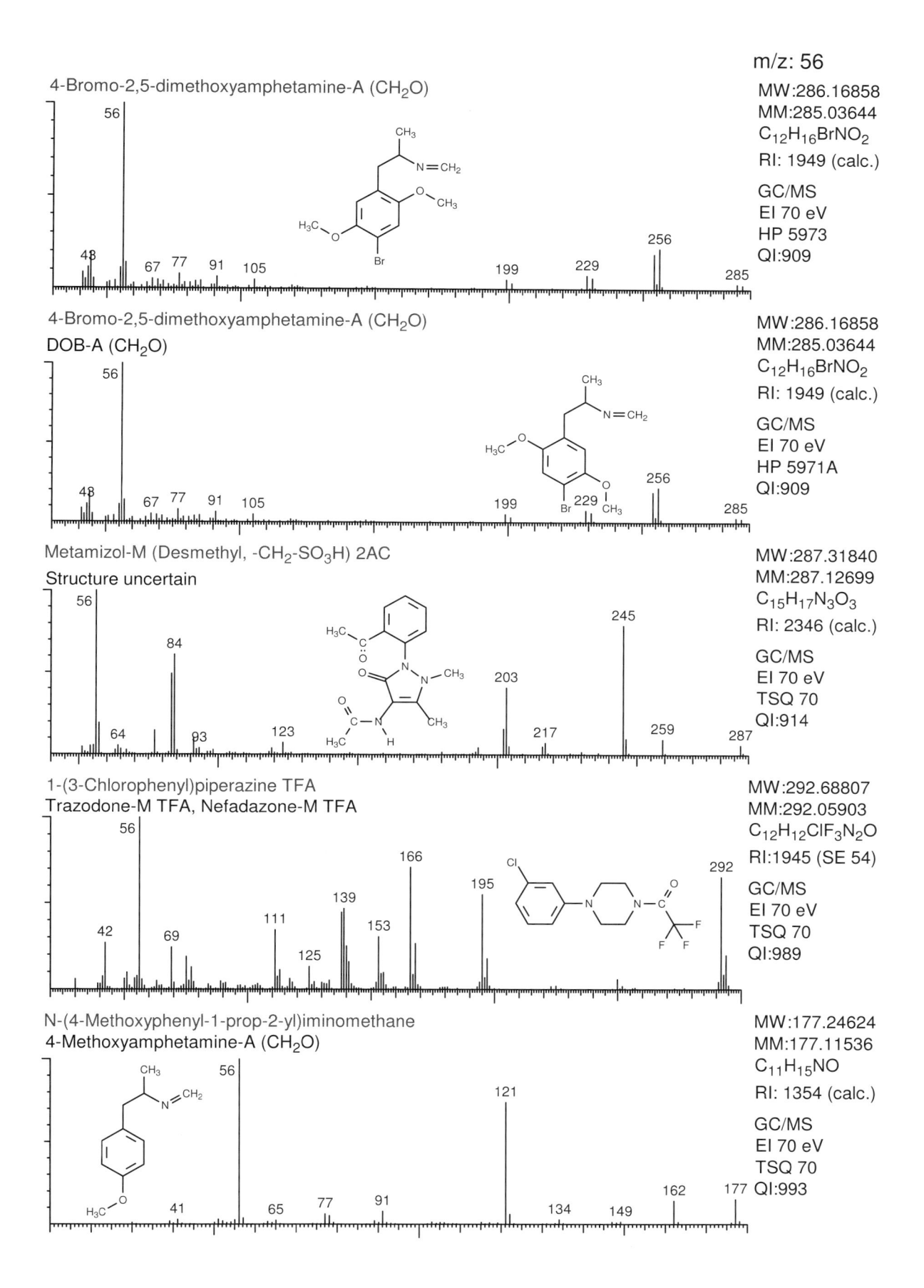

4-Bromo-2,5-dimethoxyamphetamine-A (CH$_2$O)

MW: 286.16858
MM: 285.03644
$C_{12}H_{16}BrNO_2$
RI: 1949 (calc.)

GC/MS
EI 70 eV
HP 5973
QI: 909

4-Bromo-2,5-dimethoxyamphetamine-A (CH$_2$O)
DOB-A (CH$_2$O)

MW: 286.16858
MM: 285.03644
$C_{12}H_{16}BrNO_2$
RI: 1949 (calc.)

GC/MS
EI 70 eV
HP 5971A
QI: 909

Metamizol-M (Desmethyl, -CH$_2$-SO$_3$H) 2AC
Structure uncertain

MW: 287.31840
MM: 287.12699
$C_{15}H_{17}N_3O_3$
RI: 2346 (calc.)

GC/MS
EI 70 eV
TSQ 70
QI: 914

1-(3-Chlorophenyl)piperazine TFA
Trazodone-M TFA, Nefadazone-M TFA

MW: 292.68807
MM: 292.05903
$C_{12}H_{12}ClF_3N_2O$
RI: 1945 (SE 54)

GC/MS
EI 70 eV
TSQ 70
QI: 989

N-(4-Methoxyphenyl-1-prop-2-yl)iminomethane
4-Methoxyamphetamine-A (CH$_2$O)

MW: 177.24624
MM: 177.11536
$C_{11}H_{15}NO$
RI: 1354 (calc.)

GC/MS
EI 70 eV
TSQ 70
QI: 993

m/z: 56

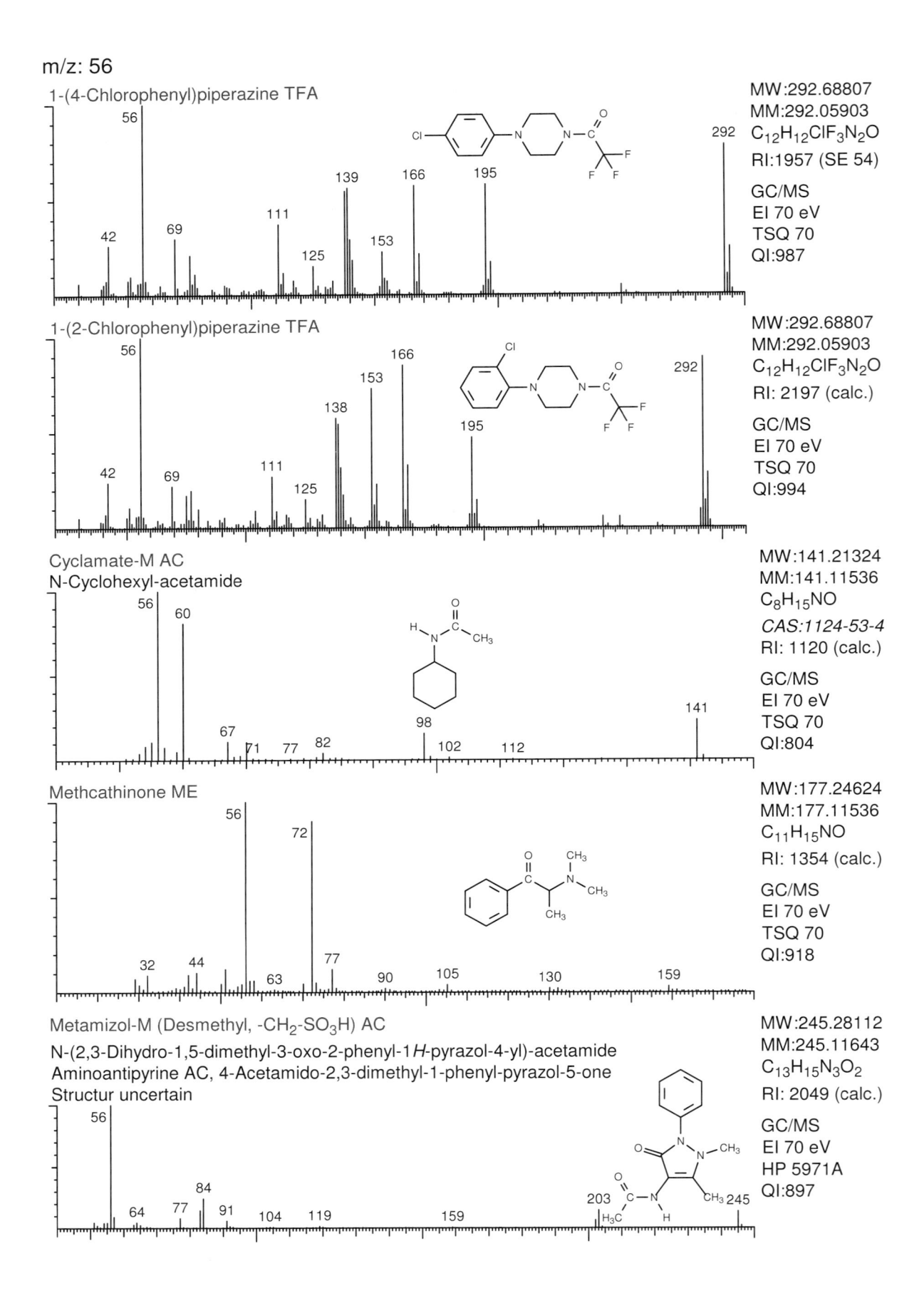

1-(4-Chlorophenyl)piperazine TFA

MW:292.68807
MM:292.05903
$C_{12}H_{12}ClF_3N_2O$
RI:1957 (SE 54)

GC/MS
EI 70 eV
TSQ 70
QI:987

1-(2-Chlorophenyl)piperazine TFA

MW:292.68807
MM:292.05903
$C_{12}H_{12}ClF_3N_2O$
RI: 2197 (calc.)

GC/MS
EI 70 eV
TSQ 70
QI:994

Cyclamate-M AC
N-Cyclohexyl-acetamide

MW:141.21324
MM:141.11536
$C_8H_{15}NO$
CAS:1124-53-4
RI: 1120 (calc.)

GC/MS
EI 70 eV
TSQ 70
QI:804

Methcathinone ME

MW:177.24624
MM:177.11536
$C_{11}H_{15}NO$
RI: 1354 (calc.)

GC/MS
EI 70 eV
TSQ 70
QI:918

Metamizol-M (Desmethyl, -CH$_2$-SO$_3$H) AC
N-(2,3-Dihydro-1,5-dimethyl-3-oxo-2-phenyl-1H-pyrazol-4-yl)-acetamide
Aminoantipyrine AC, 4-Acetamido-2,3-dimethyl-1-phenyl-pyrazol-5-one
Structur uncertain

MW:245.28112
MM:245.11643
$C_{13}H_{15}N_3O_2$
RI: 2049 (calc.)

GC/MS
EI 70 eV
HP 5971A
QI:897

m/z: 56

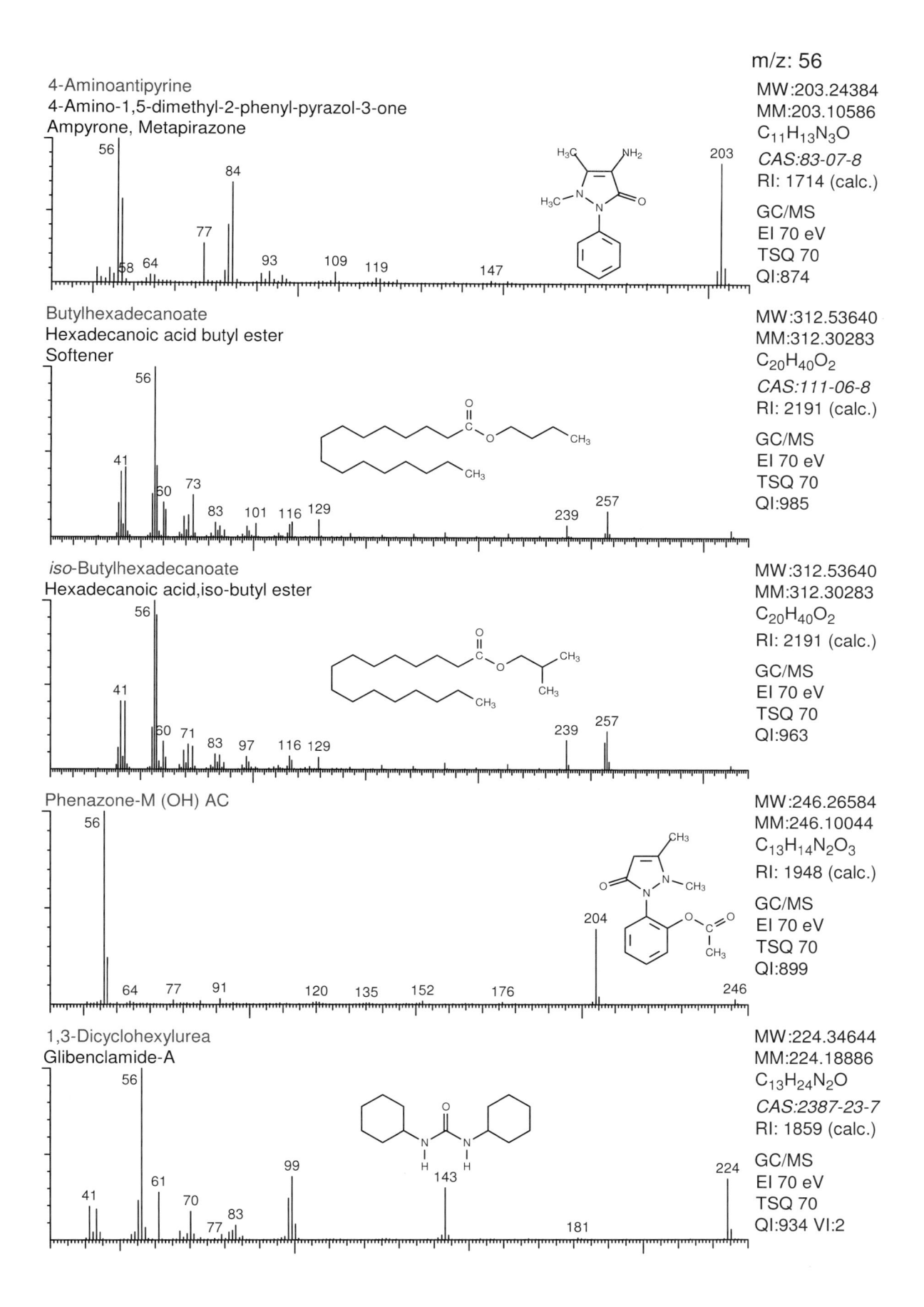

4-Aminoantipyrine
4-Amino-1,5-dimethyl-2-phenyl-pyrazol-3-one
Ampyrone, Metapirazone

MW: 203.24384
MM: 203.10586
$C_{11}H_{13}N_3O$
CAS: 83-07-8
RI: 1714 (calc.)

GC/MS
EI 70 eV
TSQ 70
QI: 874

Peaks: 56, 58, 64, 77, 84, 93, 109, 119, 147, 203

Butylhexadecanoate
Hexadecanoic acid butyl ester
Softener

MW: 312.53640
MM: 312.30283
$C_{20}H_{40}O_2$
CAS: 111-06-8
RI: 2191 (calc.)

GC/MS
EI 70 eV
TSQ 70
QI: 985

Peaks: 41, 56, 60, 73, 83, 101, 116, 129, 239, 257

***iso*-Butylhexadecanoate**
Hexadecanoic acid, iso-butyl ester

MW: 312.53640
MM: 312.30283
$C_{20}H_{40}O_2$
RI: 2191 (calc.)

GC/MS
EI 70 eV
TSQ 70
QI: 963

Peaks: 41, 56, 60, 71, 83, 97, 116, 129, 239, 257

Phenazone-M (OH) AC

MW: 246.26584
MM: 246.10044
$C_{13}H_{14}N_2O_3$
RI: 1948 (calc.)

GC/MS
EI 70 eV
TSQ 70
QI: 899

Peaks: 56, 64, 77, 91, 120, 135, 152, 176, 204, 246

1,3-Dicyclohexylurea
Glibenclamide-A

MW: 224.34644
MM: 224.18886
$C_{13}H_{24}N_2O$
CAS: 2387-23-7
RI: 1859 (calc.)

GC/MS
EI 70 eV
TSQ 70
QI: 934 VI: 2

Peaks: 41, 56, 61, 70, 77, 83, 99, 143, 181, 224

m/z: 56-57

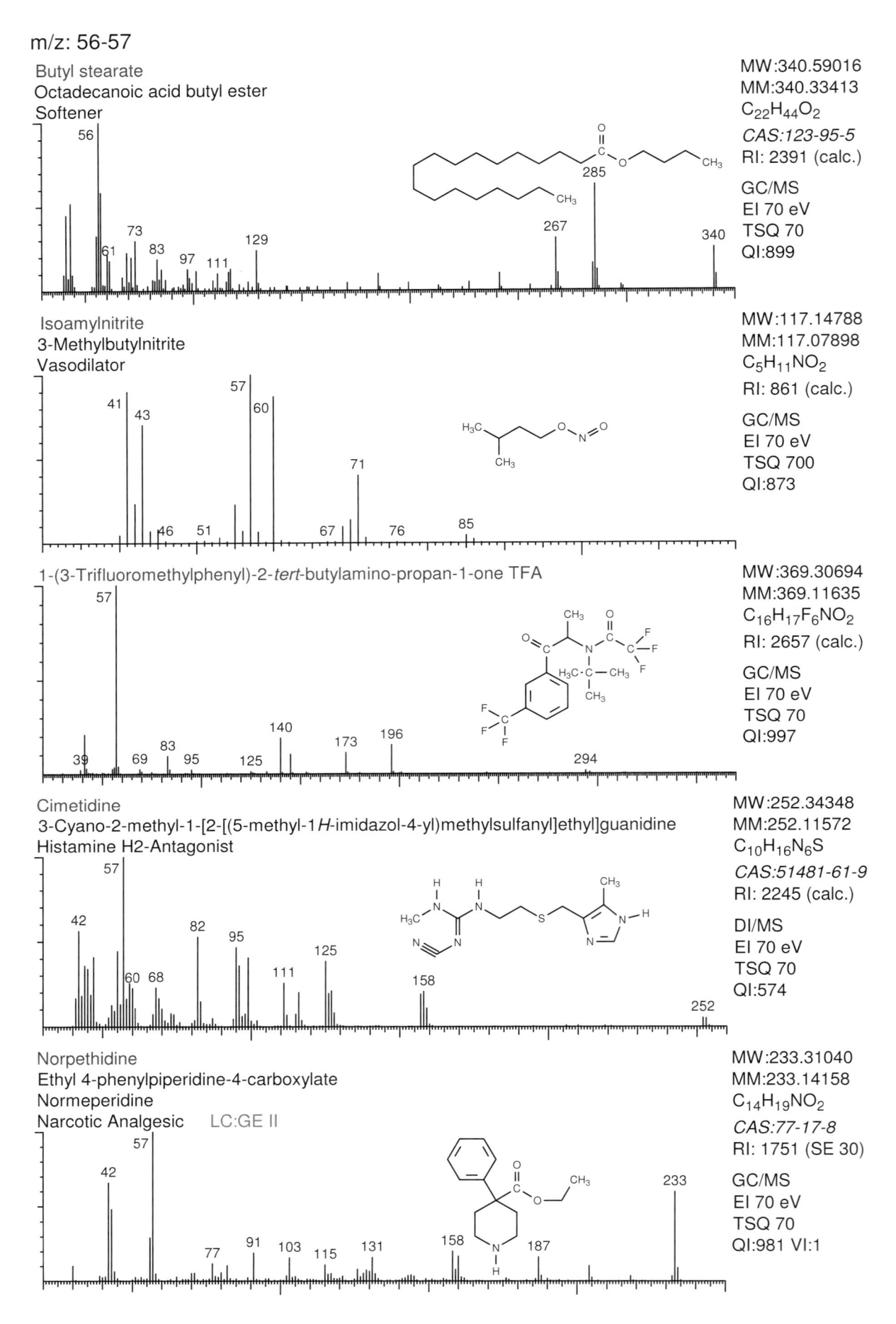

Butyl stearate
Octadecanoic acid butyl ester
Softener

MW:340.59016
MM:340.33413
$C_{22}H_{44}O_2$
CAS:123-95-5
RI: 2391 (calc.)

GC/MS
EI 70 eV
TSQ 70
QI:899

Isoamylnitrite
3-Methylbutylnitrite
Vasodilator

MW:117.14788
MM:117.07898
$C_5H_{11}NO_2$
RI: 861 (calc.)

GC/MS
EI 70 eV
TSQ 700
QI:873

1-(3-Trifluoromethylphenyl)-2-tert-butylamino-propan-1-one TFA

MW:369.30694
MM:369.11635
$C_{16}H_{17}F_6NO_2$
RI: 2657 (calc.)

GC/MS
EI 70 eV
TSQ 70
QI:997

Cimetidine
3-Cyano-2-methyl-1-[2-[(5-methyl-1H-imidazol-4-yl)methylsulfanyl]ethyl]guanidine
Histamine H2-Antagonist

MW:252.34348
MM:252.11572
$C_{10}H_{16}N_6S$
CAS:51481-61-9
RI: 2245 (calc.)

DI/MS
EI 70 eV
TSQ 70
QI:574

Norpethidine
Ethyl 4-phenylpiperidine-4-carboxylate
Normeperidine
Narcotic Analgesic   LC:GE II

MW:233.31040
MM:233.14158
$C_{14}H_{19}NO_2$
CAS:77-17-8
RI: 1751 (SE 30)

GC/MS
EI 70 eV
TSQ 70
QI:981 VI:1

m/z: 57

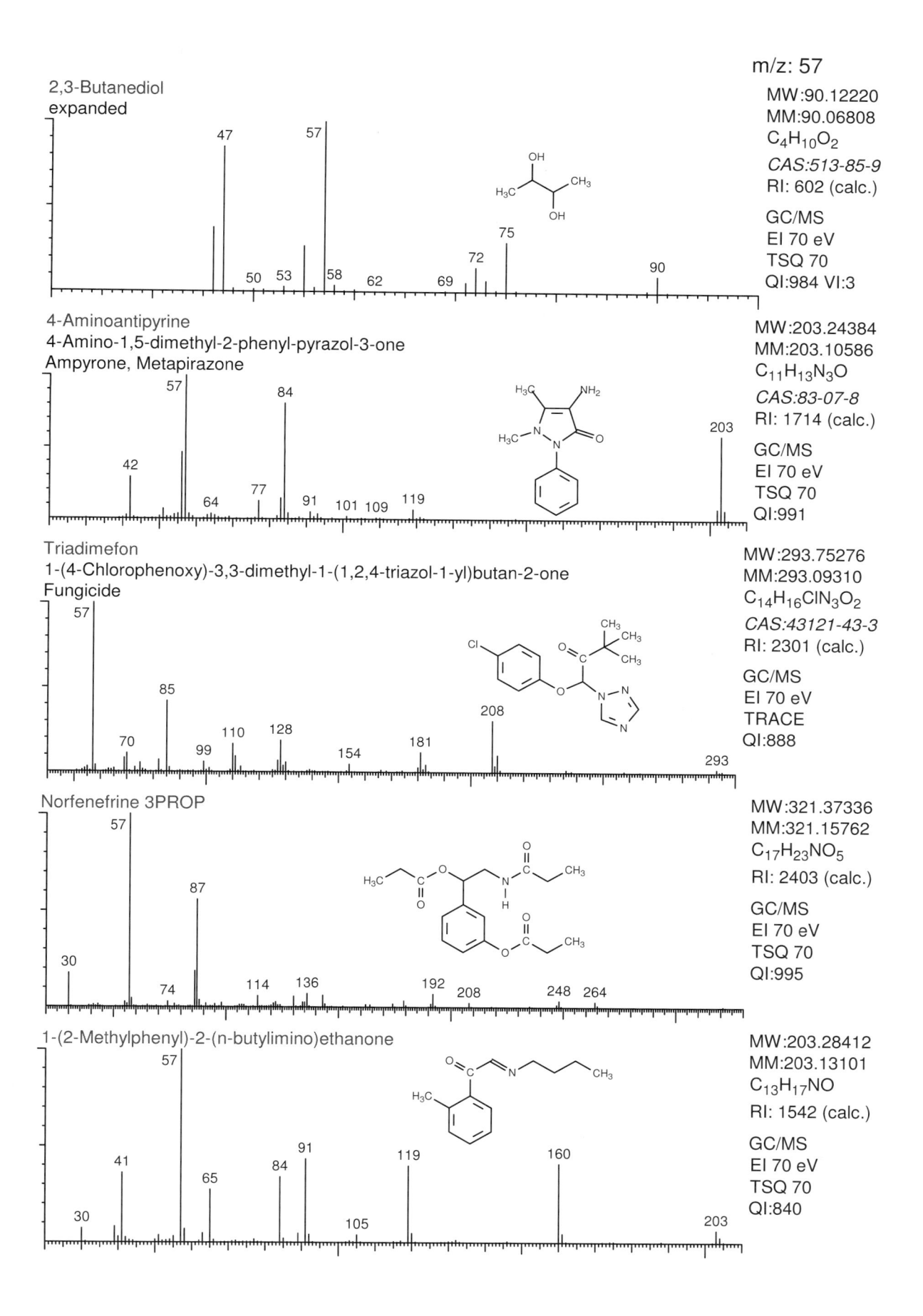

2,3-Butanediol expanded
Peaks: 47, 57, 50, 53, 58, 62, 69, 72, 75, 90

MW: 90.12220
MM: 90.06808
$C_4H_{10}O_2$
CAS: 513-85-9
RI: 602 (calc.)

GC/MS
EI 70 eV
TSQ 70
QI: 984 VI: 3

4-Aminoantipyrine
4-Amino-1,5-dimethyl-2-phenyl-pyrazol-3-one
Ampyrone, Metapirazone
Peaks: 42, 57, 64, 77, 84, 91, 101, 109, 119, 203

MW: 203.24384
MM: 203.10586
$C_{11}H_{13}N_3O$
CAS: 83-07-8
RI: 1714 (calc.)

GC/MS
EI 70 eV
TSQ 70
QI: 991

Triadimefon
1-(4-Chlorophenoxy)-3,3-dimethyl-1-(1,2,4-triazol-1-yl)butan-2-one
Fungicide
Peaks: 57, 70, 85, 99, 110, 128, 154, 181, 208, 293

MW: 293.75276
MM: 293.09310
$C_{14}H_{16}ClN_3O_2$
CAS: 43121-43-3
RI: 2301 (calc.)

GC/MS
EI 70 eV
TRACE
QI: 888

Norfenefrine 3PROP
Peaks: 30, 57, 74, 87, 114, 136, 192, 208, 248, 264

MW: 321.37336
MM: 321.15762
$C_{17}H_{23}NO_5$
RI: 2403 (calc.)

GC/MS
EI 70 eV
TSQ 70
QI: 995

1-(2-Methylphenyl)-2-(n-butylimino)ethanone
Peaks: 30, 41, 57, 65, 84, 91, 105, 119, 160, 203

MW: 203.28412
MM: 203.13101
$C_{13}H_{17}NO$
RI: 1542 (calc.)

GC/MS
EI 70 eV
TSQ 70
QI: 840

m/z: 57

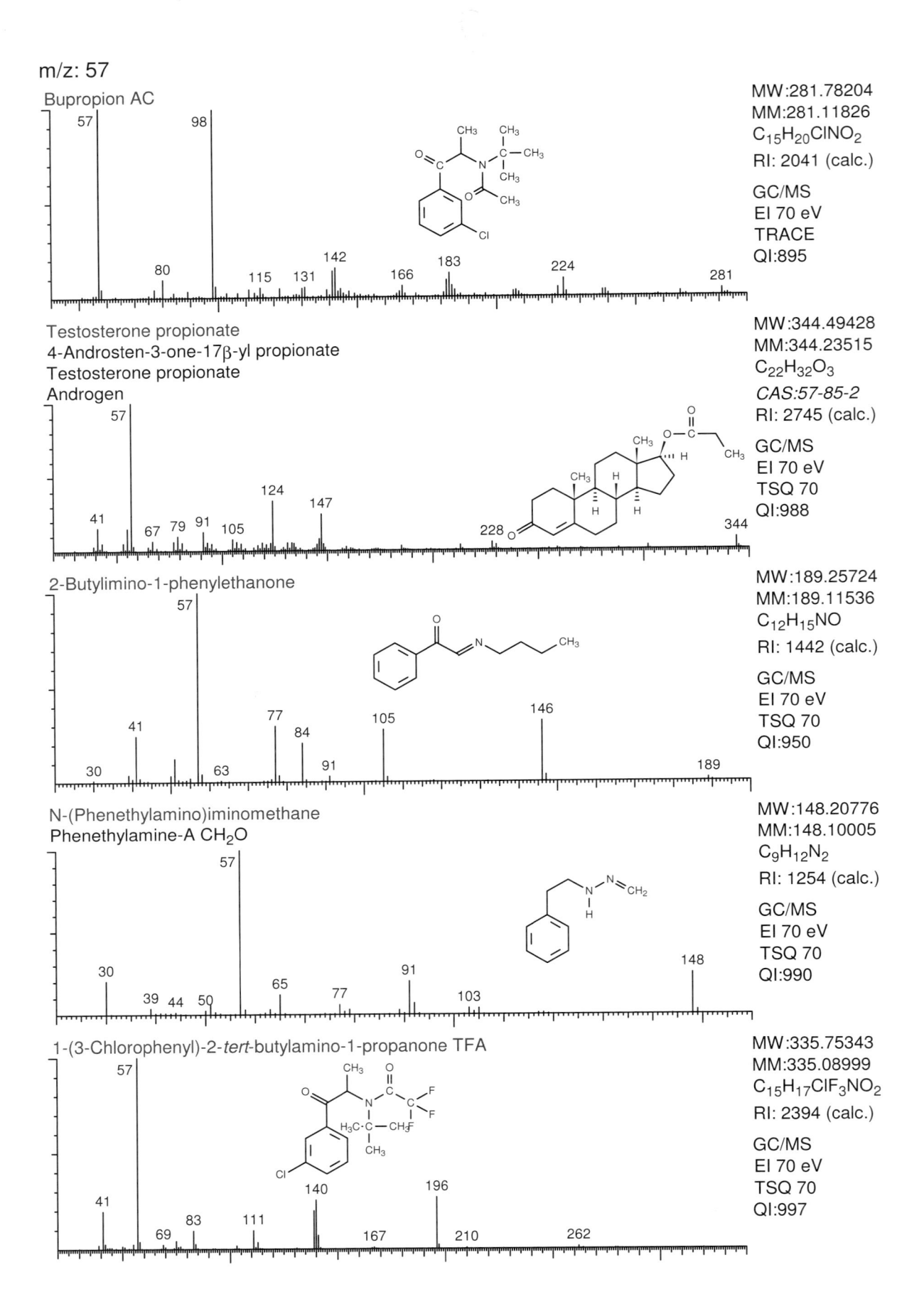

Bupropion AC

MW: 281.78204
MM: 281.11826
C$_{15}$H$_{20}$ClNO$_2$
RI: 2041 (calc.)

GC/MS
EI 70 eV
TRACE
QI: 895

Peaks: 57, 80, 98, 115, 131, 142, 166, 183, 224, 281

Testosterone propionate
4-Androsten-3-one-17β-yl propionate
Testosterone propionate
Androgen

MW: 344.49428
MM: 344.23515
C$_{22}$H$_{32}$O$_3$
CAS: 57-85-2
RI: 2745 (calc.)

GC/MS
EI 70 eV
TSQ 70
QI: 988

Peaks: 41, 57, 67, 79, 91, 105, 124, 147, 228, 344

2-Butylimino-1-phenylethanone

MW: 189.25724
MM: 189.11536
C$_{12}$H$_{15}$NO
RI: 1442 (calc.)

GC/MS
EI 70 eV
TSQ 70
QI: 950

Peaks: 30, 41, 57, 63, 77, 84, 91, 105, 146, 189

N-(Phenethylamino)iminomethane
Phenethylamine-A CH$_2$O

MW: 148.20776
MM: 148.10005
C$_9$H$_{12}$N$_2$
RI: 1254 (calc.)

GC/MS
EI 70 eV
TSQ 70
QI: 990

Peaks: 30, 39, 44, 50, 57, 65, 77, 91, 103, 148

1-(3-Chlorophenyl)-2-*tert*-butylamino-1-propanone TFA

MW: 335.75343
MM: 335.08999
C$_{15}$H$_{17}$ClF$_3$NO$_2$
RI: 2394 (calc.)

GC/MS
EI 70 eV
TSQ 70
QI: 997

Peaks: 41, 57, 69, 83, 111, 140, 167, 196, 210, 262

m/z: 57

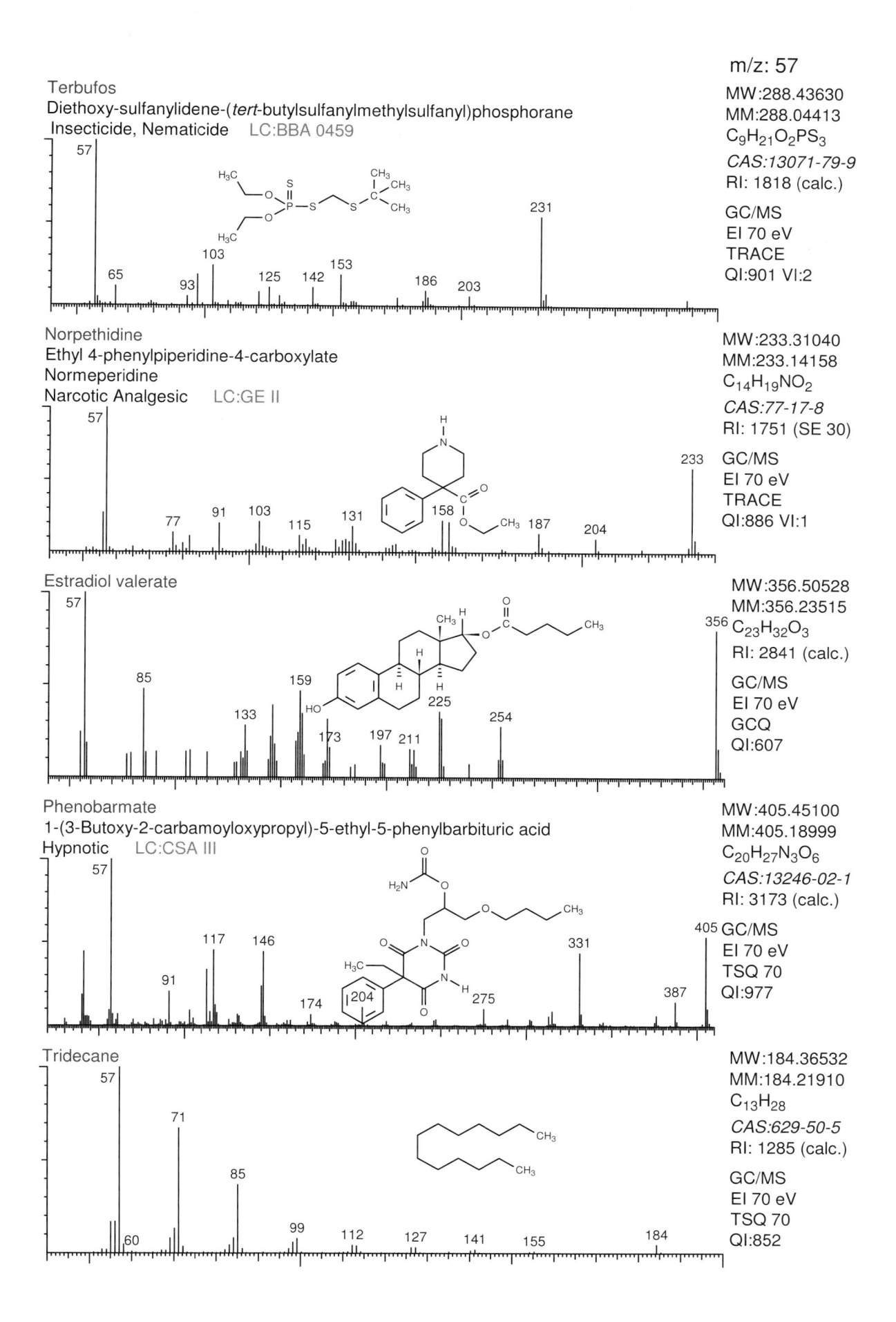

Terbufos
Diethoxy-sulfanylidene-(*tert*-butylsulfanylmethylsulfanyl)phosphorane
Insecticide, Nematicide   LC:BBA 0459

MW:288.43630
MM:288.04413
$C_9H_{21}O_2PS_3$
CAS:13071-79-9
RI: 1818 (calc.)

GC/MS
EI 70 eV
TRACE
QI:901 VI:2

Peaks: 57, 65, 93, 103, 125, 142, 153, 186, 203, 231

Norpethidine
Ethyl 4-phenylpiperidine-4-carboxylate
Normeperidine
Narcotic Analgesic   LC:GE II

MW:233.31040
MM:233.14158
$C_{14}H_{19}NO_2$
CAS:77-17-8
RI: 1751 (SE 30)

GC/MS
EI 70 eV
TRACE
QI:886 VI:1

Peaks: 57, 77, 91, 103, 115, 131, 158, 187, 204, 233

Estradiol valerate

MW:356.50528
MM:356.23515
$C_{23}H_{32}O_3$
RI: 2841 (calc.)

GC/MS
EI 70 eV
GCQ
QI:607

Peaks: 57, 85, 133, 159, 173, 197, 211, 225, 254, 356

Phenobarmate
1-(3-Butoxy-2-carbamoyloxypropyl)-5-ethyl-5-phenylbarbituric acid
Hypnotic   LC:CSA III

MW:405.45100
MM:405.18999
$C_{20}H_{27}N_3O_6$
CAS:13246-02-1
RI: 3173 (calc.)

GC/MS
EI 70 eV
TSQ 70
QI:977

Peaks: 57, 91, 117, 146, 174, 204, 275, 331, 387, 405

Tridecane

MW:184.36532
MM:184.21910
$C_{13}H_{28}$
CAS:629-50-5
RI: 1285 (calc.)

GC/MS
EI 70 eV
TSQ 70
QI:852

Peaks: 57, 60, 71, 85, 99, 112, 127, 141, 155, 184

m/z: 57

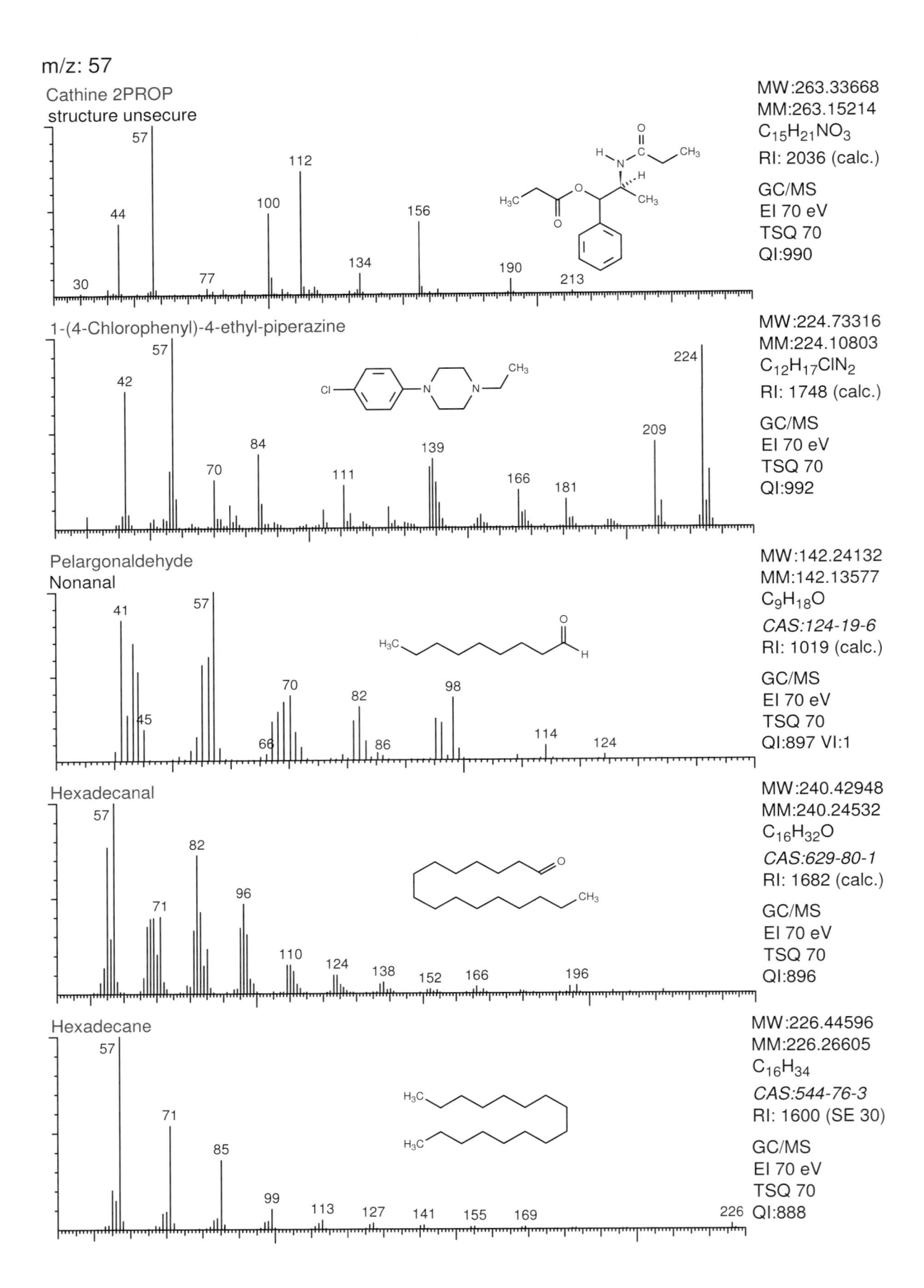

Cathine 2PROP
structure unsecure

MW: 263.33668
MM: 263.15214
$C_{15}H_{21}NO_3$
RI: 2036 (calc.)

GC/MS
EI 70 eV
TSQ 70
QI: 990

Peaks: 30, 44, 57, 77, 100, 112, 134, 156, 190, 213

1-(4-Chlorophenyl)-4-ethyl-piperazine

MW: 224.73316
MM: 224.10803
$C_{12}H_{17}ClN_2$
RI: 1748 (calc.)

GC/MS
EI 70 eV
TSQ 70
QI: 992

Peaks: 42, 57, 70, 84, 111, 139, 166, 181, 209, 224

Pelargonaldehyde
Nonanal

MW: 142.24132
MM: 142.13577
$C_9H_{18}O$
CAS: 124-19-6
RI: 1019 (calc.)

GC/MS
EI 70 eV
TSQ 70
QI: 897 VI: 1

Peaks: 41, 45, 57, 66, 70, 82, 86, 98, 114, 124

Hexadecanal

MW: 240.42948
MM: 240.24532
$C_{16}H_{32}O$
CAS: 629-80-1
RI: 1682 (calc.)

GC/MS
EI 70 eV
TSQ 70
QI: 896

Peaks: 57, 71, 82, 96, 110, 124, 138, 152, 166, 196

Hexadecane

MW: 226.44596
MM: 226.26605
$C_{16}H_{34}$
CAS: 544-76-3
RI: 1600 (SE 30)

GC/MS
EI 70 eV
TSQ 70
QI: 888

Peaks: 57, 71, 85, 99, 113, 127, 141, 155, 169, 226

Dodecane

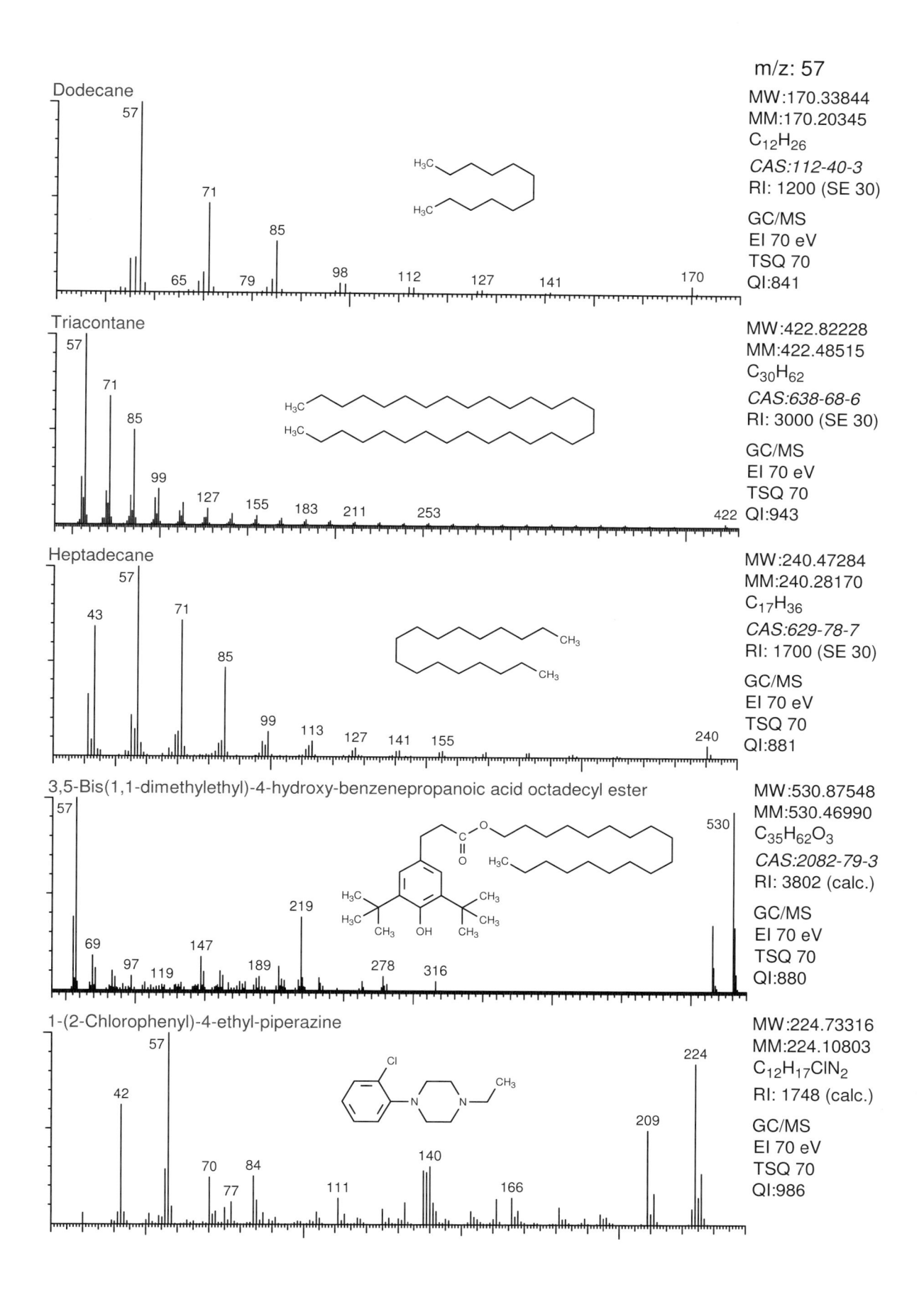

MW: 170.33844
MM: 170.20345
$C_{12}H_{26}$
CAS: 112-40-3
RI: 1200 (SE 30)

GC/MS
EI 70 eV
TSQ 70
QI: 841

m/z: 57

Peaks: 57, 71, 85, 65, 79, 98, 112, 127, 141, 170

Triacontane

MW: 422.82228
MM: 422.48515
$C_{30}H_{62}$
CAS: 638-68-6
RI: 3000 (SE 30)

GC/MS
EI 70 eV
TSQ 70
QI: 943

Peaks: 57, 71, 85, 99, 127, 155, 183, 211, 253, 422

Heptadecane

MW: 240.47284
MM: 240.28170
$C_{17}H_{36}$
CAS: 629-78-7
RI: 1700 (SE 30)

GC/MS
EI 70 eV
TSQ 70
QI: 881

Peaks: 43, 57, 71, 85, 99, 113, 127, 141, 155, 240

3,5-Bis(1,1-dimethylethyl)-4-hydroxy-benzenepropanoic acid octadecyl ester

MW: 530.87548
MM: 530.46990
$C_{35}H_{62}O_3$
CAS: 2082-79-3
RI: 3802 (calc.)

GC/MS
EI 70 eV
TSQ 70
QI: 880

Peaks: 57, 69, 97, 119, 147, 189, 219, 278, 316, 530

1-(2-Chlorophenyl)-4-ethyl-piperazine

MW: 224.73316
MM: 224.10803
$C_{12}H_{17}ClN_2$
RI: 1748 (calc.)

GC/MS
EI 70 eV
TSQ 70
QI: 986

Peaks: 42, 57, 70, 77, 84, 111, 140, 166, 209, 224

m/z: 57

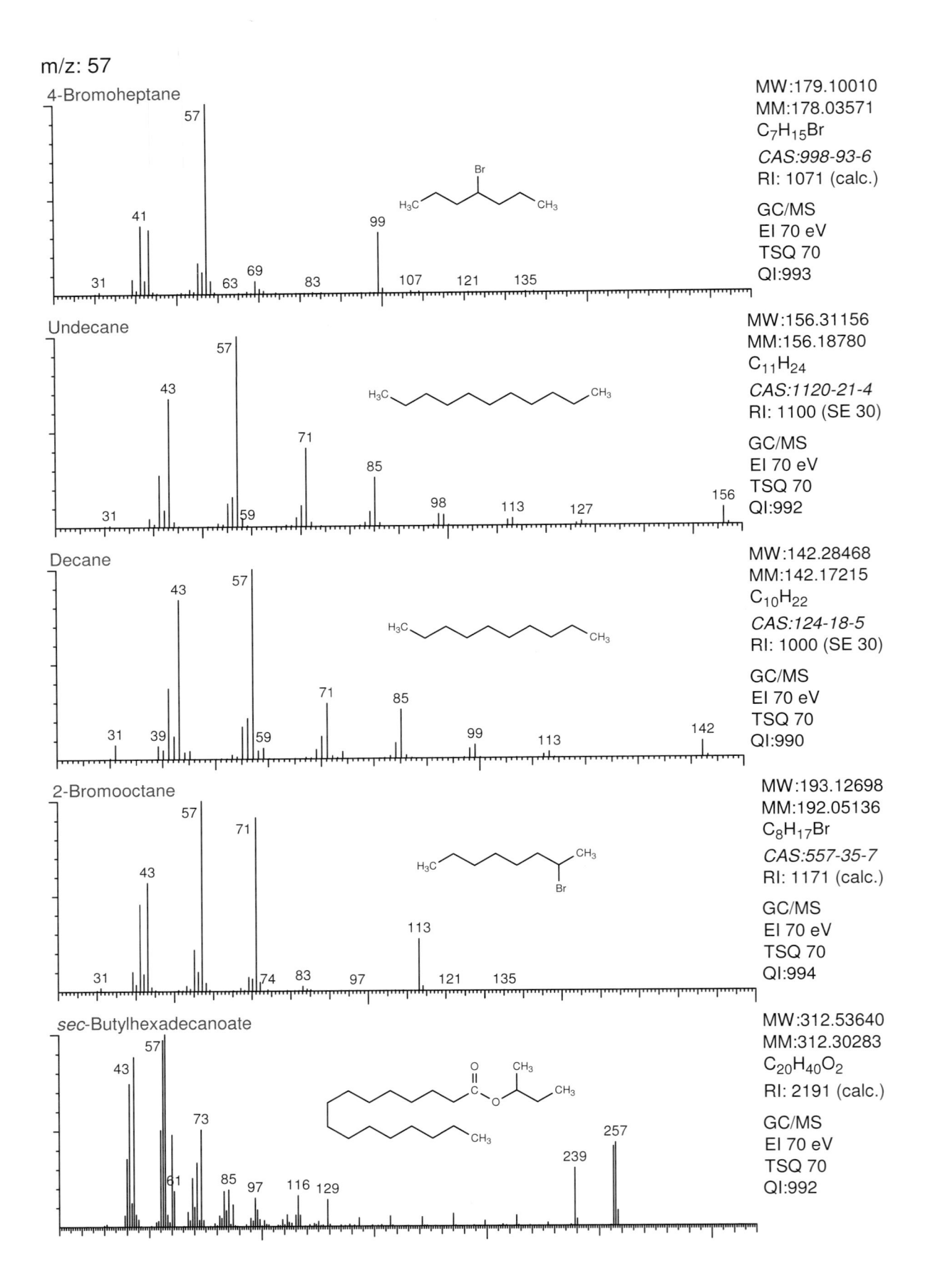

4-Bromoheptane

MW: 179.10010
MM: 178.03571
C$_7$H$_{15}$Br
CAS: 998-93-6
RI: 1071 (calc.)

GC/MS
EI 70 eV
TSQ 70
QI: 993

Undecane

MW: 156.31156
MM: 156.18780
C$_{11}$H$_{24}$
CAS: 1120-21-4
RI: 1100 (SE 30)

GC/MS
EI 70 eV
TSQ 70
QI: 992

Decane

MW: 142.28468
MM: 142.17215
C$_{10}$H$_{22}$
CAS: 124-18-5
RI: 1000 (SE 30)

GC/MS
EI 70 eV
TSQ 70
QI: 990

2-Bromooctane

MW: 193.12698
MM: 192.05136
C$_8$H$_{17}$Br
CAS: 557-35-7
RI: 1171 (calc.)

GC/MS
EI 70 eV
TSQ 70
QI: 994

sec-Butylhexadecanoate

MW: 312.53640
MM: 312.30283
C$_{20}$H$_{40}$O$_2$
RI: 2191 (calc.)

GC/MS
EI 70 eV
TSQ 70
QI: 992

m/z: 57

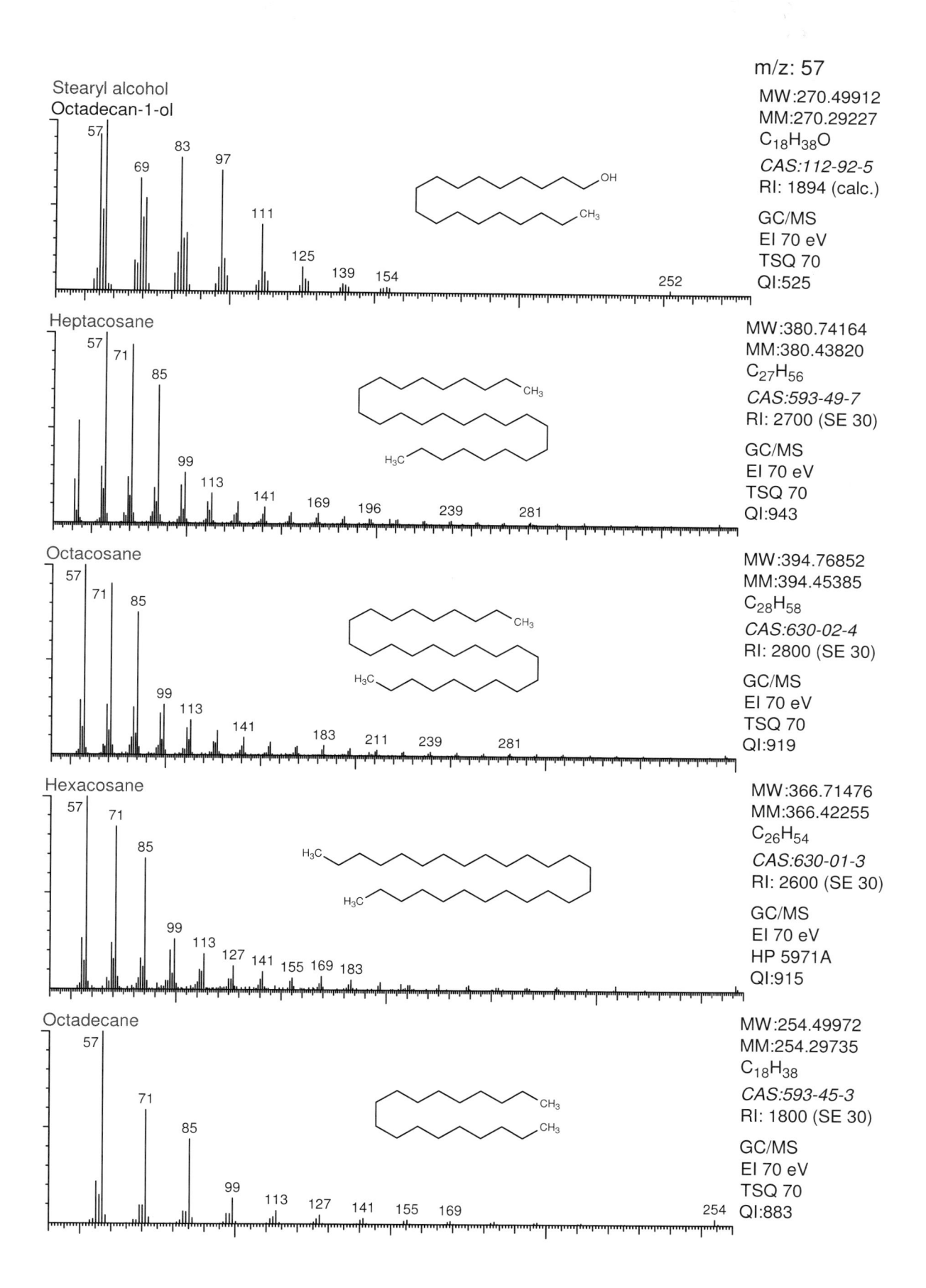

Stearyl alcohol
Octadecan-1-ol

MW: 270.49912
MM: 270.29227
$C_{18}H_{38}O$
CAS: 112-92-5
RI: 1894 (calc.)

GC/MS
EI 70 eV
TSQ 70
QI: 525

Heptacosane

MW: 380.74164
MM: 380.43820
$C_{27}H_{56}$
CAS: 593-49-7
RI: 2700 (SE 30)

GC/MS
EI 70 eV
TSQ 70
QI: 943

Octacosane

MW: 394.76852
MM: 394.45385
$C_{28}H_{58}$
CAS: 630-02-4
RI: 2800 (SE 30)

GC/MS
EI 70 eV
TSQ 70
QI: 919

Hexacosane

MW: 366.71476
MM: 366.42255
$C_{26}H_{54}$
CAS: 630-01-3
RI: 2600 (SE 30)

GC/MS
EI 70 eV
HP 5971A
QI: 915

Octadecane

MW: 254.49972
MM: 254.29735
$C_{18}H_{38}$
CAS: 593-45-3
RI: 1800 (SE 30)

GC/MS
EI 70 eV
TSQ 70
QI: 883

m/z: 57

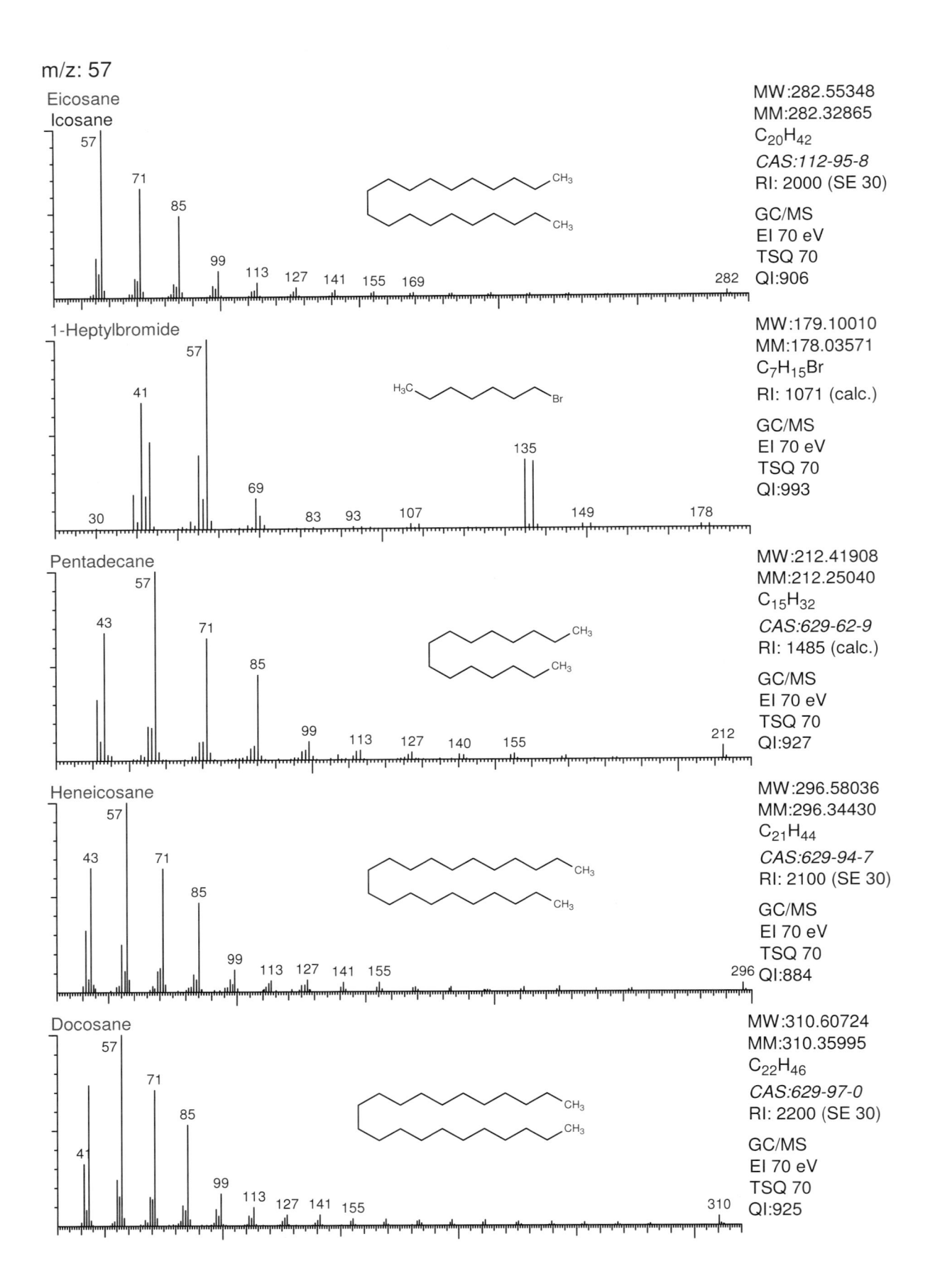

Eicosane / Icosane

MW: 282.55348
MM: 282.32865
$C_{20}H_{42}$
CAS: 112-95-8
RI: 2000 (SE 30)

GC/MS
EI 70 eV
TSQ 70
QI: 906

1-Heptylbromide

MW: 179.10010
MM: 178.03571
$C_7H_{15}Br$
RI: 1071 (calc.)

GC/MS
EI 70 eV
TSQ 70
QI: 993

Pentadecane

MW: 212.41908
MM: 212.25040
$C_{15}H_{32}$
CAS: 629-62-9
RI: 1485 (calc.)

GC/MS
EI 70 eV
TSQ 70
QI: 927

Heneicosane

MW: 296.58036
MM: 296.34430
$C_{21}H_{44}$
CAS: 629-94-7
RI: 2100 (SE 30)

GC/MS
EI 70 eV
TSQ 70
QI: 884

Docosane

MW: 310.60724
MM: 310.35995
$C_{22}H_{46}$
CAS: 629-97-0
RI: 2200 (SE 30)

GC/MS
EI 70 eV
TSQ 70
QI: 925

m/z: 57

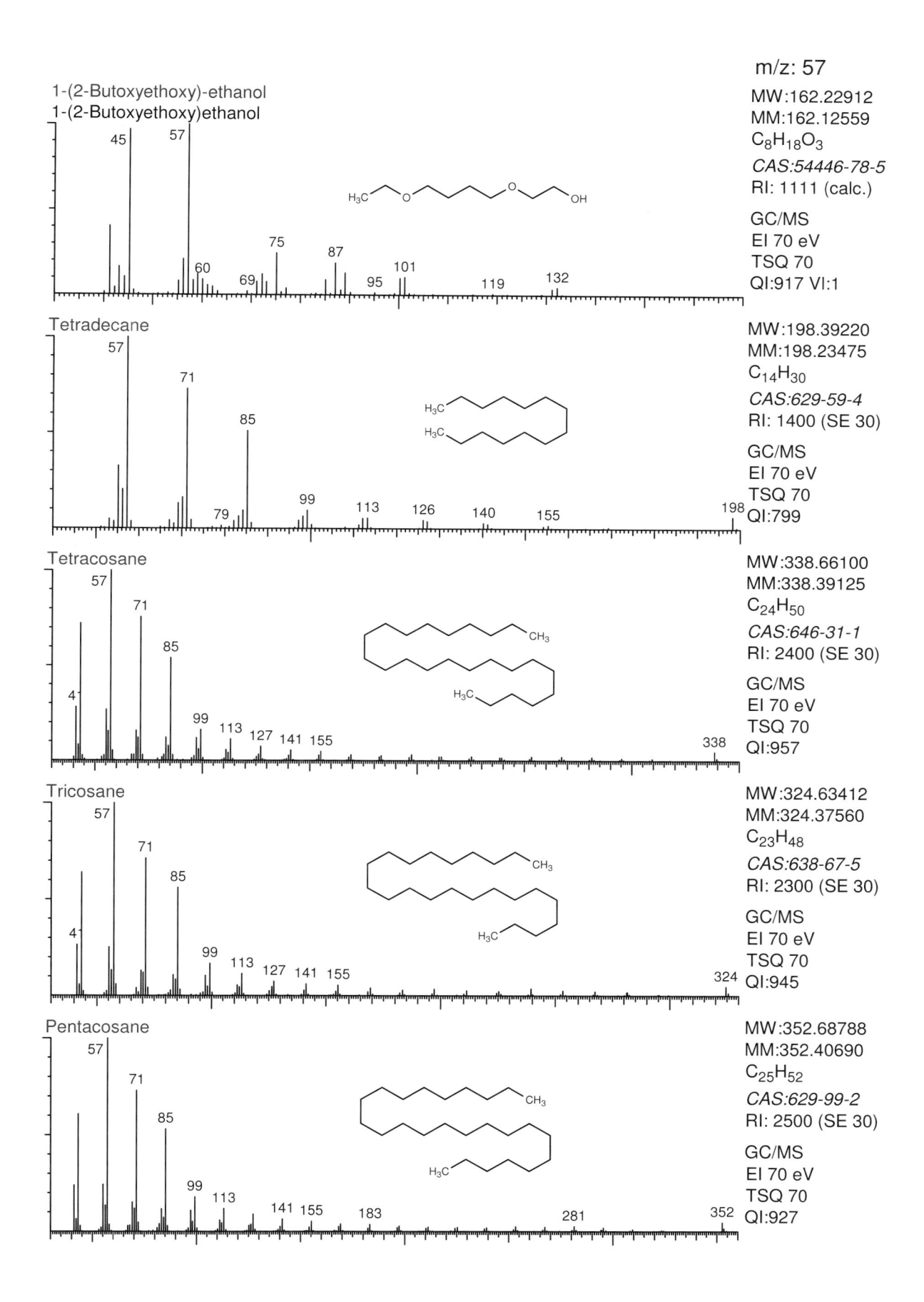

1-(2-Butoxyethoxy)-ethanol
1-(2-Butoxyethoxy)ethanol

MW: 162.22912
MM: 162.12559
$C_8H_{18}O_3$
CAS: 54446-78-5
RI: 1111 (calc.)

GC/MS
EI 70 eV
TSQ 70
QI: 917 VI: 1

Peaks: 45, 57, 60, 69, 75, 87, 95, 101, 119, 132

Tetradecane

MW: 198.39220
MM: 198.23475
$C_{14}H_{30}$
CAS: 629-59-4
RI: 1400 (SE 30)

GC/MS
EI 70 eV
TSQ 70
QI: 799

Peaks: 57, 71, 85, 79, 99, 113, 126, 140, 155, 198

Tetracosane

MW: 338.66100
MM: 338.39125
$C_{24}H_{50}$
CAS: 646-31-1
RI: 2400 (SE 30)

GC/MS
EI 70 eV
TSQ 70
QI: 957

Peaks: 43, 57, 71, 85, 99, 113, 127, 141, 155, 338

Tricosane

MW: 324.63412
MM: 324.37560
$C_{23}H_{48}$
CAS: 638-67-5
RI: 2300 (SE 30)

GC/MS
EI 70 eV
TSQ 70
QI: 945

Peaks: 43, 57, 71, 85, 99, 113, 127, 141, 155, 324

Pentacosane

MW: 352.68788
MM: 352.40690
$C_{25}H_{52}$
CAS: 629-99-2
RI: 2500 (SE 30)

GC/MS
EI 70 eV
TSQ 70
QI: 927

Peaks: 57, 71, 85, 99, 113, 141, 155, 183, 281, 352

m/z: 57-58

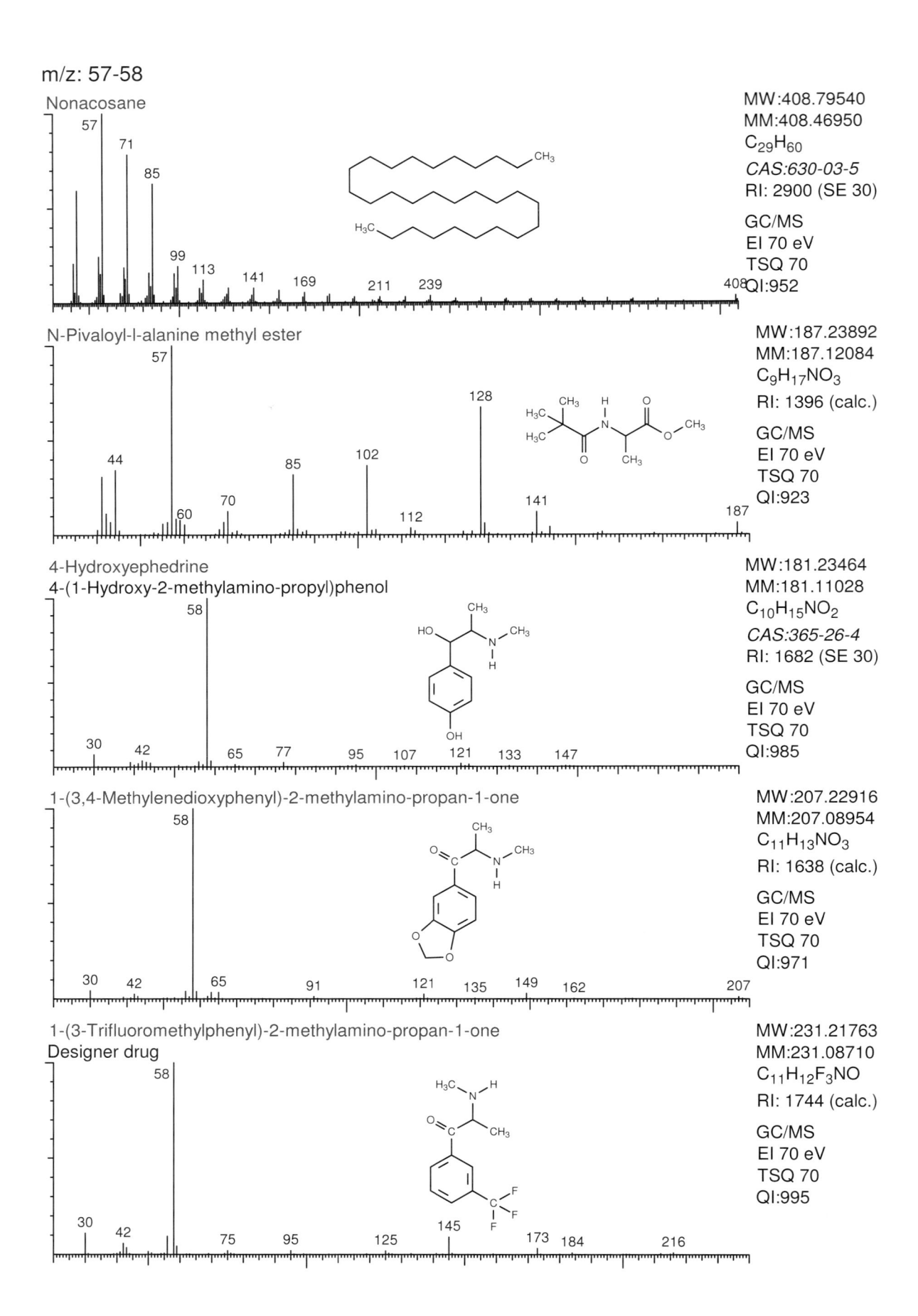

Nonacosane

MW:408.79540
MM:408.46950
$C_{29}H_{60}$
CAS:630-03-5
RI: 2900 (SE 30)

GC/MS
EI 70 eV
TSQ 70
QI:952

N-Pivaloyl-l-alanine methyl ester

MW:187.23892
MM:187.12084
$C_9H_{17}NO_3$
RI: 1396 (calc.)

GC/MS
EI 70 eV
TSQ 70
QI:923

4-Hydroxyephedrine
4-(1-Hydroxy-2-methylamino-propyl)phenol

MW:181.23464
MM:181.11028
$C_{10}H_{15}NO_2$
CAS:365-26-4
RI: 1682 (SE 30)

GC/MS
EI 70 eV
TSQ 70
QI:985

1-(3,4-Methylenedioxyphenyl)-2-methylamino-propan-1-one

MW:207.22916
MM:207.08954
$C_{11}H_{13}NO_3$
RI: 1638 (calc.)

GC/MS
EI 70 eV
TSQ 70
QI:971

1-(3-Trifluoromethylphenyl)-2-methylamino-propan-1-one
Designer drug

MW:231.21763
MM:231.08710
$C_{11}H_{12}F_3NO$
RI: 1744 (calc.)

GC/MS
EI 70 eV
TSQ 70
QI:995

m/z: 58

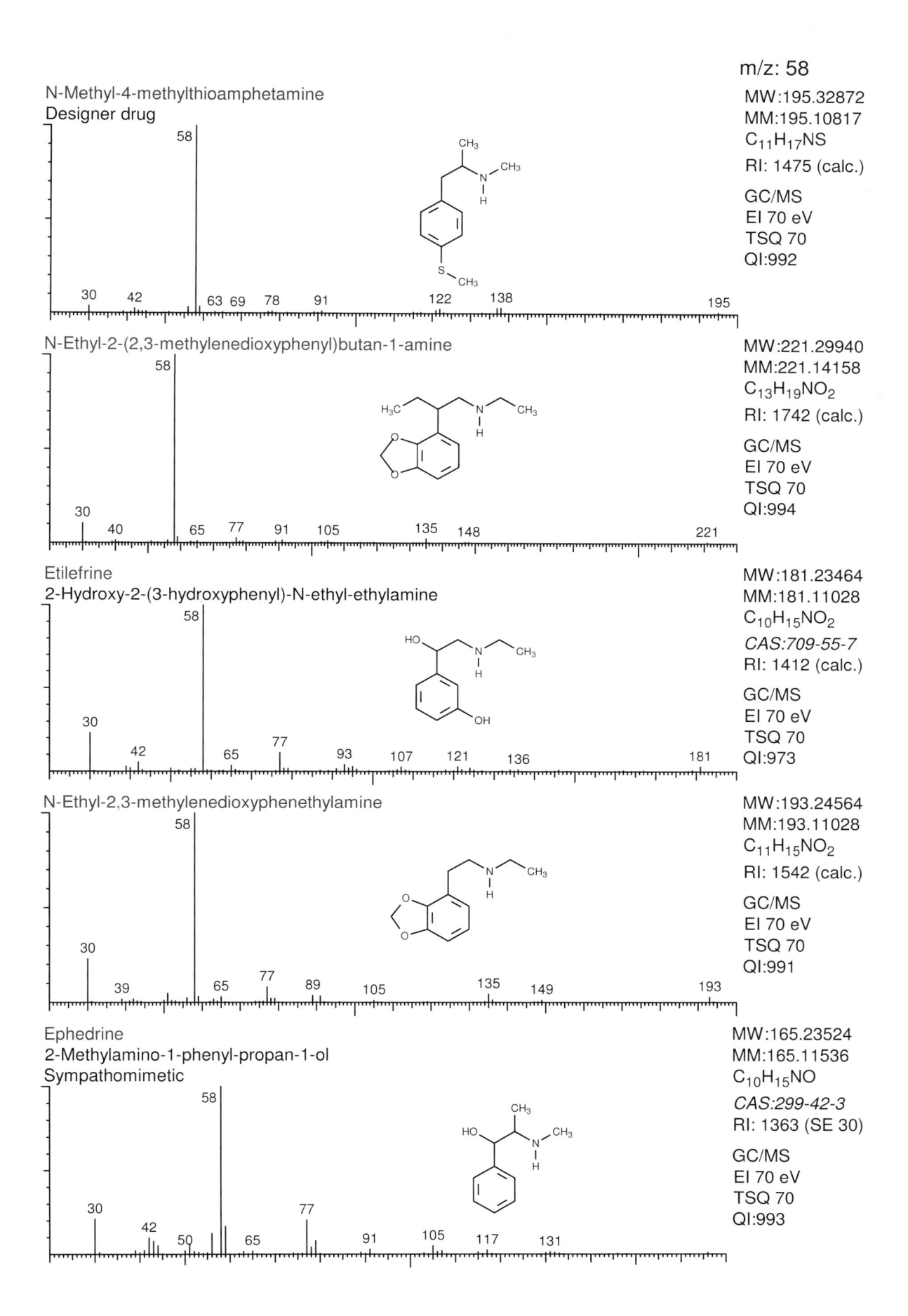

N-Methyl-4-methylthioamphetamine
Designer drug

MW: 195.32872
MM: 195.10817
$C_{11}H_{17}NS$
RI: 1475 (calc.)

GC/MS
EI 70 eV
TSQ 70
QI: 992

Peaks: 30, 42, 58, 63, 69, 78, 91, 122, 138, 195

N-Ethyl-2-(2,3-methylenedioxyphenyl)butan-1-amine

MW: 221.29940
MM: 221.14158
$C_{13}H_{19}NO_2$
RI: 1742 (calc.)

GC/MS
EI 70 eV
TSQ 70
QI: 994

Peaks: 30, 40, 58, 65, 77, 91, 105, 135, 148, 221

Etilefrine
2-Hydroxy-2-(3-hydroxyphenyl)-N-ethyl-ethylamine

MW: 181.23464
MM: 181.11028
$C_{10}H_{15}NO_2$
CAS: 709-55-7
RI: 1412 (calc.)

GC/MS
EI 70 eV
TSQ 70
QI: 973

Peaks: 30, 42, 58, 65, 77, 93, 107, 121, 136, 181

N-Ethyl-2,3-methylenedioxyphenethylamine

MW: 193.24564
MM: 193.11028
$C_{11}H_{15}NO_2$
RI: 1542 (calc.)

GC/MS
EI 70 eV
TSQ 70
QI: 991

Peaks: 30, 39, 58, 65, 77, 89, 105, 135, 149, 193

Ephedrine
2-Methylamino-1-phenyl-propan-1-ol
Sympathomimetic

MW: 165.23524
MM: 165.11536
$C_{10}H_{15}NO$
CAS: 299-42-3
RI: 1363 (SE 30)

GC/MS
EI 70 eV
TSQ 70
QI: 993

Peaks: 30, 42, 50, 58, 65, 77, 91, 105, 117, 131

m/z: 58

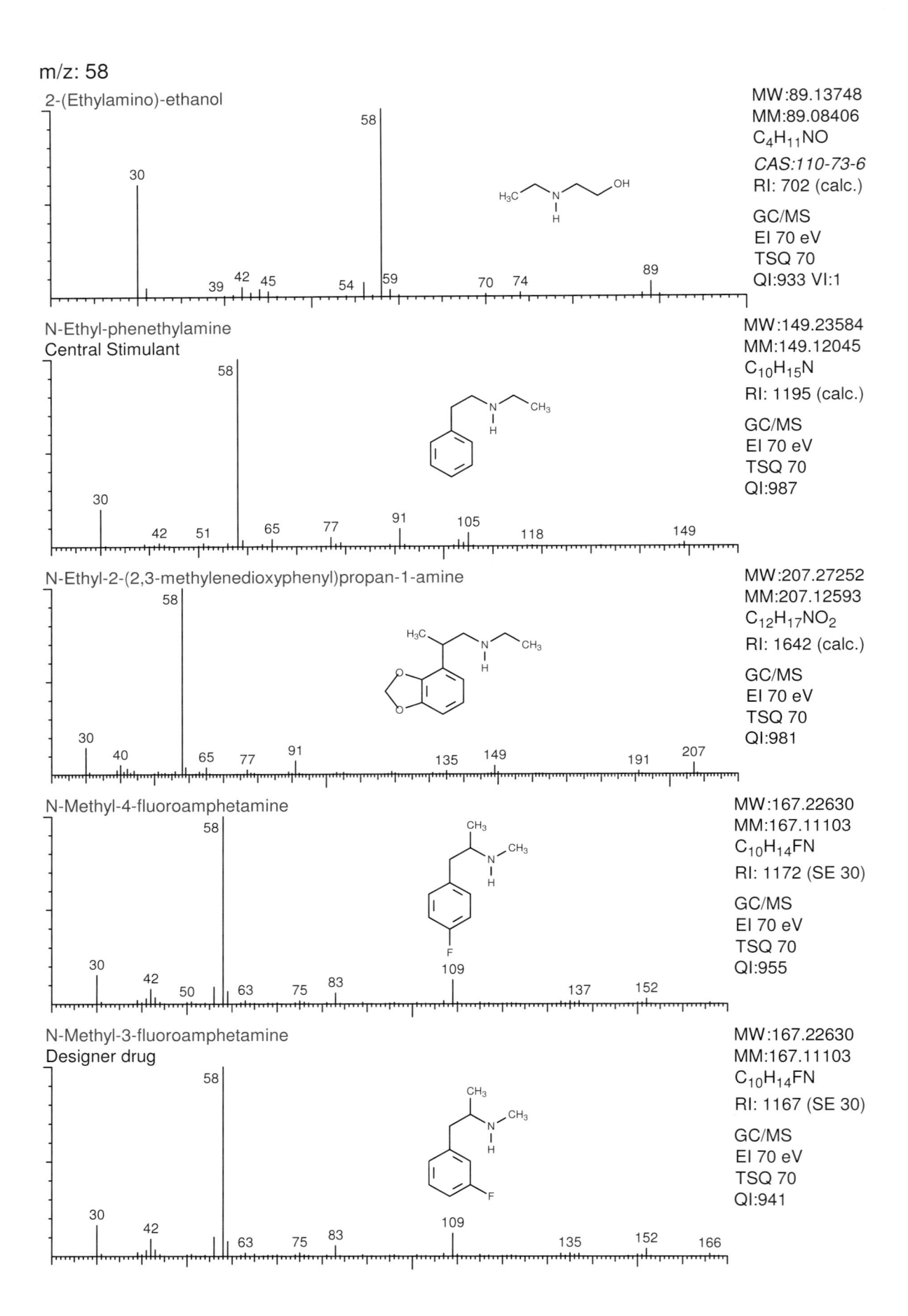

2-(Ethylamino)-ethanol

MW: 89.13748
MM: 89.08406
$C_4H_{11}NO$
CAS: 110-73-6
RI: 702 (calc.)

GC/MS
EI 70 eV
TSQ 70
QI: 933 VI:1

N-Ethyl-phenethylamine
Central Stimulant

MW: 149.23584
MM: 149.12045
$C_{10}H_{15}N$
RI: 1195 (calc.)

GC/MS
EI 70 eV
TSQ 70
QI: 987

N-Ethyl-2-(2,3-methylenedioxyphenyl)propan-1-amine

MW: 207.27252
MM: 207.12593
$C_{12}H_{17}NO_2$
RI: 1642 (calc.)

GC/MS
EI 70 eV
TSQ 70
QI: 981

N-Methyl-4-fluoroamphetamine

MW: 167.22630
MM: 167.11103
$C_{10}H_{14}FN$
RI: 1172 (SE 30)

GC/MS
EI 70 eV
TSQ 70
QI: 955

N-Methyl-3-fluoroamphetamine
Designer drug

MW: 167.22630
MM: 167.11103
$C_{10}H_{14}FN$
RI: 1167 (SE 30)

GC/MS
EI 70 eV
TSQ 70
QI: 941

m/z: 58

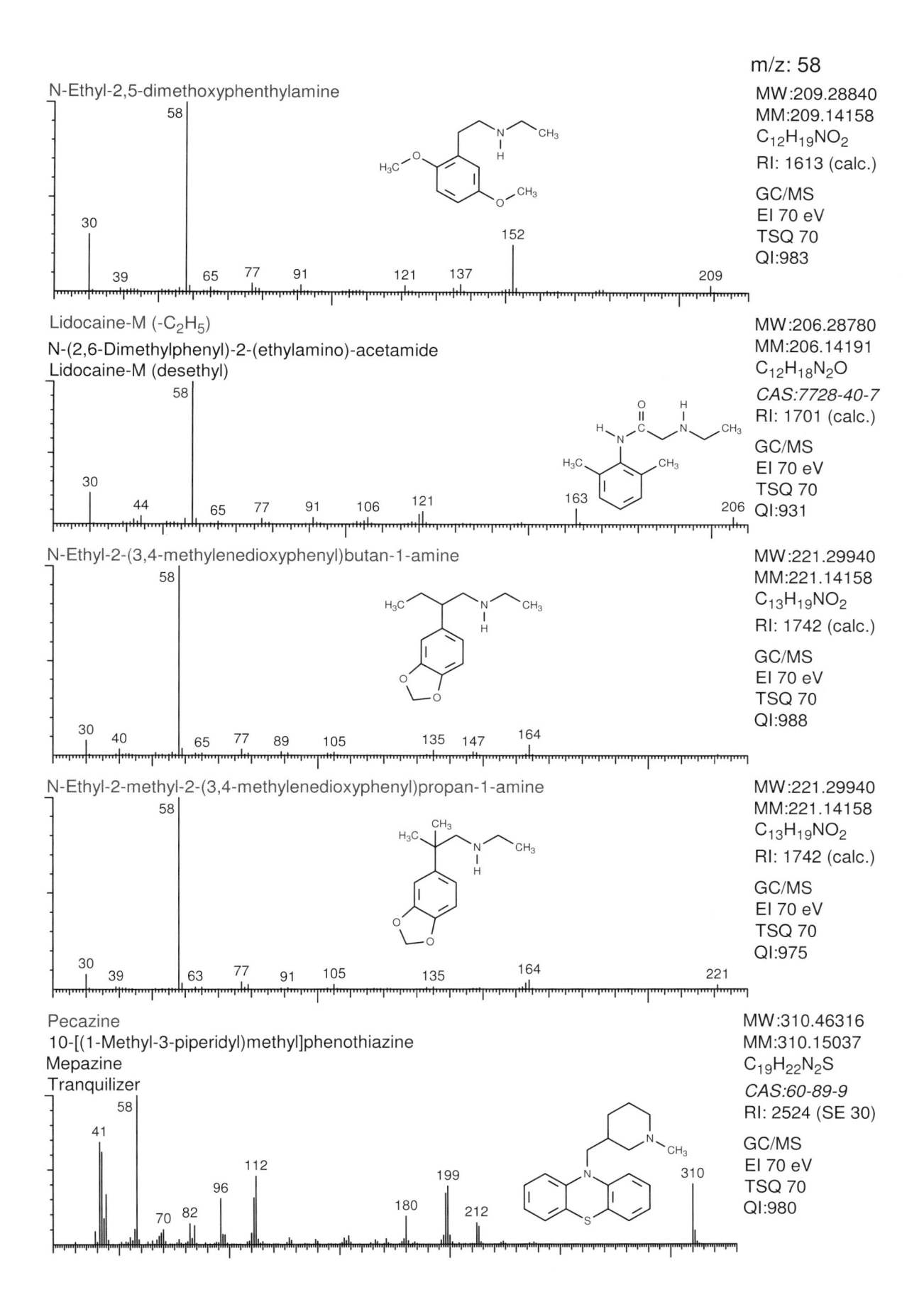

N-Ethyl-2,5-dimethoxyphenthylamine

MW:209.28840
MM:209.14158
$C_{12}H_{19}NO_2$
RI: 1613 (calc.)

GC/MS
EI 70 eV
TSQ 70
QI:983

Peaks: 30, 39, 58, 65, 77, 91, 121, 137, 152, 209

Lidocaine-M (-C₂H₅)
N-(2,6-Dimethylphenyl)-2-(ethylamino)-acetamide
Lidocaine-M (desethyl)

MW:206.28780
MM:206.14191
$C_{12}H_{18}N_2O$
CAS:7728-40-7
RI: 1701 (calc.)

GC/MS
EI 70 eV
TSQ 70
QI:931

Peaks: 30, 44, 58, 65, 77, 91, 106, 121, 163, 206

N-Ethyl-2-(3,4-methylenedioxyphenyl)butan-1-amine

MW:221.29940
MM:221.14158
$C_{13}H_{19}NO_2$
RI: 1742 (calc.)

GC/MS
EI 70 eV
TSQ 70
QI:988

Peaks: 30, 40, 58, 65, 77, 89, 105, 135, 147, 164

N-Ethyl-2-methyl-2-(3,4-methylenedioxyphenyl)propan-1-amine

MW:221.29940
MM:221.14158
$C_{13}H_{19}NO_2$
RI: 1742 (calc.)

GC/MS
EI 70 eV
TSQ 70
QI:975

Peaks: 30, 39, 58, 63, 77, 91, 105, 135, 164, 221

Pecazine
10-[(1-Methyl-3-piperidyl)methyl]phenothiazine
Mepazine
Tranquilizer

MW:310.46316
MM:310.15037
$C_{19}H_{22}N_2S$
CAS:60-89-9
RI: 2524 (SE 30)

GC/MS
EI 70 eV
TSQ 70
QI:980

Peaks: 41, 58, 70, 82, 96, 112, 180, 199, 212, 310

m/z: 58

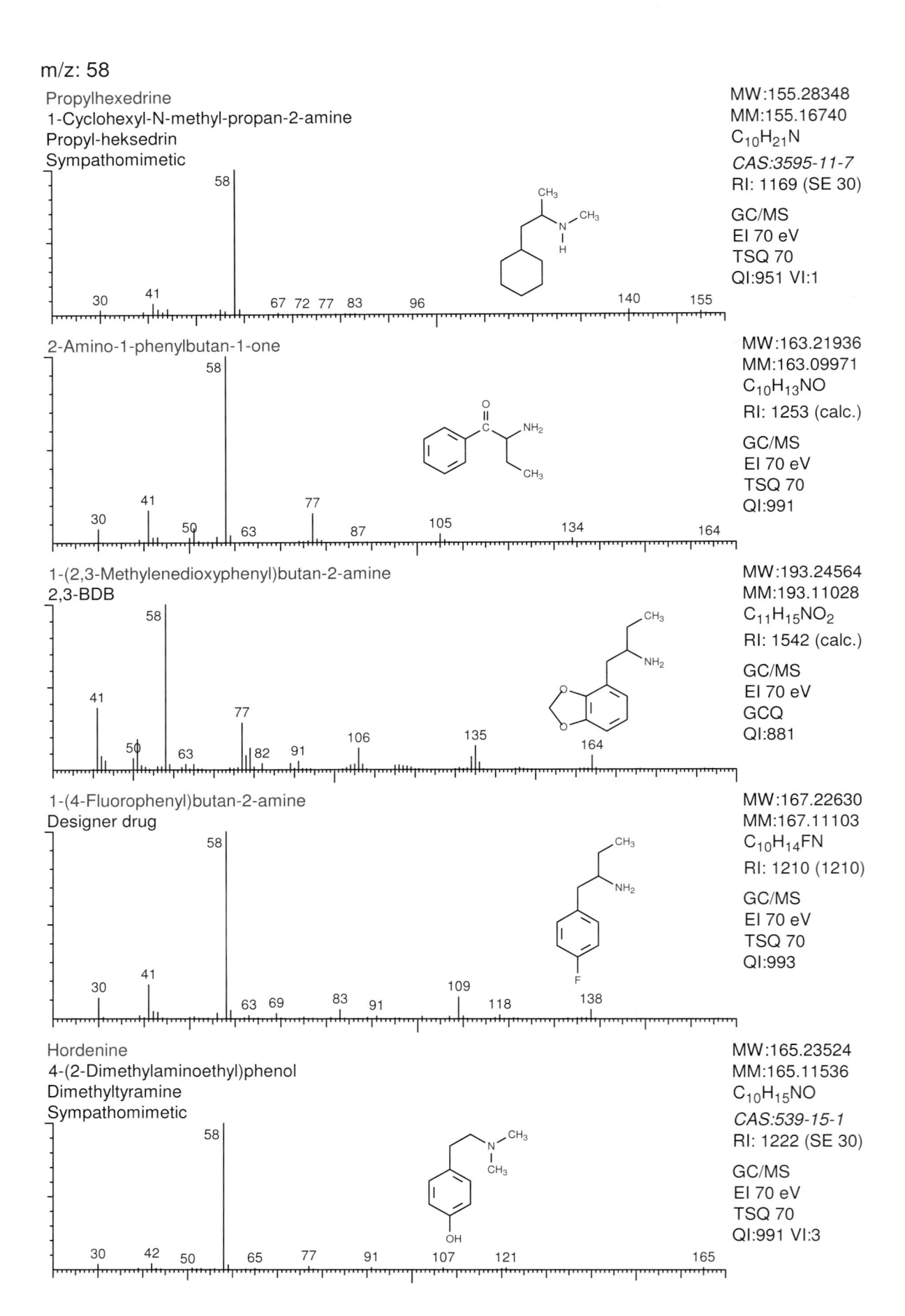

Propylhexedrine
1-Cyclohexyl-N-methyl-propan-2-amine
Propyl-heksedrin
Sympathomimetic

MW:155.28348
MM:155.16740
$C_{10}H_{21}N$
CAS:3595-11-7
RI: 1169 (SE 30)

GC/MS
EI 70 eV
TSQ 70
QI:951 VI:1

Peaks: 30, 41, 58, 67, 72, 77, 83, 96, 140, 155

2-Amino-1-phenylbutan-1-one

MW:163.21936
MM:163.09971
$C_{10}H_{13}NO$
RI: 1253 (calc.)

GC/MS
EI 70 eV
TSQ 70
QI:991

Peaks: 30, 41, 50, 58, 63, 77, 87, 105, 134, 164

1-(2,3-Methylenedioxyphenyl)butan-2-amine
2,3-BDB

MW:193.24564
MM:193.11028
$C_{11}H_{15}NO_2$
RI: 1542 (calc.)

GC/MS
EI 70 eV
GCQ
QI:881

Peaks: 41, 50, 58, 63, 77, 82, 91, 106, 135, 164

1-(4-Fluorophenyl)butan-2-amine
Designer drug

MW:167.22630
MM:167.11103
$C_{10}H_{14}FN$
RI: 1210 (1210)

GC/MS
EI 70 eV
TSQ 70
QI:993

Peaks: 30, 41, 58, 63, 69, 83, 91, 109, 118, 138

Hordenine
4-(2-Dimethylaminoethyl)phenol
Dimethyltyramine
Sympathomimetic

MW:165.23524
MM:165.11536
$C_{10}H_{15}NO$
CAS:539-15-1
RI: 1222 (SE 30)

GC/MS
EI 70 eV
TSQ 70
QI:991 VI:3

Peaks: 30, 42, 50, 58, 65, 77, 91, 107, 121, 165

m/z: 58

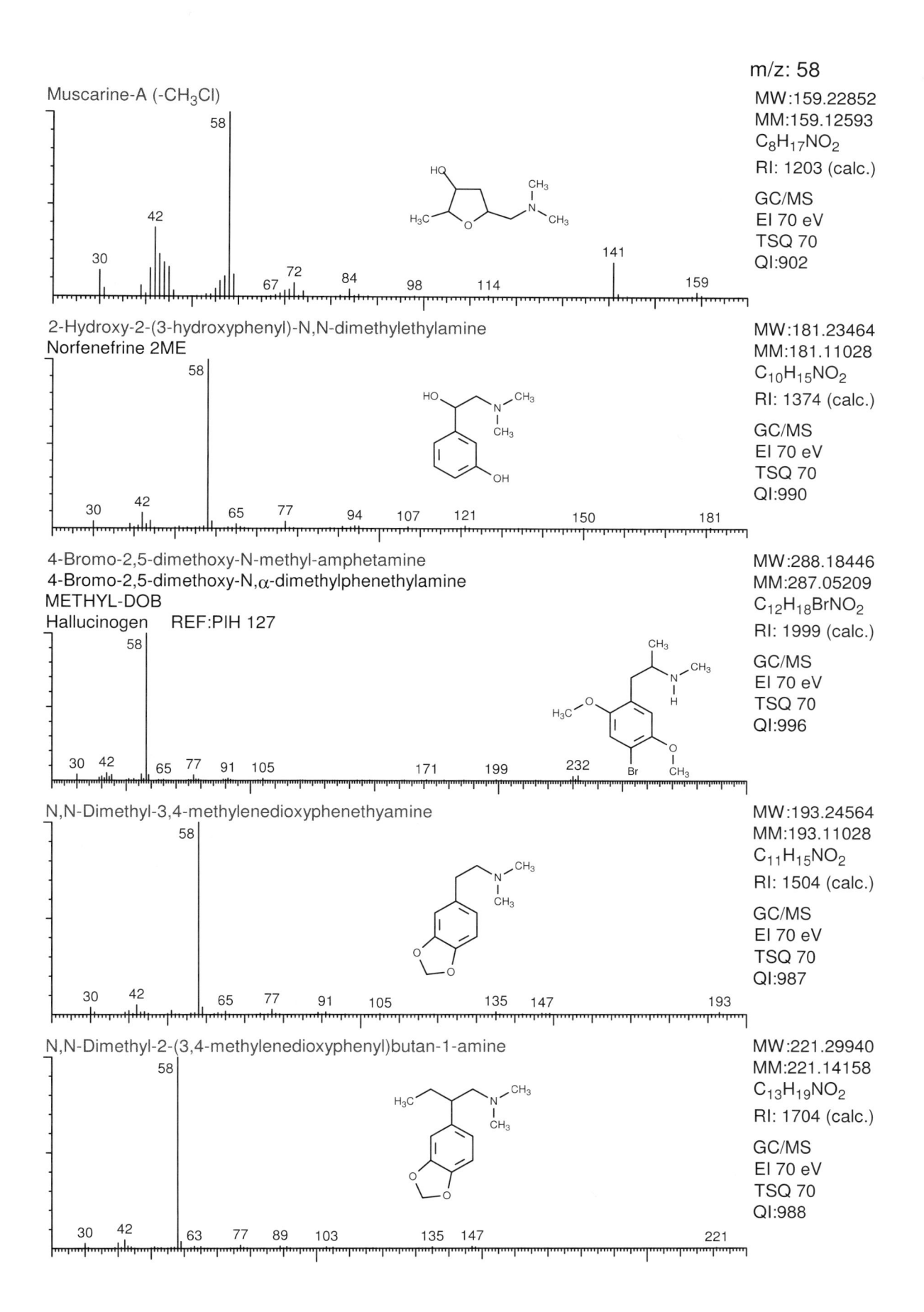

Muscarine-A (-CH₃Cl)

MW: 159.22852
MM: 159.12593
$C_8H_{17}NO_2$
RI: 1203 (calc.)

GC/MS
EI 70 eV
TSQ 70
QI: 902

Peaks: 30, 42, 58, 67, 72, 84, 98, 114, 141, 159

2-Hydroxy-2-(3-hydroxyphenyl)-N,N-dimethylethylamine
Norfenefrine 2ME

MW: 181.23464
MM: 181.11028
$C_{10}H_{15}NO_2$
RI: 1374 (calc.)

GC/MS
EI 70 eV
TSQ 70
QI: 990

Peaks: 30, 42, 58, 65, 77, 94, 107, 121, 150, 181

4-Bromo-2,5-dimethoxy-N-methyl-amphetamine
4-Bromo-2,5-dimethoxy-N,α-dimethylphenethylamine
METHYL-DOB
Hallucinogen   REF:PIH 127

MW: 288.18446
MM: 287.05209
$C_{12}H_{18}BrNO_2$
RI: 1999 (calc.)

GC/MS
EI 70 eV
TSQ 70
QI: 996

Peaks: 30, 42, 58, 65, 77, 91, 105, 171, 199, 232

N,N-Dimethyl-3,4-methylenedioxyphenethyamine

MW: 193.24564
MM: 193.11028
$C_{11}H_{15}NO_2$
RI: 1504 (calc.)

GC/MS
EI 70 eV
TSQ 70
QI: 987

Peaks: 30, 42, 58, 65, 77, 91, 105, 135, 147, 193

N,N-Dimethyl-2-(3,4-methylenedioxyphenyl)butan-1-amine

MW: 221.29940
MM: 221.14158
$C_{13}H_{19}NO_2$
RI: 1704 (calc.)

GC/MS
EI 70 eV
TSQ 70
QI: 988

Peaks: 30, 42, 58, 63, 77, 89, 103, 135, 147, 221

m/z: 58

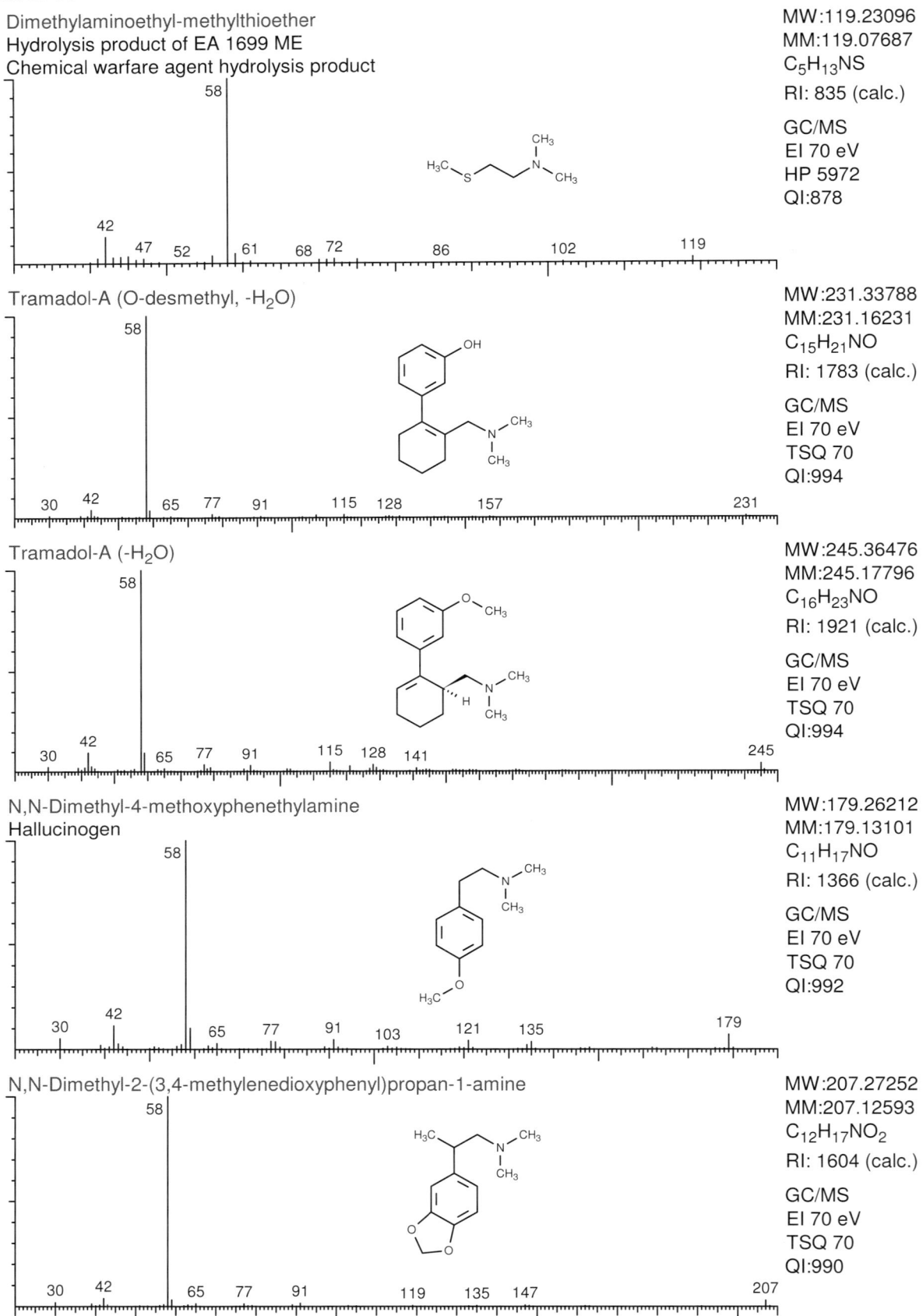

Dimethylaminoethyl-methylthioether
Hydrolysis product of EA 1699 ME
Chemical warfare agent hydrolysis product

Peaks: 42, 47, 52, 58, 61, 68, 72, 86, 102, 119

MW:119.23096
MM:119.07687
$C_5H_{13}NS$
RI: 835 (calc.)

GC/MS
EI 70 eV
HP 5972
QI:878

Tramadol-A (O-desmethyl, -H$_2$O)

Peaks: 30, 42, 58, 65, 77, 91, 115, 128, 157, 231

MW:231.33788
MM:231.16231
$C_{15}H_{21}NO$
RI: 1783 (calc.)

GC/MS
EI 70 eV
TSQ 70
QI:994

Tramadol-A (-H$_2$O)

Peaks: 30, 42, 58, 65, 77, 91, 115, 128, 141, 245

MW:245.36476
MM:245.17796
$C_{16}H_{23}NO$
RI: 1921 (calc.)

GC/MS
EI 70 eV
TSQ 70
QI:994

N,N-Dimethyl-4-methoxyphenethylamine
Hallucinogen

Peaks: 30, 42, 58, 65, 77, 91, 103, 121, 135, 179

MW:179.26212
MM:179.13101
$C_{11}H_{17}NO$
RI: 1366 (calc.)

GC/MS
EI 70 eV
TSQ 70
QI:992

N,N-Dimethyl-2-(3,4-methylenedioxyphenyl)propan-1-amine

Peaks: 30, 42, 58, 65, 77, 91, 119, 135, 147, 207

MW:207.27252
MM:207.12593
$C_{12}H_{17}NO_2$
RI: 1604 (calc.)

GC/MS
EI 70 eV
TSQ 70
QI:990

m/z: 58

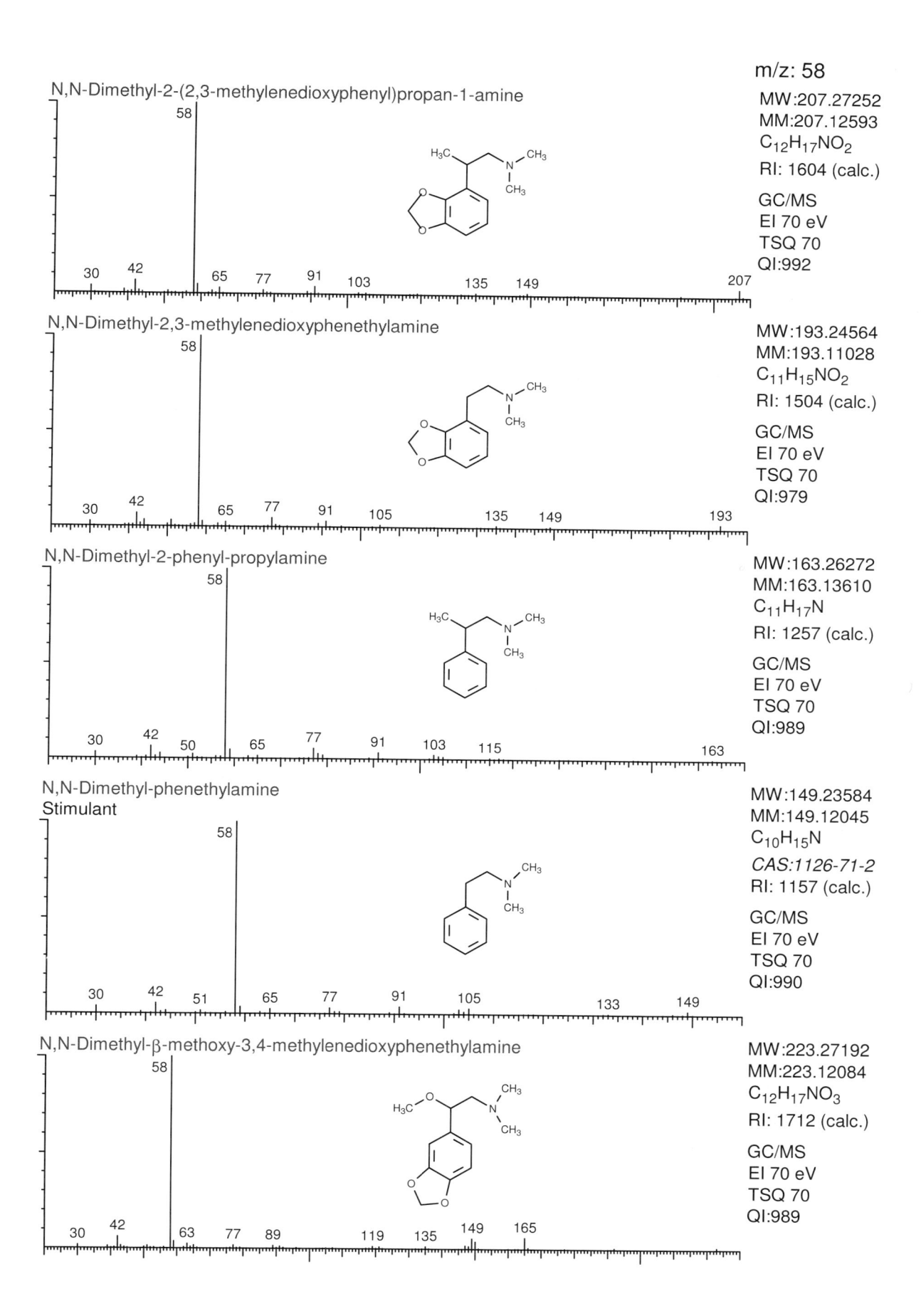

N,N-Dimethyl-2-(2,3-methylenedioxyphenyl)propan-1-amine

MW: 207.27252
MM: 207.12593
$C_{12}H_{17}NO_2$
RI: 1604 (calc.)

GC/MS
EI 70 eV
TSQ 70
QI: 992

Peaks: 30, 42, 58, 65, 77, 91, 103, 135, 149, 207

N,N-Dimethyl-2,3-methylenedioxyphenethylamine

MW: 193.24564
MM: 193.11028
$C_{11}H_{15}NO_2$
RI: 1504 (calc.)

GC/MS
EI 70 eV
TSQ 70
QI: 979

Peaks: 30, 42, 58, 65, 77, 91, 105, 135, 149, 193

N,N-Dimethyl-2-phenyl-propylamine

MW: 163.26272
MM: 163.13610
$C_{11}H_{17}N$
RI: 1257 (calc.)

GC/MS
EI 70 eV
TSQ 70
QI: 989

Peaks: 30, 42, 50, 58, 65, 77, 91, 103, 115, 163

N,N-Dimethyl-phenethylamine
Stimulant

MW: 149.23584
MM: 149.12045
$C_{10}H_{15}N$
CAS: 1126-71-2
RI: 1157 (calc.)

GC/MS
EI 70 eV
TSQ 70
QI: 990

Peaks: 30, 42, 51, 58, 65, 77, 91, 105, 133, 149

N,N-Dimethyl-β-methoxy-3,4-methylenedioxyphenethylamine

MW: 223.27192
MM: 223.12084
$C_{12}H_{17}NO_3$
RI: 1712 (calc.)

GC/MS
EI 70 eV
TSQ 70
QI: 989

Peaks: 30, 42, 58, 63, 77, 89, 119, 135, 149, 165

m/z: 58

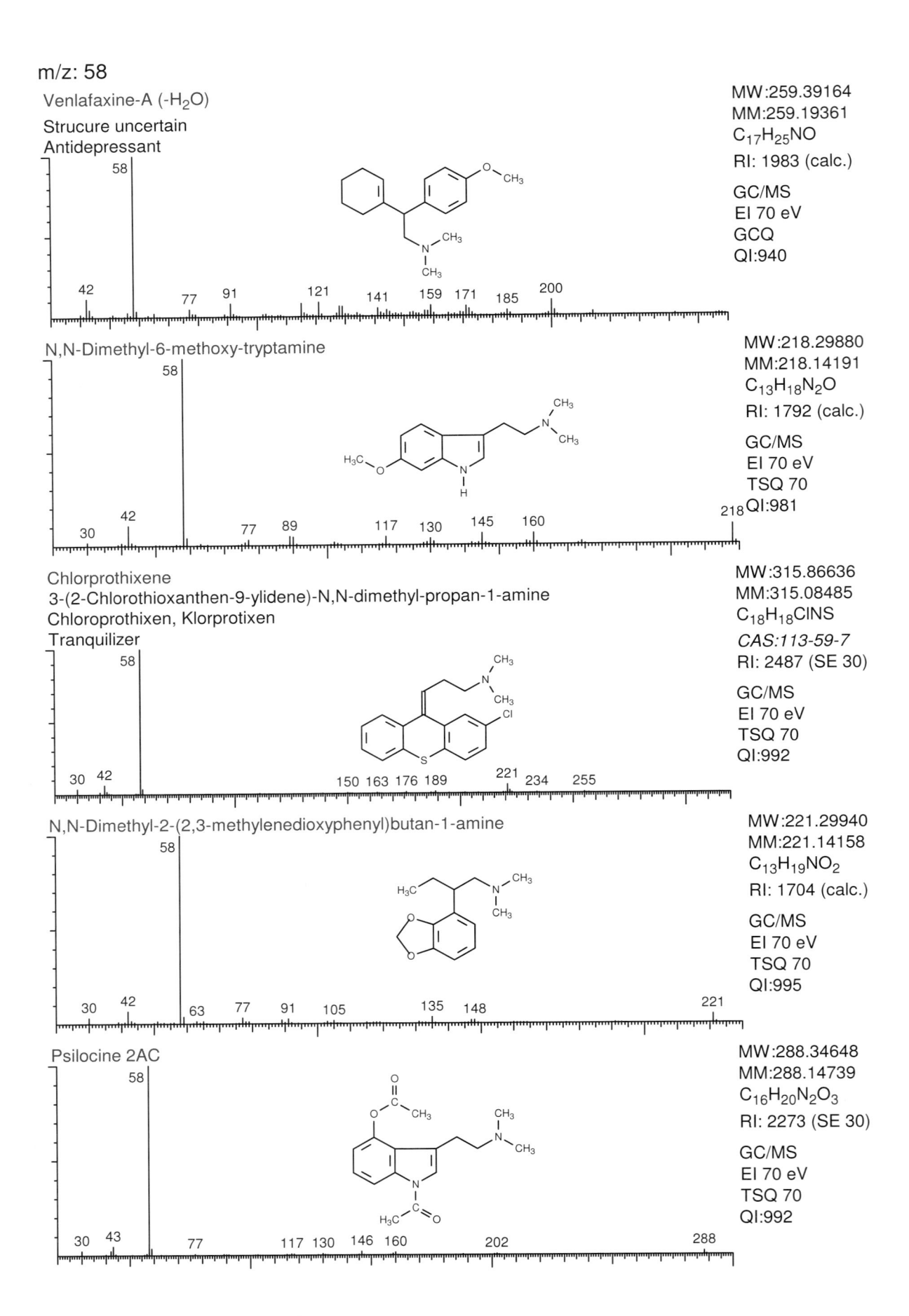

Venlafaxine-A (-H₂O)
Strucure uncertain
Antidepressant

MW: 259.39164
MM: 259.19361
$C_{17}H_{25}NO$
RI: 1983 (calc.)

GC/MS
EI 70 eV
GCQ
QI: 940

Peaks: 42, 58, 77, 91, 121, 141, 159, 171, 185, 200

N,N-Dimethyl-6-methoxy-tryptamine

MW: 218.29880
MM: 218.14191
$C_{13}H_{18}N_2O$
RI: 1792 (calc.)

GC/MS
EI 70 eV
TSQ 70
QI: 981

Peaks: 30, 42, 58, 77, 89, 117, 130, 145, 160, 218

Chlorprothixene
3-(2-Chlorothioxanthen-9-ylidene)-N,N-dimethyl-propan-1-amine
Chloroprothixen, Klorprotixen
Tranquilizer

MW: 315.86636
MM: 315.08485
$C_{18}H_{18}ClNS$
CAS: 113-59-7
RI: 2487 (SE 30)

GC/MS
EI 70 eV
TSQ 70
QI: 992

Peaks: 30, 42, 58, 150, 163, 176, 189, 221, 234, 255

N,N-Dimethyl-2-(2,3-methylenedioxyphenyl)butan-1-amine

MW: 221.29940
MM: 221.14158
$C_{13}H_{19}NO_2$
RI: 1704 (calc.)

GC/MS
EI 70 eV
TSQ 70
QI: 995

Peaks: 30, 42, 58, 63, 77, 91, 105, 135, 148, 221

Psilocine 2AC

MW: 288.34648
MM: 288.14739
$C_{16}H_{20}N_2O_3$
RI: 2273 (SE 30)

GC/MS
EI 70 eV
TSQ 70
QI: 992

Peaks: 30, 43, 58, 77, 117, 130, 146, 160, 202, 288

m/z: 58

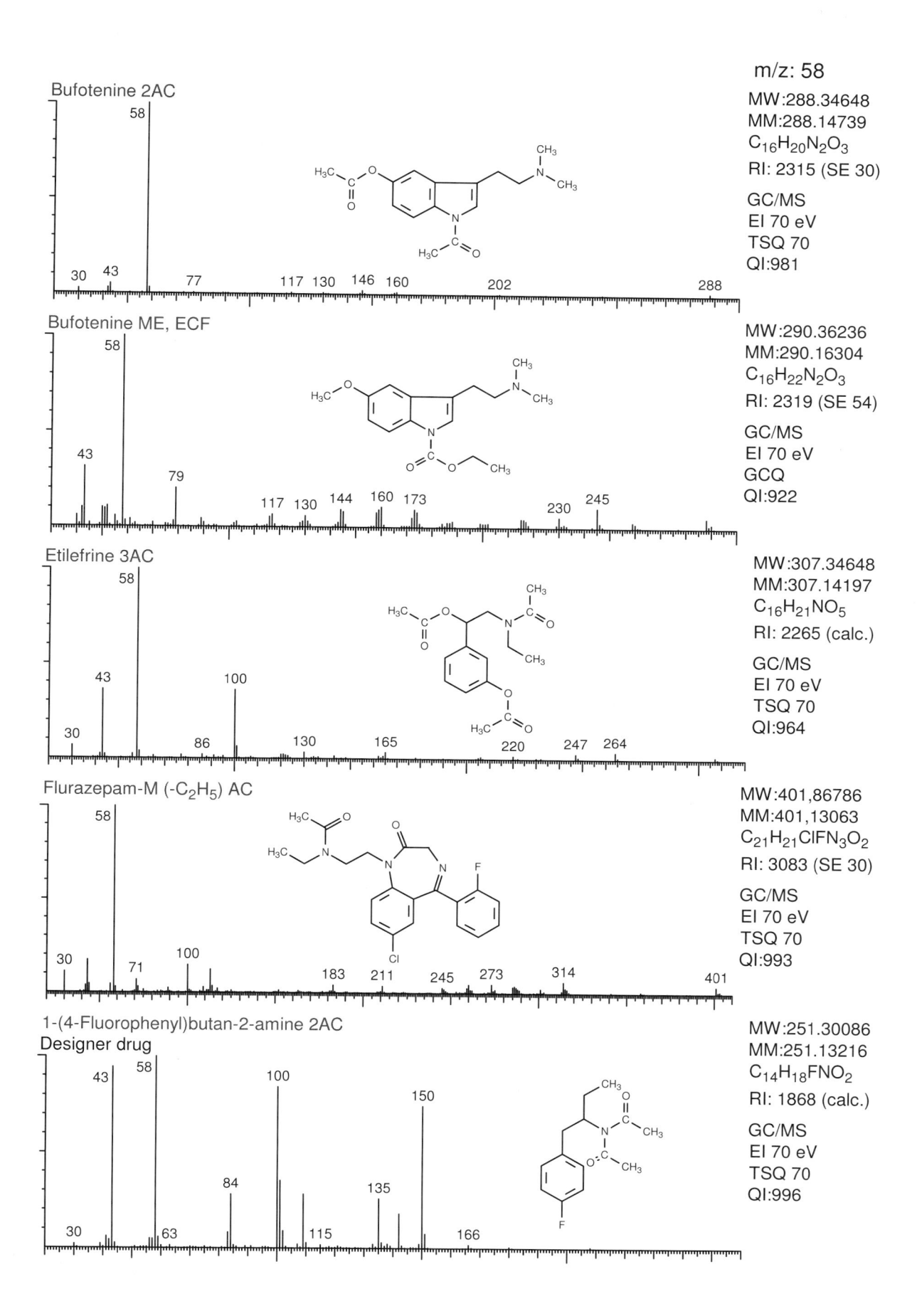

Bufotenine 2AC

MW: 288.34648
MM: 288.14739
$C_{16}H_{20}N_2O_3$
RI: 2315 (SE 30)

GC/MS
EI 70 eV
TSQ 70
QI: 981

Peaks: 30, 43, 58, 77, 117, 130, 146, 160, 202, 288

Bufotenine ME, ECF

MW: 290.36236
MM: 290.16304
$C_{16}H_{22}N_2O_3$
RI: 2319 (SE 54)

GC/MS
EI 70 eV
GCQ
QI: 922

Peaks: 43, 58, 79, 117, 130, 144, 160, 173, 230, 245

Etilefrine 3AC

MW: 307.34648
MM: 307.14197
$C_{16}H_{21}NO_5$
RI: 2265 (calc.)

GC/MS
EI 70 eV
TSQ 70
QI: 964

Peaks: 30, 43, 58, 86, 100, 130, 165, 220, 247, 264

Flurazepam-M (-C_2H_5) AC

MW: 401,86786
MM: 401,13063
$C_{21}H_{21}ClFN_3O_2$
RI: 3083 (SE 30)

GC/MS
EI 70 eV
TSQ 70
QI: 993

Peaks: 30, 58, 71, 100, 183, 211, 245, 273, 314, 401

1-(4-Fluorophenyl)butan-2-amine 2AC
Designer drug

MW: 251.30086
MM: 251.13216
$C_{14}H_{18}FNO_2$
RI: 1868 (calc.)

GC/MS
EI 70 eV
TSQ 70
QI: 996

Peaks: 30, 43, 58, 63, 84, 100, 115, 135, 150, 166

m/z: 58

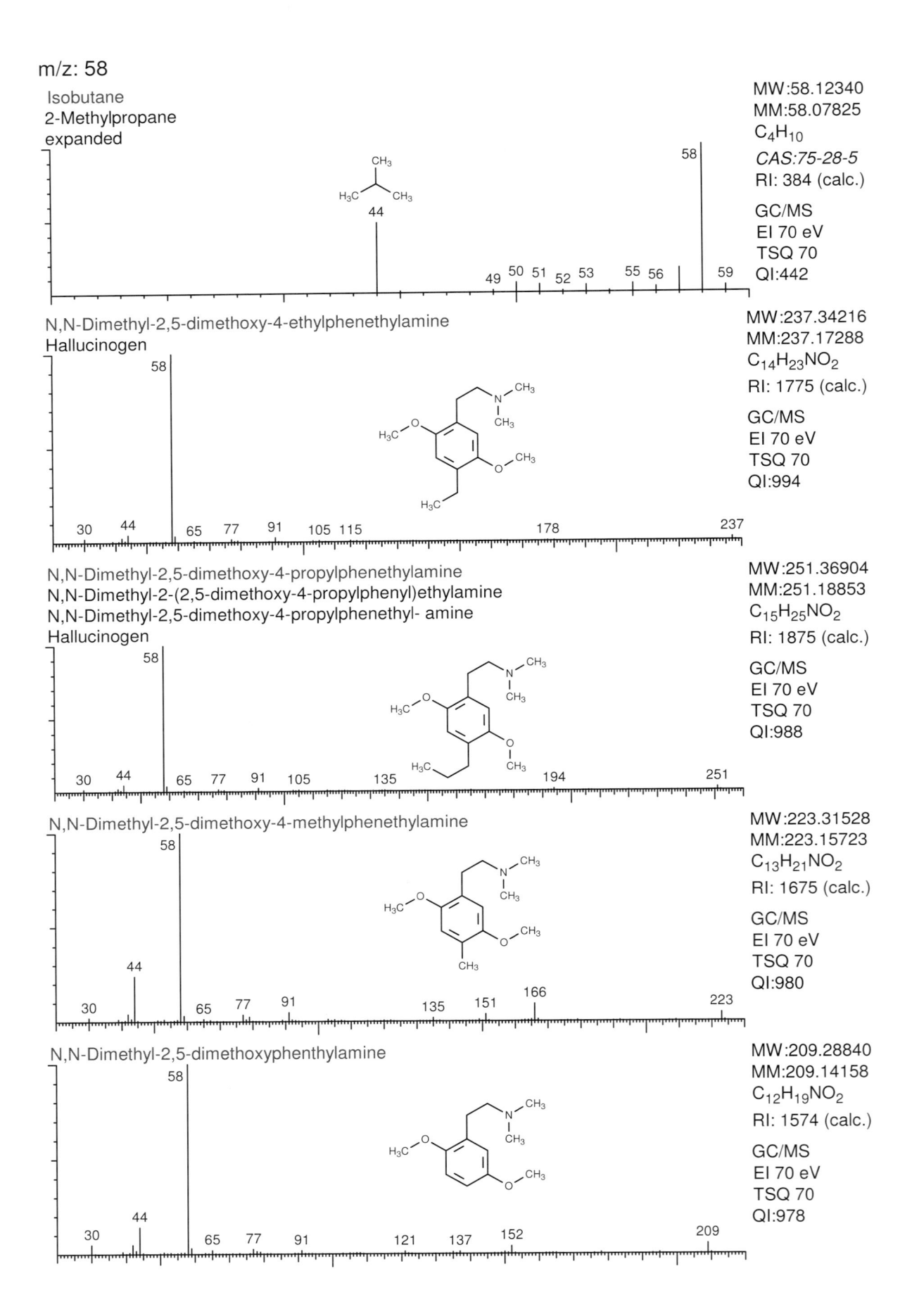

Isobutane
2-Methylpropane
expanded

MW:58.12340
MM:58.07825
C_4H_{10}
CAS:75-28-5
RI: 384 (calc.)

GC/MS
EI 70 eV
TSQ 70
QI:442

N,N-Dimethyl-2,5-dimethoxy-4-ethylphenethylamine
Hallucinogen

MW:237.34216
MM:237.17288
$C_{14}H_{23}NO_2$
RI: 1775 (calc.)

GC/MS
EI 70 eV
TSQ 70
QI:994

N,N-Dimethyl-2,5-dimethoxy-4-propylphenethylamine
N,N-Dimethyl-2-(2,5-dimethoxy-4-propylphenyl)ethylamine
N,N-Dimethyl-2,5-dimethoxy-4-propylphenethyl- amine
Hallucinogen

MW:251.36904
MM:251.18853
$C_{15}H_{25}NO_2$
RI: 1875 (calc.)

GC/MS
EI 70 eV
TSQ 70
QI:988

N,N-Dimethyl-2,5-dimethoxy-4-methylphenethylamine

MW:223.31528
MM:223.15723
$C_{13}H_{21}NO_2$
RI: 1675 (calc.)

GC/MS
EI 70 eV
TSQ 70
QI:980

N,N-Dimethyl-2,5-dimethoxyphenthylamine

MW:209.28840
MM:209.14158
$C_{12}H_{19}NO_2$
RI: 1574 (calc.)

GC/MS
EI 70 eV
TSQ 70
QI:978

m/z: 58

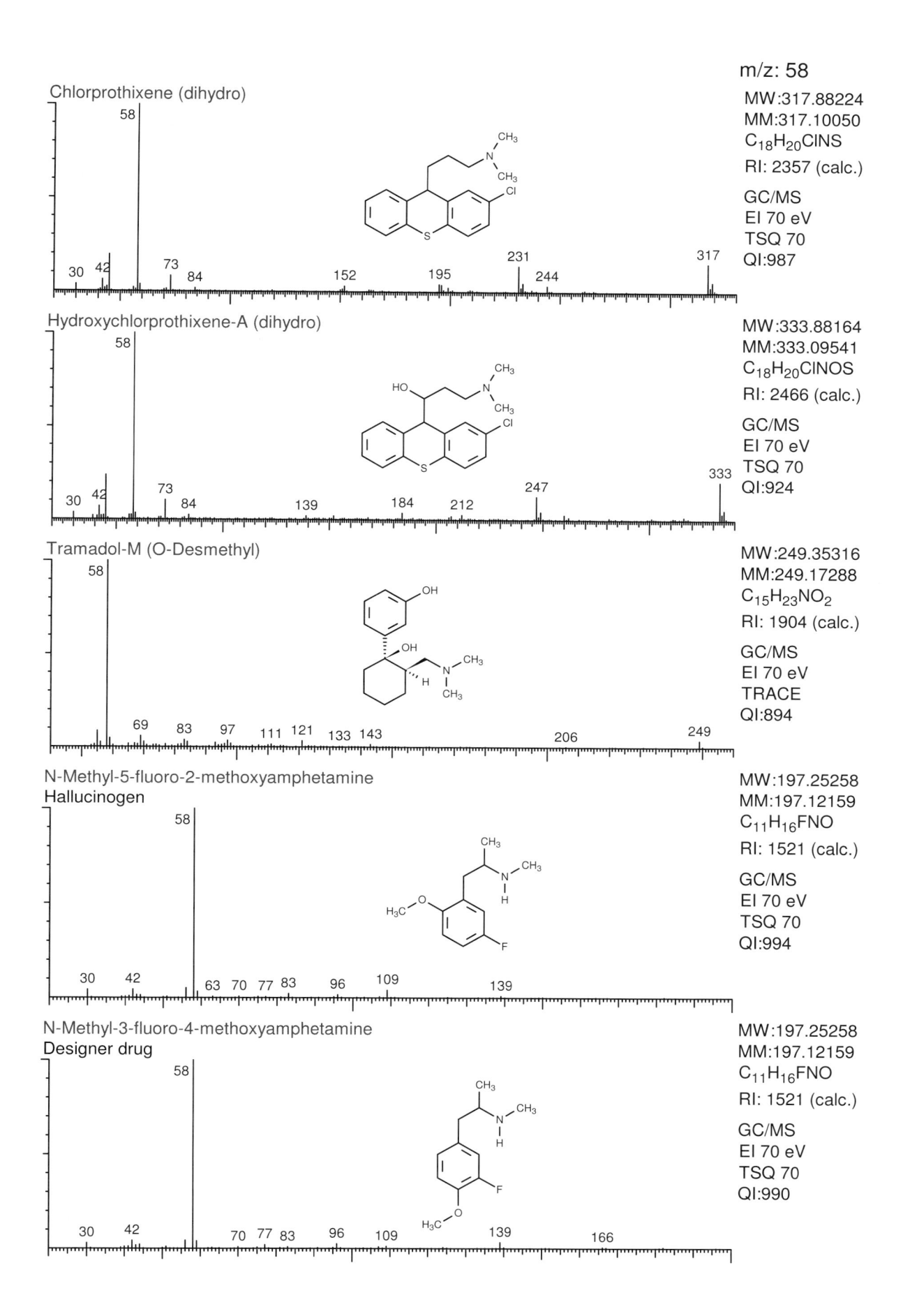

Chlorprothixene (dihydro)

Peaks: 30, 42, 58, 73, 84, 152, 195, 231, 244, 317

MW: 317.88224
MM: 317.10050
$C_{18}H_{20}ClNS$
RI: 2357 (calc.)

GC/MS
EI 70 eV
TSQ 70
QI: 987

Hydroxychlorprothixene-A (dihydro)

Peaks: 30, 42, 58, 73, 84, 139, 184, 212, 247, 333

MW: 333.88164
MM: 333.09541
$C_{18}H_{20}ClNOS$
RI: 2466 (calc.)

GC/MS
EI 70 eV
TSQ 70
QI: 924

Tramadol-M (O-Desmethyl)

Peaks: 58, 69, 83, 97, 111, 121, 133, 143, 206, 249

MW: 249.35316
MM: 249.17288
$C_{15}H_{23}NO_2$
RI: 1904 (calc.)

GC/MS
EI 70 eV
TRACE
QI: 894

N-Methyl-5-fluoro-2-methoxyamphetamine
Hallucinogen

Peaks: 30, 42, 58, 63, 70, 77, 83, 96, 109, 139

MW: 197.25258
MM: 197.12159
$C_{11}H_{16}FNO$
RI: 1521 (calc.)

GC/MS
EI 70 eV
TSQ 70
QI: 994

N-Methyl-3-fluoro-4-methoxyamphetamine
Designer drug

Peaks: 30, 42, 58, 70, 77, 83, 96, 109, 139, 166

MW: 197.25258
MM: 197.12159
$C_{11}H_{16}FNO$
RI: 1521 (calc.)

GC/MS
EI 70 eV
TSQ 70
QI: 990

m/z: 58

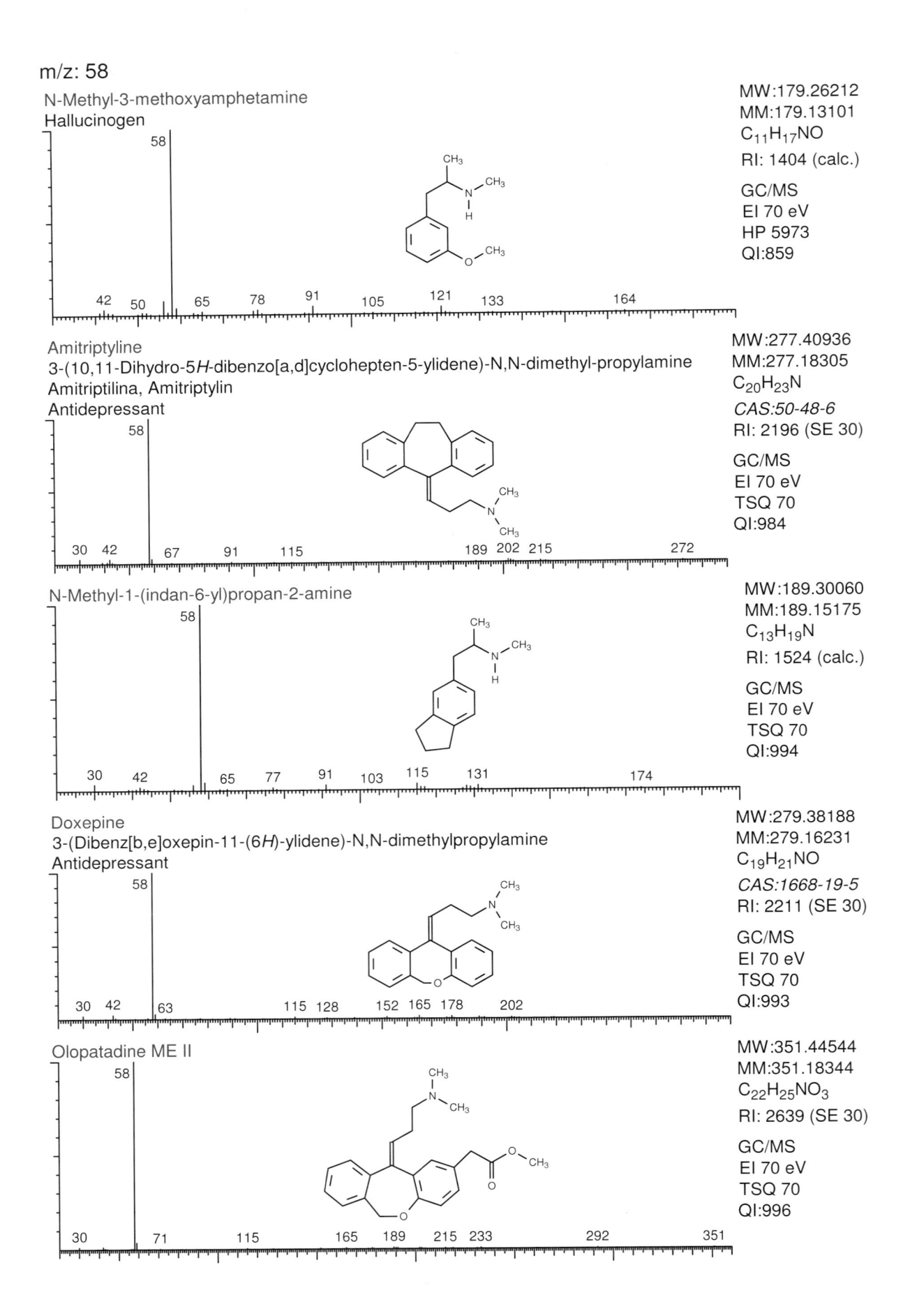

N-Methyl-3-methoxyamphetamine
Hallucinogen

MW: 179.26212
MM: 179.13101
$C_{11}H_{17}NO$

RI: 1404 (calc.)

GC/MS
EI 70 eV
HP 5973
QI: 859

Amitriptyline
3-(10,11-Dihydro-5H-dibenzo[a,d]cyclohepten-5-ylidene)-N,N-dimethyl-propylamine
Amitriptilina, Amitriptylin
Antidepressant

MW: 277.40936
MM: 277.18305
$C_{20}H_{23}N$

CAS: 50-48-6
RI: 2196 (SE 30)

GC/MS
EI 70 eV
TSQ 70
QI: 984

N-Methyl-1-(indan-6-yl)propan-2-amine

MW: 189.30060
MM: 189.15175
$C_{13}H_{19}N$

RI: 1524 (calc.)

GC/MS
EI 70 eV
TSQ 70
QI: 994

Doxepine
3-(Dibenz[b,e]oxepin-11-(6H)-ylidene)-N,N-dimethylpropylamine
Antidepressant

MW: 279.38188
MM: 279.16231
$C_{19}H_{21}NO$

CAS: 1668-19-5
RI: 2211 (SE 30)

GC/MS
EI 70 eV
TSQ 70
QI: 993

Olopatadine ME II

MW: 351.44544
MM: 351.18344
$C_{22}H_{25}NO_3$

RI: 2639 (SE 30)

GC/MS
EI 70 eV
TSQ 70
QI: 996

m/z: 58

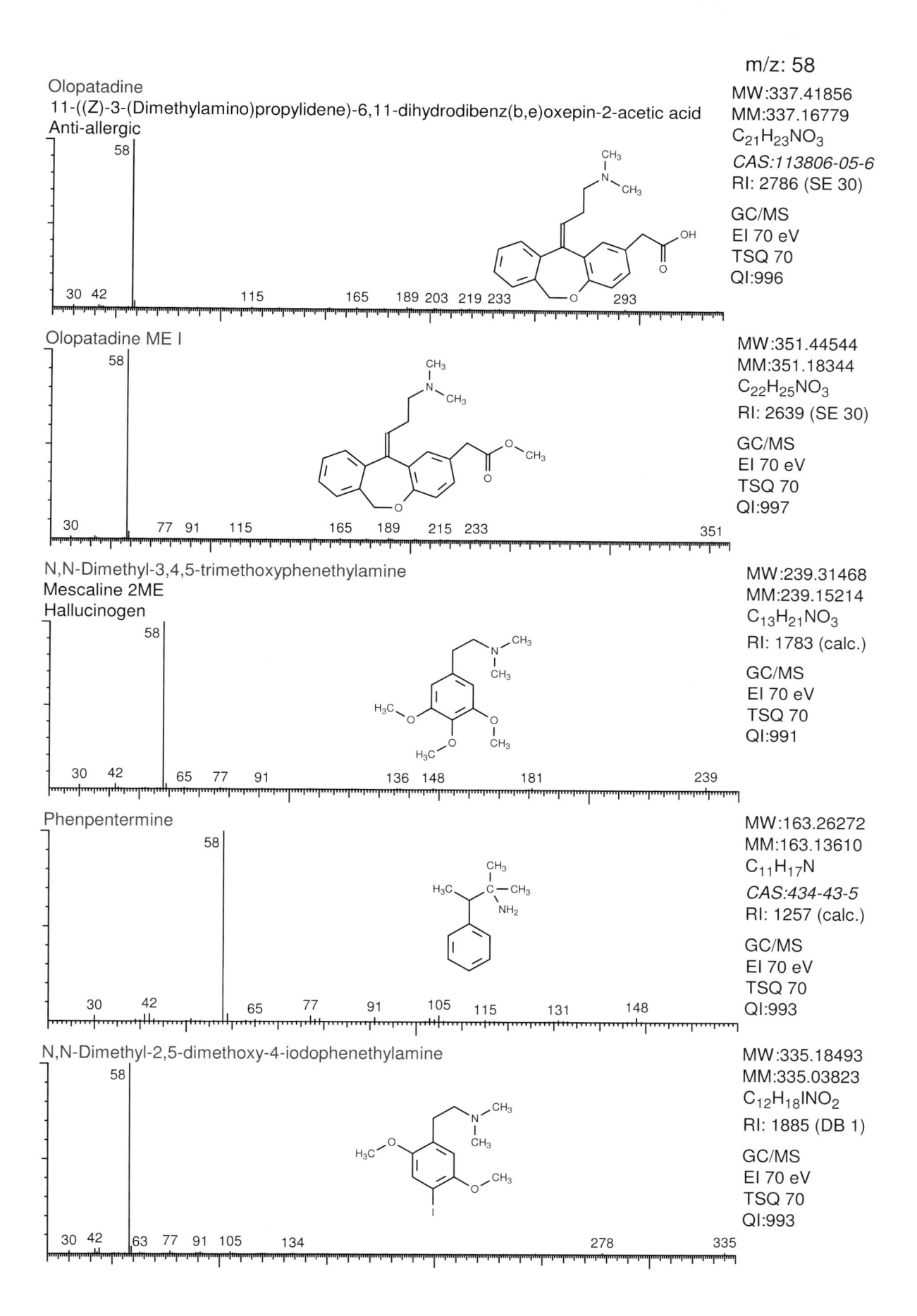

Olopatadine
11-((Z)-3-(Dimethylamino)propylidene)-6,11-dihydrodibenz(b,e)oxepin-2-acetic acid
Anti-allergic

MW:337.41856
MM:337.16779
$C_{21}H_{23}NO_3$
CAS:113806-05-6
RI: 2786 (SE 30)

GC/MS
EI 70 eV
TSQ 70
QI:996

Olopatadine ME I

MW:351.44544
MM:351.18344
$C_{22}H_{25}NO_3$
RI: 2639 (SE 30)

GC/MS
EI 70 eV
TSQ 70
QI:997

N,N-Dimethyl-3,4,5-trimethoxyphenethylamine
Mescaline 2ME
Hallucinogen

MW:239.31468
MM:239.15214
$C_{13}H_{21}NO_3$
RI: 1783 (calc.)

GC/MS
EI 70 eV
TSQ 70
QI:991

Phenpentermine

MW:163.26272
MM:163.13610
$C_{11}H_{17}N$
CAS:434-43-5
RI: 1257 (calc.)

GC/MS
EI 70 eV
TSQ 70
QI:993

N,N-Dimethyl-2,5-dimethoxy-4-iodophenethylamine

MW:335.18493
MM:335.03823
$C_{12}H_{18}INO_2$
RI: 1885 (DB 1)

GC/MS
EI 70 eV
TSQ 70
QI:993

m/z: 58

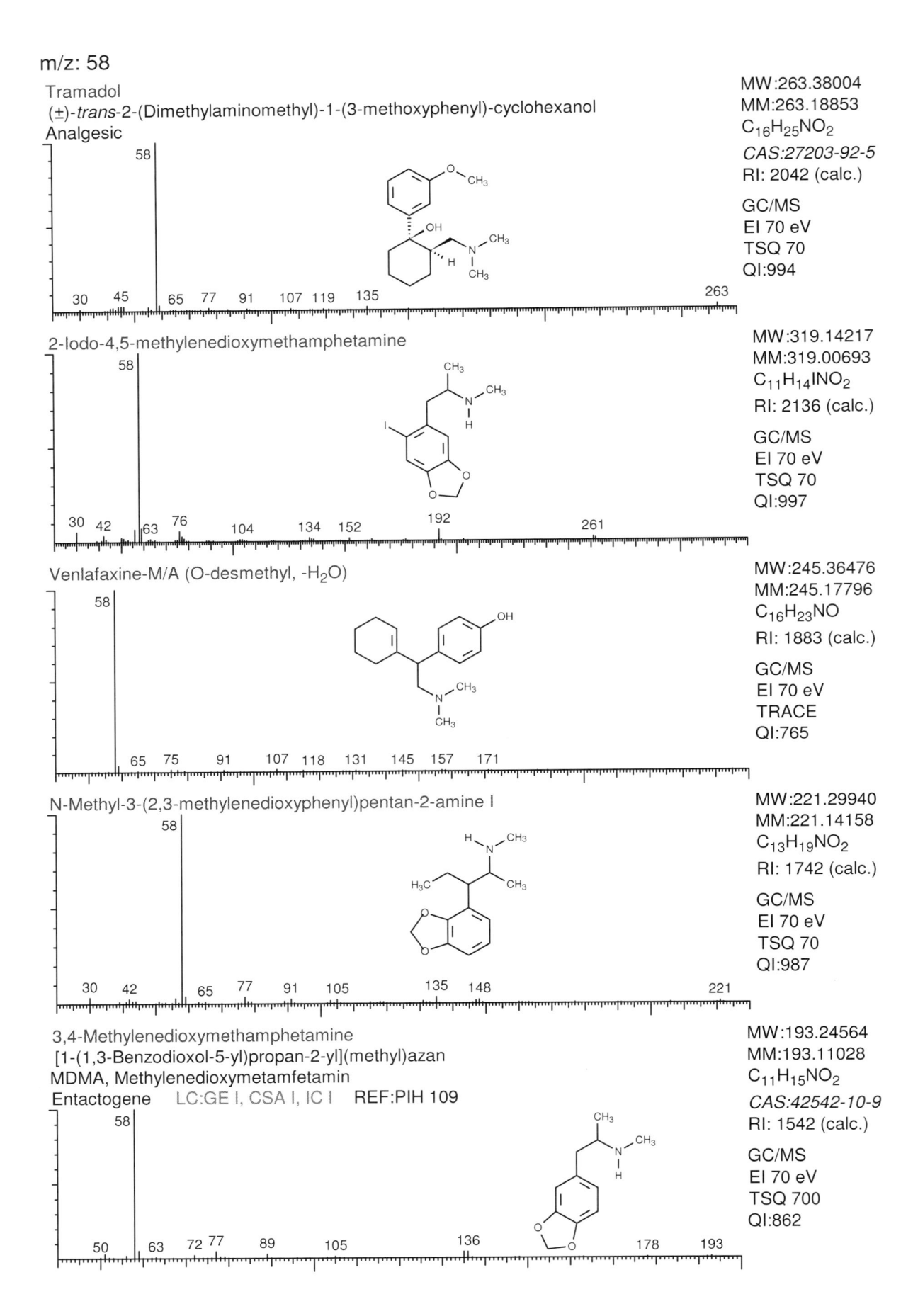

Tramadol
(±)-*trans*-2-(Dimethylaminomethyl)-1-(3-methoxyphenyl)-cyclohexanol
Analgesic

MW: 263.38004
MM: 263.18853
$C_{16}H_{25}NO_2$
CAS: 27203-92-5
RI: 2042 (calc.)

GC/MS
EI 70 eV
TSQ 70
QI: 994

2-Iodo-4,5-methylenedioxymethamphetamine

MW: 319.14217
MM: 319.00693
$C_{11}H_{14}INO_2$
RI: 2136 (calc.)

GC/MS
EI 70 eV
TSQ 70
QI: 997

Venlafaxine-M/A (O-desmethyl, -H₂O)

MW: 245.36476
MM: 245.17796
$C_{16}H_{23}NO$
RI: 1883 (calc.)

GC/MS
EI 70 eV
TRACE
QI: 765

N-Methyl-3-(2,3-methylenedioxyphenyl)pentan-2-amine I

MW: 221.29940
MM: 221.14158
$C_{13}H_{19}NO_2$
RI: 1742 (calc.)

GC/MS
EI 70 eV
TSQ 70
QI: 987

3,4-Methylenedioxymethamphetamine
[1-(1,3-Benzodioxol-5-yl)propan-2-yl](methyl)azan
MDMA, Methylenedioxymetamfetamin
Entactogene   LC:GE I, CSA I, IC I   REF:PIH 109

MW: 193.24564
MM: 193.11028
$C_{11}H_{15}NO_2$
CAS: 42542-10-9
RI: 1542 (calc.)

GC/MS
EI 70 eV
TSQ 700
QI: 862

m/z: 58

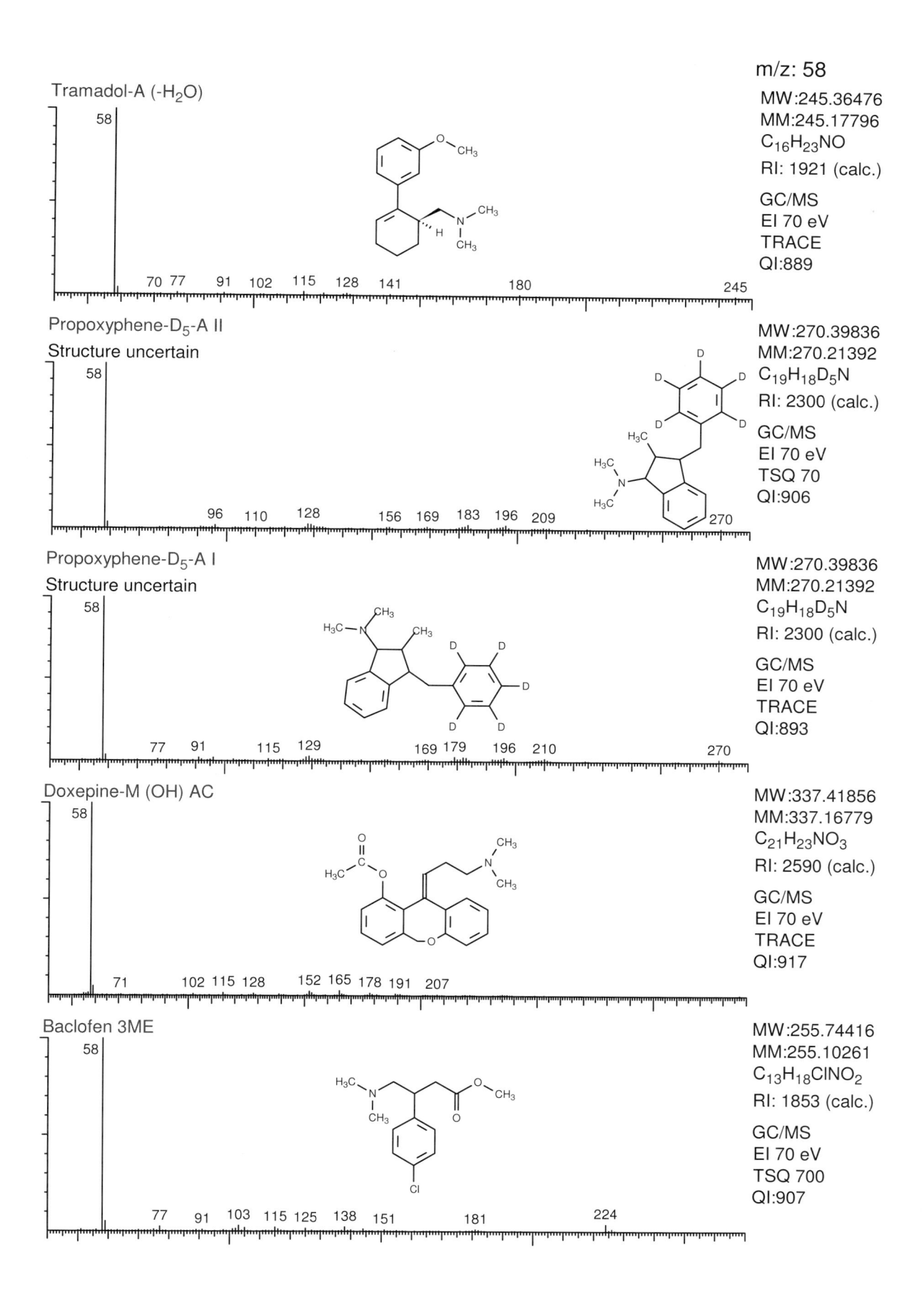

Tramadol-A (-H₂O)

Peaks: 58, 70, 77, 91, 102, 115, 128, 141, 180, 245

MW: 245.36476
MM: 245.17796
$C_{16}H_{23}NO$
RI: 1921 (calc.)

GC/MS
EI 70 eV
TRACE
QI: 889

Propoxyphene-D₅-A II
Structure uncertain

Peaks: 58, 96, 110, 128, 156, 169, 183, 196, 209, 270

MW: 270.39836
MM: 270.21392
$C_{19}H_{18}D_5N$
RI: 2300 (calc.)

GC/MS
EI 70 eV
TSQ 70
QI: 906

Propoxyphene-D₅-A I
Structure uncertain

Peaks: 58, 77, 91, 115, 129, 169, 179, 196, 210, 270

MW: 270.39836
MM: 270.21392
$C_{19}H_{18}D_5N$
RI: 2300 (calc.)

GC/MS
EI 70 eV
TRACE
QI: 893

Doxepine-M (OH) AC

Peaks: 58, 71, 102, 115, 128, 152, 165, 178, 191, 207

MW: 337.41856
MM: 337.16779
$C_{21}H_{23}NO_3$
RI: 2590 (calc.)

GC/MS
EI 70 eV
TRACE
QI: 917

Baclofen 3ME

Peaks: 58, 77, 91, 103, 115, 125, 138, 151, 181, 224

MW: 255.74416
MM: 255.10261
$C_{13}H_{18}ClNO_2$
RI: 1853 (calc.)

GC/MS
EI 70 eV
TSQ 700
QI: 907

m/z: 58

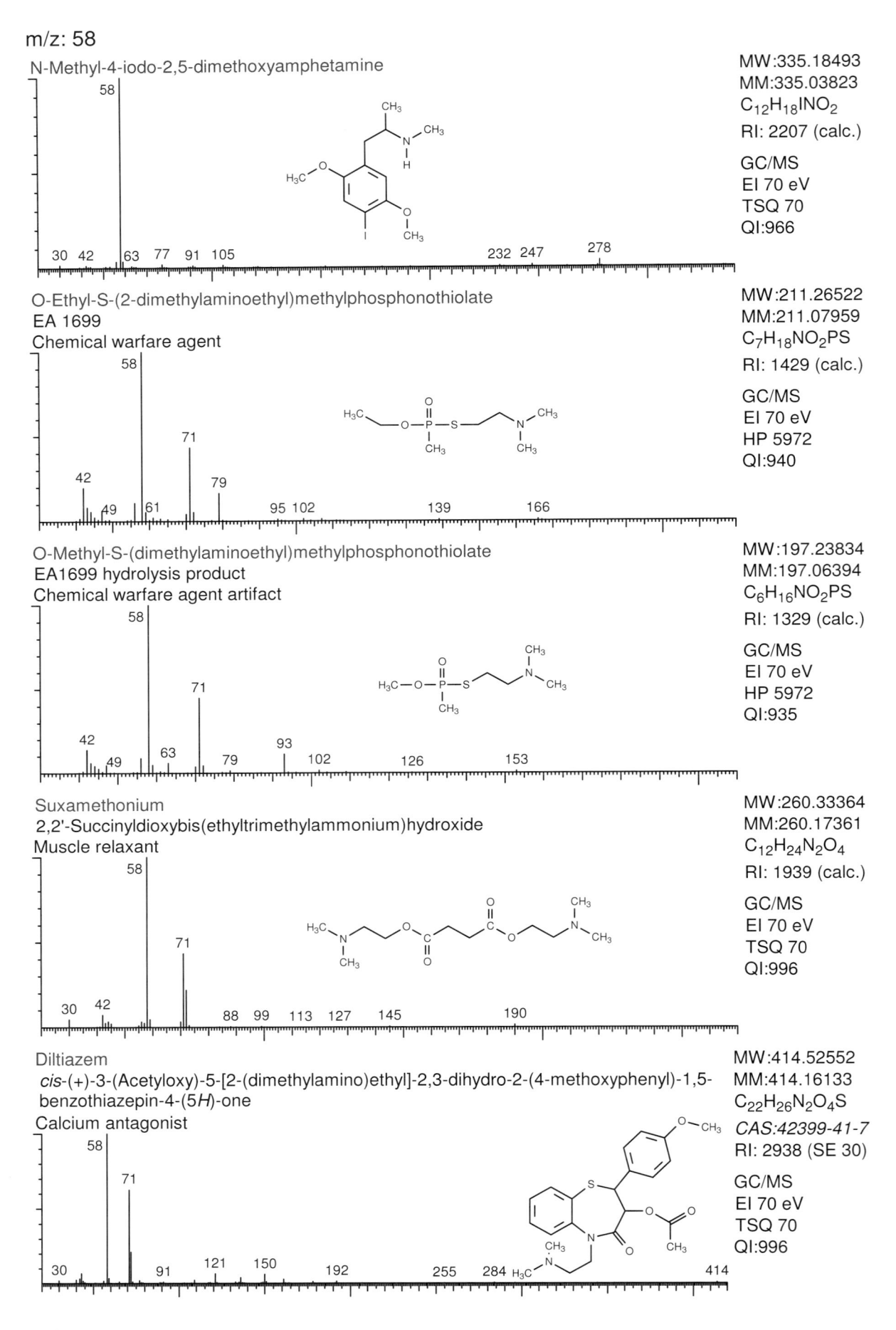

N-Methyl-4-iodo-2,5-dimethoxyamphetamine

MW: 335.18493
MM: 335.03823
$C_{12}H_{18}INO_2$
RI: 2207 (calc.)

GC/MS
EI 70 eV
TSQ 70
QI: 966

Peaks: 30, 42, 58, 63, 77, 91, 105, 232, 247, 278

O-Ethyl-S-(2-dimethylaminoethyl)methylphosphonothiolate
EA 1699
Chemical warfare agent

MW: 211.26522
MM: 211.07959
$C_7H_{18}NO_2PS$
RI: 1429 (calc.)

GC/MS
EI 70 eV
HP 5972
QI: 940

Peaks: 42, 49, 58, 61, 71, 79, 95, 102, 139, 166

O-Methyl-S-(dimethylaminoethyl)methylphosphonothiolate
EA1699 hydrolysis product
Chemical warfare agent artifact

MW: 197.23834
MM: 197.06394
$C_6H_{16}NO_2PS$
RI: 1329 (calc.)

GC/MS
EI 70 eV
HP 5972
QI: 935

Peaks: 42, 49, 58, 63, 71, 79, 93, 102, 126, 153

Suxamethonium
2,2'-Succinyldioxybis(ethyltrimethylammonium)hydroxide
Muscle relaxant

MW: 260.33364
MM: 260.17361
$C_{12}H_{24}N_2O_4$
RI: 1939 (calc.)

GC/MS
EI 70 eV
TSQ 70
QI: 996

Peaks: 30, 42, 58, 71, 88, 99, 113, 127, 145, 190

Diltiazem
cis-(+)-3-(Acetyloxy)-5-[2-(dimethylamino)ethyl]-2,3-dihydro-2-(4-methoxyphenyl)-1,5-benzothiazepin-4-(5H)-one
Calcium antagonist

MW: 414.52552
MM: 414.16133
$C_{22}H_{26}N_2O_4S$
CAS: 42399-41-7
RI: 2938 (SE 30)

GC/MS
EI 70 eV
TSQ 70
QI: 996

Peaks: 30, 58, 71, 91, 121, 150, 192, 255, 284, 414

m/z: 58

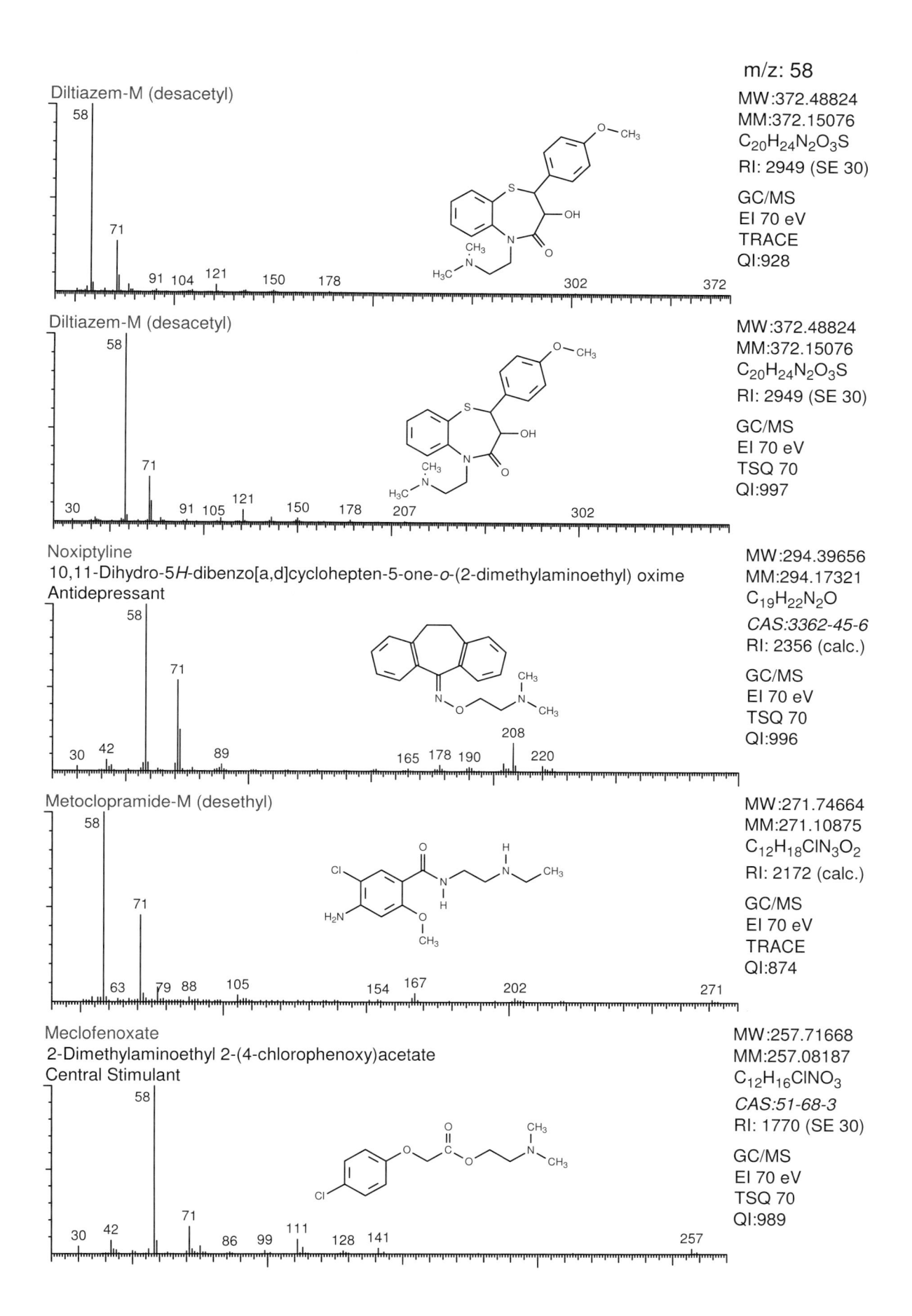

Diltiazem-M (desacetyl)

MW: 372.48824
MM: 372.15076
C$_{20}$H$_{24}$N$_2$O$_3$S
RI: 2949 (SE 30)

GC/MS
EI 70 eV
TRACE
QI: 928

Diltiazem-M (desacetyl)

MW: 372.48824
MM: 372.15076
C$_{20}$H$_{24}$N$_2$O$_3$S
RI: 2949 (SE 30)

GC/MS
EI 70 eV
TSQ 70
QI: 997

Noxiptyline
10,11-Dihydro-5H-dibenzo[a,d]cyclohepten-5-one-o-(2-dimethylaminoethyl) oxime
Antidepressant

MW: 294.39656
MM: 294.17321
C$_{19}$H$_{22}$N$_2$O
CAS: 3362-45-6
RI: 2356 (calc.)

GC/MS
EI 70 eV
TSQ 70
QI: 996

Metoclopramide-M (desethyl)

MW: 271.74664
MM: 271.10875
C$_{12}$H$_{18}$ClN$_3$O$_2$
RI: 2172 (calc.)

GC/MS
EI 70 eV
TRACE
QI: 874

Meclofenoxate
2-Dimethylaminoethyl 2-(4-chlorophenoxy)acetate
Central Stimulant

MW: 257.71668
MM: 257.08187
C$_{12}$H$_{16}$ClNO$_3$
CAS: 51-68-3
RI: 1770 (SE 30)

GC/MS
EI 70 eV
TSQ 70
QI: 989

m/z: 58

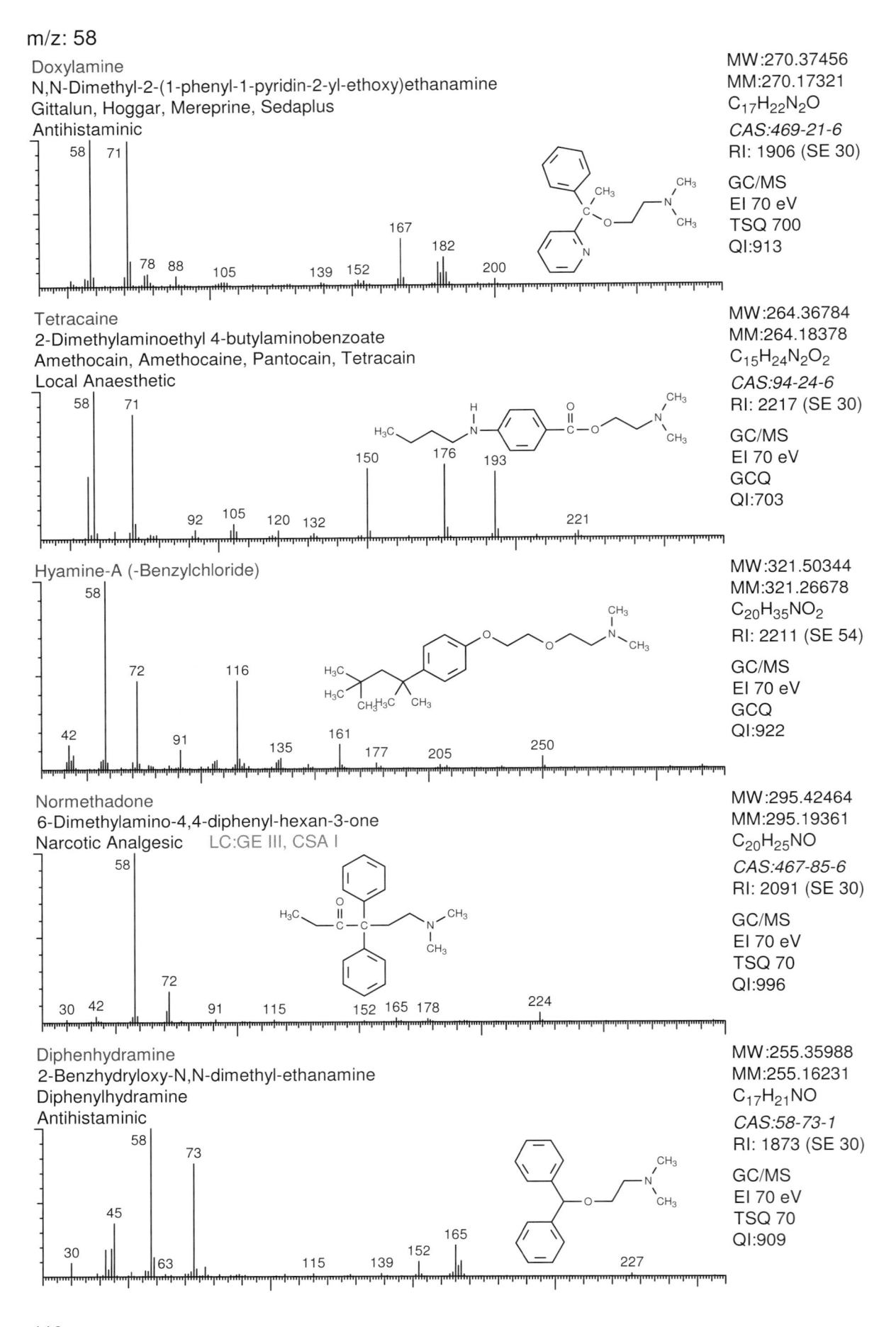

Doxylamine
N,N-Dimethyl-2-(1-phenyl-1-pyridin-2-yl-ethoxy)ethanamine
Gittalun, Hoggar, Mereprine, Sedaplus
Antihistaminic

MW:270.37456
MM:270.17321
$C_{17}H_{22}N_2O$
CAS:469-21-6
RI: 1906 (SE 30)

GC/MS
EI 70 eV
TSQ 700
QI:913

Peaks: 58, 71, 78, 88, 105, 139, 152, 167, 182, 200

Tetracaine
2-Dimethylaminoethyl 4-butylaminobenzoate
Amethocain, Amethocaine, Pantocain, Tetracain
Local Anaesthetic

MW:264.36784
MM:264.18378
$C_{15}H_{24}N_2O_2$
CAS:94-24-6
RI: 2217 (SE 30)

GC/MS
EI 70 eV
GCQ
QI:703

Peaks: 58, 71, 92, 105, 120, 132, 150, 176, 193, 221

Hyamine-A (-Benzylchloride)

MW:321.50344
MM:321.26678
$C_{20}H_{35}NO_2$
RI: 2211 (SE 54)

GC/MS
EI 70 eV
GCQ
QI:922

Peaks: 42, 58, 72, 91, 116, 135, 161, 177, 205, 250

Normethadone
6-Dimethylamino-4,4-diphenyl-hexan-3-one
Narcotic Analgesic   LC:GE III, CSA I

MW:295.42464
MM:295.19361
$C_{20}H_{25}NO$
CAS:467-85-6
RI: 2091 (SE 30)

GC/MS
EI 70 eV
TSQ 70
QI:996

Peaks: 30, 42, 58, 72, 91, 115, 152, 165, 178, 224

Diphenhydramine
2-Benzhydryloxy-N,N-dimethyl-ethanamine
Diphenylhydramine
Antihistaminic

MW:255.35988
MM:255.16231
$C_{17}H_{21}NO$
CAS:58-73-1
RI: 1873 (SE 30)

GC/MS
EI 70 eV
TSQ 70
QI:909

Peaks: 30, 45, 58, 63, 73, 115, 139, 152, 165, 227

m/z: 58

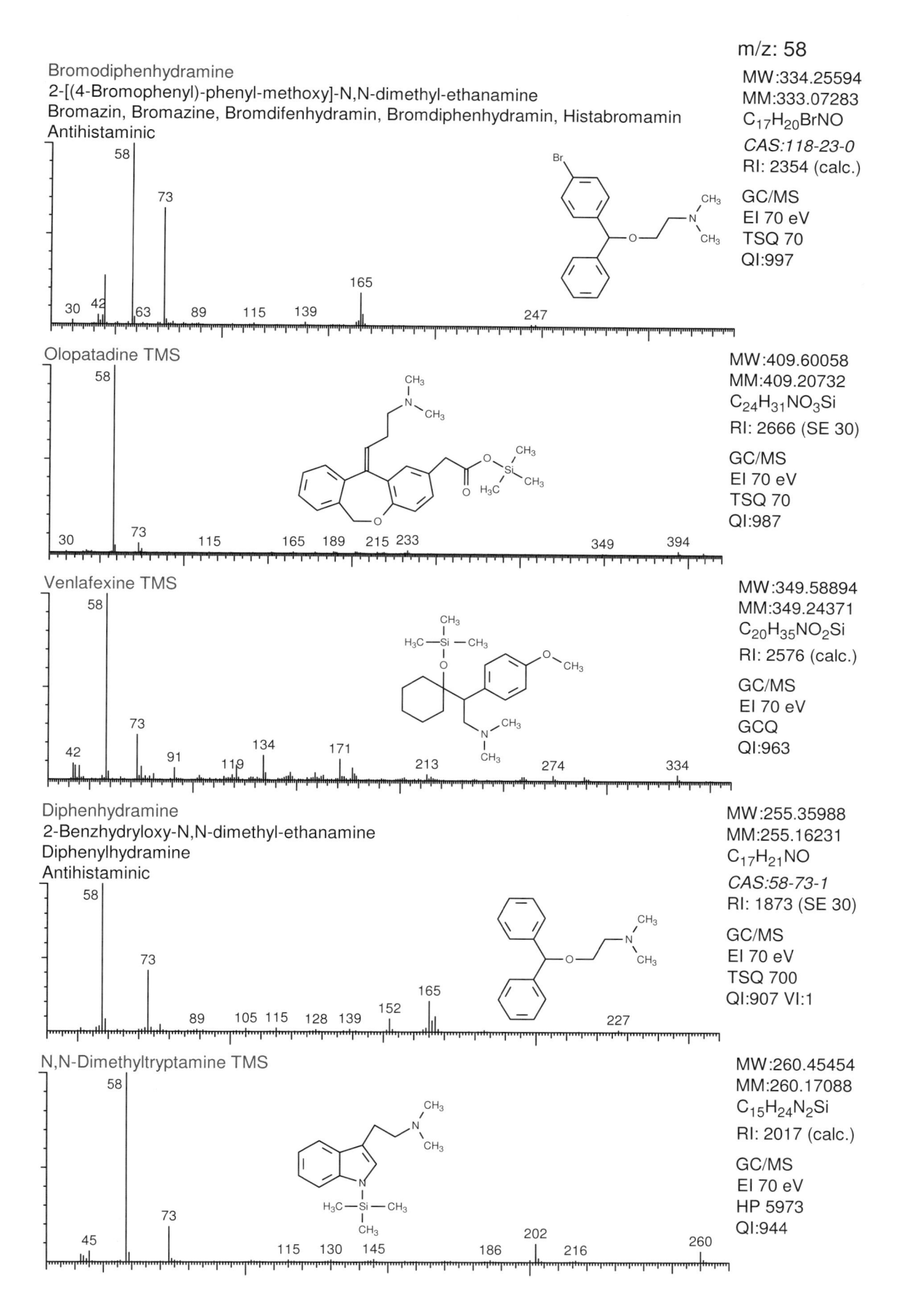

Bromodiphenhydramine
2-[(4-Bromophenyl)-phenyl-methoxy]-N,N-dimethyl-ethanamine
Bromazin, Bromazine, Bromdifenhydramin, Bromdiphenhydramin, Histabromamin
Antihistaminic

MW:334.25594
MM:333.07283
$C_{17}H_{20}BrNO$
CAS:118-23-0
RI: 2354 (calc.)

GC/MS
EI 70 eV
TSQ 70
QI:997

Peaks: 30, 42, 58, 63, 73, 89, 115, 139, 165, 247

Olopatadine TMS

MW:409.60058
MM:409.20732
$C_{24}H_{31}NO_3Si$
RI: 2666 (SE 30)

GC/MS
EI 70 eV
TSQ 70
QI:987

Peaks: 30, 58, 73, 115, 165, 189, 215, 233, 349, 394

Venlafexine TMS

MW:349.58894
MM:349.24371
$C_{20}H_{35}NO_2Si$
RI: 2576 (calc.)

GC/MS
EI 70 eV
GCQ
QI:963

Peaks: 42, 58, 73, 91, 119, 134, 171, 213, 274, 334

Diphenhydramine
2-Benzhydryloxy-N,N-dimethyl-ethanamine
Diphenylhydramine
Antihistaminic

MW:255.35988
MM:255.16231
$C_{17}H_{21}NO$
CAS:58-73-1
RI: 1873 (SE 30)

GC/MS
EI 70 eV
TSQ 700
QI:907 VI:1

Peaks: 58, 73, 89, 105, 115, 128, 139, 152, 165, 227

N,N-Dimethyltryptamine TMS

MW:260.45454
MM:260.17088
$C_{15}H_{24}N_2Si$
RI: 2017 (calc.)

GC/MS
EI 70 eV
HP 5973
QI:944

Peaks: 45, 58, 73, 115, 130, 145, 186, 202, 216, 260

m/z: 58

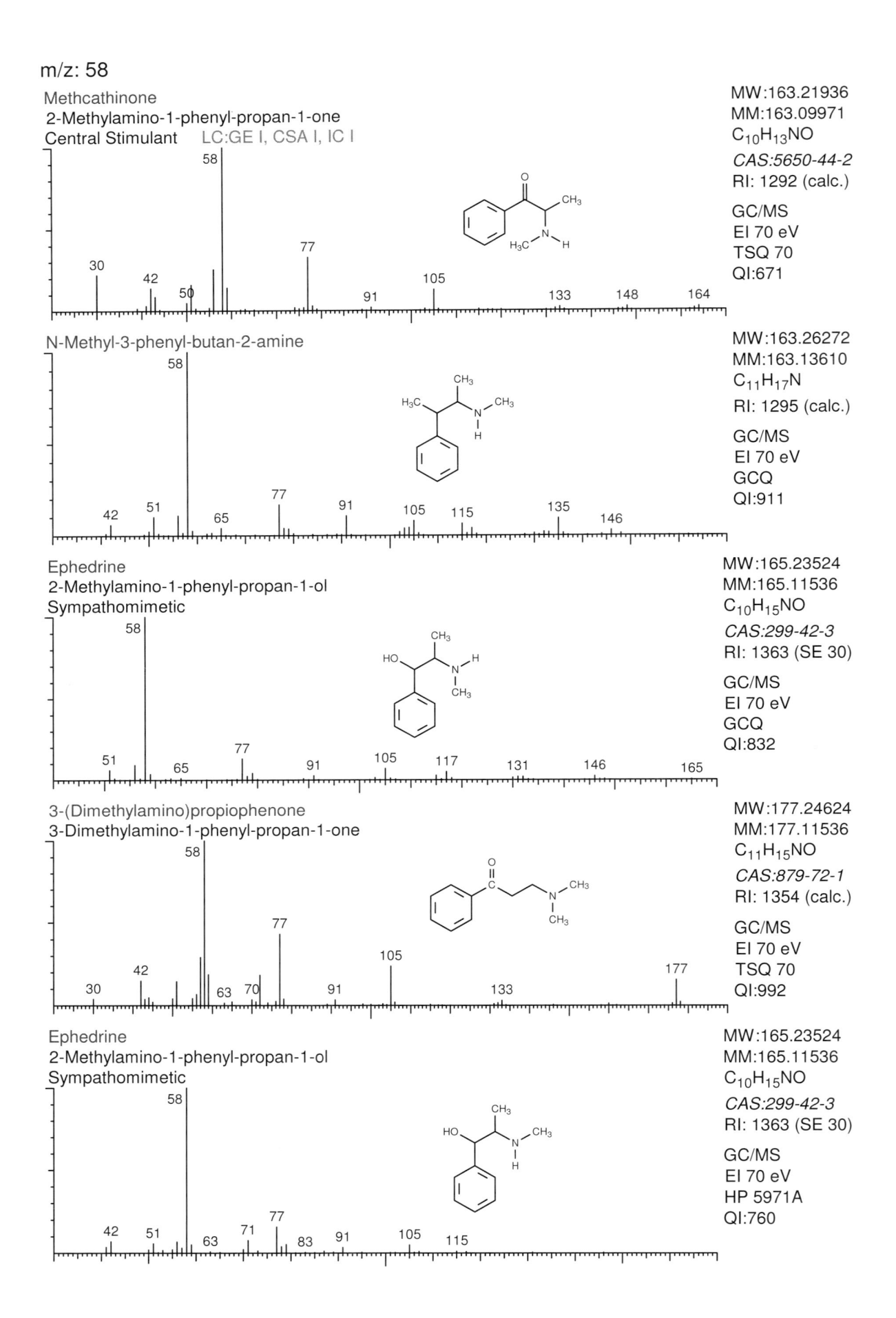

Methcathinone
2-Methylamino-1-phenyl-propan-1-one
Central Stimulant   LC:GE I, CSA I, IC I

Peaks: 30, 42, 50, 58, 77, 91, 105, 133, 148, 164

MW:163.21936
MM:163.09971
$C_{10}H_{13}NO$
CAS:5650-44-2
RI: 1292 (calc.)

GC/MS
EI 70 eV
TSQ 70
QI:671

N-Methyl-3-phenyl-butan-2-amine

Peaks: 42, 51, 58, 65, 77, 91, 105, 115, 135, 146

MW:163.26272
MM:163.13610
$C_{11}H_{17}N$
RI: 1295 (calc.)

GC/MS
EI 70 eV
GCQ
QI:911

Ephedrine
2-Methylamino-1-phenyl-propan-1-ol
Sympathomimetic

Peaks: 51, 58, 65, 77, 91, 105, 117, 131, 146, 165

MW:165.23524
MM:165.11536
$C_{10}H_{15}NO$
CAS:299-42-3
RI: 1363 (SE 30)

GC/MS
EI 70 eV
GCQ
QI:832

3-(Dimethylamino)propiophenone
3-Dimethylamino-1-phenyl-propan-1-one

Peaks: 30, 42, 58, 63, 70, 77, 91, 105, 133, 177

MW:177.24624
MM:177.11536
$C_{11}H_{15}NO$
CAS:879-72-1
RI: 1354 (calc.)

GC/MS
EI 70 eV
TSQ 70
QI:992

Ephedrine
2-Methylamino-1-phenyl-propan-1-ol
Sympathomimetic

Peaks: 42, 51, 58, 63, 71, 77, 83, 91, 105, 115

MW:165.23524
MM:165.11536
$C_{10}H_{15}NO$
CAS:299-42-3
RI: 1363 (SE 30)

GC/MS
EI 70 eV
HP 5971A
QI:760

m/z: 58

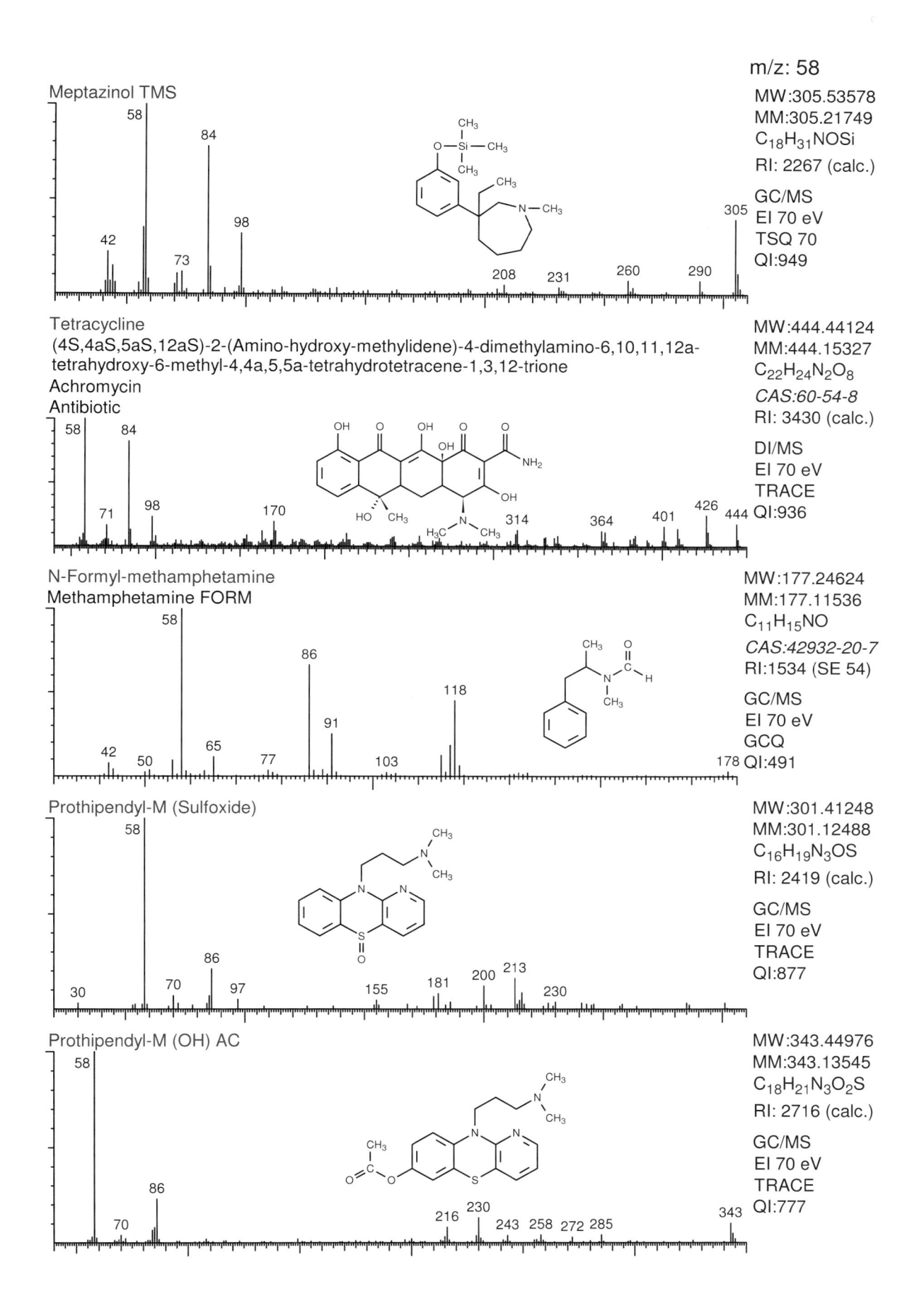

Meptazinol TMS

MW: 305.53578
MM: 305.21749
$C_{18}H_{31}NOSi$
RI: 2267 (calc.)

GC/MS
EI 70 eV
TSQ 70
QI: 949

Peaks: 42, 58, 73, 84, 98, 208, 231, 260, 290, 305

Tetracycline
(4S,4aS,5aS,12aS)-2-(Amino-hydroxy-methylidene)-4-dimethylamino-6,10,11,12a-tetrahydroxy-6-methyl-4,4a,5,5a-tetrahydrotetracene-1,3,12-trione
Achromycin
Antibiotic

MW: 444.44124
MM: 444.15327
$C_{22}H_{24}N_2O_8$
CAS: 60-54-8
RI: 3430 (calc.)

DI/MS
EI 70 eV
TRACE
QI: 936

Peaks: 58, 71, 84, 98, 170, 314, 364, 401, 426, 444

N-Formyl-methamphetamine
Methamphetamine FORM

MW: 177.24624
MM: 177.11536
$C_{11}H_{15}NO$
CAS: 42932-20-7
RI: 1534 (SE 54)

GC/MS
EI 70 eV
GCQ
QI: 491

Peaks: 42, 50, 58, 65, 77, 86, 91, 103, 118, 178

Prothipendyl-M (Sulfoxide)

MW: 301.41248
MM: 301.12488
$C_{16}H_{19}N_3OS$
RI: 2419 (calc.)

GC/MS
EI 70 eV
TRACE
QI: 877

Peaks: 30, 58, 70, 86, 97, 155, 181, 200, 213, 230

Prothipendyl-M (OH) AC

MW: 343.44976
MM: 343.13545
$C_{18}H_{21}N_3O_2S$
RI: 2716 (calc.)

GC/MS
EI 70 eV
TRACE
QI: 777

Peaks: 58, 70, 86, 216, 230, 243, 258, 272, 285, 343

m/z: 58

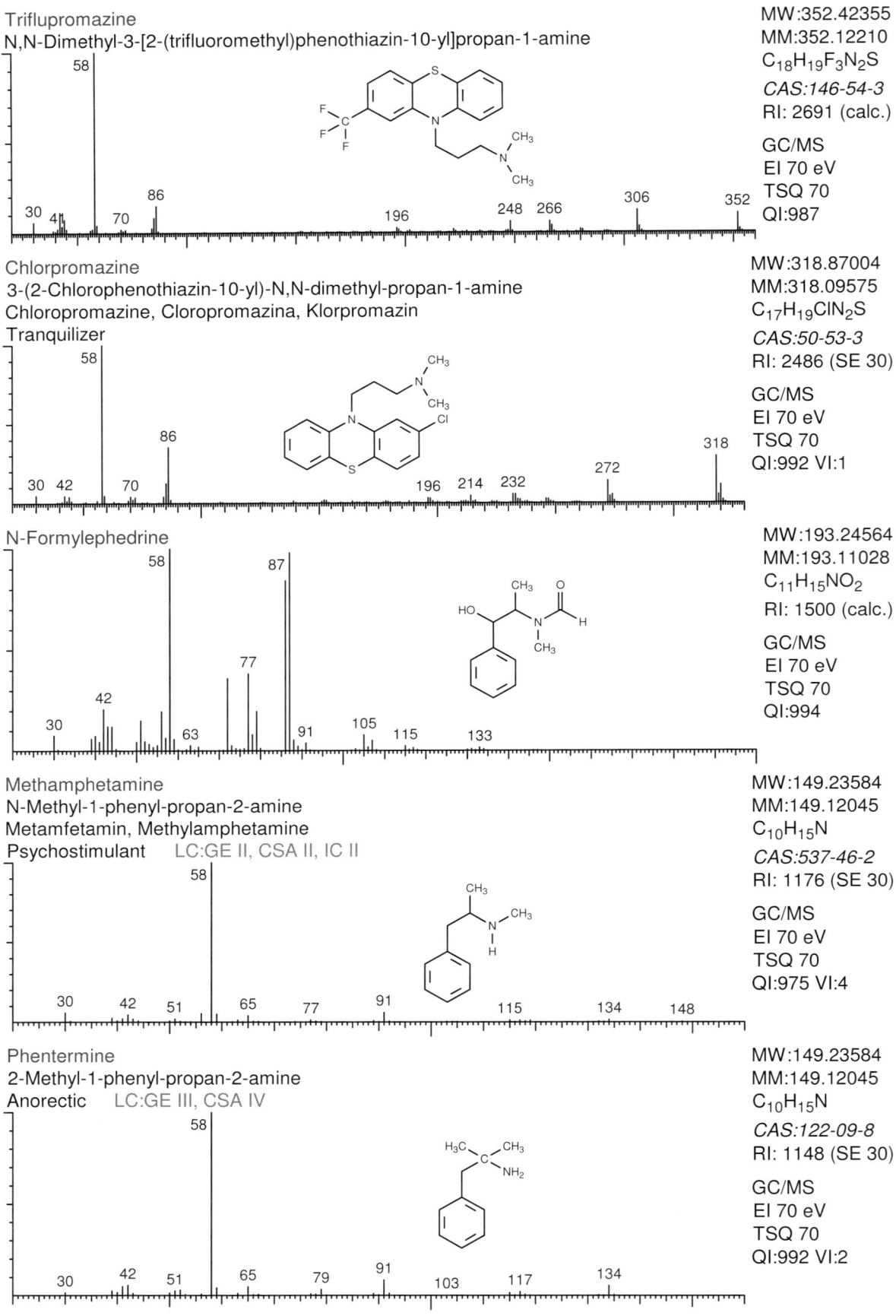

Triflupromazine
N,N-Dimethyl-3-[2-(trifluoromethyl)phenothiazin-10-yl]propan-1-amine

MW:352.42355
MM:352.12210
$C_{18}H_{19}F_3N_2S$
CAS:146-54-3
RI: 2691 (calc.)

GC/MS
EI 70 eV
TSQ 70
QI:987

Chlorpromazine
3-(2-Chlorophenothiazin-10-yl)-N,N-dimethyl-propan-1-amine
Chloropromazine, Cloropromazina, Klorpromazin
Tranquilizer

MW:318.87004
MM:318.09575
$C_{17}H_{19}ClN_2S$
CAS:50-53-3
RI: 2486 (SE 30)

GC/MS
EI 70 eV
TSQ 70
QI:992 VI:1

N-Formylephedrine

MW:193.24564
MM:193.11028
$C_{11}H_{15}NO_2$
RI: 1500 (calc.)

GC/MS
EI 70 eV
TSQ 70
QI:994

Methamphetamine
N-Methyl-1-phenyl-propan-2-amine
Metamfetamin, Methylamphetamine
Psychostimulant   LC:GE II, CSA II, IC II

MW:149.23584
MM:149.12045
$C_{10}H_{15}N$
CAS:537-46-2
RI: 1176 (SE 30)

GC/MS
EI 70 eV
TSQ 70
QI:975 VI:4

Phentermine
2-Methyl-1-phenyl-propan-2-amine
Anorectic   LC:GE III, CSA IV

MW:149.23584
MM:149.12045
$C_{10}H_{15}N$
CAS:122-09-8
RI: 1148 (SE 30)

GC/MS
EI 70 eV
TSQ 70
QI:992 VI:2

N-Methyl-2-methoxyamphetamine
Hallucinogen

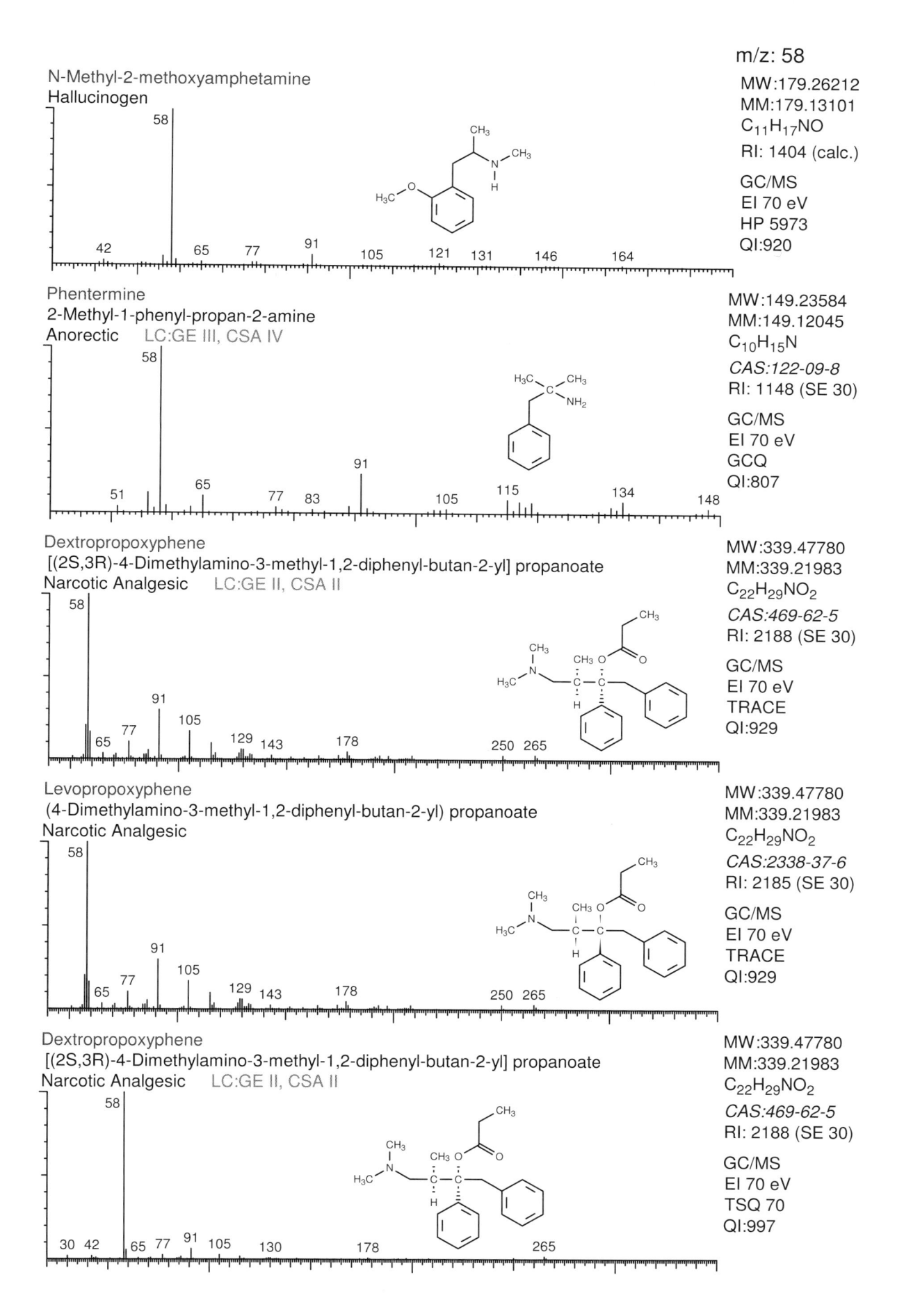

m/z: 58
MW:179.26212
MM:179.13101
$C_{11}H_{17}NO$
RI: 1404 (calc.)

GC/MS
EI 70 eV
HP 5973
QI:920

Phentermine
2-Methyl-1-phenyl-propan-2-amine
Anorectic   LC:GE III, CSA IV

MW:149.23584
MM:149.12045
$C_{10}H_{15}N$
CAS:122-09-8
RI: 1148 (SE 30)

GC/MS
EI 70 eV
GCQ
QI:807

Dextropropoxyphene
[(2S,3R)-4-Dimethylamino-3-methyl-1,2-diphenyl-butan-2-yl] propanoate
Narcotic Analgesic   LC:GE II, CSA II

MW:339.47780
MM:339.21983
$C_{22}H_{29}NO_2$
CAS:469-62-5
RI: 2188 (SE 30)

GC/MS
EI 70 eV
TRACE
QI:929

Levopropoxyphene
(4-Dimethylamino-3-methyl-1,2-diphenyl-butan-2-yl) propanoate
Narcotic Analgesic

MW:339.47780
MM:339.21983
$C_{22}H_{29}NO_2$
CAS:2338-37-6
RI: 2185 (SE 30)

GC/MS
EI 70 eV
TRACE
QI:929

Dextropropoxyphene
[(2S,3R)-4-Dimethylamino-3-methyl-1,2-diphenyl-butan-2-yl] propanoate
Narcotic Analgesic   LC:GE II, CSA II

MW:339.47780
MM:339.21983
$C_{22}H_{29}NO_2$
CAS:469-62-5
RI: 2188 (SE 30)

GC/MS
EI 70 eV
TSQ 70
QI:997

m/z: 58

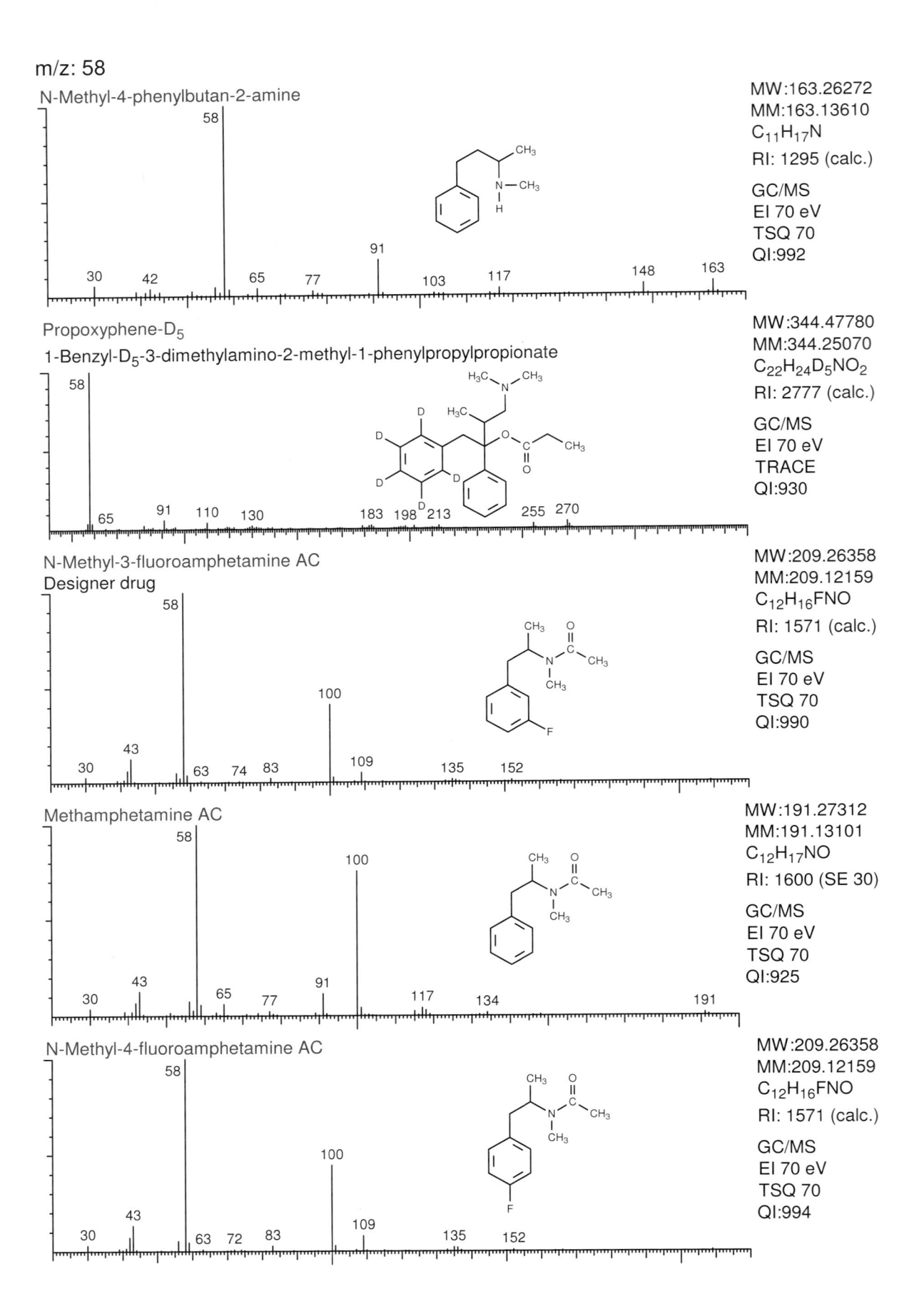

N-Methyl-4-phenylbutan-2-amine

MW: 163.26272
MM: 163.13610
$C_{11}H_{17}N$
RI: 1295 (calc.)

GC/MS
EI 70 eV
TSQ 70
QI: 992

Propoxyphene-D$_5$
1-Benzyl-D$_5$-3-dimethylamino-2-methyl-1-phenylpropylpropionate

MW: 344.47780
MM: 344.25070
$C_{22}H_{24}D_5NO_2$
RI: 2777 (calc.)

GC/MS
EI 70 eV
TRACE
QI: 930

N-Methyl-3-fluoroamphetamine AC
Designer drug

MW: 209.26358
MM: 209.12159
$C_{12}H_{16}FNO$
RI: 1571 (calc.)

GC/MS
EI 70 eV
TSQ 70
QI: 990

Methamphetamine AC

MW: 191.27312
MM: 191.13101
$C_{12}H_{17}NO$
RI: 1600 (SE 30)

GC/MS
EI 70 eV
TSQ 70
QI: 925

N-Methyl-4-fluoroamphetamine AC

MW: 209.26358
MM: 209.12159
$C_{12}H_{16}FNO$
RI: 1571 (calc.)

GC/MS
EI 70 eV
TSQ 70
QI: 994

N-Methyl-2-fluoroamphetamine AC
Designer drug

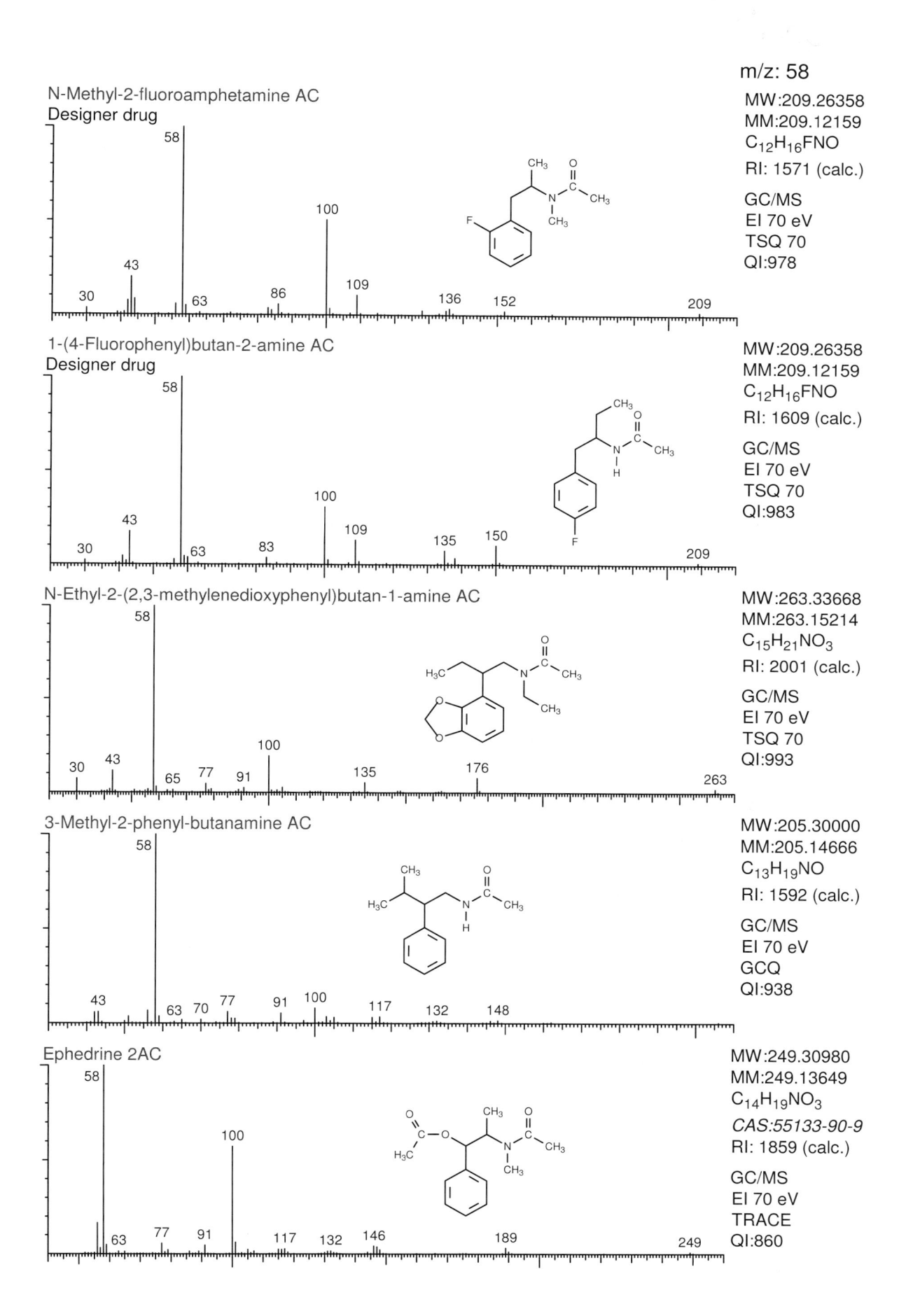

m/z: 58
MW: 209.26358
MM: 209.12159
$C_{12}H_{16}FNO$
RI: 1571 (calc.)

GC/MS
EI 70 eV
TSQ 70
QI: 978

1-(4-Fluorophenyl)butan-2-amine AC
Designer drug

MW: 209.26358
MM: 209.12159
$C_{12}H_{16}FNO$
RI: 1609 (calc.)

GC/MS
EI 70 eV
TSQ 70
QI: 983

N-Ethyl-2-(2,3-methylenedioxyphenyl)butan-1-amine AC

MW: 263.33668
MM: 263.15214
$C_{15}H_{21}NO_3$
RI: 2001 (calc.)

GC/MS
EI 70 eV
TSQ 70
QI: 993

3-Methyl-2-phenyl-butanamine AC

MW: 205.30000
MM: 205.14666
$C_{13}H_{19}NO$
RI: 1592 (calc.)

GC/MS
EI 70 eV
GCQ
QI: 938

Ephedrine 2AC

MW: 249.30980
MM: 249.13649
$C_{14}H_{19}NO_3$
CAS: 55133-90-9
RI: 1859 (calc.)

GC/MS
EI 70 eV
TRACE
QI: 860

m/z: 58

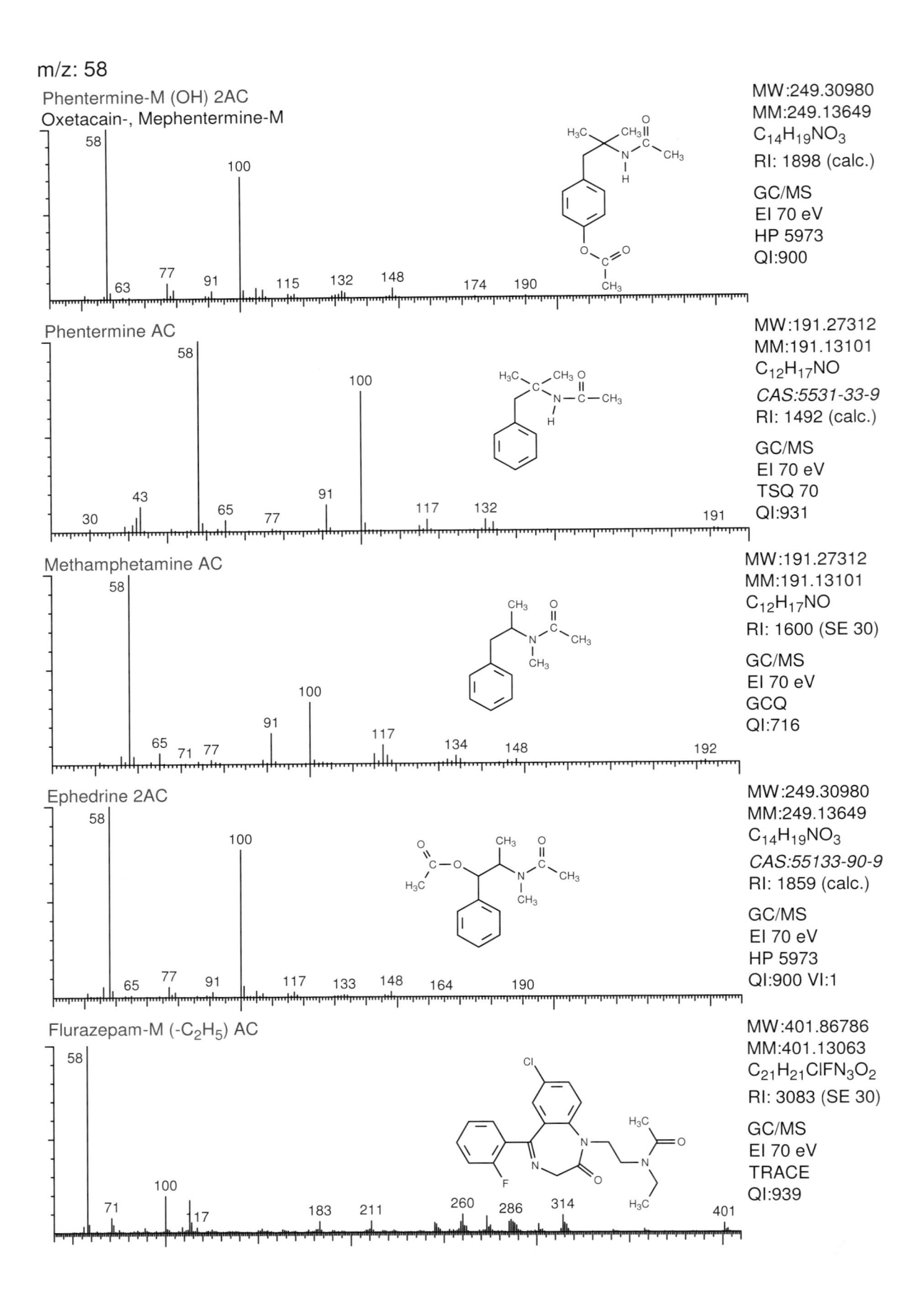

Phentermine-M (OH) 2AC
Oxetacain-, Mephentermine-M

MW:249.30980
MM:249.13649
$C_{14}H_{19}NO_3$
RI: 1898 (calc.)

GC/MS
EI 70 eV
HP 5973
QI:900

Phentermine AC

MW:191.27312
MM:191.13101
$C_{12}H_{17}NO$
CAS:5531-33-9
RI: 1492 (calc.)

GC/MS
EI 70 eV
TSQ 70
QI:931

Methamphetamine AC

MW:191.27312
MM:191.13101
$C_{12}H_{17}NO$
RI: 1600 (SE 30)

GC/MS
EI 70 eV
GCQ
QI:716

Ephedrine 2AC

MW:249.30980
MM:249.13649
$C_{14}H_{19}NO_3$
CAS:55133-90-9
RI: 1859 (calc.)

GC/MS
EI 70 eV
HP 5973
QI:900 VI:1

Flurazepam-M (-C_2H_5) AC

MW:401.86786
MM:401.13063
$C_{21}H_{21}ClFN_3O_2$
RI: 3083 (SE 30)

GC/MS
EI 70 eV
TRACE
QI:939

N-Methyl-3-methoxyamphetamine AC

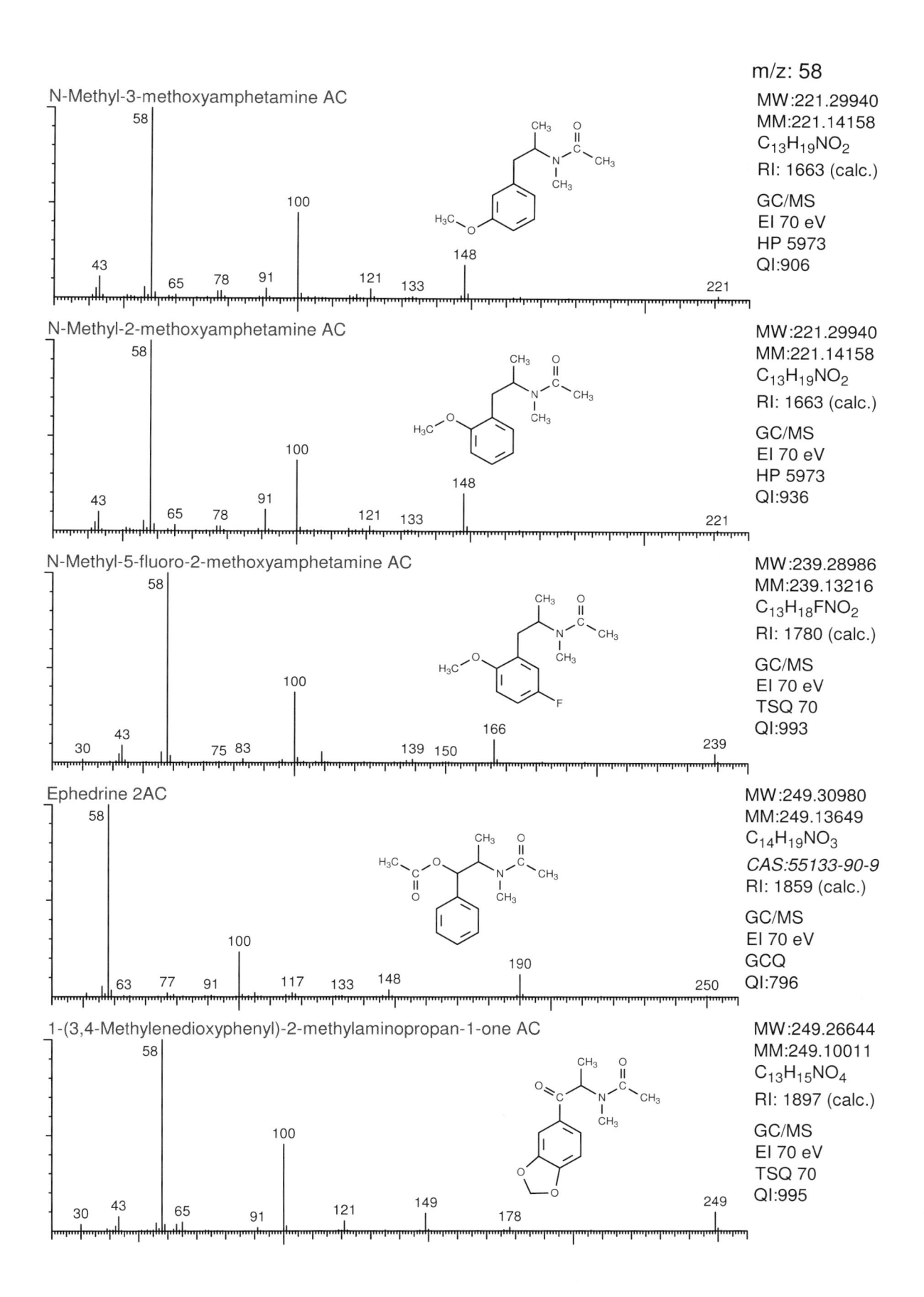

Peaks: 43, 58, 65, 78, 91, 100, 121, 133, 148, 221

MW: 221.29940
MM: 221.14158
$C_{13}H_{19}NO_2$
RI: 1663 (calc.)

GC/MS
EI 70 eV
HP 5973
QI: 906

N-Methyl-2-methoxyamphetamine AC

Peaks: 43, 58, 65, 78, 91, 100, 121, 133, 148, 221

MW: 221.29940
MM: 221.14158
$C_{13}H_{19}NO_2$
RI: 1663 (calc.)

GC/MS
EI 70 eV
HP 5973
QI: 936

N-Methyl-5-fluoro-2-methoxyamphetamine AC

Peaks: 30, 43, 58, 75, 83, 100, 139, 150, 166, 239

MW: 239.28986
MM: 239.13216
$C_{13}H_{18}FNO_2$
RI: 1780 (calc.)

GC/MS
EI 70 eV
TSQ 70
QI: 993

Ephedrine 2AC

Peaks: 58, 63, 77, 91, 100, 117, 133, 148, 190, 250

MW: 249.30980
MM: 249.13649
$C_{14}H_{19}NO_3$
CAS: 55133-90-9
RI: 1859 (calc.)

GC/MS
EI 70 eV
GCQ
QI: 796

1-(3,4-Methylenedioxyphenyl)-2-methylaminopropan-1-one AC

Peaks: 30, 43, 58, 65, 91, 100, 121, 149, 178, 249

MW: 249.26644
MM: 249.10011
$C_{13}H_{15}NO_4$
RI: 1897 (calc.)

GC/MS
EI 70 eV
TSQ 70
QI: 995

m/z: 58

m/z: 58

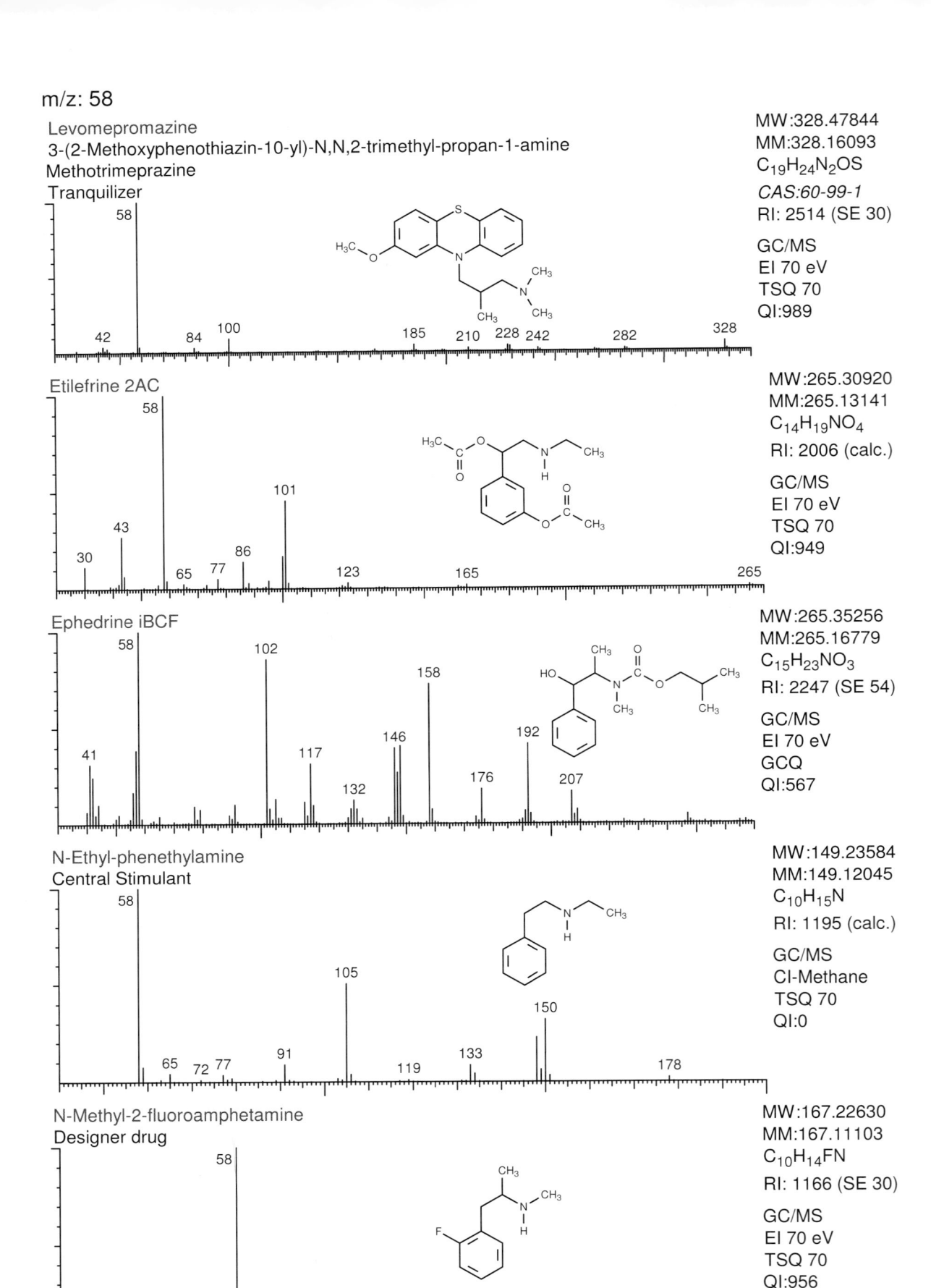

Levomepromazine
3-(2-Methoxyphenothiazin-10-yl)-N,N,2-trimethyl-propan-1-amine
Methotrimeprazine
Tranquilizer

MW: 328.47844
MM: 328.16093
$C_{19}H_{24}N_2OS$
CAS: 60-99-1
RI: 2514 (SE 30)

GC/MS
EI 70 eV
TSQ 70
QI: 989

Etilefrine 2AC

MW: 265.30920
MM: 265.13141
$C_{14}H_{19}NO_4$
RI: 2006 (calc.)

GC/MS
EI 70 eV
TSQ 70
QI: 949

Ephedrine iBCF

MW: 265.35256
MM: 265.16779
$C_{15}H_{23}NO_3$
RI: 2247 (SE 54)

GC/MS
EI 70 eV
GCQ
QI: 567

N-Ethyl-phenethylamine
Central Stimulant

MW: 149.23584
MM: 149.12045
$C_{10}H_{15}N$
RI: 1195 (calc.)

GC/MS
CI-Methane
TSQ 70
QI: 0

N-Methyl-2-fluoroamphetamine
Designer drug

MW: 167.22630
MM: 167.11103
$C_{10}H_{14}FN$
RI: 1166 (SE 30)

GC/MS
EI 70 eV
TSQ 70
QI: 956

m/z: 58

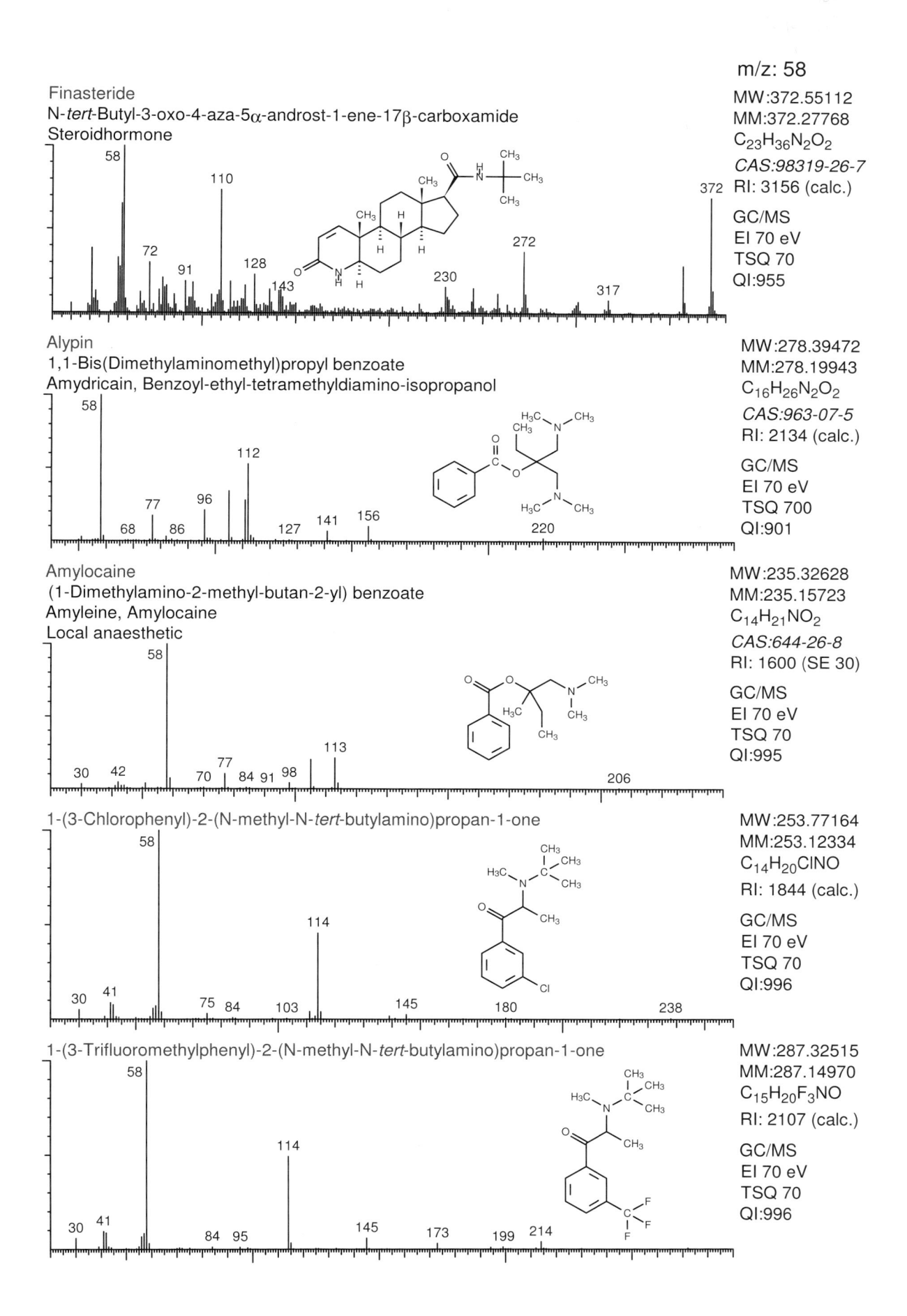

Finasteride
N-*tert*-Butyl-3-oxo-4-aza-5α-androst-1-ene-17β-carboxamide
Steroidhormone

MW: 372.55112
MM: 372.27768
$C_{23}H_{36}N_2O_2$
CAS: 98319-26-7
RI: 3156 (calc.)

GC/MS
EI 70 eV
TSQ 70
QI: 955

Peaks: 58, 72, 91, 110, 128, 143, 230, 272, 317, 372

Alypin
1,1-Bis(Dimethylaminomethyl)propyl benzoate
Amydricain, Benzoyl-ethyl-tetramethyldiamino-isopropanol

MW: 278.39472
MM: 278.19943
$C_{16}H_{26}N_2O_2$
CAS: 963-07-5
RI: 2134 (calc.)

GC/MS
EI 70 eV
TSQ 700
QI: 901

Peaks: 58, 68, 77, 86, 96, 112, 127, 141, 156, 220

Amylocaine
(1-Dimethylamino-2-methyl-butan-2-yl) benzoate
Amyleine, Amylocaine
Local anaesthetic

MW: 235.32628
MM: 235.15723
$C_{14}H_{21}NO_2$
CAS: 644-26-8
RI: 1600 (SE 30)

GC/MS
EI 70 eV
TSQ 70
QI: 995

Peaks: 30, 42, 58, 70, 77, 84, 91, 98, 113, 206

1-(3-Chlorophenyl)-2-(N-methyl-N-*tert*-butylamino)propan-1-one

MW: 253.77164
MM: 253.12334
$C_{14}H_{20}ClNO$
RI: 1844 (calc.)

GC/MS
EI 70 eV
TSQ 70
QI: 996

Peaks: 30, 41, 58, 75, 84, 103, 114, 145, 180, 238

1-(3-Trifluoromethylphenyl)-2-(N-methyl-N-*tert*-butylamino)propan-1-one

MW: 287.32515
MM: 287.14970
$C_{15}H_{20}F_3NO$
RI: 2107 (calc.)

GC/MS
EI 70 eV
TSQ 70
QI: 996

Peaks: 30, 41, 58, 84, 95, 114, 145, 173, 199, 214

m/z: 58

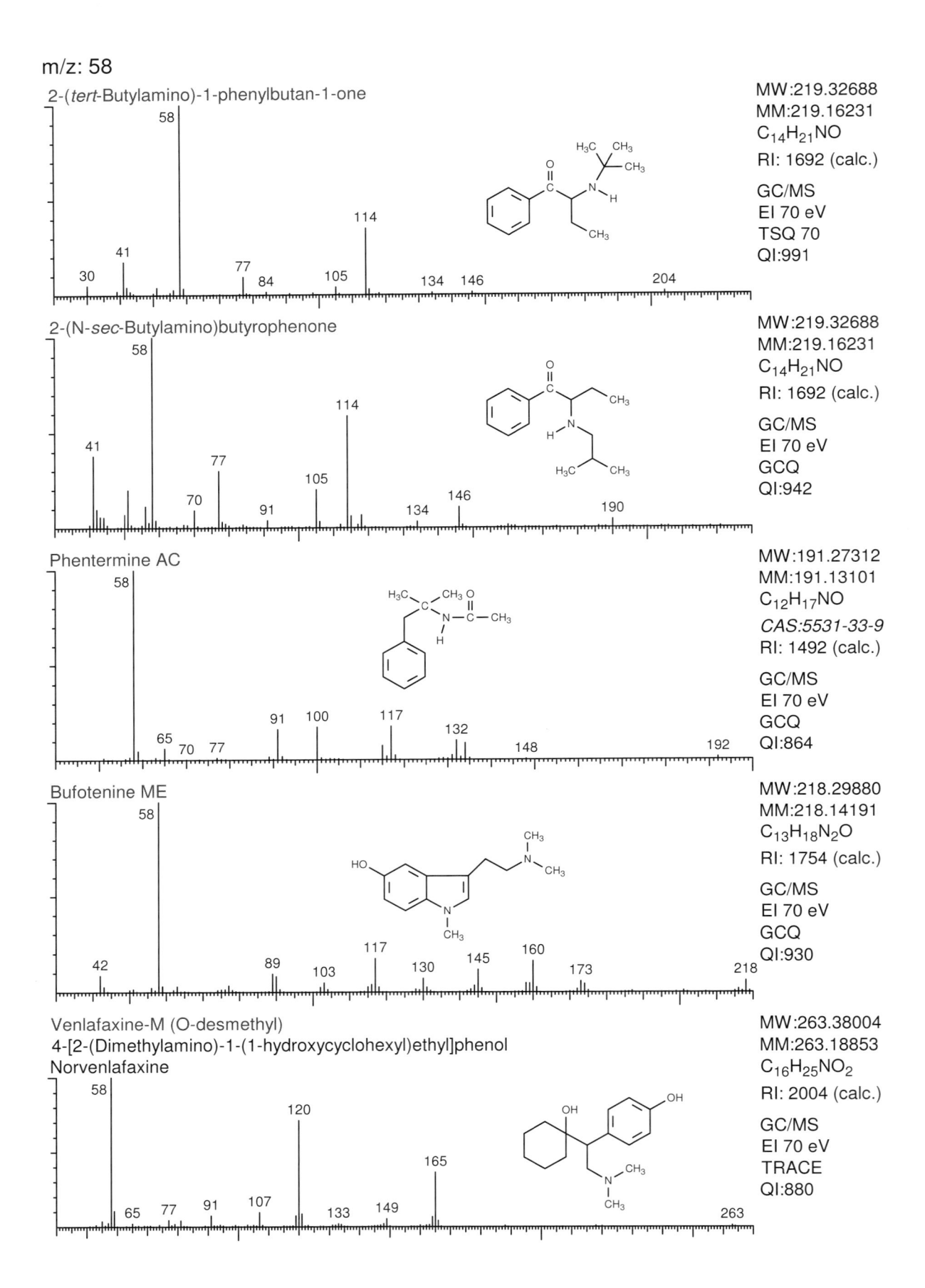

2-(tert-Butylamino)-1-phenylbutan-1-one

MW:219.32688
MM:219.16231
C$_{14}$H$_{21}$NO
RI: 1692 (calc.)

GC/MS
EI 70 eV
TSQ 70
QI:991

Peaks: 30, 41, 58, 77, 84, 105, 114, 134, 146, 204

2-(N-sec-Butylamino)butyrophenone

MW:219.32688
MM:219.16231
C$_{14}$H$_{21}$NO
RI: 1692 (calc.)

GC/MS
EI 70 eV
GCQ
QI:942

Peaks: 41, 58, 70, 77, 91, 105, 114, 134, 146, 190

Phentermine AC

MW:191.27312
MM:191.13101
C$_{12}$H$_{17}$NO
CAS:5531-33-9
RI: 1492 (calc.)

GC/MS
EI 70 eV
GCQ
QI:864

Peaks: 58, 65, 70, 77, 91, 100, 117, 132, 148, 192

Bufotenine ME

MW:218.29880
MM:218.14191
C$_{13}$H$_{18}$N$_2$O
RI: 1754 (calc.)

GC/MS
EI 70 eV
GCQ
QI:930

Peaks: 42, 58, 89, 103, 117, 130, 145, 160, 173, 218

Venlafaxine-M (O-desmethyl)
4-[2-(Dimethylamino)-1-(1-hydroxycyclohexyl)ethyl]phenol
Norvenlafaxine

MW:263.38004
MM:263.18853
C$_{16}$H$_{25}$NO$_2$
RI: 2004 (calc.)

GC/MS
EI 70 eV
TRACE
QI:880

Peaks: 58, 65, 77, 91, 107, 120, 133, 149, 165, 263

m/z: 58

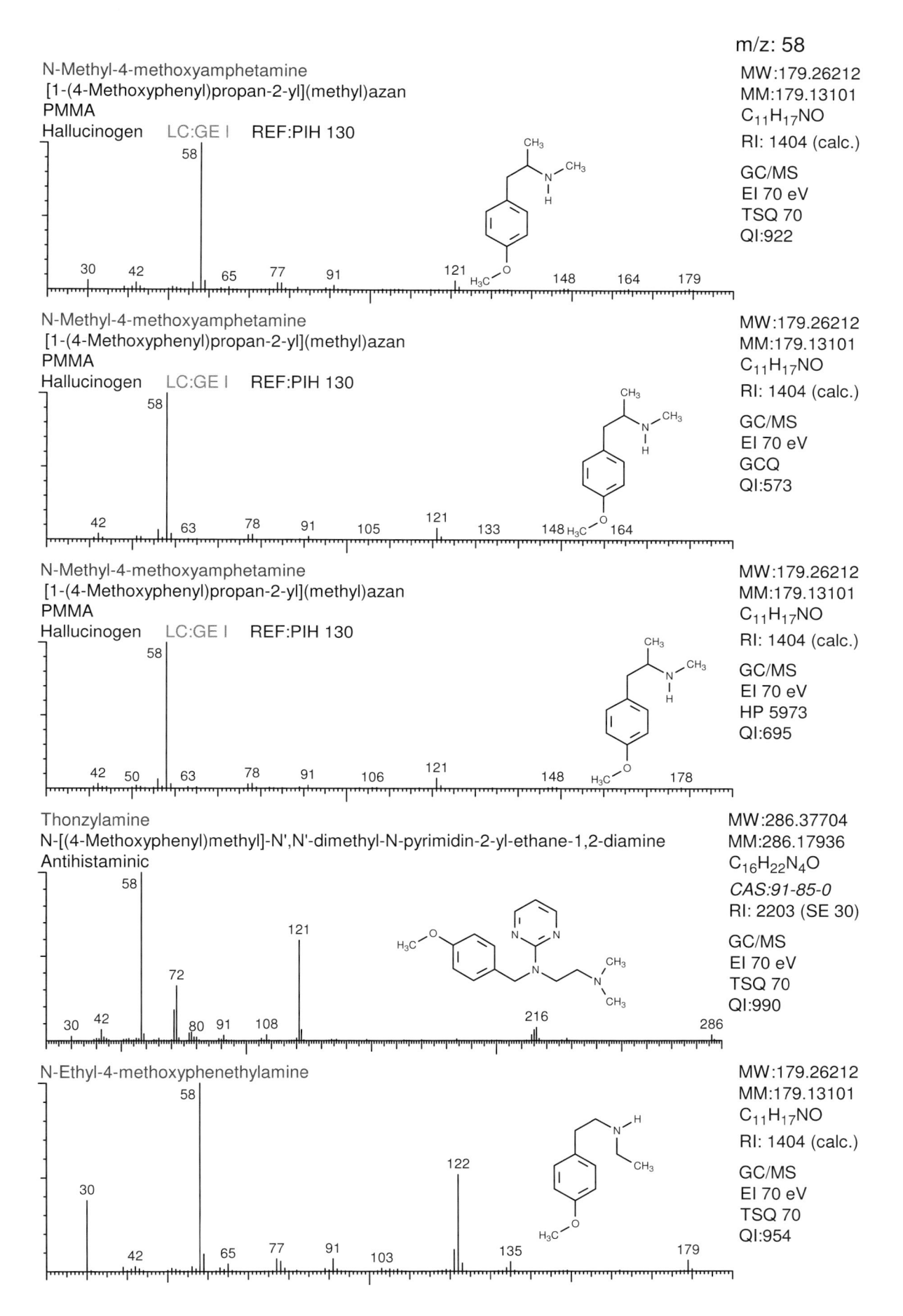

N-Methyl-4-methoxyamphetamine
[1-(4-Methoxyphenyl)propan-2-yl](methyl)azan
PMMA
Hallucinogen   LC:GE I   REF:PIH 130

MW:179.26212
MM:179.13101
$C_{11}H_{17}NO$
RI: 1404 (calc.)

GC/MS
EI 70 eV
TSQ 70
QI:922

N-Methyl-4-methoxyamphetamine
[1-(4-Methoxyphenyl)propan-2-yl](methyl)azan
PMMA
Hallucinogen   LC:GE I   REF:PIH 130

MW:179.26212
MM:179.13101
$C_{11}H_{17}NO$
RI: 1404 (calc.)

GC/MS
EI 70 eV
GCQ
QI:573

N-Methyl-4-methoxyamphetamine
[1-(4-Methoxyphenyl)propan-2-yl](methyl)azan
PMMA
Hallucinogen   LC:GE I   REF:PIH 130

MW:179.26212
MM:179.13101
$C_{11}H_{17}NO$
RI: 1404 (calc.)

GC/MS
EI 70 eV
HP 5973
QI:695

Thonzylamine
N-[(4-Methoxyphenyl)methyl]-N',N'-dimethyl-N-pyrimidin-2-yl-ethane-1,2-diamine
Antihistaminic

MW:286.37704
MM:286.17936
$C_{16}H_{22}N_4O$
CAS:91-85-0
RI: 2203 (SE 30)

GC/MS
EI 70 eV
TSQ 70
QI:990

N-Ethyl-4-methoxyphenethylamine

MW:179.26212
MM:179.13101
$C_{11}H_{17}NO$
RI: 1404 (calc.)

GC/MS
EI 70 eV
TSQ 70
QI:954

m/z: 58

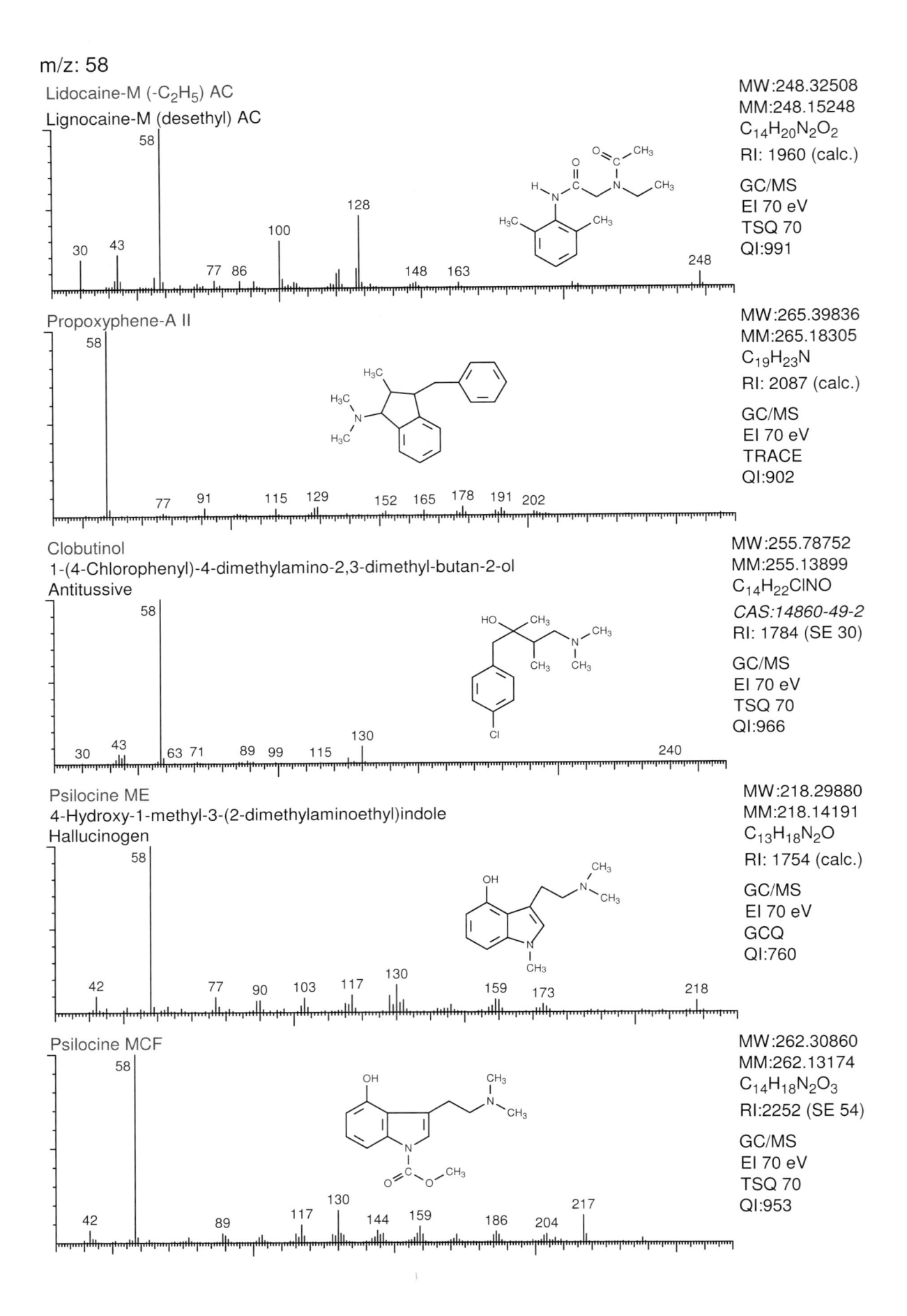

Lidocaine-M (-C$_2$H$_5$) AC
Lignocaine-M (desethyl) AC

MW:248.32508
MM:248.15248
C$_{14}$H$_{20}$N$_2$O$_2$
RI: 1960 (calc.)

GC/MS
EI 70 eV
TSQ 70
QI:991

Propoxyphene-A II

MW:265.39836
MM:265.18305
C$_{19}$H$_{23}$N
RI: 2087 (calc.)

GC/MS
EI 70 eV
TRACE
QI:902

Clobutinol
1-(4-Chlorophenyl)-4-dimethylamino-2,3-dimethyl-butan-2-ol
Antitussive

MW:255.78752
MM:255.13899
C$_{14}$H$_{22}$ClNO
CAS:14860-49-2
RI: 1784 (SE 30)

GC/MS
EI 70 eV
TSQ 70
QI:966

Psilocine ME
4-Hydroxy-1-methyl-3-(2-dimethylaminoethyl)indole
Hallucinogen

MW:218.29880
MM:218.14191
C$_{13}$H$_{18}$N$_2$O
RI: 1754 (calc.)

GC/MS
EI 70 eV
GCQ
QI:760

Psilocine MCF

MW:262.30860
MM:262.13174
C$_{14}$H$_{18}$N$_2$O$_3$
RI:2252 (SE 54)

GC/MS
EI 70 eV
TSQ 70
QI:953

m/z: 58

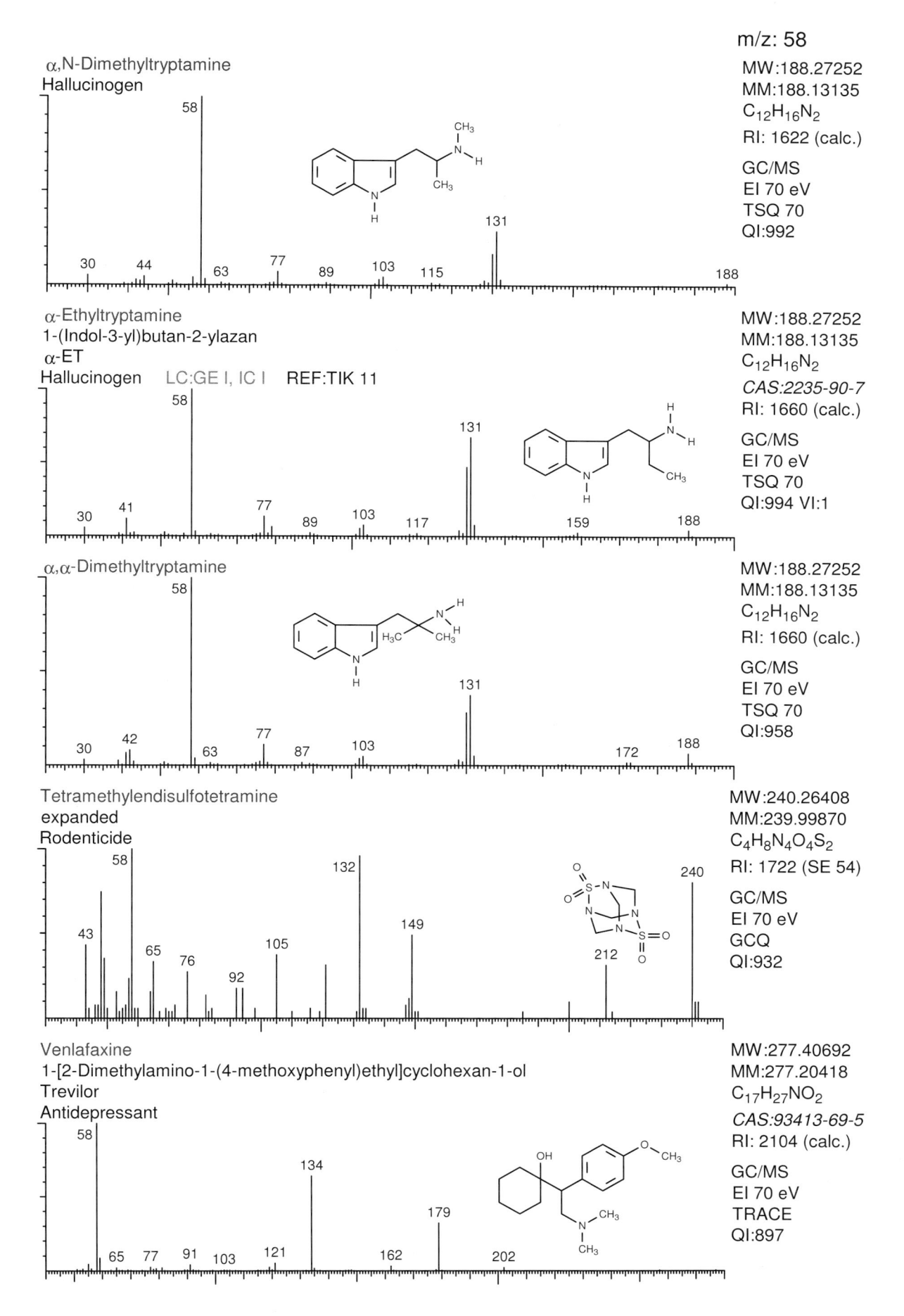

α,N-Dimethyltryptamine
Hallucinogen

MW: 188.27252
MM: 188.13135
$C_{12}H_{16}N_2$
RI: 1622 (calc.)

GC/MS
EI 70 eV
TSQ 70
QI: 992

α-Ethyltryptamine
1-(Indol-3-yl)butan-2-ylazan
α-ET
Hallucinogen   LC:GE I, IC I   REF:TIK 11

MW: 188.27252
MM: 188.13135
$C_{12}H_{16}N_2$
CAS: 2235-90-7
RI: 1660 (calc.)

GC/MS
EI 70 eV
TSQ 70
QI: 994 VI:1

α,α-Dimethyltryptamine

MW: 188.27252
MM: 188.13135
$C_{12}H_{16}N_2$
RI: 1660 (calc.)

GC/MS
EI 70 eV
TSQ 70
QI: 958

Tetramethylendisulfotetramine
expanded
Rodenticide

MW: 240.26408
MM: 239.99870
$C_4H_8N_4O_4S_2$
RI: 1722 (SE 54)

GC/MS
EI 70 eV
GCQ
QI: 932

Venlafaxine
1-[2-Dimethylamino-1-(4-methoxyphenyl)ethyl]cyclohexan-1-ol
Trevilor
Antidepressant

MW: 277.40692
MM: 277.20418
$C_{17}H_{27}NO_2$
CAS: 93413-69-5
RI: 2104 (calc.)

GC/MS
EI 70 eV
TRACE
QI: 897

m/z: 58

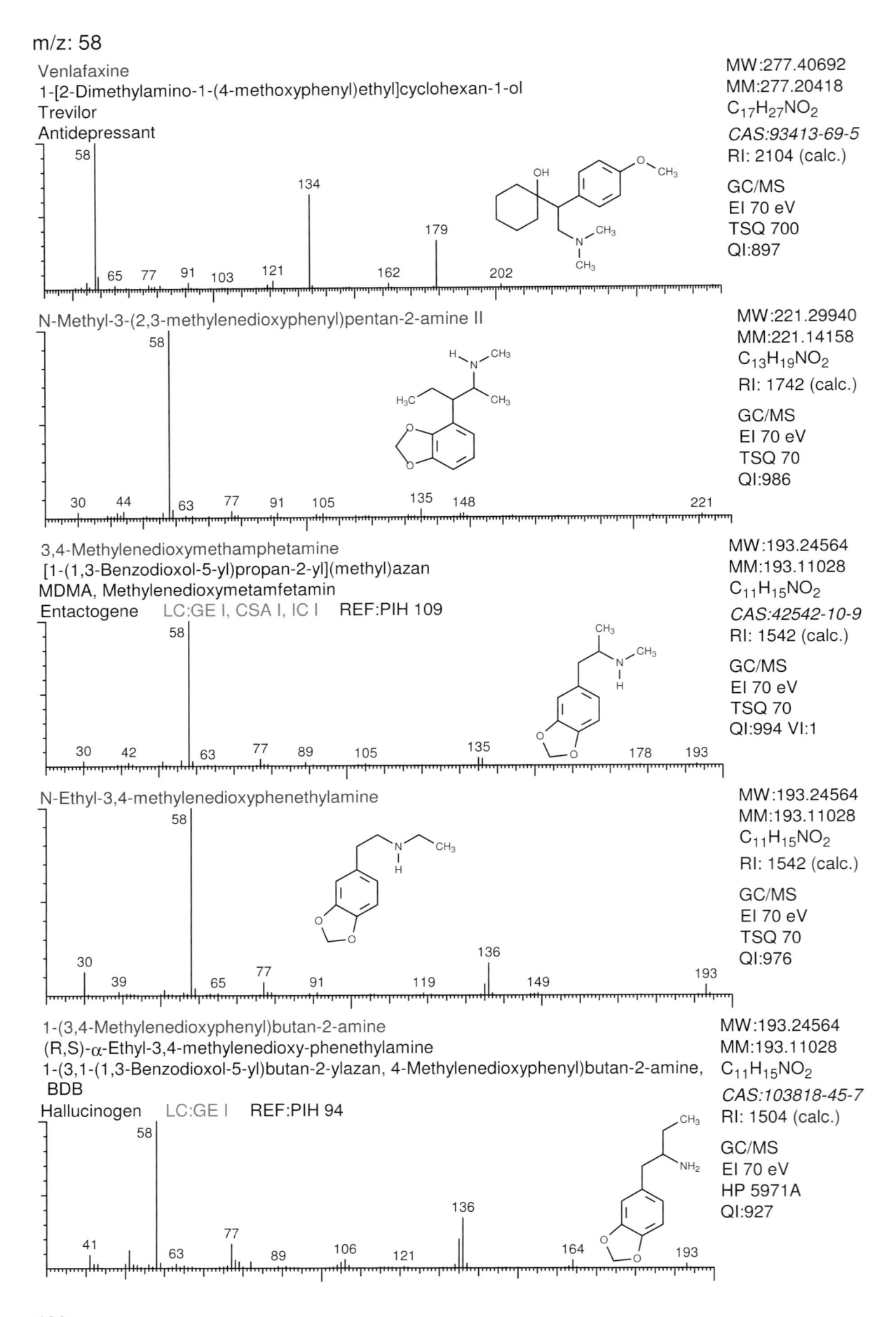

Venlafaxine
1-[2-Dimethylamino-1-(4-methoxyphenyl)ethyl]cyclohexan-1-ol
Trevilor
Antidepressant

MW:277.40692
MM:277.20418
$C_{17}H_{27}NO_2$
CAS:93413-69-5
RI: 2104 (calc.)

GC/MS
EI 70 eV
TSQ 700
QI:897

Peaks: 58, 65, 77, 91, 103, 121, 134, 162, 179, 202

N-Methyl-3-(2,3-methylenedioxyphenyl)pentan-2-amine II

MW:221.29940
MM:221.14158
$C_{13}H_{19}NO_2$
RI: 1742 (calc.)

GC/MS
EI 70 eV
TSQ 70
QI:986

Peaks: 30, 44, 58, 63, 77, 91, 105, 135, 148, 221

3,4-Methylenedioxymethamphetamine
[1-(1,3-Benzodioxol-5-yl)propan-2-yl](methyl)azan
MDMA, Methylenedioxymetamfetamin
Entactogene   LC:GE I, CSA I, IC I   REF:PIH 109

MW:193.24564
MM:193.11028
$C_{11}H_{15}NO_2$
CAS:42542-10-9
RI: 1542 (calc.)

GC/MS
EI 70 eV
TSQ 70
QI:994 VI:1

Peaks: 30, 42, 58, 63, 77, 89, 105, 135, 178, 193

N-Ethyl-3,4-methylenedioxyphenethylamine

MW:193.24564
MM:193.11028
$C_{11}H_{15}NO_2$
RI: 1542 (calc.)

GC/MS
EI 70 eV
TSQ 70
QI:976

Peaks: 30, 39, 58, 65, 77, 91, 119, 136, 149, 193

1-(3,4-Methylenedioxyphenyl)butan-2-amine
(R,S)-α-Ethyl-3,4-methylenedioxy-phenethylamine
1-(3,1-(1,3-Benzodioxol-5-yl)butan-2-ylazan, 4-Methylenedioxyphenyl)butan-2-amine,
BDB
Hallucinogen   LC:GE I   REF:PIH 94

MW:193.24564
MM:193.11028
$C_{11}H_{15}NO_2$
CAS:103818-45-7
RI: 1504 (calc.)

GC/MS
EI 70 eV
HP 5971A
QI:927

Peaks: 41, 58, 63, 77, 89, 106, 121, 136, 164, 193

m/z: 58

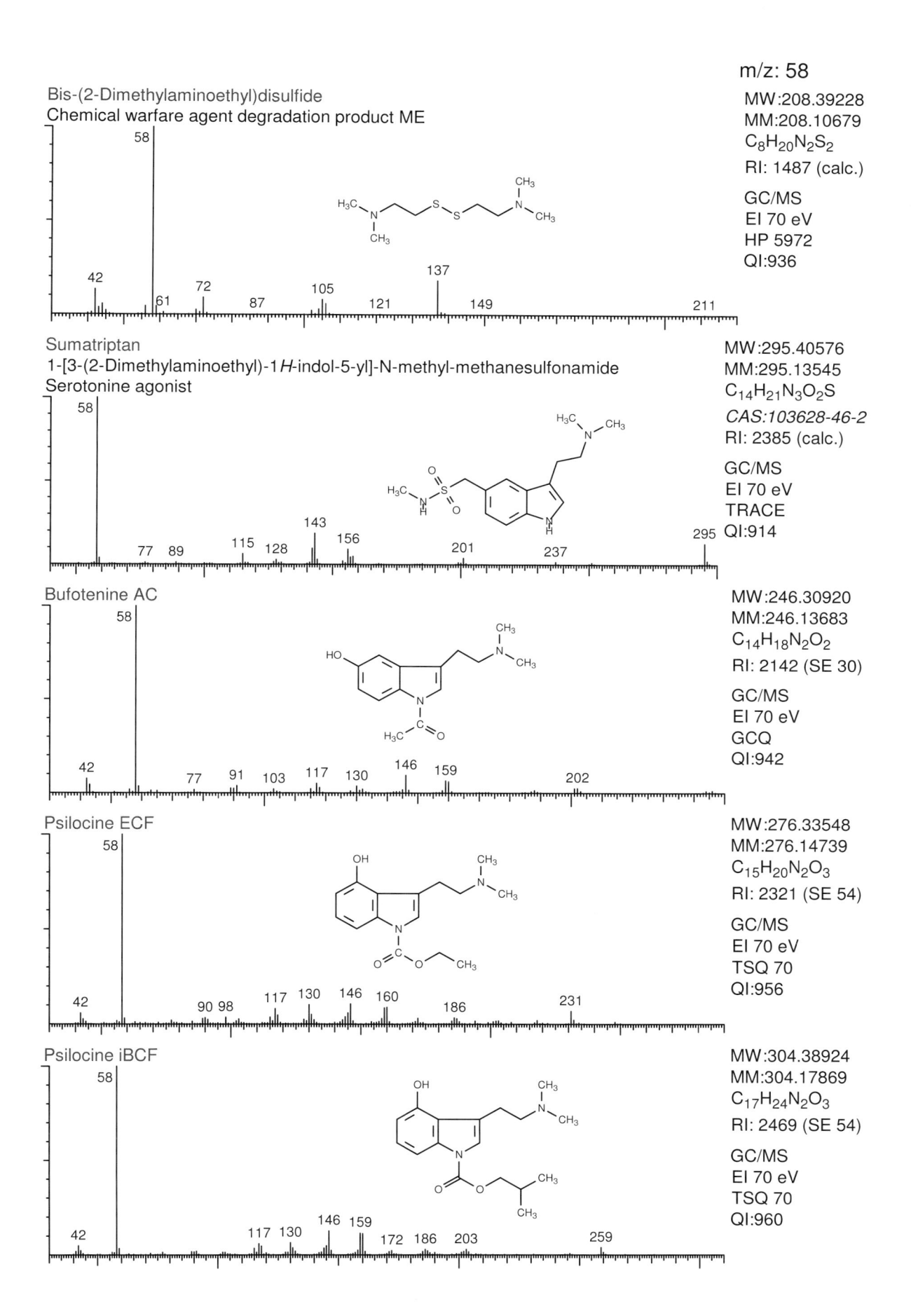

Bis-(2-Dimethylaminoethyl)disulfide
Chemical warfare agent degradation product ME

MW: 208.39228
MM: 208.10679
$C_8H_{20}N_2S_2$
RI: 1487 (calc.)

GC/MS
EI 70 eV
HP 5972
QI: 936

Peaks: 42, 58, 61, 72, 87, 105, 121, 137, 149, 211

Sumatriptan
1-[3-(2-Dimethylaminoethyl)-1H-indol-5-yl]-N-methyl-methanesulfonamide
Serotonine agonist

MW: 295.40576
MM: 295.13545
$C_{14}H_{21}N_3O_2S$
CAS: 103628-46-2
RI: 2385 (calc.)

GC/MS
EI 70 eV
TRACE
QI: 914

Peaks: 58, 77, 89, 115, 128, 143, 156, 201, 237, 295

Bufotenine AC

MW: 246.30920
MM: 246.13683
$C_{14}H_{18}N_2O_2$
RI: 2142 (SE 30)

GC/MS
EI 70 eV
GCQ
QI: 942

Peaks: 42, 58, 77, 91, 103, 117, 130, 146, 159, 202

Psilocine ECF

MW: 276.33548
MM: 276.14739
$C_{15}H_{20}N_2O_3$
RI: 2321 (SE 54)

GC/MS
EI 70 eV
TSQ 70
QI: 956

Peaks: 42, 58, 90, 98, 117, 130, 146, 160, 186, 231

Psilocine iBCF

MW: 304.38924
MM: 304.17869
$C_{17}H_{24}N_2O_3$
RI: 2469 (SE 54)

GC/MS
EI 70 eV
TSQ 70
QI: 960

Peaks: 42, 58, 117, 130, 146, 159, 172, 186, 203, 259

m/z: 58

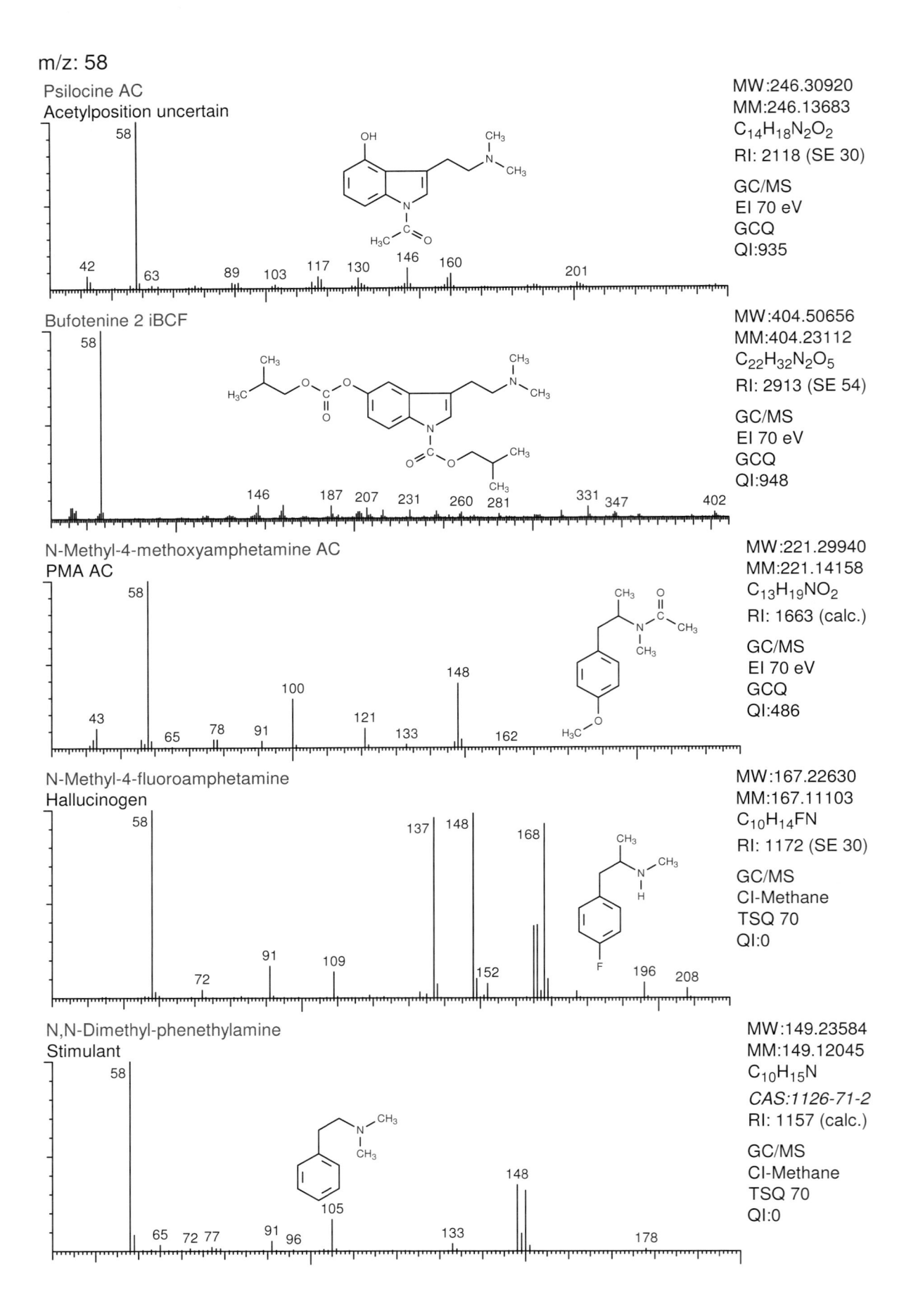

Psilocine AC
Acetylposition uncertain

MW:246.30920
MM:246.13683
$C_{14}H_{18}N_2O_2$
RI: 2118 (SE 30)

GC/MS
EI 70 eV
GCQ
QI:935

Bufotenine 2 iBCF

MW:404.50656
MM:404.23112
$C_{22}H_{32}N_2O_5$
RI: 2913 (SE 54)

GC/MS
EI 70 eV
GCQ
QI:948

N-Methyl-4-methoxyamphetamine AC
PMA AC

MW:221.29940
MM:221.14158
$C_{13}H_{19}NO_2$
RI: 1663 (calc.)

GC/MS
EI 70 eV
GCQ
QI:486

N-Methyl-4-fluoroamphetamine
Hallucinogen

MW:167.22630
MM:167.11103
$C_{10}H_{14}FN$
RI: 1172 (SE 30)

GC/MS
CI-Methane
TSQ 70
QI:0

N,N-Dimethyl-phenethylamine
Stimulant

MW:149.23584
MM:149.12045
$C_{10}H_{15}N$
CAS:1126-71-2
RI: 1157 (calc.)

GC/MS
CI-Methane
TSQ 70
QI:0

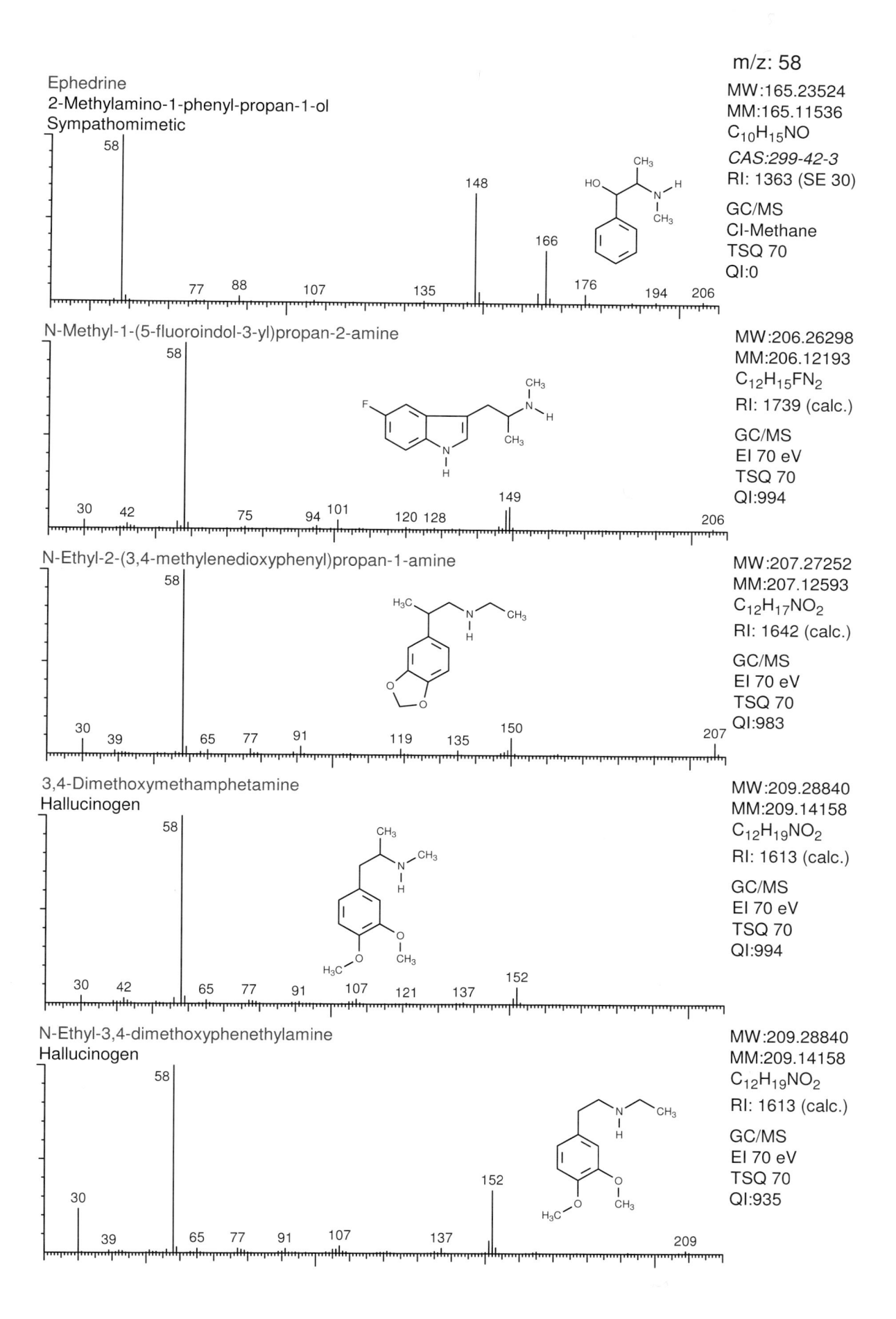

Ephedrine
2-Methylamino-1-phenyl-propan-1-ol
Sympathomimetic

m/z: 58
MW: 165.23524
MM: 165.11536
$C_{10}H_{15}NO$
CAS: 299-42-3
RI: 1363 (SE 30)

GC/MS
CI-Methane
TSQ 70
QI: 0

Peaks: 58, 77, 88, 107, 135, 148, 166, 176, 194, 206

N-Methyl-1-(5-fluoroindol-3-yl)propan-2-amine

MW: 206.26298
MM: 206.12193
$C_{12}H_{15}FN_2$
RI: 1739 (calc.)

GC/MS
EI 70 eV
TSQ 70
QI: 994

Peaks: 30, 42, 58, 75, 94, 101, 120, 128, 149, 206

N-Ethyl-2-(3,4-methylenedioxyphenyl)propan-1-amine

MW: 207.27252
MM: 207.12593
$C_{12}H_{17}NO_2$
RI: 1642 (calc.)

GC/MS
EI 70 eV
TSQ 70
QI: 983

Peaks: 30, 39, 58, 65, 77, 91, 119, 135, 150, 207

3,4-Dimethoxymethamphetamine
Hallucinogen

MW: 209.28840
MM: 209.14158
$C_{12}H_{19}NO_2$
RI: 1613 (calc.)

GC/MS
EI 70 eV
TSQ 70
QI: 994

Peaks: 30, 42, 58, 65, 77, 91, 107, 121, 137, 152

N-Ethyl-3,4-dimethoxyphenethylamine
Hallucinogen

MW: 209.28840
MM: 209.14158
$C_{12}H_{19}NO_2$
RI: 1613 (calc.)

GC/MS
EI 70 eV
TSQ 70
QI: 935

Peaks: 30, 39, 58, 65, 77, 91, 107, 137, 152, 209

m/z: 58

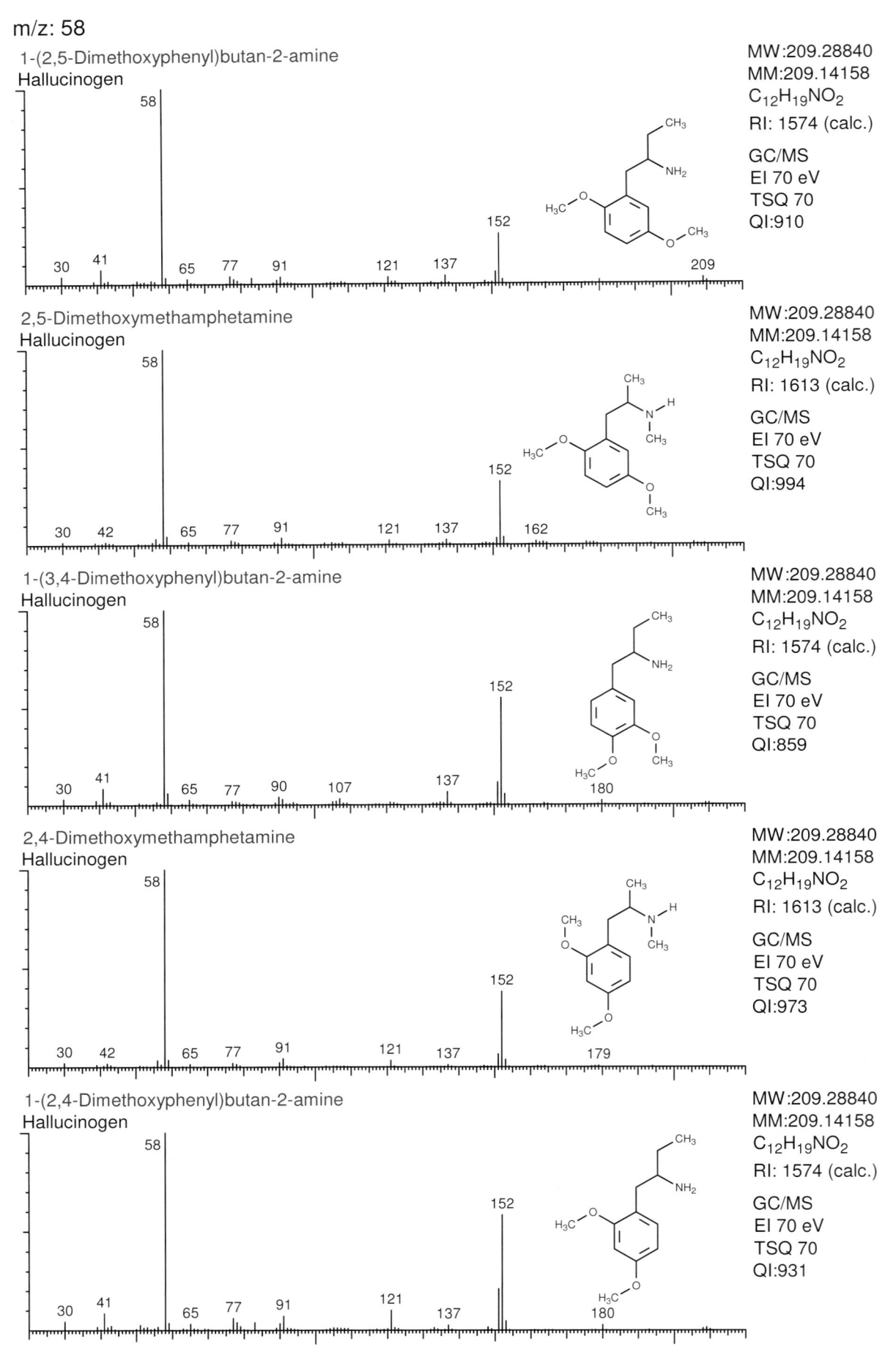

1-(2,5-Dimethoxyphenyl)butan-2-amine
Hallucinogen

Peaks: 30, 41, 58, 65, 77, 91, 121, 137, 152, 209

MW: 209.28840
MM: 209.14158
C$_{12}$H$_{19}$NO$_2$
RI: 1574 (calc.)

GC/MS
EI 70 eV
TSQ 70
QI: 910

2,5-Dimethoxymethamphetamine
Hallucinogen

Peaks: 30, 42, 58, 65, 77, 91, 121, 137, 152, 162

MW: 209.28840
MM: 209.14158
C$_{12}$H$_{19}$NO$_2$
RI: 1613 (calc.)

GC/MS
EI 70 eV
TSQ 70
QI: 994

1-(3,4-Dimethoxyphenyl)butan-2-amine
Hallucinogen

Peaks: 30, 41, 58, 65, 77, 90, 107, 137, 152, 180

MW: 209.28840
MM: 209.14158
C$_{12}$H$_{19}$NO$_2$
RI: 1574 (calc.)

GC/MS
EI 70 eV
TSQ 70
QI: 859

2,4-Dimethoxymethamphetamine
Hallucinogen

Peaks: 30, 42, 58, 65, 77, 91, 121, 137, 152, 179

MW: 209.28840
MM: 209.14158
C$_{12}$H$_{19}$NO$_2$
RI: 1613 (calc.)

GC/MS
EI 70 eV
TSQ 70
QI: 973

1-(2,4-Dimethoxyphenyl)butan-2-amine
Hallucinogen

Peaks: 30, 41, 58, 65, 77, 91, 121, 137, 152, 180

MW: 209.28840
MM: 209.14158
C$_{12}$H$_{19}$NO$_2$
RI: 1574 (calc.)

GC/MS
EI 70 eV
TSQ 70
QI: 931

Ephedrine TMS, iBCF

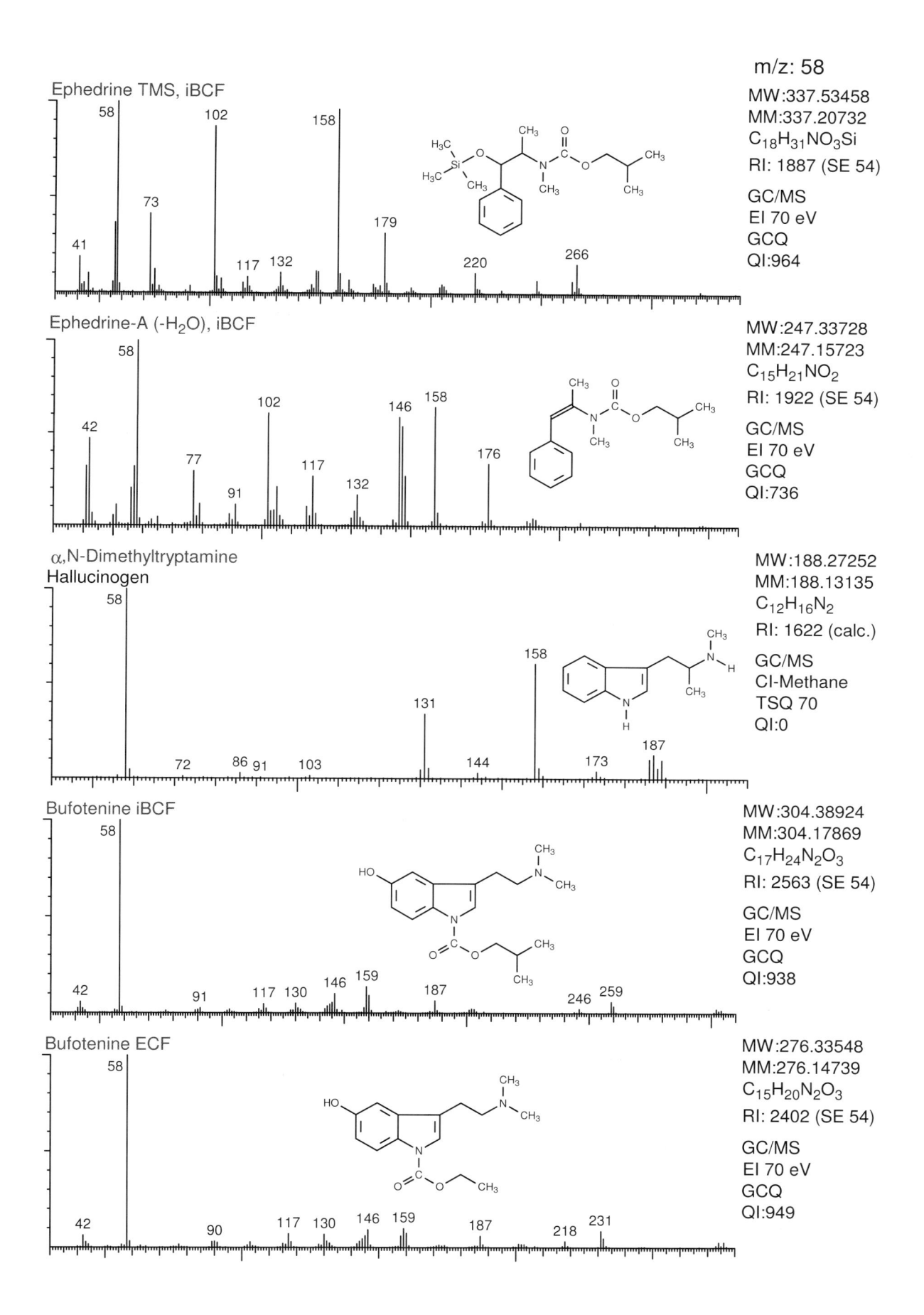

m/z: 58
MW: 337.53458
MM: 337.20732
$C_{18}H_{31}NO_3Si$
RI: 1887 (SE 54)

GC/MS
EI 70 eV
GCQ
QI: 964

Peaks: 41, 58, 73, 102, 117, 132, 158, 179, 220, 266

Ephedrine-A (-H$_2$O), iBCF

MW: 247.33728
MM: 247.15723
$C_{15}H_{21}NO_2$
RI: 1922 (SE 54)

GC/MS
EI 70 eV
GCQ
QI: 736

Peaks: 42, 58, 77, 91, 102, 117, 132, 146, 158, 176

α,N-Dimethyltryptamine
Hallucinogen

MW: 188.27252
MM: 188.13135
$C_{12}H_{16}N_2$
RI: 1622 (calc.)

GC/MS
CI-Methane
TSQ 70
QI: 0

Peaks: 58, 72, 86, 91, 103, 131, 144, 158, 173, 187

Bufotenine iBCF

MW: 304.38924
MM: 304.17869
$C_{17}H_{24}N_2O_3$
RI: 2563 (SE 54)

GC/MS
EI 70 eV
GCQ
QI: 938

Peaks: 42, 58, 91, 117, 130, 146, 159, 187, 246, 259

Bufotenine ECF

MW: 276.33548
MM: 276.14739
$C_{15}H_{20}N_2O_3$
RI: 2402 (SE 54)

GC/MS
EI 70 eV
GCQ
QI: 949

Peaks: 42, 58, 90, 117, 130, 146, 159, 187, 218, 231

m/z: 58

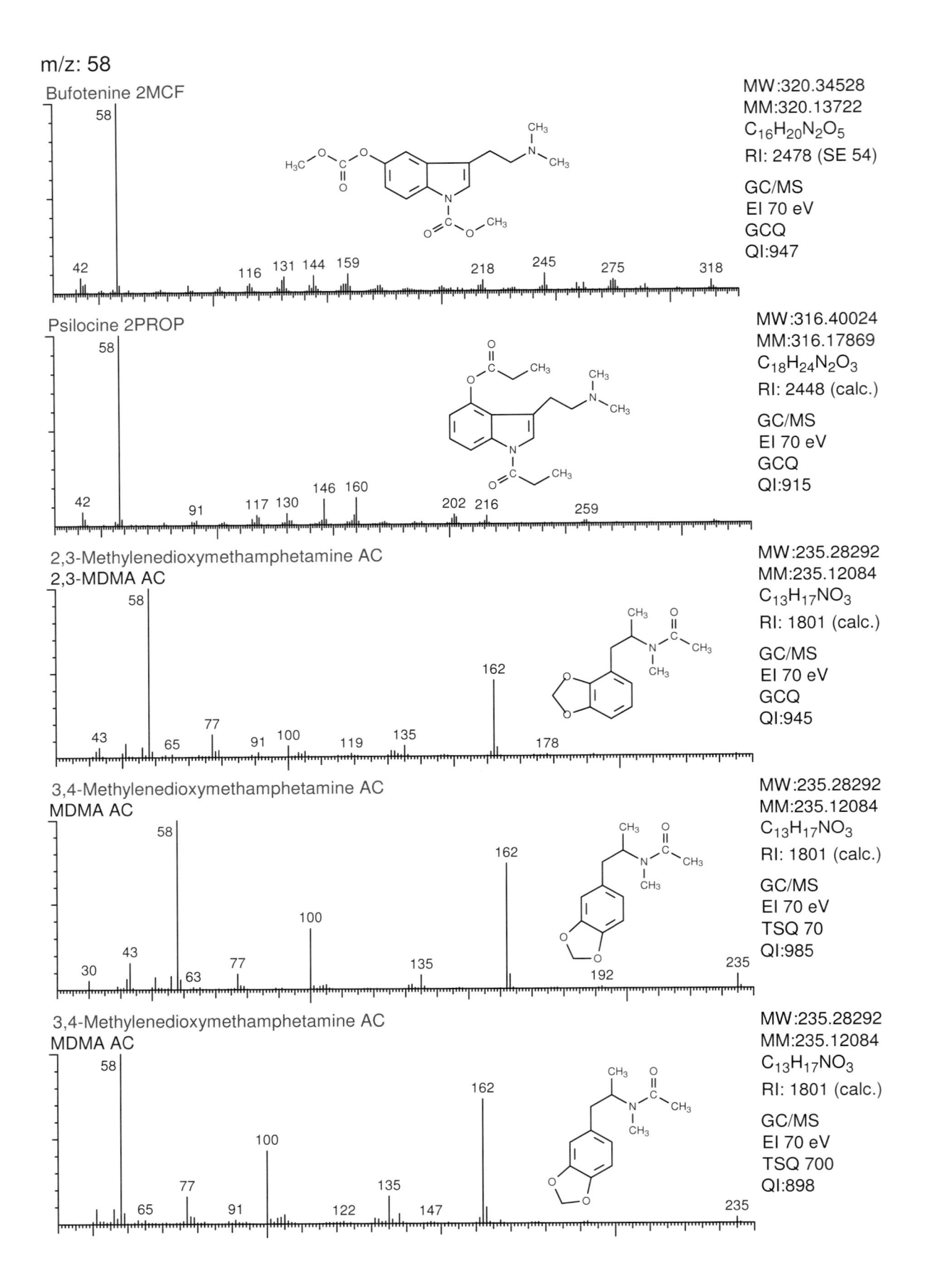

Bufotenine 2MCF
MW:320.34528
MM:320.13722
$C_{16}H_{20}N_2O_5$
RI: 2478 (SE 54)

GC/MS
EI 70 eV
GCQ
QI:947

Peaks: 42, 58, 116, 131, 144, 159, 218, 245, 275, 318

Psilocine 2PROP
MW:316.40024
MM:316.17869
$C_{18}H_{24}N_2O_3$
RI: 2448 (calc.)

GC/MS
EI 70 eV
GCQ
QI:915

Peaks: 42, 58, 91, 117, 130, 146, 160, 202, 216, 259

2,3-Methylenedioxymethamphetamine AC
2,3-MDMA AC
MW:235.28292
MM:235.12084
$C_{13}H_{17}NO_3$
RI: 1801 (calc.)

GC/MS
EI 70 eV
GCQ
QI:945

Peaks: 43, 58, 65, 77, 91, 100, 119, 135, 162, 178

3,4-Methylenedioxymethamphetamine AC
MDMA AC
MW:235.28292
MM:235.12084
$C_{13}H_{17}NO_3$
RI: 1801 (calc.)

GC/MS
EI 70 eV
TSQ 70
QI:985

Peaks: 30, 43, 58, 63, 77, 100, 135, 162, 192, 235

3,4-Methylenedioxymethamphetamine AC
MDMA AC
MW:235.28292
MM:235.12084
$C_{13}H_{17}NO_3$
RI: 1801 (calc.)

GC/MS
EI 70 eV
TSQ 700
QI:898

Peaks: 58, 65, 77, 91, 100, 122, 135, 147, 162, 235

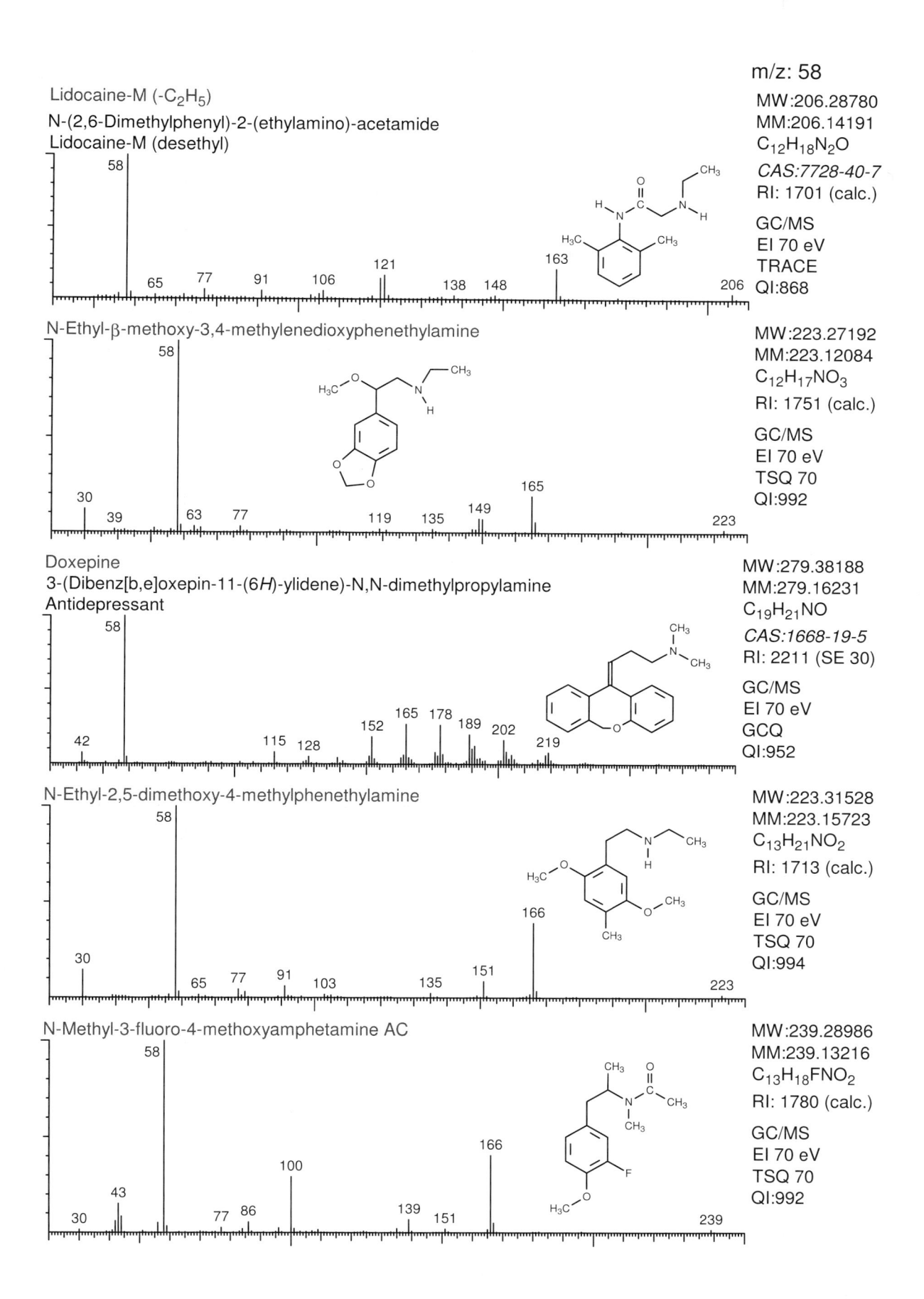

Lidocaine-M (-C₂H₅)
N-(2,6-Dimethylphenyl)-2-(ethylamino)-acetamide
Lidocaine-M (desethyl)

m/z: 58
MW:206.28780
MM:206.14191
$C_{12}H_{18}N_2O$
CAS:7728-40-7
RI: 1701 (calc.)

GC/MS
EI 70 eV
TRACE
QI:868

Peaks: 58, 65, 77, 91, 106, 121, 138, 148, 163, 206

N-Ethyl-β-methoxy-3,4-methylenedioxyphenethylamine

MW:223.27192
MM:223.12084
$C_{12}H_{17}NO_3$
RI: 1751 (calc.)

GC/MS
EI 70 eV
TSQ 70
QI:992

Peaks: 30, 39, 58, 63, 77, 119, 135, 149, 165, 223

Doxepine
3-(Dibenz[b,e]oxepin-11-(6H)-ylidene)-N,N-dimethylpropylamine
Antidepressant

MW:279.38188
MM:279.16231
$C_{19}H_{21}NO$
CAS:1668-19-5
RI: 2211 (SE 30)

GC/MS
EI 70 eV
GCQ
QI:952

Peaks: 42, 58, 115, 128, 152, 165, 178, 189, 202, 219

N-Ethyl-2,5-dimethoxy-4-methylphenethylamine

MW:223.31528
MM:223.15723
$C_{13}H_{21}NO_2$
RI: 1713 (calc.)

GC/MS
EI 70 eV
TSQ 70
QI:994

Peaks: 30, 58, 65, 77, 91, 103, 135, 151, 166, 223

N-Methyl-3-fluoro-4-methoxyamphetamine AC

MW:239.28986
MM:239.13216
$C_{13}H_{18}FNO_2$
RI: 1780 (calc.)

GC/MS
EI 70 eV
TSQ 70
QI:992

Peaks: 30, 43, 58, 77, 86, 100, 139, 151, 166, 239

m/z: 58

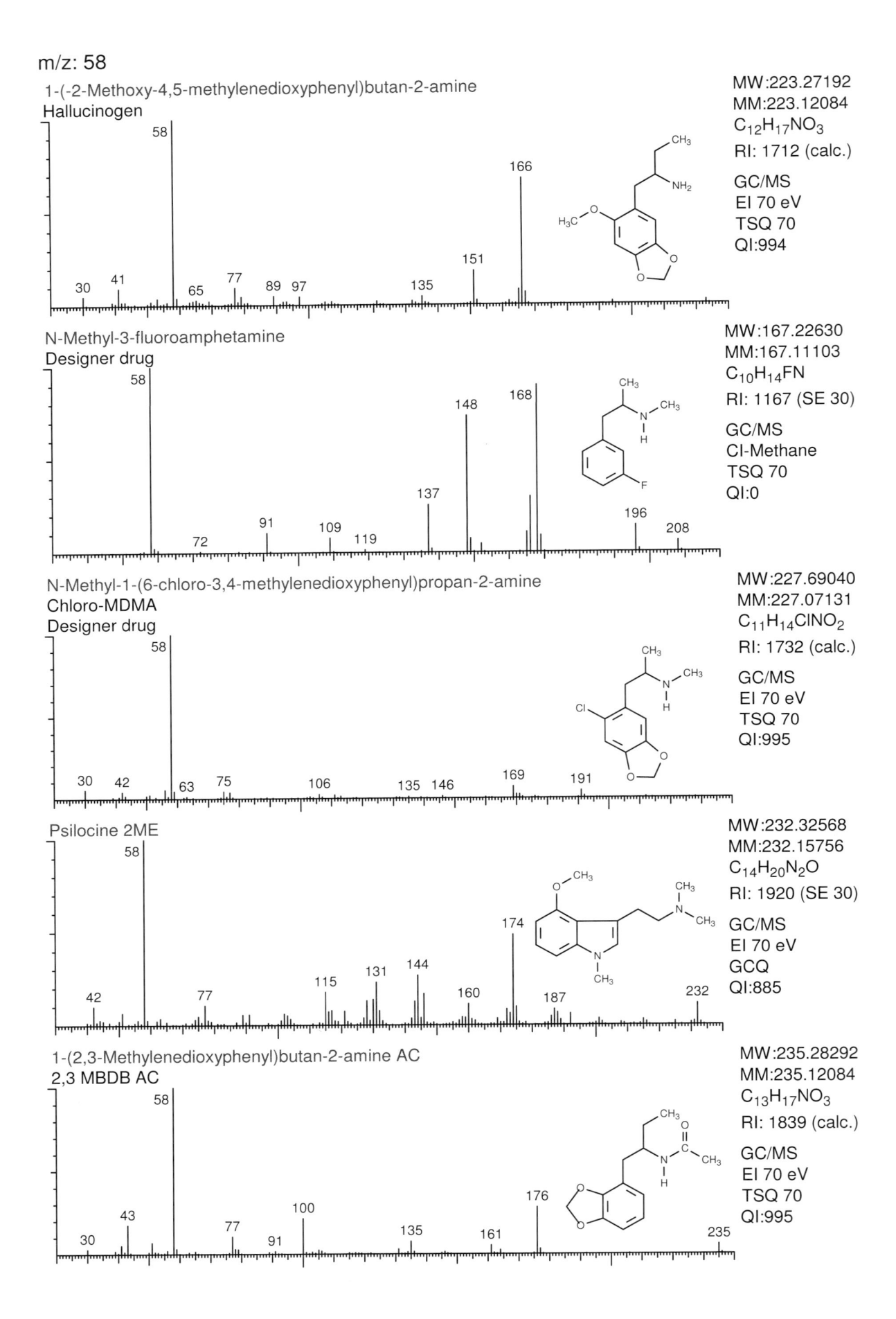

1-(-2-Methoxy-4,5-methylenedioxyphenyl)butan-2-amine
Hallucinogen

MW:223.27192
MM:223.12084
$C_{12}H_{17}NO_3$
RI: 1712 (calc.)

GC/MS
EI 70 eV
TSQ 70
QI:994

Peaks: 30, 41, 58, 65, 77, 89, 97, 135, 151, 166

N-Methyl-3-fluoroamphetamine
Designer drug

MW:167.22630
MM:167.11103
$C_{10}H_{14}FN$
RI: 1167 (SE 30)

GC/MS
CI-Methane
TSQ 70
QI:0

Peaks: 58, 72, 91, 109, 119, 137, 148, 168, 196, 208

N-Methyl-1-(6-chloro-3,4-methylenedioxyphenyl)propan-2-amine
Chloro-MDMA
Designer drug

MW:227.69040
MM:227.07131
$C_{11}H_{14}ClNO_2$
RI: 1732 (calc.)

GC/MS
EI 70 eV
TSQ 70
QI:995

Peaks: 30, 42, 58, 63, 75, 106, 135, 146, 169, 191

Psilocine 2ME

MW:232.32568
MM:232.15756
$C_{14}H_{20}N_2O$
RI: 1920 (SE 30)

GC/MS
EI 70 eV
GCQ
QI:885

Peaks: 42, 58, 77, 115, 131, 144, 160, 174, 187, 232

1-(2,3-Methylenedioxyphenyl)butan-2-amine AC
2,3 MBDB AC

MW:235.28292
MM:235.12084
$C_{13}H_{17}NO_3$
RI: 1839 (calc.)

GC/MS
EI 70 eV
TSQ 70
QI:995

Peaks: 30, 43, 58, 77, 91, 100, 135, 161, 176, 235

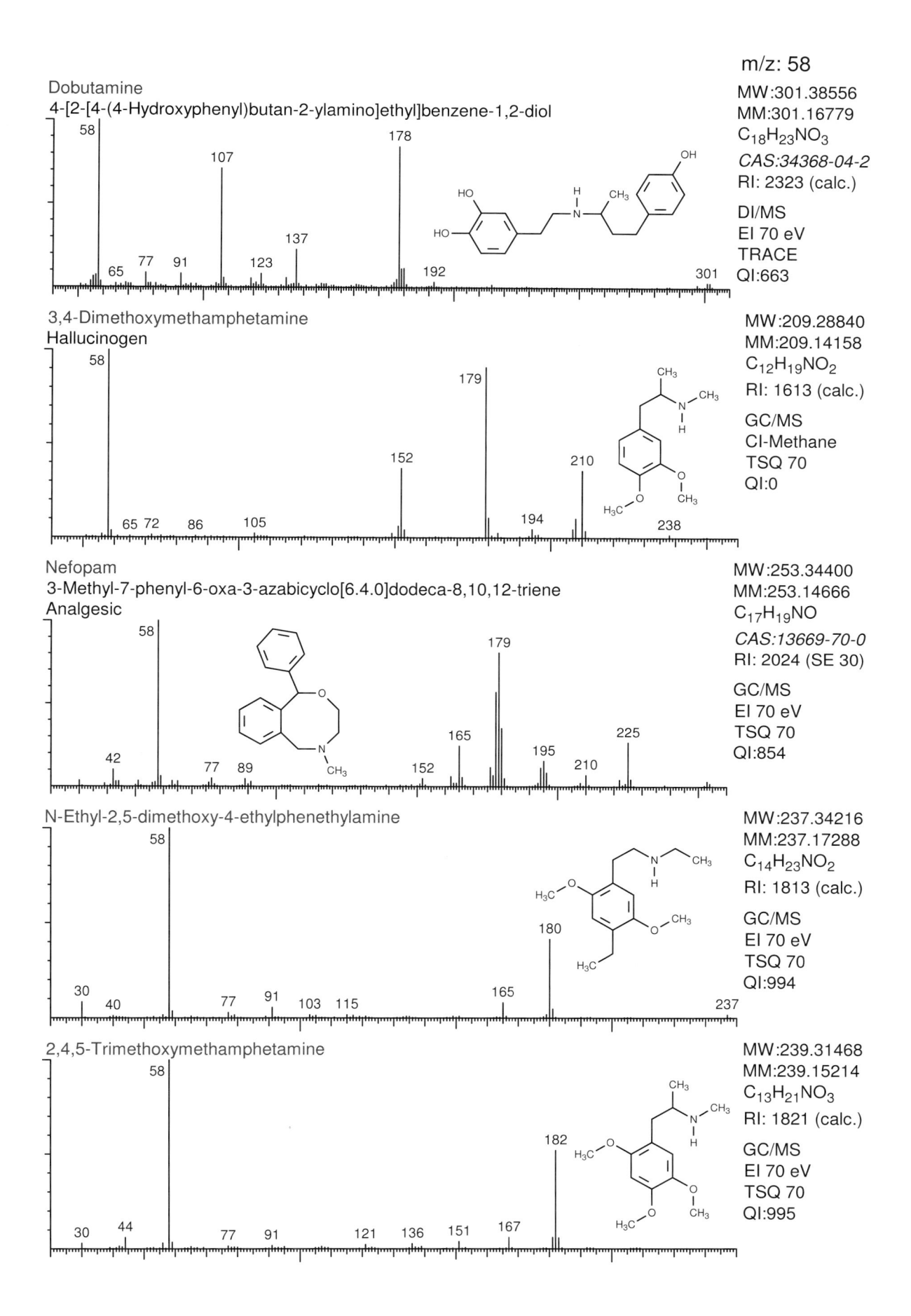

Dobutamine
4-[2-[4-(4-Hydroxyphenyl)butan-2-ylamino]ethyl]benzene-1,2-diol

m/z: 58
MW:301.38556
MM:301.16779
$C_{18}H_{23}NO_3$
CAS:34368-04-2
RI: 2323 (calc.)

DI/MS
EI 70 eV
TRACE
QI:663

Peaks: 58, 65, 77, 91, 107, 123, 137, 178, 192, 301

3,4-Dimethoxymethamphetamine
Hallucinogen

MW:209.28840
MM:209.14158
$C_{12}H_{19}NO_2$
RI: 1613 (calc.)

GC/MS
CI-Methane
TSQ 70
QI:0

Peaks: 58, 65, 72, 86, 105, 152, 179, 194, 210, 238

Nefopam
3-Methyl-7-phenyl-6-oxa-3-azabicyclo[6.4.0]dodeca-8,10,12-triene
Analgesic

MW:253.34400
MM:253.14666
$C_{17}H_{19}NO$
CAS:13669-70-0
RI: 2024 (SE 30)

GC/MS
EI 70 eV
TSQ 70
QI:854

Peaks: 42, 58, 77, 89, 152, 165, 179, 195, 210, 225

N-Ethyl-2,5-dimethoxy-4-ethylphenethylamine

MW:237.34216
MM:237.17288
$C_{14}H_{23}NO_2$
RI: 1813 (calc.)

GC/MS
EI 70 eV
TSQ 70
QI:994

Peaks: 30, 40, 58, 77, 91, 103, 115, 165, 180, 237

2,4,5-Trimethoxymethamphetamine

MW:239.31468
MM:239.15214
$C_{13}H_{21}NO_3$
RI: 1821 (calc.)

GC/MS
EI 70 eV
TSQ 70
QI:995

Peaks: 30, 44, 58, 77, 91, 121, 136, 151, 167, 182

m/z: 58

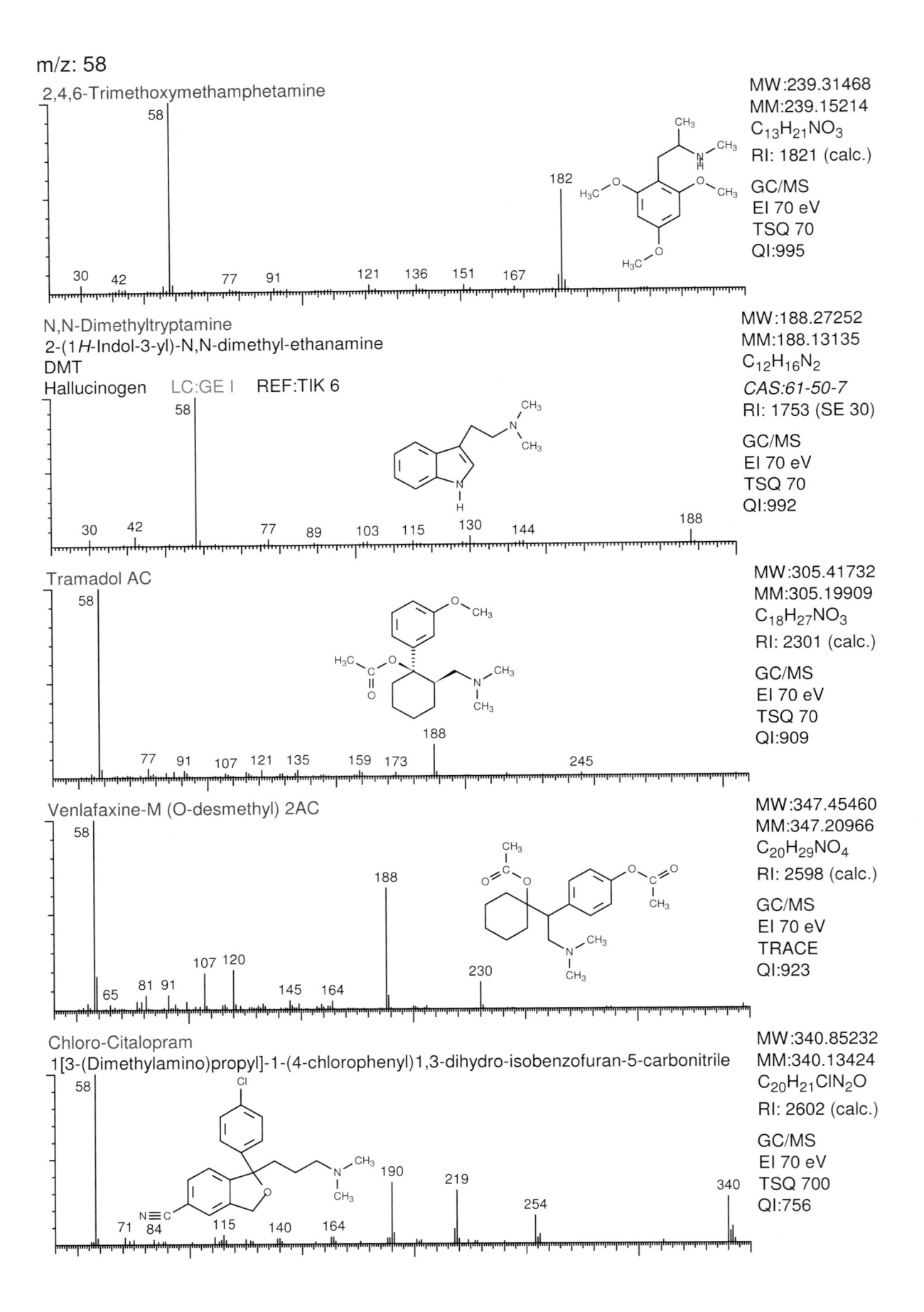

2,4,6-Trimethoxymethamphetamine

MW: 239.31468
MM: 239.15214
$C_{13}H_{21}NO_3$
RI: 1821 (calc.)

GC/MS
EI 70 eV
TSQ 70
QI: 995

Peaks: 30, 42, 58, 77, 91, 121, 136, 151, 167, 182

N,N-Dimethyltryptamine
2-(1*H*-Indol-3-yl)-N,N-dimethyl-ethanamine
DMT
Hallucinogen   LC:GE I   REF:TIK 6

MW: 188.27252
MM: 188.13135
$C_{12}H_{16}N_2$
CAS: 61-50-7
RI: 1753 (SE 30)

GC/MS
EI 70 eV
TSQ 70
QI: 992

Peaks: 30, 42, 58, 77, 89, 103, 115, 130, 144, 188

Tramadol AC

MW: 305.41732
MM: 305.19909
$C_{18}H_{27}NO_3$
RI: 2301 (calc.)

GC/MS
EI 70 eV
TSQ 70
QI: 909

Peaks: 58, 77, 91, 107, 121, 135, 159, 173, 188, 245

Venlafaxine-M (O-desmethyl) 2AC

MW: 347.45460
MM: 347.20966
$C_{20}H_{29}NO_4$
RI: 2598 (calc.)

GC/MS
EI 70 eV
TRACE
QI: 923

Peaks: 58, 65, 81, 91, 107, 120, 145, 164, 188, 230

Chloro-Citalopram
1[3-(Dimethylamino)propyl]-1-(4-chlorophenyl)1,3-dihydro-isobenzofuran-5-carbonitrile

MW: 340.85232
MM: 340.13424
$C_{20}H_{21}ClN_2O$
RI: 2602 (calc.)

GC/MS
EI 70 eV
TSQ 700
QI: 756

Peaks: 58, 71, 84, 115, 140, 164, 190, 219, 254, 340

m/z: 58

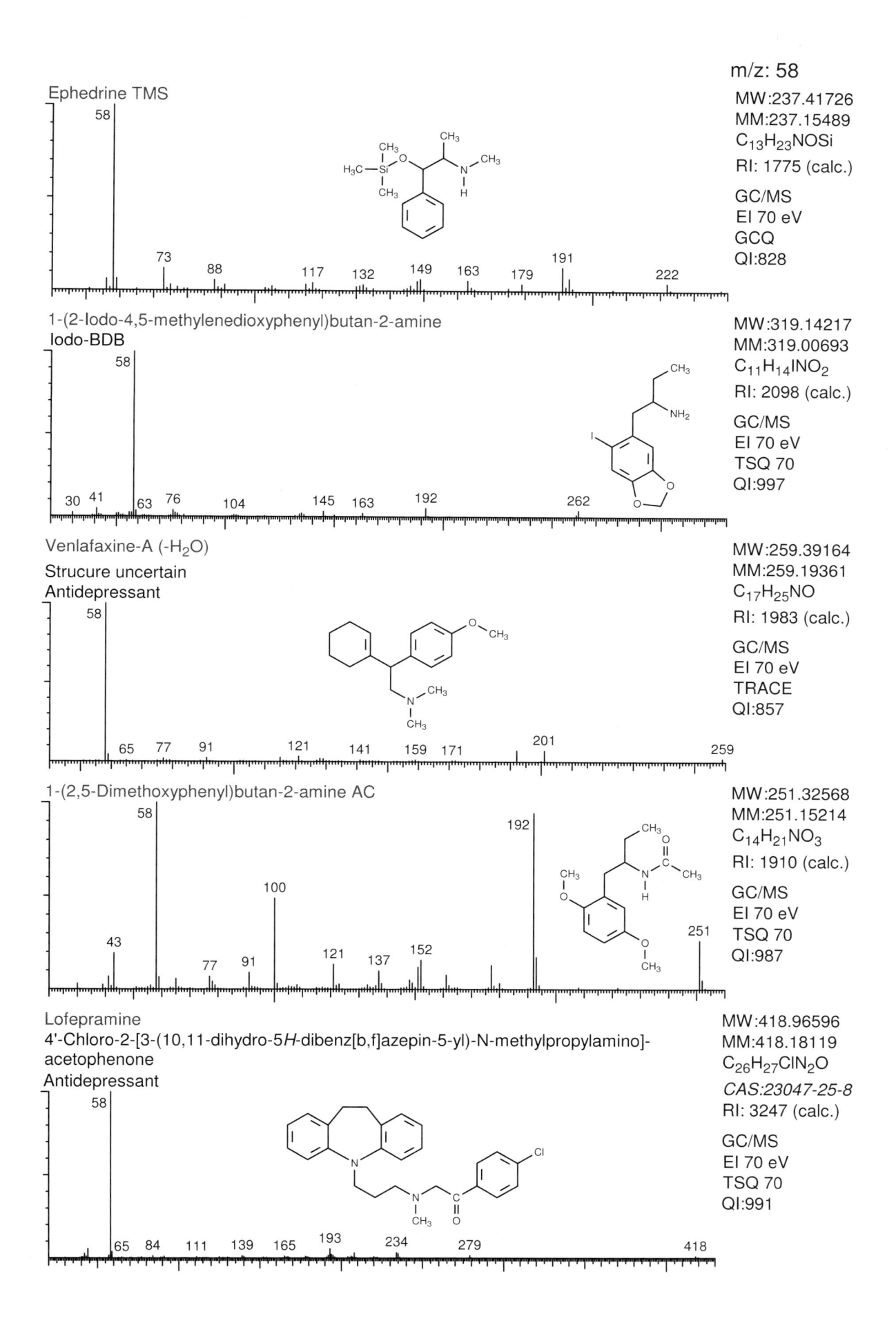

Ephedrine TMS

MW: 237.41726
MM: 237.15489
C$_{13}$H$_{23}$NOSi
RI: 1775 (calc.)

GC/MS
EI 70 eV
GCQ
QI: 828

Peaks: 58, 73, 88, 117, 132, 149, 163, 179, 191, 222

1-(2-Iodo-4,5-methylenedioxyphenyl)butan-2-amine
Iodo-BDB

MW: 319.14217
MM: 319.00693
C$_{11}$H$_{14}$INO$_2$
RI: 2098 (calc.)

GC/MS
EI 70 eV
TSQ 70
QI: 997

Peaks: 30, 41, 58, 63, 76, 104, 145, 163, 192, 262

Venlafaxine-A (-H$_2$O)
Strucure uncertain
Antidepressant

MW: 259.39164
MM: 259.19361
C$_{17}$H$_{25}$NO
RI: 1983 (calc.)

GC/MS
EI 70 eV
TRACE
QI: 857

Peaks: 58, 65, 77, 91, 121, 141, 159, 171, 201, 259

1-(2,5-Dimethoxyphenyl)butan-2-amine AC

MW: 251.32568
MM: 251.15214
C$_{14}$H$_{21}$NO$_3$
RI: 1910 (calc.)

GC/MS
EI 70 eV
TSQ 70
QI: 987

Peaks: 43, 58, 77, 91, 100, 121, 137, 152, 192, 251

Lofepramine
4'-Chloro-2-[3-(10,11-dihydro-5H-dibenz[b,f]azepin-5-yl)-N-methylpropylamino]-acetophenone
Antidepressant

MW: 418.96596
MM: 418.18119
C$_{26}$H$_{27}$ClN$_2$O
CAS: 23047-25-8
RI: 3247 (calc.)

GC/MS
EI 70 eV
TSQ 70
QI: 991

Peaks: 58, 65, 84, 111, 139, 165, 193, 234, 279, 418

m/z: 58

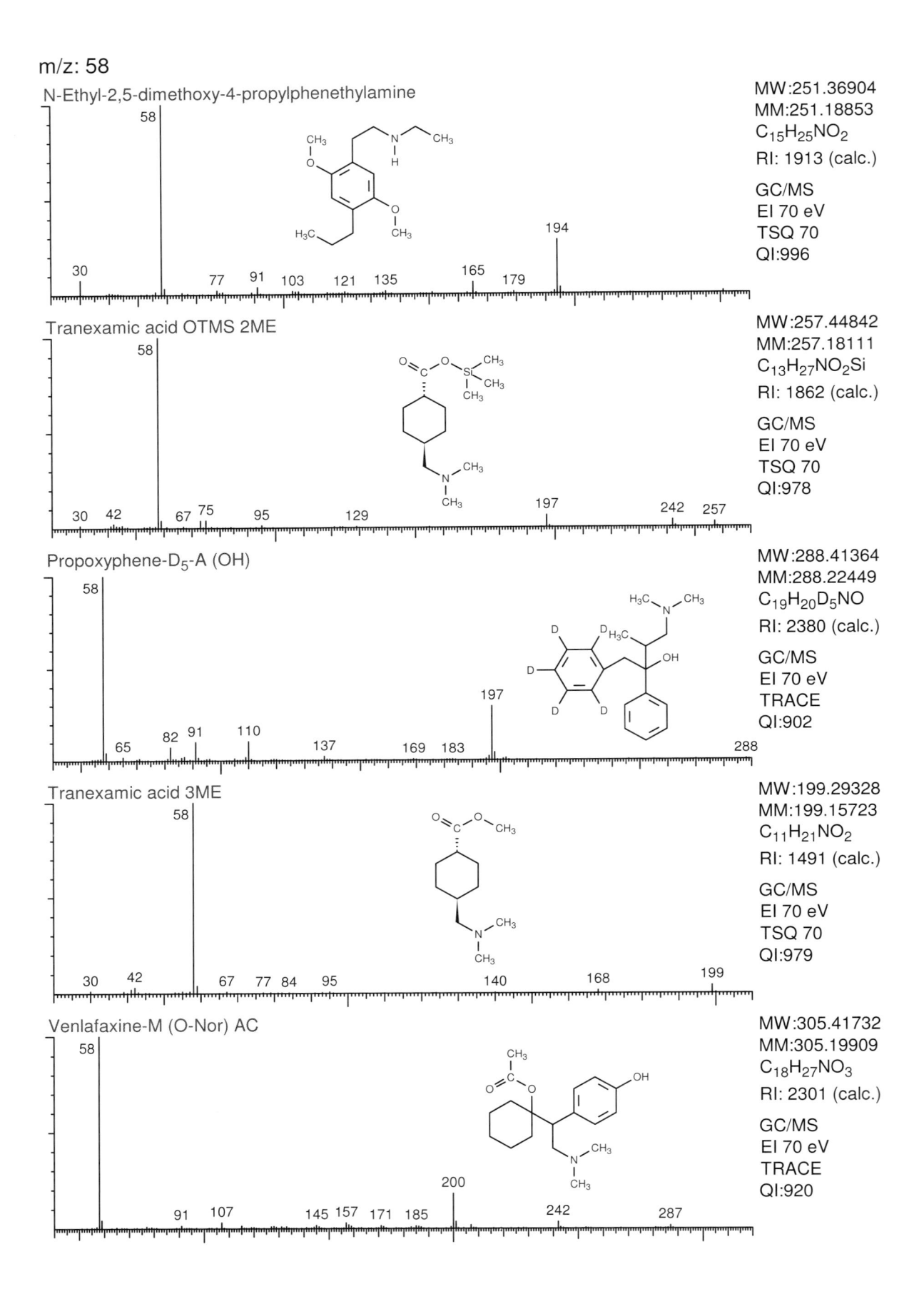

N-Ethyl-2,5-dimethoxy-4-propylphenethylamine

Peaks: 30, 58, 77, 91, 103, 121, 135, 165, 179, 194

MW: 251.36904
MM: 251.18853
$C_{15}H_{25}NO_2$
RI: 1913 (calc.)

GC/MS
EI 70 eV
TSQ 70
QI: 996

Tranexamic acid OTMS 2ME

Peaks: 30, 42, 58, 67, 75, 95, 129, 197, 242, 257

MW: 257.44842
MM: 257.18111
$C_{13}H_{27}NO_2Si$
RI: 1862 (calc.)

GC/MS
EI 70 eV
TSQ 70
QI: 978

Propoxyphene-D$_5$-A (OH)

Peaks: 58, 65, 82, 91, 110, 137, 169, 183, 197, 288

MW: 288.41364
MM: 288.22449
$C_{19}H_{20}D_5NO$
RI: 2380 (calc.)

GC/MS
EI 70 eV
TRACE
QI: 902

Tranexamic acid 3ME

Peaks: 30, 42, 58, 67, 77, 84, 95, 140, 168, 199

MW: 199.29328
MM: 199.15723
$C_{11}H_{21}NO_2$
RI: 1491 (calc.)

GC/MS
EI 70 eV
TSQ 70
QI: 979

Venlafaxine-M (O-Nor) AC

Peaks: 58, 91, 107, 145, 157, 171, 185, 200, 242, 287

MW: 305.41732
MM: 305.19909
$C_{18}H_{27}NO_3$
RI: 2301 (calc.)

GC/MS
EI 70 eV
TRACE
QI: 920

m/z: 58

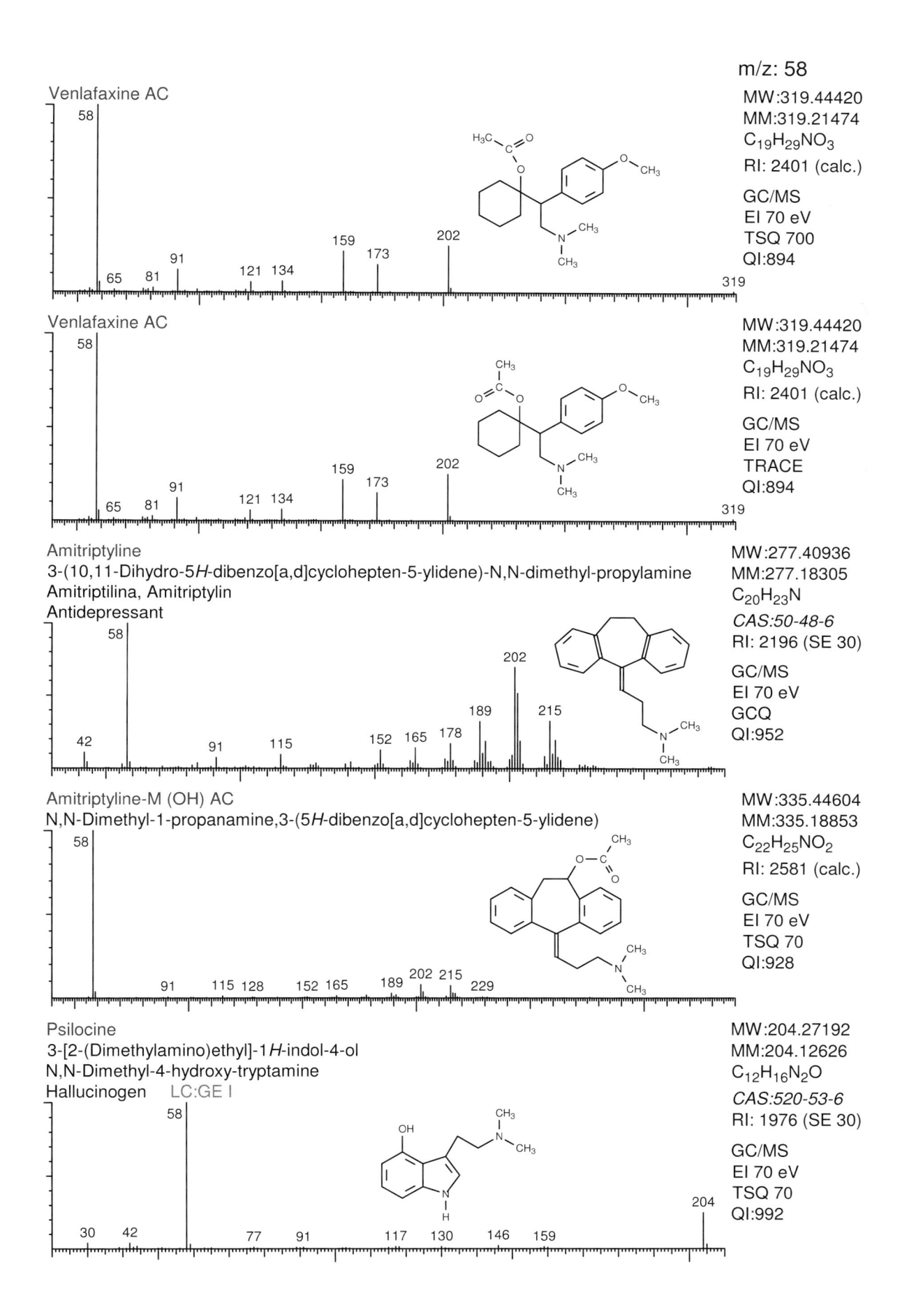

Venlafaxine AC

MW: 319.44420
MM: 319.21474
C$_{19}$H$_{29}$NO$_3$
RI: 2401 (calc.)

GC/MS
EI 70 eV
TSQ 700
QI: 894

Peaks: 58, 65, 81, 91, 121, 134, 159, 173, 202, 319

Venlafaxine AC

MW: 319.44420
MM: 319.21474
C$_{19}$H$_{29}$NO$_3$
RI: 2401 (calc.)

GC/MS
EI 70 eV
TRACE
QI: 894

Peaks: 58, 65, 81, 91, 121, 134, 159, 173, 202, 319

Amitriptyline
3-(10,11-Dihydro-5H-dibenzo[a,d]cyclohepten-5-ylidene)-N,N-dimethyl-propylamine
Amitriptilina, Amitriptylin
Antidepressant

MW: 277.40936
MM: 277.18305
C$_{20}$H$_{23}$N
CAS: 50-48-6
RI: 2196 (SE 30)

GC/MS
EI 70 eV
GCQ
QI: 952

Peaks: 42, 58, 91, 115, 152, 165, 178, 189, 202, 215

Amitriptyline-M (OH) AC
N,N-Dimethyl-1-propanamine,3-(5H-dibenzo[a,d]cyclohepten-5-ylidene)

MW: 335.44604
MM: 335.18853
C$_{22}$H$_{25}$NO$_2$
RI: 2581 (calc.)

GC/MS
EI 70 eV
TSQ 70
QI: 928

Peaks: 58, 91, 115, 128, 152, 165, 189, 202, 215, 229

Psilocine
3-[2-(Dimethylamino)ethyl]-1H-indol-4-ol
N,N-Dimethyl-4-hydroxy-tryptamine
Hallucinogen   LC:GE I

MW: 204.27192
MM: 204.12626
C$_{12}$H$_{16}$N$_2$O
CAS: 520-53-6
RI: 1976 (SE 30)

GC/MS
EI 70 eV
TSQ 70
QI: 992

Peaks: 30, 42, 58, 77, 91, 117, 130, 146, 159, 204

m/z: 58

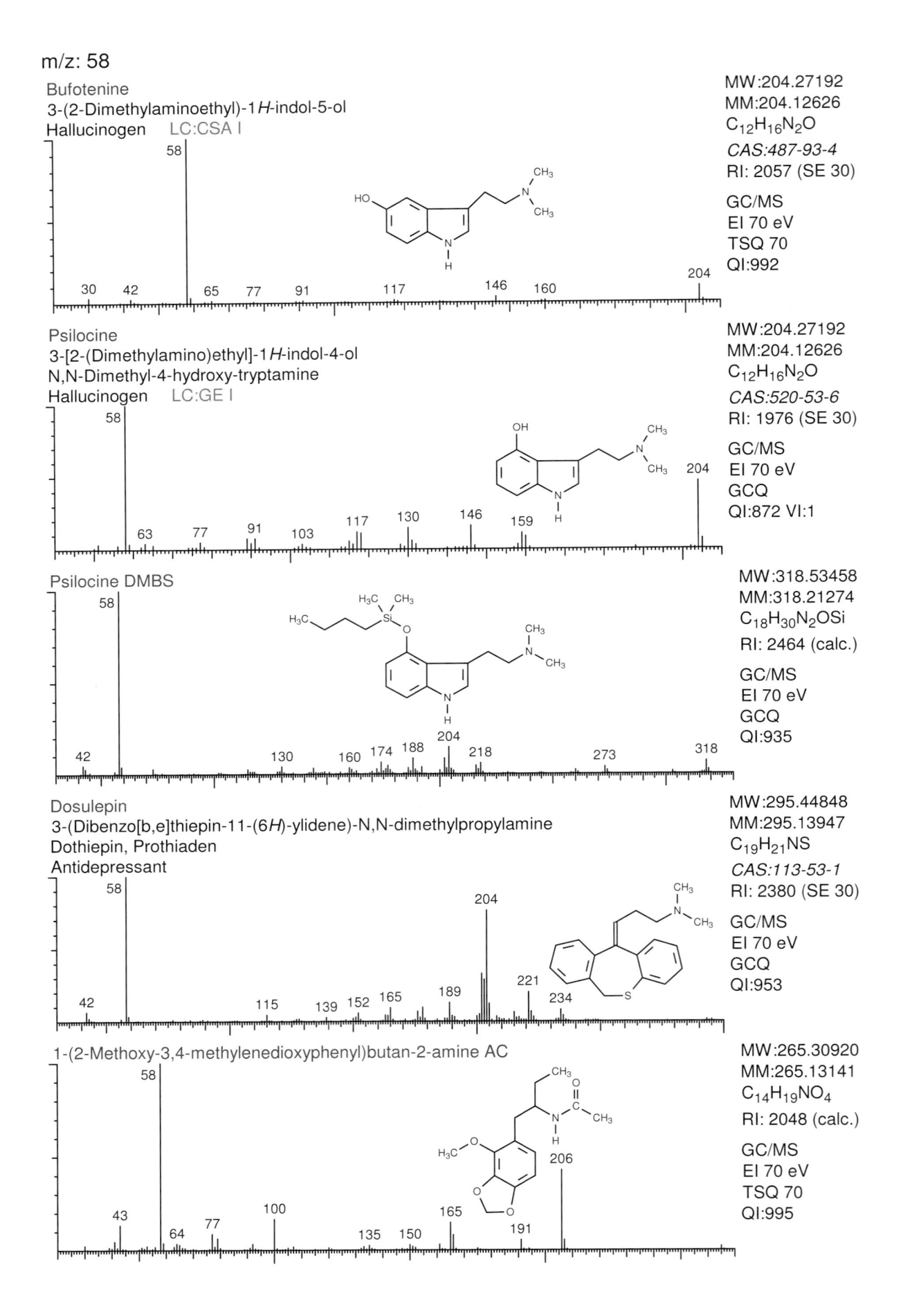

Bufotenine
3-(2-Dimethylaminoethyl)-1H-indol-5-ol
Hallucinogen   LC:CSA I

MW:204.27192
MM:204.12626
$C_{12}H_{16}N_2O$
CAS:487-93-4
RI: 2057 (SE 30)

GC/MS
EI 70 eV
TSQ 70
QI:992

Psilocine
3-[2-(Dimethylamino)ethyl]-1H-indol-4-ol
N,N-Dimethyl-4-hydroxy-tryptamine
Hallucinogen   LC:GE I

MW:204.27192
MM:204.12626
$C_{12}H_{16}N_2O$
CAS:520-53-6
RI: 1976 (SE 30)

GC/MS
EI 70 eV
GCQ
QI:872 VI:1

Psilocine DMBS

MW:318.53458
MM:318.21274
$C_{18}H_{30}N_2OSi$
RI: 2464 (calc.)

GC/MS
EI 70 eV
GCQ
QI:935

Dosulepin
3-(Dibenzo[b,e]thiepin-11-(6H)-ylidene)-N,N-dimethylpropylamine
Dothiepin, Prothiaden
Antidepressant

MW:295.44848
MM:295.13947
$C_{19}H_{21}NS$
CAS:113-53-1
RI: 2380 (SE 30)

GC/MS
EI 70 eV
GCQ
QI:953

1-(2-Methoxy-3,4-methylenedioxyphenyl)butan-2-amine AC

MW:265.30920
MM:265.13141
$C_{14}H_{19}NO_4$
RI: 2048 (calc.)

GC/MS
EI 70 eV
TSQ 70
QI:995

m/z: 58

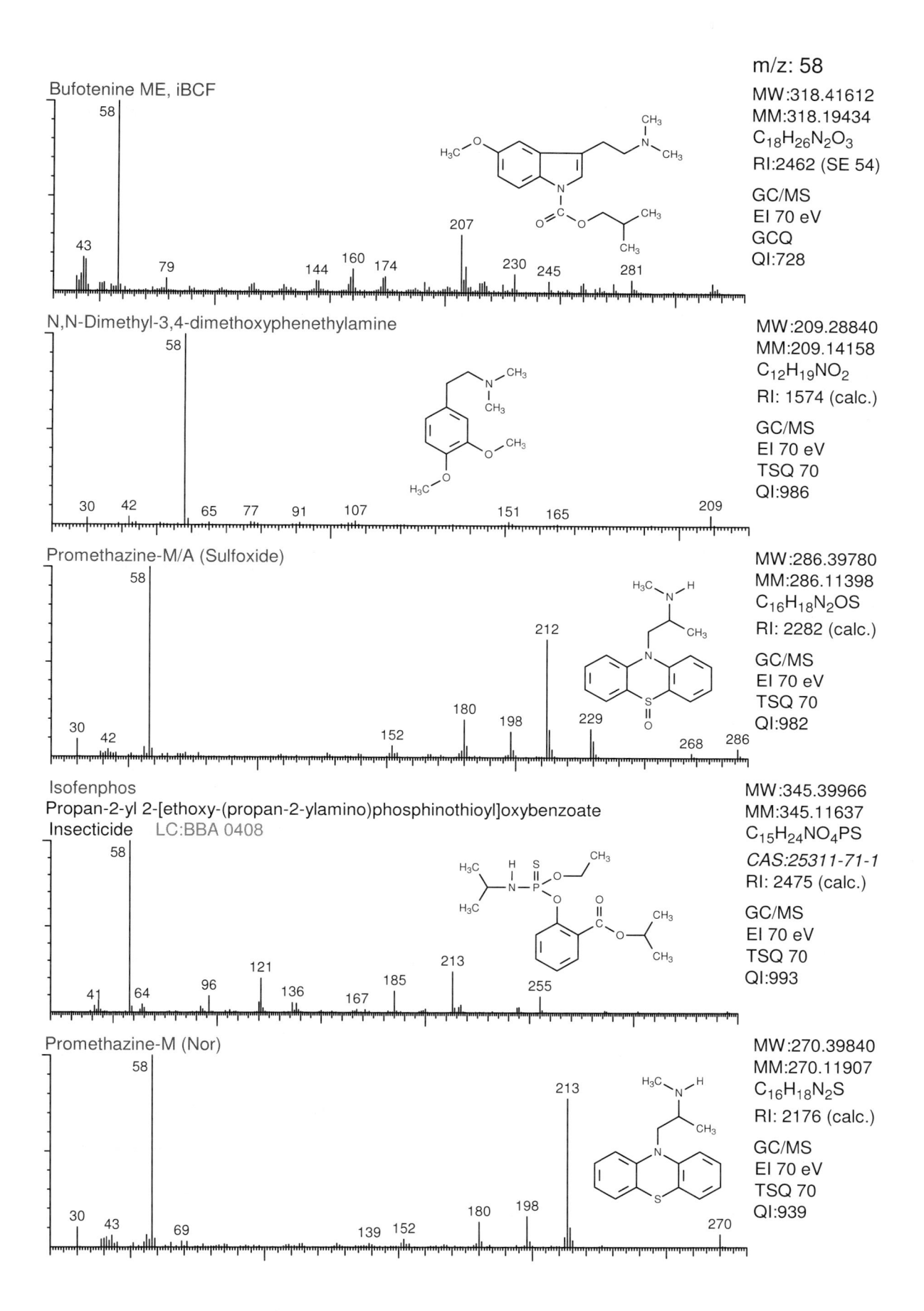

Bufotenine ME, iBCF

MW: 318.41612
MM: 318.19434
$C_{18}H_{26}N_2O_3$
RI: 2462 (SE 54)

GC/MS
EI 70 eV
GCQ
QI: 728

Peaks: 43, 58, 79, 144, 160, 174, 207, 230, 245, 281

N,N-Dimethyl-3,4-dimethoxyphenethylamine

MW: 209.28840
MM: 209.14158
$C_{12}H_{19}NO_2$
RI: 1574 (calc.)

GC/MS
EI 70 eV
TSQ 70
QI: 986

Peaks: 30, 42, 58, 65, 77, 91, 107, 151, 165, 209

Promethazine-M/A (Sulfoxide)

MW: 286.39780
MM: 286.11398
$C_{16}H_{18}N_2OS$
RI: 2282 (calc.)

GC/MS
EI 70 eV
TSQ 70
QI: 982

Peaks: 30, 42, 58, 152, 180, 198, 212, 229, 268, 286

Isofenphos
Propan-2-yl 2-[ethoxy-(propan-2-ylamino)phosphinothioyl]oxybenzoate
Insecticide   LC: BBA 0408

MW: 345.39966
MM: 345.11637
$C_{15}H_{24}NO_4PS$
CAS: 25311-71-1
RI: 2475 (calc.)

GC/MS
EI 70 eV
TSQ 70
QI: 993

Peaks: 41, 58, 64, 96, 121, 136, 167, 185, 213, 255

Promethazine-M (Nor)

MW: 270.39840
MM: 270.11907
$C_{16}H_{18}N_2S$
RI: 2176 (calc.)

GC/MS
EI 70 eV
TSQ 70
QI: 939

Peaks: 30, 43, 58, 69, 139, 152, 180, 198, 213, 270

m/z: 58

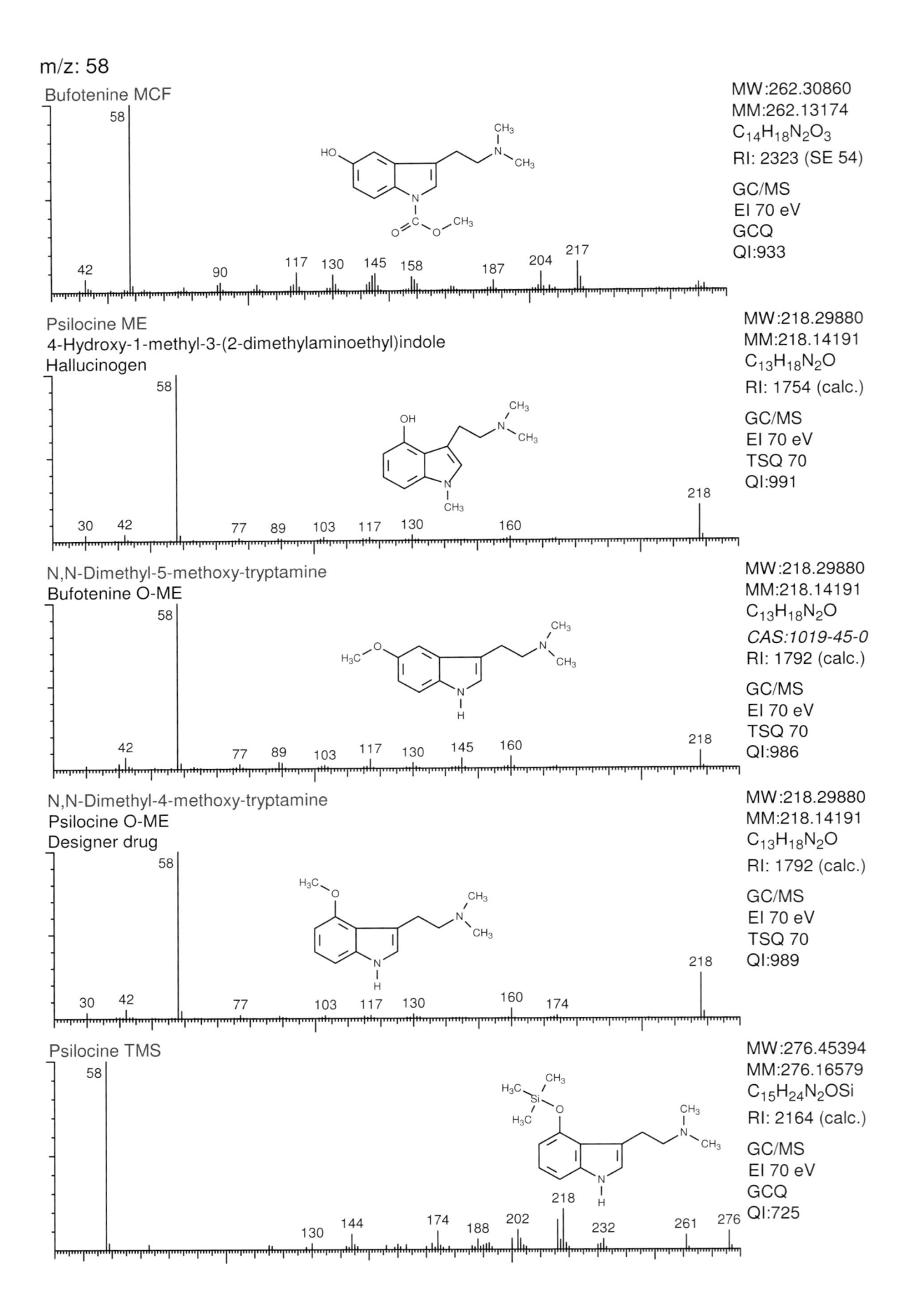

Bufotenine MCF

58, 42, 90, 117, 130, 145, 158, 187, 204, 217

MW:262.30860
MM:262.13174
$C_{14}H_{18}N_2O_3$
RI: 2323 (SE 54)

GC/MS
EI 70 eV
GCQ
QI:933

Psilocine ME
4-Hydroxy-1-methyl-3-(2-dimethylaminoethyl)indole
Hallucinogen

58, 30, 42, 77, 89, 103, 117, 130, 160, 218

MW:218.29880
MM:218.14191
$C_{13}H_{18}N_2O$
RI: 1754 (calc.)

GC/MS
EI 70 eV
TSQ 70
QI:991

N,N-Dimethyl-5-methoxy-tryptamine
Bufotenine O-ME

58, 42, 77, 89, 103, 117, 130, 145, 160, 218

MW:218.29880
MM:218.14191
$C_{13}H_{18}N_2O$
CAS:1019-45-0
RI: 1792 (calc.)

GC/MS
EI 70 eV
TSQ 70
QI:986

N,N-Dimethyl-4-methoxy-tryptamine
Psilocine O-ME
Designer drug

58, 30, 42, 77, 103, 117, 130, 160, 174, 218

MW:218.29880
MM:218.14191
$C_{13}H_{18}N_2O$
RI: 1792 (calc.)

GC/MS
EI 70 eV
TSQ 70
QI:989

Psilocine TMS

58, 130, 144, 174, 188, 202, 218, 232, 261, 276

MW:276.45394
MM:276.16579
$C_{15}H_{24}N_2OSi$
RI: 2164 (calc.)

GC/MS
EI 70 eV
GCQ
QI:725

m/z: 58

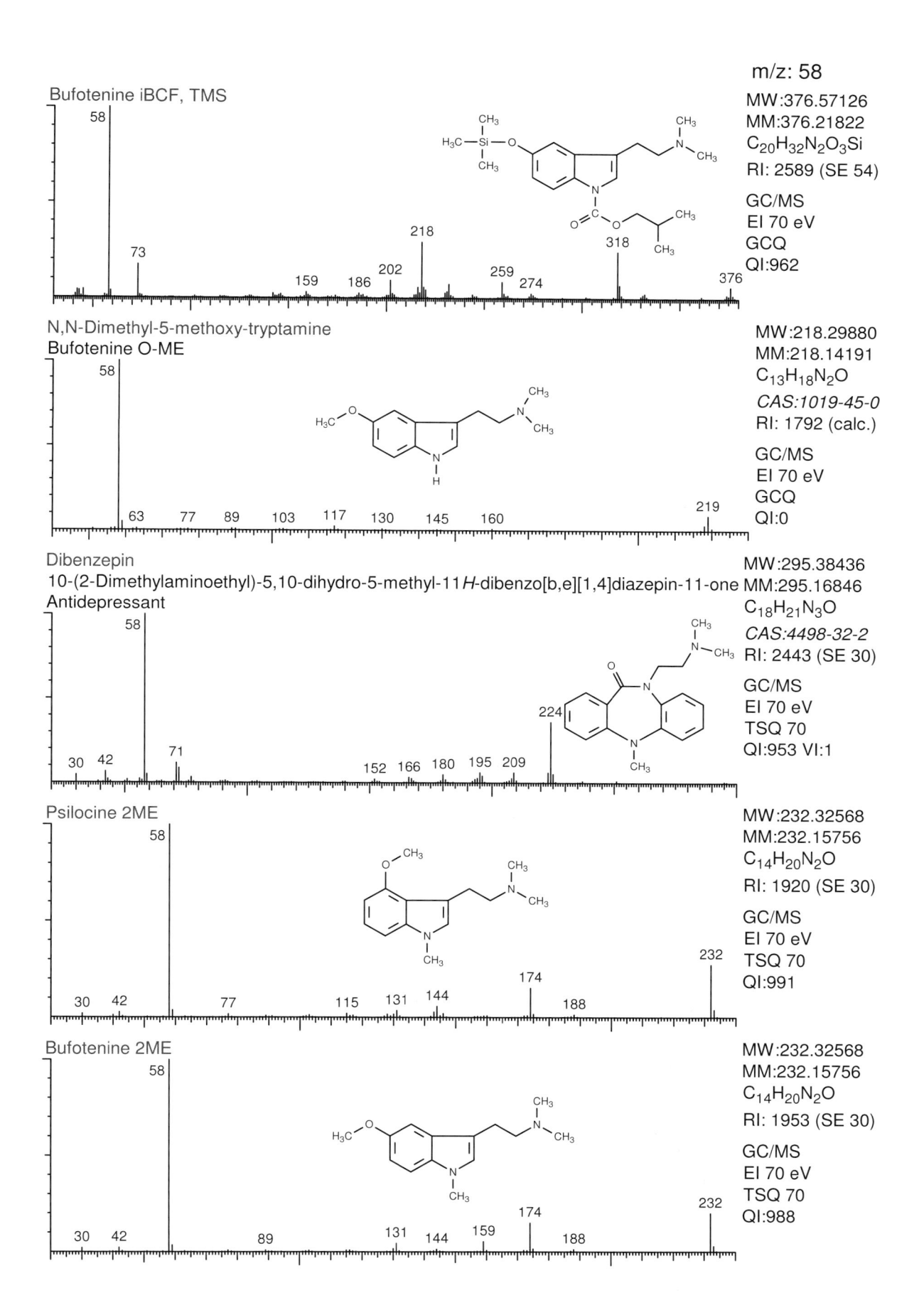

Bufotenine iBCF, TMS

MW: 376.57126
MM: 376.21822
$C_{20}H_{32}N_2O_3Si$
RI: 2589 (SE 54)

GC/MS
EI 70 eV
GCQ
QI: 962

Peaks: 58, 73, 159, 186, 202, 218, 259, 274, 318, 376

N,N-Dimethyl-5-methoxy-tryptamine
Bufotenine O-ME

MW: 218.29880
MM: 218.14191
$C_{13}H_{18}N_2O$
CAS: 1019-45-0
RI: 1792 (calc.)

GC/MS
EI 70 eV
GCQ
QI: 0

Peaks: 58, 63, 77, 89, 103, 117, 130, 145, 160, 219

Dibenzepin
10-(2-Dimethylaminoethyl)-5,10-dihydro-5-methyl-11H-dibenzo[b,e][1,4]diazepin-11-one
Antidepressant

MW: 295.38436
MM: 295.16846
$C_{18}H_{21}N_3O$
CAS: 4498-32-2
RI: 2443 (SE 30)

GC/MS
EI 70 eV
TSQ 70
QI: 953 VI:1

Peaks: 30, 42, 58, 71, 152, 166, 180, 195, 209, 224

Psilocine 2ME

MW: 232.32568
MM: 232.15756
$C_{14}H_{20}N_2O$
RI: 1920 (SE 30)

GC/MS
EI 70 eV
TSQ 70
QI: 991

Peaks: 30, 42, 58, 77, 115, 131, 144, 174, 188, 232

Bufotenine 2ME

MW: 232.32568
MM: 232.15756
$C_{14}H_{20}N_2O$
RI: 1953 (SE 30)

GC/MS
EI 70 eV
TSQ 70
QI: 988

Peaks: 30, 42, 58, 89, 131, 144, 159, 174, 188, 232

m/z: 58

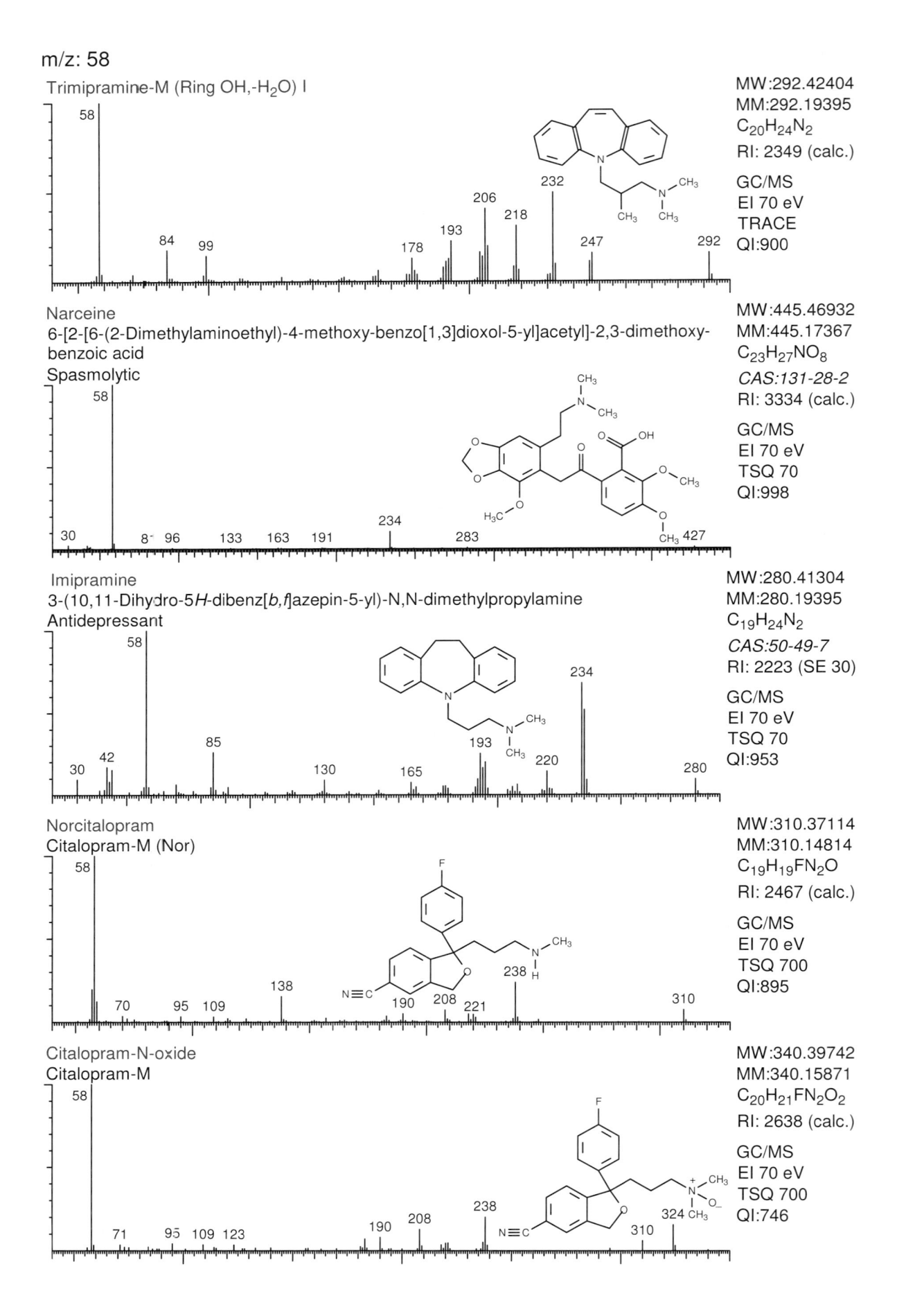

Trimipramine-M (Ring OH,-H₂O) I

Peaks: 58, 84, 99, 178, 193, 206, 218, 232, 247, 292

MW: 292.42404
MM: 292.19395
$C_{20}H_{24}N_2$
RI: 2349 (calc.)

GC/MS
EI 70 eV
TRACE
QI: 900

Narceine
6-[2-[6-(2-Dimethylaminoethyl)-4-methoxy-benzo[1,3]dioxol-5-yl]acetyl]-2,3-dimethoxy-benzoic acid
Spasmolytic

Peaks: 30, 58, 81, 96, 133, 163, 191, 234, 283, 427

MW: 445.46932
MM: 445.17367
$C_{23}H_{27}NO_8$
CAS: 131-28-2
RI: 3334 (calc.)

GC/MS
EI 70 eV
TSQ 70
QI: 998

Imipramine
3-(10,11-Dihydro-5H-dibenz[b,f]azepin-5-yl)-N,N-dimethylpropylamine
Antidepressant

Peaks: 30, 42, 58, 85, 130, 165, 193, 220, 234, 280

MW: 280.41304
MM: 280.19395
$C_{19}H_{24}N_2$
CAS: 50-49-7
RI: 2223 (SE 30)

GC/MS
EI 70 eV
TSQ 70
QI: 953

Norcitalopram
Citalopram-M (Nor)

Peaks: 58, 70, 95, 109, 138, 190, 208, 221, 238, 310

MW: 310.37114
MM: 310.14814
$C_{19}H_{19}FN_2O$
RI: 2467 (calc.)

GC/MS
EI 70 eV
TSQ 700
QI: 895

Citalopram-N-oxide
Citalopram-M

Peaks: 58, 71, 95, 109, 123, 190, 208, 238, 310, 324

MW: 340.39742
MM: 340.15871
$C_{20}H_{21}FN_2O_2$
RI: 2638 (calc.)

GC/MS
EI 70 eV
TSQ 700
QI: 746

m/z: 58

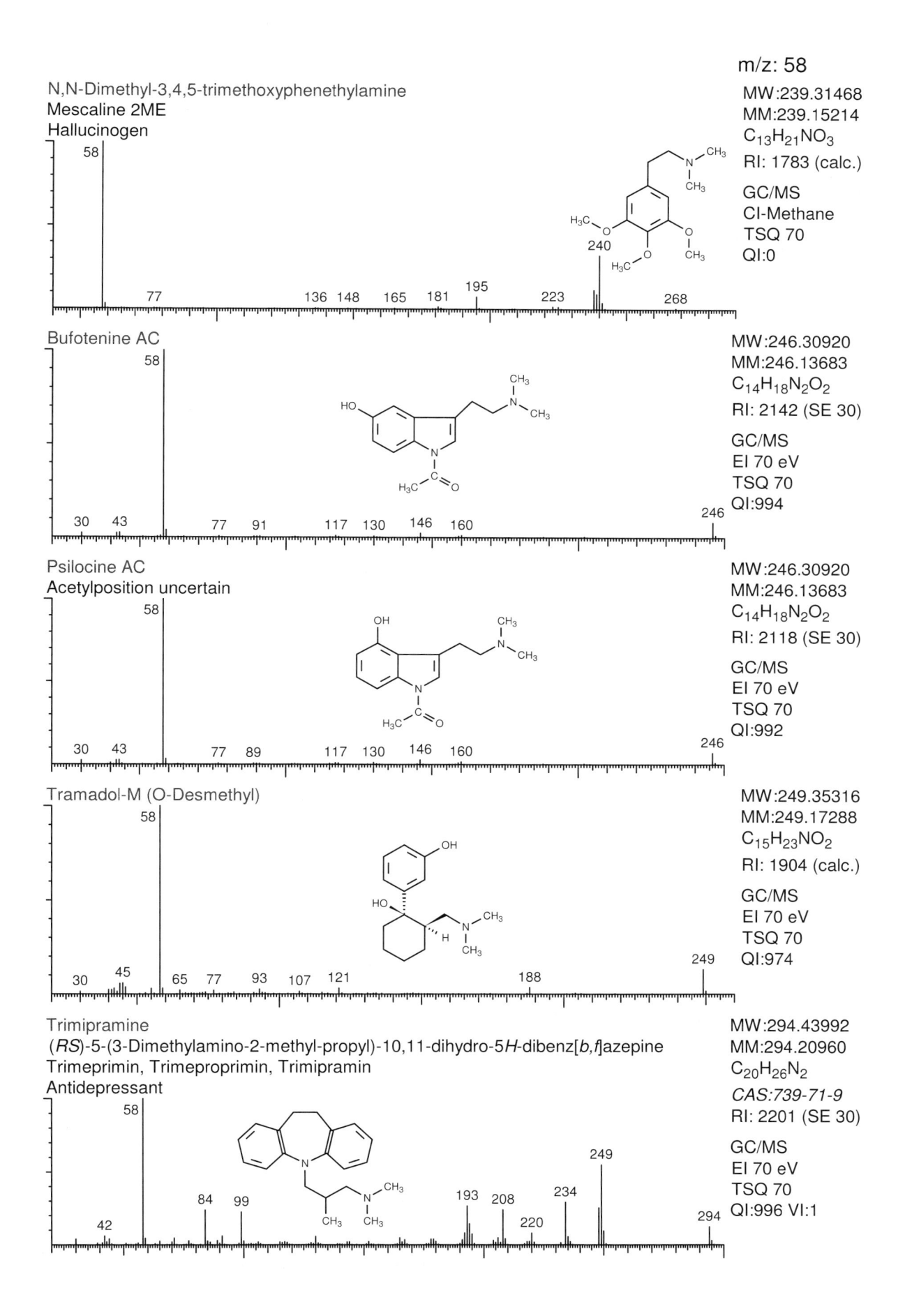

N,N-Dimethyl-3,4,5-trimethoxyphenethylamine
Mescaline 2ME
Hallucinogen

MW: 239.31468
MM: 239.15214
$C_{13}H_{21}NO_3$
RI: 1783 (calc.)

GC/MS
CI-Methane
TSQ 70
QI: 0

Bufotenine AC

MW: 246.30920
MM: 246.13683
$C_{14}H_{18}N_2O_2$
RI: 2142 (SE 30)

GC/MS
EI 70 eV
TSQ 70
QI: 994

Psilocine AC
Acetylposition uncertain

MW: 246.30920
MM: 246.13683
$C_{14}H_{18}N_2O_2$
RI: 2118 (SE 30)

GC/MS
EI 70 eV
TSQ 70
QI: 992

Tramadol-M (O-Desmethyl)

MW: 249.35316
MM: 249.17288
$C_{15}H_{23}NO_2$
RI: 1904 (calc.)

GC/MS
EI 70 eV
TSQ 70
QI: 974

Trimipramine
(*RS*)-5-(3-Dimethylamino-2-methyl-propyl)-10,11-dihydro-5*H*-dibenz[*b,f*]azepine
Trimeprimin, Trimeproprimin, Trimipramin
Antidepressant

MW: 294.43992
MM: 294.20960
$C_{20}H_{26}N_2$
CAS: 739-71-9
RI: 2201 (SE 30)

GC/MS
EI 70 eV
TSQ 70
QI: 996 VI: 1

m/z: 58

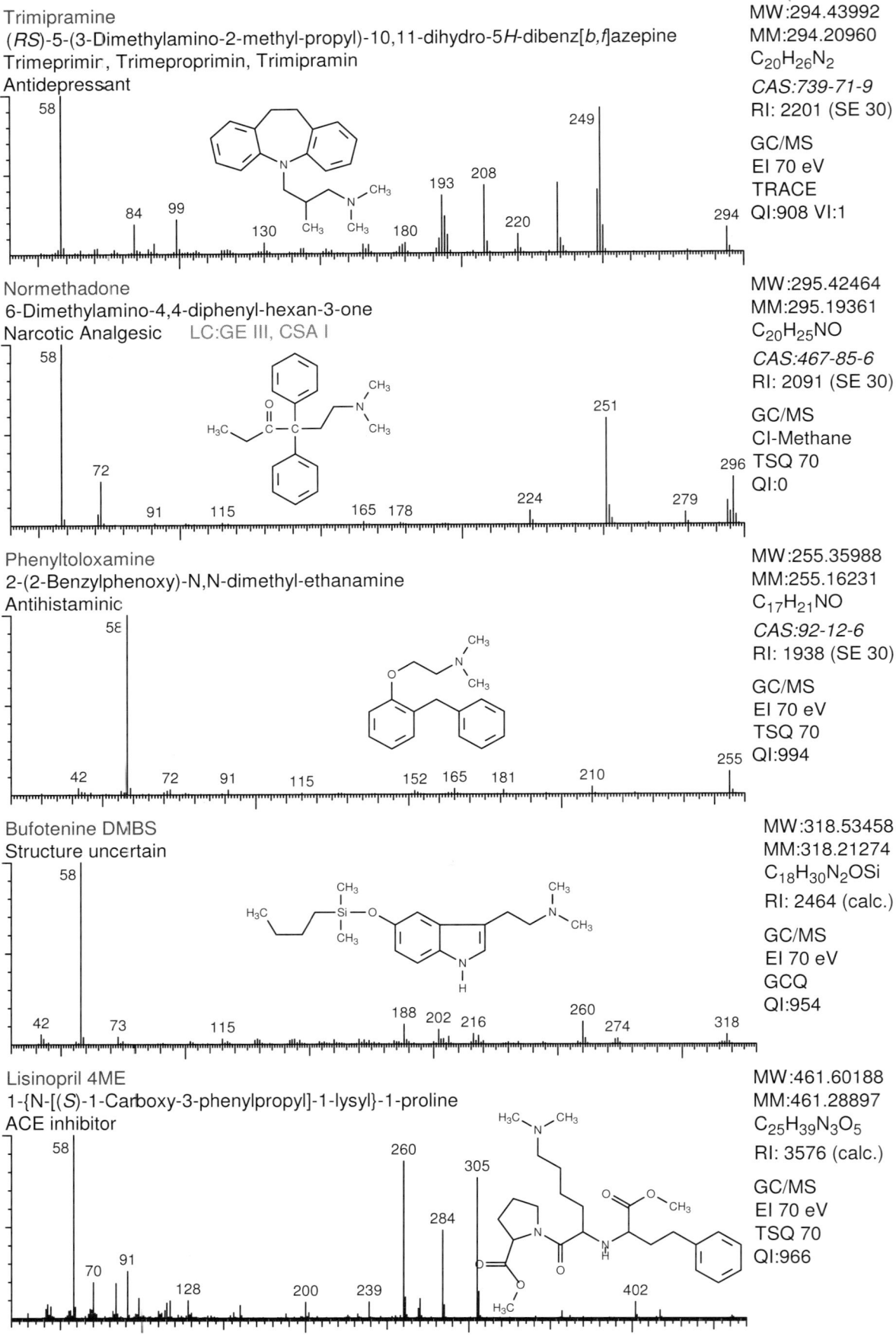

Trimipramine
(RS)-5-(3-Dimethylamino-2-methyl-propyl)-10,11-dihydro-5H-dibenz[b,f]azepine
Trimeprimir, Trimeproprimin, Trimipramin
Antidepressant

MW:294.43992
MM:294.20960
$C_{20}H_{26}N_2$
CAS:739-71-9
RI: 2201 (SE 30)

GC/MS
EI 70 eV
TRACE
QI:908 VI:1

Peaks: 58, 84, 99, 130, 180, 193, 208, 220, 249, 294

Normethadone
6-Dimethylamino-4,4-diphenyl-hexan-3-one
Narcotic Analgesic   LC:GE III, CSA I

MW:295.42464
MM:295.19361
$C_{20}H_{25}NO$
CAS:467-85-6
RI: 2091 (SE 30)

GC/MS
CI-Methane
TSQ 70
QI:0

Peaks: 58, 72, 91, 115, 165, 178, 224, 251, 279, 296

Phenyltoloxamine
2-(2-Benzylphenoxy)-N,N-dimethyl-ethanamine
Antihistaminic

MW:255.35988
MM:255.16231
$C_{17}H_{21}NO$
CAS:92-12-6
RI: 1938 (SE 30)

GC/MS
EI 70 eV
TSQ 70
QI:994

Peaks: 42, 58, 72, 91, 115, 152, 165, 181, 210, 255

Bufotenine DMBS
Structure uncertain

MW:318.53458
MM:318.21274
$C_{18}H_{30}N_2OSi$
RI: 2464 (calc.)

GC/MS
EI 70 eV
GCQ
QI:954

Peaks: 42, 58, 73, 115, 188, 202, 216, 260, 274, 318

Lisinopril 4ME
1-{N-[(S)-1-Carboxy-3-phenylpropyl]-1-lysyl}-1-proline
ACE inhibitor

MW:461.60188
MM:461.28897
$C_{25}H_{39}N_3O_5$
RI: 3576 (calc.)

GC/MS
EI 70 eV
TSQ 70
QI:966

Peaks: 58, 70, 91, 128, 200, 239, 260, 284, 305, 402

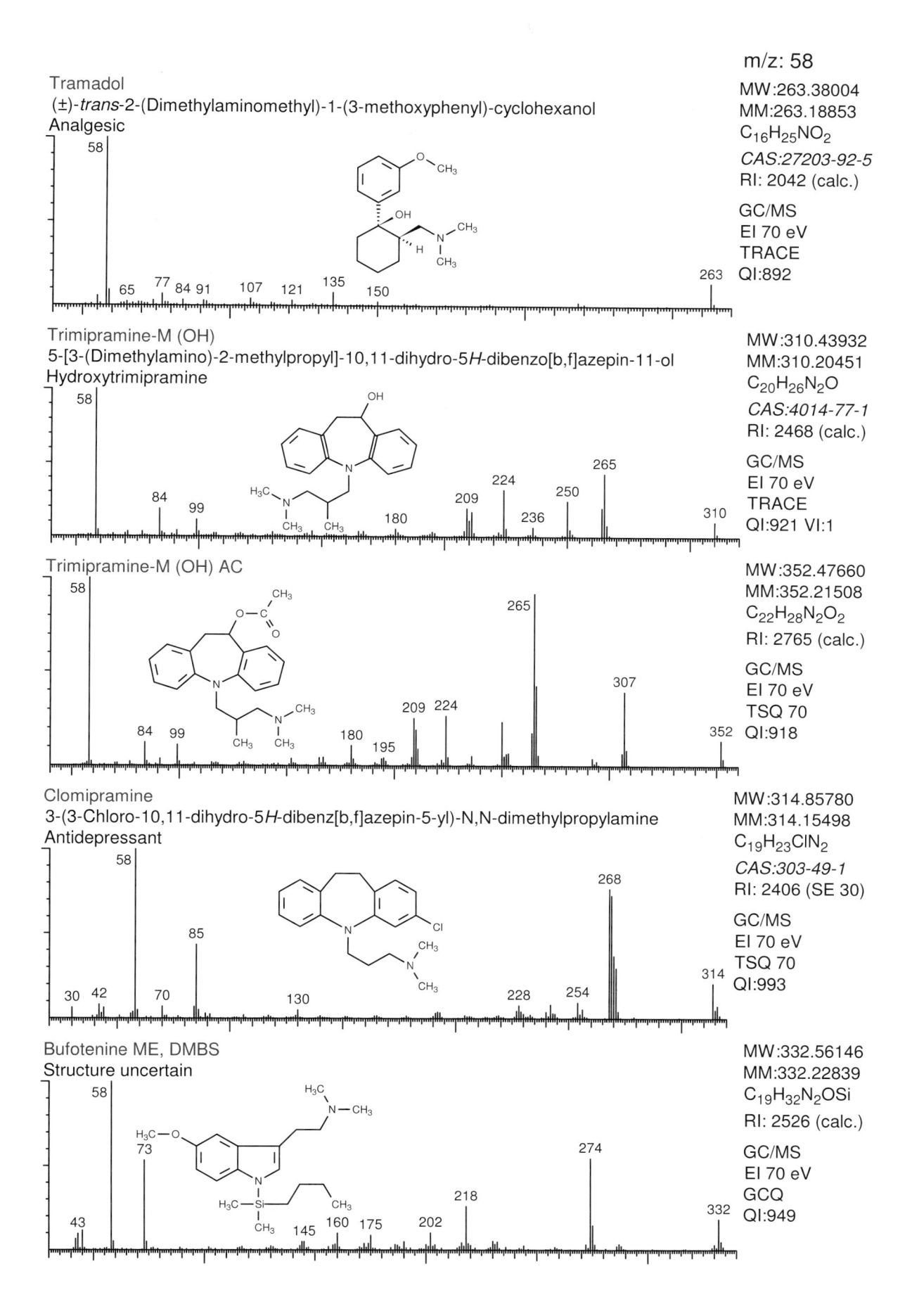

Tramadol
(±)-*trans*-2-(Dimethylaminomethyl)-1-(3-methoxyphenyl)-cyclohexanol
Analgesic

m/z: 58
MW: 263.38004
MM: 263.18853
$C_{16}H_{25}NO_2$
CAS: 27203-92-5
RI: 2042 (calc.)

GC/MS
EI 70 eV
TRACE
QI: 892

Peaks: 58, 65, 77, 84, 91, 107, 121, 135, 150, 263

Trimipramine-M (OH)
5-[3-(Dimethylamino)-2-methylpropyl]-10,11-dihydro-5*H*-dibenzo[b,f]azepin-11-ol
Hydroxytrimipramine

MW: 310.43932
MM: 310.20451
$C_{20}H_{26}N_2O$
CAS: 4014-77-1
RI: 2468 (calc.)

GC/MS
EI 70 eV
TRACE
QI: 921 VI:1

Peaks: 58, 84, 99, 180, 209, 224, 236, 250, 265, 310

Trimipramine-M (OH) AC

MW: 352.47660
MM: 352.21508
$C_{22}H_{28}N_2O_2$
RI: 2765 (calc.)

GC/MS
EI 70 eV
TSQ 70
QI: 918

Peaks: 58, 84, 99, 180, 195, 209, 224, 265, 307, 352

Clomipramine
3-(3-Chloro-10,11-dihydro-5*H*-dibenz[b,f]azepin-5-yl)-N,N-dimethylpropylamine
Antidepressant

MW: 314.85780
MM: 314.15498
$C_{19}H_{23}ClN_2$
CAS: 303-49-1
RI: 2406 (SE 30)

GC/MS
EI 70 eV
TSQ 70
QI: 993

Peaks: 30, 42, 58, 70, 85, 130, 228, 254, 268, 314

Bufotenine ME, DMBS
Structure uncertain

MW: 332.56146
MM: 332.22839
$C_{19}H_{32}N_2OSi$
RI: 2526 (calc.)

GC/MS
EI 70 eV
GCQ
QI: 949

Peaks: 43, 58, 73, 145, 160, 175, 202, 218, 274, 332

147

m/z: 58

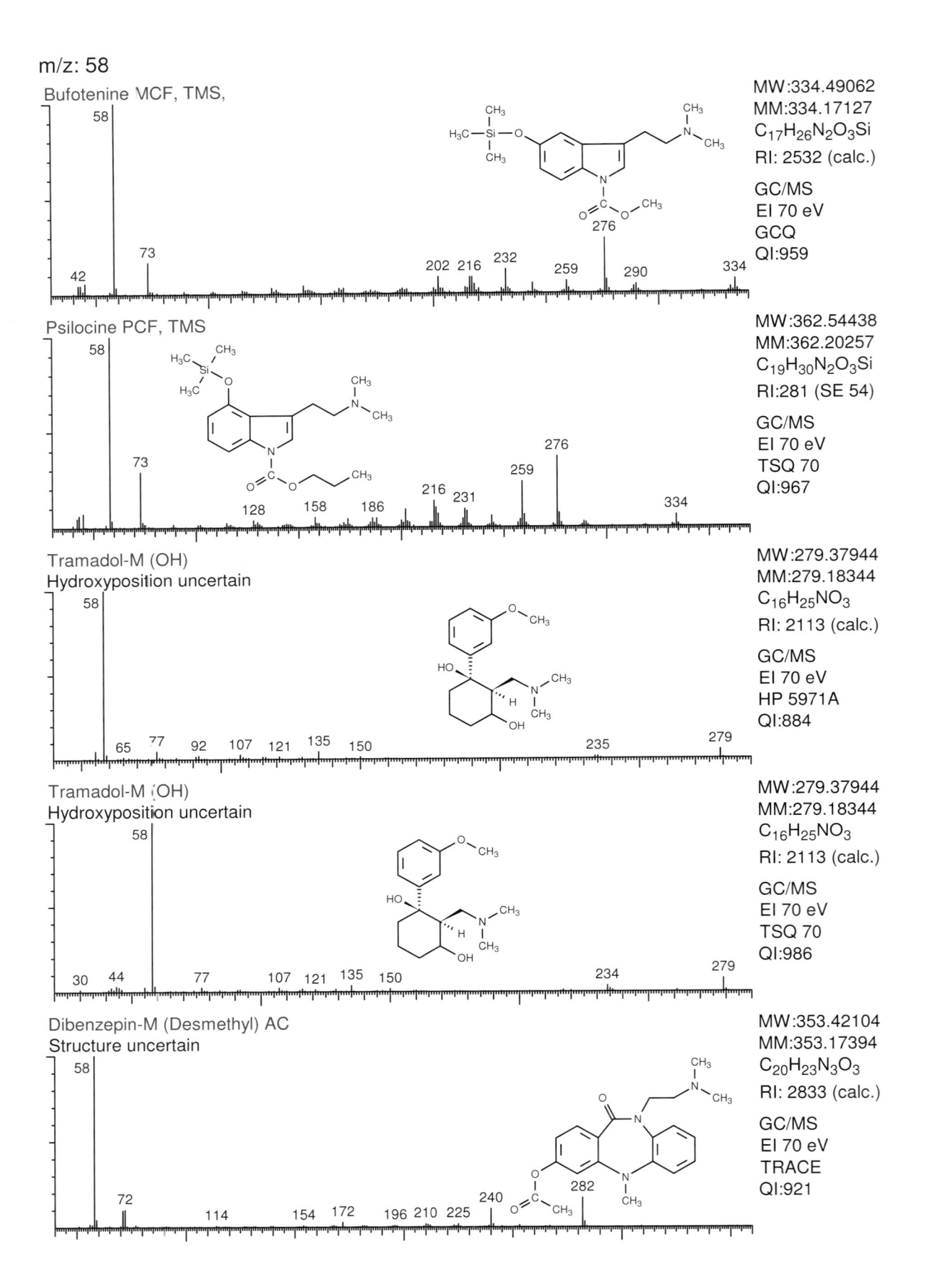

Bufotenine MCF, TMS,

MW:334.49062
MM:334.17127
$C_{17}H_{26}N_2O_3Si$
RI: 2532 (calc.)

GC/MS
EI 70 eV
GCQ
QI:959

Psilocine PCF, TMS

MW:362.54438
MM:362.20257
$C_{19}H_{30}N_2O_3Si$
RI:281 (SE 54)

GC/MS
EI 70 eV
TSQ 70
QI:967

Tramadol-M (OH)
Hydroxyposition uncertain

MW:279.37944
MM:279.18344
$C_{16}H_{25}NO_3$
RI: 2113 (calc.)

GC/MS
EI 70 eV
HP 5971A
QI:884

Tramadol-M (OH)
Hydroxyposition uncertain

MW:279.37944
MM:279.18344
$C_{16}H_{25}NO_3$
RI: 2113 (calc.)

GC/MS
EI 70 eV
TSQ 70
QI:986

Dibenzepin-M (Desmethyl) AC
Structure uncertain

MW:353.42104
MM:353.17394
$C_{20}H_{23}N_3O_3$
RI: 2833 (calc.)

GC/MS
EI 70 eV
TRACE
QI:921

m/z: 58

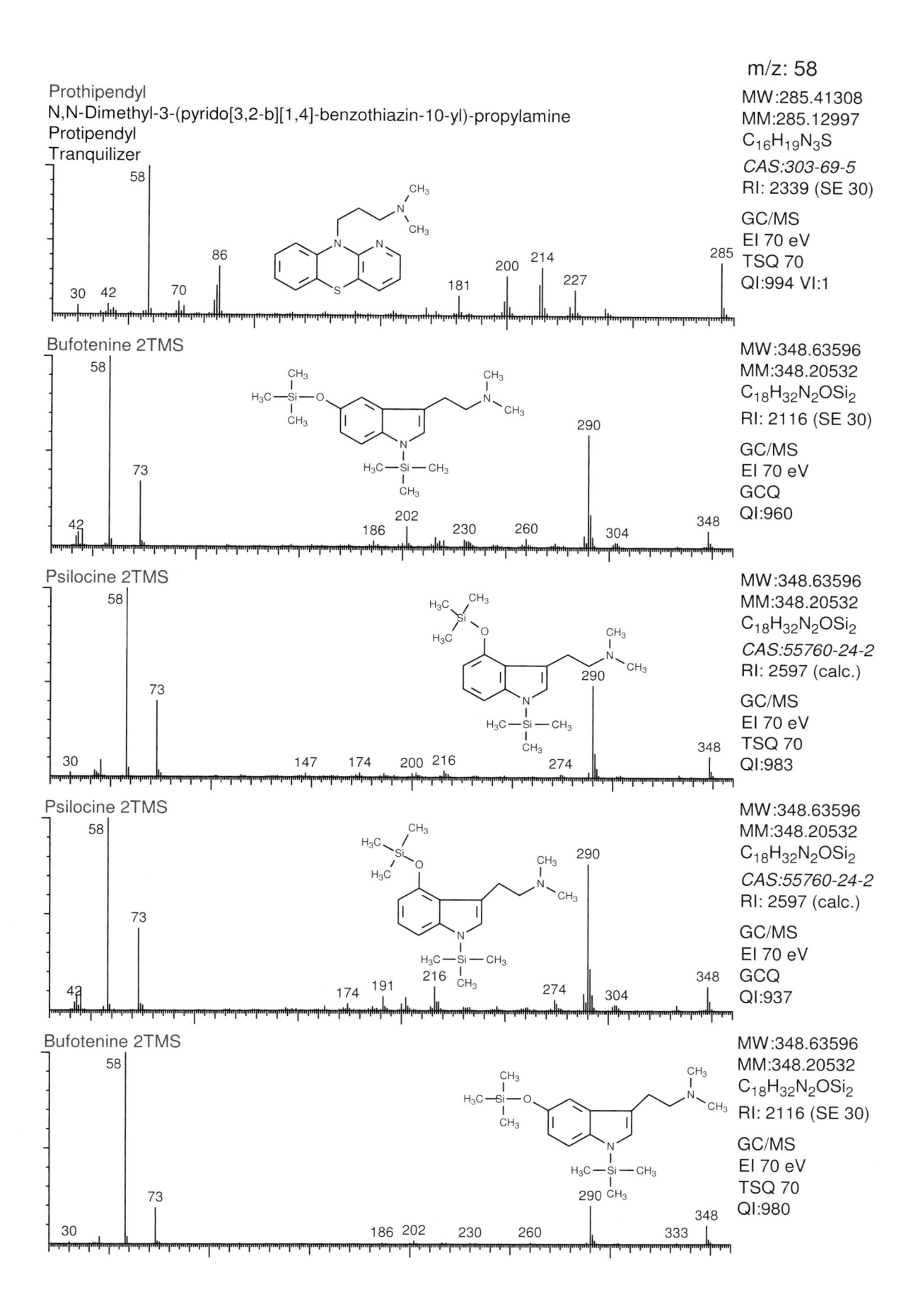

Prothipendyl
N,N-Dimethyl-3-(pyrido[3,2-b][1,4]-benzothiazin-10-yl)-propylamine
Protipendyl
Tranquilizer

MW: 285.41308
MM: 285.12997
$C_{16}H_{19}N_3S$
CAS: 303-69-5
RI: 2339 (SE 30)

GC/MS
EI 70 eV
TSQ 70
QI: 994 VI:1

Peaks: 30, 42, 58, 70, 86, 181, 200, 214, 227, 285

Bufotenine 2TMS

MW: 348.63596
MM: 348.20532
$C_{18}H_{32}N_2OSi_2$
RI: 2116 (SE 30)

GC/MS
EI 70 eV
GCQ
QI: 960

Peaks: 42, 58, 73, 186, 202, 230, 260, 290, 304, 348

Psilocine 2TMS

MW: 348.63596
MM: 348.20532
$C_{18}H_{32}N_2OSi_2$
CAS: 55760-24-2
RI: 2597 (calc.)

GC/MS
EI 70 eV
TSQ 70
QI: 983

Peaks: 30, 58, 73, 147, 174, 200, 216, 274, 290, 348

Psilocine 2TMS

MW: 348.63596
MM: 348.20532
$C_{18}H_{32}N_2OSi_2$
CAS: 55760-24-2
RI: 2597 (calc.)

GC/MS
EI 70 eV
GCQ
QI: 937

Peaks: 42, 58, 73, 174, 191, 216, 274, 290, 304, 348

Bufotenine 2TMS

MW: 348.63596
MM: 348.20532
$C_{18}H_{32}N_2OSi_2$
RI: 2116 (SE 30)

GC/MS
EI 70 eV
TSQ 70
QI: 980

Peaks: 30, 58, 73, 186, 202, 230, 260, 290, 333, 348

m/z: 58

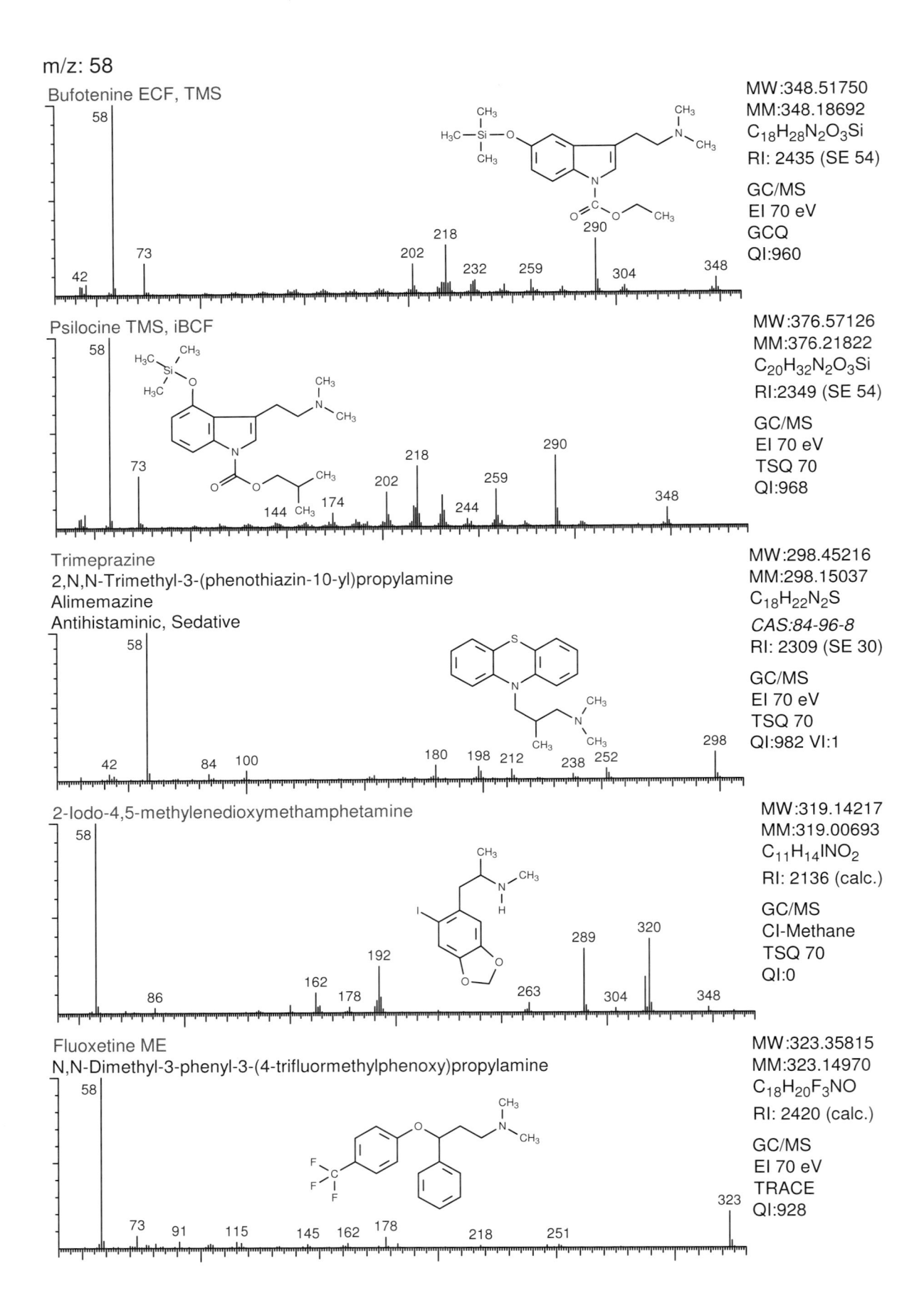

Bufotenine ECF, TMS

MW: 348.51750
MM: 348.18692
$C_{18}H_{28}N_2O_3Si$
RI: 2435 (SE 54)

GC/MS
EI 70 eV
GCQ
QI: 960

Peaks: 42, 58, 73, 202, 218, 232, 259, 290, 304, 348

Psilocine TMS, iBCF

MW: 376.57126
MM: 376.21822
$C_{20}H_{32}N_2O_3Si$
RI: 2349 (SE 54)

GC/MS
EI 70 eV
TSQ 70
QI: 968

Peaks: 58, 73, 144, 174, 202, 218, 244, 259, 290, 348

Trimeprazine
2,N,N-Trimethyl-3-(phenothiazin-10-yl)propylamine
Alimemazine
Antihistaminic, Sedative

MW: 298.45216
MM: 298.15037
$C_{18}H_{22}N_2S$
CAS: 84-96-8
RI: 2309 (SE 30)

GC/MS
EI 70 eV
TSQ 70
QI: 982 VI:1

Peaks: 42, 58, 84, 100, 180, 198, 212, 238, 252, 298

2-Iodo-4,5-methylenedioxymethamphetamine

MW: 319.14217
MM: 319.00693
$C_{11}H_{14}INO_2$
RI: 2136 (calc.)

GC/MS
CI-Methane
TSQ 70
QI: 0

Peaks: 58, 86, 162, 178, 192, 263, 289, 304, 320, 348

Fluoxetine ME
N,N-Dimethyl-3-phenyl-3-(4-trifluormethylphenoxy)propylamine

MW: 323.35815
MM: 323.14970
$C_{18}H_{20}F_3NO$
RI: 2420 (calc.)

GC/MS
EI 70 eV
TRACE
QI: 928

Peaks: 58, 73, 91, 115, 145, 162, 178, 218, 251, 323

m/z: 58

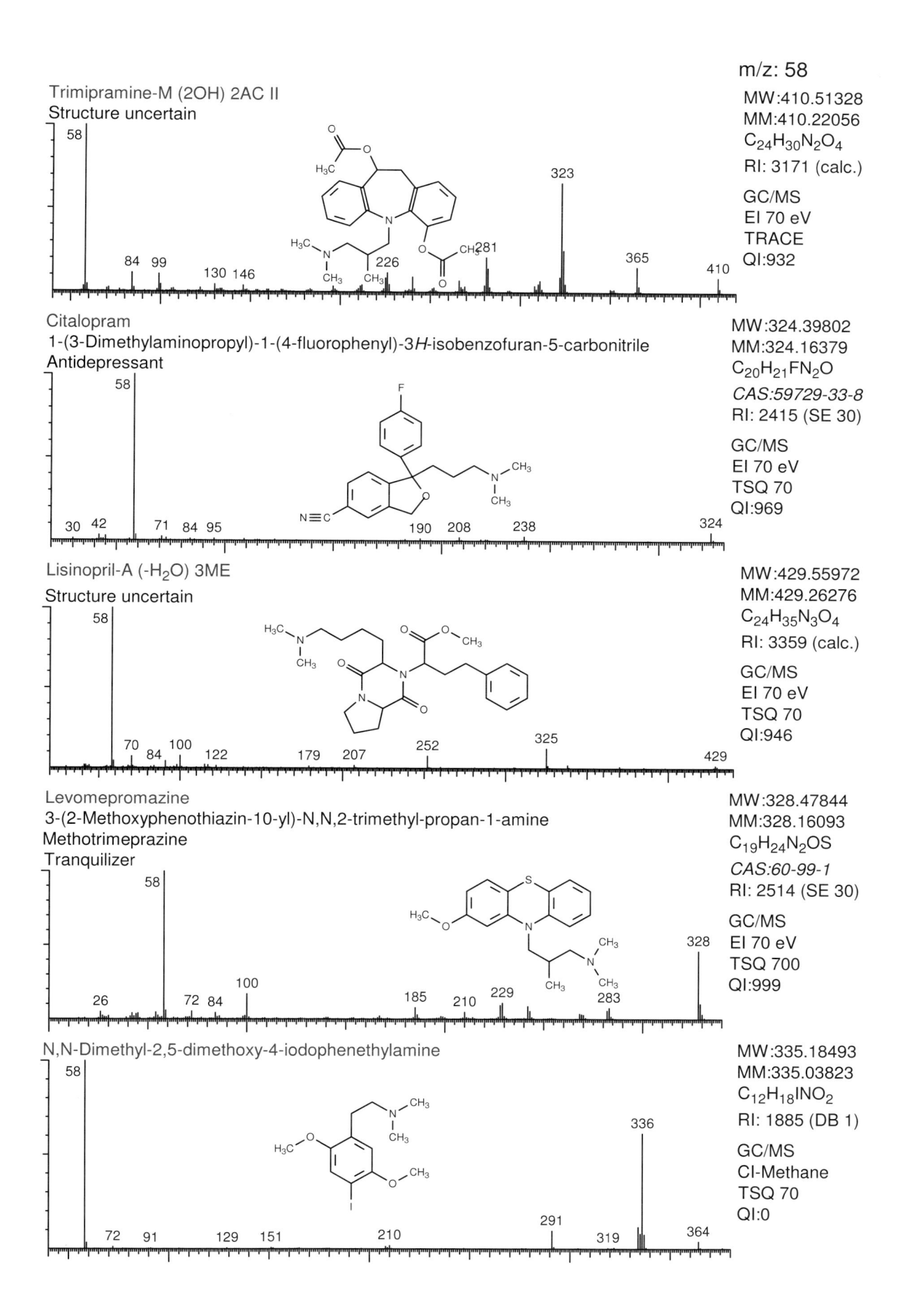

Trimipramine-M (2OH) 2AC II
Structure uncertain

MW: 410.51328
MM: 410.22056
$C_{24}H_{30}N_2O_4$
RI: 3171 (calc.)

GC/MS
EI 70 eV
TRACE
QI: 932

Peaks: 58, 84, 99, 130, 146, 226, 281, 323, 365, 410

Citalopram
1-(3-Dimethylaminopropyl)-1-(4-fluorophenyl)-3*H*-isobenzofuran-5-carbonitrile
Antidepressant

MW: 324.39802
MM: 324.16379
$C_{20}H_{21}FN_2O$
CAS: 59729-33-8
RI: 2415 (SE 30)

GC/MS
EI 70 eV
TSQ 70
QI: 969

Peaks: 30, 42, 58, 71, 84, 95, 190, 208, 238, 324

Lisinopril-A (-H₂O) 3ME
Structure uncertain

MW: 429.55972
MM: 429.26276
$C_{24}H_{35}N_3O_4$
RI: 3359 (calc.)

GC/MS
EI 70 eV
TSQ 70
QI: 946

Peaks: 58, 70, 84, 100, 122, 179, 207, 252, 325, 429

Levomepromazine
3-(2-Methoxyphenothiazin-10-yl)-N,N,2-trimethyl-propan-1-amine
Methotrimeprazine
Tranquilizer

MW: 328.47844
MM: 328.16093
$C_{19}H_{24}N_2OS$
CAS: 60-99-1
RI: 2514 (SE 30)

GC/MS
EI 70 eV
TSQ 700
QI: 999

Peaks: 26, 58, 72, 84, 100, 185, 210, 229, 283, 328

N,N-Dimethyl-2,5-dimethoxy-4-iodophenethylamine

MW: 335.18493
MM: 335.03823
$C_{12}H_{18}INO_2$
RI: 1885 (DB 1)

GC/MS
CI-Methane
TSQ 70
QI: 0

Peaks: 58, 72, 91, 129, 151, 210, 291, 319, 336, 364

m/z: 58

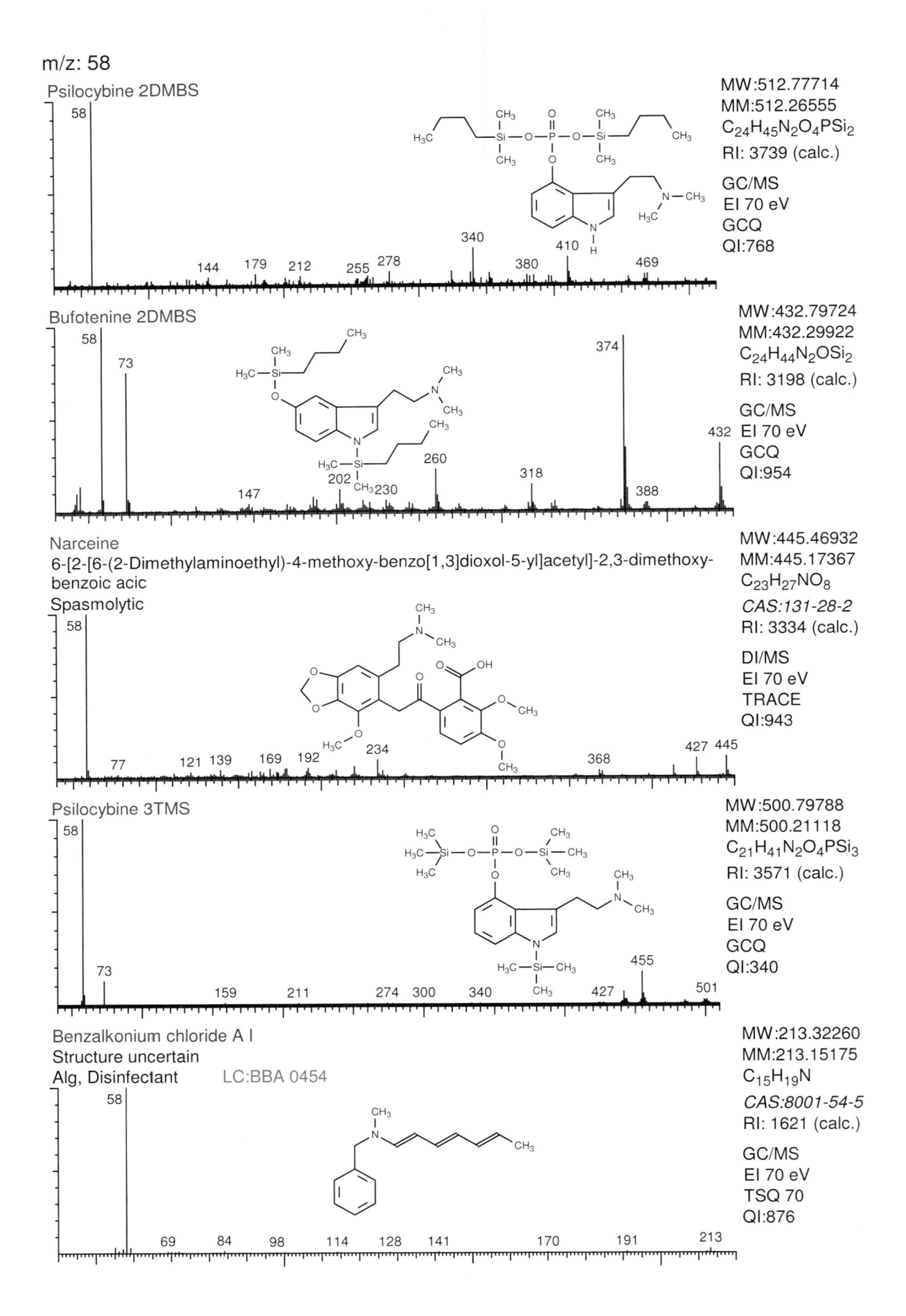

Psilocybine 2DMBS

MW:512.77714
MM:512.26555
$C_{24}H_{45}N_2O_4PSi_2$
RI: 3739 (calc.)

GC/MS
EI 70 eV
GCQ
QI:768

Peaks: 58, 144, 179, 212, 255, 278, 340, 380, 410, 469

Bufotenine 2DMBS

MW:432.79724
MM:432.29922
$C_{24}H_{44}N_2OSi_2$
RI: 3198 (calc.)

GC/MS
EI 70 eV
GCQ
QI:954

Peaks: 58, 73, 147, 202, 230, 260, 318, 374, 388, 432

Narceine
6-[2-[6-(2-Dimethylaminoethyl)-4-methoxy-benzo[1,3]dioxol-5-yl]acetyl]-2,3-dimethoxy-benzoic acic
Spasmolytic

MW:445.46932
MM:445.17367
$C_{23}H_{27}NO_8$
CAS:131-28-2
RI: 3334 (calc.)

DI/MS
EI 70 eV
TRACE
QI:943

Peaks: 58, 77, 121, 139, 169, 192, 234, 368, 427, 445

Psilocybine 3TMS

MW:500.79788
MM:500.21118
$C_{21}H_{41}N_2O_4PSi_3$
RI: 3571 (calc.)

GC/MS
EI 70 eV
GCQ
QI:340

Peaks: 58, 73, 159, 211, 274, 300, 340, 427, 455, 501

Benzalkonium chloride A I
Structure uncertain
Alg, Disinfectant   LC:BBA 0454

MW:213.32260
MM:213.15175
$C_{15}H_{19}N$
CAS:8001-54-5
RI: 1621 (calc.)

GC/MS
EI 70 eV
TSQ 70
QI:876

Peaks: 58, 69, 84, 98, 114, 128, 141, 170, 191, 213

m/z: 58

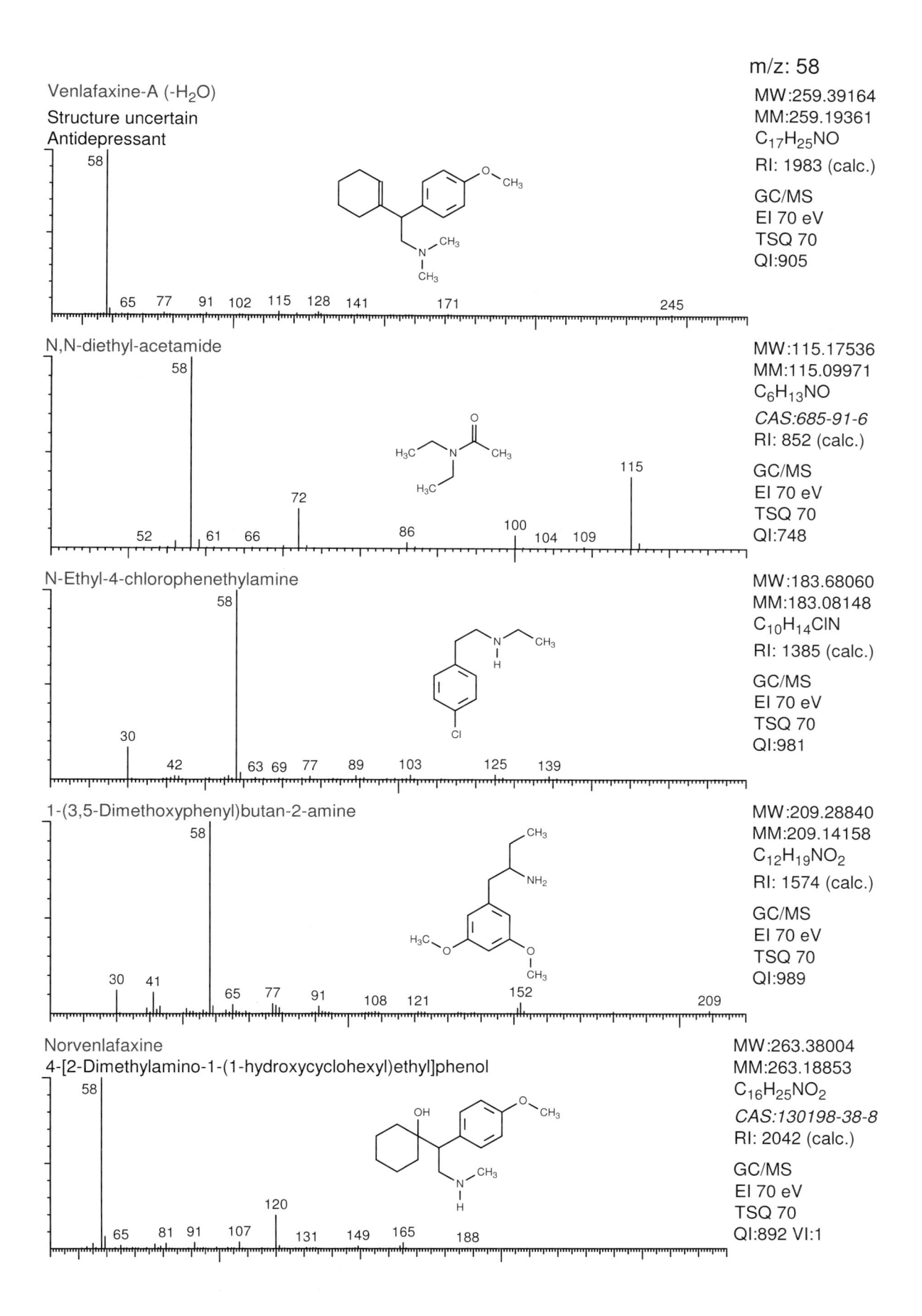

Venlafaxine-A (-H₂O)
Structure uncertain
Antidepressant

MW:259.39164
MM:259.19361
$C_{17}H_{25}NO$
RI: 1983 (calc.)

GC/MS
EI 70 eV
TSQ 70
QI:905

Peaks: 58, 65, 77, 91, 102, 115, 128, 141, 171, 245

N,N-diethyl-acetamide

MW:115.17536
MM:115.09971
$C_6H_{13}NO$
CAS:685-91-6
RI: 852 (calc.)

GC/MS
EI 70 eV
TSQ 70
QI:748

Peaks: 52, 58, 61, 66, 72, 86, 100, 104, 109, 115

N-Ethyl-4-chlorophenethylamine

MW:183.68060
MM:183.08148
$C_{10}H_{14}ClN$
RI: 1385 (calc.)

GC/MS
EI 70 eV
TSQ 70
QI:981

Peaks: 30, 42, 58, 63, 69, 77, 89, 103, 125, 139

1-(3,5-Dimethoxyphenyl)butan-2-amine

MW:209.28840
MM:209.14158
$C_{12}H_{19}NO_2$
RI: 1574 (calc.)

GC/MS
EI 70 eV
TSQ 70
QI:989

Peaks: 30, 41, 58, 65, 77, 91, 108, 121, 152, 209

Norvenlafaxine
4-[2-Dimethylamino-1-(1-hydroxycyclohexyl)ethyl]phenol

MW:263.38004
MM:263.18853
$C_{16}H_{25}NO_2$
CAS:130198-38-8
RI: 2042 (calc.)

GC/MS
EI 70 eV
TSQ 70
QI:892 VI:1

Peaks: 58, 65, 81, 91, 107, 120, 131, 149, 165, 188

m/z: 58

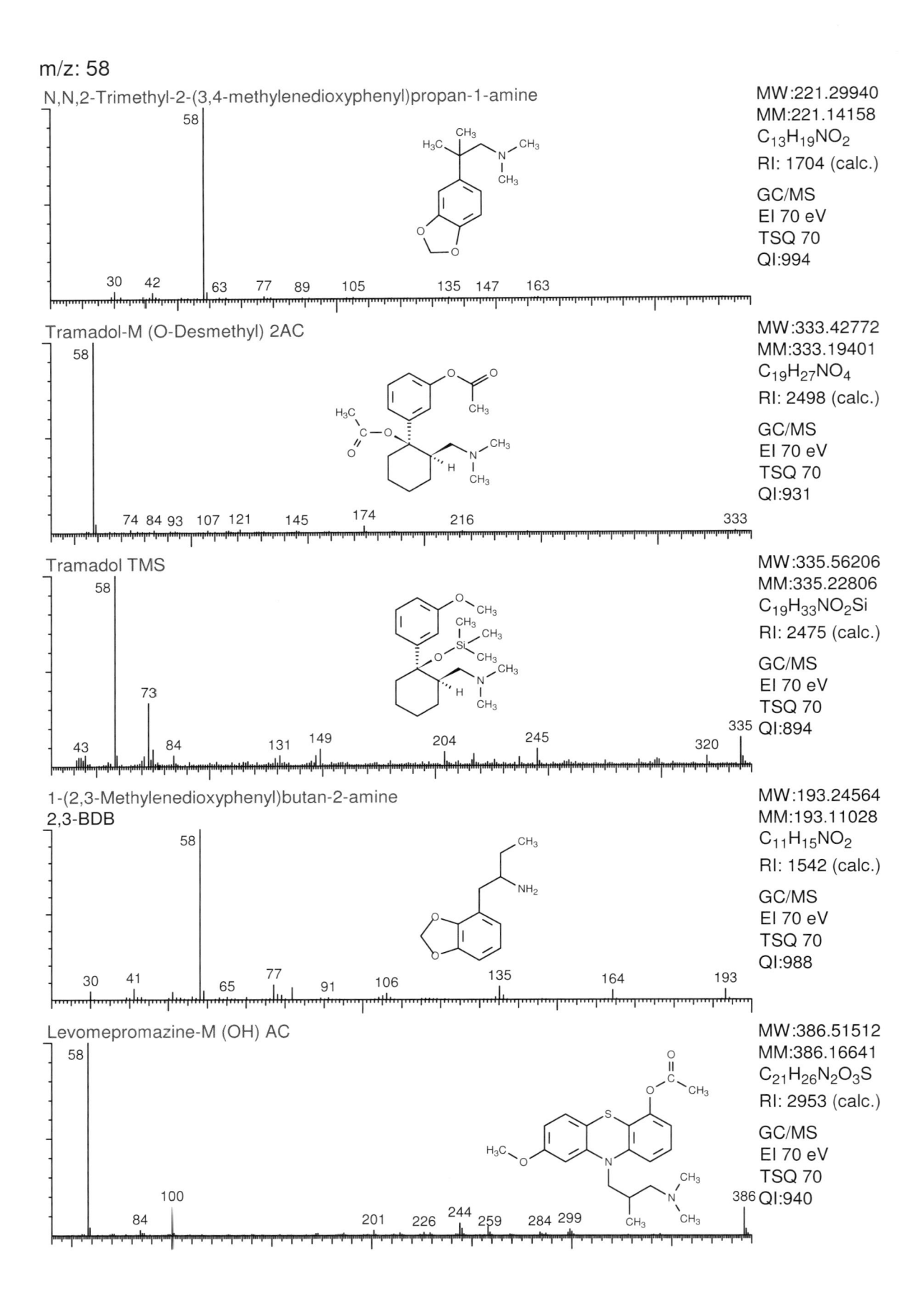

N,N,2-Trimethyl-2-(3,4-methylenedioxyphenyl)propan-1-amine

MW:221.29940
MM:221.14158
$C_{13}H_{19}NO_2$
RI: 1704 (calc.)

GC/MS
EI 70 eV
TSQ 70
QI:994

Tramadol-M (O-Desmethyl) 2AC

MW:333.42772
MM:333.19401
$C_{19}H_{27}NO_4$
RI: 2498 (calc.)

GC/MS
EI 70 eV
TSQ 70
QI:931

Tramadol TMS

MW:335.56206
MM:335.22806
$C_{19}H_{33}NO_2Si$
RI: 2475 (calc.)

GC/MS
EI 70 eV
TSQ 70
QI:894

1-(2,3-Methylenedioxyphenyl)butan-2-amine
2,3-BDB

MW:193.24564
MM:193.11028
$C_{11}H_{15}NO_2$
RI: 1542 (calc.)

GC/MS
EI 70 eV
TSQ 70
QI:988

Levomepromazine-M (OH) AC

MW:386.51512
MM:386.16641
$C_{21}H_{26}N_2O_3S$
RI: 2953 (calc.)

GC/MS
EI 70 eV
TSQ 70
QI:940

Methcathinone AC

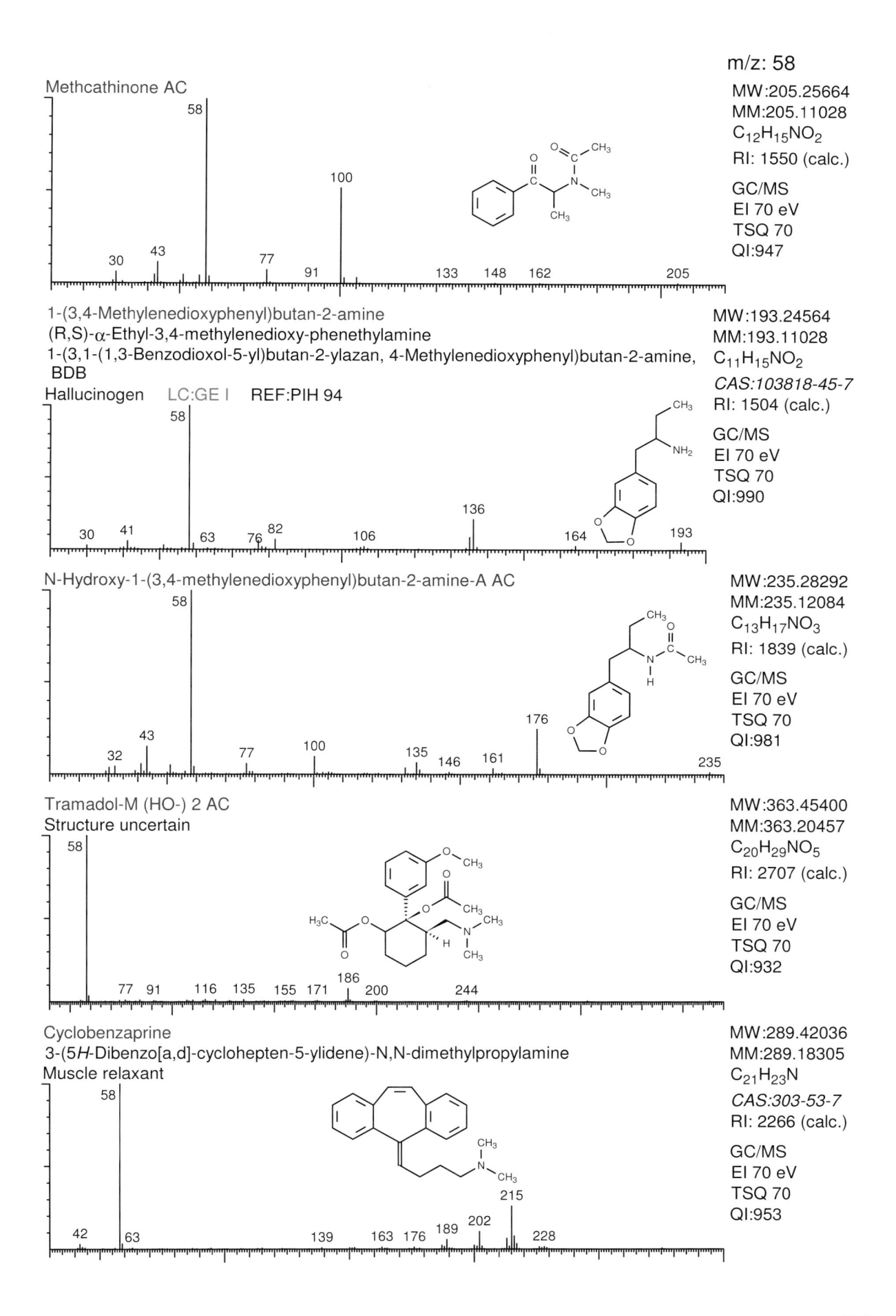

Peaks: 30, 43, 58, 77, 91, 100, 133, 148, 162, 205

m/z: 58
MW: 205.25664
MM: 205.11028
$C_{12}H_{15}NO_2$
RI: 1550 (calc.)

GC/MS
EI 70 eV
TSQ 70
QI: 947

1-(3,4-Methylenedioxyphenyl)butan-2-amine
(R,S)-α-Ethyl-3,4-methylenedioxy-phenethylamine
1-(3,1-(1,3-Benzodioxol-5-yl)butan-2-ylazan, 4-Methylenedioxyphenyl)butan-2-amine, BDB
Hallucinogen   LC:GE I   REF:PIH 94

Peaks: 30, 41, 58, 63, 76, 82, 106, 136, 164, 193

MW: 193.24564
MM: 193.11028
$C_{11}H_{15}NO_2$
CAS: 103818-45-7
RI: 1504 (calc.)

GC/MS
EI 70 eV
TSQ 70
QI: 990

N-Hydroxy-1-(3,4-methylenedioxyphenyl)butan-2-amine-A AC

Peaks: 32, 43, 58, 77, 100, 135, 146, 161, 176, 235

MW: 235.28292
MM: 235.12084
$C_{13}H_{17}NO_3$
RI: 1839 (calc.)

GC/MS
EI 70 eV
TSQ 70
QI: 981

Tramadol-M (HO-) 2 AC
Structure uncertain

Peaks: 58, 77, 91, 116, 135, 155, 171, 186, 200, 244

MW: 363.45400
MM: 363.20457
$C_{20}H_{29}NO_5$
RI: 2707 (calc.)

GC/MS
EI 70 eV
TSQ 70
QI: 932

Cyclobenzaprine
3-(5H-Dibenzo[a,d]-cyclohepten-5-ylidene)-N,N-dimethylpropylamine
Muscle relaxant

Peaks: 42, 58, 63, 139, 163, 176, 189, 202, 215, 228

MW: 289.42036
MM: 289.18305
$C_{21}H_{23}N$
CAS: 303-53-7
RI: 2266 (calc.)

GC/MS
EI 70 eV
TSQ 70
QI: 953

m/z: 58

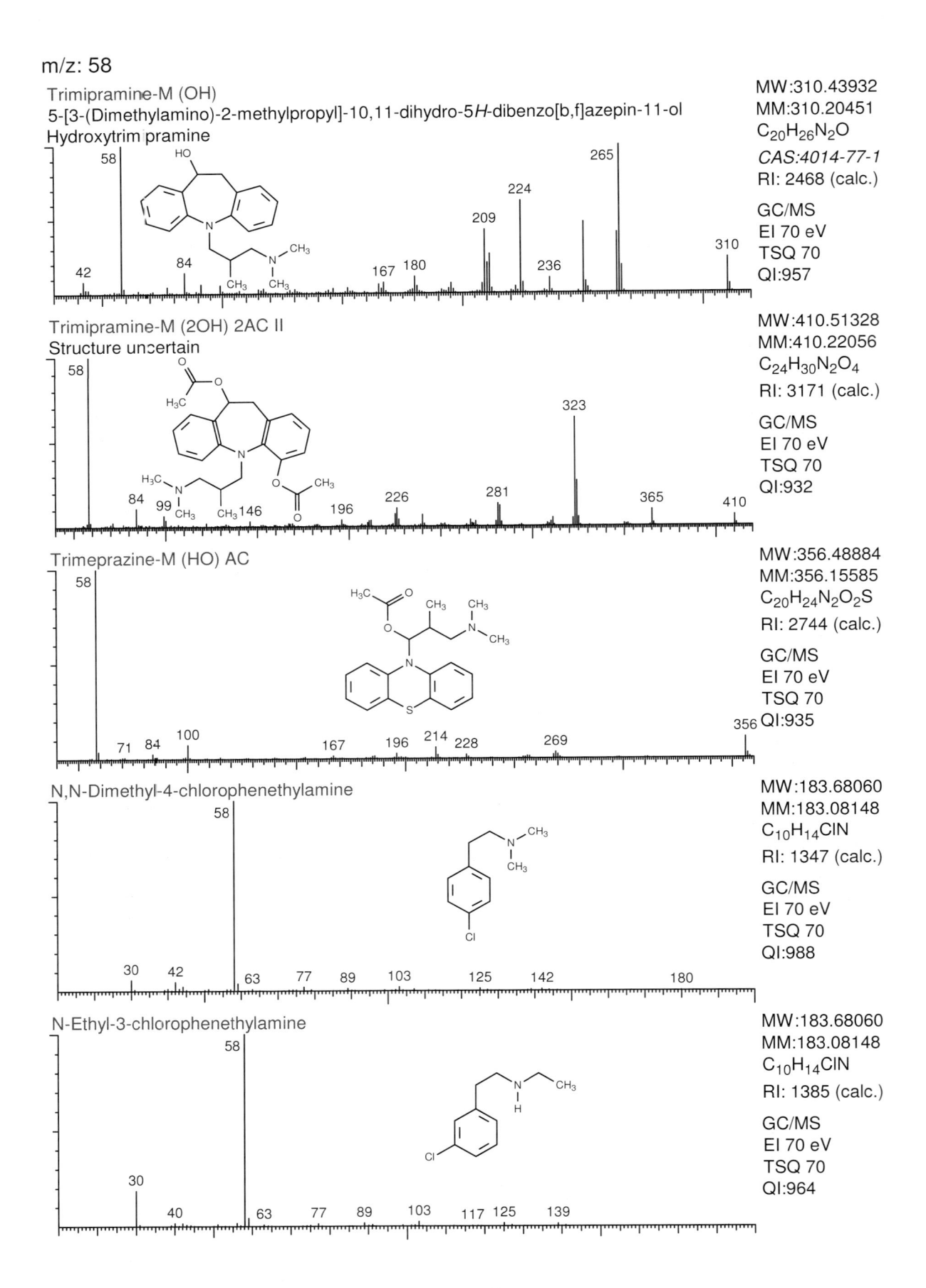

Trimipramine-M (OH)
5-[3-(Dimethylamino)-2-methylpropyl]-10,11-dihydro-5H-dibenzo[b,f]azepin-11-ol
Hydroxytrimipramine

Peaks: 42, 58, 84, 167, 180, 209, 224, 236, 265, 310

MW: 310.43932
MM: 310.20451
$C_{20}H_{26}N_2O$
CAS: 4014-77-1
RI: 2468 (calc.)

GC/MS
EI 70 eV
TSQ 70
QI: 957

Trimipramine-M (2OH) 2AC II
Structure uncertain

Peaks: 58, 84, 99, 146, 196, 226, 281, 323, 365, 410

MW: 410.51328
MM: 410.22056
$C_{24}H_{30}N_2O_4$
RI: 3171 (calc.)

GC/MS
EI 70 eV
TSQ 70
QI: 932

Trimeprazine-M (HO) AC

Peaks: 58, 71, 84, 100, 167, 196, 214, 228, 269, 356

MW: 356.48884
MM: 356.15585
$C_{20}H_{24}N_2O_2S$
RI: 2744 (calc.)

GC/MS
EI 70 eV
TSQ 70
QI: 935

N,N-Dimethyl-4-chlorophenethylamine

Peaks: 30, 42, 58, 63, 77, 89, 103, 125, 142, 180

MW: 183.68060
MM: 183.08148
$C_{10}H_{14}ClN$
RI: 1347 (calc.)

GC/MS
EI 70 eV
TSQ 70
QI: 988

N-Ethyl-3-chlorophenethylamine

Peaks: 30, 40, 58, 63, 77, 89, 103, 117, 125, 139

MW: 183.68060
MM: 183.08148
$C_{10}H_{14}ClN$
RI: 1385 (calc.)

GC/MS
EI 70 eV
TSQ 70
QI: 964

m/z: 58

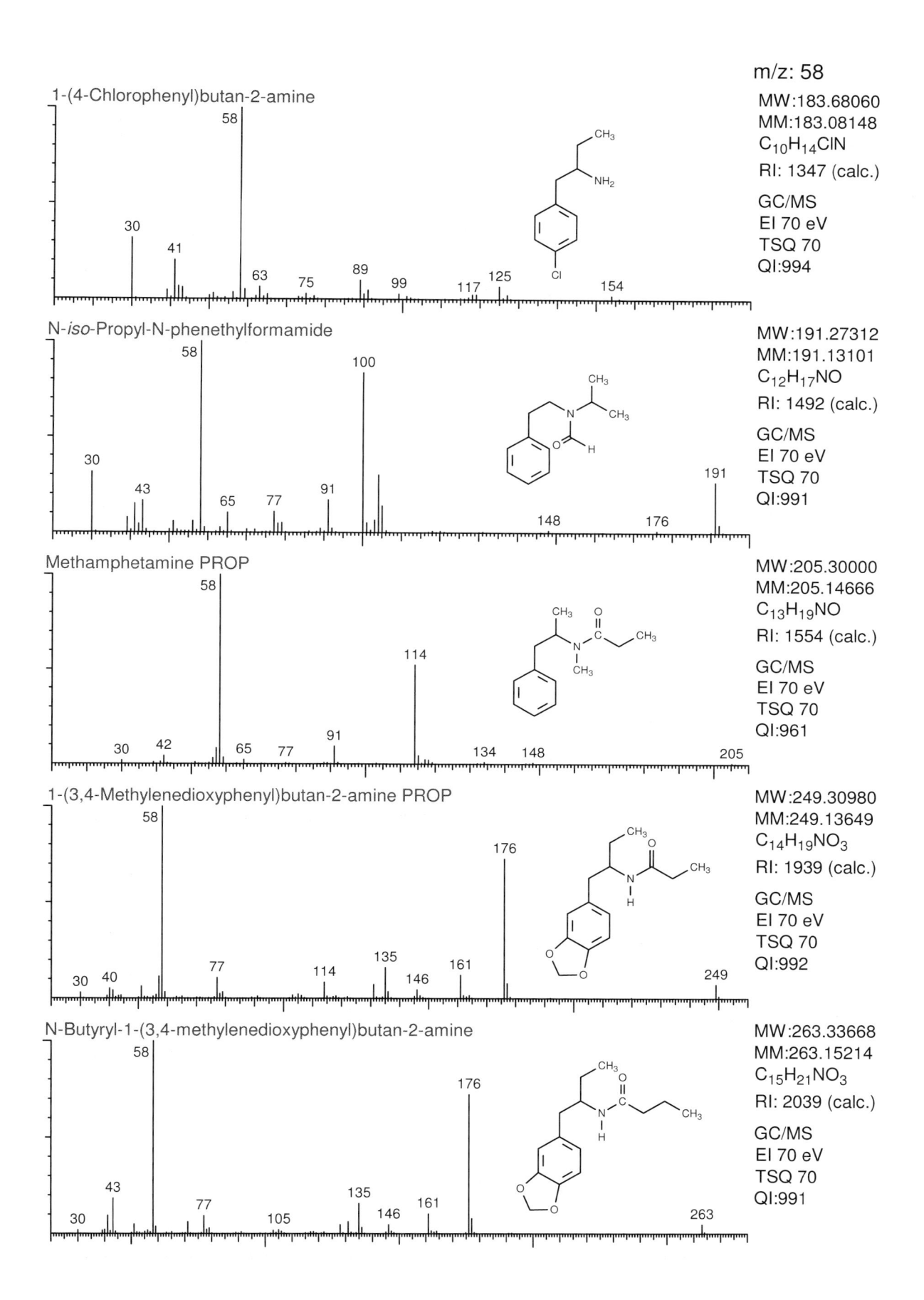

1-(4-Chlorophenyl)butan-2-amine

MW: 183.68060
MM: 183.08148
$C_{10}H_{14}ClN$
RI: 1347 (calc.)

GC/MS
EI 70 eV
TSQ 70
QI: 994

Peaks: 30, 41, 58, 63, 75, 89, 99, 117, 125, 154

N-iso-Propyl-N-phenethylformamide

MW: 191.27312
MM: 191.13101
$C_{12}H_{17}NO$
RI: 1492 (calc.)

GC/MS
EI 70 eV
TSQ 70
QI: 991

Peaks: 30, 43, 58, 65, 77, 91, 100, 148, 176, 191

Methamphetamine PROP

MW: 205.30000
MM: 205.14666
$C_{13}H_{19}NO$
RI: 1554 (calc.)

GC/MS
EI 70 eV
TSQ 70
QI: 961

Peaks: 30, 42, 58, 65, 77, 91, 114, 134, 148, 205

1-(3,4-Methylenedioxyphenyl)butan-2-amine PROP

MW: 249.30980
MM: 249.13649
$C_{14}H_{19}NO_3$
RI: 1939 (calc.)

GC/MS
EI 70 eV
TSQ 70
QI: 992

Peaks: 30, 40, 58, 77, 114, 135, 146, 161, 176, 249

N-Butyryl-1-(3,4-methylenedioxyphenyl)butan-2-amine

MW: 263.33668
MM: 263.15214
$C_{15}H_{21}NO_3$
RI: 2039 (calc.)

GC/MS
EI 70 eV
TSQ 70
QI: 991

Peaks: 30, 43, 58, 77, 105, 135, 146, 161, 176, 263

m/z: 58

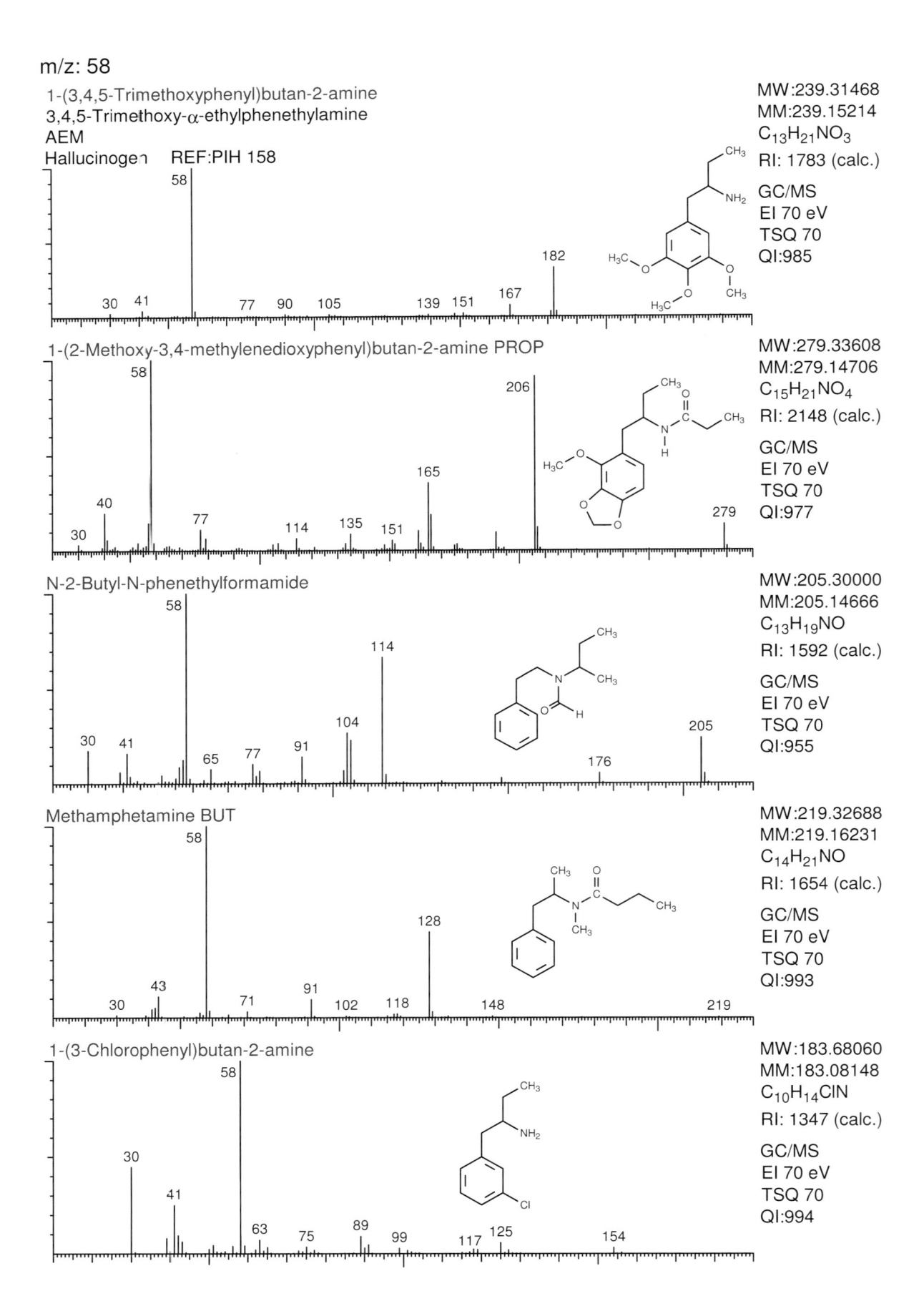

1-(3,4,5-Trimethoxyphenyl)butan-2-amine
3,4,5-Trimethoxy-α-ethylphenethylamine
AEM
Hallucinogen   REF:PIH 158

Peaks: 30, 41, 58, 77, 90, 105, 139, 151, 167, 182

MW:239.31468
MM:239.15214
$C_{13}H_{21}NO_3$
RI: 1783 (calc.)

GC/MS
EI 70 eV
TSQ 70
QI:985

1-(2-Methoxy-3,4-methylenedioxyphenyl)butan-2-amine PROP

Peaks: 30, 40, 58, 77, 114, 135, 151, 165, 206, 279

MW:279.33608
MM:279.14706
$C_{15}H_{21}NO_4$
RI: 2148 (calc.)

GC/MS
EI 70 eV
TSQ 70
QI:977

N-2-Butyl-N-phenethylformamide

Peaks: 30, 41, 58, 65, 77, 91, 104, 114, 176, 205

MW:205.30000
MM:205.14666
$C_{13}H_{19}NO$
RI: 1592 (calc.)

GC/MS
EI 70 eV
TSQ 70
QI:955

Methamphetamine BUT

Peaks: 30, 43, 58, 71, 91, 102, 118, 128, 148, 219

MW:219.32688
MM:219.16231
$C_{14}H_{21}NO$
RI: 1654 (calc.)

GC/MS
EI 70 eV
TSQ 70
QI:993

1-(3-Chlorophenyl)butan-2-amine

Peaks: 30, 41, 58, 63, 75, 89, 99, 117, 125, 154

MW:183.68060
MM:183.08148
$C_{10}H_{14}ClN$
RI: 1347 (calc.)

GC/MS
EI 70 eV
TSQ 70
QI:994

m/z: 58

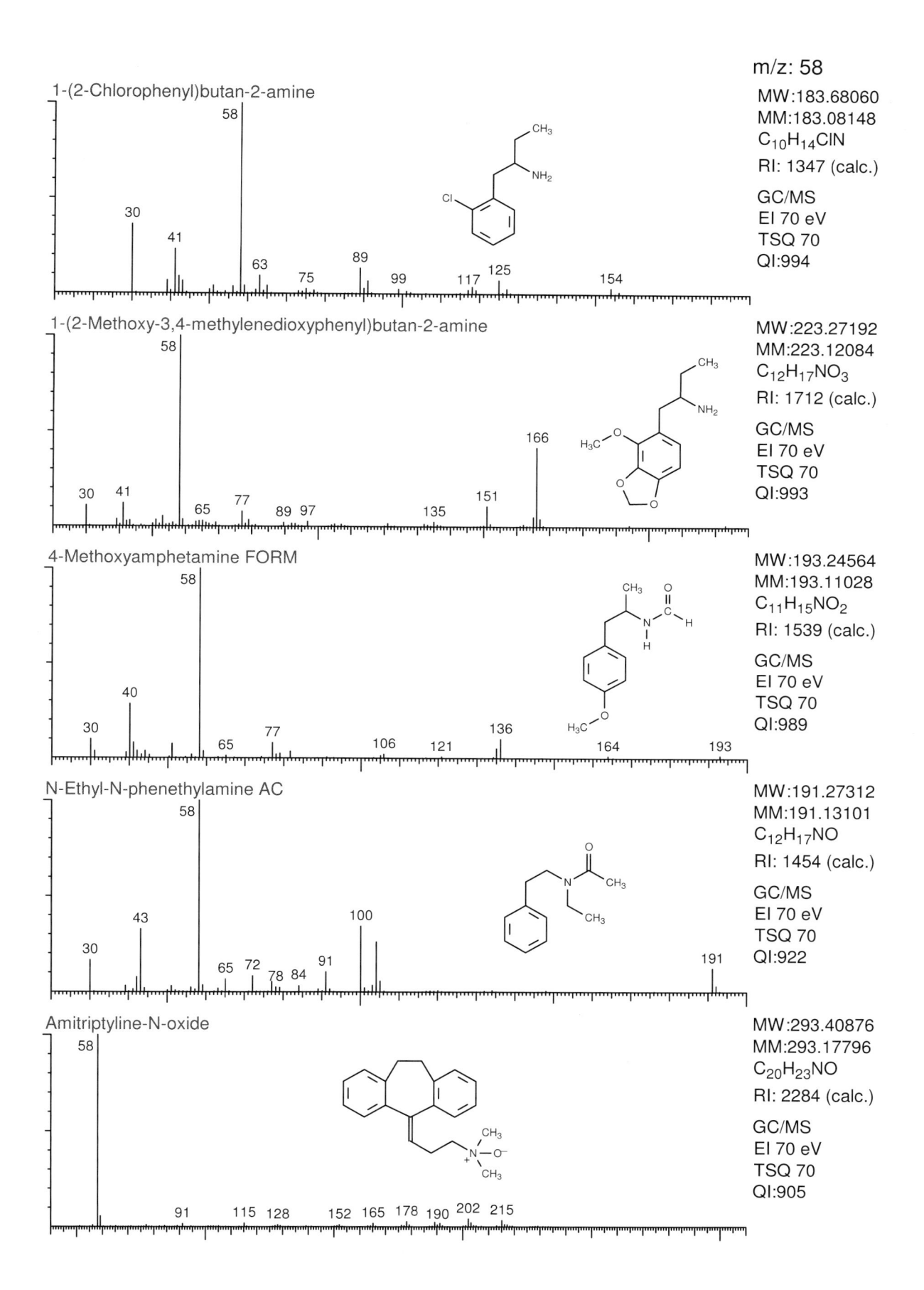

1-(2-Chlorophenyl)butan-2-amine

MW: 183.68060
MM: 183.08148
$C_{10}H_{14}ClN$
RI: 1347 (calc.)

GC/MS
EI 70 eV
TSQ 70
QI: 994

Peaks: 30, 41, 58, 63, 75, 89, 99, 117, 125, 154

1-(2-Methoxy-3,4-methylenedioxyphenyl)butan-2-amine

MW: 223.27192
MM: 223.12084
$C_{12}H_{17}NO_3$
RI: 1712 (calc.)

GC/MS
EI 70 eV
TSQ 70
QI: 993

Peaks: 30, 41, 58, 65, 77, 89, 97, 135, 151, 166

4-Methoxyamphetamine FORM

MW: 193.24564
MM: 193.11028
$C_{11}H_{15}NO_2$
RI: 1539 (calc.)

GC/MS
EI 70 eV
TSQ 70
QI: 989

Peaks: 30, 40, 58, 65, 77, 106, 121, 136, 164, 193

N-Ethyl-N-phenethylamine AC

MW: 191.27312
MM: 191.13101
$C_{12}H_{17}NO$
RI: 1454 (calc.)

GC/MS
EI 70 eV
TSQ 70
QI: 922

Peaks: 30, 43, 58, 65, 72, 78, 84, 91, 100, 191

Amitriptyline-N-oxide

MW: 293.40876
MM: 293.17796
$C_{20}H_{23}NO$
RI: 2284 (calc.)

GC/MS
EI 70 eV
TSQ 70
QI: 905

Peaks: 58, 91, 115, 128, 152, 165, 178, 190, 202, 215

m/z: 58

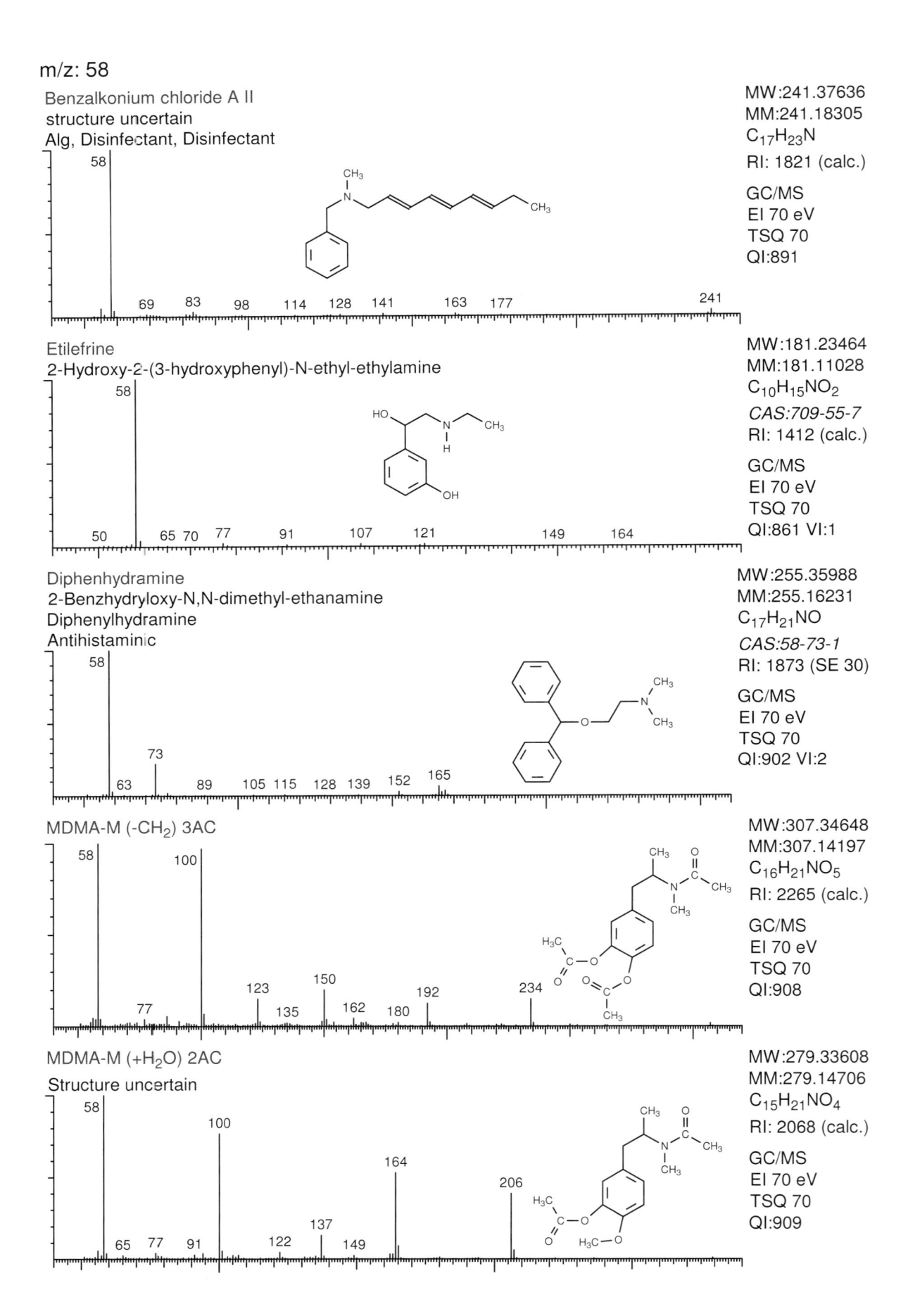

Benzalkonium chloride A II
structure uncertain
Alg, Disinfectant, Disinfectant

MW:241.37636
MM:241.18305
$C_{17}H_{23}N$
RI: 1821 (calc.)

GC/MS
EI 70 eV
TSQ 70
QI:891

Etilefrine
2-Hydroxy-2-(3-hydroxyphenyl)-N-ethyl-ethylamine

MW:181.23464
MM:181.11028
$C_{10}H_{15}NO_2$
CAS:709-55-7
RI: 1412 (calc.)

GC/MS
EI 70 eV
TSQ 70
QI:861 VI:1

Diphenhydramine
2-Benzhydryloxy-N,N-dimethyl-ethanamine
Diphenylhydramine
Antihistaminic

MW:255.35988
MM:255.16231
$C_{17}H_{21}NO$
CAS:58-73-1
RI: 1873 (SE 30)

GC/MS
EI 70 eV
TSQ 70
QI:902 VI:2

MDMA-M (-CH$_2$) 3AC

MW:307.34648
MM:307.14197
$C_{16}H_{21}NO_5$
RI: 2265 (calc.)

GC/MS
EI 70 eV
TSQ 70
QI:908

MDMA-M (+H$_2$O) 2AC
Structure uncertain

MW:279.33608
MM:279.14706
$C_{15}H_{21}NO_4$
RI: 2068 (calc.)

GC/MS
EI 70 eV
TSQ 70
QI:909

m/z: 58

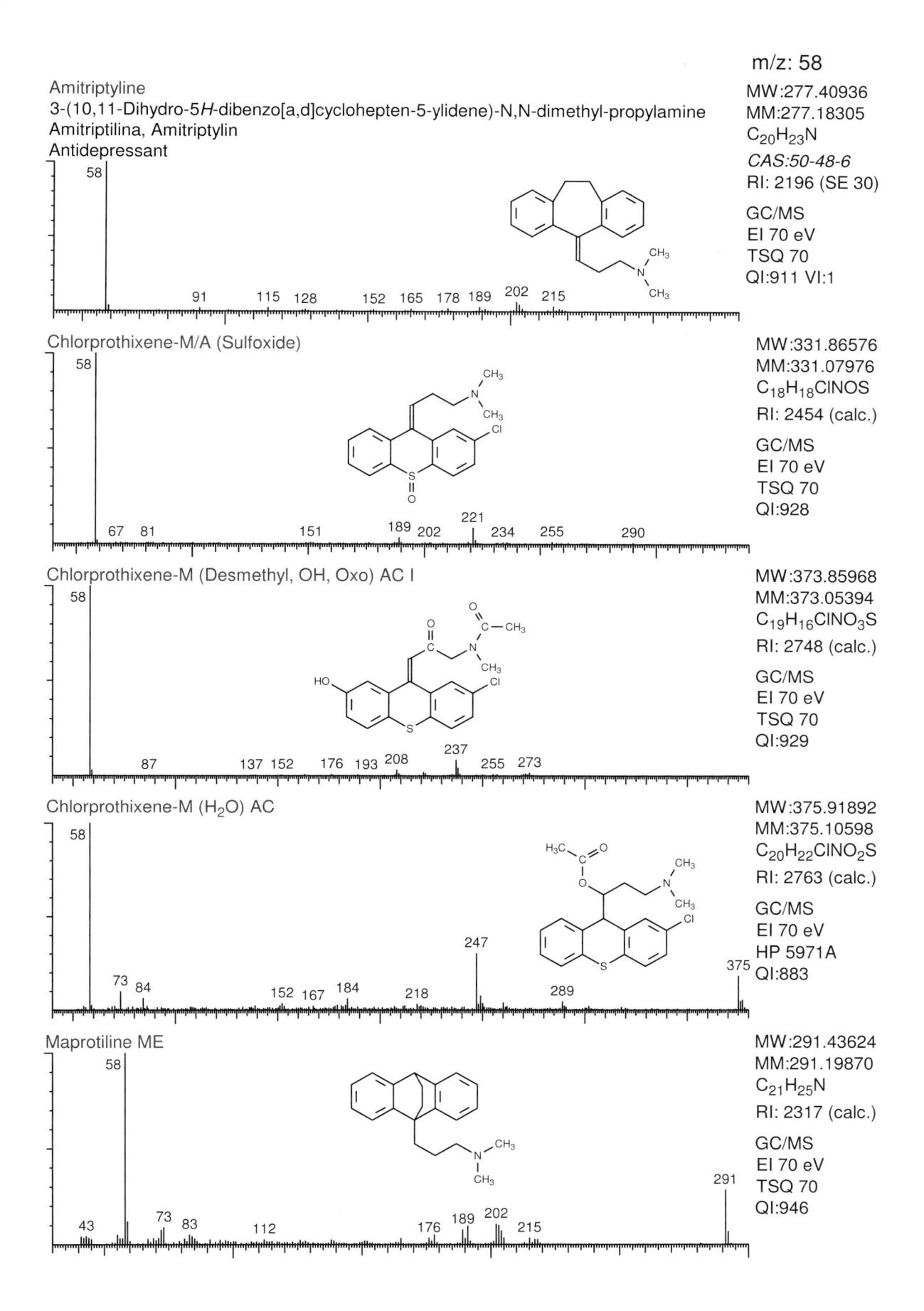

Amitriptyline
3-(10,11-Dihydro-5*H*-dibenzo[a,d]cyclohepten-5-ylidene)-N,N-dimethyl-propylamine
Amitriptilina, Amitriptylin
Antidepressant

MW: 277.40936
MM: 277.18305
$C_{20}H_{23}N$
CAS: 50-48-6
RI: 2196 (SE 30)

GC/MS
EI 70 eV
TSQ 70
QI: 911 VI: 1

Peaks: 58, 91, 115, 128, 152, 165, 178, 189, 202, 215

Chlorprothixene-M/A (Sulfoxide)

MW: 331.86576
MM: 331.07976
$C_{18}H_{18}ClNOS$
RI: 2454 (calc.)

GC/MS
EI 70 eV
TSQ 70
QI: 928

Peaks: 58, 67, 81, 151, 189, 202, 221, 234, 255, 290

Chlorprothixene-M (Desmethyl, OH, Oxo) AC I

MW: 373.85968
MM: 373.05394
$C_{19}H_{16}ClNO_3S$
RI: 2748 (calc.)

GC/MS
EI 70 eV
TSQ 70
QI: 929

Peaks: 58, 87, 137, 152, 176, 193, 208, 237, 255, 273

Chlorprothixene-M (H_2O) AC

MW: 375.91892
MM: 375.10598
$C_{20}H_{22}ClNO_2S$
RI: 2763 (calc.)

GC/MS
EI 70 eV
HP 5971A
QI: 883

Peaks: 58, 73, 84, 152, 167, 184, 218, 247, 289, 375

Maprotiline ME

MW: 291.43624
MM: 291.19870
$C_{21}H_{25}N$
RI: 2317 (calc.)

GC/MS
EI 70 eV
TSQ 70
QI: 946

Peaks: 43, 58, 73, 83, 112, 176, 189, 202, 215, 291

m/z: 58-59

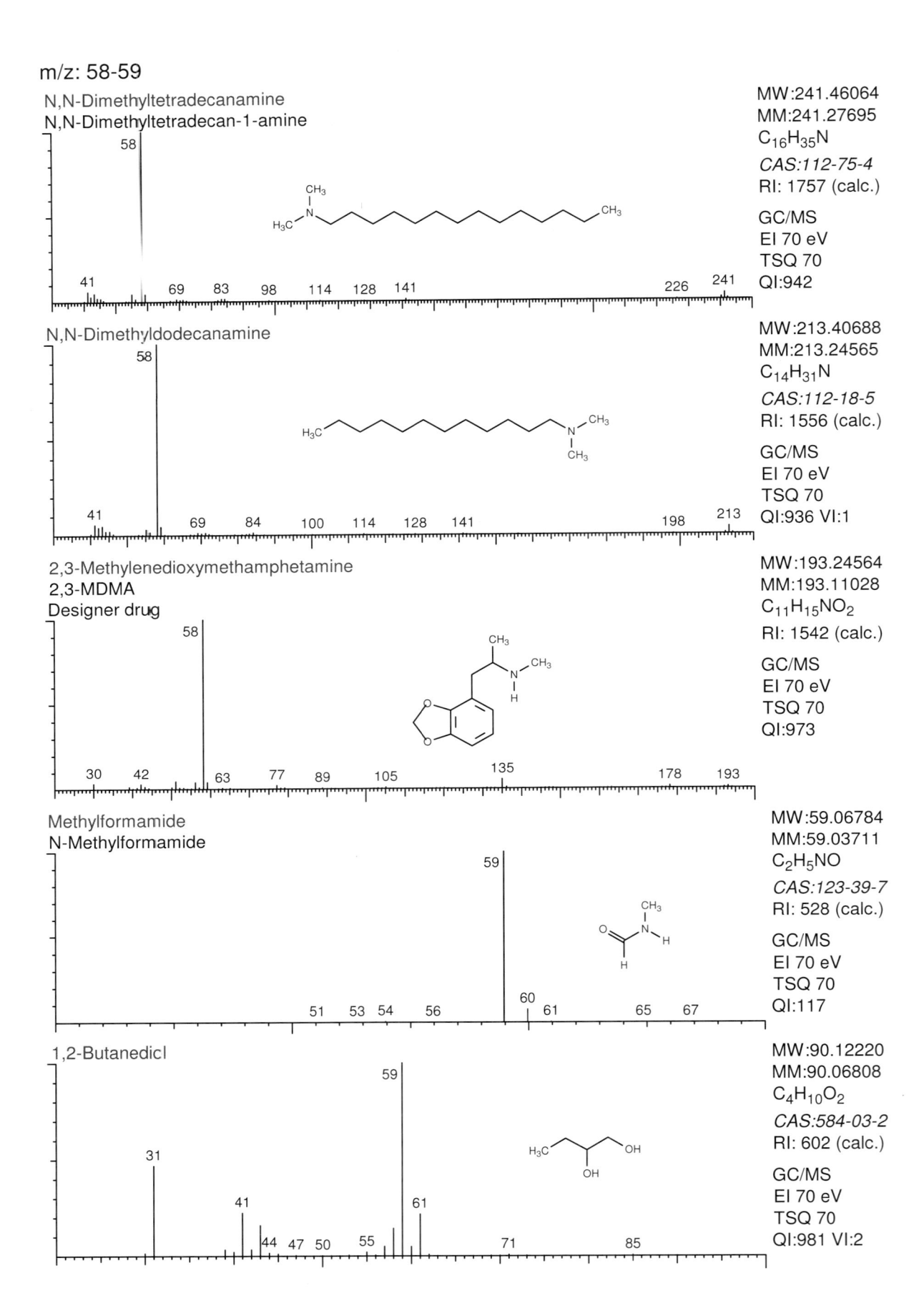

N,N-Dimethyltetradecanamine
N,N-Dimethyltetradecan-1-amine

MW:241.46064
MM:241.27695
$C_{16}H_{35}N$
CAS:112-75-4
RI: 1757 (calc.)

GC/MS
EI 70 eV
TSQ 70
QI:942

Peaks: 41, 58, 69, 83, 98, 114, 128, 141, 226, 241

N,N-Dimethyldodecanamine

MW:213.40688
MM:213.24565
$C_{14}H_{31}N$
CAS:112-18-5
RI: 1556 (calc.)

GC/MS
EI 70 eV
TSQ 70
QI:936 VI:1

Peaks: 41, 58, 69, 84, 100, 114, 128, 141, 198, 213

2,3-Methylenedioxymethamphetamine
2,3-MDMA
Designer drug

MW:193.24564
MM:193.11028
$C_{11}H_{15}NO_2$
RI: 1542 (calc.)

GC/MS
EI 70 eV
TSQ 70
QI:973

Peaks: 30, 42, 58, 63, 77, 89, 105, 135, 178, 193

Methylformamide
N-Methylformamide

MW:59.06784
MM:59.03711
C_2H_5NO
CAS:123-39-7
RI: 528 (calc.)

GC/MS
EI 70 eV
TSQ 70
QI:117

Peaks: 51, 53, 54, 56, 59, 60, 61, 65, 67

1,2-Butanediol

MW:90.12220
MM:90.06808
$C_4H_{10}O_2$
CAS:584-03-2
RI: 602 (calc.)

GC/MS
EI 70 eV
TSQ 70
QI:981 VI:2

Peaks: 31, 41, 44, 47, 50, 55, 59, 61, 71, 85

m/z: 59

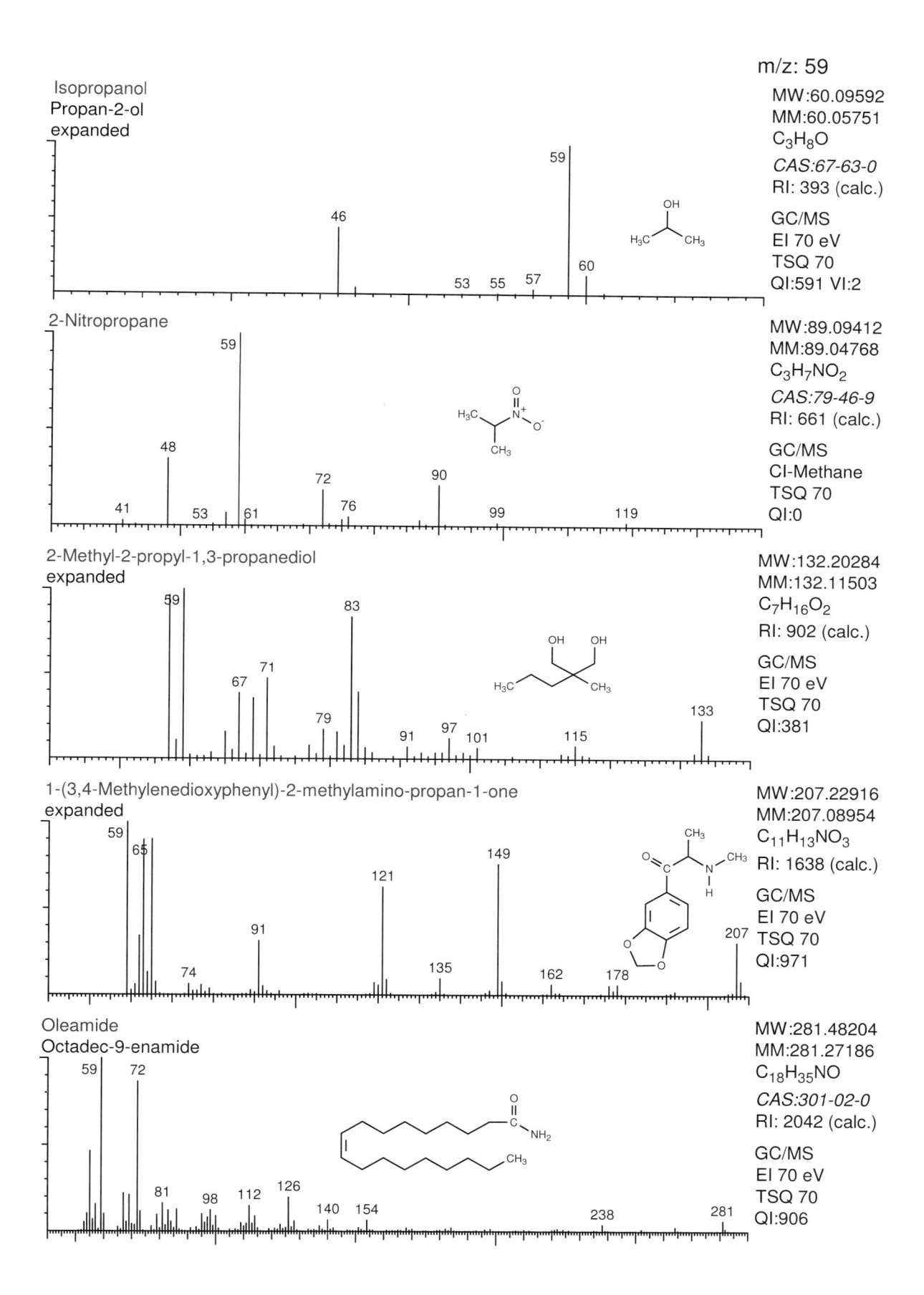

Isopropanol
Propan-2-ol
expanded

Peaks: 46, 53, 55, 57, 59, 60

MW: 60.09592
MM: 60.05751
C_3H_8O
CAS: 67-63-0
RI: 393 (calc.)

GC/MS
EI 70 eV
TSQ 70
QI: 591 VI: 2

2-Nitropropane

Peaks: 41, 48, 53, 59, 61, 72, 76, 90, 99, 119

MW: 89.09412
MM: 89.04768
$C_3H_7NO_2$
CAS: 79-46-9
RI: 661 (calc.)

GC/MS
CI-Methane
TSQ 70
QI: 0

2-Methyl-2-propyl-1,3-propanediol
expanded

Peaks: 59, 67, 71, 79, 83, 91, 97, 101, 115, 133

MW: 132.20284
MM: 132.11503
$C_7H_{16}O_2$
RI: 902 (calc.)

GC/MS
EI 70 eV
TSQ 70
QI: 381

1-(3,4-Methylenedioxyphenyl)-2-methylamino-propan-1-one
expanded

Peaks: 59, 65, 74, 91, 121, 135, 149, 162, 178, 207

MW: 207.22916
MM: 207.08954
$C_{11}H_{13}NO_3$
RI: 1638 (calc.)

GC/MS
EI 70 eV
TSQ 70
QI: 971

Oleamide
Octadec-9-enamide

Peaks: 59, 72, 81, 98, 112, 126, 140, 154, 238, 281

MW: 281.48204
MM: 281.27186
$C_{18}H_{35}NO$
CAS: 301-02-0
RI: 2042 (calc.)

GC/MS
EI 70 eV
TSQ 70
QI: 906

m/z: 59

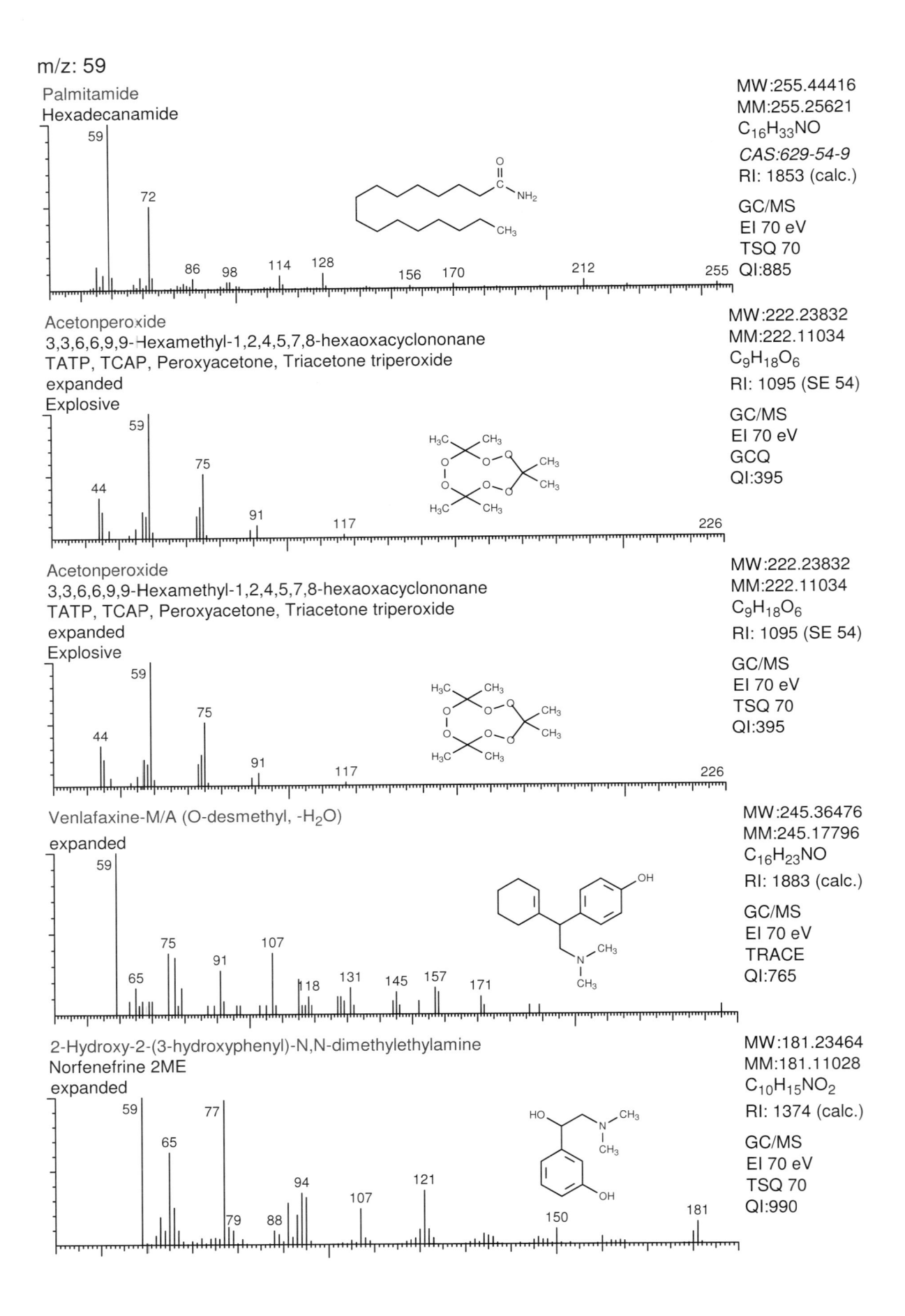

Palmitamide
Hexadecanamide

MW: 255.44416
MM: 255.25621
$C_{16}H_{33}NO$
CAS: 629-54-9
RI: 1853 (calc.)

GC/MS
EI 70 eV
TSQ 70
QI: 885

Acetonperoxide
3,3,6,6,9,9-Hexamethyl-1,2,4,5,7,8-hexaoxacyclononane
TATP, TCAP, Peroxyacetone, Triacetone triperoxide
expanded
Explosive

MW: 222.23832
MM: 222.11034
$C_9H_{18}O_6$
RI: 1095 (SE 54)

GC/MS
EI 70 eV
GCQ
QI: 395

Acetonperoxide
3,3,6,6,9,9-Hexamethyl-1,2,4,5,7,8-hexaoxacyclononane
TATP, TCAP, Peroxyacetone, Triacetone triperoxide
expanded
Explosive

MW: 222.23832
MM: 222.11034
$C_9H_{18}O_6$
RI: 1095 (SE 54)

GC/MS
EI 70 eV
TSQ 70
QI: 395

Venlafaxine-M/A (O-desmethyl, -H₂O)
expanded

MW: 245.36476
MM: 245.17796
$C_{16}H_{23}NO$
RI: 1883 (calc.)

GC/MS
EI 70 eV
TRACE
QI: 765

2-Hydroxy-2-(3-hydroxyphenyl)-N,N-dimethylethylamine
Norfenefrine 2ME
expanded

MW: 181.23464
MM: 181.11028
$C_{10}H_{15}NO_2$
RI: 1374 (calc.)

GC/MS
EI 70 eV
TSQ 70
QI: 990

m/z: 59

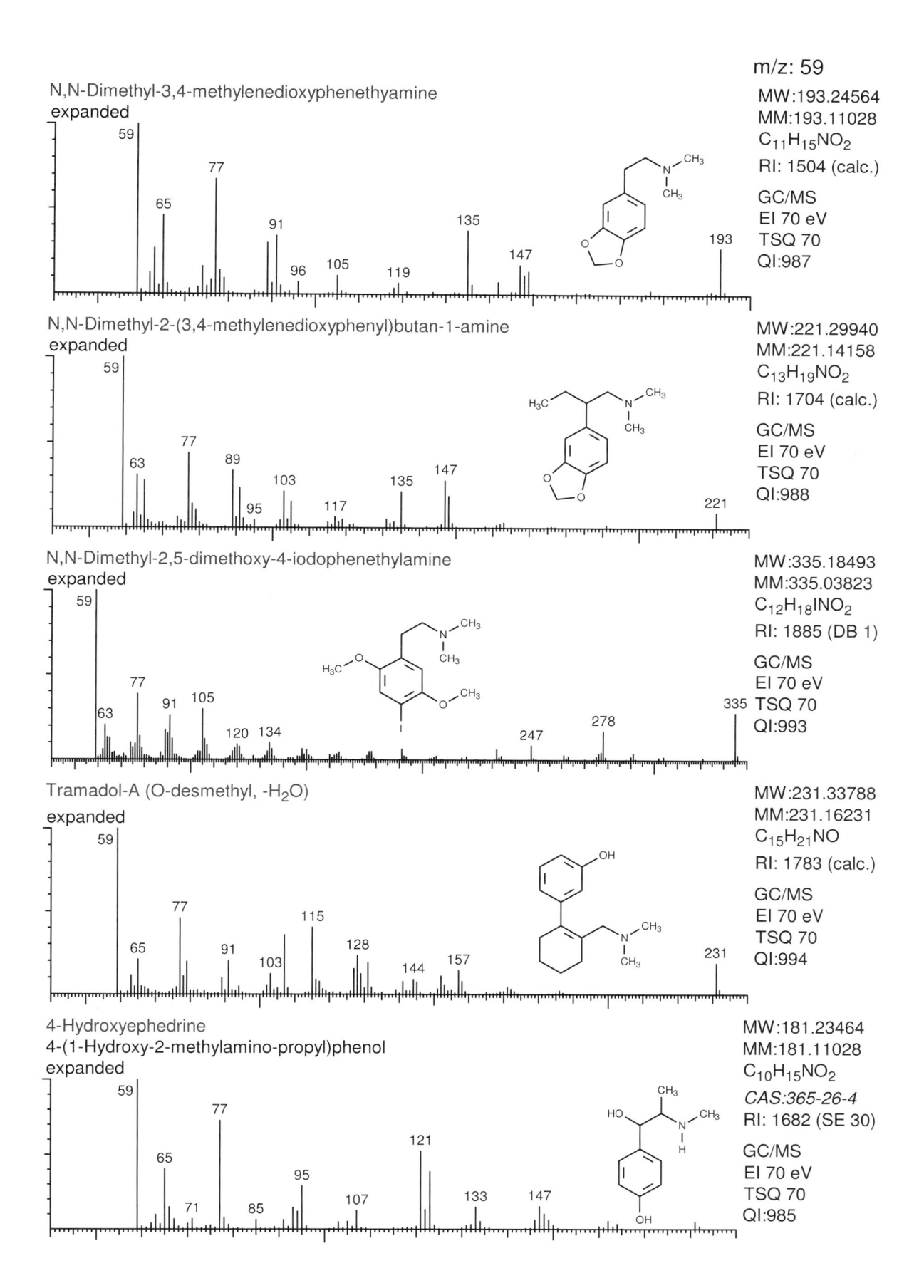

N,N-Dimethyl-3,4-methylenedioxyphenethyamine
expanded

MW: 193.24564
MM: 193.11028
$C_{11}H_{15}NO_2$
RI: 1504 (calc.)

GC/MS
EI 70 eV
TSQ 70
QI: 987

N,N-Dimethyl-2-(3,4-methylenedioxyphenyl)butan-1-amine
expanded

MW: 221.29940
MM: 221.14158
$C_{13}H_{19}NO_2$
RI: 1704 (calc.)

GC/MS
EI 70 eV
TSQ 70
QI: 988

N,N-Dimethyl-2,5-dimethoxy-4-iodophenethylamine
expanded

MW: 335.18493
MM: 335.03823
$C_{12}H_{18}INO_2$
RI: 1885 (DB 1)

GC/MS
EI 70 eV
TSQ 70
QI: 993

Tramadol-A (O-desmethyl, -H₂O)
expanded

MW: 231.33788
MM: 231.16231
$C_{15}H_{21}NO$
RI: 1783 (calc.)

GC/MS
EI 70 eV
TSQ 70
QI: 994

4-Hydroxyephedrine
4-(1-Hydroxy-2-methylamino-propyl)phenol
expanded

MW: 181.23464
MM: 181.11028
$C_{10}H_{15}NO_2$
CAS: 365-26-4
RI: 1682 (SE 30)

GC/MS
EI 70 eV
TSQ 70
QI: 985

m/z: 59

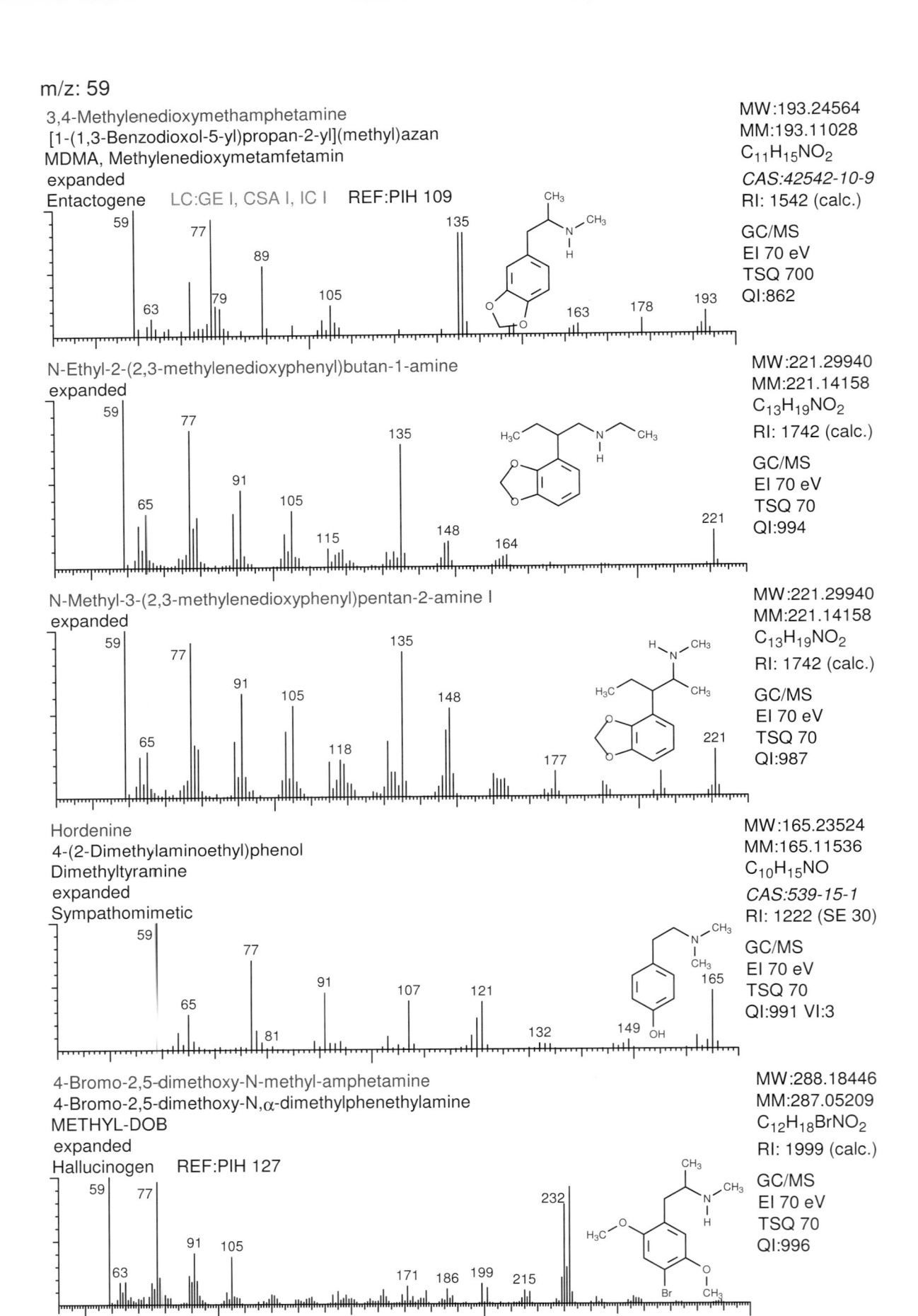

3,4-Methylenedioxymethamphetamine
[1-(1,3-Benzodioxol-5-yl)propan-2-yl](methyl)azan
MDMA, Methylenedioxymetamfetamin
expanded
Entactogene   LC:GE I, CSA I, IC I   REF:PIH 109

MW:193.24564
MM:193.11028
$C_{11}H_{15}NO_2$
CAS:42542-10-9
RI: 1542 (calc.)

GC/MS
EI 70 eV
TSQ 700
QI:862

Peaks: 59, 63, 77, 79, 89, 105, 135, 163, 178, 193

N-Ethyl-2-(2,3-methylenedioxyphenyl)butan-1-amine
expanded

MW:221.29940
MM:221.14158
$C_{13}H_{19}NO_2$
RI: 1742 (calc.)

GC/MS
EI 70 eV
TSQ 70
QI:994

Peaks: 59, 65, 77, 91, 105, 115, 135, 148, 164, 221

N-Methyl-3-(2,3-methylenedioxyphenyl)pentan-2-amine I
expanded

MW:221.29940
MM:221.14158
$C_{13}H_{19}NO_2$
RI: 1742 (calc.)

GC/MS
EI 70 eV
TSQ 70
QI:987

Peaks: 59, 65, 77, 91, 105, 118, 135, 148, 177, 221

Hordenine
4-(2-Dimethylaminoethyl)phenol
Dimethyltyramine
expanded
Sympathomimetic

MW:165.23524
MM:165.11536
$C_{10}H_{15}NO$
CAS:539-15-1
RI: 1222 (SE 30)

GC/MS
EI 70 eV
TSQ 70
QI:991 VI:3

Peaks: 59, 65, 77, 81, 91, 107, 121, 132, 149, 165

4-Bromo-2,5-dimethoxy-N-methyl-amphetamine
4-Bromo-2,5-dimethoxy-N,α-dimethylphenethylamine
METHYL-DOB
expanded
Hallucinogen   REF:PIH 127

MW:288.18446
MM:287.05209
$C_{12}H_{18}BrNO_2$
RI: 1999 (calc.)

GC/MS
EI 70 eV
TSQ 70
QI:996

Peaks: 59, 63, 77, 91, 105, 171, 186, 199, 215, 232

m/z: 59

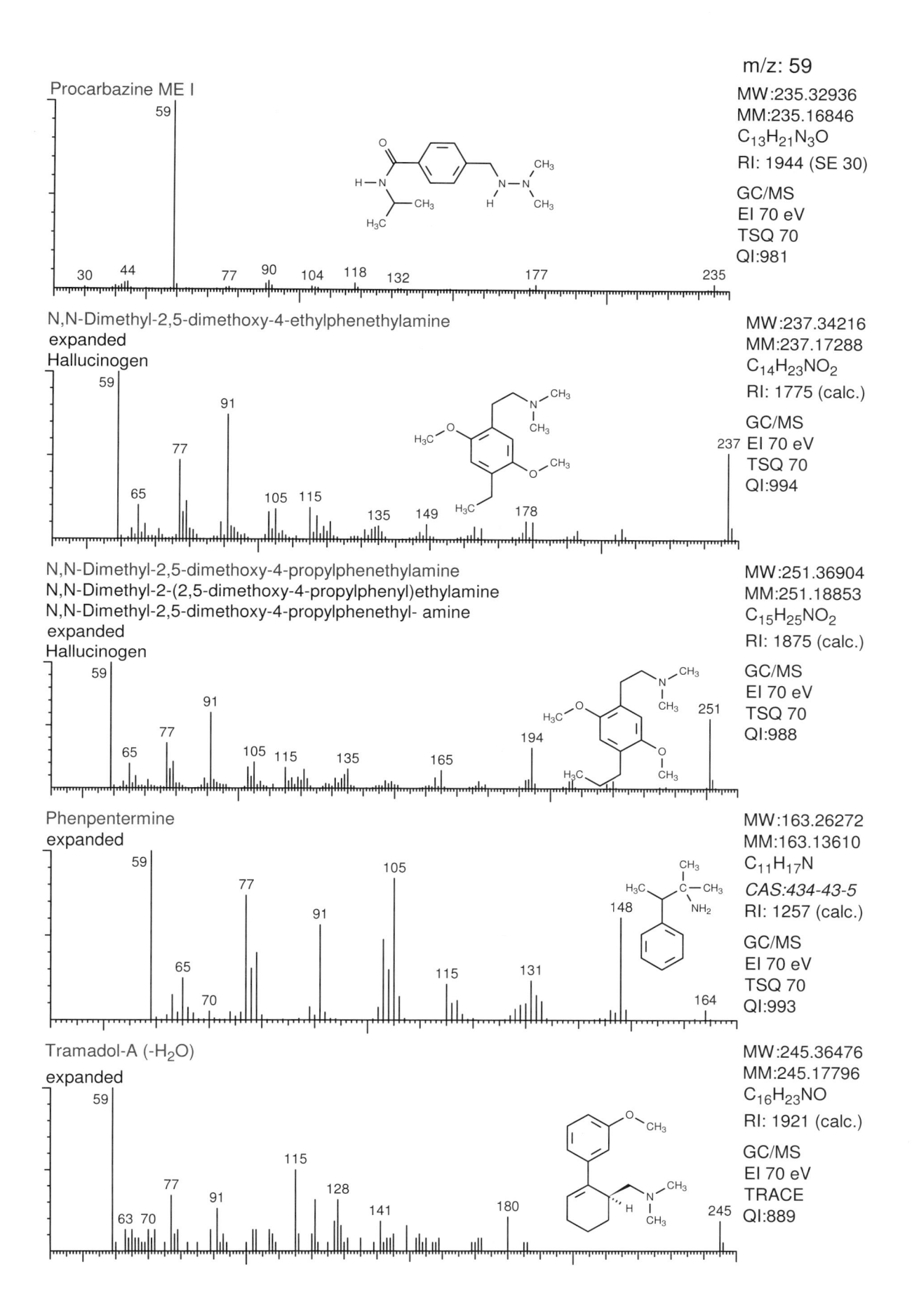

Procarbazine ME I

MW: 235.32936
MM: 235.16846
C$_{13}$H$_{21}$N$_3$O
RI: 1944 (SE 30)

GC/MS
EI 70 eV
TSQ 70
QI: 981

Peaks: 30, 44, 59, 77, 90, 104, 118, 132, 177, 235

N,N-Dimethyl-2,5-dimethoxy-4-ethylphenethylamine
expanded
Hallucinogen

MW: 237.34216
MM: 237.17288
C$_{14}$H$_{23}$NO$_2$
RI: 1775 (calc.)

GC/MS
EI 70 eV
TSQ 70
QI: 994

Peaks: 59, 65, 77, 91, 105, 115, 135, 149, 178, 237

N,N-Dimethyl-2,5-dimethoxy-4-propylphenethylamine
N,N-Dimethyl-2-(2,5-dimethoxy-4-propylphenyl)ethylamine
N,N-Dimethyl-2,5-dimethoxy-4-propylphenethyl- amine
expanded
Hallucinogen

MW: 251.36904
MM: 251.18853
C$_{15}$H$_{25}$NO$_2$
RI: 1875 (calc.)

GC/MS
EI 70 eV
TSQ 70
QI: 988

Peaks: 59, 65, 77, 91, 105, 115, 135, 165, 194, 251

Phenpentermine
expanded

MW: 163.26272
MM: 163.13610
C$_{11}$H$_{17}$N
CAS: 434-43-5
RI: 1257 (calc.)

GC/MS
EI 70 eV
TSQ 70
QI: 993

Peaks: 59, 65, 70, 77, 91, 105, 115, 131, 148, 164

Tramadol-A (-H$_2$O)
expanded

MW: 245.36476
MM: 245.17796
C$_{16}$H$_{23}$NO
RI: 1921 (calc.)

GC/MS
EI 70 eV
TRACE
QI: 889

Peaks: 59, 63, 70, 77, 91, 115, 128, 141, 180, 245

m/z: 59

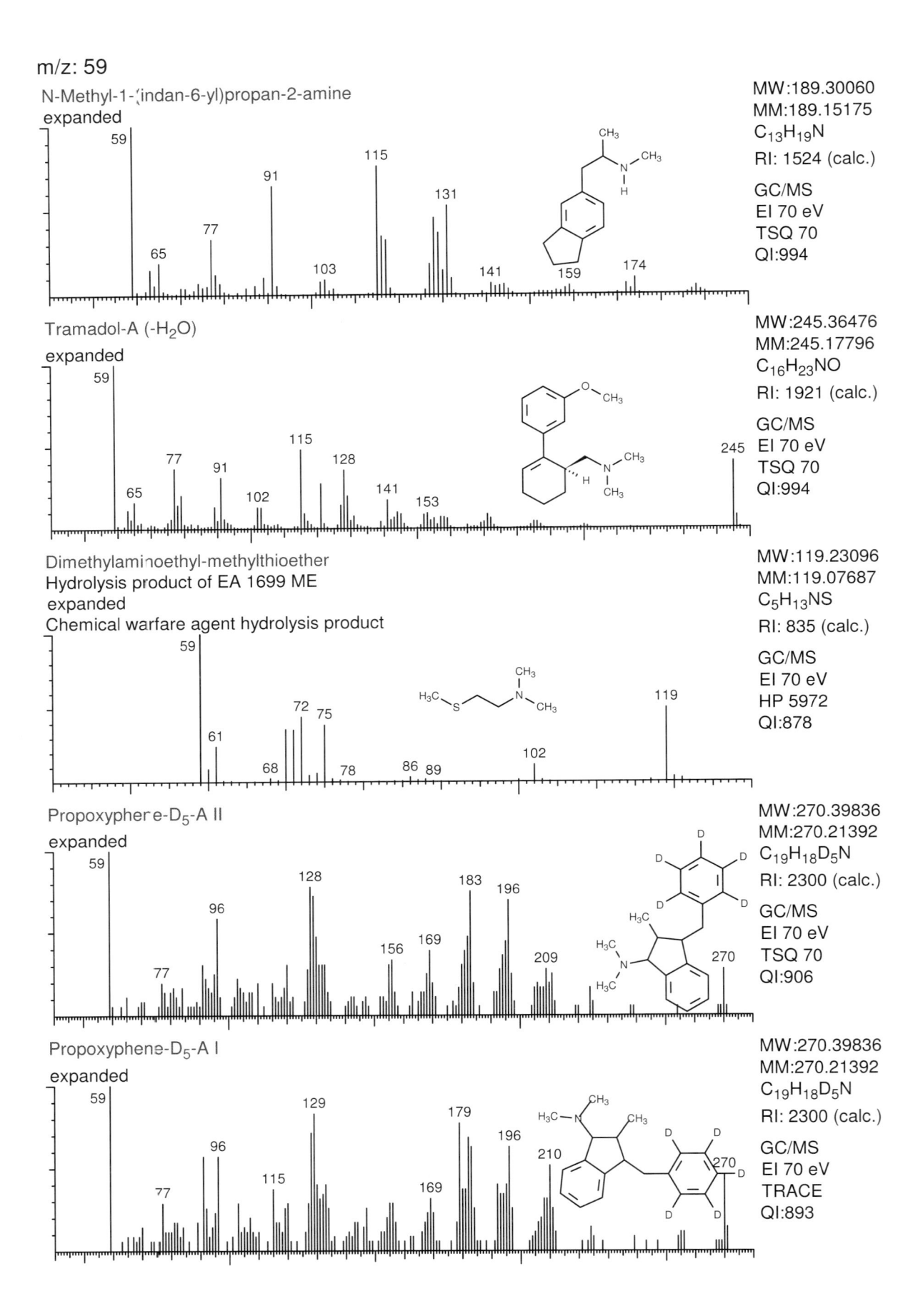

N-Methyl-1-(indan-6-yl)propan-2-amine
expanded

MW: 189.30060
MM: 189.15175
$C_{13}H_{19}N$
RI: 1524 (calc.)

GC/MS
EI 70 eV
TSQ 70
QI: 994

Peaks: 59, 65, 77, 91, 103, 115, 131, 141, 159, 174

Tramadol-A (-H_2O)
expanded

MW: 245.36476
MM: 245.17796
$C_{16}H_{23}NO$
RI: 1921 (calc.)

GC/MS
EI 70 eV
TSQ 70
QI: 994

Peaks: 59, 65, 77, 91, 102, 115, 128, 141, 153, 245

Dimethylaminoethyl-methylthioether
Hydrolysis product of EA 1699 ME
expanded
Chemical warfare agent hydrolysis product

MW: 119.23096
MM: 119.07687
$C_5H_{13}NS$
RI: 835 (calc.)

GC/MS
EI 70 eV
HP 5972
QI: 878

Peaks: 59, 61, 68, 72, 75, 78, 86, 89, 102, 119

Propoxyphene-D_5-A II
expanded

MW: 270.39836
MM: 270.21392
$C_{19}H_{18}D_5N$
RI: 2300 (calc.)

GC/MS
EI 70 eV
TSQ 70
QI: 906

Peaks: 59, 77, 96, 128, 156, 169, 183, 196, 209, 270

Propoxyphene-D_5-A I
expanded

MW: 270.39836
MM: 270.21392
$C_{19}H_{18}D_5N$
RI: 2300 (calc.)

GC/MS
EI 70 eV
TRACE
QI: 893

Peaks: 59, 77, 96, 115, 129, 169, 179, 196, 210, 270

m/z: 59

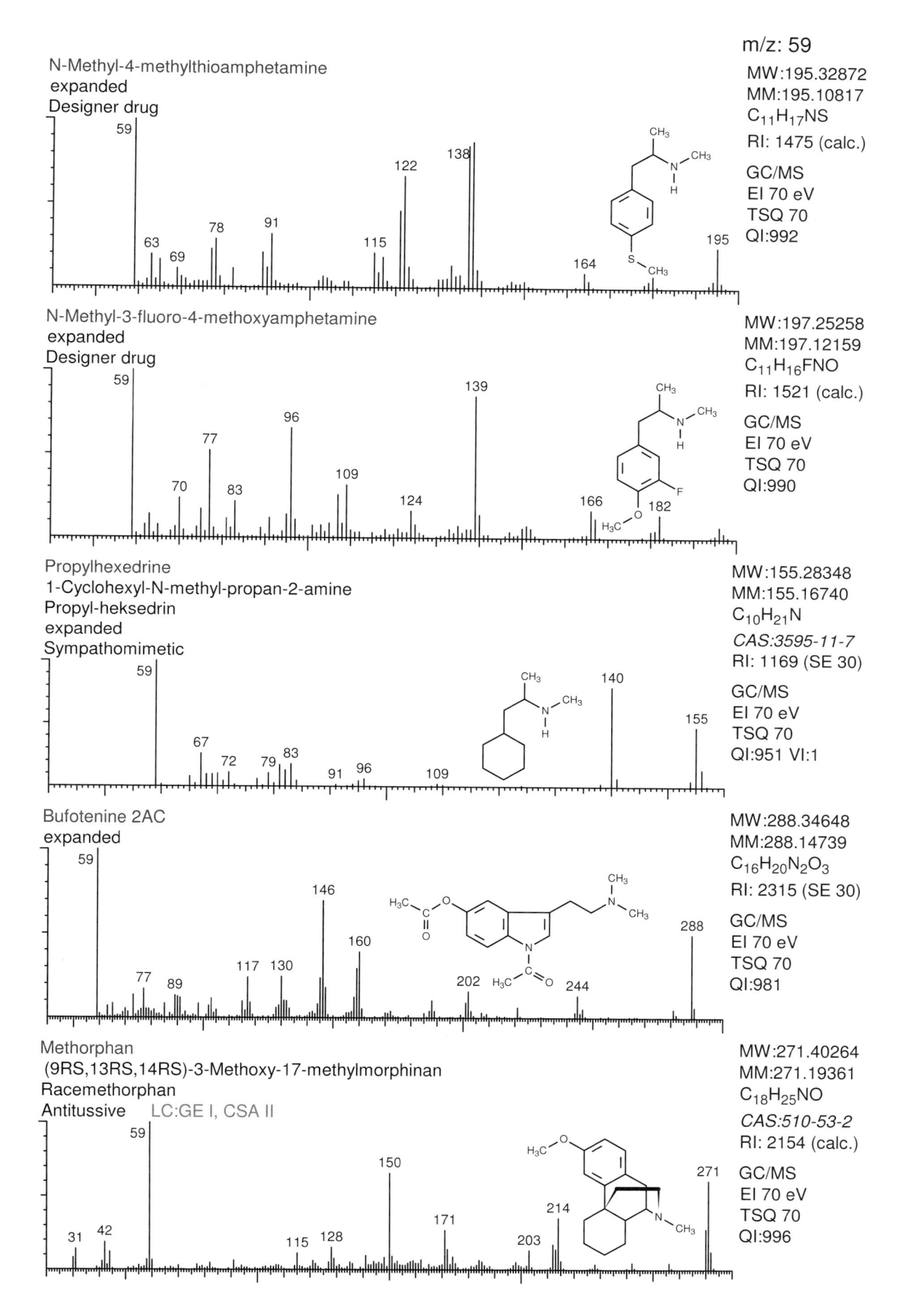

N-Methyl-4-methylthioamphetamine
expanded
Designer drug

MW:195.32872
MM:195.10817
$C_{11}H_{17}NS$
RI: 1475 (calc.)

GC/MS
EI 70 eV
TSQ 70
QI:992

Peaks: 59, 63, 69, 78, 91, 115, 122, 138, 164, 195

N-Methyl-3-fluoro-4-methoxyamphetamine
expanded
Designer drug

MW:197.25258
MM:197.12159
$C_{11}H_{16}FNO$
RI: 1521 (calc.)

GC/MS
EI 70 eV
TSQ 70
QI:990

Peaks: 59, 70, 77, 83, 96, 109, 124, 139, 166, 182

Propylhexedrine
1-Cyclohexyl-N-methyl-propan-2-amine
Propyl-heksedrin
expanded
Sympathomimetic

MW:155.28348
MM:155.16740
$C_{10}H_{21}N$
CAS:3595-11-7
RI: 1169 (SE 30)

GC/MS
EI 70 eV
TSQ 70
QI:951 VI:1

Peaks: 59, 67, 72, 79, 83, 91, 96, 109, 140, 155

Bufotenine 2AC
expanded

MW:288.34648
MM:288.14739
$C_{16}H_{20}N_2O_3$
RI: 2315 (SE 30)

GC/MS
EI 70 eV
TSQ 70
QI:981

Peaks: 59, 77, 89, 117, 130, 146, 160, 202, 244, 288

Methorphan
(9RS,13RS,14RS)-3-Methoxy-17-methylmorphinan
Racemethorphan
Antitussive   LC:GE I, CSA II

MW:271.40264
MM:271.19361
$C_{18}H_{25}NO$
CAS:510-53-2
RI: 2154 (calc.)

GC/MS
EI 70 eV
TSQ 70
QI:996

Peaks: 31, 42, 59, 115, 128, 150, 171, 203, 214, 271

m/z: 59

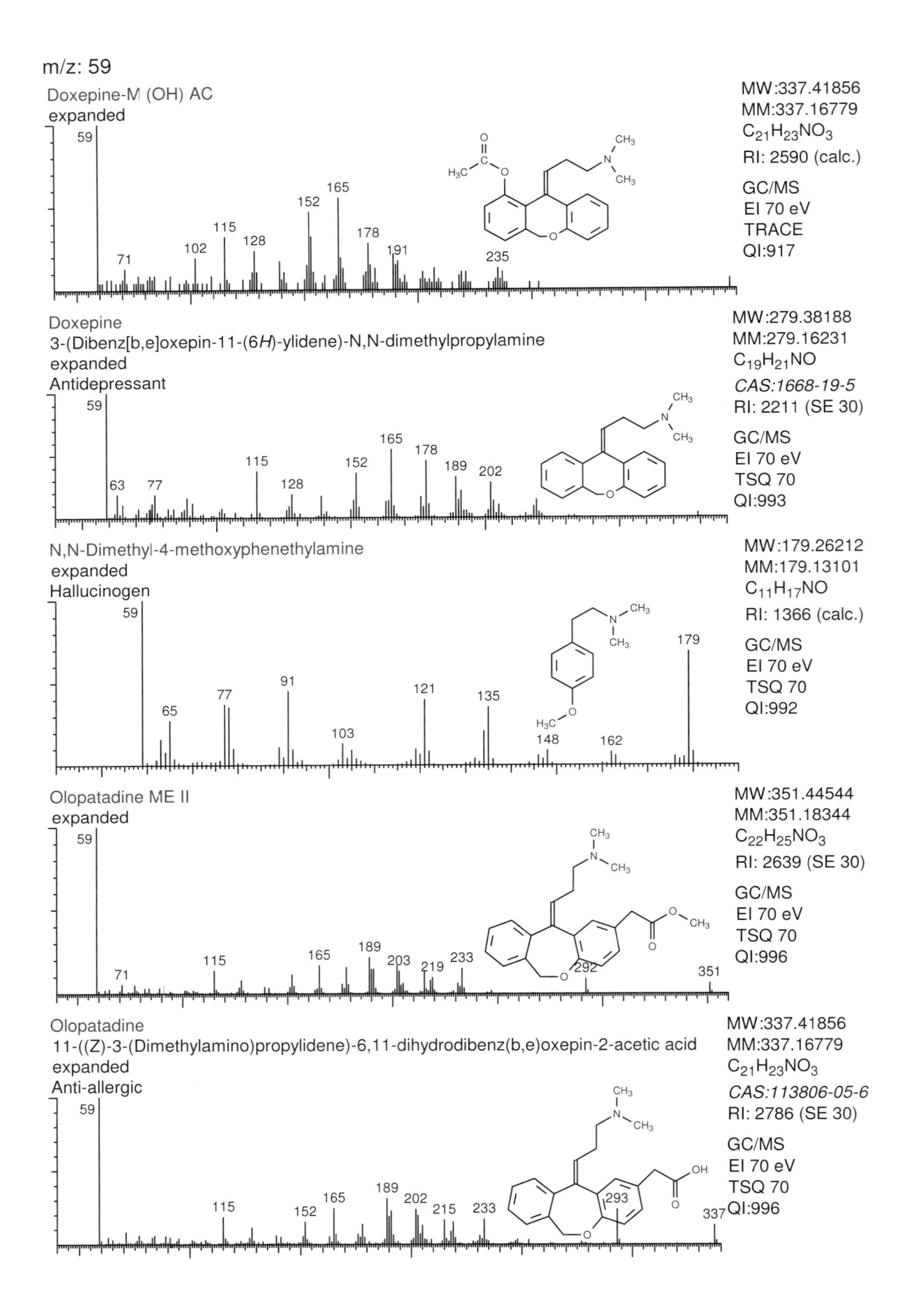

Doxepine-M (OH) AC
expanded

MW:337.41856
MM:337.16779
$C_{21}H_{23}NO_3$
RI: 2590 (calc.)

GC/MS
EI 70 eV
TRACE
QI:917

Doxepine
3-(Dibenz[b,e]oxepin-11-(6H)-ylidene)-N,N-dimethylpropylamine
expanded
Antidepressant

MW:279.38188
MM:279.16231
$C_{19}H_{21}NO$
CAS:1668-19-5
RI: 2211 (SE 30)

GC/MS
EI 70 eV
TSQ 70
QI:993

N,N-Dimethyl-4-methoxyphenethylamine
expanded
Hallucinogen

MW:179.26212
MM:179.13101
$C_{11}H_{17}NO$
RI: 1366 (calc.)

GC/MS
EI 70 eV
TSQ 70
QI:992

Olopatadine ME II
expanded

MW:351.44544
MM:351.18344
$C_{22}H_{25}NO_3$
RI: 2639 (SE 30)

GC/MS
EI 70 eV
TSQ 70
QI:996

Olopatadine
11-((Z)-3-(Dimethylamino)propylidene)-6,11-dihydrodibenz(b,e)oxepin-2-acetic acid
expanded
Anti-allergic

MW:337.41856
MM:337.16779
$C_{21}H_{23}NO_3$
CAS:113806-05-6
RI: 2786 (SE 30)

GC/MS
EI 70 eV
TSQ 70
QI:996

m/z: 59

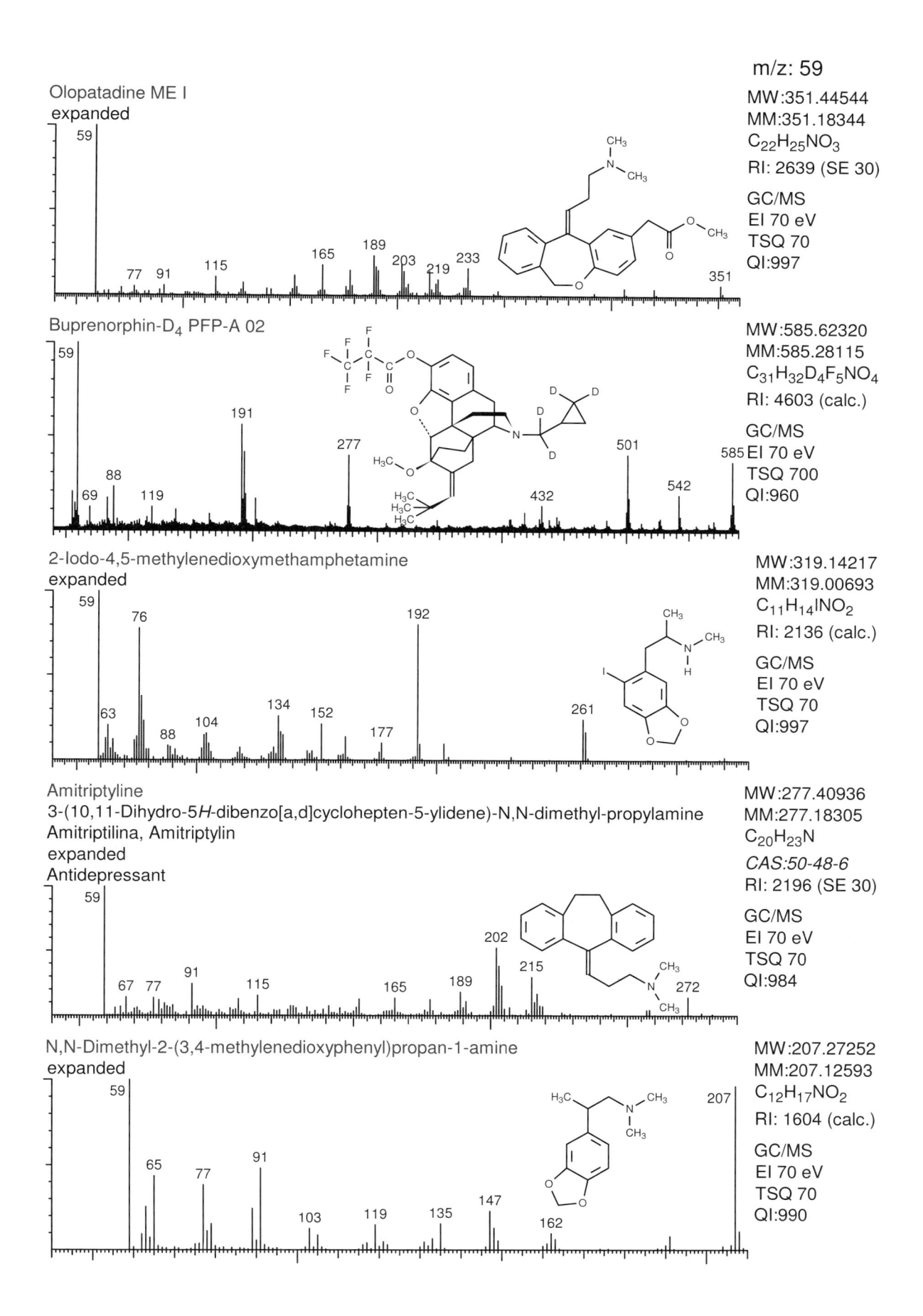

Olopatadine ME I
expanded

MW: 351.44544
MM: 351.18344
$C_{22}H_{25}NO_3$
RI: 2639 (SE 30)

GC/MS
EI 70 eV
TSQ 70
QI: 997

Peaks: 59, 77, 91, 115, 165, 189, 203, 219, 233, 351

Buprenorphin-D_4 PFP-A 02

MW: 585.62320
MM: 585.28115
$C_{31}H_{32}D_4F_5NO_4$
RI: 4603 (calc.)

GC/MS
EI 70 eV
TSQ 700
QI: 960

Peaks: 59, 69, 88, 119, 191, 277, 432, 501, 542, 585

2-Iodo-4,5-methylenedioxymethamphetamine
expanded

MW: 319.14217
MM: 319.00693
$C_{11}H_{14}INO_2$
RI: 2136 (calc.)

GC/MS
EI 70 eV
TSQ 70
QI: 997

Peaks: 59, 63, 76, 88, 104, 134, 152, 177, 192, 261

Amitriptyline
3-(10,11-Dihydro-5H-dibenzo[a,d]cyclohepten-5-ylidene)-N,N-dimethyl-propylamine
Amitriptilina, Amitriptylin
expanded
Antidepressant

MW: 277.40936
MM: 277.18305
$C_{20}H_{23}N$
CAS: 50-48-6
RI: 2196 (SE 30)

GC/MS
EI 70 eV
TSQ 70
QI: 984

Peaks: 59, 67, 77, 91, 115, 165, 189, 202, 215, 272

N,N-Dimethyl-2-(3,4-methylenedioxyphenyl)propan-1-amine
expanded

MW: 207.27252
MM: 207.12593
$C_{12}H_{17}NO_2$
RI: 1604 (calc.)

GC/MS
EI 70 eV
TSQ 70
QI: 990

Peaks: 59, 65, 77, 91, 103, 119, 135, 147, 162, 207

m/z: 59

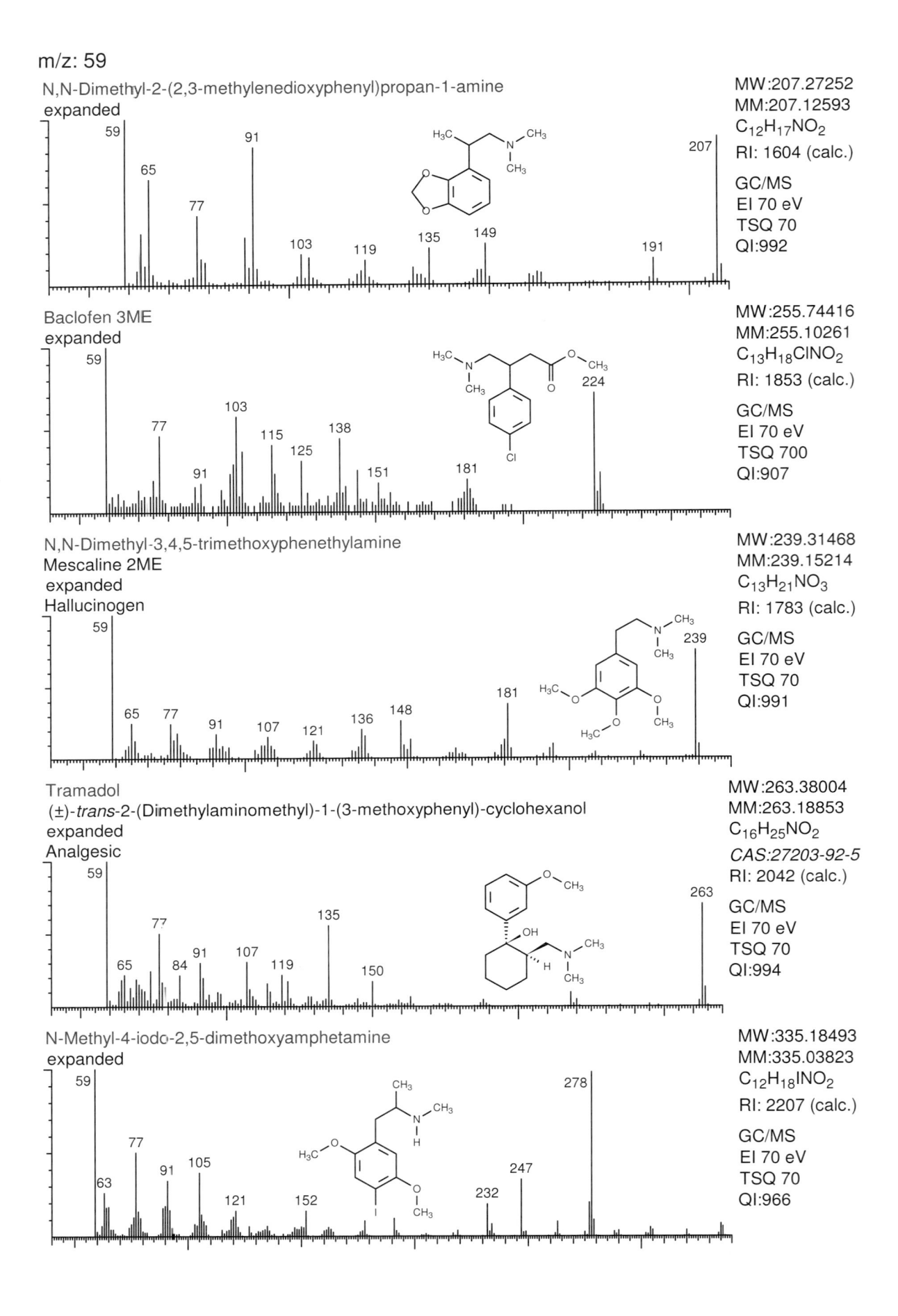

N,N-Dimethyl-2-(2,3-methylenedioxyphenyl)propan-1-amine
expanded

MW: 207.27252
MM: 207.12593
$C_{12}H_{17}NO_2$
RI: 1604 (calc.)

GC/MS
EI 70 eV
TSQ 70
QI: 992

Baclofen 3ME
expanded

MW: 255.74416
MM: 255.10261
$C_{13}H_{18}ClNO_2$
RI: 1853 (calc.)

GC/MS
EI 70 eV
TSQ 700
QI: 907

N,N-Dimethyl-3,4,5-trimethoxyphenethylamine
Mescaline 2ME
expanded
Hallucinogen

MW: 239.31468
MM: 239.15214
$C_{13}H_{21}NO_3$
RI: 1783 (calc.)

GC/MS
EI 70 eV
TSQ 70
QI: 991

Tramadol
(±)-*trans*-2-(Dimethylaminomethyl)-1-(3-methoxyphenyl)-cyclohexanol
expanded
Analgesic

MW: 263.38004
MM: 263.18853
$C_{16}H_{25}NO_2$
CAS: 27203-92-5
RI: 2042 (calc.)

GC/MS
EI 70 eV
TSQ 70
QI: 994

N-Methyl-4-iodo-2,5-dimethoxyamphetamine
expanded

MW: 335.18493
MM: 335.03823
$C_{12}H_{18}INO_2$
RI: 2207 (calc.)

GC/MS
EI 70 eV
TSQ 70
QI: 966

m/z: 59

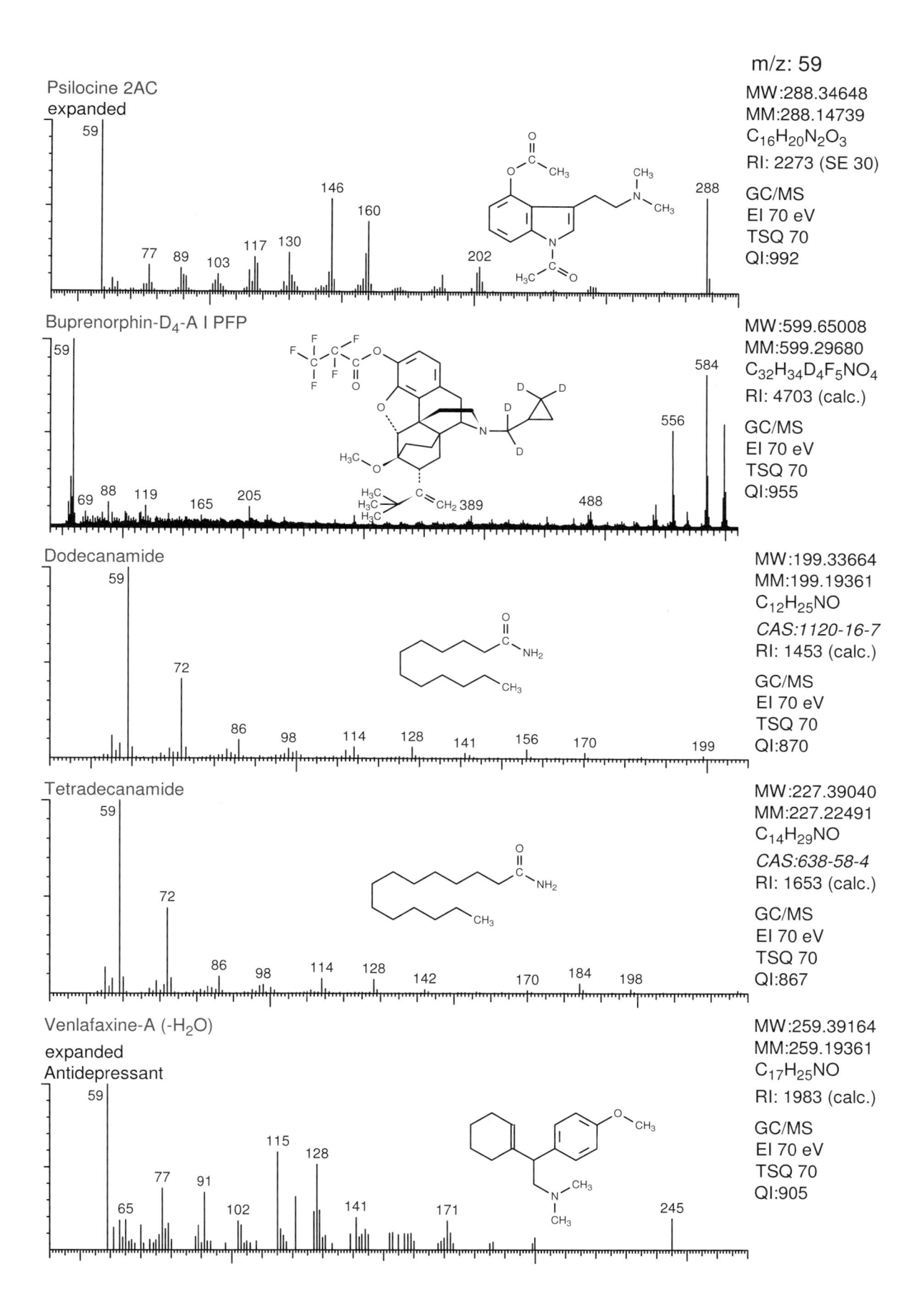

Psilocine 2AC expanded

Peaks: 59, 77, 89, 103, 117, 130, 146, 160, 202, 288

MW:288.34648
MM:288.14739
$C_{16}H_{20}N_2O_3$
RI: 2273 (SE 30)

GC/MS
EI 70 eV
TSQ 70
QI:992

Buprenorphin-D_4-A I PFP

Peaks: 59, 69, 88, 119, 165, 205, 389, 488, 556, 584

MW:599.65008
MM:599.29680
$C_{32}H_{34}D_4F_5NO_4$
RI: 4703 (calc.)

GC/MS
EI 70 eV
TSQ 70
QI:955

Dodecanamide

Peaks: 59, 72, 86, 98, 114, 128, 141, 156, 170, 199

MW:199.33664
MM:199.19361
$C_{12}H_{25}NO$
CAS:1120-16-7
RI: 1453 (calc.)

GC/MS
EI 70 eV
TSQ 70
QI:870

Tetradecanamide

Peaks: 59, 72, 86, 98, 114, 128, 142, 170, 184, 198

MW:227.39040
MM:227.22491
$C_{14}H_{29}NO$
CAS:638-58-4
RI: 1653 (calc.)

GC/MS
EI 70 eV
TSQ 70
QI:867

Venlafaxine-A (-H_2O)
expanded
Antidepressant

Peaks: 59, 65, 77, 91, 102, 115, 128, 141, 171, 245

MW:259.39164
MM:259.19361
$C_{17}H_{25}NO$
RI: 1983 (calc.)

GC/MS
EI 70 eV
TSQ 70
QI:905

m/z: 59

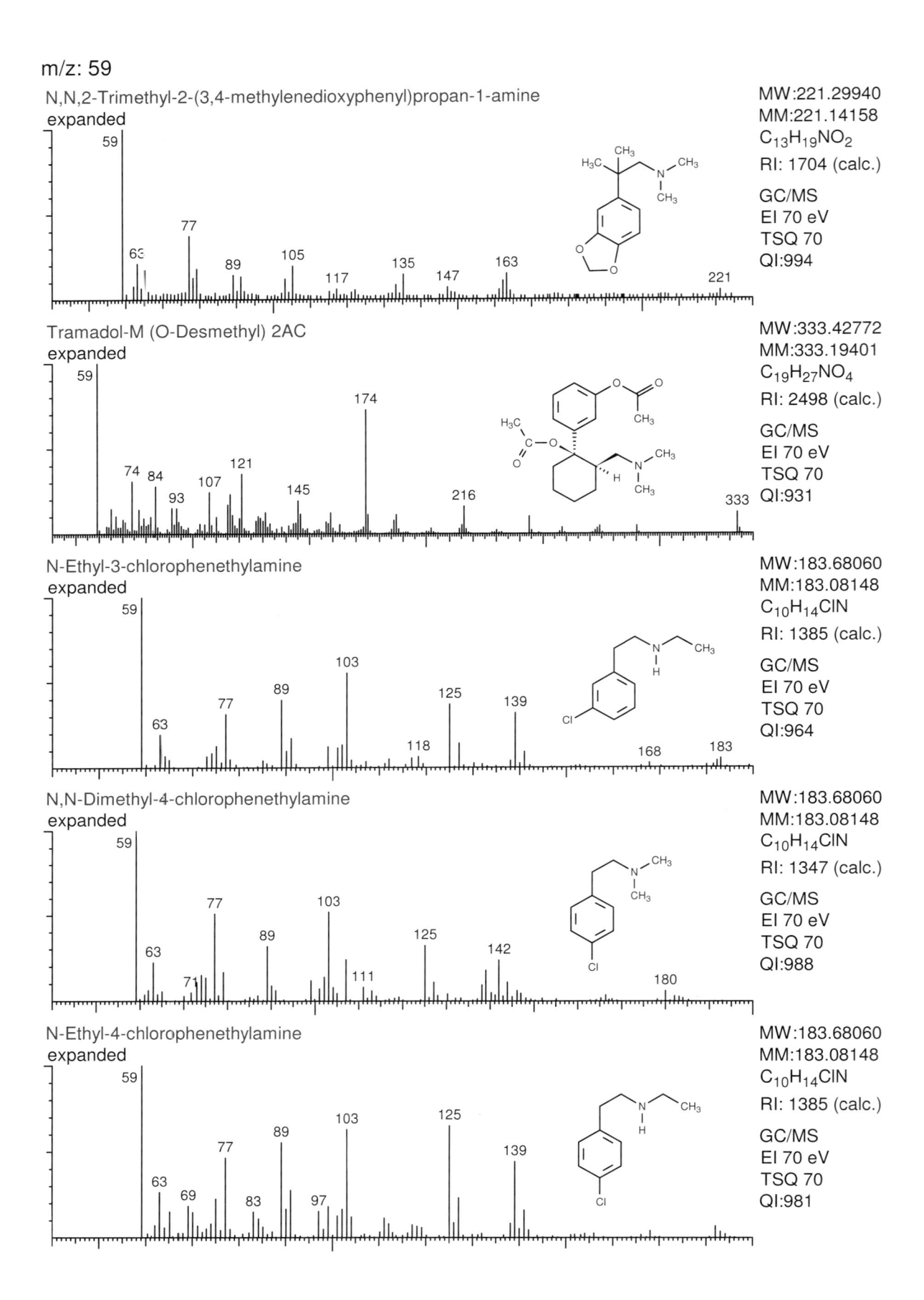

N,N,2-Trimethyl-2-(3,4-methylenedioxyphenyl)propan-1-amine
expanded

MW: 221.29940
MM: 221.14158
$C_{13}H_{19}NO_2$
RI: 1704 (calc.)

GC/MS
EI 70 eV
TSQ 70
QI: 994

Tramadol-M (O-Desmethyl) 2AC
expanded

MW: 333.42772
MM: 333.19401
$C_{19}H_{27}NO_4$
RI: 2498 (calc.)

GC/MS
EI 70 eV
TSQ 70
QI: 931

N-Ethyl-3-chlorophenethylamine
expanded

MW: 183.68060
MM: 183.08148
$C_{10}H_{14}ClN$
RI: 1385 (calc.)

GC/MS
EI 70 eV
TSQ 70
QI: 964

N,N-Dimethyl-4-chlorophenethylamine
expanded

MW: 183.68060
MM: 183.08148
$C_{10}H_{14}ClN$
RI: 1347 (calc.)

GC/MS
EI 70 eV
TSQ 70
QI: 988

N-Ethyl-4-chlorophenethylamine
expanded

MW: 183.68060
MM: 183.08148
$C_{10}H_{14}ClN$
RI: 1385 (calc.)

GC/MS
EI 70 eV
TSQ 70
QI: 981

m/z: 59

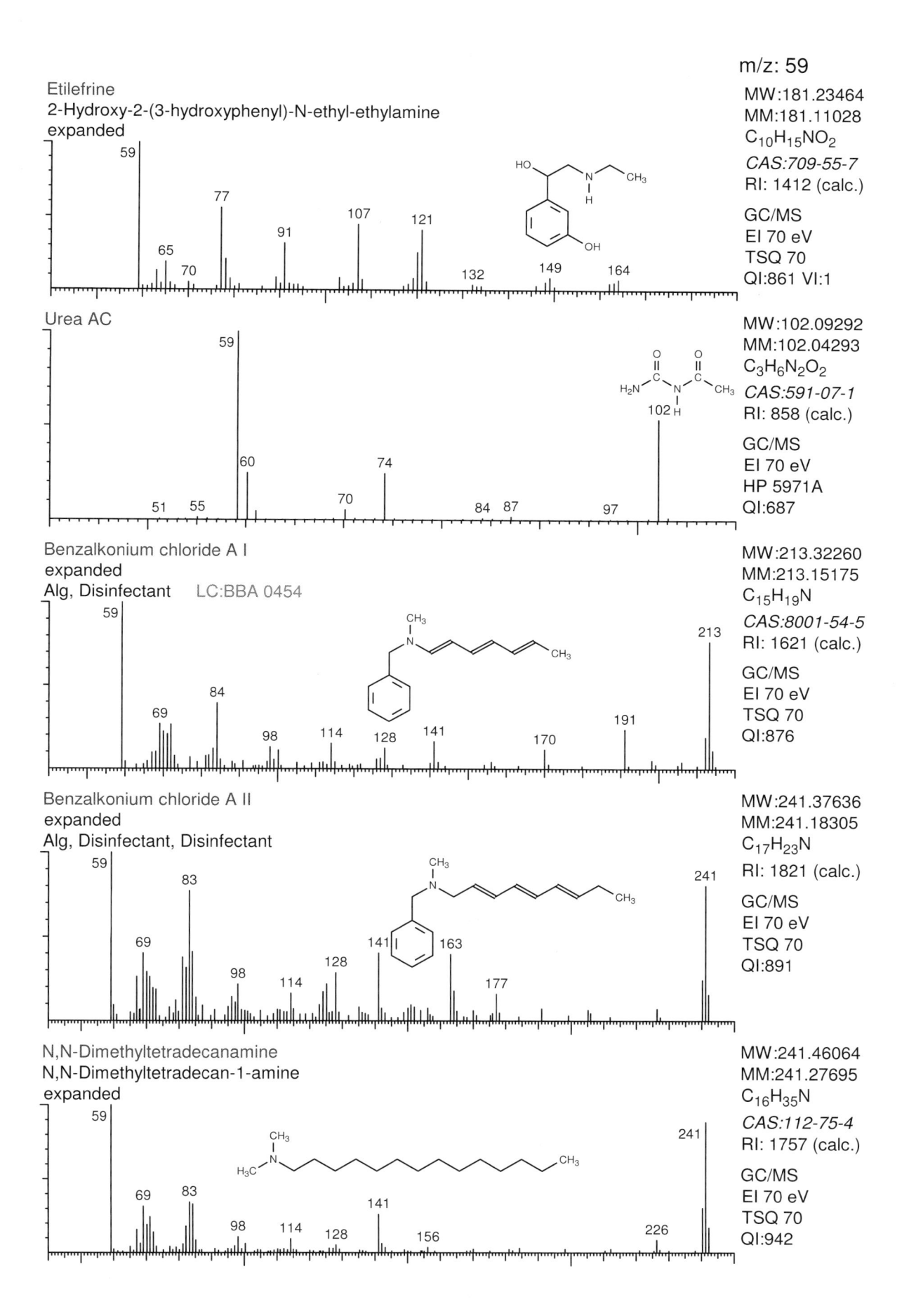

Etilefrine
2-Hydroxy-2-(3-hydroxyphenyl)-N-ethyl-ethylamine
expanded

Peaks: 59, 65, 70, 77, 91, 107, 121, 132, 149, 164

MW: 181.23464
MM: 181.11028
$C_{10}H_{15}NO_2$
CAS: 709-55-7
RI: 1412 (calc.)

GC/MS
EI 70 eV
TSQ 70
QI: 861 VI: 1

Urea AC

Peaks: 51, 55, 59, 60, 70, 74, 84, 87, 97, 102

MW: 102.09292
MM: 102.04293
$C_3H_6N_2O_2$
CAS: 591-07-1
RI: 858 (calc.)

GC/MS
EI 70 eV
HP 5971A
QI: 687

Benzalkonium chloride A I
expanded
Alg, Disinfectant   LC: BBA 0454

Peaks: 59, 69, 84, 98, 114, 128, 141, 170, 191, 213

MW: 213.32260
MM: 213.15175
$C_{15}H_{19}N$
CAS: 8001-54-5
RI: 1621 (calc.)

GC/MS
EI 70 eV
TSQ 70
QI: 876

Benzalkonium chloride A II
expanded
Alg, Disinfectant, Disinfectant

Peaks: 59, 69, 83, 98, 114, 128, 141, 163, 177, 241

MW: 241.37636
MM: 241.18305
$C_{17}H_{23}N$
RI: 1821 (calc.)

GC/MS
EI 70 eV
TSQ 70
QI: 891

N,N-Dimethyltetradecanamine
N,N-Dimethyltetradecan-1-amine
expanded

Peaks: 59, 69, 83, 98, 114, 128, 141, 156, 226, 241

MW: 241.46064
MM: 241.27695
$C_{16}H_{35}N$
CAS: 112-75-4
RI: 1757 (calc.)

GC/MS
EI 70 eV
TSQ 70
QI: 942

m/z: 59-60

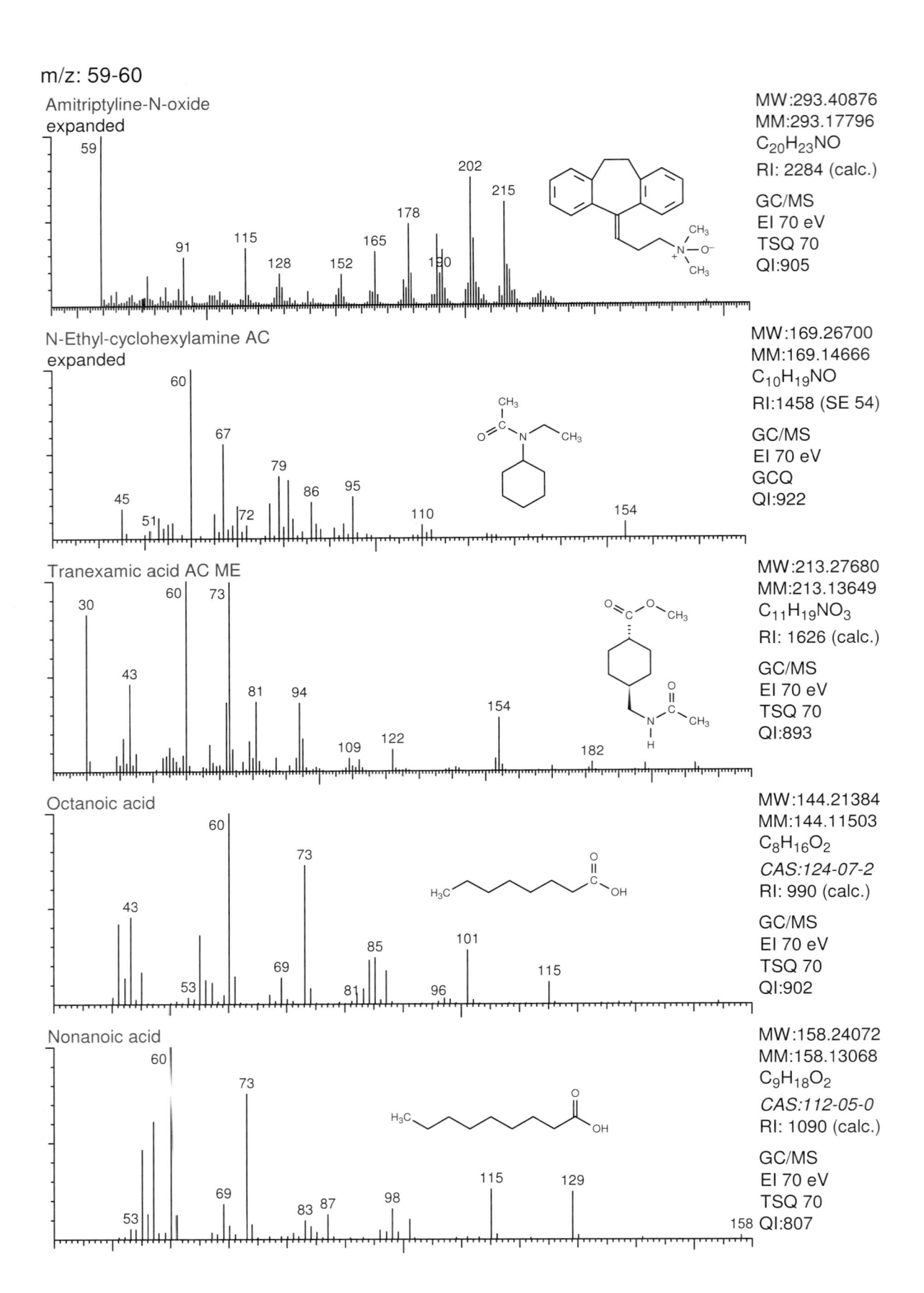

Amitriptyline-N-oxide expanded

MW: 293.40876
MM: 293.17796
C₂₀H₂₃NO
RI: 2284 (calc.)

GC/MS
EI 70 eV
TSQ 70
QI: 905

Peaks: 59, 91, 115, 128, 152, 165, 178, 190, 202, 215

N-Ethyl-cyclohexylamine AC expanded

MW: 169.26700
MM: 169.14666
C₁₀H₁₉NO
RI: 1458 (SE 54)

GC/MS
EI 70 eV
GCQ
QI: 922

Peaks: 45, 51, 60, 67, 72, 79, 86, 95, 110, 154

Tranexamic acid AC ME

MW: 213.27680
MM: 213.13649
C₁₁H₁₉NO₃
RI: 1626 (calc.)

GC/MS
EI 70 eV
TSQ 70
QI: 893

Peaks: 30, 43, 60, 73, 81, 94, 109, 122, 154, 182

Octanoic acid

MW: 144.21384
MM: 144.11503
C₈H₁₆O₂
CAS: 124-07-2
RI: 990 (calc.)

GC/MS
EI 70 eV
TSQ 70
QI: 902

Peaks: 43, 53, 60, 69, 73, 81, 85, 96, 101, 115

Nonanoic acid

MW: 158.24072
MM: 158.13068
C₉H₁₈O₂
CAS: 112-05-0
RI: 1090 (calc.)

GC/MS
EI 70 eV
TSQ 70
QI: 807

Peaks: 53, 60, 69, 73, 83, 87, 98, 115, 129, 158

m/z: 61

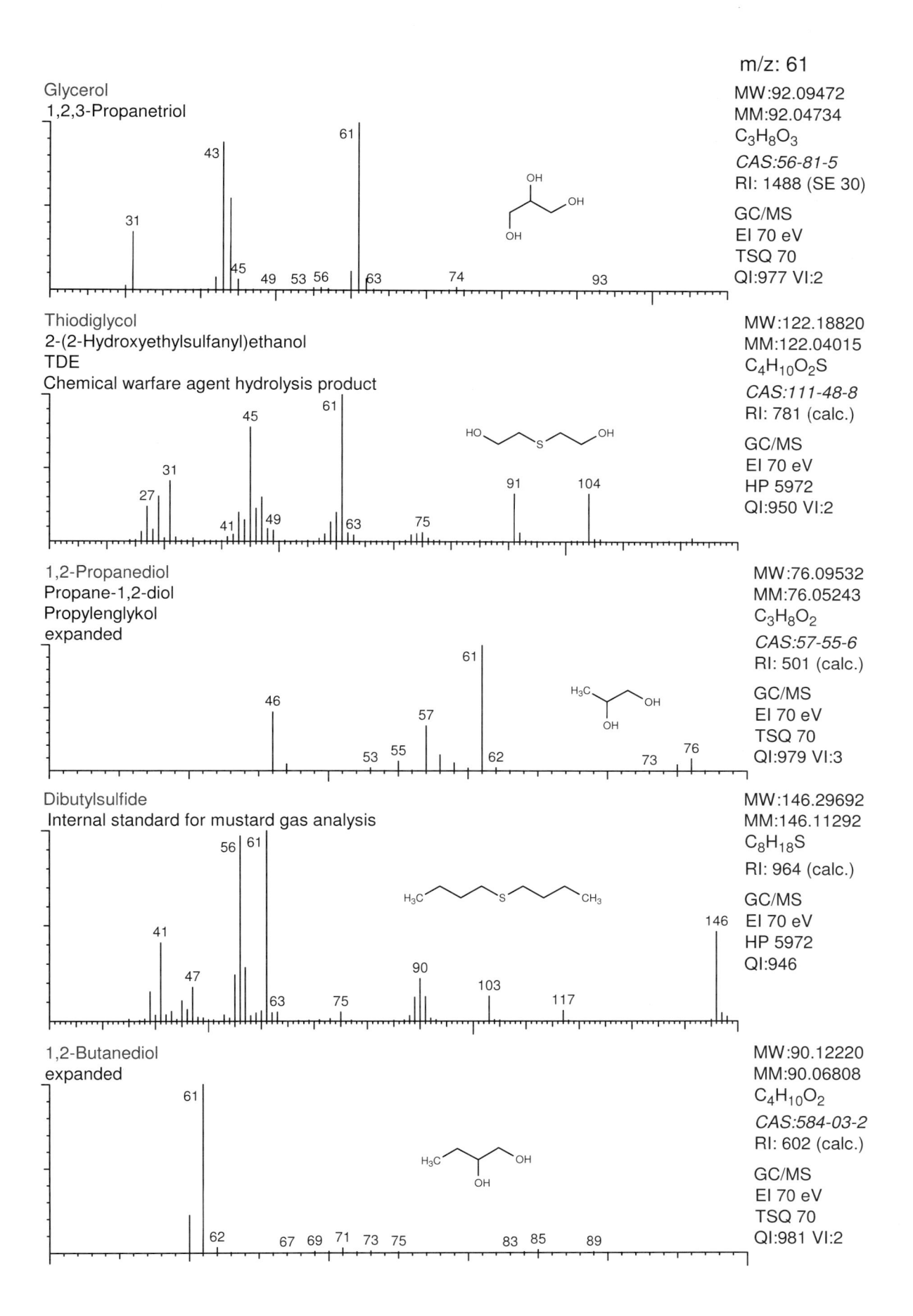

Glycerol
1,2,3-Propanetriol

MW: 92.09472
MM: 92.04734
$C_3H_8O_3$
CAS: 56-81-5
RI: 1488 (SE 30)

GC/MS
EI 70 eV
TSQ 70
QI: 977 VI: 2

Peaks: 31, 43, 45, 49, 53, 56, 61, 63, 74, 93

Thiodiglycol
2-(2-Hydroxyethylsulfanyl)ethanol
TDE
Chemical warfare agent hydrolysis product

MW: 122.18820
MM: 122.04015
$C_4H_{10}O_2S$
CAS: 111-48-8
RI: 781 (calc.)

GC/MS
EI 70 eV
HP 5972
QI: 950 VI: 2

Peaks: 27, 31, 41, 45, 49, 61, 63, 75, 91, 104

1,2-Propanediol
Propane-1,2-diol
Propylenglykol
expanded

MW: 76.09532
MM: 76.05243
$C_3H_8O_2$
CAS: 57-55-6
RI: 501 (calc.)

GC/MS
EI 70 eV
TSQ 70
QI: 979 VI: 3

Peaks: 46, 53, 55, 57, 61, 62, 73, 76

Dibutylsulfide
Internal standard for mustard gas analysis

MW: 146.29692
MM: 146.11292
$C_8H_{18}S$
RI: 964 (calc.)

GC/MS
EI 70 eV
HP 5972
QI: 946

Peaks: 41, 47, 56, 61, 63, 75, 90, 103, 117, 146

1,2-Butanediol
expanded

MW: 90.12220
MM: 90.06808
$C_4H_{10}O_2$
CAS: 584-03-2
RI: 602 (calc.)

GC/MS
EI 70 eV
TSQ 70
QI: 981 VI: 2

Peaks: 61, 62, 67, 69, 71, 73, 75, 83, 85, 89

m/z: 61-63

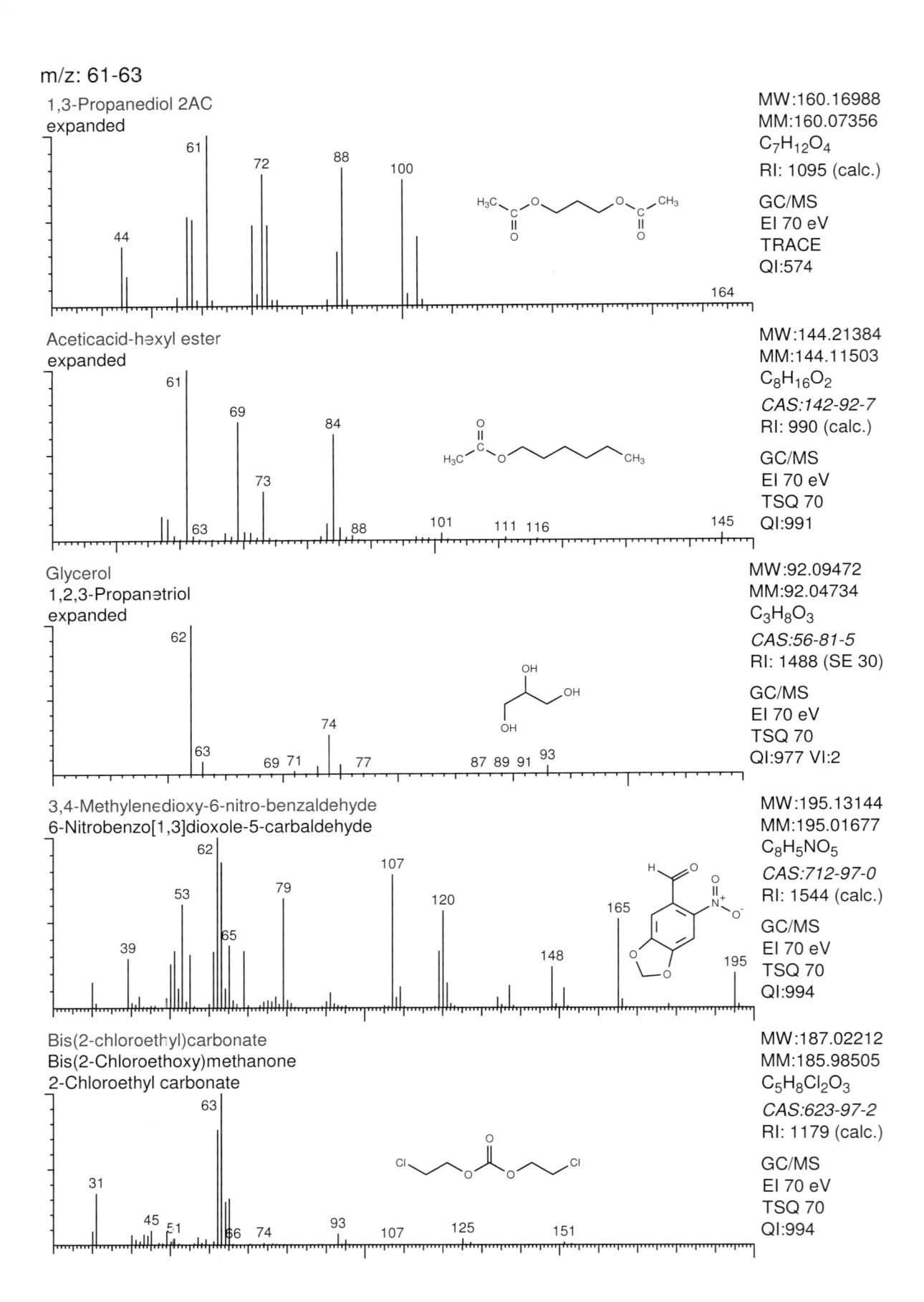

1,3-Propanediol 2AC expanded

Peaks: 44, 61, 72, 88, 100, 164

MW: 160.16988
MM: 160.07356
$C_7H_{12}O_4$
RI: 1095 (calc.)

GC/MS
EI 70 eV
TRACE
QI: 574

Aceticacid-hexyl ester expanded

Peaks: 61, 63, 69, 73, 84, 88, 101, 111, 116, 145

MW: 144.21384
MM: 144.11503
$C_8H_{16}O_2$
CAS: 142-92-7
RI: 990 (calc.)

GC/MS
EI 70 eV
TSQ 70
QI: 991

Glycerol
1,2,3-Propanetriol expanded

Peaks: 62, 63, 69, 71, 74, 77, 87, 89, 91, 93

MW: 92.09472
MM: 92.04734
$C_3H_8O_3$
CAS: 56-81-5
RI: 1488 (SE 30)

GC/MS
EI 70 eV
TSQ 70
QI: 977 VI: 2

3,4-Methylenedioxy-6-nitro-benzaldehyde
6-Nitrobenzo[1,3]dioxole-5-carbaldehyde

Peaks: 39, 53, 62, 65, 79, 107, 120, 148, 165, 195

MW: 195.13144
MM: 195.01677
$C_8H_5NO_5$
CAS: 712-97-0
RI: 1544 (calc.)

GC/MS
EI 70 eV
TSQ 70
QI: 994

Bis(2-chloroethyl)carbonate
Bis(2-Chloroethoxy)methanone
2-Chloroethyl carbonate

Peaks: 31, 45, 51, 63, 66, 74, 93, 107, 125, 151

MW: 187.02212
MM: 185.98505
$C_5H_8Cl_2O_3$
CAS: 623-97-2
RI: 1179 (calc.)

GC/MS
EI 70 eV
TSQ 70
QI: 994

m/z: 64-65

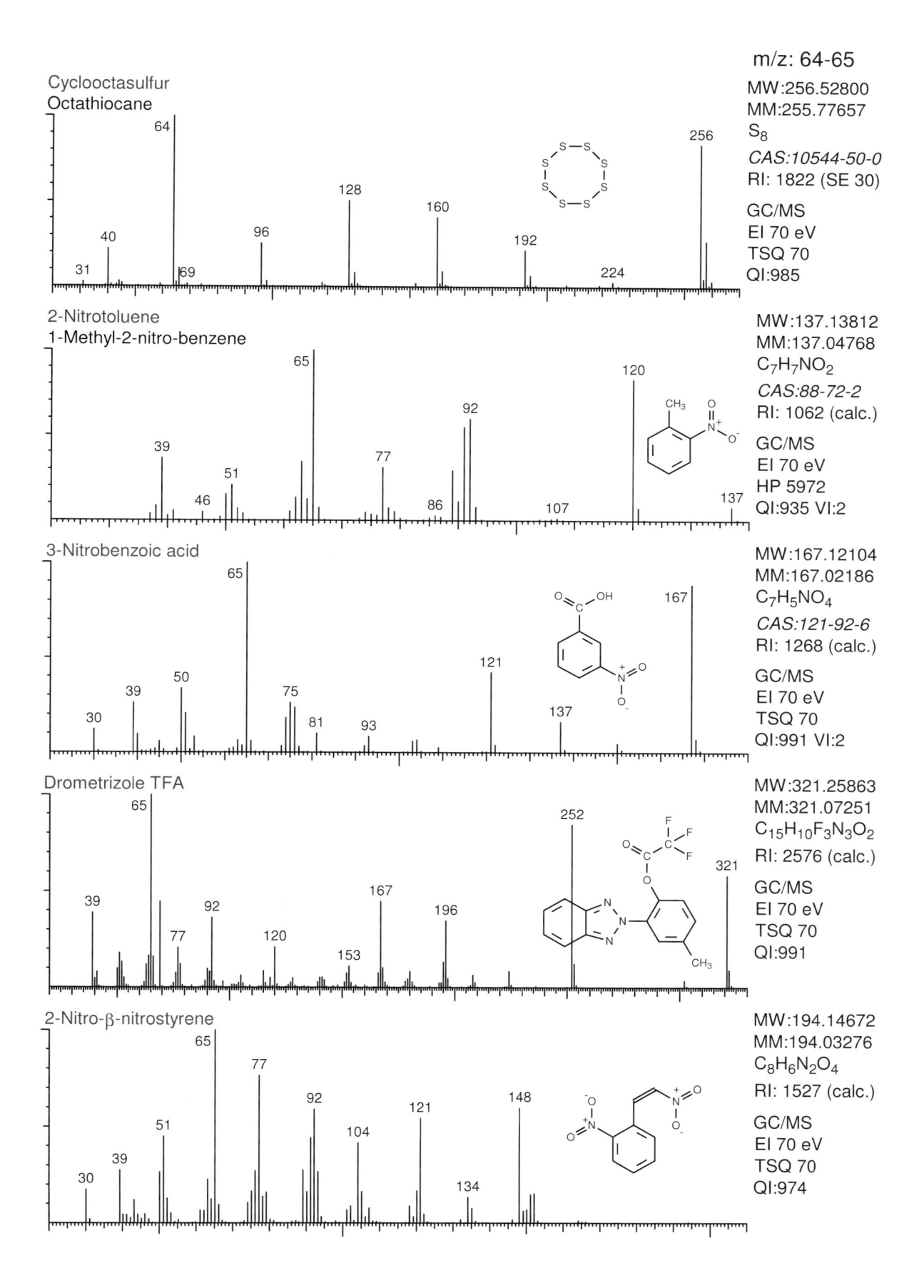

Cyclooctasulfur
Octathiocane

MW:256.52800
MM:255.77657
S_8
CAS:10544-50-0
RI: 1822 (SE 30)

GC/MS
EI 70 eV
TSQ 70
QI:985

2-Nitrotoluene
1-Methyl-2-nitro-benzene

MW:137.13812
MM:137.04768
$C_7H_7NO_2$
CAS:88-72-2
RI: 1062 (calc.)

GC/MS
EI 70 eV
HP 5972
QI:935 VI:2

3-Nitrobenzoic acid

MW:167.12104
MM:167.02186
$C_7H_5NO_4$
CAS:121-92-6
RI: 1268 (calc.)

GC/MS
EI 70 eV
TSQ 70
QI:991 VI:2

Drometrizole TFA

MW:321.25863
MM:321.07251
$C_{15}H_{10}F_3N_3O_2$
RI: 2576 (calc.)

GC/MS
EI 70 eV
TSQ 70
QI:991

2-Nitro-β-nitrostyrene

MW:194.14672
MM:194.03276
$C_8H_6N_2O_4$
RI: 1527 (calc.)

GC/MS
EI 70 eV
TSQ 70
QI:974

m/z: 66-67

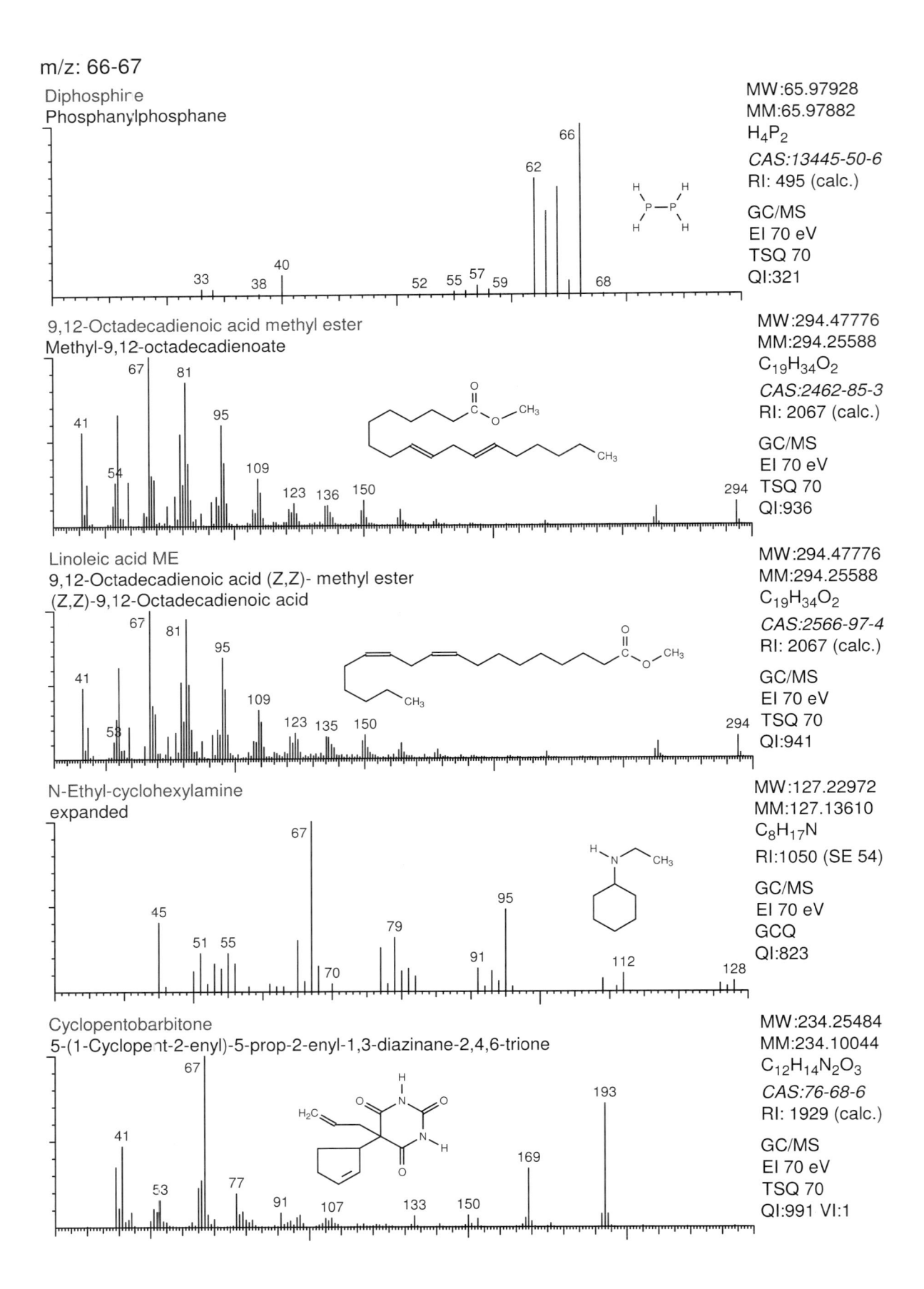

Diphosphine
Phosphanylphosphane

MW:65.97928
MM:65.97882
H_4P_2
CAS:13445-50-6
RI: 495 (calc.)

GC/MS
EI 70 eV
TSQ 70
QI:321

9,12-Octadecadienoic acid methyl ester
Methyl-9,12-octadecadienoate

MW:294.47776
MM:294.25588
$C_{19}H_{34}O_2$
CAS:2462-85-3
RI: 2067 (calc.)

GC/MS
EI 70 eV
TSQ 70
QI:936

Linoleic acid ME
9,12-Octadecadienoic acid (Z,Z)- methyl ester
(Z,Z)-9,12-Octadecadienoic acid

MW:294.47776
MM:294.25588
$C_{19}H_{34}O_2$
CAS:2566-97-4
RI: 2067 (calc.)

GC/MS
EI 70 eV
TSQ 70
QI:941

N-Ethyl-cyclohexylamine
expanded

MW:127.22972
MM:127.13610
$C_8H_{17}N$
RI:1050 (SE 54)

GC/MS
EI 70 eV
GCQ
QI:823

Cyclopentobarbitone
5-(1-Cyclopent-2-enyl)-5-prop-2-enyl-1,3-diazinane-2,4,6-trione

MW:234.25484
MM:234.10044
$C_{12}H_{14}N_2O_3$
CAS:76-68-6
RI: 1929 (calc.)

GC/MS
EI 70 eV
TSQ 70
QI:991 VI:1

m/z: 67-68

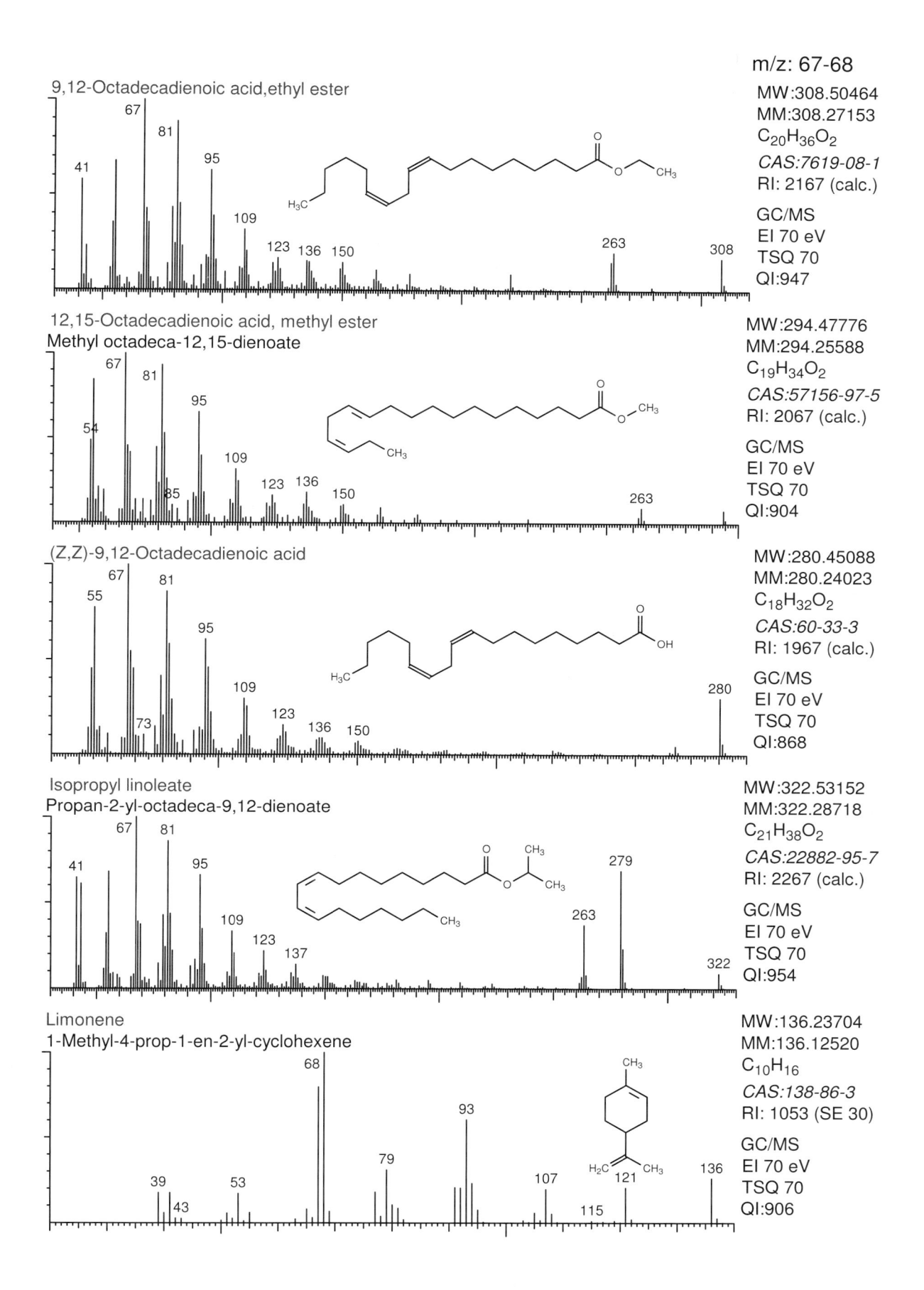

9,12-Octadecadienoic acid, ethyl ester

Peaks: 41, 67, 81, 95, 109, 123, 136, 150, 263, 308

MW: 308.50464
MM: 308.27153
$C_{20}H_{36}O_2$
CAS: 7619-08-1
RI: 2167 (calc.)

GC/MS
EI 70 eV
TSQ 70
QI: 947

12,15-Octadecadienoic acid, methyl ester
Methyl octadeca-12,15-dienoate

Peaks: 54, 67, 81, 85, 95, 109, 123, 136, 150, 263

MW: 294.47776
MM: 294.25588
$C_{19}H_{34}O_2$
CAS: 57156-97-5
RI: 2067 (calc.)

GC/MS
EI 70 eV
TSQ 70
QI: 904

(Z,Z)-9,12-Octadecadienoic acid

Peaks: 55, 67, 73, 81, 95, 109, 123, 136, 150, 280

MW: 280.45088
MM: 280.24023
$C_{18}H_{32}O_2$
CAS: 60-33-3
RI: 1967 (calc.)

GC/MS
EI 70 eV
TSQ 70
QI: 868

Isopropyl linoleate
Propan-2-yl-octadeca-9,12-dienoate

Peaks: 41, 67, 81, 95, 109, 123, 137, 263, 279, 322

MW: 322.53152
MM: 322.28718
$C_{21}H_{38}O_2$
CAS: 22882-95-7
RI: 2267 (calc.)

GC/MS
EI 70 eV
TSQ 70
QI: 954

Limonene
1-Methyl-4-prop-1-en-2-yl-cyclohexene

Peaks: 39, 43, 53, 68, 79, 93, 107, 115, 121, 136

MW: 136.23704
MM: 136.12520
$C_{10}H_{16}$
CAS: 138-86-3
RI: 1053 (SE 30)

GC/MS
EI 70 eV
TSQ 70
QI: 906

m/z: 68-69

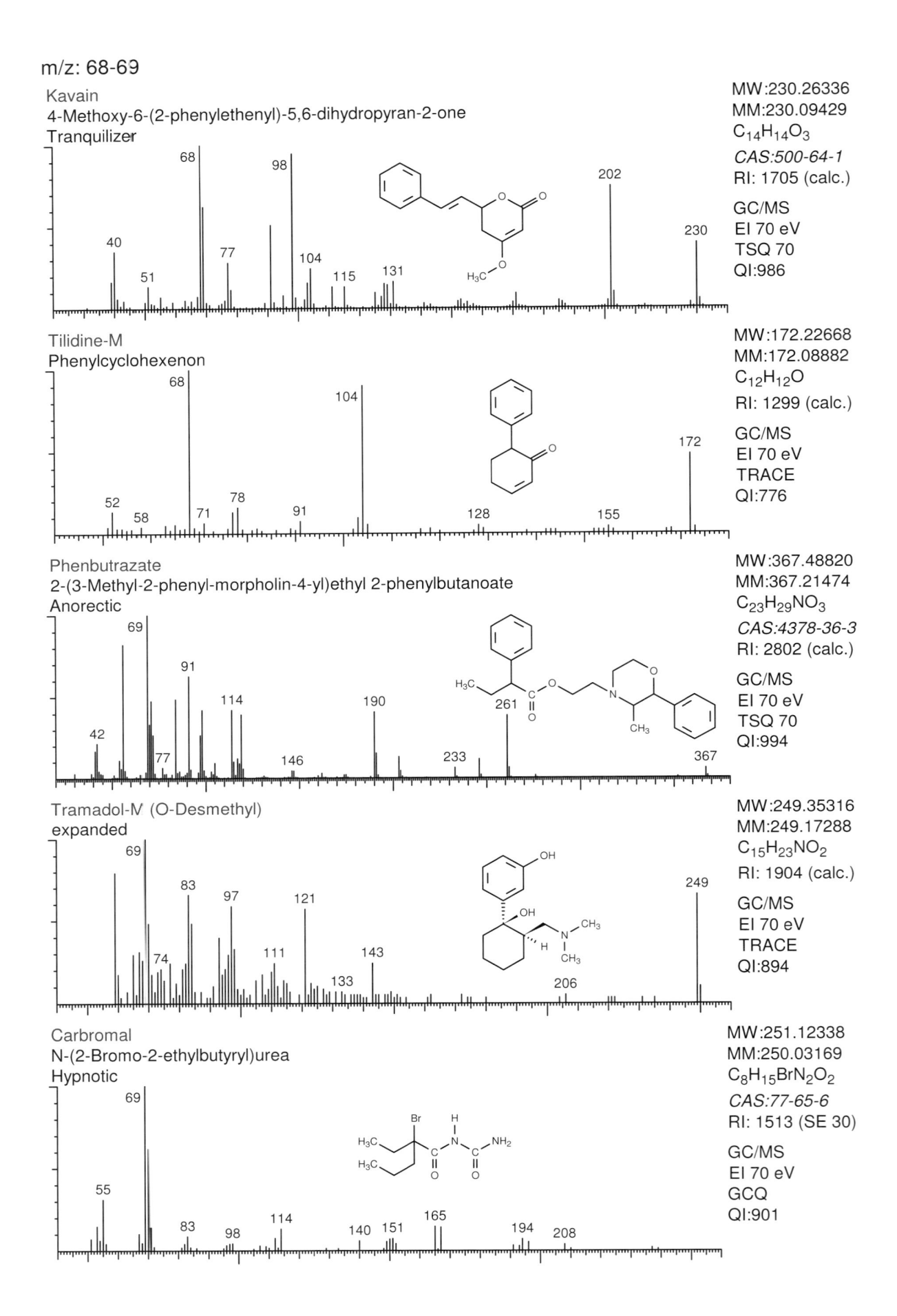

Kavain
4-Methoxy-6-(2-phenylethenyl)-5,6-dihydropyran-2-one
Tranquilizer

MW:230.26336
MM:230.09429
$C_{14}H_{14}O_3$
CAS:500-64-1
RI: 1705 (calc.)

GC/MS
EI 70 eV
TSQ 70
QI:986

Tilidine-M
Phenylcyclohexenon

MW:172.22668
MM:172.08882
$C_{12}H_{12}O$
RI: 1299 (calc.)

GC/MS
EI 70 eV
TRACE
QI:776

Phenbutrazate
2-(3-Methyl-2-phenyl-morpholin-4-yl)ethyl 2-phenylbutanoate
Anorectic

MW:367.48820
MM:367.21474
$C_{23}H_{29}NO_3$
CAS:4378-36-3
RI: 2802 (calc.)

GC/MS
EI 70 eV
TSQ 70
QI:994

Tramadol-M (O-Desmethyl)
expanded

MW:249.35316
MM:249.17288
$C_{15}H_{23}NO_2$
RI: 1904 (calc.)

GC/MS
EI 70 eV
TRACE
QI:894

Carbromal
N-(2-Bromo-2-ethylbutyryl)urea
Hypnotic

MW:251.12338
MM:250.03169
$C_8H_{15}BrN_2O_2$
CAS:77-65-6
RI: 1513 (SE 30)

GC/MS
EI 70 eV
GCQ
QI:901

m/z: 69

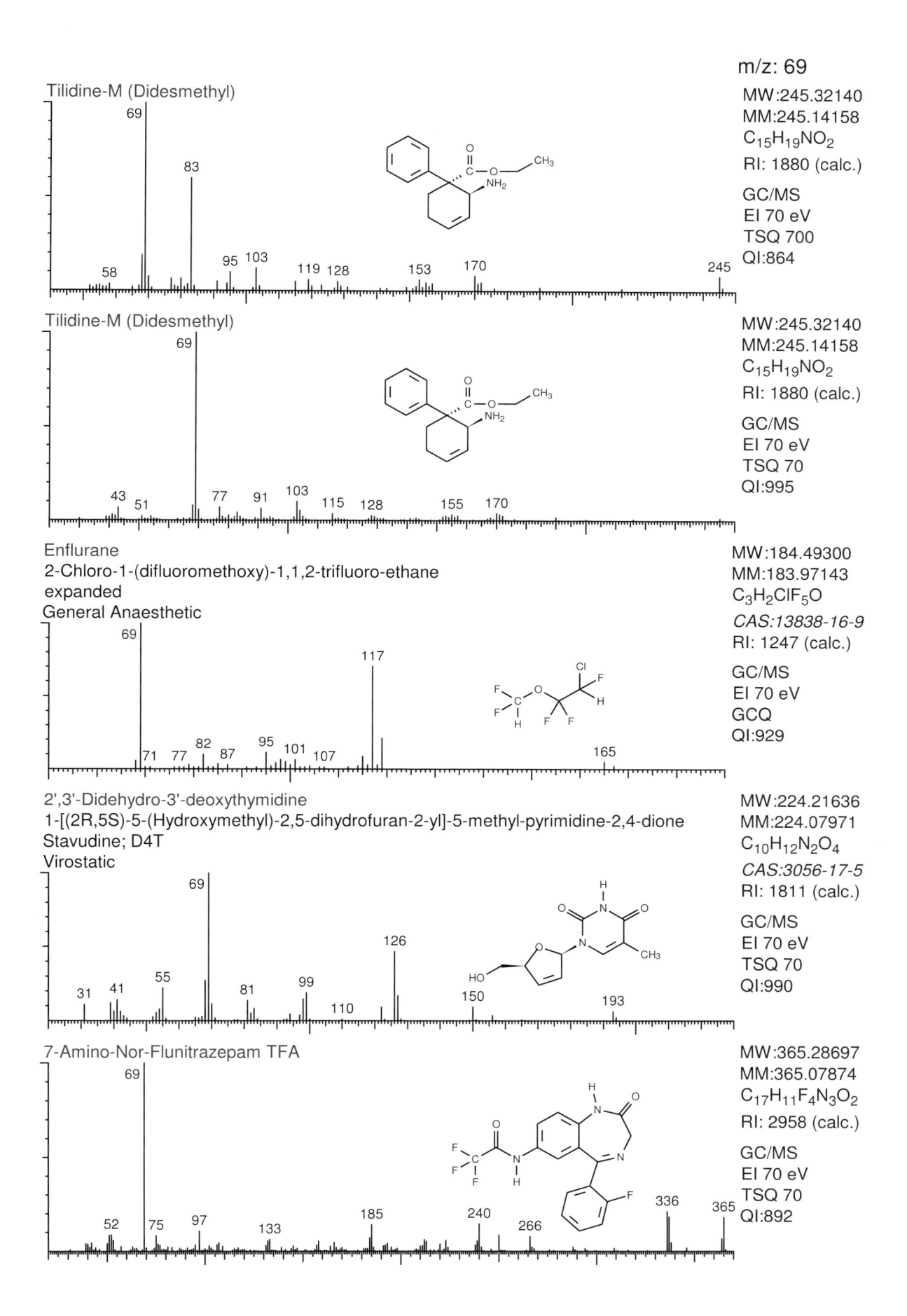

Tilidine-M (Didesmethyl)

MW: 245.32140
MM: 245.14158
$C_{15}H_{19}NO_2$
RI: 1880 (calc.)

GC/MS
EI 70 eV
TSQ 700
QI: 864

Tilidine-M (Didesmethyl)

MW: 245.32140
MM: 245.14158
$C_{15}H_{19}NO_2$
RI: 1880 (calc.)

GC/MS
EI 70 eV
TSQ 70
QI: 995

Enflurane
2-Chloro-1-(difluoromethoxy)-1,1,2-trifluoro-ethane
expanded
General Anaesthetic

MW: 184.49300
MM: 183.97143
$C_3H_2ClF_5O$
CAS: 13838-16-9
RI: 1247 (calc.)

GC/MS
EI 70 eV
GCQ
QI: 929

2',3'-Didehydro-3'-deoxythymidine
1-[(2R,5S)-5-(Hydroxymethyl)-2,5-dihydrofuran-2-yl]-5-methyl-pyrimidine-2,4-dione
Stavudine; D4T
Virostatic

MW: 224.21636
MM: 224.07971
$C_{10}H_{12}N_2O_4$
CAS: 3056-17-5
RI: 1811 (calc.)

GC/MS
EI 70 eV
TSQ 70
QI: 990

7-Amino-Nor-Flunitrazepam TFA

MW: 365.28697
MM: 365.07874
$C_{17}H_{11}F_4N_3O_2$
RI: 2958 (calc.)

GC/MS
EI 70 eV
TSQ 70
QI: 892

m/z: 69-70

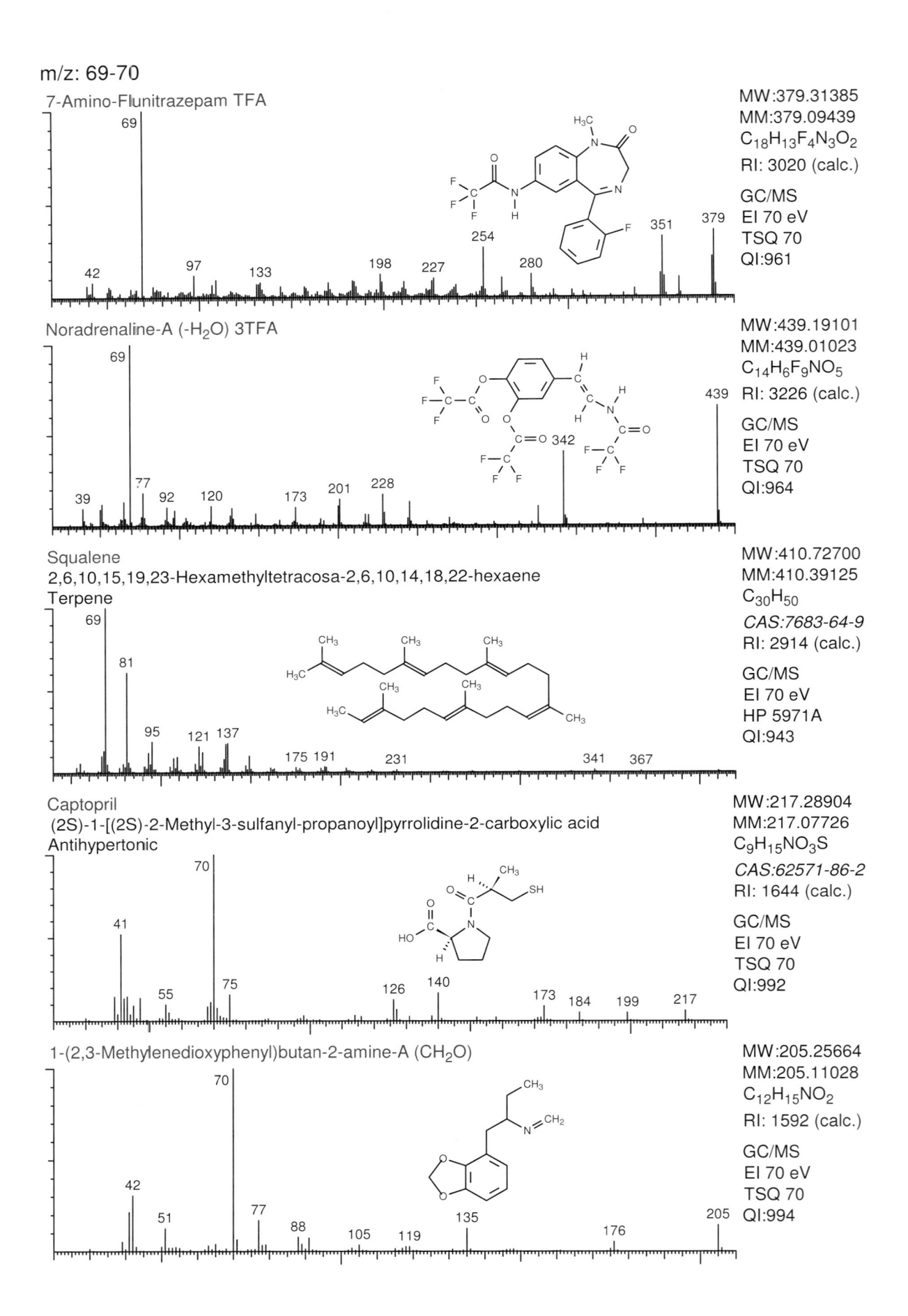

7-Amino-Flunitrazepam TFA

MW:379.31385
MM:379.09439
$C_{18}H_{13}F_4N_3O_2$
RI: 3020 (calc.)

GC/MS
EI 70 eV
TSQ 70
QI:961

Noradrenaline-A (-H$_2$O) 3TFA

MW:439.19101
MM:439.01023
$C_{14}H_6F_9NO_5$
RI: 3226 (calc.)

GC/MS
EI 70 eV
TSQ 70
QI:964

Squalene
2,6,10,15,19,23-Hexamethyltetracosa-2,6,10,14,18,22-hexaene
Terpene

MW:410.72700
MM:410.39125
$C_{30}H_{50}$
CAS:7683-64-9
RI: 2914 (calc.)

GC/MS
EI 70 eV
HP 5971A
QI:943

Captopril
(2S)-1-[(2S)-2-Methyl-3-sulfanyl-propanoyl]pyrrolidine-2-carboxylic acid
Antihypertonic

MW:217.28904
MM:217.07726
$C_9H_{15}NO_3S$
CAS:62571-86-2
RI: 1644 (calc.)

GC/MS
EI 70 eV
TSQ 70
QI:992

1-(2,3-Methylenedioxyphenyl)butan-2-amine-A (CH$_2$O)

MW:205.25664
MM:205.11028
$C_{12}H_{15}NO_2$
RI: 1592 (calc.)

GC/MS
EI 70 eV
TSQ 70
QI:994

m/z: 70

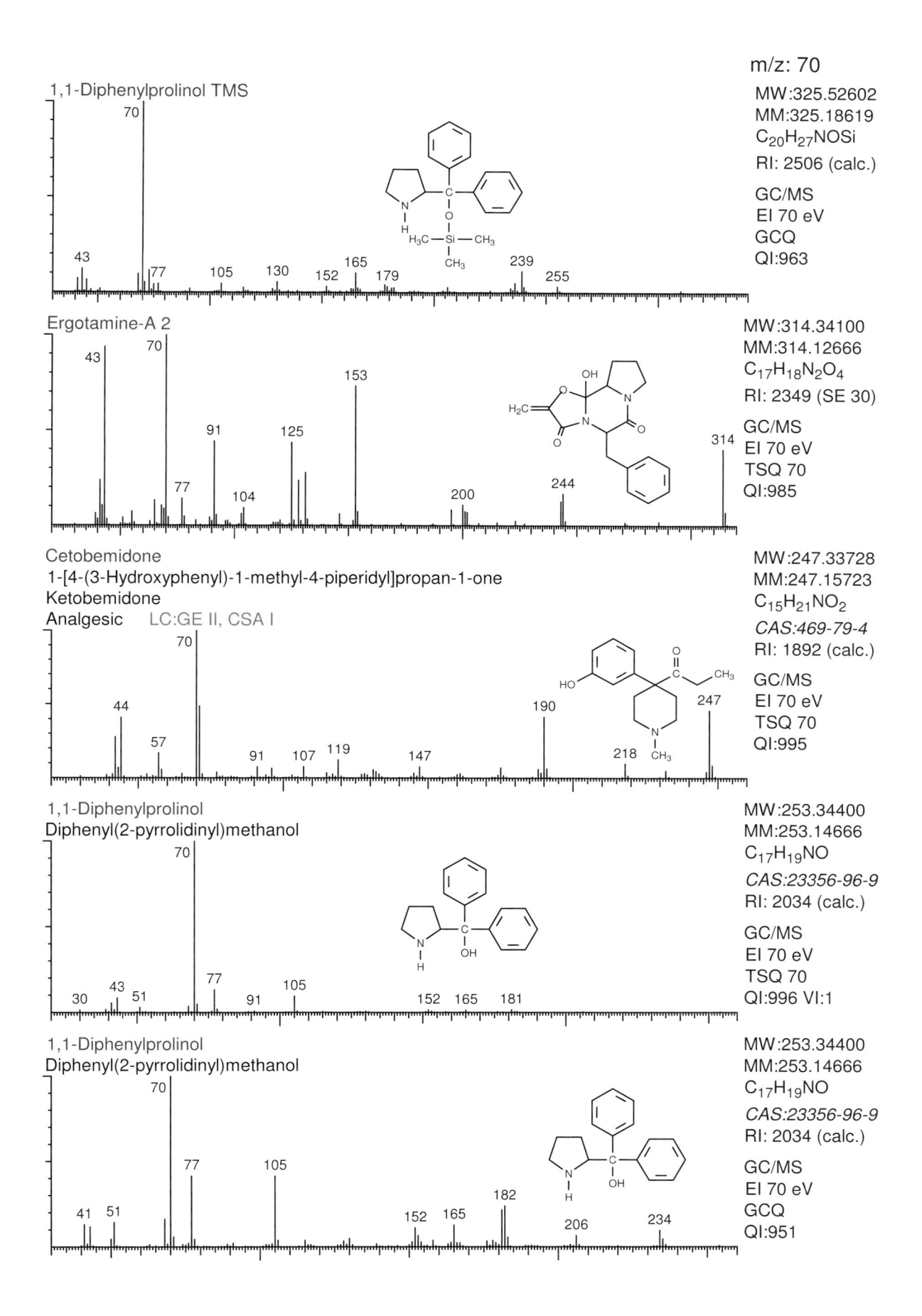

1,1-Diphenylprolinol TMS

Peaks: 43, 70, 77, 105, 130, 152, 165, 179, 239, 255

MW: 325.52602
MM: 325.18619
$C_{20}H_{27}NOSi$
RI: 2506 (calc.)

GC/MS
EI 70 eV
GCQ
QI: 963

Ergotamine-A 2

Peaks: 43, 70, 77, 91, 104, 125, 153, 200, 244, 314

MW: 314.34100
MM: 314.12666
$C_{17}H_{18}N_2O_4$
RI: 2349 (SE 30)

GC/MS
EI 70 eV
TSQ 70
QI: 985

Cetobemidone
1-[4-(3-Hydroxyphenyl)-1-methyl-4-piperidyl]propan-1-one
Ketobemidone
Analgesic   LC:GE II, CSA I

Peaks: 44, 57, 70, 91, 107, 119, 147, 190, 218, 247

MW: 247.33728
MM: 247.15723
$C_{15}H_{21}NO_2$
CAS: 469-79-4
RI: 1892 (calc.)

GC/MS
EI 70 eV
TSQ 70
QI: 995

1,1-Diphenylprolinol
Diphenyl(2-pyrrolidinyl)methanol

Peaks: 30, 43, 51, 70, 77, 91, 105, 152, 165, 181

MW: 253.34400
MM: 253.14666
$C_{17}H_{19}NO$
CAS: 23356-96-9
RI: 2034 (calc.)

GC/MS
EI 70 eV
TSQ 70
QI: 996 VI:1

1,1-Diphenylprolinol
Diphenyl(2-pyrrolidinyl)methanol

Peaks: 41, 51, 70, 77, 105, 152, 165, 182, 206, 234

MW: 253.34400
MM: 253.14666
$C_{17}H_{19}NO$
CAS: 23356-96-9
RI: 2034 (calc.)

GC/MS
EI 70 eV
GCQ
QI: 951

m/z: 70

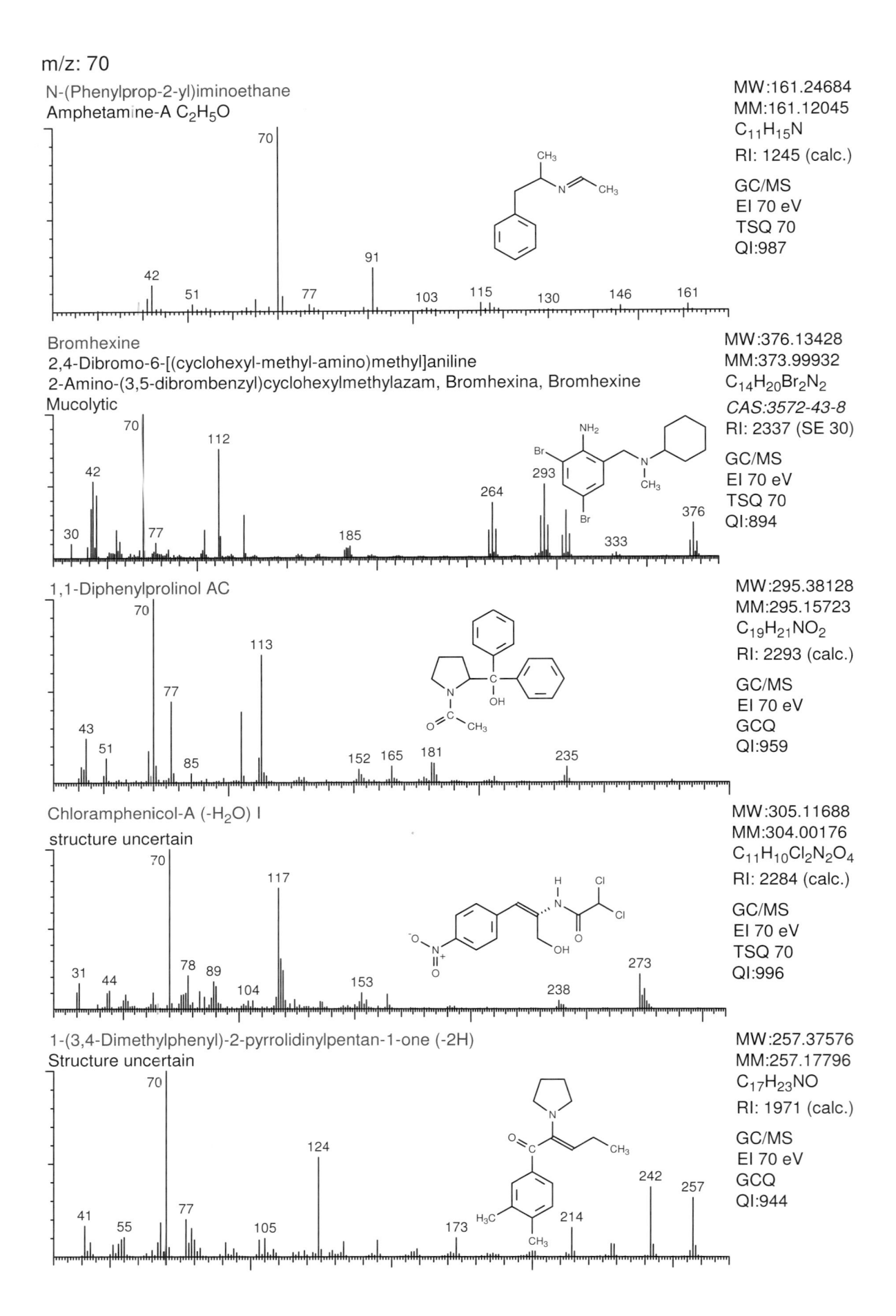

N-(Phenylprop-2-yl)iminoethane
Amphetamine-A C$_2$H$_5$O

MW:161.24684
MM:161.12045
C$_{11}$H$_{15}$N
RI: 1245 (calc.)

GC/MS
EI 70 eV
TSQ 70
QI:987

Peaks: 42, 51, 70, 77, 91, 103, 115, 130, 146, 161

Bromhexine
2,4-Dibromo-6-[(cyclohexyl-methyl-amino)methyl]aniline
2-Amino-(3,5-dibrombenzyl)cyclohexylmethylazam, Bromhexina, Bromhexine
Mucolytic

MW:376.13428
MM:373.99932
C$_{14}$H$_{20}$Br$_2$N$_2$
CAS:3572-43-8
RI: 2337 (SE 30)

GC/MS
EI 70 eV
TSQ 70
QI:894

Peaks: 30, 42, 70, 77, 112, 185, 264, 293, 333, 376

1,1-Diphenylprolinol AC

MW:295.38128
MM:295.15723
C$_{19}$H$_{21}$NO$_2$
RI: 2293 (calc.)

GC/MS
EI 70 eV
GCQ
QI:959

Peaks: 43, 51, 70, 77, 85, 113, 152, 165, 181, 235

Chloramphenicol-A (-H$_2$O) I
structure uncertain

MW:305.11688
MM:304.00176
C$_{11}$H$_{10}$Cl$_2$N$_2$O$_4$
RI: 2284 (calc.)

GC/MS
EI 70 eV
TSQ 70
QI:996

Peaks: 31, 44, 70, 78, 89, 104, 117, 153, 238, 273

1-(3,4-Dimethylphenyl)-2-pyrrolidinylpentan-1-one (-2H)
Structure uncertain

MW:257.37576
MM:257.17796
C$_{17}$H$_{23}$NO
RI: 1971 (calc.)

GC/MS
EI 70 eV
GCQ
QI:944

Peaks: 41, 55, 70, 77, 105, 124, 173, 214, 242, 257

m/z: 70

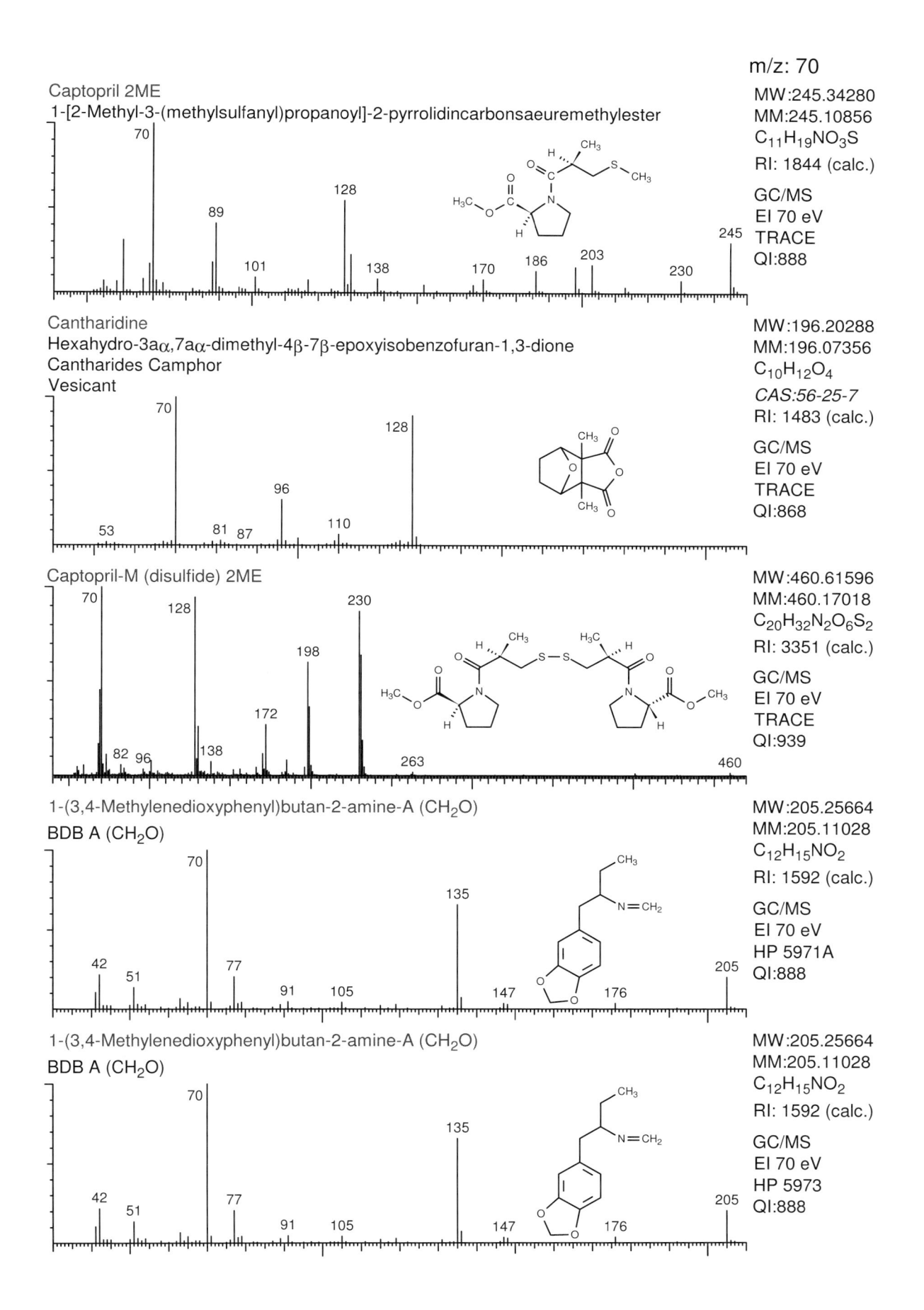

Captopril 2ME
1-[2-Methyl-3-(methylsulfanyl)propanoyl]-2-pyrrolidincarbonsaeuremethylester

Peaks: 70, 89, 101, 128, 138, 170, 186, 203, 230, 245

MW:245.34280
MM:245.10856
$C_{11}H_{19}NO_3S$
RI: 1844 (calc.)

GC/MS
EI 70 eV
TRACE
QI:888

Cantharidine
Hexahydro-3aα,7aα-dimethyl-4β-7β-epoxyisobenzofuran-1,3-dione
Cantharides Camphor
Vesicant

Peaks: 53, 70, 81, 87, 96, 110, 128

MW:196.20288
MM:196.07356
$C_{10}H_{12}O_4$
CAS:56-25-7
RI: 1483 (calc.)

GC/MS
EI 70 eV
TRACE
QI:868

Captopril-M (disulfide) 2ME

Peaks: 70, 82, 96, 128, 138, 172, 198, 230, 263, 460

MW:460.61596
MM:460.17018
$C_{20}H_{32}N_2O_6S_2$
RI: 3351 (calc.)

GC/MS
EI 70 eV
TRACE
QI:939

1-(3,4-Methylenedioxyphenyl)butan-2-amine-A (CH_2O)
BDB A (CH_2O)

Peaks: 42, 51, 70, 77, 91, 105, 135, 147, 176, 205

MW:205.25664
MM:205.11028
$C_{12}H_{15}NO_2$
RI: 1592 (calc.)

GC/MS
EI 70 eV
HP 5971A
QI:888

1-(3,4-Methylenedioxyphenyl)butan-2-amine-A (CH_2O)
BDB A (CH_2O)

Peaks: 42, 51, 70, 77, 91, 105, 135, 147, 176, 205

MW:205.25664
MM:205.11028
$C_{12}H_{15}NO_2$
RI: 1592 (calc.)

GC/MS
EI 70 eV
HP 5973
QI:888

m/z: 70

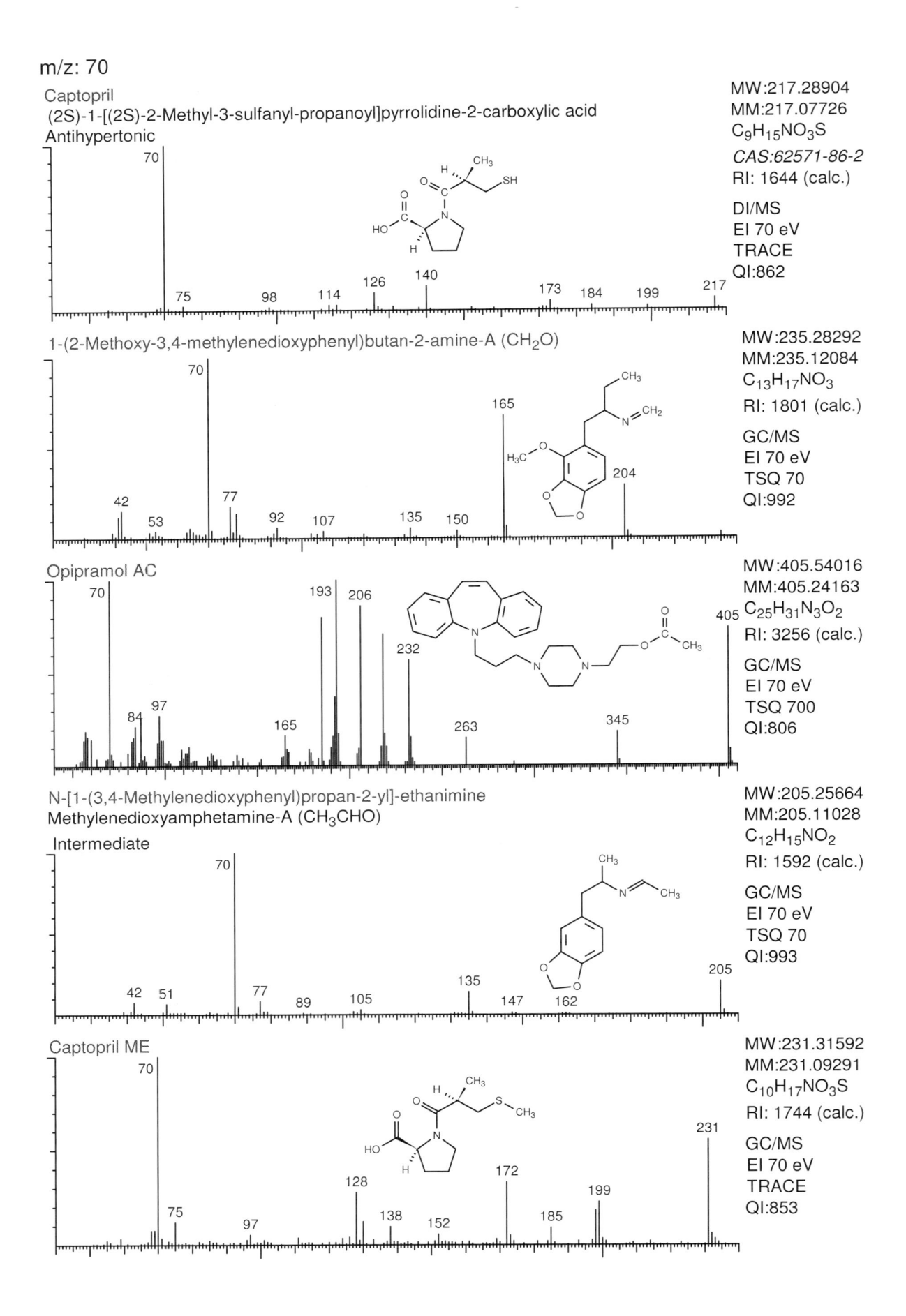

Captoril
(2S)-1-[(2S)-2-Methyl-3-sulfanyl-propanoyl]pyrrolidine-2-carboxylic acid
Antihypertonic

MW:217.28904
MM:217.07726
$C_9H_{15}NO_3S$
CAS:62571-86-2
RI: 1644 (calc.)

DI/MS
EI 70 eV
TRACE
QI:862

Peaks: 70, 75, 98, 114, 126, 140, 173, 184, 199, 217

1-(2-Methoxy-3,4-methylenedioxyphenyl)butan-2-amine-A (CH₂O)

MW:235.28292
MM:235.12084
$C_{13}H_{17}NO_3$
RI: 1801 (calc.)

GC/MS
EI 70 eV
TSQ 70
QI:992

Peaks: 42, 53, 70, 77, 92, 107, 135, 150, 165, 204

Opipramol AC

MW:405.54016
MM:405.24163
$C_{25}H_{31}N_3O_2$
RI: 3256 (calc.)

GC/MS
EI 70 eV
TSQ 700
QI:806

Peaks: 70, 84, 97, 165, 193, 206, 232, 263, 345, 405

N-[1-(3,4-Methylenedioxyphenyl)propan-2-yl]-ethanimine
Methylenedioxyamphetamine-A (CH₃CHO)
Intermediate

MW:205.25664
MM:205.11028
$C_{12}H_{15}NO_2$
RI: 1592 (calc.)

GC/MS
EI 70 eV
TSQ 70
QI:993

Peaks: 42, 51, 70, 77, 89, 105, 135, 147, 162, 205

Captopril ME

MW:231.31592
MM:231.09291
$C_{10}H_{17}NO_3S$
RI: 1744 (calc.)

GC/MS
EI 70 eV
TRACE
QI:853

Peaks: 70, 75, 97, 128, 138, 152, 172, 185, 199, 231

m/z: 70-71

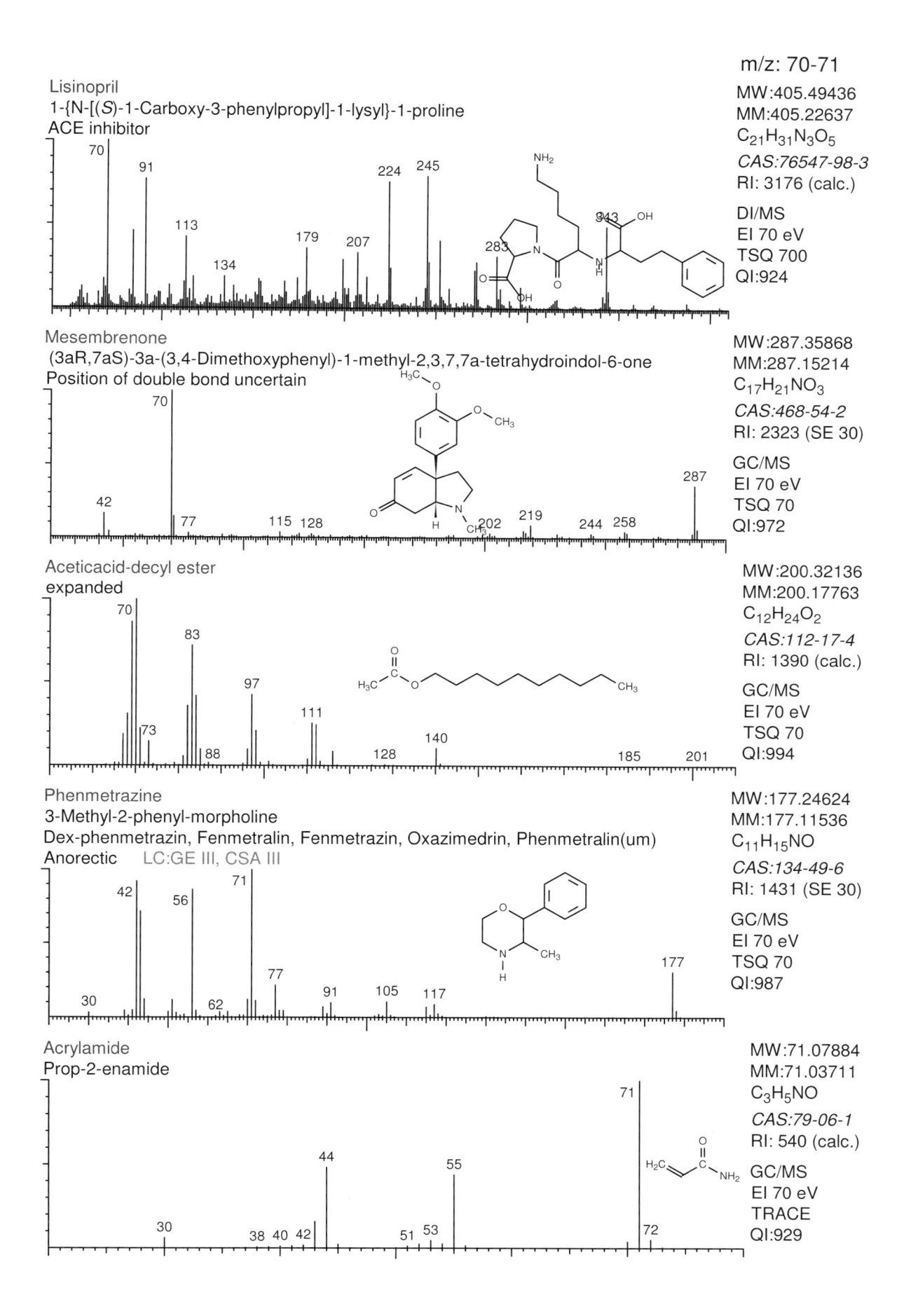

Lisinopril
1-{N-[(S)-1-Carboxy-3-phenylpropyl]-1-lysyl}-1-proline
ACE inhibitor

MW: 405.49436
MM: 405.22637
$C_{21}H_{31}N_3O_5$
CAS: 76547-98-3
RI: 3176 (calc.)

DI/MS
EI 70 eV
TSQ 700
QI: 924

Mesembrenone
(3aR,7aS)-3a-(3,4-Dimethoxyphenyl)-1-methyl-2,3,7,7a-tetrahydroindol-6-one
Position of double bond uncertain

MW: 287.35868
MM: 287.15214
$C_{17}H_{21}NO_3$
CAS: 468-54-2
RI: 2323 (SE 30)

GC/MS
EI 70 eV
TSQ 70
QI: 972

Aceticacid-decyl ester
expanded

MW: 200.32136
MM: 200.17763
$C_{12}H_{24}O_2$
CAS: 112-17-4
RI: 1390 (calc.)

GC/MS
EI 70 eV
TSQ 70
QI: 994

Phenmetrazine
3-Methyl-2-phenyl-morpholine
Dex-phenmetrazin, Fenmetralin, Fenmetrazin, Oxazimedrin, Phenmetralin(um)
Anorectic   LC:GE III, CSA III

MW: 177.24624
MM: 177.11536
$C_{11}H_{15}NO$
CAS: 134-49-6
RI: 1431 (SE 30)

GC/MS
EI 70 eV
TSQ 70
QI: 987

Acrylamide
Prop-2-enamide

MW: 71.07884
MM: 71.03711
C_3H_5NO
CAS: 79-06-1
RI: 540 (calc.)

GC/MS
EI 70 eV
TRACE
QI: 929

m/z: 71

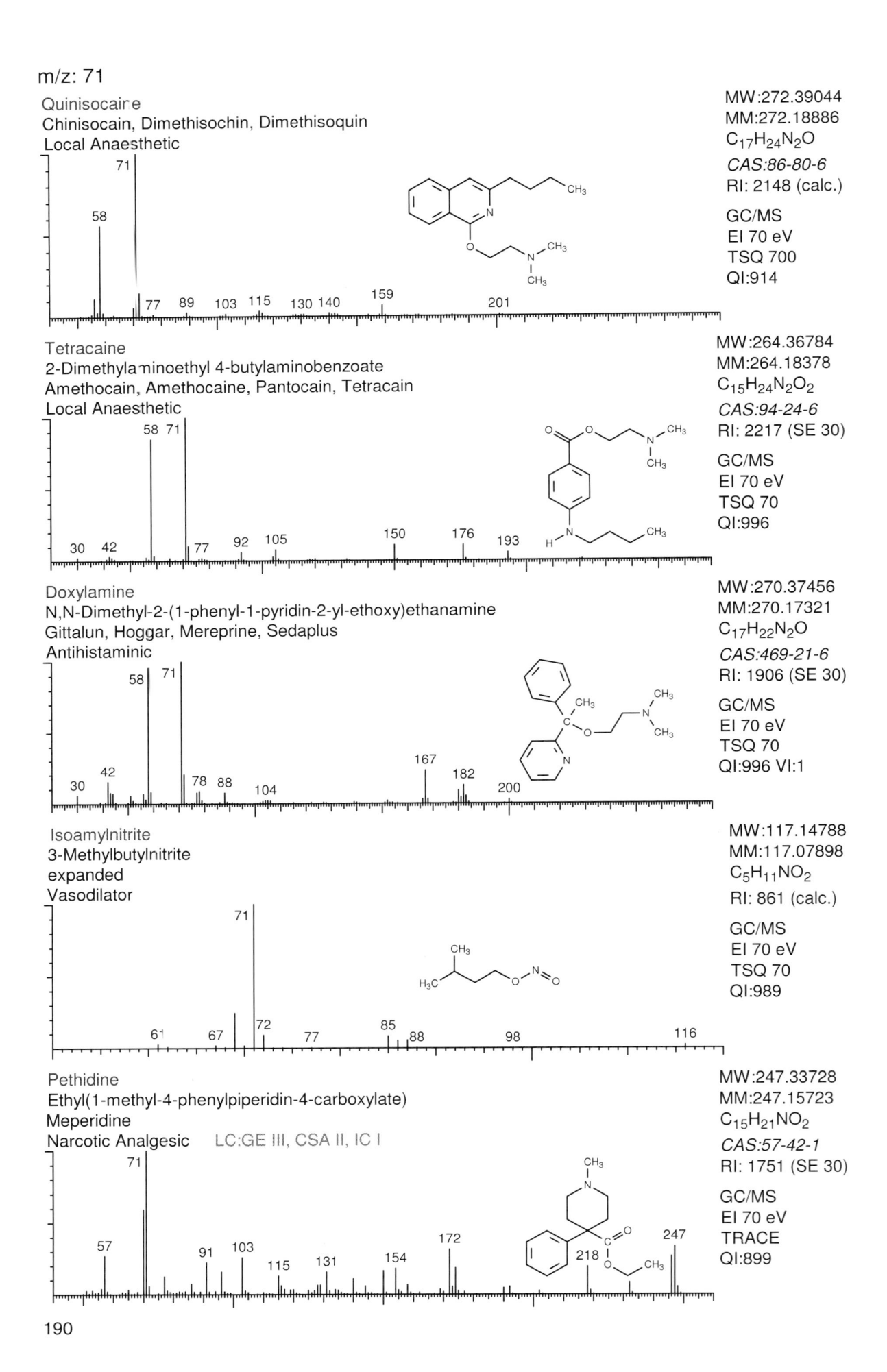

Quinisocaine
Chinisocain, Dimethisochin, Dimethisoquin
Local Anaesthetic

MW: 272.39044
MM: 272.18886
$C_{17}H_{24}N_2O$
CAS: 86-80-6
RI: 2148 (calc.)

GC/MS
EI 70 eV
TSQ 700
QI: 914

Tetracaine
2-Dimethylaminoethyl 4-butylaminobenzoate
Amethocain, Amethocaine, Pantocain, Tetracain
Local Anaesthetic

MW: 264.36784
MM: 264.18378
$C_{15}H_{24}N_2O_2$
CAS: 94-24-6
RI: 2217 (SE 30)

GC/MS
EI 70 eV
TSQ 70
QI: 996

Doxylamine
N,N-Dimethyl-2-(1-phenyl-1-pyridin-2-yl-ethoxy)ethanamine
Gittalun, Hoggar, Mereprine, Sedaplus
Antihistaminic

MW: 270.37456
MM: 270.17321
$C_{17}H_{22}N_2O$
CAS: 469-21-6
RI: 1906 (SE 30)

GC/MS
EI 70 eV
TSQ 70
QI: 996 VI:1

Isoamylnitrite
3-Methylbutylnitrite
expanded
Vasodilator

MW: 117.14788
MM: 117.07898
$C_5H_{11}NO_2$
RI: 861 (calc.)

GC/MS
EI 70 eV
TSQ 70
QI: 989

Pethidine
Ethyl(1-methyl-4-phenylpiperidin-4-carboxylate)
Meperidine
Narcotic Analgesic   LC:GE III, CSA II, IC I

MW: 247.33728
MM: 247.15723
$C_{15}H_{21}NO_2$
CAS: 57-42-1
RI: 1751 (SE 30)

GC/MS
EI 70 eV
TRACE
QI: 899

m/z: 71

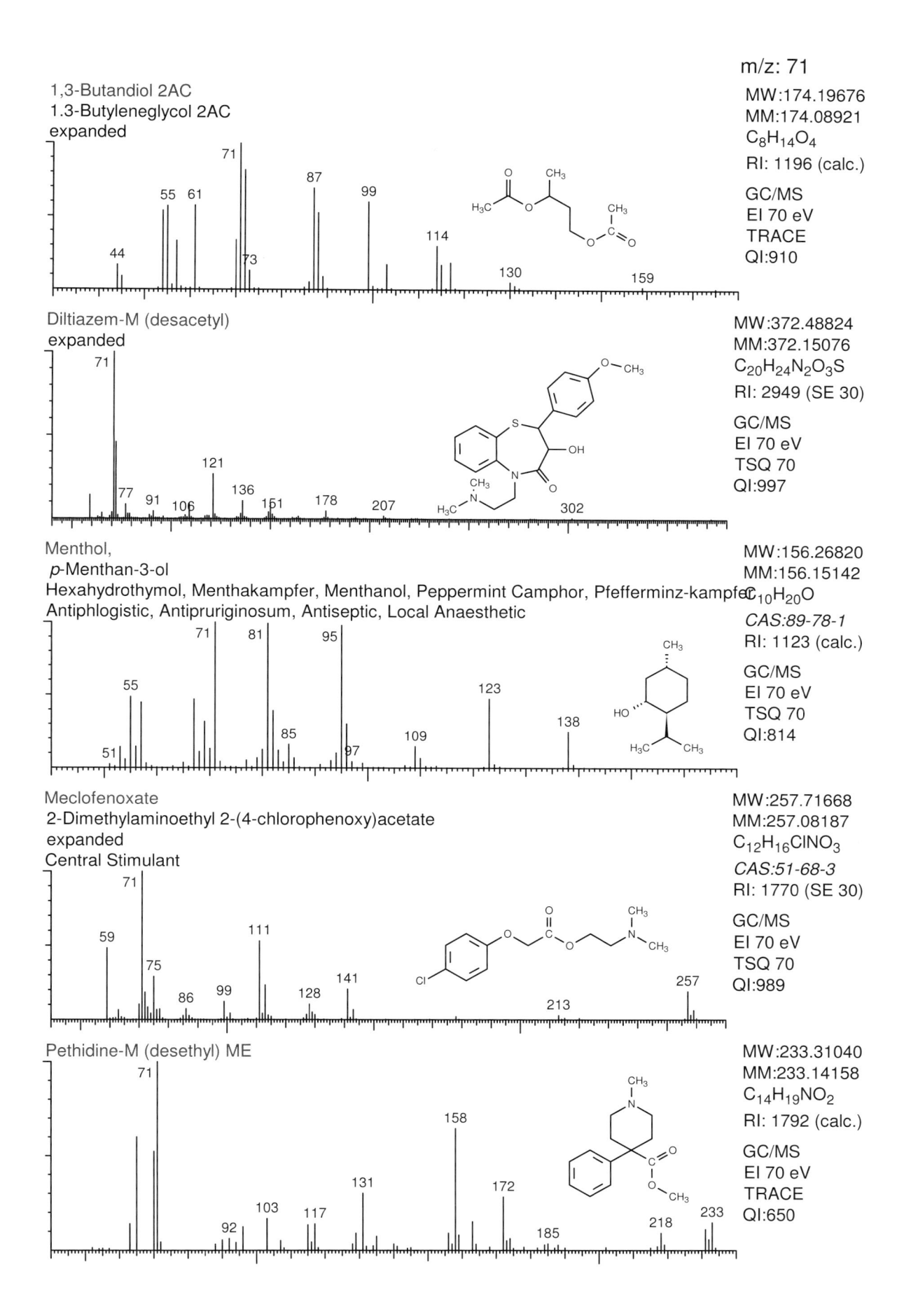

1,3-Butandiol 2AC
1.3-Butyleneglycol 2AC
expanded

MW: 174.19676
MM: 174.08921
$C_8H_{14}O_4$
RI: 1196 (calc.)

GC/MS
EI 70 eV
TRACE
QI: 910

Peaks: 44, 55, 61, 71, 73, 87, 99, 114, 130, 159

Diltiazem-M (desacetyl)
expanded

MW: 372.48824
MM: 372.15076
$C_{20}H_{24}N_2O_3S$
RI: 2949 (SE 30)

GC/MS
EI 70 eV
TSQ 70
QI: 997

Peaks: 71, 77, 91, 106, 121, 136, 151, 178, 207, 302

Menthol,
p-Menthan-3-ol
Hexahydrothymol, Menthakampfer, Menthanol, Peppermint Camphor, Pfefferminz-kampfer
Antiphlogistic, Antipruriginosum, Antiseptic, Local Anaesthetic

MW: 156.26820
MM: 156.15142
$C_{10}H_{20}O$
CAS: 89-78-1
RI: 1123 (calc.)

GC/MS
EI 70 eV
TSQ 70
QI: 814

Peaks: 51, 55, 71, 81, 85, 95, 97, 109, 123, 138

Meclofenoxate
2-Dimethylaminoethyl 2-(4-chlorophenoxy)acetate
expanded
Central Stimulant

MW: 257.71668
MM: 257.08187
$C_{12}H_{16}ClNO_3$
CAS: 51-68-3
RI: 1770 (SE 30)

GC/MS
EI 70 eV
TSQ 70
QI: 989

Peaks: 59, 71, 75, 86, 99, 111, 128, 141, 213, 257

Pethidine-M (desethyl) ME

MW: 233.31040
MM: 233.14158
$C_{14}H_{19}NO_2$
RI: 1792 (calc.)

GC/MS
EI 70 eV
TRACE
QI: 650

Peaks: 71, 92, 103, 117, 131, 158, 172, 185, 218, 233

m/z: 71

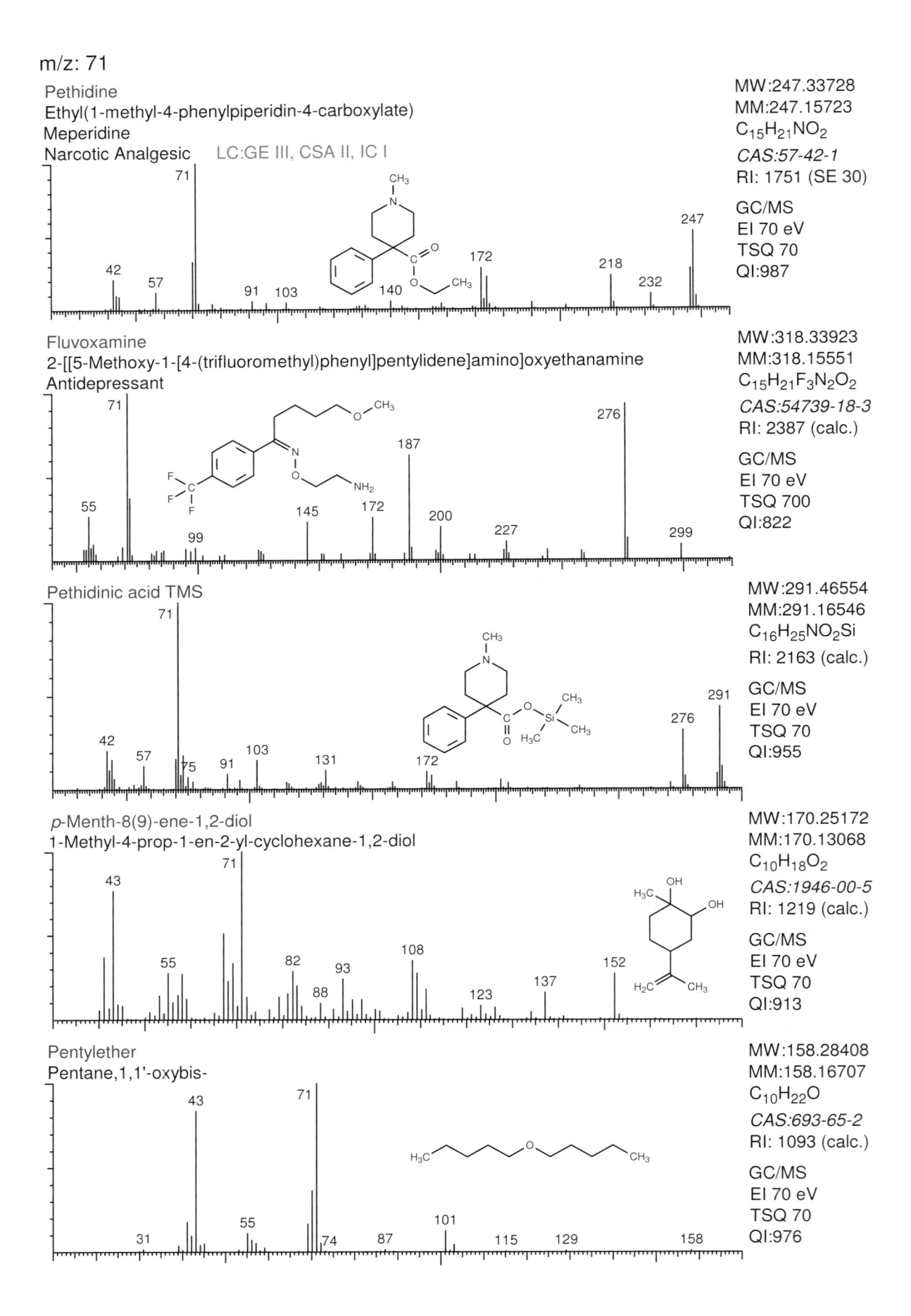

Pethidine
Ethyl(1-methyl-4-phenylpiperidin-4-carboxylate)
Meperidine
Narcotic Analgesic   LC:GE III, CSA II, IC I

Peaks: 42, 57, 71, 91, 103, 140, 172, 218, 232, 247

MW:247.33728
MM:247.15723
$C_{15}H_{21}NO_2$
CAS:57-42-1
RI: 1751 (SE 30)

GC/MS
EI 70 eV
TSQ 70
QI:987

Fluvoxamine
2-[[5-Methoxy-1-[4-(trifluoromethyl)phenyl]pentylidene]amino]oxyethanamine
Antidepressant

Peaks: 55, 71, 99, 145, 172, 187, 200, 227, 276, 299

MW:318.33923
MM:318.15551
$C_{15}H_{21}F_3N_2O_2$
CAS:54739-18-3
RI: 2387 (calc.)

GC/MS
EI 70 eV
TSQ 700
QI:822

Pethidinic acid TMS

Peaks: 42, 57, 71, 75, 91, 103, 131, 172, 276, 291

MW:291.46554
MM:291.16546
$C_{16}H_{25}NO_2Si$
RI: 2163 (calc.)

GC/MS
EI 70 eV
TSQ 70
QI:955

p-Menth-8(9)-ene-1,2-diol
1-Methyl-4-prop-1-en-2-yl-cyclohexane-1,2-diol

Peaks: 43, 55, 71, 82, 88, 93, 108, 123, 137, 152

MW:170.25172
MM:170.13068
$C_{10}H_{18}O_2$
CAS:1946-00-5
RI: 1219 (calc.)

GC/MS
EI 70 eV
TSQ 70
QI:913

Pentylether
Pentane,1,1'-oxybis-

Peaks: 31, 43, 55, 71, 74, 87, 101, 115, 129, 158

MW:158.28408
MM:158.16707
$C_{10}H_{22}O$
CAS:693-65-2
RI: 1093 (calc.)

GC/MS
EI 70 eV
TSQ 70
QI:976

m/z: 71-72

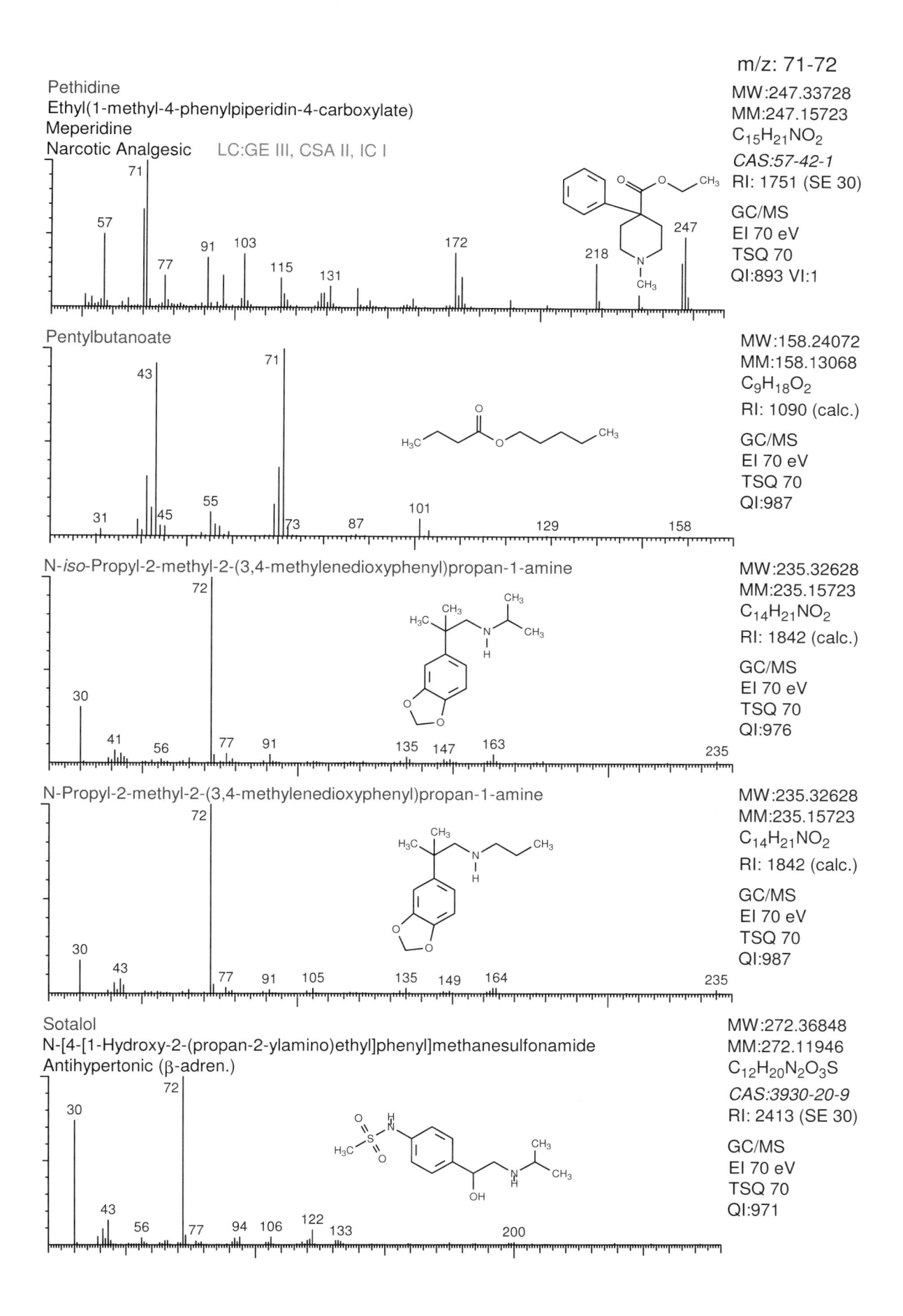

Pethidine
Ethyl(1-methyl-4-phenylpiperidin-4-carboxylate)
Meperidine
Narcotic Analgesic   LC:GE III, CSA II, IC I

Peaks: 57, 71, 77, 91, 103, 115, 131, 172, 218, 247

MW: 247.33728
MM: 247.15723
$C_{15}H_{21}NO_2$
CAS: 57-42-1
RI: 1751 (SE 30)

GC/MS
EI 70 eV
TSQ 70
QI: 893 VI: 1

Pentylbutanoate

Peaks: 31, 43, 45, 55, 71, 73, 87, 101, 129, 158

MW: 158.24072
MM: 158.13068
$C_9H_{18}O_2$
RI: 1090 (calc.)

GC/MS
EI 70 eV
TSQ 70
QI: 987

N-iso-Propyl-2-methyl-2-(3,4-methylenedioxyphenyl)propan-1-amine

Peaks: 30, 41, 56, 72, 77, 91, 135, 147, 163, 235

MW: 235.32628
MM: 235.15723
$C_{14}H_{21}NO_2$
RI: 1842 (calc.)

GC/MS
EI 70 eV
TSQ 70
QI: 976

N-Propyl-2-methyl-2-(3,4-methylenedioxyphenyl)propan-1-amine

Peaks: 30, 43, 72, 77, 91, 105, 135, 149, 164, 235

MW: 235.32628
MM: 235.15723
$C_{14}H_{21}NO_2$
RI: 1842 (calc.)

GC/MS
EI 70 eV
TSQ 70
QI: 987

Sotalol
N-[4-[1-Hydroxy-2-(propan-2-ylamino)ethyl]phenyl]methanesulfonamide
Antihypertonic (β-adren.)

Peaks: 30, 43, 56, 72, 77, 94, 106, 122, 133, 200

MW: 272.36848
MM: 272.11946
$C_{12}H_{20}N_2O_3S$
CAS: 3930-20-9
RI: 2413 (SE 30)

GC/MS
EI 70 eV
TSQ 70
QI: 971

m/z: 72

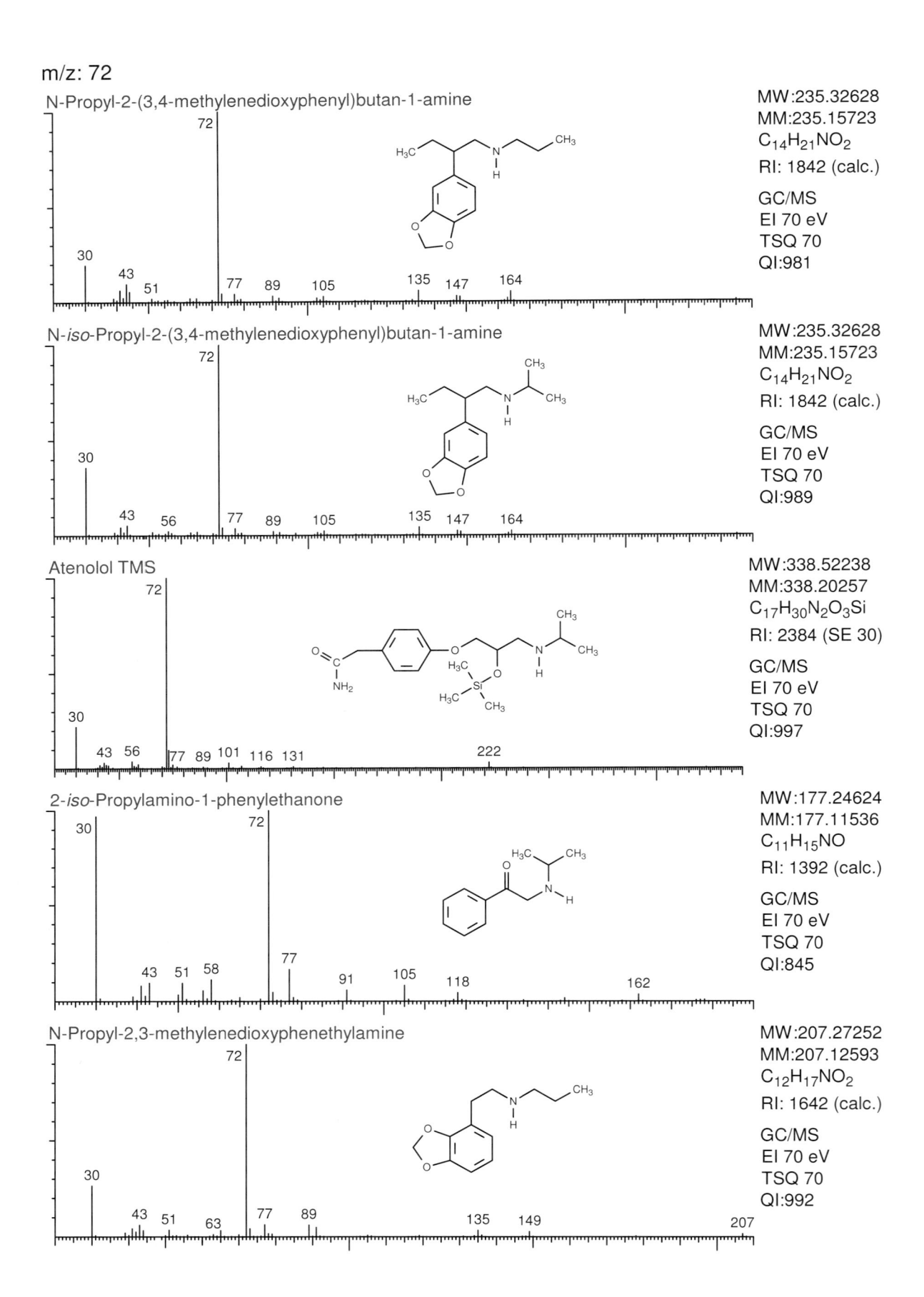

N-Propyl-2-(3,4-methylenedioxyphenyl)butan-1-amine

MW:235.32628
MM:235.15723
$C_{14}H_{21}NO_2$
RI: 1842 (calc.)

GC/MS
EI 70 eV
TSQ 70
QI:981

Peaks: 30, 43, 51, 72, 77, 89, 105, 135, 147, 164

N-*iso*-Propyl-2-(3,4-methylenedioxyphenyl)butan-1-amine

MW:235.32628
MM:235.15723
$C_{14}H_{21}NO_2$
RI: 1842 (calc.)

GC/MS
EI 70 eV
TSQ 70
QI:989

Peaks: 30, 43, 56, 72, 77, 89, 105, 135, 147, 164

Atenolol TMS

MW:338.52238
MM:338.20257
$C_{17}H_{30}N_2O_3Si$
RI: 2384 (SE 30)

GC/MS
EI 70 eV
TSQ 70
QI:997

Peaks: 30, 43, 56, 72, 77, 89, 101, 116, 131, 222

2-*iso*-Propylamino-1-phenylethanone

MW:177.24624
MM:177.11536
$C_{11}H_{15}NO$
RI: 1392 (calc.)

GC/MS
EI 70 eV
TSQ 70
QI:845

Peaks: 30, 43, 51, 58, 72, 77, 91, 105, 118, 162

N-Propyl-2,3-methylenedioxyphenethylamine

MW:207.27252
MM:207.12593
$C_{12}H_{17}NO_2$
RI: 1642 (calc.)

GC/MS
EI 70 eV
TSQ 70
QI:992

Peaks: 30, 43, 51, 63, 72, 77, 89, 135, 149, 207

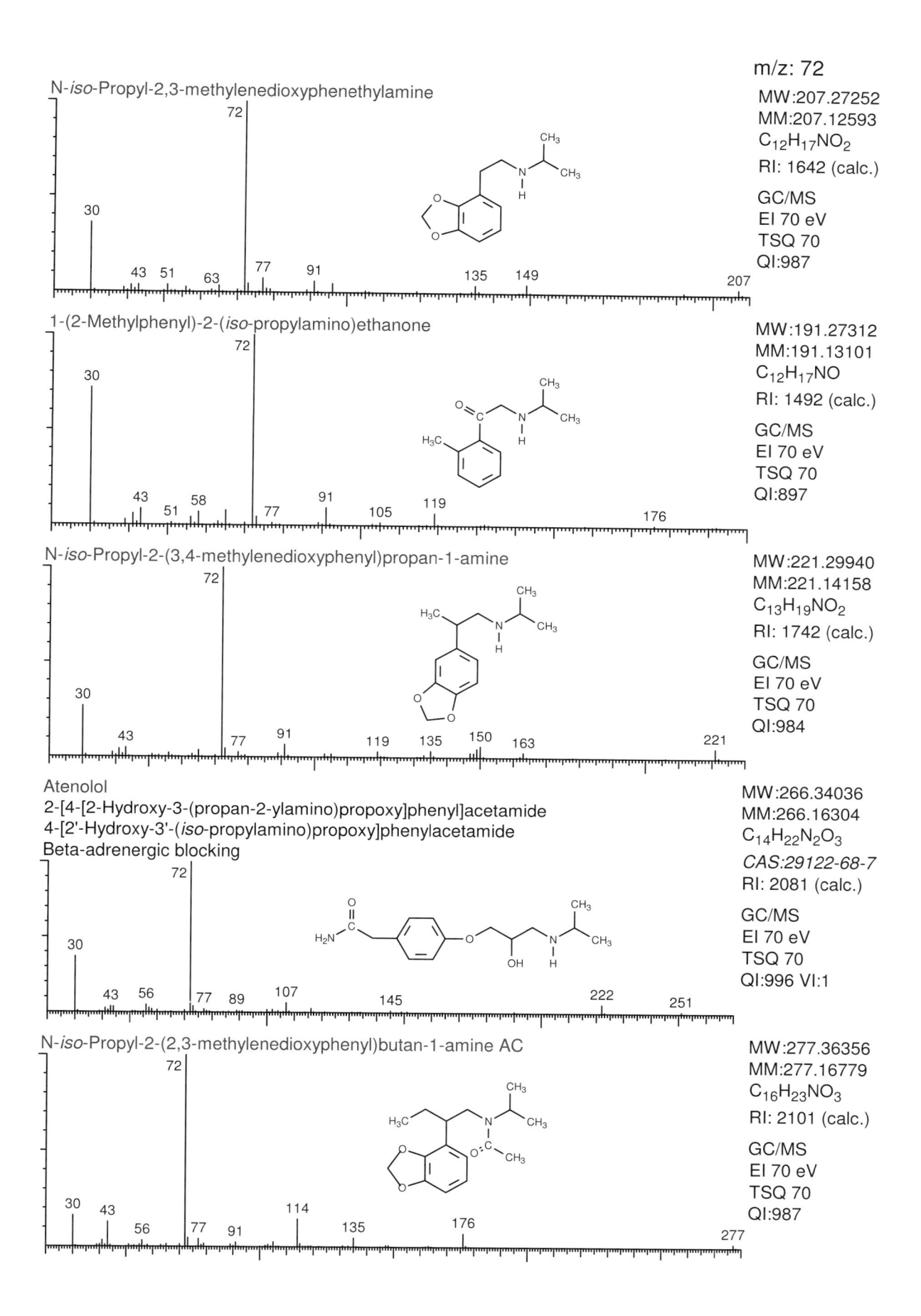

N-iso-Propyl-2,3-methylenedioxyphenethylamine

m/z: 72
MW: 207.27252
MM: 207.12593
$C_{12}H_{17}NO_2$
RI: 1642 (calc.)

GC/MS
EI 70 eV
TSQ 70
QI: 987

Peaks: 30, 43, 51, 63, 72, 77, 91, 135, 149, 207

1-(2-Methylphenyl)-2-(iso-propylamino)ethanone

MW: 191.27312
MM: 191.13101
$C_{12}H_{17}NO$
RI: 1492 (calc.)

GC/MS
EI 70 eV
TSQ 70
QI: 897

Peaks: 30, 43, 51, 58, 72, 77, 91, 105, 119, 176

N-iso-Propyl-2-(3,4-methylenedioxyphenyl)propan-1-amine

MW: 221.29940
MM: 221.14158
$C_{13}H_{19}NO_2$
RI: 1742 (calc.)

GC/MS
EI 70 eV
TSQ 70
QI: 984

Peaks: 30, 43, 72, 77, 91, 119, 135, 150, 163, 221

Atenolol
2-[4-[2-Hydroxy-3-(propan-2-ylamino)propoxy]phenyl]acetamide
4-[2'-Hydroxy-3'-(iso-propylamino)propoxy]phenylacetamide
Beta-adrenergic blocking

MW: 266.34036
MM: 266.16304
$C_{14}H_{22}N_2O_3$
CAS: 29122-68-7
RI: 2081 (calc.)

GC/MS
EI 70 eV
TSQ 70
QI: 996 VI:1

Peaks: 30, 43, 56, 72, 77, 89, 107, 145, 222, 251

N-iso-Propyl-2-(2,3-methylenedioxyphenyl)butan-1-amine AC

MW: 277.36356
MM: 277.16779
$C_{16}H_{23}NO_3$
RI: 2101 (calc.)

GC/MS
EI 70 eV
TSQ 70
QI: 987

Peaks: 30, 43, 56, 72, 77, 91, 114, 135, 176, 277

m/z: 72

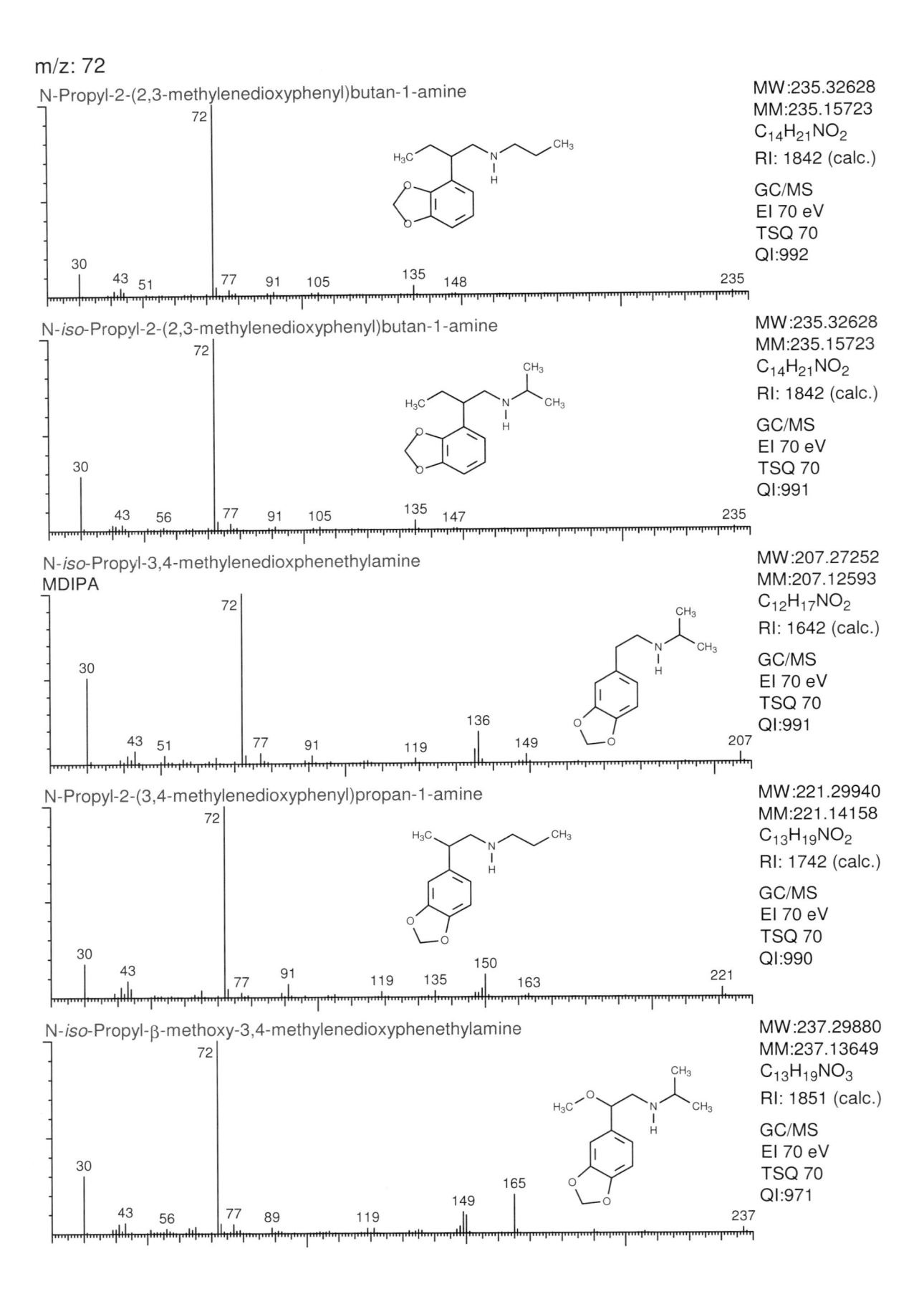

N-Propyl-2-(2,3-methylenedioxyphenyl)butan-1-amine

Peaks: 30, 43, 51, 72, 77, 91, 105, 135, 148, 235

MW: 235.32628
MM: 235.15723
$C_{14}H_{21}NO_2$
RI: 1842 (calc.)

GC/MS
EI 70 eV
TSQ 70
QI: 992

N-iso-Propyl-2-(2,3-methylenedioxyphenyl)butan-1-amine

Peaks: 30, 43, 56, 72, 77, 91, 105, 135, 147, 235

MW: 235.32628
MM: 235.15723
$C_{14}H_{21}NO_2$
RI: 1842 (calc.)

GC/MS
EI 70 eV
TSQ 70
QI: 991

N-iso-Propyl-3,4-methylenedioxphenethylamine
MDIPA

Peaks: 30, 43, 51, 72, 77, 91, 119, 136, 149, 207

MW: 207.27252
MM: 207.12593
$C_{12}H_{17}NO_2$
RI: 1642 (calc.)

GC/MS
EI 70 eV
TSQ 70
QI: 991

N-Propyl-2-(3,4-methylenedioxyphenyl)propan-1-amine

Peaks: 30, 43, 72, 77, 91, 119, 135, 150, 163, 221

MW: 221.29940
MM: 221.14158
$C_{13}H_{19}NO_2$
RI: 1742 (calc.)

GC/MS
EI 70 eV
TSQ 70
QI: 990

N-iso-Propyl-β-methoxy-3,4-methylenedioxyphenethylamine

Peaks: 30, 43, 56, 72, 77, 89, 119, 149, 165, 237

MW: 237.29880
MM: 237.13649
$C_{13}H_{19}NO_3$
RI: 1851 (calc.)

GC/MS
EI 70 eV
TSQ 70
QI: 971

m/z: 72

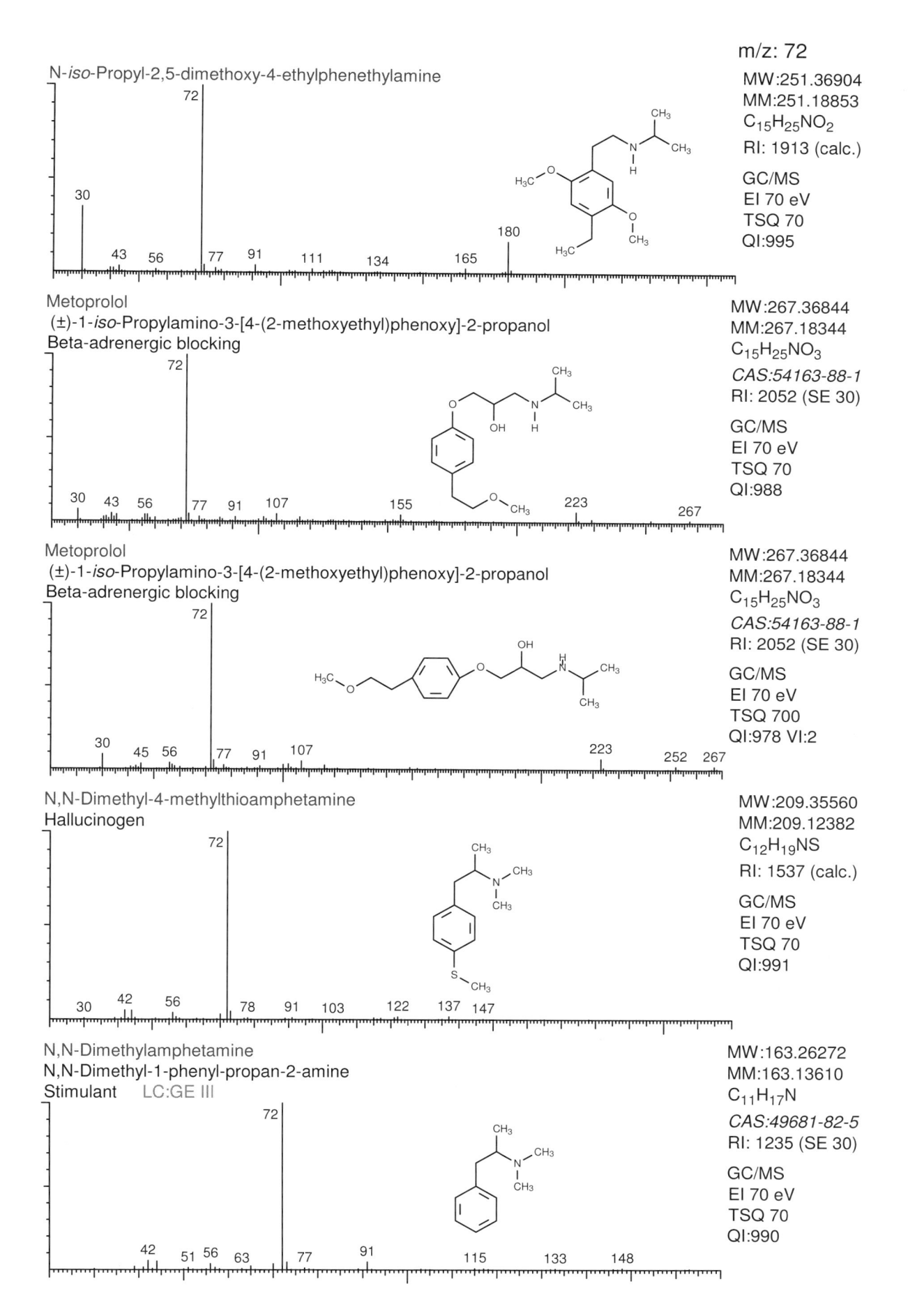

N-iso-Propyl-2,5-dimethoxy-4-ethylphenethylamine

MW: 251.36904
MM: 251.18853
$C_{15}H_{25}NO_2$
RI: 1913 (calc.)

GC/MS
EI 70 eV
TSQ 70
QI: 995

Peaks: 30, 43, 56, 72, 77, 91, 111, 134, 165, 180

Metoprolol
(±)-1-iso-Propylamino-3-[4-(2-methoxyethyl)phenoxy]-2-propanol
Beta-adrenergic blocking

MW: 267.36844
MM: 267.18344
$C_{15}H_{25}NO_3$
CAS: 54163-88-1
RI: 2052 (SE 30)

GC/MS
EI 70 eV
TSQ 70
QI: 988

Peaks: 30, 43, 56, 72, 77, 91, 107, 155, 223, 267

Metoprolol
(±)-1-iso-Propylamino-3-[4-(2-methoxyethyl)phenoxy]-2-propanol
Beta-adrenergic blocking

MW: 267.36844
MM: 267.18344
$C_{15}H_{25}NO_3$
CAS: 54163-88-1
RI: 2052 (SE 30)

GC/MS
EI 70 eV
TSQ 700
QI: 978 VI: 2

Peaks: 30, 45, 56, 72, 77, 91, 107, 223, 252, 267

N,N-Dimethyl-4-methylthioamphetamine
Hallucinogen

MW: 209.35560
MM: 209.12382
$C_{12}H_{19}NS$
RI: 1537 (calc.)

GC/MS
EI 70 eV
TSQ 70
QI: 991

Peaks: 30, 42, 56, 72, 78, 91, 103, 122, 137, 147

N,N-Dimethylamphetamine
N,N-Dimethyl-1-phenyl-propan-2-amine
Stimulant   LC:GE III

MW: 163.26272
MM: 163.13610
$C_{11}H_{17}N$
CAS: 49681-82-5
RI: 1235 (SE 30)

GC/MS
EI 70 eV
TSQ 70
QI: 990

Peaks: 42, 51, 56, 63, 72, 77, 91, 115, 133, 148

m/z: 72

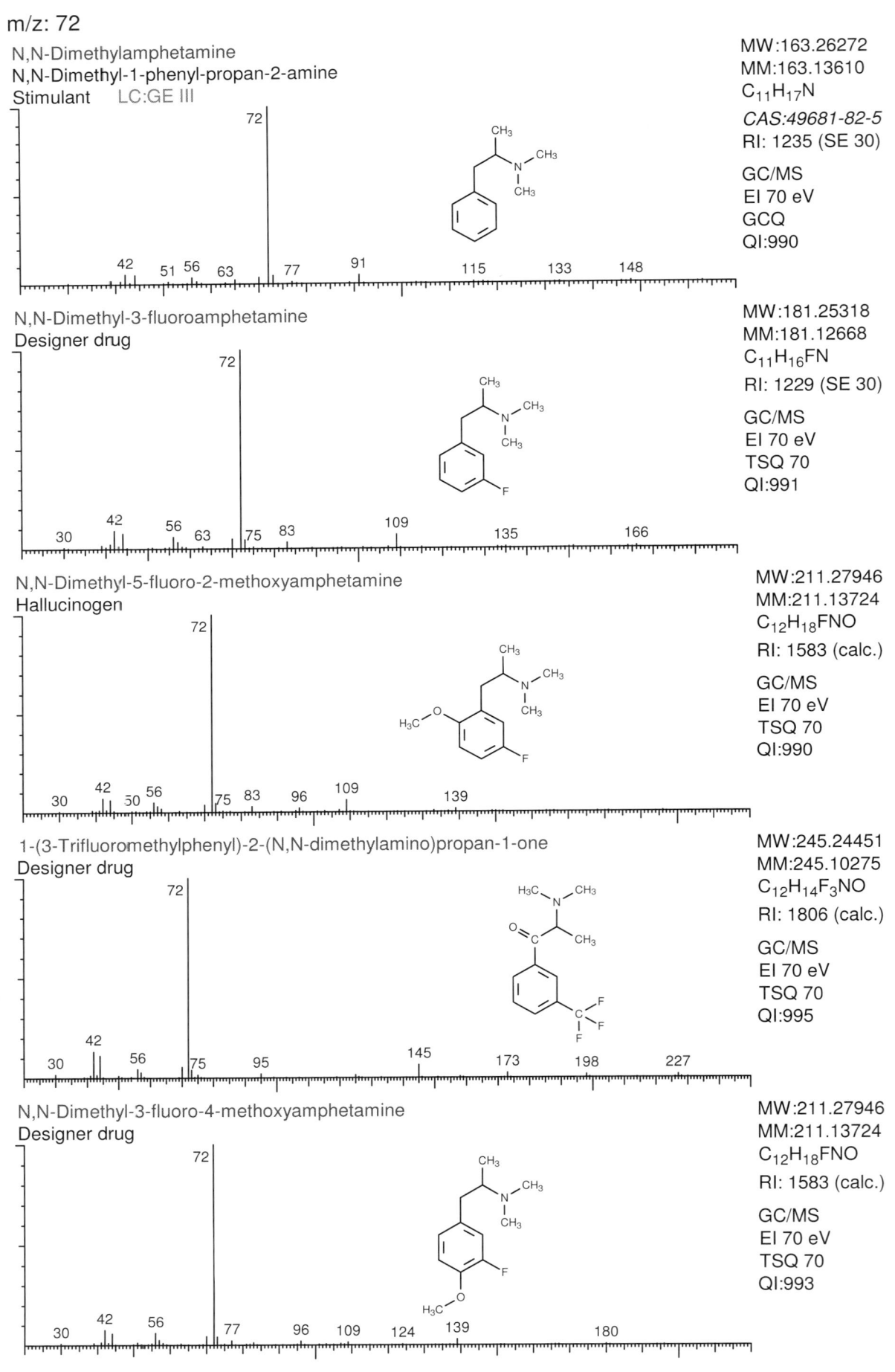

N,N-Dimethylamphetamine
N,N-Dimethyl-1-phenyl-propan-2-amine
Stimulant   LC:GE III

MW:163.26272
MM:163.13610
$C_{11}H_{17}N$
CAS:49681-82-5
RI: 1235 (SE 30)

GC/MS
EI 70 eV
GCQ
QI:990

Peaks: 42, 51, 56, 63, 72, 77, 91, 115, 133, 148

N,N-Dimethyl-3-fluoroamphetamine
Designer drug

MW:181.25318
MM:181.12668
$C_{11}H_{16}FN$
RI: 1229 (SE 30)

GC/MS
EI 70 eV
TSQ 70
QI:991

Peaks: 30, 42, 56, 63, 72, 75, 83, 109, 135, 166

N,N-Dimethyl-5-fluoro-2-methoxyamphetamine
Hallucinogen

MW:211.27946
MM:211.13724
$C_{12}H_{18}FNO$
RI: 1583 (calc.)

GC/MS
EI 70 eV
TSQ 70
QI:990

Peaks: 30, 42, 50, 56, 72, 75, 83, 96, 109, 139

1-(3-Trifluoromethylphenyl)-2-(N,N-dimethylamino)propan-1-one
Designer drug

MW:245.24451
MM:245.10275
$C_{12}H_{14}F_3NO$
RI: 1806 (calc.)

GC/MS
EI 70 eV
TSQ 70
QI:995

Peaks: 30, 42, 56, 72, 75, 95, 145, 173, 198, 227

N,N-Dimethyl-3-fluoro-4-methoxyamphetamine
Designer drug

MW:211.27946
MM:211.13724
$C_{12}H_{18}FNO$
RI: 1583 (calc.)

GC/MS
EI 70 eV
TSQ 70
QI:993

Peaks: 30, 42, 56, 72, 77, 96, 109, 124, 139, 180

m/z: 72

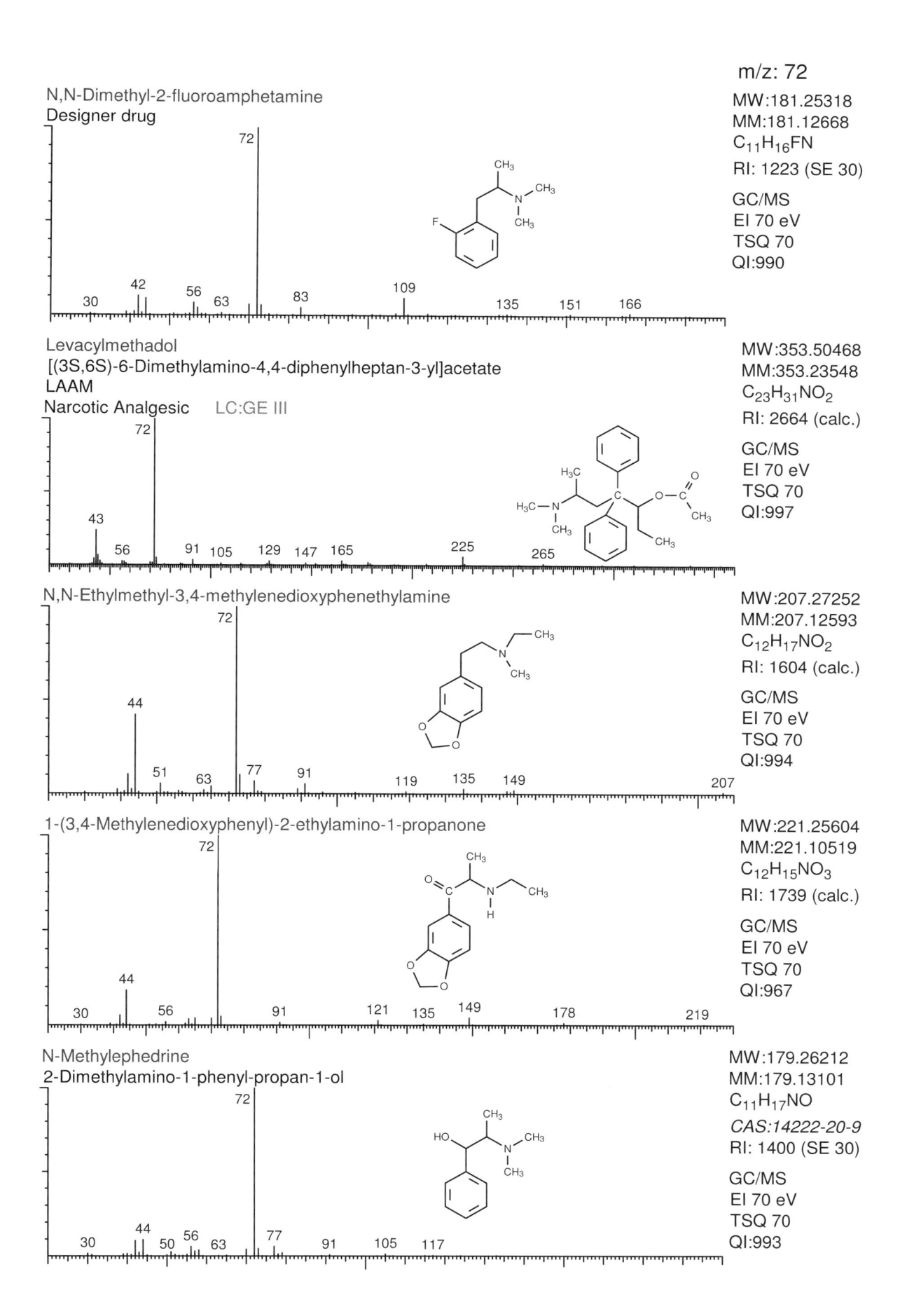

N,N-Dimethyl-2-fluoroamphetamine
Designer drug

MW: 181.25318
MM: 181.12668
$C_{11}H_{16}FN$
RI: 1223 (SE 30)

GC/MS
EI 70 eV
TSQ 70
QI: 990

Peaks: 30, 42, 56, 63, 72, 83, 109, 135, 151, 166

Levacylmethadol
[(3S,6S)-6-Dimethylamino-4,4-diphenylheptan-3-yl]acetate
LAAM
Narcotic Analgesic   LC:GE III

MW: 353.50468
MM: 353.23548
$C_{23}H_{31}NO_2$
RI: 2664 (calc.)

GC/MS
EI 70 eV
TSQ 70
QI: 997

Peaks: 43, 56, 72, 91, 105, 129, 147, 165, 225, 265

N,N-Ethylmethyl-3,4-methylenedioxyphenethylamine

MW: 207.27252
MM: 207.12593
$C_{12}H_{17}NO_2$
RI: 1604 (calc.)

GC/MS
EI 70 eV
TSQ 70
QI: 994

Peaks: 44, 51, 63, 72, 77, 91, 119, 135, 149, 207

1-(3,4-Methylenedioxyphenyl)-2-ethylamino-1-propanone

MW: 221.25604
MM: 221.10519
$C_{12}H_{15}NO_3$
RI: 1739 (calc.)

GC/MS
EI 70 eV
TSQ 70
QI: 967

Peaks: 30, 44, 56, 72, 91, 121, 135, 149, 178, 219

N-Methylephedrine
2-Dimethylamino-1-phenyl-propan-1-ol

MW: 179.26212
MM: 179.13101
$C_{11}H_{17}NO$
CAS: 14222-20-9
RI: 1400 (SE 30)

GC/MS
EI 70 eV
TSQ 70
QI: 993

Peaks: 30, 44, 50, 56, 63, 72, 77, 91, 105, 117

m/z: 72

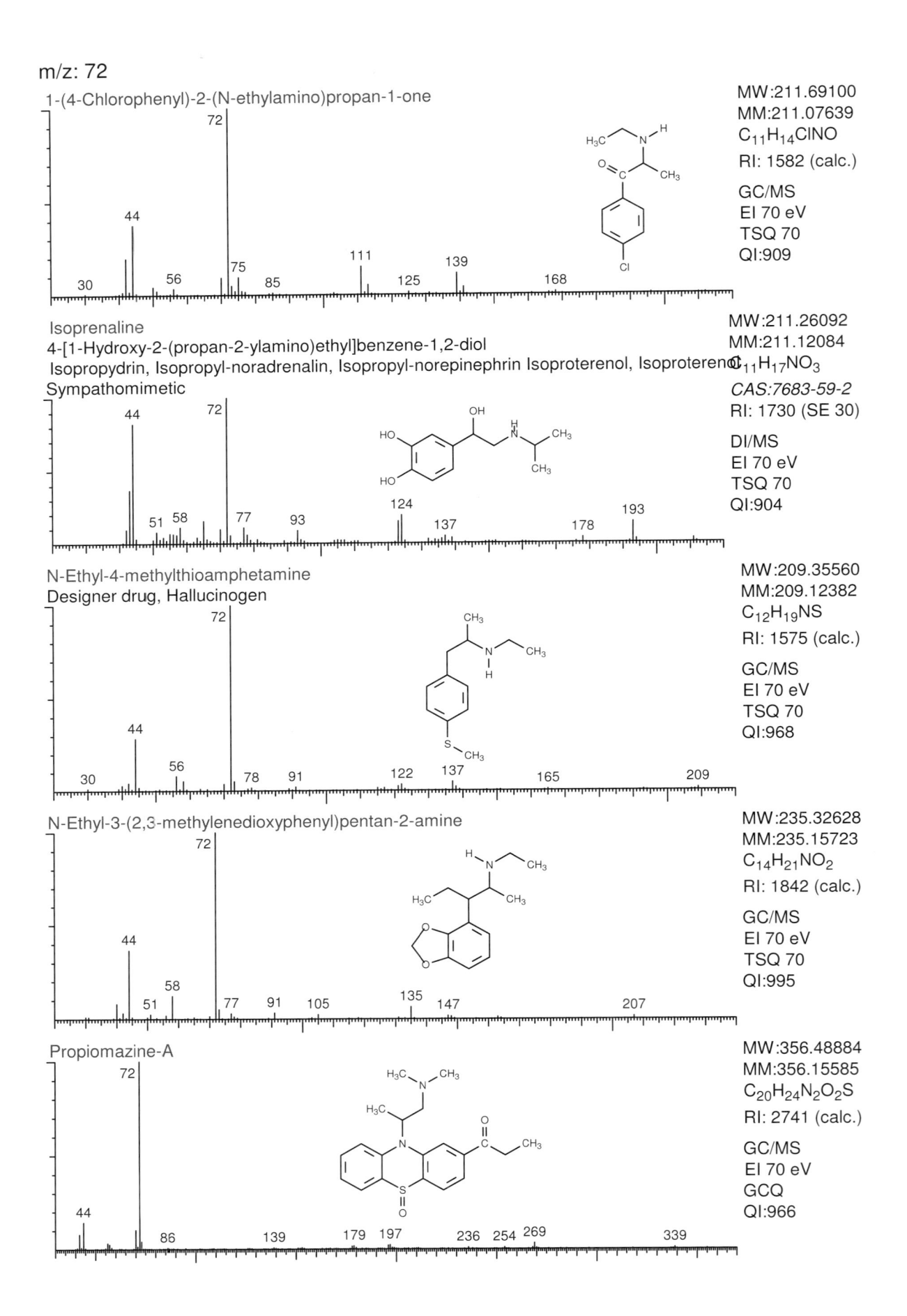

1-(4-Chlorophenyl)-2-(N-ethylamino)propan-1-one

Peaks: 30, 44, 56, 72, 75, 85, 111, 125, 139, 168

MW: 211.69100
MM: 211.07639
$C_{11}H_{14}ClNO$
RI: 1582 (calc.)

GC/MS
EI 70 eV
TSQ 70
QI: 909

Isoprenaline
4-[1-Hydroxy-2-(propan-2-ylamino)ethyl]benzene-1,2-diol
Isopropydrin, Isopropyl-noradrenalin, Isopropyl-norepinephrin Isoproterenol, Isoproterenol
Sympathomimetic

Peaks: 44, 51, 58, 72, 77, 93, 124, 137, 178, 193

MW: 211.26092
MM: 211.12084
$C_{11}H_{17}NO_3$
CAS: 7683-59-2
RI: 1730 (SE 30)

DI/MS
EI 70 eV
TSQ 70
QI: 904

N-Ethyl-4-methylthioamphetamine
Designer drug, Hallucinogen

Peaks: 30, 44, 56, 72, 78, 91, 122, 137, 165, 209

MW: 209.35560
MM: 209.12382
$C_{12}H_{19}NS$
RI: 1575 (calc.)

GC/MS
EI 70 eV
TSQ 70
QI: 968

N-Ethyl-3-(2,3-methylenedioxyphenyl)pentan-2-amine

Peaks: 44, 51, 58, 72, 77, 91, 105, 135, 147, 207

MW: 235.32628
MM: 235.15723
$C_{14}H_{21}NO_2$
RI: 1842 (calc.)

GC/MS
EI 70 eV
TSQ 70
QI: 995

Propiomazine-A

Peaks: 44, 72, 86, 139, 179, 197, 236, 254, 269, 339

MW: 356.48884
MM: 356.15585
$C_{20}H_{24}N_2O_2S$
RI: 2741 (calc.)

GC/MS
EI 70 eV
GCQ
QI: 966

m/z: 72

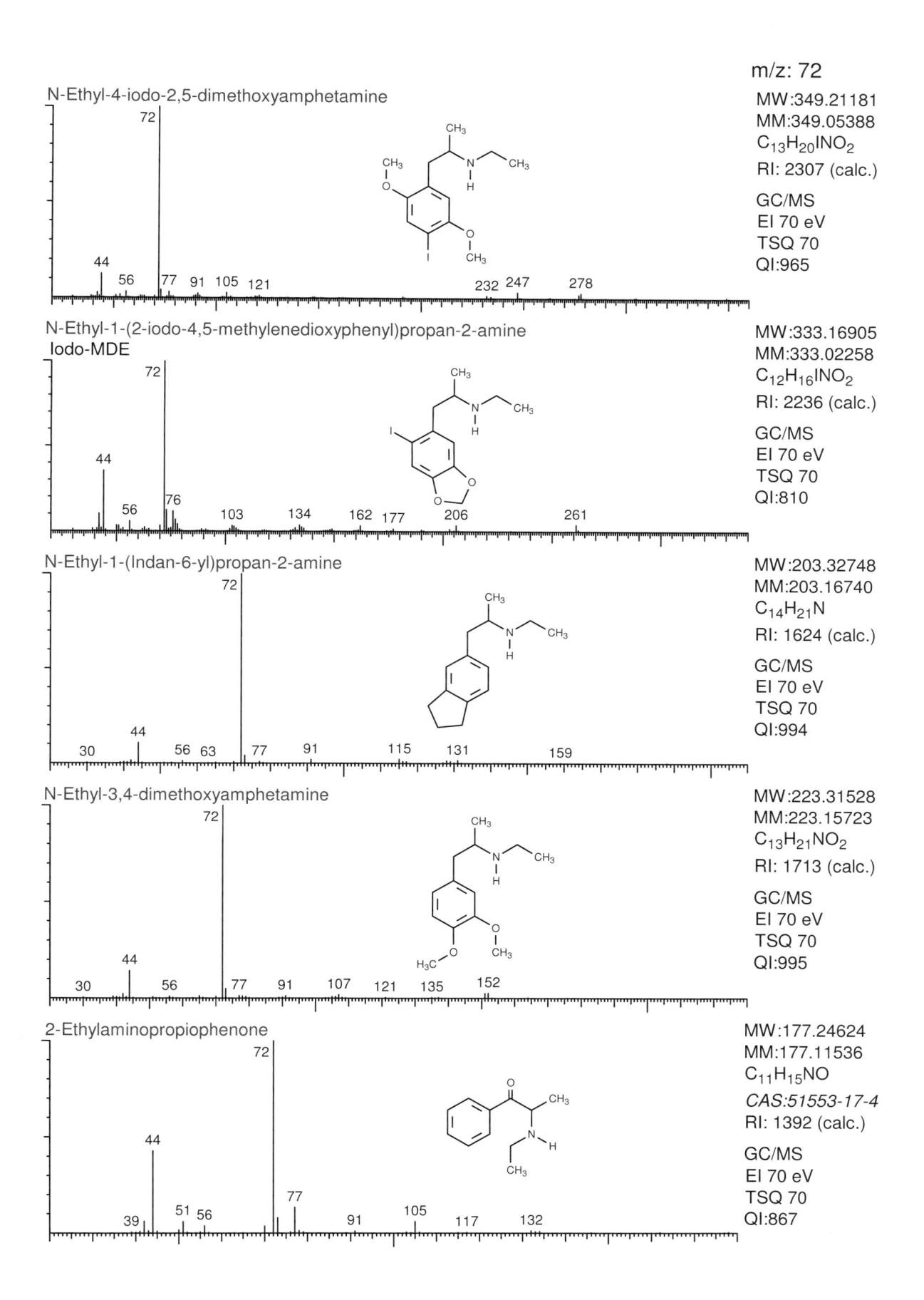

N-Ethyl-4-iodo-2,5-dimethoxyamphetamine

MW: 349.21181
MM: 349.05388
$C_{13}H_{20}INO_2$
RI: 2307 (calc.)

GC/MS
EI 70 eV
TSQ 70
QI: 965

Peaks: 44, 56, 72, 77, 91, 105, 121, 232, 247, 278

N-Ethyl-1-(2-iodo-4,5-methylenedioxyphenyl)propan-2-amine
Iodo-MDE

MW: 333.16905
MM: 333.02258
$C_{12}H_{16}INO_2$
RI: 2236 (calc.)

GC/MS
EI 70 eV
TSQ 70
QI: 810

Peaks: 44, 56, 72, 76, 103, 134, 162, 177, 206, 261

N-Ethyl-1-(Indan-6-yl)propan-2-amine

MW: 203.32748
MM: 203.16740
$C_{14}H_{21}N$
RI: 1624 (calc.)

GC/MS
EI 70 eV
TSQ 70
QI: 994

Peaks: 30, 44, 56, 63, 72, 77, 91, 115, 131, 159

N-Ethyl-3,4-dimethoxyamphetamine

MW: 223.31528
MM: 223.15723
$C_{13}H_{21}NO_2$
RI: 1713 (calc.)

GC/MS
EI 70 eV
TSQ 70
QI: 995

Peaks: 30, 44, 56, 72, 77, 91, 107, 121, 135, 152

2-Ethylaminopropiophenone

MW: 177.24624
MM: 177.11536
$C_{11}H_{15}NO$
CAS: 51553-17-4
RI: 1392 (calc.)

GC/MS
EI 70 eV
TSQ 70
QI: 867

Peaks: 39, 44, 51, 56, 72, 77, 91, 105, 117, 132

m/z: 72

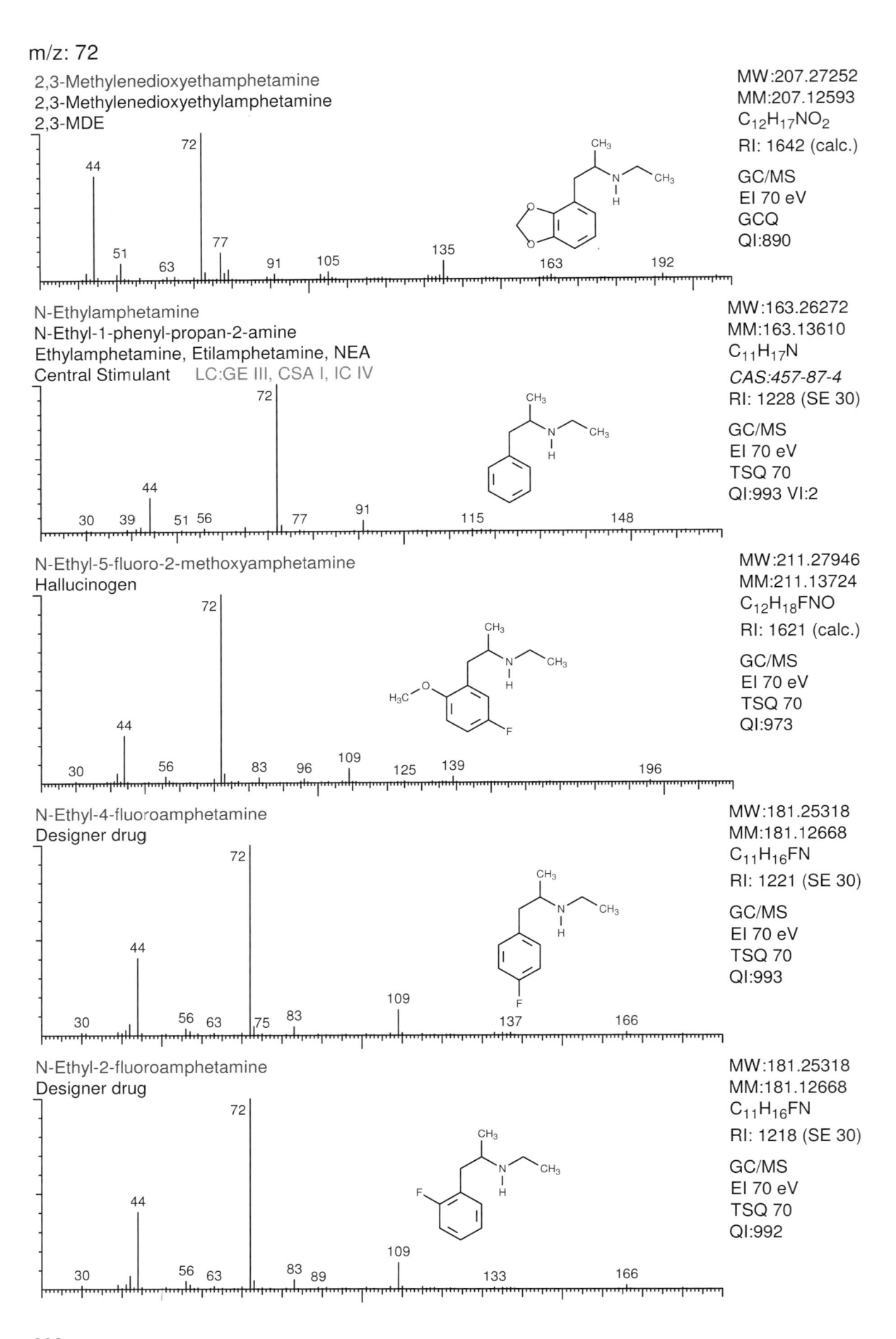

2,3-Methylenedioxyethamphetamine
2,3-Methylenedioxyethylamphetamine
2,3-MDE

MW:207.27252
MM:207.12593
$C_{12}H_{17}NO_2$
RI: 1642 (calc.)

GC/MS
EI 70 eV
GCQ
QI:890

Peaks: 44, 51, 63, 72, 77, 91, 105, 135, 163, 192

N-Ethylamphetamine
N-Ethyl-1-phenyl-propan-2-amine
Ethylamphetamine, Etilamphetamine, NEA
Central Stimulant   LC:GE III, CSA I, IC IV

MW:163.26272
MM:163.13610
$C_{11}H_{17}N$
CAS:457-87-4
RI: 1228 (SE 30)

GC/MS
EI 70 eV
TSQ 70
QI:993 VI:2

Peaks: 30, 39, 44, 51, 56, 72, 77, 91, 115, 148

N-Ethyl-5-fluoro-2-methoxyamphetamine
Hallucinogen

MW:211.27946
MM:211.13724
$C_{12}H_{18}FNO$
RI: 1621 (calc.)

GC/MS
EI 70 eV
TSQ 70
QI:973

Peaks: 30, 44, 56, 72, 83, 96, 109, 125, 139, 196

N-Ethyl-4-fluoroamphetamine
Designer drug

MW:181.25318
MM:181.12668
$C_{11}H_{16}FN$
RI: 1221 (SE 30)

GC/MS
EI 70 eV
TSQ 70
QI:993

Peaks: 30, 44, 56, 63, 72, 75, 83, 109, 137, 166

N-Ethyl-2-fluoroamphetamine
Designer drug

MW:181.25318
MM:181.12668
$C_{11}H_{16}FN$
RI: 1218 (SE 30)

GC/MS
EI 70 eV
TSQ 70
QI:992

Peaks: 30, 44, 56, 63, 72, 83, 89, 109, 133, 166

m/z: 72

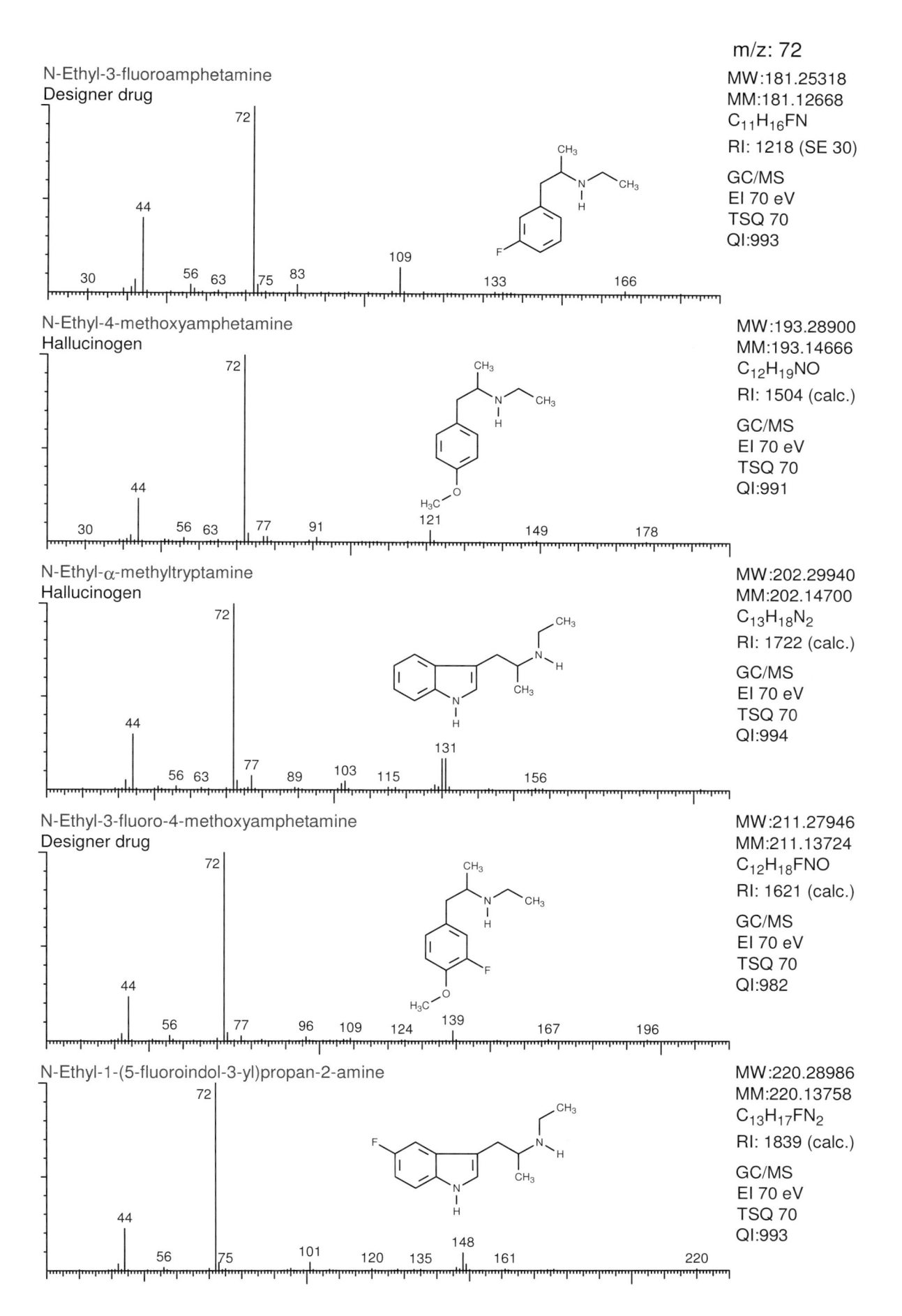

N-Ethyl-3-fluoroamphetamine
Designer drug

MW: 181.25318
MM: 181.12668
$C_{11}H_{16}FN$
RI: 1218 (SE 30)

GC/MS
EI 70 eV
TSQ 70
QI: 993

Peaks: 30, 44, 56, 63, 72, 75, 83, 109, 133, 166

N-Ethyl-4-methoxyamphetamine
Hallucinogen

MW: 193.28900
MM: 193.14666
$C_{12}H_{19}NO$
RI: 1504 (calc.)

GC/MS
EI 70 eV
TSQ 70
QI: 991

Peaks: 30, 44, 56, 63, 72, 77, 91, 121, 149, 178

N-Ethyl-α-methyltryptamine
Hallucinogen

MW: 202.29940
MM: 202.14700
$C_{13}H_{18}N_2$
RI: 1722 (calc.)

GC/MS
EI 70 eV
TSQ 70
QI: 994

Peaks: 44, 56, 63, 72, 77, 89, 103, 115, 131, 156

N-Ethyl-3-fluoro-4-methoxyamphetamine
Designer drug

MW: 211.27946
MM: 211.13724
$C_{12}H_{18}FNO$
RI: 1621 (calc.)

GC/MS
EI 70 eV
TSQ 70
QI: 982

Peaks: 44, 56, 72, 77, 96, 109, 124, 139, 167, 196

N-Ethyl-1-(5-fluoroindol-3-yl)propan-2-amine

MW: 220.28986
MM: 220.13758
$C_{13}H_{17}FN_2$
RI: 1839 (calc.)

GC/MS
EI 70 eV
TSQ 70
QI: 993

Peaks: 44, 56, 72, 75, 101, 120, 135, 148, 161, 220

m/z: 72

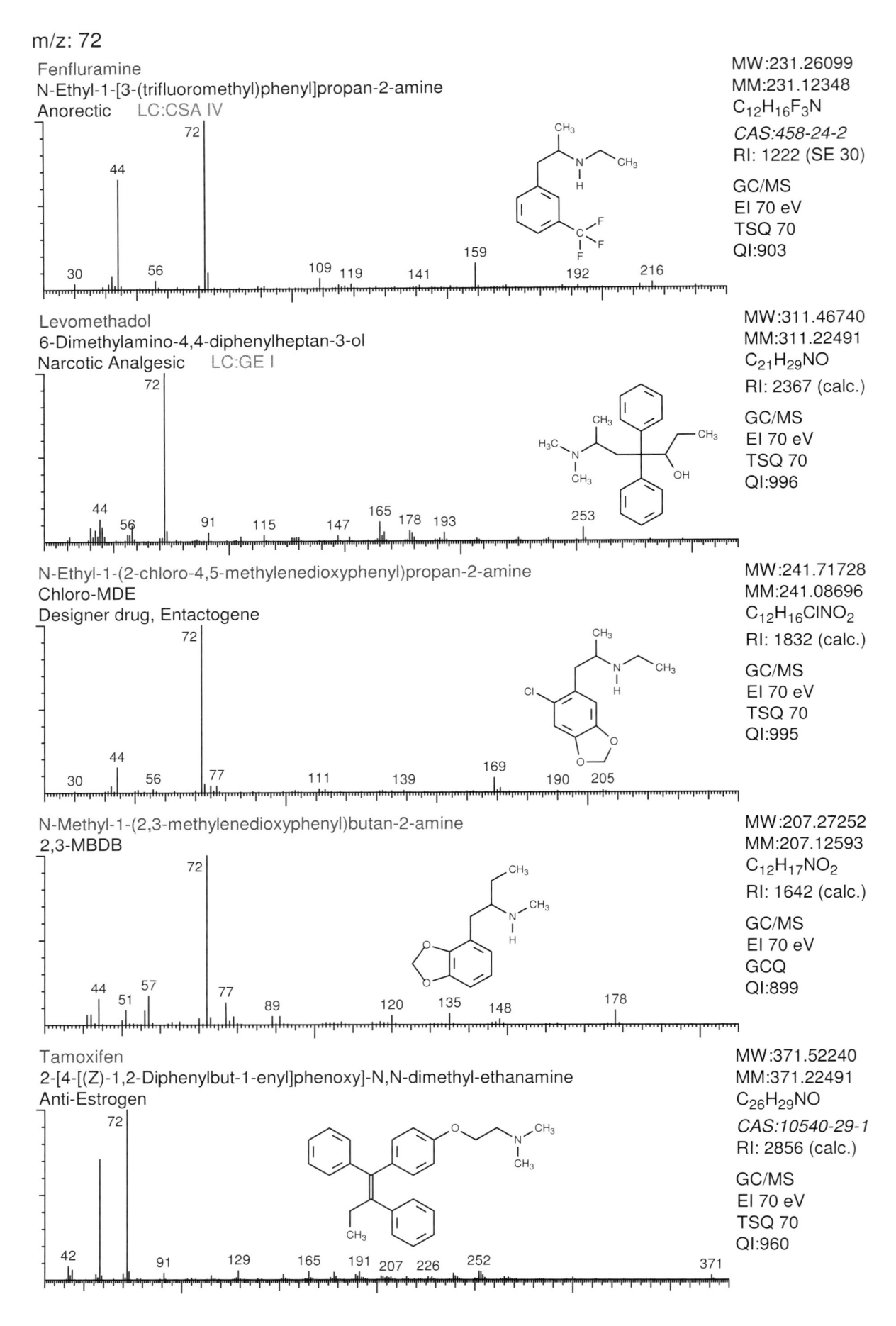

Fenfluramine
N-Ethyl-1-[3-(trifluoromethyl)phenyl]propan-2-amine
Anorectic   LC:CSA IV

Peaks: 30, 44, 56, 72, 109, 119, 141, 159, 192, 216

MW:231.26099
MM:231.12348
$C_{12}H_{16}F_3N$
CAS:458-24-2
RI: 1222 (SE 30)

GC/MS
EI 70 eV
TSQ 70
QI:903

Levomethadol
6-Dimethylamino-4,4-diphenylheptan-3-ol
Narcotic Analgesic   LC:GE I

Peaks: 44, 56, 72, 91, 115, 147, 165, 178, 193, 253

MW:311.46740
MM:311.22491
$C_{21}H_{29}NO$
RI: 2367 (calc.)

GC/MS
EI 70 eV
TSQ 70
QI:996

N-Ethyl-1-(2-chloro-4,5-methylenedioxyphenyl)propan-2-amine
Chloro-MDE
Designer drug, Entactogene

Peaks: 30, 44, 56, 72, 77, 111, 139, 169, 190, 205

MW:241.71728
MM:241.08696
$C_{12}H_{16}ClNO_2$
RI: 1832 (calc.)

GC/MS
EI 70 eV
TSQ 70
QI:995

N-Methyl-1-(2,3-methylenedioxyphenyl)butan-2-amine
2,3-MBDB

Peaks: 44, 51, 57, 72, 77, 89, 120, 135, 148, 178

MW:207.27252
MM:207.12593
$C_{12}H_{17}NO_2$
RI: 1642 (calc.)

GC/MS
EI 70 eV
GCQ
QI:899

Tamoxifen
2-[4-[(Z)-1,2-Diphenylbut-1-enyl]phenoxy]-N,N-dimethyl-ethanamine
Anti-Estrogen

Peaks: 42, 72, 91, 129, 165, 191, 207, 226, 252, 371

MW:371.52240
MM:371.22491
$C_{26}H_{29}NO$
CAS:10540-29-1
RI: 2856 (calc.)

GC/MS
EI 70 eV
TSQ 70
QI:960

m/z: 72

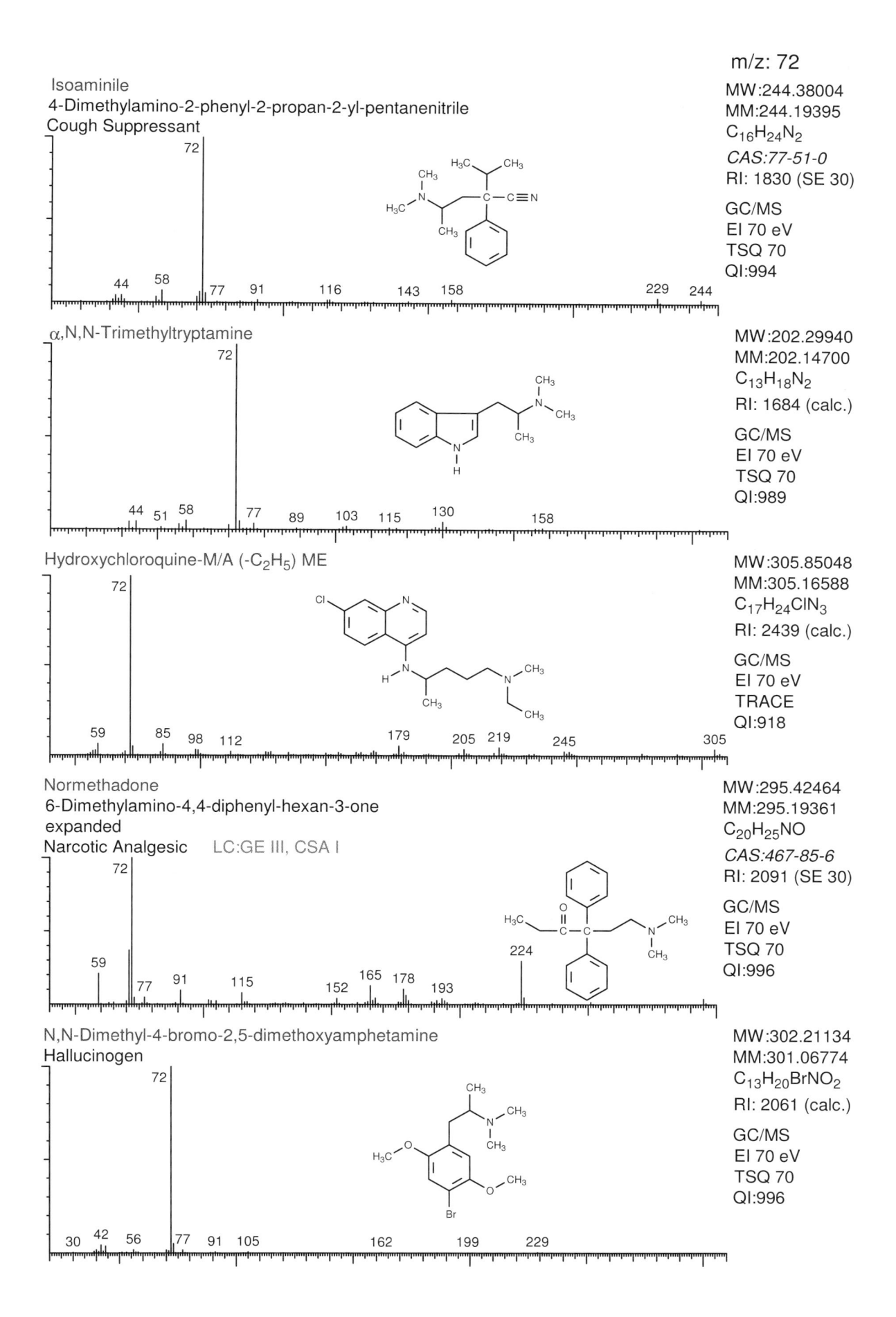

Isoaminile
4-Dimethylamino-2-phenyl-2-propan-2-yl-pentanenitrile
Cough Suppressant

Peaks: 44, 58, 72, 77, 91, 116, 143, 158, 229, 244

MW: 244.38004
MM: 244.19395
$C_{16}H_{24}N_2$
CAS: 77-51-0
RI: 1830 (SE 30)

GC/MS
EI 70 eV
TSQ 70
QI: 994

α,N,N-Trimethyltryptamine

Peaks: 44, 51, 58, 72, 77, 89, 103, 115, 130, 158

MW: 202.29940
MM: 202.14700
$C_{13}H_{18}N_2$
RI: 1684 (calc.)

GC/MS
EI 70 eV
TSQ 70
QI: 989

Hydroxychloroquine-M/A (-C$_2$H$_5$) ME

Peaks: 59, 72, 85, 98, 112, 179, 205, 219, 245, 305

MW: 305.85048
MM: 305.16588
$C_{17}H_{24}ClN_3$
RI: 2439 (calc.)

GC/MS
EI 70 eV
TRACE
QI: 918

Normethadone
6-Dimethylamino-4,4-diphenyl-hexan-3-one
expanded
Narcotic Analgesic   LC:GE III, CSA I

Peaks: 59, 72, 77, 91, 115, 152, 165, 178, 193, 224

MW: 295.42464
MM: 295.19361
$C_{20}H_{25}NO$
CAS: 467-85-6
RI: 2091 (SE 30)

GC/MS
EI 70 eV
TSQ 70
QI: 996

N,N-Dimethyl-4-bromo-2,5-dimethoxyamphetamine
Hallucinogen

Peaks: 30, 42, 56, 72, 77, 91, 105, 162, 199, 229

MW: 302.21134
MM: 301.06774
$C_{13}H_{20}BrNO_2$
RI: 2061 (calc.)

GC/MS
EI 70 eV
TSQ 70
QI: 996

m/z: 72

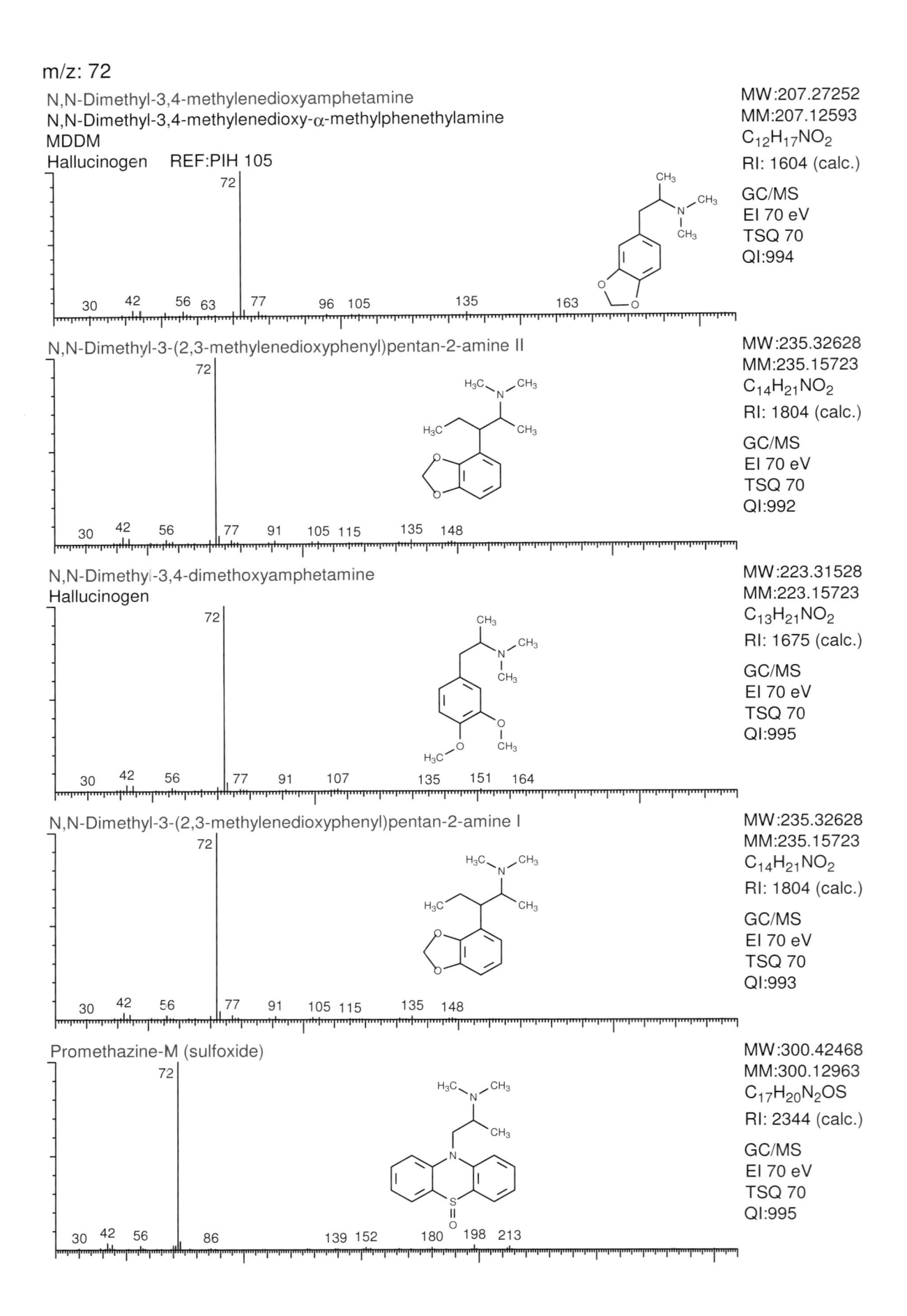

N,N-Dimethyl-3,4-methylenedioxyamphetamine
N,N-Dimethyl-3,4-methylenedioxy-α-methylphenethylamine
MDDM
Hallucinogen   REF:PIH 105

MW:207.27252
MM:207.12593
$C_{12}H_{17}NO_2$
RI: 1604 (calc.)

GC/MS
EI 70 eV
TSQ 70
QI:994

N,N-Dimethyl-3-(2,3-methylenedioxyphenyl)pentan-2-amine II

MW:235.32628
MM:235.15723
$C_{14}H_{21}NO_2$
RI: 1804 (calc.)

GC/MS
EI 70 eV
TSQ 70
QI:992

N,N-Dimethyl-3,4-dimethoxyamphetamine
Hallucinogen

MW:223.31528
MM:223.15723
$C_{13}H_{21}NO_2$
RI: 1675 (calc.)

GC/MS
EI 70 eV
TSQ 70
QI:995

N,N-Dimethyl-3-(2,3-methylenedioxyphenyl)pentan-2-amine I

MW:235.32628
MM:235.15723
$C_{14}H_{21}NO_2$
RI: 1804 (calc.)

GC/MS
EI 70 eV
TSQ 70
QI:993

Promethazine-M (sulfoxide)

MW:300.42468
MM:300.12963
$C_{17}H_{20}N_2OS$
RI: 2344 (calc.)

GC/MS
EI 70 eV
TSQ 70
QI:995

m/z: 72

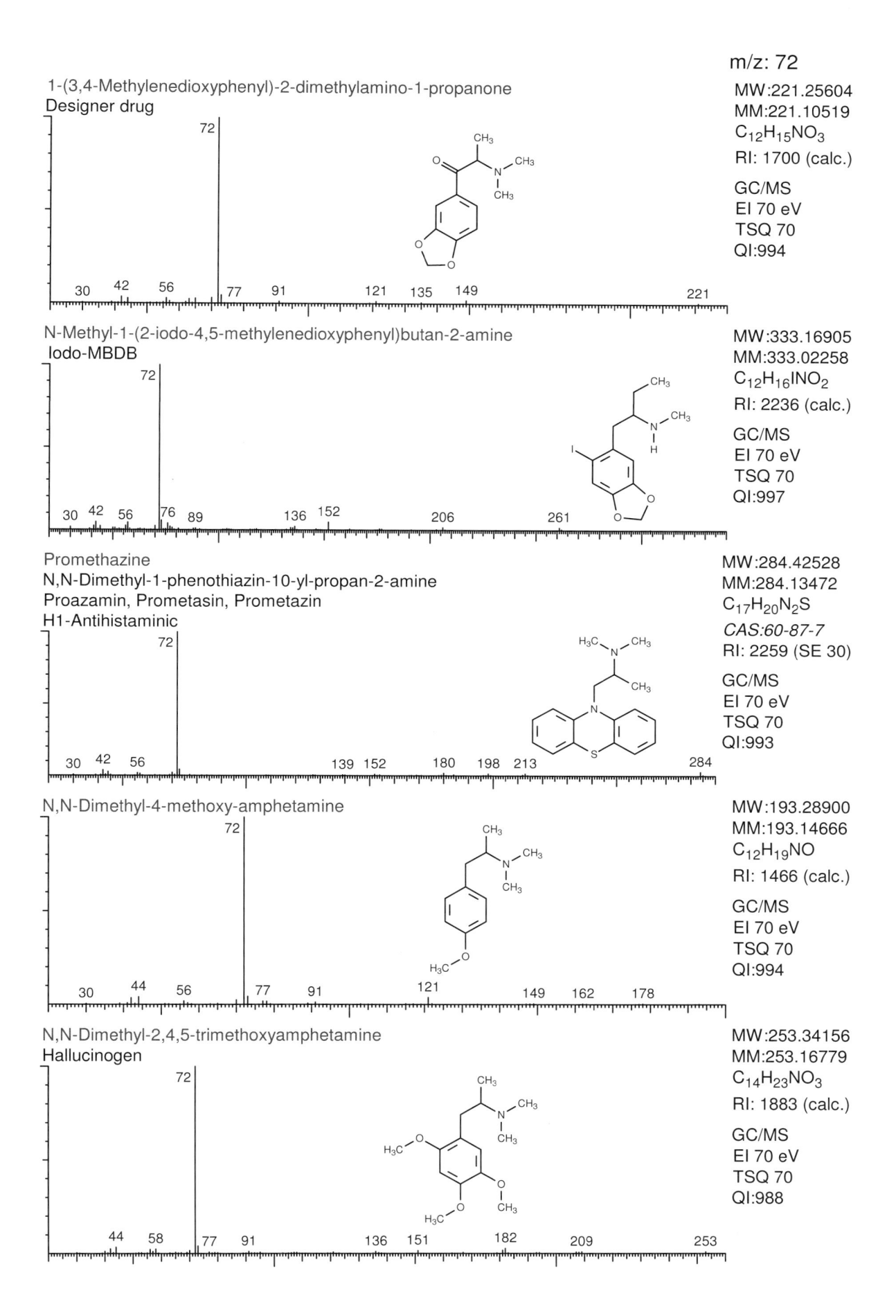

1-(3,4-Methylenedioxyphenyl)-2-dimethylamino-1-propanone
Designer drug

MW: 221.25604
MM: 221.10519
$C_{12}H_{15}NO_3$
RI: 1700 (calc.)

GC/MS
EI 70 eV
TSQ 70
QI: 994

N-Methyl-1-(2-iodo-4,5-methylenedioxyphenyl)butan-2-amine
Iodo-MBDB

MW: 333.16905
MM: 333.02258
$C_{12}H_{16}INO_2$
RI: 2236 (calc.)

GC/MS
EI 70 eV
TSQ 70
QI: 997

Promethazine
N,N-Dimethyl-1-phenothiazin-10-yl-propan-2-amine
Proazamin, Prometasin, Prometazin
H1-Antihistaminic

MW: 284.42528
MM: 284.13472
$C_{17}H_{20}N_2S$
CAS: 60-87-7
RI: 2259 (SE 30)

GC/MS
EI 70 eV
TSQ 70
QI: 993

N,N-Dimethyl-4-methoxy-amphetamine

MW: 193.28900
MM: 193.14666
$C_{12}H_{19}NO$
RI: 1466 (calc.)

GC/MS
EI 70 eV
TSQ 70
QI: 994

N,N-Dimethyl-2,4,5-trimethoxyamphetamine
Hallucinogen

MW: 253.34156
MM: 253.16779
$C_{14}H_{23}NO_3$
RI: 1883 (calc.)

GC/MS
EI 70 eV
TSQ 70
QI: 988

m/z: 72

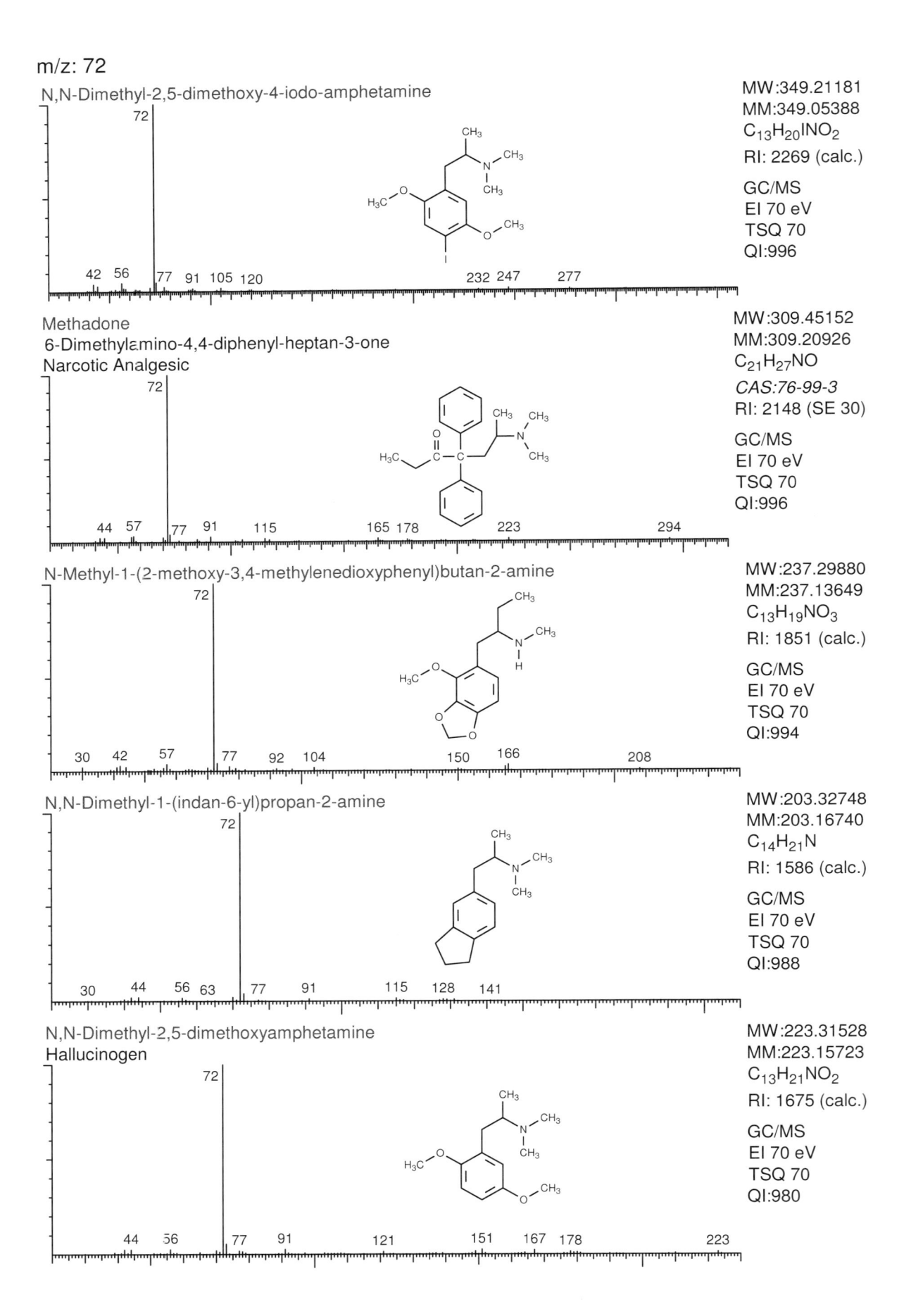

N,N-Dimethyl-2,5-dimethoxy-4-iodo-amphetamine

MW:349.21181
MM:349.05388
$C_{13}H_{20}INO_2$
RI: 2269 (calc.)

GC/MS
EI 70 eV
TSQ 70
QI:996

Methadone
6-Dimethylamino-4,4-diphenyl-heptan-3-one
Narcotic Analgesic

MW:309.45152
MM:309.20926
$C_{21}H_{27}NO$
CAS:76-99-3
RI: 2148 (SE 30)

GC/MS
EI 70 eV
TSQ 70
QI:996

N-Methyl-1-(2-methoxy-3,4-methylenedioxyphenyl)butan-2-amine

MW:237.29880
MM:237.13649
$C_{13}H_{19}NO_3$
RI: 1851 (calc.)

GC/MS
EI 70 eV
TSQ 70
QI:994

N,N-Dimethyl-1-(indan-6-yl)propan-2-amine

MW:203.32748
MM:203.16740
$C_{14}H_{21}N$
RI: 1586 (calc.)

GC/MS
EI 70 eV
TSQ 70
QI:988

N,N-Dimethyl-2,5-dimethoxyamphetamine
Hallucinogen

MW:223.31528
MM:223.15723
$C_{13}H_{21}NO_2$
RI: 1675 (calc.)

GC/MS
EI 70 eV
TSQ 70
QI:980

m/z: 72

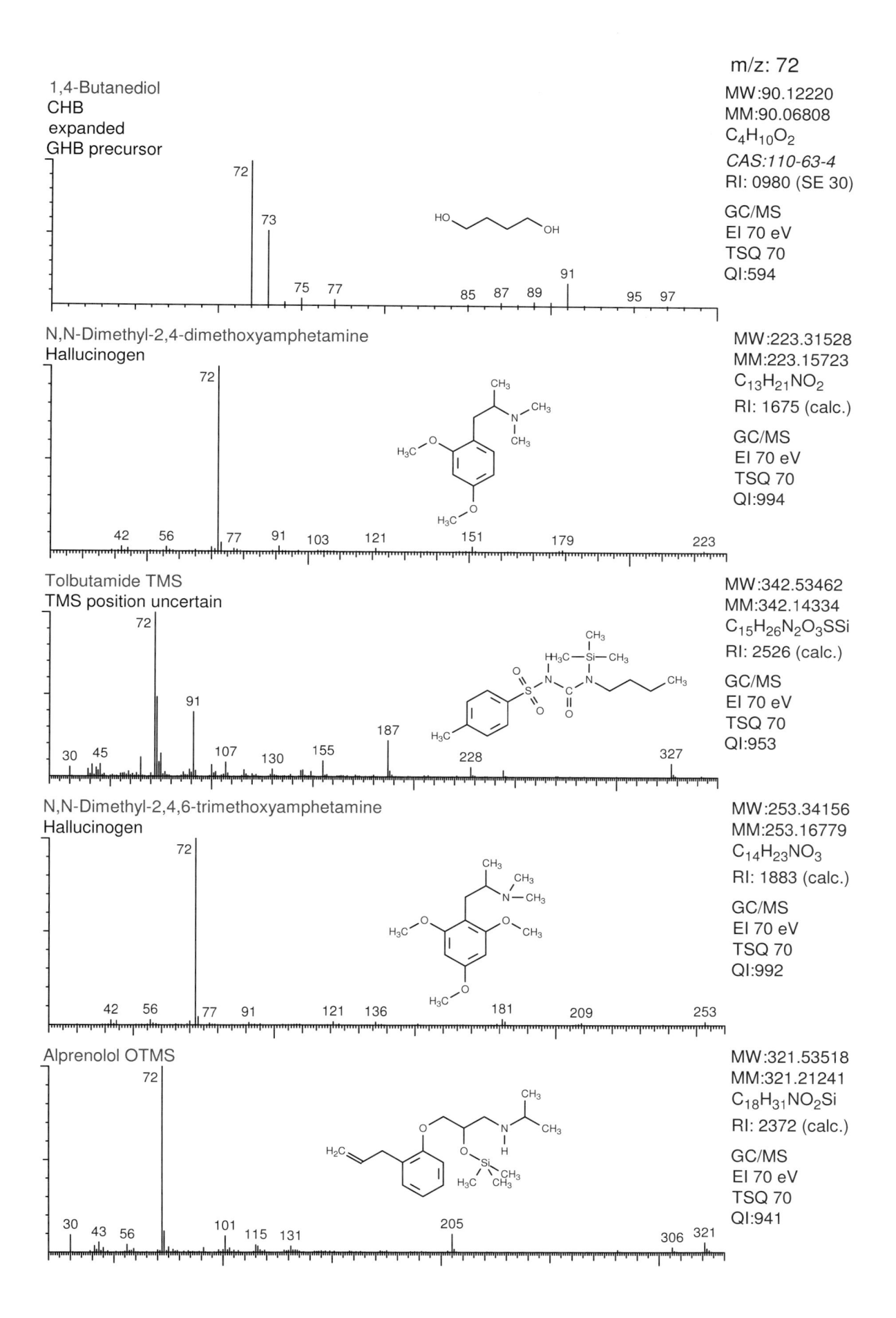

1,4-Butanediol
CHB
expanded
GHB precursor

MW: 90.12220
MM: 90.06808
$C_4H_{10}O_2$
CAS: 110-63-4
RI: 0980 (SE 30)

GC/MS
EI 70 eV
TSQ 70
QI: 594

N,N-Dimethyl-2,4-dimethoxyamphetamine
Hallucinogen

MW: 223.31528
MM: 223.15723
$C_{13}H_{21}NO_2$
RI: 1675 (calc.)

GC/MS
EI 70 eV
TSQ 70
QI: 994

Tolbutamide TMS
TMS position uncertain

MW: 342.53462
MM: 342.14334
$C_{15}H_{26}N_2O_3SSi$
RI: 2526 (calc.)

GC/MS
EI 70 eV
TSQ 70
QI: 953

N,N-Dimethyl-2,4,6-trimethoxyamphetamine
Hallucinogen

MW: 253.34156
MM: 253.16779
$C_{14}H_{23}NO_3$
RI: 1883 (calc.)

GC/MS
EI 70 eV
TSQ 70
QI: 992

Alprenolol OTMS

MW: 321.53518
MM: 321.21241
$C_{18}H_{31}NO_2Si$
RI: 2372 (calc.)

GC/MS
EI 70 eV
TSQ 70
QI: 941

m/z: 72

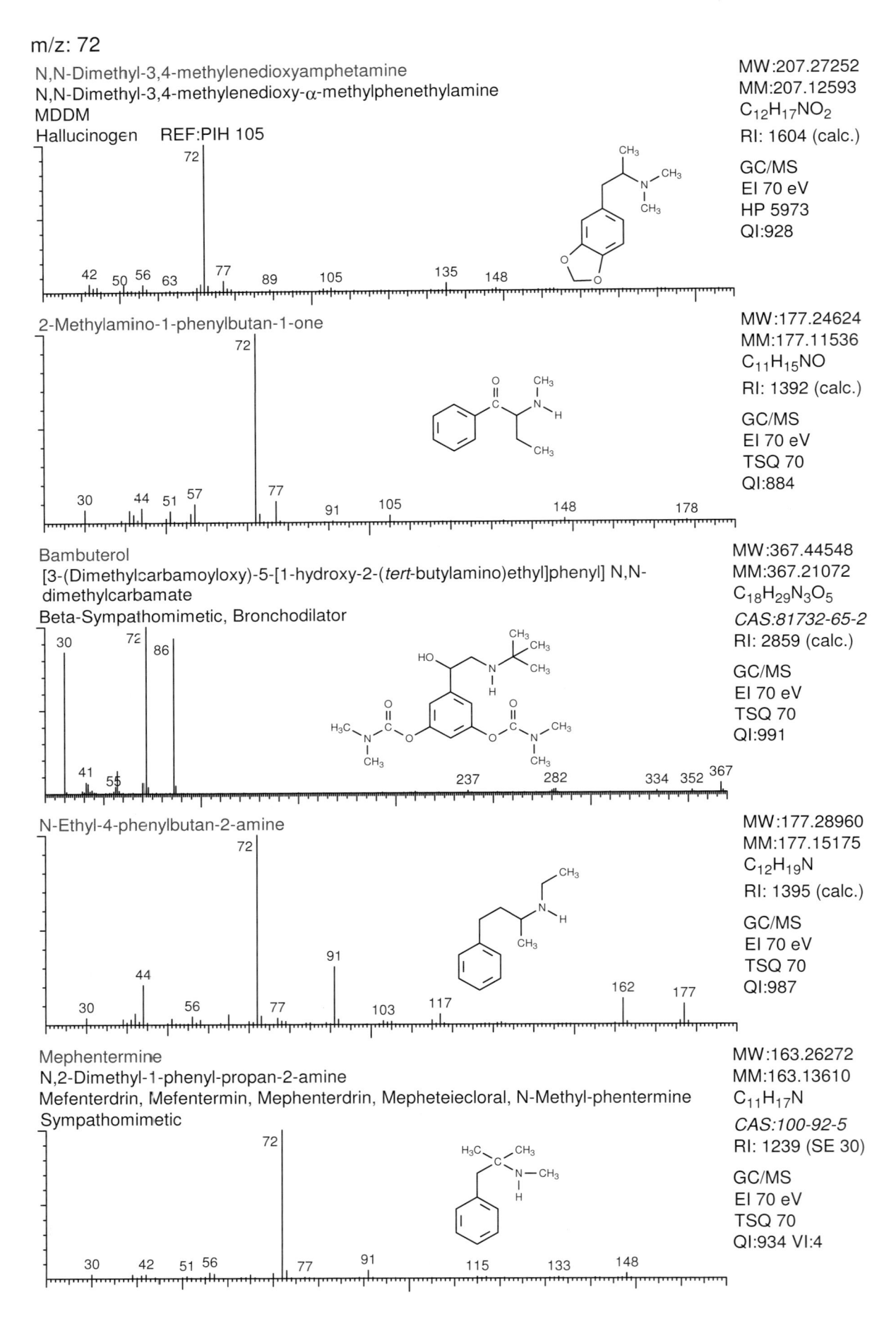

N,N-Dimethyl-3,4-methylenedioxyamphetamine
N,N-Dimethyl-3,4-methylenedioxy-α-methylphenethylamine
MDDM
Hallucinogen   REF:PIH 105

MW:207.27252
MM:207.12593
$C_{12}H_{17}NO_2$
RI: 1604 (calc.)

GC/MS
EI 70 eV
HP 5973
QI:928

Peaks: 42, 50, 56, 63, 72, 77, 89, 105, 135, 148

2-Methylamino-1-phenylbutan-1-one

MW:177.24624
MM:177.11536
$C_{11}H_{15}NO$
RI: 1392 (calc.)

GC/MS
EI 70 eV
TSQ 70
QI:884

Peaks: 30, 44, 51, 57, 72, 77, 91, 105, 148, 178

Bambuterol
[3-(Dimethylcarbamoyloxy)-5-[1-hydroxy-2-(*tert*-butylamino)ethyl]phenyl] N,N-dimethylcarbamate
Beta-Sympathomimetic, Bronchodilator

MW:367.44548
MM:367.21072
$C_{18}H_{29}N_3O_5$
CAS:81732-65-2
RI: 2859 (calc.)

GC/MS
EI 70 eV
TSQ 70
QI:991

Peaks: 30, 41, 55, 72, 86, 237, 282, 334, 352, 367

N-Ethyl-4-phenylbutan-2-amine

MW:177.28960
MM:177.15175
$C_{12}H_{19}N$
RI: 1395 (calc.)

GC/MS
EI 70 eV
TSQ 70
QI:987

Peaks: 30, 44, 56, 72, 77, 91, 103, 117, 162, 177

Mephentermine
N,2-Dimethyl-1-phenyl-propan-2-amine
Mefenterdrin, Mefentermin, Mephenterdrin, Mepheteiecloral, N-Methyl-phentermine
Sympathomimetic

MW:163.26272
MM:163.13610
$C_{11}H_{17}N$
CAS:100-92-5
RI: 1239 (SE 30)

GC/MS
EI 70 eV
TSQ 70
QI:934 VI:4

Peaks: 30, 42, 51, 56, 72, 77, 91, 115, 133, 148

m/z: 72

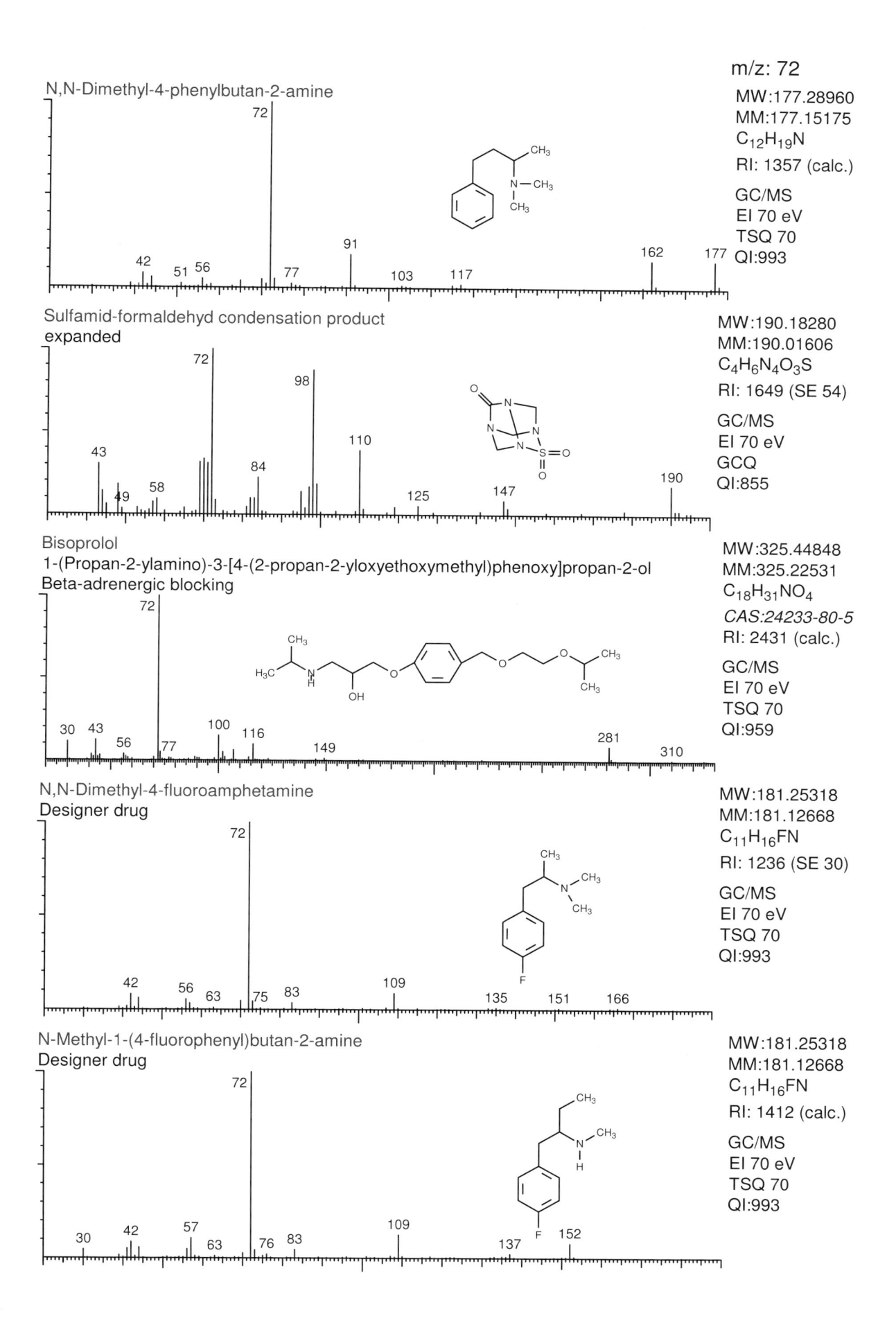

N,N-Dimethyl-4-phenylbutan-2-amine

MW: 177.28960
MM: 177.15175
$C_{12}H_{19}N$
RI: 1357 (calc.)

GC/MS
EI 70 eV
TSQ 70
QI: 993

Sulfamid-formaldehyd condensation product
expanded

MW: 190.18280
MM: 190.01606
$C_4H_6N_4O_3S$
RI: 1649 (SE 54)

GC/MS
EI 70 eV
GCQ
QI: 855

Bisoprolol
1-(Propan-2-ylamino)-3-[4-(2-propan-2-yloxyethoxymethyl)phenoxy]propan-2-ol
Beta-adrenergic blocking

MW: 325.44848
MM: 325.22531
$C_{18}H_{31}NO_4$
CAS: 24233-80-5
RI: 2431 (calc.)

GC/MS
EI 70 eV
TSQ 70
QI: 959

N,N-Dimethyl-4-fluoroamphetamine
Designer drug

MW: 181.25318
MM: 181.12668
$C_{11}H_{16}FN$
RI: 1236 (SE 30)

GC/MS
EI 70 eV
TSQ 70
QI: 993

N-Methyl-1-(4-fluorophenyl)butan-2-amine
Designer drug

MW: 181.25318
MM: 181.12668
$C_{11}H_{16}FN$
RI: 1412 (calc.)

GC/MS
EI 70 eV
TSQ 70
QI: 993

m/z: 72

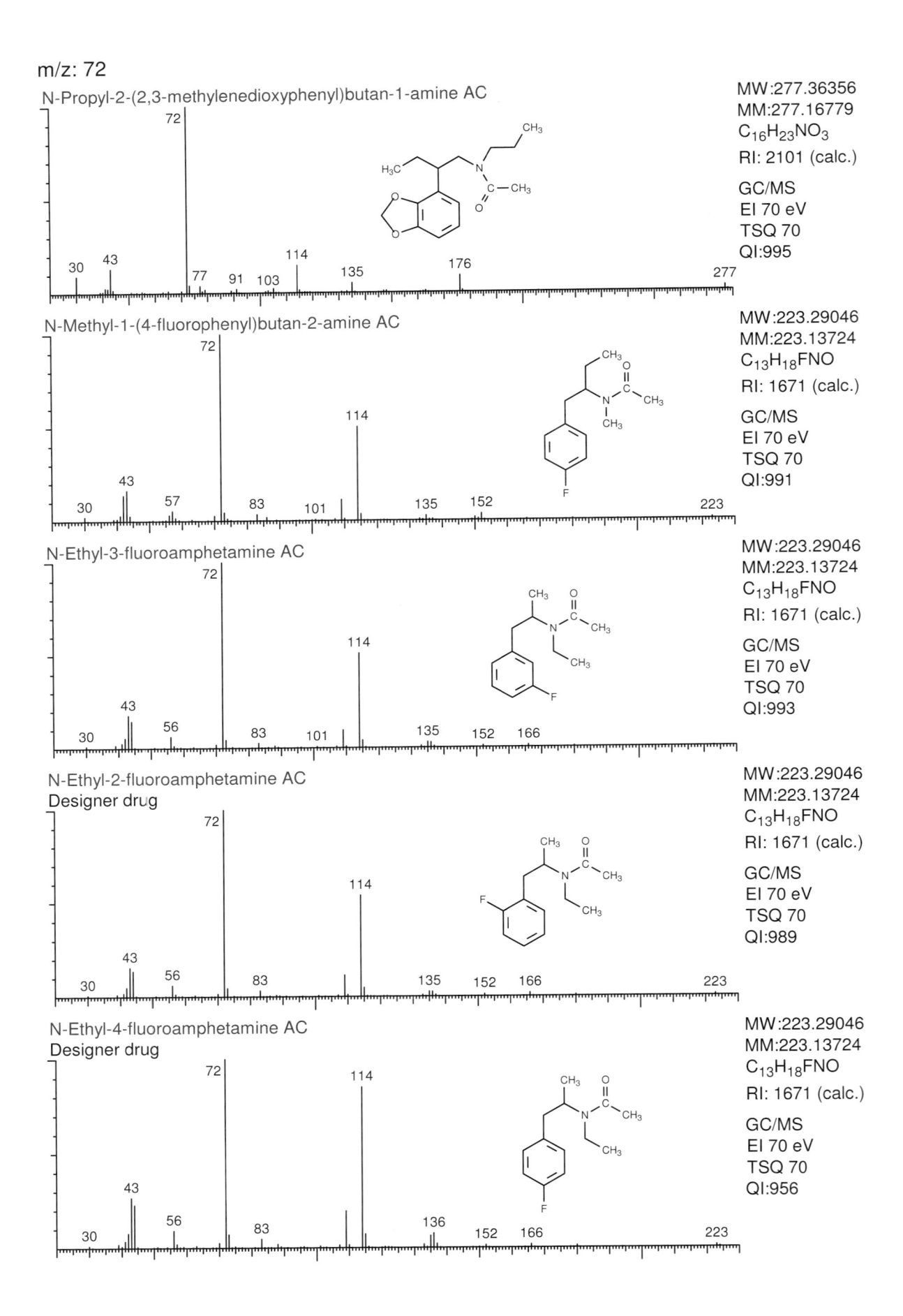

N-Propyl-2-(2,3-methylenedioxyphenyl)butan-1-amine AC

MW:277.36356
MM:277.16779
C$_{16}$H$_{23}$NO$_3$
RI: 2101 (calc.)

GC/MS
EI 70 eV
TSQ 70
QI:995

Peaks: 30, 43, 72, 77, 91, 103, 114, 135, 176, 277

N-Methyl-1-(4-fluorophenyl)butan-2-amine AC

MW:223.29046
MM:223.13724
C$_{13}$H$_{18}$FNO
RI: 1671 (calc.)

GC/MS
EI 70 eV
TSQ 70
QI:991

Peaks: 30, 43, 57, 72, 83, 101, 114, 135, 152, 223

N-Ethyl-3-fluoroamphetamine AC

MW:223.29046
MM:223.13724
C$_{13}$H$_{18}$FNO
RI: 1671 (calc.)

GC/MS
EI 70 eV
TSQ 70
QI:993

Peaks: 30, 43, 56, 72, 83, 101, 114, 135, 152, 166

N-Ethyl-2-fluoroamphetamine AC
Designer drug

MW:223.29046
MM:223.13724
C$_{13}$H$_{18}$FNO
RI: 1671 (calc.)

GC/MS
EI 70 eV
TSQ 70
QI:989

Peaks: 30, 43, 56, 72, 83, 114, 135, 152, 166, 223

N-Ethyl-4-fluoroamphetamine AC
Designer drug

MW:223.29046
MM:223.13724
C$_{13}$H$_{18}$FNO
RI: 1671 (calc.)

GC/MS
EI 70 eV
TSQ 70
QI:956

Peaks: 30, 43, 56, 72, 83, 114, 136, 152, 166, 223

m/z: 72

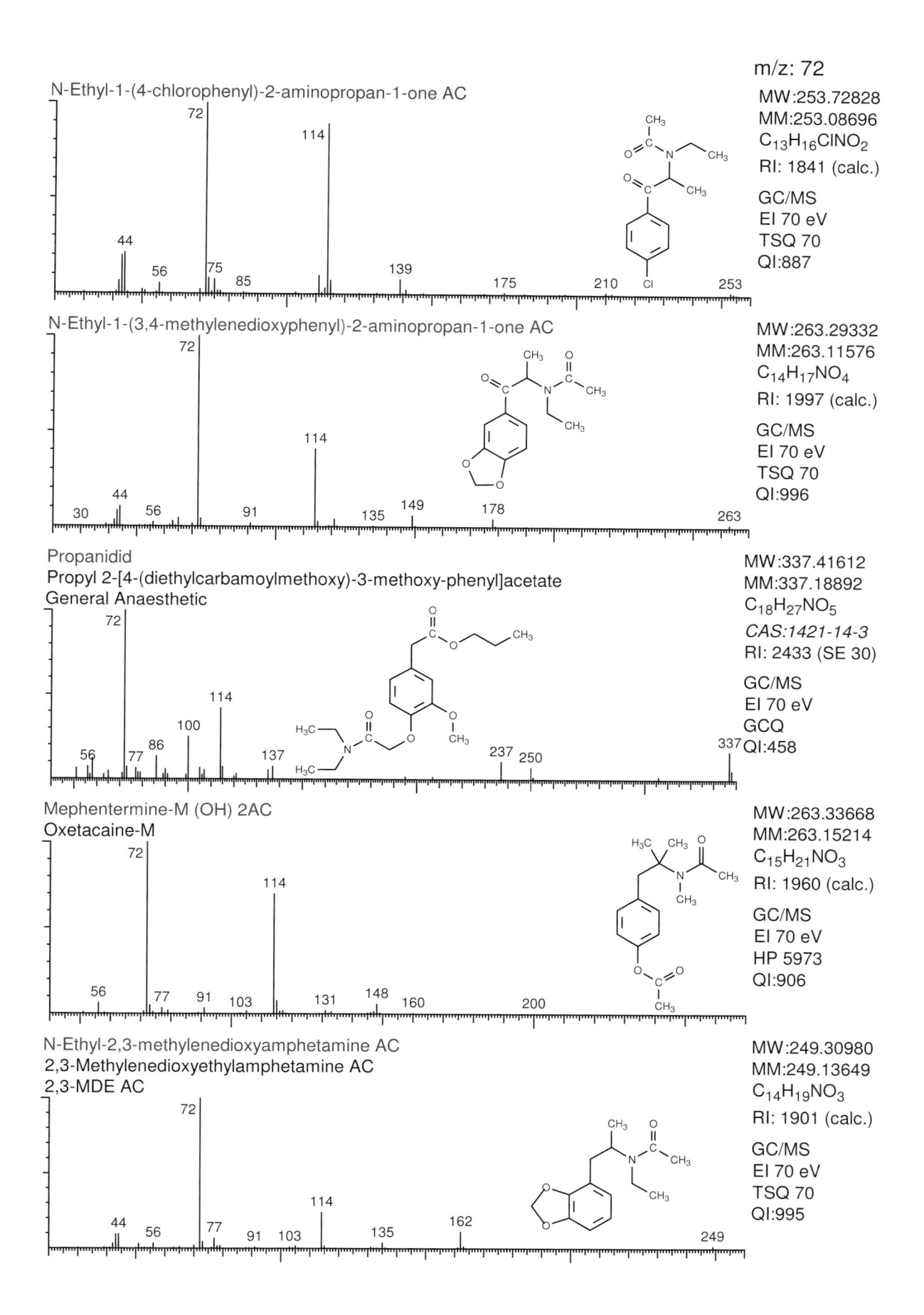

N-Ethyl-1-(4-chlorophenyl)-2-aminopropan-1-one AC

MW:253.72828
MM:253.08696
$C_{13}H_{16}ClNO_2$
RI: 1841 (calc.)

GC/MS
EI 70 eV
TSQ 70
QI:887

Peaks: 44, 56, 72, 75, 85, 114, 139, 175, 210, 253

N-Ethyl-1-(3,4-methylenedioxyphenyl)-2-aminopropan-1-one AC

MW:263.29332
MM:263.11576
$C_{14}H_{17}NO_4$
RI: 1997 (calc.)

GC/MS
EI 70 eV
TSQ 70
QI:996

Peaks: 30, 44, 56, 72, 91, 114, 135, 149, 178, 263

Propanidid
Propyl 2-[4-(diethylcarbamoylmethoxy)-3-methoxy-phenyl]acetate
General Anaesthetic

MW:337.41612
MM:337.18892
$C_{18}H_{27}NO_5$
CAS:1421-14-3
RI: 2433 (SE 30)

GC/MS
EI 70 eV
GCQ
QI:458

Peaks: 56, 72, 77, 86, 100, 114, 137, 237, 250, 337

Mephentermine-M (OH) 2AC
Oxetacaine-M

MW:263.33668
MM:263.15214
$C_{15}H_{21}NO_3$
RI: 1960 (calc.)

GC/MS
EI 70 eV
HP 5973
QI:906

Peaks: 56, 72, 77, 91, 103, 114, 131, 148, 160, 200

N-Ethyl-2,3-methylenedioxyamphetamine AC
2,3-Methylenedioxyethylamphetamine AC
2,3-MDE AC

MW:249.30980
MM:249.13649
$C_{14}H_{19}NO_3$
RI: 1901 (calc.)

GC/MS
EI 70 eV
TSQ 70
QI:995

Peaks: 44, 56, 72, 77, 91, 103, 114, 135, 162, 249

m/z: 72

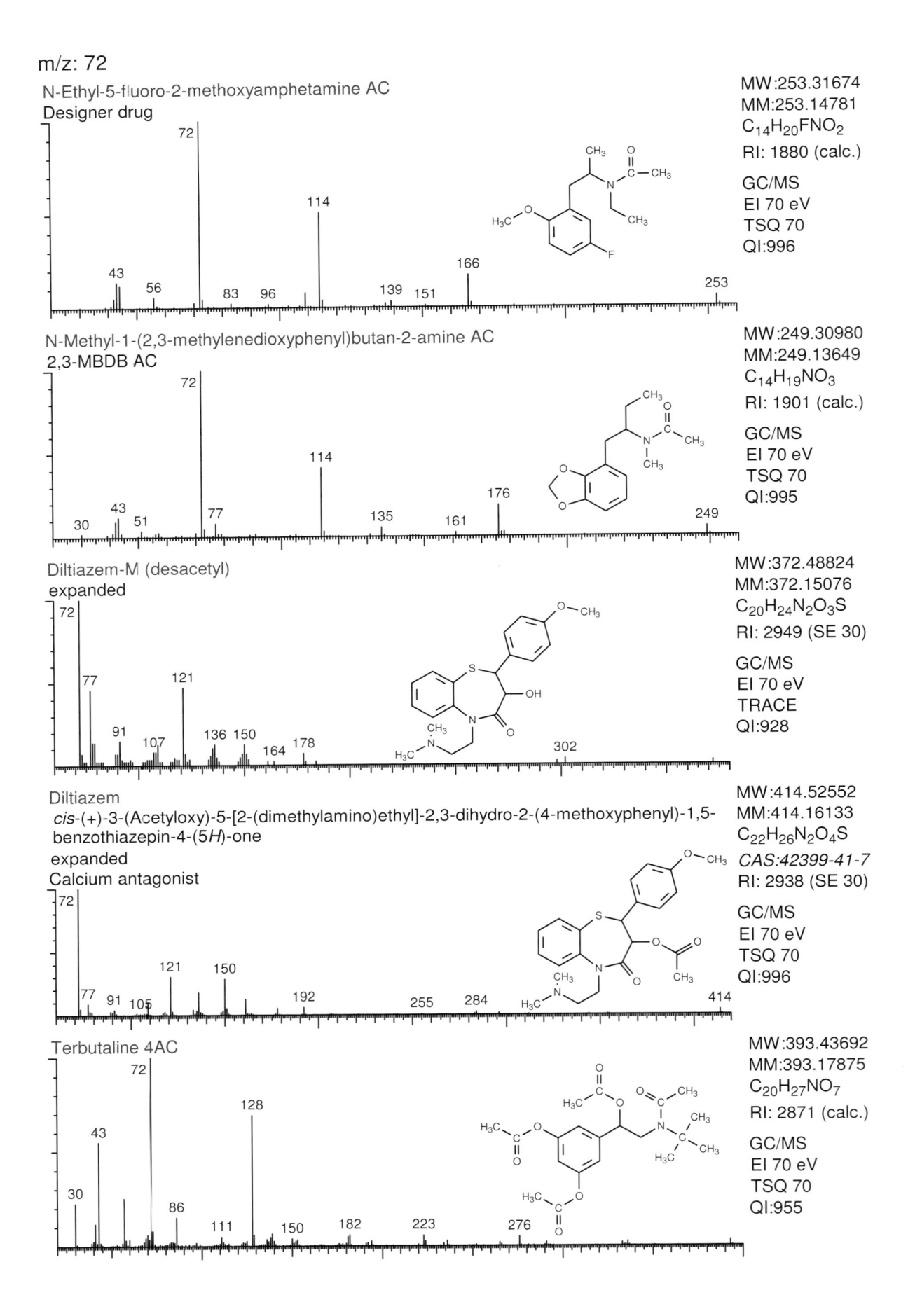

N-Ethyl-5-fluoro-2-methoxyamphetamine AC
Designer drug

MW:253.31674
MM:253.14781
$C_{14}H_{20}FNO_2$
RI: 1880 (calc.)

GC/MS
EI 70 eV
TSQ 70
QI:996

N-Methyl-1-(2,3-methylenedioxyphenyl)butan-2-amine AC
2,3-MBDB AC

MW:249.30980
MM:249.13649
$C_{14}H_{19}NO_3$
RI: 1901 (calc.)

GC/MS
EI 70 eV
TSQ 70
QI:995

Diltiazem-M (desacetyl)
expanded

MW:372.48824
MM:372.15076
$C_{20}H_{24}N_2O_3S$
RI: 2949 (SE 30)

GC/MS
EI 70 eV
TRACE
QI:928

Diltiazem
cis-(+)-3-(Acetyloxy)-5-[2-(dimethylamino)ethyl]-2,3-dihydro-2-(4-methoxyphenyl)-1,5-benzothiazepin-4-(5H)-one
expanded
Calcium antagonist

MW:414.52552
MM:414.16133
$C_{22}H_{26}N_2O_4S$
CAS:42399-41-7
RI: 2938 (SE 30)

GC/MS
EI 70 eV
TSQ 70
QI:996

Terbutaline 4AC

MW:393.43692
MM:393.17875
$C_{20}H_{27}NO_7$
RI: 2871 (calc.)

GC/MS
EI 70 eV
TSQ 70
QI:955

m/z: 72

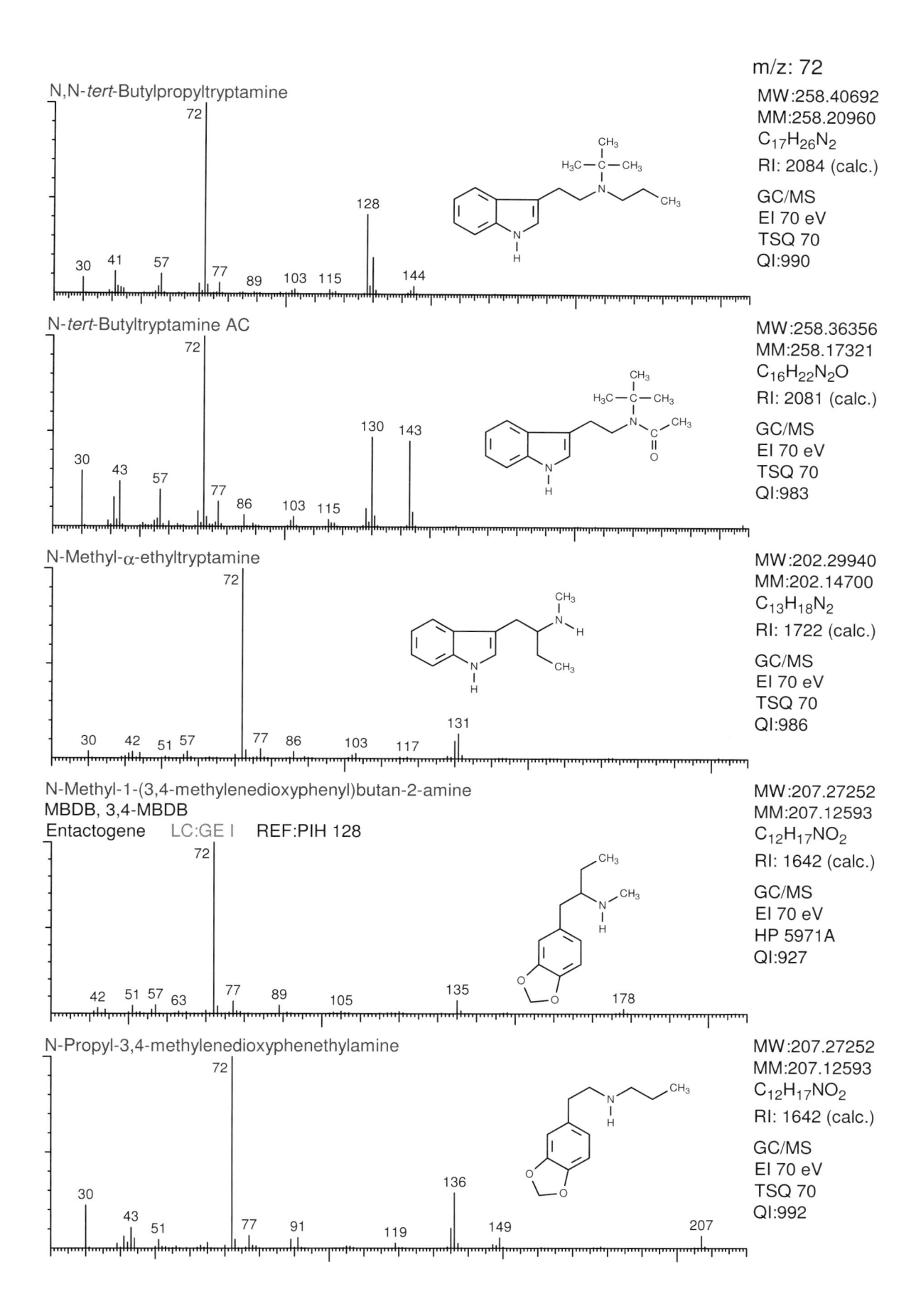

N,N-tert-Butylpropyltryptamine

MW: 258.40692
MM: 258.20960
$C_{17}H_{26}N_2$
RI: 2084 (calc.)

GC/MS
EI 70 eV
TSQ 70
QI: 990

Peaks: 30, 41, 57, 72, 77, 89, 103, 115, 128, 144

N-tert-Butyltryptamine AC

MW: 258.36356
MM: 258.17321
$C_{16}H_{22}N_2O$
RI: 2081 (calc.)

GC/MS
EI 70 eV
TSQ 70
QI: 983

Peaks: 30, 43, 57, 72, 77, 86, 103, 115, 130, 143

N-Methyl-α-ethyltryptamine

MW: 202.29940
MM: 202.14700
$C_{13}H_{18}N_2$
RI: 1722 (calc.)

GC/MS
EI 70 eV
TSQ 70
QI: 986

Peaks: 30, 42, 51, 57, 72, 77, 86, 103, 117, 131

N-Methyl-1-(3,4-methylenedioxyphenyl)butan-2-amine
MBDB, 3,4-MBDB
Entactogene   LC:GE I   REF:PIH 128

MW: 207.27252
MM: 207.12593
$C_{12}H_{17}NO_2$
RI: 1642 (calc.)

GC/MS
EI 70 eV
HP 5971A
QI: 927

Peaks: 42, 51, 57, 63, 72, 77, 89, 105, 135, 178

N-Propyl-3,4-methylenedioxyphenethylamine

MW: 207.27252
MM: 207.12593
$C_{12}H_{17}NO_2$
RI: 1642 (calc.)

GC/MS
EI 70 eV
TSQ 70
QI: 992

Peaks: 30, 43, 51, 72, 77, 91, 119, 136, 149, 207

m/z: 72

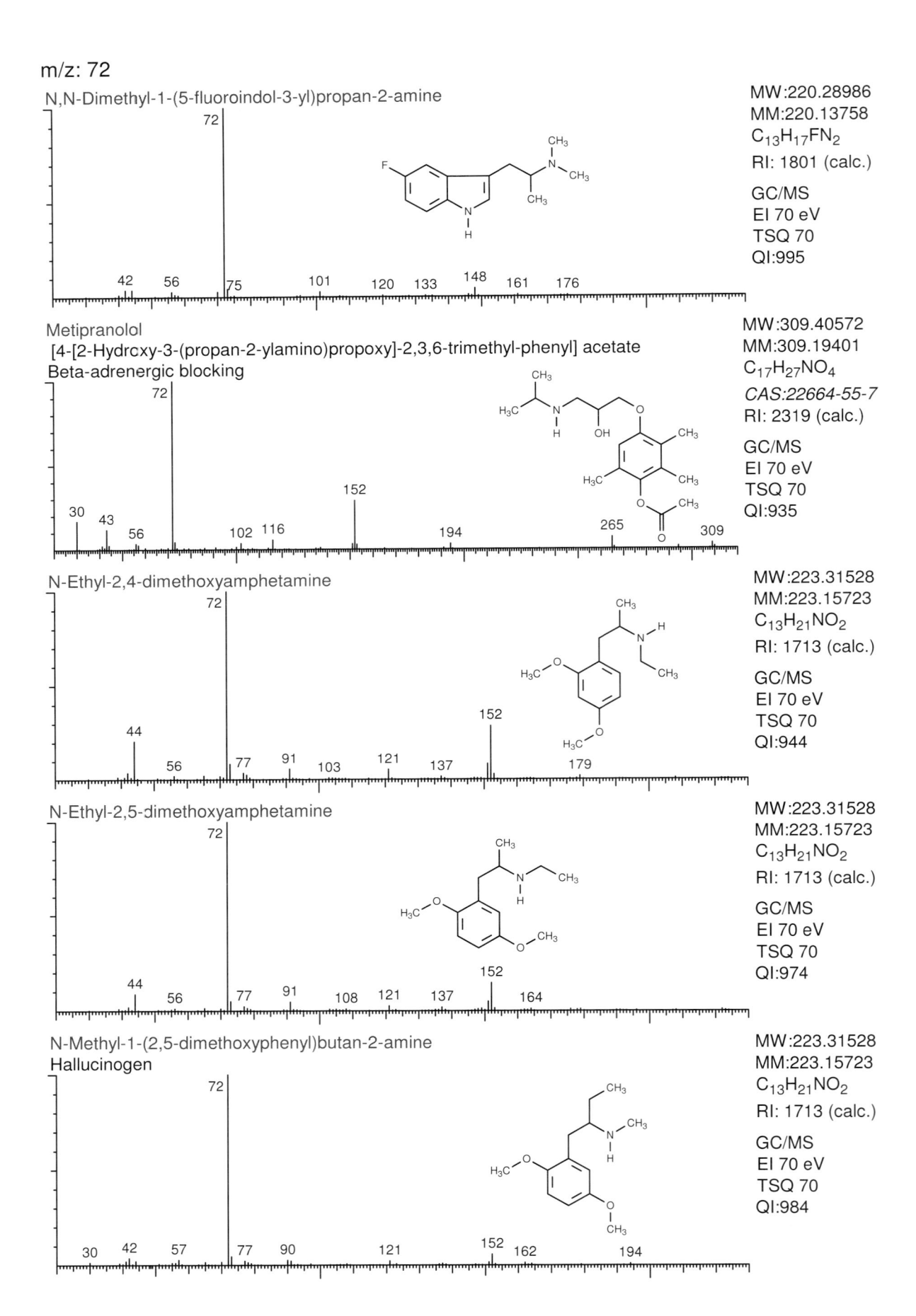

N,N-Dimethyl-1-(5-fluoroindol-3-yl)propan-2-amine

MW:220.28986
MM:220.13758
$C_{13}H_{17}FN_2$
RI: 1801 (calc.)

GC/MS
EI 70 eV
TSQ 70
QI:995

Metipranolol
[4-[2-Hydroxy-3-(propan-2-ylamino)propoxy]-2,3,6-trimethyl-phenyl] acetate
Beta-adrenergic blocking

MW:309.40572
MM:309.19401
$C_{17}H_{27}NO_4$
CAS:22664-55-7
RI: 2319 (calc.)

GC/MS
EI 70 eV
TSQ 70
QI:935

N-Ethyl-2,4-dimethoxyamphetamine

MW:223.31528
MM:223.15723
$C_{13}H_{21}NO_2$
RI: 1713 (calc.)

GC/MS
EI 70 eV
TSQ 70
QI:944

N-Ethyl-2,5-dimethoxyamphetamine

MW:223.31528
MM:223.15723
$C_{13}H_{21}NO_2$
RI: 1713 (calc.)

GC/MS
EI 70 eV
TSQ 70
QI:974

N-Methyl-1-(2,5-dimethoxyphenyl)butan-2-amine
Hallucinogen

MW:223.31528
MM:223.15723
$C_{13}H_{21}NO_2$
RI: 1713 (calc.)

GC/MS
EI 70 eV
TSQ 70
QI:984

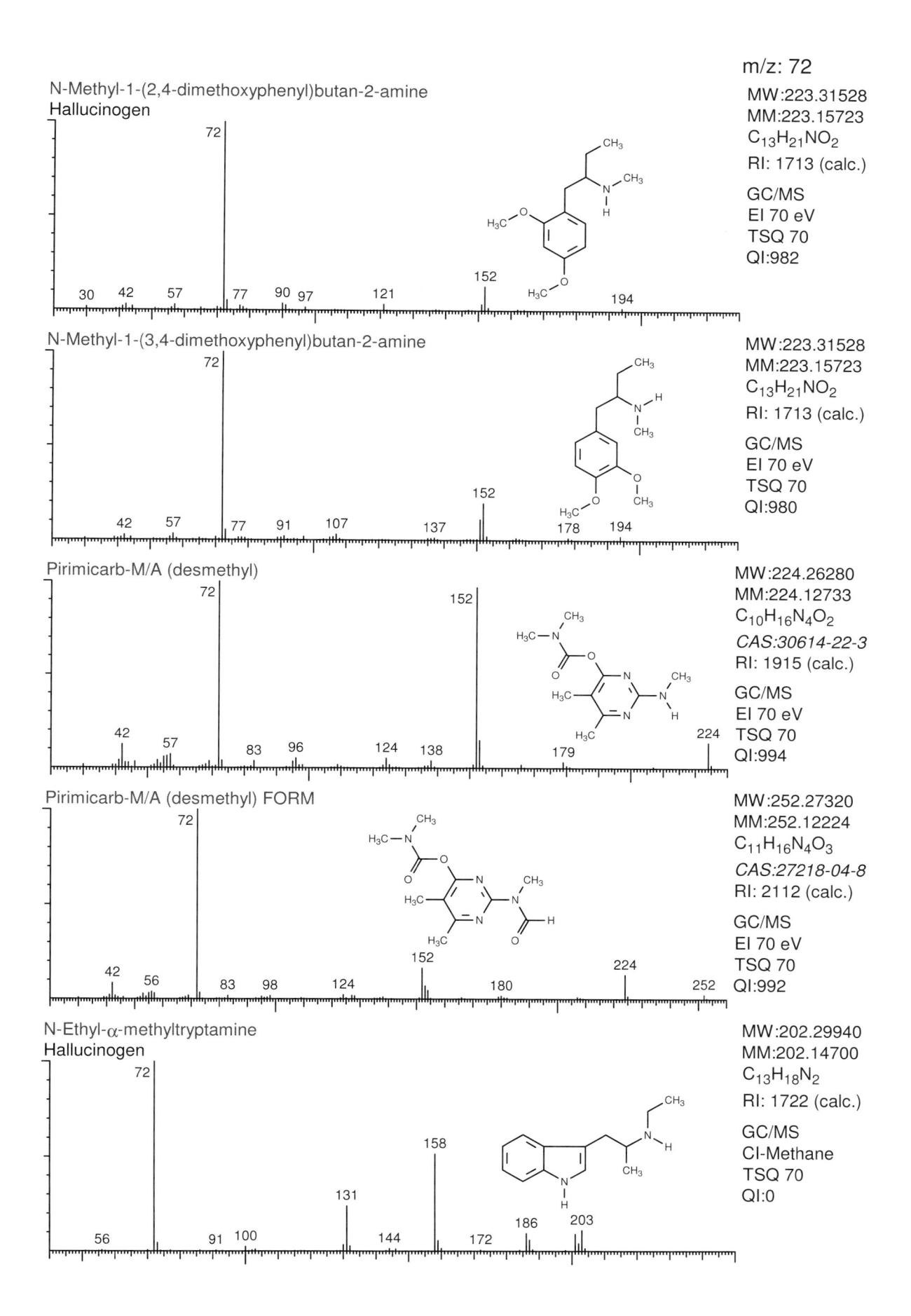

N-Methyl-1-(2,4-dimethoxyphenyl)butan-2-amine
Hallucinogen

m/z: 72
MW: 223.31528
MM: 223.15723
$C_{13}H_{21}NO_2$
RI: 1713 (calc.)

GC/MS
EI 70 eV
TSQ 70
QI: 982

Peaks: 30, 42, 57, 72, 77, 90, 97, 121, 152, 194

N-Methyl-1-(3,4-dimethoxyphenyl)butan-2-amine

MW: 223.31528
MM: 223.15723
$C_{13}H_{21}NO_2$
RI: 1713 (calc.)

GC/MS
EI 70 eV
TSQ 70
QI: 980

Peaks: 42, 57, 72, 77, 91, 107, 137, 152, 178, 194

Pirimicarb-M/A (desmethyl)

MW: 224.26280
MM: 224.12733
$C_{10}H_{16}N_4O_2$
CAS: 30614-22-3
RI: 1915 (calc.)

GC/MS
EI 70 eV
TSQ 70
QI: 994

Peaks: 42, 57, 72, 83, 96, 124, 138, 152, 179, 224

Pirimicarb-M/A (desmethyl) FORM

MW: 252.27320
MM: 252.12224
$C_{11}H_{16}N_4O_3$
CAS: 27218-04-8
RI: 2112 (calc.)

GC/MS
EI 70 eV
TSQ 70
QI: 992

Peaks: 42, 56, 72, 83, 98, 124, 152, 180, 224, 252

N-Ethyl-α-methyltryptamine
Hallucinogen

MW: 202.29940
MM: 202.14700
$C_{13}H_{18}N_2$
RI: 1722 (calc.)

GC/MS
CI-Methane
TSQ 70
QI: 0

Peaks: 56, 72, 91, 100, 131, 144, 158, 172, 186, 203

m/z: 72

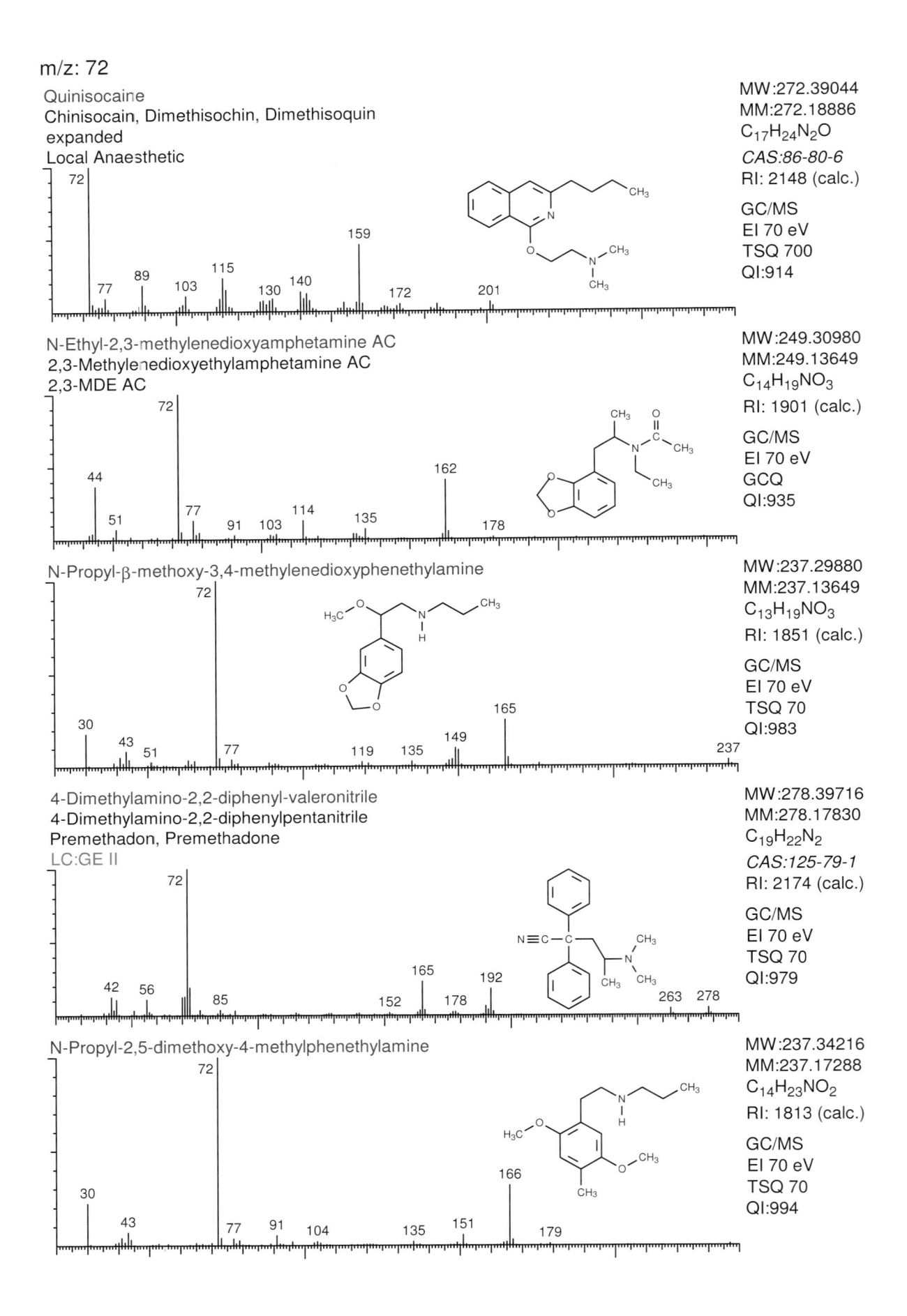

Quinisocaine
Chinisocain, Dimethisochin, Dimethisoquin
expanded
Local Anaesthetic

Peaks: 72, 77, 89, 103, 115, 130, 140, 159, 172, 201

MW: 272.39044
MM: 272.18886
$C_{17}H_{24}N_2O$
CAS: 86-80-6
RI: 2148 (calc.)

GC/MS
EI 70 eV
TSQ 700
QI: 914

N-Ethyl-2,3-methylenedioxyamphetamine AC
2,3-Methylenedioxyethylamphetamine AC
2,3-MDE AC

Peaks: 44, 51, 72, 77, 91, 103, 114, 135, 162, 178

MW: 249.30980
MM: 249.13649
$C_{14}H_{19}NO_3$
RI: 1901 (calc.)

GC/MS
EI 70 eV
GCQ
QI: 935

N-Propyl-β-methoxy-3,4-methylenedioxyphenethylamine

Peaks: 30, 43, 51, 72, 77, 119, 135, 149, 165, 237

MW: 237.29880
MM: 237.13649
$C_{13}H_{19}NO_3$
RI: 1851 (calc.)

GC/MS
EI 70 eV
TSQ 70
QI: 983

4-Dimethylamino-2,2-diphenyl-valeronitrile
4-Dimethylamino-2,2-diphenylpentanitrile
Premethadon, Premethadone
LC:GE II

Peaks: 42, 56, 72, 85, 152, 165, 178, 192, 263, 278

MW: 278.39716
MM: 278.17830
$C_{19}H_{22}N_2$
CAS: 125-79-1
RI: 2174 (calc.)

GC/MS
EI 70 eV
TSQ 70
QI: 979

N-Propyl-2,5-dimethoxy-4-methylphenethylamine

Peaks: 30, 43, 72, 77, 91, 104, 135, 151, 166, 179

MW: 237.34216
MM: 237.17288
$C_{14}H_{23}NO_2$
RI: 1813 (calc.)

GC/MS
EI 70 eV
TSQ 70
QI: 994

218

m/z: 72

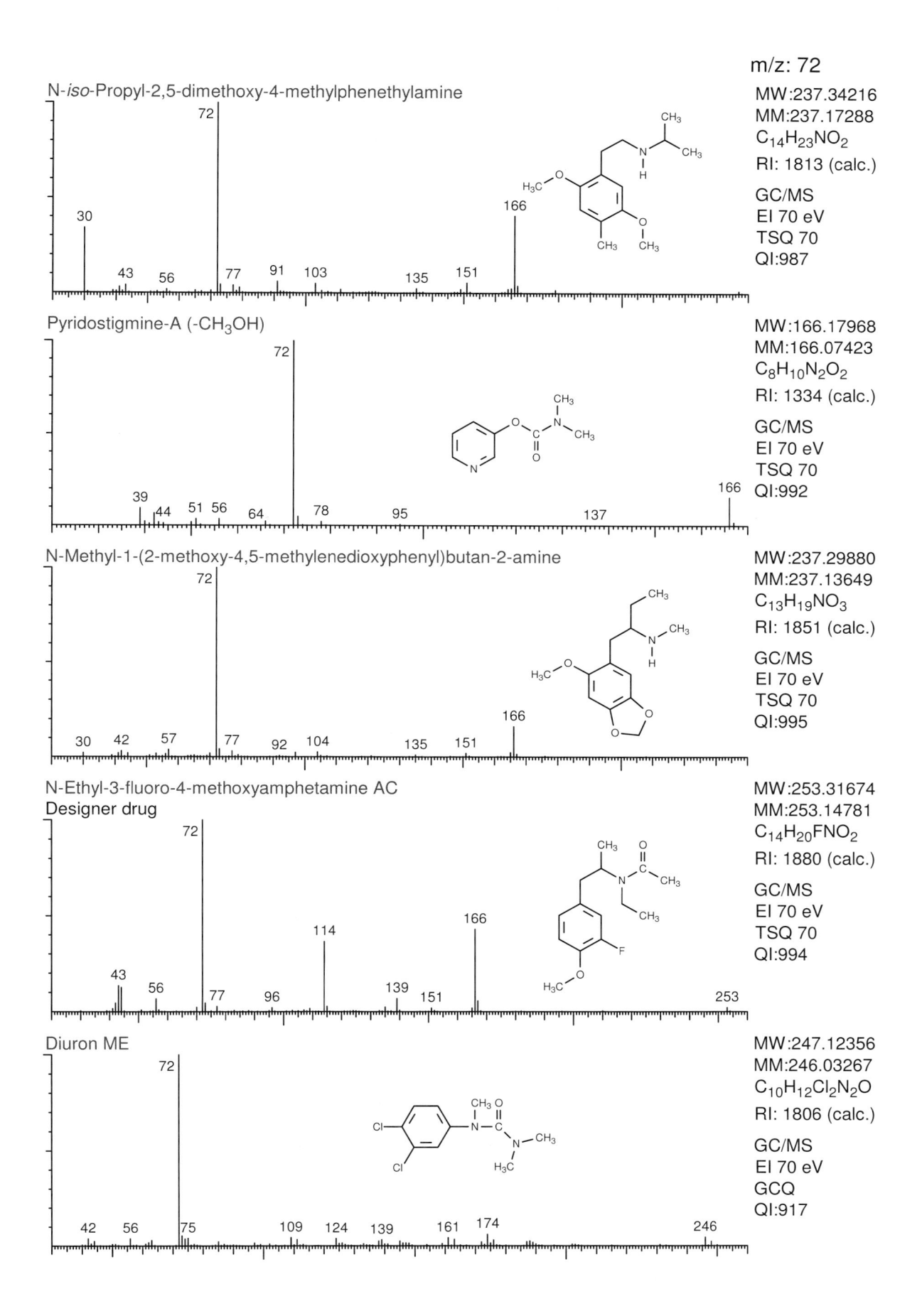

N-iso-Propyl-2,5-dimethoxy-4-methylphenethylamine

MW: 237.34216
MM: 237.17288
$C_{14}H_{23}NO_2$
RI: 1813 (calc.)

GC/MS
EI 70 eV
TSQ 70
QI: 987

Peaks: 30, 43, 56, 72, 77, 91, 103, 135, 151, 166

Pyridostigmine-A (-CH$_3$OH)

MW: 166.17968
MM: 166.07423
$C_8H_{10}N_2O_2$
RI: 1334 (calc.)

GC/MS
EI 70 eV
TSQ 70
QI: 992

Peaks: 39, 44, 51, 56, 64, 72, 78, 95, 137, 166

N-Methyl-1-(2-methoxy-4,5-methylenedioxyphenyl)butan-2-amine

MW: 237.29880
MM: 237.13649
$C_{13}H_{19}NO_3$
RI: 1851 (calc.)

GC/MS
EI 70 eV
TSQ 70
QI: 995

Peaks: 30, 42, 57, 72, 77, 92, 104, 135, 151, 166

N-Ethyl-3-fluoro-4-methoxyamphetamine AC
Designer drug

MW: 253.31674
MM: 253.14781
$C_{14}H_{20}FNO_2$
RI: 1880 (calc.)

GC/MS
EI 70 eV
TSQ 70
QI: 994

Peaks: 43, 56, 72, 77, 96, 114, 139, 151, 166, 253

Diuron ME

MW: 247.12356
MM: 246.03267
$C_{10}H_{12}Cl_2N_2O$
RI: 1806 (calc.)

GC/MS
EI 70 eV
GCQ
QI: 917

Peaks: 42, 56, 72, 75, 109, 124, 139, 161, 174, 246

m/z: 72

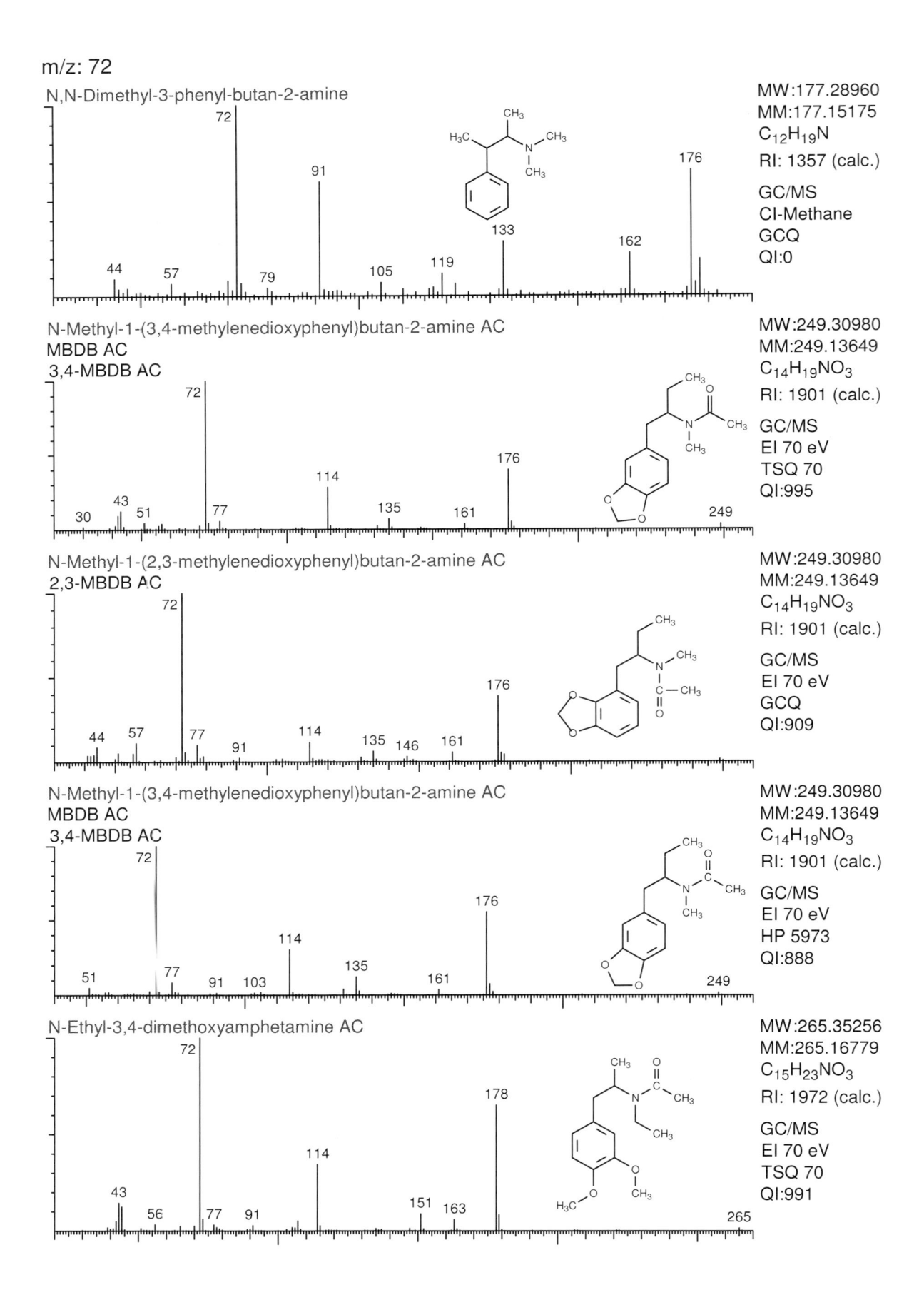

N,N-Dimethyl-3-phenyl-butan-2-amine

MW:177.28960
MM:177.15175
$C_{12}H_{19}N$
RI: 1357 (calc.)

GC/MS
CI-Methane
GCQ
QI:0

N-Methyl-1-(3,4-methylenedioxyphenyl)butan-2-amine AC
MBDB AC
3,4-MBDB AC

MW:249.30980
MM:249.13649
$C_{14}H_{19}NO_3$
RI: 1901 (calc.)

GC/MS
EI 70 eV
TSQ 70
QI:995

N-Methyl-1-(2,3-methylenedioxyphenyl)butan-2-amine AC
2,3-MBDB AC

MW:249.30980
MM:249.13649
$C_{14}H_{19}NO_3$
RI: 1901 (calc.)

GC/MS
EI 70 eV
GCQ
QI:909

N-Methyl-1-(3,4-methylenedioxyphenyl)butan-2-amine AC
MBDB AC
3,4-MBDB AC

MW:249.30980
MM:249.13649
$C_{14}H_{19}NO_3$
RI: 1901 (calc.)

GC/MS
EI 70 eV
HP 5973
QI:888

N-Ethyl-3,4-dimethoxyamphetamine AC

MW:265.35256
MM:265.16779
$C_{15}H_{23}NO_3$
RI: 1972 (calc.)

GC/MS
EI 70 eV
TSQ 70
QI:991

m/z: 72

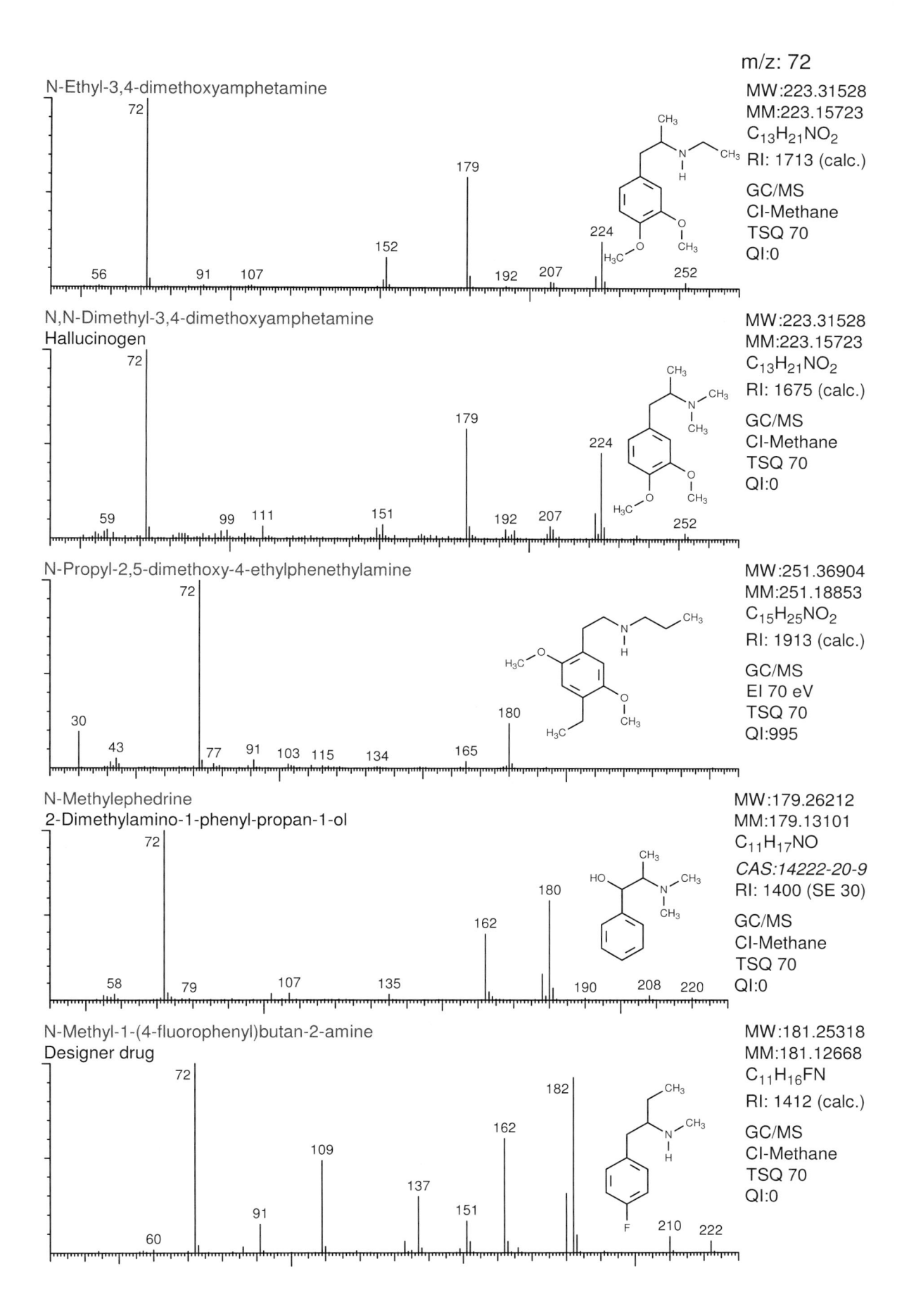

N-Ethyl-3,4-dimethoxyamphetamine

MW: 223.31528
MM: 223.15723
$C_{13}H_{21}NO_2$
RI: 1713 (calc.)

GC/MS
CI-Methane
TSQ 70
QI:0

N,N-Dimethyl-3,4-dimethoxyamphetamine
Hallucinogen

MW: 223.31528
MM: 223.15723
$C_{13}H_{21}NO_2$
RI: 1675 (calc.)

GC/MS
CI-Methane
TSQ 70
QI:0

N-Propyl-2,5-dimethoxy-4-ethylphenethylamine

MW: 251.36904
MM: 251.18853
$C_{15}H_{25}NO_2$
RI: 1913 (calc.)

GC/MS
EI 70 eV
TSQ 70
QI:995

N-Methylephedrine
2-Dimethylamino-1-phenyl-propan-1-ol

MW: 179.26212
MM: 179.13101
$C_{11}H_{17}NO$
CAS: 14222-20-9
RI: 1400 (SE 30)

GC/MS
CI-Methane
TSQ 70
QI:0

N-Methyl-1-(4-fluorophenyl)butan-2-amine
Designer drug

MW: 181.25318
MM: 181.12668
$C_{11}H_{16}FN$
RI: 1412 (calc.)

GC/MS
CI-Methane
TSQ 70
QI:0

m/z: 72

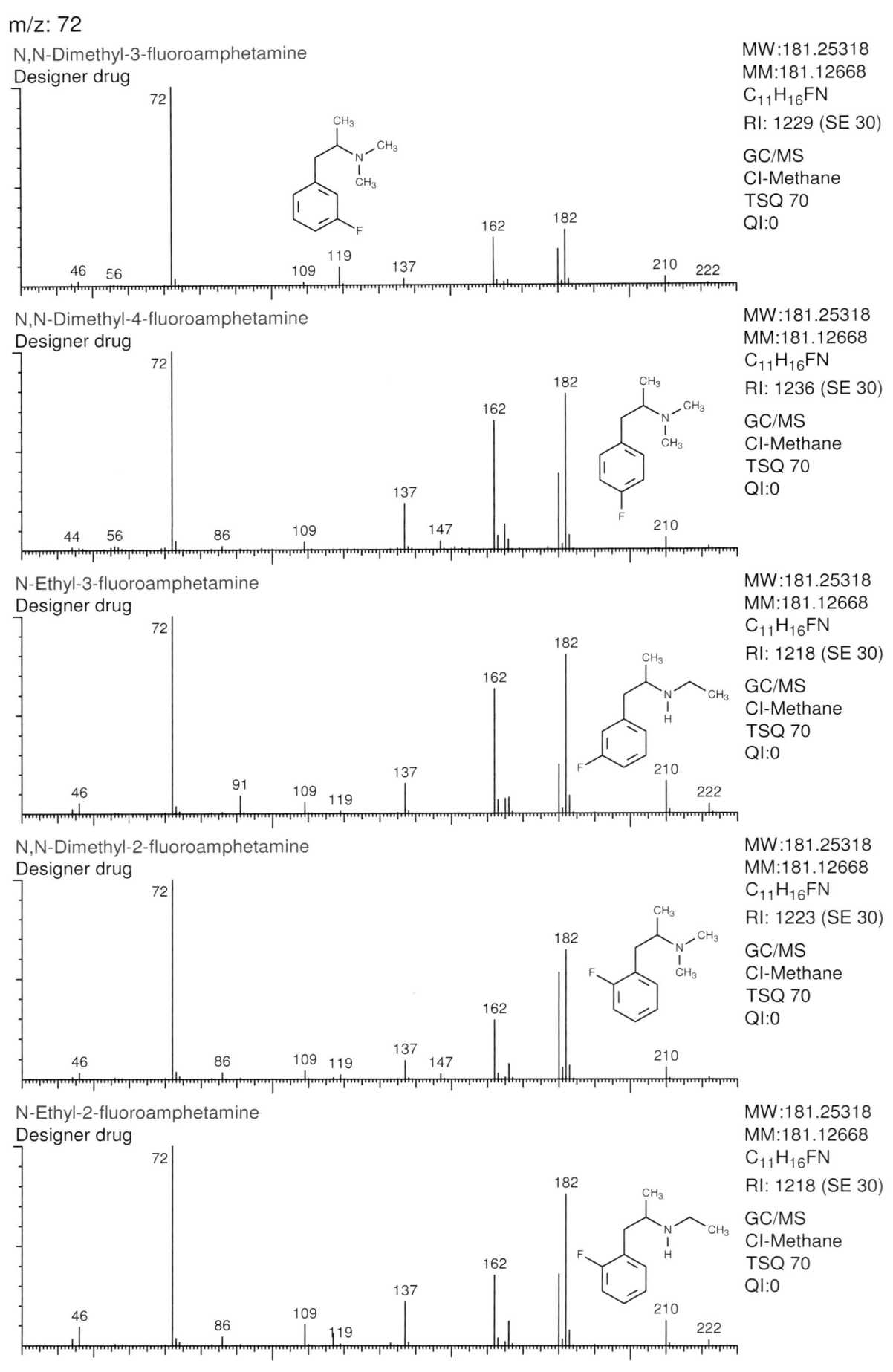

N,N-Dimethyl-3-fluoroamphetamine
Designer drug

MW: 181.25318
MM: 181.12668
$C_{11}H_{16}FN$
RI: 1229 (SE 30)

GC/MS
CI-Methane
TSQ 70
QI: 0

Peaks: 46, 56, 72, 109, 119, 137, 162, 182, 210, 222

N,N-Dimethyl-4-fluoroamphetamine
Designer drug

MW: 181.25318
MM: 181.12668
$C_{11}H_{16}FN$
RI: 1236 (SE 30)

GC/MS
CI-Methane
TSQ 70
QI: 0

Peaks: 44, 56, 72, 86, 109, 137, 147, 162, 182, 210

N-Ethyl-3-fluoroamphetamine
Designer drug

MW: 181.25318
MM: 181.12668
$C_{11}H_{16}FN$
RI: 1218 (SE 30)

GC/MS
CI-Methane
TSQ 70
QI: 0

Peaks: 46, 72, 91, 109, 119, 137, 162, 182, 210, 222

N,N-Dimethyl-2-fluoroamphetamine
Designer drug

MW: 181.25318
MM: 181.12668
$C_{11}H_{16}FN$
RI: 1223 (SE 30)

GC/MS
CI-Methane
TSQ 70
QI: 0

Peaks: 46, 72, 86, 109, 119, 137, 147, 162, 182, 210

N-Ethyl-2-fluoroamphetamine
Designer drug

MW: 181.25318
MM: 181.12668
$C_{11}H_{16}FN$
RI: 1218 (SE 30)

GC/MS
CI-Methane
TSQ 70
QI: 0

Peaks: 46, 72, 86, 109, 119, 137, 162, 182, 210, 222

m/z: 72

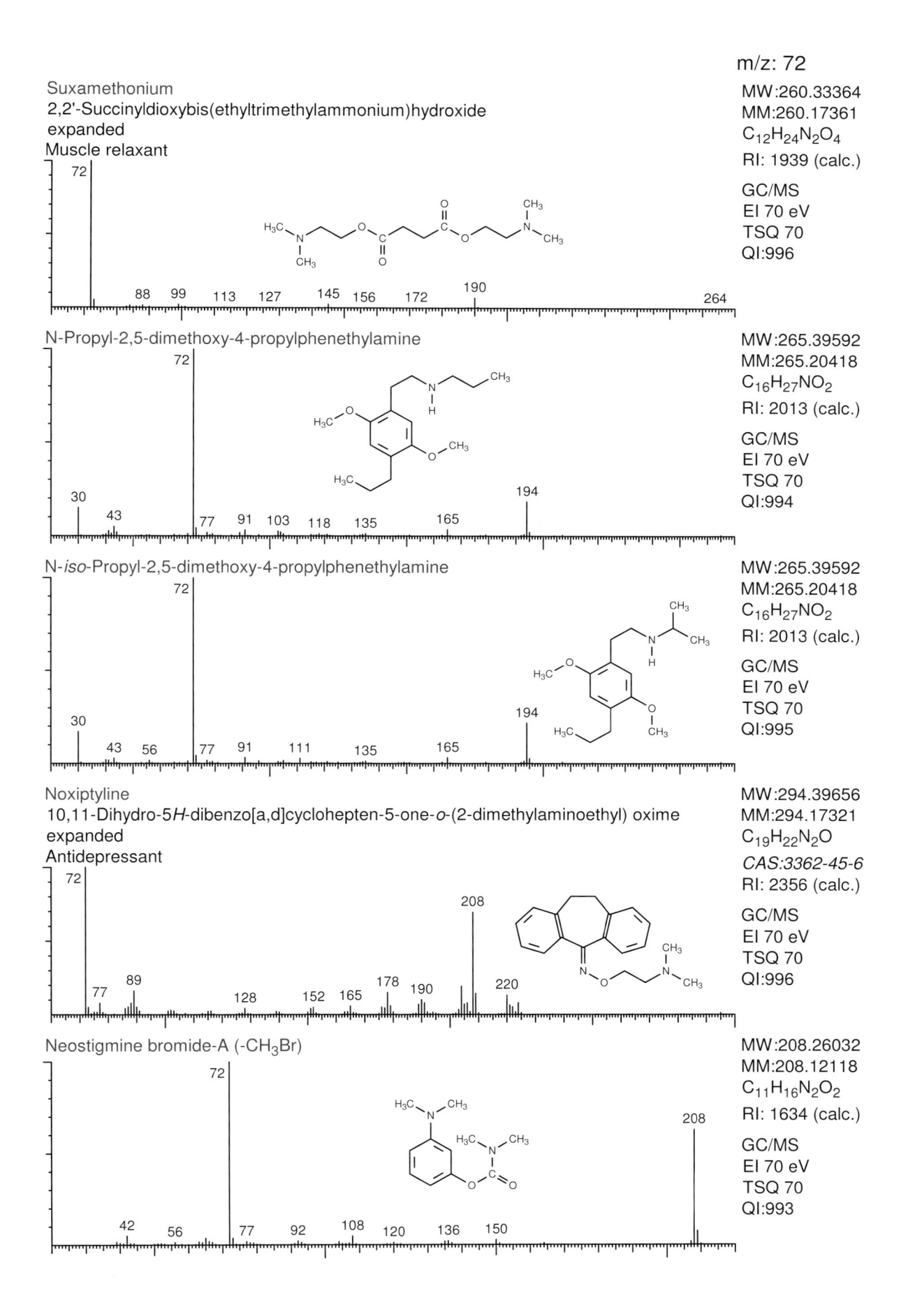

Suxamethonium
2,2'-Succinyldioxybis(ethyltrimethylammonium)hydroxide
expanded
Muscle relaxant

MW:260.33364
MM:260.17361
$C_{12}H_{24}N_2O_4$
RI: 1939 (calc.)

GC/MS
EI 70 eV
TSQ 70
QI:996

Peaks: 72, 88, 99, 113, 127, 145, 156, 172, 190, 264

N-Propyl-2,5-dimethoxy-4-propylphenethylamine

MW:265.39592
MM:265.20418
$C_{16}H_{27}NO_2$
RI: 2013 (calc.)

GC/MS
EI 70 eV
TSQ 70
QI:994

Peaks: 30, 43, 72, 77, 91, 103, 118, 135, 165, 194

N-iso-Propyl-2,5-dimethoxy-4-propylphenethylamine

MW:265.39592
MM:265.20418
$C_{16}H_{27}NO_2$
RI: 2013 (calc.)

GC/MS
EI 70 eV
TSQ 70
QI:995

Peaks: 30, 43, 56, 72, 77, 91, 111, 135, 165, 194

Noxiptyline
10,11-Dihydro-5H-dibenzo[a,d]cyclohepten-5-one-o-(2-dimethylaminoethyl) oxime
expanded
Antidepressant

MW:294.39656
MM:294.17321
$C_{19}H_{22}N_2O$
CAS:3362-45-6
RI: 2356 (calc.)

GC/MS
EI 70 eV
TSQ 70
QI:996

Peaks: 72, 77, 89, 128, 152, 165, 178, 190, 208, 220

Neostigmine bromide-A ($-CH_3Br$)

MW:208.26032
MM:208.12118
$C_{11}H_{16}N_2O_2$
RI: 1634 (calc.)

GC/MS
EI 70 eV
TSQ 70
QI:993

Peaks: 42, 56, 72, 77, 92, 108, 120, 136, 150, 208

m/z: 72

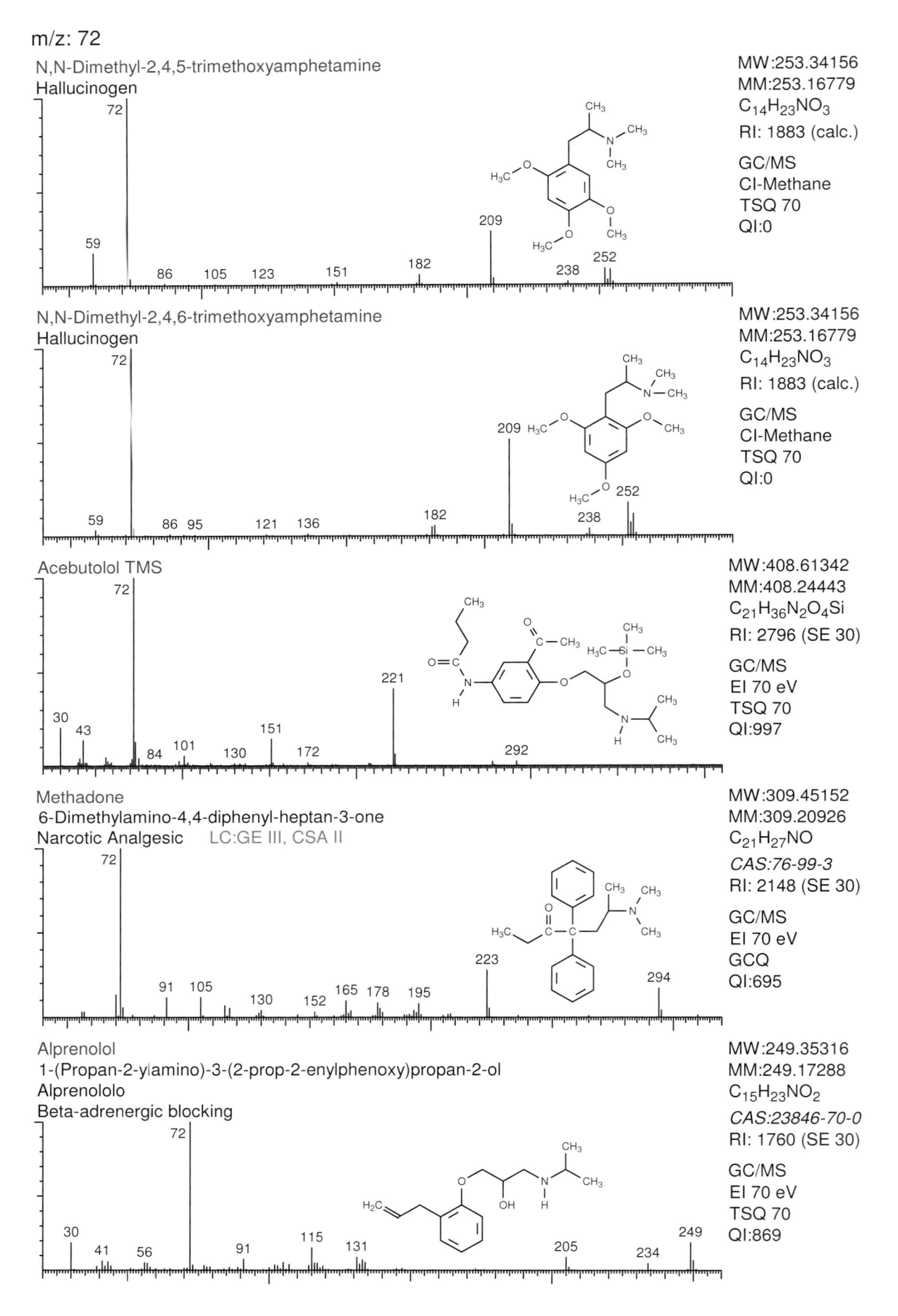

N,N-Dimethyl-2,4,5-trimethoxyamphetamine
Hallucinogen

MW:253.34156
MM:253.16779
$C_{14}H_{23}NO_3$
RI: 1883 (calc.)

GC/MS
CI-Methane
TSQ 70
QI:0

N,N-Dimethyl-2,4,6-trimethoxyamphetamine
Hallucinogen

MW:253.34156
MM:253.16779
$C_{14}H_{23}NO_3$
RI: 1883 (calc.)

GC/MS
CI-Methane
TSQ 70
QI:0

Acebutolol TMS

MW:408.61342
MM:408.24443
$C_{21}H_{36}N_2O_4Si$
RI: 2796 (SE 30)

GC/MS
EI 70 eV
TSQ 70
QI:997

Methadone
6-Dimethylamino-4,4-diphenyl-heptan-3-one
Narcotic Analgesic   LC:GE III, CSA II

MW:309.45152
MM:309.20926
$C_{21}H_{27}NO$
CAS:76-99-3
RI: 2148 (SE 30)

GC/MS
EI 70 eV
GCQ
QI:695

Alprenolol
1-(Propan-2-ylamino)-3-(2-prop-2-enylphenoxy)propan-2-ol
Alprenololo
Beta-adrenergic blocking

MW:249.35316
MM:249.17288
$C_{15}H_{23}NO_2$
CAS:23846-70-0
RI: 1760 (SE 30)

GC/MS
EI 70 eV
TSQ 70
QI:869

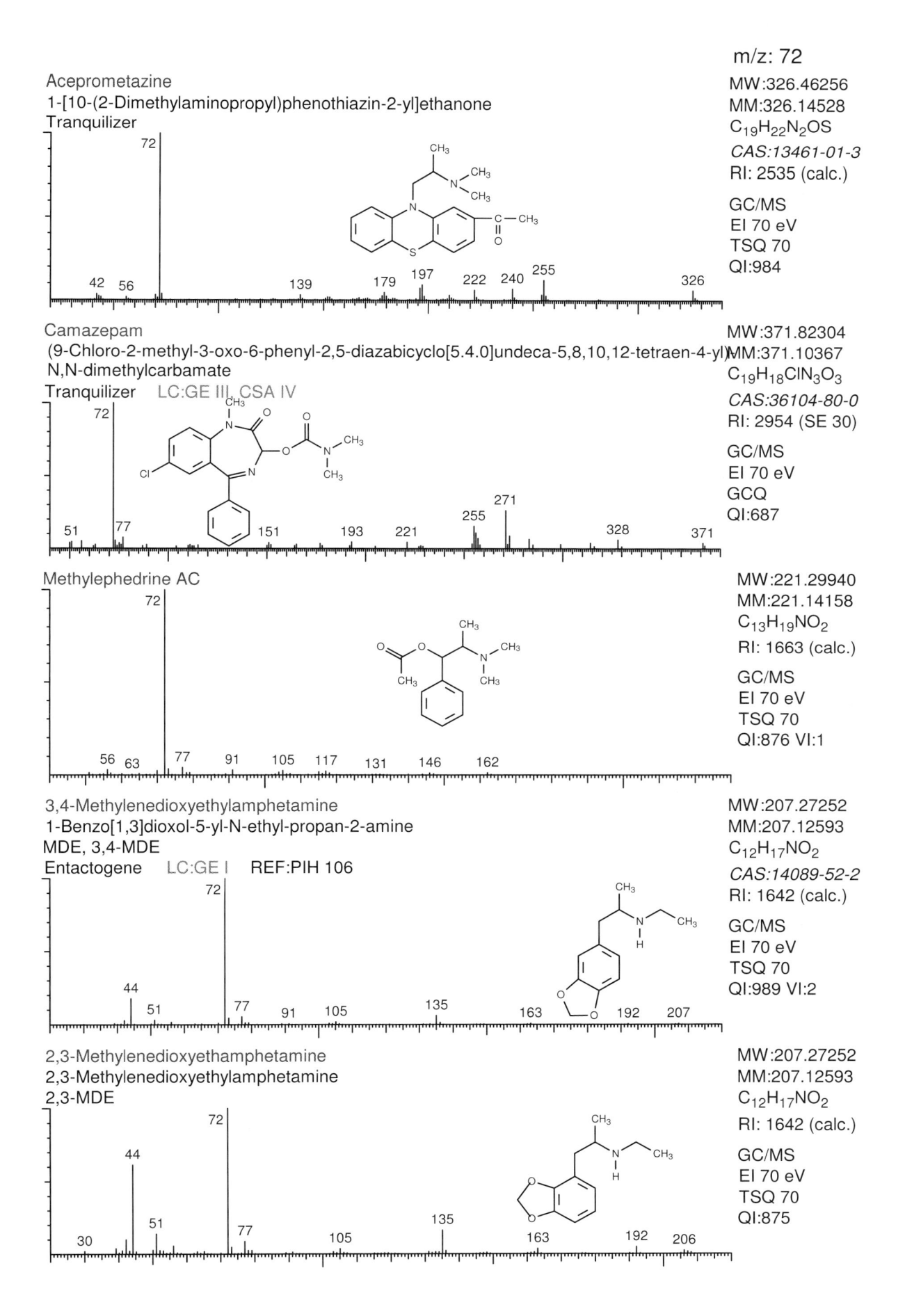

Aceprometazine
1-[10-(2-Dimethylaminopropyl)phenothiazin-2-yl]ethanone
Tranquilizer

m/z: 72
MW:326.46256
MM:326.14528
$C_{19}H_{22}N_2OS$
CAS:13461-01-3
RI: 2535 (calc.)

GC/MS
EI 70 eV
TSQ 70
QI:984

Peaks: 42, 56, 72, 139, 179, 197, 222, 240, 255, 326

Camazepam
(9-Chloro-2-methyl-3-oxo-6-phenyl-2,5-diazabicyclo[5.4.0]undeca-5,8,10,12-tetraen-4-yl) N,N-dimethylcarbamate
Tranquilizer   LC:GE III, CSA IV

MW:371.82304
MM:371.10367
$C_{19}H_{18}ClN_3O_3$
CAS:36104-80-0
RI: 2954 (SE 30)

GC/MS
EI 70 eV
GCQ
QI:687

Peaks: 51, 72, 77, 151, 193, 221, 255, 271, 328, 371

Methylephedrine AC

MW:221.29940
MM:221.14158
$C_{13}H_{19}NO_2$
RI: 1663 (calc.)

GC/MS
EI 70 eV
TSQ 70
QI:876 VI:1

Peaks: 56, 63, 72, 77, 91, 105, 117, 131, 146, 162

3,4-Methylenedioxyethylamphetamine
1-Benzo[1,3]dioxol-5-yl-N-ethyl-propan-2-amine
MDE, 3,4-MDE
Entactogene   LC:GE I   REF:PIH 106

MW:207.27252
MM:207.12593
$C_{12}H_{17}NO_2$
CAS:14089-52-2
RI: 1642 (calc.)

GC/MS
EI 70 eV
TSQ 70
QI:989 VI:2

Peaks: 44, 51, 72, 77, 91, 105, 135, 163, 192, 207

2,3-Methylenedioxyethamphetamine
2,3-Methylenedioxyethylamphetamine
2,3-MDE

MW:207.27252
MM:207.12593
$C_{12}H_{17}NO_2$
RI: 1642 (calc.)

GC/MS
EI 70 eV
TSQ 70
QI:875

Peaks: 30, 44, 51, 72, 77, 105, 135, 163, 192, 206

m/z: 72

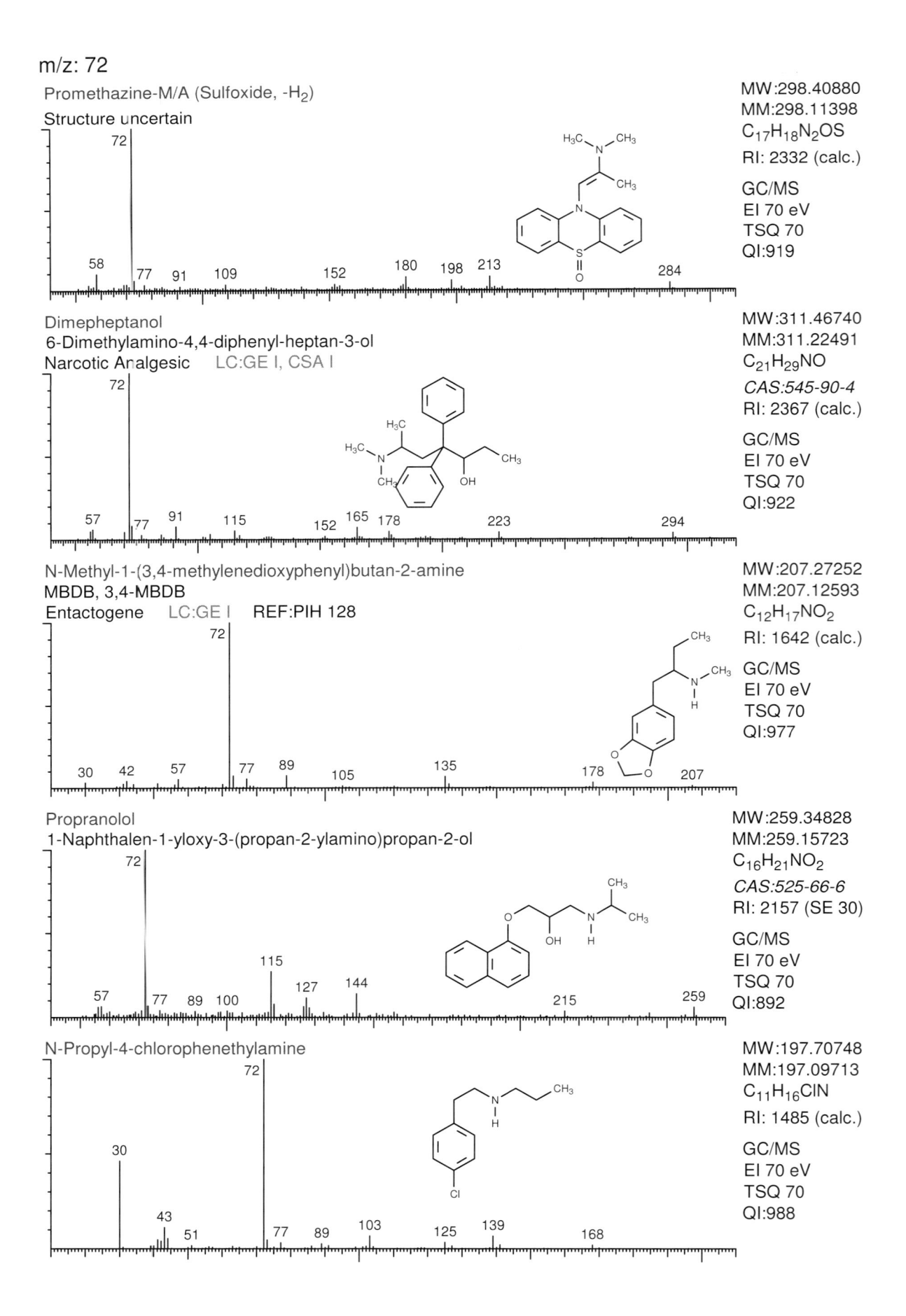

Promethazine-M/A (Sulfoxide, -H₂)
Structure uncertain

MW:298.40880
MM:298.11398
$C_{17}H_{18}N_2OS$
RI: 2332 (calc.)

GC/MS
EI 70 eV
TSQ 70
QI:919

Peaks: 58, 72, 77, 91, 109, 152, 180, 198, 213, 284

Dimepheptanol
6-Dimethylamino-4,4-diphenyl-heptan-3-ol
Narcotic Analgesic   LC:GE I, CSA I

MW:311.46740
MM:311.22491
$C_{21}H_{29}NO$
CAS:545-90-4
RI: 2367 (calc.)

GC/MS
EI 70 eV
TSQ 70
QI:922

Peaks: 57, 72, 77, 91, 115, 152, 165, 178, 223, 294

N-Methyl-1-(3,4-methylenedioxyphenyl)butan-2-amine
MBDB, 3,4-MBDB
Entactogene   LC:GE I   REF:PIH 128

MW:207.27252
MM:207.12593
$C_{12}H_{17}NO_2$
RI: 1642 (calc.)

GC/MS
EI 70 eV
TSQ 70
QI:977

Peaks: 30, 42, 57, 72, 77, 89, 105, 135, 178, 207

Propranolol
1-Naphthalen-1-yloxy-3-(propan-2-ylamino)propan-2-ol

MW:259.34828
MM:259.15723
$C_{16}H_{21}NO_2$
CAS:525-66-6
RI: 2157 (SE 30)

GC/MS
EI 70 eV
TSQ 70
QI:892

Peaks: 57, 72, 77, 89, 100, 115, 127, 144, 215, 259

N-Propyl-4-chlorophenethylamine

MW:197.70748
MM:197.09713
$C_{11}H_{16}ClN$
RI: 1485 (calc.)

GC/MS
EI 70 eV
TSQ 70
QI:988

Peaks: 30, 43, 51, 72, 77, 89, 103, 125, 139, 168

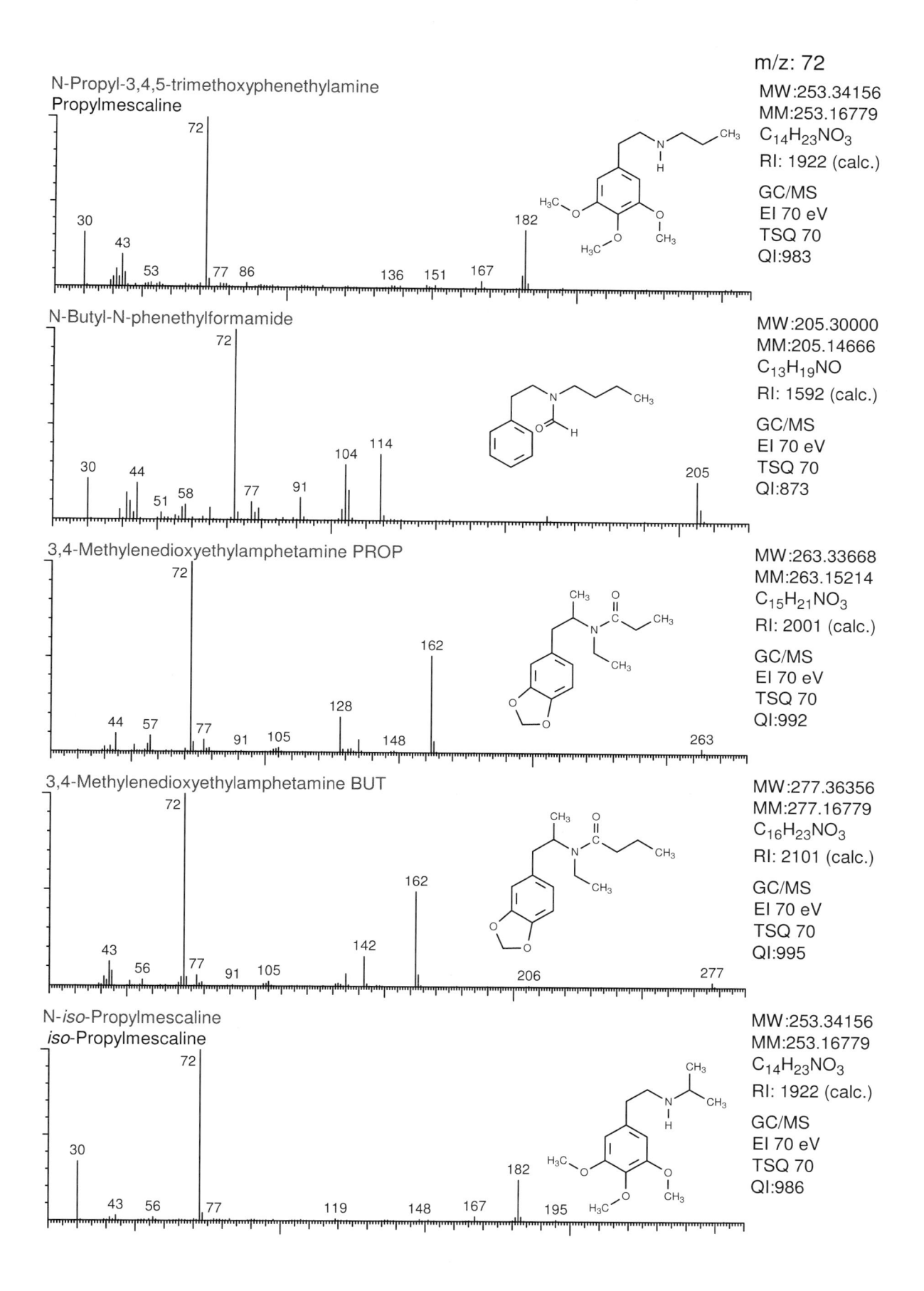

N-Propyl-3,4,5-trimethoxyphenethylamine
Propylmescaline

m/z: 72
MW: 253.34156
MM: 253.16779
$C_{14}H_{23}NO_3$
RI: 1922 (calc.)

GC/MS
EI 70 eV
TSQ 70
QI: 983

N-Butyl-N-phenethylformamide

MW: 205.30000
MM: 205.14666
$C_{13}H_{19}NO$
RI: 1592 (calc.)

GC/MS
EI 70 eV
TSQ 70
QI: 873

3,4-Methylenedioxyethylamphetamine PROP

MW: 263.33668
MM: 263.15214
$C_{15}H_{21}NO_3$
RI: 2001 (calc.)

GC/MS
EI 70 eV
TSQ 70
QI: 992

3,4-Methylenedioxyethylamphetamine BUT

MW: 277.36356
MM: 277.16779
$C_{16}H_{23}NO_3$
RI: 2101 (calc.)

GC/MS
EI 70 eV
TSQ 70
QI: 995

N-*iso*-Propylmescaline
iso-Propylmescaline

MW: 253.34156
MM: 253.16779
$C_{14}H_{23}NO_3$
RI: 1922 (calc.)

GC/MS
EI 70 eV
TSQ 70
QI: 986

m/z: 72

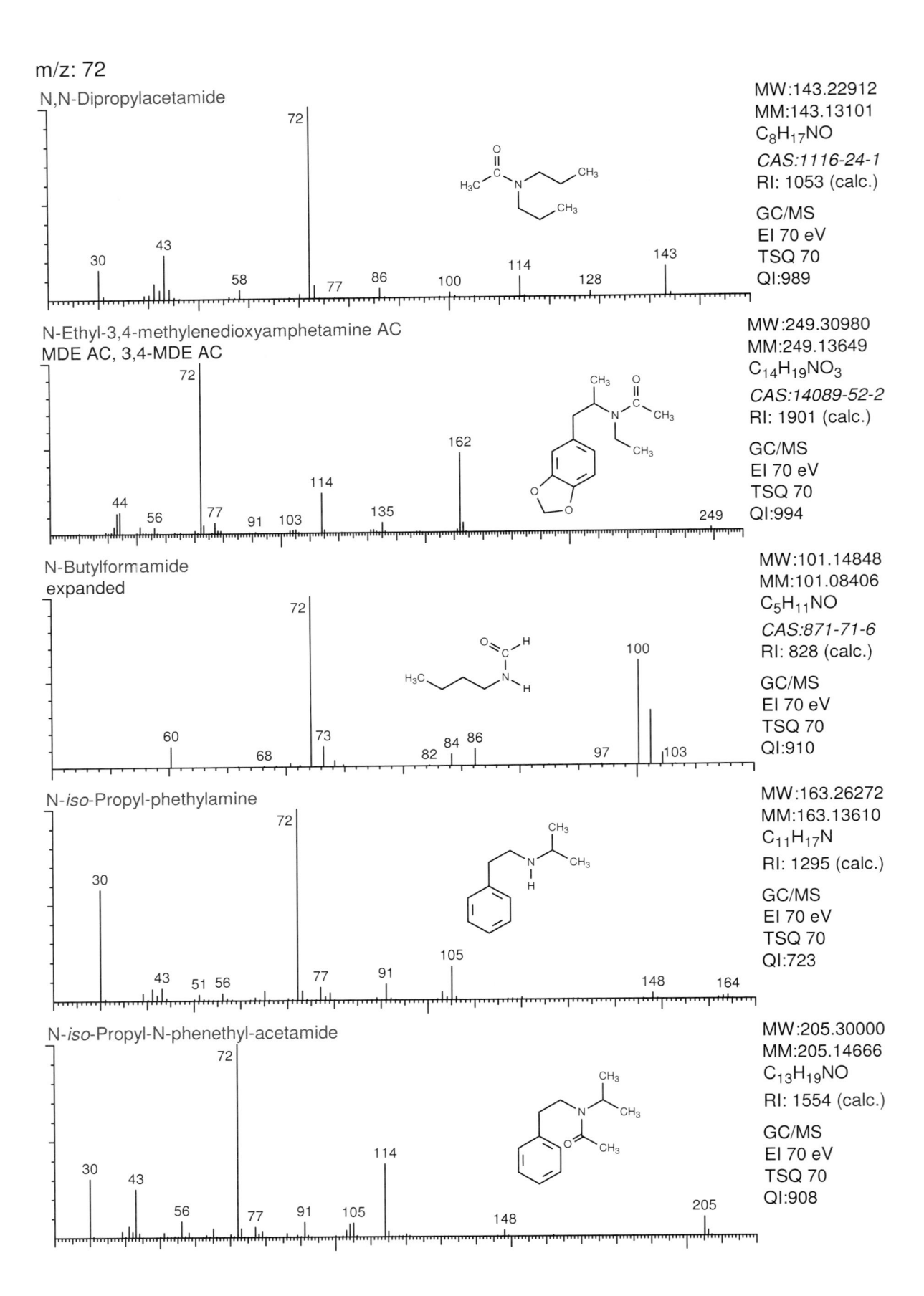

N,N-Dipropylacetamide

MW: 143.22912
MM: 143.13101
$C_8H_{17}NO$
CAS: 1116-24-1
RI: 1053 (calc.)

GC/MS
EI 70 eV
TSQ 70
QI: 989

N-Ethyl-3,4-methylenedioxyamphetamine AC
MDE AC, 3,4-MDE AC

MW: 249.30980
MM: 249.13649
$C_{14}H_{19}NO_3$
CAS: 14089-52-2
RI: 1901 (calc.)

GC/MS
EI 70 eV
TSQ 70
QI: 994

N-Butylformamide
expanded

MW: 101.14848
MM: 101.08406
$C_5H_{11}NO$
CAS: 871-71-6
RI: 828 (calc.)

GC/MS
EI 70 eV
TSQ 70
QI: 910

N-*iso*-Propyl-phethylamine

MW: 163.26272
MM: 163.13610
$C_{11}H_{17}N$
RI: 1295 (calc.)

GC/MS
EI 70 eV
TSQ 70
QI: 723

N-*iso*-Propyl-N-phenethyl-acetamide

MW: 205.30000
MM: 205.14666
$C_{13}H_{19}NO$
RI: 1554 (calc.)

GC/MS
EI 70 eV
TSQ 70
QI: 908

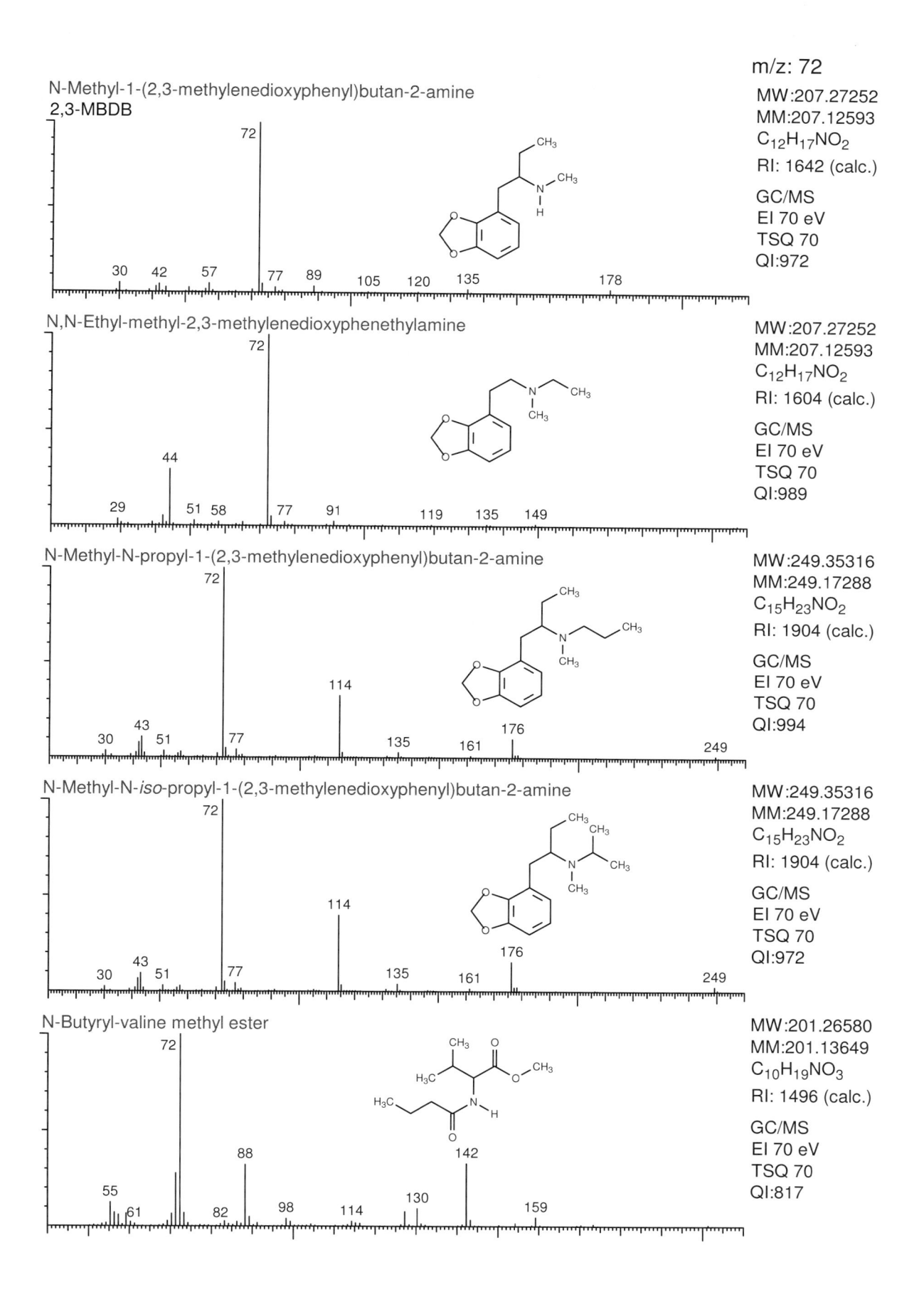

N-Methyl-1-(2,3-methylenedioxyphenyl)butan-2-amine
2,3-MBDB

m/z: 72
MW: 207.27252
MM: 207.12593
$C_{12}H_{17}NO_2$
RI: 1642 (calc.)

GC/MS
EI 70 eV
TSQ 70
QI: 972

N,N-Ethyl-methyl-2,3-methylenedioxyphenethylamine

MW: 207.27252
MM: 207.12593
$C_{12}H_{17}NO_2$
RI: 1604 (calc.)

GC/MS
EI 70 eV
TSQ 70
QI: 989

N-Methyl-N-propyl-1-(2,3-methylenedioxyphenyl)butan-2-amine

MW: 249.35316
MM: 249.17288
$C_{15}H_{23}NO_2$
RI: 1904 (calc.)

GC/MS
EI 70 eV
TSQ 70
QI: 994

N-Methyl-N-*iso*-propyl-1-(2,3-methylenedioxyphenyl)butan-2-amine

MW: 249.35316
MM: 249.17288
$C_{15}H_{23}NO_2$
RI: 1904 (calc.)

GC/MS
EI 70 eV
TSQ 70
QI: 972

N-Butyryl-valine methyl ester

MW: 201.26580
MM: 201.13649
$C_{10}H_{19}NO_3$
RI: 1496 (calc.)

GC/MS
EI 70 eV
TSQ 70
QI: 817

m/z: 73

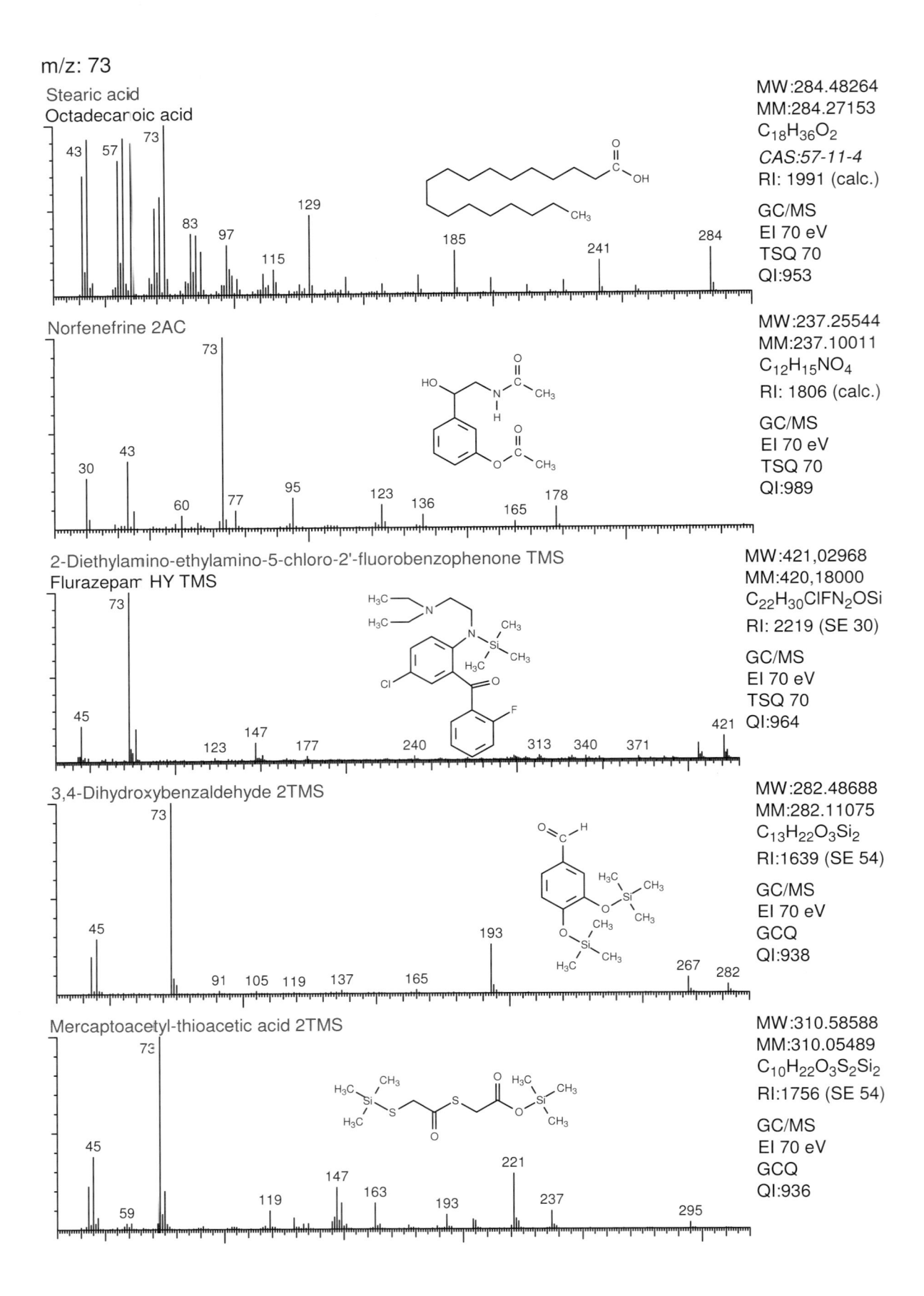

Stearic acid
Octadecanoic acid

MW:284.48264
MM:284.27153
$C_{18}H_{36}O_2$
CAS:57-11-4
RI: 1991 (calc.)

GC/MS
EI 70 eV
TSQ 70
QI:953

Norfenefrine 2AC

MW:237.25544
MM:237.10011
$C_{12}H_{15}NO_4$
RI: 1806 (calc.)

GC/MS
EI 70 eV
TSQ 70
QI:989

2-Diethylamino-ethylamino-5-chloro-2'-fluorobenzophenone TMS
Flurazepam HY TMS

MW:421,02968
MM:420,18000
$C_{22}H_{30}ClFN_2OSi$
RI: 2219 (SE 30)

GC/MS
EI 70 eV
TSQ 70
QI:964

3,4-Dihydroxybenzaldehyde 2TMS

MW:282.48688
MM:282.11075
$C_{13}H_{22}O_3Si_2$
RI:1639 (SE 54)

GC/MS
EI 70 eV
GCQ
QI:938

Mercaptoacetyl-thioacetic acid 2TMS

MW:310.58588
MM:310.05489
$C_{10}H_{22}O_3S_2Si_2$
RI:1756 (SE 54)

GC/MS
EI 70 eV
GCQ
QI:936

m/z: 73

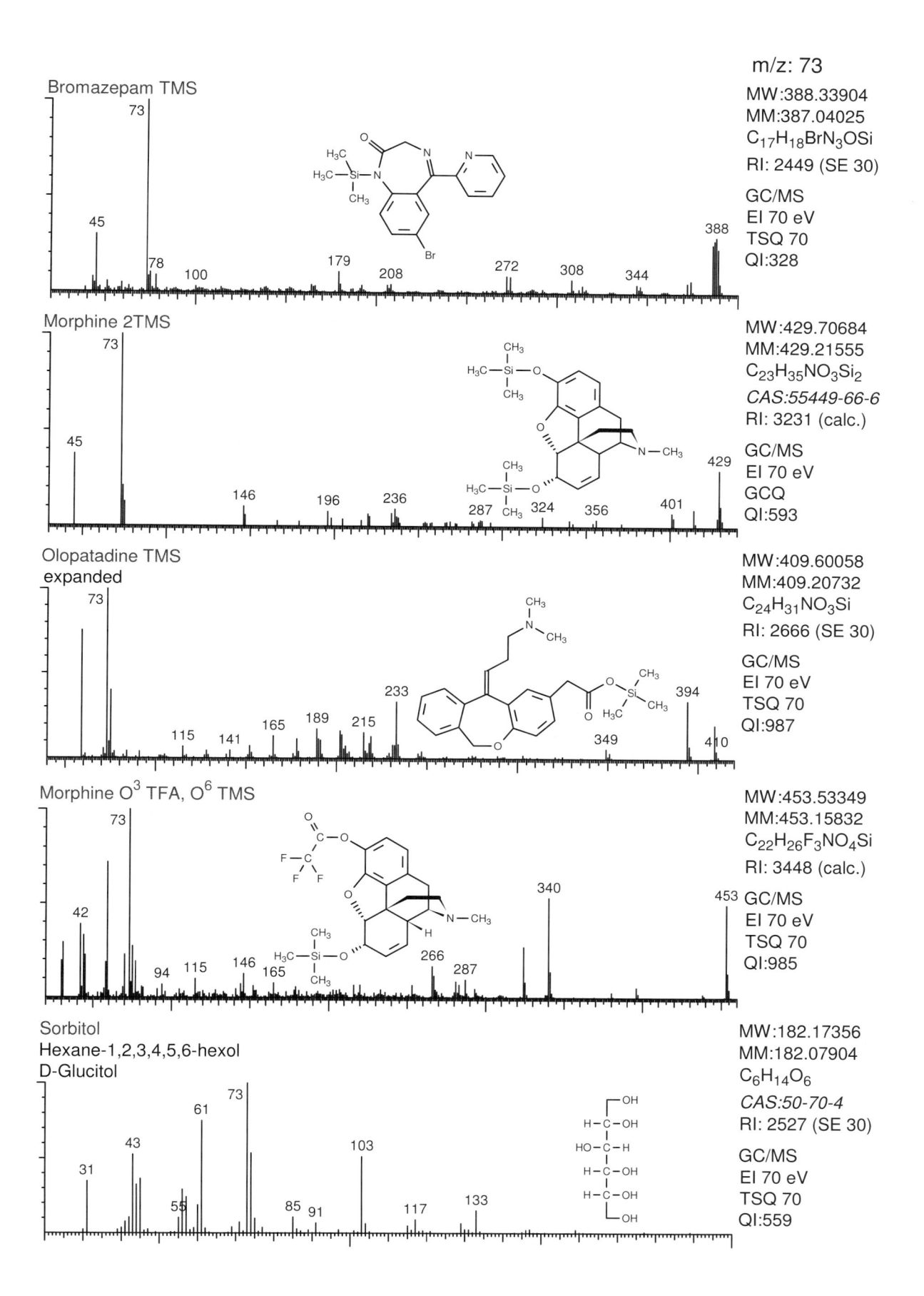

Bromazepam TMS

MW: 388.33904
MM: 387.04025
$C_{17}H_{18}BrN_3OSi$
RI: 2449 (SE 30)

GC/MS
EI 70 eV
TSQ 70
QI: 328

Peaks: 45, 73, 78, 100, 179, 208, 272, 308, 344, 388

Morphine 2TMS

MW: 429.70684
MM: 429.21555
$C_{23}H_{35}NO_3Si_2$
CAS: 55449-66-6
RI: 3231 (calc.)

GC/MS
EI 70 eV
GCQ
QI: 593

Peaks: 45, 73, 146, 196, 236, 287, 324, 356, 401, 429

Olopatadine TMS expanded

MW: 409.60058
MM: 409.20732
$C_{24}H_{31}NO_3Si$
RI: 2666 (SE 30)

GC/MS
EI 70 eV
TSQ 70
QI: 987

Peaks: 73, 115, 141, 165, 189, 215, 233, 349, 394, 410

Morphine O³ TFA, O⁶ TMS

MW: 453.53349
MM: 453.15832
$C_{22}H_{26}F_3NO_4Si$
RI: 3448 (calc.)

GC/MS
EI 70 eV
TSQ 70
QI: 985

Peaks: 42, 73, 94, 115, 146, 165, 266, 287, 340, 453

Sorbitol
Hexane-1,2,3,4,5,6-hexol
D-Glucitol

MW: 182.17356
MM: 182.07904
$C_6H_{14}O_6$
CAS: 50-70-4
RI: 2527 (SE 30)

GC/MS
EI 70 eV
TSQ 70
QI: 559

Peaks: 31, 43, 55, 61, 73, 85, 91, 103, 117, 133

m/z: 73

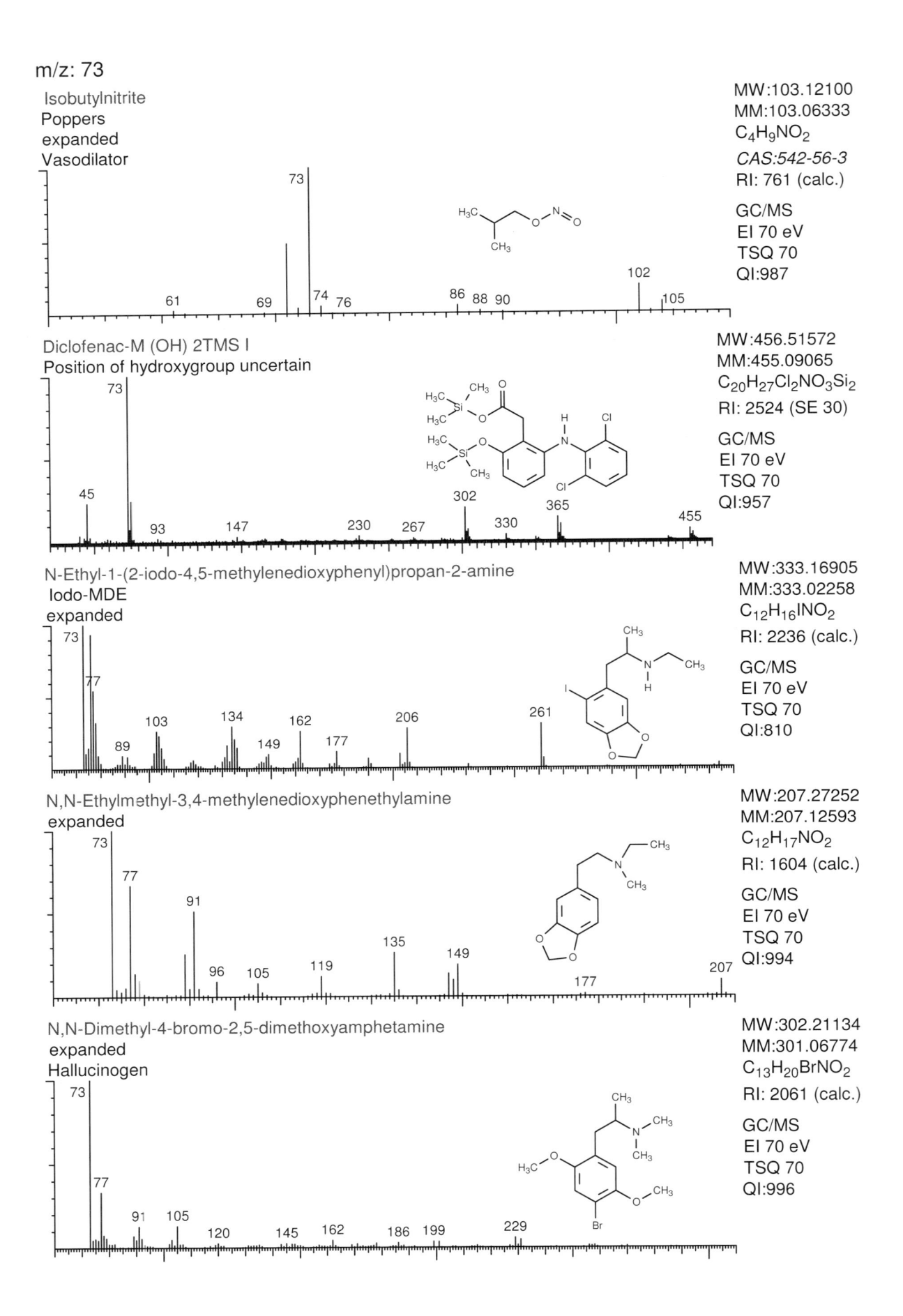

Isobutylnitrite
Poppers
expanded
Vasodilator

MW:103.12100
MM:103.06333
$C_4H_9NO_2$
CAS:542-56-3
RI: 761 (calc.)

GC/MS
EI 70 eV
TSQ 70
QI:987

Diclofenac-M (OH) 2TMS I
Position of hydroxygroup uncertain

MW:456.51572
MM:455.09065
$C_{20}H_{27}Cl_2NO_3Si_2$
RI: 2524 (SE 30)

GC/MS
EI 70 eV
TSQ 70
QI:957

N-Ethyl-1-(2-iodo-4,5-methylenedioxyphenyl)propan-2-amine
Iodo-MDE
expanded

MW:333.16905
MM:333.02258
$C_{12}H_{16}INO_2$
RI: 2236 (calc.)

GC/MS
EI 70 eV
TSQ 70
QI:810

N,N-Ethylmethyl-3,4-methylenedioxyphenethylamine
expanded

MW:207.27252
MM:207.12593
$C_{12}H_{17}NO_2$
RI: 1604 (calc.)

GC/MS
EI 70 eV
TSQ 70
QI:994

N,N-Dimethyl-4-bromo-2,5-dimethoxyamphetamine
expanded
Hallucinogen

MW:302.21134
MM:301.06774
$C_{13}H_{20}BrNO_2$
RI: 2061 (calc.)

GC/MS
EI 70 eV
TSQ 70
QI:996

m/z: 73

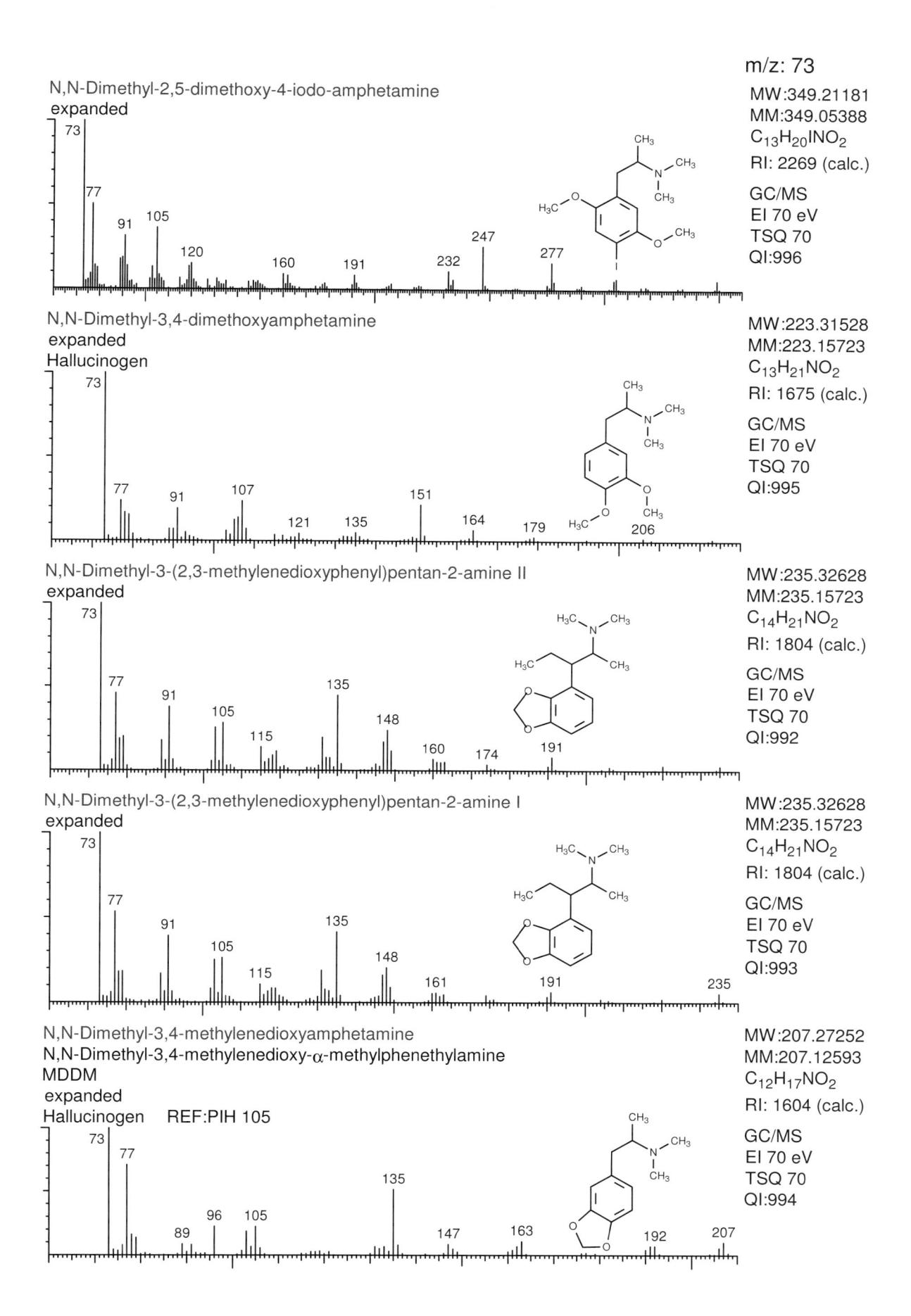

N,N-Dimethyl-2,5-dimethoxy-4-iodo-amphetamine
expanded

MW:349.21181
MM:349.05388
$C_{13}H_{20}INO_2$
RI: 2269 (calc.)

GC/MS
EI 70 eV
TSQ 70
QI:996

N,N-Dimethyl-3,4-dimethoxyamphetamine
expanded
Hallucinogen

MW:223.31528
MM:223.15723
$C_{13}H_{21}NO_2$
RI: 1675 (calc.)

GC/MS
EI 70 eV
TSQ 70
QI:995

N,N-Dimethyl-3-(2,3-methylenedioxyphenyl)pentan-2-amine II
expanded

MW:235.32628
MM:235.15723
$C_{14}H_{21}NO_2$
RI: 1804 (calc.)

GC/MS
EI 70 eV
TSQ 70
QI:992

N,N-Dimethyl-3-(2,3-methylenedioxyphenyl)pentan-2-amine I
expanded

MW:235.32628
MM:235.15723
$C_{14}H_{21}NO_2$
RI: 1804 (calc.)

GC/MS
EI 70 eV
TSQ 70
QI:993

N,N-Dimethyl-3,4-methylenedioxyamphetamine
N,N-Dimethyl-3,4-methylenedioxy-α-methylphenethylamine
MDDM
expanded
Hallucinogen   REF:PIH 105

MW:207.27252
MM:207.12593
$C_{12}H_{17}NO_2$
RI: 1604 (calc.)

GC/MS
EI 70 eV
TSQ 70
QI:994

m/z: 73

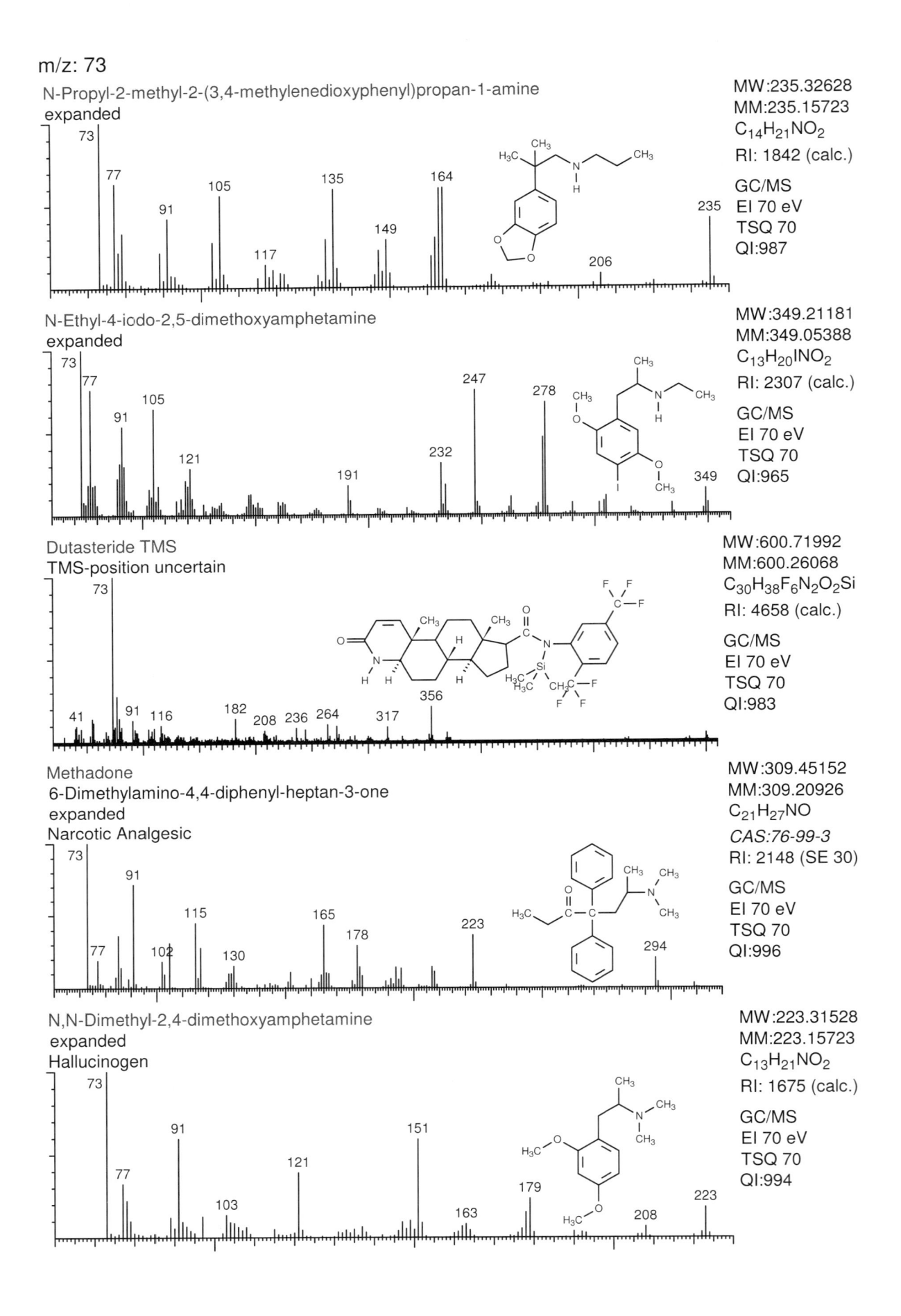

N-Propyl-2-methyl-2-(3,4-methylenedioxyphenyl)propan-1-amine
expanded

MW:235.32628
MM:235.15723
$C_{14}H_{21}NO_2$
RI: 1842 (calc.)

GC/MS
EI 70 eV
TSQ 70
QI:987

N-Ethyl-4-iodo-2,5-dimethoxyamphetamine
expanded

MW:349.21181
MM:349.05388
$C_{13}H_{20}INO_2$
RI: 2307 (calc.)

GC/MS
EI 70 eV
TSQ 70
QI:965

Dutasteride TMS
TMS-position uncertain

MW:600.71992
MM:600.26068
$C_{30}H_{38}F_6N_2O_2Si$
RI: 4658 (calc.)

GC/MS
EI 70 eV
TSQ 70
QI:983

Methadone
6-Dimethylamino-4,4-diphenyl-heptan-3-one
expanded
Narcotic Analgesic

MW:309.45152
MM:309.20926
$C_{21}H_{27}NO$
CAS:76-99-3
RI: 2148 (SE 30)

GC/MS
EI 70 eV
TSQ 70
QI:996

N,N-Dimethyl-2,4-dimethoxyamphetamine
expanded
Hallucinogen

MW:223.31528
MM:223.15723
$C_{13}H_{21}NO_2$
RI: 1675 (calc.)

GC/MS
EI 70 eV
TSQ 70
QI:994

m/z: 73

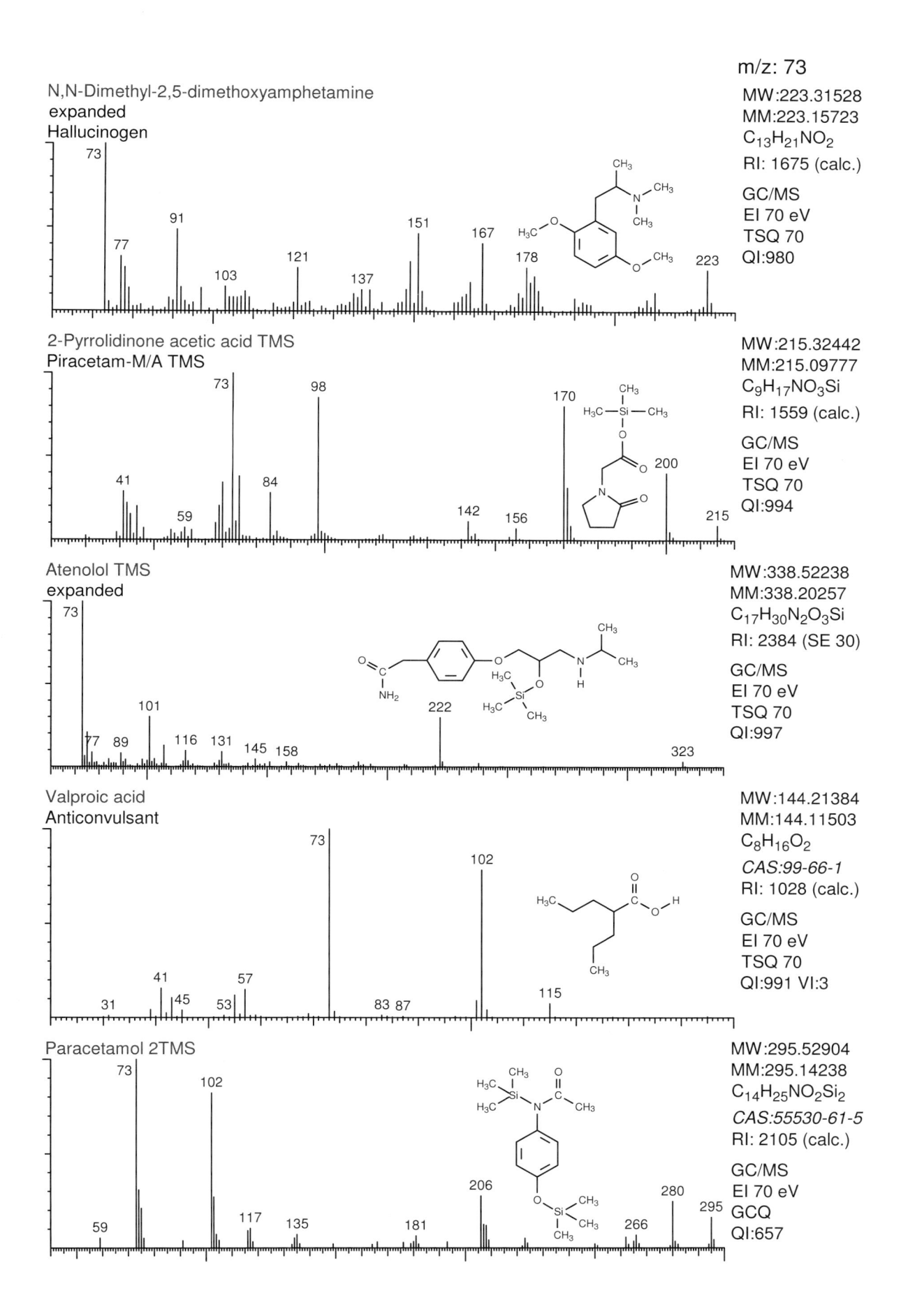

N,N-Dimethyl-2,5-dimethoxyamphetamine
expanded
Hallucinogen

MW: 223.31528
MM: 223.15723
$C_{13}H_{21}NO_2$
RI: 1675 (calc.)

GC/MS
EI 70 eV
TSQ 70
QI: 980

Peaks: 73, 77, 91, 103, 121, 137, 151, 167, 178, 223

2-Pyrrolidinone acetic acid TMS
Piracetam-M/A TMS

MW: 215.32442
MM: 215.09777
$C_9H_{17}NO_3Si$
RI: 1559 (calc.)

GC/MS
EI 70 eV
TSQ 70
QI: 994

Peaks: 41, 59, 73, 84, 98, 142, 156, 170, 200, 215

Atenolol TMS
expanded

MW: 338.52238
MM: 338.20257
$C_{17}H_{30}N_2O_3Si$
RI: 2384 (SE 30)

GC/MS
EI 70 eV
TSQ 70
QI: 997

Peaks: 73, 77, 89, 101, 116, 131, 145, 158, 222, 323

Valproic acid
Anticonvulsant

MW: 144.21384
MM: 144.11503
$C_8H_{16}O_2$
CAS: 99-66-1
RI: 1028 (calc.)

GC/MS
EI 70 eV
TSQ 70
QI: 991 VI:3

Peaks: 31, 41, 45, 53, 57, 73, 83, 87, 102, 115

Paracetamol 2TMS

MW: 295.52904
MM: 295.14238
$C_{14}H_{25}NO_2Si_2$
CAS: 55530-61-5
RI: 2105 (calc.)

GC/MS
EI 70 eV
GCQ
QI: 657

Peaks: 59, 73, 102, 117, 135, 181, 206, 266, 280, 295

m/z: 73

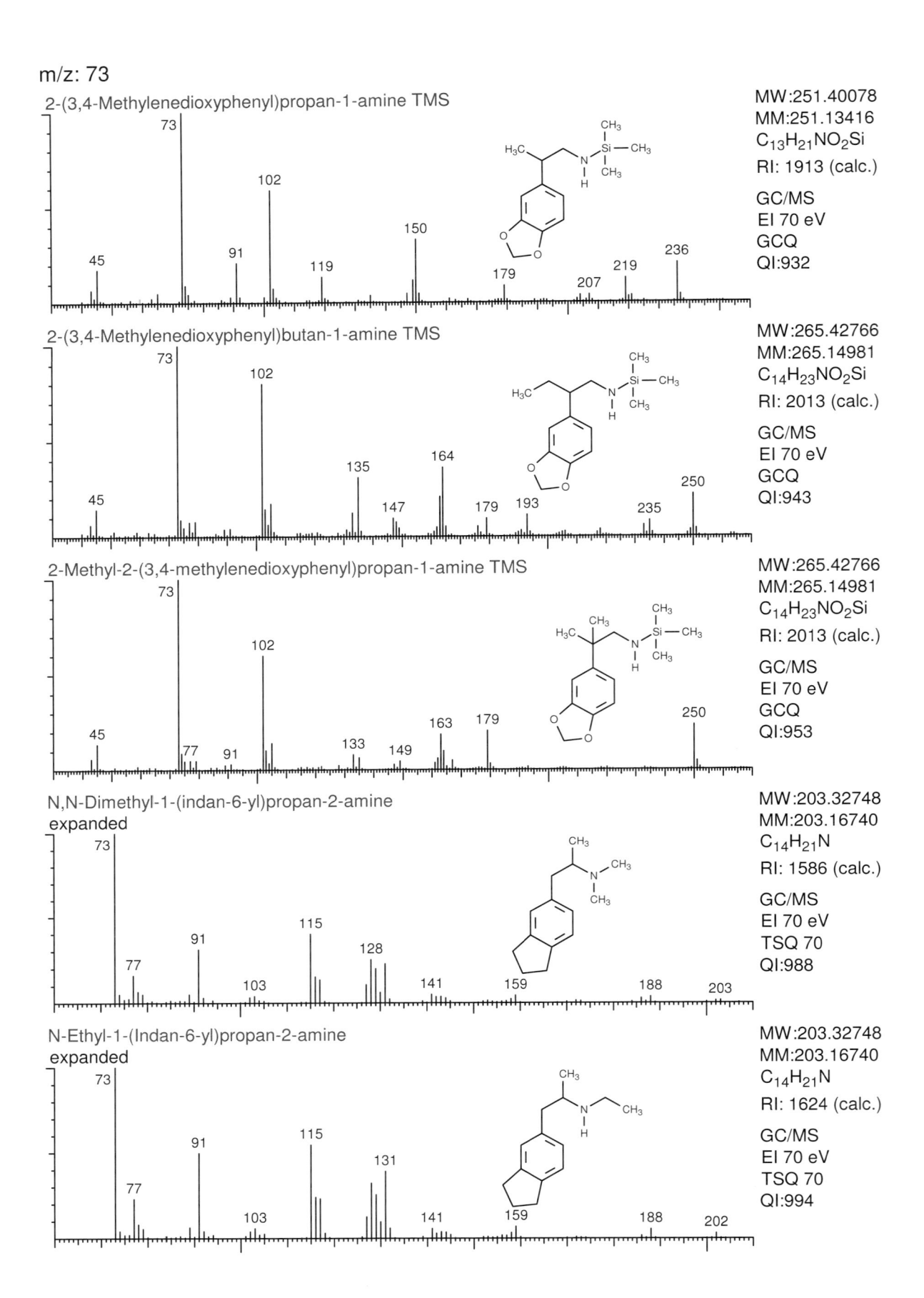

2-(3,4-Methylenedioxyphenyl)propan-1-amine TMS

Peaks: 45, 73, 91, 102, 119, 150, 179, 207, 219, 236

MW: 251.40078
MM: 251.13416
$C_{13}H_{21}NO_2Si$
RI: 1913 (calc.)

GC/MS
EI 70 eV
GCQ
QI: 932

2-(3,4-Methylenedioxyphenyl)butan-1-amine TMS

Peaks: 45, 73, 102, 135, 147, 164, 179, 193, 235, 250

MW: 265.42766
MM: 265.14981
$C_{14}H_{23}NO_2Si$
RI: 2013 (calc.)

GC/MS
EI 70 eV
GCQ
QI: 943

2-Methyl-2-(3,4-methylenedioxyphenyl)propan-1-amine TMS

Peaks: 45, 73, 77, 91, 102, 133, 149, 163, 179, 250

MW: 265.42766
MM: 265.14981
$C_{14}H_{23}NO_2Si$
RI: 2013 (calc.)

GC/MS
EI 70 eV
GCQ
QI: 953

N,N-Dimethyl-1-(indan-6-yl)propan-2-amine
expanded

Peaks: 73, 77, 91, 103, 115, 128, 141, 159, 188, 203

MW: 203.32748
MM: 203.16740
$C_{14}H_{21}N$
RI: 1586 (calc.)

GC/MS
EI 70 eV
TSQ 70
QI: 988

N-Ethyl-1-(Indan-6-yl)propan-2-amine
expanded

Peaks: 73, 77, 91, 103, 115, 131, 141, 159, 188, 202

MW: 203.32748
MM: 203.16740
$C_{14}H_{21}N$
RI: 1624 (calc.)

GC/MS
EI 70 eV
TSQ 70
QI: 994

N-Ethyl-cyclohexylamine TMS

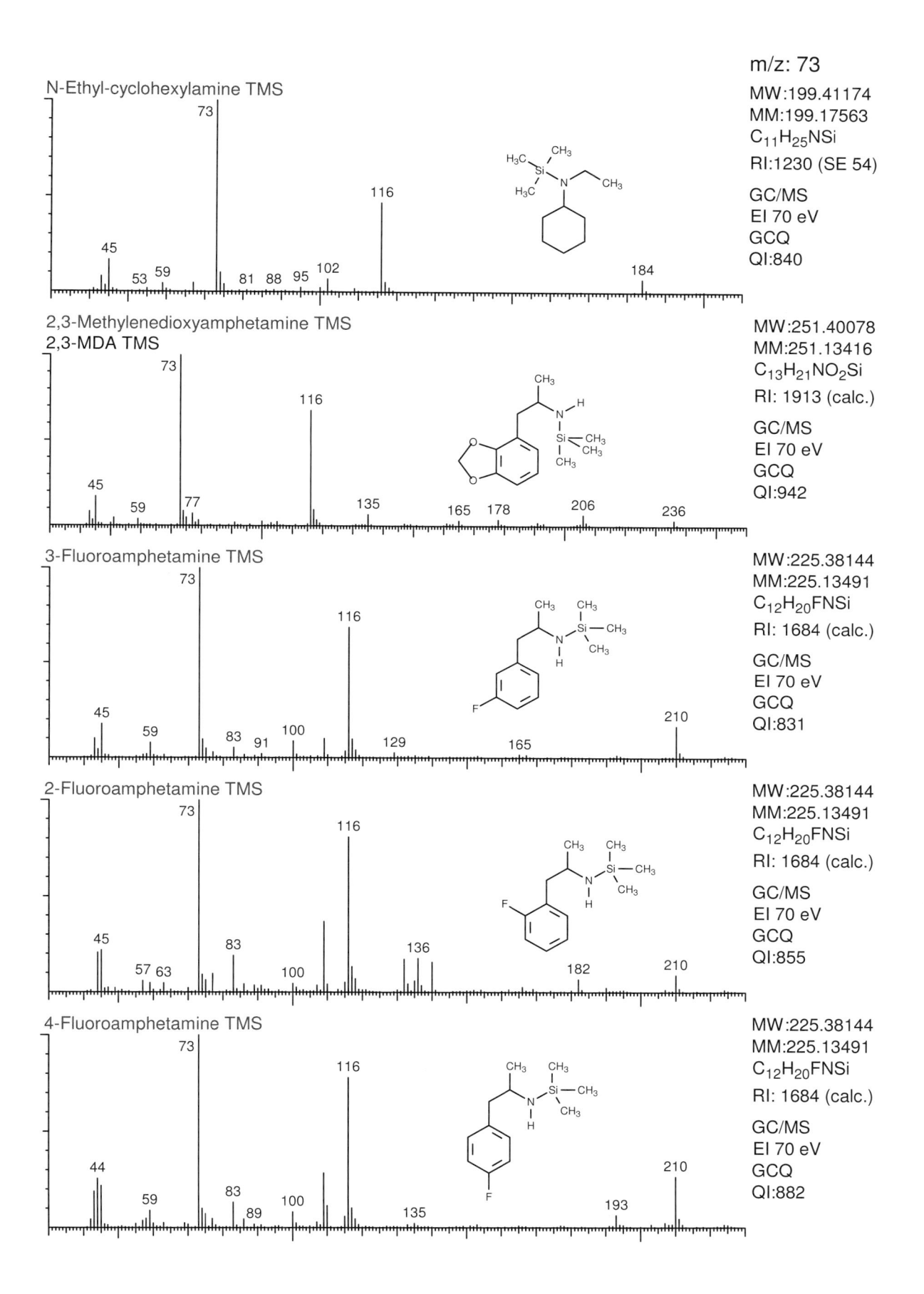

m/z: 73
MW: 199.41174
MM: 199.17563
C$_{11}$H$_{25}$NSi
RI: 1230 (SE 54)

GC/MS
EI 70 eV
GCQ
QI: 840

Peaks: 45, 53, 59, 73, 81, 88, 95, 102, 116, 184

2,3-Methylenedioxyamphetamine TMS
2,3-MDA TMS

MW: 251.40078
MM: 251.13416
C$_{13}$H$_{21}$NO$_2$Si
RI: 1913 (calc.)

GC/MS
EI 70 eV
GCQ
QI: 942

Peaks: 45, 59, 73, 77, 116, 135, 165, 178, 206, 236

3-Fluoroamphetamine TMS

MW: 225.38144
MM: 225.13491
C$_{12}$H$_{20}$FNSi
RI: 1684 (calc.)

GC/MS
EI 70 eV
GCQ
QI: 831

Peaks: 45, 59, 73, 83, 91, 100, 116, 129, 165, 210

2-Fluoroamphetamine TMS

MW: 225.38144
MM: 225.13491
C$_{12}$H$_{20}$FNSi
RI: 1684 (calc.)

GC/MS
EI 70 eV
GCQ
QI: 855

Peaks: 45, 57, 63, 73, 83, 100, 116, 136, 182, 210

4-Fluoroamphetamine TMS

MW: 225.38144
MM: 225.13491
C$_{12}$H$_{20}$FNSi
RI: 1684 (calc.)

GC/MS
EI 70 eV
GCQ
QI: 882

Peaks: 44, 59, 73, 83, 89, 100, 116, 135, 193, 210

m/z: 73

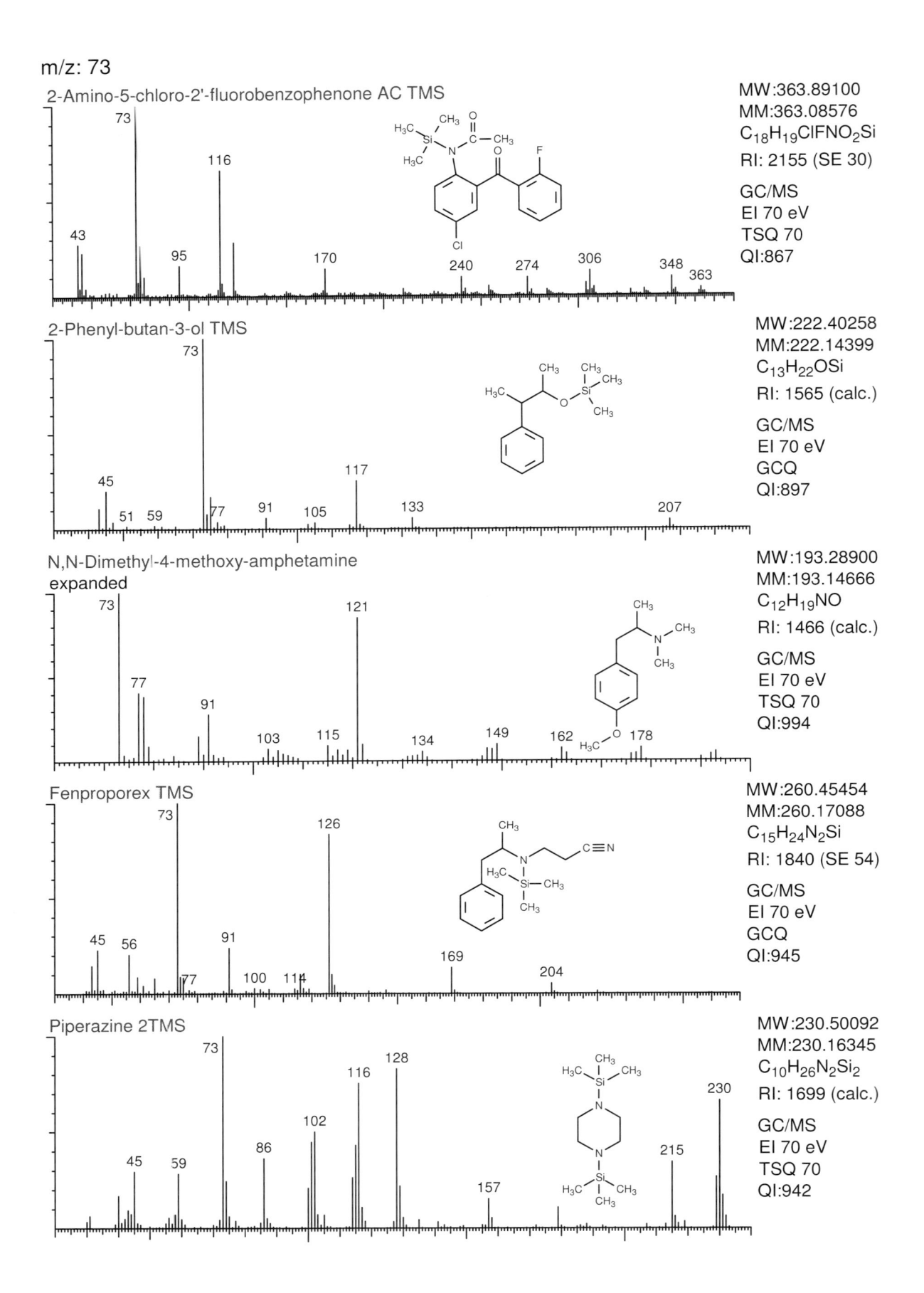

2-Amino-5-chloro-2'-fluorobenzophenone AC TMS

Peaks: 43, 73, 95, 116, 170, 240, 274, 306, 348, 363

MW:363.89100
MM:363.08576
$C_{18}H_{19}ClFNO_2Si$
RI: 2155 (SE 30)

GC/MS
EI 70 eV
TSQ 70
QI:867

2-Phenyl-butan-3-ol TMS

Peaks: 45, 51, 59, 73, 77, 91, 105, 117, 133, 207

MW:222.40258
MM:222.14399
$C_{13}H_{22}OSi$
RI: 1565 (calc.)

GC/MS
EI 70 eV
GCQ
QI:897

N,N-Dimethyl-4-methoxy-amphetamine expanded

Peaks: 73, 77, 91, 103, 115, 121, 134, 149, 162, 178

MW:193.28900
MM:193.14666
$C_{12}H_{19}NO$
RI: 1466 (calc.)

GC/MS
EI 70 eV
TSQ 70
QI:994

Fenproporex TMS

Peaks: 45, 56, 73, 77, 91, 100, 114, 126, 169, 204

MW:260.45454
MM:260.17088
$C_{15}H_{24}N_2Si$
RI: 1840 (SE 54)

GC/MS
EI 70 eV
GCQ
QI:945

Piperazine 2TMS

Peaks: 45, 59, 73, 86, 102, 116, 128, 157, 215, 230

MW:230.50092
MM:230.16345
$C_{10}H_{26}N_2Si_2$
RI: 1699 (calc.)

GC/MS
EI 70 eV
TSQ 70
QI:942

m/z: 73

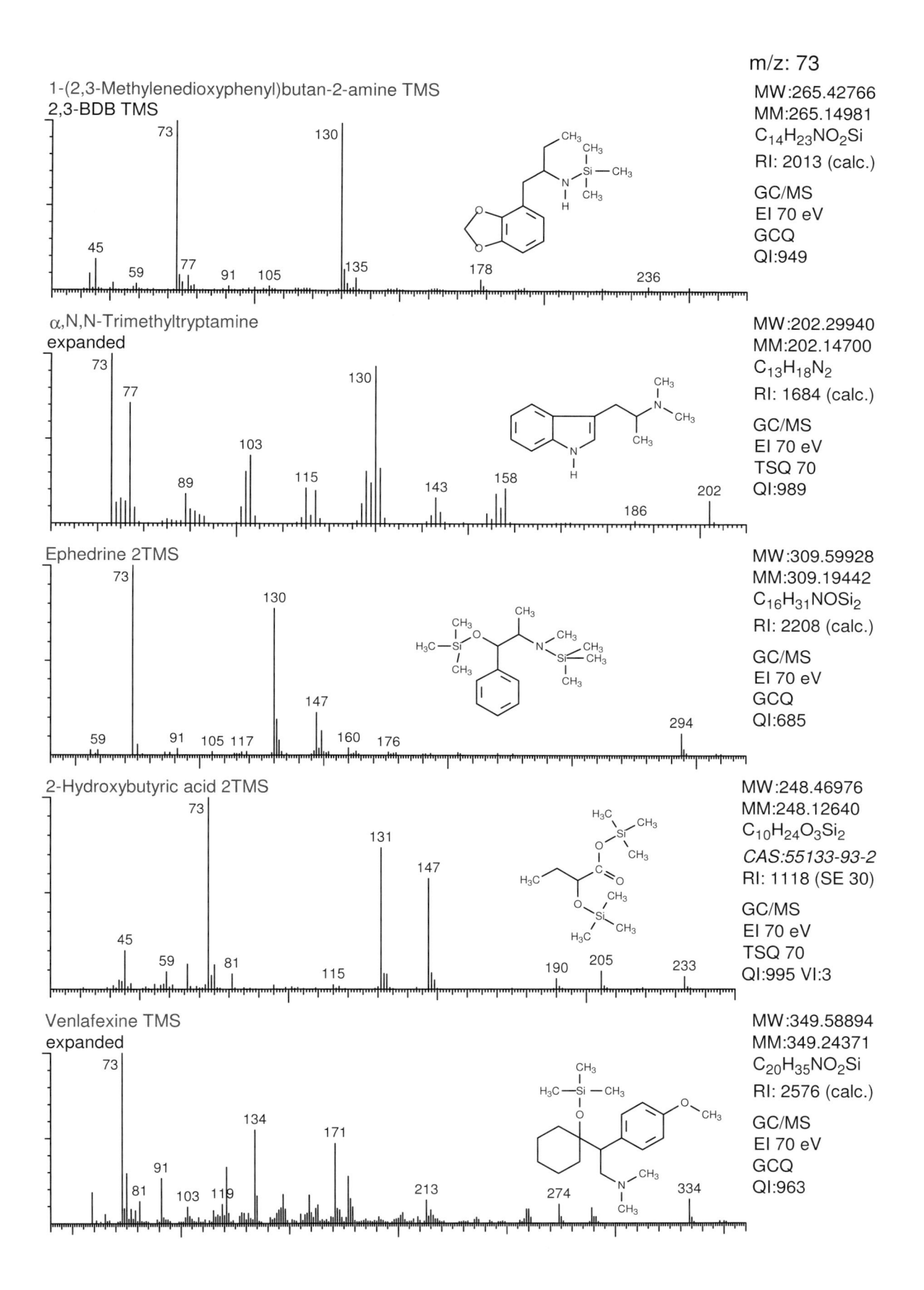

1-(2,3-Methylenedioxyphenyl)butan-2-amine TMS
2,3-BDB TMS

Peaks: 45, 73, 59, 77, 91, 105, 130, 135, 178, 236

MW: 265.42766
MM: 265.14981
$C_{14}H_{23}NO_2Si$
RI: 2013 (calc.)

GC/MS
EI 70 eV
GCQ
QI: 949

α,N,N-Trimethyltryptamine
expanded

Peaks: 73, 77, 89, 103, 115, 130, 143, 158, 186, 202

MW: 202.29940
MM: 202.14700
$C_{13}H_{18}N_2$
RI: 1684 (calc.)

GC/MS
EI 70 eV
TSQ 70
QI: 989

Ephedrine 2TMS

Peaks: 59, 73, 91, 105, 117, 130, 147, 160, 176, 294

MW: 309.59928
MM: 309.19442
$C_{16}H_{31}NOSi_2$
RI: 2208 (calc.)

GC/MS
EI 70 eV
GCQ
QI: 685

2-Hydroxybutyric acid 2TMS

Peaks: 45, 59, 73, 81, 115, 131, 147, 190, 205, 233

MW: 248.46976
MM: 248.12640
$C_{10}H_{24}O_3Si_2$
CAS: 55133-93-2
RI: 1118 (SE 30)

GC/MS
EI 70 eV
TSQ 70
QI: 995 VI:3

Venlafexine TMS
expanded

Peaks: 73, 81, 91, 103, 119, 134, 171, 213, 274, 334

MW: 349.58894
MM: 349.24371
$C_{20}H_{35}NO_2Si$
RI: 2576 (calc.)

GC/MS
EI 70 eV
GCQ
QI: 963

m/z: 73

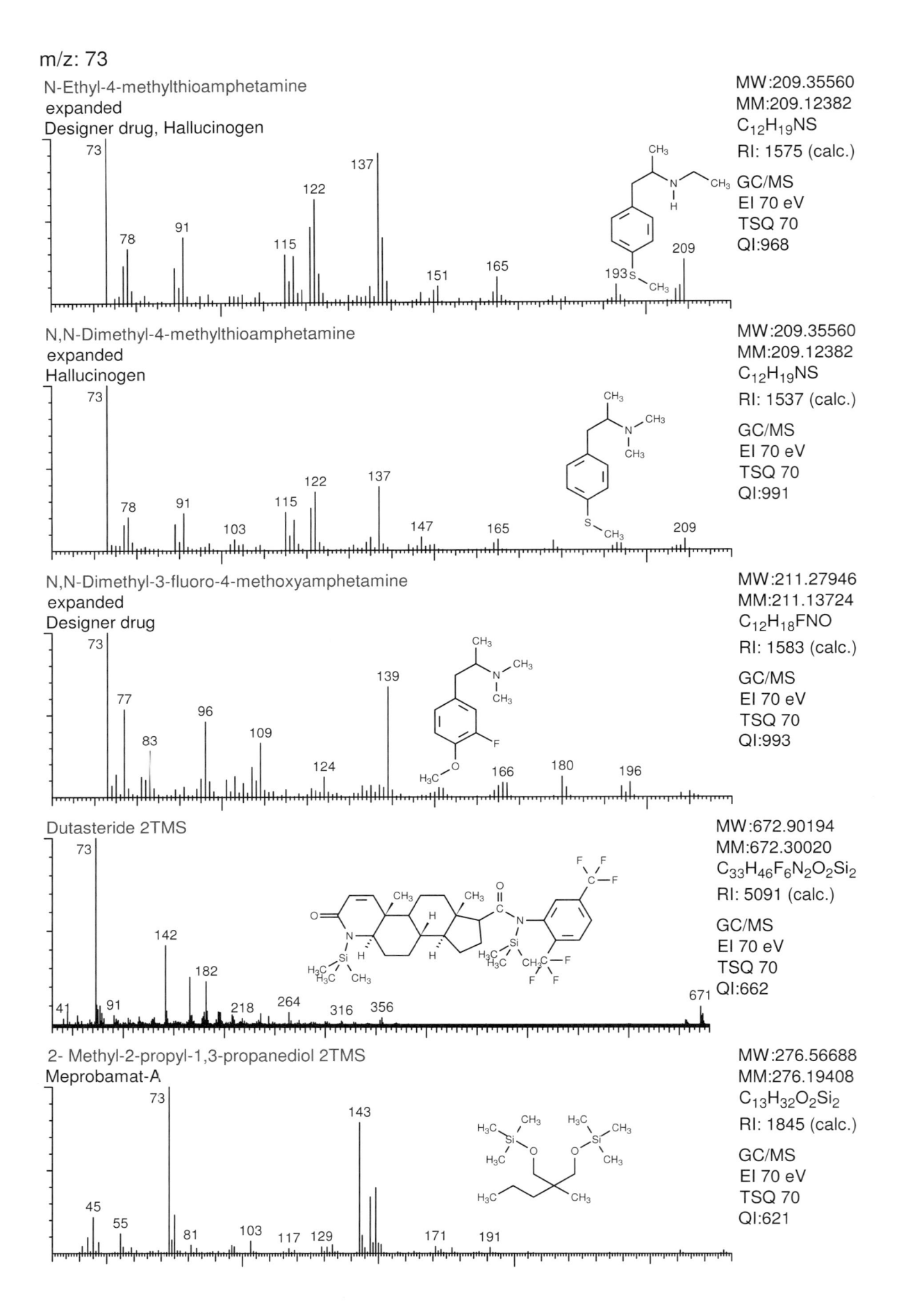

N-Ethyl-4-methylthioamphetamine
expanded
Designer drug, Hallucinogen

MW: 209.35560
MM: 209.12382
$C_{12}H_{19}NS$
RI: 1575 (calc.)
GC/MS
EI 70 eV
TSQ 70
QI: 968

Peaks: 73, 78, 91, 115, 122, 137, 151, 165, 193, 209

N,N-Dimethyl-4-methylthioamphetamine
expanded
Hallucinogen

MW: 209.35560
MM: 209.12382
$C_{12}H_{19}NS$
RI: 1537 (calc.)
GC/MS
EI 70 eV
TSQ 70
QI: 991

Peaks: 73, 78, 91, 103, 115, 122, 137, 147, 165, 209

N,N-Dimethyl-3-fluoro-4-methoxyamphetamine
expanded
Designer drug

MW: 211.27946
MM: 211.13724
$C_{12}H_{18}FNO$
RI: 1583 (calc.)
GC/MS
EI 70 eV
TSQ 70
QI: 993

Peaks: 73, 77, 83, 96, 109, 124, 139, 166, 180, 196

Dutasteride 2TMS

MW: 672.90194
MM: 672.30020
$C_{33}H_{46}F_6N_2O_2Si_2$
RI: 5091 (calc.)
GC/MS
EI 70 eV
TSQ 70
QI: 662

Peaks: 41, 73, 91, 142, 182, 218, 264, 316, 356, 671

2-Methyl-2-propyl-1,3-propanediol 2TMS
Meprobamat-A

MW: 276.56688
MM: 276.19408
$C_{13}H_{32}O_2Si_2$
RI: 1845 (calc.)
GC/MS
EI 70 eV
TSQ 70
QI: 621

Peaks: 45, 55, 73, 81, 103, 117, 129, 143, 171, 191

m/z: 73

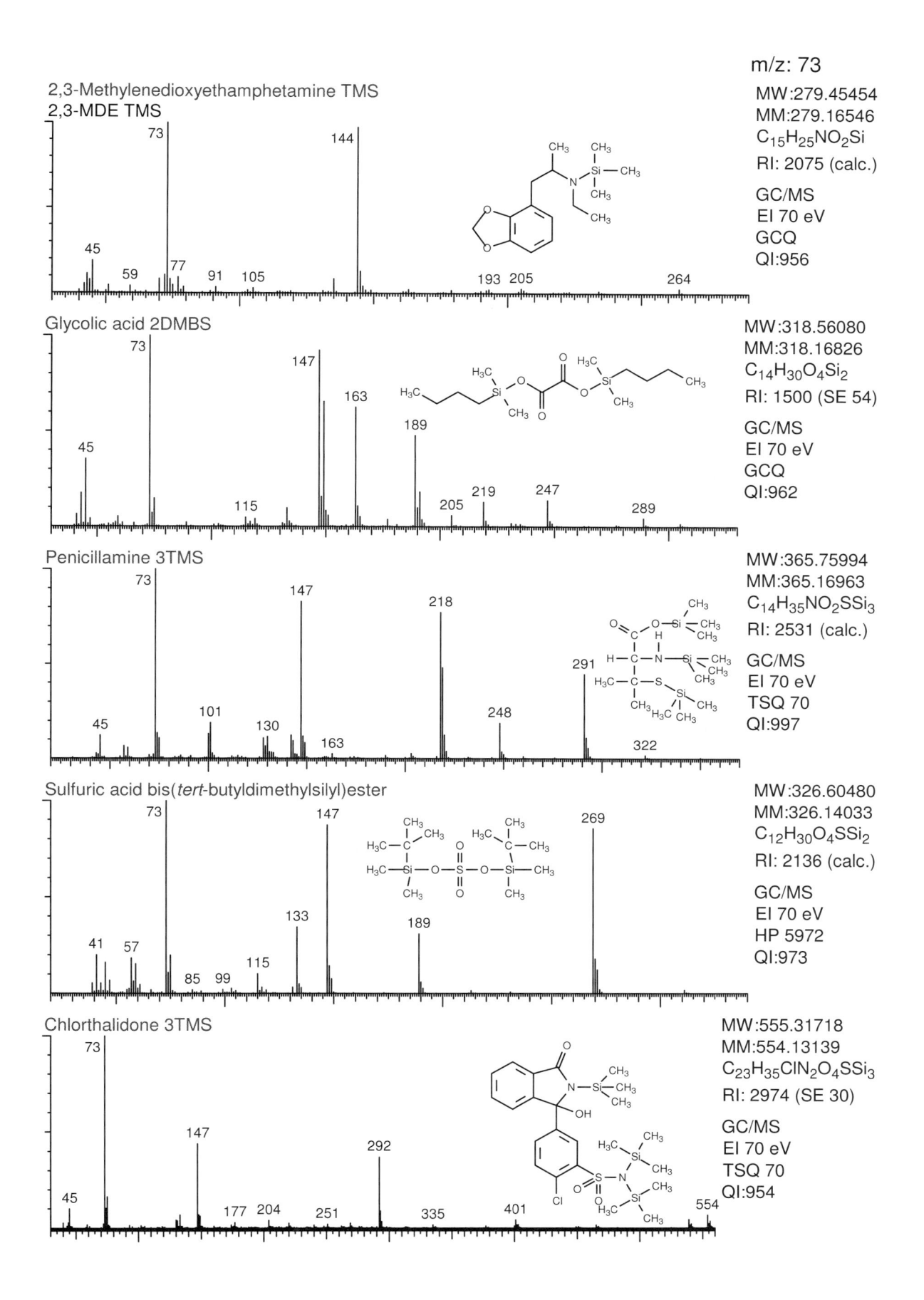

2,3-Methylenedioxyethamphetamine TMS
2,3-MDE TMS

MW: 279.45454
MM: 279.16546
$C_{15}H_{25}NO_2Si$
RI: 2075 (calc.)

GC/MS
EI 70 eV
GCQ
QI: 956

Peaks: 45, 59, 73, 77, 91, 105, 144, 193, 205, 264

Glycolic acid 2DMBS

MW: 318.56080
MM: 318.16826
$C_{14}H_{30}O_4Si_2$
RI: 1500 (SE 54)

GC/MS
EI 70 eV
GCQ
QI: 962

Peaks: 45, 73, 115, 147, 163, 189, 205, 219, 247, 289

Penicillamine 3TMS

MW: 365.75994
MM: 365.16963
$C_{14}H_{35}NO_2SSi_3$
RI: 2531 (calc.)

GC/MS
EI 70 eV
TSQ 70
QI: 997

Peaks: 45, 73, 101, 130, 147, 163, 218, 248, 291, 322

Sulfuric acid bis(*tert*-butyldimethylsilyl)ester

MW: 326.60480
MM: 326.14033
$C_{12}H_{30}O_4SSi_2$
RI: 2136 (calc.)

GC/MS
EI 70 eV
HP 5972
QI: 973

Peaks: 41, 57, 73, 85, 99, 115, 133, 147, 189, 269

Chlorthalidone 3TMS

MW: 555.31718
MM: 554.13139
$C_{23}H_{35}ClN_2O_4SSi_3$
RI: 2974 (SE 30)

GC/MS
EI 70 eV
TSQ 70
QI: 954

Peaks: 45, 73, 147, 177, 204, 251, 292, 335, 401, 554

m/z: 73

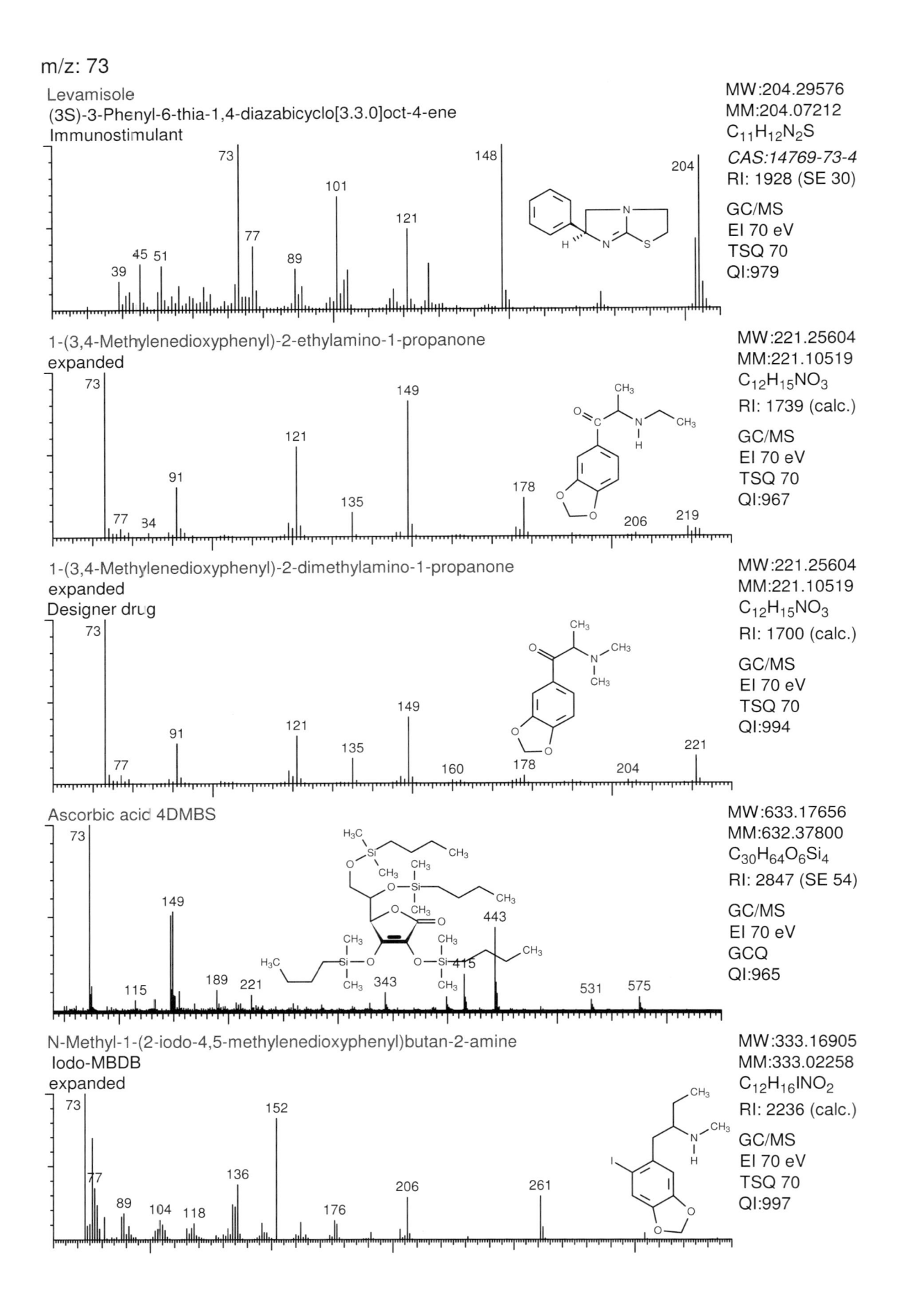

Levamisole
(3S)-3-Phenyl-6-thia-1,4-diazabicyclo[3.3.0]oct-4-ene
Immunostimulant

MW:204.29576
MM:204.07212
$C_{11}H_{12}N_2S$
CAS:14769-73-4
RI: 1928 (SE 30)

GC/MS
EI 70 eV
TSQ 70
QI:979

Peaks: 39, 45, 51, 73, 77, 89, 101, 121, 148, 204

1-(3,4-Methylenedioxyphenyl)-2-ethylamino-1-propanone
expanded

MW:221.25604
MM:221.10519
$C_{12}H_{15}NO_3$
RI: 1739 (calc.)

GC/MS
EI 70 eV
TSQ 70
QI:967

Peaks: 73, 77, 34, 91, 121, 135, 149, 178, 206, 219

1-(3,4-Methylenedioxyphenyl)-2-dimethylamino-1-propanone
expanded
Designer drug

MW:221.25604
MM:221.10519
$C_{12}H_{15}NO_3$
RI: 1700 (calc.)

GC/MS
EI 70 eV
TSQ 70
QI:994

Peaks: 73, 77, 91, 121, 135, 149, 160, 178, 204, 221

Ascorbic acid 4DMBS

MW:633.17656
MM:632.37800
$C_{30}H_{64}O_6Si_4$
RI: 2847 (SE 54)

GC/MS
EI 70 eV
GCQ
QI:965

Peaks: 73, 115, 149, 189, 221, 343, 415, 443, 531, 575

N-Methyl-1-(2-iodo-4,5-methylenedioxyphenyl)butan-2-amine
Iodo-MBDB
expanded

MW:333.16905
MM:333.02258
$C_{12}H_{16}INO_2$
RI: 2236 (calc.)

GC/MS
EI 70 eV
TSQ 70
QI:997

Peaks: 73, 77, 89, 104, 118, 136, 152, 176, 206, 261

m/z: 73

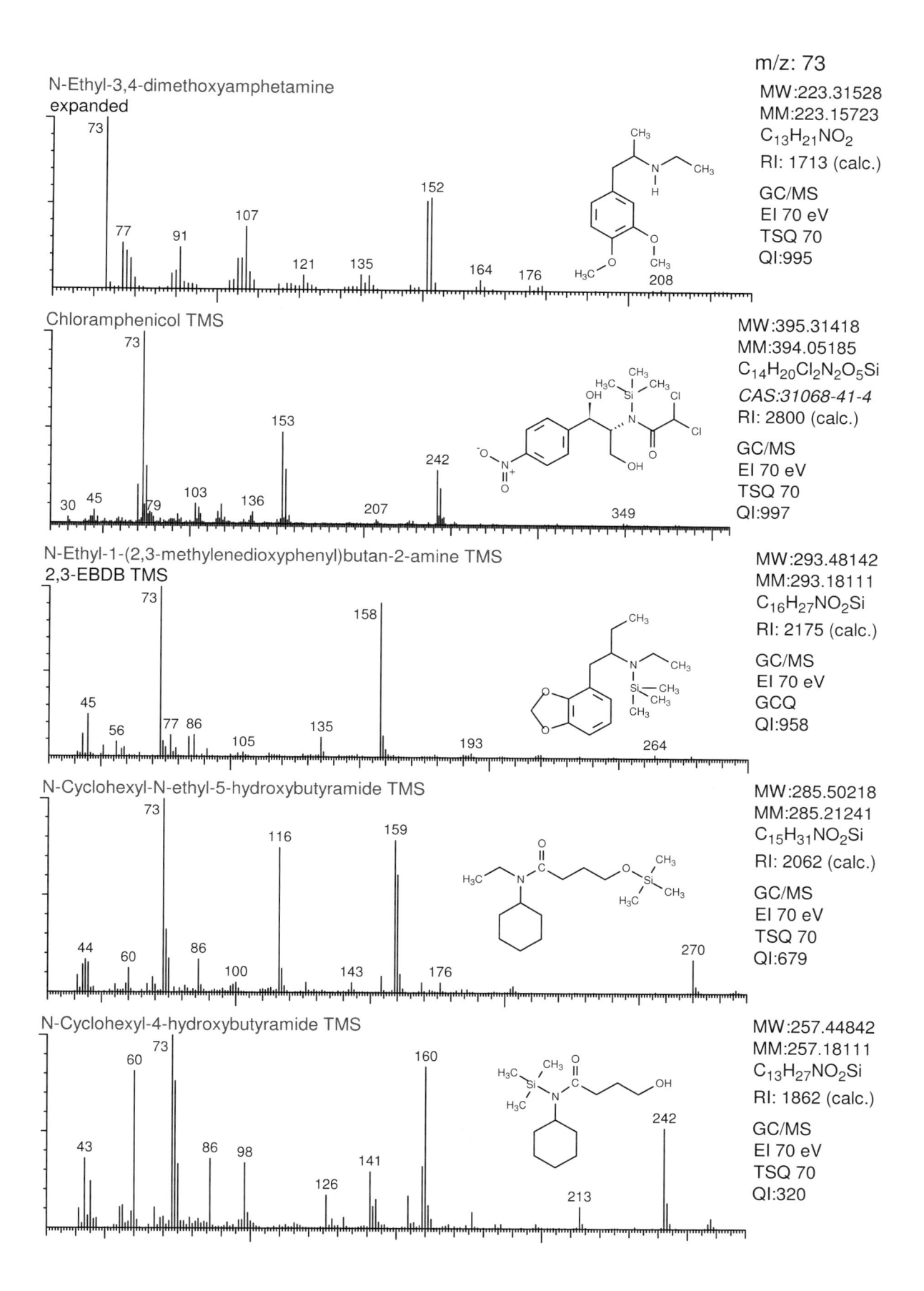

N-Ethyl-3,4-dimethoxyamphetamine
expanded

Peaks: 73, 77, 91, 107, 121, 135, 152, 164, 176, 208

MW: 223.31528
MM: 223.15723
C$_{13}$H$_{21}$NO$_2$
RI: 1713 (calc.)

GC/MS
EI 70 eV
TSQ 70
QI: 995

Chloramphenicol TMS

Peaks: 30, 45, 73, 79, 103, 136, 153, 207, 242, 349

MW: 395.31418
MM: 394.05185
C$_{14}$H$_{20}$Cl$_2$N$_2$O$_5$Si
CAS: 31068-41-4
RI: 2800 (calc.)

GC/MS
EI 70 eV
TSQ 70
QI: 997

N-Ethyl-1-(2,3-methylenedioxyphenyl)butan-2-amine TMS
2,3-EBDB TMS

Peaks: 45, 56, 73, 77, 86, 105, 135, 158, 193, 264

MW: 293.48142
MM: 293.18111
C$_{16}$H$_{27}$NO$_2$Si
RI: 2175 (calc.)

GC/MS
EI 70 eV
GCQ
QI: 958

N-Cyclohexyl-N-ethyl-5-hydroxybutyramide TMS

Peaks: 44, 60, 73, 86, 100, 116, 143, 159, 176, 270

MW: 285.50218
MM: 285.21241
C$_{15}$H$_{31}$NO$_2$Si
RI: 2062 (calc.)

GC/MS
EI 70 eV
TSQ 70
QI: 679

N-Cyclohexyl-4-hydroxybutyramide TMS

Peaks: 43, 60, 73, 86, 98, 126, 141, 160, 213, 242

MW: 257.44842
MM: 257.18111
C$_{13}$H$_{27}$NO$_2$Si
RI: 1862 (calc.)

GC/MS
EI 70 eV
TSQ 70
QI: 320

m/z: 73

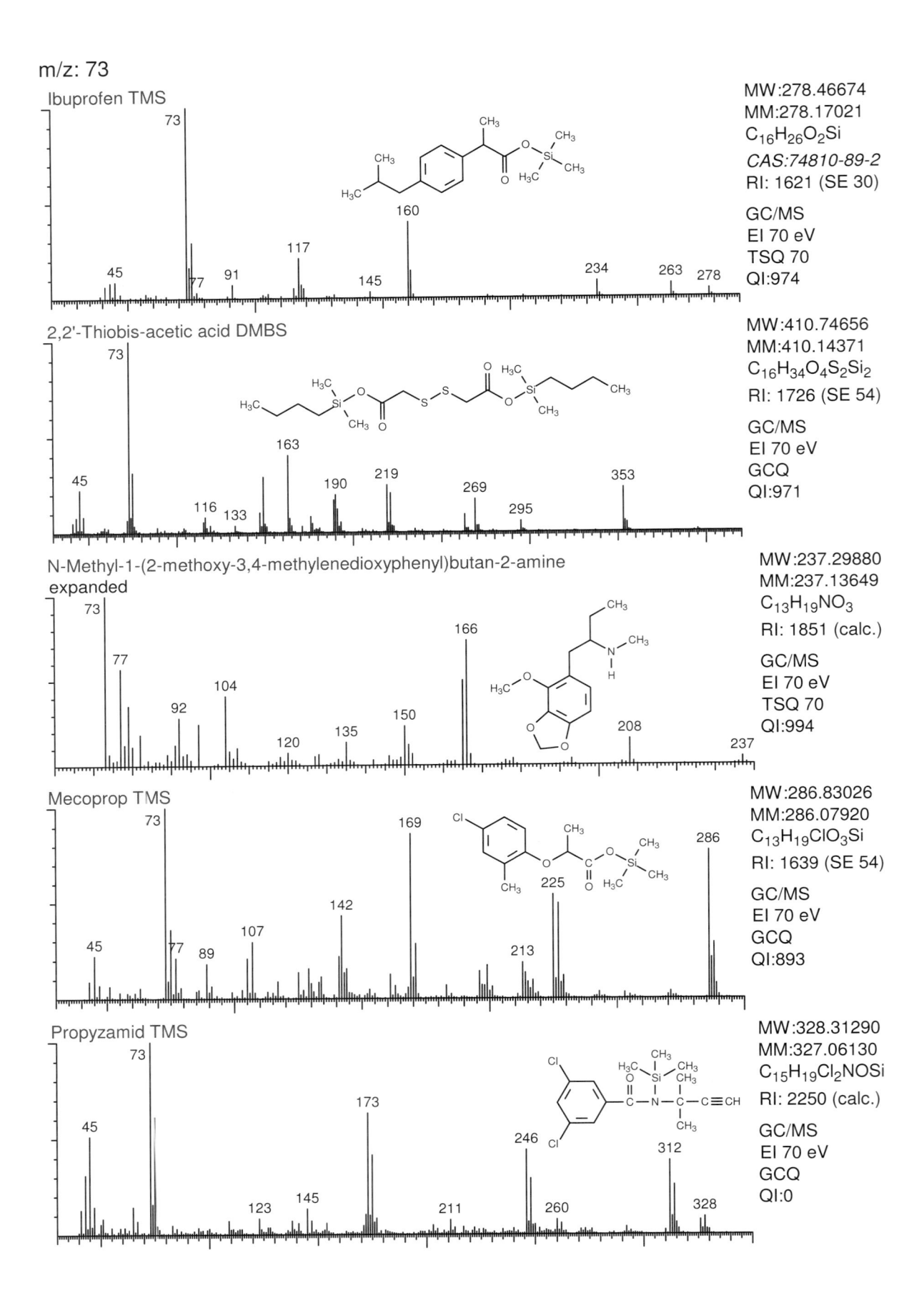

Ibuprofen TMS

MW:278.46674
MM:278.17021
$C_{16}H_{26}O_2Si$
CAS:74810-89-2
RI: 1621 (SE 30)

GC/MS
EI 70 eV
TSQ 70
QI:974

Peaks: 45, 73, 77, 91, 117, 145, 160, 234, 263, 278

2,2'-Thiobis-acetic acid DMBS

MW:410.74656
MM:410.14371
$C_{16}H_{34}O_4S_2Si_2$
RI: 1726 (SE 54)

GC/MS
EI 70 eV
GCQ
QI:971

Peaks: 45, 73, 116, 133, 163, 190, 219, 269, 295, 353

N-Methyl-1-(2-methoxy-3,4-methylenedioxyphenyl)butan-2-amine
expanded

MW:237.29880
MM:237.13649
$C_{13}H_{19}NO_3$
RI: 1851 (calc.)

GC/MS
EI 70 eV
TSQ 70
QI:994

Peaks: 73, 77, 92, 104, 120, 135, 150, 166, 208, 237

Mecoprop TMS

MW:286.83026
MM:286.07920
$C_{13}H_{19}ClO_3Si$
RI: 1639 (SE 54)

GC/MS
EI 70 eV
GCQ
QI:893

Peaks: 45, 73, 77, 89, 107, 142, 169, 213, 225, 286

Propyzamid TMS

MW:328.31290
MM:327.06130
$C_{15}H_{19}Cl_2NOSi$
RI: 2250 (calc.)

GC/MS
EI 70 eV
GCQ
QI:0

Peaks: 45, 73, 123, 145, 173, 211, 246, 260, 312, 328

m/z: 73

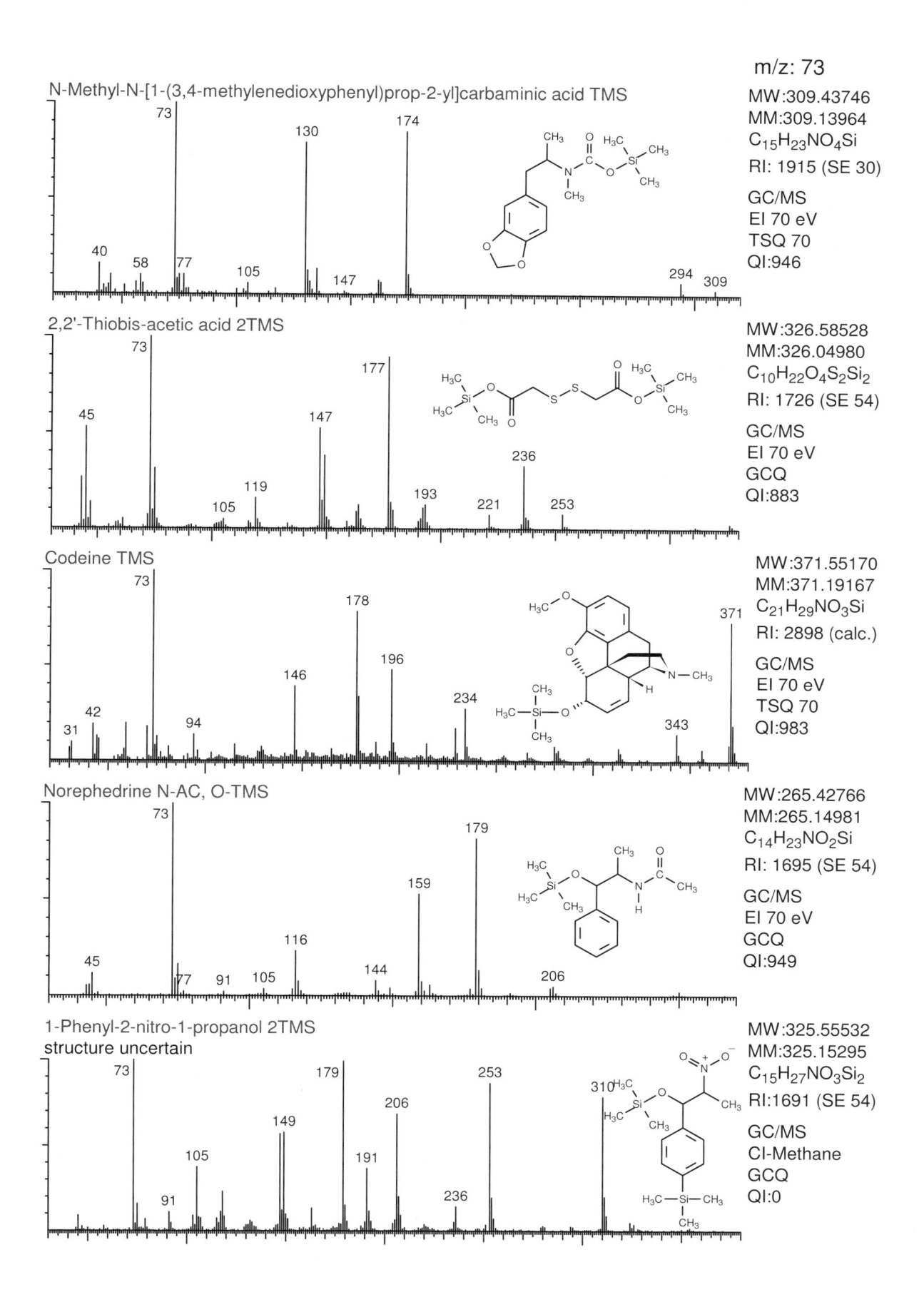

N-Methyl-N-[1-(3,4-methylenedioxyphenyl)prop-2-yl]carbaminic acid TMS

Peaks: 40, 58, 73, 77, 105, 130, 147, 174, 294, 309

MW: 309.43746
MM: 309.13964
$C_{15}H_{23}NO_4Si$
RI: 1915 (SE 30)

GC/MS
EI 70 eV
TSQ 70
QI: 946

2,2'-Thiobis-acetic acid 2TMS

Peaks: 45, 73, 105, 119, 147, 177, 193, 221, 236, 253

MW: 326.58528
MM: 326.04980
$C_{10}H_{22}O_4S_2Si_2$
RI: 1726 (SE 54)

GC/MS
EI 70 eV
GCQ
QI: 883

Codeine TMS

Peaks: 31, 42, 73, 94, 146, 178, 196, 234, 343, 371

MW: 371.55170
MM: 371.19167
$C_{21}H_{29}NO_3Si$
RI: 2898 (calc.)

GC/MS
EI 70 eV
TSQ 70
QI: 983

Norephedrine N-AC, O-TMS

Peaks: 45, 73, 77, 91, 105, 116, 144, 159, 179, 206

MW: 265.42766
MM: 265.14981
$C_{14}H_{23}NO_2Si$
RI: 1695 (SE 54)

GC/MS
EI 70 eV
GCQ
QI: 949

1-Phenyl-2-nitro-1-propanol 2TMS
structure uncertain

Peaks: 73, 91, 105, 149, 179, 191, 206, 236, 253, 310

MW: 325.55532
MM: 325.15295
$C_{15}H_{27}NO_3Si_2$
RI: 1691 (SE 54)

GC/MS
CI-Methane
GCQ
QI: 0

m/z: 73

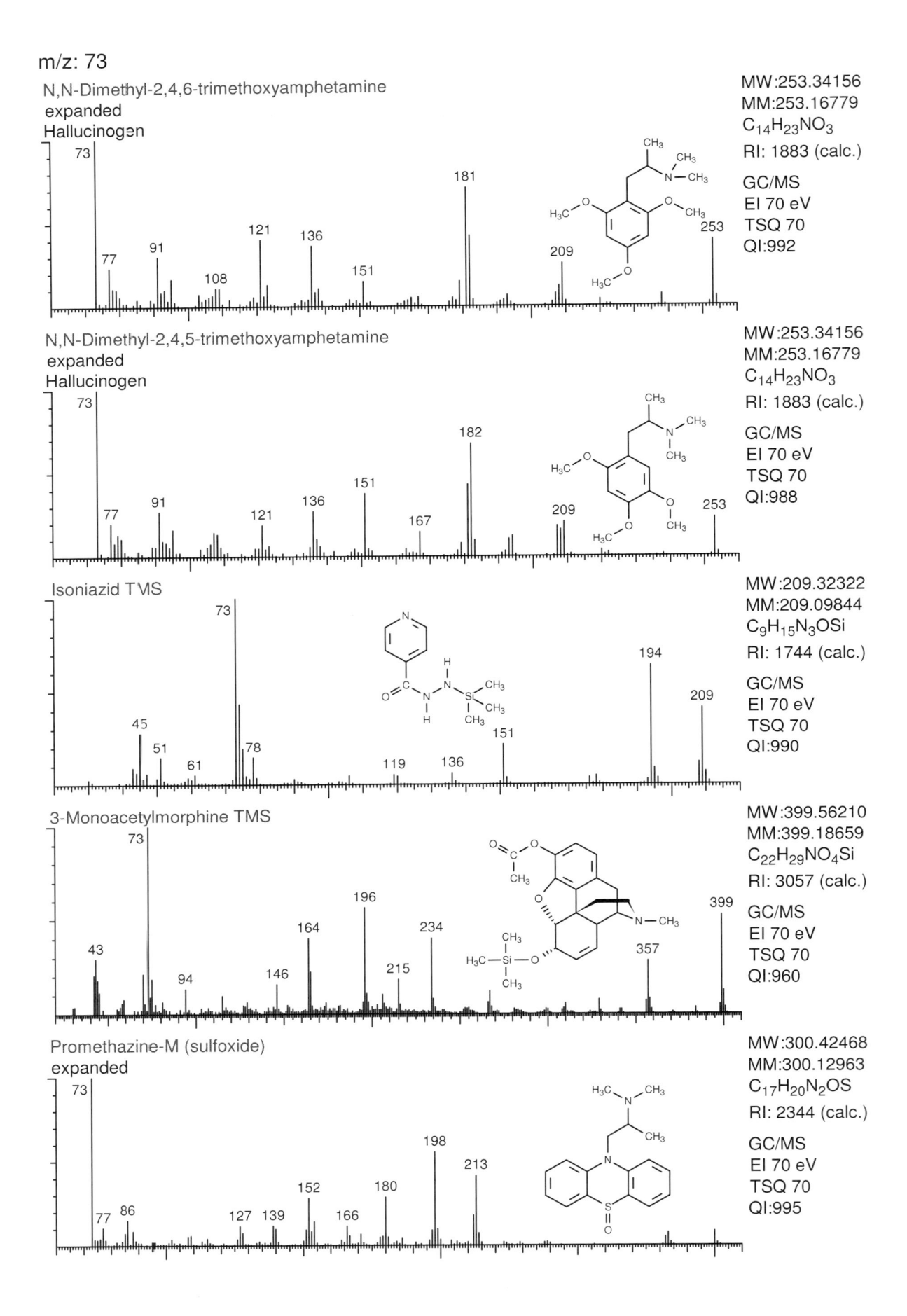

N,N-Dimethyl-2,4,6-trimethoxyamphetamine
expanded
Hallucinogen

MW:253.34156
MM:253.16779
$C_{14}H_{23}NO_3$
RI: 1883 (calc.)

GC/MS
EI 70 eV
TSQ 70
QI:992

N,N-Dimethyl-2,4,5-trimethoxyamphetamine
expanded
Hallucinogen

MW:253.34156
MM:253.16779
$C_{14}H_{23}NO_3$
RI: 1883 (calc.)

GC/MS
EI 70 eV
TSQ 70
QI:988

Isoniazid TMS

MW:209.32322
MM:209.09844
$C_9H_{15}N_3OSi$
RI: 1744 (calc.)

GC/MS
EI 70 eV
TSQ 70
QI:990

3-Monoacetylmorphine TMS

MW:399.56210
MM:399.18659
$C_{22}H_{29}NO_4Si$
RI: 3057 (calc.)

GC/MS
EI 70 eV
TSQ 70
QI:960

Promethazine-M (sulfoxide)
expanded

MW:300.42468
MM:300.12963
$C_{17}H_{20}N_2OS$
RI: 2344 (calc.)

GC/MS
EI 70 eV
TSQ 70
QI:995

m/z: 73

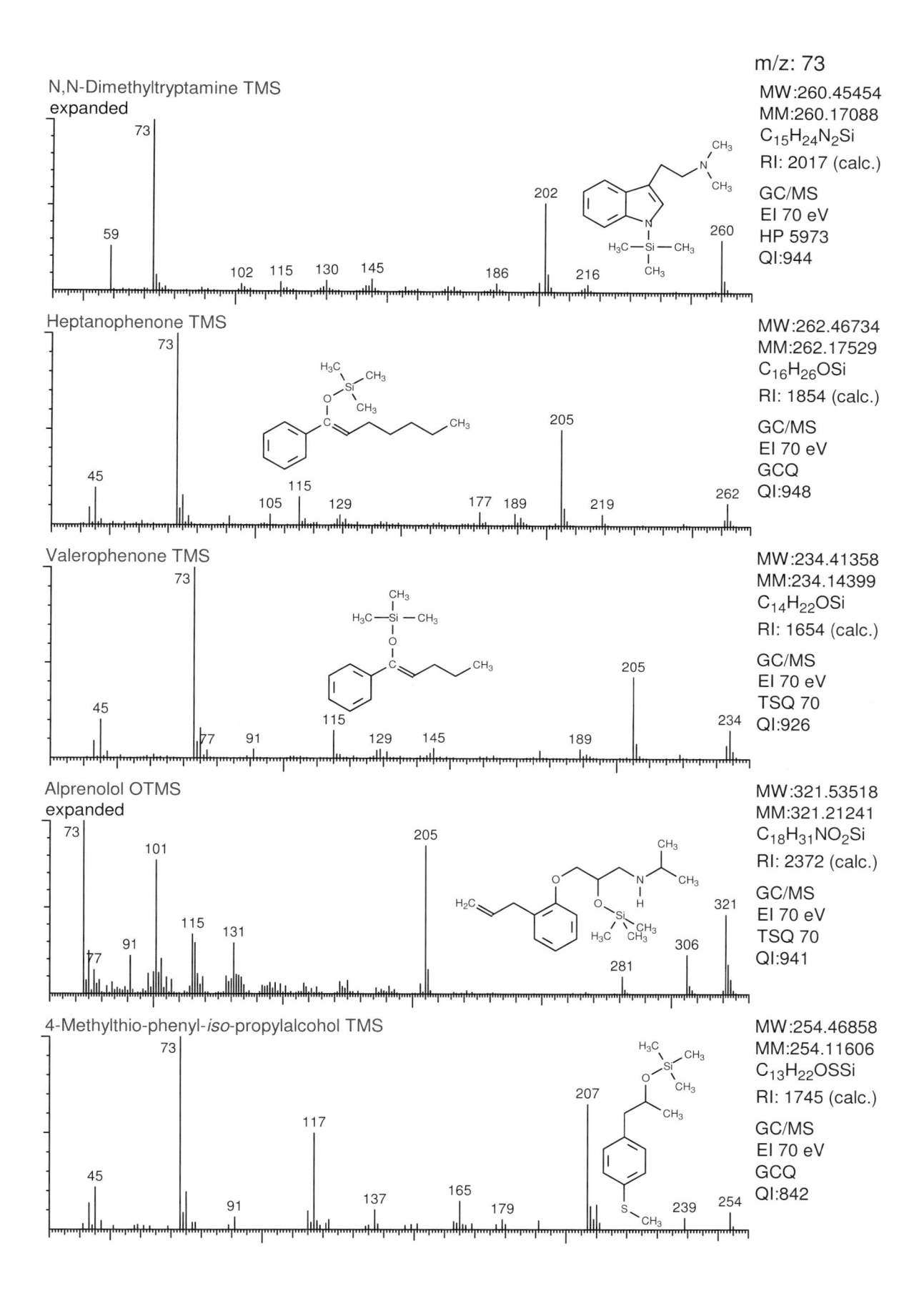

N,N-Dimethyltryptamine TMS expanded

MW: 260.45454
MM: 260.17088
$C_{15}H_{24}N_2Si$
RI: 2017 (calc.)

GC/MS
EI 70 eV
HP 5973
QI: 944

Peaks: 59, 73, 102, 115, 130, 145, 186, 202, 216, 260

Heptanophenone TMS

MW: 262.46734
MM: 262.17529
$C_{16}H_{26}OSi$
RI: 1854 (calc.)

GC/MS
EI 70 eV
GCQ
QI: 948

Peaks: 45, 73, 105, 115, 129, 177, 189, 205, 219, 262

Valerophenone TMS

MW: 234.41358
MM: 234.14399
$C_{14}H_{22}OSi$
RI: 1654 (calc.)

GC/MS
EI 70 eV
TSQ 70
QI: 926

Peaks: 45, 73, 77, 91, 115, 129, 145, 189, 205, 234

Alprenolol OTMS expanded

MW: 321.53518
MM: 321.21241
$C_{18}H_{31}NO_2Si$
RI: 2372 (calc.)

GC/MS
EI 70 eV
TSQ 70
QI: 941

Peaks: 73, 77, 91, 101, 115, 131, 205, 281, 306, 321

4-Methylthio-phenyl-*iso*-propylalcohol TMS

MW: 254.46858
MM: 254.11606
$C_{13}H_{22}OSSi$
RI: 1745 (calc.)

GC/MS
EI 70 eV
GCQ
QI: 842

Peaks: 45, 73, 91, 117, 137, 165, 179, 207, 239, 254

m/z: 73

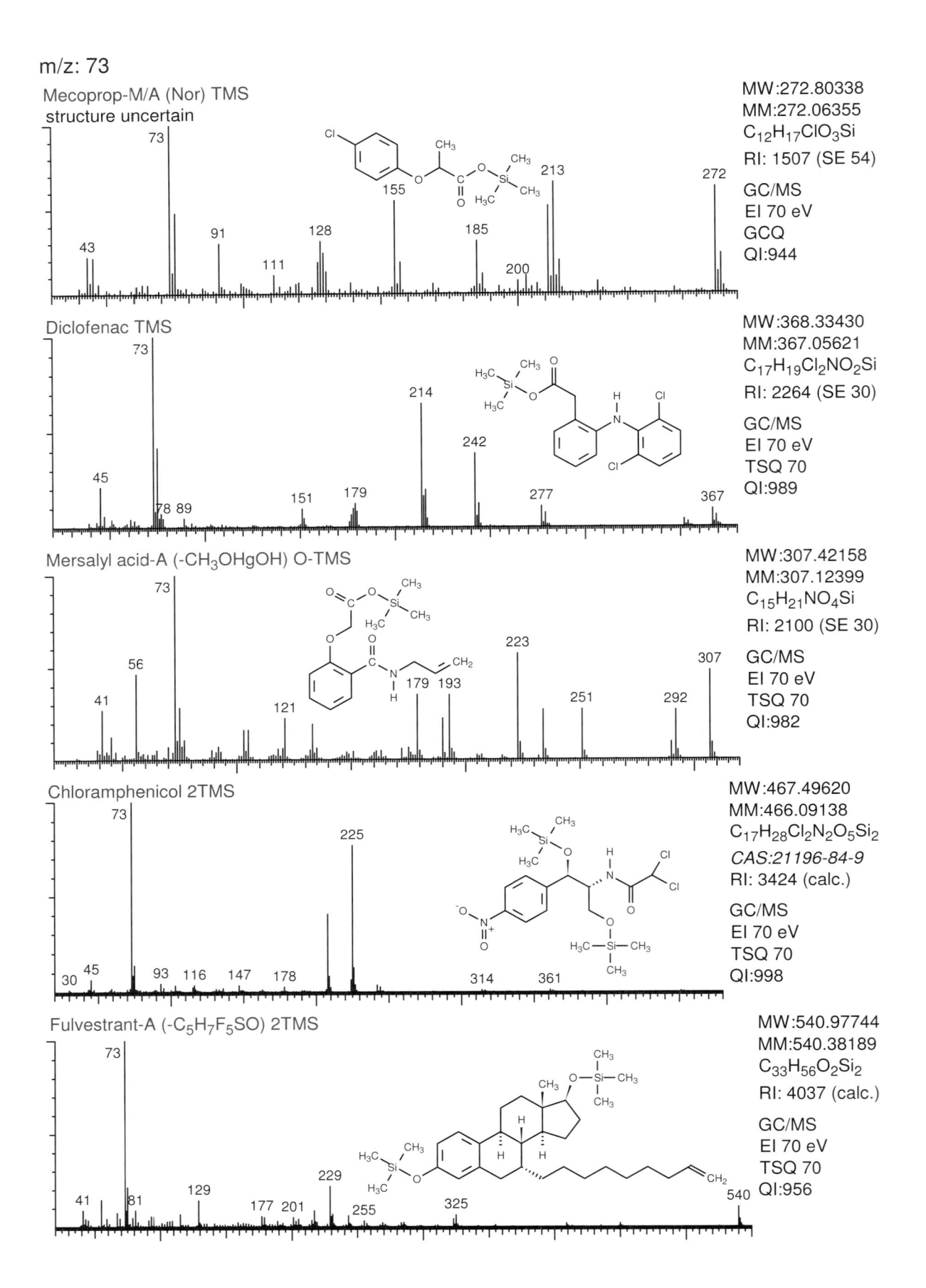

Mecoprop-M/A (Nor) TMS
structure uncertain

MW: 272.80338
MM: 272.06355
$C_{12}H_{17}ClO_3Si$
RI: 1507 (SE 54)

GC/MS
EI 70 eV
GCQ
QI: 944

Peaks: 43, 73, 91, 111, 128, 155, 185, 200, 213, 272

Diclofenac TMS

MW: 368.33430
MM: 367.05621
$C_{17}H_{19}Cl_2NO_2Si$
RI: 2264 (SE 30)

GC/MS
EI 70 eV
TSQ 70
QI: 989

Peaks: 45, 73, 78, 89, 151, 179, 214, 242, 277, 367

Mersalyl acid-A (-CH₃OHgOH) O-TMS

MW: 307.42158
MM: 307.12399
$C_{15}H_{21}NO_4Si$
RI: 2100 (SE 30)

GC/MS
EI 70 eV
TSQ 70
QI: 982

Peaks: 41, 56, 73, 121, 179, 193, 223, 251, 292, 307

Chloramphenicol 2TMS

MW: 467.49620
MM: 466.09138
$C_{17}H_{28}Cl_2N_2O_5Si_2$
CAS: 21196-84-9
RI: 3424 (calc.)

GC/MS
EI 70 eV
TSQ 70
QI: 998

Peaks: 30, 45, 73, 93, 116, 147, 178, 225, 314, 361

Fulvestrant-A (-C₅H₇F₅SO) 2TMS

MW: 540.97744
MM: 540.38189
$C_{33}H_{56}O_2Si_2$
RI: 4037 (calc.)

GC/MS
EI 70 eV
TSQ 70
QI: 956

Peaks: 41, 73, 81, 129, 177, 201, 229, 255, 325, 540

m/z: 73

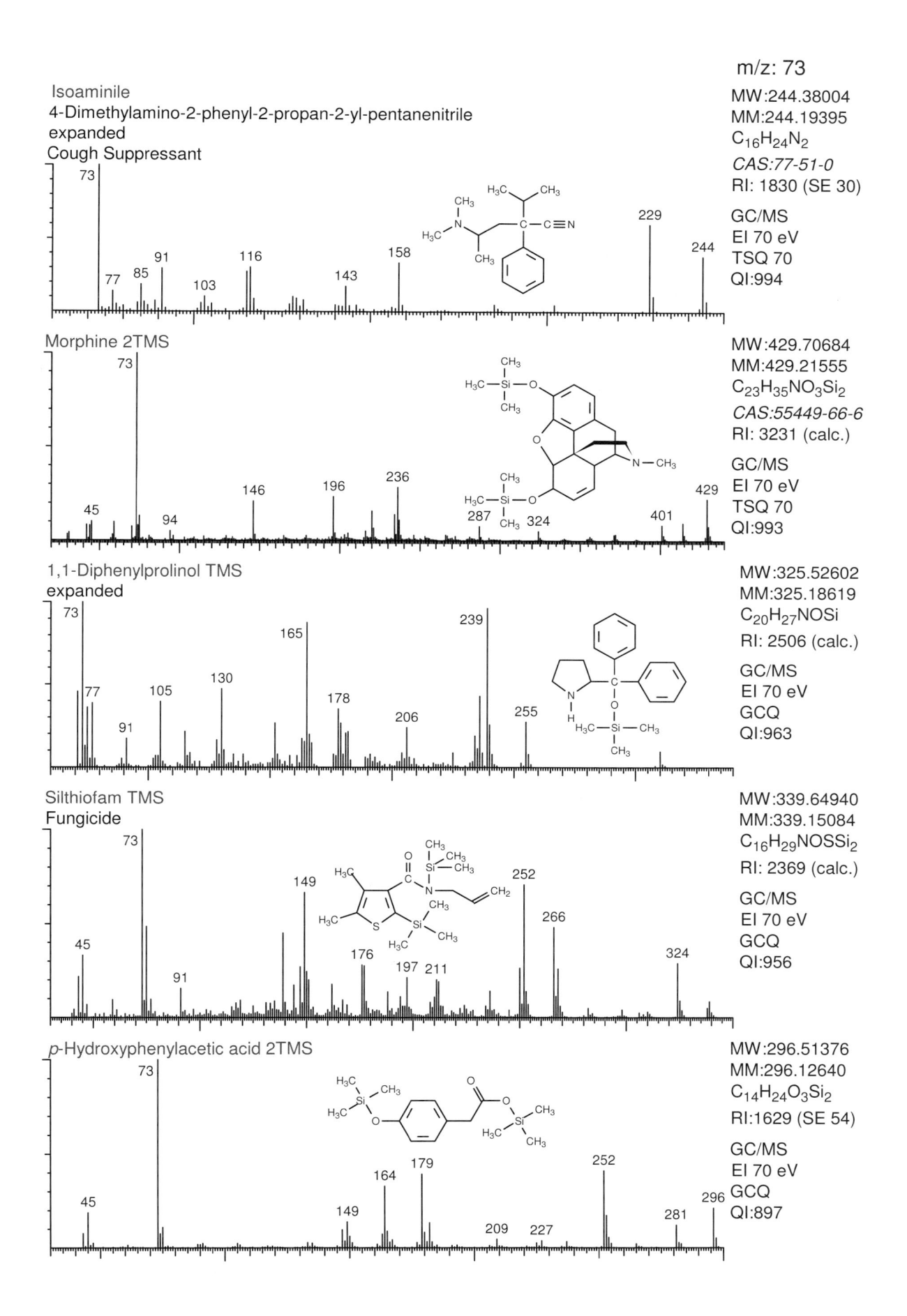

Isoaminile
4-Dimethylamino-2-phenyl-2-propan-2-yl-pentanenitrile
expanded
Cough Suppressant

Peaks: 73, 77, 85, 91, 103, 116, 143, 158, 229, 244

MW: 244.38004
MM: 244.19395
$C_{16}H_{24}N_2$
CAS: 77-51-0
RI: 1830 (SE 30)

GC/MS
EI 70 eV
TSQ 70
QI: 994

Morphine 2TMS

Peaks: 45, 73, 94, 146, 196, 236, 287, 324, 401, 429

MW: 429.70684
MM: 429.21555
$C_{23}H_{35}NO_3Si_2$
CAS: 55449-66-6
RI: 3231 (calc.)

GC/MS
EI 70 eV
TSQ 70
QI: 993

1,1-Diphenylprolinol TMS
expanded

Peaks: 73, 77, 91, 105, 130, 165, 178, 206, 239, 255

MW: 325.52602
MM: 325.18619
$C_{20}H_{27}NOSi$
RI: 2506 (calc.)

GC/MS
EI 70 eV
GCQ
QI: 963

Silthiofam TMS
Fungicide

Peaks: 45, 73, 91, 149, 176, 197, 211, 252, 266, 324

MW: 339.64940
MM: 339.15084
$C_{16}H_{29}NOSSi_2$
RI: 2369 (calc.)

GC/MS
EI 70 eV
GCQ
QI: 956

---

p-Hydroxyphenylacetic acid 2TMS

Peaks: 45, 73, 149, 164, 179, 209, 227, 252, 281, 296

MW: 296.51376
MM: 296.12640
$C_{14}H_{24}O_3Si_2$
RI: 1629 (SE 54)

GC/MS
EI 70 eV
GCQ
QI: 897

m/z: 73

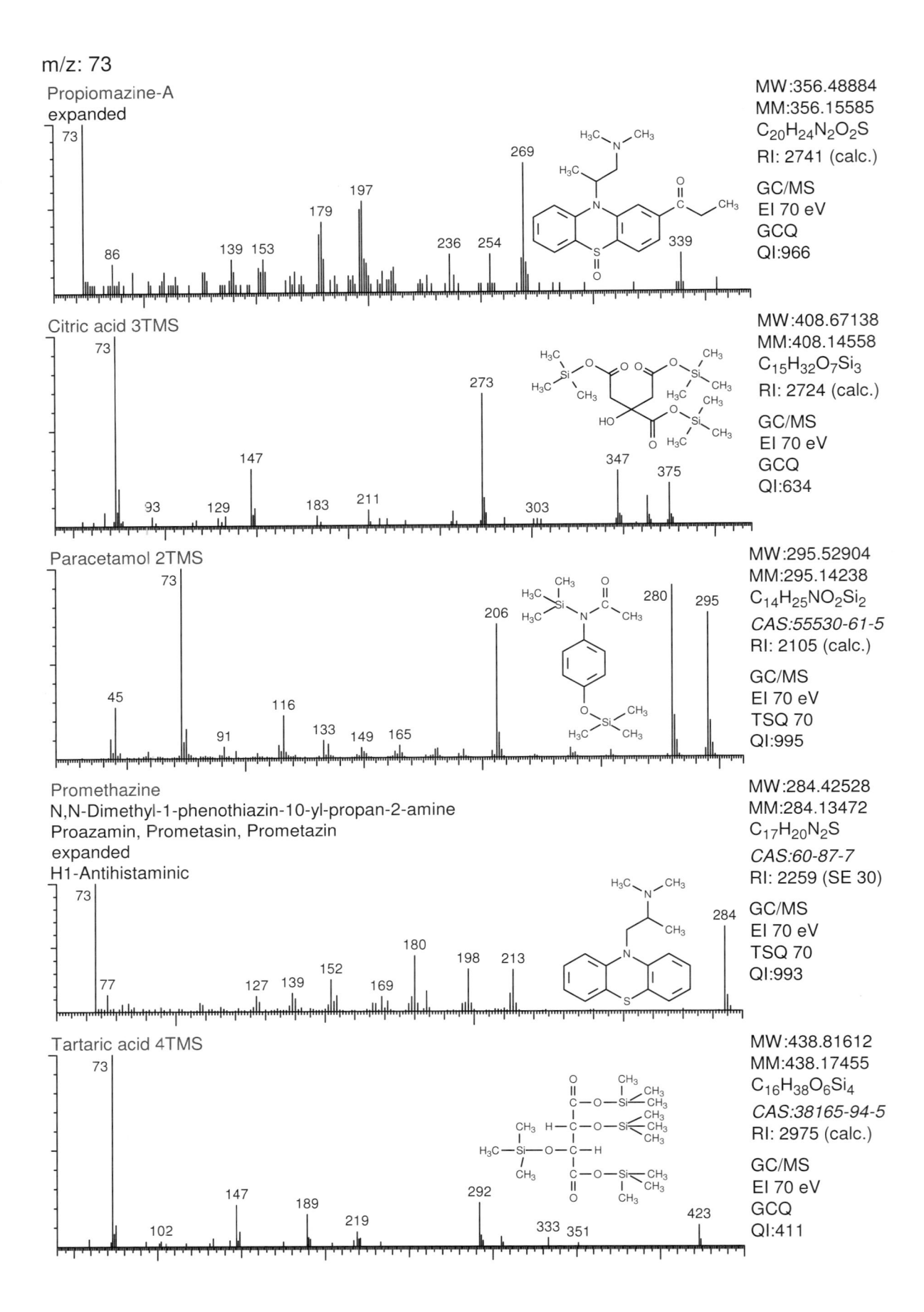

Propiomazine-A expanded

MW: 356.48884
MM: 356.15585
$C_{20}H_{24}N_2O_2S$
RI: 2741 (calc.)

GC/MS
EI 70 eV
GCQ
QI: 966

Peaks: 73, 86, 139, 153, 179, 197, 236, 254, 269, 339

Citric acid 3TMS

MW: 408.67138
MM: 408.14558
$C_{15}H_{32}O_7Si_3$
RI: 2724 (calc.)

GC/MS
EI 70 eV
GCQ
QI: 634

Peaks: 73, 93, 129, 147, 183, 211, 273, 303, 347, 375

Paracetamol 2TMS

MW: 295.52904
MM: 295.14238
$C_{14}H_{25}NO_2Si_2$
CAS: 55530-61-5
RI: 2105 (calc.)

GC/MS
EI 70 eV
TSQ 70
QI: 995

Peaks: 45, 73, 91, 116, 133, 149, 165, 206, 280, 295

Promethazine
N,N-Dimethyl-1-phenothiazin-10-yl-propan-2-amine
Proazamin, Prometasin, Prometazin
expanded
H1-Antihistaminic

MW: 284.42528
MM: 284.13472
$C_{17}H_{20}N_2S$
CAS: 60-87-7
RI: 2259 (SE 30)

GC/MS
EI 70 eV
TSQ 70
QI: 993

Peaks: 73, 77, 127, 139, 152, 169, 180, 198, 213, 284

Tartaric acid 4TMS

MW: 438.81612
MM: 438.17455
$C_{16}H_{38}O_6Si_4$
CAS: 38165-94-5
RI: 2975 (calc.)

GC/MS
EI 70 eV
GCQ
QI: 411

Peaks: 73, 102, 147, 189, 219, 292, 333, 351, 423

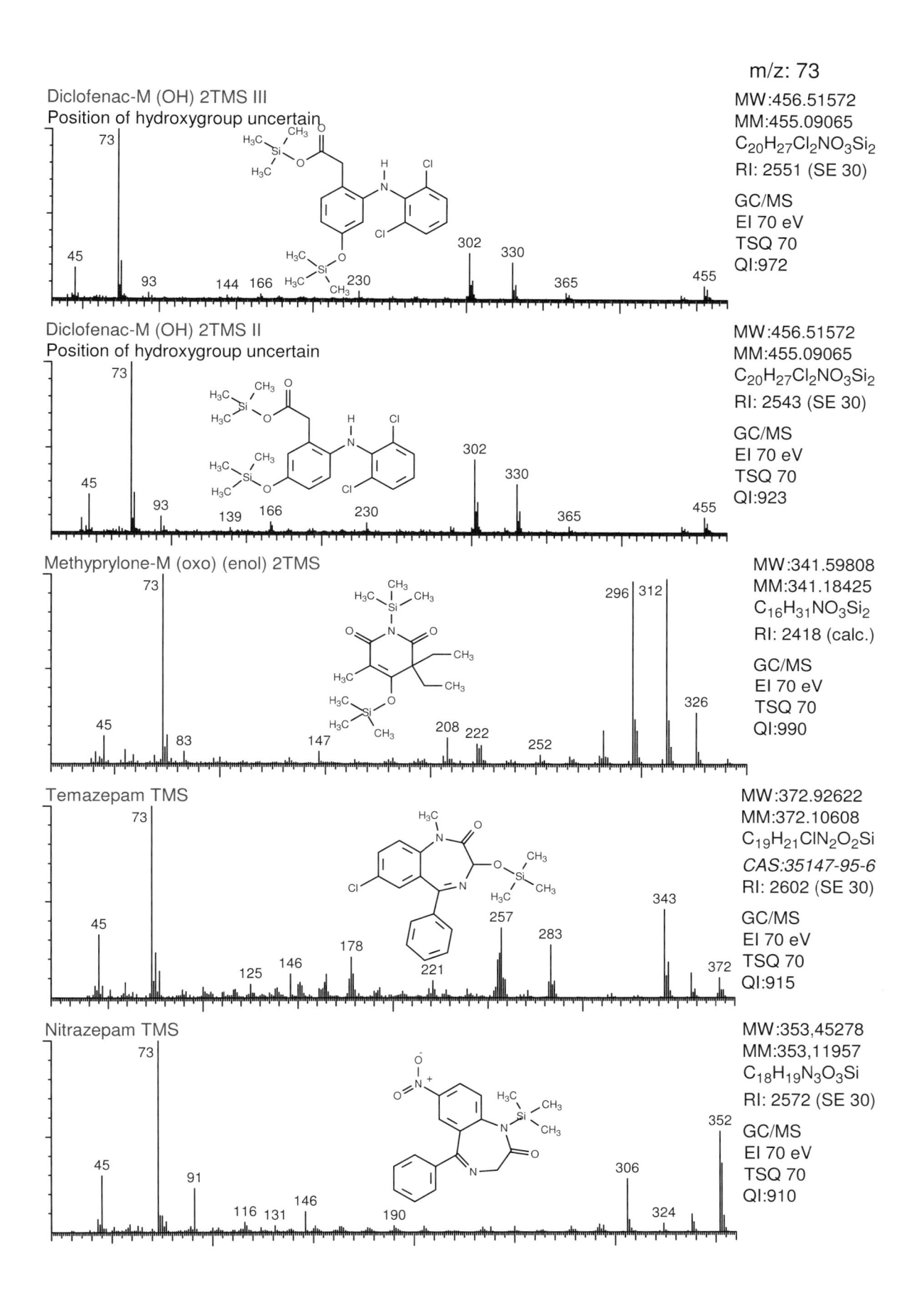

Diclofenac-M (OH) 2TMS III
Position of hydroxygroup uncertain

m/z: 73
MW:456.51572
MM:455.09065
$C_{20}H_{27}Cl_2NO_3Si_2$
RI: 2551 (SE 30)

GC/MS
EI 70 eV
TSQ 70
QI:972

Peaks: 45, 73, 93, 144, 166, 230, 302, 330, 365, 455

Diclofenac-M (OH) 2TMS II
Position of hydroxygroup uncertain

MW:456.51572
MM:455.09065
$C_{20}H_{27}Cl_2NO_3Si_2$
RI: 2543 (SE 30)

GC/MS
EI 70 eV
TSQ 70
QI:923

Peaks: 45, 73, 93, 139, 166, 230, 302, 330, 365, 455

Methyprylone-M (oxo) (enol) 2TMS

MW:341.59808
MM:341.18425
$C_{16}H_{31}NO_3Si_2$
RI: 2418 (calc.)

GC/MS
EI 70 eV
TSQ 70
QI:990

Peaks: 45, 73, 83, 147, 208, 222, 252, 296, 312, 326

Temazepam TMS

MW:372.92622
MM:372.10608
$C_{19}H_{21}ClN_2O_2Si$
CAS:35147-95-6
RI: 2602 (SE 30)

GC/MS
EI 70 eV
TSQ 70
QI:915

Peaks: 45, 73, 125, 146, 178, 221, 257, 283, 343, 372

Nitrazepam TMS

MW:353,45278
MM:353,11957
$C_{18}H_{19}N_3O_3Si$
RI: 2572 (SE 30)

GC/MS
EI 70 eV
TSQ 70
QI:910

Peaks: 45, 73, 91, 116, 131, 146, 190, 306, 324, 352

m/z: 73

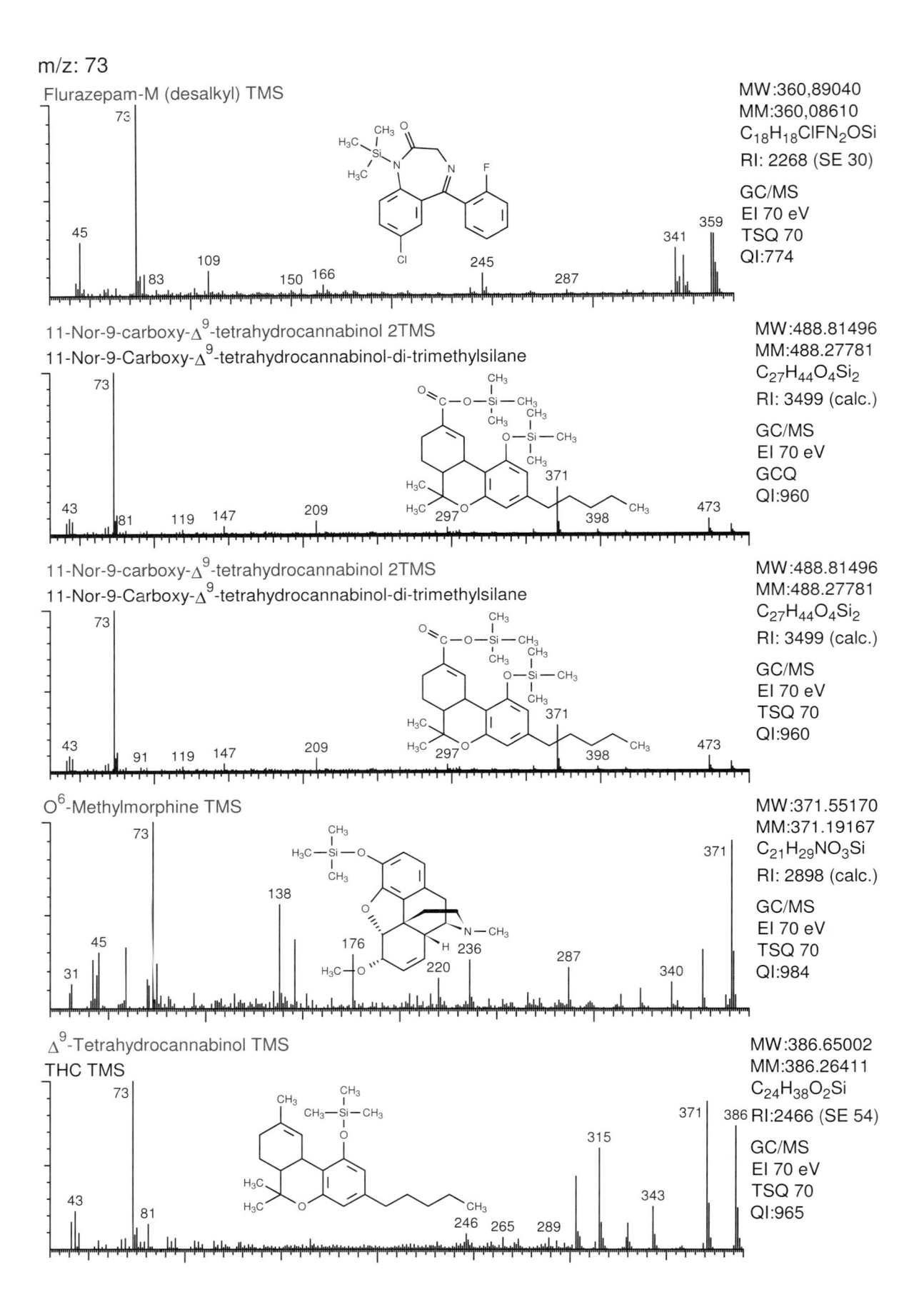

Flurazepam-M (desalkyl) TMS

MW: 360,89040
MM: 360,08610
$C_{18}H_{18}ClN_2OSi$
RI: 2268 (SE 30)

GC/MS
EI 70 eV
TSQ 70
QI: 774

Peaks: 45, 73, 83, 109, 150, 166, 245, 287, 341, 359

11-Nor-9-carboxy-Δ^9-tetrahydrocannabinol 2TMS
11-Nor-9-Carboxy-Δ^9-tetrahydrocannabinol-di-trimethylsilane

MW: 488.81496
MM: 488.27781
$C_{27}H_{44}O_4Si_2$
RI: 3499 (calc.)

GC/MS
EI 70 eV
GCQ
QI: 960

Peaks: 43, 73, 81, 119, 147, 209, 297, 371, 398, 473

11-Nor-9-carboxy-Δ^9-tetrahydrocannabinol 2TMS
11-Nor-9-Carboxy-Δ^9-tetrahydrocannabinol-di-trimethylsilane

MW: 488.81496
MM: 488.27781
$C_{27}H_{44}O_4Si_2$
RI: 3499 (calc.)

GC/MS
EI 70 eV
TSQ 70
QI: 960

Peaks: 43, 73, 91, 119, 147, 209, 297, 371, 398, 473

O^6-Methylmorphine TMS

MW: 371.55170
MM: 371.19167
$C_{21}H_{29}NO_3Si$
RI: 2898 (calc.)

GC/MS
EI 70 eV
TSQ 70
QI: 984

Peaks: 31, 45, 73, 138, 176, 220, 236, 287, 340, 371

Δ^9-Tetrahydrocannabinol TMS
THC TMS

MW: 386.65002
MM: 386.26411
$C_{24}H_{38}O_2Si$
RI: 2466 (SE 54)

GC/MS
EI 70 eV
TSQ 70
QI: 965

Peaks: 43, 73, 81, 246, 265, 289, 315, 343, 371, 386

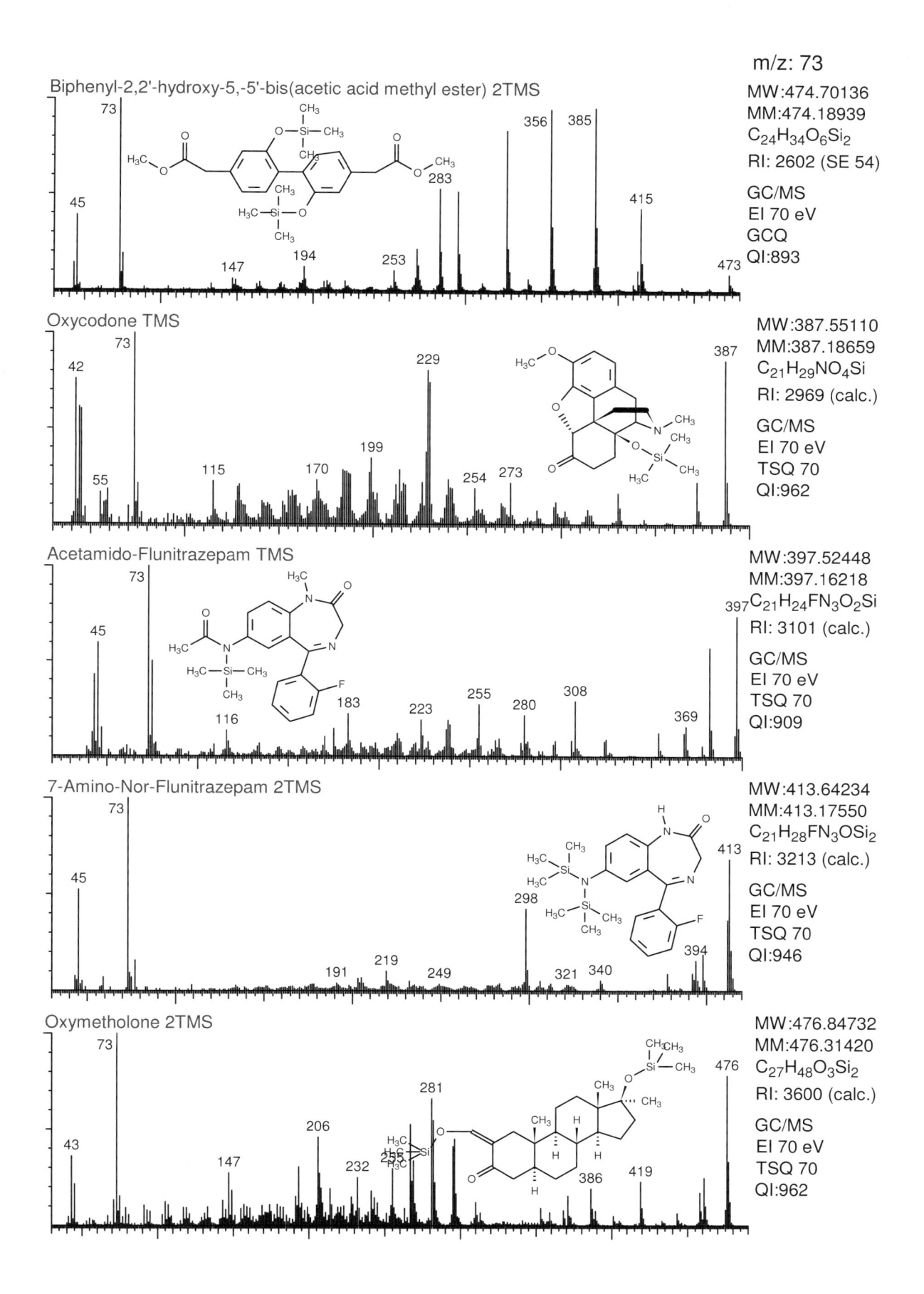

Biphenyl-2,2'-hydroxy-5,-5'-bis(acetic acid methyl ester) 2TMS

Peaks: 45, 73, 147, 194, 253, 283, 356, 385, 415, 473

m/z: 73
MW: 474.70136
MM: 474.18939
$C_{24}H_{34}O_6Si_2$
RI: 2602 (SE 54)

GC/MS
EI 70 eV
GCQ
QI: 893

Oxycodone TMS

Peaks: 42, 55, 73, 115, 170, 199, 229, 254, 273, 387

MW: 387.55110
MM: 387.18659
$C_{21}H_{29}NO_4Si$
RI: 2969 (calc.)

GC/MS
EI 70 eV
TSQ 70
QI: 962

Acetamido-Flunitrazepam TMS

Peaks: 45, 73, 116, 183, 223, 255, 280, 308, 369, 397

MW: 397.52448
MM: 397.16218
$C_{21}H_{24}FN_3O_2Si$
RI: 3101 (calc.)

GC/MS
EI 70 eV
TSQ 70
QI: 909

7-Amino-Nor-Flunitrazepam 2TMS

Peaks: 45, 73, 191, 219, 249, 298, 321, 340, 394, 413

MW: 413.64234
MM: 413.17550
$C_{21}H_{28}FN_3OSi_2$
RI: 3213 (calc.)

GC/MS
EI 70 eV
TSQ 70
QI: 946

Oxymetholone 2TMS

Peaks: 43, 73, 147, 206, 232, 256, 281, 386, 419, 476

MW: 476.84732
MM: 476.31420
$C_{27}H_{48}O_3Si_2$
RI: 3600 (calc.)

GC/MS
EI 70 eV
TSQ 70
QI: 962

m/z: 73

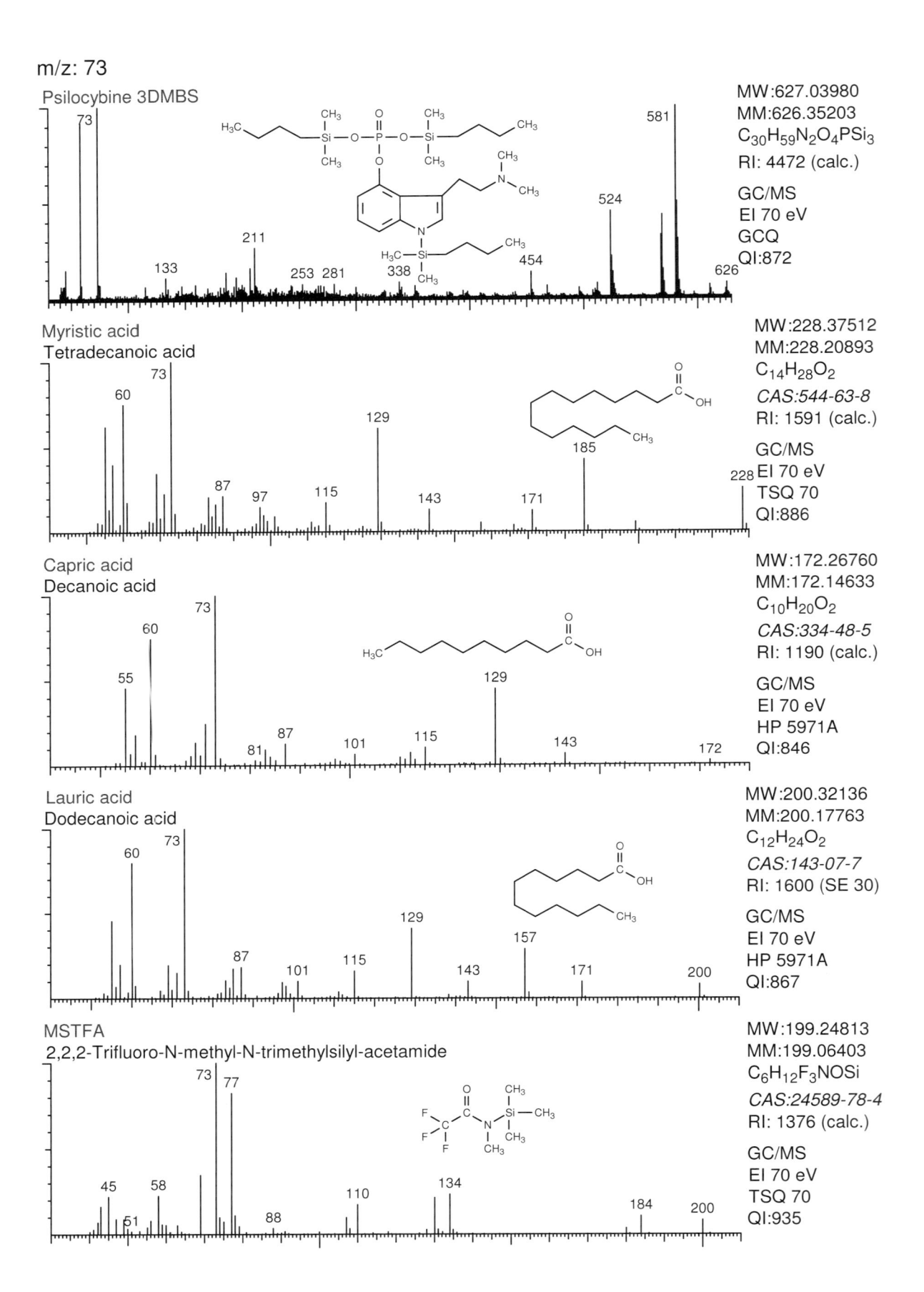

Psilocybine 3DMBS

MW: 627.03980
MM: 626.35203
C$_{30}$H$_{59}$N$_2$O$_4$PSi$_3$
RI: 4472 (calc.)

GC/MS
EI 70 eV
GCQ
QI: 872

Peaks: 73, 133, 211, 253, 281, 338, 454, 524, 581, 626

Myristic acid
Tetradecanoic acid

MW: 228.37512
MM: 228.20893
C$_{14}$H$_{28}$O$_2$
CAS: 544-63-8
RI: 1591 (calc.)

GC/MS
EI 70 eV
TSQ 70
QI: 886

Peaks: 60, 73, 87, 97, 115, 129, 143, 171, 185, 228

Capric acid
Decanoic acid

MW: 172.26760
MM: 172.14633
C$_{10}$H$_{20}$O$_2$
CAS: 334-48-5
RI: 1190 (calc.)

GC/MS
EI 70 eV
HP 5971A
QI: 846

Peaks: 55, 60, 73, 81, 87, 101, 115, 129, 143, 172

Lauric acid
Dodecanoic acid

MW: 200.32136
MM: 200.17763
C$_{12}$H$_{24}$O$_2$
CAS: 143-07-7
RI: 1600 (SE 30)

GC/MS
EI 70 eV
HP 5971A
QI: 867

Peaks: 60, 73, 87, 101, 115, 129, 143, 157, 171, 200

MSTFA
2,2,2-Trifluoro-N-methyl-N-trimethylsilyl-acetamide

MW: 199.24813
MM: 199.06403
C$_6$H$_{12}$F$_3$NOSi
CAS: 24589-78-4
RI: 1376 (calc.)

GC/MS
EI 70 eV
TSQ 70
QI: 935

Peaks: 45, 51, 58, 73, 77, 88, 110, 134, 184, 200

Sulfamethoxazole 2TMS

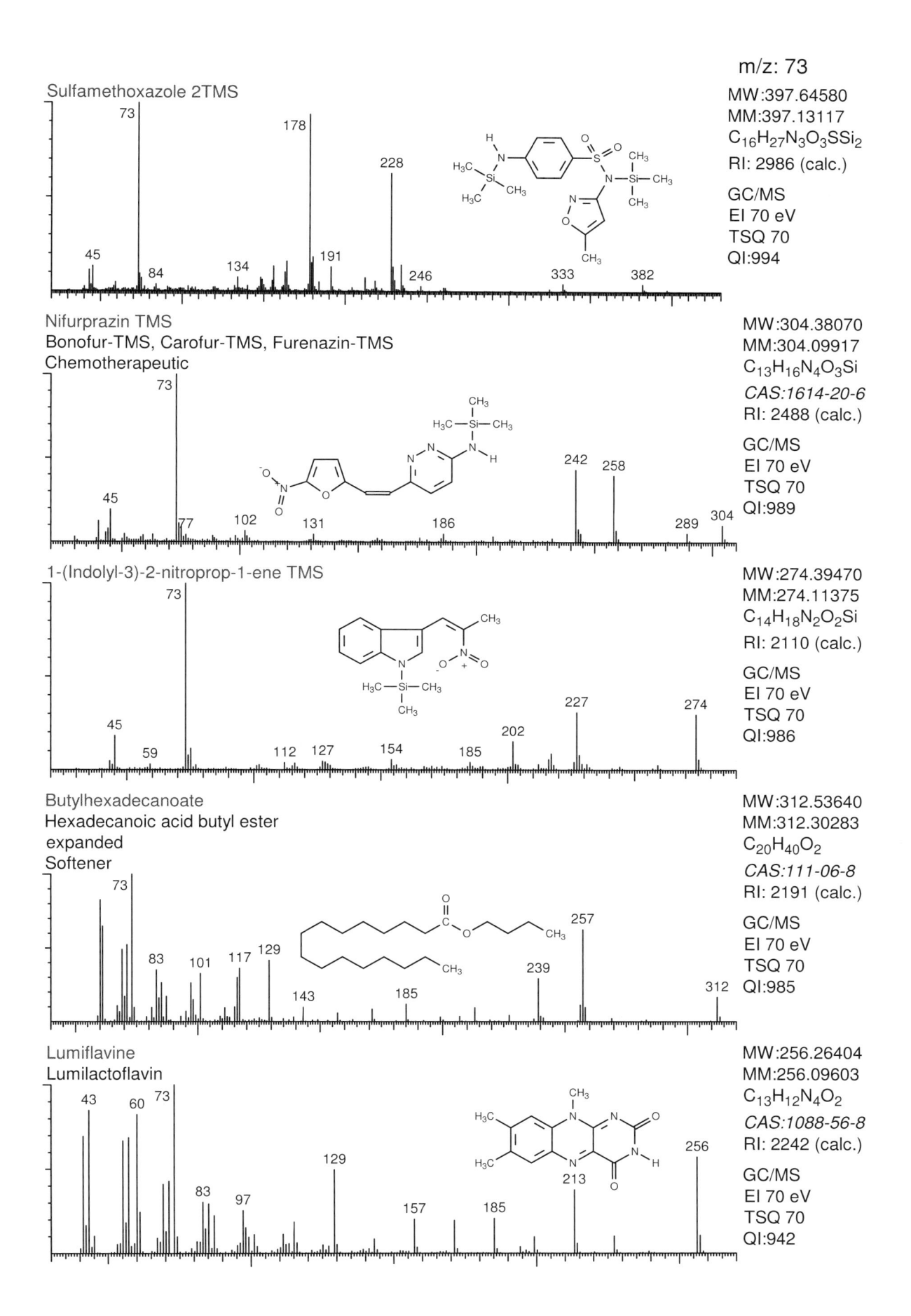

m/z: 73
MW: 397.64580
MM: 397.13117
$C_{16}H_{27}N_3O_3SSi_2$
RI: 2986 (calc.)

GC/MS
EI 70 eV
TSQ 70
QI: 994

Nifurprazin TMS
Bonofur-TMS, Carofur-TMS, Furenazin-TMS
Chemotherapeutic

MW: 304.38070
MM: 304.09917
$C_{13}H_{16}N_4O_3Si$
CAS: 1614-20-6
RI: 2488 (calc.)

GC/MS
EI 70 eV
TSQ 70
QI: 989

1-(Indolyl-3)-2-nitroprop-1-ene TMS

MW: 274.39470
MM: 274.11375
$C_{14}H_{18}N_2O_2Si$
RI: 2110 (calc.)

GC/MS
EI 70 eV
TSQ 70
QI: 986

Butylhexadecanoate
Hexadecanoic acid butyl ester
expanded
Softener

MW: 312.53640
MM: 312.30283
$C_{20}H_{40}O_2$
CAS: 111-06-8
RI: 2191 (calc.)

GC/MS
EI 70 eV
TSQ 70
QI: 985

Lumiflavine
Lumilactoflavin

MW: 256.26404
MM: 256.09603
$C_{13}H_{12}N_4O_2$
CAS: 1088-56-8
RI: 2242 (calc.)

GC/MS
EI 70 eV
TSQ 70
QI: 942

m/z: 73

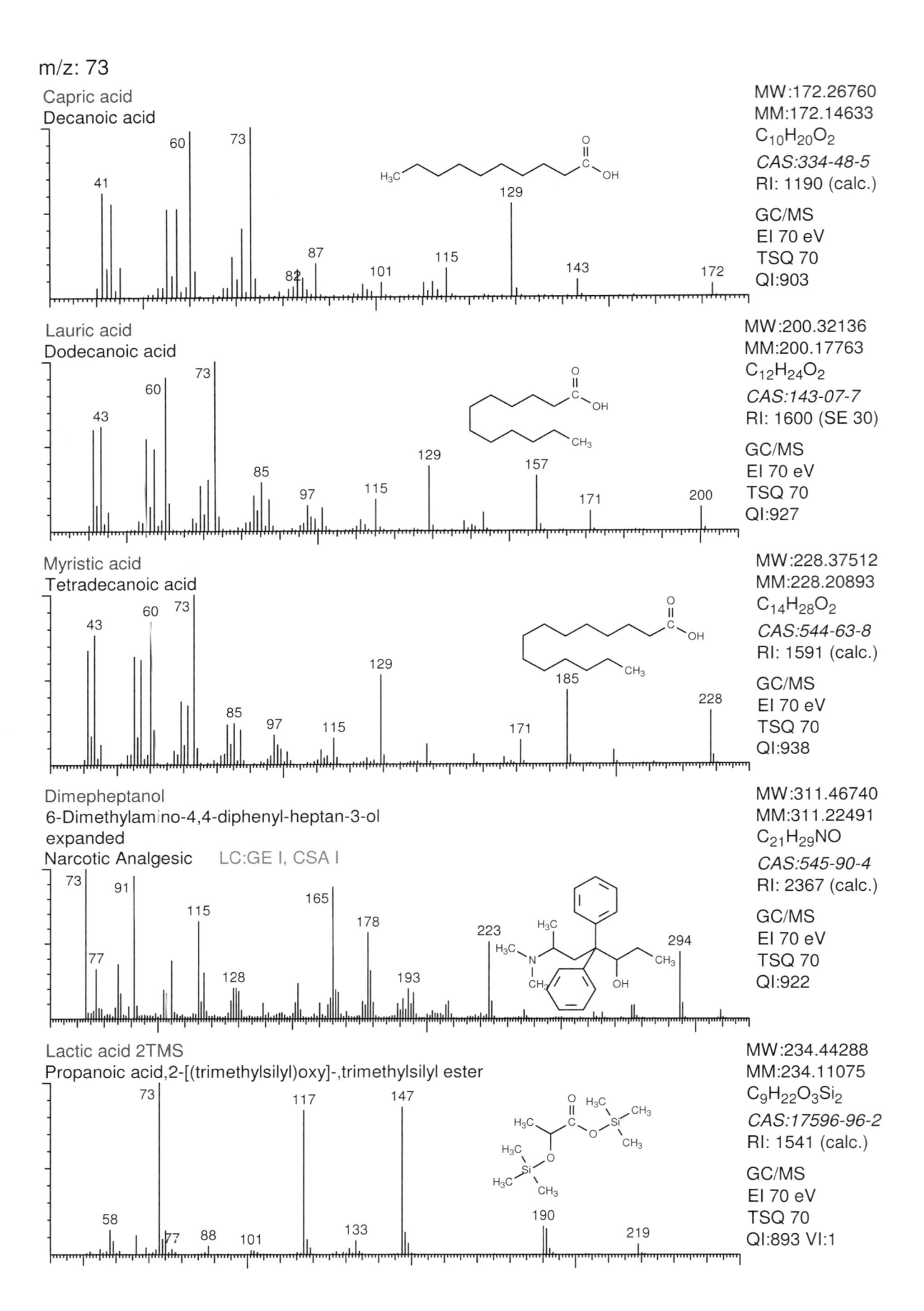

Capric acid
Decanoic acid

MW:172.26760
MM:172.14633
$C_{10}H_{20}O_2$
CAS:334-48-5
RI: 1190 (calc.)

GC/MS
EI 70 eV
TSQ 70
QI:903

Lauric acid
Dodecanoic acid

MW:200.32136
MM:200.17763
$C_{12}H_{24}O_2$
CAS:143-07-7
RI: 1600 (SE 30)

GC/MS
EI 70 eV
TSQ 70
QI:927

Myristic acid
Tetradecanoic acid

MW:228.37512
MM:228.20893
$C_{14}H_{28}O_2$
CAS:544-63-8
RI: 1591 (calc.)

GC/MS
EI 70 eV
TSQ 70
QI:938

Dimepheptanol
6-Dimethylamino-4,4-diphenyl-heptan-3-ol
expanded
Narcotic Analgesic   LC:GE I, CSA I

MW:311.46740
MM:311.22491
$C_{21}H_{29}NO$
CAS:545-90-4
RI: 2367 (calc.)

GC/MS
EI 70 eV
TSQ 70
QI:922

Lactic acid 2TMS
Propanoic acid,2-[(trimethylsilyl)oxy]-,trimethylsilyl ester

MW:234.44288
MM:234.11075
$C_9H_{22}O_3Si_2$
CAS:17596-96-2
RI: 1541 (calc.)

GC/MS
EI 70 eV
TSQ 70
QI:893 VI:1

m/z: 73-74

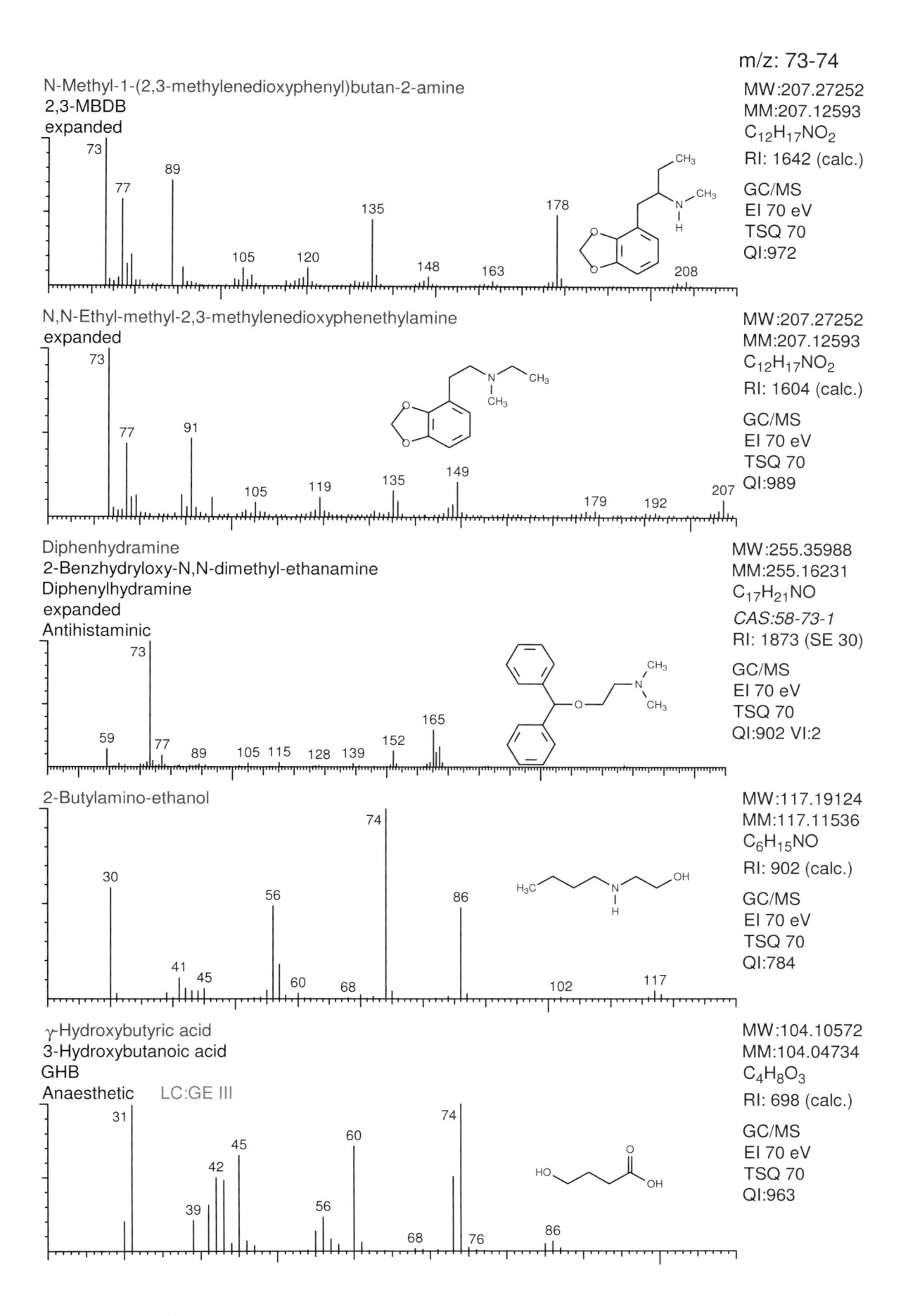

N-Methyl-1-(2,3-methylenedioxyphenyl)butan-2-amine
2,3-MBDB
expanded

MW: 207.27252
MM: 207.12593
$C_{12}H_{17}NO_2$
RI: 1642 (calc.)
GC/MS
EI 70 eV
TSQ 70
QI: 972

N,N-Ethyl-methyl-2,3-methylenedioxyphenethylamine
expanded

MW: 207.27252
MM: 207.12593
$C_{12}H_{17}NO_2$
RI: 1604 (calc.)
GC/MS
EI 70 eV
TSQ 70
QI: 989

Diphenhydramine
2-Benzhydryloxy-N,N-dimethyl-ethanamine
Diphenylhydramine
expanded
Antihistaminic

MW: 255.35988
MM: 255.16231
$C_{17}H_{21}NO$
CAS: 58-73-1
RI: 1873 (SE 30)
GC/MS
EI 70 eV
TSQ 70
QI: 902 VI: 2

2-Butylamino-ethanol

MW: 117.19124
MM: 117.11536
$C_6H_{15}NO$
RI: 902 (calc.)
GC/MS
EI 70 eV
TSQ 70
QI: 784

γ-Hydroxybutyric acid
3-Hydroxybutanoic acid
GHB
Anaesthetic   LC:GE III

MW: 104.10572
MM: 104.04734
$C_4H_8O_3$
RI: 698 (calc.)
GC/MS
EI 70 eV
TSQ 70
QI: 963

m/z: 74

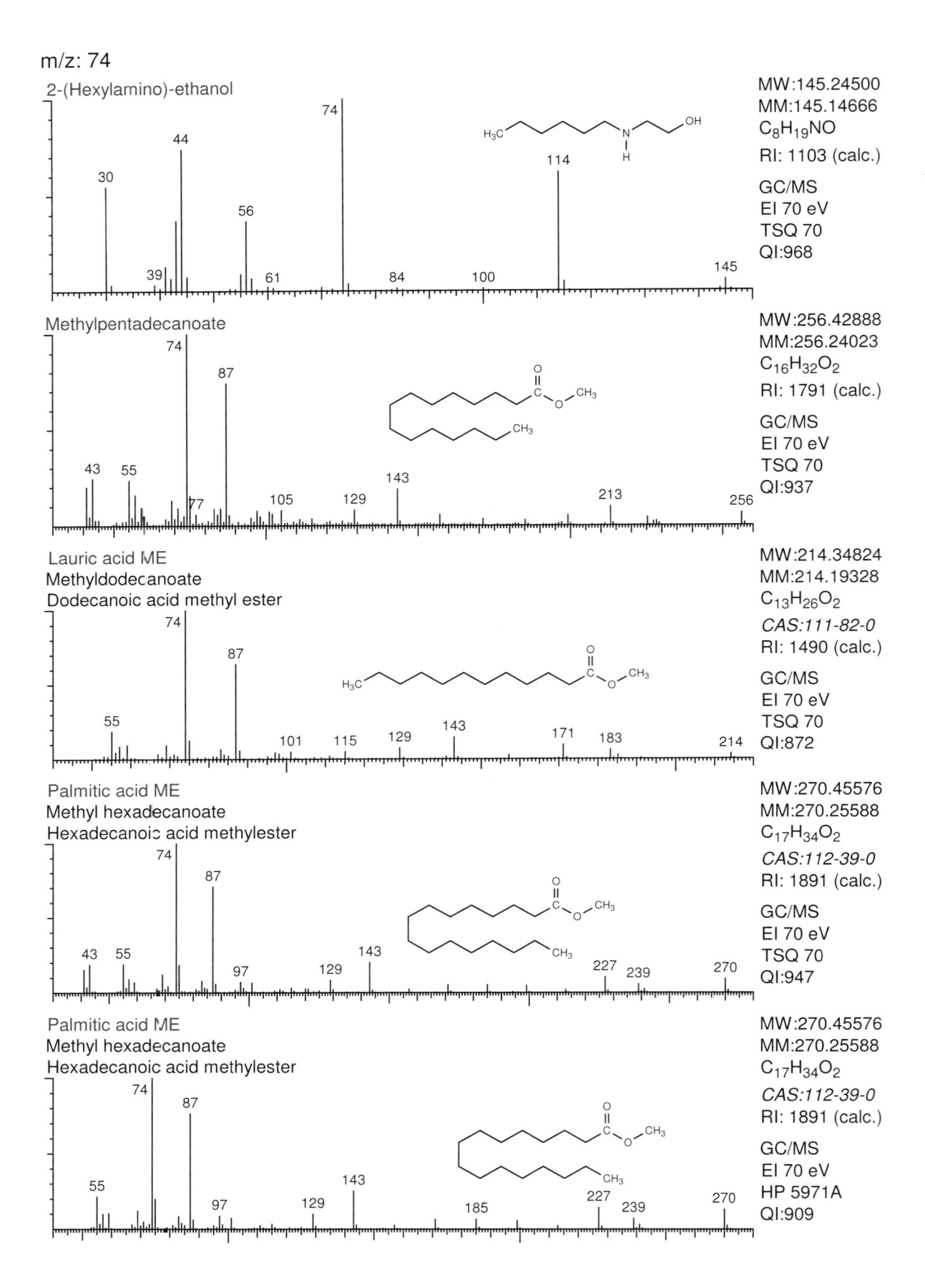

2-(Hexylamino)-ethanol

MW: 145.24500
MM: 145.14666
$C_8H_{19}NO$
RI: 1103 (calc.)

GC/MS
EI 70 eV
TSQ 70
QI: 968

Methylpentadecanoate

MW: 256.42888
MM: 256.24023
$C_{16}H_{32}O_2$
RI: 1791 (calc.)

GC/MS
EI 70 eV
TSQ 70
QI: 937

Lauric acid ME
Methyldodecanoate
Dodecanoic acid methyl ester

MW: 214.34824
MM: 214.19328
$C_{13}H_{26}O_2$
CAS: 111-82-0
RI: 1490 (calc.)

GC/MS
EI 70 eV
TSQ 70
QI: 872

Palmitic acid ME
Methyl hexadecanoate
Hexadecanoic acid methylester

MW: 270.45576
MM: 270.25588
$C_{17}H_{34}O_2$
CAS: 112-39-0
RI: 1891 (calc.)

GC/MS
EI 70 eV
TSQ 70
QI: 947

Palmitic acid ME
Methyl hexadecanoate
Hexadecanoic acid methylester

MW: 270.45576
MM: 270.25588
$C_{17}H_{34}O_2$
CAS: 112-39-0
RI: 1891 (calc.)

GC/MS
EI 70 eV
HP 5971A
QI: 909

m/z: 74

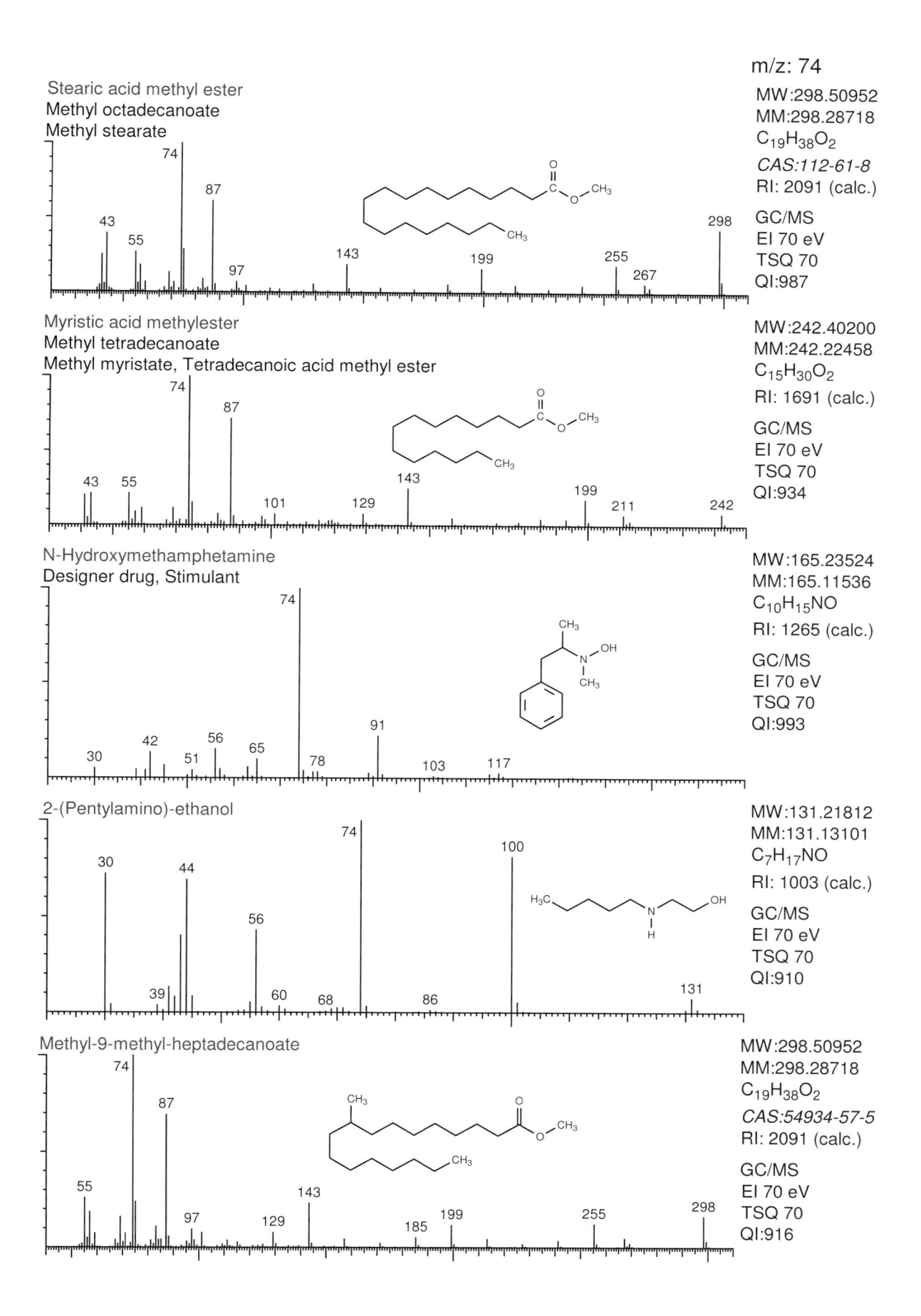

Stearic acid methyl ester
Methyl octadecanoate
Methyl stearate

Peaks: 43, 55, 74, 87, 97, 143, 199, 255, 267, 298

MW: 298.50952
MM: 298.28718
$C_{19}H_{38}O_2$
CAS: 112-61-8
RI: 2091 (calc.)
GC/MS
EI 70 eV
TSQ 70
QI: 987

Myristic acid methylester
Methyl tetradecanoate
Methyl myristate, Tetradecanoic acid methyl ester

Peaks: 43, 55, 74, 87, 101, 129, 143, 199, 211, 242

MW: 242.40200
MM: 242.22458
$C_{15}H_{30}O_2$
RI: 1691 (calc.)
GC/MS
EI 70 eV
TSQ 70
QI: 934

N-Hydroxymethamphetamine
Designer drug, Stimulant

Peaks: 30, 42, 51, 56, 65, 74, 78, 91, 103, 117

MW: 165.23524
MM: 165.11536
$C_{10}H_{15}NO$
RI: 1265 (calc.)
GC/MS
EI 70 eV
TSQ 70
QI: 993

2-(Pentylamino)-ethanol

Peaks: 30, 39, 44, 56, 60, 68, 74, 86, 100, 131

MW: 131.21812
MM: 131.13101
$C_7H_{17}NO$
RI: 1003 (calc.)
GC/MS
EI 70 eV
TSQ 70
QI: 910

Methyl-9-methyl-heptadecanoate

Peaks: 55, 74, 87, 97, 129, 143, 185, 199, 255, 298

MW: 298.50952
MM: 298.28718
$C_{19}H_{38}O_2$
CAS: 54934-57-5
RI: 2091 (calc.)
GC/MS
EI 70 eV
TSQ 70
QI: 916

m/z: 74-75

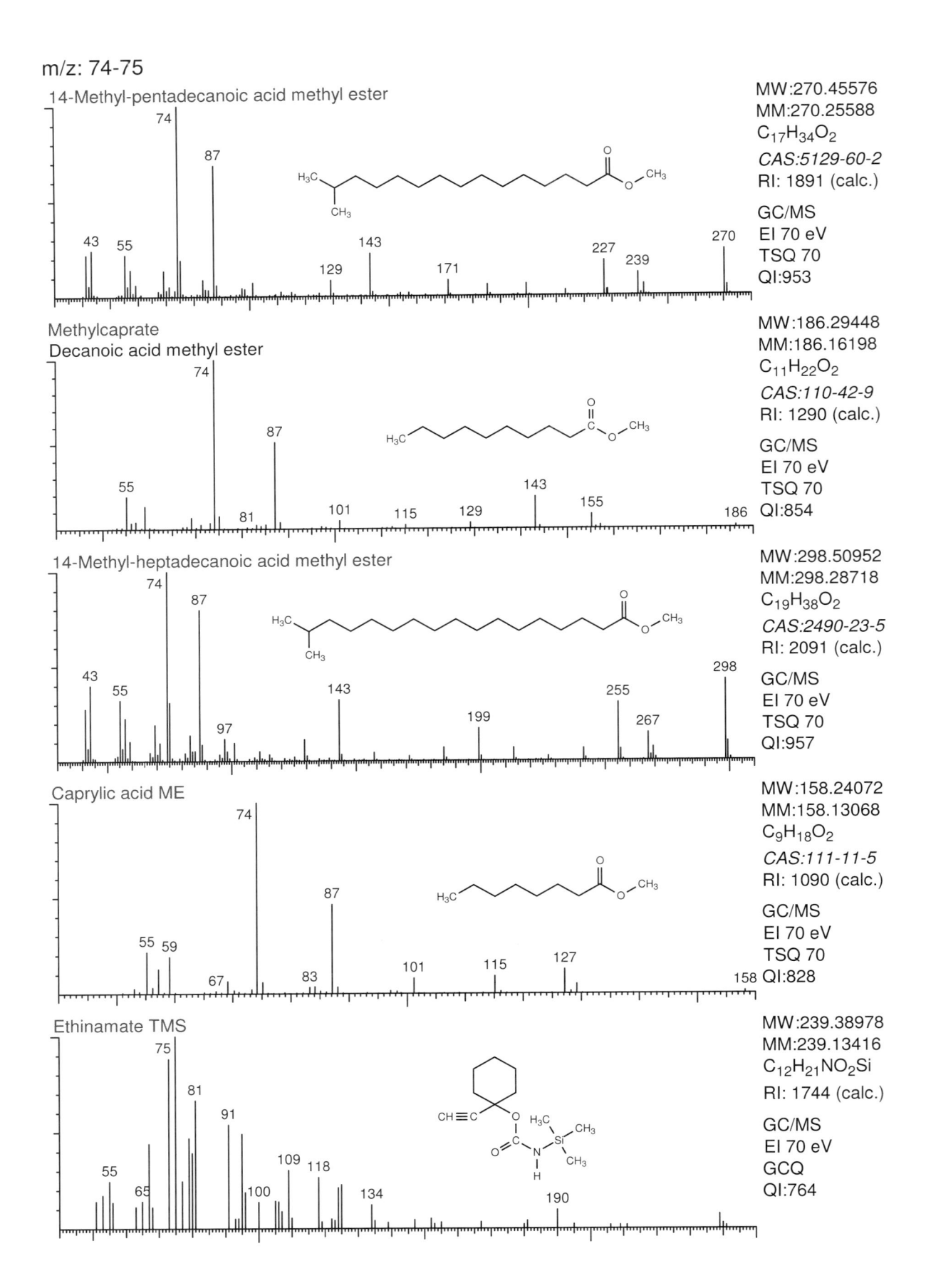

14-Methyl-pentadecanoic acid methyl ester

MW:270.45576
MM:270.25588
$C_{17}H_{34}O_2$
CAS:5129-60-2
RI: 1891 (calc.)

GC/MS
EI 70 eV
TSQ 70
QI:953

Methylcaprate
Decanoic acid methyl ester

MW:186.29448
MM:186.16198
$C_{11}H_{22}O_2$
CAS:110-42-9
RI: 1290 (calc.)

GC/MS
EI 70 eV
TSQ 70
QI:854

14-Methyl-heptadecanoic acid methyl ester

MW:298.50952
MM:298.28718
$C_{19}H_{38}O_2$
CAS:2490-23-5
RI: 2091 (calc.)

GC/MS
EI 70 eV
TSQ 70
QI:957

Caprylic acid ME

MW:158.24072
MM:158.13068
$C_9H_{18}O_2$
CAS:111-11-5
RI: 1090 (calc.)

GC/MS
EI 70 eV
TSQ 70
QI:828

Ethinamate TMS

MW:239.38978
MM:239.13416
$C_{12}H_{21}NO_2Si$
RI: 1744 (calc.)

GC/MS
EI 70 eV
GCQ
QI:764

m/z: 75

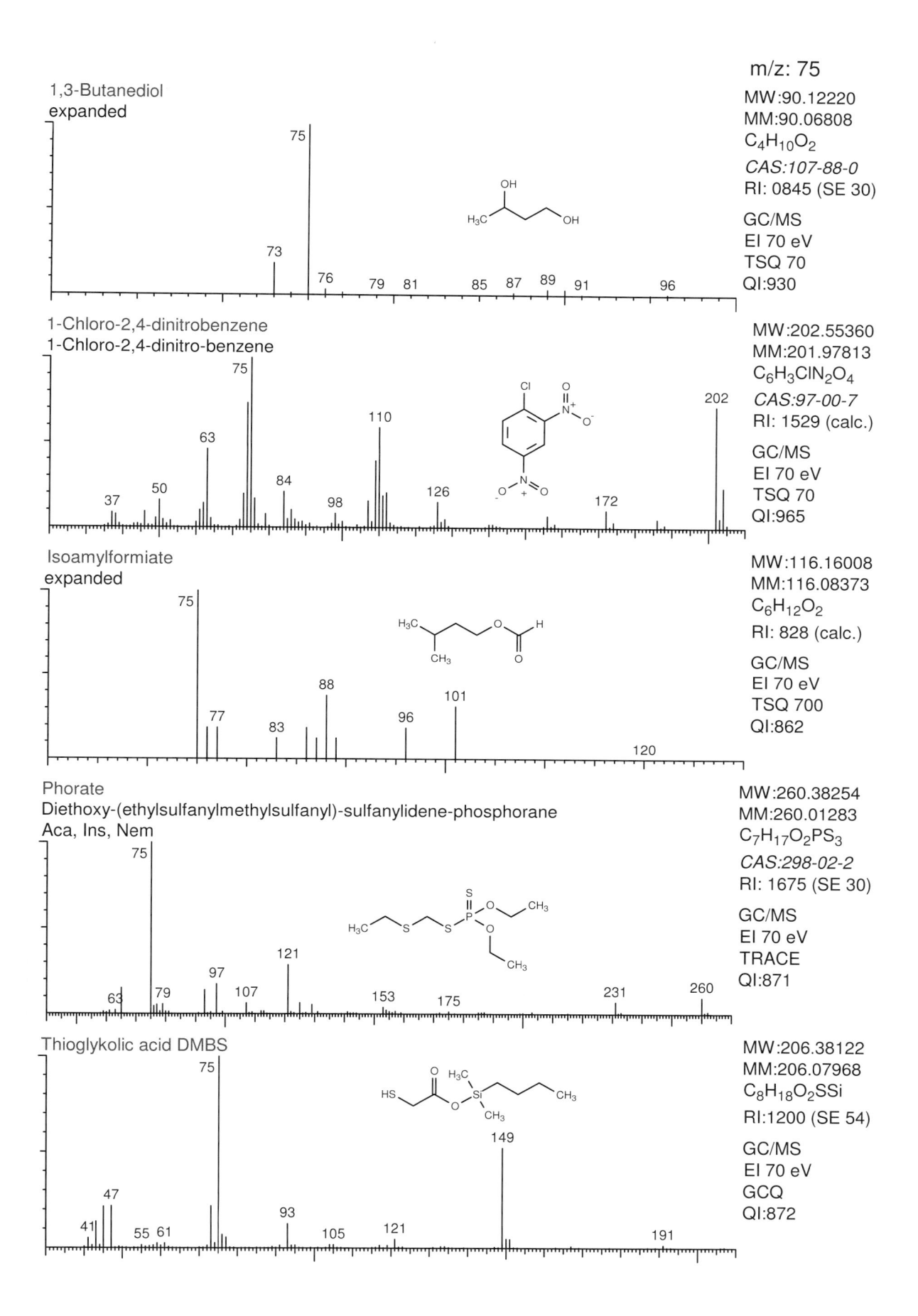

1,3-Butanediol expanded

MW: 90.12220
MM: 90.06808
$C_4H_{10}O_2$
CAS: 107-88-0
RI: 0845 (SE 30)

GC/MS
EI 70 eV
TSQ 70
QI: 930

Peaks: 73, 75, 76, 79, 81, 85, 87, 89, 91, 96

1-Chloro-2,4-dinitrobenzene
1-Chloro-2,4-dinitro-benzene

MW: 202.55360
MM: 201.97813
$C_6H_3ClN_2O_4$
CAS: 97-00-7
RI: 1529 (calc.)

GC/MS
EI 70 eV
TSQ 70
QI: 965

Peaks: 37, 50, 63, 75, 84, 98, 110, 126, 172, 202

Isoamylformiate expanded

MW: 116.16008
MM: 116.08373
$C_6H_{12}O_2$
RI: 828 (calc.)

GC/MS
EI 70 eV
TSQ 700
QI: 862

Peaks: 75, 77, 83, 88, 96, 101, 120

Phorate
Diethoxy-(ethylsulfanylmethylsulfanyl)-sulfanylidene-phosphorane
Aca, Ins, Nem

MW: 260.38254
MM: 260.01283
$C_7H_{17}O_2PS_3$
CAS: 298-02-2
RI: 1675 (SE 30)

GC/MS
EI 70 eV
TRACE
QI: 871

Peaks: 63, 75, 79, 97, 107, 121, 153, 175, 231, 260

Thioglykolic acid DMBS

MW: 206.38122
MM: 206.07968
$C_8H_{18}O_2SSi$
RI: 1200 (SE 54)

GC/MS
EI 70 eV
GCQ
QI: 872

Peaks: 41, 47, 55, 61, 75, 93, 105, 121, 149, 191

m/z: 75

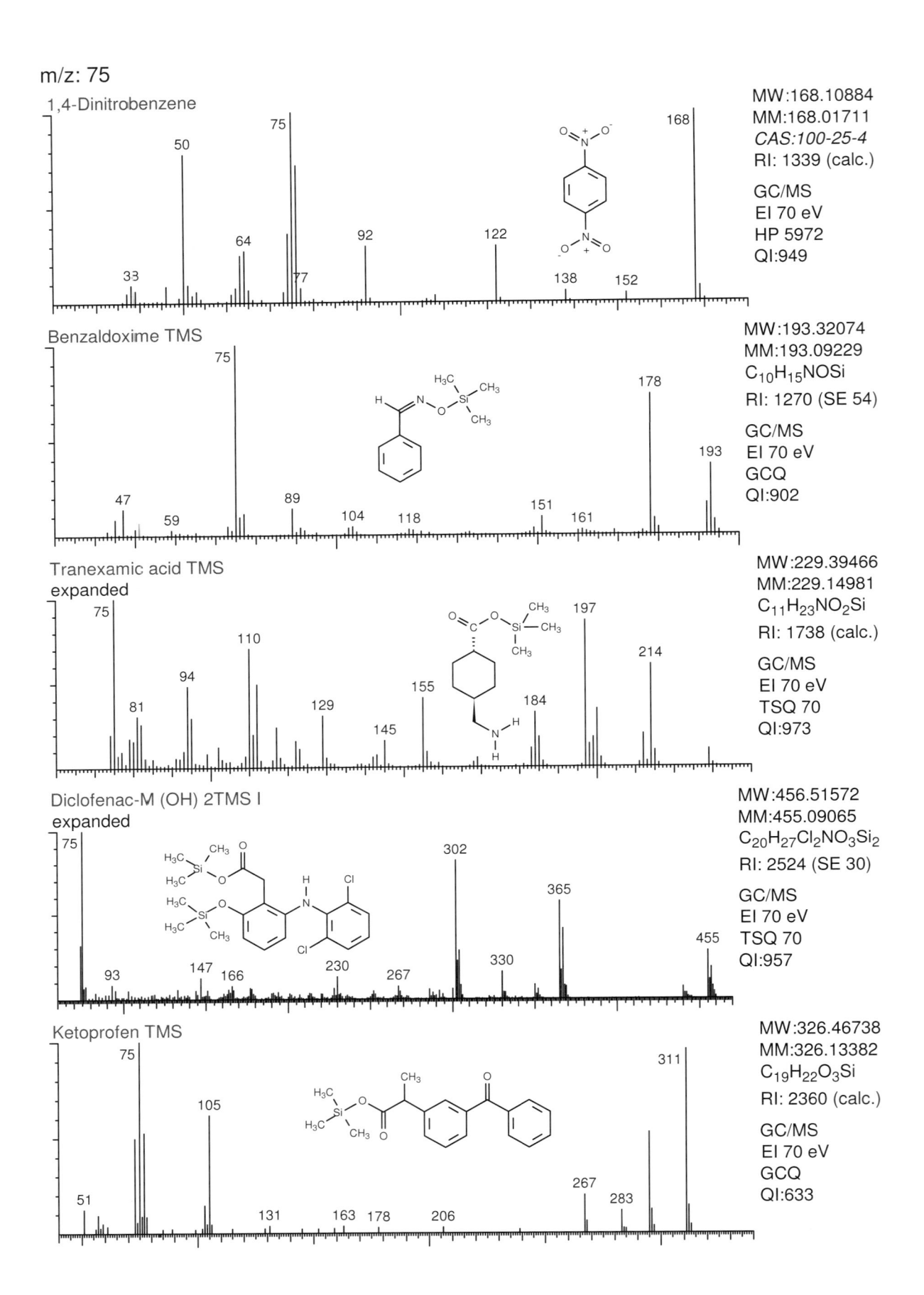

1,4-Dinitrobenzene

MW: 168.10884
MM: 168.01711
CAS: 100-25-4
RI: 1339 (calc.)

GC/MS
EI 70 eV
HP 5972
QI: 949

Peaks: 33, 50, 64, 75, 77, 92, 122, 138, 152, 168

Benzaldoxime TMS

MW: 193.32074
MM: 193.09229
$C_{10}H_{15}NOSi$
RI: 1270 (SE 54)

GC/MS
EI 70 eV
GCQ
QI: 902

Peaks: 47, 59, 75, 89, 104, 118, 151, 161, 178, 193

Tranexamic acid TMS expanded

MW: 229.39466
MM: 229.14981
$C_{11}H_{23}NO_2Si$
RI: 1738 (calc.)

GC/MS
EI 70 eV
TSQ 70
QI: 973

Peaks: 75, 81, 94, 110, 129, 145, 155, 184, 197, 214

Diclofenac-M (OH) 2TMS I expanded

MW: 456.51572
MM: 455.09065
$C_{20}H_{27}Cl_2NO_3Si_2$
RI: 2524 (SE 30)

GC/MS
EI 70 eV
TSQ 70
QI: 957

Peaks: 75, 93, 147, 166, 230, 267, 302, 330, 365, 455

Ketoprofen TMS

MW: 326.46738
MM: 326.13382
$C_{19}H_{22}O_3Si$
RI: 2360 (calc.)

GC/MS
EI 70 eV
GCQ
QI: 633

Peaks: 51, 75, 105, 131, 163, 178, 206, 267, 283, 311

m/z: 75-76

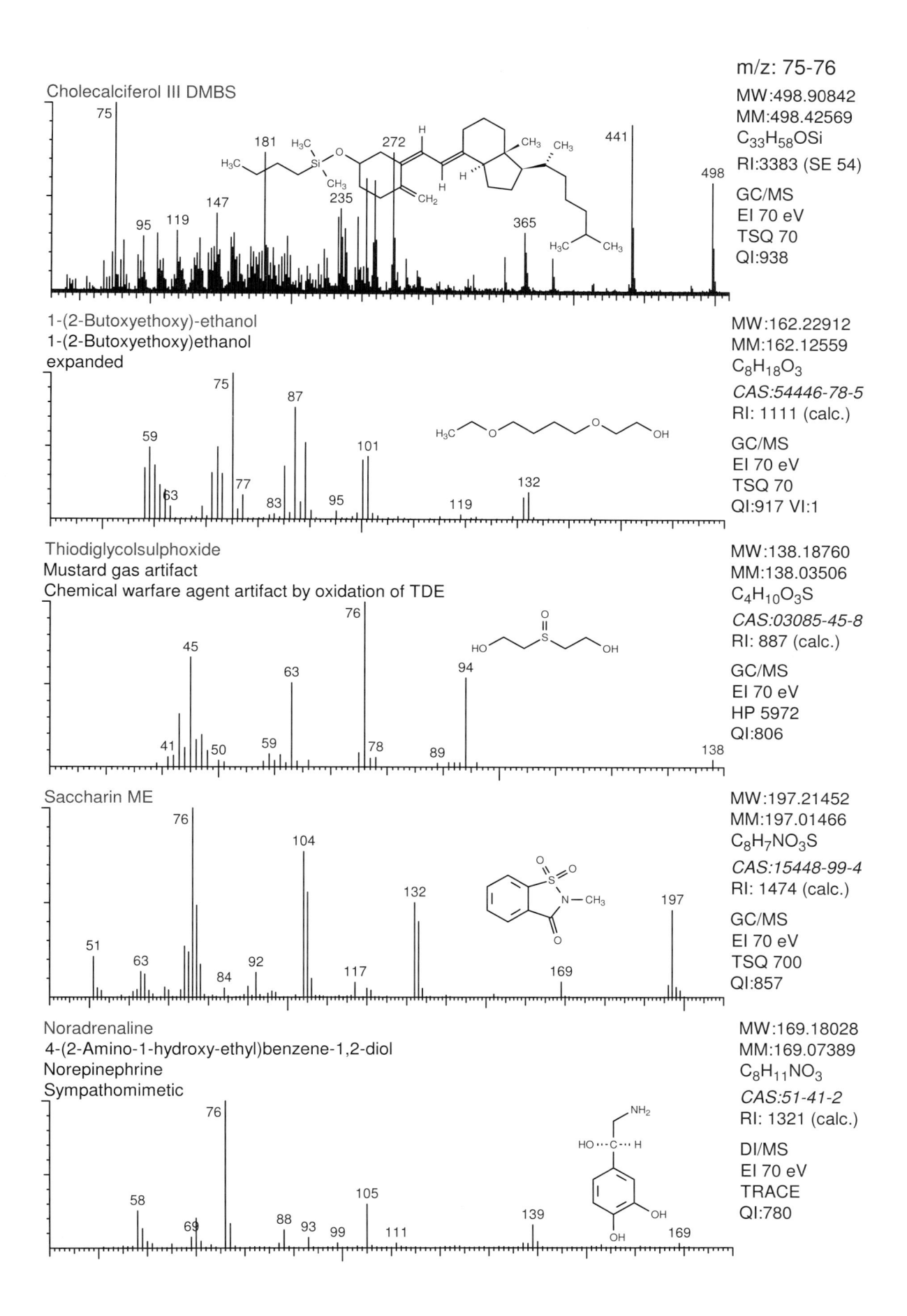

Cholecalciferol III DMBS

MW: 498.90842
MM: 498.42569
C$_{33}$H$_{58}$OSi
RI: 3383 (SE 54)

GC/MS
EI 70 eV
TSQ 70
QI: 938

1-(2-Butoxyethoxy)-ethanol
1-(2-Butoxyethoxy)ethanol
expanded

MW: 162.22912
MM: 162.12559
C$_8$H$_{18}$O$_3$
CAS: 54446-78-5
RI: 1111 (calc.)

GC/MS
EI 70 eV
TSQ 70
QI: 917 VI:1

Thiodiglycolsulphoxide
Mustard gas artifact
Chemical warfare agent artifact by oxidation of TDE

MW: 138.18760
MM: 138.03506
C$_4$H$_{10}$O$_3$S
CAS: 03085-45-8
RI: 887 (calc.)

GC/MS
EI 70 eV
HP 5972
QI: 806

Saccharin ME

MW: 197.21452
MM: 197.01466
C$_8$H$_7$NO$_3$S
CAS: 15448-99-4
RI: 1474 (calc.)

GC/MS
EI 70 eV
TSQ 700
QI: 857

Noradrenaline
4-(2-Amino-1-hydroxy-ethyl)benzene-1,2-diol
Norepinephrine
Sympathomimetic

MW: 169.18028
MM: 169.07389
C$_8$H$_{11}$NO$_3$
CAS: 51-41-2
RI: 1321 (calc.)

DI/MS
EI 70 eV
TRACE
QI: 780

m/z: 76

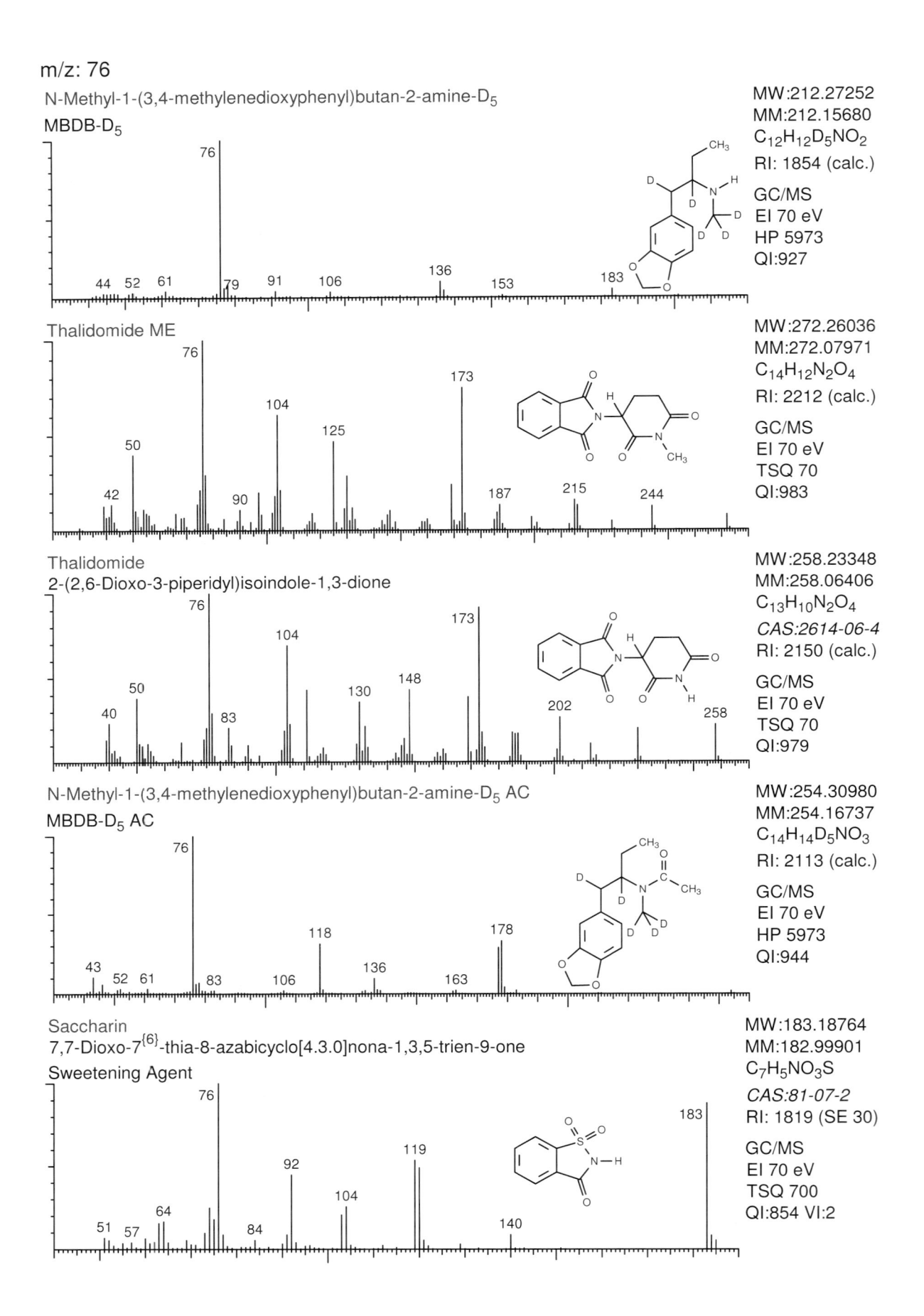

N-Methyl-1-(3,4-methylenedioxyphenyl)butan-2-amine-D$_5$
MBDB-D$_5$

MW:212.27252
MM:212.15680
C$_{12}$H$_{12}$D$_5$NO$_2$
RI: 1854 (calc.)

GC/MS
EI 70 eV
HP 5973
QI:927

Thalidomide ME

MW:272.26036
MM:272.07971
C$_{14}$H$_{12}$N$_2$O$_4$
RI: 2212 (calc.)

GC/MS
EI 70 eV
TSQ 70
QI:983

Thalidomide
2-(2,6-Dioxo-3-piperidyl)isoindole-1,3-dione

MW:258.23348
MM:258.06406
C$_{13}$H$_{10}$N$_2$O$_4$
CAS:2614-06-4
RI: 2150 (calc.)

GC/MS
EI 70 eV
TSQ 70
QI:979

N-Methyl-1-(3,4-methylenedioxyphenyl)butan-2-amine-D$_5$ AC
MBDB-D$_5$ AC

MW:254.30980
MM:254.16737
C$_{14}$H$_{14}$D$_5$NO$_3$
RI: 2113 (calc.)

GC/MS
EI 70 eV
HP 5973
QI:944

Saccharin
7,7-Dioxo-7$^{\{6\}}$-thia-8-azabicyclo[4.3.0]nona-1,3,5-trien-9-one
Sweetening Agent

MW:183.18764
MM:182.99901
C$_7$H$_5$NO$_3$S
CAS:81-07-2
RI: 1819 (SE 30)

GC/MS
EI 70 eV
TSQ 700
QI:854 VI:2

m/z: 77

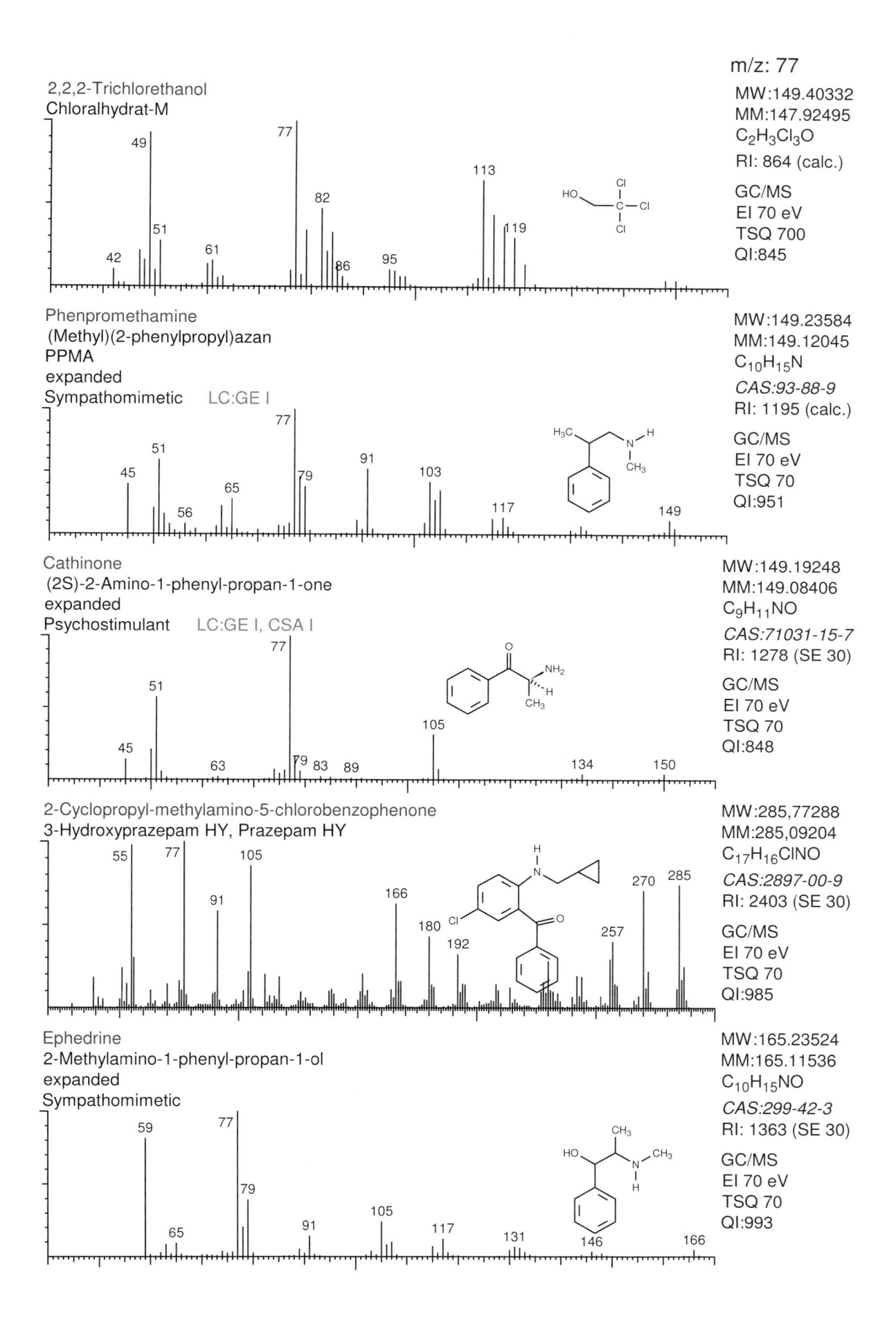

2,2,2-Trichlorethanol
Chloralhydrat-M

MW: 149.40332
MM: 147.92495
$C_2H_3Cl_3O$
RI: 864 (calc.)

GC/MS
EI 70 eV
TSQ 700
QI: 845

Phenpromethamine
(Methyl)(2-phenylpropyl)azan
PPMA
expanded
Sympathomimetic   LC:GE I

MW: 149.23584
MM: 149.12045
$C_{10}H_{15}N$
CAS: 93-88-9
RI: 1195 (calc.)

GC/MS
EI 70 eV
TSQ 70
QI: 951

Cathinone
(2S)-2-Amino-1-phenyl-propan-1-one
expanded
Psychostimulant   LC:GE I, CSA I

MW: 149.19248
MM: 149.08406
$C_9H_{11}NO$
CAS: 71031-15-7
RI: 1278 (SE 30)

GC/MS
EI 70 eV
TSQ 70
QI: 848

2-Cyclopropyl-methylamino-5-chlorobenzophenone
3-Hydroxyprazepam HY, Prazepam HY

MW: 285,77288
MM: 285,09204
$C_{17}H_{16}ClNO$
CAS: 2897-00-9
RI: 2403 (SE 30)

GC/MS
EI 70 eV
TSQ 70
QI: 985

Ephedrine
2-Methylamino-1-phenyl-propan-1-ol
expanded
Sympathomimetic

MW: 165.23524
MM: 165.11536
$C_{10}H_{15}NO$
CAS: 299-42-3
RI: 1363 (SE 30)

GC/MS
EI 70 eV
TSQ 70
QI: 993

m/z: 77

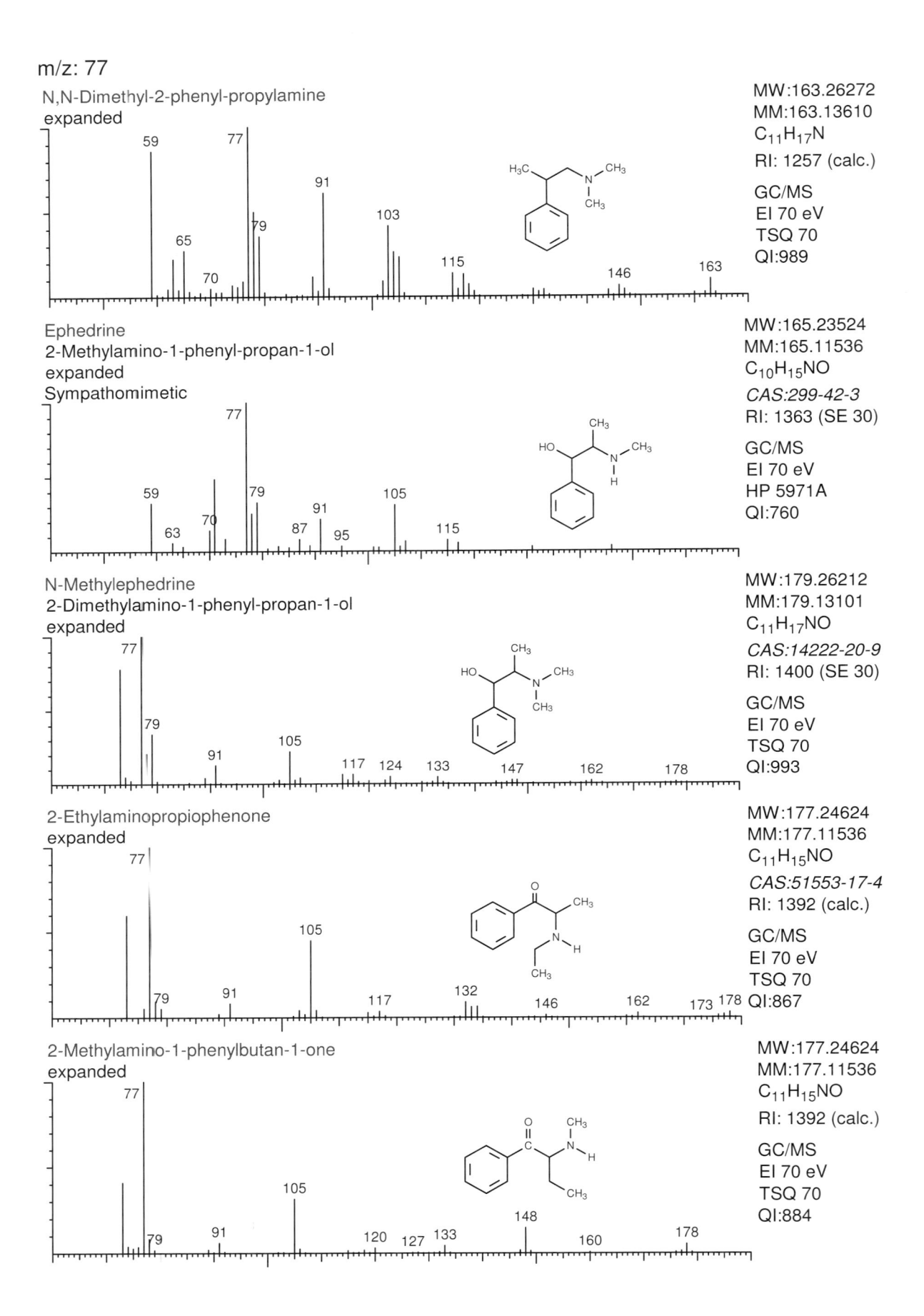

N,N-Dimethyl-2-phenyl-propylamine
expanded

Peaks: 59, 65, 70, 77, 79, 91, 103, 115, 146, 163

MW:163.26272
MM:163.13610
$C_{11}H_{17}N$
RI: 1257 (calc.)

GC/MS
EI 70 eV
TSQ 70
QI:989

Ephedrine
2-Methylamino-1-phenyl-propan-1-ol
expanded
Sympathomimetic

Peaks: 59, 63, 70, 77, 79, 87, 91, 95, 105, 115

MW:165.23524
MM:165.11536
$C_{10}H_{15}NO$
CAS:299-42-3
RI: 1363 (SE 30)

GC/MS
EI 70 eV
HP 5971A
QI:760

N-Methylephedrine
2-Dimethylamino-1-phenyl-propan-1-ol
expanded

Peaks: 77, 79, 91, 105, 117, 124, 133, 147, 162, 178

MW:179.26212
MM:179.13101
$C_{11}H_{17}NO$
CAS:14222-20-9
RI: 1400 (SE 30)

GC/MS
EI 70 eV
TSQ 70
QI:993

2-Ethylaminopropiophenone
expanded

Peaks: 77, 79, 91, 105, 117, 132, 146, 162, 173, 178

MW:177.24624
MM:177.11536
$C_{11}H_{15}NO$
CAS:51553-17-4
RI: 1392 (calc.)

GC/MS
EI 70 eV
TSQ 70
QI:867

2-Methylamino-1-phenylbutan-1-one
expanded

Peaks: 77, 79, 91, 105, 120, 127, 133, 148, 160, 178

MW:177.24624
MM:177.11536
$C_{11}H_{15}NO$
RI: 1392 (calc.)

GC/MS
EI 70 eV
TSQ 70
QI:884

m/z: 77

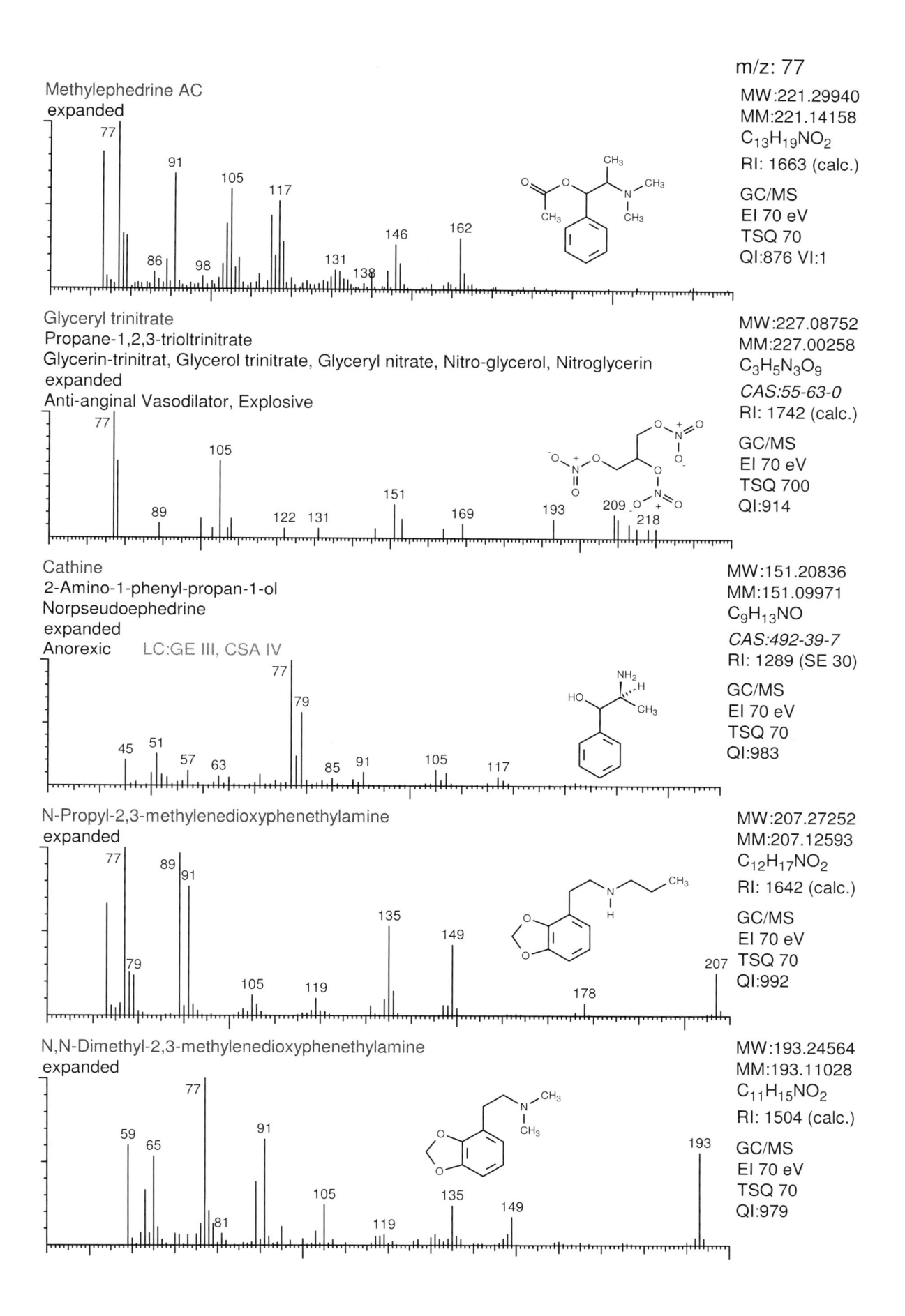

Methylephedrine AC
expanded

Peaks: 77, 91, 105, 117, 86, 98, 131, 138, 146, 162

MW: 221.29940
MM: 221.14158
$C_{13}H_{19}NO_2$
RI: 1663 (calc.)

GC/MS
EI 70 eV
TSQ 70
QI: 876 VI:1

Glyceryl trinitrate
Propane-1,2,3-trioltrinitrate
Glycerin-trinitrat, Glycerol trinitrate, Glyceryl nitrate, Nitro-glycerol, Nitroglycerin
expanded
Anti-anginal Vasodilator, Explosive

Peaks: 77, 105, 89, 122, 131, 151, 169, 193, 209, 218

MW: 227.08752
MM: 227.00258
$C_3H_5N_3O_9$
CAS: 55-63-0
RI: 1742 (calc.)

GC/MS
EI 70 eV
TSQ 700
QI: 914

Cathine
2-Amino-1-phenyl-propan-1-ol
Norpseudoephedrine
expanded
Anorexic   LC:GE III, CSA IV

Peaks: 45, 51, 57, 63, 77, 79, 85, 91, 105, 117

MW: 151.20836
MM: 151.09971
$C_9H_{13}NO$
CAS: 492-39-7
RI: 1289 (SE 30)

GC/MS
EI 70 eV
TSQ 70
QI: 983

N-Propyl-2,3-methylenedioxyphenethylamine
expanded

Peaks: 77, 89, 91, 79, 105, 119, 135, 149, 178, 207

MW: 207.27252
MM: 207.12593
$C_{12}H_{17}NO_2$
RI: 1642 (calc.)

GC/MS
EI 70 eV
TSQ 70
QI: 992

N,N-Dimethyl-2,3-methylenedioxyphenethylamine
expanded

Peaks: 59, 65, 77, 81, 91, 105, 119, 135, 149, 193

MW: 193.24564
MM: 193.11028
$C_{11}H_{15}NO_2$
RI: 1504 (calc.)

GC/MS
EI 70 eV
TSQ 70
QI: 979

m/z: 77

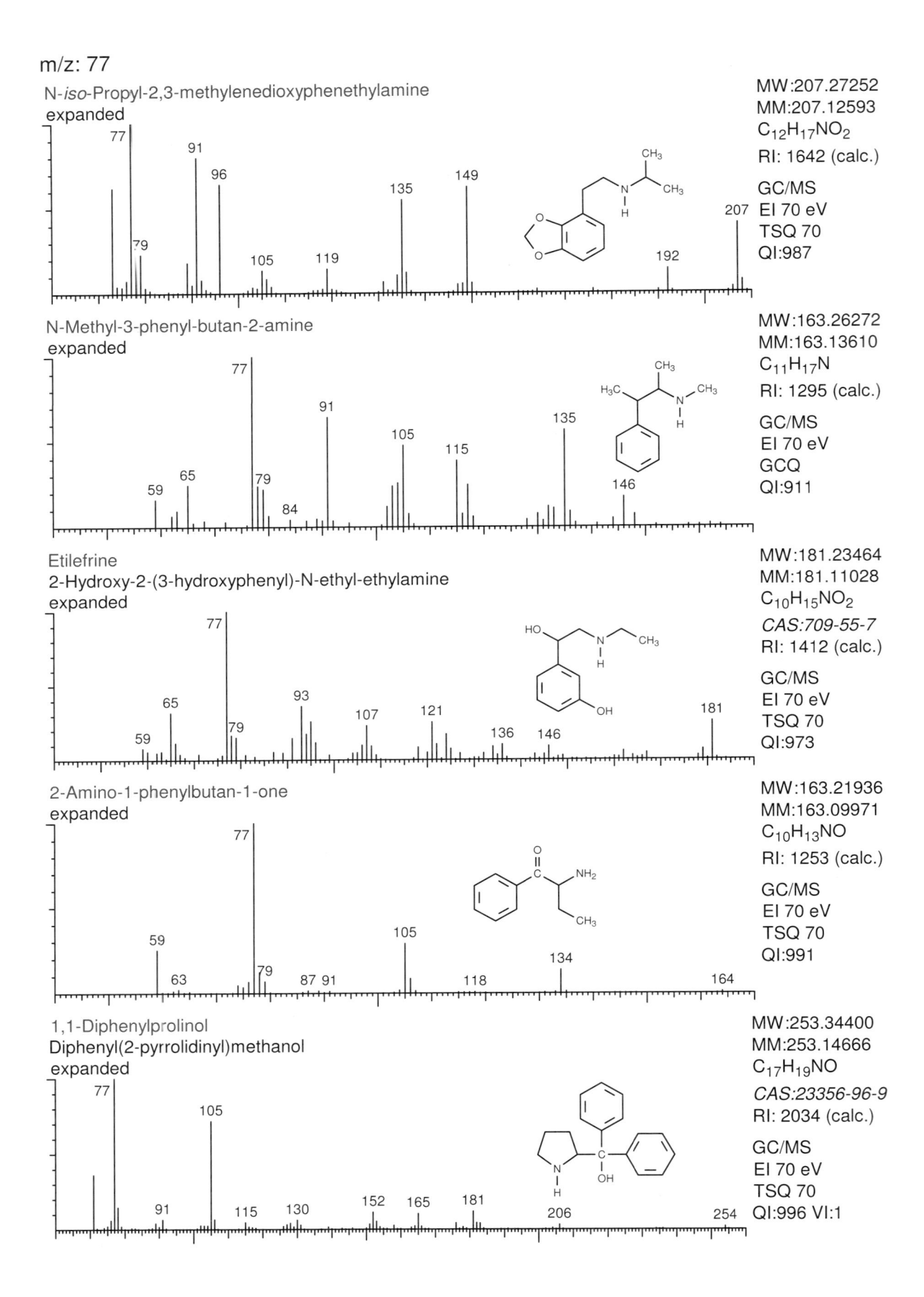

N-*iso*-Propyl-2,3-methylenedioxyphenethylamine
expanded

77, 91, 96, 79, 105, 119, 135, 149, 192, 207

MW:207.27252
MM:207.12593
$C_{12}H_{17}NO_2$
RI: 1642 (calc.)

GC/MS
EI 70 eV
TSQ 70
QI:987

N-Methyl-3-phenyl-butan-2-amine
expanded

77, 91, 105, 115, 135, 59, 65, 79, 84, 146

MW:163.26272
MM:163.13610
$C_{11}H_{17}N$
RI: 1295 (calc.)

GC/MS
EI 70 eV
GCQ
QI:911

Etilefrine
2-Hydroxy-2-(3-hydroxyphenyl)-N-ethyl-ethylamine
expanded

77, 65, 93, 107, 121, 59, 79, 136, 146, 181

MW:181.23464
MM:181.11028
$C_{10}H_{15}NO_2$
CAS:709-55-7
RI: 1412 (calc.)

GC/MS
EI 70 eV
TSQ 70
QI:973

2-Amino-1-phenylbutan-1-one
expanded

77, 59, 63, 79, 87, 91, 105, 118, 134, 164

MW:163.21936
MM:163.09971
$C_{10}H_{13}NO$
RI: 1253 (calc.)

GC/MS
EI 70 eV
TSQ 70
QI:991

1,1-Diphenylprolinol
Diphenyl(2-pyrrolidinyl)methanol
expanded

77, 105, 91, 115, 130, 152, 165, 181, 206, 254

MW:253.34400
MM:253.14666
$C_{17}H_{19}NO$
CAS:23356-96-9
RI: 2034 (calc.)

GC/MS
EI 70 eV
TSQ 70
QI:996 VI:1

m/z: 77

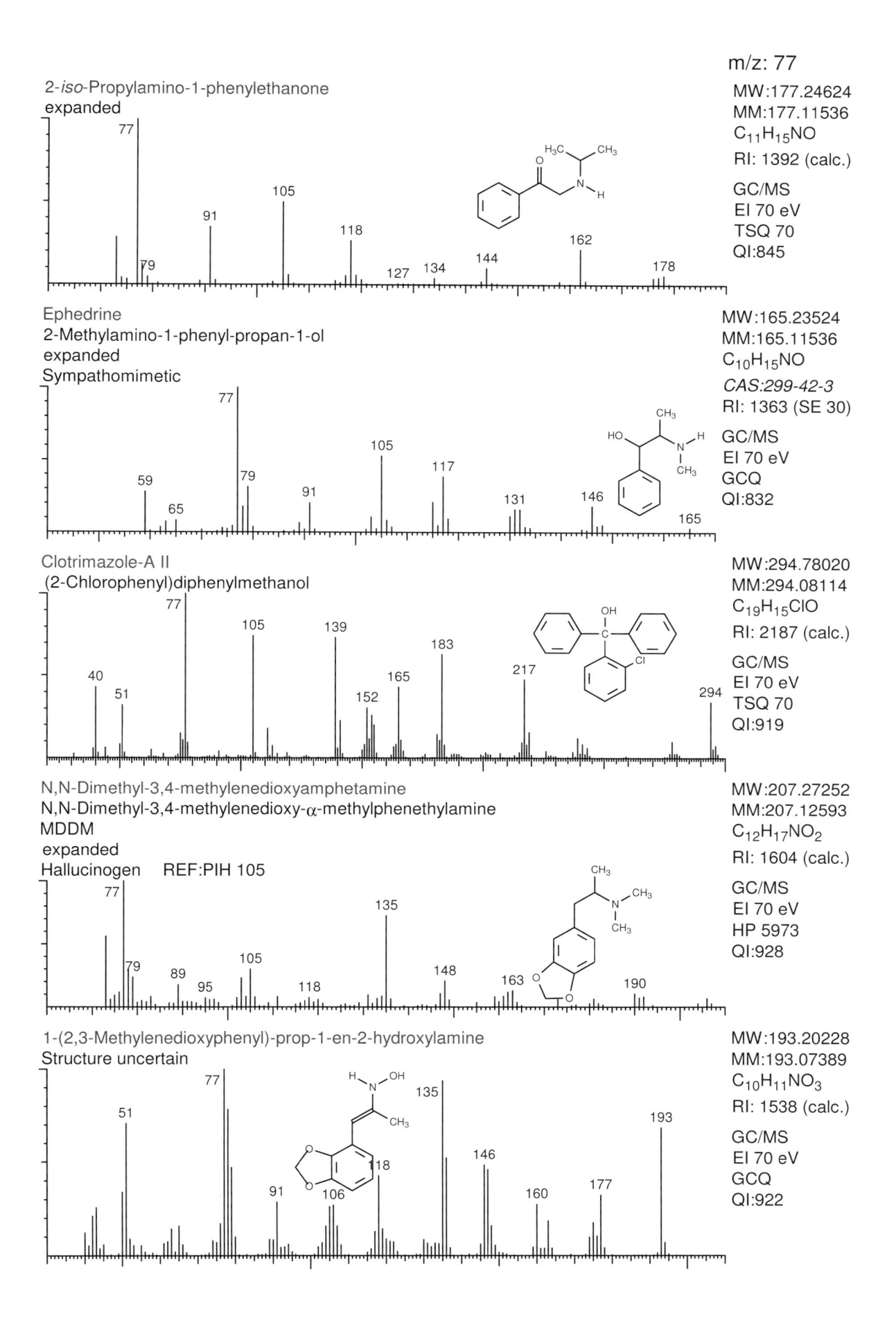

2-*iso*-Propylamino-1-phenylethanone
expanded

MW:177.24624
MM:177.11536
$C_{11}H_{15}NO$
RI: 1392 (calc.)

GC/MS
EI 70 eV
TSQ 70
QI:845

Peaks: 77, 79, 91, 105, 118, 127, 134, 144, 162, 178

Ephedrine
2-Methylamino-1-phenyl-propan-1-ol
expanded
Sympathomimetic

MW:165.23524
MM:165.11536
$C_{10}H_{15}NO$
CAS:299-42-3
RI: 1363 (SE 30)

GC/MS
EI 70 eV
GCQ
QI:832

Peaks: 59, 65, 77, 79, 91, 105, 117, 131, 146, 165

Clotrimazole-A II
(2-Chlorophenyl)diphenylmethanol

MW:294.78020
MM:294.08114
$C_{19}H_{15}ClO$
RI: 2187 (calc.)

GC/MS
EI 70 eV
TSQ 70
QI:919

Peaks: 40, 51, 77, 105, 139, 152, 165, 183, 217, 294

N,N-Dimethyl-3,4-methylenedioxyamphetamine
N,N-Dimethyl-3,4-methylenedioxy-α-methylphenethylamine
MDDM
expanded
Hallucinogen   REF:PIH 105

MW:207.27252
MM:207.12593
$C_{12}H_{17}NO_2$
RI: 1604 (calc.)

GC/MS
EI 70 eV
HP 5973
QI:928

Peaks: 77, 79, 89, 95, 105, 118, 135, 148, 163, 190

1-(2,3-Methylenedioxyphenyl)-prop-1-en-2-hydroxylamine
Structure uncertain

MW:193.20228
MM:193.07389
$C_{10}H_{11}NO_3$
RI: 1538 (calc.)

GC/MS
EI 70 eV
GCQ
QI:922

Peaks: 51, 77, 91, 106, 118, 135, 146, 160, 177, 193

m/z: 77

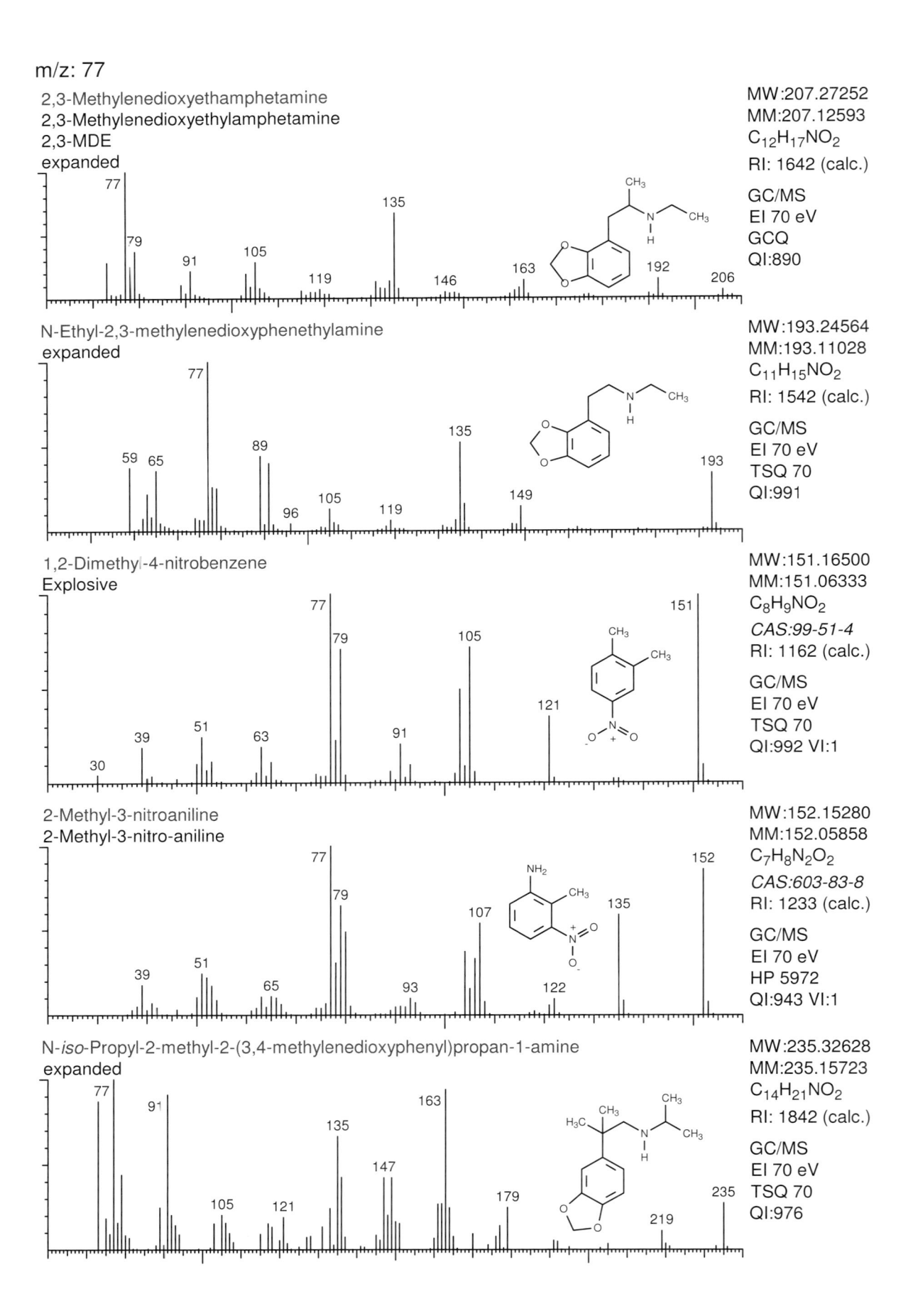

2,3-Methylenedioxyethamphetamine
2,3-Methylenedioxyethylamphetamine
2,3-MDE
expanded

MW: 207.27252
MM: 207.12593
$C_{12}H_{17}NO_2$
RI: 1642 (calc.)

GC/MS
EI 70 eV
GCQ
QI: 890

Peaks: 77, 79, 91, 105, 119, 135, 146, 163, 192, 206

N-Ethyl-2,3-methylenedioxyphenethylamine
expanded

MW: 193.24564
MM: 193.11028
$C_{11}H_{15}NO_2$
RI: 1542 (calc.)

GC/MS
EI 70 eV
TSQ 70
QI: 991

Peaks: 59, 65, 77, 89, 96, 105, 119, 135, 149, 193

1,2-Dimethyl-4-nitrobenzene
Explosive

MW: 151.16500
MM: 151.06333
$C_8H_9NO_2$
CAS: 99-51-4
RI: 1162 (calc.)

GC/MS
EI 70 eV
TSQ 70
QI: 992 VI: 1

Peaks: 30, 39, 51, 63, 77, 79, 91, 105, 121, 151

2-Methyl-3-nitroaniline
2-Methyl-3-nitro-aniline

MW: 152.15280
MM: 152.05858
$C_7H_8N_2O_2$
CAS: 603-83-8
RI: 1233 (calc.)

GC/MS
EI 70 eV
HP 5972
QI: 943 VI: 1

Peaks: 39, 51, 65, 77, 79, 93, 107, 122, 135, 152

N-iso-Propyl-2-methyl-2-(3,4-methylenedioxyphenyl)propan-1-amine
expanded

MW: 235.32628
MM: 235.15723
$C_{14}H_{21}NO_2$
RI: 1842 (calc.)

GC/MS
EI 70 eV
TSQ 70
QI: 976

Peaks: 77, 91, 105, 121, 135, 147, 163, 179, 219, 235

m/z: 77

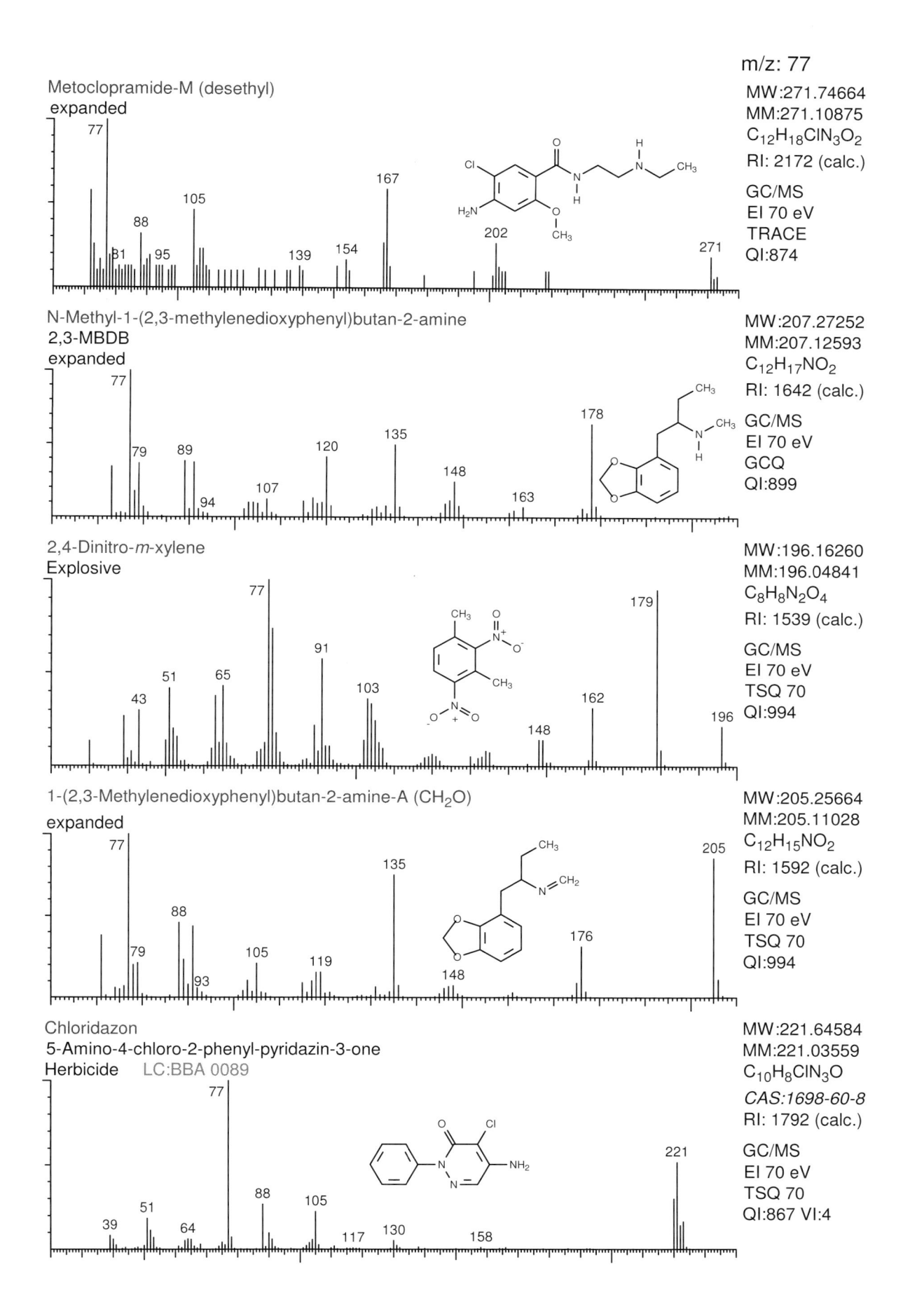

Metoclopramide-M (desethyl) expanded
MW:271.74664
MM:271.10875
$C_{12}H_{18}ClN_3O_2$
RI: 2172 (calc.)

GC/MS
EI 70 eV
TRACE
QI:874

Peaks: 77, 81, 88, 95, 105, 139, 154, 167, 202, 271

N-Methyl-1-(2,3-methylenedioxyphenyl)butan-2-amine
2,3-MBDB
expanded
MW:207.27252
MM:207.12593
$C_{12}H_{17}NO_2$
RI: 1642 (calc.)

GC/MS
EI 70 eV
GCQ
QI:899

Peaks: 77, 79, 89, 94, 107, 120, 135, 148, 163, 178

2,4-Dinitro-*m*-xylene
Explosive
MW:196.16260
MM:196.04841
$C_8H_8N_2O_4$
RI: 1539 (calc.)

GC/MS
EI 70 eV
TSQ 70
QI:994

Peaks: 43, 51, 65, 77, 91, 103, 148, 162, 179, 196

1-(2,3-Methylenedioxyphenyl)butan-2-amine-A (CH_2O)
expanded
MW:205.25664
MM:205.11028
$C_{12}H_{15}NO_2$
RI: 1592 (calc.)

GC/MS
EI 70 eV
TSQ 70
QI:994

Peaks: 77, 79, 88, 93, 105, 119, 135, 148, 176, 205

Chloridazon
5-Amino-4-chloro-2-phenyl-pyridazin-3-one
Herbicide LC:BBA 0089
MW:221.64584
MM:221.03559
$C_{10}H_8ClN_3O$
CAS:1698-60-8
RI: 1792 (calc.)

GC/MS
EI 70 eV
TSQ 70
QI:867 VI:4

Peaks: 39, 51, 64, 77, 88, 105, 117, 130, 158, 221

m/z: 77

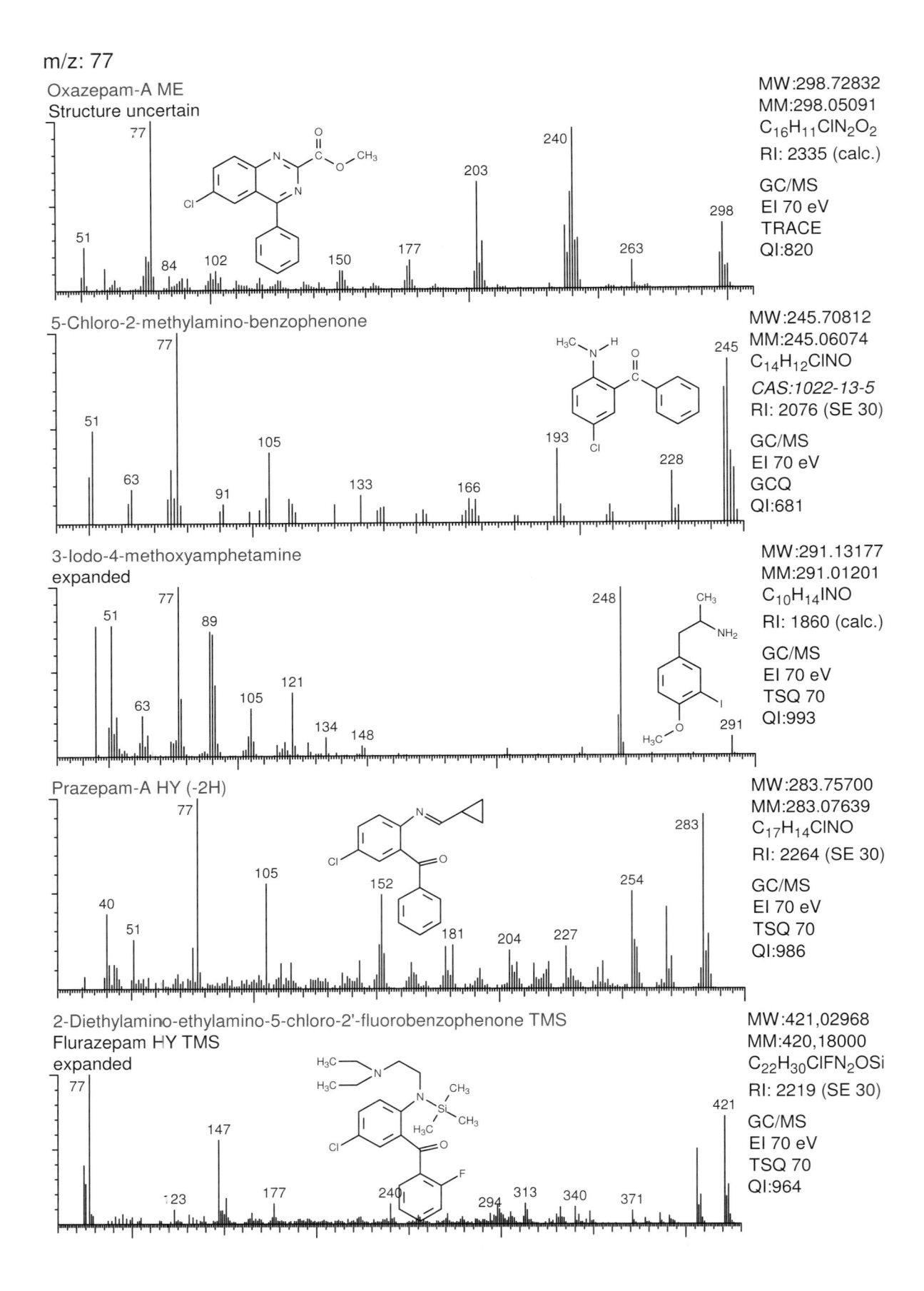

Oxazepam-A ME
Structure uncertain

MW: 298.72832
MM: 298.05091
$C_{16}H_{11}ClN_2O_2$
RI: 2335 (calc.)

GC/MS
EI 70 eV
TRACE
QI: 820

Peaks: 51, 77, 84, 102, 150, 177, 203, 240, 263, 298

5-Chloro-2-methylamino-benzophenone

MW: 245.70812
MM: 245.06074
$C_{14}H_{12}ClNO$
CAS: 1022-13-5
RI: 2076 (SE 30)

GC/MS
EI 70 eV
GCQ
QI: 681

Peaks: 51, 63, 77, 91, 105, 133, 166, 193, 228, 245

3-Iodo-4-methoxyamphetamine
expanded

MW: 291.13177
MM: 291.01201
$C_{10}H_{14}INO$
RI: 1860 (calc.)

GC/MS
EI 70 eV
TSQ 70
QI: 993

Peaks: 51, 63, 77, 89, 105, 121, 134, 148, 248, 291

Prazepam-A HY (-2H)

MW: 283.75700
MM: 283.07639
$C_{17}H_{14}ClNO$
RI: 2264 (SE 30)

GC/MS
EI 70 eV
TSQ 70
QI: 986

Peaks: 40, 51, 77, 105, 152, 181, 204, 227, 254, 283

2-Diethylamino-ethylamino-5-chloro-2'-fluorobenzophenone TMS
Flurazepam HY TMS
expanded

MW: 421,02968
MM: 420,18000
$C_{22}H_{30}ClFN_2OSi$
RI: 2219 (SE 30)

GC/MS
EI 70 eV
TSQ 70
QI: 964

Peaks: 77, 123, 147, 177, 240, 294, 313, 340, 371, 421

m/z: 77

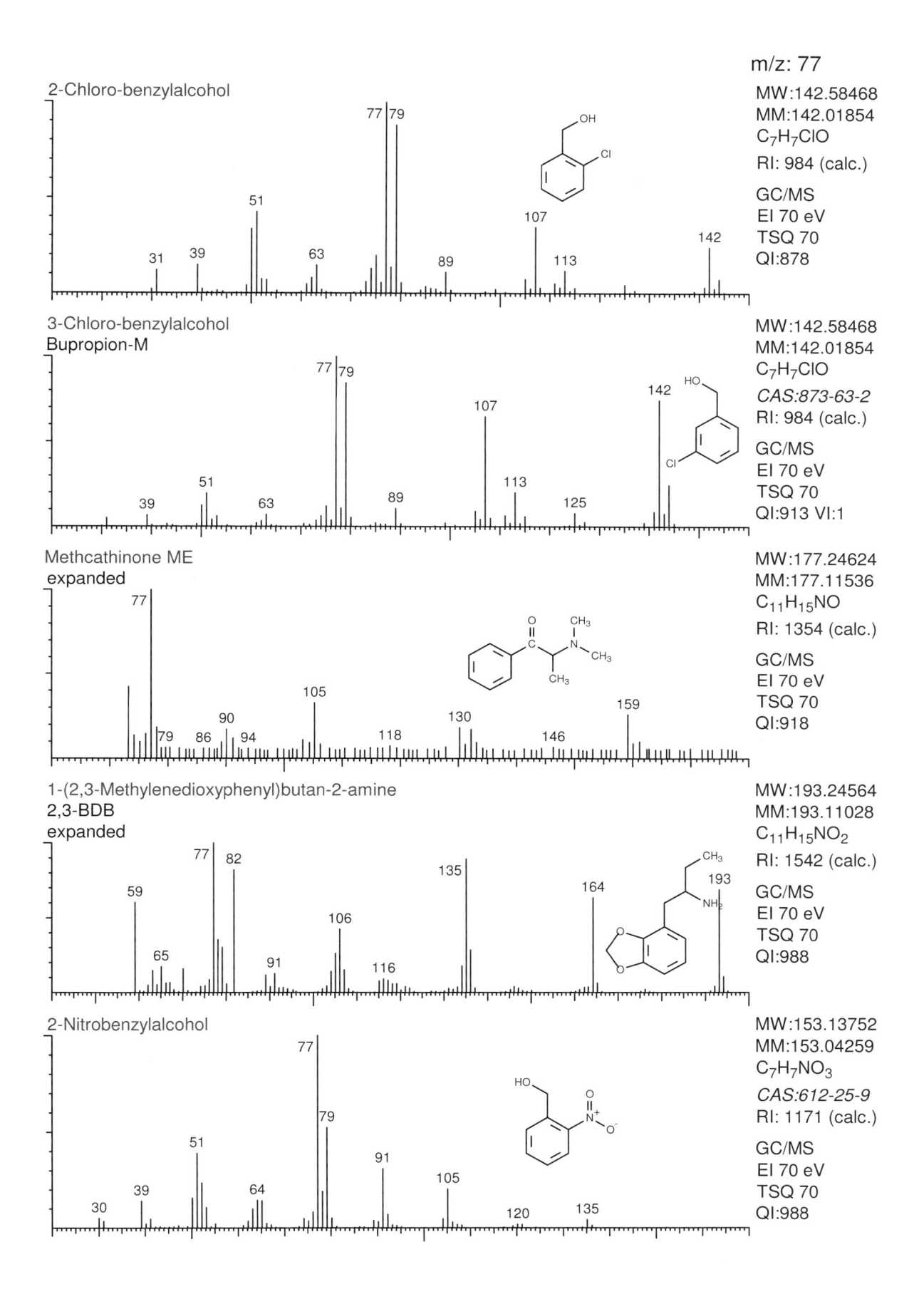

2-Chloro-benzylalcohol

Peaks: 31, 39, 51, 63, 77, 79, 89, 107, 113, 142

MW: 142.58468
MM: 142.01854
C_7H_7ClO
RI: 984 (calc.)

GC/MS
EI 70 eV
TSQ 70
QI: 878

3-Chloro-benzylalcohol
Bupropion-M

Peaks: 39, 51, 63, 77, 79, 89, 107, 113, 125, 142

MW: 142.58468
MM: 142.01854
C_7H_7ClO
CAS: 873-63-2
RI: 984 (calc.)

GC/MS
EI 70 eV
TSQ 70
QI: 913 VI:1

Methcathinone ME
expanded

Peaks: 77, 79, 86, 90, 94, 105, 118, 130, 146, 159

MW: 177.24624
MM: 177.11536
$C_{11}H_{15}NO$
RI: 1354 (calc.)

GC/MS
EI 70 eV
TSQ 70
QI: 918

1-(2,3-Methylenedioxyphenyl)butan-2-amine
2,3-BDB
expanded

Peaks: 59, 65, 77, 82, 91, 106, 116, 135, 164, 193

MW: 193.24564
MM: 193.11028
$C_{11}H_{15}NO_2$
RI: 1542 (calc.)

GC/MS
EI 70 eV
TSQ 70
QI: 988

2-Nitrobenzylalcohol

Peaks: 30, 39, 51, 64, 77, 79, 91, 105, 120, 135

MW: 153.13752
MM: 153.04259
$C_7H_7NO_3$
CAS: 612-25-9
RI: 1171 (calc.)

GC/MS
EI 70 eV
TSQ 70
QI: 988

m/z: 77-78

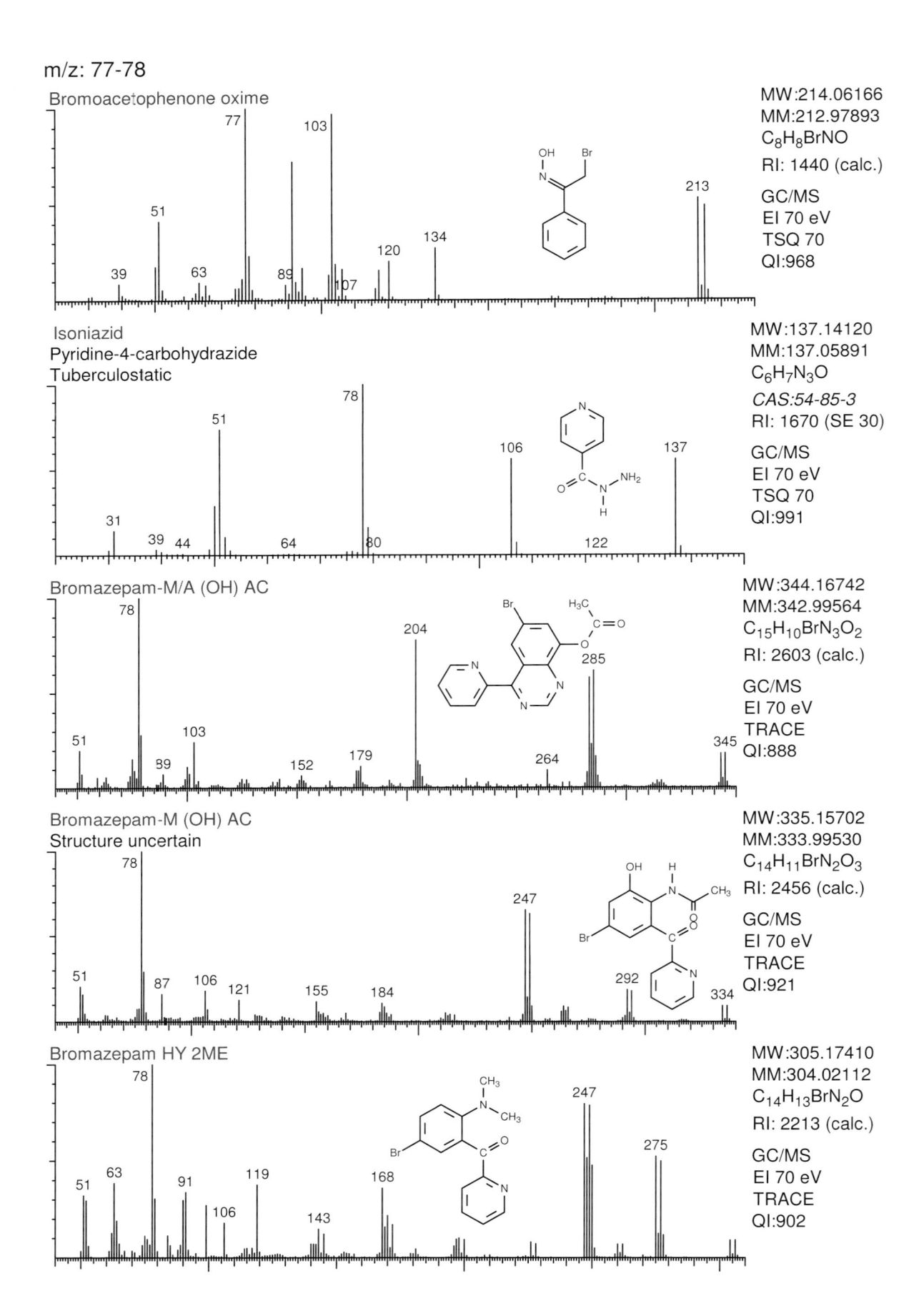

Bromoacetophenone oxime

MW:214.06166
MM:212.97893
C$_8$H$_8$BrNO
RI: 1440 (calc.)

GC/MS
EI 70 eV
TSQ 70
QI:968

Peaks: 39, 51, 63, 77, 89, 103, 107, 120, 134, 213

Isoniazid
Pyridine-4-carbohydrazide
Tuberculostatic

MW:137.14120
MM:137.05891
C$_6$H$_7$N$_3$O
CAS:54-85-3
RI: 1670 (SE 30)

GC/MS
EI 70 eV
TSQ 70
QI:991

Peaks: 31, 39, 44, 51, 64, 78, 80, 106, 122, 137

Bromazepam-M/A (OH) AC

MW:344.16742
MM:342.99564
C$_{15}$H$_{10}$BrN$_3$O$_2$
RI: 2603 (calc.)

GC/MS
EI 70 eV
TRACE
QI:888

Peaks: 51, 78, 89, 103, 152, 179, 204, 264, 285, 345

Bromazepam-M (OH) AC
Structure uncertain

MW:335.15702
MM:333.99530
C$_{14}$H$_{11}$BrN$_2$O$_3$
RI: 2456 (calc.)

GC/MS
EI 70 eV
TRACE
QI:921

Peaks: 51, 78, 87, 106, 121, 155, 184, 247, 292, 334

Bromazepam HY 2ME

MW:305.17410
MM:304.02112
C$_{14}$H$_{13}$BrN$_2$O
RI: 2213 (calc.)

GC/MS
EI 70 eV
TRACE
QI:902

Peaks: 51, 63, 78, 91, 106, 119, 143, 168, 247, 275

m/z: 79

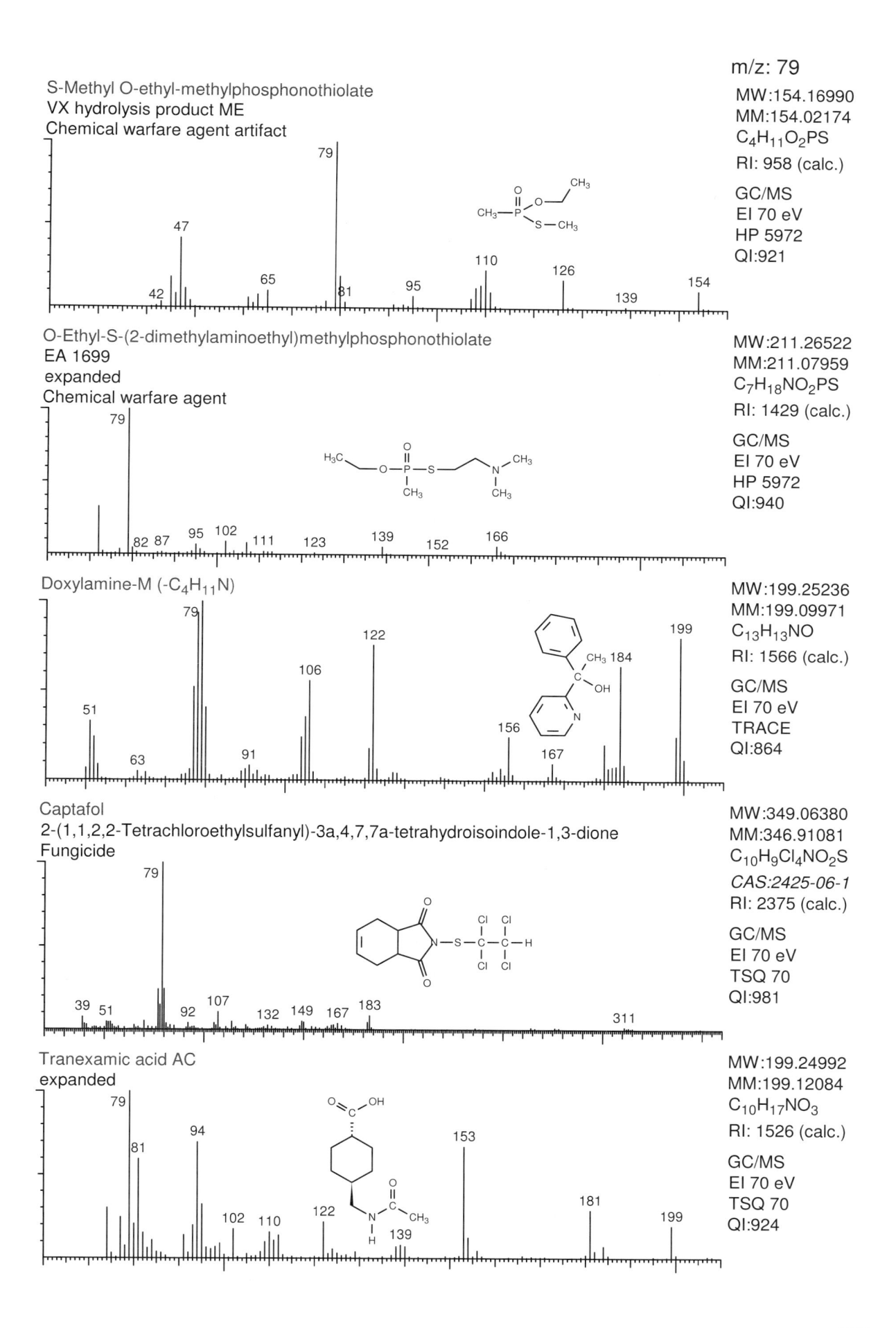

S-Methyl O-ethyl-methylphosphonothiolate
VX hydrolysis product ME
Chemical warfare agent artifact

MW: 154.16990
MM: 154.02174
$C_4H_{11}O_2PS$
RI: 958 (calc.)

GC/MS
EI 70 eV
HP 5972
QI: 921

Peaks: 42, 47, 65, 79, 81, 95, 110, 126, 139, 154

O-Ethyl-S-(2-dimethylaminoethyl)methylphosphonothiolate
EA 1699
expanded
Chemical warfare agent

MW: 211.26522
MM: 211.07959
$C_7H_{18}NO_2PS$
RI: 1429 (calc.)

GC/MS
EI 70 eV
HP 5972
QI: 940

Peaks: 79, 82, 87, 95, 102, 111, 123, 139, 152, 166

Doxylamine-M (-$C_4H_{11}N$)

MW: 199.25236
MM: 199.09971
$C_{13}H_{13}NO$
RI: 1566 (calc.)

GC/MS
EI 70 eV
TRACE
QI: 864

Peaks: 51, 63, 79, 91, 106, 122, 156, 167, 184, 199

Captafol
2-(1,1,2,2-Tetrachloroethylsulfanyl)-3a,4,7,7a-tetrahydroisoindole-1,3-dione
Fungicide

MW: 349.06380
MM: 346.91081
$C_{10}H_9Cl_4NO_2S$
CAS: 2425-06-1
RI: 2375 (calc.)

GC/MS
EI 70 eV
TSQ 70
QI: 981

Peaks: 39, 51, 79, 92, 107, 132, 149, 167, 183, 311

Tranexamic acid AC
expanded

MW: 199.24992
MM: 199.12084
$C_{10}H_{17}NO_3$
RI: 1526 (calc.)

GC/MS
EI 70 eV
TSQ 70
QI: 924

Peaks: 79, 81, 94, 102, 110, 122, 139, 153, 181, 199

m/z: 79

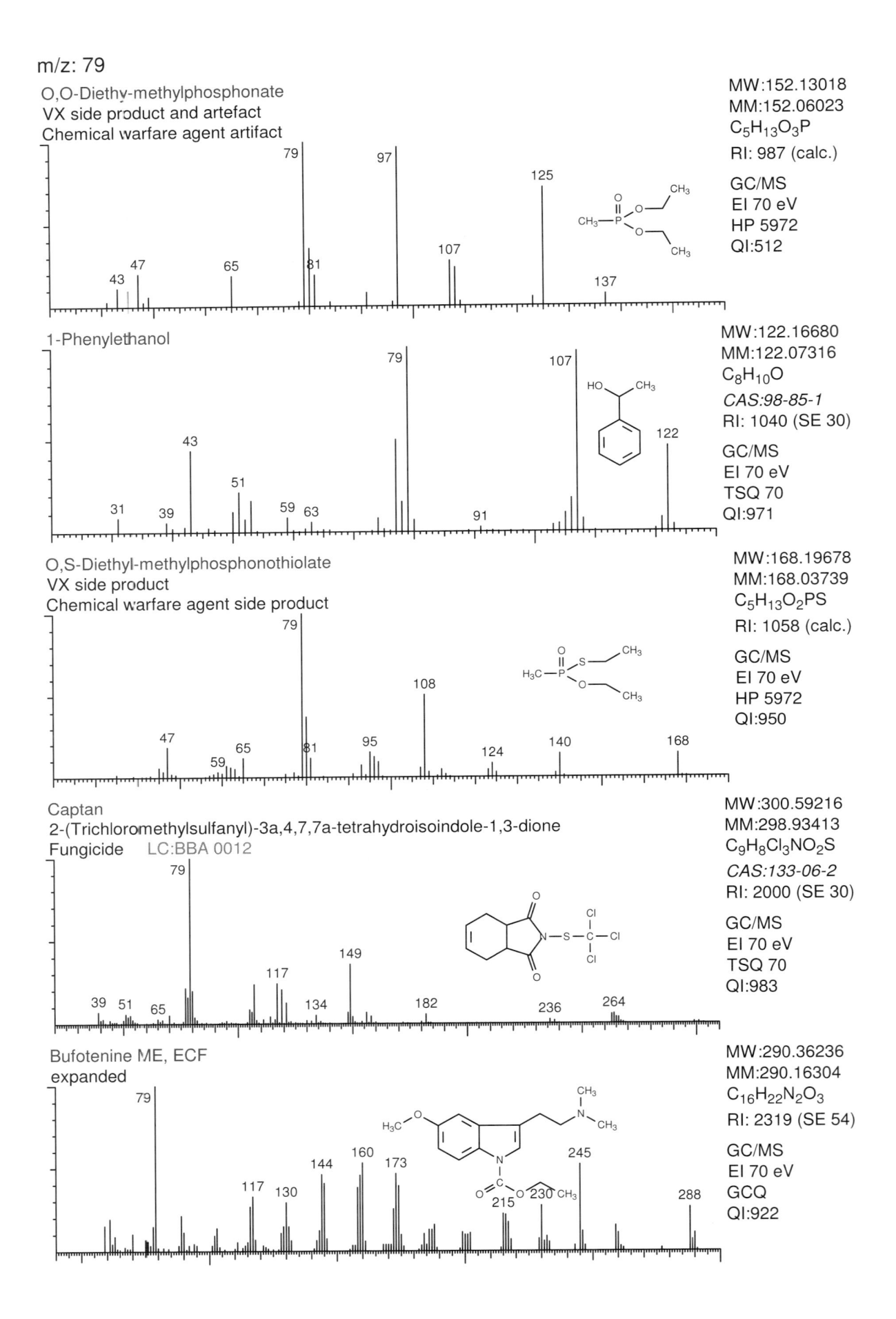

O,O-Diethyl-methylphosphonate
VX side product and artefact
Chemical warfare agent artifact

MW: 152.13018
MM: 152.06023
$C_5H_{13}O_3P$
RI: 987 (calc.)

GC/MS
EI 70 eV
HP 5972
QI: 512

1-Phenylethanol

MW: 122.16680
MM: 122.07316
$C_8H_{10}O$
CAS: 98-85-1
RI: 1040 (SE 30)

GC/MS
EI 70 eV
TSQ 70
QI: 971

O,S-Diethyl-methylphosphonothiolate
VX side product
Chemical warfare agent side product

MW: 168.19678
MM: 168.03739
$C_5H_{13}O_2PS$
RI: 1058 (calc.)

GC/MS
EI 70 eV
HP 5972
QI: 950

Captan
2-(Trichloromethylsulfanyl)-3a,4,7,7a-tetrahydroisoindole-1,3-dione
Fungicide   LC:BBA 0012

MW: 300.59216
MM: 298.93413
$C_9H_8Cl_3NO_2S$
CAS: 133-06-2
RI: 2000 (SE 30)

GC/MS
EI 70 eV
TSQ 70
QI: 983

Bufotenine ME, ECF
expanded

MW: 290.36236
MM: 290.16304
$C_{16}H_{22}N_2O_3$
RI: 2319 (SE 54)

GC/MS
EI 70 eV
GCQ
QI: 922

m/z: 79-80

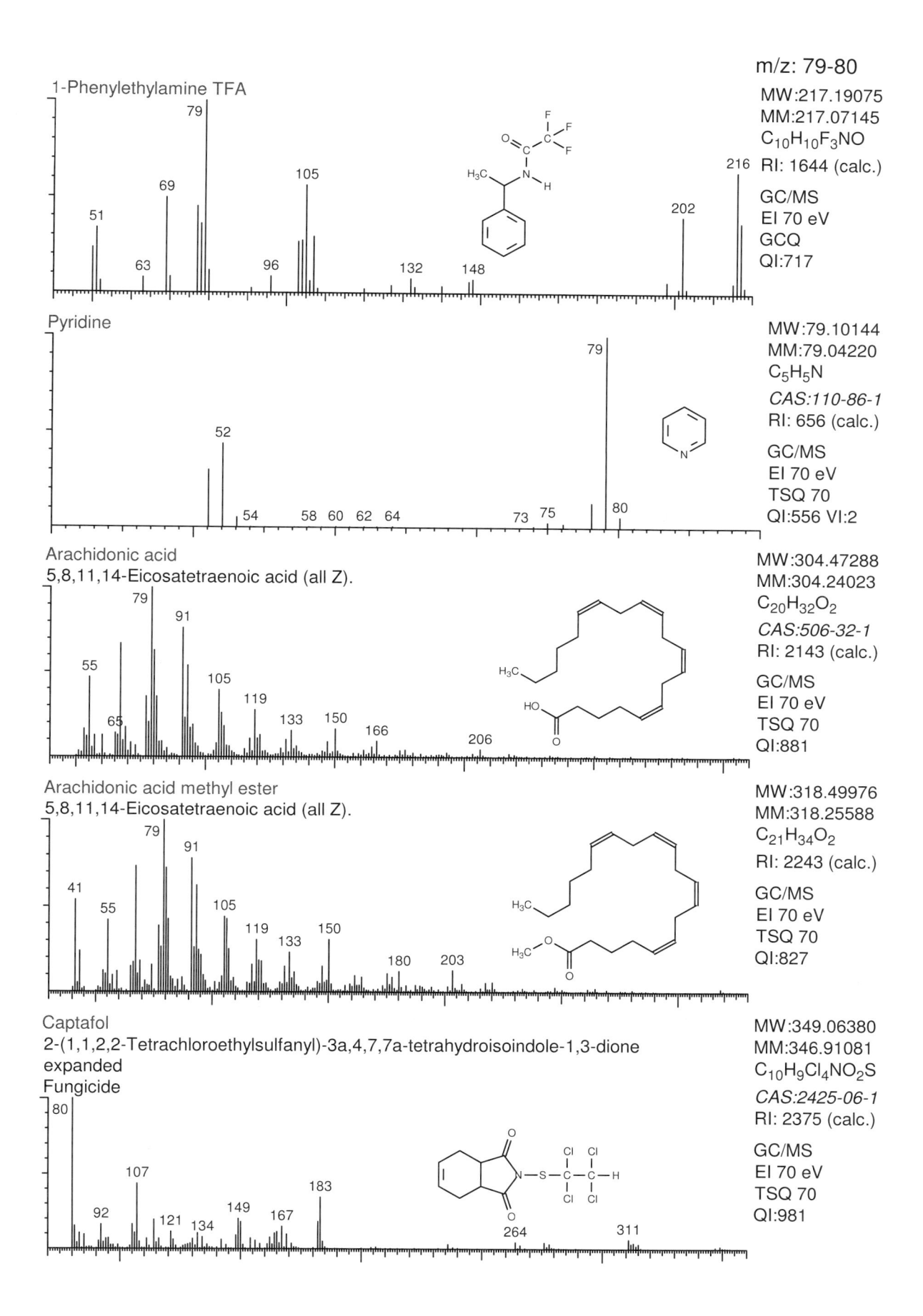

1-Phenylethylamine TFA

MW: 217.19075
MM: 217.07145
$C_{10}H_{10}F_3NO$
RI: 1644 (calc.)

GC/MS
EI 70 eV
GCQ
QI:717

Peaks: 51, 63, 69, 79, 96, 105, 132, 148, 202, 216

Pyridine

MW: 79.10144
MM: 79.04220
C_5H_5N
CAS: 110-86-1
RI: 656 (calc.)

GC/MS
EI 70 eV
TSQ 70
QI:556 VI:2

Peaks: 52, 54, 58, 60, 62, 64, 73, 75, 79, 80

Arachidonic acid
5,8,11,14-Eicosatetraenoic acid (all Z).

MW: 304.47288
MM: 304.24023
$C_{20}H_{32}O_2$
CAS: 506-32-1
RI: 2143 (calc.)

GC/MS
EI 70 eV
TSQ 70
QI:881

Peaks: 55, 65, 79, 91, 105, 119, 133, 150, 166, 206

Arachidonic acid methyl ester
5,8,11,14-Eicosatetraenoic acid (all Z).

MW: 318.49976
MM: 318.25588
$C_{21}H_{34}O_2$
RI: 2243 (calc.)

GC/MS
EI 70 eV
TSQ 70
QI:827

Peaks: 41, 55, 79, 91, 105, 119, 133, 150, 180, 203

Captafol
2-(1,1,2,2-Tetrachloroethylsulfanyl)-3a,4,7,7a-tetrahydroisoindole-1,3-dione
expanded
Fungicide

MW: 349.06380
MM: 346.91081
$C_{10}H_9Cl_4NO_2S$
CAS: 2425-06-1
RI: 2375 (calc.)

GC/MS
EI 70 eV
TSQ 70
QI:981

Peaks: 80, 92, 107, 121, 134, 149, 167, 183, 264, 311

m/z: 80-81

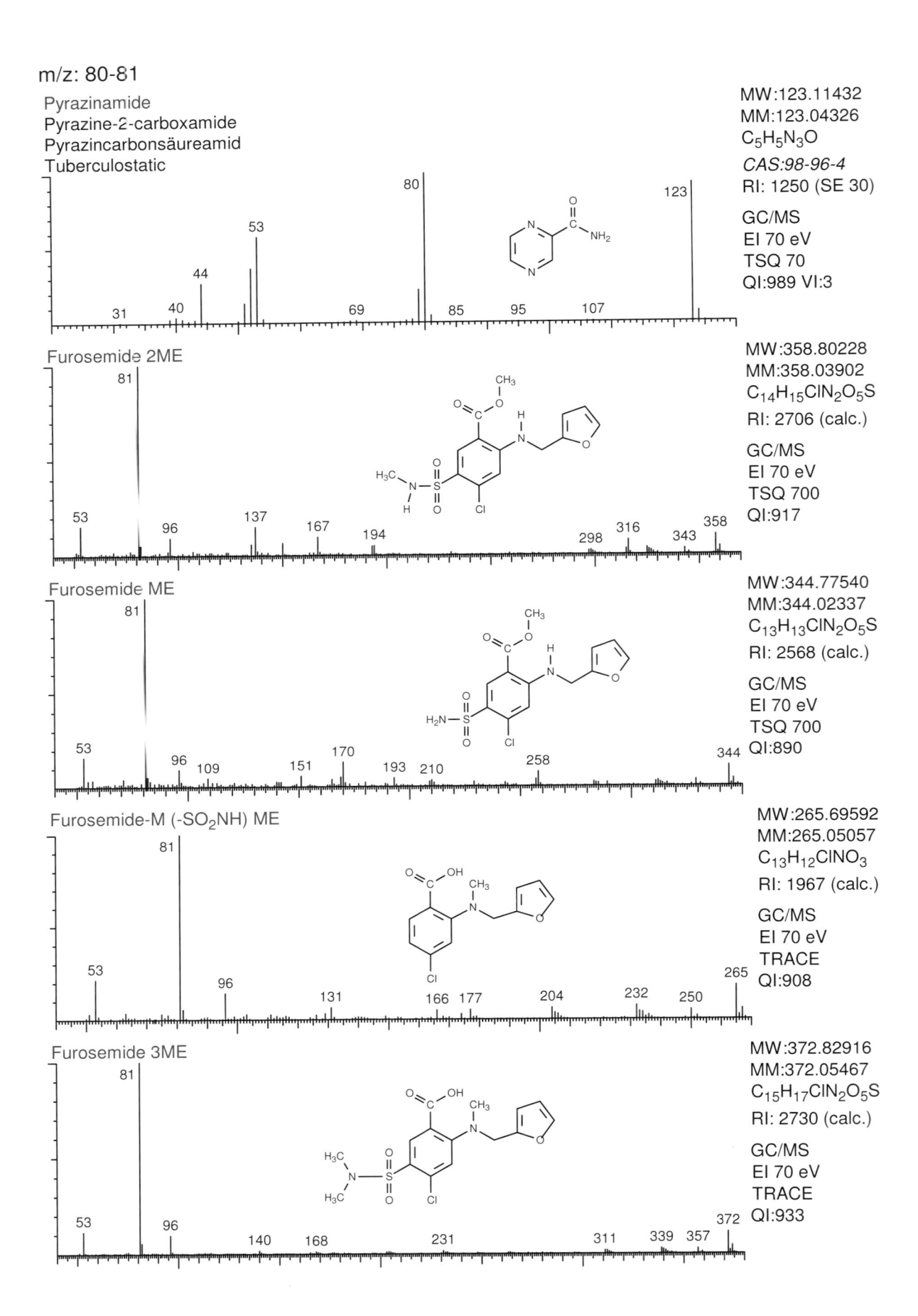

Pyrazinamide
Pyrazine-2-carboxamide
Pyrazincarbonsäureamid
Tuberculostatic

MW: 123.11432
MM: 123.04326
$C_5H_5N_3O$
CAS: 98-96-4
RI: 1250 (SE 30)

GC/MS
EI 70 eV
TSQ 70
QI: 989 VI: 3

Furosemide 2ME

MW: 358.80228
MM: 358.03902
$C_{14}H_{15}ClN_2O_5S$
RI: 2706 (calc.)

GC/MS
EI 70 eV
TSQ 700
QI: 917

Furosemide ME

MW: 344.77540
MM: 344.02337
$C_{13}H_{13}ClN_2O_5S$
RI: 2568 (calc.)

GC/MS
EI 70 eV
TSQ 700
QI: 890

Furosemide-M (-SO$_2$NH) ME

MW: 265.69592
MM: 265.05057
$C_{13}H_{12}ClNO_3$
RI: 1967 (calc.)

GC/MS
EI 70 eV
TRACE
QI: 908

Furosemide 3ME

MW: 372.82916
MM: 372.05467
$C_{15}H_{17}ClN_2O_5S$
RI: 2730 (calc.)

GC/MS
EI 70 eV
TRACE
QI: 933

m/z: 81

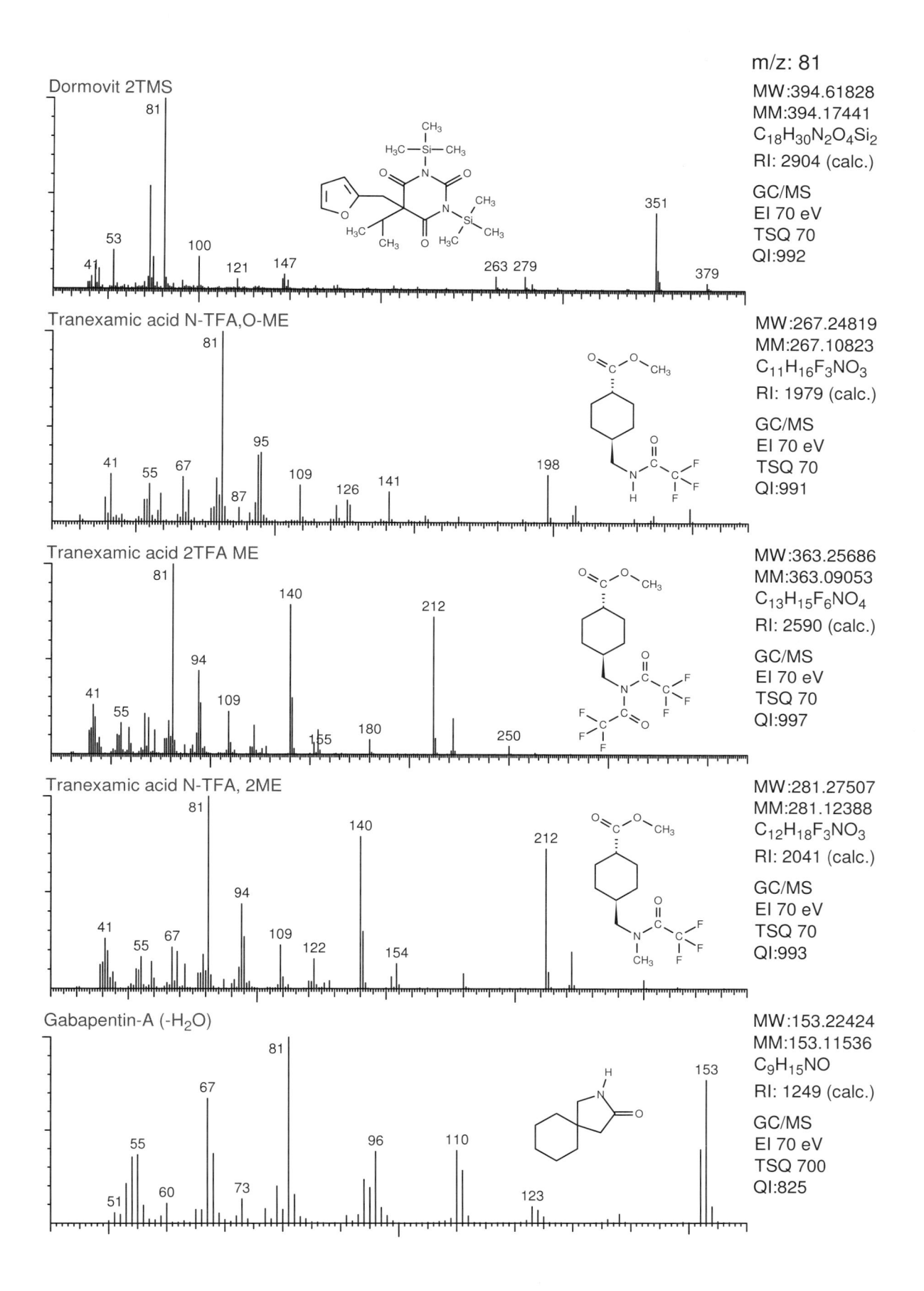

Dormovit 2TMS
MW: 394.61828
MM: 394.17441
$C_{18}H_{30}N_2O_4Si_2$
RI: 2904 (calc.)

GC/MS
EI 70 eV
TSQ 70
QI: 992

Peaks: 41, 53, 81, 100, 121, 147, 263, 279, 351, 379

Tranexamic acid N-TFA, O-ME
MW: 267.24819
MM: 267.10823
$C_{11}H_{16}F_3NO_3$
RI: 1979 (calc.)

GC/MS
EI 70 eV
TSQ 70
QI: 991

Peaks: 41, 55, 67, 81, 87, 95, 109, 126, 141, 198

Tranexamic acid 2TFA ME
MW: 363.25686
MM: 363.09053
$C_{13}H_{15}F_6NO_4$
RI: 2590 (calc.)

GC/MS
EI 70 eV
TSQ 70
QI: 997

Peaks: 41, 55, 81, 94, 109, 140, 155, 180, 212, 250

Tranexamic acid N-TFA, 2ME
MW: 281.27507
MM: 281.12388
$C_{12}H_{18}F_3NO_3$
RI: 2041 (calc.)

GC/MS
EI 70 eV
TSQ 70
QI: 993

Peaks: 41, 55, 67, 81, 94, 109, 122, 140, 154, 212

Gabapentin-A (-H₂O)
MW: 153.22424
MM: 153.11536
$C_9H_{15}NO$
RI: 1249 (calc.)

GC/MS
EI 70 eV
TSQ 700
QI: 825

Peaks: 51, 55, 60, 67, 73, 81, 96, 110, 123, 153

m/z: 81

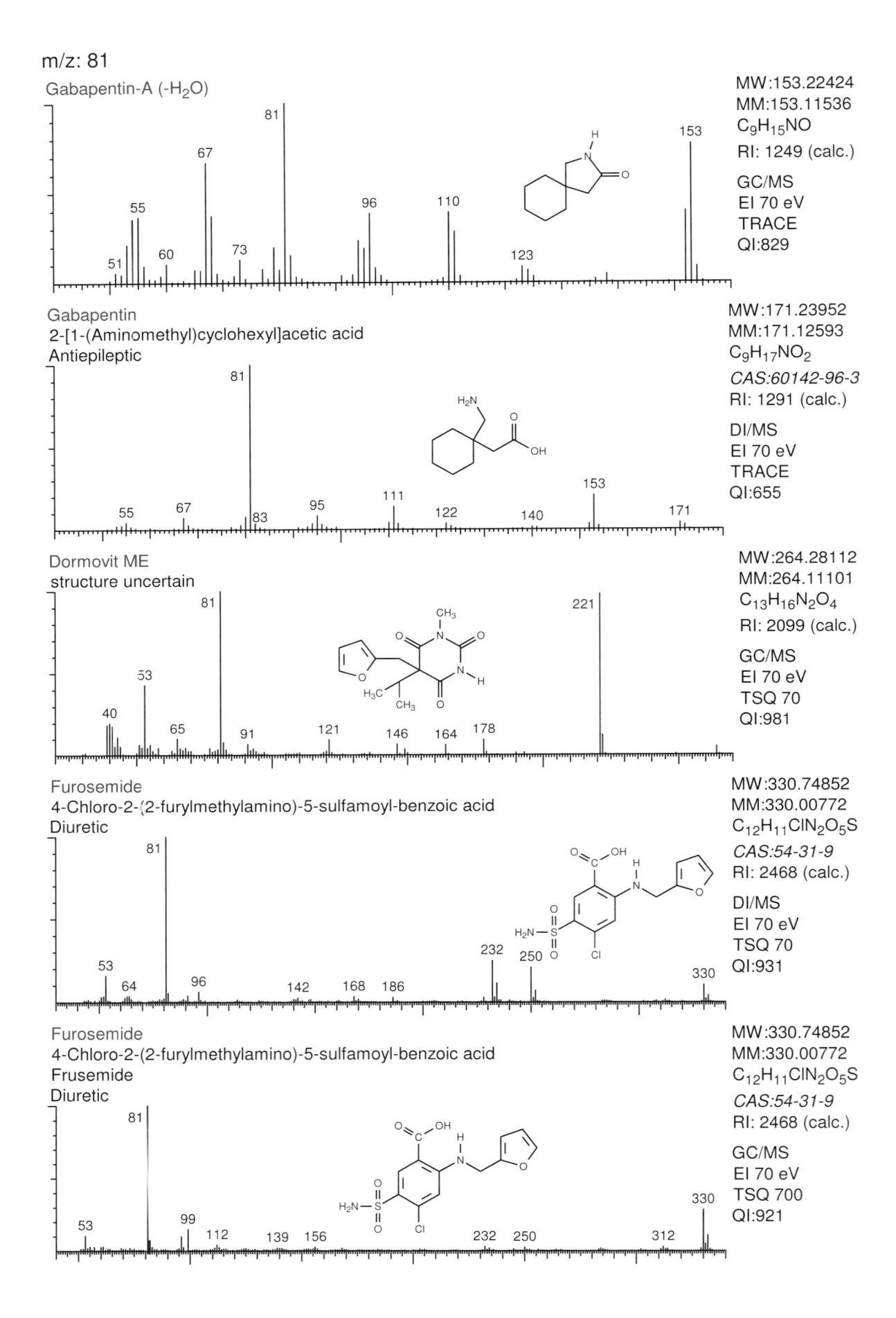

Gabapentin-A (-H₂O)

MW:153.22424
MM:153.11536
$C_9H_{15}NO$
RI: 1249 (calc.)

GC/MS
EI 70 eV
TRACE
QI:829

Gabapentin
2-[1-(Aminomethyl)cyclohexyl]acetic acid
Antiepileptic

MW:171.23952
MM:171.12593
$C_9H_{17}NO_2$
CAS:60142-96-3
RI: 1291 (calc.)

DI/MS
EI 70 eV
TRACE
QI:655

Dormovit ME
structure uncertain

MW:264.28112
MM:264.11101
$C_{13}H_{16}N_2O_4$
RI: 2099 (calc.)

GC/MS
EI 70 eV
TSQ 70
QI:981

Furosemide
4-Chloro-2-(2-furylmethylamino)-5-sulfamoyl-benzoic acid
Diuretic

MW:330.74852
MM:330.00772
$C_{12}H_{11}ClN_2O_5S$
CAS:54-31-9
RI: 2468 (calc.)

DI/MS
EI 70 eV
TSQ 70
QI:931

Furosemide
4-Chloro-2-(2-furylmethylamino)-5-sulfamoyl-benzoic acid
Frusemide
Diuretic

MW:330.74852
MM:330.00772
$C_{12}H_{11}ClN_2O_5S$
CAS:54-31-9
RI: 2468 (calc.)

GC/MS
EI 70 eV
TSQ 700
QI:921

m/z: 81

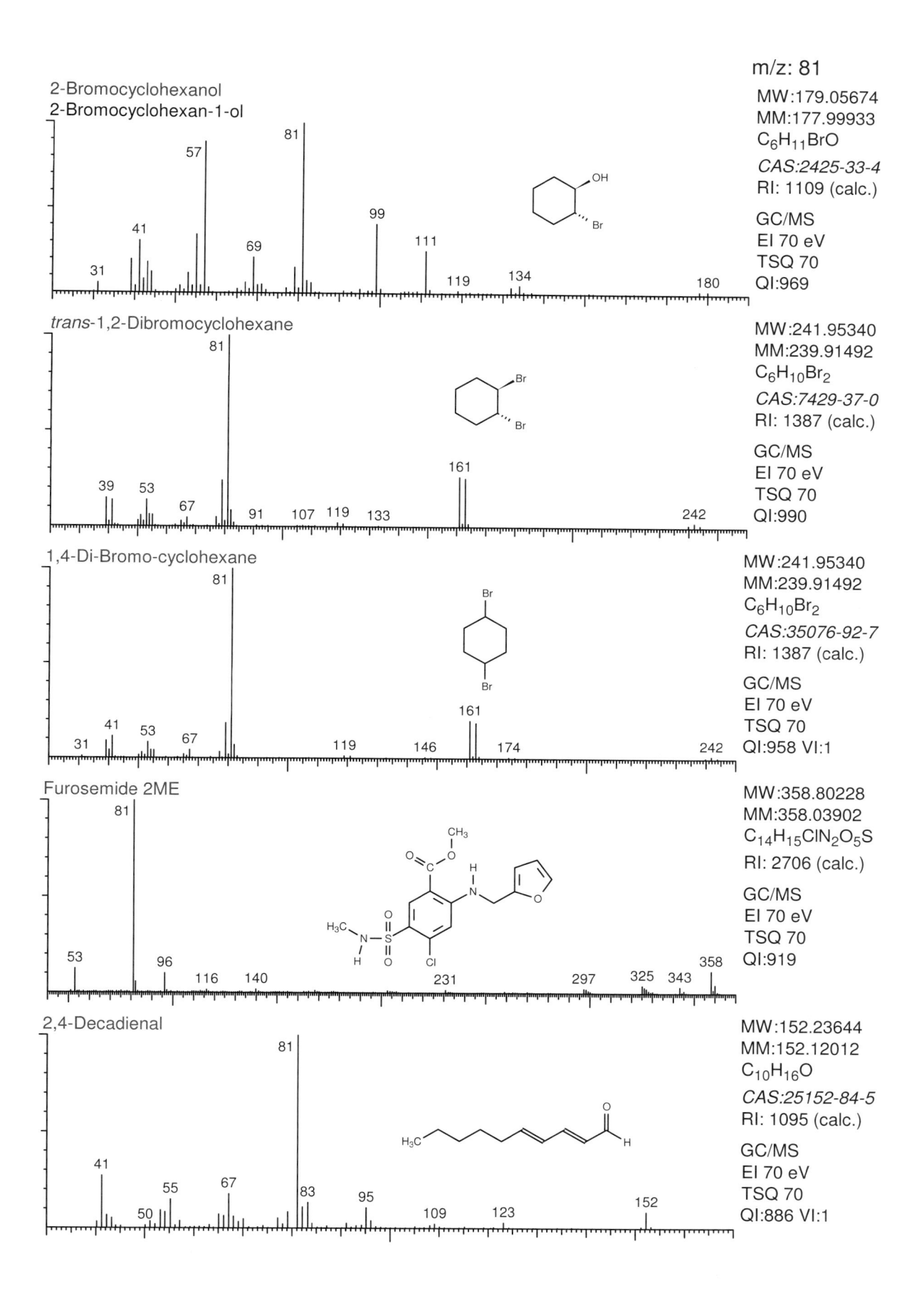

2-Bromocyclohexanol
2-Bromocyclohexan-1-ol

MW: 179.05674
MM: 177.99933
$C_6H_{11}BrO$
CAS: 2425-33-4
RI: 1109 (calc.)

GC/MS
EI 70 eV
TSQ 70
QI: 969

Peaks: 31, 41, 57, 69, 81, 99, 111, 119, 134, 180

trans-1,2-Dibromocyclohexane

MW: 241.95340
MM: 239.91492
$C_6H_{10}Br_2$
CAS: 7429-37-0
RI: 1387 (calc.)

GC/MS
EI 70 eV
TSQ 70
QI: 990

Peaks: 39, 53, 67, 81, 91, 107, 119, 133, 161, 242

1,4-Di-Bromo-cyclohexane

MW: 241.95340
MM: 239.91492
$C_6H_{10}Br_2$
CAS: 35076-92-7
RI: 1387 (calc.)

GC/MS
EI 70 eV
TSQ 70
QI: 958 VI:1

Peaks: 31, 41, 53, 67, 81, 119, 146, 161, 174, 242

Furosemide 2ME

MW: 358.80228
MM: 358.03902
$C_{14}H_{15}ClN_2O_5S$
RI: 2706 (calc.)

GC/MS
EI 70 eV
TSQ 70
QI: 919

Peaks: 53, 81, 96, 116, 140, 231, 297, 325, 343, 358

2,4-Decadienal

MW: 152.23644
MM: 152.12012
$C_{10}H_{16}O$
CAS: 25152-84-5
RI: 1095 (calc.)

GC/MS
EI 70 eV
TSQ 70
QI: 886 VI:1

Peaks: 41, 50, 55, 67, 81, 83, 95, 109, 123, 152

m/z: 81-82

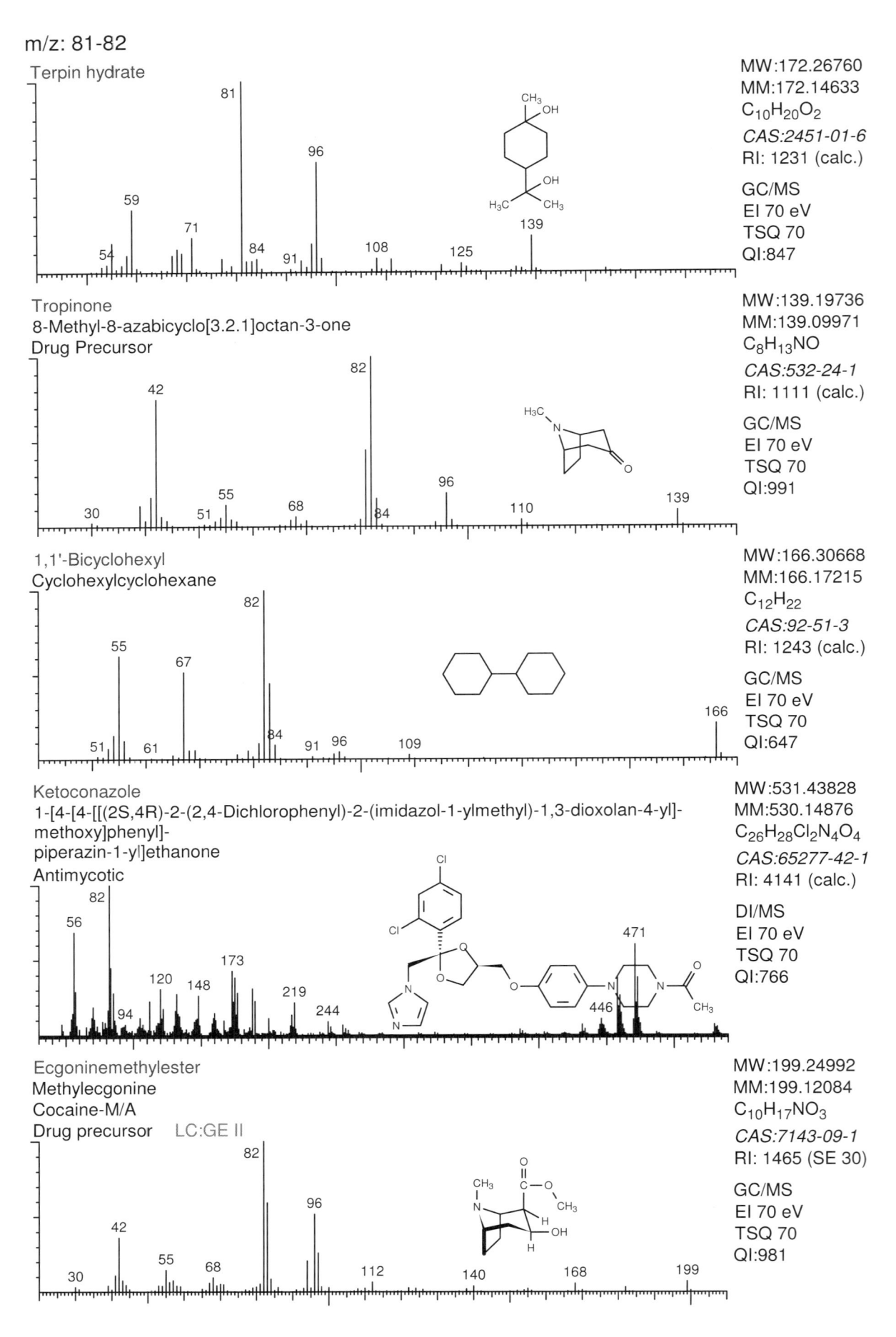

Terpin hydrate

Peaks: 54, 59, 71, 81, 84, 91, 96, 108, 125, 139

MW:172.26760
MM:172.14633
$C_{10}H_{20}O_2$
CAS:2451-01-6
RI: 1231 (calc.)

GC/MS
EI 70 eV
TSQ 70
QI:847

Tropinone
8-Methyl-8-azabicyclo[3.2.1]octan-3-one
Drug Precursor

Peaks: 30, 42, 51, 55, 68, 82, 84, 96, 110, 139

MW:139.19736
MM:139.09971
$C_8H_{13}NO$
CAS:532-24-1
RI: 1111 (calc.)

GC/MS
EI 70 eV
TSQ 70
QI:991

1,1'-Bicyclohexyl
Cyclohexylcyclohexane

Peaks: 51, 55, 61, 67, 82, 84, 91, 96, 109, 166

MW:166.30668
MM:166.17215
$C_{12}H_{22}$
CAS:92-51-3
RI: 1243 (calc.)

GC/MS
EI 70 eV
TSQ 70
QI:647

Ketoconazole
1-[4-[4-[[(2S,4R)-2-(2,4-Dichlorophenyl)-2-(imidazol-1-ylmethyl)-1,3-dioxolan-4-yl]-methoxy]phenyl]-piperazin-1-yl]ethanone
Antimycotic

Peaks: 56, 82, 94, 120, 148, 173, 219, 244, 446, 471

MW:531.43828
MM:530.14876
$C_{26}H_{28}Cl_2N_4O_4$
CAS:65277-42-1
RI: 4141 (calc.)

DI/MS
EI 70 eV
TSQ 70
QI:766

Ecgoninemethylester
Methylecgonine
Cocaine-M/A
Drug precursor   LC:GE II

Peaks: 30, 42, 55, 68, 82, 96, 112, 140, 168, 199

MW:199.24992
MM:199.12084
$C_{10}H_{17}NO_3$
CAS:7143-09-1
RI: 1465 (SE 30)

GC/MS
EI 70 eV
TSQ 70
QI:981

m/z: 82

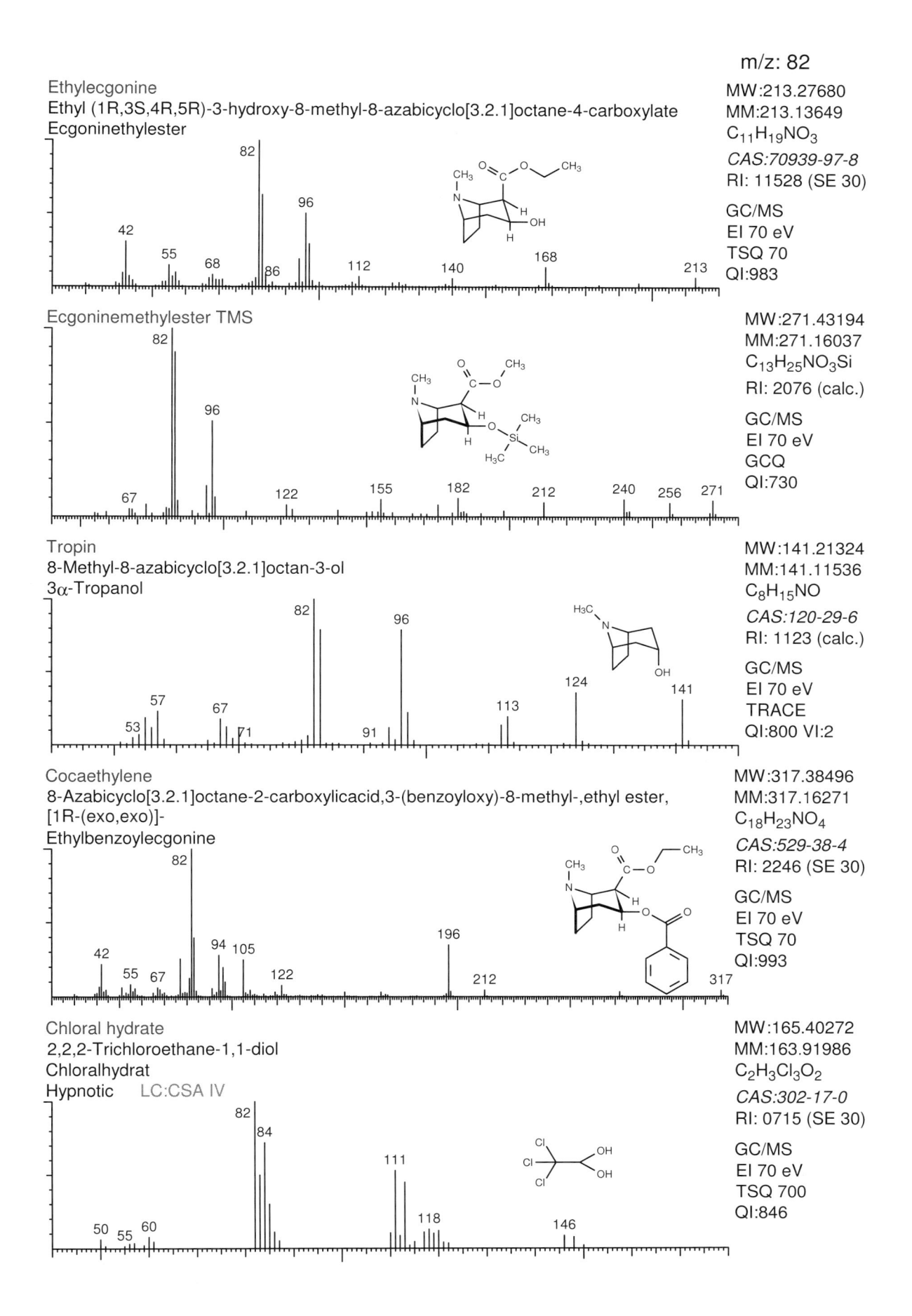

Ethylecgonine
Ethyl (1R,3S,4R,5R)-3-hydroxy-8-methyl-8-azabicyclo[3.2.1]octane-4-carboxylate
Ecgoninethylester

MW:213.27680
MM:213.13649
$C_{11}H_{19}NO_3$
CAS:70939-97-8
RI: 11528 (SE 30)

GC/MS
EI 70 eV
TSQ 70
QI:983

Peaks: 42, 55, 68, 82, 86, 96, 112, 140, 168, 213

Ecgoninemethylester TMS

MW:271.43194
MM:271.16037
$C_{13}H_{25}NO_3Si$
RI: 2076 (calc.)

GC/MS
EI 70 eV
GCQ
QI:730

Peaks: 67, 82, 96, 122, 155, 182, 212, 240, 256, 271

Tropin
8-Methyl-8-azabicyclo[3.2.1]octan-3-ol
3α-Tropanol

MW:141.21324
MM:141.11536
$C_8H_{15}NO$
CAS:120-29-6
RI: 1123 (calc.)

GC/MS
EI 70 eV
TRACE
QI:800 VI:2

Peaks: 53, 57, 67, 71, 82, 91, 96, 113, 124, 141

Cocaethylene
8-Azabicyclo[3.2.1]octane-2-carboxylicacid,3-(benzoyloxy)-8-methyl-,ethyl ester, [1R-(exo,exo)]-
Ethylbenzoylecgonine

MW:317.38496
MM:317.16271
$C_{18}H_{23}NO_4$
CAS:529-38-4
RI: 2246 (SE 30)

GC/MS
EI 70 eV
TSQ 70
QI:993

Peaks: 42, 55, 67, 82, 94, 105, 122, 196, 212, 317

Chloral hydrate
2,2,2-Trichloroethane-1,1-diol
Chloralhydrat
Hypnotic   LC:CSA IV

MW:165.40272
MM:163.91986
$C_2H_3Cl_3O_2$
CAS:302-17-0
RI: 0715 (SE 30)

GC/MS
EI 70 eV
TSQ 700
QI:846

Peaks: 50, 55, 60, 82, 84, 111, 118, 146

m/z: 82

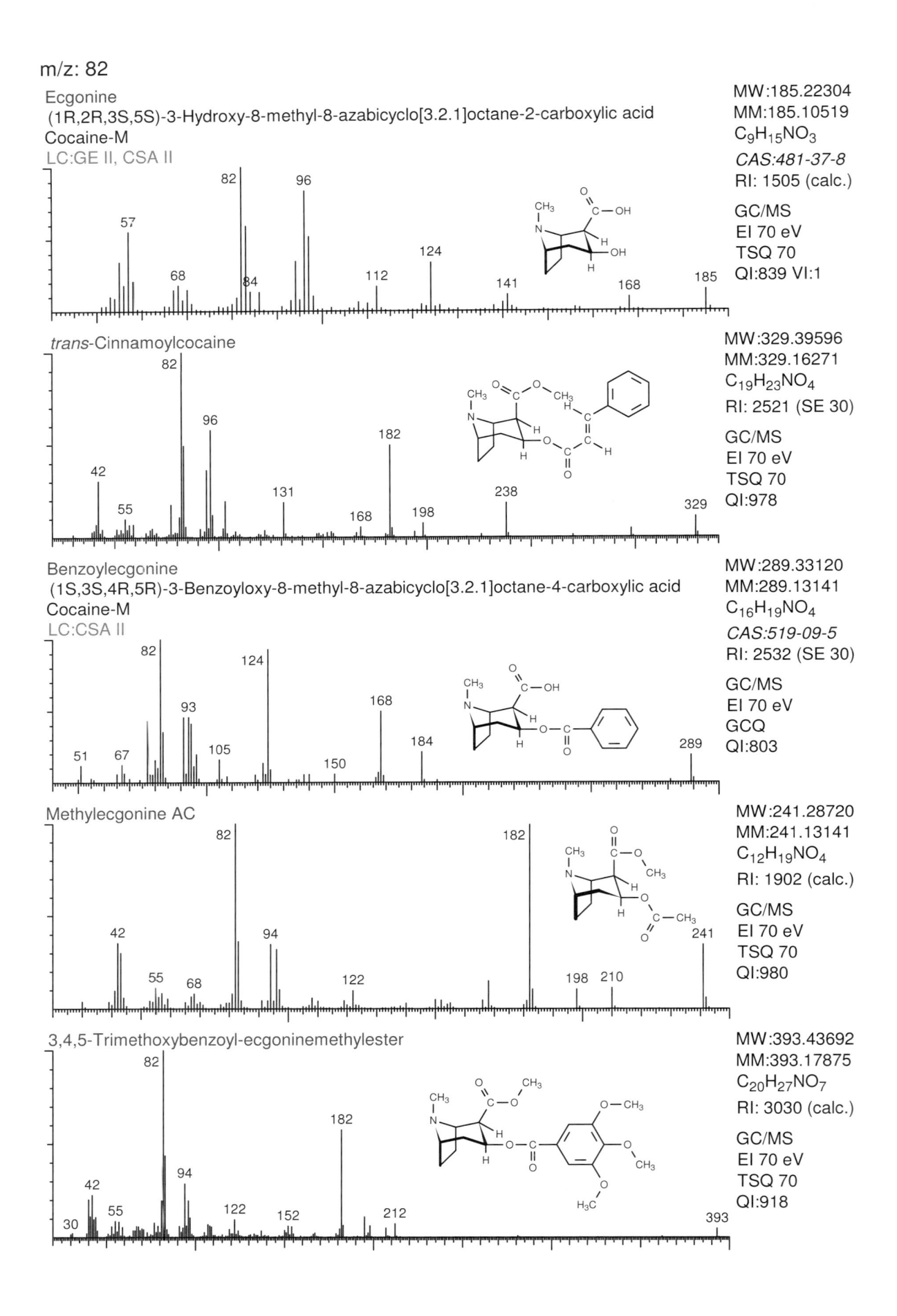

Ecgonine
(1R,2R,3S,5S)-3-Hydroxy-8-methyl-8-azabicyclo[3.2.1]octane-2-carboxylic acid
Cocaine-M
LC:GE II, CSA II

MW:185.22304
MM:185.10519
$C_9H_{15}NO_3$
CAS:481-37-8
RI: 1505 (calc.)

GC/MS
EI 70 eV
TSQ 70
QI:839 VI:1

trans-Cinnamoylcocaine

MW:329.39596
MM:329.16271
$C_{19}H_{23}NO_4$
RI: 2521 (SE 30)

GC/MS
EI 70 eV
TSQ 70
QI:978

Benzoylecgonine
(1S,3S,4R,5R)-3-Benzoyloxy-8-methyl-8-azabicyclo[3.2.1]octane-4-carboxylic acid
Cocaine-M
LC:CSA II

MW:289.33120
MM:289.13141
$C_{16}H_{19}NO_4$
CAS:519-09-5
RI: 2532 (SE 30)

GC/MS
EI 70 eV
GCQ
QI:803

Methylecgonine AC

MW:241.28720
MM:241.13141
$C_{12}H_{19}NO_4$
RI: 1902 (calc.)

GC/MS
EI 70 eV
TSQ 70
QI:980

3,4,5-Trimethoxybenzoyl-ecgoninemethylester

MW:393.43692
MM:393.17875
$C_{20}H_{27}NO_7$
RI: 3030 (calc.)

GC/MS
EI 70 eV
TSQ 70
QI:918

m/z: 82

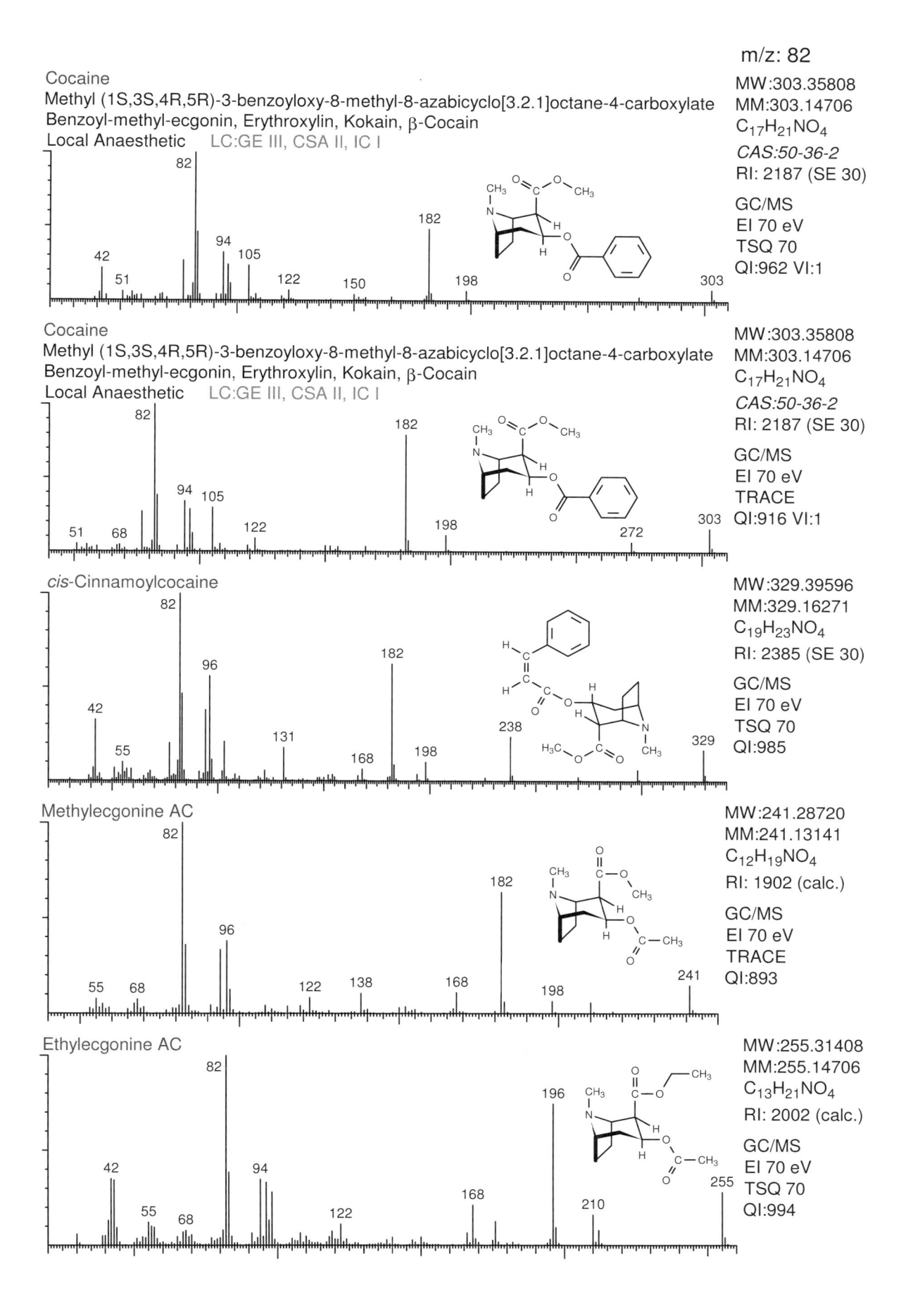

Cocaine
Methyl (1S,3S,4R,5R)-3-benzoyloxy-8-methyl-8-azabicyclo[3.2.1]octane-4-carboxylate
Benzoyl-methyl-ecgonin, Erythroxylin, Kokain, β-Cocain
Local Anaesthetic   LC:GE III, CSA II, IC I

MW:303.35808
MM:303.14706
$C_{17}H_{21}NO_4$
CAS:50-36-2
RI: 2187 (SE 30)

GC/MS
EI 70 eV
TSQ 70
QI:962 VI:1

Cocaine
Methyl (1S,3S,4R,5R)-3-benzoyloxy-8-methyl-8-azabicyclo[3.2.1]octane-4-carboxylate
Benzoyl-methyl-ecgonin, Erythroxylin, Kokain, β-Cocain
Local Anaesthetic   LC:GE III, CSA II, IC I

MW:303.35808
MM:303.14706
$C_{17}H_{21}NO_4$
CAS:50-36-2
RI: 2187 (SE 30)

GC/MS
EI 70 eV
TRACE
QI:916 VI:1

cis-Cinnamoylcocaine

MW:329.39596
MM:329.16271
$C_{19}H_{23}NO_4$
RI: 2385 (SE 30)

GC/MS
EI 70 eV
TSQ 70
QI:985

Methylecgonine AC

MW:241.28720
MM:241.13141
$C_{12}H_{19}NO_4$
RI: 1902 (calc.)

GC/MS
EI 70 eV
TRACE
QI:893

Ethylecgonine AC

MW:255.31408
MM:255.14706
$C_{13}H_{21}NO_4$
RI: 2002 (calc.)

GC/MS
EI 70 eV
TSQ 70
QI:994

m/z: 82

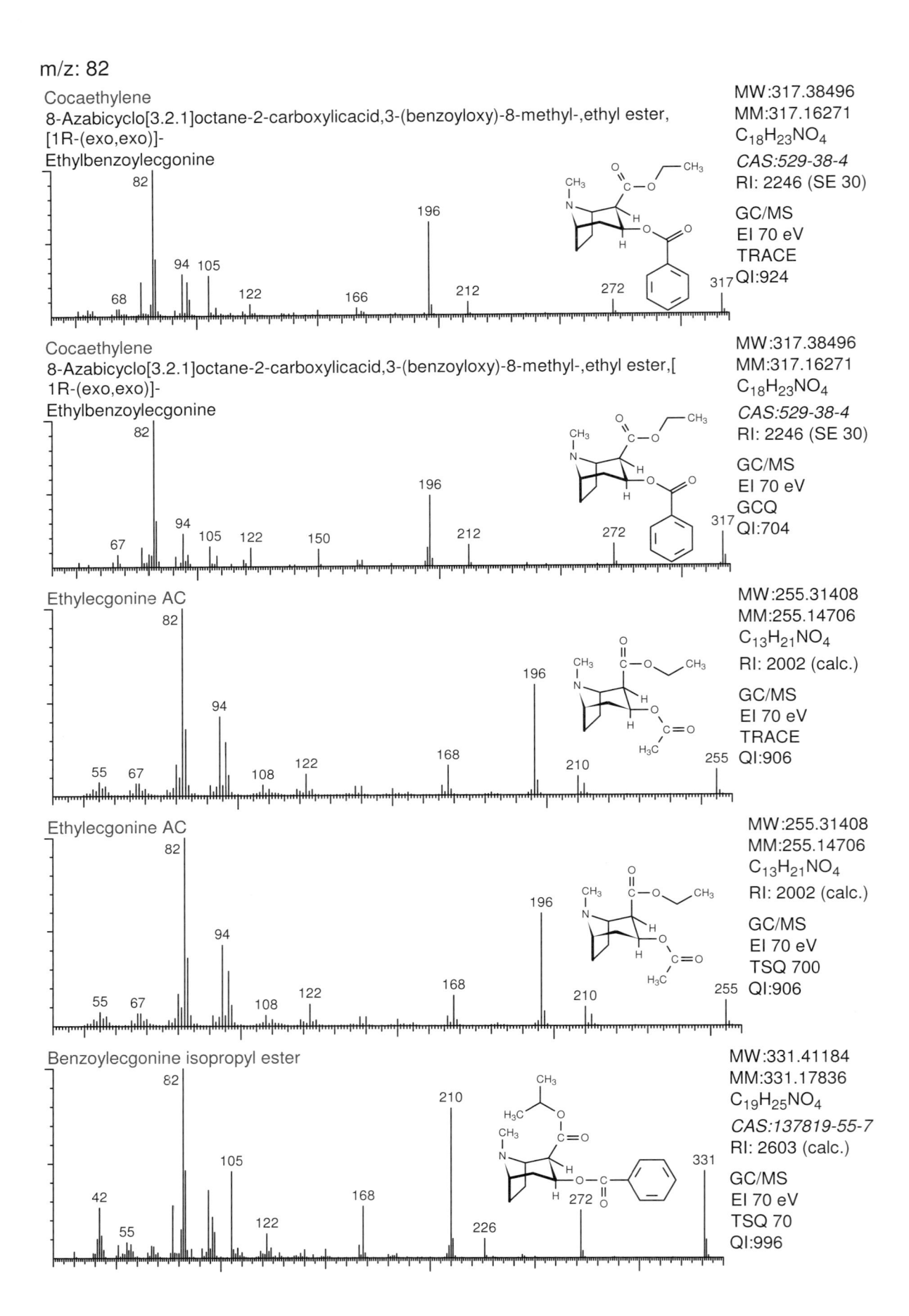

Cocaethylene
8-Azabicyclo[3.2.1]octane-2-carboxylicacid,3-(benzoyloxy)-8-methyl-,ethyl ester, [1R-(exo,exo)]-
Ethylbenzoylecgonine

MW:317.38496
MM:317.16271
$C_{18}H_{23}NO_4$
CAS:529-38-4
RI: 2246 (SE 30)
GC/MS
EI 70 eV
TRACE
QI:924

Cocaethylene
8-Azabicyclo[3.2.1]octane-2-carboxylicacid,3-(benzoyloxy)-8-methyl-,ethyl ester,[1R-(exo,exo)]-
Ethylbenzoylecgonine

MW:317.38496
MM:317.16271
$C_{18}H_{23}NO_4$
CAS:529-38-4
RI: 2246 (SE 30)
GC/MS
EI 70 eV
GCQ
QI:704

Ethylecgonine AC

MW:255.31408
MM:255.14706
$C_{13}H_{21}NO_4$
RI: 2002 (calc.)
GC/MS
EI 70 eV
TRACE
QI:906

Ethylecgonine AC

MW:255.31408
MM:255.14706
$C_{13}H_{21}NO_4$
RI: 2002 (calc.)
GC/MS
EI 70 eV
TSQ 700
QI:906

Benzoylecgonine isopropyl ester

MW:331.41184
MM:331.17836
$C_{19}H_{25}NO_4$
CAS:137819-55-7
RI: 2603 (calc.)
GC/MS
EI 70 eV
TSQ 70
QI:996

Benzoylecgonine TMS

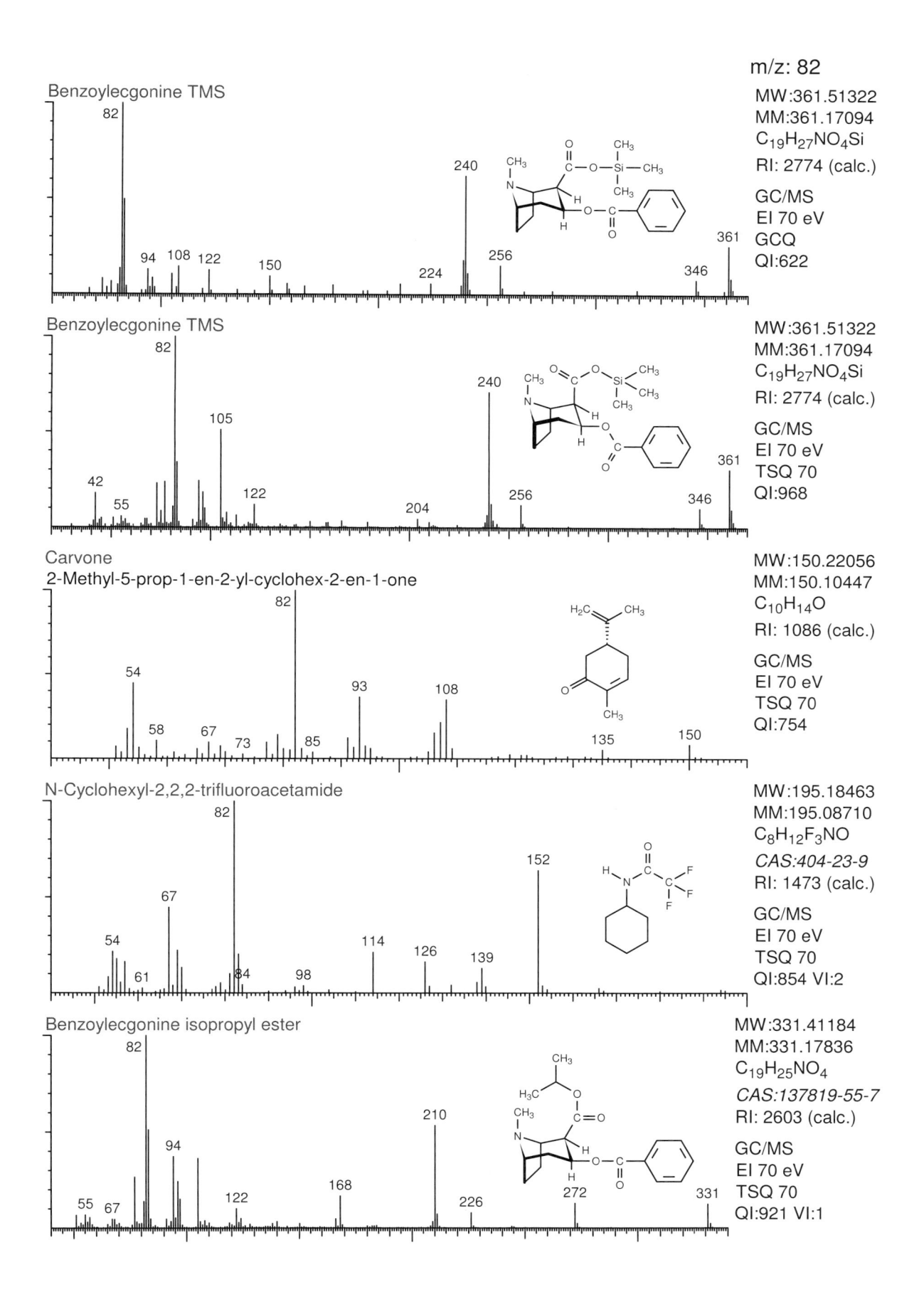

Peaks: 82, 94, 108, 122, 150, 224, 240, 256, 346, 361

MW: 361.51322
MM: 361.17094
$C_{19}H_{27}NO_4Si$
RI: 2774 (calc.)

GC/MS
EI 70 eV
GCQ
QI: 622

Benzoylecgonine TMS

Peaks: 42, 55, 82, 105, 122, 204, 240, 256, 346, 361

MW: 361.51322
MM: 361.17094
$C_{19}H_{27}NO_4Si$
RI: 2774 (calc.)

GC/MS
EI 70 eV
TSQ 70
QI: 968

Carvone
2-Methyl-5-prop-1-en-2-yl-cyclohex-2-en-1-one

Peaks: 54, 58, 67, 73, 82, 85, 93, 108, 135, 150

MW: 150.22056
MM: 150.10447
$C_{10}H_{14}O$
RI: 1086 (calc.)

GC/MS
EI 70 eV
TSQ 70
QI: 754

N-Cyclohexyl-2,2,2-trifluoroacetamide

Peaks: 54, 61, 67, 82, 84, 98, 114, 126, 139, 152

MW: 195.18463
MM: 195.08710
$C_8H_{12}F_3NO$
CAS: 404-23-9
RI: 1473 (calc.)

GC/MS
EI 70 eV
TSQ 70
QI: 854 VI:2

Benzoylecgonine isopropyl ester

Peaks: 55, 67, 82, 94, 122, 168, 210, 226, 272, 331

MW: 331.41184
MM: 331.17836
$C_{19}H_{25}NO_4$
CAS: 137819-55-7
RI: 2603 (calc.)

GC/MS
EI 70 eV
TSQ 70
QI: 921 VI:1

m/z: 82

m/z: 82-83

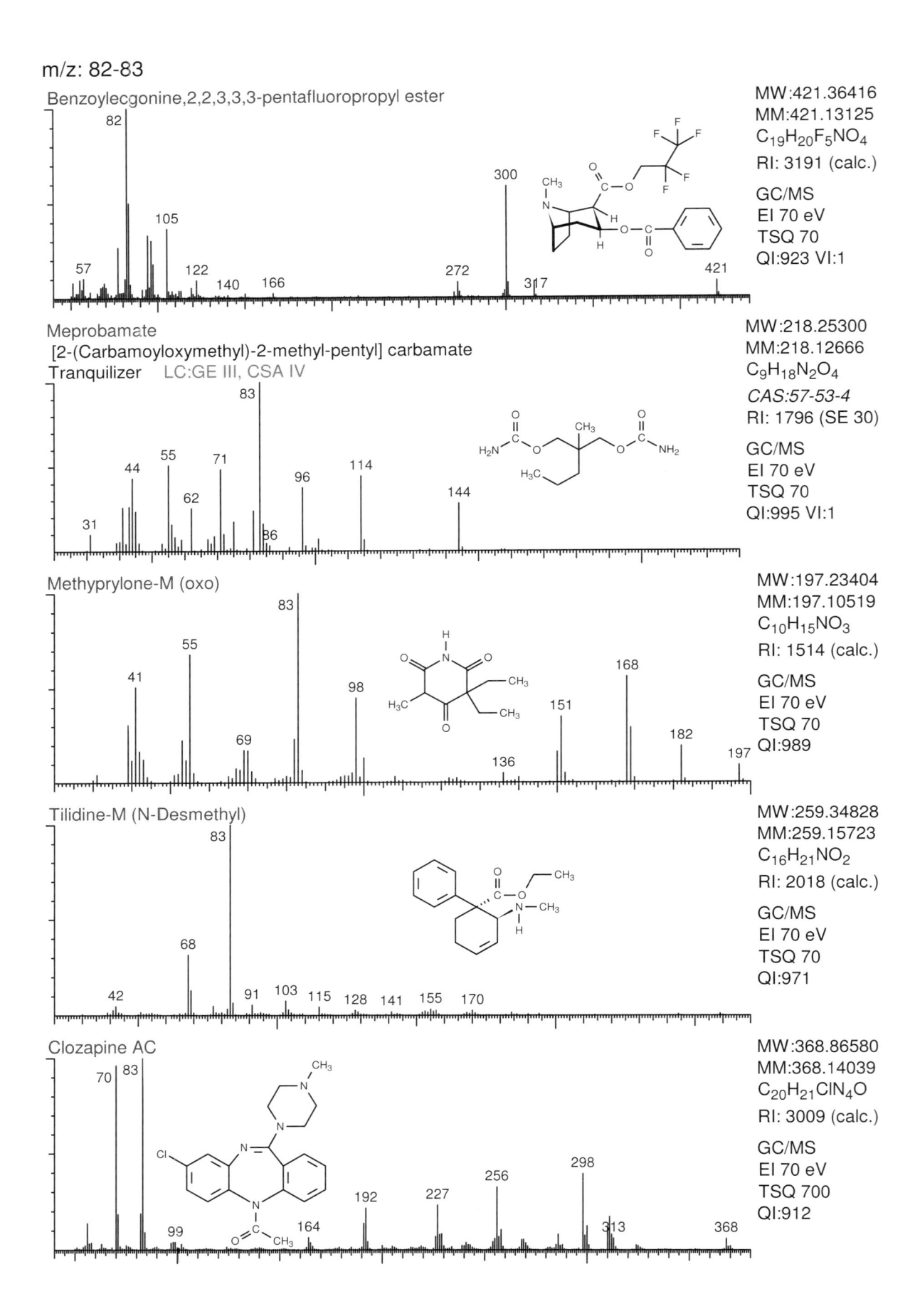

Benzoylecgonine,2,2,3,3,3-pentafluoropropyl ester

MW:421.36416
MM:421.13125
$C_{19}H_{20}F_5NO_4$
RI: 3191 (calc.)

GC/MS
EI 70 eV
TSQ 70
QI:923 VI:1

Meprobamate
[2-(Carbamoyloxymethyl)-2-methyl-pentyl] carbamate
Tranquilizer   LC:GE III, CSA IV

MW:218.25300
MM:218.12666
$C_9H_{18}N_2O_4$
CAS:57-53-4
RI: 1796 (SE 30)

GC/MS
EI 70 eV
TSQ 70
QI:995 VI:1

Methyprylone-M (oxo)

MW:197.23404
MM:197.10519
$C_{10}H_{15}NO_3$
RI: 1514 (calc.)

GC/MS
EI 70 eV
TSQ 70
QI:989

Tilidine-M (N-Desmethyl)

MW:259.34828
MM:259.15723
$C_{16}H_{21}NO_2$
RI: 2018 (calc.)

GC/MS
EI 70 eV
TSQ 70
QI:971

Clozapine AC

MW:368.86580
MM:368.14039
$C_{20}H_{21}ClN_4O$
RI: 3009 (calc.)

GC/MS
EI 70 eV
TSQ 700
QI:912

m/z: 83

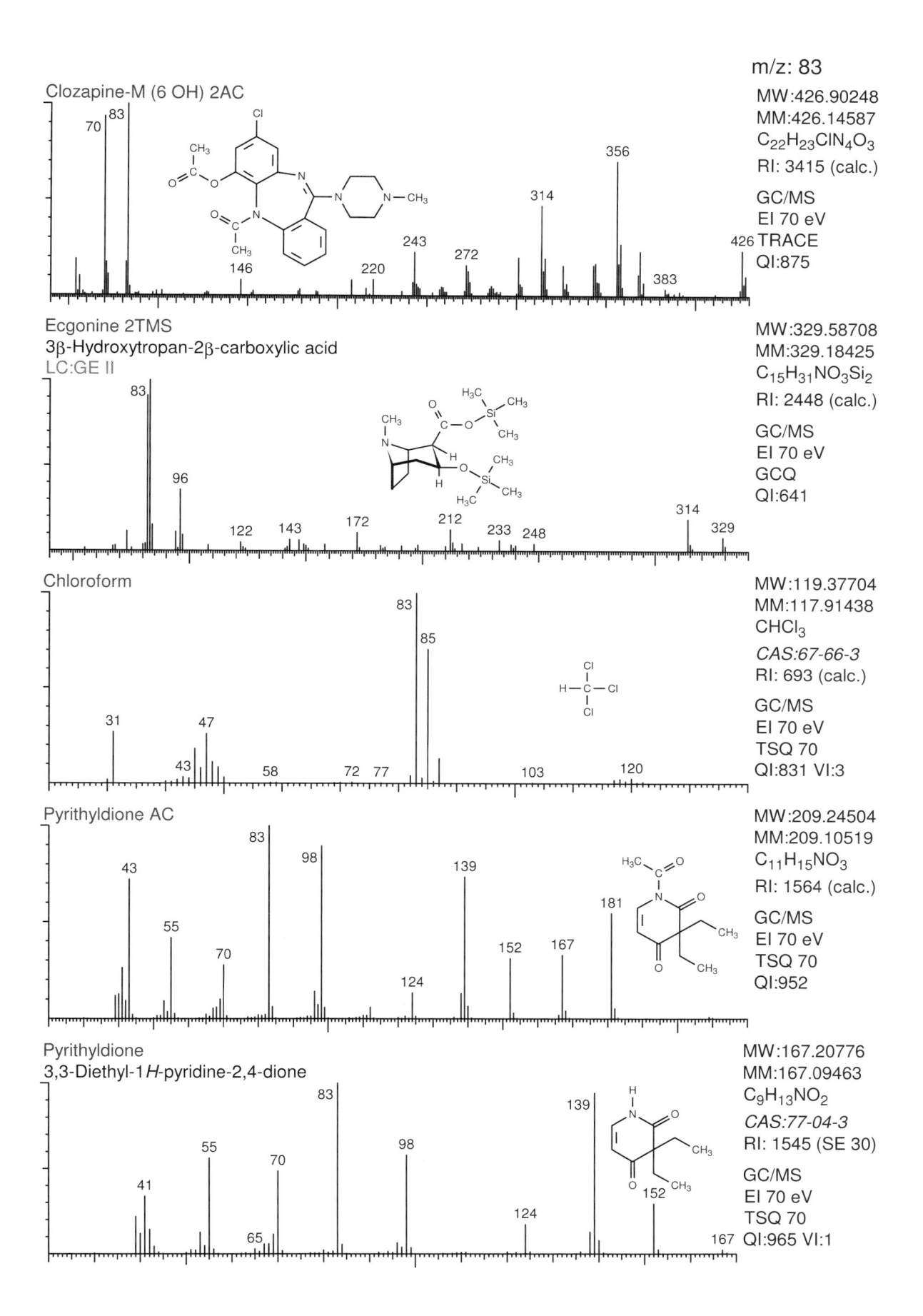

Clozapine-M (6 OH) 2AC

MW:426.90248
MM:426.14587
$C_{22}H_{23}ClN_4O_3$
RI: 3415 (calc.)

GC/MS
EI 70 eV
TRACE
QI:875

Peaks: 70, 83, 146, 220, 243, 272, 314, 356, 383, 426

Ecgonine 2TMS
3β-Hydroxytropan-2β-carboxylic acid
LC:GE II

MW:329.58708
MM:329.18425
$C_{15}H_{31}NO_3Si_2$
RI: 2448 (calc.)

GC/MS
EI 70 eV
GCQ
QI:641

Peaks: 83, 96, 122, 143, 172, 212, 233, 248, 314, 329

Chloroform

MW:119.37704
MM:117.91438
$CHCl_3$
CAS:67-66-3
RI: 693 (calc.)

GC/MS
EI 70 eV
TSQ 70
QI:831 VI:3

Peaks: 31, 43, 47, 58, 72, 77, 83, 85, 103, 120

Pyrithyldione AC

MW:209.24504
MM:209.10519
$C_{11}H_{15}NO_3$
RI: 1564 (calc.)

GC/MS
EI 70 eV
TSQ 70
QI:952

Peaks: 43, 55, 70, 83, 98, 124, 139, 152, 167, 181

Pyrithyldione
3,3-Diethyl-1H-pyridine-2,4-dione

MW:167.20776
MM:167.09463
$C_9H_{13}NO_2$
CAS:77-04-3
RI: 1545 (SE 30)

GC/MS
EI 70 eV
TSQ 70
QI:965 VI:1

Peaks: 41, 55, 65, 70, 83, 98, 124, 139, 152, 167

m/z: 83

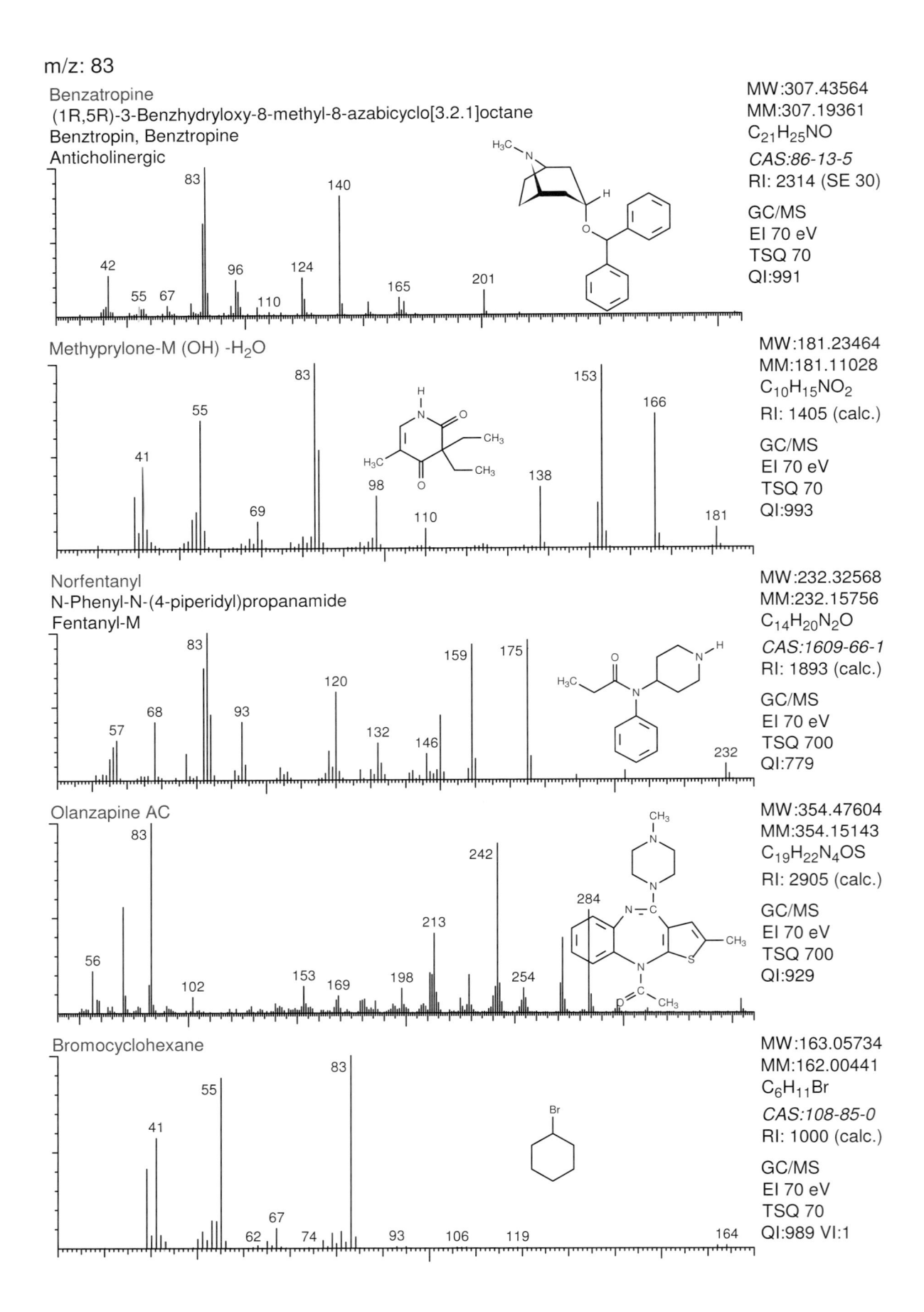

Benzatropine
(1R,5R)-3-Benzhydryloxy-8-methyl-8-azabicyclo[3.2.1]octane
Benztropin, Benztropine
Anticholinergic

Peaks: 42, 55, 67, 83, 96, 110, 124, 140, 165, 201

MW:307.43564
MM:307.19361
$C_{21}H_{25}NO$
CAS:86-13-5
RI: 2314 (SE 30)

GC/MS
EI 70 eV
TSQ 70
QI:991

Methyprylone-M (OH) -H$_2$O

Peaks: 41, 55, 69, 83, 98, 110, 138, 153, 166, 181

MW:181.23464
MM:181.11028
$C_{10}H_{15}NO_2$
RI: 1405 (calc.)

GC/MS
EI 70 eV
TSQ 70
QI:993

Norfentanyl
N-Phenyl-N-(4-piperidyl)propanamide
Fentanyl-M

Peaks: 57, 68, 83, 93, 120, 132, 146, 159, 175, 232

MW:232.32568
MM:232.15756
$C_{14}H_{20}N_2O$
CAS:1609-66-1
RI: 1893 (calc.)

GC/MS
EI 70 eV
TSQ 700
QI:779

Olanzapine AC

Peaks: 56, 83, 102, 153, 169, 198, 213, 242, 254, 284

MW:354.47604
MM:354.15143
$C_{19}H_{22}N_4OS$
RI: 2905 (calc.)

GC/MS
EI 70 eV
TSQ 700
QI:929

Bromocyclohexane

Peaks: 41, 55, 62, 67, 74, 83, 93, 106, 119, 164

MW:163.05734
MM:162.00441
$C_6H_{11}Br$
CAS:108-85-0
RI: 1000 (calc.)

GC/MS
EI 70 eV
TSQ 70
QI:989 VI:1

m/z: 83-84

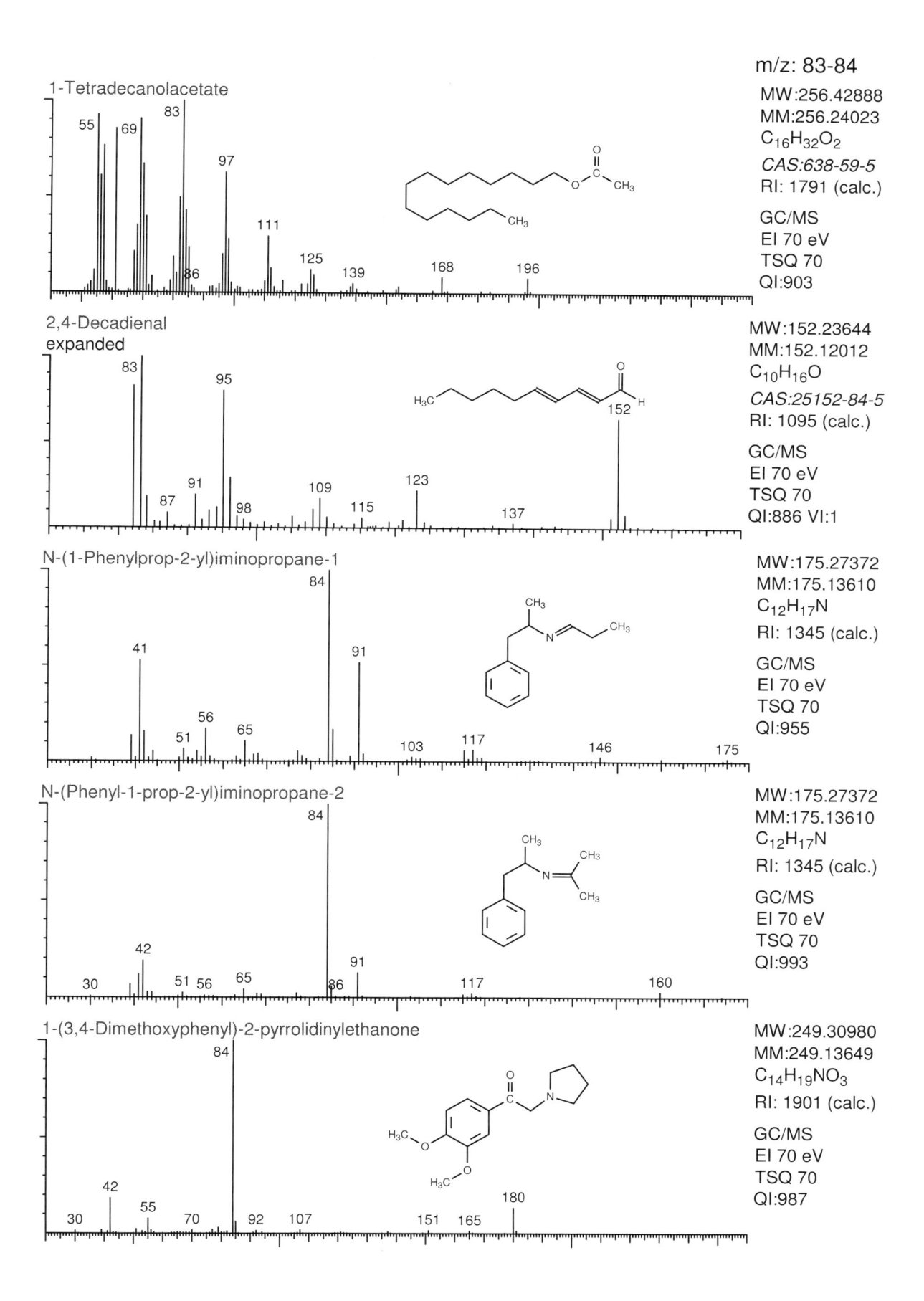

1-Tetradecanolacetate

MW: 256.42888
MM: 256.24023
$C_{16}H_{32}O_2$
CAS: 638-59-5
RI: 1791 (calc.)

GC/MS
EI 70 eV
TSQ 70
QI: 903

2,4-Decadienal expanded

MW: 152.23644
MM: 152.12012
$C_{10}H_{16}O$
CAS: 25152-84-5
RI: 1095 (calc.)

GC/MS
EI 70 eV
TSQ 70
QI: 886 VI:1

N-(1-Phenylprop-2-yl)iminopropane-1

MW: 175.27372
MM: 175.13610
$C_{12}H_{17}N$
RI: 1345 (calc.)

GC/MS
EI 70 eV
TSQ 70
QI: 955

N-(Phenyl-1-prop-2-yl)iminopropane-2

MW: 175.27372
MM: 175.13610
$C_{12}H_{17}N$
RI: 1345 (calc.)

GC/MS
EI 70 eV
TSQ 70
QI: 993

1-(3,4-Dimethoxyphenyl)-2-pyrrolidinylethanone

MW: 249.30980
MM: 249.13649
$C_{14}H_{19}NO_3$
RI: 1901 (calc.)

GC/MS
EI 70 eV
TSQ 70
QI: 987

m/z: 84

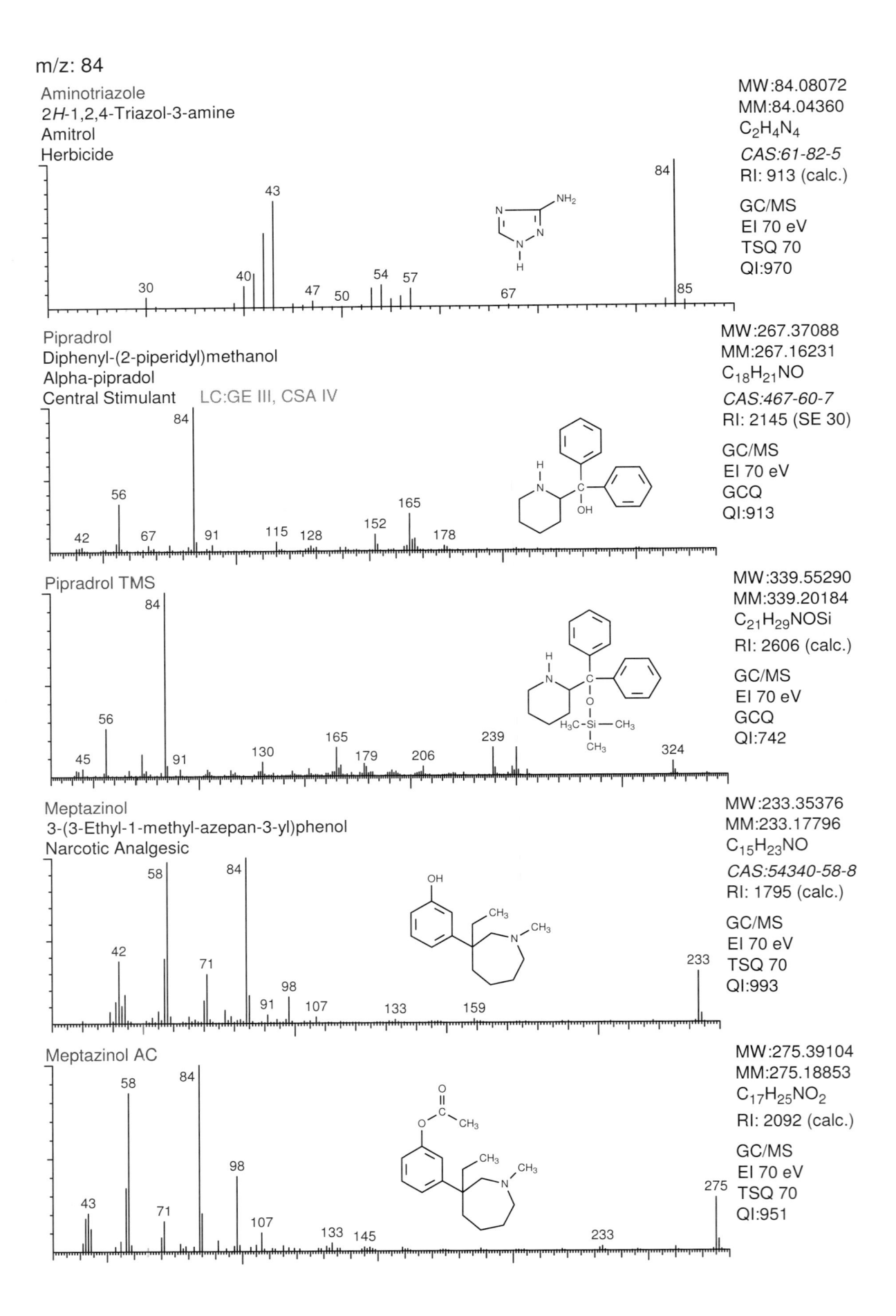

Aminotriazole
2H-1,2,4-Triazol-3-amine
Amitrol
Herbicide

MW:84.08072
MM:84.04360
$C_2H_4N_4$
CAS:61-82-5
RI: 913 (calc.)

GC/MS
EI 70 eV
TSQ 70
QI:970

Peaks: 30, 40, 43, 47, 50, 54, 57, 67, 84, 85

Pipradrol
Diphenyl-(2-piperidyl)methanol
Alpha-pipradrol
Central Stimulant   LC:GE III, CSA IV

MW:267.37088
MM:267.16231
$C_{18}H_{21}NO$
CAS:467-60-7
RI: 2145 (SE 30)

GC/MS
EI 70 eV
GCQ
QI:913

Peaks: 42, 56, 67, 84, 91, 115, 128, 152, 165, 178

Pipradrol TMS

MW:339.55290
MM:339.20184
$C_{21}H_{29}NOSi$
RI: 2606 (calc.)

GC/MS
EI 70 eV
GCQ
QI:742

Peaks: 45, 56, 84, 91, 130, 165, 179, 206, 239, 324

Meptazinol
3-(3-Ethyl-1-methyl-azepan-3-yl)phenol
Narcotic Analgesic

MW:233.35376
MM:233.17796
$C_{15}H_{23}NO$
CAS:54340-58-8
RI: 1795 (calc.)

GC/MS
EI 70 eV
TSQ 70
QI:993

Peaks: 42, 58, 71, 84, 91, 98, 107, 133, 159, 233

Meptazinol AC

MW:275.39104
MM:275.18853
$C_{17}H_{25}NO_2$
RI: 2092 (calc.)

GC/MS
EI 70 eV
TSQ 70
QI:951

Peaks: 43, 58, 71, 84, 98, 107, 133, 145, 233, 275

m/z: 84

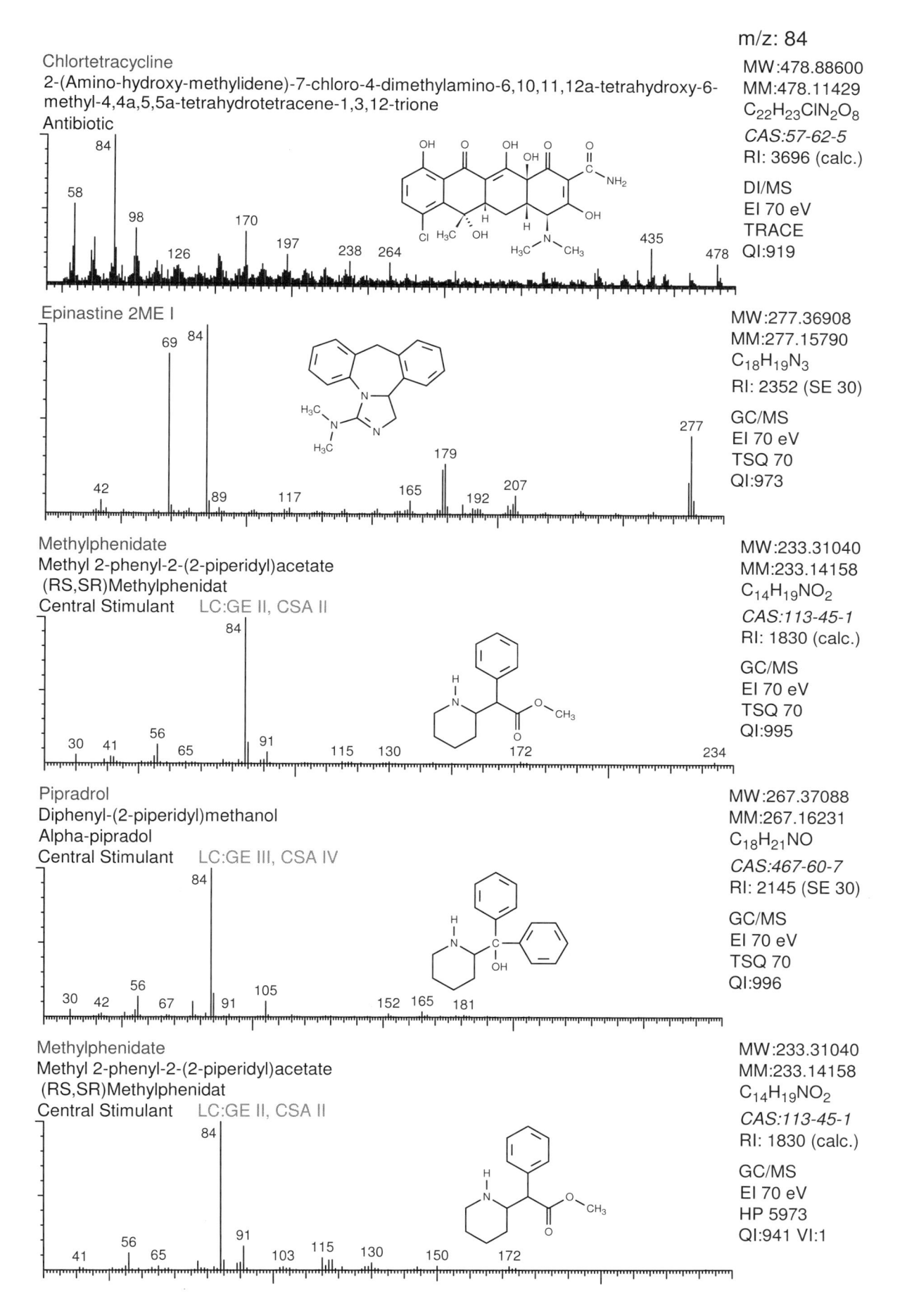

Chlortetracycline
2-(Amino-hydroxy-methylidene)-7-chloro-4-dimethylamino-6,10,11,12a-tetrahydroxy-6-methyl-4,4a,5,5a-tetrahydrotetracene-1,3,12-trione
Antibiotic

MW:478.88600
MM:478.11429
$C_{22}H_{23}ClN_2O_8$
CAS:57-62-5
RI: 3696 (calc.)

DI/MS
EI 70 eV
TRACE
QI:919

Peaks: 58, 84, 98, 126, 170, 197, 238, 264, 435, 478

Epinastine 2ME I

MW:277.36908
MM:277.15790
$C_{18}H_{19}N_3$
RI: 2352 (SE 30)

GC/MS
EI 70 eV
TSQ 70
QI:973

Peaks: 42, 69, 84, 89, 117, 165, 179, 192, 207, 277

Methylphenidate
Methyl 2-phenyl-2-(2-piperidyl)acetate
(RS,SR)Methylphenidat
Central Stimulant   LC:GE II, CSA II

MW:233.31040
MM:233.14158
$C_{14}H_{19}NO_2$
CAS:113-45-1
RI: 1830 (calc.)

GC/MS
EI 70 eV
TSQ 70
QI:995

Peaks: 30, 41, 56, 65, 84, 91, 115, 130, 172, 234

Pipradrol
Diphenyl-(2-piperidyl)methanol
Alpha-pipradol
Central Stimulant   LC:GE III, CSA IV

MW:267.37088
MM:267.16231
$C_{18}H_{21}NO$
CAS:467-60-7
RI: 2145 (SE 30)

GC/MS
EI 70 eV
TSQ 70
QI:996

Peaks: 30, 42, 56, 67, 84, 91, 105, 152, 165, 181

Methylphenidate
Methyl 2-phenyl-2-(2-piperidyl)acetate
(RS,SR)Methylphenidat
Central Stimulant   LC:GE II, CSA II

MW:233.31040
MM:233.14158
$C_{14}H_{19}NO_2$
CAS:113-45-1
RI: 1830 (calc.)

GC/MS
EI 70 eV
HP 5973
QI:941 VI:1

Peaks: 41, 56, 65, 84, 91, 103, 115, 130, 150, 172

m/z: 84

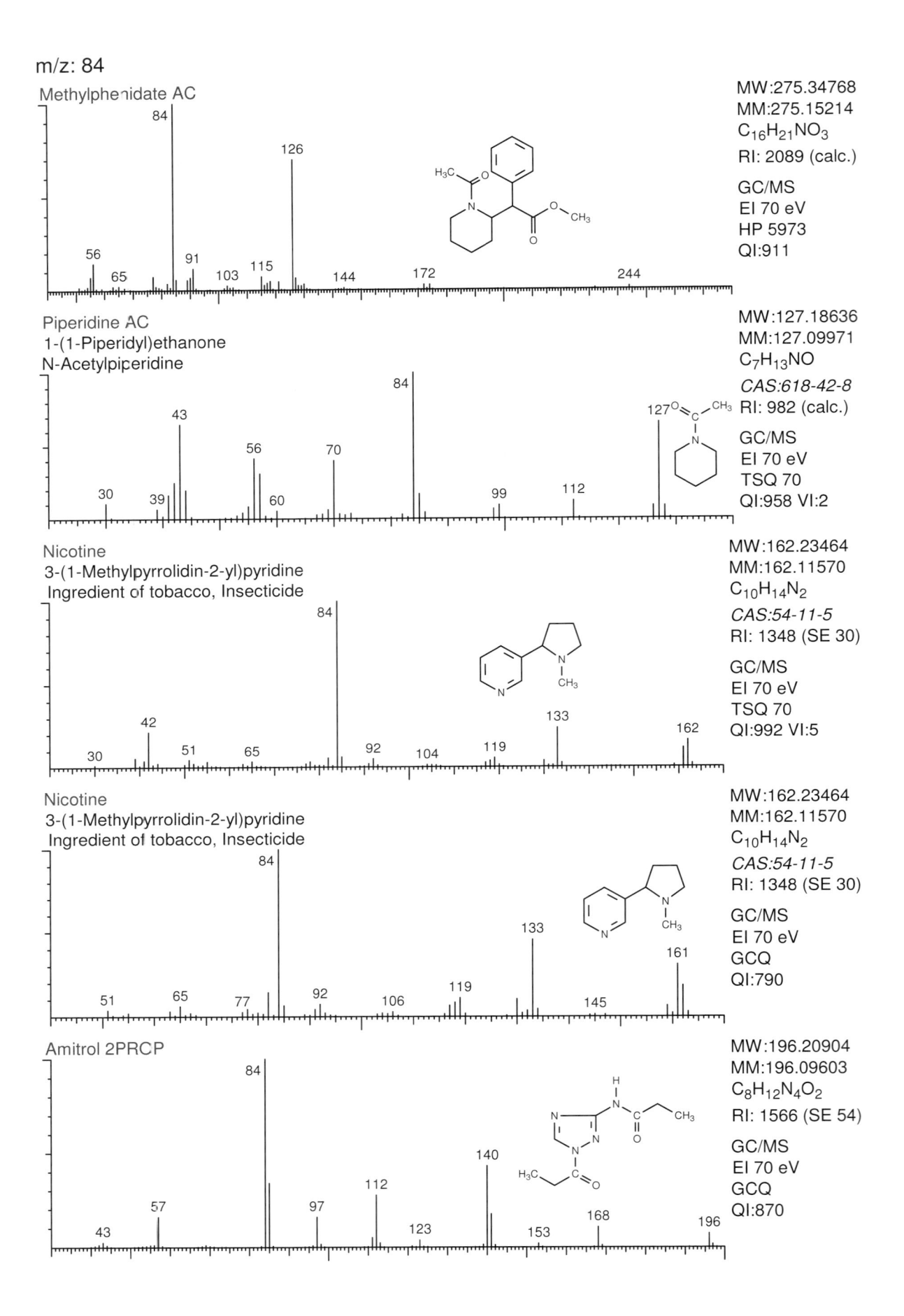

Methylphenidate AC

MW: 275.34768
MM: 275.15214
$C_{16}H_{21}NO_3$
RI: 2089 (calc.)

GC/MS
EI 70 eV
HP 5973
QI: 911

Peaks: 56, 65, 84, 91, 103, 115, 126, 144, 172, 244

Piperidine AC
1-(1-Piperidyl)ethanone
N-Acetylpiperidine

MW: 127.18636
MM: 127.09971
$C_7H_{13}NO$
CAS: 618-42-8
RI: 982 (calc.)

GC/MS
EI 70 eV
TSQ 70
QI: 958 VI: 2

Peaks: 30, 39, 43, 56, 60, 70, 84, 99, 112, 127

Nicotine
3-(1-Methylpyrrolidin-2-yl)pyridine
Ingredient of tobacco, Insecticide

MW: 162.23464
MM: 162.11570
$C_{10}H_{14}N_2$
CAS: 54-11-5
RI: 1348 (SE 30)

GC/MS
EI 70 eV
TSQ 70
QI: 992 VI: 5

Peaks: 30, 42, 51, 65, 84, 92, 104, 119, 133, 162

Nicotine
3-(1-Methylpyrrolidin-2-yl)pyridine
Ingredient of tobacco, Insecticide

MW: 162.23464
MM: 162.11570
$C_{10}H_{14}N_2$
CAS: 54-11-5
RI: 1348 (SE 30)

GC/MS
EI 70 eV
GCQ
QI: 790

Peaks: 51, 65, 77, 84, 92, 106, 119, 133, 145, 161

Amitrol 2PRCP

MW: 196.20904
MM: 196.09603
$C_8H_{12}N_4O_2$
RI: 1566 (SE 54)

GC/MS
EI 70 eV
GCQ
QI: 870

Peaks: 43, 57, 84, 97, 112, 123, 140, 153, 168, 196

m/z: 84

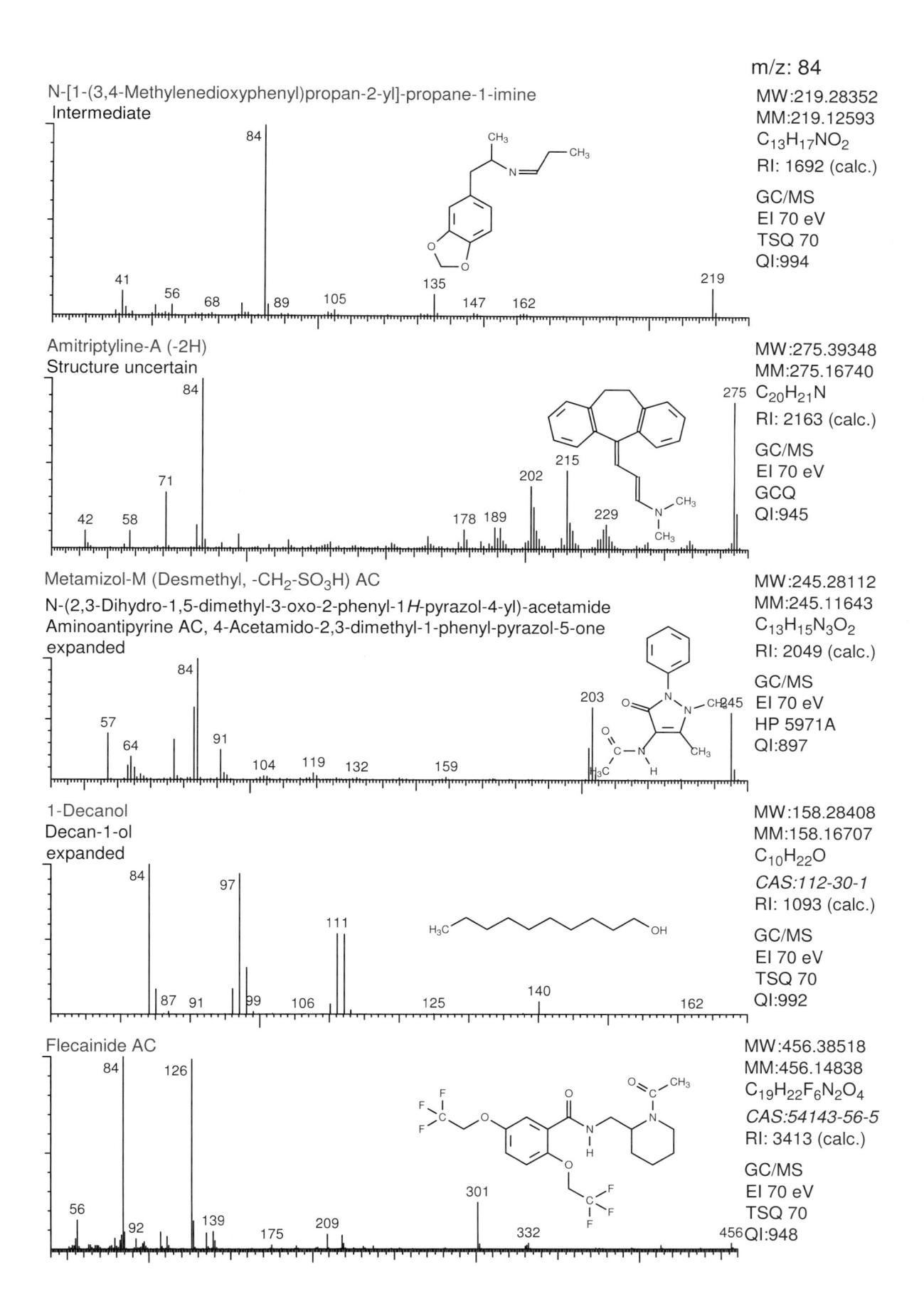

N-[1-(3,4-Methylenedioxyphenyl)propan-2-yl]-propane-1-imine
Intermediate

Peaks: 41, 56, 68, 84, 89, 105, 135, 147, 162, 219

MW: 219.28352
MM: 219.12593
$C_{13}H_{17}NO_2$
RI: 1692 (calc.)

GC/MS
EI 70 eV
TSQ 70
QI: 994

Amitriptyline-A (-2H)
Structure uncertain

Peaks: 42, 58, 71, 84, 178, 189, 202, 215, 229, 275

MW: 275.39348
MM: 275.16740
$C_{20}H_{21}N$
RI: 2163 (calc.)

GC/MS
EI 70 eV
GCQ
QI: 945

Metamizol-M (Desmethyl, -CH$_2$-SO$_3$H) AC
N-(2,3-Dihydro-1,5-dimethyl-3-oxo-2-phenyl-1H-pyrazol-4-yl)-acetamide
Aminoantipyrine AC, 4-Acetamido-2,3-dimethyl-1-phenyl-pyrazol-5-one
expanded

Peaks: 57, 64, 84, 91, 104, 119, 132, 159, 203, 245

MW: 245.28112
MM: 245.11643
$C_{13}H_{15}N_3O_2$
RI: 2049 (calc.)

GC/MS
EI 70 eV
HP 5971A
QI: 897

1-Decanol
Decan-1-ol
expanded

Peaks: 84, 87, 91, 97, 99, 106, 111, 125, 140, 162

MW: 158.28408
MM: 158.16707
$C_{10}H_{22}O$
CAS: 112-30-1
RI: 1093 (calc.)

GC/MS
EI 70 eV
TSQ 70
QI: 992

Flecainide AC

Peaks: 56, 84, 92, 126, 139, 175, 209, 301, 332, 456

MW: 456.38518
MM: 456.14838
$C_{19}H_{22}F_6N_2O_4$
CAS: 54143-56-5
RI: 3413 (calc.)

GC/MS
EI 70 eV
TSQ 70
QI: 948

m/z: 84-85

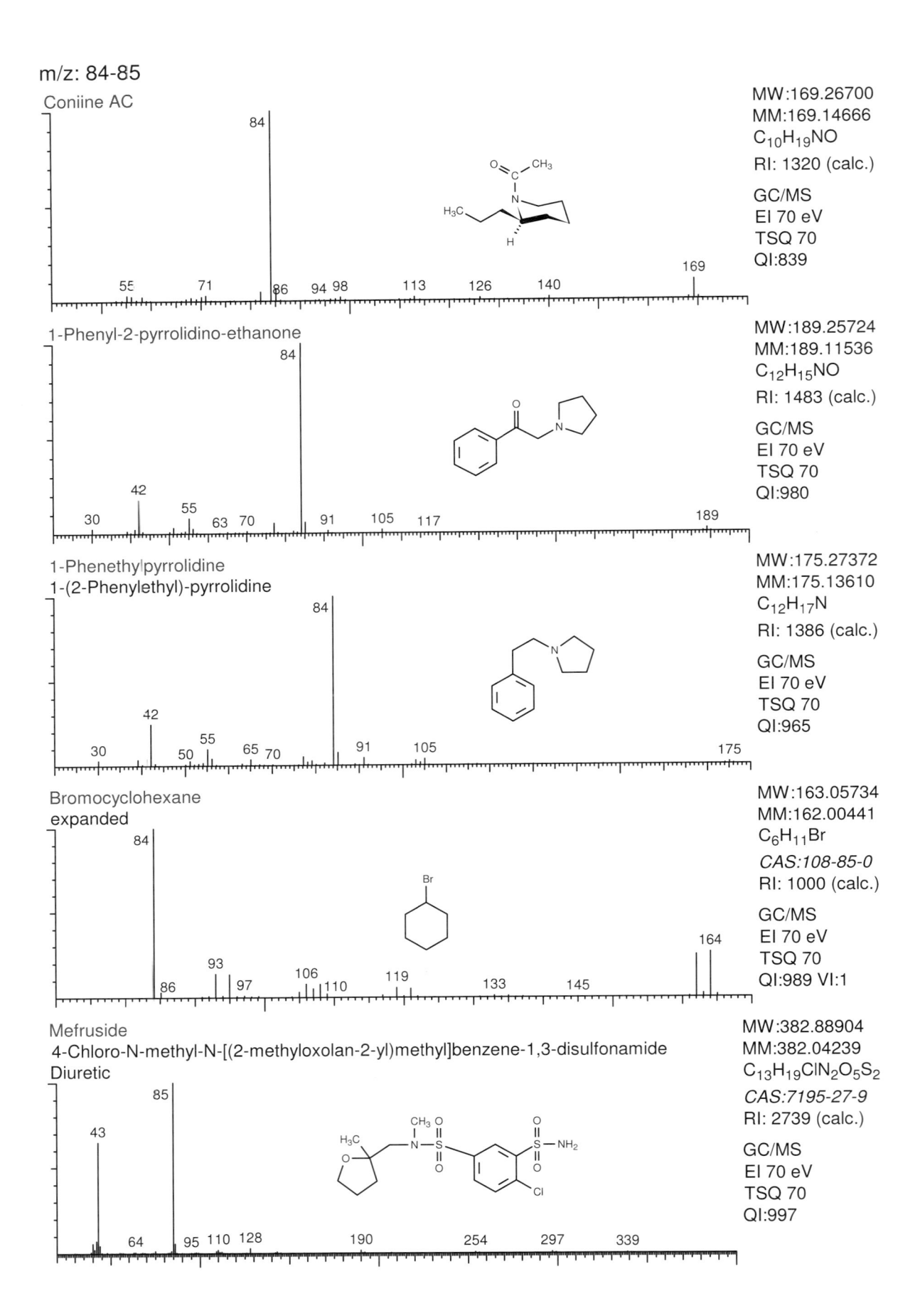

Coniine AC

Peaks: 55, 71, 84, 86, 94, 98, 113, 126, 140, 169

MW: 169.26700
MM: 169.14666
C₁₀H₁₉NO
RI: 1320 (calc.)

GC/MS
EI 70 eV
TSQ 70
QI: 839

1-Phenyl-2-pyrrolidino-ethanone

Peaks: 30, 42, 55, 63, 70, 84, 91, 105, 117, 189

MW: 189.25724
MM: 189.11536
C₁₂H₁₅NO
RI: 1483 (calc.)

GC/MS
EI 70 eV
TSQ 70
QI: 980

1-Phenethylpyrrolidine
1-(2-Phenylethyl)-pyrrolidine

Peaks: 30, 42, 50, 55, 65, 70, 84, 91, 105, 175

MW: 175.27372
MM: 175.13610
C₁₂H₁₇N
RI: 1386 (calc.)

GC/MS
EI 70 eV
TSQ 70
QI: 965

Bromocyclohexane
expanded

Peaks: 84, 86, 93, 97, 106, 110, 119, 133, 145, 164

MW: 163.05734
MM: 162.00441
C₆H₁₁Br
CAS: 108-85-0
RI: 1000 (calc.)

GC/MS
EI 70 eV
TSQ 70
QI: 989 VI:1

Mefruside
4-Chloro-N-methyl-N-[(2-methyloxolan-2-yl)methyl]benzene-1,3-disulfonamide
Diuretic

Peaks: 43, 64, 85, 95, 110, 128, 190, 254, 297, 339

MW: 382.88904
MM: 382.04239
C₁₃H₁₉ClN₂O₅S₂
CAS: 7195-27-9
RI: 2739 (calc.)

GC/MS
EI 70 eV
TSQ 70
QI: 997

Piperazine 2AC

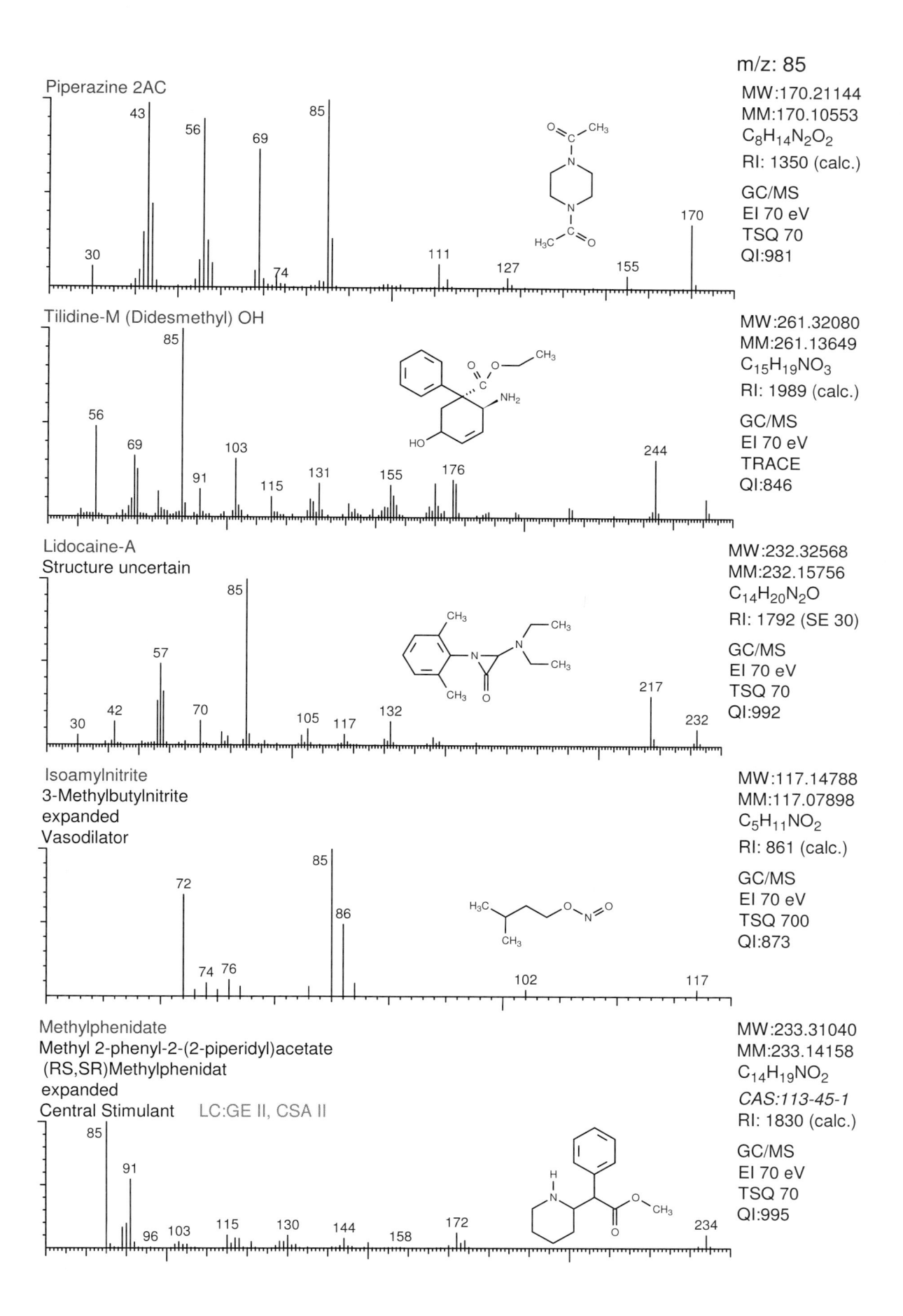

m/z: 85
MW: 170.21144
MM: 170.10553
$C_8H_{14}N_2O_2$
RI: 1350 (calc.)

GC/MS
EI 70 eV
TSQ 70
QI: 981

Tilidine-M (Didesmethyl) OH

MW: 261.32080
MM: 261.13649
$C_{15}H_{19}NO_3$
RI: 1989 (calc.)

GC/MS
EI 70 eV
TRACE
QI: 846

Lidocaine-A
Structure uncertain

MW: 232.32568
MM: 232.15756
$C_{14}H_{20}N_2O$
RI: 1792 (SE 30)

GC/MS
EI 70 eV
TSQ 70
QI: 992

Isoamylnitrite
3-Methylbutylnitrite
expanded
Vasodilator

MW: 117.14788
MM: 117.07898
$C_5H_{11}NO_2$
RI: 861 (calc.)

GC/MS
EI 70 eV
TSQ 700
QI: 873

Methylphenidate
Methyl 2-phenyl-2-(2-piperidyl)acetate
(RS,SR)Methylphenidat
expanded
Central Stimulant   LC:GE II, CSA II

MW: 233.31040
MM: 233.14158
$C_{14}H_{19}NO_2$
CAS: 113-45-1
RI: 1830 (calc.)

GC/MS
EI 70 eV
TSQ 70
QI: 995

m/z: 85

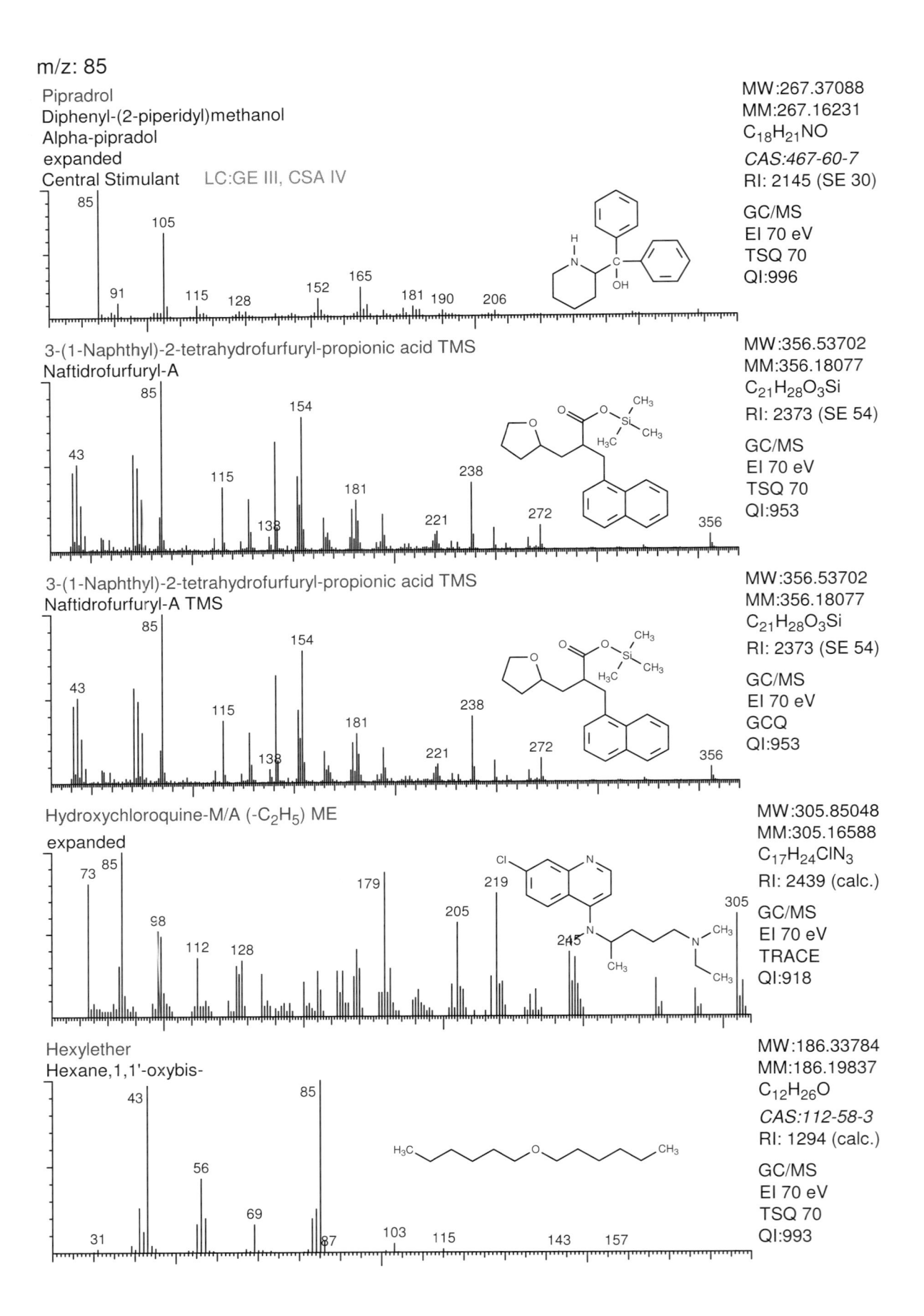

Pipradrol
Diphenyl-(2-piperidyl)methanol
Alpha-pipradrol
expanded
Central Stimulant   LC:GE III, CSA IV

MW:267.37088
MM:267.16231
C$_{18}$H$_{21}$NO
CAS:467-60-7
RI: 2145 (SE 30)

GC/MS
EI 70 eV
TSQ 70
QI:996

3-(1-Naphthyl)-2-tetrahydrofurfuryl-propionic acid TMS
Naftidrofurfuryl-A

MW:356.53702
MM:356.18077
C$_{21}$H$_{28}$O$_3$Si
RI: 2373 (SE 54)

GC/MS
EI 70 eV
TSQ 70
QI:953

3-(1-Naphthyl)-2-tetrahydrofurfuryl-propionic acid TMS
Naftidrofurfuryl-A TMS

MW:356.53702
MM:356.18077
C$_{21}$H$_{28}$O$_3$Si
RI: 2373 (SE 54)

GC/MS
EI 70 eV
GCQ
QI:953

Hydroxychloroquine-M/A (-C$_2$H$_5$) ME
expanded

MW:305.85048
MM:305.16588
C$_{17}$H$_{24}$ClN$_3$
RI: 2439 (calc.)

GC/MS
EI 70 eV
TRACE
QI:918

Hexylether
Hexane,1,1'-oxybis-

MW:186.33784
MM:186.19837
C$_{12}$H$_{26}$O
CAS:112-58-3
RI: 1294 (calc.)

GC/MS
EI 70 eV
TSQ 70
QI:993

m/z: 85-86

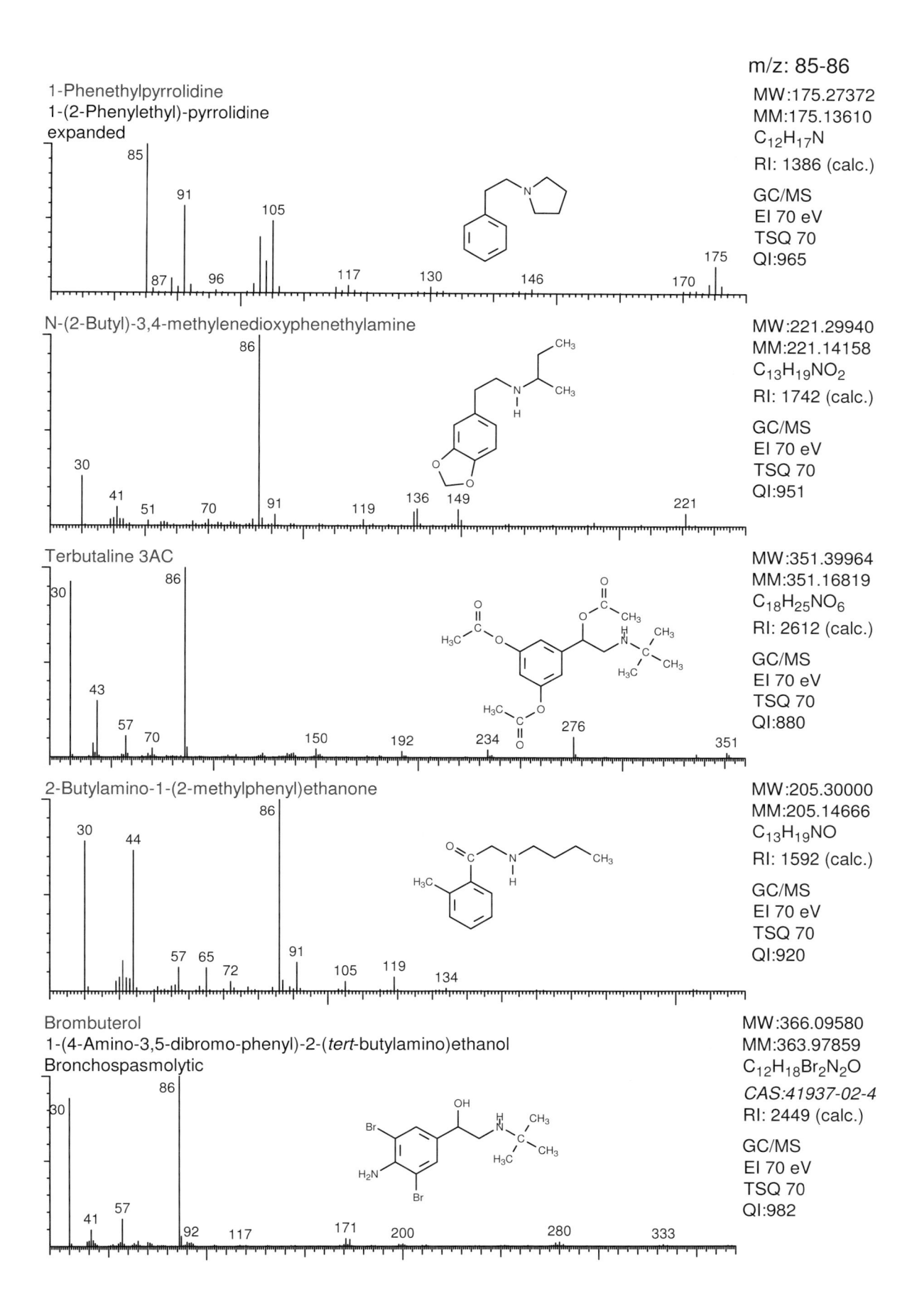

1-Phenethylpyrrolidine
1-(2-Phenylethyl)-pyrrolidine
expanded

MW: 175.27372
MM: 175.13610
$C_{12}H_{17}N$
RI: 1386 (calc.)

GC/MS
EI 70 eV
TSQ 70
QI: 965

Peaks: 85, 87, 91, 96, 105, 117, 130, 146, 170, 175

N-(2-Butyl)-3,4-methylenedioxyphenethylamine

MW: 221.29940
MM: 221.14158
$C_{13}H_{19}NO_2$
RI: 1742 (calc.)

GC/MS
EI 70 eV
TSQ 70
QI: 951

Peaks: 30, 41, 51, 70, 86, 91, 119, 136, 149, 221

Terbutaline 3AC

MW: 351.39964
MM: 351.16819
$C_{18}H_{25}NO_6$
RI: 2612 (calc.)

GC/MS
EI 70 eV
TSQ 70
QI: 880

Peaks: 30, 43, 57, 70, 86, 150, 192, 234, 276, 351

2-Butylamino-1-(2-methylphenyl)ethanone

MW: 205.30000
MM: 205.14666
$C_{13}H_{19}NO$
RI: 1592 (calc.)

GC/MS
EI 70 eV
TSQ 70
QI: 920

Peaks: 30, 44, 57, 65, 72, 86, 91, 105, 119, 134

Brombuterol
1-(4-Amino-3,5-dibromo-phenyl)-2-(*tert*-butylamino)ethanol
Bronchospasmolytic

MW: 366.09580
MM: 363.97859
$C_{12}H_{18}Br_2N_2O$
CAS: 41937-02-4
RI: 2449 (calc.)

GC/MS
EI 70 eV
TSQ 70
QI: 982

Peaks: 30, 41, 57, 86, 92, 117, 171, 200, 280, 333

m/z: 86

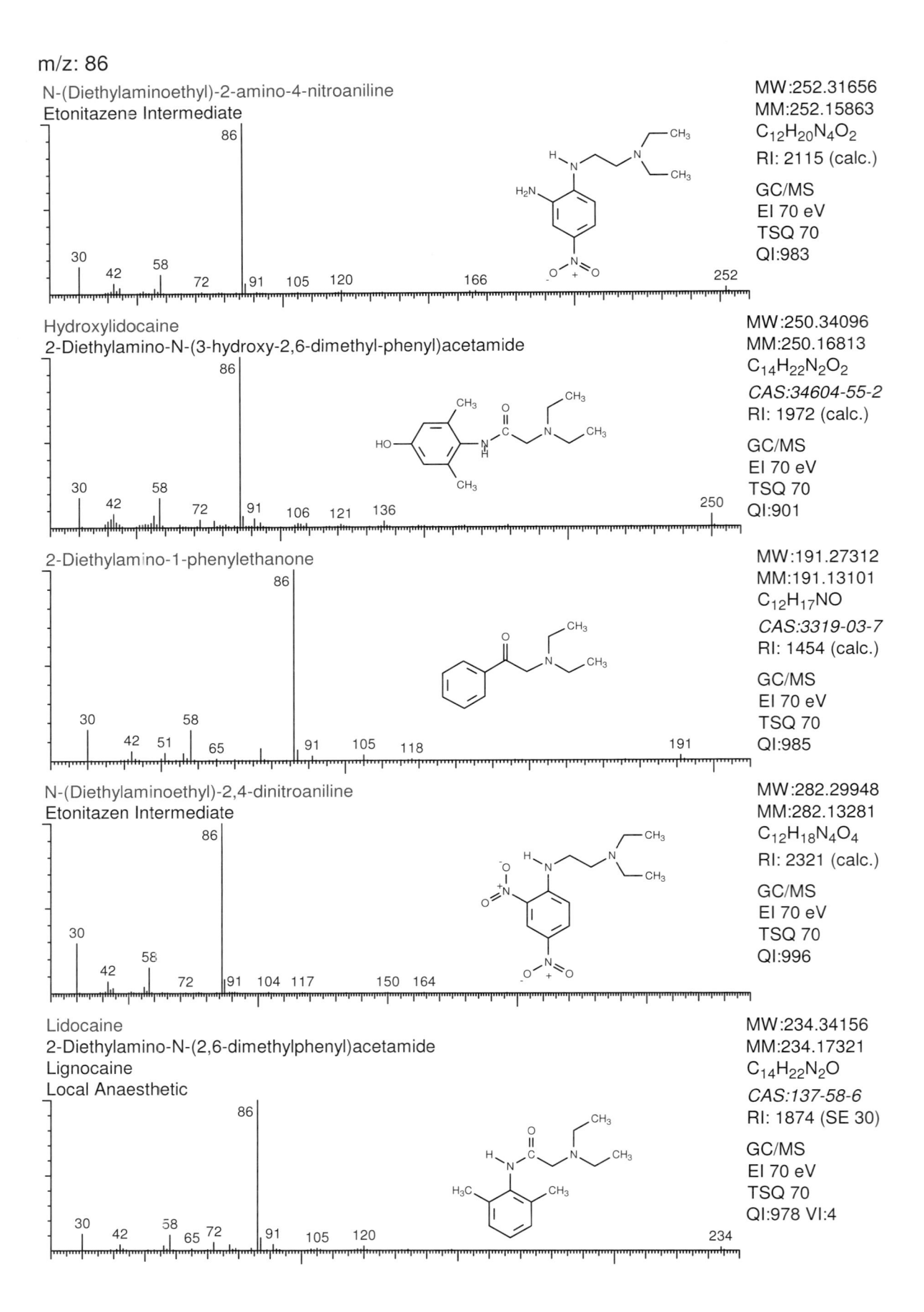

N-(Diethylaminoethyl)-2-amino-4-nitroaniline
Etonitazene Intermediate

MW:252.31656
MM:252.15863
$C_{12}H_{20}N_4O_2$
RI: 2115 (calc.)

GC/MS
EI 70 eV
TSQ 70
QI:983

Hydroxylidocaine
2-Diethylamino-N-(3-hydroxy-2,6-dimethyl-phenyl)acetamide

MW:250.34096
MM:250.16813
$C_{14}H_{22}N_2O_2$
CAS:34604-55-2
RI: 1972 (calc.)

GC/MS
EI 70 eV
TSQ 70
QI:901

2-Diethylamino-1-phenylethanone

MW:191.27312
MM:191.13101
$C_{12}H_{17}NO$
CAS:3319-03-7
RI: 1454 (calc.)

GC/MS
EI 70 eV
TSQ 70
QI:985

N-(Diethylaminoethyl)-2,4-dinitroaniline
Etonitazen Intermediate

MW:282.29948
MM:282.13281
$C_{12}H_{18}N_4O_4$
RI: 2321 (calc.)

GC/MS
EI 70 eV
TSQ 70
QI:996

Lidocaine
2-Diethylamino-N-(2,6-dimethylphenyl)acetamide
Lignocaine
Local Anaesthetic

MW:234.34156
MM:234.17321
$C_{14}H_{22}N_2O$
CAS:137-58-6
RI: 1874 (SE 30)

GC/MS
EI 70 eV
TSQ 70
QI:978 VI:4

m/z: 86

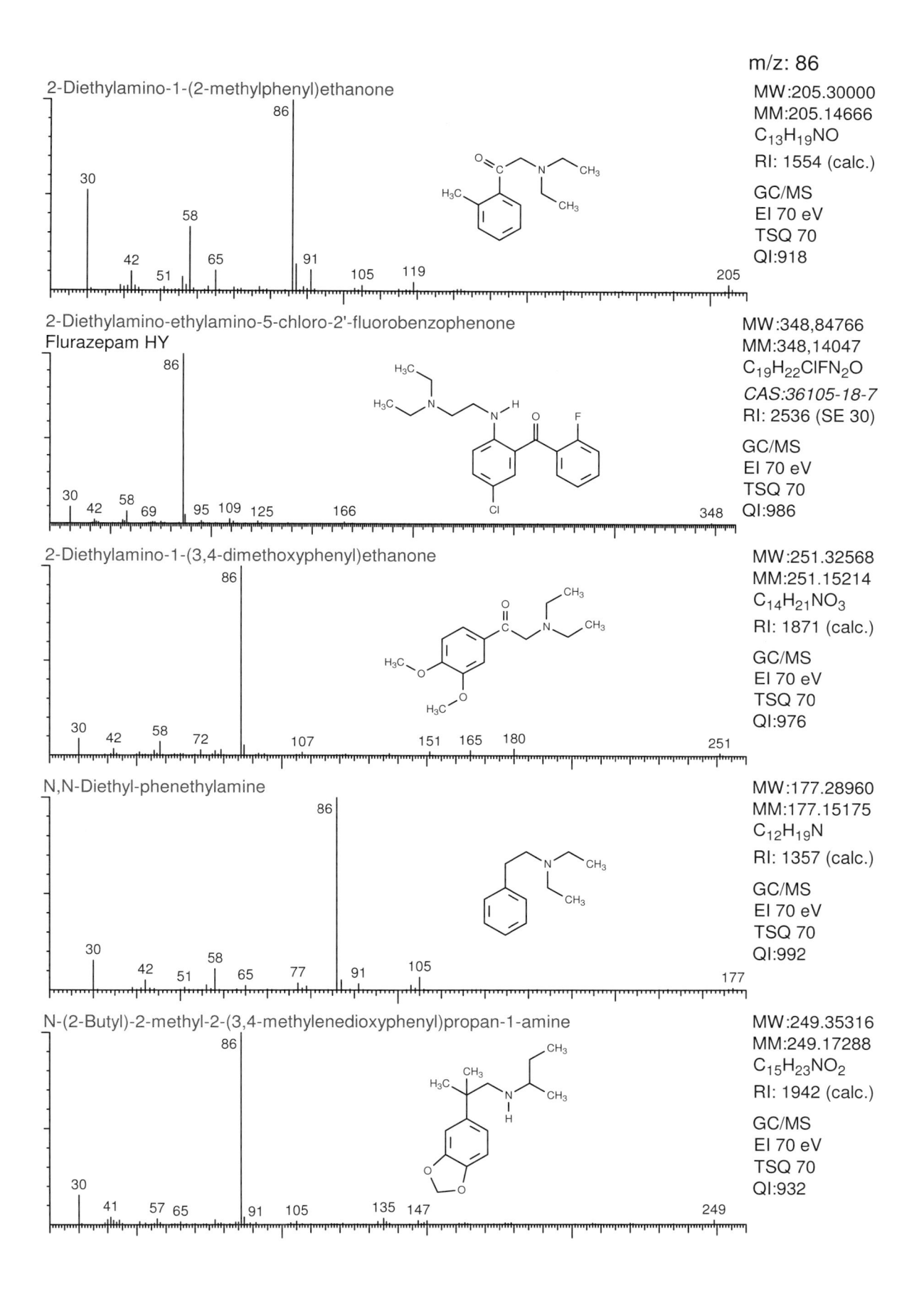

2-Diethylamino-1-(2-methylphenyl)ethanone

MW: 205.30000
MM: 205.14666
$C_{13}H_{19}NO$
RI: 1554 (calc.)

GC/MS
EI 70 eV
TSQ 70
QI: 918

Peaks: 30, 42, 51, 58, 65, 86, 91, 105, 119, 205

2-Diethylamino-ethylamino-5-chloro-2'-fluorobenzophenone
Flurazepam HY

MW: 348,84766
MM: 348,14047
$C_{19}H_{22}ClFN_2O$
CAS: 36105-18-7
RI: 2536 (SE 30)

GC/MS
EI 70 eV
TSQ 70
QI: 986

Peaks: 30, 42, 58, 69, 86, 95, 109, 125, 166, 348

2-Diethylamino-1-(3,4-dimethoxyphenyl)ethanone

MW: 251.32568
MM: 251.15214
$C_{14}H_{21}NO_3$
RI: 1871 (calc.)

GC/MS
EI 70 eV
TSQ 70
QI: 976

Peaks: 30, 42, 58, 72, 86, 107, 151, 165, 180, 251

N,N-Diethyl-phenethylamine

MW: 177.28960
MM: 177.15175
$C_{12}H_{19}N$
RI: 1357 (calc.)

GC/MS
EI 70 eV
TSQ 70
QI: 992

Peaks: 30, 42, 51, 58, 65, 77, 86, 91, 105, 177

N-(2-Butyl)-2-methyl-2-(3,4-methylenedioxyphenyl)propan-1-amine

MW: 249.35316
MM: 249.17288
$C_{15}H_{23}NO_2$
RI: 1942 (calc.)

GC/MS
EI 70 eV
TSQ 70
QI: 932

Peaks: 30, 41, 57, 65, 86, 91, 105, 135, 147, 249

m/z: 86

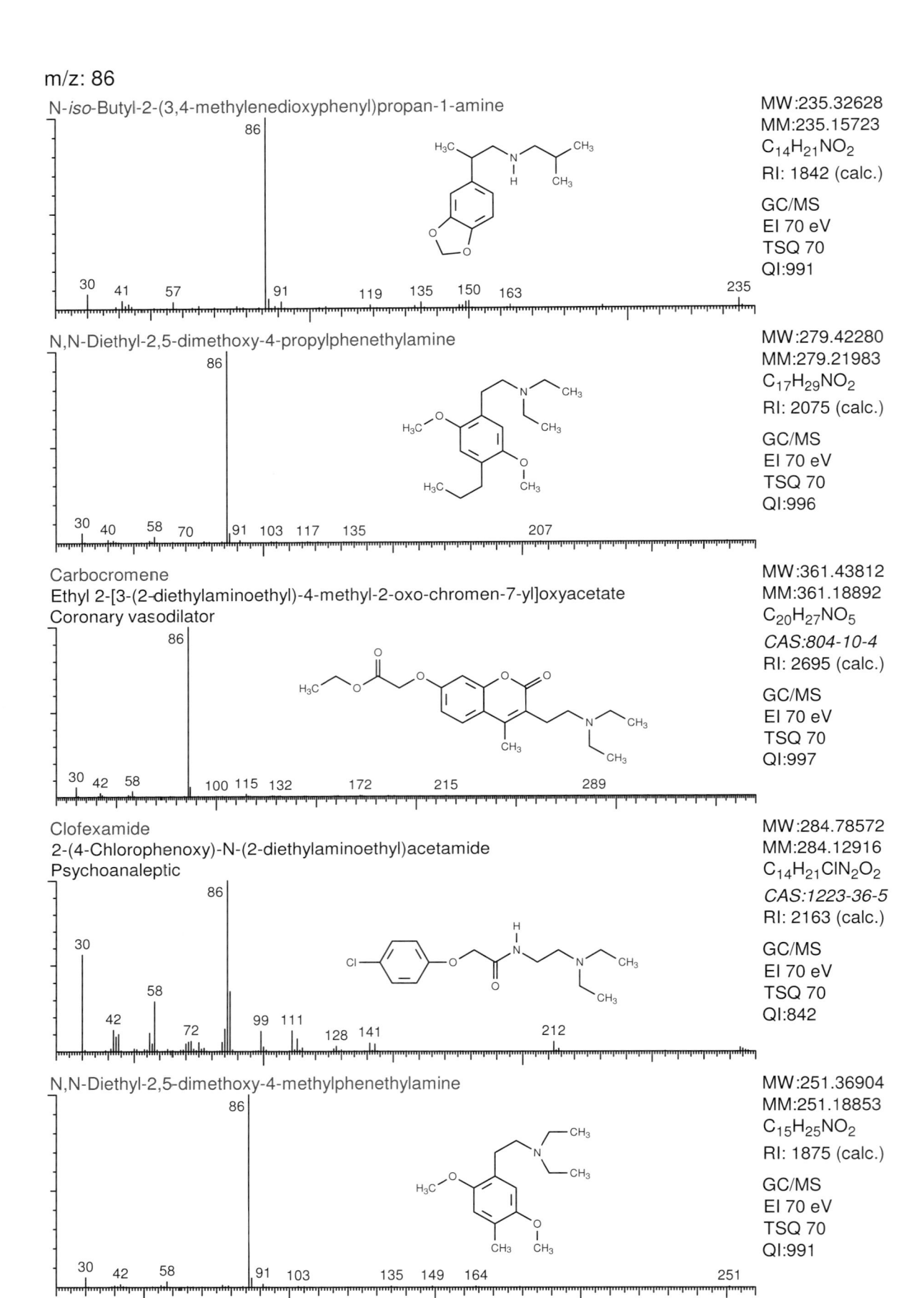

N-*iso*-Butyl-2-(3,4-methylenedioxyphenyl)propan-1-amine

MW:235.32628
MM:235.15723
$C_{14}H_{21}NO_2$
RI: 1842 (calc.)

GC/MS
EI 70 eV
TSQ 70
QI:991

N,N-Diethyl-2,5-dimethoxy-4-propylphenethylamine

MW:279.42280
MM:279.21983
$C_{17}H_{29}NO_2$
RI: 2075 (calc.)

GC/MS
EI 70 eV
TSQ 70
QI:996

Carbocromene
Ethyl 2-[3-(2-diethylaminoethyl)-4-methyl-2-oxo-chromen-7-yl]oxyacetate
Coronary vasodilator

MW:361.43812
MM:361.18892
$C_{20}H_{27}NO_5$
CAS:804-10-4
RI: 2695 (calc.)

GC/MS
EI 70 eV
TSQ 70
QI:997

Clofexamide
2-(4-Chlorophenoxy)-N-(2-diethylaminoethyl)acetamide
Psychoanaleptic

MW:284.78572
MM:284.12916
$C_{14}H_{21}ClN_2O_2$
CAS:1223-36-5
RI: 2163 (calc.)

GC/MS
EI 70 eV
TSQ 70
QI:842

N,N-Diethyl-2,5-dimethoxy-4-methylphenethylamine

MW:251.36904
MM:251.18853
$C_{15}H_{25}NO_2$
RI: 1875 (calc.)

GC/MS
EI 70 eV
TSQ 70
QI:991

m/z: 86

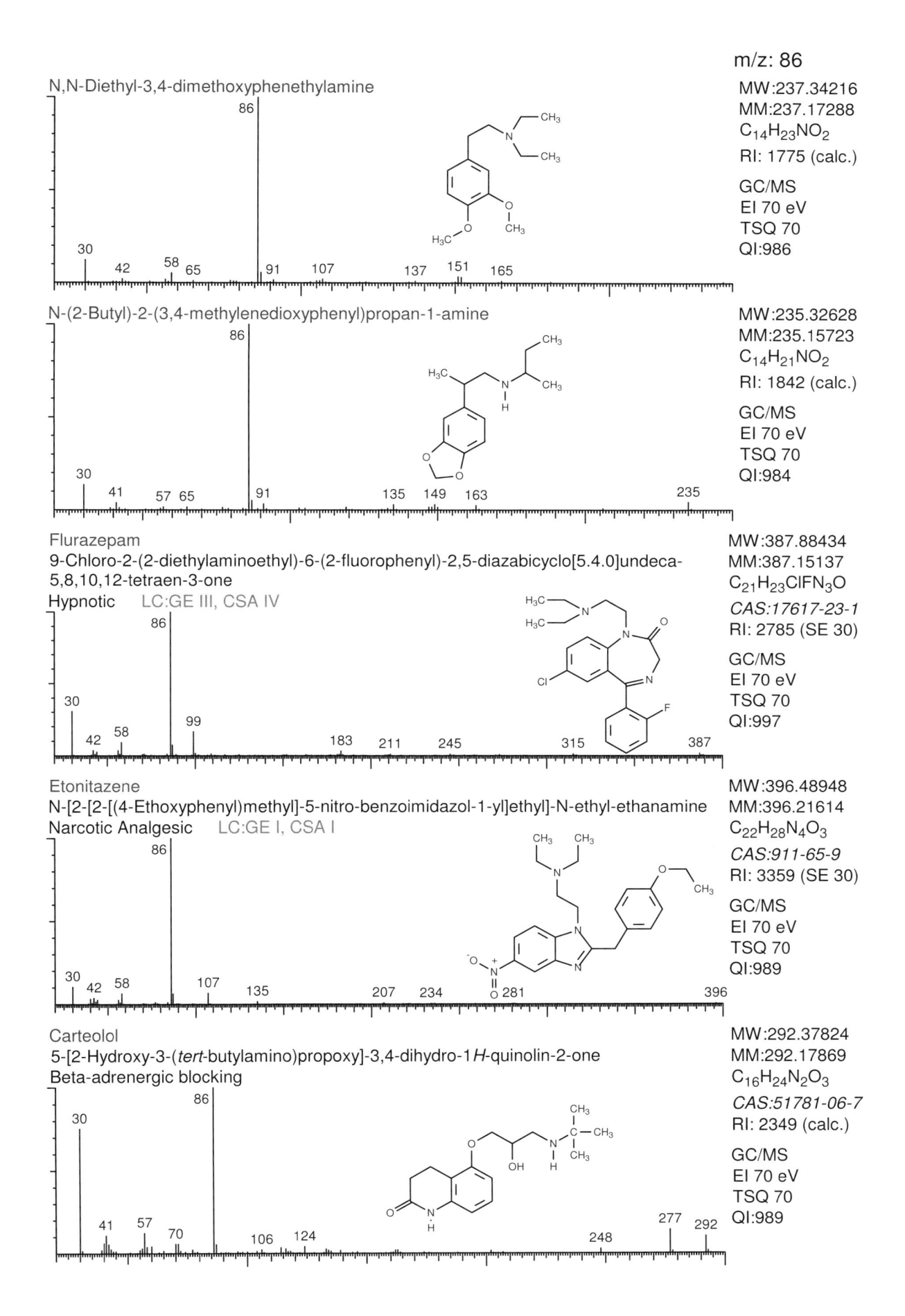

N,N-Diethyl-3,4-dimethoxyphenethylamine

MW: 237.34216
MM: 237.17288
$C_{14}H_{23}NO_2$
RI: 1775 (calc.)

GC/MS
EI 70 eV
TSQ 70
QI: 986

N-(2-Butyl)-2-(3,4-methylenedioxyphenyl)propan-1-amine

MW: 235.32628
MM: 235.15723
$C_{14}H_{21}NO_2$
RI: 1842 (calc.)

GC/MS
EI 70 eV
TSQ 70
QI: 984

Flurazepam
9-Chloro-2-(2-diethylaminoethyl)-6-(2-fluorophenyl)-2,5-diazabicyclo[5.4.0]undeca-5,8,10,12-tetraen-3-one
Hypnotic   LC:GE III, CSA IV

MW: 387.88434
MM: 387.15137
$C_{21}H_{23}ClFN_3O$
CAS: 17617-23-1
RI: 2785 (SE 30)

GC/MS
EI 70 eV
TSQ 70
QI: 997

Etonitazene
N-[2-[2-[(4-Ethoxyphenyl)methyl]-5-nitro-benzoimidazol-1-yl]ethyl]-N-ethyl-ethanamine
Narcotic Analgesic   LC:GE I, CSA I

MW: 396.48948
MM: 396.21614
$C_{22}H_{28}N_4O_3$
CAS: 911-65-9
RI: 3359 (SE 30)

GC/MS
EI 70 eV
TSQ 70
QI: 989

Carteolol
5-[2-Hydroxy-3-(*tert*-butylamino)propoxy]-3,4-dihydro-1*H*-quinolin-2-one
Beta-adrenergic blocking

MW: 292.37824
MM: 292.17869
$C_{16}H_{24}N_2O_3$
CAS: 51781-06-7
RI: 2349 (calc.)

GC/MS
EI 70 eV
TSQ 70
QI: 989

m/z: 86

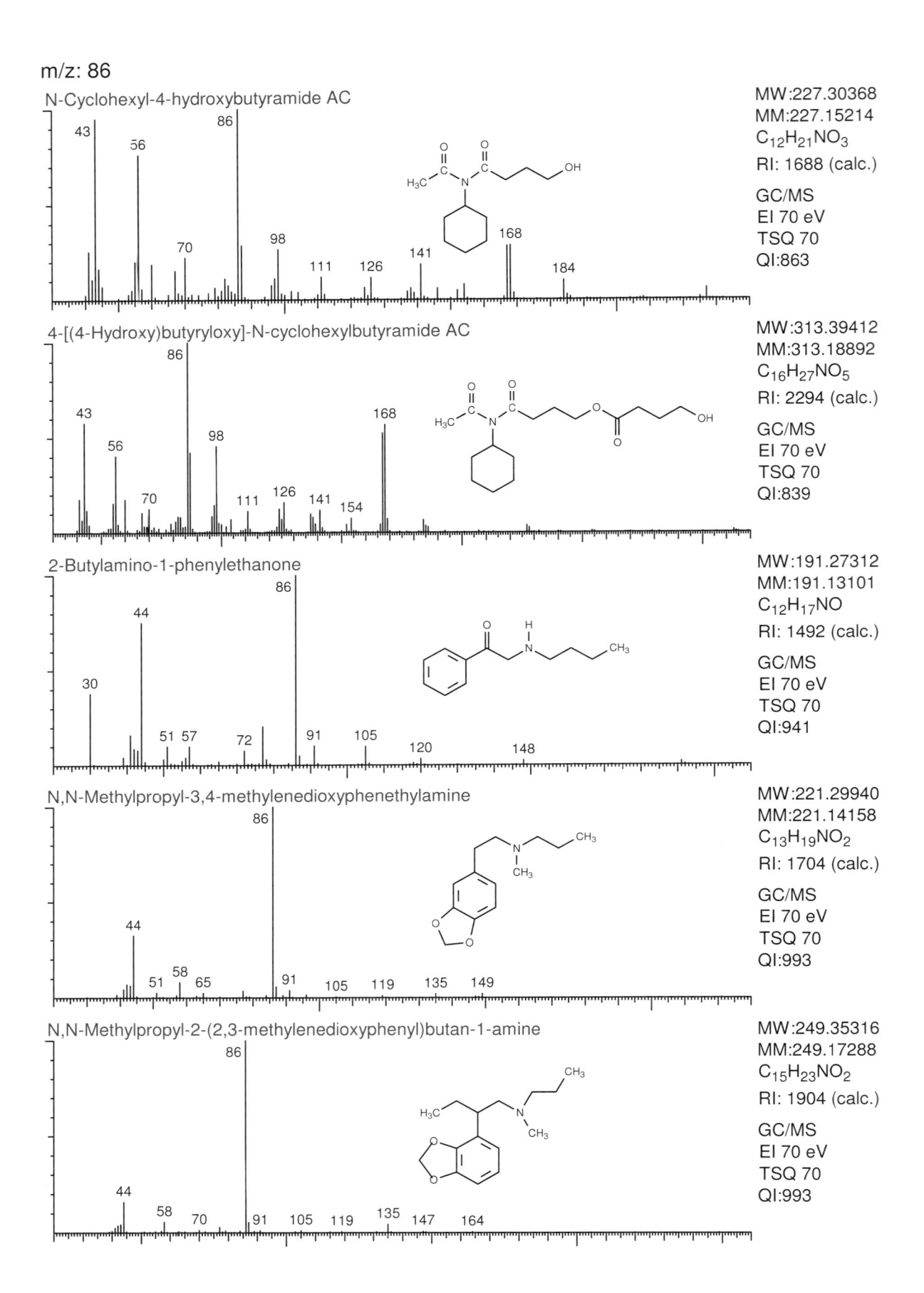

N-Cyclohexyl-4-hydroxybutyramide AC

MW: 227.30368
MM: 227.15214
$C_{12}H_{21}NO_3$
RI: 1688 (calc.)

GC/MS
EI 70 eV
TSQ 70
QI: 863

4-[(4-Hydroxy)butyryloxy]-N-cyclohexylbutyramide AC

MW: 313.39412
MM: 313.18892
$C_{16}H_{27}NO_5$
RI: 2294 (calc.)

GC/MS
EI 70 eV
TSQ 70
QI: 839

2-Butylamino-1-phenylethanone

MW: 191.27312
MM: 191.13101
$C_{12}H_{17}NO$
RI: 1492 (calc.)

GC/MS
EI 70 eV
TSQ 70
QI: 941

N,N-Methylpropyl-3,4-methylenedioxyphenethylamine

MW: 221.29940
MM: 221.14158
$C_{13}H_{19}NO_2$
RI: 1704 (calc.)

GC/MS
EI 70 eV
TSQ 70
QI: 993

N,N-Methylpropyl-2-(2,3-methylenedioxyphenyl)butan-1-amine

MW: 249.35316
MM: 249.17288
$C_{15}H_{23}NO_2$
RI: 1904 (calc.)

GC/MS
EI 70 eV
TSQ 70
QI: 993

m/z: 86

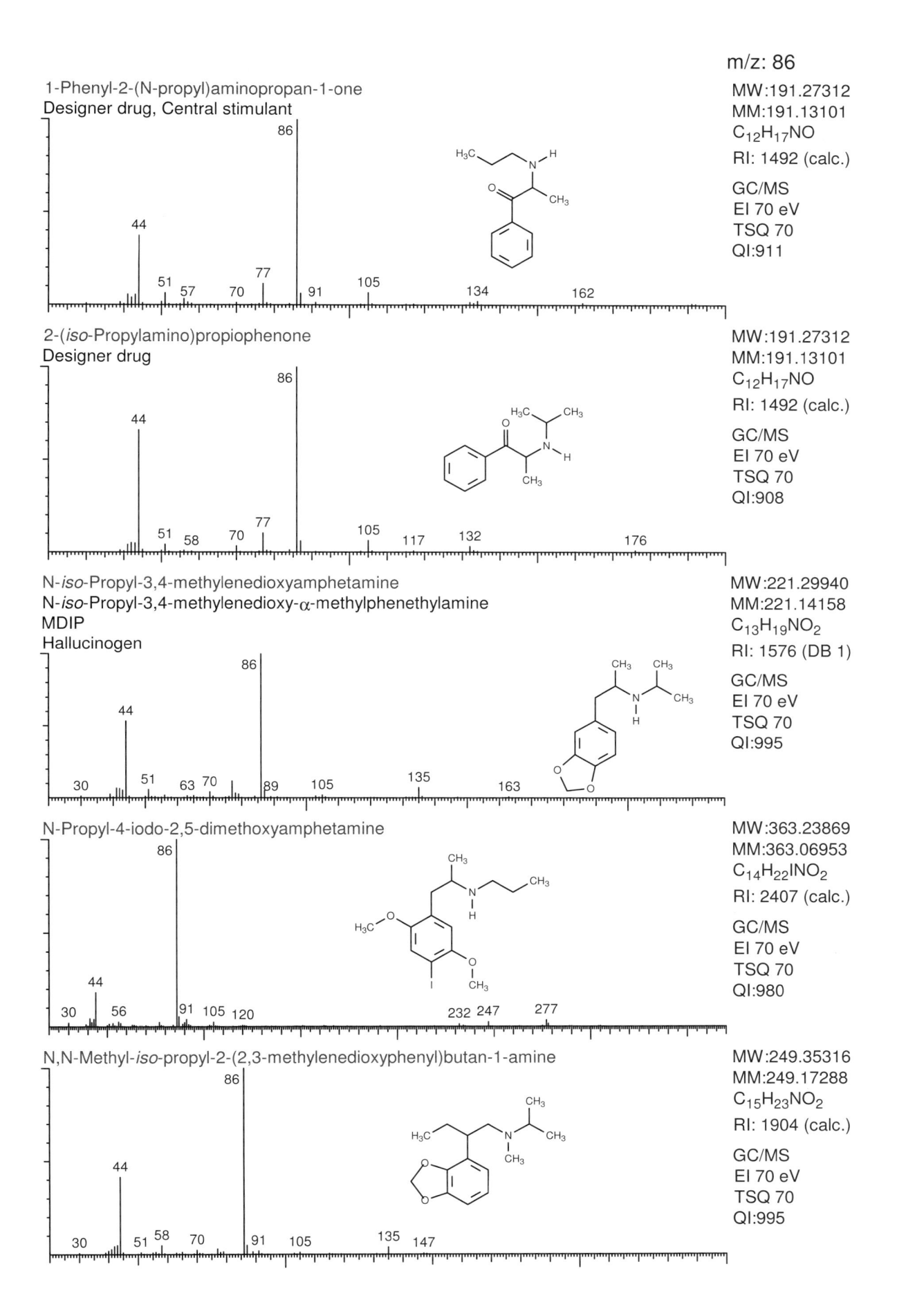

1-Phenyl-2-(N-propyl)aminopropan-1-one
Designer drug, Central stimulant

MW: 191.27312
MM: 191.13101
$C_{12}H_{17}NO$
RI: 1492 (calc.)

GC/MS
EI 70 eV
TSQ 70
QI: 911

2-(*iso*-Propylamino)propiophenone
Designer drug

MW: 191.27312
MM: 191.13101
$C_{12}H_{17}NO$
RI: 1492 (calc.)

GC/MS
EI 70 eV
TSQ 70
QI: 908

N-*iso*-Propyl-3,4-methylenedioxyamphetamine
N-*iso*-Propyl-3,4-methylenedioxy-α-methylphenethylamine
MDIP
Hallucinogen

MW: 221.29940
MM: 221.14158
$C_{13}H_{19}NO_2$
RI: 1576 (DB 1)

GC/MS
EI 70 eV
TSQ 70
QI: 995

N-Propyl-4-iodo-2,5-dimethoxyamphetamine

MW: 363.23869
MM: 363.06953
$C_{14}H_{22}INO_2$
RI: 2407 (calc.)

GC/MS
EI 70 eV
TSQ 70
QI: 980

N,N-Methyl-*iso*-propyl-2-(2,3-methylenedioxyphenyl)butan-1-amine

MW: 249.35316
MM: 249.17288
$C_{15}H_{23}NO_2$
RI: 1904 (calc.)

GC/MS
EI 70 eV
TSQ 70
QI: 995

m/z: 86

1-(3,4-Methylenedioxyphenyl)-2-propylamino-1-propanone
Designer drug, Entactogene

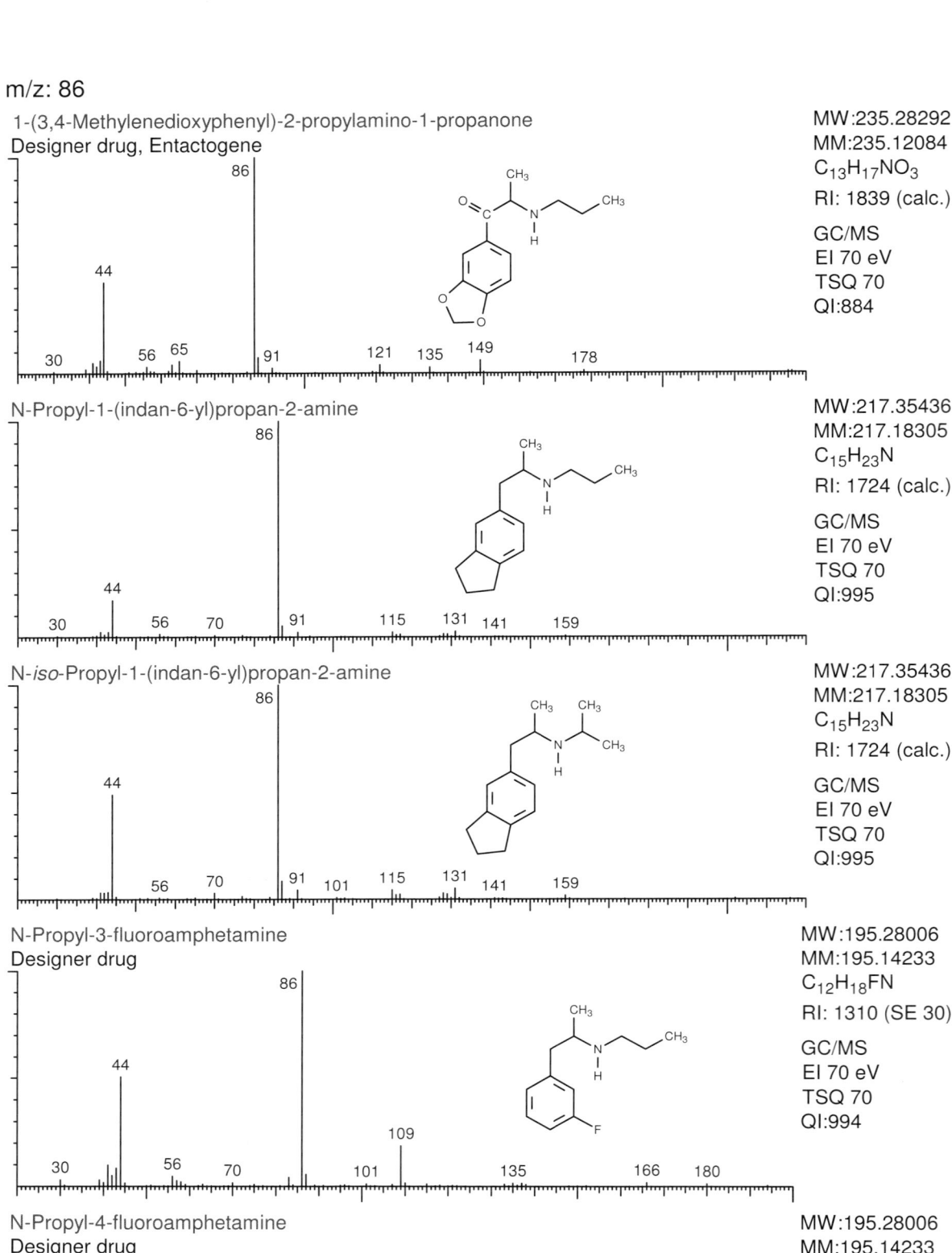

Peaks: 30, 44, 56, 65, 86, 91, 121, 135, 149, 178

MW: 235.28292
MM: 235.12084
$C_{13}H_{17}NO_3$
RI: 1839 (calc.)

GC/MS
EI 70 eV
TSQ 70
QI: 884

N-Propyl-1-(indan-6-yl)propan-2-amine

Peaks: 30, 44, 56, 70, 86, 91, 115, 131, 141, 159

MW: 217.35436
MM: 217.18305
$C_{15}H_{23}N$
RI: 1724 (calc.)

GC/MS
EI 70 eV
TSQ 70
QI: 995

N-iso-Propyl-1-(indan-6-yl)propan-2-amine

Peaks: 44, 56, 70, 86, 91, 101, 115, 131, 141, 159

MW: 217.35436
MM: 217.18305
$C_{15}H_{23}N$
RI: 1724 (calc.)

GC/MS
EI 70 eV
TSQ 70
QI: 995

N-Propyl-3-fluoroamphetamine
Designer drug

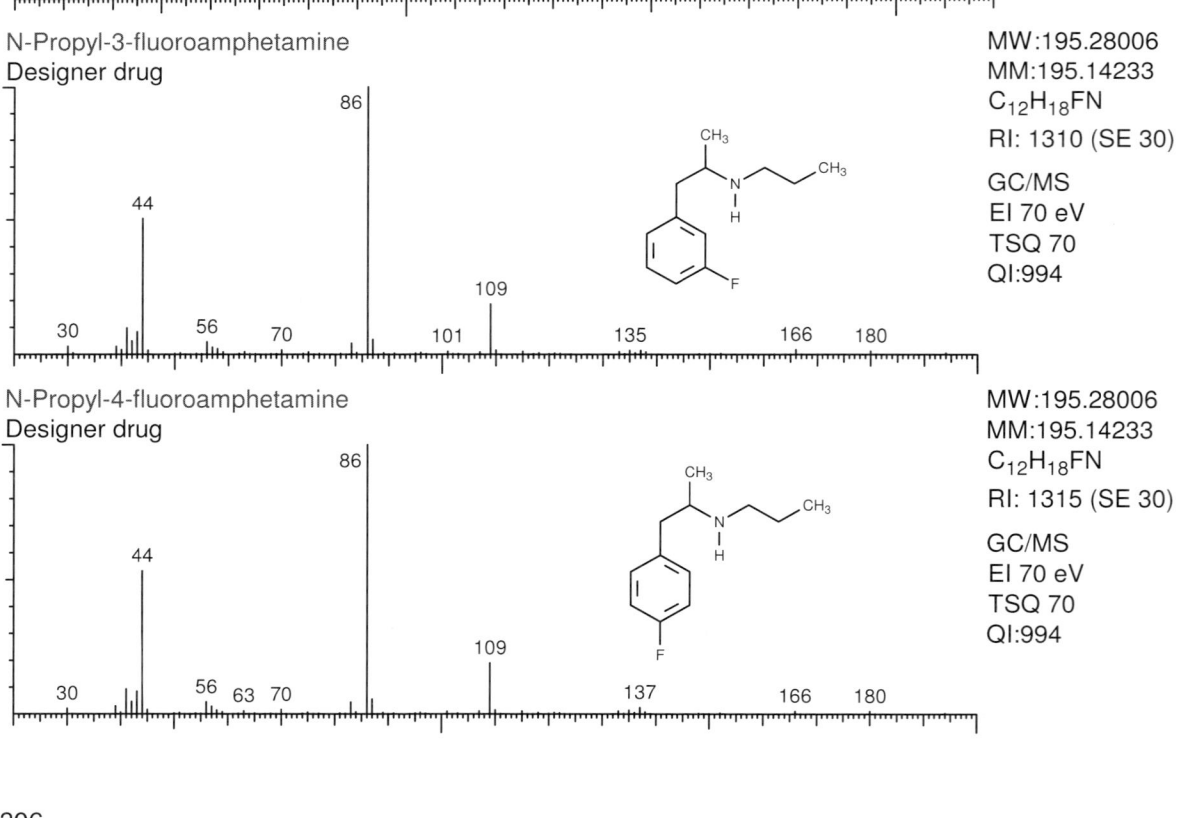

Peaks: 30, 44, 56, 70, 86, 101, 109, 135, 166, 180

MW: 195.28006
MM: 195.14233
$C_{12}H_{18}FN$
RI: 1310 (SE 30)

GC/MS
EI 70 eV
TSQ 70
QI: 994

N-Propyl-4-fluoroamphetamine
Designer drug

Peaks: 30, 44, 56, 63, 70, 86, 109, 137, 166, 180

MW: 195.28006
MM: 195.14233
$C_{12}H_{18}FN$
RI: 1315 (SE 30)

GC/MS
EI 70 eV
TSQ 70
QI: 994

m/z: 86

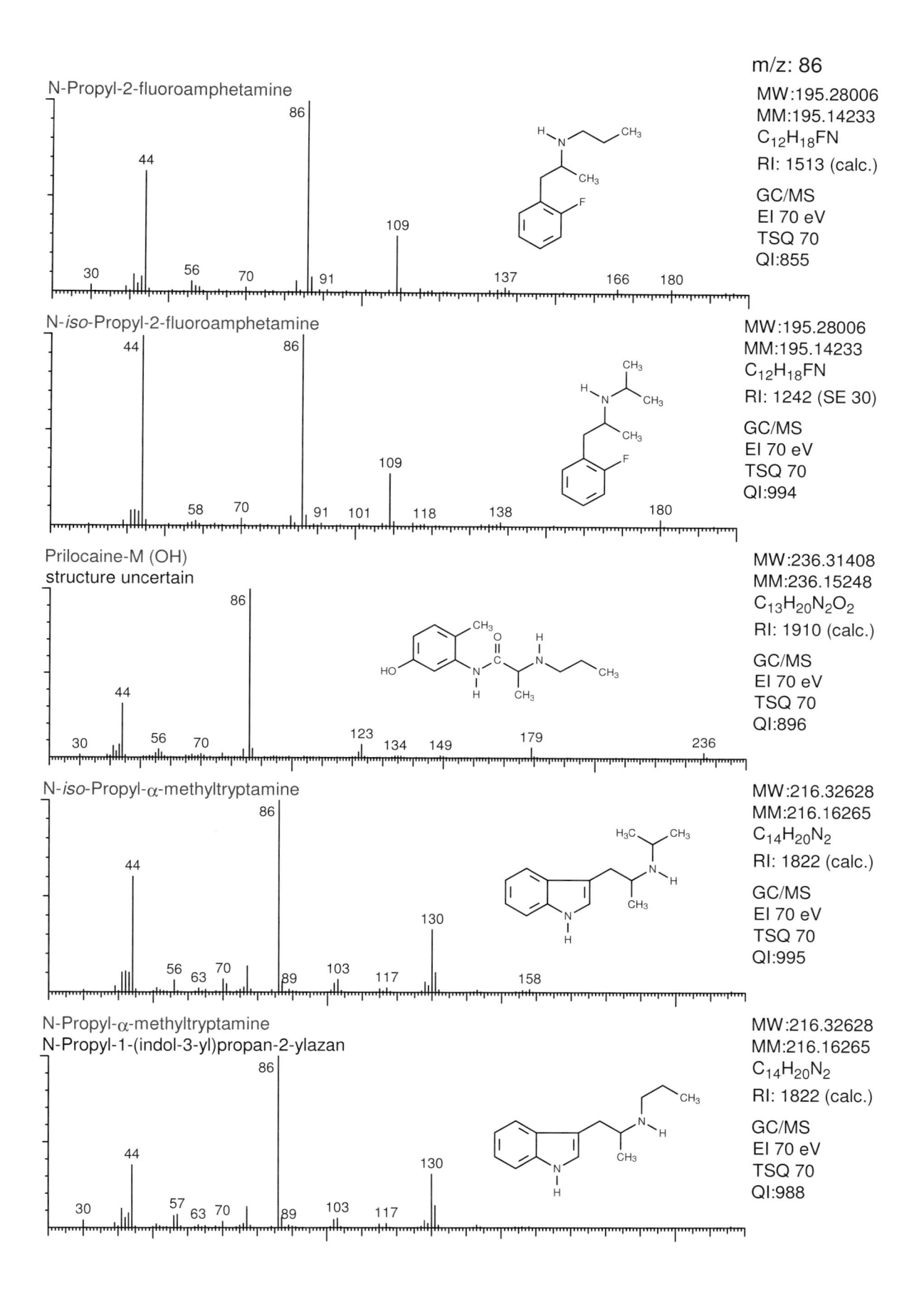

N-Propyl-2-fluoroamphetamine

MW: 195.28006
MM: 195.14233
$C_{12}H_{18}FN$
RI: 1513 (calc.)

GC/MS
EI 70 eV
TSQ 70
QI: 855

Peaks: 30, 44, 56, 70, 86, 91, 109, 137, 166, 180

N-iso-Propyl-2-fluoroamphetamine

MW: 195.28006
MM: 195.14233
$C_{12}H_{18}FN$
RI: 1242 (SE 30)

GC/MS
EI 70 eV
TSQ 70
QI: 994

Peaks: 44, 58, 70, 86, 91, 101, 109, 118, 138, 180

Prilocaine-M (OH)
structure uncertain

MW: 236.31408
MM: 236.15248
$C_{13}H_{20}N_2O_2$
RI: 1910 (calc.)

GC/MS
EI 70 eV
TSQ 70
QI: 896

Peaks: 30, 44, 56, 70, 86, 123, 134, 149, 179, 236

N-iso-Propyl-α-methyltryptamine

MW: 216.32628
MM: 216.16265
$C_{14}H_{20}N_2$
RI: 1822 (calc.)

GC/MS
EI 70 eV
TSQ 70
QI: 995

Peaks: 44, 56, 63, 70, 86, 89, 103, 117, 130, 158

N-Propyl-α-methyltryptamine
N-Propyl-1-(indol-3-yl)propan-2-ylazan

MW: 216.32628
MM: 216.16265
$C_{14}H_{20}N_2$
RI: 1822 (calc.)

GC/MS
EI 70 eV
TSQ 70
QI: 988

Peaks: 30, 44, 57, 63, 70, 86, 89, 103, 117, 130

m/z: 86

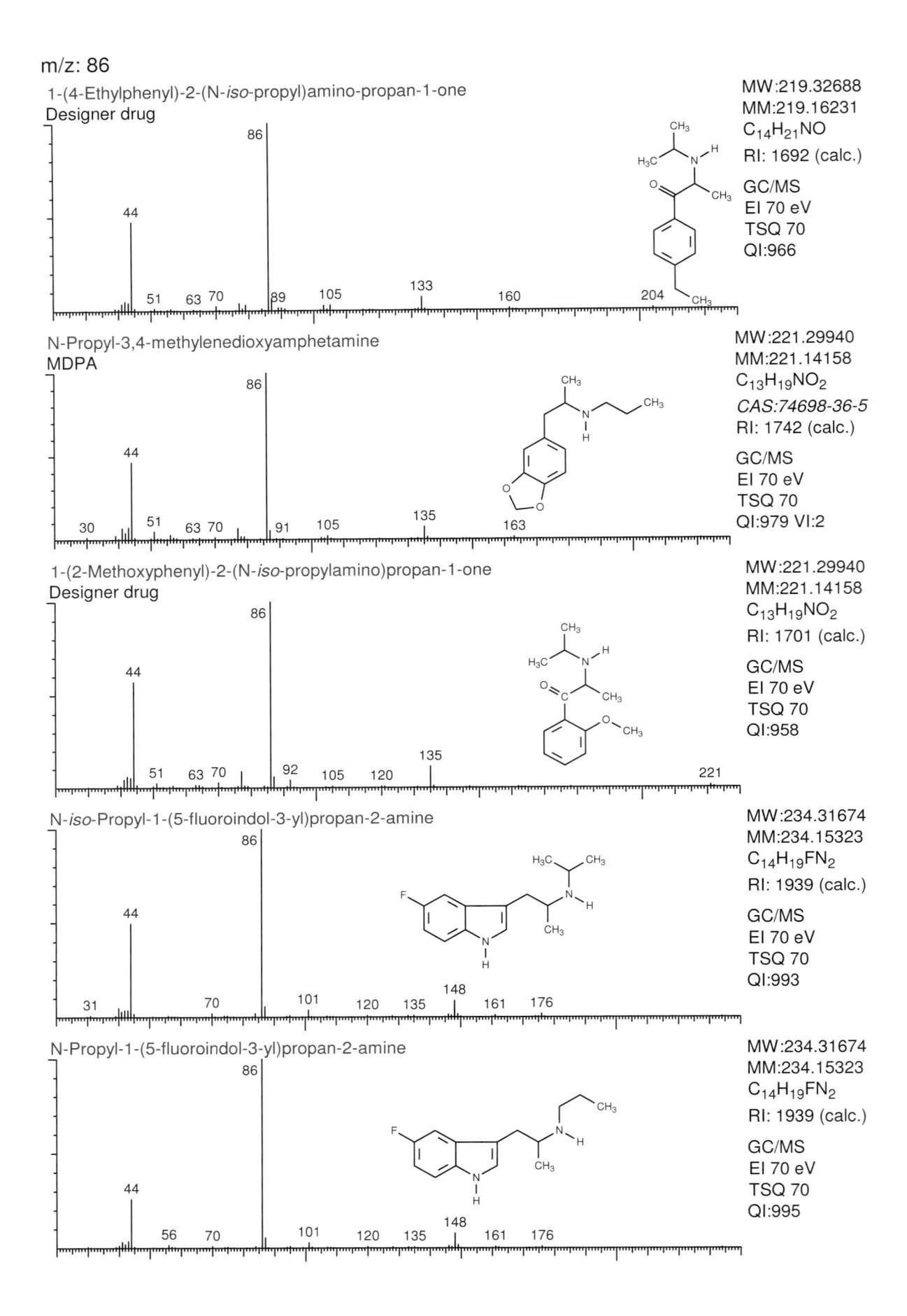

1-(4-Ethylphenyl)-2-(N-*iso*-propyl)amino-propan-1-one
Designer drug

MW:219.32688
MM:219.16231
$C_{14}H_{21}NO$
RI: 1692 (calc.)

GC/MS
EI 70 eV
TSQ 70
QI:966

N-Propyl-3,4-methylenedioxyamphetamine
MDPA

MW:221.29940
MM:221.14158
$C_{13}H_{19}NO_2$
CAS:74698-36-5
RI: 1742 (calc.)

GC/MS
EI 70 eV
TSQ 70
QI:979 VI:2

1-(2-Methoxyphenyl)-2-(N-*iso*-propylamino)propan-1-one
Designer drug

MW:221.29940
MM:221.14158
$C_{13}H_{19}NO_2$
RI: 1701 (calc.)

GC/MS
EI 70 eV
TSQ 70
QI:958

N-*iso*-Propyl-1-(5-fluoroindol-3-yl)propan-2-amine

MW:234.31674
MM:234.15323
$C_{14}H_{19}FN_2$
RI: 1939 (calc.)

GC/MS
EI 70 eV
TSQ 70
QI:993

N-Propyl-1-(5-fluoroindol-3-yl)propan-2-amine

MW:234.31674
MM:234.15323
$C_{14}H_{19}FN_2$
RI: 1939 (calc.)

GC/MS
EI 70 eV
TSQ 70
QI:995

m/z: 86

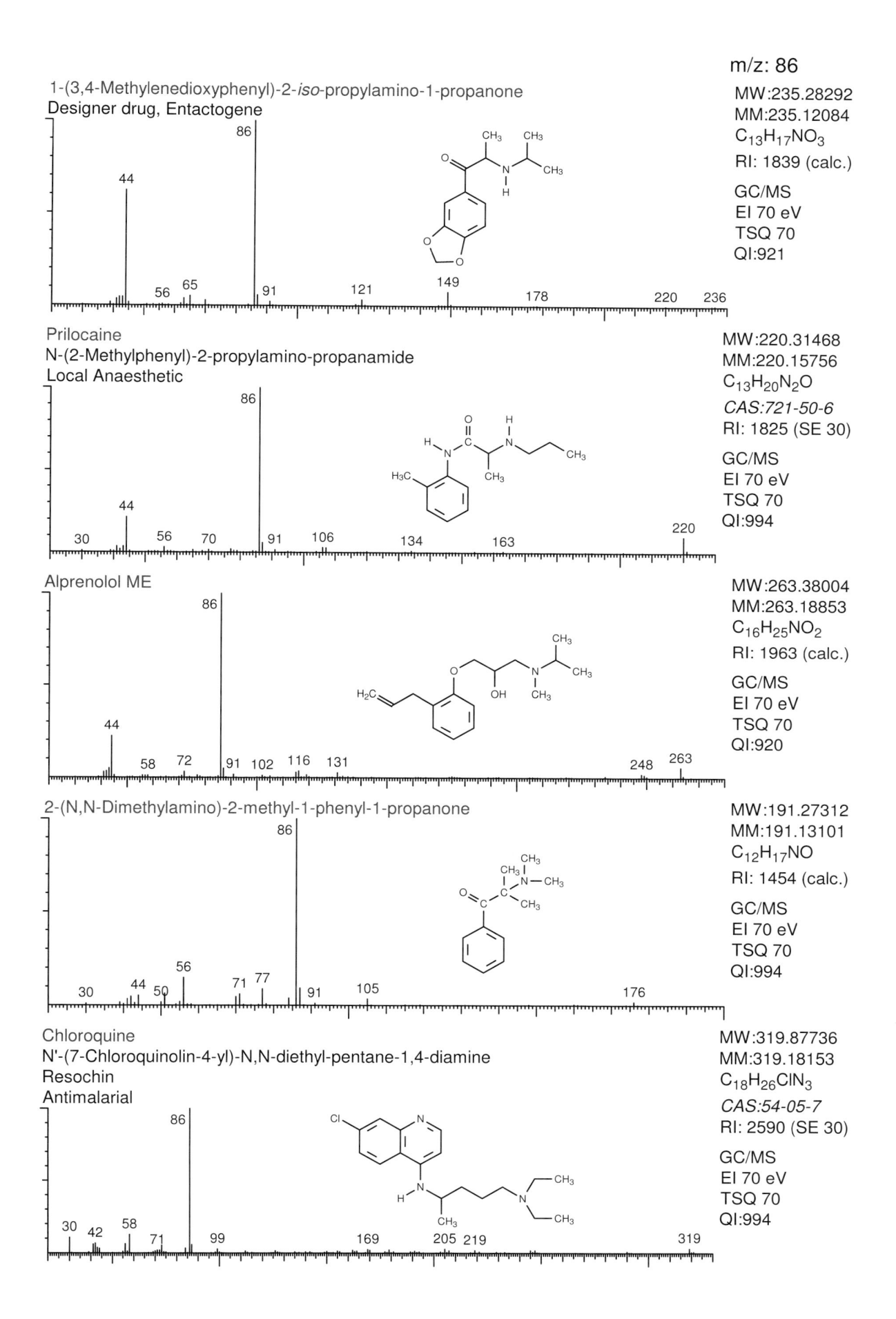

1-(3,4-Methylenedioxyphenyl)-2-*iso*-propylamino-1-propanone
Designer drug, Entactogene

MW: 235.28292
MM: 235.12084
$C_{13}H_{17}NO_3$
RI: 1839 (calc.)

GC/MS
EI 70 eV
TSQ 70
QI: 921

Peaks: 44, 56, 65, 86, 91, 121, 149, 178, 220, 236

Prilocaine
N-(2-Methylphenyl)-2-propylamino-propanamide
Local Anaesthetic

MW: 220.31468
MM: 220.15756
$C_{13}H_{20}N_2O$
CAS: 721-50-6
RI: 1825 (SE 30)

GC/MS
EI 70 eV
TSQ 70
QI: 994

Peaks: 30, 44, 56, 70, 86, 91, 106, 134, 163, 220

Alprenolol ME

MW: 263.38004
MM: 263.18853
$C_{16}H_{25}NO_2$
RI: 1963 (calc.)

GC/MS
EI 70 eV
TSQ 70
QI: 920

Peaks: 44, 58, 72, 86, 91, 102, 116, 131, 248, 263

2-(N,N-Dimethylamino)-2-methyl-1-phenyl-1-propanone

MW: 191.27312
MM: 191.13101
$C_{12}H_{17}NO$
RI: 1454 (calc.)

GC/MS
EI 70 eV
TSQ 70
QI: 994

Peaks: 30, 44, 50, 56, 71, 77, 86, 91, 105, 176

Chloroquine
N'-(7-Chloroquinolin-4-yl)-N,N-diethyl-pentane-1,4-diamine
Resochin
Antimalarial

MW: 319.87736
MM: 319.18153
$C_{18}H_{26}ClN_3$
CAS: 54-05-7
RI: 2590 (SE 30)

GC/MS
EI 70 eV
TSQ 70
QI: 994

Peaks: 30, 42, 58, 71, 86, 99, 169, 205, 219, 319

m/z: 86

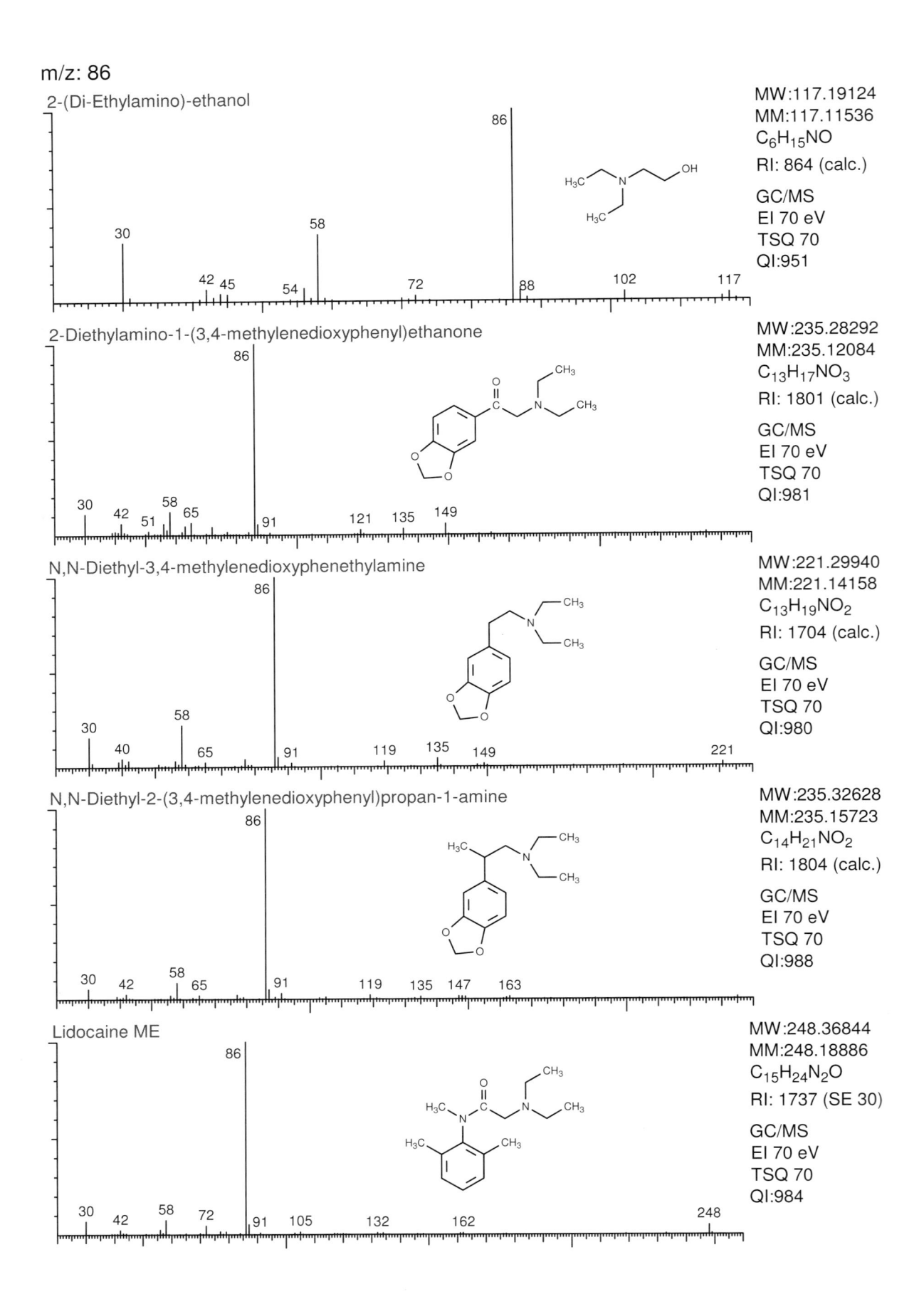

2-(Di-Ethylamino)-ethanol

MW: 117.19124
MM: 117.11536
$C_6H_{15}NO$
RI: 864 (calc.)

GC/MS
EI 70 eV
TSQ 70
QI: 951

2-Diethylamino-1-(3,4-methylenedioxyphenyl)ethanone

MW: 235.28292
MM: 235.12084
$C_{13}H_{17}NO_3$
RI: 1801 (calc.)

GC/MS
EI 70 eV
TSQ 70
QI: 981

N,N-Diethyl-3,4-methylenedioxyphenethylamine

MW: 221.29940
MM: 221.14158
$C_{13}H_{19}NO_2$
RI: 1704 (calc.)

GC/MS
EI 70 eV
TSQ 70
QI: 980

N,N-Diethyl-2-(3,4-methylenedioxyphenyl)propan-1-amine

MW: 235.32628
MM: 235.15723
$C_{14}H_{21}NO_2$
RI: 1804 (calc.)

GC/MS
EI 70 eV
TSQ 70
QI: 988

Lidocaine ME

MW: 248.36844
MM: 248.18886
$C_{15}H_{24}N_2O$
RI: 1737 (SE 30)

GC/MS
EI 70 eV
TSQ 70
QI: 984

m/z: 86

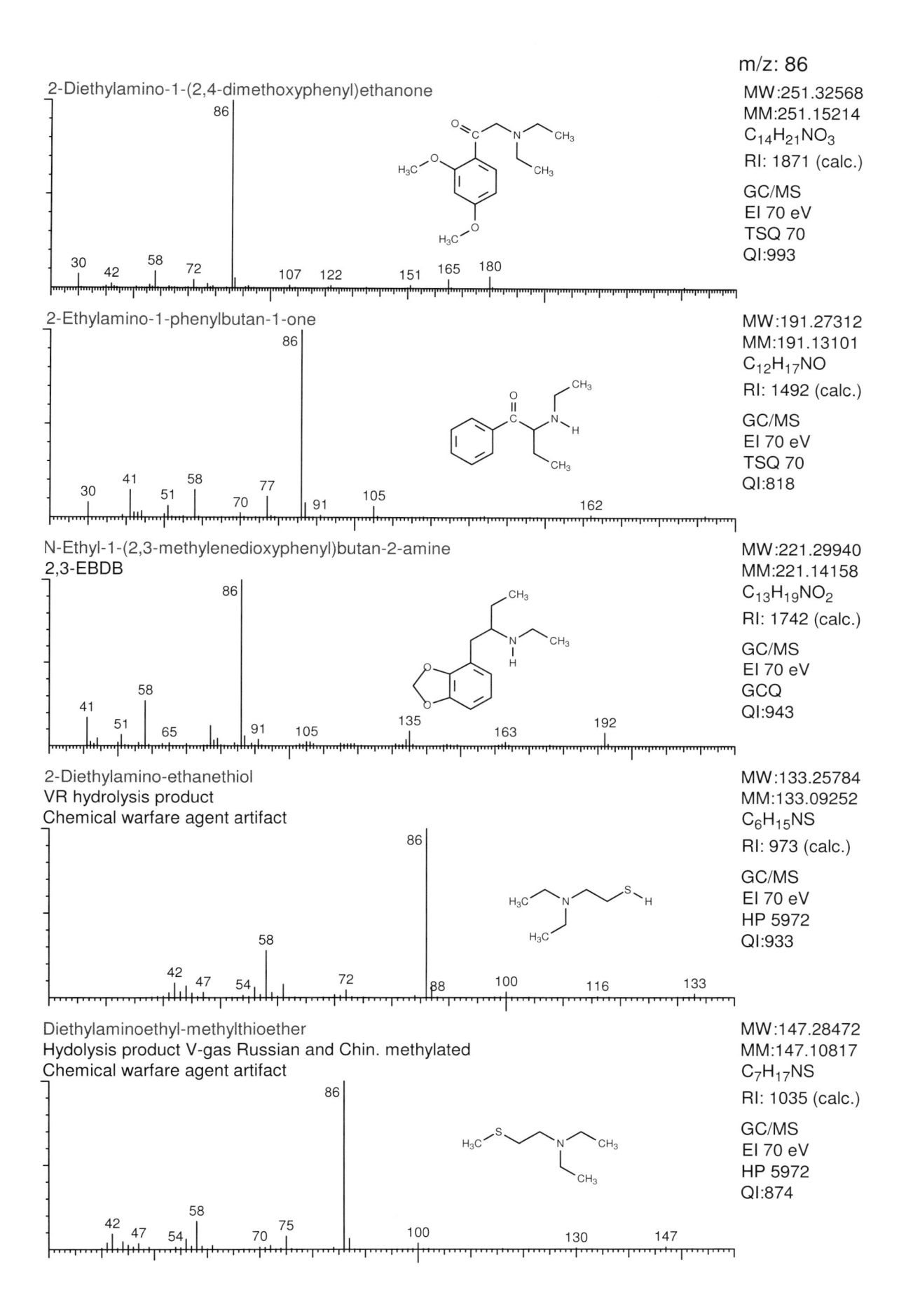

2-Diethylamino-1-(2,4-dimethoxyphenyl)ethanone

MW: 251.32568
MM: 251.15214
$C_{14}H_{21}NO_3$
RI: 1871 (calc.)

GC/MS
EI 70 eV
TSQ 70
QI: 993

2-Ethylamino-1-phenylbutan-1-one

MW: 191.27312
MM: 191.13101
$C_{12}H_{17}NO$
RI: 1492 (calc.)

GC/MS
EI 70 eV
TSQ 70
QI: 818

N-Ethyl-1-(2,3-methylenedioxyphenyl)butan-2-amine
2,3-EBDB

MW: 221.29940
MM: 221.14158
$C_{13}H_{19}NO_2$
RI: 1742 (calc.)

GC/MS
EI 70 eV
GCQ
QI: 943

2-Diethylamino-ethanethiol
VR hydrolysis product
Chemical warfare agent artifact

MW: 133.25784
MM: 133.09252
$C_6H_{15}NS$
RI: 973 (calc.)

GC/MS
EI 70 eV
HP 5972
QI: 933

Diethylaminoethyl-methylthioether
Hydolysis product V-gas Russian and Chin. methylated
Chemical warfare agent artifact

MW: 147.28472
MM: 147.10817
$C_7H_{17}NS$
RI: 1035 (calc.)

GC/MS
EI 70 eV
HP 5972
QI: 874

m/z: 86

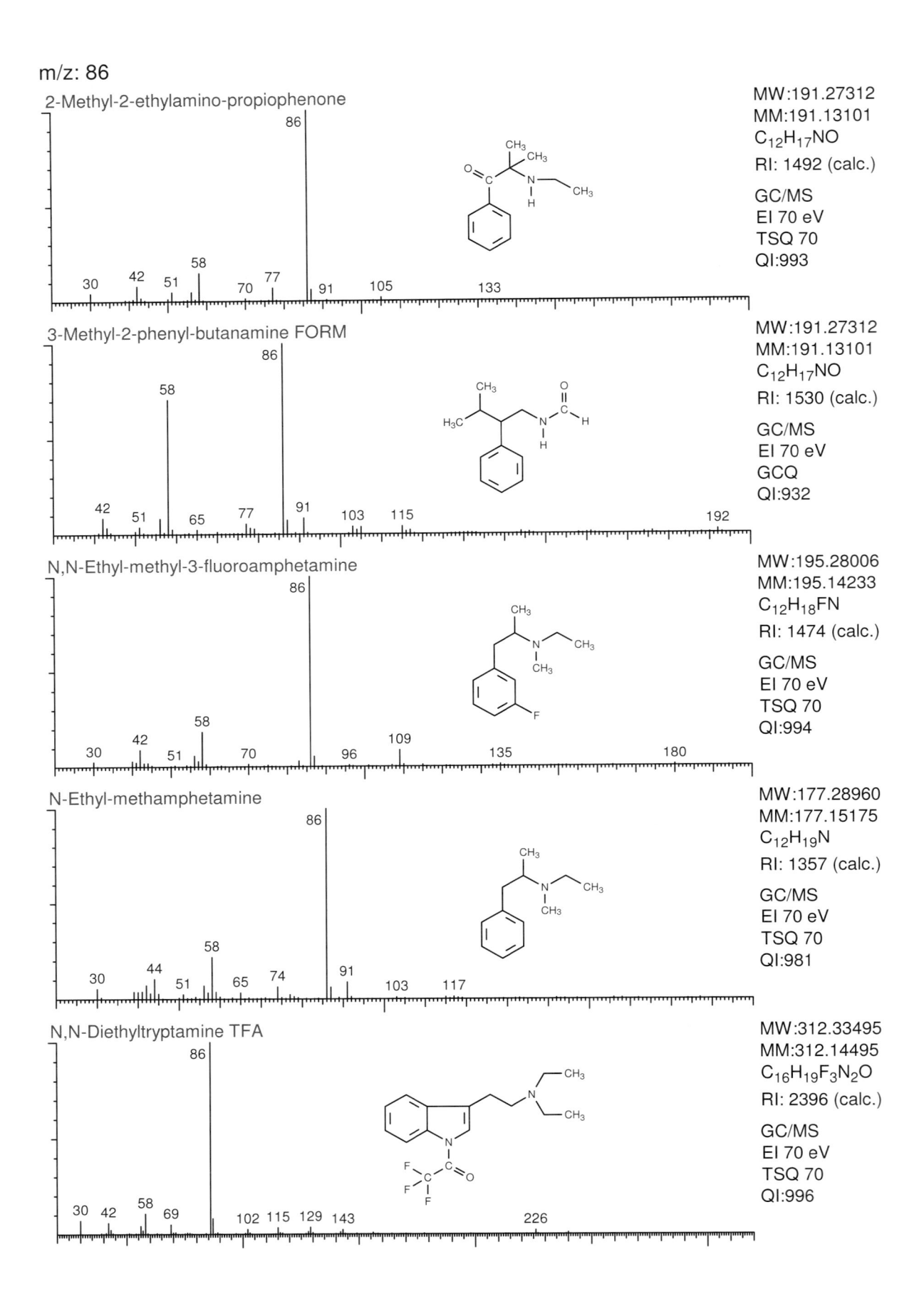

2-Methyl-2-ethylamino-propiophenone

MW: 191.27312
MM: 191.13101
$C_{12}H_{17}NO$
RI: 1492 (calc.)

GC/MS
EI 70 eV
TSQ 70
QI: 993

Peaks: 30, 42, 51, 58, 70, 77, 86, 91, 105, 133

3-Methyl-2-phenyl-butanamine FORM

MW: 191.27312
MM: 191.13101
$C_{12}H_{17}NO$
RI: 1530 (calc.)

GC/MS
EI 70 eV
GCQ
QI: 932

Peaks: 42, 51, 58, 65, 77, 86, 91, 103, 115, 192

N,N-Ethyl-methyl-3-fluoroamphetamine

MW: 195.28006
MM: 195.14233
$C_{12}H_{18}FN$
RI: 1474 (calc.)

GC/MS
EI 70 eV
TSQ 70
QI: 994

Peaks: 30, 42, 51, 58, 70, 86, 96, 109, 135, 180

N-Ethyl-methamphetamine

MW: 177.28960
MM: 177.15175
$C_{12}H_{19}N$
RI: 1357 (calc.)

GC/MS
EI 70 eV
TSQ 70
QI: 981

Peaks: 30, 44, 51, 58, 65, 74, 86, 91, 103, 117

N,N-Diethyltryptamine TFA

MW: 312.33495
MM: 312.14495
$C_{16}H_{19}F_3N_2O$
RI: 2396 (calc.)

GC/MS
EI 70 eV
TSQ 70
QI: 996

Peaks: 30, 42, 58, 69, 86, 102, 115, 129, 143, 226

m/z: 86

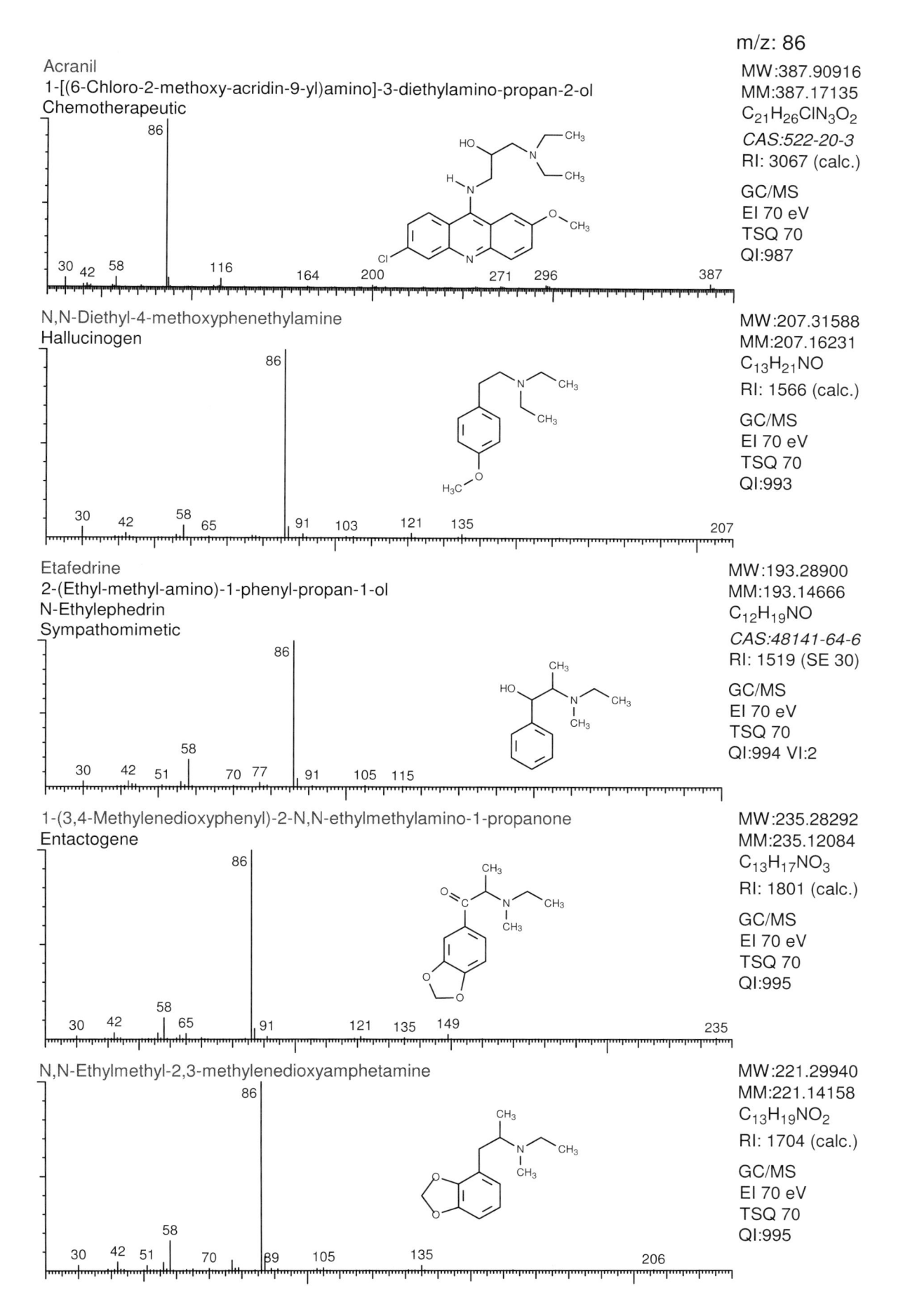

Acranil
1-[(6-Chloro-2-methoxy-acridin-9-yl)amino]-3-diethylamino-propan-2-ol
Chemotherapeutic

MW: 387.90916
MM: 387.17135
$C_{21}H_{26}ClN_3O_2$
CAS: 522-20-3
RI: 3067 (calc.)

GC/MS
EI 70 eV
TSQ 70
QI: 987

Peaks: 30, 42, 58, 86, 116, 164, 200, 271, 296, 387

N,N-Diethyl-4-methoxyphenethylamine
Hallucinogen

MW: 207.31588
MM: 207.16231
$C_{13}H_{21}NO$
RI: 1566 (calc.)

GC/MS
EI 70 eV
TSQ 70
QI: 993

Peaks: 30, 42, 58, 65, 86, 91, 103, 121, 135, 207

Etafedrine
2-(Ethyl-methyl-amino)-1-phenyl-propan-1-ol
N-Ethylephedrin
Sympathomimetic

MW: 193.28900
MM: 193.14666
$C_{12}H_{19}NO$
CAS: 48141-64-6
RI: 1519 (SE 30)

GC/MS
EI 70 eV
TSQ 70
QI: 994 VI: 2

Peaks: 30, 42, 51, 58, 70, 77, 86, 91, 105, 115

1-(3,4-Methylenedioxyphenyl)-2-N,N-ethylmethylamino-1-propanone
Entactogene

MW: 235.28292
MM: 235.12084
$C_{13}H_{17}NO_3$
RI: 1801 (calc.)

GC/MS
EI 70 eV
TSQ 70
QI: 995

Peaks: 30, 42, 58, 65, 86, 91, 121, 135, 149, 235

N,N-Ethylmethyl-2,3-methylenedioxyamphetamine

MW: 221.29940
MM: 221.14158
$C_{13}H_{19}NO_2$
RI: 1704 (calc.)

GC/MS
EI 70 eV
TSQ 70
QI: 995

Peaks: 30, 42, 51, 58, 70, 86, 89, 105, 135, 206

m/z: 86

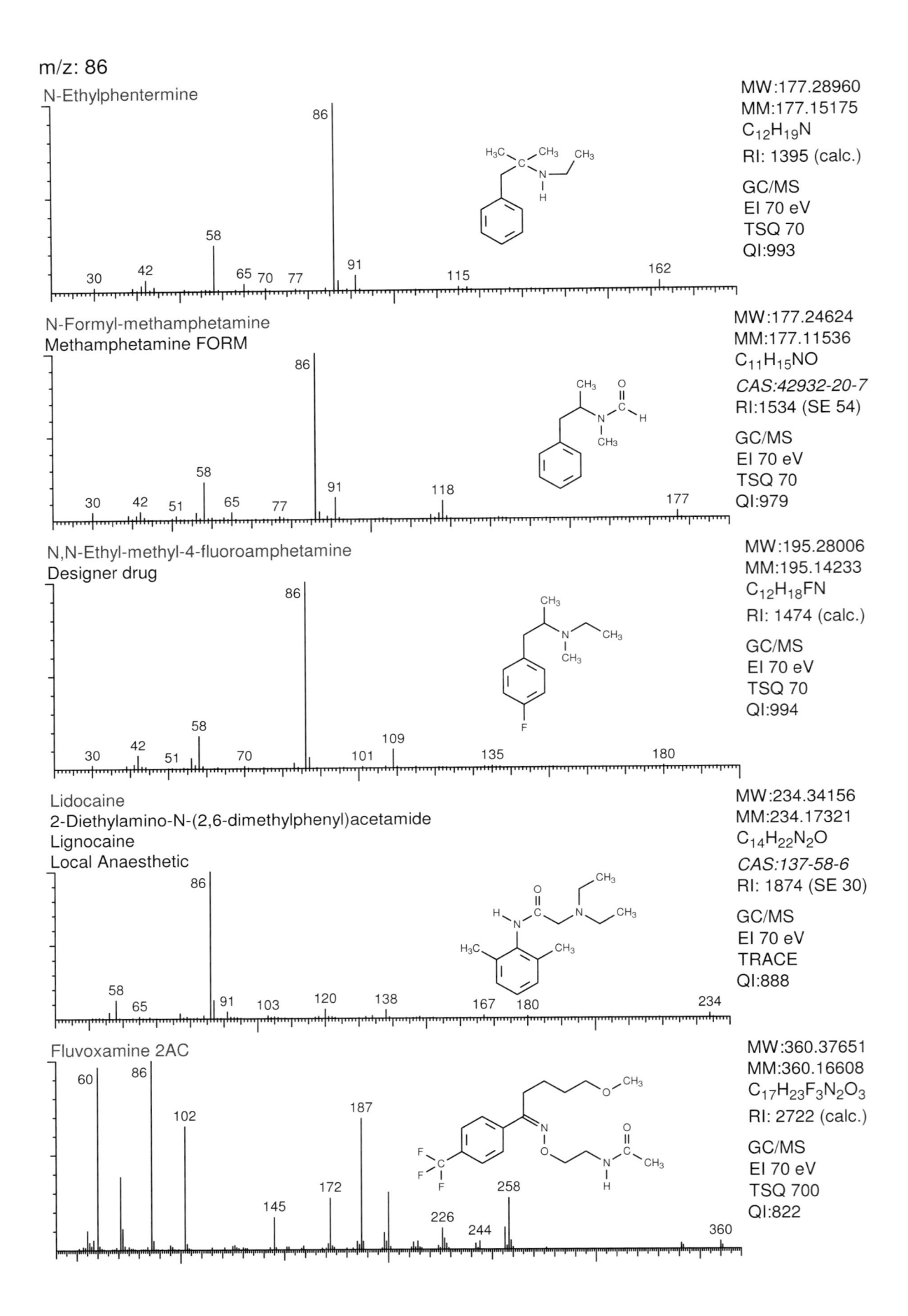

N-Ethylphentermine

MW:177.28960
MM:177.15175
$C_{12}H_{19}N$
RI: 1395 (calc.)

GC/MS
EI 70 eV
TSQ 70
QI:993

N-Formyl-methamphetamine
Methamphetamine FORM

MW:177.24624
MM:177.11536
$C_{11}H_{15}NO$
CAS:42932-20-7
RI:1534 (SE 54)

GC/MS
EI 70 eV
TSQ 70
QI:979

N,N-Ethyl-methyl-4-fluoroamphetamine
Designer drug

MW:195.28006
MM:195.14233
$C_{12}H_{18}FN$
RI: 1474 (calc.)

GC/MS
EI 70 eV
TSQ 70
QI:994

Lidocaine
2-Diethylamino-N-(2,6-dimethylphenyl)acetamide
Lignocaine
Local Anaesthetic

MW:234.34156
MM:234.17321
$C_{14}H_{22}N_2O$
CAS:137-58-6
RI: 1874 (SE 30)

GC/MS
EI 70 eV
TRACE
QI:888

Fluvoxamine 2AC

MW:360.37651
MM:360.16608
$C_{17}H_{23}F_3N_2O_3$
RI: 2722 (calc.)

GC/MS
EI 70 eV
TSQ 700
QI:822

m/z: 86

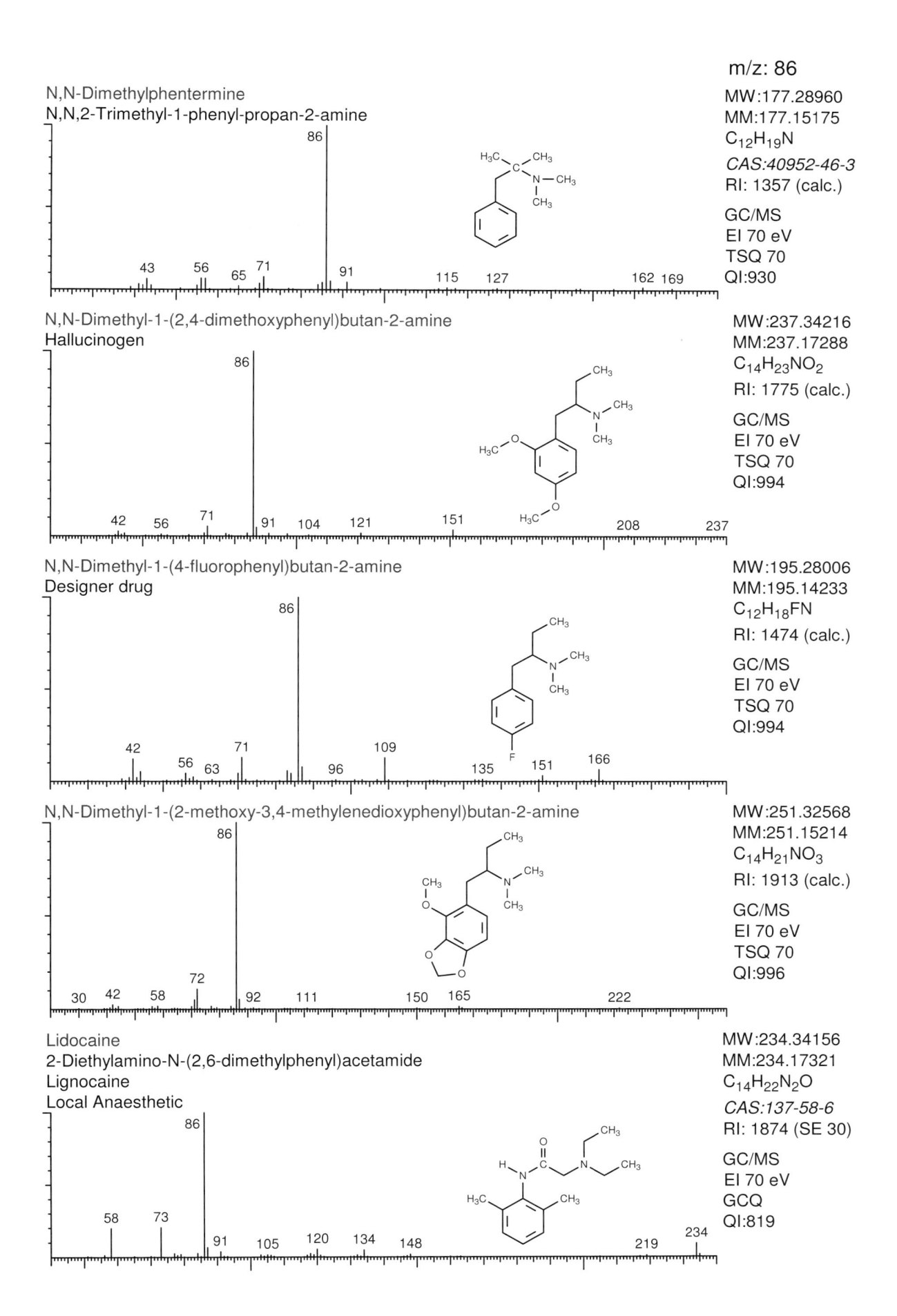

N,N-Dimethylphentermine
N,N,2-Trimethyl-1-phenyl-propan-2-amine

MW:177.28960
MM:177.15175
$C_{12}H_{19}N$
CAS:40952-46-3
RI: 1357 (calc.)

GC/MS
EI 70 eV
TSQ 70
QI:930

N,N-Dimethyl-1-(2,4-dimethoxyphenyl)butan-2-amine
Hallucinogen

MW:237.34216
MM:237.17288
$C_{14}H_{23}NO_2$
RI: 1775 (calc.)

GC/MS
EI 70 eV
TSQ 70
QI:994

N,N-Dimethyl-1-(4-fluorophenyl)butan-2-amine
Designer drug

MW:195.28006
MM:195.14233
$C_{12}H_{18}FN$
RI: 1474 (calc.)

GC/MS
EI 70 eV
TSQ 70
QI:994

N,N-Dimethyl-1-(2-methoxy-3,4-methylenedioxyphenyl)butan-2-amine

MW:251.32568
MM:251.15214
$C_{14}H_{21}NO_3$
RI: 1913 (calc.)

GC/MS
EI 70 eV
TSQ 70
QI:996

Lidocaine
2-Diethylamino-N-(2,6-dimethylphenyl)acetamide
Lignocaine
Local Anaesthetic

MW:234.34156
MM:234.17321
$C_{14}H_{22}N_2O$
CAS:137-58-6
RI: 1874 (SE 30)

GC/MS
EI 70 eV
GCQ
QI:819

m/z: 86

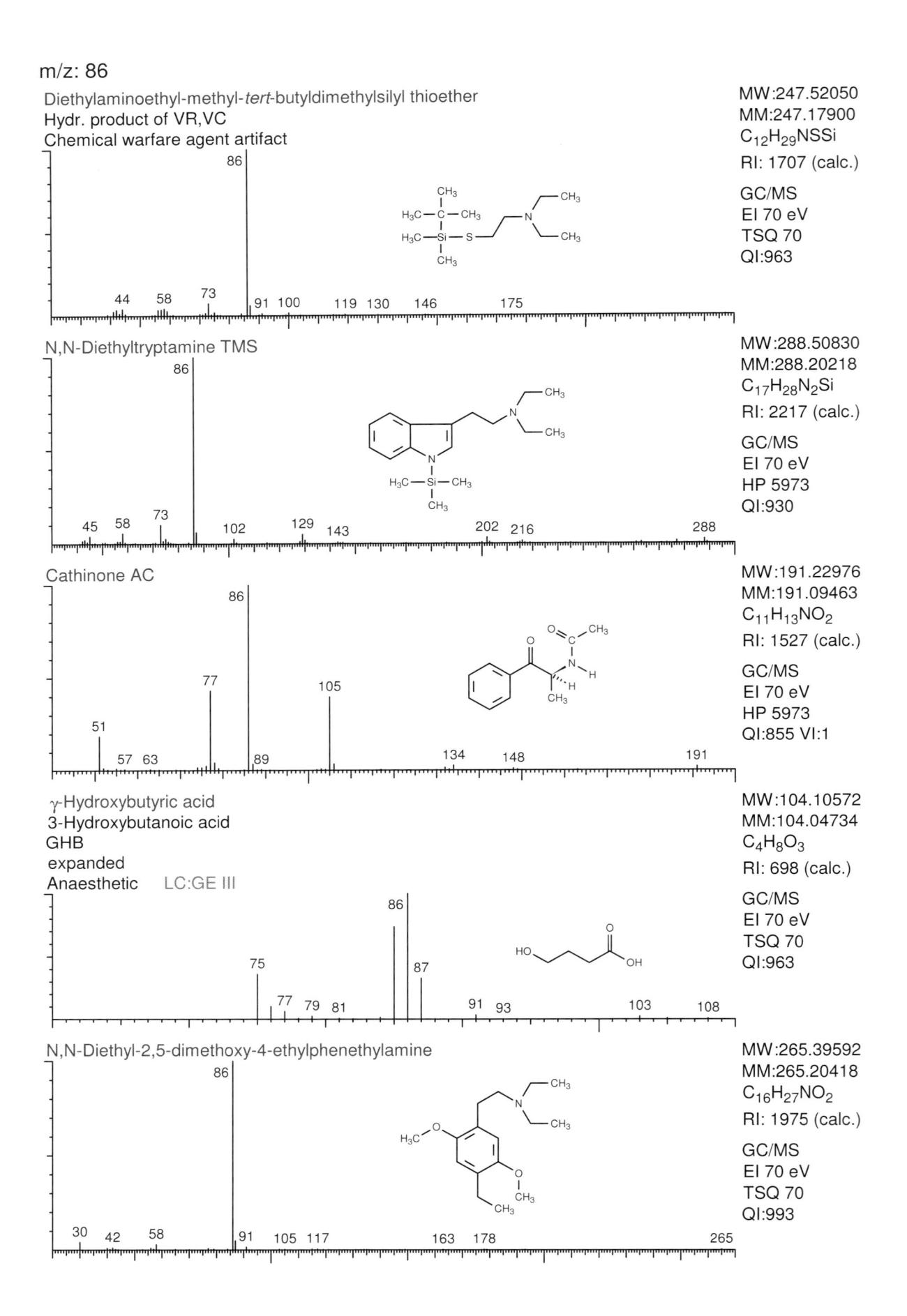

Diethylaminoethyl-methyl-*tert*-butyldimethylsilyl thioether
Hydr. product of VR,VC
Chemical warfare agent artifact

MW: 247.52050
MM: 247.17900
$C_{12}H_{29}NSSi$
RI: 1707 (calc.)

GC/MS
EI 70 eV
TSQ 70
QI: 963

Peaks: 44, 58, 73, 86, 91, 100, 119, 130, 146, 175

N,N-Diethyltryptamine TMS

MW: 288.50830
MM: 288.20218
$C_{17}H_{28}N_2Si$
RI: 2217 (calc.)

GC/MS
EI 70 eV
HP 5973
QI: 930

Peaks: 45, 58, 73, 86, 102, 129, 143, 202, 216, 288

Cathinone AC

MW: 191.22976
MM: 191.09463
$C_{11}H_{13}NO_2$
RI: 1527 (calc.)

GC/MS
EI 70 eV
HP 5973
QI: 855 VI:1

Peaks: 51, 57, 63, 77, 86, 89, 105, 134, 148, 191

γ-Hydroxybutyric acid
3-Hydroxybutanoic acid
GHB
expanded
Anaesthetic   LC:GE III

MW: 104.10572
MM: 104.04734
$C_4H_8O_3$
RI: 698 (calc.)

GC/MS
EI 70 eV
TSQ 70
QI: 963

Peaks: 75, 77, 79, 81, 86, 87, 91, 93, 103, 108

N,N-Diethyl-2,5-dimethoxy-4-ethylphenethylamine

MW: 265.39592
MM: 265.20418
$C_{16}H_{27}NO_2$
RI: 1975 (calc.)

GC/MS
EI 70 eV
TSQ 70
QI: 993

Peaks: 30, 42, 58, 86, 91, 105, 117, 163, 178, 265

m/z: 86

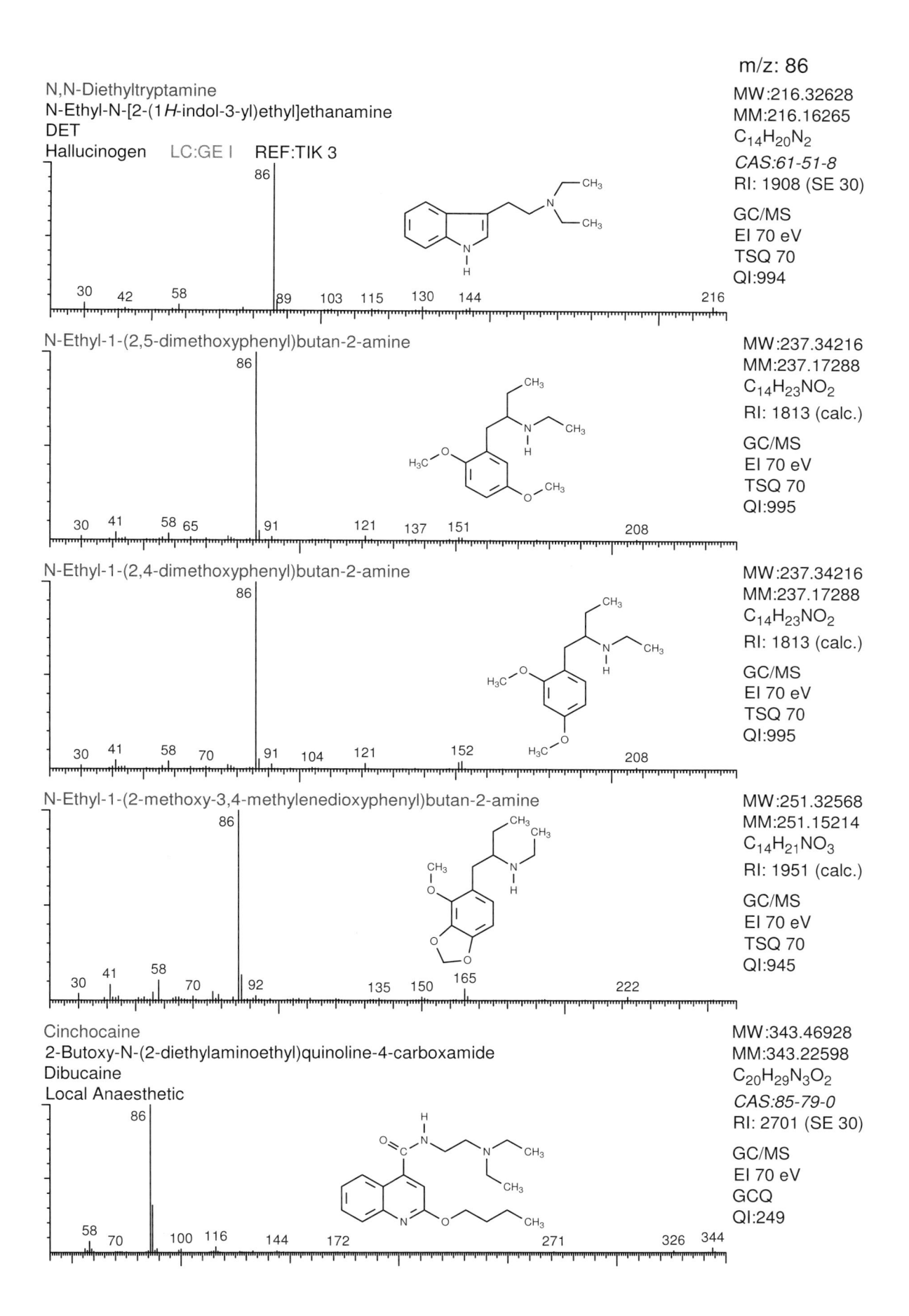

N,N-Diethyltryptamine
N-Ethyl-N-[2-(1H-indol-3-yl)ethyl]ethanamine
DET
Hallucinogen   LC:GE I   REF:TIK 3

Peaks: 30, 42, 58, 86, 89, 103, 115, 130, 144, 216

MW:216.32628
MM:216.16265
$C_{14}H_{20}N_2$
CAS:61-51-8
RI: 1908 (SE 30)

GC/MS
EI 70 eV
TSQ 70
QI:994

N-Ethyl-1-(2,5-dimethoxyphenyl)butan-2-amine

Peaks: 30, 41, 58, 65, 86, 91, 121, 137, 151, 208

MW:237.34216
MM:237.17288
$C_{14}H_{23}NO_2$
RI: 1813 (calc.)

GC/MS
EI 70 eV
TSQ 70
QI:995

N-Ethyl-1-(2,4-dimethoxyphenyl)butan-2-amine

Peaks: 30, 41, 58, 70, 86, 91, 104, 121, 152, 208

MW:237.34216
MM:237.17288
$C_{14}H_{23}NO_2$
RI: 1813 (calc.)

GC/MS
EI 70 eV
TSQ 70
QI:995

N-Ethyl-1-(2-methoxy-3,4-methylenedioxyphenyl)butan-2-amine

Peaks: 30, 41, 58, 70, 86, 92, 135, 150, 165, 222

MW:251.32568
MM:251.15214
$C_{14}H_{21}NO_3$
RI: 1951 (calc.)

GC/MS
EI 70 eV
TSQ 70
QI:945

Cinchocaine
2-Butoxy-N-(2-diethylaminoethyl)quinoline-4-carboxamide
Dibucaine
Local Anaesthetic

Peaks: 58, 70, 86, 100, 116, 144, 172, 271, 326, 344

MW:343.46928
MM:343.22598
$C_{20}H_{29}N_3O_2$
CAS:85-79-0
RI: 2701 (SE 30)

GC/MS
EI 70 eV
GCQ
QI:249

m/z: 86

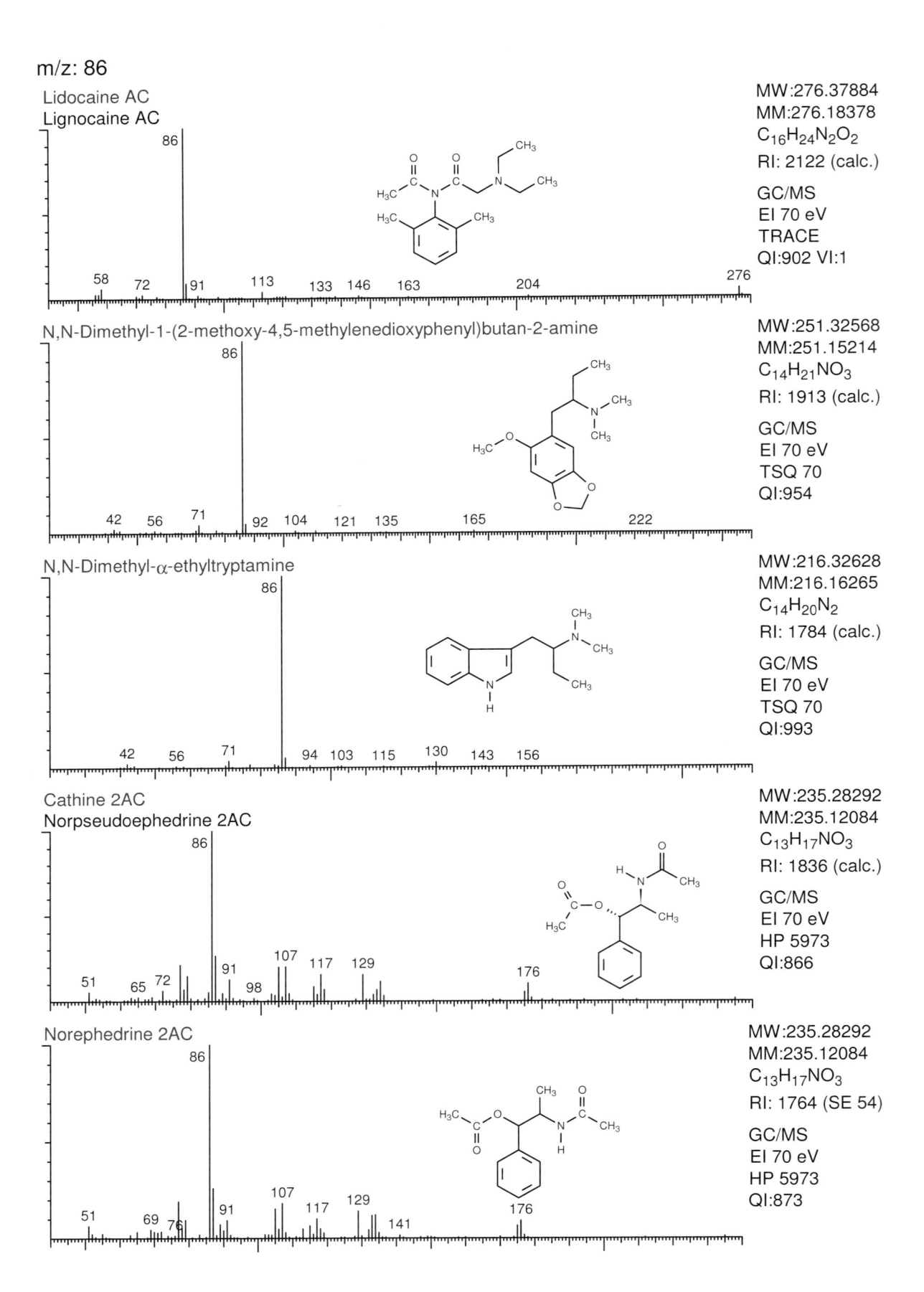

Lidocaine AC
Lignocaine AC

MW: 276.37884
MM: 276.18378
$C_{16}H_{24}N_2O_2$
RI: 2122 (calc.)

GC/MS
EI 70 eV
TRACE
QI: 902 VI: 1

Peaks: 58, 72, 86, 91, 113, 133, 146, 163, 204, 276

N,N-Dimethyl-1-(2-methoxy-4,5-methylenedioxyphenyl)butan-2-amine

MW: 251.32568
MM: 251.15214
$C_{14}H_{21}NO_3$
RI: 1913 (calc.)

GC/MS
EI 70 eV
TSQ 70
QI: 954

Peaks: 42, 56, 71, 86, 92, 104, 121, 135, 165, 222

N,N-Dimethyl-α-ethyltryptamine

MW: 216.32628
MM: 216.16265
$C_{14}H_{20}N_2$
RI: 1784 (calc.)

GC/MS
EI 70 eV
TSQ 70
QI: 993

Peaks: 42, 56, 71, 86, 94, 103, 115, 130, 143, 156

Cathine 2AC
Norpseudoephedrine 2AC

MW: 235.28292
MM: 235.12084
$C_{13}H_{17}NO_3$
RI: 1836 (calc.)

GC/MS
EI 70 eV
HP 5973
QI: 866

Peaks: 51, 65, 72, 86, 91, 98, 107, 117, 129, 176

Norephedrine 2AC

MW: 235.28292
MM: 235.12084
$C_{13}H_{17}NO_3$
RI: 1764 (SE 54)

GC/MS
EI 70 eV
HP 5973
QI: 873

Peaks: 51, 69, 76, 86, 91, 107, 117, 129, 141, 176

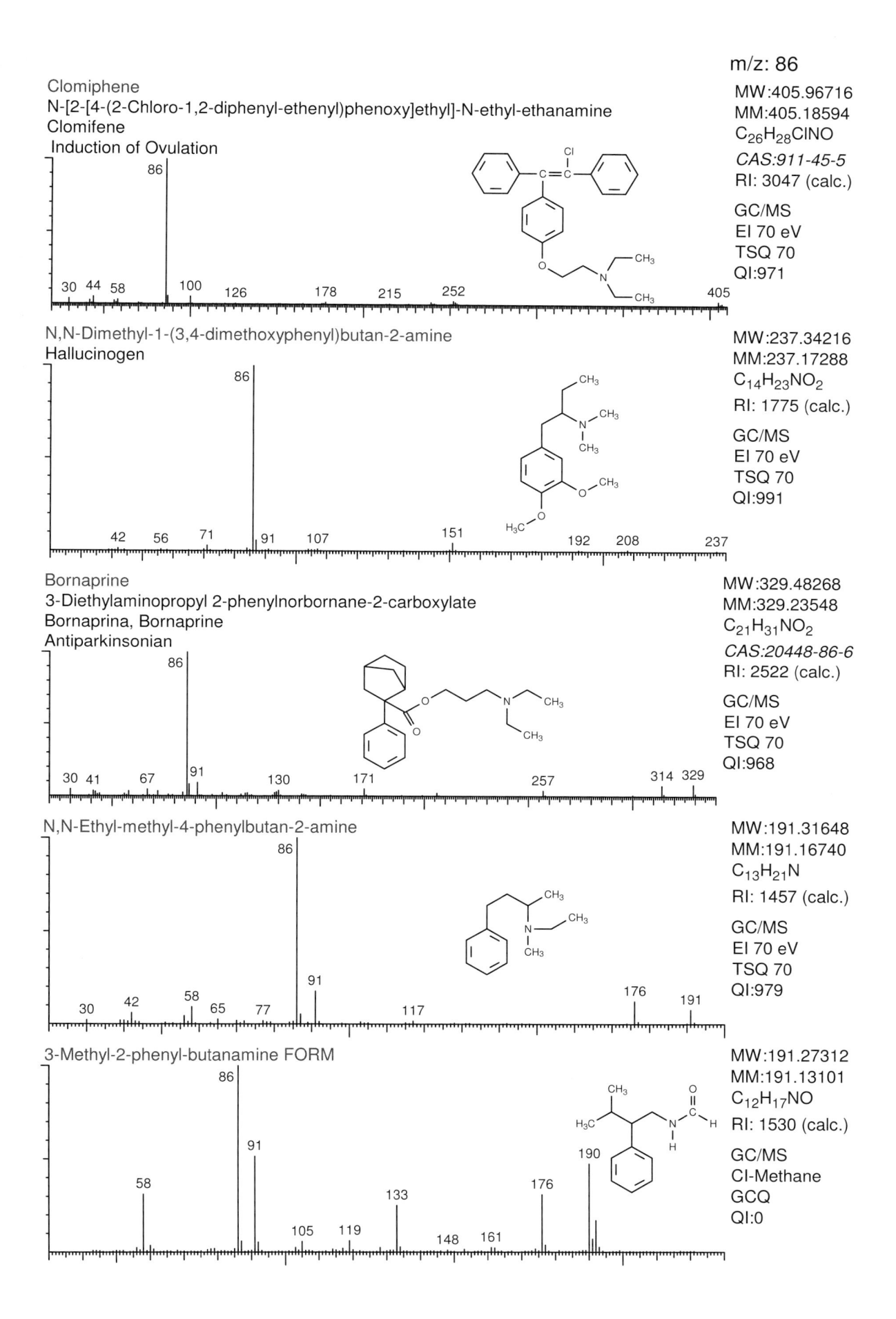

Clomiphene
N-[2-[4-(2-Chloro-1,2-diphenyl-ethenyl)phenoxy]ethyl]-N-ethyl-ethanamine
Clomifene
Induction of Ovulation

m/z: 86
MW: 405.96716
MM: 405.18594
$C_{26}H_{28}ClNO$
CAS: 911-45-5
RI: 3047 (calc.)

GC/MS
EI 70 eV
TSQ 70
QI: 971

N,N-Dimethyl-1-(3,4-dimethoxyphenyl)butan-2-amine
Hallucinogen

MW: 237.34216
MM: 237.17288
$C_{14}H_{23}NO_2$
RI: 1775 (calc.)

GC/MS
EI 70 eV
TSQ 70
QI: 991

Bornaprine
3-Diethylaminopropyl 2-phenylnorbornane-2-carboxylate
Bornaprina, Bornaprine
Antiparkinsonian

MW: 329.48268
MM: 329.23548
$C_{21}H_{31}NO_2$
CAS: 20448-86-6
RI: 2522 (calc.)

GC/MS
EI 70 eV
TSQ 70
QI: 968

N,N-Ethyl-methyl-4-phenylbutan-2-amine

MW: 191.31648
MM: 191.16740
$C_{13}H_{21}N$
RI: 1457 (calc.)

GC/MS
EI 70 eV
TSQ 70
QI: 979

3-Methyl-2-phenyl-butanamine FORM

MW: 191.27312
MM: 191.13101
$C_{12}H_{17}NO$
RI: 1530 (calc.)

GC/MS
CI-Methane
GCQ
QI: 0

m/z: 86

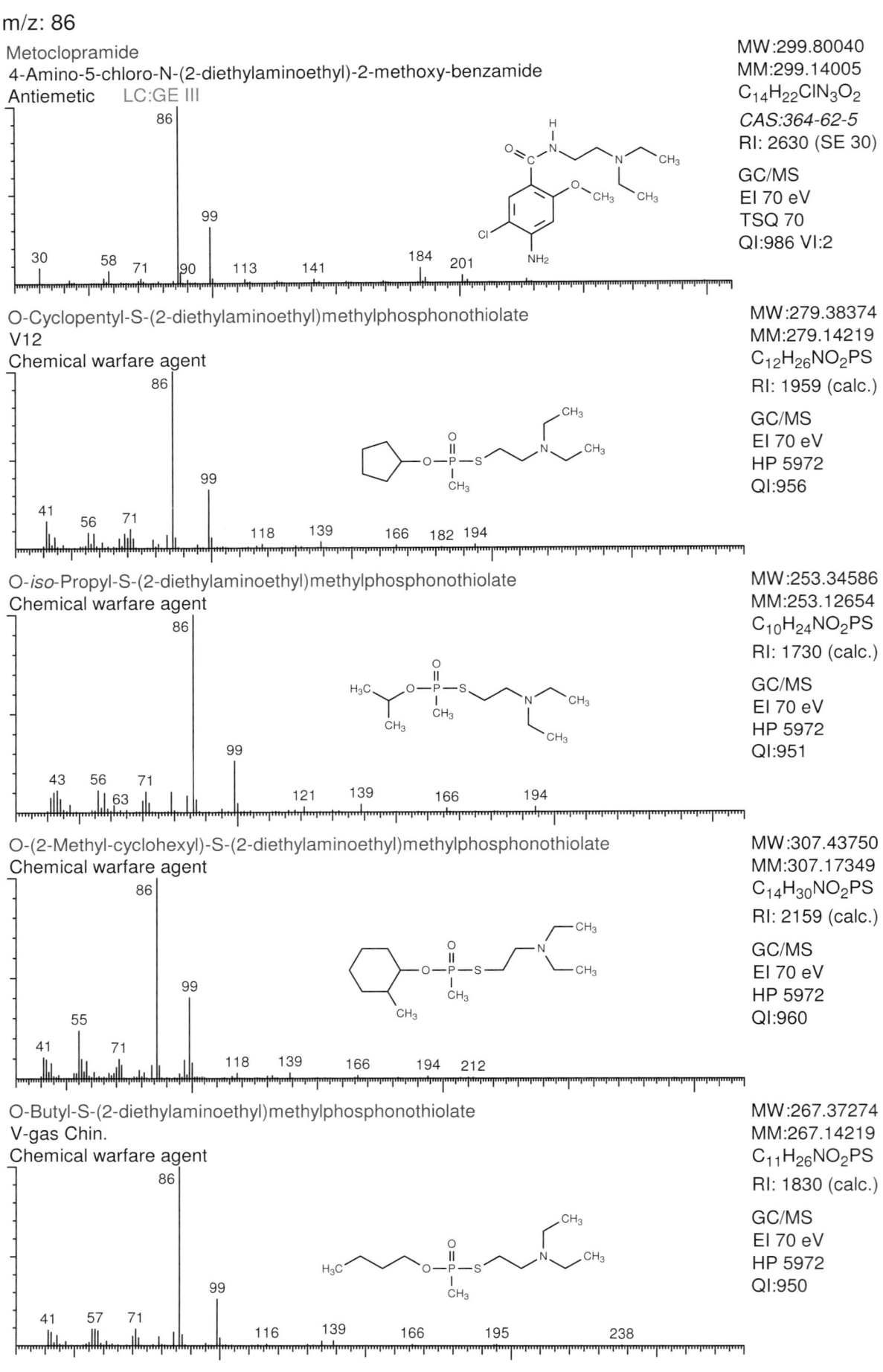

Metoclopramide
4-Amino-5-chloro-N-(2-diethylaminoethyl)-2-methoxy-benzamide
Antiemetic   LC:GE III

MW:299.80040
MM:299.14005
$C_{14}H_{22}ClN_3O_2$
CAS:364-62-5
RI: 2630 (SE 30)

GC/MS
EI 70 eV
TSQ 70
QI:986 VI:2

O-Cyclopentyl-S-(2-diethylaminoethyl)methylphosphonothiolate
V12
Chemical warfare agent

MW:279.38374
MM:279.14219
$C_{12}H_{26}NO_2PS$
RI: 1959 (calc.)

GC/MS
EI 70 eV
HP 5972
QI:956

O-iso-Propyl-S-(2-diethylaminoethyl)methylphosphonothiolate
Chemical warfare agent

MW:253.34586
MM:253.12654
$C_{10}H_{24}NO_2PS$
RI: 1730 (calc.)

GC/MS
EI 70 eV
HP 5972
QI:951

O-(2-Methyl-cyclohexyl)-S-(2-diethylaminoethyl)methylphosphonothiolate
Chemical warfare agent

MW:307.43750
MM:307.17349
$C_{14}H_{30}NO_2PS$
RI: 2159 (calc.)

GC/MS
EI 70 eV
HP 5972
QI:960

O-Butyl-S-(2-diethylaminoethyl)methylphosphonothiolate
V-gas Chin.
Chemical warfare agent

MW:267.37274
MM:267.14219
$C_{11}H_{26}NO_2PS$
RI: 1830 (calc.)

GC/MS
EI 70 eV
HP 5972
QI:950

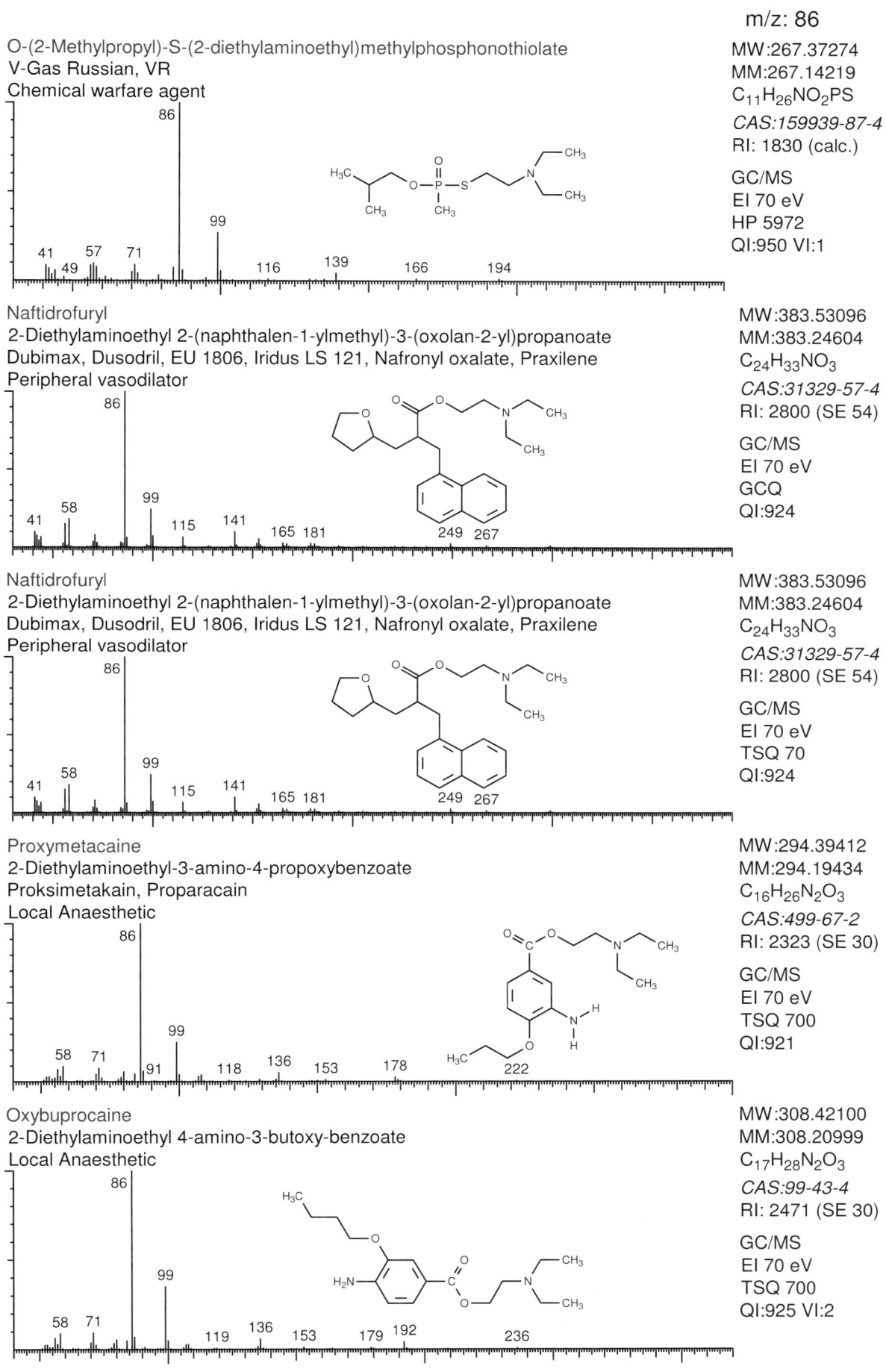

O-(2-Methylpropyl)-S-(2-diethylaminoethyl)methylphosphonothiolate
V-Gas Russian, VR
Chemical warfare agent

m/z: 86
MW: 267.37274
MM: 267.14219
$C_{11}H_{26}NO_2PS$
CAS: 159939-87-4
RI: 1830 (calc.)

GC/MS
EI 70 eV
HP 5972
QI: 950 VI: 1

Naftidrofuryl
2-Diethylaminoethyl 2-(naphthalen-1-ylmethyl)-3-(oxolan-2-yl)propanoate
Dubimax, Dusodril, EU 1806, Iridus LS 121, Nafronyl oxalate, Praxilene
Peripheral vasodilator

MW: 383.53096
MM: 383.24604
$C_{24}H_{33}NO_3$
CAS: 31329-57-4
RI: 2800 (SE 54)

GC/MS
EI 70 eV
GCQ
QI: 924

Naftidrofuryl
2-Diethylaminoethyl 2-(naphthalen-1-ylmethyl)-3-(oxolan-2-yl)propanoate
Dubimax, Dusodril, EU 1806, Iridus LS 121, Nafronyl oxalate, Praxilene
Peripheral vasodilator

MW: 383.53096
MM: 383.24604
$C_{24}H_{33}NO_3$
CAS: 31329-57-4
RI: 2800 (SE 54)

GC/MS
EI 70 eV
TSQ 70
QI: 924

Proxymetacaine
2-Diethylaminoethyl-3-amino-4-propoxybenzoate
Proksimetakain, Proparacain
Local Anaesthetic

MW: 294.39412
MM: 294.19434
$C_{16}H_{26}N_2O_3$
CAS: 499-67-2
RI: 2323 (SE 30)

GC/MS
EI 70 eV
TSQ 700
QI: 921

Oxybuprocaine
2-Diethylaminoethyl 4-amino-3-butoxy-benzoate
Local Anaesthetic

MW: 308.42100
MM: 308.20999
$C_{17}H_{28}N_2O_3$
CAS: 99-43-4
RI: 2471 (SE 30)

GC/MS
EI 70 eV
TSQ 700
QI: 925 VI: 2

m/z: 86

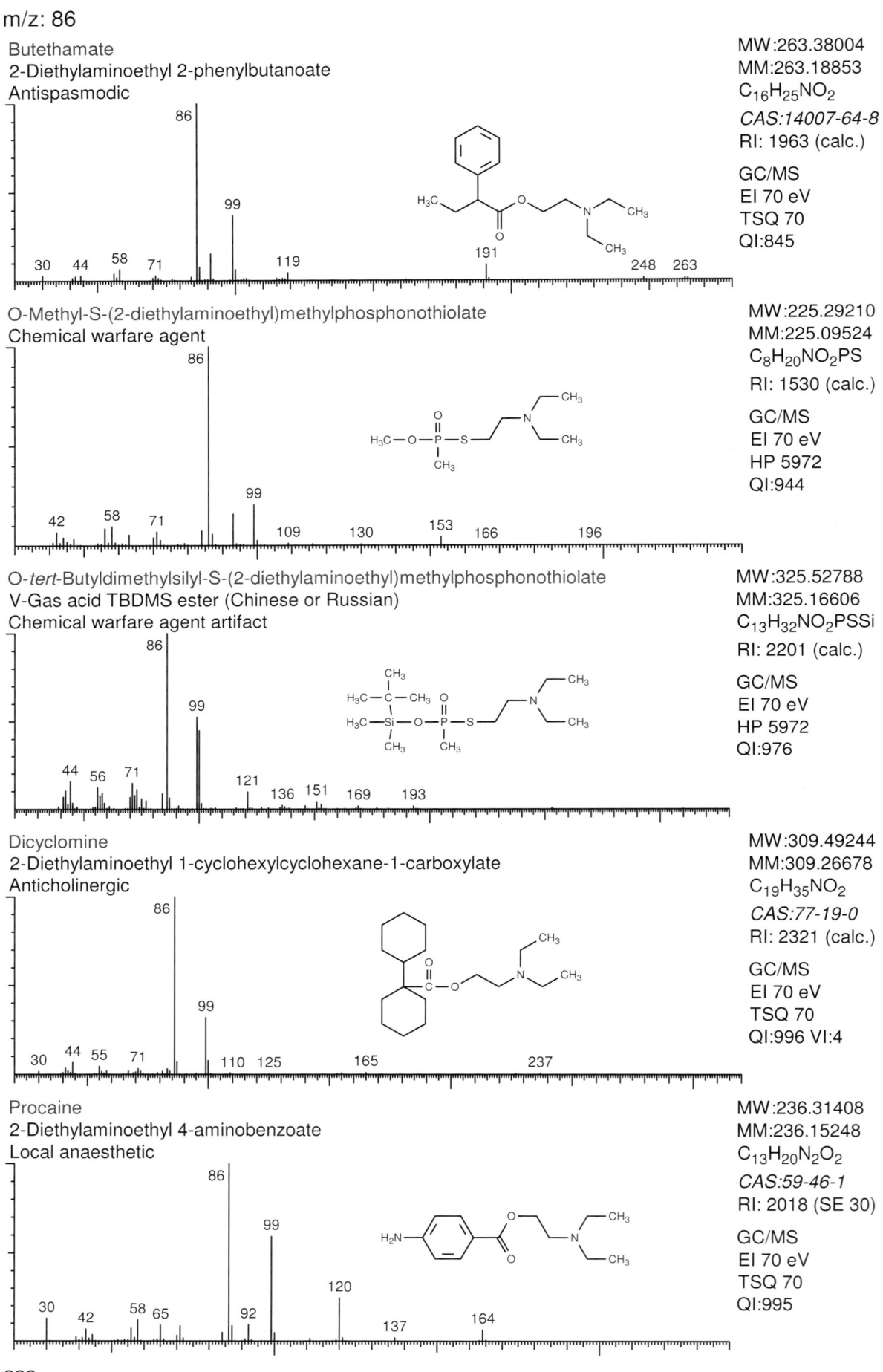

Butethamate
2-Diethylaminoethyl 2-phenylbutanoate
Antispasmodic

Peaks: 30, 44, 58, 71, 86, 99, 119, 191, 248, 263

MW: 263.38004
MM: 263.18853
$C_{16}H_{25}NO_2$
CAS: 14007-64-8
RI: 1963 (calc.)

GC/MS
EI 70 eV
TSQ 70
QI: 845

O-Methyl-S-(2-diethylaminoethyl)methylphosphonothiolate
Chemical warfare agent

Peaks: 42, 58, 71, 86, 99, 109, 130, 153, 166, 196

MW: 225.29210
MM: 225.09524
$C_8H_{20}NO_2PS$
RI: 1530 (calc.)

GC/MS
EI 70 eV
HP 5972
QI: 944

O-*tert*-Butyldimethylsilyl-S-(2-diethylaminoethyl)methylphosphonothiolate
V-Gas acid TBDMS ester (Chinese or Russian)
Chemical warfare agent artifact

Peaks: 44, 56, 71, 86, 99, 121, 136, 151, 169, 193

MW: 325.52788
MM: 325.16606
$C_{13}H_{32}NO_2PSSi$
RI: 2201 (calc.)

GC/MS
EI 70 eV
HP 5972
QI: 976

Dicyclomine
2-Diethylaminoethyl 1-cyclohexylcyclohexane-1-carboxylate
Anticholinergic

Peaks: 30, 44, 55, 71, 86, 99, 110, 125, 165, 237

MW: 309.49244
MM: 309.26678
$C_{19}H_{35}NO_2$
CAS: 77-19-0
RI: 2321 (calc.)

GC/MS
EI 70 eV
TSQ 70
QI: 996 VI: 4

Procaine
2-Diethylaminoethyl 4-aminobenzoate
Local anaesthetic

Peaks: 30, 42, 58, 65, 86, 92, 99, 120, 137, 164

MW: 236.31408
MM: 236.15248
$C_{13}H_{20}N_2O_2$
CAS: 59-46-1
RI: 2018 (SE 30)

GC/MS
EI 70 eV
TSQ 70
QI: 995

m/z: 86

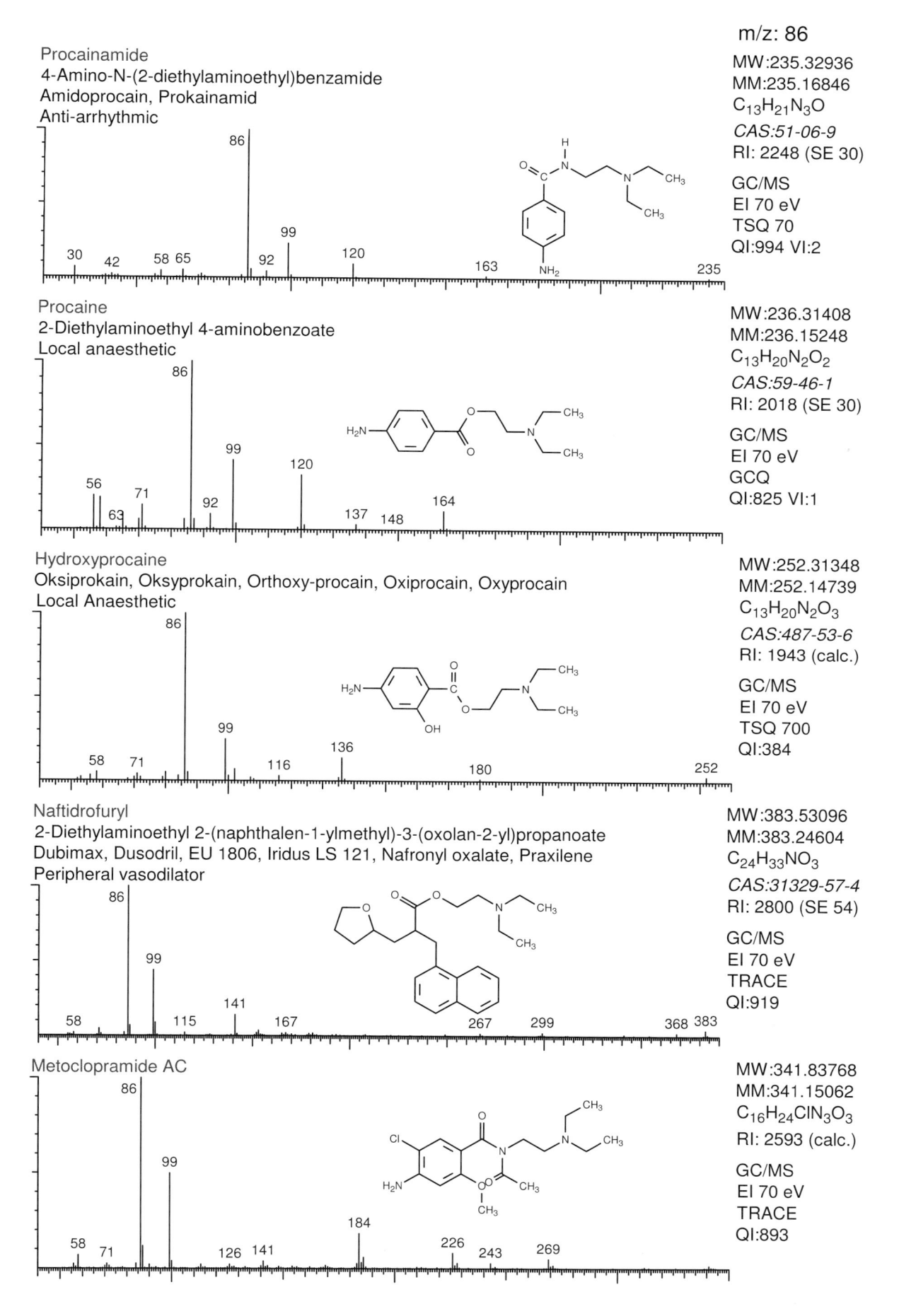

Procainamide
4-Amino-N-(2-diethylaminoethyl)benzamide
Amidoprocain, Prokainamid
Anti-arrhythmic

MW:235.32936
MM:235.16846
$C_{13}H_{21}N_3O$
CAS:51-06-9
RI: 2248 (SE 30)

GC/MS
EI 70 eV
TSQ 70
QI:994 VI:2

Peaks: 30, 42, 58, 65, 86, 92, 99, 120, 163, 235

Procaine
2-Diethylaminoethyl 4-aminobenzoate
Local anaesthetic

MW:236.31408
MM:236.15248
$C_{13}H_{20}N_2O_2$
CAS:59-46-1
RI: 2018 (SE 30)

GC/MS
EI 70 eV
GCQ
QI:825 VI:1

Peaks: 56, 63, 71, 86, 92, 99, 120, 137, 148, 164

Hydroxyprocaine
Oksiprokain, Oksyprokain, Orthoxy-procain, Oxiprocain, Oxyprocain
Local Anaesthetic

MW:252.31348
MM:252.14739
$C_{13}H_{20}N_2O_3$
CAS:487-53-6
RI: 1943 (calc.)

GC/MS
EI 70 eV
TSQ 700
QI:384

Peaks: 58, 71, 86, 99, 116, 136, 180, 252

Naftidrofuryl
2-Diethylaminoethyl 2-(naphthalen-1-ylmethyl)-3-(oxolan-2-yl)propanoate
Dubimax, Dusodril, EU 1806, Iridus LS 121, Nafronyl oxalate, Praxilene
Peripheral vasodilator

MW:383.53096
MM:383.24604
$C_{24}H_{33}NO_3$
CAS:31329-57-4
RI: 2800 (SE 54)

GC/MS
EI 70 eV
TRACE
QI:919

Peaks: 58, 86, 99, 115, 141, 167, 267, 299, 368, 383

Metoclopramide AC

MW:341.83768
MM:341.15062
$C_{16}H_{24}ClN_3O_3$
RI: 2593 (calc.)

GC/MS
EI 70 eV
TRACE
QI:893

Peaks: 58, 71, 86, 99, 126, 141, 184, 226, 243, 269

m/z: 86

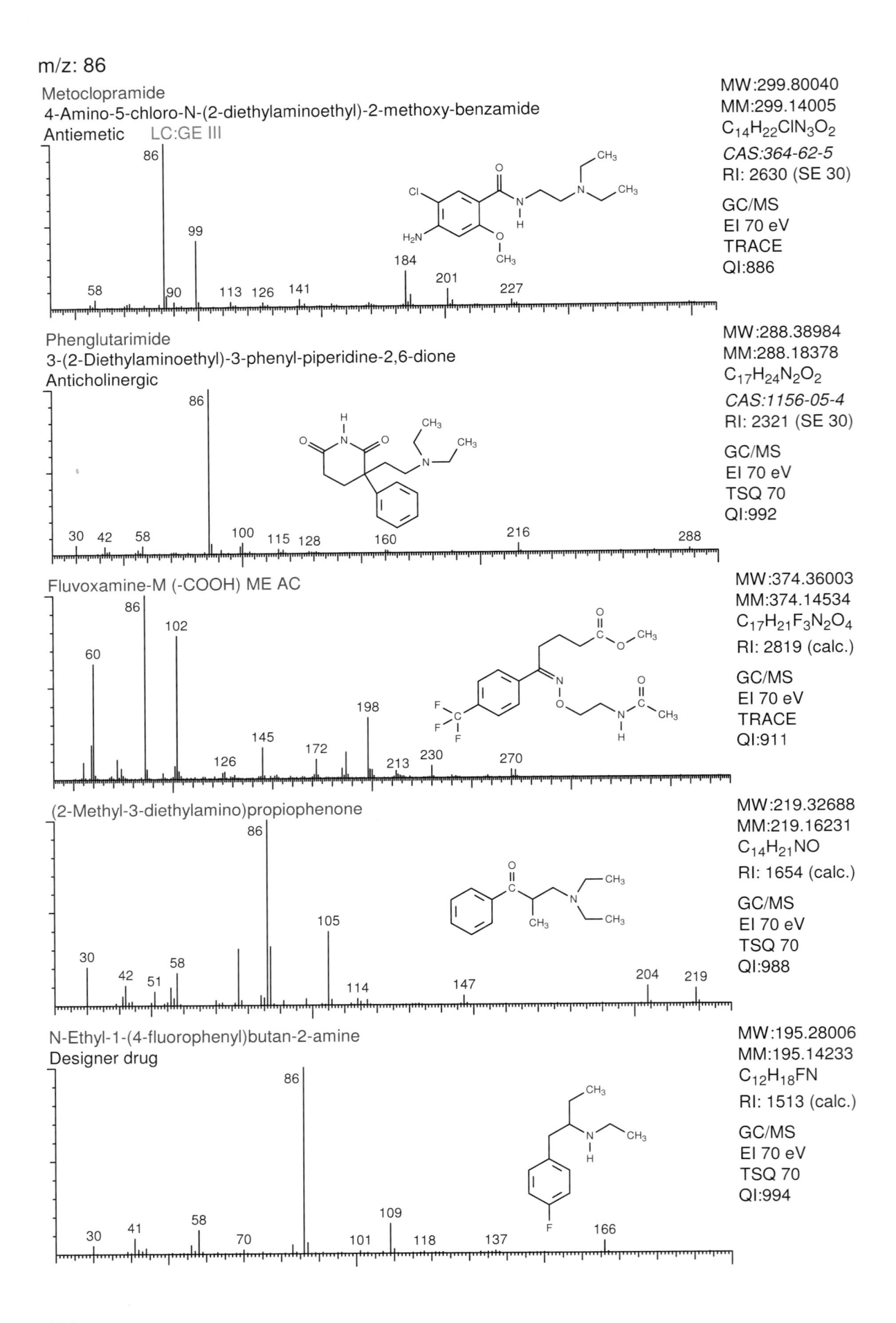

Metoclopramide
4-Amino-5-chloro-N-(2-diethylaminoethyl)-2-methoxy-benzamide
Antiemetic   LC:GE III

MW:299.80040
MM:299.14005
$C_{14}H_{22}ClN_3O_2$
CAS:364-62-5
RI: 2630 (SE 30)

GC/MS
EI 70 eV
TRACE
QI:886

Phenglutarimide
3-(2-Diethylaminoethyl)-3-phenyl-piperidine-2,6-dione
Anticholinergic

MW:288.38984
MM:288.18378
$C_{17}H_{24}N_2O_2$
CAS:1156-05-4
RI: 2321 (SE 30)

GC/MS
EI 70 eV
TSQ 70
QI:992

Fluvoxamine-M (-COOH) ME AC

MW:374.36003
MM:374.14534
$C_{17}H_{21}F_3N_2O_4$
RI: 2819 (calc.)

GC/MS
EI 70 eV
TRACE
QI:911

(2-Methyl-3-diethylamino)propiophenone

MW:219.32688
MM:219.16231
$C_{14}H_{21}NO$
RI: 1654 (calc.)

GC/MS
EI 70 eV
TSQ 70
QI:988

N-Ethyl-1-(4-fluorophenyl)butan-2-amine
Designer drug

MW:195.28006
MM:195.14233
$C_{12}H_{18}FN$
RI: 1513 (calc.)

GC/MS
EI 70 eV
TSQ 70
QI:994

m/z: 86

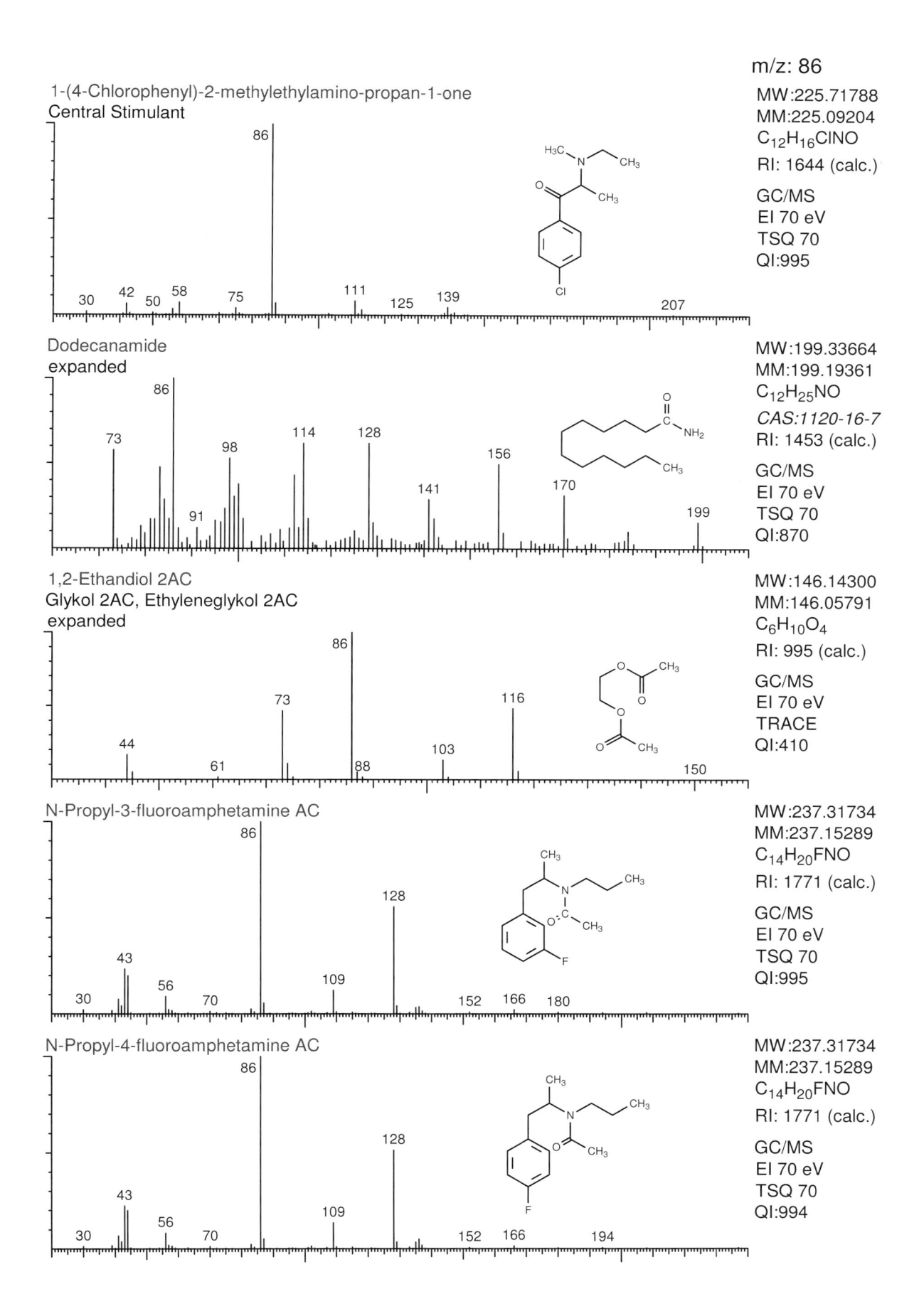

1-(4-Chlorophenyl)-2-methylethylamino-propan-1-one
Central Stimulant

MW: 225.71788
MM: 225.09204
$C_{12}H_{16}ClNO$
RI: 1644 (calc.)

GC/MS
EI 70 eV
TSQ 70
QI: 995

Peaks: 30, 42, 50, 58, 75, 86, 111, 125, 139, 207

Dodecanamide
expanded

MW: 199.33664
MM: 199.19361
$C_{12}H_{25}NO$
CAS: 1120-16-7
RI: 1453 (calc.)

GC/MS
EI 70 eV
TSQ 70
QI: 870

Peaks: 73, 86, 91, 98, 114, 128, 141, 156, 170, 199

1,2-Ethandiol 2AC
Glykol 2AC, Ethyleneglykol 2AC
expanded

MW: 146.14300
MM: 146.05791
$C_6H_{10}O_4$
RI: 995 (calc.)

GC/MS
EI 70 eV
TRACE
QI: 410

Peaks: 44, 61, 73, 86, 88, 103, 116, 150

N-Propyl-3-fluoroamphetamine AC

MW: 237.31734
MM: 237.15289
$C_{14}H_{20}FNO$
RI: 1771 (calc.)

GC/MS
EI 70 eV
TSQ 70
QI: 995

Peaks: 30, 43, 56, 70, 86, 109, 128, 152, 166, 180

N-Propyl-4-fluoroamphetamine AC

MW: 237.31734
MM: 237.15289
$C_{14}H_{20}FNO$
RI: 1771 (calc.)

GC/MS
EI 70 eV
TSQ 70
QI: 994

Peaks: 30, 43, 56, 70, 86, 109, 128, 152, 166, 194

m/z: 86

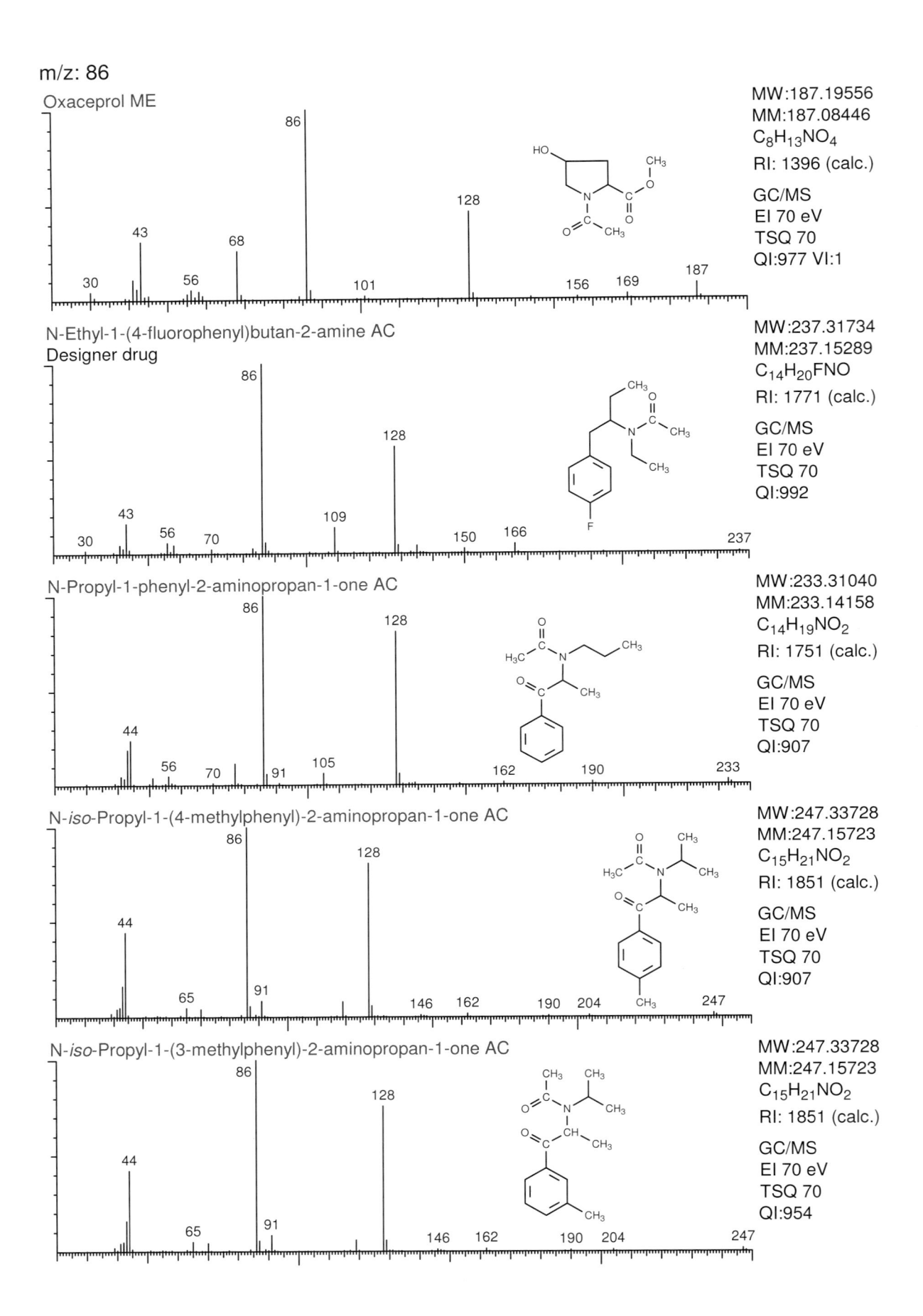

Oxaceprol ME

MW:187.19556
MM:187.08446
$C_8H_{13}NO_4$
RI: 1396 (calc.)

GC/MS
EI 70 eV
TSQ 70
QI:977 VI:1

N-Ethyl-1-(4-fluorophenyl)butan-2-amine AC
Designer drug

MW:237.31734
MM:237.15289
$C_{14}H_{20}FNO$
RI: 1771 (calc.)

GC/MS
EI 70 eV
TSQ 70
QI:992

N-Propyl-1-phenyl-2-aminopropan-1-one AC

MW:233.31040
MM:233.14158
$C_{14}H_{19}NO_2$
RI: 1751 (calc.)

GC/MS
EI 70 eV
TSQ 70
QI:907

N-iso-Propyl-1-(4-methylphenyl)-2-aminopropan-1-one AC

MW:247.33728
MM:247.15723
$C_{15}H_{21}NO_2$
RI: 1851 (calc.)

GC/MS
EI 70 eV
TSQ 70
QI:907

N-iso-Propyl-1-(3-methylphenyl)-2-aminopropan-1-one AC

MW:247.33728
MM:247.15723
$C_{15}H_{21}NO_2$
RI: 1851 (calc.)

GC/MS
EI 70 eV
TSQ 70
QI:954

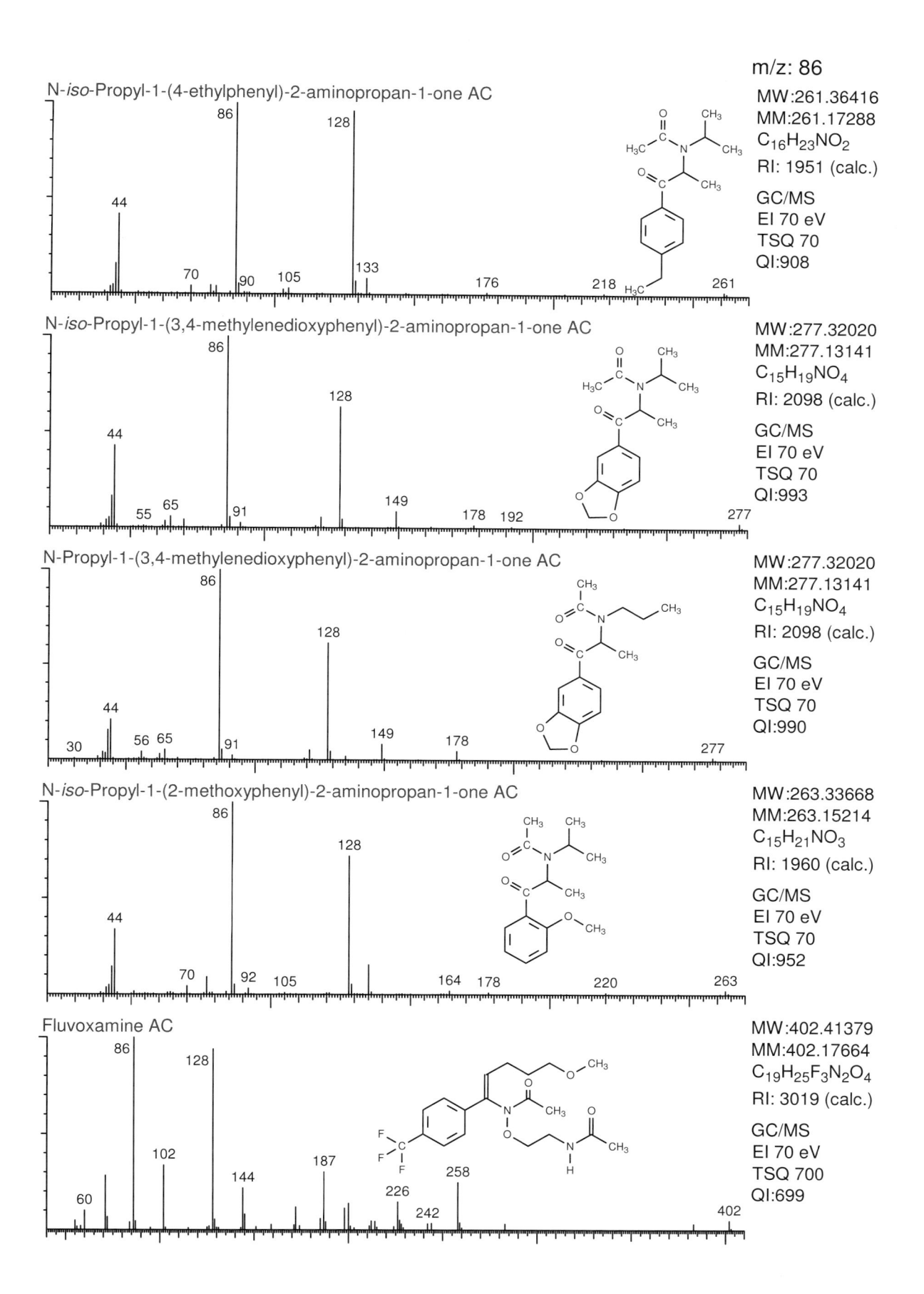

N-*iso*-Propyl-1-(4-ethylphenyl)-2-aminopropan-1-one AC

m/z: 86
MW: 261.36416
MM: 261.17288
C$_{16}$H$_{23}$NO$_2$
RI: 1951 (calc.)

GC/MS
EI 70 eV
TSQ 70
QI: 908

N-*iso*-Propyl-1-(3,4-methylenedioxyphenyl)-2-aminopropan-1-one AC

MW: 277.32020
MM: 277.13141
C$_{15}$H$_{19}$NO$_4$
RI: 2098 (calc.)

GC/MS
EI 70 eV
TSQ 70
QI: 993

N-Propyl-1-(3,4-methylenedioxyphenyl)-2-aminopropan-1-one AC

MW: 277.32020
MM: 277.13141
C$_{15}$H$_{19}$NO$_4$
RI: 2098 (calc.)

GC/MS
EI 70 eV
TSQ 70
QI: 990

N-*iso*-Propyl-1-(2-methoxyphenyl)-2-aminopropan-1-one AC

MW: 263.33668
MM: 263.15214
C$_{15}$H$_{21}$NO$_3$
RI: 1960 (calc.)

GC/MS
EI 70 eV
TSQ 70
QI: 952

Fluvoxamine AC

MW: 402.41379
MM: 402.17664
C$_{19}$H$_{25}$F$_3$N$_2$O$_4$
RI: 3019 (calc.)

GC/MS
EI 70 eV
TSQ 700
QI: 699

m/z: 86

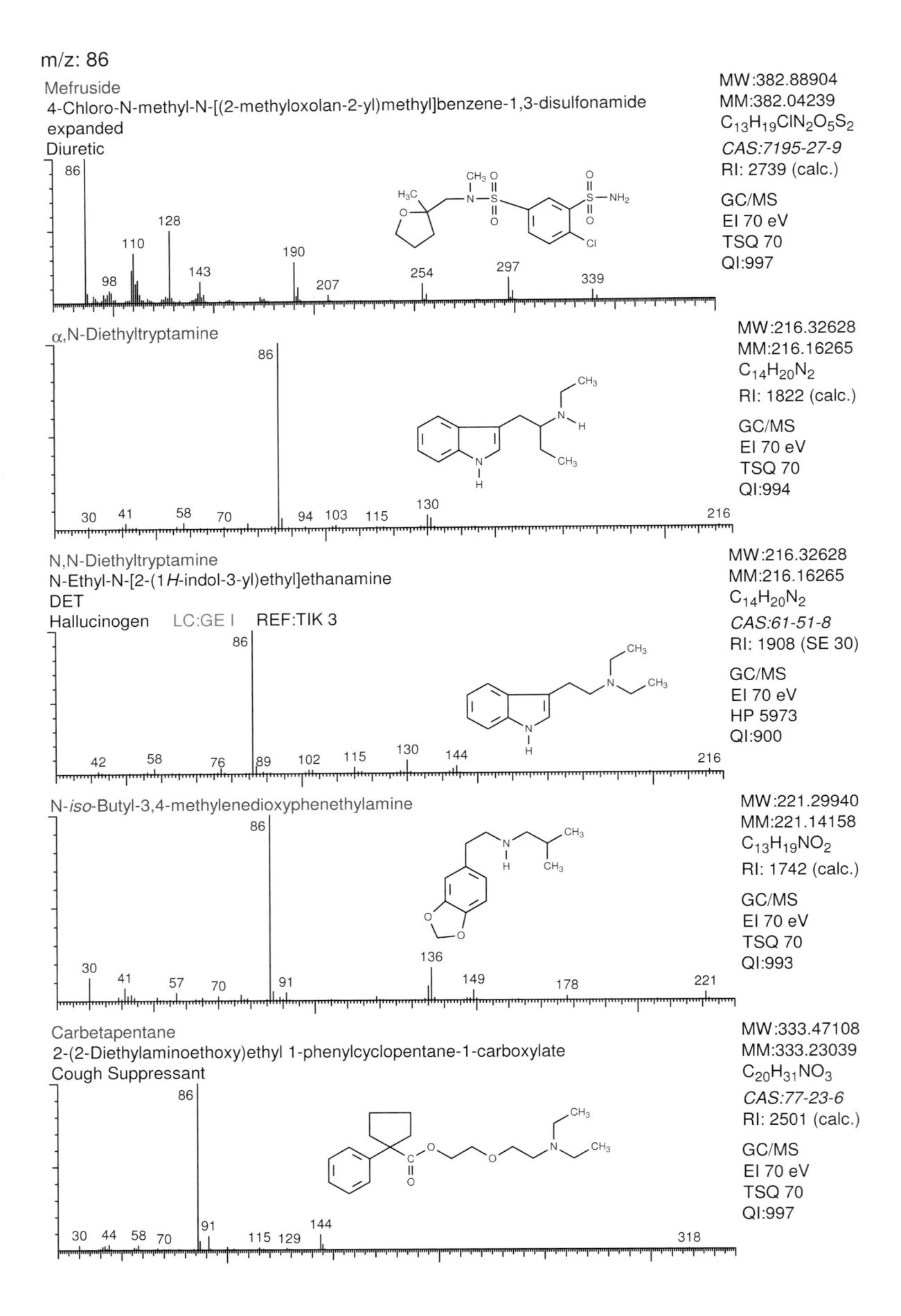

Mefruside
4-Chloro-N-methyl-N-[(2-methyloxolan-2-yl)methyl]benzene-1,3-disulfonamide
expanded
Diuretic

MW: 382.88904
MM: 382.04239
$C_{13}H_{19}ClN_2O_5S_2$
CAS: 7195-27-9
RI: 2739 (calc.)

GC/MS
EI 70 eV
TSQ 70
QI: 997

Peaks: 86, 98, 110, 128, 143, 190, 207, 254, 297, 339

α,N-Diethyltryptamine

MW: 216.32628
MM: 216.16265
$C_{14}H_{20}N_2$
RI: 1822 (calc.)

GC/MS
EI 70 eV
TSQ 70
QI: 994

Peaks: 30, 41, 58, 70, 86, 94, 103, 115, 130, 216

N,N-Diethyltryptamine
N-Ethyl-N-[2-(1H-indol-3-yl)ethyl]ethanamine
DET
Hallucinogen   LC:GE I   REF:TIK 3

MW: 216.32628
MM: 216.16265
$C_{14}H_{20}N_2$
CAS: 61-51-8
RI: 1908 (SE 30)

GC/MS
EI 70 eV
HP 5973
QI: 900

Peaks: 42, 58, 76, 86, 89, 102, 115, 130, 144, 216

N-iso-Butyl-3,4-methylenedioxyphenethylamine

MW: 221.29940
MM: 221.14158
$C_{13}H_{19}NO_2$
RI: 1742 (calc.)

GC/MS
EI 70 eV
TSQ 70
QI: 993

Peaks: 30, 41, 57, 70, 86, 91, 136, 149, 178, 221

Carbetapentane
2-(2-Diethylaminoethoxy)ethyl 1-phenylcyclopentane-1-carboxylate
Cough Suppressant

MW: 333.47108
MM: 333.23039
$C_{20}H_{31}NO_3$
CAS: 77-23-6
RI: 2501 (calc.)

GC/MS
EI 70 eV
TSQ 70
QI: 997

Peaks: 30, 44, 58, 70, 86, 91, 115, 129, 144, 318

m/z: 86

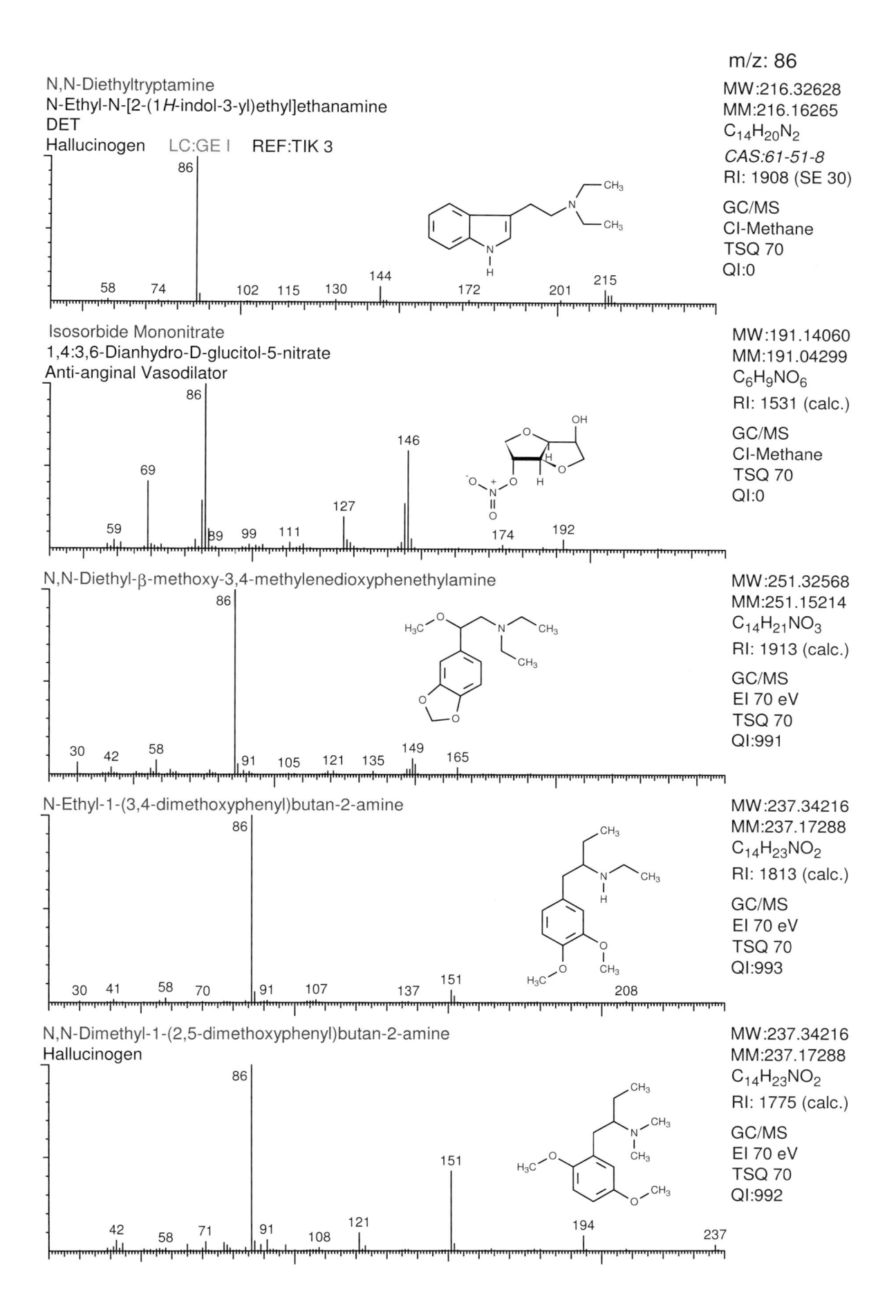

N,N-Diethyltryptamine
N-Ethyl-N-[2-(1H-indol-3-yl)ethyl]ethanamine
DET
Hallucinogen   LC:GE I   REF:TIK 3

Peaks: 58, 74, 86, 102, 115, 130, 144, 172, 201, 215

MW:216.32628
MM:216.16265
$C_{14}H_{20}N_2$
CAS:61-51-8
RI: 1908 (SE 30)

GC/MS
CI-Methane
TSQ 70
QI:0

Isosorbide Mononitrate
1,4:3,6-Dianhydro-D-glucitol-5-nitrate
Anti-anginal Vasodilator

Peaks: 59, 69, 86, 89, 99, 111, 127, 146, 174, 192

MW:191.14060
MM:191.04299
$C_6H_9NO_6$
RI: 1531 (calc.)

GC/MS
CI-Methane
TSQ 70
QI:0

N,N-Diethyl-β-methoxy-3,4-methylenedioxyphenethylamine

Peaks: 30, 42, 58, 86, 91, 105, 121, 135, 149, 165

MW:251.32568
MM:251.15214
$C_{14}H_{21}NO_3$
RI: 1913 (calc.)

GC/MS
EI 70 eV
TSQ 70
QI:991

N-Ethyl-1-(3,4-dimethoxyphenyl)butan-2-amine

Peaks: 30, 41, 58, 70, 86, 91, 107, 137, 151, 208

MW:237.34216
MM:237.17288
$C_{14}H_{23}NO_2$
RI: 1813 (calc.)

GC/MS
EI 70 eV
TSQ 70
QI:993

N,N-Dimethyl-1-(2,5-dimethoxyphenyl)butan-2-amine
Hallucinogen

Peaks: 42, 58, 71, 86, 91, 108, 121, 151, 194, 237

MW:237.34216
MM:237.17288
$C_{14}H_{23}NO_2$
RI: 1775 (calc.)

GC/MS
EI 70 eV
TSQ 70
QI:992

m/z: 86

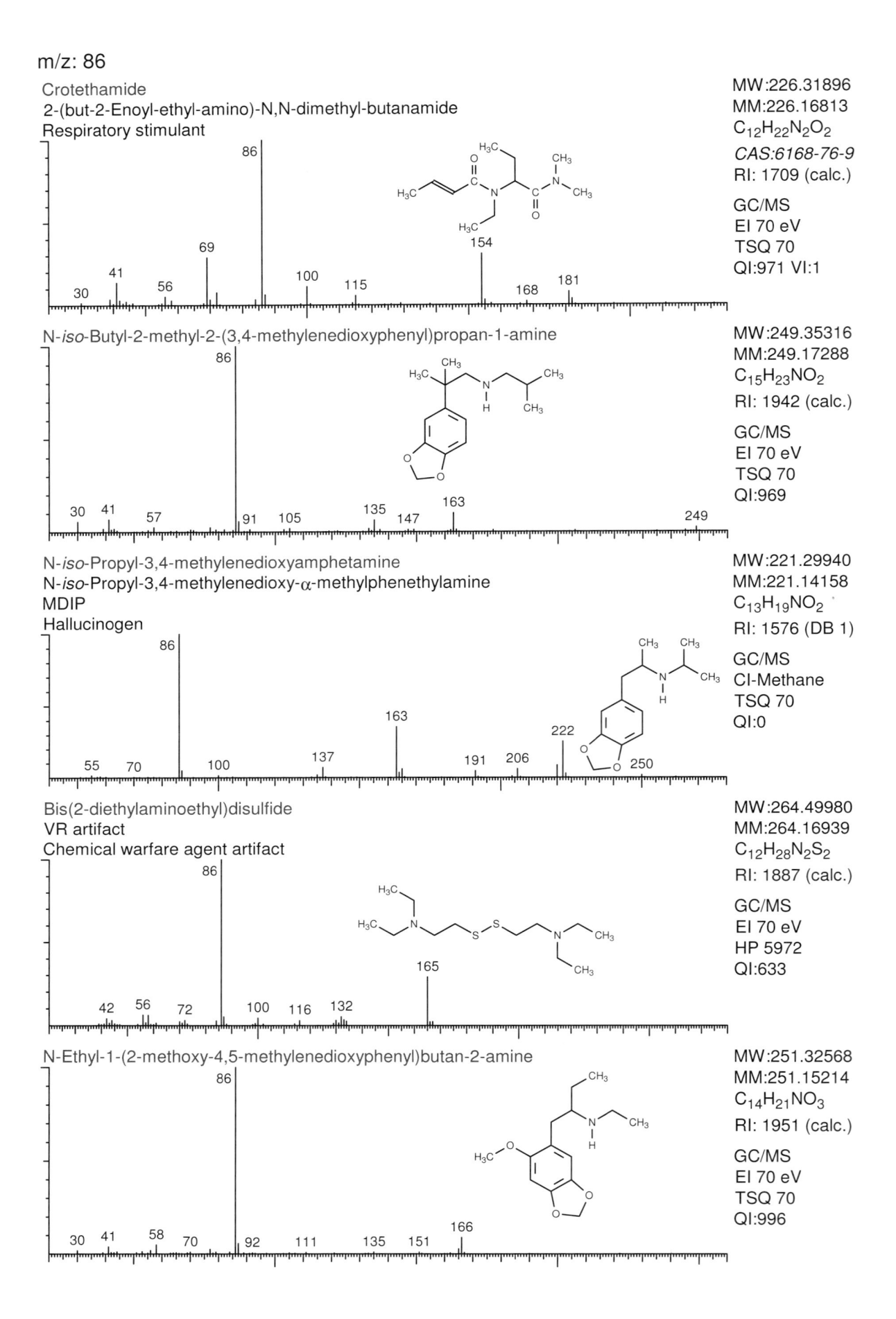

Crotethamide
2-(but-2-Enoyl-ethyl-amino)-N,N-dimethyl-butanamide
Respiratory stimulant

MW:226.31896
MM:226.16813
$C_{12}H_{22}N_2O_2$
CAS:6168-76-9
RI: 1709 (calc.)

GC/MS
EI 70 eV
TSQ 70
QI:971 VI:1

N-*iso*-Butyl-2-methyl-2-(3,4-methylenedioxyphenyl)propan-1-amine

MW:249.35316
MM:249.17288
$C_{15}H_{23}NO_2$
RI: 1942 (calc.)

GC/MS
EI 70 eV
TSQ 70
QI:969

N-*iso*-Propyl-3,4-methylenedioxyamphetamine
N-*iso*-Propyl-3,4-methylenedioxy-α-methylphenethylamine
MDIP
Hallucinogen

MW:221.29940
MM:221.14158
$C_{13}H_{19}NO_2$
RI: 1576 (DB 1)

GC/MS
CI-Methane
TSQ 70
QI:0

Bis(2-diethylaminoethyl)disulfide
VR artifact
Chemical warfare agent artifact

MW:264.49980
MM:264.16939
$C_{12}H_{28}N_2S_2$
RI: 1887 (calc.)

GC/MS
EI 70 eV
HP 5972
QI:633

N-Ethyl-1-(2-methoxy-4,5-methylenedioxyphenyl)butan-2-amine

MW:251.32568
MM:251.15214
$C_{14}H_{21}NO_3$
RI: 1951 (calc.)

GC/MS
EI 70 eV
TSQ 70
QI:996

m/z: 86

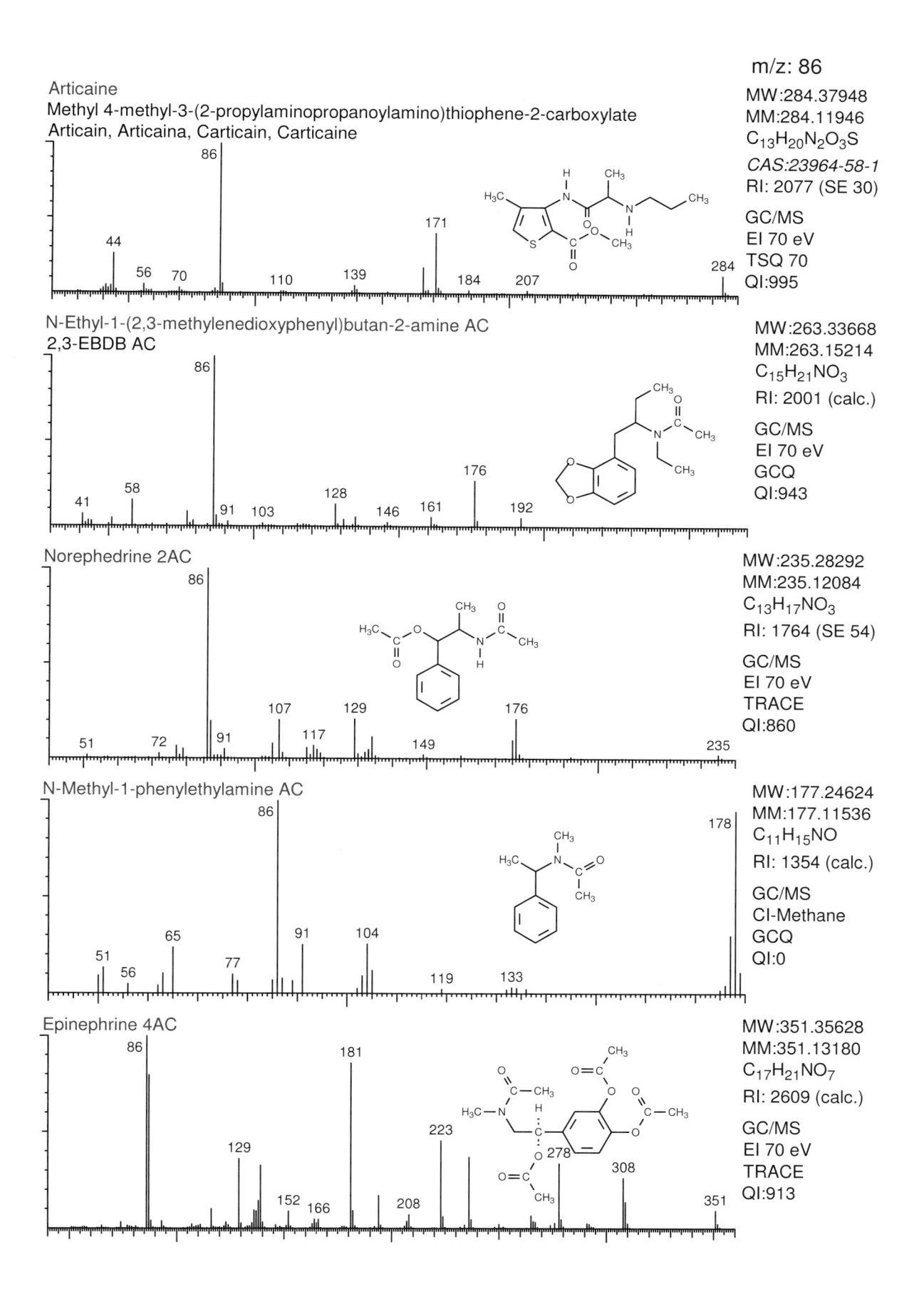

Articaine
Methyl 4-methyl-3-(2-propylaminopropanoylamino)thiophene-2-carboxylate
Articain, Articaina, Carticain, Carticaine

MW: 284.37948
MM: 284.11946
$C_{13}H_{20}N_2O_3S$
CAS: 23964-58-1
RI: 2077 (SE 30)

GC/MS
EI 70 eV
TSQ 70
QI: 995

Peaks: 44, 56, 70, 86, 110, 139, 171, 184, 207, 284

N-Ethyl-1-(2,3-methylenedioxyphenyl)butan-2-amine AC
2,3-EBDB AC

MW: 263.33668
MM: 263.15214
$C_{15}H_{21}NO_3$
RI: 2001 (calc.)

GC/MS
EI 70 eV
GCQ
QI: 943

Peaks: 41, 58, 86, 91, 103, 128, 146, 161, 176, 192

Norephedrine 2AC

MW: 235.28292
MM: 235.12084
$C_{13}H_{17}NO_3$
RI: 1764 (SE 54)

GC/MS
EI 70 eV
TRACE
QI: 860

Peaks: 51, 72, 86, 91, 107, 117, 129, 149, 176, 235

N-Methyl-1-phenylethylamine AC

MW: 177.24624
MM: 177.11536
$C_{11}H_{15}NO$
RI: 1354 (calc.)

GC/MS
CI-Methane
GCQ
QI: 0

Peaks: 51, 56, 65, 77, 86, 91, 104, 119, 133, 178

Epinephrine 4AC

MW: 351.35628
MM: 351.13180
$C_{17}H_{21}NO_7$
RI: 2609 (calc.)

GC/MS
EI 70 eV
TRACE
QI: 913

Peaks: 86, 129, 152, 166, 181, 208, 223, 278, 308, 351

m/z: 86

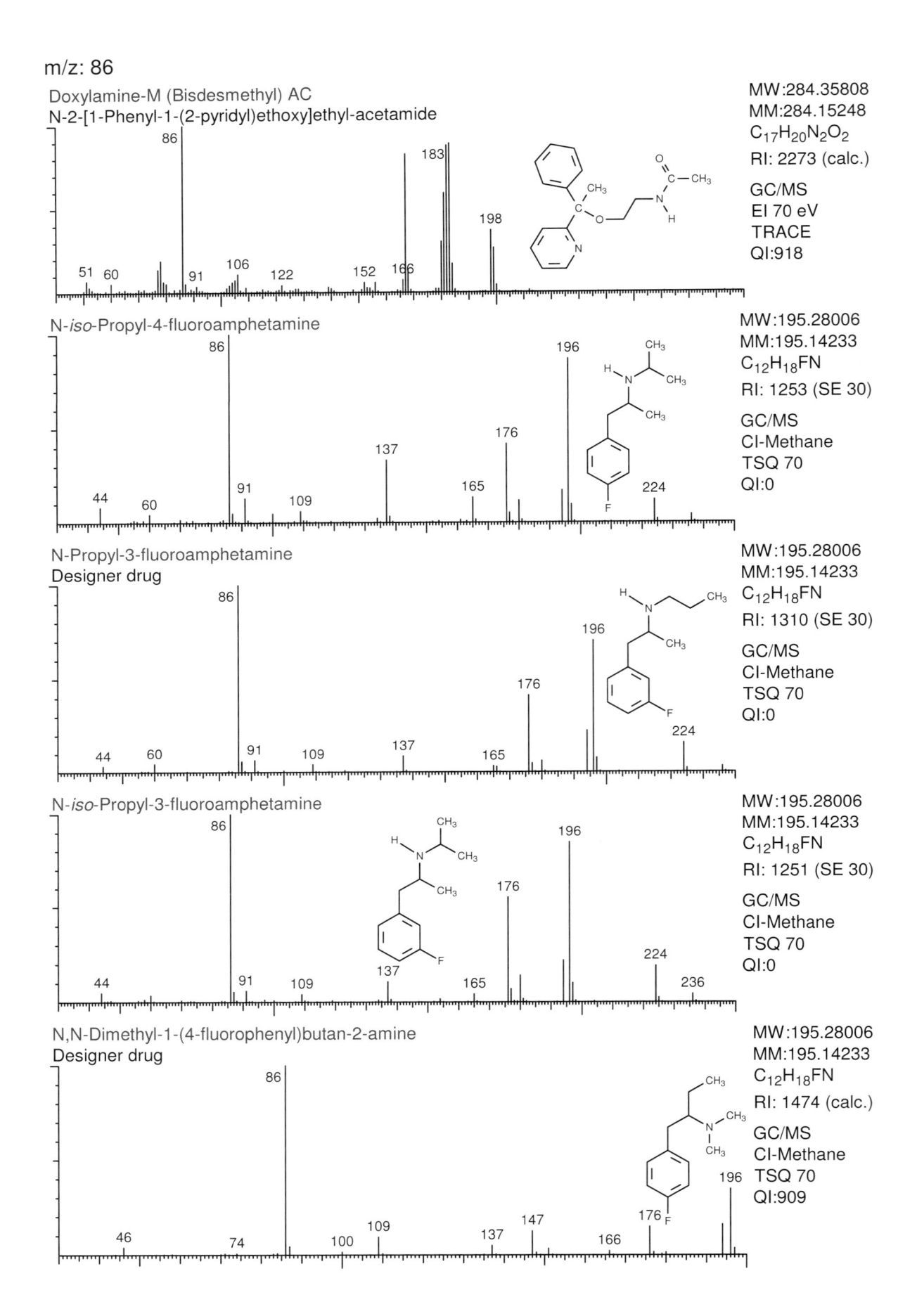

Doxylamine-M (Bisdesmethyl) AC
N-2-[1-Phenyl-1-(2-pyridyl)ethoxy]ethyl-acetamide

MW: 284.35808
MM: 284.15248
$C_{17}H_{20}N_2O_2$
RI: 2273 (calc.)

GC/MS
EI 70 eV
TRACE
QI: 918

Peaks: 51, 60, 86, 91, 106, 122, 152, 166, 183, 198

N-iso-Propyl-4-fluoroamphetamine

MW: 195.28006
MM: 195.14233
$C_{12}H_{18}FN$
RI: 1253 (SE 30)

GC/MS
CI-Methane
TSQ 70
QI: 0

Peaks: 44, 60, 86, 91, 109, 137, 165, 176, 196, 224

N-Propyl-3-fluoroamphetamine
Designer drug

MW: 195.28006
MM: 195.14233
$C_{12}H_{18}FN$
RI: 1310 (SE 30)

GC/MS
CI-Methane
TSQ 70
QI: 0

Peaks: 44, 60, 86, 91, 109, 137, 165, 176, 196, 224

N-iso-Propyl-3-fluoroamphetamine

MW: 195.28006
MM: 195.14233
$C_{12}H_{18}FN$
RI: 1251 (SE 30)

GC/MS
CI-Methane
TSQ 70
QI: 0

Peaks: 44, 86, 91, 109, 137, 165, 176, 196, 224, 236

N,N-Dimethyl-1-(4-fluorophenyl)butan-2-amine
Designer drug

MW: 195.28006
MM: 195.14233
$C_{12}H_{18}FN$
RI: 1474 (calc.)

GC/MS
CI-Methane
TSQ 70
QI: 909

Peaks: 46, 74, 86, 100, 109, 137, 147, 166, 176, 196

m/z: 86

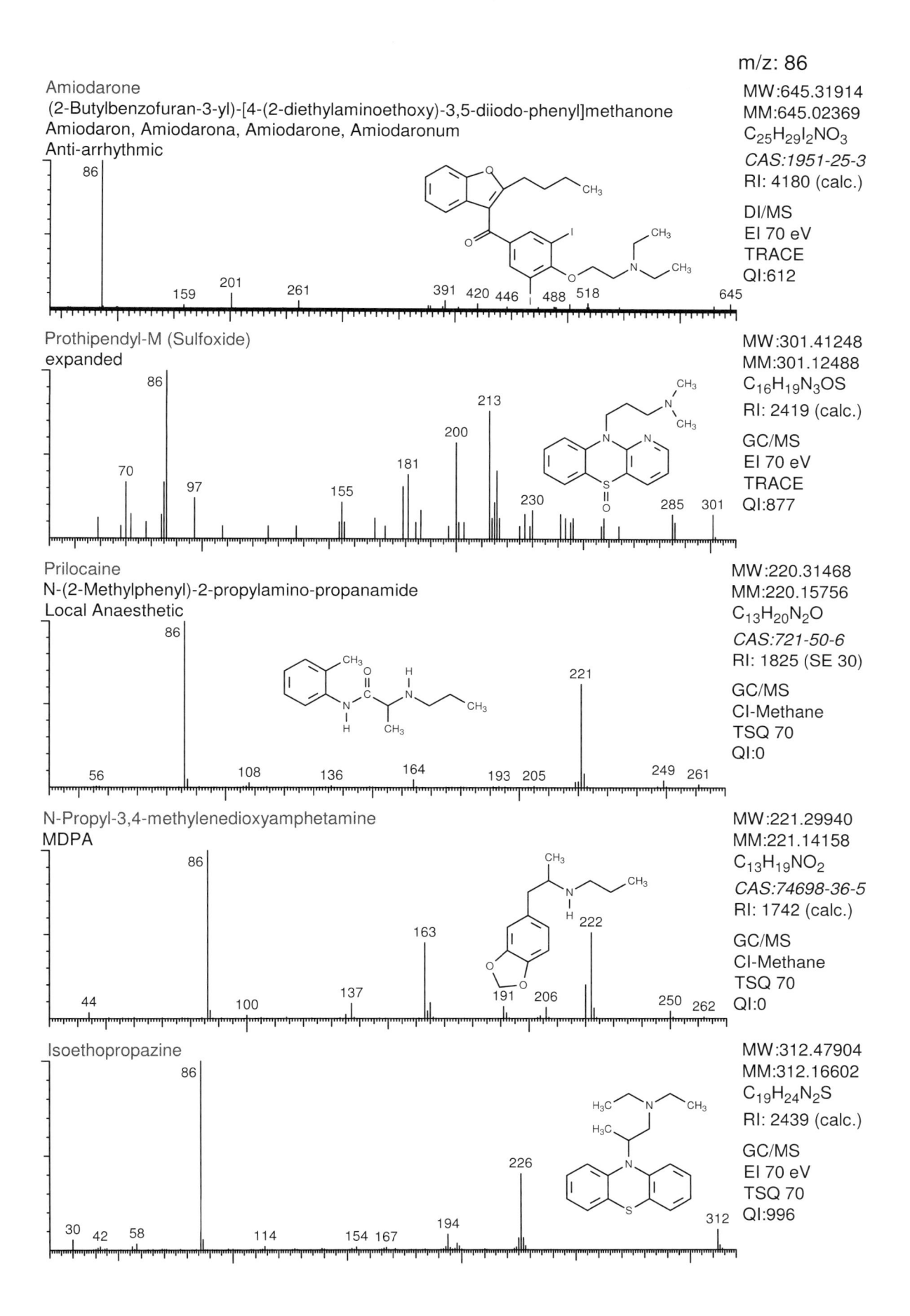

Amiodarone
(2-Butylbenzofuran-3-yl)-[4-(2-diethylaminoethoxy)-3,5-diiodo-phenyl]methanone
Amiodaron, Amiodarona, Amiodarone, Amiodaronum
Anti-arrhythmic

MW:645.31914
MM:645.02369
$C_{25}H_{29}I_2NO_3$
CAS:1951-25-3
RI: 4180 (calc.)

DI/MS
EI 70 eV
TRACE
QI:612

Peaks: 86, 159, 201, 261, 391, 420, 446, 488, 518, 645

Prothipendyl-M (Sulfoxide)
expanded

MW:301.41248
MM:301.12488
$C_{16}H_{19}N_3OS$
RI: 2419 (calc.)

GC/MS
EI 70 eV
TRACE
QI:877

Peaks: 70, 86, 97, 155, 181, 200, 213, 230, 285, 301

Prilocaine
N-(2-Methylphenyl)-2-propylamino-propanamide
Local Anaesthetic

MW:220.31468
MM:220.15756
$C_{13}H_{20}N_2O$
CAS:721-50-6
RI: 1825 (SE 30)

GC/MS
CI-Methane
TSQ 70
QI:0

Peaks: 56, 86, 108, 136, 164, 193, 205, 221, 249, 261

N-Propyl-3,4-methylenedioxyamphetamine
MDPA

MW:221.29940
MM:221.14158
$C_{13}H_{19}NO_2$
CAS:74698-36-5
RI: 1742 (calc.)

GC/MS
CI-Methane
TSQ 70
QI:0

Peaks: 44, 86, 100, 137, 163, 191, 206, 222, 250, 262

Isoethopropazine

MW:312.47904
MM:312.16602
$C_{19}H_{24}N_2S$
RI: 2439 (calc.)

GC/MS
EI 70 eV
TSQ 70
QI:996

Peaks: 30, 42, 58, 86, 114, 154, 167, 194, 226, 312

m/z: 86

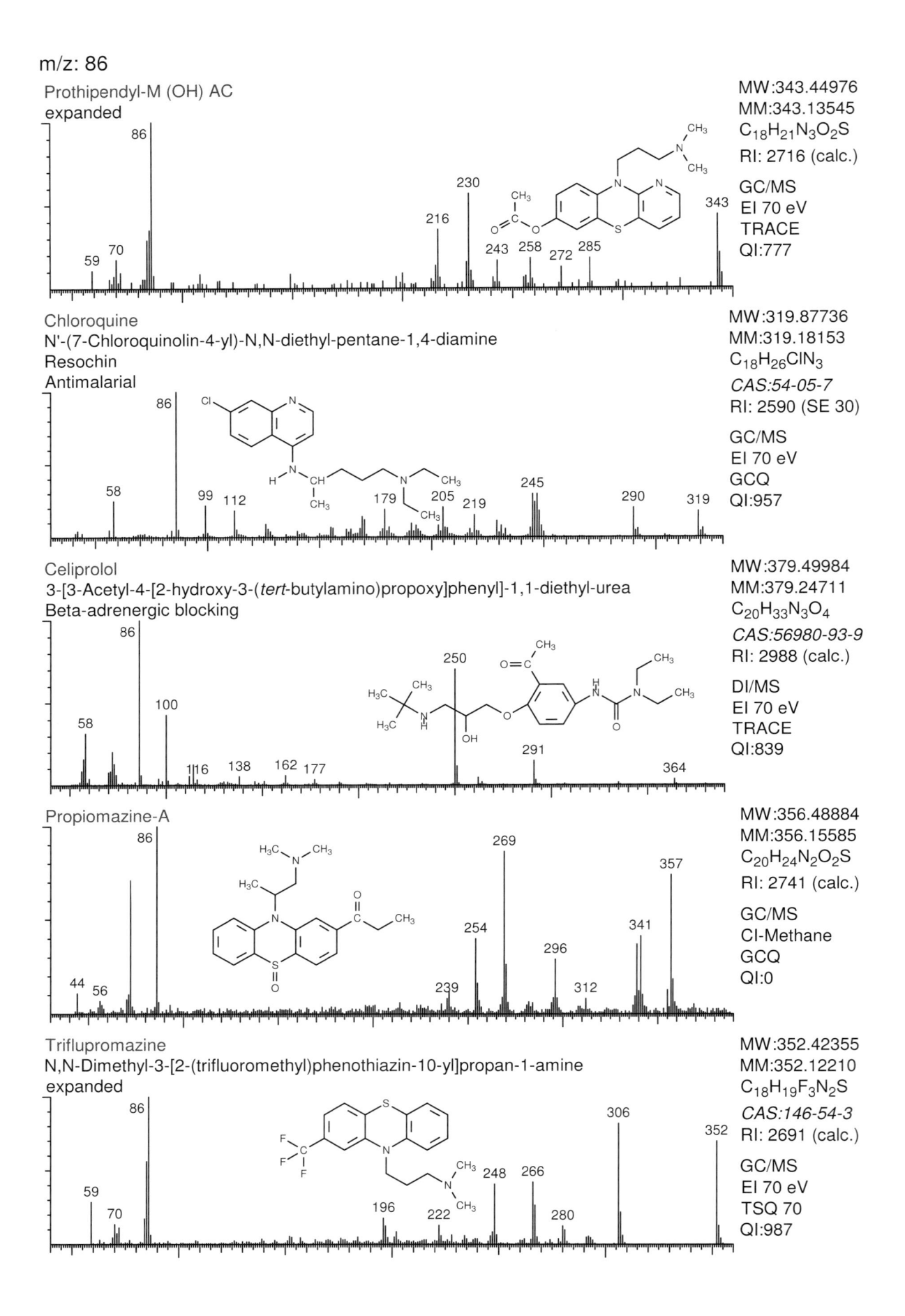

Prothipendyl-M (OH) AC
expanded

MW: 343.44976
MM: 343.13545
$C_{18}H_{21}N_3O_2S$
RI: 2716 (calc.)

GC/MS
EI 70 eV
TRACE
QI: 777

Chloroquine
N'-(7-Chloroquinolin-4-yl)-N,N-diethyl-pentane-1,4-diamine
Resochin
Antimalarial

MW: 319.87736
MM: 319.18153
$C_{18}H_{26}ClN_3$
CAS: 54-05-7
RI: 2590 (SE 30)

GC/MS
EI 70 eV
GCQ
QI: 957

Celiprolol
3-[3-Acetyl-4-[2-hydroxy-3-(*tert*-butylamino)propoxy]phenyl]-1,1-diethyl-urea
Beta-adrenergic blocking

MW: 379.49984
MM: 379.24711
$C_{20}H_{33}N_3O_4$
CAS: 56980-93-9
RI: 2988 (calc.)

DI/MS
EI 70 eV
TRACE
QI: 839

Propiomazine-A

MW: 356.48884
MM: 356.15585
$C_{20}H_{24}N_2O_2S$
RI: 2741 (calc.)

GC/MS
CI-Methane
GCQ
QI: 0

Triflupromazine
N,N-Dimethyl-3-[2-(trifluoromethyl)phenothiazin-10-yl]propan-1-amine
expanded

MW: 352.42355
MM: 352.12210
$C_{18}H_{19}F_3N_2S$
CAS: 146-54-3
RI: 2691 (calc.)

GC/MS
EI 70 eV
TSQ 70
QI: 987

m/z: 86

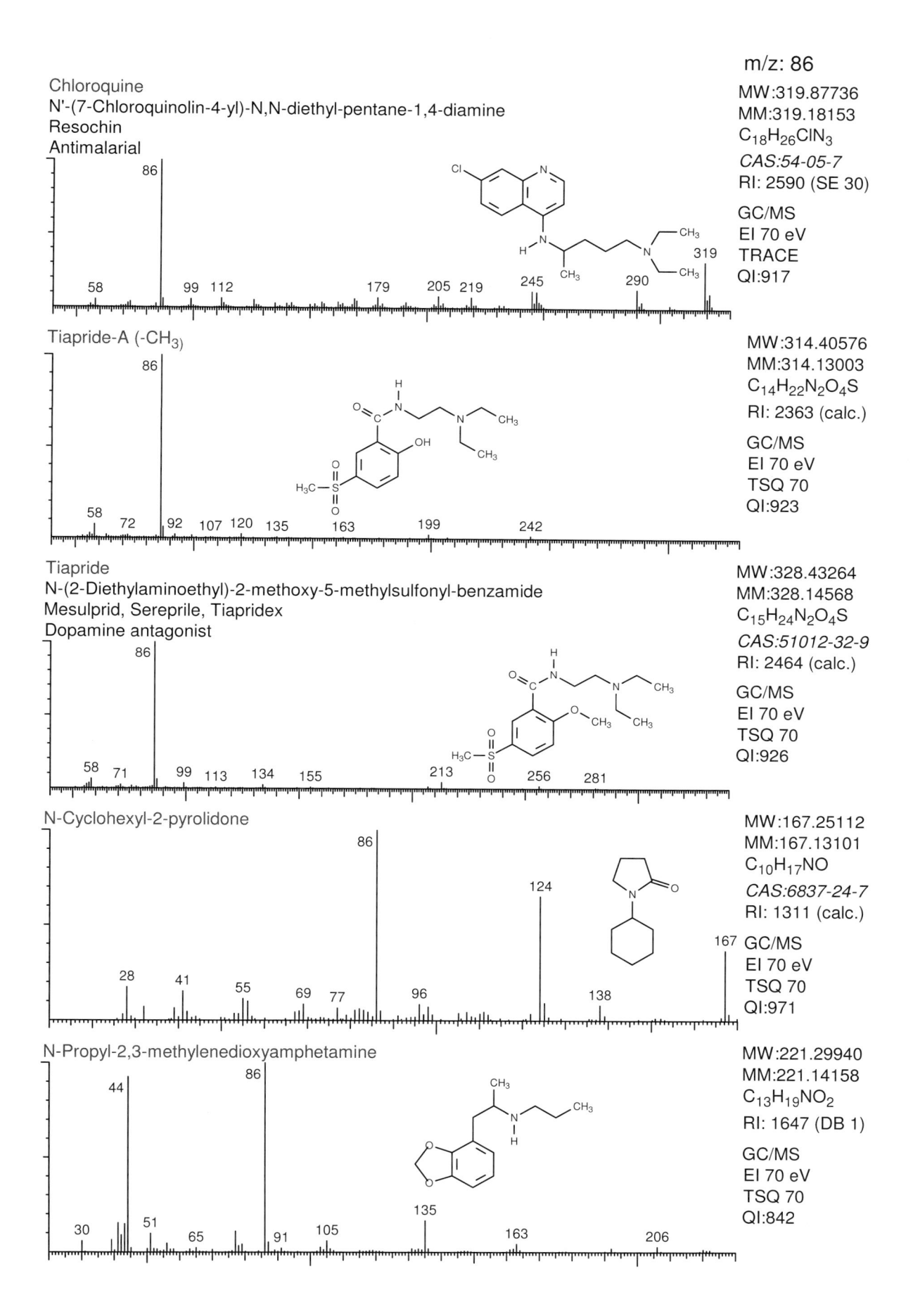

Chloroquine
N'-(7-Chloroquinolin-4-yl)-N,N-diethyl-pentane-1,4-diamine
Resochin
Antimalarial

Peaks: 58, 86, 99, 112, 179, 205, 219, 245, 290, 319

MW: 319.87736
MM: 319.18153
$C_{18}H_{26}ClN_3$
CAS: 54-05-7
RI: 2590 (SE 30)

GC/MS
EI 70 eV
TRACE
QI: 917

Tiapride-A (-CH$_3$)

Peaks: 58, 72, 86, 92, 107, 120, 135, 163, 199, 242

MW: 314.40576
MM: 314.13003
$C_{14}H_{22}N_2O_4S$
RI: 2363 (calc.)

GC/MS
EI 70 eV
TSQ 70
QI: 923

Tiapride
N-(2-Diethylaminoethyl)-2-methoxy-5-methylsulfonyl-benzamide
Mesulprid, Sereprile, Tiapridex
Dopamine antagonist

Peaks: 58, 71, 86, 99, 113, 134, 155, 213, 256, 281

MW: 328.43264
MM: 328.14568
$C_{15}H_{24}N_2O_4S$
CAS: 51012-32-9
RI: 2464 (calc.)

GC/MS
EI 70 eV
TSQ 70
QI: 926

N-Cyclohexyl-2-pyrolidone

Peaks: 28, 41, 55, 69, 77, 86, 96, 124, 138, 167

MW: 167.25112
MM: 167.13101
$C_{10}H_{17}NO$
CAS: 6837-24-7
RI: 1311 (calc.)

GC/MS
EI 70 eV
TSQ 70
QI: 971

N-Propyl-2,3-methylenedioxyamphetamine

Peaks: 30, 44, 51, 65, 86, 91, 105, 135, 163, 206

MW: 221.29940
MM: 221.14158
$C_{13}H_{19}NO_2$
RI: 1647 (DB 1)

GC/MS
EI 70 eV
TSQ 70
QI: 842

m/z: 86

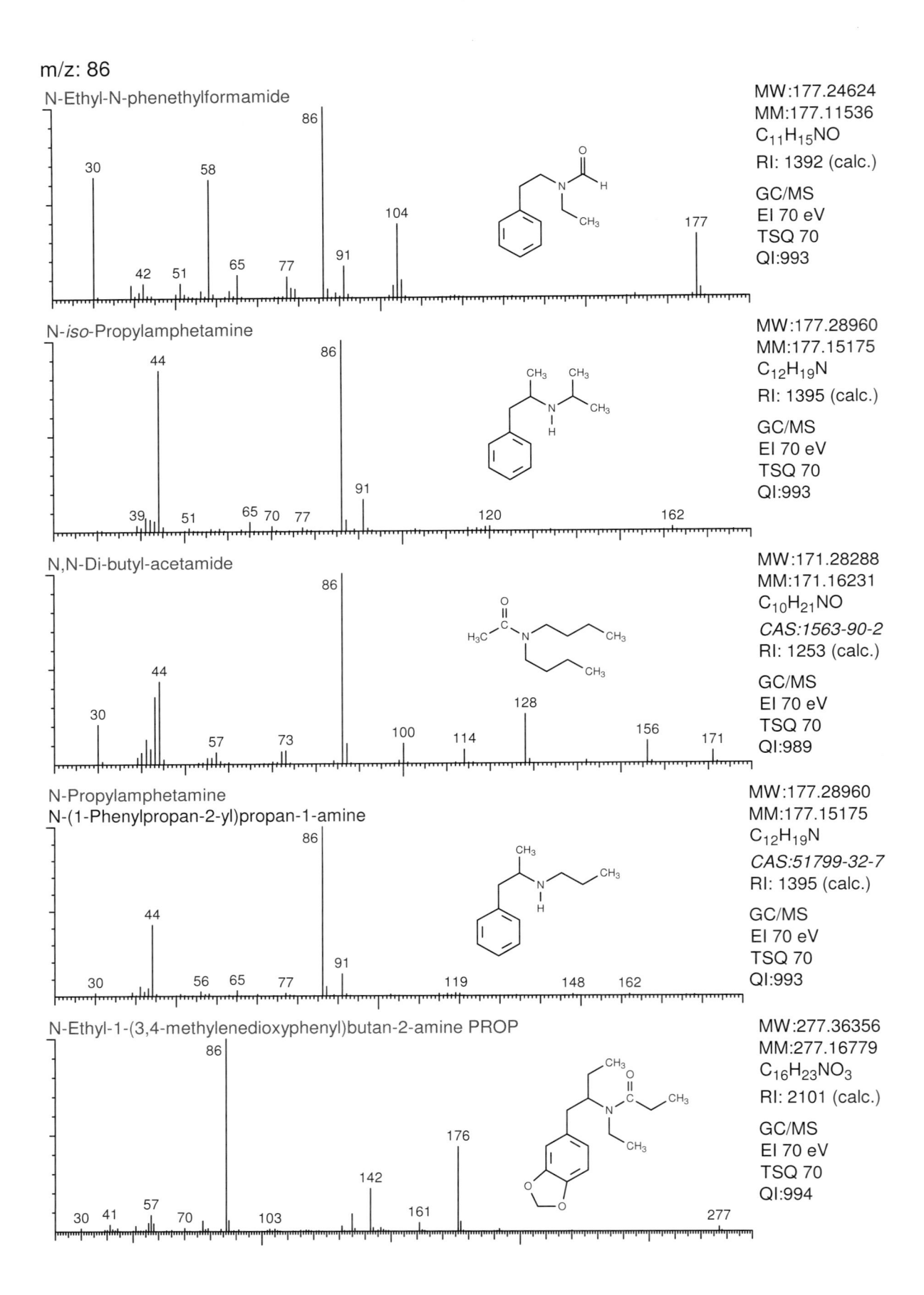

N-Ethyl-N-phenethylformamide

Peaks: 30, 42, 51, 58, 65, 77, 86, 91, 104, 177

MW: 177.24624
MM: 177.11536
$C_{11}H_{15}NO$
RI: 1392 (calc.)

GC/MS
EI 70 eV
TSQ 70
QI: 993

N-*iso*-Propylamphetamine

Peaks: 39, 44, 51, 65, 70, 77, 86, 91, 120, 162

MW: 177.28960
MM: 177.15175
$C_{12}H_{19}N$
RI: 1395 (calc.)

GC/MS
EI 70 eV
TSQ 70
QI: 993

N,N-Di-butyl-acetamide

Peaks: 30, 44, 57, 73, 86, 100, 114, 128, 156, 171

MW: 171.28288
MM: 171.16231
$C_{10}H_{21}NO$
CAS: 1563-90-2
RI: 1253 (calc.)

GC/MS
EI 70 eV
TSQ 70
QI: 989

N-Propylamphetamine
N-(1-Phenylpropan-2-yl)propan-1-amine

Peaks: 30, 44, 56, 65, 77, 86, 91, 119, 148, 162

MW: 177.28960
MM: 177.15175
$C_{12}H_{19}N$
CAS: 51799-32-7
RI: 1395 (calc.)

GC/MS
EI 70 eV
TSQ 70
QI: 993

N-Ethyl-1-(3,4-methylenedioxyphenyl)butan-2-amine PROP

Peaks: 30, 41, 57, 70, 86, 103, 142, 161, 176, 277

MW: 277.36356
MM: 277.16779
$C_{16}H_{23}NO_3$
RI: 2101 (calc.)

GC/MS
EI 70 eV
TSQ 70
QI: 994

m/z: 86

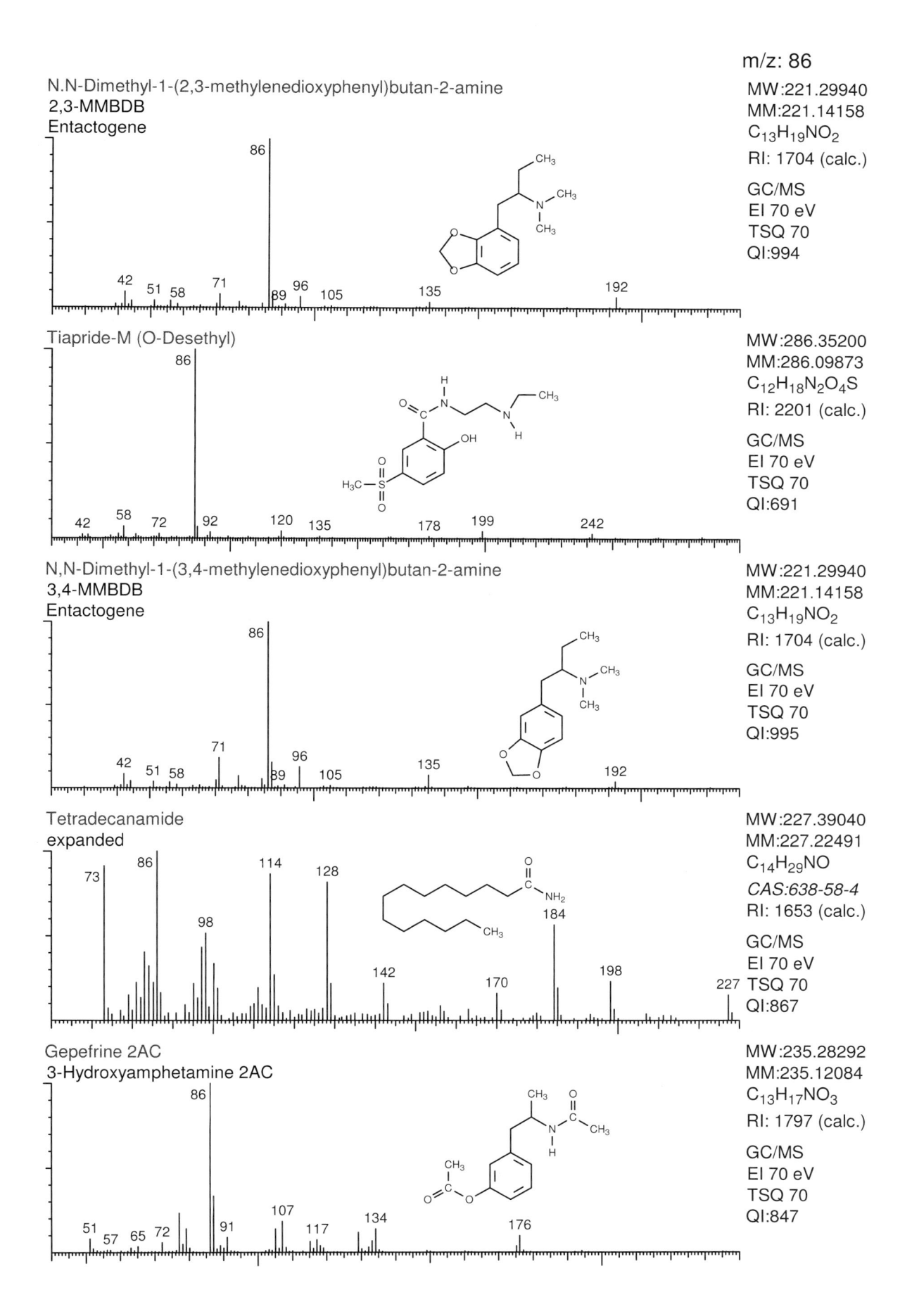

N,N-Dimethyl-1-(2,3-methylenedioxyphenyl)butan-2-amine
2,3-MMBDB
Entactogene

MW:221.29940
MM:221.14158
$C_{13}H_{19}NO_2$
RI: 1704 (calc.)

GC/MS
EI 70 eV
TSQ 70
QI:994

Tiapride-M (O-Desethyl)

MW:286.35200
MM:286.09873
$C_{12}H_{18}N_2O_4S$
RI: 2201 (calc.)

GC/MS
EI 70 eV
TSQ 70
QI:691

N,N-Dimethyl-1-(3,4-methylenedioxyphenyl)butan-2-amine
3,4-MMBDB
Entactogene

MW:221.29940
MM:221.14158
$C_{13}H_{19}NO_2$
RI: 1704 (calc.)

GC/MS
EI 70 eV
TSQ 70
QI:995

Tetradecanamide
expanded

MW:227.39040
MM:227.22491
$C_{14}H_{29}NO$
CAS:638-58-4
RI: 1653 (calc.)

GC/MS
EI 70 eV
TSQ 70
QI:867

Gepefrine 2AC
3-Hydroxyamphetamine 2AC

MW:235.28292
MM:235.12084
$C_{13}H_{17}NO_3$
RI: 1797 (calc.)

GC/MS
EI 70 eV
TSQ 70
QI:847

m/z: 86

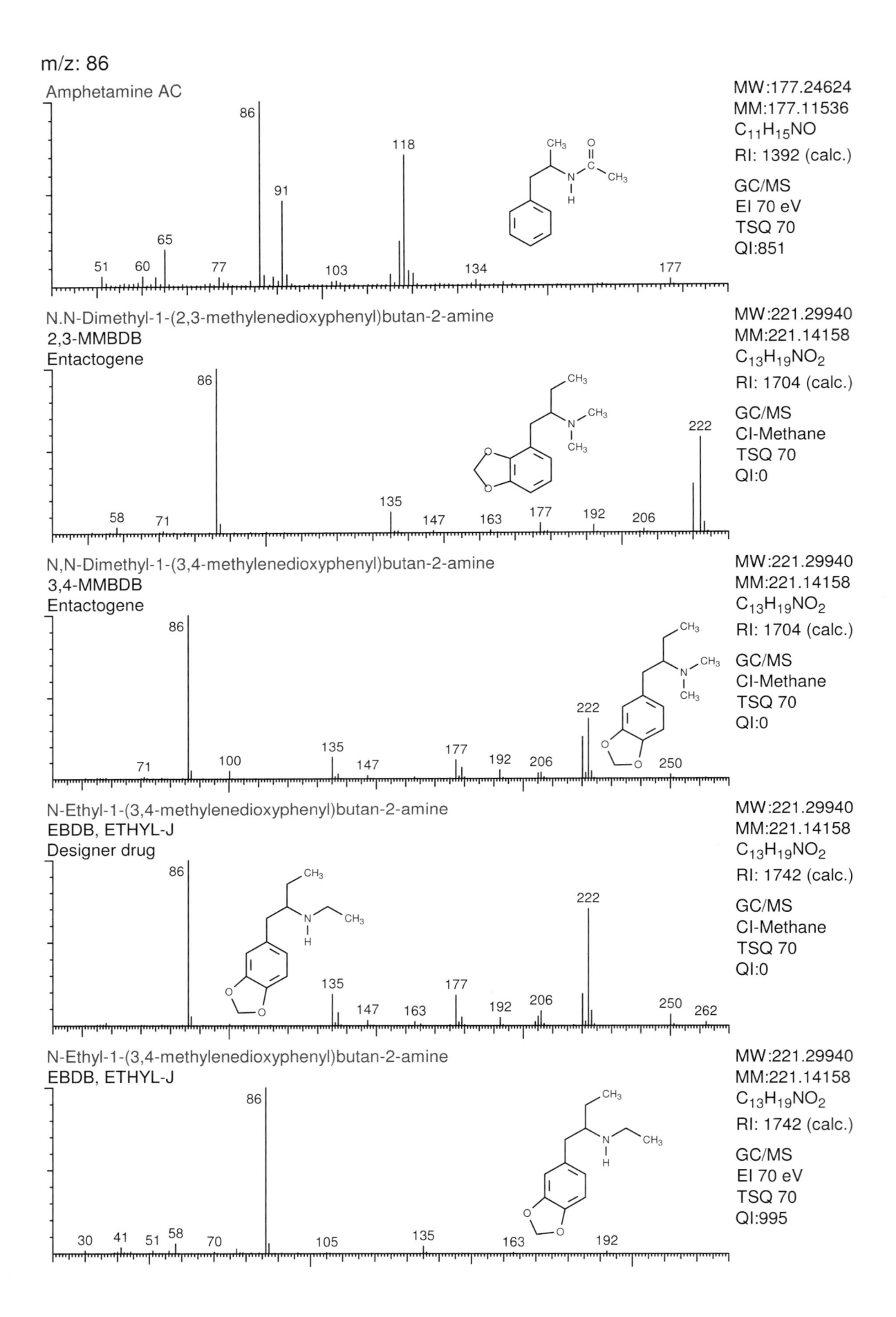

Amphetamine AC

MW: 177.24624
MM: 177.11536
$C_{11}H_{15}NO$
RI: 1392 (calc.)

GC/MS
EI 70 eV
TSQ 70
QI: 851

N,N-Dimethyl-1-(2,3-methylenedioxyphenyl)butan-2-amine
2,3-MMBDB
Entactogene

MW: 221.29940
MM: 221.14158
$C_{13}H_{19}NO_2$
RI: 1704 (calc.)

GC/MS
CI-Methane
TSQ 70
QI: 0

N,N-Dimethyl-1-(3,4-methylenedioxyphenyl)butan-2-amine
3,4-MMBDB
Entactogene

MW: 221.29940
MM: 221.14158
$C_{13}H_{19}NO_2$
RI: 1704 (calc.)

GC/MS
CI-Methane
TSQ 70
QI: 0

N-Ethyl-1-(3,4-methylenedioxyphenyl)butan-2-amine
EBDB, ETHYL-J
Designer drug

MW: 221.29940
MM: 221.14158
$C_{13}H_{19}NO_2$
RI: 1742 (calc.)

GC/MS
CI-Methane
TSQ 70
QI: 0

N-Ethyl-1-(3,4-methylenedioxyphenyl)butan-2-amine
EBDB, ETHYL-J

MW: 221.29940
MM: 221.14158
$C_{13}H_{19}NO_2$
RI: 1742 (calc.)

GC/MS
EI 70 eV
TSQ 70
QI: 995

m/z: 86

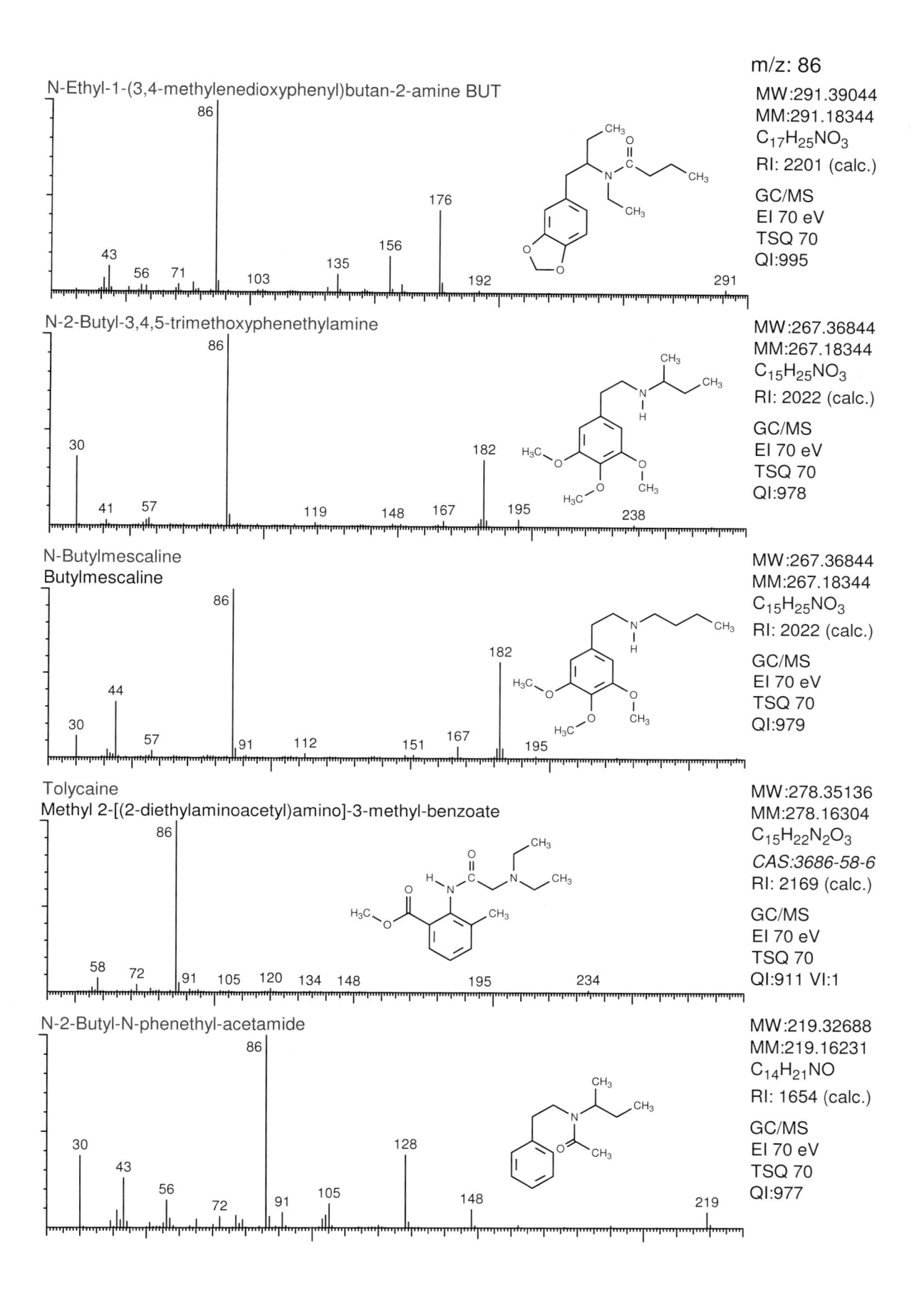

N-Ethyl-1-(3,4-methylenedioxyphenyl)butan-2-amine BUT

Peaks: 43, 56, 71, 86, 103, 135, 156, 176, 192, 291

MW: 291.39044
MM: 291.18344
$C_{17}H_{25}NO_3$
RI: 2201 (calc.)

GC/MS
EI 70 eV
TSQ 70
QI: 995

N-2-Butyl-3,4,5-trimethoxyphenethylamine

Peaks: 30, 41, 57, 86, 119, 148, 167, 182, 195, 238

MW: 267.36844
MM: 267.18344
$C_{15}H_{25}NO_3$
RI: 2022 (calc.)

GC/MS
EI 70 eV
TSQ 70
QI: 978

N-Butylmescaline
Butylmescaline

Peaks: 30, 44, 57, 86, 91, 112, 151, 167, 182, 195

MW: 267.36844
MM: 267.18344
$C_{15}H_{25}NO_3$
RI: 2022 (calc.)

GC/MS
EI 70 eV
TSQ 70
QI: 979

Tolycaine
Methyl 2-[(2-diethylaminoacetyl)amino]-3-methyl-benzoate

Peaks: 58, 72, 86, 91, 105, 120, 134, 148, 195, 234

MW: 278.35136
MM: 278.16304
$C_{15}H_{22}N_2O_3$
CAS: 3686-58-6
RI: 2169 (calc.)

GC/MS
EI 70 eV
TSQ 70
QI: 911 VI: 1

N-2-Butyl-N-phenethyl-acetamide

Peaks: 30, 43, 56, 72, 86, 91, 105, 128, 148, 219

MW: 219.32688
MM: 219.16231
$C_{14}H_{21}NO$
RI: 1654 (calc.)

GC/MS
EI 70 eV
TSQ 70
QI: 977

m/z: 86

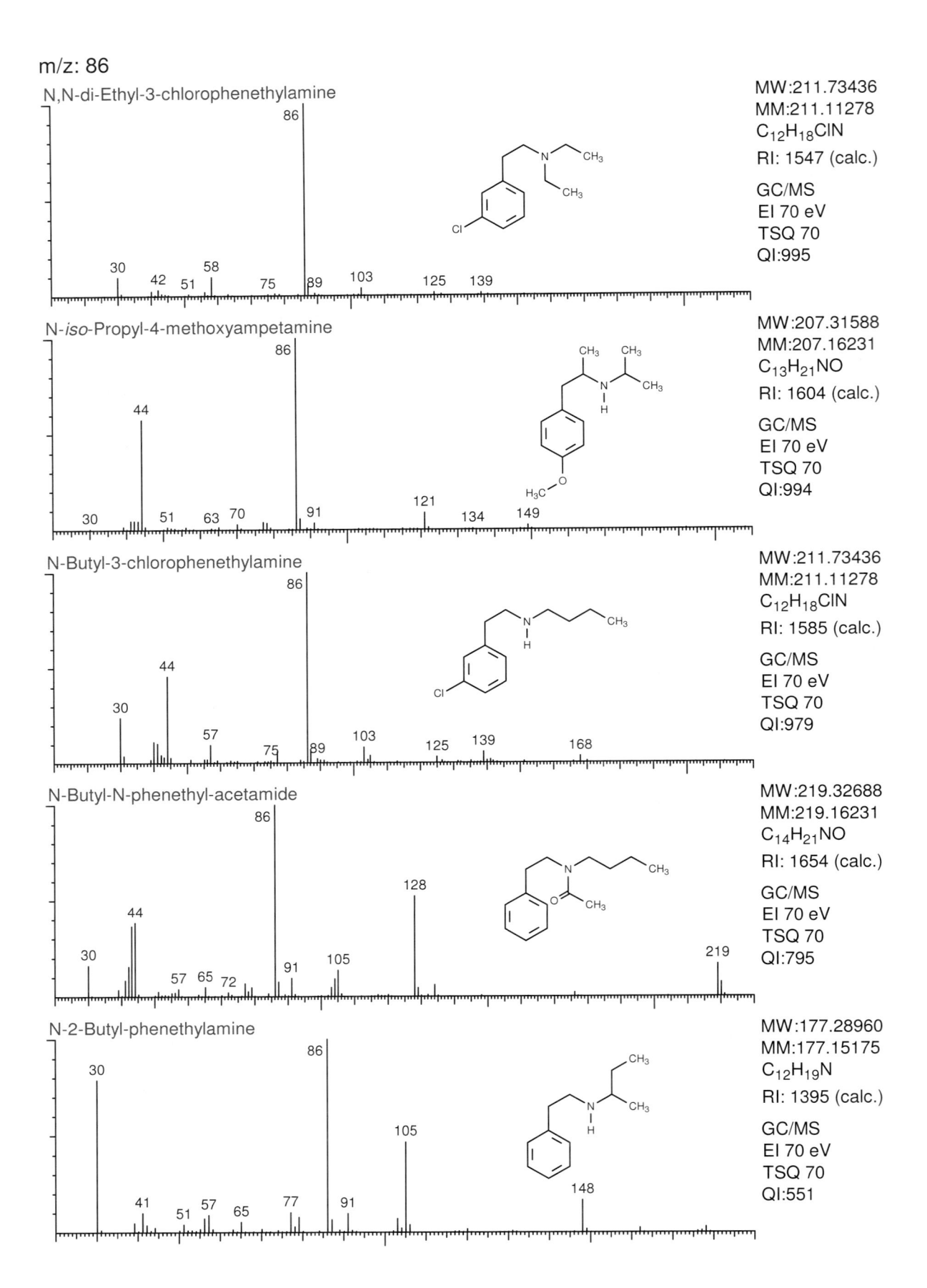

N,N-di-Ethyl-3-chlorophenethylamine

MW: 211.73436
MM: 211.11278
$C_{12}H_{18}ClN$
RI: 1547 (calc.)

GC/MS
EI 70 eV
TSQ 70
QI: 995

N-*iso*-Propyl-4-methoxyampetamine

MW: 207.31588
MM: 207.16231
$C_{13}H_{21}NO$
RI: 1604 (calc.)

GC/MS
EI 70 eV
TSQ 70
QI: 994

N-Butyl-3-chlorophenethylamine

MW: 211.73436
MM: 211.11278
$C_{12}H_{18}ClN$
RI: 1585 (calc.)

GC/MS
EI 70 eV
TSQ 70
QI: 979

N-Butyl-N-phenethyl-acetamide

MW: 219.32688
MM: 219.16231
$C_{14}H_{21}NO$
RI: 1654 (calc.)

GC/MS
EI 70 eV
TSQ 70
QI: 795

N-2-Butyl-phenethylamine

MW: 177.28960
MM: 177.15175
$C_{12}H_{19}N$
RI: 1395 (calc.)

GC/MS
EI 70 eV
TSQ 70
QI: 551

m/z: 86

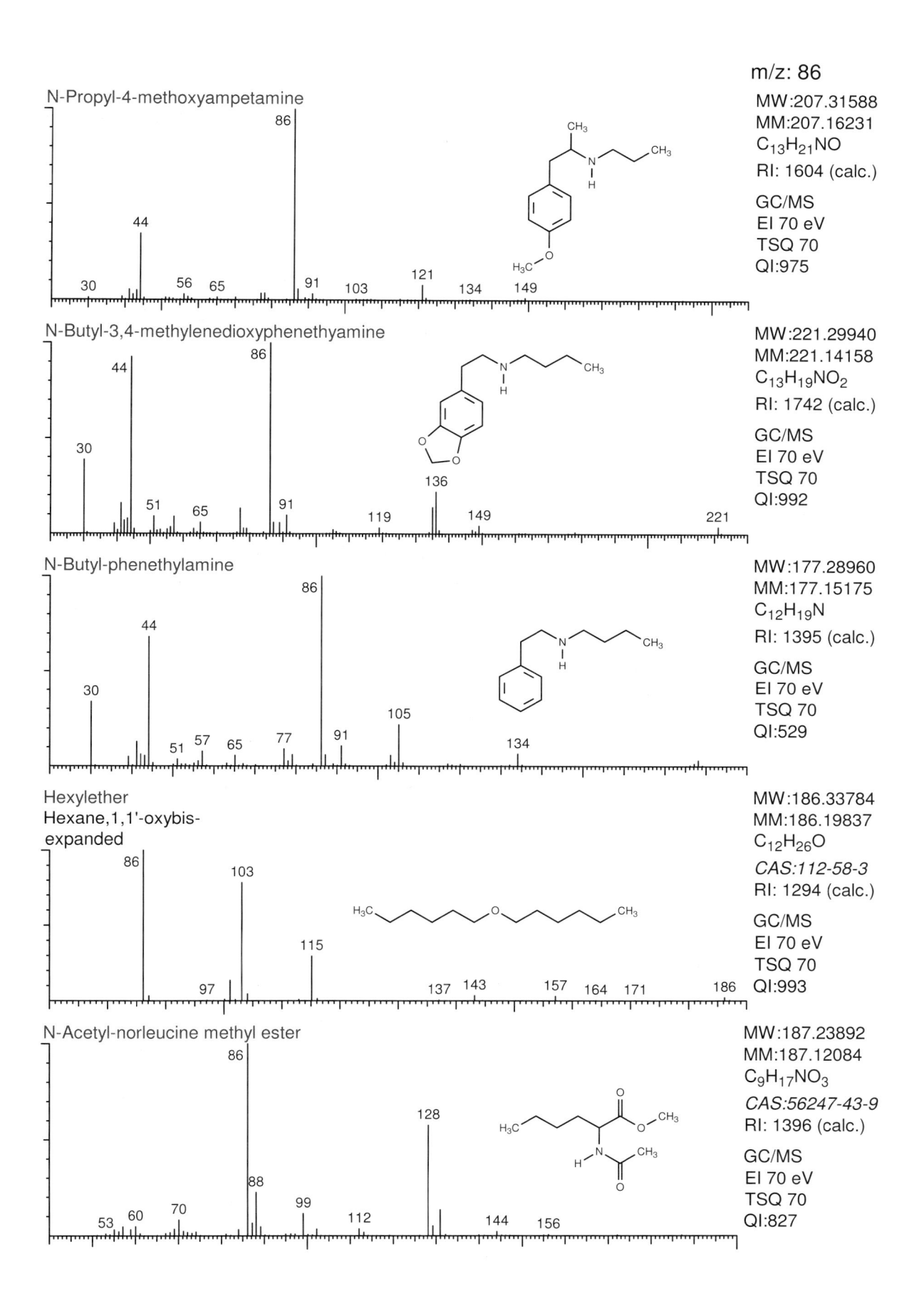

N-Propyl-4-methoxyampetamine

MW: 207.31588
MM: 207.16231
$C_{13}H_{21}NO$
RI: 1604 (calc.)

GC/MS
EI 70 eV
TSQ 70
QI: 975

Peaks: 30, 44, 56, 65, 86, 91, 103, 121, 134, 149

N-Butyl-3,4-methylenedioxyphenethyamine

MW: 221.29940
MM: 221.14158
$C_{13}H_{19}NO_2$
RI: 1742 (calc.)

GC/MS
EI 70 eV
TSQ 70
QI: 992

Peaks: 30, 44, 51, 65, 86, 91, 119, 136, 149, 221

N-Butyl-phenethylamine

MW: 177.28960
MM: 177.15175
$C_{12}H_{19}N$
RI: 1395 (calc.)

GC/MS
EI 70 eV
TSQ 70
QI: 529

Peaks: 30, 44, 51, 57, 65, 77, 86, 91, 105, 134

Hexylether
Hexane,1,1'-oxybis-
expanded

MW: 186.33784
MM: 186.19837
$C_{12}H_{26}O$
CAS: 112-58-3
RI: 1294 (calc.)

GC/MS
EI 70 eV
TSQ 70
QI: 993

Peaks: 86, 97, 103, 115, 137, 143, 157, 164, 171, 186

N-Acetyl-norleucine methyl ester

MW: 187.23892
MM: 187.12084
$C_9H_{17}NO_3$
CAS: 56247-43-9
RI: 1396 (calc.)

GC/MS
EI 70 eV
TSQ 70
QI: 827

Peaks: 53, 60, 70, 86, 88, 99, 112, 128, 144, 156

m/z: 86

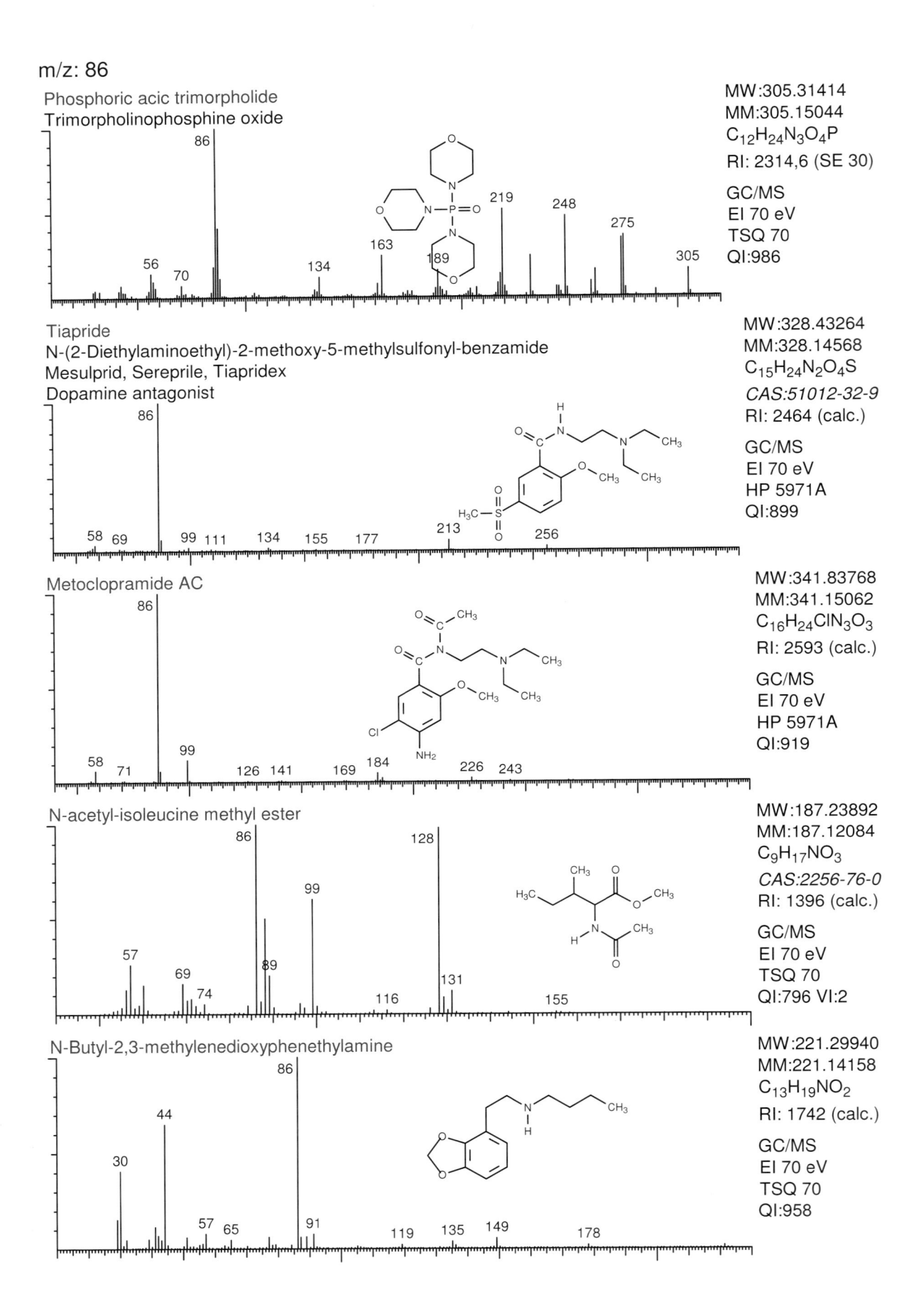

Phosphoric acic trimorpholide
Trimorpholinophosphine oxide

Peaks: 56, 70, 86, 134, 163, 189, 219, 248, 275, 305

MW: 305.31414
MM: 305.15044
$C_{12}H_{24}N_3O_4P$
RI: 2314,6 (SE 30)

GC/MS
EI 70 eV
TSQ 70
QI:986

Tiapride
N-(2-Diethylaminoethyl)-2-methoxy-5-methylsulfonyl-benzamide
Mesulprid, Sereprile, Tiapridex
Dopamine antagonist

Peaks: 58, 69, 86, 99, 111, 134, 155, 177, 213, 256

MW: 328.43264
MM: 328.14568
$C_{15}H_{24}N_2O_4S$
CAS: 51012-32-9
RI: 2464 (calc.)

GC/MS
EI 70 eV
HP 5971A
QI:899

Metoclopramide AC

Peaks: 58, 71, 86, 99, 126, 141, 169, 184, 226, 243

MW: 341.83768
MM: 341.15062
$C_{16}H_{24}ClN_3O_3$
RI: 2593 (calc.)

GC/MS
EI 70 eV
HP 5971A
QI:919

N-acetyl-isoleucine methyl ester

Peaks: 57, 69, 74, 86, 89, 99, 116, 128, 131, 155

MW: 187.23892
MM: 187.12084
$C_9H_{17}NO_3$
CAS: 2256-76-0
RI: 1396 (calc.)

GC/MS
EI 70 eV
TSQ 70
QI:796 VI:2

N-Butyl-2,3-methylenedioxyphenethylamine

Peaks: 30, 44, 57, 65, 86, 91, 119, 135, 149, 178

MW: 221.29940
MM: 221.14158
$C_{13}H_{19}NO_2$
RI: 1742 (calc.)

GC/MS
EI 70 eV
TSQ 70
QI:958

m/z: 86

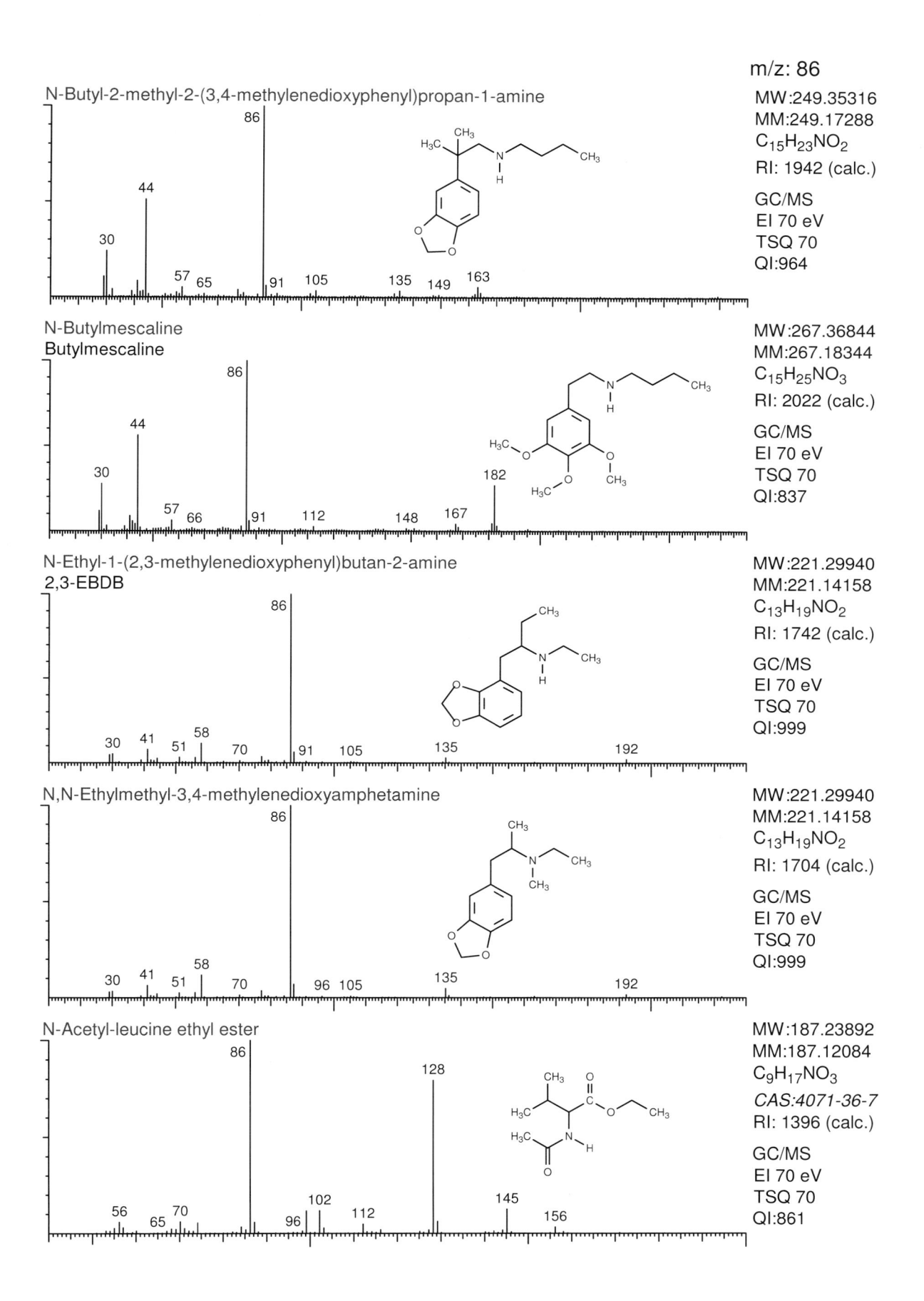

N-Butyl-2-methyl-2-(3,4-methylenedioxyphenyl)propan-1-amine

MW: 249.35316
MM: 249.17288
$C_{15}H_{23}NO_2$
RI: 1942 (calc.)

GC/MS
EI 70 eV
TSQ 70
QI: 964

Peaks: 30, 44, 57, 65, 86, 91, 105, 135, 149, 163

N-Butylmescaline
Butylmescaline

MW: 267.36844
MM: 267.18344
$C_{15}H_{25}NO_3$
RI: 2022 (calc.)

GC/MS
EI 70 eV
TSQ 70
QI: 837

Peaks: 30, 44, 57, 66, 86, 91, 112, 148, 167, 182

N-Ethyl-1-(2,3-methylenedioxyphenyl)butan-2-amine
2,3-EBDB

MW: 221.29940
MM: 221.14158
$C_{13}H_{19}NO_2$
RI: 1742 (calc.)

GC/MS
EI 70 eV
TSQ 70
QI: 999

Peaks: 30, 41, 51, 58, 70, 86, 91, 105, 135, 192

N,N-Ethylmethyl-3,4-methylenedioxyamphetamine

MW: 221.29940
MM: 221.14158
$C_{13}H_{19}NO_2$
RI: 1704 (calc.)

GC/MS
EI 70 eV
TSQ 70
QI: 999

Peaks: 30, 41, 51, 58, 70, 86, 96, 105, 135, 192

N-Acetyl-leucine ethyl ester

MW: 187.23892
MM: 187.12084
$C_9H_{17}NO_3$
CAS: 4071-36-7
RI: 1396 (calc.)

GC/MS
EI 70 eV
TSQ 70
QI: 861

Peaks: 56, 65, 70, 86, 96, 102, 112, 128, 145, 156

m/z: 86-87

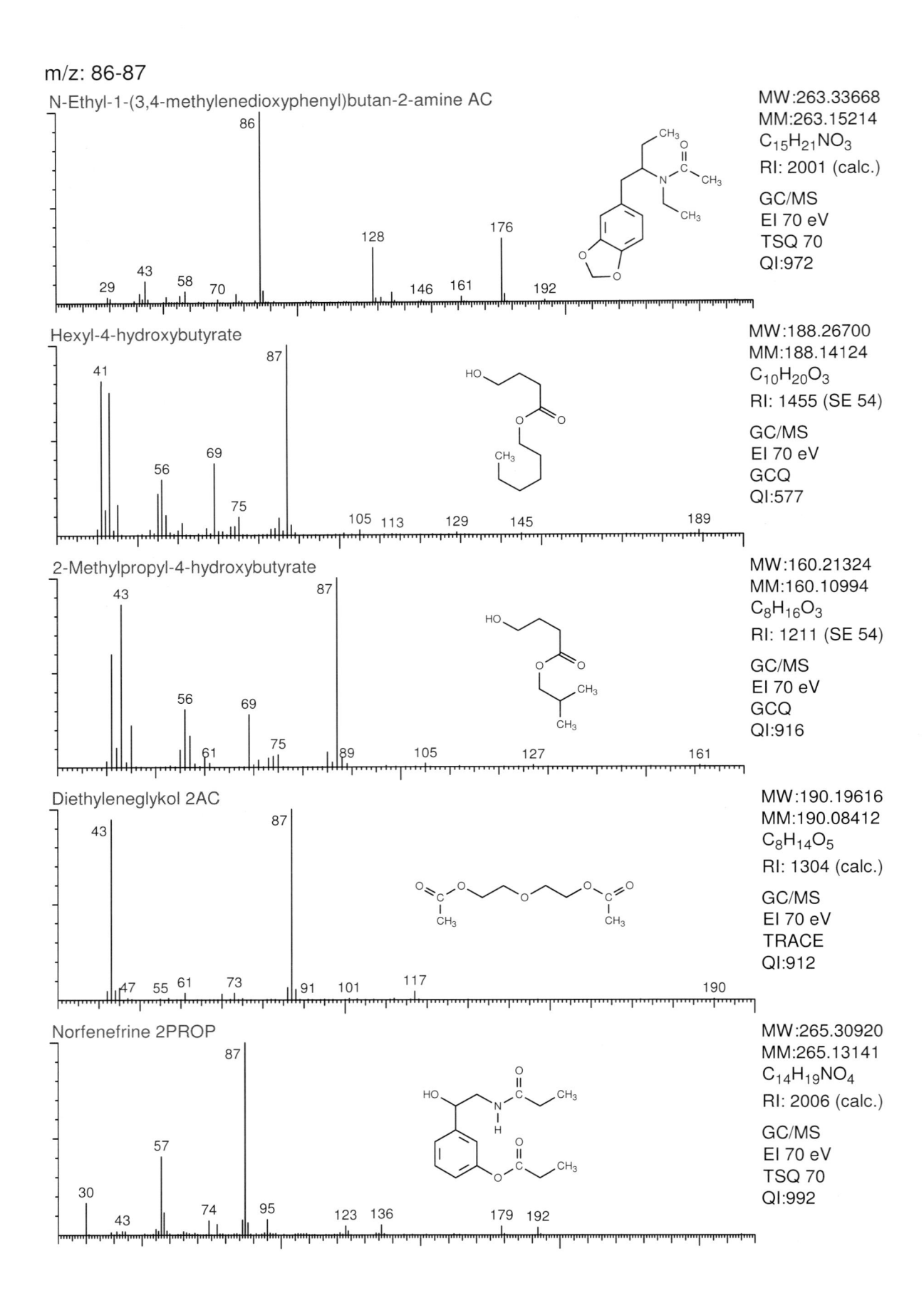

N-Ethyl-1-(3,4-methylenedioxyphenyl)butan-2-amine AC

MW:263.33668
MM:263.15214
C$_{15}$H$_{21}$NO$_3$
RI: 2001 (calc.)

GC/MS
EI 70 eV
TSQ 70
QI:972

Hexyl-4-hydroxybutyrate

MW:188.26700
MM:188.14124
C$_{10}$H$_{20}$O$_3$
RI: 1455 (SE 54)

GC/MS
EI 70 eV
GCQ
QI:577

2-Methylpropyl-4-hydroxybutyrate

MW:160.21324
MM:160.10994
C$_8$H$_{16}$O$_3$
RI: 1211 (SE 54)

GC/MS
EI 70 eV
GCQ
QI:916

Diethyleneglykol 2AC

MW:190.19616
MM:190.08412
C$_8$H$_{14}$O$_5$
RI: 1304 (calc.)

GC/MS
EI 70 eV
TRACE
QI:912

Norfenefrine 2PROP

MW:265.30920
MM:265.13141
C$_{14}$H$_{19}$NO$_4$
RI: 2006 (calc.)

GC/MS
EI 70 eV
TSQ 70
QI:992

Pentazocine-M (N-desalkyl) 2AC

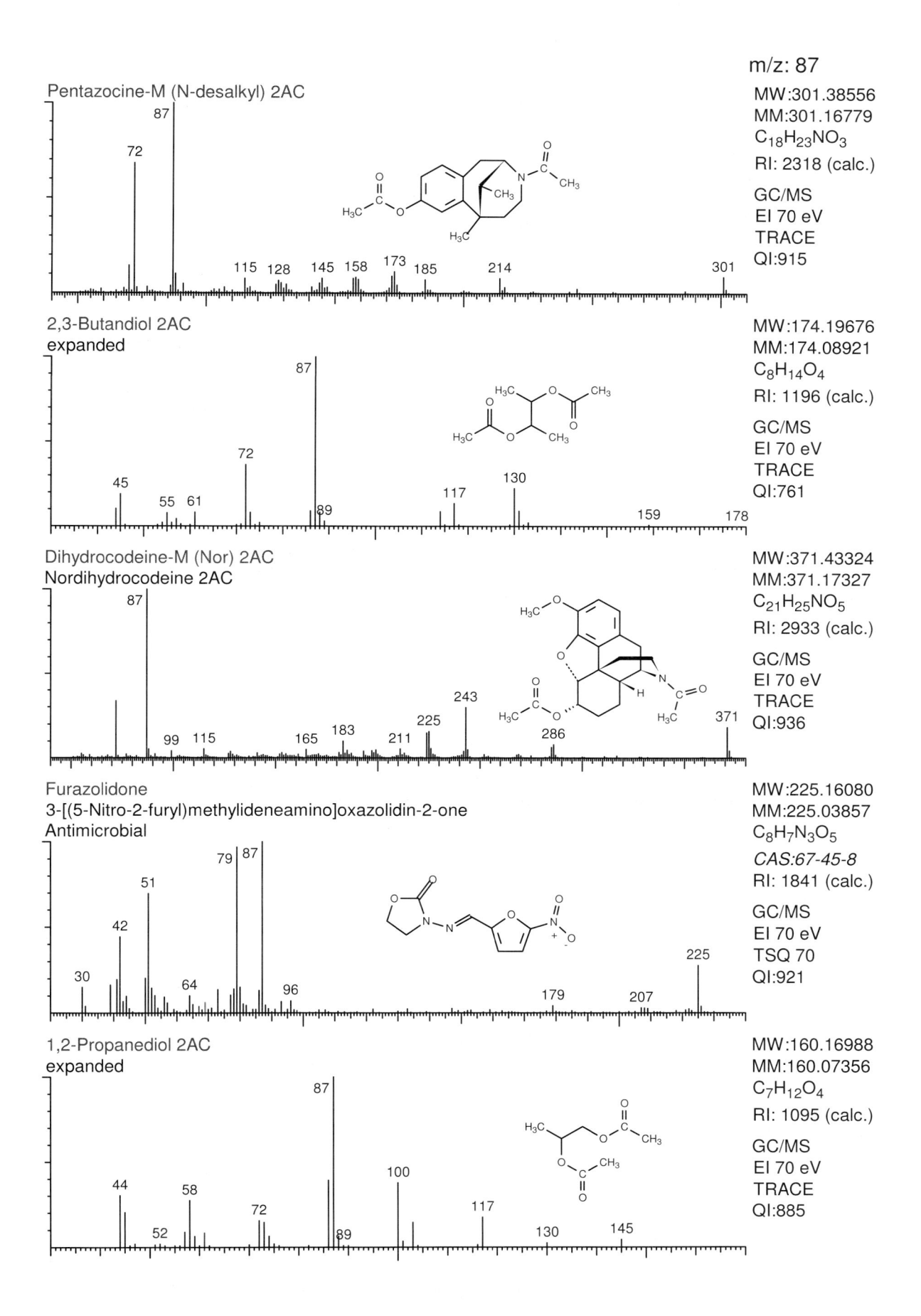

m/z: 87
MW: 301.38556
MM: 301.16779
C$_{18}$H$_{23}$NO$_3$
RI: 2318 (calc.)

GC/MS
EI 70 eV
TRACE
QI: 915

Peaks: 72, 87, 115, 128, 145, 158, 173, 185, 214, 301

2,3-Butandiol 2AC
expanded

MW: 174.19676
MM: 174.08921
C$_8$H$_{14}$O$_4$
RI: 1196 (calc.)

GC/MS
EI 70 eV
TRACE
QI: 761

Peaks: 45, 55, 61, 72, 87, 89, 117, 130, 159, 178

Dihydrocodeine-M (Nor) 2AC
Nordihydrocodeine 2AC

MW: 371.43324
MM: 371.17327
C$_{21}$H$_{25}$NO$_5$
RI: 2933 (calc.)

GC/MS
EI 70 eV
TRACE
QI: 936

Peaks: 87, 99, 115, 165, 183, 211, 225, 243, 286, 371

Furazolidone
3-[(5-Nitro-2-furyl)methylideneamino]oxazolidin-2-one
Antimicrobial

MW: 225.16080
MM: 225.03857
C$_8$H$_7$N$_3$O$_5$
CAS: 67-45-8
RI: 1841 (calc.)

GC/MS
EI 70 eV
TSQ 70
QI: 921

Peaks: 30, 42, 51, 64, 79, 87, 96, 179, 207, 225

1,2-Propanediol 2AC
expanded

MW: 160.16988
MM: 160.07356
C$_7$H$_{12}$O$_4$
RI: 1095 (calc.)

GC/MS
EI 70 eV
TRACE
QI: 885

Peaks: 44, 52, 58, 72, 87, 89, 100, 117, 130, 145

m/z: 87

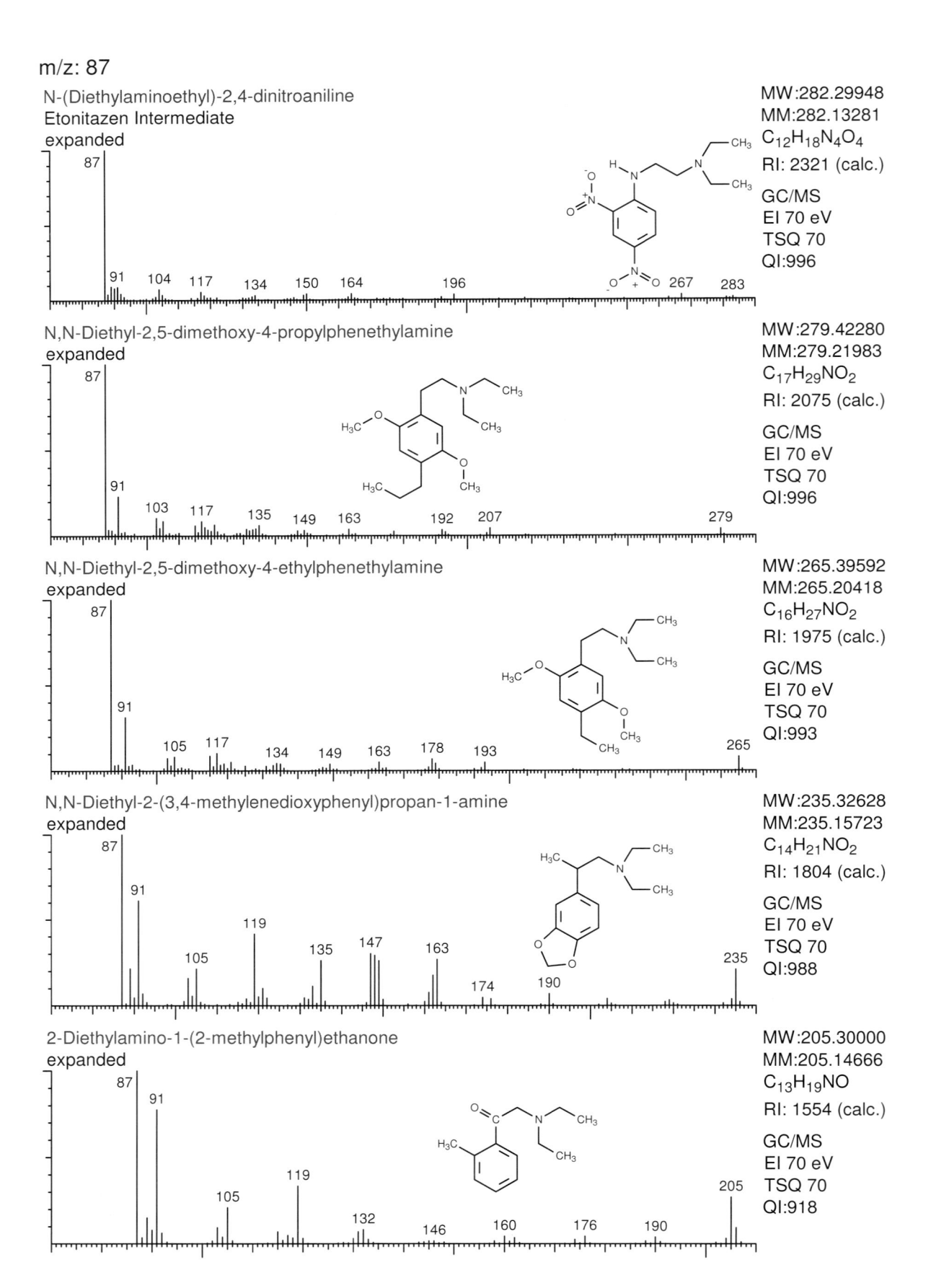

N-(Diethylaminoethyl)-2,4-dinitroaniline
Etonitazen Intermediate
expanded

MW:282.29948
MM:282.13281
$C_{12}H_{18}N_4O_4$
RI: 2321 (calc.)

GC/MS
EI 70 eV
TSQ 70
QI:996

N,N-Diethyl-2,5-dimethoxy-4-propylphenethylamine
expanded

MW:279.42280
MM:279.21983
$C_{17}H_{29}NO_2$
RI: 2075 (calc.)

GC/MS
EI 70 eV
TSQ 70
QI:996

N,N-Diethyl-2,5-dimethoxy-4-ethylphenethylamine
expanded

MW:265.39592
MM:265.20418
$C_{16}H_{27}NO_2$
RI: 1975 (calc.)

GC/MS
EI 70 eV
TSQ 70
QI:993

N,N-Diethyl-2-(3,4-methylenedioxyphenyl)propan-1-amine
expanded

MW:235.32628
MM:235.15723
$C_{14}H_{21}NO_2$
RI: 1804 (calc.)

GC/MS
EI 70 eV
TSQ 70
QI:988

2-Diethylamino-1-(2-methylphenyl)ethanone
expanded

MW:205.30000
MM:205.14666
$C_{13}H_{19}NO$
RI: 1554 (calc.)

GC/MS
EI 70 eV
TSQ 70
QI:918

m/z: 87

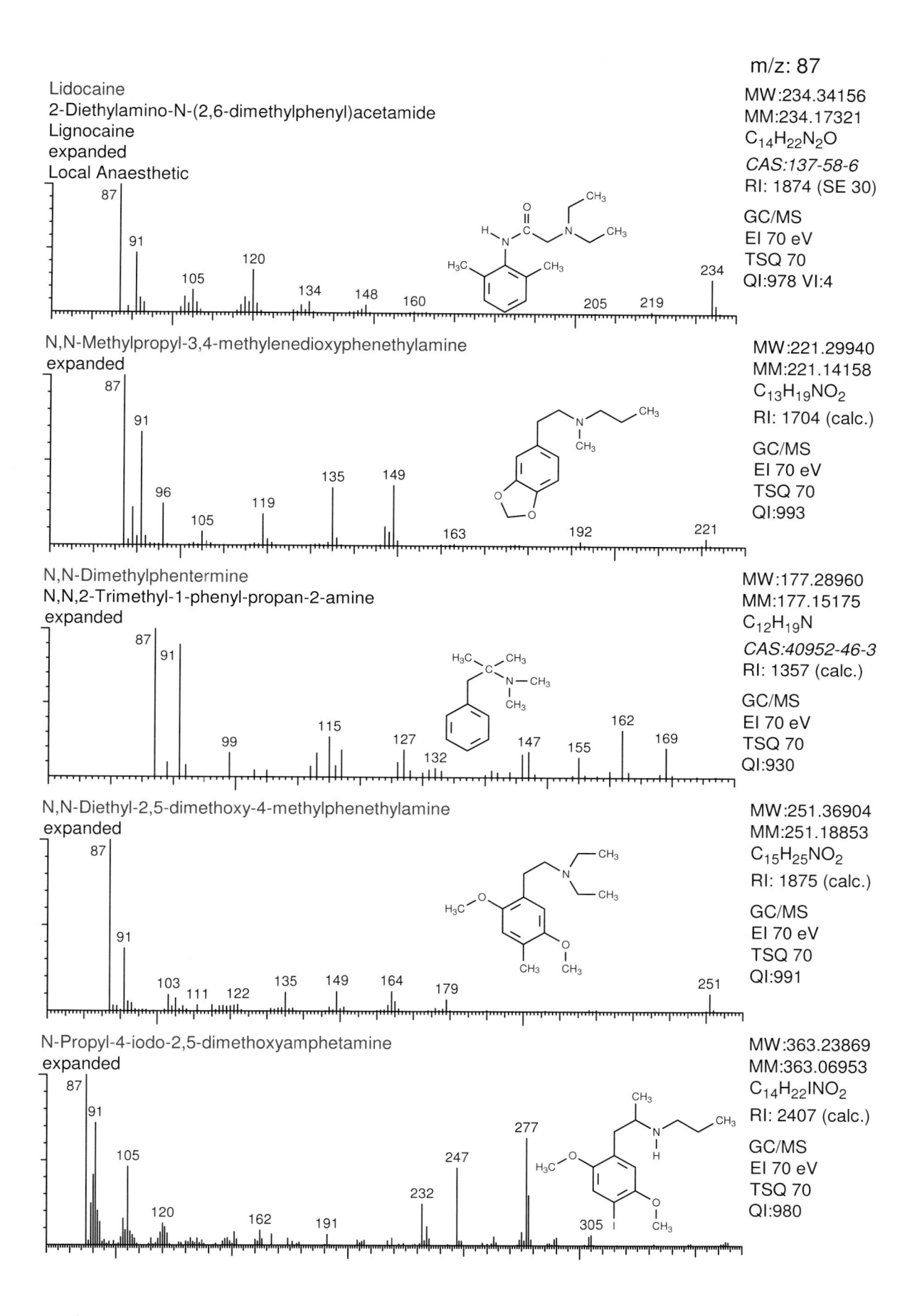

Lidocaine
2-Diethylamino-N-(2,6-dimethylphenyl)acetamide
Lignocaine
expanded
Local Anaesthetic

MW:234.34156
MM:234.17321
$C_{14}H_{22}N_2O$
CAS:137-58-6
RI: 1874 (SE 30)

GC/MS
EI 70 eV
TSQ 70
QI:978 VI:4

Peaks: 87, 91, 105, 120, 134, 148, 160, 205, 219, 234

N,N-Methylpropyl-3,4-methylenedioxyphenethylamine
expanded

MW:221.29940
MM:221.14158
$C_{13}H_{19}NO_2$
RI: 1704 (calc.)

GC/MS
EI 70 eV
TSQ 70
QI:993

Peaks: 87, 91, 96, 105, 119, 135, 149, 163, 192, 221

N,N-Dimethylphentermine
N,N,2-Trimethyl-1-phenyl-propan-2-amine
expanded

MW:177.28960
MM:177.15175
$C_{12}H_{19}N$
CAS:40952-46-3
RI: 1357 (calc.)

GC/MS
EI 70 eV
TSQ 70
QI:930

Peaks: 87, 91, 99, 115, 127, 132, 147, 155, 162, 169

N,N-Diethyl-2,5-dimethoxy-4-methylphenethylamine
expanded

MW:251.36904
MM:251.18853
$C_{15}H_{25}NO_2$
RI: 1875 (calc.)

GC/MS
EI 70 eV
TSQ 70
QI:991

Peaks: 87, 91, 103, 111, 122, 135, 149, 164, 179, 251

N-Propyl-4-iodo-2,5-dimethoxyamphetamine
expanded

MW:363.23869
MM:363.06953
$C_{14}H_{22}INO_2$
RI: 2407 (calc.)

GC/MS
EI 70 eV
TSQ 70
QI:980

Peaks: 87, 91, 105, 120, 162, 191, 232, 247, 277, 305

347

m/z: 87

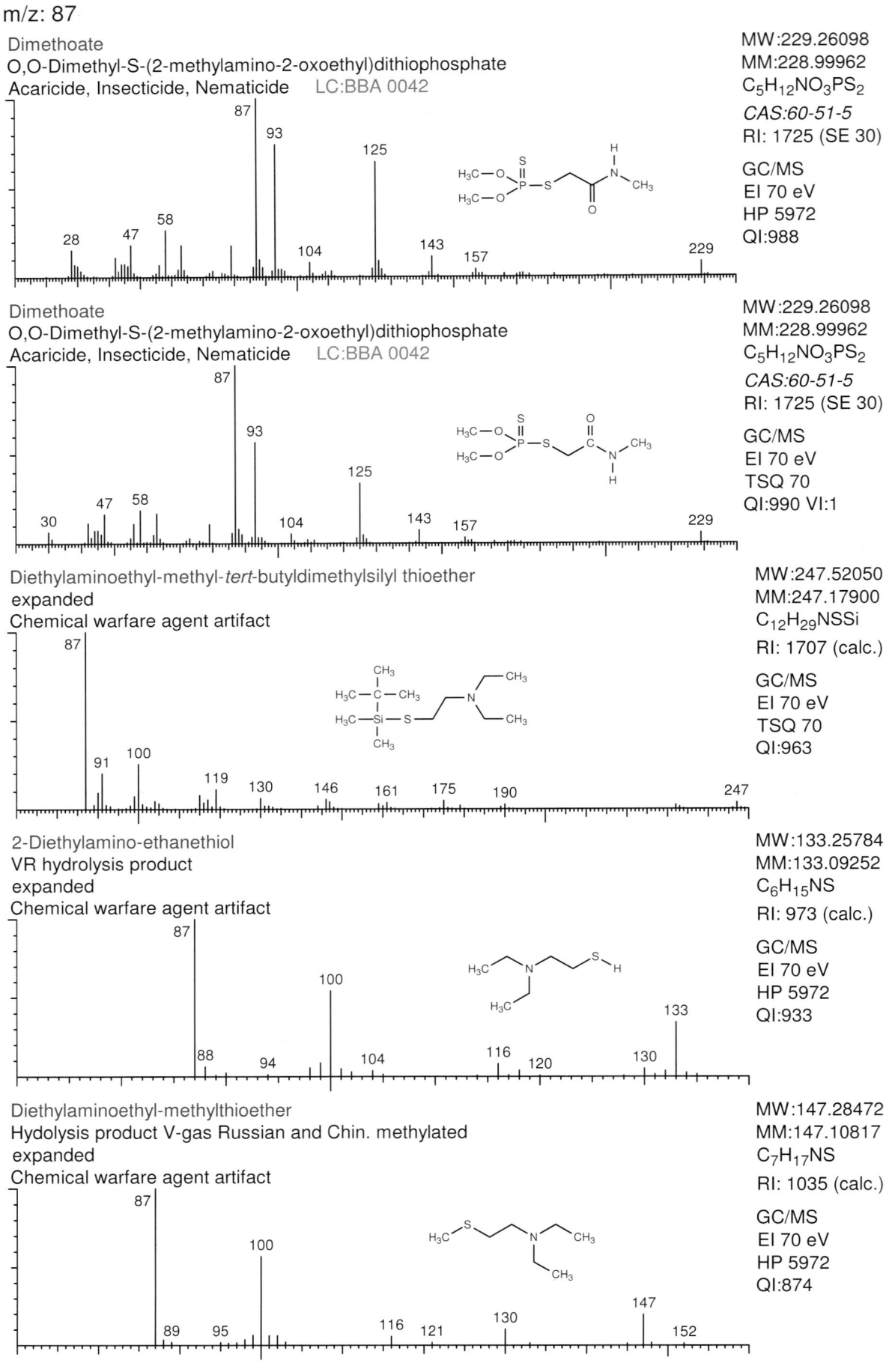

Dimethoate
O,O-Dimethyl-S-(2-methylamino-2-oxoethyl)dithiophosphate
Acaricide, Insecticide, Nematicide   LC:BBA 0042

MW: 229.26098
MM: 228.99962
$C_5H_{12}NO_3PS_2$
CAS: 60-51-5
RI: 1725 (SE 30)

GC/MS
EI 70 eV
HP 5972
QI: 988

Peaks: 28, 47, 58, 87, 93, 104, 125, 143, 157, 229

Dimethoate
O,O-Dimethyl-S-(2-methylamino-2-oxoethyl)dithiophosphate
Acaricide, Insecticide, Nematicide   LC:BBA 0042

MW: 229.26098
MM: 228.99962
$C_5H_{12}NO_3PS_2$
CAS: 60-51-5
RI: 1725 (SE 30)

GC/MS
EI 70 eV
TSQ 70
QI: 990 VI:1

Peaks: 30, 47, 58, 87, 93, 104, 125, 143, 157, 229

Diethylaminoethyl-methyl-*tert*-butyldimethylsilyl thioether
expanded
Chemical warfare agent artifact

MW: 247.52050
MM: 247.17900
$C_{12}H_{29}NSSi$
RI: 1707 (calc.)

GC/MS
EI 70 eV
TSQ 70
QI: 963

Peaks: 87, 91, 100, 119, 130, 146, 161, 175, 190, 247

2-Diethylamino-ethanethiol
VR hydrolysis product
expanded
Chemical warfare agent artifact

MW: 133.25784
MM: 133.09252
$C_6H_{15}NS$
RI: 973 (calc.)

GC/MS
EI 70 eV
HP 5972
QI: 933

Peaks: 87, 88, 94, 100, 104, 116, 120, 130, 133

Diethylaminoethyl-methylthioether
Hydolysis product V-gas Russian and Chin. methylated
expanded
Chemical warfare agent artifact

MW: 147.28472
MM: 147.10817
$C_7H_{17}NS$
RI: 1035 (calc.)

GC/MS
EI 70 eV
HP 5972
QI: 874

Peaks: 87, 89, 95, 100, 116, 121, 130, 147, 152

m/z: 87

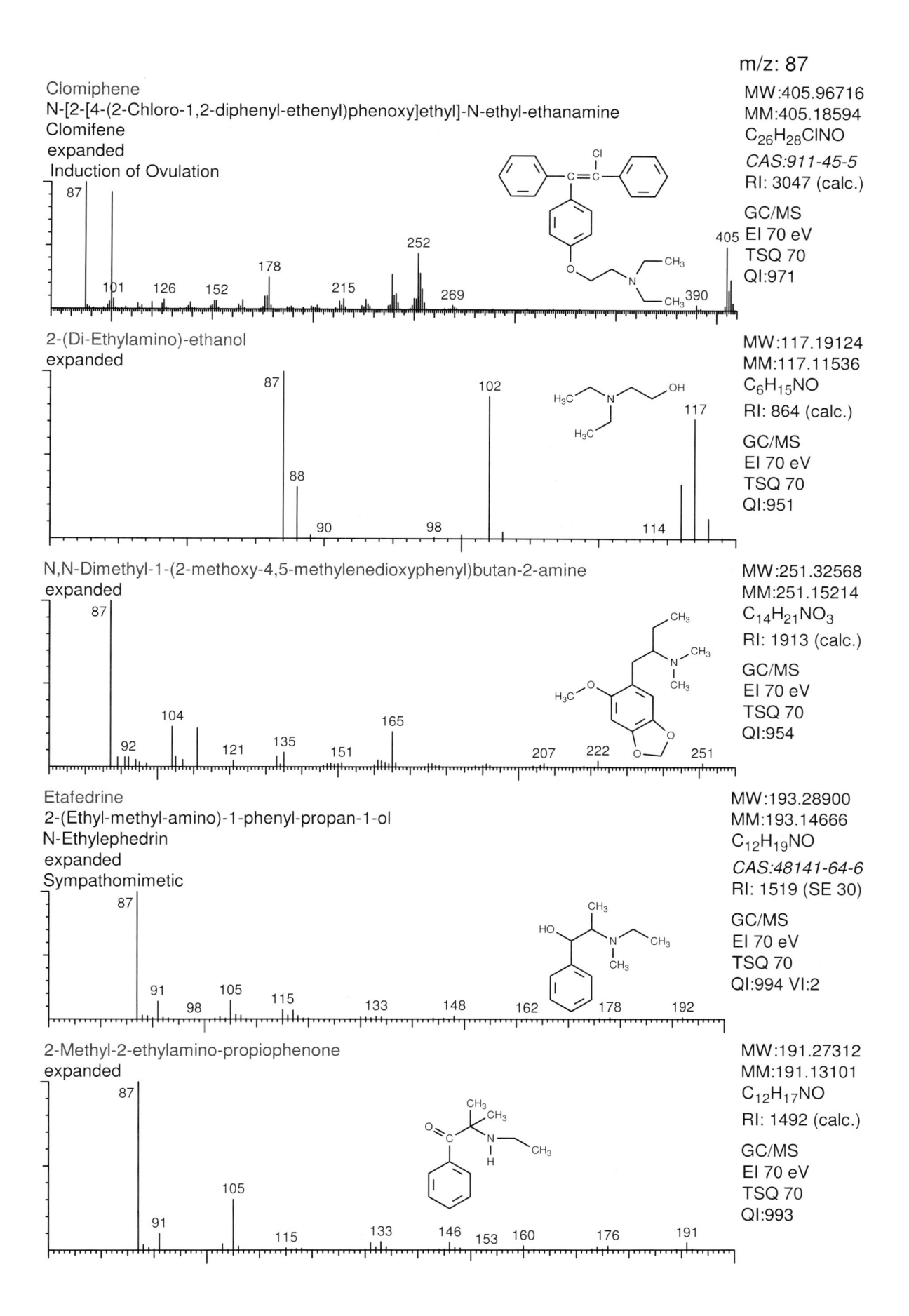

Clomiphene
N-[2-[4-(2-Chloro-1,2-diphenyl-ethenyl)phenoxy]ethyl]-N-ethyl-ethanamine
Clomifene
expanded
Induction of Ovulation

MW:405.96716
MM:405.18594
$C_{26}H_{28}ClNO$
CAS:911-45-5
RI: 3047 (calc.)

GC/MS
EI 70 eV
TSQ 70
QI:971

Peaks: 87, 101, 126, 152, 178, 215, 252, 269, 390, 405

2-(Di-Ethylamino)-ethanol
expanded

MW:117.19124
MM:117.11536
$C_6H_{15}NO$
RI: 864 (calc.)

GC/MS
EI 70 eV
TSQ 70
QI:951

Peaks: 87, 88, 90, 98, 102, 114, 117

N,N-Dimethyl-1-(2-methoxy-4,5-methylenedioxyphenyl)butan-2-amine
expanded

MW:251.32568
MM:251.15214
$C_{14}H_{21}NO_3$
RI: 1913 (calc.)

GC/MS
EI 70 eV
TSQ 70
QI:954

Peaks: 87, 92, 104, 121, 135, 151, 165, 207, 222, 251

Etafedrine
2-(Ethyl-methyl-amino)-1-phenyl-propan-1-ol
N-Ethylephedrin
expanded
Sympathomimetic

MW:193.28900
MM:193.14666
$C_{12}H_{19}NO$
CAS:48141-64-6
RI: 1519 (SE 30)

GC/MS
EI 70 eV
TSQ 70
QI:994 VI:2

Peaks: 87, 91, 98, 105, 115, 133, 148, 162, 178, 192

2-Methyl-2-ethylamino-propiophenone
expanded

MW:191.27312
MM:191.13101
$C_{12}H_{17}NO$
RI: 1492 (calc.)

GC/MS
EI 70 eV
TSQ 70
QI:993

Peaks: 87, 91, 105, 115, 133, 146, 153, 160, 176, 191

m/z: 87

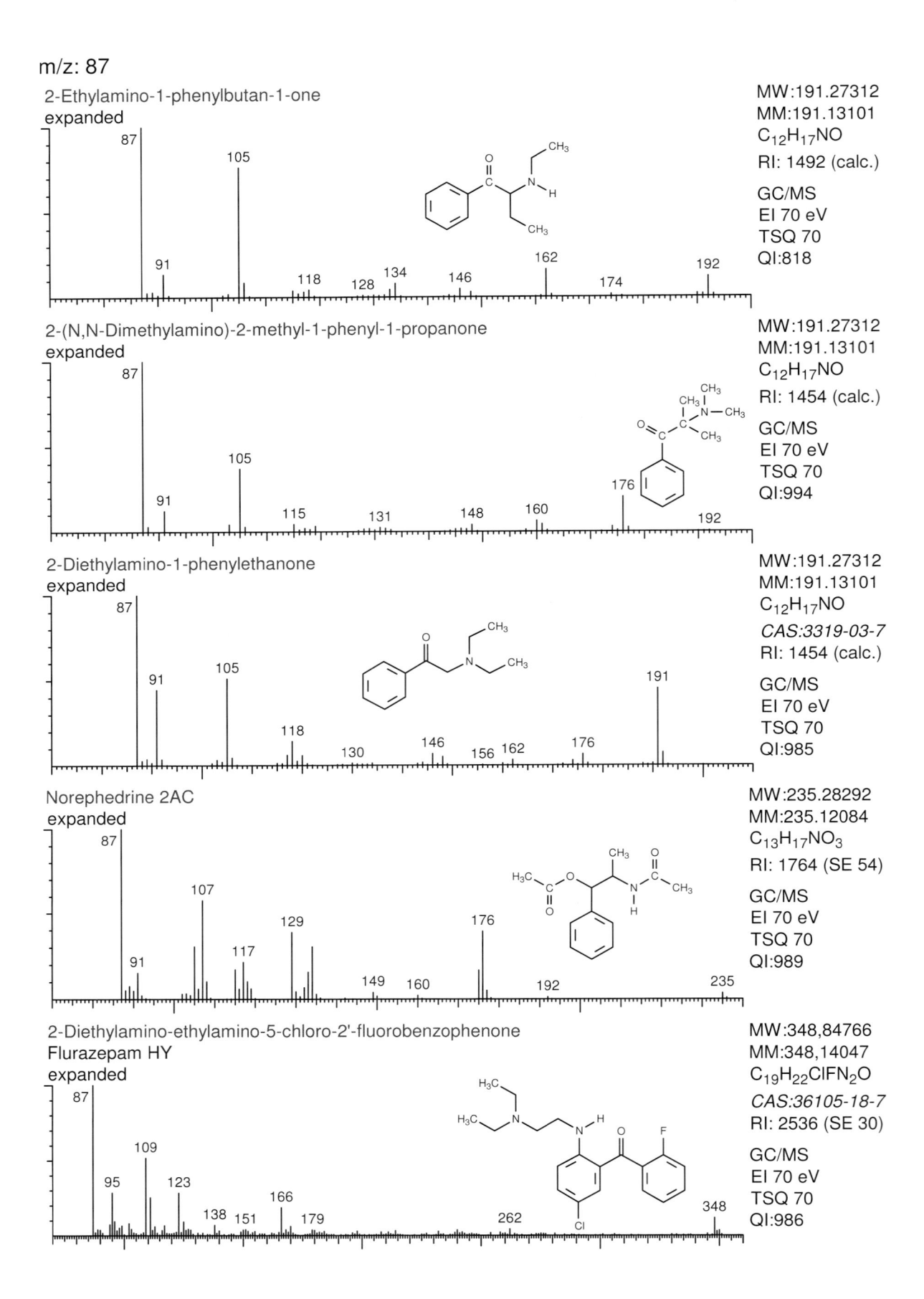

2-Ethylamino-1-phenylbutan-1-one
expanded

Peaks: 87, 105, 91, 118, 128, 134, 146, 162, 174, 192

MW:191.27312
MM:191.13101
$C_{12}H_{17}NO$
RI: 1492 (calc.)

GC/MS
EI 70 eV
TSQ 70
QI:818

2-(N,N-Dimethylamino)-2-methyl-1-phenyl-1-propanone
expanded

Peaks: 87, 105, 91, 115, 131, 148, 160, 176, 192

MW:191.27312
MM:191.13101
$C_{12}H_{17}NO$
RI: 1454 (calc.)

GC/MS
EI 70 eV
TSQ 70
QI:994

2-Diethylamino-1-phenylethanone
expanded

Peaks: 87, 91, 105, 118, 130, 146, 156, 162, 176, 191

MW:191.27312
MM:191.13101
$C_{12}H_{17}NO$
CAS:3319-03-7
RI: 1454 (calc.)

GC/MS
EI 70 eV
TSQ 70
QI:985

Norephedrine 2AC
expanded

Peaks: 87, 107, 91, 117, 129, 149, 160, 176, 192, 235

MW:235.28292
MM:235.12084
$C_{13}H_{17}NO_3$
RI: 1764 (SE 54)

GC/MS
EI 70 eV
TSQ 70
QI:989

2-Diethylamino-ethylamino-5-chloro-2'-fluorobenzophenone
Flurazepam HY
expanded

Peaks: 87, 109, 95, 123, 138, 151, 166, 179, 262, 348

MW:348,84766
MM:348,14047
$C_{19}H_{22}ClFN_2O$
CAS:36105-18-7
RI: 2536 (SE 30)

GC/MS
EI 70 eV
TSQ 70
QI:986

m/z: 87

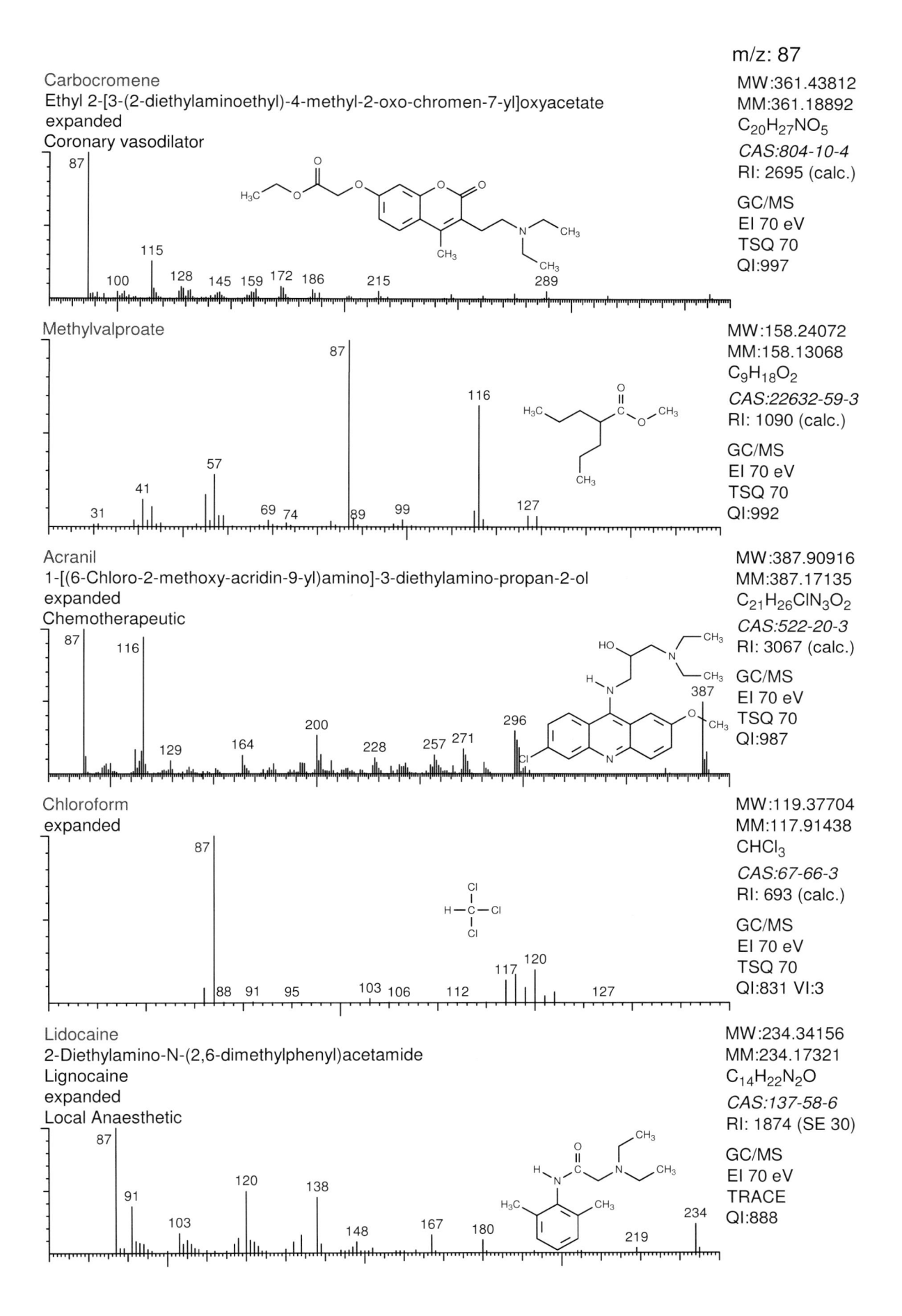

Carbocromene
Ethyl 2-[3-(2-diethylaminoethyl)-4-methyl-2-oxo-chromen-7-yl]oxyacetate
expanded
Coronary vasodilator

MW: 361.43812
MM: 361.18892
$C_{20}H_{27}NO_5$
CAS: 804-10-4
RI: 2695 (calc.)

GC/MS
EI 70 eV
TSQ 70
QI: 997

Peaks: 87, 100, 115, 128, 145, 159, 172, 186, 215, 289

Methylvalproate

MW: 158.24072
MM: 158.13068
$C_9H_{18}O_2$
CAS: 22632-59-3
RI: 1090 (calc.)

GC/MS
EI 70 eV
TSQ 70
QI: 992

Peaks: 31, 41, 57, 69, 74, 87, 89, 99, 116, 127

Acranil
1-[(6-Chloro-2-methoxy-acridin-9-yl)amino]-3-diethylamino-propan-2-ol
expanded
Chemotherapeutic

MW: 387.90916
MM: 387.17135
$C_{21}H_{26}ClN_3O_2$
CAS: 522-20-3
RI: 3067 (calc.)

GC/MS
EI 70 eV
TSQ 70
QI: 987

Peaks: 87, 116, 129, 164, 200, 228, 257, 271, 296, 387

Chloroform
expanded

MW: 119.37704
MM: 117.91438
$CHCl_3$
CAS: 67-66-3
RI: 693 (calc.)

GC/MS
EI 70 eV
TSQ 70
QI: 831 VI: 3

Peaks: 87, 88, 91, 95, 103, 106, 112, 117, 120, 127

Lidocaine
2-Diethylamino-N-(2,6-dimethylphenyl)acetamide
Lignocaine
expanded
Local Anaesthetic

MW: 234.34156
MM: 234.17321
$C_{14}H_{22}N_2O$
CAS: 137-58-6
RI: 1874 (SE 30)

GC/MS
EI 70 eV
TRACE
QI: 888

Peaks: 87, 91, 103, 120, 138, 148, 167, 180, 219, 234

m/z: 87

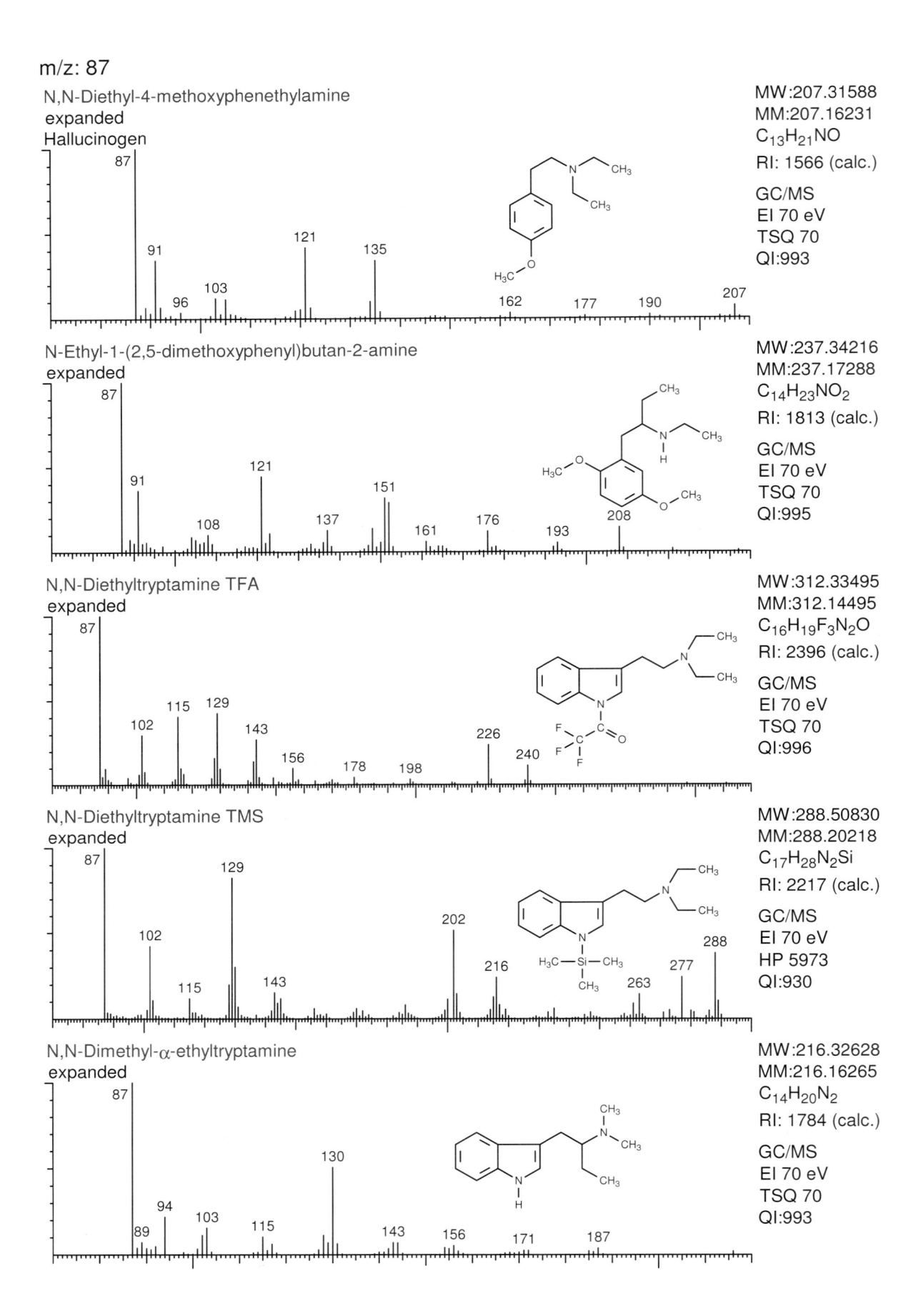

N,N-Diethyl-4-methoxyphenethylamine
expanded
Hallucinogen

MW: 207.31588
MM: 207.16231
$C_{13}H_{21}NO$
RI: 1566 (calc.)

GC/MS
EI 70 eV
TSQ 70
QI: 993

Peaks: 87, 91, 96, 103, 121, 135, 162, 177, 190, 207

N-Ethyl-1-(2,5-dimethoxyphenyl)butan-2-amine
expanded

MW: 237.34216
MM: 237.17288
$C_{14}H_{23}NO_2$
RI: 1813 (calc.)

GC/MS
EI 70 eV
TSQ 70
QI: 995

Peaks: 87, 91, 108, 121, 137, 151, 161, 176, 193, 208

N,N-Diethyltryptamine TFA
expanded

MW: 312.33495
MM: 312.14495
$C_{16}H_{19}F_3N_2O$
RI: 2396 (calc.)

GC/MS
EI 70 eV
TSQ 70
QI: 996

Peaks: 87, 102, 115, 129, 143, 156, 178, 198, 226, 240

N,N-Diethyltryptamine TMS
expanded

MW: 288.50830
MM: 288.20218
$C_{17}H_{28}N_2Si$
RI: 2217 (calc.)

GC/MS
EI 70 eV
HP 5973
QI: 930

Peaks: 87, 102, 115, 129, 143, 202, 216, 263, 277, 288

N,N-Dimethyl-α-ethyltryptamine
expanded

MW: 216.32628
MM: 216.16265
$C_{14}H_{20}N_2$
RI: 1784 (calc.)

GC/MS
EI 70 eV
TSQ 70
QI: 993

Peaks: 87, 89, 94, 103, 115, 130, 143, 156, 171, 187

m/z: 87

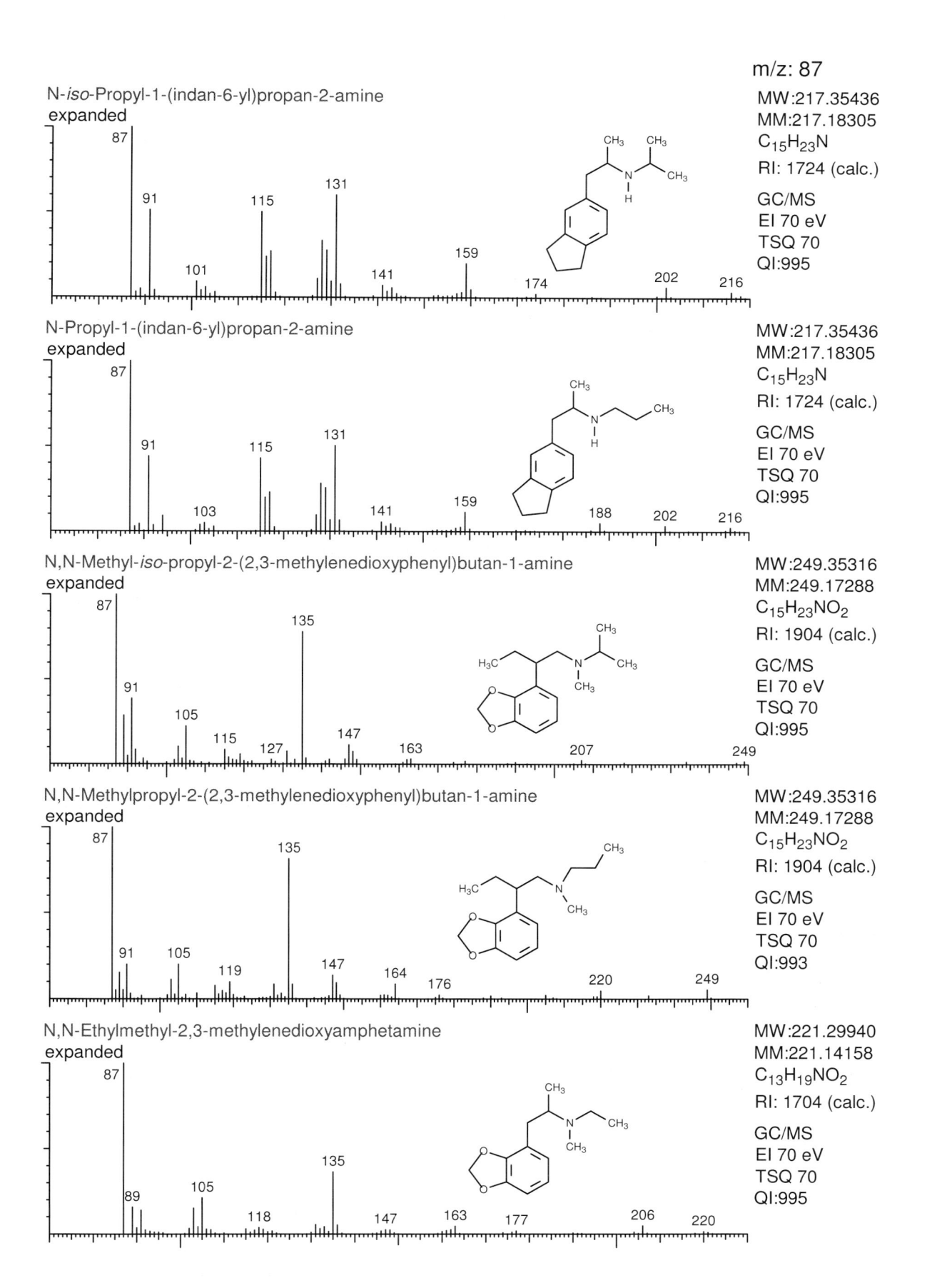

N-iso-Propyl-1-(indan-6-yl)propan-2-amine
expanded

MW: 217.35436
MM: 217.18305
$C_{15}H_{23}N$
RI: 1724 (calc.)

GC/MS
EI 70 eV
TSQ 70
QI: 995

Peaks: 87, 91, 101, 115, 131, 141, 159, 174, 202, 216

N-Propyl-1-(indan-6-yl)propan-2-amine
expanded

MW: 217.35436
MM: 217.18305
$C_{15}H_{23}N$
RI: 1724 (calc.)

GC/MS
EI 70 eV
TSQ 70
QI: 995

Peaks: 87, 91, 103, 115, 131, 141, 159, 188, 202, 216

N,N-Methyl-iso-propyl-2-(2,3-methylenedioxyphenyl)butan-1-amine
expanded

MW: 249.35316
MM: 249.17288
$C_{15}H_{23}NO_2$
RI: 1904 (calc.)

GC/MS
EI 70 eV
TSQ 70
QI: 995

Peaks: 87, 91, 105, 115, 127, 135, 147, 163, 207, 249

N,N-Methylpropyl-2-(2,3-methylenedioxyphenyl)butan-1-amine
expanded

MW: 249.35316
MM: 249.17288
$C_{15}H_{23}NO_2$
RI: 1904 (calc.)

GC/MS
EI 70 eV
TSQ 70
QI: 993

Peaks: 87, 91, 105, 119, 135, 147, 164, 176, 220, 249

N,N-Ethylmethyl-2,3-methylenedioxyamphetamine
expanded

MW: 221.29940
MM: 221.14158
$C_{13}H_{19}NO_2$
RI: 1704 (calc.)

GC/MS
EI 70 eV
TSQ 70
QI: 995

Peaks: 87, 89, 105, 118, 135, 147, 163, 177, 206, 220

m/z: 87

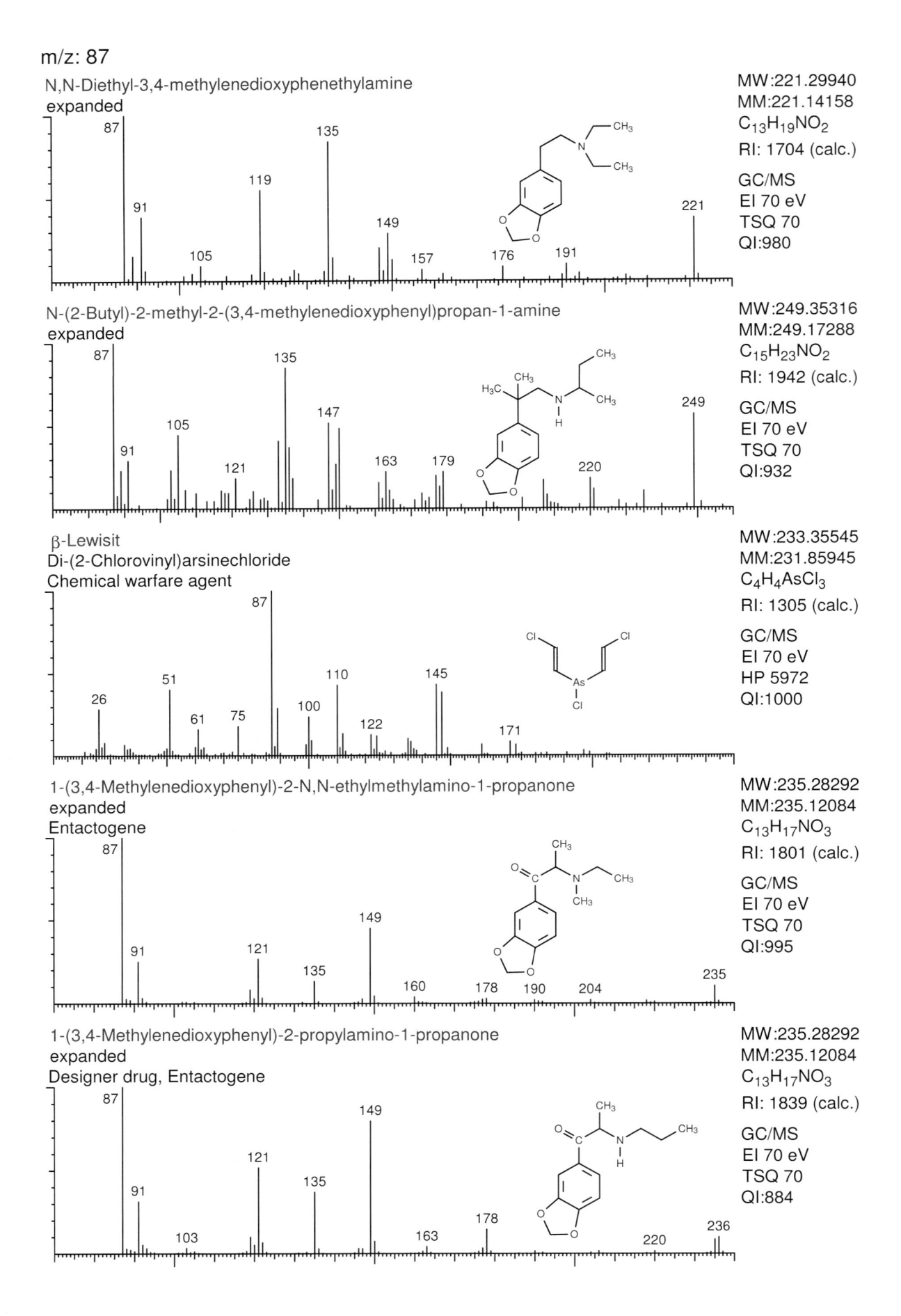

N,N-Diethyl-3,4-methylenedioxyphenethylamine
expanded

MW: 221.29940
MM: 221.14158
C$_{13}$H$_{19}$NO$_2$
RI: 1704 (calc.)

GC/MS
EI 70 eV
TSQ 70
QI: 980

N-(2-Butyl)-2-methyl-2-(3,4-methylenedioxyphenyl)propan-1-amine
expanded

MW: 249.35316
MM: 249.17288
C$_{15}$H$_{23}$NO$_2$
RI: 1942 (calc.)

GC/MS
EI 70 eV
TSQ 70
QI: 932

β-Lewisit
Di-(2-Chlorovinyl)arsinechloride
Chemical warfare agent

MW: 233.35545
MM: 231.85945
C$_4$H$_4$AsCl$_3$
RI: 1305 (calc.)

GC/MS
EI 70 eV
HP 5972
QI: 1000

1-(3,4-Methylenedioxyphenyl)-2-N,N-ethylmethylamino-1-propanone
expanded
Entactogene

MW: 235.28292
MM: 235.12084
C$_{13}$H$_{17}$NO$_3$
RI: 1801 (calc.)

GC/MS
EI 70 eV
TSQ 70
QI: 995

1-(3,4-Methylenedioxyphenyl)-2-propylamino-1-propanone
expanded
Designer drug, Entactogene

MW: 235.28292
MM: 235.12084
C$_{13}$H$_{17}$NO$_3$
RI: 1839 (calc.)

GC/MS
EI 70 eV
TSQ 70
QI: 884

m/z: 87

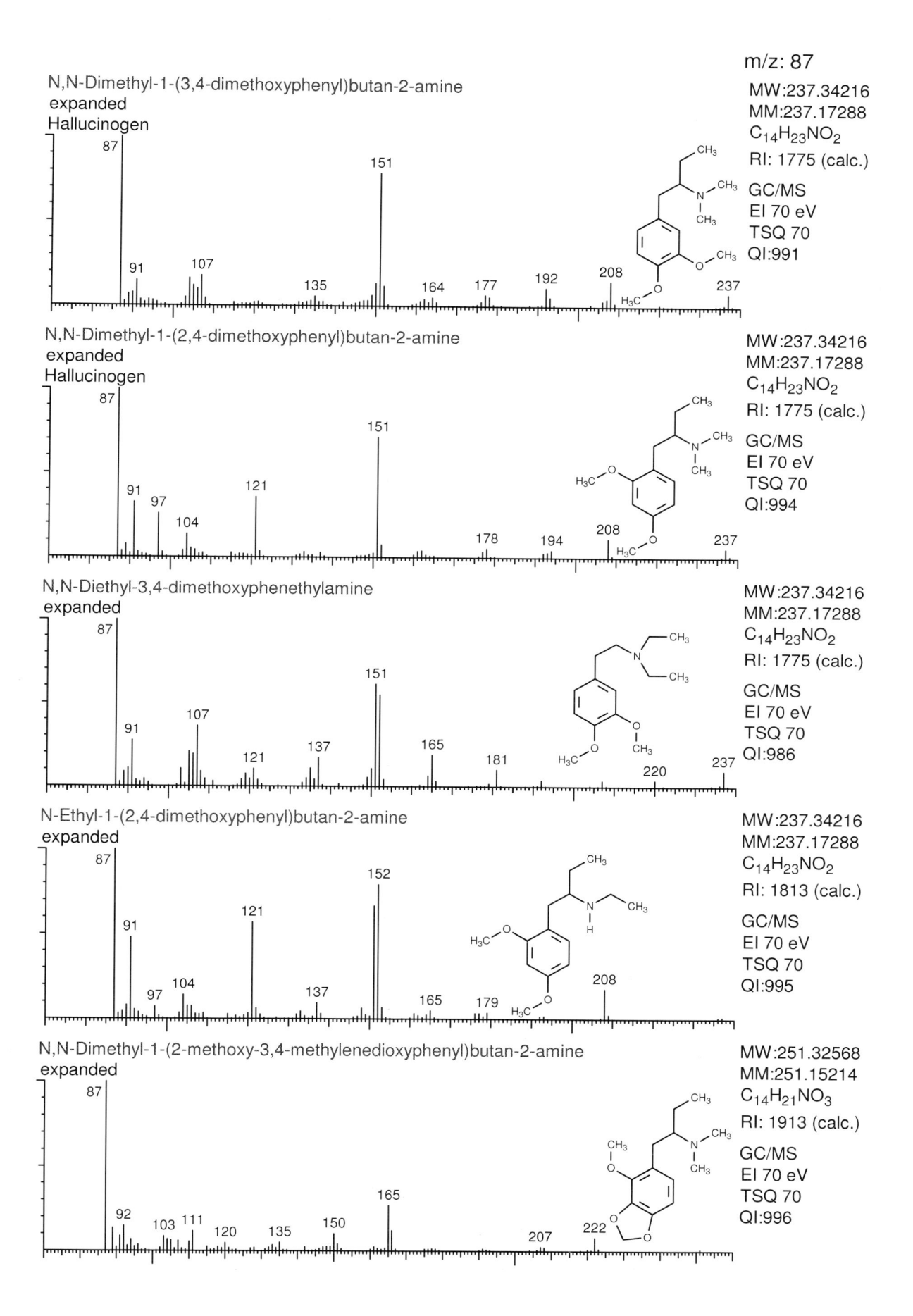

N,N-Dimethyl-1-(3,4-dimethoxyphenyl)butan-2-amine
expanded
Hallucinogen

MW: 237.34216
MM: 237.17288
$C_{14}H_{23}NO_2$
RI: 1775 (calc.)

GC/MS
EI 70 eV
TSQ 70
QI: 991

N,N-Dimethyl-1-(2,4-dimethoxyphenyl)butan-2-amine
expanded
Hallucinogen

MW: 237.34216
MM: 237.17288
$C_{14}H_{23}NO_2$
RI: 1775 (calc.)

GC/MS
EI 70 eV
TSQ 70
QI: 994

N,N-Diethyl-3,4-dimethoxyphenethylamine
expanded

MW: 237.34216
MM: 237.17288
$C_{14}H_{23}NO_2$
RI: 1775 (calc.)

GC/MS
EI 70 eV
TSQ 70
QI: 986

N-Ethyl-1-(2,4-dimethoxyphenyl)butan-2-amine
expanded

MW: 237.34216
MM: 237.17288
$C_{14}H_{23}NO_2$
RI: 1813 (calc.)

GC/MS
EI 70 eV
TSQ 70
QI: 995

N,N-Dimethyl-1-(2-methoxy-3,4-methylenedioxyphenyl)butan-2-amine
expanded

MW: 251.32568
MM: 251.15214
$C_{14}H_{21}NO_3$
RI: 1913 (calc.)

GC/MS
EI 70 eV
TSQ 70
QI: 996

m/z: 87

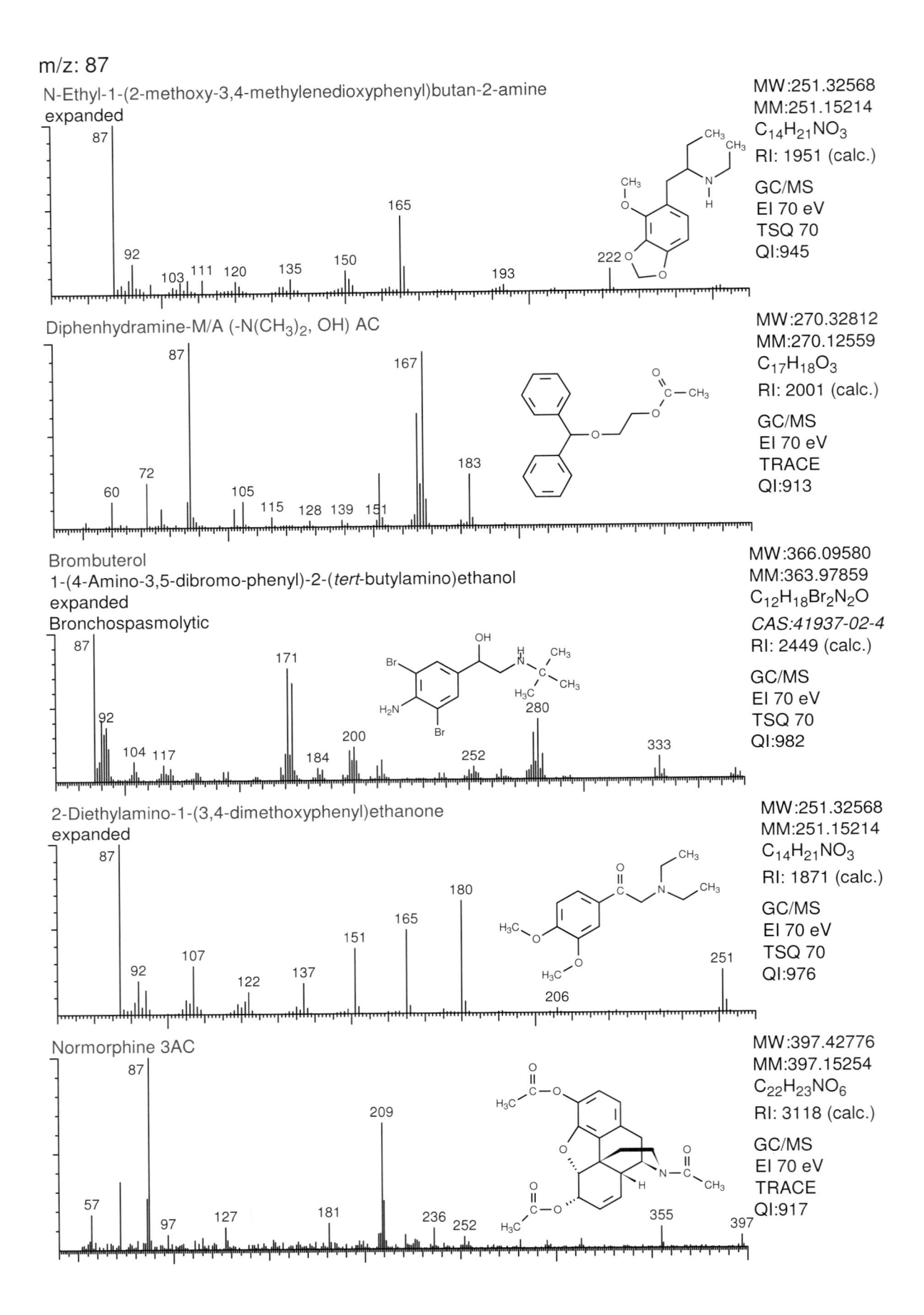

N-Ethyl-1-(2-methoxy-3,4-methylenedioxyphenyl)butan-2-amine
expanded

MW:251.32568
MM:251.15214
$C_{14}H_{21}NO_3$
RI: 1951 (calc.)

GC/MS
EI 70 eV
TSQ 70
QI:945

Diphenhydramine-M/A (-N(CH$_3$)$_2$, OH) AC

MW:270.32812
MM:270.12559
$C_{17}H_{18}O_3$
RI: 2001 (calc.)

GC/MS
EI 70 eV
TRACE
QI:913

Brombuterol
1-(4-Amino-3,5-dibromo-phenyl)-2-(*tert*-butylamino)ethanol
expanded
Bronchospasmolytic

MW:366.09580
MM:363.97859
$C_{12}H_{18}Br_2N_2O$
CAS:41937-02-4
RI: 2449 (calc.)

GC/MS
EI 70 eV
TSQ 70
QI:982

2-Diethylamino-1-(3,4-dimethoxyphenyl)ethanone
expanded

MW:251.32568
MM:251.15214
$C_{14}H_{21}NO_3$
RI: 1871 (calc.)

GC/MS
EI 70 eV
TSQ 70
QI:976

Normorphine 3AC

MW:397.42776
MM:397.15254
$C_{22}H_{23}NO_6$
RI: 3118 (calc.)

GC/MS
EI 70 eV
TRACE
QI:917

Tranexamic acid AC 2ME
expanded

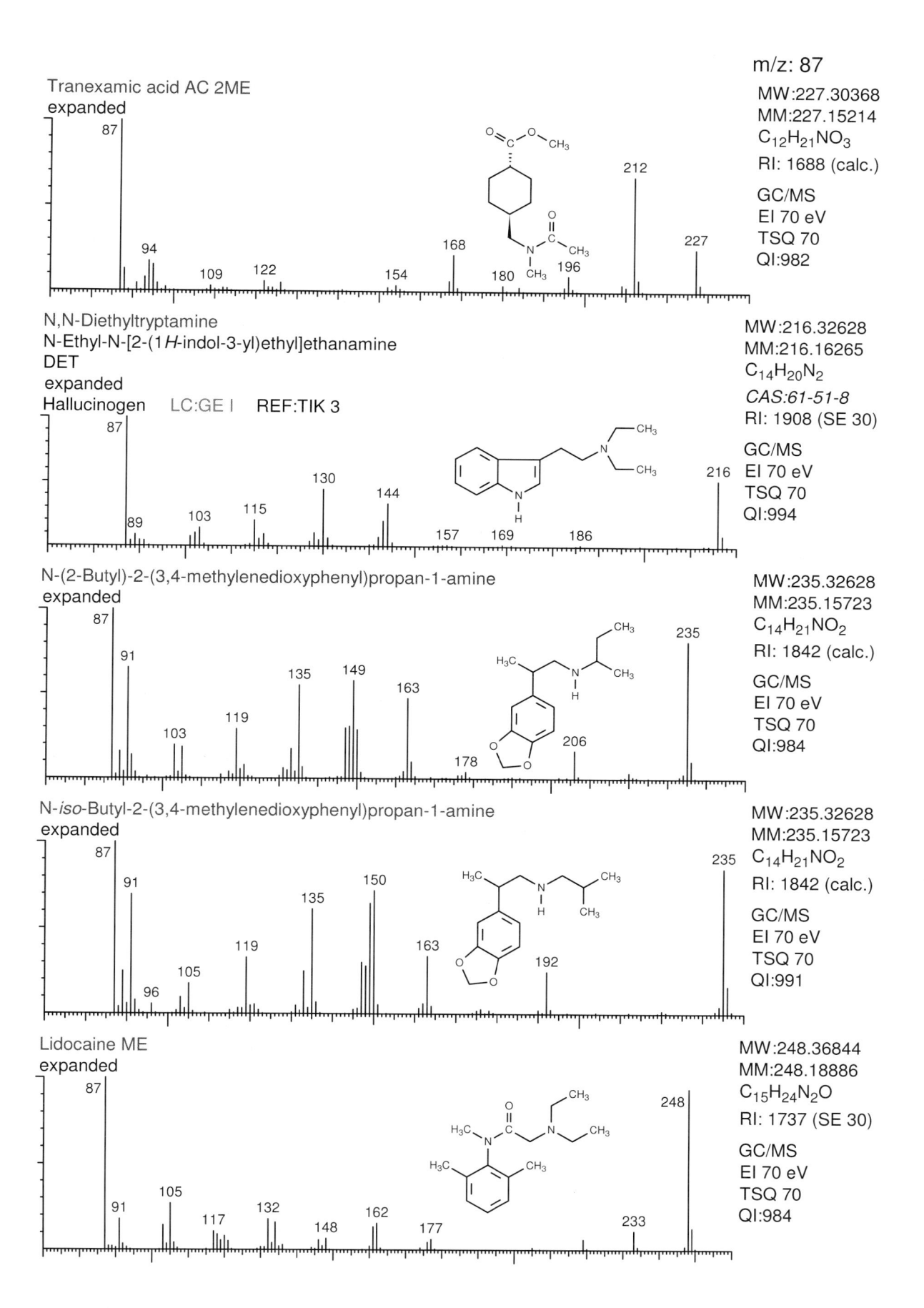

m/z: 87
MW: 227.30368
MM: 227.15214
$C_{12}H_{21}NO_3$
RI: 1688 (calc.)

GC/MS
EI 70 eV
TSQ 70
QI: 982

N,N-Diethyltryptamine
N-Ethyl-N-[2-(1H-indol-3-yl)ethyl]ethanamine
DET
expanded
Hallucinogen   LC:GE I   REF:TIK 3

MW: 216.32628
MM: 216.16265
$C_{14}H_{20}N_2$
CAS: 61-51-8
RI: 1908 (SE 30)

GC/MS
EI 70 eV
TSQ 70
QI: 994

N-(2-Butyl)-2-(3,4-methylenedioxyphenyl)propan-1-amine
expanded

MW: 235.32628
MM: 235.15723
$C_{14}H_{21}NO_2$
RI: 1842 (calc.)

GC/MS
EI 70 eV
TSQ 70
QI: 984

N-iso-Butyl-2-(3,4-methylenedioxyphenyl)propan-1-amine
expanded

MW: 235.32628
MM: 235.15723
$C_{14}H_{21}NO_2$
RI: 1842 (calc.)

GC/MS
EI 70 eV
TSQ 70
QI: 991

Lidocaine ME
expanded

MW: 248.36844
MM: 248.18886
$C_{15}H_{24}N_2O$
RI: 1737 (SE 30)

GC/MS
EI 70 eV
TSQ 70
QI: 984

m/z: 87

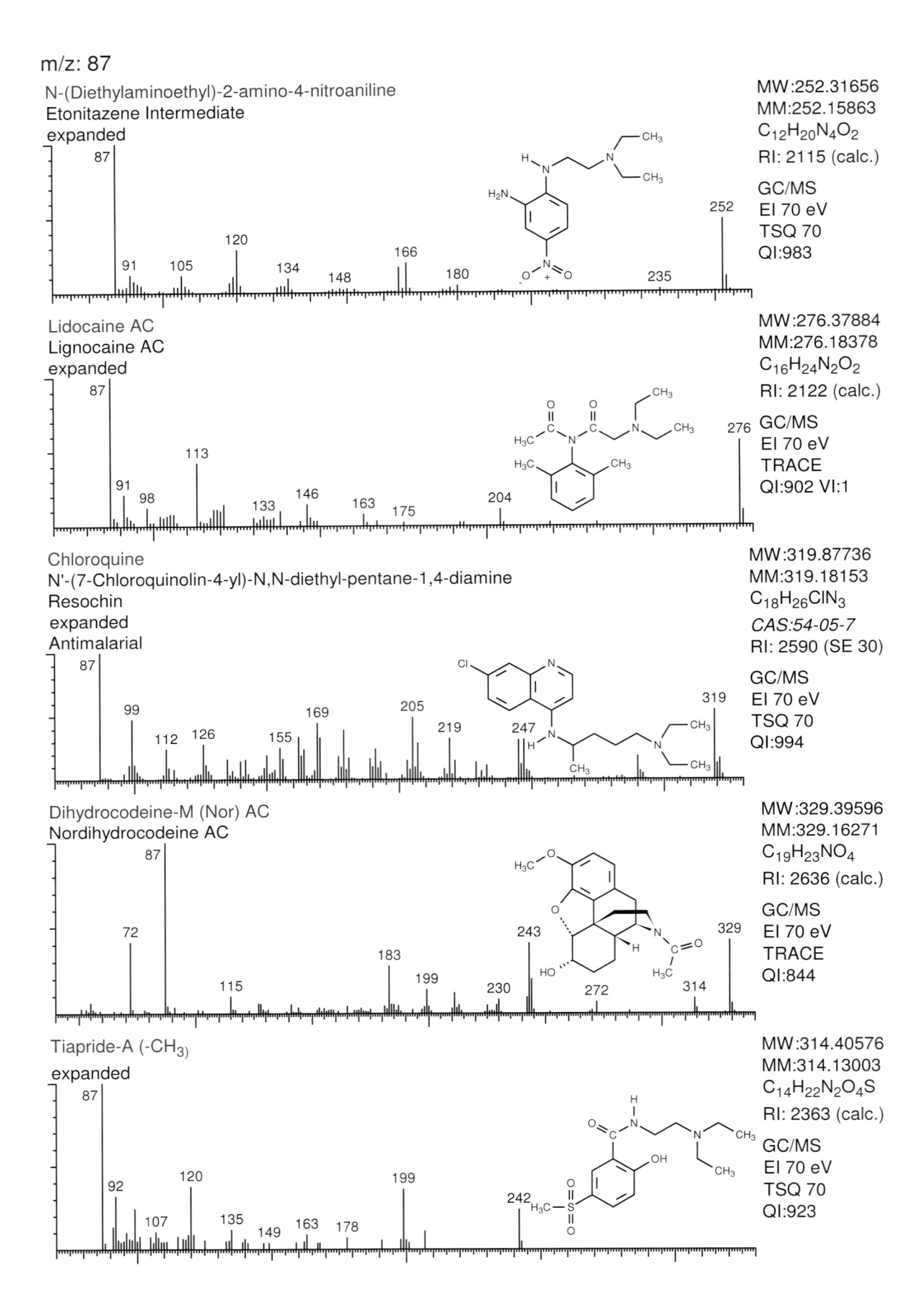

N-(Diethylaminoethyl)-2-amino-4-nitroaniline
Etonitazene Intermediate
expanded

MW:252.31656
MM:252.15863
$C_{12}H_{20}N_4O_2$
RI: 2115 (calc.)

GC/MS
EI 70 eV
TSQ 70
QI:983

Lidocaine AC
Lignocaine AC
expanded

MW:276.37884
MM:276.18378
$C_{16}H_{24}N_2O_2$
RI: 2122 (calc.)

GC/MS
EI 70 eV
TRACE
QI:902 VI:1

Chloroquine
N'-(7-Chloroquinolin-4-yl)-N,N-diethyl-pentane-1,4-diamine
Resochin
expanded
Antimalarial

MW:319.87736
MM:319.18153
$C_{18}H_{26}ClN_3$
CAS:54-05-7
RI: 2590 (SE 30)

GC/MS
EI 70 eV
TSQ 70
QI:994

Dihydrocodeine-M (Nor) AC
Nordihydrocodeine AC

MW:329.39596
MM:329.16271
$C_{19}H_{23}NO_4$
RI: 2636 (calc.)

GC/MS
EI 70 eV
TRACE
QI:844

Tiapride-A (-CH$_3$)
expanded

MW:314.40576
MM:314.13003
$C_{14}H_{22}N_2O_4S$
RI: 2363 (calc.)

GC/MS
EI 70 eV
TSQ 70
QI:923

m/z: 87

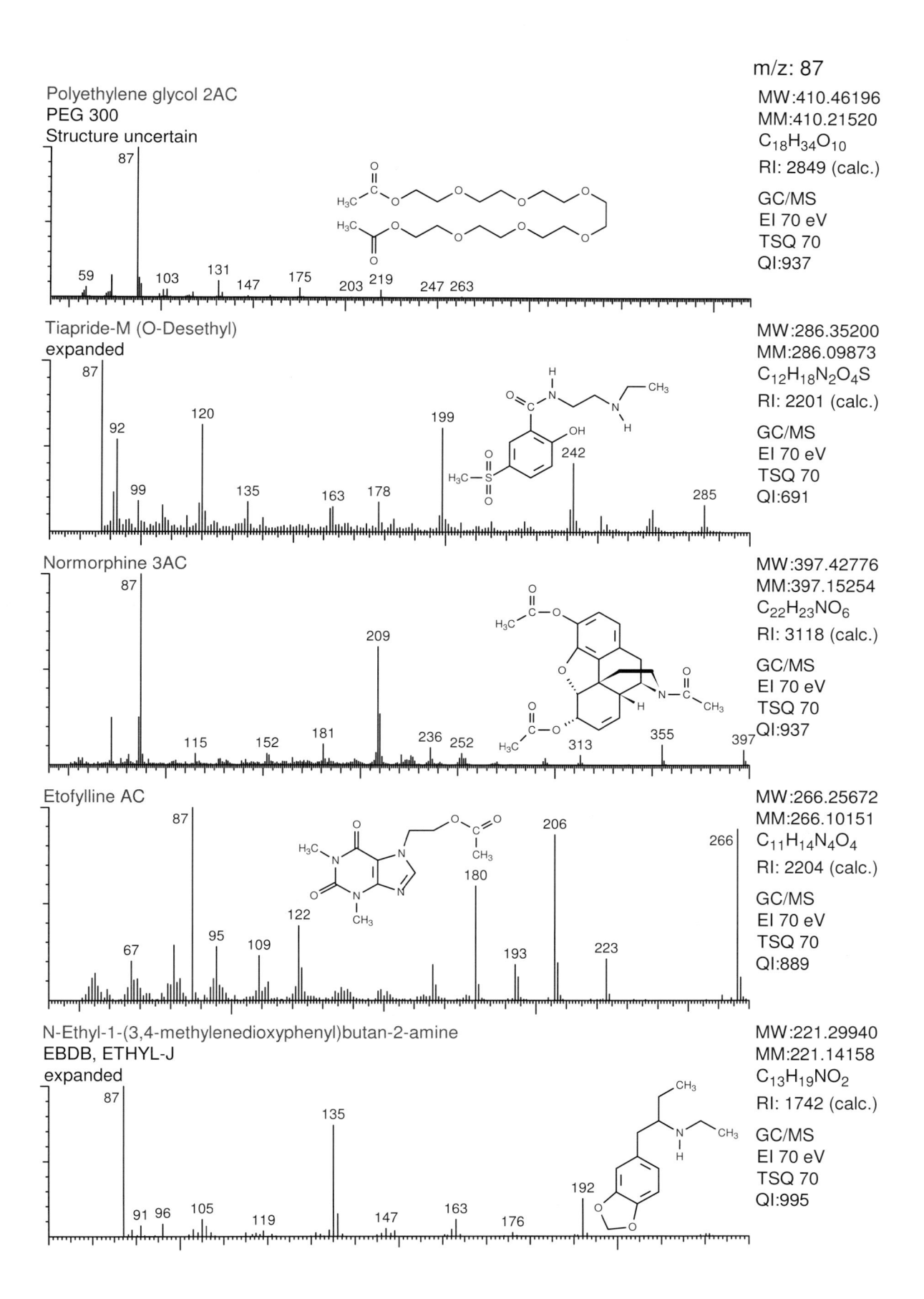

Polyethylene glycol 2AC
PEG 300
Structure uncertain

MW: 410.46196
MM: 410.21520
$C_{18}H_{34}O_{10}$
RI: 2849 (calc.)

GC/MS
EI 70 eV
TSQ 70
QI: 937

Tiapride-M (O-Desethyl)
expanded

MW: 286.35200
MM: 286.09873
$C_{12}H_{18}N_2O_4S$
RI: 2201 (calc.)

GC/MS
EI 70 eV
TSQ 70
QI: 691

Normorphine 3AC

MW: 397.42776
MM: 397.15254
$C_{22}H_{23}NO_6$
RI: 3118 (calc.)

GC/MS
EI 70 eV
TSQ 70
QI: 937

Etofylline AC

MW: 266.25672
MM: 266.10151
$C_{11}H_{14}N_4O_4$
RI: 2204 (calc.)

GC/MS
EI 70 eV
TSQ 70
QI: 889

N-Ethyl-1-(3,4-methylenedioxyphenyl)butan-2-amine
EBDB, ETHYL-J
expanded

MW: 221.29940
MM: 221.14158
$C_{13}H_{19}NO_2$
RI: 1742 (calc.)

GC/MS
EI 70 eV
TSQ 70
QI: 995

m/z: 87

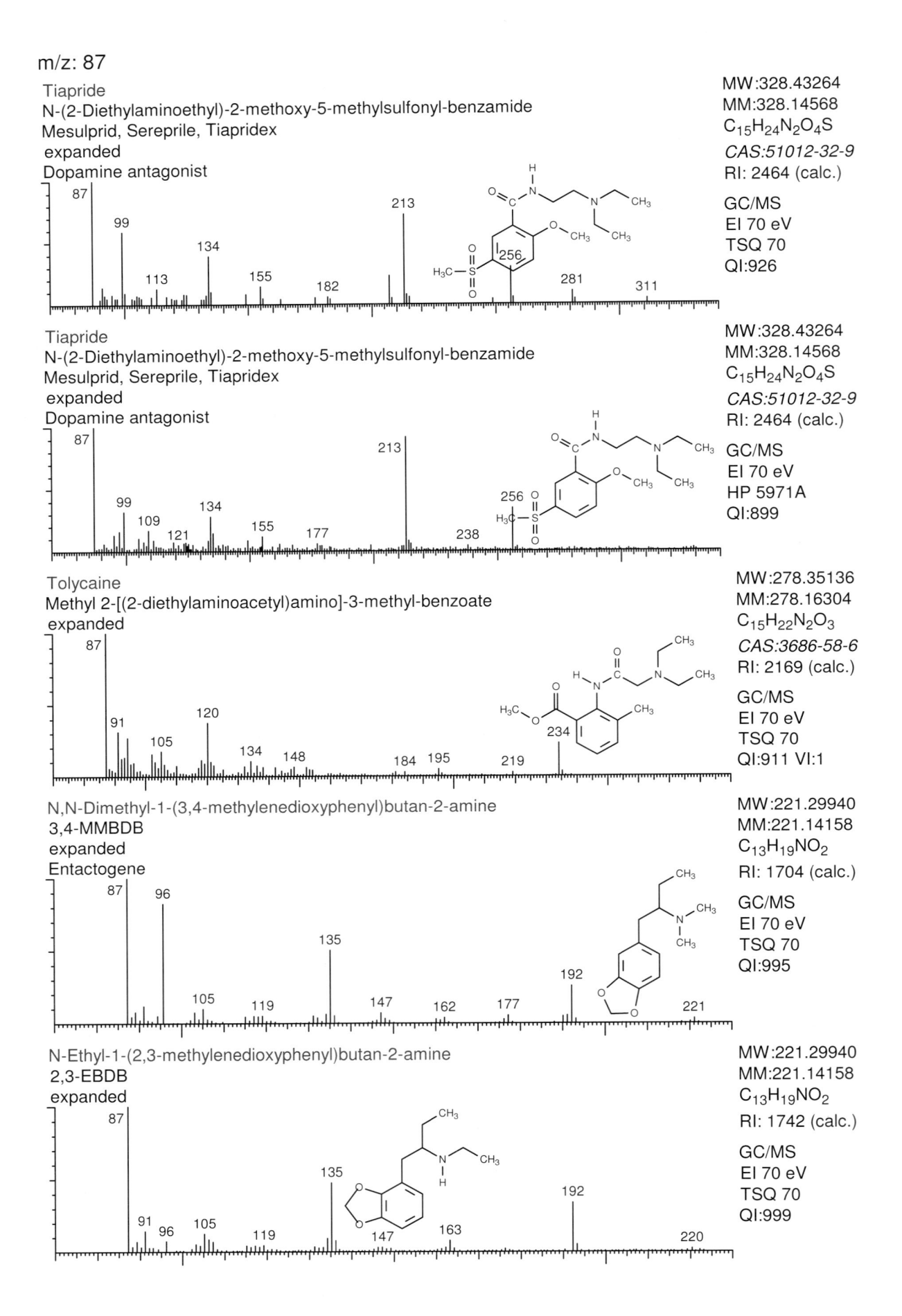

Tiapride
N-(2-Diethylaminoethyl)-2-methoxy-5-methylsulfonyl-benzamide
Mesulprid, Sereprile, Tiapridex
expanded
Dopamine antagonist

MW:328.43264
MM:328.14568
$C_{15}H_{24}N_2O_4S$
CAS:51012-32-9
RI: 2464 (calc.)

GC/MS
EI 70 eV
TSQ 70
QI:926

Tiapride
N-(2-Diethylaminoethyl)-2-methoxy-5-methylsulfonyl-benzamide
Mesulprid, Sereprile, Tiapridex
expanded
Dopamine antagonist

MW:328.43264
MM:328.14568
$C_{15}H_{24}N_2O_4S$
CAS:51012-32-9
RI: 2464 (calc.)

GC/MS
EI 70 eV
HP 5971A
QI:899

Tolycaine
Methyl 2-[(2-diethylaminoacetyl)amino]-3-methyl-benzoate
expanded

MW:278.35136
MM:278.16304
$C_{15}H_{22}N_2O_3$
CAS:3686-58-6
RI: 2169 (calc.)

GC/MS
EI 70 eV
TSQ 70
QI:911 VI:1

N,N-Dimethyl-1-(3,4-methylenedioxyphenyl)butan-2-amine
3,4-MMBDB
expanded
Entactogene

MW:221.29940
MM:221.14158
$C_{13}H_{19}NO_2$
RI: 1704 (calc.)

GC/MS
EI 70 eV
TSQ 70
QI:995

N-Ethyl-1-(2,3-methylenedioxyphenyl)butan-2-amine
2,3-EBDB
expanded

MW:221.29940
MM:221.14158
$C_{13}H_{19}NO_2$
RI: 1742 (calc.)

GC/MS
EI 70 eV
TSQ 70
QI:999

m/z: 87-88

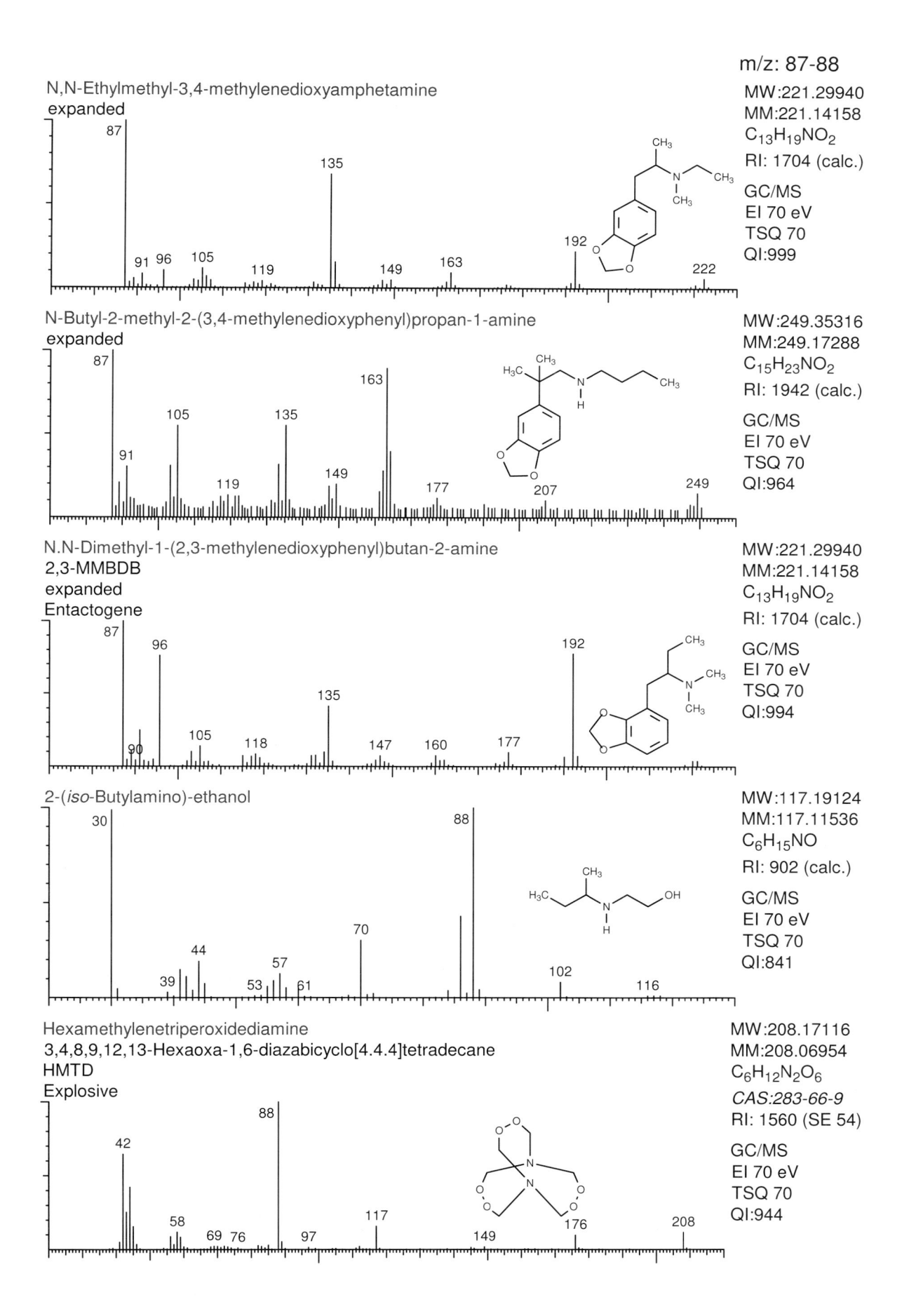

N,N-Ethylmethyl-3,4-methylenedioxyamphetamine
expanded

MW: 221.29940
MM: 221.14158
$C_{13}H_{19}NO_2$
RI: 1704 (calc.)

GC/MS
EI 70 eV
TSQ 70
QI: 999

N-Butyl-2-methyl-2-(3,4-methylenedioxyphenyl)propan-1-amine
expanded

MW: 249.35316
MM: 249.17288
$C_{15}H_{23}NO_2$
RI: 1942 (calc.)

GC/MS
EI 70 eV
TSQ 70
QI: 964

N,N-Dimethyl-1-(2,3-methylenedioxyphenyl)butan-2-amine
2,3-MMBDB
expanded
Entactogene

MW: 221.29940
MM: 221.14158
$C_{13}H_{19}NO_2$
RI: 1704 (calc.)

GC/MS
EI 70 eV
TSQ 70
QI: 994

2-(*iso*-Butylamino)-ethanol

MW: 117.19124
MM: 117.11536
$C_6H_{15}NO$
RI: 902 (calc.)

GC/MS
EI 70 eV
TSQ 70
QI: 841

Hexamethylenetriperoxidediamine
3,4,8,9,12,13-Hexaoxa-1,6-diazabicyclo[4.4.4]tetradecane
HMTD
Explosive

MW: 208.17116
MM: 208.06954
$C_6H_{12}N_2O_6$
CAS: 283-66-9
RI: 1560 (SE 54)

GC/MS
EI 70 eV
TSQ 70
QI: 944

m/z: 88

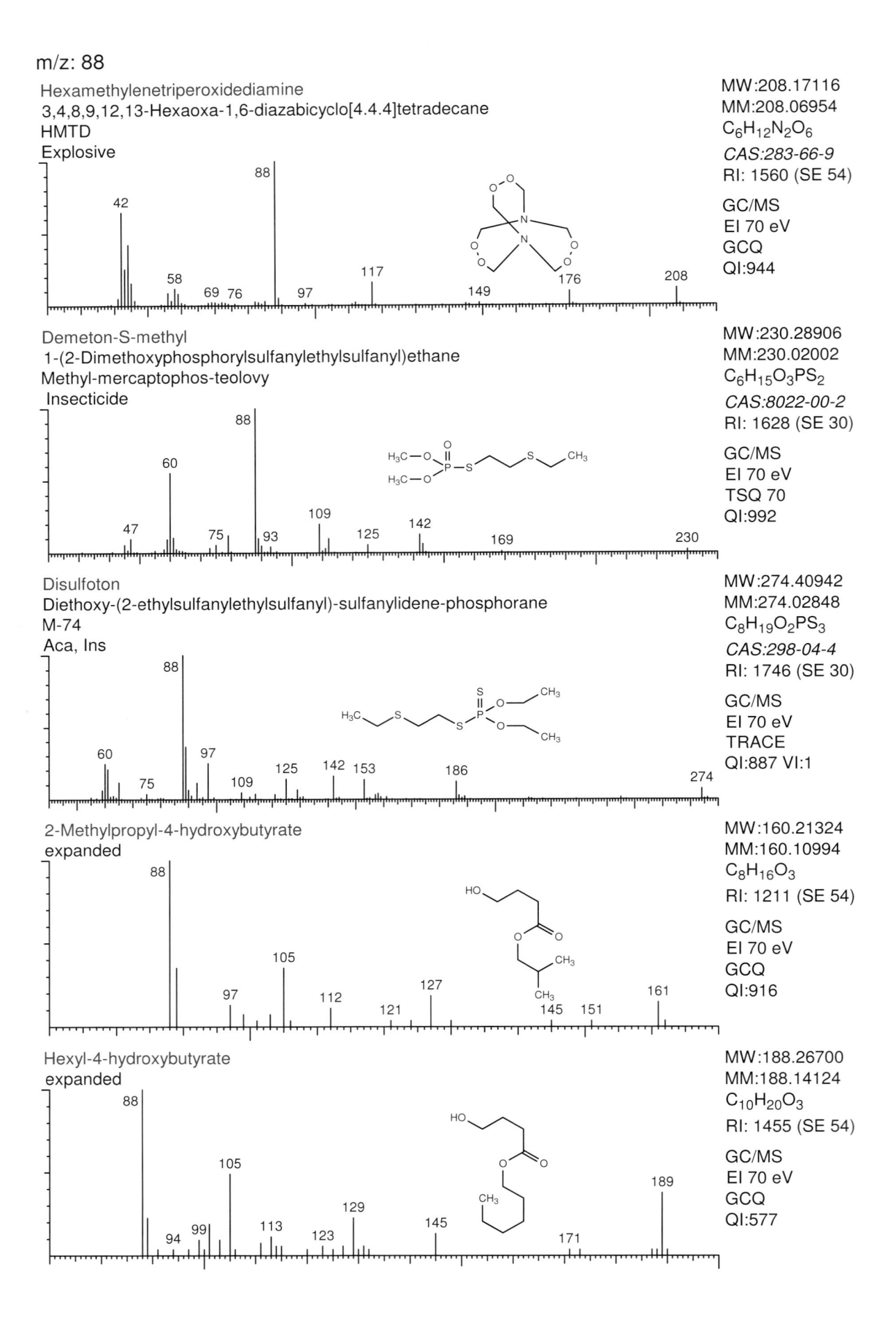

Hexamethylenetriperoxidediamine
3,4,8,9,12,13-Hexaoxa-1,6-diazabicyclo[4.4.4]tetradecane
HMTD
Explosive

MW:208.17116
MM:208.06954
$C_6H_{12}N_2O_6$
CAS:283-66-9
RI: 1560 (SE 54)

GC/MS
EI 70 eV
GCQ
QI:944

Demeton-S-methyl
1-(2-Dimethoxyphosphorylsulfanylethylsulfanyl)ethane
Methyl-mercaptophos-teolovy
Insecticide

MW:230.28906
MM:230.02002
$C_6H_{15}O_3PS_2$
CAS:8022-00-2
RI: 1628 (SE 30)

GC/MS
EI 70 eV
TSQ 70
QI:992

Disulfoton
Diethoxy-(2-ethylsulfanylethylsulfanyl)-sulfanylidene-phosphorane
M-74
Aca, Ins

MW:274.40942
MM:274.02848
$C_8H_{19}O_2PS_3$
CAS:298-04-4
RI: 1746 (SE 30)

GC/MS
EI 70 eV
TRACE
QI:887 VI:1

2-Methylpropyl-4-hydroxybutyrate
expanded

MW:160.21324
MM:160.10994
$C_8H_{16}O_3$
RI: 1211 (SE 54)

GC/MS
EI 70 eV
GCQ
QI:916

Hexyl-4-hydroxybutyrate
expanded

MW:188.26700
MM:188.14124
$C_{10}H_{20}O_3$
RI: 1455 (SE 54)

GC/MS
EI 70 eV
GCQ
QI:577

m/z: 88

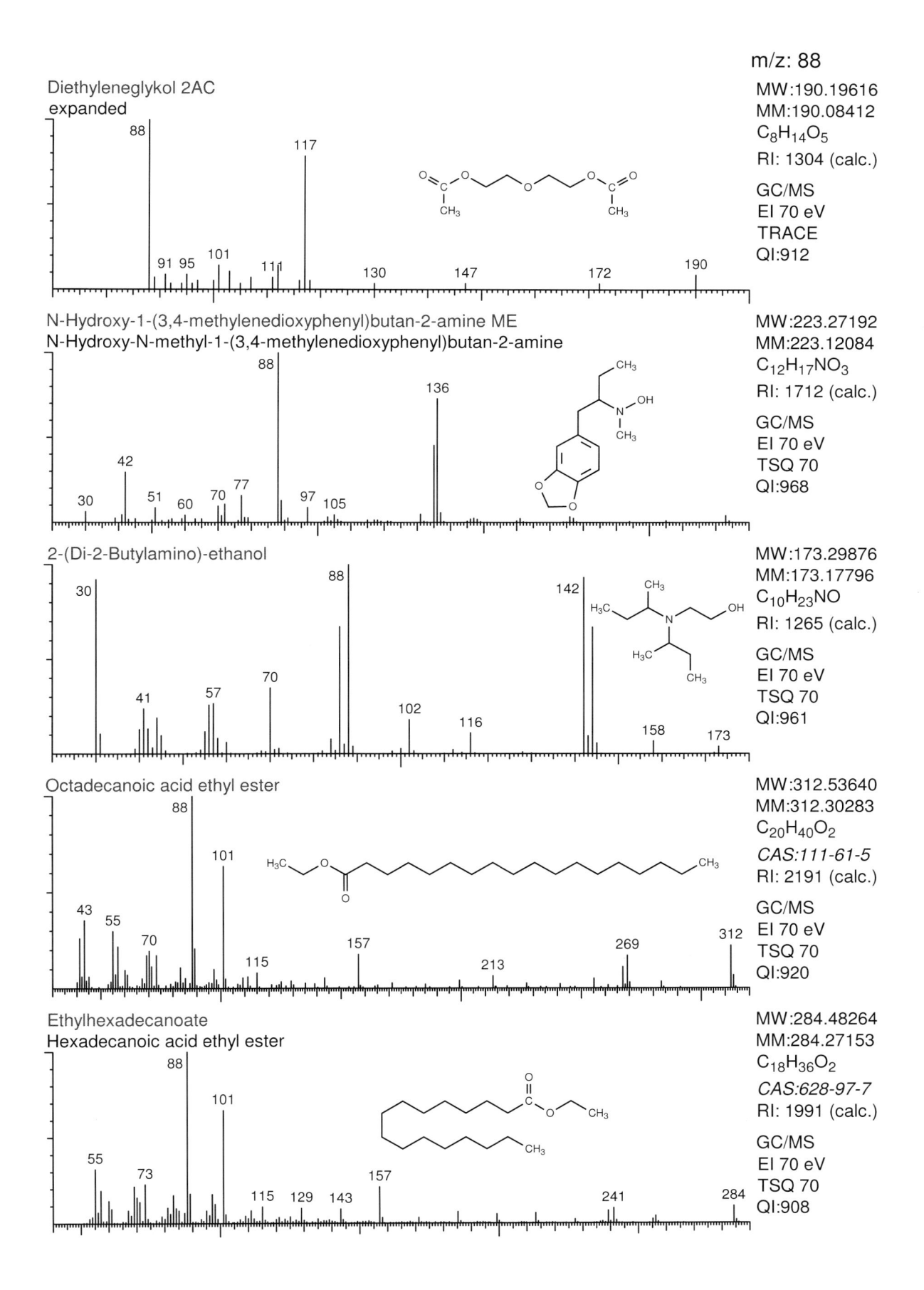

Diethyleneglykol 2AC expanded

Peaks: 88, 91, 95, 101, 111, 117, 130, 147, 172, 190

MW: 190.19616
MM: 190.08412
$C_8H_{14}O_5$
RI: 1304 (calc.)

GC/MS
EI 70 eV
TRACE
QI: 912

N-Hydroxy-1-(3,4-methylenedioxyphenyl)butan-2-amine ME
N-Hydroxy-N-methyl-1-(3,4-methylenedioxyphenyl)butan-2-amine

Peaks: 30, 42, 51, 60, 70, 77, 88, 97, 105, 136

MW: 223.27192
MM: 223.12084
$C_{12}H_{17}NO_3$
RI: 1712 (calc.)

GC/MS
EI 70 eV
TSQ 70
QI: 968

2-(Di-2-Butylamino)-ethanol

Peaks: 30, 41, 57, 70, 88, 102, 116, 142, 158, 173

MW: 173.29876
MM: 173.17796
$C_{10}H_{23}NO$
RI: 1265 (calc.)

GC/MS
EI 70 eV
TSQ 70
QI: 961

Octadecanoic acid ethyl ester

Peaks: 43, 55, 70, 88, 101, 115, 157, 213, 269, 312

MW: 312.53640
MM: 312.30283
$C_{20}H_{40}O_2$
CAS: 111-61-5
RI: 2191 (calc.)

GC/MS
EI 70 eV
TSQ 70
QI: 920

Ethylhexadecanoate
Hexadecanoic acid ethyl ester

Peaks: 55, 73, 88, 101, 115, 129, 143, 157, 241, 284

MW: 284.48264
MM: 284.27153
$C_{18}H_{36}O_2$
CAS: 628-97-7
RI: 1991 (calc.)

GC/MS
EI 70 eV
TSQ 70
QI: 908

m/z: 88-89

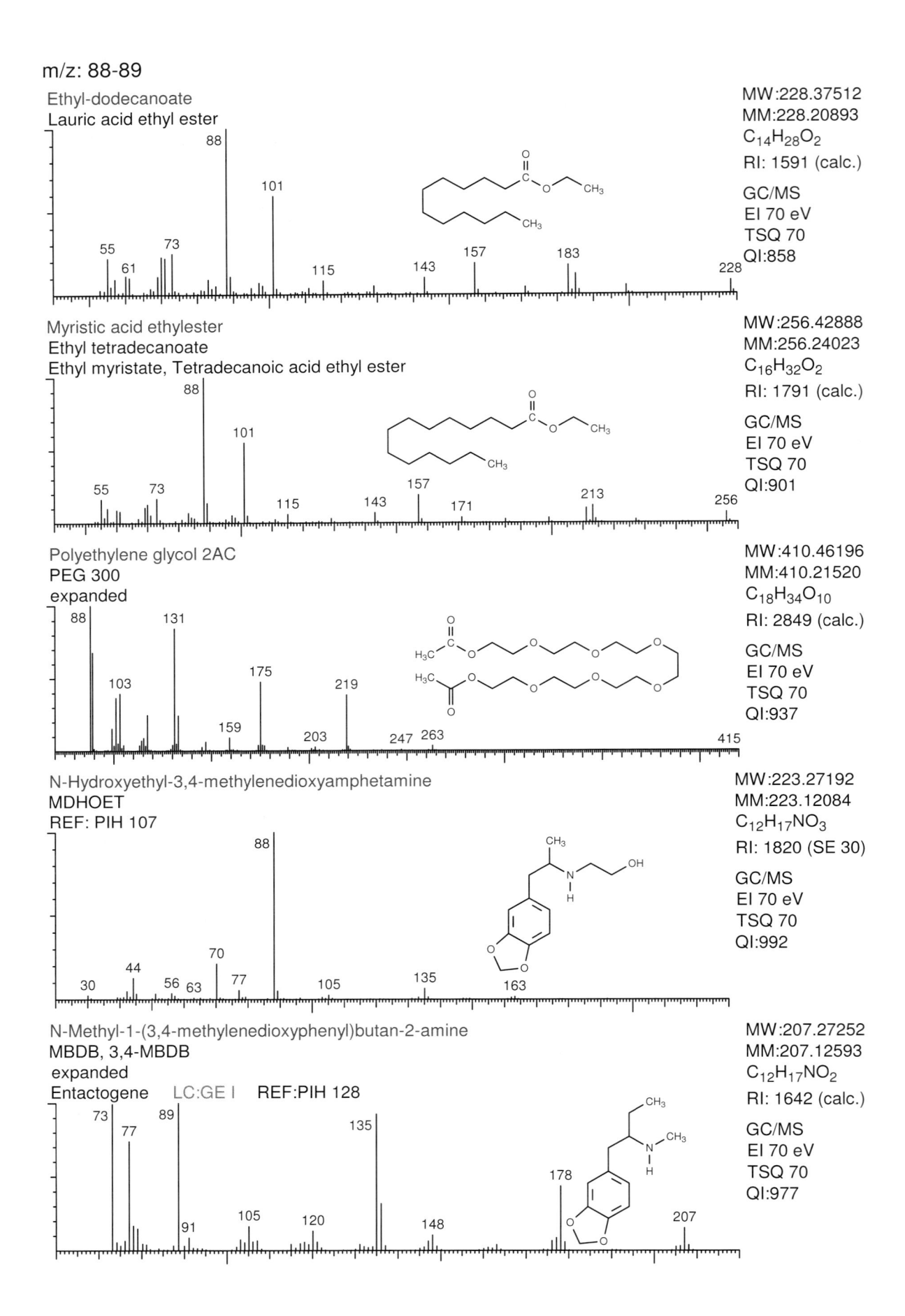

Ethyl-dodecanoate
Lauric acid ethyl ester

MW: 228.37512
MM: 228.20893
$C_{14}H_{28}O_2$
RI: 1591 (calc.)

GC/MS
EI 70 eV
TSQ 70
QI: 858

Myristic acid ethylester
Ethyl tetradecanoate
Ethyl myristate, Tetradecanoic acid ethyl ester

MW: 256.42888
MM: 256.24023
$C_{16}H_{32}O_2$
RI: 1791 (calc.)

GC/MS
EI 70 eV
TSQ 70
QI: 901

Polyethylene glycol 2AC
PEG 300
expanded

MW: 410.46196
MM: 410.21520
$C_{18}H_{34}O_{10}$
RI: 2849 (calc.)

GC/MS
EI 70 eV
TSQ 70
QI: 937

N-Hydroxyethyl-3,4-methylenedioxyamphetamine
MDHOET
REF: PIH 107

MW: 223.27192
MM: 223.12084
$C_{12}H_{17}NO_3$
RI: 1820 (SE 30)

GC/MS
EI 70 eV
TSQ 70
QI: 992

N-Methyl-1-(3,4-methylenedioxyphenyl)butan-2-amine
MBDB, 3,4-MBDB
expanded
Entactogene   LC:GE I   REF:PIH 128

MW: 207.27252
MM: 207.12593
$C_{12}H_{17}NO_2$
RI: 1642 (calc.)

GC/MS
EI 70 eV
TSQ 70
QI: 977

m/z: 89

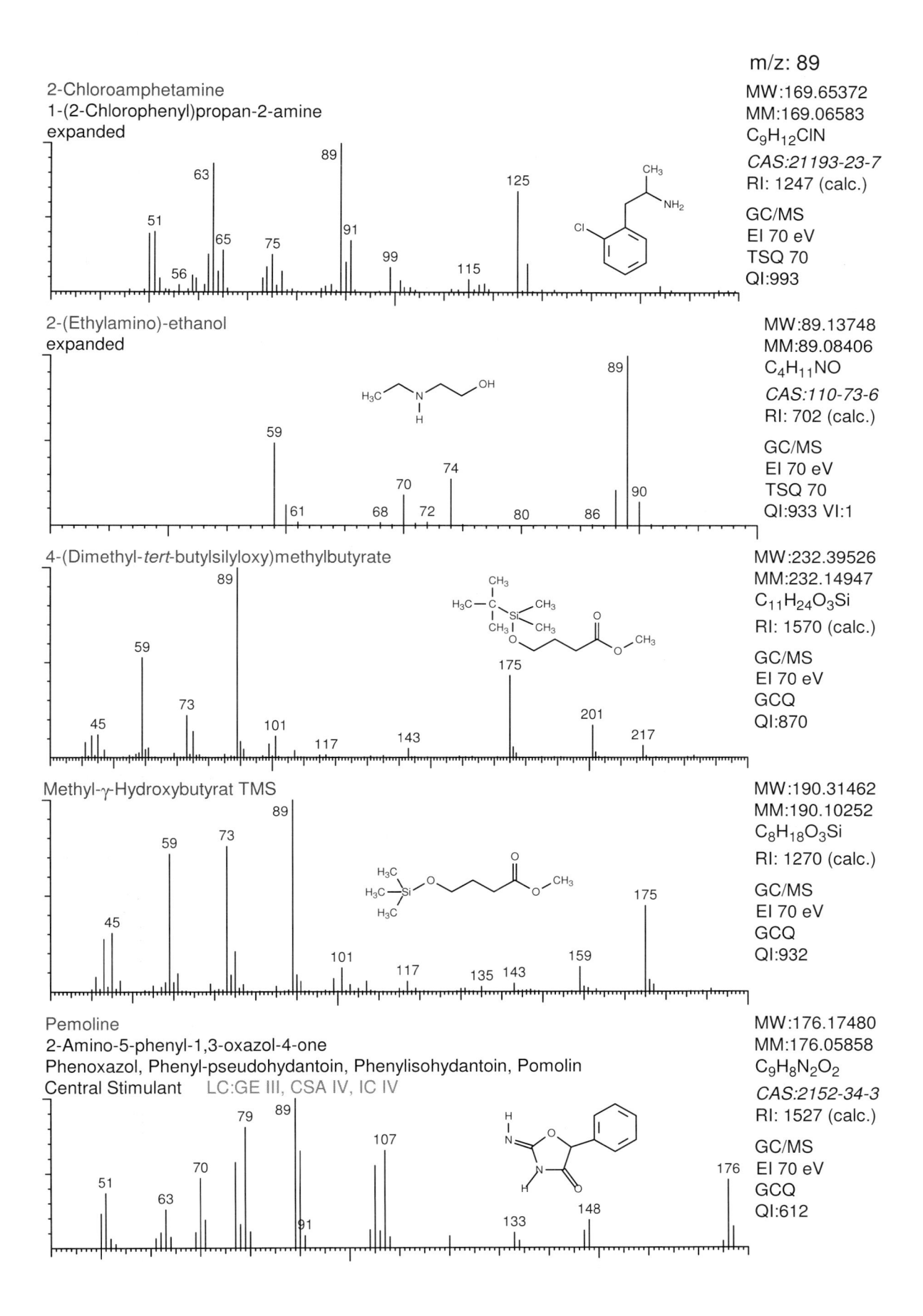

2-Chloroamphetamine
1-(2-Chlorophenyl)propan-2-amine
expanded

MW: 169.65372
MM: 169.06583
$C_9H_{12}ClN$
CAS: 21193-23-7
RI: 1247 (calc.)

GC/MS
EI 70 eV
TSQ 70
QI: 993

Peaks: 51, 63, 65, 75, 56, 89, 91, 99, 115, 125

2-(Ethylamino)-ethanol
expanded

MW: 89.13748
MM: 89.08406
$C_4H_{11}NO$
CAS: 110-73-6
RI: 702 (calc.)

GC/MS
EI 70 eV
TSQ 70
QI: 933 VI:1

Peaks: 59, 61, 68, 70, 72, 74, 80, 86, 89, 90

4-(Dimethyl-*tert*-butylsilyloxy)methylbutyrate

MW: 232.39526
MM: 232.14947
$C_{11}H_{24}O_3Si$
RI: 1570 (calc.)

GC/MS
EI 70 eV
GCQ
QI: 870

Peaks: 45, 59, 73, 89, 101, 117, 143, 175, 201, 217

Methyl-γ-Hydroxybutyrat TMS

MW: 190.31462
MM: 190.10252
$C_8H_{18}O_3Si$
RI: 1270 (calc.)

GC/MS
EI 70 eV
GCQ
QI: 932

Peaks: 45, 59, 73, 89, 101, 117, 135, 143, 159, 175

Pemoline
2-Amino-5-phenyl-1,3-oxazol-4-one
Phenoxazol, Phenyl-pseudohydantoin, Phenylisohydantoin, Pomolin
Central Stimulant   LC:GE III, CSA IV, IC IV

MW: 176.17480
MM: 176.05858
$C_9H_8N_2O_2$
CAS: 2152-34-3
RI: 1527 (calc.)

GC/MS
EI 70 eV
GCQ
QI: 612

Peaks: 51, 63, 70, 79, 89, 91, 107, 133, 148, 176

m/z: 89

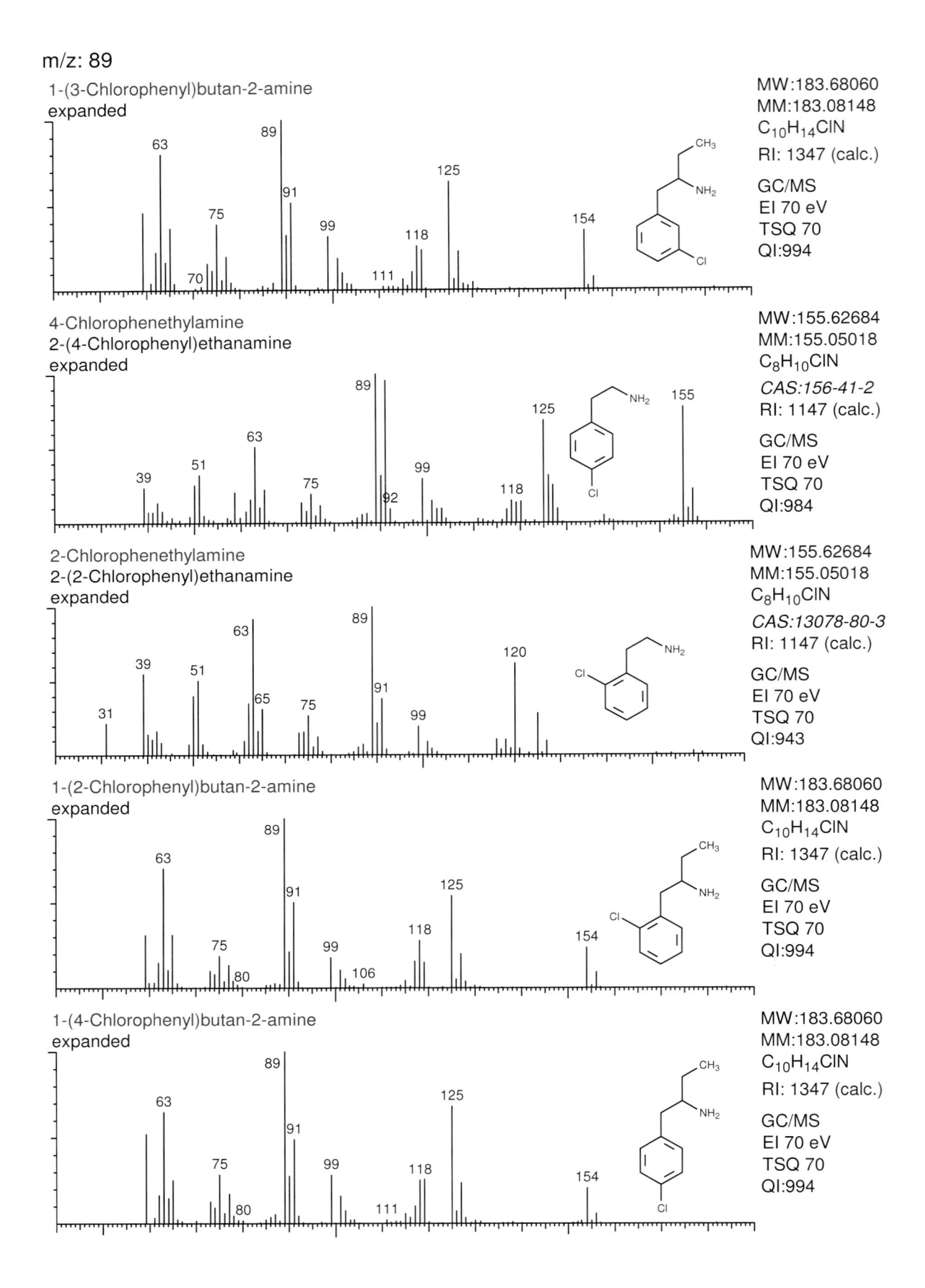

1-(3-Chlorophenyl)butan-2-amine
expanded

MW: 183.68060
MM: 183.08148
$C_{10}H_{14}ClN$
RI: 1347 (calc.)

GC/MS
EI 70 eV
TSQ 70
QI: 994

Peaks: 63, 70, 75, 89, 91, 99, 111, 118, 125, 154

4-Chlorophenethylamine
2-(4-Chlorophenyl)ethanamine
expanded

MW: 155.62684
MM: 155.05018
$C_8H_{10}ClN$
CAS: 156-41-2
RI: 1147 (calc.)

GC/MS
EI 70 eV
TSQ 70
QI: 984

Peaks: 39, 51, 63, 75, 89, 92, 99, 118, 125, 155

2-Chlorophenethylamine
2-(2-Chlorophenyl)ethanamine
expanded

MW: 155.62684
MM: 155.05018
$C_8H_{10}ClN$
CAS: 13078-80-3
RI: 1147 (calc.)

GC/MS
EI 70 eV
TSQ 70
QI: 943

Peaks: 31, 39, 51, 63, 65, 75, 89, 91, 99, 120

1-(2-Chlorophenyl)butan-2-amine
expanded

MW: 183.68060
MM: 183.08148
$C_{10}H_{14}ClN$
RI: 1347 (calc.)

GC/MS
EI 70 eV
TSQ 70
QI: 994

Peaks: 63, 75, 80, 89, 91, 99, 106, 118, 125, 154

1-(4-Chlorophenyl)butan-2-amine
expanded

MW: 183.68060
MM: 183.08148
$C_{10}H_{14}ClN$
RI: 1347 (calc.)

GC/MS
EI 70 eV
TSQ 70
QI: 994

Peaks: 63, 75, 80, 89, 91, 99, 111, 118, 125, 154

m/z: 89-90

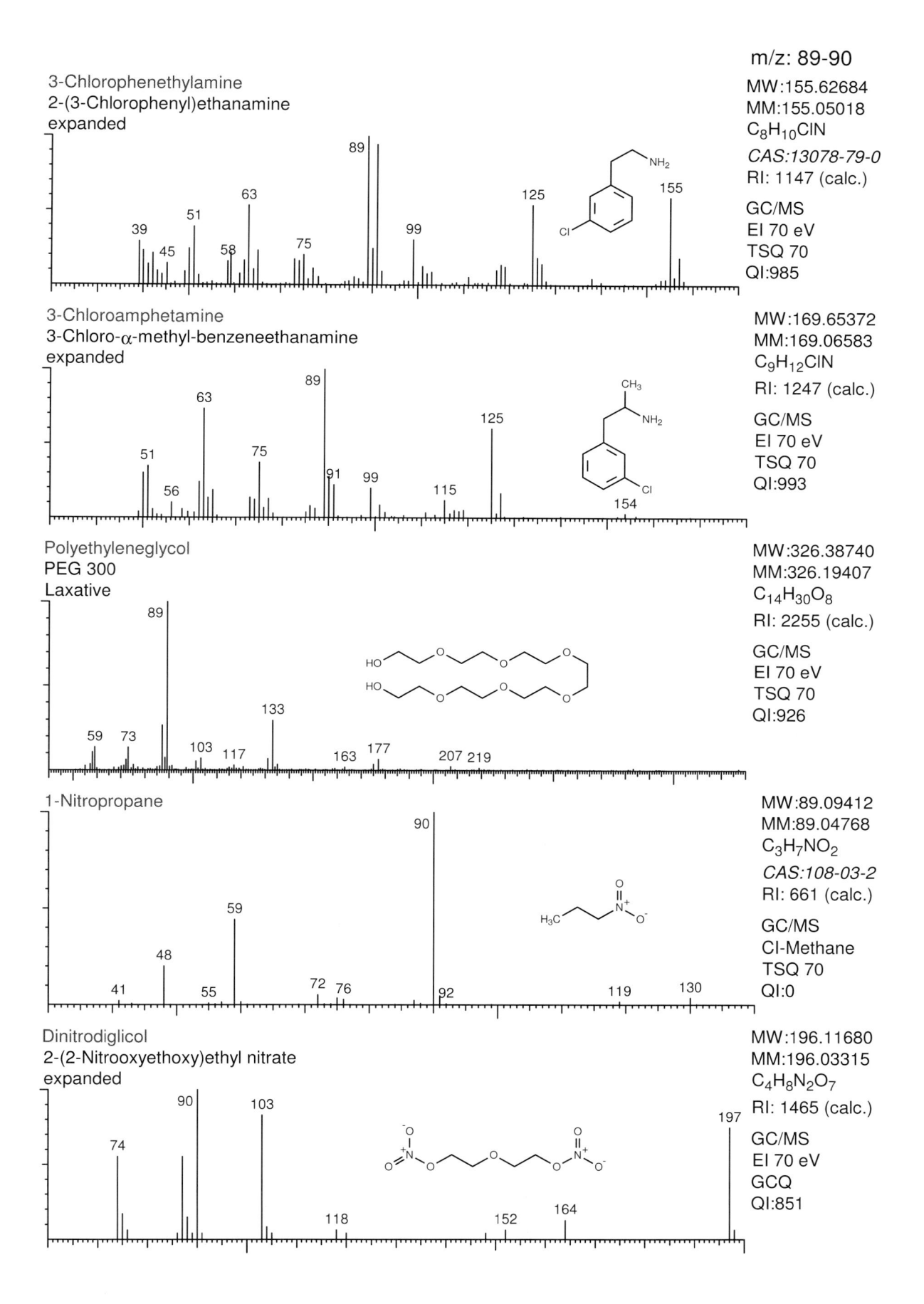

3-Chlorophenethylamine
2-(3-Chlorophenyl)ethanamine
expanded

MW:155.62684
MM:155.05018
$C_8H_{10}ClN$
CAS:13078-79-0
RI: 1147 (calc.)

GC/MS
EI 70 eV
TSQ 70
QI:985

Peaks: 39, 45, 51, 58, 63, 75, 89, 99, 125, 155

3-Chloroamphetamine
3-Chloro-α-methyl-benzeneethanamine
expanded

MW:169.65372
MM:169.06583
$C_9H_{12}ClN$
RI: 1247 (calc.)

GC/MS
EI 70 eV
TSQ 70
QI:993

Peaks: 51, 56, 63, 75, 89, 91, 99, 115, 125, 154

Polyethyleneglycol
PEG 300
Laxative

MW:326.38740
MM:326.19407
$C_{14}H_{30}O_8$
RI: 2255 (calc.)

GC/MS
EI 70 eV
TSQ 70
QI:926

Peaks: 59, 73, 89, 103, 117, 133, 163, 177, 207, 219

1-Nitropropane

MW:89.09412
MM:89.04768
$C_3H_7NO_2$
CAS:108-03-2
RI: 661 (calc.)

GC/MS
CI-Methane
TSQ 70
QI:0

Peaks: 41, 48, 55, 59, 72, 76, 90, 92, 119, 130

Dinitrodiglicol
2-(2-Nitrooxyethoxy)ethyl nitrate
expanded

MW:196.11680
MM:196.03315
$C_4H_8N_2O_7$
RI: 1465 (calc.)

GC/MS
EI 70 eV
GCQ
QI:851

Peaks: 74, 90, 103, 118, 152, 164, 197

m/z: 90-91

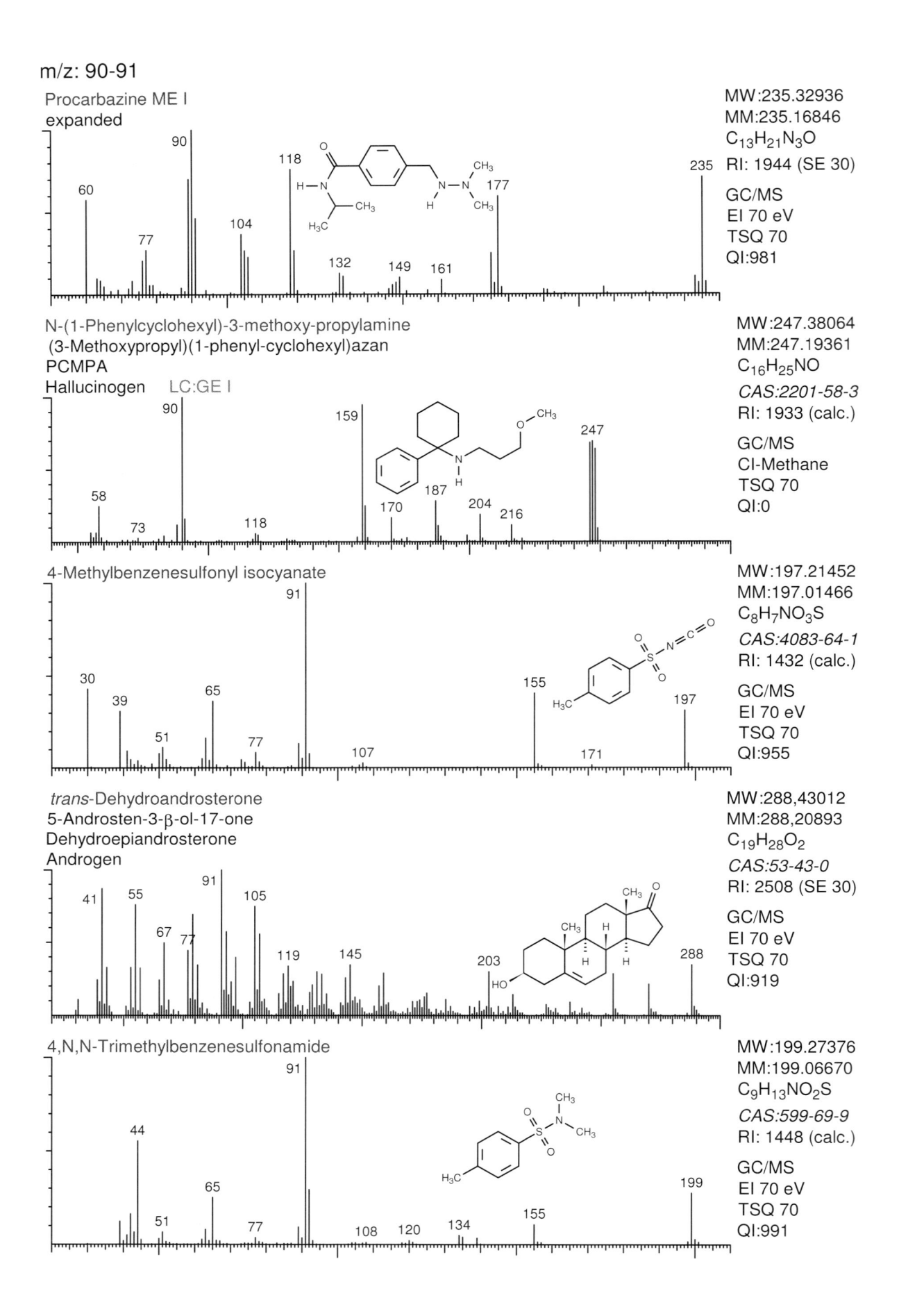

Procarbazine ME I
expanded

MW:235.32936
MM:235.16846
$C_{13}H_{21}N_3O$
RI: 1944 (SE 30)

GC/MS
EI 70 eV
TSQ 70
QI:981

N-(1-Phenylcyclohexyl)-3-methoxy-propylamine
(3-Methoxypropyl)(1-phenyl-cyclohexyl)azan
PCMPA
Hallucinogen   LC:GE I

MW:247.38064
MM:247.19361
$C_{16}H_{25}NO$
CAS:2201-58-3
RI: 1933 (calc.)

GC/MS
CI-Methane
TSQ 70
QI:0

4-Methylbenzenesulfonyl isocyanate

MW:197.21452
MM:197.01466
$C_8H_7NO_3S$
CAS:4083-64-1
RI: 1432 (calc.)

GC/MS
EI 70 eV
TSQ 70
QI:955

trans-Dehydroandrosterone
5-Androsten-3-β-ol-17-one
Dehydroepiandrosterone
Androgen

MW:288,43012
MM:288,20893
$C_{19}H_{28}O_2$
CAS:53-43-0
RI: 2508 (SE 30)

GC/MS
EI 70 eV
TSQ 70
QI:919

4,N,N-Trimethylbenzenesulfonamide

MW:199.27376
MM:199.06670
$C_9H_{13}NO_2S$
CAS:599-69-9
RI: 1448 (calc.)

GC/MS
EI 70 eV
TSQ 70
QI:991

m/z: 91

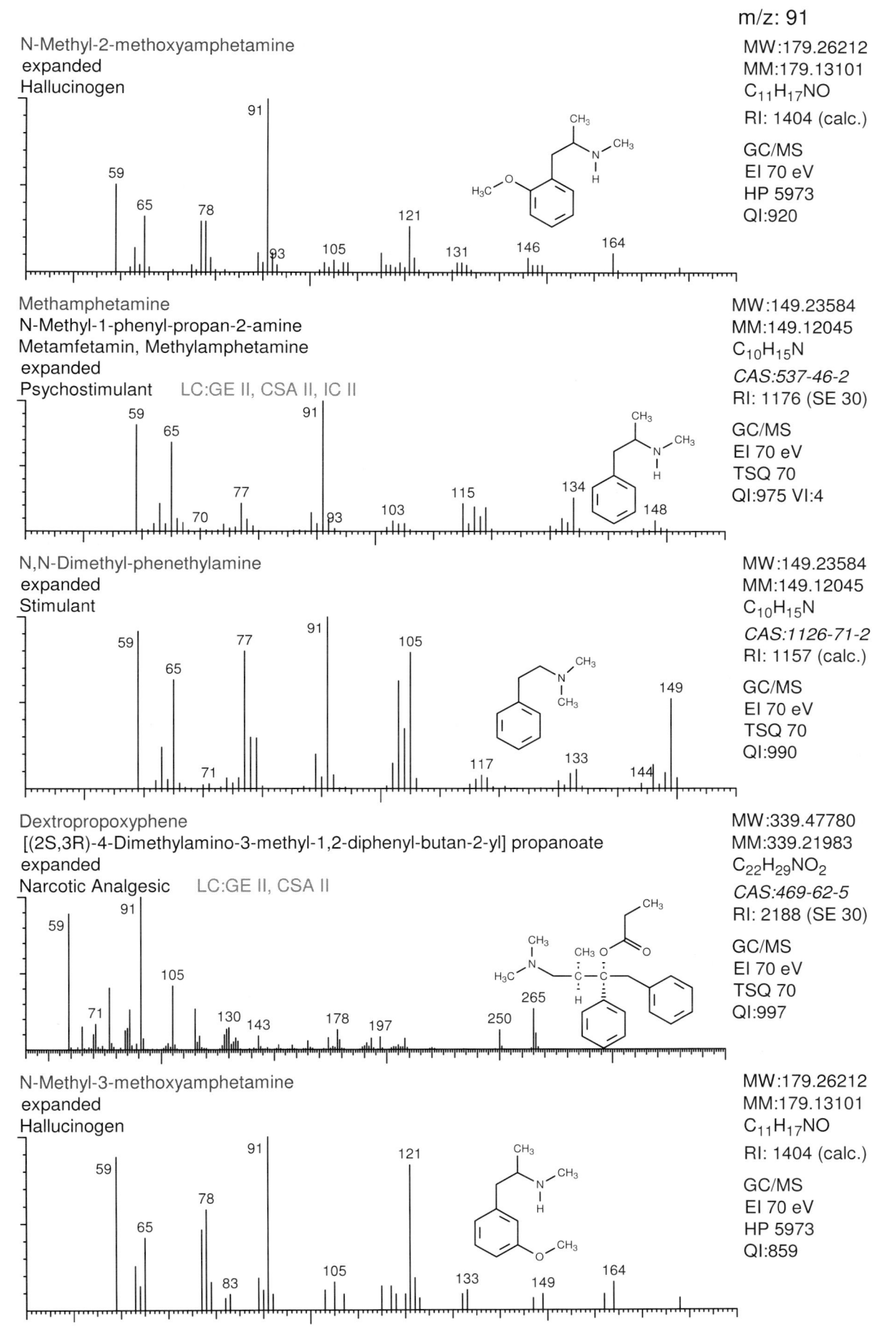

N-Methyl-2-methoxyamphetamine
expanded
Hallucinogen

MW: 179.26212
MM: 179.13101
$C_{11}H_{17}NO$
RI: 1404 (calc.)

GC/MS
EI 70 eV
HP 5973
QI: 920

Peaks: 59, 65, 78, 91, 93, 105, 121, 131, 146, 164

Methamphetamine
N-Methyl-1-phenyl-propan-2-amine
Metamfetamin, Methylamphetamine
expanded
Psychostimulant   LC:GE II, CSA II, IC II

MW: 149.23584
MM: 149.12045
$C_{10}H_{15}N$
CAS: 537-46-2
RI: 1176 (SE 30)

GC/MS
EI 70 eV
TSQ 70
QI: 975 VI: 4

Peaks: 59, 65, 70, 77, 91, 93, 103, 115, 134, 148

N,N-Dimethyl-phenethylamine
expanded
Stimulant

MW: 149.23584
MM: 149.12045
$C_{10}H_{15}N$
CAS: 1126-71-2
RI: 1157 (calc.)

GC/MS
EI 70 eV
TSQ 70
QI: 990

Peaks: 59, 65, 71, 77, 91, 105, 117, 133, 144, 149

Dextropropoxyphene
[(2S,3R)-4-Dimethylamino-3-methyl-1,2-diphenyl-butan-2-yl] propanoate
expanded
Narcotic Analgesic   LC:GE II, CSA II

MW: 339.47780
MM: 339.21983
$C_{22}H_{29}NO_2$
CAS: 469-62-5
RI: 2188 (SE 30)

GC/MS
EI 70 eV
TSQ 70
QI: 997

Peaks: 59, 71, 91, 105, 130, 143, 178, 197, 250, 265

N-Methyl-3-methoxyamphetamine
expanded
Hallucinogen

MW: 179.26212
MM: 179.13101
$C_{11}H_{17}NO$
RI: 1404 (calc.)

GC/MS
EI 70 eV
HP 5973
QI: 859

Peaks: 59, 65, 78, 83, 91, 105, 121, 133, 149, 164

m/z: 91

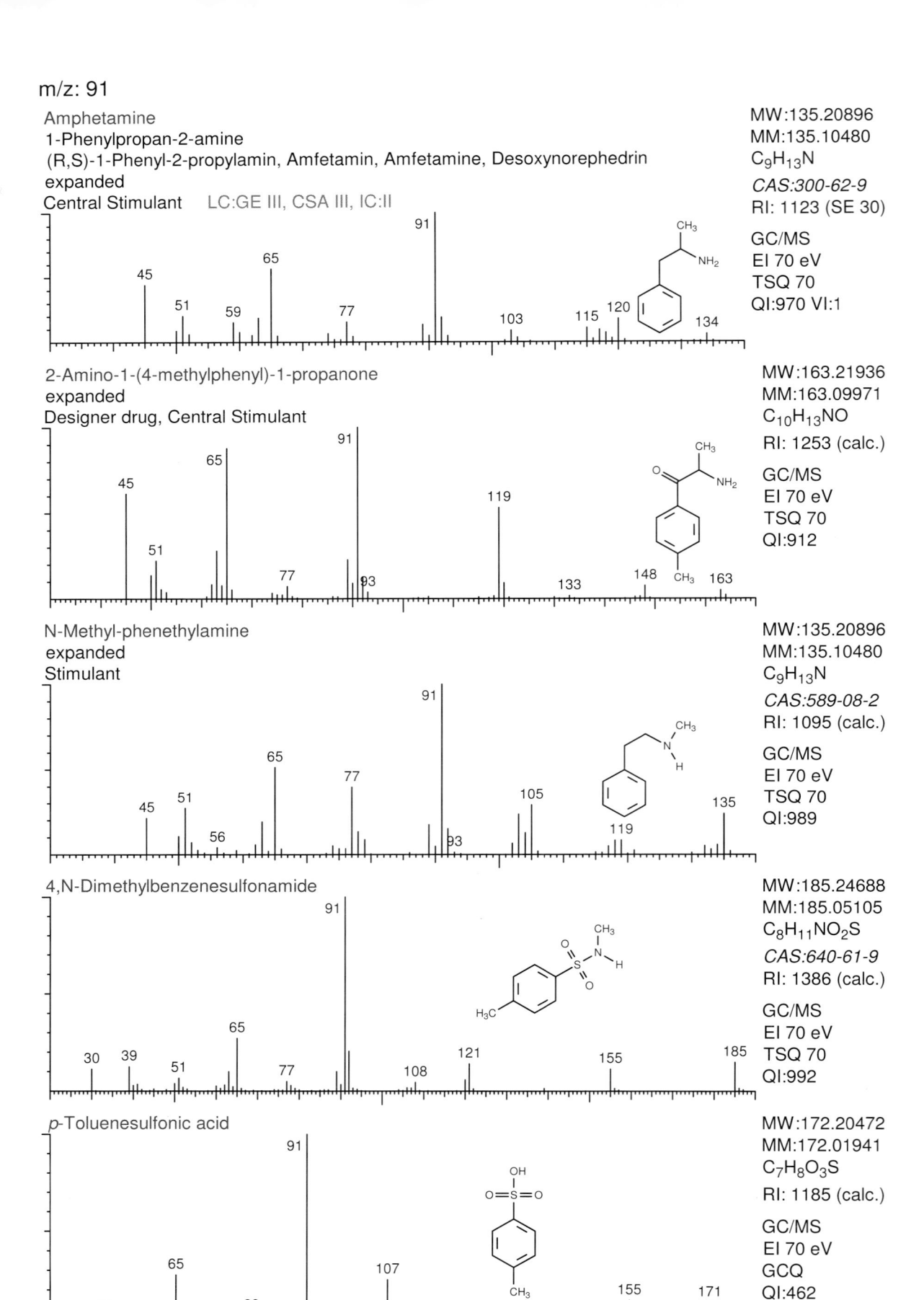

Amphetamine
1-Phenylpropan-2-amine
(R,S)-1-Phenyl-2-propylamin, Amfetamin, Amfetamine, Desoxynorephedrin
expanded
Central Stimulant   LC:GE III, CSA III, IC:II

MW:135.20896
MM:135.10480
$C_9H_{13}N$
CAS:300-62-9
RI: 1123 (SE 30)

GC/MS
EI 70 eV
TSQ 70
QI:970 VI:1

2-Amino-1-(4-methylphenyl)-1-propanone
expanded
Designer drug, Central Stimulant

MW:163.21936
MM:163.09971
$C_{10}H_{13}NO$
RI: 1253 (calc.)

GC/MS
EI 70 eV
TSQ 70
QI:912

N-Methyl-phenethylamine
expanded
Stimulant

MW:135.20896
MM:135.10480
$C_9H_{13}N$
CAS:589-08-2
RI: 1095 (calc.)

GC/MS
EI 70 eV
TSQ 70
QI:989

4,N-Dimethylbenzenesulfonamide

MW:185.24688
MM:185.05105
$C_8H_{11}NO_2S$
CAS:640-61-9
RI: 1386 (calc.)

GC/MS
EI 70 eV
TSQ 70
QI:992

***p*-Toluenesulfonic acid**

MW:172.20472
MM:172.01941
$C_7H_8O_3S$
RI: 1185 (calc.)

GC/MS
EI 70 eV
GCQ
QI:462

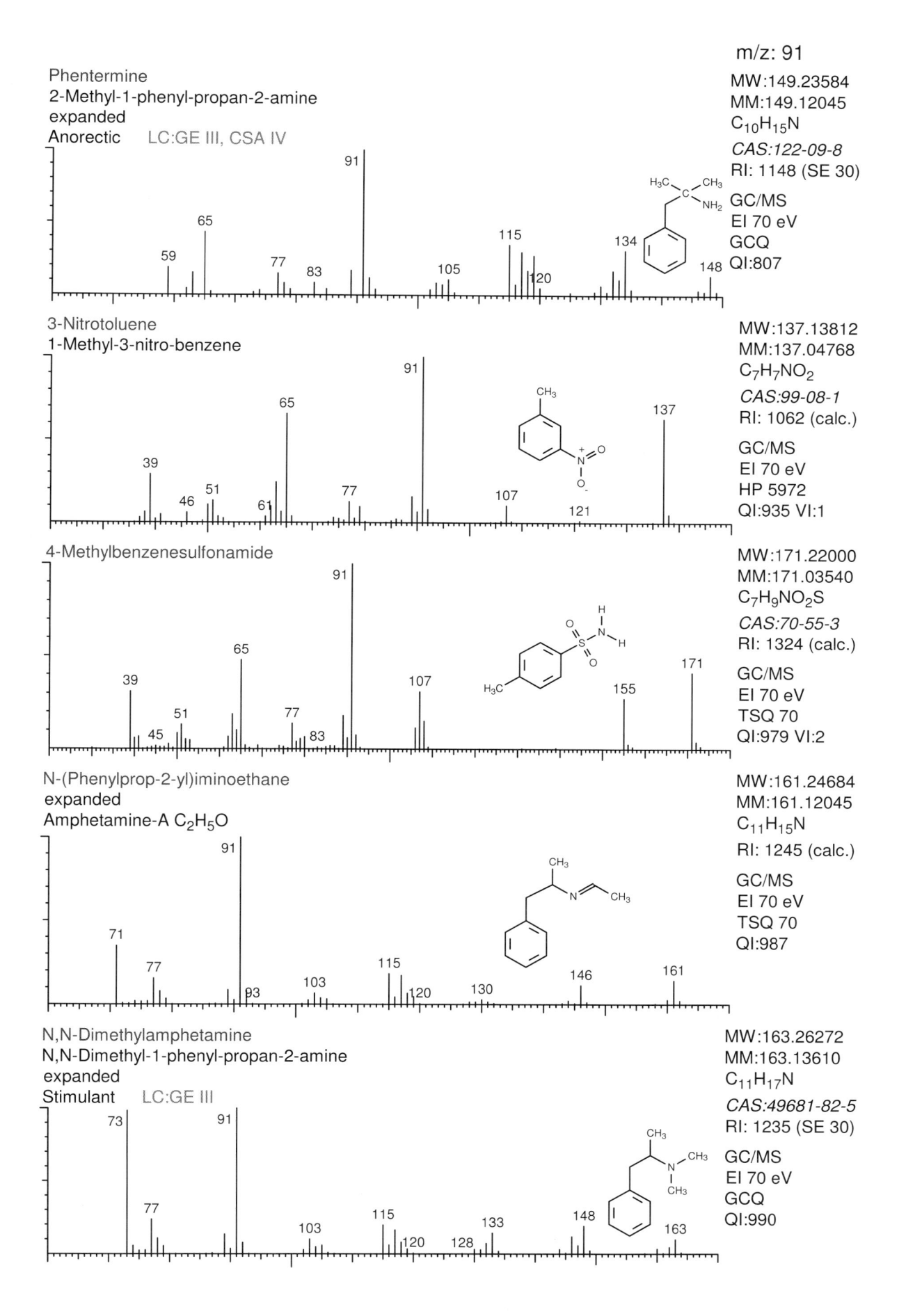

Phentermine
2-Methyl-1-phenyl-propan-2-amine
expanded
Anorectic   LC:GE III, CSA IV

Peaks: 59, 65, 77, 83, 91, 105, 115, 120, 134, 148

MW:149.23584
MM:149.12045
$C_{10}H_{15}N$
CAS:122-09-8
RI: 1148 (SE 30)
GC/MS
EI 70 eV
GCQ
QI:807

3-Nitrotoluene
1-Methyl-3-nitro-benzene

Peaks: 39, 46, 51, 61, 65, 77, 91, 107, 121, 137

MW:137.13812
MM:137.04768
$C_7H_7NO_2$
CAS:99-08-1
RI: 1062 (calc.)
GC/MS
EI 70 eV
HP 5972
QI:935 VI:1

4-Methylbenzenesulfonamide

Peaks: 39, 45, 51, 65, 77, 83, 91, 107, 155, 171

MW:171.22000
MM:171.03540
$C_7H_9NO_2S$
CAS:70-55-3
RI: 1324 (calc.)
GC/MS
EI 70 eV
TSQ 70
QI:979 VI:2

N-(Phenylprop-2-yl)iminoethane
expanded
Amphetamine-A C_2H_5O

Peaks: 71, 77, 91, 93, 103, 115, 120, 130, 146, 161

MW:161.24684
MM:161.12045
$C_{11}H_{15}N$
RI: 1245 (calc.)
GC/MS
EI 70 eV
TSQ 70
QI:987

N,N-Dimethylamphetamine
N,N-Dimethyl-1-phenyl-propan-2-amine
expanded
Stimulant   LC:GE III

Peaks: 73, 77, 91, 103, 115, 120, 128, 133, 148, 163

MW:163.26272
MM:163.13610
$C_{11}H_{17}N$
CAS:49681-82-5
RI: 1235 (SE 30)
GC/MS
EI 70 eV
GCQ
QI:990

m/z: 91

m/z: 91

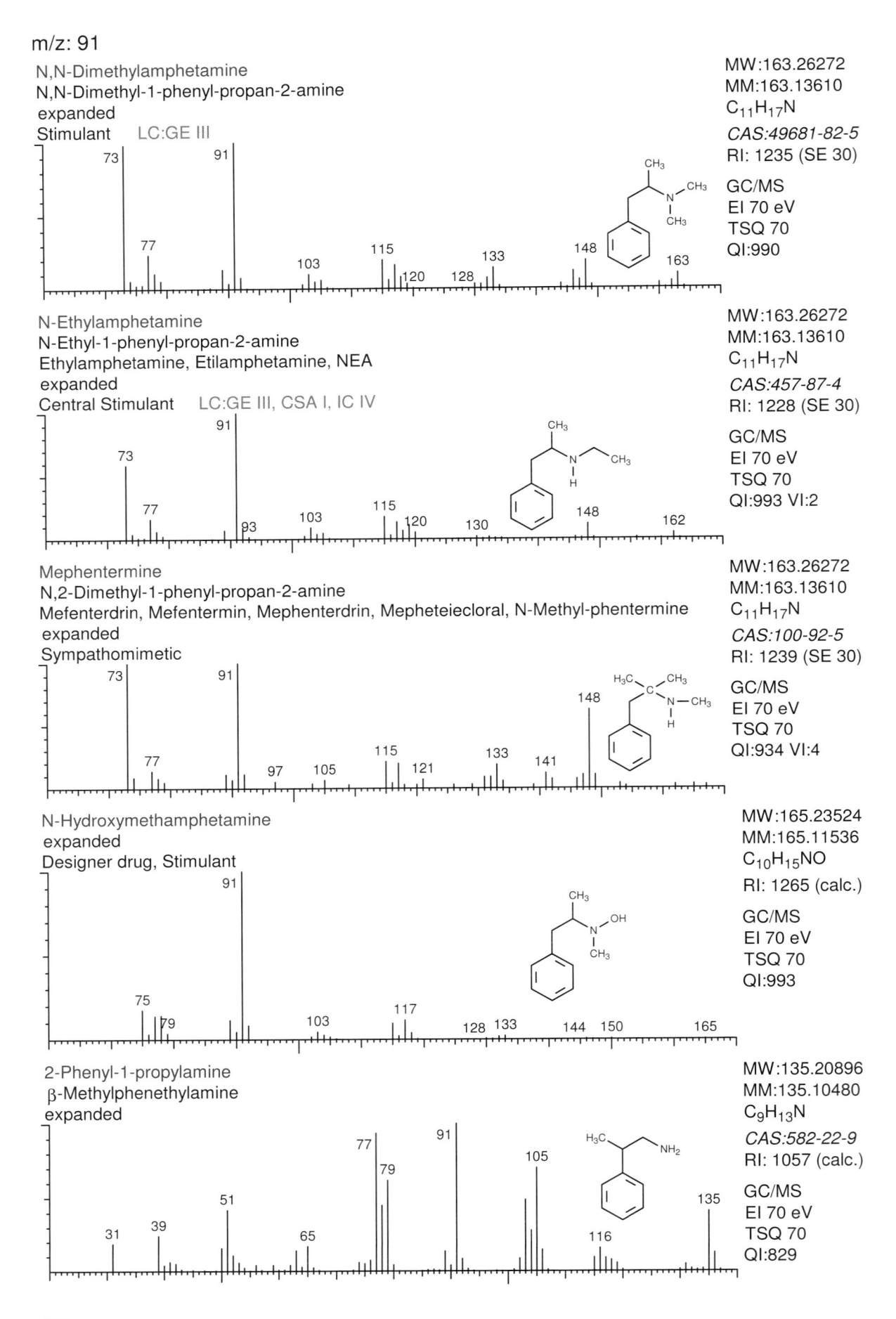

N,N-Dimethylamphetamine
N,N-Dimethyl-1-phenyl-propan-2-amine
expanded
Stimulant   LC:GE III

MW:163.26272
MM:163.13610
$C_{11}H_{17}N$
CAS:49681-82-5
RI: 1235 (SE 30)

GC/MS
EI 70 eV
TSQ 70
QI:990

N-Ethylamphetamine
N-Ethyl-1-phenyl-propan-2-amine
Ethylamphetamine, Etilamphetamine, NEA
expanded
Central Stimulant   LC:GE III, CSA I, IC IV

MW:163.26272
MM:163.13610
$C_{11}H_{17}N$
CAS:457-87-4
RI: 1228 (SE 30)

GC/MS
EI 70 eV
TSQ 70
QI:993 VI:2

Mephentermine
N,2-Dimethyl-1-phenyl-propan-2-amine
Mefenterdrin, Mefentermin, Mephenterdrin, Mepheteiecloral, N-Methyl-phentermine
expanded
Sympathomimetic

MW:163.26272
MM:163.13610
$C_{11}H_{17}N$
CAS:100-92-5
RI: 1239 (SE 30)

GC/MS
EI 70 eV
TSQ 70
QI:934 VI:4

N-Hydroxymethamphetamine
expanded
Designer drug, Stimulant

MW:165.23524
MM:165.11536
$C_{10}H_{15}NO$
RI: 1265 (calc.)

GC/MS
EI 70 eV
TSQ 70
QI:993

2-Phenyl-1-propylamine
β-Methylphenethylamine
expanded

MW:135.20896
MM:135.10480
$C_9H_{13}N$
CAS:582-22-9
RI: 1057 (calc.)

GC/MS
EI 70 eV
TSQ 70
QI:829

m/z: 91

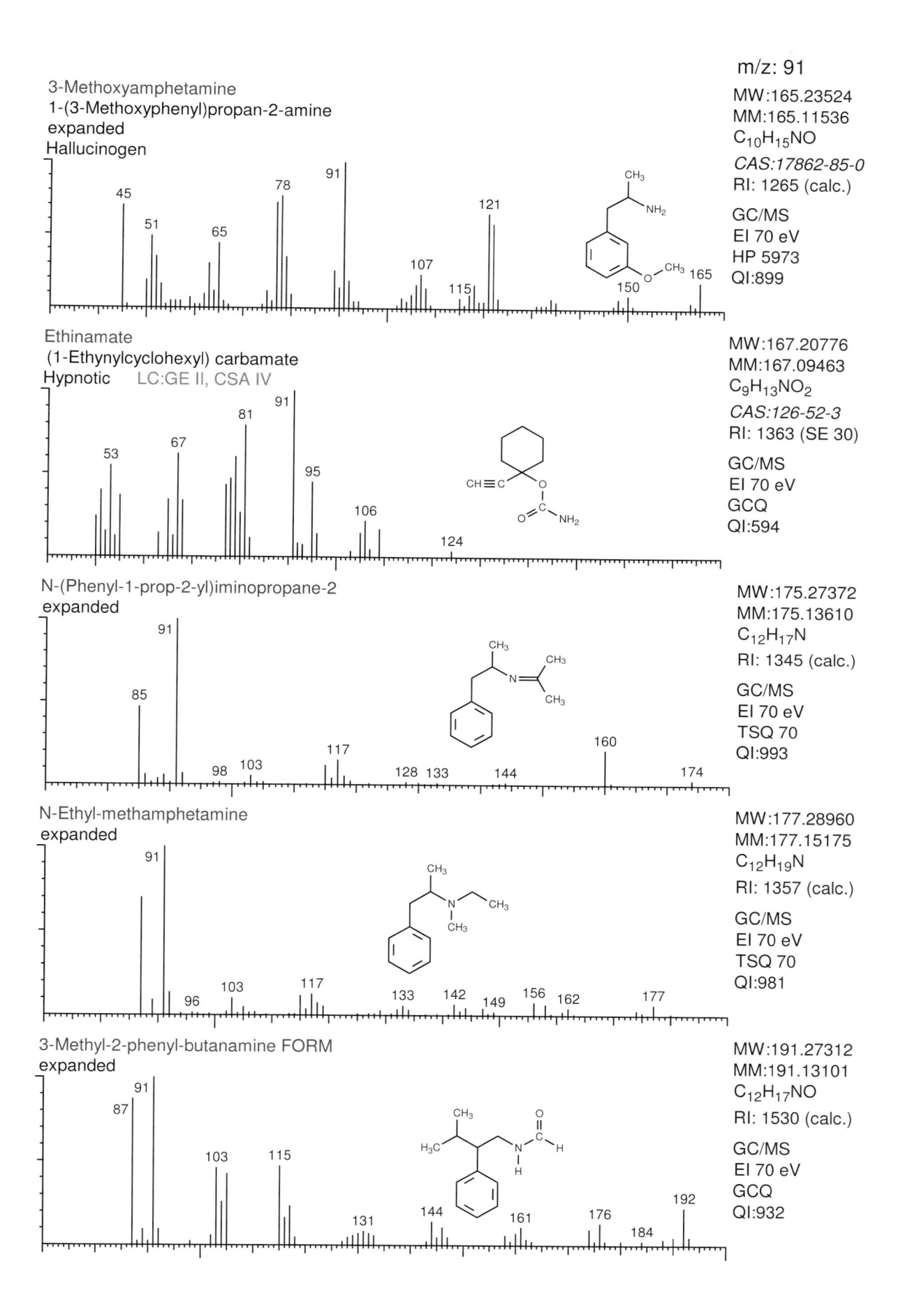

3-Methoxyamphetamine
1-(3-Methoxyphenyl)propan-2-amine
expanded
Hallucinogen

Peaks: 45, 51, 65, 78, 91, 107, 115, 121, 150, 165

MW: 165.23524
MM: 165.11536
$C_{10}H_{15}NO$
CAS: 17862-85-0
RI: 1265 (calc.)

GC/MS
EI 70 eV
HP 5973
QI: 899

Ethinamate
(1-Ethynylcyclohexyl) carbamate
Hypnotic LC:GE II, CSA IV

Peaks: 53, 67, 81, 91, 95, 106, 124

MW: 167.20776
MM: 167.09463
$C_9H_{13}NO_2$
CAS: 126-52-3
RI: 1363 (SE 30)

GC/MS
EI 70 eV
GCQ
QI: 594

N-(Phenyl-1-prop-2-yl)iminopropane-2
expanded

Peaks: 85, 91, 98, 103, 117, 128, 133, 144, 160, 174

MW: 175.27372
MM: 175.13610
$C_{12}H_{17}N$
RI: 1345 (calc.)

GC/MS
EI 70 eV
TSQ 70
QI: 993

N-Ethyl-methamphetamine
expanded

Peaks: 91, 96, 103, 117, 133, 142, 149, 156, 162, 177

MW: 177.28960
MM: 177.15175
$C_{12}H_{19}N$
RI: 1357 (calc.)

GC/MS
EI 70 eV
TSQ 70
QI: 981

3-Methyl-2-phenyl-butanamine FORM
expanded

Peaks: 87, 91, 103, 115, 131, 144, 161, 176, 184, 192

MW: 191.27312
MM: 191.13101
$C_{12}H_{17}NO$
RI: 1530 (calc.)

GC/MS
EI 70 eV
GCQ
QI: 932

m/z: 91

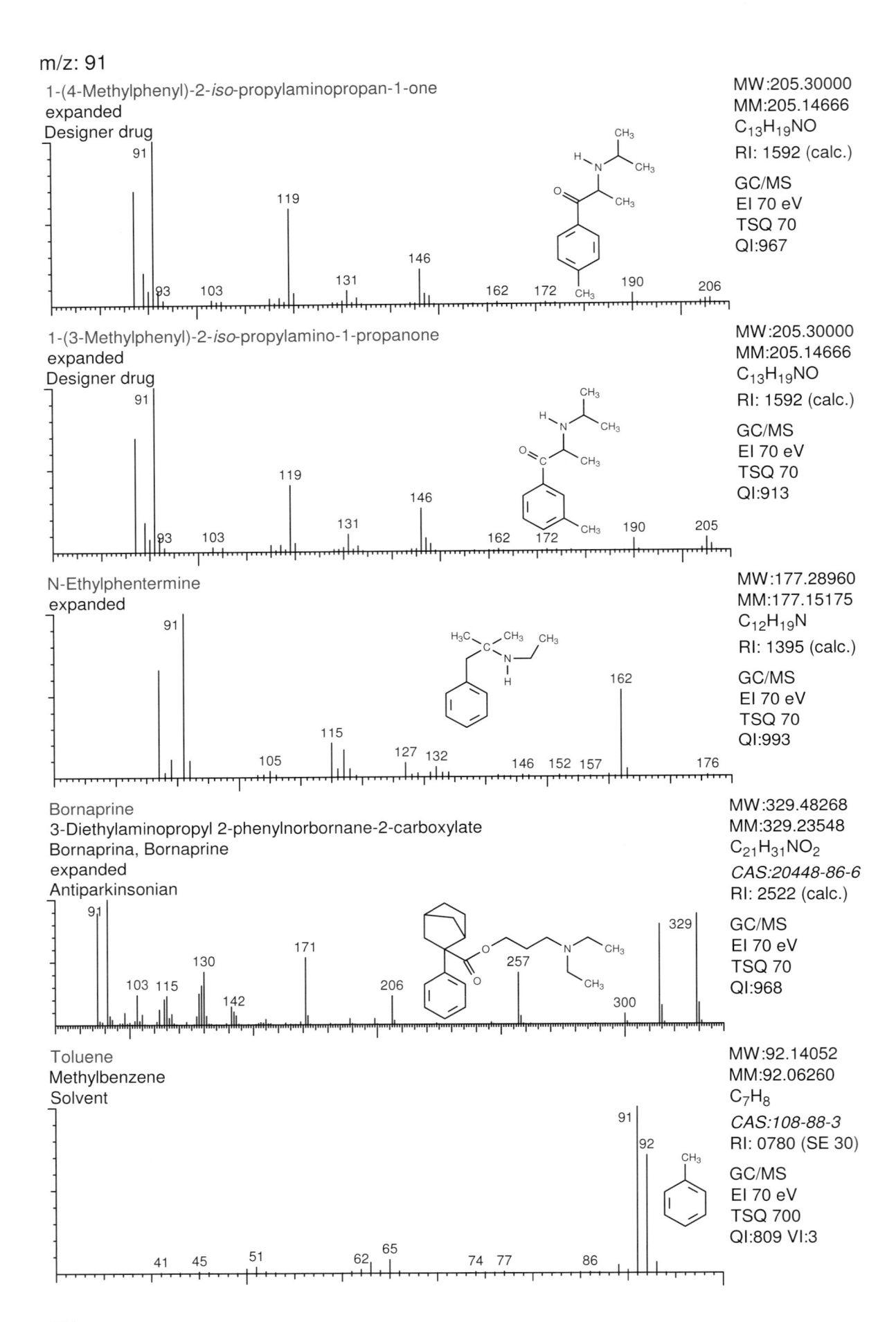

1-(4-Methylphenyl)-2-*iso*-propylaminopropan-1-one
expanded
Designer drug

MW:205.30000
MM:205.14666
$C_{13}H_{19}NO$
RI: 1592 (calc.)

GC/MS
EI 70 eV
TSQ 70
QI:967

1-(3-Methylphenyl)-2-*iso*-propylamino-1-propanone
expanded
Designer drug

MW:205.30000
MM:205.14666
$C_{13}H_{19}NO$
RI: 1592 (calc.)

GC/MS
EI 70 eV
TSQ 70
QI:913

N-Ethylphentermine
expanded

MW:177.28960
MM:177.15175
$C_{12}H_{19}N$
RI: 1395 (calc.)

GC/MS
EI 70 eV
TSQ 70
QI:993

Bornaprine
3-Diethylaminopropyl 2-phenylnorbornane-2-carboxylate
Bornaprina, Bornaprine
expanded
Antiparkinsonian

MW:329.48268
MM:329.23548
$C_{21}H_{31}NO_2$
CAS:20448-86-6
RI: 2522 (calc.)

GC/MS
EI 70 eV
TSQ 70
QI:968

Toluene
Methylbenzene
Solvent

MW:92.14052
MM:92.06260
C_7H_8
CAS:108-88-3
RI: 0780 (SE 30)

GC/MS
EI 70 eV
TSQ 700
QI:809 VI:3

m/z: 91

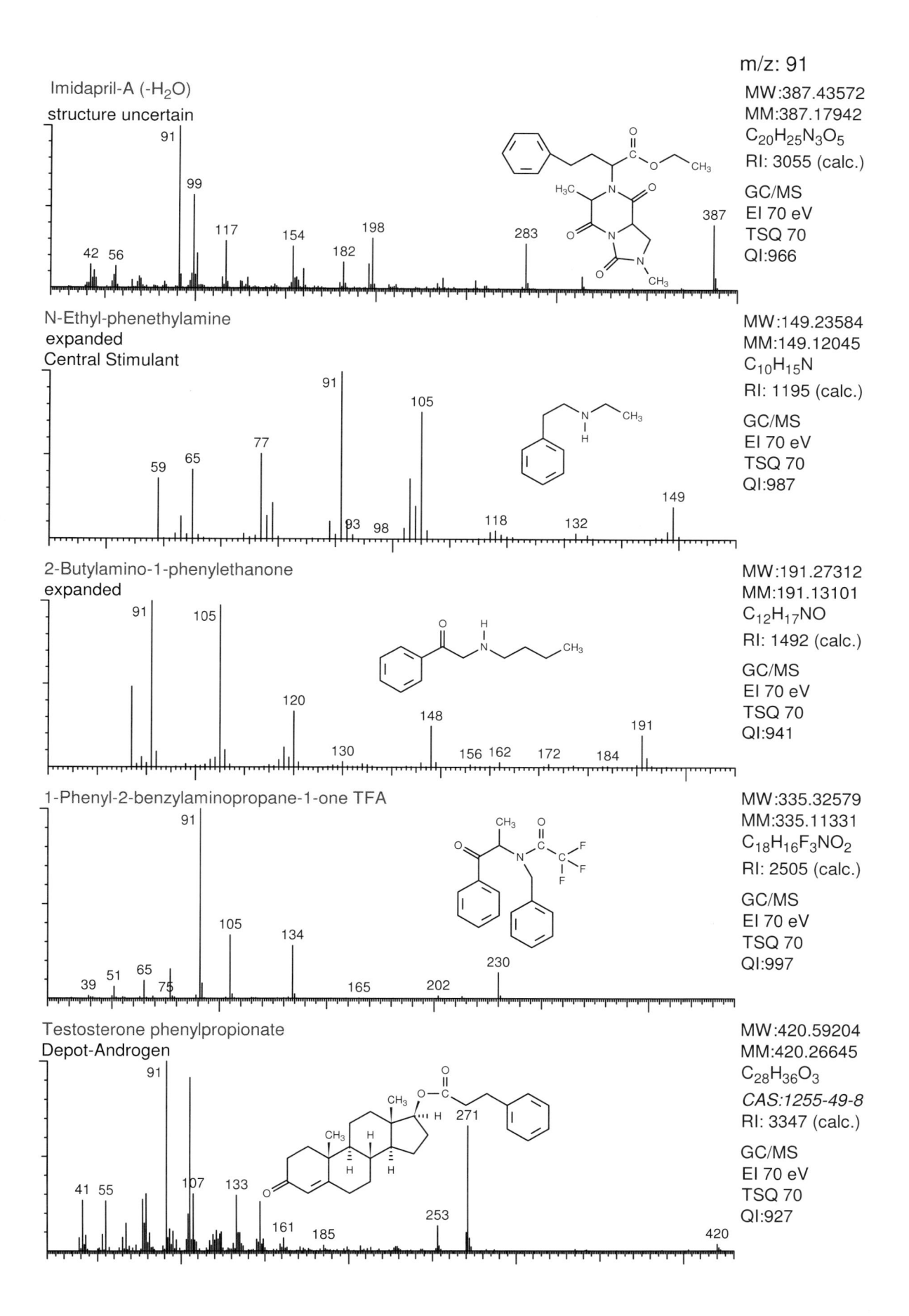

Imidapril-A (-H₂O)
structure uncertain

MW: 387.43572
MM: 387.17942
$C_{20}H_{25}N_3O_5$
RI: 3055 (calc.)

GC/MS
EI 70 eV
TSQ 70
QI: 966

Peaks: 42, 56, 91, 99, 117, 154, 182, 198, 283, 387

N-Ethyl-phenethylamine
expanded
Central Stimulant

MW: 149.23584
MM: 149.12045
$C_{10}H_{15}N$
RI: 1195 (calc.)

GC/MS
EI 70 eV
TSQ 70
QI: 987

Peaks: 59, 65, 77, 91, 93, 98, 105, 118, 132, 149

2-Butylamino-1-phenylethanone
expanded

MW: 191.27312
MM: 191.13101
$C_{12}H_{17}NO$
RI: 1492 (calc.)

GC/MS
EI 70 eV
TSQ 70
QI: 941

Peaks: 91, 105, 120, 130, 148, 156, 162, 172, 184, 191

1-Phenyl-2-benzylaminopropane-1-one TFA

MW: 335.32579
MM: 335.11331
$C_{18}H_{16}F_3NO_2$
RI: 2505 (calc.)

GC/MS
EI 70 eV
TSQ 70
QI: 997

Peaks: 39, 51, 65, 75, 91, 105, 134, 165, 202, 230

Testosterone phenylpropionate
Depot-Androgen

MW: 420.59204
MM: 420.26645
$C_{28}H_{36}O_3$
CAS: 1255-49-8
RI: 3347 (calc.)

GC/MS
EI 70 eV
TSQ 70
QI: 927

Peaks: 41, 55, 91, 107, 133, 161, 185, 253, 271, 420

m/z: 91

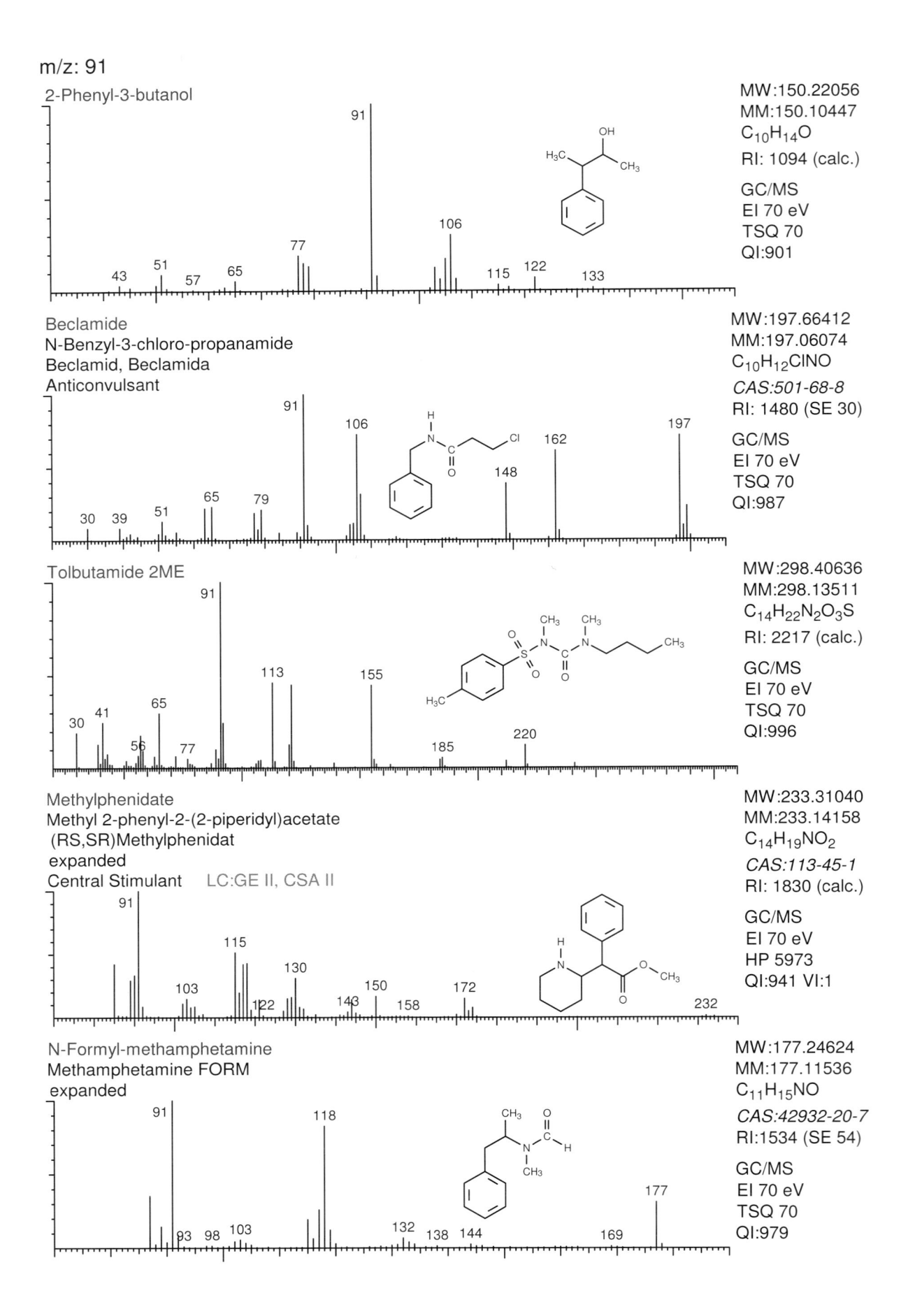

2-Phenyl-3-butanol

MW: 150.22056
MM: 150.10447
$C_{10}H_{14}O$
RI: 1094 (calc.)

GC/MS
EI 70 eV
TSQ 70
QI: 901

Peaks: 43, 51, 57, 65, 77, 91, 106, 115, 122, 133

Beclamide
N-Benzyl-3-chloro-propanamide
Beclamid, Beclamida
Anticonvulsant

MW: 197.66412
MM: 197.06074
$C_{10}H_{12}ClNO$
CAS: 501-68-8
RI: 1480 (SE 30)

GC/MS
EI 70 eV
TSQ 70
QI: 987

Peaks: 30, 39, 51, 65, 79, 91, 106, 148, 162, 197

Tolbutamide 2ME

MW: 298.40636
MM: 298.13511
$C_{14}H_{22}N_2O_3S$
RI: 2217 (calc.)

GC/MS
EI 70 eV
TSQ 70
QI: 996

Peaks: 30, 41, 56, 65, 77, 91, 113, 155, 185, 220

Methylphenidate
Methyl 2-phenyl-2-(2-piperidyl)acetate
(RS,SR)Methylphenidat
expanded
Central Stimulant   LC:GE II, CSA II

MW: 233.31040
MM: 233.14158
$C_{14}H_{19}NO_2$
CAS: 113-45-1
RI: 1830 (calc.)

GC/MS
EI 70 eV
HP 5973
QI: 941 VI:1

Peaks: 91, 103, 115, 122, 130, 143, 150, 158, 172, 232

N-Formyl-methamphetamine
Methamphetamine FORM
expanded

MW: 177.24624
MM: 177.11536
$C_{11}H_{15}NO$
CAS: 42932-20-7
RI: 1534 (SE 54)

GC/MS
EI 70 eV
TSQ 70
QI: 979

Peaks: 91, 93, 98, 103, 118, 132, 138, 144, 169, 177

m/z: 91

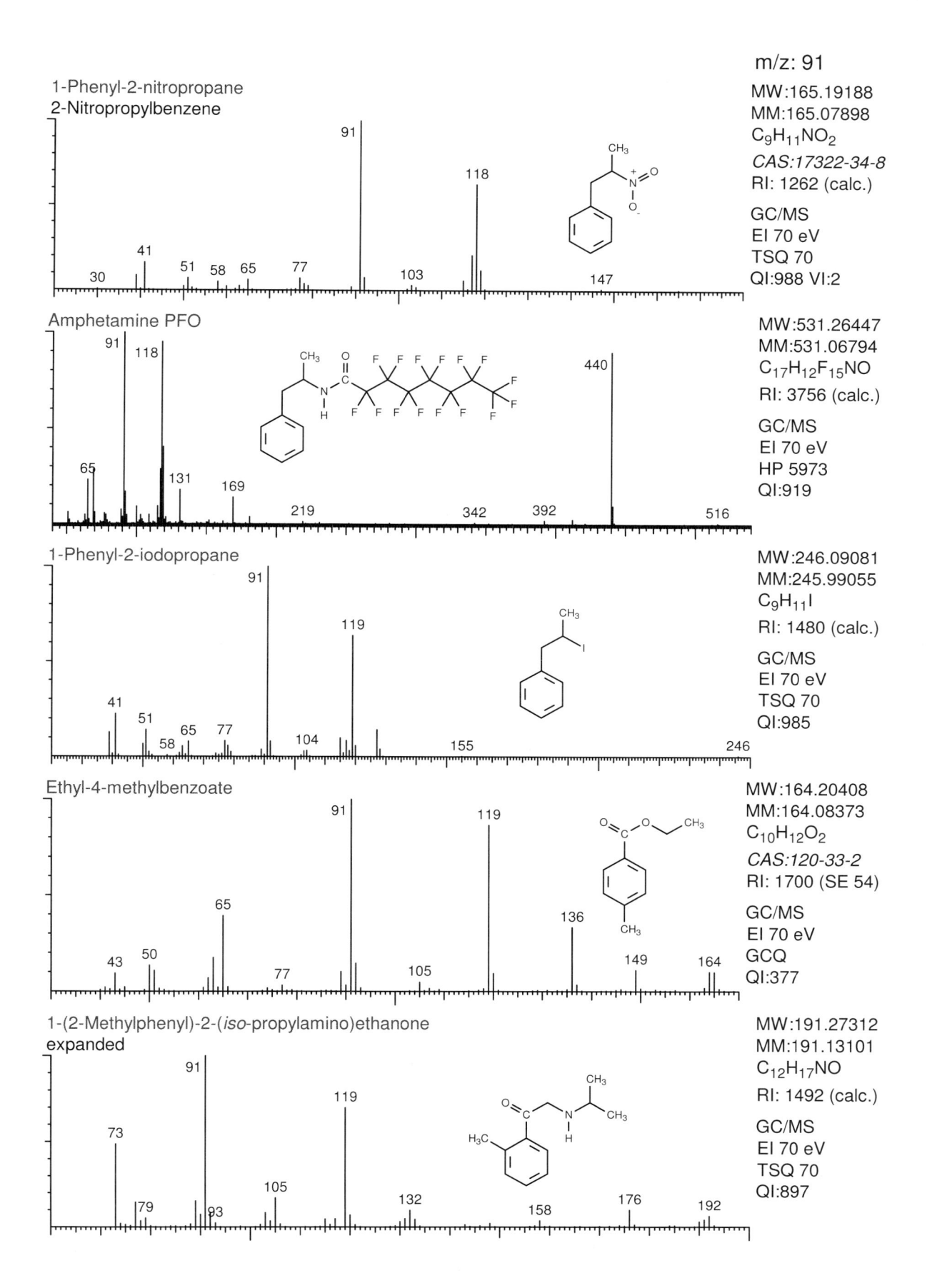

1-Phenyl-2-nitropropane
2-Nitropropylbenzene

Peaks: 30, 41, 51, 58, 65, 77, 91, 103, 118, 147

MW: 165.19188
MM: 165.07898
$C_9H_{11}NO_2$
CAS: 17322-34-8
RI: 1262 (calc.)

GC/MS
EI 70 eV
TSQ 70
QI: 988 VI:2

Amphetamine PFO

Peaks: 65, 91, 118, 131, 169, 219, 342, 392, 440, 516

MW: 531.26447
MM: 531.06794
$C_{17}H_{12}F_{15}NO$
RI: 3756 (calc.)

GC/MS
EI 70 eV
HP 5973
QI: 919

1-Phenyl-2-iodopropane

Peaks: 41, 51, 58, 65, 77, 91, 104, 119, 155, 246

MW: 246.09081
MM: 245.99055
$C_9H_{11}I$
RI: 1480 (calc.)

GC/MS
EI 70 eV
TSQ 70
QI: 985

Ethyl-4-methylbenzoate

Peaks: 43, 50, 65, 77, 91, 105, 119, 136, 149, 164

MW: 164.20408
MM: 164.08373
$C_{10}H_{12}O_2$
CAS: 120-33-2
RI: 1700 (SE 54)

GC/MS
EI 70 eV
GCQ
QI: 377

1-(2-Methylphenyl)-2-(*iso*-propylamino)ethanone
expanded

Peaks: 73, 79, 91, 93, 105, 119, 132, 158, 176, 192

MW: 191.27312
MM: 191.13101
$C_{12}H_{17}NO$
RI: 1492 (calc.)

GC/MS
EI 70 eV
TSQ 70
QI: 897

m/z: 91

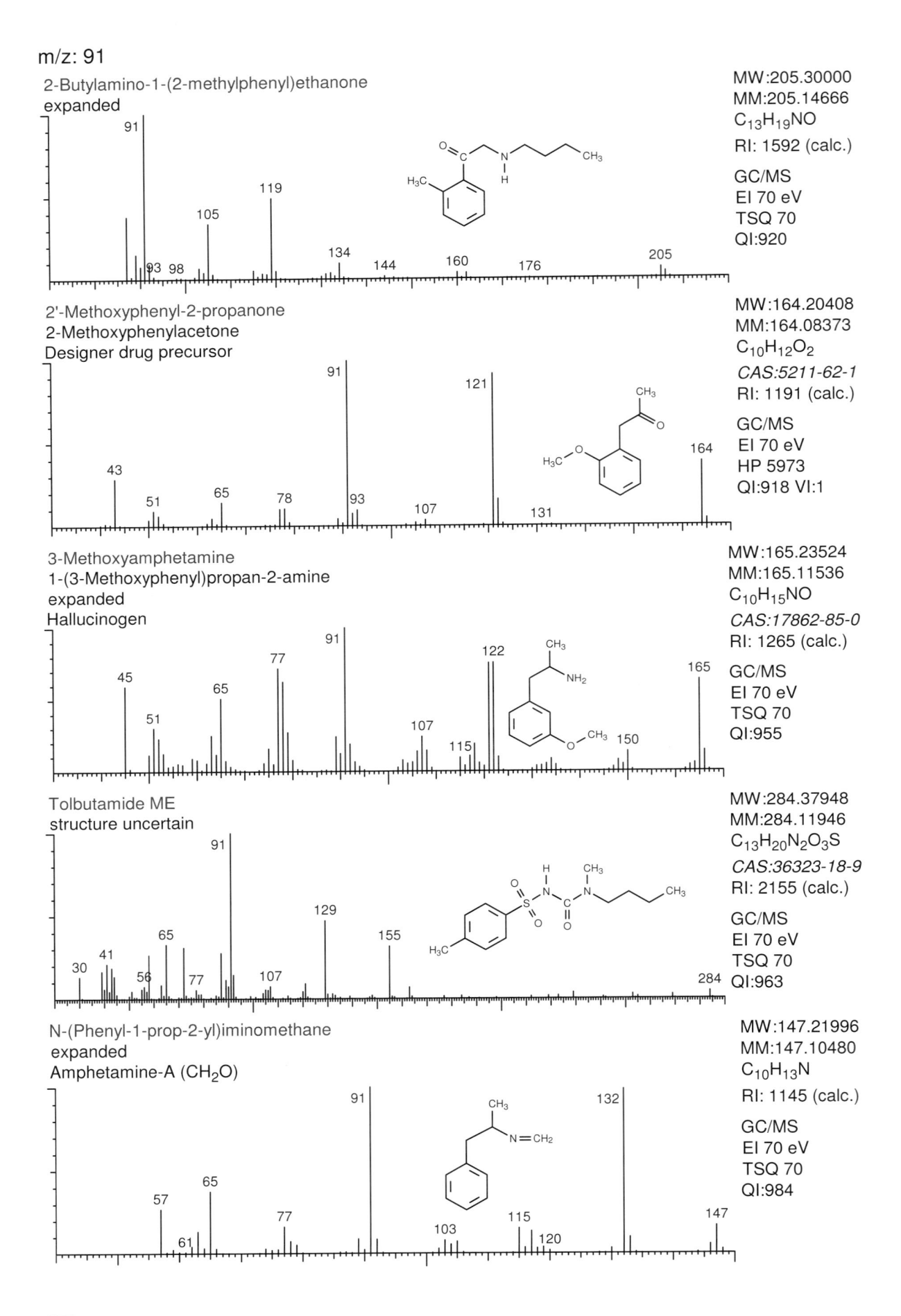

2-Butylamino-1-(2-methylphenyl)ethanone
expanded

Peaks: 91, 93, 98, 105, 119, 134, 144, 160, 176, 205

MW: 205.30000
MM: 205.14666
$C_{13}H_{19}NO$
RI: 1592 (calc.)

GC/MS
EI 70 eV
TSQ 70
QI: 920

2'-Methoxyphenyl-2-propanone
2-Methoxyphenylacetone
Designer drug precursor

Peaks: 43, 51, 65, 78, 91, 93, 107, 121, 131, 164

MW: 164.20408
MM: 164.08373
$C_{10}H_{12}O_2$
CAS: 5211-62-1
RI: 1191 (calc.)

GC/MS
EI 70 eV
HP 5973
QI: 918 VI:1

3-Methoxyamphetamine
1-(3-Methoxyphenyl)propan-2-amine
expanded
Hallucinogen

Peaks: 45, 51, 65, 77, 91, 107, 115, 122, 150, 165

MW: 165.23524
MM: 165.11536
$C_{10}H_{15}NO$
CAS: 17862-85-0
RI: 1265 (calc.)

GC/MS
EI 70 eV
TSQ 70
QI: 955

Tolbutamide ME
structure uncertain

Peaks: 30, 41, 56, 65, 77, 91, 107, 129, 155, 284

MW: 284.37948
MM: 284.11946
$C_{13}H_{20}N_2O_3S$
CAS: 36323-18-9
RI: 2155 (calc.)

GC/MS
EI 70 eV
TSQ 70
QI: 963

N-(Phenyl-1-prop-2-yl)iminomethane
expanded
Amphetamine-A (CH_2O)

Peaks: 57, 61, 65, 77, 91, 103, 115, 120, 132, 147

MW: 147.21996
MM: 147.10480
$C_{10}H_{13}N$
RI: 1145 (calc.)

GC/MS
EI 70 eV
TSQ 70
QI: 984

m/z: 91

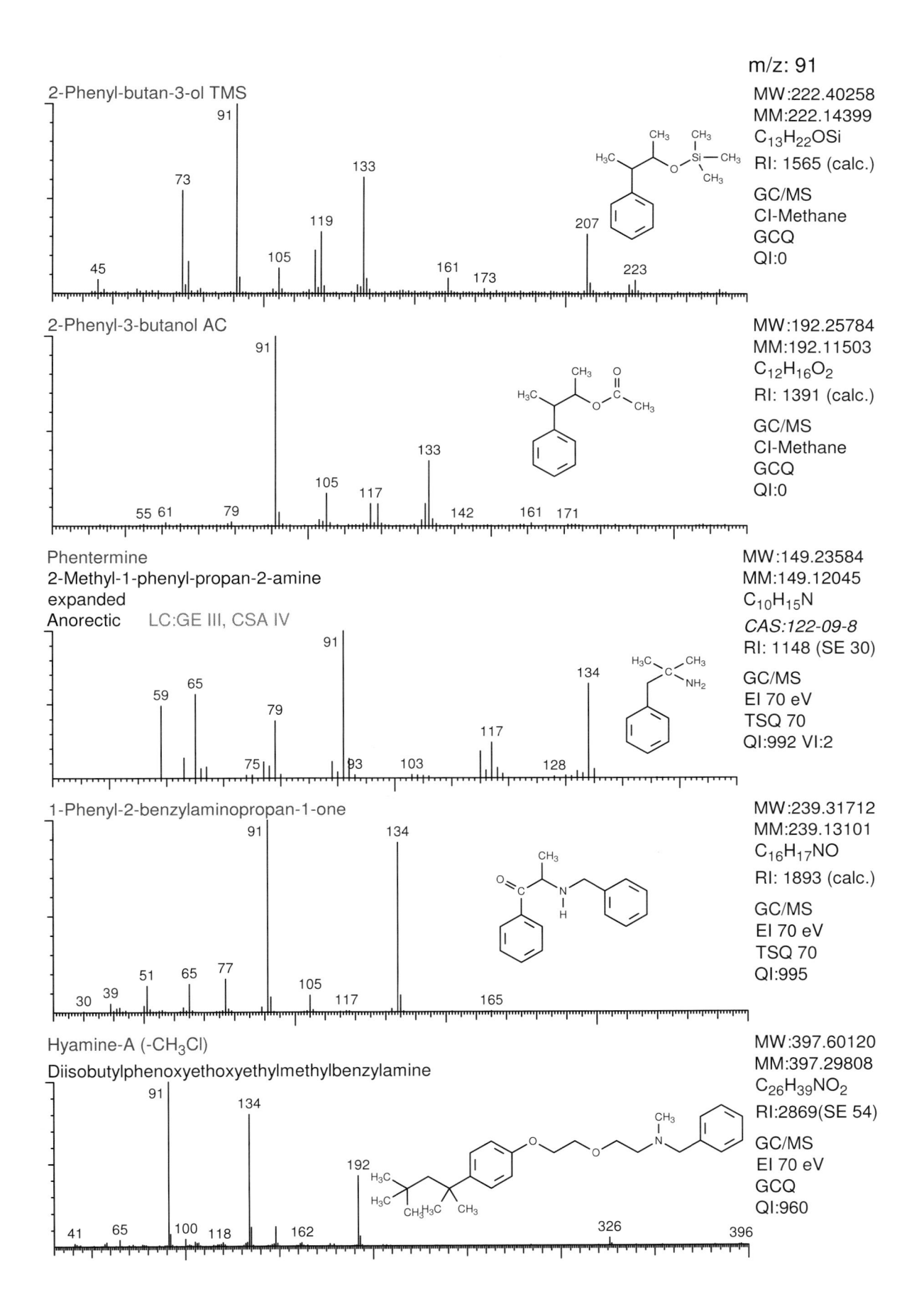

2-Phenyl-butan-3-ol TMS

Peaks: 45, 73, 91, 105, 119, 133, 161, 173, 207, 223

MW: 222.40258
MM: 222.14399
$C_{13}H_{22}OSi$
RI: 1565 (calc.)

GC/MS
CI-Methane
GCQ
QI:0

2-Phenyl-3-butanol AC

Peaks: 55, 61, 79, 91, 105, 117, 133, 142, 161, 171

MW: 192.25784
MM: 192.11503
$C_{12}H_{16}O_2$
RI: 1391 (calc.)

GC/MS
CI-Methane
GCQ
QI:0

Phentermine
2-Methyl-1-phenyl-propan-2-amine
expanded
Anorectic   LC:GE III, CSA IV

Peaks: 59, 65, 75, 79, 91, 93, 103, 117, 128, 134

MW: 149.23584
MM: 149.12045
$C_{10}H_{15}N$
CAS:122-09-8
RI: 1148 (SE 30)

GC/MS
EI 70 eV
TSQ 70
QI:992 VI:2

1-Phenyl-2-benzylaminopropan-1-one

Peaks: 30, 39, 51, 65, 77, 91, 105, 117, 134, 165

MW: 239.31712
MM: 239.13101
$C_{16}H_{17}NO$
RI: 1893 (calc.)

GC/MS
EI 70 eV
TSQ 70
QI:995

Hyamine-A ($-CH_3Cl$)
Diisobutylphenoxyethoxyethylmethylbenzylamine

Peaks: 41, 65, 91, 100, 118, 134, 162, 192, 326, 396

MW: 397.60120
MM: 397.29808
$C_{26}H_{39}NO_2$
RI: 2869 (SE 54)

GC/MS
EI 70 eV
GCQ
QI:960

m/z: 91

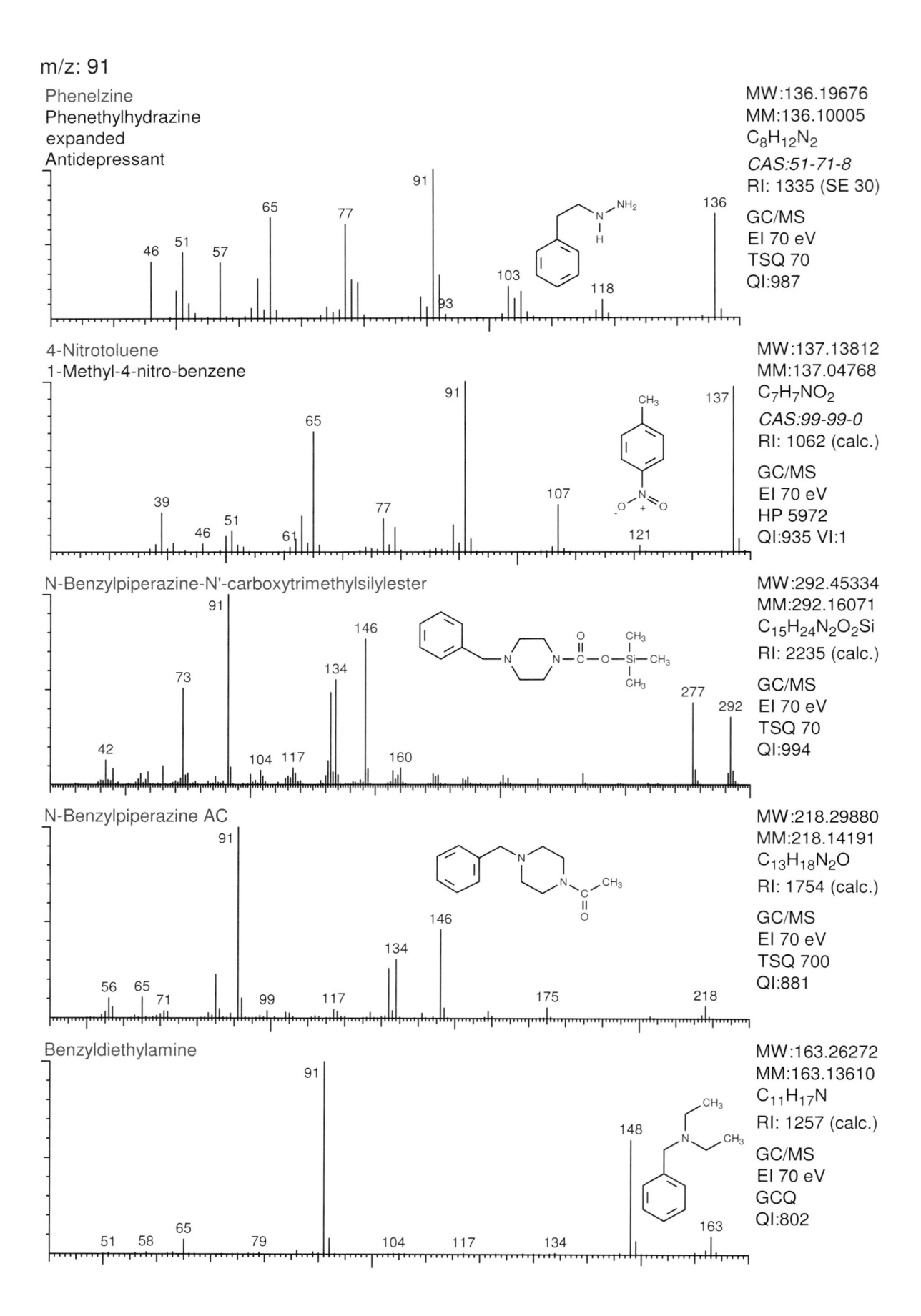

Phenelzine
Phenethylhydrazine
expanded
Antidepressant

MW:136.19676
MM:136.10005
$C_8H_{12}N_2$
CAS:51-71-8
RI: 1335 (SE 30)

GC/MS
EI 70 eV
TSQ 70
QI:987

Peaks: 46, 51, 57, 65, 77, 91, 93, 103, 118, 136

4-Nitrotoluene
1-Methyl-4-nitro-benzene

MW:137.13812
MM:137.04768
$C_7H_7NO_2$
CAS:99-99-0
RI: 1062 (calc.)

GC/MS
EI 70 eV
HP 5972
QI:935 VI:1

Peaks: 39, 46, 51, 61, 65, 77, 91, 107, 121, 137

N-Benzylpiperazine-N'-carboxytrimethylsilylester

MW:292.45334
MM:292.16071
$C_{15}H_{24}N_2O_2Si$
RI: 2235 (calc.)

GC/MS
EI 70 eV
TSQ 70
QI:994

Peaks: 42, 73, 91, 104, 117, 134, 146, 160, 277, 292

N-Benzylpiperazine AC

MW:218.29880
MM:218.14191
$C_{13}H_{18}N_2O$
RI: 1754 (calc.)

GC/MS
EI 70 eV
TSQ 700
QI:881

Peaks: 56, 65, 71, 91, 99, 117, 134, 146, 175, 218

Benzyldiethylamine

MW:163.26272
MM:163.13610
$C_{11}H_{17}N$
RI: 1257 (calc.)

GC/MS
EI 70 eV
GCQ
QI:802

Peaks: 51, 58, 65, 79, 91, 104, 117, 134, 148, 163

m/z: 91

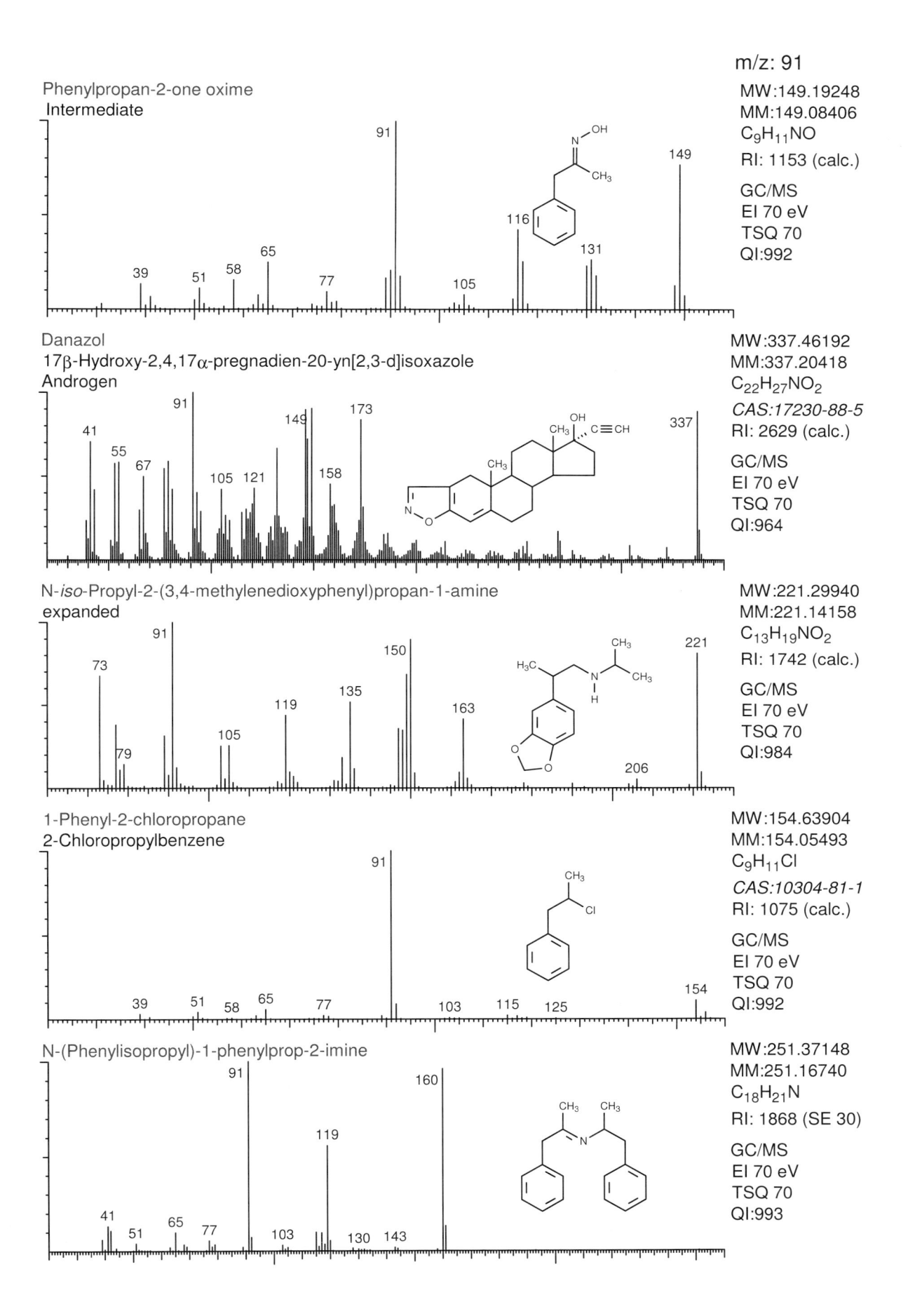

Phenylpropan-2-one oxime
Intermediate

MW: 149.19248
MM: 149.08406
$C_9H_{11}NO$
RI: 1153 (calc.)

GC/MS
EI 70 eV
TSQ 70
QI: 992

Peaks: 39, 51, 58, 65, 77, 91, 105, 116, 131, 149

Danazol
17β-Hydroxy-2,4,17α-pregnadien-20-yn[2,3-d]isoxazole
Androgen

MW: 337.46192
MM: 337.20418
$C_{22}H_{27}NO_2$
CAS: 17230-88-5
RI: 2629 (calc.)

GC/MS
EI 70 eV
TSQ 70
QI: 964

Peaks: 41, 55, 67, 91, 105, 121, 149, 158, 173, 337

N-iso-Propyl-2-(3,4-methylenedioxyphenyl)propan-1-amine
expanded

MW: 221.29940
MM: 221.14158
$C_{13}H_{19}NO_2$
RI: 1742 (calc.)

GC/MS
EI 70 eV
TSQ 70
QI: 984

Peaks: 73, 79, 91, 105, 119, 135, 150, 163, 206, 221

1-Phenyl-2-chloropropane
2-Chloropropylbenzene

MW: 154.63904
MM: 154.05493
$C_9H_{11}Cl$
CAS: 10304-81-1
RI: 1075 (calc.)

GC/MS
EI 70 eV
TSQ 70
QI: 992

Peaks: 39, 51, 58, 65, 77, 91, 103, 115, 125, 154

N-(Phenylisopropyl)-1-phenylprop-2-imine

MW: 251.37148
MM: 251.16740
$C_{18}H_{21}N$
RI: 1868 (SE 30)

GC/MS
EI 70 eV
TSQ 70
QI: 993

Peaks: 41, 51, 65, 77, 91, 103, 119, 130, 143, 160

m/z: 91

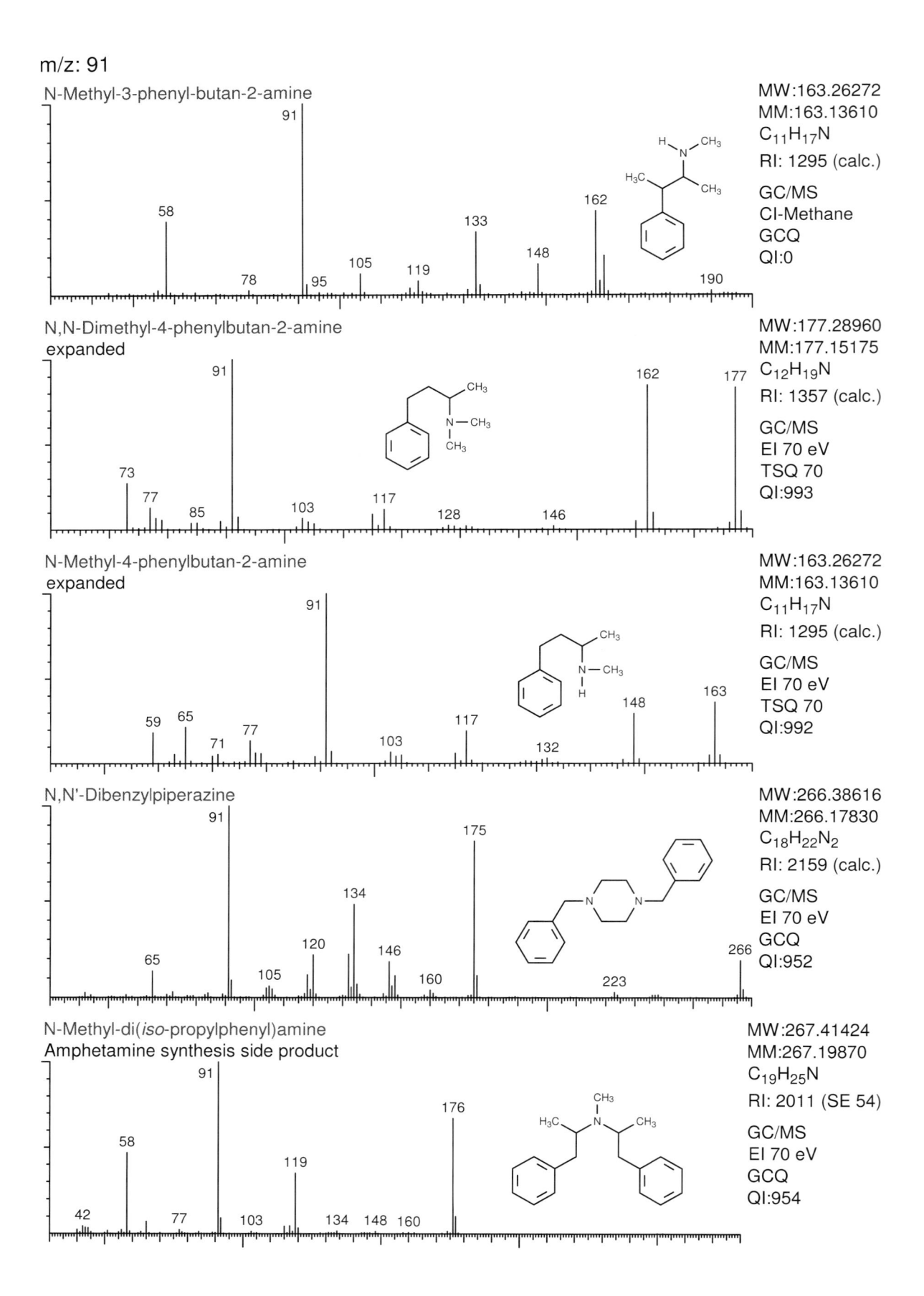

N-Methyl-3-phenyl-butan-2-amine

MW: 163.26272
MM: 163.13610
$C_{11}H_{17}N$
RI: 1295 (calc.)

GC/MS
CI-Methane
GCQ
QI: 0

Peaks: 58, 78, 91, 95, 105, 119, 133, 148, 162, 190

N,N-Dimethyl-4-phenylbutan-2-amine
expanded

MW: 177.28960
MM: 177.15175
$C_{12}H_{19}N$
RI: 1357 (calc.)

GC/MS
EI 70 eV
TSQ 70
QI: 993

Peaks: 73, 77, 85, 91, 103, 117, 128, 146, 162, 177

N-Methyl-4-phenylbutan-2-amine
expanded

MW: 163.26272
MM: 163.13610
$C_{11}H_{17}N$
RI: 1295 (calc.)

GC/MS
EI 70 eV
TSQ 70
QI: 992

Peaks: 59, 65, 71, 77, 91, 103, 117, 132, 148, 163

N,N'-Dibenzylpiperazine

MW: 266.38616
MM: 266.17830
$C_{18}H_{22}N_2$
RI: 2159 (calc.)

GC/MS
EI 70 eV
GCQ
QI: 952

Peaks: 65, 91, 105, 120, 134, 146, 160, 175, 223, 266

N-Methyl-di(*iso*-propylphenyl)amine
Amphetamine synthesis side product

MW: 267.41424
MM: 267.19870
$C_{19}H_{25}N$
RI: 2011 (SE 54)

GC/MS
EI 70 eV
GCQ
QI: 954

Peaks: 42, 58, 77, 91, 103, 119, 134, 148, 160, 176

m/z: 91

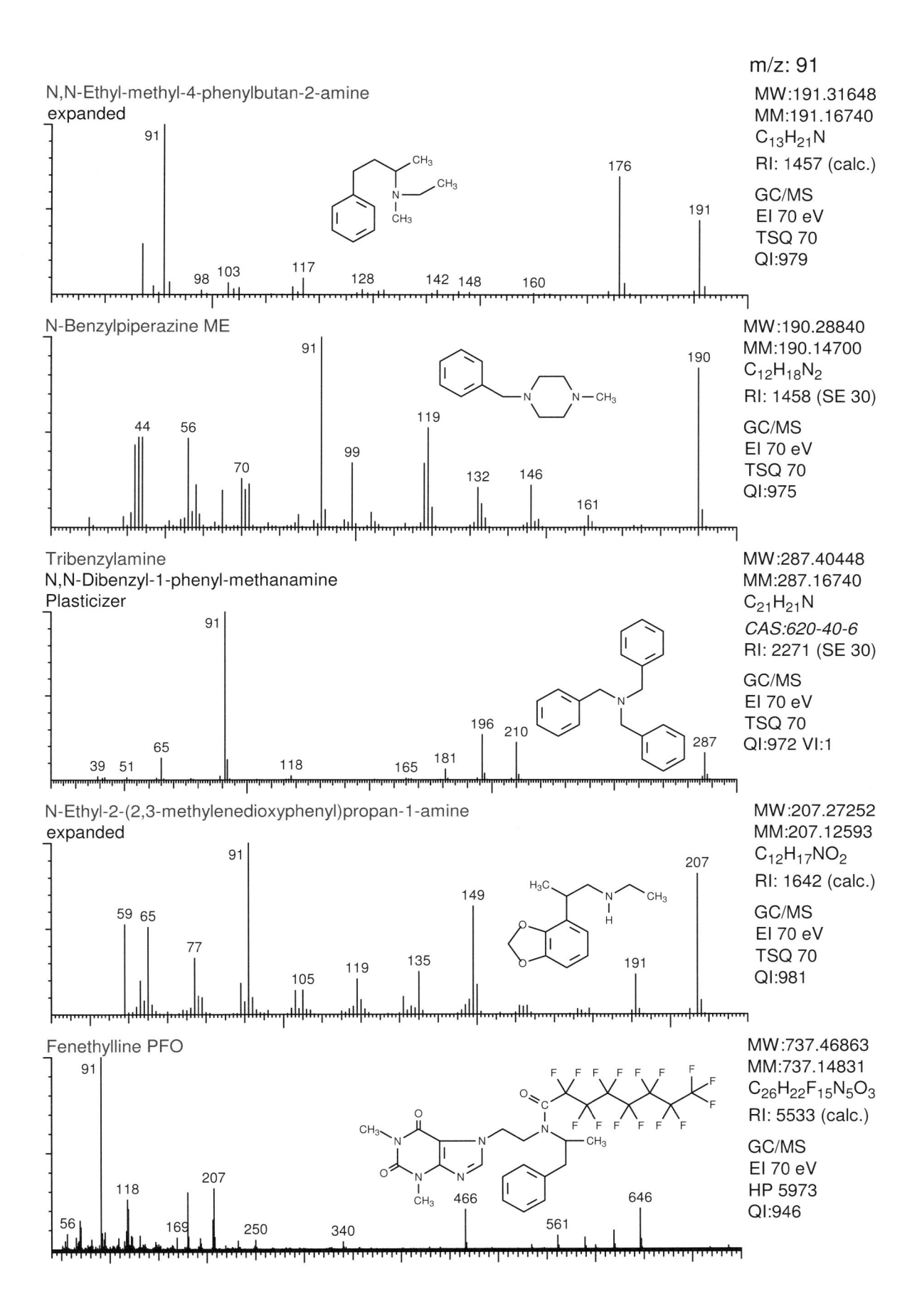

N,N-Ethyl-methyl-4-phenylbutan-2-amine
expanded

Peaks: 91, 98, 103, 117, 128, 142, 148, 160, 176, 191

MW: 191.31648
MM: 191.16740
$C_{13}H_{21}N$
RI: 1457 (calc.)

GC/MS
EI 70 eV
TSQ 70
QI: 979

N-Benzylpiperazine ME

Peaks: 44, 56, 70, 91, 99, 119, 132, 146, 161, 190

MW: 190.28840
MM: 190.14700
$C_{12}H_{18}N_2$
RI: 1458 (SE 30)

GC/MS
EI 70 eV
TSQ 70
QI: 975

Tribenzylamine
N,N-Dibenzyl-1-phenyl-methanamine
Plasticizer

Peaks: 39, 51, 65, 91, 118, 165, 181, 196, 210, 287

MW: 287.40448
MM: 287.16740
$C_{21}H_{21}N$
CAS: 620-40-6
RI: 2271 (SE 30)

GC/MS
EI 70 eV
TSQ 70
QI: 972 VI:1

N-Ethyl-2-(2,3-methylenedioxyphenyl)propan-1-amine
expanded

Peaks: 59, 65, 77, 91, 105, 119, 135, 149, 191, 207

MW: 207.27252
MM: 207.12593
$C_{12}H_{17}NO_2$
RI: 1642 (calc.)

GC/MS
EI 70 eV
TSQ 70
QI: 981

Fenethylline PFO

Peaks: 56, 91, 118, 169, 207, 250, 340, 466, 561, 646

MW: 737.46863
MM: 737.14831
$C_{26}H_{22}F_{15}N_5O_3$
RI: 5533 (calc.)

GC/MS
EI 70 eV
HP 5973
QI: 946

m/z: 91

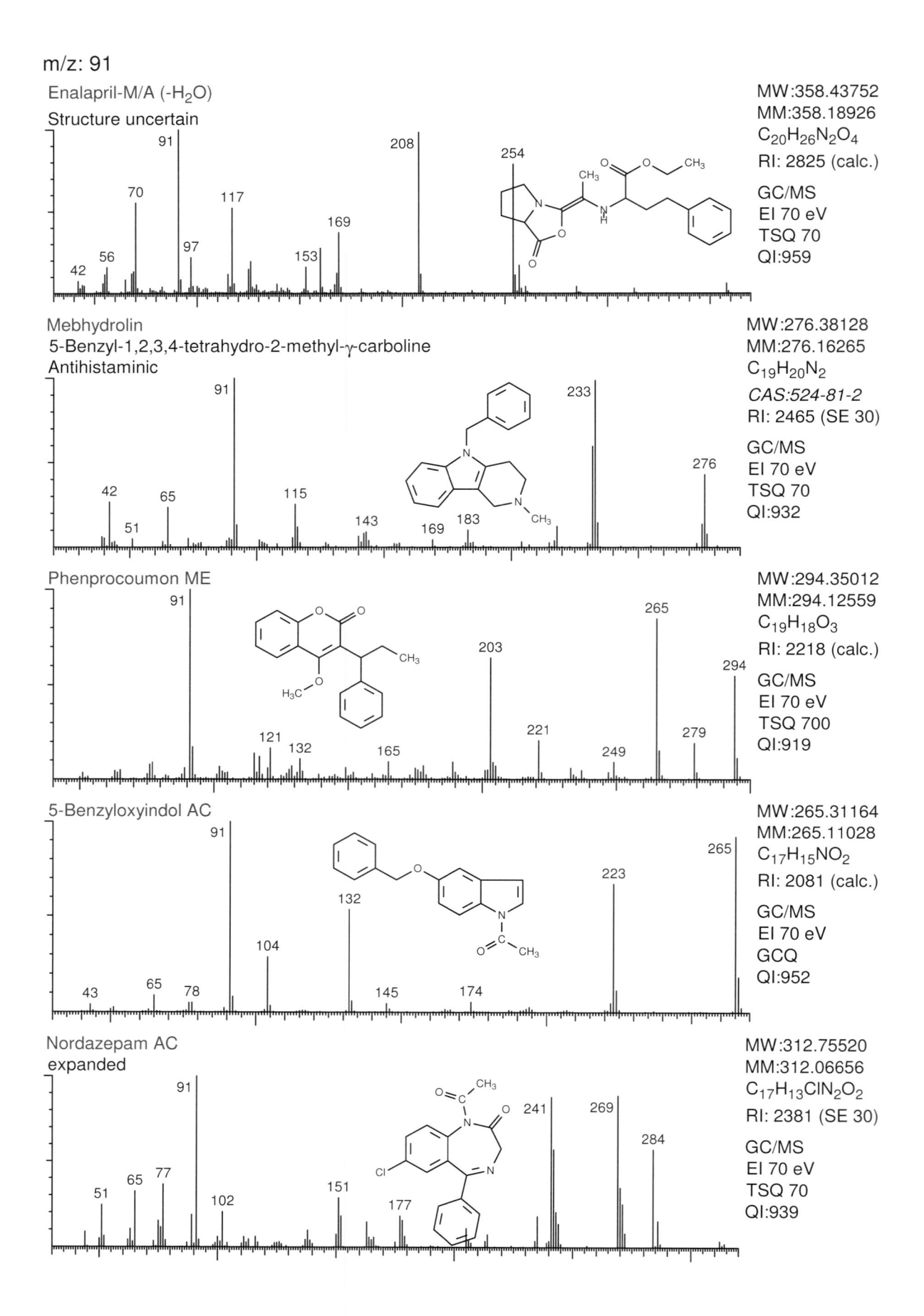

Enalapril-M/A (-H₂O)
Structure uncertain

MW:358.43752
MM:358.18926
$C_{20}H_{26}N_2O_4$
RI: 2825 (calc.)

GC/MS
EI 70 eV
TSQ 70
QI:959

Mebhydrolin
5-Benzyl-1,2,3,4-tetrahydro-2-methyl-γ-carboline
Antihistaminic

MW:276.38128
MM:276.16265
$C_{19}H_{20}N_2$
CAS:524-81-2
RI: 2465 (SE 30)

GC/MS
EI 70 eV
TSQ 70
QI:932

Phenprocoumon ME

MW:294.35012
MM:294.12559
$C_{19}H_{18}O_3$
RI: 2218 (calc.)

GC/MS
EI 70 eV
TSQ 700
QI:919

5-Benzyloxyindol AC

MW:265.31164
MM:265.11028
$C_{17}H_{15}NO_2$
RI: 2081 (calc.)

GC/MS
EI 70 eV
GCQ
QI:952

Nordazepam AC
expanded

MW:312.75520
MM:312.06656
$C_{17}H_{13}ClN_2O_2$
RI: 2381 (SE 30)

GC/MS
EI 70 eV
TSQ 70
QI:939

m/z: 91

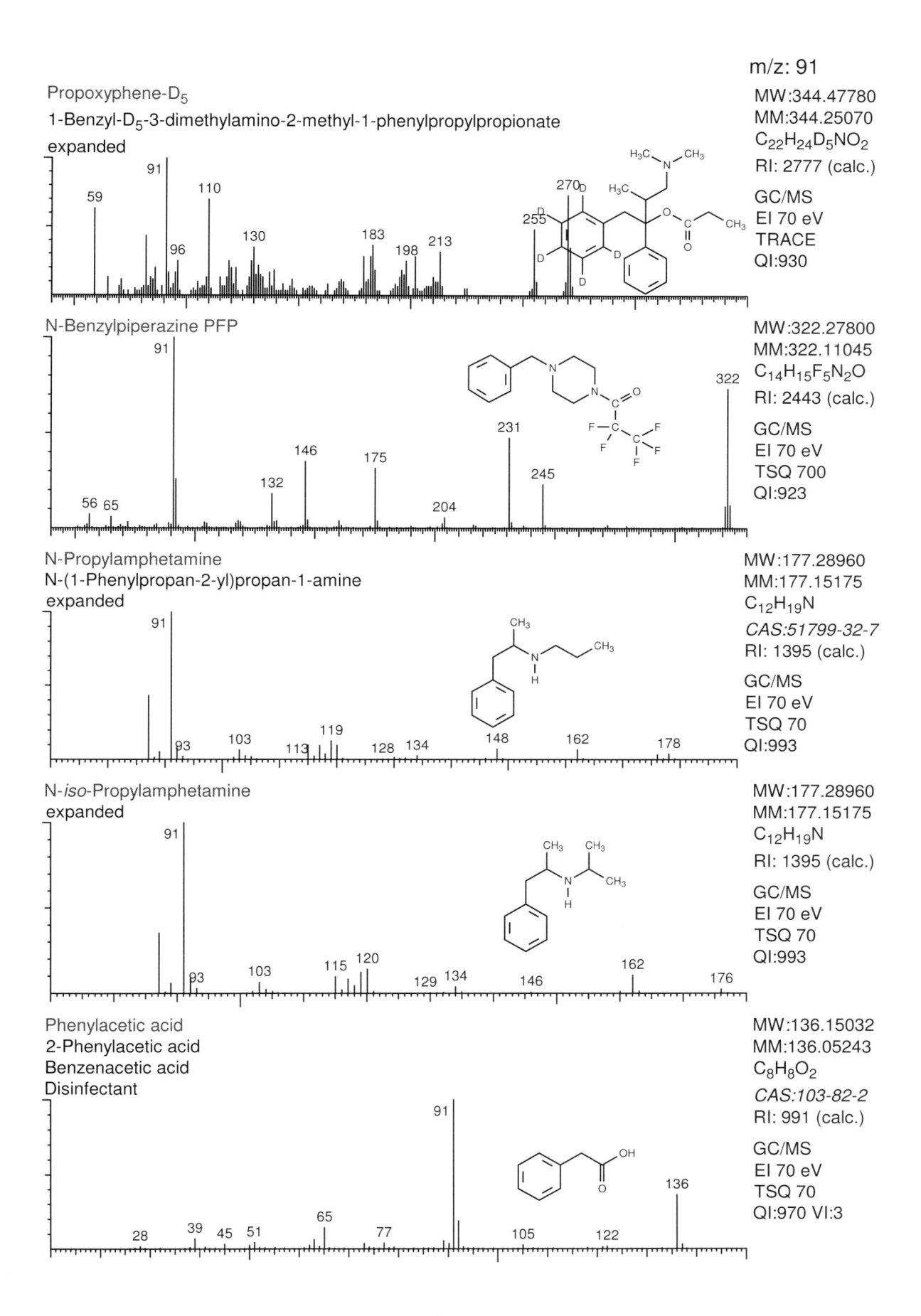

Propoxyphene-D₅
1-Benzyl-D₅-3-dimethylamino-2-methyl-1-phenylpropylpropionate
expanded

MW: 344.47780
MM: 344.25070
$C_{22}H_{24}D_5NO_2$
RI: 2777 (calc.)

GC/MS
EI 70 eV
TRACE
QI: 930

Peaks: 59, 91, 96, 110, 130, 183, 198, 213, 255, 270

N-Benzylpiperazine PFP

MW: 322.27800
MM: 322.11045
$C_{14}H_{15}F_5N_2O$
RI: 2443 (calc.)

GC/MS
EI 70 eV
TSQ 700
QI: 923

Peaks: 56, 65, 91, 132, 146, 175, 204, 231, 245, 322

N-Propylamphetamine
N-(1-Phenylpropan-2-yl)propan-1-amine
expanded

MW: 177.28960
MM: 177.15175
$C_{12}H_{19}N$
CAS: 51799-32-7
RI: 1395 (calc.)

GC/MS
EI 70 eV
TSQ 70
QI: 993

Peaks: 91, 93, 103, 113, 119, 128, 134, 148, 162, 178

N-iso-Propylamphetamine
expanded

MW: 177.28960
MM: 177.15175
$C_{12}H_{19}N$
RI: 1395 (calc.)

GC/MS
EI 70 eV
TSQ 70
QI: 993

Peaks: 91, 93, 103, 115, 120, 129, 134, 146, 162, 176

Phenylacetic acid
2-Phenylacetic acid
Benzenacetic acid
Disinfectant

MW: 136.15032
MM: 136.05243
$C_8H_8O_2$
CAS: 103-82-2
RI: 991 (calc.)

GC/MS
EI 70 eV
TSQ 70
QI: 970 VI: 3

Peaks: 28, 39, 45, 51, 65, 77, 91, 105, 122, 136

m/z: 91

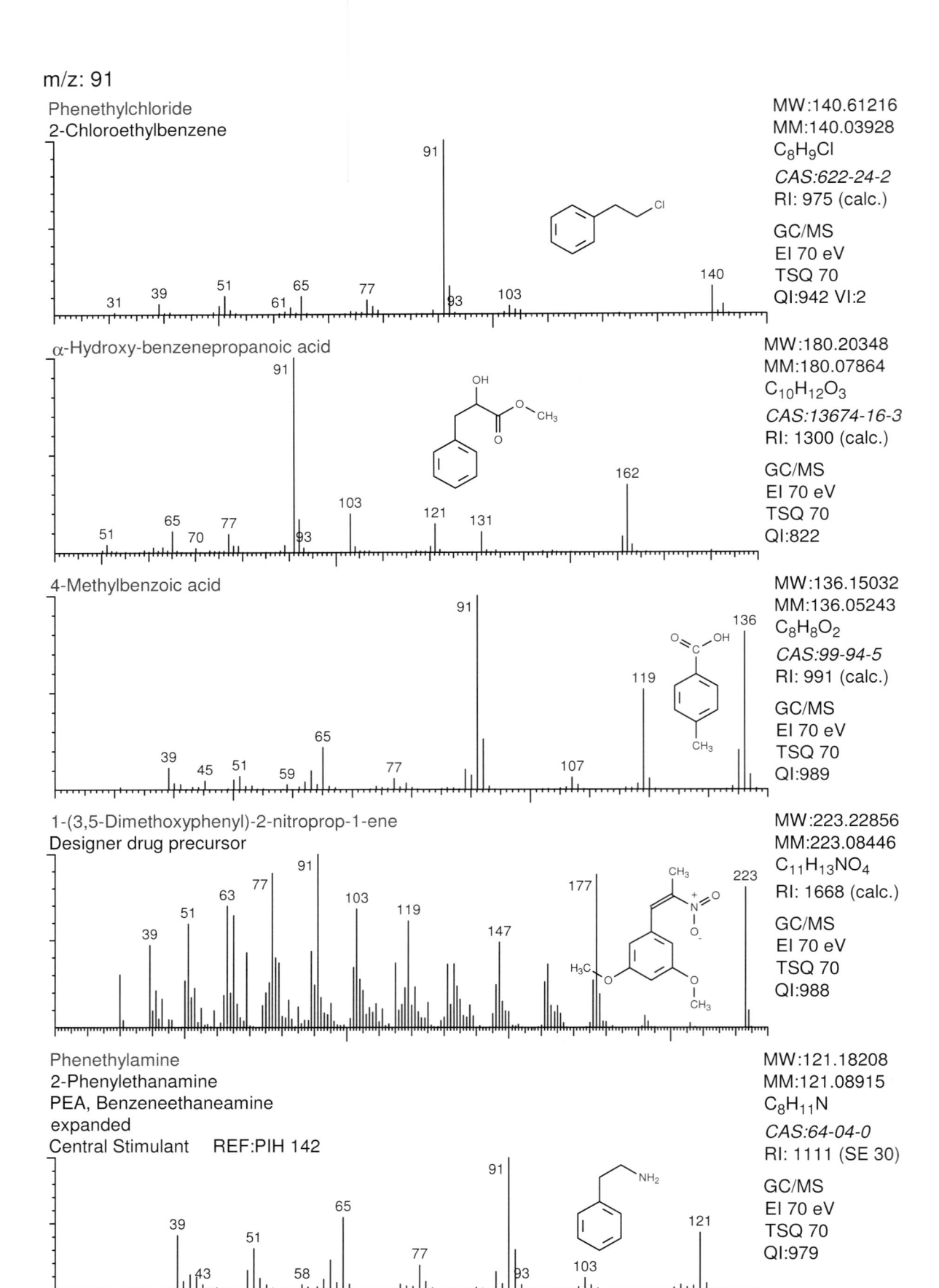

Phenethylchloride
2-Chloroethylbenzene

MW:140.61216
MM:140.03928
C_8H_9Cl
CAS:622-24-2
RI: 975 (calc.)

GC/MS
EI 70 eV
TSQ 70
QI:942 VI:2

α-Hydroxy-benzenepropanoic acid

MW:180.20348
MM:180.07864
$C_{10}H_{12}O_3$
CAS:13674-16-3
RI: 1300 (calc.)

GC/MS
EI 70 eV
TSQ 70
QI:822

4-Methylbenzoic acid

MW:136.15032
MM:136.05243
$C_8H_8O_2$
CAS:99-94-5
RI: 991 (calc.)

GC/MS
EI 70 eV
TSQ 70
QI:989

1-(3,5-Dimethoxyphenyl)-2-nitroprop-1-ene
Designer drug precursor

MW:223.22856
MM:223.08446
$C_{11}H_{13}NO_4$
RI: 1668 (calc.)

GC/MS
EI 70 eV
TSQ 70
QI:988

Phenethylamine
2-Phenylethanamine
PEA, Benzeneethaneamine
expanded
Central Stimulant   REF:PIH 142

MW:121.18208
MM:121.08915
$C_8H_{11}N$
CAS:64-04-0
RI: 1111 (SE 30)

GC/MS
EI 70 eV
TSQ 70
QI:979

m/z: 91

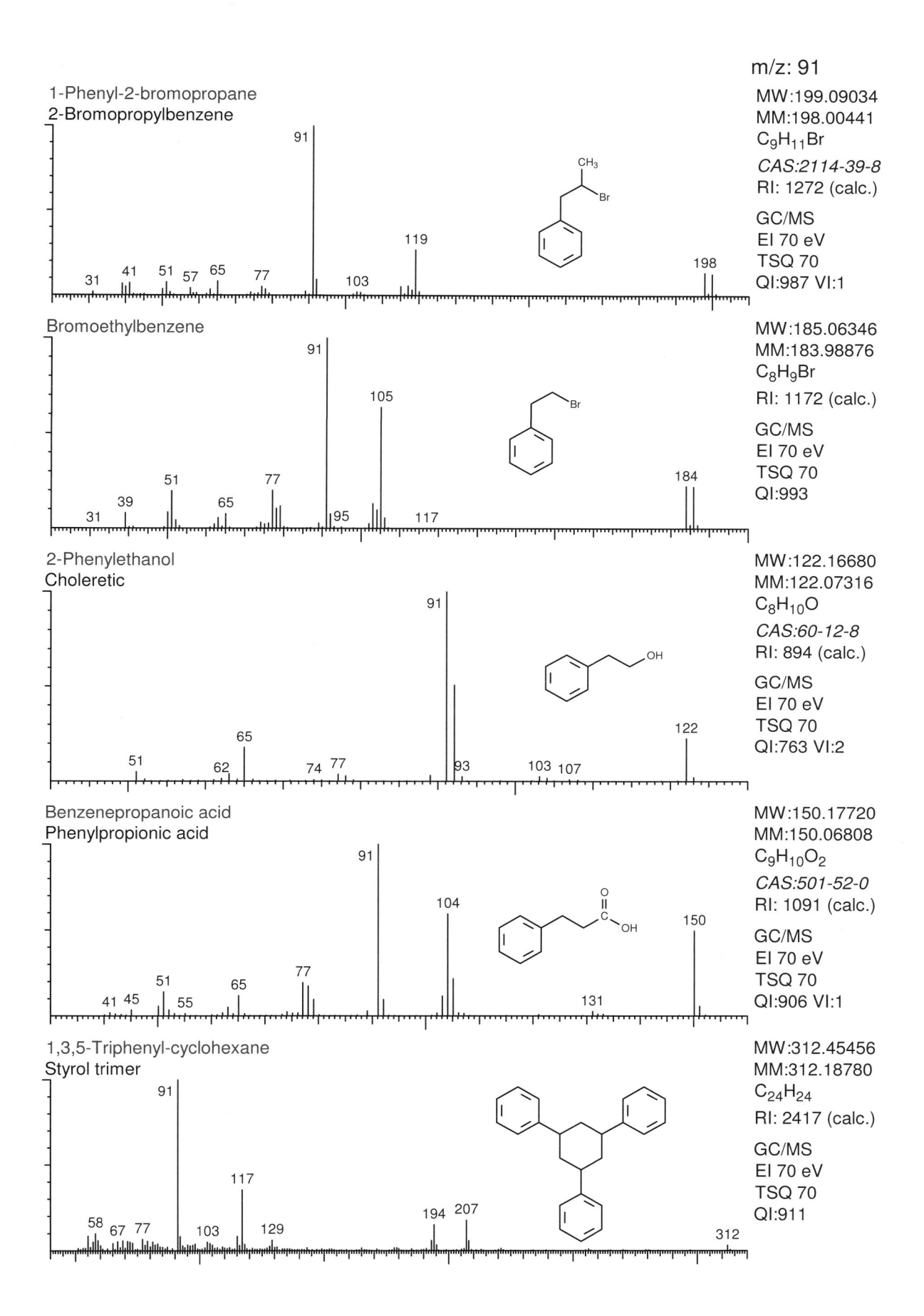

1-Phenyl-2-bromopropane
2-Bromopropylbenzene

Peaks: 31, 41, 51, 57, 65, 77, 91, 103, 119, 198

MW: 199.09034
MM: 198.00441
$C_9H_{11}Br$
CAS: 2114-39-8
RI: 1272 (calc.)

GC/MS
EI 70 eV
TSQ 70
QI: 987 VI: 1

Bromoethylbenzene

Peaks: 31, 39, 51, 65, 77, 91, 95, 105, 117, 184

MW: 185.06346
MM: 183.98876
C_8H_9Br
RI: 1172 (calc.)

GC/MS
EI 70 eV
TSQ 70
QI: 993

2-Phenylethanol
Choleretic

Peaks: 51, 62, 65, 74, 77, 91, 93, 103, 107, 122

MW: 122.16680
MM: 122.07316
$C_8H_{10}O$
CAS: 60-12-8
RI: 894 (calc.)

GC/MS
EI 70 eV
TSQ 70
QI: 763 VI: 2

Benzenepropanoic acid
Phenylpropionic acid

Peaks: 41, 45, 51, 55, 65, 77, 91, 104, 131, 150

MW: 150.17720
MM: 150.06808
$C_9H_{10}O_2$
CAS: 501-52-0
RI: 1091 (calc.)

GC/MS
EI 70 eV
TSQ 70
QI: 906 VI: 1

1,3,5-Triphenyl-cyclohexane
Styrol trimer

Peaks: 58, 67, 77, 91, 103, 117, 129, 194, 207, 312

MW: 312.45456
MM: 312.18780
$C_{24}H_{24}$
RI: 2417 (calc.)

GC/MS
EI 70 eV
TSQ 70
QI: 911

m/z: 91

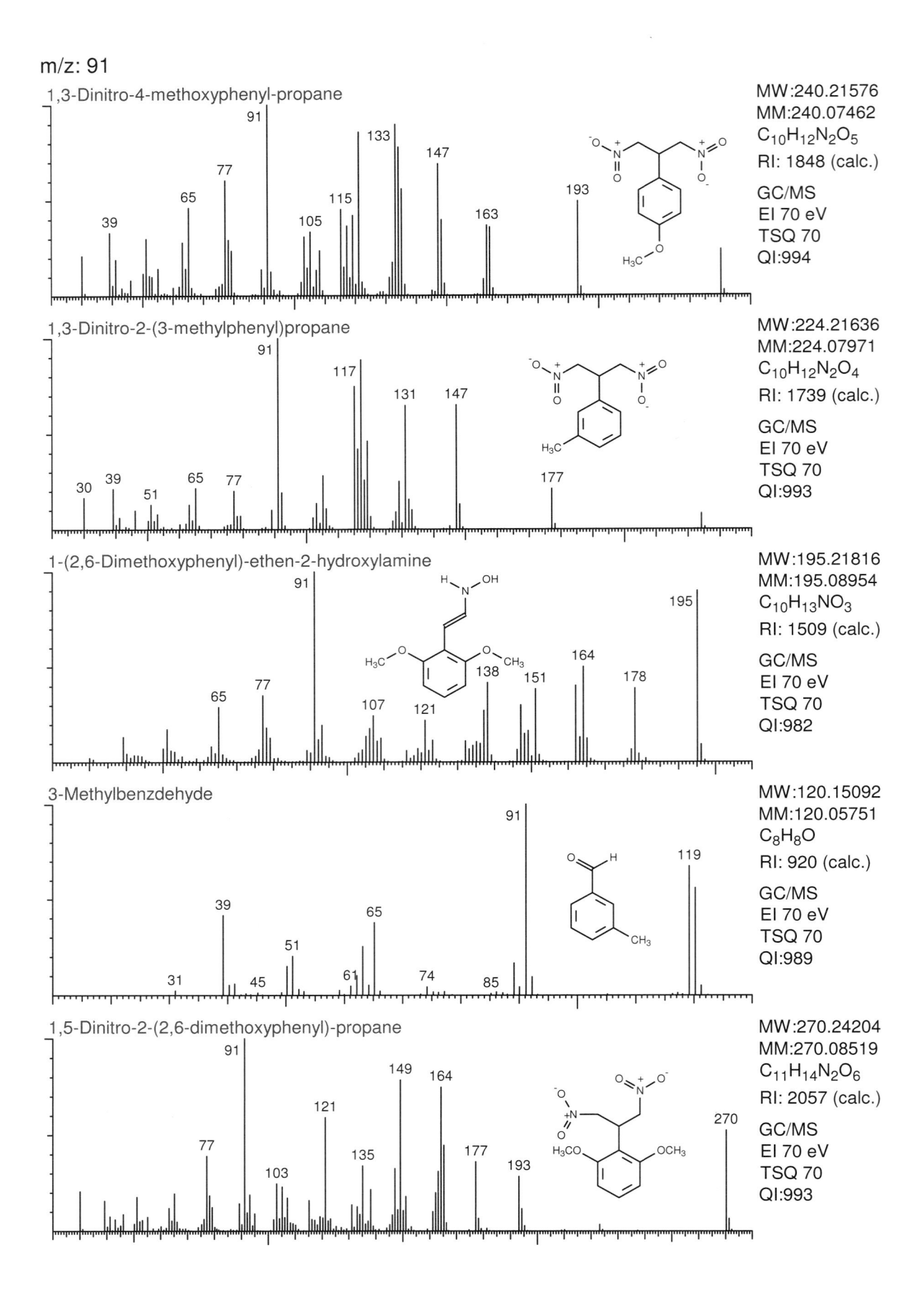

1,3-Dinitro-4-methoxyphenyl-propane

MW: 240.21576
MM: 240.07462
$C_{10}H_{12}N_2O_5$
RI: 1848 (calc.)

GC/MS
EI 70 eV
TSQ 70
QI: 994

1,3-Dinitro-2-(3-methylphenyl)propane

MW: 224.21636
MM: 224.07971
$C_{10}H_{12}N_2O_4$
RI: 1739 (calc.)

GC/MS
EI 70 eV
TSQ 70
QI: 993

1-(2,6-Dimethoxyphenyl)-ethen-2-hydroxylamine

MW: 195.21816
MM: 195.08954
$C_{10}H_{13}NO_3$
RI: 1509 (calc.)

GC/MS
EI 70 eV
TSQ 70
QI: 982

3-Methylbenzdehyde

MW: 120.15092
MM: 120.05751
C_8H_8O
RI: 920 (calc.)

GC/MS
EI 70 eV
TSQ 70
QI: 989

1,5-Dinitro-2-(2,6-dimethoxyphenyl)-propane

MW: 270.24204
MM: 270.08519
$C_{11}H_{14}N_2O_6$
RI: 2057 (calc.)

GC/MS
EI 70 eV
TSQ 70
QI: 993

m/z: 91

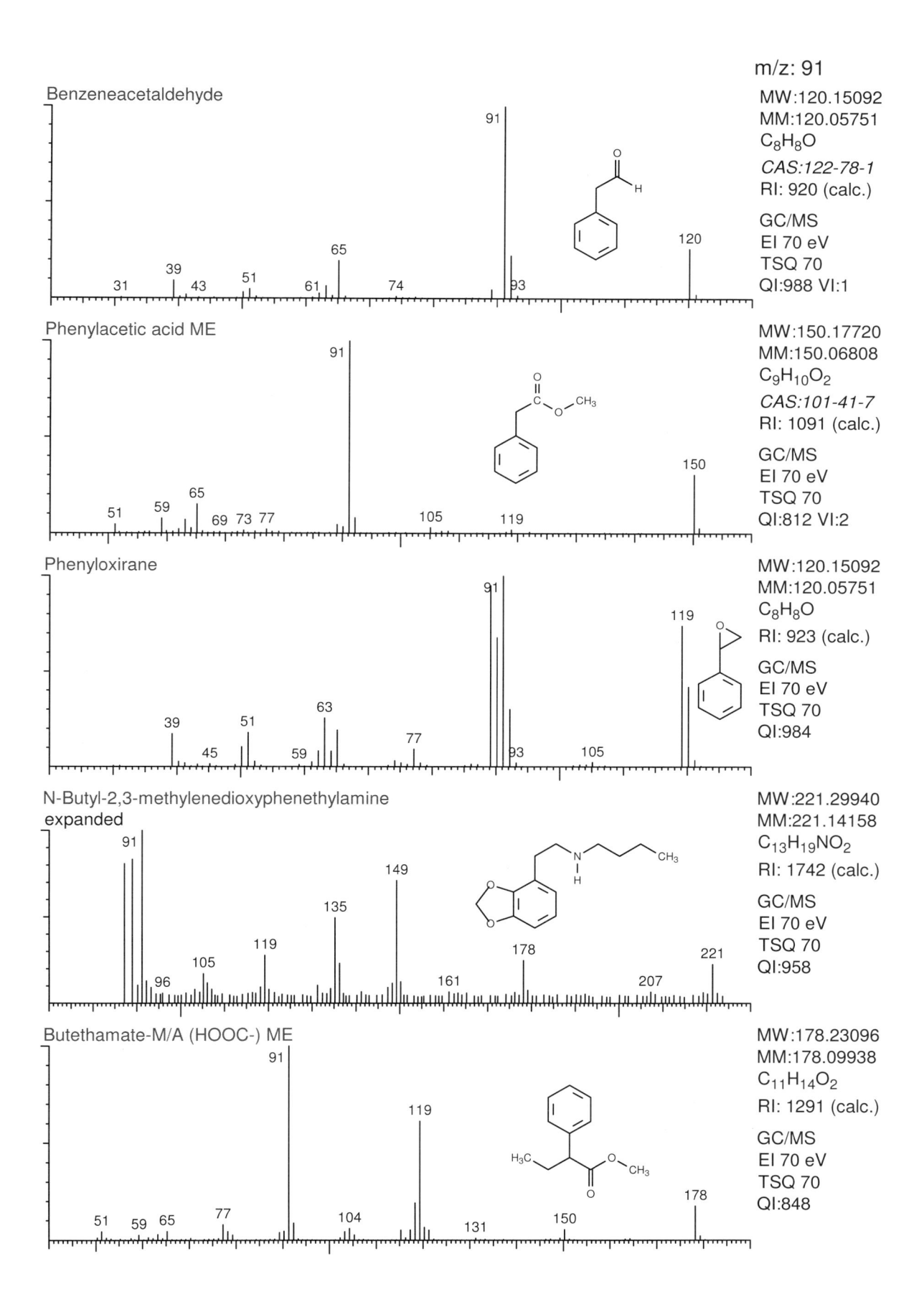

Benzeneacetaldehyde

MW: 120.15092
MM: 120.05751
C_8H_8O
CAS: 122-78-1
RI: 920 (calc.)

GC/MS
EI 70 eV
TSQ 70
QI: 988 VI:1

Phenylacetic acid ME

MW: 150.17720
MM: 150.06808
$C_9H_{10}O_2$
CAS: 101-41-7
RI: 1091 (calc.)

GC/MS
EI 70 eV
TSQ 70
QI: 812 VI:2

Phenyloxirane

MW: 120.15092
MM: 120.05751
C_8H_8O
RI: 923 (calc.)

GC/MS
EI 70 eV
TSQ 70
QI: 984

N-Butyl-2,3-methylenedioxyphenethylamine expanded

MW: 221.29940
MM: 221.14158
$C_{13}H_{19}NO_2$
RI: 1742 (calc.)

GC/MS
EI 70 eV
TSQ 70
QI: 958

Butethamate-M/A (HOOC-) ME

MW: 178.23096
MM: 178.09938
$C_{11}H_{14}O_2$
RI: 1291 (calc.)

GC/MS
EI 70 eV
TSQ 70
QI: 848

m/z: 92

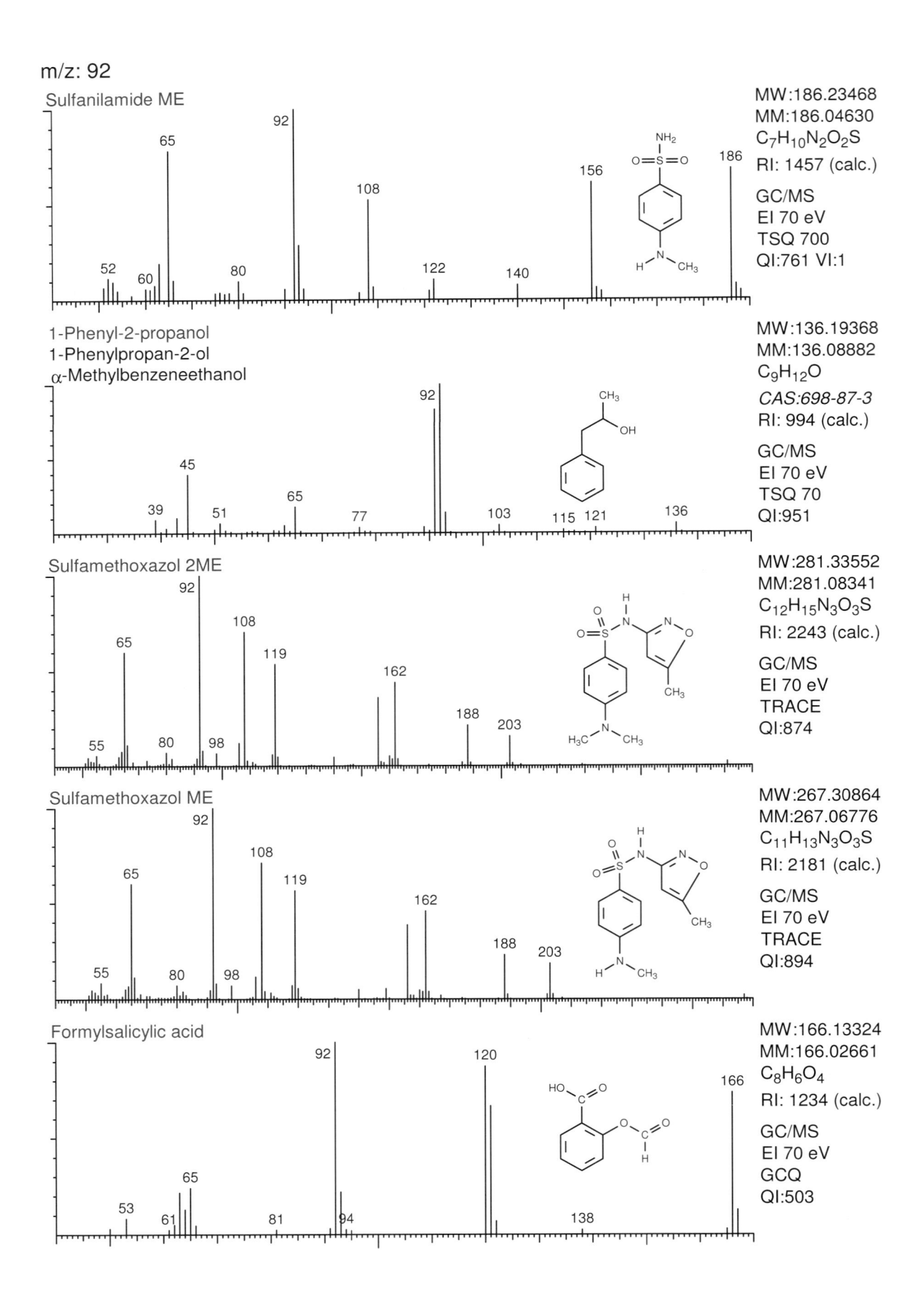

Sulfanilamide ME

MW:186.23468
MM:186.04630
$C_7H_{10}N_2O_2S$
RI: 1457 (calc.)

GC/MS
EI 70 eV
TSQ 700
QI:761 VI:1

Peaks: 52, 60, 65, 80, 92, 108, 122, 140, 156, 186

1-Phenyl-2-propanol
1-Phenylpropan-2-ol
α-Methylbenzeneethanol

MW:136.19368
MM:136.08882
$C_9H_{12}O$
CAS:698-87-3
RI: 994 (calc.)

GC/MS
EI 70 eV
TSQ 70
QI:951

Peaks: 39, 45, 51, 65, 77, 92, 103, 115, 121, 136

Sulfamethoxazol 2ME

MW:281.33552
MM:281.08341
$C_{12}H_{15}N_3O_3S$
RI: 2243 (calc.)

GC/MS
EI 70 eV
TRACE
QI:874

Peaks: 55, 65, 80, 92, 98, 108, 119, 162, 188, 203

Sulfamethoxazol ME

MW:267.30864
MM:267.06776
$C_{11}H_{13}N_3O_3S$
RI: 2181 (calc.)

GC/MS
EI 70 eV
TRACE
QI:894

Peaks: 55, 65, 80, 92, 98, 108, 119, 162, 188, 203

Formylsalicylic acid

MW:166.13324
MM:166.02661
$C_8H_6O_4$
RI: 1234 (calc.)

GC/MS
EI 70 eV
GCQ
QI:503

Peaks: 53, 61, 65, 81, 92, 94, 120, 138, 166

m/z: 92-93

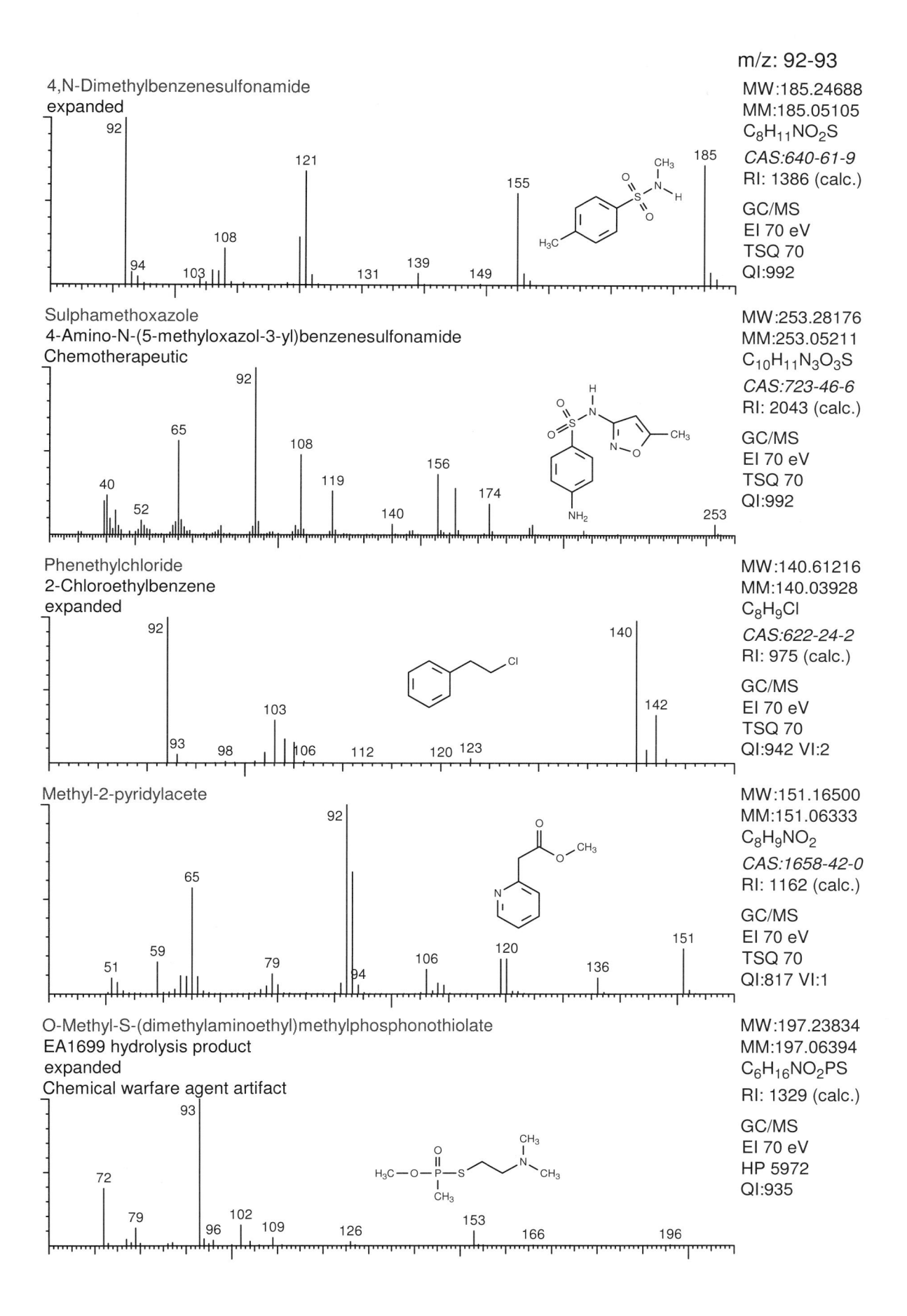

4,N-Dimethylbenzenesulfonamide
expanded

MW: 185.24688
MM: 185.05105
$C_8H_{11}NO_2S$
CAS: 640-61-9
RI: 1386 (calc.)

GC/MS
EI 70 eV
TSQ 70
QI: 992

Peaks: 92, 94, 103, 108, 121, 131, 139, 149, 155, 185

Sulphamethoxazole
4-Amino-N-(5-methyloxazol-3-yl)benzenesulfonamide
Chemotherapeutic

MW: 253.28176
MM: 253.05211
$C_{10}H_{11}N_3O_3S$
CAS: 723-46-6
RI: 2043 (calc.)

GC/MS
EI 70 eV
TSQ 70
QI: 992

Peaks: 40, 52, 65, 92, 108, 119, 140, 156, 174, 253

Phenethylchloride
2-Chloroethylbenzene
expanded

MW: 140.61216
MM: 140.03928
C_8H_9Cl
CAS: 622-24-2
RI: 975 (calc.)

GC/MS
EI 70 eV
TSQ 70
QI: 942 VI: 2

Peaks: 92, 93, 98, 103, 106, 112, 120, 123, 140, 142

Methyl-2-pyridylacete

MW: 151.16500
MM: 151.06333
$C_8H_9NO_2$
CAS: 1658-42-0
RI: 1162 (calc.)

GC/MS
EI 70 eV
TSQ 70
QI: 817 VI: 1

Peaks: 51, 59, 65, 79, 92, 94, 106, 120, 136, 151

O-Methyl-S-(dimethylaminoethyl)methylphosphonothiolate
EA1699 hydrolysis product
expanded
Chemical warfare agent artifact

MW: 197.23834
MM: 197.06394
$C_6H_{16}NO_2PS$
RI: 1329 (calc.)

GC/MS
EI 70 eV
HP 5972
QI: 935

Peaks: 72, 79, 93, 96, 102, 109, 126, 153, 166, 196

m/z: 93

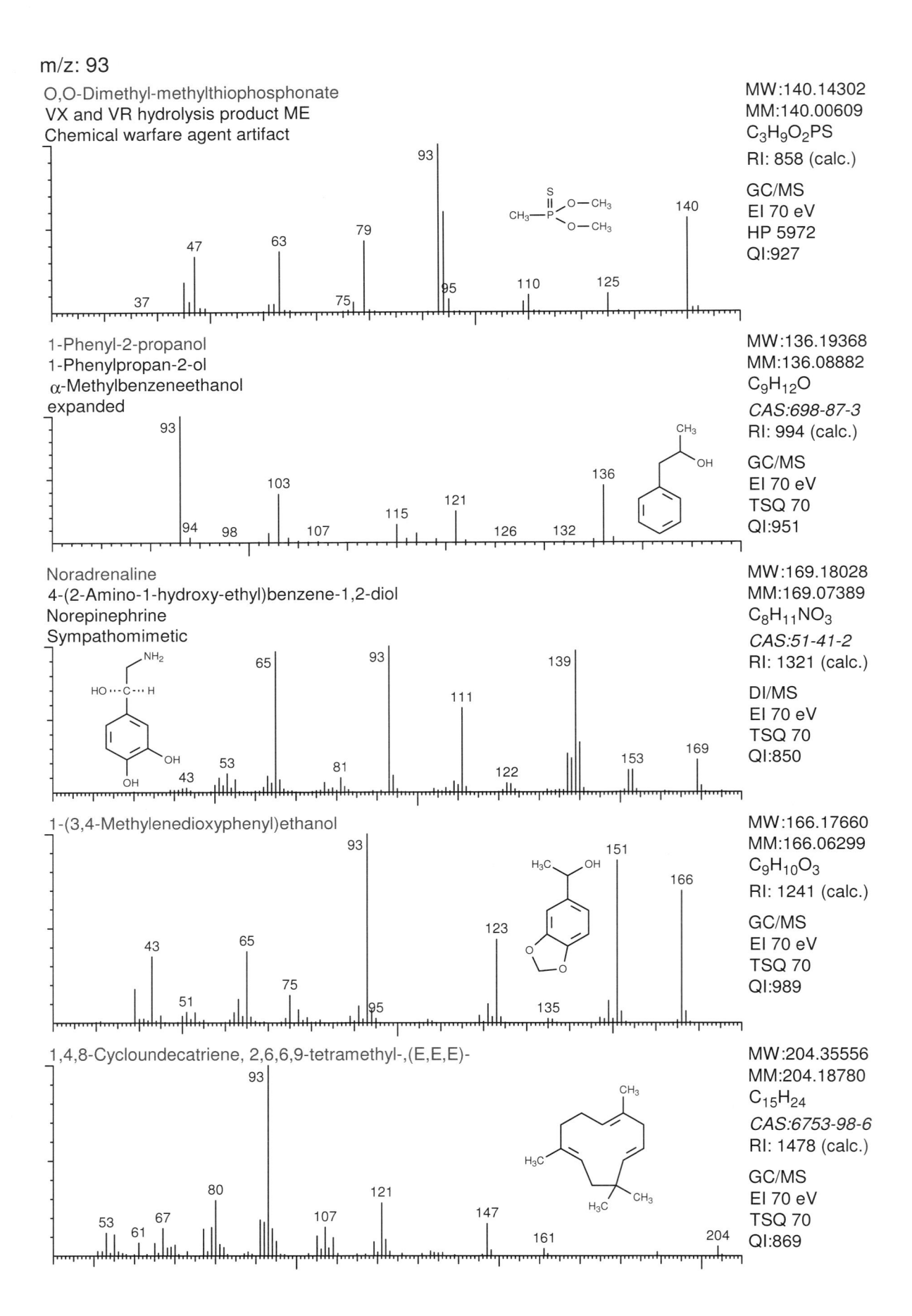

O,O-Dimethyl-methylthiophosphonate
VX and VR hydrolysis product ME
Chemical warfare agent artifact

MW:140.14302
MM:140.00609
$C_3H_9O_2PS$
RI: 858 (calc.)

GC/MS
EI 70 eV
HP 5972
QI:927

1-Phenyl-2-propanol
1-Phenylpropan-2-ol
α-Methylbenzeneethanol
expanded

MW:136.19368
MM:136.08882
$C_9H_{12}O$
CAS:698-87-3
RI: 994 (calc.)

GC/MS
EI 70 eV
TSQ 70
QI:951

Noradrenaline
4-(2-Amino-1-hydroxy-ethyl)benzene-1,2-diol
Norepinephrine
Sympathomimetic

MW:169.18028
MM:169.07389
$C_8H_{11}NO_3$
CAS:51-41-2
RI: 1321 (calc.)

DI/MS
EI 70 eV
TSQ 70
QI:850

1-(3,4-Methylenedioxyphenyl)ethanol

MW:166.17660
MM:166.06299
$C_9H_{10}O_3$
RI: 1241 (calc.)

GC/MS
EI 70 eV
TSQ 70
QI:989

1,4,8-Cycloundecatriene, 2,6,6,9-tetramethyl-,(E,E,E)-

MW:204.35556
MM:204.18780
$C_{15}H_{24}$
CAS:6753-98-6
RI: 1478 (calc.)

GC/MS
EI 70 eV
TSQ 70
QI:869

m/z: 93-94

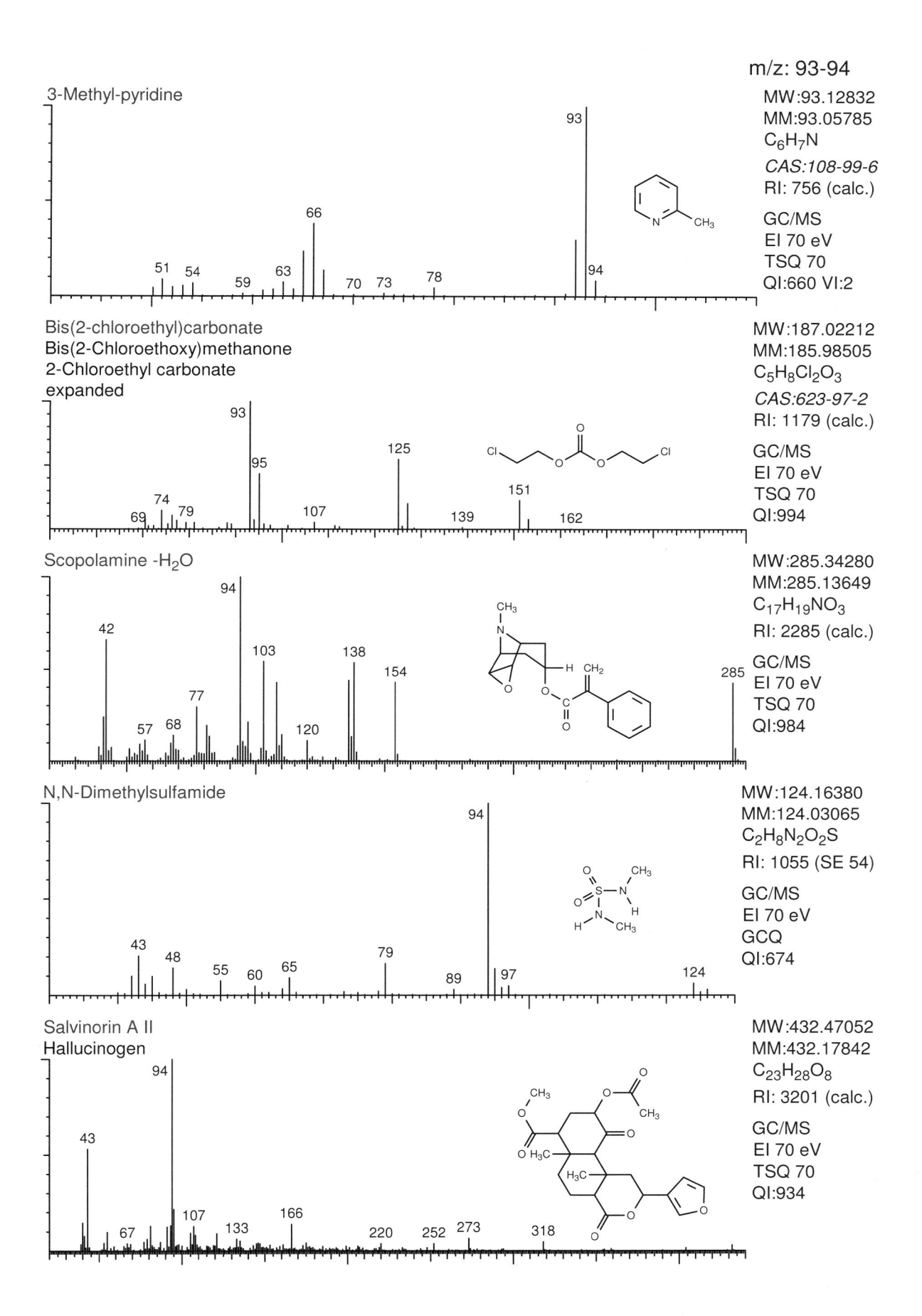

3-Methyl-pyridine

MW: 93.12832
MM: 93.05785
C_6H_7N
CAS: 108-99-6
RI: 756 (calc.)

GC/MS
EI 70 eV
TSQ 70
QI:660 VI:2

Bis(2-chloroethyl)carbonate
Bis(2-Chloroethoxy)methanone
2-Chloroethyl carbonate
expanded

MW: 187.02212
MM: 185.98505
$C_5H_8Cl_2O_3$
CAS: 623-97-2
RI: 1179 (calc.)

GC/MS
EI 70 eV
TSQ 70
QI:994

Scopolamine -H₂O

MW: 285.34280
MM: 285.13649
$C_{17}H_{19}NO_3$
RI: 2285 (calc.)

GC/MS
EI 70 eV
TSQ 70
QI:984

N,N-Dimethylsulfamide

MW: 124.16380
MM: 124.03065
$C_2H_8N_2O_2S$
RI: 1055 (SE 54)

GC/MS
EI 70 eV
GCQ
QI:674

Salvinorin A II
Hallucinogen

MW: 432.47052
MM: 432.17842
$C_{23}H_{28}O_8$
RI: 3201 (calc.)

GC/MS
EI 70 eV
TSQ 70
QI:934

m/z: 94

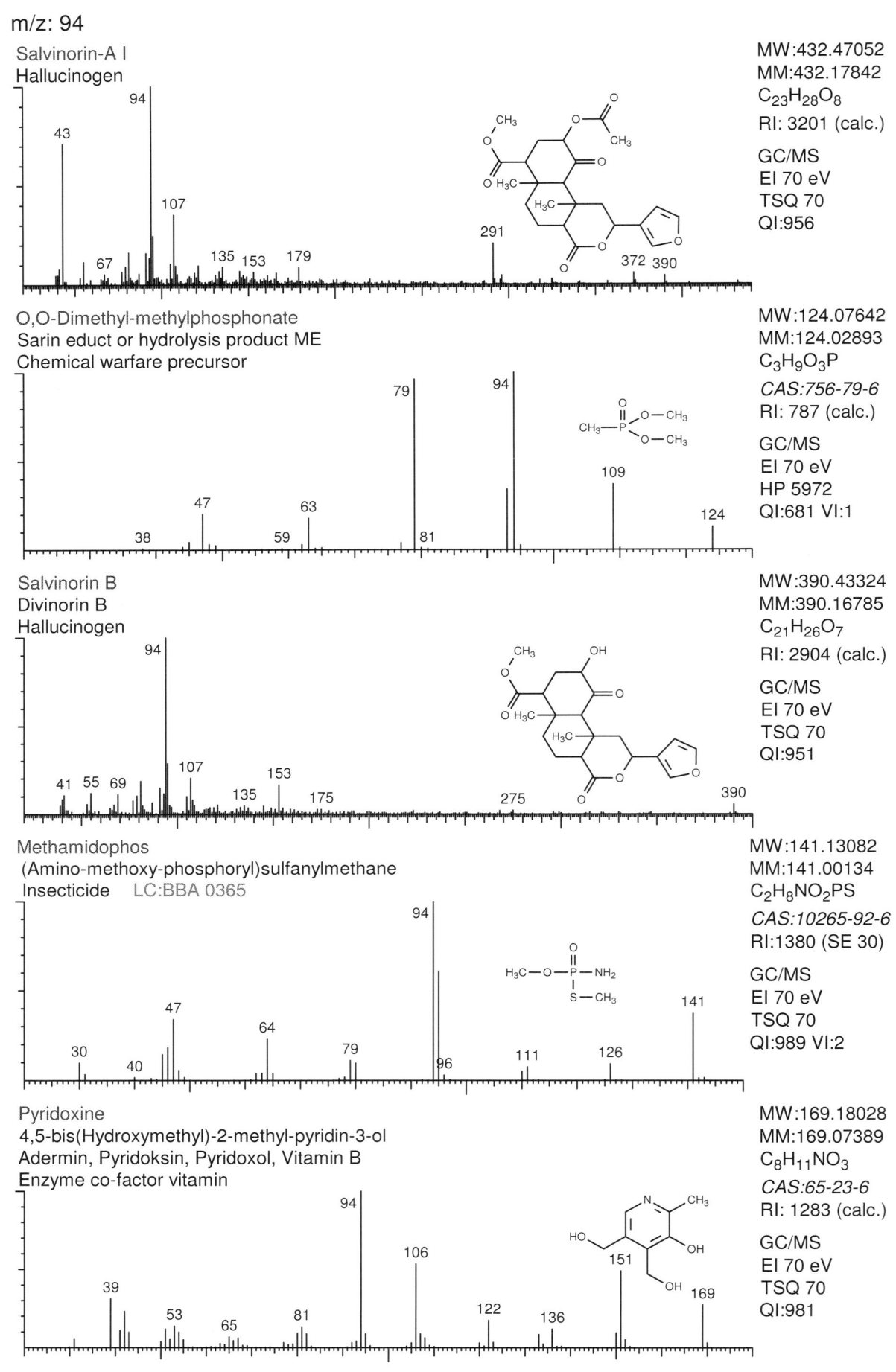

Salvinorin-A I
Hallucinogen

MW: 432.47052
MM: 432.17842
$C_{23}H_{28}O_8$
RI: 3201 (calc.)

GC/MS
EI 70 eV
TSQ 70
QI: 956

Peaks: 43, 94, 67, 107, 135, 153, 179, 291, 372, 390

O,O-Dimethyl-methylphosphonate
Sarin educt or hydrolysis product ME
Chemical warfare precursor

MW: 124.07642
MM: 124.02893
$C_3H_9O_3P$
CAS: 756-79-6
RI: 787 (calc.)

GC/MS
EI 70 eV
HP 5972
QI: 681 VI: 1

Peaks: 38, 47, 59, 63, 79, 81, 94, 109, 124

Salvinorin B
Divinorin B
Hallucinogen

MW: 390.43324
MM: 390.16785
$C_{21}H_{26}O_7$
RI: 2904 (calc.)

GC/MS
EI 70 eV
TSQ 70
QI: 951

Peaks: 41, 55, 69, 94, 107, 135, 153, 175, 275, 390

Methamidophos
(Amino-methoxy-phosphoryl)sulfanylmethane
Insecticide   LC: BBA 0365

MW: 141.13082
MM: 141.00134
$C_2H_8NO_2PS$
CAS: 10265-92-6
RI: 1380 (SE 30)

GC/MS
EI 70 eV
TSQ 70
QI: 989 VI: 2

Peaks: 30, 40, 47, 64, 79, 94, 96, 111, 126, 141

Pyridoxine
4,5-bis(Hydroxymethyl)-2-methyl-pyridin-3-ol
Adermin, Pyridoksin, Pyridoxol, Vitamin B
Enzyme co-factor vitamin

MW: 169.18028
MM: 169.07389
$C_8H_{11}NO_3$
CAS: 65-23-6
RI: 1283 (calc.)

GC/MS
EI 70 eV
TSQ 70
QI: 981

Peaks: 39, 53, 65, 81, 94, 106, 122, 136, 151, 169

m/z: 94

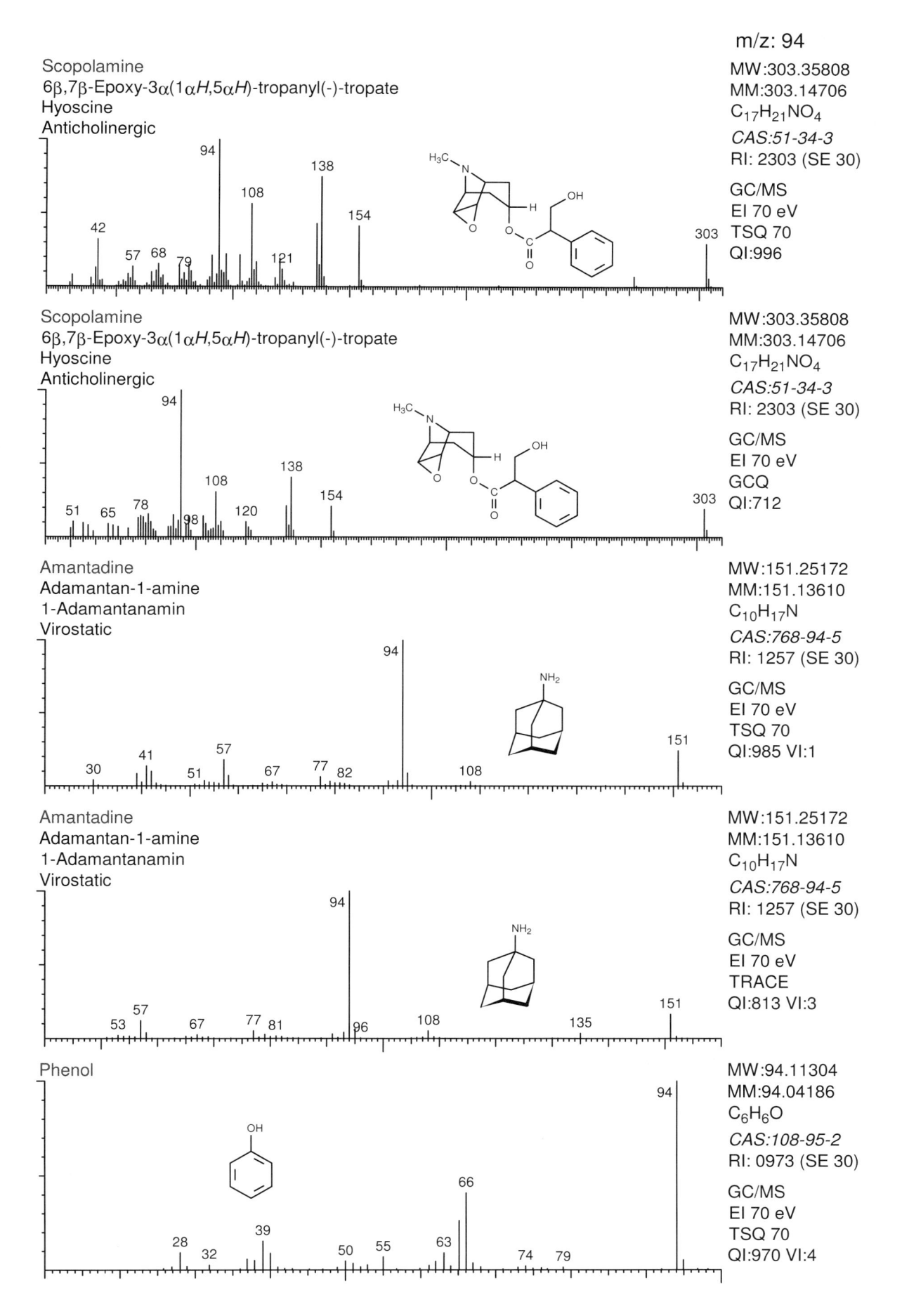

Scopolamine
6β,7β-Epoxy-3α(1αH,5αH)-tropanyl(-)-tropate
Hyoscine
Anticholinergic

MW:303.35808
MM:303.14706
$C_{17}H_{21}NO_4$
CAS:51-34-3
RI: 2303 (SE 30)

GC/MS
EI 70 eV
TSQ 70
QI:996

Peaks: 42, 57, 68, 79, 94, 108, 121, 138, 154, 303

Scopolamine
6β,7β-Epoxy-3α(1αH,5αH)-tropanyl(-)-tropate
Hyoscine
Anticholinergic

MW:303.35808
MM:303.14706
$C_{17}H_{21}NO_4$
CAS:51-34-3
RI: 2303 (SE 30)

GC/MS
EI 70 eV
GCQ
QI:712

Peaks: 51, 65, 78, 98, 94, 108, 120, 138, 154, 303

Amantadine
Adamantan-1-amine
1-Adamantanamin
Virostatic

MW:151.25172
MM:151.13610
$C_{10}H_{17}N$
CAS:768-94-5
RI: 1257 (SE 30)

GC/MS
EI 70 eV
TSQ 70
QI:985 VI:1

Peaks: 30, 41, 51, 57, 67, 77, 82, 94, 108, 151

Amantadine
Adamantan-1-amine
1-Adamantanamin
Virostatic

MW:151.25172
MM:151.13610
$C_{10}H_{17}N$
CAS:768-94-5
RI: 1257 (SE 30)

GC/MS
EI 70 eV
TRACE
QI:813 VI:3

Peaks: 53, 57, 67, 77, 81, 94, 96, 108, 135, 151

Phenol

MW:94.11304
MM:94.04186
C_6H_6O
CAS:108-95-2
RI: 0973 (SE 30)

GC/MS
EI 70 eV
TSQ 70
QI:970 VI:4

Peaks: 28, 32, 39, 50, 55, 63, 66, 74, 79, 94

m/z: 94

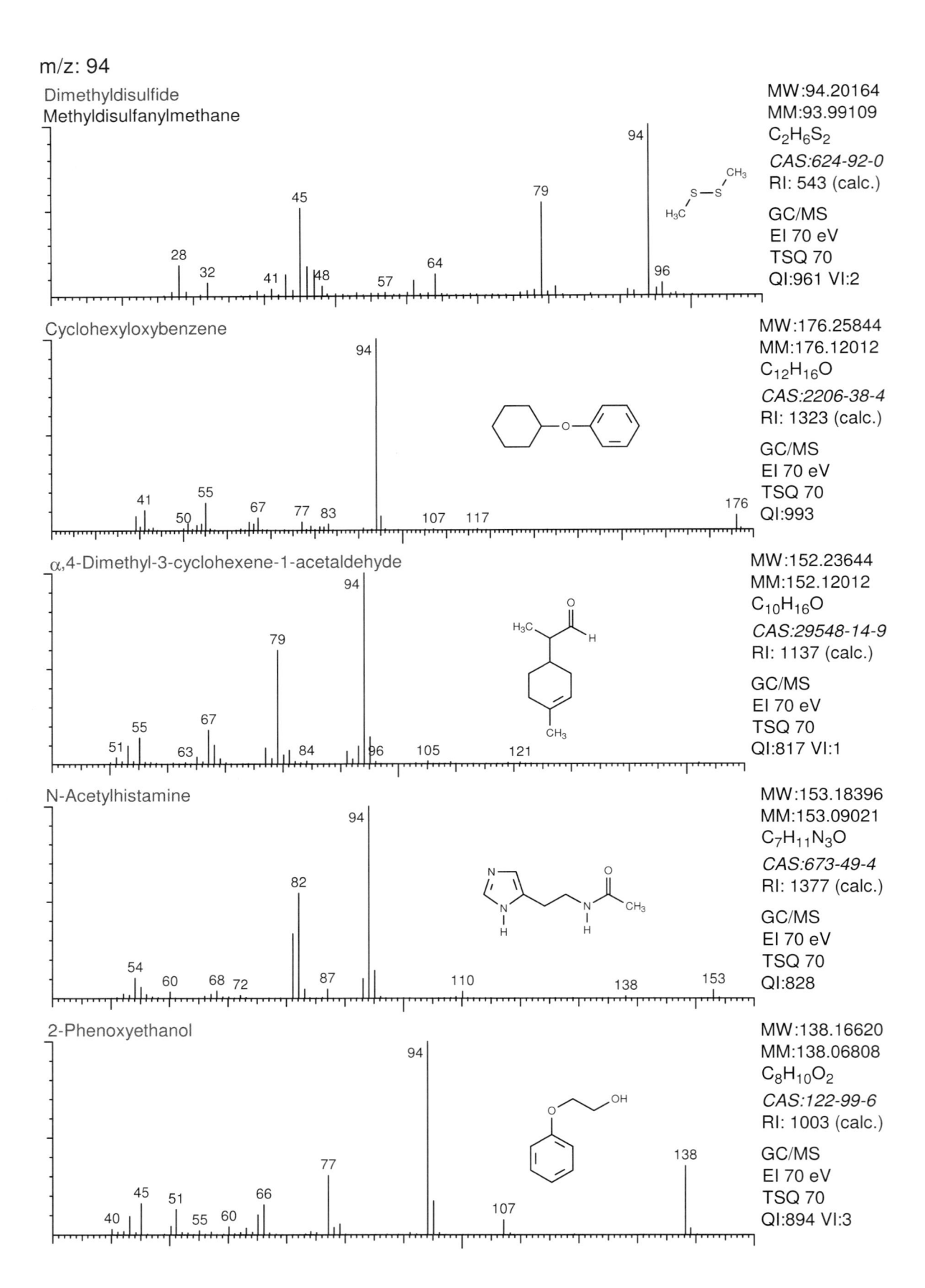

Dimethyldisulfide
Methyldisulfanylmethane

Peaks: 28, 32, 41, 45, 48, 57, 64, 79, 94, 96

MW: 94.20164
MM: 93.99109
$C_2H_6S_2$
CAS: 624-92-0
RI: 543 (calc.)

GC/MS
EI 70 eV
TSQ 70
QI: 961 VI: 2

Cyclohexyloxybenzene

Peaks: 41, 50, 55, 67, 77, 83, 94, 107, 117, 176

MW: 176.25844
MM: 176.12012
$C_{12}H_{16}O$
CAS: 2206-38-4
RI: 1323 (calc.)

GC/MS
EI 70 eV
TSQ 70
QI: 993

α,4-Dimethyl-3-cyclohexene-1-acetaldehyde

Peaks: 51, 55, 63, 67, 79, 84, 94, 96, 105, 121

MW: 152.23644
MM: 152.12012
$C_{10}H_{16}O$
CAS: 29548-14-9
RI: 1137 (calc.)

GC/MS
EI 70 eV
TSQ 70
QI: 817 VI: 1

N-Acetylhistamine

Peaks: 54, 60, 68, 72, 82, 87, 94, 110, 138, 153

MW: 153.18396
MM: 153.09021
$C_7H_{11}N_3O$
CAS: 673-49-4
RI: 1377 (calc.)

GC/MS
EI 70 eV
TSQ 70
QI: 828

2-Phenoxyethanol

Peaks: 40, 45, 51, 55, 60, 66, 77, 94, 107, 138

MW: 138.16620
MM: 138.06808
$C_8H_{10}O_2$
CAS: 122-99-6
RI: 1003 (calc.)

GC/MS
EI 70 eV
TSQ 70
QI: 894 VI: 3

m/z: 95

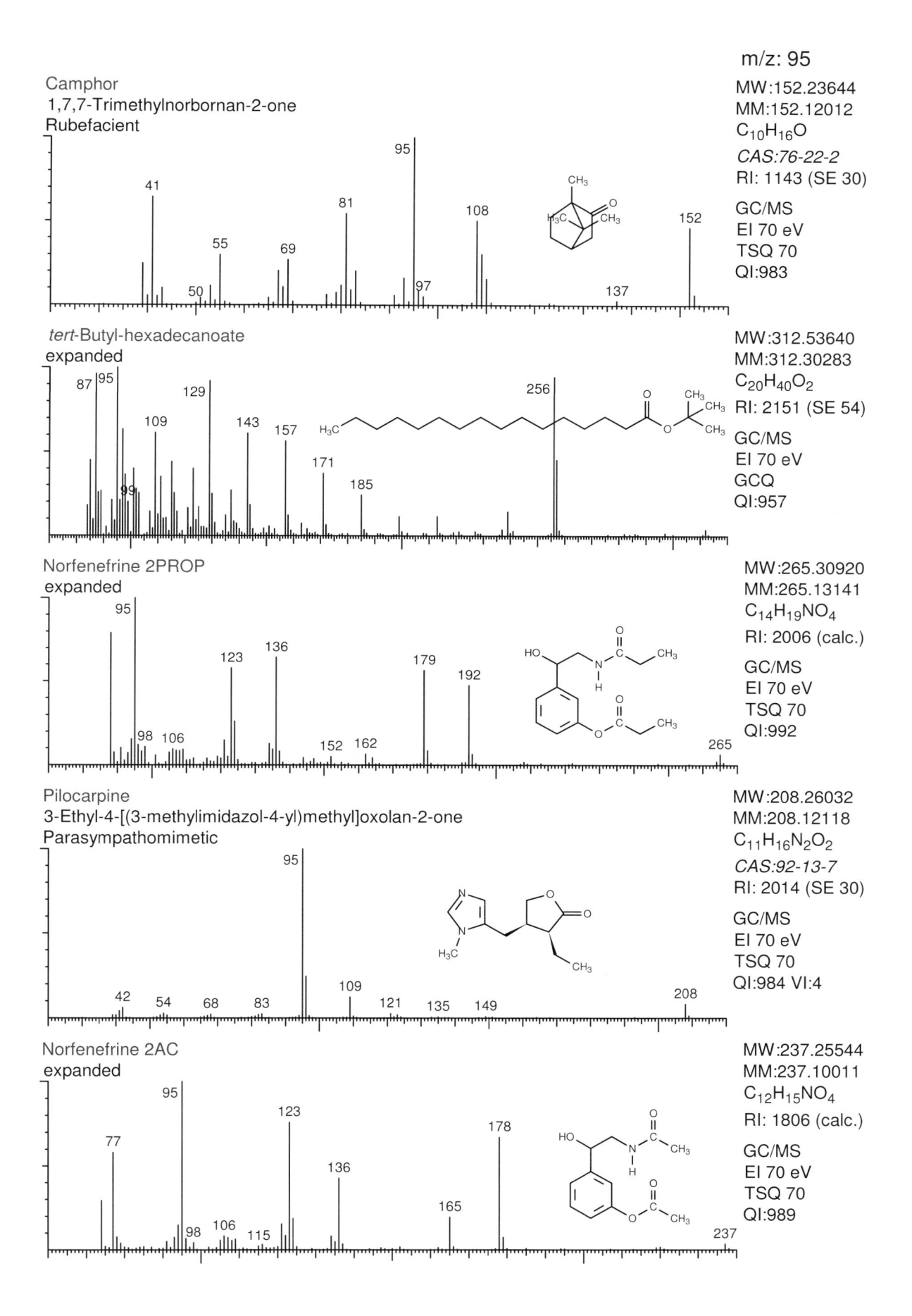

Camphor
1,7,7-Trimethylnorbornan-2-one
Rubefacient

MW: 152.23644
MM: 152.12012
$C_{10}H_{16}O$
CAS: 76-22-2
RI: 1143 (SE 30)

GC/MS
EI 70 eV
TSQ 70
QI: 983

tert-Butyl-hexadecanoate
expanded

MW: 312.53640
MM: 312.30283
$C_{20}H_{40}O_2$
RI: 2151 (SE 54)

GC/MS
EI 70 eV
GCQ
QI: 957

Norfenefrine 2PROP
expanded

MW: 265.30920
MM: 265.13141
$C_{14}H_{19}NO_4$
RI: 2006 (calc.)

GC/MS
EI 70 eV
TSQ 70
QI: 992

Pilocarpine
3-Ethyl-4-[(3-methylimidazol-4-yl)methyl]oxolan-2-one
Parasympathomimetic

MW: 208.26032
MM: 208.12118
$C_{11}H_{16}N_2O_2$
CAS: 92-13-7
RI: 2014 (SE 30)

GC/MS
EI 70 eV
TSQ 70
QI: 984 VI:4

Norfenefrine 2AC
expanded

MW: 237.25544
MM: 237.10011
$C_{12}H_{15}NO_4$
RI: 1806 (calc.)

GC/MS
EI 70 eV
TSQ 70
QI: 989

m/z: 95

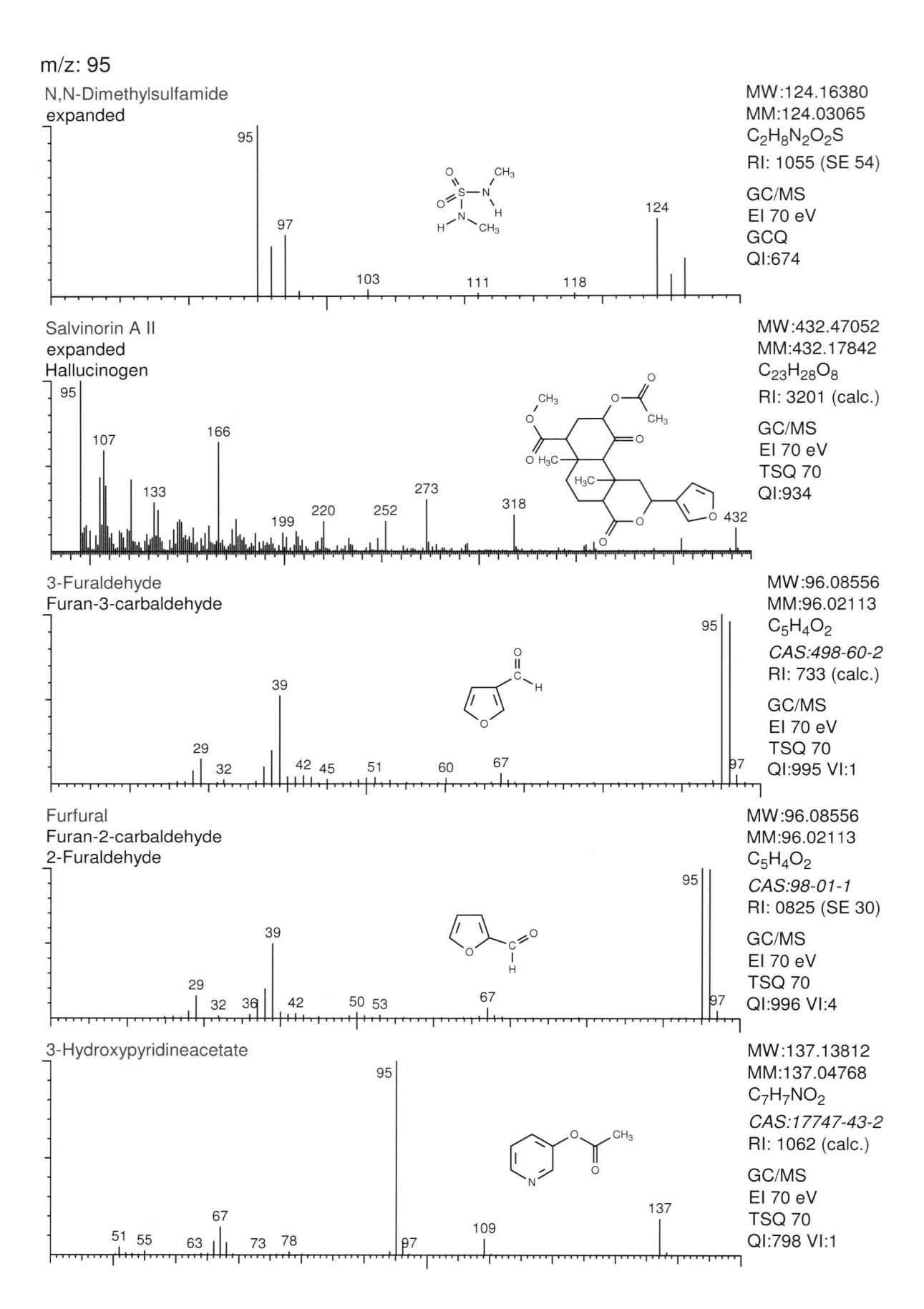

N,N-Dimethylsulfamide expanded

MW:124.16380
MM:124.03065
$C_2H_8N_2O_2S$
RI: 1055 (SE 54)

GC/MS
EI 70 eV
GCQ
QI:674

Salvinorin A II expanded
Hallucinogen

MW:432.47052
MM:432.17842
$C_{23}H_{28}O_8$
RI: 3201 (calc.)

GC/MS
EI 70 eV
TSQ 70
QI:934

3-Furaldehyde
Furan-3-carbaldehyde

MW:96.08556
MM:96.02113
$C_5H_4O_2$
CAS:498-60-2
RI: 733 (calc.)

GC/MS
EI 70 eV
TSQ 70
QI:995 VI:1

Furfural
Furan-2-carbaldehyde
2-Furaldehyde

MW:96.08556
MM:96.02113
$C_5H_4O_2$
CAS:98-01-1
RI: 0825 (SE 30)

GC/MS
EI 70 eV
TSQ 70
QI:996 VI:4

3-Hydroxypyridineacetate

MW:137.13812
MM:137.04768
$C_7H_7NO_2$
CAS:17747-43-2
RI: 1062 (calc.)

GC/MS
EI 70 eV
TSQ 70
QI:798 VI:1

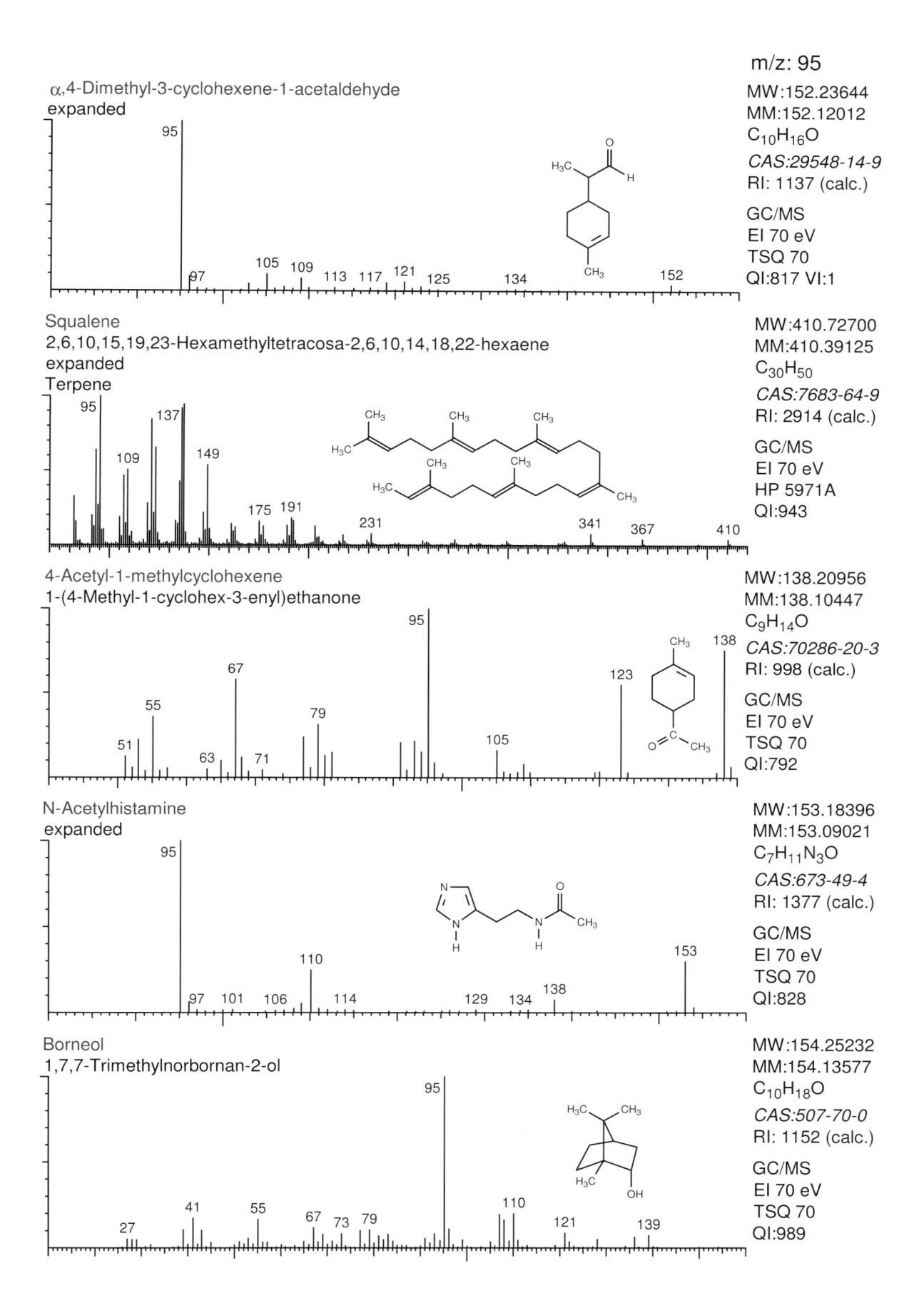

α,4-Dimethyl-3-cyclohexene-1-acetaldehyde
expanded

m/z: 95
MW: 152.23644
MM: 152.12012
$C_{10}H_{16}O$
CAS: 29548-14-9
RI: 1137 (calc.)

GC/MS
EI 70 eV
TSQ 70
QI: 817 VI:1

Peaks: 95, 97, 105, 109, 113, 117, 121, 125, 134, 152

Squalene
2,6,10,15,19,23-Hexamethyltetracosa-2,6,10,14,18,22-hexaene
expanded
Terpene

MW: 410.72700
MM: 410.39125
$C_{30}H_{50}$
CAS: 7683-64-9
RI: 2914 (calc.)

GC/MS
EI 70 eV
HP 5971A
QI: 943

Peaks: 95, 109, 137, 149, 175, 191, 231, 341, 367, 410

4-Acetyl-1-methylcyclohexene
1-(4-Methyl-1-cyclohex-3-enyl)ethanone

MW: 138.20956
MM: 138.10447
$C_9H_{14}O$
CAS: 70286-20-3
RI: 998 (calc.)

GC/MS
EI 70 eV
TSQ 70
QI: 792

Peaks: 51, 55, 63, 67, 71, 79, 95, 105, 123, 138

N-Acetylhistamine
expanded

MW: 153.18396
MM: 153.09021
$C_7H_{11}N_3O$
CAS: 673-49-4
RI: 1377 (calc.)

GC/MS
EI 70 eV
TSQ 70
QI: 828

Peaks: 95, 97, 101, 106, 110, 114, 129, 134, 138, 153

Borneol
1,7,7-Trimethylnorbornan-2-ol

MW: 154.25232
MM: 154.13577
$C_{10}H_{18}O$
CAS: 507-70-0
RI: 1152 (calc.)

GC/MS
EI 70 eV
TSQ 70
QI: 989

Peaks: 27, 41, 55, 67, 73, 79, 95, 110, 121, 139

m/z: 96

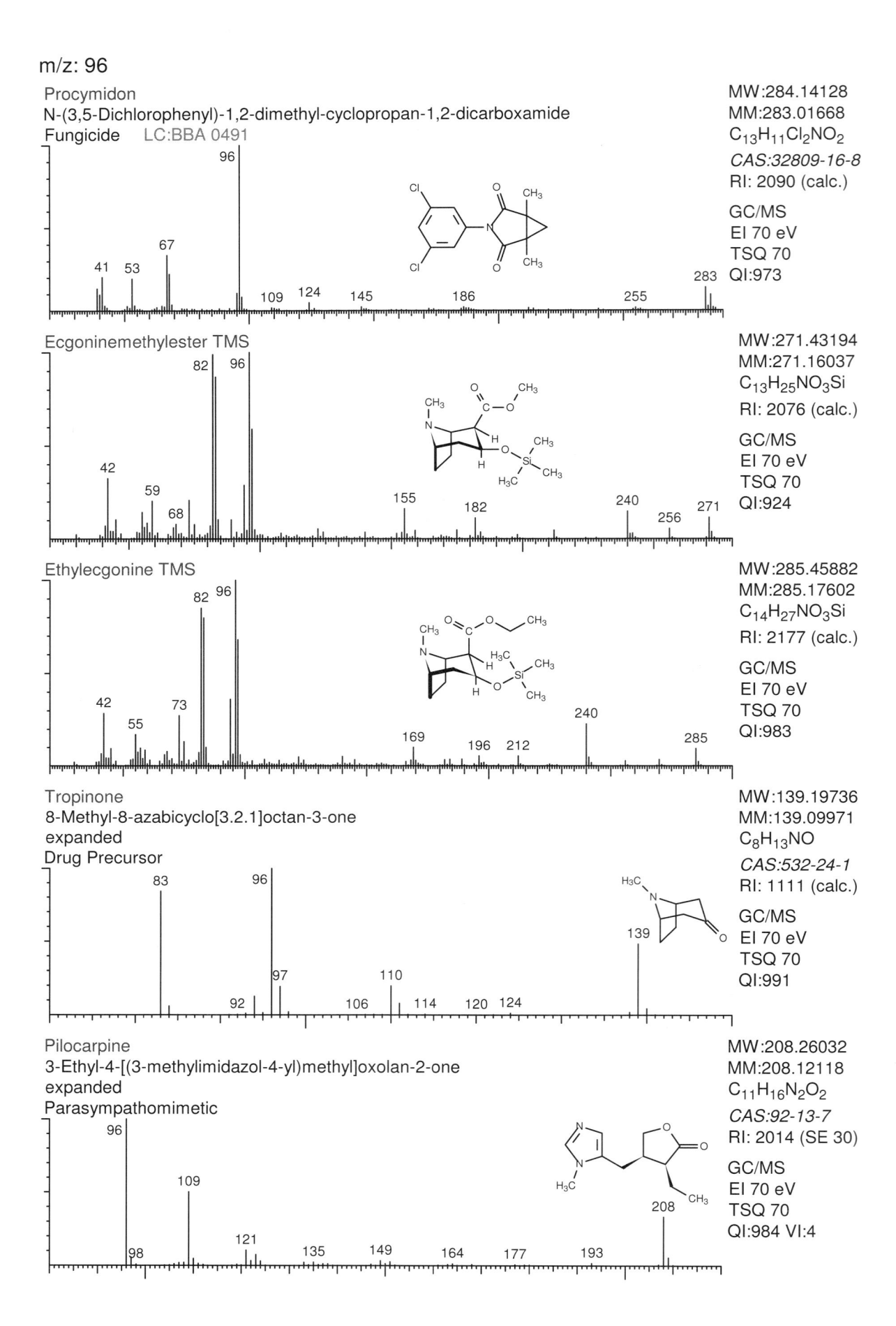

Procymidon
N-(3,5-Dichlorophenyl)-1,2-dimethyl-cyclopropan-1,2-dicarboxamide
Fungicide   LC:BBA 0491

MW:284.14128
MM:283.01668
$C_{13}H_{11}Cl_2NO_2$
CAS:32809-16-8
RI: 2090 (calc.)

GC/MS
EI 70 eV
TSQ 70
QI:973

Ecgoninemethylester TMS

MW:271.43194
MM:271.16037
$C_{13}H_{25}NO_3Si$
RI: 2076 (calc.)

GC/MS
EI 70 eV
TSQ 70
QI:924

Ethylecgonine TMS

MW:285.45882
MM:285.17602
$C_{14}H_{27}NO_3Si$
RI: 2177 (calc.)

GC/MS
EI 70 eV
TSQ 70
QI:983

Tropinone
8-Methyl-8-azabicyclo[3.2.1]octan-3-one
expanded
Drug Precursor

MW:139.19736
MM:139.09971
$C_8H_{13}NO$
CAS:532-24-1
RI: 1111 (calc.)

GC/MS
EI 70 eV
TSQ 70
QI:991

Pilocarpine
3-Ethyl-4-[(3-methylimidazol-4-yl)methyl]oxolan-2-one
expanded
Parasympathomimetic

MW:208.26032
MM:208.12118
$C_{11}H_{16}N_2O_2$
CAS:92-13-7
RI: 2014 (SE 30)

GC/MS
EI 70 eV
TSQ 70
QI:984 VI:4

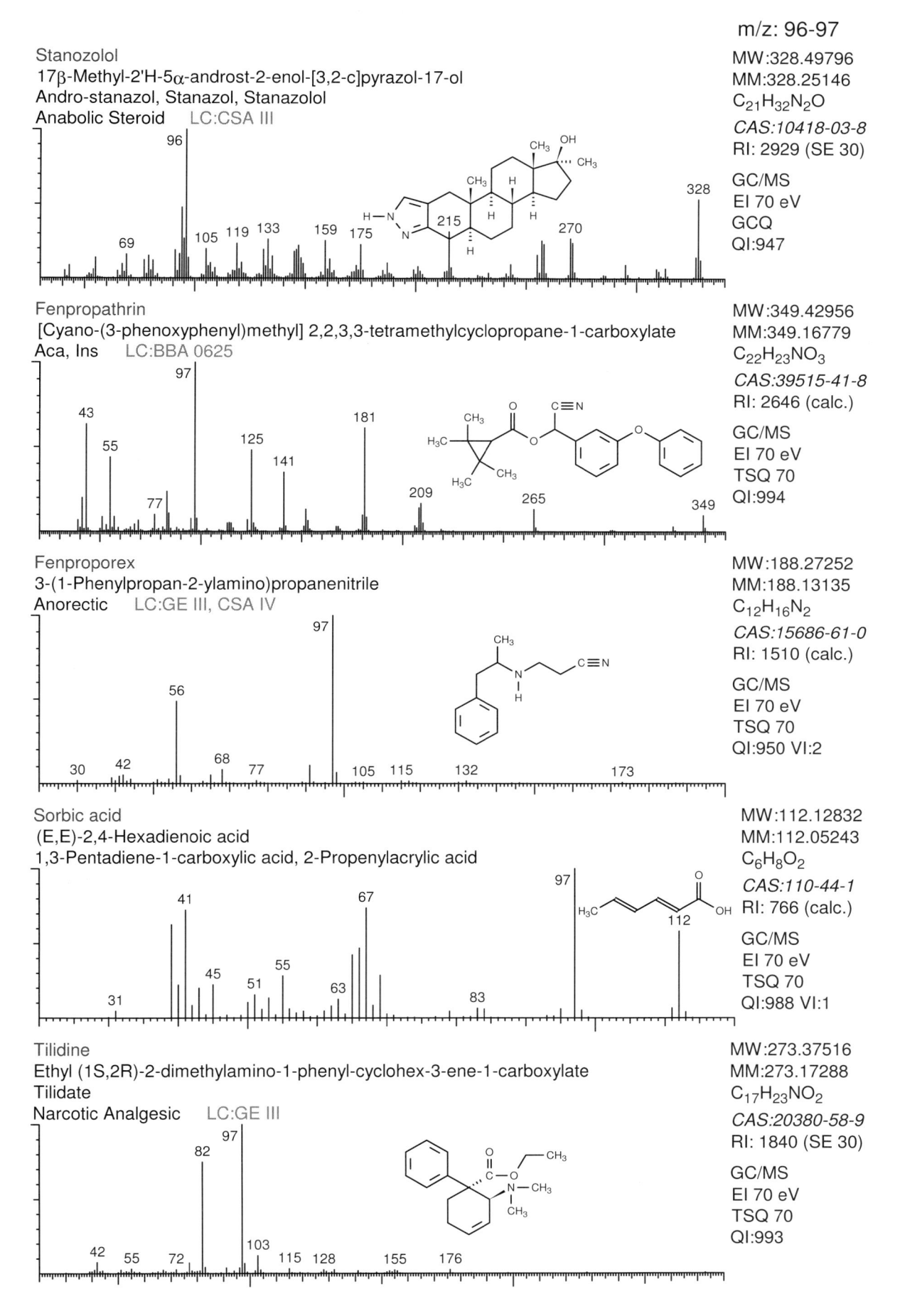

Stanozolol
17β-Methyl-2'H-5α-androst-2-enol-[3,2-c]pyrazol-17-ol
Andro-stanazol, Stanazol, Stanazolol
Anabolic Steroid   LC:CSA III

m/z: 96-97
MW:328.49796
MM:328.25146
$C_{21}H_{32}N_2O$
CAS:10418-03-8
RI: 2929 (SE 30)

GC/MS
EI 70 eV
GCQ
QI:947

Fenpropathrin
[Cyano-(3-phenoxyphenyl)methyl] 2,2,3,3-tetramethylcyclopropane-1-carboxylate
Aca, Ins   LC:BBA 0625

MW:349.42956
MM:349.16779
$C_{22}H_{23}NO_3$
CAS:39515-41-8
RI: 2646 (calc.)

GC/MS
EI 70 eV
TSQ 70
QI:994

Fenproporex
3-(1-Phenylpropan-2-ylamino)propanenitrile
Anorectic   LC:GE III, CSA IV

MW:188.27252
MM:188.13135
$C_{12}H_{16}N_2$
CAS:15686-61-0
RI: 1510 (calc.)

GC/MS
EI 70 eV
TSQ 70
QI:950 VI:2

Sorbic acid
(E,E)-2,4-Hexadienoic acid
1,3-Pentadiene-1-carboxylic acid, 2-Propenylacrylic acid

MW:112.12832
MM:112.05243
$C_6H_8O_2$
CAS:110-44-1
RI: 766 (calc.)

GC/MS
EI 70 eV
TSQ 70
QI:988 VI:1

Tilidine
Ethyl (1S,2R)-2-dimethylamino-1-phenyl-cyclohex-3-ene-1-carboxylate
Tilidate
Narcotic Analgesic   LC:GE III

MW:273.37516
MM:273.17288
$C_{17}H_{23}NO_2$
CAS:20380-58-9
RI: 1840 (SE 30)

GC/MS
EI 70 eV
TSQ 70
QI:993

m/z: 97

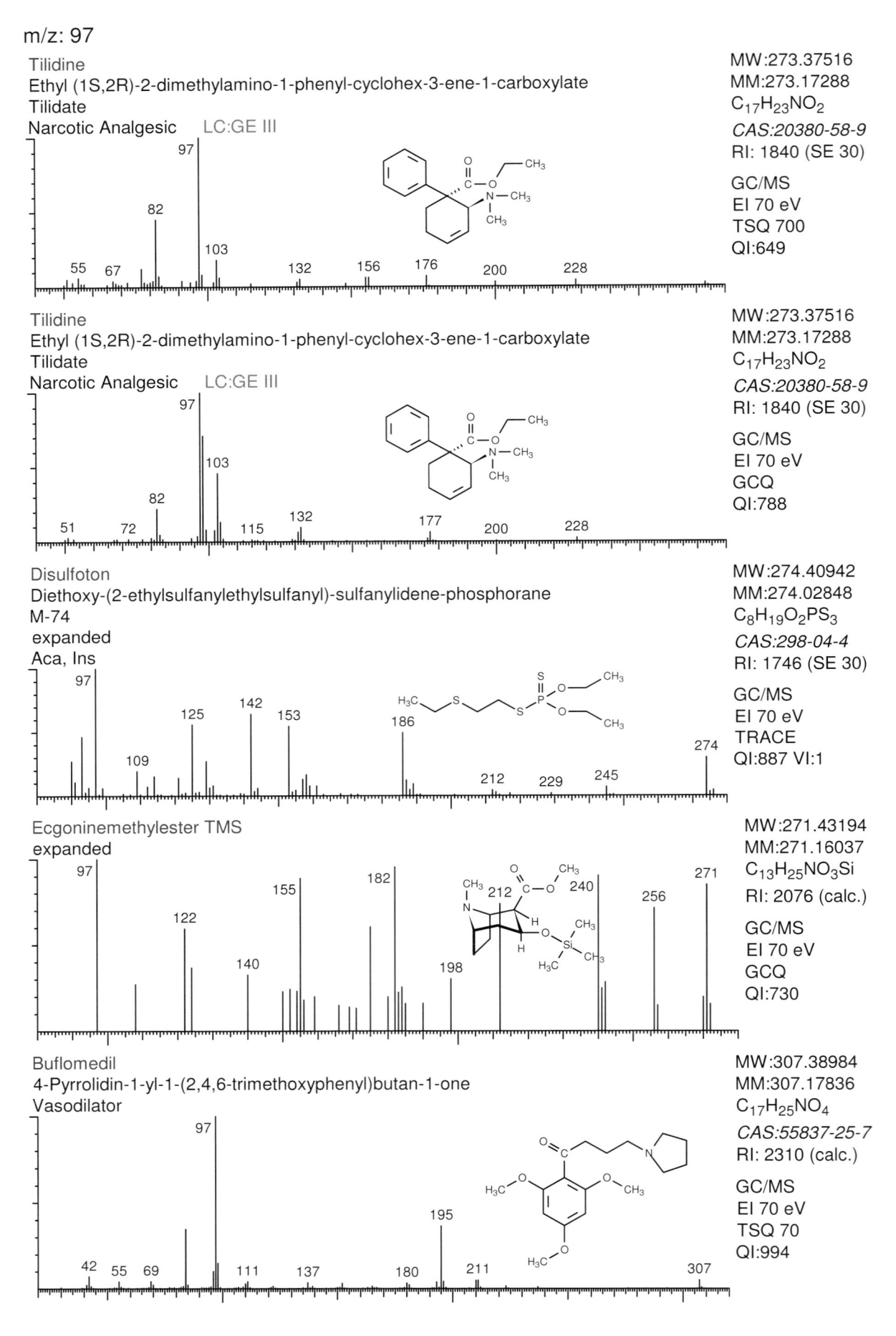

Tilidine
Ethyl (1S,2R)-2-dimethylamino-1-phenyl-cyclohex-3-ene-1-carboxylate
Tilidate
Narcotic Analgesic   LC:GE III

MW:273.37516
MM:273.17288
$C_{17}H_{23}NO_2$
CAS:20380-58-9
RI: 1840 (SE 30)

GC/MS
EI 70 eV
TSQ 700
QI:649

Peaks: 55, 67, 82, 97, 103, 132, 156, 176, 200, 228

Tilidine
Ethyl (1S,2R)-2-dimethylamino-1-phenyl-cyclohex-3-ene-1-carboxylate
Tilidate
Narcotic Analgesic   LC:GE III

MW:273.37516
MM:273.17288
$C_{17}H_{23}NO_2$
CAS:20380-58-9
RI: 1840 (SE 30)

GC/MS
EI 70 eV
GCQ
QI:788

Peaks: 51, 72, 82, 97, 103, 115, 132, 177, 200, 228

Disulfoton
Diethoxy-(2-ethylsulfanylethylsulfanyl)-sulfanylidene-phosphorane
M-74
expanded
Aca, Ins

MW:274.40942
MM:274.02848
$C_8H_{19}O_2PS_3$
CAS:298-04-4
RI: 1746 (SE 30)

GC/MS
EI 70 eV
TRACE
QI:887 VI:1

Peaks: 97, 109, 125, 142, 153, 186, 212, 229, 245, 274

Ecgoninemethylester TMS
expanded

MW:271.43194
MM:271.16037
$C_{13}H_{25}NO_3Si$
RI: 2076 (calc.)

GC/MS
EI 70 eV
GCQ
QI:730

Peaks: 97, 122, 140, 155, 182, 198, 212, 240, 256, 271

Buflomedil
4-Pyrrolidin-1-yl-1-(2,4,6-trimethoxyphenyl)butan-1-one
Vasodilator

MW:307.38984
MM:307.17836
$C_{17}H_{25}NO_4$
CAS:55837-25-7
RI: 2310 (calc.)

GC/MS
EI 70 eV
TSQ 70
QI:994

Peaks: 42, 55, 69, 97, 111, 137, 180, 195, 211, 307

m/z: 97

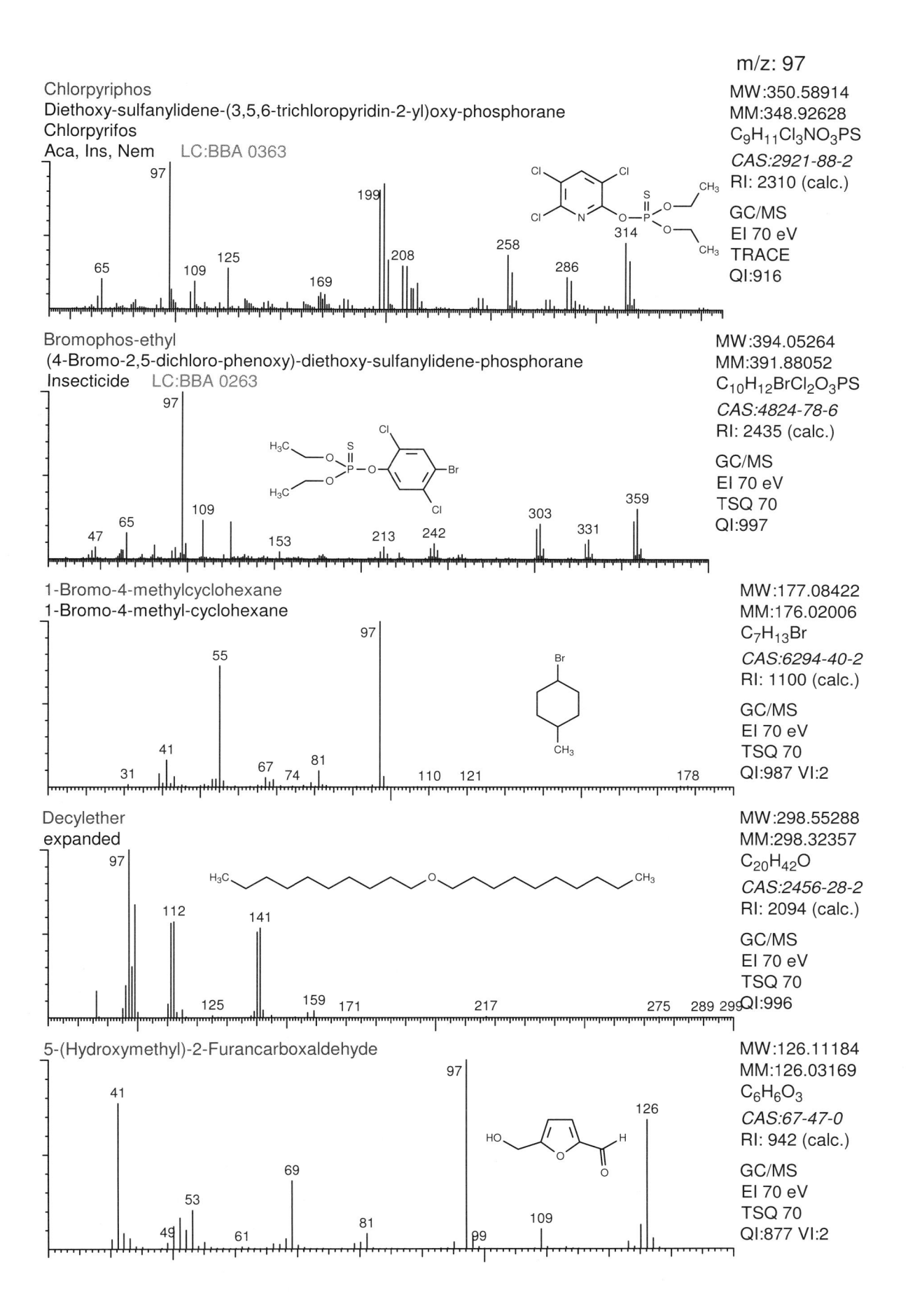

Chlorpyriphos
Diethoxy-sulfanylidene-(3,5,6-trichloropyridin-2-yl)oxy-phosphorane
Chlorpyrifos
Aca, Ins, Nem   LC:BBA 0363

MW:350.58914
MM:348.92628
$C_9H_{11}Cl_3NO_3PS$
CAS:2921-88-2
RI: 2310 (calc.)

GC/MS
EI 70 eV
TRACE
QI:916

Peaks: 65, 97, 109, 125, 169, 199, 208, 258, 286, 314

Bromophos-ethyl
(4-Bromo-2,5-dichloro-phenoxy)-diethoxy-sulfanylidene-phosphorane
Insecticide   LC:BBA 0263

MW:394.05264
MM:391.88052
$C_{10}H_{12}BrCl_2O_3PS$
CAS:4824-78-6
RI: 2435 (calc.)

GC/MS
EI 70 eV
TSQ 70
QI:997

Peaks: 47, 65, 97, 109, 153, 213, 242, 303, 331, 359

1-Bromo-4-methylcyclohexane
1-Bromo-4-methyl-cyclohexane

MW:177.08422
MM:176.02006
$C_7H_{13}Br$
CAS:6294-40-2
RI: 1100 (calc.)

GC/MS
EI 70 eV
TSQ 70
QI:987 VI:2

Peaks: 31, 41, 55, 67, 74, 81, 97, 110, 121, 178

Decylether
expanded

MW:298.55288
MM:298.32357
$C_{20}H_{42}O$
CAS:2456-28-2
RI: 2094 (calc.)

GC/MS
EI 70 eV
TSQ 70
QI:996

Peaks: 97, 112, 125, 141, 159, 171, 217, 275, 289, 299

5-(Hydroxymethyl)-2-Furancarboxaldehyde

MW:126.11184
MM:126.03169
$C_6H_6O_3$
CAS:67-47-0
RI: 942 (calc.)

GC/MS
EI 70 eV
TSQ 70
QI:877 VI:2

Peaks: 41, 49, 53, 61, 69, 81, 97, 99, 109, 126

m/z: 97-98

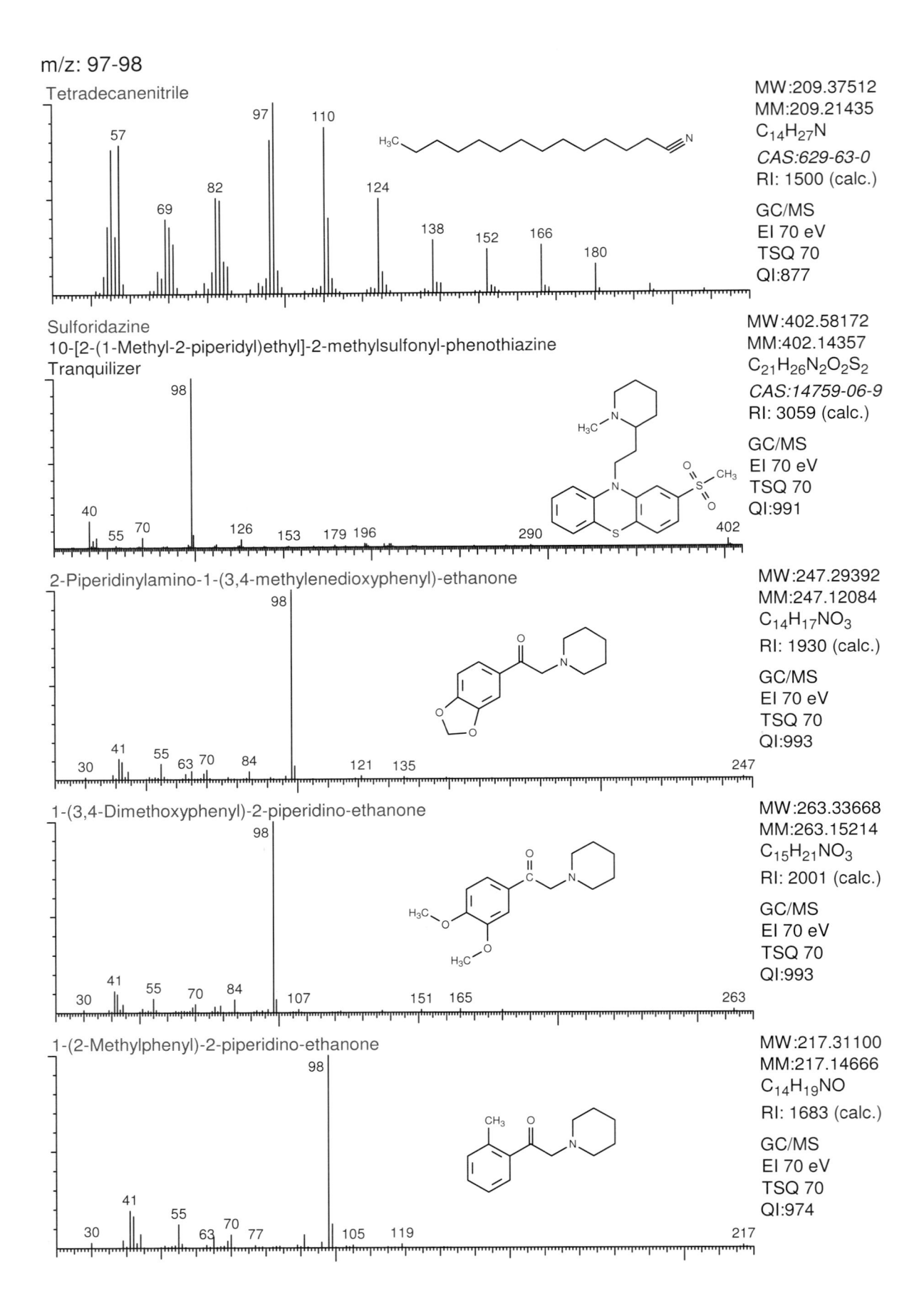

Tetradecanenitrile

MW:209.37512
MM:209.21435
$C_{14}H_{27}N$
CAS:629-63-0
RI: 1500 (calc.)

GC/MS
EI 70 eV
TSQ 70
QI:877

Sulforidazine
10-[2-(1-Methyl-2-piperidyl)ethyl]-2-methylsulfonyl-phenothiazine
Tranquilizer

MW:402.58172
MM:402.14357
$C_{21}H_{26}N_2O_2S_2$
CAS:14759-06-9
RI: 3059 (calc.)

GC/MS
EI 70 eV
TSQ 70
QI:991

2-Piperidinylamino-1-(3,4-methylenedioxyphenyl)-ethanone

MW:247.29392
MM:247.12084
$C_{14}H_{17}NO_3$
RI: 1930 (calc.)

GC/MS
EI 70 eV
TSQ 70
QI:993

1-(3,4-Dimethoxyphenyl)-2-piperidino-ethanone

MW:263.33668
MM:263.15214
$C_{15}H_{21}NO_3$
RI: 2001 (calc.)

GC/MS
EI 70 eV
TSQ 70
QI:993

1-(2-Methylphenyl)-2-piperidino-ethanone

MW:217.31100
MM:217.14666
$C_{14}H_{19}NO$
RI: 1683 (calc.)

GC/MS
EI 70 eV
TSQ 70
QI:974

m/z: 98

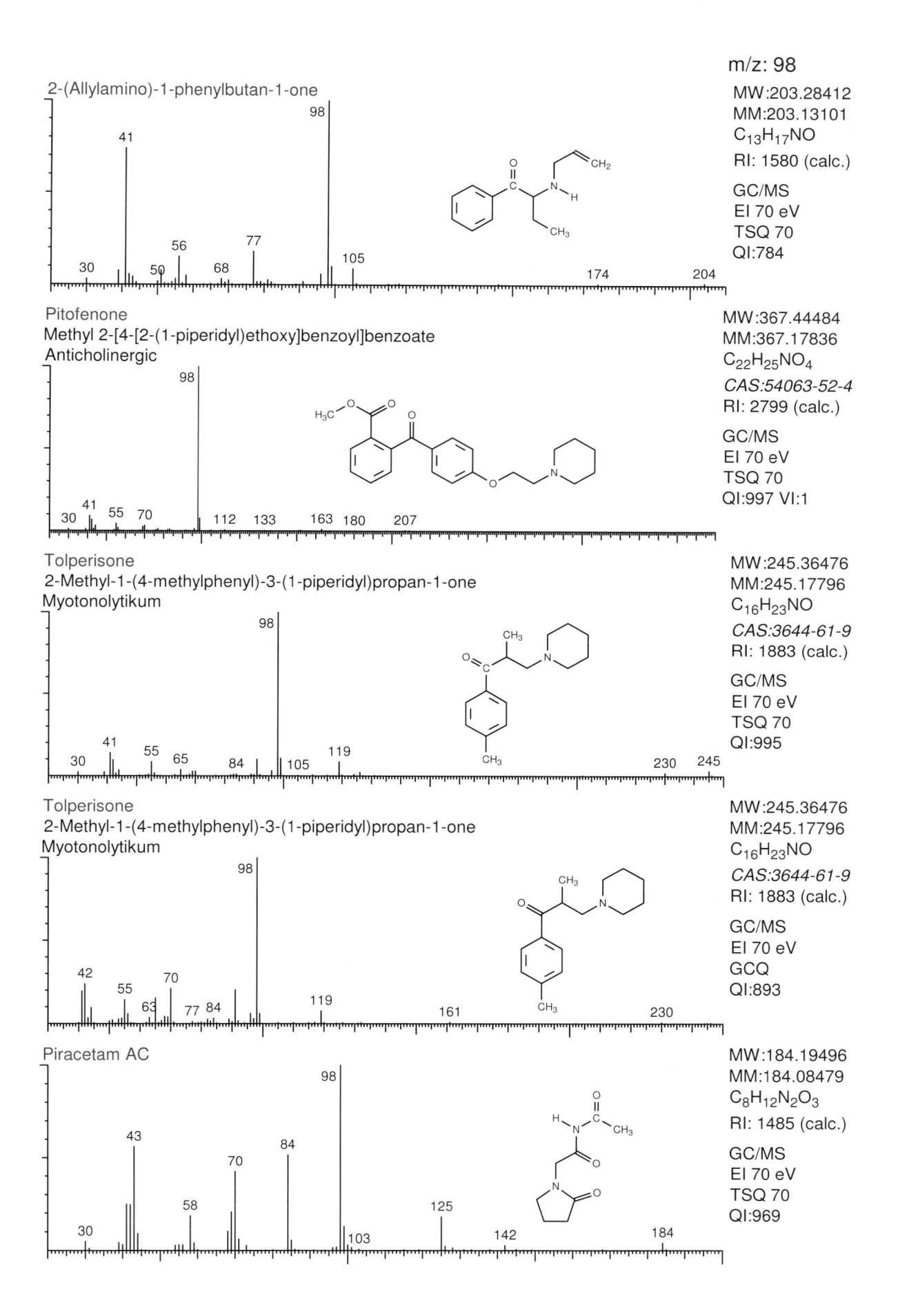

2-(Allylamino)-1-phenylbutan-1-one

Peaks: 41, 56, 77, 98, 105

MW: 203.28412
MM: 203.13101
$C_{13}H_{17}NO$
RI: 1580 (calc.)

GC/MS
EI 70 eV
TSQ 70
QI: 784

Pitofenone
Methyl 2-[4-[2-(1-piperidyl)ethoxy]benzoyl]benzoate
Anticholinergic

Peaks: 41, 55, 70, 98, 112, 133, 163, 180, 207

MW: 367.44484
MM: 367.17836
$C_{22}H_{25}NO_4$
CAS: 54063-52-4
RI: 2799 (calc.)

GC/MS
EI 70 eV
TSQ 70
QI: 997 VI:1

Tolperisone
2-Methyl-1-(4-methylphenyl)-3-(1-piperidyl)propan-1-one
Myotonolytikum

Peaks: 41, 55, 65, 84, 98, 105, 119

MW: 245.36476
MM: 245.17796
$C_{16}H_{23}NO$
CAS: 3644-61-9
RI: 1883 (calc.)

GC/MS
EI 70 eV
TSQ 70
QI: 995

Tolperisone
2-Methyl-1-(4-methylphenyl)-3-(1-piperidyl)propan-1-one
Myotonolytikum

Peaks: 42, 55, 63, 70, 77, 84, 98, 119, 161

MW: 245.36476
MM: 245.17796
$C_{16}H_{23}NO$
CAS: 3644-61-9
RI: 1883 (calc.)

GC/MS
EI 70 eV
GCQ
QI: 893

Piracetam AC

Peaks: 43, 58, 70, 84, 98, 103, 125, 142, 184

MW: 184.19496
MM: 184.08479
$C_8H_{12}N_2O_3$
RI: 1485 (calc.)

GC/MS
EI 70 eV
TSQ 70
QI: 969

m/z: 98

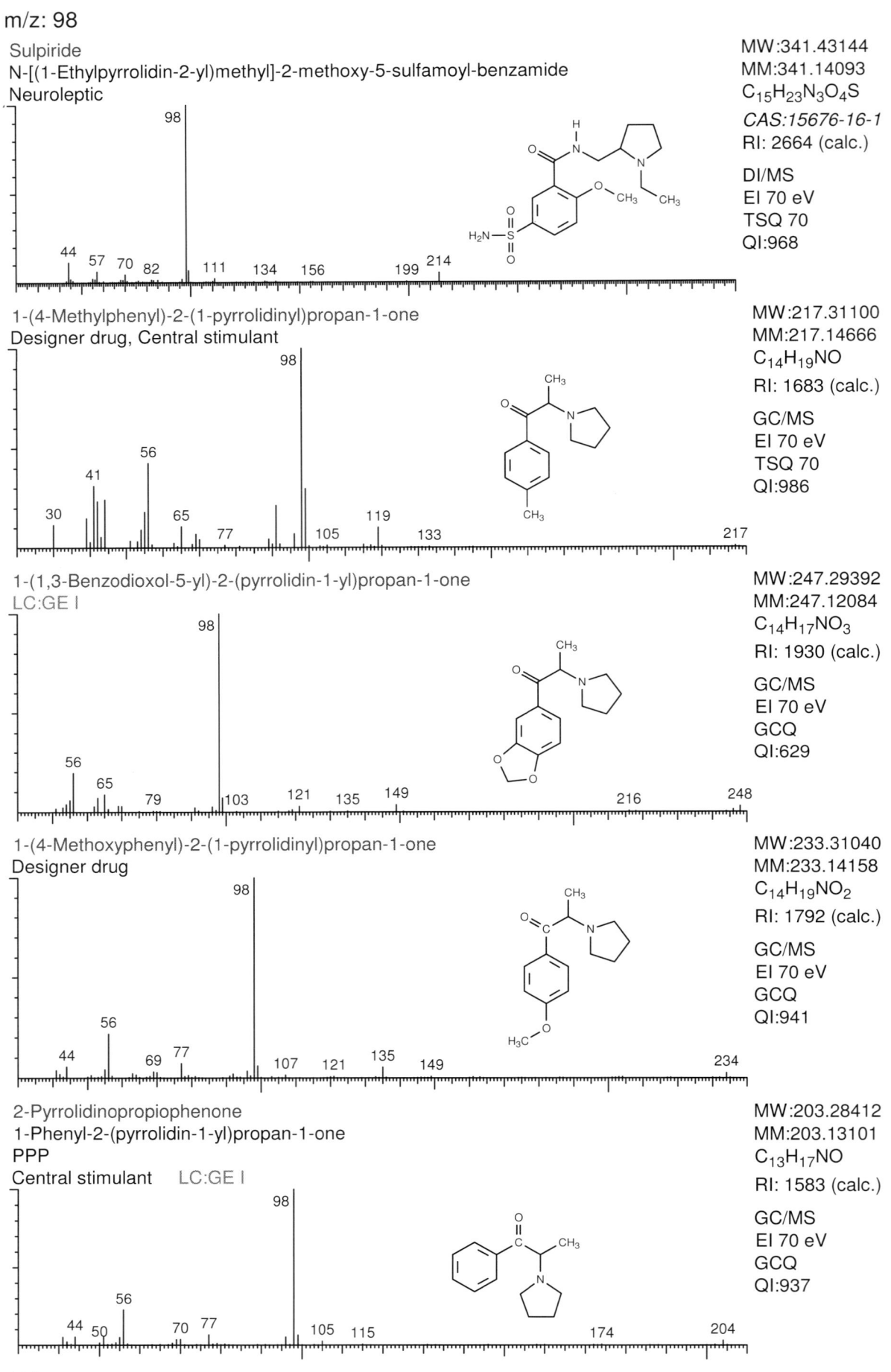

Sulpiride
N-[(1-Ethylpyrrolidin-2-yl)methyl]-2-methoxy-5-sulfamoyl-benzamide
Neuroleptic

MW: 341.43144
MM: 341.14093
$C_{15}H_{23}N_3O_4S$
CAS: 15676-16-1
RI: 2664 (calc.)

DI/MS
EI 70 eV
TSQ 70
QI: 968

1-(4-Methylphenyl)-2-(1-pyrrolidinyl)propan-1-one
Designer drug, Central stimulant

MW: 217.31100
MM: 217.14666
$C_{14}H_{19}NO$
RI: 1683 (calc.)

GC/MS
EI 70 eV
TSQ 70
QI: 986

1-(1,3-Benzodioxol-5-yl)-2-(pyrrolidin-1-yl)propan-1-one
LC:GE I

MW: 247.29392
MM: 247.12084
$C_{14}H_{17}NO_3$
RI: 1930 (calc.)

GC/MS
EI 70 eV
GCQ
QI: 629

1-(4-Methoxyphenyl)-2-(1-pyrrolidinyl)propan-1-one
Designer drug

MW: 233.31040
MM: 233.14158
$C_{14}H_{19}NO_2$
RI: 1792 (calc.)

GC/MS
EI 70 eV
GCQ
QI: 941

2-Pyrrolidinopropiophenone
1-Phenyl-2-(pyrrolidin-1-yl)propan-1-one
PPP
Central stimulant   LC:GE I

MW: 203.28412
MM: 203.13101
$C_{13}H_{17}NO$
RI: 1583 (calc.)

GC/MS
EI 70 eV
GCQ
QI: 937

m/z: 98

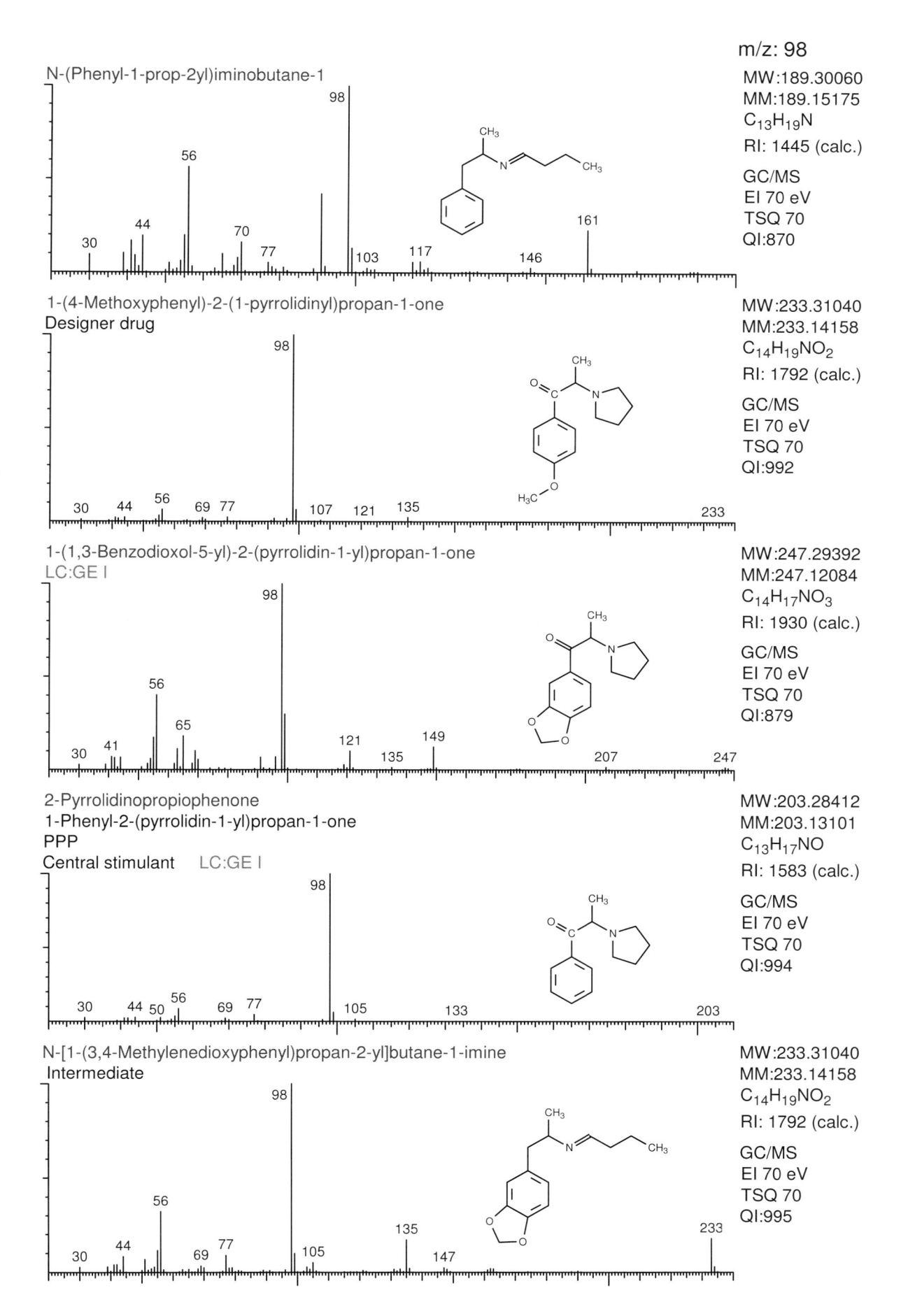

N-(Phenyl-1-prop-2yl)iminobutane-1

MW: 189.30060
MM: 189.15175
$C_{13}H_{19}N$
RI: 1445 (calc.)

GC/MS
EI 70 eV
TSQ 70
QI: 870

1-(4-Methoxyphenyl)-2-(1-pyrrolidinyl)propan-1-one
Designer drug

MW: 233.31040
MM: 233.14158
$C_{14}H_{19}NO_2$
RI: 1792 (calc.)

GC/MS
EI 70 eV
TSQ 70
QI: 992

1-(1,3-Benzodioxol-5-yl)-2-(pyrrolidin-1-yl)propan-1-one
LC:GE I

MW: 247.29392
MM: 247.12084
$C_{14}H_{17}NO_3$
RI: 1930 (calc.)

GC/MS
EI 70 eV
TSQ 70
QI: 879

2-Pyrrolidinopropiophenone
1-Phenyl-2-(pyrrolidin-1-yl)propan-1-one
PPP
Central stimulant   LC:GE I

MW: 203.28412
MM: 203.13101
$C_{13}H_{17}NO$
RI: 1583 (calc.)

GC/MS
EI 70 eV
TSQ 70
QI: 994

N-[1-(3,4-Methylenedioxyphenyl)propan-2-yl]butane-1-imine
Intermediate

MW: 233.31040
MM: 233.14158
$C_{14}H_{19}NO_2$
RI: 1792 (calc.)

GC/MS
EI 70 eV
TSQ 70
QI: 995

m/z: 98

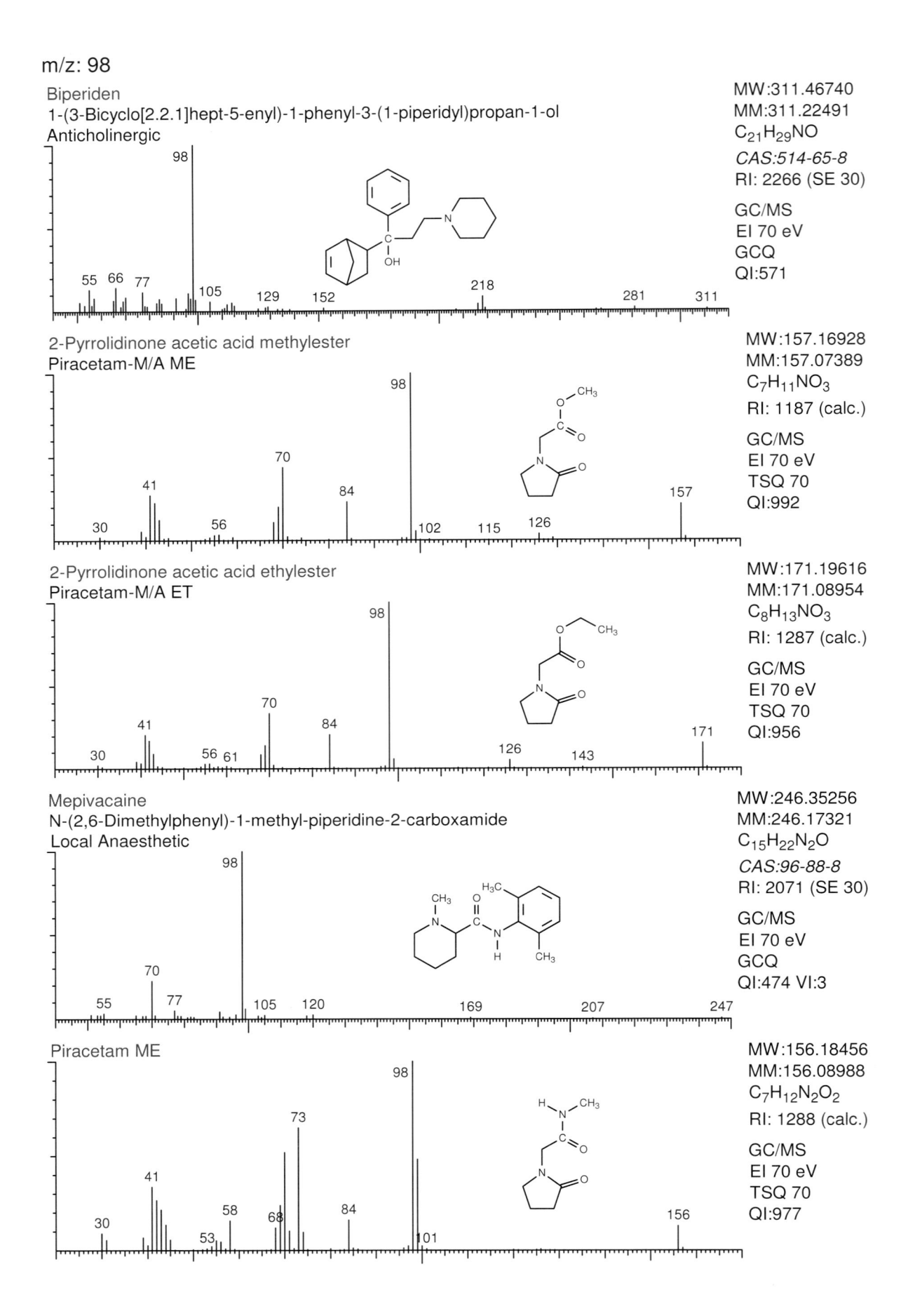

Biperiden
1-(3-Bicyclo[2.2.1]hept-5-enyl)-1-phenyl-3-(1-piperidyl)propan-1-ol
Anticholinergic

MW: 311.46740
MM: 311.22491
$C_{21}H_{29}NO$
CAS: 514-65-8
RI: 2266 (SE 30)

GC/MS
EI 70 eV
GCQ
QI: 571

2-Pyrrolidinone acetic acid methylester
Piracetam-M/A ME

MW: 157.16928
MM: 157.07389
$C_7H_{11}NO_3$
RI: 1187 (calc.)

GC/MS
EI 70 eV
TSQ 70
QI: 992

2-Pyrrolidinone acetic acid ethylester
Piracetam-M/A ET

MW: 171.19616
MM: 171.08954
$C_8H_{13}NO_3$
RI: 1287 (calc.)

GC/MS
EI 70 eV
TSQ 70
QI: 956

Mepivacaine
N-(2,6-Dimethylphenyl)-1-methyl-piperidine-2-carboxamide
Local Anaesthetic

MW: 246.35256
MM: 246.17321
$C_{15}H_{22}N_2O$
CAS: 96-88-8
RI: 2071 (SE 30)

GC/MS
EI 70 eV
GCQ
QI: 474 VI:3

Piracetam ME

MW: 156.18456
MM: 156.08988
$C_7H_{12}N_2O_2$
RI: 1288 (calc.)

GC/MS
EI 70 eV
TSQ 70
QI: 977

m/z: 98

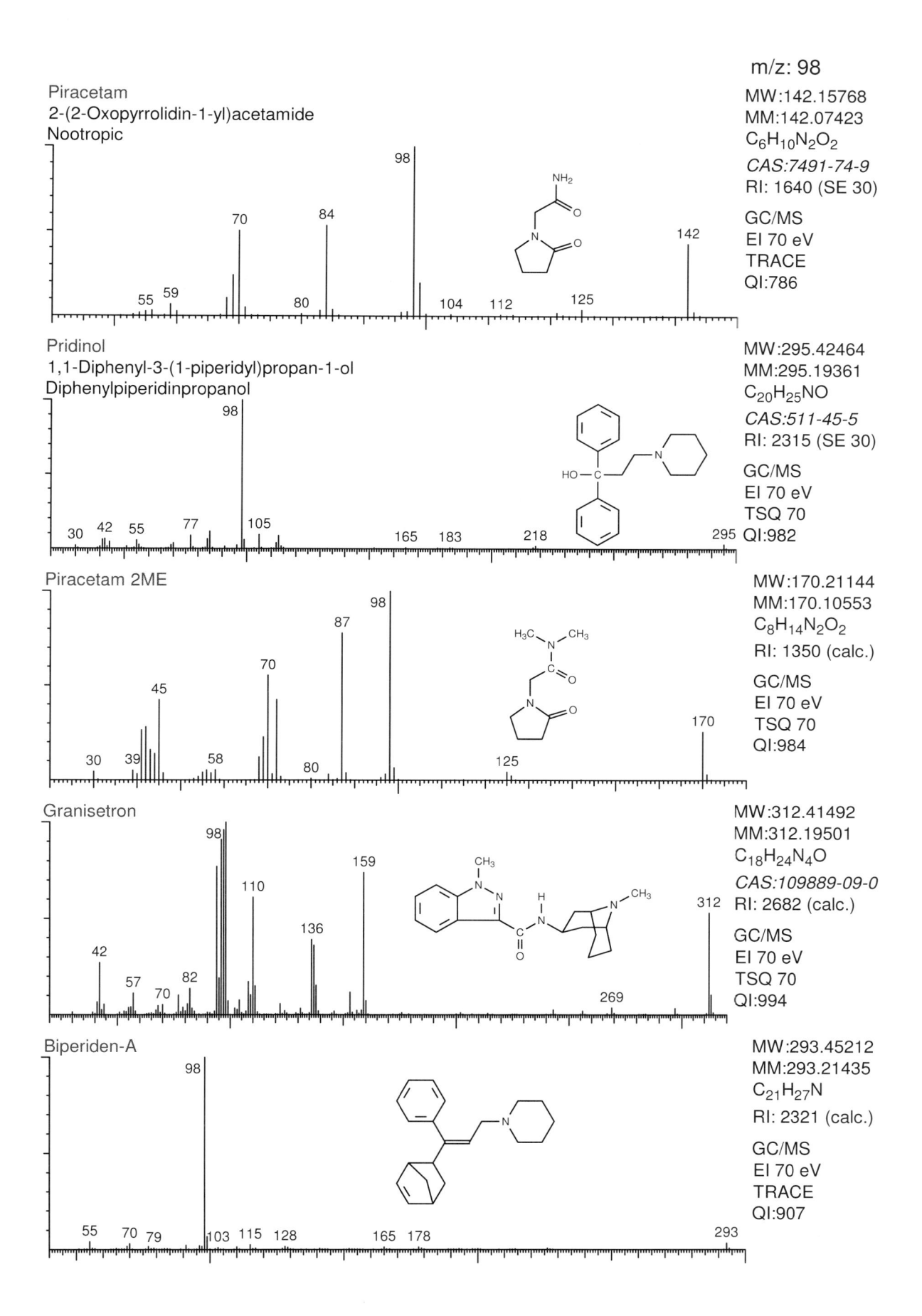

Piracetam
2-(2-Oxopyrrolidin-1-yl)acetamide
Nootropic

MW:142.15768
MM:142.07423
$C_6H_{10}N_2O_2$
CAS:7491-74-9
RI: 1640 (SE 30)

GC/MS
EI 70 eV
TRACE
QI:786

Peaks: 55, 59, 70, 80, 84, 98, 104, 112, 125, 142

Pridinol
1,1-Diphenyl-3-(1-piperidyl)propan-1-ol
Diphenylpiperidinpropanol

MW:295.42464
MM:295.19361
$C_{20}H_{25}NO$
CAS:511-45-5
RI: 2315 (SE 30)

GC/MS
EI 70 eV
TSQ 70
QI:982

Peaks: 30, 42, 55, 77, 98, 105, 165, 183, 218, 295

Piracetam 2ME

MW:170.21144
MM:170.10553
$C_8H_{14}N_2O_2$
RI: 1350 (calc.)

GC/MS
EI 70 eV
TSQ 70
QI:984

Peaks: 30, 39, 45, 58, 70, 80, 87, 98, 125, 170

Granisetron

MW:312.41492
MM:312.19501
$C_{18}H_{24}N_4O$
CAS:109889-09-0
RI: 2682 (calc.)

GC/MS
EI 70 eV
TSQ 70
QI:994

Peaks: 42, 57, 70, 82, 98, 110, 136, 159, 269, 312

Biperiden-A

MW:293.45212
MM:293.21435
$C_{21}H_{27}N$
RI: 2321 (calc.)

GC/MS
EI 70 eV
TRACE
QI:907

Peaks: 55, 70, 79, 98, 103, 115, 128, 165, 178, 293

m/z: 98

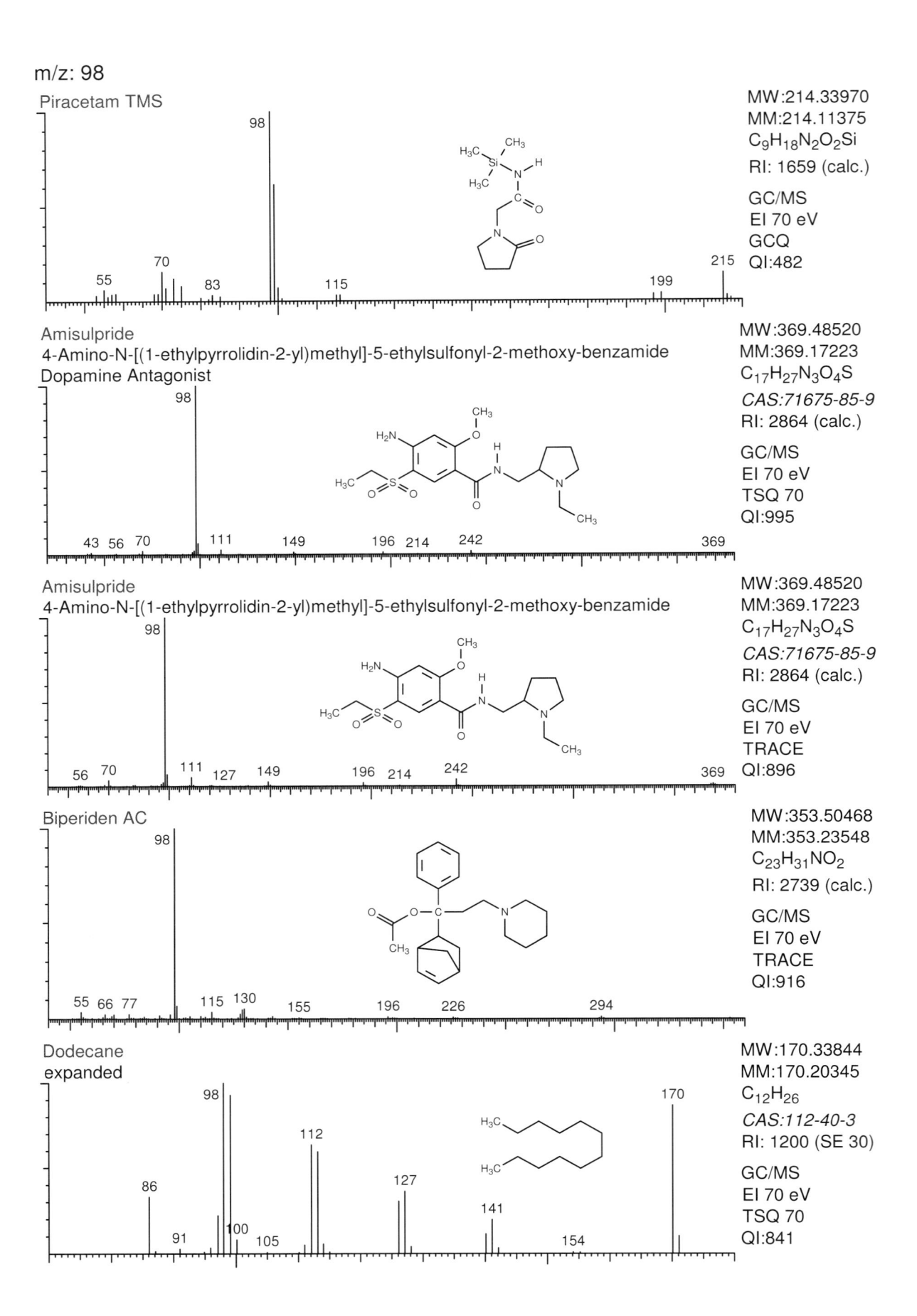

Piracetam TMS

MW: 214.33970
MM: 214.11375
C$_9$H$_{18}$N$_2$O$_2$Si
RI: 1659 (calc.)

GC/MS
EI 70 eV
GCQ
QI: 482

Peaks: 55, 70, 83, 98, 115, 199, 215

Amisulpride
4-Amino-N-[(1-ethylpyrrolidin-2-yl)methyl]-5-ethylsulfonyl-2-methoxy-benzamide
Dopamine Antagonist

MW: 369.48520
MM: 369.17223
C$_{17}$H$_{27}$N$_3$O$_4$S
CAS: 71675-85-9
RI: 2864 (calc.)

GC/MS
EI 70 eV
TSQ 70
QI: 995

Peaks: 43, 56, 70, 98, 111, 149, 196, 214, 242, 369

Amisulpride
4-Amino-N-[(1-ethylpyrrolidin-2-yl)methyl]-5-ethylsulfonyl-2-methoxy-benzamide

MW: 369.48520
MM: 369.17223
C$_{17}$H$_{27}$N$_3$O$_4$S
CAS: 71675-85-9
RI: 2864 (calc.)

GC/MS
EI 70 eV
TRACE
QI: 896

Peaks: 56, 70, 98, 111, 127, 149, 196, 214, 242, 369

Biperiden AC

MW: 353.50468
MM: 353.23548
C$_{23}$H$_{31}$NO$_2$
RI: 2739 (calc.)

GC/MS
EI 70 eV
TRACE
QI: 916

Peaks: 55, 66, 77, 98, 115, 130, 155, 196, 226, 294

Dodecane
expanded

MW: 170.33844
MM: 170.20345
C$_{12}$H$_{26}$
CAS: 112-40-3
RI: 1200 (SE 30)

GC/MS
EI 70 eV
TSQ 70
QI: 841

Peaks: 86, 91, 98, 100, 105, 112, 127, 141, 154, 170

m/z: 98

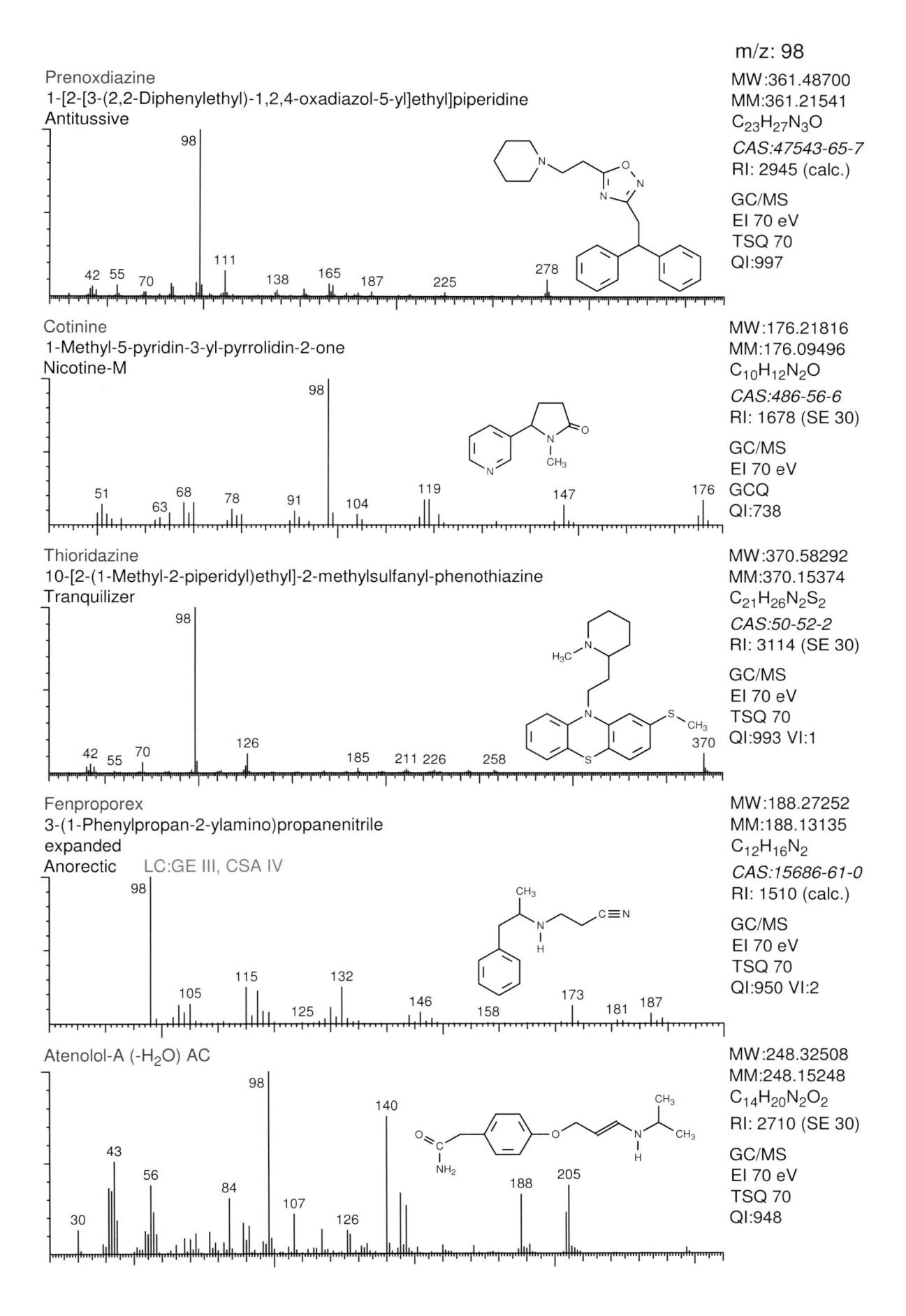

Prenoxdiazine
1-[2-[3-(2,2-Diphenylethyl)-1,2,4-oxadiazol-5-yl]ethyl]piperidine
Antitussive

MW:361.48700
MM:361.21541
$C_{23}H_{27}N_3O$
CAS:47543-65-7
RI: 2945 (calc.)

GC/MS
EI 70 eV
TSQ 70
QI:997

Peaks: 42, 55, 70, 98, 111, 138, 165, 187, 225, 278

Cotinine
1-Methyl-5-pyridin-3-yl-pyrrolidin-2-one
Nicotine-M

MW:176.21816
MM:176.09496
$C_{10}H_{12}N_2O$
CAS:486-56-6
RI: 1678 (SE 30)

GC/MS
EI 70 eV
GCQ
QI:738

Peaks: 51, 63, 68, 78, 91, 98, 104, 119, 147, 176

Thioridazine
10-[2-(1-Methyl-2-piperidyl)ethyl]-2-methylsulfanyl-phenothiazine
Tranquilizer

MW:370.58292
MM:370.15374
$C_{21}H_{26}N_2S_2$
CAS:50-52-2
RI: 3114 (SE 30)

GC/MS
EI 70 eV
TSQ 70
QI:993 VI:1

Peaks: 42, 55, 70, 98, 126, 185, 211, 226, 258, 370

Fenproporex
3-(1-Phenylpropan-2-ylamino)propanenitrile
expanded
Anorectic   LC:GE III, CSA IV

MW:188.27252
MM:188.13135
$C_{12}H_{16}N_2$
CAS:15686-61-0
RI: 1510 (calc.)

GC/MS
EI 70 eV
TSQ 70
QI:950 VI:2

Peaks: 98, 105, 115, 125, 132, 146, 158, 173, 181, 187

Atenolol-A (-H₂O) AC

MW:248.32508
MM:248.15248
$C_{14}H_{20}N_2O_2$
RI: 2710 (SE 30)

GC/MS
EI 70 eV
TSQ 70
QI:948

Peaks: 30, 43, 56, 84, 98, 107, 126, 140, 188, 205

m/z: 98

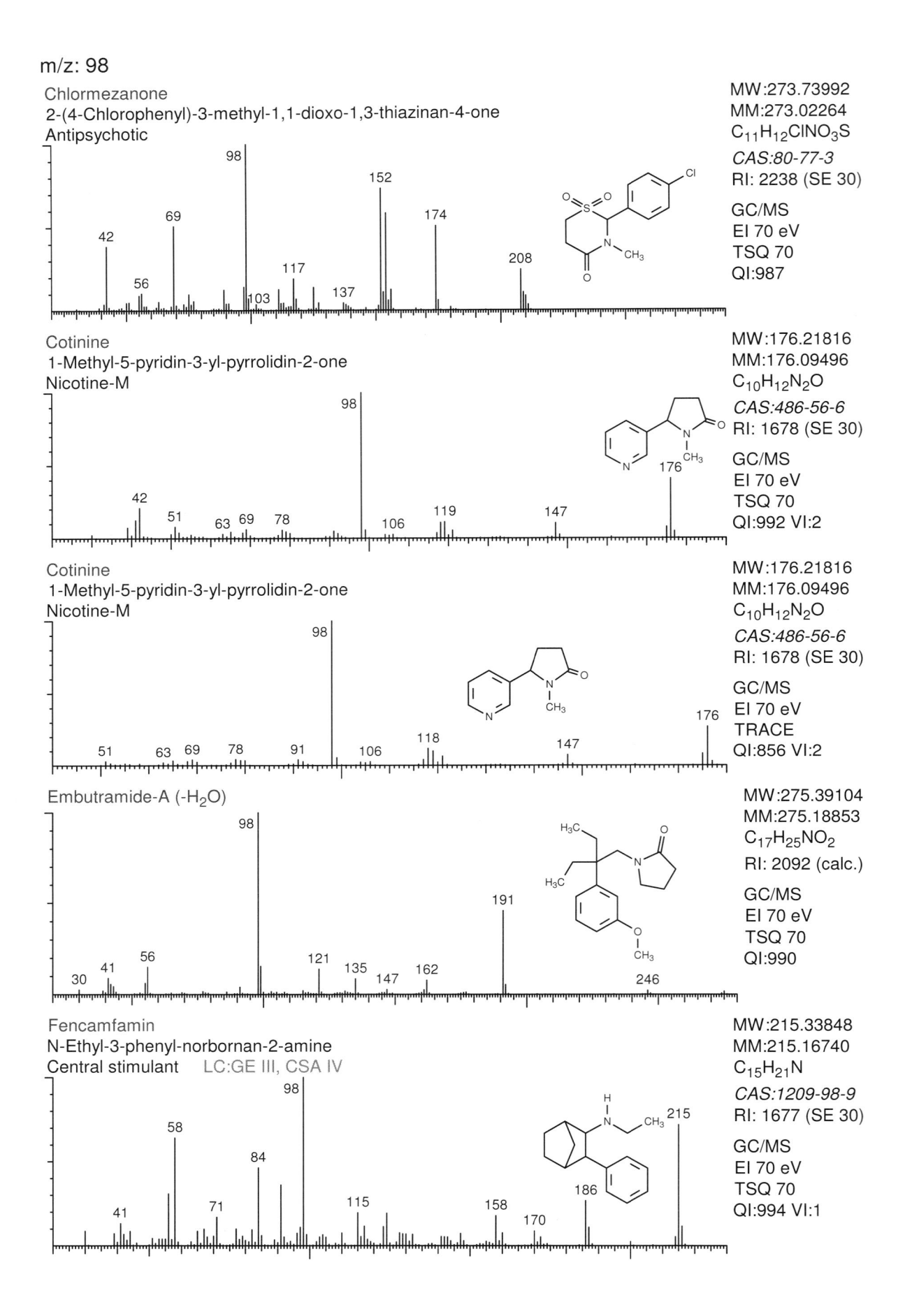

Chlormezanone
2-(4-Chlorophenyl)-3-methyl-1,1-dioxo-1,3-thiazinan-4-one
Antipsychotic

Peaks: 42, 56, 69, 98, 103, 117, 137, 152, 174, 208

MW: 273.73992
MM: 273.02264
$C_{11}H_{12}ClNO_3S$
CAS: 80-77-3
RI: 2238 (SE 30)

GC/MS
EI 70 eV
TSQ 70
QI: 987

Cotinine
1-Methyl-5-pyridin-3-yl-pyrrolidin-2-one
Nicotine-M

Peaks: 42, 51, 63, 69, 78, 98, 106, 119, 147, 176

MW: 176.21816
MM: 176.09496
$C_{10}H_{12}N_2O$
CAS: 486-56-6
RI: 1678 (SE 30)

GC/MS
EI 70 eV
TSQ 70
QI: 992 VI:2

Cotinine
1-Methyl-5-pyridin-3-yl-pyrrolidin-2-one
Nicotine-M

Peaks: 51, 63, 69, 78, 91, 98, 106, 118, 147, 176

MW: 176.21816
MM: 176.09496
$C_{10}H_{12}N_2O$
CAS: 486-56-6
RI: 1678 (SE 30)

GC/MS
EI 70 eV
TRACE
QI: 856 VI:2

Embutramide-A (-H₂O)

Peaks: 30, 41, 56, 98, 121, 135, 147, 162, 191, 246

MW: 275.39104
MM: 275.18853
$C_{17}H_{25}NO_2$
RI: 2092 (calc.)

GC/MS
EI 70 eV
TSQ 70
QI: 990

Fencamfamin
N-Ethyl-3-phenyl-norbornan-2-amine
Central stimulant   LC:GE III, CSA IV

Peaks: 41, 58, 71, 84, 98, 115, 158, 170, 186, 215

MW: 215.33848
MM: 215.16740
$C_{15}H_{21}N$
CAS: 1209-98-9
RI: 1677 (SE 30)

GC/MS
EI 70 eV
TSQ 70
QI: 994 VI:1

m/z: 98

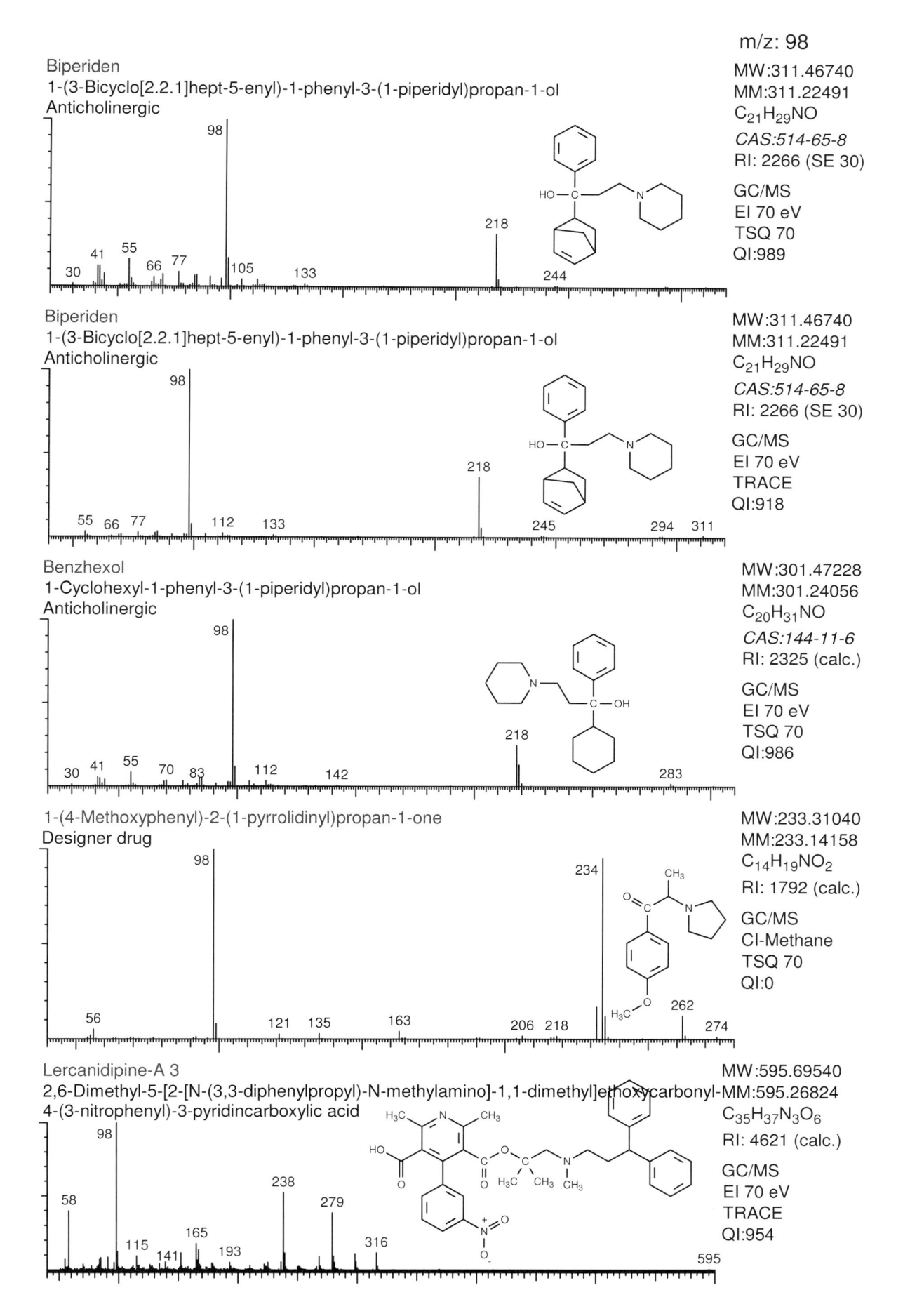

Biperiden
1-(3-Bicyclo[2.2.1]hept-5-enyl)-1-phenyl-3-(1-piperidyl)propan-1-ol
Anticholinergic

MW:311.46740
MM:311.22491
$C_{21}H_{29}NO$
CAS:514-65-8
RI: 2266 (SE 30)

GC/MS
EI 70 eV
TSQ 70
QI:989

Biperiden
1-(3-Bicyclo[2.2.1]hept-5-enyl)-1-phenyl-3-(1-piperidyl)propan-1-ol
Anticholinergic

MW:311.46740
MM:311.22491
$C_{21}H_{29}NO$
CAS:514-65-8
RI: 2266 (SE 30)

GC/MS
EI 70 eV
TRACE
QI:918

Benzhexol
1-Cyclohexyl-1-phenyl-3-(1-piperidyl)propan-1-ol
Anticholinergic

MW:301.47228
MM:301.24056
$C_{20}H_{31}NO$
CAS:144-11-6
RI: 2325 (calc.)

GC/MS
EI 70 eV
TSQ 70
QI:986

1-(4-Methoxyphenyl)-2-(1-pyrrolidinyl)propan-1-one
Designer drug

MW:233.31040
MM:233.14158
$C_{14}H_{19}NO_2$
RI: 1792 (calc.)

GC/MS
CI-Methane
TSQ 70
QI:0

Lercanidipine-A 3
2,6-Dimethyl-5-[2-[N-(3,3-diphenylpropyl)-N-methylamino]-1,1-dimethyl]ethoxycarbonyl-4-(3-nitrophenyl)-3-pyridincarboxylic acid

MW:595.69540
MM:595.26824
$C_{35}H_{37}N_3O_6$
RI: 4621 (calc.)

GC/MS
EI 70 eV
TRACE
QI:954

m/z: 98

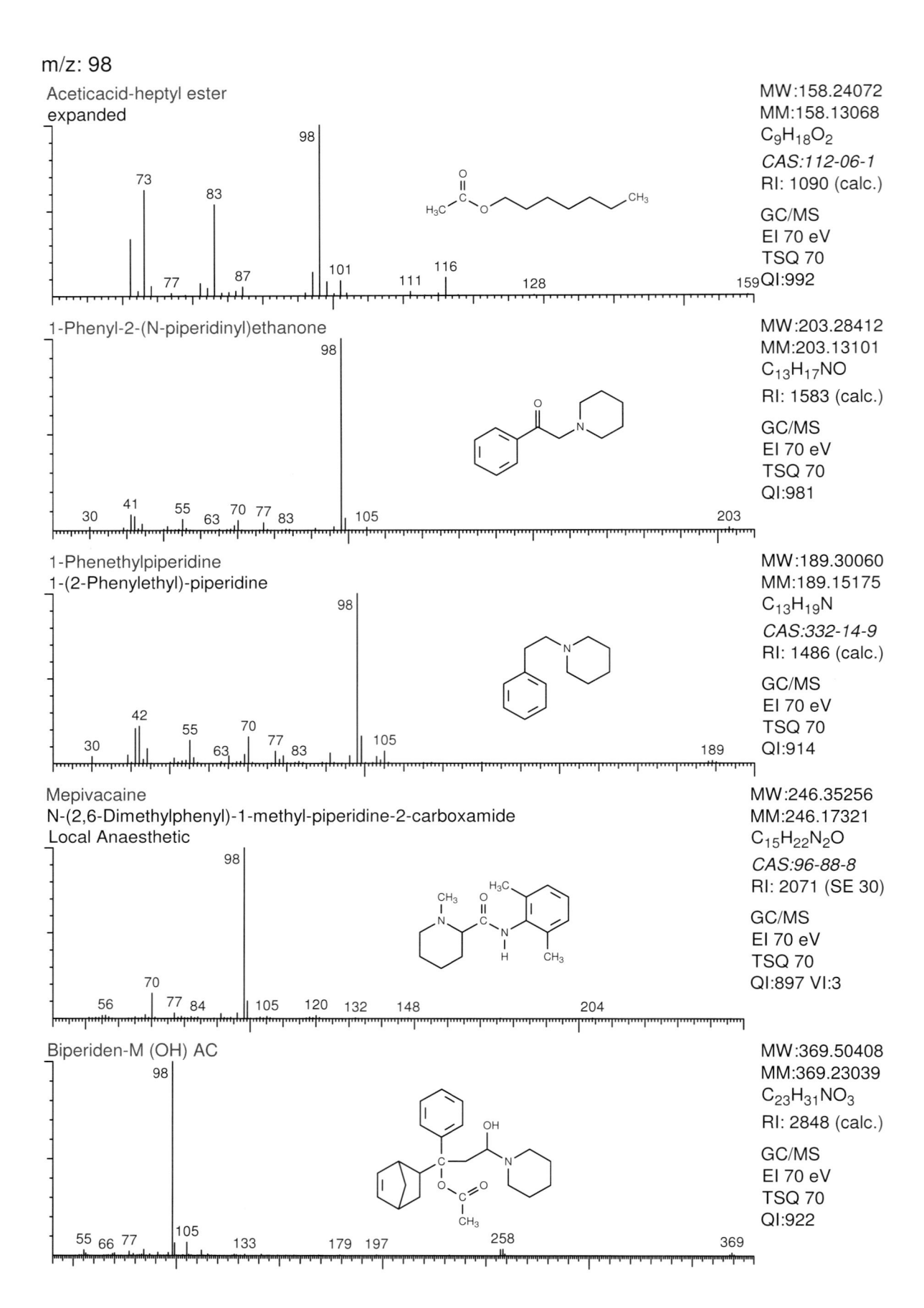

Aceticacid-heptyl ester
expanded

Peaks: 73, 83, 98, 77, 87, 101, 111, 116, 128, 159

MW: 158.24072
MM: 158.13068
$C_9H_{18}O_2$
CAS: 112-06-1
RI: 1090 (calc.)

GC/MS
EI 70 eV
TSQ 70
QI: 992

1-Phenyl-2-(N-piperidinyl)ethanone

Peaks: 30, 41, 55, 63, 70, 77, 83, 98, 105, 203

MW: 203.28412
MM: 203.13101
$C_{13}H_{17}NO$
RI: 1583 (calc.)

GC/MS
EI 70 eV
TSQ 70
QI: 981

1-Phenethylpiperidine
1-(2-Phenylethyl)-piperidine

Peaks: 30, 42, 55, 63, 70, 77, 83, 98, 105, 189

MW: 189.30060
MM: 189.15175
$C_{13}H_{19}N$
CAS: 332-14-9
RI: 1486 (calc.)

GC/MS
EI 70 eV
TSQ 70
QI: 914

Mepivacaine
N-(2,6-Dimethylphenyl)-1-methyl-piperidine-2-carboxamide
Local Anaesthetic

Peaks: 56, 70, 77, 84, 98, 105, 120, 132, 148, 204

MW: 246.35256
MM: 246.17321
$C_{15}H_{22}N_2O$
CAS: 96-88-8
RI: 2071 (SE 30)

GC/MS
EI 70 eV
TSQ 70
QI: 897 VI:3

Biperiden-M (OH) AC

Peaks: 55, 66, 77, 98, 105, 133, 179, 197, 258, 369

MW: 369.50408
MM: 369.23039
$C_{23}H_{31}NO_3$
RI: 2848 (calc.)

GC/MS
EI 70 eV
TSQ 70
QI: 922

m/z: 98-99

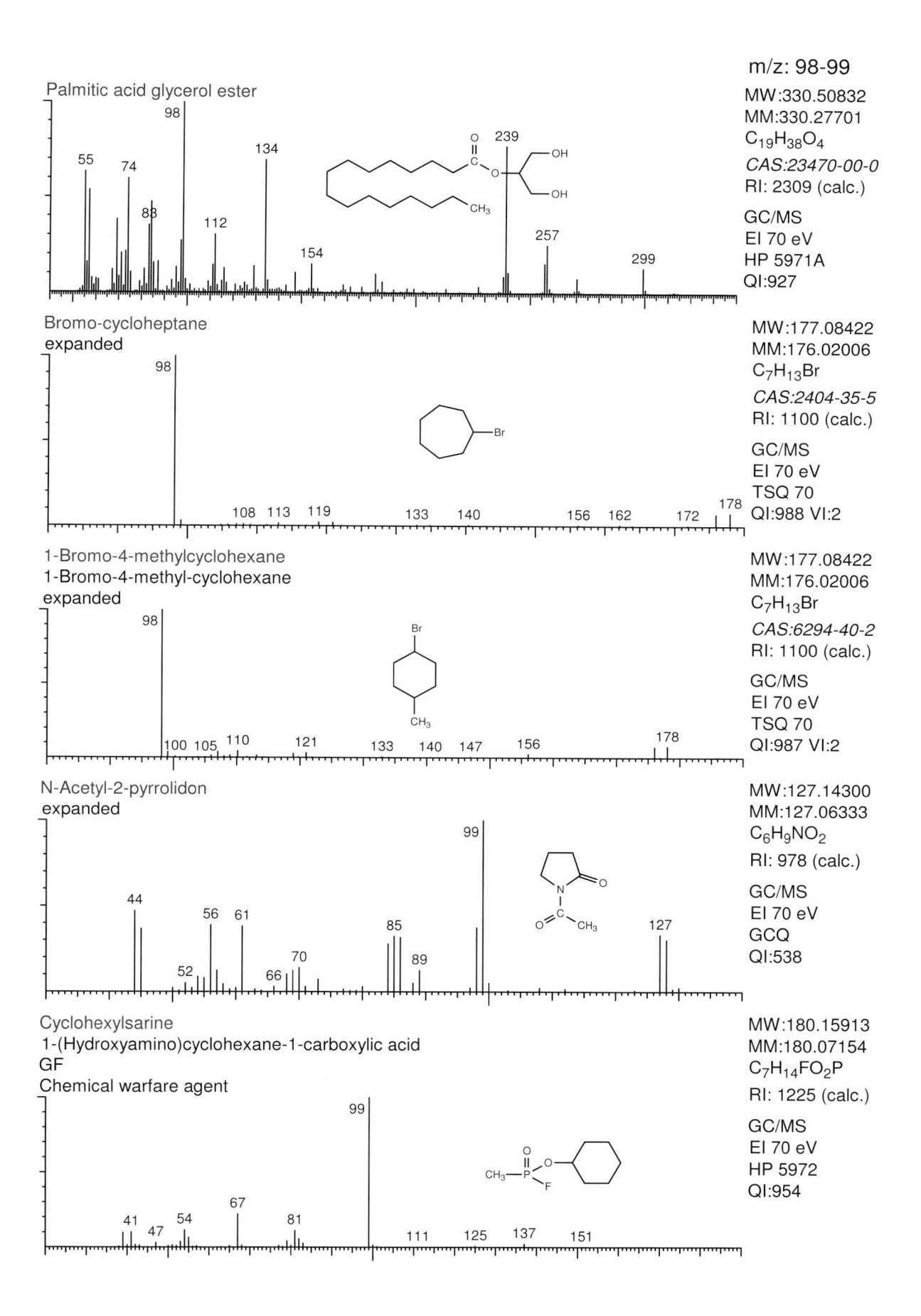

Palmitic acid glycerol ester

Peaks: 55, 74, 88, 98, 112, 134, 154, 239, 257, 299

MW:330.50832
MM:330.27701
$C_{19}H_{38}O_4$
CAS:23470-00-0
RI: 2309 (calc.)

GC/MS
EI 70 eV
HP 5971A
QI:927

Bromo-cycloheptane
expanded

Peaks: 98, 108, 113, 119, 133, 140, 156, 162, 172, 178

MW:177.08422
MM:176.02006
$C_7H_{13}Br$
CAS:2404-35-5
RI: 1100 (calc.)

GC/MS
EI 70 eV
TSQ 70
QI:988 VI:2

1-Bromo-4-methylcyclohexane
1-Bromo-4-methyl-cyclohexane
expanded

Peaks: 98, 100, 105, 110, 121, 133, 140, 147, 156, 178

MW:177.08422
MM:176.02006
$C_7H_{13}Br$
CAS:6294-40-2
RI: 1100 (calc.)

GC/MS
EI 70 eV
TSQ 70
QI:987 VI:2

N-Acetyl-2-pyrrolidon
expanded

Peaks: 44, 52, 56, 61, 66, 70, 85, 89, 99, 127

MW:127.14300
MM:127.06333
$C_6H_9NO_2$
RI: 978 (calc.)

GC/MS
EI 70 eV
GCQ
QI:538

Cyclohexylsarine
1-(Hydroxyamino)cyclohexane-1-carboxylic acid
GF
Chemical warfare agent

Peaks: 41, 47, 54, 67, 81, 99, 111, 125, 137, 151

MW:180.15913
MM:180.07154
$C_7H_{14}FO_2P$
RI: 1225 (calc.)

GC/MS
EI 70 eV
HP 5972
QI:954

m/z: 99

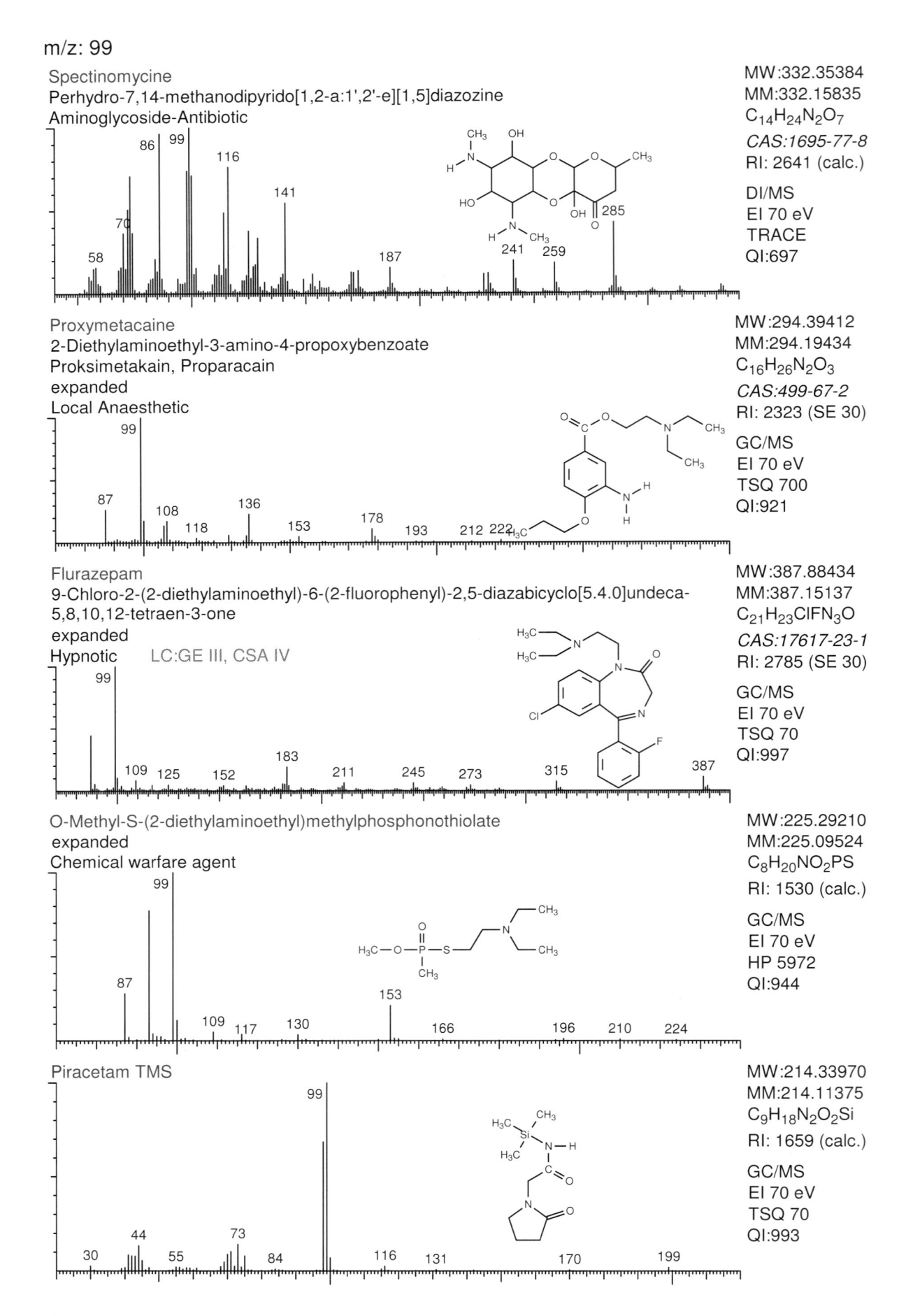

Spectinomycine
Perhydro-7,14-methanodipyrido[1,2-a:1',2'-e][1,5]diazozine
Aminoglycoside-Antibiotic

MW:332.35384
MM:332.15835
$C_{14}H_{24}N_2O_7$
CAS:1695-77-8
RI: 2641 (calc.)

DI/MS
EI 70 eV
TRACE
QI:697

Proxymetacaine
2-Diethylaminoethyl-3-amino-4-propoxybenzoate
Proksimetakain, Proparacain
expanded
Local Anaesthetic

MW:294.39412
MM:294.19434
$C_{16}H_{26}N_2O_3$
CAS:499-67-2
RI: 2323 (SE 30)

GC/MS
EI 70 eV
TSQ 700
QI:921

Flurazepam
9-Chloro-2-(2-diethylaminoethyl)-6-(2-fluorophenyl)-2,5-diazabicyclo[5.4.0]undeca-5,8,10,12-tetraen-3-one
expanded
Hypnotic   LC:GE III, CSA IV

MW:387.88434
MM:387.15137
$C_{21}H_{23}ClFN_3O$
CAS:17617-23-1
RI: 2785 (SE 30)

GC/MS
EI 70 eV
TSQ 70
QI:997

O-Methyl-S-(2-diethylaminoethyl)methylphosphonothiolate
expanded
Chemical warfare agent

MW:225.29210
MM:225.09524
$C_8H_{20}NO_2PS$
RI: 1530 (calc.)

GC/MS
EI 70 eV
HP 5972
QI:944

Piracetam TMS

MW:214.33970
MM:214.11375
$C_9H_{18}N_2O_2Si$
RI: 1659 (calc.)

GC/MS
EI 70 eV
TSQ 70
QI:993

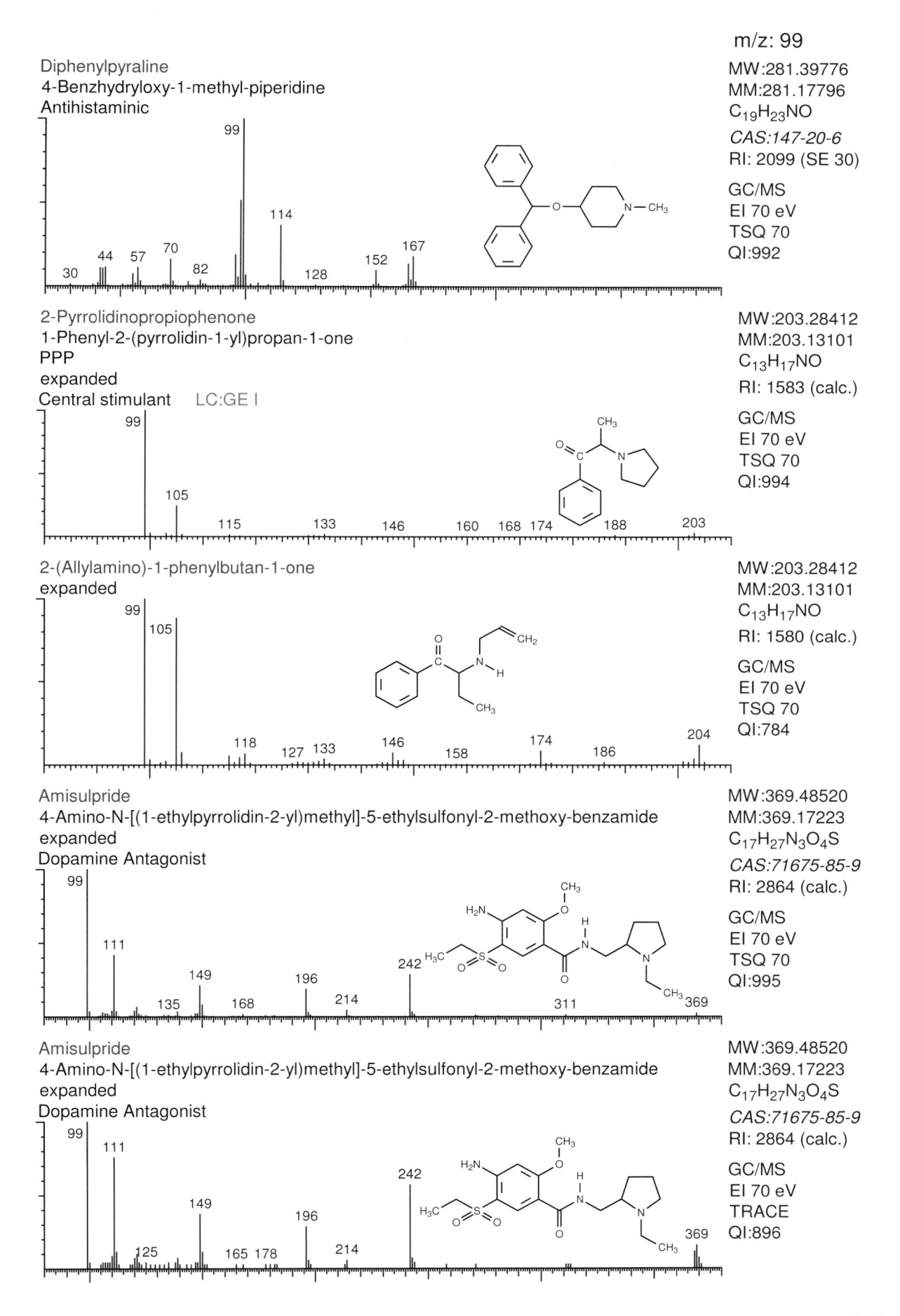

Diphenylpyraline
4-Benzhydryloxy-1-methyl-piperidine
Antihistaminic

m/z: 99
MW:281.39776
MM:281.17796
$C_{19}H_{23}NO$
CAS:147-20-6
RI: 2099 (SE 30)

GC/MS
EI 70 eV
TSQ 70
QI:992

2-Pyrrolidinopropiophenone
1-Phenyl-2-(pyrrolidin-1-yl)propan-1-one
PPP
expanded
Central stimulant   LC:GE I

MW:203.28412
MM:203.13101
$C_{13}H_{17}NO$
RI: 1583 (calc.)

GC/MS
EI 70 eV
TSQ 70
QI:994

2-(Allylamino)-1-phenylbutan-1-one
expanded

MW:203.28412
MM:203.13101
$C_{13}H_{17}NO$
RI: 1580 (calc.)

GC/MS
EI 70 eV
TSQ 70
QI:784

Amisulpride
4-Amino-N-[(1-ethylpyrrolidin-2-yl)methyl]-5-ethylsulfonyl-2-methoxy-benzamide
expanded
Dopamine Antagonist

MW:369.48520
MM:369.17223
$C_{17}H_{27}N_3O_4S$
CAS:71675-85-9
RI: 2864 (calc.)

GC/MS
EI 70 eV
TSQ 70
QI:995

Amisulpride
4-Amino-N-[(1-ethylpyrrolidin-2-yl)methyl]-5-ethylsulfonyl-2-methoxy-benzamide
expanded
Dopamine Antagonist

MW:369.48520
MM:369.17223
$C_{17}H_{27}N_3O_4S$
CAS:71675-85-9
RI: 2864 (calc.)

GC/MS
EI 70 eV
TRACE
QI:896

m/z: 99

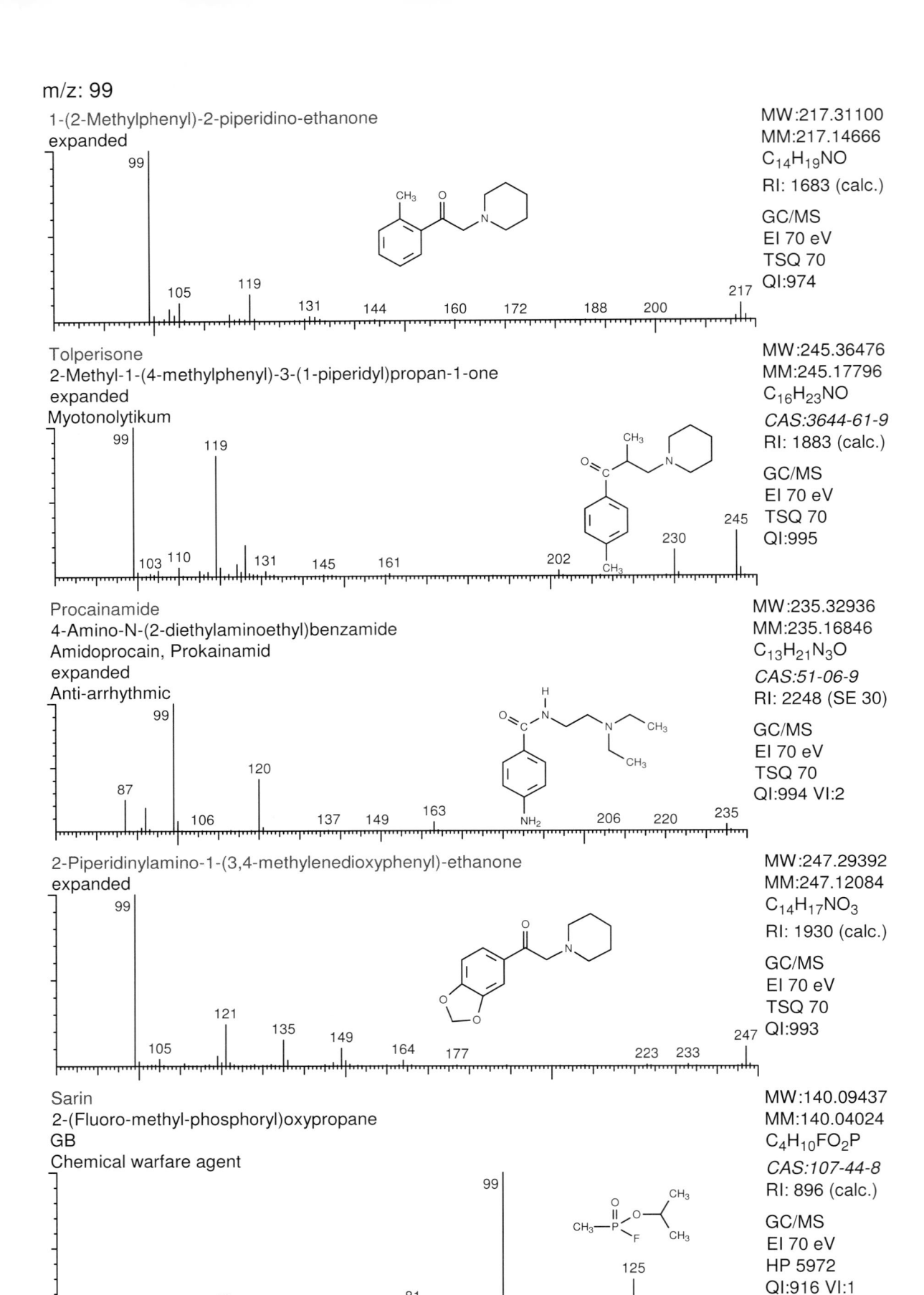

1-(2-Methylphenyl)-2-piperidino-ethanone
expanded

MW:217.31100
MM:217.14666
$C_{14}H_{19}NO$
RI: 1683 (calc.)

GC/MS
EI 70 eV
TSQ 70
QI:974

Tolperisone
2-Methyl-1-(4-methylphenyl)-3-(1-piperidyl)propan-1-one
expanded
Myotonolytikum

MW:245.36476
MM:245.17796
$C_{16}H_{23}NO$
CAS:3644-61-9
RI: 1883 (calc.)

GC/MS
EI 70 eV
TSQ 70
QI:995

Procainamide
4-Amino-N-(2-diethylaminoethyl)benzamide
Amidoprocain, Prokainamid
expanded
Anti-arrhythmic

MW:235.32936
MM:235.16846
$C_{13}H_{21}N_3O$
CAS:51-06-9
RI: 2248 (SE 30)

GC/MS
EI 70 eV
TSQ 70
QI:994 VI:2

2-Piperidinylamino-1-(3,4-methylenedioxyphenyl)-ethanone
expanded

MW:247.29392
MM:247.12084
$C_{14}H_{17}NO_3$
RI: 1930 (calc.)

GC/MS
EI 70 eV
TSQ 70
QI:993

Sarin
2-(Fluoro-methyl-phosphoryl)oxypropane
GB
Chemical warfare agent

MW:140.09437
MM:140.04024
$C_4H_{10}FO_2P$
CAS:107-44-8
RI: 896 (calc.)

GC/MS
EI 70 eV
HP 5972
QI:916 VI:1

m/z: 99

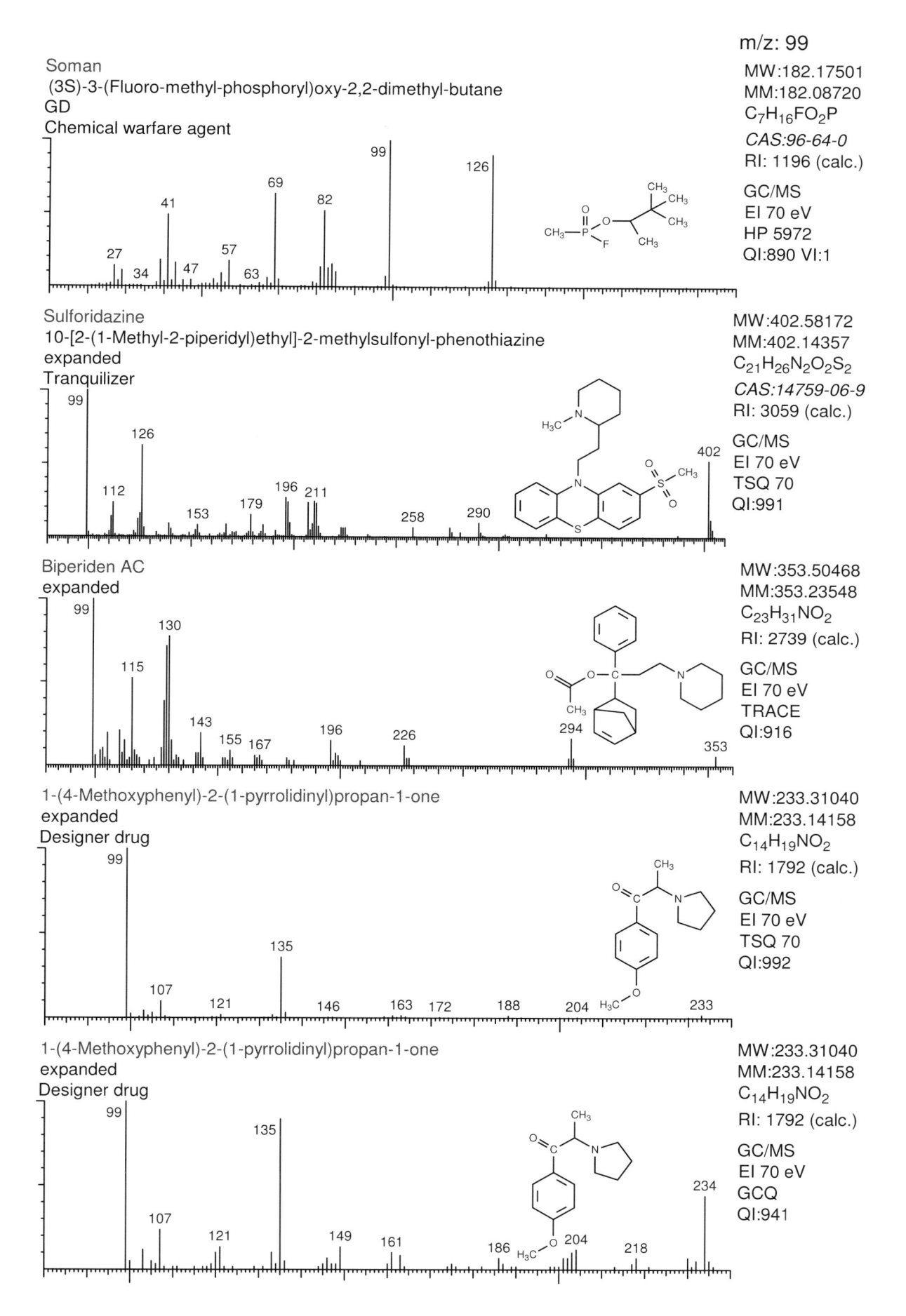

Soman
(3S)-3-(Fluoro-methyl-phosphoryl)oxy-2,2-dimethyl-butane
GD
Chemical warfare agent

MW:182.17501
MM:182.08720
$C_7H_{16}FO_2P$
CAS:96-64-0
RI: 1196 (calc.)

GC/MS
EI 70 eV
HP 5972
QI:890 VI:1

Sulforidazine
10-[2-(1-Methyl-2-piperidyl)ethyl]-2-methylsulfonyl-phenothiazine
expanded
Tranquilizer

MW:402.58172
MM:402.14357
$C_{21}H_{26}N_2O_2S_2$
CAS:14759-06-9
RI: 3059 (calc.)

GC/MS
EI 70 eV
TSQ 70
QI:991

Biperiden AC
expanded

MW:353.50468
MM:353.23548
$C_{23}H_{31}NO_2$
RI: 2739 (calc.)

GC/MS
EI 70 eV
TRACE
QI:916

1-(4-Methoxyphenyl)-2-(1-pyrrolidinyl)propan-1-one
expanded
Designer drug

MW:233.31040
MM:233.14158
$C_{14}H_{19}NO_2$
RI: 1792 (calc.)

GC/MS
EI 70 eV
TSQ 70
QI:992

1-(4-Methoxyphenyl)-2-(1-pyrrolidinyl)propan-1-one
expanded
Designer drug

MW:233.31040
MM:233.14158
$C_{14}H_{19}NO_2$
RI: 1792 (calc.)

GC/MS
EI 70 eV
GCQ
QI:941

m/z: 99

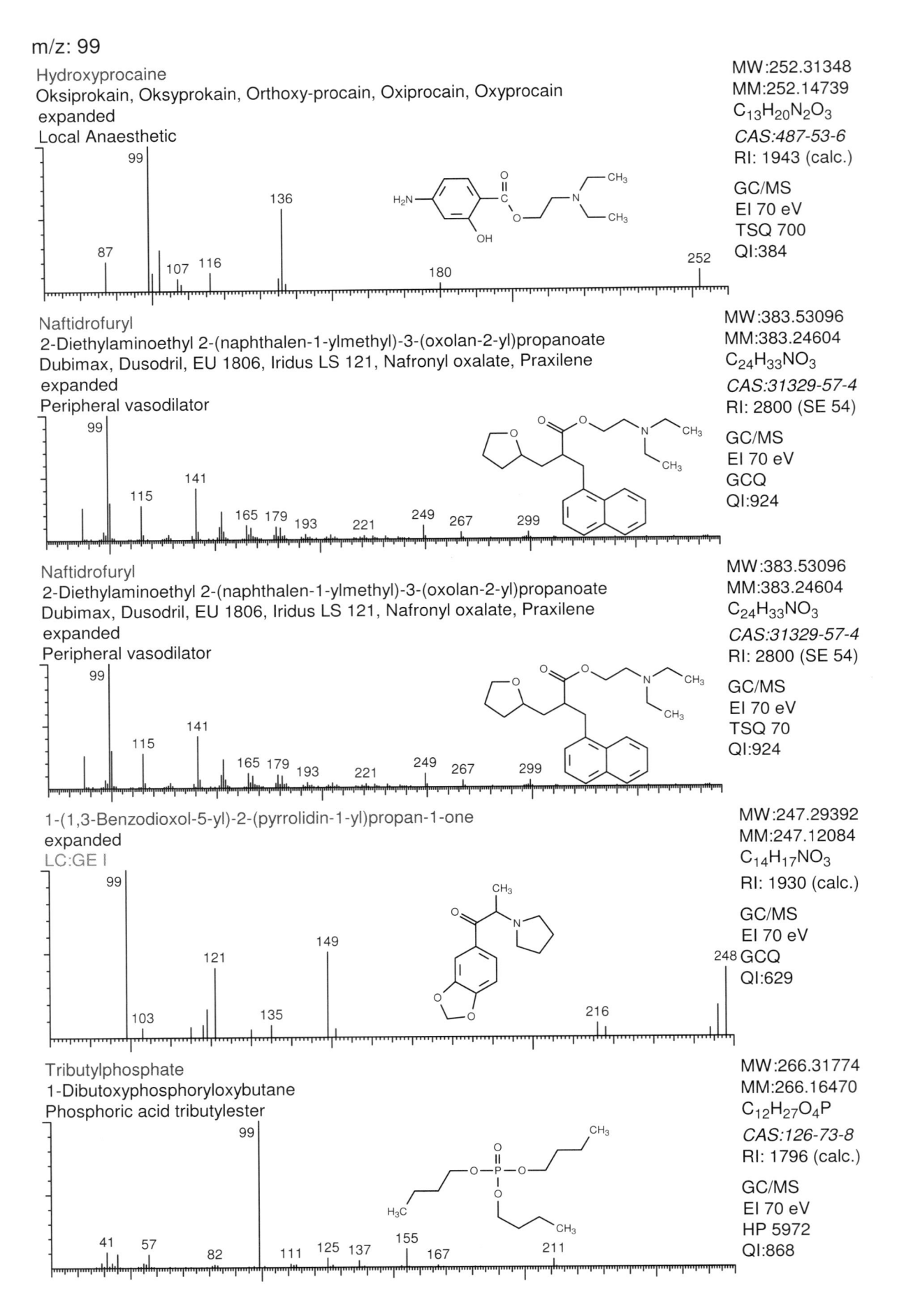

Hydroxyprocaine
Oksiprokain, Oksyprokain, Orthoxy-procain, Oxiprocain, Oxyprocain
expanded
Local Anaesthetic

MW:252.31348
MM:252.14739
$C_{13}H_{20}N_2O_3$
CAS:487-53-6
RI: 1943 (calc.)

GC/MS
EI 70 eV
TSQ 700
QI:384

Naftidrofuryl
2-Diethylaminoethyl 2-(naphthalen-1-ylmethyl)-3-(oxolan-2-yl)propanoate
Dubimax, Dusodril, EU 1806, Iridus LS 121, Nafronyl oxalate, Praxilene
expanded
Peripheral vasodilator

MW:383.53096
MM:383.24604
$C_{24}H_{33}NO_3$
CAS:31329-57-4
RI: 2800 (SE 54)

GC/MS
EI 70 eV
GCQ
QI:924

Naftidrofuryl
2-Diethylaminoethyl 2-(naphthalen-1-ylmethyl)-3-(oxolan-2-yl)propanoate
Dubimax, Dusodril, EU 1806, Iridus LS 121, Nafronyl oxalate, Praxilene
expanded
Peripheral vasodilator

MW:383.53096
MM:383.24604
$C_{24}H_{33}NO_3$
CAS:31329-57-4
RI: 2800 (SE 54)

GC/MS
EI 70 eV
TSQ 70
QI:924

1-(1,3-Benzodioxol-5-yl)-2-(pyrrolidin-1-yl)propan-1-one
expanded
LC:GE I

MW:247.29392
MM:247.12084
$C_{14}H_{17}NO_3$
RI: 1930 (calc.)

GC/MS
EI 70 eV
GCQ
QI:629

Tributylphosphate
1-Dibutoxyphosphoryloxybutane
Phosphoric acid tributylester

MW:266.31774
MM:266.16470
$C_{12}H_{27}O_4P$
CAS:126-73-8
RI: 1796 (calc.)

GC/MS
EI 70 eV
HP 5972
QI:868

m/z: 99

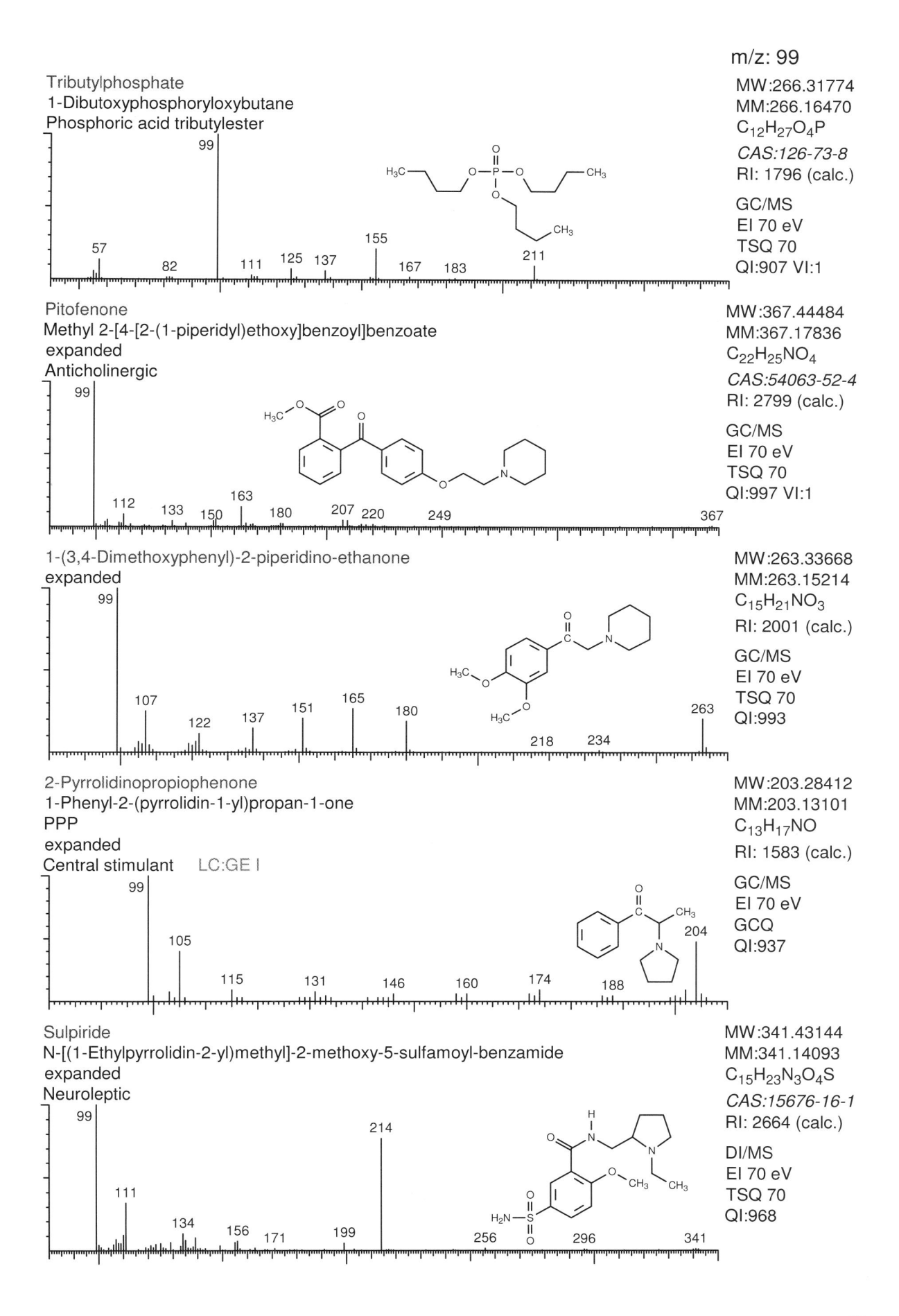

Tributylphosphate
1-Dibutoxyphosphoryloxybutane
Phosphoric acid tributylester

MW: 266.31774
MM: 266.16470
$C_{12}H_{27}O_4P$
CAS: 126-73-8
RI: 1796 (calc.)

GC/MS
EI 70 eV
TSQ 70
QI: 907 VI:1

Peaks: 57, 82, 99, 111, 125, 137, 155, 167, 183, 211

Pitofenone
Methyl 2-[4-[2-(1-piperidyl)ethoxy]benzoyl]benzoate
expanded
Anticholinergic

MW: 367.44484
MM: 367.17836
$C_{22}H_{25}NO_4$
CAS: 54063-52-4
RI: 2799 (calc.)

GC/MS
EI 70 eV
TSQ 70
QI: 997 VI:1

Peaks: 99, 112, 133, 150, 163, 180, 207, 220, 249, 367

1-(3,4-Dimethoxyphenyl)-2-piperidino-ethanone
expanded

MW: 263.33668
MM: 263.15214
$C_{15}H_{21}NO_3$
RI: 2001 (calc.)

GC/MS
EI 70 eV
TSQ 70
QI: 993

Peaks: 99, 107, 122, 137, 151, 165, 180, 218, 234, 263

2-Pyrrolidinopropiophenone
1-Phenyl-2-(pyrrolidin-1-yl)propan-1-one
PPP
expanded
Central stimulant   LC:GE I

MW: 203.28412
MM: 203.13101
$C_{13}H_{17}NO$
RI: 1583 (calc.)

GC/MS
EI 70 eV
GCQ
QI: 937

Peaks: 99, 105, 115, 131, 146, 160, 174, 188, 204

Sulpiride
N-[(1-Ethylpyrrolidin-2-yl)methyl]-2-methoxy-5-sulfamoyl-benzamide
expanded
Neuroleptic

MW: 341.43144
MM: 341.14093
$C_{15}H_{23}N_3O_4S$
CAS: 15676-16-1
RI: 2664 (calc.)

DI/MS
EI 70 eV
TSQ 70
QI: 968

Peaks: 99, 111, 134, 156, 171, 199, 214, 256, 296, 341

m/z: 99

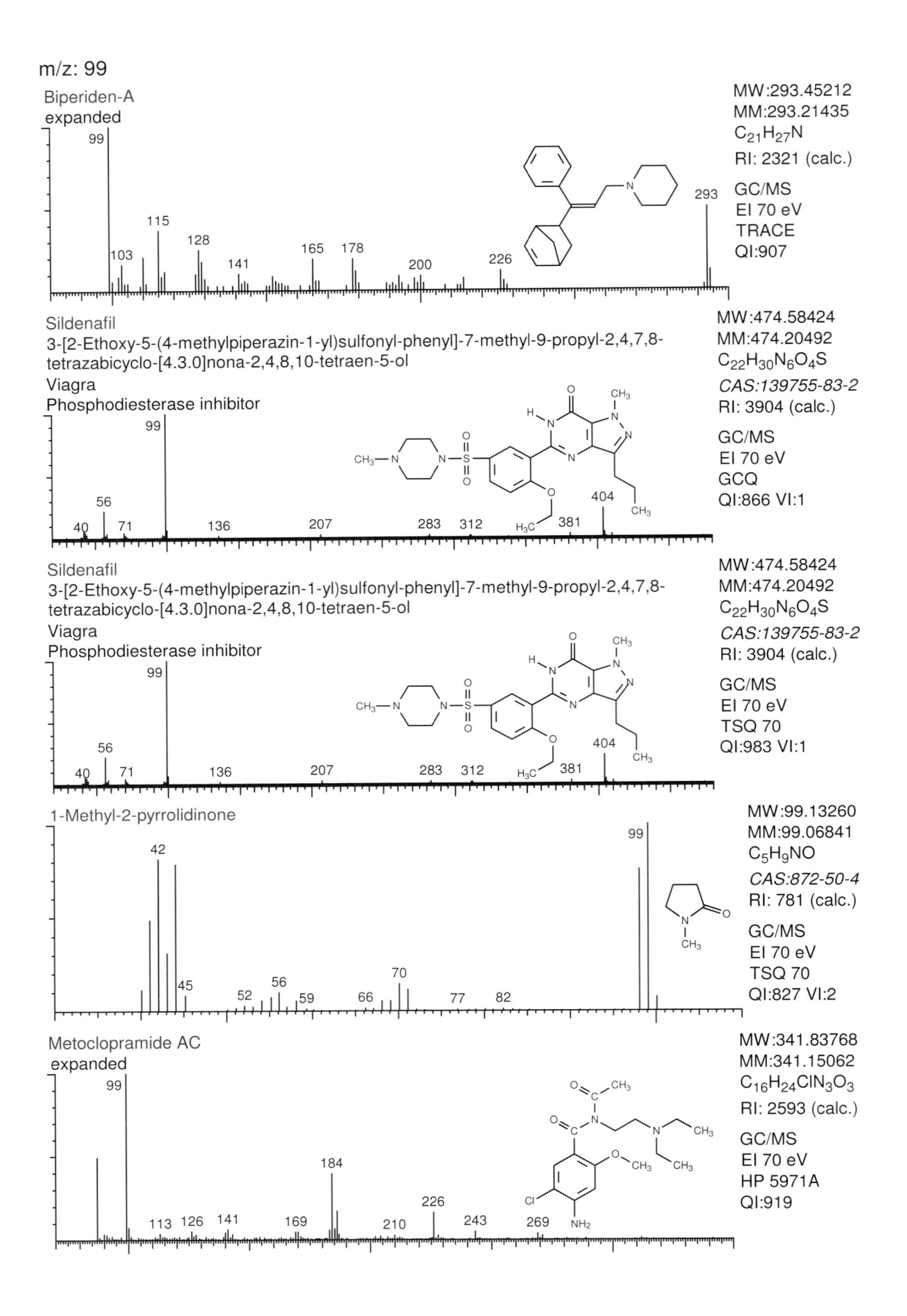

Biperiden-A
expanded

MW: 293.45212
MM: 293.21435
C$_{21}$H$_{27}$N
RI: 2321 (calc.)

GC/MS
EI 70 eV
TRACE
QI: 907

Sildenafil
3-[2-Ethoxy-5-(4-methylpiperazin-1-yl)sulfonyl-phenyl]-7-methyl-9-propyl-2,4,7,8-tetrazabicyclo-[4.3.0]nona-2,4,8,10-tetraen-5-ol
Viagra
Phosphodiesterase inhibitor

MW: 474.58424
MM: 474.20492
C$_{22}$H$_{30}$N$_6$O$_4$S
CAS: 139755-83-2
RI: 3904 (calc.)

GC/MS
EI 70 eV
GCQ
QI: 866 VI: 1

Sildenafil
3-[2-Ethoxy-5-(4-methylpiperazin-1-yl)sulfonyl-phenyl]-7-methyl-9-propyl-2,4,7,8-tetrazabicyclo-[4.3.0]nona-2,4,8,10-tetraen-5-ol
Viagra
Phosphodiesterase inhibitor

MW: 474.58424
MM: 474.20492
C$_{22}$H$_{30}$N$_6$O$_4$S
CAS: 139755-83-2
RI: 3904 (calc.)

GC/MS
EI 70 eV
TSQ 70
QI: 983 VI: 1

1-Methyl-2-pyrrolidinone

MW: 99.13260
MM: 99.06841
C$_5$H$_9$NO
CAS: 872-50-4
RI: 781 (calc.)

GC/MS
EI 70 eV
TSQ 70
QI: 827 VI: 2

Metoclopramide AC
expanded

MW: 341.83768
MM: 341.15062
C$_{16}$H$_{24}$ClN$_3$O$_3$
RI: 2593 (calc.)

GC/MS
EI 70 eV
HP 5971A
QI: 919

Triacontane
expanded

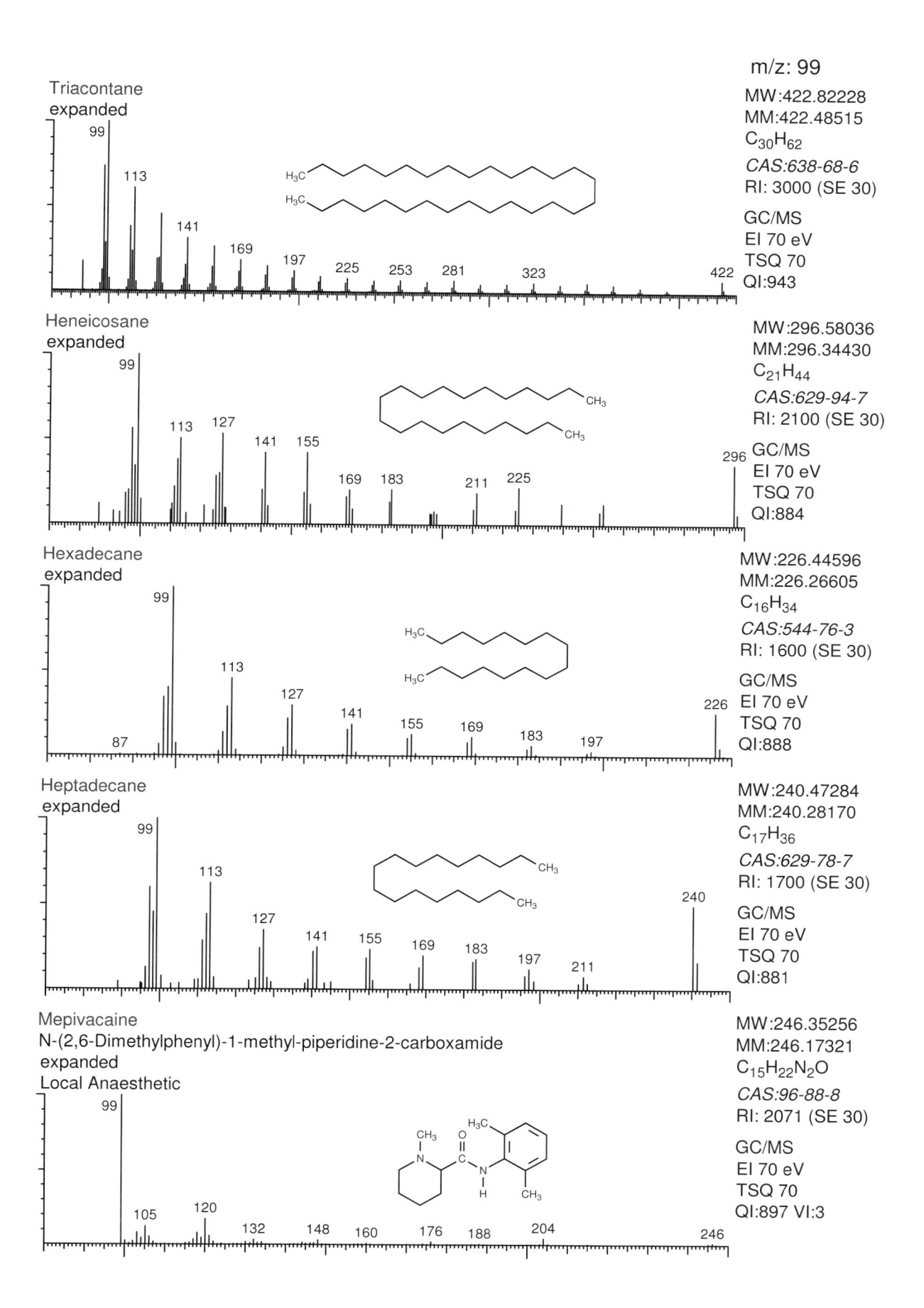

99, 113, 141, 169, 197, 225, 253, 281, 323, 422

m/z: 99

MW: 422.82228
MM: 422.48515
$C_{30}H_{62}$
CAS: 638-68-6
RI: 3000 (SE 30)

GC/MS
EI 70 eV
TSQ 70
QI: 943

Heneicosane
expanded

99, 113, 127, 141, 155, 169, 183, 211, 225, 296

MW: 296.58036
MM: 296.34430
$C_{21}H_{44}$
CAS: 629-94-7
RI: 2100 (SE 30)

GC/MS
EI 70 eV
TSQ 70
QI: 884

Hexadecane
expanded

87, 99, 113, 127, 141, 155, 169, 183, 197, 226

MW: 226.44596
MM: 226.26605
$C_{16}H_{34}$
CAS: 544-76-3
RI: 1600 (SE 30)

GC/MS
EI 70 eV
TSQ 70
QI: 888

Heptadecane
expanded

99, 113, 127, 141, 155, 169, 183, 197, 211, 240

MW: 240.47284
MM: 240.28170
$C_{17}H_{36}$
CAS: 629-78-7
RI: 1700 (SE 30)

GC/MS
EI 70 eV
TSQ 70
QI: 881

Mepivacaine
N-(2,6-Dimethylphenyl)-1-methyl-piperidine-2-carboxamide
expanded
Local Anaesthetic

99, 105, 120, 132, 148, 160, 176, 188, 204, 246

MW: 246.35256
MM: 246.17321
$C_{15}H_{22}N_2O$
CAS: 96-88-8
RI: 2071 (SE 30)

GC/MS
EI 70 eV
TSQ 70
QI: 897 VI:3

m/z: 99

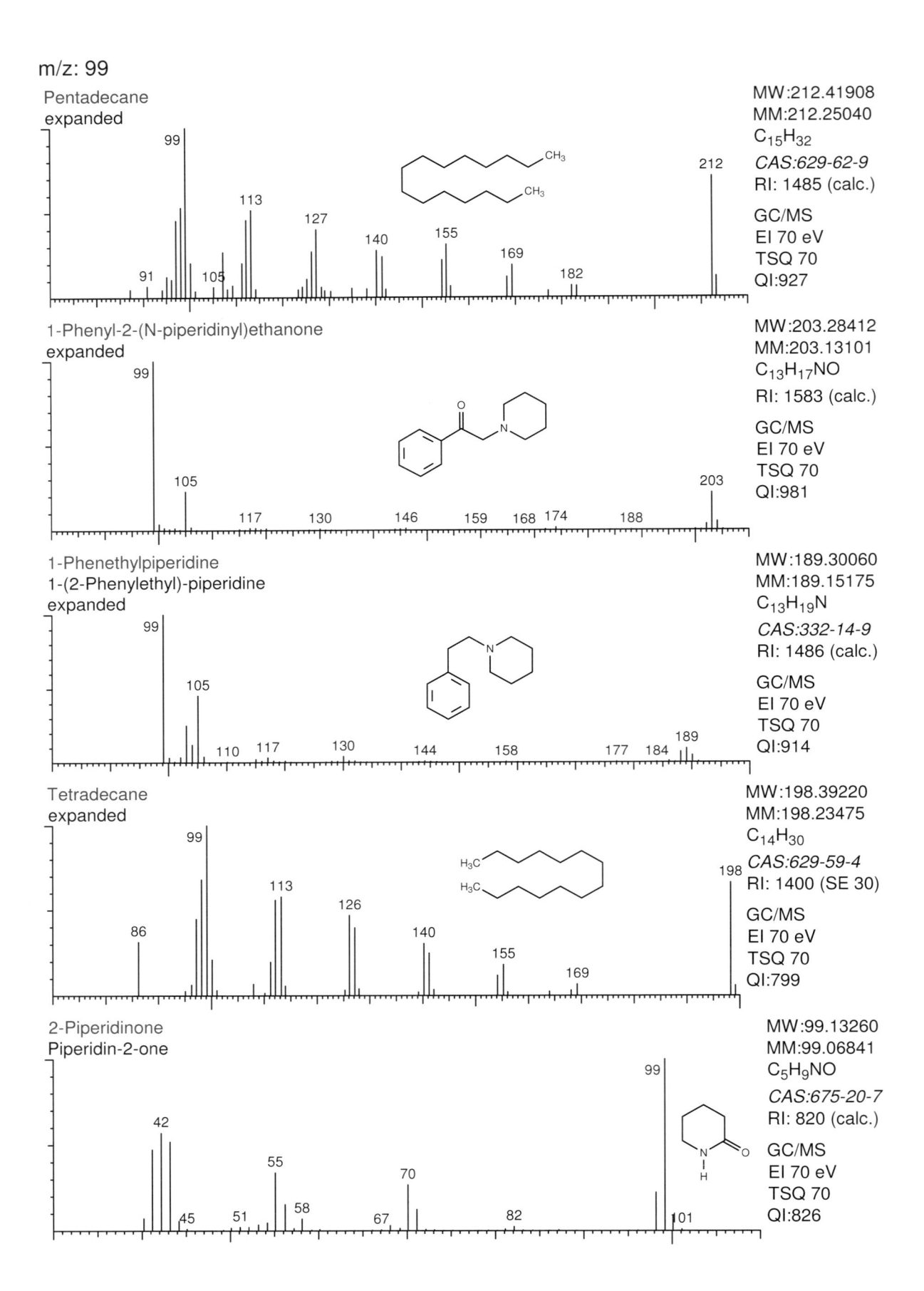

Pentadecane expanded

MW: 212.41908
MM: 212.25040
$C_{15}H_{32}$
CAS: 629-62-9
RI: 1485 (calc.)

GC/MS
EI 70 eV
TSQ 70
QI: 927

1-Phenyl-2-(N-piperidinyl)ethanone expanded

MW: 203.28412
MM: 203.13101
$C_{13}H_{17}NO$
RI: 1583 (calc.)

GC/MS
EI 70 eV
TSQ 70
QI: 981

1-Phenethylpiperidine
1-(2-Phenylethyl)-piperidine expanded

MW: 189.30060
MM: 189.15175
$C_{13}H_{19}N$
CAS: 332-14-9
RI: 1486 (calc.)

GC/MS
EI 70 eV
TSQ 70
QI: 914

Tetradecane expanded

MW: 198.39220
MM: 198.23475
$C_{14}H_{30}$
CAS: 629-59-4
RI: 1400 (SE 30)

GC/MS
EI 70 eV
TSQ 70
QI: 799

2-Piperidinone
Piperidin-2-one

MW: 99.13260
MM: 99.06841
C_5H_9NO
CAS: 675-20-7
RI: 820 (calc.)

GC/MS
EI 70 eV
TSQ 70
QI: 826

m/z: 100

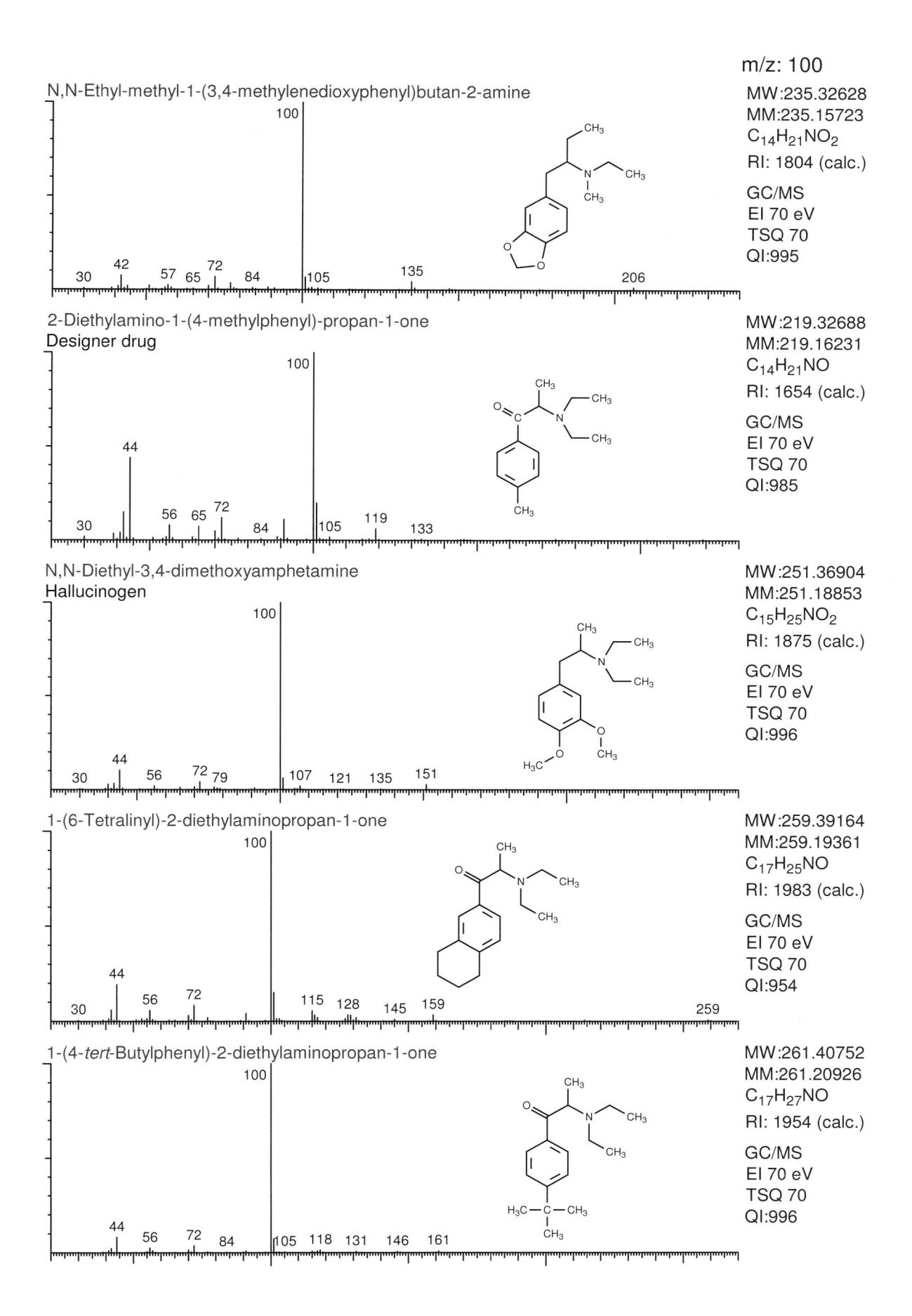

N,N-Ethyl-methyl-1-(3,4-methylenedioxyphenyl)butan-2-amine

MW: 235.32628
MM: 235.15723
$C_{14}H_{21}NO_2$
RI: 1804 (calc.)

GC/MS
EI 70 eV
TSQ 70
QI: 995

Peaks: 30, 42, 57, 65, 72, 84, 100, 105, 135, 206

2-Diethylamino-1-(4-methylphenyl)-propan-1-one
Designer drug

MW: 219.32688
MM: 219.16231
$C_{14}H_{21}NO$
RI: 1654 (calc.)

GC/MS
EI 70 eV
TSQ 70
QI: 985

Peaks: 30, 44, 56, 65, 72, 84, 100, 105, 119, 133

N,N-Diethyl-3,4-dimethoxyamphetamine
Hallucinogen

MW: 251.36904
MM: 251.18853
$C_{15}H_{25}NO_2$
RI: 1875 (calc.)

GC/MS
EI 70 eV
TSQ 70
QI: 996

Peaks: 30, 44, 56, 72, 79, 100, 107, 121, 135, 151

1-(6-Tetralinyl)-2-diethylaminopropan-1-one

MW: 259.39164
MM: 259.19361
$C_{17}H_{25}NO$
RI: 1983 (calc.)

GC/MS
EI 70 eV
TSQ 70
QI: 954

Peaks: 30, 44, 56, 72, 100, 115, 128, 145, 159, 259

1-(4-tert-Butylphenyl)-2-diethylaminopropan-1-one

MW: 261.40752
MM: 261.20926
$C_{17}H_{27}NO$
RI: 1954 (calc.)

GC/MS
EI 70 eV
TSQ 70
QI: 996

Peaks: 44, 56, 72, 84, 100, 105, 118, 131, 146, 161

m/z: 100

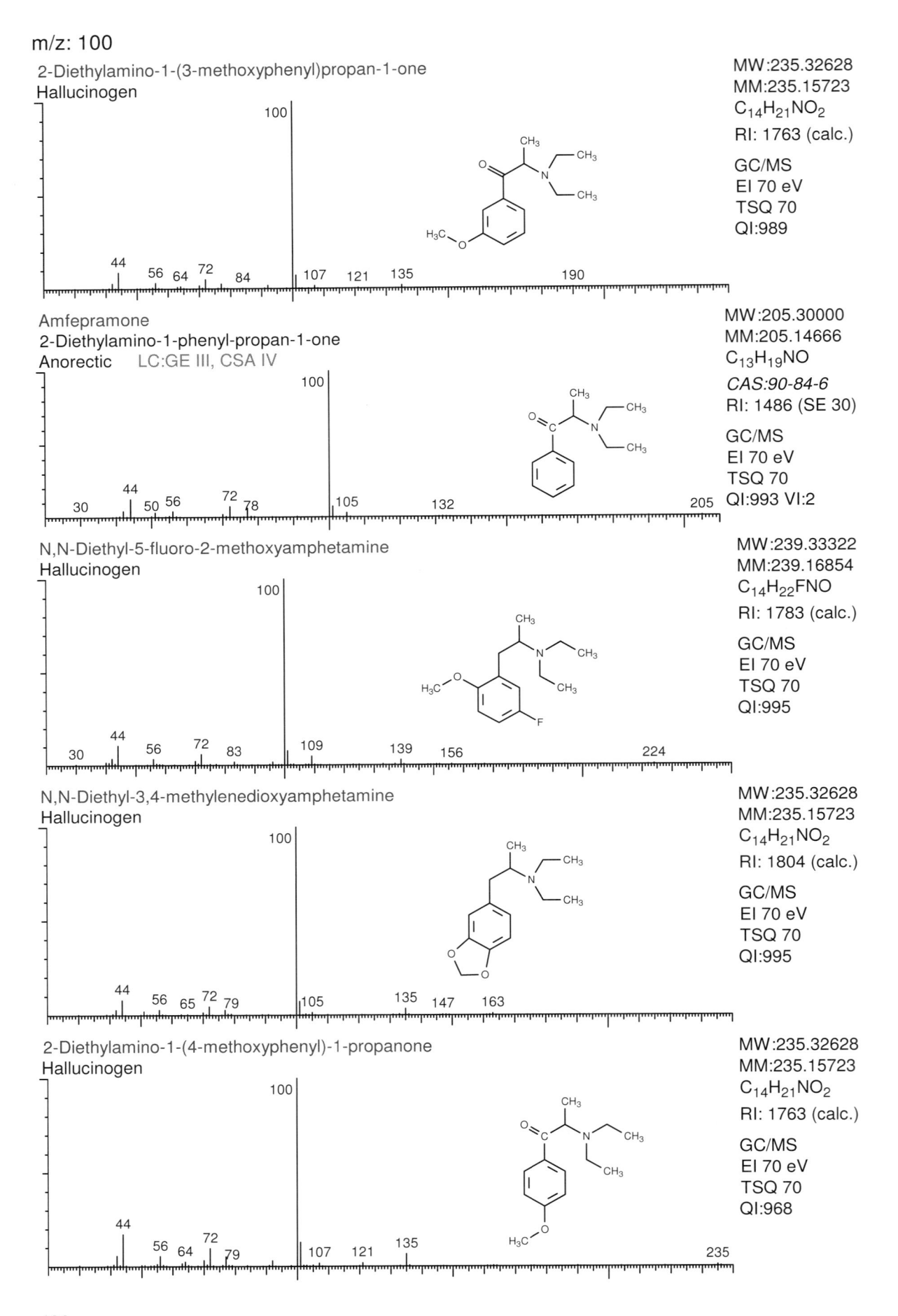

2-Diethylamino-1-(3-methoxyphenyl)propan-1-one
Hallucinogen

MW:235.32628
MM:235.15723
$C_{14}H_{21}NO_2$
RI: 1763 (calc.)

GC/MS
EI 70 eV
TSQ 70
QI:989

Peaks: 44, 56, 64, 72, 84, 100, 107, 121, 135, 190

Amfepramone
2-Diethylamino-1-phenyl-propan-1-one
Anorectic   LC:GE III, CSA IV

MW:205.30000
MM:205.14666
$C_{13}H_{19}NO$
CAS:90-84-6
RI: 1486 (SE 30)

GC/MS
EI 70 eV
TSQ 70
QI:993 VI:2

Peaks: 30, 44, 50, 56, 72, 78, 100, 105, 132, 205

N,N-Diethyl-5-fluoro-2-methoxyamphetamine
Hallucinogen

MW:239.33322
MM:239.16854
$C_{14}H_{22}FNO$
RI: 1783 (calc.)

GC/MS
EI 70 eV
TSQ 70
QI:995

Peaks: 30, 44, 56, 72, 83, 100, 109, 139, 156, 224

N,N-Diethyl-3,4-methylenedioxyamphetamine
Hallucinogen

MW:235.32628
MM:235.15723
$C_{14}H_{21}NO_2$
RI: 1804 (calc.)

GC/MS
EI 70 eV
TSQ 70
QI:995

Peaks: 44, 56, 65, 72, 79, 100, 105, 135, 147, 163

2-Diethylamino-1-(4-methoxyphenyl)-1-propanone
Hallucinogen

MW:235.32628
MM:235.15723
$C_{14}H_{21}NO_2$
RI: 1763 (calc.)

GC/MS
EI 70 eV
TSQ 70
QI:968

Peaks: 44, 56, 64, 72, 79, 100, 107, 121, 135, 235

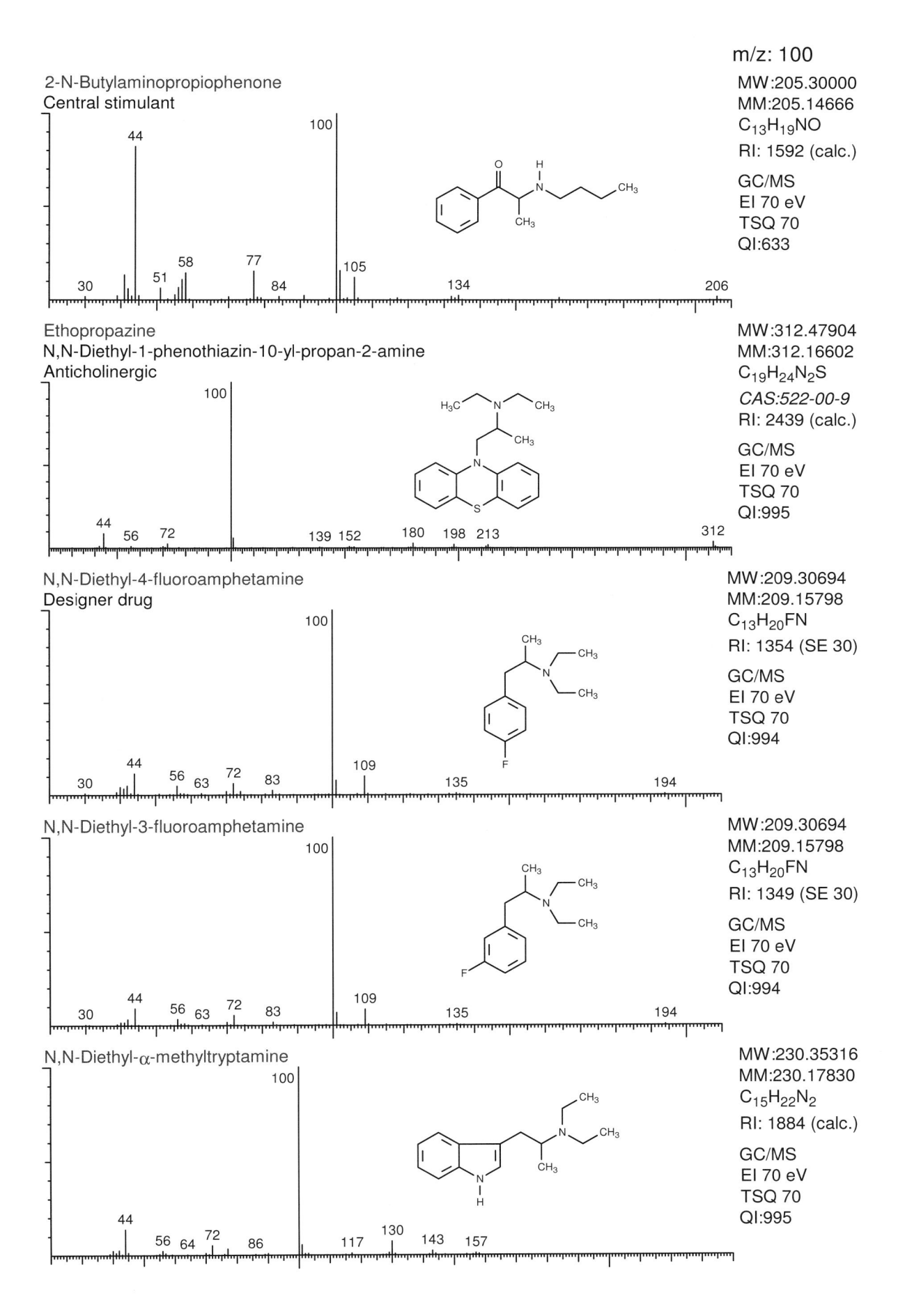

2-N-Butylaminopropiophenone
Central stimulant

MW: 205.30000
MM: 205.14666
$C_{13}H_{19}NO$
RI: 1592 (calc.)

GC/MS
EI 70 eV
TSQ 70
QI: 633

m/z: 100

Peaks: 30, 44, 51, 58, 77, 84, 100, 105, 134, 206

Ethopropazine
N,N-Diethyl-1-phenothiazin-10-yl-propan-2-amine
Anticholinergic

MW: 312.47904
MM: 312.16602
$C_{19}H_{24}N_2S$
CAS: 522-00-9
RI: 2439 (calc.)

GC/MS
EI 70 eV
TSQ 70
QI: 995

Peaks: 44, 56, 72, 100, 139, 152, 180, 198, 213, 312

N,N-Diethyl-4-fluoroamphetamine
Designer drug

MW: 209.30694
MM: 209.15798
$C_{13}H_{20}FN$
RI: 1354 (SE 30)

GC/MS
EI 70 eV
TSQ 70
QI: 994

Peaks: 30, 44, 56, 63, 72, 83, 100, 109, 135, 194

N,N-Diethyl-3-fluoroamphetamine

MW: 209.30694
MM: 209.15798
$C_{13}H_{20}FN$
RI: 1349 (SE 30)

GC/MS
EI 70 eV
TSQ 70
QI: 994

Peaks: 30, 44, 56, 63, 72, 83, 100, 109, 135, 194

N,N-Diethyl-α-methyltryptamine

MW: 230.35316
MM: 230.17830
$C_{15}H_{22}N_2$
RI: 1884 (calc.)

GC/MS
EI 70 eV
TSQ 70
QI: 995

Peaks: 44, 56, 64, 72, 86, 100, 117, 130, 143, 157

m/z: 100

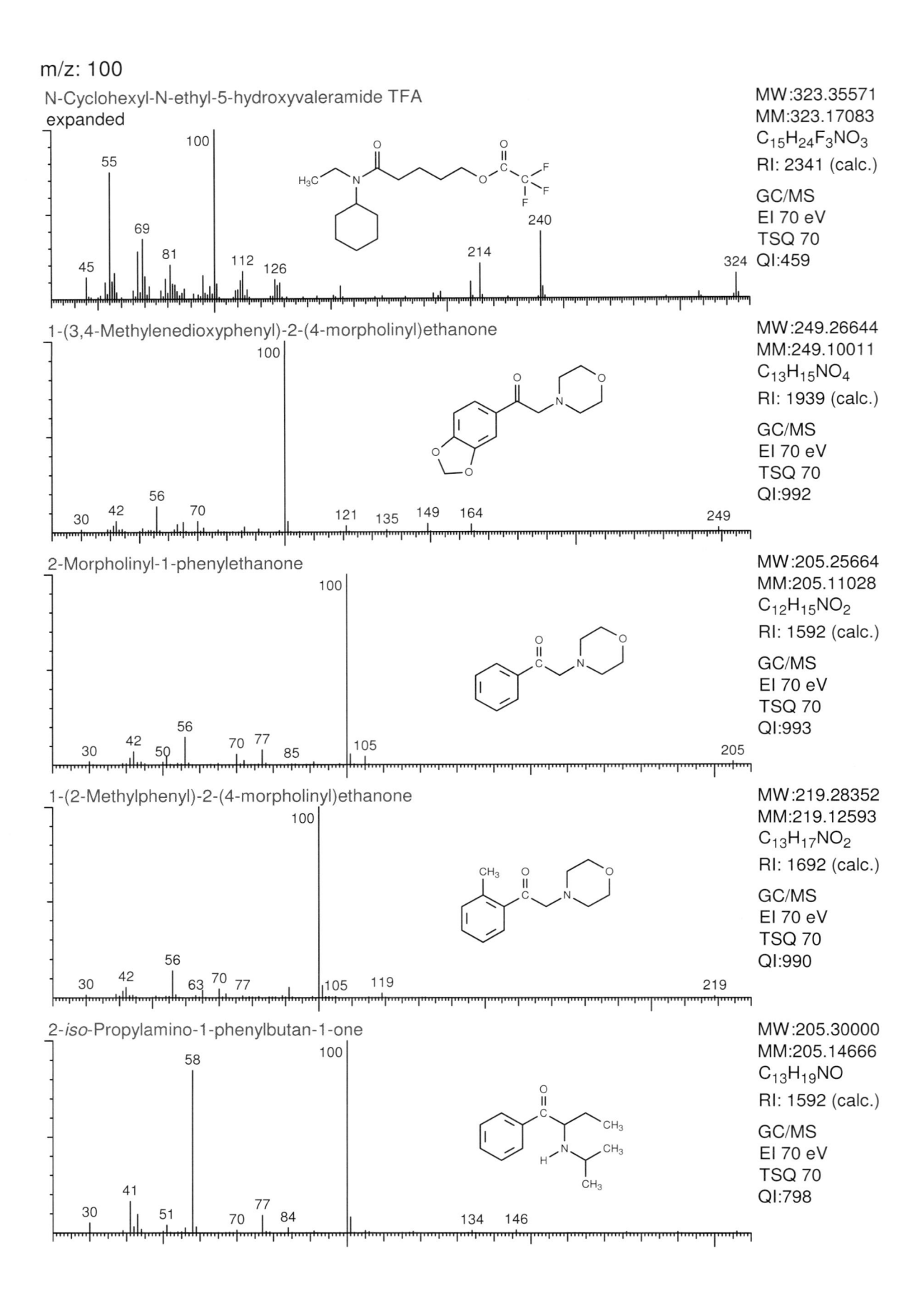

N-Cyclohexyl-N-ethyl-5-hydroxyvaleramide TFA
expanded

Peaks: 45, 55, 69, 81, 100, 112, 126, 214, 240, 324

MW: 323.35571
MM: 323.17083
$C_{15}H_{24}F_3NO_3$
RI: 2341 (calc.)

GC/MS
EI 70 eV
TSQ 70
QI: 459

1-(3,4-Methylenedioxyphenyl)-2-(4-morpholinyl)ethanone

Peaks: 30, 42, 56, 70, 100, 121, 135, 149, 164, 249

MW: 249.26644
MM: 249.10011
$C_{13}H_{15}NO_4$
RI: 1939 (calc.)

GC/MS
EI 70 eV
TSQ 70
QI: 992

2-Morpholinyl-1-phenylethanone

Peaks: 30, 42, 50, 56, 70, 77, 85, 100, 105, 205

MW: 205.25664
MM: 205.11028
$C_{12}H_{15}NO_2$
RI: 1592 (calc.)

GC/MS
EI 70 eV
TSQ 70
QI: 993

1-(2-Methylphenyl)-2-(4-morpholinyl)ethanone

Peaks: 30, 42, 56, 63, 70, 77, 100, 105, 119, 219

MW: 219.28352
MM: 219.12593
$C_{13}H_{17}NO_2$
RI: 1692 (calc.)

GC/MS
EI 70 eV
TSQ 70
QI: 990

2-iso-Propylamino-1-phenylbutan-1-one

Peaks: 30, 41, 51, 58, 70, 77, 84, 100, 134, 146

MW: 205.30000
MM: 205.14666
$C_{13}H_{19}NO$
RI: 1592 (calc.)

GC/MS
EI 70 eV
TSQ 70
QI: 798

m/z: 100

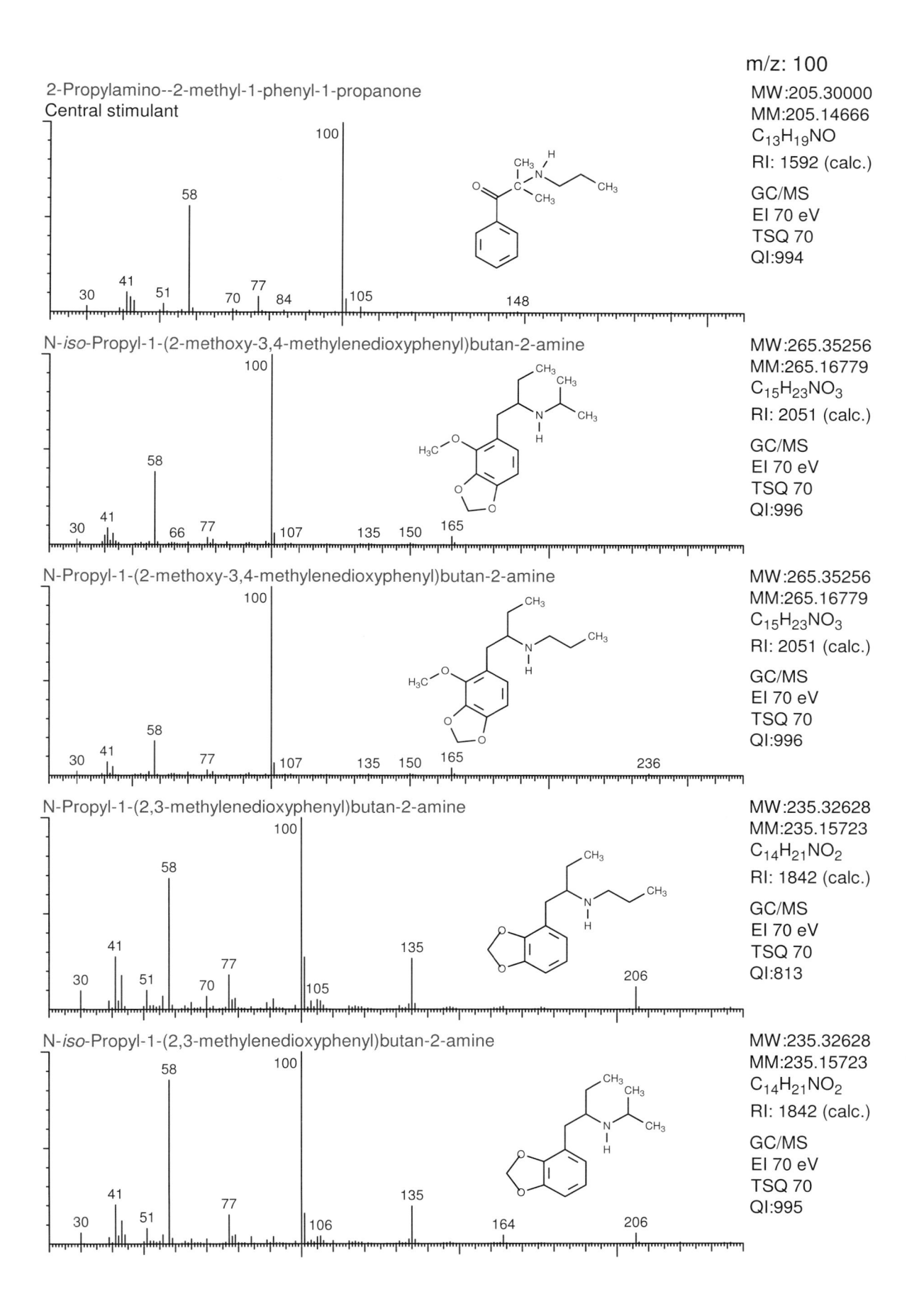

2-Propylamino-2-methyl-1-phenyl-1-propanone
Central stimulant

MW: 205.30000
MM: 205.14666
C$_{13}$H$_{19}$NO
RI: 1592 (calc.)

GC/MS
EI 70 eV
TSQ 70
QI: 994

Peaks: 30, 41, 51, 58, 70, 77, 84, 100, 105, 148

N-iso-Propyl-1-(2-methoxy-3,4-methylenedioxyphenyl)butan-2-amine

MW: 265.35256
MM: 265.16779
C$_{15}$H$_{23}$NO$_3$
RI: 2051 (calc.)

GC/MS
EI 70 eV
TSQ 70
QI: 996

Peaks: 30, 41, 58, 66, 77, 100, 107, 135, 150, 165

N-Propyl-1-(2-methoxy-3,4-methylenedioxyphenyl)butan-2-amine

MW: 265.35256
MM: 265.16779
C$_{15}$H$_{23}$NO$_3$
RI: 2051 (calc.)

GC/MS
EI 70 eV
TSQ 70
QI: 996

Peaks: 30, 41, 58, 77, 100, 107, 135, 150, 165, 236

N-Propyl-1-(2,3-methylenedioxyphenyl)butan-2-amine

MW: 235.32628
MM: 235.15723
C$_{14}$H$_{21}$NO$_2$
RI: 1842 (calc.)

GC/MS
EI 70 eV
TSQ 70
QI: 813

Peaks: 30, 41, 51, 58, 70, 77, 100, 105, 135, 206

N-iso-Propyl-1-(2,3-methylenedioxyphenyl)butan-2-amine

MW: 235.32628
MM: 235.15723
C$_{14}$H$_{21}$NO$_2$
RI: 1842 (calc.)

GC/MS
EI 70 eV
TSQ 70
QI: 995

Peaks: 30, 41, 51, 58, 77, 100, 106, 135, 164, 206

m/z: 100

1-(4-Methylphenyl)-2-(methyl-iso-propylamino)propan-1-one
Designer drug

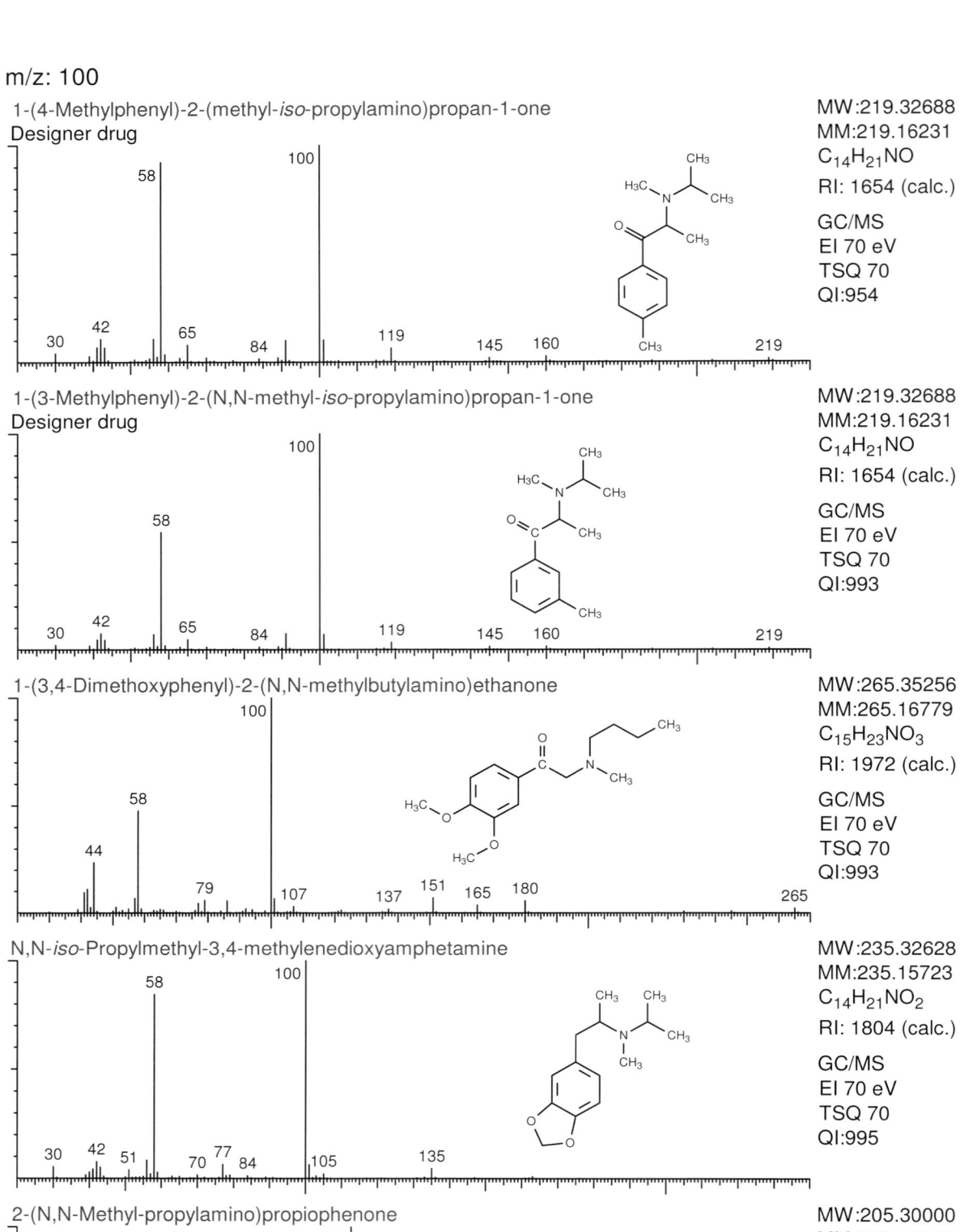

Peaks: 30, 42, 58, 65, 84, 100, 119, 145, 160, 219

MW:219.32688
MM:219.16231
$C_{14}H_{21}NO$
RI: 1654 (calc.)

GC/MS
EI 70 eV
TSQ 70
QI:954

1-(3-Methylphenyl)-2-(N,N-methyl-iso-propylamino)propan-1-one
Designer drug

Peaks: 30, 42, 58, 65, 84, 100, 119, 145, 160, 219

MW:219.32688
MM:219.16231
$C_{14}H_{21}NO$
RI: 1654 (calc.)

GC/MS
EI 70 eV
TSQ 70
QI:993

1-(3,4-Dimethoxyphenyl)-2-(N,N-methylbutylamino)ethanone

Peaks: 44, 58, 79, 100, 107, 137, 151, 165, 180, 265

MW:265.35256
MM:265.16779
$C_{15}H_{23}NO_3$
RI: 1972 (calc.)

GC/MS
EI 70 eV
TSQ 70
QI:993

N,N-iso-Propylmethyl-3,4-methylenedioxyamphetamine

Peaks: 30, 42, 51, 58, 70, 77, 84, 100, 105, 135

MW:235.32628
MM:235.15723
$C_{14}H_{21}NO_2$
RI: 1804 (calc.)

GC/MS
EI 70 eV
TSQ 70
QI:995

2-(N,N-Methyl-propylamino)propiophenone

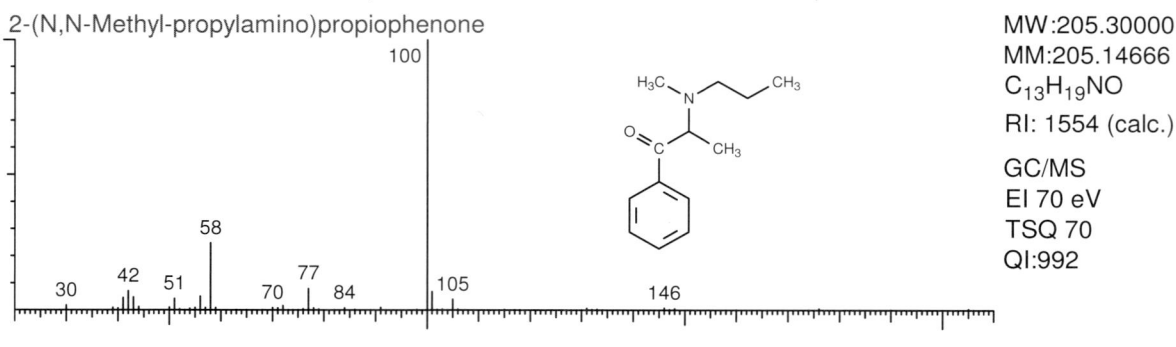

Peaks: 30, 42, 51, 58, 70, 77, 84, 100, 105, 146

MW:205.30000
MM:205.14666
$C_{13}H_{19}NO$
RI: 1554 (calc.)

GC/MS
EI 70 eV
TSQ 70
QI:992

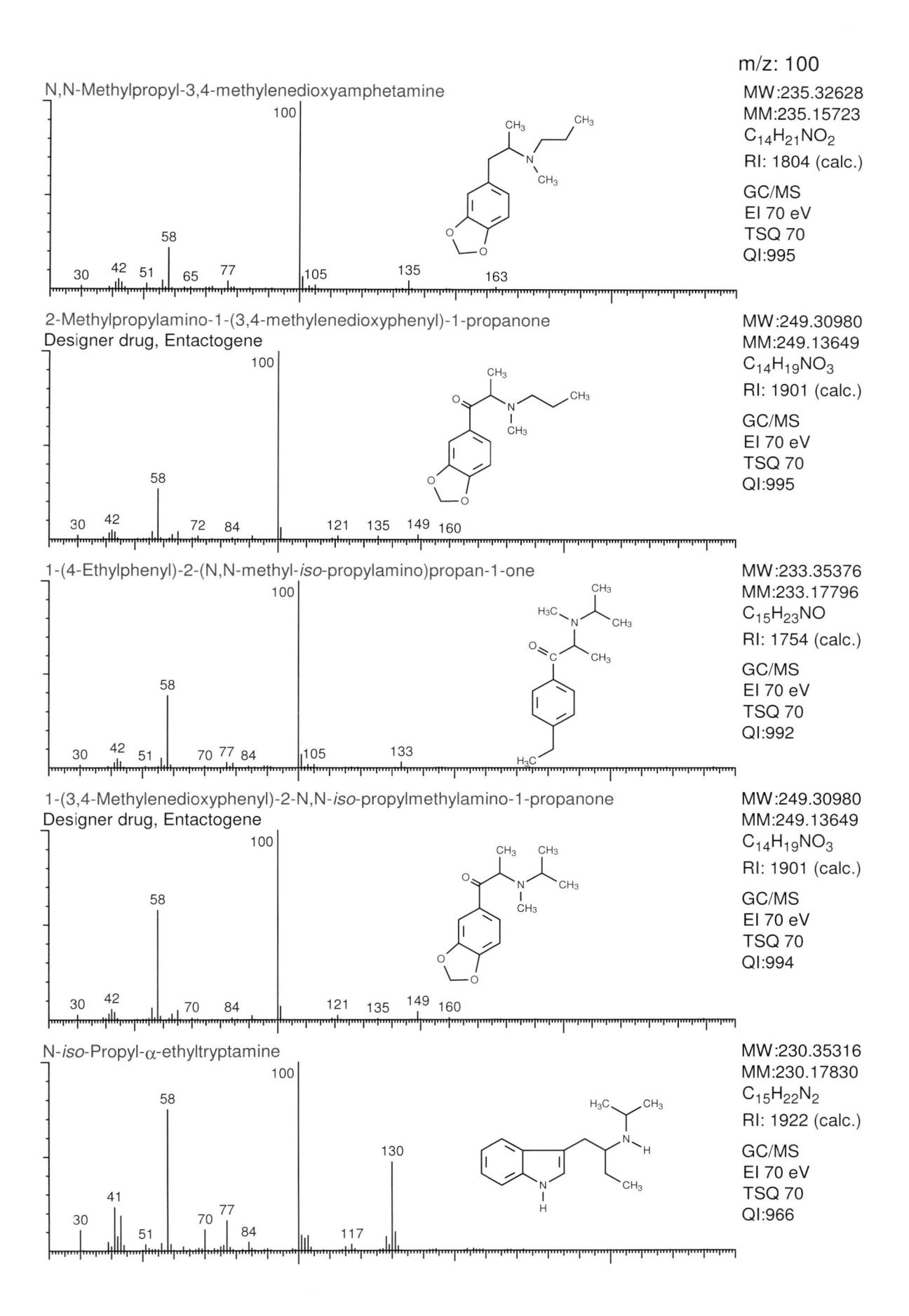

N,N-Methylpropyl-3,4-methylenedioxyamphetamine

m/z: 100
MW: 235.32628
MM: 235.15723
$C_{14}H_{21}NO_2$
RI: 1804 (calc.)

GC/MS
EI 70 eV
TSQ 70
QI: 995

Peaks: 30, 42, 51, 58, 65, 77, 100, 105, 135, 163

2-Methylpropylamino-1-(3,4-methylenedioxyphenyl)-1-propanone
Designer drug, Entactogene

MW: 249.30980
MM: 249.13649
$C_{14}H_{19}NO_3$
RI: 1901 (calc.)

GC/MS
EI 70 eV
TSQ 70
QI: 995

Peaks: 30, 42, 58, 72, 84, 100, 121, 135, 149, 160

1-(4-Ethylphenyl)-2-(N,N-methyl-*iso*-propylamino)propan-1-one

MW: 233.35376
MM: 233.17796
$C_{15}H_{23}NO$
RI: 1754 (calc.)

GC/MS
EI 70 eV
TSQ 70
QI: 992

Peaks: 30, 42, 51, 58, 70, 77, 84, 100, 105, 133

1-(3,4-Methylenedioxyphenyl)-2-N,N-*iso*-propylmethylamino-1-propanone
Designer drug, Entactogene

MW: 249.30980
MM: 249.13649
$C_{14}H_{19}NO_3$
RI: 1901 (calc.)

GC/MS
EI 70 eV
TSQ 70
QI: 994

Peaks: 30, 42, 58, 70, 84, 100, 121, 135, 149, 160

N-*iso*-Propyl-α-ethyltryptamine

MW: 230.35316
MM: 230.17830
$C_{15}H_{22}N_2$
RI: 1922 (calc.)

GC/MS
EI 70 eV
TSQ 70
QI: 966

Peaks: 30, 41, 51, 58, 70, 77, 84, 100, 117, 130

m/z: 100

1-(2-Methoxyphenyl)-2-(methyl-*iso*-propylamino)propan-1-one
Designer drug, Hallucinogen

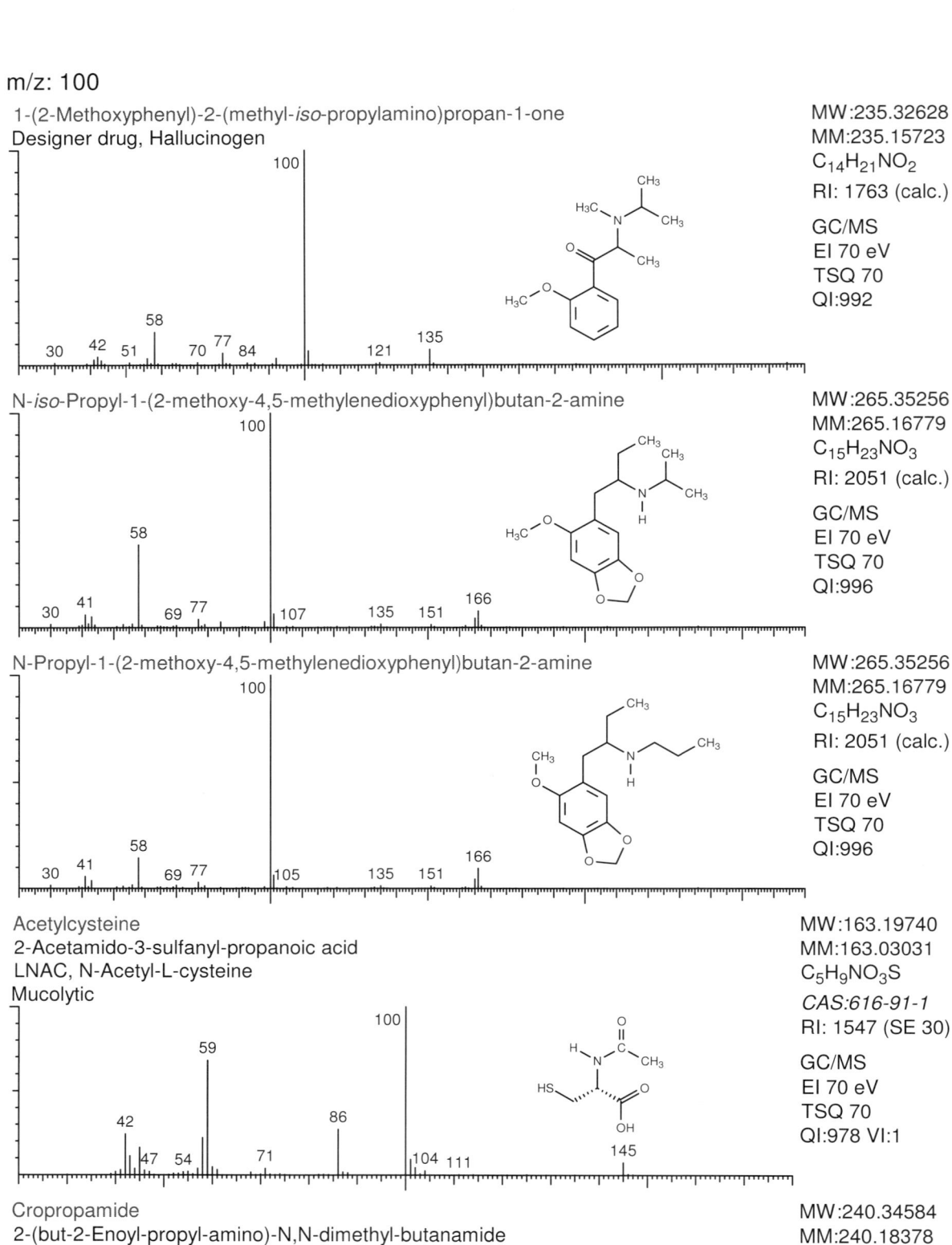

MW:235.32628
MM:235.15723
$C_{14}H_{21}NO_2$
RI: 1763 (calc.)

GC/MS
EI 70 eV
TSQ 70
QI:992

N-*iso*-Propyl-1-(2-methoxy-4,5-methylenedioxyphenyl)butan-2-amine

MW:265.35256
MM:265.16779
$C_{15}H_{23}NO_3$
RI: 2051 (calc.)

GC/MS
EI 70 eV
TSQ 70
QI:996

N-Propyl-1-(2-methoxy-4,5-methylenedioxyphenyl)butan-2-amine

MW:265.35256
MM:265.16779
$C_{15}H_{23}NO_3$
RI: 2051 (calc.)

GC/MS
EI 70 eV
TSQ 70
QI:996

Acetylcysteine
2-Acetamido-3-sulfanyl-propanoic acid
LNAC, N-Acetyl-L-cysteine
Mucolytic

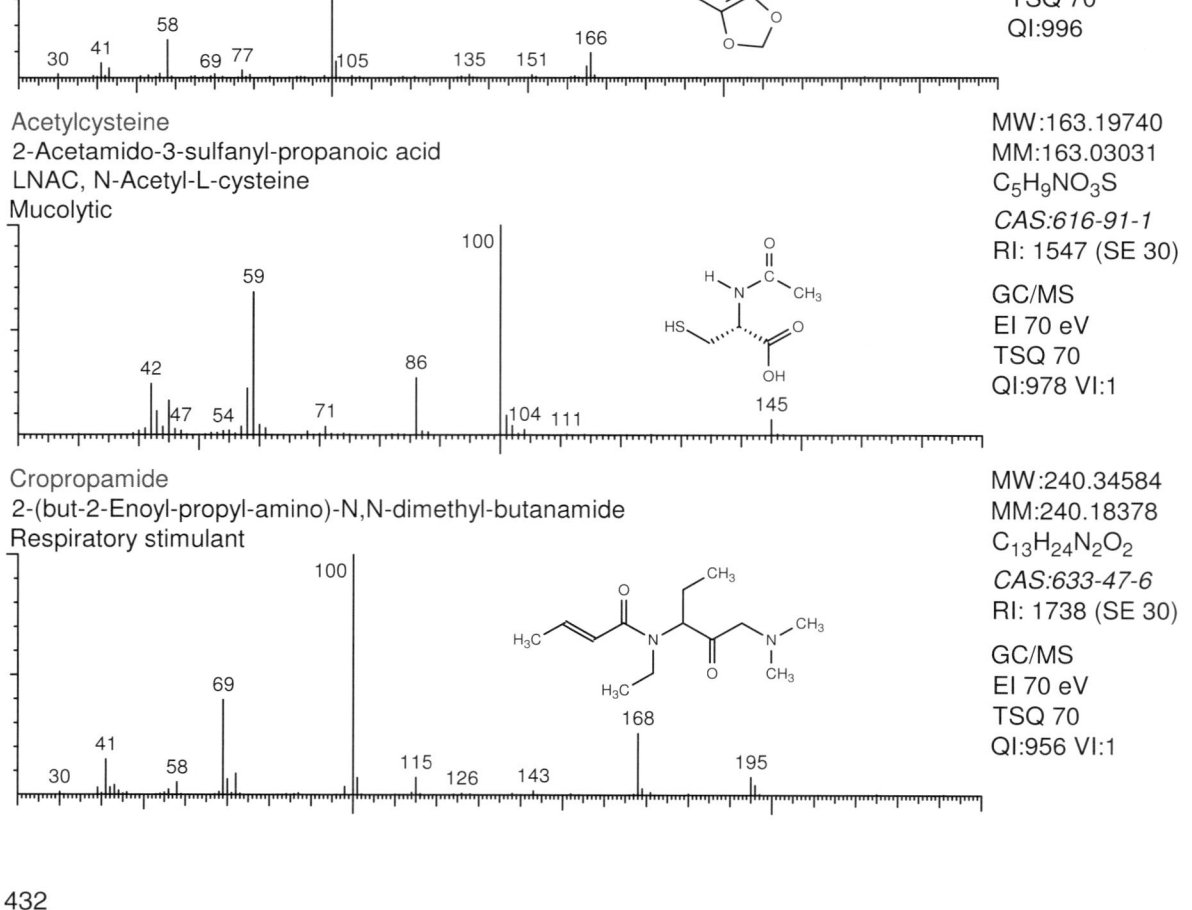

MW:163.19740
MM:163.03031
$C_5H_9NO_3S$
CAS:616-91-1
RI: 1547 (SE 30)

GC/MS
EI 70 eV
TSQ 70
QI:978 VI:1

Cropropamide
2-(but-2-Enoyl-propyl-amino)-N,N-dimethyl-butanamide
Respiratory stimulant

MW:240.34584
MM:240.18378
$C_{13}H_{24}N_2O_2$
CAS:633-47-6
RI: 1738 (SE 30)

GC/MS
EI 70 eV
TSQ 70
QI:956 VI:1

m/z: 100

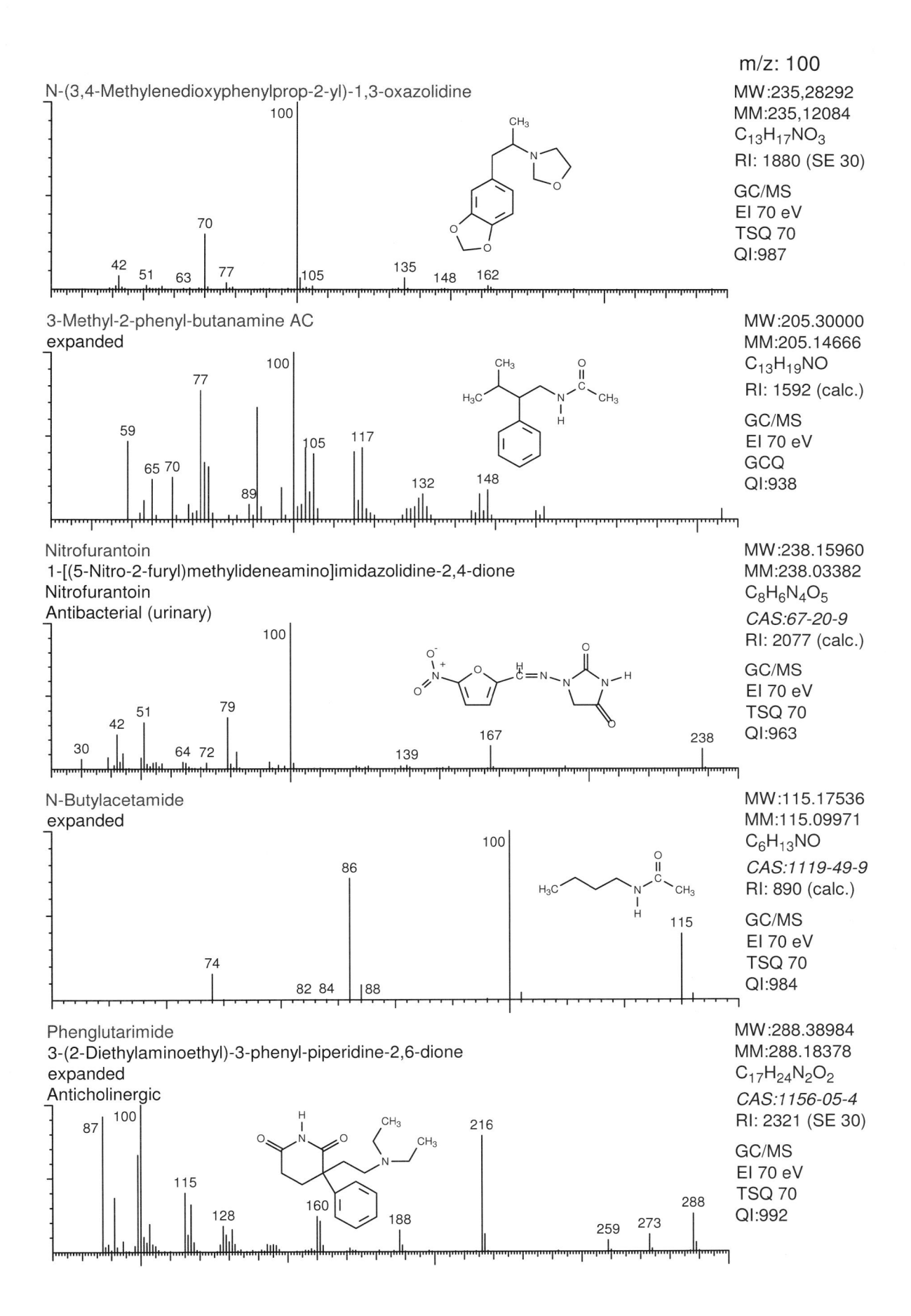

N-(3,4-Methylenedioxyphenylprop-2-yl)-1,3-oxazolidine

MW: 235,28292
MM: 235,12084
$C_{13}H_{17}NO_3$
RI: 1880 (SE 30)

GC/MS
EI 70 eV
TSQ 70
QI:987

Peaks: 42, 51, 63, 70, 77, 100, 105, 135, 148, 162

3-Methyl-2-phenyl-butanamine AC
expanded

MW: 205.30000
MM: 205.14666
$C_{13}H_{19}NO$
RI: 1592 (calc.)

GC/MS
EI 70 eV
GCQ
QI:938

Peaks: 59, 65, 70, 77, 89, 100, 105, 117, 132, 148

Nitrofurantoin
1-[(5-Nitro-2-furyl)methylideneamino]imidazolidine-2,4-dione
Nitrofurantoin
Antibacterial (urinary)

MW: 238.15960
MM: 238.03382
$C_8H_6N_4O_5$
CAS: 67-20-9
RI: 2077 (calc.)

GC/MS
EI 70 eV
TSQ 70
QI:963

Peaks: 30, 42, 51, 64, 72, 79, 100, 139, 167, 238

N-Butylacetamide
expanded

MW: 115.17536
MM: 115.09971
$C_6H_{13}NO$
CAS: 1119-49-9
RI: 890 (calc.)

GC/MS
EI 70 eV
TSQ 70
QI:984

Peaks: 74, 82, 84, 86, 88, 100, 115

Phenglutarimide
3-(2-Diethylaminoethyl)-3-phenyl-piperidine-2,6-dione
expanded
Anticholinergic

MW: 288.38984
MM: 288.18378
$C_{17}H_{24}N_2O_2$
CAS: 1156-05-4
RI: 2321 (SE 30)

GC/MS
EI 70 eV
TSQ 70
QI:992

Peaks: 87, 100, 115, 128, 160, 188, 216, 259, 273, 288

m/z: 100

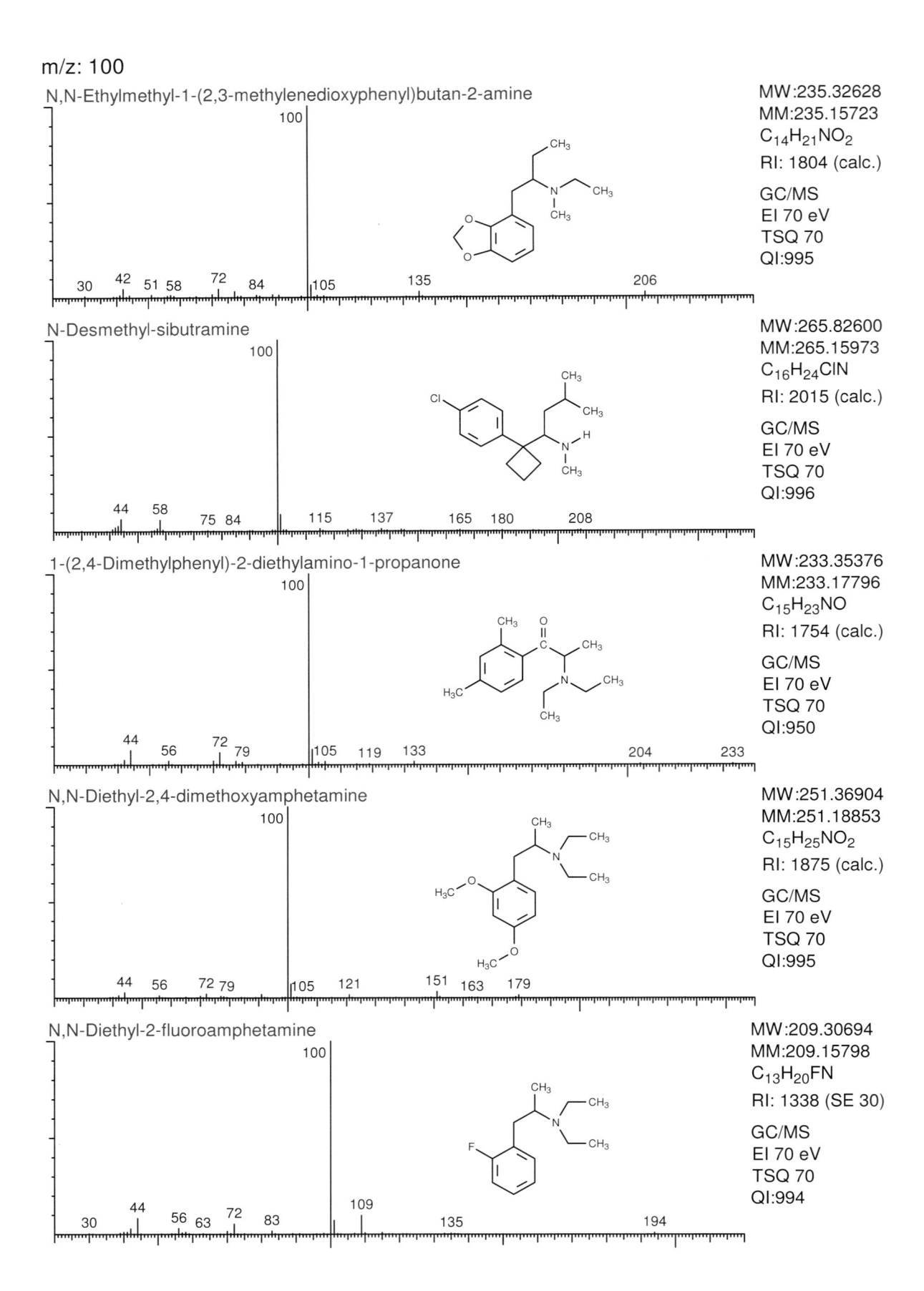

N,N-Ethylmethyl-1-(2,3-methylenedioxyphenyl)butan-2-amine

MW: 235.32628
MM: 235.15723
$C_{14}H_{21}NO_2$
RI: 1804 (calc.)

GC/MS
EI 70 eV
TSQ 70
QI: 995

Peaks: 30, 42, 51, 58, 72, 84, 100, 105, 135, 206

N-Desmethyl-sibutramine

MW: 265.82600
MM: 265.15973
$C_{16}H_{24}ClN$
RI: 2015 (calc.)

GC/MS
EI 70 eV
TSQ 70
QI: 996

Peaks: 44, 58, 75, 84, 100, 115, 137, 165, 180, 208

1-(2,4-Dimethylphenyl)-2-diethylamino-1-propanone

MW: 233.35376
MM: 233.17796
$C_{15}H_{23}NO$
RI: 1754 (calc.)

GC/MS
EI 70 eV
TSQ 70
QI: 950

Peaks: 44, 56, 72, 79, 100, 105, 119, 133, 204, 233

N,N-Diethyl-2,4-dimethoxyamphetamine

MW: 251.36904
MM: 251.18853
$C_{15}H_{25}NO_2$
RI: 1875 (calc.)

GC/MS
EI 70 eV
TSQ 70
QI: 995

Peaks: 44, 56, 72, 79, 100, 105, 121, 151, 163, 179

N,N-Diethyl-2-fluoroamphetamine

MW: 209.30694
MM: 209.15798
$C_{13}H_{20}FN$
RI: 1338 (SE 30)

GC/MS
EI 70 eV
TSQ 70
QI: 994

Peaks: 30, 44, 56, 63, 72, 83, 100, 109, 135, 194

m/z: 100

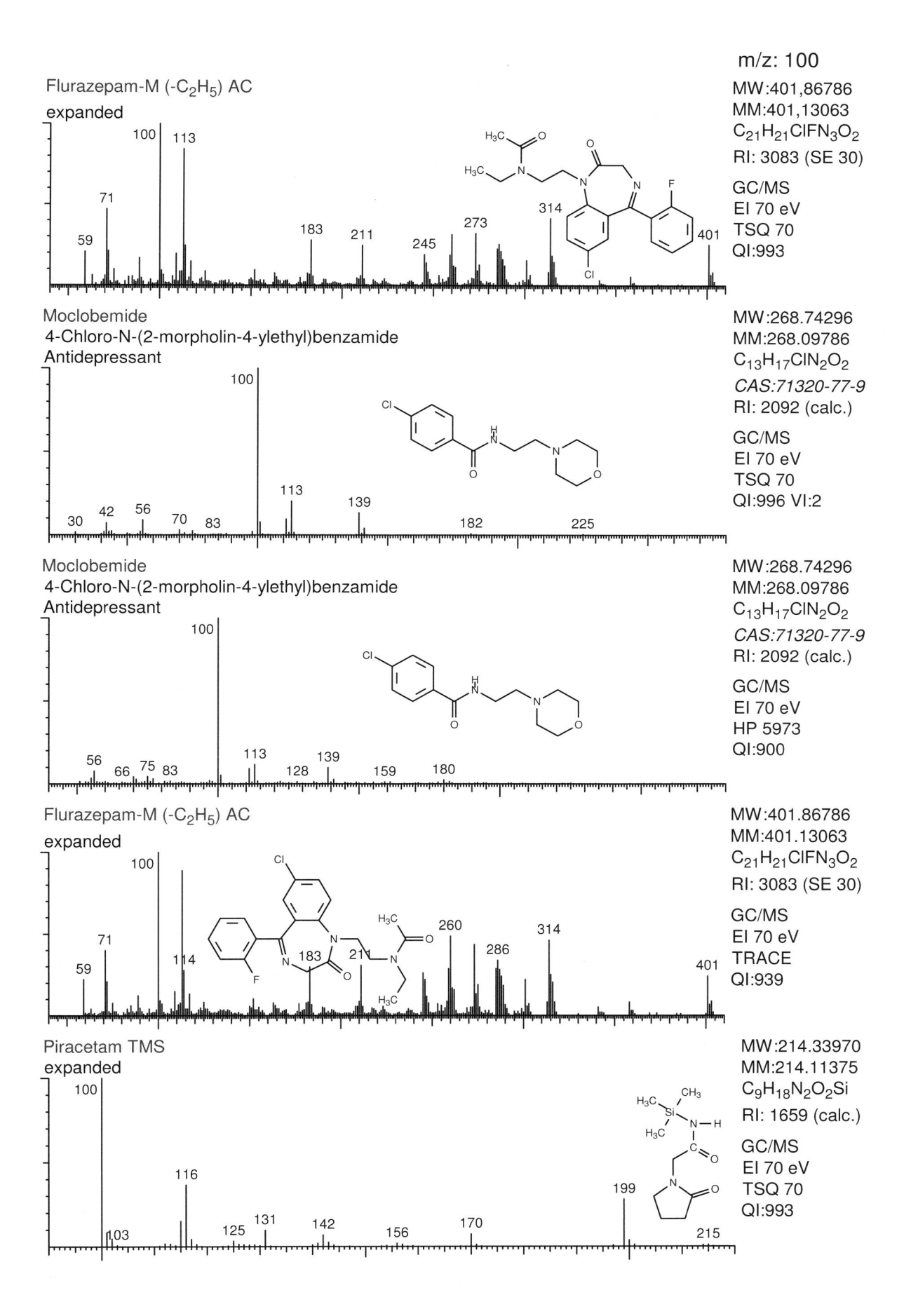

Flurazepam-M (-C₂H₅) AC
expanded

MW:401,86786
MM:401,13063
C$_{21}$H$_{21}$ClFN$_3$O$_2$
RI: 3083 (SE 30)

GC/MS
EI 70 eV
TSQ 70
QI:993

Peaks: 59, 71, 100, 113, 183, 211, 245, 273, 314, 401

Moclobemide
4-Chloro-N-(2-morpholin-4-ylethyl)benzamide
Antidepressant

MW:268.74296
MM:268.09786
C$_{13}$H$_{17}$ClN$_2$O$_2$
CAS:71320-77-9
RI: 2092 (calc.)

GC/MS
EI 70 eV
TSQ 70
QI:996 VI:2

Peaks: 30, 42, 56, 70, 83, 100, 113, 139, 182, 225

Moclobemide
4-Chloro-N-(2-morpholin-4-ylethyl)benzamide
Antidepressant

MW:268.74296
MM:268.09786
C$_{13}$H$_{17}$ClN$_2$O$_2$
CAS:71320-77-9
RI: 2092 (calc.)

GC/MS
EI 70 eV
HP 5973
QI:900

Peaks: 56, 66, 75, 83, 100, 113, 128, 139, 159, 180

Flurazepam-M (-C₂H₅) AC
expanded

MW:401.86786
MM:401.13063
C$_{21}$H$_{21}$ClFN$_3$O$_2$
RI: 3083 (SE 30)

GC/MS
EI 70 eV
TRACE
QI:939

Peaks: 59, 71, 100, 114, 183, 211, 260, 286, 314, 401

Piracetam TMS
expanded

MW:214.33970
MM:214.11375
C$_9$H$_{18}$N$_2$O$_2$Si
RI: 1659 (calc.)

GC/MS
EI 70 eV
TSQ 70
QI:993

Peaks: 100, 103, 116, 125, 131, 142, 156, 170, 199, 215

m/z: 100

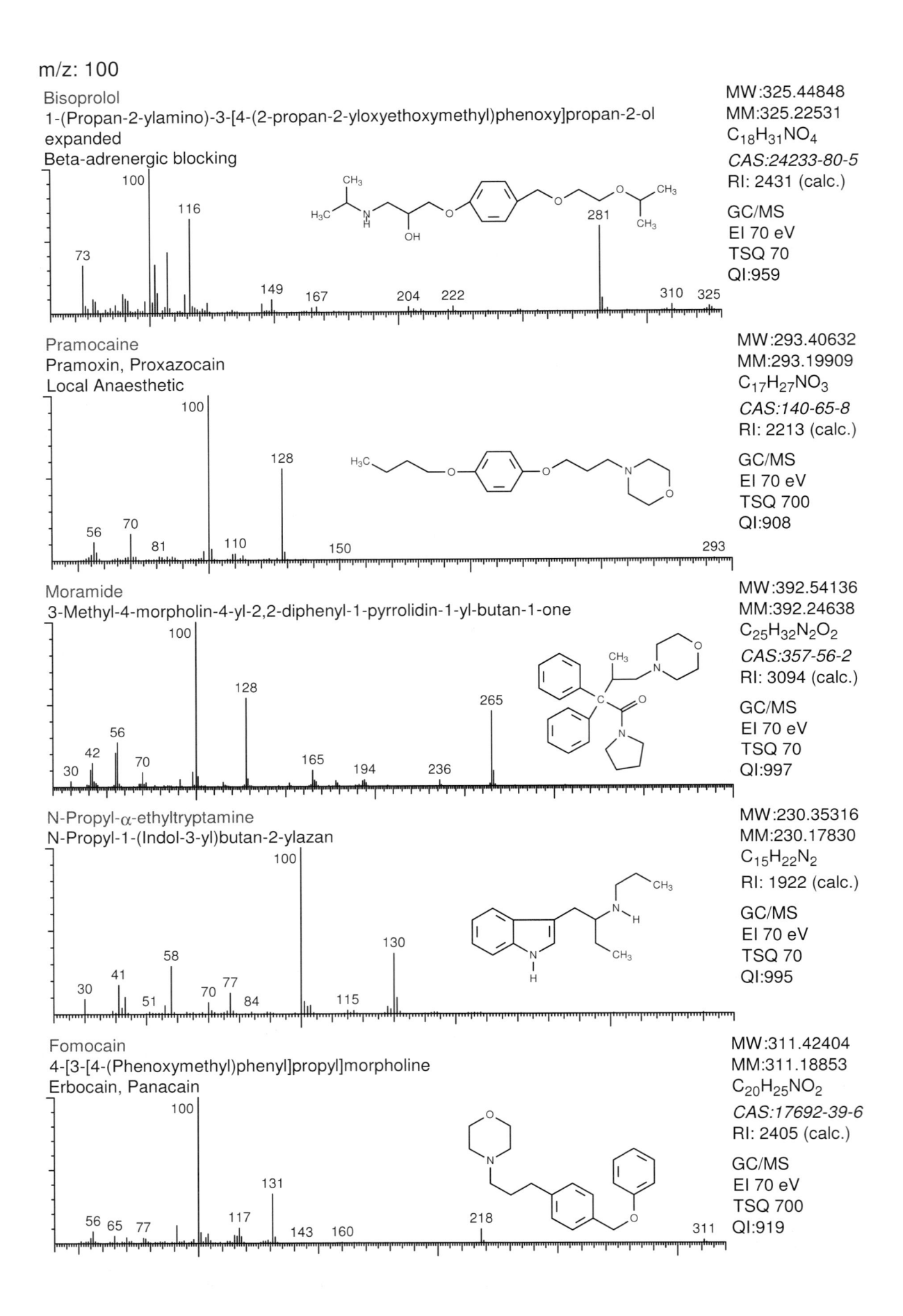

Bisoprolol
1-(Propan-2-ylamino)-3-[4-(2-propan-2-yloxyethoxymethyl)phenoxy]propan-2-ol
expanded
Beta-adrenergic blocking

MW: 325.44848
MM: 325.22531
$C_{18}H_{31}NO_4$
CAS: 24233-80-5
RI: 2431 (calc.)

GC/MS
EI 70 eV
TSQ 70
QI: 959

Peaks: 73, 100, 116, 149, 167, 204, 222, 281, 310, 325

Pramocaine
Pramoxin, Proxazocain
Local Anaesthetic

MW: 293.40632
MM: 293.19909
$C_{17}H_{27}NO_3$
CAS: 140-65-8
RI: 2213 (calc.)

GC/MS
EI 70 eV
TSQ 700
QI: 908

Peaks: 56, 70, 81, 100, 110, 128, 150, 293

Moramide
3-Methyl-4-morpholin-4-yl-2,2-diphenyl-1-pyrrolidin-1-yl-butan-1-one

MW: 392.54136
MM: 392.24638
$C_{25}H_{32}N_2O_2$
CAS: 357-56-2
RI: 3094 (calc.)

GC/MS
EI 70 eV
TSQ 70
QI: 997

Peaks: 30, 42, 56, 70, 100, 128, 165, 194, 236, 265

N-Propyl-α-ethyltryptamine
N-Propyl-1-(Indol-3-yl)butan-2-ylazan

MW: 230.35316
MM: 230.17830
$C_{15}H_{22}N_2$
RI: 1922 (calc.)

GC/MS
EI 70 eV
TSQ 70
QI: 995

Peaks: 30, 41, 51, 58, 70, 77, 84, 100, 115, 130

Fomocain
4-[3-[4-(Phenoxymethyl)phenyl]propyl]morpholine
Erbocain, Panacain

MW: 311.42404
MM: 311.18853
$C_{20}H_{25}NO_2$
CAS: 17692-39-6
RI: 2405 (calc.)

GC/MS
EI 70 eV
TSQ 700
QI: 919

Peaks: 56, 65, 77, 100, 117, 131, 143, 160, 218, 311

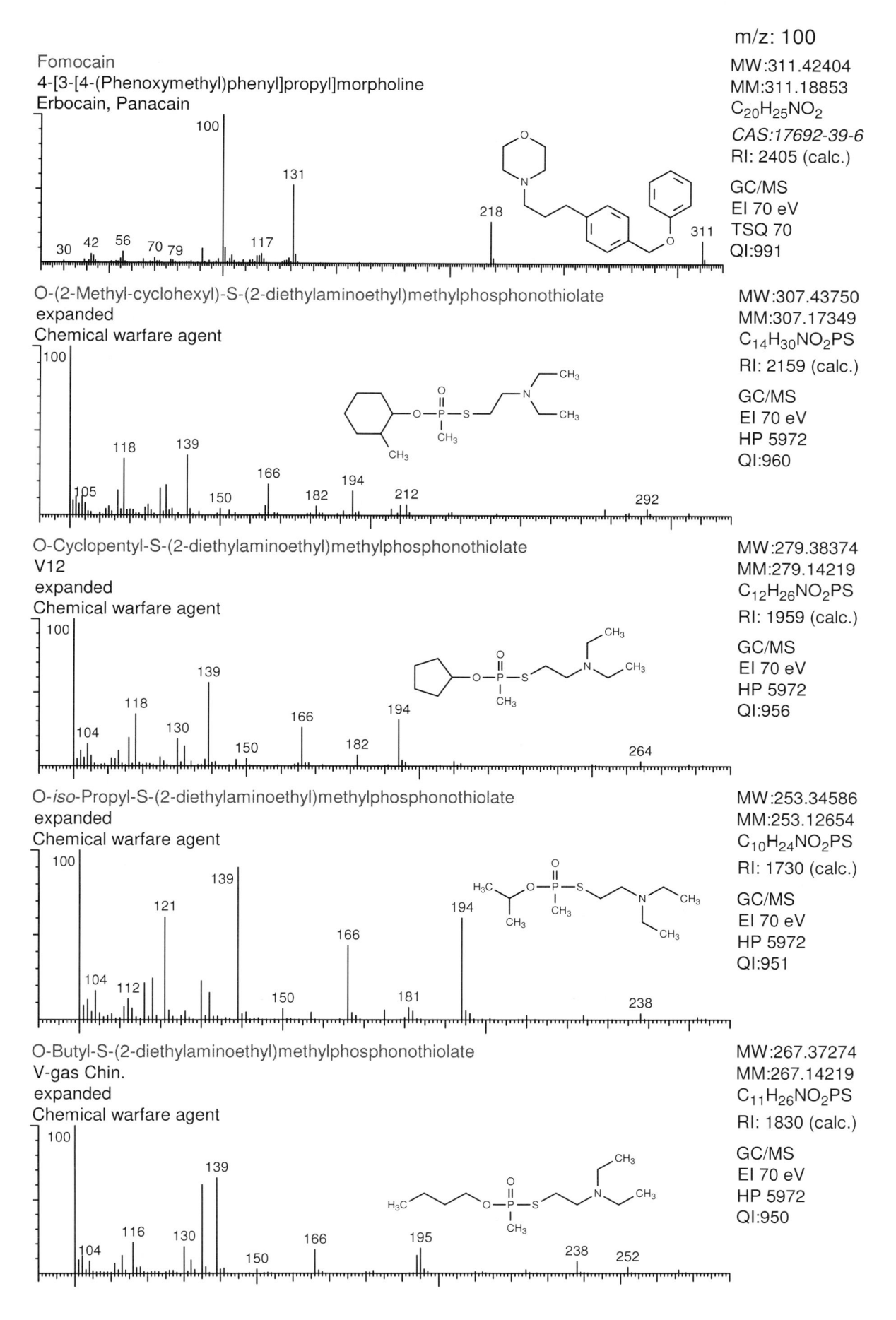

Fomocain
4-[3-[4-(Phenoxymethyl)phenyl]propyl]morpholine
Erbocain, Panacain

m/z: 100
MW: 311.42404
MM: 311.18853
$C_{20}H_{25}NO_2$
CAS: 17692-39-6
RI: 2405 (calc.)

GC/MS
EI 70 eV
TSQ 70
QI: 991

O-(2-Methyl-cyclohexyl)-S-(2-diethylaminoethyl)methylphosphonothiolate
expanded
Chemical warfare agent

MW: 307.43750
MM: 307.17349
$C_{14}H_{30}NO_2PS$
RI: 2159 (calc.)

GC/MS
EI 70 eV
HP 5972
QI: 960

O-Cyclopentyl-S-(2-diethylaminoethyl)methylphosphonothiolate
V12
expanded
Chemical warfare agent

MW: 279.38374
MM: 279.14219
$C_{12}H_{26}NO_2PS$
RI: 1959 (calc.)

GC/MS
EI 70 eV
HP 5972
QI: 956

O-iso-Propyl-S-(2-diethylaminoethyl)methylphosphonothiolate
expanded
Chemical warfare agent

MW: 253.34586
MM: 253.12654
$C_{10}H_{24}NO_2PS$
RI: 1730 (calc.)

GC/MS
EI 70 eV
HP 5972
QI: 951

O-Butyl-S-(2-diethylaminoethyl)methylphosphonothiolate
V-gas Chin.
expanded
Chemical warfare agent

MW: 267.37274
MM: 267.14219
$C_{11}H_{26}NO_2PS$
RI: 1830 (calc.)

GC/MS
EI 70 eV
HP 5972
QI: 950

m/z: 100

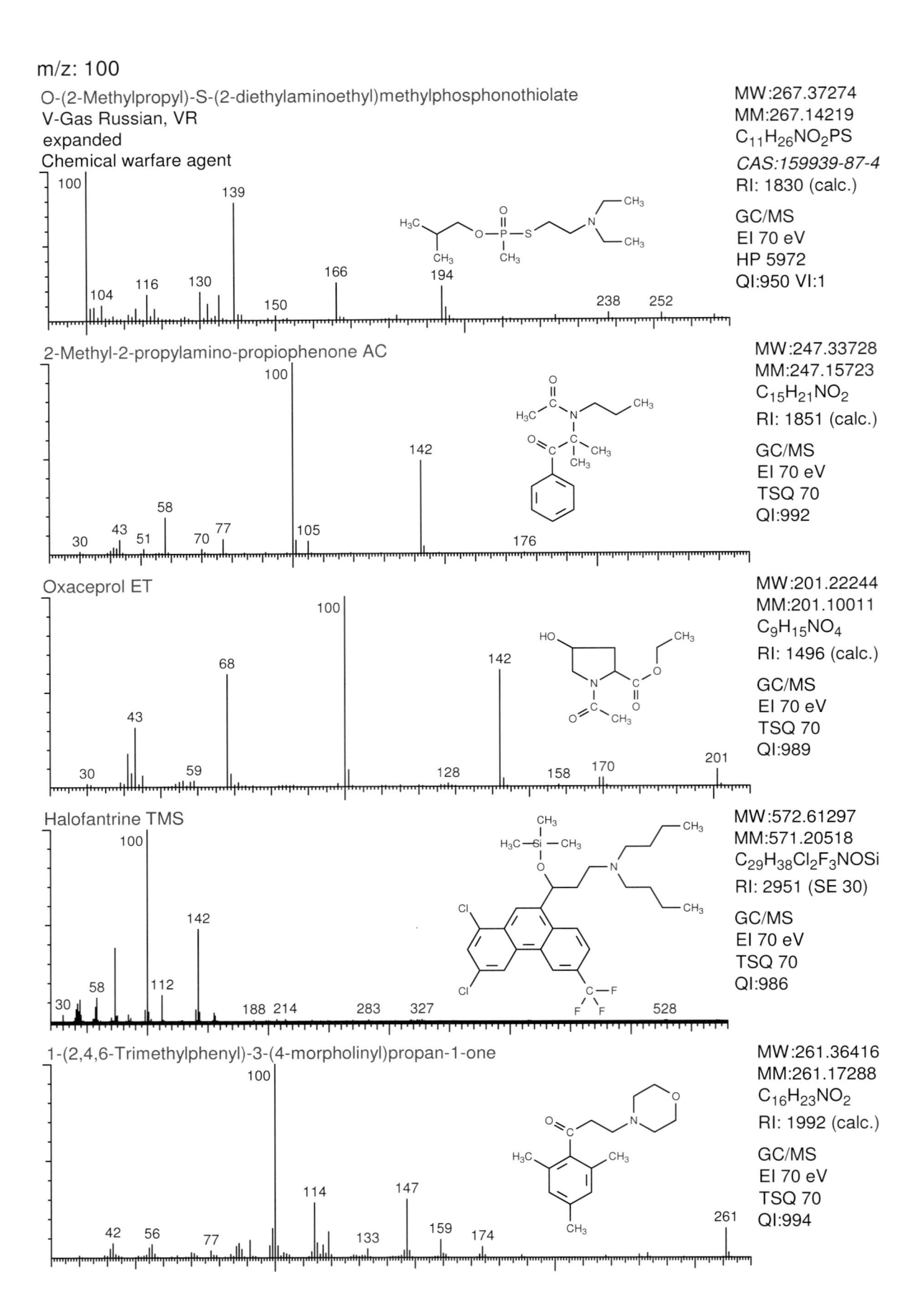

O-(2-Methylpropyl)-S-(2-diethylaminoethyl)methylphosphonothiolate
V-Gas Russian, VR
expanded
Chemical warfare agent

MW:267.37274
MM:267.14219
$C_{11}H_{26}NO_2PS$
CAS:159939-87-4
RI: 1830 (calc.)

GC/MS
EI 70 eV
HP 5972
QI:950 VI:1

Peaks: 100, 104, 116, 130, 139, 150, 166, 194, 238, 252

2-Methyl-2-propylamino-propiophenone AC

MW:247.33728
MM:247.15723
$C_{15}H_{21}NO_2$
RI: 1851 (calc.)

GC/MS
EI 70 eV
TSQ 70
QI:992

Peaks: 30, 43, 51, 58, 70, 77, 100, 105, 142, 176

Oxaceprol ET

MW:201.22244
MM:201.10011
$C_9H_{15}NO_4$
RI: 1496 (calc.)

GC/MS
EI 70 eV
TSQ 70
QI:989

Peaks: 30, 43, 59, 68, 100, 128, 142, 158, 170, 201

Halofantrine TMS

MW:572.61297
MM:571.20518
$C_{29}H_{38}Cl_2F_3NOSi$
RI: 2951 (SE 30)

GC/MS
EI 70 eV
TSQ 70
QI:986

Peaks: 30, 58, 100, 112, 142, 188, 214, 283, 327, 528

1-(2,4,6-Trimethylphenyl)-3-(4-morpholinyl)propan-1-one

MW:261.36416
MM:261.17288
$C_{16}H_{23}NO_2$
RI: 1992 (calc.)

GC/MS
EI 70 eV
TSQ 70
QI:994

Peaks: 42, 56, 77, 100, 114, 133, 147, 159, 174, 261

m/z: 100

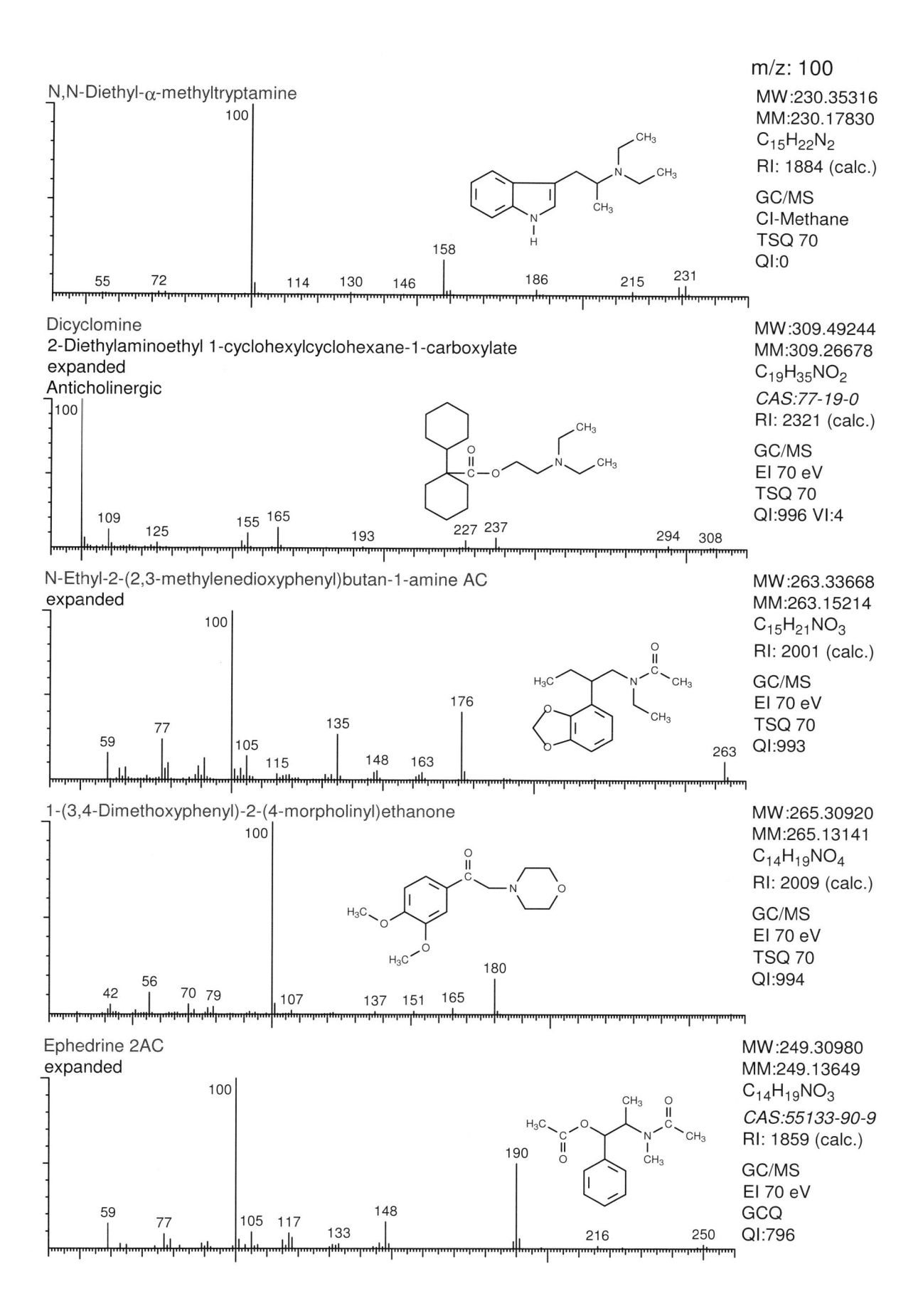

N,N-Diethyl-α-methyltryptamine

MW: 230.35316
MM: 230.17830
$C_{15}H_{22}N_2$
RI: 1884 (calc.)

GC/MS
CI-Methane
TSQ 70
QI:0

Peaks: 55, 72, 100, 114, 130, 146, 158, 186, 215, 231

Dicyclomine
2-Diethylaminoethyl 1-cyclohexylcyclohexane-1-carboxylate
expanded
Anticholinergic

MW: 309.49244
MM: 309.26678
$C_{19}H_{35}NO_2$
CAS: 77-19-0
RI: 2321 (calc.)

GC/MS
EI 70 eV
TSQ 70
QI:996 VI:4

Peaks: 100, 109, 125, 155, 165, 193, 227, 237, 294, 308

N-Ethyl-2-(2,3-methylenedioxyphenyl)butan-1-amine AC
expanded

MW: 263.33668
MM: 263.15214
$C_{15}H_{21}NO_3$
RI: 2001 (calc.)

GC/MS
EI 70 eV
TSQ 70
QI:993

Peaks: 59, 77, 100, 105, 115, 135, 148, 163, 176, 263

1-(3,4-Dimethoxyphenyl)-2-(4-morpholinyl)ethanone

MW: 265.30920
MM: 265.13141
$C_{14}H_{19}NO_4$
RI: 2009 (calc.)

GC/MS
EI 70 eV
TSQ 70
QI:994

Peaks: 42, 56, 70, 79, 100, 107, 137, 151, 165, 180

Ephedrine 2AC
expanded

MW: 249.30980
MM: 249.13649
$C_{14}H_{19}NO_3$
CAS: 55133-90-9
RI: 1859 (calc.)

GC/MS
EI 70 eV
GCQ
QI:796

Peaks: 59, 77, 100, 105, 117, 133, 148, 190, 216, 250

m/z: 100

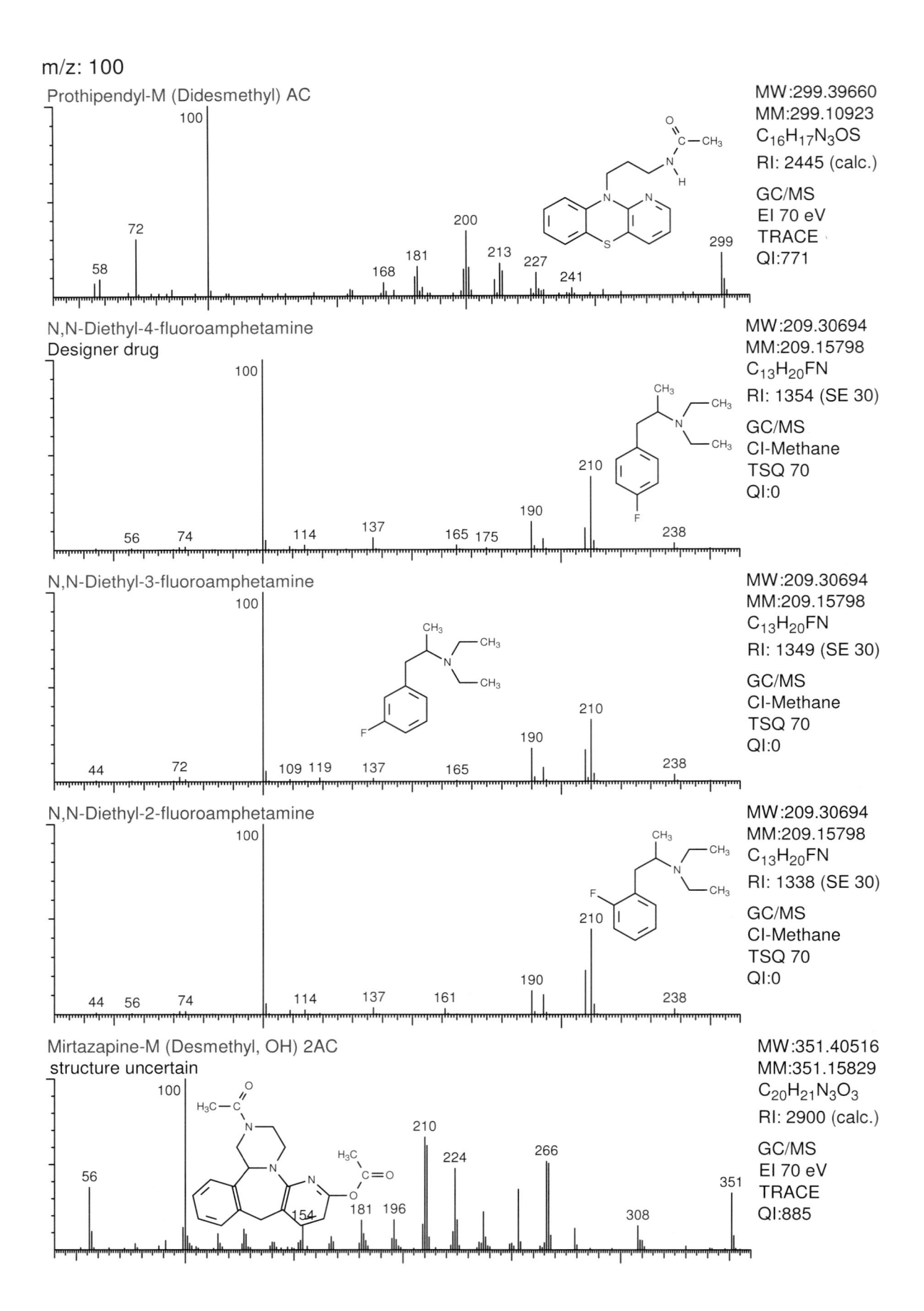

Prothipendyl-M (Didesmethyl) AC

MW:299.39660
MM:299.10923
$C_{16}H_{17}N_3OS$
RI: 2445 (calc.)

GC/MS
EI 70 eV
TRACE
QI:771

Peaks: 58, 72, 100, 168, 181, 200, 213, 227, 241, 299

N,N-Diethyl-4-fluoroamphetamine
Designer drug

MW:209.30694
MM:209.15798
$C_{13}H_{20}FN$
RI: 1354 (SE 30)

GC/MS
CI-Methane
TSQ 70
QI:0

Peaks: 56, 74, 100, 114, 137, 165, 175, 190, 210, 238

N,N-Diethyl-3-fluoroamphetamine

MW:209.30694
MM:209.15798
$C_{13}H_{20}FN$
RI: 1349 (SE 30)

GC/MS
CI-Methane
TSQ 70
QI:0

Peaks: 44, 72, 100, 109, 119, 137, 165, 190, 210, 238

N,N-Diethyl-2-fluoroamphetamine

MW:209.30694
MM:209.15798
$C_{13}H_{20}FN$
RI: 1338 (SE 30)

GC/MS
CI-Methane
TSQ 70
QI:0

Peaks: 44, 56, 74, 100, 114, 137, 161, 190, 210, 238

Mirtazapine-M (Desmethyl, OH) 2AC
structure uncertain

MW:351.40516
MM:351.15829
$C_{20}H_{21}N_3O_3$
RI: 2900 (calc.)

GC/MS
EI 70 eV
TRACE
QI:885

Peaks: 56, 100, 154, 181, 196, 210, 224, 266, 308, 351

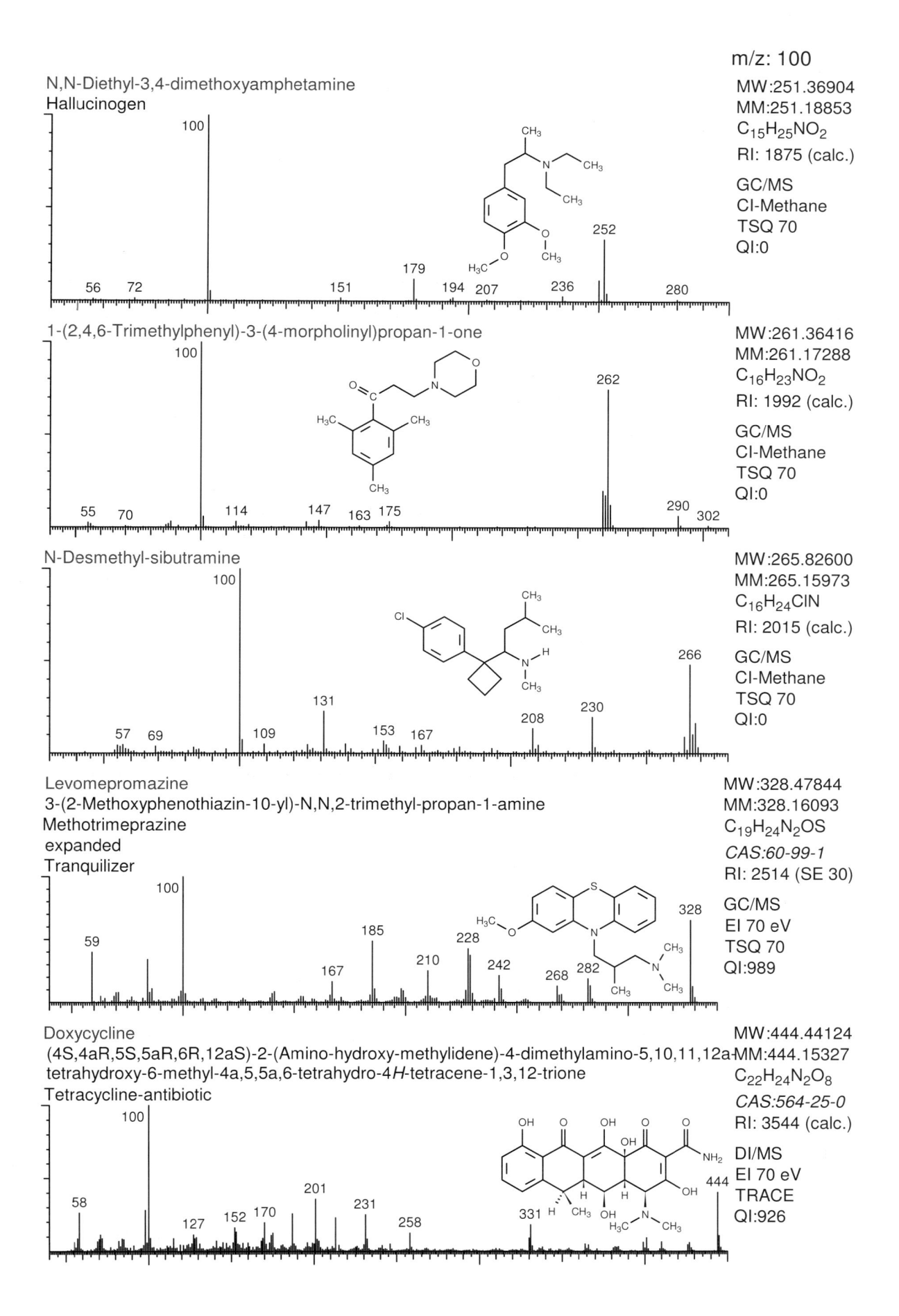

N,N-Diethyl-3,4-dimethoxyamphetamine
Hallucinogen

m/z: 100
MW: 251.36904
MM: 251.18853
C$_{15}$H$_{25}$NO$_2$
RI: 1875 (calc.)

GC/MS
CI-Methane
TSQ 70
QI:0

Peaks: 56, 72, 100, 151, 179, 194, 207, 236, 252, 280

1-(2,4,6-Trimethylphenyl)-3-(4-morpholinyl)propan-1-one

MW: 261.36416
MM: 261.17288
C$_{16}$H$_{23}$NO$_2$
RI: 1992 (calc.)

GC/MS
CI-Methane
TSQ 70
QI:0

Peaks: 55, 70, 100, 114, 147, 163, 175, 262, 290, 302

N-Desmethyl-sibutramine

MW: 265.82600
MM: 265.15973
C$_{16}$H$_{24}$ClN
RI: 2015 (calc.)

GC/MS
CI-Methane
TSQ 70
QI:0

Peaks: 57, 69, 100, 109, 131, 153, 167, 208, 230, 266

Levomepromazine
3-(2-Methoxyphenothiazin-10-yl)-N,N,2-trimethyl-propan-1-amine
Methotrimeprazine
expanded
Tranquilizer

MW: 328.47844
MM: 328.16093
C$_{19}$H$_{24}$N$_2$OS
CAS: 60-99-1
RI: 2514 (SE 30)

GC/MS
EI 70 eV
TSQ 70
QI:989

Peaks: 59, 100, 167, 185, 210, 228, 242, 268, 282, 328

Doxycycline
(4S,4aR,5S,5aR,6R,12aS)-2-(Amino-hydroxy-methylidene)-4-dimethylamino-5,10,11,12a-tetrahydroxy-6-methyl-4a,5,5a,6-tetrahydro-4H-tetracene-1,3,12-trione
Tetracycline-antibiotic

MW: 444.44124
MM: 444.15327
C$_{22}$H$_{24}$N$_2$O$_8$
CAS: 564-25-0
RI: 3544 (calc.)

DI/MS
EI 70 eV
TRACE
QI:926

Peaks: 58, 100, 127, 152, 170, 201, 231, 258, 331, 444

m/z: 100

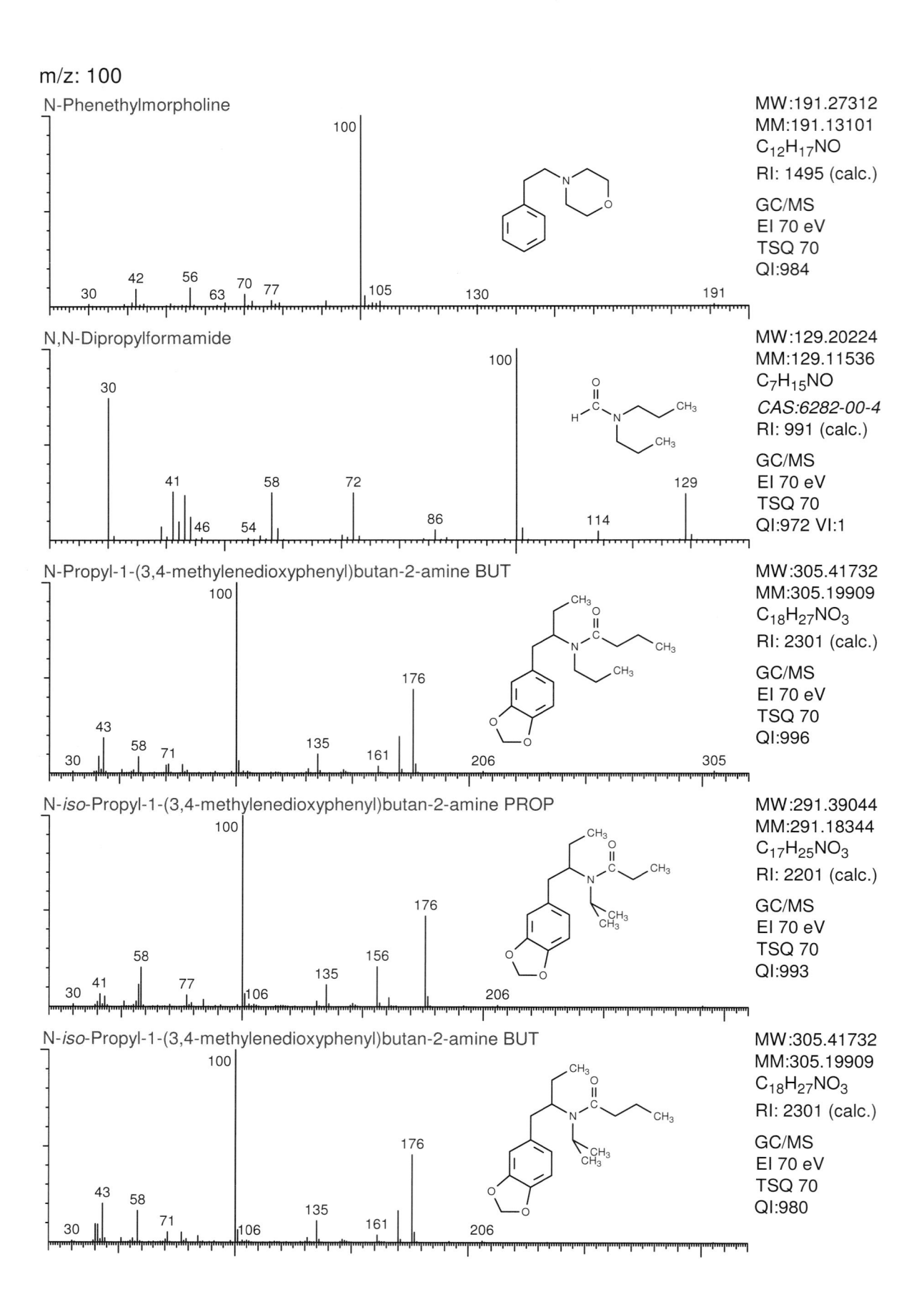

N-Phenethylmorpholine

MW:191.27312
MM:191.13101
C$_{12}$H$_{17}$NO
RI: 1495 (calc.)

GC/MS
EI 70 eV
TSQ 70
QI:984

Peaks: 30, 42, 56, 63, 70, 77, 100, 105, 130, 191

N,N-Dipropylformamide

MW:129.20224
MM:129.11536
C$_7$H$_{15}$NO
CAS:6282-00-4
RI: 991 (calc.)

GC/MS
EI 70 eV
TSQ 70
QI:972 VI:1

Peaks: 30, 41, 46, 54, 58, 72, 86, 100, 114, 129

N-Propyl-1-(3,4-methylenedioxyphenyl)butan-2-amine BUT

MW:305.41732
MM:305.19909
C$_{18}$H$_{27}$NO$_3$
RI: 2301 (calc.)

GC/MS
EI 70 eV
TSQ 70
QI:996

Peaks: 30, 43, 58, 71, 100, 135, 161, 176, 206, 305

N-iso-Propyl-1-(3,4-methylenedioxyphenyl)butan-2-amine PROP

MW:291.39044
MM:291.18344
C$_{17}$H$_{25}$NO$_3$
RI: 2201 (calc.)

GC/MS
EI 70 eV
TSQ 70
QI:993

Peaks: 30, 41, 58, 77, 100, 106, 135, 156, 176, 206

N-iso-Propyl-1-(3,4-methylenedioxyphenyl)butan-2-amine BUT

MW:305.41732
MM:305.19909
C$_{18}$H$_{27}$NO$_3$
RI: 2301 (calc.)

GC/MS
EI 70 eV
TSQ 70
QI:980

Peaks: 30, 43, 58, 71, 100, 106, 135, 161, 176, 206

m/z: 100

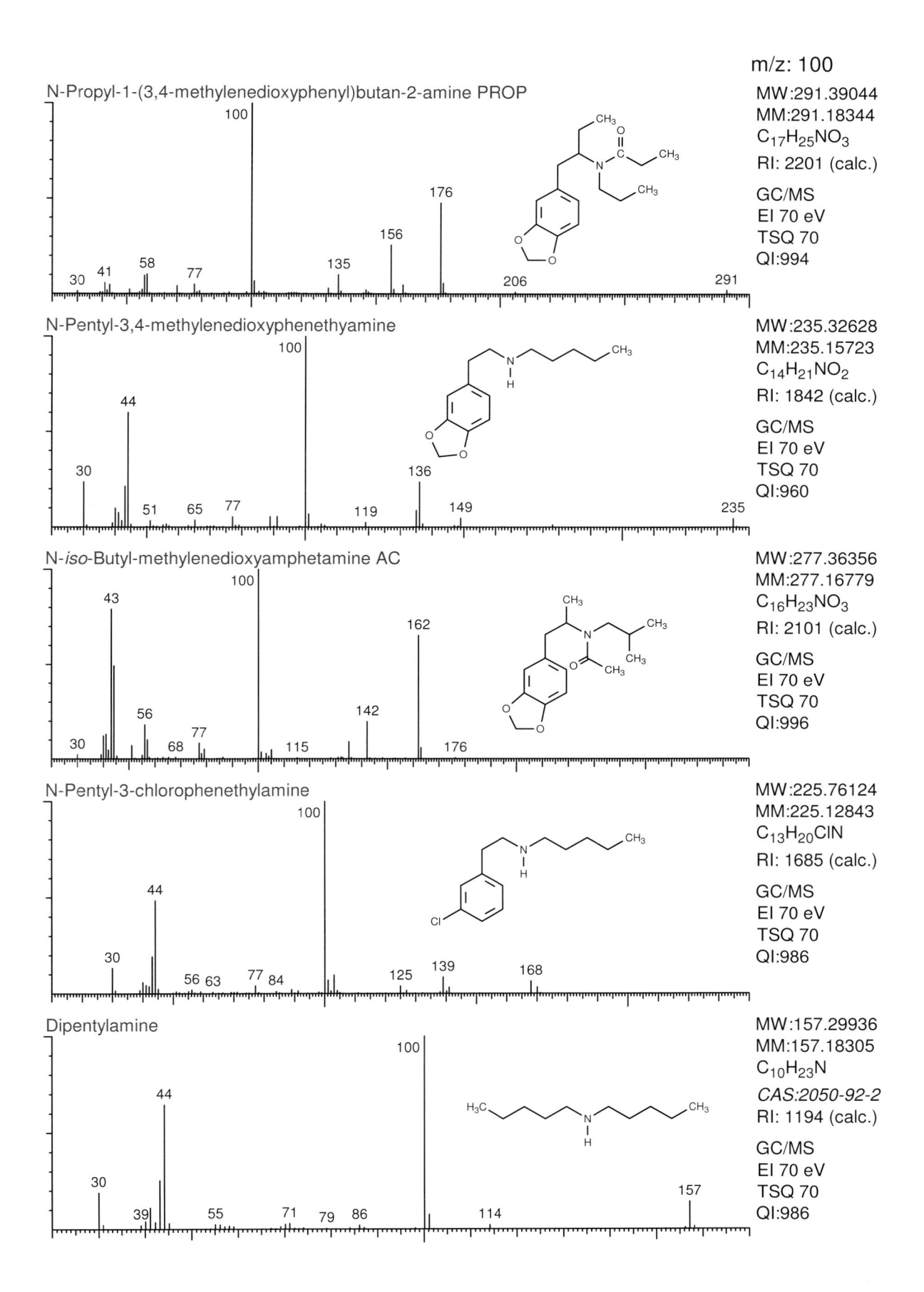

N-Propyl-1-(3,4-methylenedioxyphenyl)butan-2-amine PROP

MW: 291.39044
MM: 291.18344
$C_{17}H_{25}NO_3$
RI: 2201 (calc.)

GC/MS
EI 70 eV
TSQ 70
QI: 994

Peaks: 30, 41, 58, 77, 100, 135, 156, 176, 206, 291

N-Pentyl-3,4-methylenedioxyphenethyamine

MW: 235.32628
MM: 235.15723
$C_{14}H_{21}NO_2$
RI: 1842 (calc.)

GC/MS
EI 70 eV
TSQ 70
QI: 960

Peaks: 30, 44, 51, 65, 77, 100, 119, 136, 149, 235

N-iso-Butyl-methylenedioxyamphetamine AC

MW: 277.36356
MM: 277.16779
$C_{16}H_{23}NO_3$
RI: 2101 (calc.)

GC/MS
EI 70 eV
TSQ 70
QI: 996

Peaks: 30, 43, 56, 68, 77, 100, 115, 142, 162, 176

N-Pentyl-3-chlorophenethylamine

MW: 225.76124
MM: 225.12843
$C_{13}H_{20}ClN$
RI: 1685 (calc.)

GC/MS
EI 70 eV
TSQ 70
QI: 986

Peaks: 30, 44, 56, 63, 77, 84, 100, 125, 139, 168

Dipentylamine

MW: 157.29936
MM: 157.18305
$C_{10}H_{23}N$
CAS: 2050-92-2
RI: 1194 (calc.)

GC/MS
EI 70 eV
TSQ 70
QI: 986

Peaks: 30, 39, 44, 55, 71, 79, 86, 100, 114, 157

m/z: 100

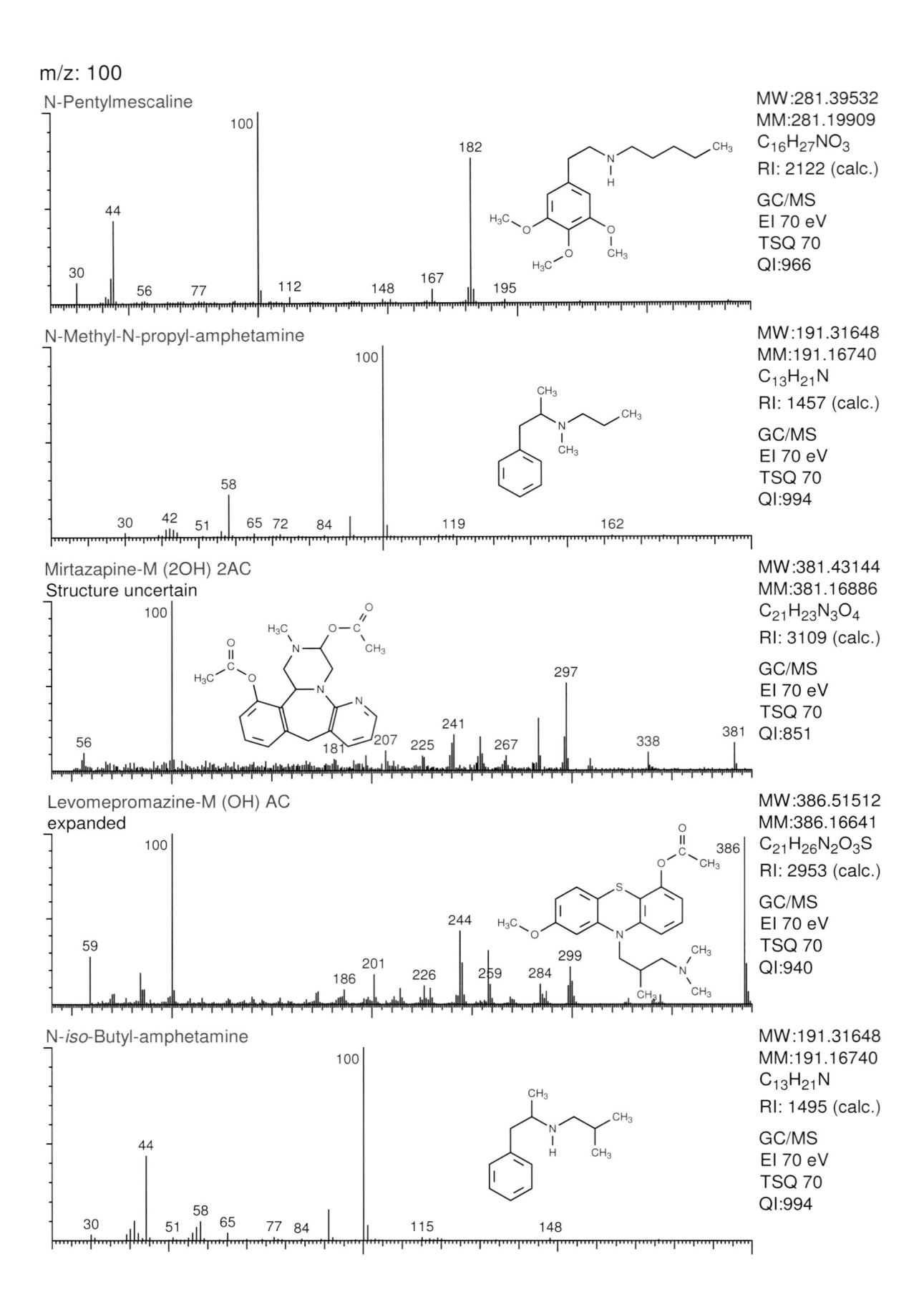

N-Pentylmescaline

MW: 281.39532
MM: 281.19909
$C_{16}H_{27}NO_3$
RI: 2122 (calc.)

GC/MS
EI 70 eV
TSQ 70
QI: 966

Peaks: 30, 44, 56, 77, 100, 112, 148, 167, 182, 195

N-Methyl-N-propyl-amphetamine

MW: 191.31648
MM: 191.16740
$C_{13}H_{21}N$
RI: 1457 (calc.)

GC/MS
EI 70 eV
TSQ 70
QI: 994

Peaks: 30, 42, 51, 58, 65, 72, 84, 100, 119, 162

Mirtazapine-M (2OH) 2AC
Structure uncertain

MW: 381.43144
MM: 381.16886
$C_{21}H_{23}N_3O_4$
RI: 3109 (calc.)

GC/MS
EI 70 eV
TSQ 70
QI: 851

Peaks: 56, 100, 181, 207, 225, 241, 267, 297, 338, 381

Levomepromazine-M (OH) AC
expanded

MW: 386.51512
MM: 386.16641
$C_{21}H_{26}N_2O_3S$
RI: 2953 (calc.)

GC/MS
EI 70 eV
TSQ 70
QI: 940

Peaks: 59, 100, 186, 201, 226, 244, 259, 284, 299, 386

N-iso-Butyl-amphetamine

MW: 191.31648
MM: 191.16740
$C_{13}H_{21}N$
RI: 1495 (calc.)

GC/MS
EI 70 eV
TSQ 70
QI: 994

Peaks: 30, 44, 51, 58, 65, 77, 84, 100, 115, 148

m/z: 100

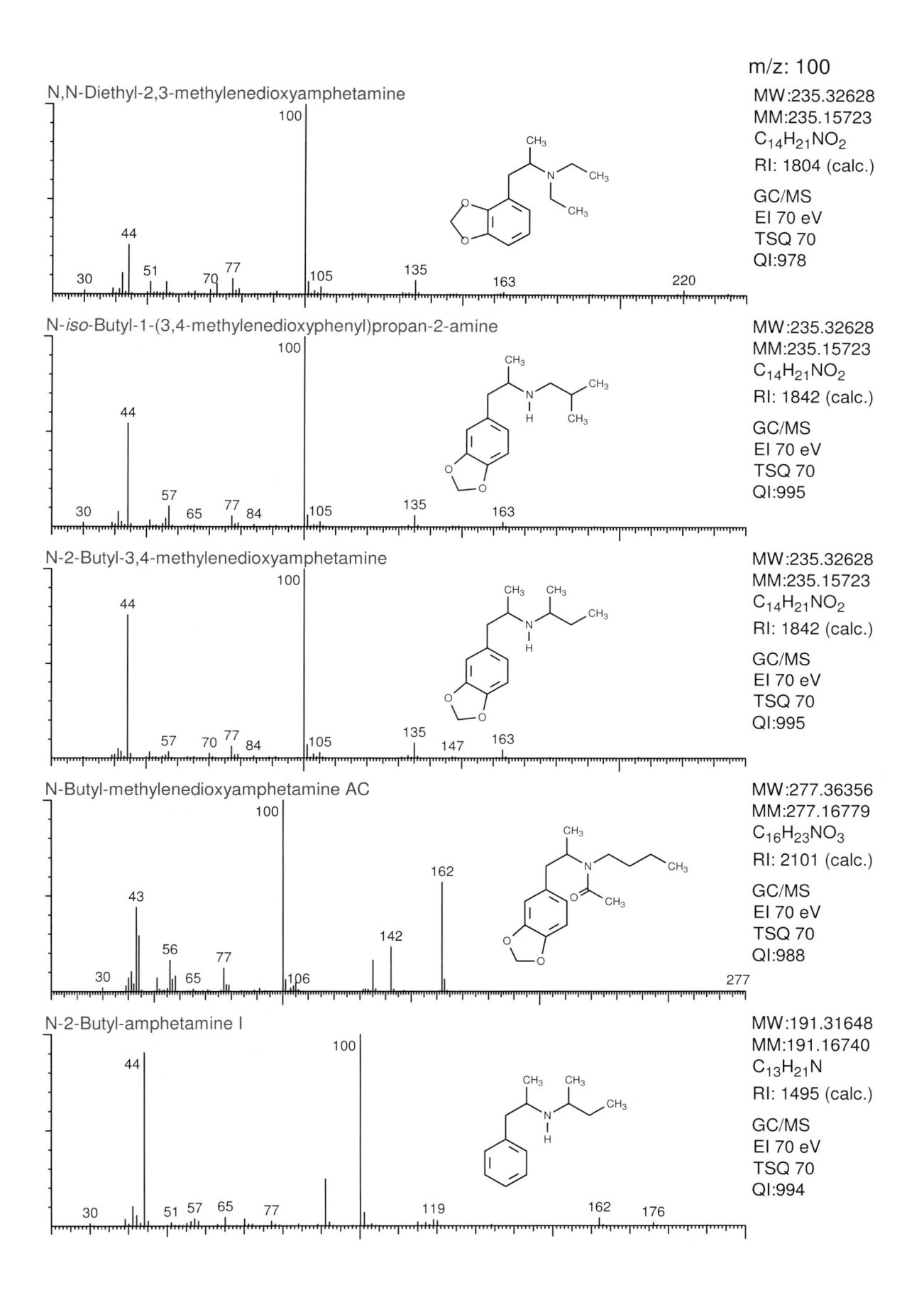

N,N-Diethyl-2,3-methylenedioxyamphetamine

MW: 235.32628
MM: 235.15723
$C_{14}H_{21}NO_2$
RI: 1804 (calc.)

GC/MS
EI 70 eV
TSQ 70
QI: 978

Peaks: 30, 44, 51, 70, 77, 100, 105, 135, 163, 220

N-iso-Butyl-1-(3,4-methylenedioxyphenyl)propan-2-amine

MW: 235.32628
MM: 235.15723
$C_{14}H_{21}NO_2$
RI: 1842 (calc.)

GC/MS
EI 70 eV
TSQ 70
QI: 995

Peaks: 30, 44, 57, 65, 77, 84, 100, 105, 135, 163

N-2-Butyl-3,4-methylenedioxyamphetamine

MW: 235.32628
MM: 235.15723
$C_{14}H_{21}NO_2$
RI: 1842 (calc.)

GC/MS
EI 70 eV
TSQ 70
QI: 995

Peaks: 44, 57, 70, 77, 84, 100, 105, 135, 147, 163

N-Butyl-methylenedioxyamphetamine AC

MW: 277.36356
MM: 277.16779
$C_{16}H_{23}NO_3$
RI: 2101 (calc.)

GC/MS
EI 70 eV
TSQ 70
QI: 988

Peaks: 30, 43, 56, 65, 77, 100, 106, 142, 162, 277

N-2-Butyl-amphetamine I

MW: 191.31648
MM: 191.16740
$C_{13}H_{21}N$
RI: 1495 (calc.)

GC/MS
EI 70 eV
TSQ 70
QI: 994

Peaks: 30, 44, 51, 57, 65, 77, 100, 119, 162, 176

m/z: 100

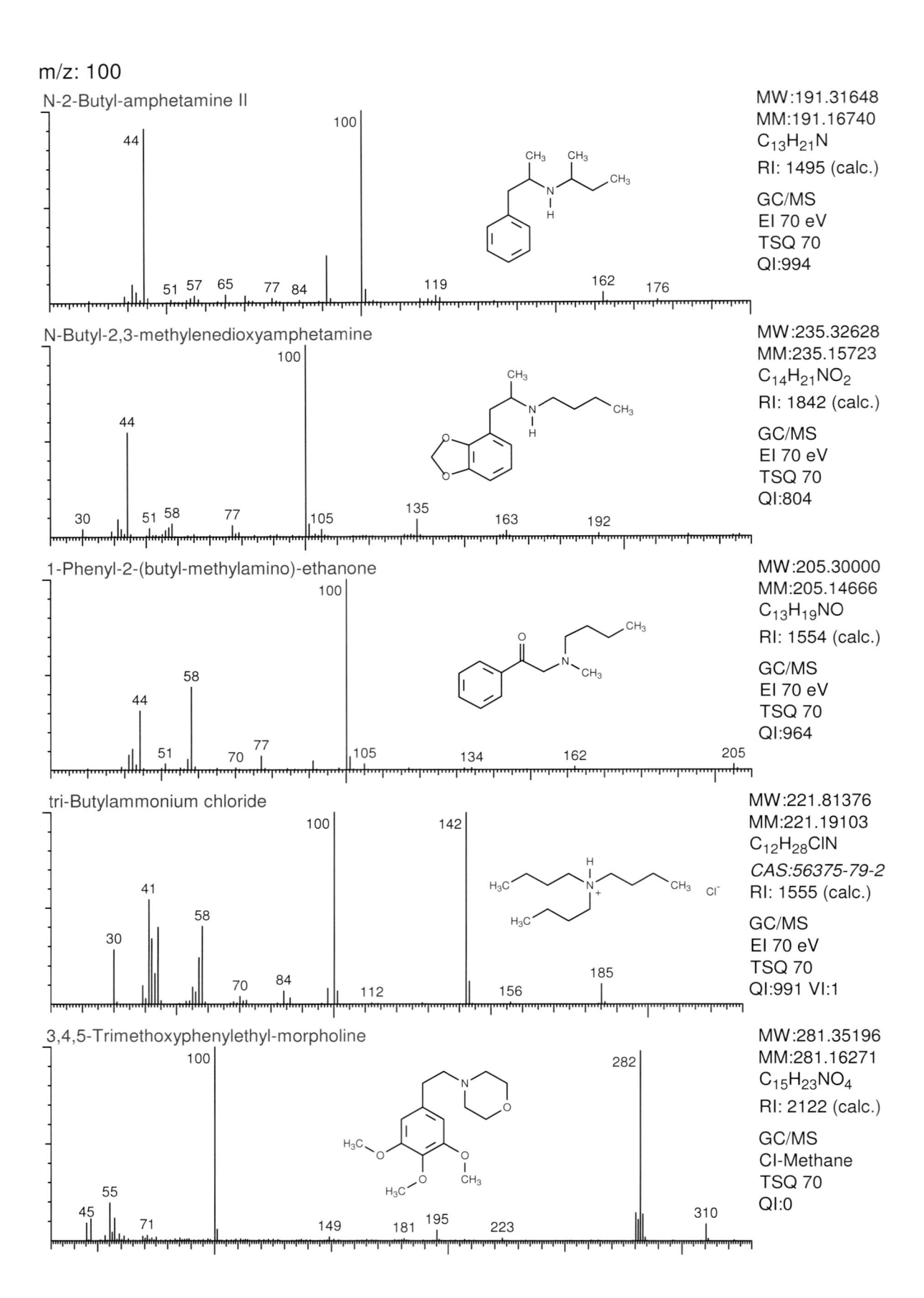

N-2-Butyl-amphetamine II

Peaks: 44, 51, 57, 65, 77, 84, 100, 119, 162, 176

MW: 191.31648
MM: 191.16740
$C_{13}H_{21}N$
RI: 1495 (calc.)

GC/MS
EI 70 eV
TSQ 70
QI: 994

N-Butyl-2,3-methylenedioxyamphetamine

Peaks: 30, 44, 51, 58, 77, 100, 105, 135, 163, 192

MW: 235.32628
MM: 235.15723
$C_{14}H_{21}NO_2$
RI: 1842 (calc.)

GC/MS
EI 70 eV
TSQ 70
QI: 804

1-Phenyl-2-(butyl-methylamino)-ethanone

Peaks: 44, 51, 58, 70, 77, 100, 105, 134, 162, 205

MW: 205.30000
MM: 205.14666
$C_{13}H_{19}NO$
RI: 1554 (calc.)

GC/MS
EI 70 eV
TSQ 70
QI: 964

tri-Butylammonium chloride

Peaks: 30, 41, 58, 70, 84, 100, 112, 142, 156, 185

MW: 221.81376
MM: 221.19103
$C_{12}H_{28}ClN$
CAS: 56375-79-2
RI: 1555 (calc.)

GC/MS
EI 70 eV
TSQ 70
QI: 991 VI:1

3,4,5-Trimethoxyphenylethyl-morpholine

Peaks: 45, 55, 71, 100, 149, 181, 195, 223, 282, 310

MW: 281.35196
MM: 281.16271
$C_{15}H_{23}NO_4$
RI: 2122 (calc.)

GC/MS
CI-Methane
TSQ 70
QI: 0

m/z: 100

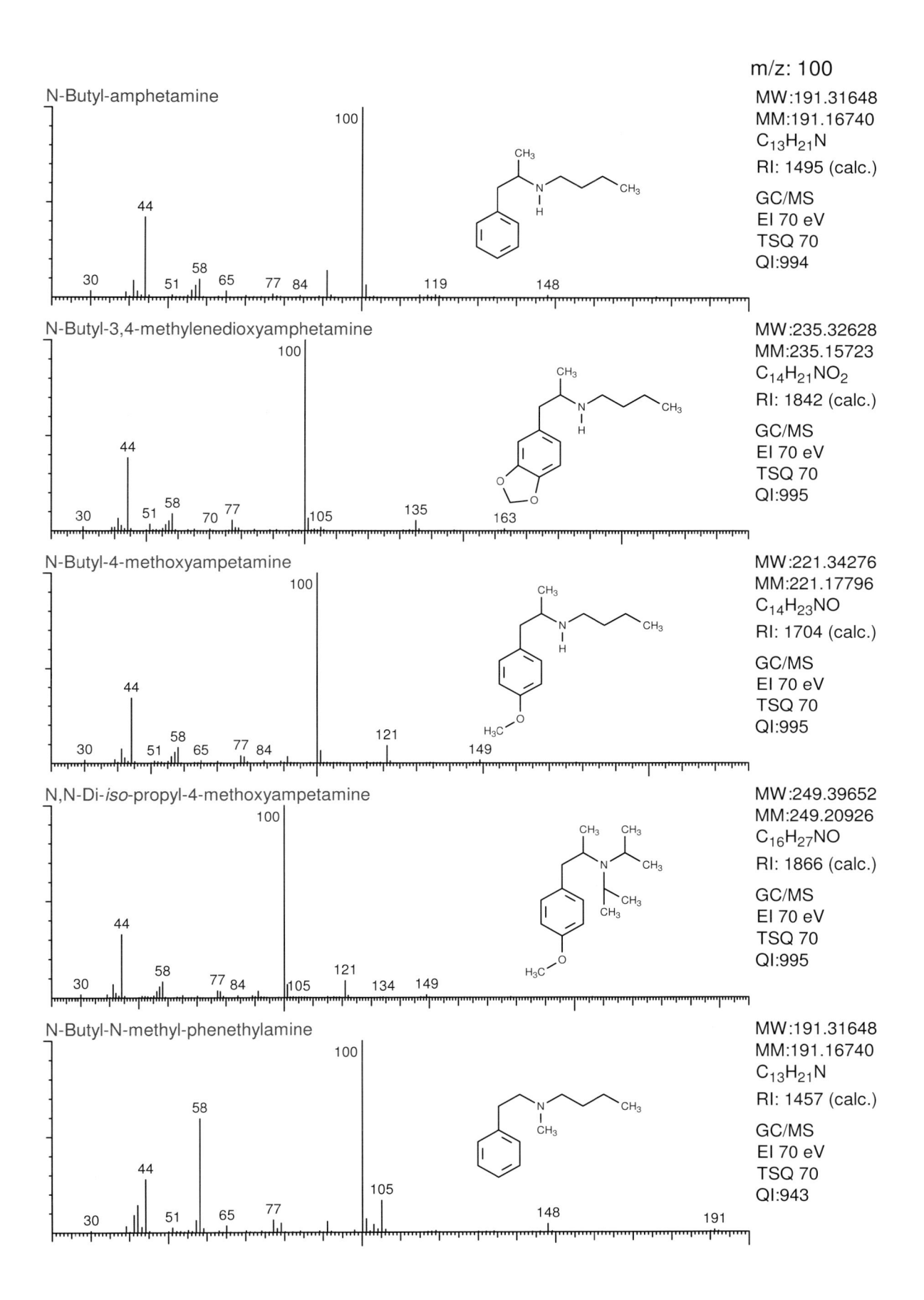

N-Butyl-amphetamine

MW: 191.31648
MM: 191.16740
$C_{13}H_{21}N$
RI: 1495 (calc.)

GC/MS
EI 70 eV
TSQ 70
QI: 994

Peaks: 30, 44, 51, 58, 65, 77, 84, 100, 119, 148

N-Butyl-3,4-methylenedioxyamphetamine

MW: 235.32628
MM: 235.15723
$C_{14}H_{21}NO_2$
RI: 1842 (calc.)

GC/MS
EI 70 eV
TSQ 70
QI: 995

Peaks: 30, 44, 51, 58, 70, 77, 100, 105, 135, 163

N-Butyl-4-methoxyampetamine

MW: 221.34276
MM: 221.17796
$C_{14}H_{23}NO$
RI: 1704 (calc.)

GC/MS
EI 70 eV
TSQ 70
QI: 995

Peaks: 30, 44, 51, 58, 65, 77, 84, 100, 121, 149

N,N-Di-*iso*-propyl-4-methoxyampetamine

MW: 249.39652
MM: 249.20926
$C_{16}H_{27}NO$
RI: 1866 (calc.)

GC/MS
EI 70 eV
TSQ 70
QI: 995

Peaks: 30, 44, 58, 77, 84, 100, 105, 121, 134, 149

N-Butyl-N-methyl-phenethylamine

MW: 191.31648
MM: 191.16740
$C_{13}H_{21}N$
RI: 1457 (calc.)

GC/MS
EI 70 eV
TSQ 70
QI: 943

Peaks: 30, 44, 51, 58, 65, 77, 100, 105, 148, 191

m/z: 100

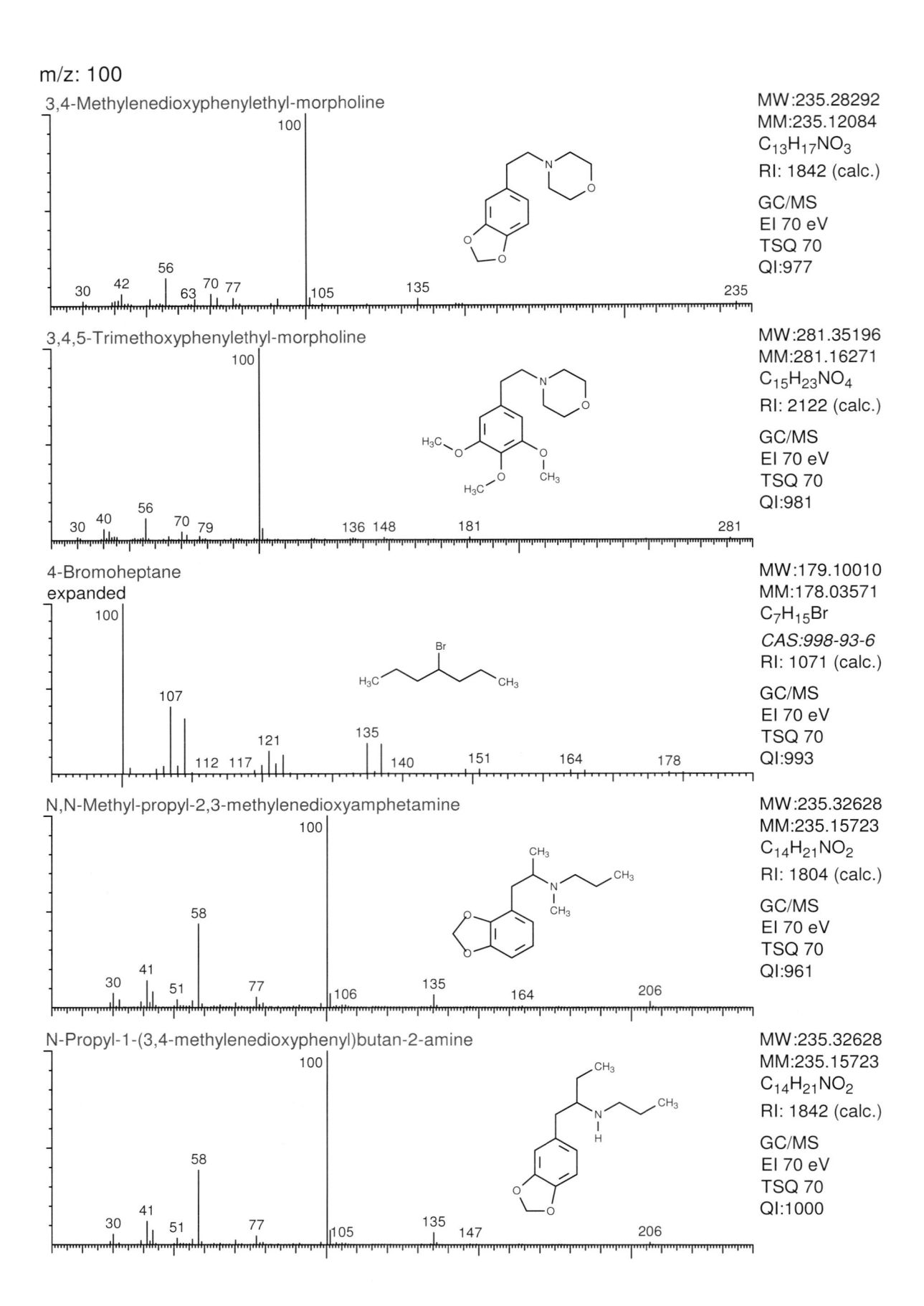

3,4-Methylenedioxyphenylethyl-morpholine

MW:235.28292
MM:235.12084
C$_{13}$H$_{17}$NO$_3$
RI: 1842 (calc.)

GC/MS
EI 70 eV
TSQ 70
QI:977

3,4,5-Trimethoxyphenylethyl-morpholine

MW:281.35196
MM:281.16271
C$_{15}$H$_{23}$NO$_4$
RI: 2122 (calc.)

GC/MS
EI 70 eV
TSQ 70
QI:981

4-Bromoheptane
expanded

MW:179.10010
MM:178.03571
C$_7$H$_{15}$Br
CAS:998-93-6
RI: 1071 (calc.)

GC/MS
EI 70 eV
TSQ 70
QI:993

N,N-Methyl-propyl-2,3-methylenedioxyamphetamine

MW:235.32628
MM:235.15723
C$_{14}$H$_{21}$NO$_2$
RI: 1804 (calc.)

GC/MS
EI 70 eV
TSQ 70
QI:961

N-Propyl-1-(3,4-methylenedioxyphenyl)butan-2-amine

MW:235.32628
MM:235.15723
C$_{14}$H$_{21}$NO$_2$
RI: 1842 (calc.)

GC/MS
EI 70 eV
TSQ 70
QI:1000

m/z: 100-101

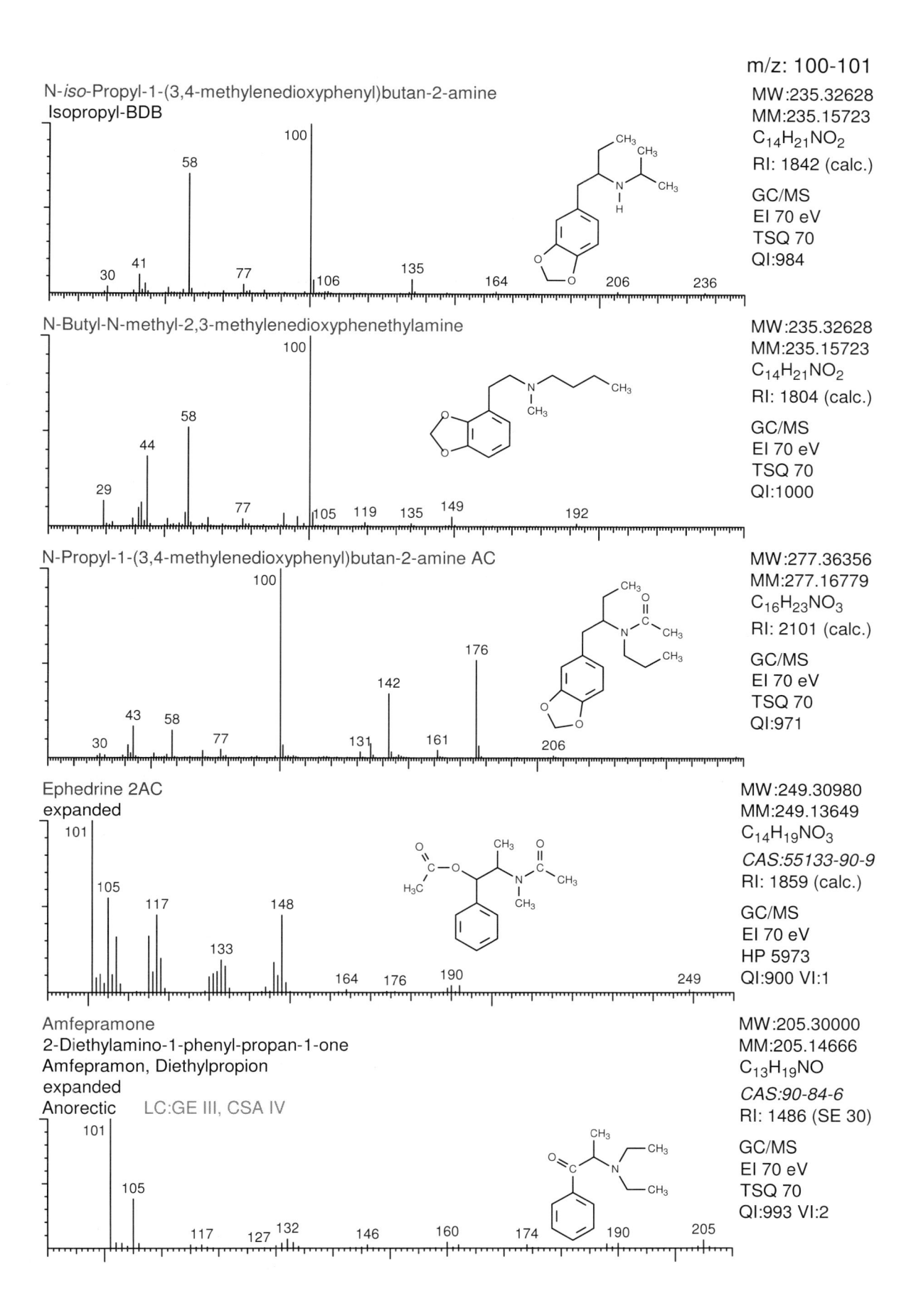

N-*iso*-Propyl-1-(3,4-methylenedioxyphenyl)butan-2-amine
Isopropyl-BDB

MW:235.32628
MM:235.15723
C$_{14}$H$_{21}$NO$_2$
RI: 1842 (calc.)

GC/MS
EI 70 eV
TSQ 70
QI:984

Peaks: 30, 41, 58, 77, 100, 106, 135, 164, 206, 236

N-Butyl-N-methyl-2,3-methylenedioxyphenethylamine

MW:235.32628
MM:235.15723
C$_{14}$H$_{21}$NO$_2$
RI: 1804 (calc.)

GC/MS
EI 70 eV
TSQ 70
QI:1000

Peaks: 29, 44, 58, 77, 100, 105, 119, 135, 149, 192

N-Propyl-1-(3,4-methylenedioxyphenyl)butan-2-amine AC

MW:277.36356
MM:277.16779
C$_{16}$H$_{23}$NO$_3$
RI: 2101 (calc.)

GC/MS
EI 70 eV
TSQ 70
QI:971

Peaks: 30, 43, 58, 77, 100, 131, 142, 161, 176, 206

Ephedrine 2AC
expanded

MW:249.30980
MM:249.13649
C$_{14}$H$_{19}$NO$_3$
CAS:55133-90-9
RI: 1859 (calc.)

GC/MS
EI 70 eV
HP 5973
QI:900 VI:1

Peaks: 101, 105, 117, 133, 148, 164, 176, 190, 249

Amfepramone
2-Diethylamino-1-phenyl-propan-1-one
Amfepramon, Diethylpropion
expanded
Anorectic   LC:GE III, CSA IV

MW:205.30000
MM:205.14666
C$_{13}$H$_{19}$NO
CAS:90-84-6
RI: 1486 (SE 30)

GC/MS
EI 70 eV
TSQ 70
QI:993 VI:2

Peaks: 101, 105, 117, 127, 132, 146, 160, 174, 190, 205

m/z: 101

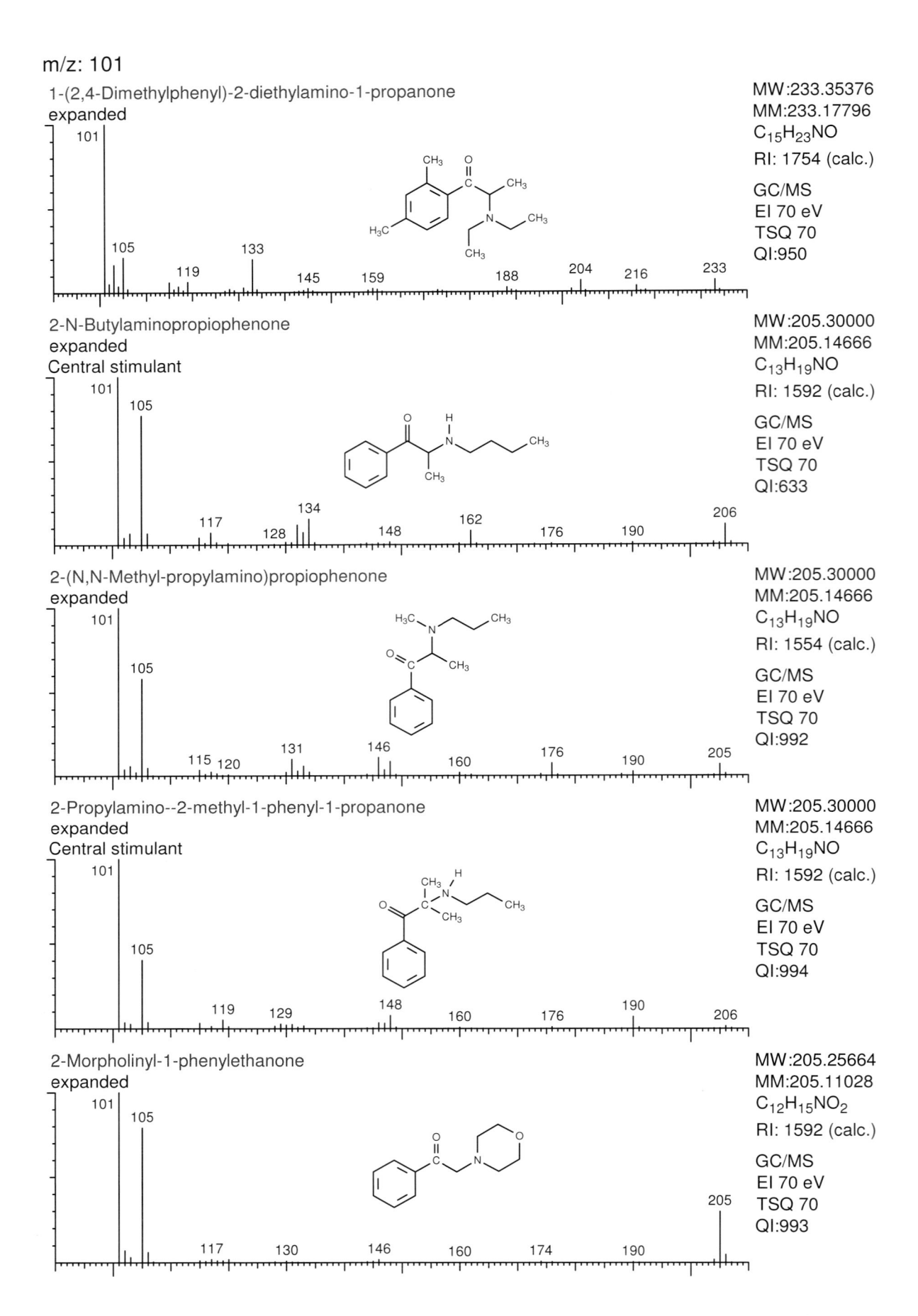

1-(2,4-Dimethylphenyl)-2-diethylamino-1-propanone
expanded

MW: 233.35376
MM: 233.17796
$C_{15}H_{23}NO$
RI: 1754 (calc.)

GC/MS
EI 70 eV
TSQ 70
QI: 950

2-N-Butylaminopropiophenone
expanded
Central stimulant

MW: 205.30000
MM: 205.14666
$C_{13}H_{19}NO$
RI: 1592 (calc.)

GC/MS
EI 70 eV
TSQ 70
QI: 633

2-(N,N-Methyl-propylamino)propiophenone
expanded

MW: 205.30000
MM: 205.14666
$C_{13}H_{19}NO$
RI: 1554 (calc.)

GC/MS
EI 70 eV
TSQ 70
QI: 992

2-Propylamino--2-methyl-1-phenyl-1-propanone
expanded
Central stimulant

MW: 205.30000
MM: 205.14666
$C_{13}H_{19}NO$
RI: 1592 (calc.)

GC/MS
EI 70 eV
TSQ 70
QI: 994

2-Morpholinyl-1-phenylethanone
expanded

MW: 205.25664
MM: 205.11028
$C_{12}H_{15}NO_2$
RI: 1592 (calc.)

GC/MS
EI 70 eV
TSQ 70
QI: 993

m/z: 101

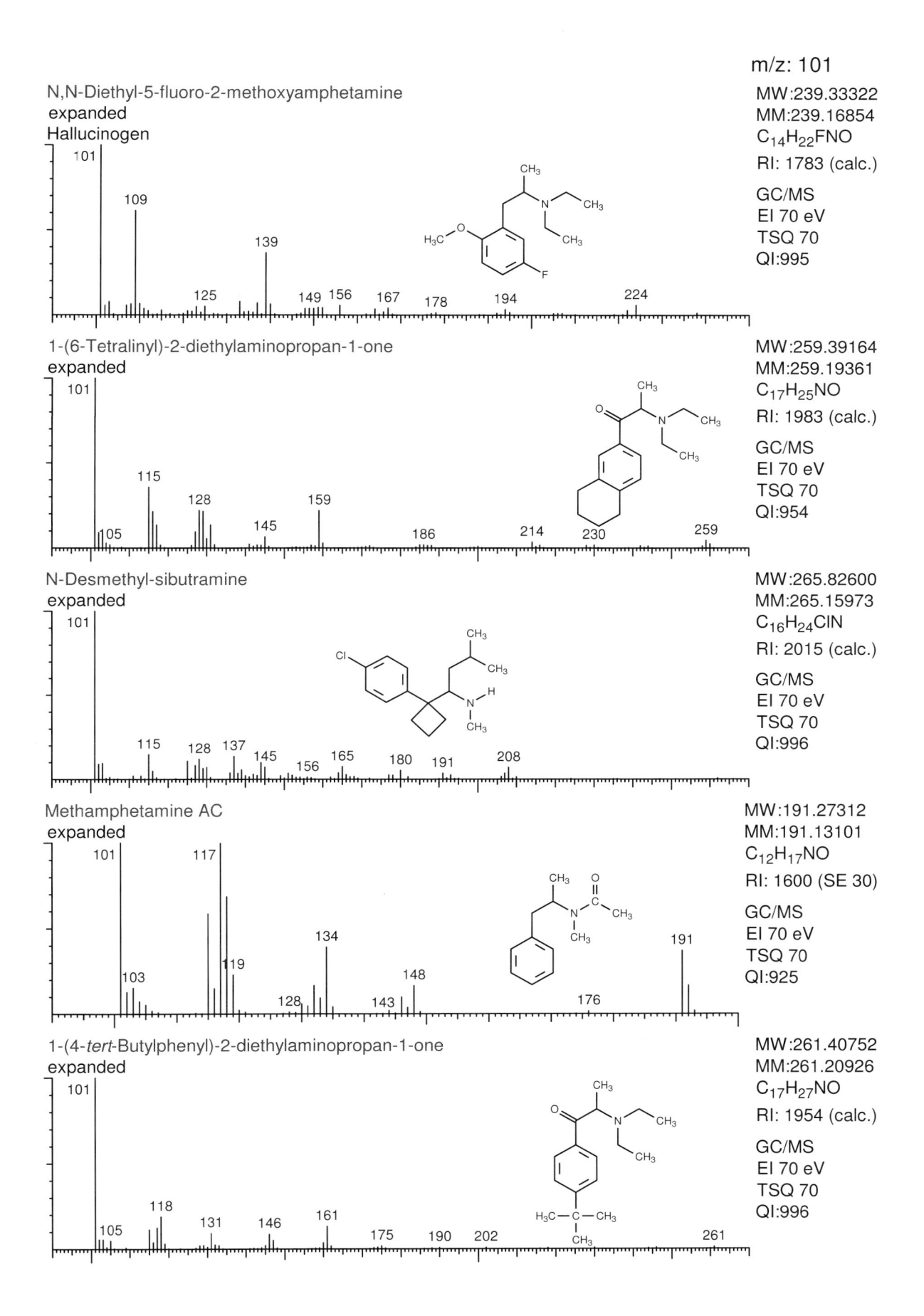

N,N-Diethyl-5-fluoro-2-methoxyamphetamine expanded
Hallucinogen

MW: 239.33322
MM: 239.16854
$C_{14}H_{22}FNO$
RI: 1783 (calc.)

GC/MS
EI 70 eV
TSQ 70
QI: 995

Peaks: 101, 109, 125, 139, 149, 156, 167, 178, 194, 224

1-(6-Tetralinyl)-2-diethylaminopropan-1-one expanded

MW: 259.39164
MM: 259.19361
$C_{17}H_{25}NO$
RI: 1983 (calc.)

GC/MS
EI 70 eV
TSQ 70
QI: 954

Peaks: 101, 105, 115, 128, 145, 159, 186, 214, 230, 259

N-Desmethyl-sibutramine expanded

MW: 265.82600
MM: 265.15973
$C_{16}H_{24}ClN$
RI: 2015 (calc.)

GC/MS
EI 70 eV
TSQ 70
QI: 996

Peaks: 101, 115, 128, 137, 145, 156, 165, 180, 191, 208

Methamphetamine AC expanded

MW: 191.27312
MM: 191.13101
$C_{12}H_{17}NO$
RI: 1600 (SE 30)

GC/MS
EI 70 eV
TSQ 70
QI: 925

Peaks: 101, 103, 117, 119, 128, 134, 143, 148, 176, 191

1-(4-*tert*-Butylphenyl)-2-diethylaminopropan-1-one expanded

MW: 261.40752
MM: 261.20926
$C_{17}H_{27}NO$
RI: 1954 (calc.)

GC/MS
EI 70 eV
TSQ 70
QI: 996

Peaks: 101, 105, 118, 131, 146, 161, 175, 190, 202, 261

m/z: 101

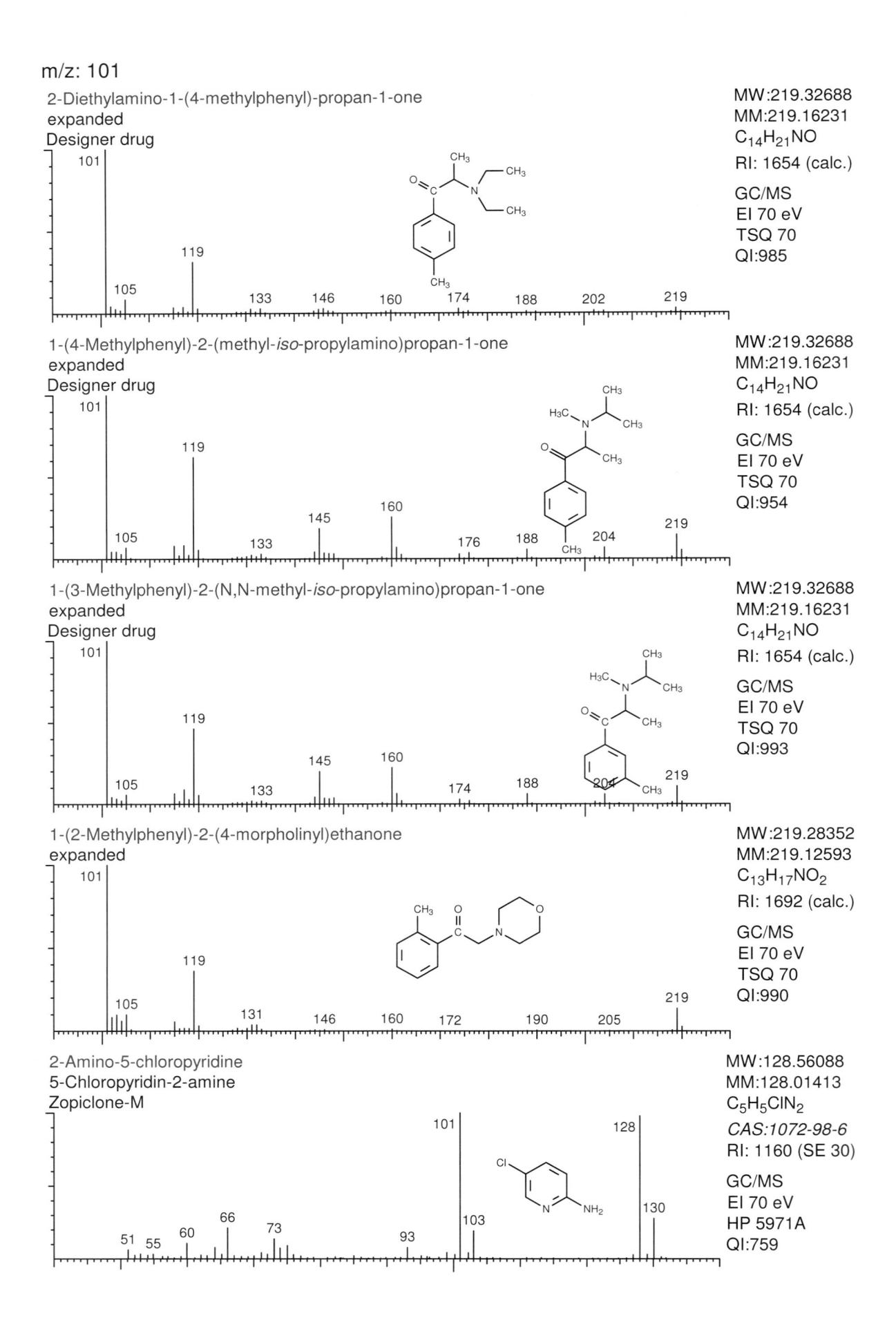

2-Diethylamino-1-(4-methylphenyl)-propan-1-one
expanded
Designer drug

Peaks: 101, 105, 119, 133, 146, 160, 174, 188, 202, 219

MW: 219.32688
MM: 219.16231
$C_{14}H_{21}NO$
RI: 1654 (calc.)

GC/MS
EI 70 eV
TSQ 70
QI: 985

1-(4-Methylphenyl)-2-(methyl-*iso*-propylamino)propan-1-one
expanded
Designer drug

Peaks: 101, 105, 119, 133, 145, 160, 176, 188, 204, 219

MW: 219.32688
MM: 219.16231
$C_{14}H_{21}NO$
RI: 1654 (calc.)

GC/MS
EI 70 eV
TSQ 70
QI: 954

1-(3-Methylphenyl)-2-(N,N-methyl-*iso*-propylamino)propan-1-one
expanded
Designer drug

Peaks: 101, 105, 119, 133, 145, 160, 174, 188, 204, 219

MW: 219.32688
MM: 219.16231
$C_{14}H_{21}NO$
RI: 1654 (calc.)

GC/MS
EI 70 eV
TSQ 70
QI: 993

1-(2-Methylphenyl)-2-(4-morpholinyl)ethanone
expanded

Peaks: 101, 105, 119, 131, 146, 160, 172, 190, 205, 219

MW: 219.28352
MM: 219.12593
$C_{13}H_{17}NO_2$
RI: 1692 (calc.)

GC/MS
EI 70 eV
TSQ 70
QI: 990

2-Amino-5-chloropyridine
5-Chloropyridin-2-amine
Zopiclone-M

Peaks: 51, 55, 60, 66, 73, 93, 101, 103, 128, 130

MW: 128.56088
MM: 128.01413
$C_5H_5ClN_2$
CAS: 1072-98-6
RI: 1160 (SE 30)

GC/MS
EI 70 eV
HP 5971A
QI: 759

m/z: 101

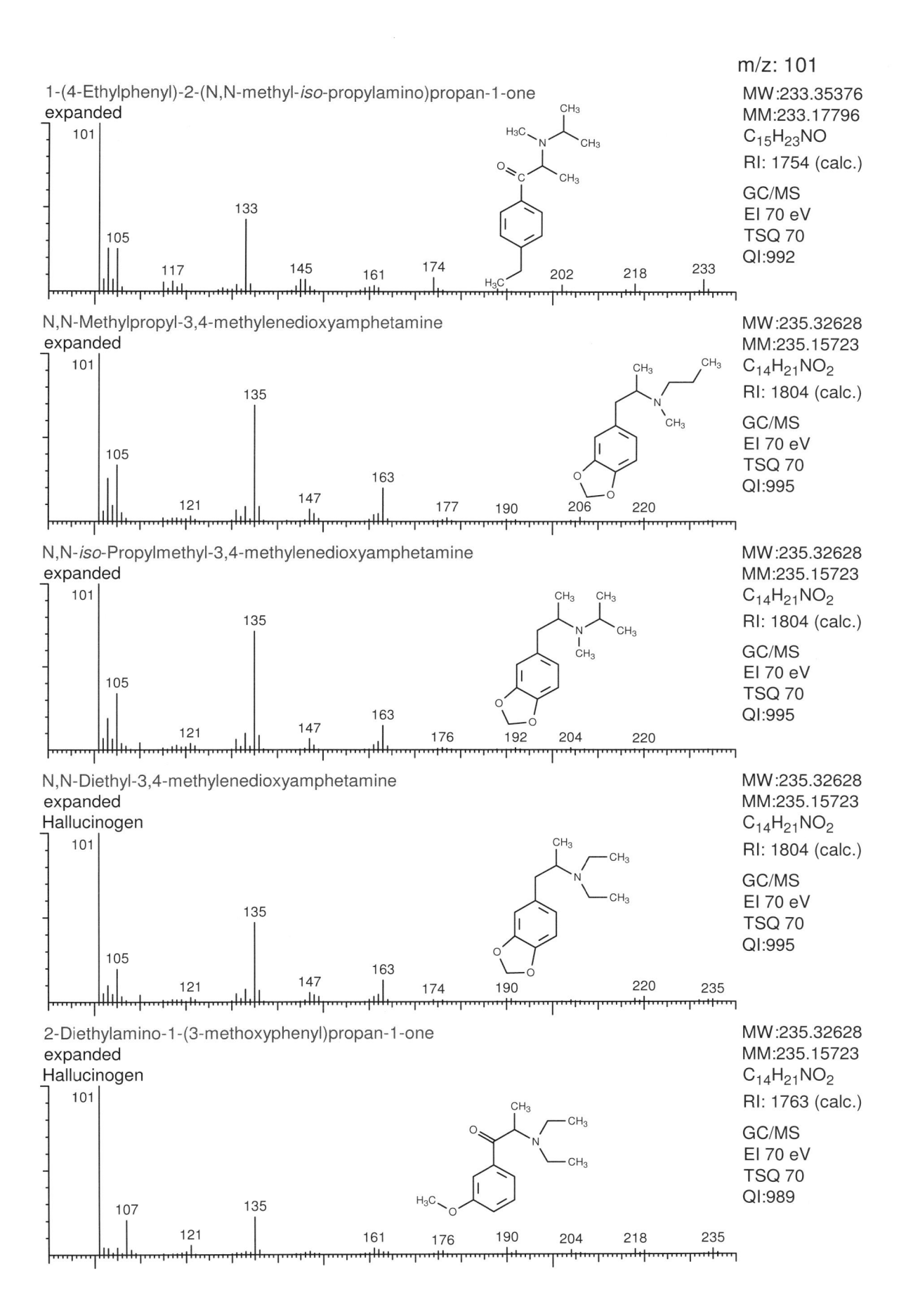

1-(4-Ethylphenyl)-2-(N,N-methyl-*iso*-propylamino)propan-1-one
expanded

MW:233.35376
MM:233.17796
$C_{15}H_{23}NO$
RI: 1754 (calc.)

GC/MS
EI 70 eV
TSQ 70
QI:992

N,N-Methylpropyl-3,4-methylenedioxyamphetamine
expanded

MW:235.32628
MM:235.15723
$C_{14}H_{21}NO_2$
RI: 1804 (calc.)

GC/MS
EI 70 eV
TSQ 70
QI:995

N,N-*iso*-Propylmethyl-3,4-methylenedioxyamphetamine
expanded

MW:235.32628
MM:235.15723
$C_{14}H_{21}NO_2$
RI: 1804 (calc.)

GC/MS
EI 70 eV
TSQ 70
QI:995

N,N-Diethyl-3,4-methylenedioxyamphetamine
expanded
Hallucinogen

MW:235.32628
MM:235.15723
$C_{14}H_{21}NO_2$
RI: 1804 (calc.)

GC/MS
EI 70 eV
TSQ 70
QI:995

2-Diethylamino-1-(3-methoxyphenyl)propan-1-one
expanded
Hallucinogen

MW:235.32628
MM:235.15723
$C_{14}H_{21}NO_2$
RI: 1763 (calc.)

GC/MS
EI 70 eV
TSQ 70
QI:989

m/z: 101

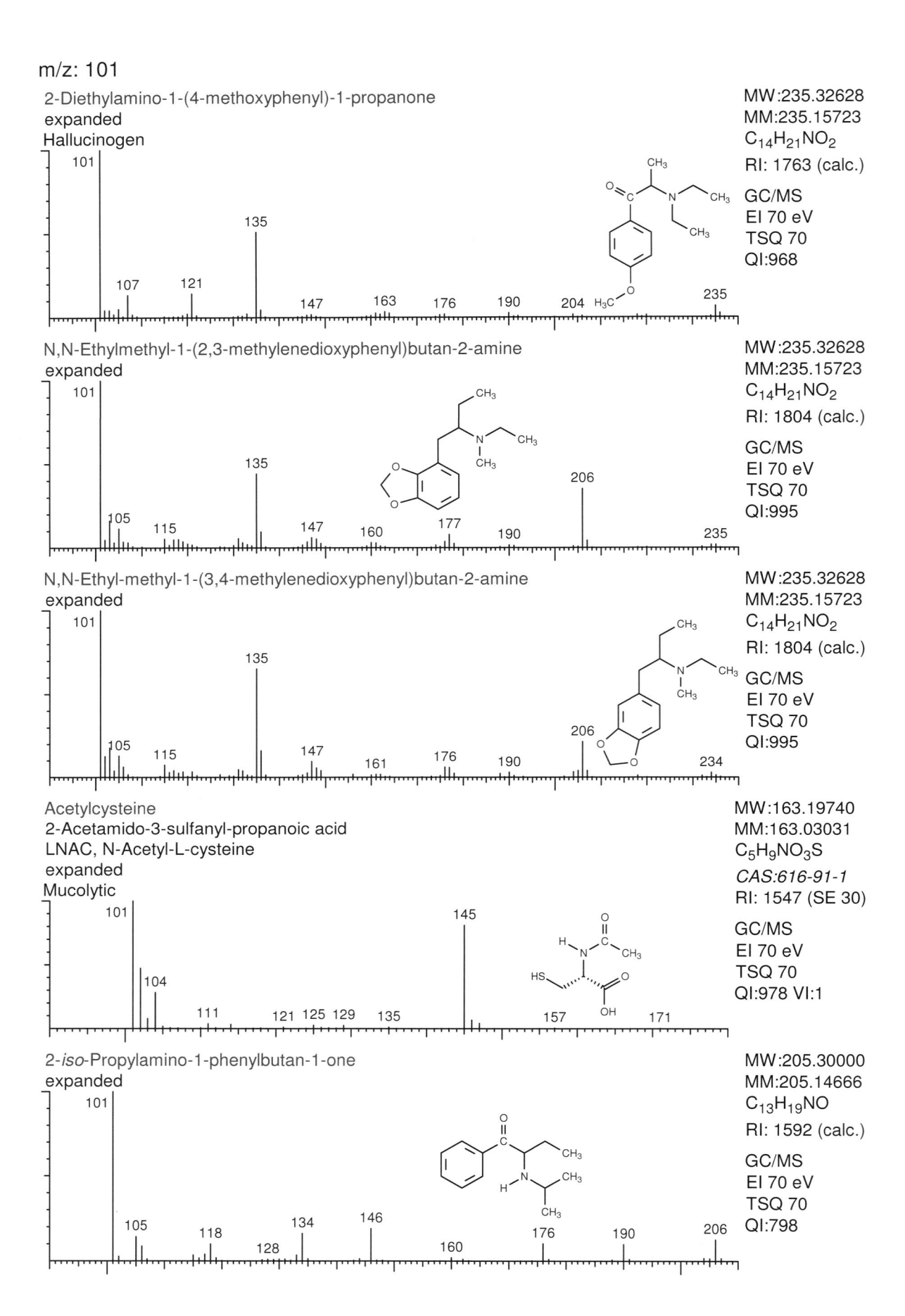

2-Diethylamino-1-(4-methoxyphenyl)-1-propanone
expanded
Hallucinogen

MW:235.32628
MM:235.15723
$C_{14}H_{21}NO_2$
RI: 1763 (calc.)
GC/MS
EI 70 eV
TSQ 70
QI:968

N,N-Ethylmethyl-1-(2,3-methylenedioxyphenyl)butan-2-amine
expanded

MW:235.32628
MM:235.15723
$C_{14}H_{21}NO_2$
RI: 1804 (calc.)
GC/MS
EI 70 eV
TSQ 70
QI:995

N,N-Ethyl-methyl-1-(3,4-methylenedioxyphenyl)butan-2-amine
expanded

MW:235.32628
MM:235.15723
$C_{14}H_{21}NO_2$
RI: 1804 (calc.)
GC/MS
EI 70 eV
TSQ 70
QI:995

Acetylcysteine
2-Acetamido-3-sulfanyl-propanoic acid
LNAC, N-Acetyl-L-cysteine
expanded
Mucolytic

MW:163.19740
MM:163.03031
$C_5H_9NO_3S$
CAS:616-91-1
RI: 1547 (SE 30)
GC/MS
EI 70 eV
TSQ 70
QI:978 VI:1

2-iso-Propylamino-1-phenylbutan-1-one
expanded

MW:205.30000
MM:205.14666
$C_{13}H_{19}NO$
RI: 1592 (calc.)
GC/MS
EI 70 eV
TSQ 70
QI:798

Ephedrine 2AC
expanded

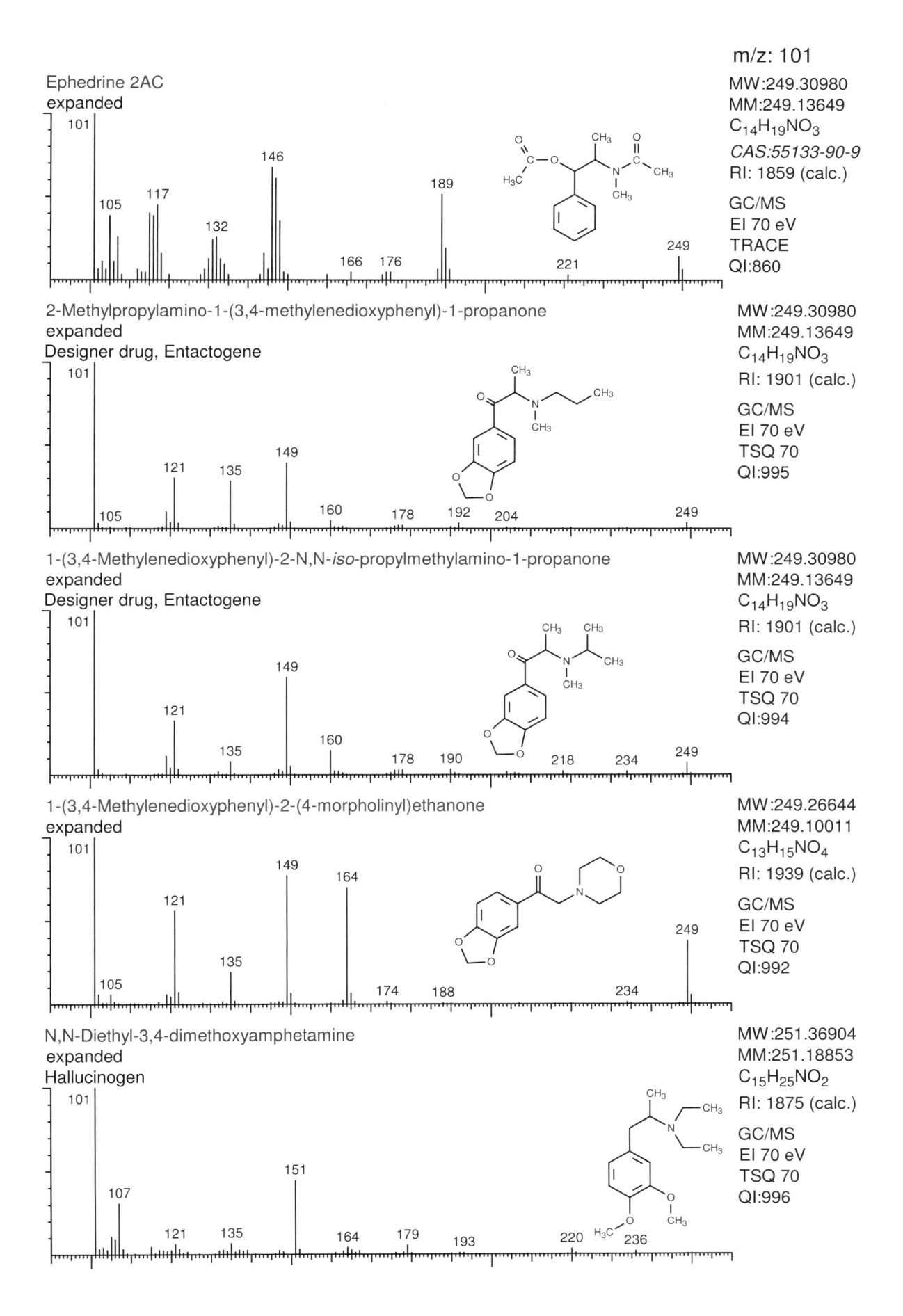

Peaks: 101, 105, 117, 132, 146, 166, 176, 189, 221, 249

m/z: 101
MW:249.30980
MM:249.13649
C$_{14}$H$_{19}$NO$_3$
CAS:55133-90-9
RI: 1859 (calc.)

GC/MS
EI 70 eV
TRACE
QI:860

2-Methylpropylamino-1-(3,4-methylenedioxyphenyl)-1-propanone
expanded
Designer drug, Entactogene

Peaks: 101, 105, 121, 135, 149, 160, 178, 192, 204, 249

MW:249.30980
MM:249.13649
C$_{14}$H$_{19}$NO$_3$
RI: 1901 (calc.)

GC/MS
EI 70 eV
TSQ 70
QI:995

1-(3,4-Methylenedioxyphenyl)-2-N,N-*iso*-propylmethylamino-1-propanone
expanded
Designer drug, Entactogene

Peaks: 101, 121, 135, 149, 160, 178, 190, 218, 234, 249

MW:249.30980
MM:249.13649
C$_{14}$H$_{19}$NO$_3$
RI: 1901 (calc.)

GC/MS
EI 70 eV
TSQ 70
QI:994

1-(3,4-Methylenedioxyphenyl)-2-(4-morpholinyl)ethanone
expanded

Peaks: 101, 105, 121, 135, 149, 164, 174, 188, 234, 249

MW:249.26644
MM:249.10011
C$_{13}$H$_{15}$NO$_4$
RI: 1939 (calc.)

GC/MS
EI 70 eV
TSQ 70
QI:992

N,N-Diethyl-3,4-dimethoxyamphetamine
expanded
Hallucinogen

Peaks: 101, 107, 121, 135, 151, 164, 179, 193, 220, 236

MW:251.36904
MM:251.18853
C$_{15}$H$_{25}$NO$_2$
RI: 1875 (calc.)

GC/MS
EI 70 eV
TSQ 70
QI:996

m/z: 101

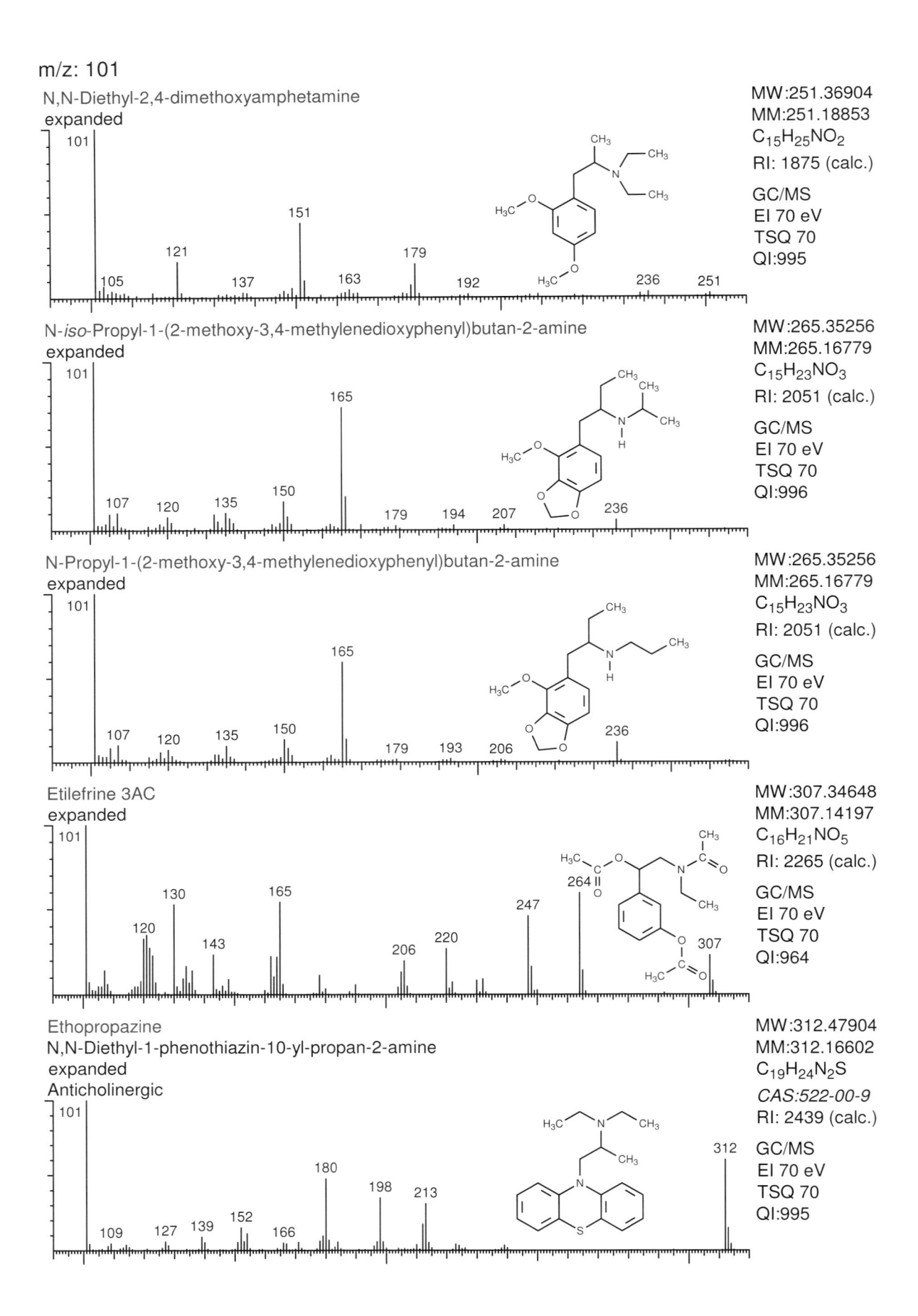

N,N-Diethyl-2,4-dimethoxyamphetamine
expanded

MW:251.36904
MM:251.18853
$C_{15}H_{25}NO_2$
RI: 1875 (calc.)

GC/MS
EI 70 eV
TSQ 70
QI:995

N-*iso*-Propyl-1-(2-methoxy-3,4-methylenedioxyphenyl)butan-2-amine
expanded

MW:265.35256
MM:265.16779
$C_{15}H_{23}NO_3$
RI: 2051 (calc.)

GC/MS
EI 70 eV
TSQ 70
QI:996

N-Propyl-1-(2-methoxy-3,4-methylenedioxyphenyl)butan-2-amine
expanded

MW:265.35256
MM:265.16779
$C_{15}H_{23}NO_3$
RI: 2051 (calc.)

GC/MS
EI 70 eV
TSQ 70
QI:996

Etilefrine 3AC
expanded

MW:307.34648
MM:307.14197
$C_{16}H_{21}NO_5$
RI: 2265 (calc.)

GC/MS
EI 70 eV
TSQ 70
QI:964

Ethopropazine
N,N-Diethyl-1-phenothiazin-10-yl-propan-2-amine
expanded
Anticholinergic

MW:312.47904
MM:312.16602
$C_{19}H_{24}N_2S$
CAS:522-00-9
RI: 2439 (calc.)

GC/MS
EI 70 eV
TSQ 70
QI:995

m/z: 101

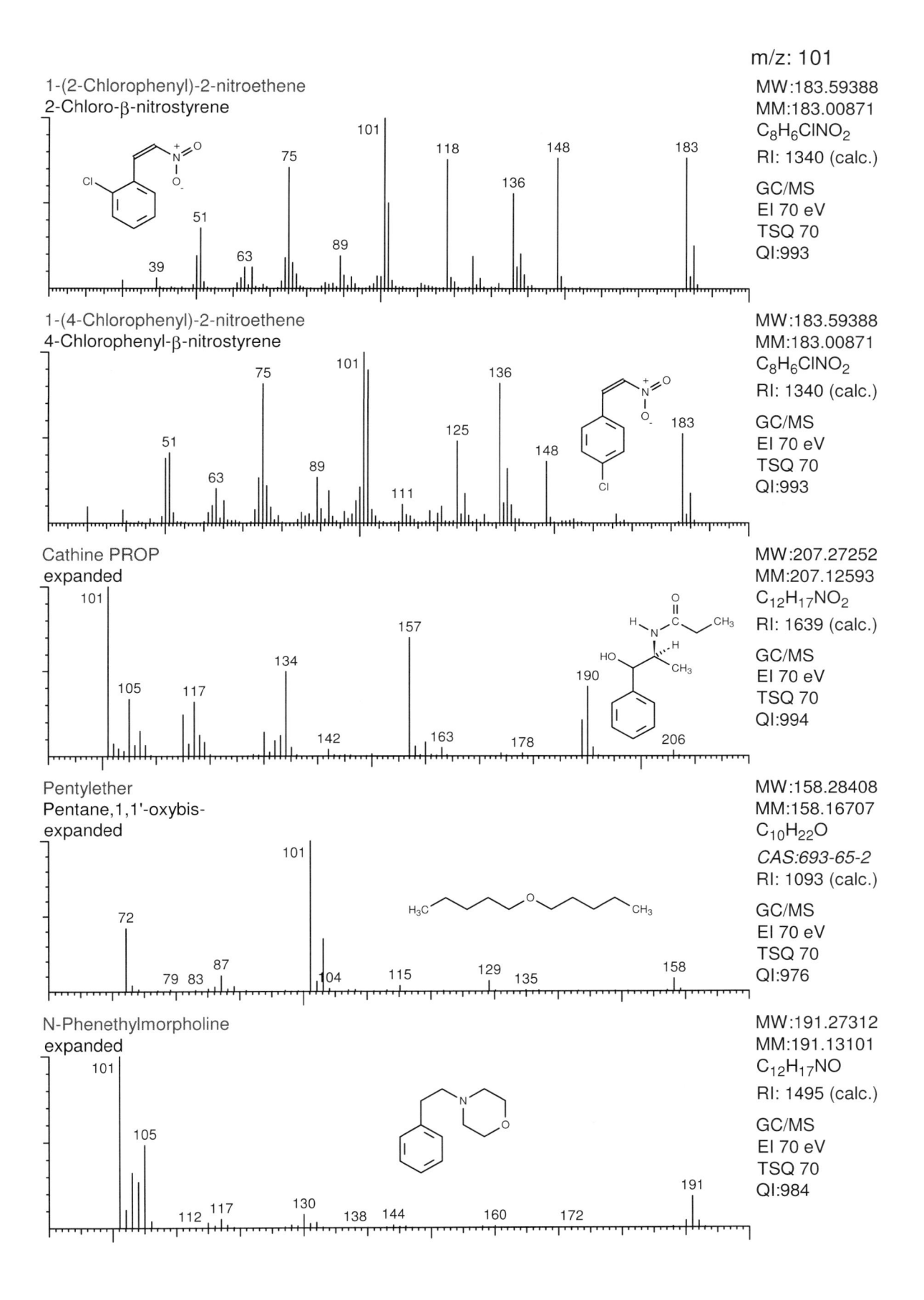

1-(2-Chlorophenyl)-2-nitroethene
2-Chloro-β-nitrostyrene

MW:183.59388
MM:183.00871
C$_8$H$_6$ClNO$_2$
RI: 1340 (calc.)

GC/MS
EI 70 eV
TSQ 70
QI:993

1-(4-Chlorophenyl)-2-nitroethene
4-Chlorophenyl-β-nitrostyrene

MW:183.59388
MM:183.00871
C$_8$H$_6$ClNO$_2$
RI: 1340 (calc.)

GC/MS
EI 70 eV
TSQ 70
QI:993

Cathine PROP
expanded

MW:207.27252
MM:207.12593
C$_{12}$H$_{17}$NO$_2$
RI: 1639 (calc.)

GC/MS
EI 70 eV
TSQ 70
QI:994

Pentylether
Pentane,1,1'-oxybis-
expanded

MW:158.28408
MM:158.16707
C$_{10}$H$_{22}$O
CAS:693-65-2
RI: 1093 (calc.)

GC/MS
EI 70 eV
TSQ 70
QI:976

N-Phenethylmorpholine
expanded

MW:191.27312
MM:191.13101
C$_{12}$H$_{17}$NO
RI: 1495 (calc.)

GC/MS
EI 70 eV
TSQ 70
QI:984

m/z: 101

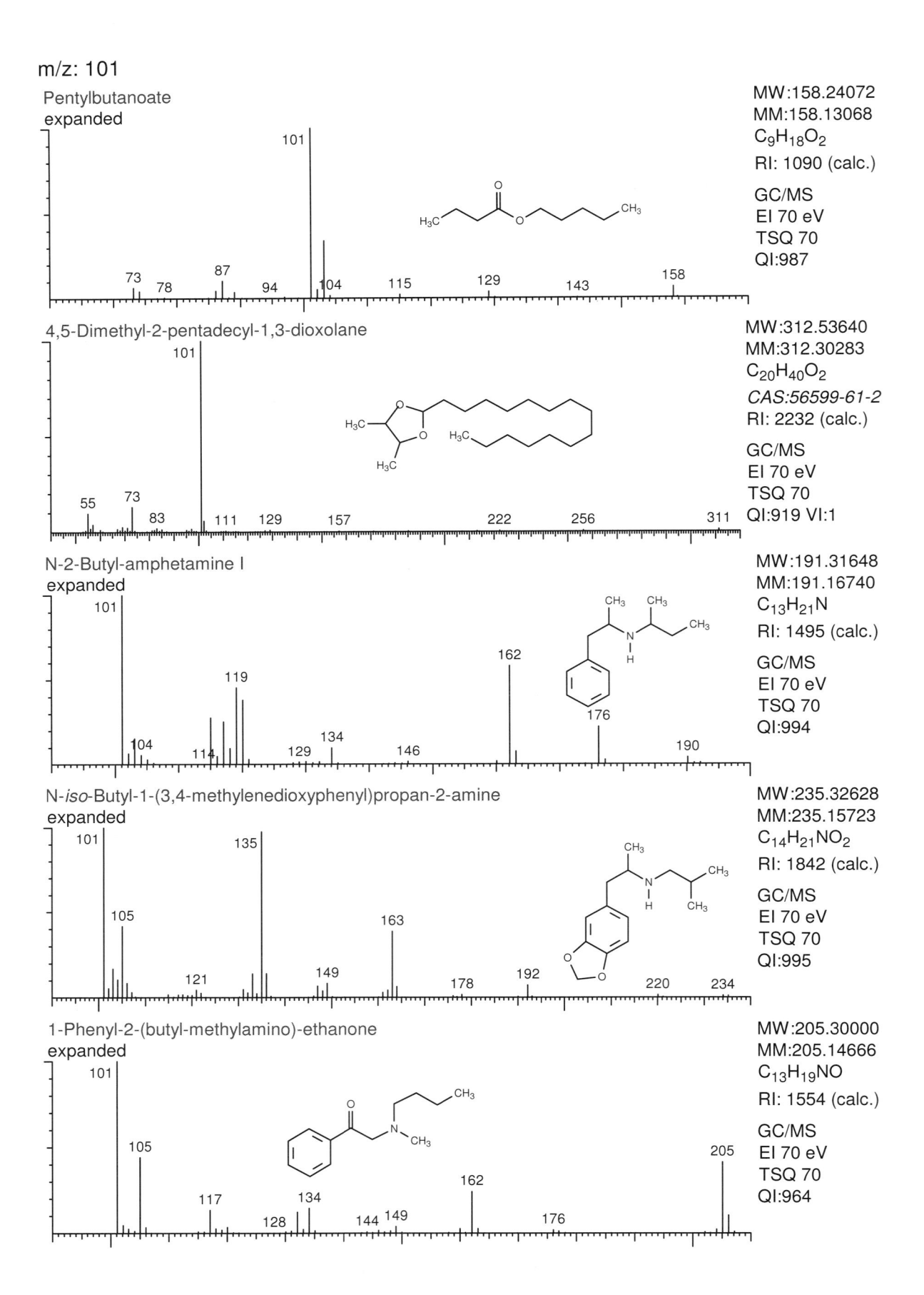

Pentylbutanoate expanded

MW: 158.24072
MM: 158.13068
$C_9H_{18}O_2$
RI: 1090 (calc.)

GC/MS
EI 70 eV
TSQ 70
QI: 987

Peaks: 73, 78, 87, 94, 101, 104, 115, 129, 143, 158

4,5-Dimethyl-2-pentadecyl-1,3-dioxolane

MW: 312.53640
MM: 312.30283
$C_{20}H_{40}O_2$
CAS: 56599-61-2
RI: 2232 (calc.)

GC/MS
EI 70 eV
TSQ 70
QI: 919 VI:1

Peaks: 55, 73, 83, 101, 111, 129, 157, 222, 256, 311

N-2-Butyl-amphetamine I expanded

MW: 191.31648
MM: 191.16740
$C_{13}H_{21}N$
RI: 1495 (calc.)

GC/MS
EI 70 eV
TSQ 70
QI: 994

Peaks: 101, 104, 114, 119, 129, 134, 146, 162, 176, 190

N-*iso*-Butyl-1-(3,4-methylenedioxyphenyl)propan-2-amine expanded

MW: 235.32628
MM: 235.15723
$C_{14}H_{21}NO_2$
RI: 1842 (calc.)

GC/MS
EI 70 eV
TSQ 70
QI: 995

Peaks: 101, 105, 121, 135, 149, 163, 178, 192, 220, 234

1-Phenyl-2-(butyl-methylamino)-ethanone expanded

MW: 205.30000
MM: 205.14666
$C_{13}H_{19}NO$
RI: 1554 (calc.)

GC/MS
EI 70 eV
TSQ 70
QI: 964

Peaks: 101, 105, 117, 128, 134, 144, 149, 162, 176, 205

N-Butyl-amphetamine
expanded

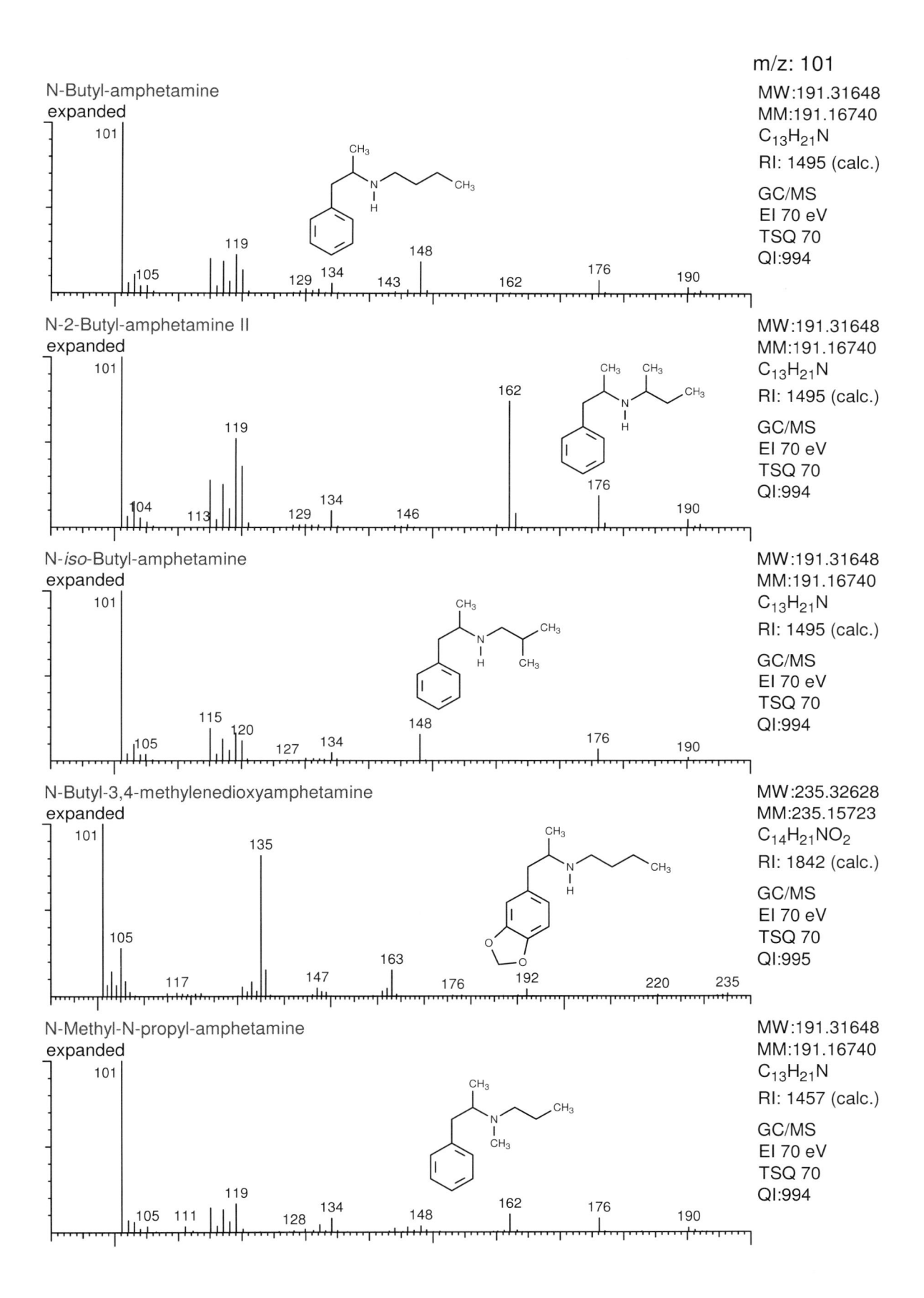

m/z: 101
MW: 191.31648
MM: 191.16740
$C_{13}H_{21}N$
RI: 1495 (calc.)

GC/MS
EI 70 eV
TSQ 70
QI: 994

Peaks: 101, 105, 119, 129, 134, 143, 148, 162, 176, 190

N-2-Butyl-amphetamine II
expanded

MW: 191.31648
MM: 191.16740
$C_{13}H_{21}N$
RI: 1495 (calc.)

GC/MS
EI 70 eV
TSQ 70
QI: 994

Peaks: 101, 104, 113, 119, 129, 134, 146, 162, 176, 190

N-*iso*-Butyl-amphetamine
expanded

MW: 191.31648
MM: 191.16740
$C_{13}H_{21}N$
RI: 1495 (calc.)

GC/MS
EI 70 eV
TSQ 70
QI: 994

Peaks: 101, 105, 115, 120, 127, 134, 148, 176, 190

N-Butyl-3,4-methylenedioxyamphetamine
expanded

MW: 235.32628
MM: 235.15723
$C_{14}H_{21}NO_2$
RI: 1842 (calc.)

GC/MS
EI 70 eV
TSQ 70
QI: 995

Peaks: 101, 105, 117, 135, 147, 163, 176, 192, 220, 235

N-Methyl-N-propyl-amphetamine
expanded

MW: 191.31648
MM: 191.16740
$C_{13}H_{21}N$
RI: 1457 (calc.)

GC/MS
EI 70 eV
TSQ 70
QI: 994

Peaks: 101, 105, 111, 119, 128, 134, 148, 162, 176, 190

m/z: 101

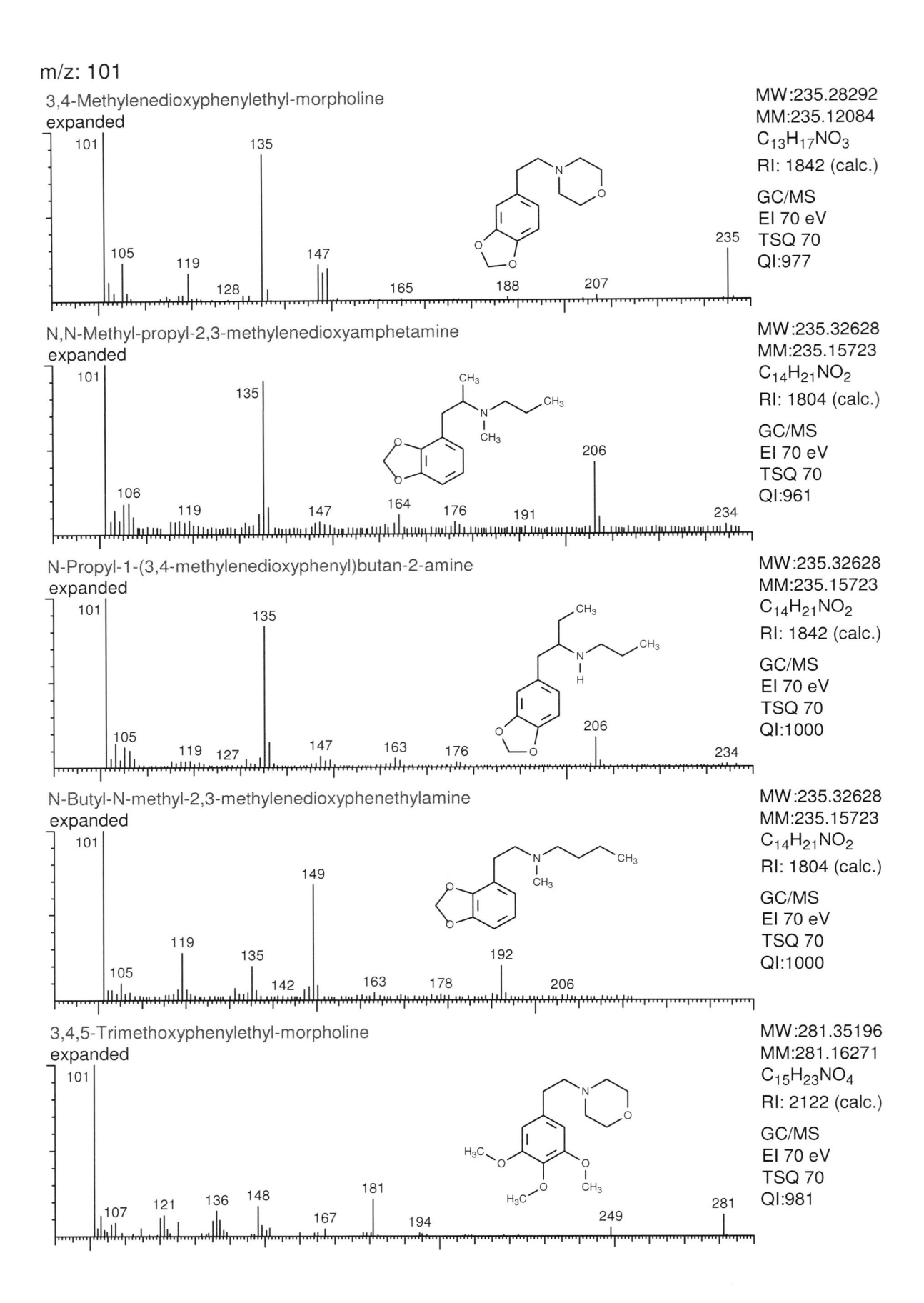

3,4-Methylenedioxyphenylethyl-morpholine expanded

MW: 235.28292
MM: 235.12084
$C_{13}H_{17}NO_3$
RI: 1842 (calc.)

GC/MS
EI 70 eV
TSQ 70
QI: 977

N,N-Methyl-propyl-2,3-methylenedioxyamphetamine expanded

MW: 235.32628
MM: 235.15723
$C_{14}H_{21}NO_2$
RI: 1804 (calc.)

GC/MS
EI 70 eV
TSQ 70
QI: 961

N-Propyl-1-(3,4-methylenedioxyphenyl)butan-2-amine expanded

MW: 235.32628
MM: 235.15723
$C_{14}H_{21}NO_2$
RI: 1842 (calc.)

GC/MS
EI 70 eV
TSQ 70
QI: 1000

N-Butyl-N-methyl-2,3-methylenedioxyphenethylamine expanded

MW: 235.32628
MM: 235.15723
$C_{14}H_{21}NO_2$
RI: 1804 (calc.)

GC/MS
EI 70 eV
TSQ 70
QI: 1000

3,4,5-Trimethoxyphenylethyl-morpholine expanded

MW: 281.35196
MM: 281.16271
$C_{15}H_{23}NO_4$
RI: 2122 (calc.)

GC/MS
EI 70 eV
TSQ 70
QI: 981

m/z: 102

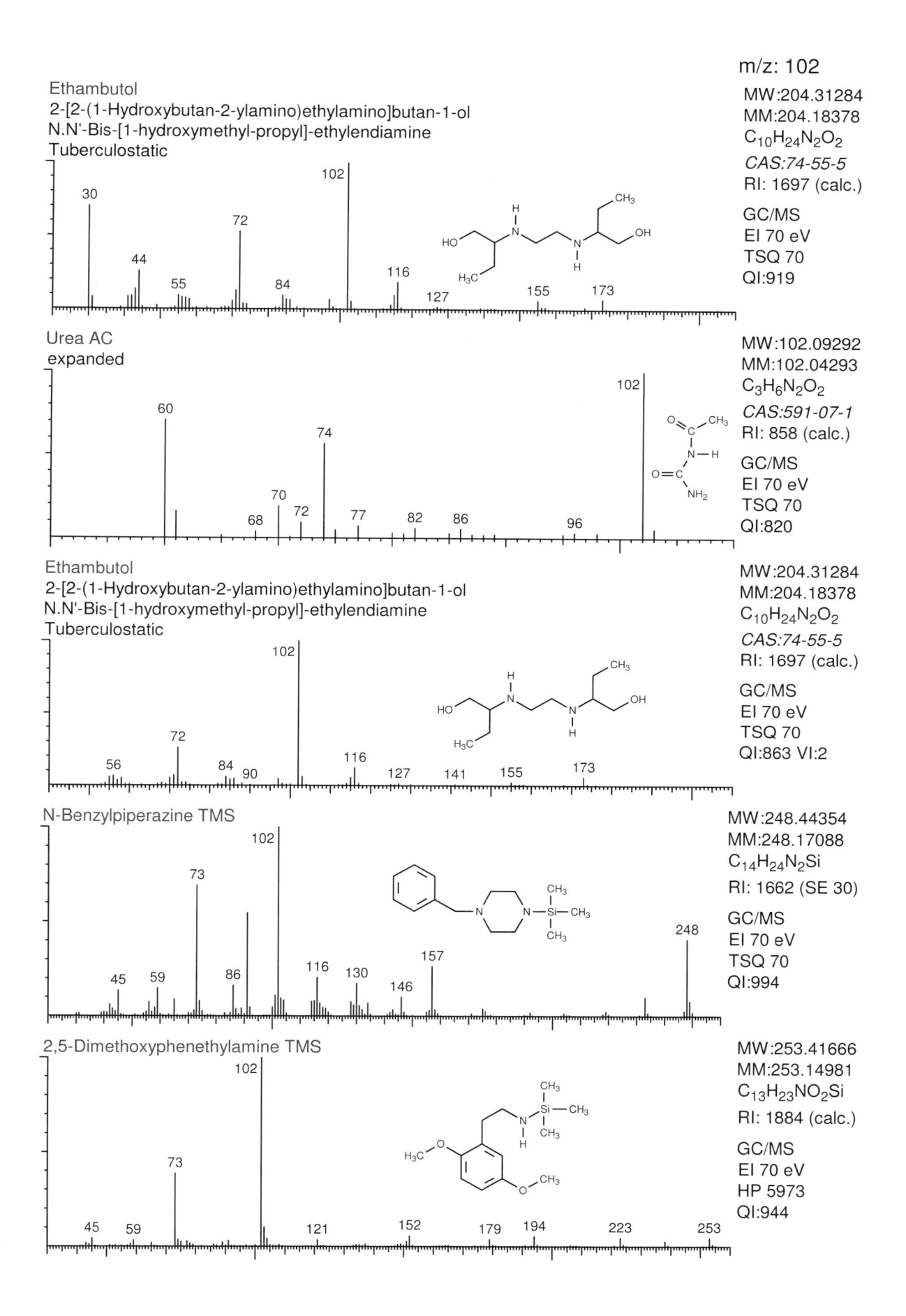

Ethambutol
2-[2-(1-Hydroxybutan-2-ylamino)ethylamino]butan-1-ol
N.N'-Bis-[1-hydroxymethyl-propyl]-ethylendiamine
Tuberculostatic

MW: 204.31284
MM: 204.18378
$C_{10}H_{24}N_2O_2$
CAS: 74-55-5
RI: 1697 (calc.)

GC/MS
EI 70 eV
TSQ 70
QI: 919

Peaks: 30, 44, 55, 72, 84, 102, 116, 127, 155, 173

Urea AC
expanded

MW: 102.09292
MM: 102.04293
$C_3H_6N_2O_2$
CAS: 591-07-1
RI: 858 (calc.)

GC/MS
EI 70 eV
TSQ 70
QI: 820

Peaks: 60, 68, 70, 72, 74, 77, 82, 86, 96, 102

Ethambutol
2-[2-(1-Hydroxybutan-2-ylamino)ethylamino]butan-1-ol
N.N'-Bis-[1-hydroxymethyl-propyl]-ethylendiamine
Tuberculostatic

MW: 204.31284
MM: 204.18378
$C_{10}H_{24}N_2O_2$
CAS: 74-55-5
RI: 1697 (calc.)

GC/MS
EI 70 eV
TSQ 70
QI: 863 VI:2

Peaks: 56, 72, 84, 90, 102, 116, 127, 141, 155, 173

N-Benzylpiperazine TMS

MW: 248.44354
MM: 248.17088
$C_{14}H_{24}N_2Si$
RI: 1662 (SE 30)

GC/MS
EI 70 eV
TSQ 70
QI: 994

Peaks: 45, 59, 73, 86, 102, 116, 130, 146, 157, 248

2,5-Dimethoxyphenethylamine TMS

MW: 253.41666
MM: 253.14981
$C_{13}H_{23}NO_2Si$
RI: 1884 (calc.)

GC/MS
EI 70 eV
HP 5973
QI: 944

Peaks: 45, 59, 73, 102, 121, 152, 179, 194, 223, 253

m/z: 102

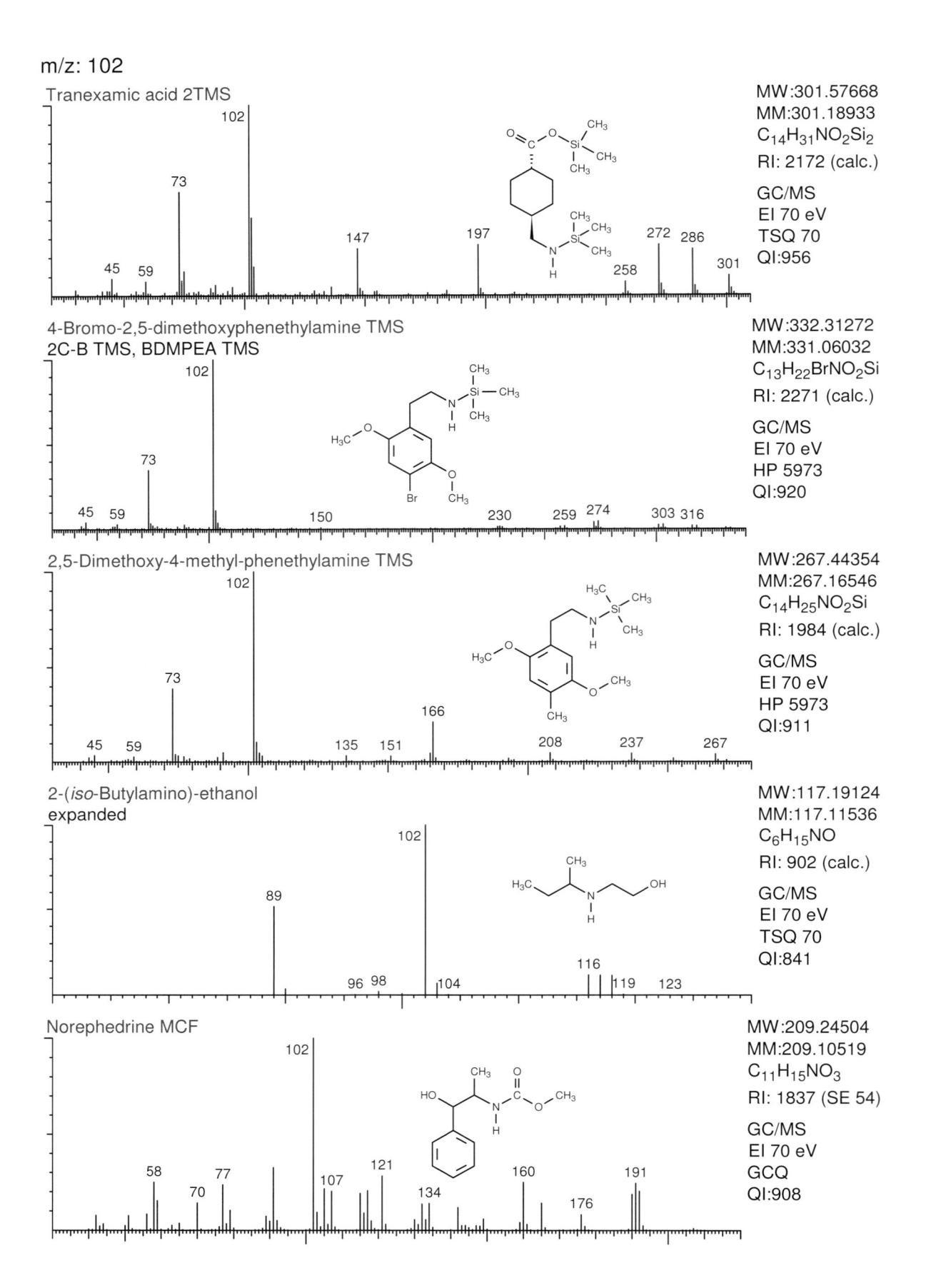

Tranexamic acid 2TMS

MW: 301.57668
MM: 301.18933
C$_{14}$H$_{31}$NO$_2$Si$_2$
RI: 2172 (calc.)

GC/MS
EI 70 eV
TSQ 70
QI: 956

Peaks: 45, 59, 73, 102, 147, 197, 258, 272, 286, 301

4-Bromo-2,5-dimethoxyphenethylamine TMS
2C-B TMS, BDMPEA TMS

MW: 332.31272
MM: 331.06032
C$_{13}$H$_{22}$BrNO$_2$Si
RI: 2271 (calc.)

GC/MS
EI 70 eV
HP 5973
QI: 920

Peaks: 45, 59, 73, 102, 150, 230, 259, 274, 303, 316

2,5-Dimethoxy-4-methyl-phenethylamine TMS

MW: 267.44354
MM: 267.16546
C$_{14}$H$_{25}$NO$_2$Si
RI: 1984 (calc.)

GC/MS
EI 70 eV
HP 5973
QI: 911

Peaks: 45, 59, 73, 102, 135, 151, 166, 208, 237, 267

2-(*iso*-Butylamino)-ethanol
expanded

MW: 117.19124
MM: 117.11536
C$_6$H$_{15}$NO
RI: 902 (calc.)

GC/MS
EI 70 eV
TSQ 70
QI: 841

Peaks: 89, 96, 98, 102, 104, 116, 119, 123

Norephedrine MCF

MW: 209.24504
MM: 209.10519
C$_{11}$H$_{15}$NO$_3$
RI: 1837 (SE 54)

GC/MS
EI 70 eV
GCQ
QI: 908

Peaks: 58, 70, 77, 102, 107, 121, 134, 160, 176, 191

m/z: 102

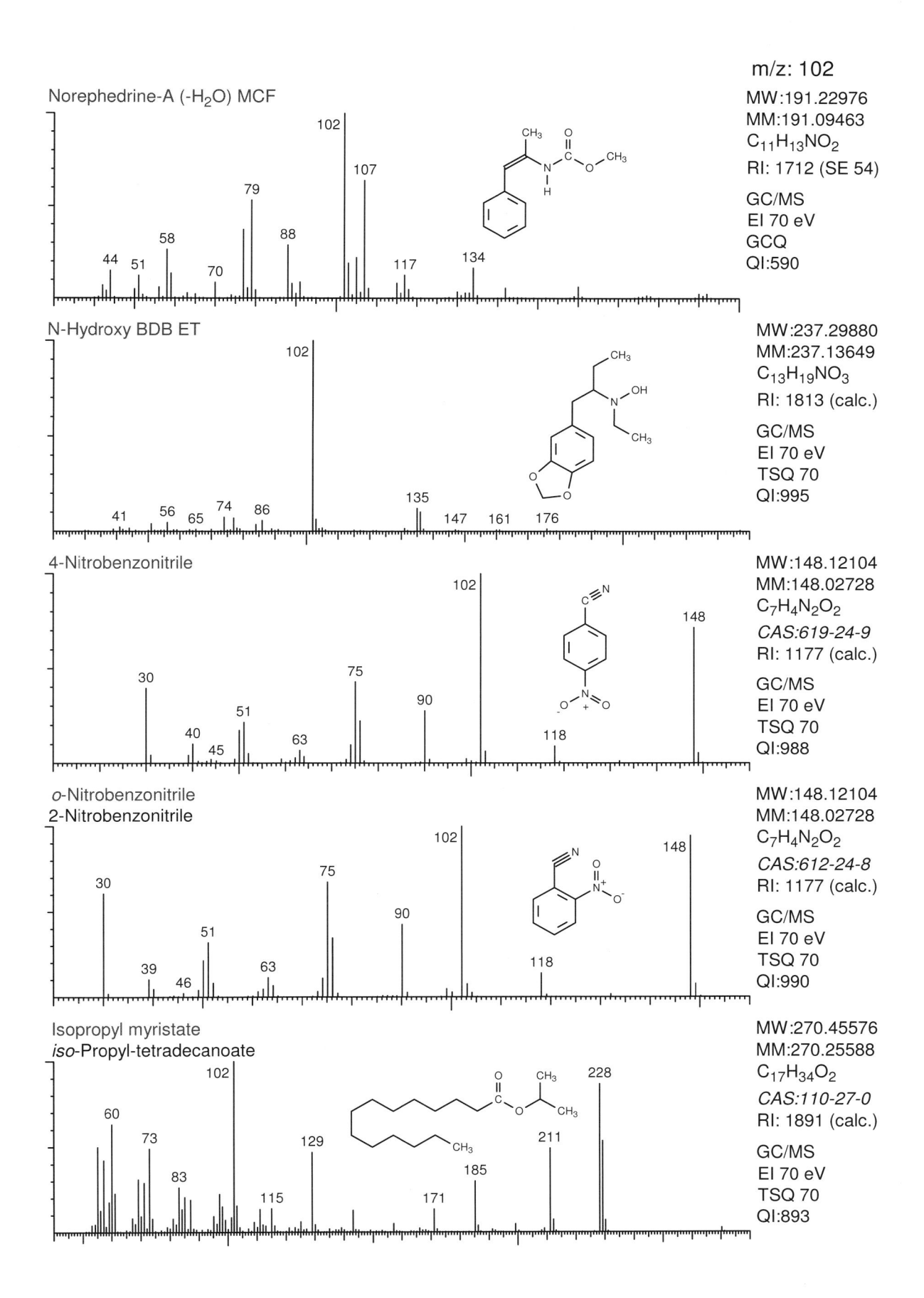

Norephedrine-A (-H₂O) MCF

Peaks: 44, 51, 58, 70, 79, 88, 102, 107, 117, 134

MW: 191.22976
MM: 191.09463
$C_{11}H_{13}NO_2$
RI: 1712 (SE 54)

GC/MS
EI 70 eV
GCQ
QI: 590

N-Hydroxy BDB ET

Peaks: 41, 56, 65, 74, 86, 102, 135, 147, 161, 176

MW: 237.29880
MM: 237.13649
$C_{13}H_{19}NO_3$
RI: 1813 (calc.)

GC/MS
EI 70 eV
TSQ 70
QI: 995

4-Nitrobenzonitrile

Peaks: 30, 40, 45, 51, 63, 75, 90, 102, 118, 148

MW: 148.12104
MM: 148.02728
$C_7H_4N_2O_2$
CAS: 619-24-9
RI: 1177 (calc.)

GC/MS
EI 70 eV
TSQ 70
QI: 988

o-Nitrobenzonitrile
2-Nitrobenzonitrile

Peaks: 30, 39, 46, 51, 63, 75, 90, 102, 118, 148

MW: 148.12104
MM: 148.02728
$C_7H_4N_2O_2$
CAS: 612-24-8
RI: 1177 (calc.)

GC/MS
EI 70 eV
TSQ 70
QI: 990

Isopropyl myristate
iso-Propyl-tetradecanoate

Peaks: 60, 73, 83, 102, 115, 129, 171, 185, 211, 228

MW: 270.45576
MM: 270.25588
$C_{17}H_{34}O_2$
CAS: 110-27-0
RI: 1891 (calc.)

GC/MS
EI 70 eV
TSQ 70
QI: 893

m/z: 102-103

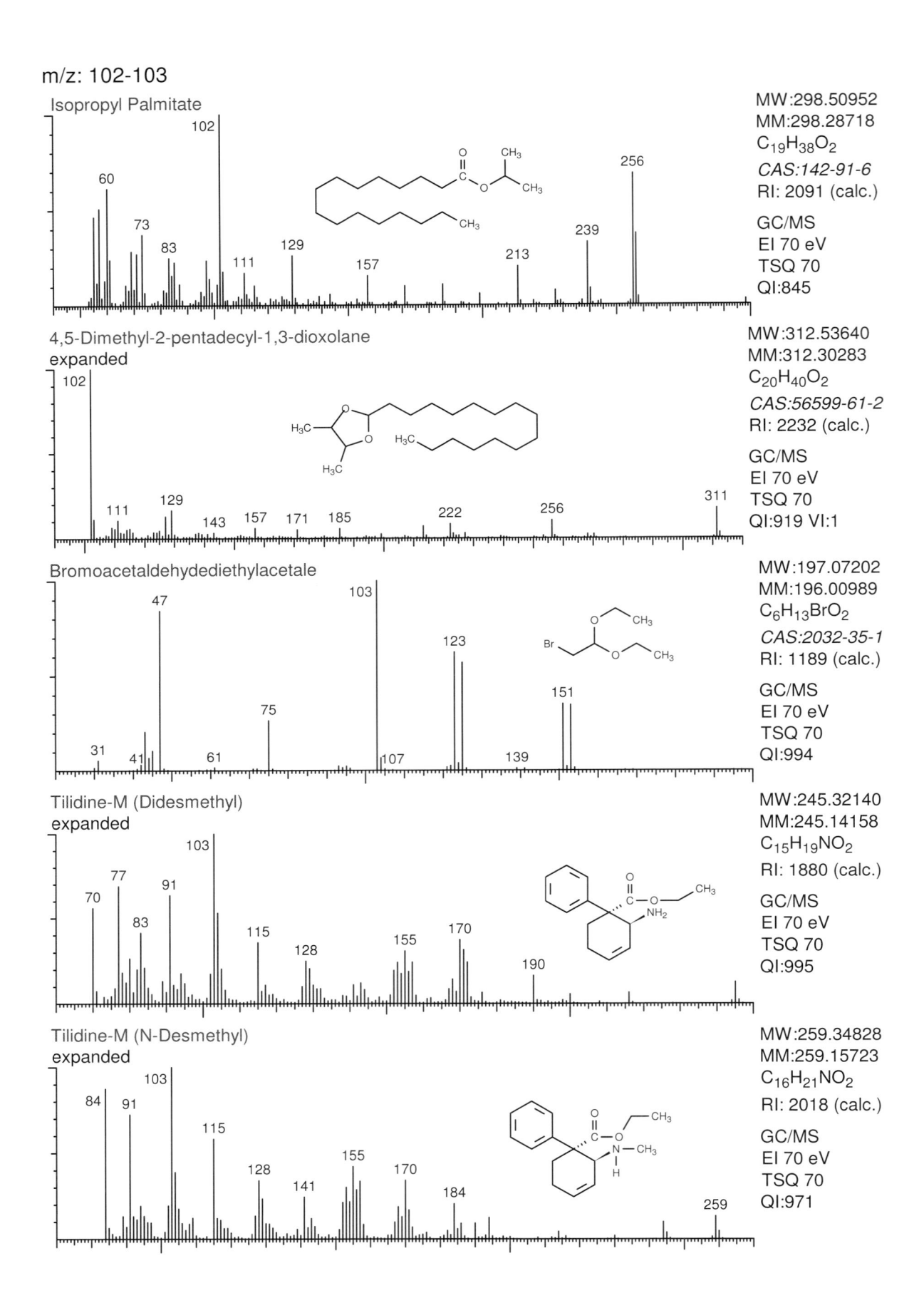

Isopropyl Palmitate

Peaks: 60, 73, 83, 102, 111, 129, 157, 213, 239, 256

MW: 298.50952
MM: 298.28718
$C_{19}H_{38}O_2$
CAS: 142-91-6
RI: 2091 (calc.)

GC/MS
EI 70 eV
TSQ 70
QI: 845

4,5-Dimethyl-2-pentadecyl-1,3-dioxolane
expanded

Peaks: 102, 111, 129, 143, 157, 171, 185, 222, 256, 311

MW: 312.53640
MM: 312.30283
$C_{20}H_{40}O_2$
CAS: 56599-61-2
RI: 2232 (calc.)

GC/MS
EI 70 eV
TSQ 70
QI: 919 VI:1

Bromoacetaldehydediethylacetale

Peaks: 31, 41, 47, 61, 75, 103, 107, 123, 139, 151

MW: 197.07202
MM: 196.00989
$C_6H_{13}BrO_2$
CAS: 2032-35-1
RI: 1189 (calc.)

GC/MS
EI 70 eV
TSQ 70
QI: 994

Tilidine-M (Didesmethyl)
expanded

Peaks: 70, 77, 83, 91, 103, 115, 128, 155, 170, 190

MW: 245.32140
MM: 245.14158
$C_{15}H_{19}NO_2$
RI: 1880 (calc.)

GC/MS
EI 70 eV
TSQ 70
QI: 995

Tilidine-M (N-Desmethyl)
expanded

Peaks: 84, 91, 103, 115, 128, 141, 155, 170, 184, 259

MW: 259.34828
MM: 259.15723
$C_{16}H_{21}NO_2$
RI: 2018 (calc.)

GC/MS
EI 70 eV
TSQ 70
QI: 971

Di-Hexylcarbonate
expanded

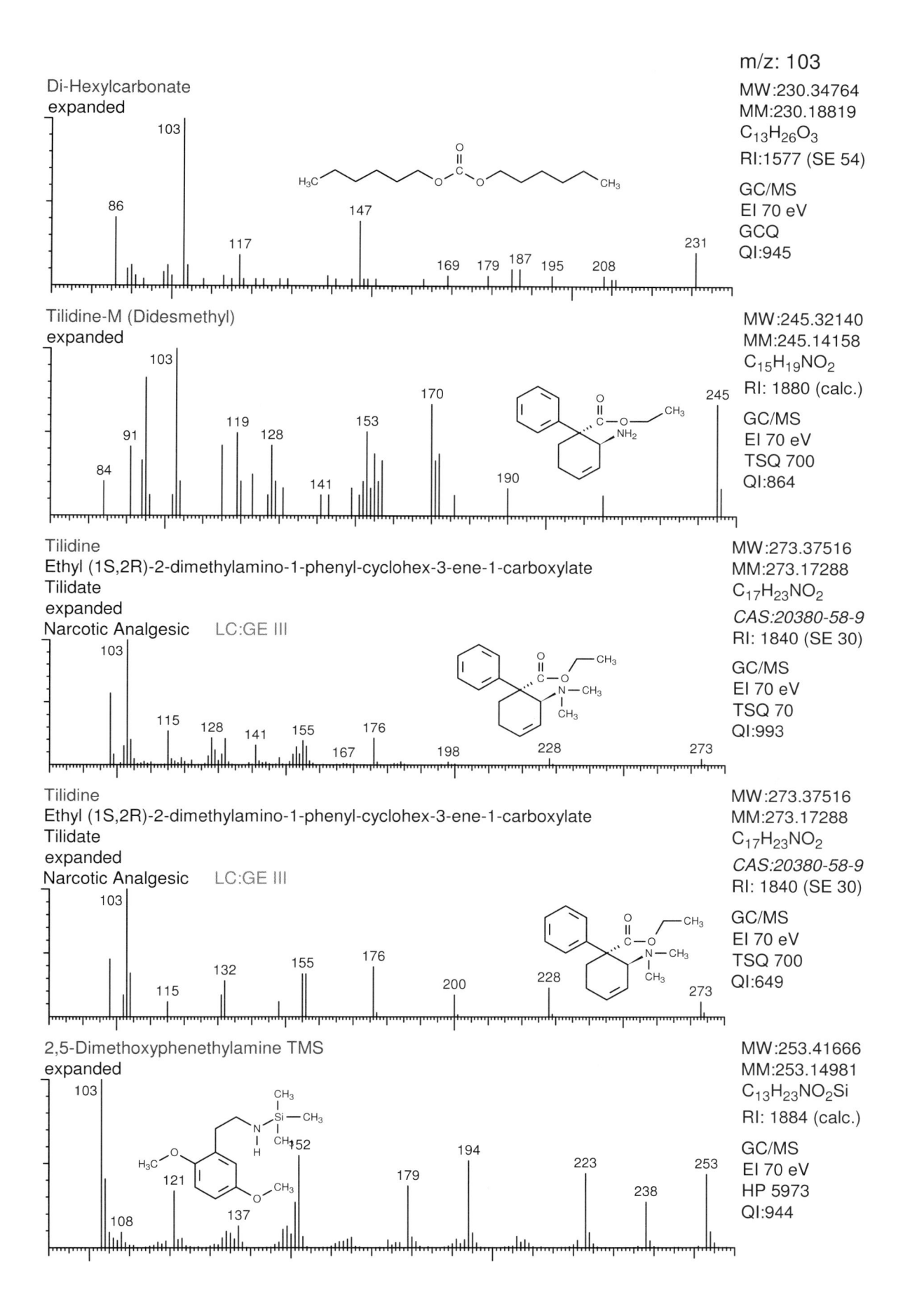

m/z: 103
MW: 230.34764
MM: 230.18819
$C_{13}H_{26}O_3$
RI: 1577 (SE 54)

GC/MS
EI 70 eV
GCQ
QI: 945

Tilidine-M (Didesmethyl)
expanded

MW: 245.32140
MM: 245.14158
$C_{15}H_{19}NO_2$
RI: 1880 (calc.)

GC/MS
EI 70 eV
TSQ 700
QI: 864

Tilidine
Ethyl (1S,2R)-2-dimethylamino-1-phenyl-cyclohex-3-ene-1-carboxylate
Tilidate
expanded
Narcotic Analgesic   LC:GE III

MW: 273.37516
MM: 273.17288
$C_{17}H_{23}NO_2$
CAS: 20380-58-9
RI: 1840 (SE 30)

GC/MS
EI 70 eV
TSQ 70
QI: 993

Tilidine
Ethyl (1S,2R)-2-dimethylamino-1-phenyl-cyclohex-3-ene-1-carboxylate
Tilidate
expanded
Narcotic Analgesic   LC:GE III

MW: 273.37516
MM: 273.17288
$C_{17}H_{23}NO_2$
CAS: 20380-58-9
RI: 1840 (SE 30)

GC/MS
EI 70 eV
TSQ 700
QI: 649

2,5-Dimethoxyphenethylamine TMS
expanded

MW: 253.41666
MM: 253.14981
$C_{13}H_{23}NO_2Si$
RI: 1884 (calc.)

GC/MS
EI 70 eV
HP 5973
QI: 944

m/z: 103

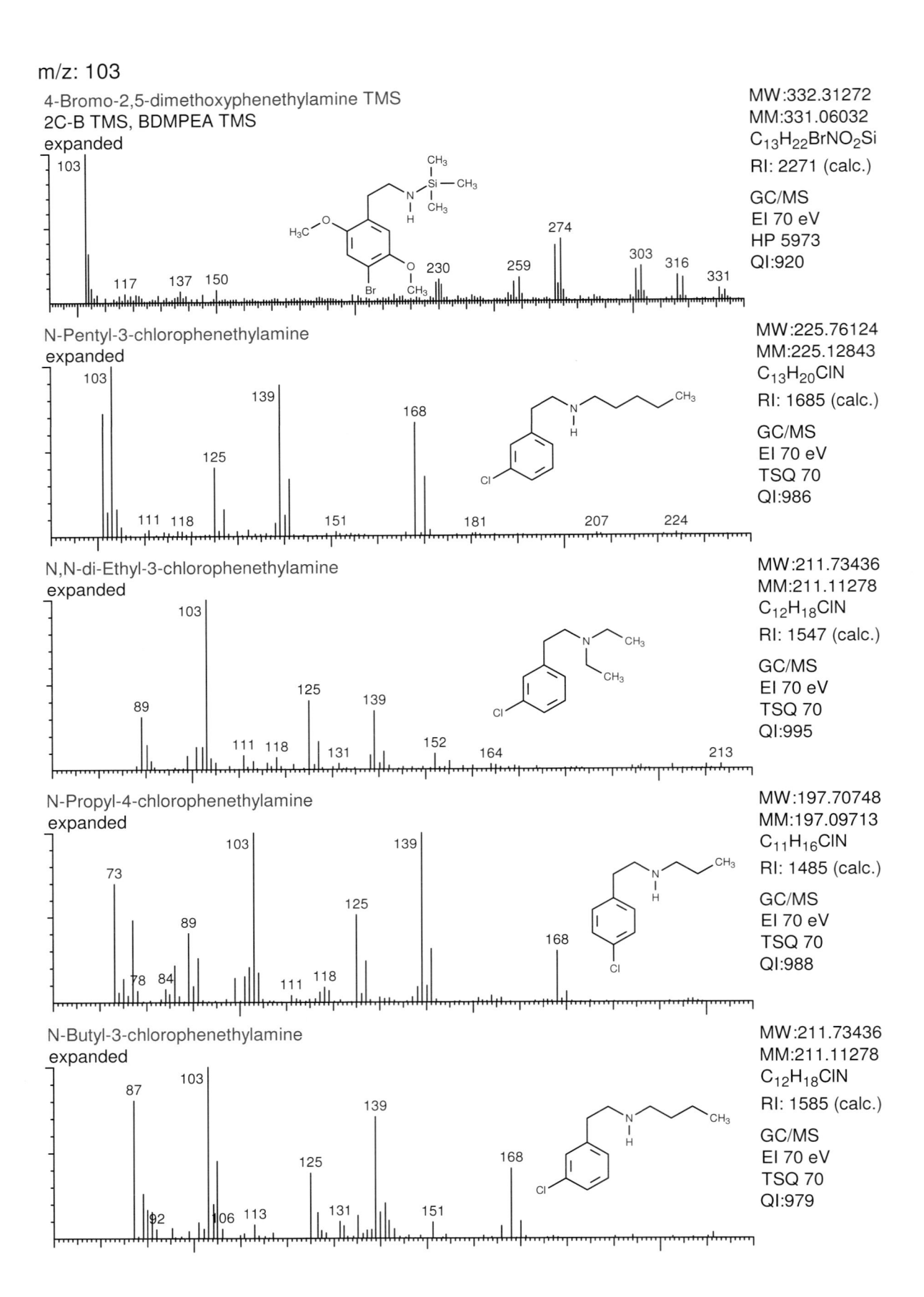

4-Bromo-2,5-dimethoxyphenethylamine TMS
2C-B TMS, BDMPEA TMS
expanded

MW: 332.31272
MM: 331.06032
$C_{13}H_{22}BrNO_2Si$
RI: 2271 (calc.)

GC/MS
EI 70 eV
HP 5973
QI: 920

N-Pentyl-3-chlorophenethylamine
expanded

MW: 225.76124
MM: 225.12843
$C_{13}H_{20}ClN$
RI: 1685 (calc.)

GC/MS
EI 70 eV
TSQ 70
QI: 986

N,N-di-Ethyl-3-chlorophenethylamine
expanded

MW: 211.73436
MM: 211.11278
$C_{12}H_{18}ClN$
RI: 1547 (calc.)

GC/MS
EI 70 eV
TSQ 70
QI: 995

N-Propyl-4-chlorophenethylamine
expanded

MW: 197.70748
MM: 197.09713
$C_{11}H_{16}ClN$
RI: 1485 (calc.)

GC/MS
EI 70 eV
TSQ 70
QI: 988

N-Butyl-3-chlorophenethylamine
expanded

MW: 211.73436
MM: 211.11278
$C_{12}H_{18}ClN$
RI: 1585 (calc.)

GC/MS
EI 70 eV
TSQ 70
QI: 979

m/z: 104

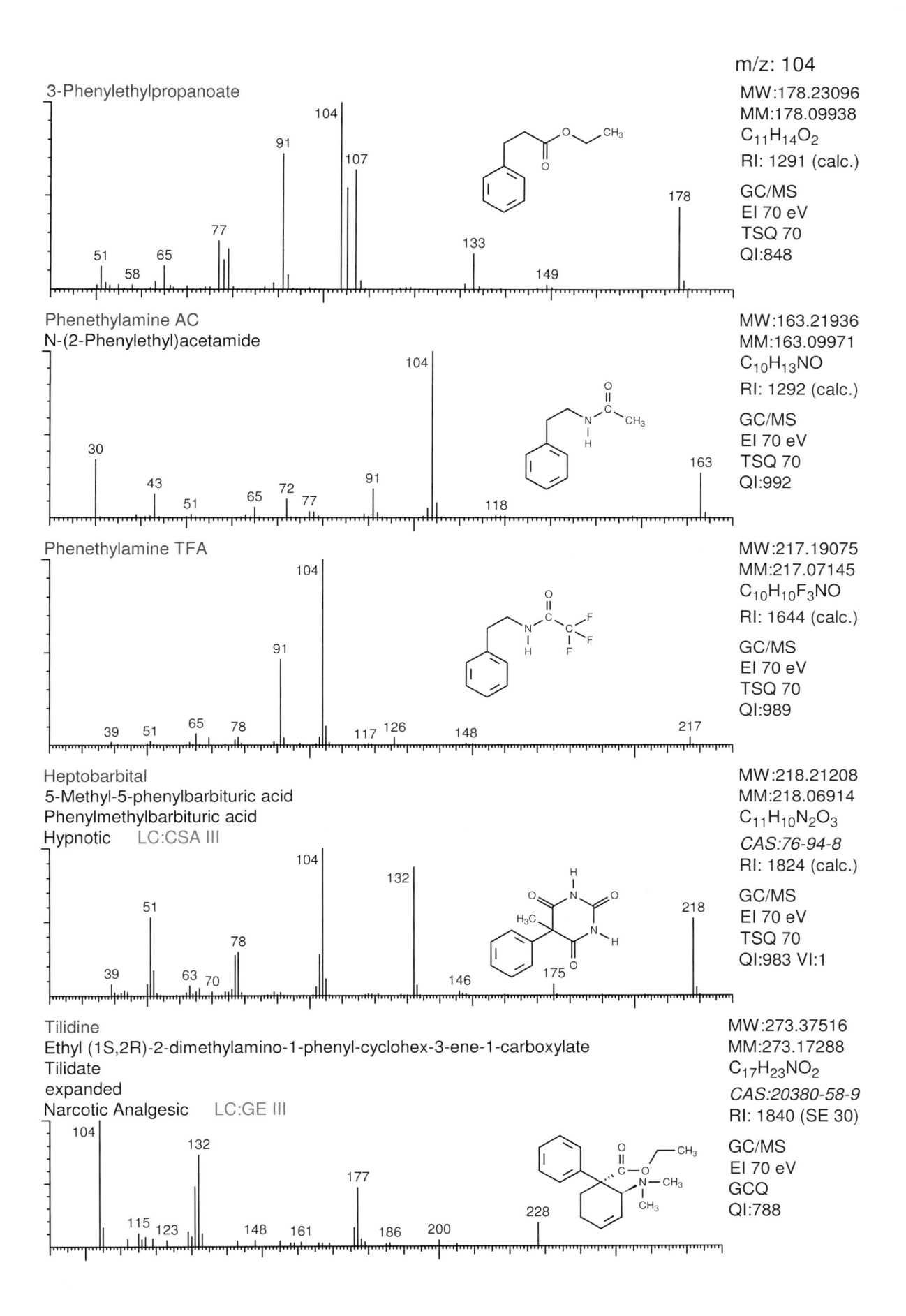

3-Phenylethylpropanoate

MW: 178.23096
MM: 178.09938
C$_{11}$H$_{14}$O$_2$
RI: 1291 (calc.)

GC/MS
EI 70 eV
TSQ 70
QI: 848

Peaks: 51, 58, 65, 77, 91, 104, 107, 133, 149, 178

Phenethylamine AC
N-(2-Phenylethyl)acetamide

MW: 163.21936
MM: 163.09971
C$_{10}$H$_{13}$NO
RI: 1292 (calc.)

GC/MS
EI 70 eV
TSQ 70
QI: 992

Peaks: 30, 43, 51, 65, 72, 77, 91, 104, 118, 163

Phenethylamine TFA

MW: 217.19075
MM: 217.07145
C$_{10}$H$_{10}$F$_3$NO
RI: 1644 (calc.)

GC/MS
EI 70 eV
TSQ 70
QI: 989

Peaks: 39, 51, 65, 78, 91, 104, 117, 126, 148, 217

Heptobarbital
5-Methyl-5-phenylbarbituric acid
Phenylmethylbarbituric acid
Hypnotic   LC:CSA III

MW: 218.21208
MM: 218.06914
C$_{11}$H$_{10}$N$_2$O$_3$
CAS: 76-94-8
RI: 1824 (calc.)

GC/MS
EI 70 eV
TSQ 70
QI: 983 VI:1

Peaks: 39, 51, 63, 70, 78, 104, 132, 146, 175, 218

Tilidine
Ethyl (1S,2R)-2-dimethylamino-1-phenyl-cyclohex-3-ene-1-carboxylate
Tilidate
expanded
Narcotic Analgesic   LC:GE III

MW: 273.37516
MM: 273.17288
C$_{17}$H$_{23}$NO$_2$
CAS: 20380-58-9
RI: 1840 (SE 30)

GC/MS
EI 70 eV
GCQ
QI: 788

Peaks: 104, 115, 123, 132, 148, 161, 177, 186, 200, 228

m/z: 104

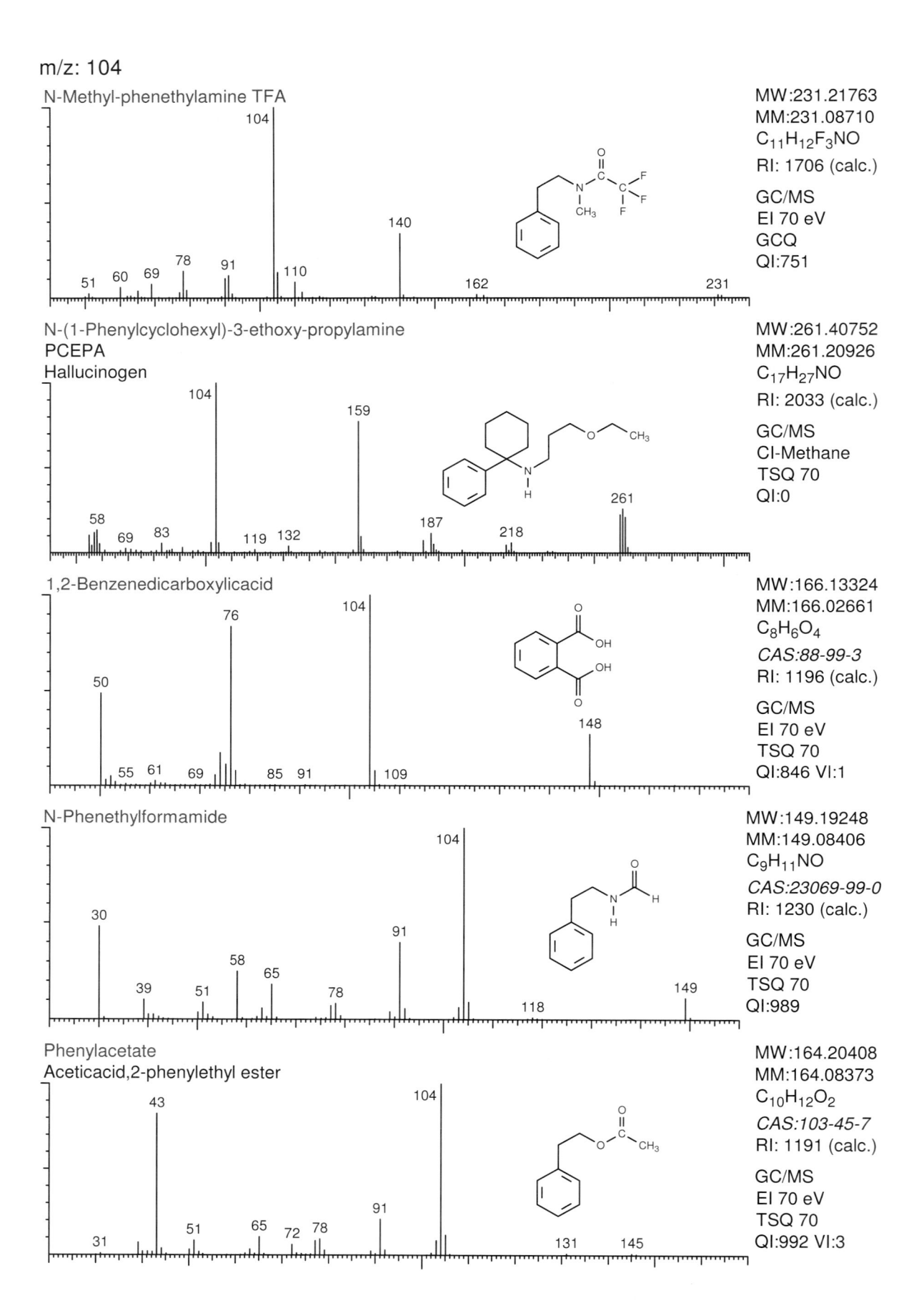

N-Methyl-phenethylamine TFA

Peaks: 51, 60, 69, 78, 91, 104, 110, 140, 162, 231

MW: 231.21763
MM: 231.08710
$C_{11}H_{12}F_3NO$
RI: 1706 (calc.)

GC/MS
EI 70 eV
GCQ
QI:751

N-(1-Phenylcyclohexyl)-3-ethoxy-propylamine
PCEPA
Hallucinogen

Peaks: 58, 69, 83, 104, 119, 132, 159, 187, 218, 261

MW: 261.40752
MM: 261.20926
$C_{17}H_{27}NO$
RI: 2033 (calc.)

GC/MS
CI-Methane
TSQ 70
QI:0

1,2-Benzenedicarboxylicacid

Peaks: 50, 55, 61, 69, 76, 85, 91, 104, 109, 148

MW: 166.13324
MM: 166.02661
$C_8H_6O_4$
CAS: 88-99-3
RI: 1196 (calc.)

GC/MS
EI 70 eV
TSQ 70
QI:846 VI:1

N-Phenethylformamide

Peaks: 30, 39, 51, 58, 65, 78, 91, 104, 118, 149

MW: 149.19248
MM: 149.08406
$C_9H_{11}NO$
CAS: 23069-99-0
RI: 1230 (calc.)

GC/MS
EI 70 eV
TSQ 70
QI:989

Phenylacetate
Aceticacid,2-phenylethyl ester

Peaks: 31, 43, 51, 65, 72, 78, 91, 104, 131, 145

MW: 164.20408
MM: 164.08373
$C_{10}H_{12}O_2$
CAS: 103-45-7
RI: 1191 (calc.)

GC/MS
EI 70 eV
TSQ 70
QI:992 VI:3

m/z: 104

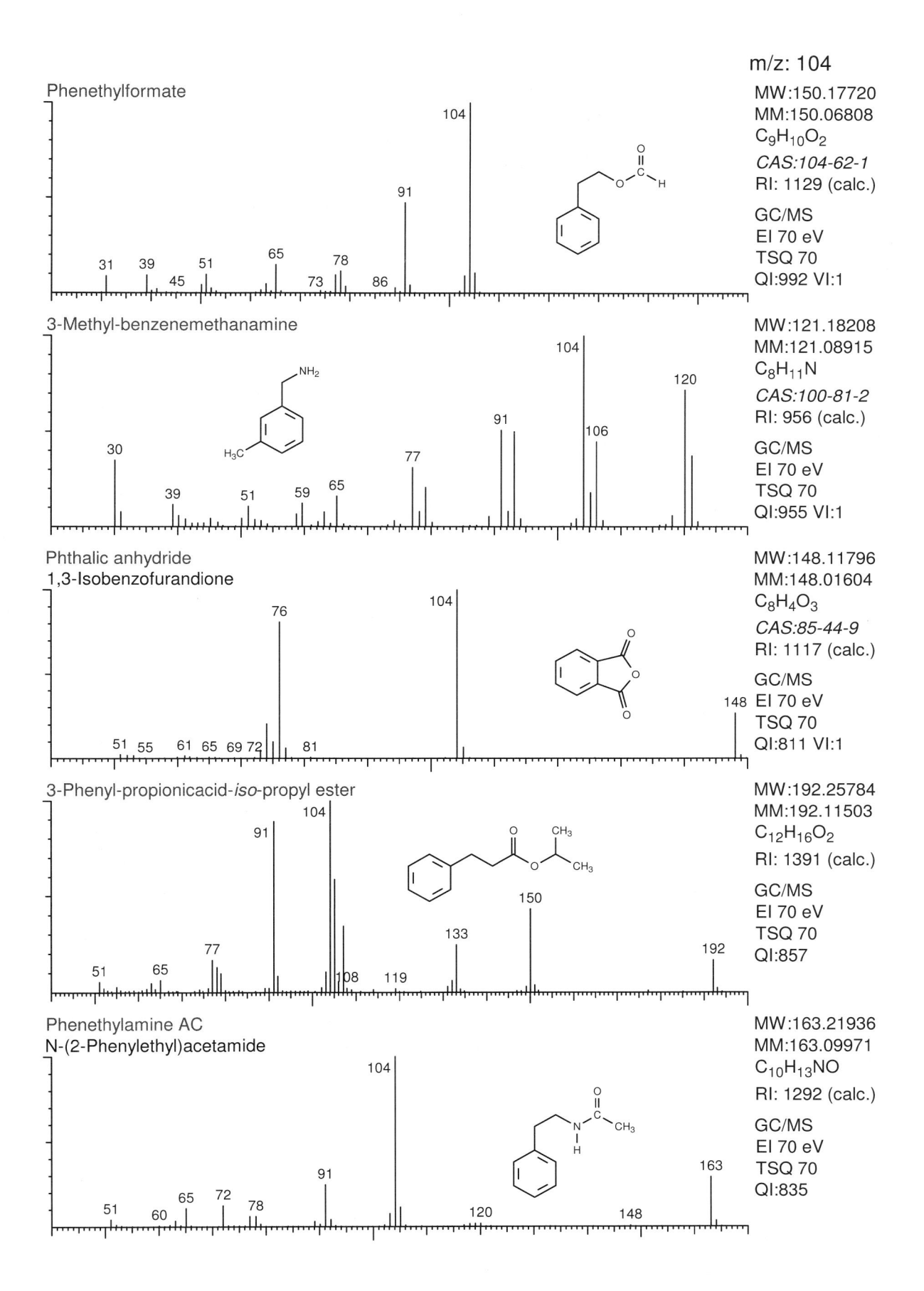

Phenethylformate

MW: 150.17720
MM: 150.06808
C$_9$H$_{10}$O$_2$
CAS: 104-62-1
RI: 1129 (calc.)

GC/MS
EI 70 eV
TSQ 70
QI: 992 VI: 1

Peaks: 31, 39, 45, 51, 65, 73, 78, 86, 91, 104

3-Methyl-benzenemethanamine

MW: 121.18208
MM: 121.08915
C$_8$H$_{11}$N
CAS: 100-81-2
RI: 956 (calc.)

GC/MS
EI 70 eV
TSQ 70
QI: 955 VI: 1

Peaks: 30, 39, 51, 59, 65, 77, 91, 104, 106, 120

Phthalic anhydride
1,3-Isobenzofurandione

MW: 148.11796
MM: 148.01604
C$_8$H$_4$O$_3$
CAS: 85-44-9
RI: 1117 (calc.)

GC/MS
EI 70 eV
TSQ 70
QI: 811 VI: 1

Peaks: 51, 55, 61, 65, 69, 72, 76, 81, 104, 148

3-Phenyl-propionicacid-*iso*-propyl ester

MW: 192.25784
MM: 192.11503
C$_{12}$H$_{16}$O$_2$
RI: 1391 (calc.)

GC/MS
EI 70 eV
TSQ 70
QI: 857

Peaks: 51, 65, 77, 91, 104, 108, 119, 133, 150, 192

Phenethylamine AC
N-(2-Phenylethyl)acetamide

MW: 163.21936
MM: 163.09971
C$_{10}$H$_{13}$NO
RI: 1292 (calc.)

GC/MS
EI 70 eV
TSQ 70
QI: 835

Peaks: 51, 60, 65, 72, 78, 91, 104, 120, 148, 163

m/z: 104-105

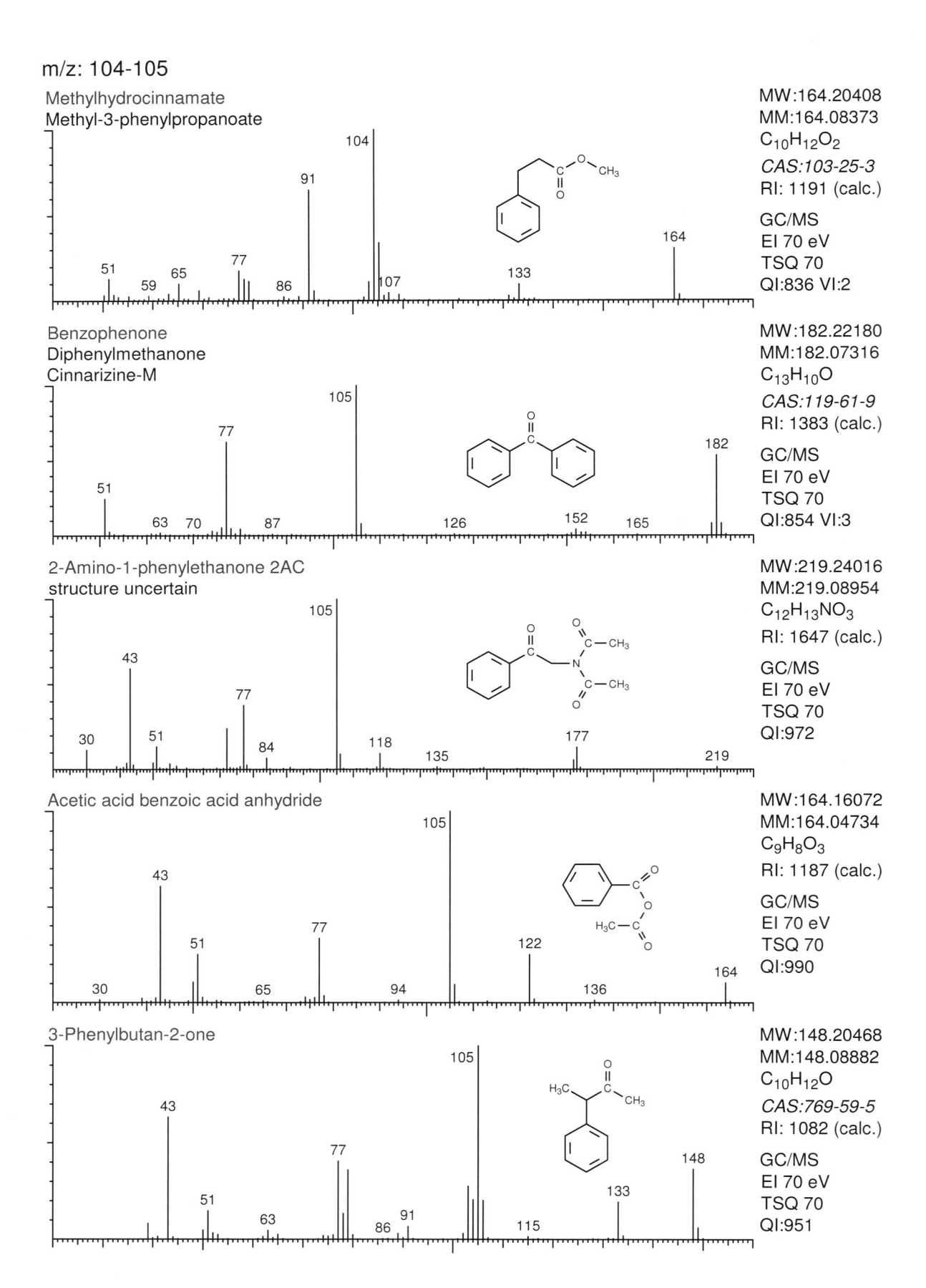

Methylhydrocinnamate
Methyl-3-phenylpropanoate

MW: 164.20408
MM: 164.08373
$C_{10}H_{12}O_2$
CAS: 103-25-3
RI: 1191 (calc.)

GC/MS
EI 70 eV
TSQ 70
QI: 836 VI:2

Peaks: 51, 59, 65, 77, 86, 91, 104, 107, 133, 164

Benzophenone
Diphenylmethanone
Cinnarizine-M

MW: 182.22180
MM: 182.07316
$C_{13}H_{10}O$
CAS: 119-61-9
RI: 1383 (calc.)

GC/MS
EI 70 eV
TSQ 70
QI: 854 VI:3

Peaks: 51, 63, 70, 77, 87, 105, 126, 152, 165, 182

2-Amino-1-phenylethanone 2AC
structure uncertain

MW: 219.24016
MM: 219.08954
$C_{12}H_{13}NO_3$
RI: 1647 (calc.)

GC/MS
EI 70 eV
TSQ 70
QI: 972

Peaks: 30, 43, 51, 77, 84, 105, 118, 135, 177, 219

Acetic acid benzoic acid anhydride

MW: 164.16072
MM: 164.04734
$C_9H_8O_3$
RI: 1187 (calc.)

GC/MS
EI 70 eV
TSQ 70
QI: 990

Peaks: 30, 43, 51, 65, 77, 94, 105, 122, 136, 164

3-Phenylbutan-2-one

MW: 148.20468
MM: 148.08882
$C_{10}H_{12}O$
CAS: 769-59-5
RI: 1082 (calc.)

GC/MS
EI 70 eV
TSQ 70
QI: 951

Peaks: 43, 51, 63, 77, 86, 91, 105, 115, 133, 148

m/z: 105

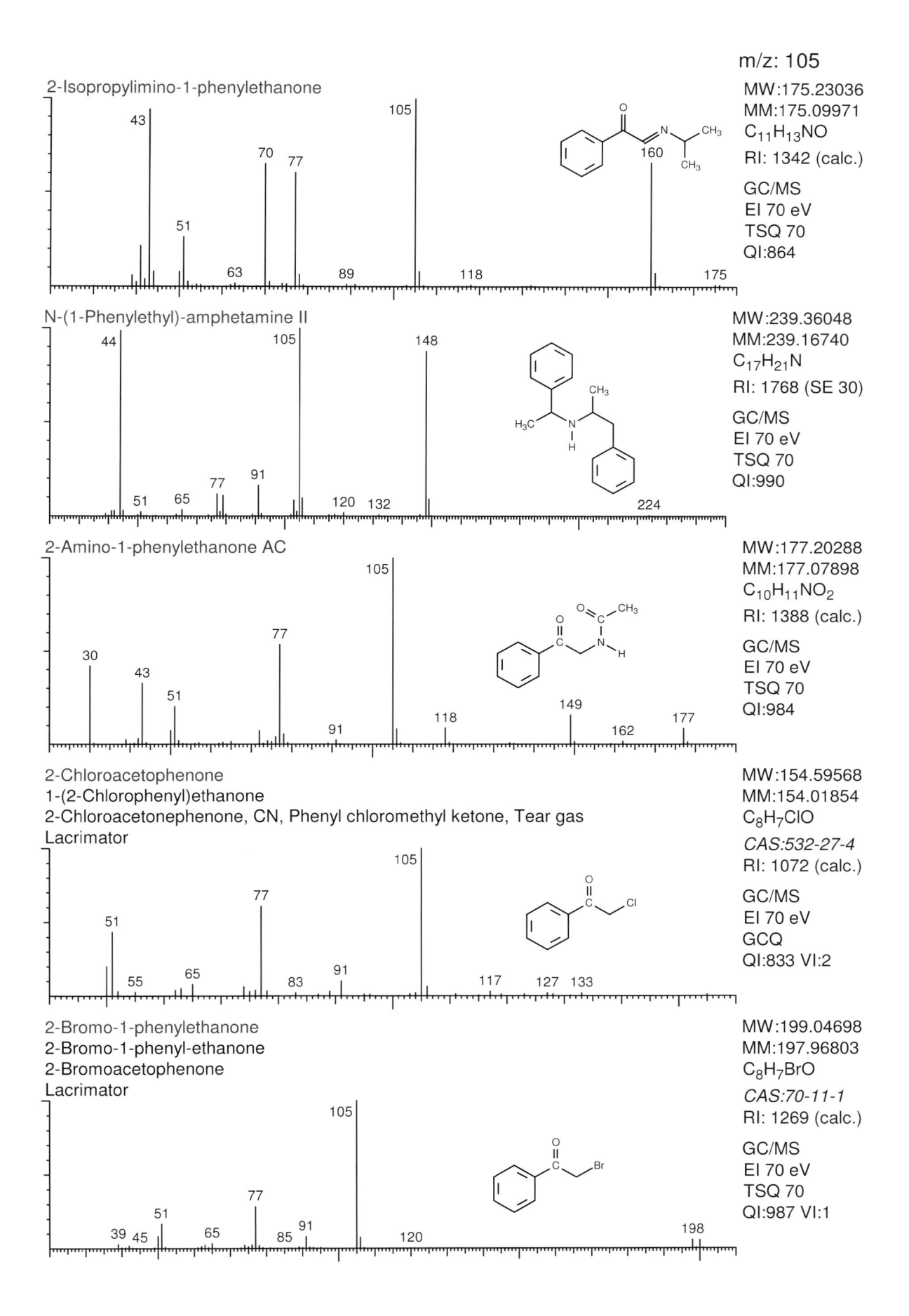

2-Isopropylimino-1-phenylethanone

MW: 175.23036
MM: 175.09971
$C_{11}H_{13}NO$
RI: 1342 (calc.)

GC/MS
EI 70 eV
TSQ 70
QI: 864

Peaks: 43, 51, 63, 70, 77, 89, 105, 118, 160, 175

N-(1-Phenylethyl)-amphetamine II

MW: 239.36048
MM: 239.16740
$C_{17}H_{21}N$
RI: 1768 (SE 30)

GC/MS
EI 70 eV
TSQ 70
QI: 990

Peaks: 44, 51, 65, 77, 91, 105, 120, 132, 148, 224

2-Amino-1-phenylethanone AC

MW: 177.20288
MM: 177.07898
$C_{10}H_{11}NO_2$
RI: 1388 (calc.)

GC/MS
EI 70 eV
TSQ 70
QI: 984

Peaks: 30, 43, 51, 77, 91, 105, 118, 149, 162, 177

2-Chloroacetophenone
1-(2-Chlorophenyl)ethanone
2-Chloroacetonephenone, CN, Phenyl chloromethyl ketone, Tear gas
Lacrimator

MW: 154.59568
MM: 154.01854
C_8H_7ClO
CAS: 532-27-4
RI: 1072 (calc.)

GC/MS
EI 70 eV
GCQ
QI: 833 VI: 2

Peaks: 51, 55, 65, 77, 83, 91, 105, 117, 127, 133

2-Bromo-1-phenylethanone
2-Bromo-1-phenyl-ethanone
2-Bromoacetophenone
Lacrimator

MW: 199.04698
MM: 197.96803
C_8H_7BrO
CAS: 70-11-1
RI: 1269 (calc.)

GC/MS
EI 70 eV
TSQ 70
QI: 987 VI: 1

Peaks: 39, 45, 51, 65, 77, 85, 91, 105, 120, 198

m/z: 105

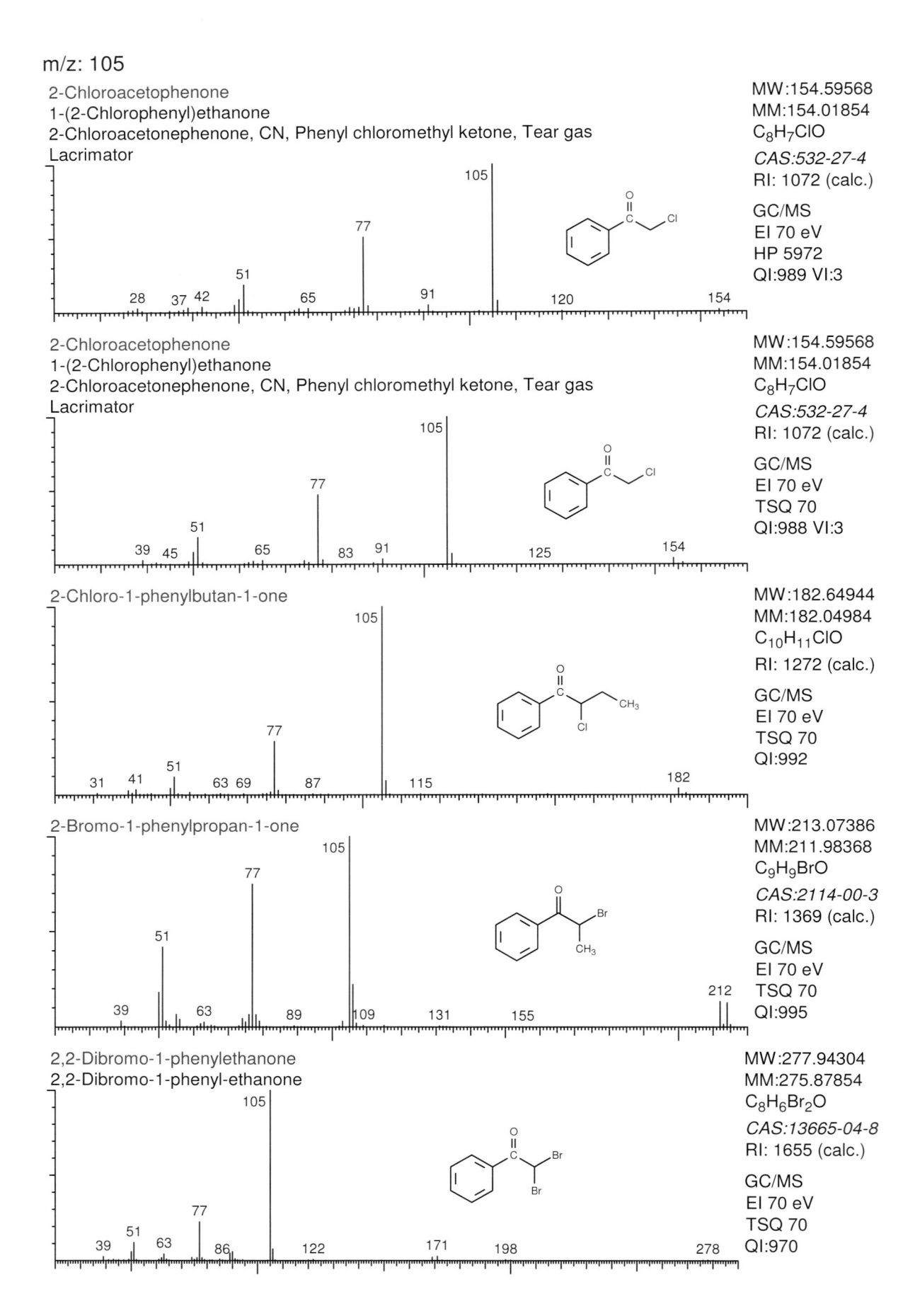

2-Chloroacetophenone
1-(2-Chlorophenyl)ethanone
2-Chloroacetonephenone, CN, Phenyl chloromethyl ketone, Tear gas Lacrimator

Peaks: 28, 37, 42, 51, 65, 77, 91, 105, 120, 154

MW: 154.59568
MM: 154.01854
C_8H_7ClO
CAS: 532-27-4
RI: 1072 (calc.)

GC/MS
EI 70 eV
HP 5972
QI: 989 VI: 3

2-Chloroacetophenone
1-(2-Chlorophenyl)ethanone
2-Chloroacetonephenone, CN, Phenyl chloromethyl ketone, Tear gas Lacrimator

Peaks: 39, 45, 51, 65, 77, 83, 91, 105, 125, 154

MW: 154.59568
MM: 154.01854
C_8H_7ClO
CAS: 532-27-4
RI: 1072 (calc.)

GC/MS
EI 70 eV
TSQ 70
QI: 988 VI: 3

2-Chloro-1-phenylbutan-1-one

Peaks: 31, 41, 51, 63, 69, 77, 87, 105, 115, 182

MW: 182.64944
MM: 182.04984
$C_{10}H_{11}ClO$
RI: 1272 (calc.)

GC/MS
EI 70 eV
TSQ 70
QI: 992

2-Bromo-1-phenylpropan-1-one

Peaks: 39, 51, 63, 77, 89, 105, 109, 131, 155, 212

MW: 213.07386
MM: 211.98368
C_9H_9BrO
CAS: 2114-00-3
RI: 1369 (calc.)

GC/MS
EI 70 eV
TSQ 70
QI: 995

2,2-Dibromo-1-phenylethanone
2,2-Dibromo-1-phenyl-ethanone

Peaks: 39, 51, 63, 77, 86, 105, 122, 171, 198, 278

MW: 277.94304
MM: 275.87854
$C_8H_6Br_2O$
CAS: 13665-04-8
RI: 1655 (calc.)

GC/MS
EI 70 eV
TSQ 70
QI: 970

m/z: 105

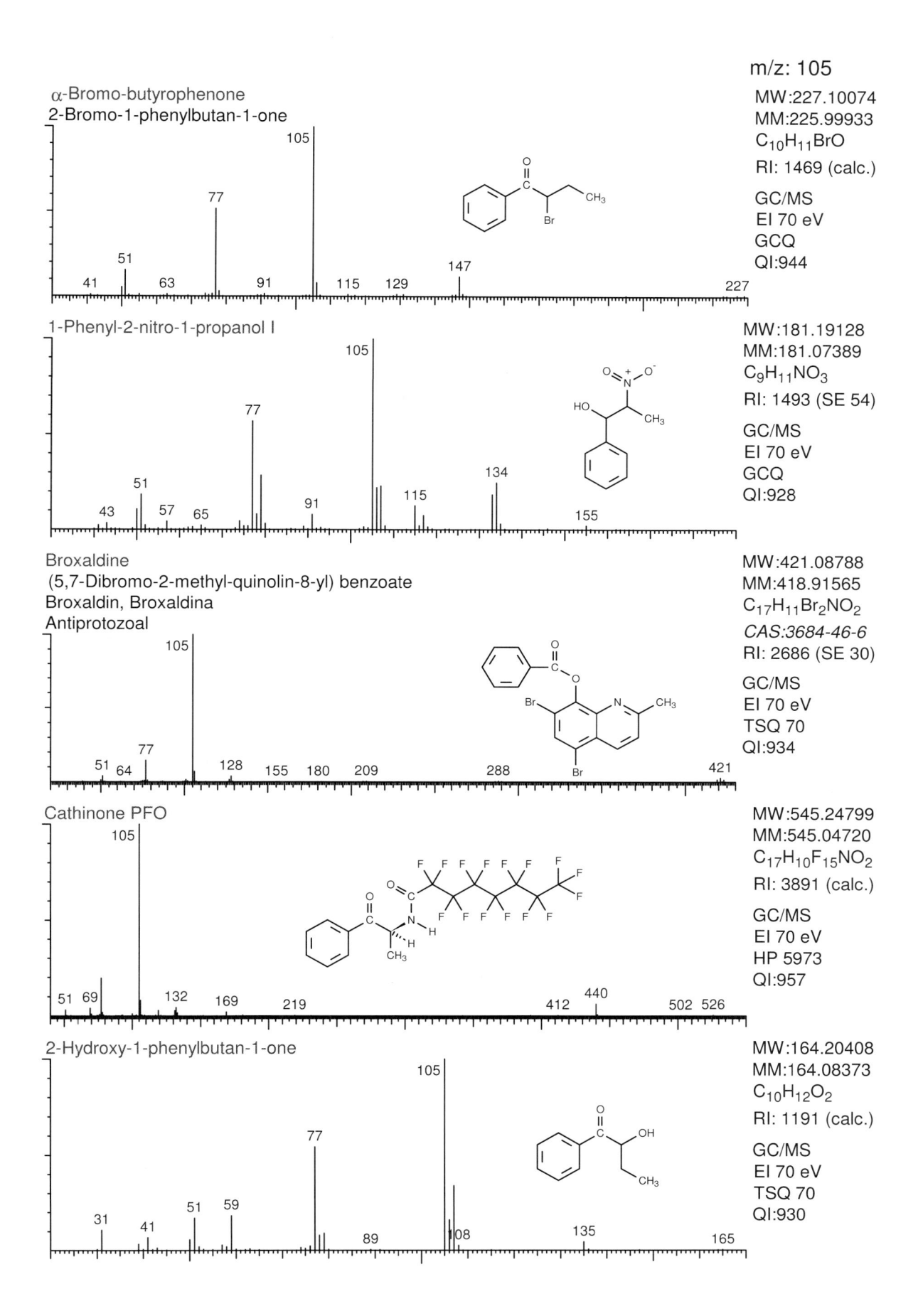

α-Bromo-butyrophenone
2-Bromo-1-phenylbutan-1-one

MW:227.10074
MM:225.99933
$C_{10}H_{11}BrO$
RI: 1469 (calc.)

GC/MS
EI 70 eV
GCQ
QI:944

1-Phenyl-2-nitro-1-propanol I

MW:181.19128
MM:181.07389
$C_9H_{11}NO_3$
RI: 1493 (SE 54)

GC/MS
EI 70 eV
GCQ
QI:928

Broxaldine
(5,7-Dibromo-2-methyl-quinolin-8-yl) benzoate
Broxaldin, Broxaldina
Antiprotozoal

MW:421.08788
MM:418.91565
$C_{17}H_{11}Br_2NO_2$
CAS:3684-46-6
RI: 2686 (SE 30)

GC/MS
EI 70 eV
TSQ 70
QI:934

Cathinone PFO

MW:545.24799
MM:545.04720
$C_{17}H_{10}F_{15}NO_2$
RI: 3891 (calc.)

GC/MS
EI 70 eV
HP 5973
QI:957

2-Hydroxy-1-phenylbutan-1-one

MW:164.20408
MM:164.08373
$C_{10}H_{12}O_2$
RI: 1191 (calc.)

GC/MS
EI 70 eV
TSQ 70
QI:930

m/z: 105

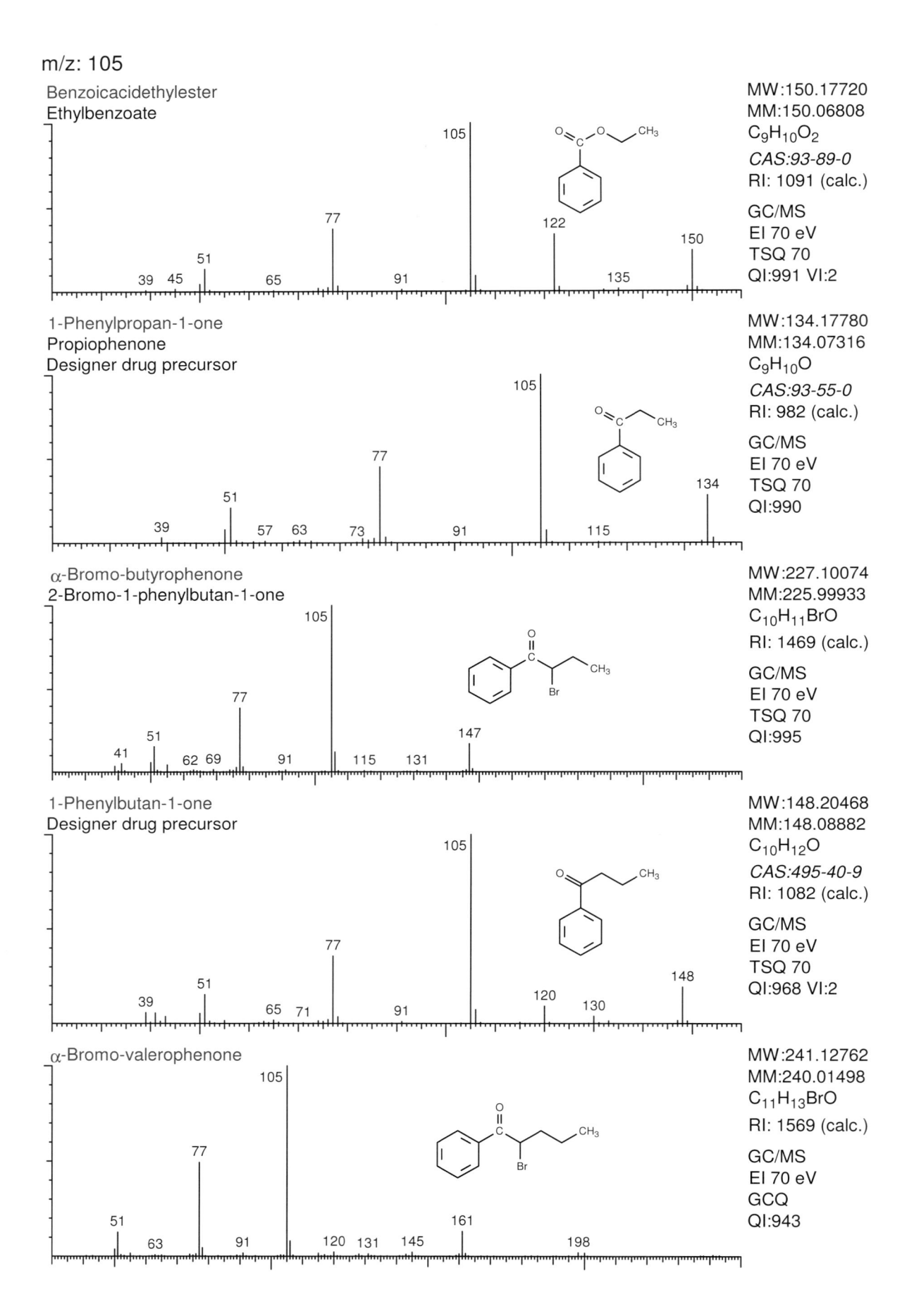

Benzoicacidethylester
Ethylbenzoate

MW: 150.17720
MM: 150.06808
$C_9H_{10}O_2$
CAS: 93-89-0
RI: 1091 (calc.)

GC/MS
EI 70 eV
TSQ 70
QI: 991 VI: 2

Peaks: 39, 45, 51, 65, 77, 91, 105, 122, 135, 150

1-Phenylpropan-1-one
Propiophenone
Designer drug precursor

MW: 134.17780
MM: 134.07316
$C_9H_{10}O$
CAS: 93-55-0
RI: 982 (calc.)

GC/MS
EI 70 eV
TSQ 70
QI: 990

Peaks: 39, 51, 57, 63, 73, 77, 91, 105, 115, 134

α-Bromo-butyrophenone
2-Bromo-1-phenylbutan-1-one

MW: 227.10074
MM: 225.99933
$C_{10}H_{11}BrO$
RI: 1469 (calc.)

GC/MS
EI 70 eV
TSQ 70
QI: 995

Peaks: 41, 51, 62, 69, 77, 91, 105, 115, 131, 147

1-Phenylbutan-1-one
Designer drug precursor

MW: 148.20468
MM: 148.08882
$C_{10}H_{12}O$
CAS: 495-40-9
RI: 1082 (calc.)

GC/MS
EI 70 eV
TSQ 70
QI: 968 VI: 2

Peaks: 39, 51, 65, 71, 77, 91, 105, 120, 130, 148

α-Bromo-valerophenone

MW: 241.12762
MM: 240.01498
$C_{11}H_{13}BrO$
RI: 1569 (calc.)

GC/MS
EI 70 eV
GCQ
QI: 943

Peaks: 51, 63, 77, 91, 105, 120, 131, 145, 161, 198

m/z: 105

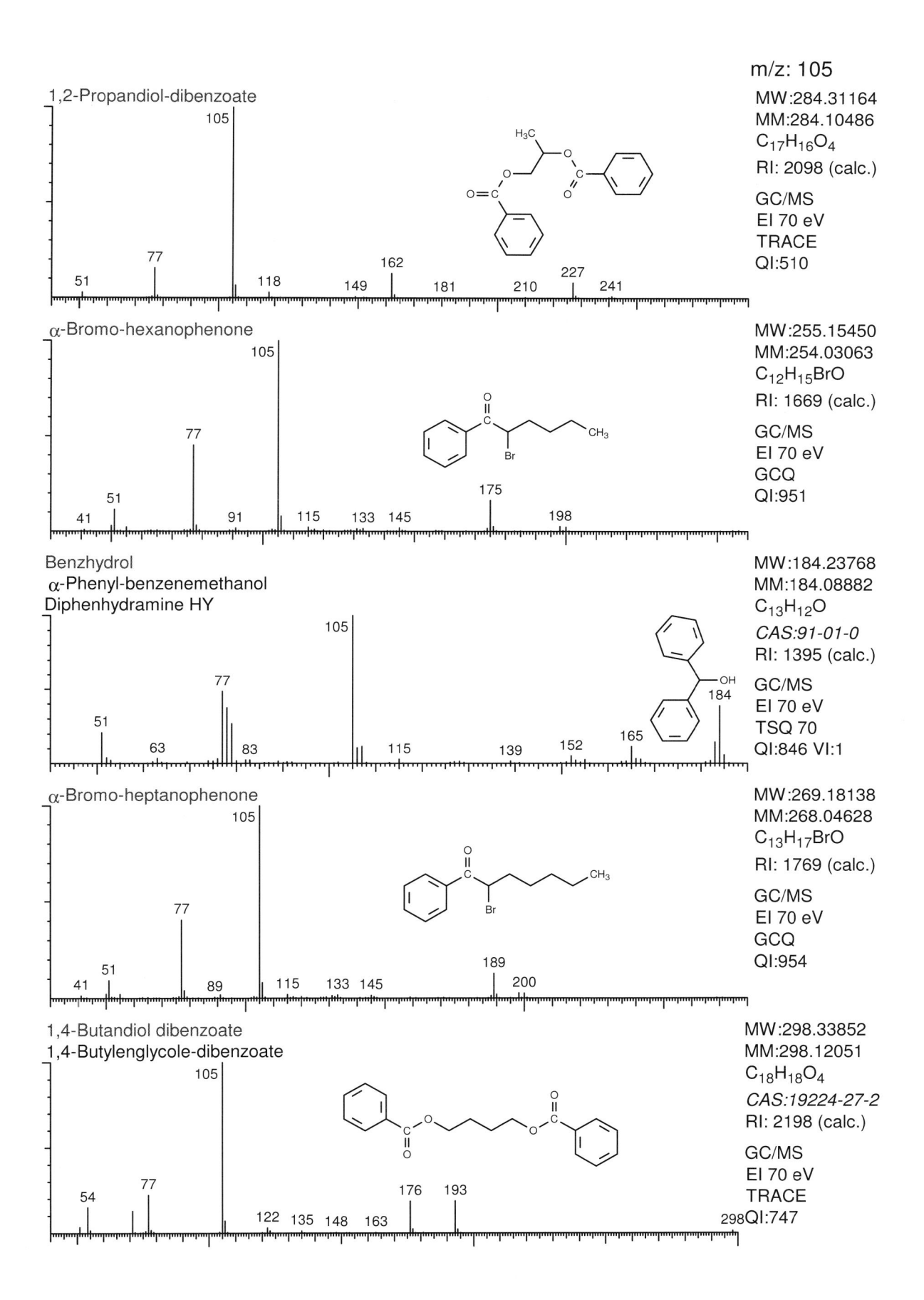

1,2-Propandiol-dibenzoate

Peaks: 51, 77, 105, 118, 149, 162, 181, 210, 227, 241

MW: 284.31164
MM: 284.10486
$C_{17}H_{16}O_4$
RI: 2098 (calc.)

GC/MS
EI 70 eV
TRACE
QI: 510

α-Bromo-hexanophenone

Peaks: 41, 51, 77, 91, 105, 115, 133, 145, 175, 198

MW: 255.15450
MM: 254.03063
$C_{12}H_{15}BrO$
RI: 1669 (calc.)

GC/MS
EI 70 eV
GCQ
QI: 951

Benzhydrol
α-Phenyl-benzenemethanol
Diphenhydramine HY

Peaks: 51, 63, 77, 83, 105, 115, 139, 152, 165, 184

MW: 184.23768
MM: 184.08882
$C_{13}H_{12}O$
CAS: 91-01-0
RI: 1395 (calc.)

GC/MS
EI 70 eV
TSQ 70
QI: 846 VI:1

α-Bromo-heptanophenone

Peaks: 41, 51, 77, 89, 105, 115, 133, 145, 189, 200

MW: 269.18138
MM: 268.04628
$C_{13}H_{17}BrO$
RI: 1769 (calc.)

GC/MS
EI 70 eV
GCQ
QI: 954

1,4-Butandiol dibenzoate
1,4-Butylenglycole-dibenzoate

Peaks: 54, 77, 105, 122, 135, 148, 163, 176, 193, 298

MW: 298.33852
MM: 298.12051
$C_{18}H_{18}O_4$
CAS: 19224-27-2
RI: 2198 (calc.)

GC/MS
EI 70 eV
TRACE
QI: 747

m/z: 105

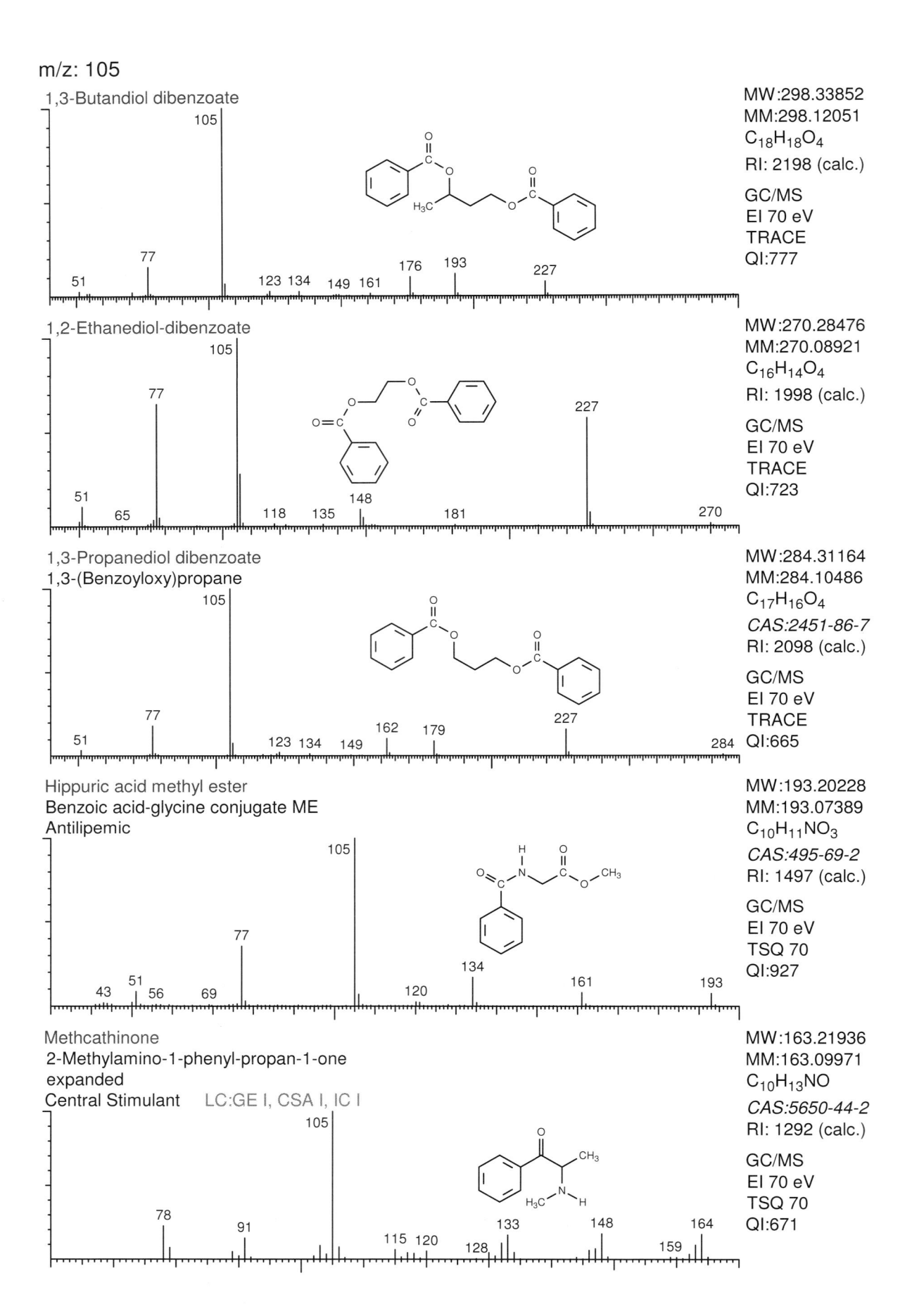

1,3-Butandiol dibenzoate

Peaks: 51, 77, 105, 123, 134, 149, 161, 176, 193, 227

MW: 298.33852
MM: 298.12051
$C_{18}H_{18}O_4$
RI: 2198 (calc.)

GC/MS
EI 70 eV
TRACE
QI:777

1,2-Ethanediol-dibenzoate

Peaks: 51, 65, 77, 105, 118, 135, 148, 181, 227, 270

MW: 270.28476
MM: 270.08921
$C_{16}H_{14}O_4$
RI: 1998 (calc.)

GC/MS
EI 70 eV
TRACE
QI:723

1,3-Propanediol dibenzoate
1,3-(Benzoyloxy)propane

Peaks: 51, 77, 105, 123, 134, 149, 162, 179, 227, 284

MW: 284.31164
MM: 284.10486
$C_{17}H_{16}O_4$
CAS: 2451-86-7
RI: 2098 (calc.)

GC/MS
EI 70 eV
TRACE
QI:665

Hippuric acid methyl ester
Benzoic acid-glycine conjugate ME
Antilipemic

Peaks: 43, 51, 56, 69, 77, 105, 120, 134, 161, 193

MW: 193.20228
MM: 193.07389
$C_{10}H_{11}NO_3$
CAS: 495-69-2
RI: 1497 (calc.)

GC/MS
EI 70 eV
TSQ 70
QI:927

Methcathinone
2-Methylamino-1-phenyl-propan-1-one
expanded
Central Stimulant   LC:GE I, CSA I, IC I

Peaks: 78, 91, 105, 115, 120, 128, 133, 148, 159, 164

MW: 163.21936
MM: 163.09971
$C_{10}H_{13}NO$
CAS: 5650-44-2
RI: 1292 (calc.)

GC/MS
EI 70 eV
TSQ 70
QI:671

m/z: 105

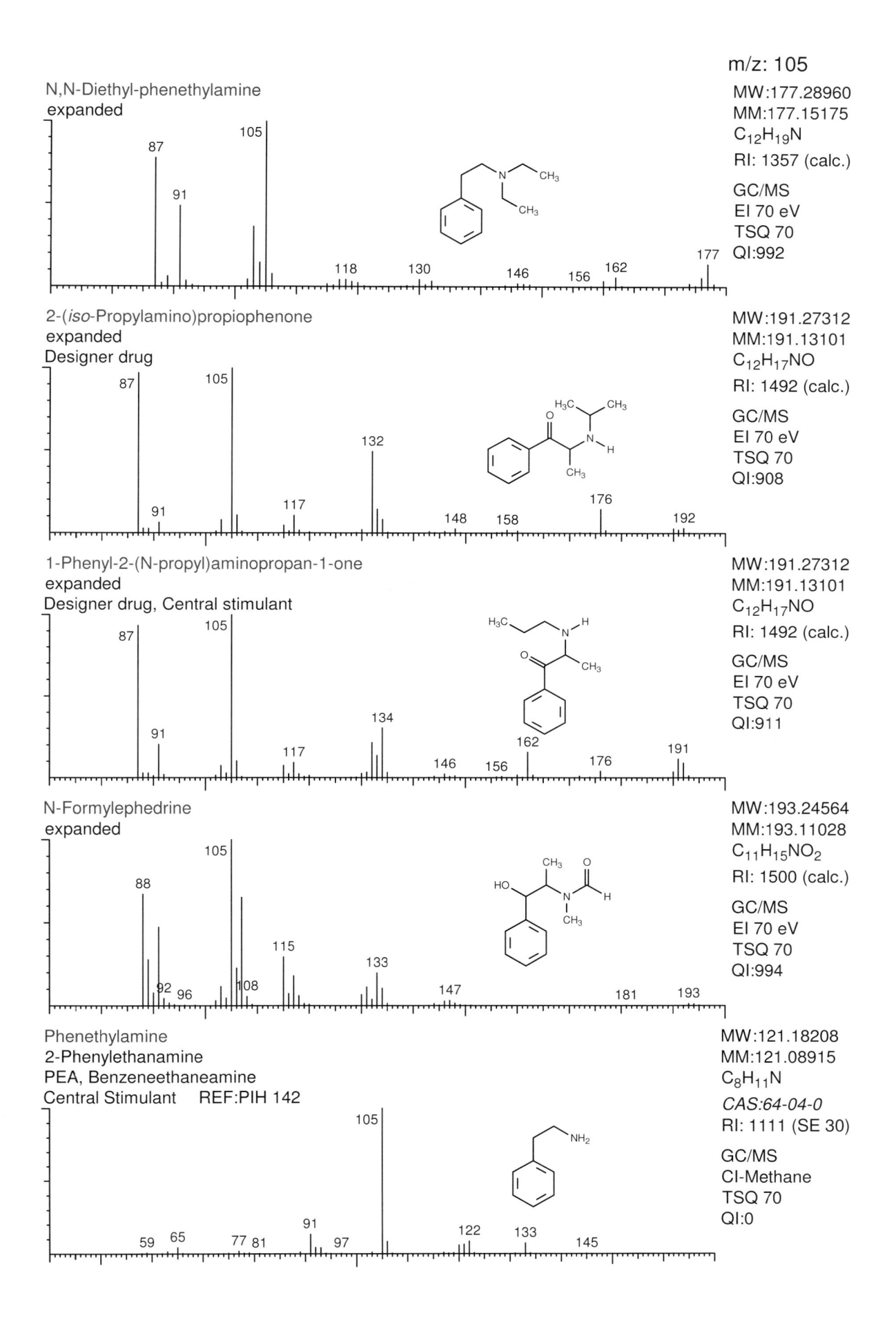

N,N-Diethyl-phenethylamine
expanded

MW: 177.28960
MM: 177.15175
$C_{12}H_{19}N$
RI: 1357 (calc.)

GC/MS
EI 70 eV
TSQ 70
QI: 992

Peaks: 87, 91, 105, 118, 130, 146, 156, 162, 177

2-(*iso*-Propylamino)propiophenone
expanded
Designer drug

MW: 191.27312
MM: 191.13101
$C_{12}H_{17}NO$
RI: 1492 (calc.)

GC/MS
EI 70 eV
TSQ 70
QI: 908

Peaks: 87, 91, 105, 117, 132, 148, 158, 176, 192

1-Phenyl-2-(N-propyl)aminopropan-1-one
expanded
Designer drug, Central stimulant

MW: 191.27312
MM: 191.13101
$C_{12}H_{17}NO$
RI: 1492 (calc.)

GC/MS
EI 70 eV
TSQ 70
QI: 911

Peaks: 87, 91, 105, 117, 134, 146, 156, 162, 176, 191

N-Formylephedrine
expanded

MW: 193.24564
MM: 193.11028
$C_{11}H_{15}NO_2$
RI: 1500 (calc.)

GC/MS
EI 70 eV
TSQ 70
QI: 994

Peaks: 88, 92, 96, 105, 108, 115, 133, 147, 181, 193

Phenethylamine
2-Phenylethanamine
PEA, Benzeneethaneamine
Central Stimulant   REF: PIH 142

MW: 121.18208
MM: 121.08915
$C_8H_{11}N$
CAS: 64-04-0
RI: 1111 (SE 30)

GC/MS
CI-Methane
TSQ 70
QI: 0

Peaks: 59, 65, 77, 81, 91, 97, 105, 122, 133, 145

m/z: 105

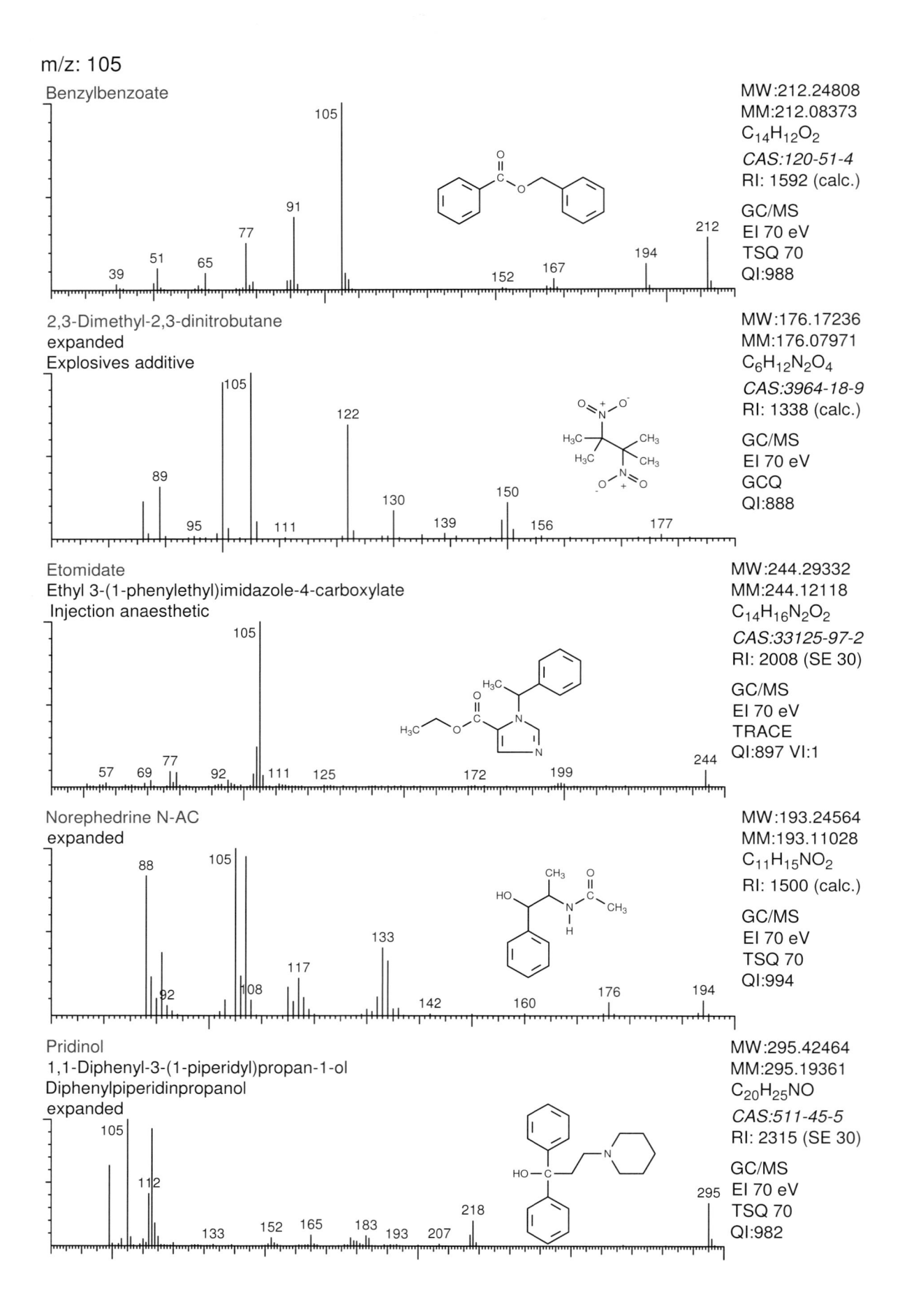

Benzylbenzoate

MW: 212.24808
MM: 212.08373
$C_{14}H_{12}O_2$
CAS: 120-51-4
RI: 1592 (calc.)

GC/MS
EI 70 eV
TSQ 70
QI: 988

Peaks: 39, 51, 65, 77, 91, 105, 152, 167, 194, 212

2,3-Dimethyl-2,3-dinitrobutane
expanded
Explosives additive

MW: 176.17236
MM: 176.07971
$C_6H_{12}N_2O_4$
CAS: 3964-18-9
RI: 1338 (calc.)

GC/MS
EI 70 eV
GCQ
QI: 888

Peaks: 89, 95, 105, 111, 122, 130, 139, 150, 156, 177

Etomidate
Ethyl 3-(1-phenylethyl)imidazole-4-carboxylate
Injection anaesthetic

MW: 244.29332
MM: 244.12118
$C_{14}H_{16}N_2O_2$
CAS: 33125-97-2
RI: 2008 (SE 30)

GC/MS
EI 70 eV
TRACE
QI: 897 VI:1

Peaks: 57, 69, 77, 92, 105, 111, 125, 172, 199, 244

Norephedrine N-AC
expanded

MW: 193.24564
MM: 193.11028
$C_{11}H_{15}NO_2$
RI: 1500 (calc.)

GC/MS
EI 70 eV
TSQ 70
QI: 994

Peaks: 88, 92, 105, 108, 117, 133, 142, 160, 176, 194

Pridinol
1,1-Diphenyl-3-(1-piperidyl)propan-1-ol
Diphenylpiperidinpropanol
expanded

MW: 295.42464
MM: 295.19361
$C_{20}H_{25}NO$
CAS: 511-45-5
RI: 2315 (SE 30)

GC/MS
EI 70 eV
TSQ 70
QI: 982

Peaks: 105, 112, 133, 152, 165, 183, 193, 207, 218, 295

m/z: 105

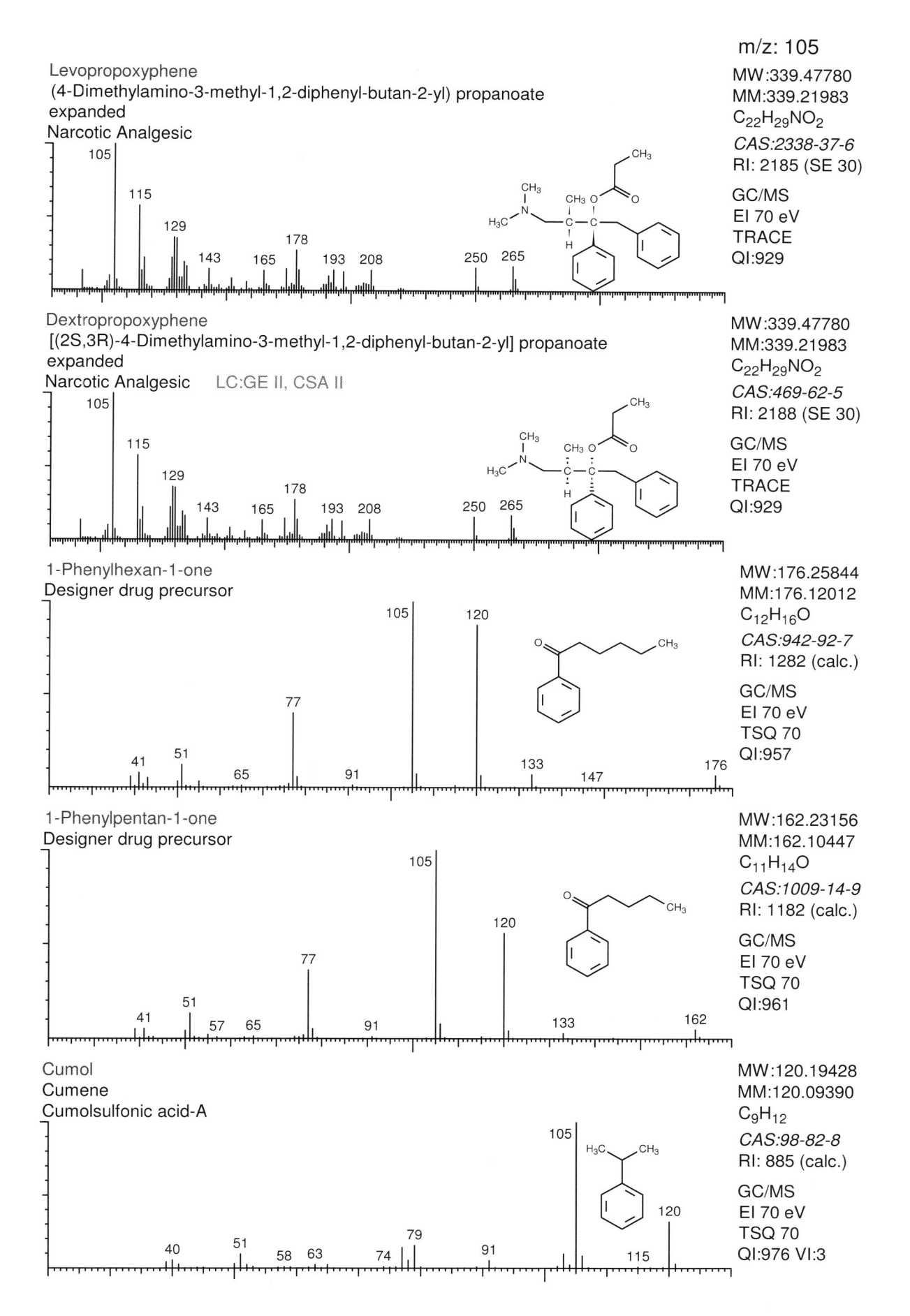

Levopropoxyphene
(4-Dimethylamino-3-methyl-1,2-diphenyl-butan-2-yl) propanoate
expanded
Narcotic Analgesic

Peaks: 105, 115, 129, 143, 165, 178, 193, 208, 250, 265

MW: 339.47780
MM: 339.21983
$C_{22}H_{29}NO_2$
CAS: 2338-37-6
RI: 2185 (SE 30)

GC/MS
EI 70 eV
TRACE
QI: 929

Dextropropoxyphene
[(2S,3R)-4-Dimethylamino-3-methyl-1,2-diphenyl-butan-2-yl] propanoate
expanded
Narcotic Analgesic   LC:GE II, CSA II

Peaks: 105, 115, 129, 143, 165, 178, 193, 208, 250, 265

MW: 339.47780
MM: 339.21983
$C_{22}H_{29}NO_2$
CAS: 469-62-5
RI: 2188 (SE 30)

GC/MS
EI 70 eV
TRACE
QI: 929

1-Phenylhexan-1-one
Designer drug precursor

Peaks: 41, 51, 65, 77, 91, 105, 120, 133, 147, 176

MW: 176.25844
MM: 176.12012
$C_{12}H_{16}O$
CAS: 942-92-7
RI: 1282 (calc.)

GC/MS
EI 70 eV
TSQ 70
QI: 957

1-Phenylpentan-1-one
Designer drug precursor

Peaks: 41, 51, 57, 65, 77, 91, 105, 120, 133, 162

MW: 162.23156
MM: 162.10447
$C_{11}H_{14}O$
CAS: 1009-14-9
RI: 1182 (calc.)

GC/MS
EI 70 eV
TSQ 70
QI: 961

Cumol
Cumene
Cumolsulfonic acid-A

Peaks: 40, 51, 58, 63, 74, 79, 91, 105, 115, 120

MW: 120.19428
MM: 120.09390
C_9H_{12}
CAS: 98-82-8
RI: 885 (calc.)

GC/MS
EI 70 eV
TSQ 70
QI: 976 VI:3

m/z: 105

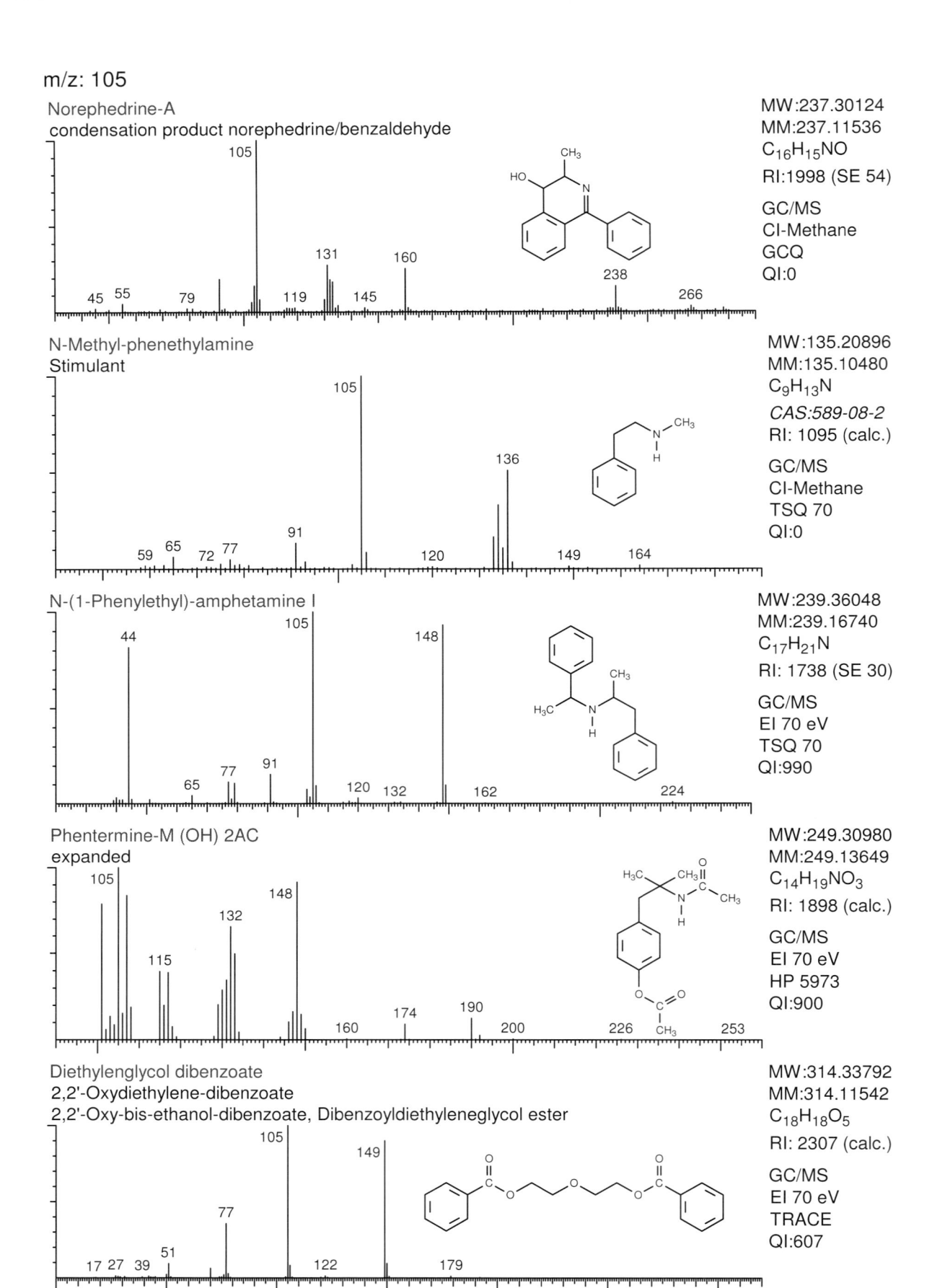

Norephedrine-A
condensation product norephedrine/benzaldehyde

MW:237.30124
MM:237.11536
$C_{16}H_{15}NO$
RI:1998 (SE 54)

GC/MS
CI-Methane
GCQ
QI:0

N-Methyl-phenethylamine
Stimulant

MW:135.20896
MM:135.10480
$C_9H_{13}N$
CAS:589-08-2
RI: 1095 (calc.)

GC/MS
CI-Methane
TSQ 70
QI:0

N-(1-Phenylethyl)-amphetamine I

MW:239.36048
MM:239.16740
$C_{17}H_{21}N$
RI: 1738 (SE 30)

GC/MS
EI 70 eV
TSQ 70
QI:990

Phentermine-M (OH) 2AC
expanded

MW:249.30980
MM:249.13649
$C_{14}H_{19}NO_3$
RI: 1898 (calc.)

GC/MS
EI 70 eV
HP 5973
QI:900

Diethylenglycol dibenzoate
2,2'-Oxydiethylene-dibenzoate
2,2'-Oxy-bis-ethanol-dibenzoate, Dibenzoyldiethyleneglycol ester

MW:314.33792
MM:314.11542
$C_{18}H_{18}O_5$
RI: 2307 (calc.)

GC/MS
EI 70 eV
TRACE
QI:607

480

m/z: 105

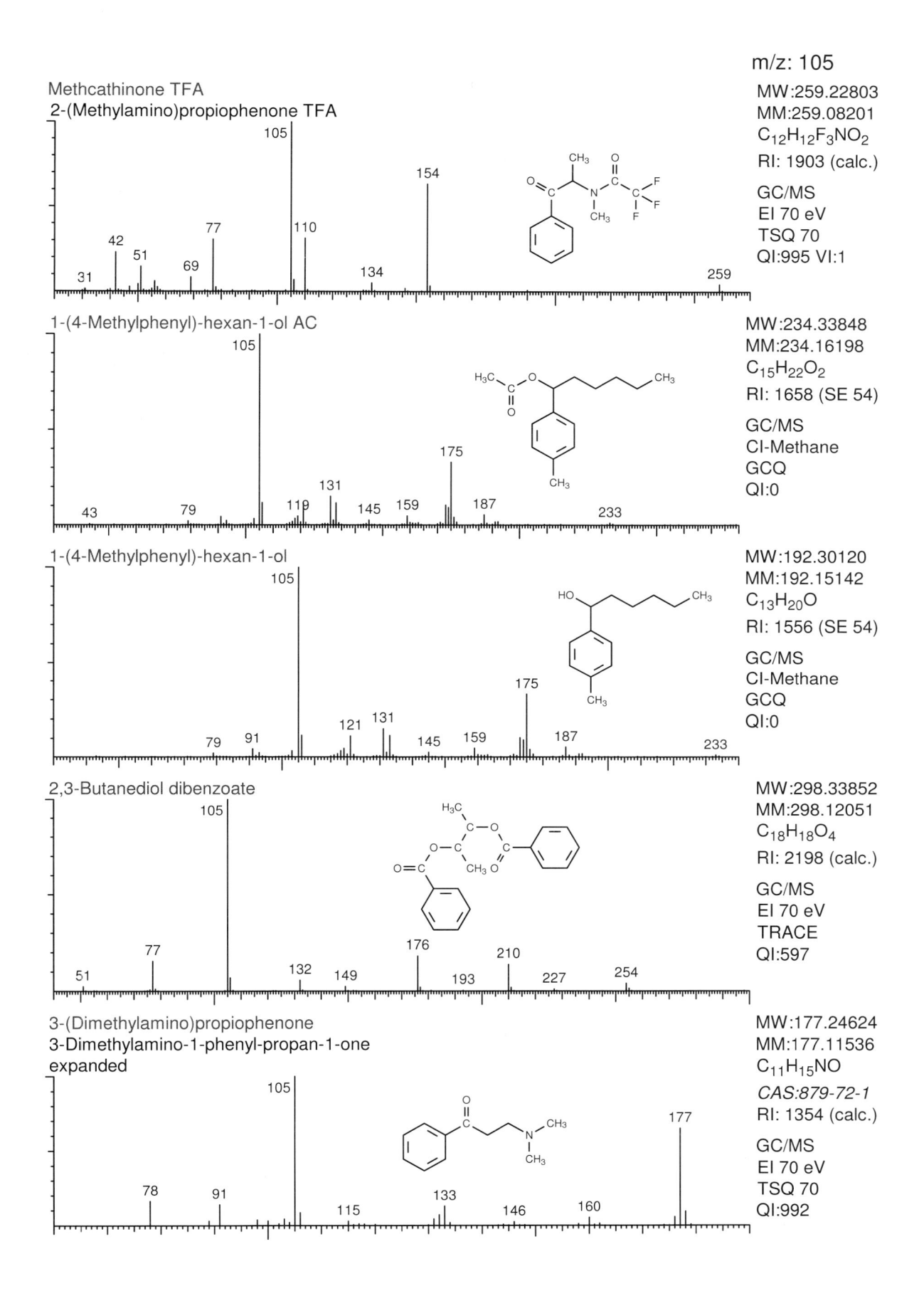

Methcathinone TFA
2-(Methylamino)propiophenone TFA

MW: 259.22803
MM: 259.08201
$C_{12}H_{12}F_3NO_2$
RI: 1903 (calc.)

GC/MS
EI 70 eV
TSQ 70
QI:995 VI:1

1-(4-Methylphenyl)-hexan-1-ol AC

MW: 234.33848
MM: 234.16198
$C_{15}H_{22}O_2$
RI: 1658 (SE 54)

GC/MS
CI-Methane
GCQ
QI:0

1-(4-Methylphenyl)-hexan-1-ol

MW: 192.30120
MM: 192.15142
$C_{13}H_{20}O$
RI: 1556 (SE 54)

GC/MS
CI-Methane
GCQ
QI:0

2,3-Butanediol dibenzoate

MW: 298.33852
MM: 298.12051
$C_{18}H_{18}O_4$
RI: 2198 (calc.)

GC/MS
EI 70 eV
TRACE
QI:597

3-(Dimethylamino)propiophenone
3-Dimethylamino-1-phenyl-propan-1-one
expanded

MW: 177.24624
MM: 177.11536
$C_{11}H_{15}NO$
CAS:879-72-1
RI: 1354 (calc.)

GC/MS
EI 70 eV
TSQ 70
QI:992

m/z: 105

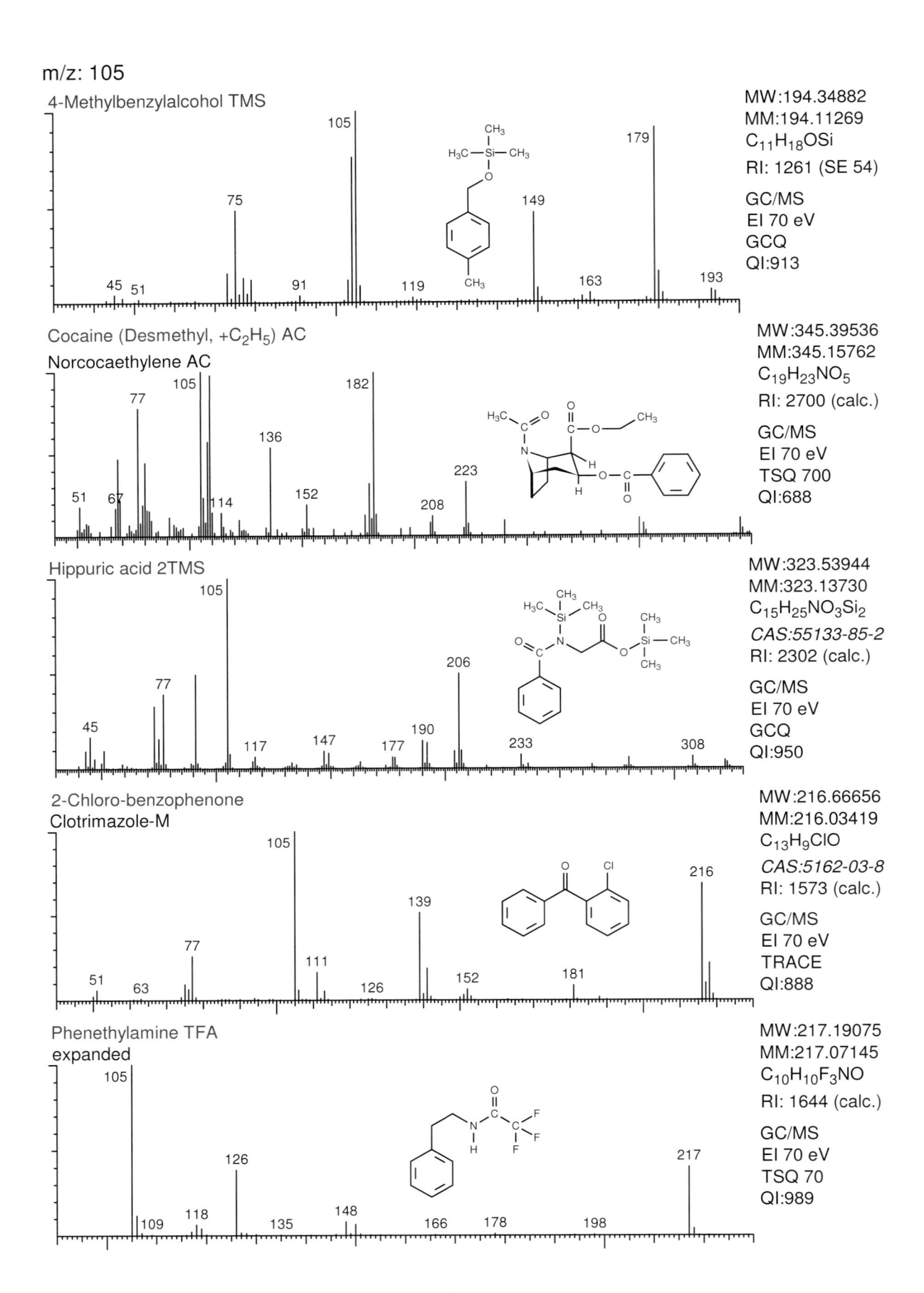

4-Methylbenzylalcohol TMS

MW: 194.34882
MM: 194.11269
$C_{11}H_{18}OSi$
RI: 1261 (SE 54)

GC/MS
EI 70 eV
GCQ
QI: 913

Peaks: 45, 51, 75, 91, 105, 119, 149, 163, 179, 193

Cocaine (Desmethyl, +C₂H₅) AC
Norcocaethylene AC

MW: 345.39536
MM: 345.15762
$C_{19}H_{23}NO_5$
RI: 2700 (calc.)

GC/MS
EI 70 eV
TSQ 700
QI: 688

Peaks: 51, 67, 77, 105, 114, 136, 152, 182, 208, 223

Hippuric acid 2TMS

MW: 323.53944
MM: 323.13730
$C_{15}H_{25}NO_3Si_2$
CAS: 55133-85-2
RI: 2302 (calc.)

GC/MS
EI 70 eV
GCQ
QI: 950

Peaks: 45, 77, 105, 117, 147, 177, 190, 206, 233, 308

2-Chloro-benzophenone
Clotrimazole-M

MW: 216.66656
MM: 216.03419
$C_{13}H_9ClO$
CAS: 5162-03-8
RI: 1573 (calc.)

GC/MS
EI 70 eV
TRACE
QI: 888

Peaks: 51, 63, 77, 105, 111, 126, 139, 152, 181, 216

Phenethylamine TFA
expanded

MW: 217.19075
MM: 217.07145
$C_{10}H_{10}F_3NO$
RI: 1644 (calc.)

GC/MS
EI 70 eV
TSQ 70
QI: 989

Peaks: 105, 109, 118, 126, 135, 148, 166, 178, 198, 217

m/z: 105

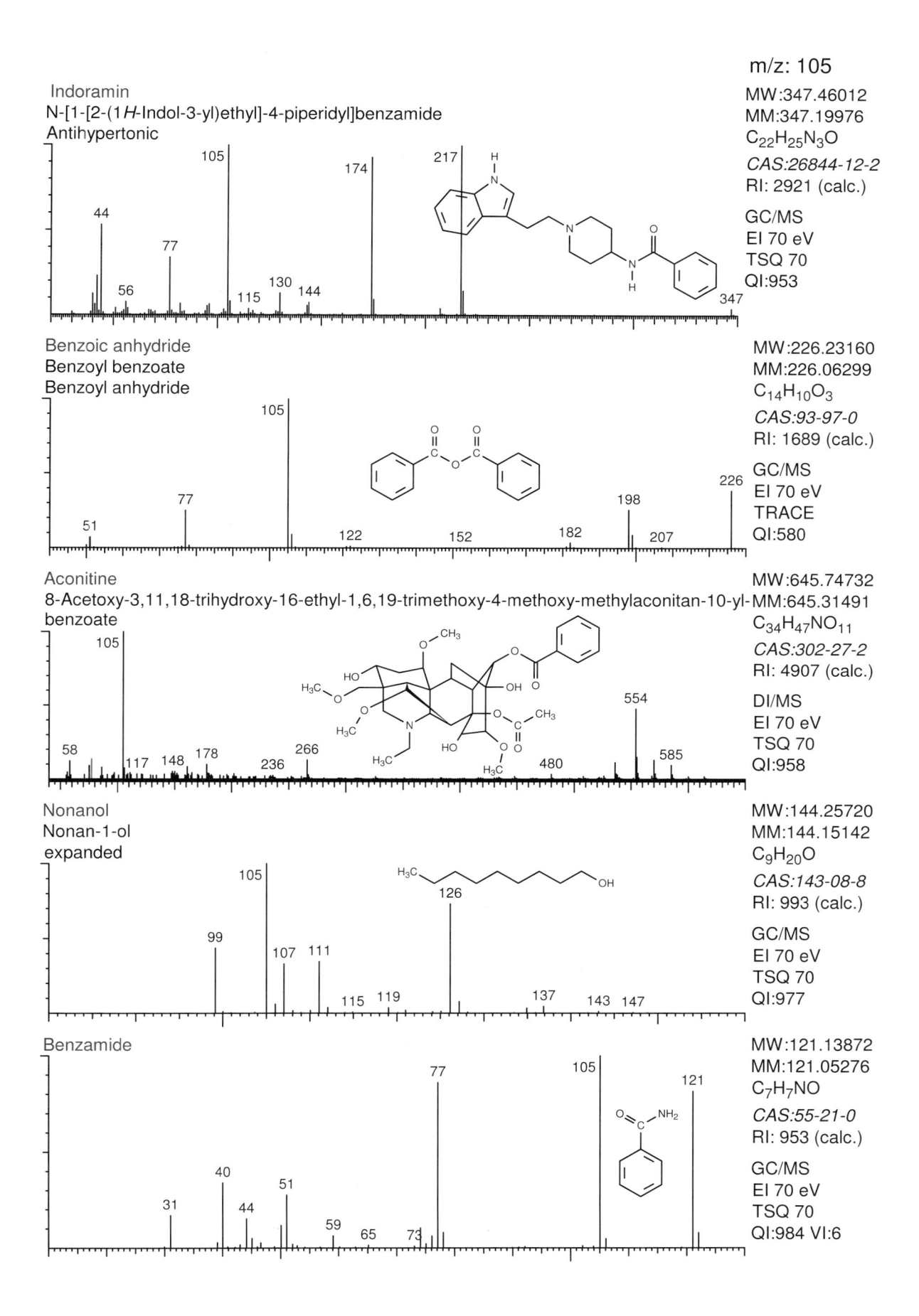

Indoramin
N-[1-[2-(1H-Indol-3-yl)ethyl]-4-piperidyl]benzamide
Antihypertonic

Peaks: 44, 56, 77, 105, 115, 130, 144, 174, 217, 347

MW: 347.46012
MM: 347.19976
$C_{22}H_{25}N_3O$
CAS: 26844-12-2
RI: 2921 (calc.)
GC/MS
EI 70 eV
TSQ 70
QI: 953

Benzoic anhydride
Benzoyl benzoate
Benzoyl anhydride

Peaks: 51, 77, 105, 122, 152, 182, 198, 207, 226

MW: 226.23160
MM: 226.06299
$C_{14}H_{10}O_3$
CAS: 93-97-0
RI: 1689 (calc.)
GC/MS
EI 70 eV
TRACE
QI: 580

Aconitine
8-Acetoxy-3,11,18-trihydroxy-16-ethyl-1,6,19-trimethoxy-4-methoxy-methylaconitan-10-yl benzoate

Peaks: 58, 105, 117, 148, 178, 236, 266, 480, 554, 585

MW: 645.74732
MM: 645.31491
$C_{34}H_{47}NO_{11}$
CAS: 302-27-2
RI: 4907 (calc.)
DI/MS
EI 70 eV
TSQ 70
QI: 958

Nonanol
Nonan-1-ol
expanded

Peaks: 99, 105, 107, 111, 115, 119, 126, 137, 143, 147

MW: 144.25720
MM: 144.15142
$C_9H_{20}O$
CAS: 143-08-8
RI: 993 (calc.)
GC/MS
EI 70 eV
TSQ 70
QI: 977

Benzamide

Peaks: 31, 40, 44, 51, 59, 65, 73, 77, 105, 121

MW: 121.13872
MM: 121.05276
C_7H_7NO
CAS: 55-21-0
RI: 953 (calc.)
GC/MS
EI 70 eV
TSQ 70
QI: 984 VI: 6

m/z: 105

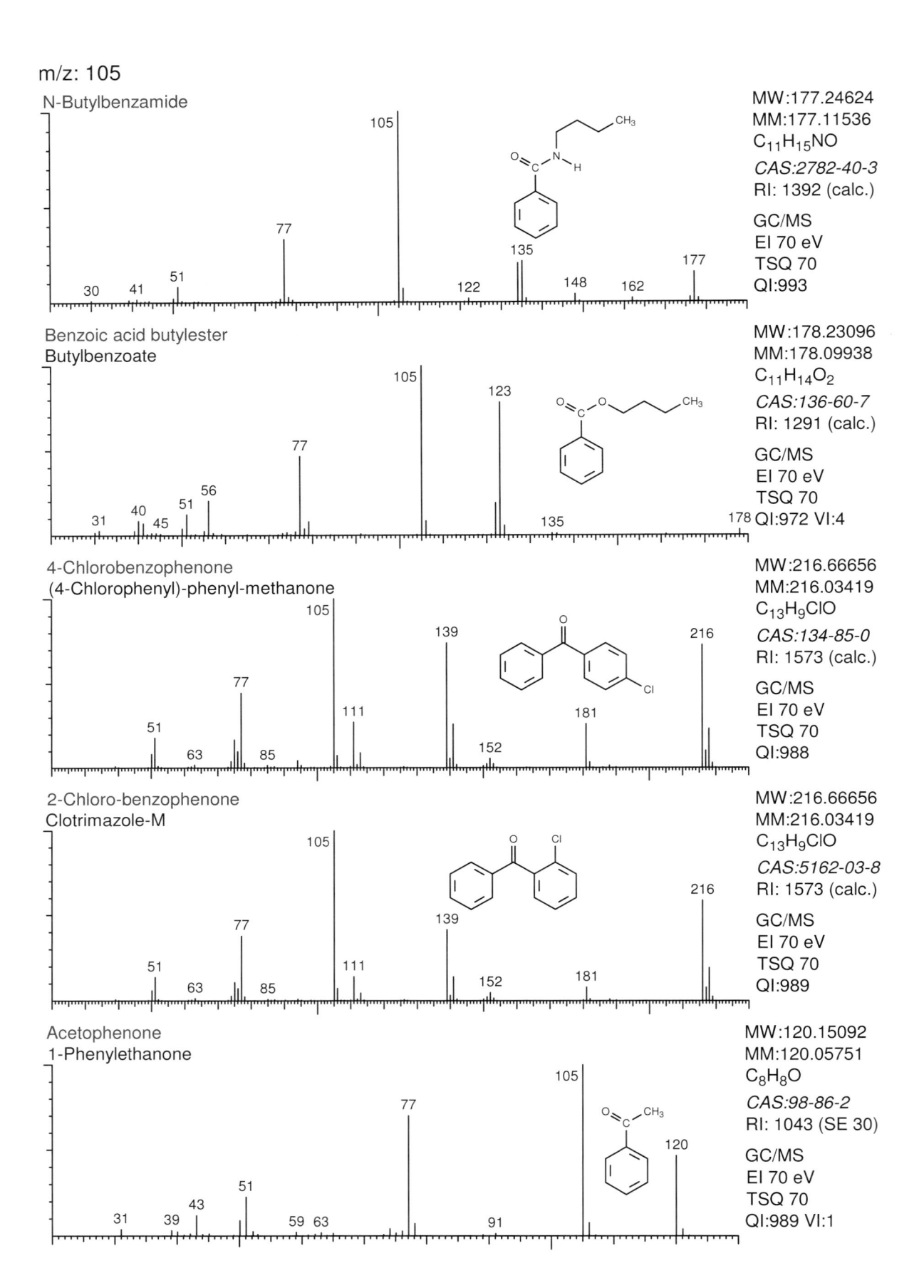

N-Butylbenzamide

Peaks: 30, 41, 51, 77, 105, 122, 135, 148, 162, 177

MW: 177.24624
MM: 177.11536
$C_{11}H_{15}NO$
CAS: 2782-40-3
RI: 1392 (calc.)

GC/MS
EI 70 eV
TSQ 70
QI: 993

Benzoic acid butylester
Butylbenzoate

Peaks: 31, 40, 45, 51, 56, 77, 105, 123, 135, 178

MW: 178.23096
MM: 178.09938
$C_{11}H_{14}O_2$
CAS: 136-60-7
RI: 1291 (calc.)

GC/MS
EI 70 eV
TSQ 70
QI: 972 VI: 4

4-Chlorobenzophenone
(4-Chlorophenyl)-phenyl-methanone

Peaks: 51, 63, 77, 85, 105, 111, 139, 152, 181, 216

MW: 216.66656
MM: 216.03419
$C_{13}H_9ClO$
CAS: 134-85-0
RI: 1573 (calc.)

GC/MS
EI 70 eV
TSQ 70
QI: 988

2-Chloro-benzophenone
Clotrimazole-M

Peaks: 51, 63, 77, 85, 105, 111, 139, 152, 181, 216

MW: 216.66656
MM: 216.03419
$C_{13}H_9ClO$
CAS: 5162-03-8
RI: 1573 (calc.)

GC/MS
EI 70 eV
TSQ 70
QI: 989

Acetophenone
1-Phenylethanone

Peaks: 31, 39, 43, 51, 59, 63, 77, 91, 105, 120

MW: 120.15092
MM: 120.05751
C_8H_8O
CAS: 98-86-2
RI: 1043 (SE 30)

GC/MS
EI 70 eV
TSQ 70
QI: 989 VI: 1

m/z: 105

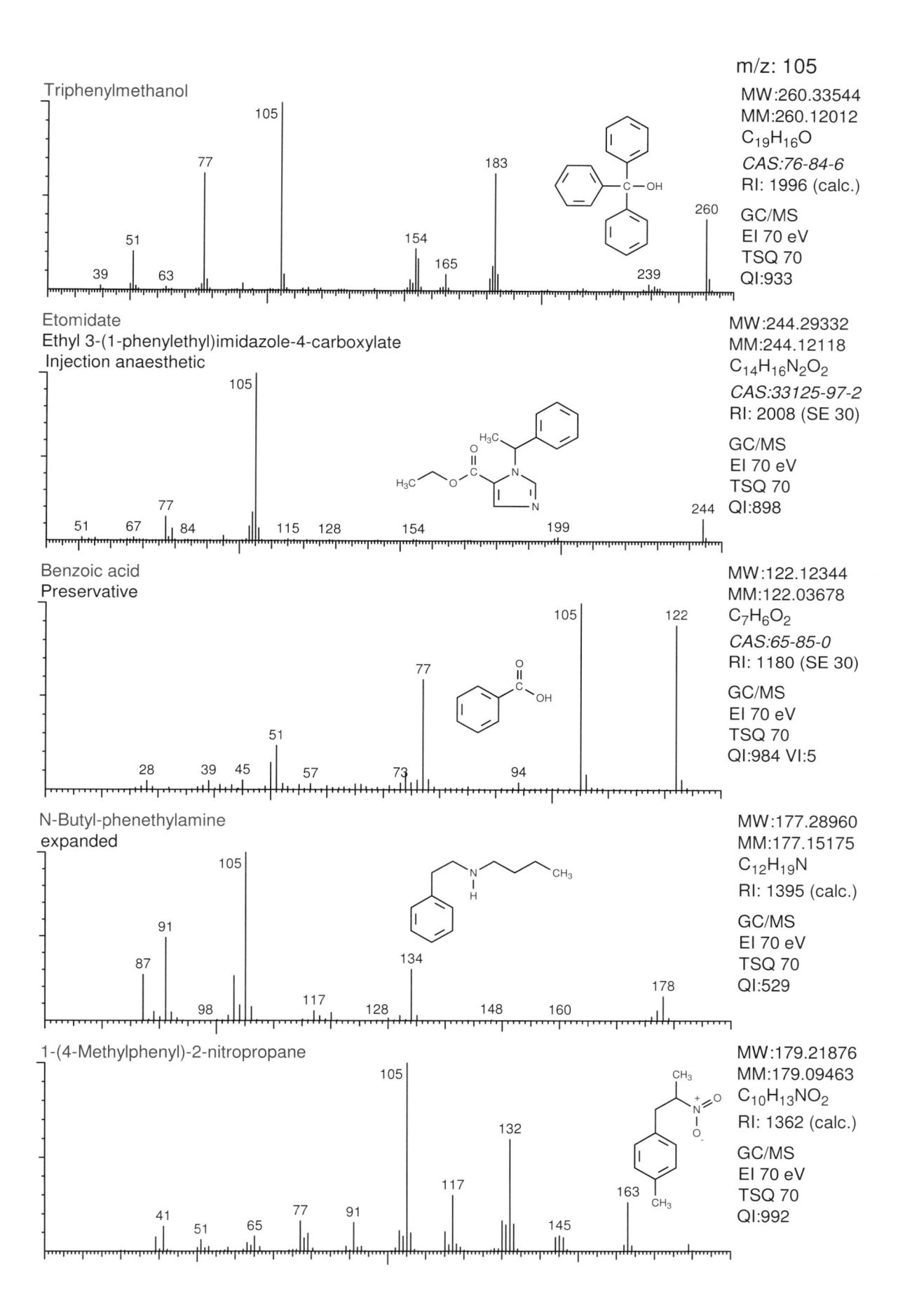

Triphenylmethanol

Peaks: 39, 51, 63, 77, 105, 154, 165, 183, 239, 260

MW: 260.33544
MM: 260.12012
$C_{19}H_{16}O$
CAS: 76-84-6
RI: 1996 (calc.)

GC/MS
EI 70 eV
TSQ 70
QI: 933

Etomidate
Ethyl 3-(1-phenylethyl)imidazole-4-carboxylate
Injection anaesthetic

Peaks: 51, 67, 77, 84, 105, 115, 128, 154, 199, 244

MW: 244.29332
MM: 244.12118
$C_{14}H_{16}N_2O_2$
CAS: 33125-97-2
RI: 2008 (SE 30)

GC/MS
EI 70 eV
TSQ 70
QI: 898

Benzoic acid
Preservative

Peaks: 28, 39, 45, 51, 57, 73, 77, 94, 105, 122

MW: 122.12344
MM: 122.03678
$C_7H_6O_2$
CAS: 65-85-0
RI: 1180 (SE 30)

GC/MS
EI 70 eV
TSQ 70
QI: 984 VI: 5

N-Butyl-phenethylamine
expanded

Peaks: 87, 91, 98, 105, 117, 128, 134, 148, 160, 178

MW: 177.28960
MM: 177.15175
$C_{12}H_{19}N$
RI: 1395 (calc.)

GC/MS
EI 70 eV
TSQ 70
QI: 529

1-(4-Methylphenyl)-2-nitropropane

Peaks: 41, 51, 65, 77, 91, 105, 117, 132, 145, 163

MW: 179.21876
MM: 179.09463
$C_{10}H_{13}NO_2$
RI: 1362 (calc.)

GC/MS
EI 70 eV
TSQ 70
QI: 992

m/z: 105

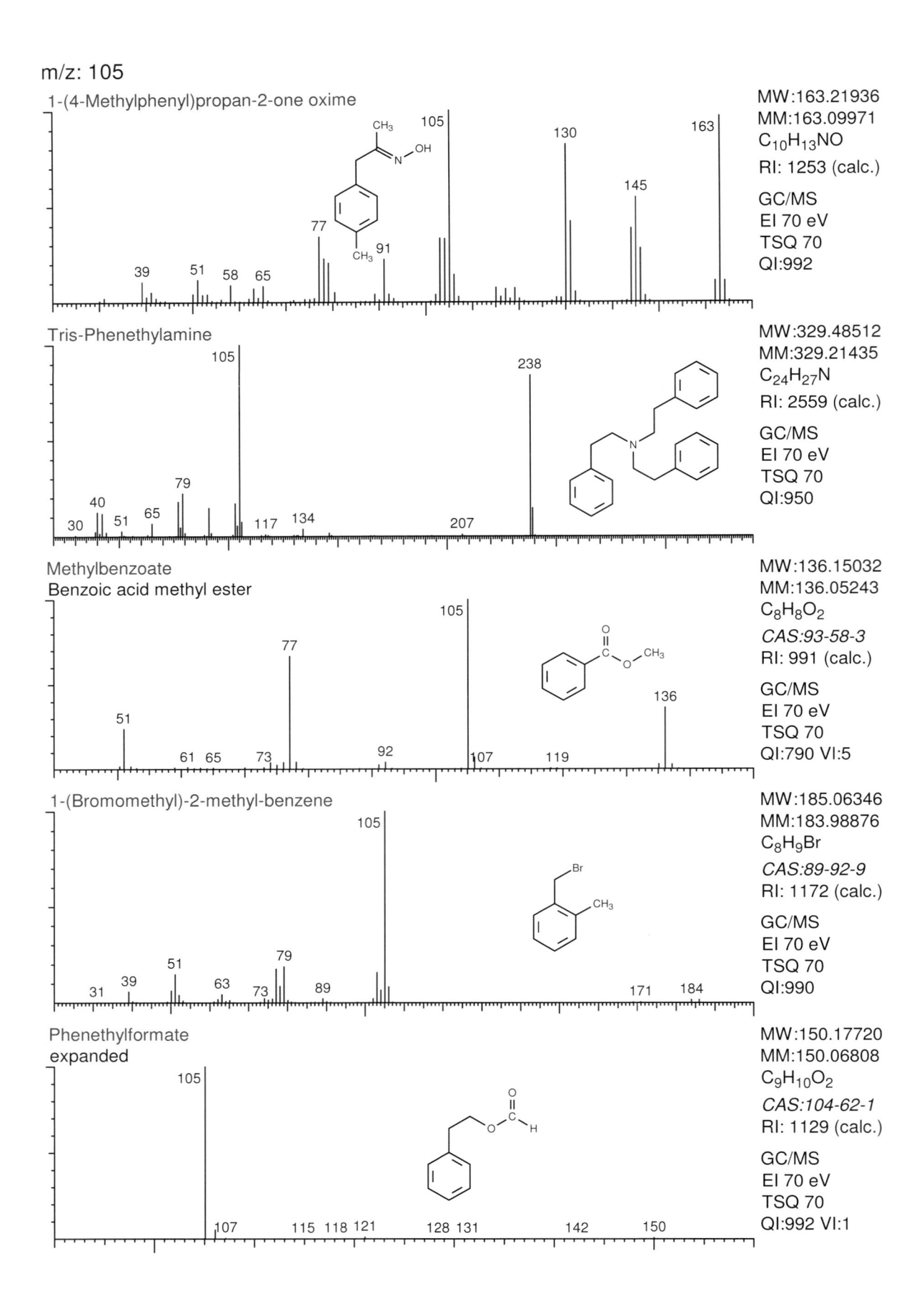

1-(4-Methylphenyl)propan-2-one oxime

Peaks: 39, 51, 58, 65, 77, 91, 105, 130, 145, 163

MW: 163.21936
MM: 163.09971
$C_{10}H_{13}NO$
RI: 1253 (calc.)

GC/MS
EI 70 eV
TSQ 70
QI: 992

Tris-Phenethylamine

Peaks: 30, 40, 51, 65, 79, 105, 117, 134, 207, 238

MW: 329.48512
MM: 329.21435
$C_{24}H_{27}N$
RI: 2559 (calc.)

GC/MS
EI 70 eV
TSQ 70
QI: 950

Methylbenzoate
Benzoic acid methyl ester

Peaks: 51, 61, 65, 73, 77, 92, 105, 107, 119, 136

MW: 136.15032
MM: 136.05243
$C_8H_8O_2$
CAS: 93-58-3
RI: 991 (calc.)

GC/MS
EI 70 eV
TSQ 70
QI: 790 VI: 5

1-(Bromomethyl)-2-methyl-benzene

Peaks: 31, 39, 51, 63, 73, 79, 89, 105, 171, 184

MW: 185.06346
MM: 183.98876
C_8H_9Br
CAS: 89-92-9
RI: 1172 (calc.)

GC/MS
EI 70 eV
TSQ 70
QI: 990

Phenethylformate
expanded

Peaks: 105, 107, 115, 118, 121, 128, 131, 142, 150

MW: 150.17720
MM: 150.06808
$C_9H_{10}O_2$
CAS: 104-62-1
RI: 1129 (calc.)

GC/MS
EI 70 eV
TSQ 70
QI: 992 VI: 1

m/z: 105

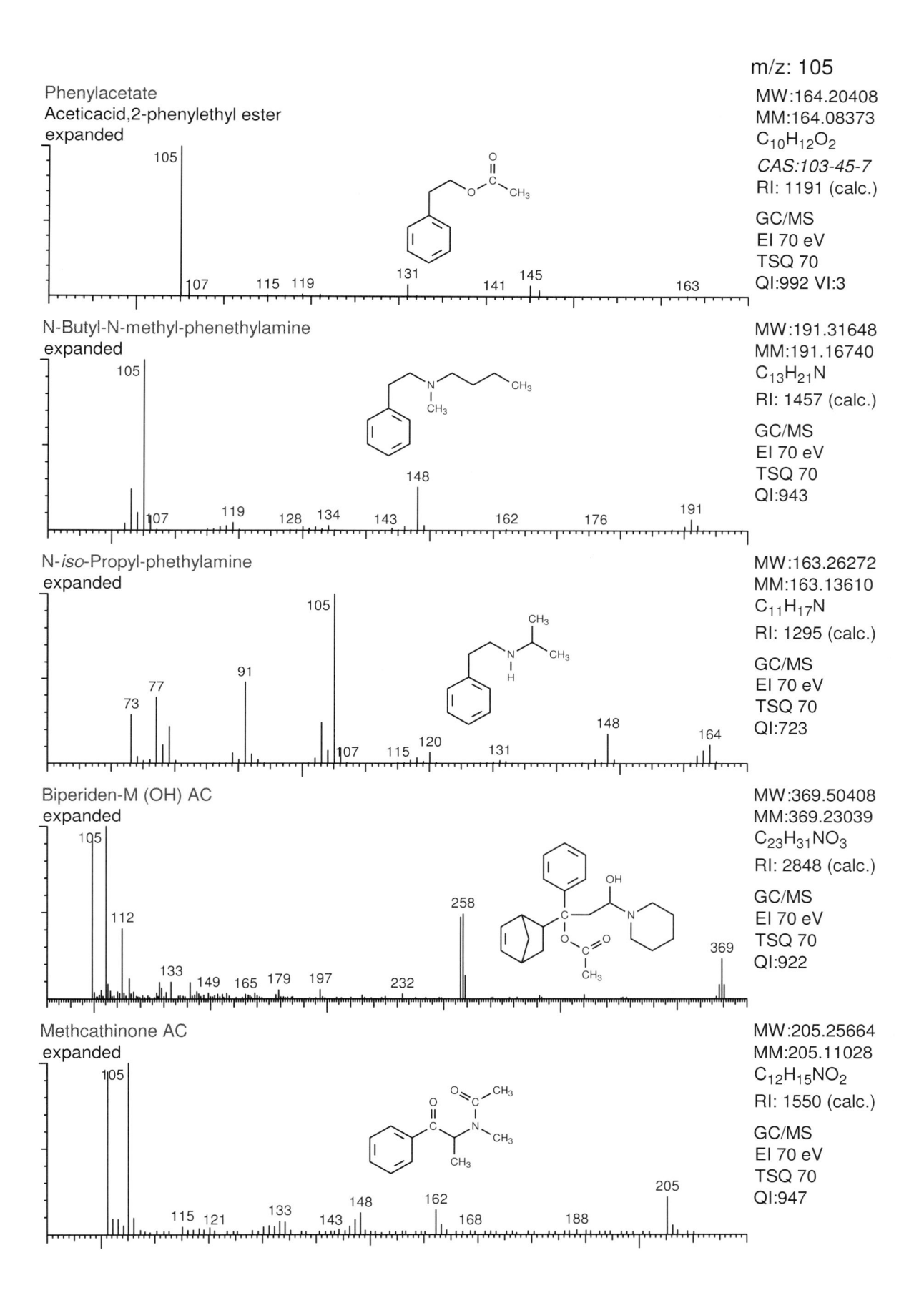

Phenylacetate
Aceticacid,2-phenylethyl ester
expanded

MW:164.20408
MM:164.08373
$C_{10}H_{12}O_2$
CAS:103-45-7
RI: 1191 (calc.)

GC/MS
EI 70 eV
TSQ 70
QI:992 VI:3

N-Butyl-N-methyl-phenethylamine
expanded

MW:191.31648
MM:191.16740
$C_{13}H_{21}N$
RI: 1457 (calc.)

GC/MS
EI 70 eV
TSQ 70
QI:943

N-*iso*-Propyl-phethylamine
expanded

MW:163.26272
MM:163.13610
$C_{11}H_{17}N$
RI: 1295 (calc.)

GC/MS
EI 70 eV
TSQ 70
QI:723

Biperiden-M (OH) AC
expanded

MW:369.50408
MM:369.23039
$C_{23}H_{31}NO_3$
RI: 2848 (calc.)

GC/MS
EI 70 eV
TSQ 70
QI:922

Methcathinone AC
expanded

MW:205.25664
MM:205.11028
$C_{12}H_{15}NO_2$
RI: 1550 (calc.)

GC/MS
EI 70 eV
TSQ 70
QI:947

m/z: 105

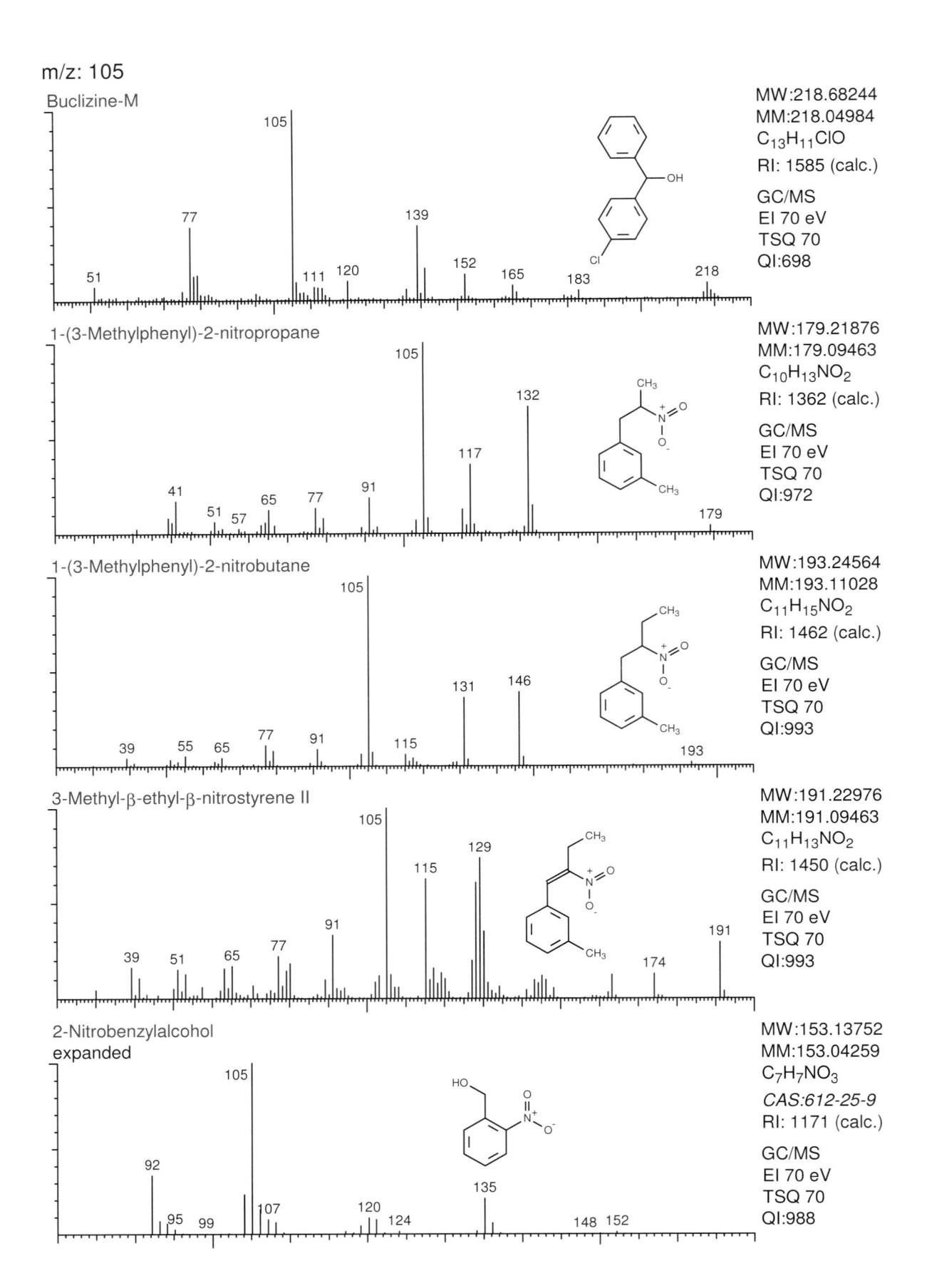

Buclizine-M
Peaks: 51, 77, 105, 111, 120, 139, 152, 165, 183, 218

MW:218.68244
MM:218.04984
C$_{13}$H$_{11}$ClO
RI: 1585 (calc.)

GC/MS
EI 70 eV
TSQ 70
QI:698

1-(3-Methylphenyl)-2-nitropropane
Peaks: 41, 51, 57, 65, 77, 91, 105, 117, 132, 179

MW:179.21876
MM:179.09463
C$_{10}$H$_{13}$NO$_2$
RI: 1362 (calc.)

GC/MS
EI 70 eV
TSQ 70
QI:972

1-(3-Methylphenyl)-2-nitrobutane
Peaks: 39, 55, 65, 77, 91, 105, 115, 131, 146, 193

MW:193.24564
MM:193.11028
C$_{11}$H$_{15}$NO$_2$
RI: 1462 (calc.)

GC/MS
EI 70 eV
TSQ 70
QI:993

3-Methyl-β-ethyl-β-nitrostyrene II
Peaks: 39, 51, 65, 77, 91, 105, 115, 129, 174, 191

MW:191.22976
MM:191.09463
C$_{11}$H$_{13}$NO$_2$
RI: 1450 (calc.)

GC/MS
EI 70 eV
TSQ 70
QI:993

2-Nitrobenzylalcohol expanded
Peaks: 92, 95, 99, 105, 107, 120, 124, 135, 148, 152

MW:153.13752
MM:153.04259
C$_7$H$_7$NO$_3$
CAS:612-25-9
RI: 1171 (calc.)

GC/MS
EI 70 eV
TSQ 70
QI:988

m/z: 105-106

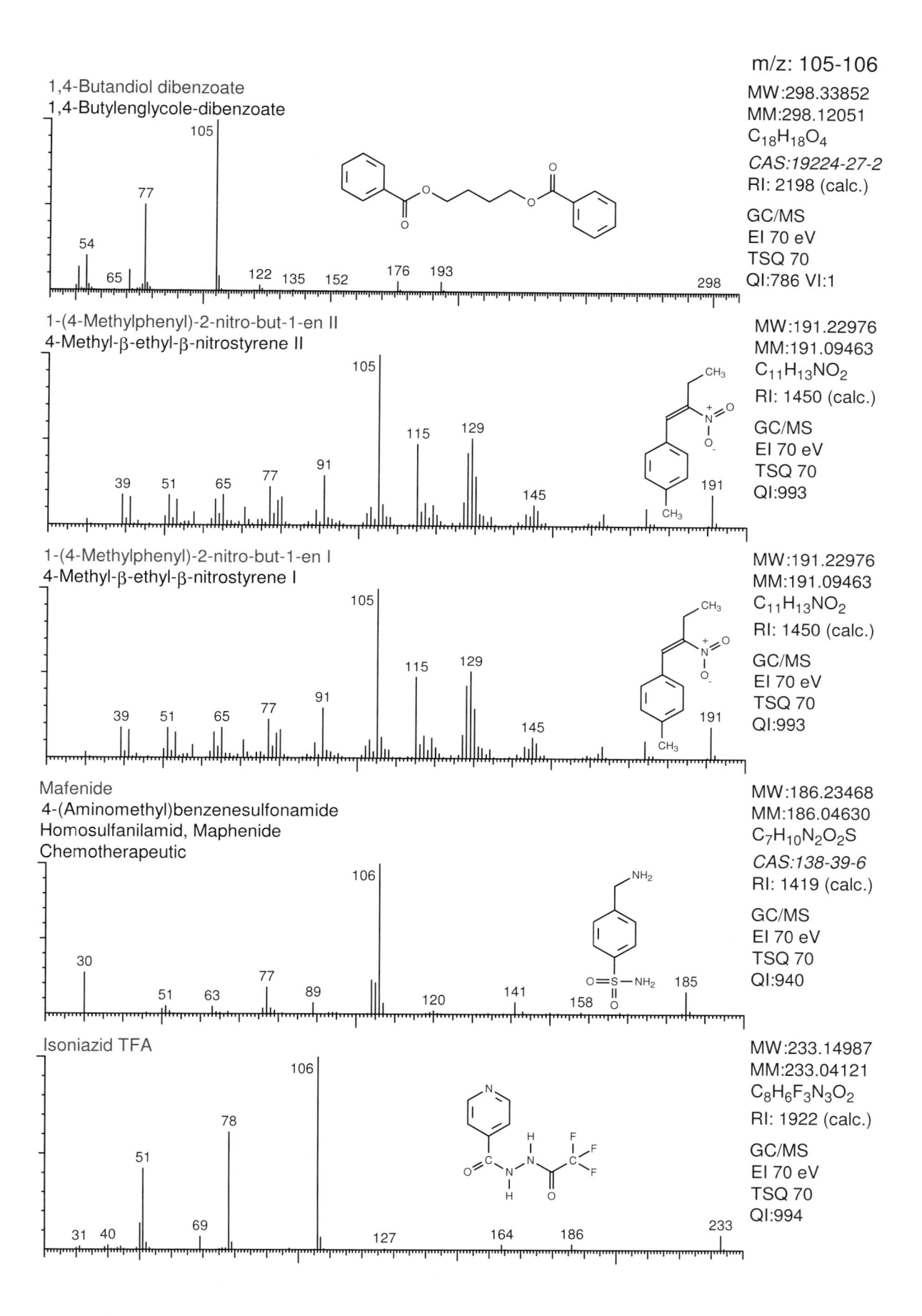

1,4-Butandiol dibenzoate
1,4-Butylenglycole-dibenzoate

MW:298.33852
MM:298.12051
$C_{18}H_{18}O_4$
CAS:19224-27-2
RI: 2198 (calc.)

GC/MS
EI 70 eV
TSQ 70
QI:786 VI:1

Peaks: 54, 65, 77, 105, 122, 135, 152, 176, 193, 298

1-(4-Methylphenyl)-2-nitro-but-1-en II
4-Methyl-β-ethyl-β-nitrostyrene II

MW:191.22976
MM:191.09463
$C_{11}H_{13}NO_2$
RI: 1450 (calc.)

GC/MS
EI 70 eV
TSQ 70
QI:993

Peaks: 39, 51, 65, 77, 91, 105, 115, 129, 145, 191

1-(4-Methylphenyl)-2-nitro-but-1-en I
4-Methyl-β-ethyl-β-nitrostyrene I

MW:191.22976
MM:191.09463
$C_{11}H_{13}NO_2$
RI: 1450 (calc.)

GC/MS
EI 70 eV
TSQ 70
QI:993

Peaks: 39, 51, 65, 77, 91, 105, 115, 129, 145, 191

Mafenide
4-(Aminomethyl)benzenesulfonamide
Homosulfanilamid, Maphenide
Chemotherapeutic

MW:186.23468
MM:186.04630
$C_7H_{10}N_2O_2S$
CAS:138-39-6
RI: 1419 (calc.)

GC/MS
EI 70 eV
TSQ 70
QI:940

Peaks: 30, 51, 63, 77, 89, 106, 120, 141, 158, 185

Isoniazid TFA

MW:233.14987
MM:233.04121
$C_8H_6F_3N_3O_2$
RI: 1922 (calc.)

GC/MS
EI 70 eV
TSQ 70
QI:994

Peaks: 31, 40, 51, 69, 78, 106, 127, 164, 186, 233

m/z: 106

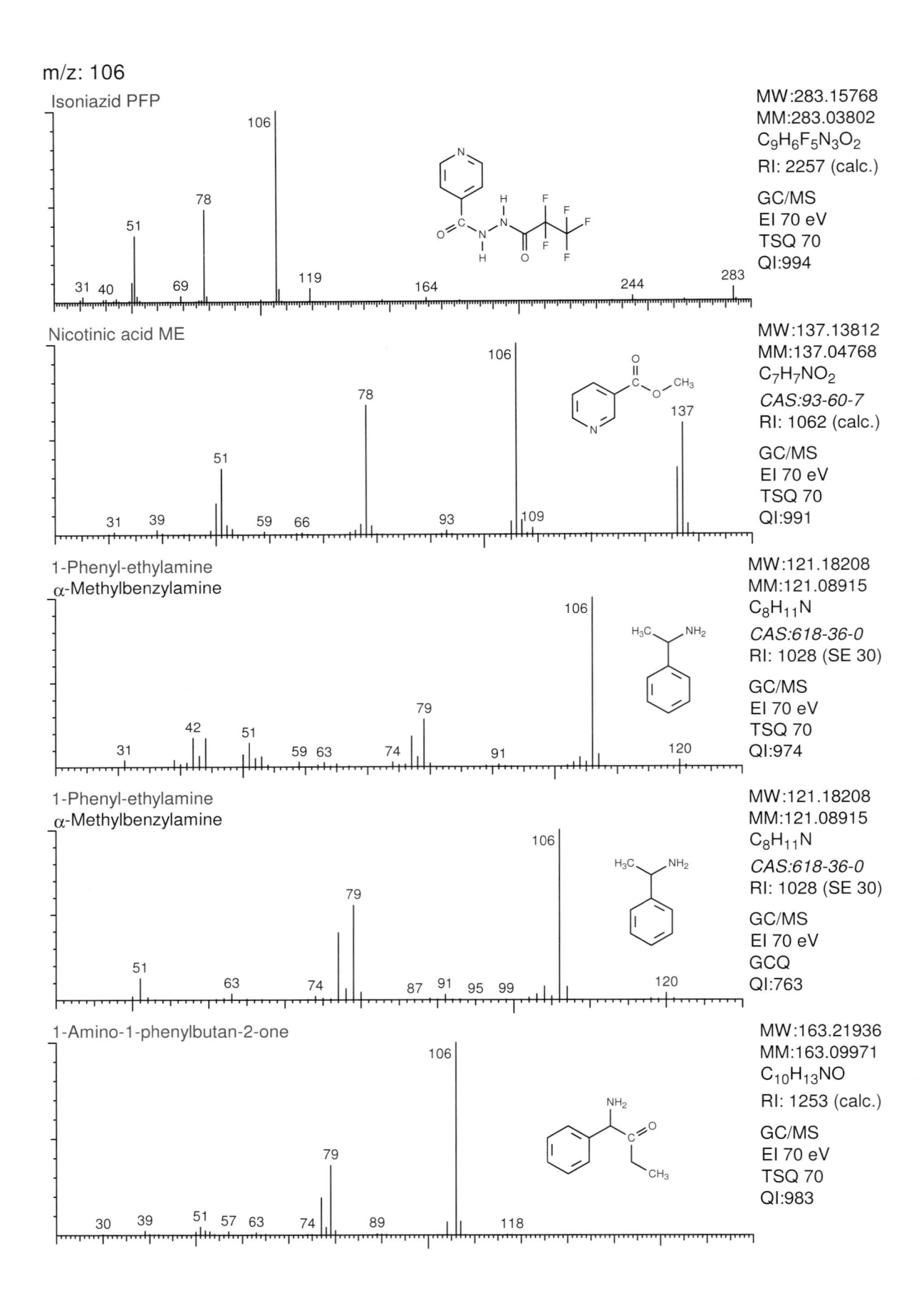

Isoniazid PFP

Peaks: 31, 40, 51, 69, 78, 106, 119, 164, 244, 283

MW: 283.15768
MM: 283.03802
$C_9H_6F_5N_3O_2$
RI: 2257 (calc.)

GC/MS
EI 70 eV
TSQ 70
QI: 994

Nicotinic acid ME

Peaks: 31, 39, 51, 59, 66, 78, 93, 106, 109, 137

MW: 137.13812
MM: 137.04768
$C_7H_7NO_2$
CAS: 93-60-7
RI: 1062 (calc.)

GC/MS
EI 70 eV
TSQ 70
QI: 991

1-Phenyl-ethylamine
α-Methylbenzylamine

Peaks: 31, 42, 51, 59, 63, 74, 79, 91, 106, 120

MW: 121.18208
MM: 121.08915
$C_8H_{11}N$
CAS: 618-36-0
RI: 1028 (SE 30)

GC/MS
EI 70 eV
TSQ 70
QI: 974

1-Phenyl-ethylamine
α-Methylbenzylamine

Peaks: 51, 63, 74, 79, 87, 91, 95, 99, 106, 120

MW: 121.18208
MM: 121.08915
$C_8H_{11}N$
CAS: 618-36-0
RI: 1028 (SE 30)

GC/MS
EI 70 eV
GCQ
QI: 763

1-Amino-1-phenylbutan-2-one

Peaks: 30, 39, 51, 57, 63, 74, 79, 89, 106, 118

MW: 163.21936
MM: 163.09971
$C_{10}H_{13}NO$
RI: 1253 (calc.)

GC/MS
EI 70 eV
TSQ 70
QI: 983

m/z: 106

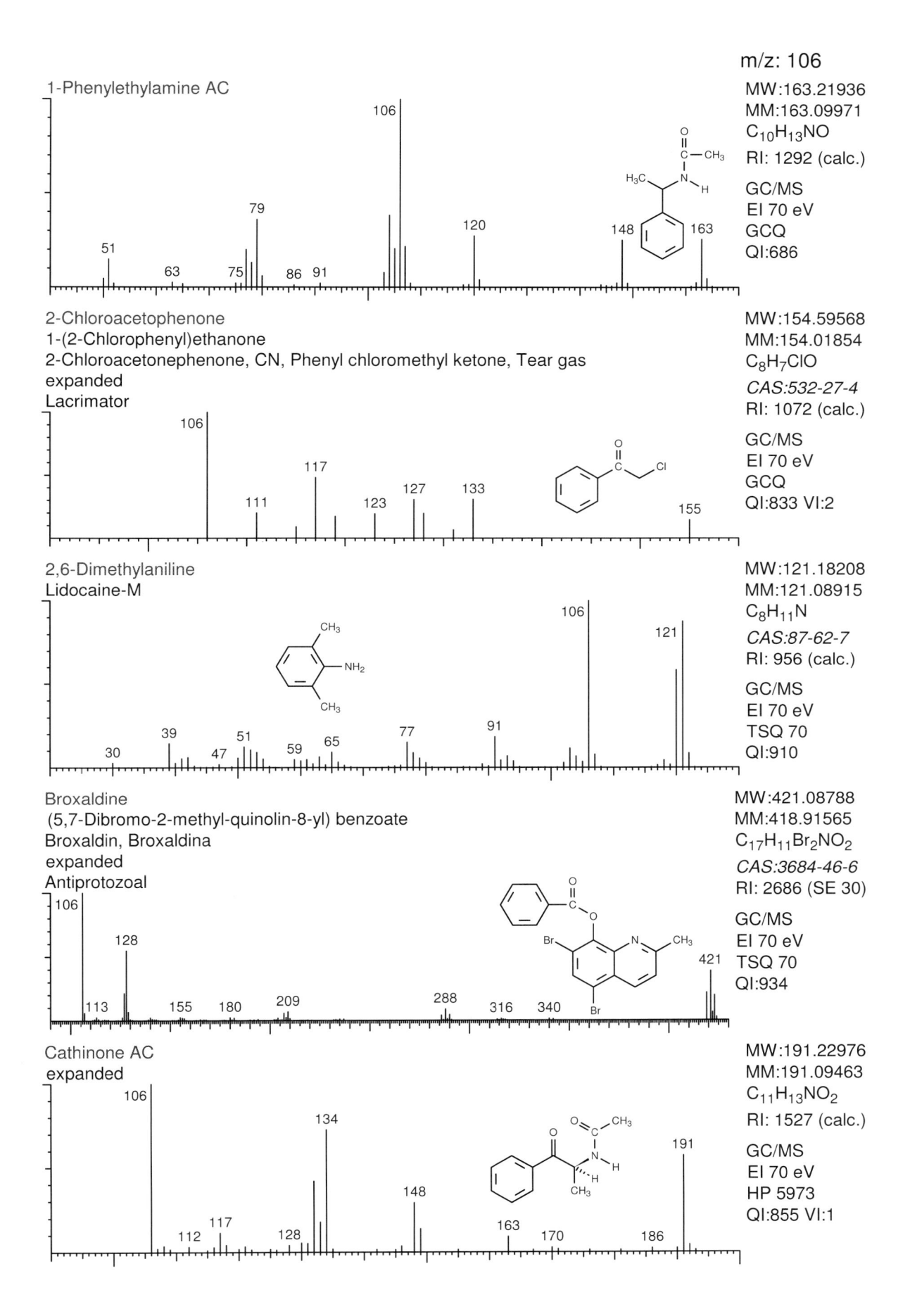

1-Phenylethylamine AC

MW: 163.21936
MM: 163.09971
$C_{10}H_{13}NO$
RI: 1292 (calc.)

GC/MS
EI 70 eV
GCQ
QI: 686

2-Chloroacetophenone
1-(2-Chlorophenyl)ethanone
2-Chloroacetonephenone, CN, Phenyl chloromethyl ketone, Tear gas
expanded
Lacrimator

MW: 154.59568
MM: 154.01854
C_8H_7ClO
CAS: 532-27-4
RI: 1072 (calc.)

GC/MS
EI 70 eV
GCQ
QI: 833 VI:2

2,6-Dimethylaniline
Lidocaine-M

MW: 121.18208
MM: 121.08915
$C_8H_{11}N$
CAS: 87-62-7
RI: 956 (calc.)

GC/MS
EI 70 eV
TSQ 70
QI: 910

Broxaldine
(5,7-Dibromo-2-methyl-quinolin-8-yl) benzoate
Broxaldin, Broxaldina
expanded
Antiprotozoal

MW: 421.08788
MM: 418.91565
$C_{17}H_{11}Br_2NO_2$
CAS: 3684-46-6
RI: 2686 (SE 30)

GC/MS
EI 70 eV
TSQ 70
QI: 934

Cathinone AC
expanded

MW: 191.22976
MM: 191.09463
$C_{11}H_{13}NO_2$
RI: 1527 (calc.)

GC/MS
EI 70 eV
HP 5973
QI: 855 VI:1

m/z: 106

2-Chloroacetophenone
1-(2-Chlorophenyl)ethanone
2-Chloroacetonephenone, CN, Phenyl chloromethyl ketone, Tear gas
expanded
Lacrimator

MW:154.59568
MM:154.01854
C_8H_7ClO
CAS:532-27-4
RI: 1072 (calc.)

GC/MS
EI 70 eV
HP 5972
QI:989 VI:3

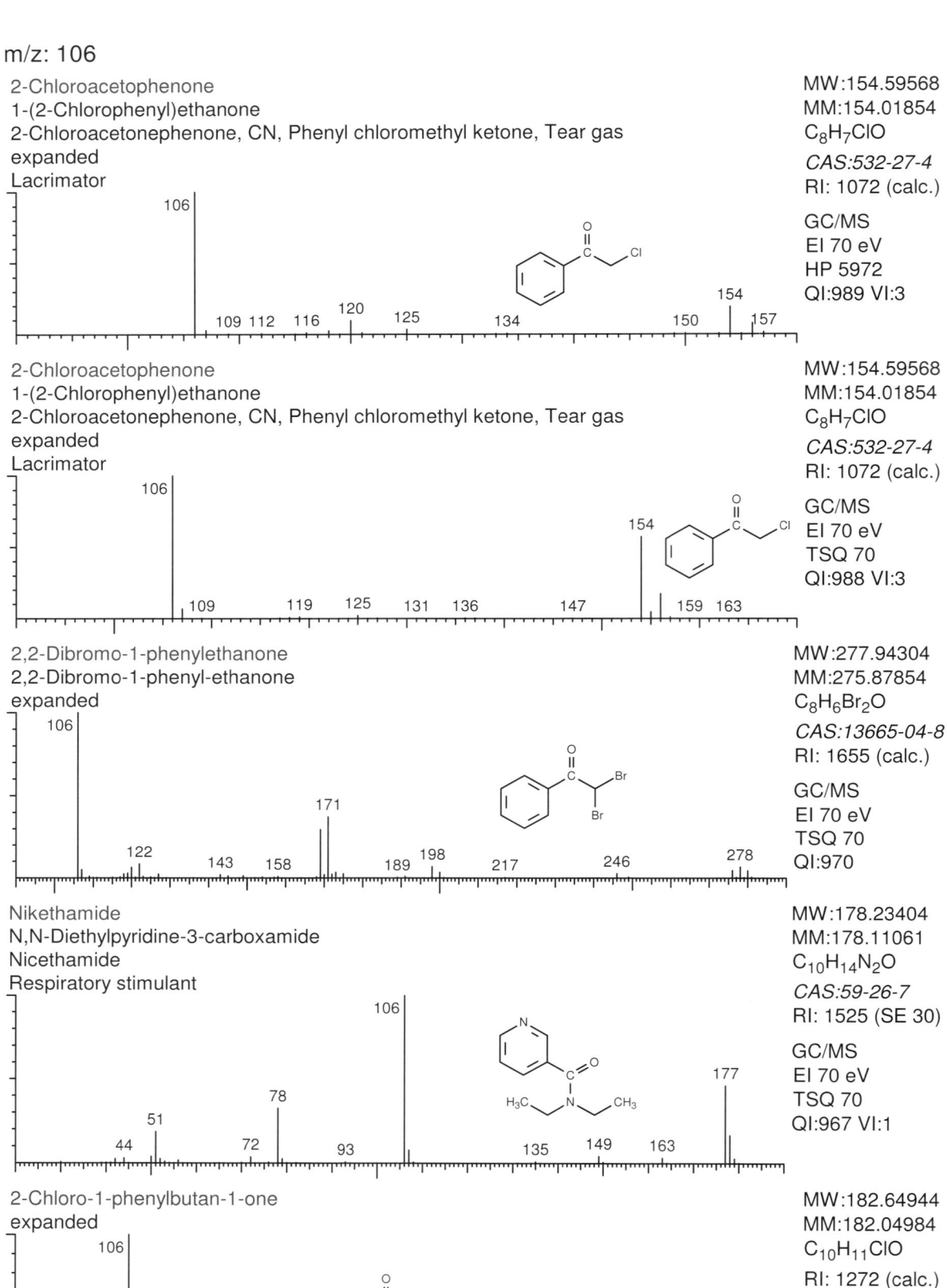

Peaks: 106, 109, 112, 116, 120, 125, 134, 150, 154, 157

2-Chloroacetophenone
1-(2-Chlorophenyl)ethanone
2-Chloroacetonephenone, CN, Phenyl chloromethyl ketone, Tear gas
expanded
Lacrimator

MW:154.59568
MM:154.01854
C_8H_7ClO
CAS:532-27-4
RI: 1072 (calc.)

GC/MS
EI 70 eV
TSQ 70
QI:988 VI:3

Peaks: 106, 109, 119, 125, 131, 136, 147, 154, 159, 163

2,2-Dibromo-1-phenylethanone
2,2-Dibromo-1-phenyl-ethanone
expanded

MW:277.94304
MM:275.87854
$C_8H_6Br_2O$
CAS:13665-04-8
RI: 1655 (calc.)

GC/MS
EI 70 eV
TSQ 70
QI:970

Peaks: 106, 122, 143, 158, 171, 189, 198, 217, 246, 278

Nikethamide
N,N-Diethylpyridine-3-carboxamide
Nicethamide
Respiratory stimulant

MW:178.23404
MM:178.11061
$C_{10}H_{14}N_2O$
CAS:59-26-7
RI: 1525 (SE 30)

GC/MS
EI 70 eV
TSQ 70
QI:967 VI:1

Peaks: 44, 51, 72, 78, 93, 106, 135, 149, 163, 177

2-Chloro-1-phenylbutan-1-one
expanded

MW:182.64944
MM:182.04984
$C_{10}H_{11}ClO$
RI: 1272 (calc.)

GC/MS
EI 70 eV
TSQ 70
QI:992

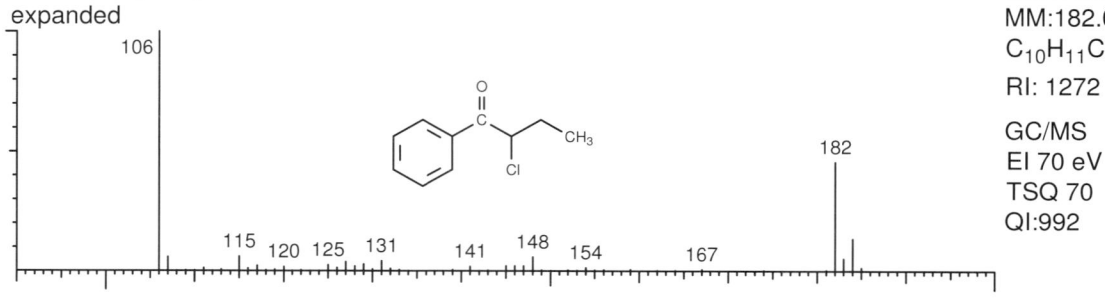

Peaks: 106, 115, 120, 125, 131, 141, 148, 154, 167, 182

m/z: 106

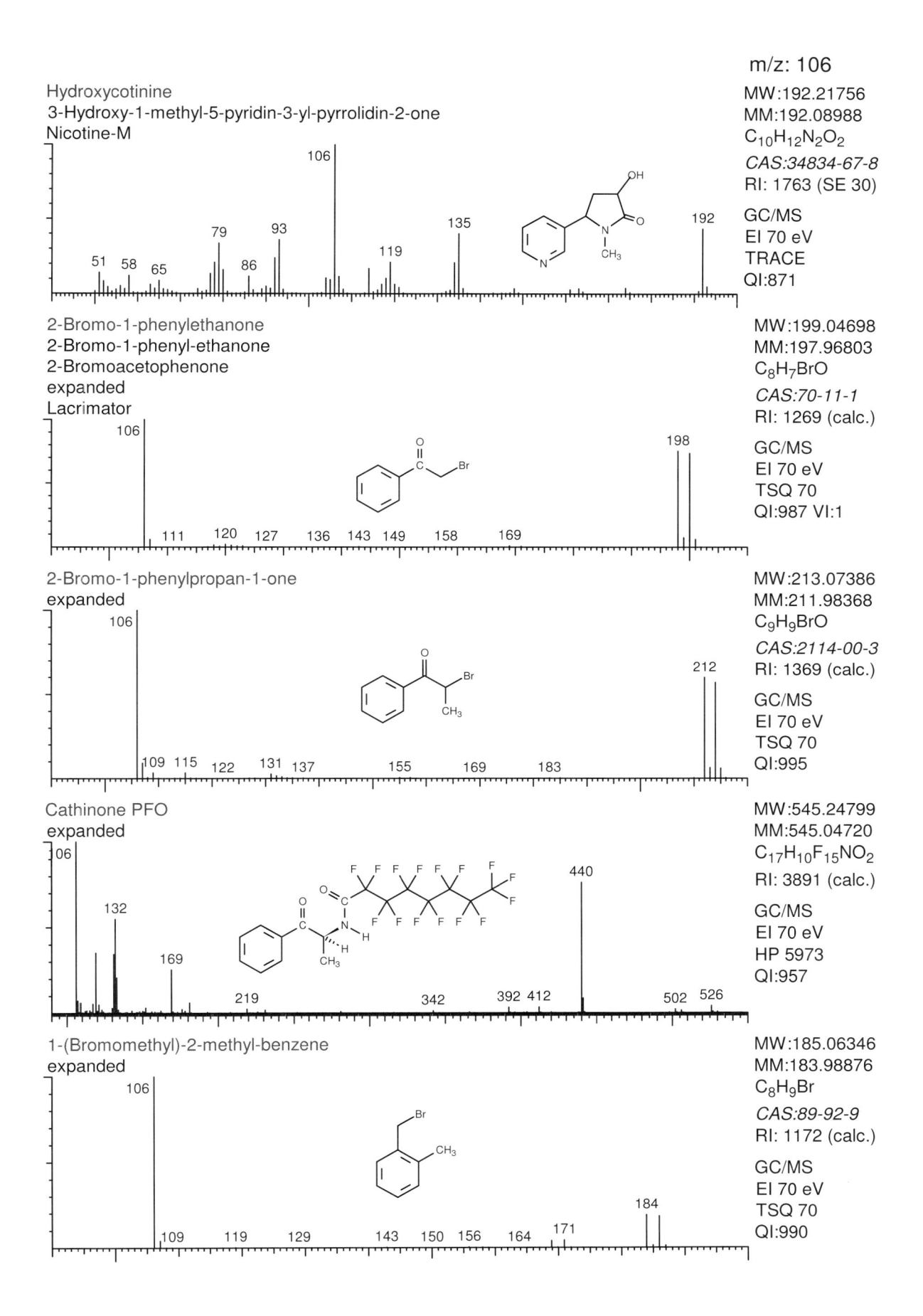

Hydroxycotinine
3-Hydroxy-1-methyl-5-pyridin-3-yl-pyrrolidin-2-one
Nicotine-M

MW:192.21756
MM:192.08988
$C_{10}H_{12}N_2O_2$
CAS:34834-67-8
RI: 1763 (SE 30)

GC/MS
EI 70 eV
TRACE
QI:871

Peaks: 51, 58, 65, 79, 86, 93, 106, 119, 135, 192

2-Bromo-1-phenylethanone
2-Bromo-1-phenyl-ethanone
2-Bromoacetophenone
expanded
Lacrimator

MW:199.04698
MM:197.96803
C_8H_7BrO
CAS:70-11-1
RI: 1269 (calc.)

GC/MS
EI 70 eV
TSQ 70
QI:987 VI:1

Peaks: 106, 111, 120, 127, 136, 143, 149, 158, 169, 198

2-Bromo-1-phenylpropan-1-one
expanded

MW:213.07386
MM:211.98368
C_9H_9BrO
CAS:2114-00-3
RI: 1369 (calc.)

GC/MS
EI 70 eV
TSQ 70
QI:995

Peaks: 106, 109, 115, 122, 131, 137, 155, 169, 183, 212

Cathinone PFO
expanded

MW:545.24799
MM:545.04720
$C_{17}H_{10}F_{15}NO_2$
RI: 3891 (calc.)

GC/MS
EI 70 eV
HP 5973
QI:957

Peaks: 106, 132, 169, 219, 342, 392, 412, 440, 502, 526

1-(Bromomethyl)-2-methyl-benzene
expanded

MW:185.06346
MM:183.98876
C_8H_9Br
CAS:89-92-9
RI: 1172 (calc.)

GC/MS
EI 70 eV
TSQ 70
QI:990

Peaks: 106, 109, 119, 129, 143, 150, 156, 164, 171, 184

m/z: 106-107

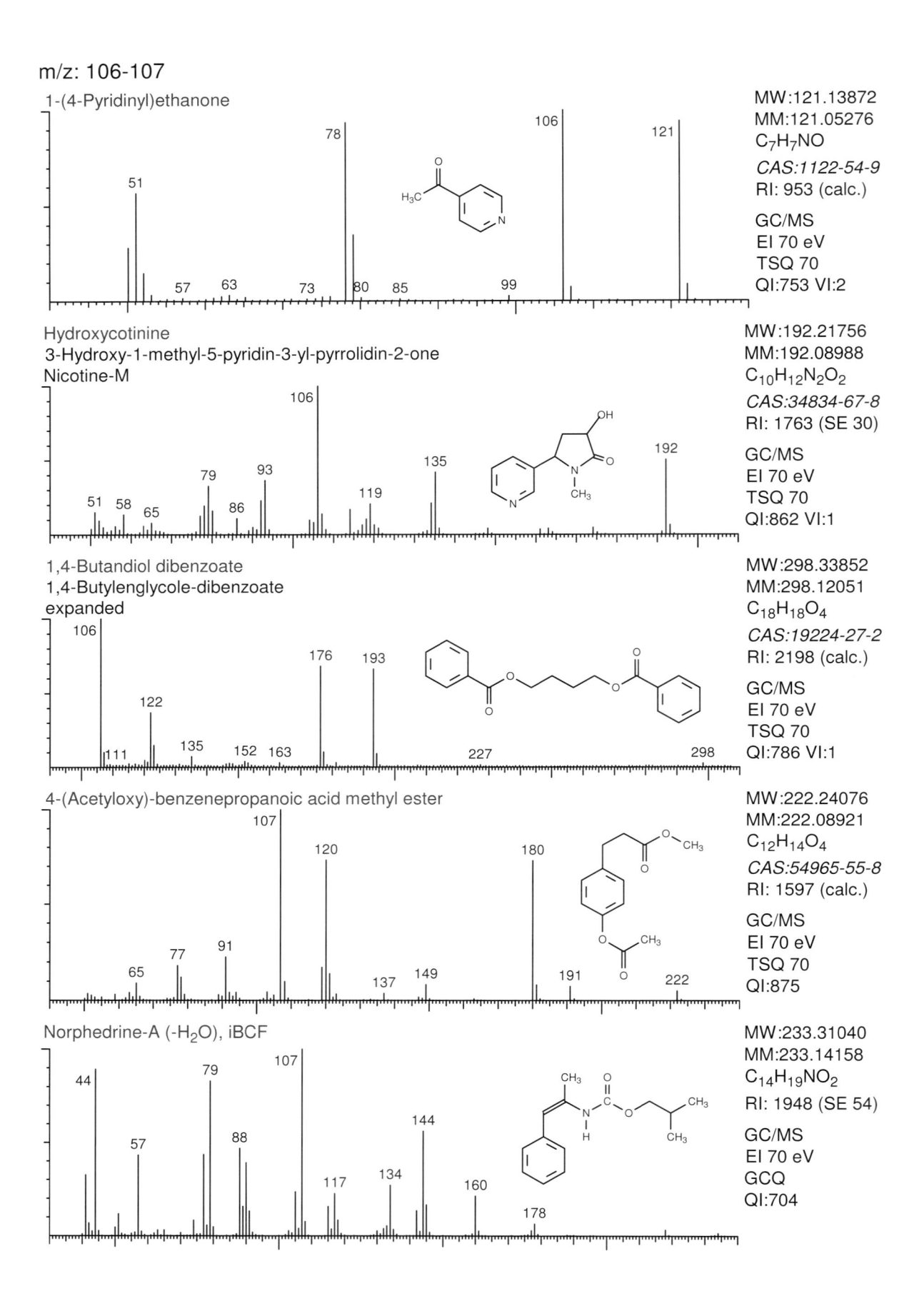

1-(4-Pyridinyl)ethanone

MW: 121.13872
MM: 121.05276
C$_7$H$_7$NO
CAS: 1122-54-9
RI: 953 (calc.)

GC/MS
EI 70 eV
TSQ 70
QI: 753 VI: 2

Peaks: 51, 57, 63, 73, 78, 80, 85, 99, 106, 121

Hydroxycotinine
3-Hydroxy-1-methyl-5-pyridin-3-yl-pyrrolidin-2-one
Nicotine-M

MW: 192.21756
MM: 192.08988
C$_{10}$H$_{12}$N$_2$O$_2$
CAS: 34834-67-8
RI: 1763 (SE 30)

GC/MS
EI 70 eV
TSQ 70
QI: 862 VI: 1

Peaks: 51, 58, 65, 79, 86, 93, 106, 119, 135, 192

1,4-Butandiol dibenzoate
1,4-Butylenglycole-dibenzoate
expanded

MW: 298.33852
MM: 298.12051
C$_{18}$H$_{18}$O$_4$
CAS: 19224-27-2
RI: 2198 (calc.)

GC/MS
EI 70 eV
TSQ 70
QI: 786 VI: 1

Peaks: 106, 111, 122, 135, 152, 163, 176, 193, 227, 298

4-(Acetyloxy)-benzenepropanoic acid methyl ester

MW: 222.24076
MM: 222.08921
C$_{12}$H$_{14}$O$_4$
CAS: 54965-55-8
RI: 1597 (calc.)

GC/MS
EI 70 eV
TSQ 70
QI: 875

Peaks: 65, 77, 91, 107, 120, 137, 149, 180, 191, 222

Norphedrine-A (-H$_2$O), iBCF

MW: 233.31040
MM: 233.14158
C$_{14}$H$_{19}$NO$_2$
RI: 1948 (SE 54)

GC/MS
EI 70 eV
GCQ
QI: 704

Peaks: 44, 57, 79, 88, 107, 117, 134, 144, 160, 178

m/z: 107

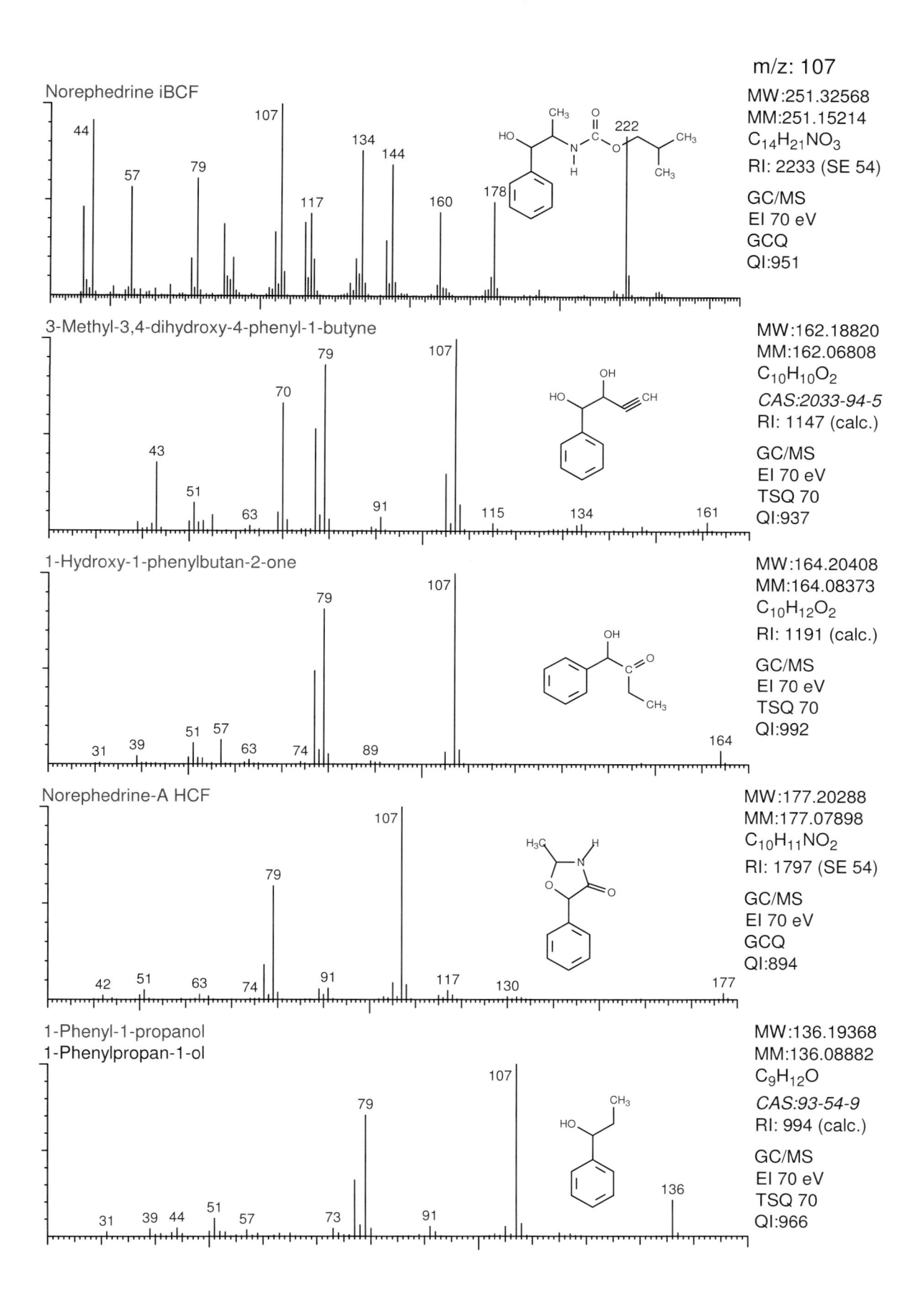

Norephedrine iBCF

Peaks: 44, 57, 79, 107, 117, 134, 144, 160, 178, 222

MW: 251.32568
MM: 251.15214
$C_{14}H_{21}NO_3$
RI: 2233 (SE 54)

GC/MS
EI 70 eV
GCQ
QI: 951

3-Methyl-3,4-dihydroxy-4-phenyl-1-butyne

Peaks: 43, 51, 63, 70, 79, 91, 107, 115, 134, 161

MW: 162.18820
MM: 162.06808
$C_{10}H_{10}O_2$
CAS: 2033-94-5
RI: 1147 (calc.)

GC/MS
EI 70 eV
TSQ 70
QI: 937

1-Hydroxy-1-phenylbutan-2-one

Peaks: 31, 39, 51, 57, 63, 74, 79, 89, 107, 164

MW: 164.20408
MM: 164.08373
$C_{10}H_{12}O_2$
RI: 1191 (calc.)

GC/MS
EI 70 eV
TSQ 70
QI: 992

Norephedrine-A HCF

Peaks: 42, 51, 63, 74, 79, 91, 107, 117, 130, 177

MW: 177.20288
MM: 177.07898
$C_{10}H_{11}NO_2$
RI: 1797 (SE 54)

GC/MS
EI 70 eV
GCQ
QI: 894

1-Phenyl-1-propanol
1-Phenylpropan-1-ol

Peaks: 31, 39, 44, 51, 57, 73, 79, 91, 107, 136

MW: 136.19368
MM: 136.08882
$C_9H_{12}O$
CAS: 93-54-9
RI: 994 (calc.)

GC/MS
EI 70 eV
TSQ 70
QI: 966

m/z: 107

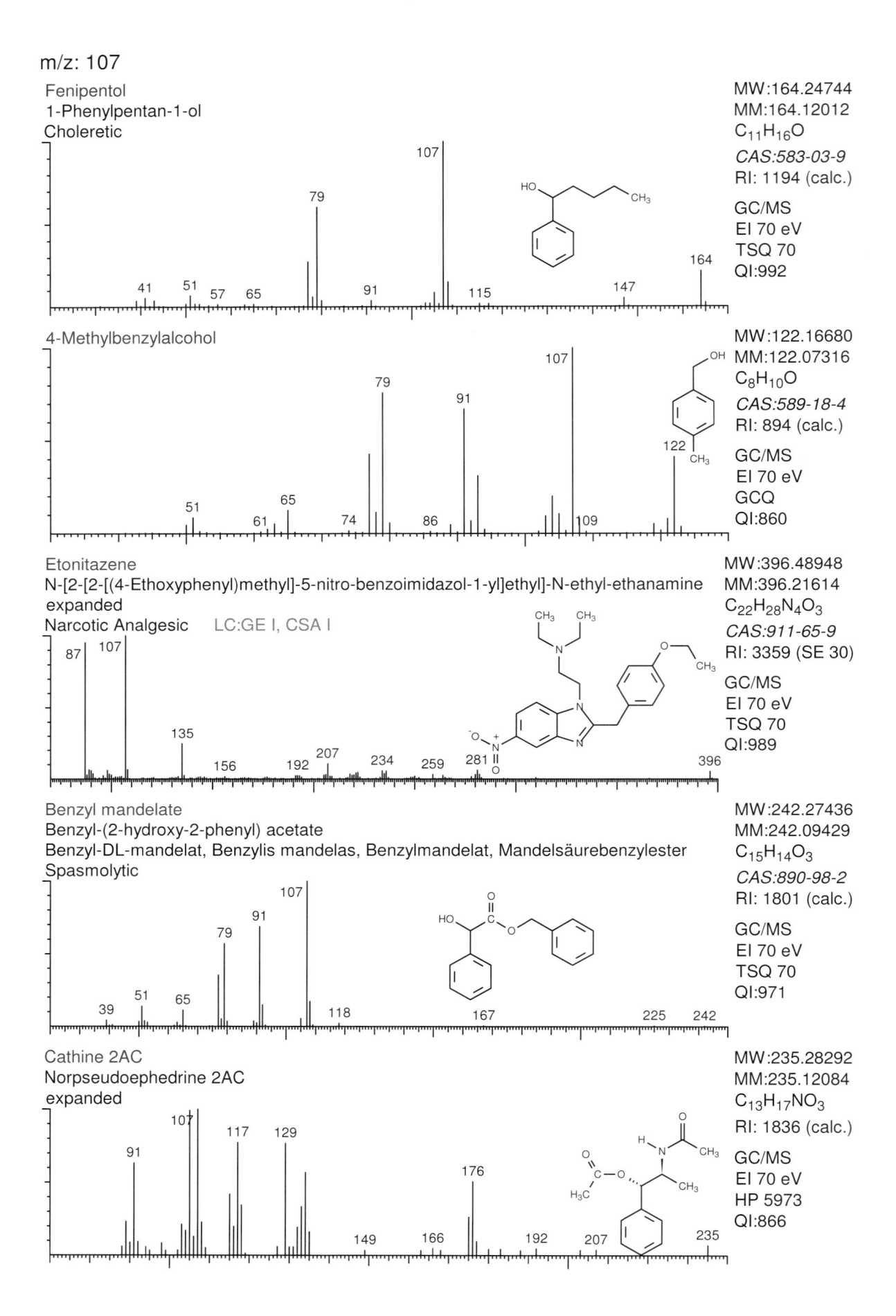

Fenipentol
1-Phenylpentan-1-ol
Choleretic

MW: 164.24744
MM: 164.12012
$C_{11}H_{16}O$
CAS: 583-03-9
RI: 1194 (calc.)

GC/MS
EI 70 eV
TSQ 70
QI: 992

4-Methylbenzylalcohol

MW: 122.16680
MM: 122.07316
$C_8H_{10}O$
CAS: 589-18-4
RI: 894 (calc.)

GC/MS
EI 70 eV
GCQ
QI: 860

Etonitazene
N-[2-[2-[(4-Ethoxyphenyl)methyl]-5-nitro-benzoimidazol-1-yl]ethyl]-N-ethyl-ethanamine
expanded
Narcotic Analgesic   LC:GE I, CSA I

MW: 396.48948
MM: 396.21614
$C_{22}H_{28}N_4O_3$
CAS: 911-65-9
RI: 3359 (SE 30)

GC/MS
EI 70 eV
TSQ 70
QI: 989

Benzyl mandelate
Benzyl-(2-hydroxy-2-phenyl) acetate
Benzyl-DL-mandelat, Benzylis mandelas, Benzylmandelat, Mandelsäurebenzylester
Spasmolytic

MW: 242.27436
MM: 242.09429
$C_{15}H_{14}O_3$
CAS: 890-98-2
RI: 1801 (calc.)

GC/MS
EI 70 eV
TSQ 70
QI: 971

Cathine 2AC
Norpseudoephedrine 2AC
expanded

MW: 235.28292
MM: 235.12084
$C_{13}H_{17}NO_3$
RI: 1836 (calc.)

GC/MS
EI 70 eV
HP 5973
QI: 866

Norephedrine 2AC
expanded

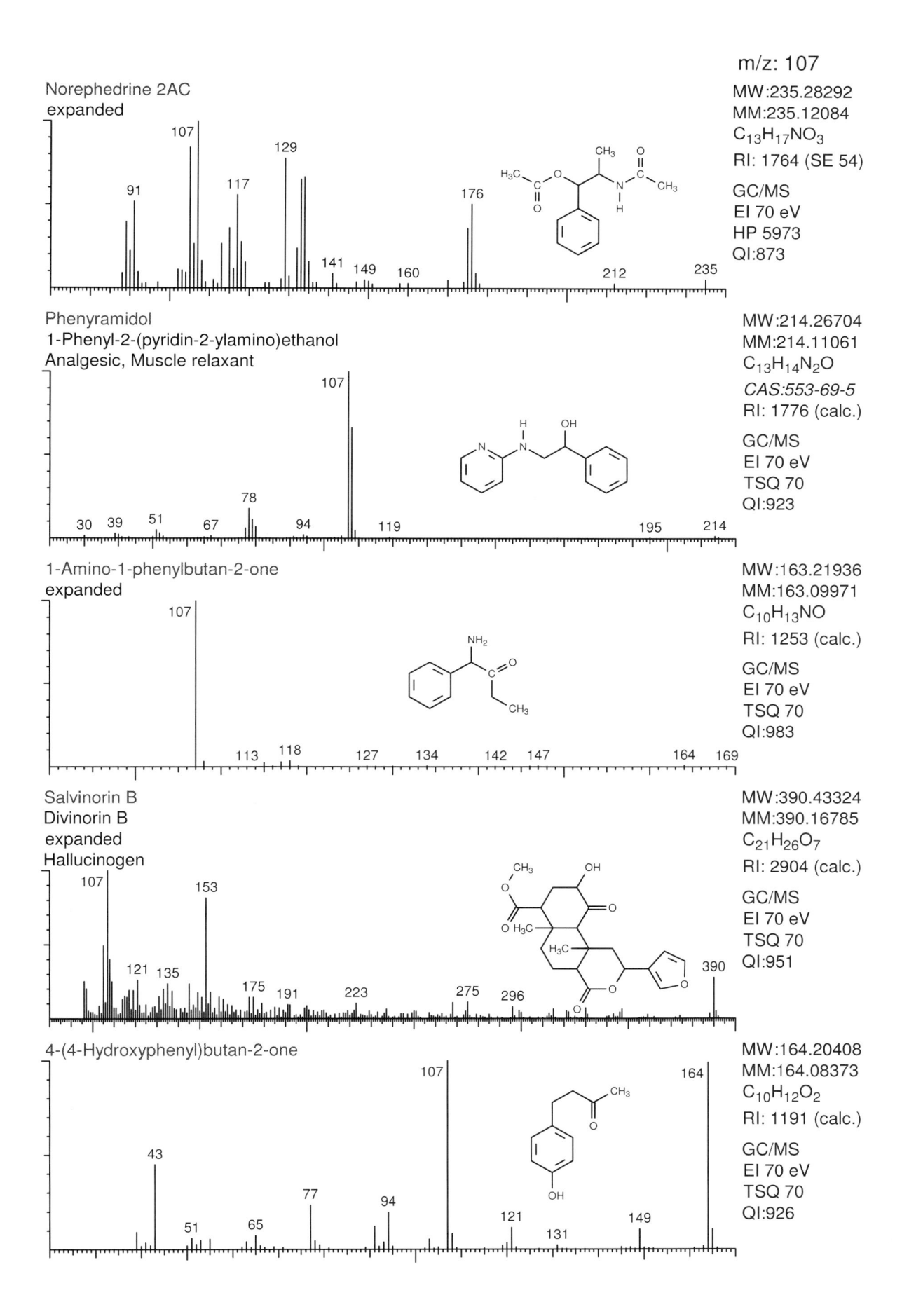

Peaks: 91, 107, 117, 129, 141, 149, 160, 176, 212, 235

m/z: 107
MW: 235.28292
MM: 235.12084
$C_{13}H_{17}NO_3$
RI: 1764 (SE 54)

GC/MS
EI 70 eV
HP 5973
QI: 873

Phenyramidol
1-Phenyl-2-(pyridin-2-ylamino)ethanol
Analgesic, Muscle relaxant

Peaks: 30, 39, 51, 67, 78, 94, 107, 119, 195, 214

MW: 214.26704
MM: 214.11061
$C_{13}H_{14}N_2O$
CAS: 553-69-5
RI: 1776 (calc.)

GC/MS
EI 70 eV
TSQ 70
QI: 923

1-Amino-1-phenylbutan-2-one
expanded

Peaks: 107, 113, 118, 127, 134, 142, 147, 164, 169

MW: 163.21936
MM: 163.09971
$C_{10}H_{13}NO$
RI: 1253 (calc.)

GC/MS
EI 70 eV
TSQ 70
QI: 983

Salvinorin B
Divinorin B
expanded
Hallucinogen

Peaks: 107, 121, 135, 153, 175, 191, 223, 275, 296, 390

MW: 390.43324
MM: 390.16785
$C_{21}H_{26}O_7$
RI: 2904 (calc.)

GC/MS
EI 70 eV
TSQ 70
QI: 951

4-(4-Hydroxyphenyl)butan-2-one

Peaks: 43, 51, 65, 77, 94, 107, 121, 131, 149, 164

MW: 164.20408
MM: 164.08373
$C_{10}H_{12}O_2$
RI: 1191 (calc.)

GC/MS
EI 70 eV
TSQ 70
QI: 926

m/z: 107

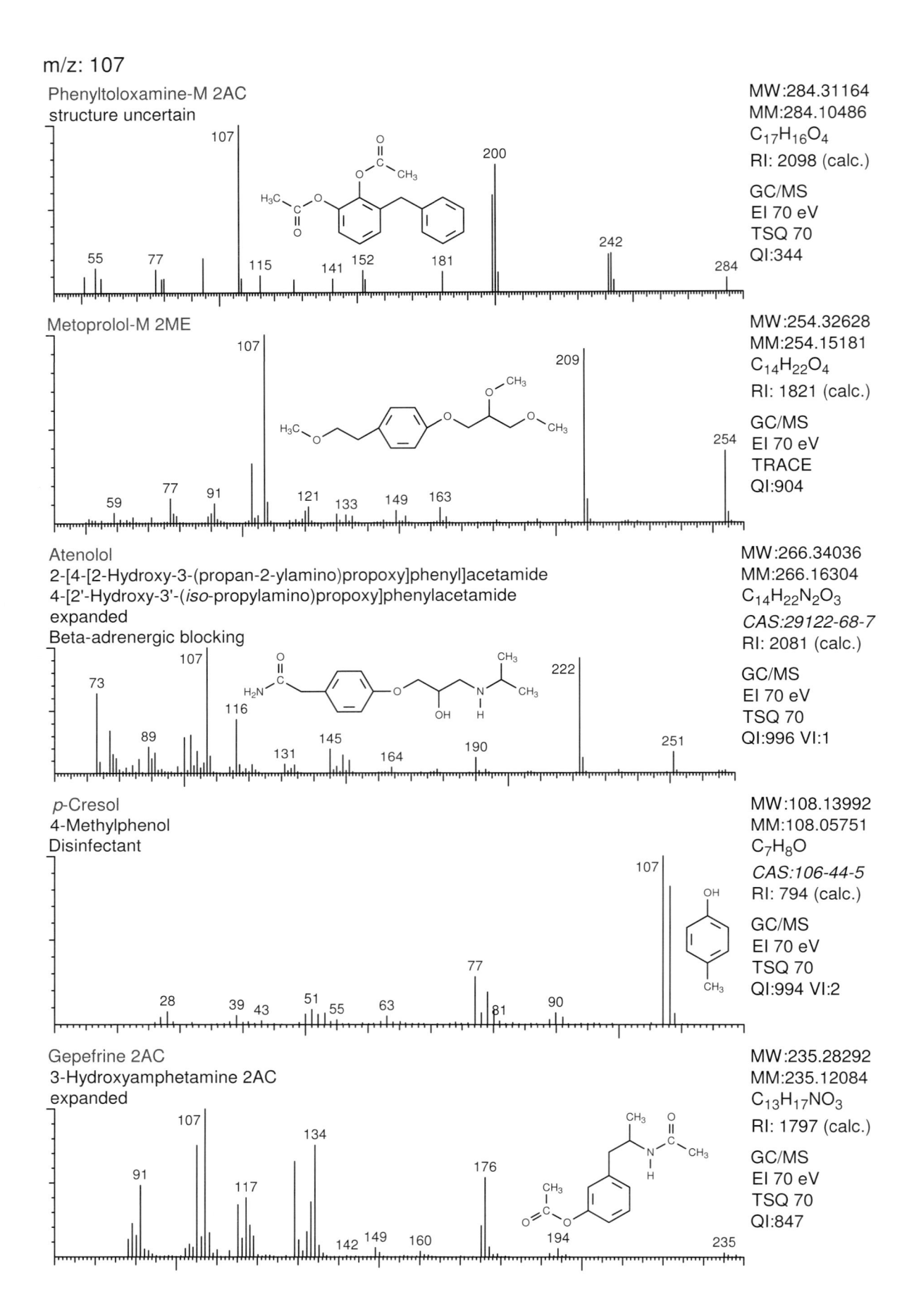

Phenyltoloxamine-M 2AC
structure uncertain

MW: 284.31164
MM: 284.10486
$C_{17}H_{16}O_4$
RI: 2098 (calc.)

GC/MS
EI 70 eV
TSQ 70
QI: 344

Metoprolol-M 2ME

MW: 254.32628
MM: 254.15181
$C_{14}H_{22}O_4$
RI: 1821 (calc.)

GC/MS
EI 70 eV
TRACE
QI: 904

Atenolol
2-[4-[2-Hydroxy-3-(propan-2-ylamino)propoxy]phenyl]acetamide
4-[2'-Hydroxy-3'-(*iso*-propylamino)propoxy]phenylacetamide
expanded
Beta-adrenergic blocking

MW: 266.34036
MM: 266.16304
$C_{14}H_{22}N_2O_3$
CAS: 29122-68-7
RI: 2081 (calc.)

GC/MS
EI 70 eV
TSQ 70
QI: 996 VI: 1

***p*-Cresol**
4-Methylphenol
Disinfectant

MW: 108.13992
MM: 108.05751
C_7H_8O
CAS: 106-44-5
RI: 794 (calc.)

GC/MS
EI 70 eV
TSQ 70
QI: 994 VI: 2

Gepefrine 2AC
3-Hydroxyamphetamine 2AC
expanded

MW: 235.28292
MM: 235.12084
$C_{13}H_{17}NO_3$
RI: 1797 (calc.)

GC/MS
EI 70 eV
TSQ 70
QI: 847

m/z: 107

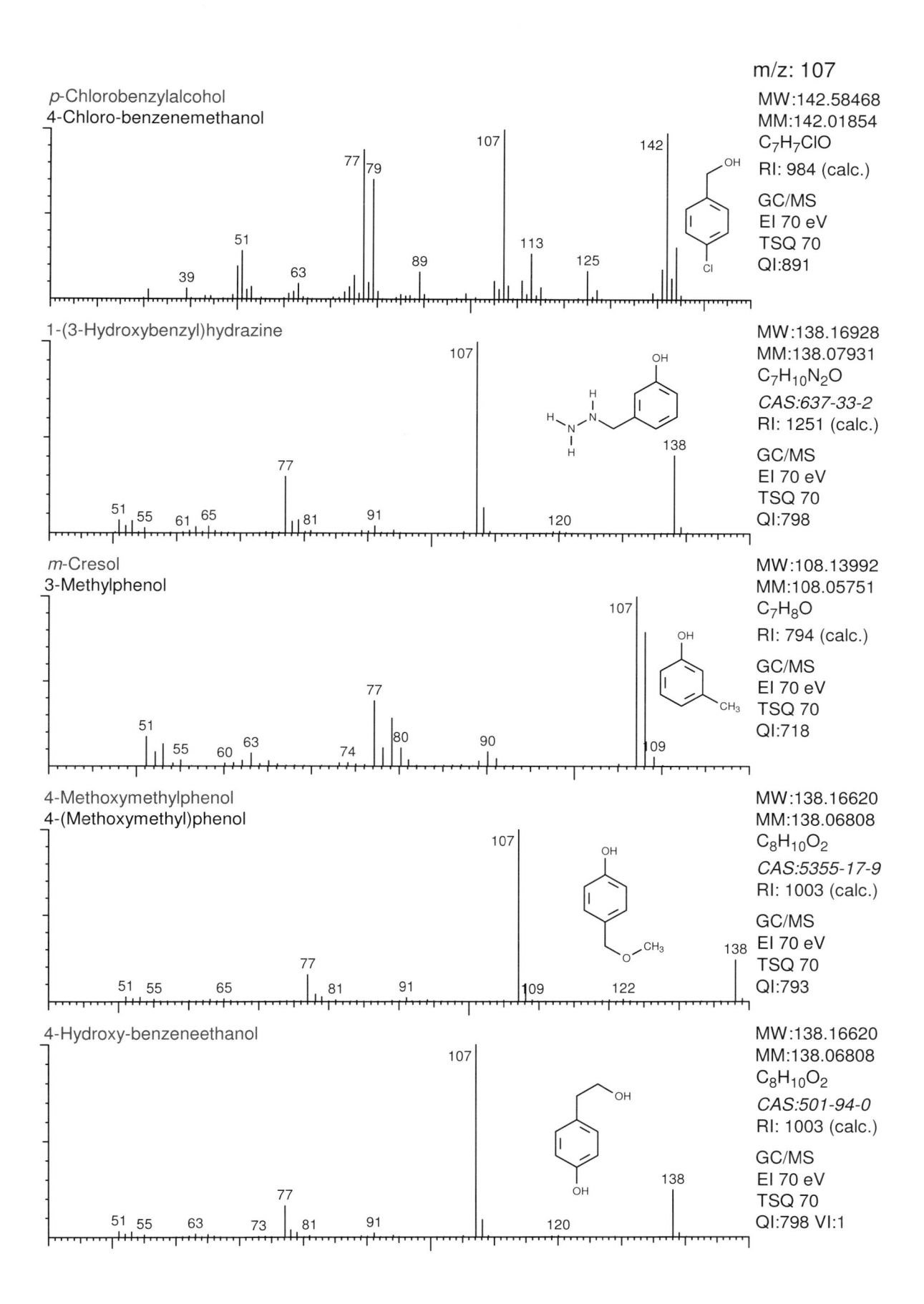

p-Chlorobenzylalcohol
4-Chloro-benzenemethanol

Peaks: 39, 51, 63, 77, 79, 89, 107, 113, 125, 142

MW: 142.58468
MM: 142.01854
C_7H_7ClO
RI: 984 (calc.)

GC/MS
EI 70 eV
TSQ 70
QI: 891

1-(3-Hydroxybenzyl)hydrazine

Peaks: 51, 55, 61, 65, 77, 81, 91, 107, 120, 138

MW: 138.16928
MM: 138.07931
$C_7H_{10}N_2O$
CAS: 637-33-2
RI: 1251 (calc.)

GC/MS
EI 70 eV
TSQ 70
QI: 798

m-Cresol
3-Methylphenol

Peaks: 51, 55, 60, 63, 74, 77, 80, 90, 107, 109

MW: 108.13992
MM: 108.05751
C_7H_8O
RI: 794 (calc.)

GC/MS
EI 70 eV
TSQ 70
QI: 718

4-Methoxymethylphenol
4-(Methoxymethyl)phenol

Peaks: 51, 55, 65, 77, 81, 91, 107, 109, 122, 138

MW: 138.16620
MM: 138.06808
$C_8H_{10}O_2$
CAS: 5355-17-9
RI: 1003 (calc.)

GC/MS
EI 70 eV
TSQ 70
QI: 793

4-Hydroxy-benzeneethanol

Peaks: 51, 55, 63, 73, 77, 81, 91, 107, 120, 138

MW: 138.16620
MM: 138.06808
$C_8H_{10}O_2$
CAS: 501-94-0
RI: 1003 (calc.)

GC/MS
EI 70 eV
TSQ 70
QI: 798 VI:1

m/z: 107

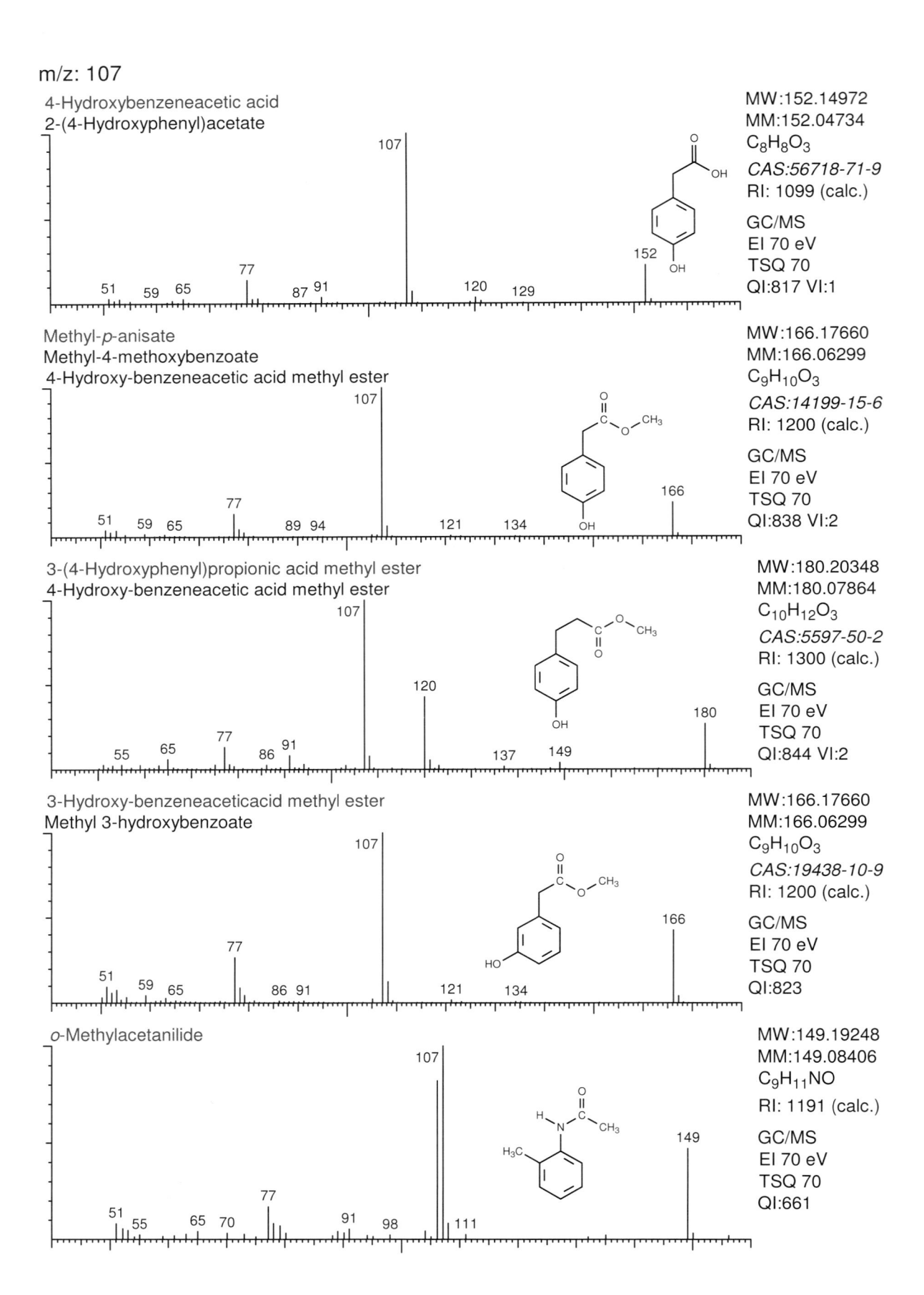

4-Hydroxybenzeneacetic acid
2-(4-Hydroxyphenyl)acetate

MW:152.14972
MM:152.04734
$C_8H_8O_3$
CAS:56718-71-9
RI: 1099 (calc.)

GC/MS
EI 70 eV
TSQ 70
QI:817 VI:1

Peaks: 51, 59, 65, 77, 87, 91, 107, 120, 129, 152

Methyl-p-anisate
Methyl-4-methoxybenzoate
4-Hydroxy-benzeneacetic acid methyl ester

MW:166.17660
MM:166.06299
$C_9H_{10}O_3$
CAS:14199-15-6
RI: 1200 (calc.)

GC/MS
EI 70 eV
TSQ 70
QI:838 VI:2

Peaks: 51, 59, 65, 77, 89, 94, 107, 121, 134, 166

3-(4-Hydroxyphenyl)propionic acid methyl ester
4-Hydroxy-benzeneacetic acid methyl ester

MW:180.20348
MM:180.07864
$C_{10}H_{12}O_3$
CAS:5597-50-2
RI: 1300 (calc.)

GC/MS
EI 70 eV
TSQ 70
QI:844 VI:2

Peaks: 55, 65, 77, 86, 91, 107, 120, 137, 149, 180

3-Hydroxy-benzeneaceticacid methyl ester
Methyl 3-hydroxybenzoate

MW:166.17660
MM:166.06299
$C_9H_{10}O_3$
CAS:19438-10-9
RI: 1200 (calc.)

GC/MS
EI 70 eV
TSQ 70
QI:823

Peaks: 51, 59, 65, 77, 86, 91, 107, 121, 134, 166

o-Methylacetanilide

MW:149.19248
MM:149.08406
$C_9H_{11}NO$
RI: 1191 (calc.)

GC/MS
EI 70 eV
TSQ 70
QI:661

Peaks: 51, 55, 65, 70, 77, 91, 98, 107, 111, 149

m/z: 108

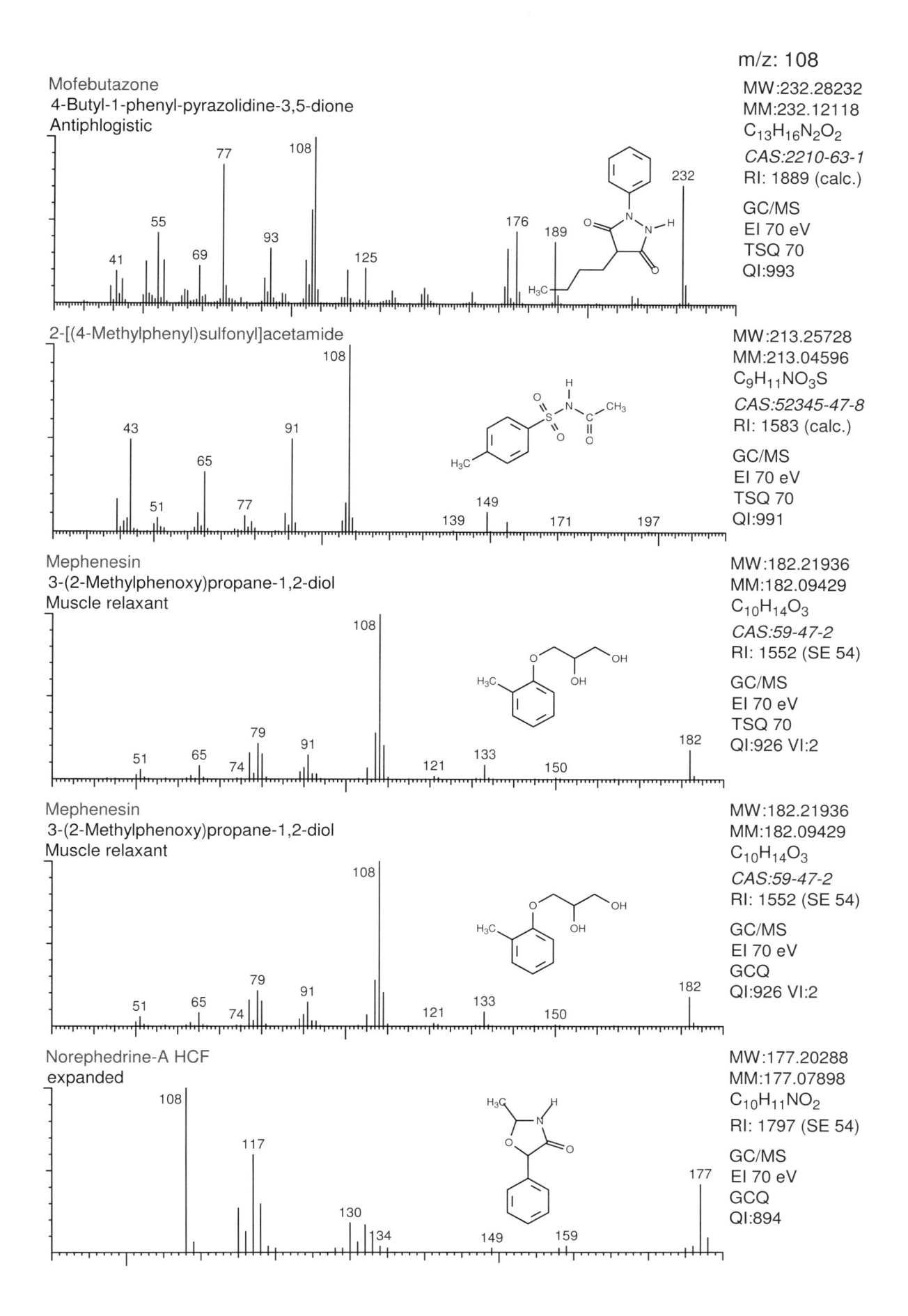

Mofebutazone
4-Butyl-1-phenyl-pyrazolidine-3,5-dione
Antiphlogistic

Peaks: 41, 55, 69, 77, 93, 108, 125, 176, 189, 232

MW:232.28232
MM:232.12118
$C_{13}H_{16}N_2O_2$
CAS:2210-63-1
RI: 1889 (calc.)

GC/MS
EI 70 eV
TSQ 70
QI:993

2-[(4-Methylphenyl)sulfonyl]acetamide

Peaks: 43, 51, 65, 77, 91, 108, 139, 149, 171, 197

MW:213.25728
MM:213.04596
$C_9H_{11}NO_3S$
CAS:52345-47-8
RI: 1583 (calc.)

GC/MS
EI 70 eV
TSQ 70
QI:991

Mephenesin
3-(2-Methylphenoxy)propane-1,2-diol
Muscle relaxant

Peaks: 51, 65, 74, 79, 91, 108, 121, 133, 150, 182

MW:182.21936
MM:182.09429
$C_{10}H_{14}O_3$
CAS:59-47-2
RI: 1552 (SE 54)

GC/MS
EI 70 eV
TSQ 70
QI:926 VI:2

Mephenesin
3-(2-Methylphenoxy)propane-1,2-diol
Muscle relaxant

Peaks: 51, 65, 74, 79, 91, 108, 121, 133, 150, 182

MW:182.21936
MM:182.09429
$C_{10}H_{14}O_3$
CAS:59-47-2
RI: 1552 (SE 54)

GC/MS
EI 70 eV
GCQ
QI:926 VI:2

Norephedrine-A HCF
expanded

Peaks: 108, 117, 130, 134, 149, 159, 177

MW:177.20288
MM:177.07898
$C_{10}H_{11}NO_2$
RI: 1797 (SE 54)

GC/MS
EI 70 eV
GCQ
QI:894

m/z: 108

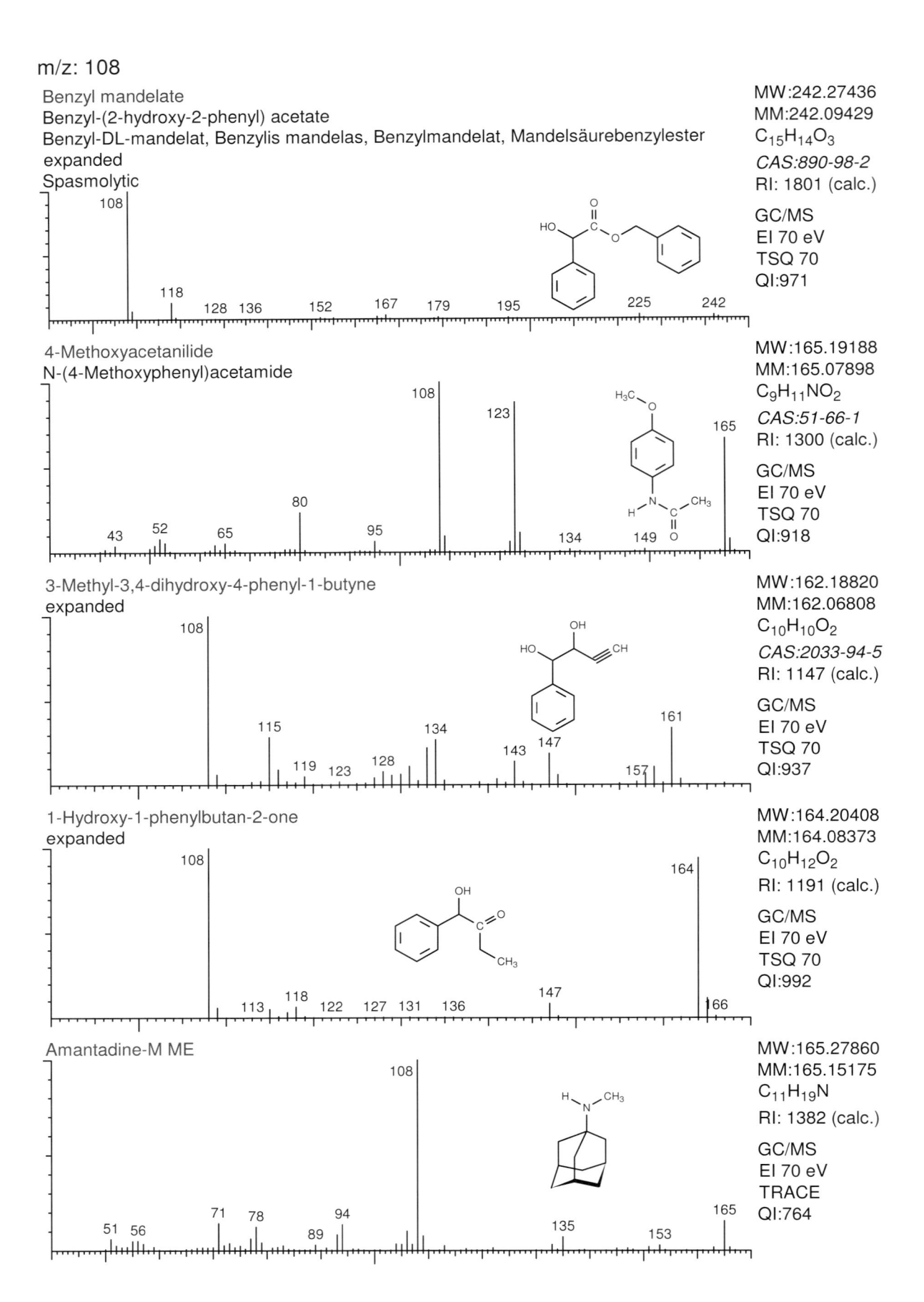

Benzyl mandelate
Benzyl-(2-hydroxy-2-phenyl) acetate
Benzyl-DL-mandelat, Benzylis mandelas, Benzylmandelat, Mandelsäurebenzylester
expanded
Spasmolytic

MW: 242.27436
MM: 242.09429
$C_{15}H_{14}O_3$
CAS: 890-98-2
RI: 1801 (calc.)

GC/MS
EI 70 eV
TSQ 70
QI: 971

Peaks: 108, 118, 128, 136, 152, 167, 179, 195, 225, 242

4-Methoxyacetanilide
N-(4-Methoxyphenyl)acetamide

MW: 165.19188
MM: 165.07898
$C_9H_{11}NO_2$
CAS: 51-66-1
RI: 1300 (calc.)

GC/MS
EI 70 eV
TSQ 70
QI: 918

Peaks: 43, 52, 65, 80, 95, 108, 123, 134, 149, 165

3-Methyl-3,4-dihydroxy-4-phenyl-1-butyne
expanded

MW: 162.18820
MM: 162.06808
$C_{10}H_{10}O_2$
CAS: 2033-94-5
RI: 1147 (calc.)

GC/MS
EI 70 eV
TSQ 70
QI: 937

Peaks: 108, 115, 119, 123, 128, 134, 143, 147, 157, 161

1-Hydroxy-1-phenylbutan-2-one
expanded

MW: 164.20408
MM: 164.08373
$C_{10}H_{12}O_2$
RI: 1191 (calc.)

GC/MS
EI 70 eV
TSQ 70
QI: 992

Peaks: 108, 113, 118, 122, 127, 131, 136, 147, 164, 166

Amantadine-M ME

MW: 165.27860
MM: 165.15175
$C_{11}H_{19}N$
RI: 1382 (calc.)

GC/MS
EI 70 eV
TRACE
QI: 764

Peaks: 51, 56, 71, 78, 89, 94, 108, 135, 153, 165

m/z: 108

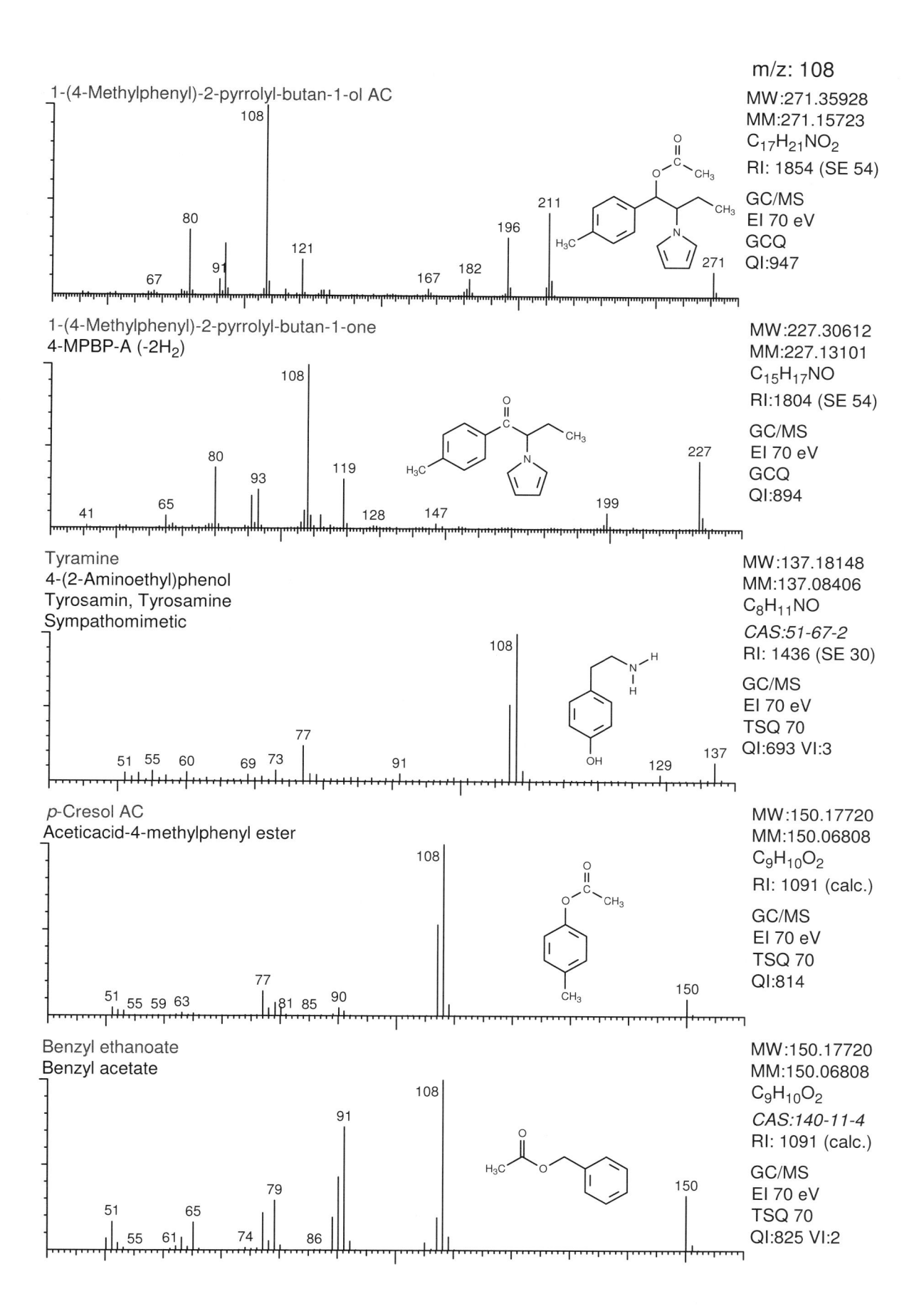

1-(4-Methylphenyl)-2-pyrrolyl-butan-1-ol AC

Peaks: 67, 80, 91, 108, 121, 167, 182, 196, 211, 271

MW: 271.35928
MM: 271.15723
$C_{17}H_{21}NO_2$
RI: 1854 (SE 54)

GC/MS
EI 70 eV
GCQ
QI: 947

1-(4-Methylphenyl)-2-pyrrolyl-butan-1-one
4-MPBP-A ($-2H_2$)

Peaks: 41, 65, 80, 93, 108, 119, 128, 147, 199, 227

MW: 227.30612
MM: 227.13101
$C_{15}H_{17}NO$
RI: 1804 (SE 54)

GC/MS
EI 70 eV
GCQ
QI: 894

Tyramine
4-(2-Aminoethyl)phenol
Tyrosamin, Tyrosamine
Sympathomimetic

Peaks: 51, 55, 60, 69, 73, 77, 91, 108, 129, 137

MW: 137.18148
MM: 137.08406
$C_8H_{11}NO$
CAS: 51-67-2
RI: 1436 (SE 30)

GC/MS
EI 70 eV
TSQ 70
QI: 693 VI: 3

p-Cresol AC
Aceticacid-4-methylphenyl ester

Peaks: 51, 55, 59, 63, 77, 81, 85, 90, 108, 150

MW: 150.17720
MM: 150.06808
$C_9H_{10}O_2$
RI: 1091 (calc.)

GC/MS
EI 70 eV
TSQ 70
QI: 814

Benzyl ethanoate
Benzyl acetate

Peaks: 51, 55, 61, 65, 74, 79, 86, 91, 108, 150

MW: 150.17720
MM: 150.06808
$C_9H_{10}O_2$
CAS: 140-11-4
RI: 1091 (calc.)

GC/MS
EI 70 eV
TSQ 70
QI: 825 VI: 2

m/z: 109

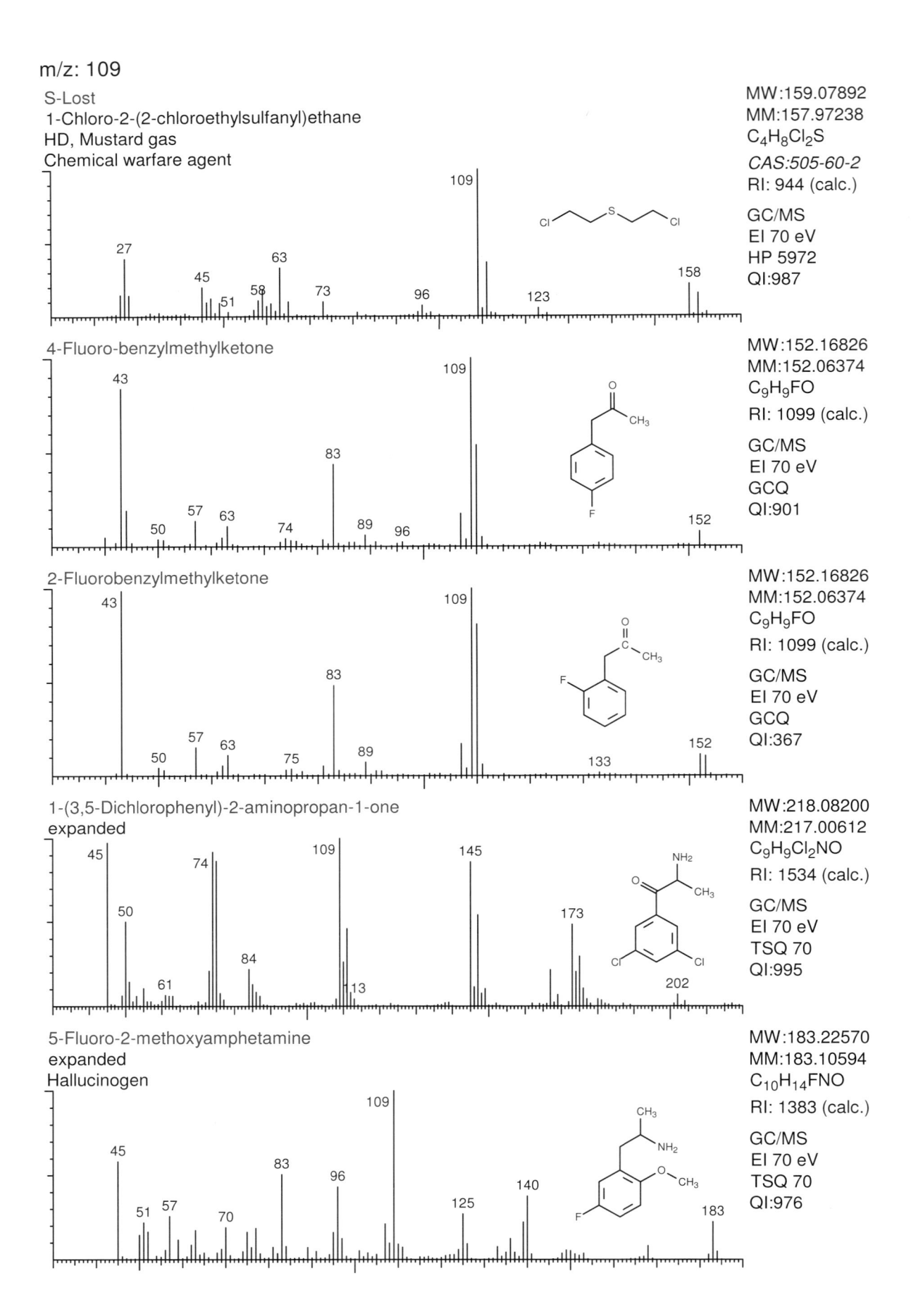

S-Lost
1-Chloro-2-(2-chloroethylsulfanyl)ethane
HD, Mustard gas
Chemical warfare agent

MW:159.07892
MM:157.97238
$C_4H_8Cl_2S$
CAS:505-60-2
RI: 944 (calc.)

GC/MS
EI 70 eV
HP 5972
QI:987

Peaks: 27, 45, 51, 58, 63, 73, 96, 109, 123, 158

4-Fluoro-benzylmethylketone

MW:152.16826
MM:152.06374
C_9H_9FO
RI: 1099 (calc.)

GC/MS
EI 70 eV
GCQ
QI:901

Peaks: 43, 50, 57, 63, 74, 83, 89, 96, 109, 152

2-Fluorobenzylmethylketone

MW:152.16826
MM:152.06374
C_9H_9FO
RI: 1099 (calc.)

GC/MS
EI 70 eV
GCQ
QI:367

Peaks: 43, 50, 57, 63, 75, 83, 89, 109, 133, 152

1-(3,5-Dichlorophenyl)-2-aminopropan-1-one
expanded

MW:218.08200
MM:217.00612
$C_9H_9Cl_2NO$
RI: 1534 (calc.)

GC/MS
EI 70 eV
TSQ 70
QI:995

Peaks: 45, 50, 61, 74, 84, 109, 113, 145, 173, 202

5-Fluoro-2-methoxyamphetamine
expanded
Hallucinogen

MW:183.22570
MM:183.10594
$C_{10}H_{14}FNO$
RI: 1383 (calc.)

GC/MS
EI 70 eV
TSQ 70
QI:976

Peaks: 45, 51, 57, 70, 83, 96, 109, 125, 140, 183

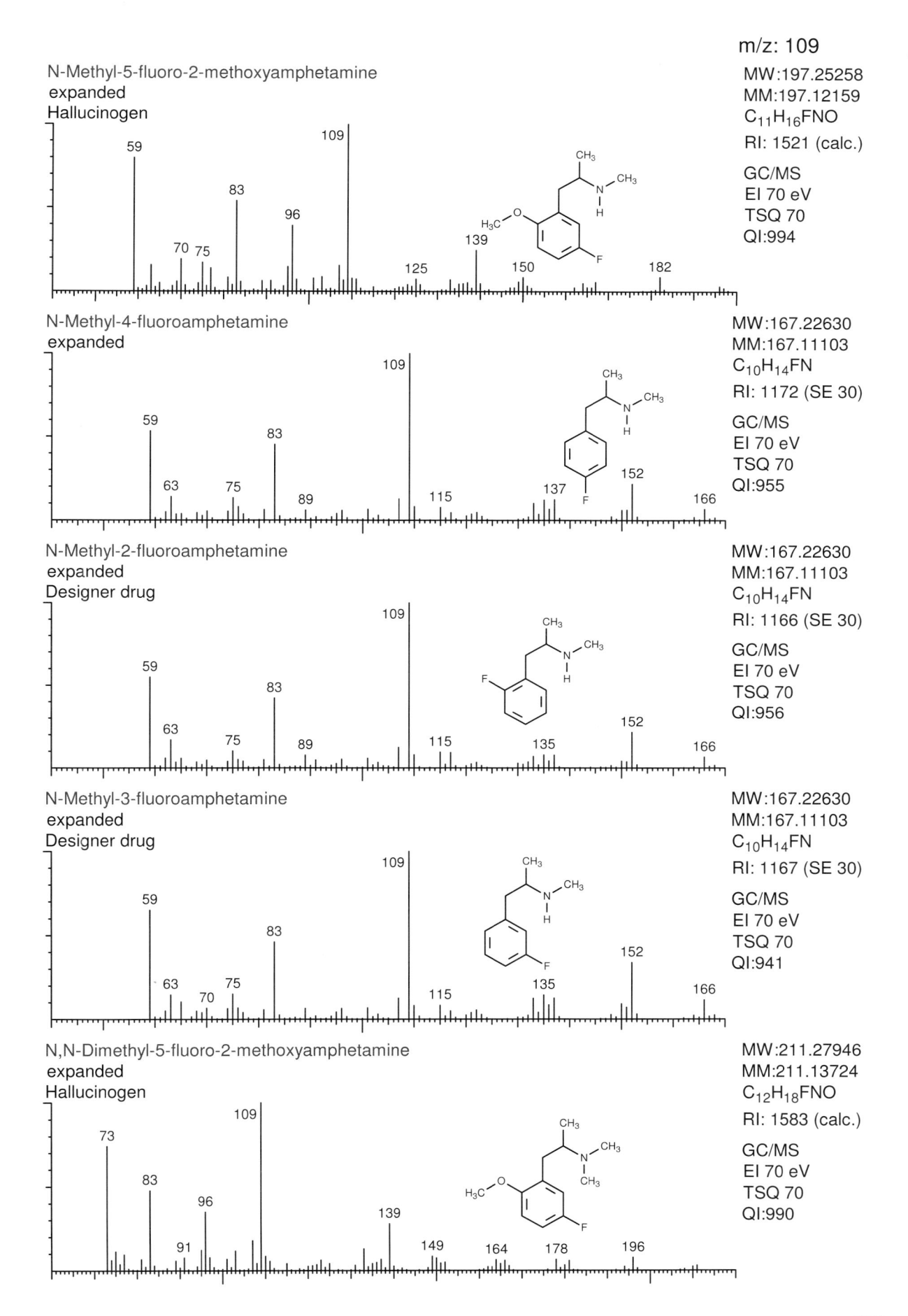

N-Methyl-5-fluoro-2-methoxyamphetamine
expanded
Hallucinogen

m/z: 109
MW: 197.25258
MM: 197.12159
$C_{11}H_{16}FNO$
RI: 1521 (calc.)

GC/MS
EI 70 eV
TSQ 70
QI: 994

Peaks: 59, 70, 75, 83, 96, 109, 125, 139, 150, 182

N-Methyl-4-fluoroamphetamine
expanded

MW: 167.22630
MM: 167.11103
$C_{10}H_{14}FN$
RI: 1172 (SE 30)

GC/MS
EI 70 eV
TSQ 70
QI: 955

Peaks: 59, 63, 75, 83, 89, 109, 115, 137, 152, 166

N-Methyl-2-fluoroamphetamine
expanded
Designer drug

MW: 167.22630
MM: 167.11103
$C_{10}H_{14}FN$
RI: 1166 (SE 30)

GC/MS
EI 70 eV
TSQ 70
QI: 956

Peaks: 59, 63, 75, 83, 89, 109, 115, 135, 152, 166

N-Methyl-3-fluoroamphetamine
expanded
Designer drug

MW: 167.22630
MM: 167.11103
$C_{10}H_{14}FN$
RI: 1167 (SE 30)

GC/MS
EI 70 eV
TSQ 70
QI: 941

Peaks: 59, 63, 70, 75, 83, 109, 115, 135, 152, 166

N,N-Dimethyl-5-fluoro-2-methoxyamphetamine
expanded
Hallucinogen

MW: 211.27946
MM: 211.13724
$C_{12}H_{18}FNO$
RI: 1583 (calc.)

GC/MS
EI 70 eV
TSQ 70
QI: 990

Peaks: 73, 83, 91, 96, 109, 139, 149, 164, 178, 196

m/z: 109

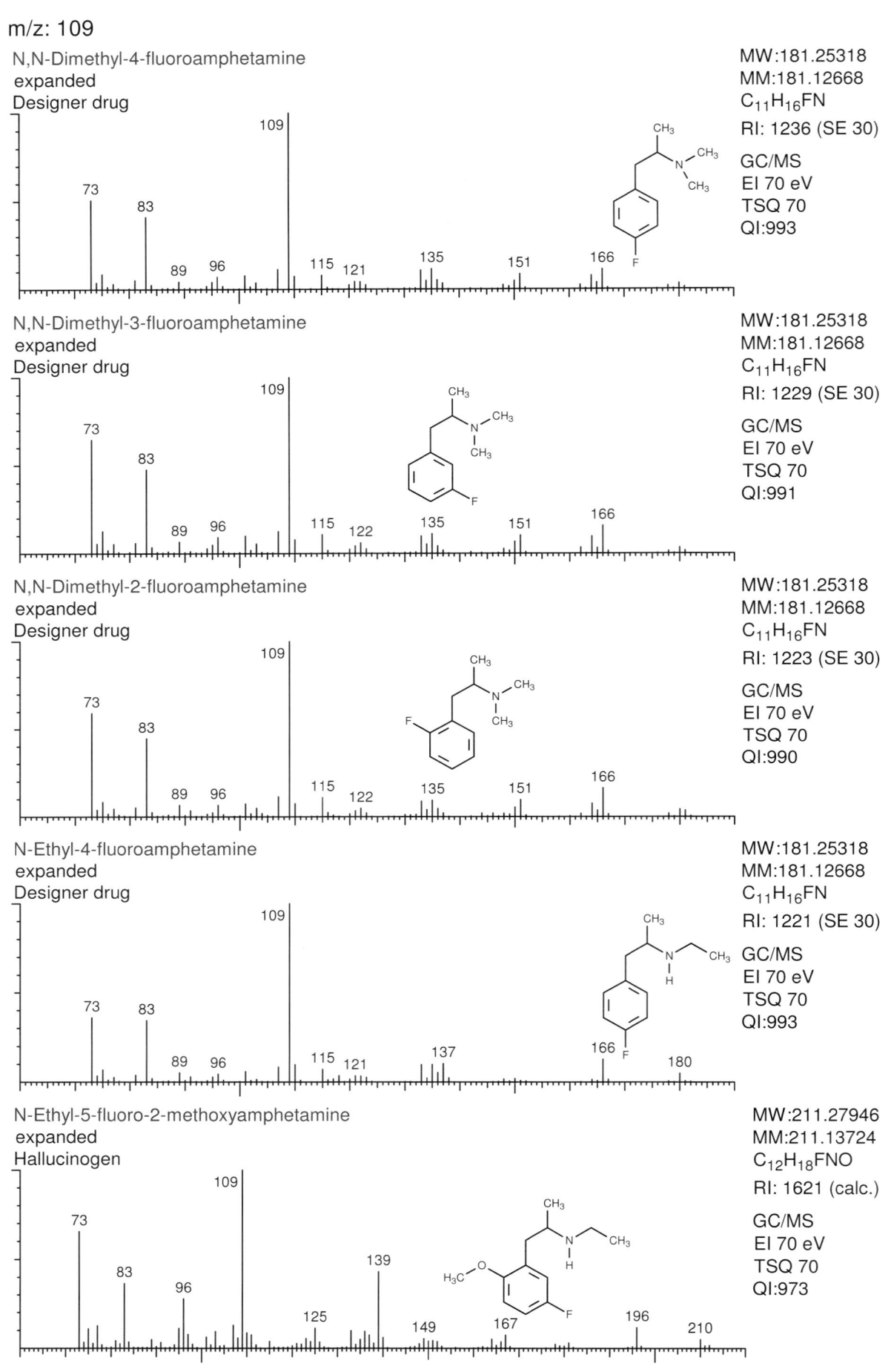

N,N-Dimethyl-4-fluoroamphetamine
expanded
Designer drug

MW:181.25318
MM:181.12668
$C_{11}H_{16}FN$
RI: 1236 (SE 30)
GC/MS
EI 70 eV
TSQ 70
QI:993

N,N-Dimethyl-3-fluoroamphetamine
expanded
Designer drug

MW:181.25318
MM:181.12668
$C_{11}H_{16}FN$
RI: 1229 (SE 30)
GC/MS
EI 70 eV
TSQ 70
QI:991

N,N-Dimethyl-2-fluoroamphetamine
expanded
Designer drug

MW:181.25318
MM:181.12668
$C_{11}H_{16}FN$
RI: 1223 (SE 30)
GC/MS
EI 70 eV
TSQ 70
QI:990

N-Ethyl-4-fluoroamphetamine
expanded
Designer drug

MW:181.25318
MM:181.12668
$C_{11}H_{16}FN$
RI: 1221 (SE 30)
GC/MS
EI 70 eV
TSQ 70
QI:993

N-Ethyl-5-fluoro-2-methoxyamphetamine
expanded
Hallucinogen

MW:211.27946
MM:211.13724
$C_{12}H_{18}FNO$
RI: 1621 (calc.)
GC/MS
EI 70 eV
TSQ 70
QI:973

m/z: 109

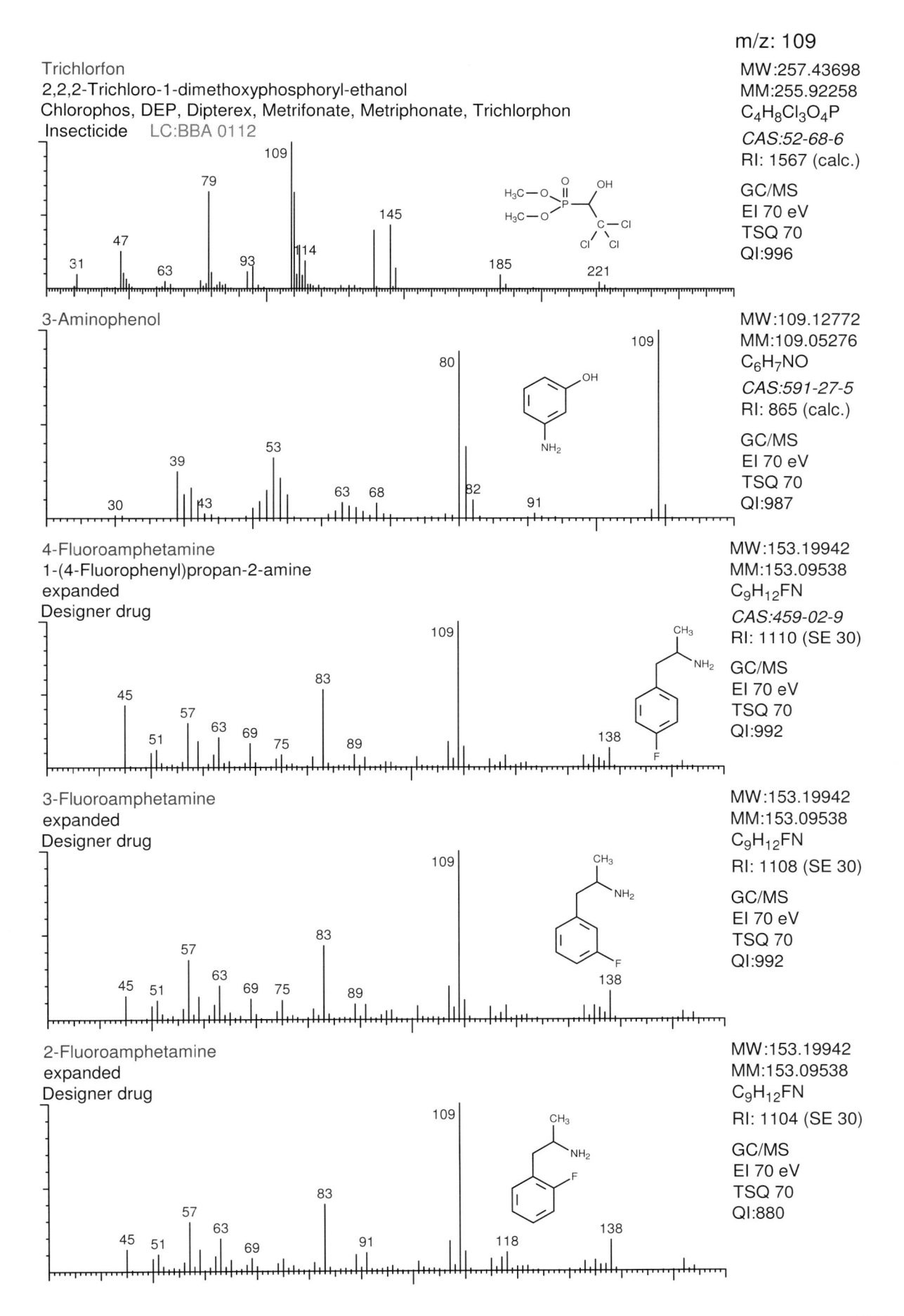

Trichlorfon
2,2,2-Trichloro-1-dimethoxyphosphoryl-ethanol
Chlorophos, DEP, Dipterex, Metrifonate, Metriphonate, Trichlorphon
Insecticide   LC:BBA 0112

MW:257.43698
MM:255.92258
$C_4H_8Cl_3O_4P$
CAS:52-68-6
RI: 1567 (calc.)

GC/MS
EI 70 eV
TSQ 70
QI:996

Peaks: 31, 47, 63, 79, 93, 109, 114, 145, 185, 221

3-Aminophenol

MW:109.12772
MM:109.05276
C_6H_7NO
CAS:591-27-5
RI: 865 (calc.)

GC/MS
EI 70 eV
TSQ 70
QI:987

Peaks: 30, 39, 43, 53, 63, 68, 80, 82, 91, 109

4-Fluoroamphetamine
1-(4-Fluorophenyl)propan-2-amine
expanded
Designer drug

MW:153.19942
MM:153.09538
$C_9H_{12}FN$
CAS:459-02-9
RI: 1110 (SE 30)

GC/MS
EI 70 eV
TSQ 70
QI:992

Peaks: 45, 51, 57, 63, 69, 75, 83, 89, 109, 138

3-Fluoroamphetamine
expanded
Designer drug

MW:153.19942
MM:153.09538
$C_9H_{12}FN$
RI: 1108 (SE 30)

GC/MS
EI 70 eV
TSQ 70
QI:992

Peaks: 45, 51, 57, 63, 69, 75, 83, 89, 109, 138

2-Fluoroamphetamine
expanded
Designer drug

MW:153.19942
MM:153.09538
$C_9H_{12}FN$
RI: 1104 (SE 30)

GC/MS
EI 70 eV
TSQ 70
QI:880

Peaks: 45, 51, 57, 63, 69, 83, 91, 109, 118, 138

m/z: 109

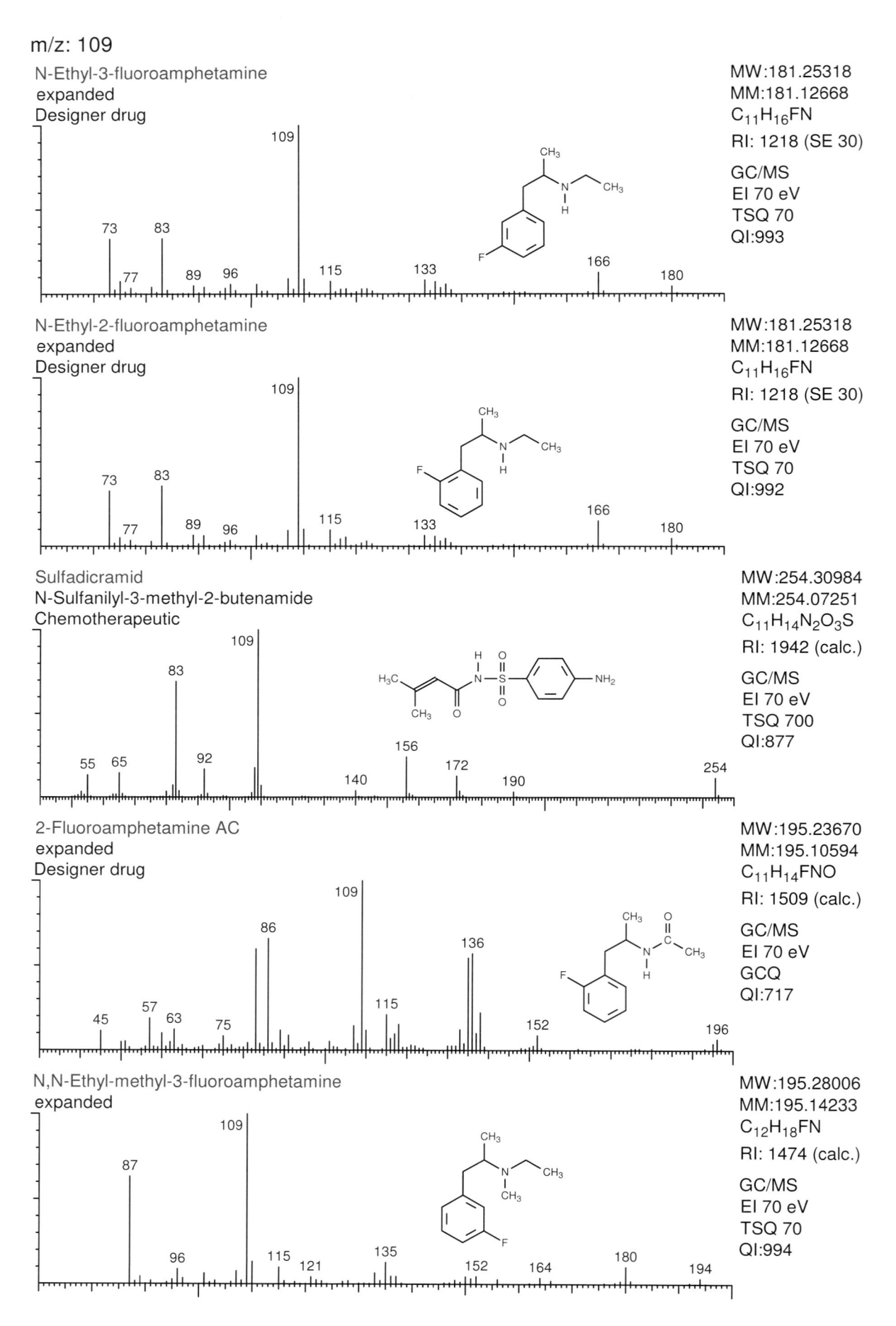

N-Ethyl-3-fluoroamphetamine
expanded
Designer drug

MW: 181.25318
MM: 181.12668
$C_{11}H_{16}FN$
RI: 1218 (SE 30)

GC/MS
EI 70 eV
TSQ 70
QI: 993

Peaks: 73, 77, 83, 89, 96, 109, 115, 133, 166, 180

N-Ethyl-2-fluoroamphetamine
expanded
Designer drug

MW: 181.25318
MM: 181.12668
$C_{11}H_{16}FN$
RI: 1218 (SE 30)

GC/MS
EI 70 eV
TSQ 70
QI: 992

Peaks: 73, 77, 83, 89, 96, 109, 115, 133, 166, 180

Sulfadicramid
N-Sulfanilyl-3-methyl-2-butenamide
Chemotherapeutic

MW: 254.30984
MM: 254.07251
$C_{11}H_{14}N_2O_3S$
RI: 1942 (calc.)

GC/MS
EI 70 eV
TSQ 700
QI: 877

Peaks: 55, 65, 83, 92, 109, 140, 156, 172, 190, 254

2-Fluoroamphetamine AC
expanded
Designer drug

MW: 195.23670
MM: 195.10594
$C_{11}H_{14}FNO$
RI: 1509 (calc.)

GC/MS
EI 70 eV
GCQ
QI: 717

Peaks: 45, 57, 63, 75, 86, 109, 115, 136, 152, 196

N,N-Ethyl-methyl-3-fluoroamphetamine
expanded

MW: 195.28006
MM: 195.14233
$C_{12}H_{18}FN$
RI: 1474 (calc.)

GC/MS
EI 70 eV
TSQ 70
QI: 994

Peaks: 87, 96, 109, 115, 121, 135, 152, 164, 180, 194

m/z: 109

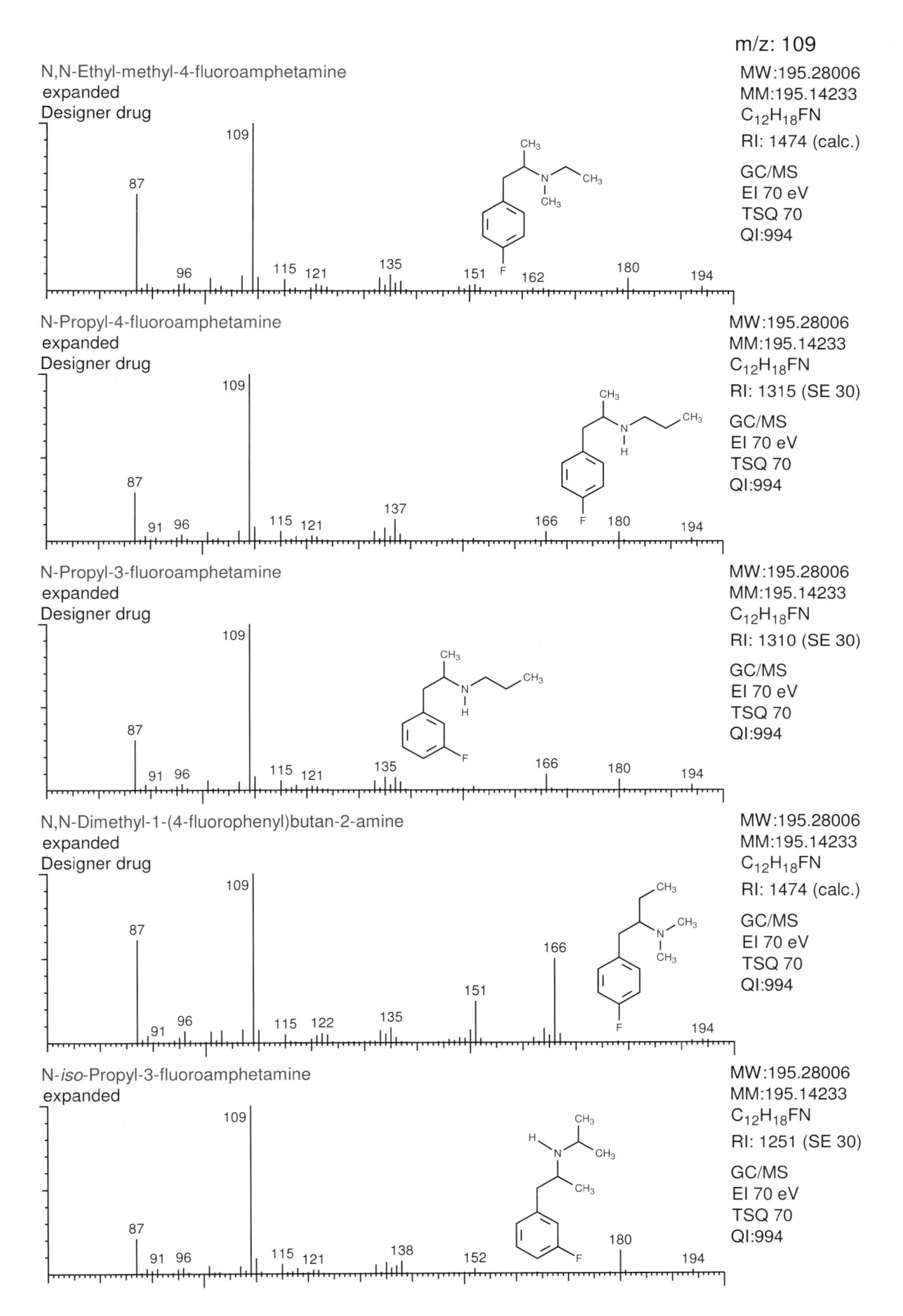

N,N-Ethyl-methyl-4-fluoroamphetamine
expanded
Designer drug

MW: 195.28006
MM: 195.14233
C$_{12}$H$_{18}$FN
RI: 1474 (calc.)

GC/MS
EI 70 eV
TSQ 70
QI: 994

N-Propyl-4-fluoroamphetamine
expanded
Designer drug

MW: 195.28006
MM: 195.14233
C$_{12}$H$_{18}$FN
RI: 1315 (SE 30)

GC/MS
EI 70 eV
TSQ 70
QI: 994

N-Propyl-3-fluoroamphetamine
expanded
Designer drug

MW: 195.28006
MM: 195.14233
C$_{12}$H$_{18}$FN
RI: 1310 (SE 30)

GC/MS
EI 70 eV
TSQ 70
QI: 994

N,N-Dimethyl-1-(4-fluorophenyl)butan-2-amine
expanded
Designer drug

MW: 195.28006
MM: 195.14233
C$_{12}$H$_{18}$FN
RI: 1474 (calc.)

GC/MS
EI 70 eV
TSQ 70
QI: 994

N-iso-Propyl-3-fluoroamphetamine
expanded

MW: 195.28006
MM: 195.14233
C$_{12}$H$_{18}$FN
RI: 1251 (SE 30)

GC/MS
EI 70 eV
TSQ 70
QI: 994

m/z: 109

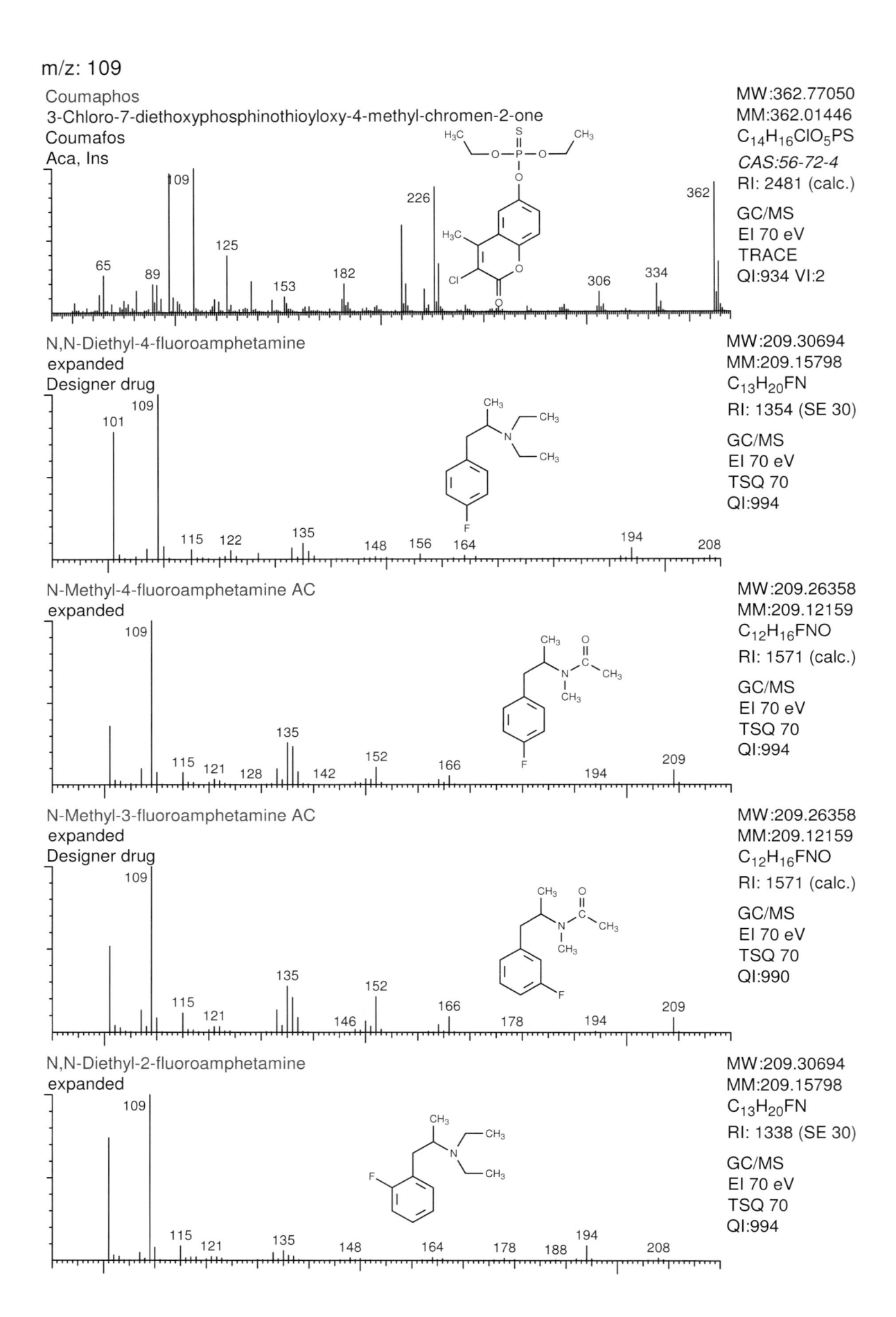

Coumaphos
3-Chloro-7-diethoxyphosphinothioyloxy-4-methyl-chromen-2-one
Coumafos
Aca, Ins

MW: 362.77050
MM: 362.01446
$C_{14}H_{16}ClO_5PS$
CAS: 56-72-4
RI: 2481 (calc.)

GC/MS
EI 70 eV
TRACE
QI: 934 VI: 2

N,N-Diethyl-4-fluoroamphetamine
expanded
Designer drug

MW: 209.30694
MM: 209.15798
$C_{13}H_{20}FN$
RI: 1354 (SE 30)

GC/MS
EI 70 eV
TSQ 70
QI: 994

N-Methyl-4-fluoroamphetamine AC
expanded

MW: 209.26358
MM: 209.12159
$C_{12}H_{16}FNO$
RI: 1571 (calc.)

GC/MS
EI 70 eV
TSQ 70
QI: 994

N-Methyl-3-fluoroamphetamine AC
expanded
Designer drug

MW: 209.26358
MM: 209.12159
$C_{12}H_{16}FNO$
RI: 1571 (calc.)

GC/MS
EI 70 eV
TSQ 70
QI: 990

N,N-Diethyl-2-fluoroamphetamine
expanded

MW: 209.30694
MM: 209.15798
$C_{13}H_{20}FN$
RI: 1338 (SE 30)

GC/MS
EI 70 eV
TSQ 70
QI: 994

m/z: 109

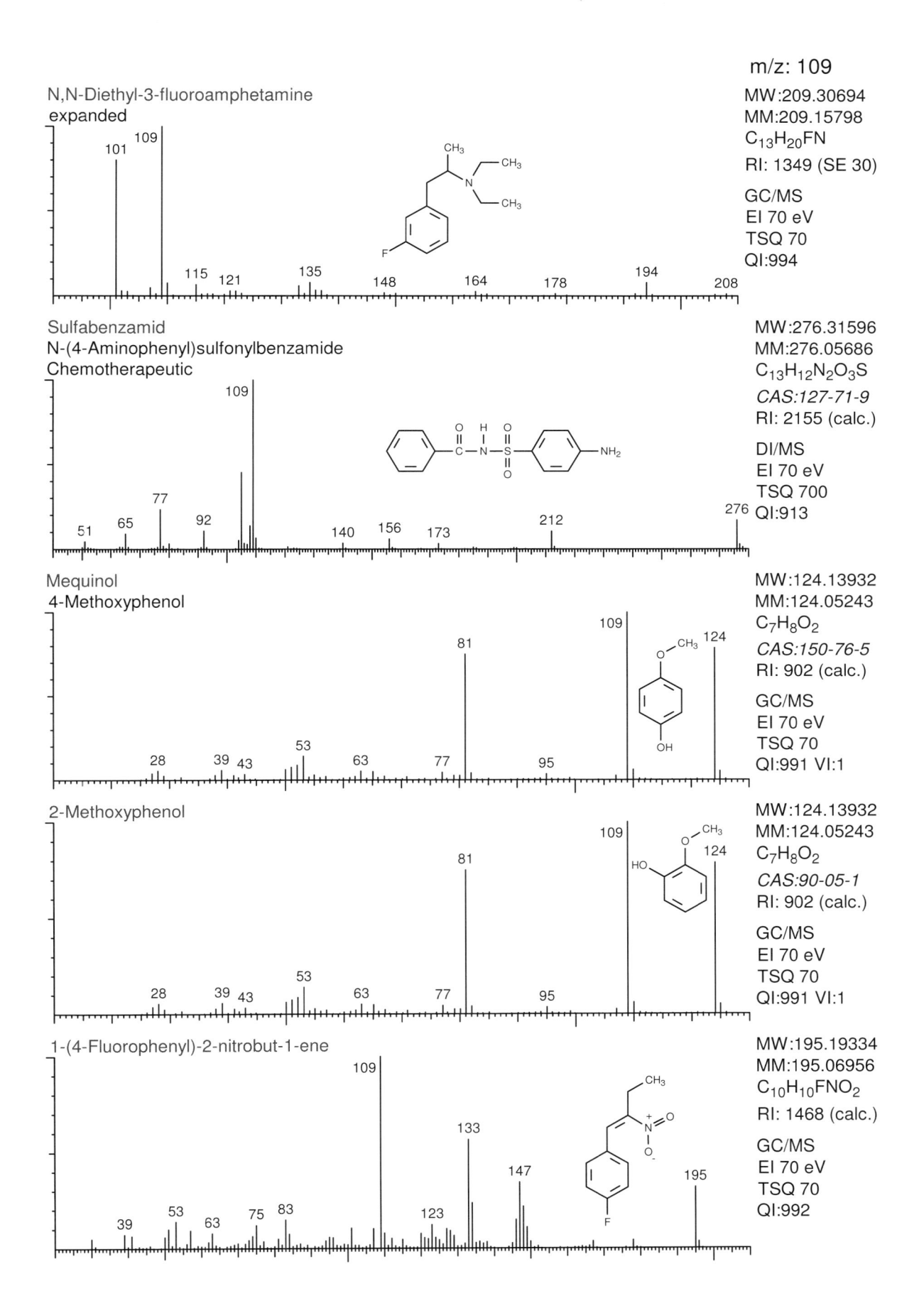

N,N-Diethyl-3-fluoroamphetamine
expanded

MW: 209.30694
MM: 209.15798
$C_{13}H_{20}FN$
RI: 1349 (SE 30)

GC/MS
EI 70 eV
TSQ 70
QI: 994

Peaks: 101, 109, 115, 121, 135, 148, 164, 178, 194, 208

Sulfabenzamid
N-(4-Aminophenyl)sulfonylbenzamide
Chemotherapeutic

MW: 276.31596
MM: 276.05686
$C_{13}H_{12}N_2O_3S$
CAS: 127-71-9
RI: 2155 (calc.)

DI/MS
EI 70 eV
TSQ 700
QI: 913

Peaks: 51, 65, 77, 92, 109, 140, 156, 173, 212, 276

Mequinol
4-Methoxyphenol

MW: 124.13932
MM: 124.05243
$C_7H_8O_2$
CAS: 150-76-5
RI: 902 (calc.)

GC/MS
EI 70 eV
TSQ 70
QI: 991 VI:1

Peaks: 28, 39, 43, 53, 63, 77, 81, 95, 109, 124

2-Methoxyphenol

MW: 124.13932
MM: 124.05243
$C_7H_8O_2$
CAS: 90-05-1
RI: 902 (calc.)

GC/MS
EI 70 eV
TSQ 70
QI: 991 VI:1

Peaks: 28, 39, 43, 53, 63, 77, 81, 95, 109, 124

1-(4-Fluorophenyl)-2-nitrobut-1-ene

MW: 195.19334
MM: 195.06956
$C_{10}H_{10}FNO_2$
RI: 1468 (calc.)

GC/MS
EI 70 eV
TSQ 70
QI: 992

Peaks: 39, 53, 63, 75, 83, 109, 123, 133, 147, 195

m/z: 109

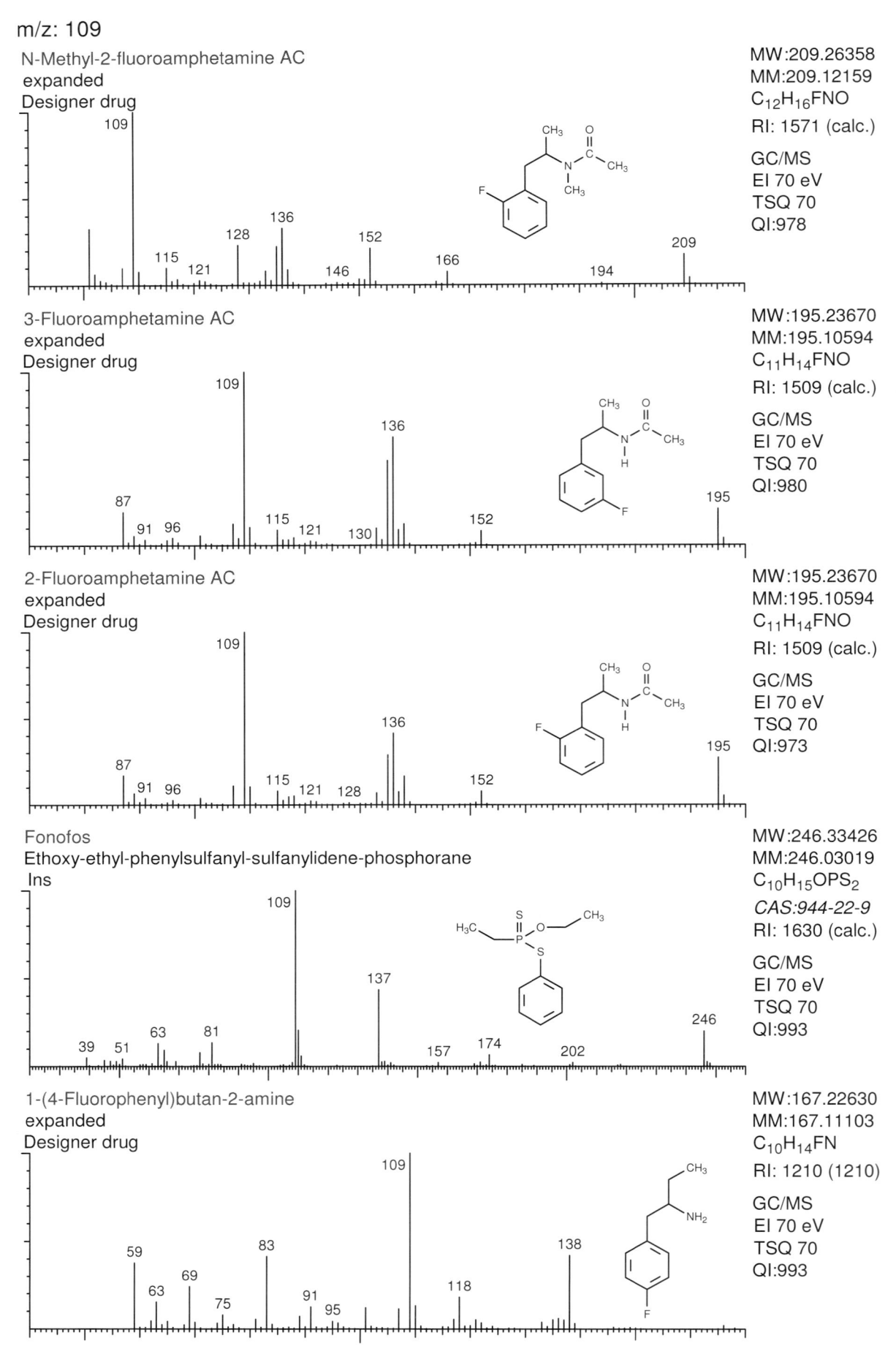

N-Methyl-2-fluoroamphetamine AC
expanded
Designer drug

MW: 209.26358
MM: 209.12159
C$_{12}$H$_{16}$FNO
RI: 1571 (calc.)

GC/MS
EI 70 eV
TSQ 70
QI: 978

3-Fluoroamphetamine AC
expanded
Designer drug

MW: 195.23670
MM: 195.10594
C$_{11}$H$_{14}$FNO
RI: 1509 (calc.)

GC/MS
EI 70 eV
TSQ 70
QI: 980

2-Fluoroamphetamine AC
expanded
Designer drug

MW: 195.23670
MM: 195.10594
C$_{11}$H$_{14}$FNO
RI: 1509 (calc.)

GC/MS
EI 70 eV
TSQ 70
QI: 973

Fonofos
Ethoxy-ethyl-phenylsulfanyl-sulfanylidene-phosphorane
Ins

MW: 246.33426
MM: 246.03019
C$_{10}$H$_{15}$OPS$_2$
CAS: 944-22-9
RI: 1630 (calc.)

GC/MS
EI 70 eV
TSQ 70
QI: 993

1-(4-Fluorophenyl)butan-2-amine
expanded
Designer drug

MW: 167.22630
MM: 167.11103
C$_{10}$H$_{14}$FN
RI: 1210 (1210)

GC/MS
EI 70 eV
TSQ 70
QI: 993

m/z: 109

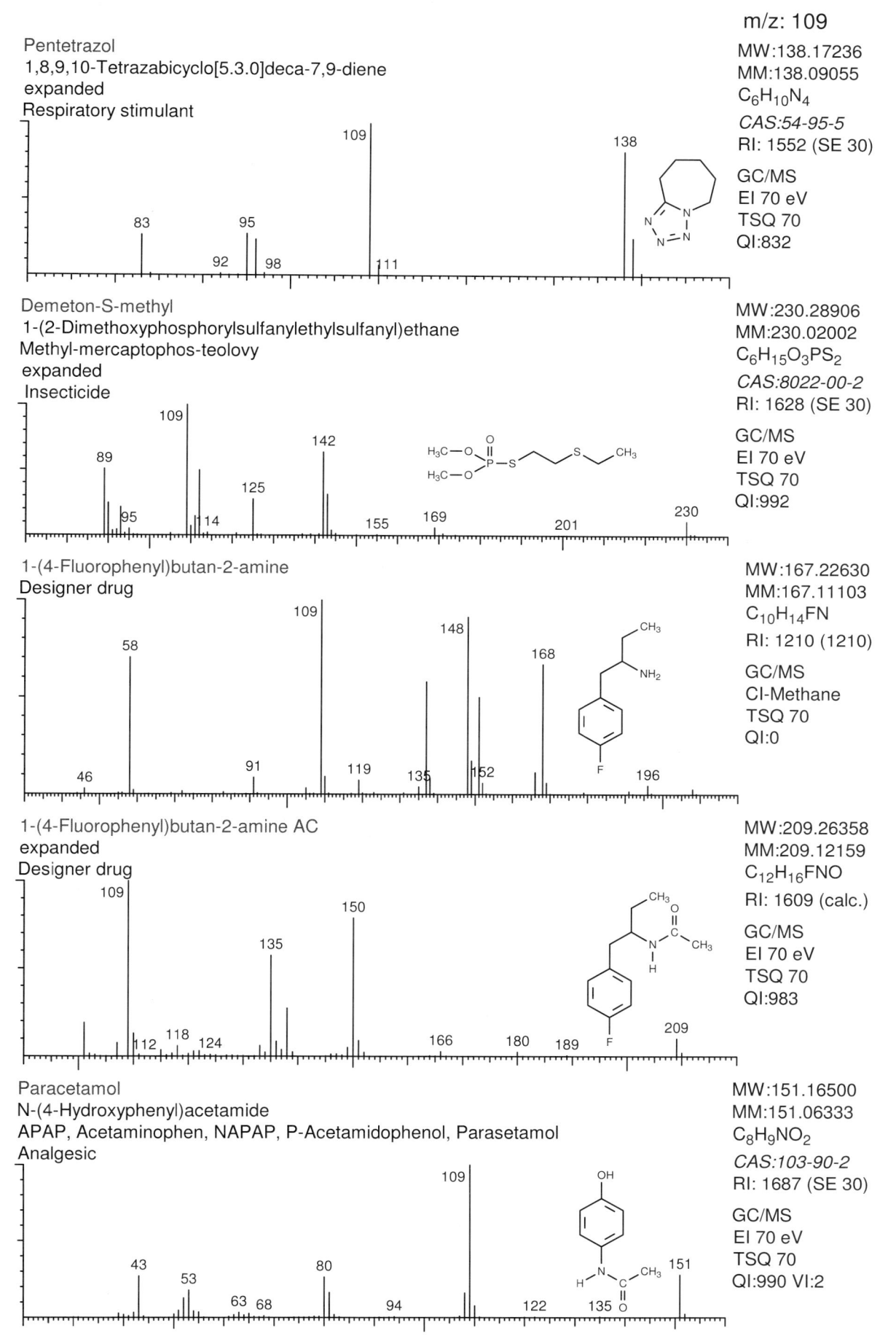

Pentetrazol
1,8,9,10-Tetrazabicyclo[5.3.0]deca-7,9-diene
expanded
Respiratory stimulant

MW:138.17236
MM:138.09055
$C_6H_{10}N_4$
CAS:54-95-5
RI: 1552 (SE 30)

GC/MS
EI 70 eV
TSQ 70
QI:832

Peaks: 83, 92, 95, 98, 109, 111, 138

Demeton-S-methyl
1-(2-Dimethoxyphosphorylsulfanylethylsulfanyl)ethane
Methyl-mercaptophos-teolovy
expanded
Insecticide

MW:230.28906
MM:230.02002
$C_6H_{15}O_3PS_2$
CAS:8022-00-2
RI: 1628 (SE 30)

GC/MS
EI 70 eV
TSQ 70
QI:992

Peaks: 89, 95, 109, 114, 125, 142, 155, 169, 201, 230

1-(4-Fluorophenyl)butan-2-amine
Designer drug

MW:167.22630
MM:167.11103
$C_{10}H_{14}FN$
RI: 1210 (1210)

GC/MS
CI-Methane
TSQ 70
QI:0

Peaks: 46, 58, 91, 109, 119, 135, 148, 152, 168, 196

1-(4-Fluorophenyl)butan-2-amine AC
expanded
Designer drug

MW:209.26358
MM:209.12159
$C_{12}H_{16}FNO$
RI: 1609 (calc.)

GC/MS
EI 70 eV
TSQ 70
QI:983

Peaks: 109, 112, 118, 124, 135, 150, 166, 180, 189, 209

Paracetamol
N-(4-Hydroxyphenyl)acetamide
APAP, Acetaminophen, NAPAP, P-Acetamidophenol, Parasetamol
Analgesic

MW:151.16500
MM:151.06333
$C_8H_9NO_2$
CAS:103-90-2
RI: 1687 (SE 30)

GC/MS
EI 70 eV
TSQ 70
QI:990 VI:2

Peaks: 43, 53, 63, 68, 80, 94, 109, 122, 135, 151

m/z: 109

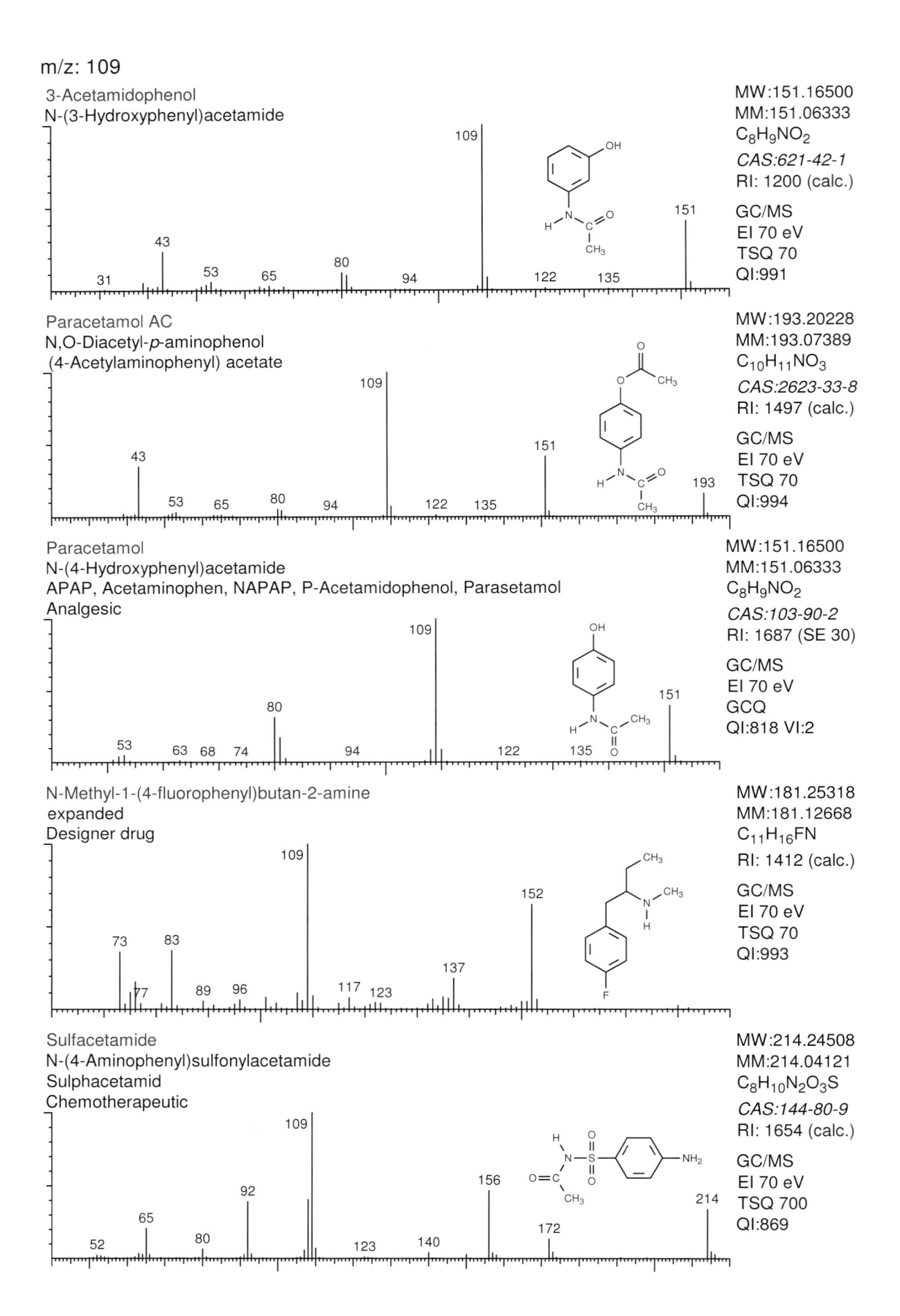

3-Acetamidophenol
N-(3-Hydroxyphenyl)acetamide

MW:151.16500
MM:151.06333
$C_8H_9NO_2$
CAS:621-42-1
RI: 1200 (calc.)

GC/MS
EI 70 eV
TSQ 70
QI:991

Paracetamol AC
N,O-Diacetyl-*p*-aminophenol
(4-Acetylaminophenyl) acetate

MW:193.20228
MM:193.07389
$C_{10}H_{11}NO_3$
CAS:2623-33-8
RI: 1497 (calc.)

GC/MS
EI 70 eV
TSQ 70
QI:994

Paracetamol
N-(4-Hydroxyphenyl)acetamide
APAP, Acetaminophen, NAPAP, P-Acetamidophenol, Parasetamol
Analgesic

MW:151.16500
MM:151.06333
$C_8H_9NO_2$
CAS:103-90-2
RI: 1687 (SE 30)

GC/MS
EI 70 eV
GCQ
QI:818 VI:2

N-Methyl-1-(4-fluorophenyl)butan-2-amine
expanded
Designer drug

MW:181.25318
MM:181.12668
$C_{11}H_{16}FN$
RI: 1412 (calc.)

GC/MS
EI 70 eV
TSQ 70
QI:993

Sulfacetamide
N-(4-Aminophenyl)sulfonylacetamide
Sulphacetamid
Chemotherapeutic

MW:214.24508
MM:214.04121
$C_8H_{10}N_2O_3S$
CAS:144-80-9
RI: 1654 (calc.)

GC/MS
EI 70 eV
TSQ 700
QI:869

m/z: 109

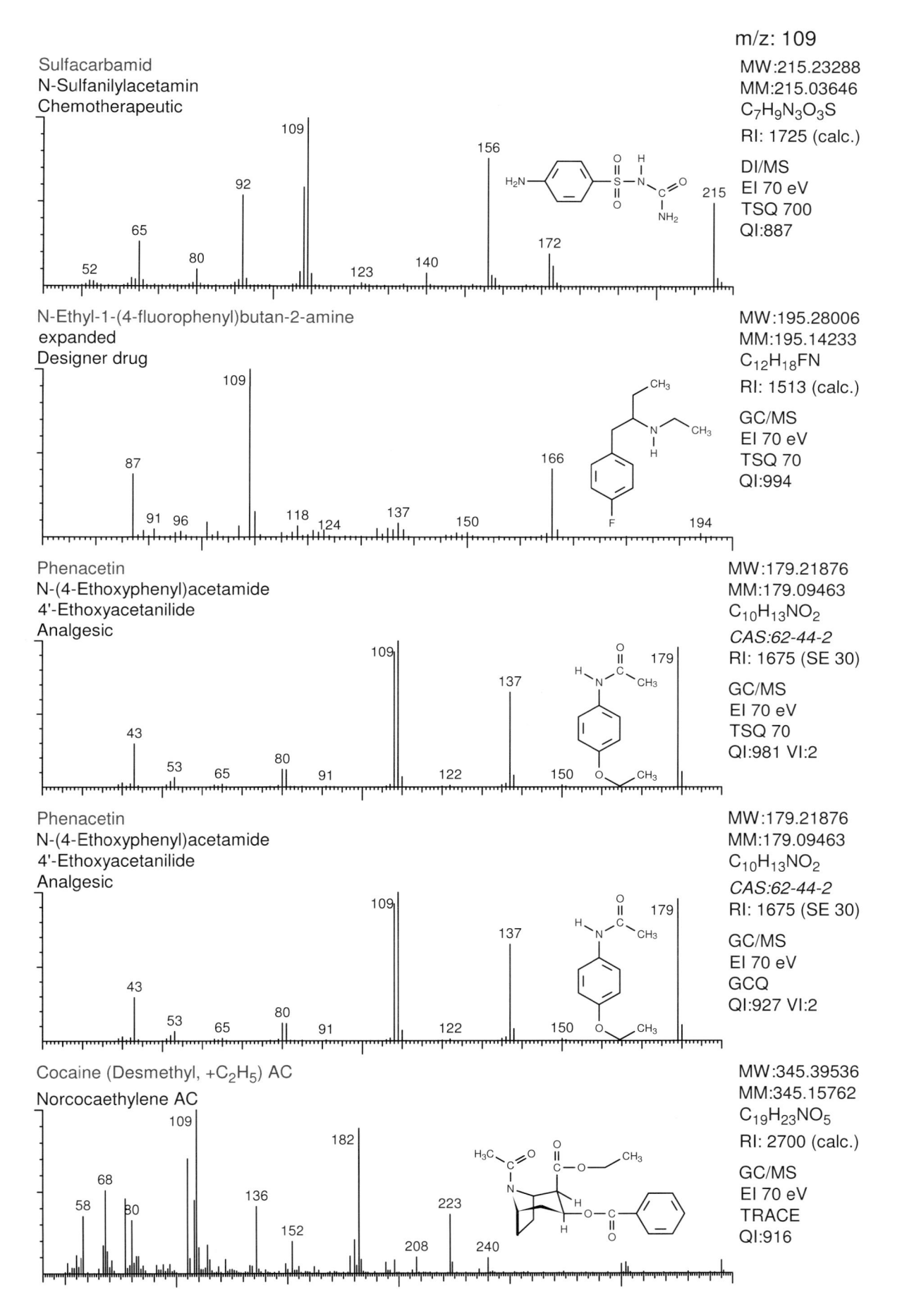

Sulfacarbamid
N-Sulfanilylacetamin
Chemotherapeutic

MW:215.23288
MM:215.03646
$C_7H_9N_3O_3S$
RI: 1725 (calc.)

DI/MS
EI 70 eV
TSQ 700
QI:887

Peaks: 52, 65, 80, 92, 109, 123, 140, 156, 172, 215

N-Ethyl-1-(4-fluorophenyl)butan-2-amine
expanded
Designer drug

MW:195.28006
MM:195.14233
$C_{12}H_{18}FN$
RI: 1513 (calc.)

GC/MS
EI 70 eV
TSQ 70
QI:994

Peaks: 87, 91, 96, 109, 118, 124, 137, 150, 166, 194

Phenacetin
N-(4-Ethoxyphenyl)acetamide
4'-Ethoxyacetanilide
Analgesic

MW:179.21876
MM:179.09463
$C_{10}H_{13}NO_2$
CAS:62-44-2
RI: 1675 (SE 30)

GC/MS
EI 70 eV
TSQ 70
QI:981 VI:2

Peaks: 43, 53, 65, 80, 91, 109, 122, 137, 150, 179

Phenacetin
N-(4-Ethoxyphenyl)acetamide
4'-Ethoxyacetanilide
Analgesic

MW:179.21876
MM:179.09463
$C_{10}H_{13}NO_2$
CAS:62-44-2
RI: 1675 (SE 30)

GC/MS
EI 70 eV
GCQ
QI:927 VI:2

Peaks: 43, 53, 65, 80, 91, 109, 122, 137, 150, 179

Cocaine (Desmethyl, +C_2H_5) AC
Norcocaethylene AC

MW:345.39536
MM:345.15762
$C_{19}H_{23}NO_5$
RI: 2700 (calc.)

GC/MS
EI 70 eV
TRACE
QI:916

Peaks: 58, 68, 80, 109, 136, 152, 182, 208, 223, 240

515

m/z: 109

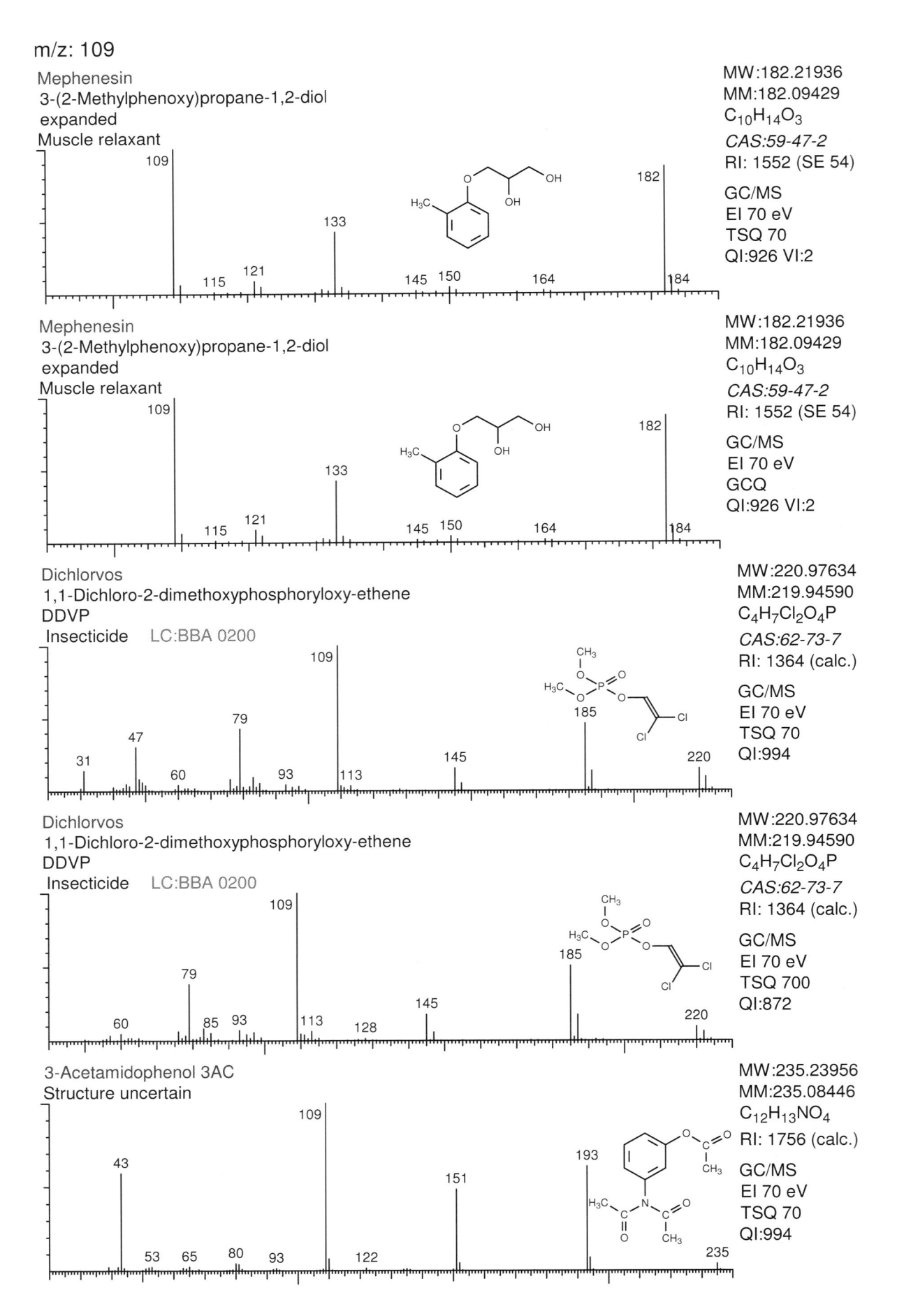

Mephenesin
3-(2-Methylphenoxy)propane-1,2-diol
expanded
Muscle relaxant

MW: 182.21936
MM: 182.09429
$C_{10}H_{14}O_3$
CAS: 59-47-2
RI: 1552 (SE 54)

GC/MS
EI 70 eV
TSQ 70
QI: 926 VI: 2

Peaks: 109, 115, 121, 133, 145, 150, 164, 182, 184

Mephenesin
3-(2-Methylphenoxy)propane-1,2-diol
expanded
Muscle relaxant

MW: 182.21936
MM: 182.09429
$C_{10}H_{14}O_3$
CAS: 59-47-2
RI: 1552 (SE 54)

GC/MS
EI 70 eV
GCQ
QI: 926 VI: 2

Peaks: 109, 115, 121, 133, 145, 150, 164, 182, 184

Dichlorvos
1,1-Dichloro-2-dimethoxyphosphoryloxy-ethene
DDVP
Insecticide   LC: BBA 0200

MW: 220.97634
MM: 219.94590
$C_4H_7Cl_2O_4P$
CAS: 62-73-7
RI: 1364 (calc.)

GC/MS
EI 70 eV
TSQ 70
QI: 994

Peaks: 31, 47, 60, 79, 93, 109, 113, 145, 185, 220

Dichlorvos
1,1-Dichloro-2-dimethoxyphosphoryloxy-ethene
DDVP
Insecticide   LC: BBA 0200

MW: 220.97634
MM: 219.94590
$C_4H_7Cl_2O_4P$
CAS: 62-73-7
RI: 1364 (calc.)

GC/MS
EI 70 eV
TSQ 700
QI: 872

Peaks: 60, 79, 85, 93, 109, 113, 128, 145, 185, 220

3-Acetamidophenol 3AC
Structure uncertain

MW: 235.23956
MM: 235.08446
$C_{12}H_{13}NO_4$
RI: 1756 (calc.)

GC/MS
EI 70 eV
TSQ 70
QI: 994

Peaks: 43, 53, 65, 80, 93, 109, 122, 151, 193, 235

m/z: 109

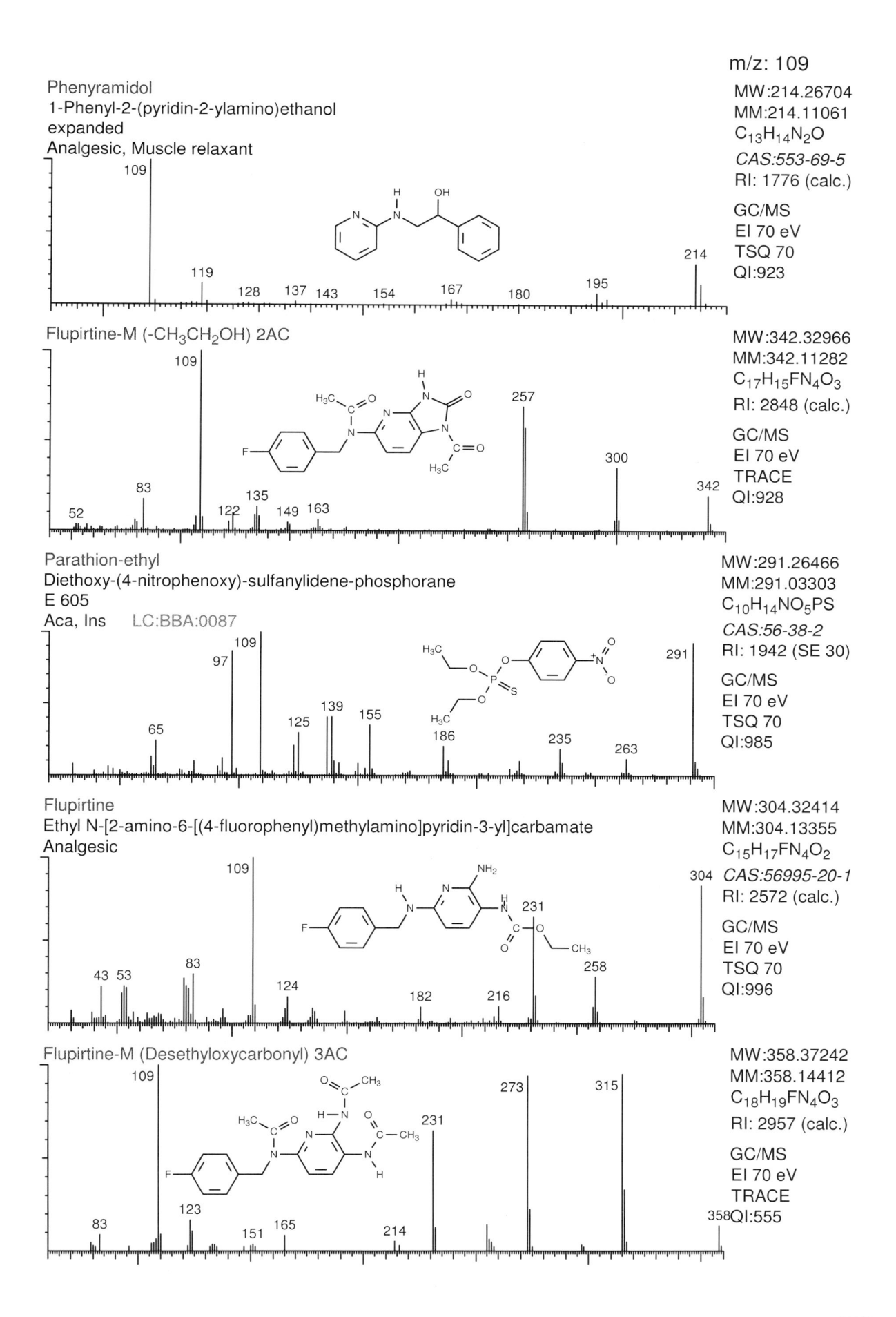

Phenyramidol
1-Phenyl-2-(pyridin-2-ylamino)ethanol
expanded
Analgesic, Muscle relaxant

MW:214.26704
MM:214.11061
$C_{13}H_{14}N_2O$
CAS:553-69-5
RI: 1776 (calc.)

GC/MS
EI 70 eV
TSQ 70
QI:923

Flupirtine-M (-CH₃CH₂OH) 2AC

MW:342.32966
MM:342.11282
$C_{17}H_{15}FN_4O_3$
RI: 2848 (calc.)

GC/MS
EI 70 eV
TRACE
QI:928

Parathion-ethyl
Diethoxy-(4-nitrophenoxy)-sulfanylidene-phosphorane
E 605
Aca, Ins   LC:BBA:0087

MW:291.26466
MM:291.03303
$C_{10}H_{14}NO_5PS$
CAS:56-38-2
RI: 1942 (SE 30)

GC/MS
EI 70 eV
TSQ 70
QI:985

Flupirtine
Ethyl N-[2-amino-6-[(4-fluorophenyl)methylamino]pyridin-3-yl]carbamate
Analgesic

MW:304.32414
MM:304.13355
$C_{15}H_{17}FN_4O_2$
CAS:56995-20-1
RI: 2572 (calc.)

GC/MS
EI 70 eV
TSQ 70
QI:996

Flupirtine-M (Desethyloxycarbonyl) 3AC

MW:358.37242
MM:358.14412
$C_{18}H_{19}FN_4O_3$
RI: 2957 (calc.)

GC/MS
EI 70 eV
TRACE
QI:555

m/z: 109

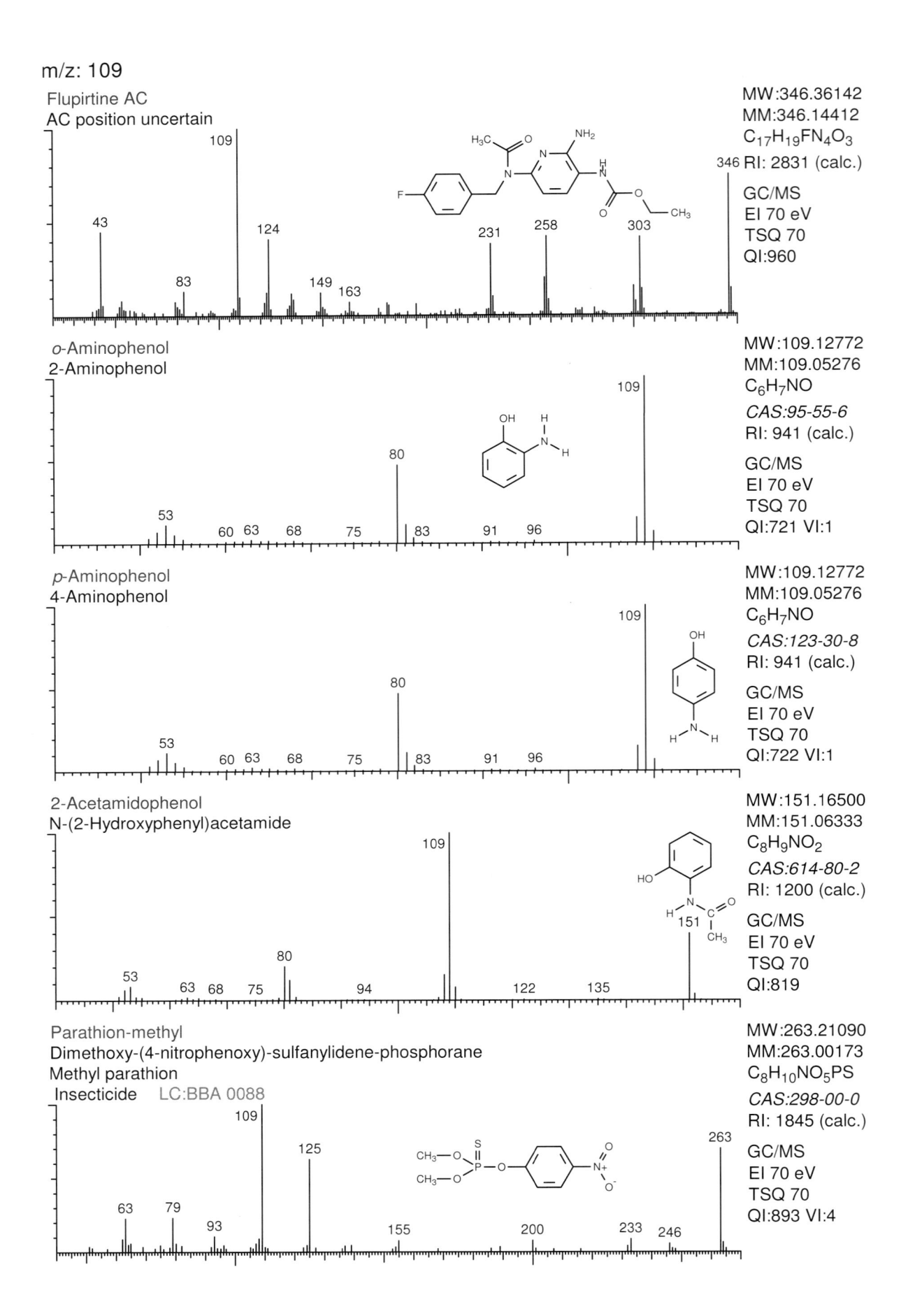

Flupirtine AC
AC position uncertain

MW: 346.36142
MM: 346.14412
$C_{17}H_{19}FN_4O_3$
RI: 2831 (calc.)

GC/MS
EI 70 eV
TSQ 70
QI: 960

Peaks: 43, 83, 109, 124, 149, 163, 231, 258, 303, 346

o-Aminophenol
2-Aminophenol

MW: 109.12772
MM: 109.05276
C_6H_7NO
CAS: 95-55-6
RI: 941 (calc.)

GC/MS
EI 70 eV
TSQ 70
QI: 721 VI: 1

Peaks: 53, 60, 63, 68, 75, 80, 83, 91, 96, 109

p-Aminophenol
4-Aminophenol

MW: 109.12772
MM: 109.05276
C_6H_7NO
CAS: 123-30-8
RI: 941 (calc.)

GC/MS
EI 70 eV
TSQ 70
QI: 722 VI: 1

Peaks: 53, 60, 63, 68, 75, 80, 83, 91, 96, 109

2-Acetamidophenol
N-(2-Hydroxyphenyl)acetamide

MW: 151.16500
MM: 151.06333
$C_8H_9NO_2$
CAS: 614-80-2
RI: 1200 (calc.)

GC/MS
EI 70 eV
TSQ 70
QI: 819

Peaks: 53, 63, 68, 75, 80, 94, 109, 122, 135, 151

Parathion-methyl
Dimethoxy-(4-nitrophenoxy)-sulfanylidene-phosphorane
Methyl parathion
Insecticide   LC:BBA 0088

MW: 263.21090
MM: 263.00173
$C_8H_{10}NO_5PS$
CAS: 298-00-0
RI: 1845 (calc.)

GC/MS
EI 70 eV
TSQ 70
QI: 893 VI: 4

Peaks: 63, 79, 93, 109, 125, 155, 200, 233, 246, 263

m/z: 109-110

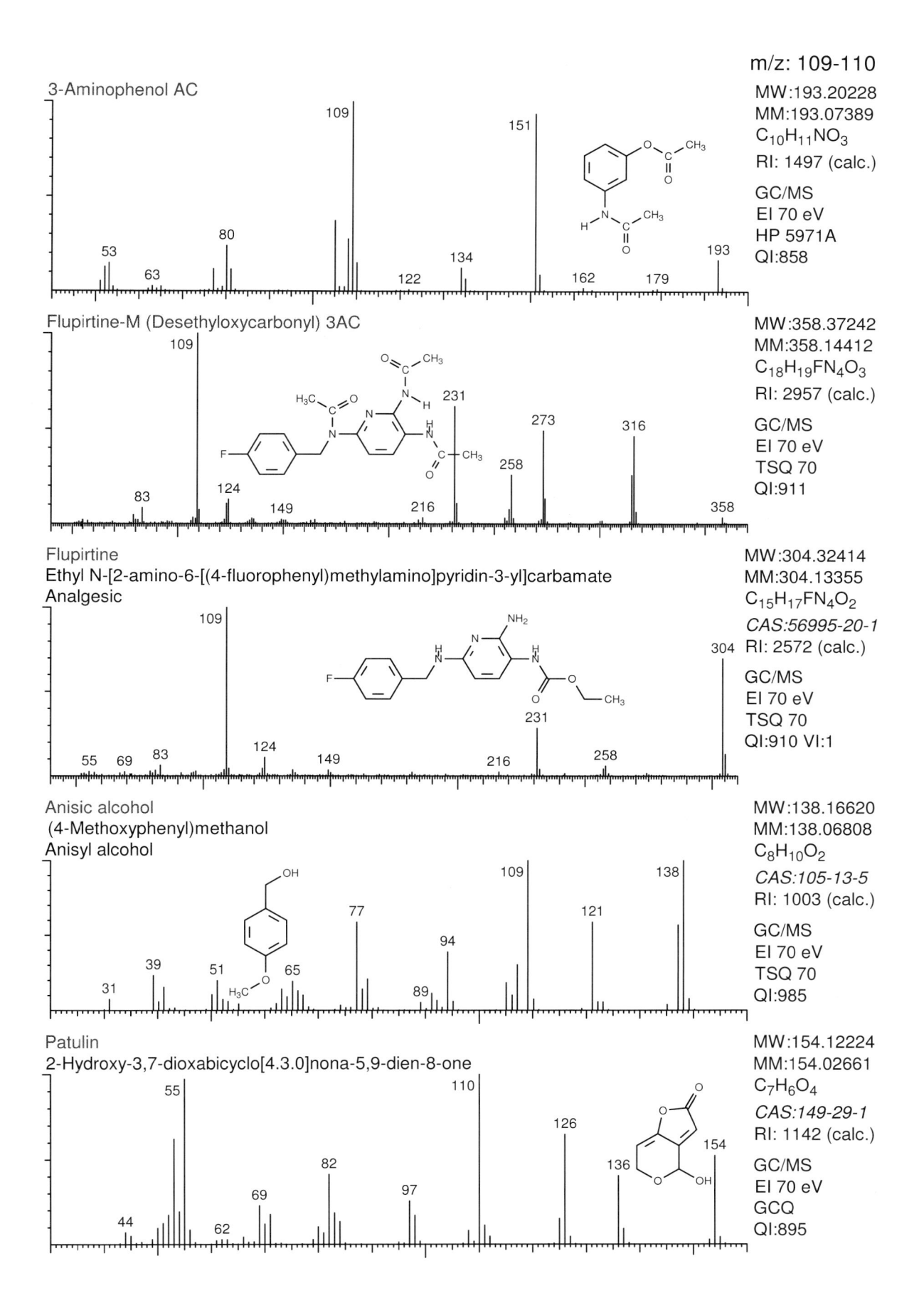

3-Aminophenol AC

MW: 193.20228
MM: 193.07389
$C_{10}H_{11}NO_3$
RI: 1497 (calc.)

GC/MS
EI 70 eV
HP 5971A
QI: 858

Flupirtine-M (Desethyloxycarbonyl) 3AC

MW: 358.37242
MM: 358.14412
$C_{18}H_{19}FN_4O_3$
RI: 2957 (calc.)

GC/MS
EI 70 eV
TSQ 70
QI: 911

Flupirtine
Ethyl N-[2-amino-6-[(4-fluorophenyl)methylamino]pyridin-3-yl]carbamate
Analgesic

MW: 304.32414
MM: 304.13355
$C_{15}H_{17}FN_4O_2$
CAS: 56995-20-1
RI: 2572 (calc.)

GC/MS
EI 70 eV
TSQ 70
QI: 910 VI: 1

Anisic alcohol
(4-Methoxyphenyl)methanol
Anisyl alcohol

MW: 138.16620
MM: 138.06808
$C_8H_{10}O_2$
CAS: 105-13-5
RI: 1003 (calc.)

GC/MS
EI 70 eV
TSQ 70
QI: 985

Patulin
2-Hydroxy-3,7-dioxabicyclo[4.3.0]nona-5,9-dien-8-one

MW: 154.12224
MM: 154.02661
$C_7H_6O_4$
CAS: 149-29-1
RI: 1142 (calc.)

GC/MS
EI 70 eV
GCQ
QI: 895

519

m/z: 110

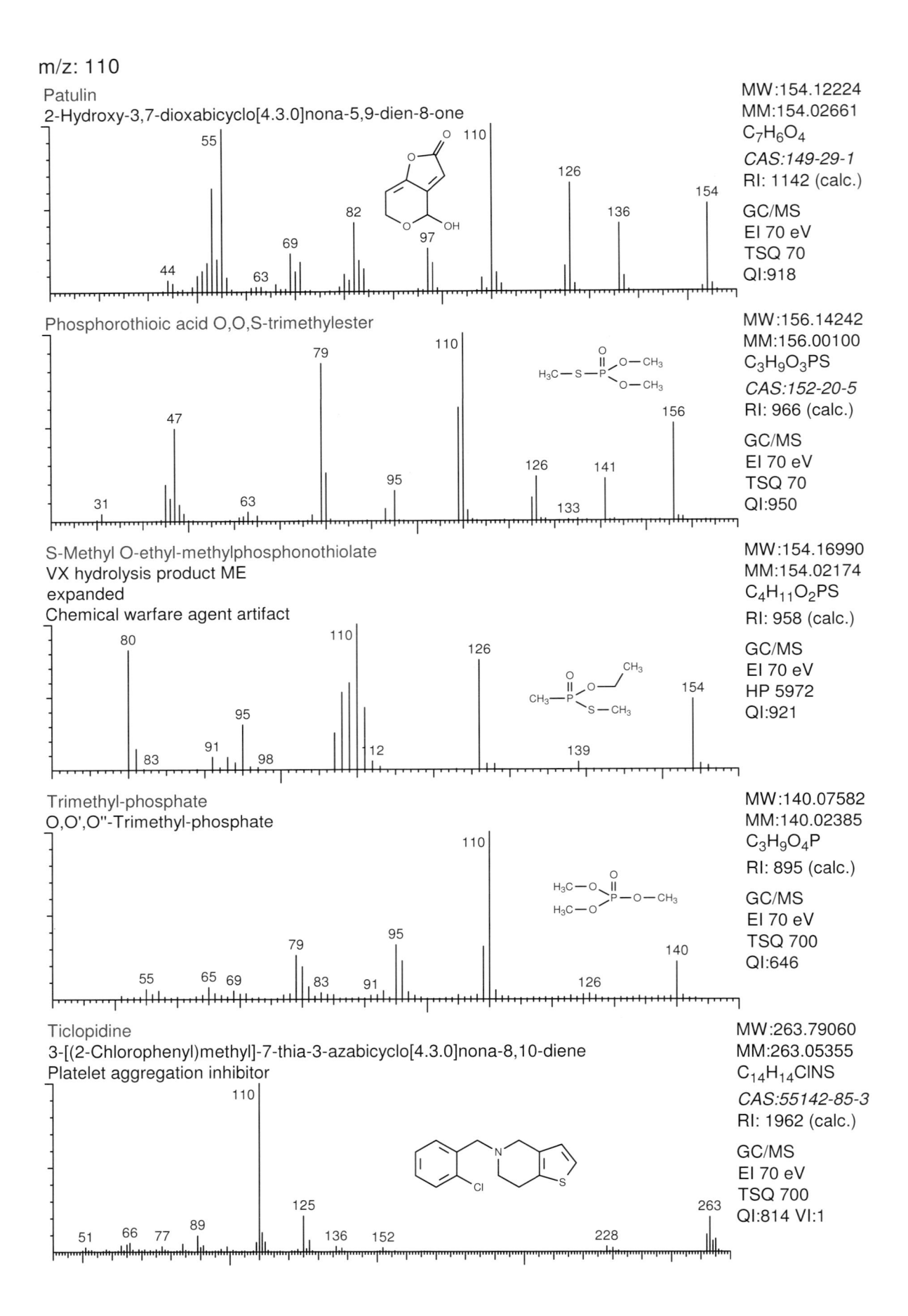

Patulin
2-Hydroxy-3,7-dioxabicyclo[4.3.0]nona-5,9-dien-8-one

Peaks: 44, 55, 63, 69, 82, 97, 110, 126, 136, 154

MW: 154.12224
MM: 154.02661
$C_7H_6O_4$
CAS: 149-29-1
RI: 1142 (calc.)

GC/MS
EI 70 eV
TSQ 70
QI: 918

Phosphorothioic acid O,O,S-trimethylester

Peaks: 31, 47, 63, 79, 95, 110, 126, 133, 141, 156

MW: 156.14242
MM: 156.00100
$C_3H_9O_3PS$
CAS: 152-20-5
RI: 966 (calc.)

GC/MS
EI 70 eV
TSQ 70
QI: 950

S-Methyl O-ethyl-methylphosphonothiolate
VX hydrolysis product ME
expanded
Chemical warfare agent artifact

Peaks: 80, 83, 91, 95, 98, 110, 112, 126, 139, 154

MW: 154.16990
MM: 154.02174
$C_4H_{11}O_2PS$
RI: 958 (calc.)

GC/MS
EI 70 eV
HP 5972
QI: 921

Trimethyl-phosphate
O,O',O''-Trimethyl-phosphate

Peaks: 55, 65, 69, 79, 83, 91, 95, 110, 126, 140

MW: 140.07582
MM: 140.02385
$C_3H_9O_4P$
RI: 895 (calc.)

GC/MS
EI 70 eV
TSQ 700
QI: 646

Ticlopidine
3-[(2-Chlorophenyl)methyl]-7-thia-3-azabicyclo[4.3.0]nona-8,10-diene
Platelet aggregation inhibitor

Peaks: 51, 66, 77, 89, 110, 125, 136, 152, 228, 263

MW: 263.79060
MM: 263.05355
$C_{14}H_{14}ClNS$
CAS: 55142-85-3
RI: 1962 (calc.)

GC/MS
EI 70 eV
TSQ 700
QI: 814 VI: 1

m/z: 110

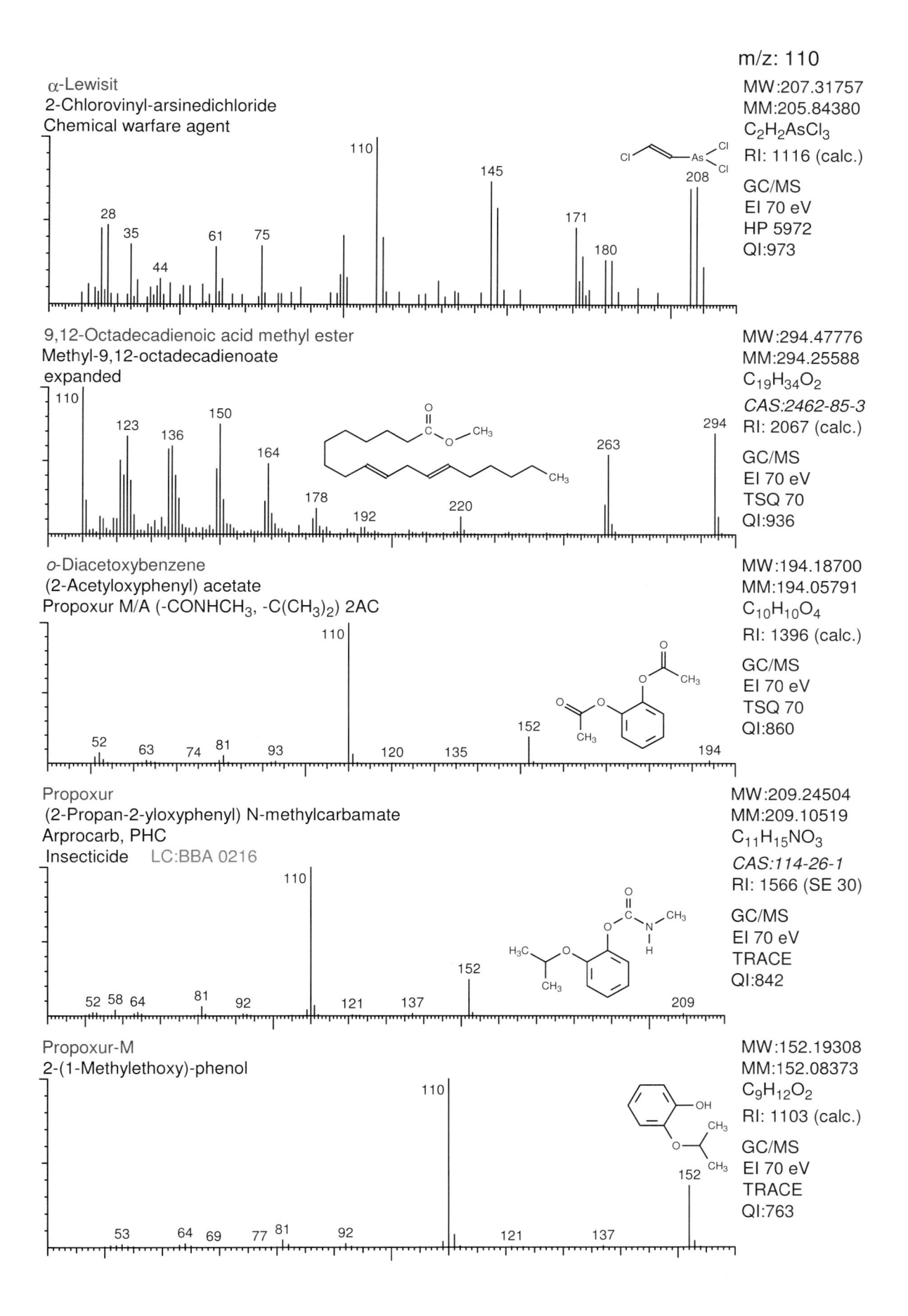

α-Lewisit
2-Chlorovinyl-arsinedichloride
Chemical warfare agent

MW: 207.31757
MM: 205.84380
$C_2H_2AsCl_3$
RI: 1116 (calc.)

GC/MS
EI 70 eV
HP 5972
QI: 973

9,12-Octadecadienoic acid methyl ester
Methyl-9,12-octadecadienoate
expanded

MW: 294.47776
MM: 294.25588
$C_{19}H_{34}O_2$
CAS: 2462-85-3
RI: 2067 (calc.)

GC/MS
EI 70 eV
TSQ 70
QI: 936

o-Diacetoxybenzene
(2-Acetyloxyphenyl) acetate
Propoxur M/A (-CONHCH$_3$, -C(CH$_3$)$_2$) 2AC

MW: 194.18700
MM: 194.05791
$C_{10}H_{10}O_4$
RI: 1396 (calc.)

GC/MS
EI 70 eV
TSQ 70
QI: 860

Propoxur
(2-Propan-2-yloxyphenyl) N-methylcarbamate
Arprocarb, PHC
Insecticide   LC:BBA 0216

MW: 209.24504
MM: 209.10519
$C_{11}H_{15}NO_3$
CAS: 114-26-1
RI: 1566 (SE 30)

GC/MS
EI 70 eV
TRACE
QI: 842

Propoxur-M
2-(1-Methylethoxy)-phenol

MW: 152.19308
MM: 152.08373
$C_9H_{12}O_2$
RI: 1103 (calc.)

GC/MS
EI 70 eV
TRACE
QI: 763

m/z: 110

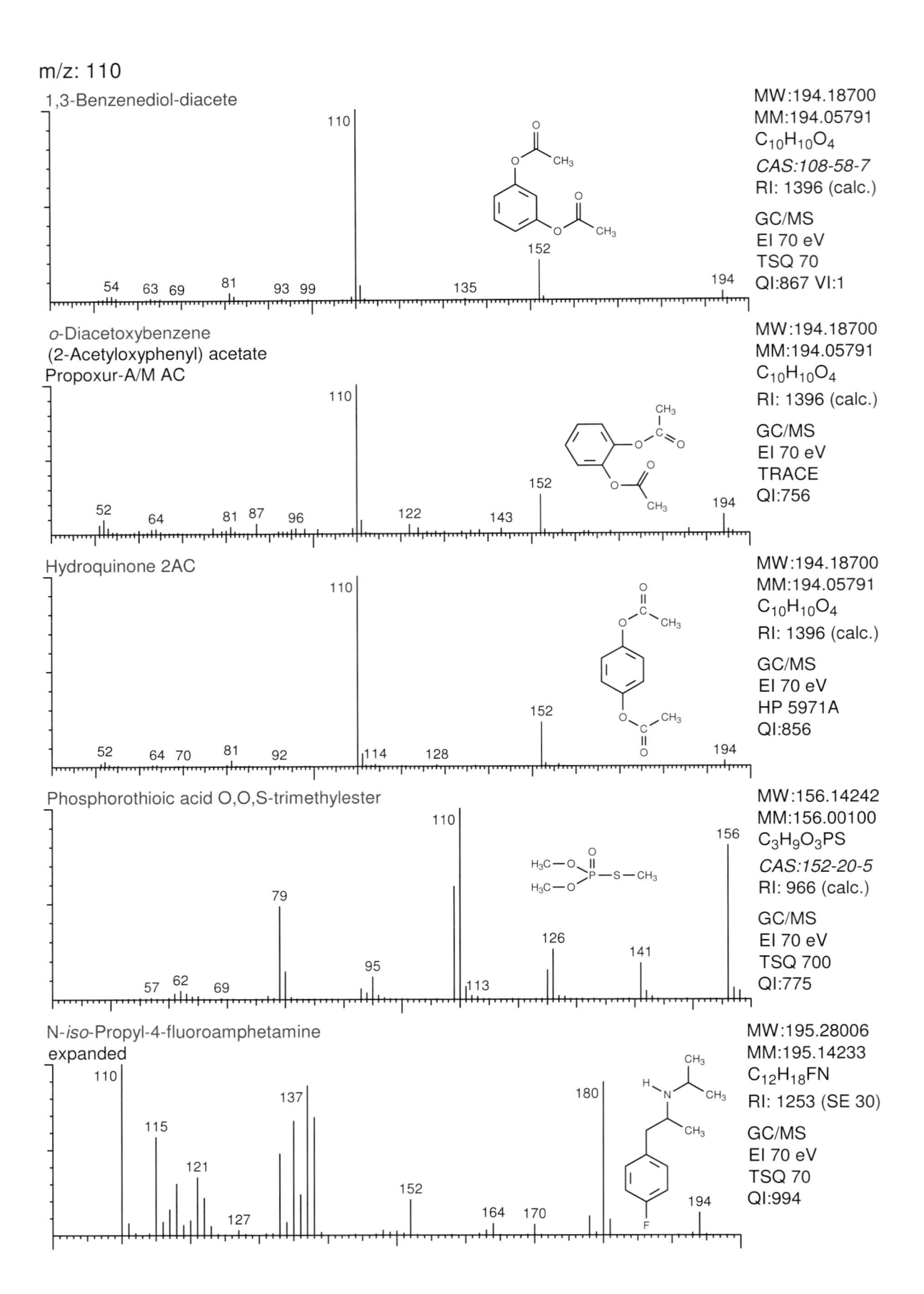

1,3-Benzenediol-diacete

MW:194.18700
MM:194.05791
$C_{10}H_{10}O_4$
CAS:108-58-7
RI: 1396 (calc.)

GC/MS
EI 70 eV
TSQ 70
QI:867 VI:1

o-Diacetoxybenzene
(2-Acetyloxyphenyl) acetate
Propoxur-A/M AC

MW:194.18700
MM:194.05791
$C_{10}H_{10}O_4$
RI: 1396 (calc.)

GC/MS
EI 70 eV
TRACE
QI:756

Hydroquinone 2AC

MW:194.18700
MM:194.05791
$C_{10}H_{10}O_4$
RI: 1396 (calc.)

GC/MS
EI 70 eV
HP 5971A
QI:856

Phosphorothioic acid O,O,S-trimethylester

MW:156.14242
MM:156.00100
$C_3H_9O_3PS$
CAS:152-20-5
RI: 966 (calc.)

GC/MS
EI 70 eV
TSQ 700
QI:775

N-iso-Propyl-4-fluoroamphetamine
expanded

MW:195.28006
MM:195.14233
$C_{12}H_{18}FN$
RI: 1253 (SE 30)

GC/MS
EI 70 eV
TSQ 70
QI:994

m/z: 110

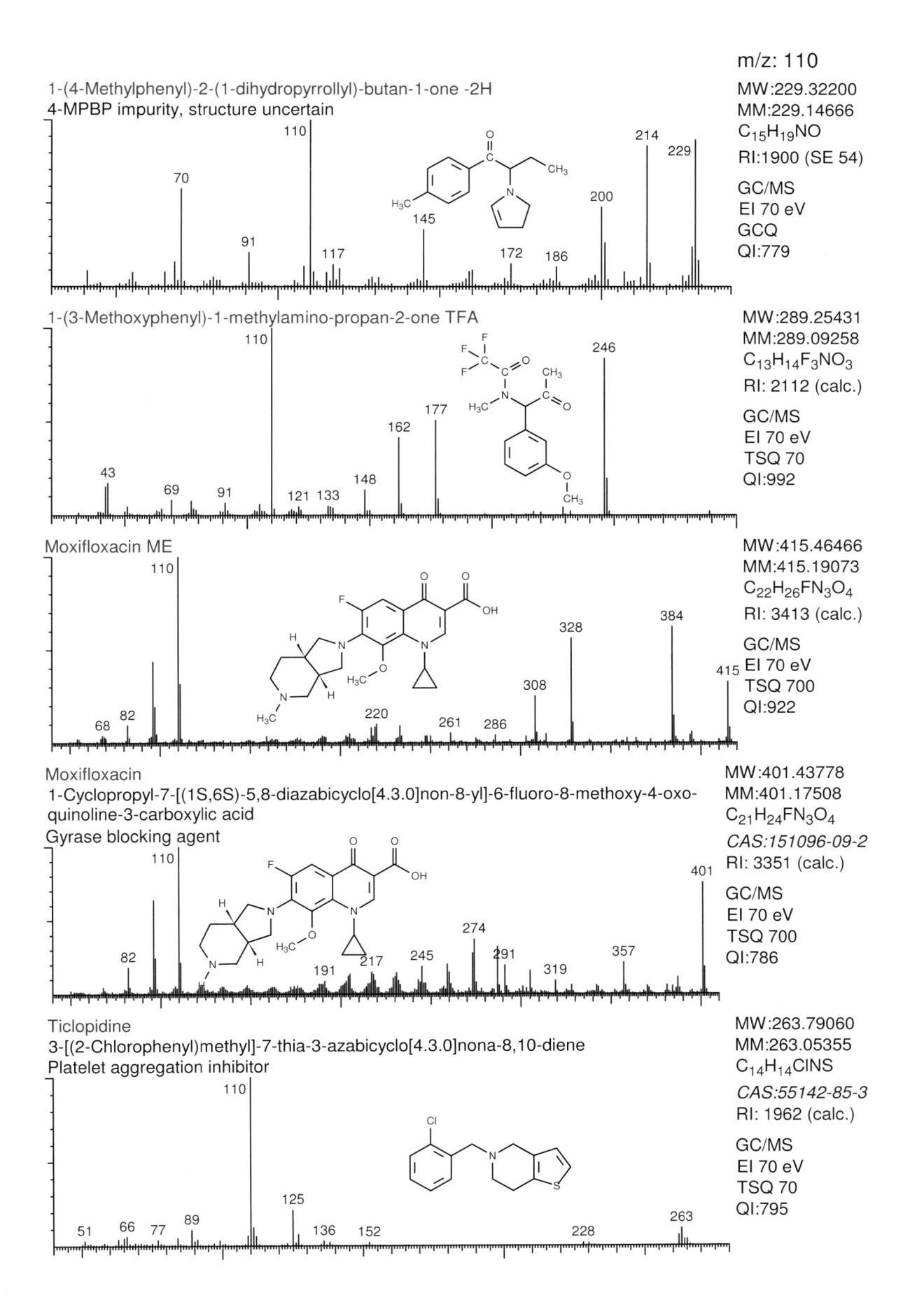

1-(4-Methylphenyl)-2-(1-dihydropyrrollyl)-butan-1-one -2H
4-MPBP impurity, structure uncertain

Peaks: 70, 91, 110, 117, 145, 172, 186, 200, 214, 229

MW: 229.32200
MM: 229.14666
$C_{15}H_{19}NO$
RI: 1900 (SE 54)

GC/MS
EI 70 eV
GCQ
QI: 779

1-(3-Methoxyphenyl)-1-methylamino-propan-2-one TFA

Peaks: 43, 69, 91, 110, 121, 133, 148, 162, 177, 246

MW: 289.25431
MM: 289.09258
$C_{13}H_{14}F_3NO_3$
RI: 2112 (calc.)

GC/MS
EI 70 eV
TSQ 70
QI: 992

Moxifloxacin ME

Peaks: 68, 82, 110, 220, 261, 286, 308, 328, 384, 415

MW: 415.46466
MM: 415.19073
$C_{22}H_{26}FN_3O_4$
RI: 3413 (calc.)

GC/MS
EI 70 eV
TSQ 700
QI: 922

Moxifloxacin
1-Cyclopropyl-7-[(1S,6S)-5,8-diazabicyclo[4.3.0]non-8-yl]-6-fluoro-8-methoxy-4-oxo-quinoline-3-carboxylic acid
Gyrase blocking agent

Peaks: 82, 110, 191, 217, 245, 274, 291, 319, 357, 401

MW: 401.43778
MM: 401.17508
$C_{21}H_{24}FN_3O_4$
CAS: 151096-09-2
RI: 3351 (calc.)

GC/MS
EI 70 eV
TSQ 700
QI: 786

Ticlopidine
3-[(2-Chlorophenyl)methyl]-7-thia-3-azabicyclo[4.3.0]nona-8,10-diene
Platelet aggregation inhibitor

Peaks: 51, 66, 77, 89, 110, 125, 136, 152, 228, 263

MW: 263.79060
MM: 263.05355
$C_{14}H_{14}ClNS$
CAS: 55142-85-3
RI: 1962 (calc.)

GC/MS
EI 70 eV
TSQ 70
QI: 795

m/z: 110

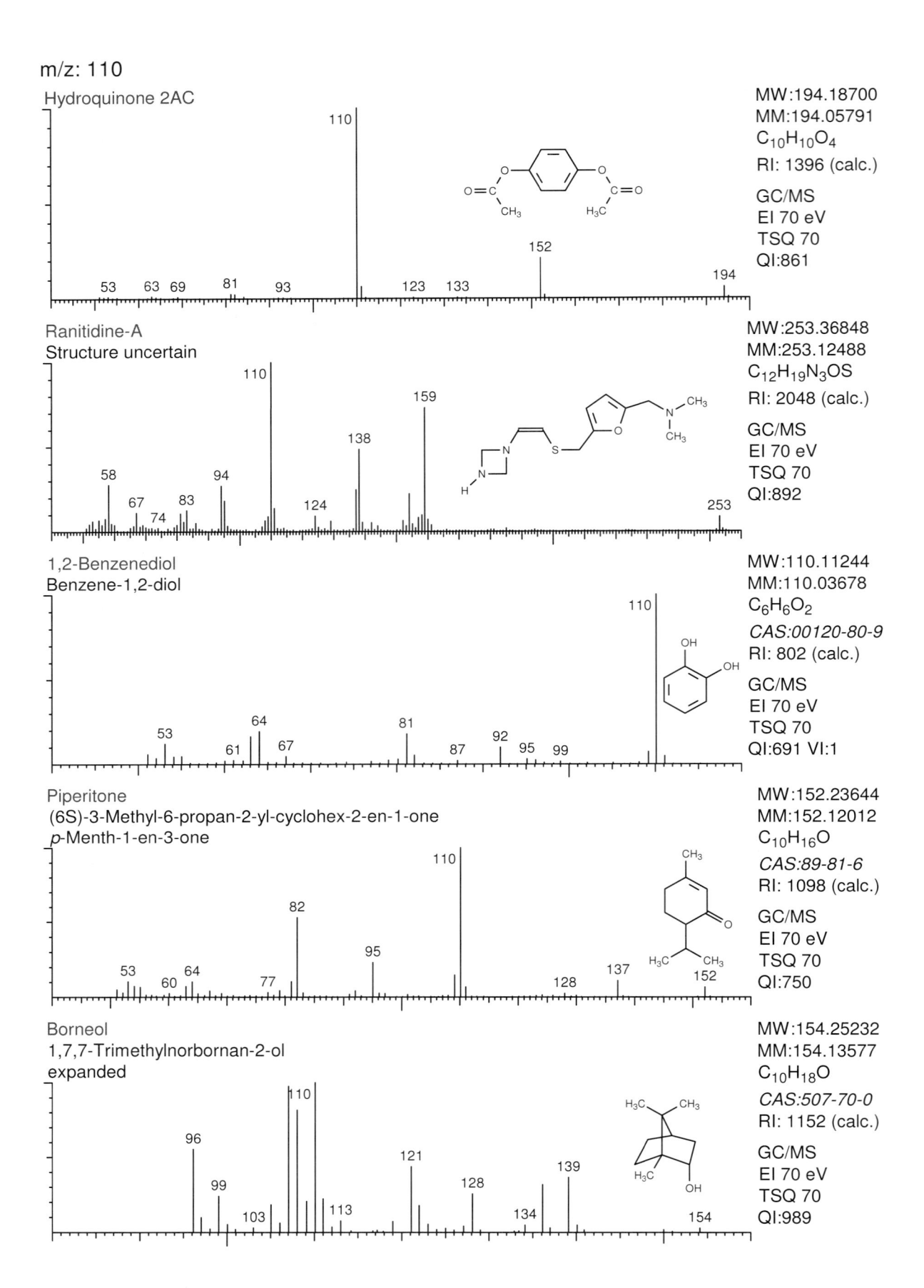

Hydroquinone 2AC

MW:194.18700
MM:194.05791
$C_{10}H_{10}O_4$
RI: 1396 (calc.)

GC/MS
EI 70 eV
TSQ 70
QI:861

Peaks: 53, 63, 69, 81, 93, 110, 123, 133, 152, 194

Ranitidine-A
Structure uncertain

MW:253.36848
MM:253.12488
$C_{12}H_{19}N_3OS$
RI: 2048 (calc.)

GC/MS
EI 70 eV
TSQ 70
QI:892

Peaks: 58, 67, 74, 83, 94, 110, 124, 138, 159, 253

1,2-Benzenediol
Benzene-1,2-diol

MW:110.11244
MM:110.03678
$C_6H_6O_2$
CAS:00120-80-9
RI: 802 (calc.)

GC/MS
EI 70 eV
TSQ 70
QI:691 VI:1

Peaks: 53, 61, 64, 67, 81, 87, 92, 95, 99, 110

Piperitone
(6S)-3-Methyl-6-propan-2-yl-cyclohex-2-en-1-one
p-Menth-1-en-3-one

MW:152.23644
MM:152.12012
$C_{10}H_{16}O$
CAS:89-81-6
RI: 1098 (calc.)

GC/MS
EI 70 eV
TSQ 70
QI:750

Peaks: 53, 60, 64, 77, 82, 95, 110, 128, 137, 152

Borneol
1,7,7-Trimethylnorbornan-2-ol
expanded

MW:154.25232
MM:154.13577
$C_{10}H_{18}O$
CAS:507-70-0
RI: 1152 (calc.)

GC/MS
EI 70 eV
TSQ 70
QI:989

Peaks: 96, 99, 103, 110, 113, 121, 128, 134, 139, 154

m/z: 110-111

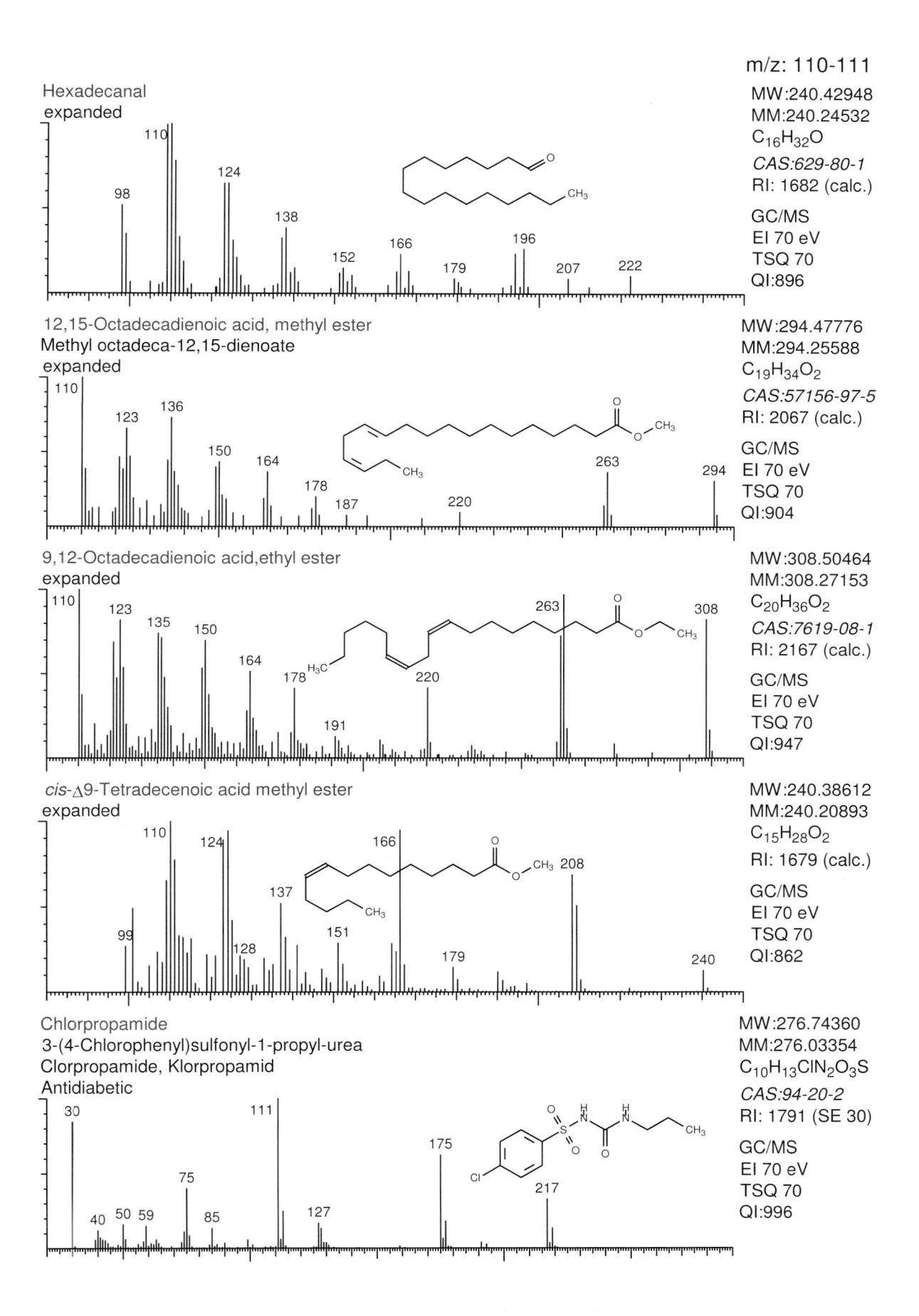

Hexadecanal
expanded

MW: 240.42948
MM: 240.24532
$C_{16}H_{32}O$
CAS: 629-80-1
RI: 1682 (calc.)

GC/MS
EI 70 eV
TSQ 70
QI: 896

Peaks: 98, 110, 124, 138, 152, 166, 179, 196, 207, 222

12,15-Octadecadienoic acid, methyl ester
Methyl octadeca-12,15-dienoate
expanded

MW: 294.47776
MM: 294.25588
$C_{19}H_{34}O_2$
CAS: 57156-97-5
RI: 2067 (calc.)

GC/MS
EI 70 eV
TSQ 70
QI: 904

Peaks: 110, 123, 136, 150, 164, 178, 187, 220, 263, 294

9,12-Octadecadienoic acid, ethyl ester
expanded

MW: 308.50464
MM: 308.27153
$C_{20}H_{36}O_2$
CAS: 7619-08-1
RI: 2167 (calc.)

GC/MS
EI 70 eV
TSQ 70
QI: 947

Peaks: 110, 123, 135, 150, 164, 178, 191, 220, 263, 308

cis-Δ9-Tetradecenoic acid methyl ester
expanded

MW: 240.38612
MM: 240.20893
$C_{15}H_{28}O_2$
RI: 1679 (calc.)

GC/MS
EI 70 eV
TSQ 70
QI: 862

Peaks: 99, 110, 124, 128, 137, 151, 166, 179, 208, 240

Chlorpropamide
3-(4-Chlorophenyl)sulfonyl-1-propyl-urea
Clorpropamide, Klorpropamid
Antidiabetic

MW: 276.74360
MM: 276.03354
$C_{10}H_{13}ClN_2O_3S$
CAS: 94-20-2
RI: 1791 (SE 30)

GC/MS
EI 70 eV
TSQ 70
QI: 996

Peaks: 30, 40, 50, 59, 75, 85, 111, 127, 175, 217

m/z: 111

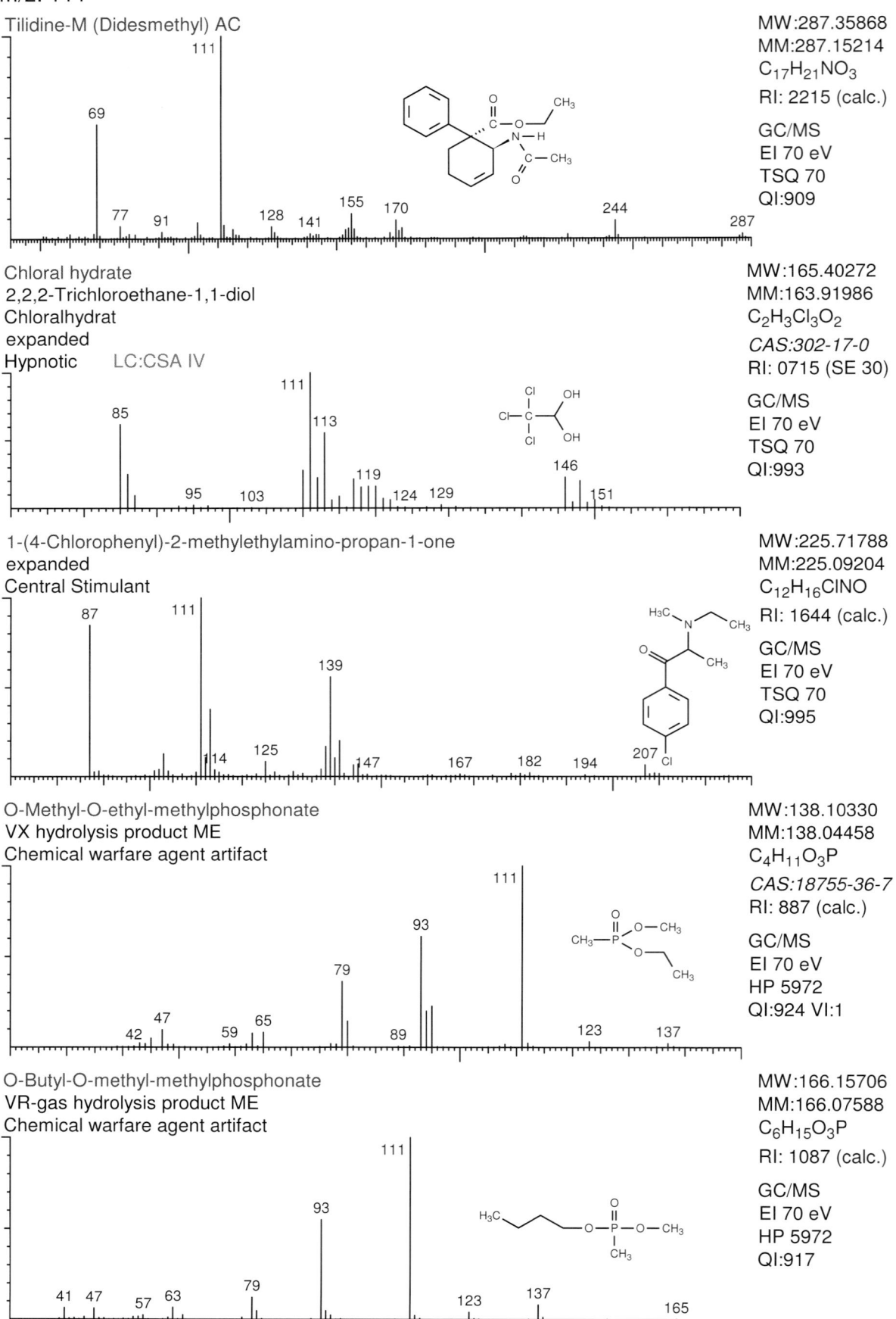

Tilidine-M (Didesmethyl) AC

MW: 287.35868
MM: 287.15214
$C_{17}H_{21}NO_3$
RI: 2215 (calc.)

GC/MS
EI 70 eV
TSQ 70
QI: 909

Peaks: 69, 77, 91, 111, 128, 141, 155, 170, 244, 287

Chloral hydrate
2,2,2-Trichloroethane-1,1-diol
Chloralhydrat
expanded
Hypnotic   LC:CSA IV

MW: 165.40272
MM: 163.91986
$C_2H_3Cl_3O_2$
CAS: 302-17-0
RI: 0715 (SE 30)

GC/MS
EI 70 eV
TSQ 70
QI: 993

Peaks: 85, 95, 103, 111, 113, 119, 124, 129, 146, 151

1-(4-Chlorophenyl)-2-methylethylamino-propan-1-one
expanded
Central Stimulant

MW: 225.71788
MM: 225.09204
$C_{12}H_{16}ClNO$
RI: 1644 (calc.)

GC/MS
EI 70 eV
TSQ 70
QI: 995

Peaks: 87, 111, 114, 125, 139, 147, 167, 182, 194, 207

O-Methyl-O-ethyl-methylphosphonate
VX hydrolysis product ME
Chemical warfare agent artifact

MW: 138.10330
MM: 138.04458
$C_4H_{11}O_3P$
CAS: 18755-36-7
RI: 887 (calc.)

GC/MS
EI 70 eV
HP 5972
QI: 924 VI:1

Peaks: 42, 47, 59, 65, 79, 89, 93, 111, 123, 137

O-Butyl-O-methyl-methylphosphonate
VR-gas hydrolysis product ME
Chemical warfare agent artifact

MW: 166.15706
MM: 166.07588
$C_6H_{15}O_3P$
RI: 1087 (calc.)

GC/MS
EI 70 eV
HP 5972
QI: 917

Peaks: 41, 47, 57, 63, 79, 93, 111, 123, 137, 165

m/z: 111

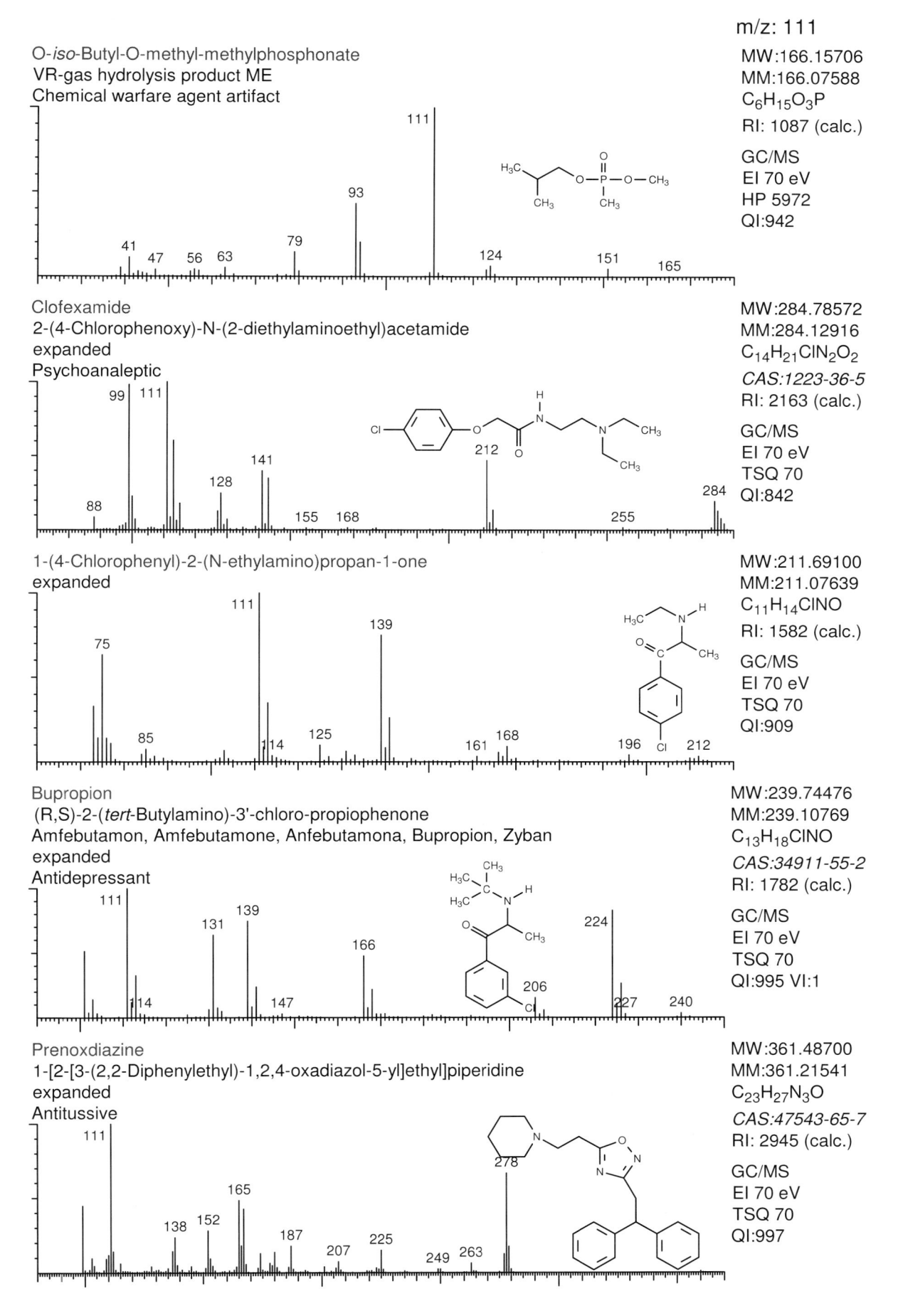

O-*iso*-Butyl-O-methyl-methylphosphonate
VR-gas hydrolysis product ME
Chemical warfare agent artifact

MW:166.15706
MM:166.07588
$C_6H_{15}O_3P$
RI: 1087 (calc.)

GC/MS
EI 70 eV
HP 5972
QI:942

Clofexamide
2-(4-Chlorophenoxy)-N-(2-diethylaminoethyl)acetamide
expanded
Psychoanaleptic

MW:284.78572
MM:284.12916
$C_{14}H_{21}ClN_2O_2$
CAS:1223-36-5
RI: 2163 (calc.)

GC/MS
EI 70 eV
TSQ 70
QI:842

1-(4-Chlorophenyl)-2-(N-ethylamino)propan-1-one
expanded

MW:211.69100
MM:211.07639
$C_{11}H_{14}ClNO$
RI: 1582 (calc.)

GC/MS
EI 70 eV
TSQ 70
QI:909

Bupropion
(R,S)-2-(*tert*-Butylamino)-3'-chloro-propiophenone
Amfebutamon, Amfebutamone, Anfebutamona, Bupropion, Zyban
expanded
Antidepressant

MW:239.74476
MM:239.10769
$C_{13}H_{18}ClNO$
CAS:34911-55-2
RI: 1782 (calc.)

GC/MS
EI 70 eV
TSQ 70
QI:995 VI:1

Prenoxdiazine
1-[2-[3-(2,2-Diphenylethyl)-1,2,4-oxadiazol-5-yl]ethyl]piperidine
expanded
Antitussive

MW:361.48700
MM:361.21541
$C_{23}H_{27}N_3O$
CAS:47543-65-7
RI: 2945 (calc.)

GC/MS
EI 70 eV
TSQ 70
QI:997

m/z: 111-112

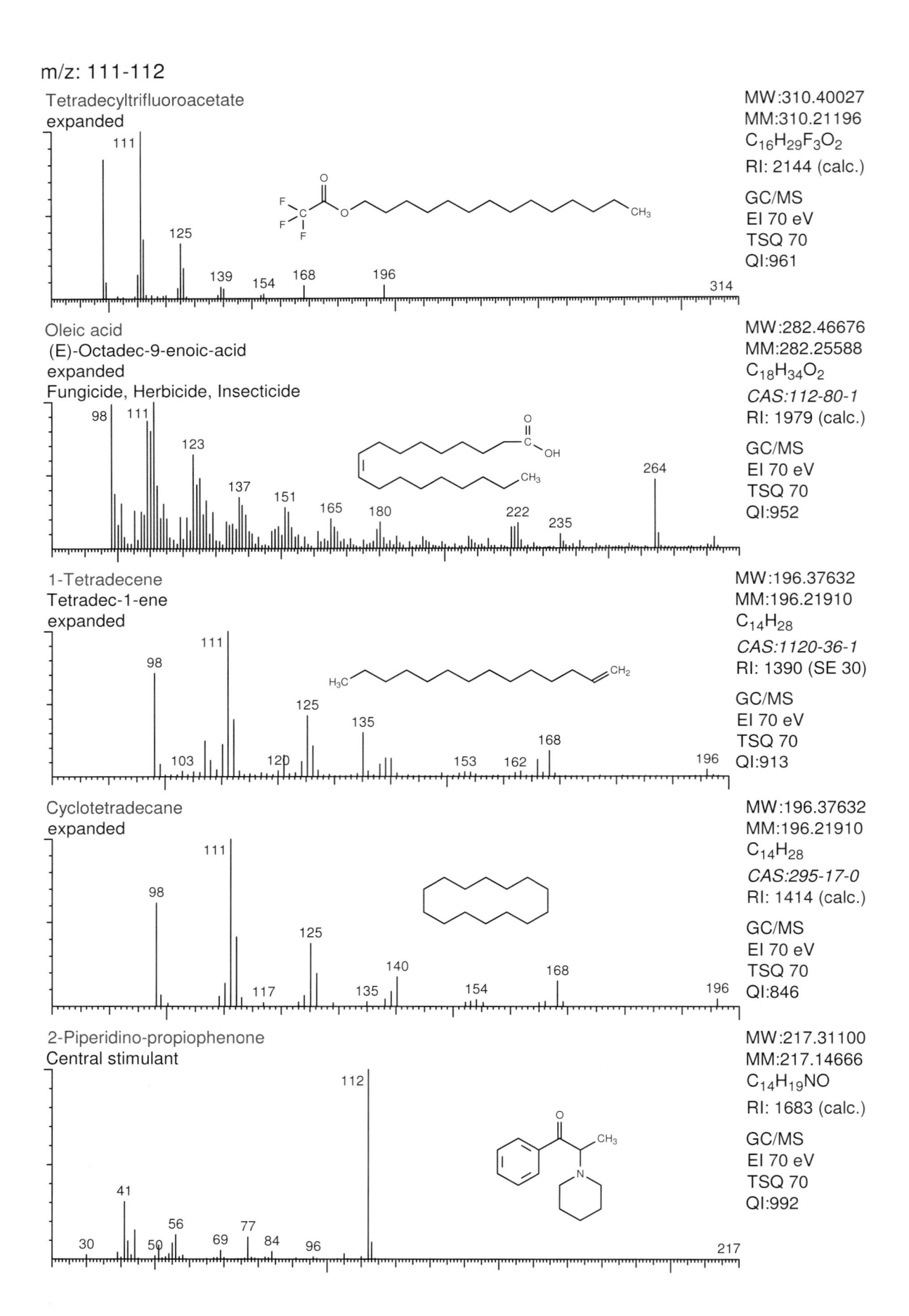

Tetradecyltrifluoroacetate
expanded

MW:310.40027
MM:310.21196
$C_{16}H_{29}F_3O_2$
RI: 2144 (calc.)

GC/MS
EI 70 eV
TSQ 70
QI:961

Oleic acid
(E)-Octadec-9-enoic-acid
expanded
Fungicide, Herbicide, Insecticide

MW:282.46676
MM:282.25588
$C_{18}H_{34}O_2$
CAS:112-80-1
RI: 1979 (calc.)

GC/MS
EI 70 eV
TSQ 70
QI:952

1-Tetradecene
Tetradec-1-ene
expanded

MW:196.37632
MM:196.21910
$C_{14}H_{28}$
CAS:1120-36-1
RI: 1390 (SE 30)

GC/MS
EI 70 eV
TSQ 70
QI:913

Cyclotetradecane
expanded

MW:196.37632
MM:196.21910
$C_{14}H_{28}$
CAS:295-17-0
RI: 1414 (calc.)

GC/MS
EI 70 eV
TSQ 70
QI:846

2-Piperidino-propiophenone
Central stimulant

MW:217.31100
MM:217.14666
$C_{14}H_{19}NO$
RI: 1683 (calc.)

GC/MS
EI 70 eV
TSQ 70
QI:992

m/z: 112

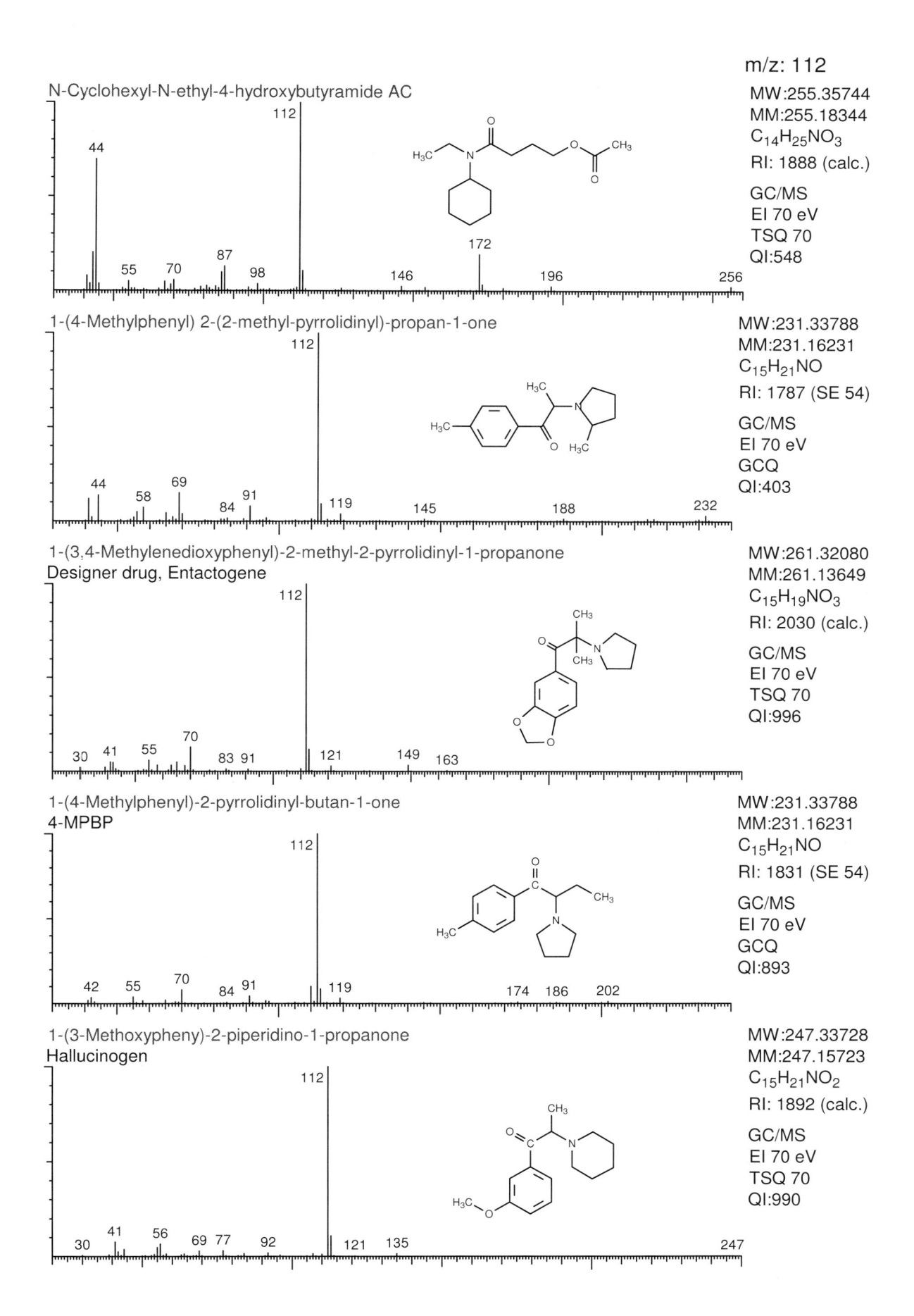

N-Cyclohexyl-N-ethyl-4-hydroxybutyramide AC

MW: 255.35744
MM: 255.18344
$C_{14}H_{25}NO_3$
RI: 1888 (calc.)

GC/MS
EI 70 eV
TSQ 70
QI: 548

Peaks: 44, 55, 70, 87, 98, 112, 146, 172, 196, 256

1-(4-Methylphenyl) 2-(2-methyl-pyrrolidinyl)-propan-1-one

MW: 231.33788
MM: 231.16231
$C_{15}H_{21}NO$
RI: 1787 (SE 54)

GC/MS
EI 70 eV
GCQ
QI: 403

Peaks: 44, 58, 69, 84, 91, 112, 119, 145, 188, 232

1-(3,4-Methylenedioxyphenyl)-2-methyl-2-pyrrolidinyl-1-propanone
Designer drug, Entactogene

MW: 261.32080
MM: 261.13649
$C_{15}H_{19}NO_3$
RI: 2030 (calc.)

GC/MS
EI 70 eV
TSQ 70
QI: 996

Peaks: 30, 41, 55, 70, 83, 91, 112, 121, 149, 163

1-(4-Methylphenyl)-2-pyrrolidinyl-butan-1-one
4-MPBP

MW: 231.33788
MM: 231.16231
$C_{15}H_{21}NO$
RI: 1831 (SE 54)

GC/MS
EI 70 eV
GCQ
QI: 893

Peaks: 42, 55, 70, 84, 91, 112, 119, 174, 186, 202

1-(3-Methoxypheny)-2-piperidino-1-propanone
Hallucinogen

MW: 247.33728
MM: 247.15723
$C_{15}H_{21}NO_2$
RI: 1892 (calc.)

GC/MS
EI 70 eV
TSQ 70
QI: 990

Peaks: 30, 41, 56, 69, 77, 92, 112, 121, 135, 247

m/z: 112

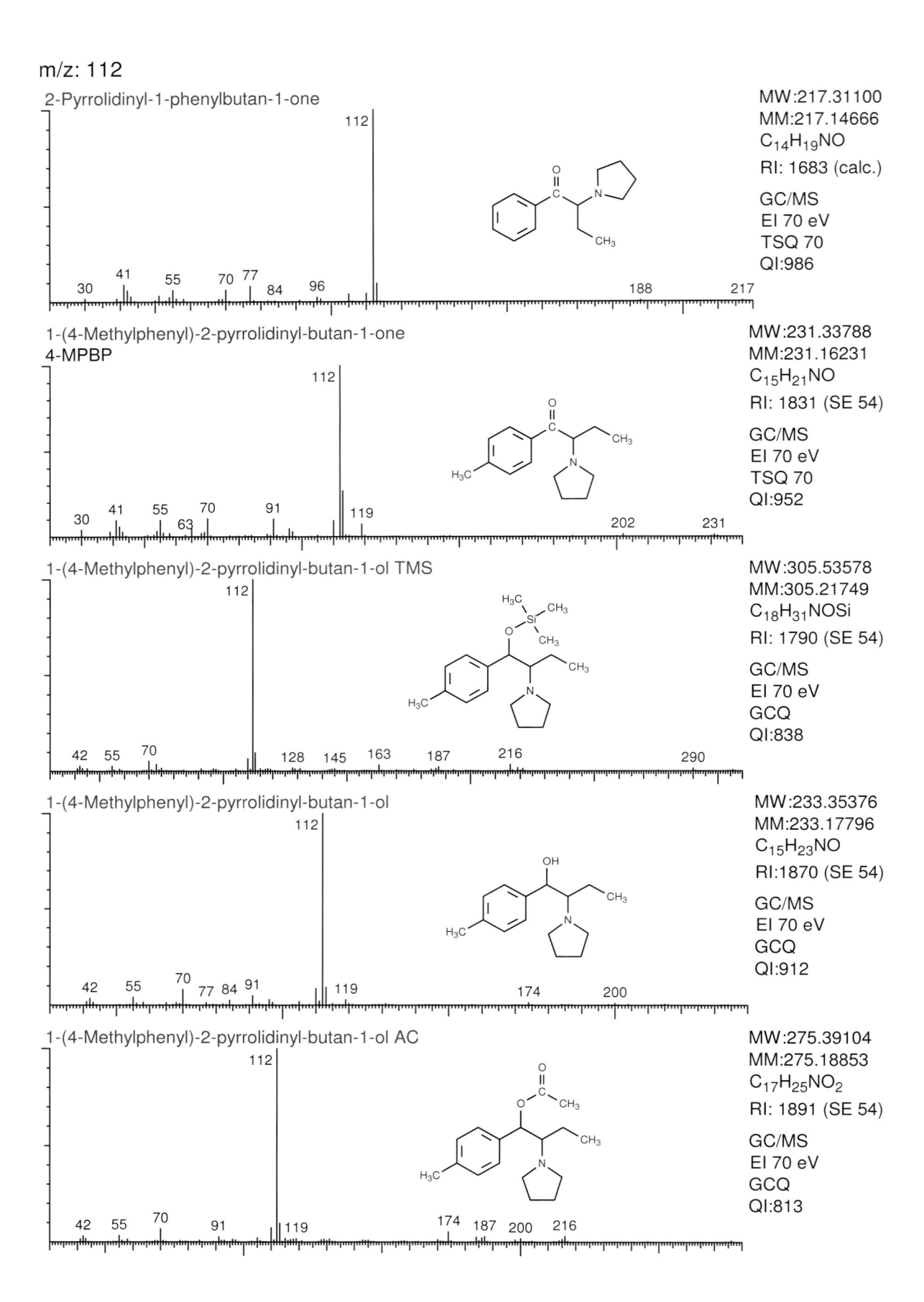

2-Pyrrolidinyl-1-phenylbutan-1-one

MW: 217.31100
MM: 217.14666
$C_{14}H_{19}NO$
RI: 1683 (calc.)

GC/MS
EI 70 eV
TSQ 70
QI: 986

Peaks: 30, 41, 55, 70, 77, 84, 96, 112, 188, 217

1-(4-Methylphenyl)-2-pyrrolidinyl-butan-1-one
4-MPBP

MW: 231.33788
MM: 231.16231
$C_{15}H_{21}NO$
RI: 1831 (SE 54)

GC/MS
EI 70 eV
TSQ 70
QI: 952

Peaks: 30, 41, 55, 63, 70, 91, 112, 119, 202, 231

1-(4-Methylphenyl)-2-pyrrolidinyl-butan-1-ol TMS

MW: 305.53578
MM: 305.21749
$C_{18}H_{31}NOSi$
RI: 1790 (SE 54)

GC/MS
EI 70 eV
GCQ
QI: 838

Peaks: 42, 55, 70, 112, 128, 145, 163, 187, 216, 290

1-(4-Methylphenyl)-2-pyrrolidinyl-butan-1-ol

MW: 233.35376
MM: 233.17796
$C_{15}H_{23}NO$
RI: 1870 (SE 54)

GC/MS
EI 70 eV
GCQ
QI: 912

Peaks: 42, 55, 70, 77, 84, 91, 112, 119, 174, 200

1-(4-Methylphenyl)-2-pyrrolidinyl-butan-1-ol AC

MW: 275.39104
MM: 275.18853
$C_{17}H_{25}NO_2$
RI: 1891 (SE 54)

GC/MS
EI 70 eV
GCQ
QI: 813

Peaks: 42, 55, 70, 91, 112, 119, 174, 187, 200, 216

m/z: 112

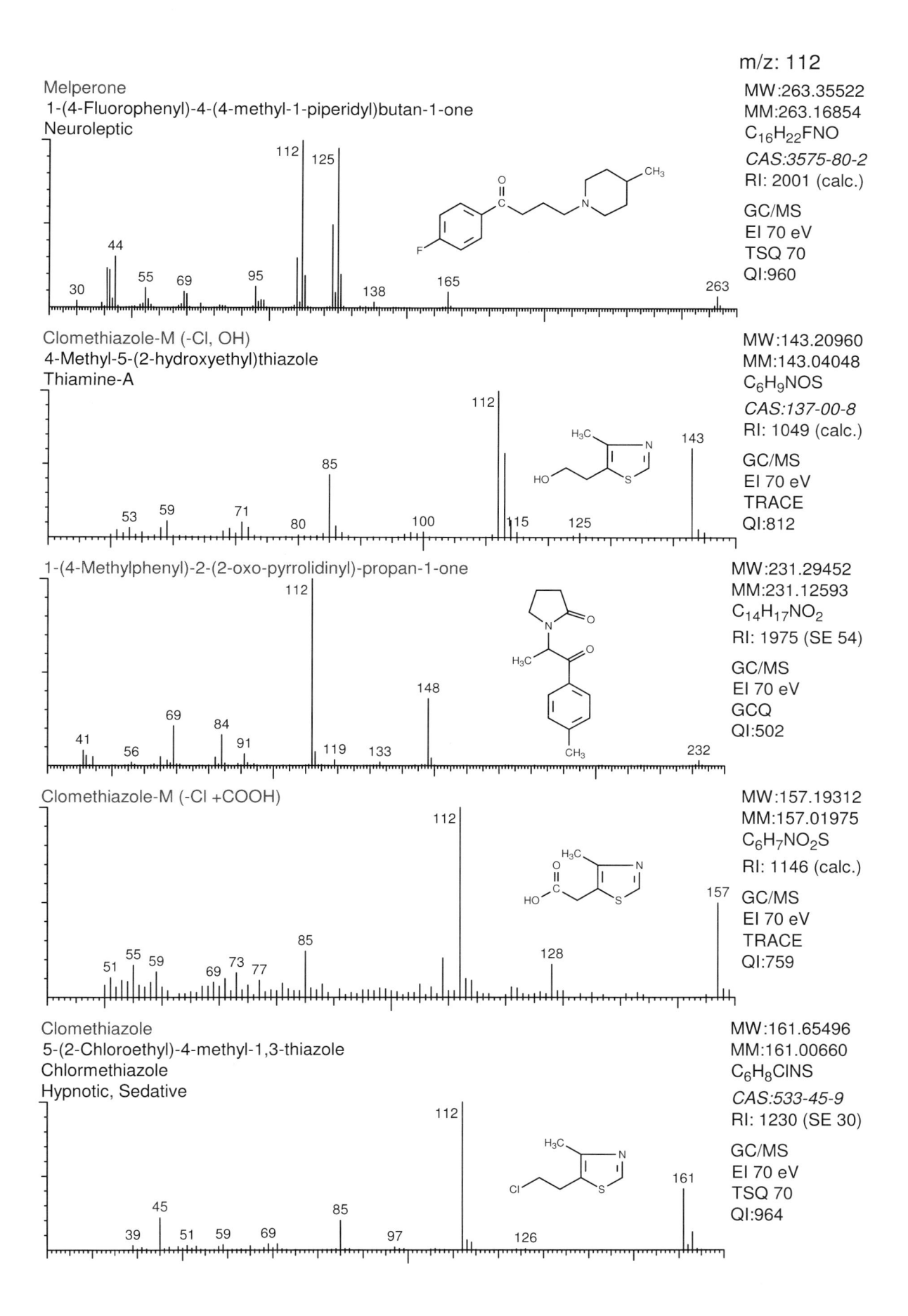

Melperone
1-(4-Fluorophenyl)-4-(4-methyl-1-piperidyl)butan-1-one
Neuroleptic

MW:263.35522
MM:263.16854
C$_{16}$H$_{22}$FNO
CAS:3575-80-2
RI: 2001 (calc.)

GC/MS
EI 70 eV
TSQ 70
QI:960

Peaks: 30, 44, 55, 69, 95, 112, 125, 138, 165, 263

Clomethiazole-M (-Cl, OH)
4-Methyl-5-(2-hydroxyethyl)thiazole
Thiamine-A

MW:143.20960
MM:143.04048
C$_6$H$_9$NOS
CAS:137-00-8
RI: 1049 (calc.)

GC/MS
EI 70 eV
TRACE
QI:812

Peaks: 53, 59, 71, 80, 85, 100, 112, 115, 125, 143

1-(4-Methylphenyl)-2-(2-oxo-pyrrolidinyl)-propan-1-one

MW:231.29452
MM:231.12593
C$_{14}$H$_{17}$NO$_2$
RI: 1975 (SE 54)

GC/MS
EI 70 eV
GCQ
QI:502

Peaks: 41, 56, 69, 84, 91, 112, 119, 133, 148, 232

Clomethiazole-M (-Cl +COOH)

MW:157.19312
MM:157.01975
C$_6$H$_7$NO$_2$S
RI: 1146 (calc.)

GC/MS
EI 70 eV
TRACE
QI:759

Peaks: 51, 55, 59, 69, 73, 77, 85, 112, 128, 157

Clomethiazole
5-(2-Chloroethyl)-4-methyl-1,3-thiazole
Chlormethiazole
Hypnotic, Sedative

MW:161.65496
MM:161.00660
C$_6$H$_8$ClNS
CAS:533-45-9
RI: 1230 (SE 30)

GC/MS
EI 70 eV
TSQ 70
QI:964

Peaks: 39, 45, 51, 59, 69, 85, 97, 112, 126, 161

m/z: 112

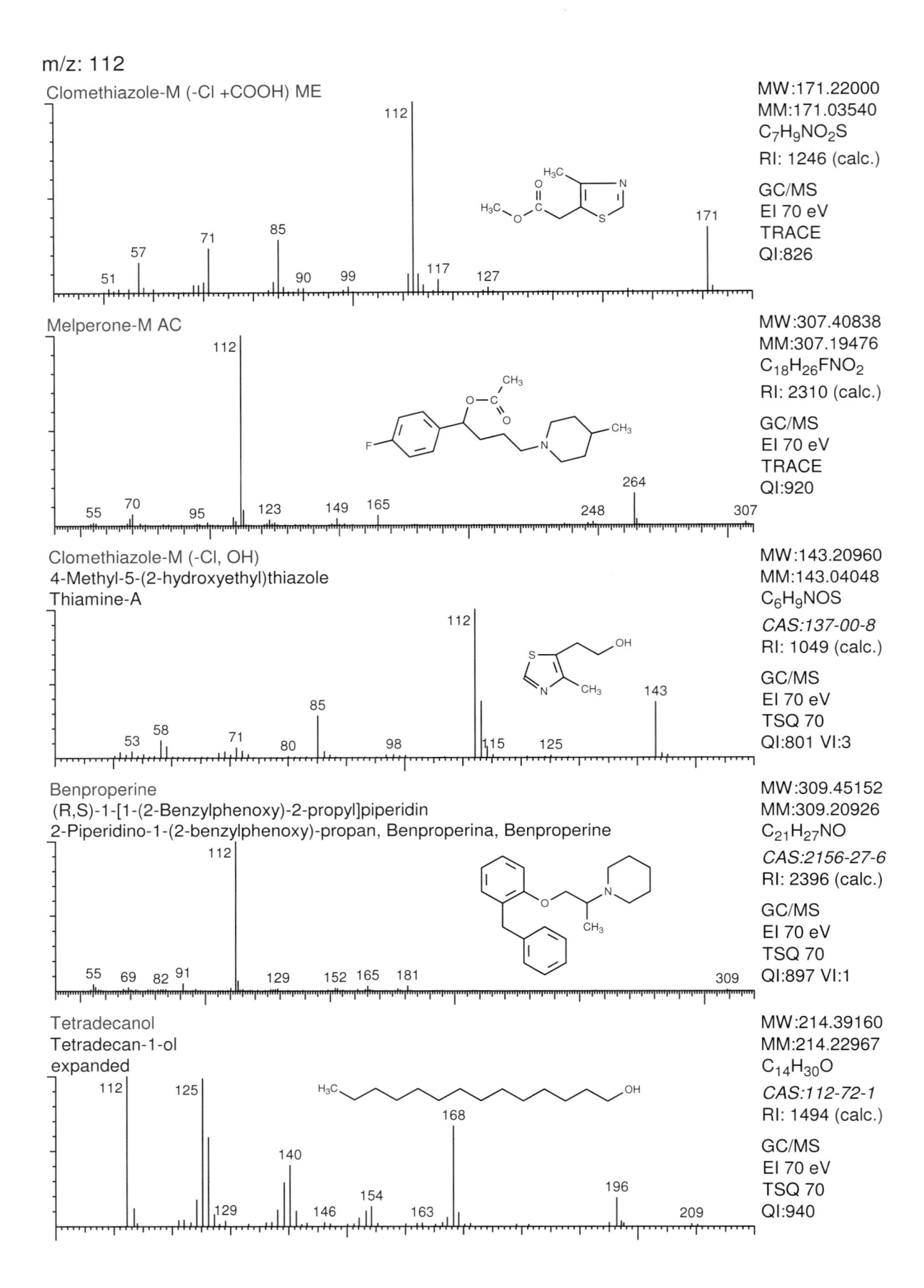

Clomethiazole-M (-Cl +COOH) ME

MW:171.22000
MM:171.03540
$C_7H_9NO_2S$
RI: 1246 (calc.)

GC/MS
EI 70 eV
TRACE
QI:826

Melperone-M AC

MW:307.40838
MM:307.19476
$C_{18}H_{26}FNO_2$
RI: 2310 (calc.)

GC/MS
EI 70 eV
TRACE
QI:920

Clomethiazole-M (-Cl, OH)
4-Methyl-5-(2-hydroxyethyl)thiazole
Thiamine-A

MW:143.20960
MM:143.04048
C_6H_9NOS
CAS:137-00-8
RI: 1049 (calc.)

GC/MS
EI 70 eV
TSQ 70
QI:801 VI:3

Benproperine
(R,S)-1-[1-(2-Benzylphenoxy)-2-propyl]piperidin
2-Piperidino-1-(2-benzylphenoxy)-propan, Benproperina, Benproperine

MW:309.45152
MM:309.20926
$C_{21}H_{27}NO$
CAS:2156-27-6
RI: 2396 (calc.)

GC/MS
EI 70 eV
TSQ 70
QI:897 VI:1

Tetradecanol
Tetradecan-1-ol
expanded

MW:214.39160
MM:214.22967
$C_{14}H_{30}O$
CAS:112-72-1
RI: 1494 (calc.)

GC/MS
EI 70 eV
TSQ 70
QI:940

m/z: 112-113

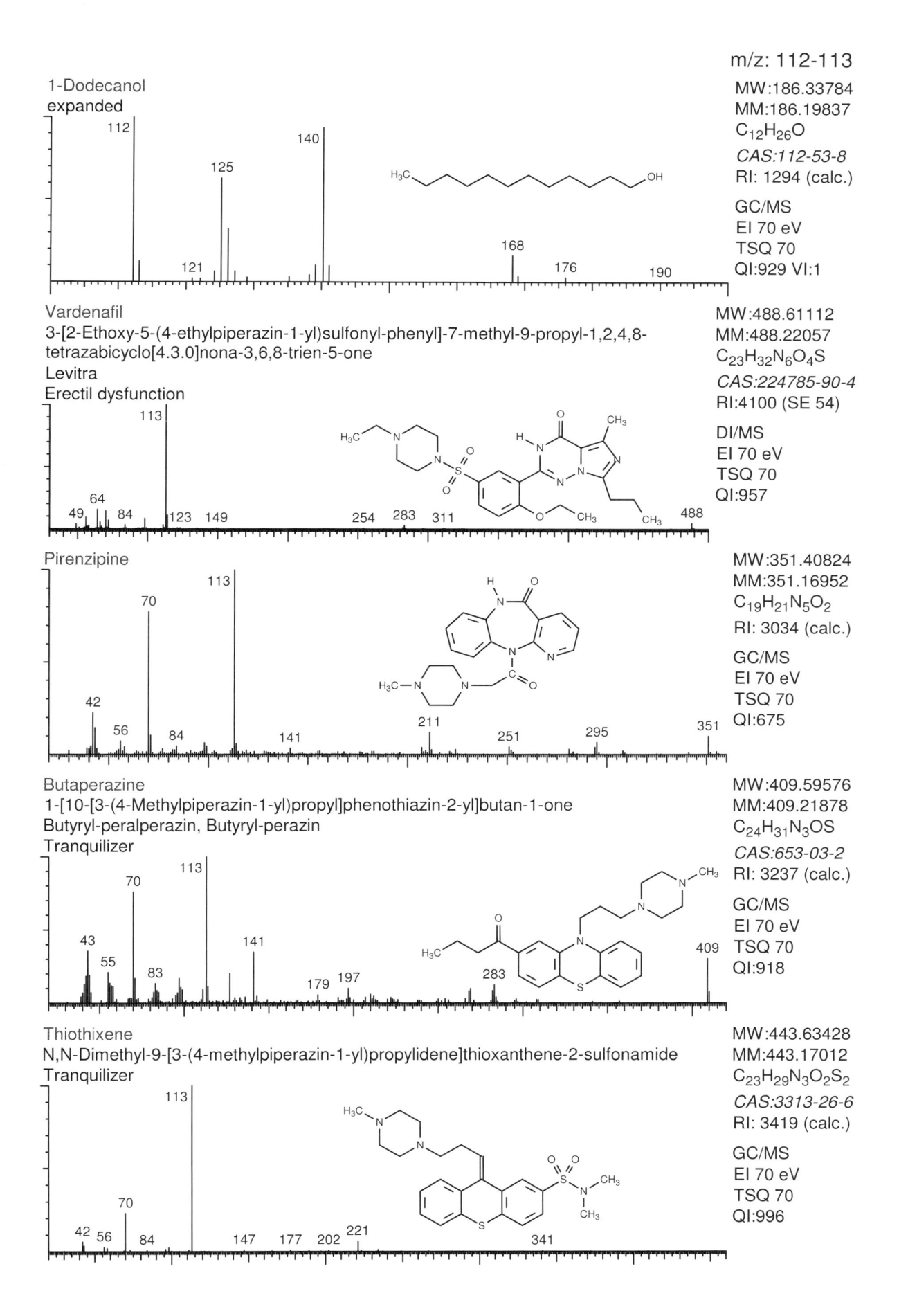

1-Dodecanol
expanded

MW: 186.33784
MM: 186.19837
$C_{12}H_{26}O$
CAS: 112-53-8
RI: 1294 (calc.)

GC/MS
EI 70 eV
TSQ 70
QI: 929 VI: 1

Vardenafil
3-[2-Ethoxy-5-(4-ethylpiperazin-1-yl)sulfonyl-phenyl]-7-methyl-9-propyl-1,2,4,8-tetrazabicyclo[4.3.0]nona-3,6,8-trien-5-one
Levitra
Erectil dysfunction

MW: 488.61112
MM: 488.22057
$C_{23}H_{32}N_6O_4S$
CAS: 224785-90-4
RI: 4100 (SE 54)

DI/MS
EI 70 eV
TSQ 70
QI: 957

Pirenzipine

MW: 351.40824
MM: 351.16952
$C_{19}H_{21}N_5O_2$
RI: 3034 (calc.)

GC/MS
EI 70 eV
TSQ 70
QI: 675

Butaperazine
1-[10-[3-(4-Methylpiperazin-1-yl)propyl]phenothiazin-2-yl]butan-1-one
Butyryl-peralperazin, Butyryl-perazin
Tranquilizer

MW: 409.59576
MM: 409.21878
$C_{24}H_{31}N_3OS$
CAS: 653-03-2
RI: 3237 (calc.)

GC/MS
EI 70 eV
TSQ 70
QI: 918

Thiothixene
N,N-Dimethyl-9-[3-(4-methylpiperazin-1-yl)propylidene]thioxanthene-2-sulfonamide
Tranquilizer

MW: 443.63428
MM: 443.17012
$C_{23}H_{29}N_3O_2S_2$
CAS: 3313-26-6
RI: 3419 (calc.)

GC/MS
EI 70 eV
TSQ 70
QI: 996

m/z: 113

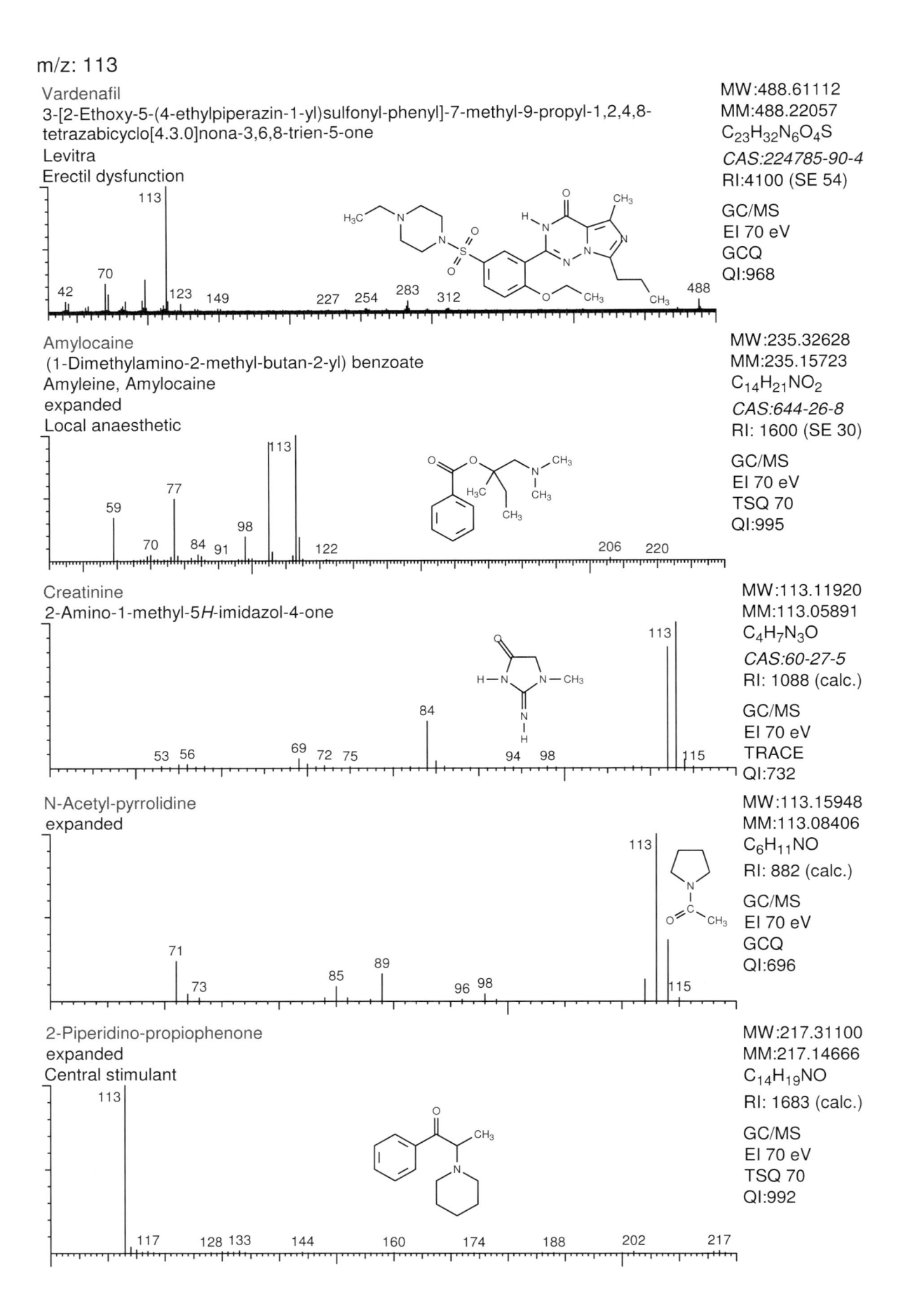

Vardenafil
3-[2-Ethoxy-5-(4-ethylpiperazin-1-yl)sulfonyl-phenyl]-7-methyl-9-propyl-1,2,4,8-tetrazabicyclo[4.3.0]nona-3,6,8-trien-5-one
Levitra
Erectil dysfunction

MW:488.61112
MM:488.22057
$C_{23}H_{32}N_6O_4S$
CAS:224785-90-4
RI:4100 (SE 54)

GC/MS
EI 70 eV
GCQ
QI:968

Peaks: 42, 70, 113, 123, 149, 227, 254, 283, 312, 488

Amylocaine
(1-Dimethylamino-2-methyl-butan-2-yl) benzoate
Amyleine, Amylocaine
expanded
Local anaesthetic

MW:235.32628
MM:235.15723
$C_{14}H_{21}NO_2$
CAS:644-26-8
RI: 1600 (SE 30)

GC/MS
EI 70 eV
TSQ 70
QI:995

Peaks: 59, 70, 77, 84, 91, 98, 113, 122, 206, 220

Creatinine
2-Amino-1-methyl-5H-imidazol-4-one

MW:113.11920
MM:113.05891
$C_4H_7N_3O$
CAS:60-27-5
RI: 1088 (calc.)

GC/MS
EI 70 eV
TRACE
QI:732

Peaks: 53, 56, 69, 72, 75, 84, 94, 98, 113, 115

N-Acetyl-pyrrolidine
expanded

MW:113.15948
MM:113.08406
$C_6H_{11}NO$
RI: 882 (calc.)

GC/MS
EI 70 eV
GCQ
QI:696

Peaks: 71, 73, 85, 89, 96, 98, 113, 115

2-Piperidino-propiophenone
expanded
Central stimulant

MW:217.31100
MM:217.14666
$C_{14}H_{19}NO$
RI: 1683 (calc.)

GC/MS
EI 70 eV
TSQ 70
QI:992

Peaks: 113, 117, 128, 133, 144, 160, 174, 188, 202, 217

m/z: 113

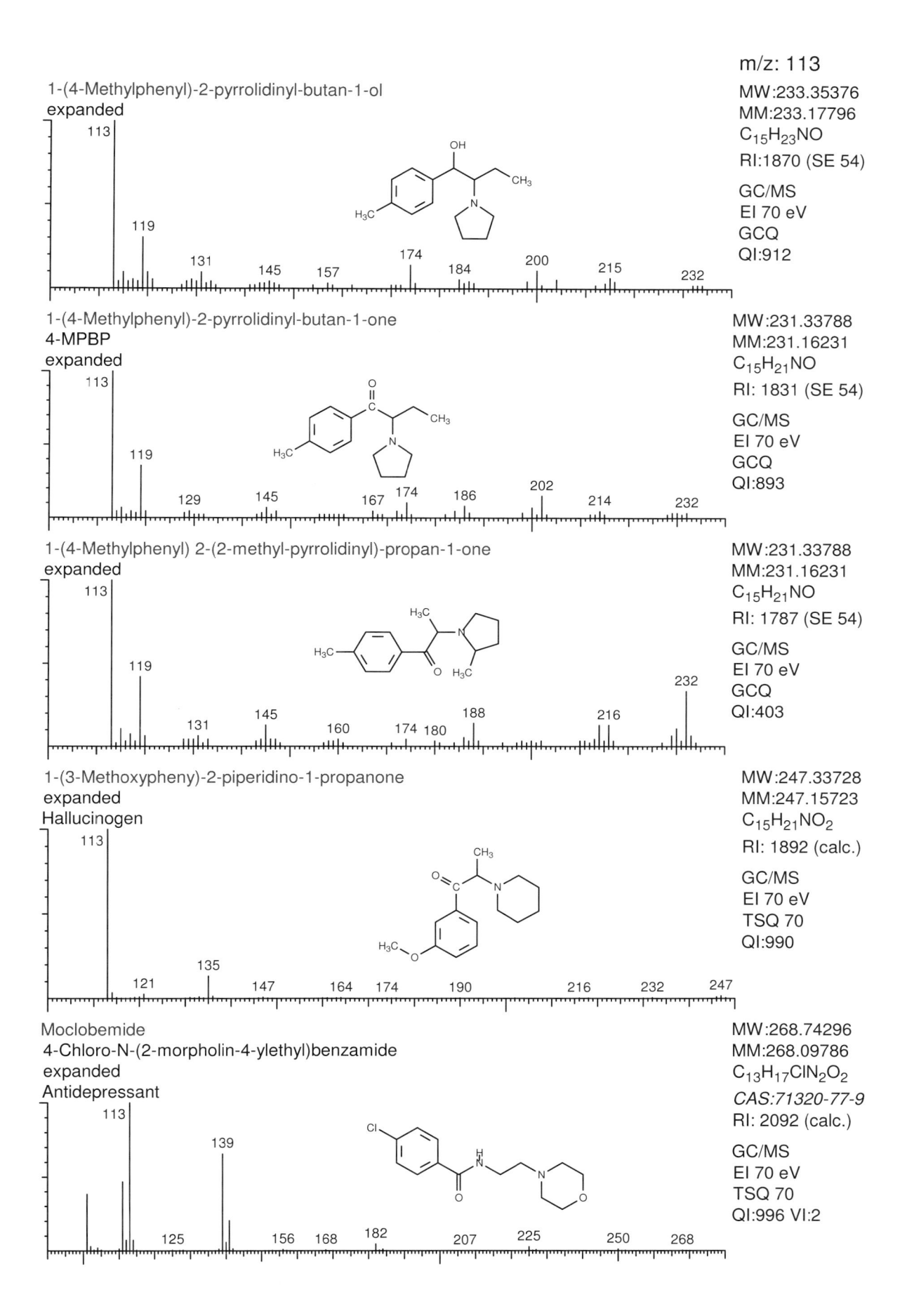

1-(4-Methylphenyl)-2-pyrrolidinyl-butan-1-ol
expanded

MW:233.35376
MM:233.17796
$C_{15}H_{23}NO$
RI:1870 (SE 54)

GC/MS
EI 70 eV
GCQ
QI:912

1-(4-Methylphenyl)-2-pyrrolidinyl-butan-1-one
4-MPBP
expanded

MW:231.33788
MM:231.16231
$C_{15}H_{21}NO$
RI: 1831 (SE 54)

GC/MS
EI 70 eV
GCQ
QI:893

1-(4-Methylphenyl) 2-(2-methyl-pyrrolidinyl)-propan-1-one
expanded

MW:231.33788
MM:231.16231
$C_{15}H_{21}NO$
RI: 1787 (SE 54)

GC/MS
EI 70 eV
GCQ
QI:403

1-(3-Methoxypheny)-2-piperidino-1-propanone
expanded
Hallucinogen

MW:247.33728
MM:247.15723
$C_{15}H_{21}NO_2$
RI: 1892 (calc.)

GC/MS
EI 70 eV
TSQ 70
QI:990

Moclobemide
4-Chloro-N-(2-morpholin-4-ylethyl)benzamide
expanded
Antidepressant

MW:268.74296
MM:268.09786
$C_{13}H_{17}ClN_2O_2$
CAS:71320-77-9
RI: 2092 (calc.)

GC/MS
EI 70 eV
TSQ 70
QI:996 VI:2

m/z: 113

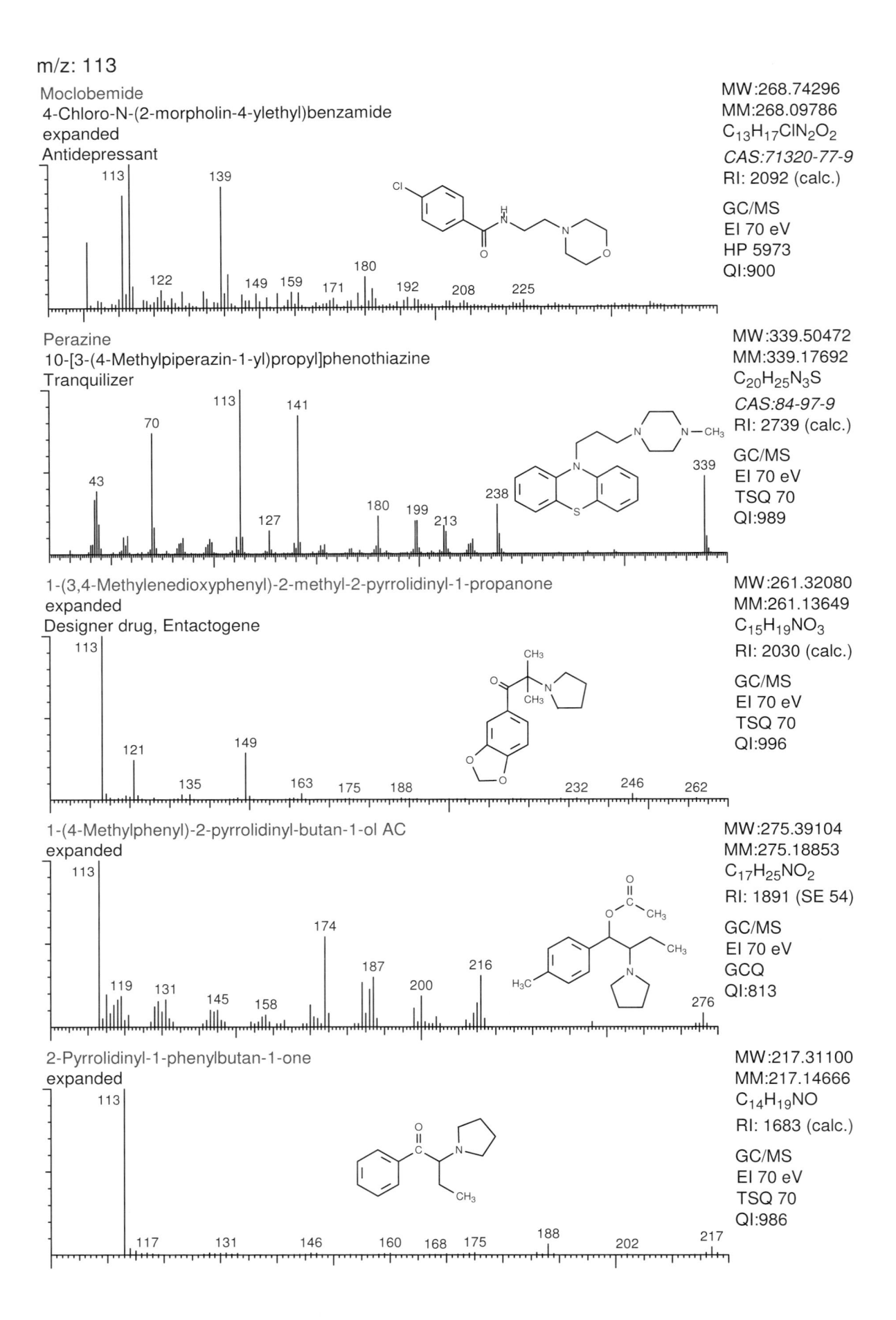

Moclobemide
4-Chloro-N-(2-morpholin-4-ylethyl)benzamide
expanded
Antidepressant

MW:268.74296
MM:268.09786
$C_{13}H_{17}ClN_2O_2$
CAS:71320-77-9
RI: 2092 (calc.)

GC/MS
EI 70 eV
HP 5973
QI:900

Perazine
10-[3-(4-Methylpiperazin-1-yl)propyl]phenothiazine
Tranquilizer

MW:339.50472
MM:339.17692
$C_{20}H_{25}N_3S$
CAS:84-97-9
RI: 2739 (calc.)

GC/MS
EI 70 eV
TSQ 70
QI:989

1-(3,4-Methylenedioxyphenyl)-2-methyl-2-pyrrolidinyl-1-propanone
expanded
Designer drug, Entactogene

MW:261.32080
MM:261.13649
$C_{15}H_{19}NO_3$
RI: 2030 (calc.)

GC/MS
EI 70 eV
TSQ 70
QI:996

1-(4-Methylphenyl)-2-pyrrolidinyl-butan-1-ol AC
expanded

MW:275.39104
MM:275.18853
$C_{17}H_{25}NO_2$
RI: 1891 (SE 54)

GC/MS
EI 70 eV
GCQ
QI:813

2-Pyrrolidinyl-1-phenylbutan-1-one
expanded

MW:217.31100
MM:217.14666
$C_{14}H_{19}NO$
RI: 1683 (calc.)

GC/MS
EI 70 eV
TSQ 70
QI:986

m/z: 113

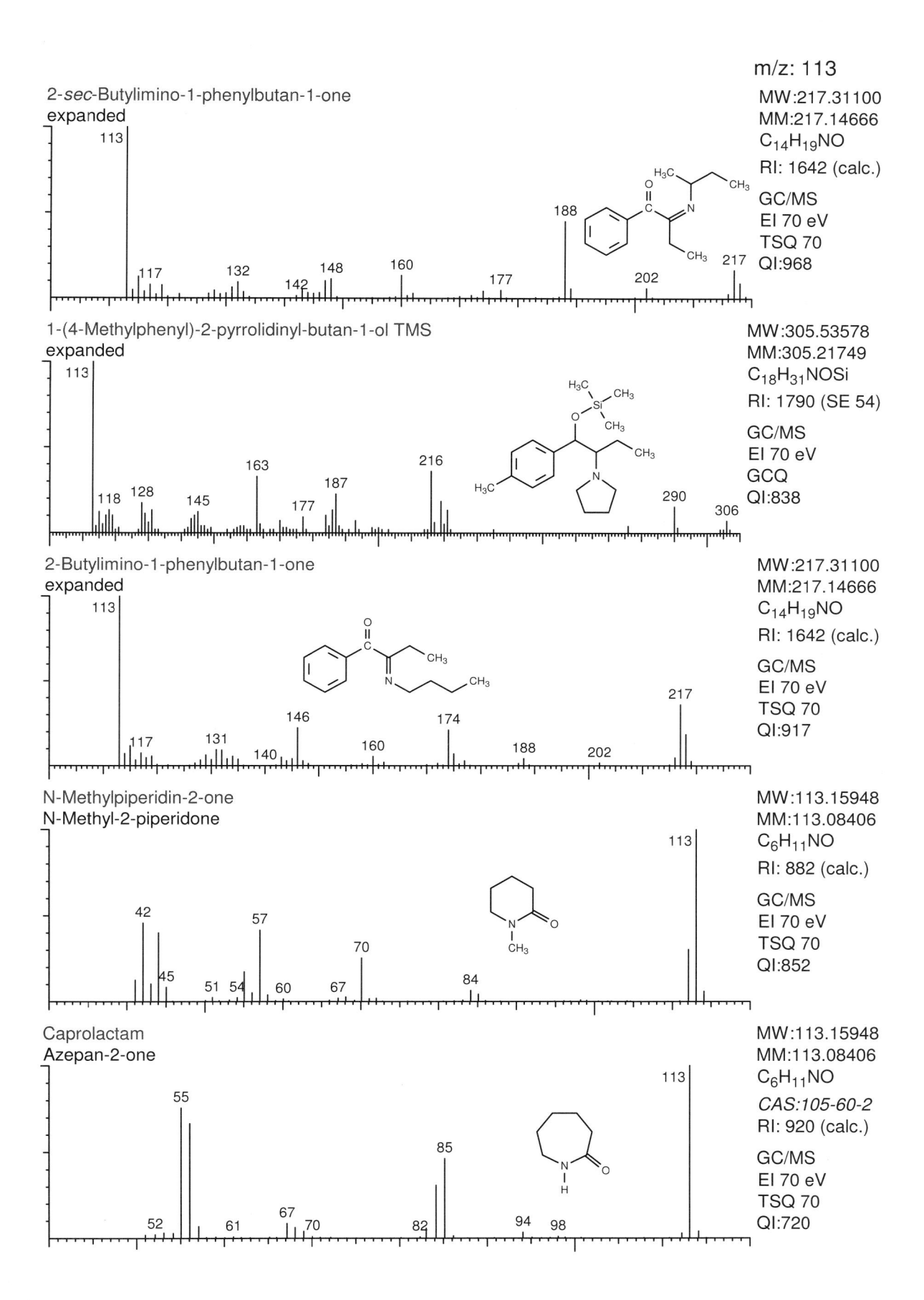

2-sec-Butylimino-1-phenylbutan-1-one
expanded

MW: 217.31100
MM: 217.14666
$C_{14}H_{19}NO$
RI: 1642 (calc.)

GC/MS
EI 70 eV
TSQ 70
QI: 968

1-(4-Methylphenyl)-2-pyrrolidinyl-butan-1-ol TMS
expanded

MW: 305.53578
MM: 305.21749
$C_{18}H_{31}NOSi$
RI: 1790 (SE 54)

GC/MS
EI 70 eV
GCQ
QI: 838

2-Butylimino-1-phenylbutan-1-one
expanded

MW: 217.31100
MM: 217.14666
$C_{14}H_{19}NO$
RI: 1642 (calc.)

GC/MS
EI 70 eV
TSQ 70
QI: 917

N-Methylpiperidin-2-one
N-Methyl-2-piperidone

MW: 113.15948
MM: 113.08406
$C_6H_{11}NO$
RI: 882 (calc.)

GC/MS
EI 70 eV
TSQ 70
QI: 852

Caprolactam
Azepan-2-one

MW: 113.15948
MM: 113.08406
$C_6H_{11}NO$
CAS: 105-60-2
RI: 920 (calc.)

GC/MS
EI 70 eV
TSQ 70
QI: 720

m/z: 113

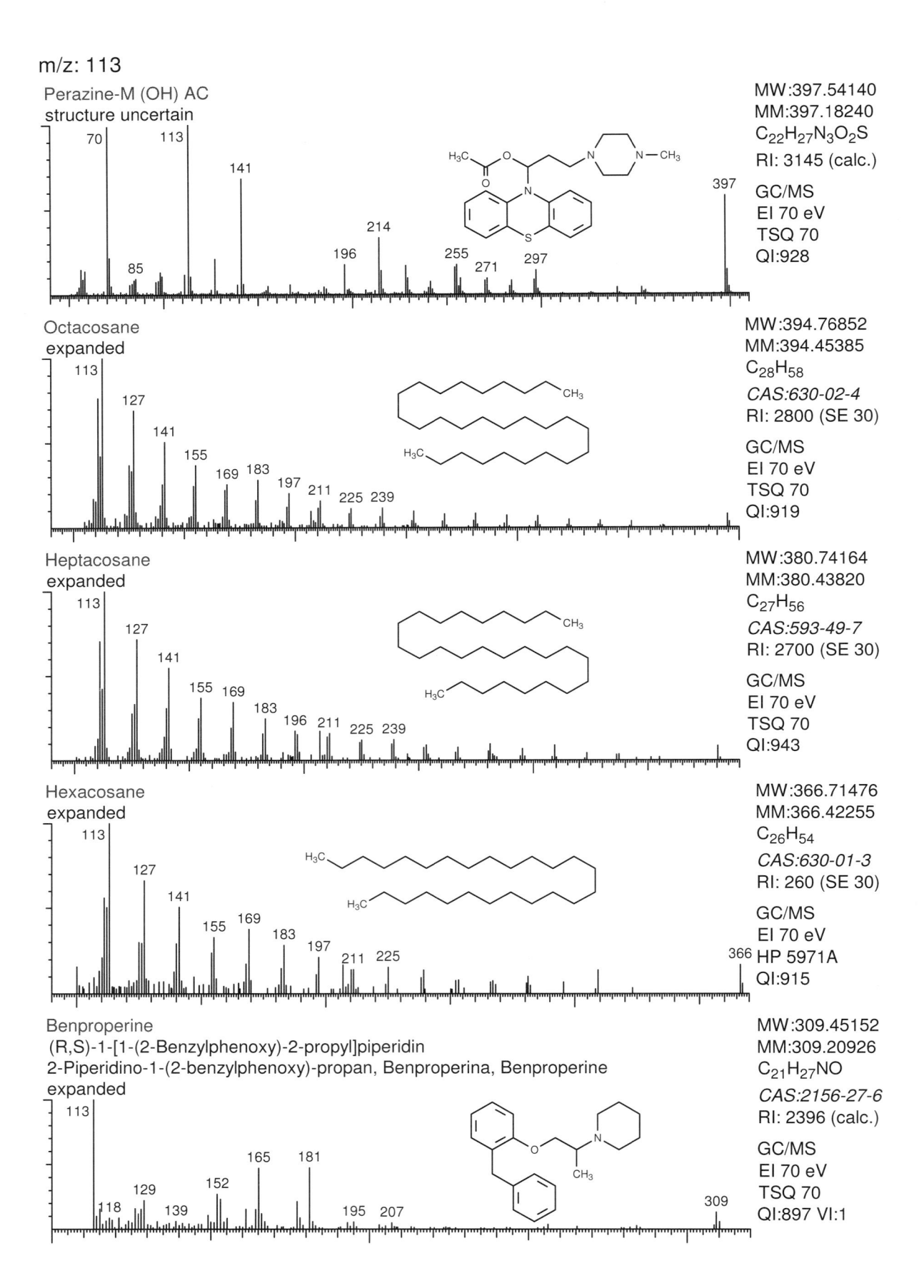

Perazine-M (OH) AC
structure uncertain

MW: 397.54140
MM: 397.18240
$C_{22}H_{27}N_3O_2S$
RI: 3145 (calc.)

GC/MS
EI 70 eV
TSQ 70
QI: 928

Octacosane
expanded

MW: 394.76852
MM: 394.45385
$C_{28}H_{58}$
CAS: 630-02-4
RI: 2800 (SE 30)

GC/MS
EI 70 eV
TSQ 70
QI: 919

Heptacosane
expanded

MW: 380.74164
MM: 380.43820
$C_{27}H_{56}$
CAS: 593-49-7
RI: 2700 (SE 30)

GC/MS
EI 70 eV
TSQ 70
QI: 943

Hexacosane
expanded

MW: 366.71476
MM: 366.42255
$C_{26}H_{54}$
CAS: 630-01-3
RI: 260 (SE 30)

GC/MS
EI 70 eV
HP 5971A
QI: 915

Benproperine
(R,S)-1-[1-(2-Benzylphenoxy)-2-propyl]piperidin
2-Piperidino-1-(2-benzylphenoxy)-propan, Benproperina, Benproperine
expanded

MW: 309.45152
MM: 309.20926
$C_{21}H_{27}NO$
CAS: 2156-27-6
RI: 2396 (calc.)

GC/MS
EI 70 eV
TSQ 70
QI: 897 VI: 1

m/z: 114

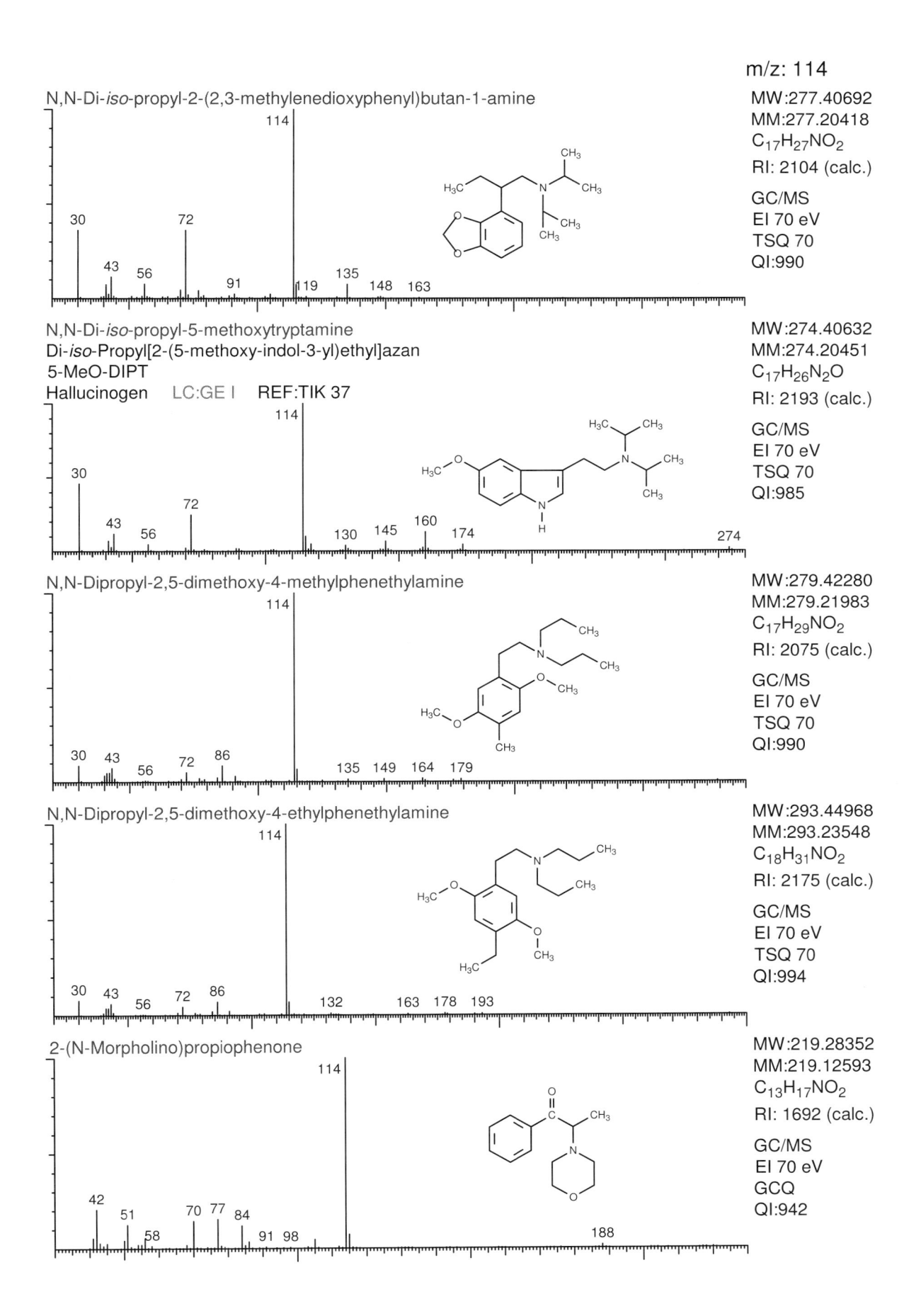

N,N-Di-*iso*-propyl-2-(2,3-methylenedioxyphenyl)butan-1-amine

MW:277.40692
MM:277.20418
C$_{17}$H$_{27}$NO$_2$
RI: 2104 (calc.)

GC/MS
EI 70 eV
TSQ 70
QI:990

Peaks: 30, 43, 56, 72, 91, 114, 119, 135, 148, 163

N,N-Di-*iso*-propyl-5-methoxytryptamine
Di-*iso*-Propyl[2-(5-methoxy-indol-3-yl)ethyl]azan
5-MeO-DIPT
Hallucinogen   LC:GE I   REF:TIK 37

MW:274.40632
MM:274.20451
C$_{17}$H$_{26}$N$_2$O
RI: 2193 (calc.)

GC/MS
EI 70 eV
TSQ 70
QI:985

Peaks: 30, 43, 56, 72, 114, 130, 145, 160, 174, 274

N,N-Dipropyl-2,5-dimethoxy-4-methylphenethylamine

MW:279.42280
MM:279.21983
C$_{17}$H$_{29}$NO$_2$
RI: 2075 (calc.)

GC/MS
EI 70 eV
TSQ 70
QI:990

Peaks: 30, 43, 56, 72, 86, 114, 135, 149, 164, 179

N,N-Dipropyl-2,5-dimethoxy-4-ethylphenethylamine

MW:293.44968
MM:293.23548
C$_{18}$H$_{31}$NO$_2$
RI: 2175 (calc.)

GC/MS
EI 70 eV
TSQ 70
QI:994

Peaks: 30, 43, 56, 72, 86, 114, 132, 163, 178, 193

2-(N-Morpholino)propiophenone

MW:219.28352
MM:219.12593
C$_{13}$H$_{17}$NO$_2$
RI: 1692 (calc.)

GC/MS
EI 70 eV
GCQ
QI:942

Peaks: 42, 51, 58, 70, 77, 84, 91, 98, 114, 188

m/z: 114

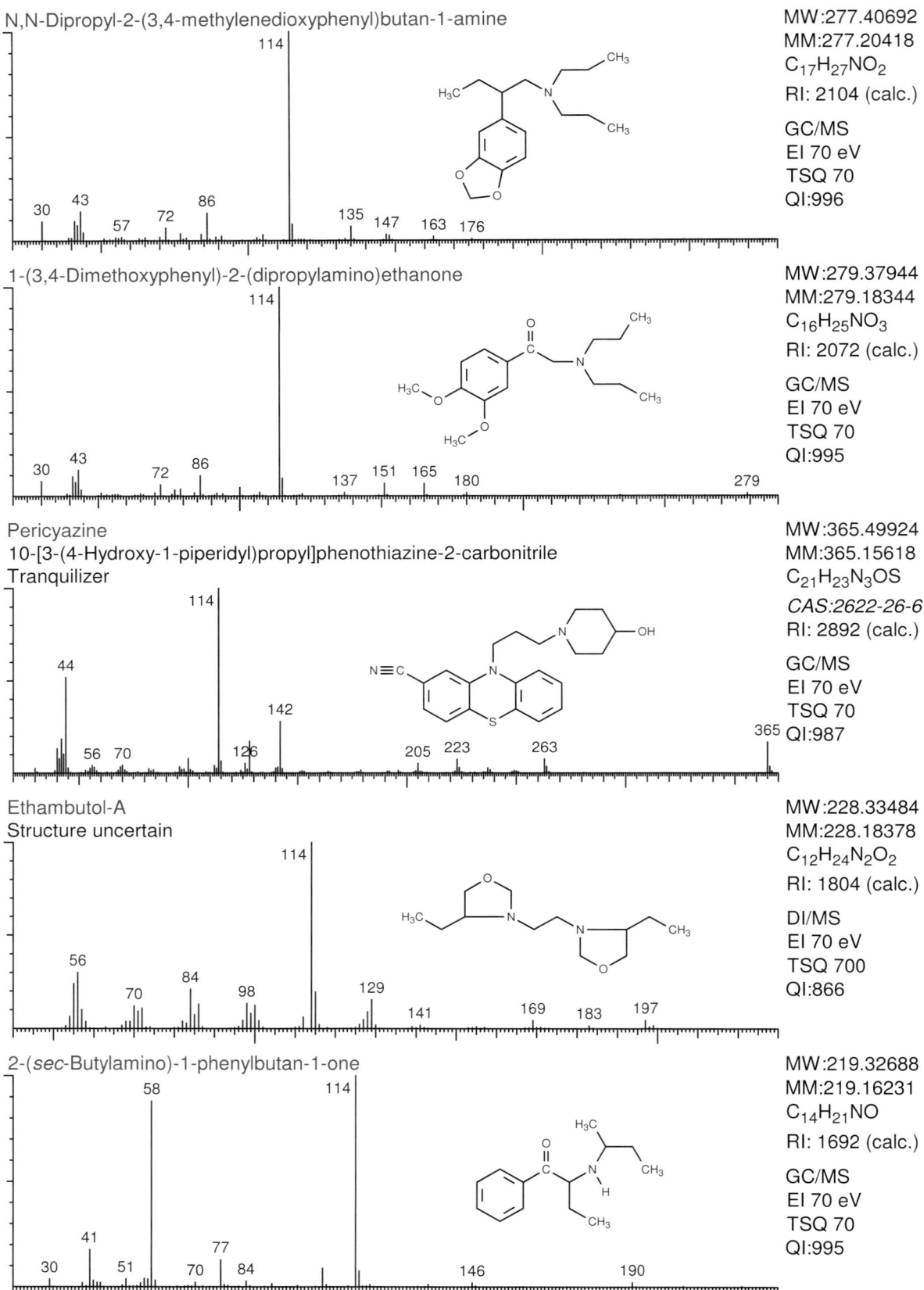

N,N-Dipropyl-2-(3,4-methylenedioxyphenyl)butan-1-amine

Peaks: 30, 43, 57, 72, 86, 114, 135, 147, 163, 176

MW:277.40692
MM:277.20418
$C_{17}H_{27}NO_2$
RI: 2104 (calc.)

GC/MS
EI 70 eV
TSQ 70
QI:996

1-(3,4-Dimethoxyphenyl)-2-(dipropylamino)ethanone

Peaks: 30, 43, 72, 86, 114, 137, 151, 165, 180, 279

MW:279.37944
MM:279.18344
$C_{16}H_{25}NO_3$
RI: 2072 (calc.)

GC/MS
EI 70 eV
TSQ 70
QI:995

Pericyazine
10-[3-(4-Hydroxy-1-piperidyl)propyl]phenothiazine-2-carbonitrile
Tranquilizer

Peaks: 44, 56, 70, 114, 126, 142, 205, 223, 263, 365

MW:365.49924
MM:365.15618
$C_{21}H_{23}N_3OS$
CAS:2622-26-6
RI: 2892 (calc.)

GC/MS
EI 70 eV
TSQ 70
QI:987

Ethambutol-A
Structure uncertain

Peaks: 56, 70, 84, 98, 114, 129, 141, 169, 183, 197

MW:228.33484
MM:228.18378
$C_{12}H_{24}N_2O_2$
RI: 1804 (calc.)

DI/MS
EI 70 eV
TSQ 700
QI:866

2-(*sec*-Butylamino)-1-phenylbutan-1-one

Peaks: 30, 41, 51, 58, 70, 77, 84, 114, 146, 190

MW:219.32688
MM:219.16231
$C_{14}H_{21}NO$
RI: 1692 (calc.)

GC/MS
EI 70 eV
TSQ 70
QI:995

m/z: 114

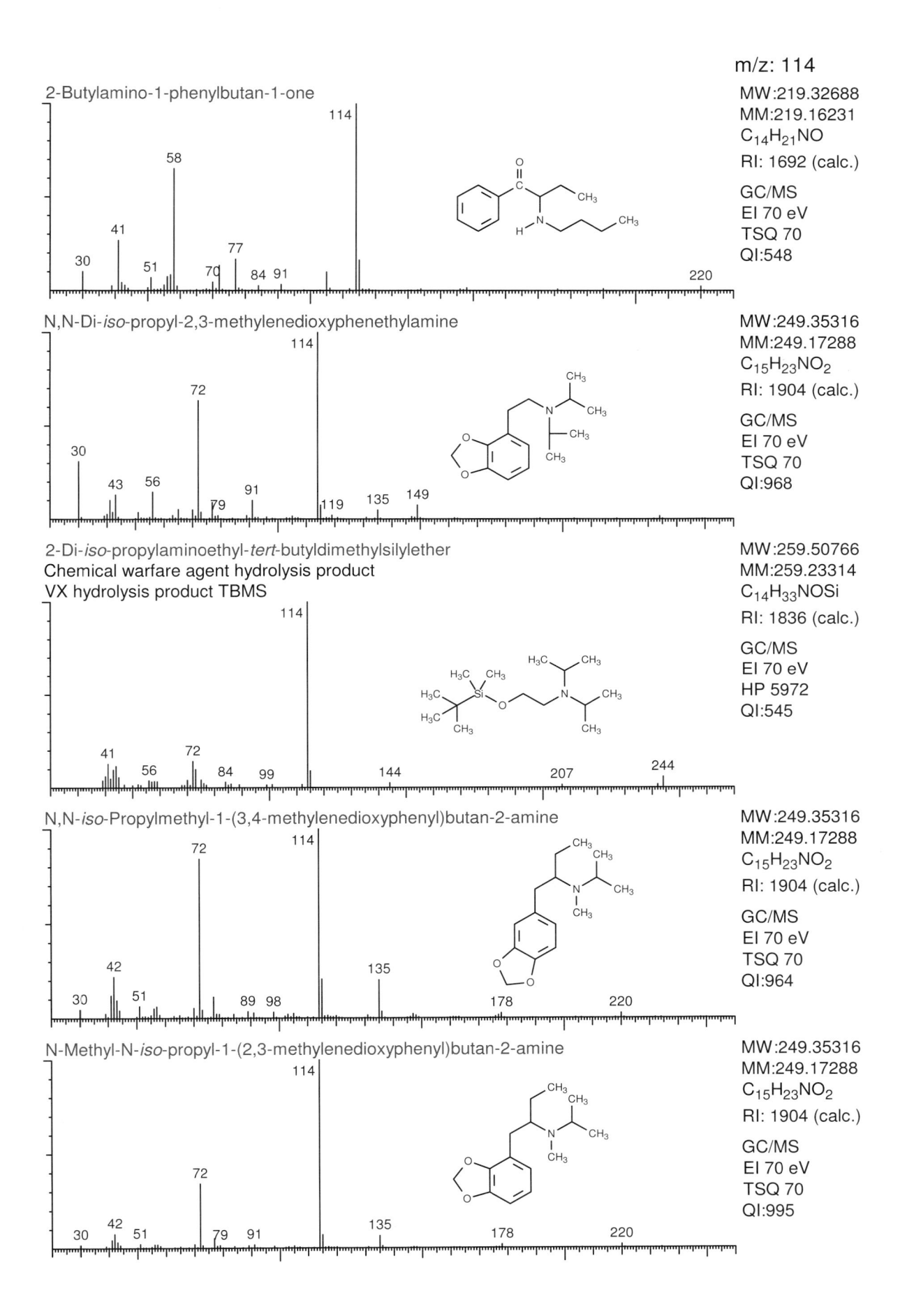

2-Butylamino-1-phenylbutan-1-one

MW: 219.32688
MM: 219.16231
$C_{14}H_{21}NO$
RI: 1692 (calc.)

GC/MS
EI 70 eV
TSQ 70
QI: 548

Peaks: 30, 41, 51, 58, 70, 77, 84, 91, 114, 220

N,N-Di-*iso*-propyl-2,3-methylenedioxyphenethylamine

MW: 249.35316
MM: 249.17288
$C_{15}H_{23}NO_2$
RI: 1904 (calc.)

GC/MS
EI 70 eV
TSQ 70
QI: 968

Peaks: 30, 43, 56, 72, 79, 91, 114, 119, 135, 149

2-Di-*iso*-propylaminoethyl-*tert*-butyldimethylsilylether
Chemical warfare agent hydrolysis product
VX hydrolysis product TBMS

MW: 259.50766
MM: 259.23314
$C_{14}H_{33}NOSi$
RI: 1836 (calc.)

GC/MS
EI 70 eV
HP 5972
QI: 545

Peaks: 41, 56, 72, 84, 99, 114, 144, 207, 244

N,N-*iso*-Propylmethyl-1-(3,4-methylenedioxyphenyl)butan-2-amine

MW: 249.35316
MM: 249.17288
$C_{15}H_{23}NO_2$
RI: 1904 (calc.)

GC/MS
EI 70 eV
TSQ 70
QI: 964

Peaks: 30, 42, 51, 72, 89, 98, 114, 135, 178, 220

N-Methyl-N-*iso*-propyl-1-(2,3-methylenedioxyphenyl)butan-2-amine

MW: 249.35316
MM: 249.17288
$C_{15}H_{23}NO_2$
RI: 1904 (calc.)

GC/MS
EI 70 eV
TSQ 70
QI: 995

Peaks: 30, 42, 51, 72, 79, 91, 114, 135, 178, 220

m/z: 114

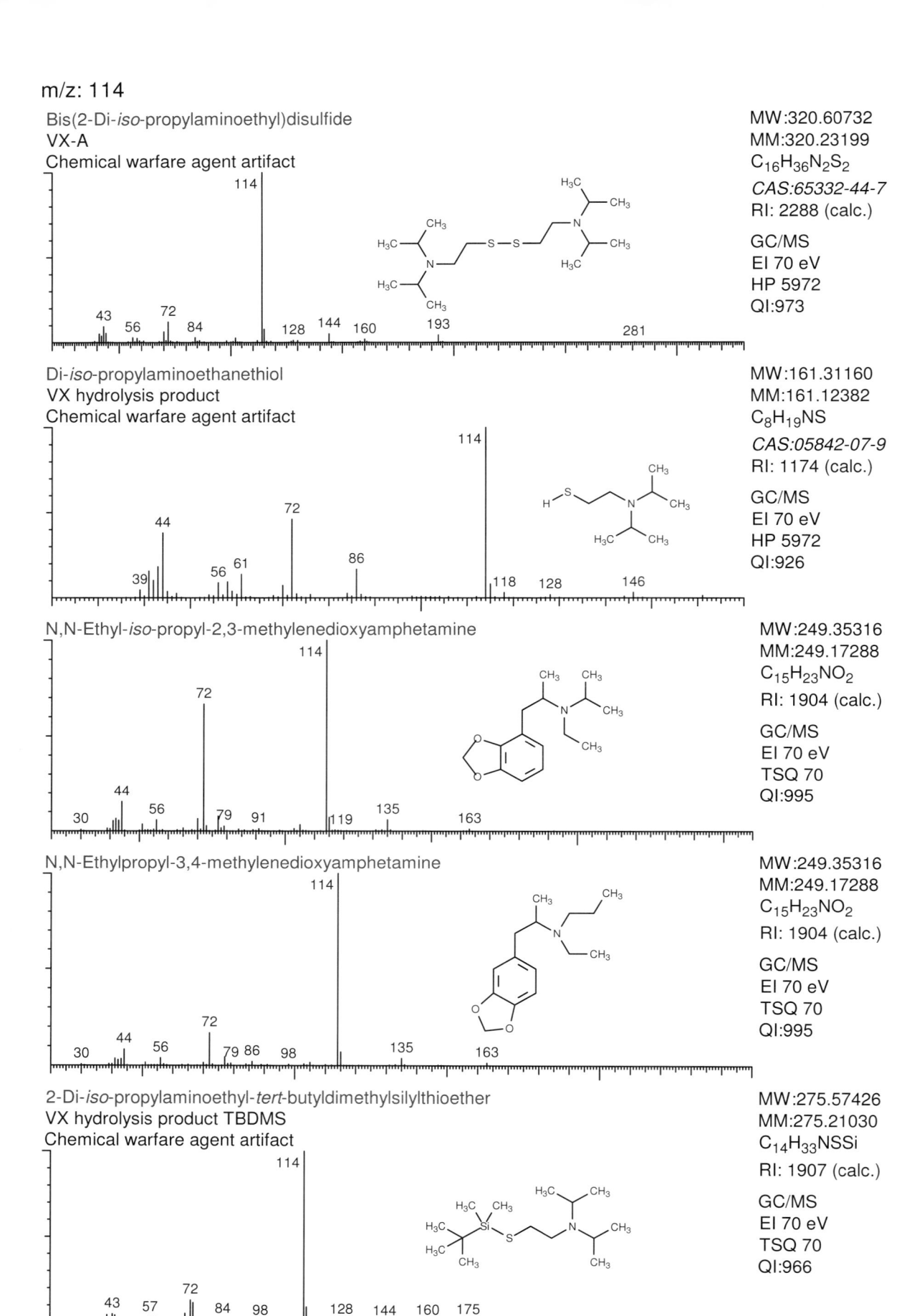

Bis(2-Di-*iso*-propylaminoethyl)disulfide
VX-A
Chemical warfare agent artifact

MW: 320.60732
MM: 320.23199
$C_{16}H_{36}N_2S_2$
CAS: 65332-44-7
RI: 2288 (calc.)

GC/MS
EI 70 eV
HP 5972
QI: 973

Peaks: 43, 56, 72, 84, 114, 128, 144, 160, 193, 281

Di-*iso*-propylaminoethanethiol
VX hydrolysis product
Chemical warfare agent artifact

MW: 161.31160
MM: 161.12382
$C_8H_{19}NS$
CAS: 05842-07-9
RI: 1174 (calc.)

GC/MS
EI 70 eV
HP 5972
QI: 926

Peaks: 39, 44, 56, 61, 72, 86, 114, 118, 128, 146

N,N-Ethyl-*iso*-propyl-2,3-methylenedioxyamphetamine

MW: 249.35316
MM: 249.17288
$C_{15}H_{23}NO_2$
RI: 1904 (calc.)

GC/MS
EI 70 eV
TSQ 70
QI: 995

Peaks: 30, 44, 56, 72, 79, 91, 114, 119, 135, 163

N,N-Ethylpropyl-3,4-methylenedioxyamphetamine

MW: 249.35316
MM: 249.17288
$C_{15}H_{23}NO_2$
RI: 1904 (calc.)

GC/MS
EI 70 eV
TSQ 70
QI: 995

Peaks: 30, 44, 56, 72, 79, 86, 98, 114, 135, 163

2-Di-*iso*-propylaminoethyl-*tert*-butyldimethylsilylthioether
VX hydrolysis product TBDMS
Chemical warfare agent artifact

MW: 275.57426
MM: 275.21030
$C_{14}H_{33}NSSi$
RI: 1907 (calc.)

GC/MS
EI 70 eV
TSQ 70
QI: 966

Peaks: 43, 57, 72, 84, 98, 114, 128, 144, 160, 175

m/z: 114

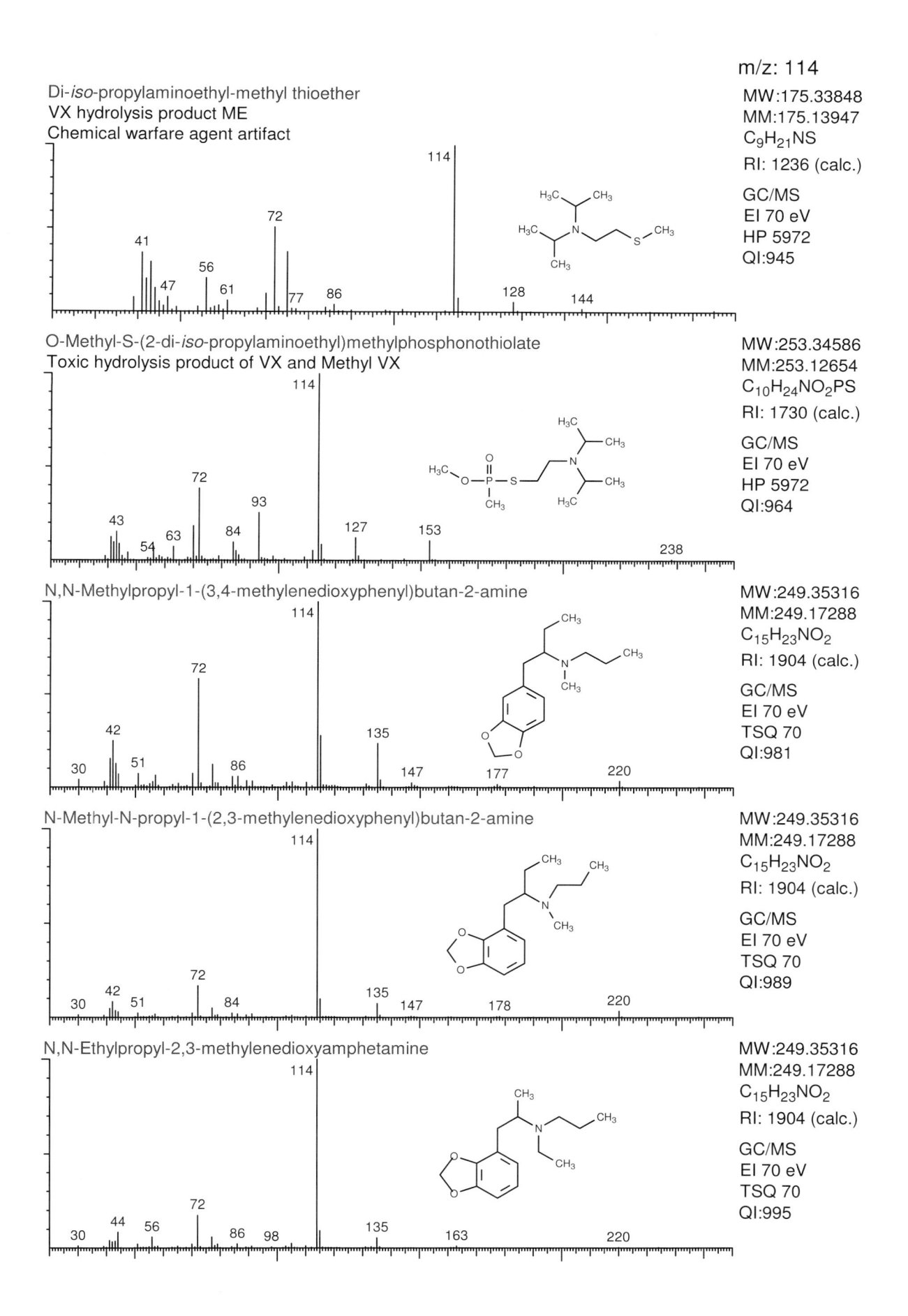

Di-*iso*-propylaminoethyl-methyl thioether
VX hydrolysis product ME
Chemical warfare agent artifact

MW: 175.33848
MM: 175.13947
$C_9H_{21}NS$
RI: 1236 (calc.)

GC/MS
EI 70 eV
HP 5972
QI: 945

O-Methyl-S-(2-di-*iso*-propylaminoethyl)methylphosphonothiolate
Toxic hydrolysis product of VX and Methyl VX

MW: 253.34586
MM: 253.12654
$C_{10}H_{24}NO_2PS$
RI: 1730 (calc.)

GC/MS
EI 70 eV
HP 5972
QI: 964

N,N-Methylpropyl-1-(3,4-methylenedioxyphenyl)butan-2-amine

MW: 249.35316
MM: 249.17288
$C_{15}H_{23}NO_2$
RI: 1904 (calc.)

GC/MS
EI 70 eV
TSQ 70
QI: 981

N-Methyl-N-propyl-1-(2,3-methylenedioxyphenyl)butan-2-amine

MW: 249.35316
MM: 249.17288
$C_{15}H_{23}NO_2$
RI: 1904 (calc.)

GC/MS
EI 70 eV
TSQ 70
QI: 989

N,N-Ethylpropyl-2,3-methylenedioxyamphetamine

MW: 249.35316
MM: 249.17288
$C_{15}H_{23}NO_2$
RI: 1904 (calc.)

GC/MS
EI 70 eV
TSQ 70
QI: 995

m/z: 114

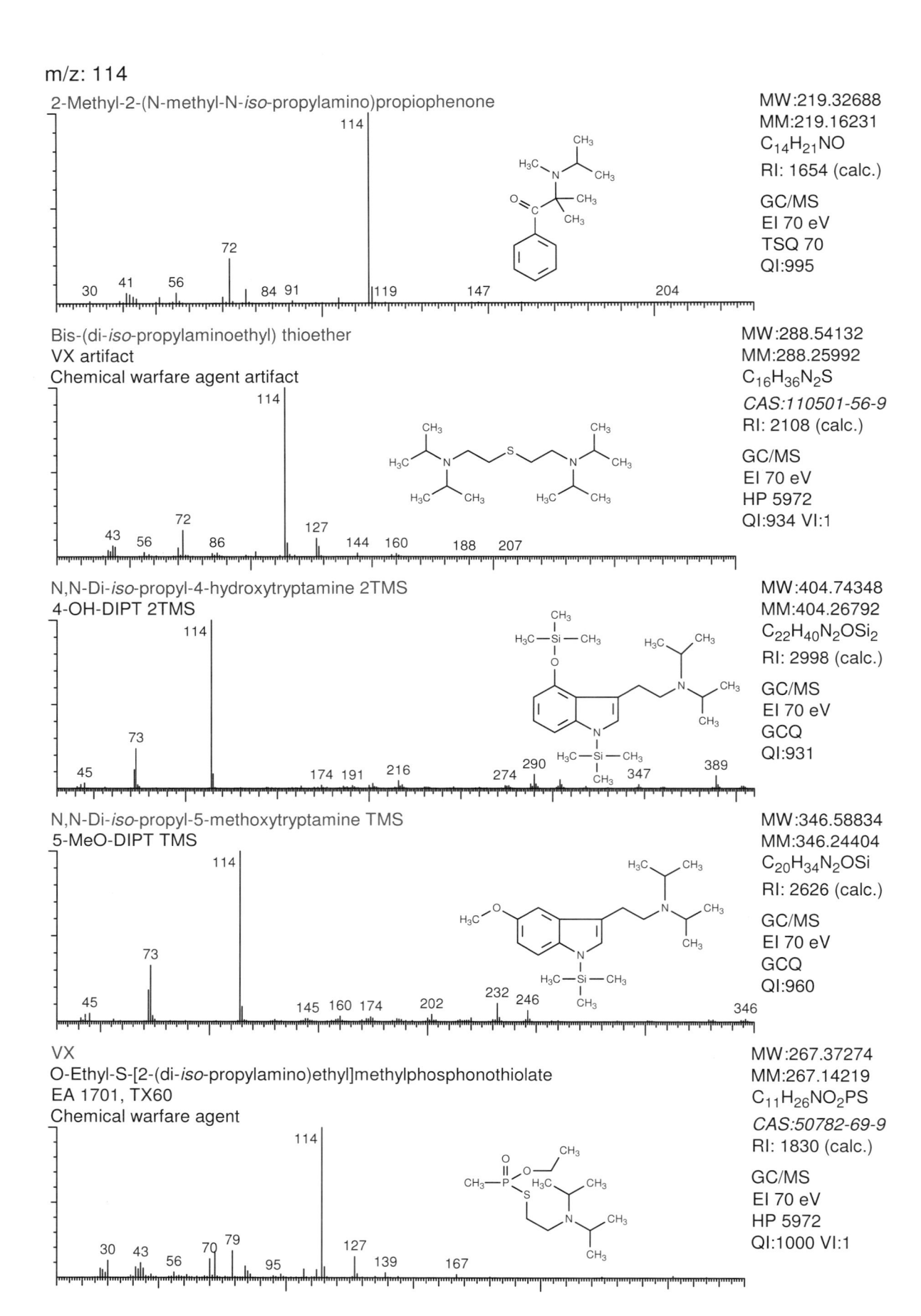

2-Methyl-2-(N-methyl-N-*iso*-propylamino)propiophenone

MW:219.32688
MM:219.16231
$C_{14}H_{21}NO$
RI: 1654 (calc.)

GC/MS
EI 70 eV
TSQ 70
QI:995

Bis-(di-*iso*-propylaminoethyl) thioether
VX artifact
Chemical warfare agent artifact

MW:288.54132
MM:288.25992
$C_{16}H_{36}N_2S$
CAS:110501-56-9
RI: 2108 (calc.)

GC/MS
EI 70 eV
HP 5972
QI:934 VI:1

N,N-Di-*iso*-propyl-4-hydroxytryptamine 2TMS
4-OH-DIPT 2TMS

MW:404.74348
MM:404.26792
$C_{22}H_{40}N_2OSi_2$
RI: 2998 (calc.)

GC/MS
EI 70 eV
GCQ
QI:931

N,N-Di-*iso*-propyl-5-methoxytryptamine TMS
5-MeO-DIPT TMS

MW:346.58834
MM:346.24404
$C_{20}H_{34}N_2OSi$
RI: 2626 (calc.)

GC/MS
EI 70 eV
GCQ
QI:960

VX
O-Ethyl-S-[2-(di-*iso*-propylamino)ethyl]methylphosphonothiolate
EA 1701, TX60
Chemical warfare agent

MW:267.37274
MM:267.14219
$C_{11}H_{26}NO_2PS$
CAS:50782-69-9
RI: 1830 (calc.)

GC/MS
EI 70 eV
HP 5972
QI:1000 VI:1

m/z: 114

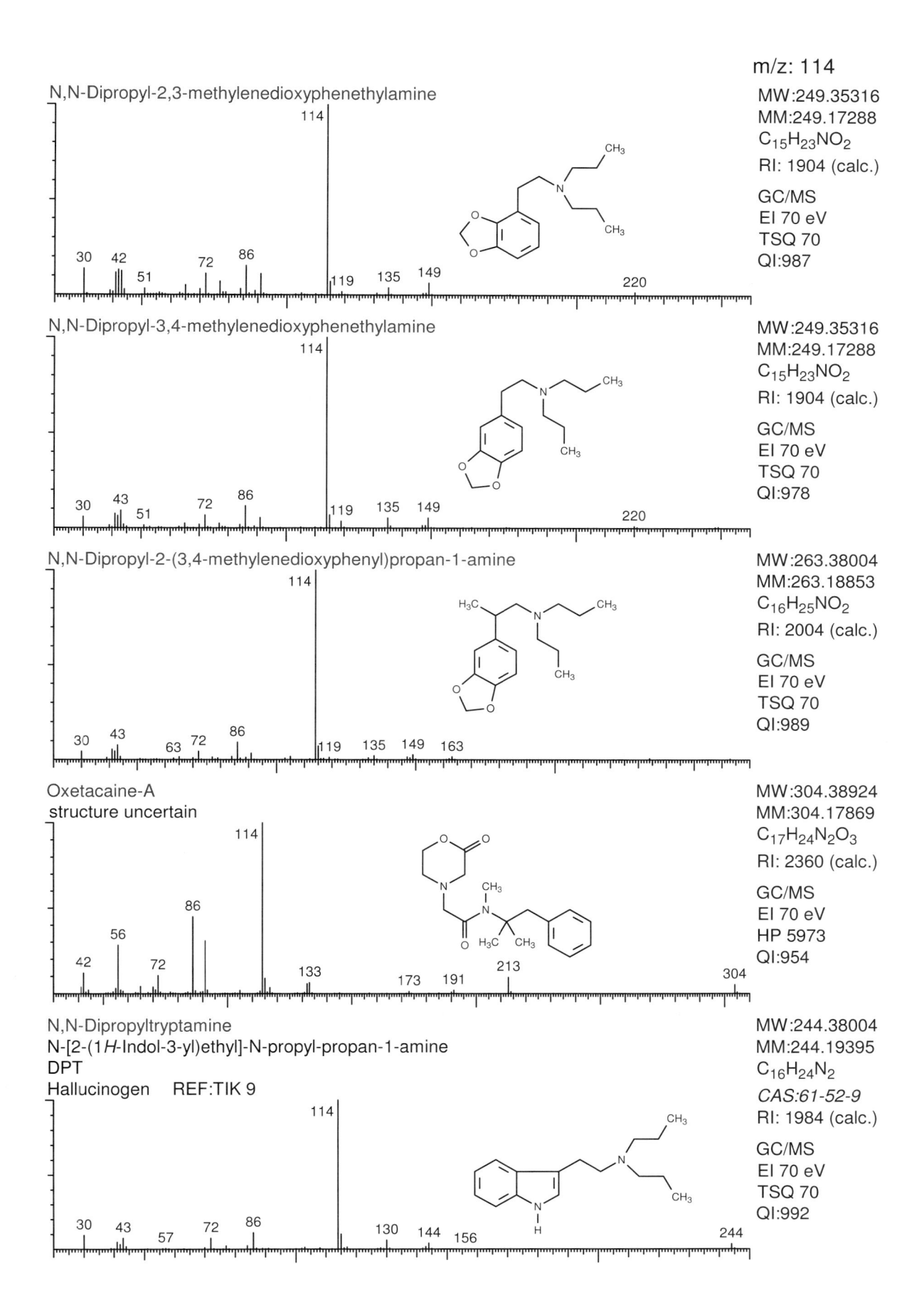

N,N-Dipropyl-2,3-methylenedioxyphenethylamine

Peaks: 30, 42, 51, 72, 86, 114, 119, 135, 149, 220

MW: 249.35316
MM: 249.17288
$C_{15}H_{23}NO_2$
RI: 1904 (calc.)

GC/MS
EI 70 eV
TSQ 70
QI: 987

N,N-Dipropyl-3,4-methylenedioxyphenethylamine

Peaks: 30, 43, 51, 72, 86, 114, 119, 135, 149, 220

MW: 249.35316
MM: 249.17288
$C_{15}H_{23}NO_2$
RI: 1904 (calc.)

GC/MS
EI 70 eV
TSQ 70
QI: 978

N,N-Dipropyl-2-(3,4-methylenedioxyphenyl)propan-1-amine

Peaks: 30, 43, 63, 72, 86, 114, 119, 135, 149, 163

MW: 263.38004
MM: 263.18853
$C_{16}H_{25}NO_2$
RI: 2004 (calc.)

GC/MS
EI 70 eV
TSQ 70
QI: 989

Oxetacaine-A
structure uncertain

Peaks: 42, 56, 72, 86, 114, 133, 173, 191, 213, 304

MW: 304.38924
MM: 304.17869
$C_{17}H_{24}N_2O_3$
RI: 2360 (calc.)

GC/MS
EI 70 eV
HP 5973
QI: 954

N,N-Dipropyltryptamine
N-[2-(1H-Indol-3-yl)ethyl]-N-propyl-propan-1-amine
DPT
Hallucinogen   REF:TIK 9

Peaks: 30, 43, 57, 72, 86, 114, 130, 144, 156, 244

MW: 244.38004
MM: 244.19395
$C_{16}H_{24}N_2$
CAS: 61-52-9
RI: 1984 (calc.)

GC/MS
EI 70 eV
TSQ 70
QI: 992

m/z: 114

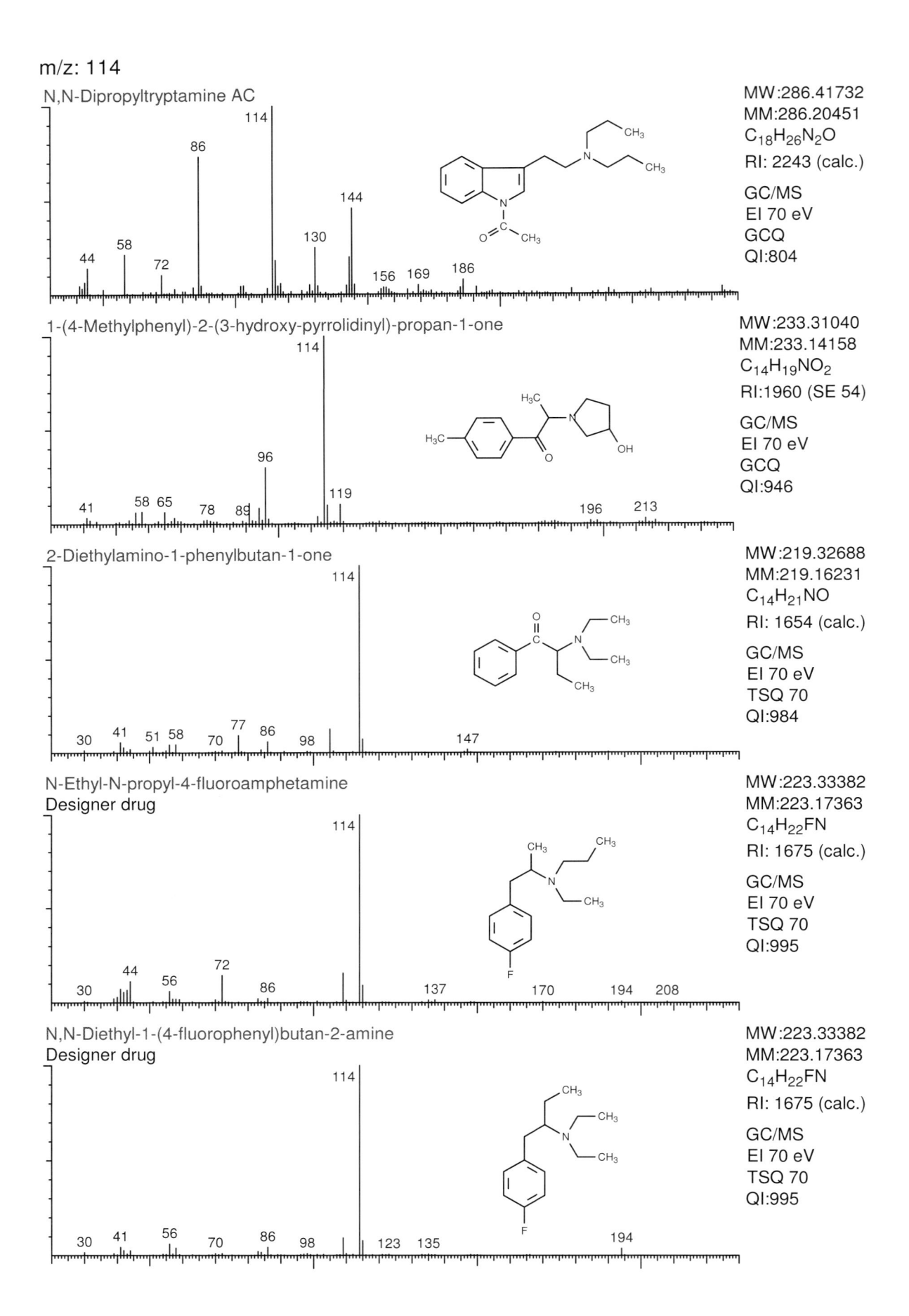

N,N-Dipropyltryptamine AC

MW: 286.41732
MM: 286.20451
$C_{18}H_{26}N_2O$
RI: 2243 (calc.)

GC/MS
EI 70 eV
GCQ
QI: 804

Peaks: 44, 58, 72, 86, 114, 130, 144, 156, 169, 186

1-(4-Methylphenyl)-2-(3-hydroxy-pyrrolidinyl)-propan-1-one

MW: 233.31040
MM: 233.14158
$C_{14}H_{19}NO_2$
RI: 1960 (SE 54)

GC/MS
EI 70 eV
GCQ
QI: 946

Peaks: 41, 58, 65, 78, 89, 96, 114, 119, 196, 213

2-Diethylamino-1-phenylbutan-1-one

MW: 219.32688
MM: 219.16231
$C_{14}H_{21}NO$
RI: 1654 (calc.)

GC/MS
EI 70 eV
TSQ 70
QI: 984

Peaks: 30, 41, 51, 58, 70, 77, 86, 98, 114, 147

N-Ethyl-N-propyl-4-fluoroamphetamine
Designer drug

MW: 223.33382
MM: 223.17363
$C_{14}H_{22}FN$
RI: 1675 (calc.)

GC/MS
EI 70 eV
TSQ 70
QI: 995

Peaks: 30, 44, 56, 72, 86, 114, 137, 170, 194, 208

N,N-Diethyl-1-(4-fluorophenyl)butan-2-amine
Designer drug

MW: 223.33382
MM: 223.17363
$C_{14}H_{22}FN$
RI: 1675 (calc.)

GC/MS
EI 70 eV
TSQ 70
QI: 995

Peaks: 30, 41, 56, 70, 86, 98, 114, 123, 135, 194

m/z: 114

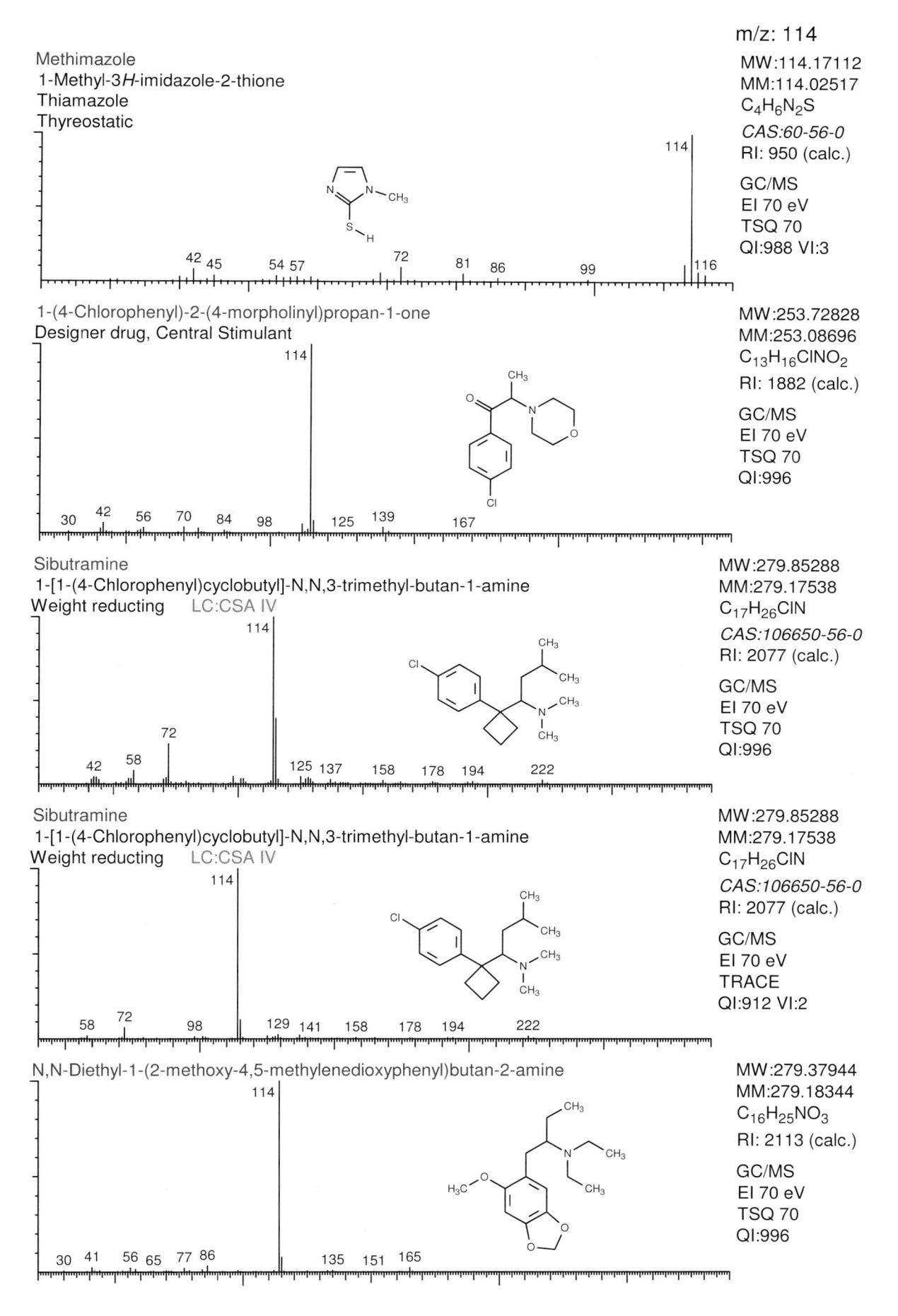

Methimazole
1-Methyl-3H-imidazole-2-thione
Thiamazole
Thyreostatic

MW:114.17112
MM:114.02517
$C_4H_6N_2S$
CAS:60-56-0
RI: 950 (calc.)

GC/MS
EI 70 eV
TSQ 70
QI:988 VI:3

1-(4-Chlorophenyl)-2-(4-morpholinyl)propan-1-one
Designer drug, Central Stimulant

MW:253.72828
MM:253.08696
$C_{13}H_{16}ClNO_2$
RI: 1882 (calc.)

GC/MS
EI 70 eV
TSQ 70
QI:996

Sibutramine
1-[1-(4-Chlorophenyl)cyclobutyl]-N,N,3-trimethyl-butan-1-amine
Weight reducing   LC:CSA IV

MW:279.85288
MM:279.17538
$C_{17}H_{26}ClN$
CAS:106650-56-0
RI: 2077 (calc.)

GC/MS
EI 70 eV
TSQ 70
QI:996

Sibutramine
1-[1-(4-Chlorophenyl)cyclobutyl]-N,N,3-trimethyl-butan-1-amine
Weight reducing   LC:CSA IV

MW:279.85288
MM:279.17538
$C_{17}H_{26}ClN$
CAS:106650-56-0
RI: 2077 (calc.)

GC/MS
EI 70 eV
TRACE
QI:912 VI:2

N,N-Diethyl-1-(2-methoxy-4,5-methylenedioxyphenyl)butan-2-amine

MW:279.37944
MM:279.18344
$C_{16}H_{25}NO_3$
RI: 2113 (calc.)

GC/MS
EI 70 eV
TSQ 70
QI:996

m/z: 114

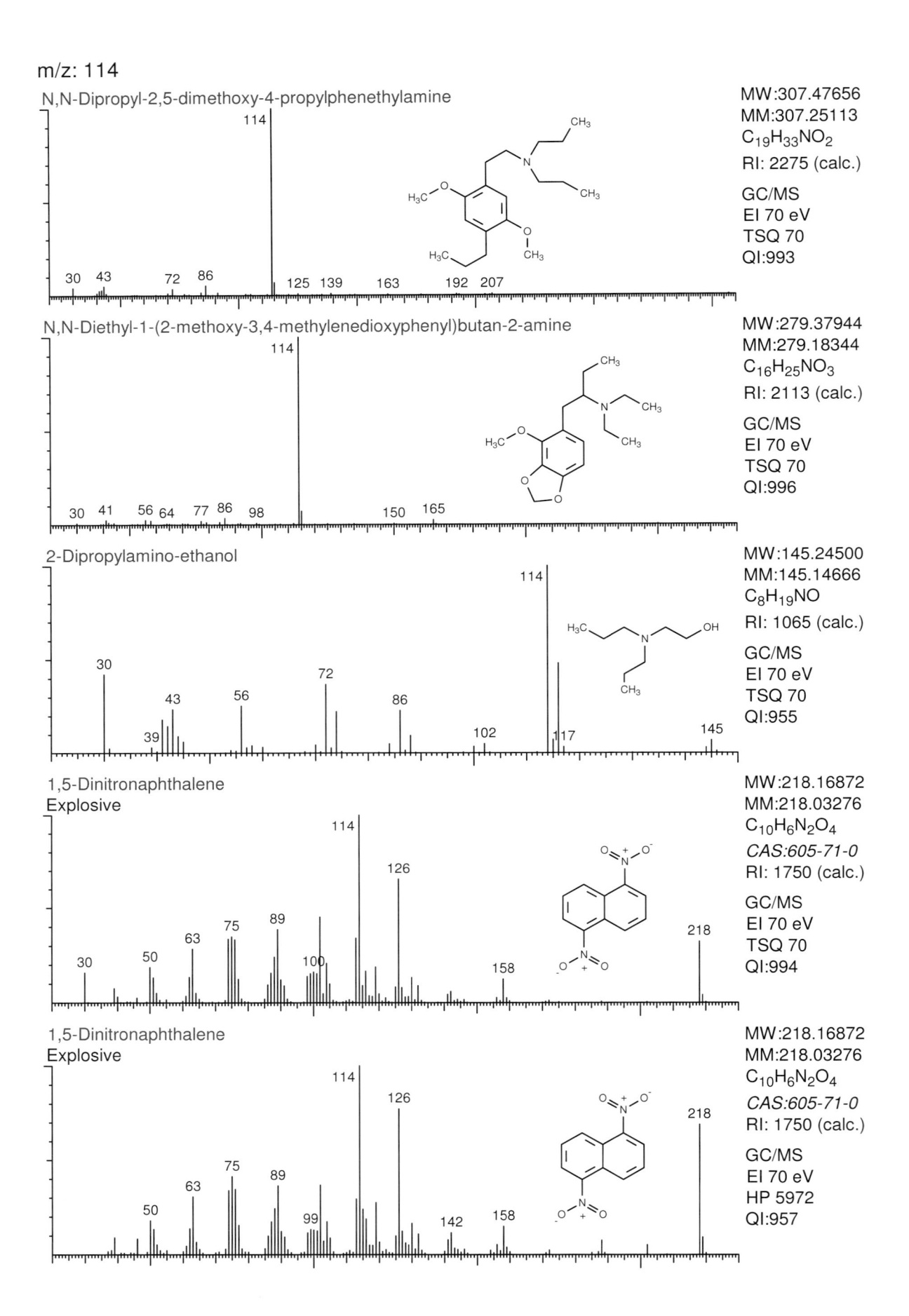

N,N-Dipropyl-2,5-dimethoxy-4-propylphenethylamine

MW:307.47656
MM:307.25113
$C_{19}H_{33}NO_2$
RI: 2275 (calc.)

GC/MS
EI 70 eV
TSQ 70
QI:993

N,N-Diethyl-1-(2-methoxy-3,4-methylenedioxyphenyl)butan-2-amine

MW:279.37944
MM:279.18344
$C_{16}H_{25}NO_3$
RI: 2113 (calc.)

GC/MS
EI 70 eV
TSQ 70
QI:996

2-Dipropylamino-ethanol

MW:145.24500
MM:145.14666
$C_8H_{19}NO$
RI: 1065 (calc.)

GC/MS
EI 70 eV
TSQ 70
QI:955

1,5-Dinitronaphthalene
Explosive

MW:218.16872
MM:218.03276
$C_{10}H_6N_2O_4$
CAS:605-71-0
RI: 1750 (calc.)

GC/MS
EI 70 eV
TSQ 70
QI:994

1,5-Dinitronaphthalene
Explosive

MW:218.16872
MM:218.03276
$C_{10}H_6N_2O_4$
CAS:605-71-0
RI: 1750 (calc.)

GC/MS
EI 70 eV
HP 5972
QI:957

m/z: 114

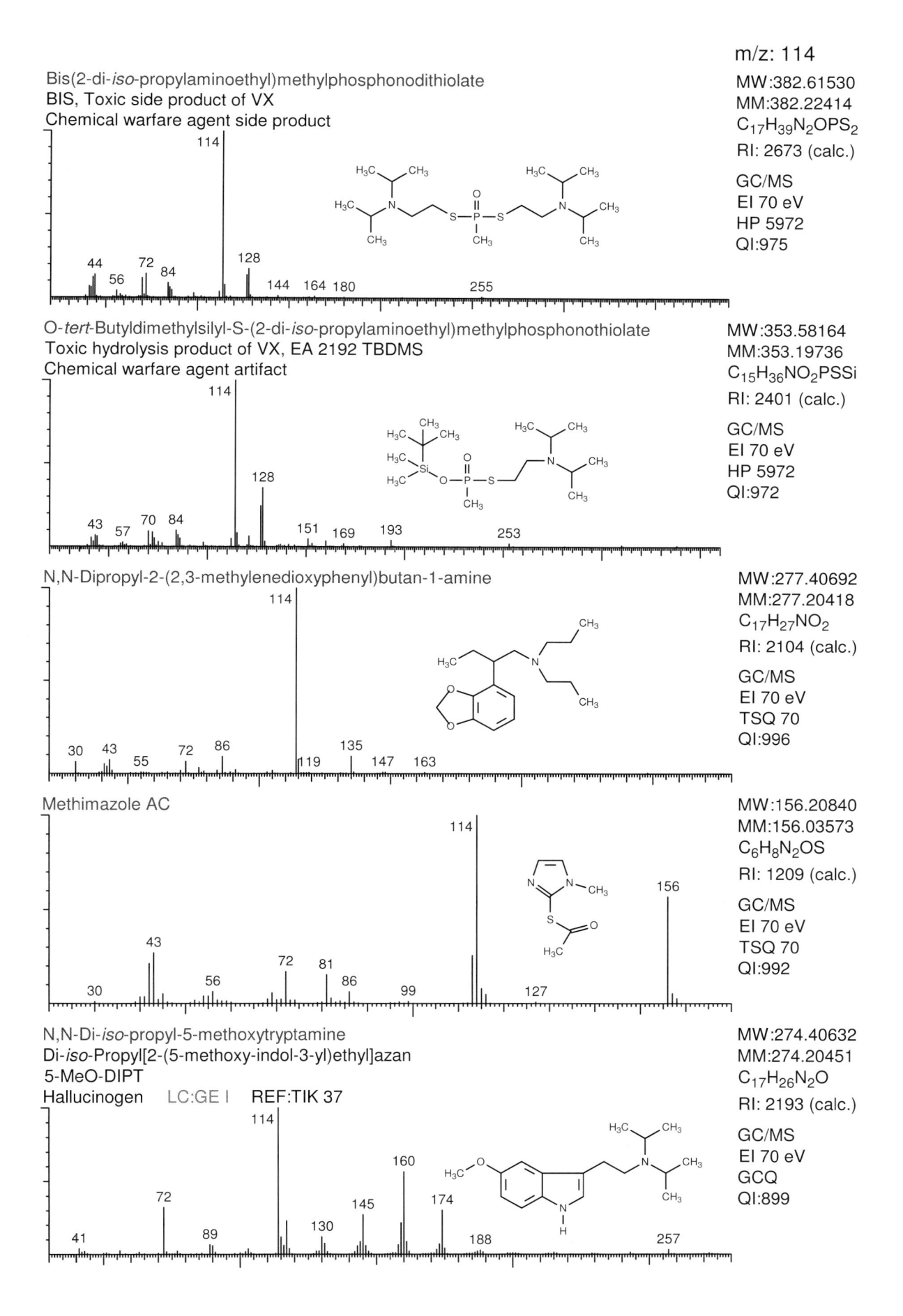

Bis(2-di-*iso*-propylaminoethyl)methylphosphonodithiolate
BIS, Toxic side product of VX
Chemical warfare agent side product

MW:382.61530
MM:382.22414
$C_{17}H_{39}N_2OPS_2$
RI: 2673 (calc.)

GC/MS
EI 70 eV
HP 5972
QI:975

O-*tert*-Butyldimethylsilyl-S-(2-di-*iso*-propylaminoethyl)methylphosphonothiolate
Toxic hydrolysis product of VX, EA 2192 TBDMS
Chemical warfare agent artifact

MW:353.58164
MM:353.19736
$C_{15}H_{36}NO_2PSSi$
RI: 2401 (calc.)

GC/MS
EI 70 eV
HP 5972
QI:972

N,N-Dipropyl-2-(2,3-methylenedioxyphenyl)butan-1-amine

MW:277.40692
MM:277.20418
$C_{17}H_{27}NO_2$
RI: 2104 (calc.)

GC/MS
EI 70 eV
TSQ 70
QI:996

Methimazole AC

MW:156.20840
MM:156.03573
$C_6H_8N_2OS$
RI: 1209 (calc.)

GC/MS
EI 70 eV
TSQ 70
QI:992

N,N-Di-*iso*-propyl-5-methoxytryptamine
Di-*iso*-Propyl[2-(5-methoxy-indol-3-yl)ethyl]azan
5-MeO-DIPT
Hallucinogen   LC:GE I   REF:TIK 37

MW:274.40632
MM:274.20451
$C_{17}H_{26}N_2O$
RI: 2193 (calc.)

GC/MS
EI 70 eV
GCQ
QI:899

m/z: 114

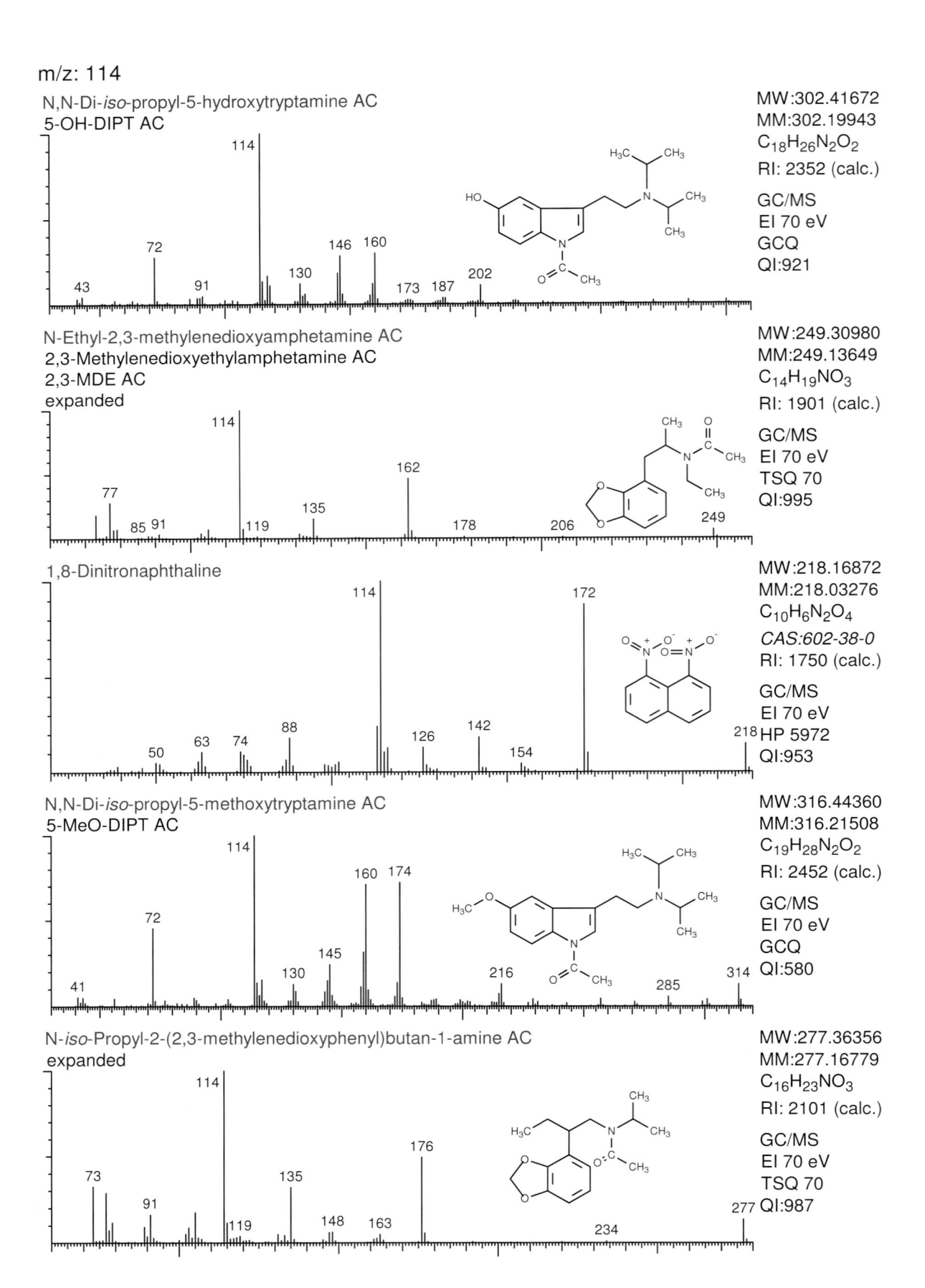

N,N-Di-*iso*-propyl-5-hydroxytryptamine AC
5-OH-DIPT AC

MW:302.41672
MM:302.19943
$C_{18}H_{26}N_2O_2$
RI: 2352 (calc.)

GC/MS
EI 70 eV
GCQ
QI:921

N-Ethyl-2,3-methylenedioxyamphetamine AC
2,3-Methylenedioxyethylamphetamine AC
2,3-MDE AC
expanded

MW:249.30980
MM:249.13649
$C_{14}H_{19}NO_3$
RI: 1901 (calc.)

GC/MS
EI 70 eV
TSQ 70
QI:995

1,8-Dinitronaphthaline

MW:218.16872
MM:218.03276
$C_{10}H_6N_2O_4$
CAS:602-38-0
RI: 1750 (calc.)

GC/MS
EI 70 eV
HP 5972
QI:953

N,N-Di-*iso*-propyl-5-methoxytryptamine AC
5-MeO-DIPT AC

MW:316.44360
MM:316.21508
$C_{19}H_{28}N_2O_2$
RI: 2452 (calc.)

GC/MS
EI 70 eV
GCQ
QI:580

N-*iso*-Propyl-2-(2,3-methylenedioxyphenyl)butan-1-amine AC
expanded

MW:277.36356
MM:277.16779
$C_{16}H_{23}NO_3$
RI: 2101 (calc.)

GC/MS
EI 70 eV
TSQ 70
QI:987

m/z: 114

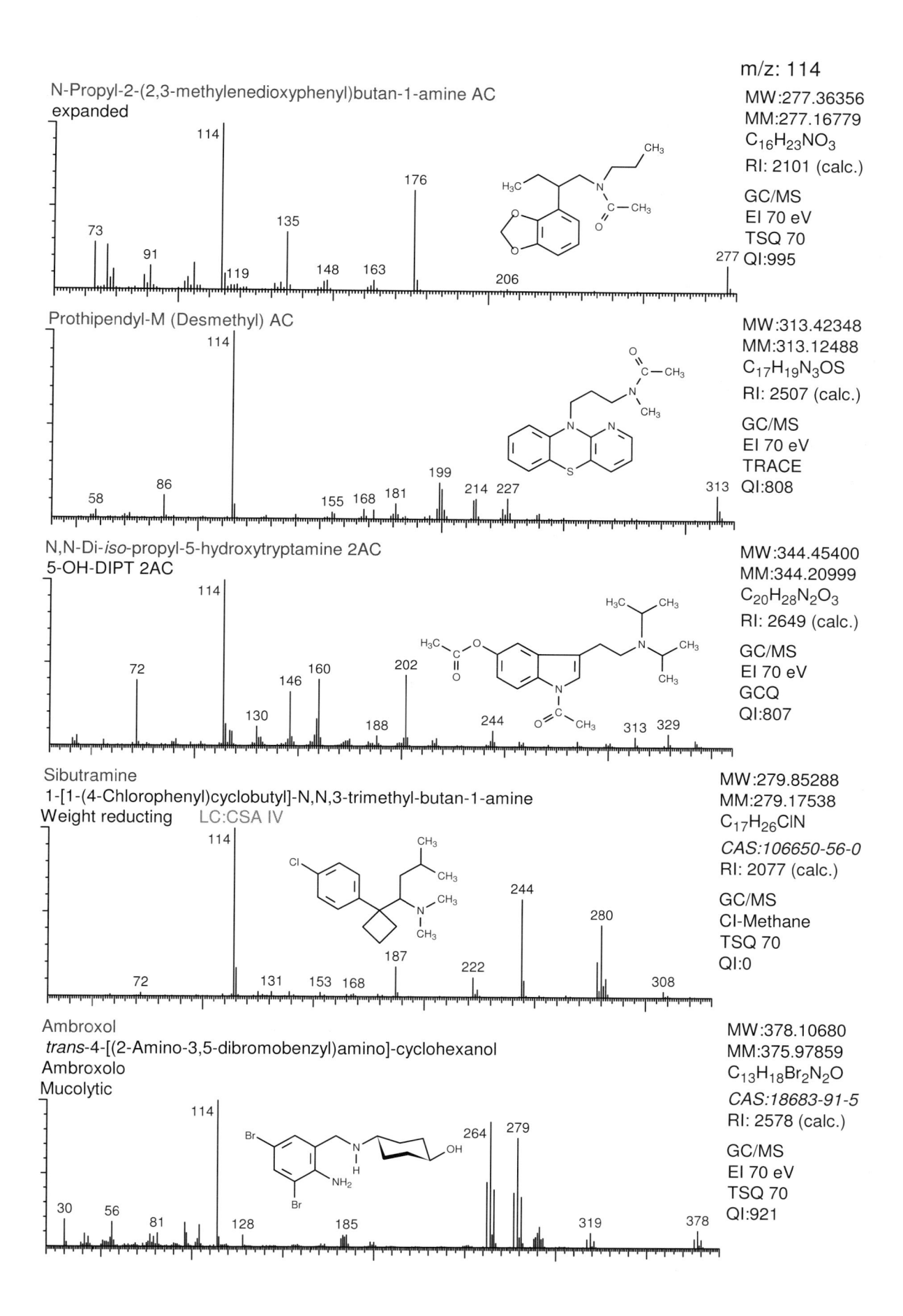

N-Propyl-2-(2,3-methylenedioxyphenyl)butan-1-amine AC
expanded

Peaks: 73, 91, 114, 119, 135, 148, 163, 176, 206, 277

MW: 277.36356
MM: 277.16779
$C_{16}H_{23}NO_3$
RI: 2101 (calc.)

GC/MS
EI 70 eV
TSQ 70
QI: 995

Prothipendyl-M (Desmethyl) AC

Peaks: 58, 86, 114, 155, 168, 181, 199, 214, 227, 313

MW: 313.42348
MM: 313.12488
$C_{17}H_{19}N_3OS$
RI: 2507 (calc.)

GC/MS
EI 70 eV
TRACE
QI: 808

N,N-Di-*iso*-propyl-5-hydroxytryptamine 2AC
5-OH-DIPT 2AC

Peaks: 72, 114, 130, 146, 160, 188, 202, 244, 313, 329

MW: 344.45400
MM: 344.20999
$C_{20}H_{28}N_2O_3$
RI: 2649 (calc.)

GC/MS
EI 70 eV
GCQ
QI: 807

Sibutramine
1-[1-(4-Chlorophenyl)cyclobutyl]-N,N,3-trimethyl-butan-1-amine
Weight reducing   LC:CSA IV

Peaks: 72, 114, 131, 153, 168, 187, 222, 244, 280, 308

MW: 279.85288
MM: 279.17538
$C_{17}H_{26}ClN$
CAS: *106650-56-0*
RI: 2077 (calc.)

GC/MS
CI-Methane
TSQ 70
QI: 0

Ambroxol
trans-4-[(2-Amino-3,5-dibromobenzyl)amino]-cyclohexanol
Ambroxolo
Mucolytic

Peaks: 30, 56, 81, 114, 128, 185, 264, 279, 319, 378

MW: 378.10680
MM: 375.97859
$C_{13}H_{18}Br_2N_2O$
CAS: *18683-91-5*
RI: 2578 (calc.)

GC/MS
EI 70 eV
TSQ 70
QI: 921

m/z: 114

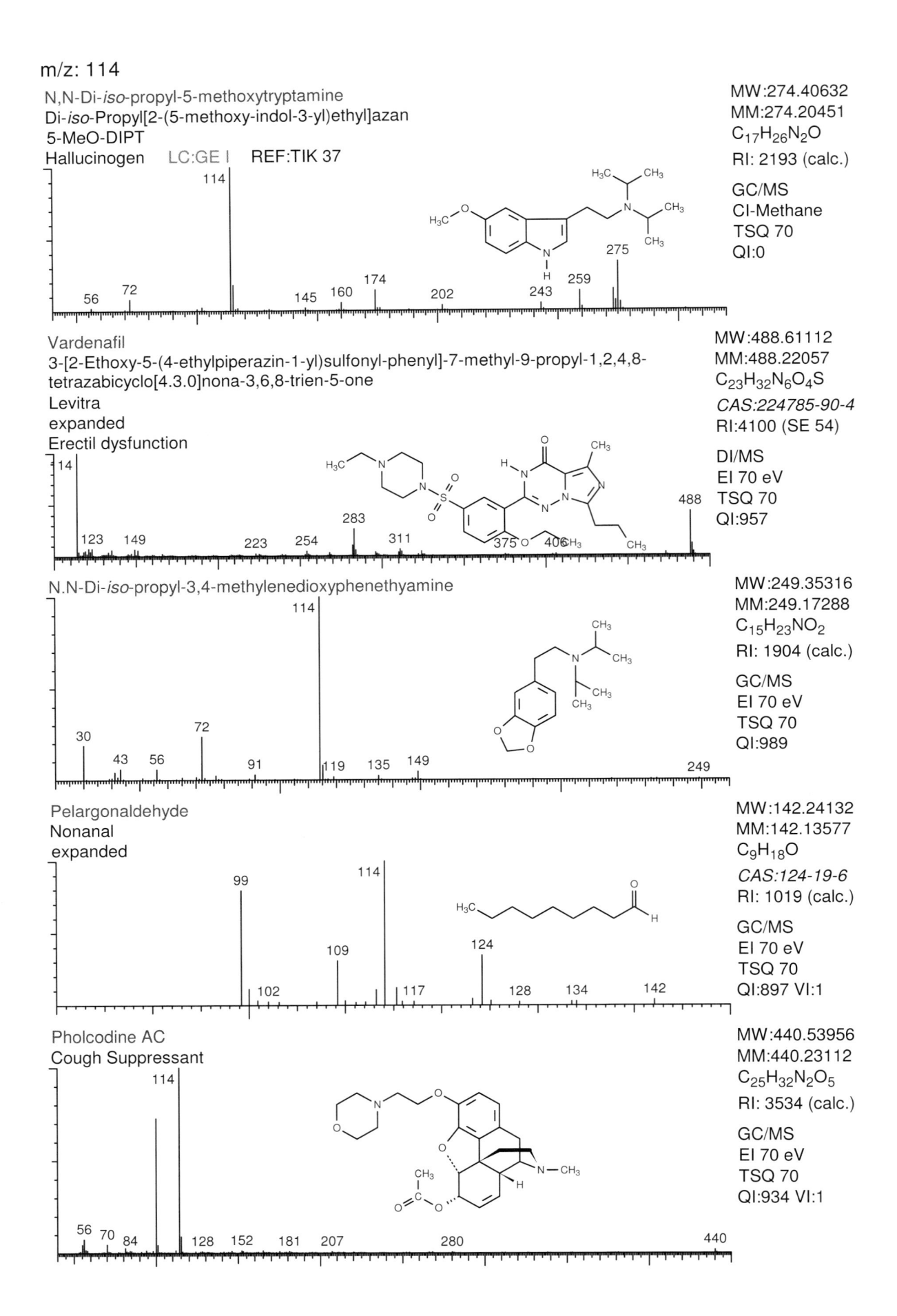

N,N-Di-*iso*-propyl-5-methoxytryptamine
Di-*iso*-Propyl[2-(5-methoxy-indol-3-yl)ethyl]azan
5-MeO-DIPT
Hallucinogen LC:GE I REF:TIK 37

MW:274.40632
MM:274.20451
$C_{17}H_{26}N_2O$
RI: 2193 (calc.)

GC/MS
CI-Methane
TSQ 70
QI:0

Peaks: 56, 72, 114, 145, 160, 174, 202, 243, 259, 275

Vardenafil
3-[2-Ethoxy-5-(4-ethylpiperazin-1-yl)sulfonyl-phenyl]-7-methyl-9-propyl-1,2,4,8-tetrazabicyclo[4.3.0]nona-3,6,8-trien-5-one
Levitra
expanded
Erectil dysfunction

MW:488.61112
MM:488.22057
$C_{23}H_{32}N_6O_4S$
CAS:224785-90-4
RI:4100 (SE 54)

DI/MS
EI 70 eV
TSQ 70
QI:957

Peaks: 14, 123, 149, 223, 254, 283, 311, 375, 406, 488

N,N-Di-*iso*-propyl-3,4-methylenedioxyphenethyamine

MW:249.35316
MM:249.17288
$C_{15}H_{23}NO_2$
RI: 1904 (calc.)

GC/MS
EI 70 eV
TSQ 70
QI:989

Peaks: 30, 43, 56, 72, 91, 114, 119, 135, 149, 249

Pelargonaldehyde
Nonanal
expanded

MW:142.24132
MM:142.13577
$C_9H_{18}O$
CAS:124-19-6
RI: 1019 (calc.)

GC/MS
EI 70 eV
TSQ 70
QI:897 VI:1

Peaks: 99, 102, 109, 114, 117, 124, 128, 134, 142

Pholcodine AC
Cough Suppressant

MW:440.53956
MM:440.23112
$C_{25}H_{32}N_2O_5$
RI: 3534 (calc.)

GC/MS
EI 70 eV
TSQ 70
QI:934 VI:1

Peaks: 56, 70, 84, 114, 128, 152, 181, 207, 280, 440

m/z: 114

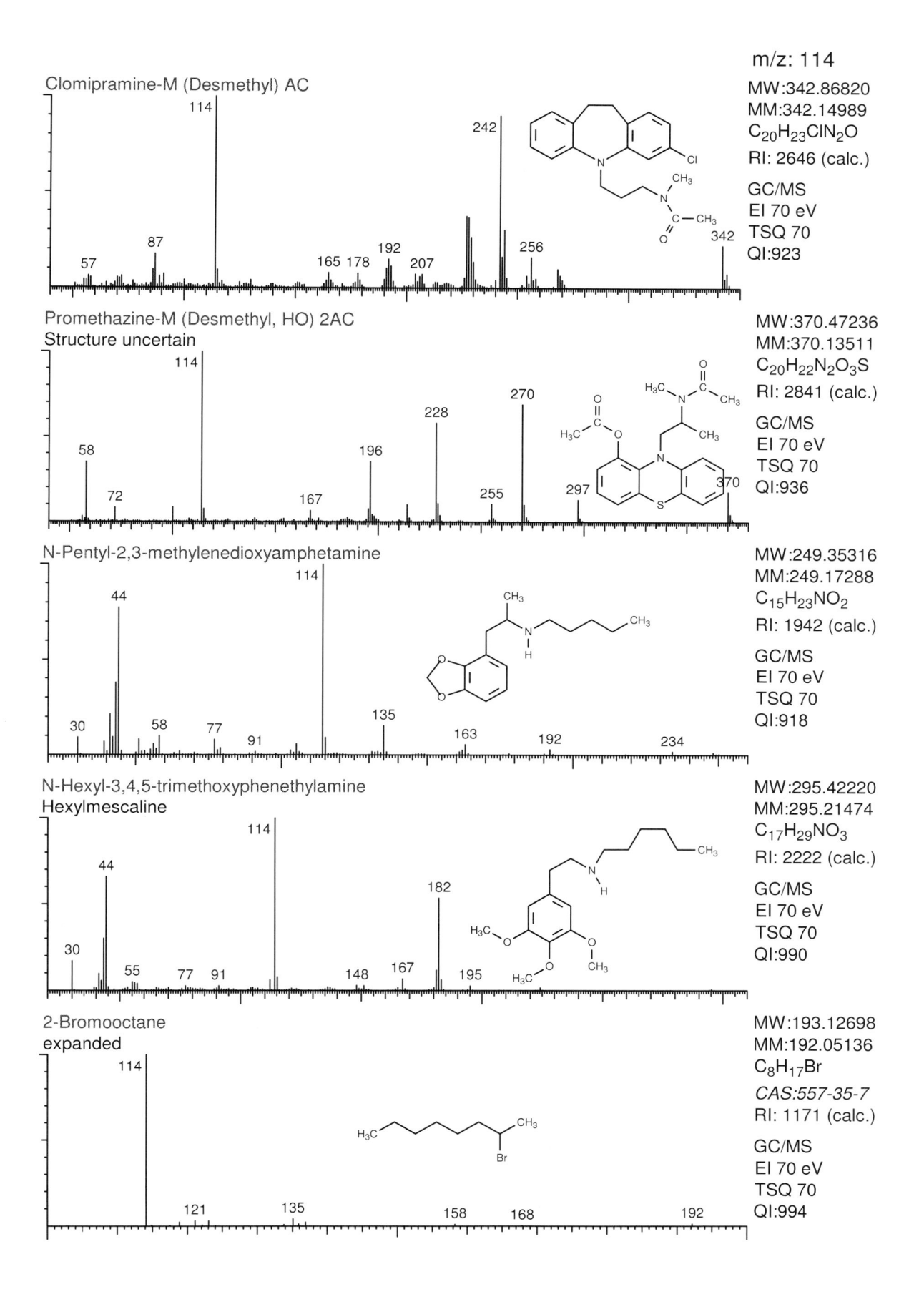

Clomipramine-M (Desmethyl) AC

MW: 342.86820
MM: 342.14989
$C_{20}H_{23}ClN_2O$
RI: 2646 (calc.)

GC/MS
EI 70 eV
TSQ 70
QI: 923

Promethazine-M (Desmethyl, HO) 2AC
Structure uncertain

MW: 370.47236
MM: 370.13511
$C_{20}H_{22}N_2O_3S$
RI: 2841 (calc.)

GC/MS
EI 70 eV
TSQ 70
QI: 936

N-Pentyl-2,3-methylenedioxyamphetamine

MW: 249.35316
MM: 249.17288
$C_{15}H_{23}NO_2$
RI: 1942 (calc.)

GC/MS
EI 70 eV
TSQ 70
QI: 918

N-Hexyl-3,4,5-trimethoxyphenethylamine
Hexylmescaline

MW: 295.42220
MM: 295.21474
$C_{17}H_{29}NO_3$
RI: 2222 (calc.)

GC/MS
EI 70 eV
TSQ 70
QI: 990

2-Bromooctane
expanded

MW: 193.12698
MM: 192.05136
$C_8H_{17}Br$
CAS: 557-35-7
RI: 1171 (calc.)

GC/MS
EI 70 eV
TSQ 70
QI: 994

m/z: 114

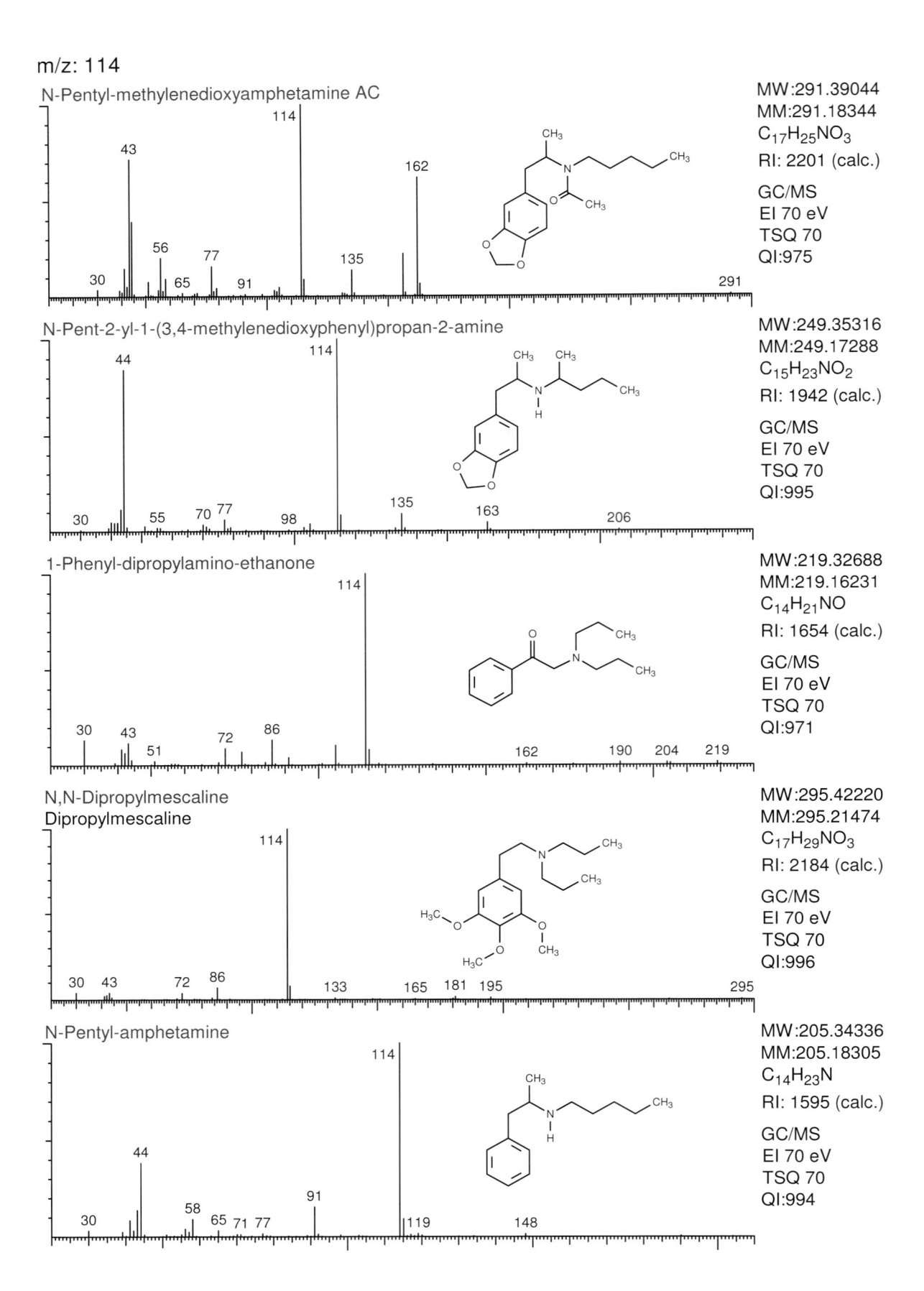

N-Pentyl-methylenedioxyamphetamine AC

MW:291.39044
MM:291.18344
$C_{17}H_{25}NO_3$
RI: 2201 (calc.)

GC/MS
EI 70 eV
TSQ 70
QI:975

Peaks: 30, 43, 56, 65, 77, 91, 114, 135, 162, 291

N-Pent-2-yl-1-(3,4-methylenedioxyphenyl)propan-2-amine

MW:249.35316
MM:249.17288
$C_{15}H_{23}NO_2$
RI: 1942 (calc.)

GC/MS
EI 70 eV
TSQ 70
QI:995

Peaks: 30, 44, 55, 70, 77, 98, 114, 135, 163, 206

1-Phenyl-dipropylamino-ethanone

MW:219.32688
MM:219.16231
$C_{14}H_{21}NO$
RI: 1654 (calc.)

GC/MS
EI 70 eV
TSQ 70
QI:971

Peaks: 30, 43, 51, 72, 86, 114, 162, 190, 204, 219

N,N-Dipropylmescaline
Dipropylmescaline

MW:295.42220
MM:295.21474
$C_{17}H_{29}NO_3$
RI: 2184 (calc.)

GC/MS
EI 70 eV
TSQ 70
QI:996

Peaks: 30, 43, 72, 86, 114, 133, 165, 181, 195, 295

N-Pentyl-amphetamine

MW:205.34336
MM:205.18305
$C_{14}H_{23}N$
RI: 1595 (calc.)

GC/MS
EI 70 eV
TSQ 70
QI:994

Peaks: 30, 44, 58, 65, 71, 77, 91, 114, 119, 148

m/z: 114

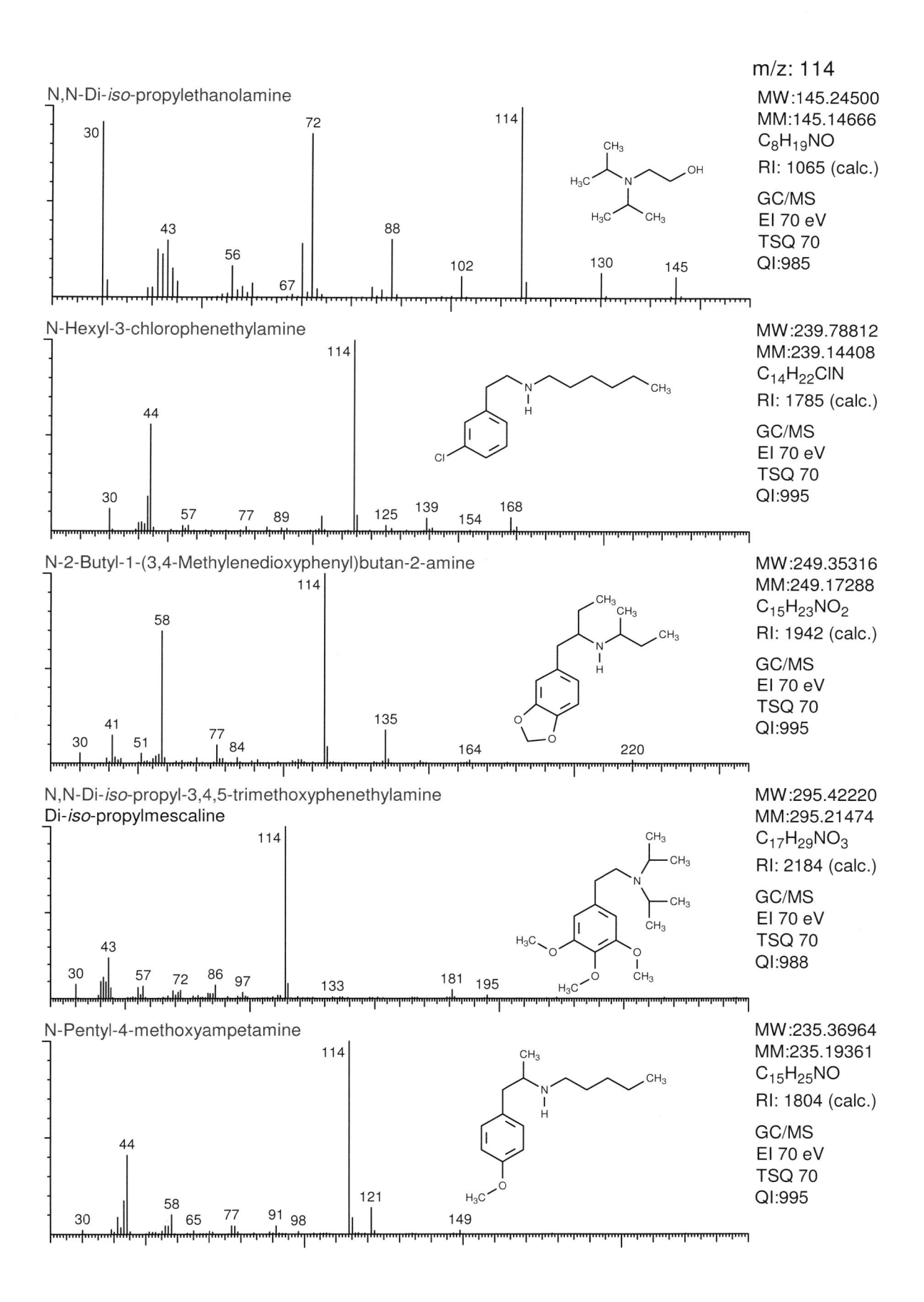

N,N-Di-*iso*-propylethanolamine

MW: 145.24500
MM: 145.14666
$C_8H_{19}NO$
RI: 1065 (calc.)

GC/MS
EI 70 eV
TSQ 70
QI: 985

Peaks: 30, 43, 56, 67, 72, 88, 102, 114, 130, 145

N-Hexyl-3-chlorophenethylamine

MW: 239.78812
MM: 239.14408
$C_{14}H_{22}ClN$
RI: 1785 (calc.)

GC/MS
EI 70 eV
TSQ 70
QI: 995

Peaks: 30, 44, 57, 77, 89, 114, 125, 139, 154, 168

N-2-Butyl-1-(3,4-Methylenedioxyphenyl)butan-2-amine

MW: 249.35316
MM: 249.17288
$C_{15}H_{23}NO_2$
RI: 1942 (calc.)

GC/MS
EI 70 eV
TSQ 70
QI: 995

Peaks: 30, 41, 51, 58, 77, 84, 114, 135, 164, 220

N,N-Di-*iso*-propyl-3,4,5-trimethoxyphenethylamine
Di-*iso*-propylmescaline

MW: 295.42220
MM: 295.21474
$C_{17}H_{29}NO_3$
RI: 2184 (calc.)

GC/MS
EI 70 eV
TSQ 70
QI: 988

Peaks: 30, 43, 57, 72, 86, 97, 114, 133, 181, 195

N-Pentyl-4-methoxyampetamine

MW: 235.36964
MM: 235.19361
$C_{15}H_{25}NO$
RI: 1804 (calc.)

GC/MS
EI 70 eV
TSQ 70
QI: 995

Peaks: 30, 44, 58, 65, 77, 91, 98, 114, 121, 149

m/z: 114

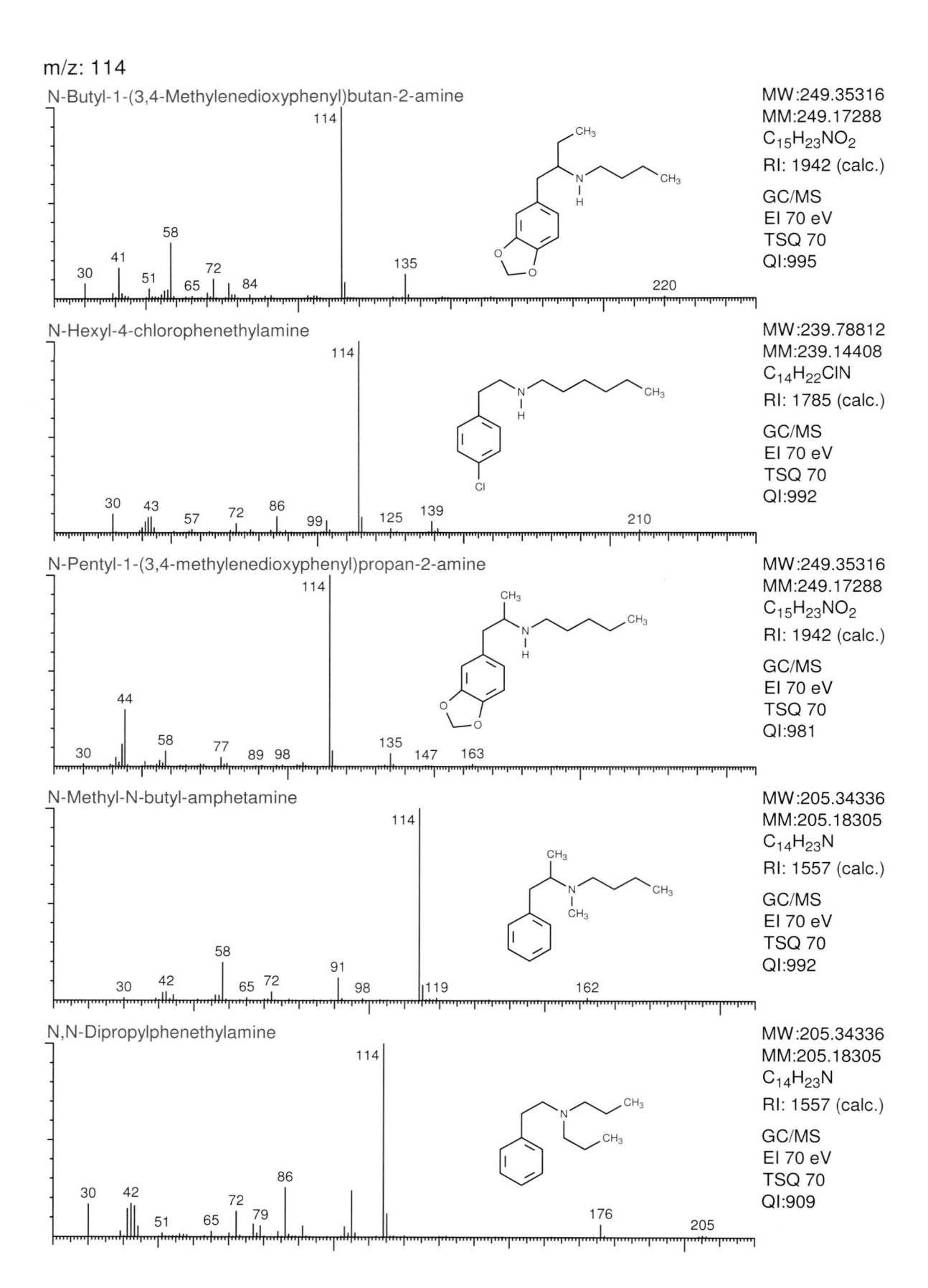

N-Butyl-1-(3,4-Methylenedioxyphenyl)butan-2-amine

MW: 249.35316
MM: 249.17288
$C_{15}H_{23}NO_2$
RI: 1942 (calc.)

GC/MS
EI 70 eV
TSQ 70
QI: 995

Peaks: 30, 41, 51, 58, 65, 72, 84, 114, 135, 220

N-Hexyl-4-chlorophenethylamine

MW: 239.78812
MM: 239.14408
$C_{14}H_{22}ClN$
RI: 1785 (calc.)

GC/MS
EI 70 eV
TSQ 70
QI: 992

Peaks: 30, 43, 57, 72, 86, 99, 114, 125, 139, 210

N-Pentyl-1-(3,4-methylenedioxyphenyl)propan-2-amine

MW: 249.35316
MM: 249.17288
$C_{15}H_{23}NO_2$
RI: 1942 (calc.)

GC/MS
EI 70 eV
TSQ 70
QI: 981

Peaks: 30, 44, 58, 77, 89, 98, 114, 135, 147, 163

N-Methyl-N-butyl-amphetamine

MW: 205.34336
MM: 205.18305
$C_{14}H_{23}N$
RI: 1557 (calc.)

GC/MS
EI 70 eV
TSQ 70
QI: 992

Peaks: 30, 42, 58, 65, 72, 91, 98, 114, 119, 162

N,N-Dipropylphenethylamine

MW: 205.34336
MM: 205.18305
$C_{14}H_{23}N$
RI: 1557 (calc.)

GC/MS
EI 70 eV
TSQ 70
QI: 909

Peaks: 30, 42, 51, 65, 72, 79, 86, 114, 176, 205

m/z: 114

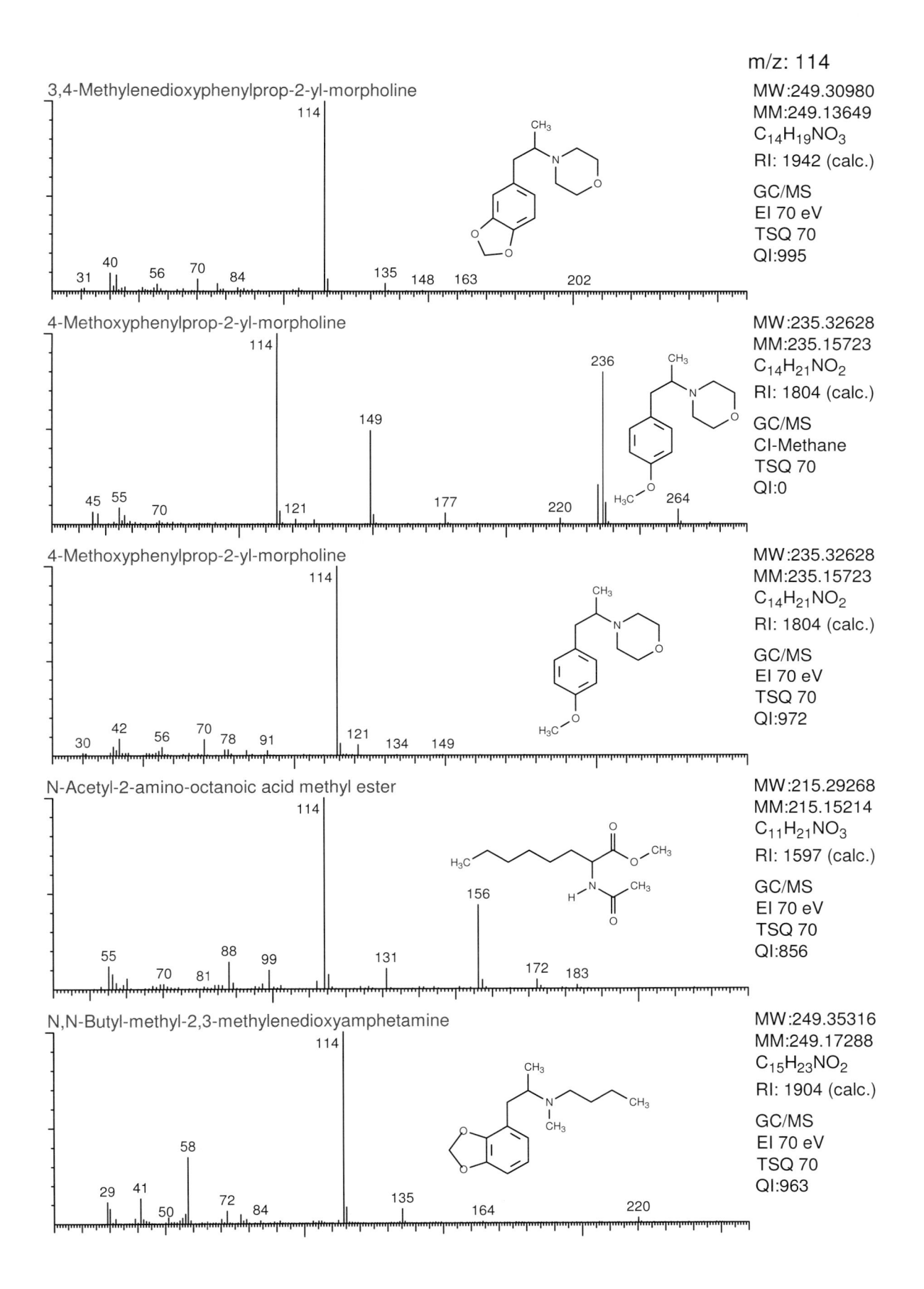

3,4-Methylenedioxyphenylprop-2-yl-morpholine

MW: 249.30980
MM: 249.13649
$C_{14}H_{19}NO_3$
RI: 1942 (calc.)

GC/MS
EI 70 eV
TSQ 70
QI: 995

4-Methoxyphenylprop-2-yl-morpholine

MW: 235.32628
MM: 235.15723
$C_{14}H_{21}NO_2$
RI: 1804 (calc.)

GC/MS
CI-Methane
TSQ 70
QI: 0

4-Methoxyphenylprop-2-yl-morpholine

MW: 235.32628
MM: 235.15723
$C_{14}H_{21}NO_2$
RI: 1804 (calc.)

GC/MS
EI 70 eV
TSQ 70
QI: 972

N-Acetyl-2-amino-octanoic acid methyl ester

MW: 215.29268
MM: 215.15214
$C_{11}H_{21}NO_3$
RI: 1597 (calc.)

GC/MS
EI 70 eV
TSQ 70
QI: 856

N,N-Butyl-methyl-2,3-methylenedioxyamphetamine

MW: 249.35316
MM: 249.17288
$C_{15}H_{23}NO_2$
RI: 1904 (calc.)

GC/MS
EI 70 eV
TSQ 70
QI: 963

m/z: 115

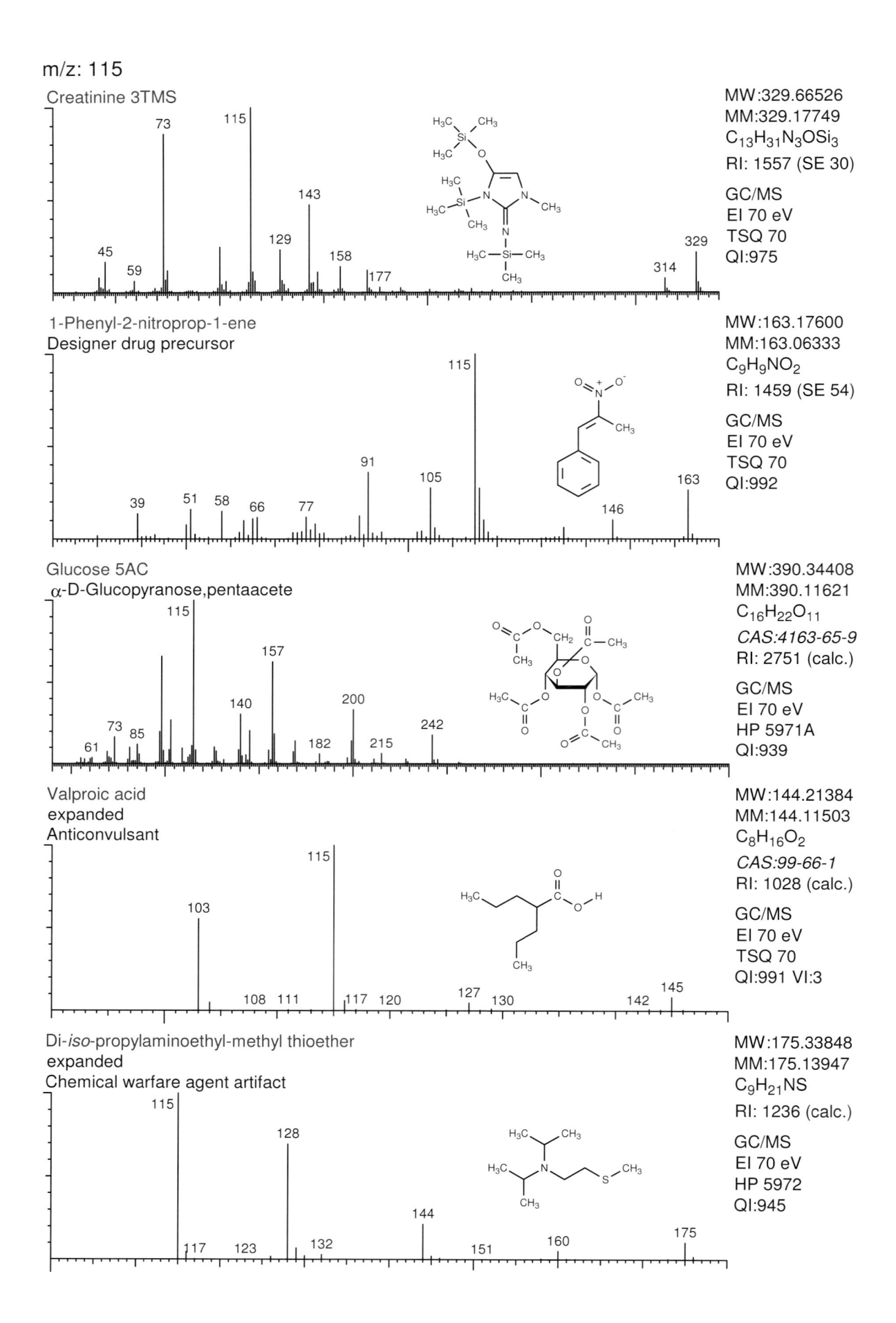

Creatinine 3TMS

Peaks: 45, 59, 73, 115, 129, 143, 158, 177, 314, 329

MW: 329.66526
MM: 329.17749
$C_{13}H_{31}N_3OSi_3$
RI: 1557 (SE 30)

GC/MS
EI 70 eV
TSQ 70
QI: 975

1-Phenyl-2-nitroprop-1-ene
Designer drug precursor

Peaks: 39, 51, 58, 66, 77, 91, 105, 115, 146, 163

MW: 163.17600
MM: 163.06333
$C_9H_9NO_2$
RI: 1459 (SE 54)

GC/MS
EI 70 eV
TSQ 70
QI: 992

Glucose 5AC
α-D-Glucopyranose, pentaacete

Peaks: 61, 73, 85, 115, 140, 157, 182, 200, 215, 242

MW: 390.34408
MM: 390.11621
$C_{16}H_{22}O_{11}$
CAS: 4163-65-9
RI: 2751 (calc.)

GC/MS
EI 70 eV
HP 5971A
QI: 939

Valproic acid
expanded
Anticonvulsant

Peaks: 103, 108, 111, 115, 117, 120, 127, 130, 142, 145

MW: 144.21384
MM: 144.11503
$C_8H_{16}O_2$
CAS: 99-66-1
RI: 1028 (calc.)

GC/MS
EI 70 eV
TSQ 70
QI: 991 VI:3

Di-*iso*-propylaminoethyl-methyl thioether
expanded
Chemical warfare agent artifact

Peaks: 115, 117, 123, 128, 132, 144, 151, 160, 175

MW: 175.33848
MM: 175.13947
$C_9H_{21}NS$
RI: 1236 (calc.)

GC/MS
EI 70 eV
HP 5972
QI: 945

m/z: 115

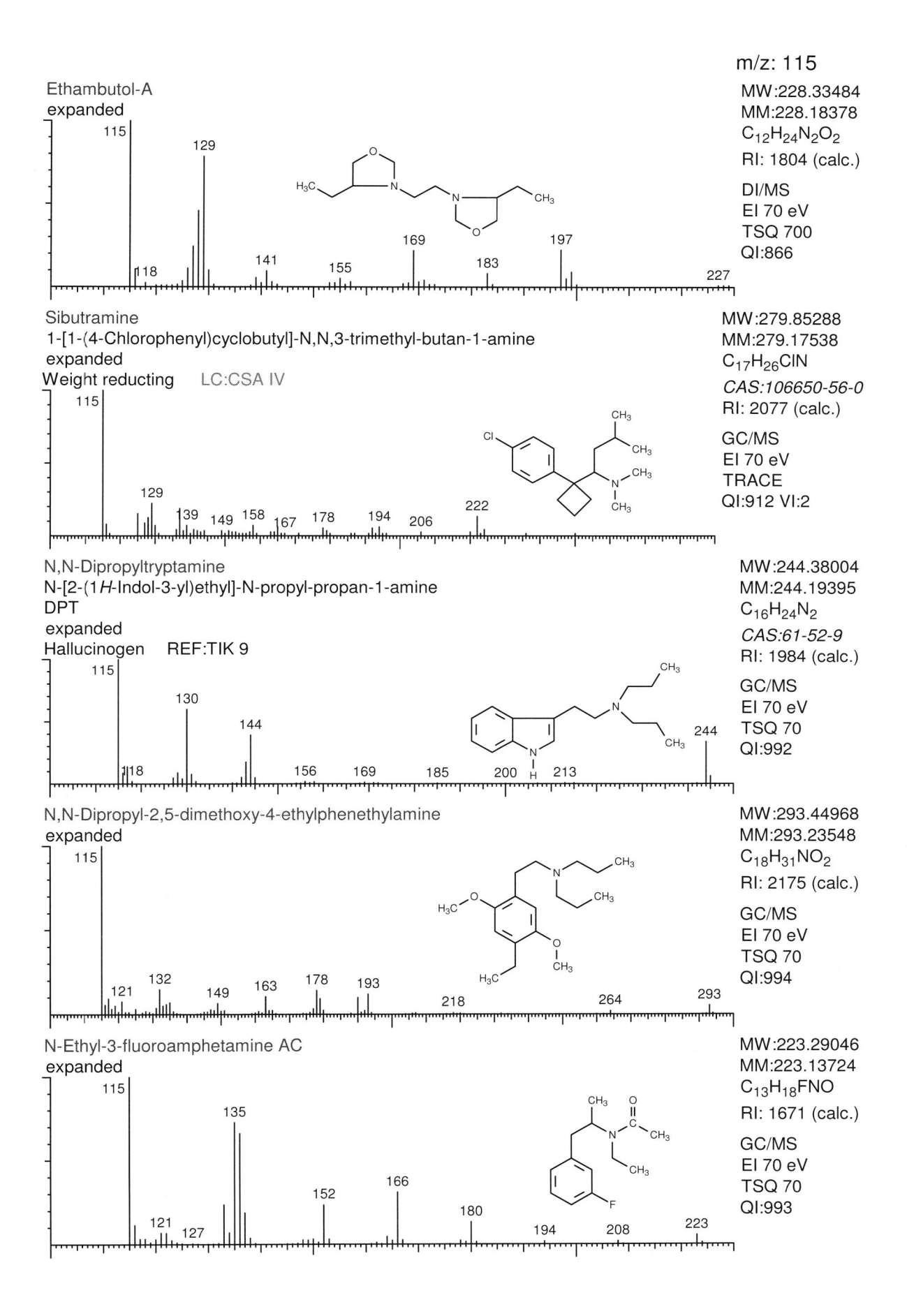

Ethambutol-A expanded

MW: 228.33484
MM: 228.18378
$C_{12}H_{24}N_2O_2$
RI: 1804 (calc.)

DI/MS
EI 70 eV
TSQ 700
QI: 866

Peaks: 115, 118, 129, 141, 155, 169, 183, 197, 227

Sibutramine
1-[1-(4-Chlorophenyl)cyclobutyl]-N,N,3-trimethyl-butan-1-amine
expanded
Weight reducing   LC:CSA IV

MW: 279.85288
MM: 279.17538
$C_{17}H_{26}ClN$
CAS: 106650-56-0
RI: 2077 (calc.)

GC/MS
EI 70 eV
TRACE
QI: 912 VI:2

Peaks: 115, 129, 139, 149, 158, 167, 178, 194, 206, 222

N,N-Dipropyltryptamine
N-[2-(1H-Indol-3-yl)ethyl]-N-propyl-propan-1-amine
DPT
expanded
Hallucinogen   REF:TIK 9

MW: 244.38004
MM: 244.19395
$C_{16}H_{24}N_2$
CAS: 61-52-9
RI: 1984 (calc.)

GC/MS
EI 70 eV
TSQ 70
QI: 992

Peaks: 115, 118, 130, 144, 156, 169, 185, 200, 213, 244

N,N-Dipropyl-2,5-dimethoxy-4-ethylphenethylamine
expanded

MW: 293.44968
MM: 293.23548
$C_{18}H_{31}NO_2$
RI: 2175 (calc.)

GC/MS
EI 70 eV
TSQ 70
QI: 994

Peaks: 115, 121, 132, 149, 163, 178, 193, 218, 264, 293

N-Ethyl-3-fluoroamphetamine AC
expanded

MW: 223.29046
MM: 223.13724
$C_{13}H_{18}FNO$
RI: 1671 (calc.)

GC/MS
EI 70 eV
TSQ 70
QI: 993

Peaks: 115, 121, 127, 135, 152, 166, 180, 194, 208, 223

m/z: 115

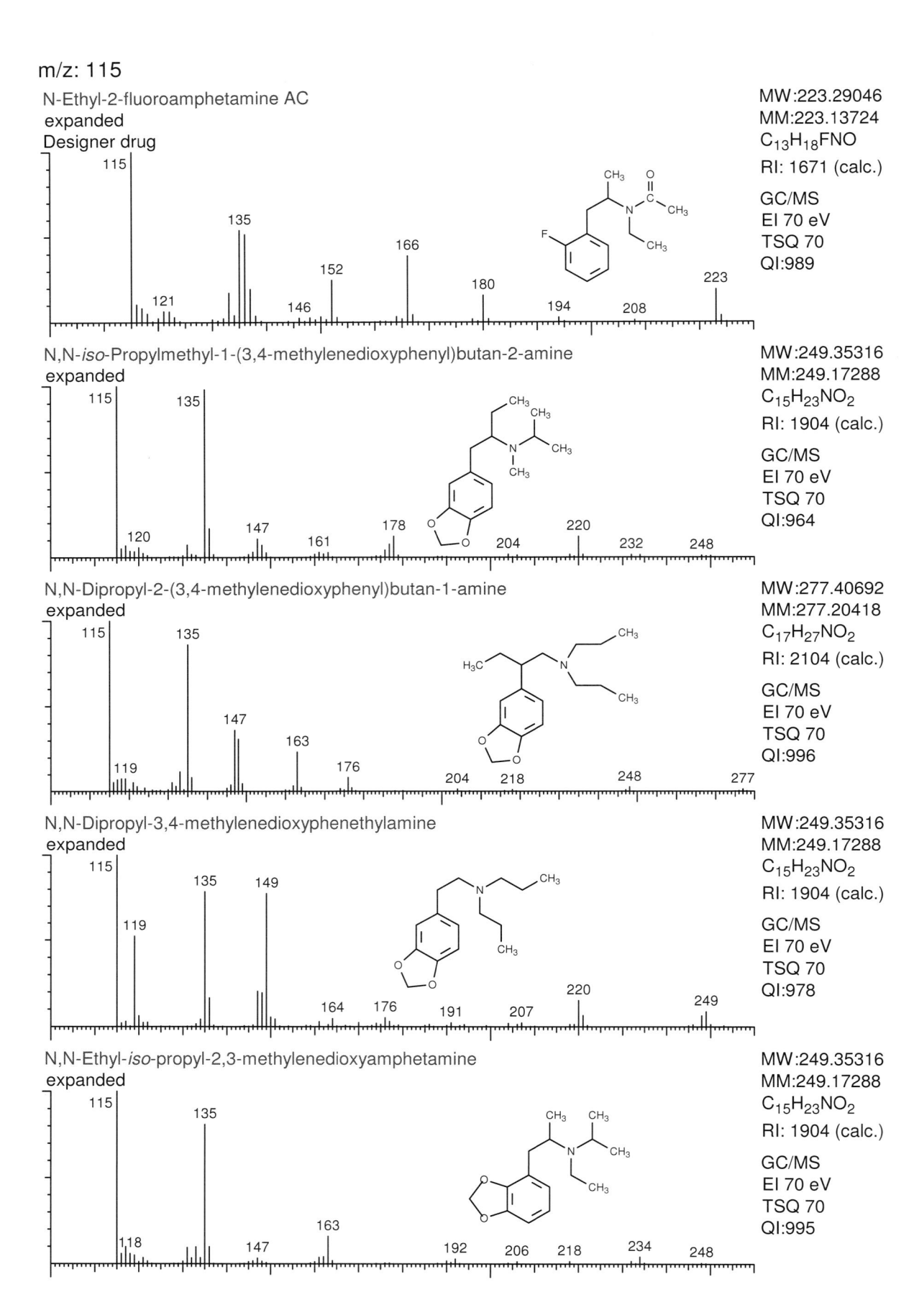

N-Ethyl-2-fluoroamphetamine AC
expanded
Designer drug

MW: 223.29046
MM: 223.13724
$C_{13}H_{18}FNO$
RI: 1671 (calc.)

GC/MS
EI 70 eV
TSQ 70
QI: 989

N,N-*iso*-Propylmethyl-1-(3,4-methylenedioxyphenyl)butan-2-amine
expanded

MW: 249.35316
MM: 249.17288
$C_{15}H_{23}NO_2$
RI: 1904 (calc.)

GC/MS
EI 70 eV
TSQ 70
QI: 964

N,N-Dipropyl-2-(3,4-methylenedioxyphenyl)butan-1-amine
expanded

MW: 277.40692
MM: 277.20418
$C_{17}H_{27}NO_2$
RI: 2104 (calc.)

GC/MS
EI 70 eV
TSQ 70
QI: 996

N,N-Dipropyl-3,4-methylenedioxyphenethylamine
expanded

MW: 249.35316
MM: 249.17288
$C_{15}H_{23}NO_2$
RI: 1904 (calc.)

GC/MS
EI 70 eV
TSQ 70
QI: 978

N,N-Ethyl-*iso*-propyl-2,3-methylenedioxyamphetamine
expanded

MW: 249.35316
MM: 249.17288
$C_{15}H_{23}NO_2$
RI: 1904 (calc.)

GC/MS
EI 70 eV
TSQ 70
QI: 995

m/z: 115

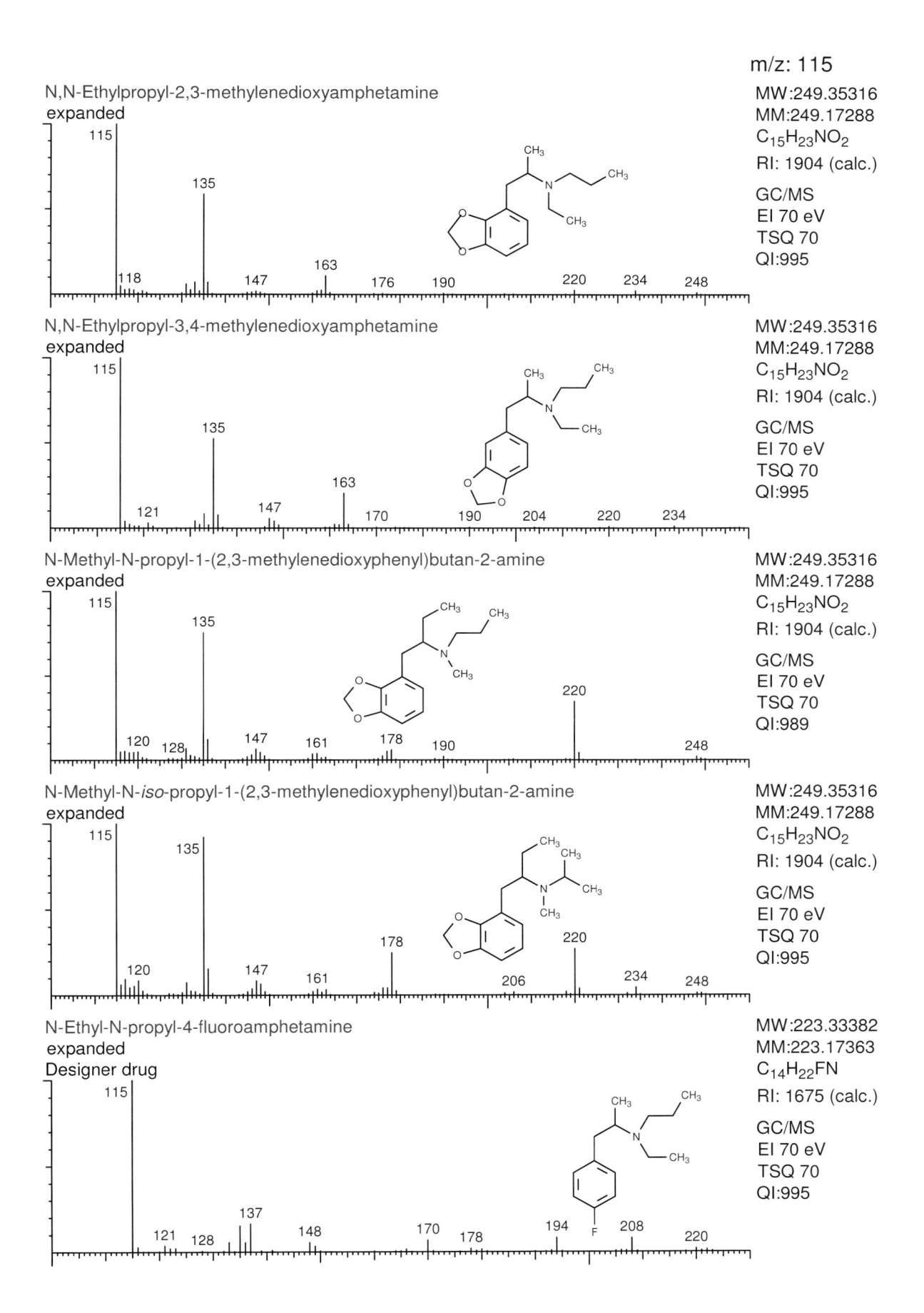

N,N-Ethylpropyl-2,3-methylenedioxyamphetamine
expanded

MW:249.35316
MM:249.17288
$C_{15}H_{23}NO_2$
RI: 1904 (calc.)

GC/MS
EI 70 eV
TSQ 70
QI:995

Peaks: 115, 118, 135, 147, 163, 176, 190, 220, 234, 248

N,N-Ethylpropyl-3,4-methylenedioxyamphetamine
expanded

MW:249.35316
MM:249.17288
$C_{15}H_{23}NO_2$
RI: 1904 (calc.)

GC/MS
EI 70 eV
TSQ 70
QI:995

Peaks: 115, 121, 135, 147, 163, 170, 190, 204, 220, 234

N-Methyl-N-propyl-1-(2,3-methylenedioxyphenyl)butan-2-amine
expanded

MW:249.35316
MM:249.17288
$C_{15}H_{23}NO_2$
RI: 1904 (calc.)

GC/MS
EI 70 eV
TSQ 70
QI:989

Peaks: 115, 120, 128, 135, 147, 161, 178, 190, 220, 248

N-Methyl-N-*iso*-propyl-1-(2,3-methylenedioxyphenyl)butan-2-amine
expanded

MW:249.35316
MM:249.17288
$C_{15}H_{23}NO_2$
RI: 1904 (calc.)

GC/MS
EI 70 eV
TSQ 70
QI:995

Peaks: 115, 120, 135, 147, 161, 178, 206, 220, 234, 248

N-Ethyl-N-propyl-4-fluoroamphetamine
expanded
Designer drug

MW:223.33382
MM:223.17363
$C_{14}H_{22}FN$
RI: 1675 (calc.)

GC/MS
EI 70 eV
TSQ 70
QI:995

Peaks: 115, 121, 128, 137, 148, 170, 178, 194, 208, 220

m/z: 115

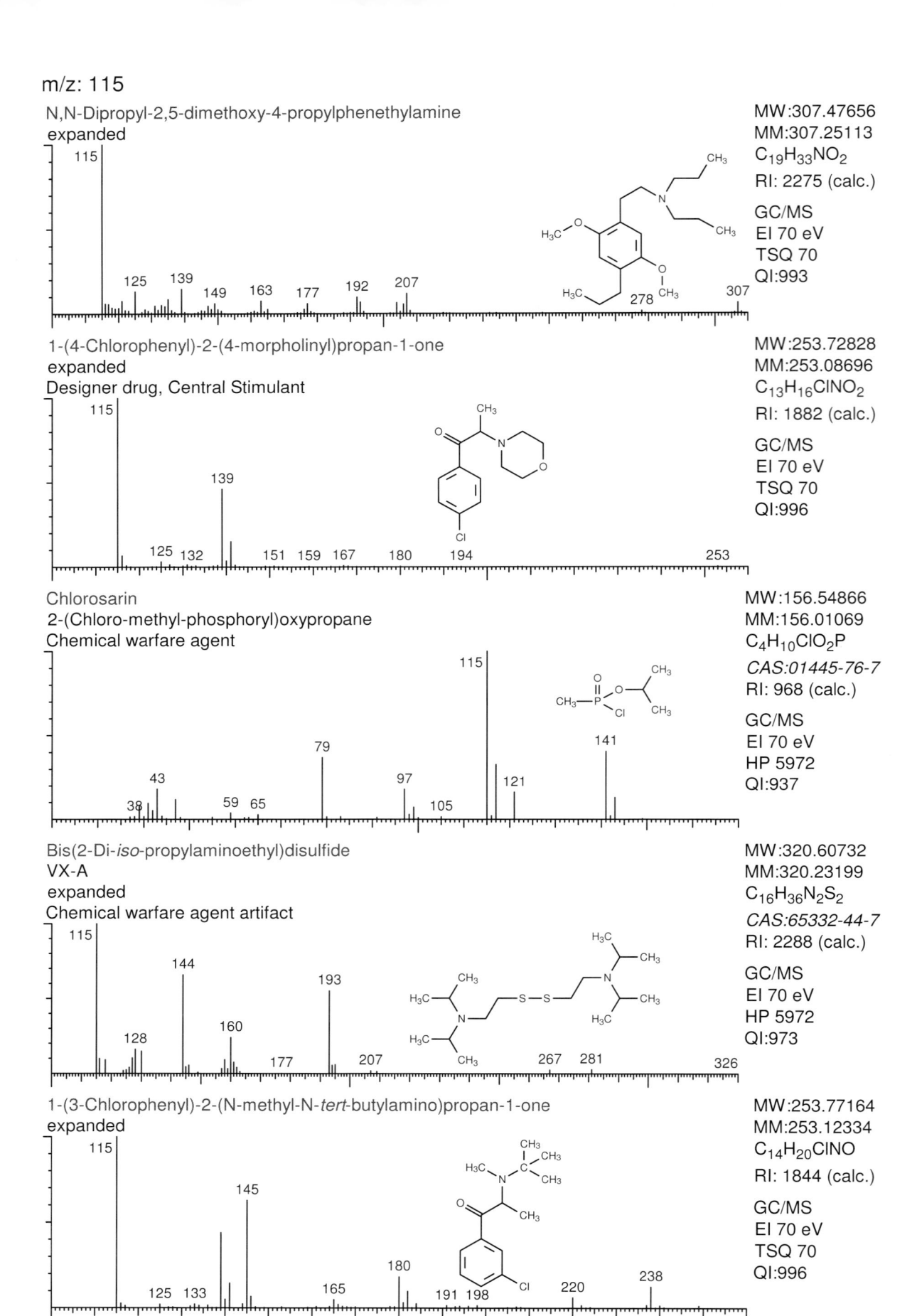

N,N-Dipropyl-2,5-dimethoxy-4-propylphenethylamine
expanded

MW:307.47656
MM:307.25113
$C_{19}H_{33}NO_2$
RI: 2275 (calc.)

GC/MS
EI 70 eV
TSQ 70
QI:993

1-(4-Chlorophenyl)-2-(4-morpholinyl)propan-1-one
expanded
Designer drug, Central Stimulant

MW:253.72828
MM:253.08696
$C_{13}H_{16}ClNO_2$
RI: 1882 (calc.)

GC/MS
EI 70 eV
TSQ 70
QI:996

Chlorosarin
2-(Chloro-methyl-phosphoryl)oxypropane
Chemical warfare agent

MW:156.54866
MM:156.01069
$C_4H_{10}ClO_2P$
CAS:01445-76-7
RI: 968 (calc.)

GC/MS
EI 70 eV
HP 5972
QI:937

Bis(2-Di-*iso*-propylaminoethyl)disulfide
VX-A
expanded
Chemical warfare agent artifact

MW:320.60732
MM:320.23199
$C_{16}H_{36}N_2S_2$
CAS:65332-44-7
RI: 2288 (calc.)

GC/MS
EI 70 eV
HP 5972
QI:973

1-(3-Chlorophenyl)-2-(N-methyl-N-*tert*-butylamino)propan-1-one
expanded

MW:253.77164
MM:253.12334
$C_{14}H_{20}ClNO$
RI: 1844 (calc.)

GC/MS
EI 70 eV
TSQ 70
QI:996

m/z: 115

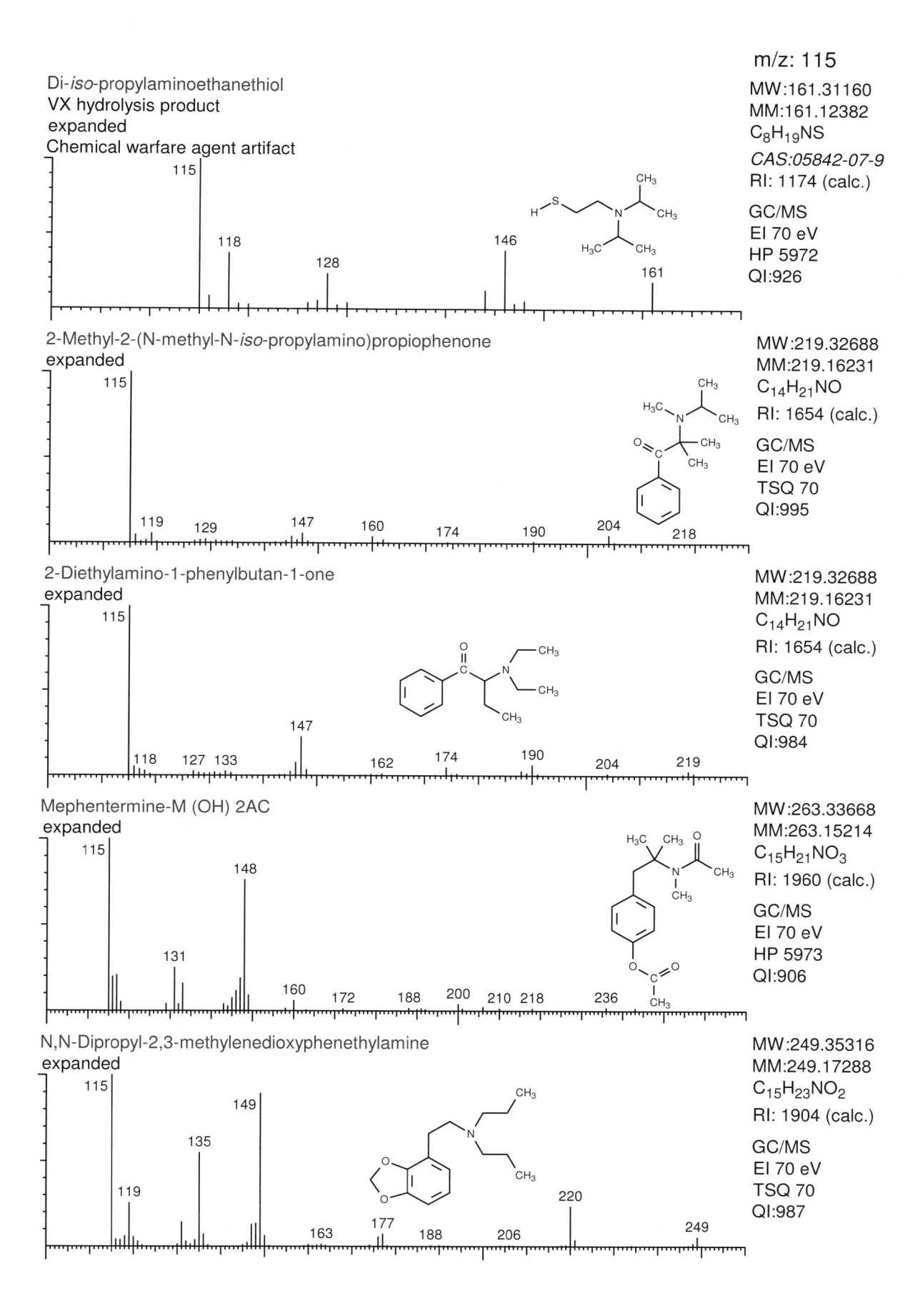

Di-*iso*-propylaminoethanethiol
VX hydrolysis product
expanded
Chemical warfare agent artifact

Peaks: 115, 118, 128, 146, 161

MW: 161.31160
MM: 161.12382
$C_8H_{19}NS$
CAS: 05842-07-9
RI: 1174 (calc.)

GC/MS
EI 70 eV
HP 5972
QI: 926

2-Methyl-2-(N-methyl-N-*iso*-propylamino)propiophenone
expanded

Peaks: 115, 119, 129, 147, 160, 174, 190, 204, 218

MW: 219.32688
MM: 219.16231
$C_{14}H_{21}NO$
RI: 1654 (calc.)

GC/MS
EI 70 eV
TSQ 70
QI: 995

2-Diethylamino-1-phenylbutan-1-one
expanded

Peaks: 115, 118, 127, 133, 147, 162, 174, 190, 204, 219

MW: 219.32688
MM: 219.16231
$C_{14}H_{21}NO$
RI: 1654 (calc.)

GC/MS
EI 70 eV
TSQ 70
QI: 984

Mephentermine-M (OH) 2AC
expanded

Peaks: 115, 131, 148, 160, 172, 188, 200, 210, 218, 236

MW: 263.33668
MM: 263.15214
$C_{15}H_{21}NO_3$
RI: 1960 (calc.)

GC/MS
EI 70 eV
HP 5973
QI: 906

N,N-Dipropyl-2,3-methylenedioxyphenethylamine
expanded

Peaks: 115, 119, 135, 149, 163, 177, 188, 206, 220, 249

MW: 249.35316
MM: 249.17288
$C_{15}H_{23}NO_2$
RI: 1904 (calc.)

GC/MS
EI 70 eV
TSQ 70
QI: 987

m/z: 115

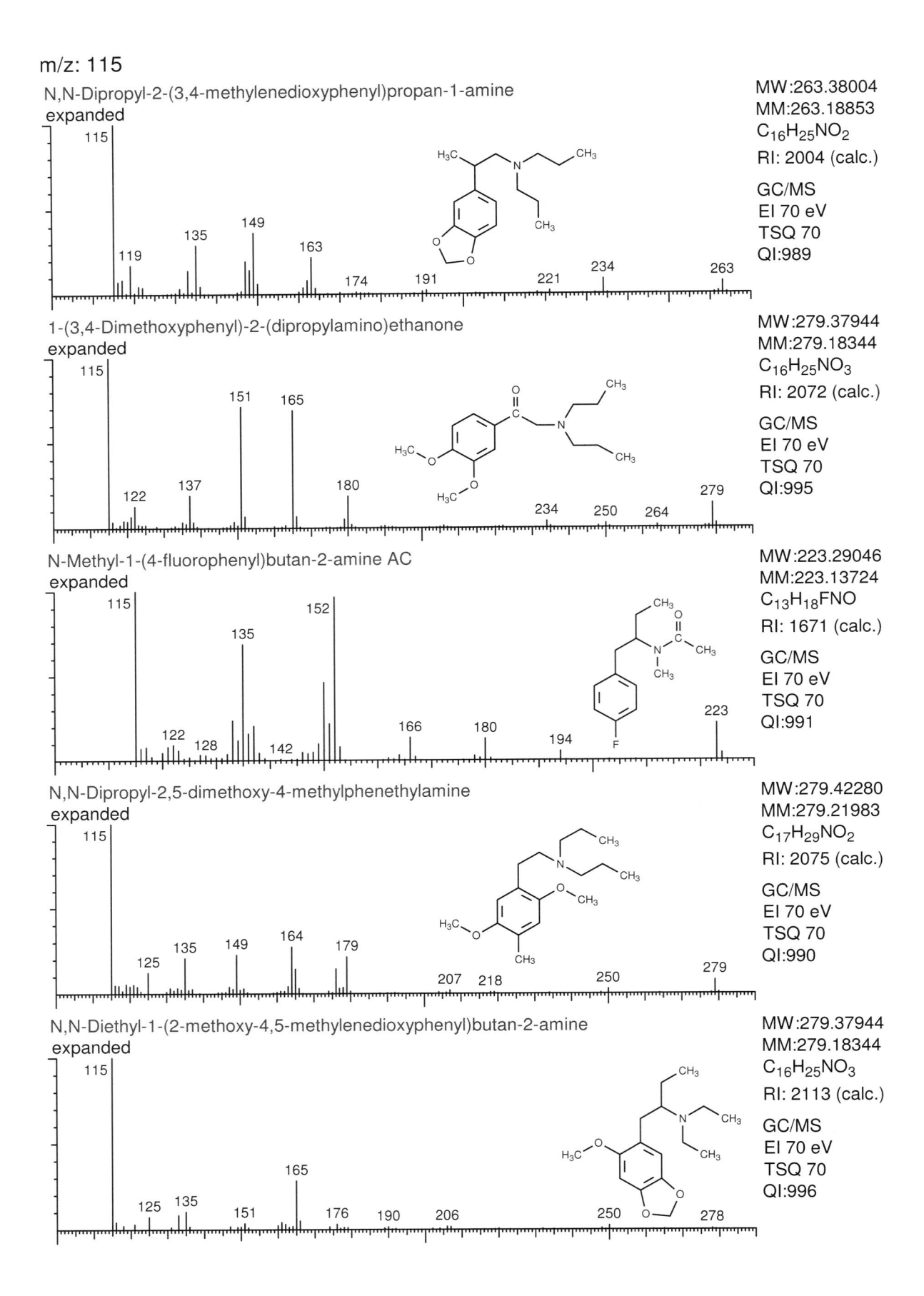

N,N-Dipropyl-2-(3,4-methylenedioxyphenyl)propan-1-amine
expanded

MW: 263.38004
MM: 263.18853
$C_{16}H_{25}NO_2$
RI: 2004 (calc.)

GC/MS
EI 70 eV
TSQ 70
QI: 989

Peaks: 115, 119, 135, 149, 163, 174, 191, 221, 234, 263

1-(3,4-Dimethoxyphenyl)-2-(dipropylamino)ethanone
expanded

MW: 279.37944
MM: 279.18344
$C_{16}H_{25}NO_3$
RI: 2072 (calc.)

GC/MS
EI 70 eV
TSQ 70
QI: 995

Peaks: 115, 122, 137, 151, 165, 180, 234, 250, 264, 279

N-Methyl-1-(4-fluorophenyl)butan-2-amine AC
expanded

MW: 223.29046
MM: 223.13724
$C_{13}H_{18}FNO$
RI: 1671 (calc.)

GC/MS
EI 70 eV
TSQ 70
QI: 991

Peaks: 115, 122, 128, 135, 142, 152, 166, 180, 194, 223

N,N-Dipropyl-2,5-dimethoxy-4-methylphenethylamine
expanded

MW: 279.42280
MM: 279.21983
$C_{17}H_{29}NO_2$
RI: 2075 (calc.)

GC/MS
EI 70 eV
TSQ 70
QI: 990

Peaks: 115, 125, 135, 149, 164, 179, 207, 218, 250, 279

N,N-Diethyl-1-(2-methoxy-4,5-methylenedioxyphenyl)butan-2-amine
expanded

MW: 279.37944
MM: 279.18344
$C_{16}H_{25}NO_3$
RI: 2113 (calc.)

GC/MS
EI 70 eV
TSQ 70
QI: 996

Peaks: 115, 125, 135, 151, 165, 176, 190, 206, 250, 278

m/z: 115

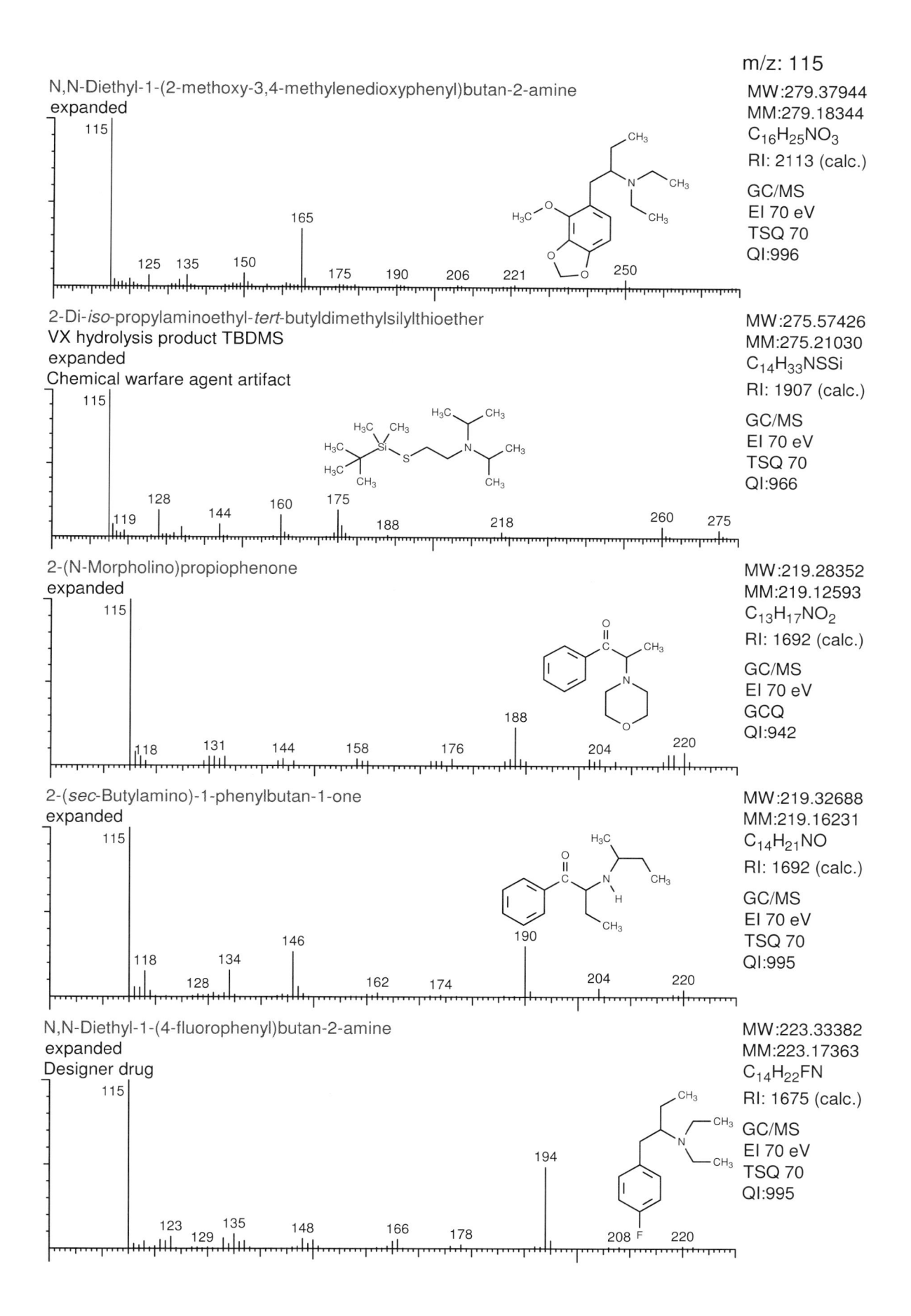

N,N-Diethyl-1-(2-methoxy-3,4-methylenedioxyphenyl)butan-2-amine
expanded

MW: 279.37944
MM: 279.18344
$C_{16}H_{25}NO_3$
RI: 2113 (calc.)

GC/MS
EI 70 eV
TSQ 70
QI: 996

2-Di-iso-propylaminoethyl-tert-butyldimethylsilylthioether
VX hydrolysis product TBDMS
expanded
Chemical warfare agent artifact

MW: 275.57426
MM: 275.21030
$C_{14}H_{33}NSSi$
RI: 1907 (calc.)

GC/MS
EI 70 eV
TSQ 70
QI: 966

2-(N-Morpholino)propiophenone
expanded

MW: 219.28352
MM: 219.12593
$C_{13}H_{17}NO_2$
RI: 1692 (calc.)

GC/MS
EI 70 eV
GCQ
QI: 942

2-(sec-Butylamino)-1-phenylbutan-1-one
expanded

MW: 219.32688
MM: 219.16231
$C_{14}H_{21}NO$
RI: 1692 (calc.)

GC/MS
EI 70 eV
TSQ 70
QI: 995

N,N-Diethyl-1-(4-fluorophenyl)butan-2-amine
expanded
Designer drug

MW: 223.33382
MM: 223.17363
$C_{14}H_{22}FN$
RI: 1675 (calc.)

GC/MS
EI 70 eV
TSQ 70
QI: 995

m/z: 115

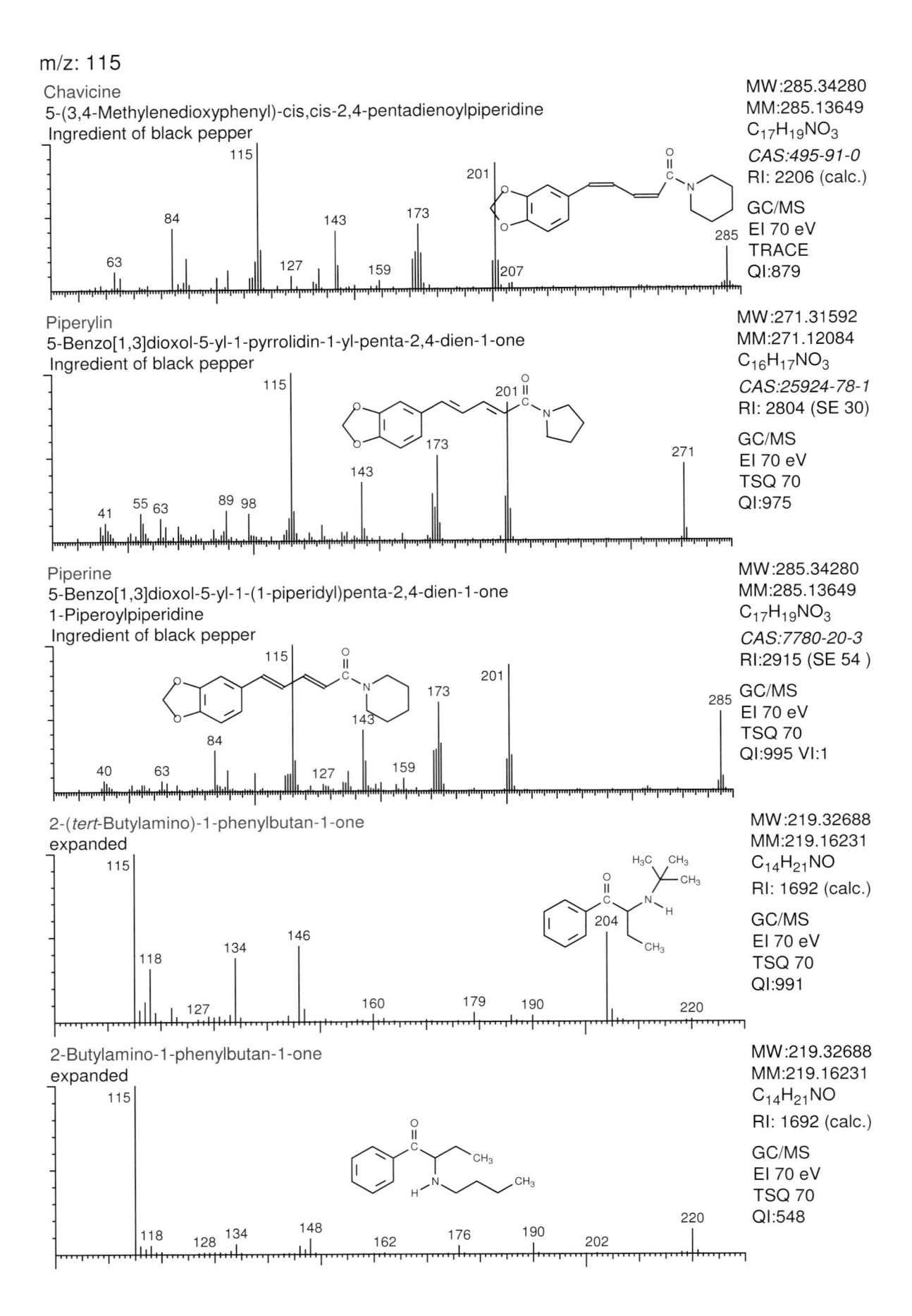

Chavicine
5-(3,4-Methylenedioxyphenyl)-cis,cis-2,4-pentadienoylpiperidine
Ingredient of black pepper

MW:285.34280
MM:285.13649
$C_{17}H_{19}NO_3$
CAS:495-91-0
RI: 2206 (calc.)
GC/MS
EI 70 eV
TRACE
QI:879

Piperylin
5-Benzo[1,3]dioxol-5-yl-1-pyrrolidin-1-yl-penta-2,4-dien-1-one
Ingredient of black pepper

MW:271.31592
MM:271.12084
$C_{16}H_{17}NO_3$
CAS:25924-78-1
RI: 2804 (SE 30)
GC/MS
EI 70 eV
TSQ 70
QI:975

Piperine
5-Benzo[1,3]dioxol-5-yl-1-(1-piperidyl)penta-2,4-dien-1-one
1-Piperoylpiperidine
Ingredient of black pepper

MW:285.34280
MM:285.13649
$C_{17}H_{19}NO_3$
CAS:7780-20-3
RI:2915 (SE 54)
GC/MS
EI 70 eV
TSQ 70
QI:995 VI:1

2-(*tert*-Butylamino)-1-phenylbutan-1-one
expanded

MW:219.32688
MM:219.16231
$C_{14}H_{21}NO$
RI: 1692 (calc.)
GC/MS
EI 70 eV
TSQ 70
QI:991

2-Butylamino-1-phenylbutan-1-one
expanded

MW:219.32688
MM:219.16231
$C_{14}H_{21}NO$
RI: 1692 (calc.)
GC/MS
EI 70 eV
TSQ 70
QI:548

m/z: 115

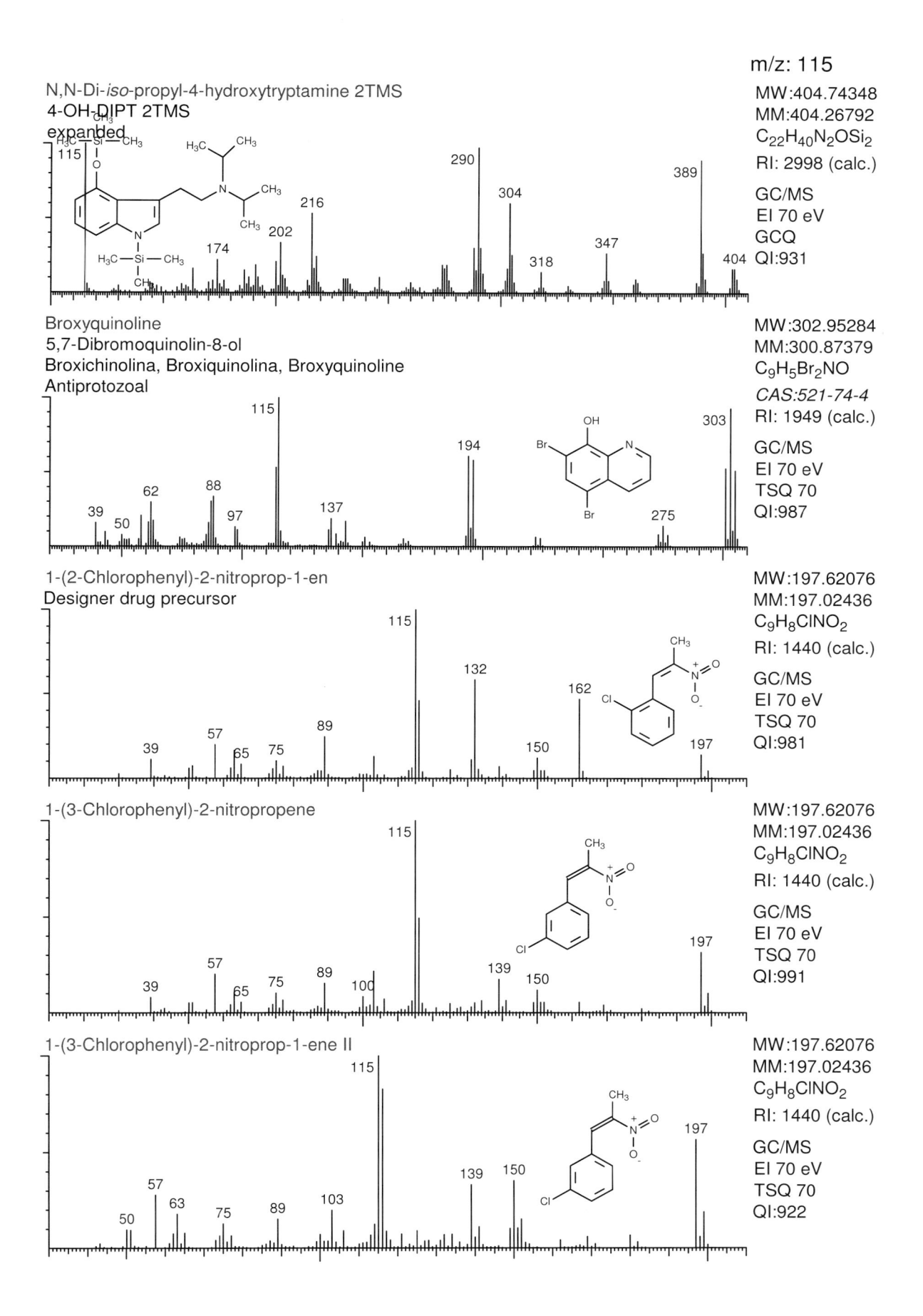

N,N-Di-*iso*-propyl-4-hydroxytryptamine 2TMS
4-OH-DIPT 2TMS
expanded

MW:404.74348
MM:404.26792
$C_{22}H_{40}N_2OSi_2$
RI: 2998 (calc.)

GC/MS
EI 70 eV
GCQ
QI:931

Broxyquinoline
5,7-Dibromoquinolin-8-ol
Broxichinolina, Broxiquinolina, Broxyquinoline
Antiprotozoal

MW:302.95284
MM:300.87379
$C_9H_5Br_2NO$
CAS:521-74-4
RI: 1949 (calc.)

GC/MS
EI 70 eV
TSQ 70
QI:987

1-(2-Chlorophenyl)-2-nitroprop-1-en
Designer drug precursor

MW:197.62076
MM:197.02436
$C_9H_8ClNO_2$
RI: 1440 (calc.)

GC/MS
EI 70 eV
TSQ 70
QI:981

1-(3-Chlorophenyl)-2-nitropropene

MW:197.62076
MM:197.02436
$C_9H_8ClNO_2$
RI: 1440 (calc.)

GC/MS
EI 70 eV
TSQ 70
QI:991

1-(3-Chlorophenyl)-2-nitroprop-1-ene II

MW:197.62076
MM:197.02436
$C_9H_8ClNO_2$
RI: 1440 (calc.)

GC/MS
EI 70 eV
TSQ 70
QI:922

m/z: 115

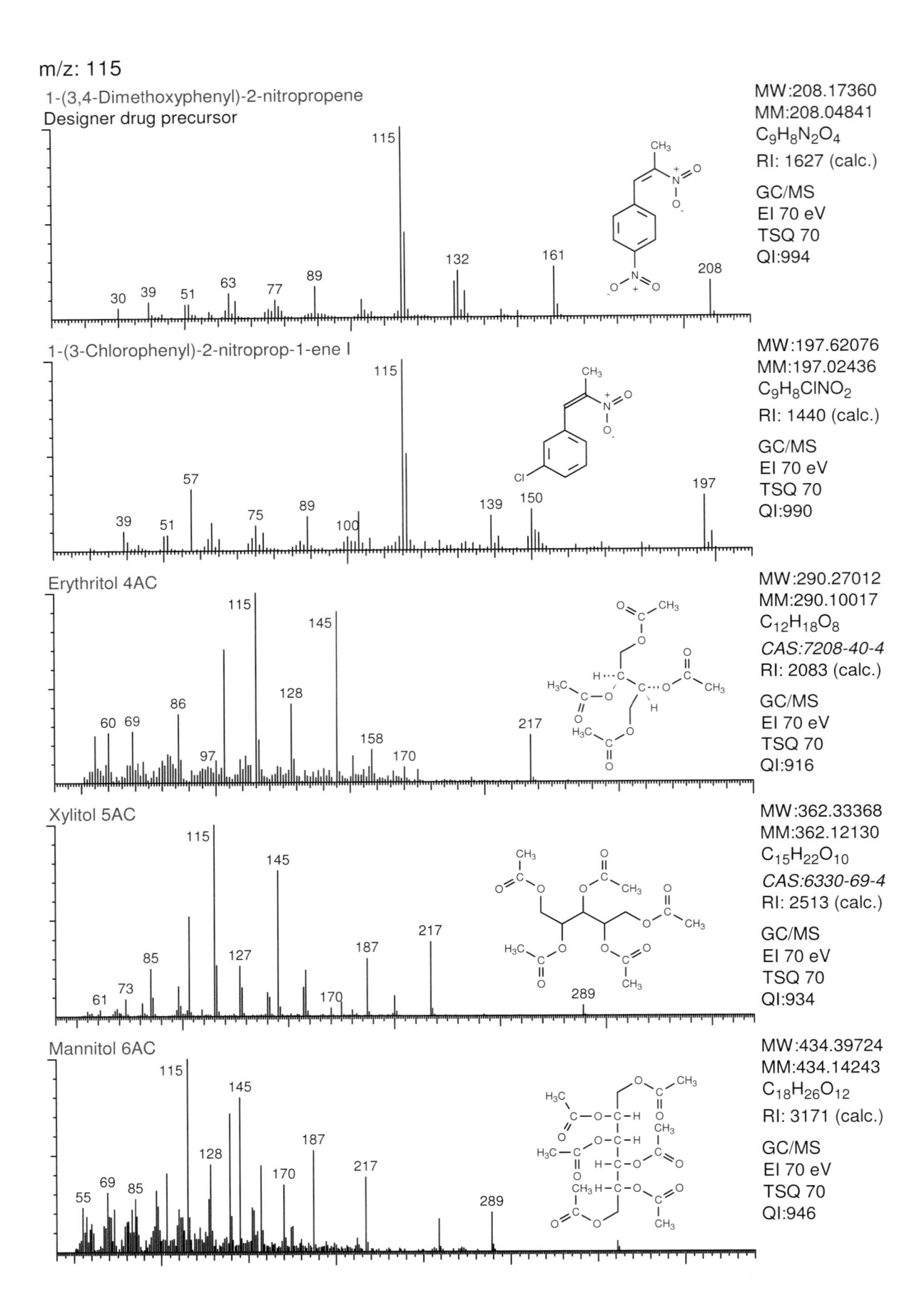

1-(3,4-Dimethoxyphenyl)-2-nitropropene
Designer drug precursor

MW: 208.17360
MM: 208.04841
$C_9H_8N_2O_4$
RI: 1627 (calc.)

GC/MS
EI 70 eV
TSQ 70
QI: 994

1-(3-Chlorophenyl)-2-nitroprop-1-ene I

MW: 197.62076
MM: 197.02436
$C_9H_8ClNO_2$
RI: 1440 (calc.)

GC/MS
EI 70 eV
TSQ 70
QI: 990

Erythritol 4AC

MW: 290.27012
MM: 290.10017
$C_{12}H_{18}O_8$
CAS: 7208-40-4
RI: 2083 (calc.)

GC/MS
EI 70 eV
TSQ 70
QI: 916

Xylitol 5AC

MW: 362.33368
MM: 362.12130
$C_{15}H_{22}O_{10}$
CAS: 6330-69-4
RI: 2513 (calc.)

GC/MS
EI 70 eV
TSQ 70
QI: 934

Mannitol 6AC

MW: 434.39724
MM: 434.14243
$C_{18}H_{26}O_{12}$
RI: 3171 (calc.)

GC/MS
EI 70 eV
TSQ 70
QI: 946

m/z: 115

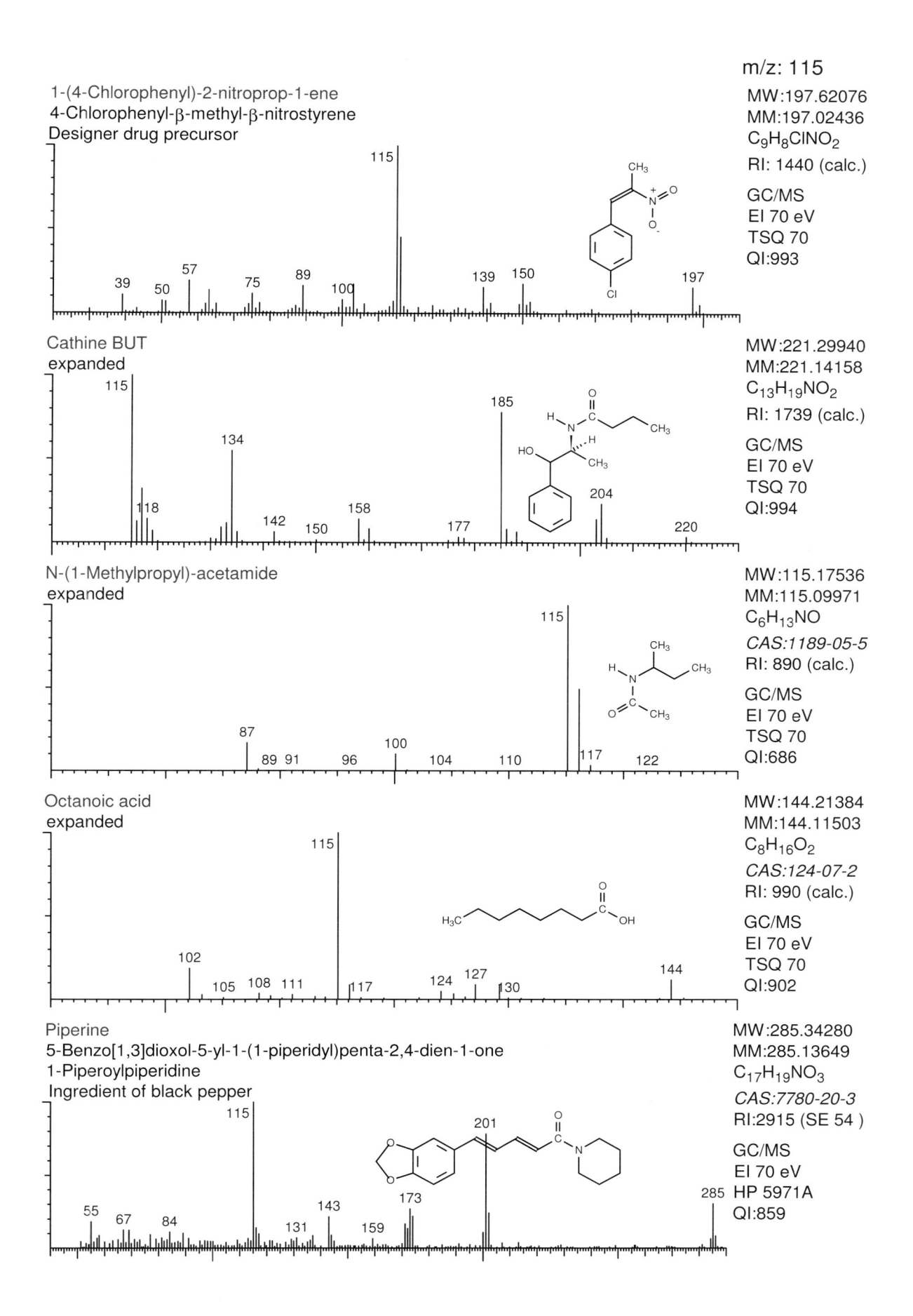

1-(4-Chlorophenyl)-2-nitroprop-1-ene
4-Chlorophenyl-β-methyl-β-nitrostyrene
Designer drug precursor

MW: 197.62076
MM: 197.02436
$C_9H_8ClNO_2$
RI: 1440 (calc.)

GC/MS
EI 70 eV
TSQ 70
QI: 993

Peaks: 39, 50, 57, 75, 89, 100, 115, 139, 150, 197

Cathine BUT
expanded

MW: 221.29940
MM: 221.14158
$C_{13}H_{19}NO_2$
RI: 1739 (calc.)

GC/MS
EI 70 eV
TSQ 70
QI: 994

Peaks: 115, 118, 134, 142, 150, 158, 177, 185, 204, 220

N-(1-Methylpropyl)-acetamide
expanded

MW: 115.17536
MM: 115.09971
$C_6H_{13}NO$
CAS: 1189-05-5
RI: 890 (calc.)

GC/MS
EI 70 eV
TSQ 70
QI: 686

Peaks: 87, 89, 91, 96, 100, 104, 110, 115, 117, 122

Octanoic acid
expanded

MW: 144.21384
MM: 144.11503
$C_8H_{16}O_2$
CAS: 124-07-2
RI: 990 (calc.)

GC/MS
EI 70 eV
TSQ 70
QI: 902

Peaks: 102, 105, 108, 111, 115, 117, 124, 127, 130, 144

Piperine
5-Benzo[1,3]dioxol-5-yl-1-(1-piperidyl)penta-2,4-dien-1-one
1-Piperoylpiperidine
Ingredient of black pepper

MW: 285.34280
MM: 285.13649
$C_{17}H_{19}NO_3$
CAS: 7780-20-3
RI: 2915 (SE 54)

GC/MS
EI 70 eV
HP 5971A
QI: 859

Peaks: 55, 67, 84, 115, 131, 143, 159, 173, 201, 285

m/z: 115

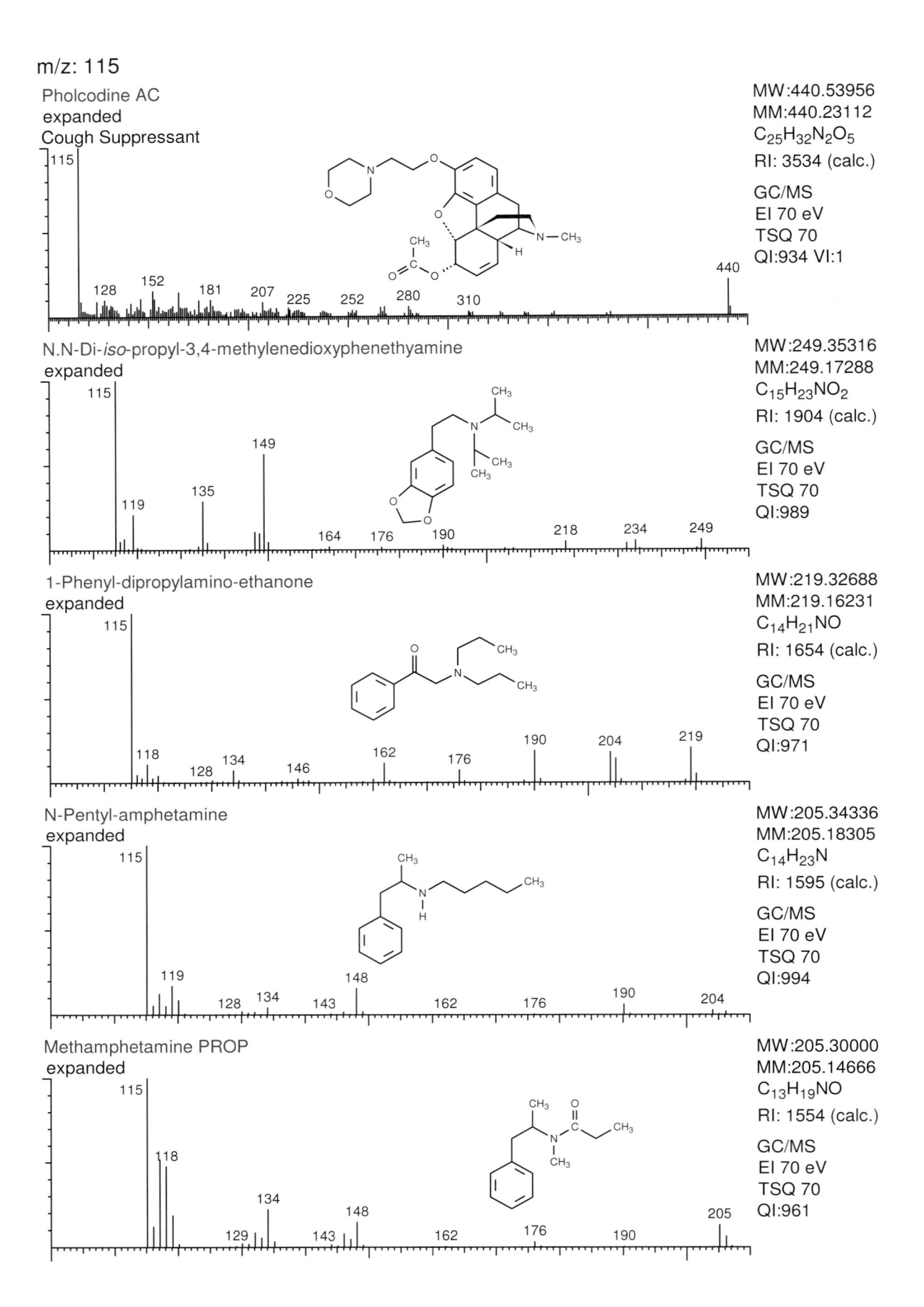

Pholcodine AC expanded
Cough Suppressant

MW:440.53956
MM:440.23112
$C_{25}H_{32}N_2O_5$
RI: 3534 (calc.)

GC/MS
EI 70 eV
TSQ 70
QI:934 VI:1

Peaks: 115, 128, 152, 181, 207, 225, 252, 280, 310, 440

N,N-Di-*iso*-propyl-3,4-methylenedioxyphenethyamine expanded

MW:249.35316
MM:249.17288
$C_{15}H_{23}NO_2$
RI: 1904 (calc.)

GC/MS
EI 70 eV
TSQ 70
QI:989

Peaks: 115, 119, 135, 149, 164, 176, 190, 218, 234, 249

1-Phenyl-dipropylamino-ethanone expanded

MW:219.32688
MM:219.16231
$C_{14}H_{21}NO$
RI: 1654 (calc.)

GC/MS
EI 70 eV
TSQ 70
QI:971

Peaks: 115, 118, 128, 134, 146, 162, 176, 190, 204, 219

N-Pentyl-amphetamine expanded

MW:205.34336
MM:205.18305
$C_{14}H_{23}N$
RI: 1595 (calc.)

GC/MS
EI 70 eV
TSQ 70
QI:994

Peaks: 115, 119, 128, 134, 143, 148, 162, 176, 190, 204

Methamphetamine PROP expanded

MW:205.30000
MM:205.14666
$C_{13}H_{19}NO$
RI: 1554 (calc.)

GC/MS
EI 70 eV
TSQ 70
QI:961

Peaks: 115, 118, 129, 134, 143, 148, 162, 176, 190, 205

m/z: 115

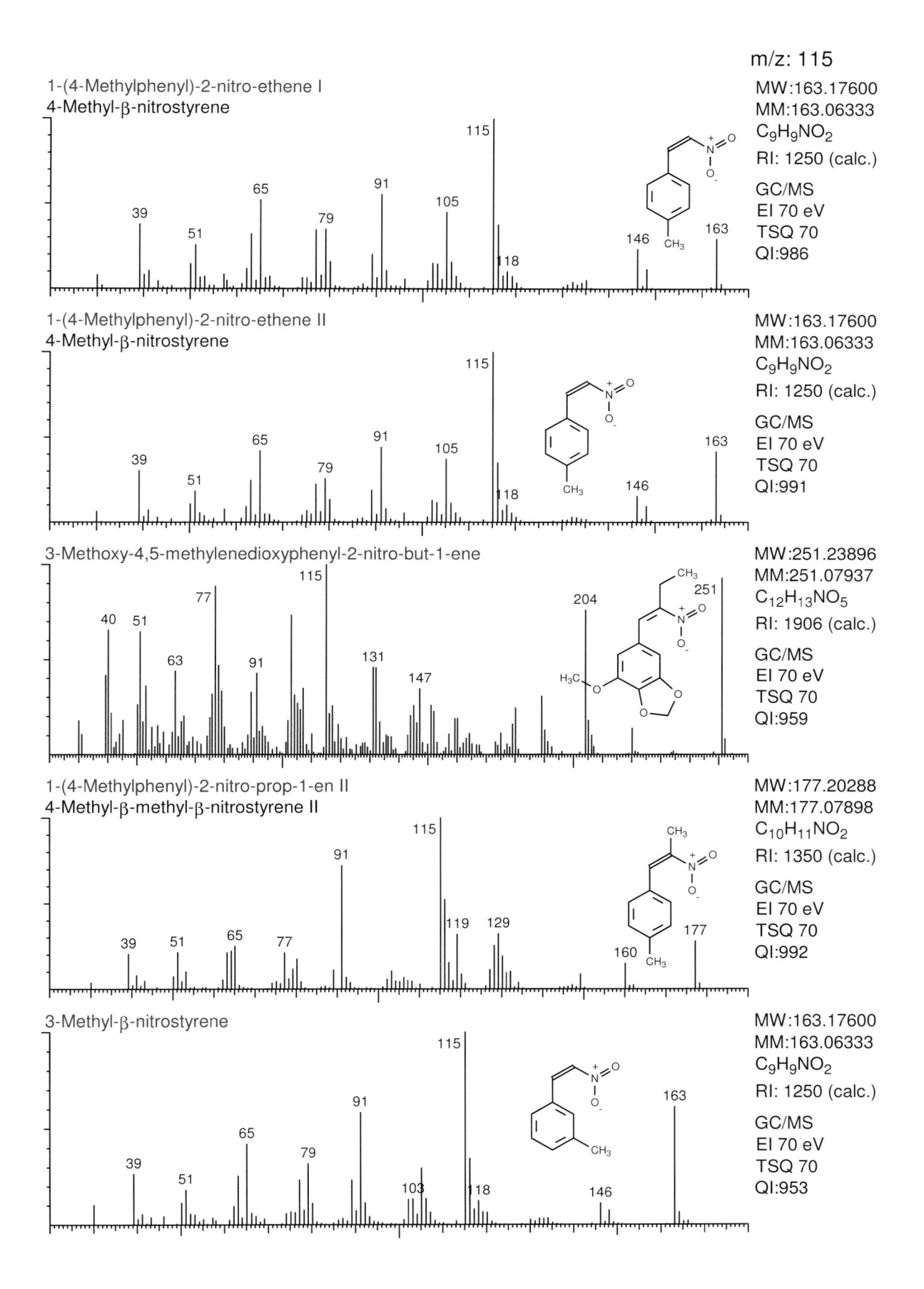

1-(4-Methylphenyl)-2-nitro-ethene I
4-Methyl-β-nitrostyrene

Peaks: 39, 51, 65, 79, 91, 105, 115, 118, 146, 163

MW: 163.17600
MM: 163.06333
$C_9H_9NO_2$
RI: 1250 (calc.)

GC/MS
EI 70 eV
TSQ 70
QI: 986

1-(4-Methylphenyl)-2-nitro-ethene II
4-Methyl-β-nitrostyrene

Peaks: 39, 51, 65, 79, 91, 105, 115, 118, 146, 163

MW: 163.17600
MM: 163.06333
$C_9H_9NO_2$
RI: 1250 (calc.)

GC/MS
EI 70 eV
TSQ 70
QI: 991

3-Methoxy-4,5-methylenedioxyphenyl-2-nitro-but-1-ene

Peaks: 40, 51, 63, 77, 91, 115, 131, 147, 204, 251

MW: 251.23896
MM: 251.07937
$C_{12}H_{13}NO_5$
RI: 1906 (calc.)

GC/MS
EI 70 eV
TSQ 70
QI: 959

1-(4-Methylphenyl)-2-nitro-prop-1-en II
4-Methyl-β-methyl-β-nitrostyrene II

Peaks: 39, 51, 65, 77, 91, 115, 119, 129, 160, 177

MW: 177.20288
MM: 177.07898
$C_{10}H_{11}NO_2$
RI: 1350 (calc.)

GC/MS
EI 70 eV
TSQ 70
QI: 992

3-Methyl-β-nitrostyrene

Peaks: 39, 51, 65, 79, 91, 103, 115, 118, 146, 163

MW: 163.17600
MM: 163.06333
$C_9H_9NO_2$
RI: 1250 (calc.)

GC/MS
EI 70 eV
TSQ 70
QI: 953

m/z: 115

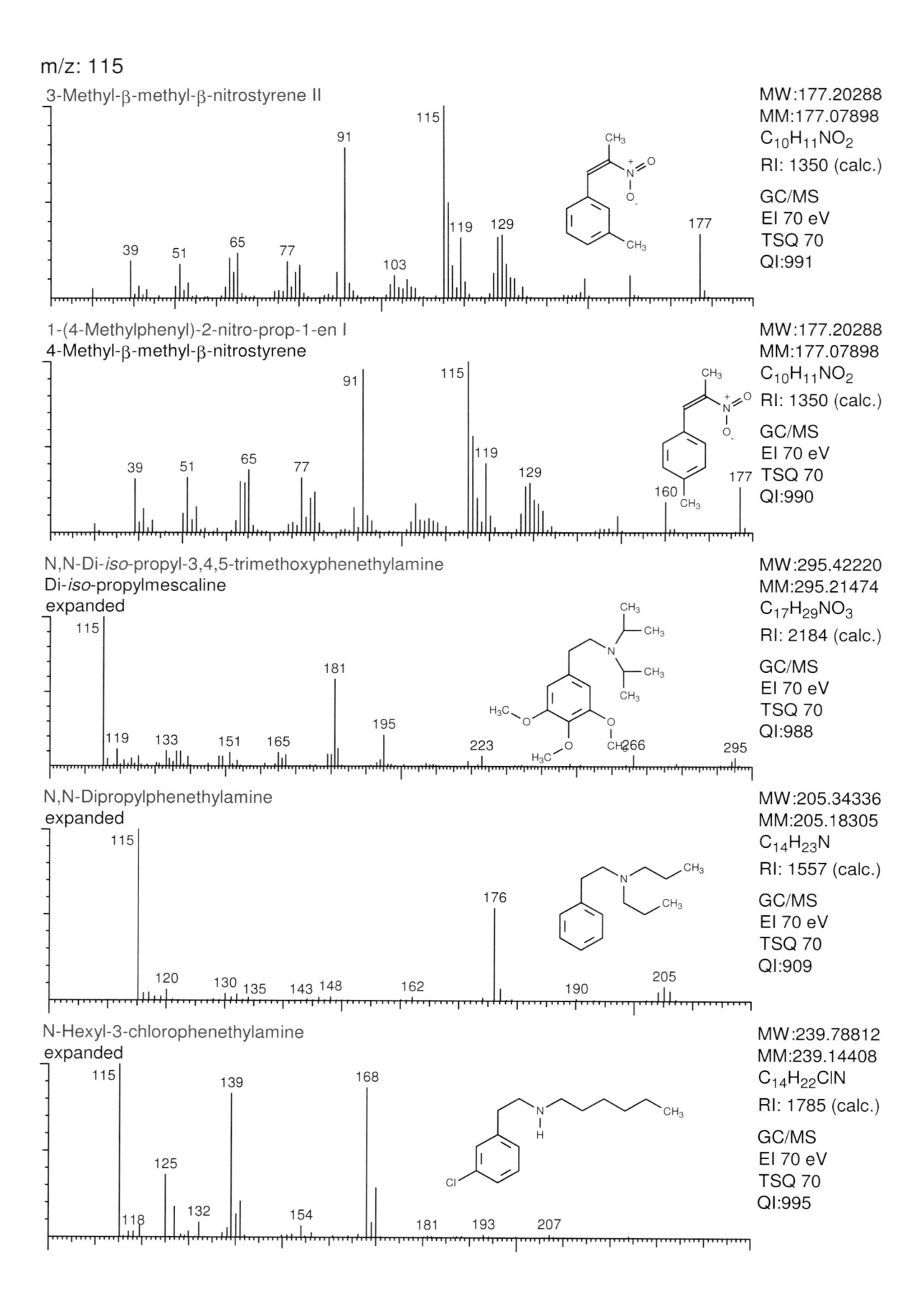

3-Methyl-β-methyl-β-nitrostyrene II

MW:177.20288
MM:177.07898
$C_{10}H_{11}NO_2$
RI: 1350 (calc.)

GC/MS
EI 70 eV
TSQ 70
QI:991

1-(4-Methylphenyl)-2-nitro-prop-1-en I
4-Methyl-β-methyl-β-nitrostyrene

MW:177.20288
MM:177.07898
$C_{10}H_{11}NO_2$
RI: 1350 (calc.)

GC/MS
EI 70 eV
TSQ 70
QI:990

N,N-Di-*iso*-propyl-3,4,5-trimethoxyphenethylamine
Di-*iso*-propylmescaline
expanded

MW:295.42220
MM:295.21474
$C_{17}H_{29}NO_3$
RI: 2184 (calc.)

GC/MS
EI 70 eV
TSQ 70
QI:988

N,N-Dipropylphenethylamine
expanded

MW:205.34336
MM:205.18305
$C_{14}H_{23}N$
RI: 1557 (calc.)

GC/MS
EI 70 eV
TSQ 70
QI:909

N-Hexyl-3-chlorophenethylamine
expanded

MW:239.78812
MM:239.14408
$C_{14}H_{22}ClN$
RI: 1785 (calc.)

GC/MS
EI 70 eV
TSQ 70
QI:995

m/z: 115

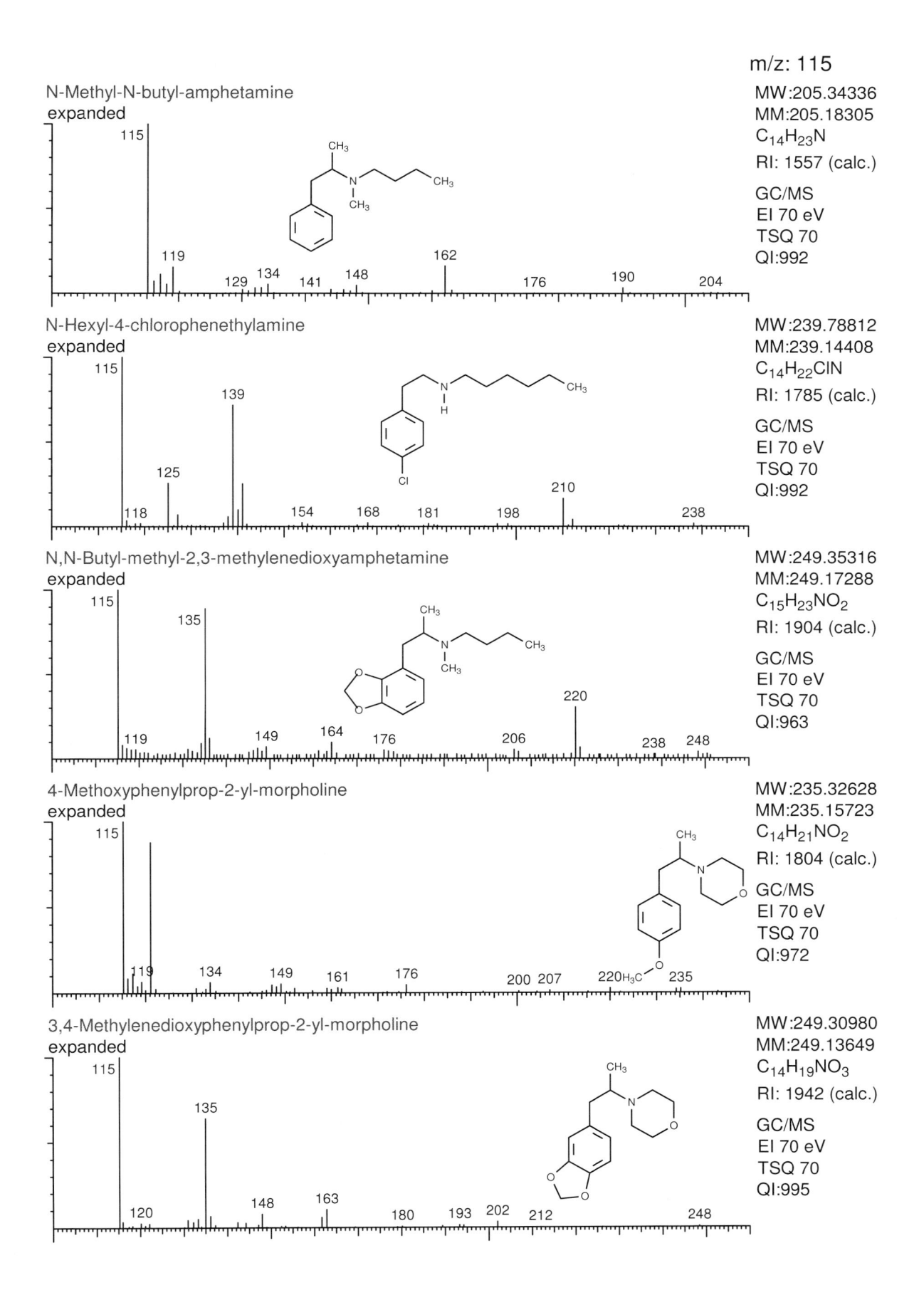

N-Methyl-N-butyl-amphetamine
expanded

MW: 205.34336
MM: 205.18305
$C_{14}H_{23}N$
RI: 1557 (calc.)

GC/MS
EI 70 eV
TSQ 70
QI: 992

N-Hexyl-4-chlorophenethylamine
expanded

MW: 239.78812
MM: 239.14408
$C_{14}H_{22}ClN$
RI: 1785 (calc.)

GC/MS
EI 70 eV
TSQ 70
QI: 992

N,N-Butyl-methyl-2,3-methylenedioxyamphetamine
expanded

MW: 249.35316
MM: 249.17288
$C_{15}H_{23}NO_2$
RI: 1904 (calc.)

GC/MS
EI 70 eV
TSQ 70
QI: 963

4-Methoxyphenylprop-2-yl-morpholine
expanded

MW: 235.32628
MM: 235.15723
$C_{14}H_{21}NO_2$
RI: 1804 (calc.)

GC/MS
EI 70 eV
TSQ 70
QI: 972

3,4-Methylenedioxyphenylprop-2-yl-morpholine
expanded

MW: 249.30980
MM: 249.13649
$C_{14}H_{19}NO_3$
RI: 1942 (calc.)

GC/MS
EI 70 eV
TSQ 70
QI: 995

m/z: 116

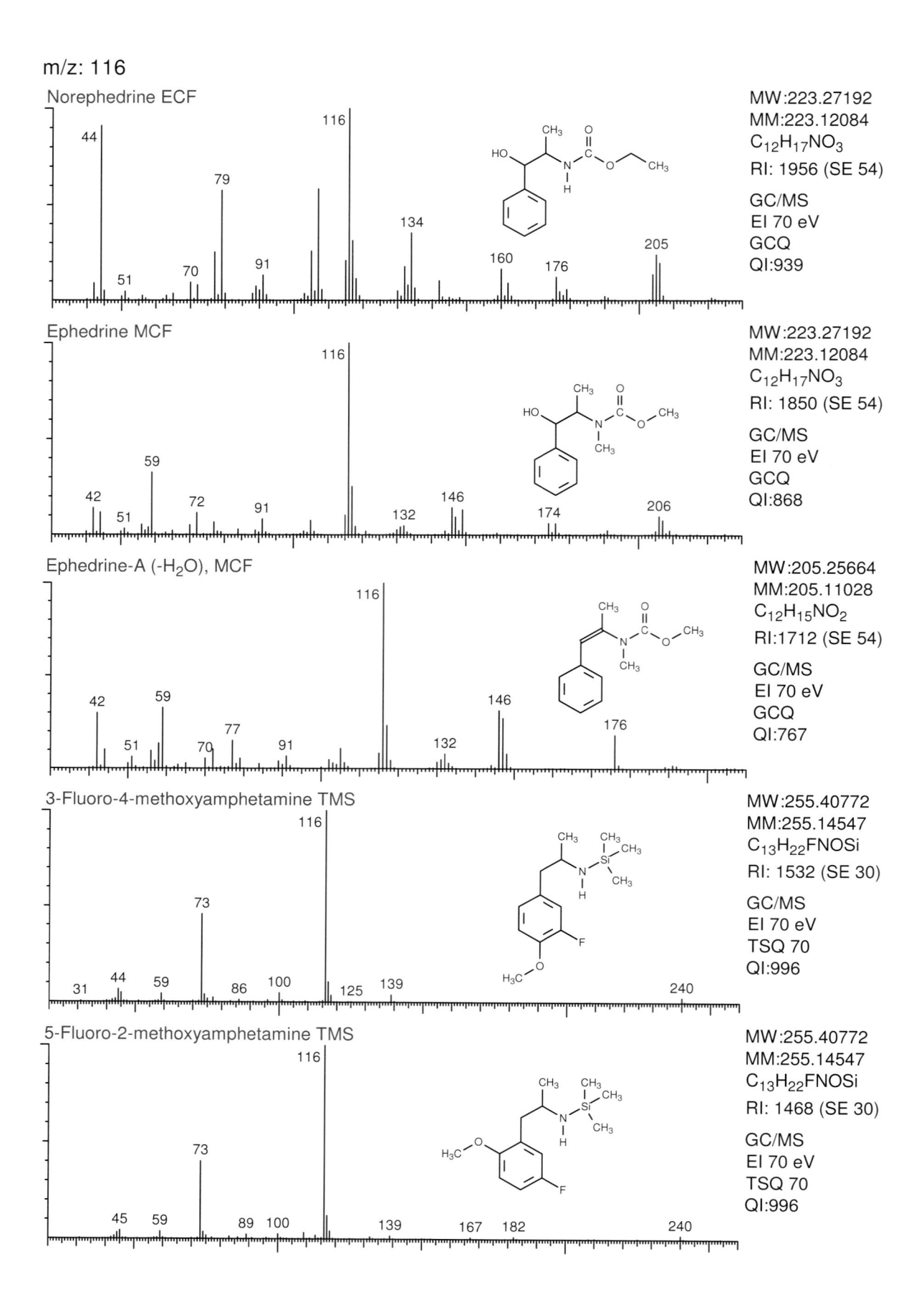

Norephedrine ECF

Peaks: 44, 51, 70, 79, 91, 116, 134, 160, 176, 205

MW:223.27192
MM:223.12084
C$_{12}$H$_{17}$NO$_3$
RI: 1956 (SE 54)

GC/MS
EI 70 eV
GCQ
QI:939

Ephedrine MCF

Peaks: 42, 51, 59, 72, 91, 116, 132, 146, 174, 206

MW:223.27192
MM:223.12084
C$_{12}$H$_{17}$NO$_3$
RI: 1850 (SE 54)

GC/MS
EI 70 eV
GCQ
QI:868

Ephedrine-A (-H$_2$O), MCF

Peaks: 42, 51, 59, 70, 77, 91, 116, 132, 146, 176

MW:205.25664
MM:205.11028
C$_{12}$H$_{15}$NO$_2$
RI:1712 (SE 54)

GC/MS
EI 70 eV
GCQ
QI:767

3-Fluoro-4-methoxyamphetamine TMS

Peaks: 31, 44, 59, 73, 86, 100, 116, 125, 139, 240

MW:255.40772
MM:255.14547
C$_{13}$H$_{22}$FNOSi
RI: 1532 (SE 30)

GC/MS
EI 70 eV
TSQ 70
QI:996

5-Fluoro-2-methoxyamphetamine TMS

Peaks: 45, 59, 73, 89, 100, 116, 139, 167, 182, 240

MW:255.40772
MM:255.14547
C$_{13}$H$_{22}$FNOSi
RI: 1468 (SE 30)

GC/MS
EI 70 eV
TSQ 70
QI:996

m/z: 116

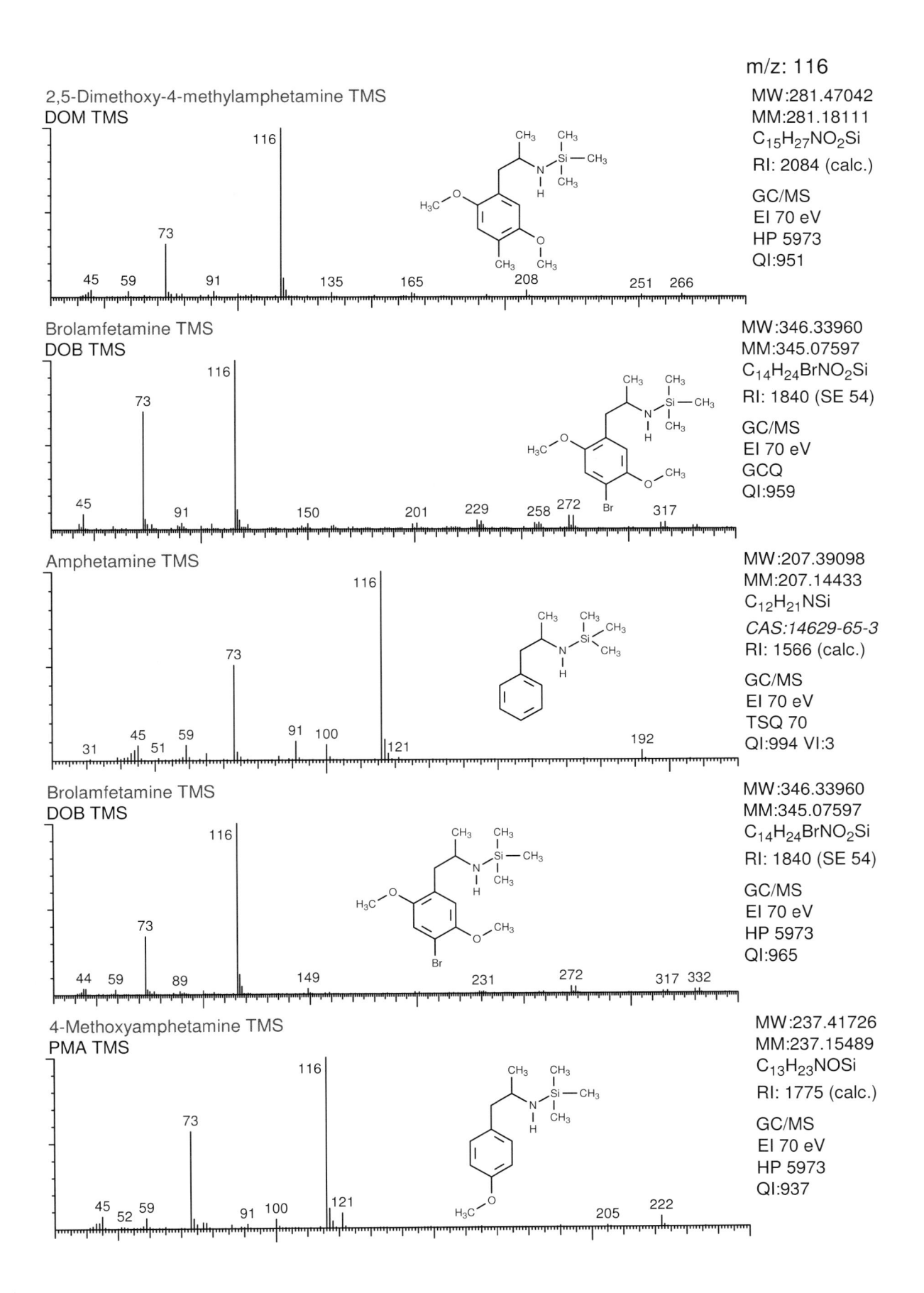

2,5-Dimethoxy-4-methylamphetamine TMS
DOM TMS

MW: 281.47042
MM: 281.18111
$C_{15}H_{27}NO_2Si$
RI: 2084 (calc.)

GC/MS
EI 70 eV
HP 5973
QI: 951

Peaks: 45, 59, 73, 91, 116, 135, 165, 208, 251, 266

Brolamfetamine TMS
DOB TMS

MW: 346.33960
MM: 345.07597
$C_{14}H_{24}BrNO_2Si$
RI: 1840 (SE 54)

GC/MS
EI 70 eV
GCQ
QI: 959

Peaks: 45, 73, 91, 116, 150, 201, 229, 258, 272, 317

Amphetamine TMS

MW: 207.39098
MM: 207.14433
$C_{12}H_{21}NSi$
CAS: 14629-65-3
RI: 1566 (calc.)

GC/MS
EI 70 eV
TSQ 70
QI: 994 VI: 3

Peaks: 31, 45, 51, 59, 73, 91, 100, 116, 121, 192

Brolamfetamine TMS
DOB TMS

MW: 346.33960
MM: 345.07597
$C_{14}H_{24}BrNO_2Si$
RI: 1840 (SE 54)

GC/MS
EI 70 eV
HP 5973
QI: 965

Peaks: 44, 59, 73, 89, 116, 149, 231, 272, 317, 332

4-Methoxyamphetamine TMS
PMA TMS

MW: 237.41726
MM: 237.15489
$C_{13}H_{23}NOSi$
RI: 1775 (calc.)

GC/MS
EI 70 eV
HP 5973
QI: 937

Peaks: 45, 52, 59, 73, 91, 100, 116, 121, 205, 222

m/z: 116

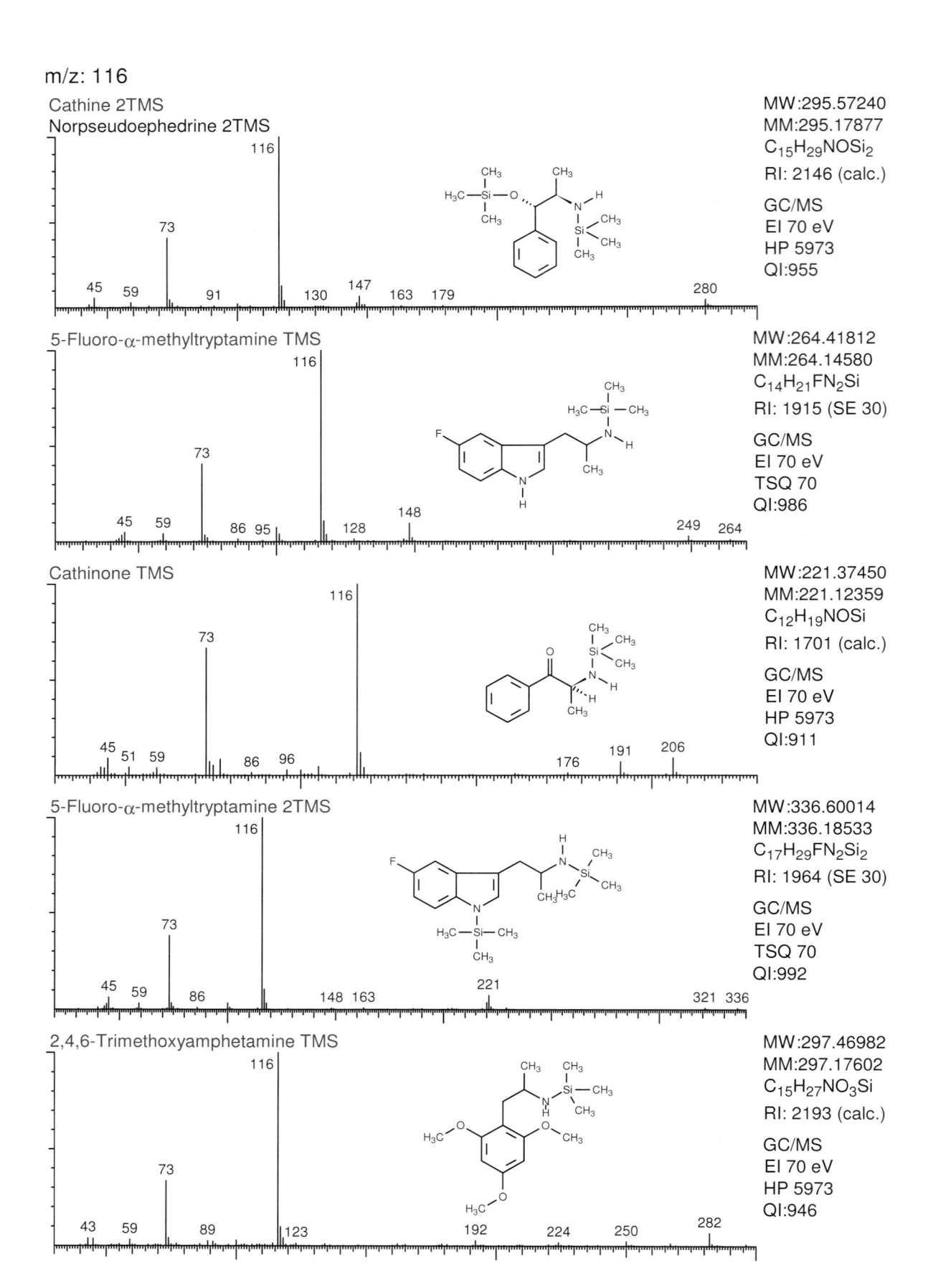

Cathine 2TMS
Norpseudoephedrine 2TMS

MW: 295.57240
MM: 295.17877
$C_{15}H_{29}NOSi_2$
RI: 2146 (calc.)

GC/MS
EI 70 eV
HP 5973
QI: 955

Peaks: 45, 59, 73, 91, 116, 130, 147, 163, 179, 280

5-Fluoro-α-methyltryptamine TMS

MW: 264.41812
MM: 264.14580
$C_{14}H_{21}FN_2Si$
RI: 1915 (SE 30)

GC/MS
EI 70 eV
TSQ 70
QI: 986

Peaks: 45, 59, 73, 86, 95, 116, 128, 148, 249, 264

Cathinone TMS

MW: 221.37450
MM: 221.12359
$C_{12}H_{19}NOSi$
RI: 1701 (calc.)

GC/MS
EI 70 eV
HP 5973
QI: 911

Peaks: 45, 51, 59, 73, 86, 96, 116, 176, 191, 206

5-Fluoro-α-methyltryptamine 2TMS

MW: 336.60014
MM: 336.18533
$C_{17}H_{29}FN_2Si_2$
RI: 1964 (SE 30)

GC/MS
EI 70 eV
TSQ 70
QI: 992

Peaks: 45, 59, 73, 86, 116, 148, 163, 221, 321, 336

2,4,6-Trimethoxyamphetamine TMS

MW: 297.46982
MM: 297.17602
$C_{15}H_{27}NO_3Si$
RI: 2193 (calc.)

GC/MS
EI 70 eV
HP 5973
QI: 946

Peaks: 43, 59, 73, 89, 116, 123, 192, 224, 250, 282

m/z: 116

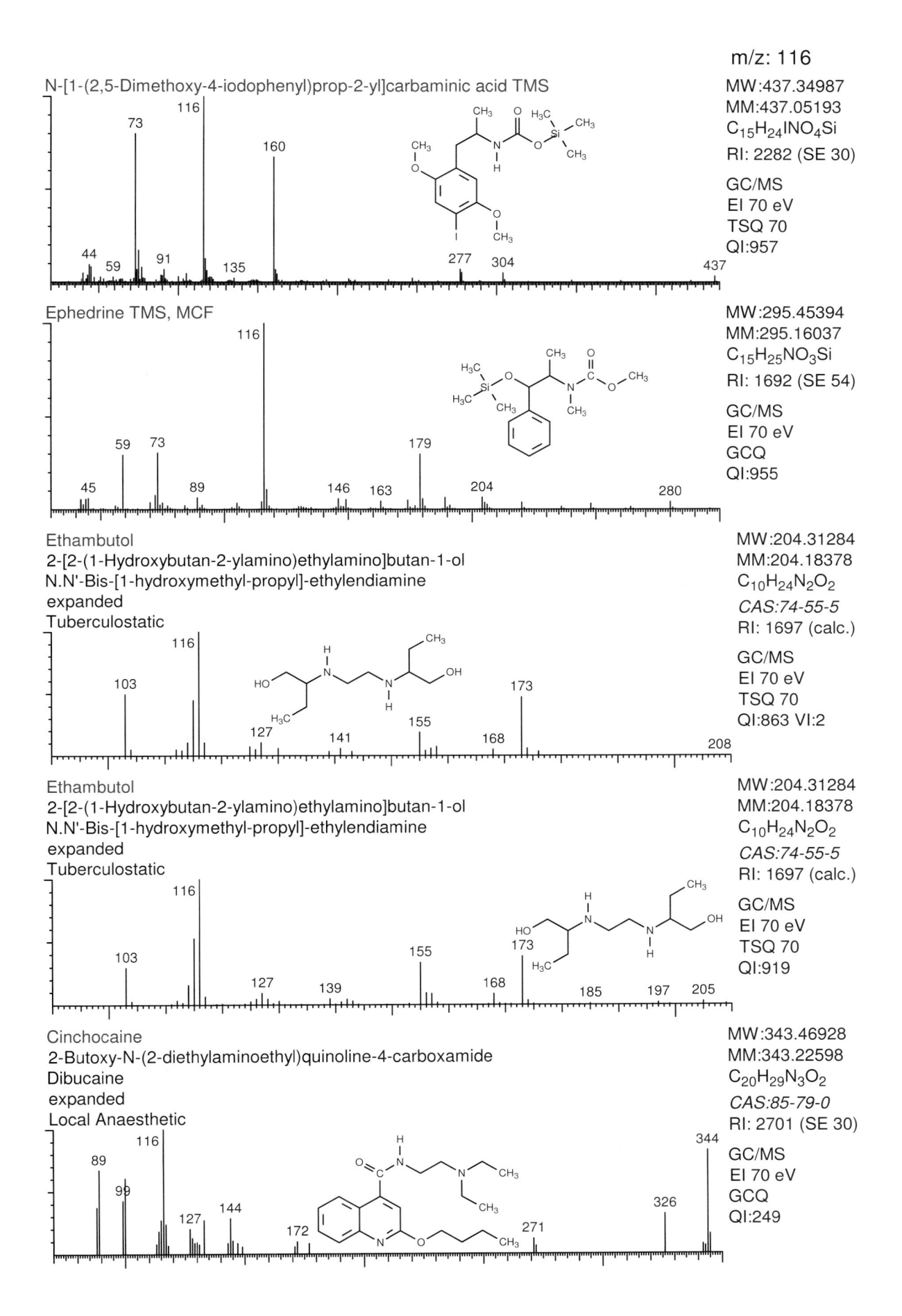

N-[1-(2,5-Dimethoxy-4-iodophenyl)prop-2-yl]carbaminic acid TMS

MW:437.34987
MM:437.05193
$C_{15}H_{24}INO_4Si$
RI: 2282 (SE 30)

GC/MS
EI 70 eV
TSQ 70
QI:957

Peaks: 44, 59, 73, 91, 116, 135, 160, 277, 304, 437

Ephedrine TMS, MCF

MW:295.45394
MM:295.16037
$C_{15}H_{25}NO_3Si$
RI: 1692 (SE 54)

GC/MS
EI 70 eV
GCQ
QI:955

Peaks: 45, 59, 73, 89, 116, 146, 163, 179, 204, 280

Ethambutol
2-[2-(1-Hydroxybutan-2-ylamino)ethylamino]butan-1-ol
N.N'-Bis-[1-hydroxymethyl-propyl]-ethylendiamine
expanded
Tuberculostatic

MW:204.31284
MM:204.18378
$C_{10}H_{24}N_2O_2$
CAS:74-55-5
RI: 1697 (calc.)

GC/MS
EI 70 eV
TSQ 70
QI:863 VI:2

Peaks: 103, 116, 127, 141, 155, 168, 173, 208

Ethambutol
2-[2-(1-Hydroxybutan-2-ylamino)ethylamino]butan-1-ol
N.N'-Bis-[1-hydroxymethyl-propyl]-ethylendiamine
expanded
Tuberculostatic

MW:204.31284
MM:204.18378
$C_{10}H_{24}N_2O_2$
CAS:74-55-5
RI: 1697 (calc.)

GC/MS
EI 70 eV
TSQ 70
QI:919

Peaks: 103, 116, 127, 139, 155, 168, 173, 185, 197, 205

Cinchocaine
2-Butoxy-N-(2-diethylaminoethyl)quinoline-4-carboxamide
Dibucaine
expanded
Local Anaesthetic

MW:343.46928
MM:343.22598
$C_{20}H_{29}N_3O_2$
CAS:85-79-0
RI: 2701 (SE 30)

GC/MS
EI 70 eV
GCQ
QI:249

Peaks: 89, 99, 116, 127, 144, 172, 271, 326, 344

m/z: 117

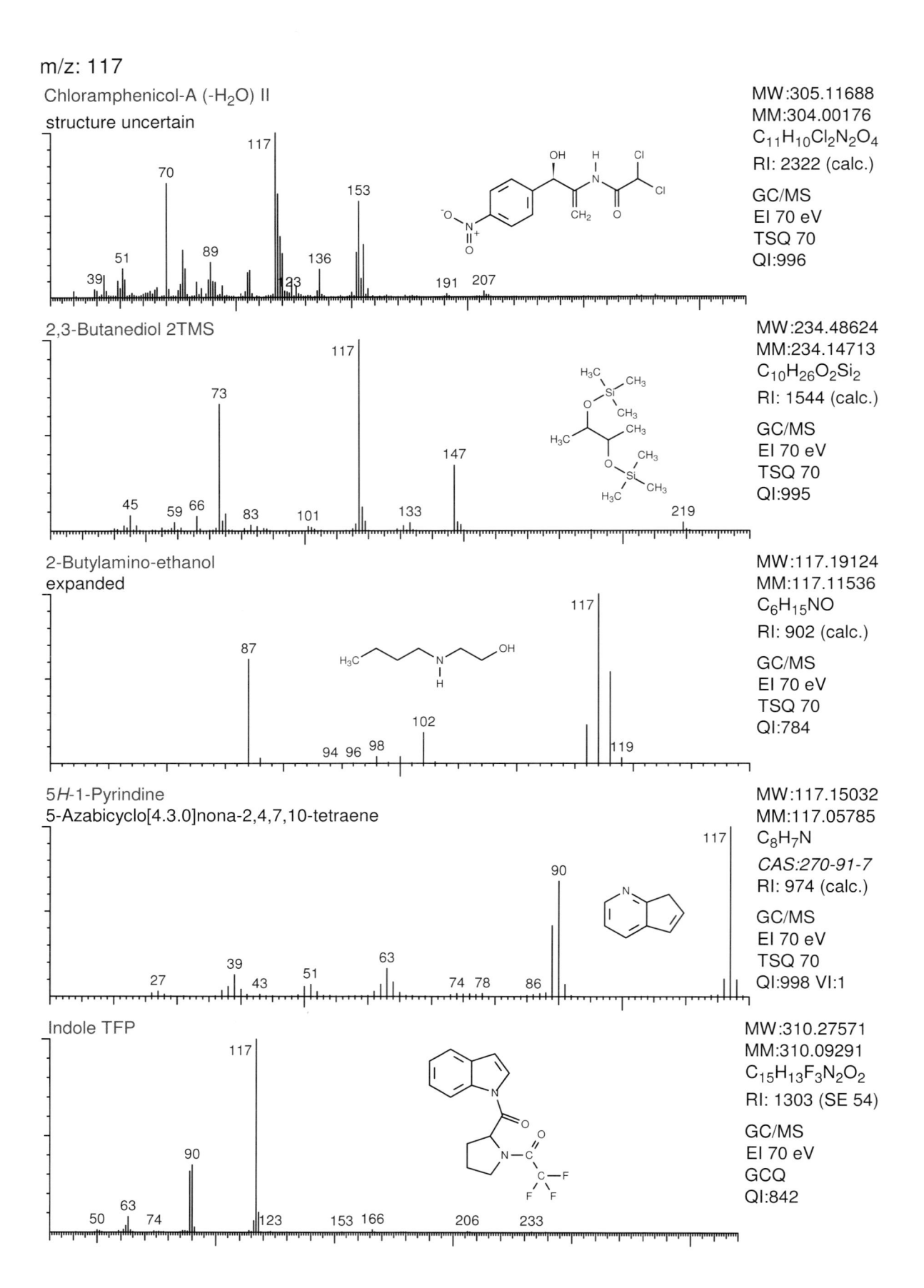

Chloramphenicol-A (-H₂O) II
structure uncertain

Peaks: 39, 51, 70, 89, 117, 123, 136, 153, 191, 207

MW: 305.11688
MM: 304.00176
$C_{11}H_{10}Cl_2N_2O_4$
RI: 2322 (calc.)

GC/MS
EI 70 eV
TSQ 70
QI: 996

2,3-Butanediol 2TMS

Peaks: 45, 59, 66, 73, 83, 101, 117, 133, 147, 219

MW: 234.48624
MM: 234.14713
$C_{10}H_{26}O_2Si_2$
RI: 1544 (calc.)

GC/MS
EI 70 eV
TSQ 70
QI: 995

2-Butylamino-ethanol
expanded

Peaks: 87, 94, 96, 98, 102, 117, 119

MW: 117.19124
MM: 117.11536
$C_6H_{15}NO$
RI: 902 (calc.)

GC/MS
EI 70 eV
TSQ 70
QI: 784

5H-1-Pyrindine
5-Azabicyclo[4.3.0]nona-2,4,7,10-tetraene

Peaks: 27, 39, 43, 51, 63, 74, 78, 86, 90, 117

MW: 117.15032
MM: 117.05785
C_8H_7N
CAS: 270-91-7
RI: 974 (calc.)

GC/MS
EI 70 eV
TSQ 70
QI: 998 VI:1

Indole TFP

Peaks: 50, 63, 74, 90, 117, 123, 153, 166, 206, 233

MW: 310.27571
MM: 310.09291
$C_{15}H_{13}F_3N_2O_2$
RI: 1303 (SE 54)

GC/MS
EI 70 eV
GCQ
QI: 842

Phentermine AC expanded

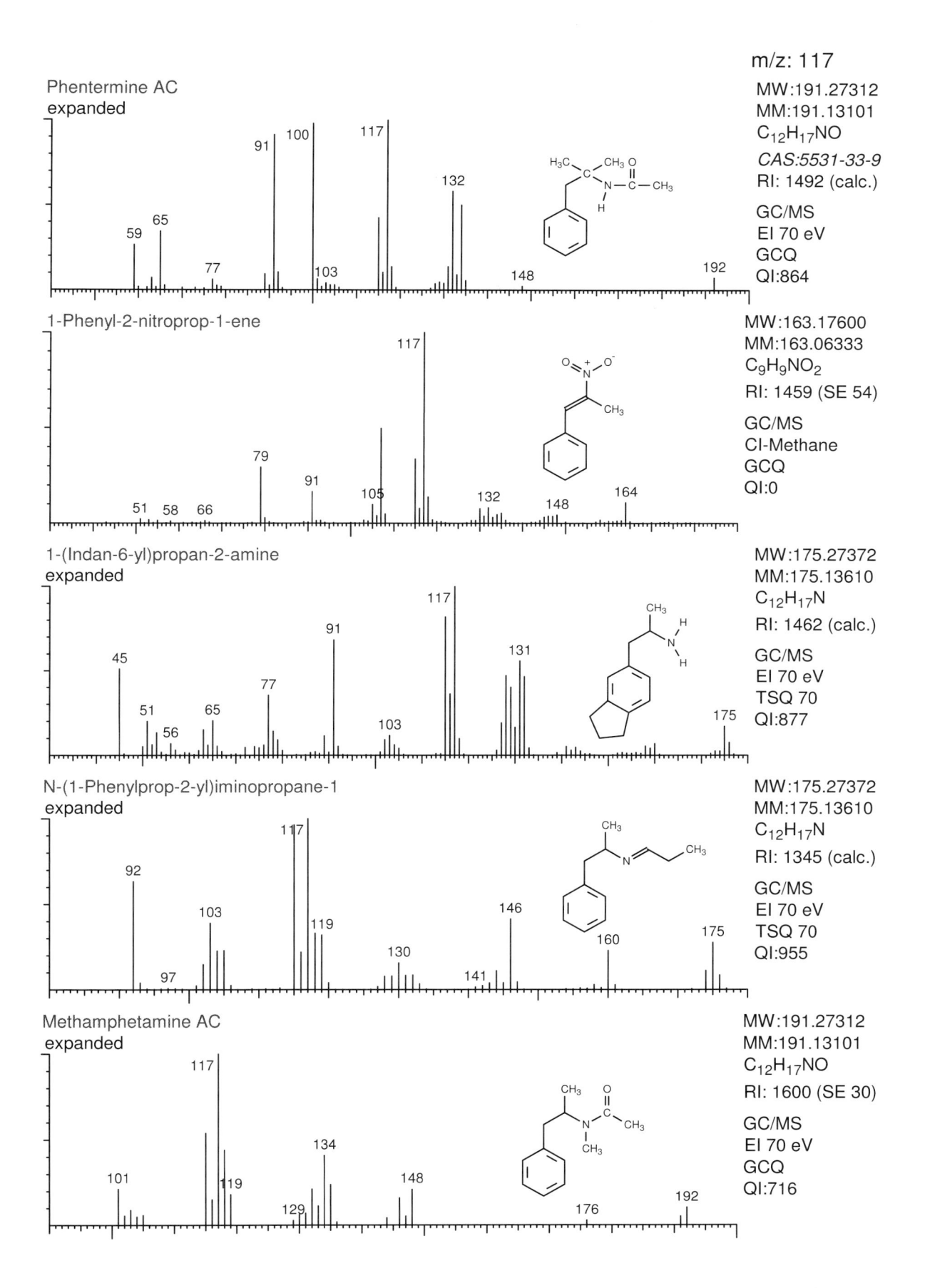

Peaks: 59, 65, 77, 91, 100, 103, 117, 132, 148, 192

m/z: 117
MW: 191.27312
MM: 191.13101
C$_{12}$H$_{17}$NO
CAS: 5531-33-9
RI: 1492 (calc.)

GC/MS
EI 70 eV
GCQ
QI: 864

1-Phenyl-2-nitroprop-1-ene

Peaks: 51, 58, 66, 79, 91, 105, 117, 132, 148, 164

MW: 163.17600
MM: 163.06333
C$_9$H$_9$NO$_2$
RI: 1459 (SE 54)

GC/MS
CI-Methane
GCQ
QI: 0

1-(Indan-6-yl)propan-2-amine expanded

Peaks: 45, 51, 56, 65, 77, 91, 103, 117, 131, 175

MW: 175.27372
MM: 175.13610
C$_{12}$H$_{17}$N
RI: 1462 (calc.)

GC/MS
EI 70 eV
TSQ 70
QI: 877

N-(1-Phenylprop-2-yl)iminopropane-1 expanded

Peaks: 92, 97, 103, 117, 119, 130, 141, 146, 160, 175

MW: 175.27372
MM: 175.13610
C$_{12}$H$_{17}$N
RI: 1345 (calc.)

GC/MS
EI 70 eV
TSQ 70
QI: 955

Methamphetamine AC expanded

Peaks: 101, 117, 119, 129, 134, 148, 176, 192

MW: 191.27312
MM: 191.13101
C$_{12}$H$_{17}$NO
RI: 1600 (SE 30)

GC/MS
EI 70 eV
GCQ
QI: 716

m/z: 117

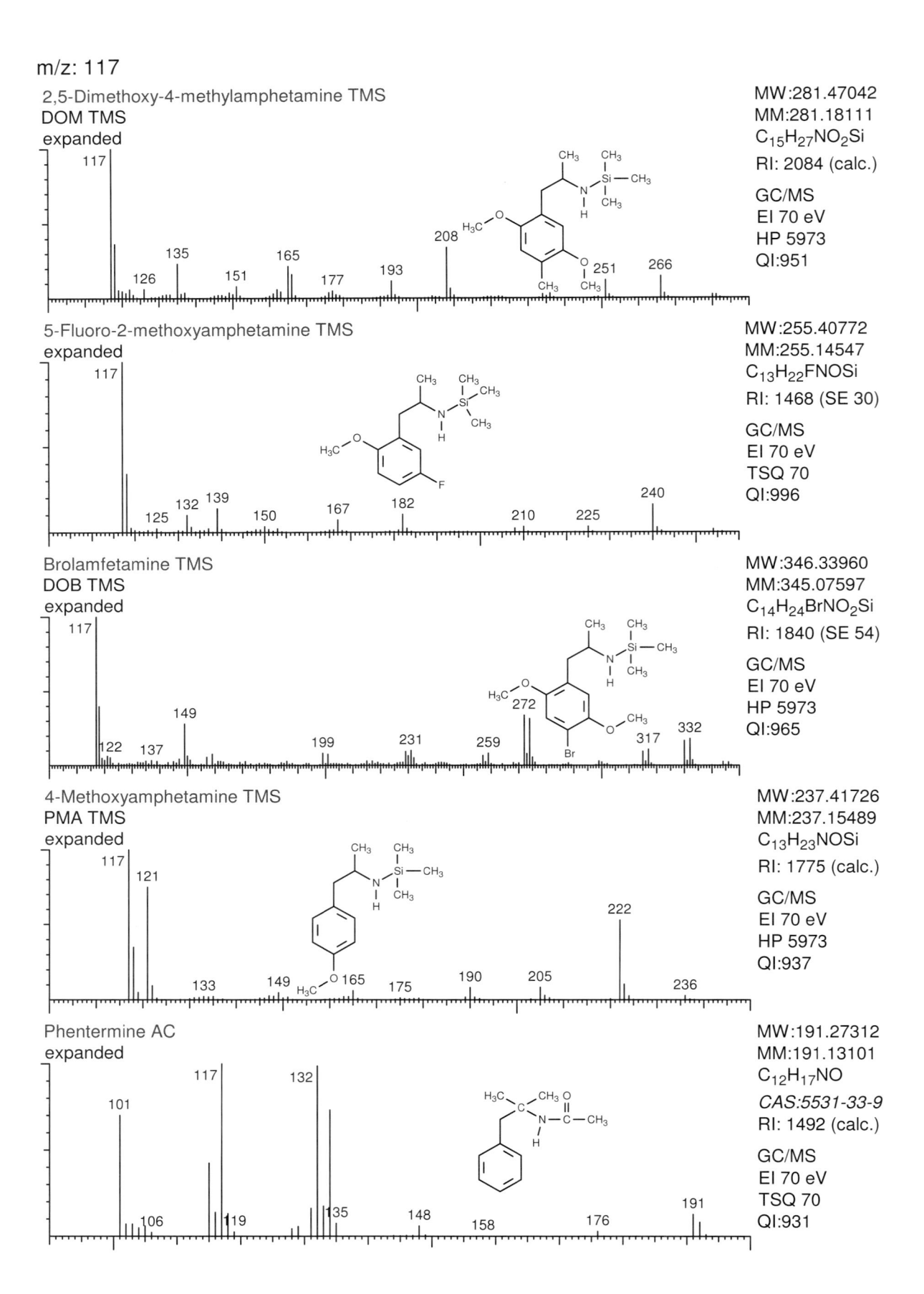

2,5-Dimethoxy-4-methylamphetamine TMS
DOM TMS
expanded

MW: 281.47042
MM: 281.18111
$C_{15}H_{27}NO_2Si$
RI: 2084 (calc.)

GC/MS
EI 70 eV
HP 5973
QI: 951

5-Fluoro-2-methoxyamphetamine TMS
expanded

MW: 255.40772
MM: 255.14547
$C_{13}H_{22}FNOSi$
RI: 1468 (SE 30)

GC/MS
EI 70 eV
TSQ 70
QI: 996

Brolamfetamine TMS
DOB TMS
expanded

MW: 346.33960
MM: 345.07597
$C_{14}H_{24}BrNO_2Si$
RI: 1840 (SE 54)

GC/MS
EI 70 eV
HP 5973
QI: 965

4-Methoxyamphetamine TMS
PMA TMS
expanded

MW: 237.41726
MM: 237.15489
$C_{13}H_{23}NOSi$
RI: 1775 (calc.)

GC/MS
EI 70 eV
HP 5973
QI: 937

Phentermine AC
expanded

MW: 191.27312
MM: 191.13101
$C_{12}H_{17}NO$
CAS: 5531-33-9
RI: 1492 (calc.)

GC/MS
EI 70 eV
TSQ 70
QI: 931

m/z: 117

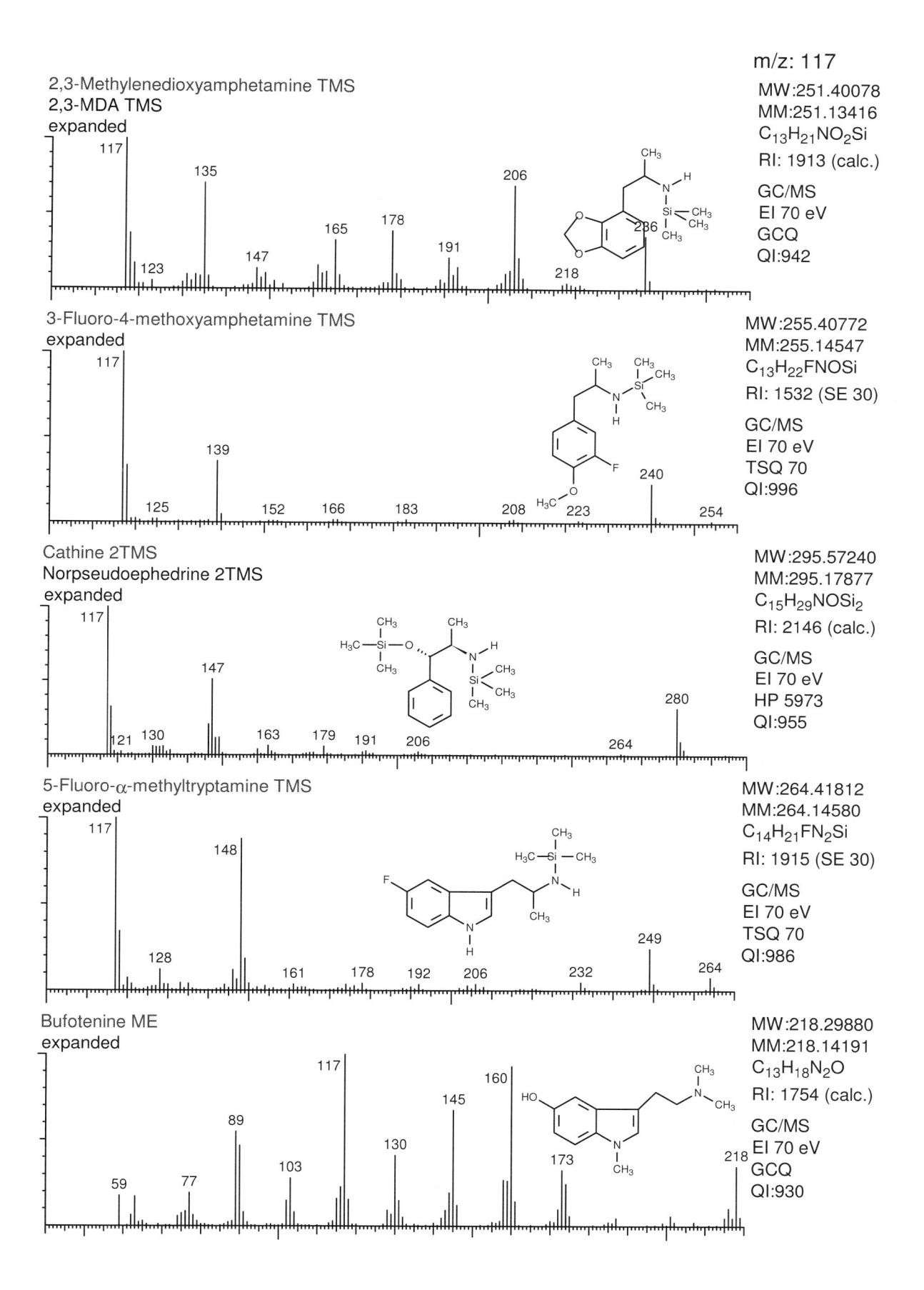

2,3-Methylenedioxyamphetamine TMS
2,3-MDA TMS
expanded

MW: 251.40078
MM: 251.13416
$C_{13}H_{21}NO_2Si$
RI: 1913 (calc.)

GC/MS
EI 70 eV
GCQ
QI: 942

Peaks: 117, 123, 135, 147, 165, 178, 191, 206, 218, 236

3-Fluoro-4-methoxyamphetamine TMS
expanded

MW: 255.40772
MM: 255.14547
$C_{13}H_{22}FNOSi$
RI: 1532 (SE 30)

GC/MS
EI 70 eV
TSQ 70
QI: 996

Peaks: 117, 125, 139, 152, 166, 183, 208, 223, 240, 254

Cathine 2TMS
Norpseudoephedrine 2TMS
expanded

MW: 295.57240
MM: 295.17877
$C_{15}H_{29}NOSi_2$
RI: 2146 (calc.)

GC/MS
EI 70 eV
HP 5973
QI: 955

Peaks: 117, 121, 130, 147, 163, 179, 191, 206, 264, 280

5-Fluoro-α-methyltryptamine TMS
expanded

MW: 264.41812
MM: 264.14580
$C_{14}H_{21}FN_2Si$
RI: 1915 (SE 30)

GC/MS
EI 70 eV
TSQ 70
QI: 986

Peaks: 117, 128, 148, 161, 178, 192, 206, 232, 249, 264

Bufotenine ME
expanded

MW: 218.29880
MM: 218.14191
$C_{13}H_{18}N_2O$
RI: 1754 (calc.)

GC/MS
EI 70 eV
GCQ
QI: 930

Peaks: 59, 77, 89, 103, 117, 130, 145, 160, 173, 218

m/z: 117

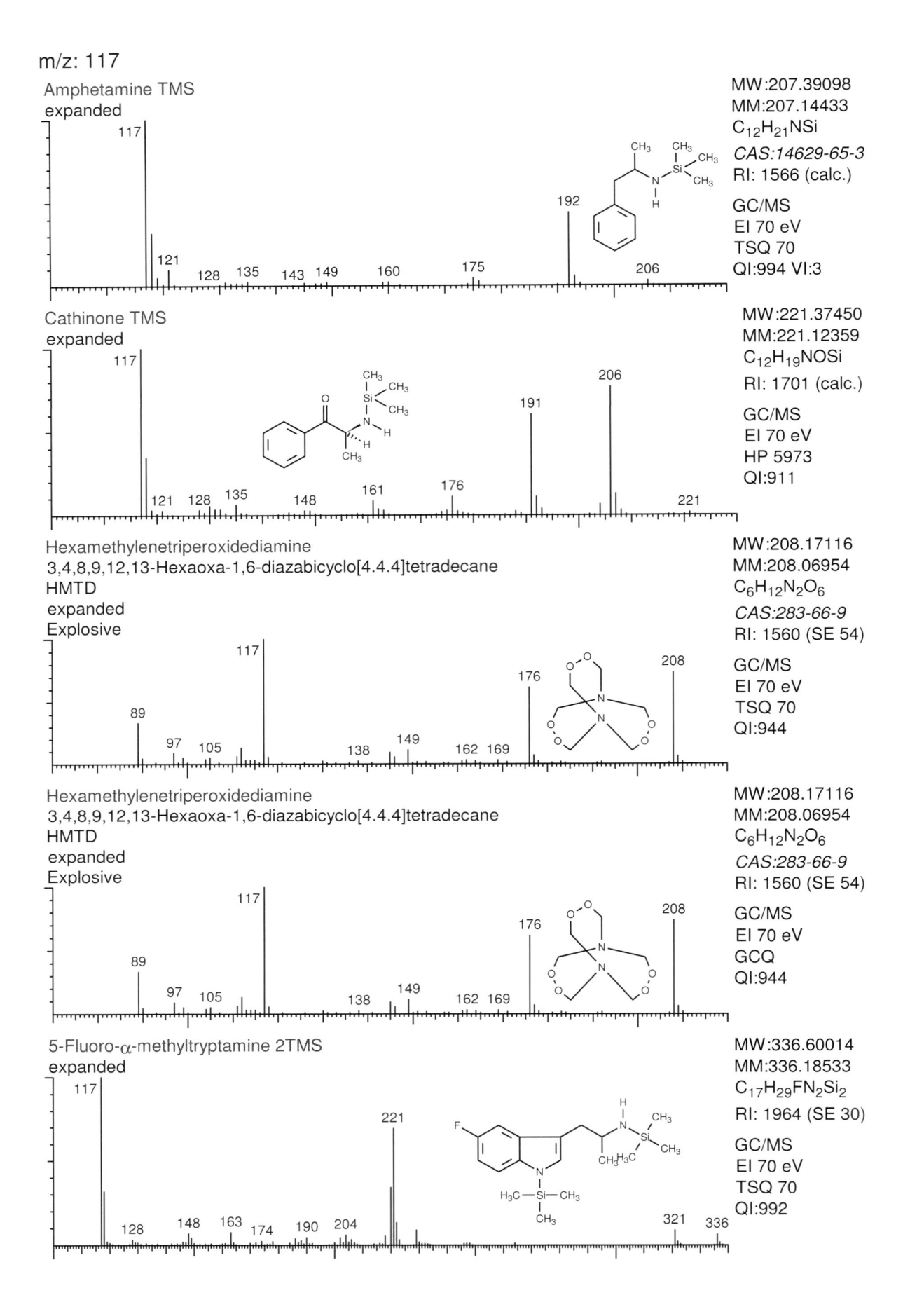

Amphetamine TMS
expanded

MW:207.39098
MM:207.14433
$C_{12}H_{21}NSi$
CAS:14629-65-3
RI: 1566 (calc.)

GC/MS
EI 70 eV
TSQ 70
QI:994 VI:3

Peaks: 117, 121, 128, 135, 143, 149, 160, 175, 192, 206

Cathinone TMS
expanded

MW:221.37450
MM:221.12359
$C_{12}H_{19}NOSi$
RI: 1701 (calc.)

GC/MS
EI 70 eV
HP 5973
QI:911

Peaks: 117, 121, 128, 135, 148, 161, 176, 191, 206, 221

Hexamethylenetriperoxidediamine
3,4,8,9,12,13-Hexaoxa-1,6-diazabicyclo[4.4.4]tetradecane
HMTD
expanded
Explosive

MW:208.17116
MM:208.06954
$C_6H_{12}N_2O_6$
CAS:283-66-9
RI: 1560 (SE 54)

GC/MS
EI 70 eV
TSQ 70
QI:944

Peaks: 89, 97, 105, 117, 138, 149, 162, 169, 176, 208

Hexamethylenetriperoxidediamine
3,4,8,9,12,13-Hexaoxa-1,6-diazabicyclo[4.4.4]tetradecane
HMTD
expanded
Explosive

MW:208.17116
MM:208.06954
$C_6H_{12}N_2O_6$
CAS:283-66-9
RI: 1560 (SE 54)

GC/MS
EI 70 eV
GCQ
QI:944

Peaks: 89, 97, 105, 117, 138, 149, 162, 169, 176, 208

5-Fluoro-α-methyltryptamine 2TMS
expanded

MW:336.60014
MM:336.18533
$C_{17}H_{29}FN_2Si_2$
RI: 1964 (SE 30)

GC/MS
EI 70 eV
TSQ 70
QI:992

Peaks: 117, 128, 148, 163, 174, 190, 204, 221, 321, 336

m/z: 117

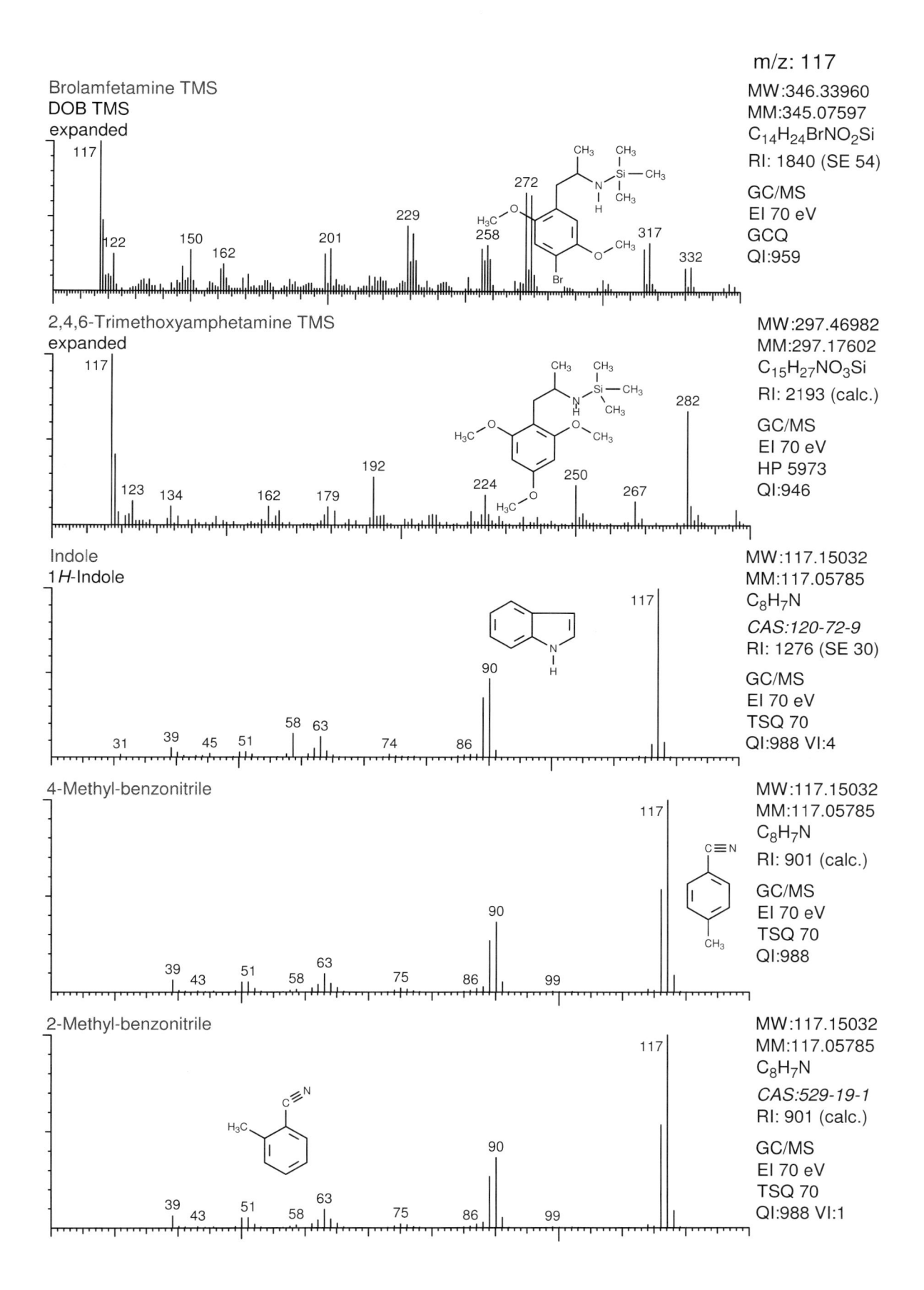

Brolamfetamine TMS
DOB TMS
expanded

Peaks: 117, 122, 150, 162, 201, 229, 258, 272, 317, 332

MW: 346.33960
MM: 345.07597
$C_{14}H_{24}BrNO_2Si$
RI: 1840 (SE 54)

GC/MS
EI 70 eV
GCQ
QI: 959

2,4,6-Trimethoxyamphetamine TMS
expanded

Peaks: 117, 123, 134, 162, 179, 192, 224, 250, 267, 282

MW: 297.46982
MM: 297.17602
$C_{15}H_{27}NO_3Si$
RI: 2193 (calc.)

GC/MS
EI 70 eV
HP 5973
QI: 946

Indole
1H-Indole

Peaks: 31, 39, 45, 51, 58, 63, 74, 86, 90, 117

MW: 117.15032
MM: 117.05785
C_8H_7N
CAS: 120-72-9
RI: 1276 (SE 30)

GC/MS
EI 70 eV
TSQ 70
QI: 988 VI:4

4-Methyl-benzonitrile

Peaks: 39, 43, 51, 58, 63, 75, 86, 90, 99, 117

MW: 117.15032
MM: 117.05785
C_8H_7N
RI: 901 (calc.)

GC/MS
EI 70 eV
TSQ 70
QI: 988

2-Methyl-benzonitrile

Peaks: 39, 43, 51, 58, 63, 75, 86, 90, 99, 117

MW: 117.15032
MM: 117.05785
C_8H_7N
CAS: 529-19-1
RI: 901 (calc.)

GC/MS
EI 70 eV
TSQ 70
QI: 988 VI:1

m/z: 117

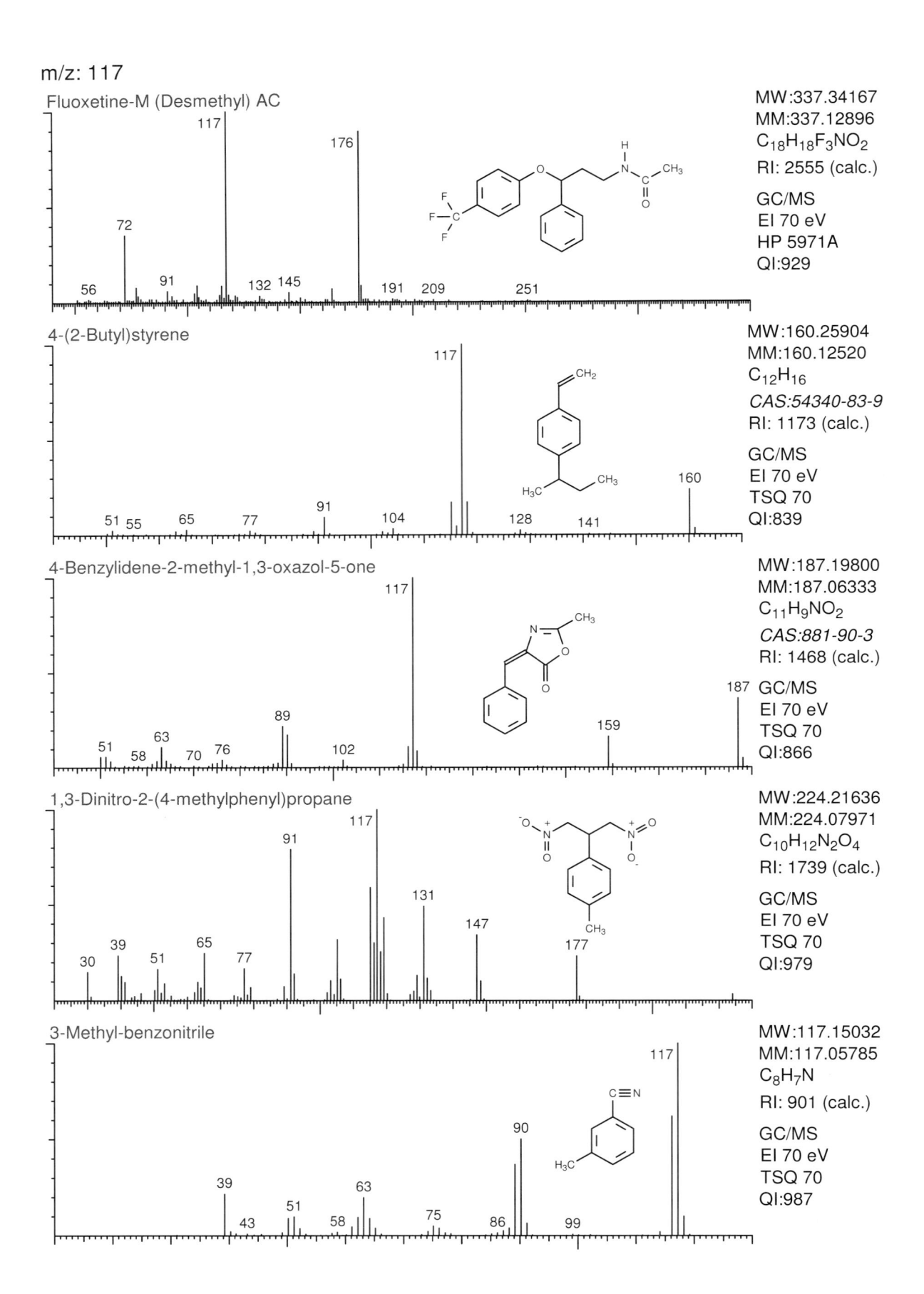

Fluoxetine-M (Desmethyl) AC

MW:337.34167
MM:337.12896
$C_{18}H_{18}F_3NO_2$
RI: 2555 (calc.)

GC/MS
EI 70 eV
HP 5971A
QI:929

4-(2-Butyl)styrene

MW:160.25904
MM:160.12520
$C_{12}H_{16}$
CAS:54340-83-9
RI: 1173 (calc.)

GC/MS
EI 70 eV
TSQ 70
QI:839

4-Benzylidene-2-methyl-1,3-oxazol-5-one

MW:187.19800
MM:187.06333
$C_{11}H_9NO_2$
CAS:881-90-3
RI: 1468 (calc.)

GC/MS
EI 70 eV
TSQ 70
QI:866

1,3-Dinitro-2-(4-methylphenyl)propane

MW:224.21636
MM:224.07971
$C_{10}H_{12}N_2O_4$
RI: 1739 (calc.)

GC/MS
EI 70 eV
TSQ 70
QI:979

3-Methyl-benzonitrile

MW:117.15032
MM:117.05785
C_8H_7N
RI: 901 (calc.)

GC/MS
EI 70 eV
TSQ 70
QI:987

m/z: 118

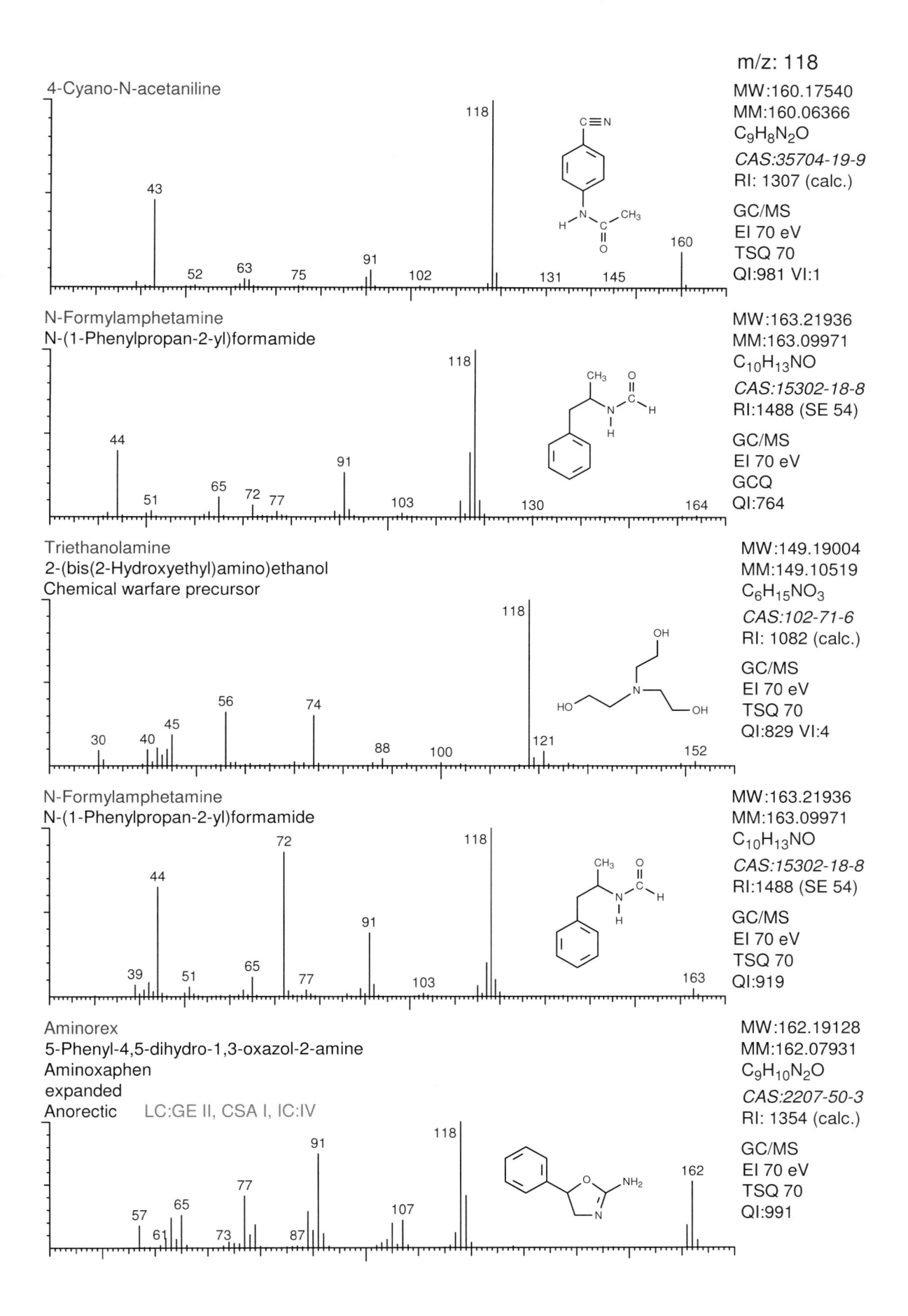

4-Cyano-N-acetaniline

MW:160.17540
MM:160.06366
$C_9H_8N_2O$
CAS:35704-19-9
RI: 1307 (calc.)

GC/MS
EI 70 eV
TSQ 70
QI:981 VI:1

Peaks: 43, 52, 63, 75, 91, 102, 118, 131, 145, 160

N-Formylamphetamine
N-(1-Phenylpropan-2-yl)formamide

MW:163.21936
MM:163.09971
$C_{10}H_{13}NO$
CAS:15302-18-8
RI:1488 (SE 54)

GC/MS
EI 70 eV
GCQ
QI:764

Peaks: 44, 51, 65, 72, 77, 91, 103, 118, 130, 164

Triethanolamine
2-(bis(2-Hydroxyethyl)amino)ethanol
Chemical warfare precursor

MW:149.19004
MM:149.10519
$C_6H_{15}NO_3$
CAS:102-71-6
RI: 1082 (calc.)

GC/MS
EI 70 eV
TSQ 70
QI:829 VI:4

Peaks: 30, 40, 45, 56, 74, 88, 100, 118, 121, 152

N-Formylamphetamine
N-(1-Phenylpropan-2-yl)formamide

MW:163.21936
MM:163.09971
$C_{10}H_{13}NO$
CAS:15302-18-8
RI:1488 (SE 54)

GC/MS
EI 70 eV
TSQ 70
QI:919

Peaks: 39, 44, 51, 65, 72, 77, 91, 103, 118, 163

Aminorex
5-Phenyl-4,5-dihydro-1,3-oxazol-2-amine
Aminoxaphen
expanded
Anorectic   LC:GE II, CSA I, IC:IV

MW:162.19128
MM:162.07931
$C_9H_{10}N_2O$
CAS:2207-50-3
RI: 1354 (calc.)

GC/MS
EI 70 eV
TSQ 70
QI:991

Peaks: 57, 61, 65, 73, 77, 87, 91, 107, 118, 162

m/z: 118

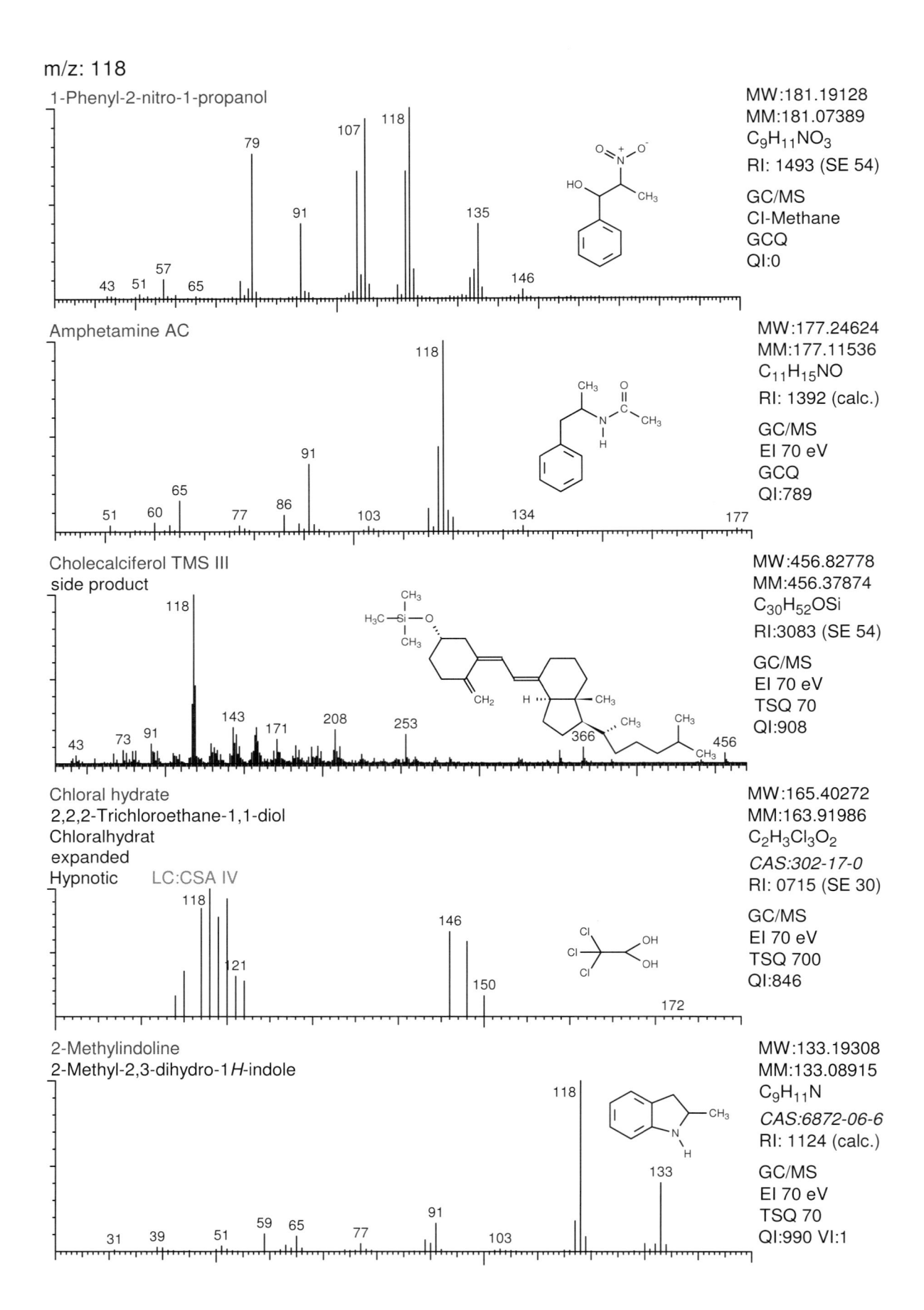

1-Phenyl-2-nitro-1-propanol

MW:181.19128
MM:181.07389
$C_9H_{11}NO_3$
RI: 1493 (SE 54)

GC/MS
CI-Methane
GCQ
QI:0

Amphetamine AC

MW:177.24624
MM:177.11536
$C_{11}H_{15}NO$
RI: 1392 (calc.)

GC/MS
EI 70 eV
GCQ
QI:789

Cholecalciferol TMS III
side product

MW:456.82778
MM:456.37874
$C_{30}H_{52}OSi$
RI:3083 (SE 54)

GC/MS
EI 70 eV
TSQ 70
QI:908

Chloral hydrate
2,2,2-Trichloroethane-1,1-diol
Chloralhydrat
expanded
Hypnotic   LC:CSA IV

MW:165.40272
MM:163.91986
$C_2H_3Cl_3O_2$
CAS:302-17-0
RI: 0715 (SE 30)

GC/MS
EI 70 eV
TSQ 700
QI:846

2-Methylindoline
2-Methyl-2,3-dihydro-1*H*-indole

MW:133.19308
MM:133.08915
$C_9H_{11}N$
CAS:6872-06-6
RI: 1124 (calc.)

GC/MS
EI 70 eV
TSQ 70
QI:990 VI:1

m/z: 118

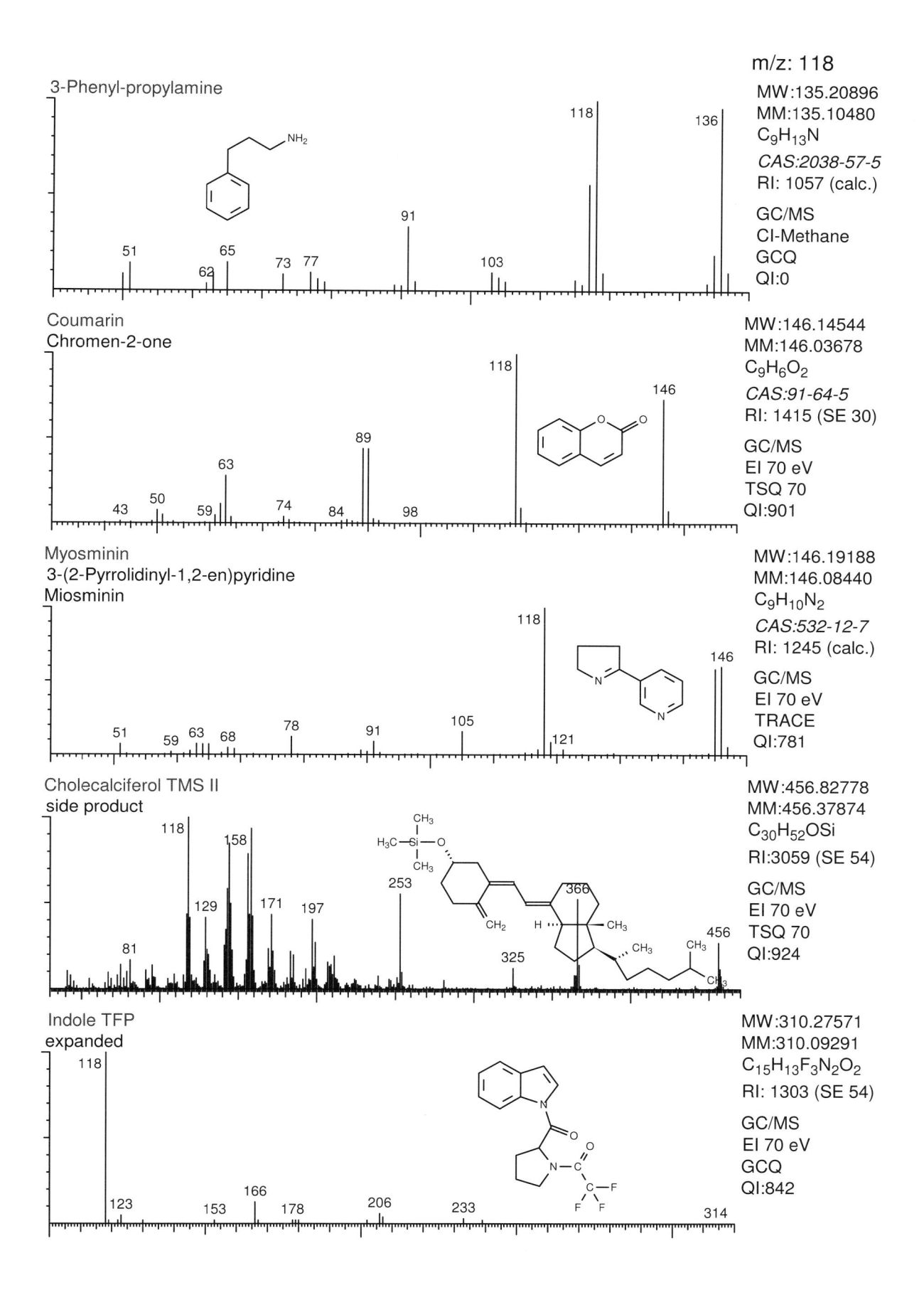

3-Phenyl-propylamine

MW: 135.20896
MM: 135.10480
$C_9H_{13}N$
CAS: 2038-57-5
RI: 1057 (calc.)

GC/MS
CI-Methane
GCQ
QI: 0

Peaks: 51, 62, 65, 73, 77, 91, 103, 118, 136

Coumarin
Chromen-2-one

MW: 146.14544
MM: 146.03678
$C_9H_6O_2$
CAS: 91-64-5
RI: 1415 (SE 30)

GC/MS
EI 70 eV
TSQ 70
QI: 901

Peaks: 43, 50, 59, 63, 74, 84, 89, 98, 118, 146

Myosminin
3-(2-Pyrrolidinyl-1,2-en)pyridine
Miosminin

MW: 146.19188
MM: 146.08440
$C_9H_{10}N_2$
CAS: 532-12-7
RI: 1245 (calc.)

GC/MS
EI 70 eV
TRACE
QI: 781

Peaks: 51, 59, 63, 68, 78, 91, 105, 118, 121, 146

Cholecalciferol TMS II
side product

MW: 456.82778
MM: 456.37874
$C_{30}H_{52}OSi$
RI: 3059 (SE 54)

GC/MS
EI 70 eV
TSQ 70
QI: 924

Peaks: 81, 118, 129, 158, 171, 197, 253, 325, 366, 456

Indole TFP
expanded

MW: 310.27571
MM: 310.09291
$C_{15}H_{13}F_3N_2O_2$
RI: 1303 (SE 54)

GC/MS
EI 70 eV
GCQ
QI: 842

Peaks: 118, 123, 153, 166, 178, 206, 233, 314

m/z: 118

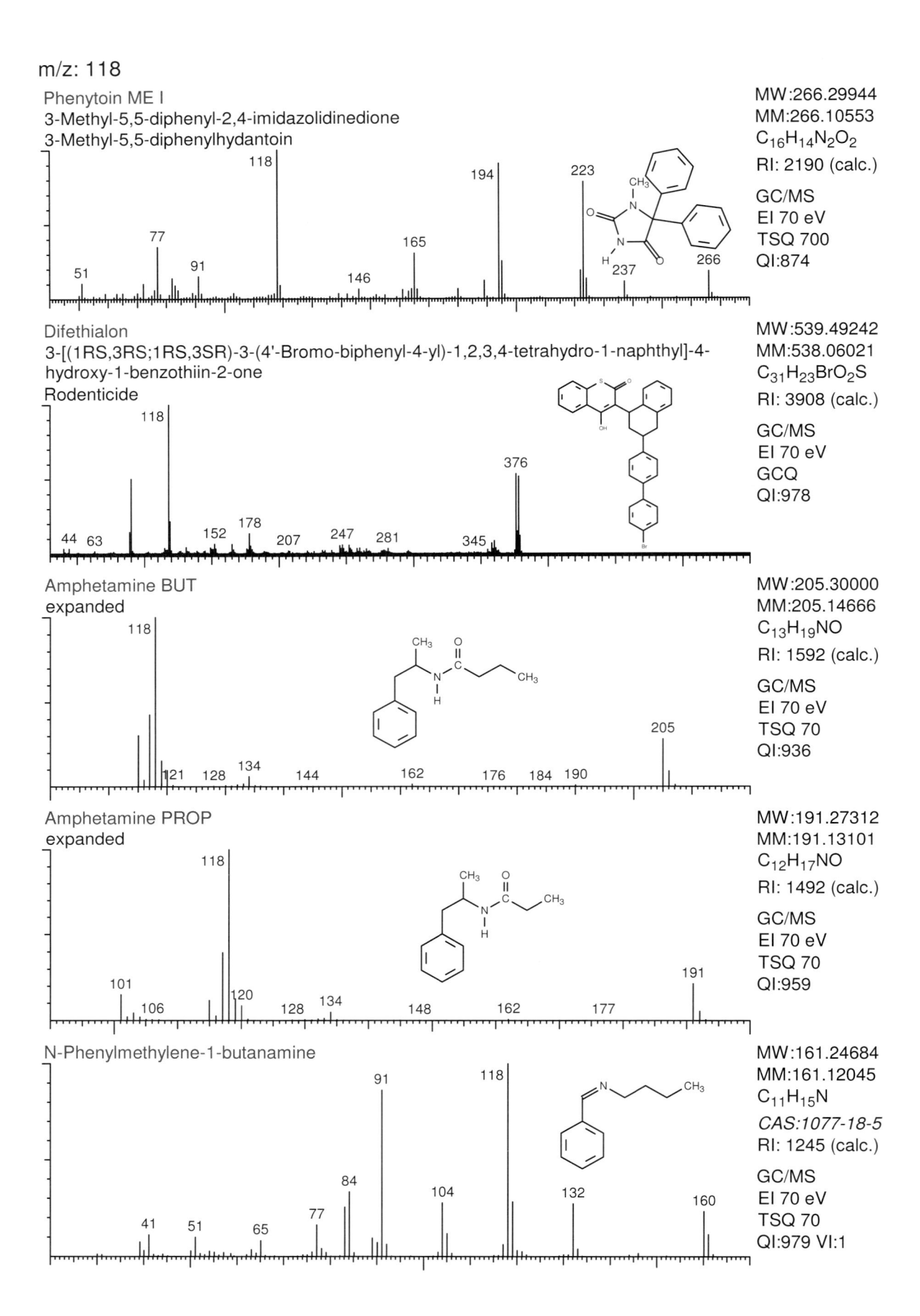

Phenytoin ME I
3-Methyl-5,5-diphenyl-2,4-imidazolidinedione
3-Methyl-5,5-diphenylhydantoin

MW:266.29944
MM:266.10553
$C_{16}H_{14}N_2O_2$
RI: 2190 (calc.)

GC/MS
EI 70 eV
TSQ 700
QI:874

Difethialon
3-[(1RS,3RS;1RS,3SR)-3-(4'-Bromo-biphenyl-4-yl)-1,2,3,4-tetrahydro-1-naphthyl]-4-hydroxy-1-benzothiin-2-one
Rodenticide

MW:539.49242
MM:538.06021
$C_{31}H_{23}BrO_2S$
RI: 3908 (calc.)

GC/MS
EI 70 eV
GCQ
QI:978

Amphetamine BUT
expanded

MW:205.30000
MM:205.14666
$C_{13}H_{19}NO$
RI: 1592 (calc.)

GC/MS
EI 70 eV
TSQ 70
QI:936

Amphetamine PROP
expanded

MW:191.27312
MM:191.13101
$C_{12}H_{17}NO$
RI: 1492 (calc.)

GC/MS
EI 70 eV
TSQ 70
QI:959

N-Phenylmethylene-1-butanamine

MW:161.24684
MM:161.12045
$C_{11}H_{15}N$
CAS:1077-18-5
RI: 1245 (calc.)

GC/MS
EI 70 eV
TSQ 70
QI:979 VI:1

m/z: 118-119

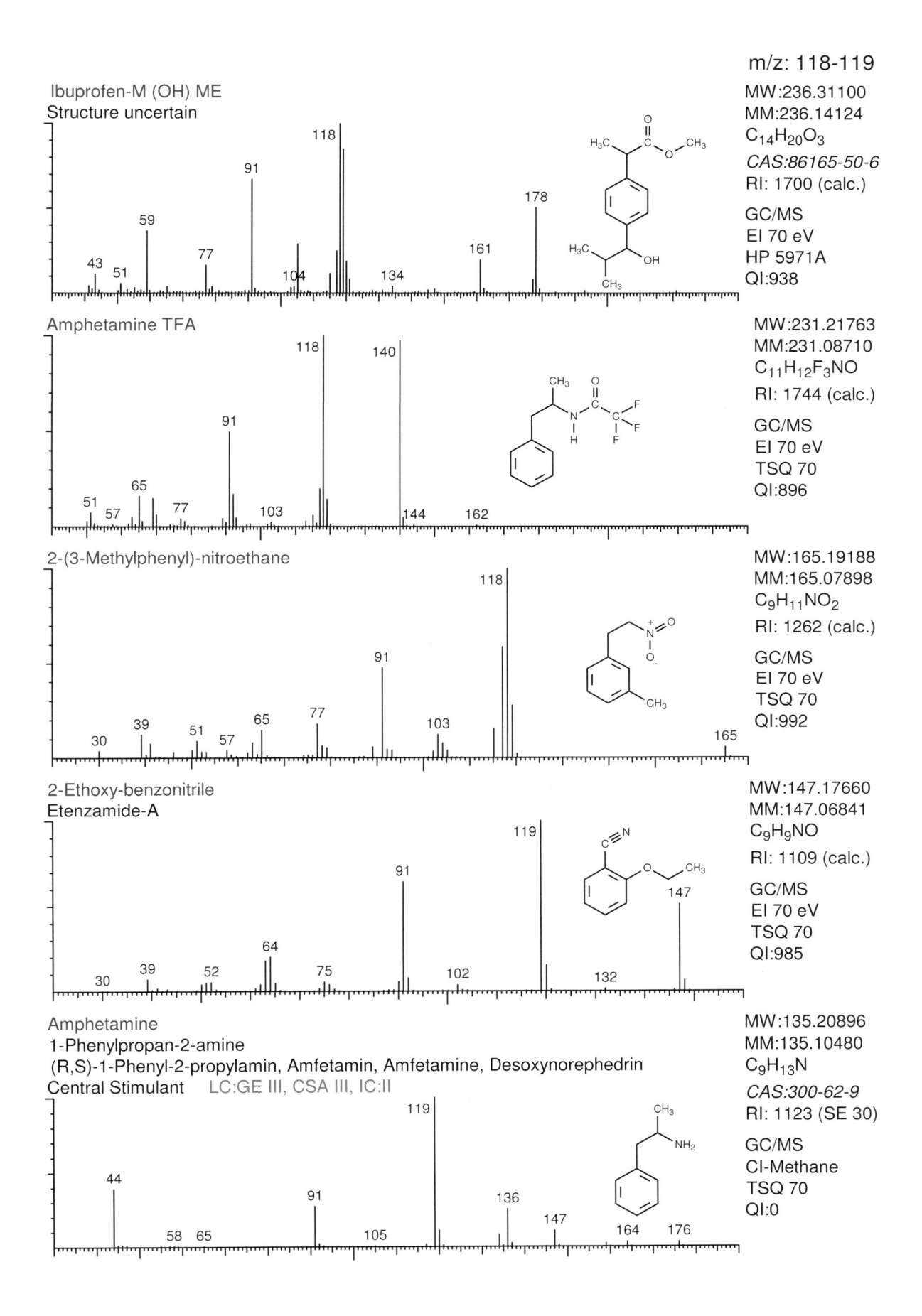

Ibuprofen-M (OH) ME
Structure uncertain

Peaks: 43, 51, 59, 77, 91, 104, 118, 134, 161, 178

MW: 236.31100
MM: 236.14124
$C_{14}H_{20}O_3$
CAS: 86165-50-6
RI: 1700 (calc.)

GC/MS
EI 70 eV
HP 5971A
QI: 938

Amphetamine TFA

Peaks: 51, 57, 65, 77, 91, 103, 118, 140, 144, 162

MW: 231.21763
MM: 231.08710
$C_{11}H_{12}F_3NO$
RI: 1744 (calc.)

GC/MS
EI 70 eV
TSQ 70
QI: 896

2-(3-Methylphenyl)-nitroethane

Peaks: 30, 39, 51, 57, 65, 77, 91, 103, 118, 165

MW: 165.19188
MM: 165.07898
$C_9H_{11}NO_2$
RI: 1262 (calc.)

GC/MS
EI 70 eV
TSQ 70
QI: 992

2-Ethoxy-benzonitrile
Etenzamide-A

Peaks: 30, 39, 52, 64, 75, 91, 102, 119, 132, 147

MW: 147.17660
MM: 147.06841
C_9H_9NO
RI: 1109 (calc.)

GC/MS
EI 70 eV
TSQ 70
QI: 985

Amphetamine
1-Phenylpropan-2-amine
(R,S)-1-Phenyl-2-propylamin, Amfetamin, Amfetamine, Desoxynorephedrin
Central Stimulant   LC:GE III, CSA III, IC:II

Peaks: 44, 58, 65, 91, 105, 119, 136, 147, 164, 176

MW: 135.20896
MM: 135.10480
$C_9H_{13}N$
CAS: 300-62-9
RI: 1123 (SE 30)

GC/MS
CI-Methane
TSQ 70
QI: 0

m/z: 119

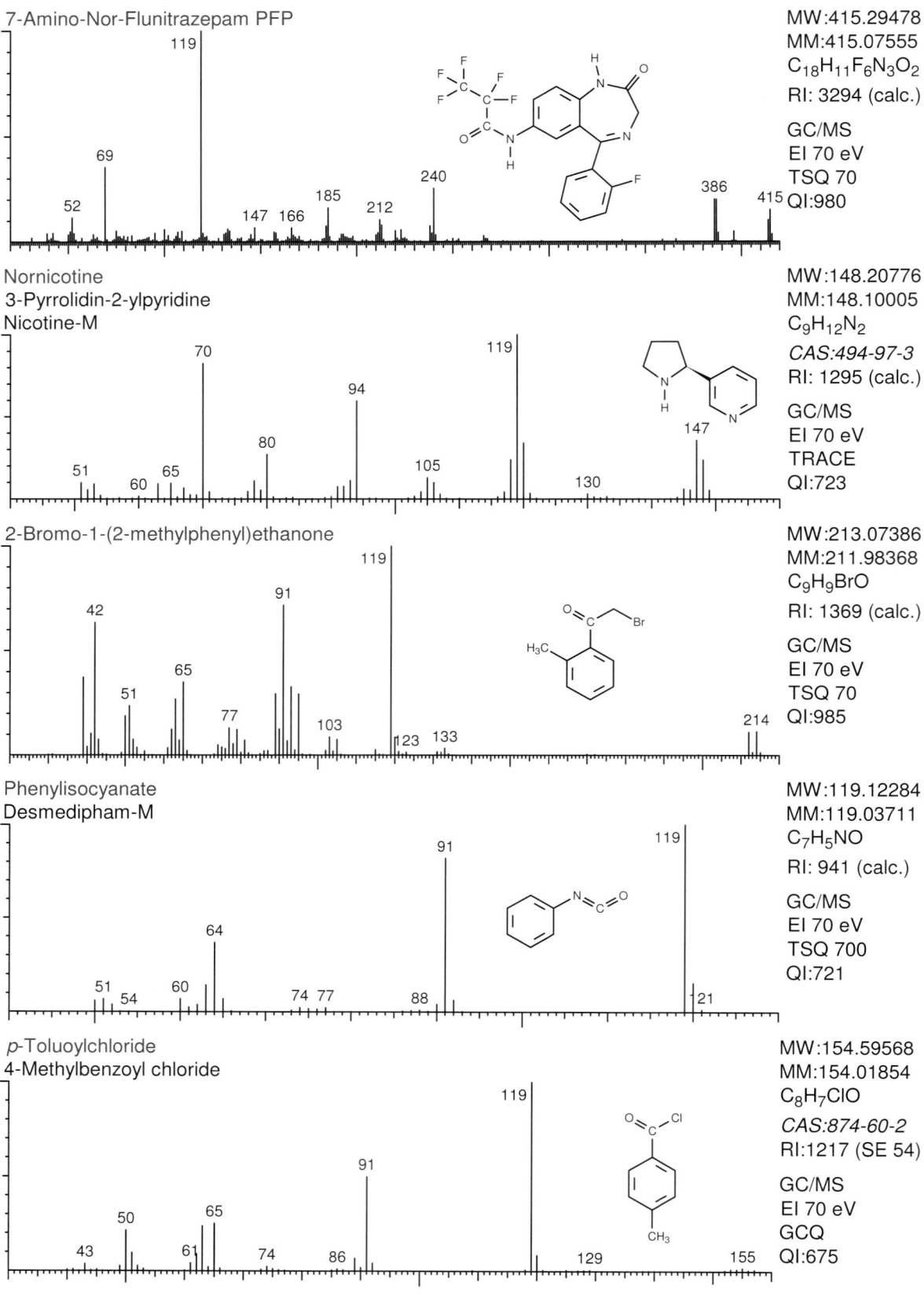

7-Amino-Nor-Flunitrazepam PFP

MW:415.29478
MM:415.07555
$C_{18}H_{11}F_6N_3O_2$
RI: 3294 (calc.)

GC/MS
EI 70 eV
TSQ 70
QI:980

Nornicotine
3-Pyrrolidin-2-ylpyridine
Nicotine-M

MW:148.20776
MM:148.10005
$C_9H_{12}N_2$
CAS:494-97-3
RI: 1295 (calc.)

GC/MS
EI 70 eV
TRACE
QI:723

2-Bromo-1-(2-methylphenyl)ethanone

MW:213.07386
MM:211.98368
C_9H_9BrO
RI: 1369 (calc.)

GC/MS
EI 70 eV
TSQ 70
QI:985

Phenylisocyanate
Desmedipham-M

MW:119.12284
MM:119.03711
C_7H_5NO
RI: 941 (calc.)

GC/MS
EI 70 eV
TSQ 700
QI:721

p-Toluoylchloride
4-Methylbenzoyl chloride

MW:154.59568
MM:154.01854
C_8H_7ClO
CAS:874-60-2
RI:1217 (SE 54)

GC/MS
EI 70 eV
GCQ
QI:675

m/z: 119

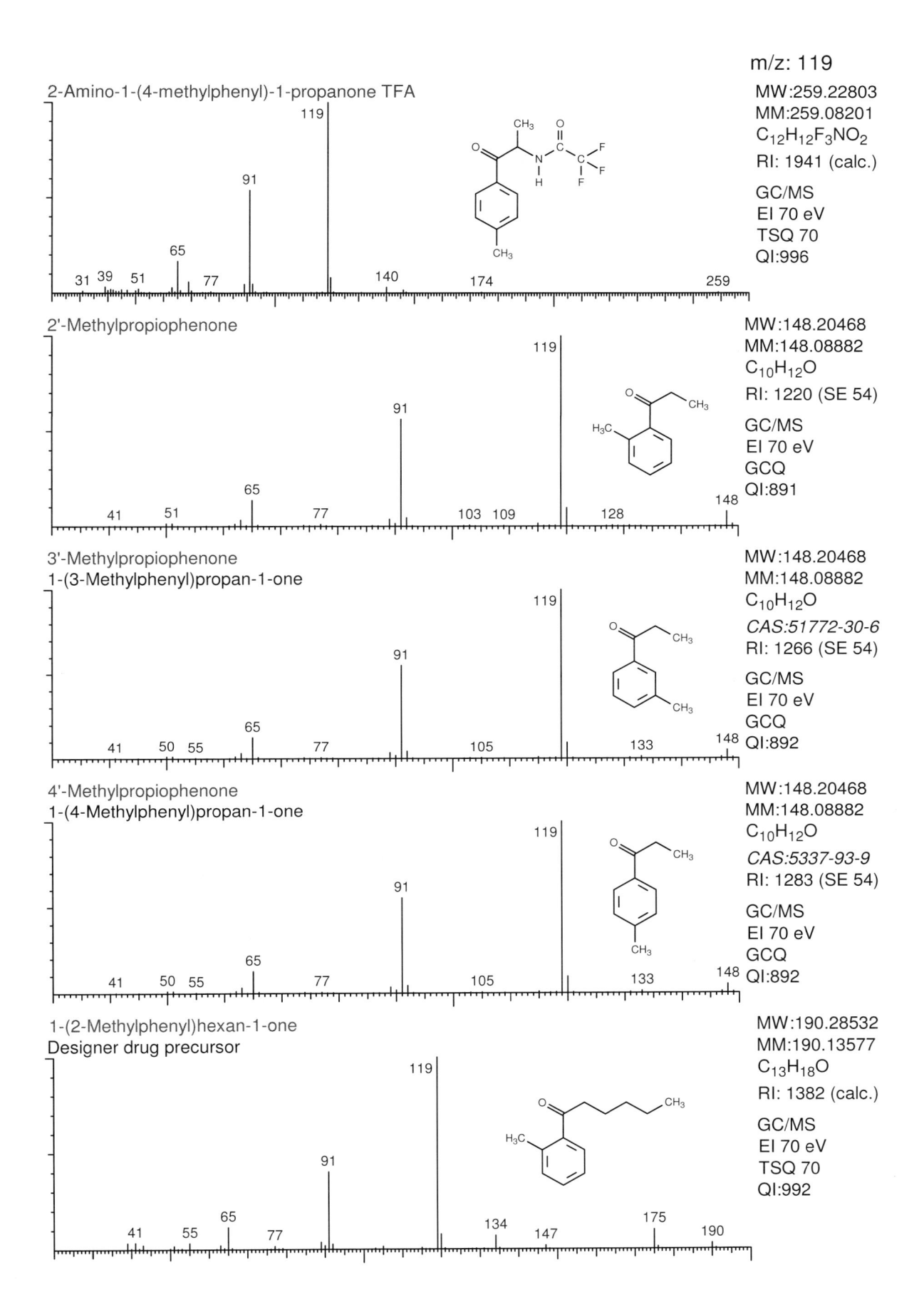

2-Amino-1-(4-methylphenyl)-1-propanone TFA

MW: 259.22803
MM: 259.08201
$C_{12}H_{12}F_3NO_2$
RI: 1941 (calc.)

GC/MS
EI 70 eV
TSQ 70
QI: 996

Peaks: 31, 39, 51, 65, 77, 91, 119, 140, 174, 259

2'-Methylpropiophenone

MW: 148.20468
MM: 148.08882
$C_{10}H_{12}O$
RI: 1220 (SE 54)

GC/MS
EI 70 eV
GCQ
QI: 891

Peaks: 41, 51, 65, 77, 91, 103, 109, 119, 128, 148

3'-Methylpropiophenone
1-(3-Methylphenyl)propan-1-one

MW: 148.20468
MM: 148.08882
$C_{10}H_{12}O$
CAS: 51772-30-6
RI: 1266 (SE 54)

GC/MS
EI 70 eV
GCQ
QI: 892

Peaks: 41, 50, 55, 65, 77, 91, 105, 119, 133, 148

4'-Methylpropiophenone
1-(4-Methylphenyl)propan-1-one

MW: 148.20468
MM: 148.08882
$C_{10}H_{12}O$
CAS: 5337-93-9
RI: 1283 (SE 54)

GC/MS
EI 70 eV
GCQ
QI: 892

Peaks: 41, 50, 55, 65, 77, 91, 105, 119, 133, 148

1-(2-Methylphenyl)hexan-1-one
Designer drug precursor

MW: 190.28532
MM: 190.13577
$C_{13}H_{18}O$
RI: 1382 (calc.)

GC/MS
EI 70 eV
TSQ 70
QI: 992

Peaks: 41, 55, 65, 77, 91, 119, 134, 147, 175, 190

m/z: 119

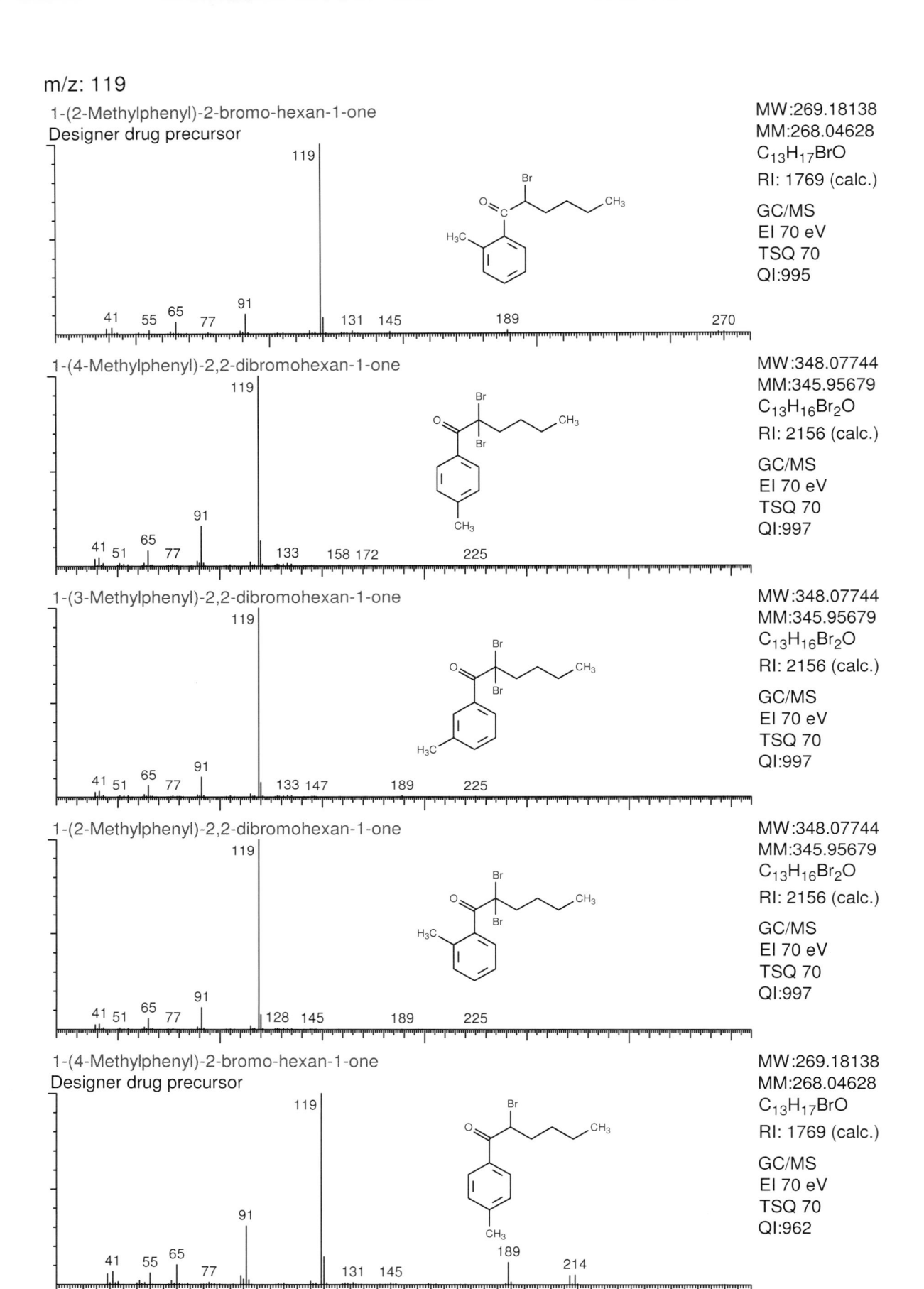

1-(2-Methylphenyl)-2-bromo-hexan-1-one
Designer drug precursor

Peaks: 41, 55, 65, 77, 91, 119, 131, 145, 189, 270

MW: 269.18138
MM: 268.04628
$C_{13}H_{17}BrO$
RI: 1769 (calc.)

GC/MS
EI 70 eV
TSQ 70
QI: 995

1-(4-Methylphenyl)-2,2-dibromohexan-1-one

Peaks: 41, 51, 65, 77, 91, 119, 133, 158, 172, 225

MW: 348.07744
MM: 345.95679
$C_{13}H_{16}Br_2O$
RI: 2156 (calc.)

GC/MS
EI 70 eV
TSQ 70
QI: 997

1-(3-Methylphenyl)-2,2-dibromohexan-1-one

Peaks: 41, 51, 65, 77, 91, 119, 133, 147, 189, 225

MW: 348.07744
MM: 345.95679
$C_{13}H_{16}Br_2O$
RI: 2156 (calc.)

GC/MS
EI 70 eV
TSQ 70
QI: 997

1-(2-Methylphenyl)-2,2-dibromohexan-1-one

Peaks: 41, 51, 65, 77, 91, 119, 128, 145, 189, 225

MW: 348.07744
MM: 345.95679
$C_{13}H_{16}Br_2O$
RI: 2156 (calc.)

GC/MS
EI 70 eV
TSQ 70
QI: 997

1-(4-Methylphenyl)-2-bromo-hexan-1-one
Designer drug precursor

Peaks: 41, 55, 65, 77, 91, 119, 131, 145, 189, 214

MW: 269.18138
MM: 268.04628
$C_{13}H_{17}BrO$
RI: 1769 (calc.)

GC/MS
EI 70 eV
TSQ 70
QI: 962

m/z: 119

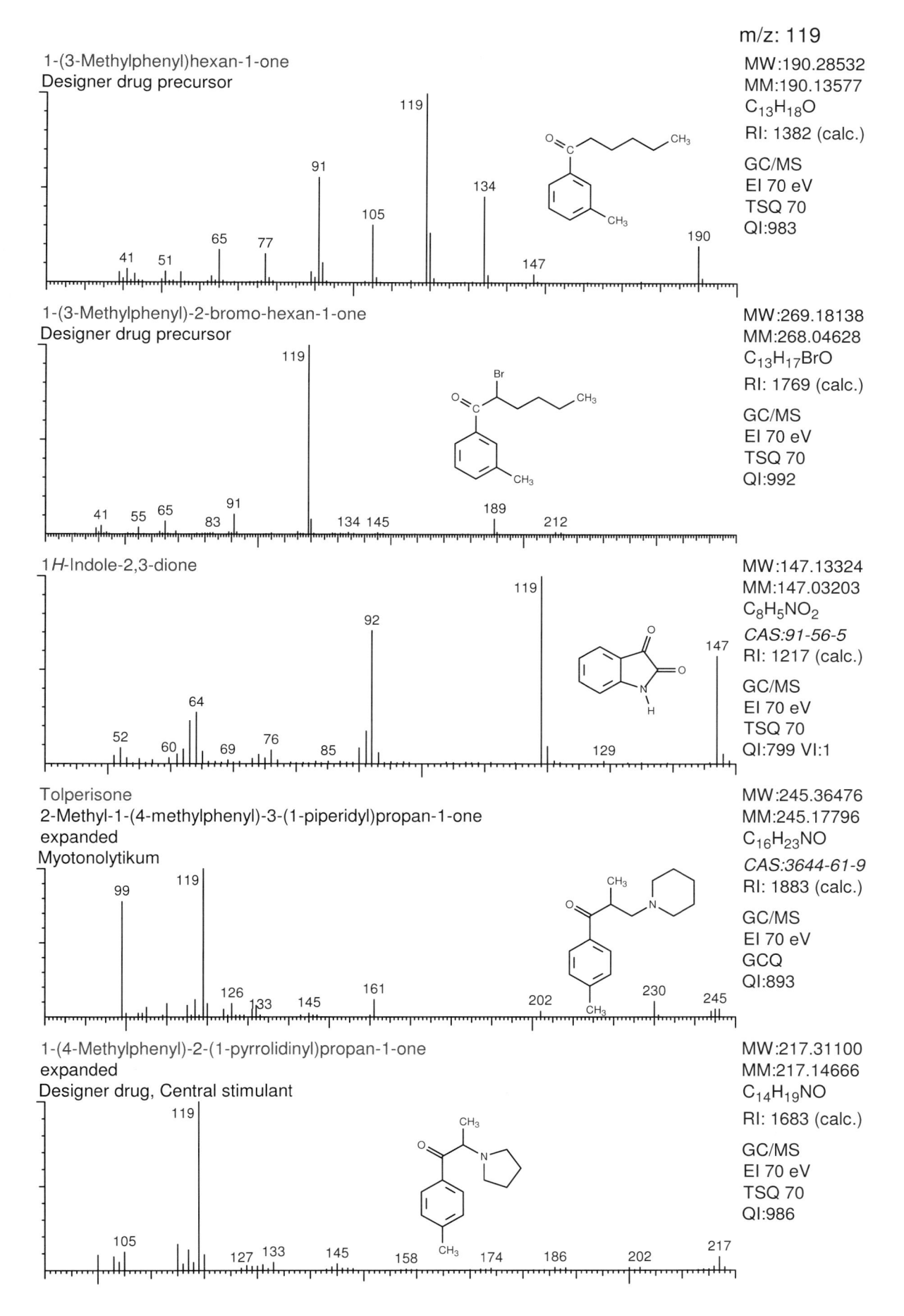

1-(3-Methylphenyl)hexan-1-one
Designer drug precursor

MW: 190.28532
MM: 190.13577
$C_{13}H_{18}O$
RI: 1382 (calc.)

GC/MS
EI 70 eV
TSQ 70
QI: 983

1-(3-Methylphenyl)-2-bromo-hexan-1-one
Designer drug precursor

MW: 269.18138
MM: 268.04628
$C_{13}H_{17}BrO$
RI: 1769 (calc.)

GC/MS
EI 70 eV
TSQ 70
QI: 992

1H-Indole-2,3-dione

MW: 147.13324
MM: 147.03203
$C_8H_5NO_2$
CAS: 91-56-5
RI: 1217 (calc.)

GC/MS
EI 70 eV
TSQ 70
QI: 799 VI:1

Tolperisone
2-Methyl-1-(4-methylphenyl)-3-(1-piperidyl)propan-1-one
expanded
Myotonolytikum

MW: 245.36476
MM: 245.17796
$C_{16}H_{23}NO$
CAS: 3644-61-9
RI: 1883 (calc.)

GC/MS
EI 70 eV
GCQ
QI: 893

1-(4-Methylphenyl)-2-(1-pyrrolidinyl)propan-1-one
expanded
Designer drug, Central stimulant

MW: 217.31100
MM: 217.14666
$C_{14}H_{19}NO$
RI: 1683 (calc.)

GC/MS
EI 70 eV
TSQ 70
QI: 986

m/z: 119

1-(4-Methylphenyl)-2-(3-hydroxy-pyrrolidinyl)-propan-1-one
expanded

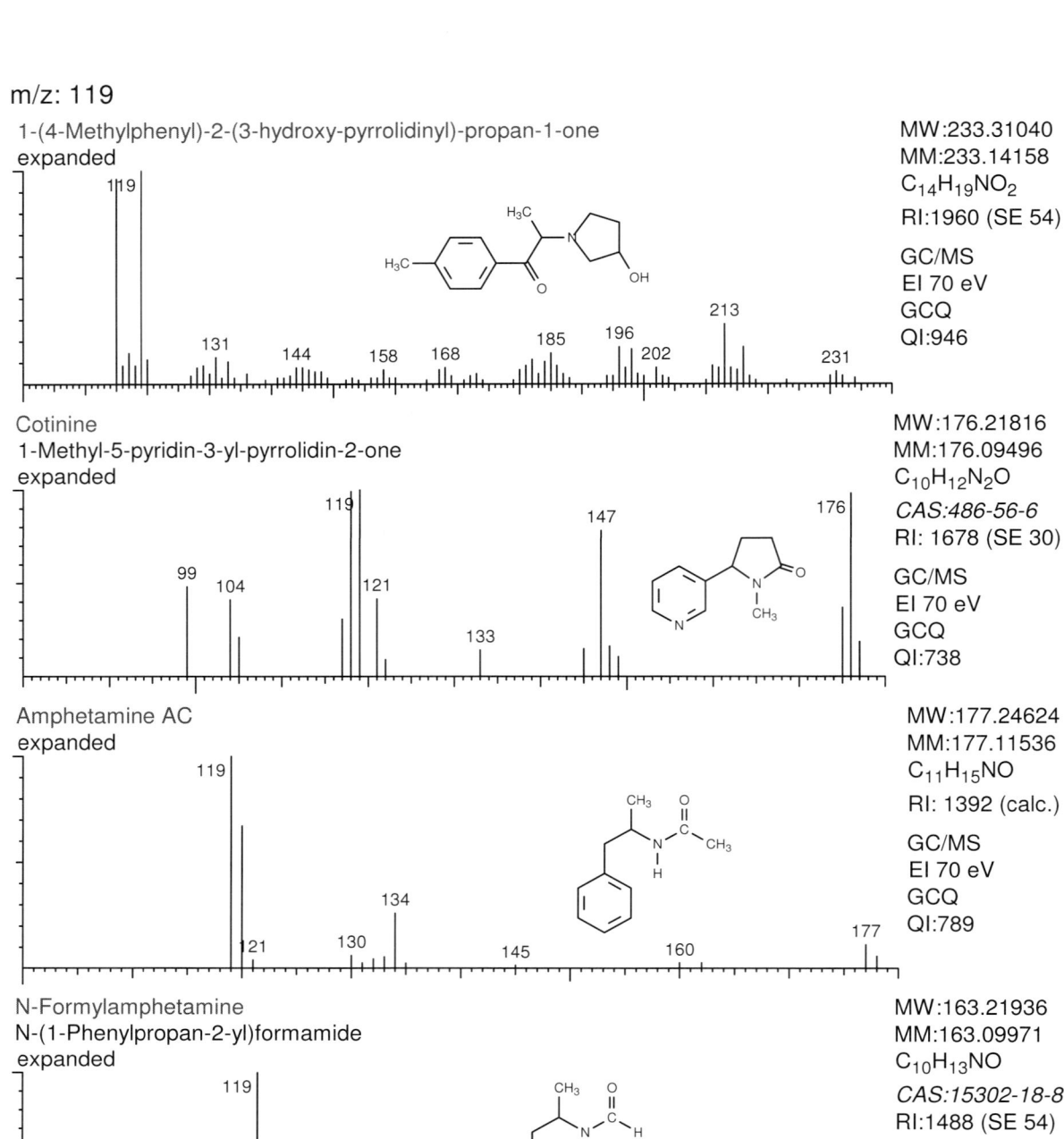

Peaks: 119, 131, 144, 158, 168, 185, 196, 202, 213, 231

MW: 233.31040
MM: 233.14158
$C_{14}H_{19}NO_2$
RI: 1960 (SE 54)

GC/MS
EI 70 eV
GCQ
QI: 946

Cotinine
1-Methyl-5-pyridin-3-yl-pyrrolidin-2-one
expanded

Peaks: 99, 104, 119, 121, 133, 147, 176

MW: 176.21816
MM: 176.09496
$C_{10}H_{12}N_2O$
CAS: 486-56-6
RI: 1678 (SE 30)

GC/MS
EI 70 eV
GCQ
QI: 738

Amphetamine AC
expanded

Peaks: 119, 121, 130, 134, 145, 160, 177

MW: 177.24624
MM: 177.11536
$C_{11}H_{15}NO$
RI: 1392 (calc.)

GC/MS
EI 70 eV
GCQ
QI: 789

N-Formylamphetamine
N-(1-Phenylpropan-2-yl)formamide
expanded

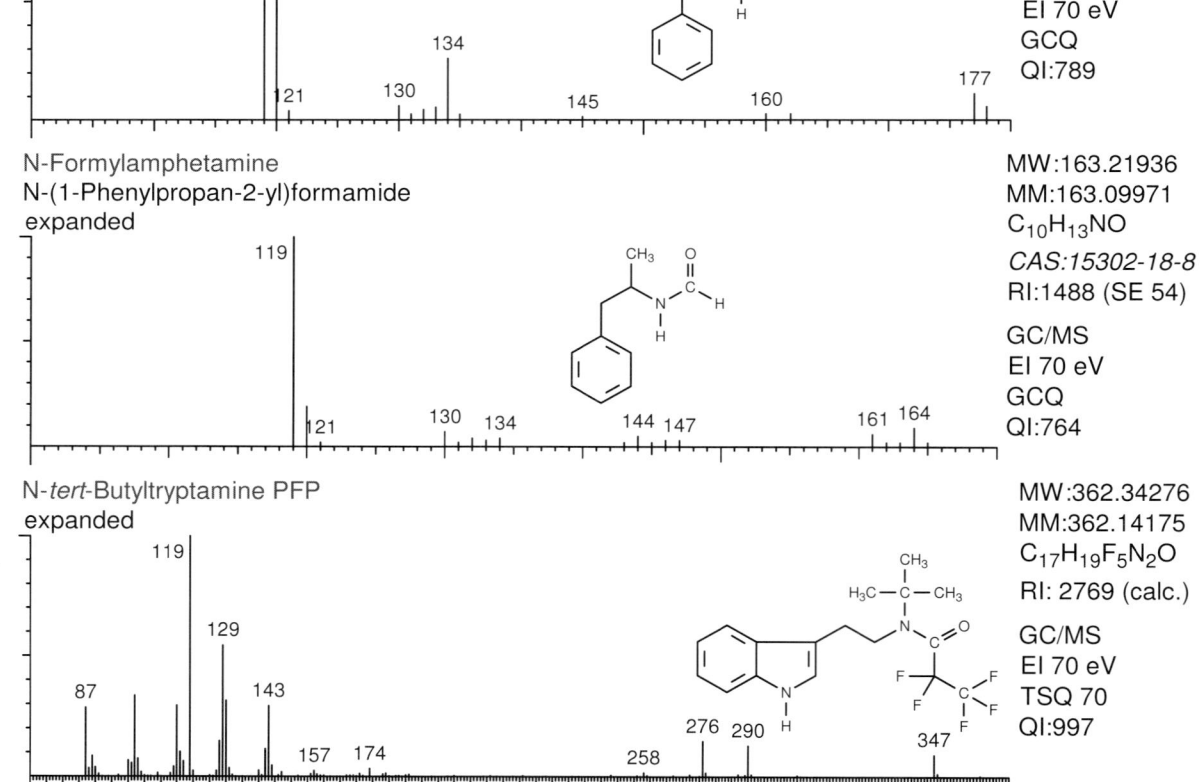

Peaks: 119, 121, 130, 134, 144, 147, 161, 164

MW: 163.21936
MM: 163.09971
$C_{10}H_{13}NO$
CAS: 15302-18-8
RI: 1488 (SE 54)

GC/MS
EI 70 eV
GCQ
QI: 764

N-tert-Butyltryptamine PFP
expanded

Peaks: 87, 119, 129, 143, 157, 174, 258, 276, 290, 347

MW: 362.34276
MM: 362.14175
$C_{17}H_{19}F_5N_2O$
RI: 2769 (calc.)

GC/MS
EI 70 eV
TSQ 70
QI: 997

m/z: 119

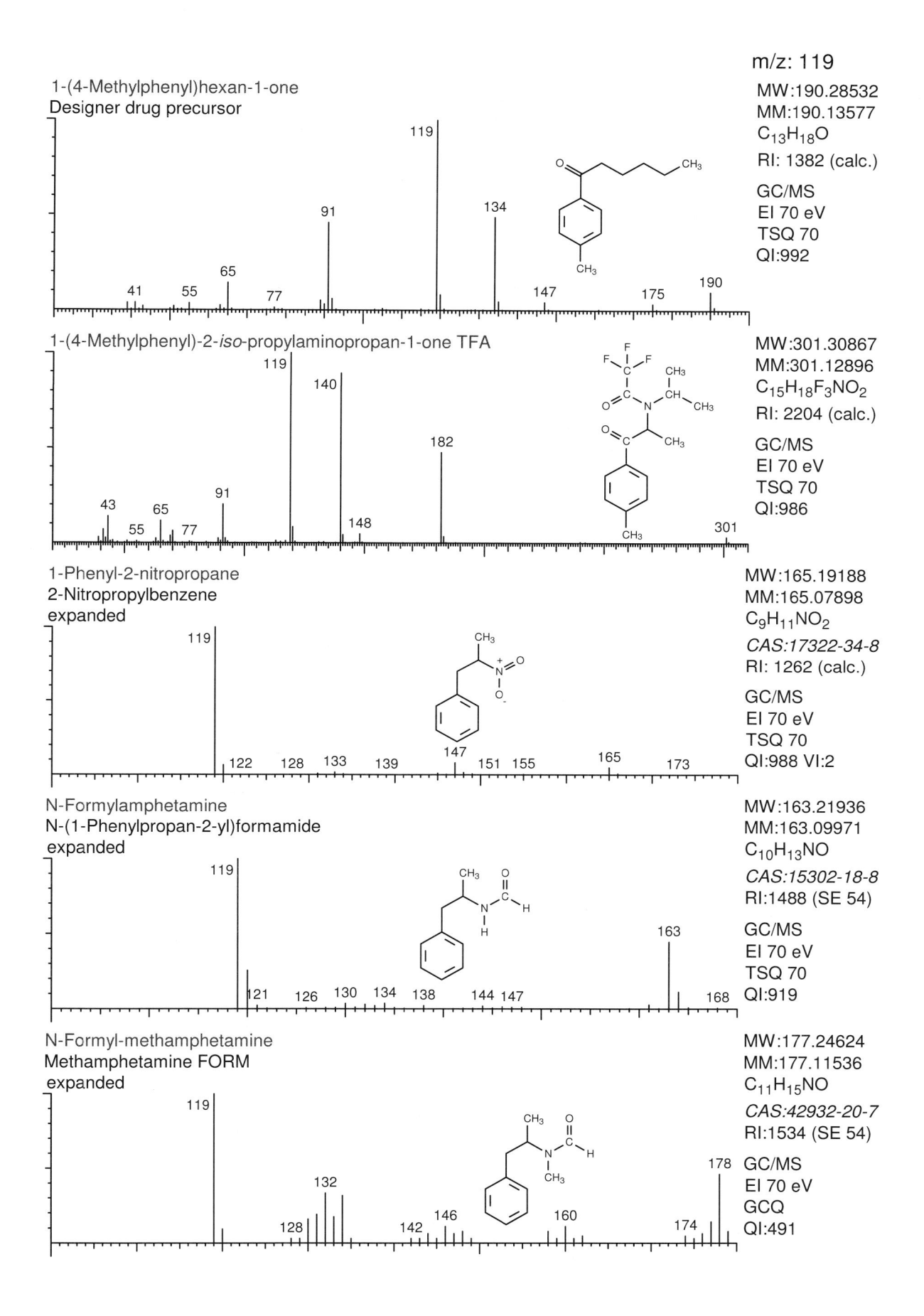

1-(4-Methylphenyl)hexan-1-one
Designer drug precursor

Peaks: 41, 55, 65, 77, 91, 119, 134, 147, 175, 190

MW: 190.28532
MM: 190.13577
$C_{13}H_{18}O$
RI: 1382 (calc.)

GC/MS
EI 70 eV
TSQ 70
QI:992

1-(4-Methylphenyl)-2-iso-propylaminopropan-1-one TFA

Peaks: 43, 55, 65, 77, 91, 119, 140, 148, 182, 301

MW: 301.30867
MM: 301.12896
$C_{15}H_{18}F_3NO_2$
RI: 2204 (calc.)

GC/MS
EI 70 eV
TSQ 70
QI:986

1-Phenyl-2-nitropropane
2-Nitropropylbenzene
expanded

Peaks: 119, 122, 128, 133, 139, 147, 151, 155, 165, 173

MW: 165.19188
MM: 165.07898
$C_9H_{11}NO_2$
CAS: 17322-34-8
RI: 1262 (calc.)

GC/MS
EI 70 eV
TSQ 70
QI:988 VI:2

N-Formylamphetamine
N-(1-Phenylpropan-2-yl)formamide
expanded

Peaks: 119, 121, 126, 130, 134, 138, 144, 147, 163, 168

MW: 163.21936
MM: 163.09971
$C_{10}H_{13}NO$
CAS: 15302-18-8
RI: 1488 (SE 54)

GC/MS
EI 70 eV
TSQ 70
QI:919

N-Formyl-methamphetamine
Methamphetamine FORM
expanded

Peaks: 119, 128, 132, 142, 146, 160, 174, 178

MW: 177.24624
MM: 177.11536
$C_{11}H_{15}NO$
CAS: 42932-20-7
RI: 1534 (SE 54)

GC/MS
EI 70 eV
GCQ
QI:491

m/z: 119

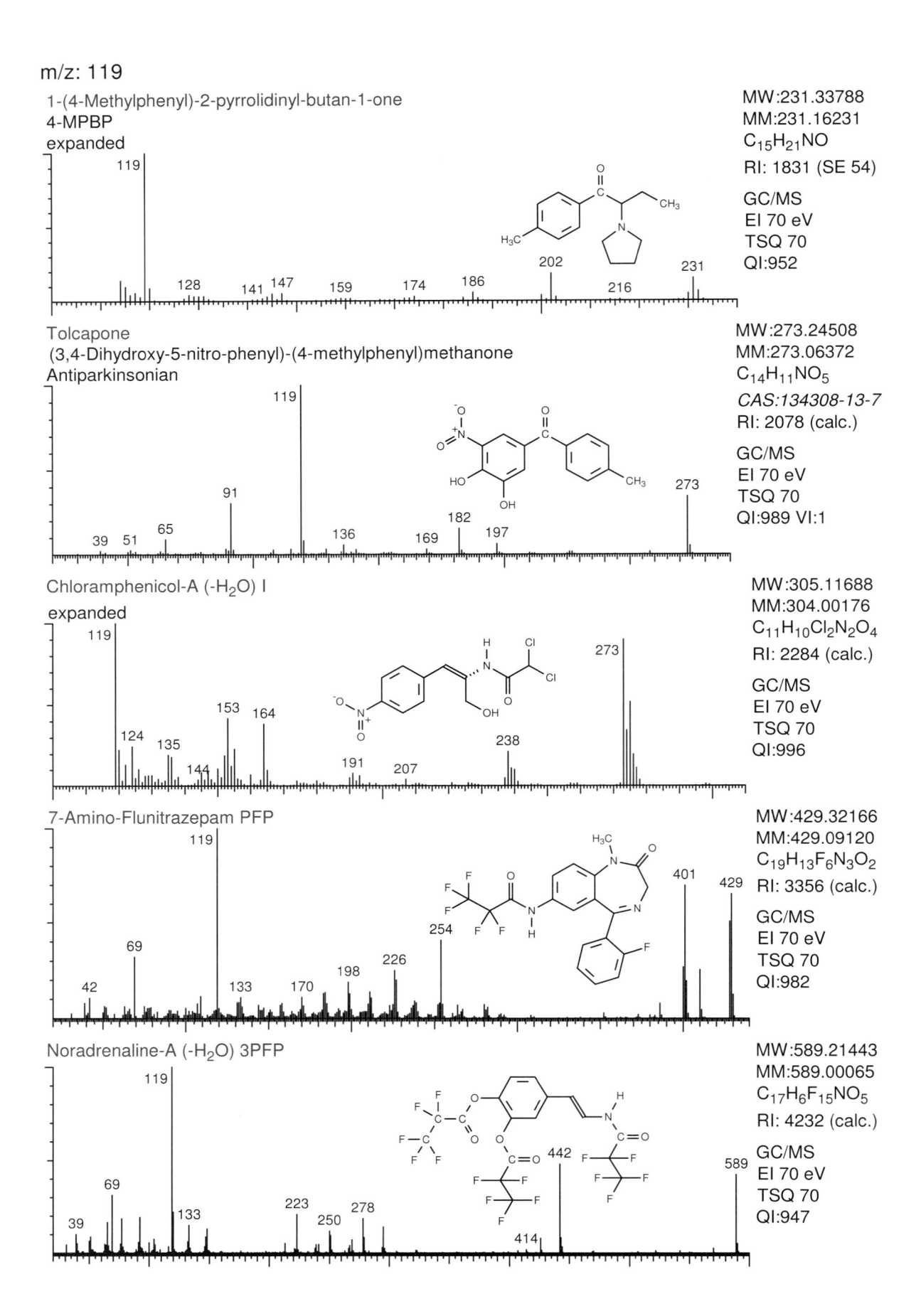

1-(4-Methylphenyl)-2-pyrrolidinyl-butan-1-one
4-MPBP
expanded

MW:231.33788
MM:231.16231
$C_{15}H_{21}NO$
RI: 1831 (SE 54)

GC/MS
EI 70 eV
TSQ 70
QI:952

Peaks: 119, 128, 141, 147, 159, 174, 186, 202, 216, 231

Tolcapone
(3,4-Dihydroxy-5-nitro-phenyl)-(4-methylphenyl)methanone
Antiparkinsonian

MW:273.24508
MM:273.06372
$C_{14}H_{11}NO_5$
CAS:134308-13-7
RI: 2078 (calc.)

GC/MS
EI 70 eV
TSQ 70
QI:989 VI:1

Peaks: 39, 51, 65, 91, 119, 136, 169, 182, 197, 273

Chloramphenicol-A (-H₂O) I
expanded

MW:305.11688
MM:304.00176
$C_{11}H_{10}Cl_2N_2O_4$
RI: 2284 (calc.)

GC/MS
EI 70 eV
TSQ 70
QI:996

Peaks: 119, 124, 135, 144, 153, 164, 191, 207, 238, 273

7-Amino-Flunitrazepam PFP

MW:429.32166
MM:429.09120
$C_{19}H_{13}F_6N_3O_2$
RI: 3356 (calc.)

GC/MS
EI 70 eV
TSQ 70
QI:982

Peaks: 42, 69, 119, 133, 170, 198, 226, 254, 401, 429

Noradrenaline-A (-H₂O) 3PFP

MW:589.21443
MM:589.00065
$C_{17}H_6F_{15}NO_5$
RI: 4232 (calc.)

GC/MS
EI 70 eV
TSQ 70
QI:947

Peaks: 39, 69, 119, 133, 223, 250, 278, 414, 442, 589

m/z: 119

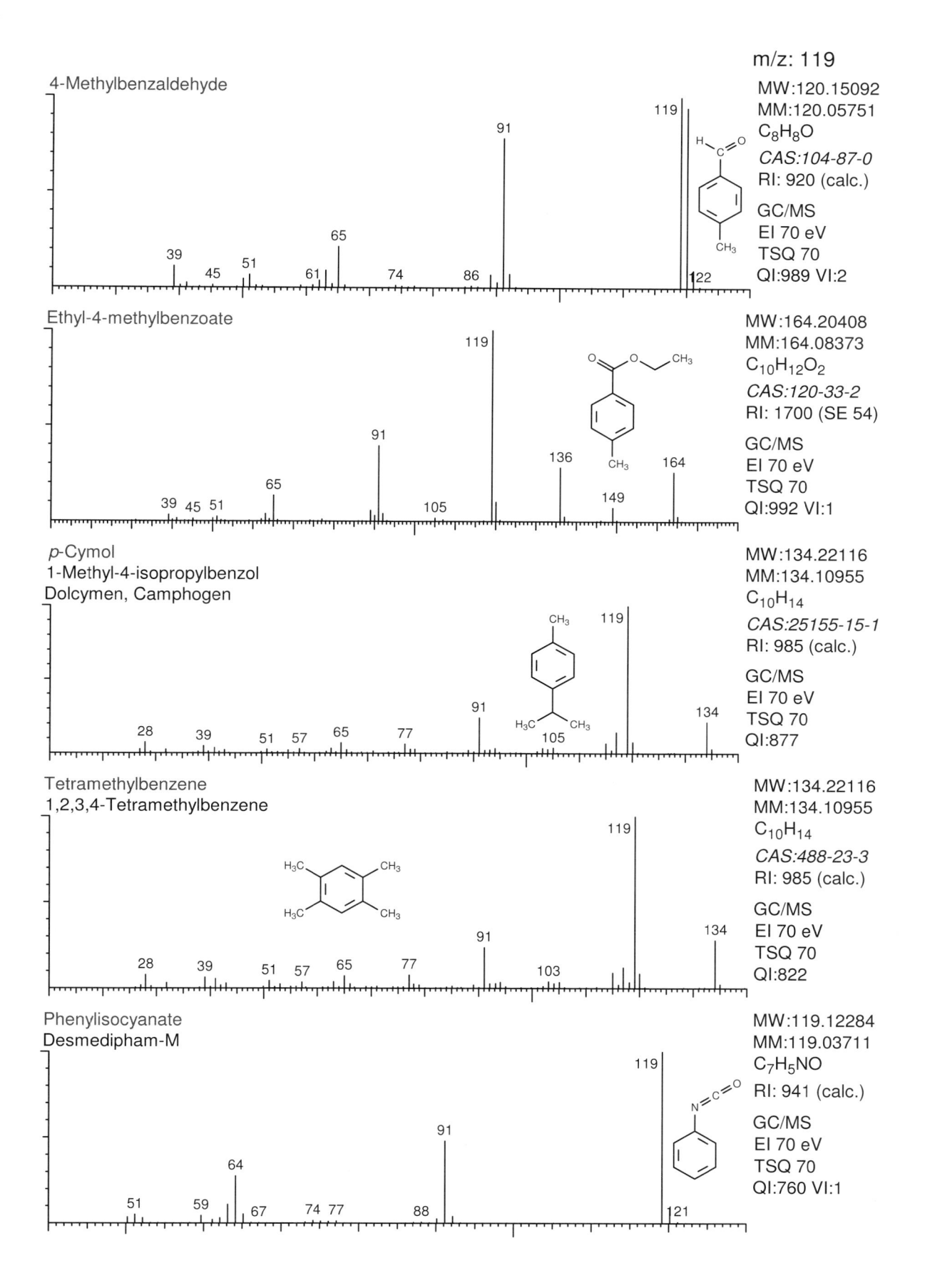

4-Methylbenzaldehyde

Peaks: 39, 45, 51, 61, 65, 74, 86, 91, 119, 122

MW: 120.15092
MM: 120.05751
C$_8$H$_8$O
CAS: 104-87-0
RI: 920 (calc.)
GC/MS
EI 70 eV
TSQ 70
QI: 989 VI: 2

Ethyl-4-methylbenzoate

Peaks: 39, 45, 51, 65, 91, 105, 119, 136, 149, 164

MW: 164.20408
MM: 164.08373
C$_{10}$H$_{12}$O$_2$
CAS: 120-33-2
RI: 1700 (SE 54)
GC/MS
EI 70 eV
TSQ 70
QI: 992 VI: 1

p-Cymol
1-Methyl-4-isopropylbenzol
Dolcymen, Camphogen

Peaks: 28, 39, 51, 57, 65, 77, 91, 105, 119, 134

MW: 134.22116
MM: 134.10955
C$_{10}$H$_{14}$
CAS: 25155-15-1
RI: 985 (calc.)
GC/MS
EI 70 eV
TSQ 70
QI: 877

Tetramethylbenzene
1,2,3,4-Tetramethylbenzene

Peaks: 28, 39, 51, 57, 65, 77, 91, 103, 119, 134

MW: 134.22116
MM: 134.10955
C$_{10}$H$_{14}$
CAS: 488-23-3
RI: 985 (calc.)
GC/MS
EI 70 eV
TSQ 70
QI: 822

Phenylisocyanate
Desmedipham-M

Peaks: 51, 59, 64, 67, 74, 77, 88, 91, 119, 121

MW: 119.12284
MM: 119.03711
C$_7$H$_5$NO
RI: 941 (calc.)
GC/MS
EI 70 eV
TSQ 70
QI: 760 VI: 1

m/z: 119

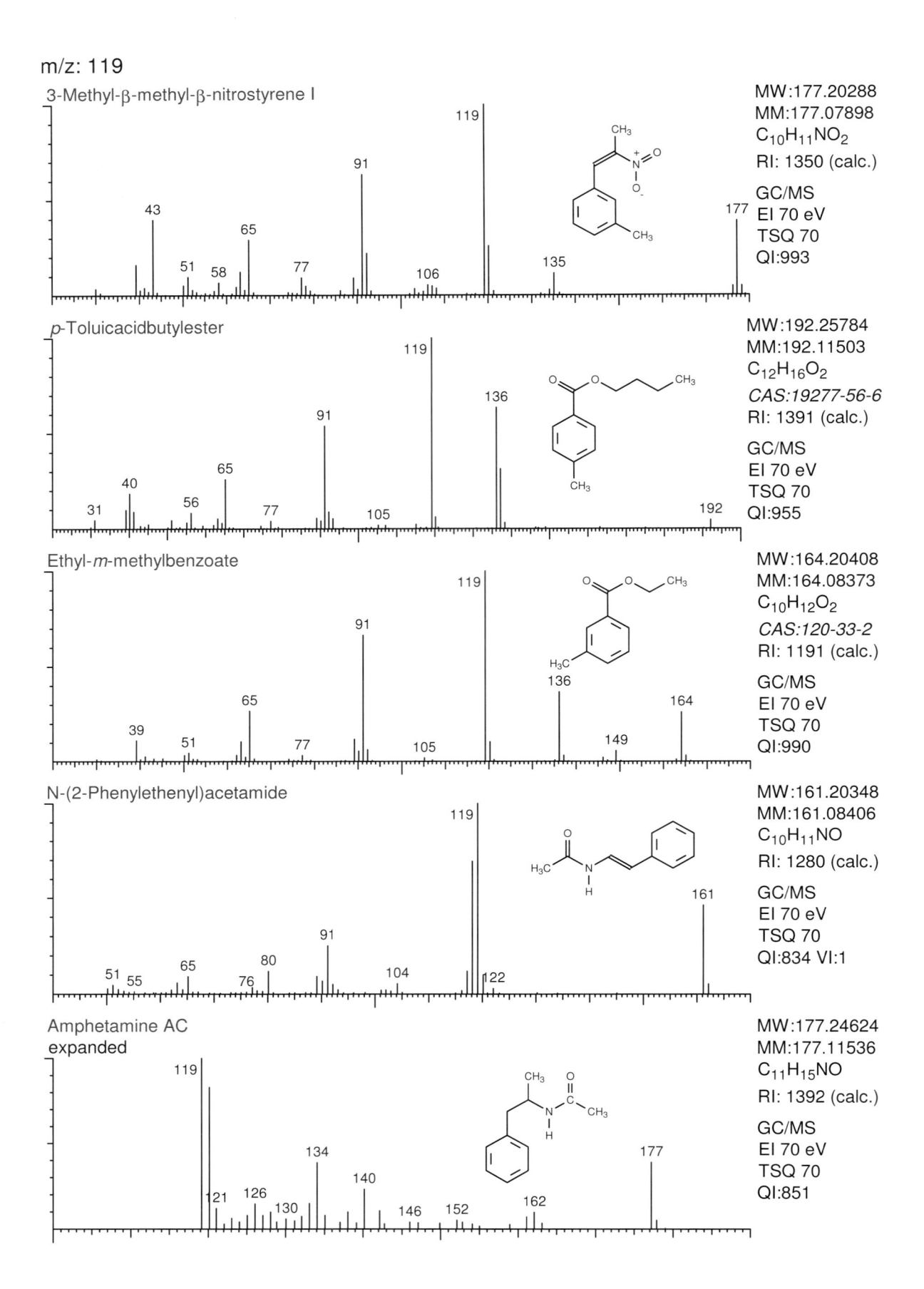

3-Methyl-β-methyl-β-nitrostyrene I

MW: 177.20288
MM: 177.07898
$C_{10}H_{11}NO_2$
RI: 1350 (calc.)

GC/MS
EI 70 eV
TSQ 70
QI: 993

p-Toluicacidbutylester

MW: 192.25784
MM: 192.11503
$C_{12}H_{16}O_2$
CAS: 19277-56-6
RI: 1391 (calc.)

GC/MS
EI 70 eV
TSQ 70
QI: 955

Ethyl-m-methylbenzoate

MW: 164.20408
MM: 164.08373
$C_{10}H_{12}O_2$
CAS: 120-33-2
RI: 1191 (calc.)

GC/MS
EI 70 eV
TSQ 70
QI: 990

N-(2-Phenylethenyl)acetamide

MW: 161.20348
MM: 161.08406
$C_{10}H_{11}NO$
RI: 1280 (calc.)

GC/MS
EI 70 eV
TSQ 70
QI: 834 VI:1

Amphetamine AC expanded

MW: 177.24624
MM: 177.11536
$C_{11}H_{15}NO$
RI: 1392 (calc.)

GC/MS
EI 70 eV
TSQ 70
QI: 851

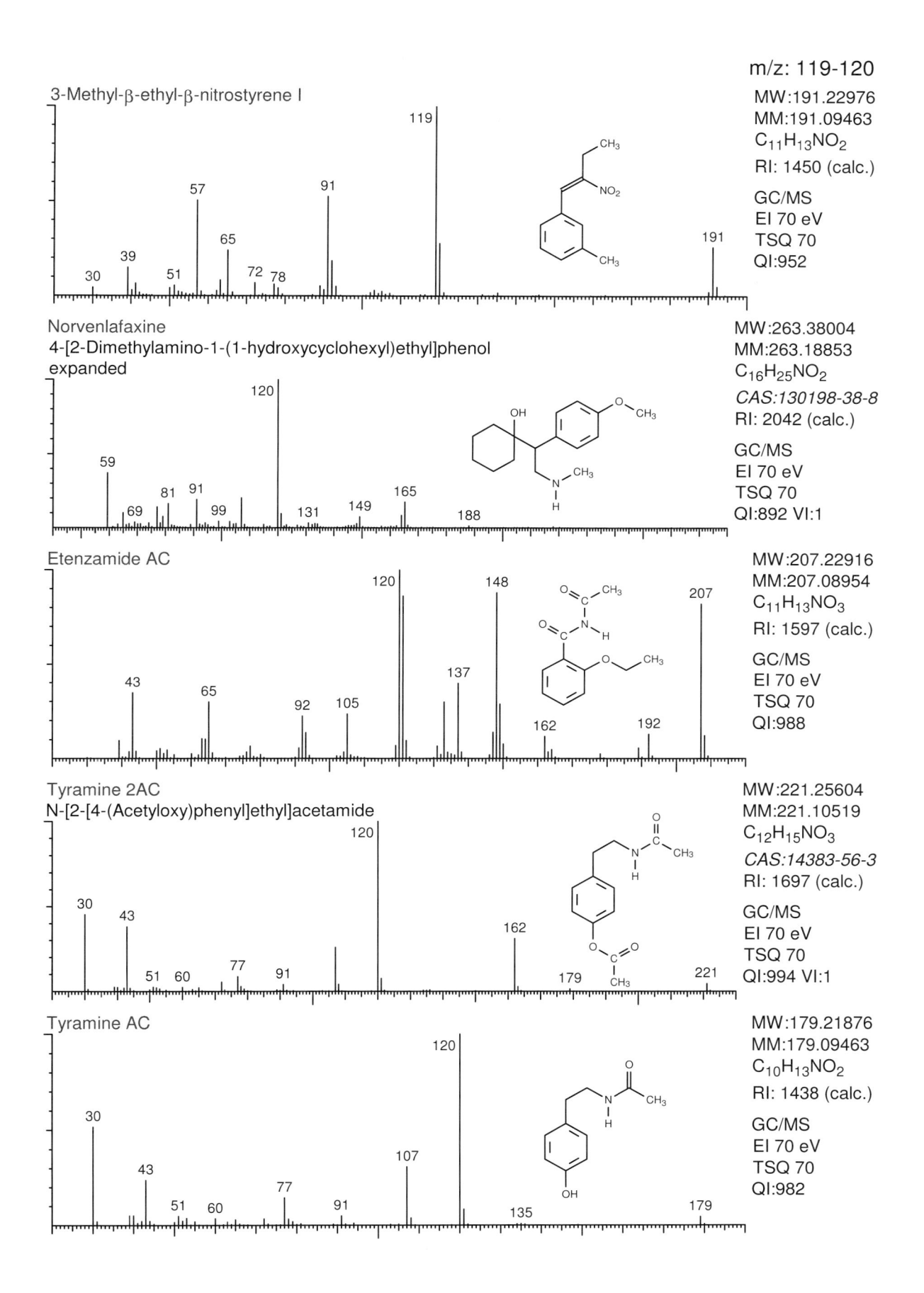

3-Methyl-β-ethyl-β-nitrostyrene I

m/z: 119-120
MW: 191.22976
MM: 191.09463
$C_{11}H_{13}NO_2$
RI: 1450 (calc.)

GC/MS
EI 70 eV
TSQ 70
QI: 952

Peaks: 30, 39, 51, 57, 65, 72, 78, 91, 119, 191

Norvenlafaxine
4-[2-Dimethylamino-1-(1-hydroxycyclohexyl)ethyl]phenol expanded

MW: 263.38004
MM: 263.18853
$C_{16}H_{25}NO_2$
CAS: 130198-38-8
RI: 2042 (calc.)

GC/MS
EI 70 eV
TSQ 70
QI: 892 VI:1

Peaks: 59, 69, 81, 91, 99, 120, 131, 149, 165, 188

Etenzamide AC

MW: 207.22916
MM: 207.08954
$C_{11}H_{13}NO_3$
RI: 1597 (calc.)

GC/MS
EI 70 eV
TSQ 70
QI: 988

Peaks: 43, 65, 92, 105, 120, 137, 148, 162, 192, 207

Tyramine 2AC
N-[2-[4-(Acetyloxy)phenyl]ethyl]acetamide

MW: 221.25604
MM: 221.10519
$C_{12}H_{15}NO_3$
CAS: 14383-56-3
RI: 1697 (calc.)

GC/MS
EI 70 eV
TSQ 70
QI: 994 VI:1

Peaks: 30, 43, 51, 60, 77, 91, 120, 162, 179, 221

Tyramine AC

MW: 179.21876
MM: 179.09463
$C_{10}H_{13}NO_2$
RI: 1438 (calc.)

GC/MS
EI 70 eV
TSQ 70
QI: 982

Peaks: 30, 43, 51, 60, 77, 91, 107, 120, 135, 179

m/z: 120

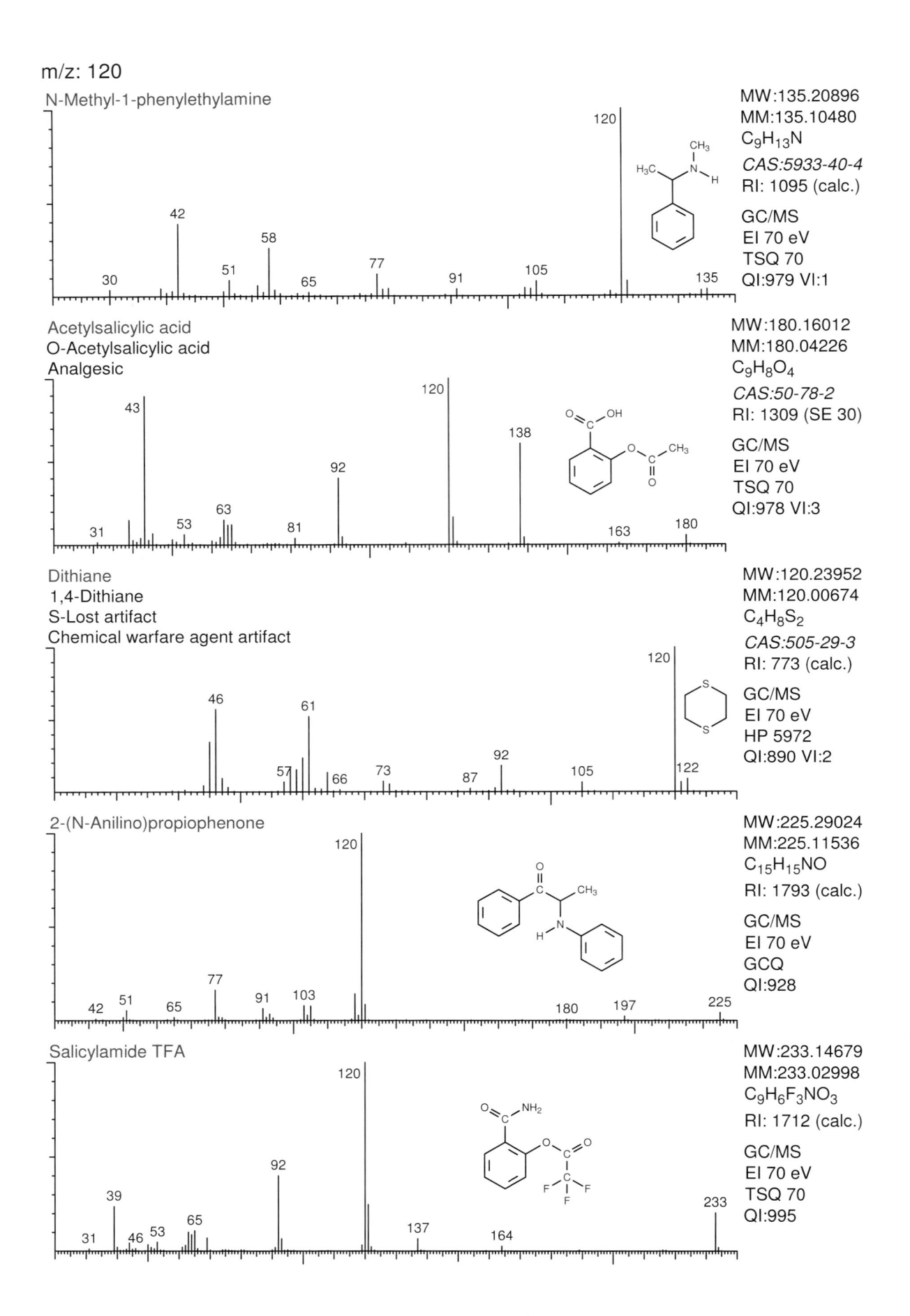

N-Methyl-1-phenylethylamine

MW:135.20896
MM:135.10480
$C_9H_{13}N$
CAS:5933-40-4
RI: 1095 (calc.)

GC/MS
EI 70 eV
TSQ 70
QI:979 VI:1

Peaks: 30, 42, 51, 58, 65, 77, 91, 105, 120, 135

Acetylsalicylic acid
O-Acetylsalicylic acid
Analgesic

MW:180.16012
MM:180.04226
$C_9H_8O_4$
CAS:50-78-2
RI: 1309 (SE 30)

GC/MS
EI 70 eV
TSQ 70
QI:978 VI:3

Peaks: 31, 43, 53, 63, 81, 92, 120, 138, 163, 180

Dithiane
1,4-Dithiane
S-Lost artifact
Chemical warfare agent artifact

MW:120.23952
MM:120.00674
$C_4H_8S_2$
CAS:505-29-3
RI: 773 (calc.)

GC/MS
EI 70 eV
HP 5972
QI:890 VI:2

Peaks: 46, 57, 61, 66, 73, 87, 92, 105, 120, 122

2-(N-Anilino)propiophenone

MW:225.29024
MM:225.11536
$C_{15}H_{15}NO$
RI: 1793 (calc.)

GC/MS
EI 70 eV
GCQ
QI:928

Peaks: 42, 51, 65, 77, 91, 103, 120, 180, 197, 225

Salicylamide TFA

MW:233.14679
MM:233.02998
$C_9H_6F_3NO_3$
RI: 1712 (calc.)

GC/MS
EI 70 eV
TSQ 70
QI:995

Peaks: 31, 39, 46, 53, 65, 92, 120, 137, 164, 233

m/z: 120

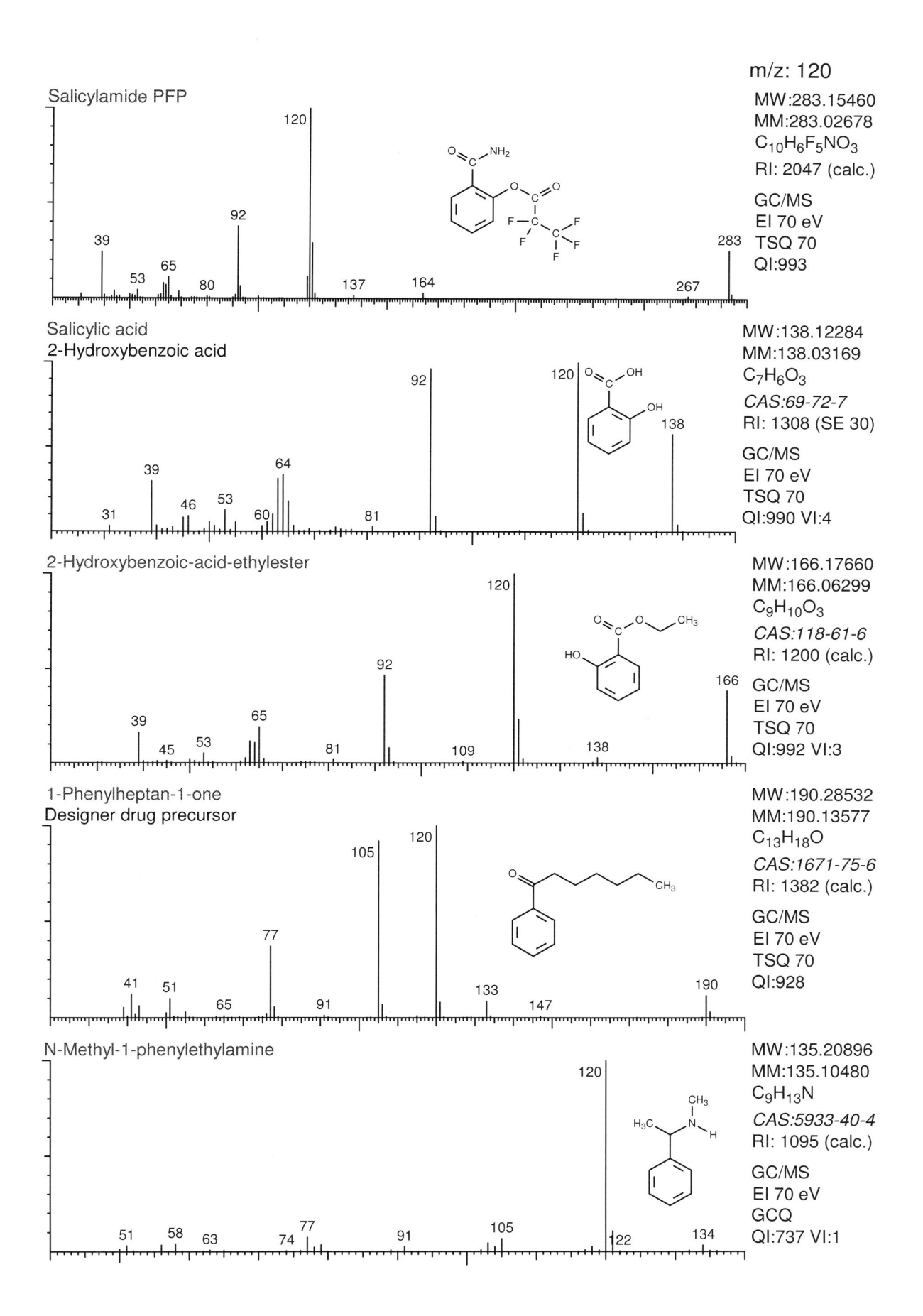

Salicylamide PFP

Peaks: 39, 53, 65, 80, 92, 120, 137, 164, 267, 283

MW: 283.15460
MM: 283.02678
$C_{10}H_6F_5NO_3$
RI: 2047 (calc.)

GC/MS
EI 70 eV
TSQ 70
QI: 993

Salicylic acid
2-Hydroxybenzoic acid

Peaks: 31, 39, 46, 53, 60, 64, 81, 92, 120, 138

MW: 138.12284
MM: 138.03169
$C_7H_6O_3$
CAS: 69-72-7
RI: 1308 (SE 30)

GC/MS
EI 70 eV
TSQ 70
QI: 990 VI: 4

2-Hydroxybenzoic-acid-ethylester

Peaks: 39, 45, 53, 65, 81, 92, 109, 120, 138, 166

MW: 166.17660
MM: 166.06299
$C_9H_{10}O_3$
CAS: 118-61-6
RI: 1200 (calc.)

GC/MS
EI 70 eV
TSQ 70
QI: 992 VI: 3

1-Phenylheptan-1-one
Designer drug precursor

Peaks: 41, 51, 65, 77, 91, 105, 120, 133, 147, 190

MW: 190.28532
MM: 190.13577
$C_{13}H_{18}O$
CAS: 1671-75-6
RI: 1382 (calc.)

GC/MS
EI 70 eV
TSQ 70
QI: 928

N-Methyl-1-phenylethylamine

Peaks: 51, 58, 63, 74, 77, 91, 105, 120, 122, 134

MW: 135.20896
MM: 135.10480
$C_9H_{13}N$
CAS: 5933-40-4
RI: 1095 (calc.)

GC/MS
EI 70 eV
GCQ
QI: 737 VI: 1

m/z: 120

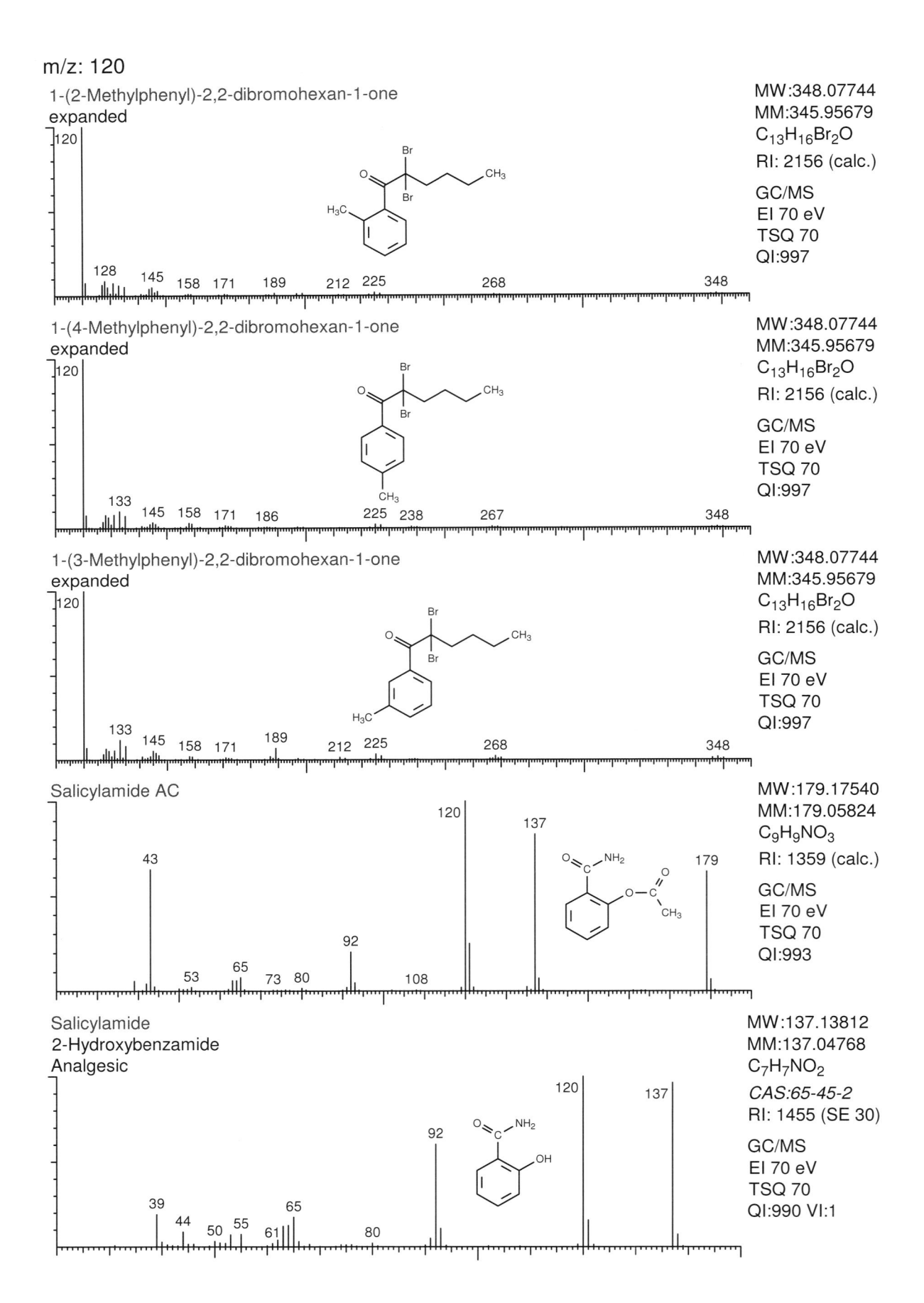

1-(2-Methylphenyl)-2,2-dibromohexan-1-one
expanded

MW: 348.07744
MM: 345.95679
C$_{13}$H$_{16}$Br$_2$O
RI: 2156 (calc.)

GC/MS
EI 70 eV
TSQ 70
QI:997

Peaks: 120, 128, 145, 158, 171, 189, 212, 225, 268, 348

1-(4-Methylphenyl)-2,2-dibromohexan-1-one
expanded

MW: 348.07744
MM: 345.95679
C$_{13}$H$_{16}$Br$_2$O
RI: 2156 (calc.)

GC/MS
EI 70 eV
TSQ 70
QI:997

Peaks: 120, 133, 145, 158, 171, 186, 225, 238, 267, 348

1-(3-Methylphenyl)-2,2-dibromohexan-1-one
expanded

MW: 348.07744
MM: 345.95679
C$_{13}$H$_{16}$Br$_2$O
RI: 2156 (calc.)

GC/MS
EI 70 eV
TSQ 70
QI:997

Peaks: 120, 133, 145, 158, 171, 189, 212, 225, 268, 348

Salicylamide AC

MW: 179.17540
MM: 179.05824
C$_9$H$_9$NO$_3$
RI: 1359 (calc.)

GC/MS
EI 70 eV
TSQ 70
QI:993

Peaks: 43, 53, 65, 73, 80, 92, 108, 120, 137, 179

Salicylamide
2-Hydroxybenzamide
Analgesic

MW: 137.13812
MM: 137.04768
C$_7$H$_7$NO$_2$
CAS: 65-45-2
RI: 1455 (SE 30)

GC/MS
EI 70 eV
TSQ 70
QI:990 VI:1

Peaks: 39, 44, 50, 55, 61, 65, 80, 92, 120, 137

m/z: 120

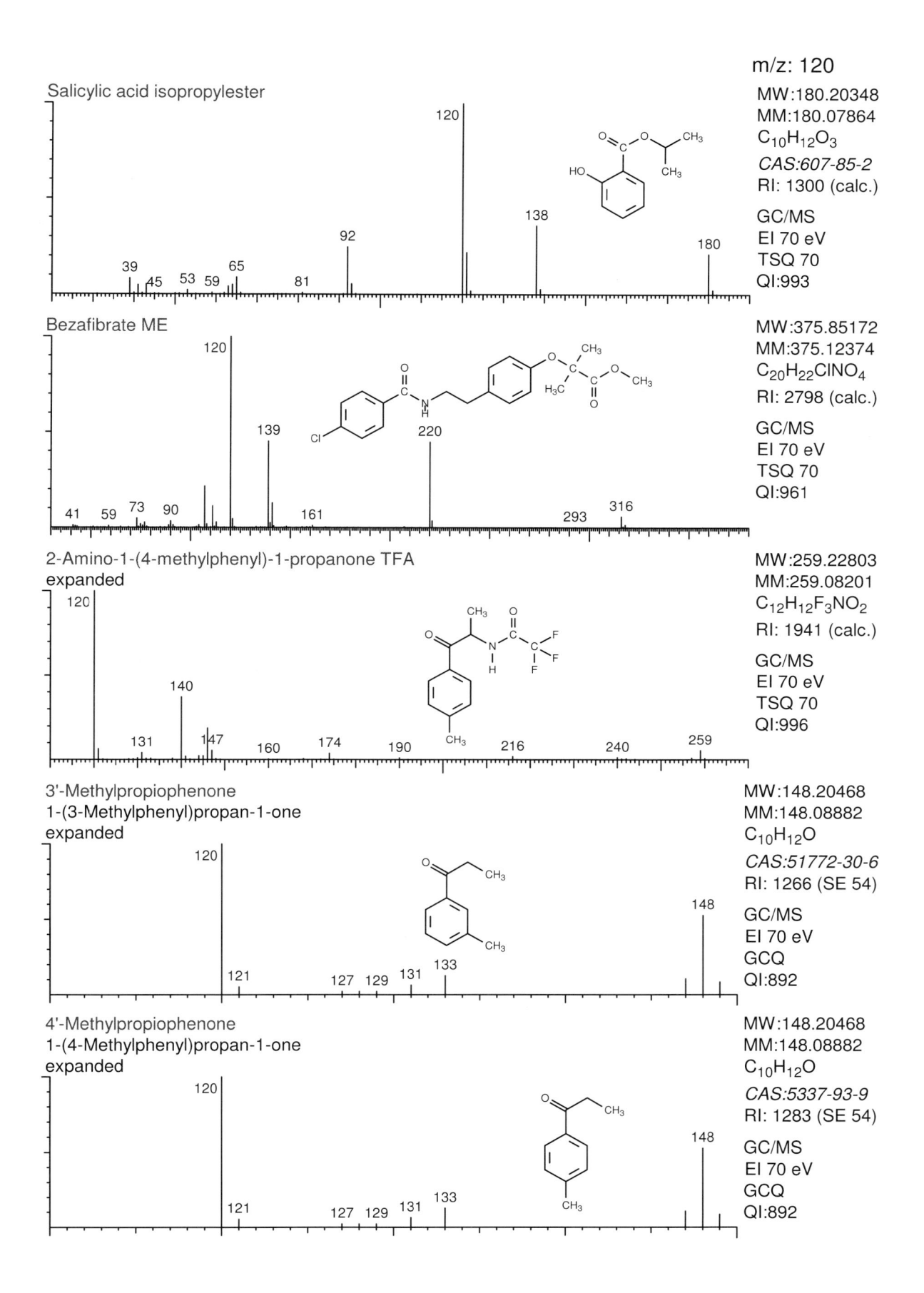

Salicylic acid isopropylester

MW: 180.20348
MM: 180.07864
$C_{10}H_{12}O_3$
CAS: 607-85-2
RI: 1300 (calc.)

GC/MS
EI 70 eV
TSQ 70
QI: 993

Peaks: 39, 45, 53, 59, 65, 81, 92, 120, 138, 180

Bezafibrate ME

MW: 375.85172
MM: 375.12374
$C_{20}H_{22}ClNO_4$
RI: 2798 (calc.)

GC/MS
EI 70 eV
TSQ 70
QI: 961

Peaks: 41, 59, 73, 90, 120, 139, 161, 220, 293, 316

2-Amino-1-(4-methylphenyl)-1-propanone TFA
expanded

MW: 259.22803
MM: 259.08201
$C_{12}H_{12}F_3NO_2$
RI: 1941 (calc.)

GC/MS
EI 70 eV
TSQ 70
QI: 996

Peaks: 120, 131, 140, 147, 160, 174, 190, 216, 240, 259

3'-Methylpropiophenone
1-(3-Methylphenyl)propan-1-one
expanded

MW: 148.20468
MM: 148.08882
$C_{10}H_{12}O$
CAS: 51772-30-6
RI: 1266 (SE 54)

GC/MS
EI 70 eV
GCQ
QI: 892

Peaks: 120, 121, 127, 129, 131, 133, 148

4'-Methylpropiophenone
1-(4-Methylphenyl)propan-1-one
expanded

MW: 148.20468
MM: 148.08882
$C_{10}H_{12}O$
CAS: 5337-93-9
RI: 1283 (SE 54)

GC/MS
EI 70 eV
GCQ
QI: 892

Peaks: 120, 121, 127, 129, 131, 133, 148

m/z: 120

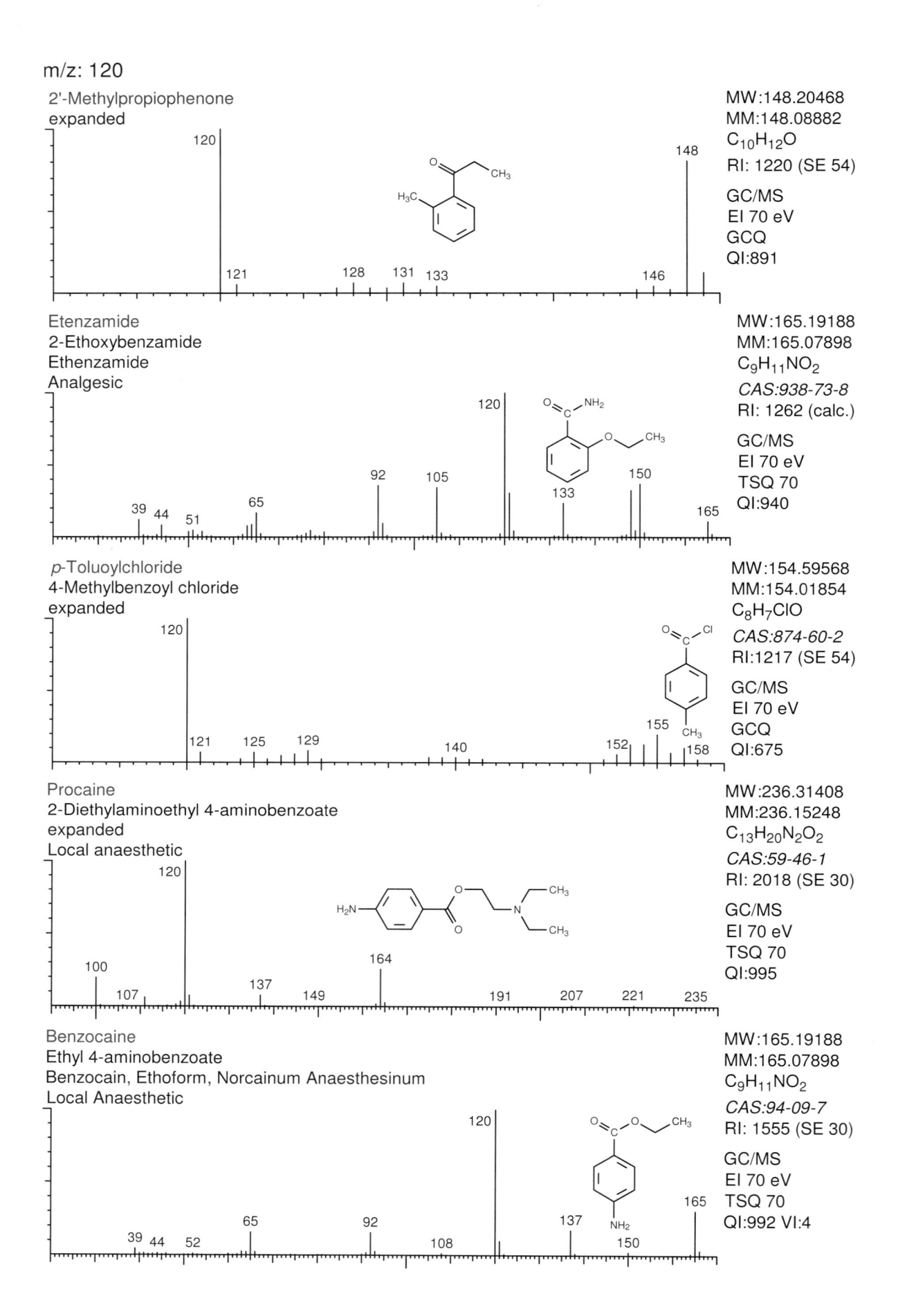

2'-Methylpropiophenone
expanded

MW: 148.20468
MM: 148.08882
$C_{10}H_{12}O$
RI: 1220 (SE 54)

GC/MS
EI 70 eV
GCQ
QI: 891

Etenzamide
2-Ethoxybenzamide
Ethenzamide
Analgesic

MW: 165.19188
MM: 165.07898
$C_9H_{11}NO_2$
CAS: 938-73-8
RI: 1262 (calc.)

GC/MS
EI 70 eV
TSQ 70
QI: 940

p-Toluoylchloride
4-Methylbenzoyl chloride
expanded

MW: 154.59568
MM: 154.01854
C_8H_7ClO
CAS: 874-60-2
RI: 1217 (SE 54)

GC/MS
EI 70 eV
GCQ
QI: 675

Procaine
2-Diethylaminoethyl 4-aminobenzoate
expanded
Local anaesthetic

MW: 236.31408
MM: 236.15248
$C_{13}H_{20}N_2O_2$
CAS: 59-46-1
RI: 2018 (SE 30)

GC/MS
EI 70 eV
TSQ 70
QI: 995

Benzocaine
Ethyl 4-aminobenzoate
Benzocain, Ethoform, Norcainum Anaesthesinum
Local Anaesthetic

MW: 165.19188
MM: 165.07898
$C_9H_{11}NO_2$
CAS: 94-09-7
RI: 1555 (SE 30)

GC/MS
EI 70 eV
TSQ 70
QI: 992 VI:4

m/z: 120

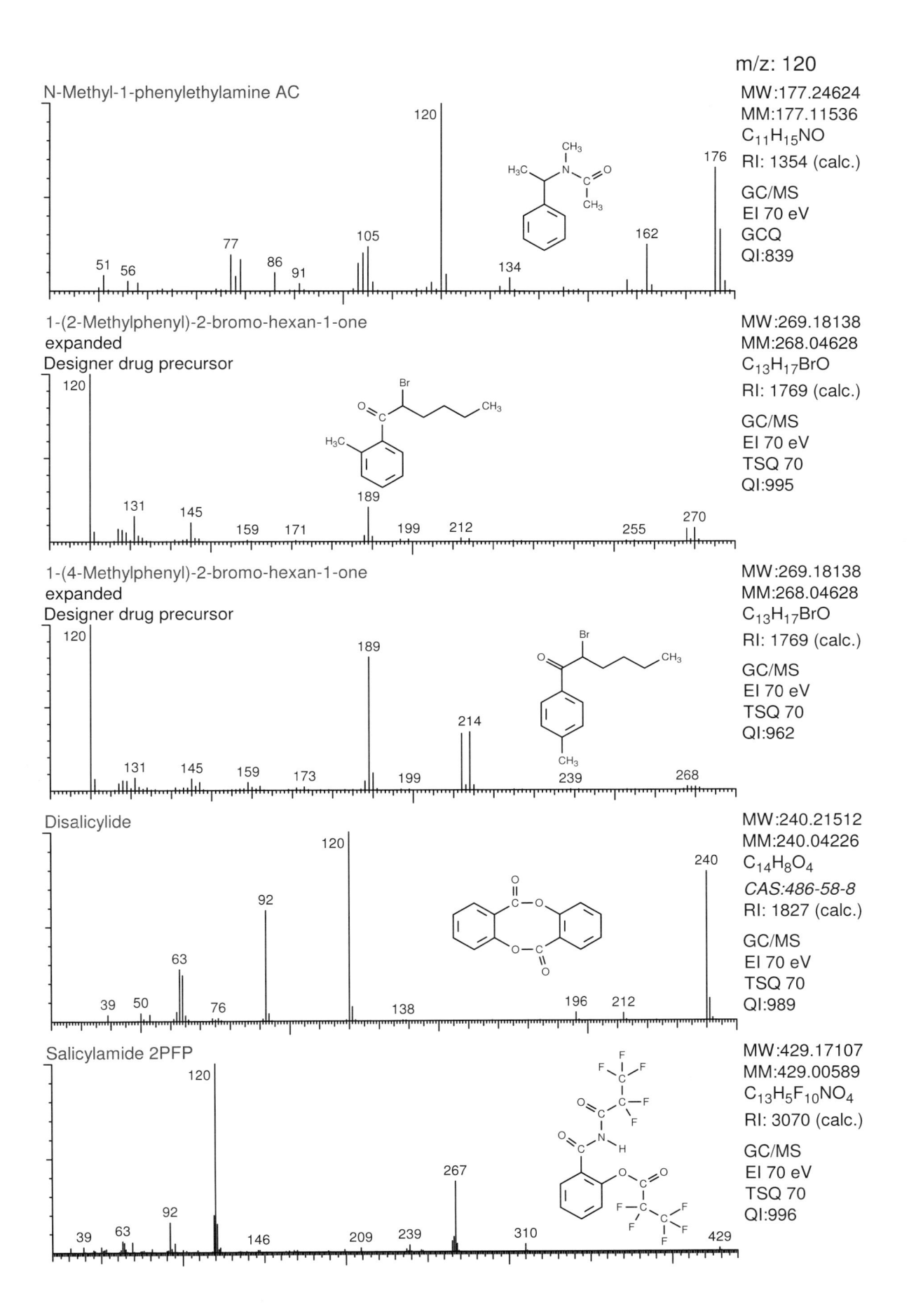

N-Methyl-1-phenylethylamine AC

MW: 177.24624
MM: 177.11536
$C_{11}H_{15}NO$
RI: 1354 (calc.)

GC/MS
EI 70 eV
GCQ
QI: 839

Peaks: 51, 56, 77, 86, 91, 105, 120, 134, 162, 176

1-(2-Methylphenyl)-2-bromo-hexan-1-one
expanded
Designer drug precursor

MW: 269.18138
MM: 268.04628
$C_{13}H_{17}BrO$
RI: 1769 (calc.)

GC/MS
EI 70 eV
TSQ 70
QI: 995

Peaks: 120, 131, 145, 159, 171, 189, 199, 212, 255, 270

1-(4-Methylphenyl)-2-bromo-hexan-1-one
expanded
Designer drug precursor

MW: 269.18138
MM: 268.04628
$C_{13}H_{17}BrO$
RI: 1769 (calc.)

GC/MS
EI 70 eV
TSQ 70
QI: 962

Peaks: 120, 131, 145, 159, 173, 189, 199, 214, 239, 268

Disalicylide

MW: 240.21512
MM: 240.04226
$C_{14}H_8O_4$
CAS: 486-58-8
RI: 1827 (calc.)

GC/MS
EI 70 eV
TSQ 70
QI: 989

Peaks: 39, 50, 63, 76, 92, 120, 138, 196, 212, 240

Salicylamide 2PFP

MW: 429.17107
MM: 429.00589
$C_{13}H_5F_{10}NO_4$
RI: 3070 (calc.)

GC/MS
EI 70 eV
TSQ 70
QI: 996

Peaks: 39, 63, 92, 120, 146, 209, 239, 267, 310, 429

m/z: 120

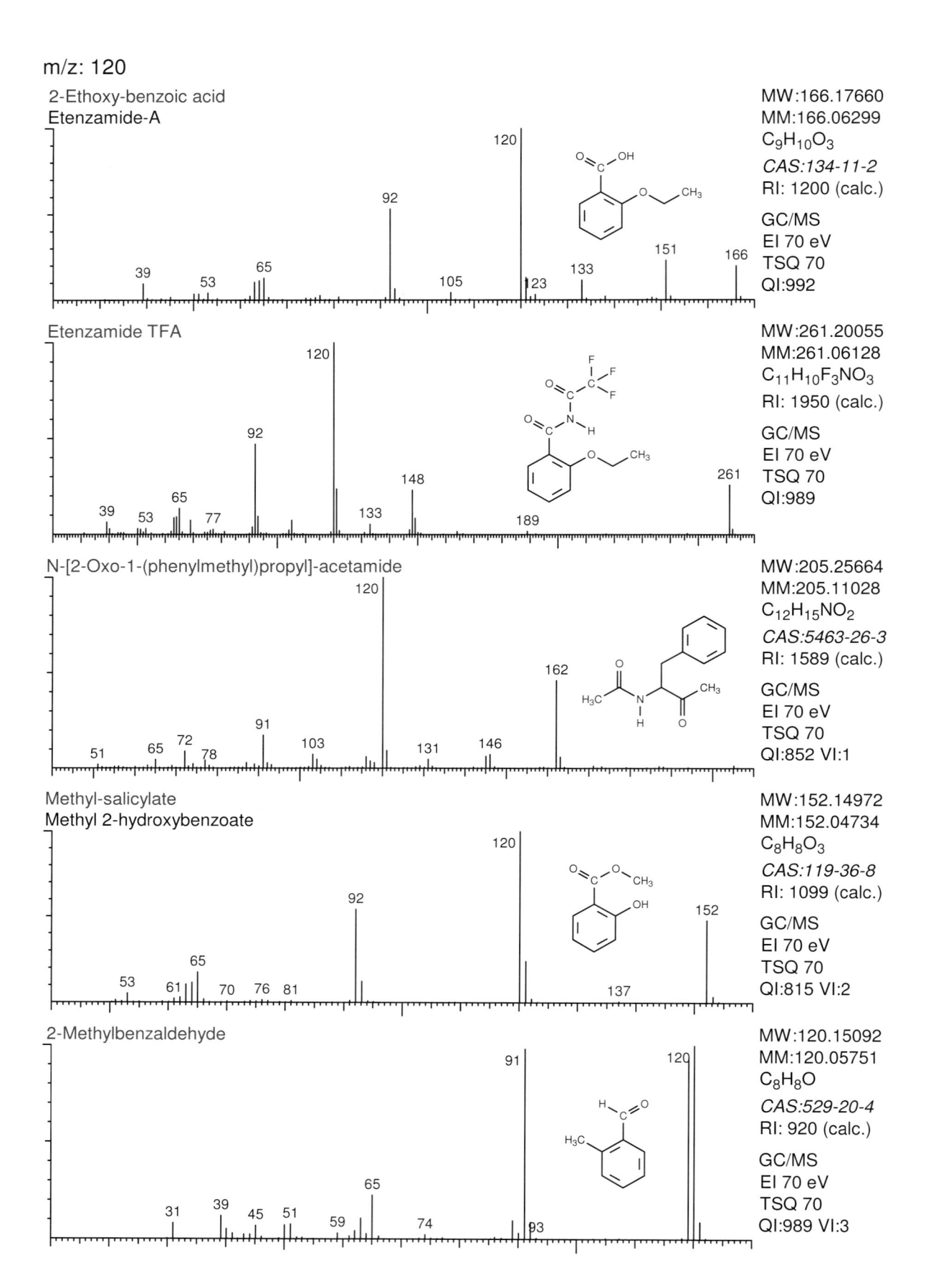

2-Ethoxy-benzoic acid
Etenzamide-A

Peaks: 39, 53, 65, 92, 105, 120, 123, 133, 151, 166

MW: 166.17660
MM: 166.06299
$C_9H_{10}O_3$
CAS: 134-11-2
RI: 1200 (calc.)

GC/MS
EI 70 eV
TSQ 70
QI: 992

Etenzamide TFA

Peaks: 39, 53, 65, 77, 92, 120, 133, 148, 189, 261

MW: 261.20055
MM: 261.06128
$C_{11}H_{10}F_3NO_3$
RI: 1950 (calc.)

GC/MS
EI 70 eV
TSQ 70
QI: 989

N-[2-Oxo-1-(phenylmethyl)propyl]-acetamide

Peaks: 51, 65, 72, 78, 91, 103, 120, 131, 146, 162

MW: 205.25664
MM: 205.11028
$C_{12}H_{15}NO_2$
CAS: 5463-26-3
RI: 1589 (calc.)

GC/MS
EI 70 eV
TSQ 70
QI: 852 VI: 1

Methyl-salicylate
Methyl 2-hydroxybenzoate

Peaks: 53, 61, 65, 70, 76, 81, 92, 120, 137, 152

MW: 152.14972
MM: 152.04734
$C_8H_8O_3$
CAS: 119-36-8
RI: 1099 (calc.)

GC/MS
EI 70 eV
TSQ 70
QI: 815 VI: 2

2-Methylbenzaldehyde

Peaks: 31, 39, 45, 51, 59, 65, 74, 91, 93, 120

MW: 120.15092
MM: 120.05751
C_8H_8O
CAS: 529-20-4
RI: 920 (calc.)

GC/MS
EI 70 eV
TSQ 70
QI: 989 VI: 3

m/z: 120-121

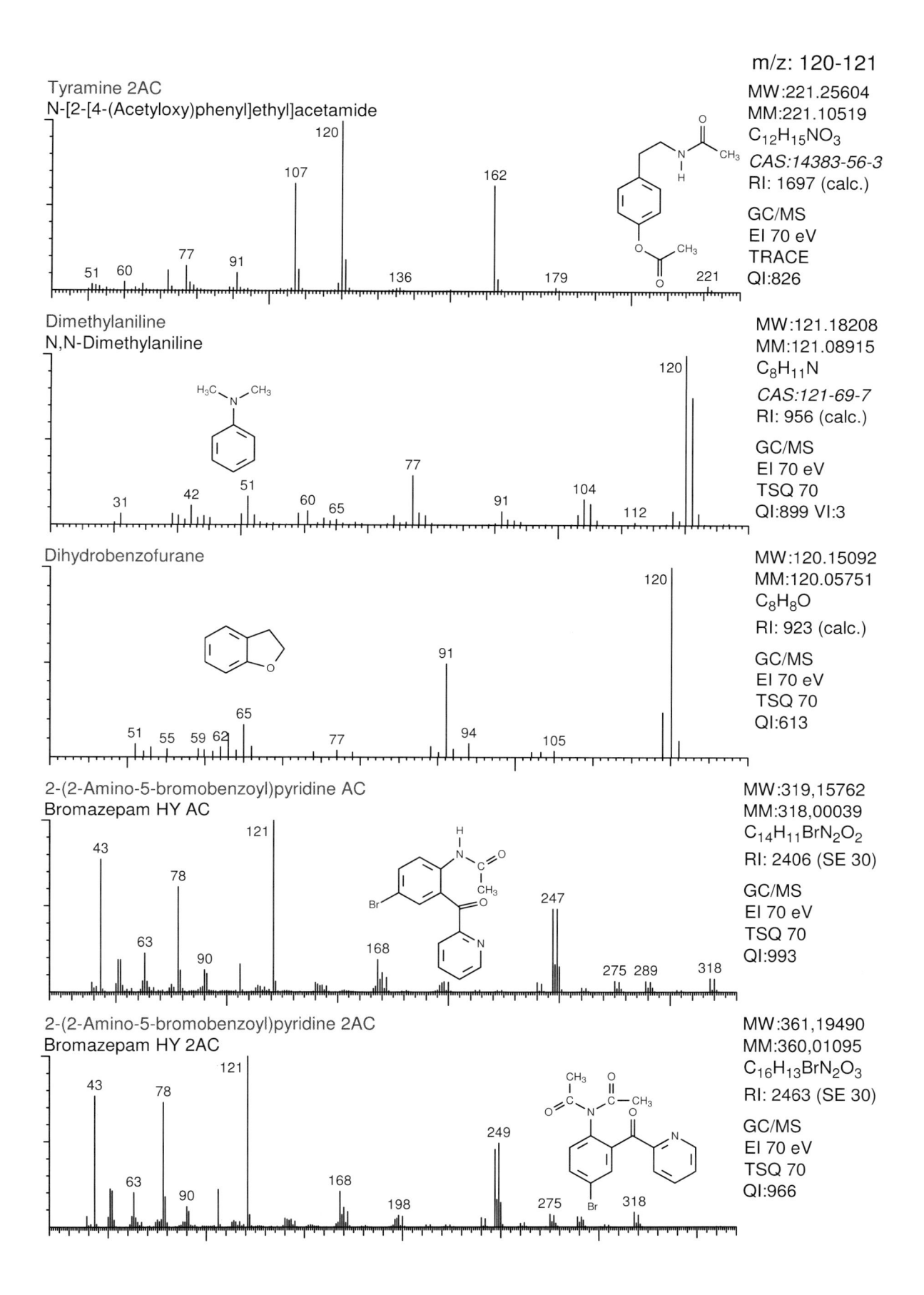

Tyramine 2AC
N-[2-[4-(Acetyloxy)phenyl]ethyl]acetamide

Peaks: 51, 60, 77, 91, 107, 120, 136, 162, 179, 221

MW: 221.25604
MM: 221.10519
$C_{12}H_{15}NO_3$
CAS: 14383-56-3
RI: 1697 (calc.)

GC/MS
EI 70 eV
TRACE
QI: 826

Dimethylaniline
N,N-Dimethylaniline

Peaks: 31, 42, 51, 60, 65, 77, 91, 104, 112, 120

MW: 121.18208
MM: 121.08915
$C_8H_{11}N$
CAS: 121-69-7
RI: 956 (calc.)

GC/MS
EI 70 eV
TSQ 70
QI: 899 VI:3

Dihydrobenzofurane

Peaks: 51, 55, 59, 62, 65, 77, 91, 94, 105, 120

MW: 120.15092
MM: 120.05751
C_8H_8O
RI: 923 (calc.)

GC/MS
EI 70 eV
TSQ 70
QI: 613

2-(2-Amino-5-bromobenzoyl)pyridine AC
Bromazepam HY AC

Peaks: 43, 63, 78, 90, 121, 168, 247, 275, 289, 318

MW: 319,15762
MM: 318,00039
$C_{14}H_{11}BrN_2O_2$
RI: 2406 (SE 30)

GC/MS
EI 70 eV
TSQ 70
QI: 993

2-(2-Amino-5-bromobenzoyl)pyridine 2AC
Bromazepam HY 2AC

Peaks: 43, 63, 78, 90, 121, 168, 198, 249, 275, 318

MW: 361,19490
MM: 360,01095
$C_{16}H_{13}BrN_2O_3$
RI: 2463 (SE 30)

GC/MS
EI 70 eV
TSQ 70
QI: 966

m/z: 121

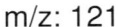

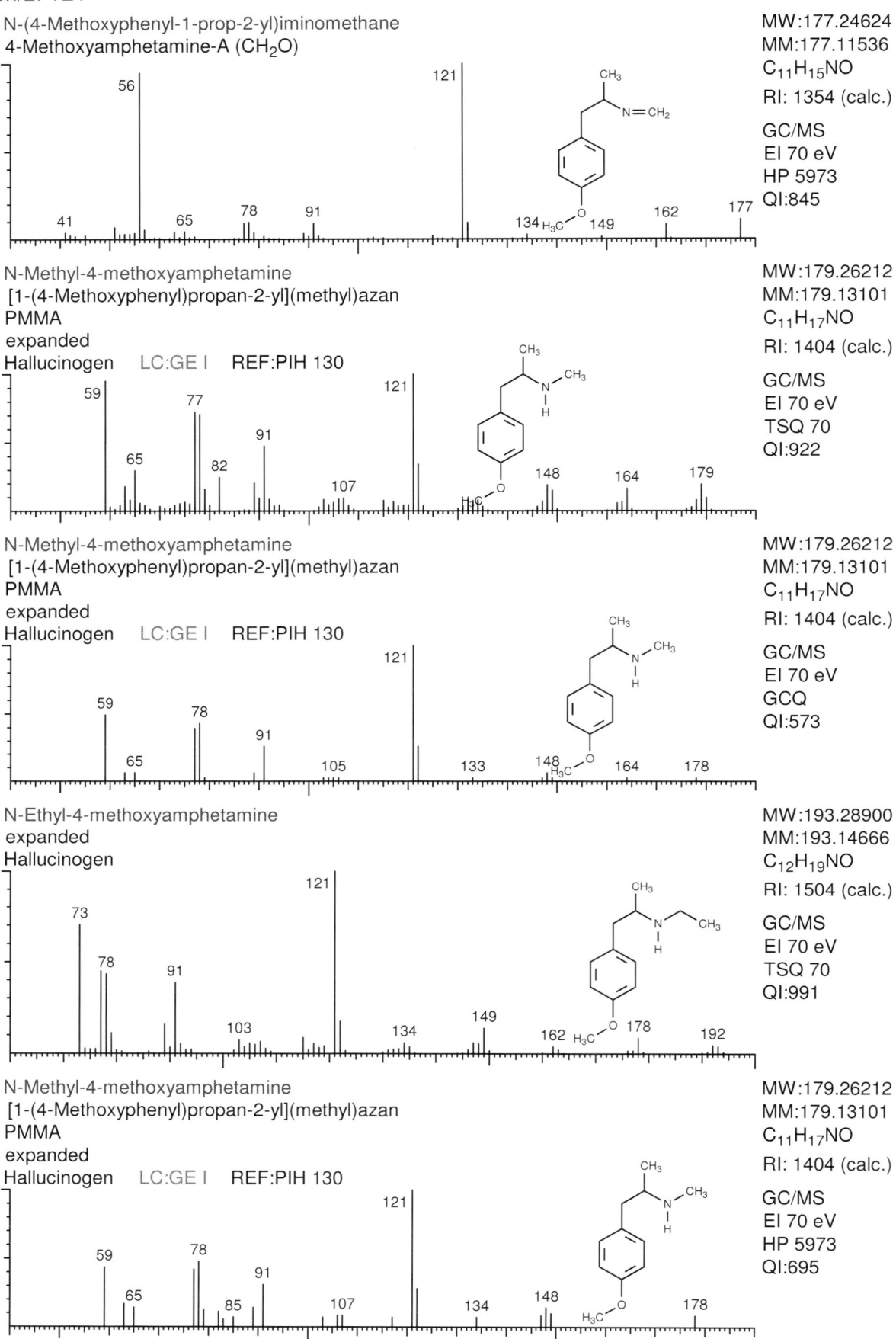

N-(4-Methoxyphenyl-1-prop-2-yl)iminomethane
4-Methoxyamphetamine-A (CH₂O)

MW:177.24624
MM:177.11536
$C_{11}H_{15}NO$
RI: 1354 (calc.)

GC/MS
EI 70 eV
HP 5973
QI:845

N-Methyl-4-methoxyamphetamine
[1-(4-Methoxyphenyl)propan-2-yl](methyl)azan
PMMA
expanded
Hallucinogen   LC:GE I   REF:PIH 130

MW:179.26212
MM:179.13101
$C_{11}H_{17}NO$
RI: 1404 (calc.)

GC/MS
EI 70 eV
TSQ 70
QI:922

N-Methyl-4-methoxyamphetamine
[1-(4-Methoxyphenyl)propan-2-yl](methyl)azan
PMMA
expanded
Hallucinogen   LC:GE I   REF:PIH 130

MW:179.26212
MM:179.13101
$C_{11}H_{17}NO$
RI: 1404 (calc.)

GC/MS
EI 70 eV
GCQ
QI:573

N-Ethyl-4-methoxyamphetamine
expanded
Hallucinogen

MW:193.28900
MM:193.14666
$C_{12}H_{19}NO$
RI: 1504 (calc.)

GC/MS
EI 70 eV
TSQ 70
QI:991

N-Methyl-4-methoxyamphetamine
[1-(4-Methoxyphenyl)propan-2-yl](methyl)azan
PMMA
expanded
Hallucinogen   LC:GE I   REF:PIH 130

MW:179.26212
MM:179.13101
$C_{11}H_{17}NO$
RI: 1404 (calc.)

GC/MS
EI 70 eV
HP 5973
QI:695

m/z: 121

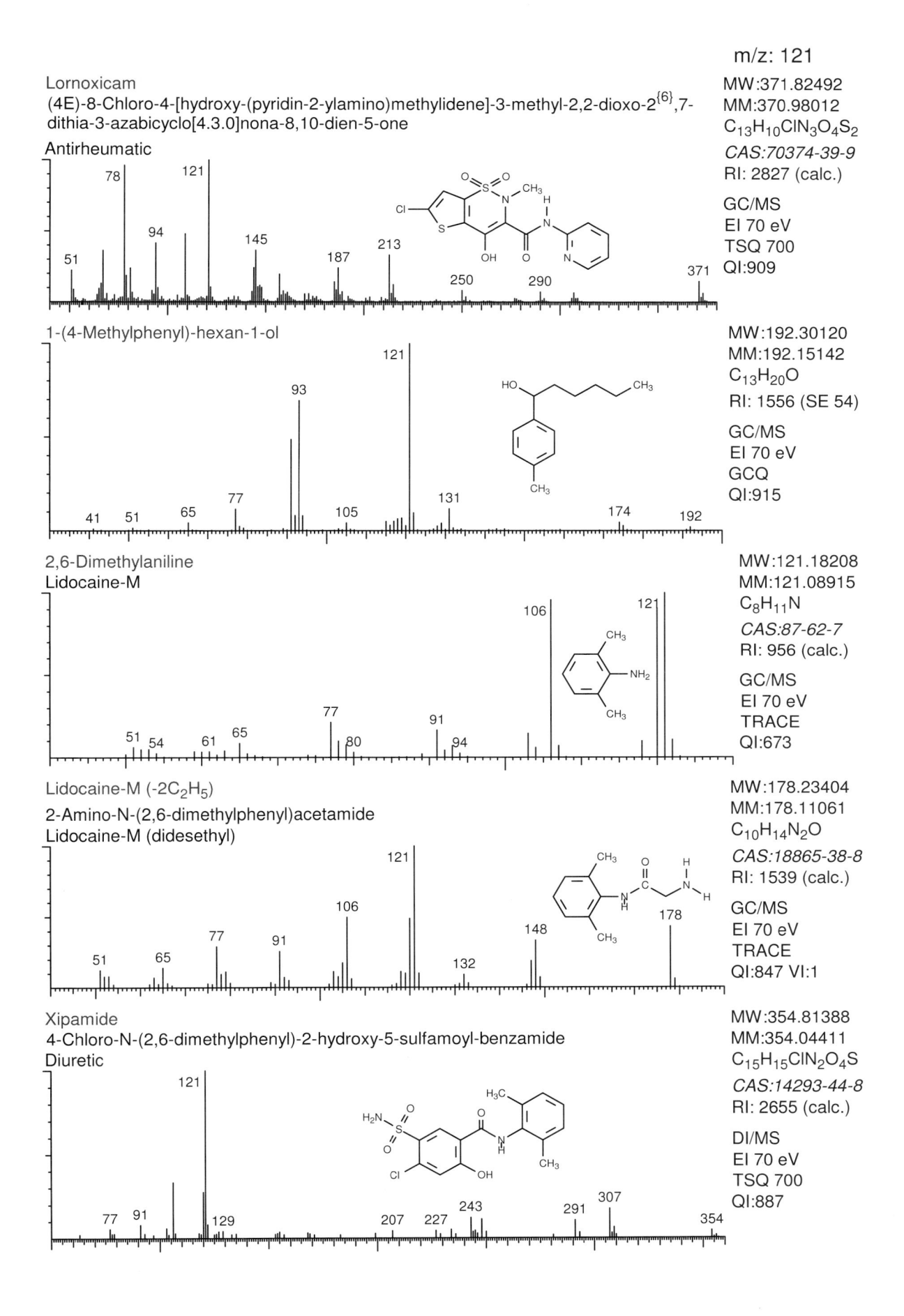

Lornoxicam
(4E)-8-Chloro-4-[hydroxy-(pyridin-2-ylamino)methylidene]-3-methyl-2,2-dioxo-2{6},7-dithia-3-azabicyclo[4.3.0]nona-8,10-dien-5-one
Antirheumatic

MW:371.82492
MM:370.98012
$C_{13}H_{10}ClN_3O_4S_2$
CAS:70374-39-9
RI: 2827 (calc.)

GC/MS
EI 70 eV
TSQ 700
QI:909

Peaks: 51, 78, 94, 121, 145, 187, 213, 250, 290, 371

1-(4-Methylphenyl)-hexan-1-ol

MW:192.30120
MM:192.15142
$C_{13}H_{20}O$
RI: 1556 (SE 54)

GC/MS
EI 70 eV
GCQ
QI:915

Peaks: 41, 51, 65, 77, 93, 105, 121, 131, 174, 192

2,6-Dimethylaniline
Lidocaine-M

MW:121.18208
MM:121.08915
$C_8H_{11}N$
CAS:87-62-7
RI: 956 (calc.)

GC/MS
EI 70 eV
TRACE
QI:673

Peaks: 51, 54, 61, 65, 77, 80, 91, 94, 106, 121

Lidocaine-M (-2C_2H_5)
2-Amino-N-(2,6-dimethylphenyl)acetamide
Lidocaine-M (didesethyl)

MW:178.23404
MM:178.11061
$C_{10}H_{14}N_2O$
CAS:18865-38-8
RI: 1539 (calc.)

GC/MS
EI 70 eV
TRACE
QI:847 VI:1

Peaks: 51, 65, 77, 91, 106, 121, 132, 148, 178

Xipamide
4-Chloro-N-(2,6-dimethylphenyl)-2-hydroxy-5-sulfamoyl-benzamide
Diuretic

MW:354.81388
MM:354.04411
$C_{15}H_{15}ClN_2O_4S$
CAS:14293-44-8
RI: 2655 (calc.)

DI/MS
EI 70 eV
TSQ 700
QI:887

Peaks: 77, 91, 121, 129, 207, 227, 243, 291, 307, 354

m/z: 121

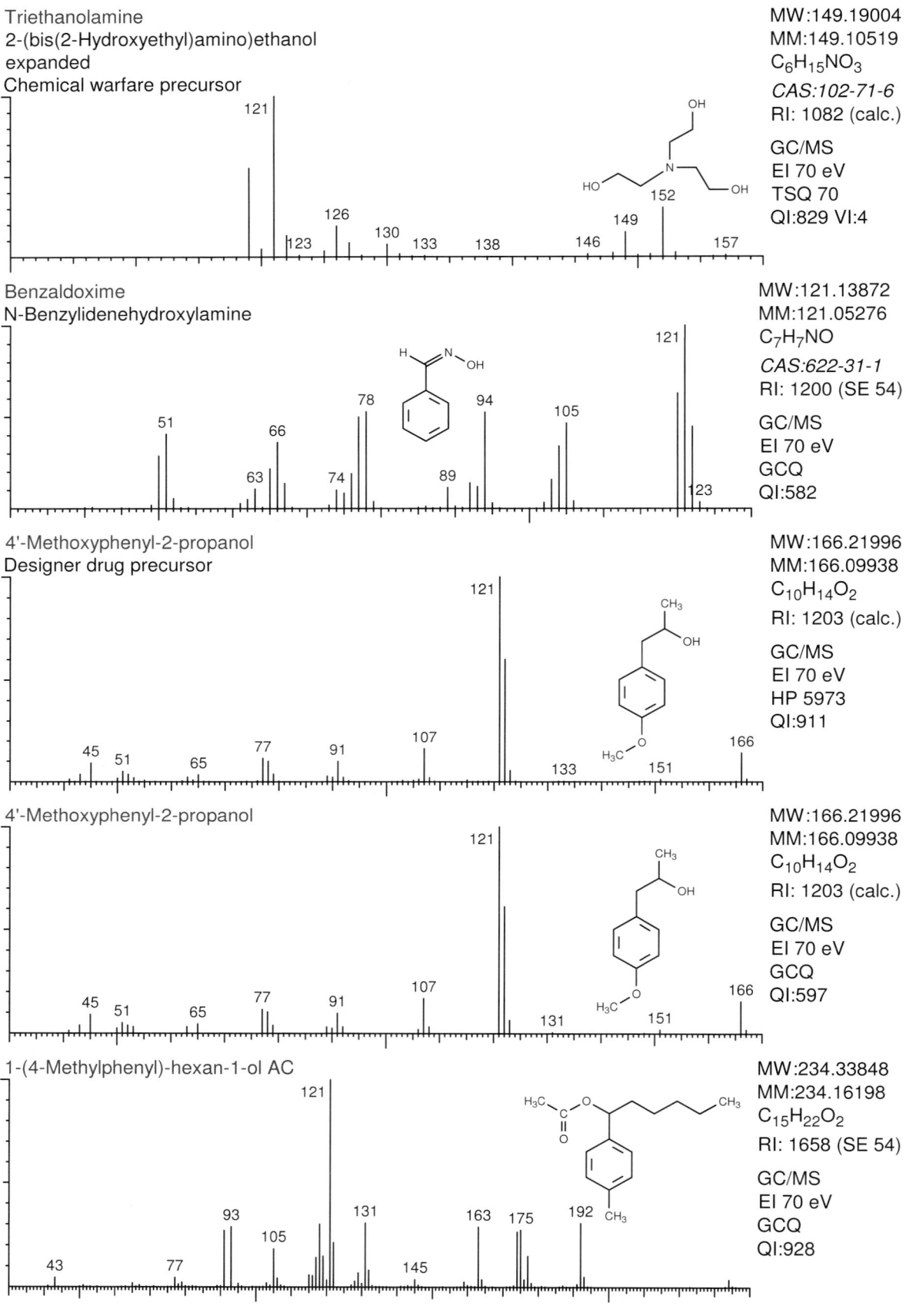

Triethanolamine
2-(bis(2-Hydroxyethyl)amino)ethanol
expanded
Chemical warfare precursor

MW:149.19004
MM:149.10519
$C_6H_{15}NO_3$
CAS:102-71-6
RI: 1082 (calc.)

GC/MS
EI 70 eV
TSQ 70
QI:829 VI:4

Peaks: 121, 123, 126, 130, 133, 138, 146, 149, 152, 157

Benzaldoxime
N-Benzylidenehydroxylamine

MW:121.13872
MM:121.05276
C_7H_7NO
CAS:622-31-1
RI: 1200 (SE 54)

GC/MS
EI 70 eV
GCQ
QI:582

Peaks: 51, 63, 66, 74, 78, 89, 94, 105, 121, 123

4'-Methoxyphenyl-2-propanol
Designer drug precursor

MW:166.21996
MM:166.09938
$C_{10}H_{14}O_2$
RI: 1203 (calc.)

GC/MS
EI 70 eV
HP 5973
QI:911

Peaks: 45, 51, 65, 77, 91, 107, 121, 133, 151, 166

4'-Methoxyphenyl-2-propanol

MW:166.21996
MM:166.09938
$C_{10}H_{14}O_2$
RI: 1203 (calc.)

GC/MS
EI 70 eV
GCQ
QI:597

Peaks: 45, 51, 65, 77, 91, 107, 121, 131, 151, 166

1-(4-Methylphenyl)-hexan-1-ol AC

MW:234.33848
MM:234.16198
$C_{15}H_{22}O_2$
RI: 1658 (SE 54)

GC/MS
EI 70 eV
GCQ
QI:928

Peaks: 43, 77, 93, 105, 121, 131, 145, 163, 175, 192

m/z: 121

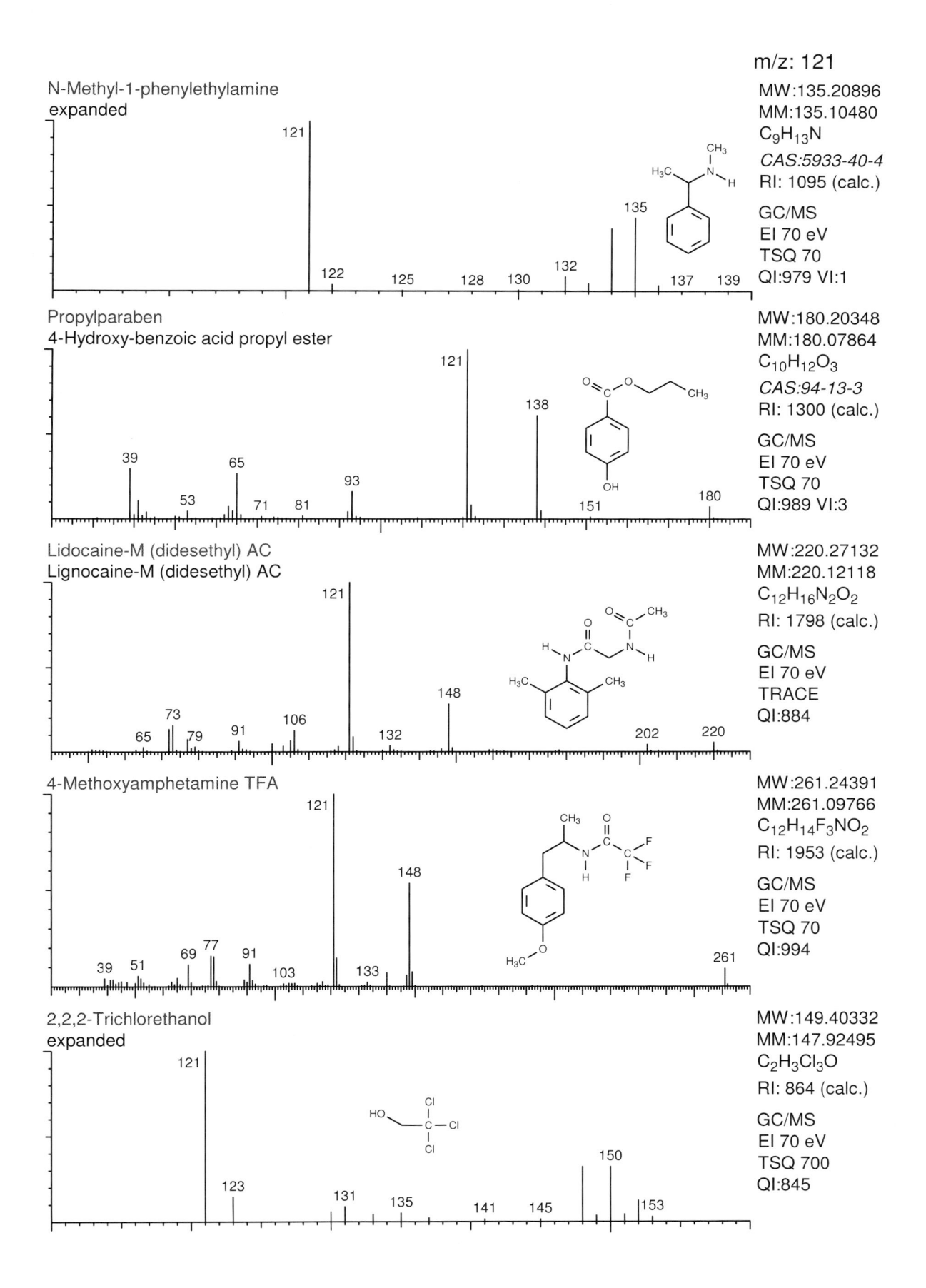

N-Methyl-1-phenylethylamine expanded

MW:135.20896
MM:135.10480
$C_9H_{13}N$
CAS:5933-40-4
RI: 1095 (calc.)

GC/MS
EI 70 eV
TSQ 70
QI:979 VI:1

Propylparaben
4-Hydroxy-benzoic acid propyl ester

MW:180.20348
MM:180.07864
$C_{10}H_{12}O_3$
CAS:94-13-3
RI: 1300 (calc.)

GC/MS
EI 70 eV
TSQ 70
QI:989 VI:3

Lidocaine-M (didesethyl) AC
Lignocaine-M (didesethyl) AC

MW:220.27132
MM:220.12118
$C_{12}H_{16}N_2O_2$
RI: 1798 (calc.)

GC/MS
EI 70 eV
TRACE
QI:884

4-Methoxyamphetamine TFA

MW:261.24391
MM:261.09766
$C_{12}H_{14}F_3NO_2$
RI: 1953 (calc.)

GC/MS
EI 70 eV
TSQ 70
QI:994

2,2,2-Trichlorethanol expanded

MW:149.40332
MM:147.92495
$C_2H_3Cl_3O$
RI: 864 (calc.)

GC/MS
EI 70 eV
TSQ 700
QI:845

m/z: 121

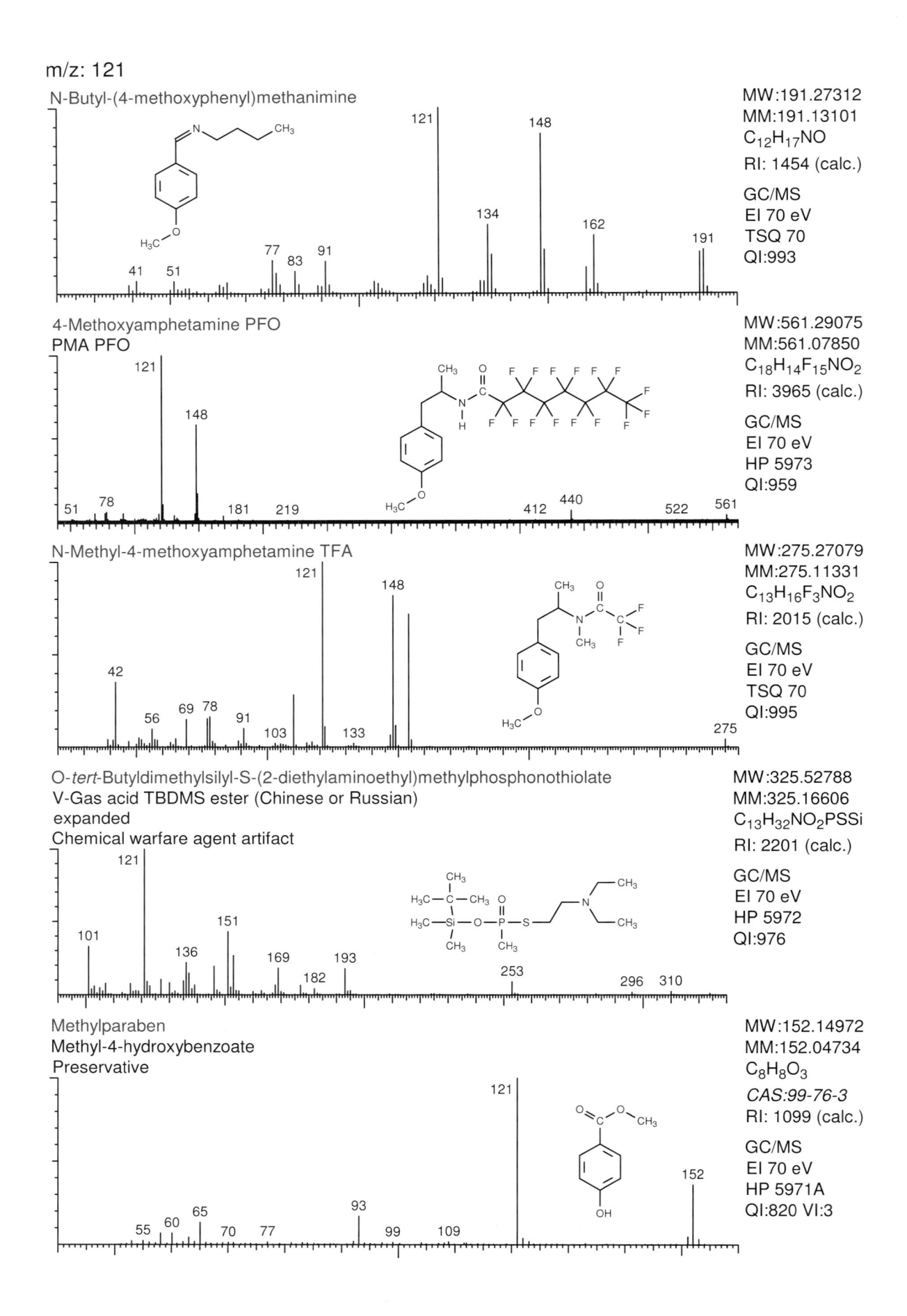

N-Butyl-(4-methoxyphenyl)methanimine

Peaks: 41, 51, 77, 83, 91, 121, 134, 148, 162, 191

MW: 191.27312
MM: 191.13101
$C_{12}H_{17}NO$
RI: 1454 (calc.)

GC/MS
EI 70 eV
TSQ 70
QI: 993

4-Methoxyamphetamine PFO
PMA PFO

Peaks: 51, 78, 121, 148, 181, 219, 412, 440, 522, 561

MW: 561.29075
MM: 561.07850
$C_{18}H_{14}F_{15}NO_2$
RI: 3965 (calc.)

GC/MS
EI 70 eV
HP 5973
QI: 959

N-Methyl-4-methoxyamphetamine TFA

Peaks: 42, 56, 69, 78, 91, 103, 121, 133, 148, 275

MW: 275.27079
MM: 275.11331
$C_{13}H_{16}F_3NO_2$
RI: 2015 (calc.)

GC/MS
EI 70 eV
TSQ 70
QI: 995

O-tert-Butyldimethylsilyl-S-(2-diethylaminoethyl)methylphosphonothiolate
V-Gas acid TBDMS ester (Chinese or Russian)
expanded
Chemical warfare agent artifact

Peaks: 101, 121, 136, 151, 169, 182, 193, 253, 296, 310

MW: 325.52788
MM: 325.16606
$C_{13}H_{32}NO_2PSSi$
RI: 2201 (calc.)

GC/MS
EI 70 eV
HP 5972
QI: 976

Methylparaben
Methyl-4-hydroxybenzoate
Preservative

Peaks: 55, 60, 65, 70, 77, 93, 99, 109, 121, 152

MW: 152.14972
MM: 152.04734
$C_8H_8O_3$
CAS: 99-76-3
RI: 1099 (calc.)

GC/MS
EI 70 eV
HP 5971A
QI: 820 VI: 3

m/z: 121

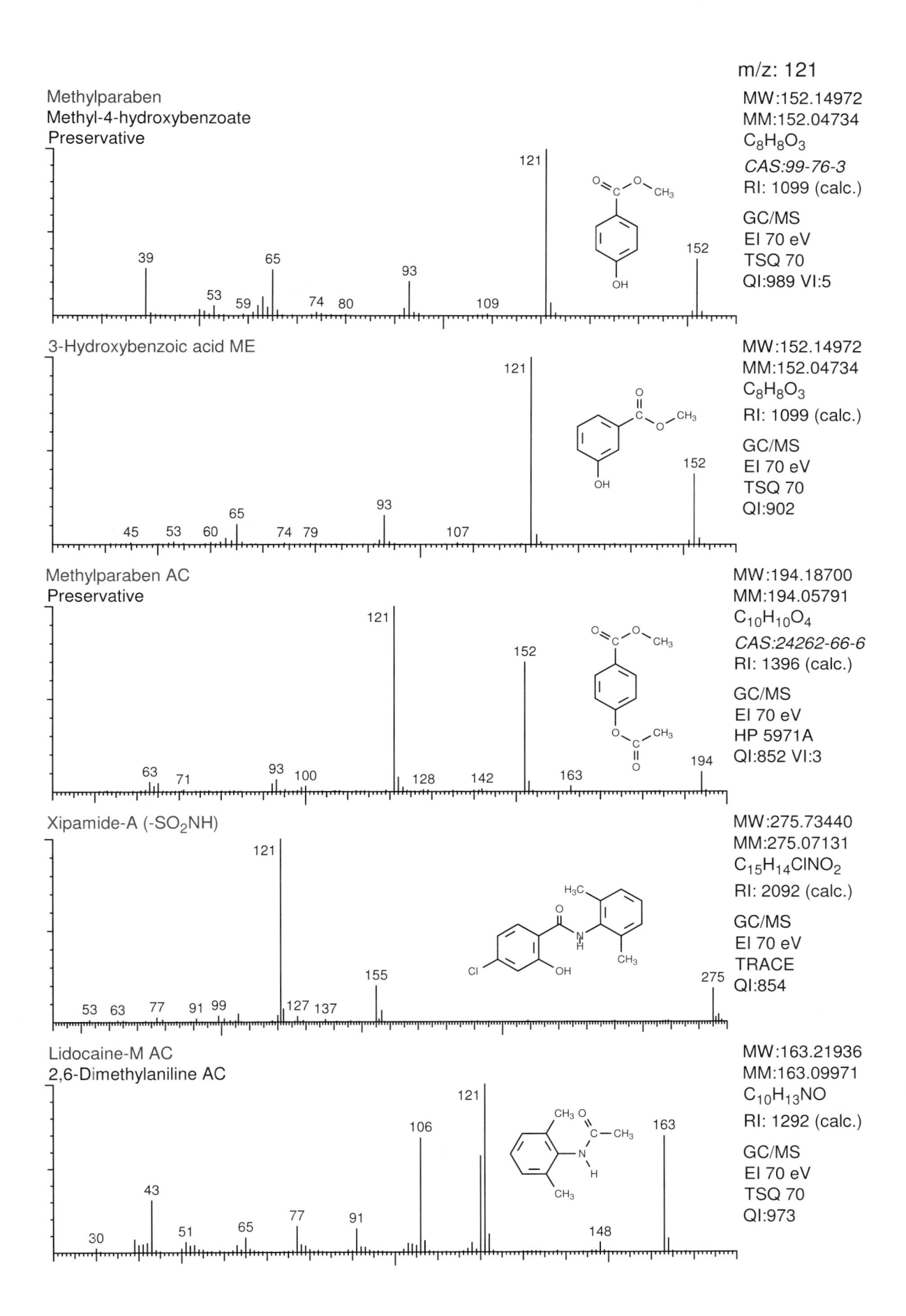

Methylparaben
Methyl-4-hydroxybenzoate
Preservative

MW:152.14972
MM:152.04734
$C_8H_8O_3$
CAS:99-76-3
RI: 1099 (calc.)

GC/MS
EI 70 eV
TSQ 70
QI:989 VI:5

Peaks: 39, 53, 59, 65, 74, 80, 93, 109, 121, 152

3-Hydroxybenzoic acid ME

MW:152.14972
MM:152.04734
$C_8H_8O_3$
RI: 1099 (calc.)

GC/MS
EI 70 eV
TSQ 70
QI:902

Peaks: 45, 53, 60, 65, 74, 79, 93, 107, 121, 152

Methylparaben AC
Preservative

MW:194.18700
MM:194.05791
$C_{10}H_{10}O_4$
CAS:24262-66-6
RI: 1396 (calc.)

GC/MS
EI 70 eV
HP 5971A
QI:852 VI:3

Peaks: 63, 71, 93, 100, 121, 128, 142, 152, 163, 194

Xipamide-A (-SO₂NH)

MW:275.73440
MM:275.07131
$C_{15}H_{14}ClNO_2$
RI: 2092 (calc.)

GC/MS
EI 70 eV
TRACE
QI:854

Peaks: 53, 63, 77, 91, 99, 121, 127, 137, 155, 275

Lidocaine-M AC
2,6-Dimethylaniline AC

MW:163.21936
MM:163.09971
$C_{10}H_{13}NO$
RI: 1292 (calc.)

GC/MS
EI 70 eV
TSQ 70
QI:973

Peaks: 30, 43, 51, 65, 77, 91, 106, 121, 148, 163

m/z: 121

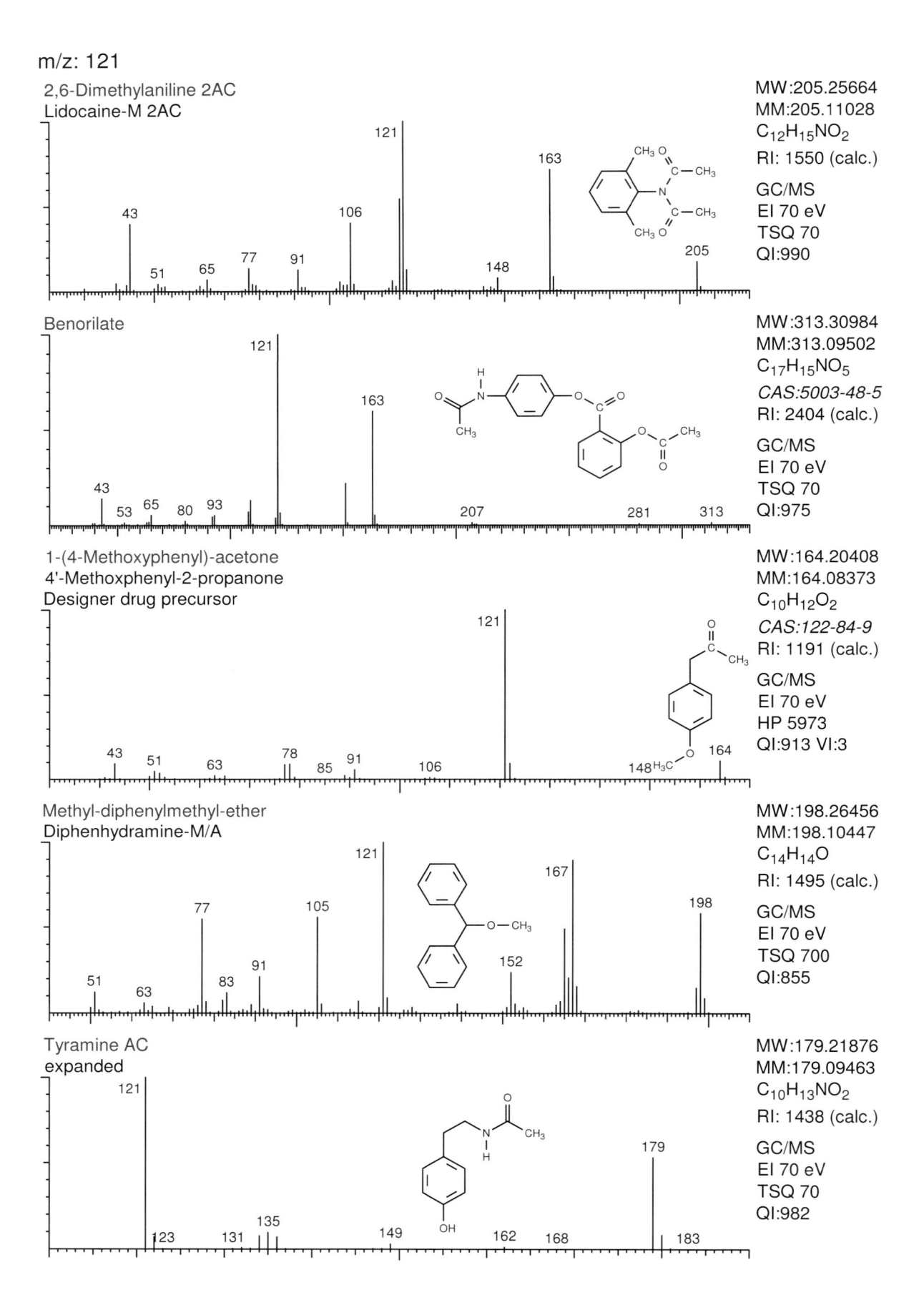

2,6-Dimethylaniline 2AC
Lidocaine-M 2AC

MW:205.25664
MM:205.11028
$C_{12}H_{15}NO_2$
RI: 1550 (calc.)

GC/MS
EI 70 eV
TSQ 70
QI:990

Benorilate

MW:313.30984
MM:313.09502
$C_{17}H_{15}NO_5$
CAS:5003-48-5
RI: 2404 (calc.)

GC/MS
EI 70 eV
TSQ 70
QI:975

1-(4-Methoxyphenyl)-acetone
4'-Methoxphenyl-2-propanone
Designer drug precursor

MW:164.20408
MM:164.08373
$C_{10}H_{12}O_2$
CAS:122-84-9
RI: 1191 (calc.)

GC/MS
EI 70 eV
HP 5973
QI:913 VI:3

Methyl-diphenylmethyl-ether
Diphenhydramine-M/A

MW:198.26456
MM:198.10447
$C_{14}H_{14}O$
RI: 1495 (calc.)

GC/MS
EI 70 eV
TSQ 700
QI:855

Tyramine AC
expanded

MW:179.21876
MM:179.09463
$C_{10}H_{13}NO_2$
RI: 1438 (calc.)

GC/MS
EI 70 eV
TSQ 70
QI:982

1-(4-Methoxyphenyl)-2-propanone-oxime

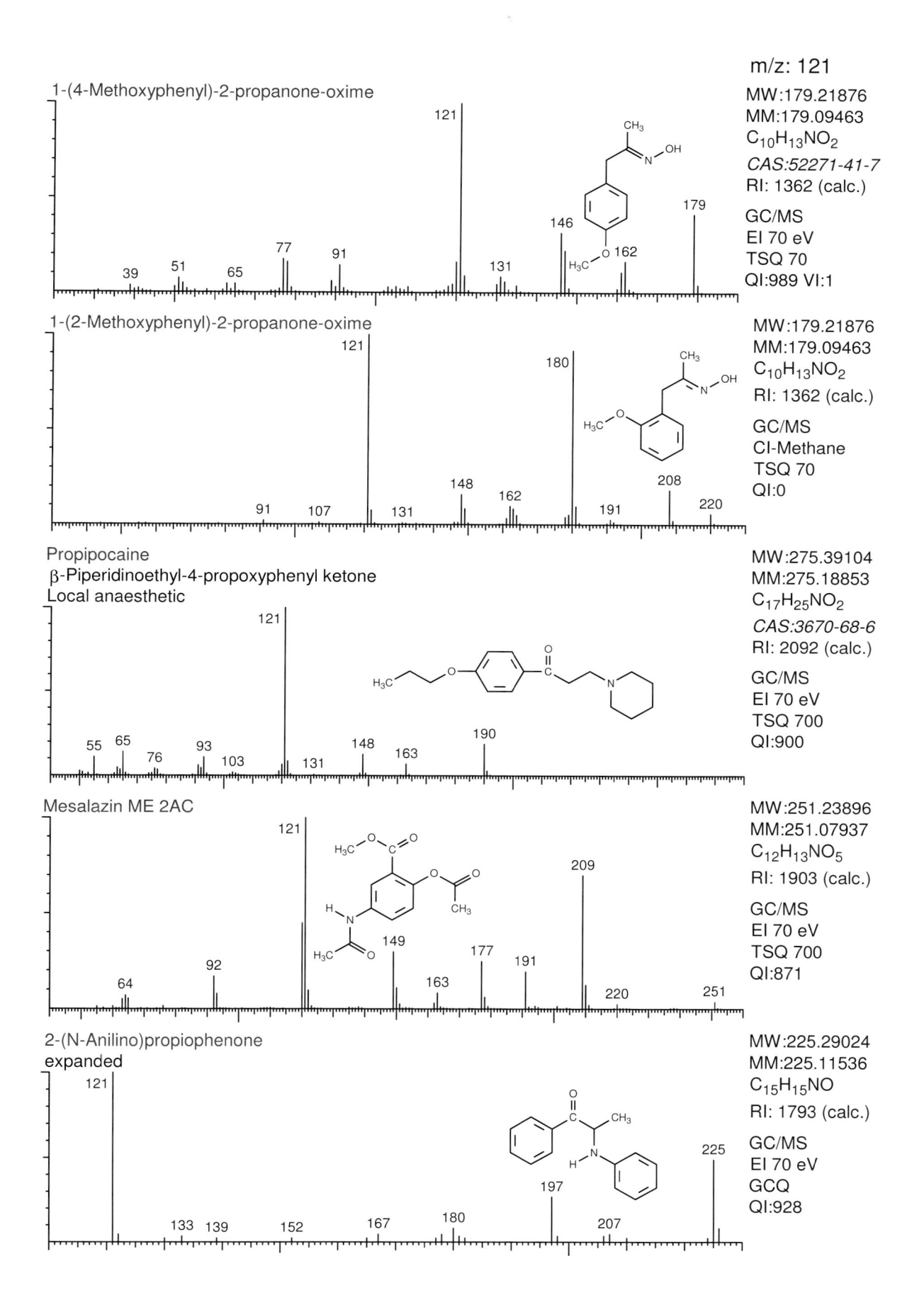

m/z: 121
MW: 179.21876
MM: 179.09463
$C_{10}H_{13}NO_2$
CAS: 52271-41-7
RI: 1362 (calc.)

GC/MS
EI 70 eV
TSQ 70
QI: 989 VI:1

Peaks: 39, 51, 65, 77, 91, 121, 131, 146, 162, 179

1-(2-Methoxyphenyl)-2-propanone-oxime

MW: 179.21876
MM: 179.09463
$C_{10}H_{13}NO_2$
RI: 1362 (calc.)

GC/MS
CI-Methane
TSQ 70
QI: 0

Peaks: 91, 107, 121, 131, 148, 162, 180, 191, 208, 220

Propipocaine
β-Piperidinoethyl-4-propoxyphenyl ketone
Local anaesthetic

MW: 275.39104
MM: 275.18853
$C_{17}H_{25}NO_2$
CAS: 3670-68-6
RI: 2092 (calc.)

GC/MS
EI 70 eV
TSQ 700
QI: 900

Peaks: 55, 65, 76, 93, 103, 121, 131, 148, 163, 190

Mesalazin ME 2AC

MW: 251.23896
MM: 251.07937
$C_{12}H_{13}NO_5$
RI: 1903 (calc.)

GC/MS
EI 70 eV
TSQ 700
QI: 871

Peaks: 64, 92, 121, 149, 163, 177, 191, 209, 220, 251

2-(N-Anilino)propiophenone
expanded

MW: 225.29024
MM: 225.11536
$C_{15}H_{15}NO$
RI: 1793 (calc.)

GC/MS
EI 70 eV
GCQ
QI: 928

Peaks: 121, 133, 139, 152, 167, 180, 197, 207, 225

m/z: 121

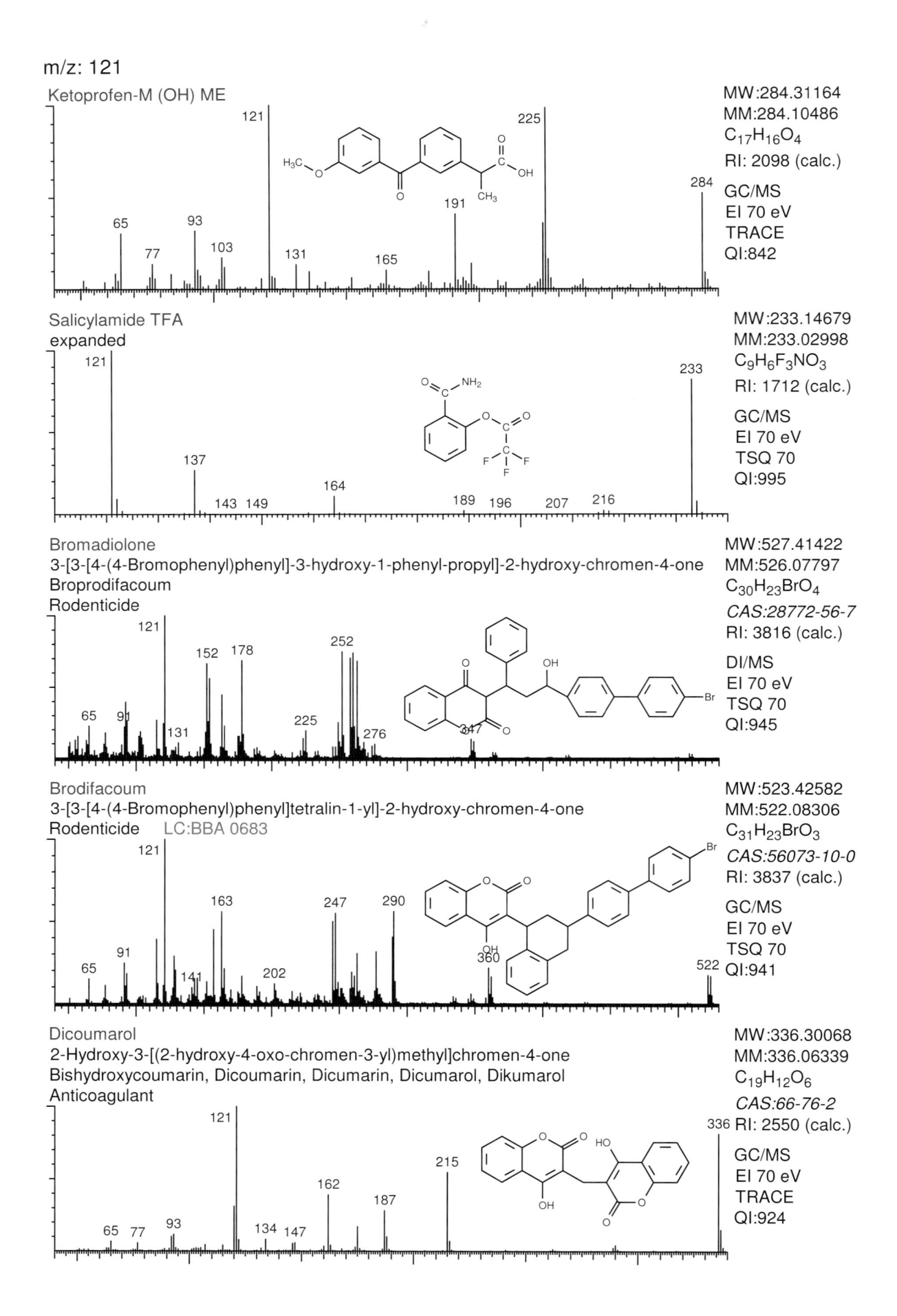

Ketoprofen-M (OH) ME

MW:284.31164
MM:284.10486
$C_{17}H_{16}O_4$
RI: 2098 (calc.)
GC/MS
EI 70 eV
TRACE
QI:842

Salicylamide TFA expanded

MW:233.14679
MM:233.02998
$C_9H_6F_3NO_3$
RI: 1712 (calc.)
GC/MS
EI 70 eV
TSQ 70
QI:995

Bromadiolone
3-[3-[4-(4-Bromophenyl)phenyl]-3-hydroxy-1-phenyl-propyl]-2-hydroxy-chromen-4-one
Broprodifacoum
Rodenticide

MW:527.41422
MM:526.07797
$C_{30}H_{23}BrO_4$
CAS:28772-56-7
RI: 3816 (calc.)
DI/MS
EI 70 eV
TSQ 70
QI:945

Brodifacoum
3-[3-[4-(4-Bromophenyl)phenyl]tetralin-1-yl]-2-hydroxy-chromen-4-one
Rodenticide   LC:BBA 0683

MW:523.42582
MM:522.08306
$C_{31}H_{23}BrO_3$
CAS:56073-10-0
RI: 3837 (calc.)
GC/MS
EI 70 eV
TSQ 70
QI:941

Dicoumarol
2-Hydroxy-3-[(2-hydroxy-4-oxo-chromen-3-yl)methyl]chromen-4-one
Bishydroxycoumarin, Dicoumarin, Dicumarin, Dicumarol, Dikumarol
Anticoagulant

MW:336.30068
MM:336.06339
$C_{19}H_{12}O_6$
CAS:66-76-2
RI: 2550 (calc.)
GC/MS
EI 70 eV
TRACE
QI:924

m/z: 121

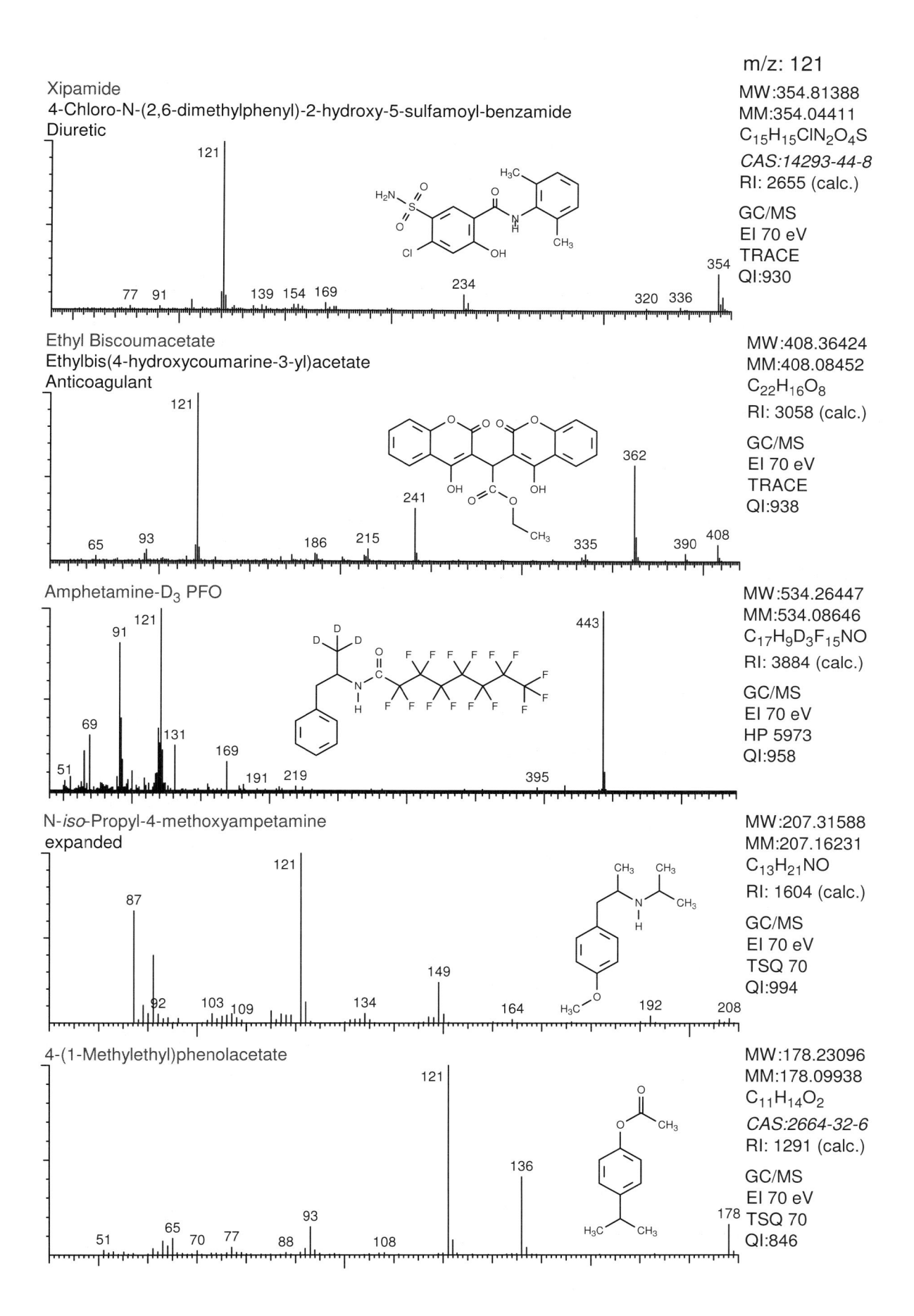

Xipamide
4-Chloro-N-(2,6-dimethylphenyl)-2-hydroxy-5-sulfamoyl-benzamide
Diuretic

MW: 354.81388
MM: 354.04411
$C_{15}H_{15}ClN_2O_4S$
CAS: 14293-44-8
RI: 2655 (calc.)

GC/MS
EI 70 eV
TRACE
QI: 930

Ethyl Biscoumacetate
Ethylbis(4-hydroxycoumarine-3-yl)acetate
Anticoagulant

MW: 408.36424
MM: 408.08452
$C_{22}H_{16}O_8$
RI: 3058 (calc.)

GC/MS
EI 70 eV
TRACE
QI: 938

Amphetamine-D$_3$ PFO

MW: 534.26447
MM: 534.08646
$C_{17}H_9D_3F_{15}NO$
RI: 3884 (calc.)

GC/MS
EI 70 eV
HP 5973
QI: 958

N-iso-Propyl-4-methoxyampetamine
expanded

MW: 207.31588
MM: 207.16231
$C_{13}H_{21}NO$
RI: 1604 (calc.)

GC/MS
EI 70 eV
TSQ 70
QI: 994

4-(1-Methylethyl)phenolacetate

MW: 178.23096
MM: 178.09938
$C_{11}H_{14}O_2$
CAS: 2664-32-6
RI: 1291 (calc.)

GC/MS
EI 70 eV
TSQ 70
QI: 846

m/z: 121

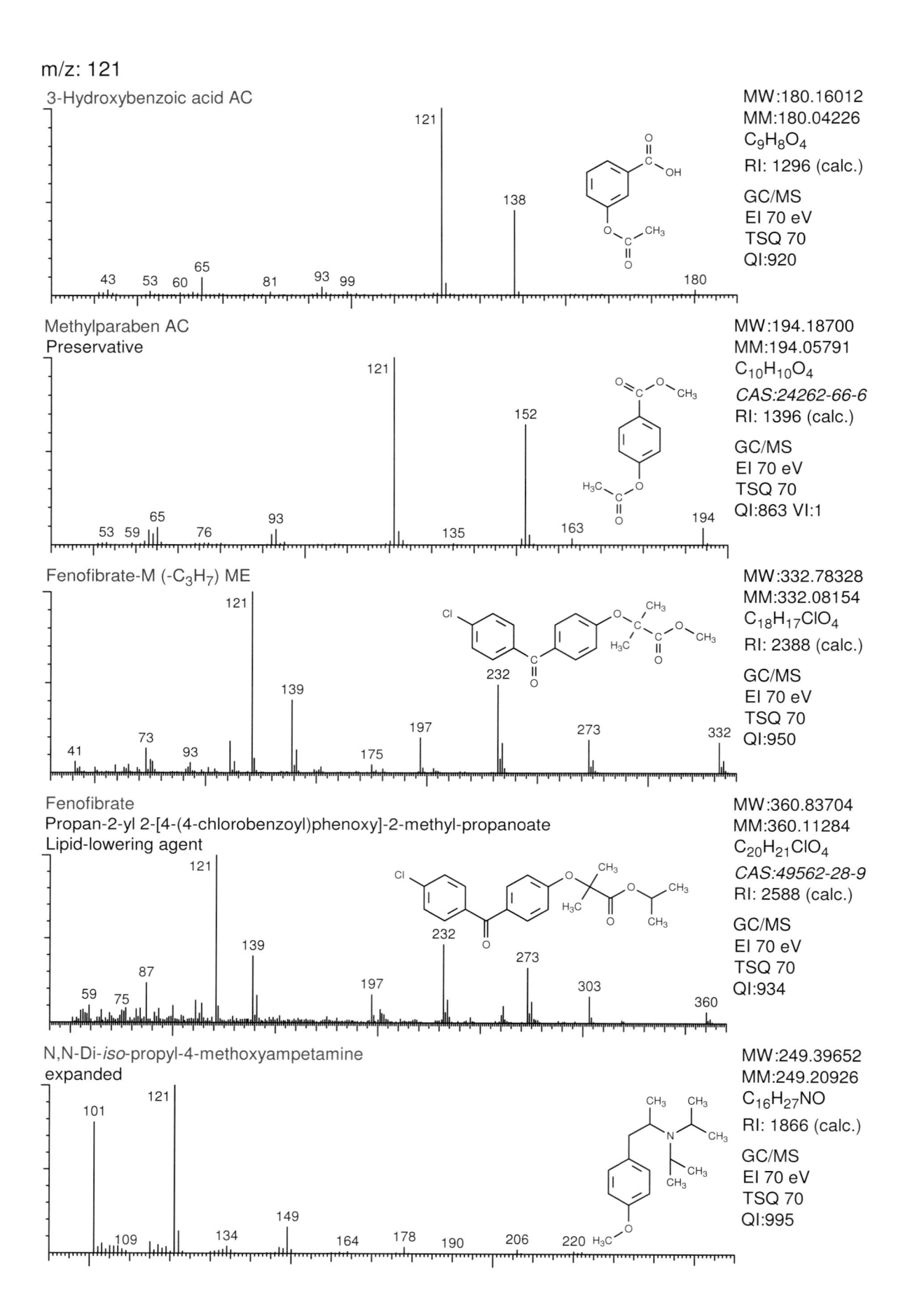

3-Hydroxybenzoic acid AC

MW: 180.16012
MM: 180.04226
$C_9H_8O_4$
RI: 1296 (calc.)

GC/MS
EI 70 eV
TSQ 70
QI: 920

Methylparaben AC
Preservative

MW: 194.18700
MM: 194.05791
$C_{10}H_{10}O_4$
CAS: 24262-66-6
RI: 1396 (calc.)

GC/MS
EI 70 eV
TSQ 70
QI: 863 VI:1

Fenofibrate-M (-C$_3$H$_7$) ME

MW: 332.78328
MM: 332.08154
$C_{18}H_{17}ClO_4$
RI: 2388 (calc.)

GC/MS
EI 70 eV
TSQ 70
QI: 950

Fenofibrate
Propan-2-yl 2-[4-(4-chlorobenzoyl)phenoxy]-2-methyl-propanoate
Lipid-lowering agent

MW: 360.83704
MM: 360.11284
$C_{20}H_{21}ClO_4$
CAS: 49562-28-9
RI: 2588 (calc.)

GC/MS
EI 70 eV
TSQ 70
QI: 934

N,N-Di-*iso*-propyl-4-methoxyampetamine
expanded

MW: 249.39652
MM: 249.20926
$C_{16}H_{27}NO$
RI: 1866 (calc.)

GC/MS
EI 70 eV
TSQ 70
QI: 995

N-Propyl-4-methoxyampetamine
expanded

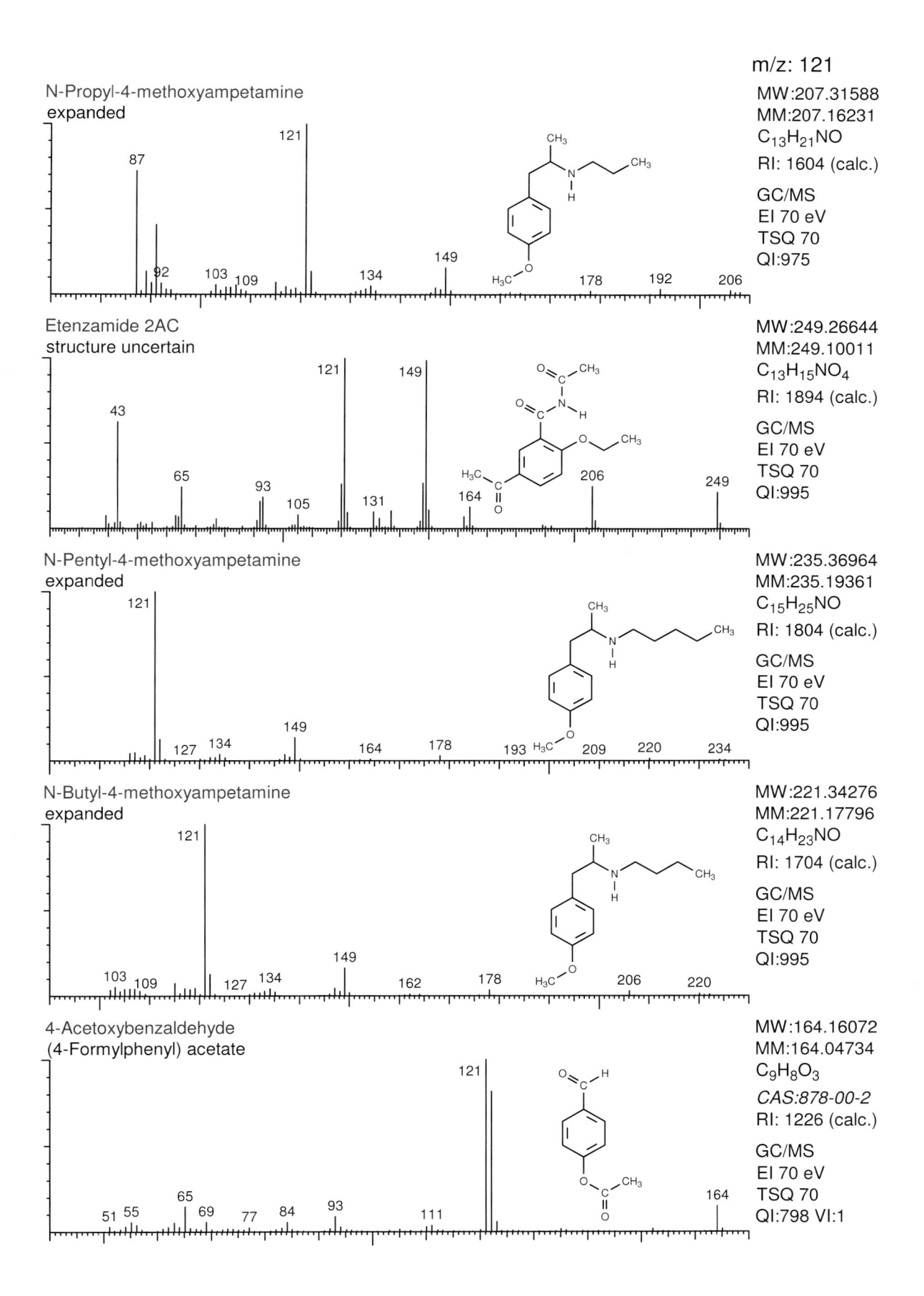

MW: 207.31588
MM: 207.16231
$C_{13}H_{21}NO$
RI: 1604 (calc.)

GC/MS
EI 70 eV
TSQ 70
QI: 975

m/z: 121

Peaks: 87, 121, 92, 103, 109, 134, 149, 178, 192, 206

Etenzamide 2AC
structure uncertain

MW: 249.26644
MM: 249.10011
$C_{13}H_{15}NO_4$
RI: 1894 (calc.)

GC/MS
EI 70 eV
TSQ 70
QI: 995

Peaks: 43, 65, 93, 105, 121, 131, 149, 164, 206, 249

N-Pentyl-4-methoxyampetamine
expanded

MW: 235.36964
MM: 235.19361
$C_{15}H_{25}NO$
RI: 1804 (calc.)

GC/MS
EI 70 eV
TSQ 70
QI: 995

Peaks: 121, 127, 134, 149, 164, 178, 193, 209, 220, 234

N-Butyl-4-methoxyampetamine
expanded

MW: 221.34276
MM: 221.17796
$C_{14}H_{23}NO$
RI: 1704 (calc.)

GC/MS
EI 70 eV
TSQ 70
QI: 995

Peaks: 103, 109, 121, 127, 134, 149, 162, 178, 206, 220

4-Acetoxybenzaldehyde
(4-Formylphenyl) acetate

MW: 164.16072
MM: 164.04734
$C_9H_8O_3$
CAS: 878-00-2
RI: 1226 (calc.)

GC/MS
EI 70 eV
TSQ 70
QI: 798 VI:1

Peaks: 51, 55, 65, 69, 77, 84, 93, 111, 121, 164

m/z: 121

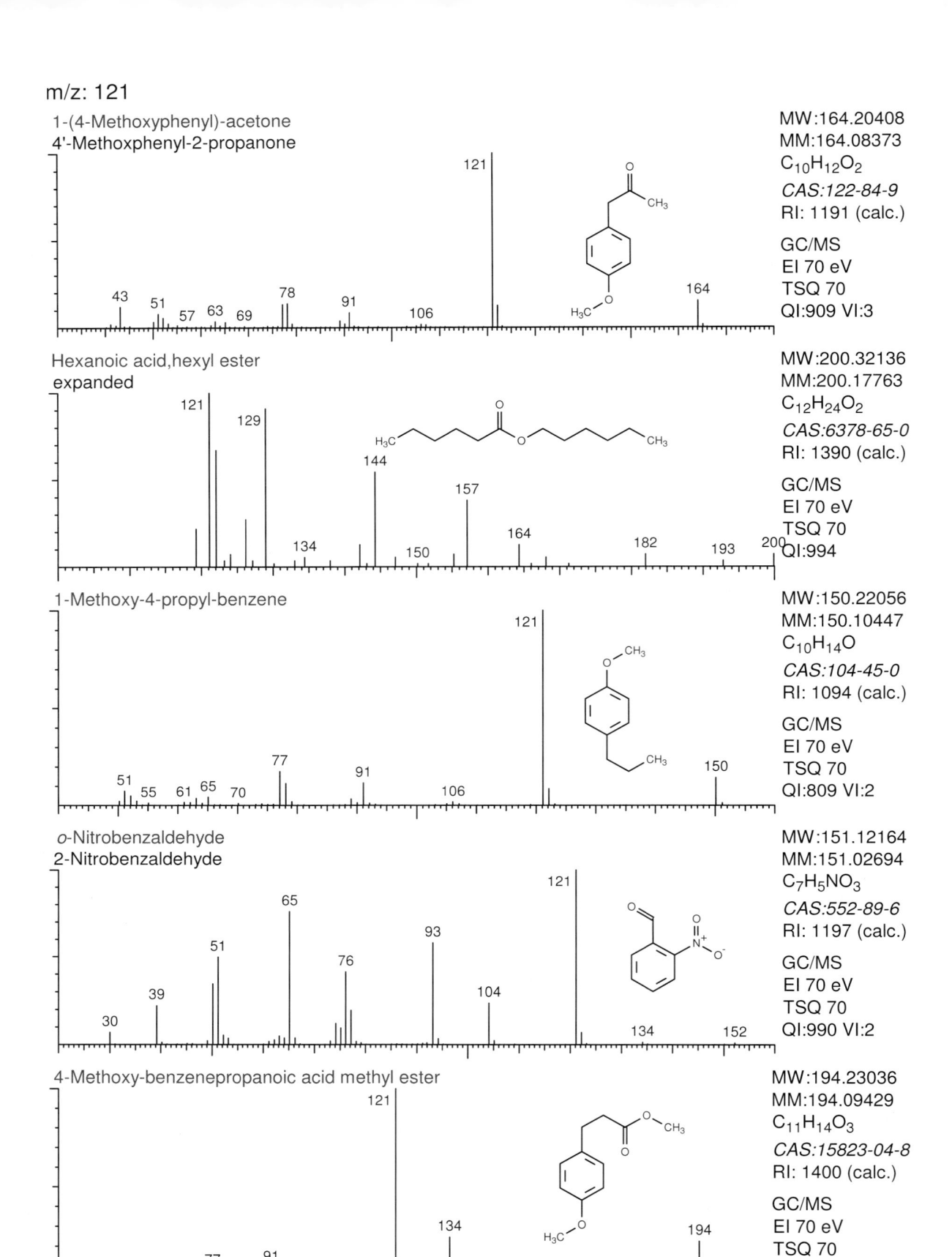

1-(4-Methoxyphenyl)-acetone
4'-Methoxphenyl-2-propanone

Peaks: 43, 51, 57, 63, 69, 78, 91, 106, 121, 164

MW:164.20408
MM:164.08373
C$_{10}$H$_{12}$O$_2$
CAS:122-84-9
RI: 1191 (calc.)

GC/MS
EI 70 eV
TSQ 70
QI:909 VI:3

Hexanoic acid, hexyl ester
expanded

Peaks: 121, 129, 134, 144, 157, 164, 182, 193, 200

MW:200.32136
MM:200.17763
C$_{12}$H$_{24}$O$_2$
CAS:6378-65-0
RI: 1390 (calc.)

GC/MS
EI 70 eV
TSQ 70
QI:994

1-Methoxy-4-propyl-benzene

Peaks: 51, 55, 61, 65, 70, 77, 91, 106, 121, 150

MW:150.22056
MM:150.10447
C$_{10}$H$_{14}$O
CAS:104-45-0
RI: 1094 (calc.)

GC/MS
EI 70 eV
TSQ 70
QI:809 VI:2

o-Nitrobenzaldehyde
2-Nitrobenzaldehyde

Peaks: 30, 39, 51, 65, 76, 93, 104, 121, 134, 152

MW:151.12164
MM:151.02694
C$_7$H$_5$NO$_3$
CAS:552-89-6
RI: 1197 (calc.)

GC/MS
EI 70 eV
TSQ 70
QI:990 VI:2

4-Methoxy-benzenepropanoic acid methyl ester

Peaks: 51, 59, 65, 77, 91, 103, 121, 134, 163, 194

MW:194.23036
MM:194.09429
C$_{11}$H$_{14}$O$_3$
CAS:15823-04-8
RI: 1400 (calc.)

GC/MS
EI 70 eV
TSQ 70
QI:862 VI:2

m/z: 121

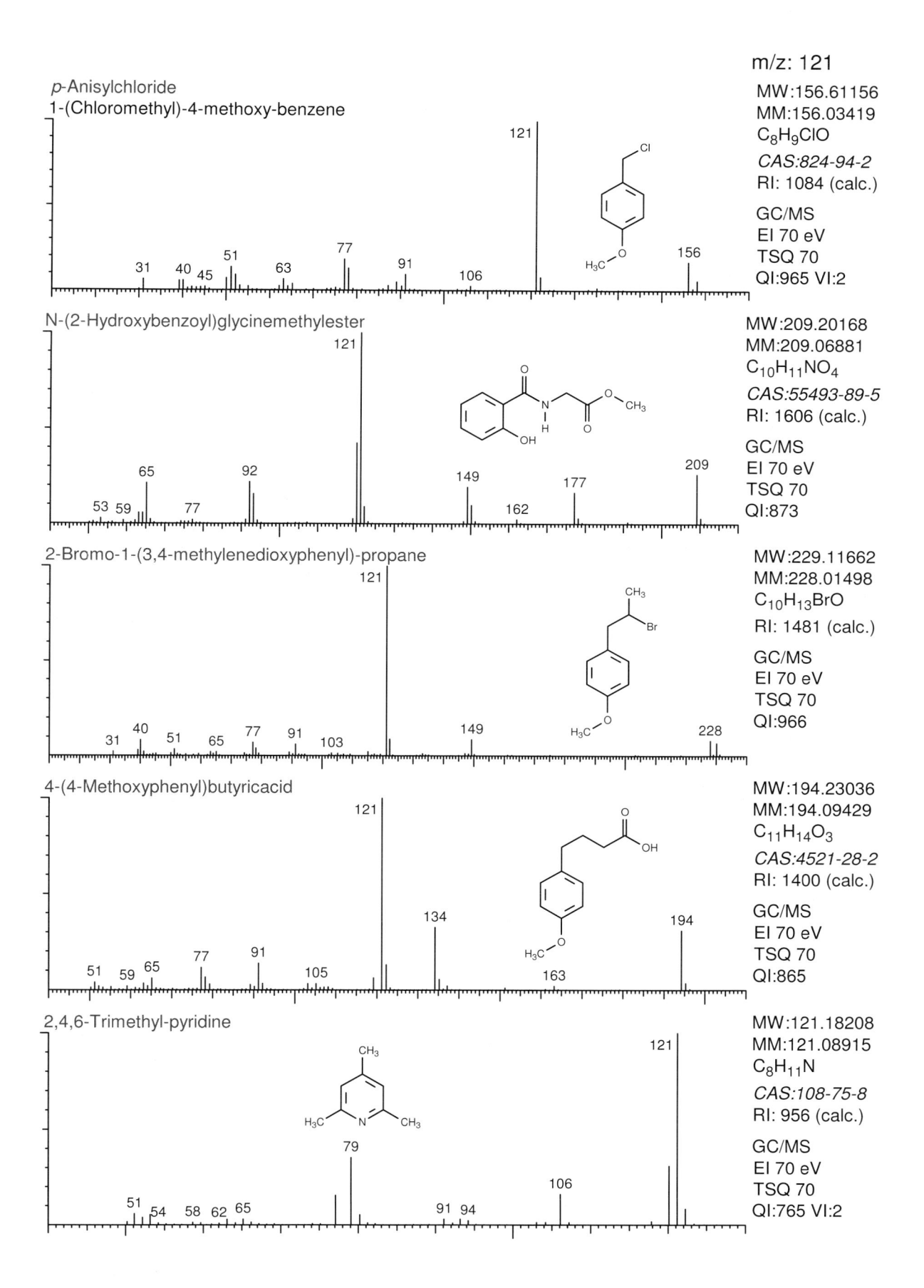

p-Anisylchloride
1-(Chloromethyl)-4-methoxy-benzene

MW:156.61156
MM:156.03419
C$_8$H$_9$ClO
CAS:824-94-2
RI: 1084 (calc.)

GC/MS
EI 70 eV
TSQ 70
QI:965 VI:2

N-(2-Hydroxybenzoyl)glycinemethylester

MW:209.20168
MM:209.06881
C$_{10}$H$_{11}$NO$_4$
CAS:55493-89-5
RI: 1606 (calc.)

GC/MS
EI 70 eV
TSQ 70
QI:873

2-Bromo-1-(3,4-methylenedioxyphenyl)-propane

MW:229.11662
MM:228.01498
C$_{10}$H$_{13}$BrO
RI: 1481 (calc.)

GC/MS
EI 70 eV
TSQ 70
QI:966

4-(4-Methoxyphenyl)butyricacid

MW:194.23036
MM:194.09429
C$_{11}$H$_{14}$O$_3$
CAS:4521-28-2
RI: 1400 (calc.)

GC/MS
EI 70 eV
TSQ 70
QI:865

2,4,6-Trimethyl-pyridine

MW:121.18208
MM:121.08915
C$_8$H$_{11}$N
CAS:108-75-8
RI: 956 (calc.)

GC/MS
EI 70 eV
TSQ 70
QI:765 VI:2

m/z: 121-122

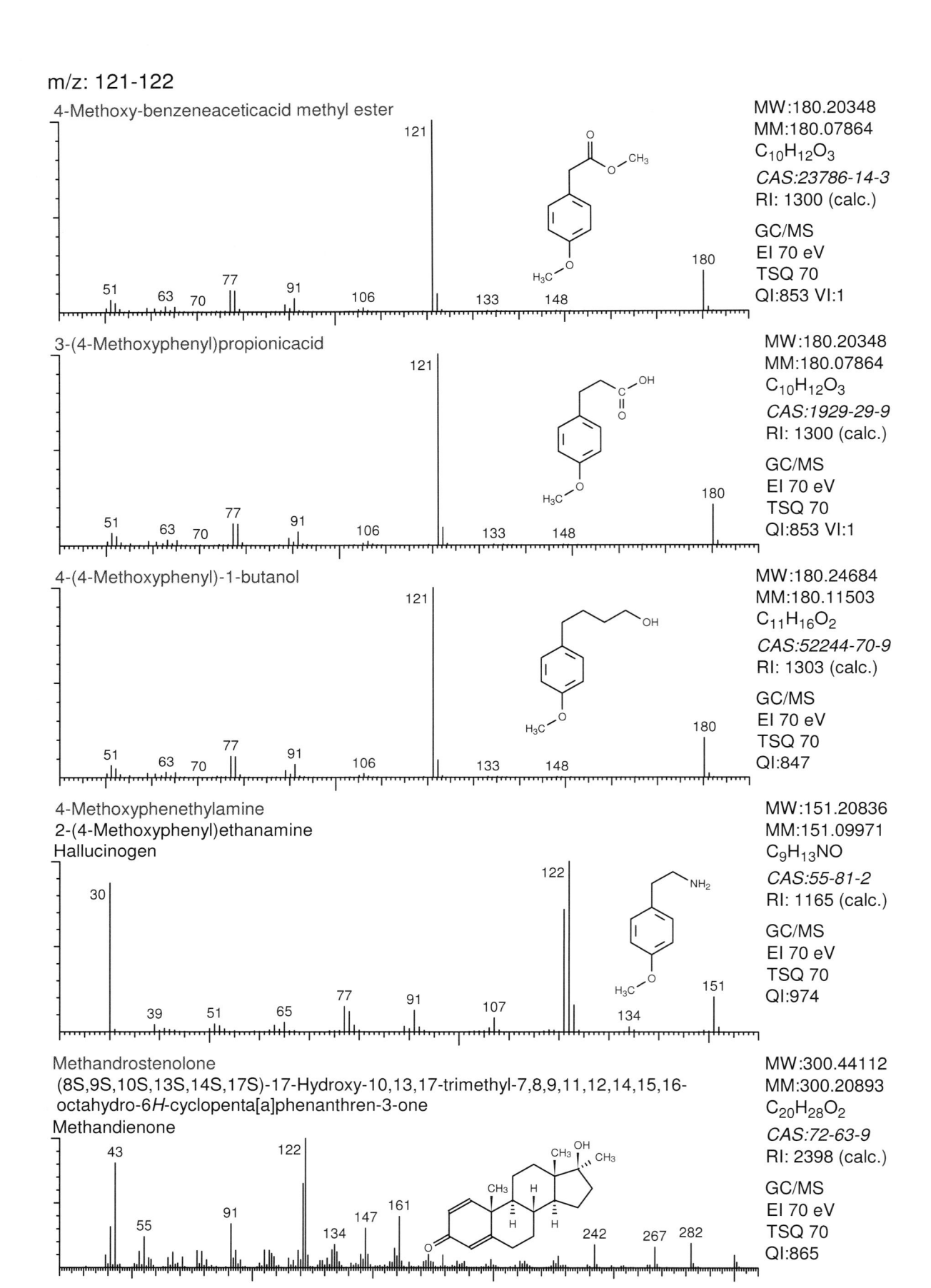

4-Methoxy-benzeneaceticacid methyl ester

MW:180.20348
MM:180.07864
C$_{10}$H$_{12}$O$_3$
CAS:23786-14-3
RI: 1300 (calc.)

GC/MS
EI 70 eV
TSQ 70
QI:853 VI:1

Peaks: 51, 63, 70, 77, 91, 106, 121, 133, 148, 180

3-(4-Methoxyphenyl)propionicacid

MW:180.20348
MM:180.07864
C$_{10}$H$_{12}$O$_3$
CAS:1929-29-9
RI: 1300 (calc.)

GC/MS
EI 70 eV
TSQ 70
QI:853 VI:1

Peaks: 51, 63, 70, 77, 91, 106, 121, 133, 148, 180

4-(4-Methoxyphenyl)-1-butanol

MW:180.24684
MM:180.11503
C$_{11}$H$_{16}$O$_2$
CAS:52244-70-9
RI: 1303 (calc.)

GC/MS
EI 70 eV
TSQ 70
QI:847

Peaks: 51, 63, 70, 77, 91, 106, 121, 133, 148, 180

4-Methoxyphenethylamine
2-(4-Methoxyphenyl)ethanamine
Hallucinogen

MW:151.20836
MM:151.09971
C$_9$H$_{13}$NO
CAS:55-81-2
RI: 1165 (calc.)

GC/MS
EI 70 eV
TSQ 70
QI:974

Peaks: 30, 39, 51, 65, 77, 91, 107, 122, 134, 151

Methandrostenolone
(8S,9S,10S,13S,14S,17S)-17-Hydroxy-10,13,17-trimethyl-7,8,9,11,12,14,15,16-octahydro-6H-cyclopenta[a]phenanthren-3-one
Methandienone

MW:300.44112
MM:300.20893
C$_{20}$H$_{28}$O$_2$
CAS:72-63-9
RI: 2398 (calc.)

GC/MS
EI 70 eV
TSQ 70
QI:865

Peaks: 43, 55, 91, 122, 134, 147, 161, 242, 267, 282

m/z: 122

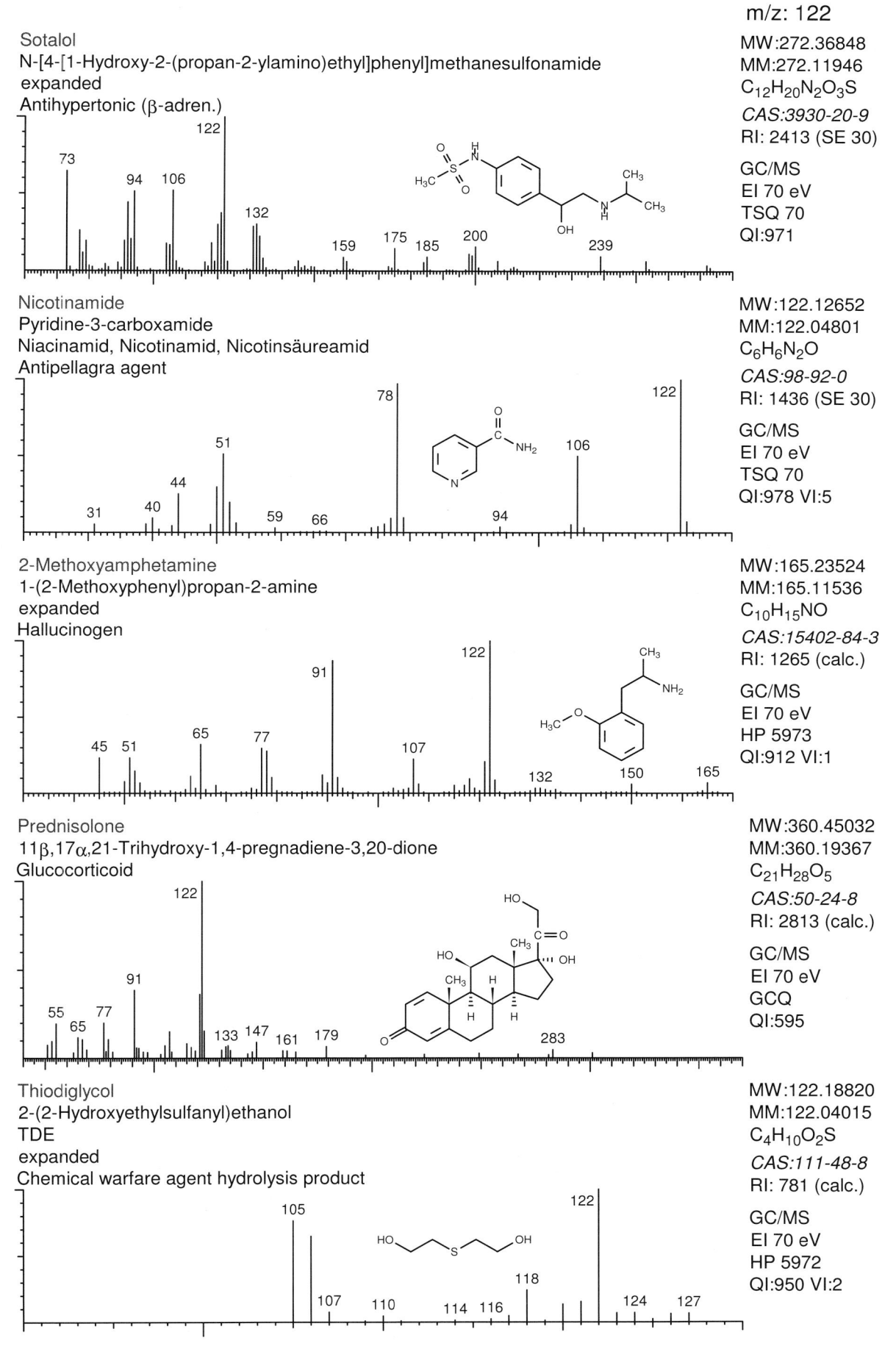

Sotalol
N-[4-[1-Hydroxy-2-(propan-2-ylamino)ethyl]phenyl]methanesulfonamide
expanded
Antihypertonic (β-adren.)

MW:272.36848
MM:272.11946
$C_{12}H_{20}N_2O_3S$
CAS:3930-20-9
RI: 2413 (SE 30)

GC/MS
EI 70 eV
TSQ 70
QI:971

Peaks: 73, 94, 106, 122, 132, 159, 175, 185, 200, 239

Nicotinamide
Pyridine-3-carboxamide
Niacinamid, Nicotinamid, Nicotinsäureamid
Antipellagra agent

MW:122.12652
MM:122.04801
$C_6H_6N_2O$
CAS:98-92-0
RI: 1436 (SE 30)

GC/MS
EI 70 eV
TSQ 70
QI:978 VI:5

Peaks: 31, 40, 44, 51, 59, 66, 78, 94, 106, 122

2-Methoxyamphetamine
1-(2-Methoxyphenyl)propan-2-amine
expanded
Hallucinogen

MW:165.23524
MM:165.11536
$C_{10}H_{15}NO$
CAS:15402-84-3
RI: 1265 (calc.)

GC/MS
EI 70 eV
HP 5973
QI:912 VI:1

Peaks: 45, 51, 65, 77, 91, 107, 122, 132, 150, 165

Prednisolone
11β,17α,21-Trihydroxy-1,4-pregnadiene-3,20-dione
Glucocorticoid

MW:360.45032
MM:360.19367
$C_{21}H_{28}O_5$
CAS:50-24-8
RI: 2813 (calc.)

GC/MS
EI 70 eV
GCQ
QI:595

Peaks: 55, 65, 77, 91, 122, 133, 147, 161, 179, 283

Thiodiglycol
2-(2-Hydroxyethylsulfanyl)ethanol
TDE
expanded
Chemical warfare agent hydrolysis product

MW:122.18820
MM:122.04015
$C_4H_{10}O_2S$
CAS:111-48-8
RI: 781 (calc.)

GC/MS
EI 70 eV
HP 5972
QI:950 VI:2

Peaks: 105, 107, 110, 114, 116, 118, 122, 124, 127

m/z: 122

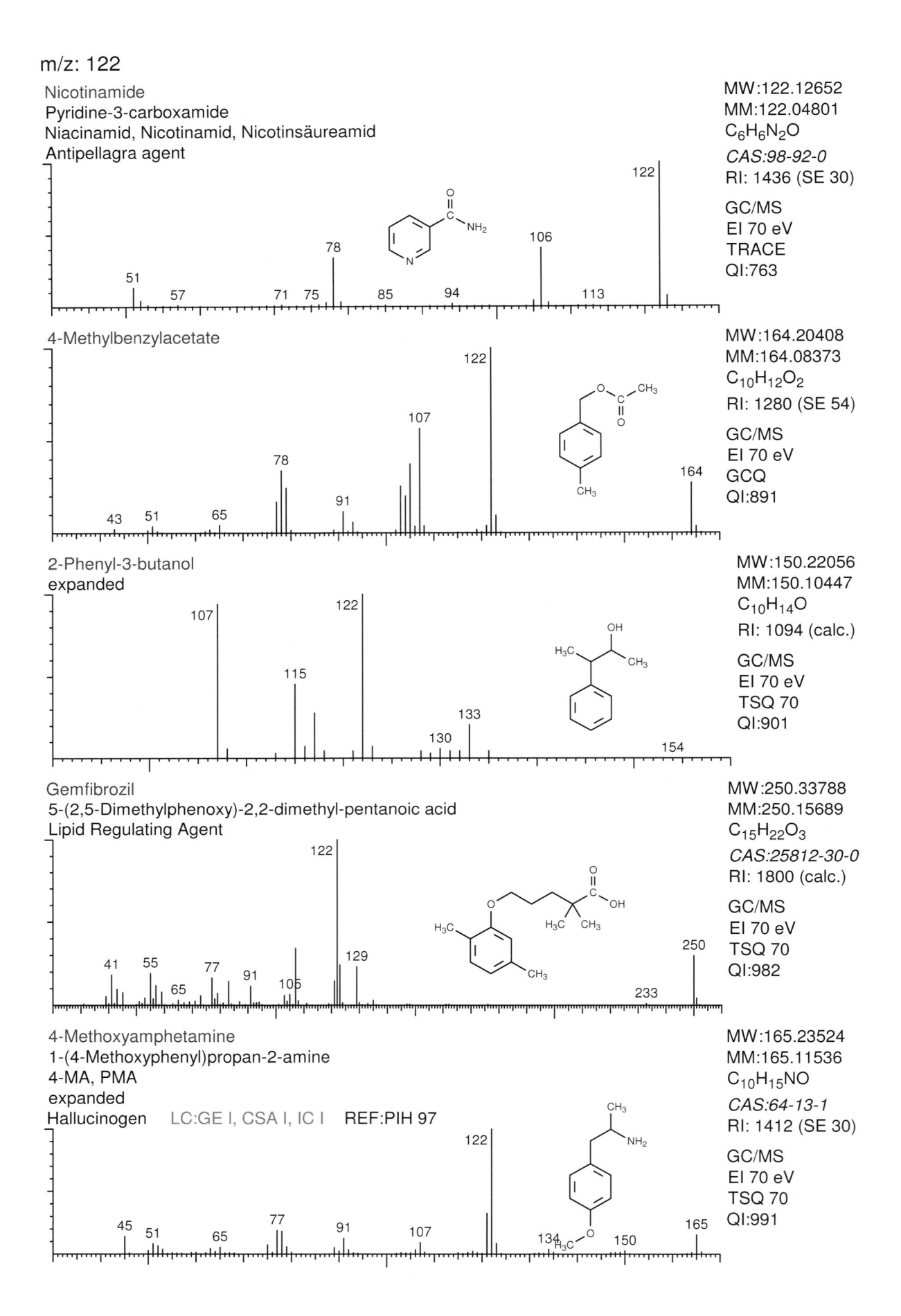

Nicotinamide
Pyridine-3-carboxamide
Niacinamid, Nicotinamid, Nicotinsäureamid
Antipellagra agent

MW:122.12652
MM:122.04801
$C_6H_6N_2O$
CAS:98-92-0
RI: 1436 (SE 30)

GC/MS
EI 70 eV
TRACE
QI:763

Peaks: 51, 57, 71, 75, 78, 85, 94, 106, 113, 122

4-Methylbenzylacetate

MW:164.20408
MM:164.08373
$C_{10}H_{12}O_2$
RI: 1280 (SE 54)

GC/MS
EI 70 eV
GCQ
QI:891

Peaks: 43, 51, 65, 78, 91, 107, 122, 164

2-Phenyl-3-butanol
expanded

MW:150.22056
MM:150.10447
$C_{10}H_{14}O$
RI: 1094 (calc.)

GC/MS
EI 70 eV
TSQ 70
QI:901

Peaks: 107, 115, 122, 130, 133, 154

Gemfibrozil
5-(2,5-Dimethylphenoxy)-2,2-dimethyl-pentanoic acid
Lipid Regulating Agent

MW:250.33788
MM:250.15689
$C_{15}H_{22}O_3$
CAS:25812-30-0
RI: 1800 (calc.)

GC/MS
EI 70 eV
TSQ 70
QI:982

Peaks: 41, 55, 65, 77, 91, 105, 122, 129, 233, 250

4-Methoxyamphetamine
1-(4-Methoxyphenyl)propan-2-amine
4-MA, PMA
expanded
Hallucinogen   LC:GE I, CSA I, IC I   REF:PIH 97

MW:165.23524
MM:165.11536
$C_{10}H_{15}NO$
CAS:64-13-1
RI: 1412 (SE 30)

GC/MS
EI 70 eV
TSQ 70
QI:991

Peaks: 45, 51, 65, 77, 91, 107, 122, 134, 150, 165

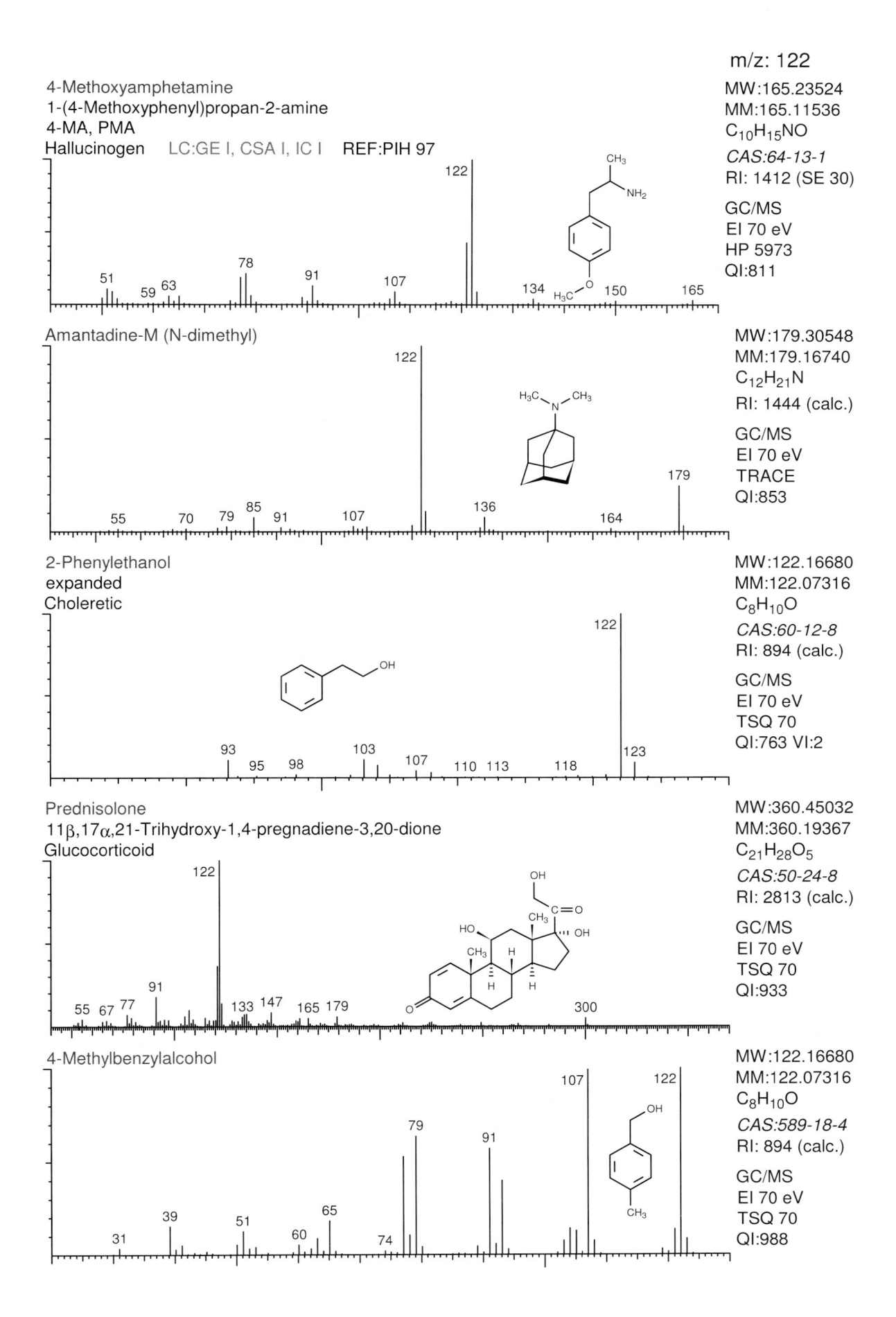

4-Methoxyamphetamine
1-(4-Methoxyphenyl)propan-2-amine
4-MA, PMA
Hallucinogen   LC:GE I, CSA I, IC I   REF:PIH 97

m/z: 122
MW:165.23524
MM:165.11536
$C_{10}H_{15}NO$
CAS:64-13-1
RI: 1412 (SE 30)

GC/MS
EI 70 eV
HP 5973
QI:811

Peaks: 51, 59, 63, 78, 91, 107, 122, 134, 150, 165

Amantadine-M (N-dimethyl)

MW:179.30548
MM:179.16740
$C_{12}H_{21}N$
RI: 1444 (calc.)

GC/MS
EI 70 eV
TRACE
QI:853

Peaks: 55, 70, 79, 85, 91, 107, 122, 136, 164, 179

2-Phenylethanol
expanded
Choleretic

MW:122.16680
MM:122.07316
$C_8H_{10}O$
CAS:60-12-8
RI: 894 (calc.)

GC/MS
EI 70 eV
TSQ 70
QI:763 VI:2

Peaks: 93, 95, 98, 103, 107, 110, 113, 118, 122, 123

Prednisolone
11β,17α,21-Trihydroxy-1,4-pregnadiene-3,20-dione
Glucocorticoid

MW:360.45032
MM:360.19367
$C_{21}H_{28}O_5$
CAS:50-24-8
RI: 2813 (calc.)

GC/MS
EI 70 eV
TSQ 70
QI:933

Peaks: 55, 67, 77, 91, 122, 133, 147, 165, 179, 300

4-Methylbenzylalcohol

MW:122.16680
MM:122.07316
$C_8H_{10}O$
CAS:589-18-4
RI: 894 (calc.)

GC/MS
EI 70 eV
TSQ 70
QI:988

Peaks: 31, 39, 51, 60, 65, 74, 79, 91, 107, 122

m/z: 122-123

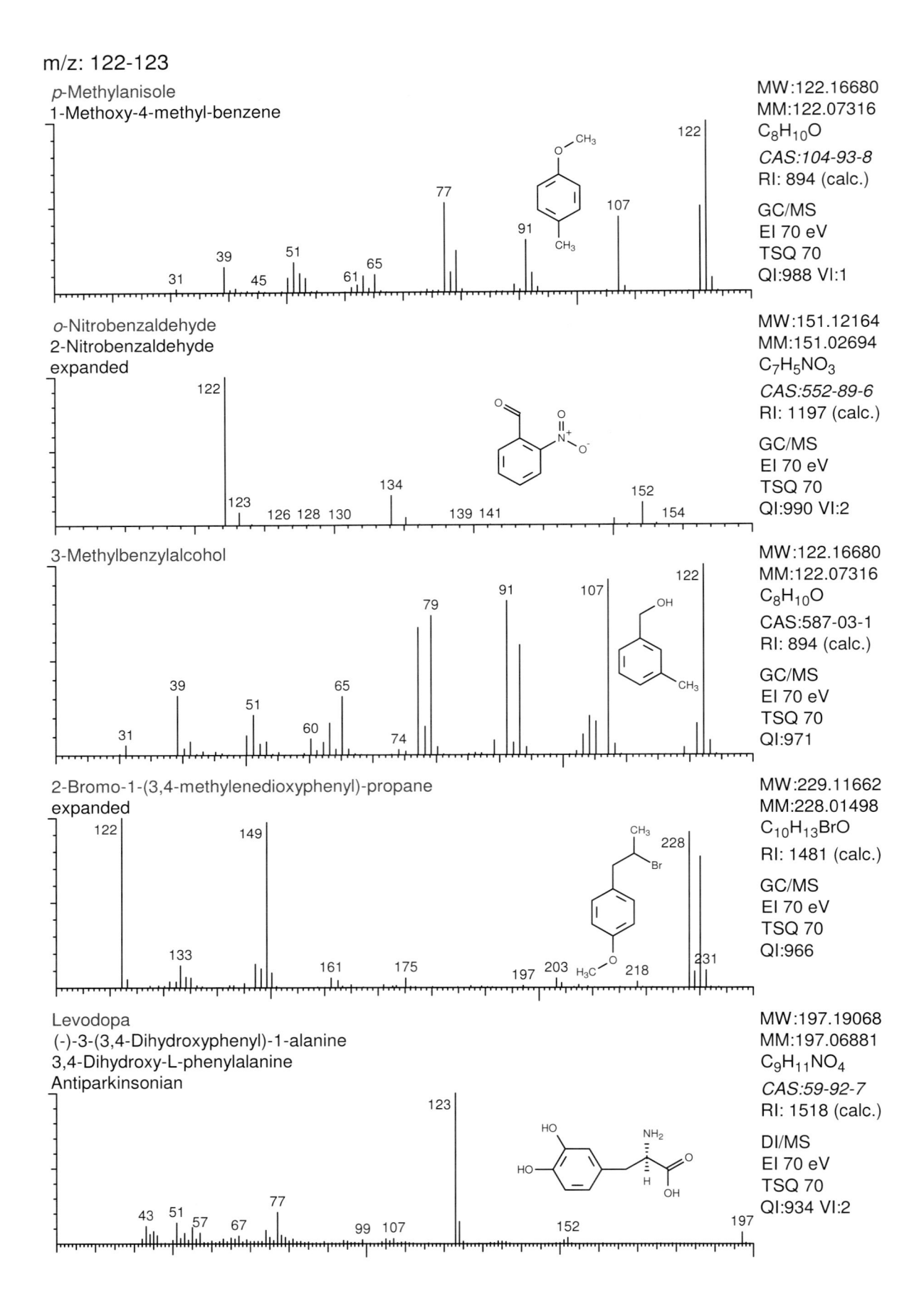

p-Methylanisole
1-Methoxy-4-methyl-benzene

MW:122.16680
MM:122.07316
$C_8H_{10}O$
CAS:104-93-8
RI: 894 (calc.)

GC/MS
EI 70 eV
TSQ 70
QI:988 VI:1

o-Nitrobenzaldehyde
2-Nitrobenzaldehyde
expanded

MW:151.12164
MM:151.02694
$C_7H_5NO_3$
CAS:552-89-6
RI: 1197 (calc.)

GC/MS
EI 70 eV
TSQ 70
QI:990 VI:2

3-Methylbenzylalcohol

MW:122.16680
MM:122.07316
$C_8H_{10}O$
CAS:587-03-1
RI: 894 (calc.)

GC/MS
EI 70 eV
TSQ 70
QI:971

2-Bromo-1-(3,4-methylenedioxyphenyl)-propane
expanded

MW:229.11662
MM:228.01498
$C_{10}H_{13}BrO$
RI: 1481 (calc.)

GC/MS
EI 70 eV
TSQ 70
QI:966

Levodopa
(-)-3-(3,4-Dihydroxyphenyl)-1-alanine
3,4-Dihydroxy-L-phenylalanine
Antiparkinsonian

MW:197.19068
MM:197.06881
$C_9H_{11}NO_4$
CAS:59-92-7
RI: 1518 (calc.)

DI/MS
EI 70 eV
TSQ 70
QI:934 VI:2

m/z: 123

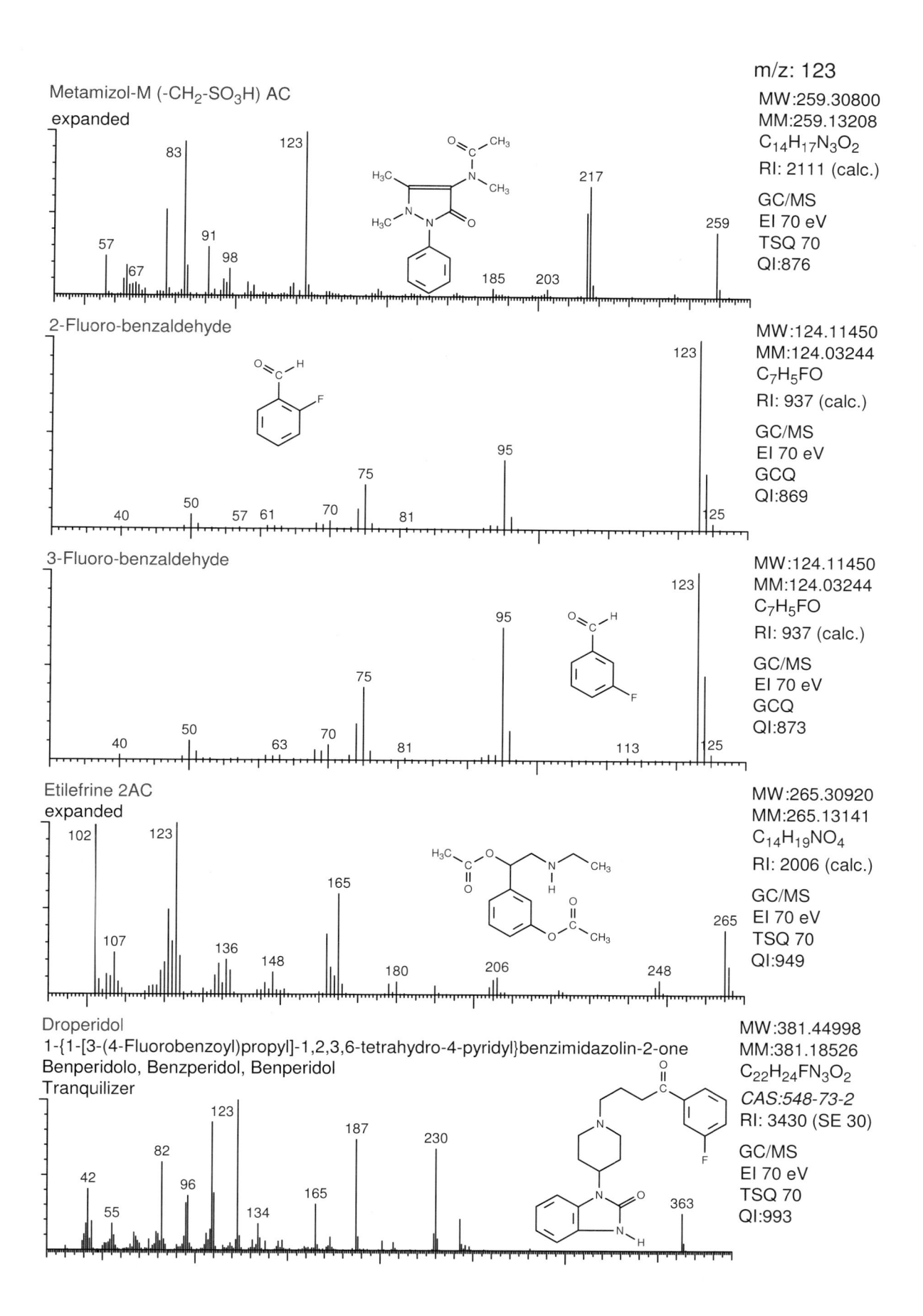

Metamizol-M (-CH₂-SO₃H) AC expanded

MW: 259.30800
MM: 259.13208
$C_{14}H_{17}N_3O_2$
RI: 2111 (calc.)

GC/MS
EI 70 eV
TSQ 70
QI: 876

Peaks: 57, 67, 83, 91, 98, 123, 185, 203, 217, 259

2-Fluoro-benzaldehyde

MW: 124.11450
MM: 124.03244
C_7H_5FO
RI: 937 (calc.)

GC/MS
EI 70 eV
GCQ
QI: 869

Peaks: 40, 50, 57, 61, 70, 75, 81, 95, 123, 125

3-Fluoro-benzaldehyde

MW: 124.11450
MM: 124.03244
C_7H_5FO
RI: 937 (calc.)

GC/MS
EI 70 eV
GCQ
QI: 873

Peaks: 40, 50, 63, 70, 75, 81, 95, 113, 123, 125

Etilefrine 2AC expanded

MW: 265.30920
MM: 265.13141
$C_{14}H_{19}NO_4$
RI: 2006 (calc.)

GC/MS
EI 70 eV
TSQ 70
QI: 949

Peaks: 102, 107, 123, 136, 148, 165, 180, 206, 248, 265

Droperidol
1-{1-[3-(4-Fluorobenzoyl)propyl]-1,2,3,6-tetrahydro-4-pyridyl}benzimidazolin-2-one
Benperidolo, Benzperidol, Benperidol
Tranquilizer

MW: 381.44998
MM: 381.18526
$C_{22}H_{24}FN_3O_2$
CAS: 548-73-2
RI: 3430 (SE 30)

GC/MS
EI 70 eV
TSQ 70
QI: 993

Peaks: 42, 55, 82, 96, 123, 134, 165, 187, 230, 363

m/z: 123

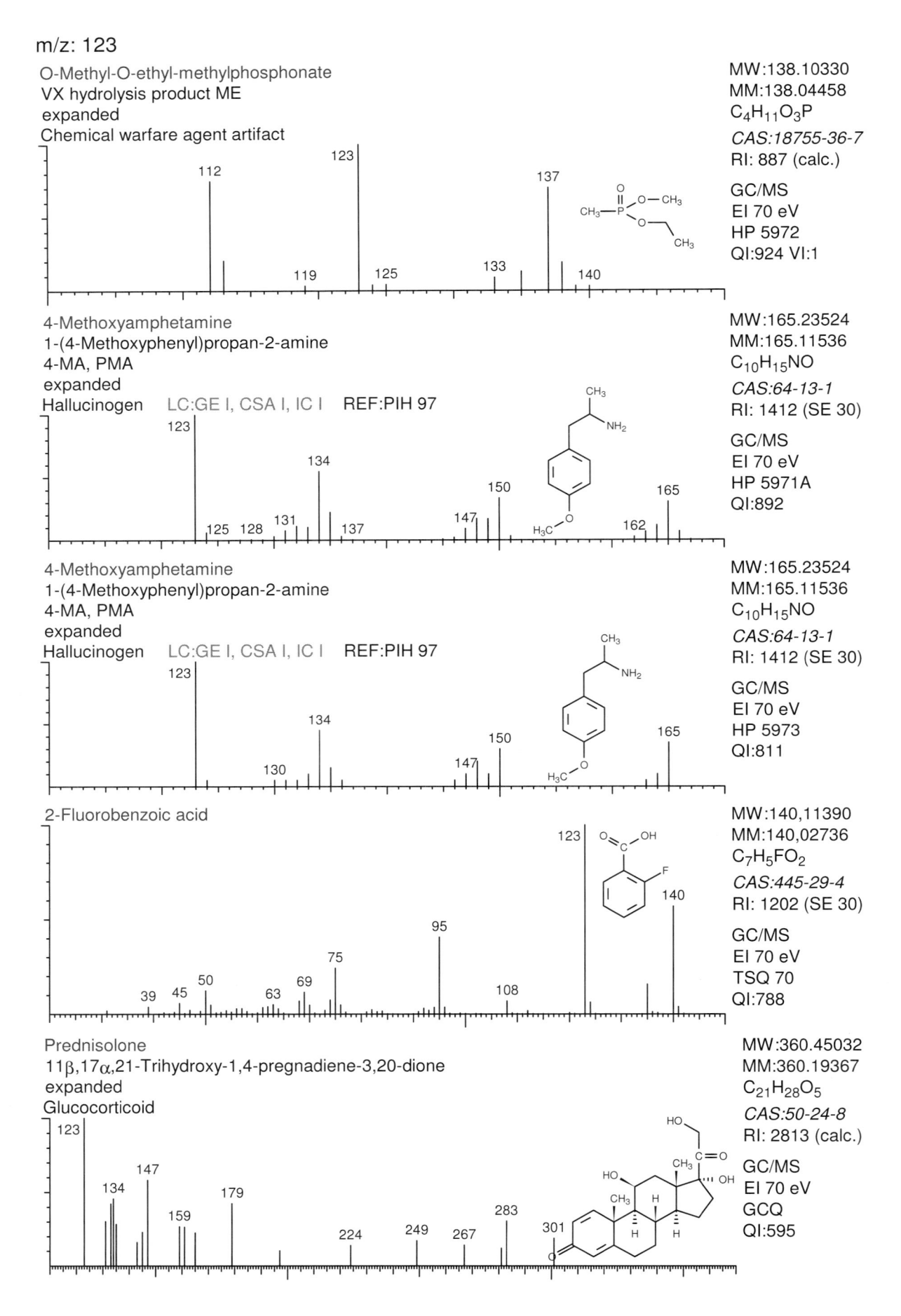

O-Methyl-O-ethyl-methylphosphonate
VX hydrolysis product ME
expanded
Chemical warfare agent artifact

MW:138.10330
MM:138.04458
$C_4H_{11}O_3P$
CAS:18755-36-7
RI: 887 (calc.)

GC/MS
EI 70 eV
HP 5972
QI:924 VI:1

4-Methoxyamphetamine
1-(4-Methoxyphenyl)propan-2-amine
4-MA, PMA
expanded
Hallucinogen   LC:GE I, CSA I, IC I   REF:PIH 97

MW:165.23524
MM:165.11536
$C_{10}H_{15}NO$
CAS:64-13-1
RI: 1412 (SE 30)

GC/MS
EI 70 eV
HP 5971A
QI:892

4-Methoxyamphetamine
1-(4-Methoxyphenyl)propan-2-amine
4-MA, PMA
expanded
Hallucinogen   LC:GE I, CSA I, IC I   REF:PIH 97

MW:165.23524
MM:165.11536
$C_{10}H_{15}NO$
CAS:64-13-1
RI: 1412 (SE 30)

GC/MS
EI 70 eV
HP 5973
QI:811

2-Fluorobenzoic acid

MW:140,11390
MM:140,02736
$C_7H_5FO_2$
CAS:445-29-4
RI: 1202 (SE 30)

GC/MS
EI 70 eV
TSQ 70
QI:788

Prednisolone
11β,17α,21-Trihydroxy-1,4-pregnadiene-3,20-dione
expanded
Glucocorticoid

MW:360.45032
MM:360.19367
$C_{21}H_{28}O_5$
CAS:50-24-8
RI: 2813 (calc.)

GC/MS
EI 70 eV
GCQ
QI:595

m/z: 123

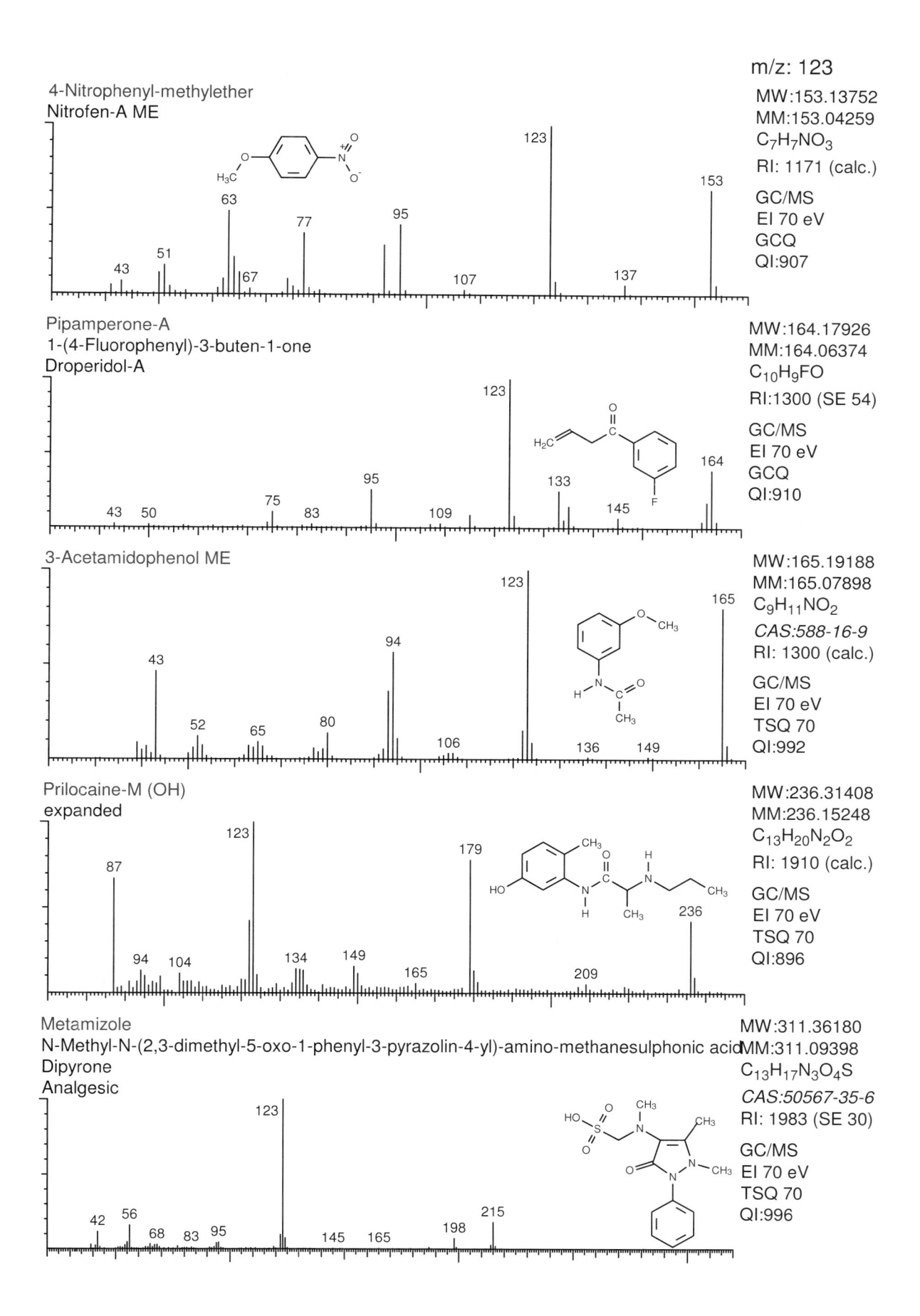

4-Nitrophenyl-methylether
Nitrofen-A ME

MW: 153.13752
MM: 153.04259
$C_7H_7NO_3$
RI: 1171 (calc.)

GC/MS
EI 70 eV
GCQ
QI: 907

Peaks: 43, 51, 63, 67, 77, 95, 107, 123, 137, 153

Pipamperone-A
1-(4-Fluorophenyl)-3-buten-1-one
Droperidol-A

MW: 164.17926
MM: 164.06374
$C_{10}H_9FO$
RI: 1300 (SE 54)

GC/MS
EI 70 eV
GCQ
QI: 910

Peaks: 43, 50, 75, 83, 95, 109, 123, 133, 145, 164

3-Acetamidophenol ME

MW: 165.19188
MM: 165.07898
$C_9H_{11}NO_2$
CAS: 588-16-9
RI: 1300 (calc.)

GC/MS
EI 70 eV
TSQ 70
QI: 992

Peaks: 43, 52, 65, 80, 94, 106, 123, 136, 149, 165

Prilocaine-M (OH)
expanded

MW: 236.31408
MM: 236.15248
$C_{13}H_{20}N_2O_2$
RI: 1910 (calc.)

GC/MS
EI 70 eV
TSQ 70
QI: 896

Peaks: 87, 94, 104, 123, 134, 149, 165, 179, 209, 236

Metamizole
N-Methyl-N-(2,3-dimethyl-5-oxo-1-phenyl-3-pyrazolin-4-yl)-amino-methanesulphonic acid
Dipyrone
Analgesic

MW: 311.36180
MM: 311.09398
$C_{13}H_{17}N_3O_4S$
CAS: 50567-35-6
RI: 1983 (SE 30)

GC/MS
EI 70 eV
TSQ 70
QI: 996

Peaks: 42, 56, 68, 83, 95, 123, 145, 165, 198, 215

m/z: 123

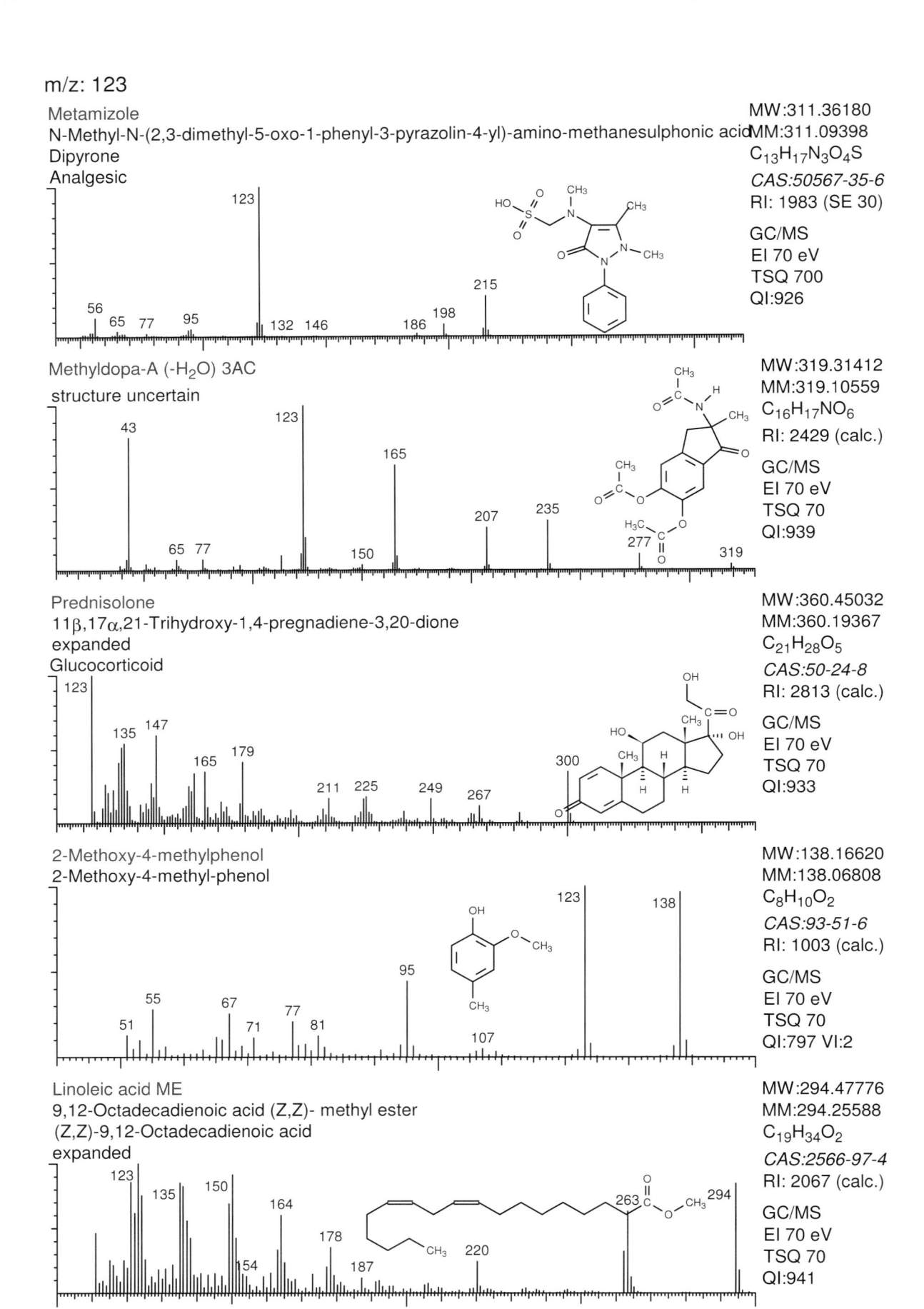

Metamizole
N-Methyl-N-(2,3-dimethyl-5-oxo-1-phenyl-3-pyrazolin-4-yl)-amino-methanesulphonic acid
Dipyrone
Analgesic

MW: 311.36180
MM: 311.09398
$C_{13}H_{17}N_3O_4S$
CAS: 50567-35-6
RI: 1983 (SE 30)

GC/MS
EI 70 eV
TSQ 700
QI: 926

Peaks: 56, 65, 77, 95, 123, 132, 146, 186, 198, 215

Methyldopa-A (-H$_2$O) 3AC
structure uncertain

MW: 319.31412
MM: 319.10559
$C_{16}H_{17}NO_6$
RI: 2429 (calc.)

GC/MS
EI 70 eV
TSQ 70
QI: 939

Peaks: 43, 65, 77, 123, 150, 165, 207, 235, 277, 319

Prednisolone
11β,17α,21-Trihydroxy-1,4-pregnadiene-3,20-dione
expanded
Glucocorticoid

MW: 360.45032
MM: 360.19367
$C_{21}H_{28}O_5$
CAS: 50-24-8
RI: 2813 (calc.)

GC/MS
EI 70 eV
TSQ 70
QI: 933

Peaks: 123, 135, 147, 165, 179, 211, 225, 249, 267, 300

2-Methoxy-4-methylphenol
2-Methoxy-4-methyl-phenol

MW: 138.16620
MM: 138.06808
$C_8H_{10}O_2$
CAS: 93-51-6
RI: 1003 (calc.)

GC/MS
EI 70 eV
TSQ 70
QI: 797 VI: 2

Peaks: 51, 55, 67, 71, 77, 81, 95, 107, 123, 138

Linoleic acid ME
9,12-Octadecadienoic acid (Z,Z)- methyl ester
(Z,Z)-9,12-Octadecadienoic acid
expanded

MW: 294.47776
MM: 294.25588
$C_{19}H_{34}O_2$
CAS: 2566-97-4
RI: 2067 (calc.)

GC/MS
EI 70 eV
TSQ 70
QI: 941

Peaks: 123, 135, 150, 154, 164, 178, 187, 220, 263, 294

m/z: 124

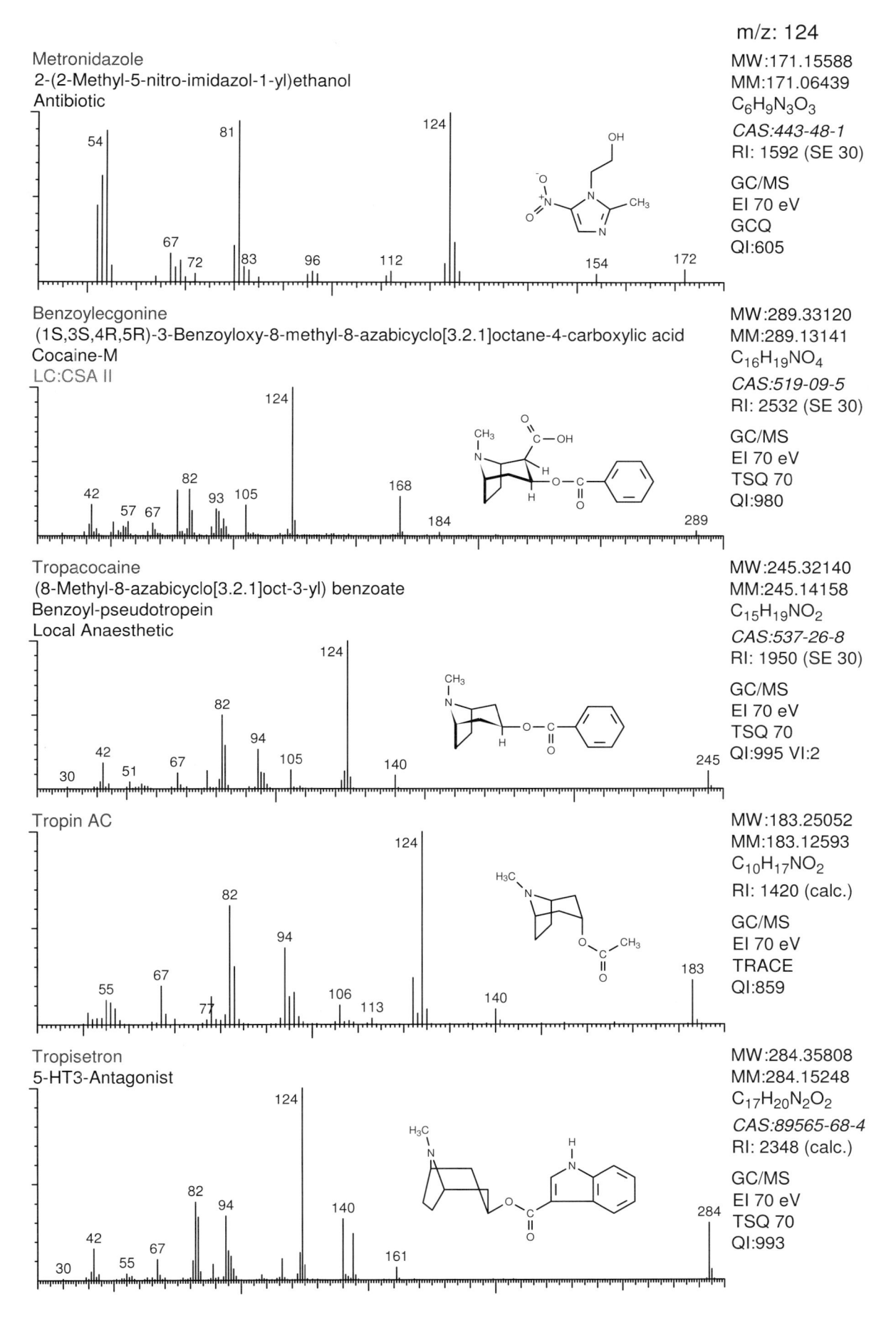

Metronidazole
2-(2-Methyl-5-nitro-imidazol-1-yl)ethanol
Antibiotic

Peaks: 54, 67, 72, 81, 83, 96, 112, 124, 154, 172

MW: 171.15588
MM: 171.06439
$C_6H_9N_3O_3$
CAS: 443-48-1
RI: 1592 (SE 30)

GC/MS
EI 70 eV
GCQ
QI: 605

Benzoylecgonine
(1S,3S,4R,5R)-3-Benzoyloxy-8-methyl-8-azabicyclo[3.2.1]octane-4-carboxylic acid
Cocaine-M
LC:CSA II

Peaks: 42, 57, 67, 82, 93, 105, 124, 168, 184, 289

MW: 289.33120
MM: 289.13141
$C_{16}H_{19}NO_4$
CAS: 519-09-5
RI: 2532 (SE 30)

GC/MS
EI 70 eV
TSQ 70
QI: 980

Tropacocaine
(8-Methyl-8-azabicyclo[3.2.1]oct-3-yl) benzoate
Benzoyl-pseudotropein
Local Anaesthetic

Peaks: 30, 42, 51, 67, 82, 94, 105, 124, 140, 245

MW: 245.32140
MM: 245.14158
$C_{15}H_{19}NO_2$
CAS: 537-26-8
RI: 1950 (SE 30)

GC/MS
EI 70 eV
TSQ 70
QI: 995 VI:2

Tropin AC

Peaks: 55, 67, 77, 82, 94, 106, 113, 124, 140, 183

MW: 183.25052
MM: 183.12593
$C_{10}H_{17}NO_2$
RI: 1420 (calc.)

GC/MS
EI 70 eV
TRACE
QI: 859

Tropisetron
5-HT3-Antagonist

Peaks: 30, 42, 55, 67, 82, 94, 124, 140, 161, 284

MW: 284.35808
MM: 284.15248
$C_{17}H_{20}N_2O_2$
CAS: 89565-68-4
RI: 2348 (calc.)

GC/MS
EI 70 eV
TSQ 70
QI: 993

m/z: 124

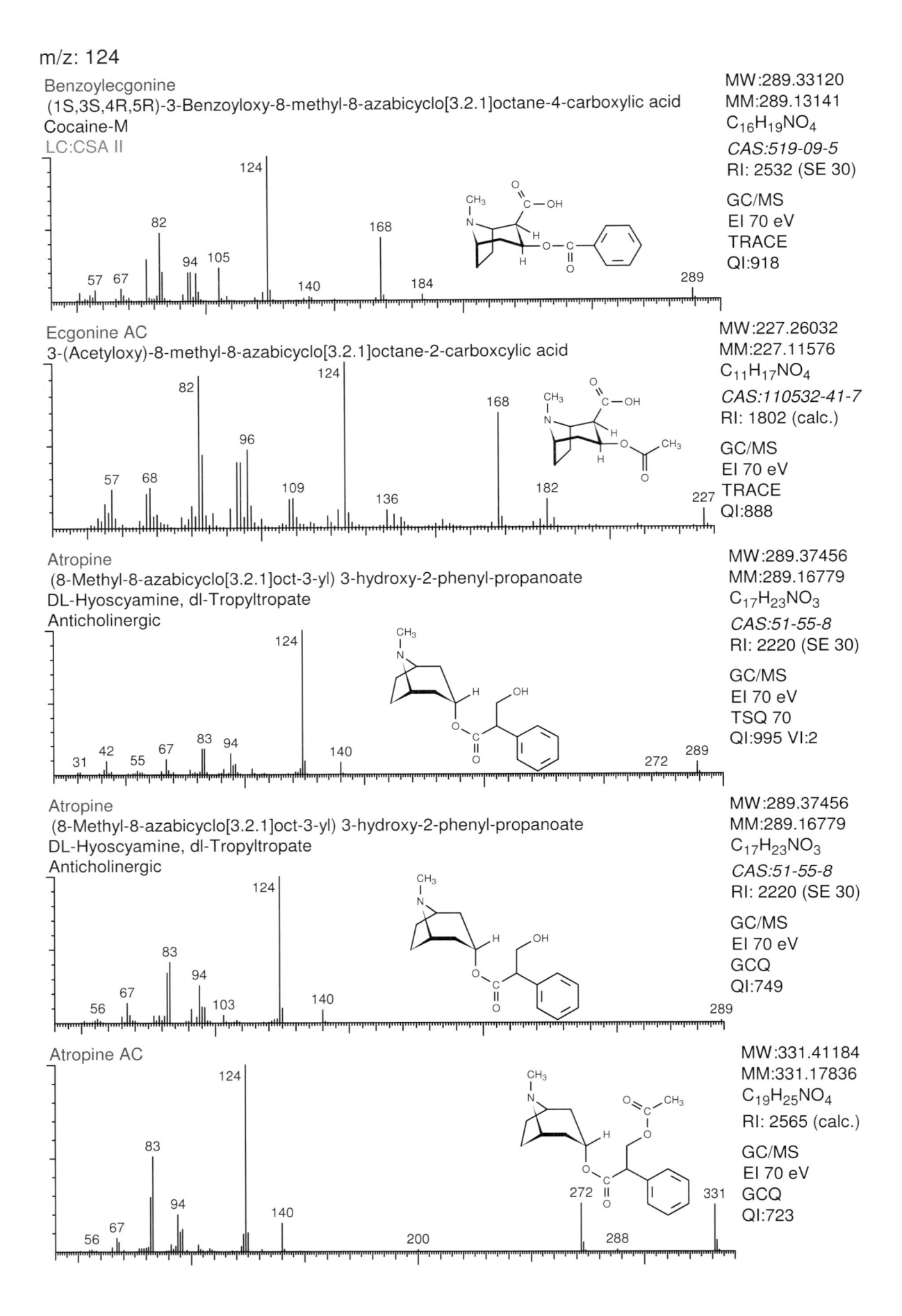

Benzoylecgonine
(1S,3S,4R,5R)-3-Benzoyloxy-8-methyl-8-azabicyclo[3.2.1]octane-4-carboxylic acid
Cocaine-M
LC:CSA II

MW:289.33120
MM:289.13141
$C_{16}H_{19}NO_4$
CAS:519-09-5
RI: 2532 (SE 30)

GC/MS
EI 70 eV
TRACE
QI:918

Peaks: 57, 67, 82, 94, 105, 124, 140, 168, 184, 289

Ecgonine AC
3-(Acetyloxy)-8-methyl-8-azabicyclo[3.2.1]octane-2-carboxcylic acid

MW:227.26032
MM:227.11576
$C_{11}H_{17}NO_4$
CAS:110532-41-7
RI: 1802 (calc.)

GC/MS
EI 70 eV
TRACE
QI:888

Peaks: 57, 68, 82, 96, 109, 124, 136, 168, 182, 227

Atropine
(8-Methyl-8-azabicyclo[3.2.1]oct-3-yl) 3-hydroxy-2-phenyl-propanoate
DL-Hyoscyamine, dl-Tropyltropate
Anticholinergic

MW:289.37456
MM:289.16779
$C_{17}H_{23}NO_3$
CAS:51-55-8
RI: 2220 (SE 30)

GC/MS
EI 70 eV
TSQ 70
QI:995 VI:2

Peaks: 31, 42, 55, 67, 83, 94, 124, 140, 272, 289

Atropine
(8-Methyl-8-azabicyclo[3.2.1]oct-3-yl) 3-hydroxy-2-phenyl-propanoate
DL-Hyoscyamine, dl-Tropyltropate
Anticholinergic

MW:289.37456
MM:289.16779
$C_{17}H_{23}NO_3$
CAS:51-55-8
RI: 2220 (SE 30)

GC/MS
EI 70 eV
GCQ
QI:749

Peaks: 56, 67, 83, 94, 103, 124, 140, 289

Atropine AC

MW:331.41184
MM:331.17836
$C_{19}H_{25}NO_4$
RI: 2565 (calc.)

GC/MS
EI 70 eV
GCQ
QI:723

Peaks: 56, 67, 83, 94, 124, 140, 200, 272, 288, 331

m/z: 124

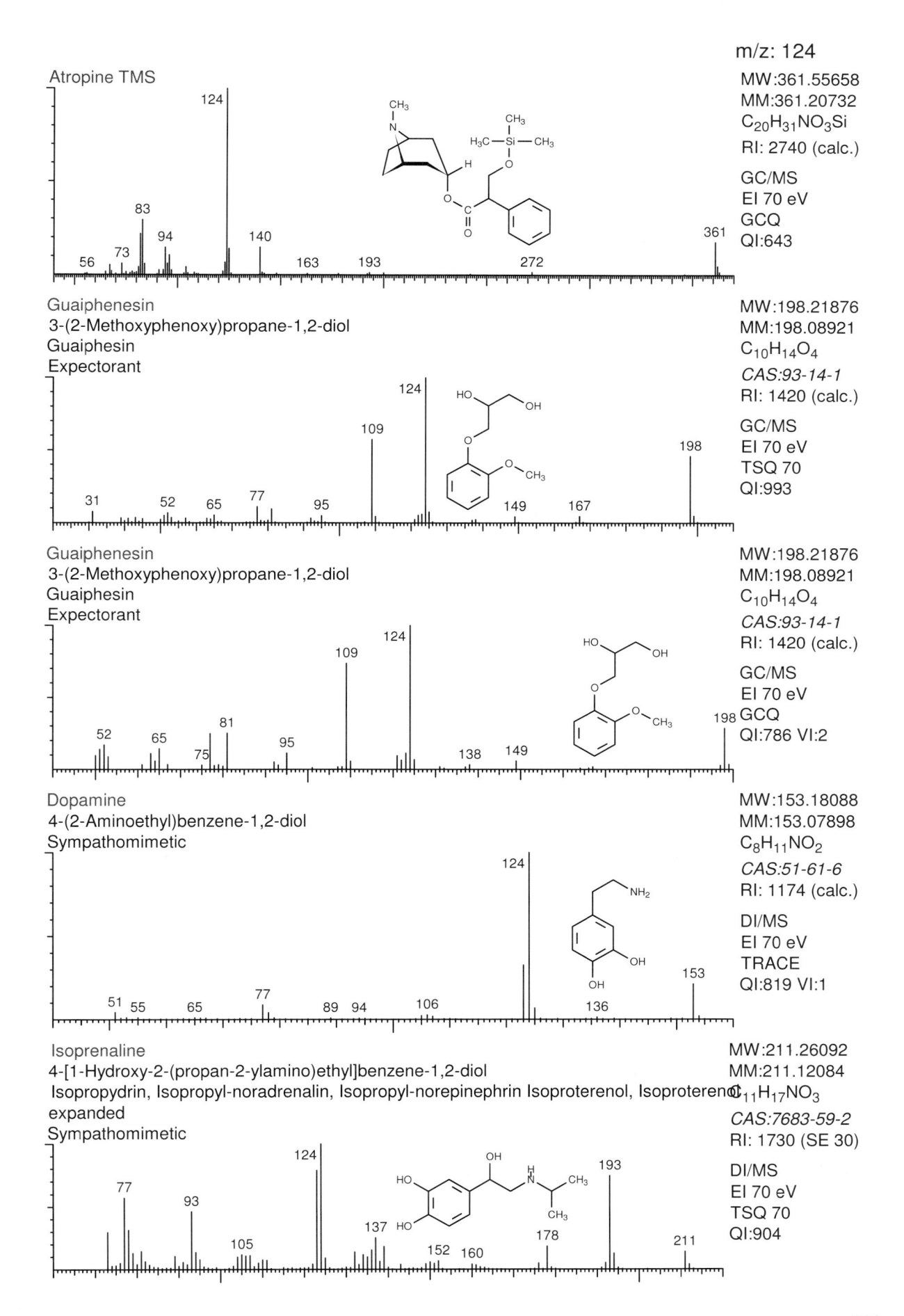

Atropine TMS

MW: 361.55658
MM: 361.20732
$C_{20}H_{31}NO_3Si$
RI: 2740 (calc.)

GC/MS
EI 70 eV
GCQ
QI: 643

Peaks: 56, 73, 83, 94, 124, 140, 163, 193, 272, 361

Guaiphenesin
3-(2-Methoxyphenoxy)propane-1,2-diol
Guaiphesin
Expectorant

MW: 198.21876
MM: 198.08921
$C_{10}H_{14}O_4$
CAS: 93-14-1
RI: 1420 (calc.)

GC/MS
EI 70 eV
TSQ 70
QI: 993

Peaks: 31, 52, 65, 77, 95, 109, 124, 149, 167, 198

Guaiphenesin
3-(2-Methoxyphenoxy)propane-1,2-diol
Guaiphesin
Expectorant

MW: 198.21876
MM: 198.08921
$C_{10}H_{14}O_4$
CAS: 93-14-1
RI: 1420 (calc.)

GC/MS
EI 70 eV
GCQ
QI: 786 VI:2

Peaks: 52, 65, 75, 81, 95, 109, 124, 138, 149, 198

Dopamine
4-(2-Aminoethyl)benzene-1,2-diol
Sympathomimetic

MW: 153.18088
MM: 153.07898
$C_8H_{11}NO_2$
CAS: 51-61-6
RI: 1174 (calc.)

DI/MS
EI 70 eV
TRACE
QI: 819 VI:1

Peaks: 51, 55, 65, 77, 89, 94, 106, 124, 136, 153

Isoprenaline
4-[1-Hydroxy-2-(propan-2-ylamino)ethyl]benzene-1,2-diol
Isopropydrin, Isopropyl-noradrenalin, Isopropyl-norepinephrin Isoproterenol, Isoproterenol
expanded
Sympathomimetic

MW: 211.26092
MM: 211.12084
$C_{11}H_{17}NO_3$
CAS: 7683-59-2
RI: 1730 (SE 30)

DI/MS
EI 70 eV
TSQ 70
QI: 904

Peaks: 77, 93, 105, 124, 137, 152, 160, 178, 193, 211

m/z: 124

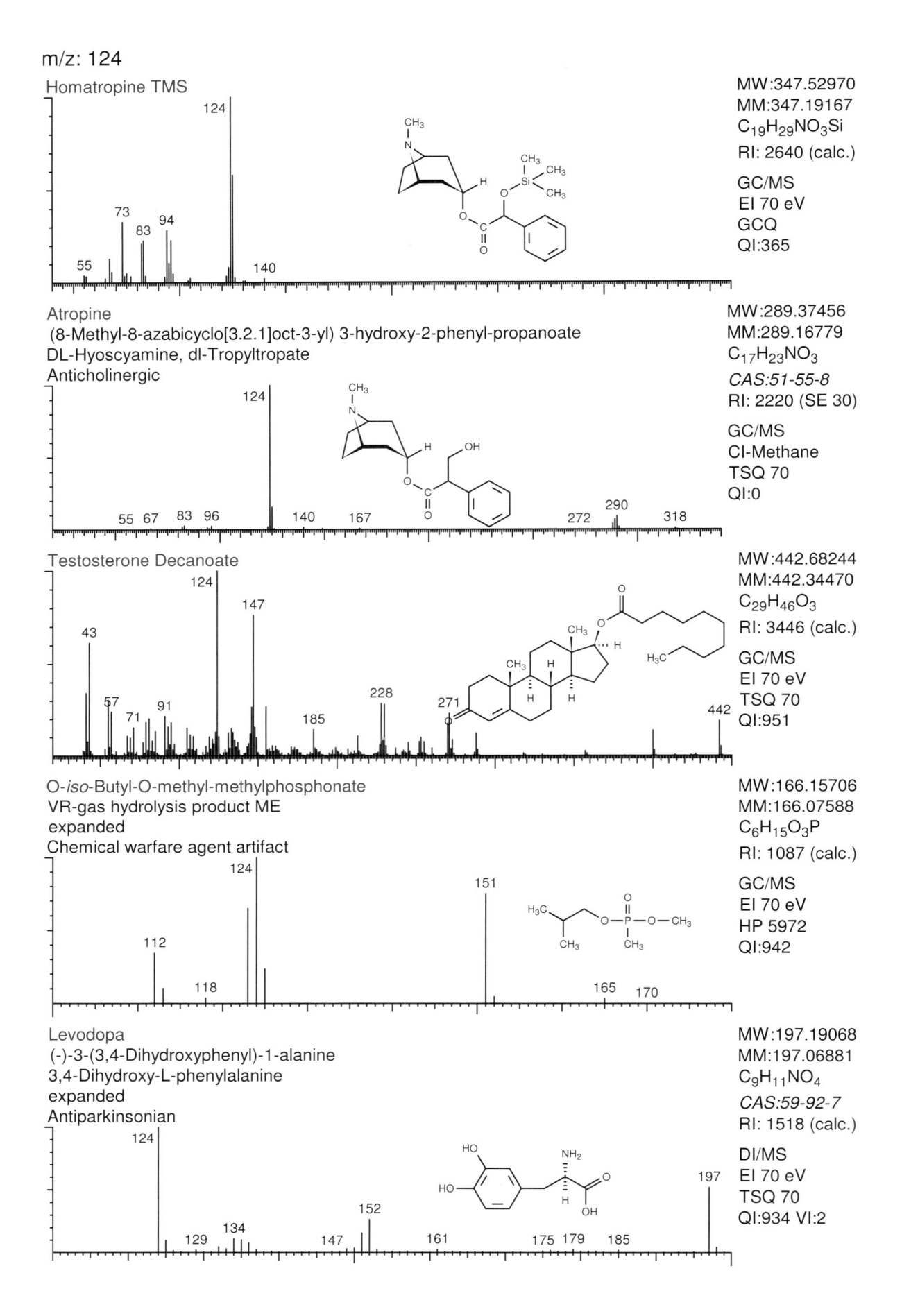

Homatropine TMS

MW:347.52970
MM:347.19167
$C_{19}H_{29}NO_3Si$
RI: 2640 (calc.)

GC/MS
EI 70 eV
GCQ
QI:365

Peaks: 55, 73, 83, 94, 124, 140

Atropine
(8-Methyl-8-azabicyclo[3.2.1]oct-3-yl) 3-hydroxy-2-phenyl-propanoate
DL-Hyoscyamine, dl-Tropyltropate
Anticholinergic

MW:289.37456
MM:289.16779
$C_{17}H_{23}NO_3$
CAS:51-55-8
RI: 2220 (SE 30)

GC/MS
CI-Methane
TSQ 70
QI:0

Peaks: 55, 67, 83, 96, 124, 140, 167, 272, 290, 318

Testosterone Decanoate

MW:442.68244
MM:442.34470
$C_{29}H_{46}O_3$
RI: 3446 (calc.)

GC/MS
EI 70 eV
TSQ 70
QI:951

Peaks: 43, 57, 71, 91, 124, 147, 185, 228, 271, 442

O-iso-Butyl-O-methyl-methylphosphonate
VR-gas hydrolysis product ME
expanded
Chemical warfare agent artifact

MW:166.15706
MM:166.07588
$C_6H_{15}O_3P$
RI: 1087 (calc.)

GC/MS
EI 70 eV
HP 5972
QI:942

Peaks: 112, 118, 124, 151, 165, 170

Levodopa
(−)-3-(3,4-Dihydroxyphenyl)-1-alanine
3,4-Dihydroxy-L-phenylalanine
expanded
Antiparkinsonian

MW:197.19068
MM:197.06881
$C_9H_{11}NO_4$
CAS:59-92-7
RI: 1518 (calc.)

DI/MS
EI 70 eV
TSQ 70
QI:934 VI:2

Peaks: 124, 129, 134, 147, 152, 161, 175, 179, 185, 197

m/z: 124

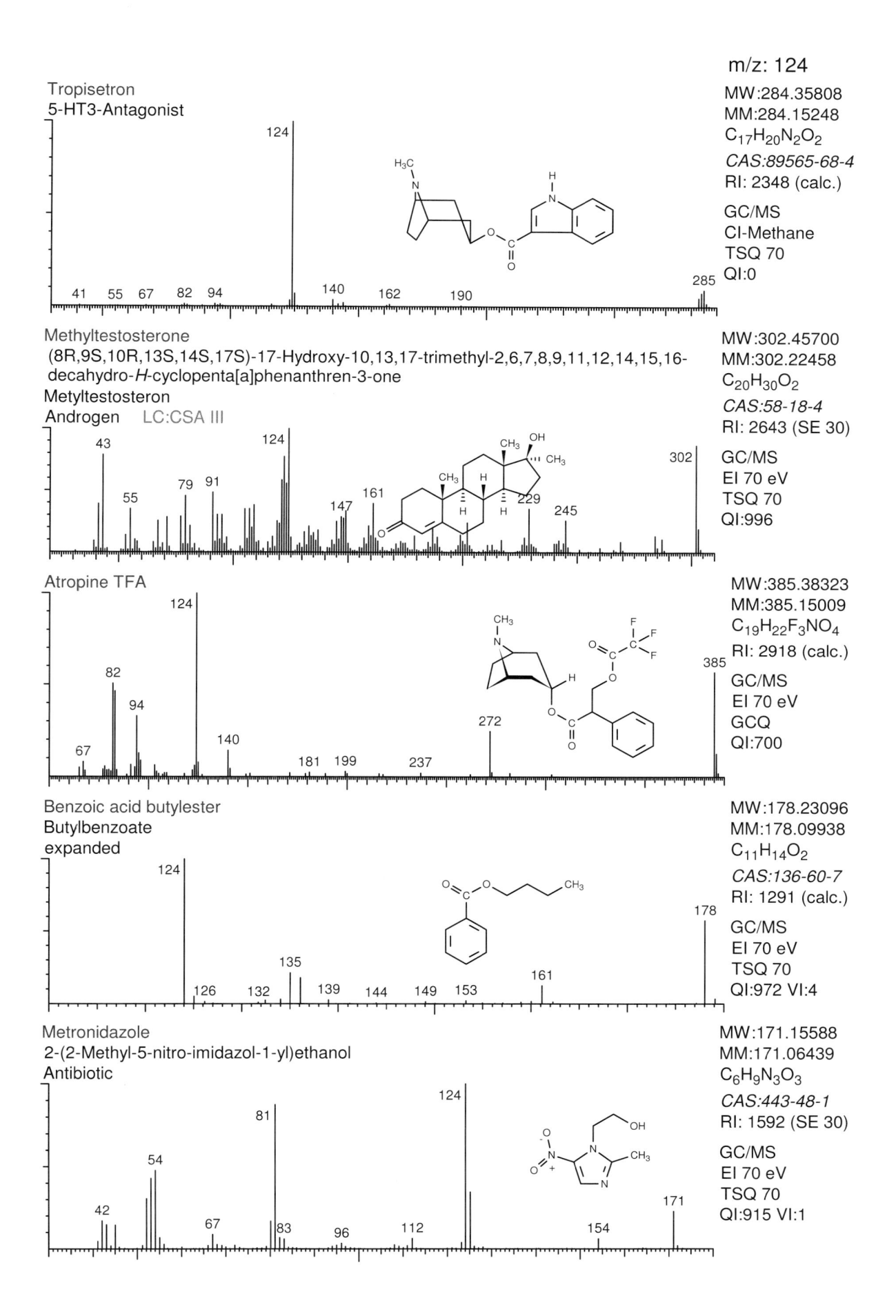

Tropisetron
5-HT3-Antagonist

MW: 284.35808
MM: 284.15248
$C_{17}H_{20}N_2O_2$
CAS: 89565-68-4
RI: 2348 (calc.)

GC/MS
CI-Methane
TSQ 70
QI:0

Peaks: 41, 55, 67, 82, 94, 124, 140, 162, 190, 285

Methyltestosterone
(8R,9S,10R,13S,14S,17S)-17-Hydroxy-10,13,17-trimethyl-2,6,7,8,9,11,12,14,15,16-decahydro-H-cyclopenta[a]phenanthren-3-one
Metyltestosteron
Androgen   LC:CSA III

MW: 302.45700
MM: 302.22458
$C_{20}H_{30}O_2$
CAS: 58-18-4
RI: 2643 (SE 30)

GC/MS
EI 70 eV
TSQ 70
QI:996

Peaks: 43, 55, 79, 91, 124, 147, 161, 229, 245, 302

Atropine TFA

MW: 385.38323
MM: 385.15009
$C_{19}H_{22}F_3NO_4$
RI: 2918 (calc.)

GC/MS
EI 70 eV
GCQ
QI:700

Peaks: 67, 82, 94, 124, 140, 181, 199, 237, 272, 385

Benzoic acid butylester
Butylbenzoate
expanded

MW: 178.23096
MM: 178.09938
$C_{11}H_{14}O_2$
CAS: 136-60-7
RI: 1291 (calc.)

GC/MS
EI 70 eV
TSQ 70
QI:972 VI:4

Peaks: 124, 126, 132, 135, 139, 144, 149, 153, 161, 178

Metronidazole
2-(2-Methyl-5-nitro-imidazol-1-yl)ethanol
Antibiotic

MW: 171.15588
MM: 171.06439
$C_6H_9N_3O_3$
CAS: 443-48-1
RI: 1592 (SE 30)

GC/MS
EI 70 eV
TSQ 70
QI:915 VI:1

Peaks: 42, 54, 67, 81, 83, 96, 112, 124, 154, 171

m/z: 124

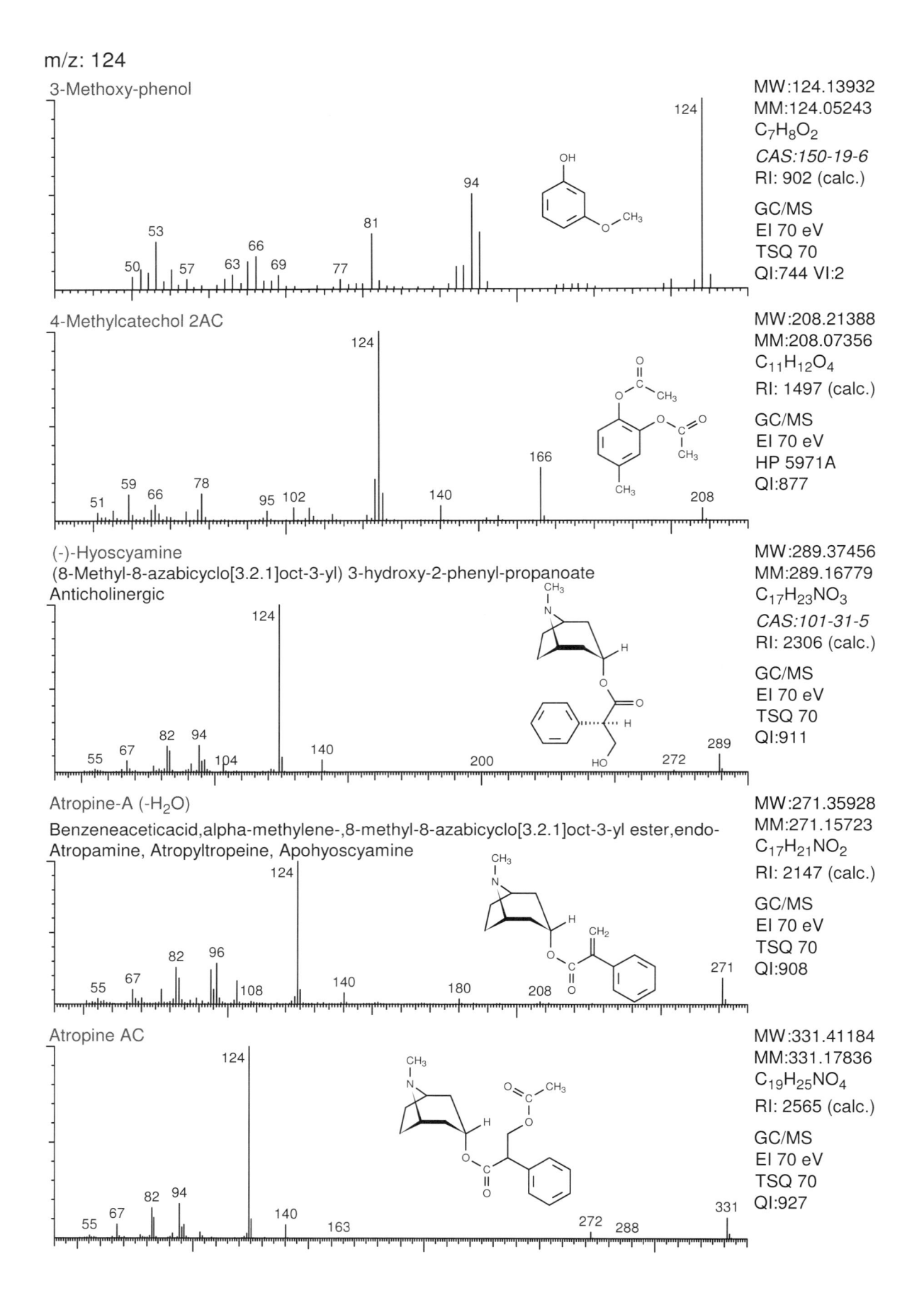

3-Methoxy-phenol

MW: 124.13932
MM: 124.05243
$C_7H_8O_2$
CAS: 150-19-6
RI: 902 (calc.)

GC/MS
EI 70 eV
TSQ 70
QI: 744 VI: 2

4-Methylcatechol 2AC

MW: 208.21388
MM: 208.07356
$C_{11}H_{12}O_4$
RI: 1497 (calc.)

GC/MS
EI 70 eV
HP 5971A
QI: 877

(-)-Hyoscyamine
(8-Methyl-8-azabicyclo[3.2.1]oct-3-yl) 3-hydroxy-2-phenyl-propanoate
Anticholinergic

MW: 289.37456
MM: 289.16779
$C_{17}H_{23}NO_3$
CAS: 101-31-5
RI: 2306 (calc.)

GC/MS
EI 70 eV
TSQ 70
QI: 911

Atropine-A (-H$_2$O)
Benzeneaceticacid,alpha-methylene-,8-methyl-8-azabicyclo[3.2.1]oct-3-yl ester,endo-
Atropamine, Atropyltropeine, Apohyoscyamine

MW: 271.35928
MM: 271.15723
$C_{17}H_{21}NO_2$
RI: 2147 (calc.)

GC/MS
EI 70 eV
TSQ 70
QI: 908

Atropine AC

MW: 331.41184
MM: 331.17836
$C_{19}H_{25}NO_4$
RI: 2565 (calc.)

GC/MS
EI 70 eV
TSQ 70
QI: 927

m/z: 125

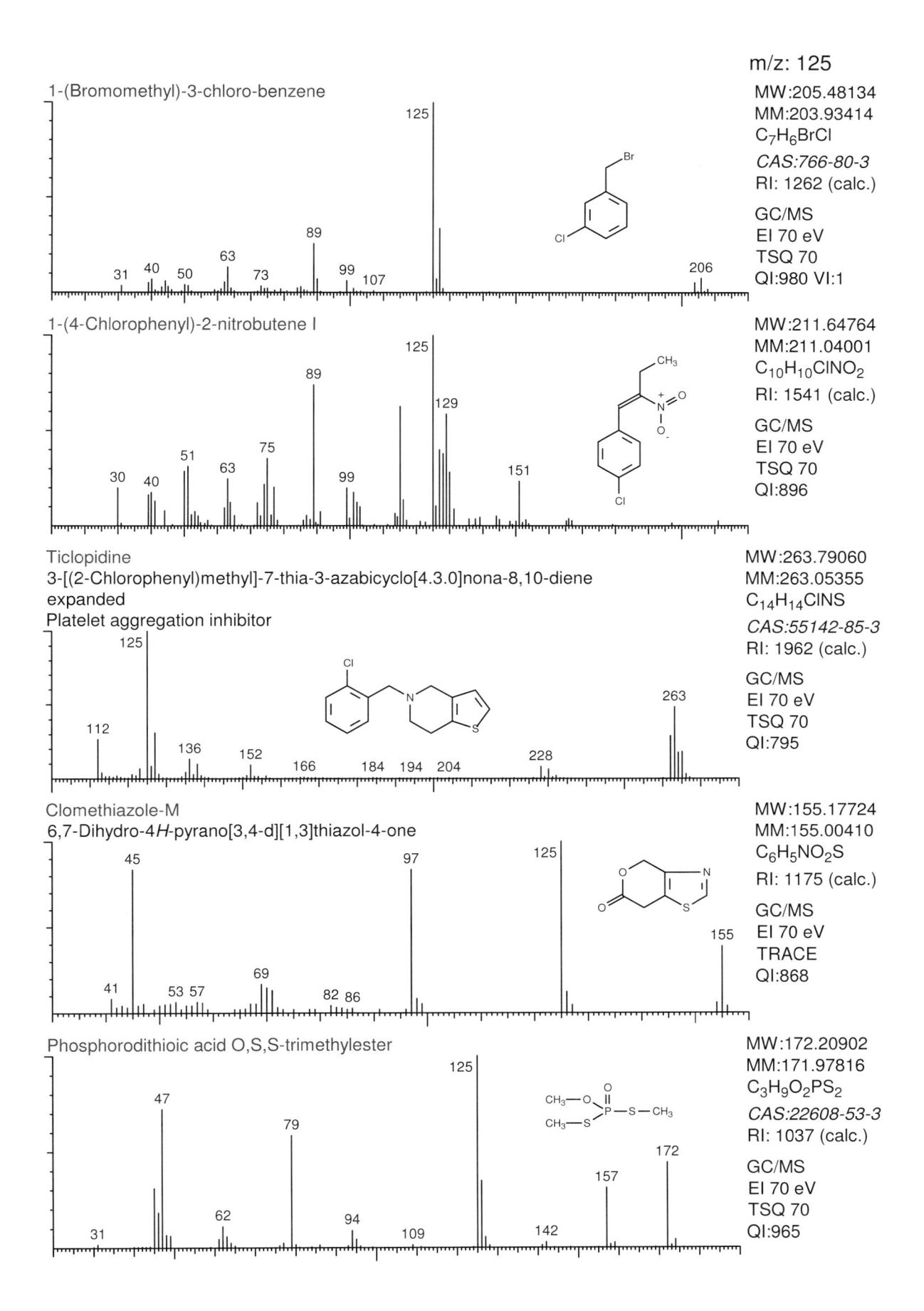

1-(Bromomethyl)-3-chloro-benzene

MW: 205.48134
MM: 203.93414
C_7H_6BrCl
CAS: 766-80-3
RI: 1262 (calc.)

GC/MS
EI 70 eV
TSQ 70
QI: 980 VI:1

Peaks: 31, 40, 50, 63, 73, 89, 99, 107, 125, 206

1-(4-Chlorophenyl)-2-nitrobutene I

MW: 211.64764
MM: 211.04001
$C_{10}H_{10}ClNO_2$
RI: 1541 (calc.)

GC/MS
EI 70 eV
TSQ 70
QI: 896

Peaks: 30, 40, 51, 63, 75, 89, 99, 125, 129, 151

Ticlopidine
3-[(2-Chlorophenyl)methyl]-7-thia-3-azabicyclo[4.3.0]nona-8,10-diene
expanded
Platelet aggregation inhibitor

MW: 263.79060
MM: 263.05355
$C_{14}H_{14}ClNS$
CAS: 55142-85-3
RI: 1962 (calc.)

GC/MS
EI 70 eV
TSQ 70
QI: 795

Peaks: 112, 125, 136, 152, 166, 184, 194, 204, 228, 263

Clomethiazole-M
6,7-Dihydro-4H-pyrano[3,4-d][1,3]thiazol-4-one

MW: 155.17724
MM: 155.00410
$C_6H_5NO_2S$
RI: 1175 (calc.)

GC/MS
EI 70 eV
TRACE
QI: 868

Peaks: 41, 45, 53, 57, 69, 82, 86, 97, 125, 155

Phosphorodithioic acid O,S,S-trimethylester

MW: 172.20902
MM: 171.97816
$C_3H_9O_2PS_2$
CAS: 22608-53-3
RI: 1037 (calc.)

GC/MS
EI 70 eV
TSQ 70
QI: 965

Peaks: 31, 47, 62, 79, 94, 109, 125, 142, 157, 172

m/z: 125

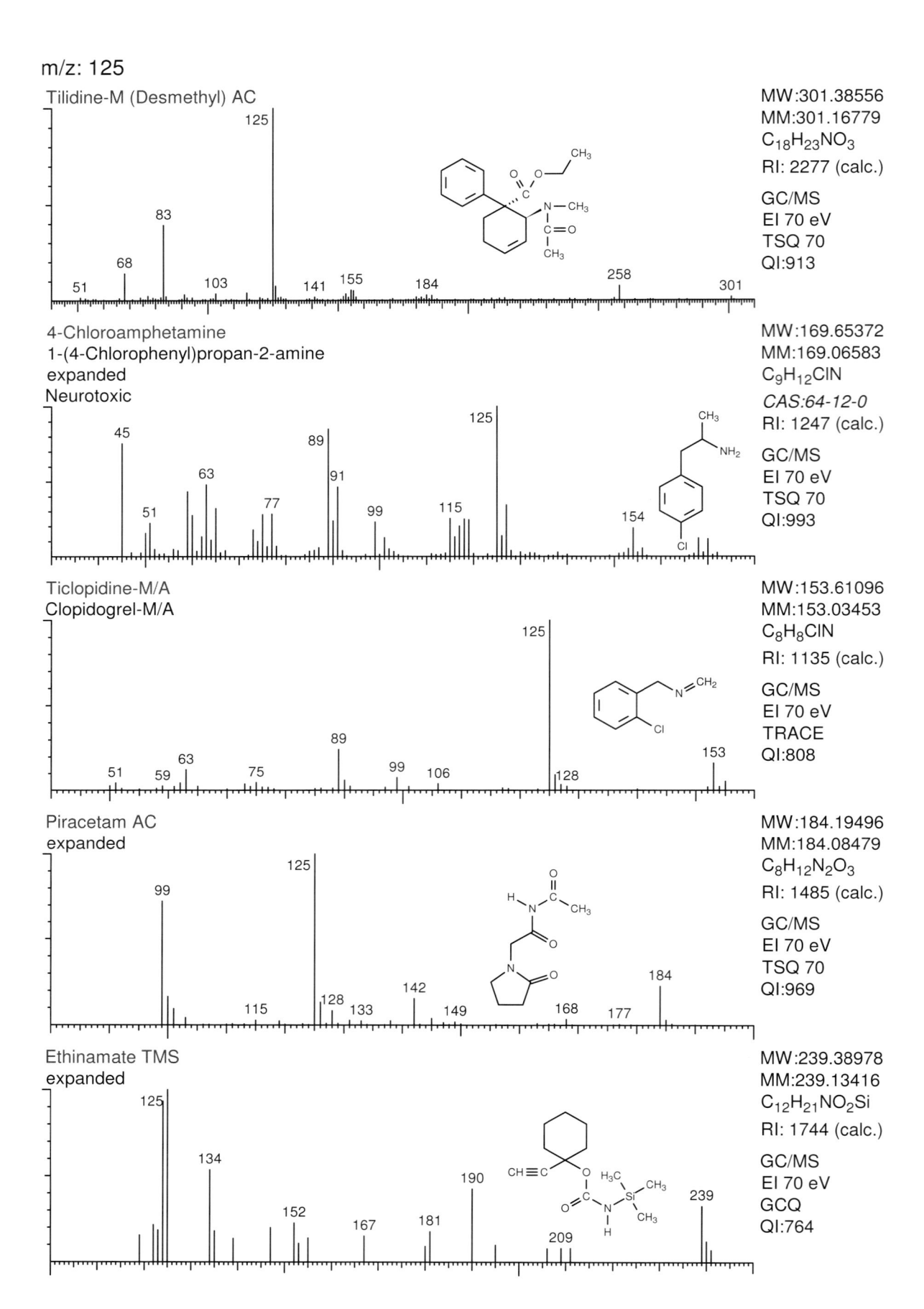

Tilidine-M (Desmethyl) AC
peaks: 51, 68, 83, 103, 125, 141, 155, 184, 258, 301

MW:301.38556
MM:301.16779
C$_{18}$H$_{23}$NO$_3$
RI: 2277 (calc.)

GC/MS
EI 70 eV
TSQ 70
QI:913

4-Chloroamphetamine
1-(4-Chlorophenyl)propan-2-amine
expanded
Neurotoxic
peaks: 45, 51, 63, 77, 89, 91, 99, 115, 125, 154

MW:169.65372
MM:169.06583
C$_9$H$_{12}$ClN
CAS:64-12-0
RI: 1247 (calc.)

GC/MS
EI 70 eV
TSQ 70
QI:993

Ticlopidine-M/A
Clopidogrel-M/A
peaks: 51, 59, 63, 75, 89, 99, 106, 125, 128, 153

MW:153.61096
MM:153.03453
C$_8$H$_8$ClN
RI: 1135 (calc.)

GC/MS
EI 70 eV
TRACE
QI:808

Piracetam AC
expanded
peaks: 99, 115, 125, 128, 133, 142, 149, 168, 177, 184

MW:184.19496
MM:184.08479
C$_8$H$_{12}$N$_2$O$_3$
RI: 1485 (calc.)

GC/MS
EI 70 eV
TSQ 70
QI:969

Ethinamate TMS
expanded
peaks: 125, 134, 152, 167, 181, 190, 209, 239

MW:239.38978
MM:239.13416
C$_{12}$H$_{21}$NO$_2$Si
RI: 1744 (calc.)

GC/MS
EI 70 eV
GCQ
QI:764

m/z: 125

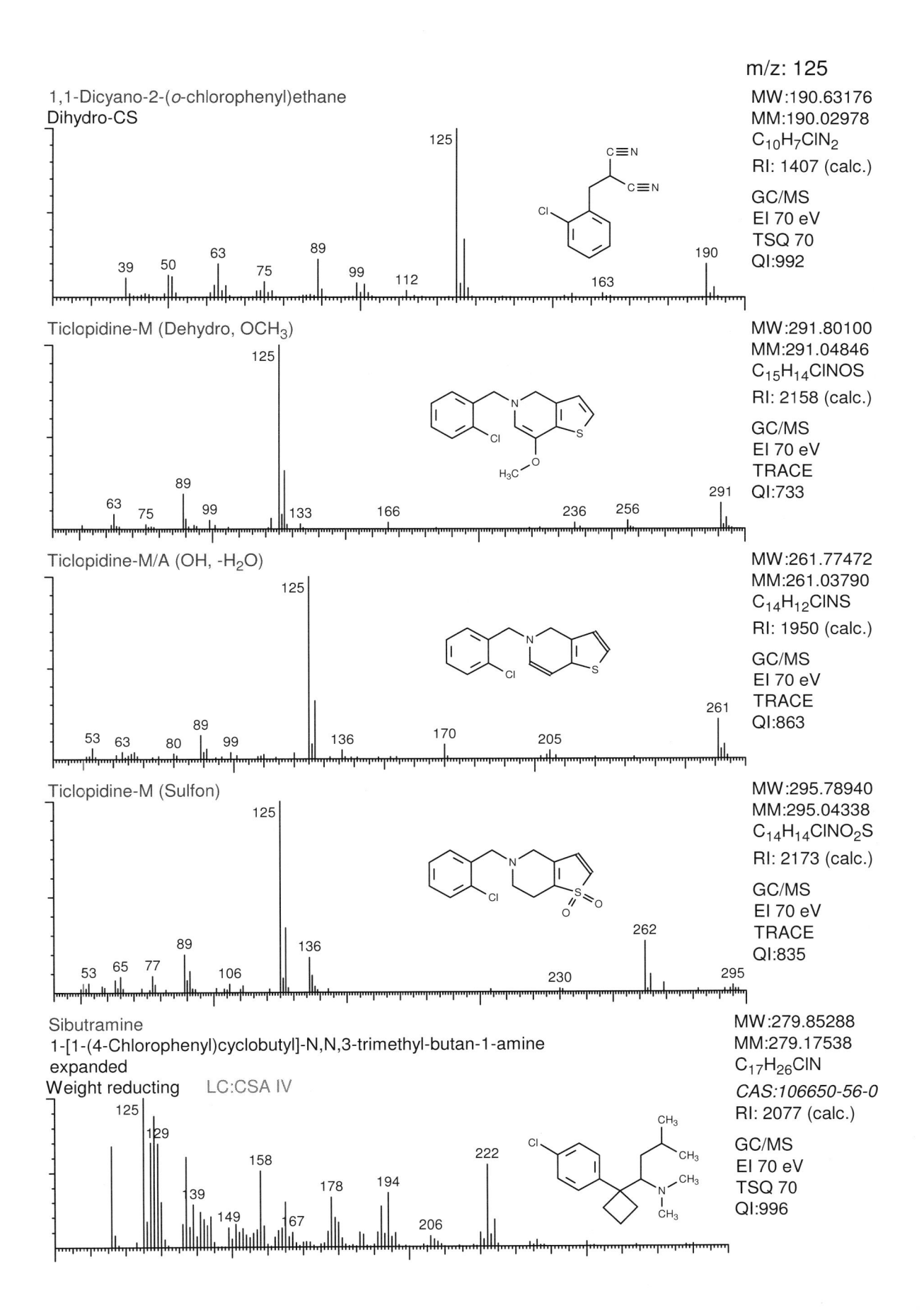

1,1-Dicyano-2-(*o*-chlorophenyl)ethane
Dihydro-CS

MW:190.63176
MM:190.02978
C$_{10}$H$_7$ClN$_2$
RI: 1407 (calc.)

GC/MS
EI 70 eV
TSQ 70
QI:992

Ticlopidine-M (Dehydro, OCH$_3$)

MW:291.80100
MM:291.04846
C$_{15}$H$_{14}$ClNOS
RI: 2158 (calc.)

GC/MS
EI 70 eV
TRACE
QI:733

Ticlopidine-M/A (OH, -H$_2$O)

MW:261.77472
MM:261.03790
C$_{14}$H$_{12}$ClNS
RI: 1950 (calc.)

GC/MS
EI 70 eV
TRACE
QI:863

Ticlopidine-M (Sulfon)

MW:295.78940
MM:295.04338
C$_{14}$H$_{14}$ClNO$_2$S
RI: 2173 (calc.)

GC/MS
EI 70 eV
TRACE
QI:835

Sibutramine
1-[1-(4-Chlorophenyl)cyclobutyl]-N,N,3-trimethyl-butan-1-amine
expanded
Weight reducting   LC:CSA IV

MW:279.85288
MM:279.17538
C$_{17}$H$_{26}$ClN
CAS:106650-56-0
RI: 2077 (calc.)

GC/MS
EI 70 eV
TSQ 70
QI:996

m/z: 125

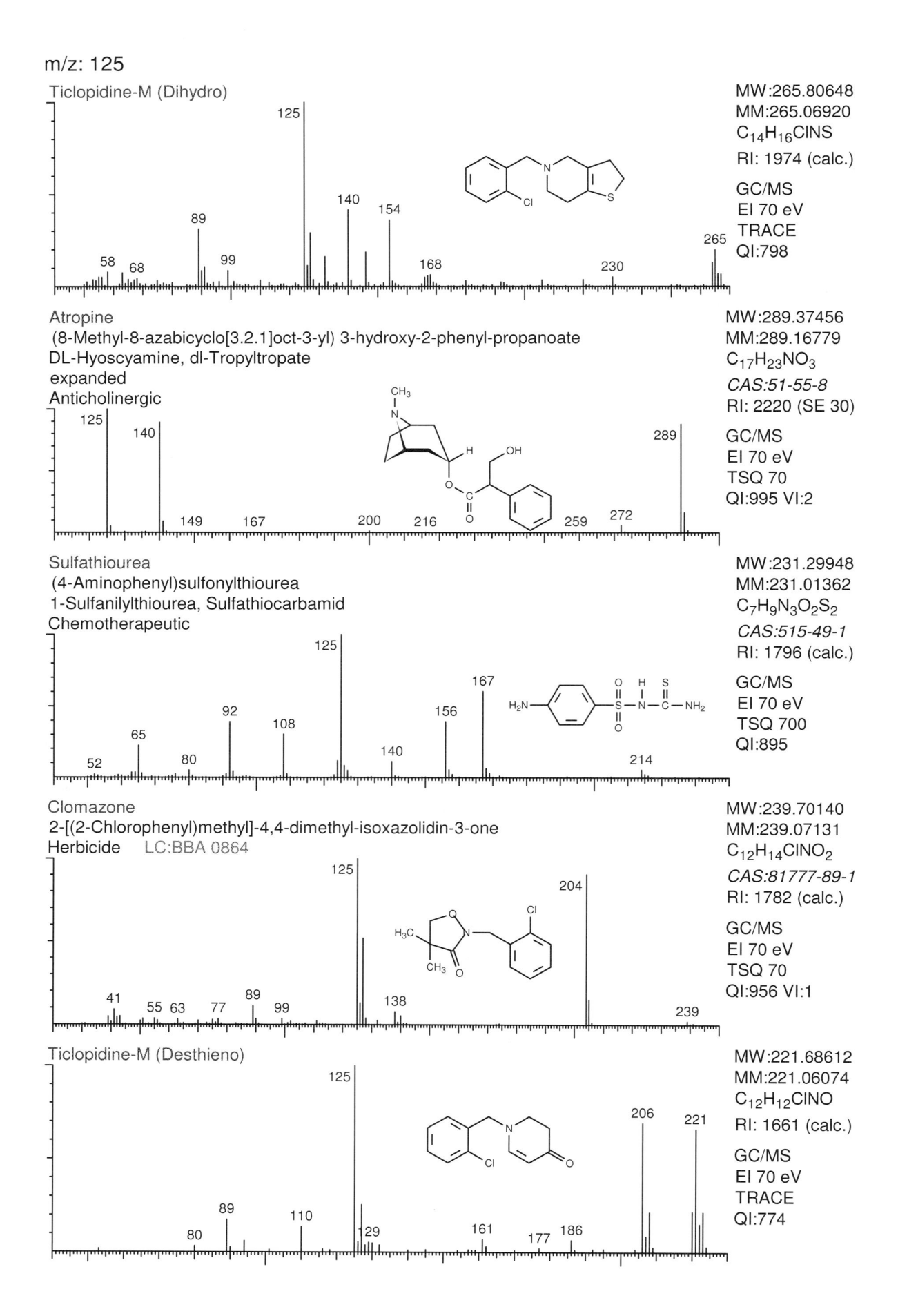

Ticlopidine-M (Dihydro)

MW: 265.80648
MM: 265.06920
$C_{14}H_{16}ClNS$
RI: 1974 (calc.)

GC/MS
EI 70 eV
TRACE
QI:798

Peaks: 58, 68, 89, 99, 125, 140, 154, 168, 230, 265

Atropine
(8-Methyl-8-azabicyclo[3.2.1]oct-3-yl) 3-hydroxy-2-phenyl-propanoate
DL-Hyoscyamine, dl-Tropyltropate
expanded
Anticholinergic

MW: 289.37456
MM: 289.16779
$C_{17}H_{23}NO_3$
CAS: 51-55-8
RI: 2220 (SE 30)

GC/MS
EI 70 eV
TSQ 70
QI:995 VI:2

Peaks: 125, 140, 149, 167, 200, 216, 259, 272, 289

Sulfathiourea
(4-Aminophenyl)sulfonylthiourea
1-Sulfanilylthiourea, Sulfathiocarbamid
Chemotherapeutic

MW: 231.29948
MM: 231.01362
$C_7H_9N_3O_2S_2$
CAS: 515-49-1
RI: 1796 (calc.)

GC/MS
EI 70 eV
TSQ 700
QI:895

Peaks: 52, 65, 80, 92, 108, 125, 140, 156, 167, 214

Clomazone
2-[(2-Chlorophenyl)methyl]-4,4-dimethyl-isoxazolidin-3-one
Herbicide   LC:BBA 0864

MW: 239.70140
MM: 239.07131
$C_{12}H_{14}ClNO_2$
CAS: 81777-89-1
RI: 1782 (calc.)

GC/MS
EI 70 eV
TSQ 70
QI:956 VI:1

Peaks: 41, 55, 63, 77, 89, 99, 125, 138, 204, 239

Ticlopidine-M (Desthieno)

MW: 221.68612
MM: 221.06074
$C_{12}H_{12}ClNO$
RI: 1661 (calc.)

GC/MS
EI 70 eV
TRACE
QI:774

Peaks: 80, 89, 110, 125, 129, 161, 177, 186, 206, 221

m/z: 125

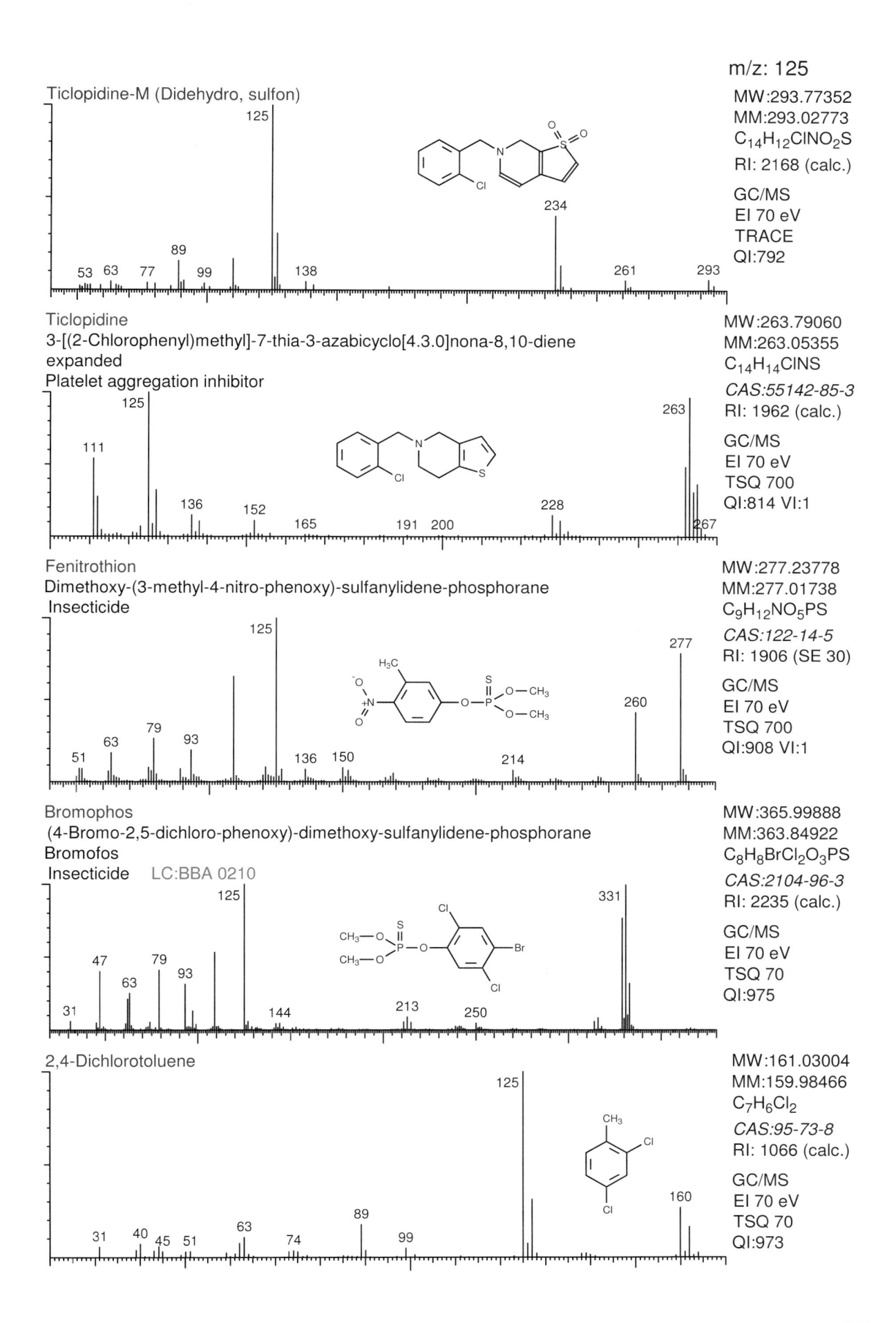

Ticlopidine-M (Didehydro, sulfon)

MW: 293.77352
MM: 293.02773
$C_{14}H_{12}ClNO_2S$
RI: 2168 (calc.)

GC/MS
EI 70 eV
TRACE
QI: 792

Peaks: 53, 63, 77, 89, 99, 125, 138, 234, 261, 293

Ticlopidine
3-[(2-Chlorophenyl)methyl]-7-thia-3-azabicyclo[4.3.0]nona-8,10-diene
expanded
Platelet aggregation inhibitor

MW: 263.79060
MM: 263.05355
$C_{14}H_{14}ClNS$
CAS: 55142-85-3
RI: 1962 (calc.)

GC/MS
EI 70 eV
TSQ 700
QI: 814 VI:1

Peaks: 111, 125, 136, 152, 165, 191, 200, 228, 263, 267

Fenitrothion
Dimethoxy-(3-methyl-4-nitro-phenoxy)-sulfanylidene-phosphorane
Insecticide

MW: 277.23778
MM: 277.01738
$C_9H_{12}NO_5PS$
CAS: 122-14-5
RI: 1906 (SE 30)

GC/MS
EI 70 eV
TSQ 700
QI: 908 VI:1

Peaks: 51, 63, 79, 93, 125, 136, 150, 214, 260, 277

Bromophos
(4-Bromo-2,5-dichloro-phenoxy)-dimethoxy-sulfanylidene-phosphorane
Bromofos
Insecticide   LC:BBA 0210

MW: 365.99888
MM: 363.84922
$C_8H_8BrCl_2O_3PS$
CAS: 2104-96-3
RI: 2235 (calc.)

GC/MS
EI 70 eV
TSQ 70
QI: 975

Peaks: 31, 47, 63, 79, 93, 125, 144, 213, 250, 331

2,4-Dichlorotoluene

MW: 161.03004
MM: 159.98466
$C_7H_6Cl_2$
CAS: 95-73-8
RI: 1066 (calc.)

GC/MS
EI 70 eV
TSQ 70
QI: 973

Peaks: 31, 40, 45, 51, 63, 74, 89, 99, 125, 160

m/z: 125

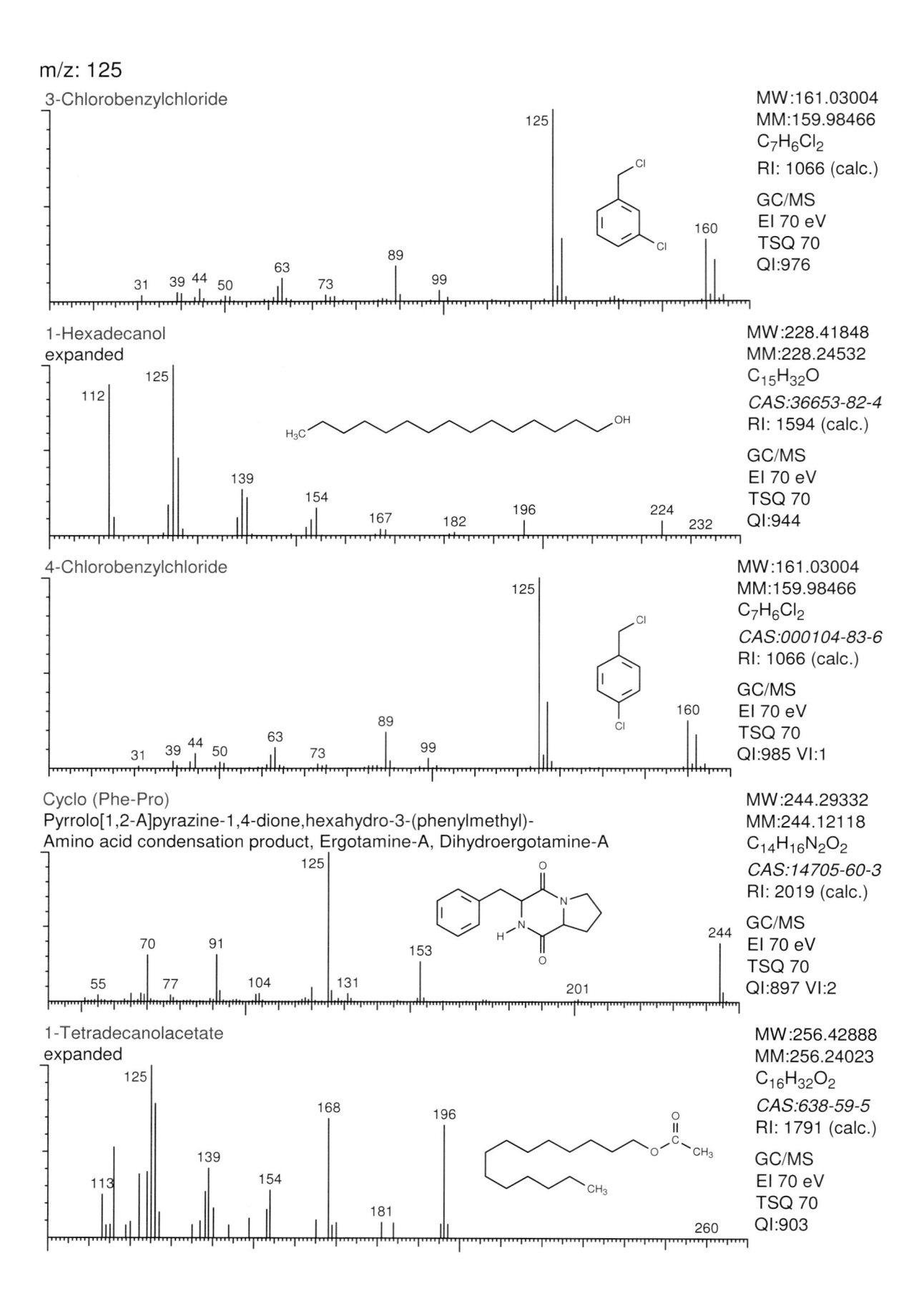

3-Chlorobenzylchloride

MW: 161.03004
MM: 159.98466
$C_7H_6Cl_2$
RI: 1066 (calc.)

GC/MS
EI 70 eV
TSQ 70
QI: 976

1-Hexadecanol expanded

MW: 228.41848
MM: 228.24532
$C_{15}H_{32}O$
CAS: 36653-82-4
RI: 1594 (calc.)

GC/MS
EI 70 eV
TSQ 70
QI: 944

4-Chlorobenzylchloride

MW: 161.03004
MM: 159.98466
$C_7H_6Cl_2$
CAS: 000104-83-6
RI: 1066 (calc.)

GC/MS
EI 70 eV
TSQ 70
QI: 985 VI:1

Cyclo (Phe-Pro)
Pyrrolo[1,2-A]pyrazine-1,4-dione,hexahydro-3-(phenylmethyl)-
Amino acid condensation product, Ergotamine-A, Dihydroergotamine-A

MW: 244.29332
MM: 244.12118
$C_{14}H_{16}N_2O_2$
CAS: 14705-60-3
RI: 2019 (calc.)

GC/MS
EI 70 eV
TSQ 70
QI: 897 VI:2

1-Tetradecanolacetate expanded

MW: 256.42888
MM: 256.24023
$C_{16}H_{32}O_2$
CAS: 638-59-5
RI: 1791 (calc.)

GC/MS
EI 70 eV
TSQ 70
QI: 903

m/z: 125-126

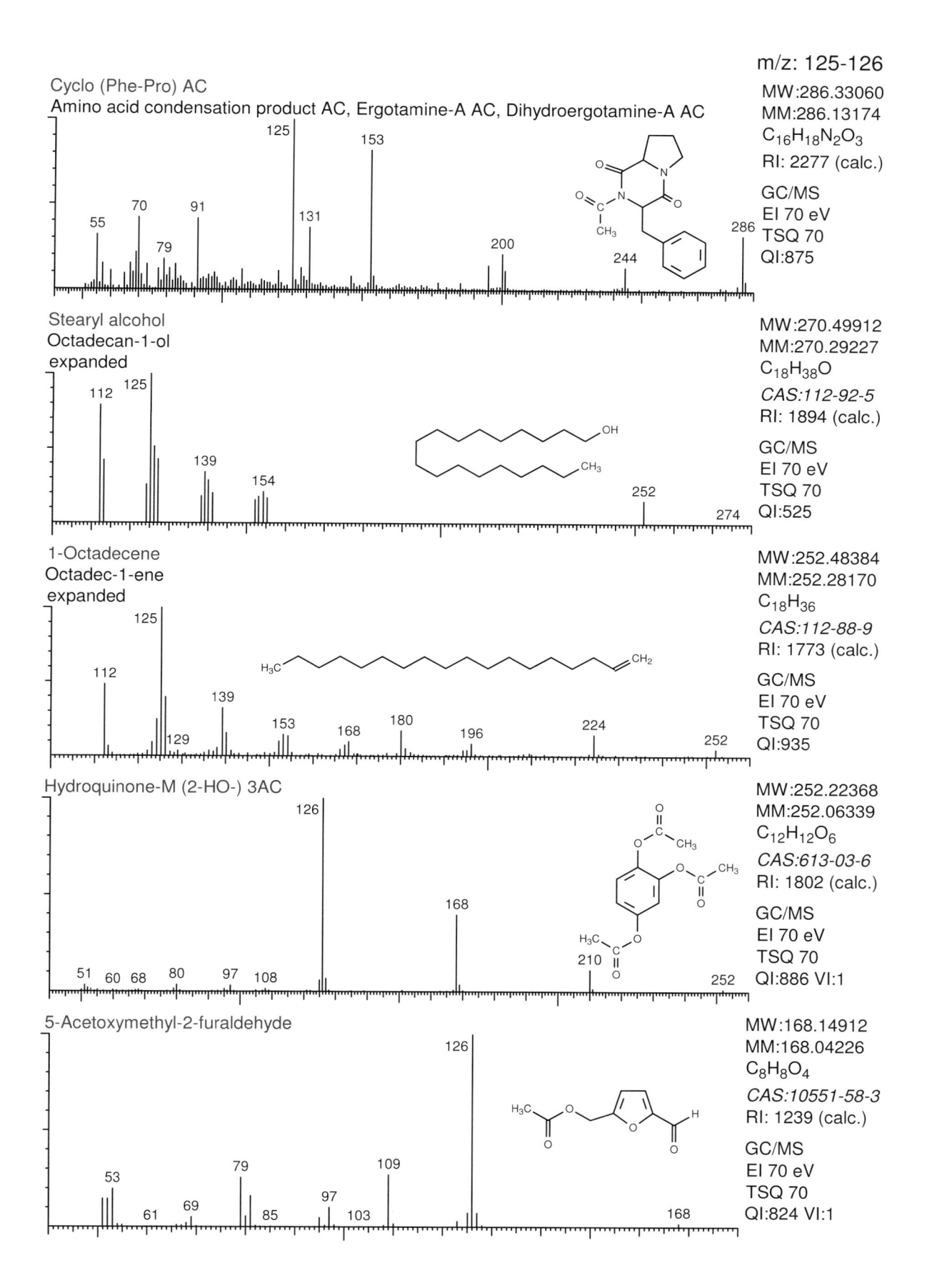

Cyclo (Phe-Pro) AC
Amino acid condensation product AC, Ergotamine-A AC, Dihydroergotamine-A AC

MW: 286.33060
MM: 286.13174
$C_{16}H_{18}N_2O_3$
RI: 2277 (calc.)

GC/MS
EI 70 eV
TSQ 70
QI: 875

Peaks: 55, 70, 79, 91, 125, 131, 153, 200, 244, 286

Stearyl alcohol
Octadecan-1-ol
expanded

MW: 270.49912
MM: 270.29227
$C_{18}H_{38}O$
CAS: 112-92-5
RI: 1894 (calc.)

GC/MS
EI 70 eV
TSQ 70
QI: 525

Peaks: 112, 125, 139, 154, 252, 274

1-Octadecene
Octadec-1-ene
expanded

MW: 252.48384
MM: 252.28170
$C_{18}H_{36}$
CAS: 112-88-9
RI: 1773 (calc.)

GC/MS
EI 70 eV
TSQ 70
QI: 935

Peaks: 112, 125, 129, 139, 153, 168, 180, 196, 224, 252

Hydroquinone-M (2-HO-) 3AC

MW: 252.22368
MM: 252.06339
$C_{12}H_{12}O_6$
CAS: 613-03-6
RI: 1802 (calc.)

GC/MS
EI 70 eV
TSQ 70
QI: 886 VI:1

Peaks: 51, 60, 68, 80, 97, 108, 126, 168, 210, 252

5-Acetoxymethyl-2-furaldehyde

MW: 168.14912
MM: 168.04226
$C_8H_8O_4$
CAS: 10551-58-3
RI: 1239 (calc.)

GC/MS
EI 70 eV
TSQ 70
QI: 824 VI:1

Peaks: 53, 61, 69, 79, 85, 97, 103, 109, 126, 168

m/z: 126

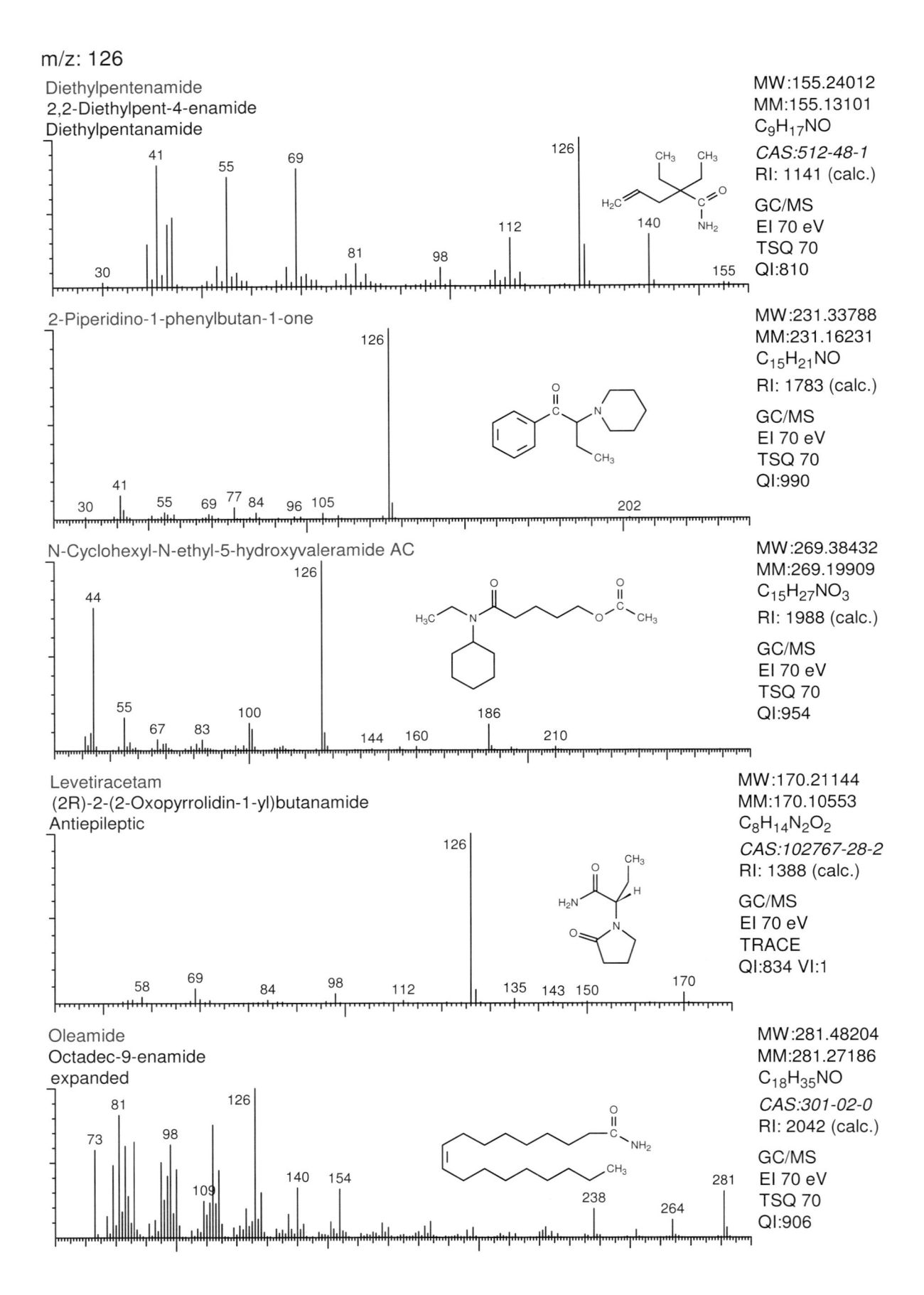

Diethylpentenamide
2,2-Diethylpent-4-enamide
Diethylpentanamide

Peaks: 30, 41, 55, 69, 81, 98, 112, 126, 140, 155

MW: 155.24012
MM: 155.13101
$C_9H_{17}NO$
CAS: 512-48-1
RI: 1141 (calc.)

GC/MS
EI 70 eV
TSQ 70
QI: 810

2-Piperidino-1-phenylbutan-1-one

Peaks: 30, 41, 55, 69, 77, 84, 96, 105, 126, 202

MW: 231.33788
MM: 231.16231
$C_{15}H_{21}NO$
RI: 1783 (calc.)

GC/MS
EI 70 eV
TSQ 70
QI: 990

N-Cyclohexyl-N-ethyl-5-hydroxyvaleramide AC

Peaks: 44, 55, 67, 83, 100, 126, 144, 160, 186, 210

MW: 269.38432
MM: 269.19909
$C_{15}H_{27}NO_3$
RI: 1988 (calc.)

GC/MS
EI 70 eV
TSQ 70
QI: 954

Levetiracetam
(2R)-2-(2-Oxopyrrolidin-1-yl)butanamide
Antiepileptic

Peaks: 58, 69, 84, 98, 112, 126, 135, 143, 150, 170

MW: 170.21144
MM: 170.10553
$C_8H_{14}N_2O_2$
CAS: 102767-28-2
RI: 1388 (calc.)

GC/MS
EI 70 eV
TRACE
QI: 834 VI:1

Oleamide
Octadec-9-enamide
expanded

Peaks: 73, 81, 98, 109, 126, 140, 154, 238, 264, 281

MW: 281.48204
MM: 281.27186
$C_{18}H_{35}NO$
CAS: 301-02-0
RI: 2042 (calc.)

GC/MS
EI 70 eV
TSQ 70
QI: 906

m/z: 126

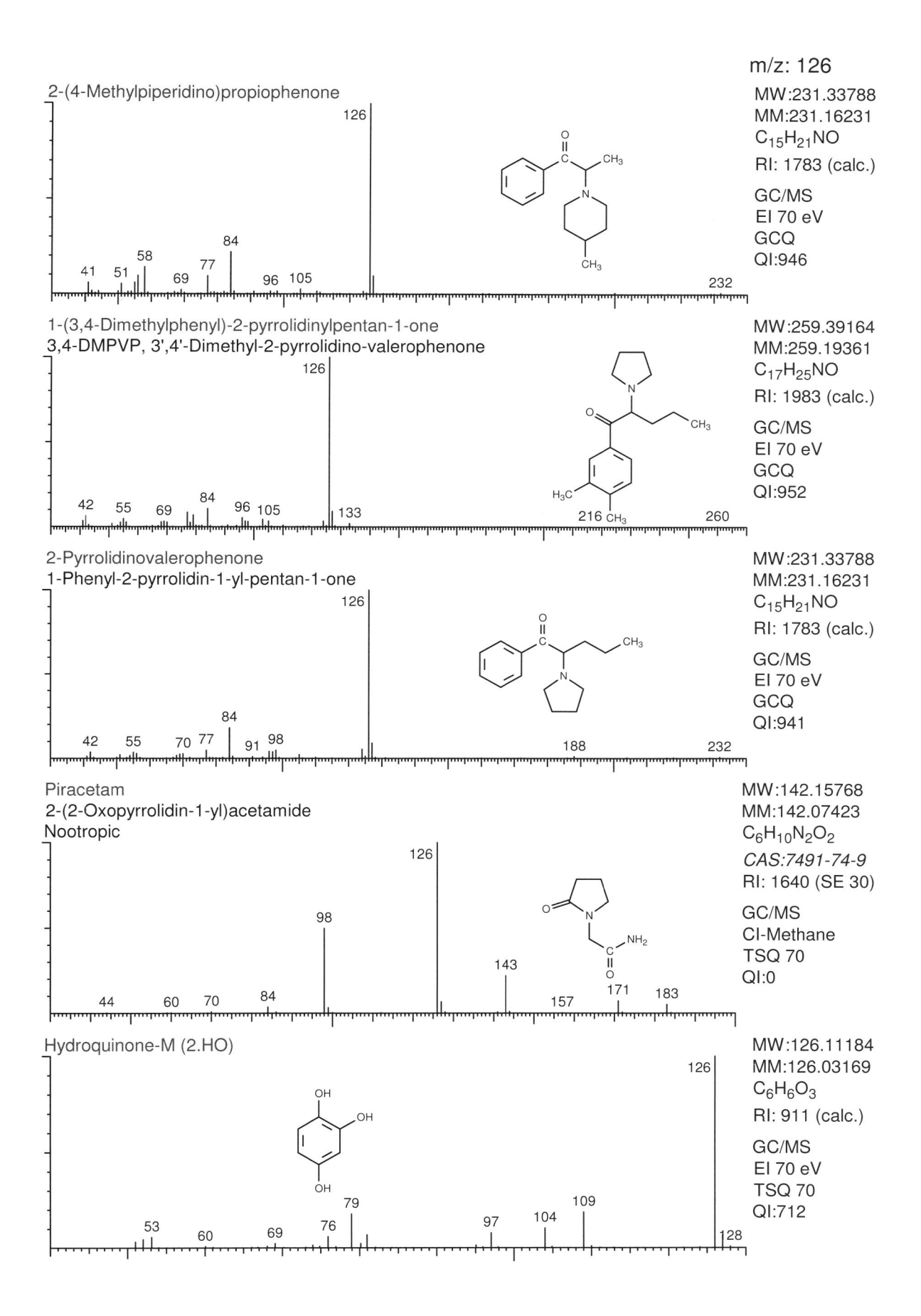

2-(4-Methylpiperidino)propiophenone

MW: 231.33788
MM: 231.16231
$C_{15}H_{21}NO$
RI: 1783 (calc.)

GC/MS
EI 70 eV
GCQ
QI: 946

Peaks: 41, 51, 58, 69, 77, 84, 96, 105, 126, 232

1-(3,4-Dimethylphenyl)-2-pyrrolidinylpentan-1-one
3,4-DMPVP, 3',4'-Dimethyl-2-pyrrolidino-valerophenone

MW: 259.39164
MM: 259.19361
$C_{17}H_{25}NO$
RI: 1983 (calc.)

GC/MS
EI 70 eV
GCQ
QI: 952

Peaks: 42, 55, 69, 84, 96, 105, 126, 133, 216, 260

2-Pyrrolidinovalerophenone
1-Phenyl-2-pyrrolidin-1-yl-pentan-1-one

MW: 231.33788
MM: 231.16231
$C_{15}H_{21}NO$
RI: 1783 (calc.)

GC/MS
EI 70 eV
GCQ
QI: 941

Peaks: 42, 55, 70, 77, 84, 91, 98, 126, 188, 232

Piracetam
2-(2-Oxopyrrolidin-1-yl)acetamide
Nootropic

MW: 142.15768
MM: 142.07423
$C_6H_{10}N_2O_2$
CAS: 7491-74-9
RI: 1640 (SE 30)

GC/MS
CI-Methane
TSQ 70
QI: 0

Peaks: 44, 60, 70, 84, 98, 126, 143, 157, 171, 183

Hydroquinone-M (2.HO)

MW: 126.11184
MM: 126.03169
$C_6H_6O_3$
RI: 911 (calc.)

GC/MS
EI 70 eV
TSQ 70
QI: 712

Peaks: 53, 60, 69, 76, 79, 97, 104, 109, 126, 128

m/z: 126

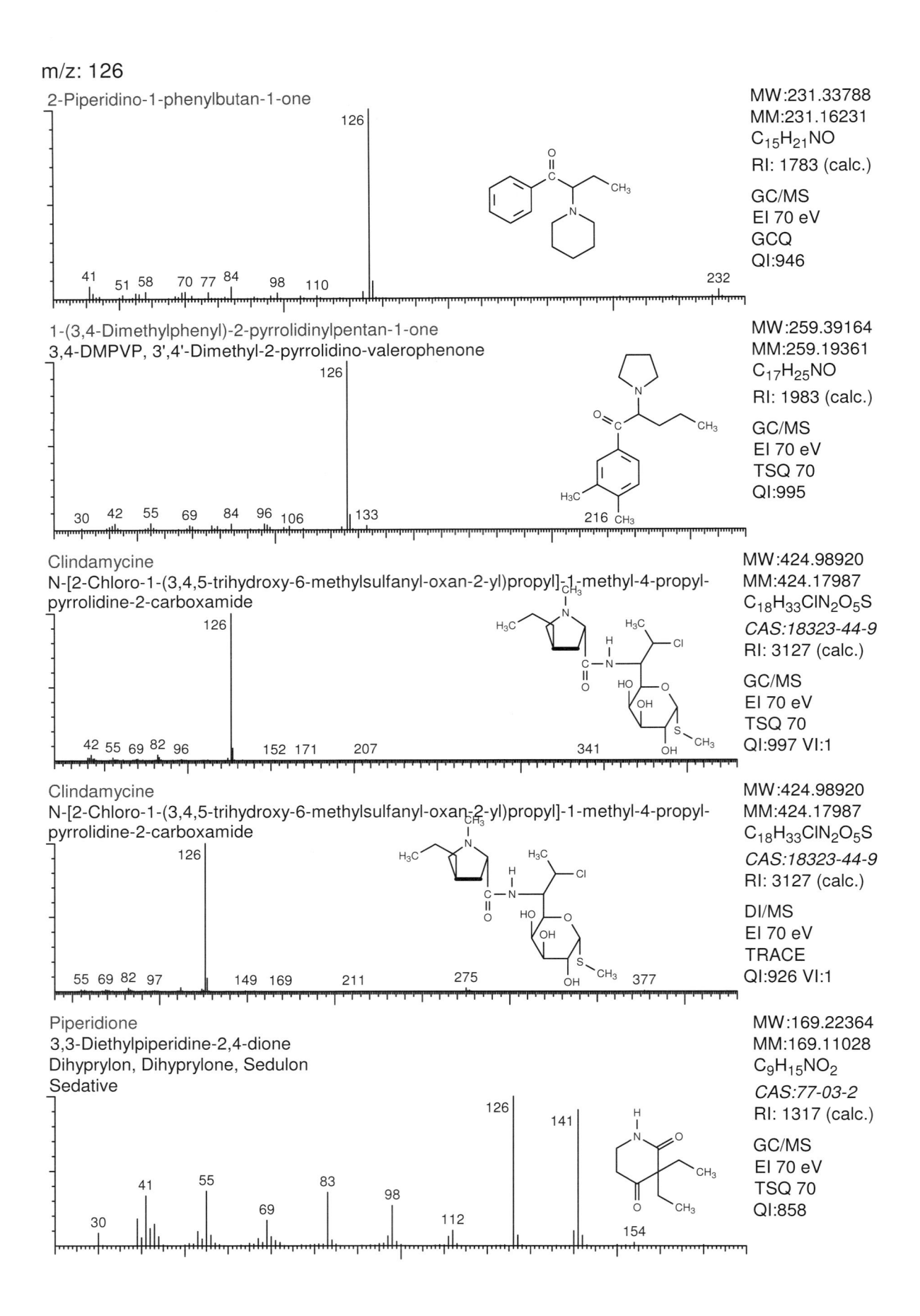

2-Piperidino-1-phenylbutan-1-one

Peaks: 41, 51, 58, 70, 77, 84, 98, 110, 126, 232

MW: 231.33788
MM: 231.16231
$C_{15}H_{21}NO$
RI: 1783 (calc.)

GC/MS
EI 70 eV
GCQ
QI: 946

1-(3,4-Dimethylphenyl)-2-pyrrolidinylpentan-1-one
3,4-DMPVP, 3',4'-Dimethyl-2-pyrrolidino-valerophenone

Peaks: 30, 42, 55, 69, 84, 96, 106, 126, 133, 216

MW: 259.39164
MM: 259.19361
$C_{17}H_{25}NO$
RI: 1983 (calc.)

GC/MS
EI 70 eV
TSQ 70
QI: 995

Clindamycine
N-[2-Chloro-1-(3,4,5-trihydroxy-6-methylsulfanyl-oxan-2-yl)propyl]-1-methyl-4-propyl-pyrrolidine-2-carboxamide

Peaks: 42, 55, 69, 82, 96, 126, 152, 171, 207, 341

MW: 424.98920
MM: 424.17987
$C_{18}H_{33}ClN_2O_5S$
CAS: 18323-44-9
RI: 3127 (calc.)

GC/MS
EI 70 eV
TSQ 70
QI: 997 VI: 1

Clindamycine
N-[2-Chloro-1-(3,4,5-trihydroxy-6-methylsulfanyl-oxan-2-yl)propyl]-1-methyl-4-propyl-pyrrolidine-2-carboxamide

Peaks: 55, 69, 82, 97, 126, 149, 169, 211, 275, 377

MW: 424.98920
MM: 424.17987
$C_{18}H_{33}ClN_2O_5S$
CAS: 18323-44-9
RI: 3127 (calc.)

DI/MS
EI 70 eV
TRACE
QI: 926 VI: 1

Piperidione
3,3-Diethylpiperidine-2,4-dione
Dihyprylon, Dihyprylone, Sedulon
Sedative

Peaks: 30, 41, 55, 69, 83, 98, 112, 126, 141, 154

MW: 169.22364
MM: 169.11028
$C_9H_{15}NO_2$
CAS: 77-03-2
RI: 1317 (calc.)

GC/MS
EI 70 eV
TSQ 70
QI: 858

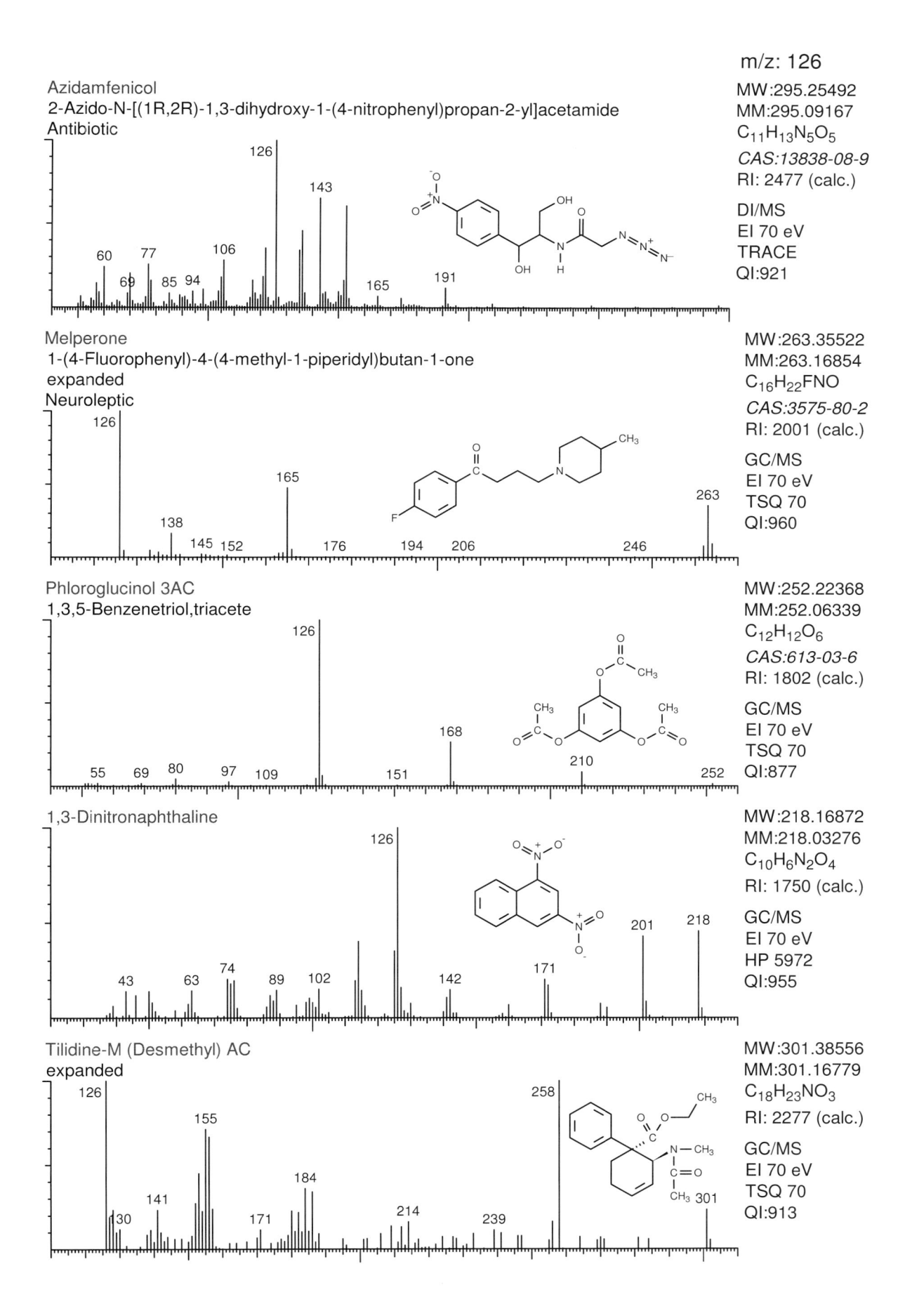

Azidamfenicol
2-Azido-N-[(1R,2R)-1,3-dihydroxy-1-(4-nitrophenyl)propan-2-yl]acetamide
Antibiotic

m/z: 126
MW: 295.25492
MM: 295.09167
$C_{11}H_{13}N_5O_5$
CAS: 13838-08-9
RI: 2477 (calc.)

DI/MS
EI 70 eV
TRACE
QI: 921

Peaks: 60, 69, 77, 85, 94, 106, 126, 143, 165, 191

Melperone
1-(4-Fluorophenyl)-4-(4-methyl-1-piperidyl)butan-1-one
expanded
Neuroleptic

MW: 263.35522
MM: 263.16854
$C_{16}H_{22}FNO$
CAS: 3575-80-2
RI: 2001 (calc.)

GC/MS
EI 70 eV
TSQ 70
QI: 960

Peaks: 126, 138, 145, 152, 165, 176, 194, 206, 246, 263

Phloroglucinol 3AC
1,3,5-Benzenetriol, triacete

MW: 252.22368
MM: 252.06339
$C_{12}H_{12}O_6$
CAS: 613-03-6
RI: 1802 (calc.)

GC/MS
EI 70 eV
TSQ 70
QI: 877

Peaks: 55, 69, 80, 97, 109, 126, 151, 168, 210, 252

1,3-Dinitronaphthaline

MW: 218.16872
MM: 218.03276
$C_{10}H_6N_2O_4$
RI: 1750 (calc.)

GC/MS
EI 70 eV
HP 5972
QI: 955

Peaks: 43, 63, 74, 89, 102, 126, 142, 171, 201, 218

Tilidine-M (Desmethyl) AC
expanded

MW: 301.38556
MM: 301.16779
$C_{18}H_{23}NO_3$
RI: 2277 (calc.)

GC/MS
EI 70 eV
TSQ 70
QI: 913

Peaks: 126, 130, 141, 155, 171, 184, 214, 239, 258, 301

m/z: 126

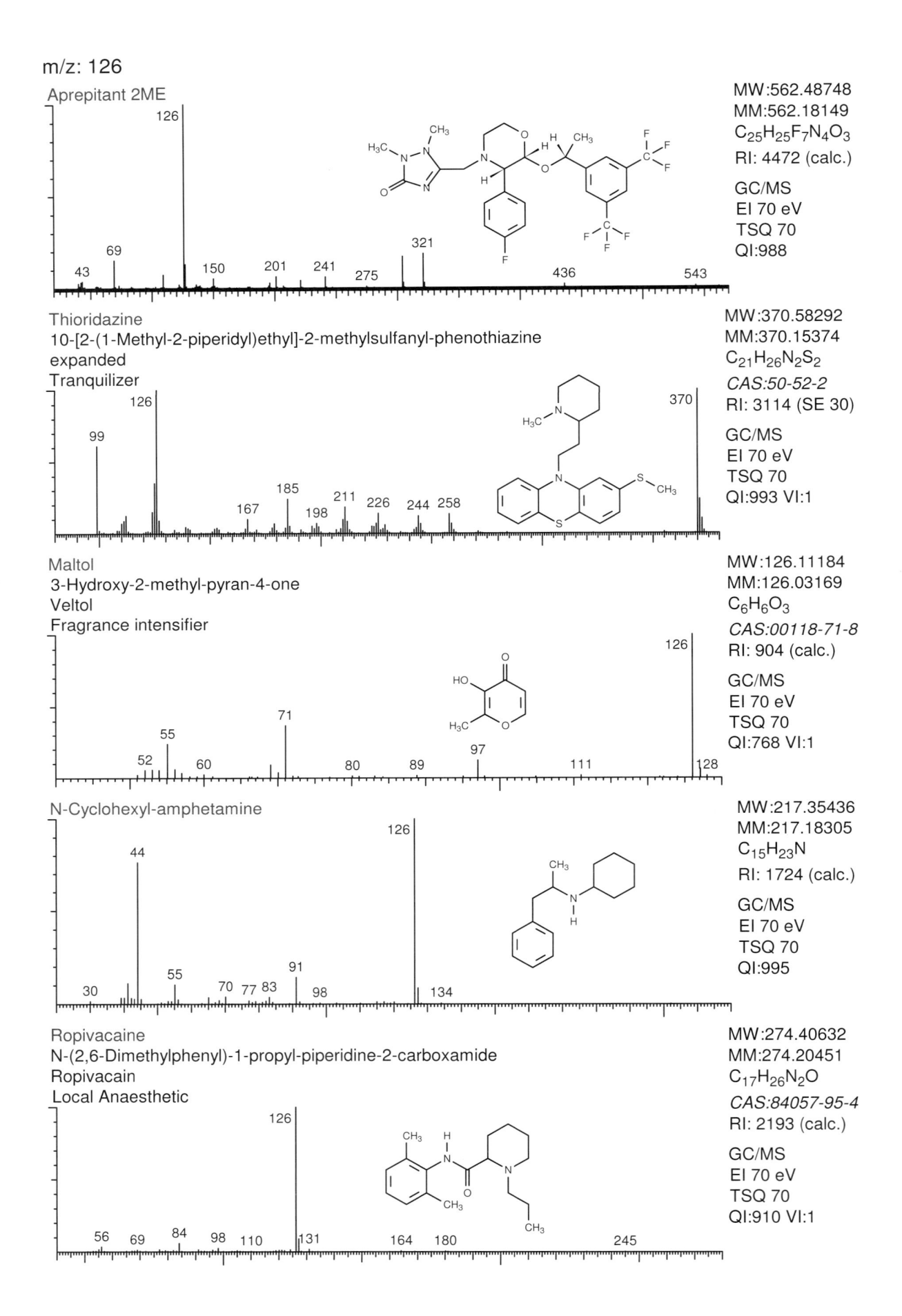

Aprepitant 2ME

MW: 562.48748
MM: 562.18149
$C_{25}H_{25}F_7N_4O_3$
RI: 4472 (calc.)

GC/MS
EI 70 eV
TSQ 70
QI: 988

Thioridazine
10-[2-(1-Methyl-2-piperidyl)ethyl]-2-methylsulfanyl-phenothiazine
expanded
Tranquilizer

MW: 370.58292
MM: 370.15374
$C_{21}H_{26}N_2S_2$
CAS: 50-52-2
RI: 3114 (SE 30)

GC/MS
EI 70 eV
TSQ 70
QI: 993 VI:1

Maltol
3-Hydroxy-2-methyl-pyran-4-one
Veltol
Fragrance intensifier

MW: 126.11184
MM: 126.03169
$C_6H_6O_3$
CAS: 00118-71-8
RI: 904 (calc.)

GC/MS
EI 70 eV
TSQ 70
QI: 768 VI:1

N-Cyclohexyl-amphetamine

MW: 217.35436
MM: 217.18305
$C_{15}H_{23}N$
RI: 1724 (calc.)

GC/MS
EI 70 eV
TSQ 70
QI: 995

Ropivacaine
N-(2,6-Dimethylphenyl)-1-propyl-piperidine-2-carboxamide
Ropivacain
Local Anaesthetic

MW: 274.40632
MM: 274.20451
$C_{17}H_{26}N_2O$
CAS: 84057-95-4
RI: 2193 (calc.)

GC/MS
EI 70 eV
TSQ 70
QI: 910 VI:1

Pyrrolidinovalerophenone-A (-2H)
PVP-A (-2H)

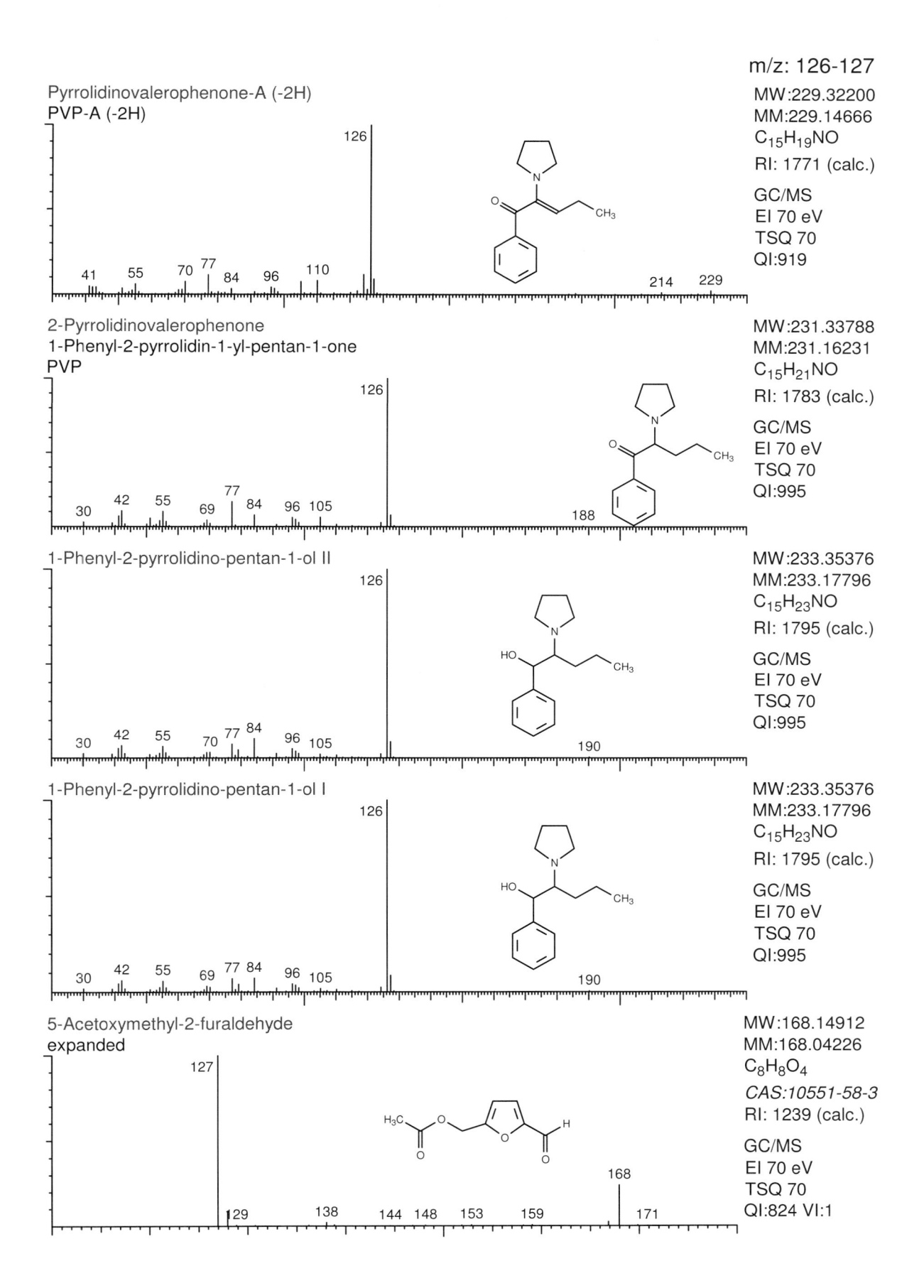

m/z: 126-127
MW:229.32200
MM:229.14666
$C_{15}H_{19}NO$
RI: 1771 (calc.)

GC/MS
EI 70 eV
TSQ 70
QI:919

Peaks: 41, 55, 70, 77, 84, 96, 110, 126, 214, 229

2-Pyrrolidinovalerophenone
1-Phenyl-2-pyrrolidin-1-yl-pentan-1-one
PVP

MW:231.33788
MM:231.16231
$C_{15}H_{21}NO$
RI: 1783 (calc.)

GC/MS
EI 70 eV
TSQ 70
QI:995

Peaks: 30, 42, 55, 69, 77, 84, 96, 105, 126, 188

1-Phenyl-2-pyrrolidino-pentan-1-ol II

MW:233.35376
MM:233.17796
$C_{15}H_{23}NO$
RI: 1795 (calc.)

GC/MS
EI 70 eV
TSQ 70
QI:995

Peaks: 30, 42, 55, 70, 77, 84, 96, 105, 126, 190

1-Phenyl-2-pyrrolidino-pentan-1-ol I

MW:233.35376
MM:233.17796
$C_{15}H_{23}NO$
RI: 1795 (calc.)

GC/MS
EI 70 eV
TSQ 70
QI:995

Peaks: 30, 42, 55, 69, 77, 84, 96, 105, 126, 190

5-Acetoxymethyl-2-furaldehyde
expanded

MW:168.14912
MM:168.04226
$C_8H_8O_4$
CAS:10551-58-3
RI: 1239 (calc.)

GC/MS
EI 70 eV
TSQ 70
QI:824 VI:1

Peaks: 127, 129, 138, 144, 148, 153, 159, 168, 171

m/z: 127

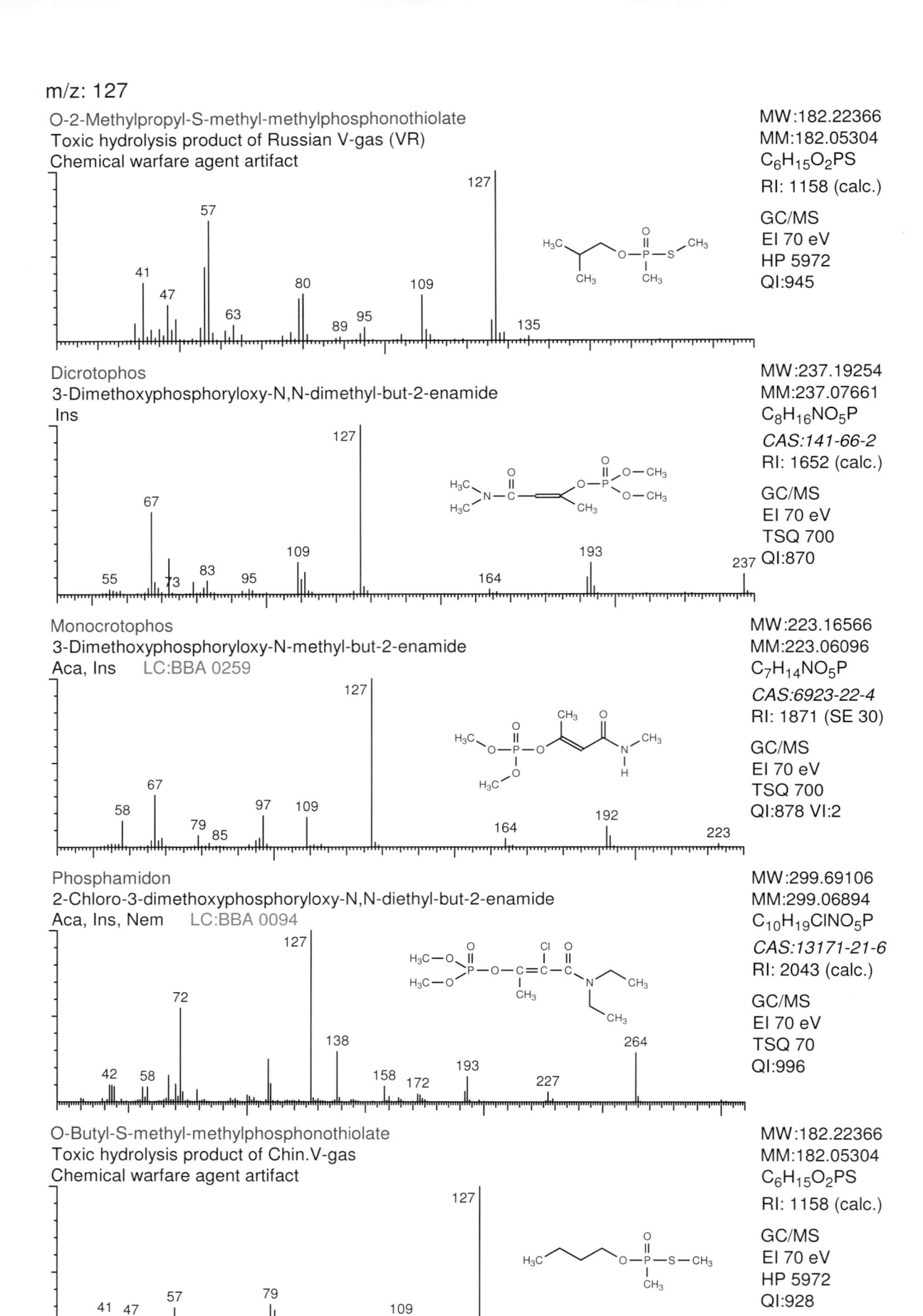

O-2-Methylpropyl-S-methyl-methylphosphonothiolate
Toxic hydrolysis product of Russian V-gas (VR)
Chemical warfare agent artifact

MW: 182.22366
MM: 182.05304
$C_6H_{15}O_2PS$
RI: 1158 (calc.)

GC/MS
EI 70 eV
HP 5972
QI: 945

Peaks: 41, 47, 57, 63, 80, 89, 95, 109, 127, 135

Dicrotophos
3-Dimethoxyphosphoryloxy-N,N-dimethyl-but-2-enamide
Ins

MW: 237.19254
MM: 237.07661
$C_8H_{16}NO_5P$
CAS: 141-66-2
RI: 1652 (calc.)

GC/MS
EI 70 eV
TSQ 700
QI: 870

Peaks: 55, 67, 73, 83, 95, 109, 127, 164, 193, 237

Monocrotophos
3-Dimethoxyphosphoryloxy-N-methyl-but-2-enamide
Aca, Ins   LC:BBA 0259

MW: 223.16566
MM: 223.06096
$C_7H_{14}NO_5P$
CAS: 6923-22-4
RI: 1871 (SE 30)

GC/MS
EI 70 eV
TSQ 700
QI: 878 VI:2

Peaks: 58, 67, 79, 85, 97, 109, 127, 164, 192, 223

Phosphamidon
2-Chloro-3-dimethoxyphosphoryloxy-N,N-diethyl-but-2-enamide
Aca, Ins, Nem   LC:BBA 0094

MW: 299.69106
MM: 299.06894
$C_{10}H_{19}ClNO_5P$
CAS: 13171-21-6
RI: 2043 (calc.)

GC/MS
EI 70 eV
TSQ 70
QI: 996

Peaks: 42, 58, 72, 127, 138, 158, 172, 193, 227, 264

O-Butyl-S-methyl-methylphosphonothiolate
Toxic hydrolysis product of Chin.V-gas
Chemical warfare agent artifact

MW: 182.22366
MM: 182.05304
$C_6H_{15}O_2PS$
RI: 1158 (calc.)

GC/MS
EI 70 eV
HP 5972
QI: 928

Peaks: 41, 47, 57, 63, 79, 95, 109, 127, 135, 167

m/z: 127

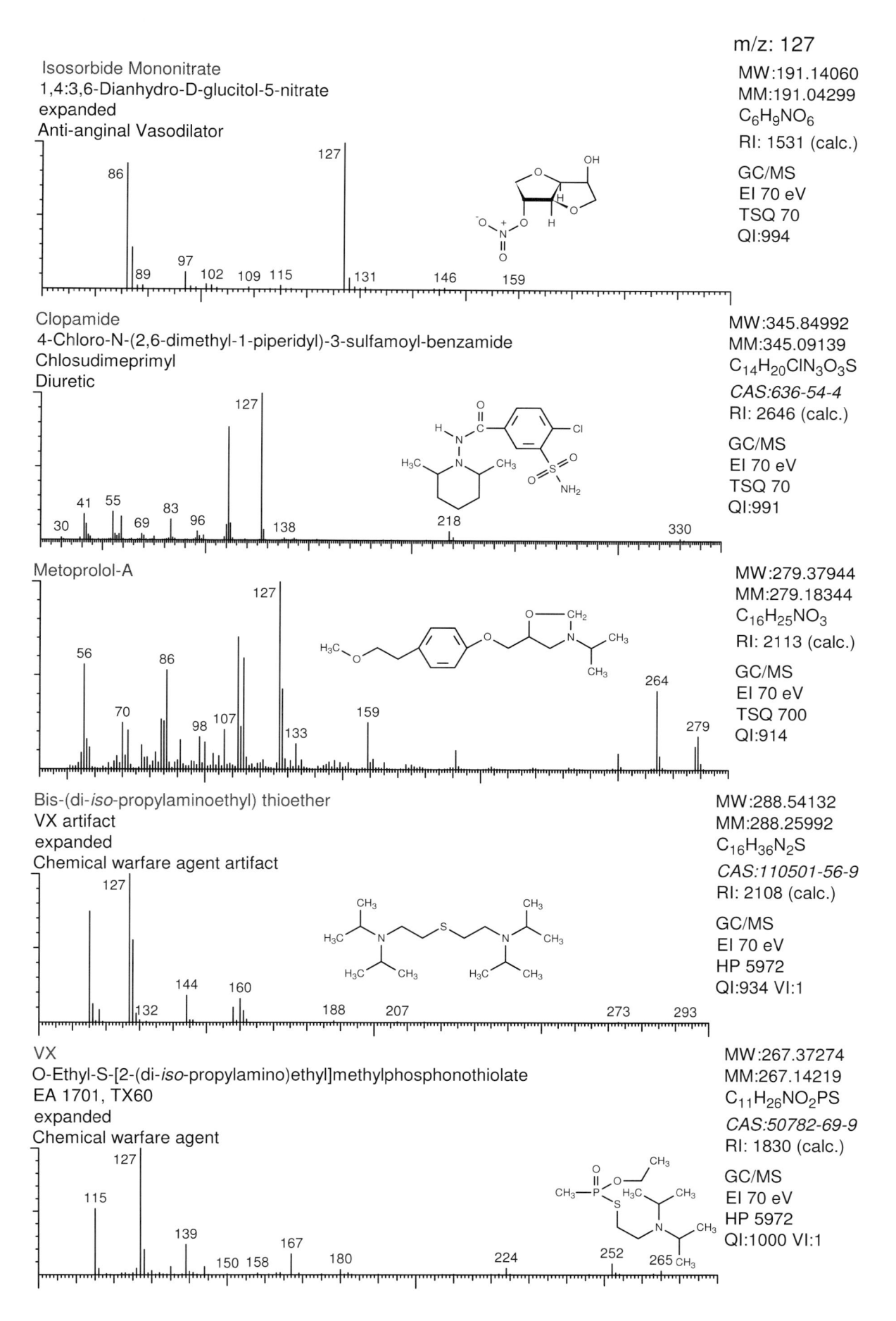

Isosorbide Mononitrate
1,4:3,6-Dianhydro-D-glucitol-5-nitrate
expanded
Anti-anginal Vasodilator

MW:191.14060
MM:191.04299
$C_6H_9NO_6$
RI: 1531 (calc.)

GC/MS
EI 70 eV
TSQ 70
QI:994

Clopamide
4-Chloro-N-(2,6-dimethyl-1-piperidyl)-3-sulfamoyl-benzamide
Chlosudimeprimyl
Diuretic

MW:345.84992
MM:345.09139
$C_{14}H_{20}ClN_3O_3S$
CAS:636-54-4
RI: 2646 (calc.)

GC/MS
EI 70 eV
TSQ 70
QI:991

Metoprolol-A

MW:279.37944
MM:279.18344
$C_{16}H_{25}NO_3$
RI: 2113 (calc.)

GC/MS
EI 70 eV
TSQ 700
QI:914

Bis-(di-*iso*-propylaminoethyl) thioether
VX artifact
expanded
Chemical warfare agent artifact

MW:288.54132
MM:288.25992
$C_{16}H_{36}N_2S$
CAS:110501-56-9
RI: 2108 (calc.)

GC/MS
EI 70 eV
HP 5972
QI:934 VI:1

VX
O-Ethyl-S-[2-(di-*iso*-propylamino)ethyl]methylphosphonothiolate
EA 1701, TX60
expanded
Chemical warfare agent

MW:267.37274
MM:267.14219
$C_{11}H_{26}NO_2PS$
CAS:50782-69-9
RI: 1830 (calc.)

GC/MS
EI 70 eV
HP 5972
QI:1000 VI:1

m/z: 127

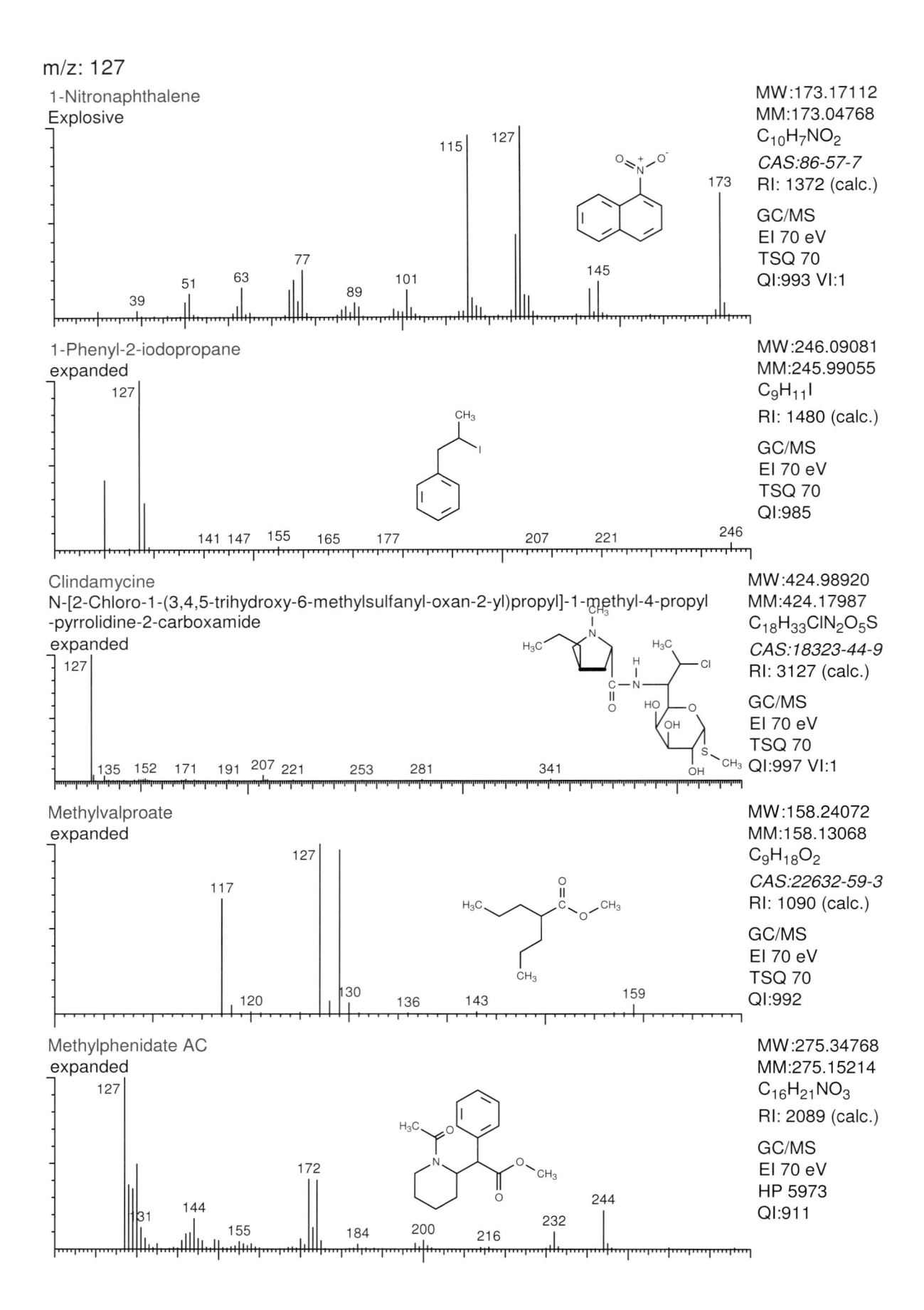

1-Nitronaphthalene
Explosive

Peaks: 39, 51, 63, 77, 89, 101, 115, 127, 145, 173

MW:173.17112
MM:173.04768
$C_{10}H_7NO_2$
CAS:86-57-7
RI: 1372 (calc.)

GC/MS
EI 70 eV
TSQ 70
QI:993 VI:1

1-Phenyl-2-iodopropane
expanded

Peaks: 127, 141, 147, 155, 165, 177, 207, 221, 246

MW:246.09081
MM:245.99055
$C_9H_{11}I$
RI: 1480 (calc.)

GC/MS
EI 70 eV
TSQ 70
QI:985

Clindamycine
N-[2-Chloro-1-(3,4,5-trihydroxy-6-methylsulfanyl-oxan-2-yl)propyl]-1-methyl-4-propyl-pyrrolidine-2-carboxamide
expanded

Peaks: 127, 135, 152, 171, 191, 207, 221, 253, 281, 341

MW:424.98920
MM:424.17987
$C_{18}H_{33}ClN_2O_5S$
CAS:18323-44-9
RI: 3127 (calc.)

GC/MS
EI 70 eV
TSQ 70
QI:997 VI:1

Methylvalproate
expanded

Peaks: 117, 120, 127, 130, 136, 143, 159

MW:158.24072
MM:158.13068
$C_9H_{18}O_2$
CAS:22632-59-3
RI: 1090 (calc.)

GC/MS
EI 70 eV
TSQ 70
QI:992

Methylphenidate AC
expanded

Peaks: 127, 131, 144, 155, 172, 184, 200, 216, 232, 244

MW:275.34768
MM:275.15214
$C_{16}H_{21}NO_3$
RI: 2089 (calc.)

GC/MS
EI 70 eV
HP 5973
QI:911

m/z: 127

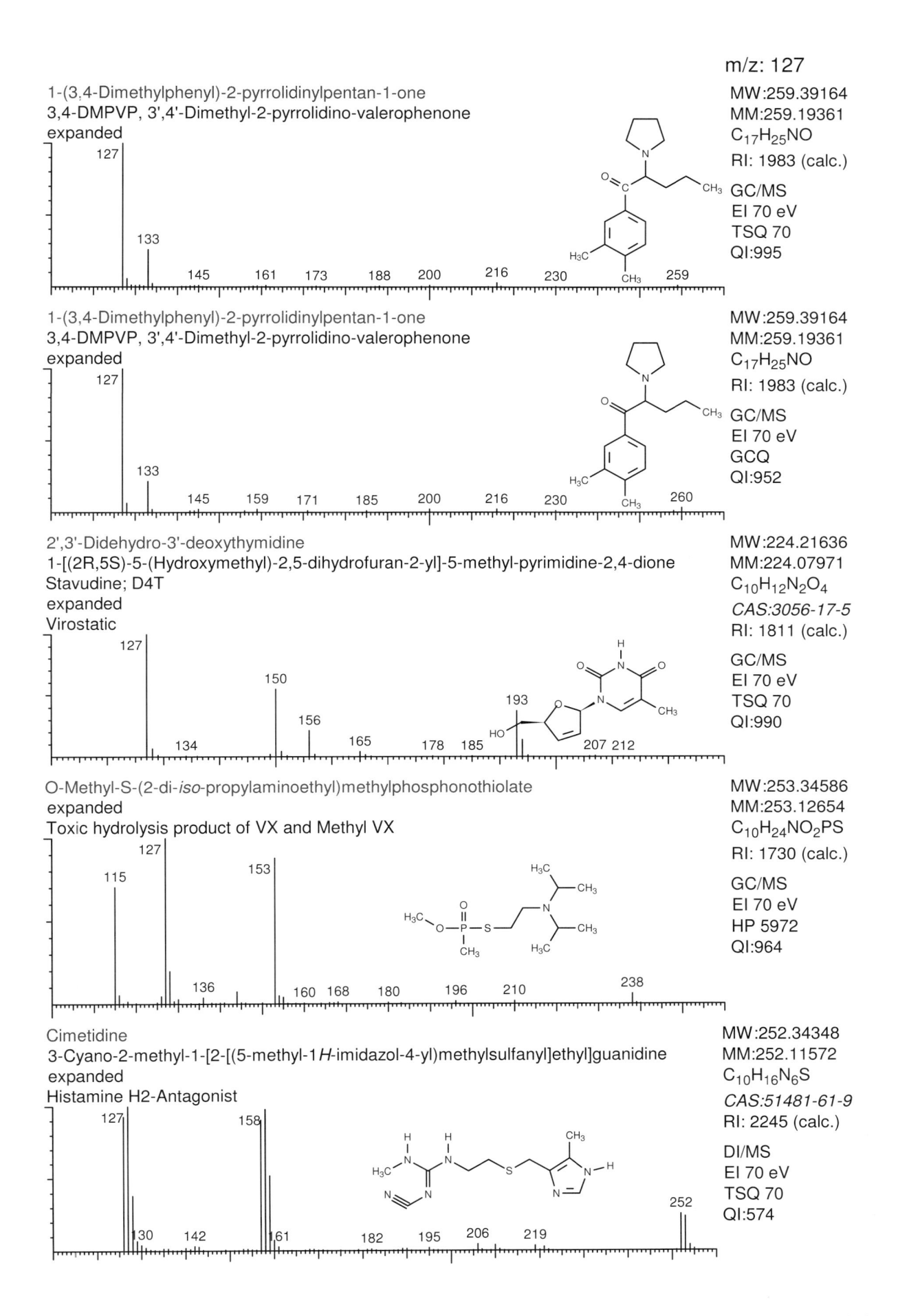

1-(3,4-Dimethylphenyl)-2-pyrrolidinylpentan-1-one
3,4-DMPVP, 3',4'-Dimethyl-2-pyrrolidino-valerophenone
expanded

MW:259.39164
MM:259.19361
$C_{17}H_{25}NO$
RI: 1983 (calc.)

GC/MS
EI 70 eV
TSQ 70
QI:995

Peaks: 127, 133, 145, 161, 173, 188, 200, 216, 230, 259

1-(3,4-Dimethylphenyl)-2-pyrrolidinylpentan-1-one
3,4-DMPVP, 3',4'-Dimethyl-2-pyrrolidino-valerophenone
expanded

MW:259.39164
MM:259.19361
$C_{17}H_{25}NO$
RI: 1983 (calc.)

GC/MS
EI 70 eV
GCQ
QI:952

Peaks: 127, 133, 145, 159, 171, 185, 200, 216, 230, 260

2',3'-Didehydro-3'-deoxythymidine
1-[(2R,5S)-5-(Hydroxymethyl)-2,5-dihydrofuran-2-yl]-5-methyl-pyrimidine-2,4-dione
Stavudine; D4T
expanded
Virostatic

MW:224.21636
MM:224.07971
$C_{10}H_{12}N_2O_4$
CAS:3056-17-5
RI: 1811 (calc.)

GC/MS
EI 70 eV
TSQ 70
QI:990

Peaks: 127, 134, 150, 156, 165, 178, 185, 193, 207, 212

O-Methyl-S-(2-di-iso-propylaminoethyl)methylphosphonothiolate
expanded
Toxic hydrolysis product of VX and Methyl VX

MW:253.34586
MM:253.12654
$C_{10}H_{24}NO_2PS$
RI: 1730 (calc.)

GC/MS
EI 70 eV
HP 5972
QI:964

Peaks: 115, 127, 136, 153, 160, 168, 180, 196, 210, 238

Cimetidine
3-Cyano-2-methyl-1-[2-[(5-methyl-1H-imidazol-4-yl)methylsulfanyl]ethyl]guanidine
expanded
Histamine H2-Antagonist

MW:252.34348
MM:252.11572
$C_{10}H_{16}N_6S$
CAS:51481-61-9
RI: 2245 (calc.)

DI/MS
EI 70 eV
TSQ 70
QI:574

Peaks: 127, 130, 142, 158, 161, 182, 195, 206, 219, 252

m/z: 127

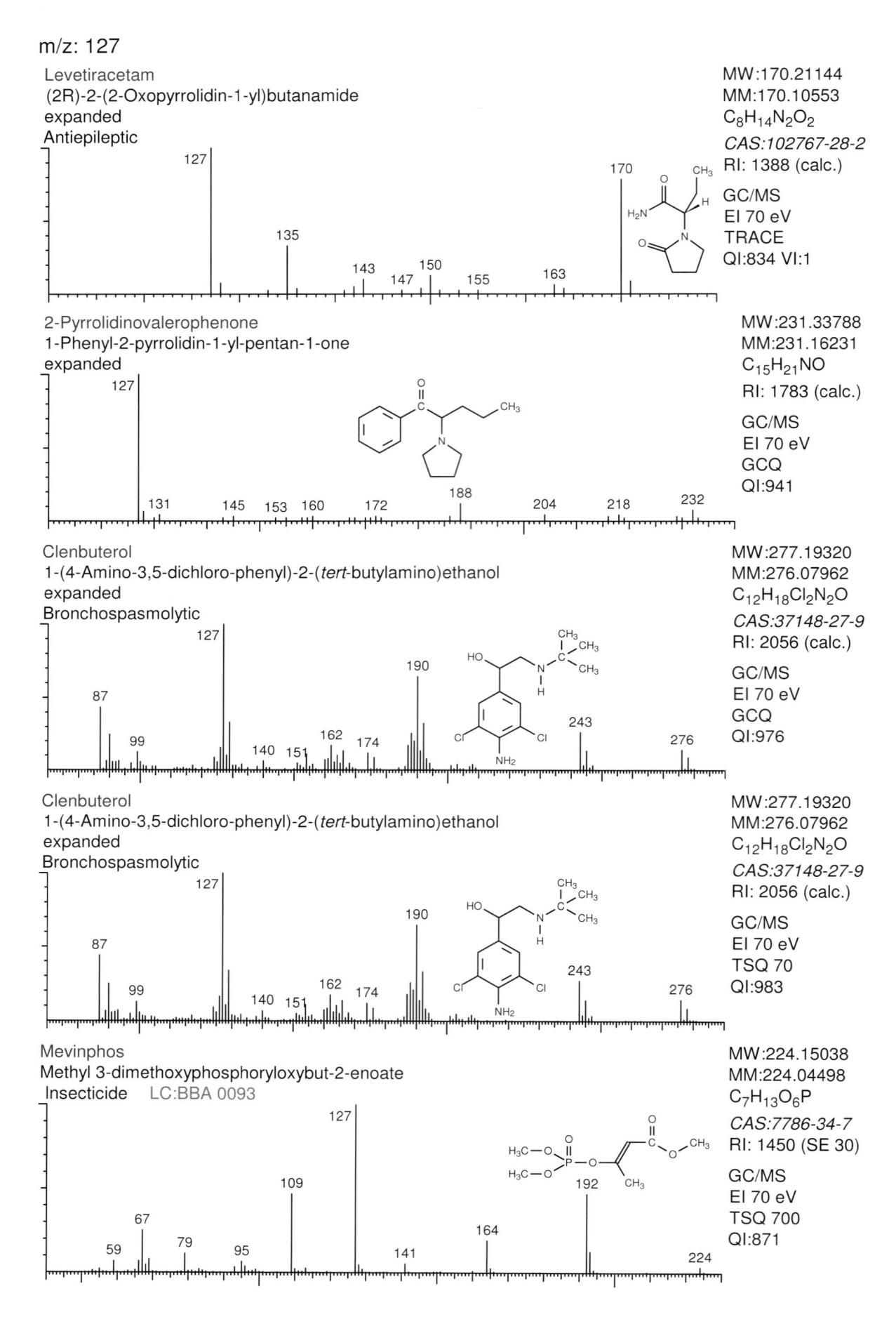

Levetiracetam
(2R)-2-(2-Oxopyrrolidin-1-yl)butanamide
expanded
Antiepileptic

Peaks: 127, 135, 143, 147, 150, 155, 163, 170

MW:170.21144
MM:170.10553
$C_8H_{14}N_2O_2$
CAS:102767-28-2
RI: 1388 (calc.)

GC/MS
EI 70 eV
TRACE
QI:834 VI:1

2-Pyrrolidinovalerophenone
1-Phenyl-2-pyrrolidin-1-yl-pentan-1-one
expanded

Peaks: 127, 131, 145, 153, 160, 172, 188, 204, 218, 232

MW:231.33788
MM:231.16231
$C_{15}H_{21}NO$
RI: 1783 (calc.)

GC/MS
EI 70 eV
GCQ
QI:941

Clenbuterol
1-(4-Amino-3,5-dichloro-phenyl)-2-(*tert*-butylamino)ethanol
expanded
Bronchospasmolytic

Peaks: 87, 99, 127, 140, 151, 162, 174, 190, 243, 276

MW:277.19320
MM:276.07962
$C_{12}H_{18}Cl_2N_2O$
CAS:37148-27-9
RI: 2056 (calc.)

GC/MS
EI 70 eV
GCQ
QI:976

Clenbuterol
1-(4-Amino-3,5-dichloro-phenyl)-2-(*tert*-butylamino)ethanol
expanded
Bronchospasmolytic

Peaks: 87, 99, 127, 140, 151, 162, 174, 190, 243, 276

MW:277.19320
MM:276.07962
$C_{12}H_{18}Cl_2N_2O$
CAS:37148-27-9
RI: 2056 (calc.)

GC/MS
EI 70 eV
TSQ 70
QI:983

Mevinphos
Methyl 3-dimethoxyphosphoryloxybut-2-enoate
Insecticide   LC:BBA 0093

Peaks: 59, 67, 79, 95, 109, 127, 141, 164, 192, 224

MW:224.15038
MM:224.04498
$C_7H_{13}O_6P$
CAS:7786-34-7
RI: 1450 (SE 30)

GC/MS
EI 70 eV
TSQ 700
QI:871

m/z: 127

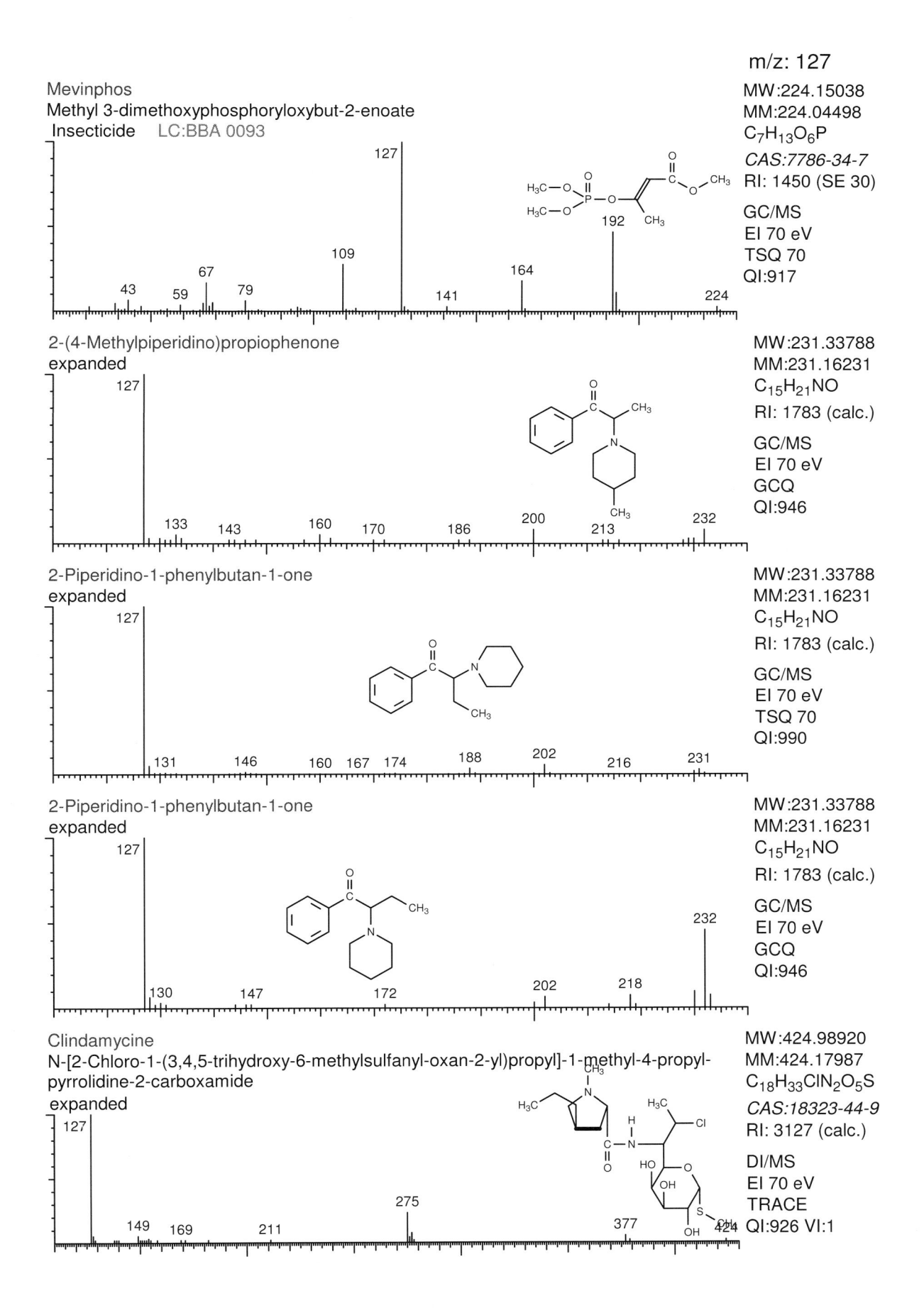

Mevinphos
Methyl 3-dimethoxyphosphoryloxybut-2-enoate
Insecticide   LC:BBA 0093

MW:224.15038
MM:224.04498
$C_7H_{13}O_6P$
CAS:7786-34-7
RI: 1450 (SE 30)

GC/MS
EI 70 eV
TSQ 70
QI:917

Peaks: 43, 59, 67, 79, 109, 127, 141, 164, 192, 224

2-(4-Methylpiperidino)propiophenone
expanded

MW:231.33788
MM:231.16231
$C_{15}H_{21}NO$
RI: 1783 (calc.)

GC/MS
EI 70 eV
GCQ
QI:946

Peaks: 127, 133, 143, 160, 170, 186, 200, 213, 232

2-Piperidino-1-phenylbutan-1-one
expanded

MW:231.33788
MM:231.16231
$C_{15}H_{21}NO$
RI: 1783 (calc.)

GC/MS
EI 70 eV
TSQ 70
QI:990

Peaks: 127, 131, 146, 160, 167, 174, 188, 202, 216, 231

2-Piperidino-1-phenylbutan-1-one
expanded

MW:231.33788
MM:231.16231
$C_{15}H_{21}NO$
RI: 1783 (calc.)

GC/MS
EI 70 eV
GCQ
QI:946

Peaks: 127, 130, 147, 172, 202, 218, 232

Clindamycine
N-[2-Chloro-1-(3,4,5-trihydroxy-6-methylsulfanyl-oxan-2-yl)propyl]-1-methyl-4-propyl-pyrrolidine-2-carboxamide
expanded

MW:424.98920
MM:424.17987
$C_{18}H_{33}ClN_2O_5S$
CAS:18323-44-9
RI: 3127 (calc.)

DI/MS
EI 70 eV
TRACE
QI:926 VI:1

Peaks: 127, 149, 169, 211, 275, 377, 424

m/z: 127

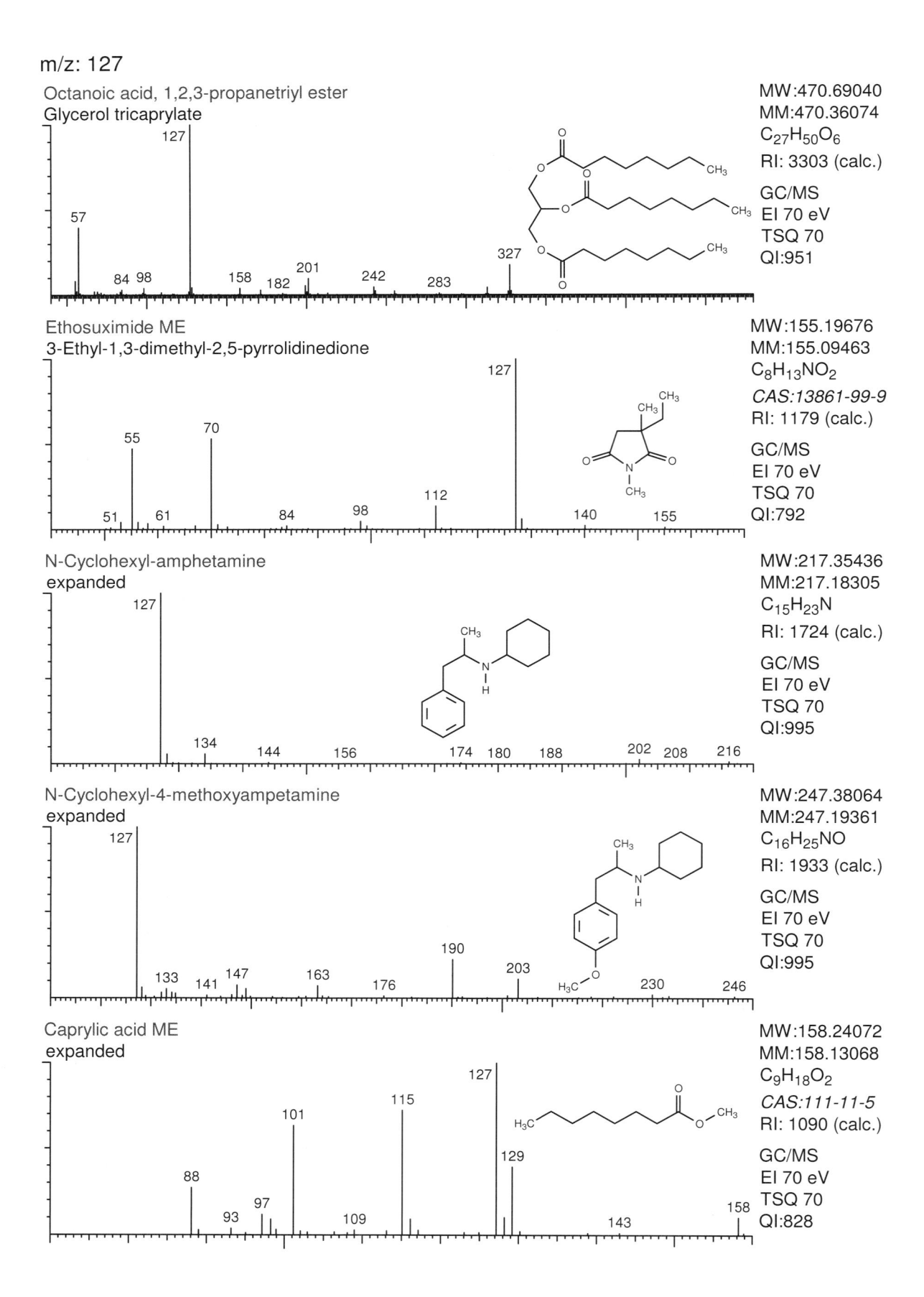

Octanoic acid, 1,2,3-propanetriyl ester
Glycerol tricaprylate

MW: 470.69040
MM: 470.36074
$C_{27}H_{50}O_6$
RI: 3303 (calc.)

GC/MS
EI 70 eV
TSQ 70
QI: 951

Ethosuximide ME
3-Ethyl-1,3-dimethyl-2,5-pyrrolidinedione

MW: 155.19676
MM: 155.09463
$C_8H_{13}NO_2$
CAS: 13861-99-9
RI: 1179 (calc.)

GC/MS
EI 70 eV
TSQ 70
QI: 792

N-Cyclohexyl-amphetamine
expanded

MW: 217.35436
MM: 217.18305
$C_{15}H_{23}N$
RI: 1724 (calc.)

GC/MS
EI 70 eV
TSQ 70
QI: 995

N-Cyclohexyl-4-methoxyampetamine
expanded

MW: 247.38064
MM: 247.19361
$C_{16}H_{25}NO$
RI: 1933 (calc.)

GC/MS
EI 70 eV
TSQ 70
QI: 995

Caprylic acid ME
expanded

MW: 158.24072
MM: 158.13068
$C_9H_{18}O_2$
CAS: 111-11-5
RI: 1090 (calc.)

GC/MS
EI 70 eV
TSQ 70
QI: 828

m/z: 127-128

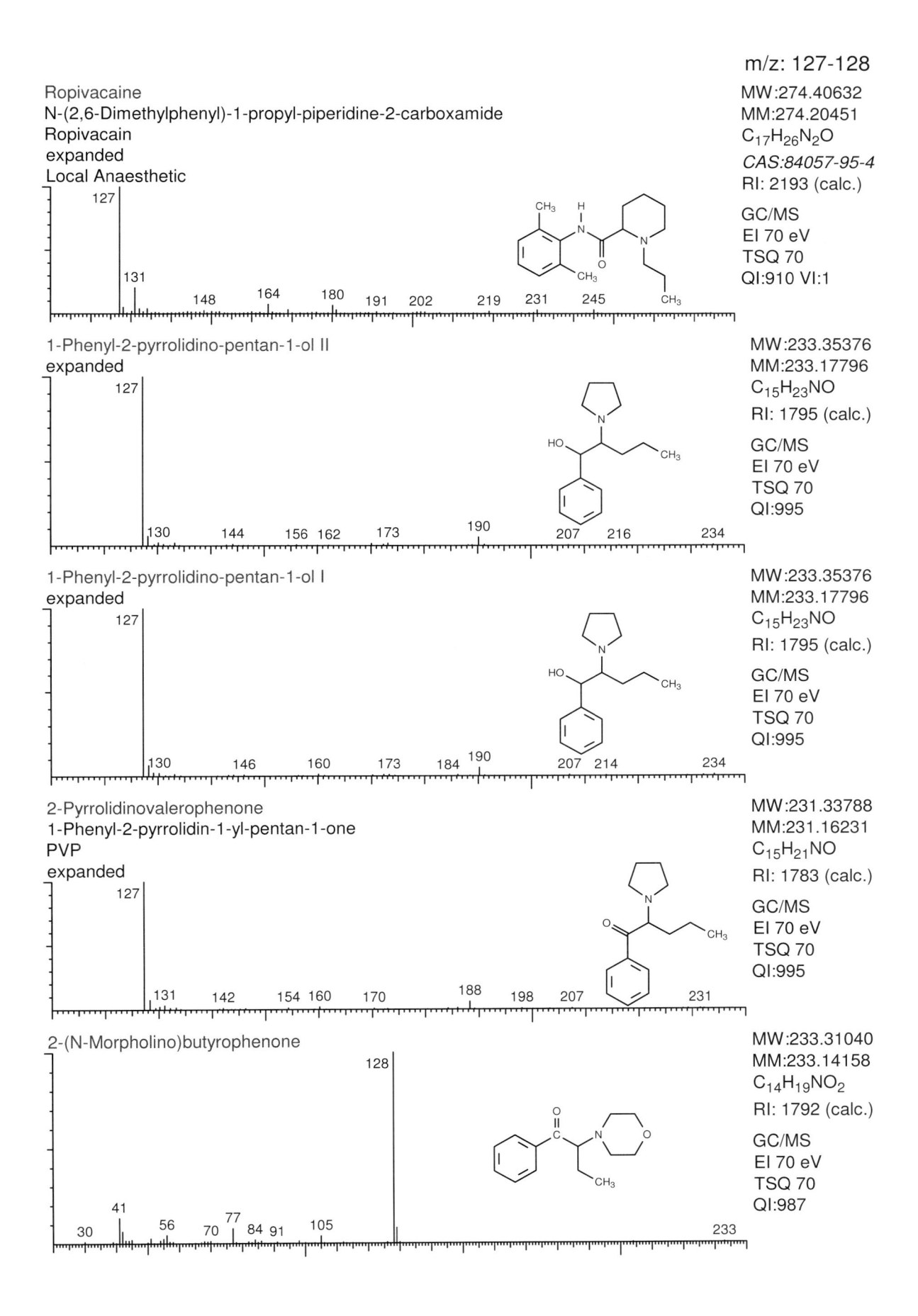

Ropivacaine
N-(2,6-Dimethylphenyl)-1-propyl-piperidine-2-carboxamide
Ropivacain
expanded
Local Anaesthetic

MW: 274.40632
MM: 274.20451
$C_{17}H_{26}N_2O$
CAS: 84057-95-4
RI: 2193 (calc.)

GC/MS
EI 70 eV
TSQ 70
QI: 910 VI:1

Peaks: 127, 131, 148, 164, 180, 191, 202, 219, 231, 245

1-Phenyl-2-pyrrolidino-pentan-1-ol II
expanded

MW: 233.35376
MM: 233.17796
$C_{15}H_{23}NO$
RI: 1795 (calc.)

GC/MS
EI 70 eV
TSQ 70
QI: 995

Peaks: 127, 130, 144, 156, 162, 173, 190, 207, 216, 234

1-Phenyl-2-pyrrolidino-pentan-1-ol I
expanded

MW: 233.35376
MM: 233.17796
$C_{15}H_{23}NO$
RI: 1795 (calc.)

GC/MS
EI 70 eV
TSQ 70
QI: 995

Peaks: 127, 130, 146, 160, 173, 184, 190, 207, 214, 234

2-Pyrrolidinovalerophenone
1-Phenyl-2-pyrrolidin-1-yl-pentan-1-one
PVP
expanded

MW: 231.33788
MM: 231.16231
$C_{15}H_{21}NO$
RI: 1783 (calc.)

GC/MS
EI 70 eV
TSQ 70
QI: 995

Peaks: 127, 131, 142, 154, 160, 170, 188, 198, 207, 231

2-(N-Morpholino)butyrophenone

MW: 233.31040
MM: 233.14158
$C_{14}H_{19}NO_2$
RI: 1792 (calc.)

GC/MS
EI 70 eV
TSQ 70
QI: 987

Peaks: 30, 41, 56, 70, 77, 84, 91, 105, 128, 233

m/z: 128

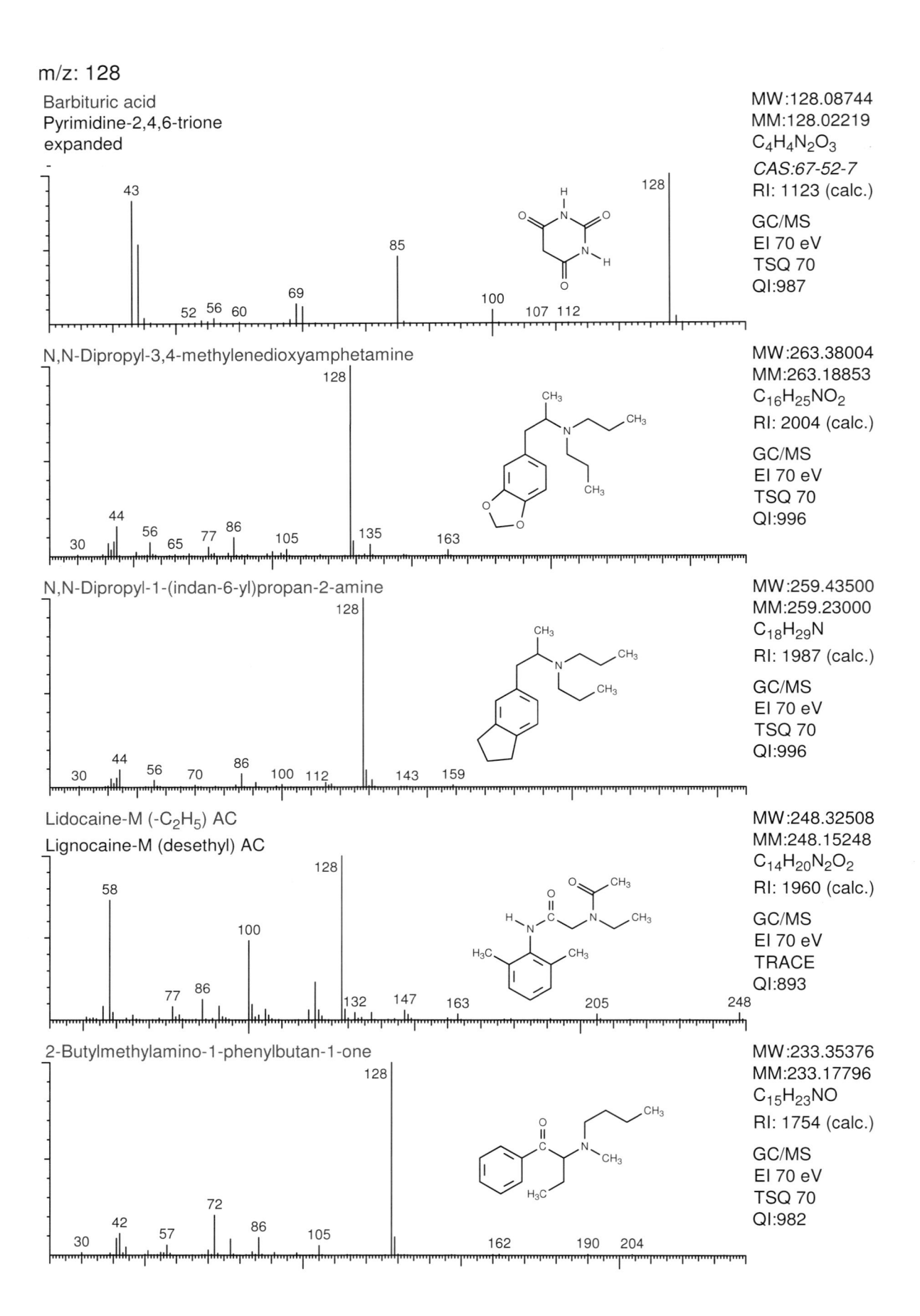

Barbituric acid
Pyrimidine-2,4,6-trione
expanded

MW:128.08744
MM:128.02219
$C_4H_4N_2O_3$
CAS:67-52-7
RI: 1123 (calc.)

GC/MS
EI 70 eV
TSQ 70
QI:987

N,N-Dipropyl-3,4-methylenedioxyamphetamine

MW:263.38004
MM:263.18853
$C_{16}H_{25}NO_2$
RI: 2004 (calc.)

GC/MS
EI 70 eV
TSQ 70
QI:996

N,N-Dipropyl-1-(indan-6-yl)propan-2-amine

MW:259.43500
MM:259.23000
$C_{18}H_{29}N$
RI: 1987 (calc.)

GC/MS
EI 70 eV
TSQ 70
QI:996

Lidocaine-M (-C_2H_5) AC
Lignocaine-M (desethyl) AC

MW:248.32508
MM:248.15248
$C_{14}H_{20}N_2O_2$
RI: 1960 (calc.)

GC/MS
EI 70 eV
TRACE
QI:893

2-Butylmethylamino-1-phenylbutan-1-one

MW:233.35376
MM:233.17796
$C_{15}H_{23}NO$
RI: 1754 (calc.)

GC/MS
EI 70 eV
TSQ 70
QI:982

m/z: 128

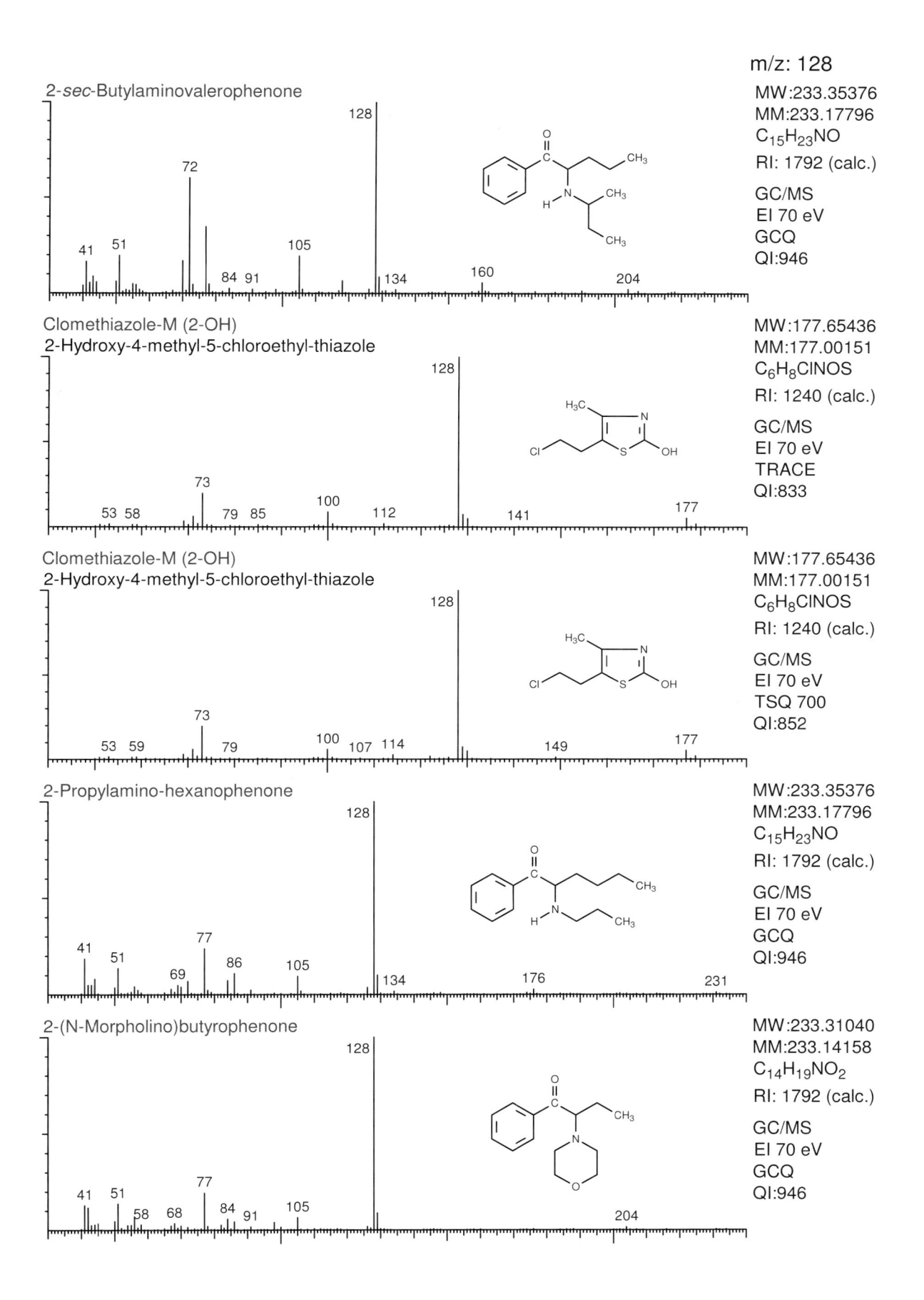

2-sec-Butylaminovalerophenone

MW: 233.35376
MM: 233.17796
C$_{15}$H$_{23}$NO
RI: 1792 (calc.)

GC/MS
EI 70 eV
GCQ
QI: 946

Peaks: 41, 51, 72, 84, 91, 105, 128, 134, 160, 204

Clomethiazole-M (2-OH)
2-Hydroxy-4-methyl-5-chloroethyl-thiazole

MW: 177.65436
MM: 177.00151
C$_6$H$_8$ClNOS
RI: 1240 (calc.)

GC/MS
EI 70 eV
TRACE
QI: 833

Peaks: 53, 58, 73, 79, 85, 100, 112, 128, 141, 177

Clomethiazole-M (2-OH)
2-Hydroxy-4-methyl-5-chloroethyl-thiazole

MW: 177.65436
MM: 177.00151
C$_6$H$_8$ClNOS
RI: 1240 (calc.)

GC/MS
EI 70 eV
TSQ 700
QI: 852

Peaks: 53, 59, 73, 79, 100, 107, 114, 128, 149, 177

2-Propylamino-hexanophenone

MW: 233.35376
MM: 233.17796
C$_{15}$H$_{23}$NO
RI: 1792 (calc.)

GC/MS
EI 70 eV
GCQ
QI: 946

Peaks: 41, 51, 69, 77, 86, 105, 128, 134, 176, 231

2-(N-Morpholino)butyrophenone

MW: 233.31040
MM: 233.14158
C$_{14}$H$_{19}$NO$_2$
RI: 1792 (calc.)

GC/MS
EI 70 eV
GCQ
QI: 946

Peaks: 41, 51, 58, 68, 77, 84, 91, 105, 128, 204

m/z: 128

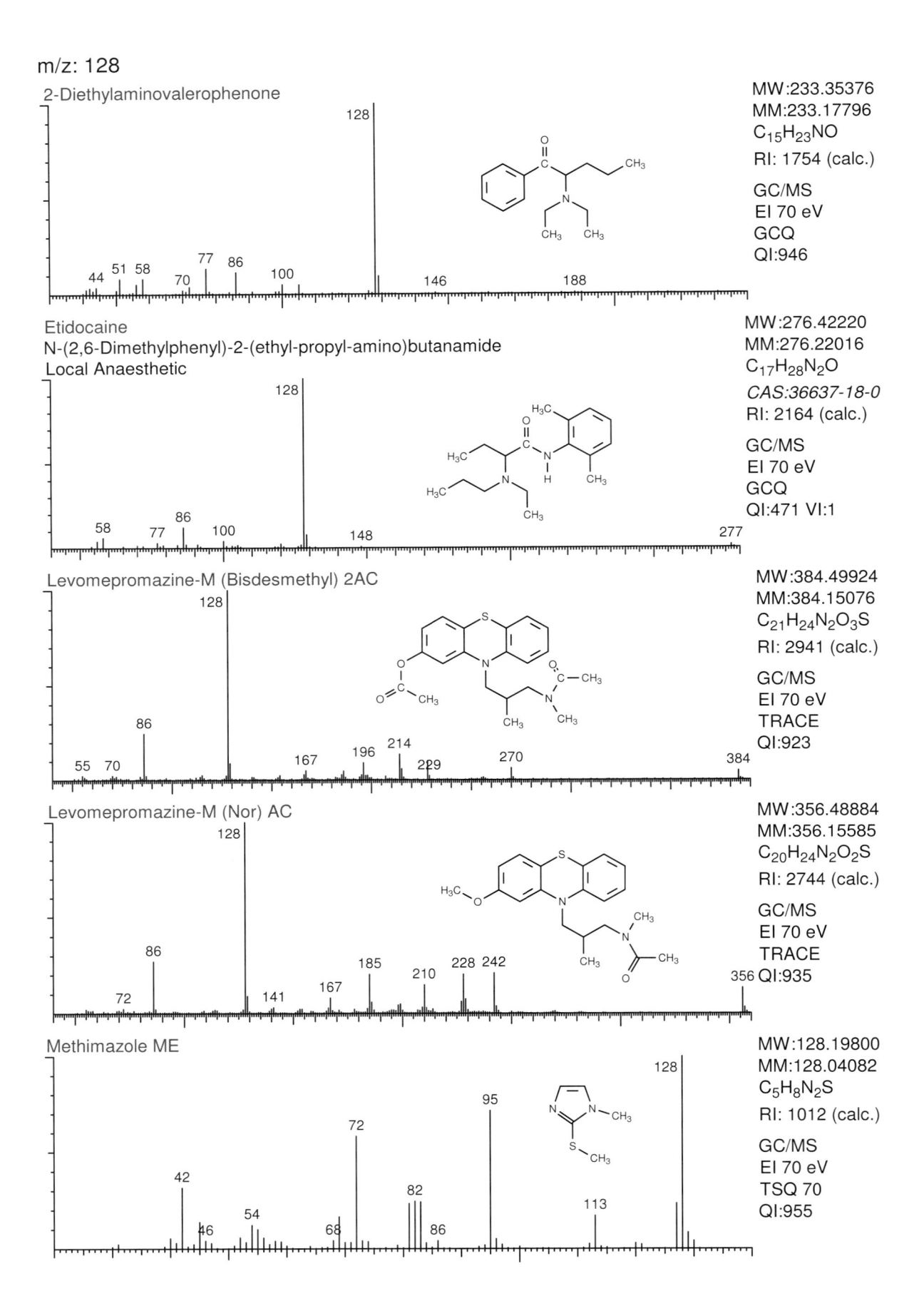

2-Diethylaminovalerophenone

MW: 233.35376
MM: 233.17796
C$_{15}$H$_{23}$NO
RI: 1754 (calc.)

GC/MS
EI 70 eV
GCQ
QI: 946

Peaks: 44, 51, 58, 70, 77, 86, 100, 128, 146, 188

Etidocaine
N-(2,6-Dimethylphenyl)-2-(ethyl-propyl-amino)butanamide
Local Anaesthetic

MW: 276.42220
MM: 276.22016
C$_{17}$H$_{28}$N$_2$O
CAS: 36637-18-0
RI: 2164 (calc.)

GC/MS
EI 70 eV
GCQ
QI: 471 VI:1

Peaks: 58, 77, 86, 100, 128, 148, 277

Levomepromazine-M (Bisdesmethyl) 2AC

MW: 384.49924
MM: 384.15076
C$_{21}$H$_{24}$N$_2$O$_3$S
RI: 2941 (calc.)

GC/MS
EI 70 eV
TRACE
QI: 923

Peaks: 55, 70, 86, 128, 167, 196, 214, 229, 270, 384

Levomepromazine-M (Nor) AC

MW: 356.48884
MM: 356.15585
C$_{20}$H$_{24}$N$_2$O$_2$S
RI: 2744 (calc.)

GC/MS
EI 70 eV
TRACE
QI: 935

Peaks: 72, 86, 128, 141, 167, 185, 210, 228, 242, 356

Methimazole ME

MW: 128.19800
MM: 128.04082
C$_5$H$_8$N$_2$S
RI: 1012 (calc.)

GC/MS
EI 70 eV
TSQ 70
QI: 955

Peaks: 42, 46, 54, 68, 72, 82, 86, 95, 113, 128

m/z: 128

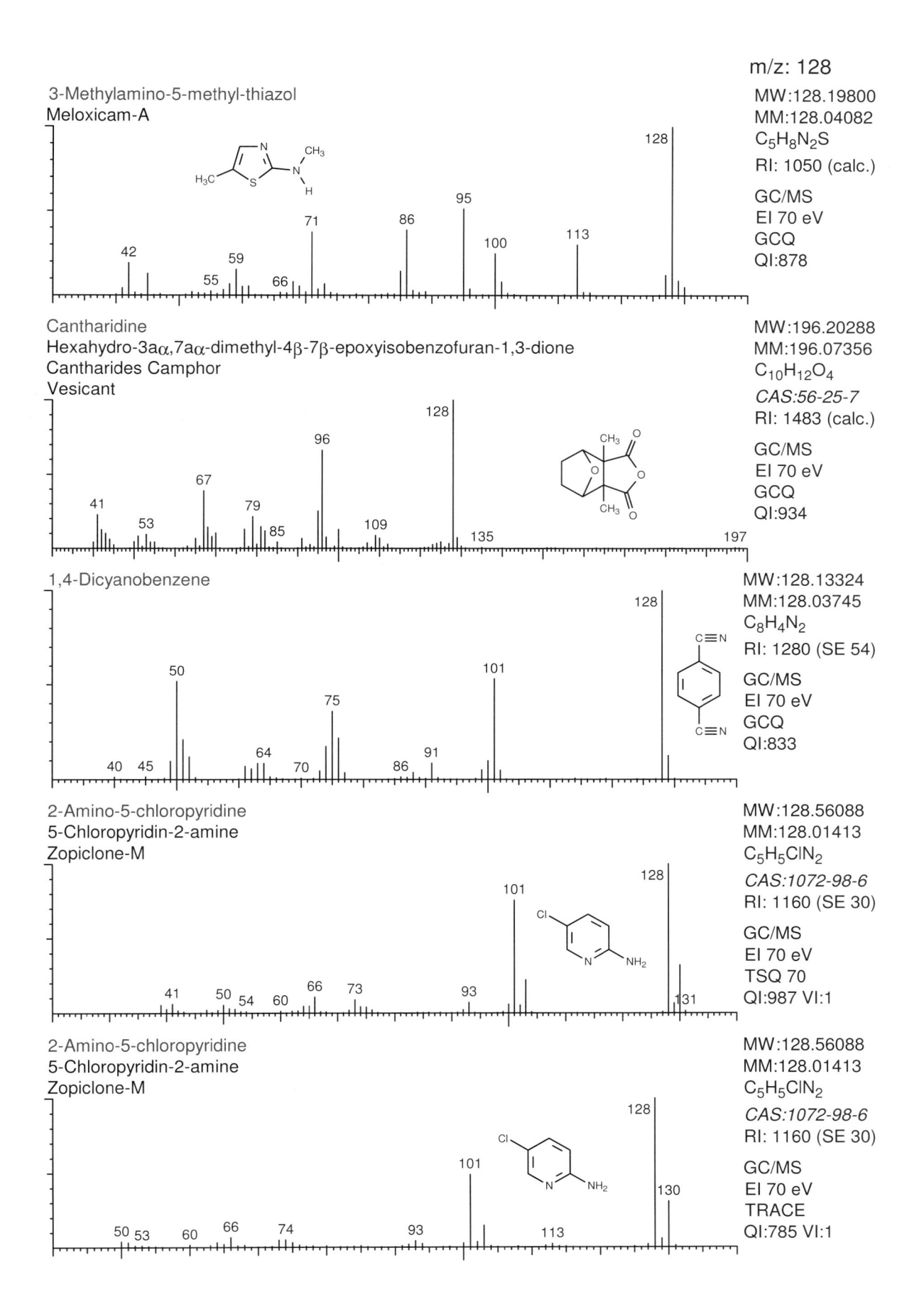

3-Methylamino-5-methyl-thiazol
Meloxicam-A

MW: 128.19800
MM: 128.04082
C$_5$H$_8$N$_2$S
RI: 1050 (calc.)

GC/MS
EI 70 eV
GCQ
QI: 878

Peaks: 42, 55, 59, 66, 71, 86, 95, 100, 113, 128

Cantharidine
Hexahydro-3aα,7aα-dimethyl-4β-7β-epoxyisobenzofuran-1,3-dione
Cantharides Camphor
Vesicant

MW: 196.20288
MM: 196.07356
C$_{10}$H$_{12}$O$_4$
CAS: 56-25-7
RI: 1483 (calc.)

GC/MS
EI 70 eV
GCQ
QI: 934

Peaks: 41, 53, 67, 79, 85, 96, 109, 128, 135, 197

1,4-Dicyanobenzene

MW: 128.13324
MM: 128.03745
C$_8$H$_4$N$_2$
RI: 1280 (SE 54)

GC/MS
EI 70 eV
GCQ
QI: 833

Peaks: 40, 45, 50, 64, 70, 75, 86, 91, 101, 128

2-Amino-5-chloropyridine
5-Chloropyridin-2-amine
Zopiclone-M

MW: 128.56088
MM: 128.01413
C$_5$H$_5$ClN$_2$
CAS: 1072-98-6
RI: 1160 (SE 30)

GC/MS
EI 70 eV
TSQ 70
QI: 987 VI: 1

Peaks: 41, 50, 54, 60, 66, 73, 93, 101, 128, 131

2-Amino-5-chloropyridine
5-Chloropyridin-2-amine
Zopiclone-M

MW: 128.56088
MM: 128.01413
C$_5$H$_5$ClN$_2$
CAS: 1072-98-6
RI: 1160 (SE 30)

GC/MS
EI 70 eV
TRACE
QI: 785 VI: 1

Peaks: 50, 53, 60, 66, 74, 93, 101, 113, 128, 130

m/z: 128

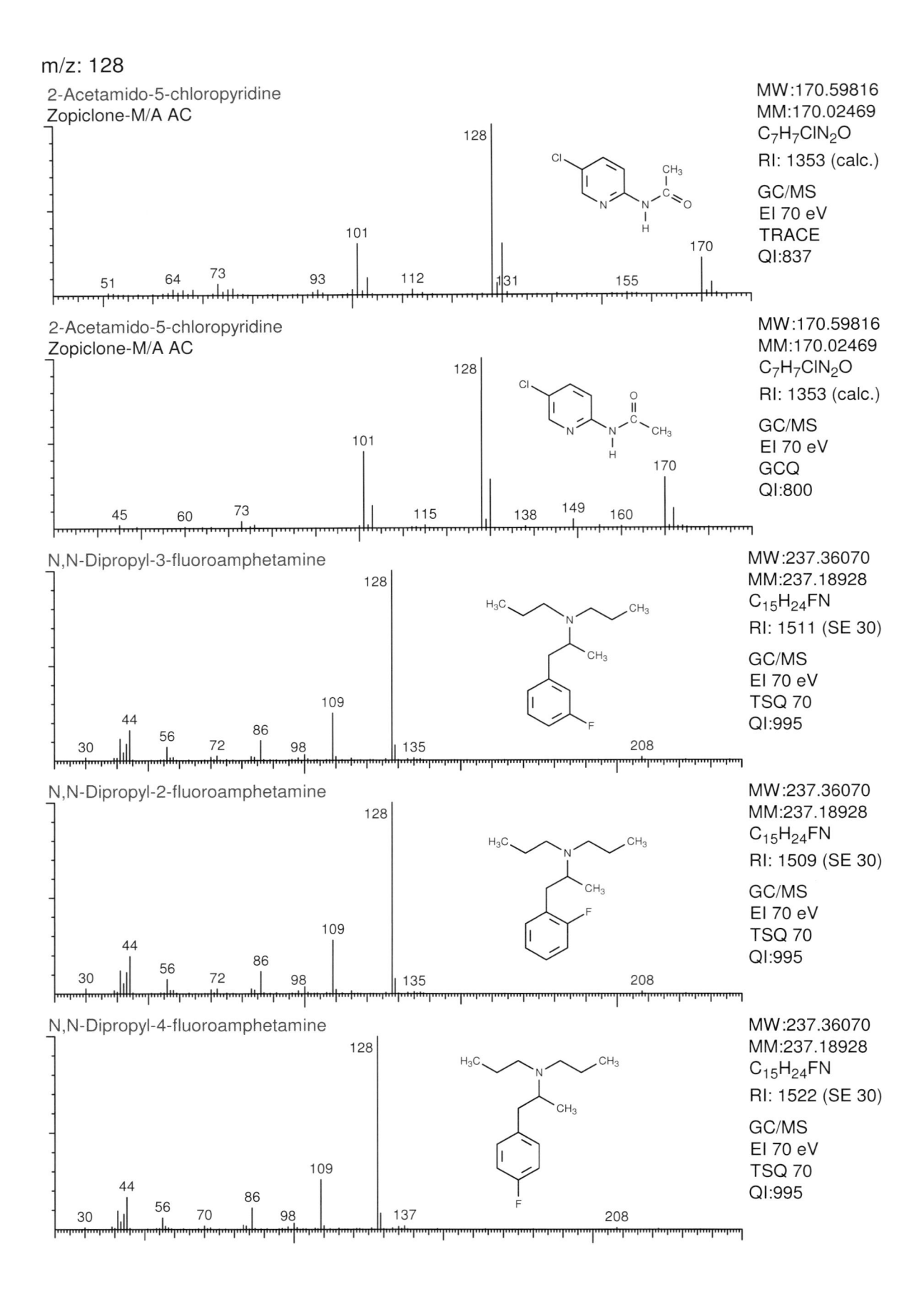

2-Acetamido-5-chloropyridine
Zopiclone-M/A AC

MW:170.59816
MM:170.02469
$C_7H_7ClN_2O$
RI: 1353 (calc.)

GC/MS
EI 70 eV
TRACE
QI:837

2-Acetamido-5-chloropyridine
Zopiclone-M/A AC

MW:170.59816
MM:170.02469
$C_7H_7ClN_2O$
RI: 1353 (calc.)

GC/MS
EI 70 eV
GCQ
QI:800

N,N-Dipropyl-3-fluoroamphetamine

MW:237.36070
MM:237.18928
$C_{15}H_{24}FN$
RI: 1511 (SE 30)

GC/MS
EI 70 eV
TSQ 70
QI:995

N,N-Dipropyl-2-fluoroamphetamine

MW:237.36070
MM:237.18928
$C_{15}H_{24}FN$
RI: 1509 (SE 30)

GC/MS
EI 70 eV
TSQ 70
QI:995

N,N-Dipropyl-4-fluoroamphetamine

MW:237.36070
MM:237.18928
$C_{15}H_{24}FN$
RI: 1522 (SE 30)

GC/MS
EI 70 eV
TSQ 70
QI:995

m/z: 128

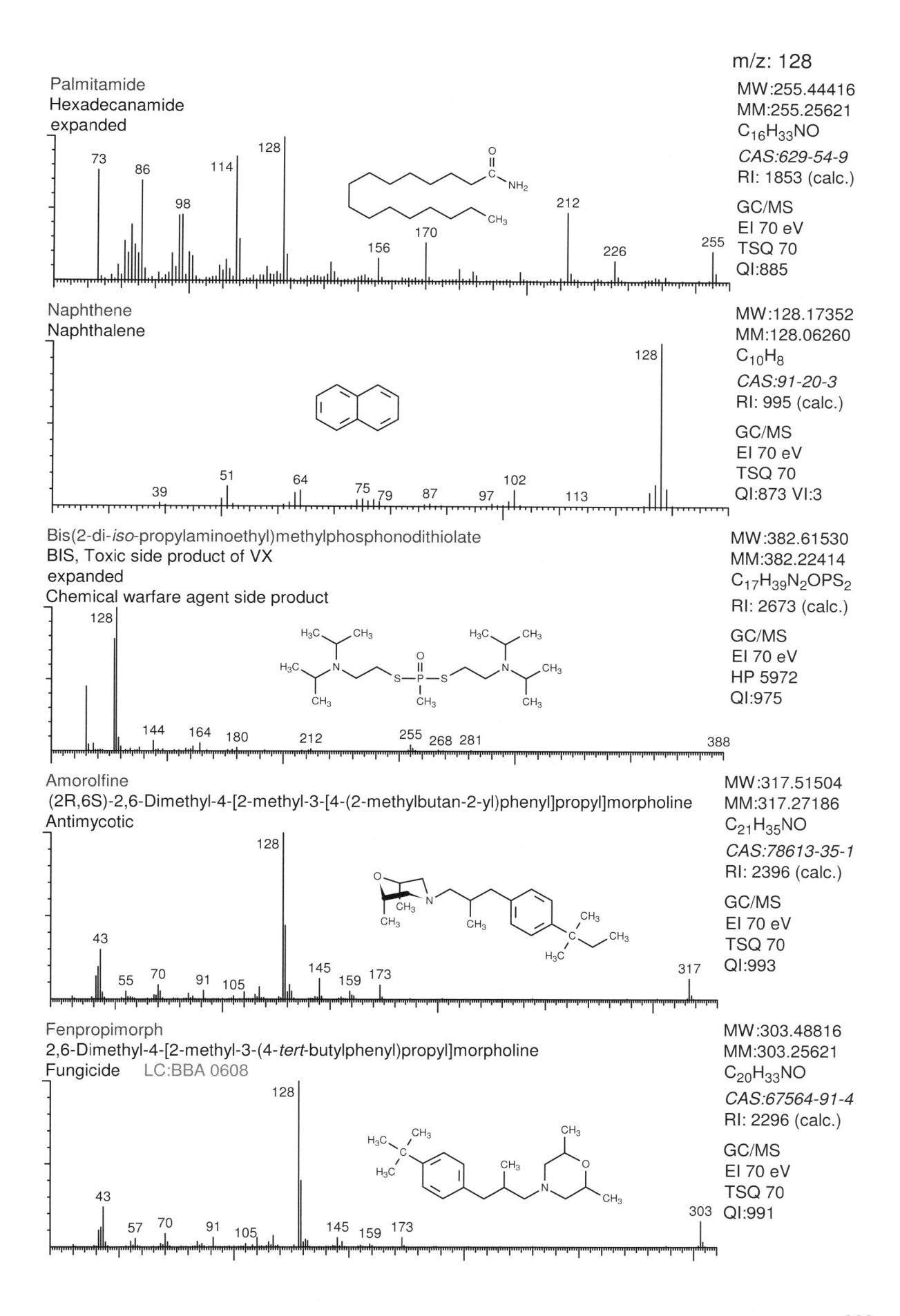

Palmitamide
Hexadecanamide
expanded

MW: 255.44416
MM: 255.25621
$C_{16}H_{33}NO$
CAS: 629-54-9
RI: 1853 (calc.)

GC/MS
EI 70 eV
TSQ 70
QI: 885

Naphthene
Naphthalene

MW: 128.17352
MM: 128.06260
$C_{10}H_8$
CAS: 91-20-3
RI: 995 (calc.)

GC/MS
EI 70 eV
TSQ 70
QI: 873 VI: 3

Bis(2-di-*iso*-propylaminoethyl)methylphosphonodithiolate
BIS, Toxic side product of VX
expanded
Chemical warfare agent side product

MW: 382.61530
MM: 382.22414
$C_{17}H_{39}N_2OPS_2$
RI: 2673 (calc.)

GC/MS
EI 70 eV
HP 5972
QI: 975

Amorolfine
(2R,6S)-2,6-Dimethyl-4-[2-methyl-3-[4-(2-methylbutan-2-yl)phenyl]propyl]morpholine
Antimycotic

MW: 317.51504
MM: 317.27186
$C_{21}H_{35}NO$
CAS: 78613-35-1
RI: 2396 (calc.)

GC/MS
EI 70 eV
TSQ 70
QI: 993

Fenpropimorph
2,6-Dimethyl-4-[2-methyl-3-(4-*tert*-butylphenyl)propyl]morpholine
Fungicide   LC:BBA 0608

MW: 303.48816
MM: 303.25621
$C_{20}H_{33}NO$
CAS: 67564-91-4
RI: 2296 (calc.)

GC/MS
EI 70 eV
TSQ 70
QI: 991

m/z: 128

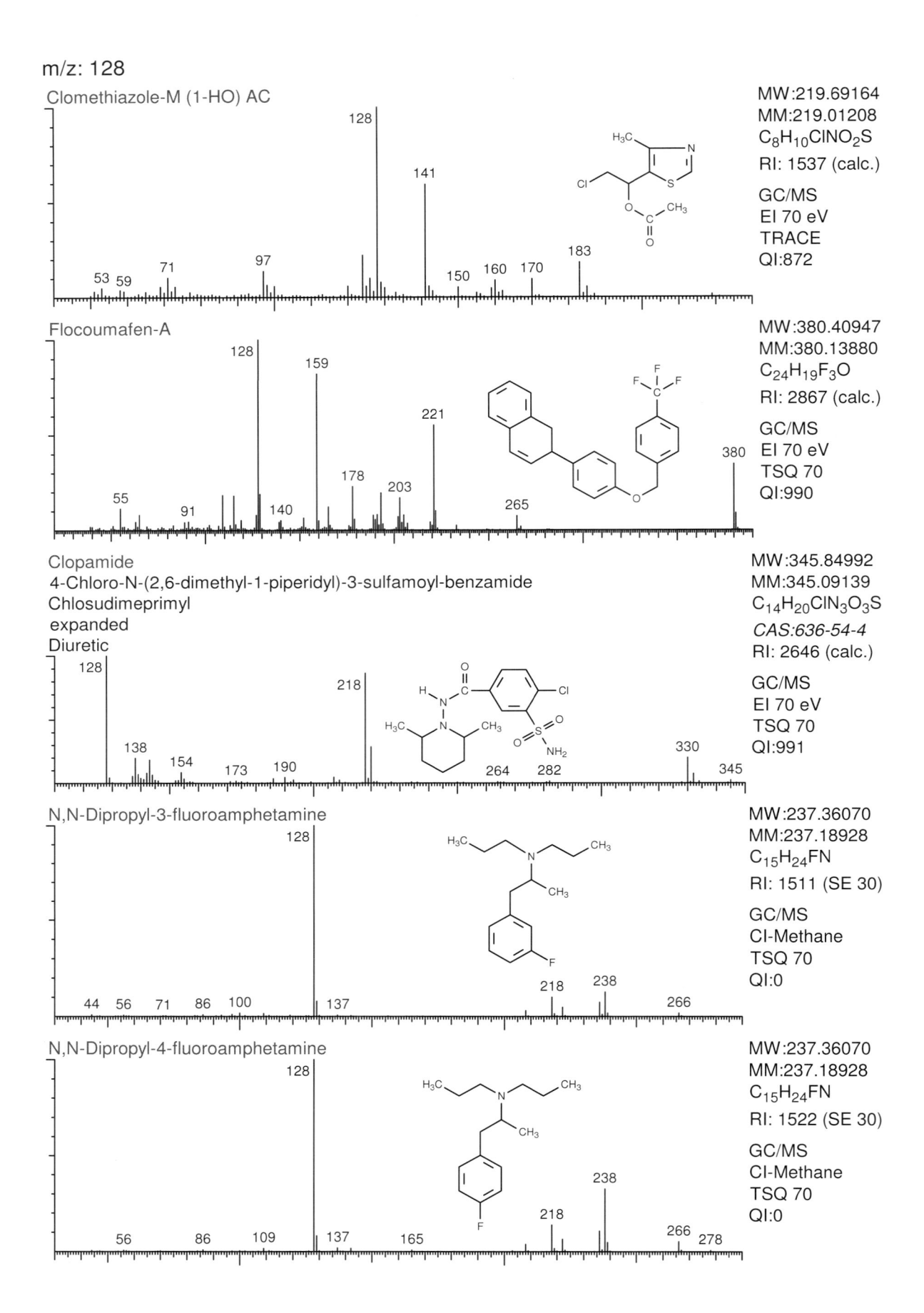

Clomethiazole-M (1-HO) AC

Peaks: 53, 59, 71, 97, 128, 141, 150, 160, 170, 183

MW: 219.69164
MM: 219.01208
$C_8H_{10}ClNO_2S$
RI: 1537 (calc.)

GC/MS
EI 70 eV
TRACE
QI: 872

Flocoumafen-A

Peaks: 55, 91, 128, 140, 159, 178, 203, 221, 265, 380

MW: 380.40947
MM: 380.13880
$C_{24}H_{19}F_3O$
RI: 2867 (calc.)

GC/MS
EI 70 eV
TSQ 70
QI: 990

Clopamide
4-Chloro-N-(2,6-dimethyl-1-piperidyl)-3-sulfamoyl-benzamide
Chlosudimeprimyl
expanded
Diuretic

Peaks: 128, 138, 154, 173, 190, 218, 264, 282, 330, 345

MW: 345.84992
MM: 345.09139
$C_{14}H_{20}ClN_3O_3S$
CAS: 636-54-4
RI: 2646 (calc.)

GC/MS
EI 70 eV
TSQ 70
QI: 991

N,N-Dipropyl-3-fluoroamphetamine

Peaks: 44, 56, 71, 86, 100, 128, 137, 218, 238, 266

MW: 237.36070
MM: 237.18928
$C_{15}H_{24}FN$
RI: 1511 (SE 30)

GC/MS
CI-Methane
TSQ 70
QI: 0

N,N-Dipropyl-4-fluoroamphetamine

Peaks: 56, 86, 109, 128, 137, 165, 218, 238, 266, 278

MW: 237.36070
MM: 237.18928
$C_{15}H_{24}FN$
RI: 1522 (SE 30)

GC/MS
CI-Methane
TSQ 70
QI: 0

m/z: 128

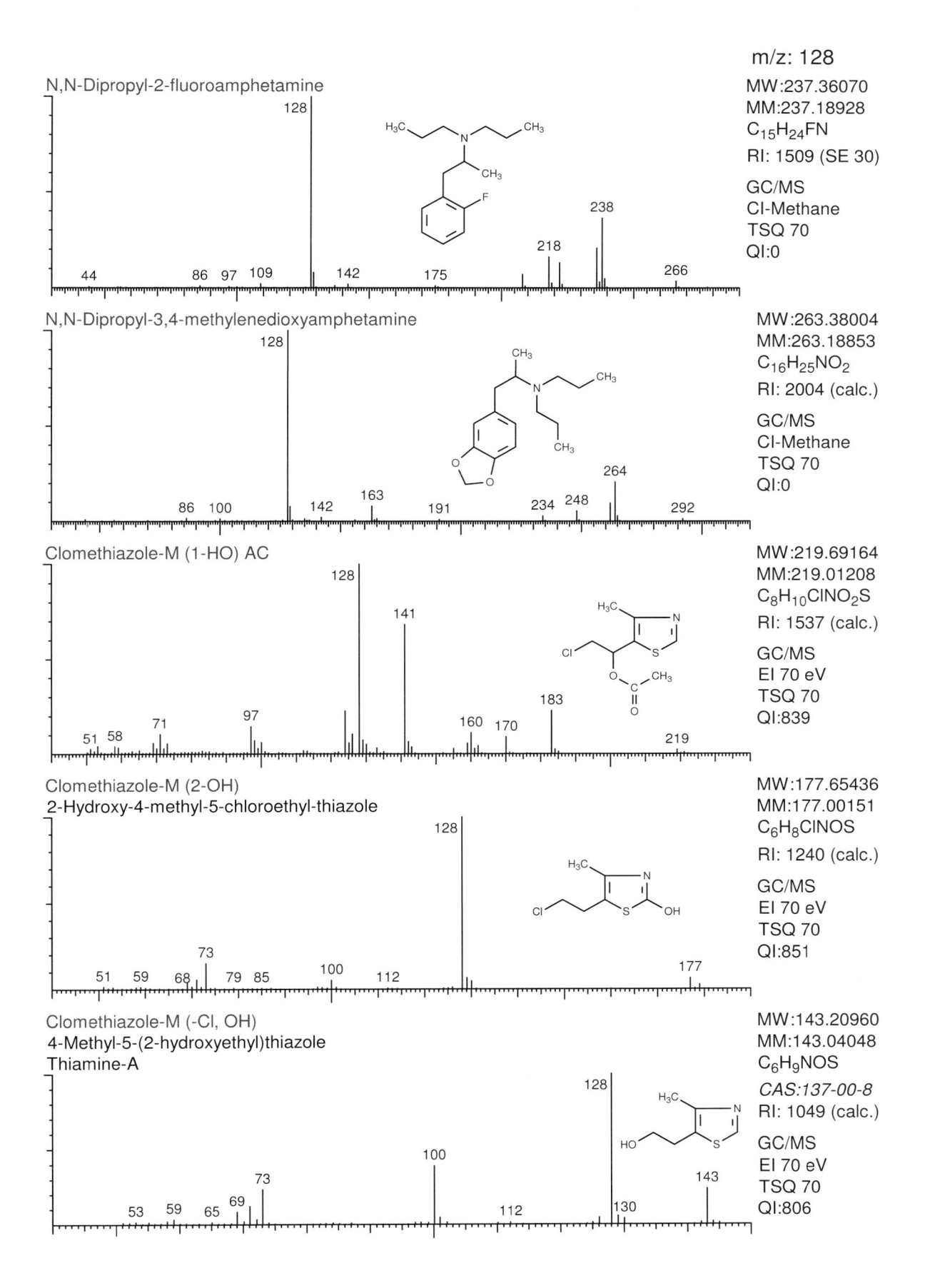

N,N-Dipropyl-2-fluoroamphetamine

MW: 237.36070
MM: 237.18928
$C_{15}H_{24}FN$
RI: 1509 (SE 30)

GC/MS
CI-Methane
TSQ 70
QI:0

Peaks: 44, 86, 97, 109, 128, 142, 175, 218, 238, 266

N,N-Dipropyl-3,4-methylenedioxyamphetamine

MW: 263.38004
MM: 263.18853
$C_{16}H_{25}NO_2$
RI: 2004 (calc.)

GC/MS
CI-Methane
TSQ 70
QI:0

Peaks: 86, 100, 128, 142, 163, 191, 234, 248, 264, 292

Clomethiazole-M (1-HO) AC

MW: 219.69164
MM: 219.01208
$C_8H_{10}ClNO_2S$
RI: 1537 (calc.)

GC/MS
EI 70 eV
TSQ 70
QI:839

Peaks: 51, 58, 71, 97, 128, 141, 160, 170, 183, 219

Clomethiazole-M (2-OH)
2-Hydroxy-4-methyl-5-chloroethyl-thiazole

MW: 177.65436
MM: 177.00151
C_6H_8ClNOS
RI: 1240 (calc.)

GC/MS
EI 70 eV
TSQ 70
QI:851

Peaks: 51, 59, 68, 73, 79, 85, 100, 112, 128, 177

Clomethiazole-M (-Cl, OH)
4-Methyl-5-(2-hydroxyethyl)thiazole
Thiamine-A

MW: 143.20960
MM: 143.04048
C_6H_9NOS
CAS: 137-00-8
RI: 1049 (calc.)

GC/MS
EI 70 eV
TSQ 70
QI:806

Peaks: 53, 59, 65, 69, 73, 100, 112, 128, 130, 143

m/z: 128

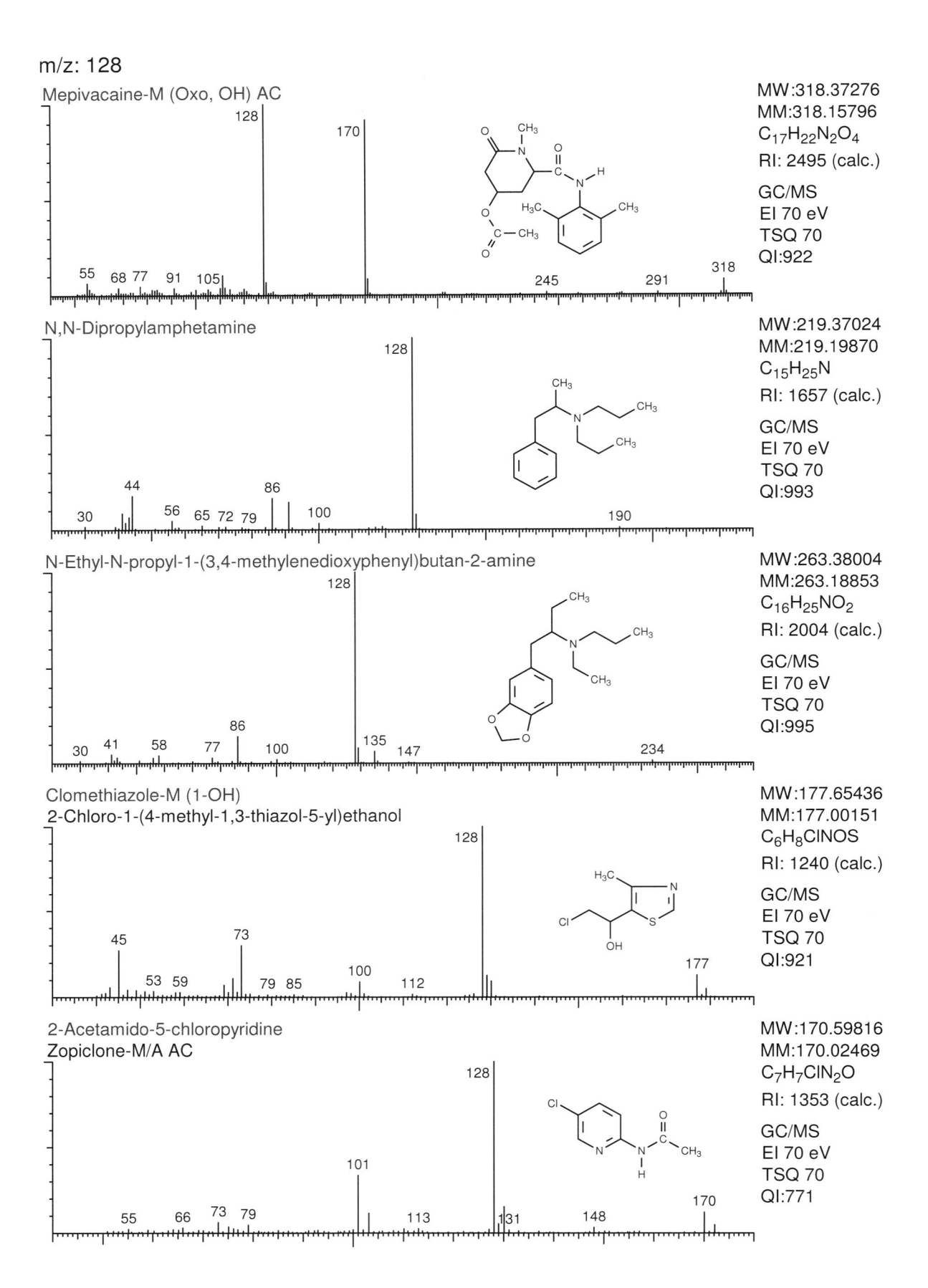

Mepivacaine-M (Oxo, OH) AC

MW:318.37276
MM:318.15796
$C_{17}H_{22}N_2O_4$
RI: 2495 (calc.)

GC/MS
EI 70 eV
TSQ 70
QI:922

N,N-Dipropylamphetamine

MW:219.37024
MM:219.19870
$C_{15}H_{25}N$
RI: 1657 (calc.)

GC/MS
EI 70 eV
TSQ 70
QI:993

N-Ethyl-N-propyl-1-(3,4-methylenedioxyphenyl)butan-2-amine

MW:263.38004
MM:263.18853
$C_{16}H_{25}NO_2$
RI: 2004 (calc.)

GC/MS
EI 70 eV
TSQ 70
QI:995

Clomethiazole-M (1-OH)
2-Chloro-1-(4-methyl-1,3-thiazol-5-yl)ethanol

MW:177.65436
MM:177.00151
C_6H_8ClNOS
RI: 1240 (calc.)

GC/MS
EI 70 eV
TSQ 70
QI:921

2-Acetamido-5-chloropyridine
Zopiclone-M/A AC

MW:170.59816
MM:170.02469
$C_7H_7ClN_2O$
RI: 1353 (calc.)

GC/MS
EI 70 eV
TSQ 70
QI:771

m/z: 128

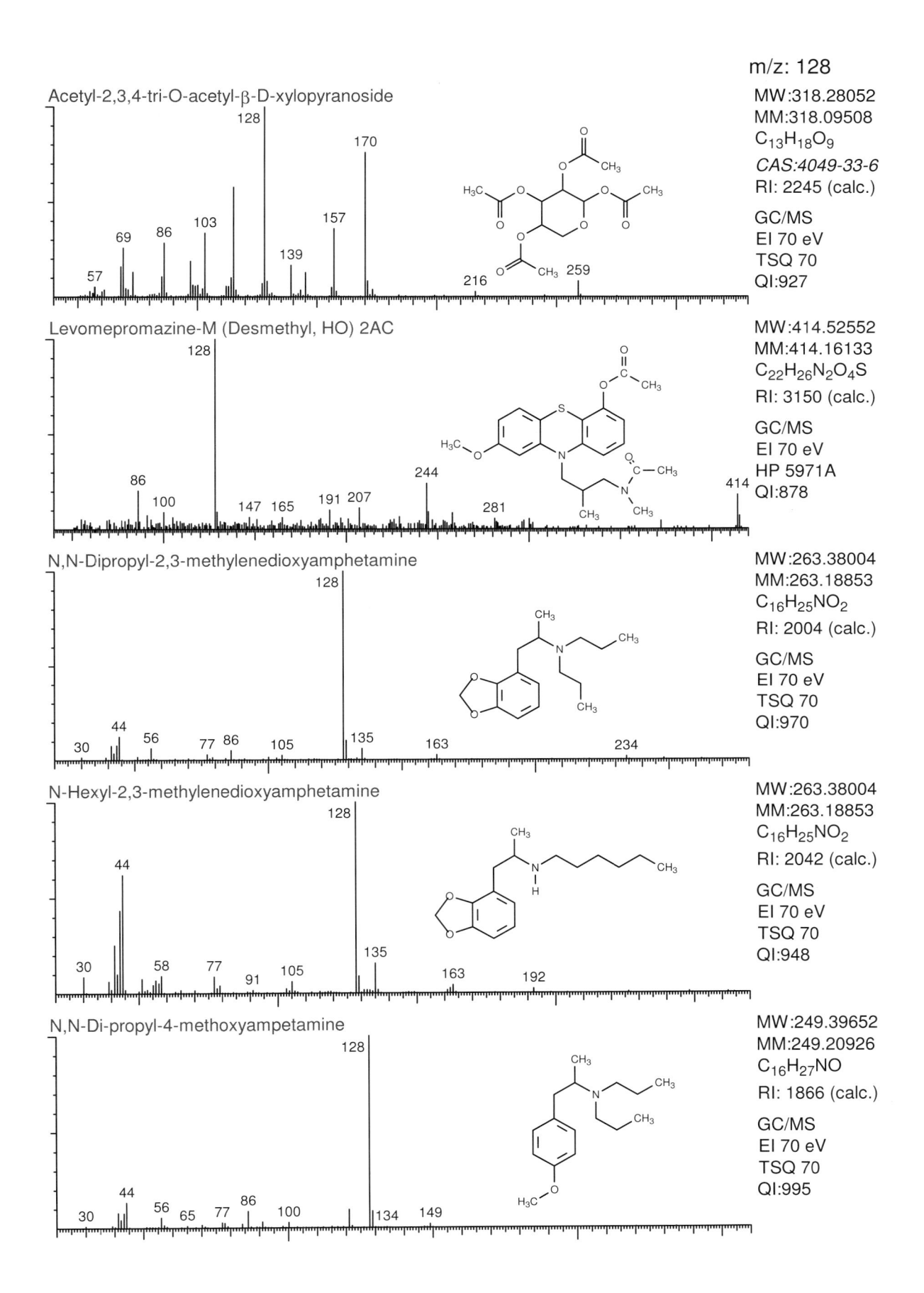

Acetyl-2,3,4-tri-O-acetyl-β-D-xylopyranoside

Peaks: 57, 69, 86, 103, 128, 139, 157, 170, 216, 259

MW: 318.28052
MM: 318.09508
$C_{13}H_{18}O_9$
CAS: 4049-33-6
RI: 2245 (calc.)

GC/MS
EI 70 eV
TSQ 70
QI: 927

Levomepromazine-M (Desmethyl, HO) 2AC

Peaks: 86, 100, 128, 147, 165, 191, 207, 244, 281, 414

MW: 414.52552
MM: 414.16133
$C_{22}H_{26}N_2O_4S$
RI: 3150 (calc.)

GC/MS
EI 70 eV
HP 5971A
QI: 878

N,N-Dipropyl-2,3-methylenedioxyamphetamine

Peaks: 30, 44, 56, 77, 86, 105, 128, 135, 163, 234

MW: 263.38004
MM: 263.18853
$C_{16}H_{25}NO_2$
RI: 2004 (calc.)

GC/MS
EI 70 eV
TSQ 70
QI: 970

N-Hexyl-2,3-methylenedioxyamphetamine

Peaks: 30, 44, 58, 77, 91, 105, 128, 135, 163, 192

MW: 263.38004
MM: 263.18853
$C_{16}H_{25}NO_2$
RI: 2042 (calc.)

GC/MS
EI 70 eV
TSQ 70
QI: 948

N,N-Di-propyl-4-methoxyampetamine

Peaks: 30, 44, 56, 65, 77, 86, 100, 128, 134, 149

MW: 249.39652
MM: 249.20926
$C_{16}H_{27}NO$
RI: 1866 (calc.)

GC/MS
EI 70 eV
TSQ 70
QI: 995

m/z: 128

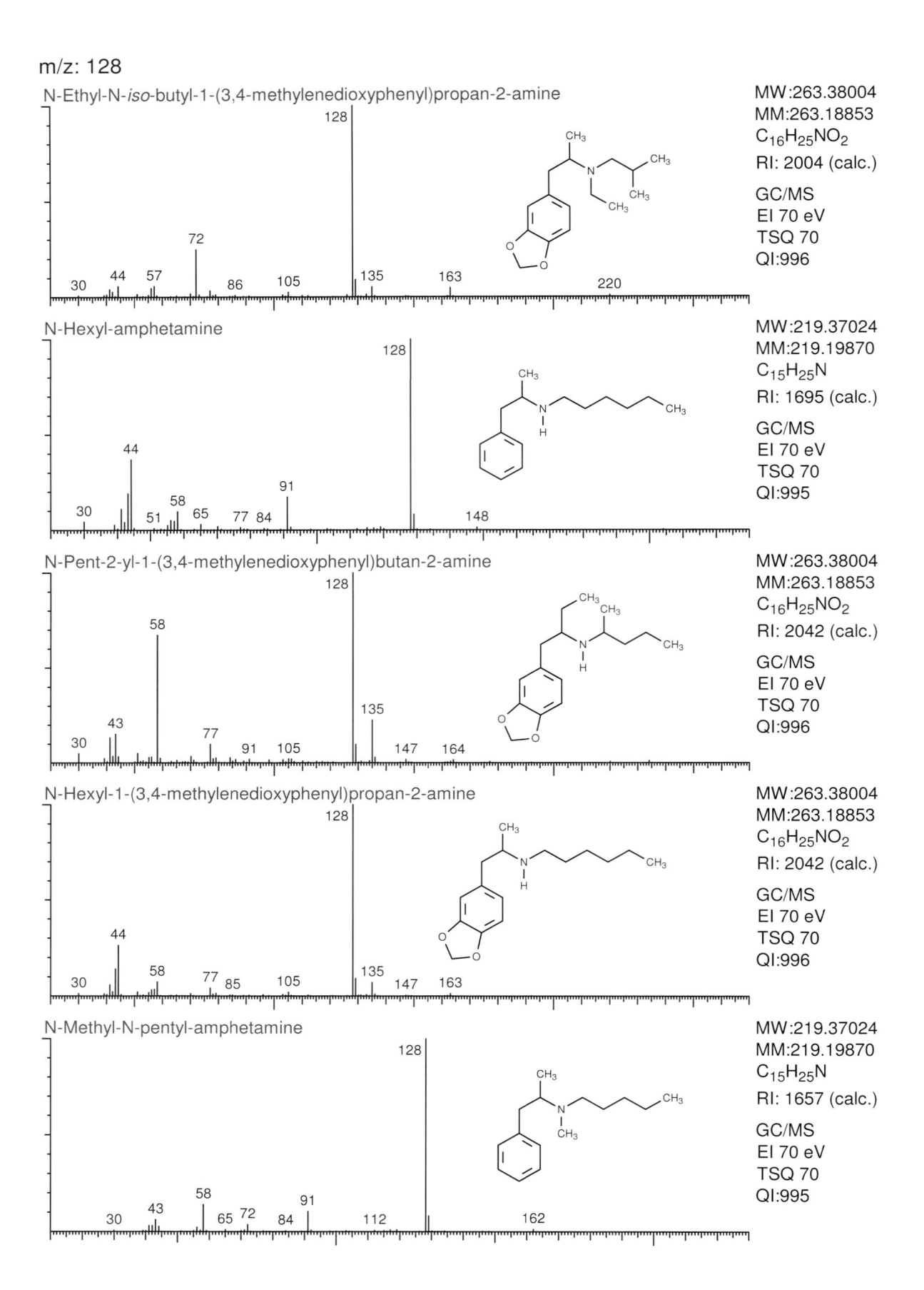

N-Ethyl-N-*iso*-butyl-1-(3,4-methylenedioxyphenyl)propan-2-amine

MW: 263.38004
MM: 263.18853
$C_{16}H_{25}NO_2$
RI: 2004 (calc.)

GC/MS
EI 70 eV
TSQ 70
QI: 996

N-Hexyl-amphetamine

MW: 219.37024
MM: 219.19870
$C_{15}H_{25}N$
RI: 1695 (calc.)

GC/MS
EI 70 eV
TSQ 70
QI: 995

N-Pent-2-yl-1-(3,4-methylenedioxyphenyl)butan-2-amine

MW: 263.38004
MM: 263.18853
$C_{16}H_{25}NO_2$
RI: 2042 (calc.)

GC/MS
EI 70 eV
TSQ 70
QI: 996

N-Hexyl-1-(3,4-methylenedioxyphenyl)propan-2-amine

MW: 263.38004
MM: 263.18853
$C_{16}H_{25}NO_2$
RI: 2042 (calc.)

GC/MS
EI 70 eV
TSQ 70
QI: 996

N-Methyl-N-pentyl-amphetamine

MW: 219.37024
MM: 219.19870
$C_{15}H_{25}N$
RI: 1657 (calc.)

GC/MS
EI 70 eV
TSQ 70
QI: 995

m/z: 128

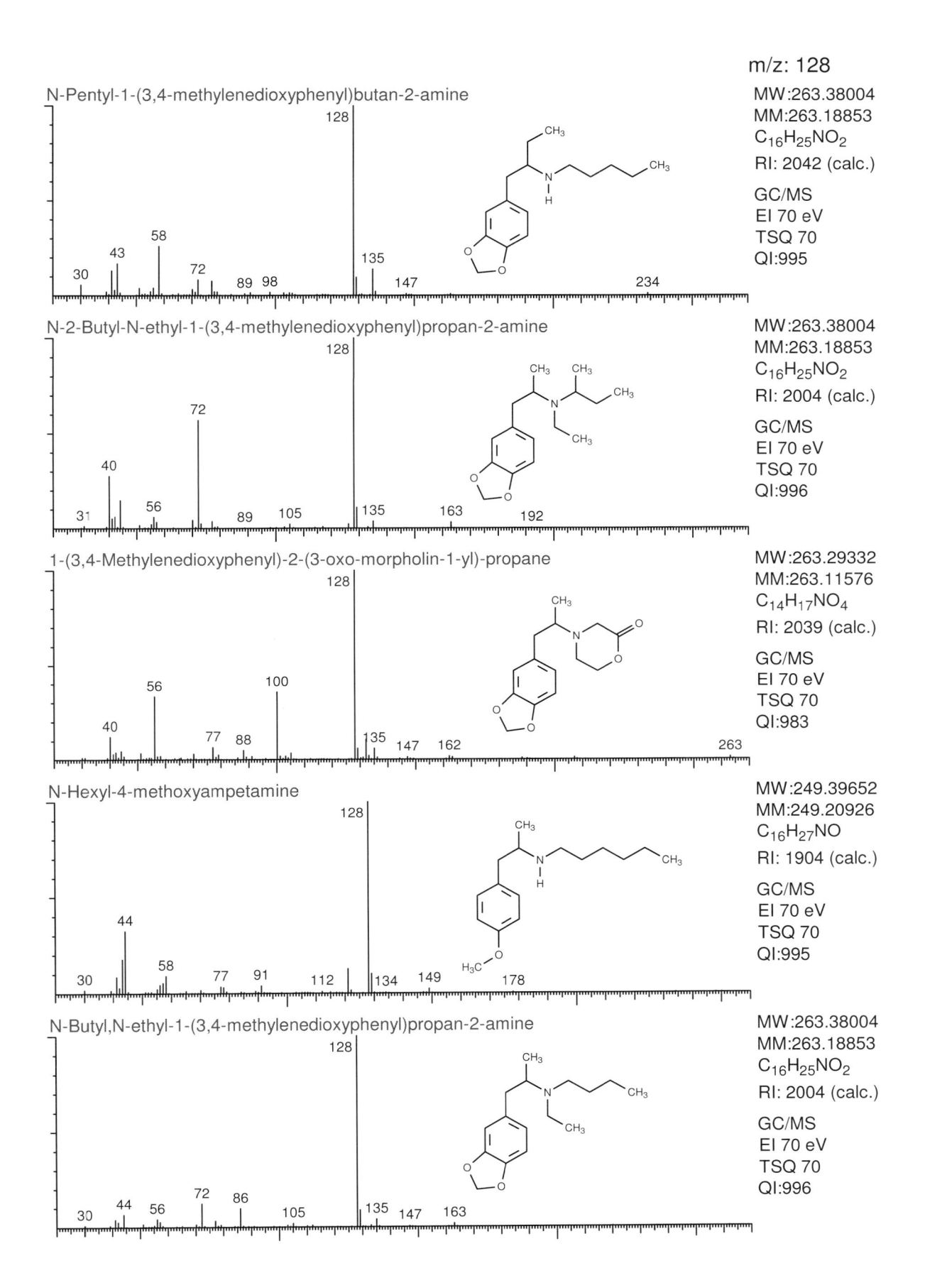

N-Pentyl-1-(3,4-methylenedioxyphenyl)butan-2-amine

MW: 263.38004
MM: 263.18853
$C_{16}H_{25}NO_2$
RI: 2042 (calc.)

GC/MS
EI 70 eV
TSQ 70
QI: 995

N-2-Butyl-N-ethyl-1-(3,4-methylenedioxyphenyl)propan-2-amine

MW: 263.38004
MM: 263.18853
$C_{16}H_{25}NO_2$
RI: 2004 (calc.)

GC/MS
EI 70 eV
TSQ 70
QI: 996

1-(3,4-Methylenedioxyphenyl)-2-(3-oxo-morpholin-1-yl)-propane

MW: 263.29332
MM: 263.11576
$C_{14}H_{17}NO_4$
RI: 2039 (calc.)

GC/MS
EI 70 eV
TSQ 70
QI: 983

N-Hexyl-4-methoxyampetamine

MW: 249.39652
MM: 249.20926
$C_{16}H_{27}NO$
RI: 1904 (calc.)

GC/MS
EI 70 eV
TSQ 70
QI: 995

N-Butyl,N-ethyl-1-(3,4-methylenedioxyphenyl)propan-2-amine

MW: 263.38004
MM: 263.18853
$C_{16}H_{25}NO_2$
RI: 2004 (calc.)

GC/MS
EI 70 eV
TSQ 70
QI: 996

m/z: 128-129

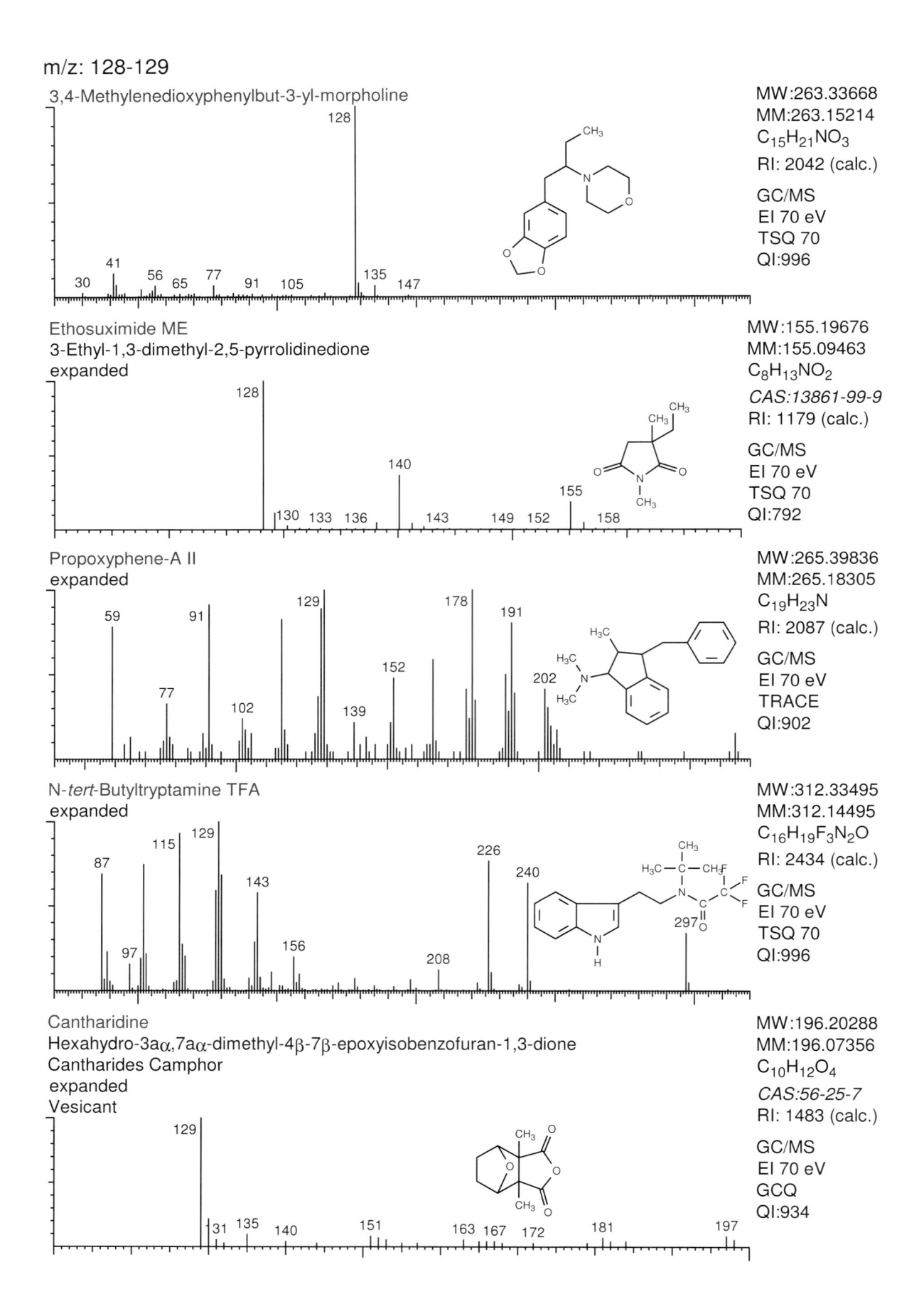

3,4-Methylenedioxyphenylbut-3-yl-morpholine

MW:263.33668
MM:263.15214
C$_{15}$H$_{21}$NO$_3$
RI: 2042 (calc.)

GC/MS
EI 70 eV
TSQ 70
QI:996

Ethosuximide ME
3-Ethyl-1,3-dimethyl-2,5-pyrrolidinedione
expanded

MW:155.19676
MM:155.09463
C$_8$H$_{13}$NO$_2$
CAS:13861-99-9
RI: 1179 (calc.)

GC/MS
EI 70 eV
TSQ 70
QI:792

Propoxyphene-A II
expanded

MW:265.39836
MM:265.18305
C$_{19}$H$_{23}$N
RI: 2087 (calc.)

GC/MS
EI 70 eV
TRACE
QI:902

N-*tert*-Butyltryptamine TFA
expanded

MW:312.33495
MM:312.14495
C$_{16}$H$_{19}$F$_3$N$_2$O
RI: 2434 (calc.)

GC/MS
EI 70 eV
TSQ 70
QI:996

Cantharidine
Hexahydro-3aα,7aα-dimethyl-4β-7β-epoxyisobenzofuran-1,3-dione
Cantharides Camphor
expanded
Vesicant

MW:196.20288
MM:196.07356
C$_{10}$H$_{12}$O$_4$
CAS:56-25-7
RI: 1483 (calc.)

GC/MS
EI 70 eV
GCQ
QI:934

m/z: 129

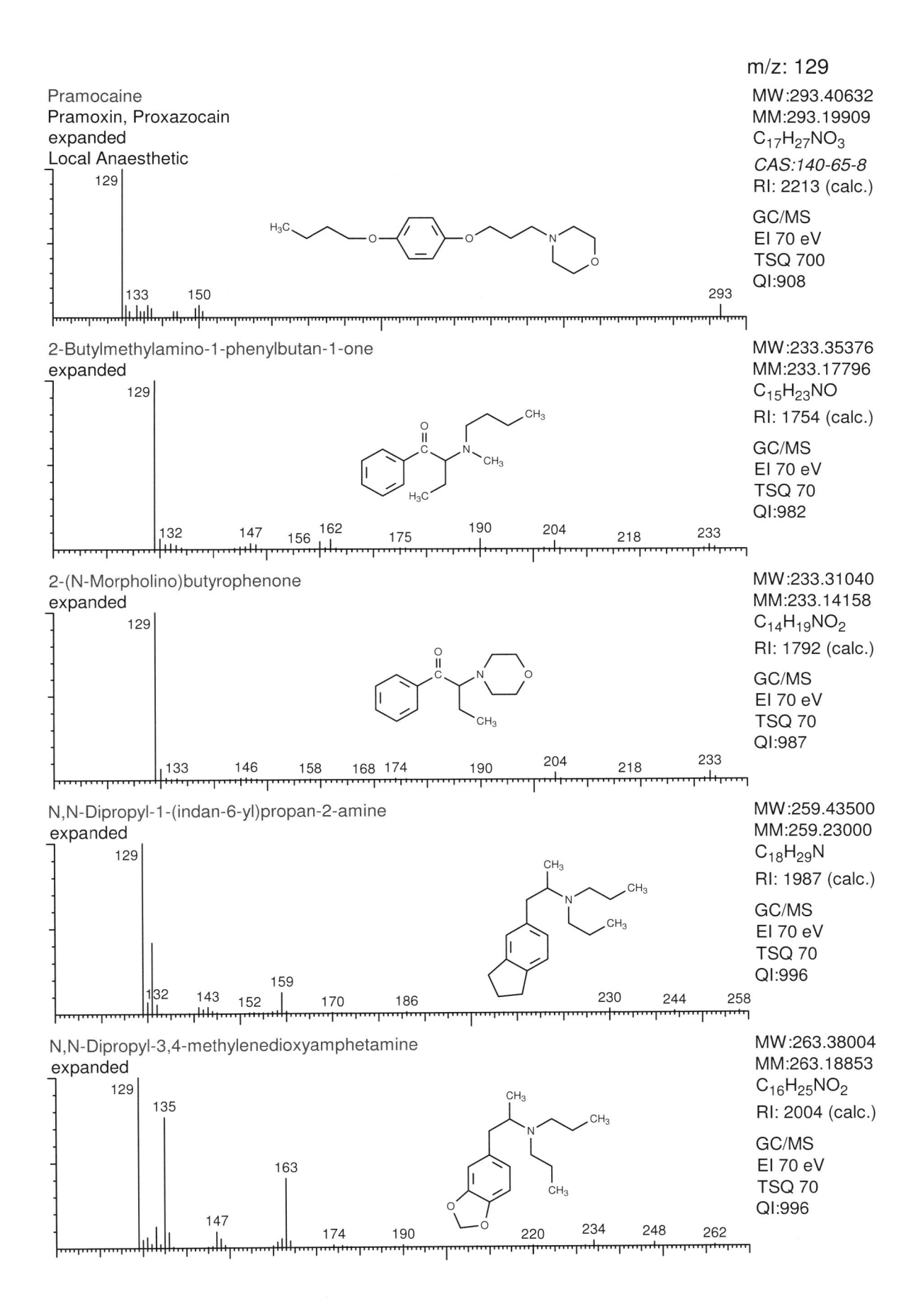

Pramocaine
Pramoxin, Proxazocain
expanded
Local Anaesthetic

MW:293.40632
MM:293.19909
$C_{17}H_{27}NO_3$
CAS:140-65-8
RI: 2213 (calc.)

GC/MS
EI 70 eV
TSQ 700
QI:908

Peaks: 129, 133, 150, 293

2-Butylmethylamino-1-phenylbutan-1-one
expanded

MW:233.35376
MM:233.17796
$C_{15}H_{23}NO$
RI: 1754 (calc.)

GC/MS
EI 70 eV
TSQ 70
QI:982

Peaks: 129, 132, 147, 156, 162, 175, 190, 204, 218, 233

2-(N-Morpholino)butyrophenone
expanded

MW:233.31040
MM:233.14158
$C_{14}H_{19}NO_2$
RI: 1792 (calc.)

GC/MS
EI 70 eV
TSQ 70
QI:987

Peaks: 129, 133, 146, 158, 168, 174, 190, 204, 218, 233

N,N-Dipropyl-1-(indan-6-yl)propan-2-amine
expanded

MW:259.43500
MM:259.23000
$C_{18}H_{29}N$
RI: 1987 (calc.)

GC/MS
EI 70 eV
TSQ 70
QI:996

Peaks: 129, 132, 143, 152, 159, 170, 186, 230, 244, 258

N,N-Dipropyl-3,4-methylenedioxyamphetamine
expanded

MW:263.38004
MM:263.18853
$C_{16}H_{25}NO_2$
RI: 2004 (calc.)

GC/MS
EI 70 eV
TSQ 70
QI:996

Peaks: 129, 135, 147, 163, 174, 190, 220, 234, 248, 262

m/z: 129

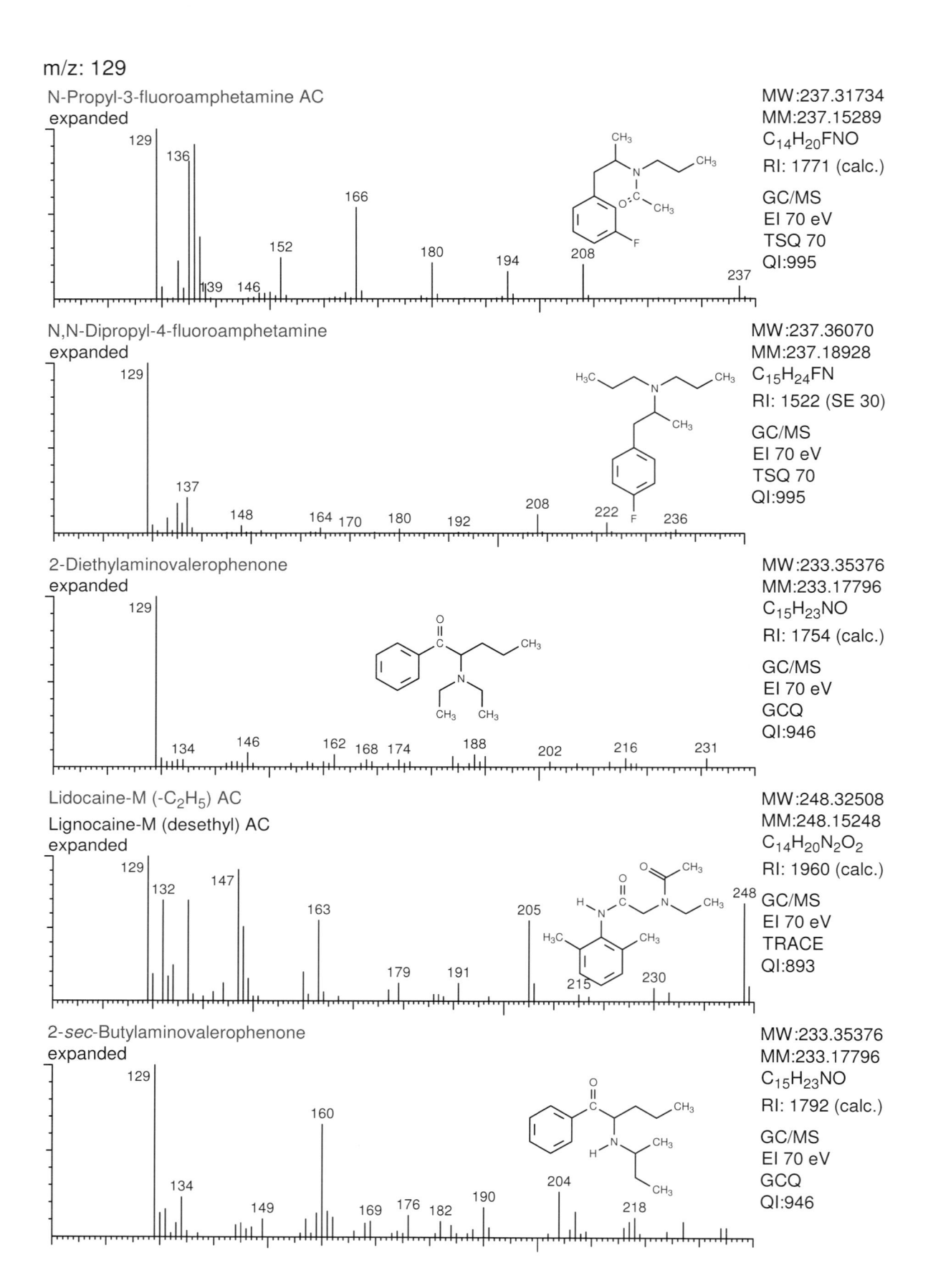

N-Propyl-3-fluoroamphetamine AC
expanded

MW: 237.31734
MM: 237.15289
$C_{14}H_{20}FNO$
RI: 1771 (calc.)

GC/MS
EI 70 eV
TSQ 70
QI: 995

N,N-Dipropyl-4-fluoroamphetamine
expanded

MW: 237.36070
MM: 237.18928
$C_{15}H_{24}FN$
RI: 1522 (SE 30)

GC/MS
EI 70 eV
TSQ 70
QI: 995

2-Diethylaminovalerophenone
expanded

MW: 233.35376
MM: 233.17796
$C_{15}H_{23}NO$
RI: 1754 (calc.)

GC/MS
EI 70 eV
GCQ
QI: 946

Lidocaine-M (-C_2H_5) AC
Lignocaine-M (desethyl) AC
expanded

MW: 248.32508
MM: 248.15248
$C_{14}H_{20}N_2O_2$
RI: 1960 (calc.)

GC/MS
EI 70 eV
TRACE
QI: 893

2-sec-Butylaminovalerophenone
expanded

MW: 233.35376
MM: 233.17796
$C_{15}H_{23}NO$
RI: 1792 (calc.)

GC/MS
EI 70 eV
GCQ
QI: 946

m/z: 129

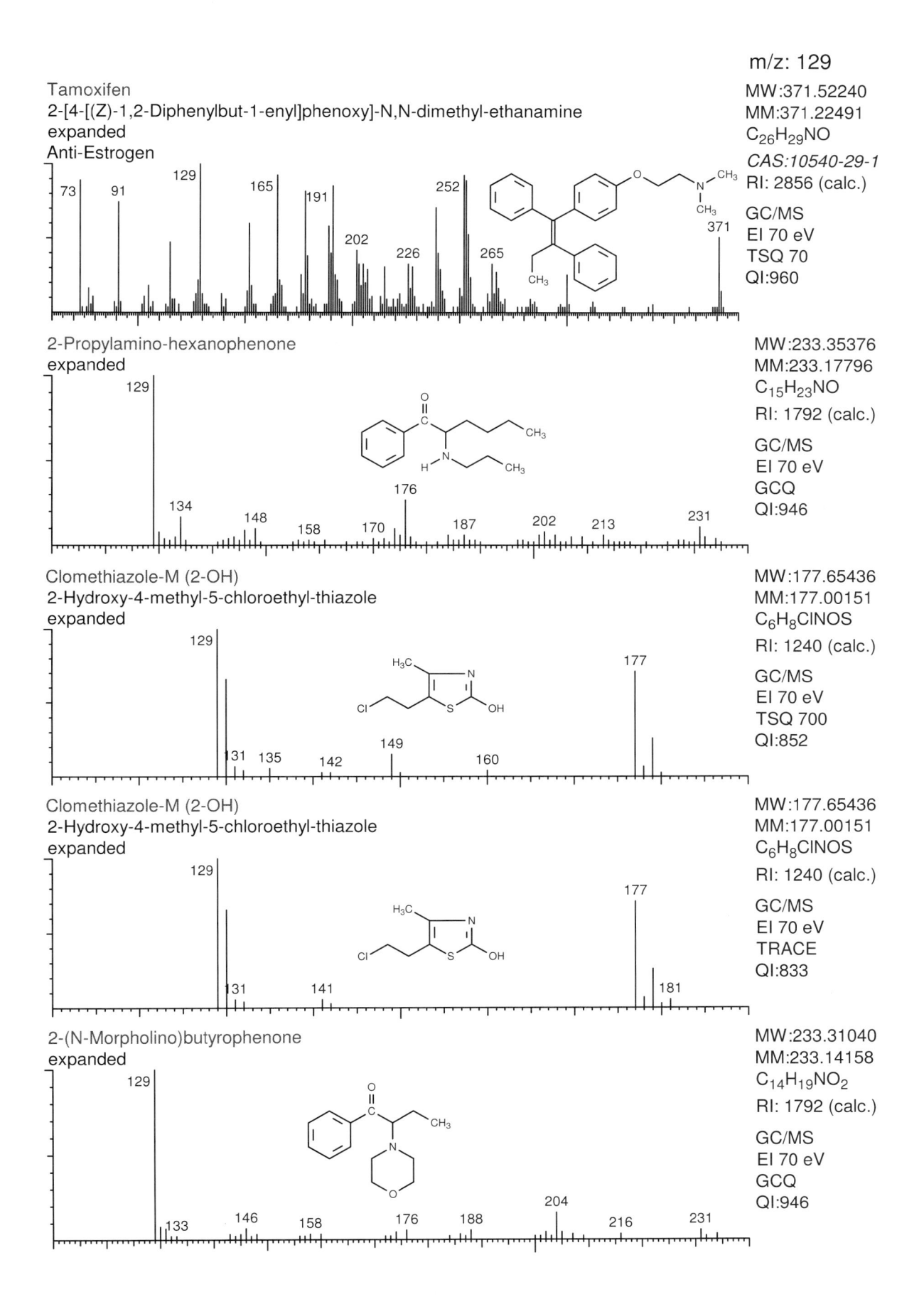

Tamoxifen
2-[4-[(Z)-1,2-Diphenylbut-1-enyl]phenoxy]-N,N-dimethyl-ethanamine
expanded
Anti-Estrogen

MW:371.52240
MM:371.22491
$C_{26}H_{29}NO$
CAS:10540-29-1
RI: 2856 (calc.)

GC/MS
EI 70 eV
TSQ 70
QI:960

Peaks: 73, 91, 129, 165, 191, 202, 226, 252, 265, 371

2-Propylamino-hexanophenone
expanded

MW:233.35376
MM:233.17796
$C_{15}H_{23}NO$
RI: 1792 (calc.)

GC/MS
EI 70 eV
GCQ
QI:946

Peaks: 129, 134, 148, 158, 170, 176, 187, 202, 213, 231

Clomethiazole-M (2-OH)
2-Hydroxy-4-methyl-5-chloroethyl-thiazole
expanded

MW:177.65436
MM:177.00151
C_6H_8ClNOS
RI: 1240 (calc.)

GC/MS
EI 70 eV
TSQ 700
QI:852

Peaks: 129, 131, 135, 142, 149, 160, 177

Clomethiazole-M (2-OH)
2-Hydroxy-4-methyl-5-chloroethyl-thiazole
expanded

MW:177.65436
MM:177.00151
C_6H_8ClNOS
RI: 1240 (calc.)

GC/MS
EI 70 eV
TRACE
QI:833

Peaks: 129, 131, 141, 177, 181

2-(N-Morpholino)butyrophenone
expanded

MW:233.31040
MM:233.14158
$C_{14}H_{19}NO_2$
RI: 1792 (calc.)

GC/MS
EI 70 eV
GCQ
QI:946

Peaks: 129, 133, 146, 158, 176, 188, 204, 216, 231

m/z: 129

N,N-Dipropyl-3-fluoroamphetamine
expanded

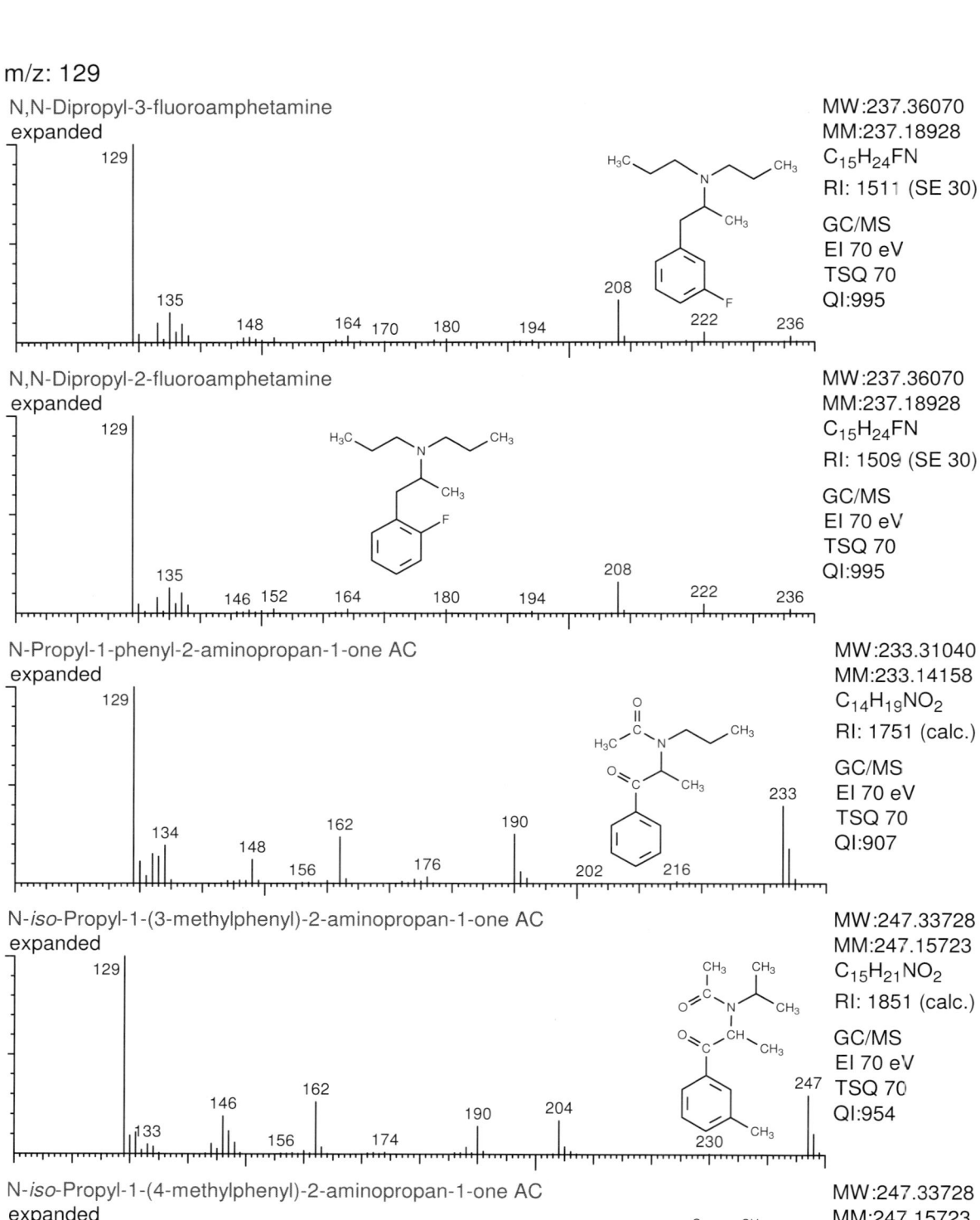

MW: 237.36070
MM: 237.18928
C$_{15}$H$_{24}$FN
RI: 1511 (SE 30)

GC/MS
EI 70 eV
TSQ 70
QI: 995

N,N-Dipropyl-2-fluoroamphetamine
expanded

MW: 237.36070
MM: 237.18928
C$_{15}$H$_{24}$FN
RI: 1509 (SE 30)

GC/MS
EI 70 eV
TSQ 70
QI: 995

N-Propyl-1-phenyl-2-aminopropan-1-one AC
expanded

MW: 233.31040
MM: 233.14158
C$_{14}$H$_{19}$NO$_2$
RI: 1751 (calc.)

GC/MS
EI 70 eV
TSQ 70
QI: 907

N-iso-Propyl-1-(3-methylphenyl)-2-aminopropan-1-one AC
expanded

MW: 247.33728
MM: 247.15723
C$_{15}$H$_{21}$NO$_2$
RI: 1851 (calc.)

GC/MS
EI 70 eV
TSQ 70
QI: 954

N-iso-Propyl-1-(4-methylphenyl)-2-aminopropan-1-one AC
expanded

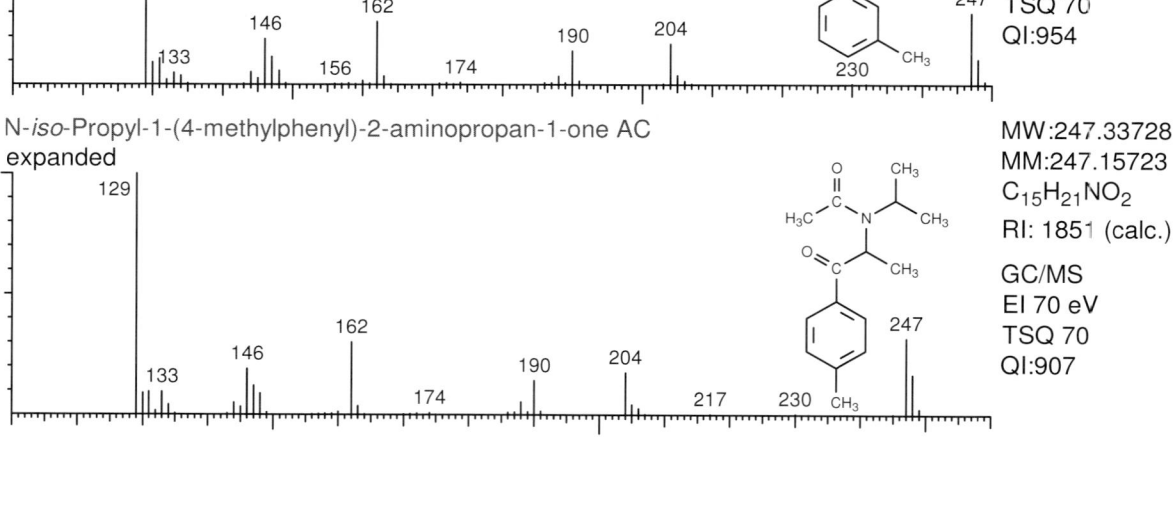

MW: 247.33728
MM: 247.15723
C$_{15}$H$_{21}$NO$_2$
RI: 1851 (calc.)

GC/MS
EI 70 eV
TSQ 70
QI: 907

m/z: 129

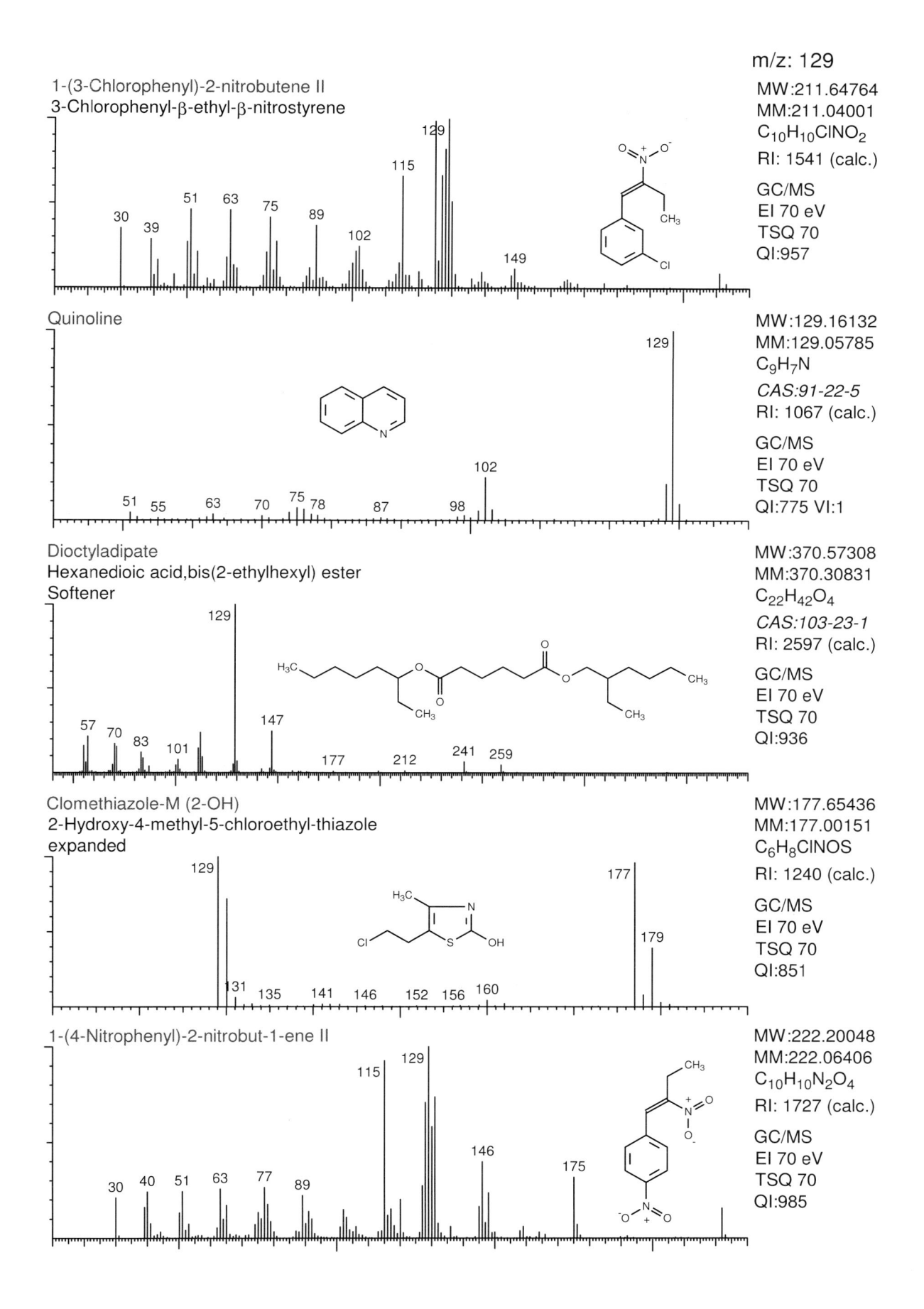

1-(3-Chlorophenyl)-2-nitrobutene II
3-Chlorophenyl-β-ethyl-β-nitrostyrene

MW: 211.64764
MM: 211.04001
$C_{10}H_{10}ClNO_2$
RI: 1541 (calc.)

GC/MS
EI 70 eV
TSQ 70
QI: 957

Peaks: 30, 39, 51, 63, 75, 89, 102, 115, 129, 149

Quinoline

MW: 129.16132
MM: 129.05785
C_9H_7N
CAS: 91-22-5
RI: 1067 (calc.)

GC/MS
EI 70 eV
TSQ 70
QI: 775 VI:1

Peaks: 51, 55, 63, 70, 75, 78, 87, 98, 102, 129

Dioctyladipate
Hexanedioic acid, bis(2-ethylhexyl) ester
Softener

MW: 370.57308
MM: 370.30831
$C_{22}H_{42}O_4$
CAS: 103-23-1
RI: 2597 (calc.)

GC/MS
EI 70 eV
TSQ 70
QI: 936

Peaks: 57, 70, 83, 101, 129, 147, 177, 212, 241, 259

Clomethiazole-M (2-OH)
2-Hydroxy-4-methyl-5-chloroethyl-thiazole
expanded

MW: 177.65436
MM: 177.00151
C_6H_8ClNOS
RI: 1240 (calc.)

GC/MS
EI 70 eV
TSQ 70
QI: 851

Peaks: 129, 131, 135, 141, 146, 152, 156, 160, 177, 179

1-(4-Nitrophenyl)-2-nitrobut-1-ene II

MW: 222.20048
MM: 222.06406
$C_{10}H_{10}N_2O_4$
RI: 1727 (calc.)

GC/MS
EI 70 eV
TSQ 70
QI: 985

Peaks: 30, 40, 51, 63, 77, 89, 115, 129, 146, 175

m/z: 129

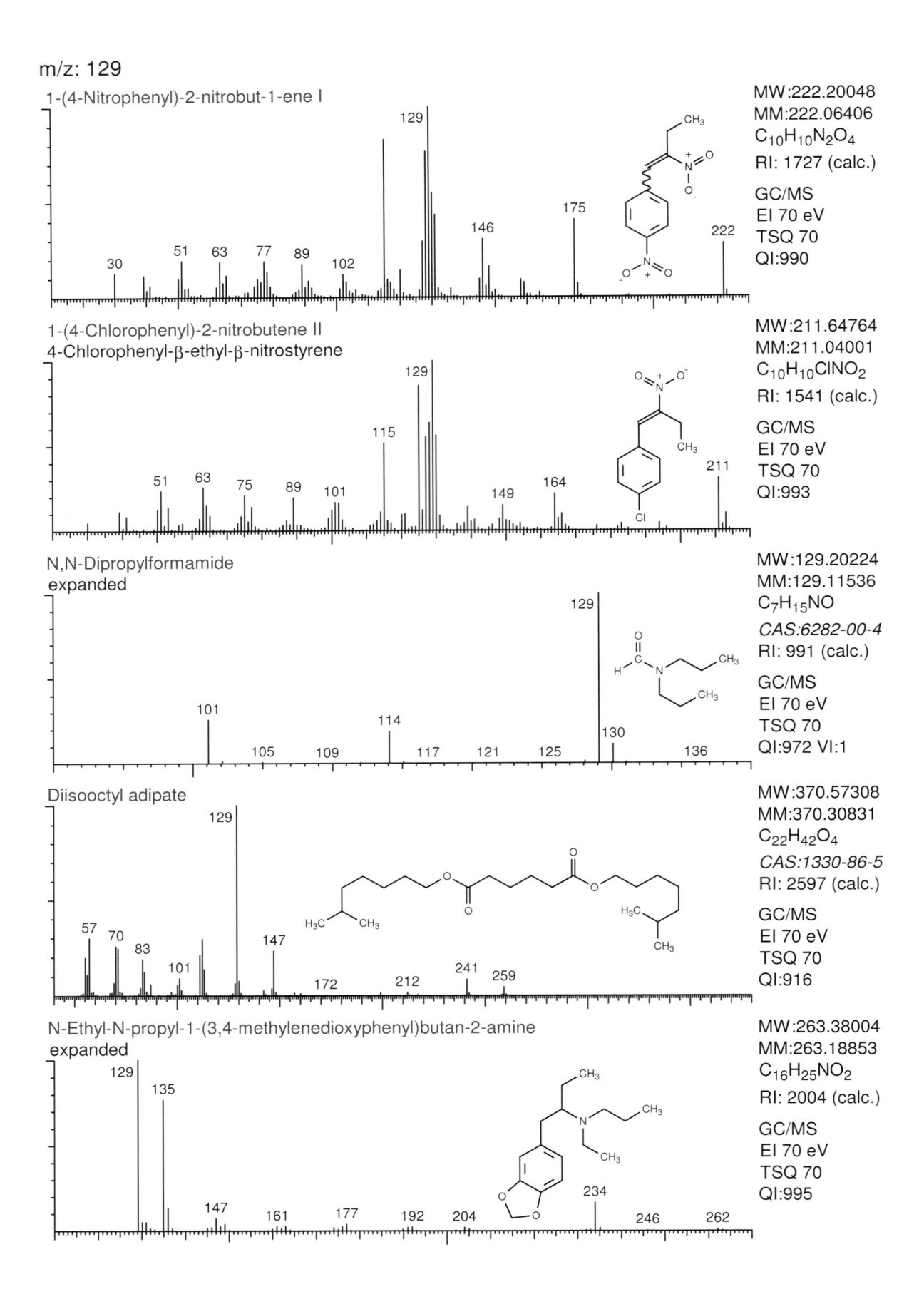

1-(4-Nitrophenyl)-2-nitrobut-1-ene I

Peaks: 30, 51, 63, 77, 89, 102, 129, 146, 175, 222

MW: 222.20048
MM: 222.06406
$C_{10}H_{10}N_2O_4$
RI: 1727 (calc.)

GC/MS
EI 70 eV
TSQ 70
QI: 990

1-(4-Chlorophenyl)-2-nitrobutene II
4-Chlorophenyl-β-ethyl-β-nitrostyrene

Peaks: 51, 63, 75, 89, 101, 115, 129, 149, 164, 211

MW: 211.64764
MM: 211.04001
$C_{10}H_{10}ClNO_2$
RI: 1541 (calc.)

GC/MS
EI 70 eV
TSQ 70
QI: 993

N,N-Dipropylformamide
expanded

Peaks: 101, 105, 109, 114, 117, 121, 125, 129, 130, 136

MW: 129.20224
MM: 129.11536
$C_7H_{15}NO$
CAS: 6282-00-4
RI: 991 (calc.)

GC/MS
EI 70 eV
TSQ 70
QI: 972 VI:1

Diisooctyl adipate

Peaks: 57, 70, 83, 101, 129, 147, 172, 212, 241, 259

MW: 370.57308
MM: 370.30831
$C_{22}H_{42}O_4$
CAS: 1330-86-5
RI: 2597 (calc.)

GC/MS
EI 70 eV
TSQ 70
QI: 916

N-Ethyl-N-propyl-1-(3,4-methylenedioxyphenyl)butan-2-amine
expanded

Peaks: 129, 135, 147, 161, 177, 192, 204, 234, 246, 262

MW: 263.38004
MM: 263.18853
$C_{16}H_{25}NO_2$
RI: 2004 (calc.)

GC/MS
EI 70 eV
TSQ 70
QI: 995

m/z: 129

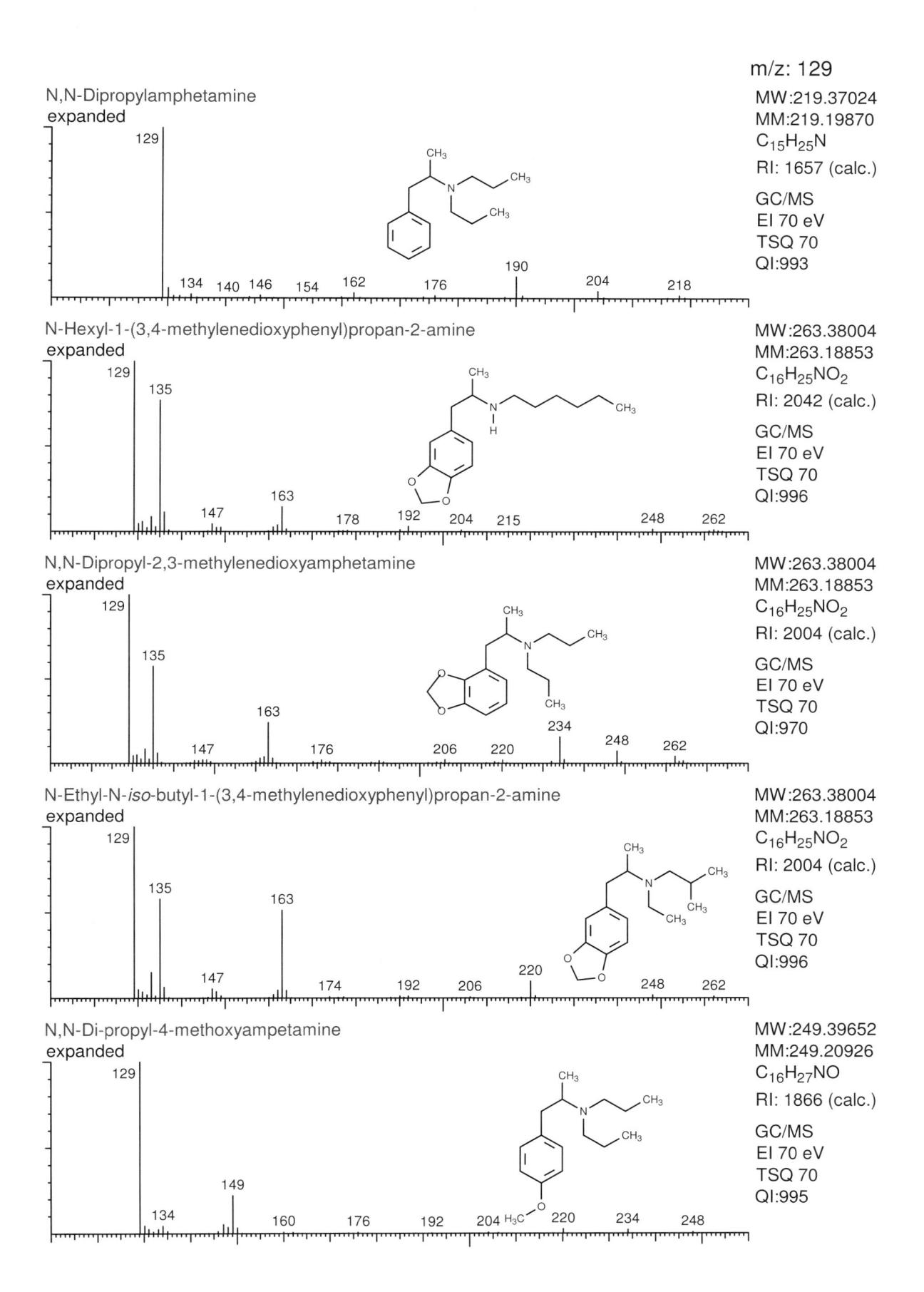

N,N-Dipropylamphetamine expanded

MW:219.37024
MM:219.19870
$C_{15}H_{25}N$
RI: 1657 (calc.)

GC/MS
EI 70 eV
TSQ 70
QI:993

N-Hexyl-1-(3,4-methylenedioxyphenyl)propan-2-amine expanded

MW:263.38004
MM:263.18853
$C_{16}H_{25}NO_2$
RI: 2042 (calc.)

GC/MS
EI 70 eV
TSQ 70
QI:996

N,N-Dipropyl-2,3-methylenedioxyamphetamine expanded

MW:263.38004
MM:263.18853
$C_{16}H_{25}NO_2$
RI: 2004 (calc.)

GC/MS
EI 70 eV
TSQ 70
QI:970

N-Ethyl-N-*iso*-butyl-1-(3,4-methylenedioxyphenyl)propan-2-amine expanded

MW:263.38004
MM:263.18853
$C_{16}H_{25}NO_2$
RI: 2004 (calc.)

GC/MS
EI 70 eV
TSQ 70
QI:996

N,N-Di-propyl-4-methoxyampetamine expanded

MW:249.39652
MM:249.20926
$C_{16}H_{27}NO$
RI: 1866 (calc.)

GC/MS
EI 70 eV
TSQ 70
QI:995

m/z: 129

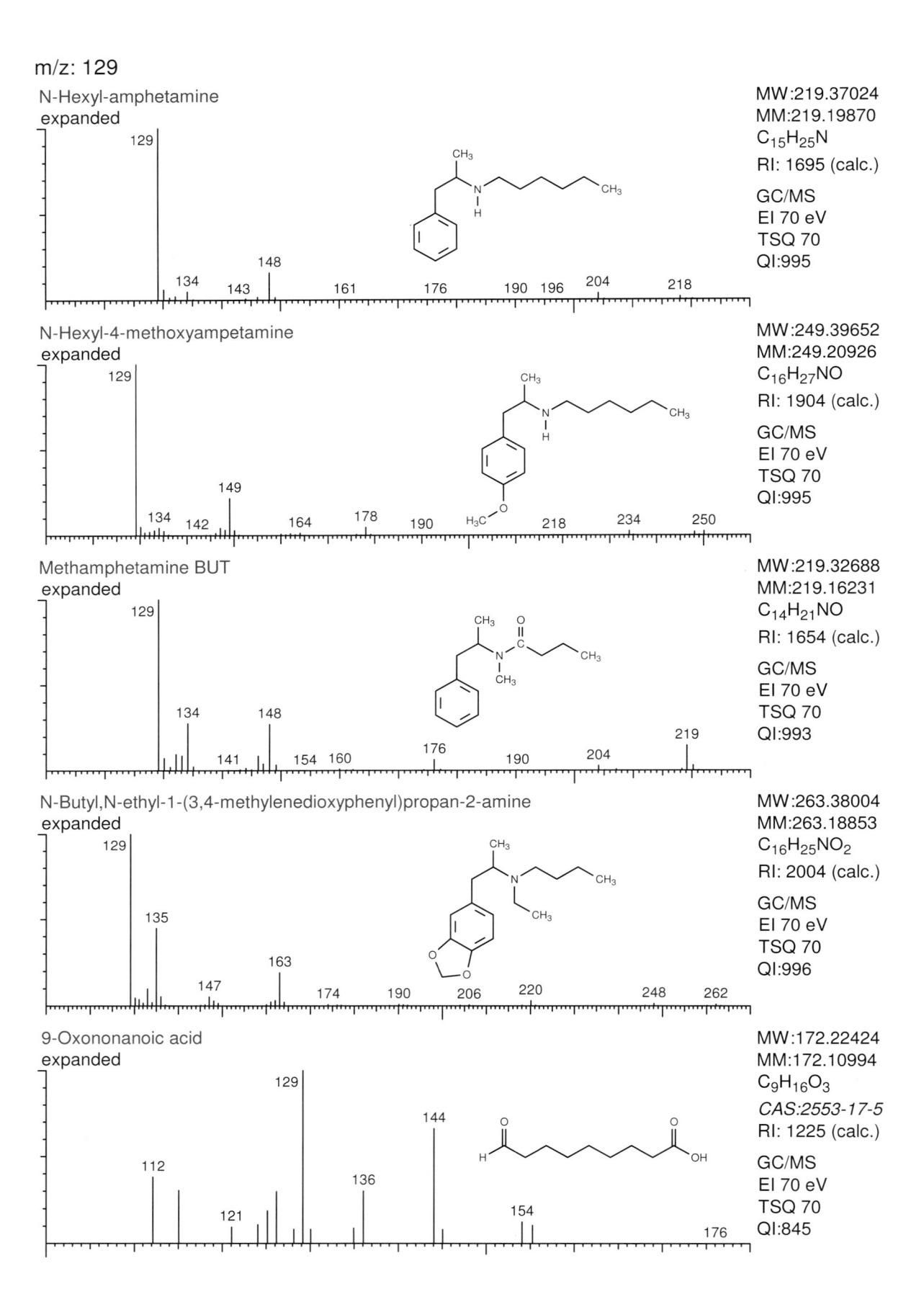

N-Hexyl-amphetamine
expanded

MW:219.37024
MM:219.19870
$C_{15}H_{25}N$
RI: 1695 (calc.)

GC/MS
EI 70 eV
TSQ 70
QI:995

N-Hexyl-4-methoxyampetamine
expanded

MW:249.39652
MM:249.20926
$C_{16}H_{27}NO$
RI: 1904 (calc.)

GC/MS
EI 70 eV
TSQ 70
QI:995

Methamphetamine BUT
expanded

MW:219.32688
MM:219.16231
$C_{14}H_{21}NO$
RI: 1654 (calc.)

GC/MS
EI 70 eV
TSQ 70
QI:993

N-Butyl,N-ethyl-1-(3,4-methylenedioxyphenyl)propan-2-amine
expanded

MW:263.38004
MM:263.18853
$C_{16}H_{25}NO_2$
RI: 2004 (calc.)

GC/MS
EI 70 eV
TSQ 70
QI:996

9-Oxononanoic acid
expanded

MW:172.22424
MM:172.10994
$C_9H_{16}O_3$
CAS:2553-17-5
RI: 1225 (calc.)

GC/MS
EI 70 eV
TSQ 70
QI:845

m/z: 129-130

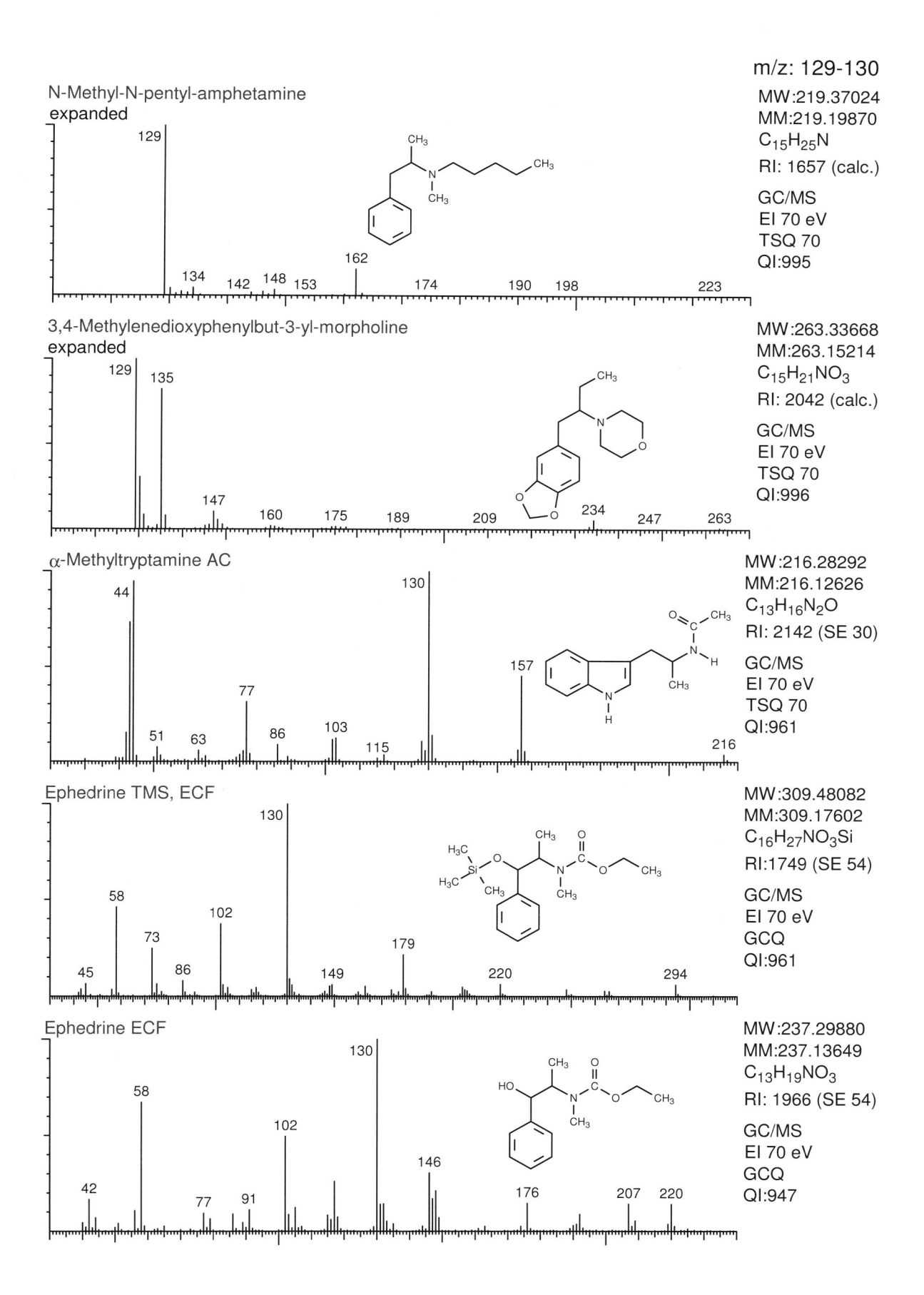

N-Methyl-N-pentyl-amphetamine
expanded

MW: 219.37024
MM: 219.19870
$C_{15}H_{25}N$
RI: 1657 (calc.)

GC/MS
EI 70 eV
TSQ 70
QI: 995

Peaks: 129, 134, 142, 148, 153, 162, 174, 190, 198, 223

3,4-Methylenedioxyphenylbut-3-yl-morpholine
expanded

MW: 263.33668
MM: 263.15214
$C_{15}H_{21}NO_3$
RI: 2042 (calc.)

GC/MS
EI 70 eV
TSQ 70
QI: 996

Peaks: 129, 135, 147, 160, 175, 189, 209, 234, 247, 263

α-Methyltryptamine AC

MW: 216.28292
MM: 216.12626
$C_{13}H_{16}N_2O$
RI: 2142 (SE 30)

GC/MS
EI 70 eV
TSQ 70
QI: 961

Peaks: 44, 51, 63, 77, 86, 103, 115, 130, 157, 216

Ephedrine TMS, ECF

MW: 309.48082
MM: 309.17602
$C_{16}H_{27}NO_3Si$
RI: 1749 (SE 54)

GC/MS
EI 70 eV
GCQ
QI: 961

Peaks: 45, 58, 73, 86, 102, 130, 149, 179, 220, 294

Ephedrine ECF

MW: 237.29880
MM: 237.13649
$C_{13}H_{19}NO_3$
RI: 1966 (SE 54)

GC/MS
EI 70 eV
GCQ
QI: 947

Peaks: 42, 58, 77, 91, 102, 130, 146, 176, 207, 220

m/z: 130

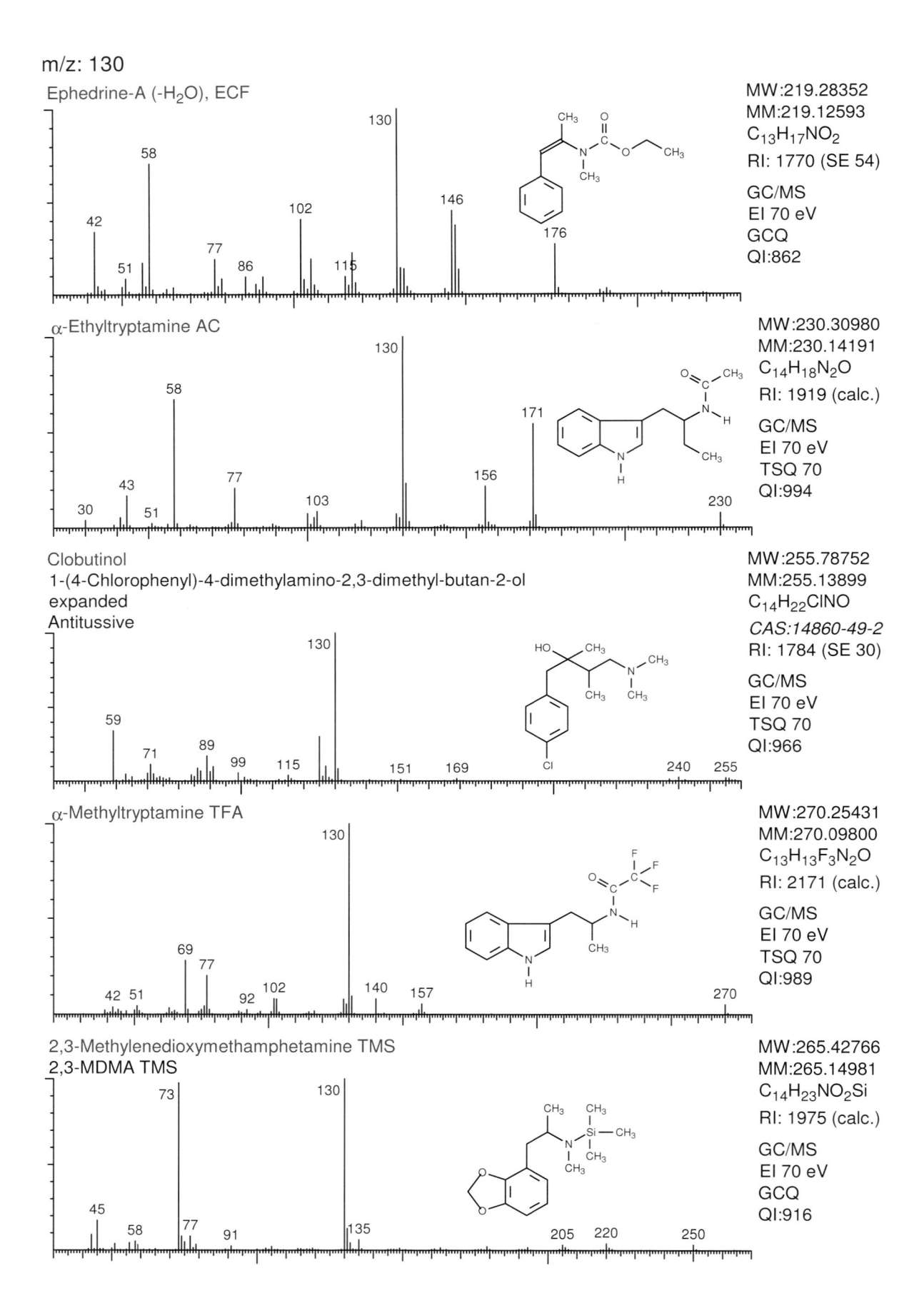

Ephedrine-A (-H₂O), ECF

MW:219.28352
MM:219.12593
$C_{13}H_{17}NO_2$
RI: 1770 (SE 54)

GC/MS
EI 70 eV
GCQ
QI:862

α-Ethyltryptamine AC

MW:230.30980
MM:230.14191
$C_{14}H_{18}N_2O$
RI: 1919 (calc.)

GC/MS
EI 70 eV
TSQ 70
QI:994

Clobutinol
1-(4-Chlorophenyl)-4-dimethylamino-2,3-dimethyl-butan-2-ol
expanded
Antitussive

MW:255.78752
MM:255.13899
$C_{14}H_{22}ClNO$
CAS:14860-49-2
RI: 1784 (SE 30)

GC/MS
EI 70 eV
TSQ 70
QI:966

α-Methyltryptamine TFA

MW:270.25431
MM:270.09800
$C_{13}H_{13}F_3N_2O$
RI: 2171 (calc.)

GC/MS
EI 70 eV
TSQ 70
QI:989

2,3-Methylenedioxymethamphetamine TMS
2,3-MDMA TMS

MW:265.42766
MM:265.14981
$C_{14}H_{23}NO_2Si$
RI: 1975 (calc.)

GC/MS
EI 70 eV
GCQ
QI:916

m/z: 130

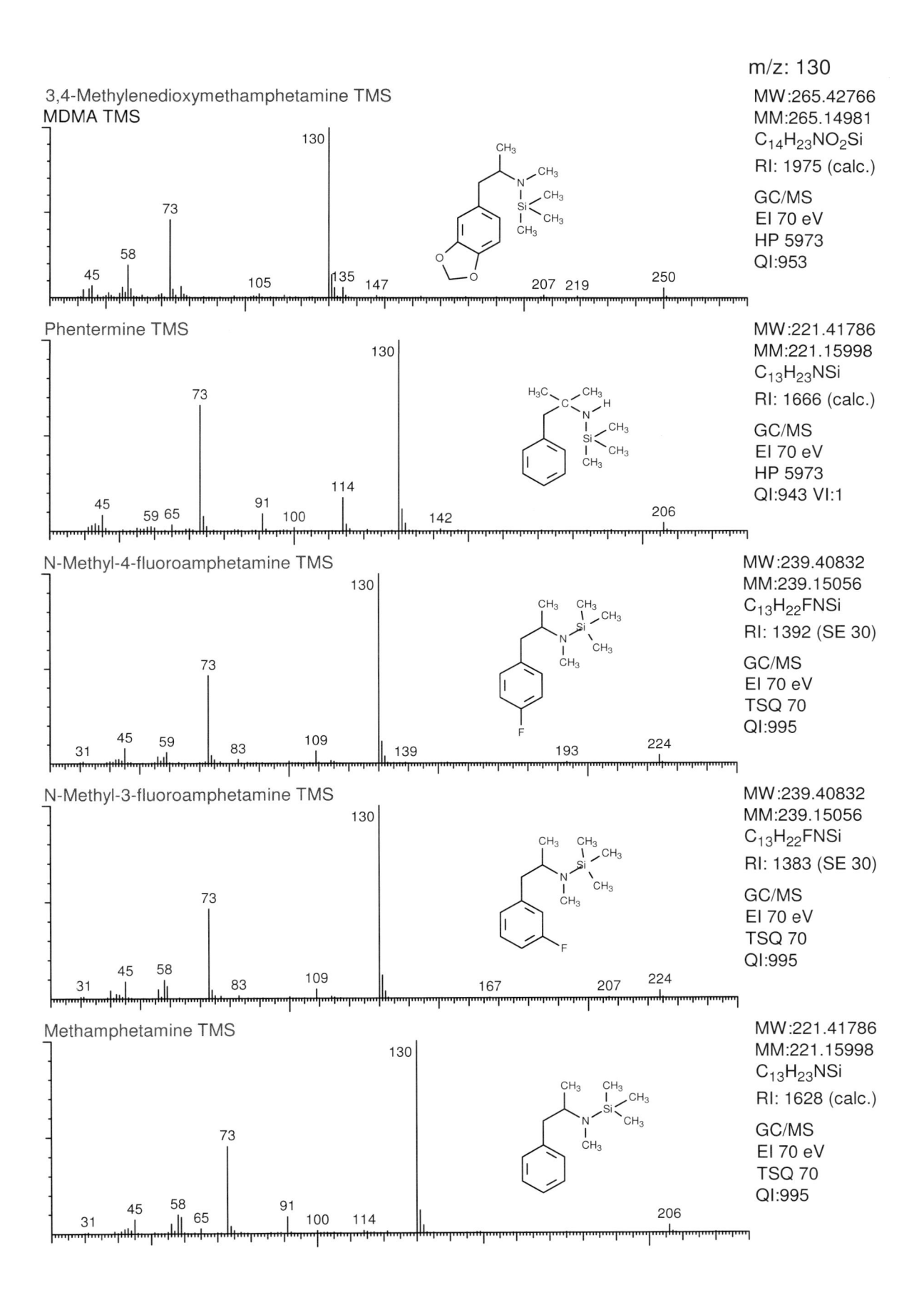

3,4-Methylenedioxymethamphetamine TMS
MDMA TMS

MW: 265.42766
MM: 265.14981
$C_{14}H_{23}NO_2Si$
RI: 1975 (calc.)

GC/MS
EI 70 eV
HP 5973
QI: 953

Peaks: 45, 58, 73, 105, 130, 135, 147, 207, 219, 250

Phentermine TMS

MW: 221.41786
MM: 221.15998
$C_{13}H_{23}NSi$
RI: 1666 (calc.)

GC/MS
EI 70 eV
HP 5973
QI: 943 VI:1

Peaks: 45, 59, 65, 73, 91, 100, 114, 130, 142, 206

N-Methyl-4-fluoroamphetamine TMS

MW: 239.40832
MM: 239.15056
$C_{13}H_{22}FNSi$
RI: 1392 (SE 30)

GC/MS
EI 70 eV
TSQ 70
QI: 995

Peaks: 31, 45, 59, 73, 83, 109, 130, 139, 193, 224

N-Methyl-3-fluoroamphetamine TMS

MW: 239.40832
MM: 239.15056
$C_{13}H_{22}FNSi$
RI: 1383 (SE 30)

GC/MS
EI 70 eV
TSQ 70
QI: 995

Peaks: 31, 45, 58, 73, 83, 109, 130, 167, 207, 224

Methamphetamine TMS

MW: 221.41786
MM: 221.15998
$C_{13}H_{23}NSi$
RI: 1628 (calc.)

GC/MS
EI 70 eV
TSQ 70
QI: 995

Peaks: 31, 45, 58, 65, 73, 91, 100, 114, 130, 206

m/z: 130

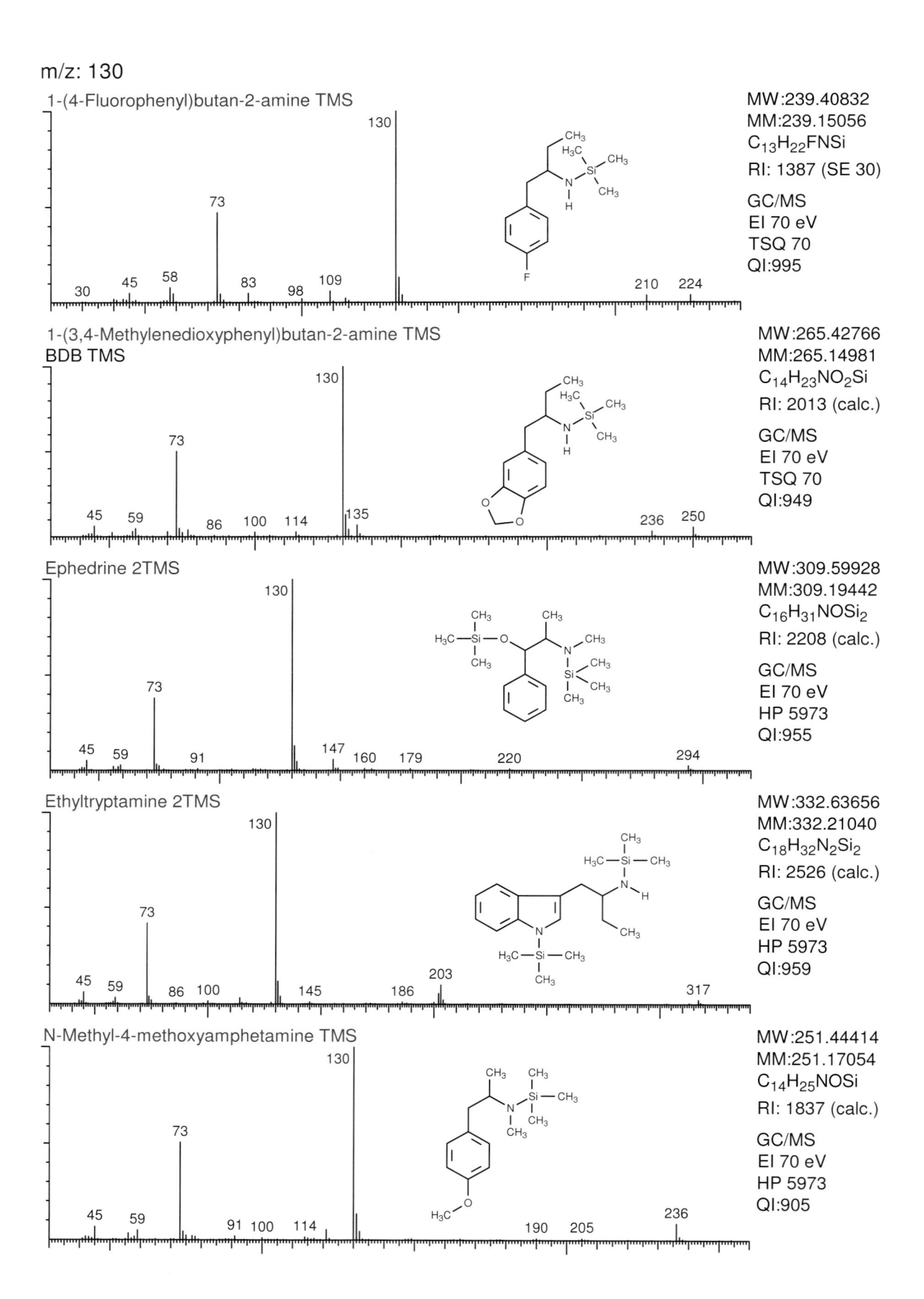

1-(4-Fluorophenyl)butan-2-amine TMS

MW: 239.40832
MM: 239.15056
$C_{13}H_{22}FNSi$
RI: 1387 (SE 30)

GC/MS
EI 70 eV
TSQ 70
QI: 995

Peaks: 30, 45, 58, 73, 83, 98, 109, 130, 210, 224

1-(3,4-Methylenedioxyphenyl)butan-2-amine TMS
BDB TMS

MW: 265.42766
MM: 265.14981
$C_{14}H_{23}NO_2Si$
RI: 2013 (calc.)

GC/MS
EI 70 eV
TSQ 70
QI: 949

Peaks: 45, 59, 73, 86, 100, 114, 130, 135, 236, 250

Ephedrine 2TMS

MW: 309.59928
MM: 309.19442
$C_{16}H_{31}NOSi_2$
RI: 2208 (calc.)

GC/MS
EI 70 eV
HP 5973
QI: 955

Peaks: 45, 59, 73, 91, 130, 147, 160, 179, 220, 294

Ethyltryptamine 2TMS

MW: 332.63656
MM: 332.21040
$C_{18}H_{32}N_2Si_2$
RI: 2526 (calc.)

GC/MS
EI 70 eV
HP 5973
QI: 959

Peaks: 45, 59, 73, 86, 100, 130, 145, 186, 203, 317

N-Methyl-4-methoxyamphetamine TMS

MW: 251.44414
MM: 251.17054
$C_{14}H_{25}NOSi$
RI: 1837 (calc.)

GC/MS
EI 70 eV
HP 5973
QI: 905

Peaks: 45, 59, 73, 91, 100, 114, 130, 190, 205, 236

m/z: 130

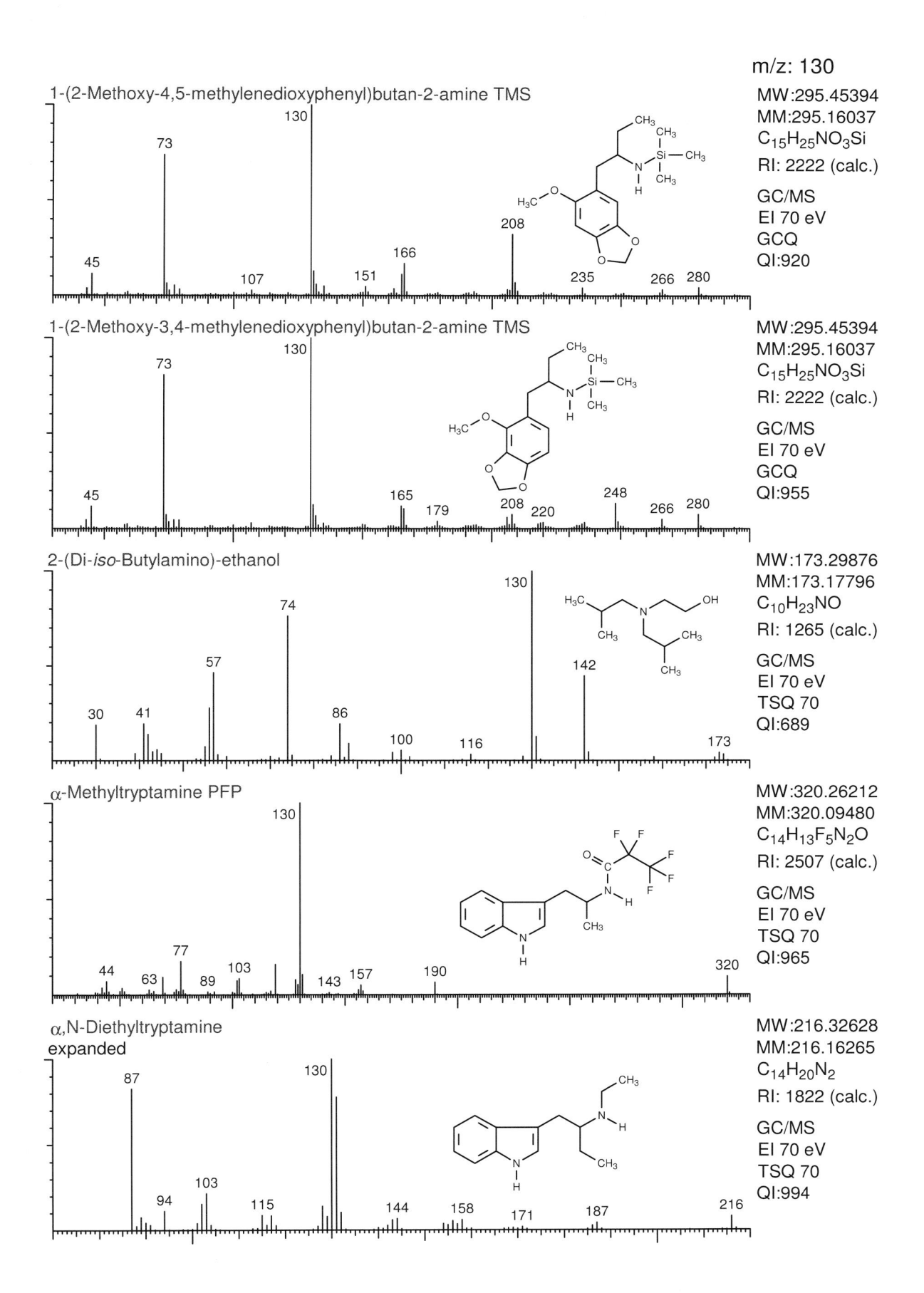

1-(2-Methoxy-4,5-methylenedioxyphenyl)butan-2-amine TMS

Peaks: 45, 73, 107, 130, 151, 166, 208, 235, 266, 280

MW: 295.45394
MM: 295.16037
$C_{15}H_{25}NO_3Si$
RI: 2222 (calc.)

GC/MS
EI 70 eV
GCQ
QI:920

1-(2-Methoxy-3,4-methylenedioxyphenyl)butan-2-amine TMS

Peaks: 45, 73, 130, 165, 179, 208, 220, 248, 266, 280

MW: 295.45394
MM: 295.16037
$C_{15}H_{25}NO_3Si$
RI: 2222 (calc.)

GC/MS
EI 70 eV
GCQ
QI:955

2-(Di-*iso*-Butylamino)-ethanol

Peaks: 30, 41, 57, 74, 86, 100, 116, 130, 142, 173

MW: 173.29876
MM: 173.17796
$C_{10}H_{23}NO$
RI: 1265 (calc.)

GC/MS
EI 70 eV
TSQ 70
QI:689

α-Methyltryptamine PFP

Peaks: 44, 63, 77, 89, 103, 130, 143, 157, 190, 320

MW: 320.26212
MM: 320.09480
$C_{14}H_{13}F_5N_2O$
RI: 2507 (calc.)

GC/MS
EI 70 eV
TSQ 70
QI:965

α,N-Diethyltryptamine expanded

Peaks: 87, 94, 103, 115, 130, 144, 158, 171, 187, 216

MW: 216.32628
MM: 216.16265
$C_{14}H_{20}N_2$
RI: 1822 (calc.)

GC/MS
EI 70 eV
TSQ 70
QI:994

m/z: 130

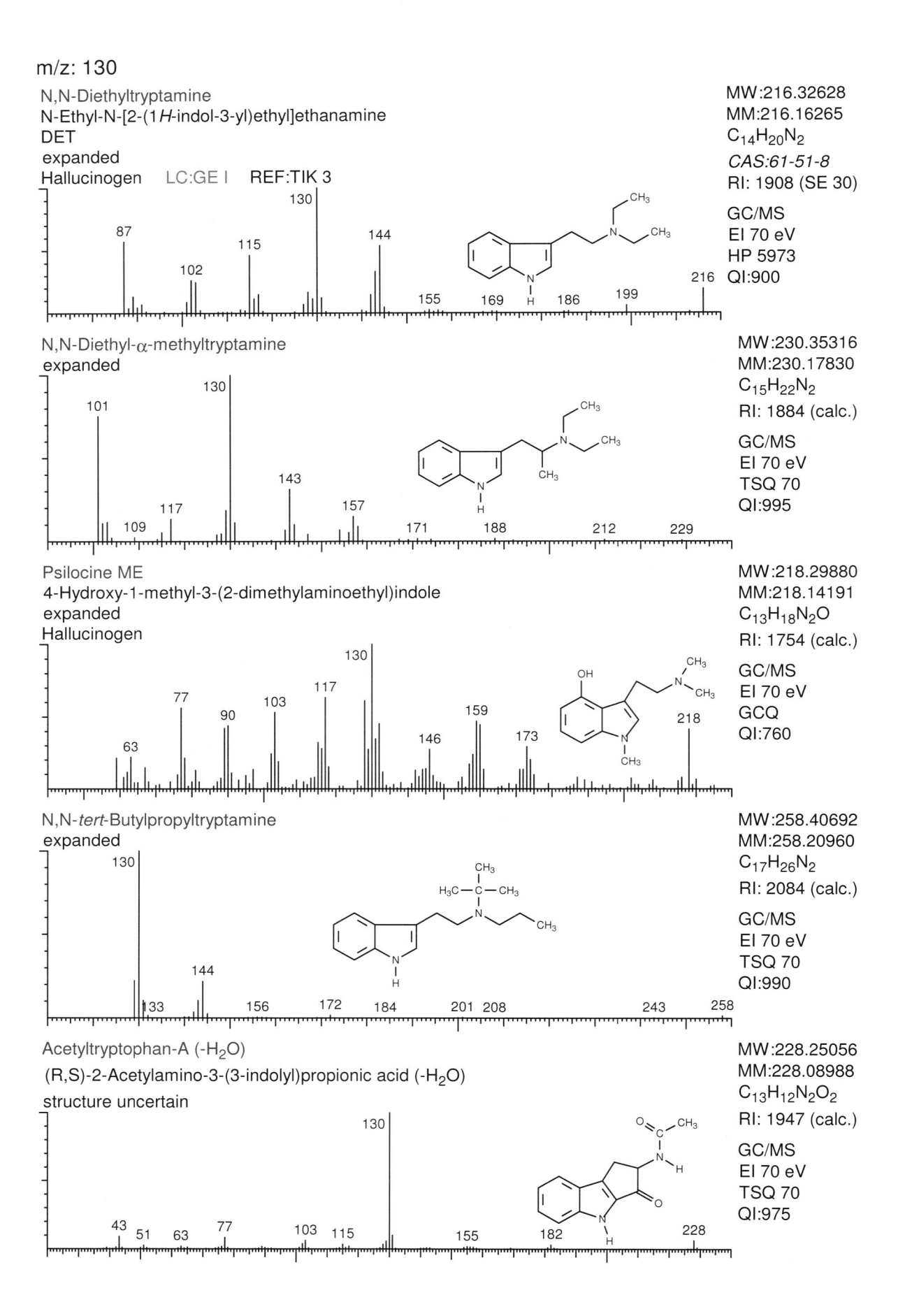

N,N-Diethyltryptamine
N-Ethyl-N-[2-(1H-indol-3-yl)ethyl]ethanamine
DET
expanded
Hallucinogen   LC:GE I   REF:TIK 3

Peaks: 87, 102, 115, 130, 144, 155, 169, 186, 199, 216

MW:216.32628
MM:216.16265
$C_{14}H_{20}N_2$
CAS:61-51-8
RI: 1908 (SE 30)

GC/MS
EI 70 eV
HP 5973
QI:900

N,N-Diethyl-α-methyltryptamine
expanded

Peaks: 101, 109, 117, 130, 143, 157, 171, 188, 212, 229

MW:230.35316
MM:230.17830
$C_{15}H_{22}N_2$
RI: 1884 (calc.)

GC/MS
EI 70 eV
TSQ 70
QI:995

Psilocine ME
4-Hydroxy-1-methyl-3-(2-dimethylaminoethyl)indole
expanded
Hallucinogen

Peaks: 63, 77, 90, 103, 117, 130, 146, 159, 173, 218

MW:218.29880
MM:218.14191
$C_{13}H_{18}N_2O$
RI: 1754 (calc.)

GC/MS
EI 70 eV
GCQ
QI:760

N,N-tert-Butylpropyltryptamine
expanded

Peaks: 33, 130, 144, 156, 172, 184, 201, 208, 243, 258

MW:258.40692
MM:258.20960
$C_{17}H_{26}N_2$
RI: 2084 (calc.)

GC/MS
EI 70 eV
TSQ 70
QI:990

Acetyltryptophan-A (-H₂O)
(R,S)-2-Acetylamino-3-(3-indolyl)propionic acid (-H₂O)
structure uncertain

Peaks: 43, 51, 63, 77, 103, 115, 130, 155, 182, 228

MW:228.25056
MM:228.08988
$C_{13}H_{12}N_2O_2$
RI: 1947 (calc.)

GC/MS
EI 70 eV
TSQ 70
QI:975

m/z: 130

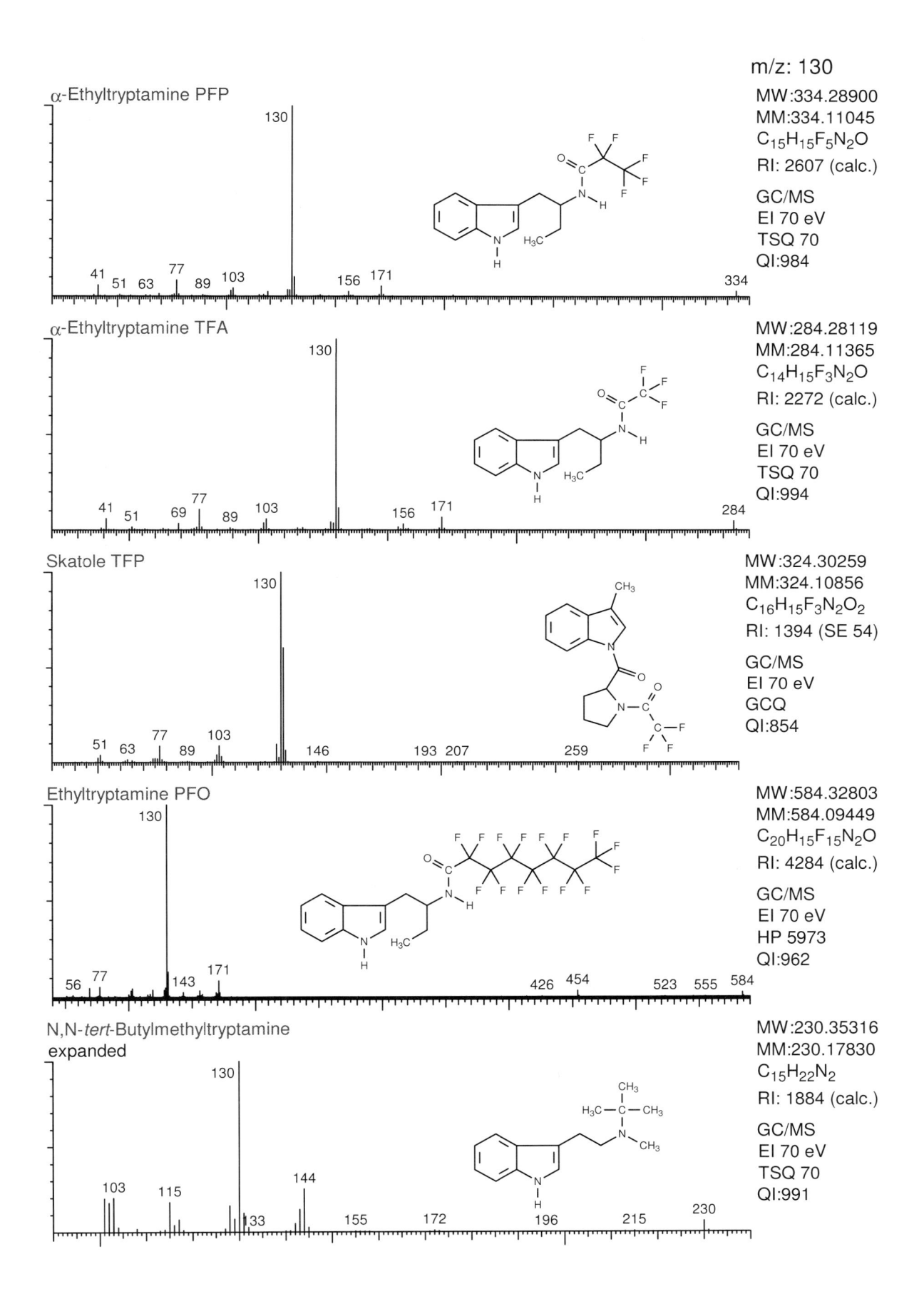

α-Ethyltryptamine PFP

MW:334.28900
MM:334.11045
$C_{15}H_{15}F_5N_2O$
RI: 2607 (calc.)

GC/MS
EI 70 eV
TSQ 70
QI:984

α-Ethyltryptamine TFA

MW:284.28119
MM:284.11365
$C_{14}H_{15}F_3N_2O$
RI: 2272 (calc.)

GC/MS
EI 70 eV
TSQ 70
QI:994

Skatole TFP

MW:324.30259
MM:324.10856
$C_{16}H_{15}F_3N_2O_2$
RI: 1394 (SE 54)

GC/MS
EI 70 eV
GCQ
QI:854

Ethyltryptamine PFO

MW:584.32803
MM:584.09449
$C_{20}H_{15}F_{15}N_2O$
RI: 4284 (calc.)

GC/MS
EI 70 eV
HP 5973
QI:962

N,N-*tert*-Butylmethyltryptamine
expanded

MW:230.35316
MM:230.17830
$C_{15}H_{22}N_2$
RI: 1884 (calc.)

GC/MS
EI 70 eV
TSQ 70
QI:991

m/z: 130

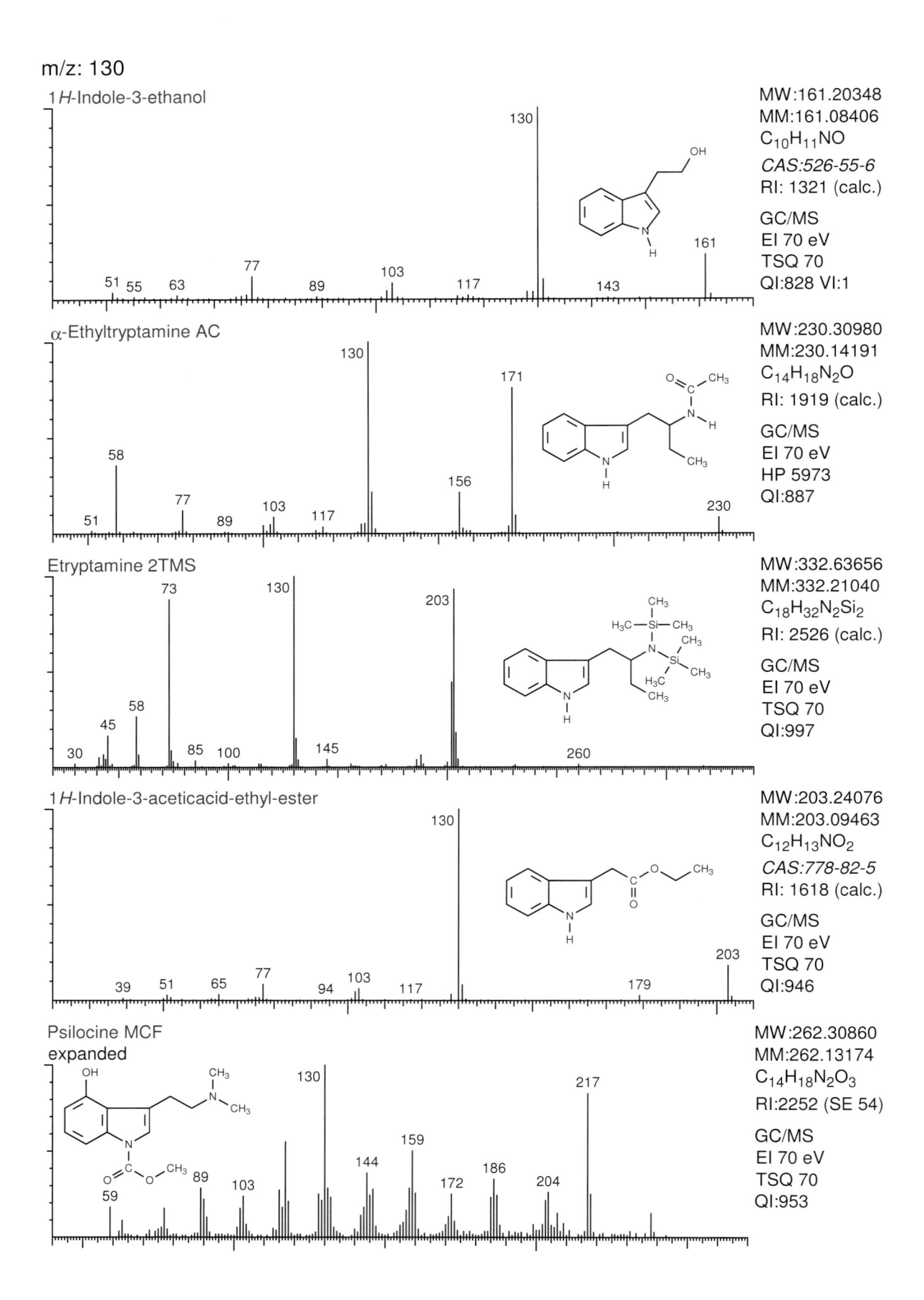

1H-Indole-3-ethanol

MW: 161.20348
MM: 161.08406
$C_{10}H_{11}NO$
CAS: 526-55-6
RI: 1321 (calc.)

GC/MS
EI 70 eV
TSQ 70
QI: 828 VI:1

Peaks: 51, 55, 63, 77, 89, 103, 117, 130, 143, 161

α-Ethyltryptamine AC

MW: 230.30980
MM: 230.14191
$C_{14}H_{18}N_2O$
RI: 1919 (calc.)

GC/MS
EI 70 eV
HP 5973
QI: 887

Peaks: 51, 58, 77, 89, 103, 117, 130, 156, 171, 230

Etryptamine 2TMS

MW: 332.63656
MM: 332.21040
$C_{18}H_{32}N_2Si_2$
RI: 2526 (calc.)

GC/MS
EI 70 eV
TSQ 70
QI: 997

Peaks: 30, 45, 58, 73, 85, 100, 130, 145, 203, 260

1H-Indole-3-aceticacid-ethyl-ester

MW: 203.24076
MM: 203.09463
$C_{12}H_{13}NO_2$
CAS: 778-82-5
RI: 1618 (calc.)

GC/MS
EI 70 eV
TSQ 70
QI: 946

Peaks: 39, 51, 65, 77, 94, 103, 117, 130, 179, 203

Psilocine MCF expanded

MW: 262.30860
MM: 262.13174
$C_{14}H_{18}N_2O_3$
RI: 2252 (SE 54)

GC/MS
EI 70 eV
TSQ 70
QI: 953

Peaks: 59, 89, 103, 130, 144, 159, 172, 186, 204, 217

m/z: 130

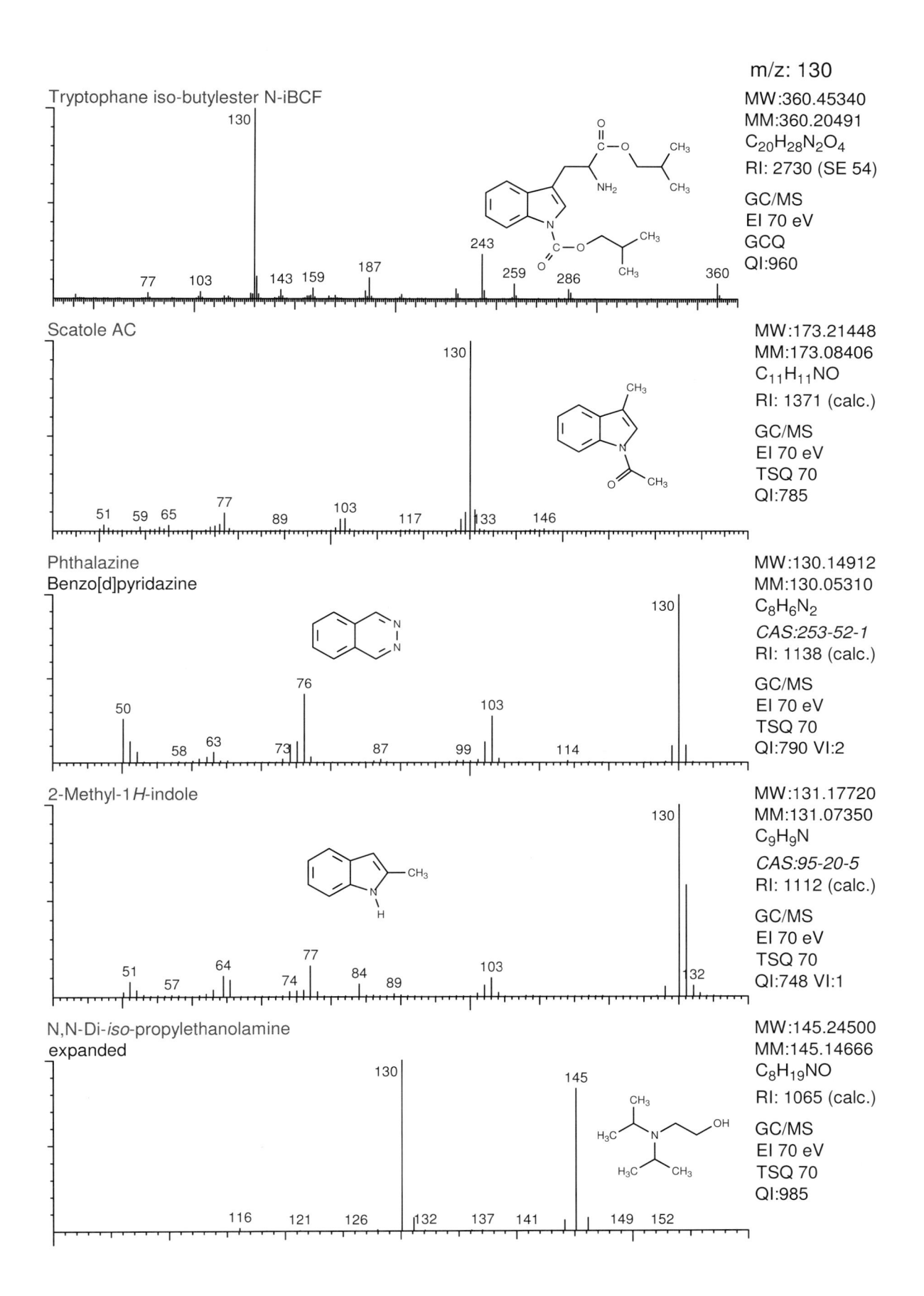

Tryptophane iso-butylester N-iBCF

MW: 360.45340
MM: 360.20491
$C_{20}H_{28}N_2O_4$
RI: 2730 (SE 54)

GC/MS
EI 70 eV
GCQ
QI: 960

Peaks: 77, 103, 130, 143, 159, 187, 243, 259, 286, 360

Scatole AC

MW: 173.21448
MM: 173.08406
$C_{11}H_{11}NO$
RI: 1371 (calc.)

GC/MS
EI 70 eV
TSQ 70
QI: 785

Peaks: 51, 59, 65, 77, 89, 103, 117, 130, 133, 146

Phthalazine
Benzo[d]pyridazine

MW: 130.14912
MM: 130.05310
$C_8H_6N_2$
CAS: 253-52-1
RI: 1138 (calc.)

GC/MS
EI 70 eV
TSQ 70
QI: 790 VI: 2

Peaks: 50, 58, 63, 73, 76, 87, 99, 103, 114, 130

2-Methyl-1H-indole

MW: 131.17720
MM: 131.07350
C_9H_9N
CAS: 95-20-5
RI: 1112 (calc.)

GC/MS
EI 70 eV
TSQ 70
QI: 748 VI: 1

Peaks: 51, 57, 64, 74, 77, 84, 89, 103, 130, 132

N,N-Di-iso-propylethanolamine
expanded

MW: 145.24500
MM: 145.14666
$C_8H_{19}NO$
RI: 1065 (calc.)

GC/MS
EI 70 eV
TSQ 70
QI: 985

Peaks: 116, 121, 126, 130, 132, 137, 141, 145, 149, 152

m/z: 130

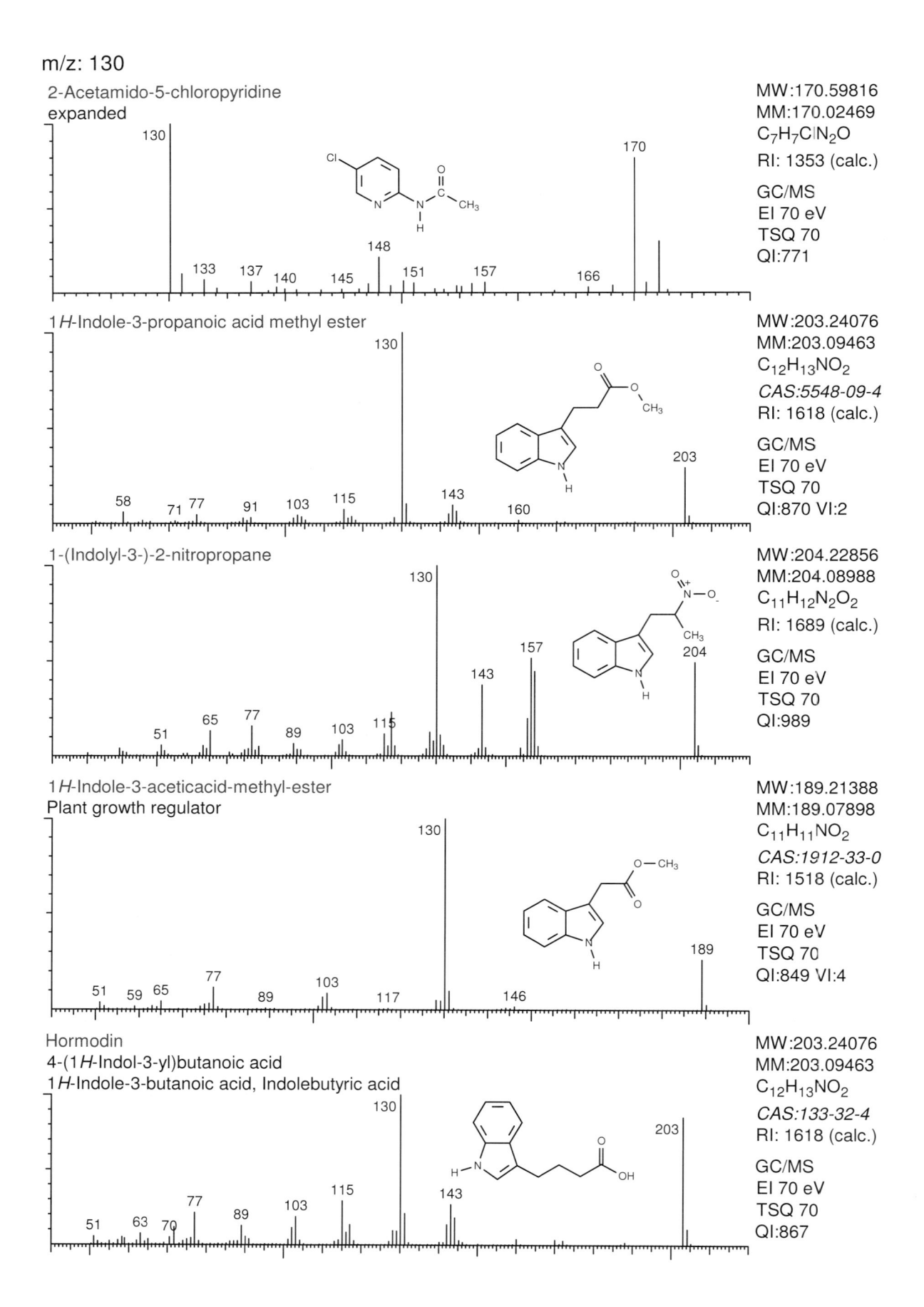

2-Acetamido-5-chloropyridine
expanded

MW:170.59816
MM:170.02469
C$_7$H$_7$ClN$_2$O
RI: 1353 (calc.)

GC/MS
EI 70 eV
TSQ 70
QI:771

1H-Indole-3-propanoic acid methyl ester

MW:203.24076
MM:203.09463
C$_{12}$H$_{13}$NO$_2$
CAS:5548-09-4
RI: 1618 (calc.)

GC/MS
EI 70 eV
TSQ 70
QI:870 VI:2

1-(Indolyl-3-)-2-nitropropane

MW:204.22856
MM:204.08988
C$_{11}$H$_{12}$N$_2$O$_2$
RI: 1689 (calc.)

GC/MS
EI 70 eV
TSQ 70
QI:989

1H-Indole-3-aceticacid-methyl-ester
Plant growth regulator

MW:189.21388
MM:189.07898
C$_{11}$H$_{11}$NO$_2$
CAS:1912-33-0
RI: 1518 (calc.)

GC/MS
EI 70 eV
TSQ 70
QI:849 VI:4

Hormodin
4-(1H-Indol-3-yl)butanoic acid
1H-Indole-3-butanoic acid, Indolebutyric acid

MW:203.24076
MM:203.09463
C$_{12}$H$_{13}$NO$_2$
CAS:133-32-4
RI: 1618 (calc.)

GC/MS
EI 70 eV
TSQ 70
QI:867

m/z: 130-131

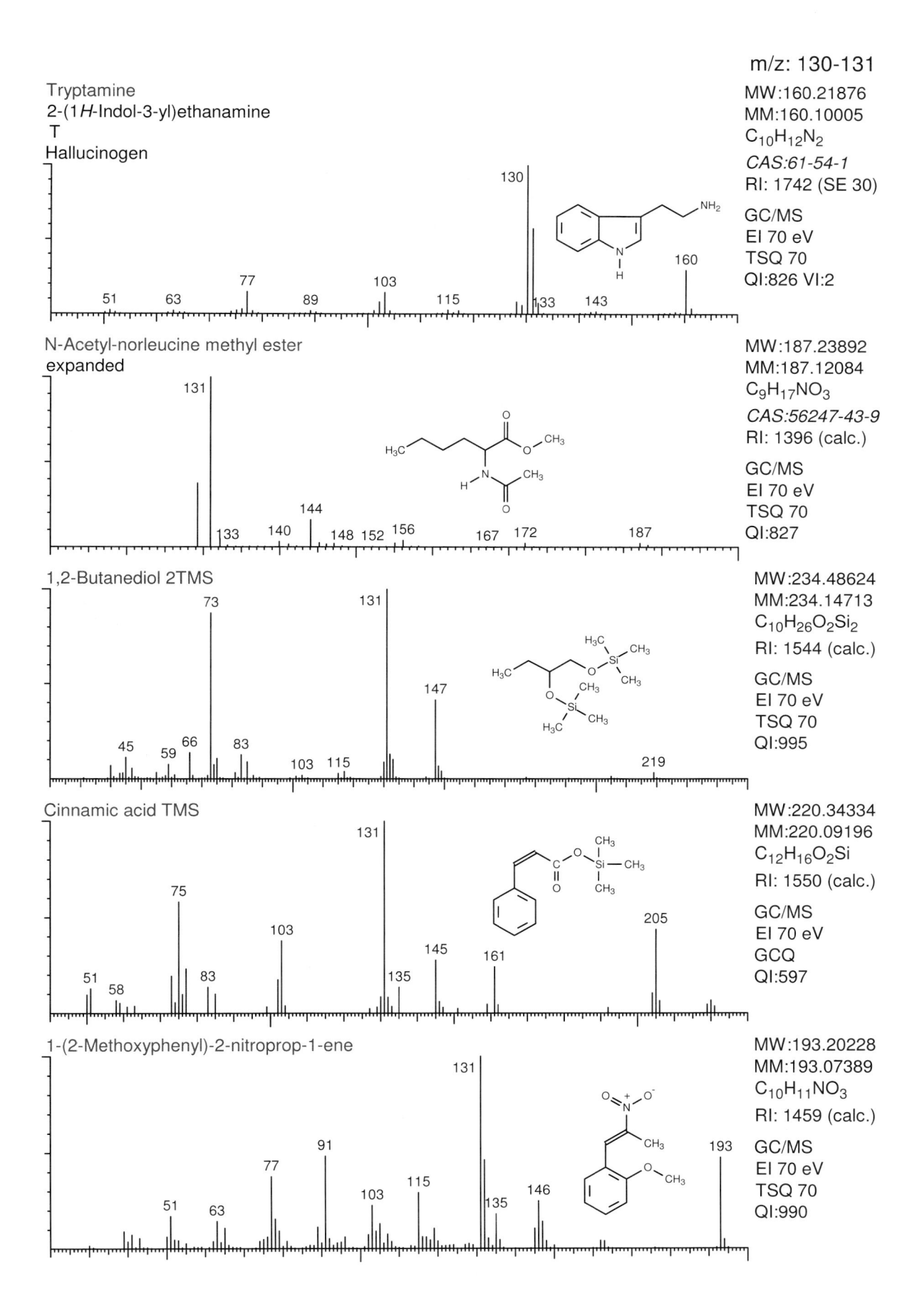

Tryptamine
2-(1H-Indol-3-yl)ethanamine
T
Hallucinogen

Peaks: 51, 63, 77, 89, 103, 115, 130, 133, 143, 160

MW: 160.21876
MM: 160.10005
$C_{10}H_{12}N_2$
CAS: 61-54-1
RI: 1742 (SE 30)
GC/MS
EI 70 eV
TSQ 70
QI: 826 VI: 2

N-Acetyl-norleucine methyl ester
expanded

Peaks: 131, 133, 140, 144, 148, 152, 156, 167, 172, 187

MW: 187.23892
MM: 187.12084
$C_9H_{17}NO_3$
CAS: 56247-43-9
RI: 1396 (calc.)
GC/MS
EI 70 eV
TSQ 70
QI: 827

1,2-Butanediol 2TMS

Peaks: 45, 59, 66, 73, 83, 103, 115, 131, 147, 219

MW: 234.48624
MM: 234.14713
$C_{10}H_{26}O_2Si_2$
RI: 1544 (calc.)
GC/MS
EI 70 eV
TSQ 70
QI: 995

Cinnamic acid TMS

Peaks: 51, 58, 75, 83, 103, 131, 135, 145, 161, 205

MW: 220.34334
MM: 220.09196
$C_{12}H_{16}O_2Si$
RI: 1550 (calc.)
GC/MS
EI 70 eV
GCQ
QI: 597

1-(2-Methoxyphenyl)-2-nitroprop-1-ene

Peaks: 51, 63, 77, 91, 103, 115, 131, 135, 146, 193

MW: 193.20228
MM: 193.07389
$C_{10}H_{11}NO_3$
RI: 1459 (calc.)
GC/MS
EI 70 eV
TSQ 70
QI: 990

m/z: 131

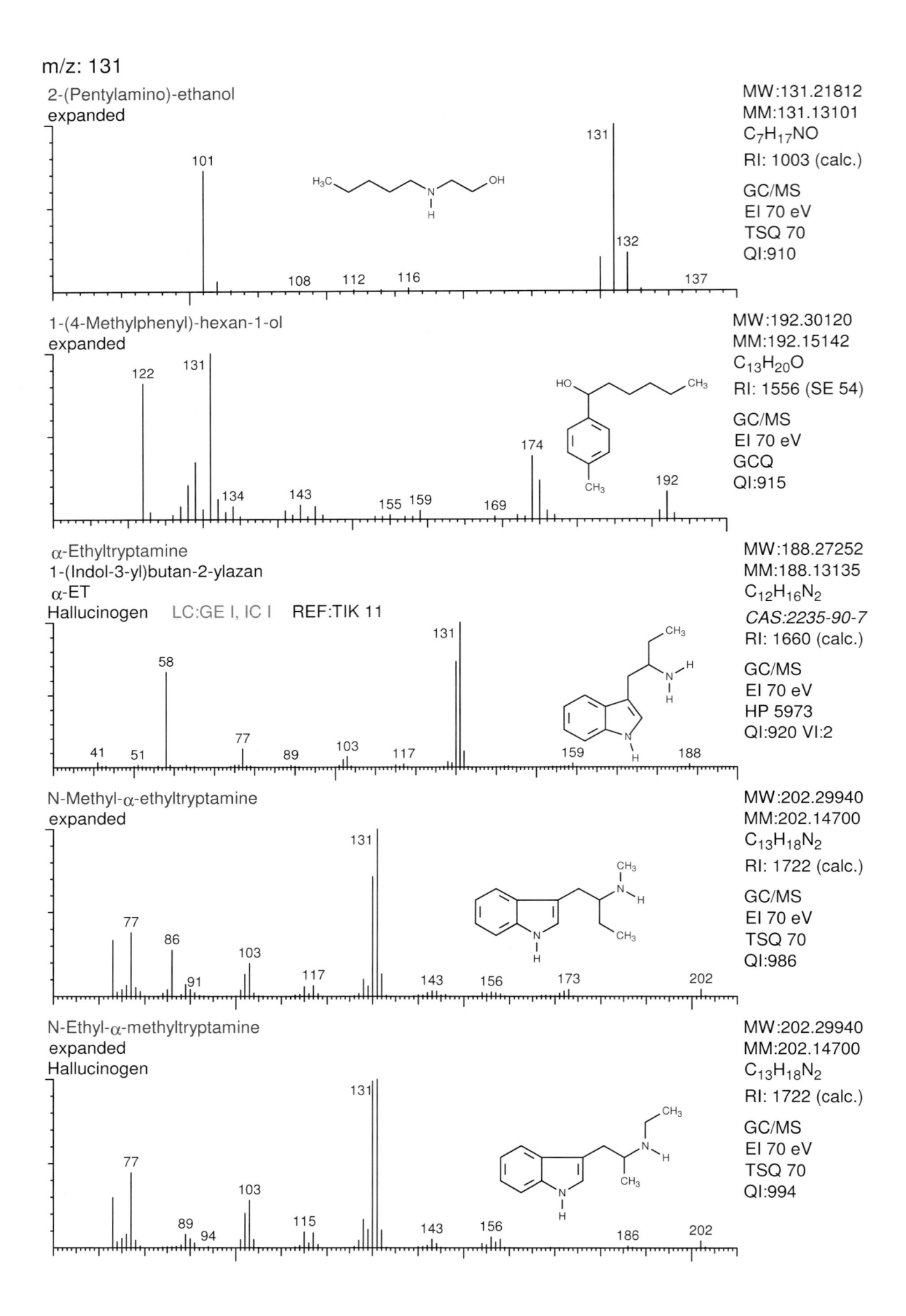

2-(Pentylamino)-ethanol
expanded

MW:131.21812
MM:131.13101
$C_7H_{17}NO$
RI: 1003 (calc.)

GC/MS
EI 70 eV
TSQ 70
QI:910

1-(4-Methylphenyl)-hexan-1-ol
expanded

MW:192.30120
MM:192.15142
$C_{13}H_{20}O$
RI: 1556 (SE 54)

GC/MS
EI 70 eV
GCQ
QI:915

α-Ethyltryptamine
1-(Indol-3-yl)butan-2-ylazan
α-ET
Hallucinogen   LC:GE I, IC I   REF:TIK 11

MW:188.27252
MM:188.13135
$C_{12}H_{16}N_2$
CAS:2235-90-7
RI: 1660 (calc.)

GC/MS
EI 70 eV
HP 5973
QI:920 VI:2

N-Methyl-α-ethyltryptamine
expanded

MW:202.29940
MM:202.14700
$C_{13}H_{18}N_2$
RI: 1722 (calc.)

GC/MS
EI 70 eV
TSQ 70
QI:986

N-Ethyl-α-methyltryptamine
expanded
Hallucinogen

MW:202.29940
MM:202.14700
$C_{13}H_{18}N_2$
RI: 1722 (calc.)

GC/MS
EI 70 eV
TSQ 70
QI:994

m/z: 131

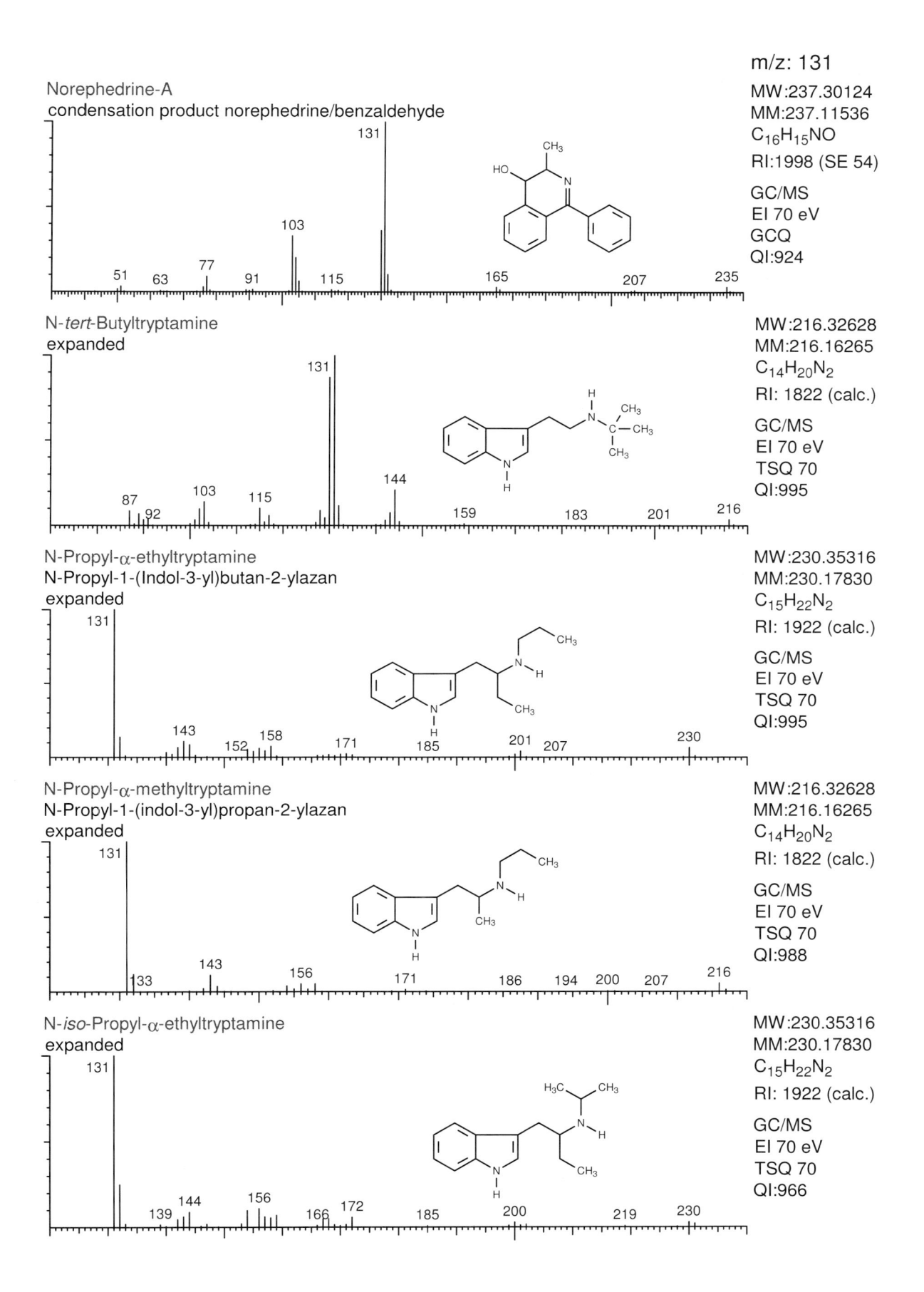

Norephedrine-A
condensation product norephedrine/benzaldehyde

MW: 237.30124
MM: 237.11536
$C_{16}H_{15}NO$
RI: 1998 (SE 54)

GC/MS
EI 70 eV
GCQ
QI: 924

N-*tert*-Butyltryptamine
expanded

MW: 216.32628
MM: 216.16265
$C_{14}H_{20}N_2$
RI: 1822 (calc.)

GC/MS
EI 70 eV
TSQ 70
QI: 995

N-Propyl-α-ethyltryptamine
N-Propyl-1-(Indol-3-yl)butan-2-ylazan
expanded

MW: 230.35316
MM: 230.17830
$C_{15}H_{22}N_2$
RI: 1922 (calc.)

GC/MS
EI 70 eV
TSQ 70
QI: 995

N-Propyl-α-methyltryptamine
N-Propyl-1-(indol-3-yl)propan-2-ylazan
expanded

MW: 216.32628
MM: 216.16265
$C_{14}H_{20}N_2$
RI: 1822 (calc.)

GC/MS
EI 70 eV
TSQ 70
QI: 988

N-*iso*-Propyl-α-ethyltryptamine
expanded

MW: 230.35316
MM: 230.17830
$C_{15}H_{22}N_2$
RI: 1922 (calc.)

GC/MS
EI 70 eV
TSQ 70
QI: 966

m/z: 131

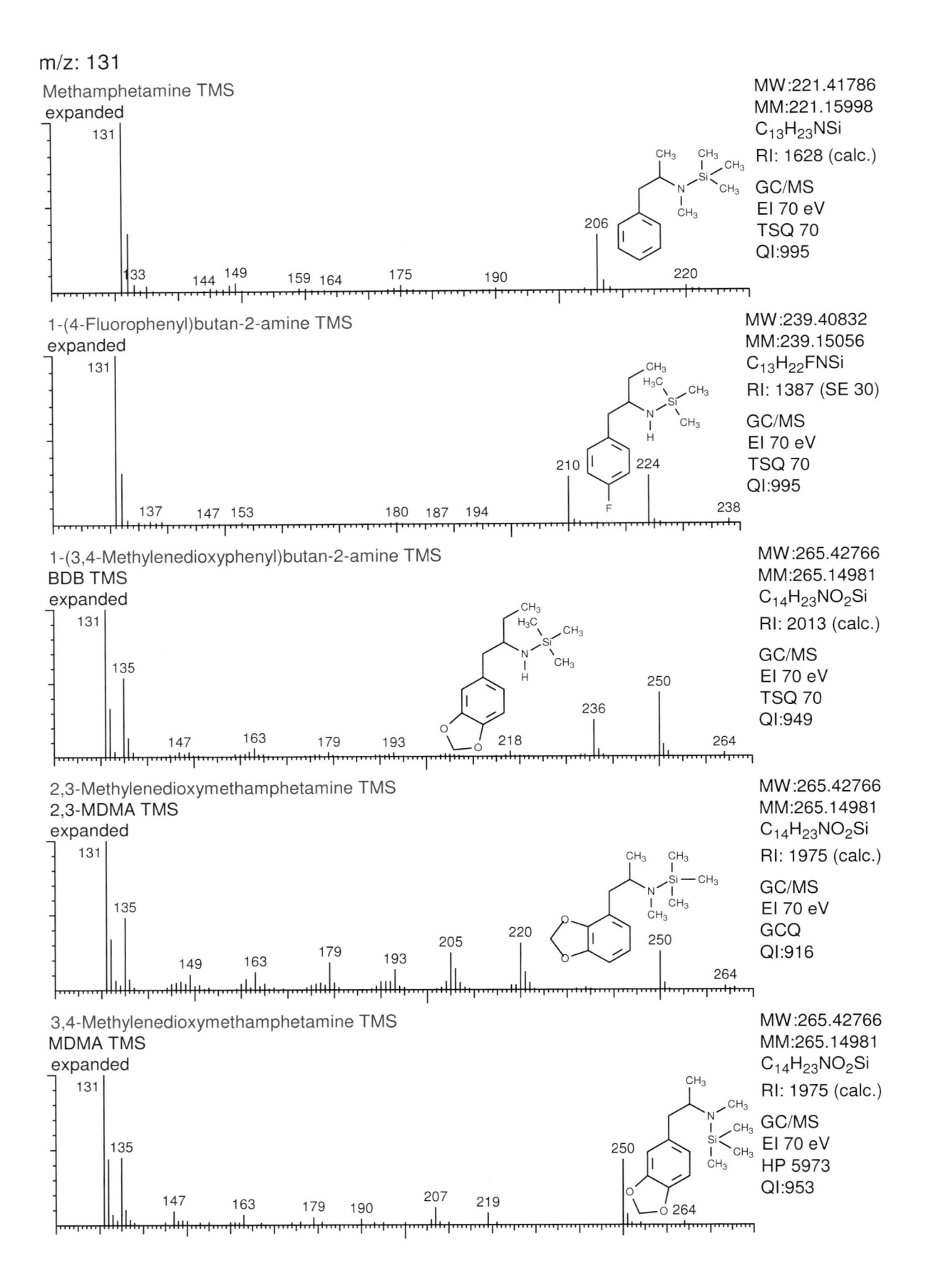

Methamphetamine TMS
expanded

MW: 221.41786
MM: 221.15998
C$_{13}$H$_{23}$NSi
RI: 1628 (calc.)

GC/MS
EI 70 eV
TSQ 70
QI: 995

1-(4-Fluorophenyl)butan-2-amine TMS
expanded

MW: 239.40832
MM: 239.15056
C$_{13}$H$_{22}$FNSi
RI: 1387 (SE 30)

GC/MS
EI 70 eV
TSQ 70
QI: 995

1-(3,4-Methylenedioxyphenyl)butan-2-amine TMS
BDB TMS
expanded

MW: 265.42766
MM: 265.14981
C$_{14}$H$_{23}$NO$_2$Si
RI: 2013 (calc.)

GC/MS
EI 70 eV
TSQ 70
QI: 949

2,3-Methylenedioxymethamphetamine TMS
2,3-MDMA TMS
expanded

MW: 265.42766
MM: 265.14981
C$_{14}$H$_{23}$NO$_2$Si
RI: 1975 (calc.)

GC/MS
EI 70 eV
GCQ
QI: 916

3,4-Methylenedioxymethamphetamine TMS
MDMA TMS
expanded

MW: 265.42766
MM: 265.14981
C$_{14}$H$_{23}$NO$_2$Si
RI: 1975 (calc.)

GC/MS
EI 70 eV
HP 5973
QI: 953

m/z: 131

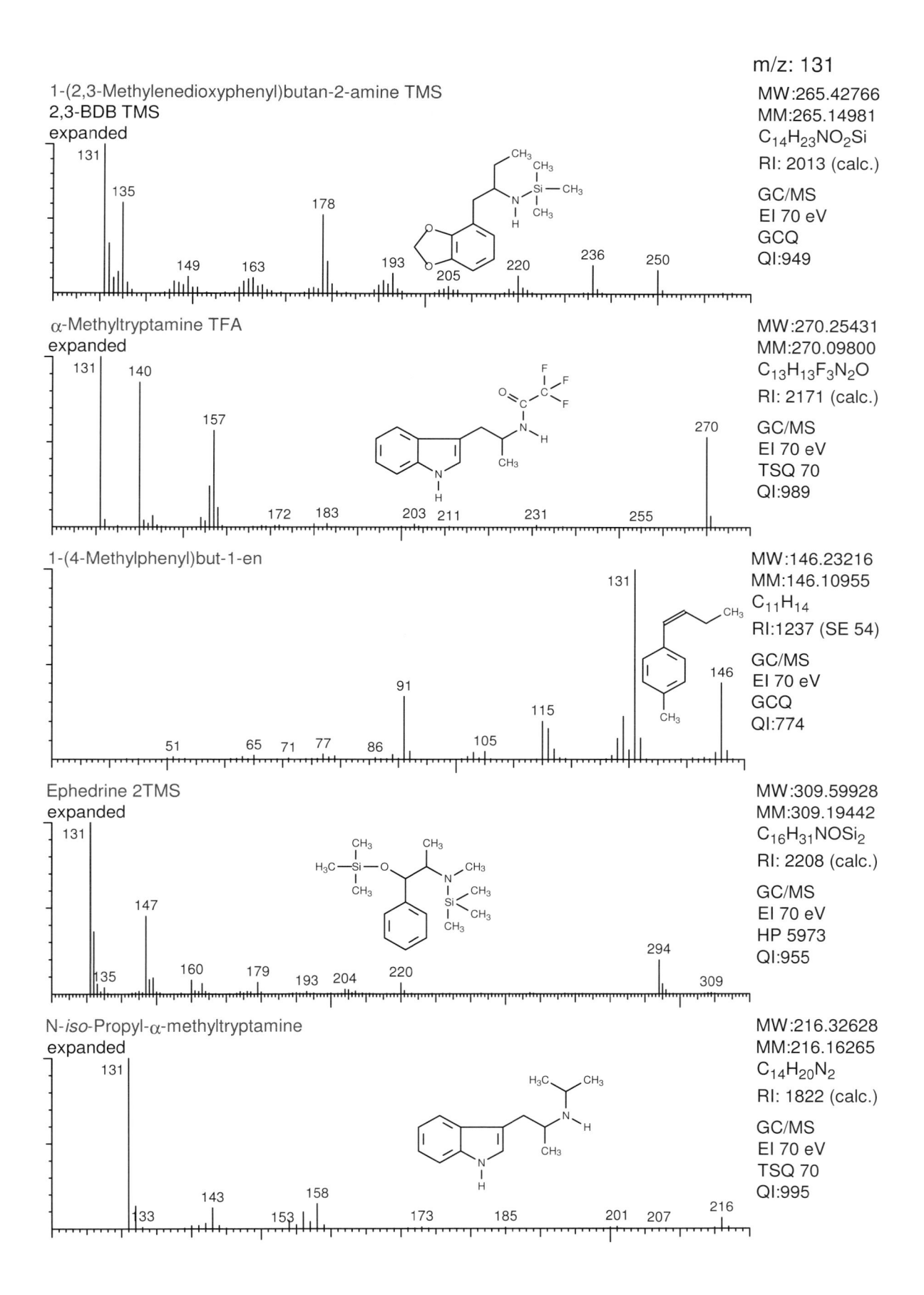

1-(2,3-Methylenedioxyphenyl)butan-2-amine TMS
2,3-BDB TMS
expanded

Peaks: 131, 135, 149, 163, 178, 193, 205, 220, 236, 250

MW: 265.42766
MM: 265.14981
$C_{14}H_{23}NO_2Si$
RI: 2013 (calc.)

GC/MS
EI 70 eV
GCQ
QI: 949

α-Methyltryptamine TFA
expanded

Peaks: 131, 140, 157, 172, 183, 203, 211, 231, 255, 270

MW: 270.25431
MM: 270.09800
$C_{13}H_{13}F_3N_2O$
RI: 2171 (calc.)

GC/MS
EI 70 eV
TSQ 70
QI: 989

1-(4-Methylphenyl)but-1-en

Peaks: 51, 65, 71, 77, 86, 91, 105, 115, 131, 146

MW: 146.23216
MM: 146.10955
$C_{11}H_{14}$
RI: 1237 (SE 54)

GC/MS
EI 70 eV
GCQ
QI: 774

Ephedrine 2TMS
expanded

Peaks: 131, 135, 147, 160, 179, 193, 204, 220, 294, 309

MW: 309.59928
MM: 309.19442
$C_{16}H_{31}NOSi_2$
RI: 2208 (calc.)

GC/MS
EI 70 eV
HP 5973
QI: 955

N-iso-Propyl-α-methyltryptamine
expanded

Peaks: 131, 133, 143, 153, 158, 173, 185, 201, 207, 216

MW: 216.32628
MM: 216.16265
$C_{14}H_{20}N_2$
RI: 1822 (calc.)

GC/MS
EI 70 eV
TSQ 70
QI: 995

m/z: 131

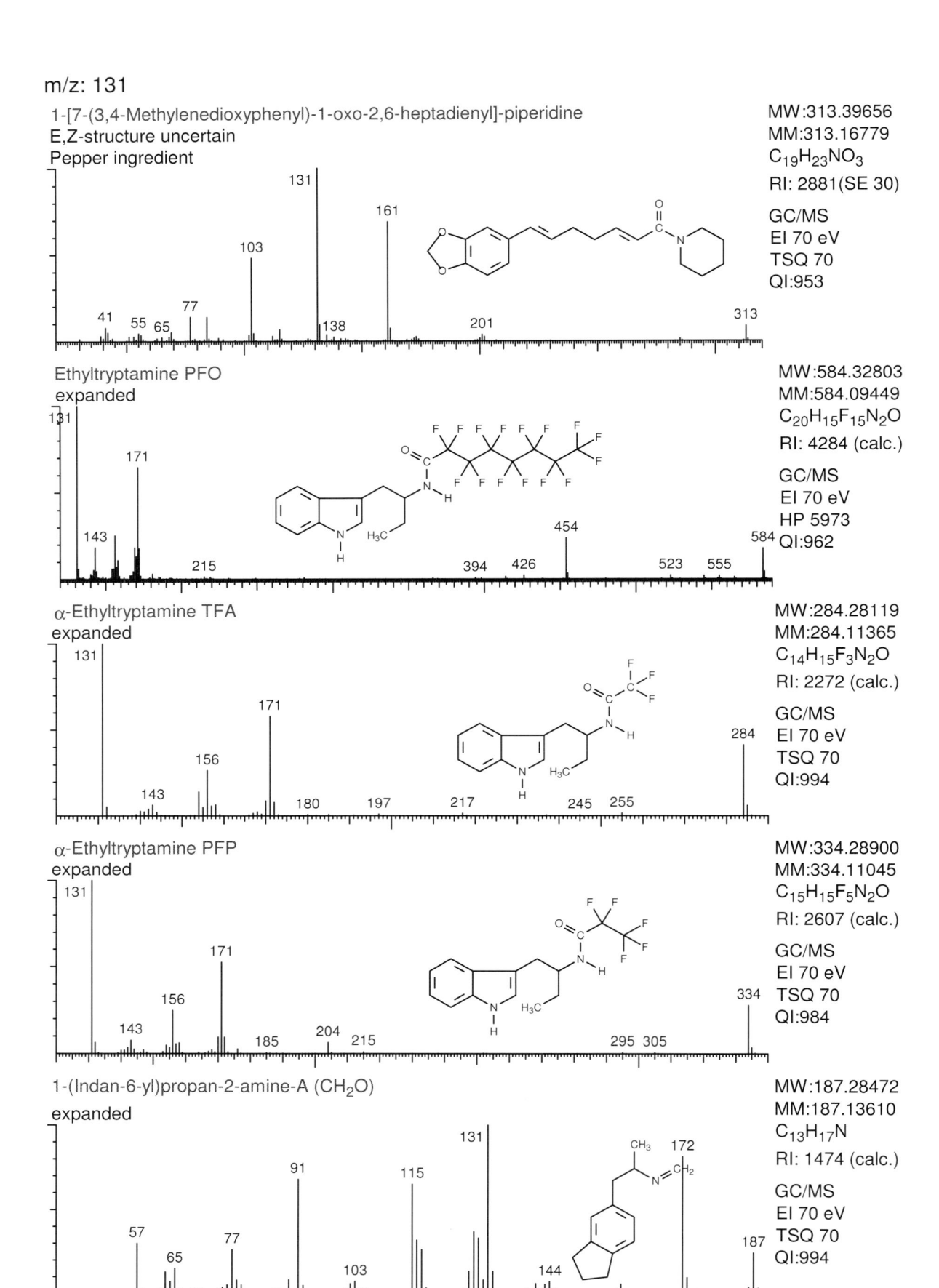

1-[7-(3,4-Methylenedioxyphenyl)-1-oxo-2,6-heptadienyl]-piperidine
E,Z-structure uncertain
Pepper ingredient

MW: 313.39656
MM: 313.16779
$C_{19}H_{23}NO_3$
RI: 2881 (SE 30)

GC/MS
EI 70 eV
TSQ 70
QI: 953

Peaks: 41, 55, 65, 77, 103, 131, 138, 161, 201, 313

Ethyltryptamine PFO
expanded

MW: 584.32803
MM: 584.09449
$C_{20}H_{15}F_{15}N_2O$
RI: 4284 (calc.)

GC/MS
EI 70 eV
HP 5973
QI: 962

Peaks: 131, 143, 171, 215, 394, 426, 454, 523, 555, 584

α-Ethyltryptamine TFA
expanded

MW: 284.28119
MM: 284.11365
$C_{14}H_{15}F_3N_2O$
RI: 2272 (calc.)

GC/MS
EI 70 eV
TSQ 70
QI: 994

Peaks: 131, 143, 156, 171, 180, 197, 217, 245, 255, 284

α-Ethyltryptamine PFP
expanded

MW: 334.28900
MM: 334.11045
$C_{15}H_{15}F_5N_2O$
RI: 2607 (calc.)

GC/MS
EI 70 eV
TSQ 70
QI: 984

Peaks: 131, 143, 156, 171, 185, 204, 215, 295, 305, 334

1-(Indan-6-yl)propan-2-amine-A (CH_2O)
expanded

MW: 187.28472
MM: 187.13610
$C_{13}H_{17}N$
RI: 1474 (calc.)

GC/MS
EI 70 eV
TSQ 70
QI: 994

Peaks: 57, 65, 77, 91, 103, 115, 131, 144, 172, 187

m/z: 131

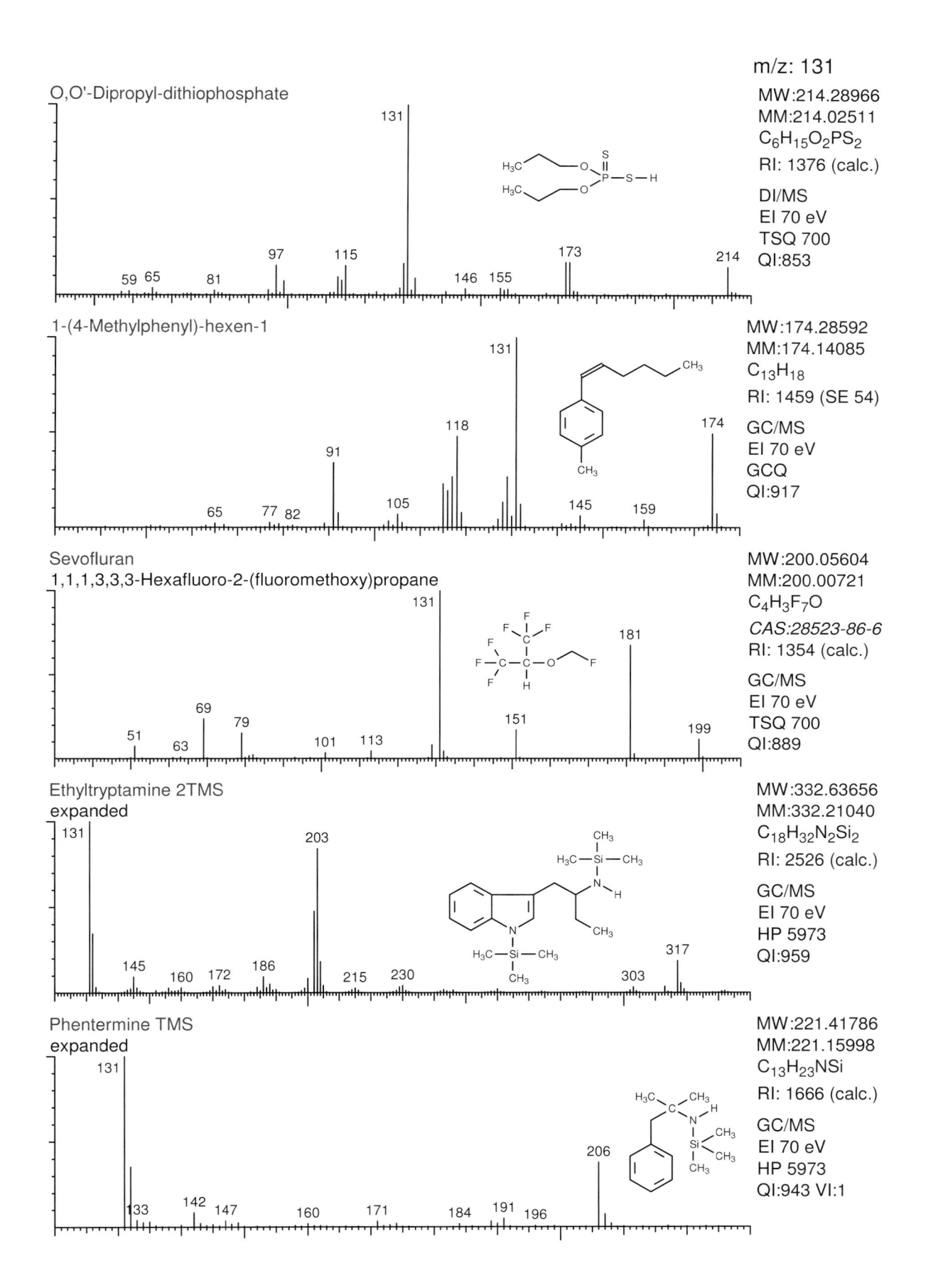

O,O'-Dipropyl-dithiophosphate

MW:214.28966
MM:214.02511
$C_6H_{15}O_2PS_2$
RI: 1376 (calc.)

DI/MS
EI 70 eV
TSQ 700
QI:853

Peaks: 59, 65, 81, 97, 115, 131, 146, 155, 173, 214

1-(4-Methylphenyl)-hexen-1

MW:174.28592
MM:174.14085
$C_{13}H_{18}$
RI: 1459 (SE 54)

GC/MS
EI 70 eV
GCQ
QI:917

Peaks: 65, 77, 82, 91, 105, 118, 131, 145, 159, 174

Sevofluran
1,1,1,3,3,3-Hexafluoro-2-(fluoromethoxy)propane

MW:200.05604
MM:200.00721
$C_4H_3F_7O$
CAS:28523-86-6
RI: 1354 (calc.)

GC/MS
EI 70 eV
TSQ 700
QI:889

Peaks: 51, 63, 69, 79, 101, 113, 131, 151, 181, 199

Ethyltryptamine 2TMS
expanded

MW:332.63656
MM:332.21040
$C_{18}H_{32}N_2Si_2$
RI: 2526 (calc.)

GC/MS
EI 70 eV
HP 5973
QI:959

Peaks: 131, 145, 160, 172, 186, 203, 215, 230, 303, 317

Phentermine TMS
expanded

MW:221.41786
MM:221.15998
$C_{13}H_{23}NSi$
RI: 1666 (calc.)

GC/MS
EI 70 eV
HP 5973
QI:943 VI:1

Peaks: 131, 133, 142, 147, 160, 171, 184, 191, 196, 206

m/z: 131

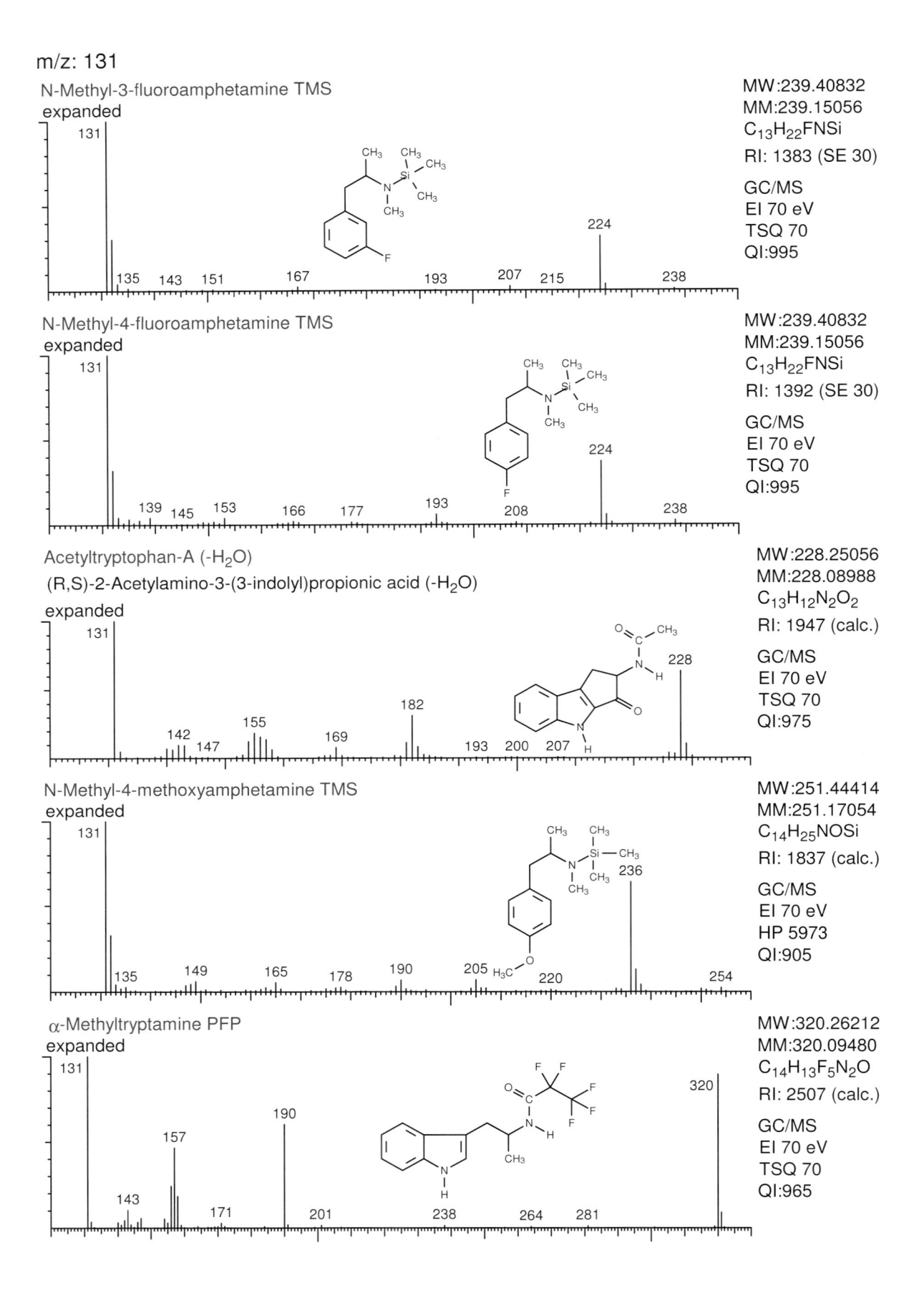

N-Methyl-3-fluoroamphetamine TMS
expanded

Peaks: 131, 135, 143, 151, 167, 193, 207, 215, 224, 238

MW: 239.40832
MM: 239.15056
$C_{13}H_{22}FNSi$
RI: 1383 (SE 30)

GC/MS
EI 70 eV
TSQ 70
QI: 995

N-Methyl-4-fluoroamphetamine TMS
expanded

Peaks: 131, 139, 145, 153, 166, 177, 193, 208, 224, 238

MW: 239.40832
MM: 239.15056
$C_{13}H_{22}FNSi$
RI: 1392 (SE 30)

GC/MS
EI 70 eV
TSQ 70
QI: 995

Acetyltryptophan-A (-H₂O)
(R,S)-2-Acetylamino-3-(3-indolyl)propionic acid (-H$_2$O)
expanded

Peaks: 131, 142, 147, 155, 169, 182, 193, 200, 207, 228

MW: 228.25056
MM: 228.08988
$C_{13}H_{12}N_2O_2$
RI: 1947 (calc.)

GC/MS
EI 70 eV
TSQ 70
QI: 975

N-Methyl-4-methoxyamphetamine TMS
expanded

Peaks: 131, 135, 149, 165, 178, 190, 205, 220, 236, 254

MW: 251.44414
MM: 251.17054
$C_{14}H_{25}NOSi$
RI: 1837 (calc.)

GC/MS
EI 70 eV
HP 5973
QI: 905

α-Methyltryptamine PFP
expanded

Peaks: 131, 143, 157, 171, 190, 201, 238, 264, 281, 320

MW: 320.26212
MM: 320.09480
$C_{14}H_{13}F_5N_2O$
RI: 2507 (calc.)

GC/MS
EI 70 eV
TSQ 70
QI: 965

m/z: 131

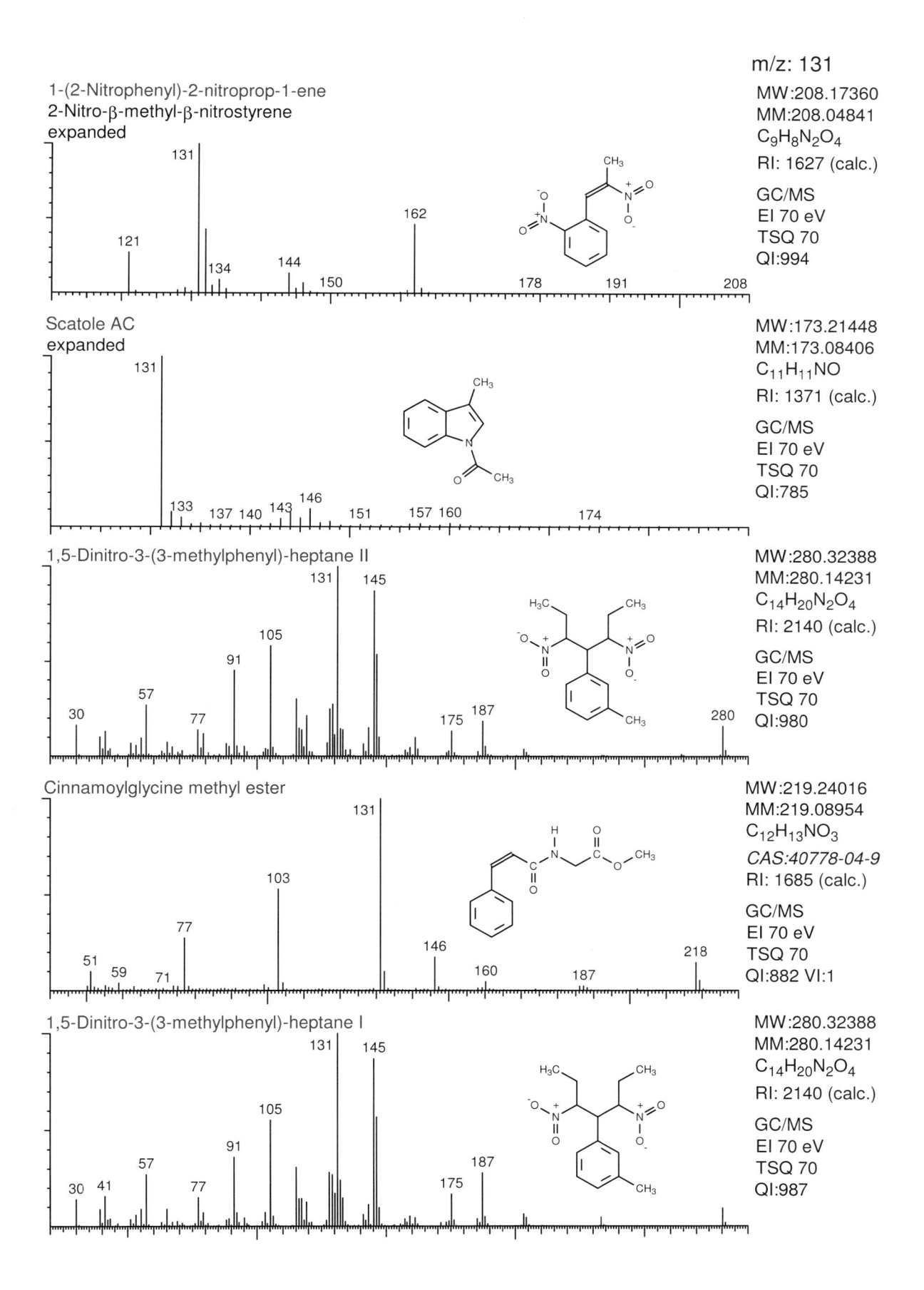

1-(2-Nitrophenyl)-2-nitroprop-1-ene
2-Nitro-β-methyl-β-nitrostyrene
expanded

MW: 208.17360
MM: 208.04841
$C_9H_8N_2O_4$
RI: 1627 (calc.)

GC/MS
EI 70 eV
TSQ 70
QI: 994

Scatole AC
expanded

MW: 173.21448
MM: 173.08406
$C_{11}H_{11}NO$
RI: 1371 (calc.)

GC/MS
EI 70 eV
TSQ 70
QI: 785

1,5-Dinitro-3-(3-methylphenyl)-heptane II

MW: 280.32388
MM: 280.14231
$C_{14}H_{20}N_2O_4$
RI: 2140 (calc.)

GC/MS
EI 70 eV
TSQ 70
QI: 980

Cinnamoylglycine methyl ester

MW: 219.24016
MM: 219.08954
$C_{12}H_{13}NO_3$
CAS: 40778-04-9
RI: 1685 (calc.)

GC/MS
EI 70 eV
TSQ 70
QI: 882 VI:1

1,5-Dinitro-3-(3-methylphenyl)-heptane I

MW: 280.32388
MM: 280.14231
$C_{14}H_{20}N_2O_4$
RI: 2140 (calc.)

GC/MS
EI 70 eV
TSQ 70
QI: 987

m/z: 131-132

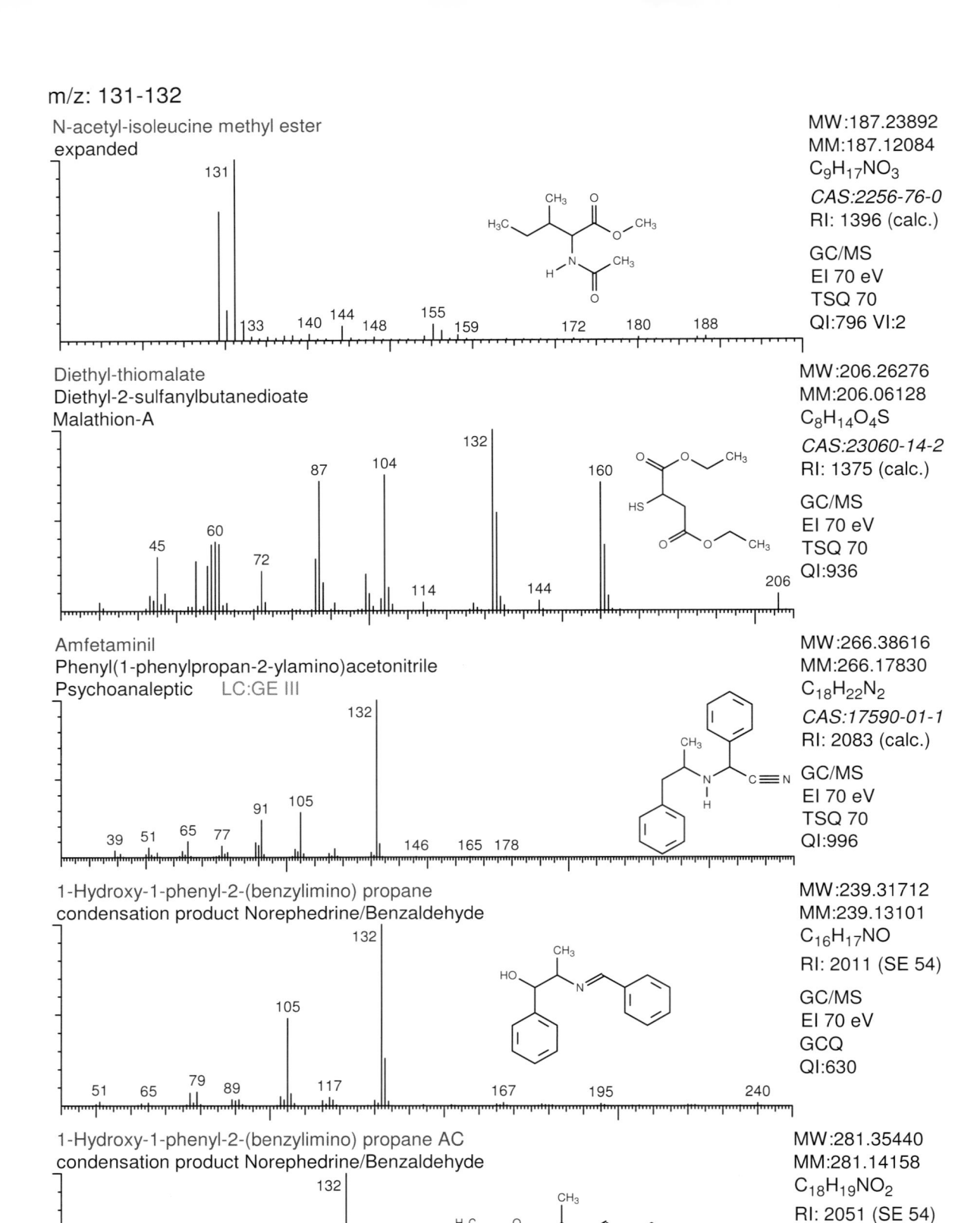

N-acetyl-isoleucine methyl ester
expanded

MW:187.23892
MM:187.12084
$C_9H_{17}NO_3$
CAS:2256-76-0
RI: 1396 (calc.)

GC/MS
EI 70 eV
TSQ 70
QI:796 VI:2

Diethyl-thiomalate
Diethyl-2-sulfanylbutanedioate
Malathion-A

MW:206.26276
MM:206.06128
$C_8H_{14}O_4S$
CAS:23060-14-2
RI: 1375 (calc.)

GC/MS
EI 70 eV
TSQ 70
QI:936

Amfetaminil
Phenyl(1-phenylpropan-2-ylamino)acetonitrile
Psychoanaleptic   LC:GE III

MW:266.38616
MM:266.17830
$C_{18}H_{22}N_2$
CAS:17590-01-1
RI: 2083 (calc.)

GC/MS
EI 70 eV
TSQ 70
QI:996

1-Hydroxy-1-phenyl-2-(benzylimino) propane
condensation product Norephedrine/Benzaldehyde

MW:239.31712
MM:239.13101
$C_{16}H_{17}NO$
RI: 2011 (SE 54)

GC/MS
EI 70 eV
GCQ
QI:630

1-Hydroxy-1-phenyl-2-(benzylimino) propane AC
condensation product Norephedrine/Benzaldehyde

MW:281.35440
MM:281.14158
$C_{18}H_{19}NO_2$
RI: 2051 (SE 54)

GC/MS
EI 70 eV
GCQ
QI:934

m/z: 132

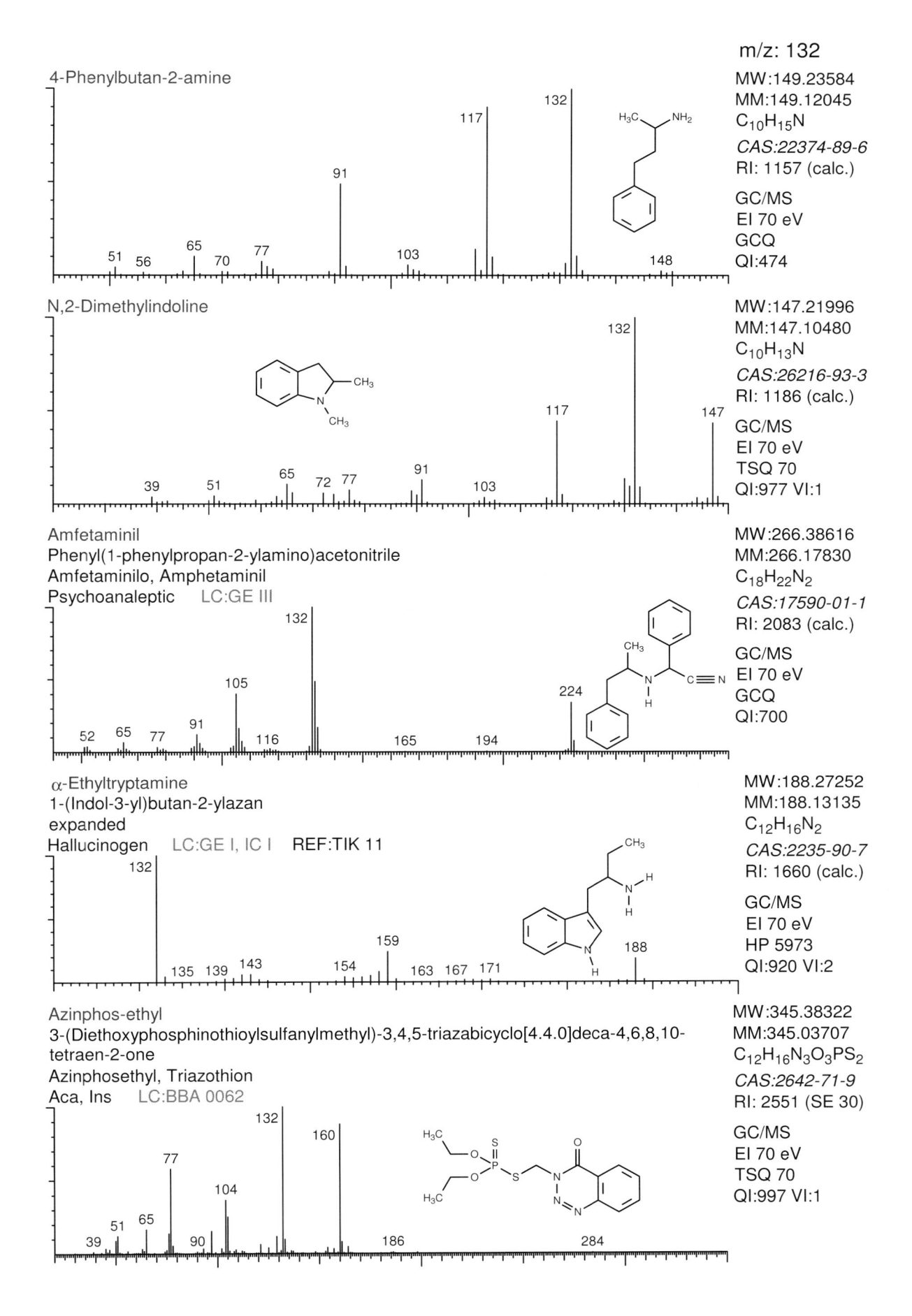

4-Phenylbutan-2-amine

MW: 149.23584
MM: 149.12045
$C_{10}H_{15}N$
CAS: 22374-89-6
RI: 1157 (calc.)

GC/MS
EI 70 eV
GCQ
QI: 474

Peaks: 51, 56, 65, 70, 77, 91, 103, 117, 132, 148

N,2-Dimethylindoline

MW: 147.21996
MM: 147.10480
$C_{10}H_{13}N$
CAS: 26216-93-3
RI: 1186 (calc.)

GC/MS
EI 70 eV
TSQ 70
QI: 977 VI: 1

Peaks: 39, 51, 65, 72, 77, 91, 103, 117, 132, 147

Amfetaminil
Phenyl(1-phenylpropan-2-ylamino)acetonitrile
Amfetaminilo, Amphetaminil
Psychoanaleptic   LC: GE III

MW: 266.38616
MM: 266.17830
$C_{18}H_{22}N_2$
CAS: 17590-01-1
RI: 2083 (calc.)

GC/MS
EI 70 eV
GCQ
QI: 700

Peaks: 52, 65, 77, 91, 105, 116, 132, 165, 194, 224

α-Ethyltryptamine
1-(Indol-3-yl)butan-2-ylazan
expanded
Hallucinogen   LC: GE I, IC I   REF: TIK 11

MW: 188.27252
MM: 188.13135
$C_{12}H_{16}N_2$
CAS: 2235-90-7
RI: 1660 (calc.)

GC/MS
EI 70 eV
HP 5973
QI: 920 VI: 2

Peaks: 132, 135, 139, 143, 154, 159, 163, 167, 171, 188

Azinphos-ethyl
3-(Diethoxyphosphinothioylsulfanylmethyl)-3,4,5-triazabicyclo[4.4.0]deca-4,6,8,10-tetraen-2-one
Azinphosethyl, Triazothion
Aca, Ins   LC: BBA 0062

MW: 345.38322
MM: 345.03707
$C_{12}H_{16}N_3O_3PS_2$
CAS: 2642-71-9
RI: 2551 (SE 30)

GC/MS
EI 70 eV
TSQ 70
QI: 997 VI: 1

Peaks: 39, 51, 65, 77, 90, 104, 132, 160, 186, 284

m/z: 132

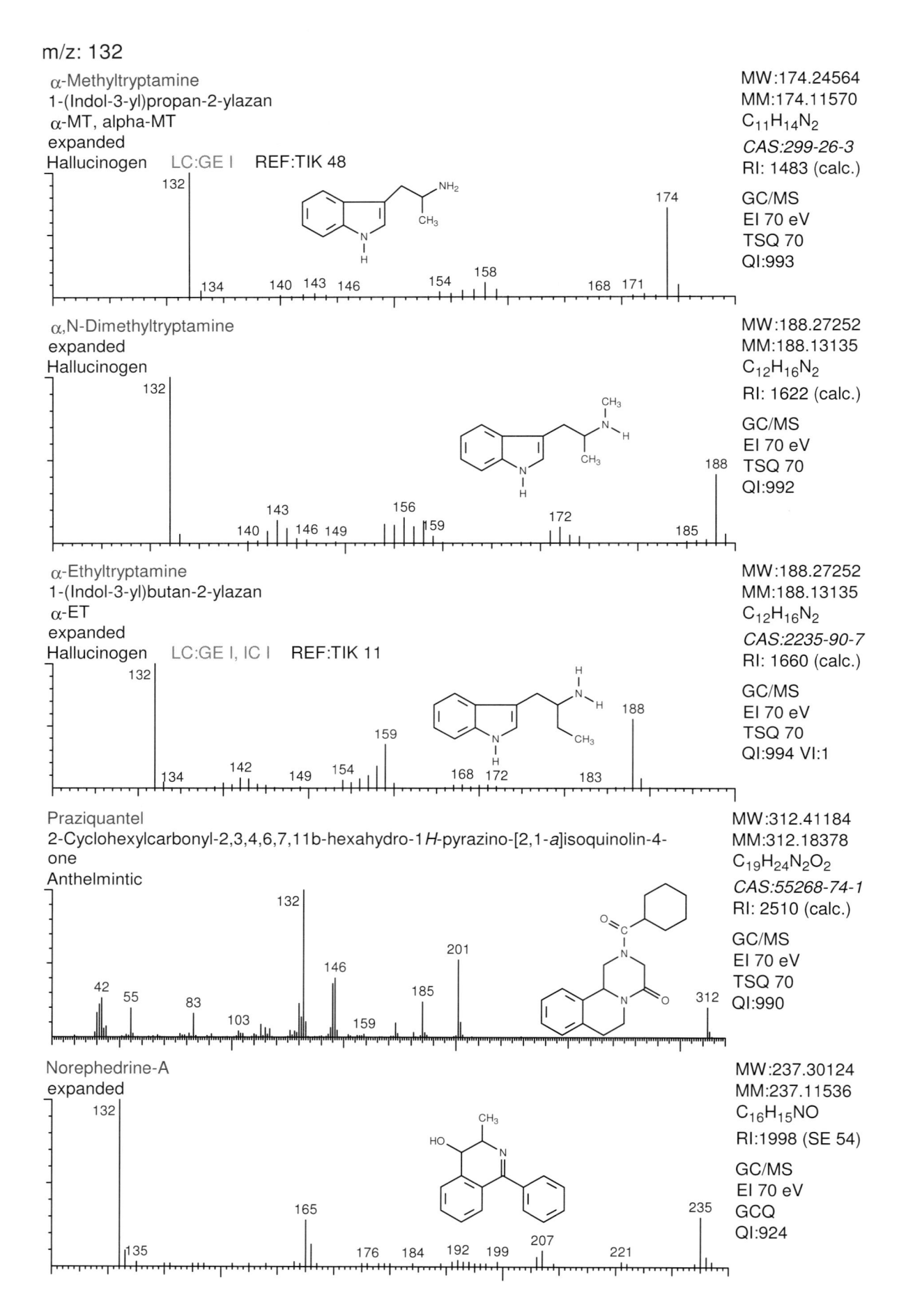

α-Methyltryptamine
1-(Indol-3-yl)propan-2-ylazan
α-MT, alpha-MT
expanded
Hallucinogen LC:GE I   REF:TIK 48

MW:174.24564
MM:174.11570
$C_{11}H_{14}N_2$
CAS:299-26-3
RI: 1483 (calc.)

GC/MS
EI 70 eV
TSQ 70
QI:993

Peaks: 132, 134, 140, 143, 146, 154, 158, 168, 171, 174

α,N-Dimethyltryptamine
expanded
Hallucinogen

MW:188.27252
MM:188.13135
$C_{12}H_{16}N_2$
RI: 1622 (calc.)

GC/MS
EI 70 eV
TSQ 70
QI:992

Peaks: 132, 140, 143, 146, 149, 156, 159, 172, 185, 188

α-Ethyltryptamine
1-(Indol-3-yl)butan-2-ylazan
α-ET
expanded
Hallucinogen LC:GE I, IC I   REF:TIK 11

MW:188.27252
MM:188.13135
$C_{12}H_{16}N_2$
CAS:2235-90-7
RI: 1660 (calc.)

GC/MS
EI 70 eV
TSQ 70
QI:994 VI:1

Peaks: 132, 134, 142, 149, 154, 159, 168, 172, 183, 188

Praziquantel
2-Cyclohexylcarbonyl-2,3,4,6,7,11b-hexahydro-1H-pyrazino-[2,1-a]isoquinolin-4-one
Anthelmintic

MW:312.41184
MM:312.18378
$C_{19}H_{24}N_2O_2$
CAS:55268-74-1
RI: 2510 (calc.)

GC/MS
EI 70 eV
TSQ 70
QI:990

Peaks: 42, 55, 83, 103, 132, 146, 159, 185, 201, 312

Norephedrine-A
expanded

MW:237.30124
MM:237.11536
$C_{16}H_{15}NO$
RI:1998 (SE 54)

GC/MS
EI 70 eV
GCQ
QI:924

Peaks: 132, 135, 165, 176, 184, 192, 199, 207, 221, 235

m/z: 132-133

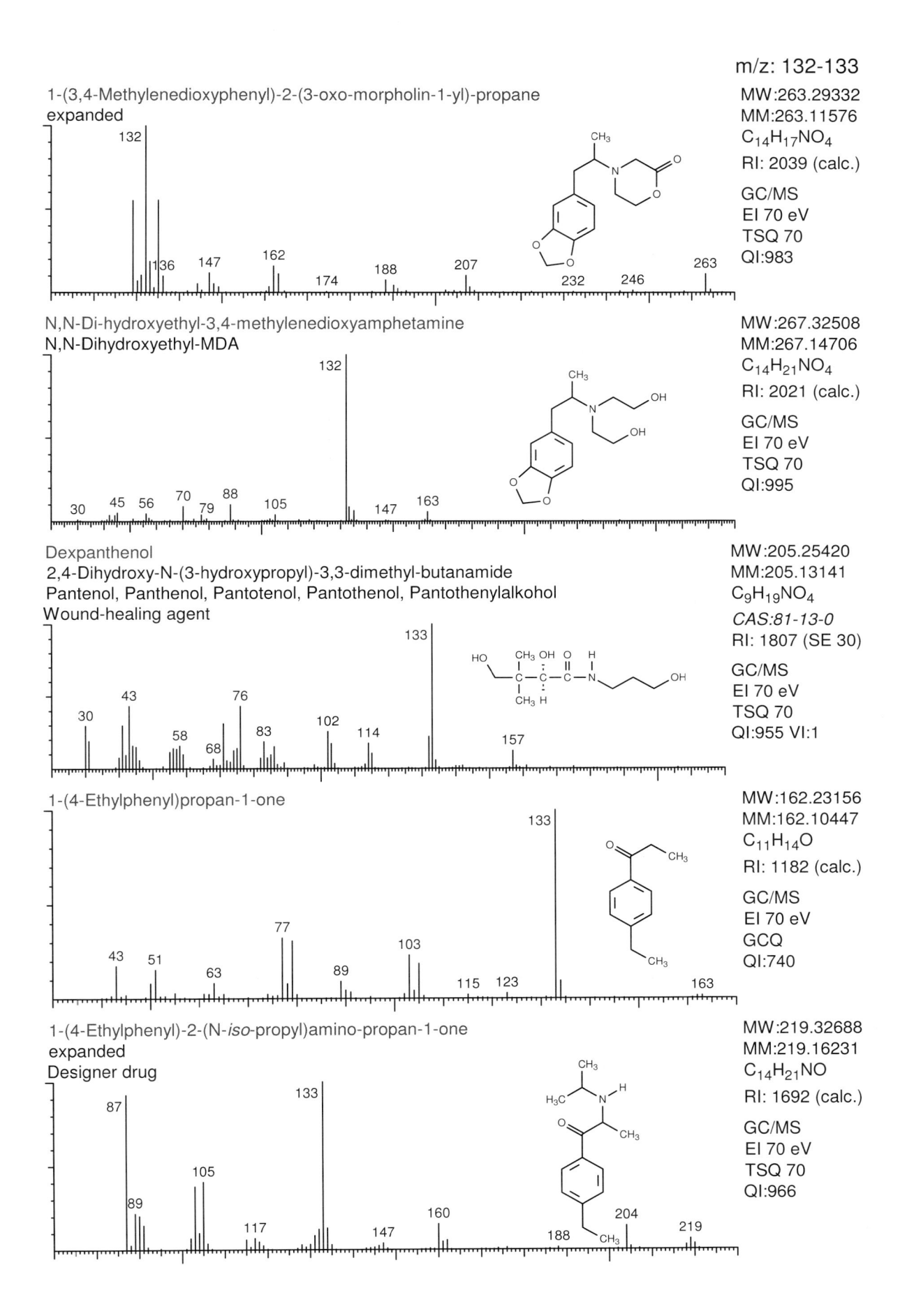

1-(3,4-Methylenedioxyphenyl)-2-(3-oxo-morpholin-1-yl)-propane
expanded

MW: 263.29332
MM: 263.11576
$C_{14}H_{17}NO_4$
RI: 2039 (calc.)

GC/MS
EI 70 eV
TSQ 70
QI: 983

N,N-Di-hydroxyethyl-3,4-methylenedioxyamphetamine
N,N-Dihydroxyethyl-MDA

MW: 267.32508
MM: 267.14706
$C_{14}H_{21}NO_4$
RI: 2021 (calc.)

GC/MS
EI 70 eV
TSQ 70
QI: 995

Dexpanthenol
2,4-Dihydroxy-N-(3-hydroxypropyl)-3,3-dimethyl-butanamide
Pantenol, Panthenol, Pantotenol, Pantothenol, Pantothenylalkohol
Wound-healing agent

MW: 205.25420
MM: 205.13141
$C_9H_{19}NO_4$
CAS: 81-13-0
RI: 1807 (SE 30)

GC/MS
EI 70 eV
TSQ 70
QI: 955 VI: 1

1-(4-Ethylphenyl)propan-1-one

MW: 162.23156
MM: 162.10447
$C_{11}H_{14}O$
RI: 1182 (calc.)

GC/MS
EI 70 eV
GCQ
QI: 740

1-(4-Ethylphenyl)-2-(N-*iso*-propyl)amino-propan-1-one
expanded
Designer drug

MW: 219.32688
MM: 219.16231
$C_{14}H_{21}NO$
RI: 1692 (calc.)

GC/MS
EI 70 eV
TSQ 70
QI: 966

m/z: 133

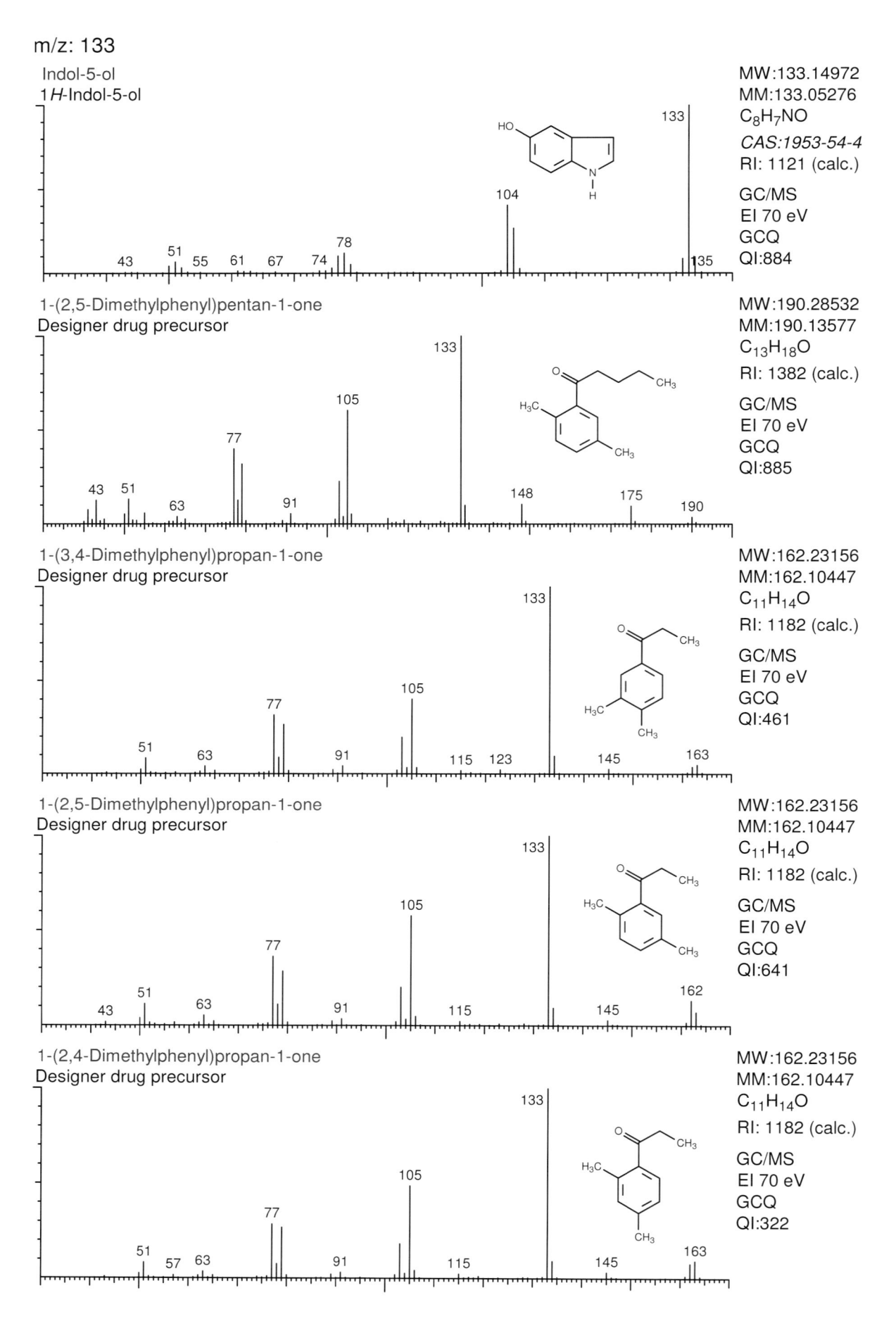

Indol-5-ol
1H-Indol-5-ol

MW:133.14972
MM:133.05276
C_8H_7NO
CAS:1953-54-4
RI: 1121 (calc.)

GC/MS
EI 70 eV
GCQ
QI:884

1-(2,5-Dimethylphenyl)pentan-1-one
Designer drug precursor

MW:190.28532
MM:190.13577
$C_{13}H_{18}O$
RI: 1382 (calc.)

GC/MS
EI 70 eV
GCQ
QI:885

1-(3,4-Dimethylphenyl)propan-1-one
Designer drug precursor

MW:162.23156
MM:162.10447
$C_{11}H_{14}O$
RI: 1182 (calc.)

GC/MS
EI 70 eV
GCQ
QI:461

1-(2,5-Dimethylphenyl)propan-1-one
Designer drug precursor

MW:162.23156
MM:162.10447
$C_{11}H_{14}O$
RI: 1182 (calc.)

GC/MS
EI 70 eV
GCQ
QI:641

1-(2,4-Dimethylphenyl)propan-1-one
Designer drug precursor

MW:162.23156
MM:162.10447
$C_{11}H_{14}O$
RI: 1182 (calc.)

GC/MS
EI 70 eV
GCQ
QI:322

m/z: 133

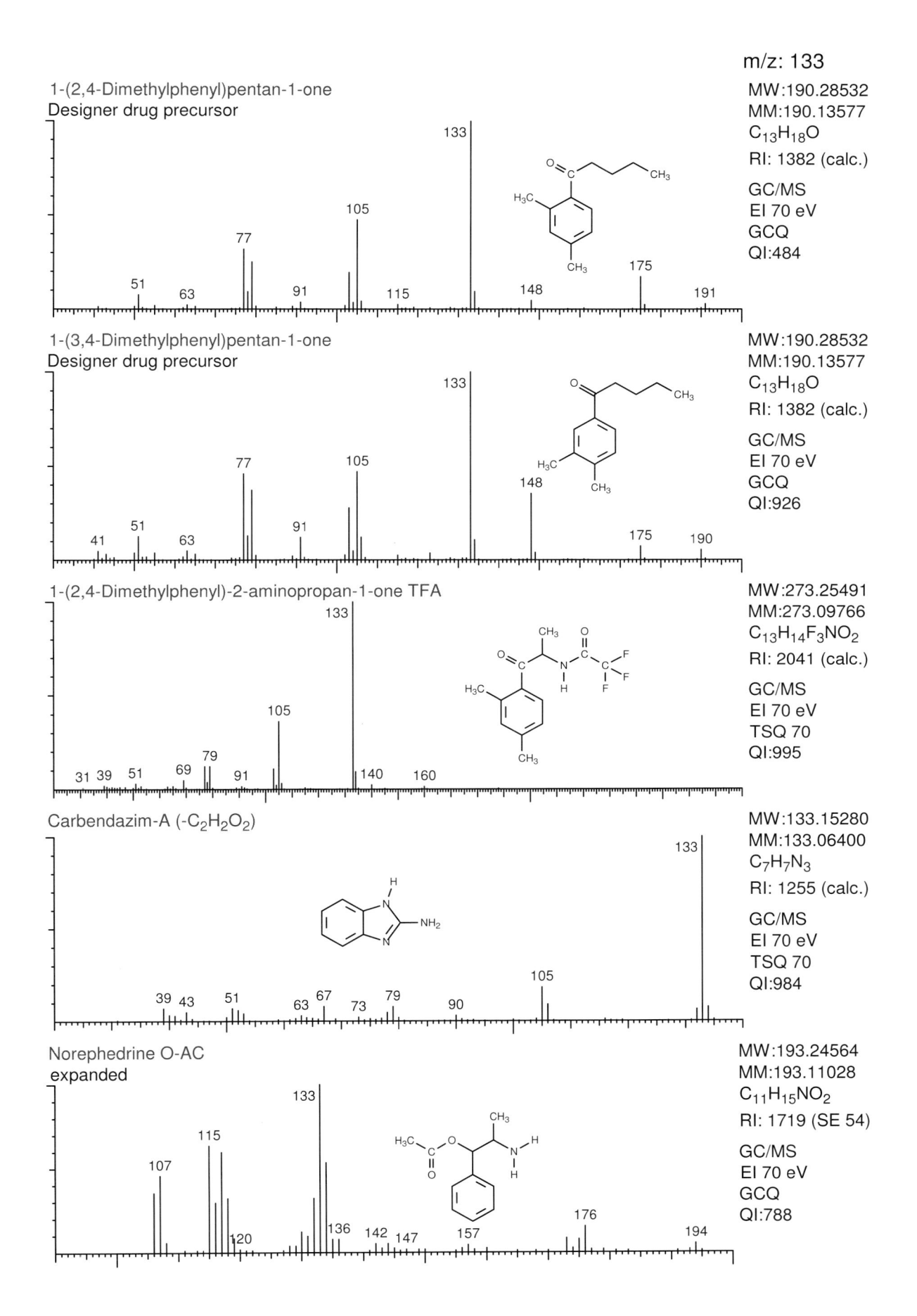

1-(2,4-Dimethylphenyl)pentan-1-one
Designer drug precursor

MW: 190.28532
MM: 190.13577
$C_{13}H_{18}O$
RI: 1382 (calc.)

GC/MS
EI 70 eV
GCQ
QI: 484

1-(3,4-Dimethylphenyl)pentan-1-one
Designer drug precursor

MW: 190.28532
MM: 190.13577
$C_{13}H_{18}O$
RI: 1382 (calc.)

GC/MS
EI 70 eV
GCQ
QI: 926

1-(2,4-Dimethylphenyl)-2-aminopropan-1-one TFA

MW: 273.25491
MM: 273.09766
$C_{13}H_{14}F_3NO_2$
RI: 2041 (calc.)

GC/MS
EI 70 eV
TSQ 70
QI: 995

Carbendazim-A (-$C_2H_2O_2$)

MW: 133.15280
MM: 133.06400
$C_7H_7N_3$
RI: 1255 (calc.)

GC/MS
EI 70 eV
TSQ 70
QI: 984

Norephedrine O-AC
expanded

MW: 193.24564
MM: 193.11028
$C_{11}H_{15}NO_2$
RI: 1719 (SE 54)

GC/MS
EI 70 eV
GCQ
QI: 788

703

m/z: 133

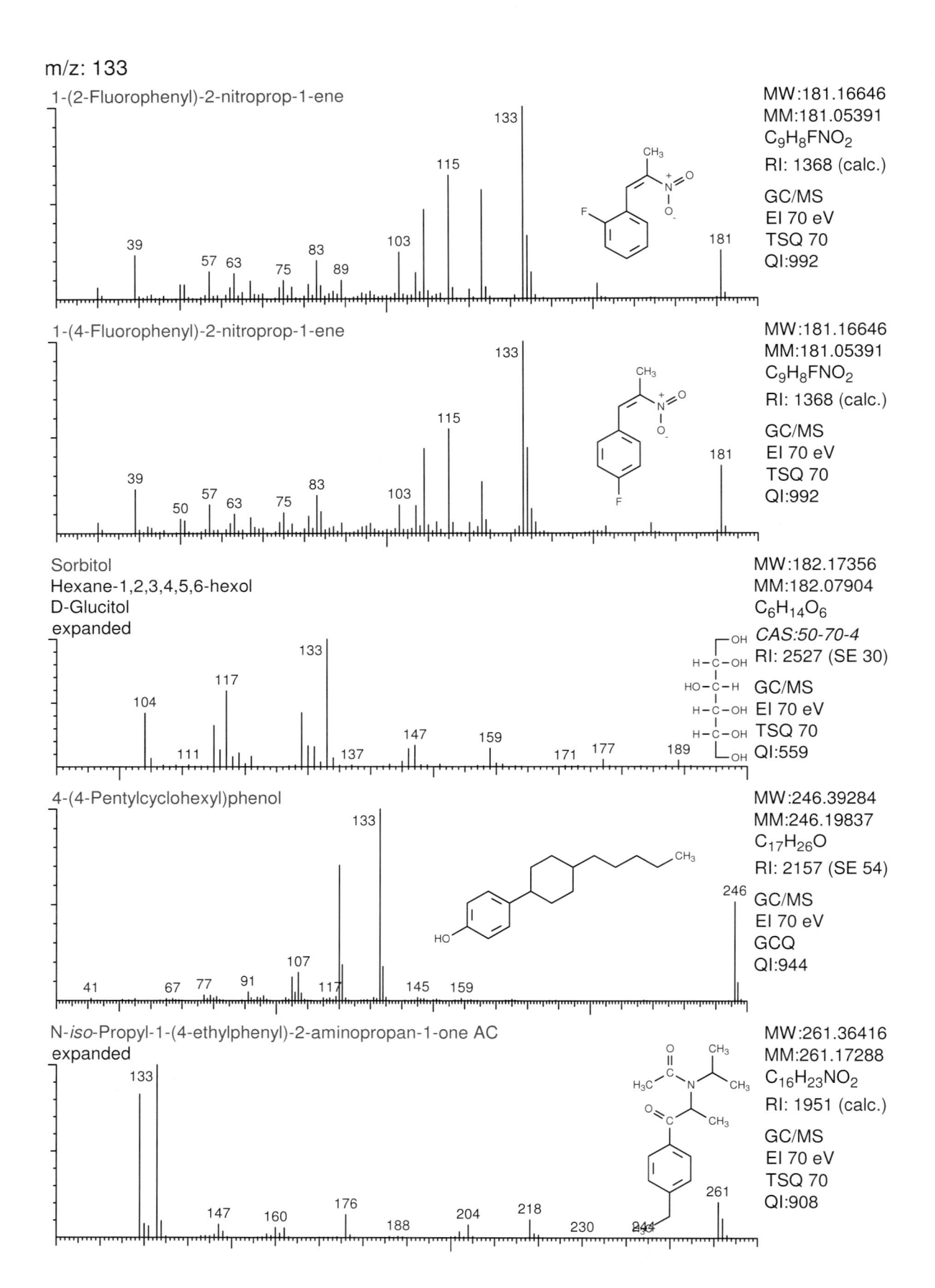

1-(2-Fluorophenyl)-2-nitroprop-1-ene

MW: 181.16646
MM: 181.05391
$C_9H_8FNO_2$
RI: 1368 (calc.)

GC/MS
EI 70 eV
TSQ 70
QI: 992

1-(4-Fluorophenyl)-2-nitroprop-1-ene

MW: 181.16646
MM: 181.05391
$C_9H_8FNO_2$
RI: 1368 (calc.)

GC/MS
EI 70 eV
TSQ 70
QI: 992

Sorbitol
Hexane-1,2,3,4,5,6-hexol
D-Glucitol
expanded

MW: 182.17356
MM: 182.07904
$C_6H_{14}O_6$
CAS: 50-70-4
RI: 2527 (SE 30)

GC/MS
EI 70 eV
TSQ 70
QI: 559

4-(4-Pentylcyclohexyl)phenol

MW: 246.39284
MM: 246.19837
$C_{17}H_{26}O$
RI: 2157 (SE 54)

GC/MS
EI 70 eV
GCQ
QI: 944

N-iso-Propyl-1-(4-ethylphenyl)-2-aminopropan-1-one AC
expanded

MW: 261.36416
MM: 261.17288
$C_{16}H_{23}NO_2$
RI: 1951 (calc.)

GC/MS
EI 70 eV
TSQ 70
QI: 908

m/z: 133

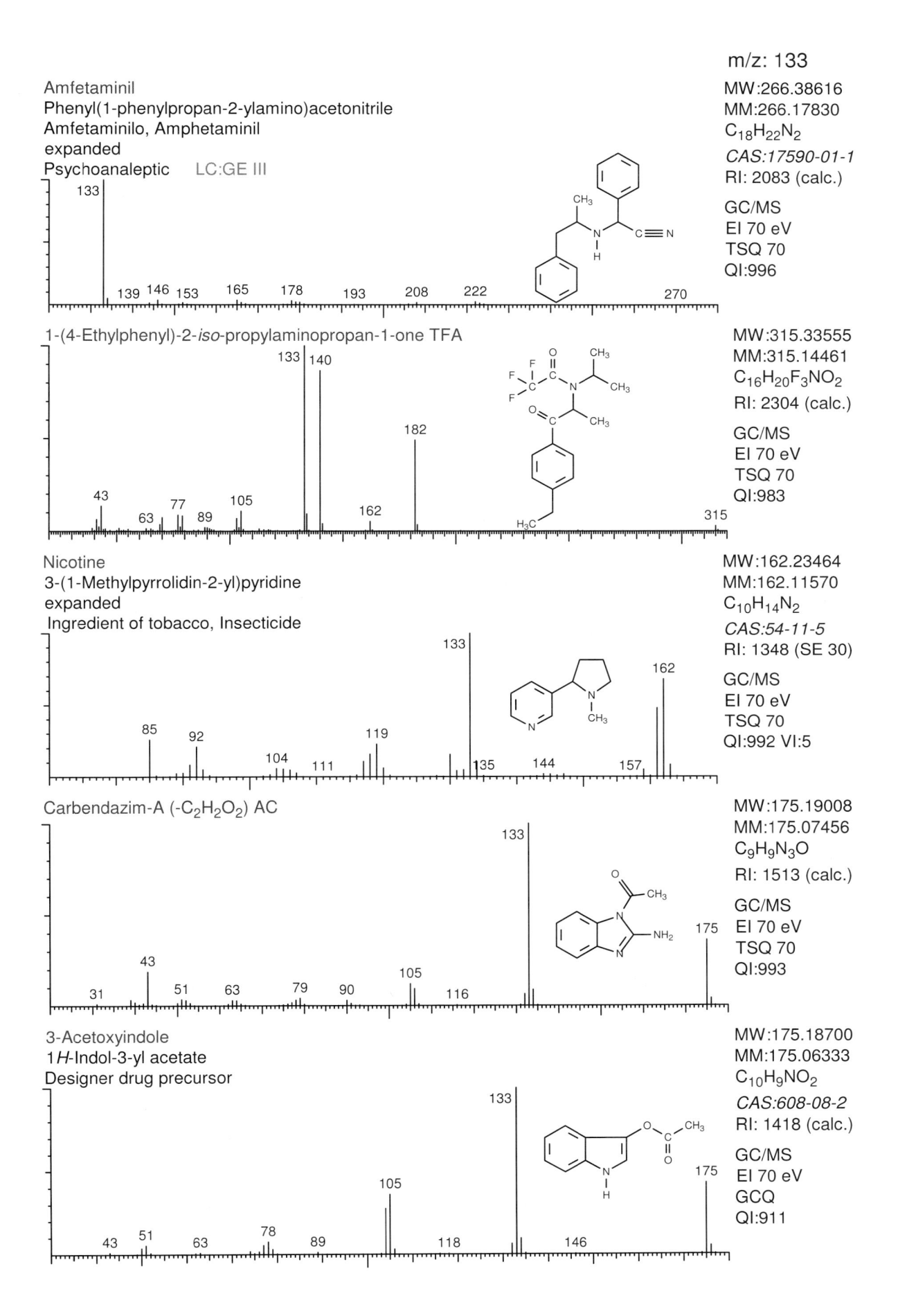

Amfetaminil
Phenyl(1-phenylpropan-2-ylamino)acetonitrile
Amfetaminilo, Amphetaminil
expanded
Psychoanaleptic   LC:GE III

MW:266.38616
MM:266.17830
$C_{18}H_{22}N_2$
CAS:17590-01-1
RI: 2083 (calc.)

GC/MS
EI 70 eV
TSQ 70
QI:996

Peaks: 133, 139, 146, 153, 165, 178, 193, 208, 222, 270

1-(4-Ethylphenyl)-2-iso-propylaminopropan-1-one TFA

MW:315.33555
MM:315.14461
$C_{16}H_{20}F_3NO_2$
RI: 2304 (calc.)

GC/MS
EI 70 eV
TSQ 70
QI:983

Peaks: 43, 63, 77, 89, 105, 133, 140, 162, 182, 315

Nicotine
3-(1-Methylpyrrolidin-2-yl)pyridine
expanded
Ingredient of tobacco, Insecticide

MW:162.23464
MM:162.11570
$C_{10}H_{14}N_2$
CAS:54-11-5
RI: 1348 (SE 30)

GC/MS
EI 70 eV
TSQ 70
QI:992 VI:5

Peaks: 85, 92, 104, 111, 119, 133, 135, 144, 157, 162

Carbendazim-A (-$C_2H_2O_2$) AC

MW:175.19008
MM:175.07456
$C_9H_9N_3O$
RI: 1513 (calc.)

GC/MS
EI 70 eV
TSQ 70
QI:993

Peaks: 31, 43, 51, 63, 79, 90, 105, 116, 133, 175

3-Acetoxyindole
1H-Indol-3-yl acetate
Designer drug precursor

MW:175.18700
MM:175.06333
$C_{10}H_9NO_2$
CAS:608-08-2
RI: 1418 (calc.)

GC/MS
EI 70 eV
GCQ
QI:911

Peaks: 43, 51, 63, 78, 89, 105, 118, 133, 146, 175

m/z: 133

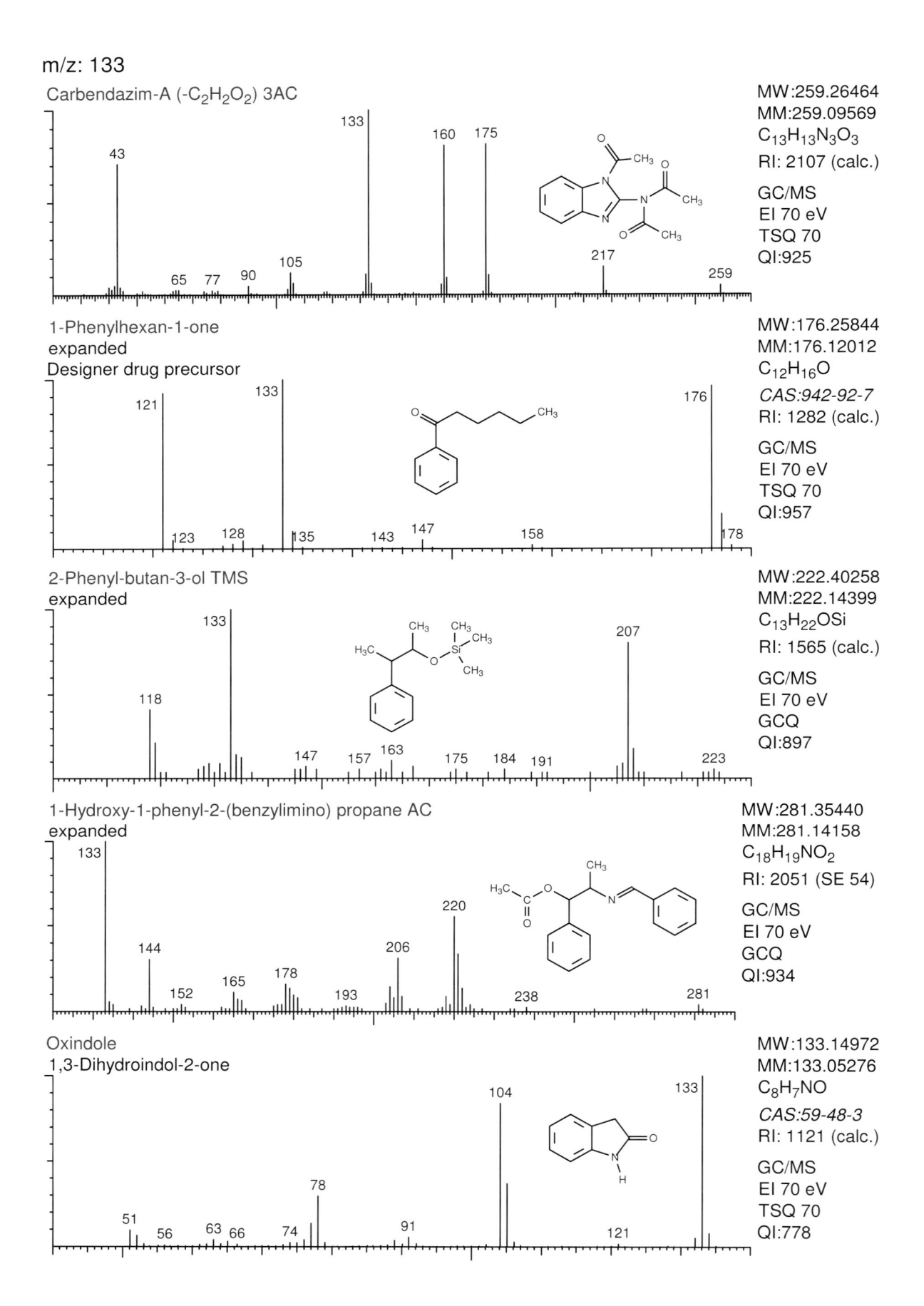

Carbendazim-A (-C$_2$H$_2$O$_2$) 3AC

Peaks: 43, 65, 77, 90, 105, 133, 160, 175, 217, 259

MW: 259.26464
MM: 259.09569
C$_{13}$H$_{13}$N$_3$O$_3$
RI: 2107 (calc.)

GC/MS
EI 70 eV
TSQ 70
QI: 925

1-Phenylhexan-1-one
expanded
Designer drug precursor

Peaks: 121, 123, 128, 133, 135, 143, 147, 158, 176, 178

MW: 176.25844
MM: 176.12012
C$_{12}$H$_{16}$O
CAS: 942-92-7
RI: 1282 (calc.)

GC/MS
EI 70 eV
TSQ 70
QI: 957

2-Phenyl-butan-3-ol TMS
expanded

Peaks: 118, 133, 147, 157, 163, 175, 184, 191, 207, 223

MW: 222.40258
MM: 222.14399
C$_{13}$H$_{22}$OSi
RI: 1565 (calc.)

GC/MS
EI 70 eV
GCQ
QI: 897

1-Hydroxy-1-phenyl-2-(benzylimino) propane AC
expanded

Peaks: 133, 144, 152, 165, 178, 193, 206, 220, 238, 281

MW: 281.35440
MM: 281.14158
C$_{18}$H$_{19}$NO$_2$
RI: 2051 (SE 54)

GC/MS
EI 70 eV
GCQ
QI: 934

Oxindole
1,3-Dihydroindol-2-one

Peaks: 51, 56, 63, 66, 74, 78, 91, 104, 121, 133

MW: 133.14972
MM: 133.05276
C$_8$H$_7$NO
CAS: 59-48-3
RI: 1121 (calc.)

GC/MS
EI 70 eV
TSQ 70
QI: 778

m/z: 133-134

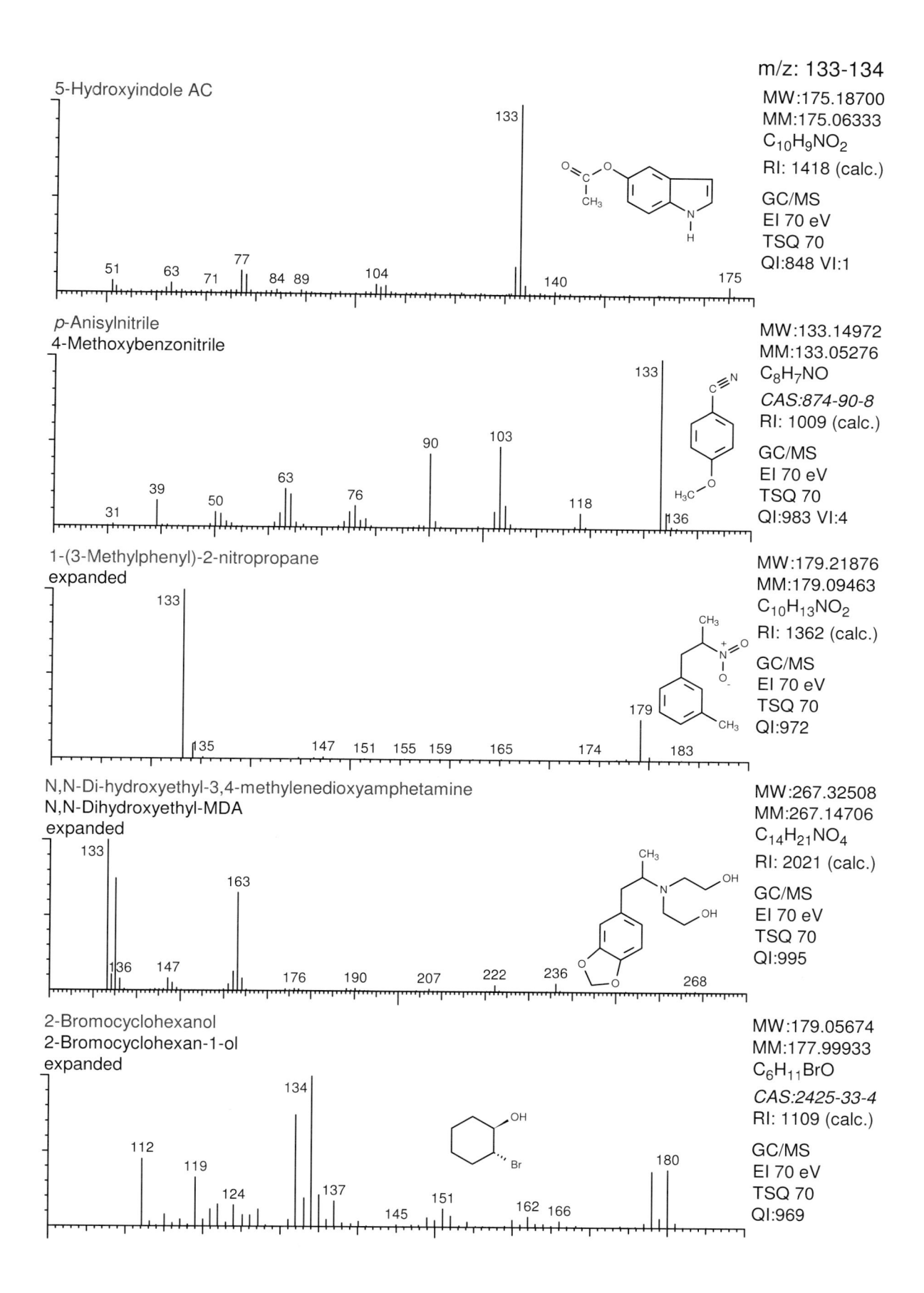

5-Hydroxyindole AC

MW:175.18700
MM:175.06333
$C_{10}H_9NO_2$
RI: 1418 (calc.)

GC/MS
EI 70 eV
TSQ 70
QI:848 VI:1

Peaks: 51, 63, 71, 77, 84, 89, 104, 133, 140, 175

p-Anisylnitrile
4-Methoxybenzonitrile

MW:133.14972
MM:133.05276
C_8H_7NO
CAS:874-90-8
RI: 1009 (calc.)

GC/MS
EI 70 eV
TSQ 70
QI:983 VI:4

Peaks: 31, 39, 50, 63, 76, 90, 103, 118, 133, 136

1-(3-Methylphenyl)-2-nitropropane
expanded

MW:179.21876
MM:179.09463
$C_{10}H_{13}NO_2$
RI: 1362 (calc.)

GC/MS
EI 70 eV
TSQ 70
QI:972

Peaks: 133, 135, 147, 151, 155, 159, 165, 174, 179, 183

N,N-Di-hydroxyethyl-3,4-methylenedioxyamphetamine
N,N-Dihydroxyethyl-MDA
expanded

MW:267.32508
MM:267.14706
$C_{14}H_{21}NO_4$
RI: 2021 (calc.)

GC/MS
EI 70 eV
TSQ 70
QI:995

Peaks: 133, 136, 147, 163, 176, 190, 207, 222, 236, 268

2-Bromocyclohexanol
2-Bromocyclohexan-1-ol
expanded

MW:179.05674
MM:177.99933
$C_6H_{11}BrO$
CAS:2425-33-4
RI: 1109 (calc.)

GC/MS
EI 70 eV
TSQ 70
QI:969

Peaks: 112, 119, 124, 134, 137, 145, 151, 162, 166, 180

m/z: 134

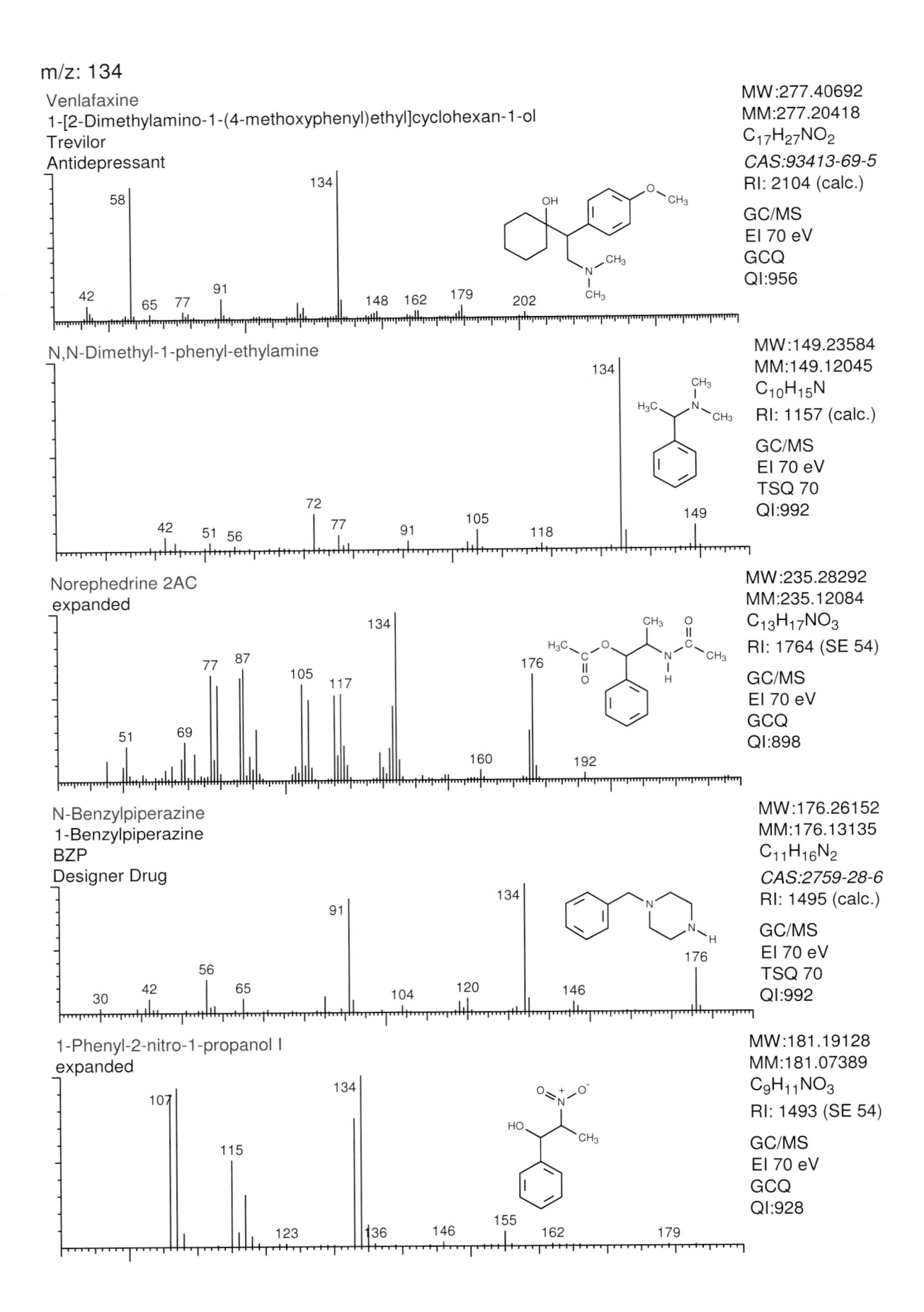

Venlafaxine
1-[2-Dimethylamino-1-(4-methoxyphenyl)ethyl]cyclohexan-1-ol
Trevilor
Antidepressant

MW:277.40692
MM:277.20418
$C_{17}H_{27}NO_2$
CAS:93413-69-5
RI: 2104 (calc.)

GC/MS
EI 70 eV
GCQ
QI:956

N,N-Dimethyl-1-phenyl-ethylamine

MW:149.23584
MM:149.12045
$C_{10}H_{15}N$
RI: 1157 (calc.)

GC/MS
EI 70 eV
TSQ 70
QI:992

Norephedrine 2AC
expanded

MW:235.28292
MM:235.12084
$C_{13}H_{17}NO_3$
RI: 1764 (SE 54)

GC/MS
EI 70 eV
GCQ
QI:898

N-Benzylpiperazine
1-Benzylpiperazine
BZP
Designer Drug

MW:176.26152
MM:176.13135
$C_{11}H_{16}N_2$
CAS:2759-28-6
RI: 1495 (calc.)

GC/MS
EI 70 eV
TSQ 70
QI:992

1-Phenyl-2-nitro-1-propanol I
expanded

MW:181.19128
MM:181.07389
$C_9H_{11}NO_3$
RI: 1493 (SE 54)

GC/MS
EI 70 eV
GCQ
QI:928

Norephedrine-A (-H₂O) MCF
expanded

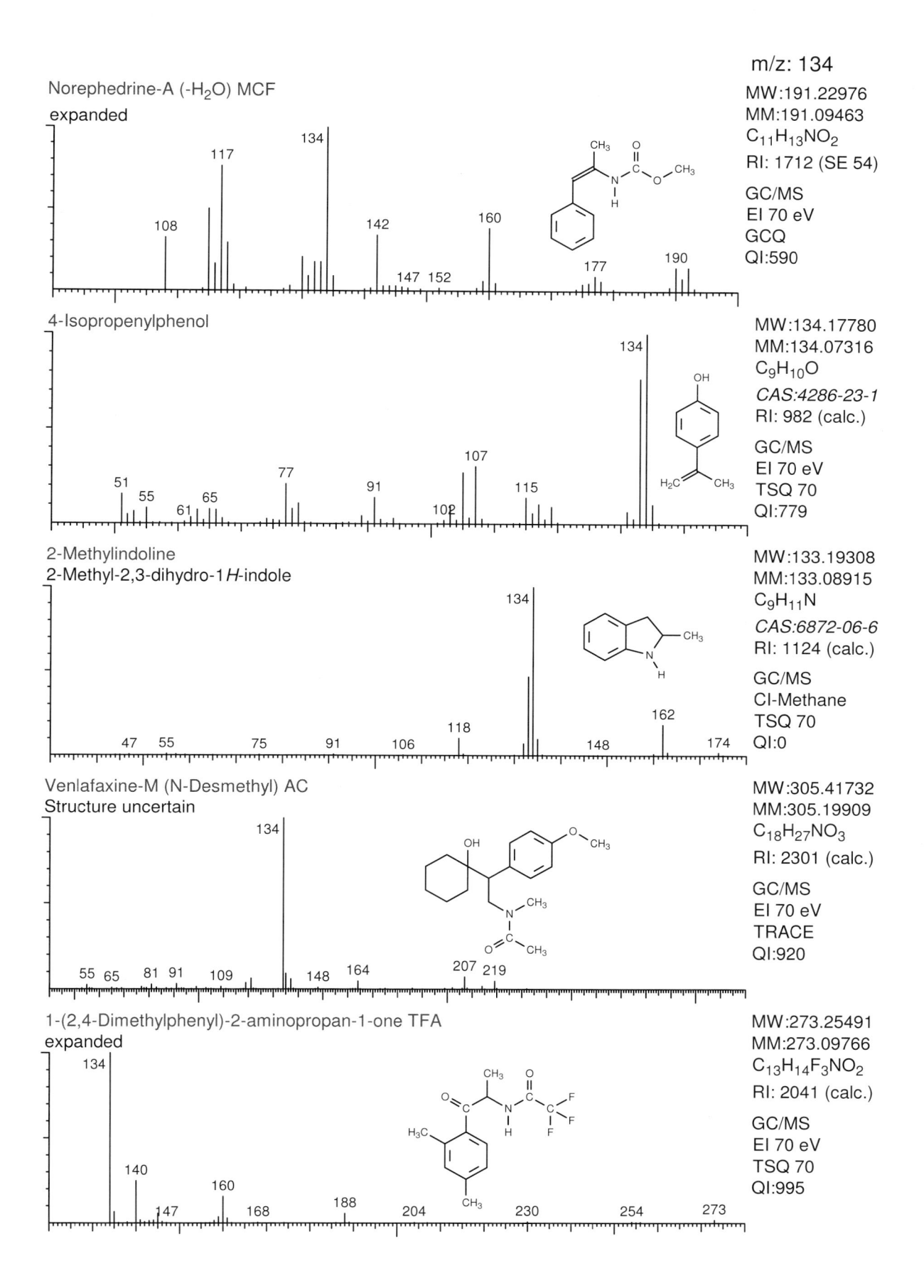

MW: 191.22976
MM: 191.09463
$C_{11}H_{13}NO_2$
RI: 1712 (SE 54)

GC/MS
EI 70 eV
GCQ
QI: 590

4-Isopropenylphenol

MW: 134.17780
MM: 134.07316
$C_9H_{10}O$
CAS: 4286-23-1
RI: 982 (calc.)

GC/MS
EI 70 eV
TSQ 70
QI: 779

2-Methylindoline
2-Methyl-2,3-dihydro-1H-indole

MW: 133.19308
MM: 133.08915
$C_9H_{11}N$
CAS: 6872-06-6
RI: 1124 (calc.)

GC/MS
CI-Methane
TSQ 70
QI: 0

Venlafaxine-M (N-Desmethyl) AC
Structure uncertain

MW: 305.41732
MM: 305.19909
$C_{18}H_{27}NO_3$
RI: 2301 (calc.)

GC/MS
EI 70 eV
TRACE
QI: 920

1-(2,4-Dimethylphenyl)-2-aminopropan-1-one TFA
expanded

MW: 273.25491
MM: 273.09766
$C_{13}H_{14}F_3NO_2$
RI: 2041 (calc.)

GC/MS
EI 70 eV
TSQ 70
QI: 995

m/z: 134

m/z: 134

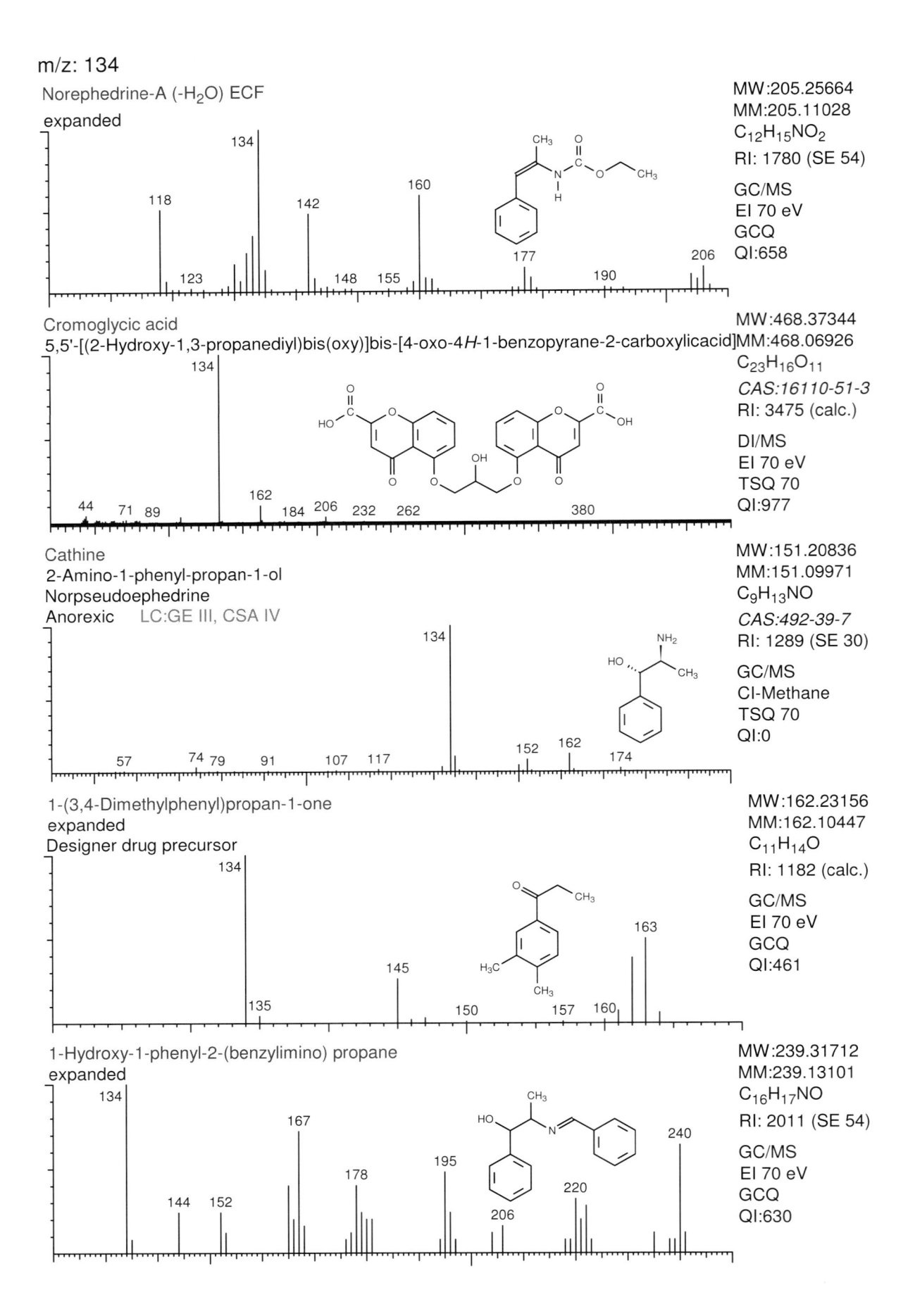

Norephedrine-A (-H₂O) ECF
expanded

MW: 205.25664
MM: 205.11028
$C_{12}H_{15}NO_2$
RI: 1780 (SE 54)

GC/MS
EI 70 eV
GCQ
QI: 658

Cromoglycic acid
5,5'-[(2-Hydroxy-1,3-propanediyl)bis(oxy)]bis-[4-oxo-4H-1-benzopyrane-2-carboxylic acid]

MW: 468.37344
MM: 468.06926
$C_{23}H_{16}O_{11}$
CAS: 16110-51-3
RI: 3475 (calc.)

DI/MS
EI 70 eV
TSQ 70
QI: 977

Cathine
2-Amino-1-phenyl-propan-1-ol
Norpseudoephedrine
Anorexic   LC:GE III, CSA IV

MW: 151.20836
MM: 151.09971
$C_9H_{13}NO$
CAS: 492-39-7
RI: 1289 (SE 30)

GC/MS
CI-Methane
TSQ 70
QI: 0

1-(3,4-Dimethylphenyl)propan-1-one
expanded
Designer drug precursor

MW: 162.23156
MM: 162.10447
$C_{11}H_{14}O$
RI: 1182 (calc.)

GC/MS
EI 70 eV
GCQ
QI: 461

1-Hydroxy-1-phenyl-2-(benzylimino) propane
expanded

MW: 239.31712
MM: 239.13101
$C_{16}H_{17}NO$
RI: 2011 (SE 54)

GC/MS
EI 70 eV
GCQ
QI: 630

m/z: 134

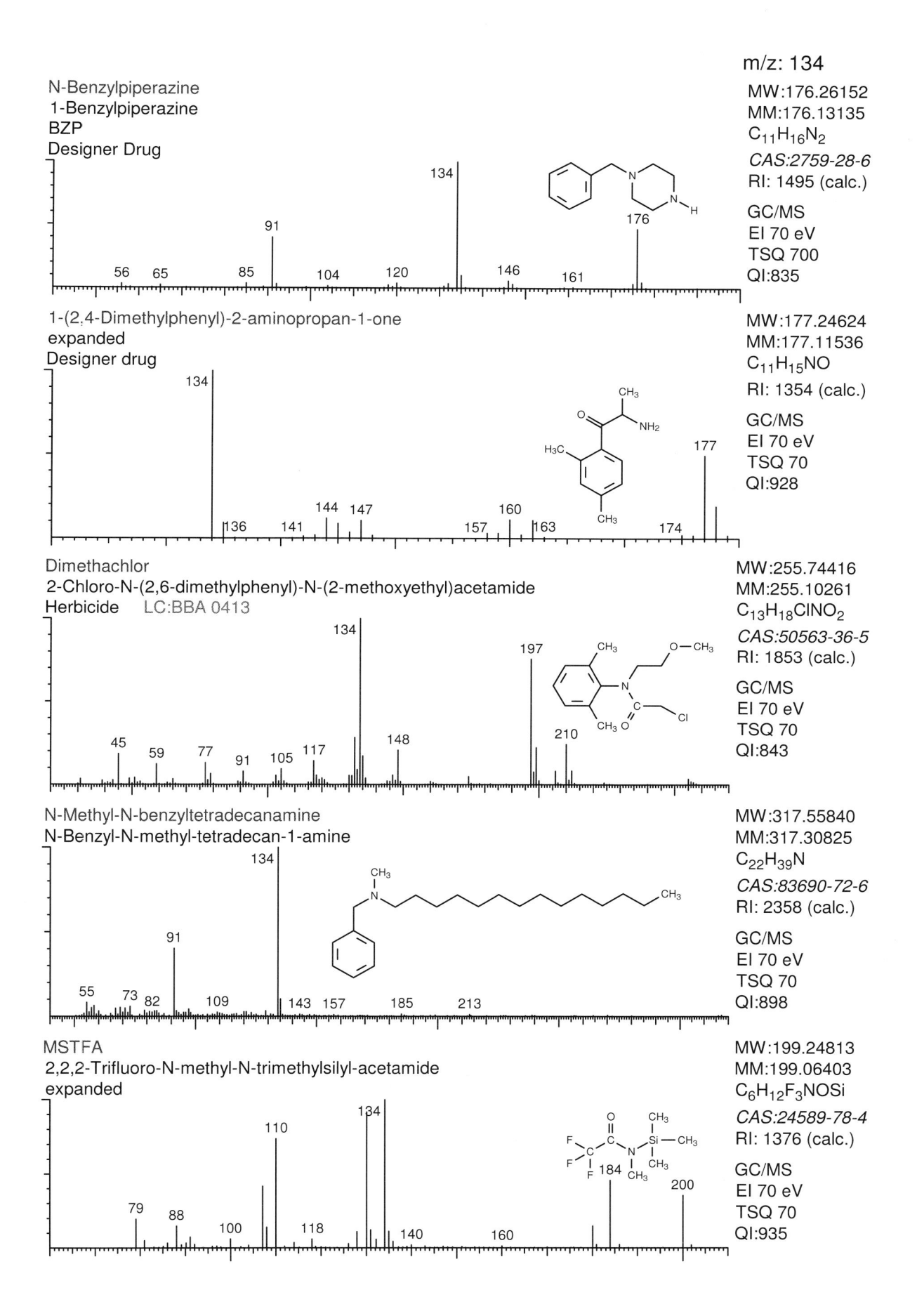

N-Benzylpiperazine
1-Benzylpiperazine
BZP
Designer Drug

MW: 176.26152
MM: 176.13135
$C_{11}H_{16}N_2$
CAS: 2759-28-6
RI: 1495 (calc.)

GC/MS
EI 70 eV
TSQ 700
QI: 835

Peaks: 56, 65, 85, 91, 104, 120, 134, 146, 161, 176

1-(2,4-Dimethylphenyl)-2-aminopropan-1-one
expanded
Designer drug

MW: 177.24624
MM: 177.11536
$C_{11}H_{15}NO$
RI: 1354 (calc.)

GC/MS
EI 70 eV
TSQ 70
QI: 928

Peaks: 134, 136, 141, 144, 147, 157, 160, 163, 174, 177

Dimethachlor
2-Chloro-N-(2,6-dimethylphenyl)-N-(2-methoxyethyl)acetamide
Herbicide   LC:BBA 0413

MW: 255.74416
MM: 255.10261
$C_{13}H_{18}ClNO_2$
CAS: 50563-36-5
RI: 1853 (calc.)

GC/MS
EI 70 eV
TSQ 70
QI: 843

Peaks: 45, 59, 77, 91, 105, 117, 134, 148, 197, 210

N-Methyl-N-benzyltetradecanamine
N-Benzyl-N-methyl-tetradecan-1-amine

MW: 317.55840
MM: 317.30825
$C_{22}H_{39}N$
CAS: 83690-72-6
RI: 2358 (calc.)

GC/MS
EI 70 eV
TSQ 70
QI: 898

Peaks: 55, 73, 82, 91, 109, 134, 143, 157, 185, 213

MSTFA
2,2,2-Trifluoro-N-methyl-N-trimethylsilyl-acetamide
expanded

MW: 199.24813
MM: 199.06403
$C_6H_{12}F_3NOSi$
CAS: 24589-78-4
RI: 1376 (calc.)

GC/MS
EI 70 eV
TSQ 70
QI: 935

Peaks: 79, 88, 100, 110, 118, 134, 140, 160, 184, 200

m/z: 134

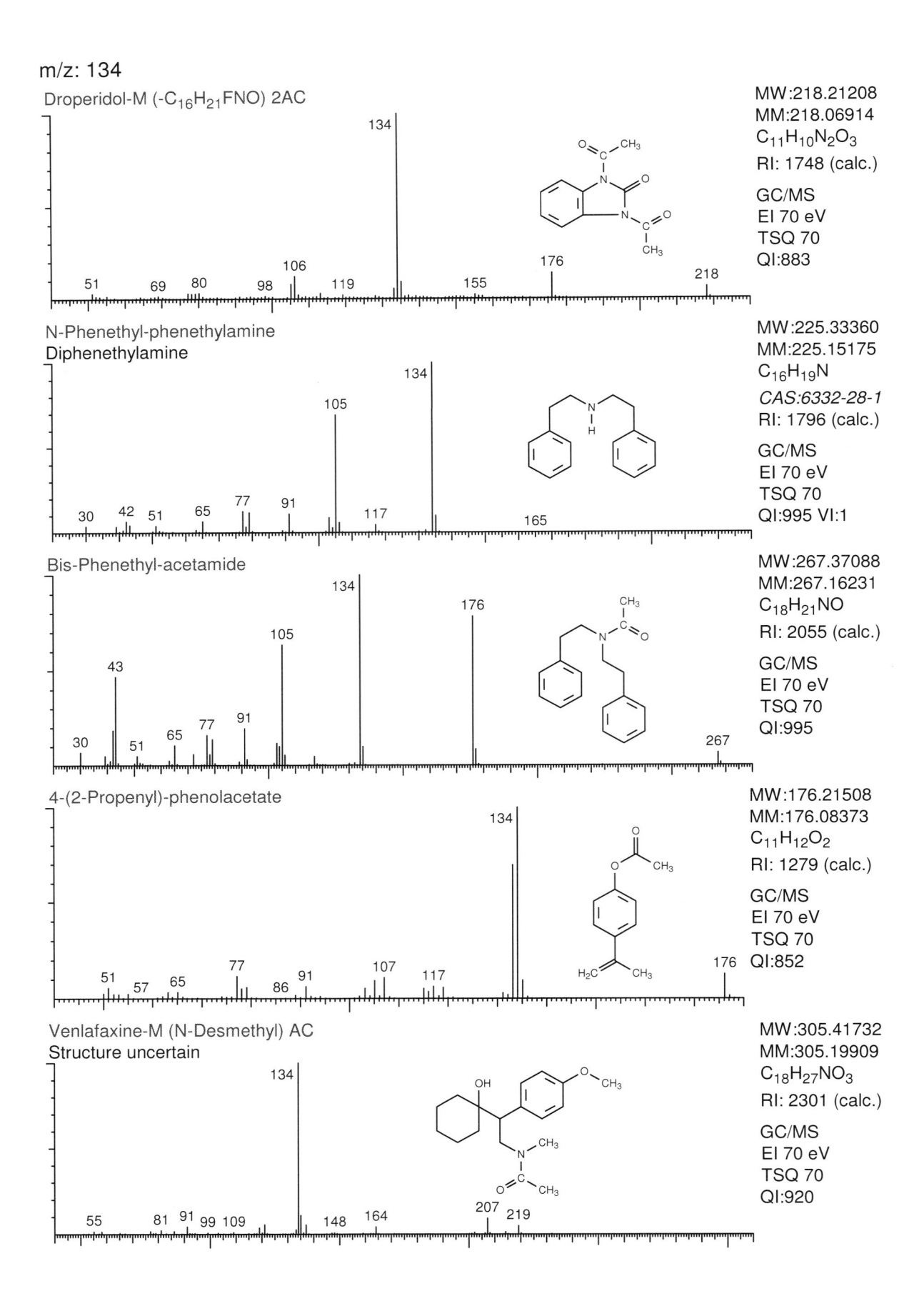

Droperidol-M (-C$_{16}$H$_{21}$FNO) 2AC

MW: 218.21208
MM: 218.06914
C$_{11}$H$_{10}$N$_2$O$_3$
RI: 1748 (calc.)

GC/MS
EI 70 eV
TSQ 70
QI: 883

N-Phenethyl-phenethylamine
Diphenethylamine

MW: 225.33360
MM: 225.15175
C$_{16}$H$_{19}$N
CAS: 6332-28-1
RI: 1796 (calc.)

GC/MS
EI 70 eV
TSQ 70
QI: 995 VI:1

Bis-Phenethyl-acetamide

MW: 267.37088
MM: 267.16231
C$_{18}$H$_{21}$NO
RI: 2055 (calc.)

GC/MS
EI 70 eV
TSQ 70
QI: 995

4-(2-Propenyl)-phenolacetate

MW: 176.21508
MM: 176.08373
C$_{11}$H$_{12}$O$_2$
RI: 1279 (calc.)

GC/MS
EI 70 eV
TSQ 70
QI: 852

Venlafaxine-M (N-Desmethyl) AC
Structure uncertain

MW: 305.41732
MM: 305.19909
C$_{18}$H$_{27}$NO$_3$
RI: 2301 (calc.)

GC/MS
EI 70 eV
TSQ 70
QI: 920

m/z: 134

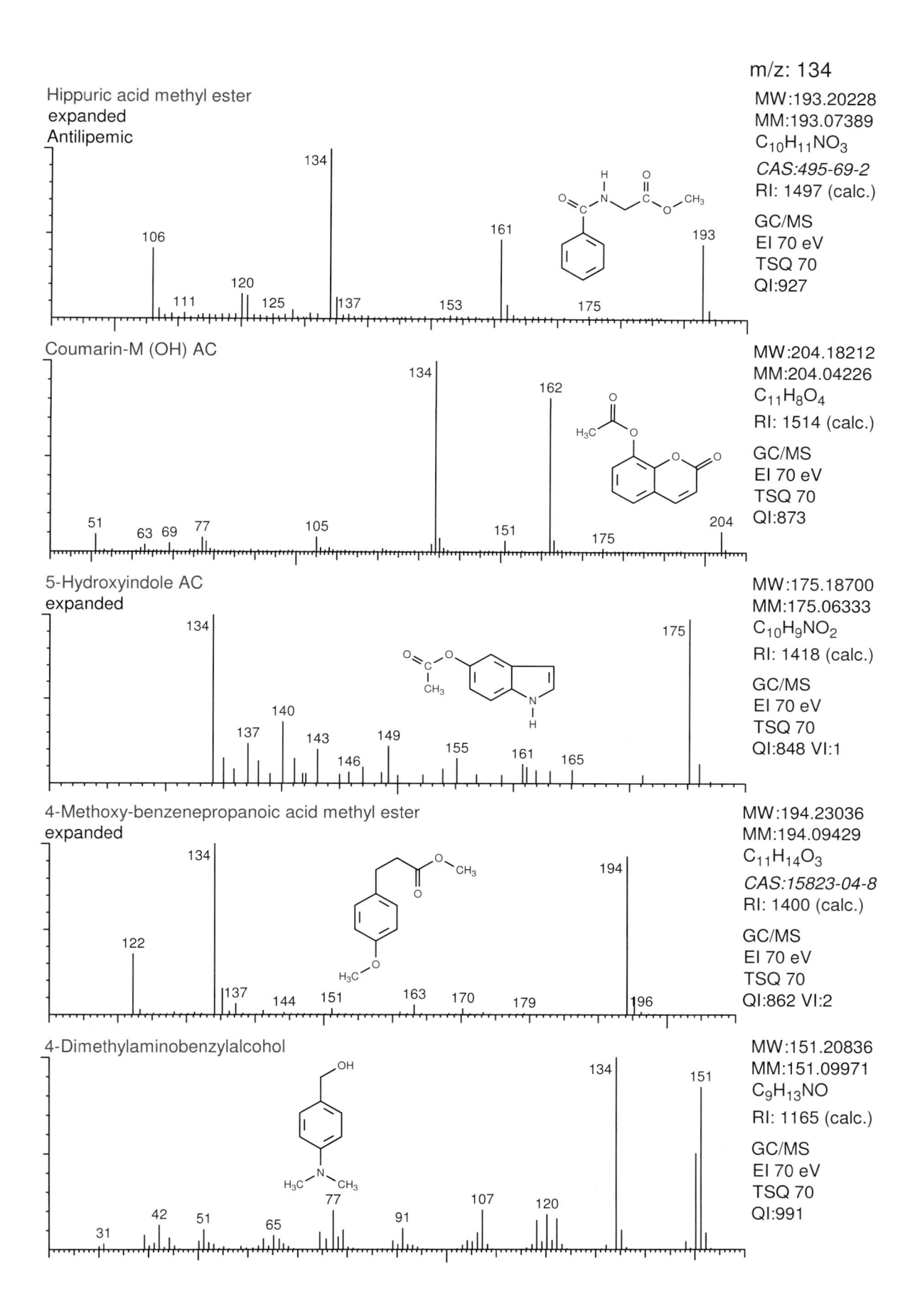

Hippuric acid methyl ester expanded
Antilipemic

MW: 193.20228
MM: 193.07389
$C_{10}H_{11}NO_3$
CAS: 495-69-2
RI: 1497 (calc.)

GC/MS
EI 70 eV
TSQ 70
QI: 927

Peaks: 106, 111, 120, 125, 134, 137, 153, 161, 175, 193

Coumarin-M (OH) AC

MW: 204.18212
MM: 204.04226
$C_{11}H_8O_4$
RI: 1514 (calc.)

GC/MS
EI 70 eV
TSQ 70
QI: 873

Peaks: 51, 63, 69, 77, 105, 134, 151, 162, 175, 204

5-Hydroxyindole AC expanded

MW: 175.18700
MM: 175.06333
$C_{10}H_9NO_2$
RI: 1418 (calc.)

GC/MS
EI 70 eV
TSQ 70
QI: 848 VI: 1

Peaks: 134, 137, 140, 143, 146, 149, 155, 161, 165, 175

4-Methoxy-benzenepropanoic acid methyl ester expanded

MW: 194.23036
MM: 194.09429
$C_{11}H_{14}O_3$
CAS: 15823-04-8
RI: 1400 (calc.)

GC/MS
EI 70 eV
TSQ 70
QI: 862 VI: 2

Peaks: 122, 134, 137, 144, 151, 163, 170, 179, 194, 196

4-Dimethylaminobenzylalcohol

MW: 151.20836
MM: 151.09971
$C_9H_{13}NO$
RI: 1165 (calc.)

GC/MS
EI 70 eV
TSQ 70
QI: 991

Peaks: 31, 42, 51, 65, 77, 91, 107, 120, 134, 151

m/z: 134-135

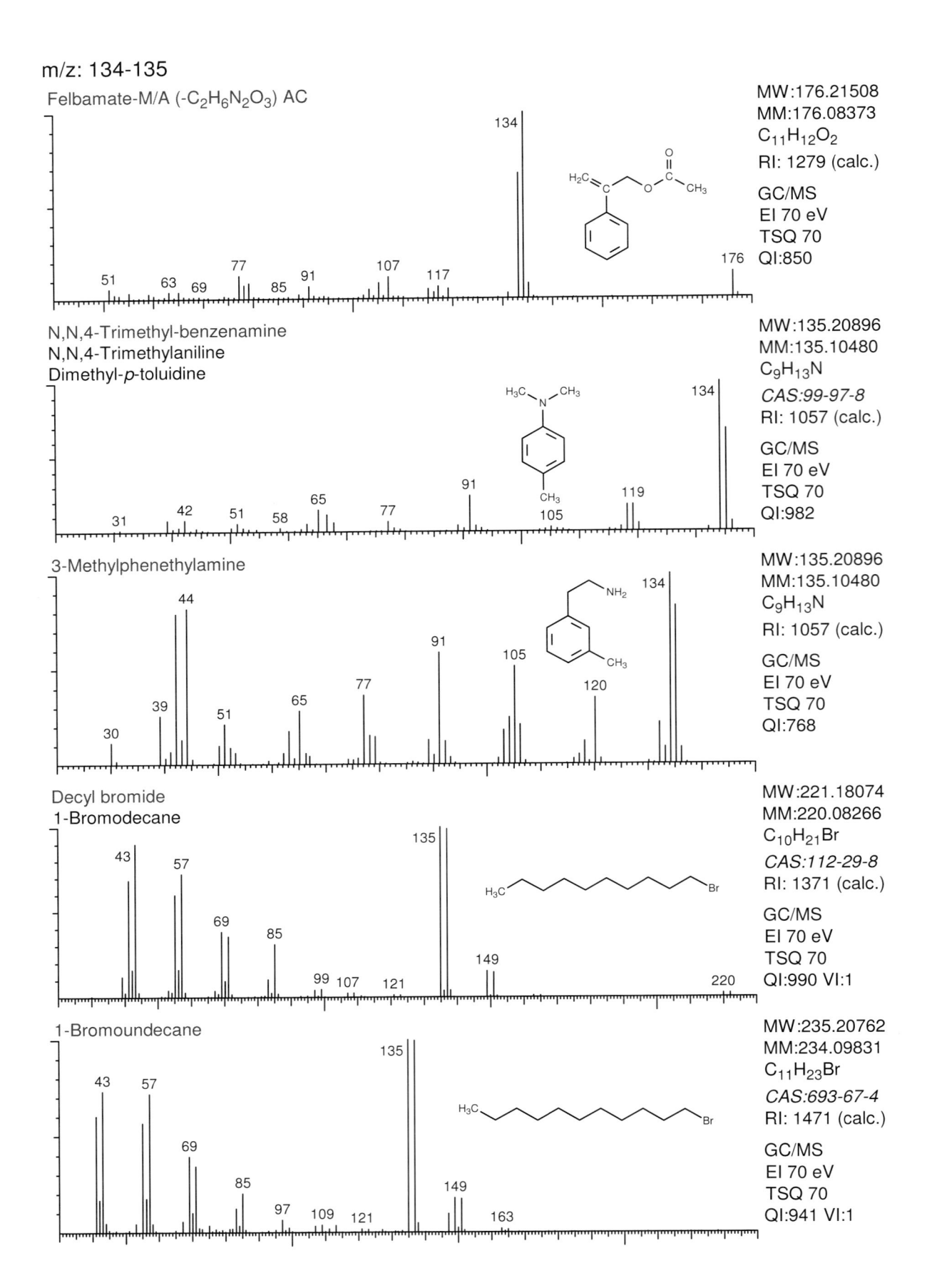

Felbamate-M/A (-C₂H₆N₂O₃) AC

Peaks: 51, 63, 69, 77, 85, 91, 107, 117, 134, 176

MW:176.21508
MM:176.08373
$C_{11}H_{12}O_2$
RI: 1279 (calc.)

GC/MS
EI 70 eV
TSQ 70
QI:850

N,N,4-Trimethyl-benzenamine
N,N,4-Trimethylaniline
Dimethyl-p-toluidine

Peaks: 31, 42, 51, 58, 65, 77, 91, 105, 119, 134

MW:135.20896
MM:135.10480
$C_9H_{13}N$
CAS:99-97-8
RI: 1057 (calc.)

GC/MS
EI 70 eV
TSQ 70
QI:982

3-Methylphenethylamine

Peaks: 30, 39, 44, 51, 65, 77, 91, 105, 120, 134

MW:135.20896
MM:135.10480
$C_9H_{13}N$
RI: 1057 (calc.)

GC/MS
EI 70 eV
TSQ 70
QI:768

Decyl bromide
1-Bromodecane

Peaks: 43, 57, 69, 85, 99, 107, 121, 135, 149, 220

MW:221.18074
MM:220.08266
$C_{10}H_{21}Br$
CAS:112-29-8
RI: 1371 (calc.)

GC/MS
EI 70 eV
TSQ 70
QI:990 VI:1

1-Bromoundecane

Peaks: 43, 57, 69, 85, 97, 109, 121, 135, 149, 163

MW:235.20762
MM:234.09831
$C_{11}H_{23}Br$
CAS:693-67-4
RI: 1471 (calc.)

GC/MS
EI 70 eV
TSQ 70
QI:941 VI:1

m/z: 135

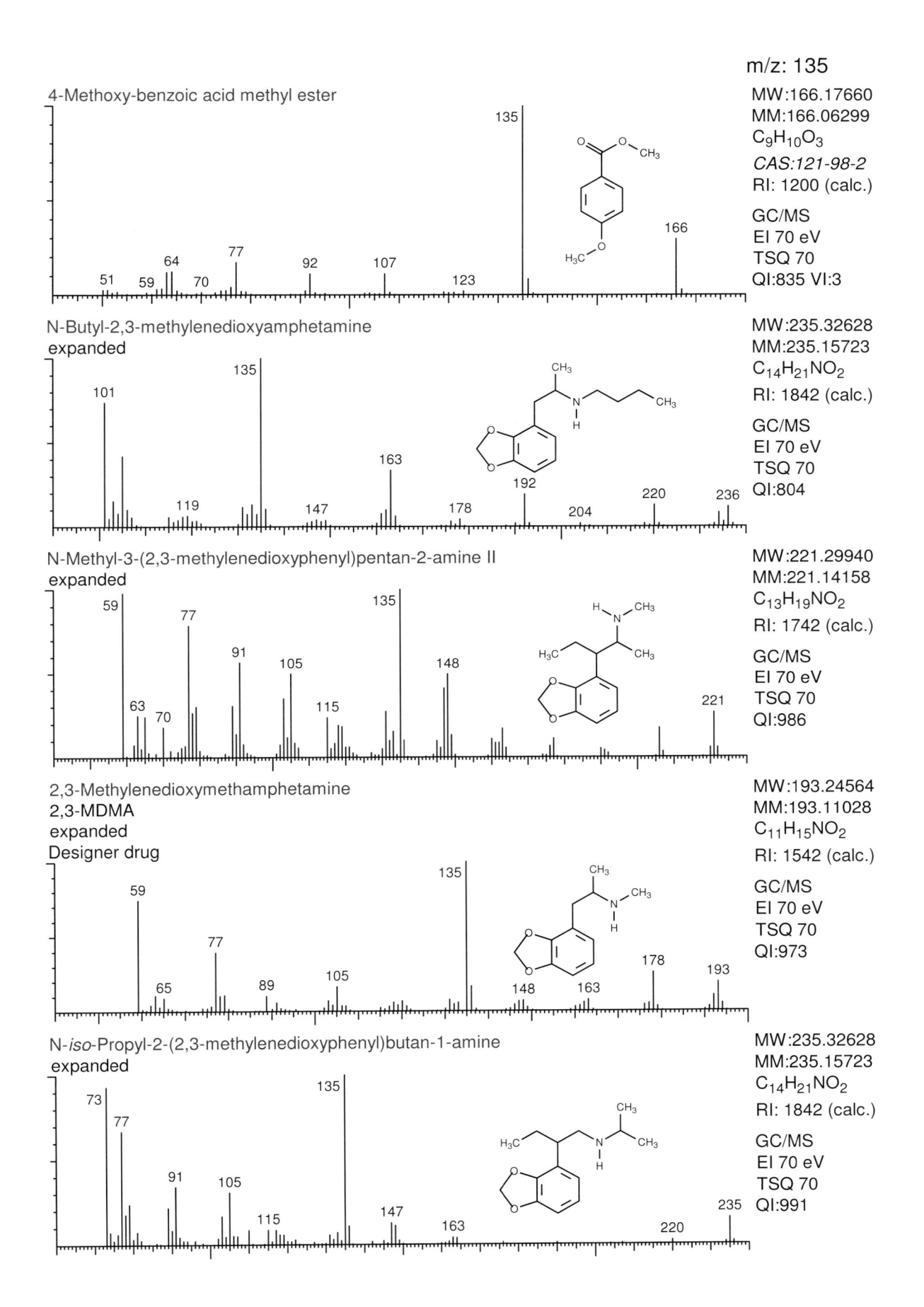

4-Methoxy-benzoic acid methyl ester

MW: 166.17660
MM: 166.06299
$C_9H_{10}O_3$
CAS: 121-98-2
RI: 1200 (calc.)

GC/MS
EI 70 eV
TSQ 70
QI: 835 VI:3

Peaks: 51, 59, 64, 70, 77, 92, 107, 123, 135, 166

N-Butyl-2,3-methylenedioxyamphetamine
expanded

MW: 235.32628
MM: 235.15723
$C_{14}H_{21}NO_2$
RI: 1842 (calc.)

GC/MS
EI 70 eV
TSQ 70
QI: 804

Peaks: 101, 119, 135, 147, 163, 178, 192, 204, 220, 236

N-Methyl-3-(2,3-methylenedioxyphenyl)pentan-2-amine II
expanded

MW: 221.29940
MM: 221.14158
$C_{13}H_{19}NO_2$
RI: 1742 (calc.)

GC/MS
EI 70 eV
TSQ 70
QI: 986

Peaks: 59, 63, 70, 77, 91, 105, 115, 135, 148, 221

2,3-Methylenedioxymethamphetamine
2,3-MDMA
expanded
Designer drug

MW: 193.24564
MM: 193.11028
$C_{11}H_{15}NO_2$
RI: 1542 (calc.)

GC/MS
EI 70 eV
TSQ 70
QI: 973

Peaks: 59, 65, 77, 89, 105, 135, 148, 163, 178, 193

N-iso-Propyl-2-(2,3-methylenedioxyphenyl)butan-1-amine
expanded

MW: 235.32628
MM: 235.15723
$C_{14}H_{21}NO_2$
RI: 1842 (calc.)

GC/MS
EI 70 eV
TSQ 70
QI: 991

Peaks: 73, 77, 91, 105, 115, 135, 147, 163, 220, 235

m/z: 135

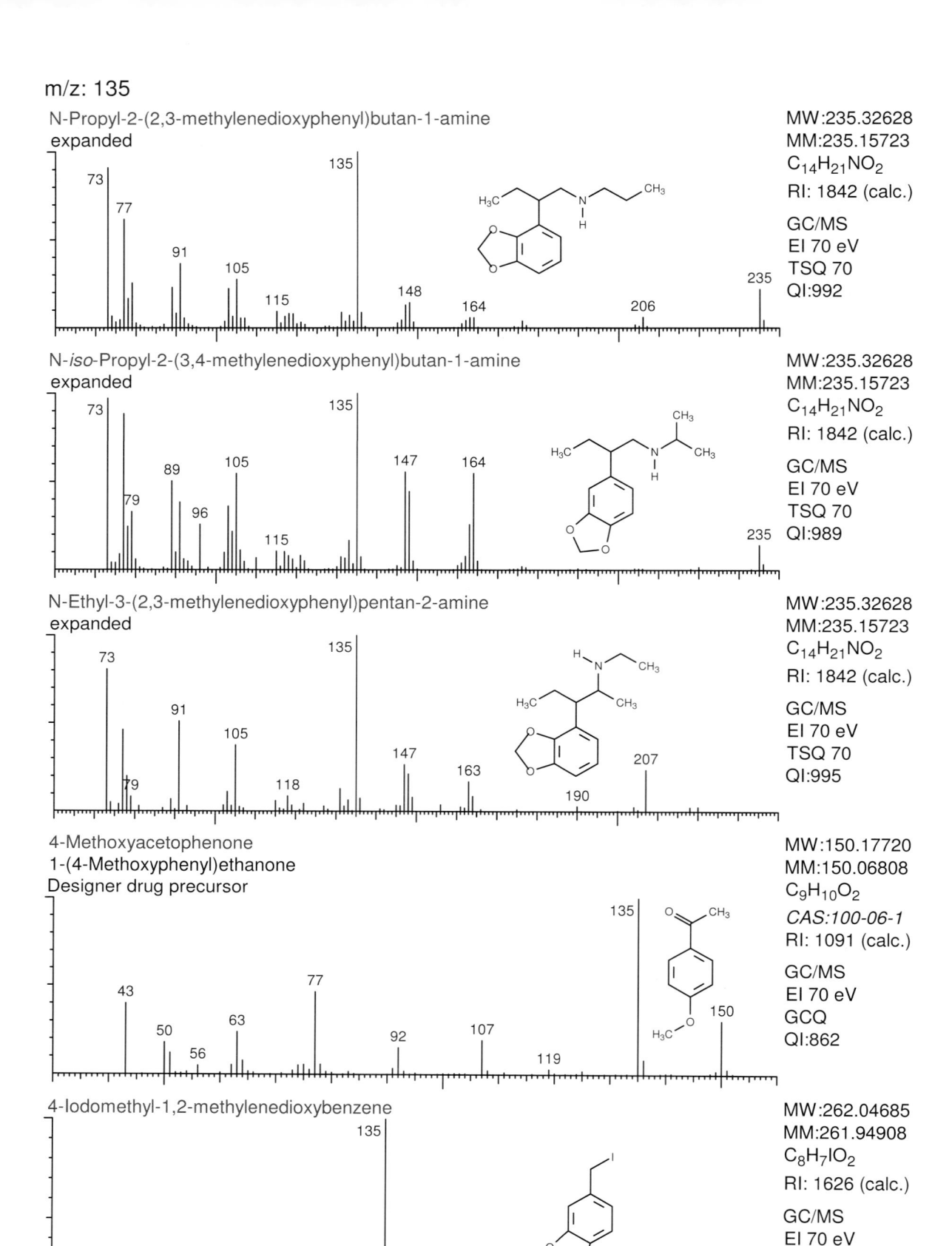

N-Propyl-2-(2,3-methylenedioxyphenyl)butan-1-amine expanded

MW: 235.32628
MM: 235.15723
$C_{14}H_{21}NO_2$
RI: 1842 (calc.)

GC/MS
EI 70 eV
TSQ 70
QI: 992

Peaks: 73, 77, 91, 105, 115, 135, 148, 164, 206, 235

N-iso-Propyl-2-(3,4-methylenedioxyphenyl)butan-1-amine expanded

MW: 235.32628
MM: 235.15723
$C_{14}H_{21}NO_2$
RI: 1842 (calc.)

GC/MS
EI 70 eV
TSQ 70
QI: 989

Peaks: 73, 79, 89, 96, 105, 115, 135, 147, 164, 235

N-Ethyl-3-(2,3-methylenedioxyphenyl)pentan-2-amine expanded

MW: 235.32628
MM: 235.15723
$C_{14}H_{21}NO_2$
RI: 1842 (calc.)

GC/MS
EI 70 eV
TSQ 70
QI: 995

Peaks: 73, 79, 91, 105, 118, 135, 147, 163, 190, 207

4-Methoxyacetophenone
1-(4-Methoxyphenyl)ethanone
Designer drug precursor

MW: 150.17720
MM: 150.06808
$C_9H_{10}O_2$
CAS: 100-06-1
RI: 1091 (calc.)

GC/MS
EI 70 eV
GCQ
QI: 862

Peaks: 43, 50, 56, 63, 77, 92, 107, 119, 135, 150

4-Iodomethyl-1,2-methylenedioxybenzene

MW: 262.04685
MM: 261.94908
$C_8H_7IO_2$
RI: 1626 (calc.)

GC/MS
EI 70 eV
TSQ 70
QI: 995

Peaks: 30, 39, 51, 67, 77, 89, 105, 135, 189, 262

m/z: 135

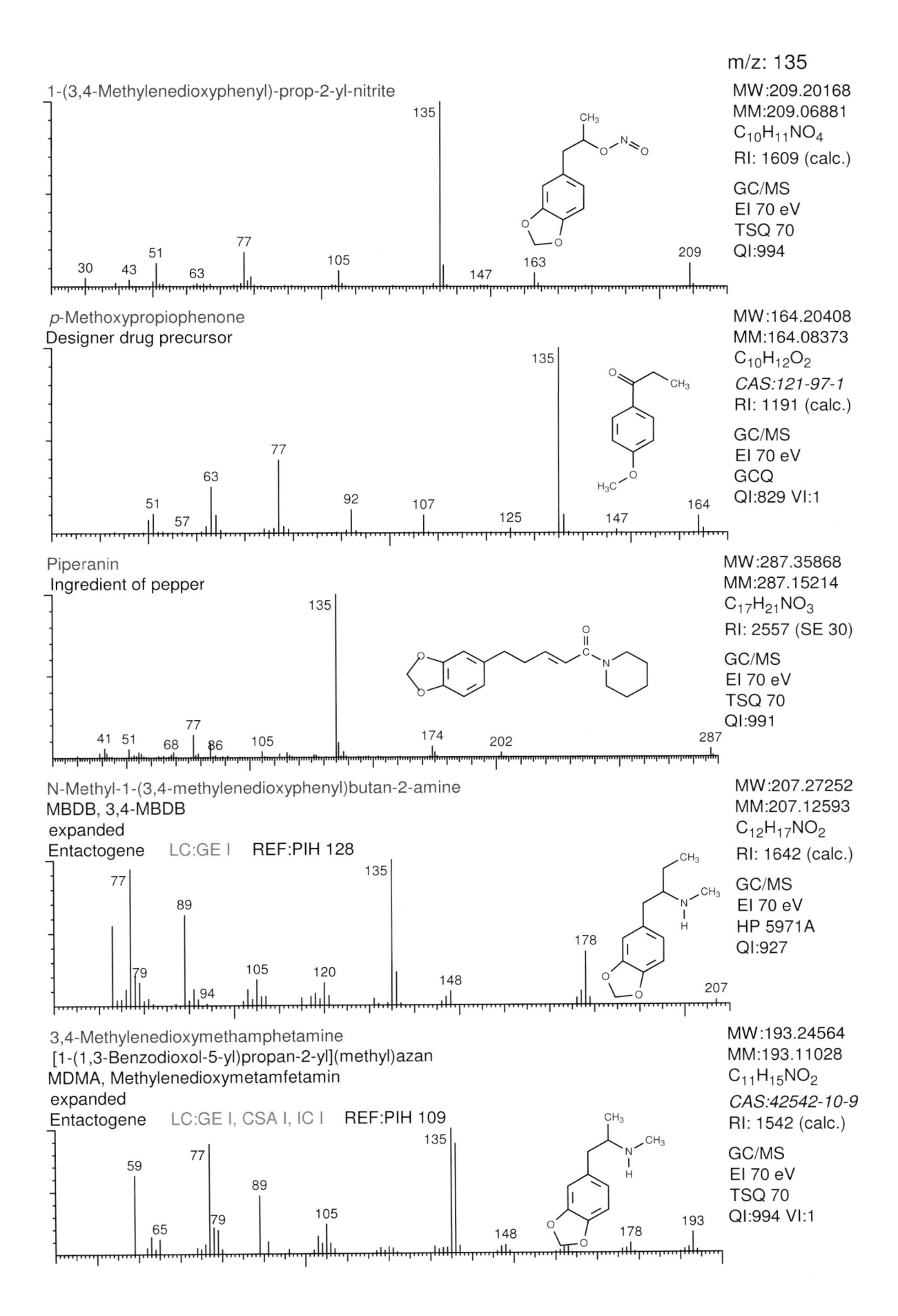

1-(3,4-Methylenedioxyphenyl)-prop-2-yl-nitrite

MW: 209.20168
MM: 209.06881
$C_{10}H_{11}NO_4$
RI: 1609 (calc.)

GC/MS
EI 70 eV
TSQ 70
QI: 994

p-Methoxypropiophenone
Designer drug precursor

MW: 164.20408
MM: 164.08373
$C_{10}H_{12}O_2$
CAS: 121-97-1
RI: 1191 (calc.)

GC/MS
EI 70 eV
GCQ
QI: 829 VI: 1

Piperanin
Ingredient of pepper

MW: 287.35868
MM: 287.15214
$C_{17}H_{21}NO_3$
RI: 2557 (SE 30)

GC/MS
EI 70 eV
TSQ 70
QI: 991

N-Methyl-1-(3,4-methylenedioxyphenyl)butan-2-amine
MBDB, 3,4-MBDB
expanded
Entactogene   LC:GE I   REF:PIH 128

MW: 207.27252
MM: 207.12593
$C_{12}H_{17}NO_2$
RI: 1642 (calc.)

GC/MS
EI 70 eV
HP 5971A
QI: 927

3,4-Methylenedioxymethamphetamine
[1-(1,3-Benzodioxol-5-yl)propan-2-yl](methyl)azan
MDMA, Methylenedioxymetamfetamin
expanded
Entactogene   LC:GE I, CSA I, IC I   REF:PIH 109

MW: 193.24564
MM: 193.11028
$C_{11}H_{15}NO_2$
CAS: 42542-10-9
RI: 1542 (calc.)

GC/MS
EI 70 eV
TSQ 70
QI: 994 VI: 1

m/z: 135

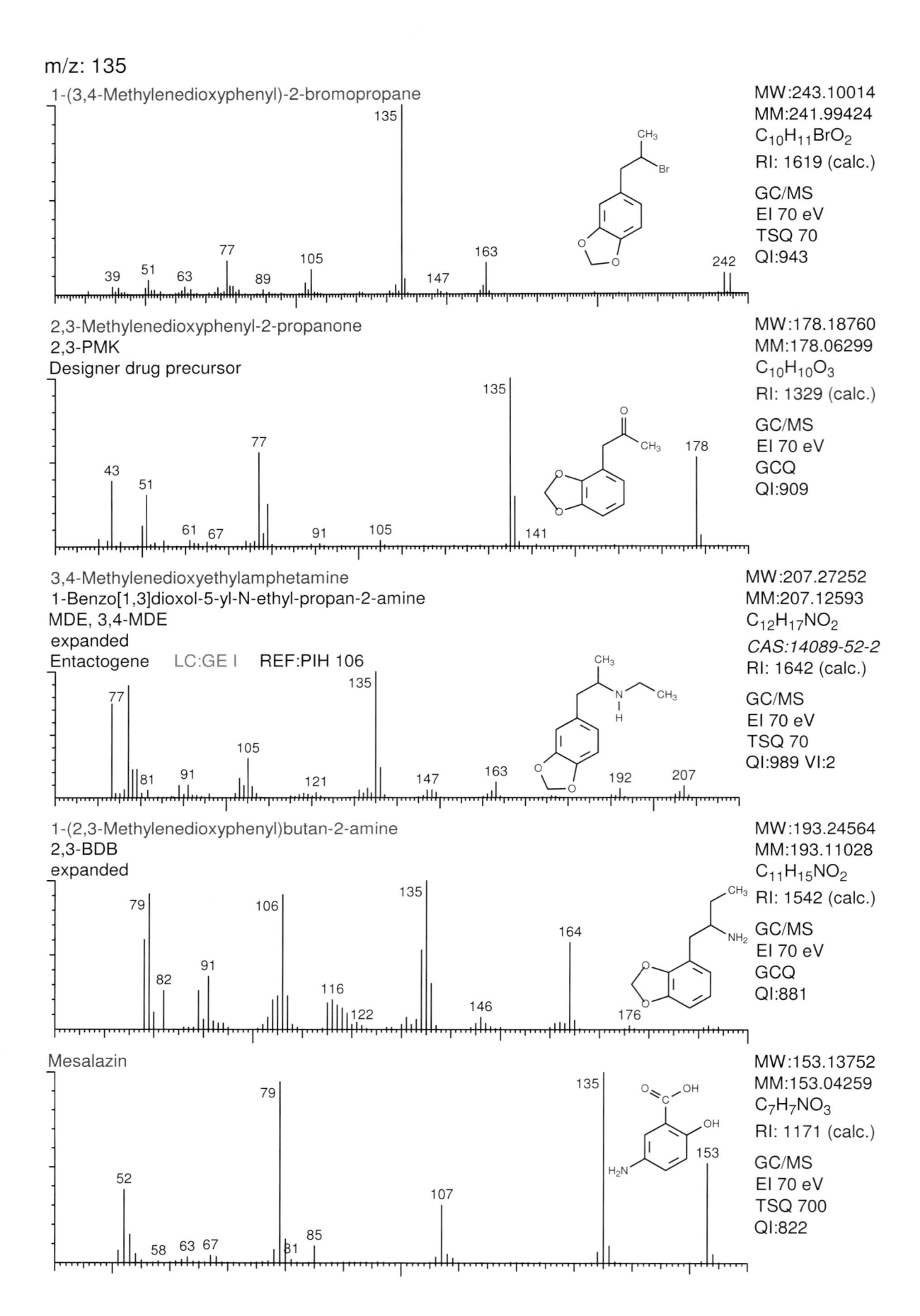

1-(3,4-Methylenedioxyphenyl)-2-bromopropane

MW: 243.10014
MM: 241.99424
$C_{10}H_{11}BrO_2$
RI: 1619 (calc.)

GC/MS
EI 70 eV
TSQ 70
QI: 943

Peaks: 39, 51, 63, 77, 89, 105, 135, 147, 163, 242

2,3-Methylenedioxyphenyl-2-propanone
2,3-PMK
Designer drug precursor

MW: 178.18760
MM: 178.06299
$C_{10}H_{10}O_3$
RI: 1329 (calc.)

GC/MS
EI 70 eV
GCQ
QI: 909

Peaks: 43, 51, 61, 67, 77, 91, 105, 135, 141, 178

3,4-Methylenedioxyethylamphetamine
1-Benzo[1,3]dioxol-5-yl-N-ethyl-propan-2-amine
MDE, 3,4-MDE
expanded
Entactogene   LC:GE I   REF:PIH 106

MW: 207.27252
MM: 207.12593
$C_{12}H_{17}NO_2$
CAS: 14089-52-2
RI: 1642 (calc.)

GC/MS
EI 70 eV
TSQ 70
QI: 989 VI:2

Peaks: 77, 81, 91, 105, 121, 135, 147, 163, 192, 207

1-(2,3-Methylenedioxyphenyl)butan-2-amine
2,3-BDB
expanded

MW: 193.24564
MM: 193.11028
$C_{11}H_{15}NO_2$
RI: 1542 (calc.)

GC/MS
EI 70 eV
GCQ
QI: 881

Peaks: 79, 82, 91, 106, 116, 122, 135, 146, 164, 176

Mesalazin

MW: 153.13752
MM: 153.04259
$C_7H_7NO_3$
RI: 1171 (calc.)

GC/MS
EI 70 eV
TSQ 700
QI: 822

Peaks: 52, 58, 63, 67, 79, 81, 85, 107, 135, 153

m/z: 135

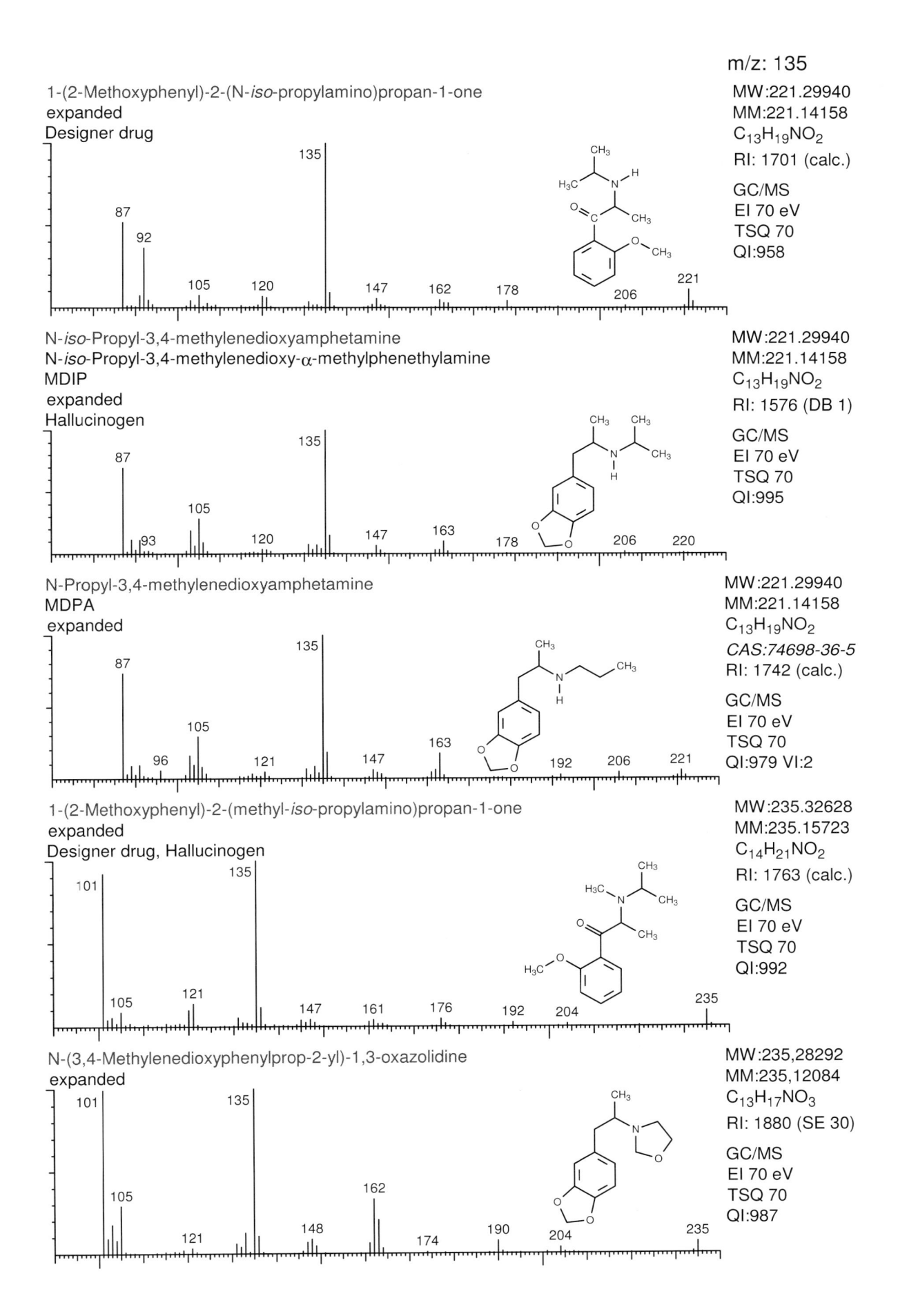

1-(2-Methoxyphenyl)-2-(N-*iso*-propylamino)propan-1-one
expanded
Designer drug

MW:221.29940
MM:221.14158
$C_{13}H_{19}NO_2$
RI: 1701 (calc.)

GC/MS
EI 70 eV
TSQ 70
QI:958

Peaks: 87, 92, 105, 120, 135, 147, 162, 178, 206, 221

N-*iso*-Propyl-3,4-methylenedioxyamphetamine
N-*iso*-Propyl-3,4-methylenedioxy-α-methylphenethylamine
MDIP
expanded
Hallucinogen

MW:221.29940
MM:221.14158
$C_{13}H_{19}NO_2$
RI: 1576 (DB 1)

GC/MS
EI 70 eV
TSQ 70
QI:995

Peaks: 87, 93, 105, 120, 135, 147, 163, 178, 206, 220

N-Propyl-3,4-methylenedioxyamphetamine
MDPA
expanded

MW:221.29940
MM:221.14158
$C_{13}H_{19}NO_2$
CAS:74698-36-5
RI: 1742 (calc.)

GC/MS
EI 70 eV
TSQ 70
QI:979 VI:2

Peaks: 87, 96, 105, 121, 135, 147, 163, 192, 206, 221

1-(2-Methoxyphenyl)-2-(methyl-*iso*-propylamino)propan-1-one
expanded
Designer drug, Hallucinogen

MW:235.32628
MM:235.15723
$C_{14}H_{21}NO_2$
RI: 1763 (calc.)

GC/MS
EI 70 eV
TSQ 70
QI:992

Peaks: 101, 105, 121, 135, 147, 161, 176, 192, 204, 235

N-(3,4-Methylenedioxyphenylprop-2-yl)-1,3-oxazolidine
expanded

MW:235,28292
MM:235,12084
$C_{13}H_{17}NO_3$
RI: 1880 (SE 30)

GC/MS
EI 70 eV
TSQ 70
QI:987

Peaks: 101, 105, 121, 135, 148, 162, 174, 190, 204, 235

m/z: 135

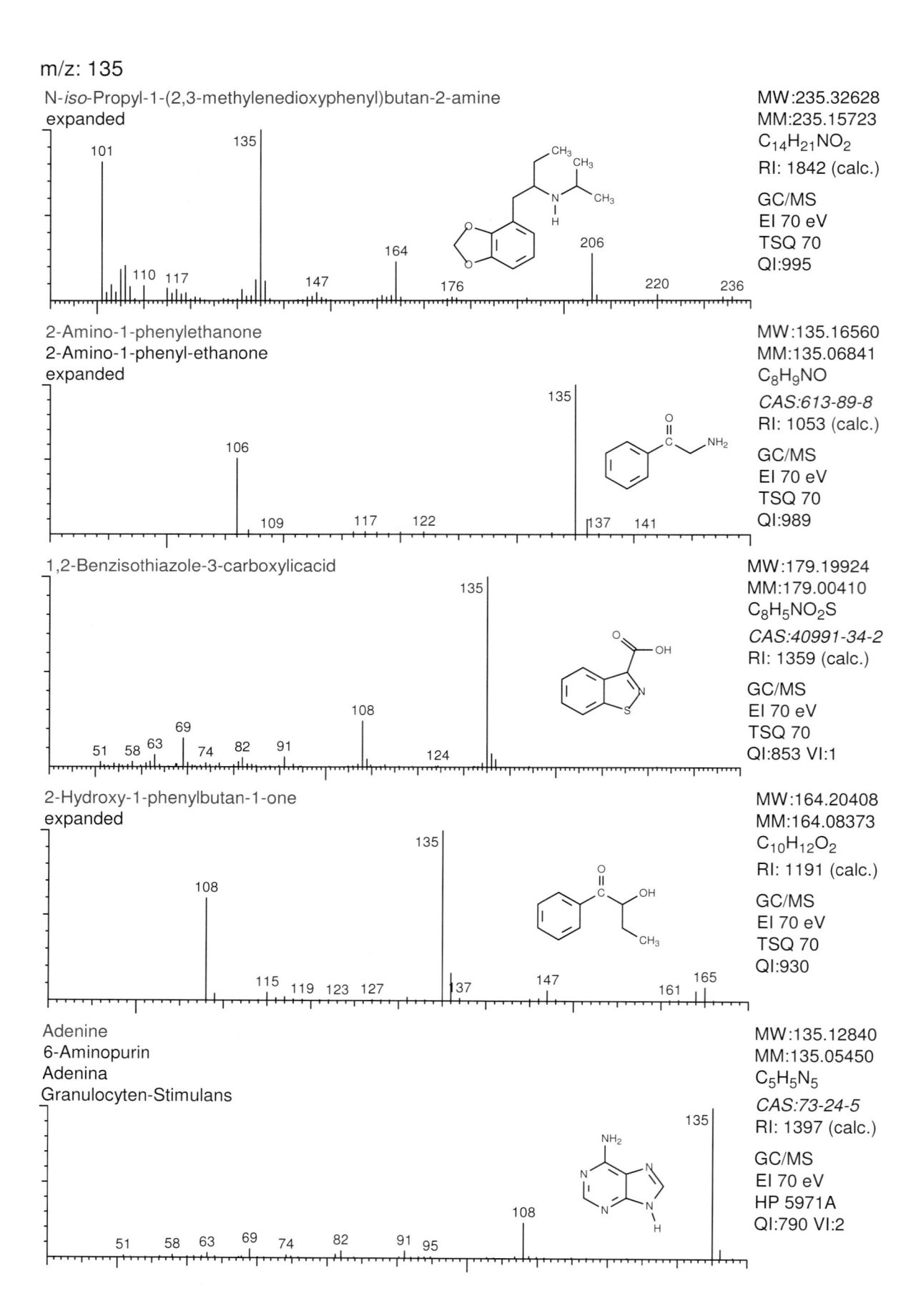

N-*iso*-Propyl-1-(2,3-methylenedioxyphenyl)butan-2-amine
expanded

MW: 235.32628
MM: 235.15723
$C_{14}H_{21}NO_2$
RI: 1842 (calc.)

GC/MS
EI 70 eV
TSQ 70
QI: 995

2-Amino-1-phenylethanone
2-Amino-1-phenyl-ethanone
expanded

MW: 135.16560
MM: 135.06841
C_8H_9NO
CAS: 613-89-8
RI: 1053 (calc.)

GC/MS
EI 70 eV
TSQ 70
QI: 989

1,2-Benzisothiazole-3-carboxylicacid

MW: 179.19924
MM: 179.00410
$C_8H_5NO_2S$
CAS: 40991-34-2
RI: 1359 (calc.)

GC/MS
EI 70 eV
TSQ 70
QI: 853 VI: 1

2-Hydroxy-1-phenylbutan-1-one
expanded

MW: 164.20408
MM: 164.08373
$C_{10}H_{12}O_2$
RI: 1191 (calc.)

GC/MS
EI 70 eV
TSQ 70
QI: 930

Adenine
6-Aminopurin
Adenina
Granulocyten-Stimulans

MW: 135.12840
MM: 135.05450
$C_5H_5N_5$
CAS: 73-24-5
RI: 1397 (calc.)

GC/MS
EI 70 eV
HP 5971A
QI: 790 VI: 2

m/z: 135

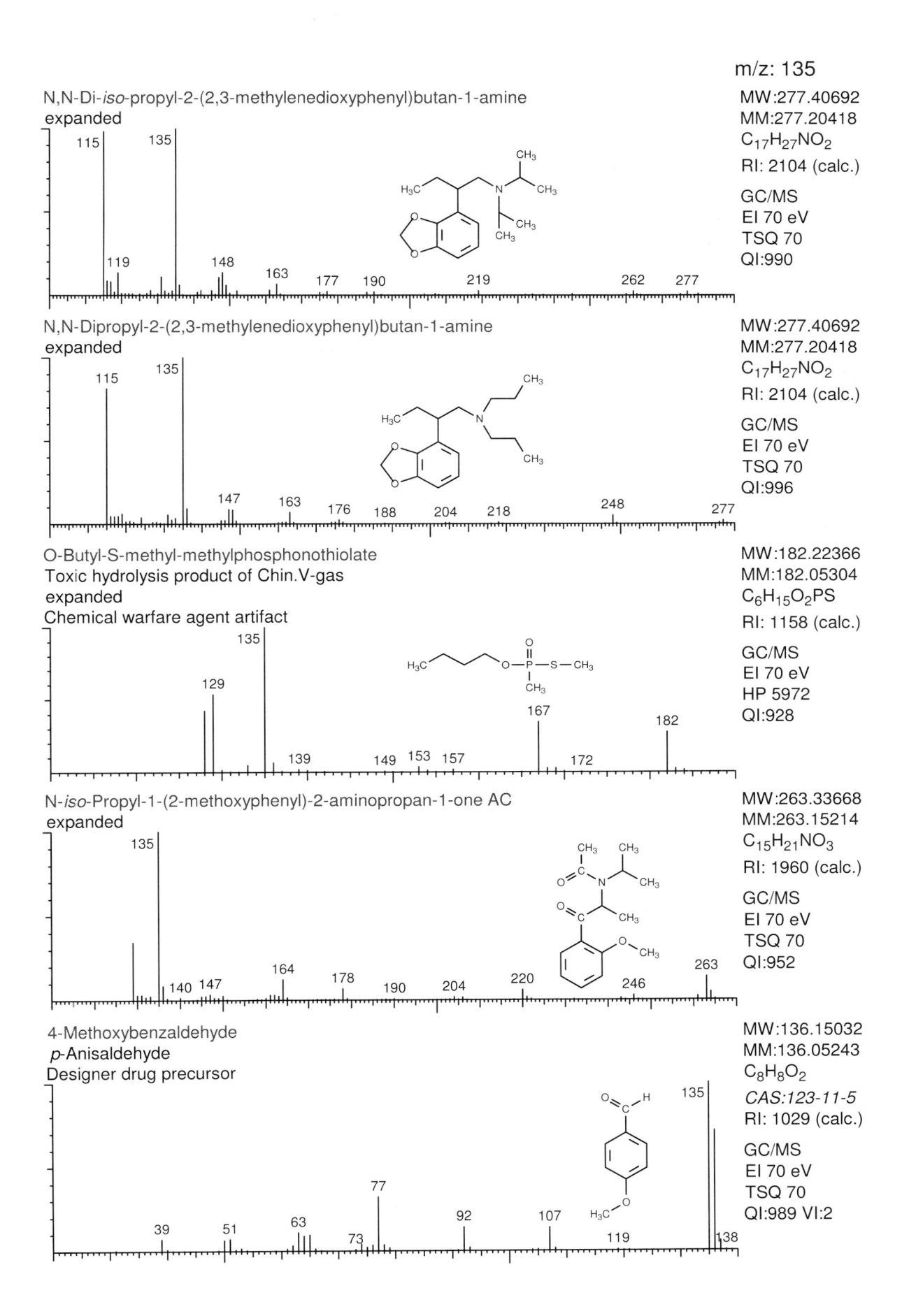

N,N-Di-*iso*-propyl-2-(2,3-methylenedioxyphenyl)butan-1-amine
expanded

MW: 277.40692
MM: 277.20418
C$_{17}$H$_{27}$NO$_2$
RI: 2104 (calc.)

GC/MS
EI 70 eV
TSQ 70
QI: 990

N,N-Dipropyl-2-(2,3-methylenedioxyphenyl)butan-1-amine
expanded

MW: 277.40692
MM: 277.20418
C$_{17}$H$_{27}$NO$_2$
RI: 2104 (calc.)

GC/MS
EI 70 eV
TSQ 70
QI: 996

O-Butyl-S-methyl-methylphosphonothiolate
Toxic hydrolysis product of Chin.V-gas
expanded
Chemical warfare agent artifact

MW: 182.22366
MM: 182.05304
C$_6$H$_{15}$O$_2$PS
RI: 1158 (calc.)

GC/MS
EI 70 eV
HP 5972
QI: 928

N-*iso*-Propyl-1-(2-methoxyphenyl)-2-aminopropan-1-one AC
expanded

MW: 263.33668
MM: 263.15214
C$_{15}$H$_{21}$NO$_3$
RI: 1960 (calc.)

GC/MS
EI 70 eV
TSQ 70
QI: 952

4-Methoxybenzaldehyde
p-Anisaldehyde
Designer drug precursor

MW: 136.15032
MM: 136.05243
C$_8$H$_8$O$_2$
CAS: 123-11-5
RI: 1029 (calc.)

GC/MS
EI 70 eV
TSQ 70
QI: 989 VI:2

m/z: 135

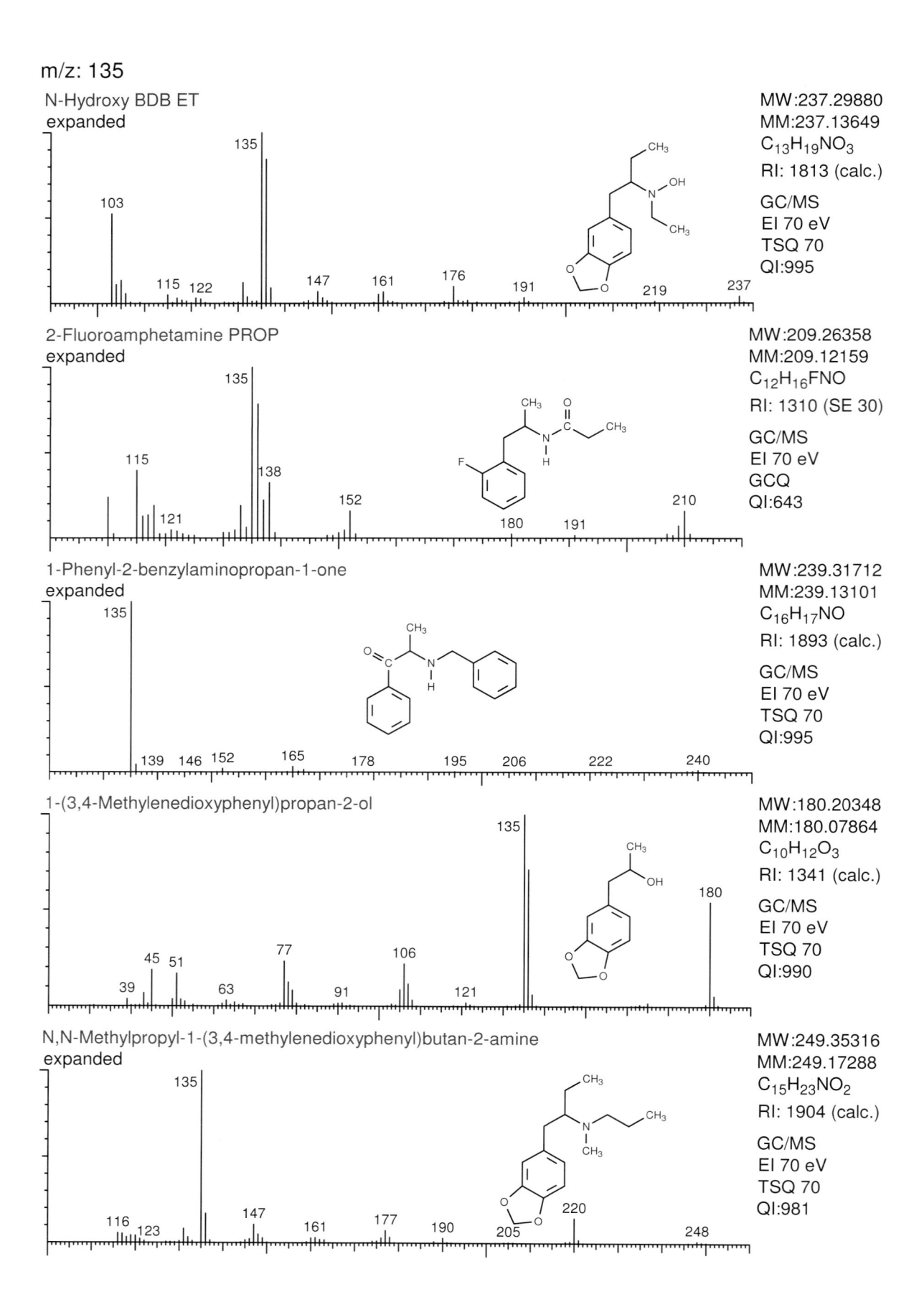

N-Hydroxy BDB ET expanded

MW: 237.29880
MM: 237.13649
$C_{13}H_{19}NO_3$
RI: 1813 (calc.)

GC/MS
EI 70 eV
TSQ 70
QI: 995

2-Fluoroamphetamine PROP expanded

MW: 209.26358
MM: 209.12159
$C_{12}H_{16}FNO$
RI: 1310 (SE 30)

GC/MS
EI 70 eV
GCQ
QI: 643

1-Phenyl-2-benzylaminopropan-1-one expanded

MW: 239.31712
MM: 239.13101
$C_{16}H_{17}NO$
RI: 1893 (calc.)

GC/MS
EI 70 eV
TSQ 70
QI: 995

1-(3,4-Methylenedioxyphenyl)propan-2-ol

MW: 180.20348
MM: 180.07864
$C_{10}H_{12}O_3$
RI: 1341 (calc.)

GC/MS
EI 70 eV
TSQ 70
QI: 990

N,N-Methylpropyl-1-(3,4-methylenedioxyphenyl)butan-2-amine expanded

MW: 249.35316
MM: 249.17288
$C_{15}H_{23}NO_2$
RI: 1904 (calc.)

GC/MS
EI 70 eV
TSQ 70
QI: 981

m/z: 135

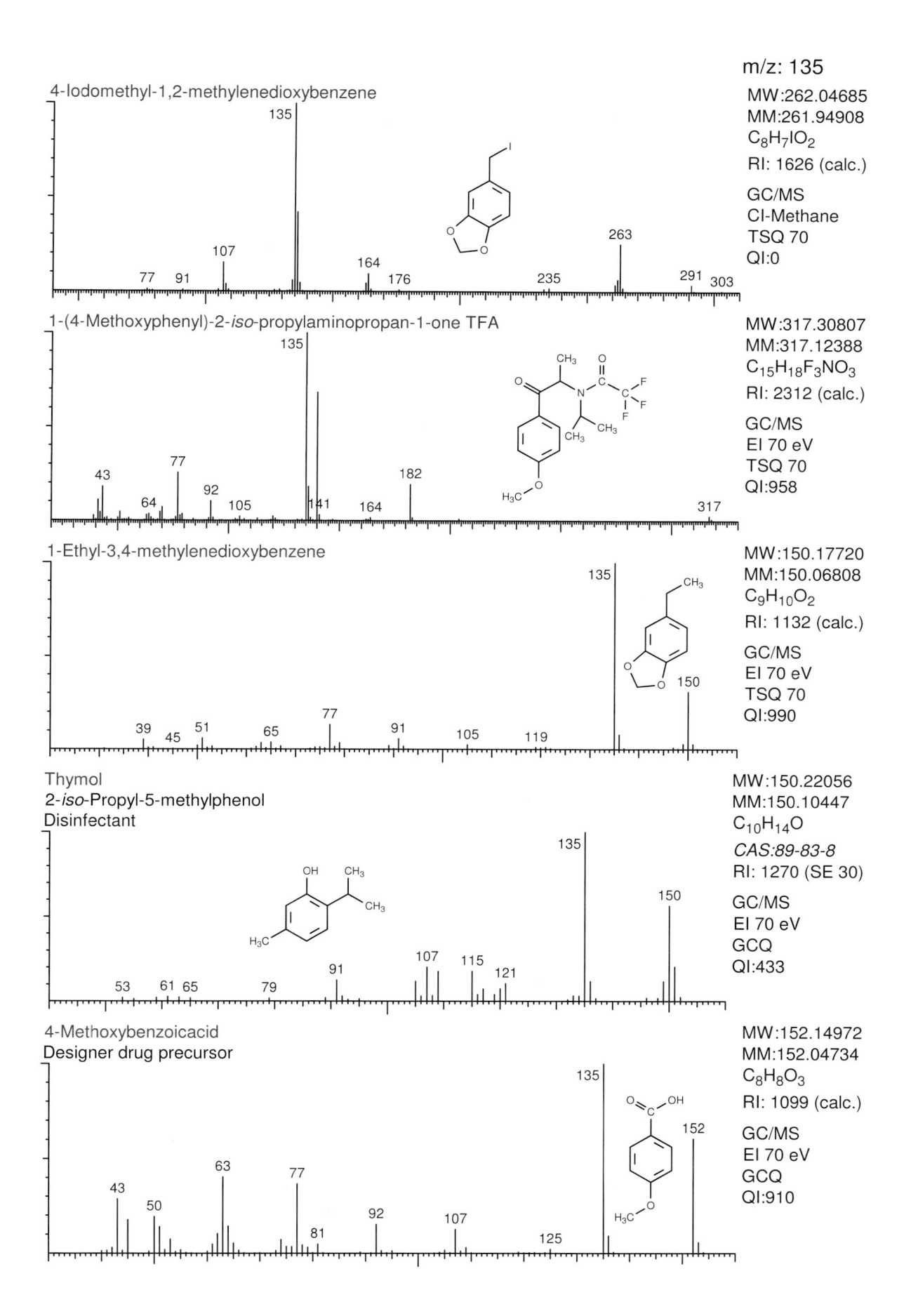

4-Iodomethyl-1,2-methylenedioxybenzene

Peaks: 77, 91, 107, 135, 164, 176, 235, 263, 291, 303

MW: 262.04685
MM: 261.94908
$C_8H_7IO_2$
RI: 1626 (calc.)

GC/MS
CI-Methane
TSQ 70
QI: 0

1-(4-Methoxyphenyl)-2-iso-propylaminopropan-1-one TFA

Peaks: 43, 64, 77, 92, 105, 135, 141, 164, 182, 317

MW: 317.30807
MM: 317.12388
$C_{15}H_{18}F_3NO_3$
RI: 2312 (calc.)

GC/MS
EI 70 eV
TSQ 70
QI: 958

1-Ethyl-3,4-methylenedioxybenzene

Peaks: 39, 45, 51, 65, 77, 91, 105, 119, 135, 150

MW: 150.17720
MM: 150.06808
$C_9H_{10}O_2$
RI: 1132 (calc.)

GC/MS
EI 70 eV
TSQ 70
QI: 990

Thymol
2-iso-Propyl-5-methylphenol
Disinfectant

Peaks: 53, 61, 65, 79, 91, 107, 115, 121, 135, 150

MW: 150.22056
MM: 150.10447
$C_{10}H_{14}O$
CAS: 89-83-8
RI: 1270 (SE 30)

GC/MS
EI 70 eV
GCQ
QI: 433

4-Methoxybenzoic acid
Designer drug precursor

Peaks: 43, 50, 63, 77, 81, 92, 107, 125, 135, 152

MW: 152.14972
MM: 152.04734
$C_8H_8O_3$
RI: 1099 (calc.)

GC/MS
EI 70 eV
GCQ
QI: 910

m/z: 135

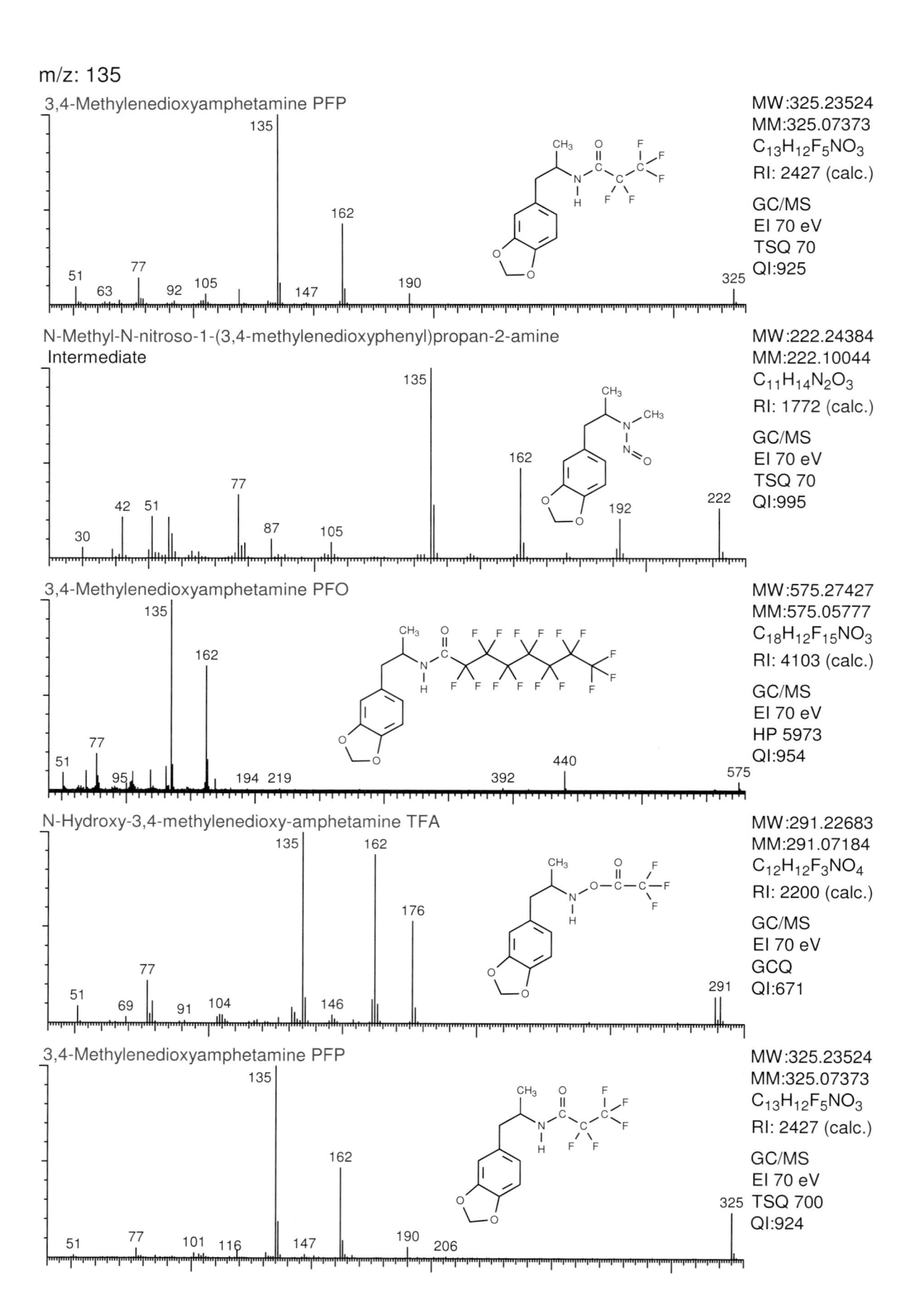

3,4-Methylenedioxyamphetamine PFP

MW: 325.23524
MM: 325.07373
$C_{13}H_{12}F_5NO_3$
RI: 2427 (calc.)

GC/MS
EI 70 eV
TSQ 70
QI:925

Peaks: 51, 63, 77, 92, 105, 135, 147, 162, 190, 325

N-Methyl-N-nitroso-1-(3,4-methylenedioxyphenyl)propan-2-amine Intermediate

MW: 222.24384
MM: 222.10044
$C_{11}H_{14}N_2O_3$
RI: 1772 (calc.)

GC/MS
EI 70 eV
TSQ 70
QI:995

Peaks: 30, 42, 51, 77, 87, 105, 135, 162, 192, 222

3,4-Methylenedioxyamphetamine PFO

MW: 575.27427
MM: 575.05777
$C_{18}H_{12}F_{15}NO_3$
RI: 4103 (calc.)

GC/MS
EI 70 eV
HP 5973
QI:954

Peaks: 51, 77, 95, 135, 162, 194, 219, 392, 440, 575

N-Hydroxy-3,4-methylenedioxy-amphetamine TFA

MW: 291.22683
MM: 291.07184
$C_{12}H_{12}F_3NO_4$
RI: 2200 (calc.)

GC/MS
EI 70 eV
GCQ
QI:671

Peaks: 51, 69, 77, 91, 104, 135, 146, 162, 176, 291

3,4-Methylenedioxyamphetamine PFP

MW: 325.23524
MM: 325.07373
$C_{13}H_{12}F_5NO_3$
RI: 2427 (calc.)

GC/MS
EI 70 eV
TSQ 700
QI:924

Peaks: 51, 77, 101, 116, 135, 147, 162, 190, 206, 325

m/z: 135

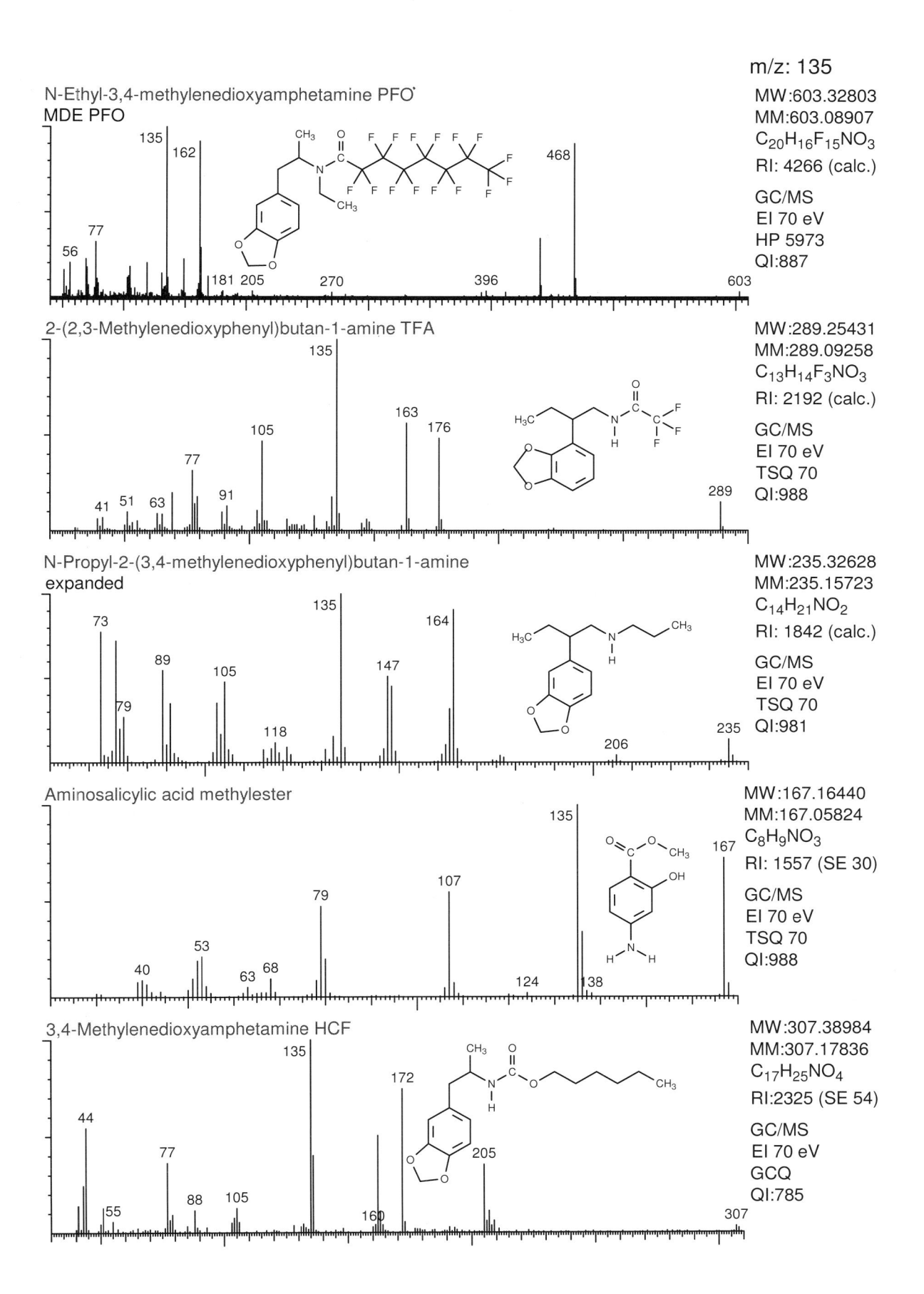

N-Ethyl-3,4-methylenedioxyamphetamine PFO
MDE PFO

Peaks: 56, 77, 135, 162, 181, 205, 270, 396, 468, 603

MW: 603.32803
MM: 603.08907
$C_{20}H_{16}F_{15}NO_3$
RI: 4266 (calc.)

GC/MS
EI 70 eV
HP 5973
QI: 887

2-(2,3-Methylenedioxyphenyl)butan-1-amine TFA

Peaks: 41, 51, 63, 77, 91, 105, 135, 163, 176, 289

MW: 289.25431
MM: 289.09258
$C_{13}H_{14}F_3NO_3$
RI: 2192 (calc.)

GC/MS
EI 70 eV
TSQ 70
QI: 988

N-Propyl-2-(3,4-methylenedioxyphenyl)butan-1-amine
expanded

Peaks: 73, 79, 89, 105, 118, 135, 147, 164, 206, 235

MW: 235.32628
MM: 235.15723
$C_{14}H_{21}NO_2$
RI: 1842 (calc.)

GC/MS
EI 70 eV
TSQ 70
QI: 981

Aminosalicylic acid methylester

Peaks: 40, 53, 63, 68, 79, 107, 124, 135, 138, 167

MW: 167.16440
MM: 167.05824
$C_8H_9NO_3$
RI: 1557 (SE 30)

GC/MS
EI 70 eV
TSQ 70
QI: 988

3,4-Methylenedioxyamphetamine HCF

Peaks: 44, 55, 77, 88, 105, 135, 160, 172, 205, 307

MW: 307.38984
MM: 307.17836
$C_{17}H_{25}NO_4$
RI: 2325 (SE 54)

GC/MS
EI 70 eV
GCQ
QI: 785

m/z: 135

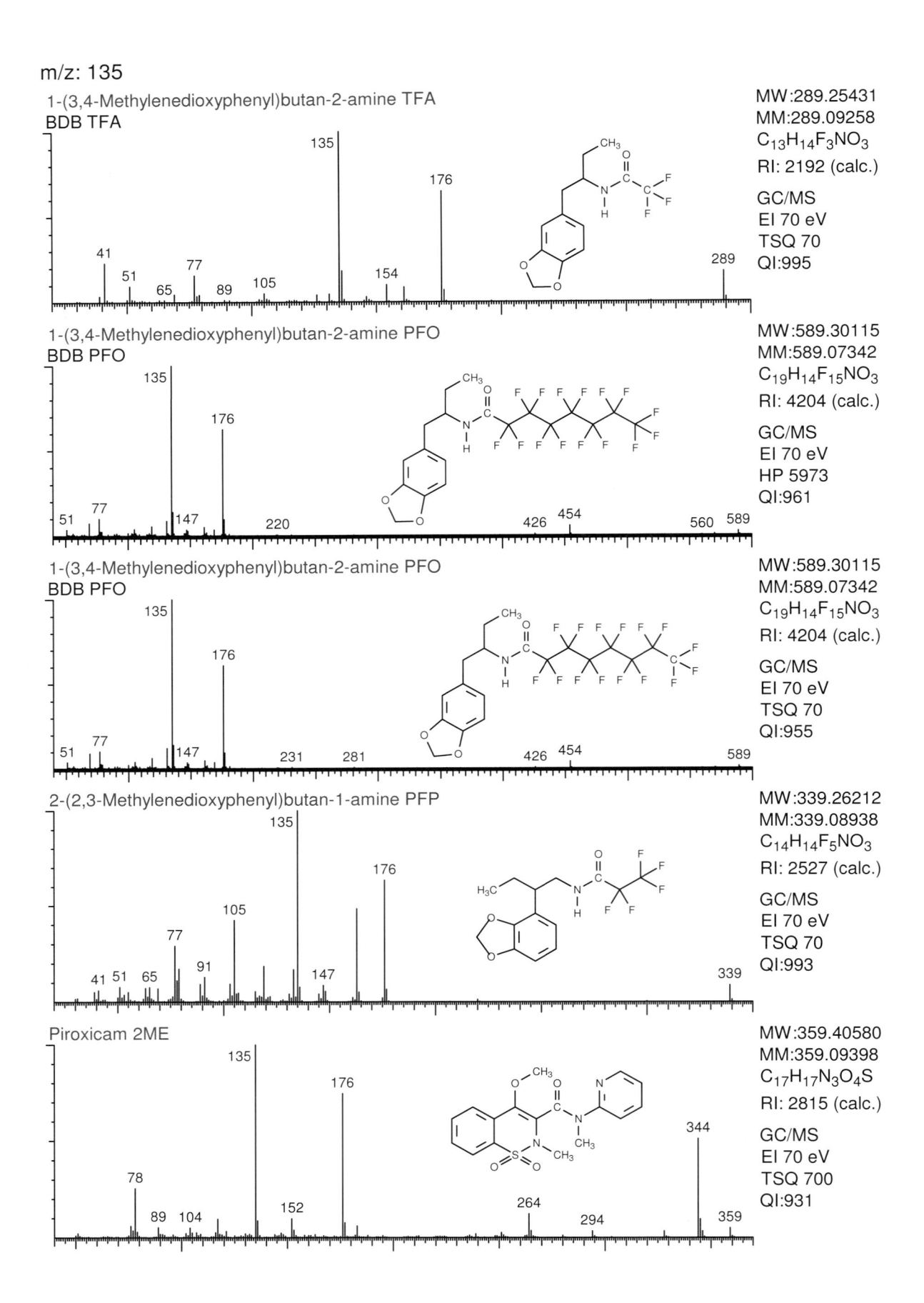

1-(3,4-Methylenedioxyphenyl)butan-2-amine TFA
BDB TFA

MW:289.25431
MM:289.09258
$C_{13}H_{14}F_3NO_3$
RI: 2192 (calc.)

GC/MS
EI 70 eV
TSQ 70
QI:995

1-(3,4-Methylenedioxyphenyl)butan-2-amine PFO
BDB PFO

MW:589.30115
MM:589.07342
$C_{19}H_{14}F_{15}NO_3$
RI: 4204 (calc.)

GC/MS
EI 70 eV
HP 5973
QI:961

1-(3,4-Methylenedioxyphenyl)butan-2-amine PFO
BDB PFO

MW:589.30115
MM:589.07342
$C_{19}H_{14}F_{15}NO_3$
RI: 4204 (calc.)

GC/MS
EI 70 eV
TSQ 70
QI:955

2-(2,3-Methylenedioxyphenyl)butan-1-amine PFP

MW:339.26212
MM:339.08938
$C_{14}H_{14}F_5NO_3$
RI: 2527 (calc.)

GC/MS
EI 70 eV
TSQ 70
QI:993

Piroxicam 2ME

MW:359.40580
MM:359.09398
$C_{17}H_{17}N_3O_4S$
RI: 2815 (calc.)

GC/MS
EI 70 eV
TSQ 700
QI:931

m/z: 135

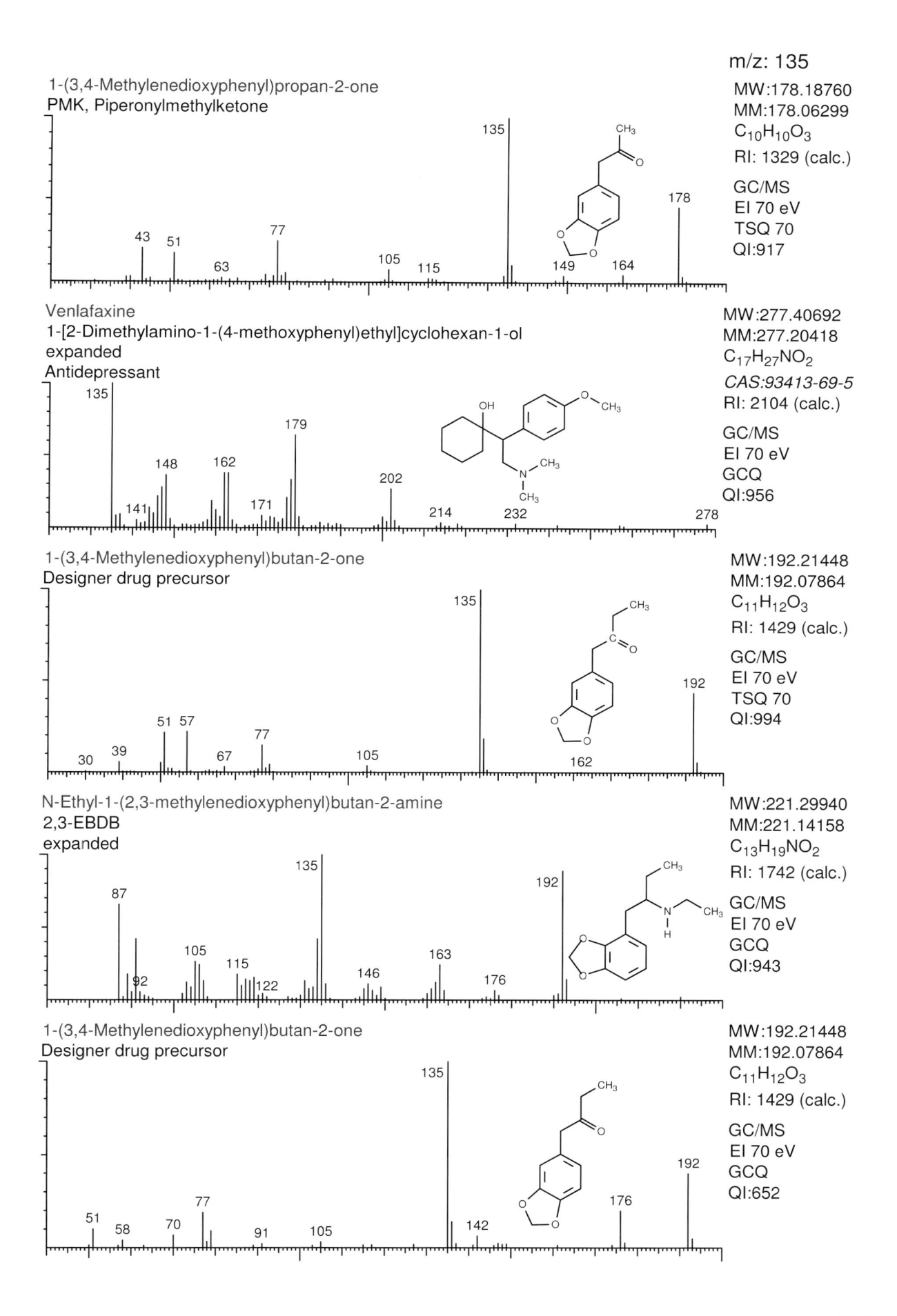

1-(3,4-Methylenedioxyphenyl)propan-2-one
PMK, Piperonylmethylketone

MW: 178.18760
MM: 178.06299
$C_{10}H_{10}O_3$
RI: 1329 (calc.)

GC/MS
EI 70 eV
TSQ 70
QI: 917

Peaks: 43, 51, 63, 77, 105, 115, 135, 149, 164, 178

Venlafaxine
1-[2-Dimethylamino-1-(4-methoxyphenyl)ethyl]cyclohexan-1-ol
expanded
Antidepressant

MW: 277.40692
MM: 277.20418
$C_{17}H_{27}NO_2$
CAS: 93413-69-5
RI: 2104 (calc.)

GC/MS
EI 70 eV
GCQ
QI: 956

Peaks: 135, 141, 148, 162, 171, 179, 202, 214, 232, 278

1-(3,4-Methylenedioxyphenyl)butan-2-one
Designer drug precursor

MW: 192.21448
MM: 192.07864
$C_{11}H_{12}O_3$
RI: 1429 (calc.)

GC/MS
EI 70 eV
TSQ 70
QI: 994

Peaks: 30, 39, 51, 57, 67, 77, 105, 135, 162, 192

N-Ethyl-1-(2,3-methylenedioxyphenyl)butan-2-amine
2,3-EBDB
expanded

MW: 221.29940
MM: 221.14158
$C_{13}H_{19}NO_2$
RI: 1742 (calc.)

GC/MS
EI 70 eV
GCQ
QI: 943

Peaks: 87, 92, 105, 115, 122, 135, 146, 163, 176, 192

1-(3,4-Methylenedioxyphenyl)butan-2-one
Designer drug precursor

MW: 192.21448
MM: 192.07864
$C_{11}H_{12}O_3$
RI: 1429 (calc.)

GC/MS
EI 70 eV
GCQ
QI: 652

Peaks: 51, 58, 70, 77, 91, 105, 135, 142, 176, 192

m/z: 135

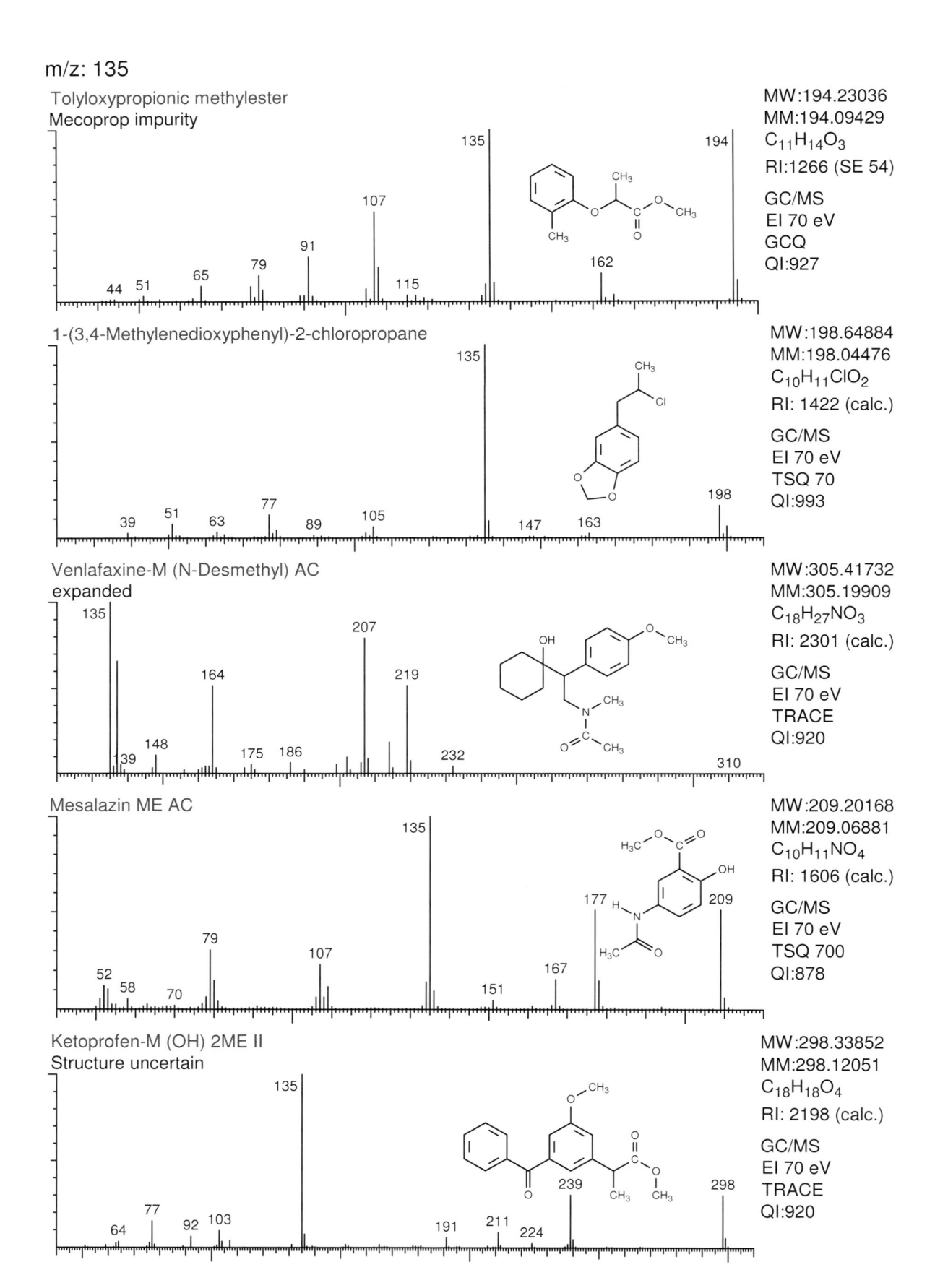

Tolyloxypropionic methylester
Mecoprop impurity

MW: 194.23036
MM: 194.09429
$C_{11}H_{14}O_3$
RI: 1266 (SE 54)

GC/MS
EI 70 eV
GCQ
QI: 927

1-(3,4-Methylenedioxyphenyl)-2-chloropropane

MW: 198.64884
MM: 198.04476
$C_{10}H_{11}ClO_2$
RI: 1422 (calc.)

GC/MS
EI 70 eV
TSQ 70
QI: 993

Venlafaxine-M (N-Desmethyl) AC
expanded

MW: 305.41732
MM: 305.19909
$C_{18}H_{27}NO_3$
RI: 2301 (calc.)

GC/MS
EI 70 eV
TRACE
QI: 920

Mesalazin ME AC

MW: 209.20168
MM: 209.06881
$C_{10}H_{11}NO_4$
RI: 1606 (calc.)

GC/MS
EI 70 eV
TSQ 700
QI: 878

Ketoprofen-M (OH) 2ME II
Structure uncertain

MW: 298.33852
MM: 298.12051
$C_{18}H_{18}O_4$
RI: 2198 (calc.)

GC/MS
EI 70 eV
TRACE
QI: 920

Tenoxicam 2ME

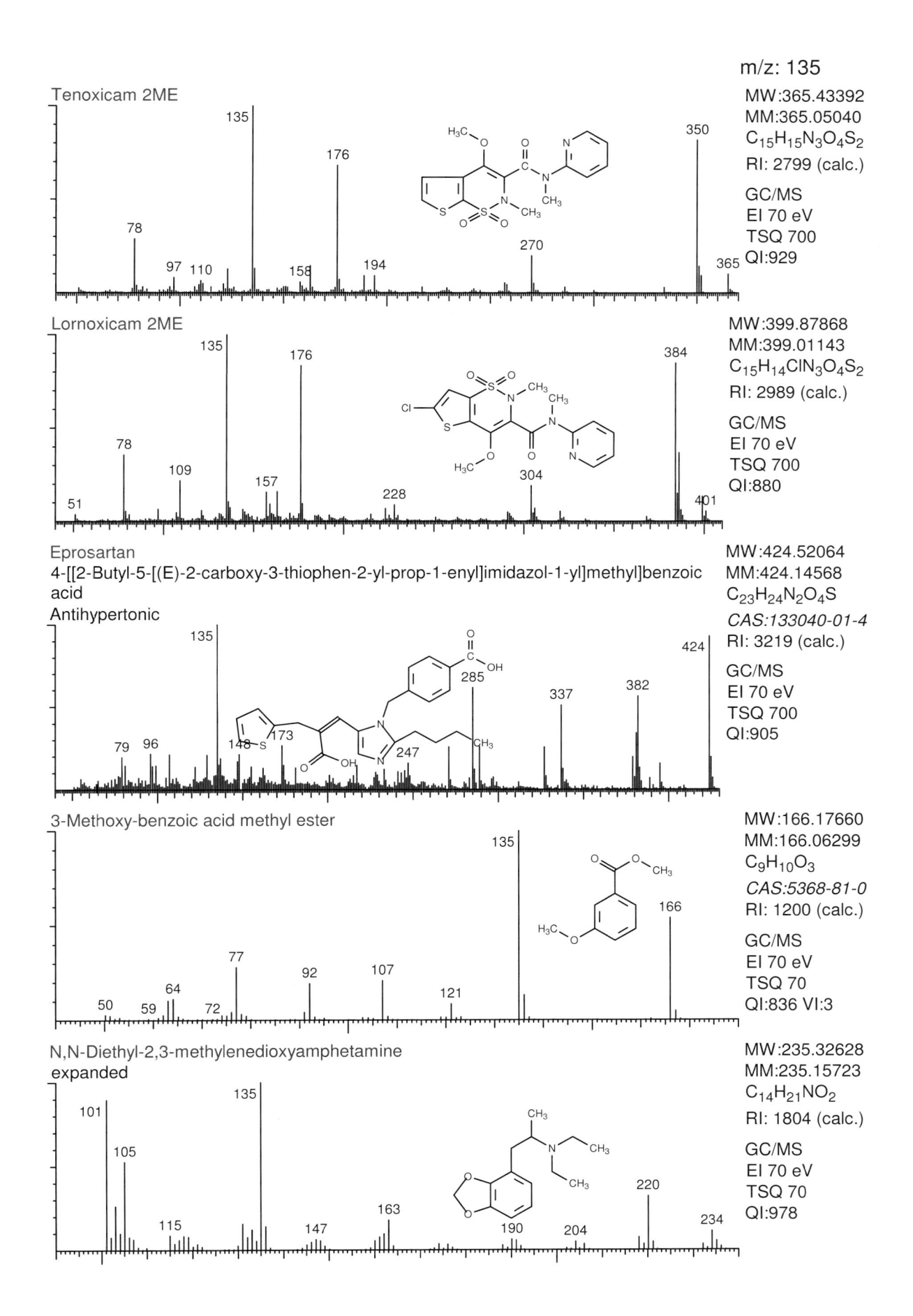

m/z: 135
MW: 365.43392
MM: 365.05040
C$_{15}$H$_{15}$N$_3$O$_4$S$_2$
RI: 2799 (calc.)

GC/MS
EI 70 eV
TSQ 700
QI: 929

Lornoxicam 2ME

MW: 399.87868
MM: 399.01143
C$_{15}$H$_{14}$ClN$_3$O$_4$S$_2$
RI: 2989 (calc.)

GC/MS
EI 70 eV
TSQ 700
QI: 880

Eprosartan
4-[[2-Butyl-5-[(E)-2-carboxy-3-thiophen-2-yl-prop-1-enyl]imidazol-1-yl]methyl]benzoic acid
Antihypertonic

MW: 424.52064
MM: 424.14568
C$_{23}$H$_{24}$N$_2$O$_4$S
CAS: 133040-01-4
RI: 3219 (calc.)

GC/MS
EI 70 eV
TSQ 700
QI: 905

3-Methoxy-benzoic acid methyl ester

MW: 166.17660
MM: 166.06299
C$_9$H$_{10}$O$_3$
CAS: 5368-81-0
RI: 1200 (calc.)

GC/MS
EI 70 eV
TSQ 70
QI: 836 VI:3

N,N-Diethyl-2,3-methylenedioxyamphetamine
expanded

MW: 235.32628
MM: 235.15723
C$_{14}$H$_{21}$NO$_2$
RI: 1804 (calc.)

GC/MS
EI 70 eV
TSQ 70
QI: 978

m/z: 135

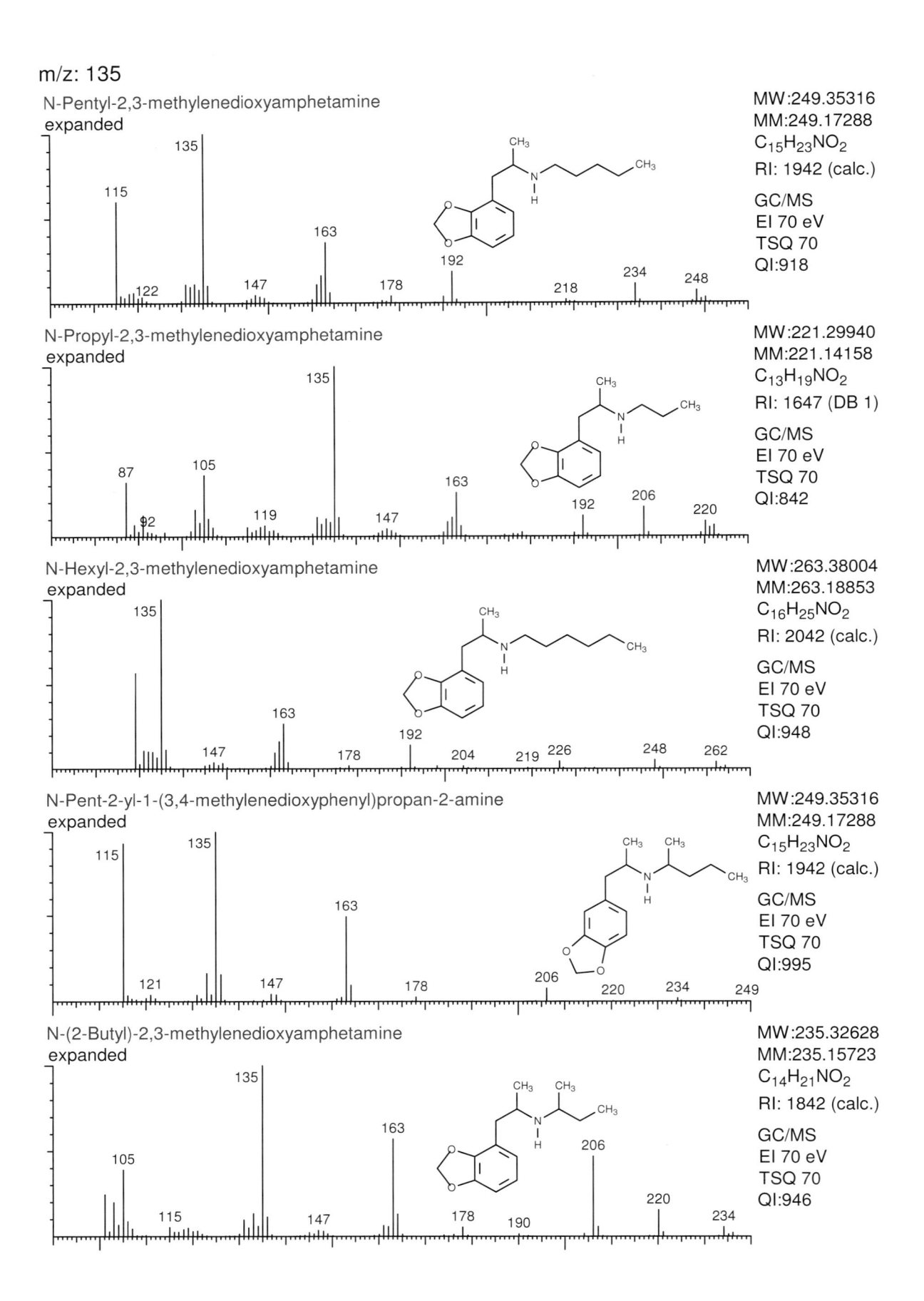

N-Pentyl-2,3-methylenedioxyamphetamine expanded

MW:249.35316
MM:249.17288
C$_{15}$H$_{23}$NO$_2$
RI: 1942 (calc.)

GC/MS
EI 70 eV
TSQ 70
QI:918

N-Propyl-2,3-methylenedioxyamphetamine expanded

MW:221.29940
MM:221.14158
C$_{13}$H$_{19}$NO$_2$
RI: 1647 (DB 1)

GC/MS
EI 70 eV
TSQ 70
QI:842

N-Hexyl-2,3-methylenedioxyamphetamine expanded

MW:263.38004
MM:263.18853
C$_{16}$H$_{25}$NO$_2$
RI: 2042 (calc.)

GC/MS
EI 70 eV
TSQ 70
QI:948

N-Pent-2-yl-1-(3,4-methylenedioxyphenyl)propan-2-amine expanded

MW:249.35316
MM:249.17288
C$_{15}$H$_{23}$NO$_2$
RI: 1942 (calc.)

GC/MS
EI 70 eV
TSQ 70
QI:995

N-(2-Butyl)-2,3-methylenedioxyamphetamine expanded

MW:235.32628
MM:235.15723
C$_{14}$H$_{21}$NO$_2$
RI: 1842 (calc.)

GC/MS
EI 70 eV
TSQ 70
QI:946

m/z: 135

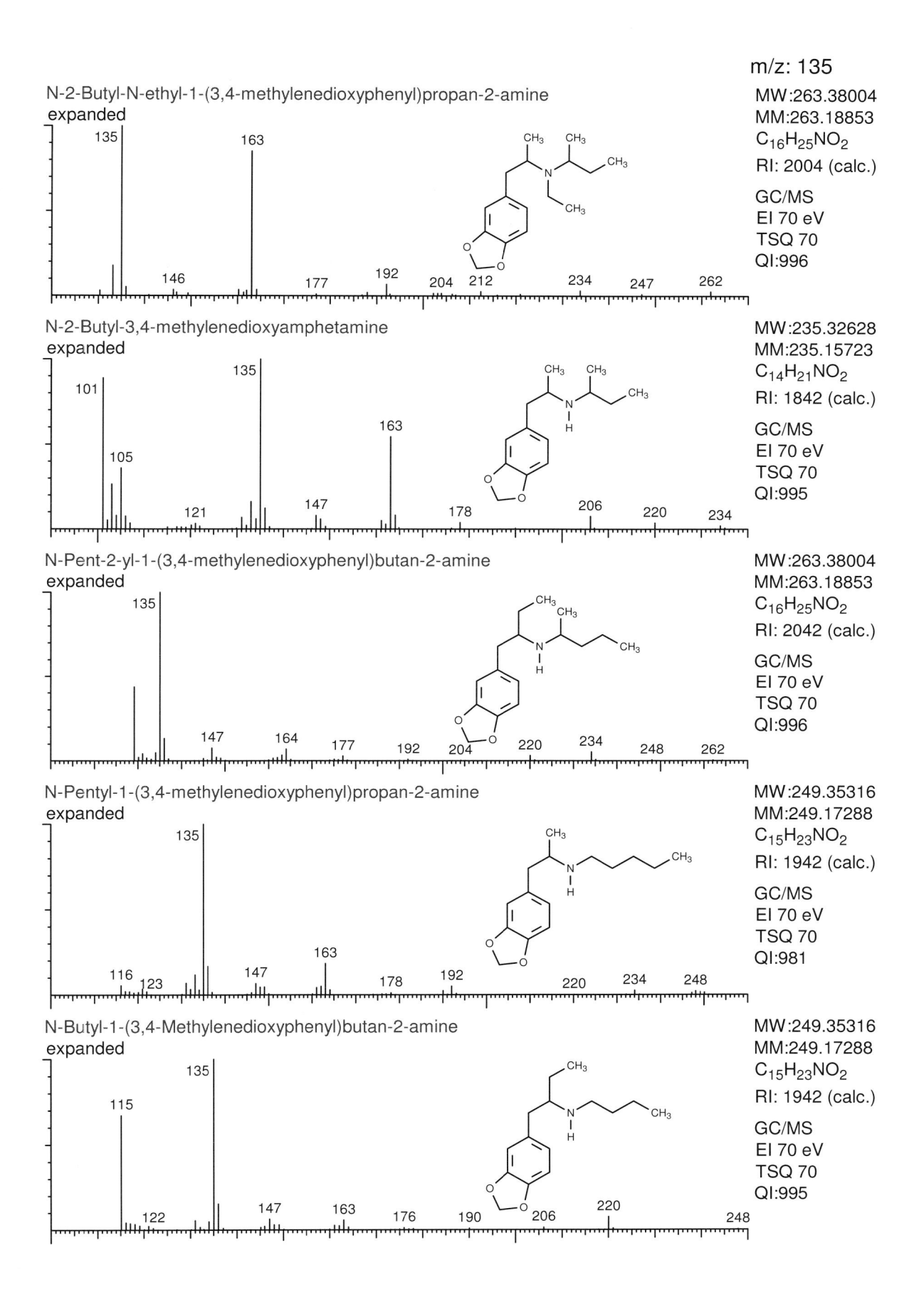

N-2-Butyl-N-ethyl-1-(3,4-methylenedioxyphenyl)propan-2-amine
expanded

Peaks: 135, 163, 146, 177, 192, 204, 212, 234, 247, 262

MW: 263.38004
MM: 263.18853
$C_{16}H_{25}NO_2$
RI: 2004 (calc.)

GC/MS
EI 70 eV
TSQ 70
QI: 996

N-2-Butyl-3,4-methylenedioxyamphetamine
expanded

Peaks: 101, 105, 135, 121, 147, 163, 178, 206, 220, 234

MW: 235.32628
MM: 235.15723
$C_{14}H_{21}NO_2$
RI: 1842 (calc.)

GC/MS
EI 70 eV
TSQ 70
QI: 995

N-Pent-2-yl-1-(3,4-methylenedioxyphenyl)butan-2-amine
expanded

Peaks: 135, 147, 164, 177, 192, 204, 220, 234, 248, 262

MW: 263.38004
MM: 263.18853
$C_{16}H_{25}NO_2$
RI: 2042 (calc.)

GC/MS
EI 70 eV
TSQ 70
QI: 996

N-Pentyl-1-(3,4-methylenedioxyphenyl)propan-2-amine
expanded

Peaks: 116, 123, 135, 147, 163, 178, 192, 220, 234, 248

MW: 249.35316
MM: 249.17288
$C_{15}H_{23}NO_2$
RI: 1942 (calc.)

GC/MS
EI 70 eV
TSQ 70
QI: 981

N-Butyl-1-(3,4-Methylenedioxyphenyl)butan-2-amine
expanded

Peaks: 115, 135, 122, 147, 163, 176, 190, 206, 220, 248

MW: 249.35316
MM: 249.17288
$C_{15}H_{23}NO_2$
RI: 1942 (calc.)

GC/MS
EI 70 eV
TSQ 70
QI: 995

m/z: 135

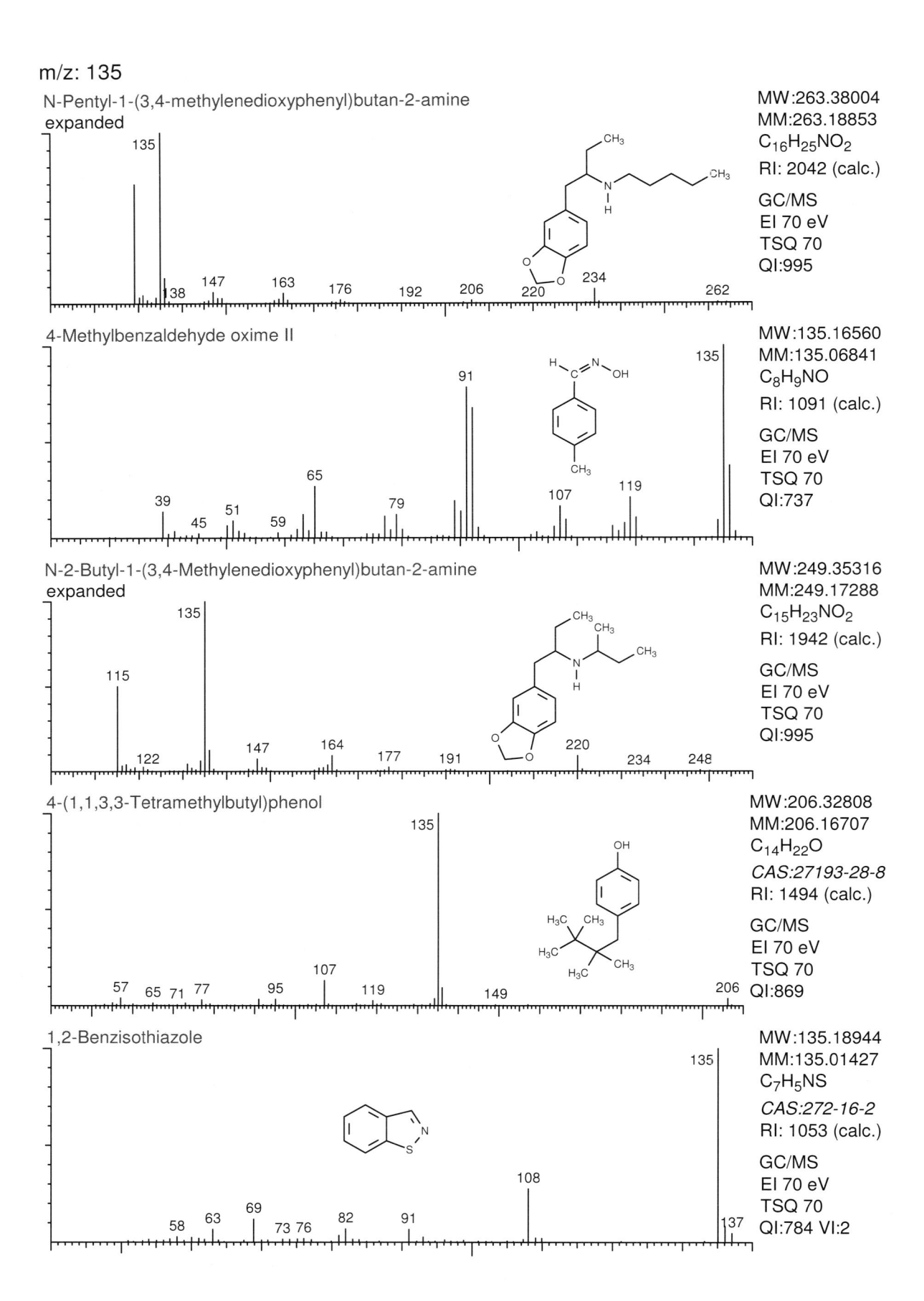

N-Pentyl-1-(3,4-methylenedioxyphenyl)butan-2-amine
expanded

Peaks: 135, 138, 147, 163, 176, 192, 206, 220, 234, 262

MW: 263.38004
MM: 263.18853
$C_{16}H_{25}NO_2$
RI: 2042 (calc.)

GC/MS
EI 70 eV
TSQ 70
QI: 995

4-Methylbenzaldehyde oxime II

Peaks: 39, 45, 51, 59, 65, 79, 91, 107, 119, 135

MW: 135.16560
MM: 135.06841
C_8H_9NO
RI: 1091 (calc.)

GC/MS
EI 70 eV
TSQ 70
QI: 737

N-2-Butyl-1-(3,4-Methylenedioxyphenyl)butan-2-amine
expanded

Peaks: 115, 122, 135, 147, 164, 177, 191, 220, 234, 248

MW: 249.35316
MM: 249.17288
$C_{15}H_{23}NO_2$
RI: 1942 (calc.)

GC/MS
EI 70 eV
TSQ 70
QI: 995

4-(1,1,3,3-Tetramethylbutyl)phenol

Peaks: 57, 65, 71, 77, 95, 107, 119, 135, 149, 206

MW: 206.32808
MM: 206.16707
$C_{14}H_{22}O$
CAS: 27193-28-8
RI: 1494 (calc.)

GC/MS
EI 70 eV
TSQ 70
QI: 869

1,2-Benzisothiazole

Peaks: 58, 63, 69, 73, 76, 82, 91, 108, 135, 137

MW: 135.18944
MM: 135.01427
C_7H_5NS
CAS: 272-16-2
RI: 1053 (calc.)

GC/MS
EI 70 eV
TSQ 70
QI: 784 VI: 2

m/z: 135

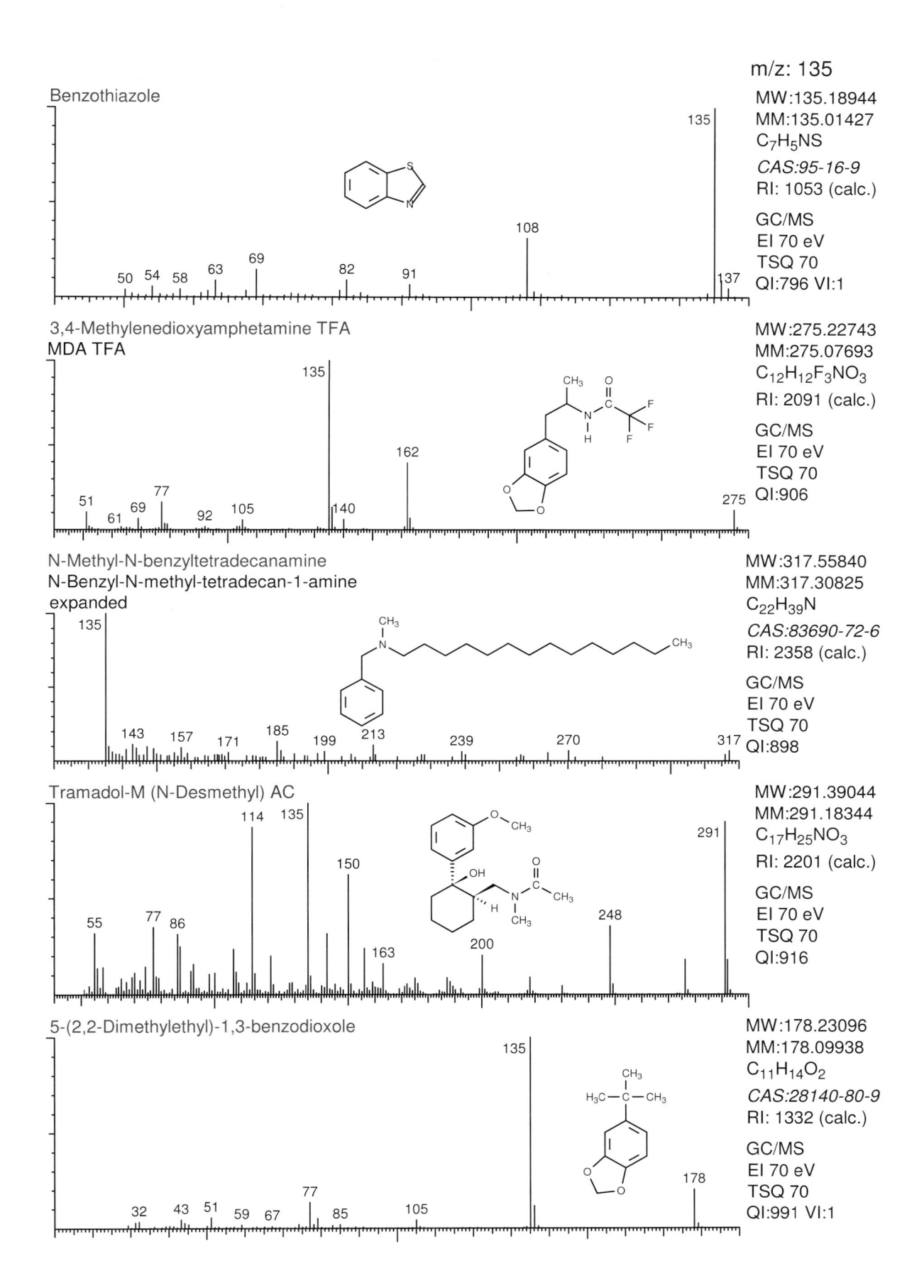

Benzothiazole

MW: 135.18944
MM: 135.01427
C$_7$H$_5$NS
CAS: 95-16-9
RI: 1053 (calc.)

GC/MS
EI 70 eV
TSQ 70
QI: 796 VI: 1

Peaks: 50, 54, 58, 63, 69, 82, 91, 108, 135, 137

3,4-Methylenedioxyamphetamine TFA
MDA TFA

MW: 275.22743
MM: 275.07693
C$_{12}$H$_{12}$F$_3$NO$_3$
RI: 2091 (calc.)

GC/MS
EI 70 eV
TSQ 70
QI: 906

Peaks: 51, 61, 69, 77, 92, 105, 135, 140, 162, 275

N-Methyl-N-benzyltetradecanamine
N-Benzyl-N-methyl-tetradecan-1-amine
expanded

MW: 317.55840
MM: 317.30825
C$_{22}$H$_{39}$N
CAS: 83690-72-6
RI: 2358 (calc.)

GC/MS
EI 70 eV
TSQ 70
QI: 898

Peaks: 135, 143, 157, 171, 185, 199, 213, 239, 270, 317

Tramadol-M (N-Desmethyl) AC

MW: 291.39044
MM: 291.18344
C$_{17}$H$_{25}$NO$_3$
RI: 2201 (calc.)

GC/MS
EI 70 eV
TSQ 70
QI: 916

Peaks: 55, 77, 86, 114, 135, 150, 163, 200, 248, 291

5-(2,2-Dimethylethyl)-1,3-benzodioxole

MW: 178.23096
MM: 178.09938
C$_{11}$H$_{14}$O$_2$
CAS: 28140-80-9
RI: 1332 (calc.)

GC/MS
EI 70 eV
TSQ 70
QI: 991 VI: 1

Peaks: 32, 43, 51, 59, 67, 77, 85, 105, 135, 178

m/z: 135

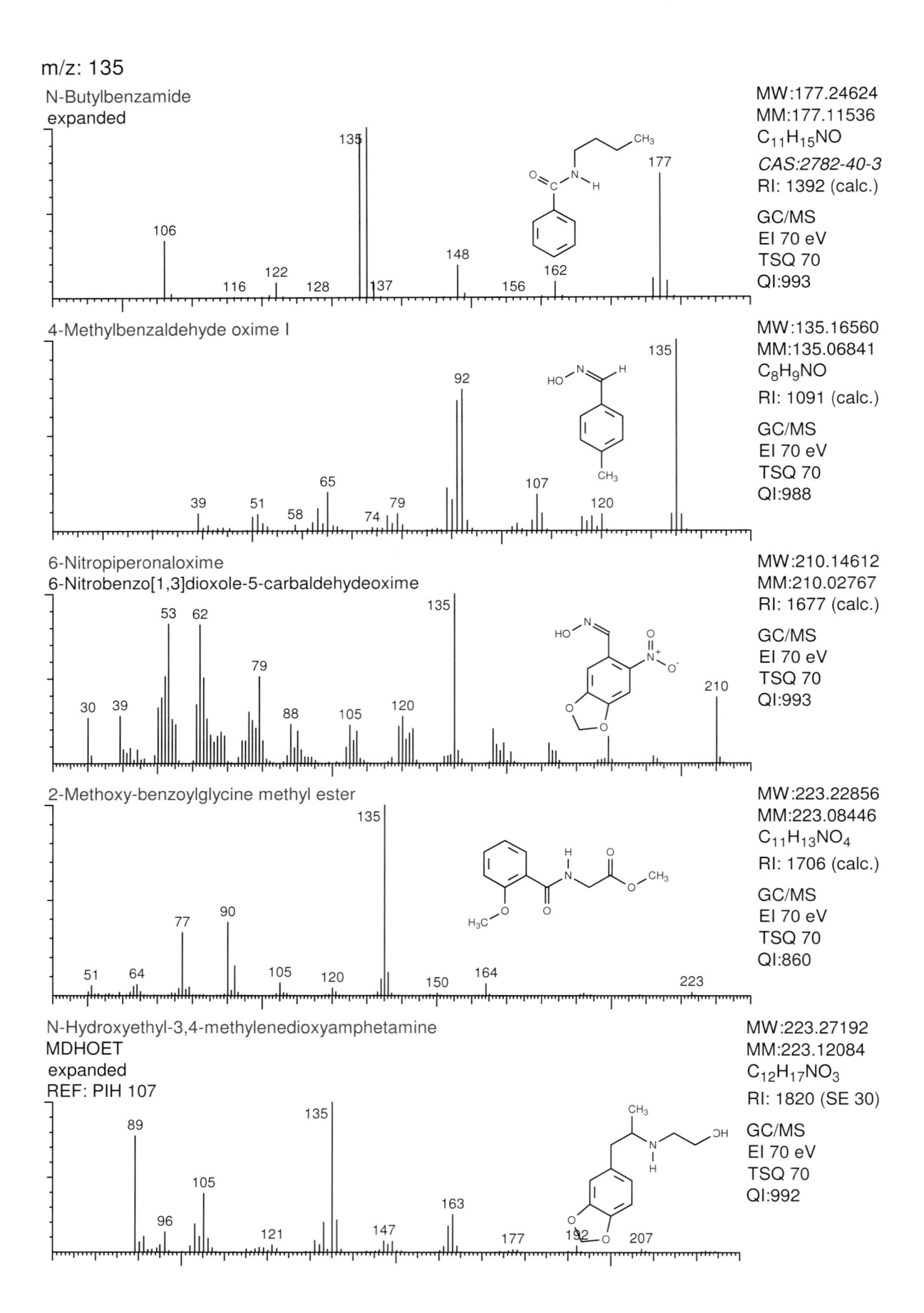

N-Butylbenzamide
expanded

MW:177.24624
MM:177.11536
C$_{11}$H$_{15}$NO
CAS:2782-40-3
RI: 1392 (calc.)

GC/MS
EI 70 eV
TSQ 70
QI:993

4-Methylbenzaldehyde oxime I

MW:135.16560
MM:135.06841
C$_8$H$_9$NO
RI: 1091 (calc.)

GC/MS
EI 70 eV
TSQ 70
QI:988

6-Nitropiperonaloxime
6-Nitrobenzo[1,3]dioxole-5-carbaldehydeoxime

MW:210.14612
MM:210.02767
RI: 1677 (calc.)

GC/MS
EI 70 eV
TSQ 70
QI:993

2-Methoxy-benzoylglycine methyl ester

MW:223.22856
MM:223.08446
C$_{11}$H$_{13}$NO$_4$
RI: 1706 (calc.)

GC/MS
EI 70 eV
TSQ 70
QI:860

N-Hydroxyethyl-3,4-methylenedioxyamphetamine
MDHOET
expanded
REF: PIH 107

MW:223.27192
MM:223.12084
C$_{12}$H$_{17}$NO$_3$
RI: 1820 (SE 30)

GC/MS
EI 70 eV
TSQ 70
QI:992

m/z: 135

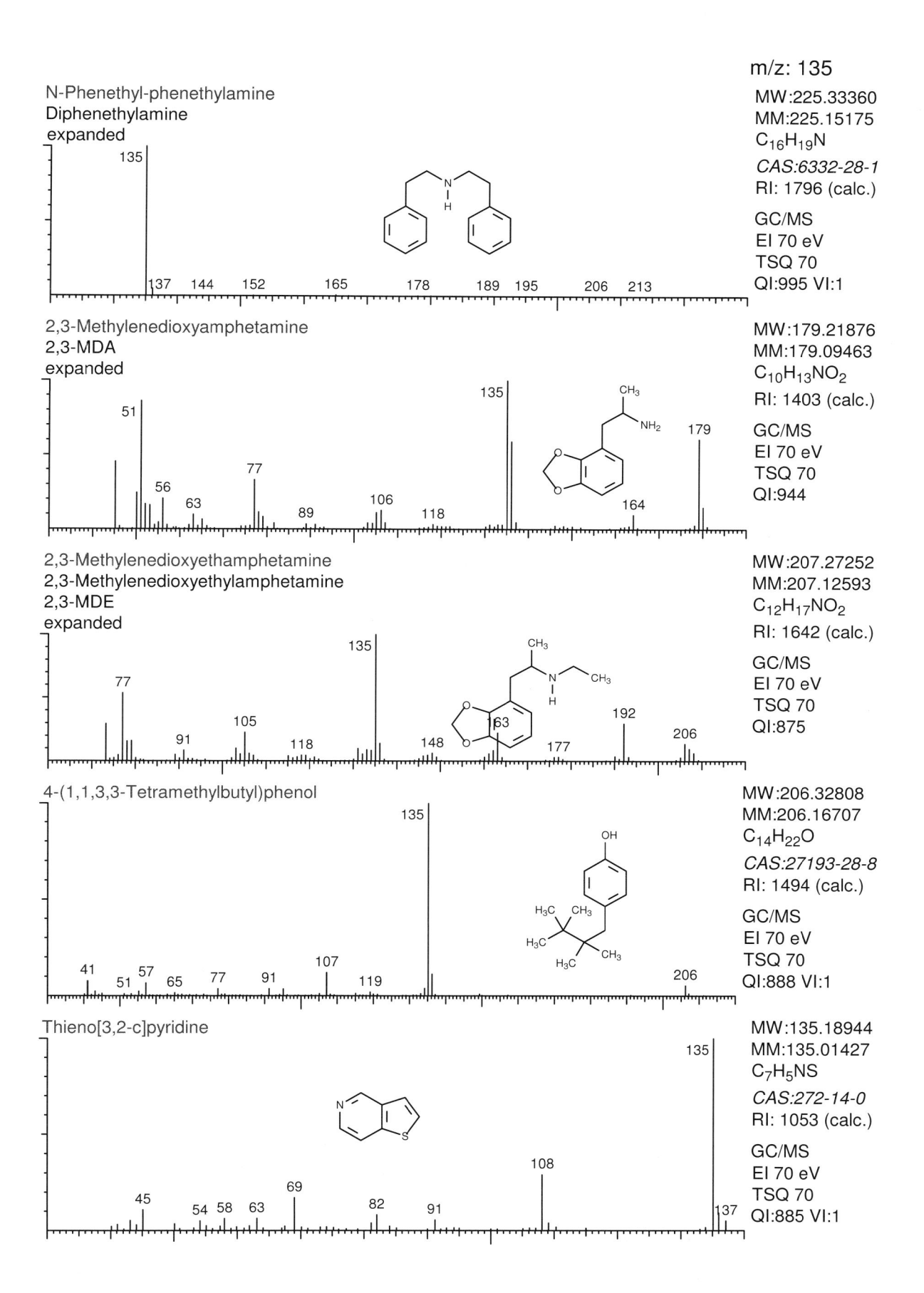

N-Phenethyl-phenethylamine
Diphenethylamine
expanded

MW:225.33360
MM:225.15175
$C_{16}H_{19}N$
CAS:6332-28-1
RI: 1796 (calc.)

GC/MS
EI 70 eV
TSQ 70
QI:995 VI:1

Peaks: 135, 137, 144, 152, 165, 178, 189, 195, 206, 213

2,3-Methylenedioxyamphetamine
2,3-MDA
expanded

MW:179.21876
MM:179.09463
$C_{10}H_{13}NO_2$
RI: 1403 (calc.)

GC/MS
EI 70 eV
TSQ 70
QI:944

Peaks: 51, 56, 63, 77, 89, 106, 118, 135, 164, 179

2,3-Methylenedioxyethamphetamine
2,3-Methylenedioxyethylamphetamine
2,3-MDE
expanded

MW:207.27252
MM:207.12593
$C_{12}H_{17}NO_2$
RI: 1642 (calc.)

GC/MS
EI 70 eV
TSQ 70
QI:875

Peaks: 77, 91, 105, 118, 135, 148, 163, 177, 192, 206

4-(1,1,3,3-Tetramethylbutyl)phenol

MW:206.32808
MM:206.16707
$C_{14}H_{22}O$
CAS:27193-28-8
RI: 1494 (calc.)

GC/MS
EI 70 eV
TSQ 70
QI:888 VI:1

Peaks: 41, 51, 57, 65, 77, 91, 107, 119, 135, 206

Thieno[3,2-c]pyridine

MW:135.18944
MM:135.01427
C_7H_5NS
CAS:272-14-0
RI: 1053 (calc.)

GC/MS
EI 70 eV
TSQ 70
QI:885 VI:1

Peaks: 45, 54, 58, 63, 69, 82, 91, 108, 135, 137

m/z: 135

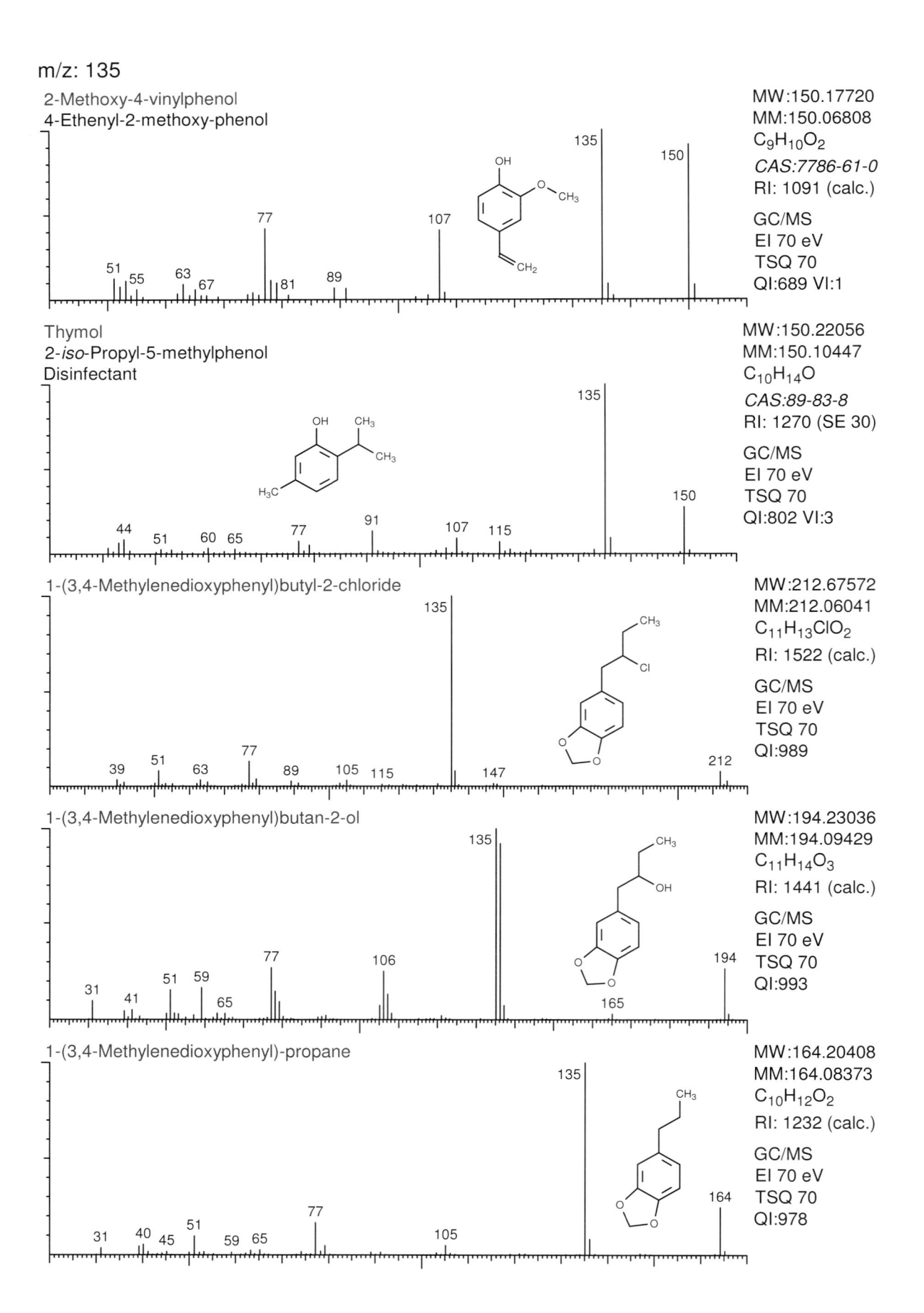

2-Methoxy-4-vinylphenol
4-Ethenyl-2-methoxy-phenol

MW:150.17720
MM:150.06808
$C_9H_{10}O_2$
CAS:7786-61-0
RI: 1091 (calc.)

GC/MS
EI 70 eV
TSQ 70
QI:689 VI:1

Thymol
2-iso-Propyl-5-methylphenol
Disinfectant

MW:150.22056
MM:150.10447
$C_{10}H_{14}O$
CAS:89-83-8
RI: 1270 (SE 30)

GC/MS
EI 70 eV
TSQ 70
QI:802 VI:3

1-(3,4-Methylenedioxyphenyl)butyl-2-chloride

MW:212.67572
MM:212.06041
$C_{11}H_{13}ClO_2$
RI: 1522 (calc.)

GC/MS
EI 70 eV
TSQ 70
QI:989

1-(3,4-Methylenedioxyphenyl)butan-2-ol

MW:194.23036
MM:194.09429
$C_{11}H_{14}O_3$
RI: 1441 (calc.)

GC/MS
EI 70 eV
TSQ 70
QI:993

1-(3,4-Methylenedioxyphenyl)-propane

MW:164.20408
MM:164.08373
$C_{10}H_{12}O_2$
RI: 1232 (calc.)

GC/MS
EI 70 eV
TSQ 70
QI:978

m/z: 135

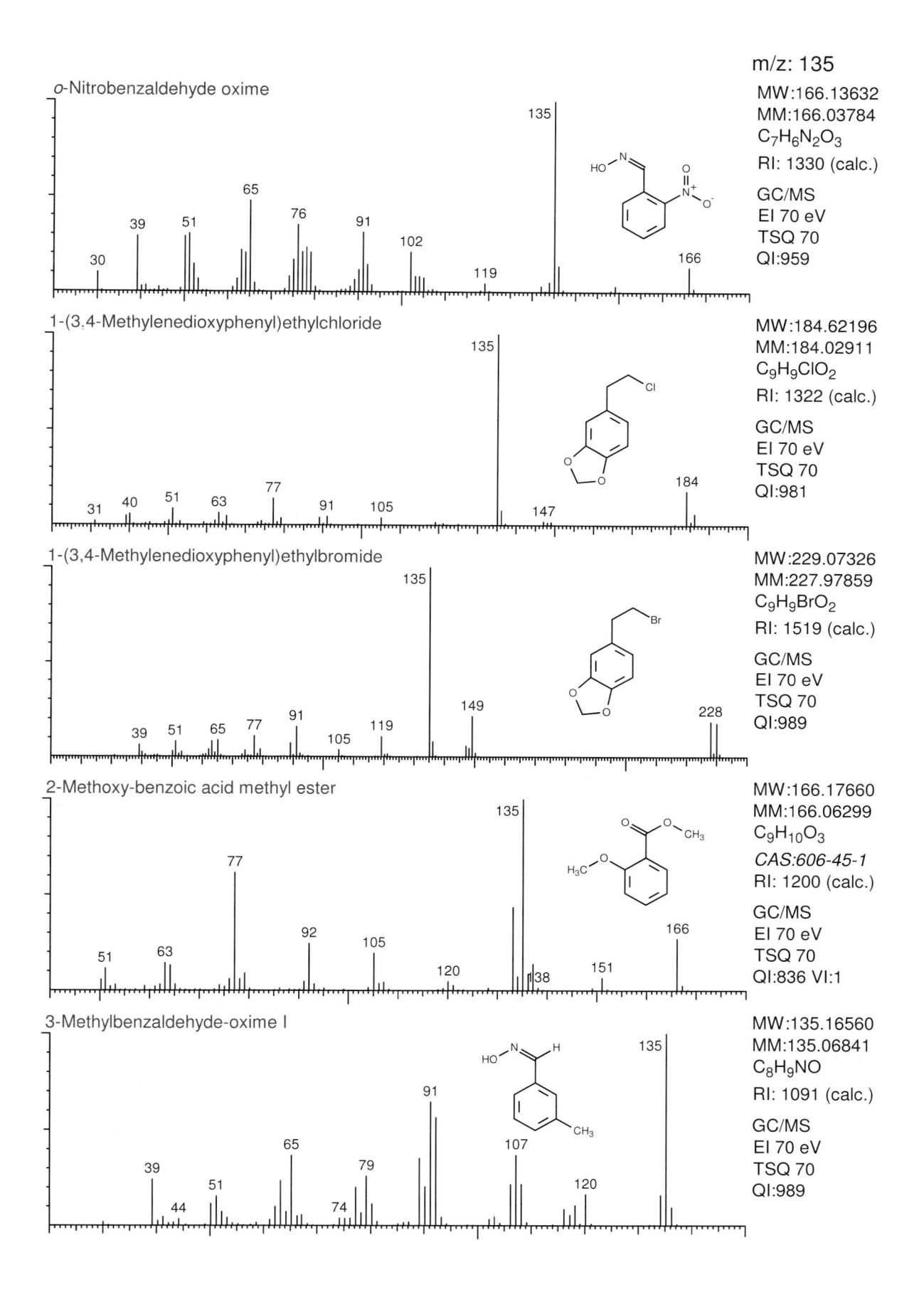

o-Nitrobenzaldehyde oxime

MW: 166.13632
MM: 166.03784
$C_7H_6N_2O_3$
RI: 1330 (calc.)

GC/MS
EI 70 eV
TSQ 70
QI: 959

Peaks: 30, 39, 51, 65, 76, 91, 102, 119, 135, 166

1-(3,4-Methylenedioxyphenyl)ethylchloride

MW: 184.62196
MM: 184.02911
$C_9H_9ClO_2$
RI: 1322 (calc.)

GC/MS
EI 70 eV
TSQ 70
QI: 981

Peaks: 31, 40, 51, 63, 77, 91, 105, 135, 147, 184

1-(3,4-Methylenedioxyphenyl)ethylbromide

MW: 229.07326
MM: 227.97859
$C_9H_9BrO_2$
RI: 1519 (calc.)

GC/MS
EI 70 eV
TSQ 70
QI: 989

Peaks: 39, 51, 65, 77, 91, 105, 119, 135, 149, 228

2-Methoxy-benzoic acid methyl ester

MW: 166.17660
MM: 166.06299
$C_9H_{10}O_3$
CAS: 606-45-1
RI: 1200 (calc.)

GC/MS
EI 70 eV
TSQ 70
QI: 836 VI:1

Peaks: 51, 63, 77, 92, 105, 120, 135, 138, 151, 166

3-Methylbenzaldehyde-oxime I

MW: 135.16560
MM: 135.06841
C_8H_9NO
RI: 1091 (calc.)

GC/MS
EI 70 eV
TSQ 70
QI: 989

Peaks: 39, 44, 51, 65, 74, 79, 91, 107, 120, 135

m/z: 135-136

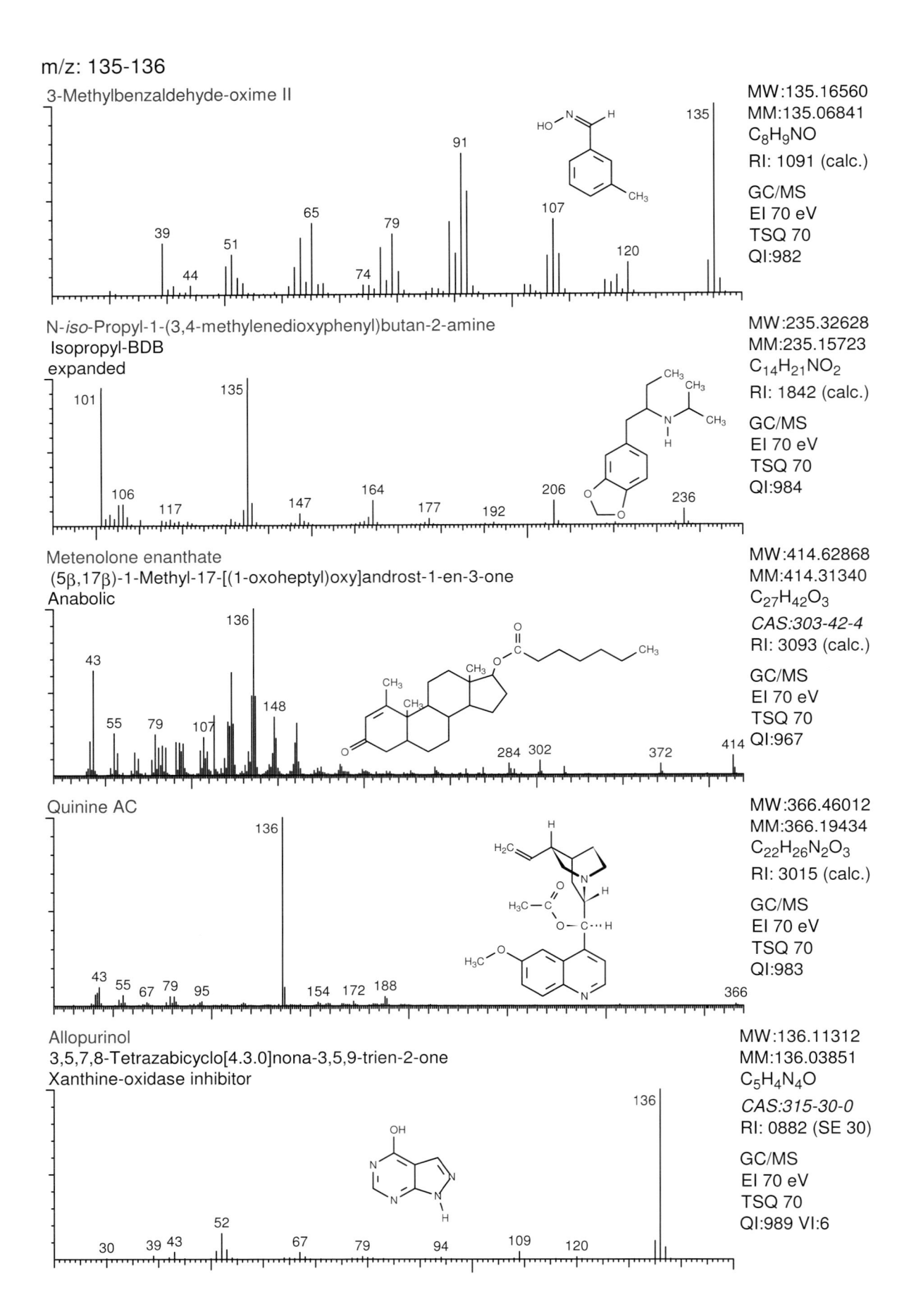

3-Methylbenzaldehyde-oxime II

MW:135.16560
MM:135.06841
C_8H_9NO
RI: 1091 (calc.)

GC/MS
EI 70 eV
TSQ 70
QI:982

N-*iso*-Propyl-1-(3,4-methylenedioxyphenyl)butan-2-amine
Isopropyl-BDB
expanded

MW:235.32628
MM:235.15723
$C_{14}H_{21}NO_2$
RI: 1842 (calc.)

GC/MS
EI 70 eV
TSQ 70
QI:984

Metenolone enanthate
(5β,17β)-1-Methyl-17-[(1-oxoheptyl)oxy]androst-1-en-3-one
Anabolic

MW:414.62868
MM:414.31340
$C_{27}H_{42}O_3$
CAS:303-42-4
RI: 3093 (calc.)

GC/MS
EI 70 eV
TSQ 70
QI:967

Quinine AC

MW:366.46012
MM:366.19434
$C_{22}H_{26}N_2O_3$
RI: 3015 (calc.)

GC/MS
EI 70 eV
TSQ 70
QI:983

Allopurinol
3,5,7,8-Tetrazabicyclo[4.3.0]nona-3,5,9-trien-2-one
Xanthine-oxidase inhibitor

MW:136.11312
MM:136.03851
$C_5H_4N_4O$
CAS:315-30-0
RI: 0882 (SE 30)

GC/MS
EI 70 eV
TSQ 70
QI:989 VI:6

m/z: 136

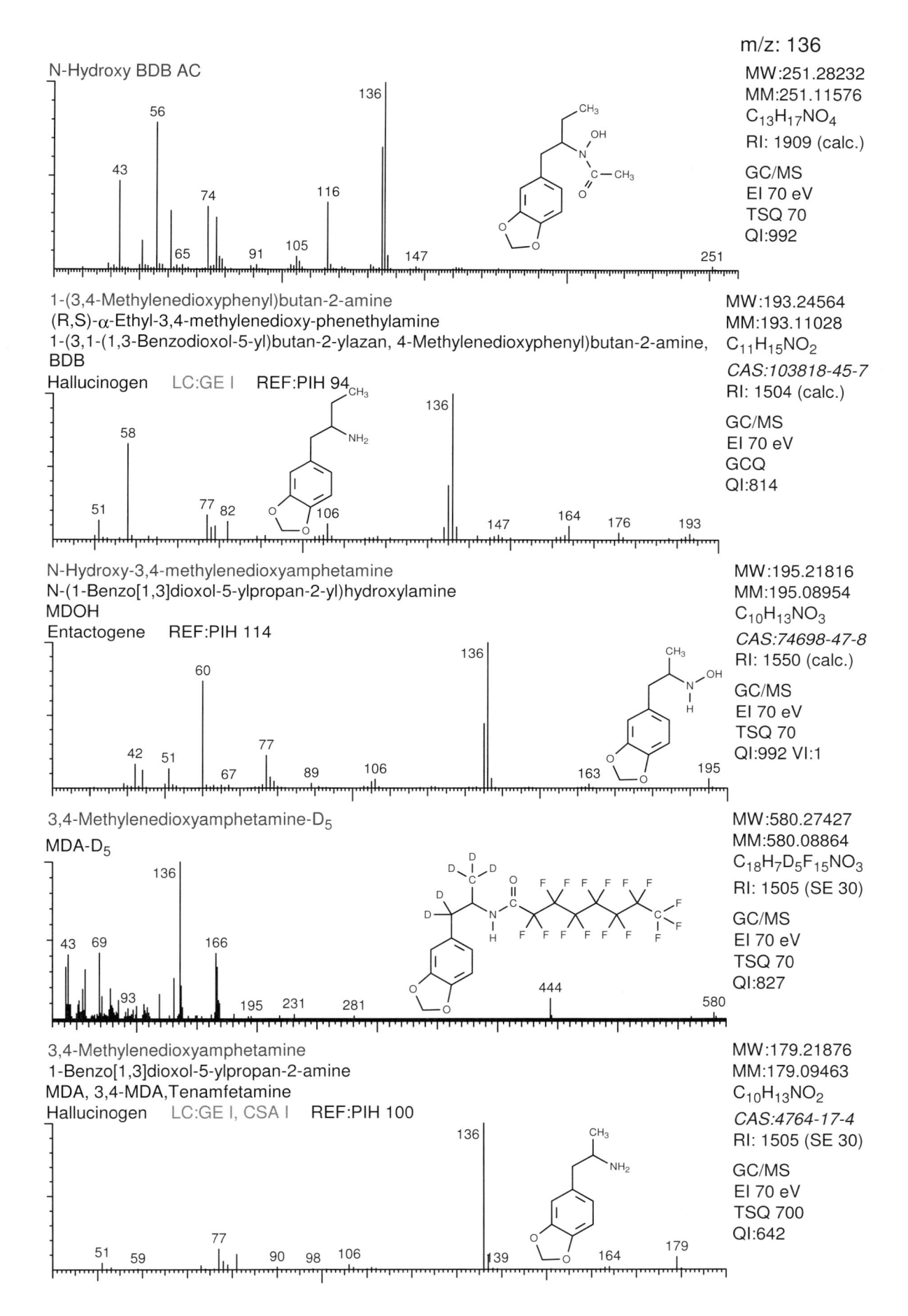

N-Hydroxy BDB AC

MW: 251.28232
MM: 251.11576
$C_{13}H_{17}NO_4$
RI: 1909 (calc.)

GC/MS
EI 70 eV
TSQ 70
QI: 992

Peaks: 43, 56, 65, 74, 91, 105, 116, 136, 147, 251

1-(3,4-Methylenedioxyphenyl)butan-2-amine
(R,S)-α-Ethyl-3,4-methylenedioxy-phenethylamine
1-(3,1-(1,3-Benzodioxol-5-yl)butan-2-ylazan, 4-Methylenedioxyphenyl)butan-2-amine,
BDB
Hallucinogen   LC:GE I   REF:PIH 94

MW: 193.24564
MM: 193.11028
$C_{11}H_{15}NO_2$
CAS: 103818-45-7
RI: 1504 (calc.)

GC/MS
EI 70 eV
GCQ
QI: 814

Peaks: 51, 58, 77, 82, 106, 136, 147, 164, 176, 193

N-Hydroxy-3,4-methylenedioxyamphetamine
N-(1-Benzo[1,3]dioxol-5-ylpropan-2-yl)hydroxylamine
MDOH
Entactogene   REF:PIH 114

MW: 195.21816
MM: 195.08954
$C_{10}H_{13}NO_3$
CAS: 74698-47-8
RI: 1550 (calc.)

GC/MS
EI 70 eV
TSQ 70
QI: 992 VI:1

Peaks: 42, 51, 60, 67, 77, 89, 106, 136, 163, 195

3,4-Methylenedioxyamphetamine-D_5
MDA-D_5

MW: 580.27427
MM: 580.08864
$C_{18}H_7D_5F_{15}NO_3$
RI: 1505 (SE 30)

GC/MS
EI 70 eV
TSQ 70
QI: 827

Peaks: 43, 69, 93, 136, 166, 195, 231, 281, 444, 580

3,4-Methylenedioxyamphetamine
1-Benzo[1,3]dioxol-5-ylpropan-2-amine
MDA, 3,4-MDA, Tenamfetamine
Hallucinogen   LC:GE I, CSA I   REF:PIH 100

MW: 179.21876
MM: 179.09463
$C_{10}H_{13}NO_2$
CAS: 4764-17-4
RI: 1505 (SE 30)

GC/MS
EI 70 eV
TSQ 700
QI: 642

Peaks: 51, 59, 77, 90, 98, 106, 136, 139, 164, 179

m/z: 136

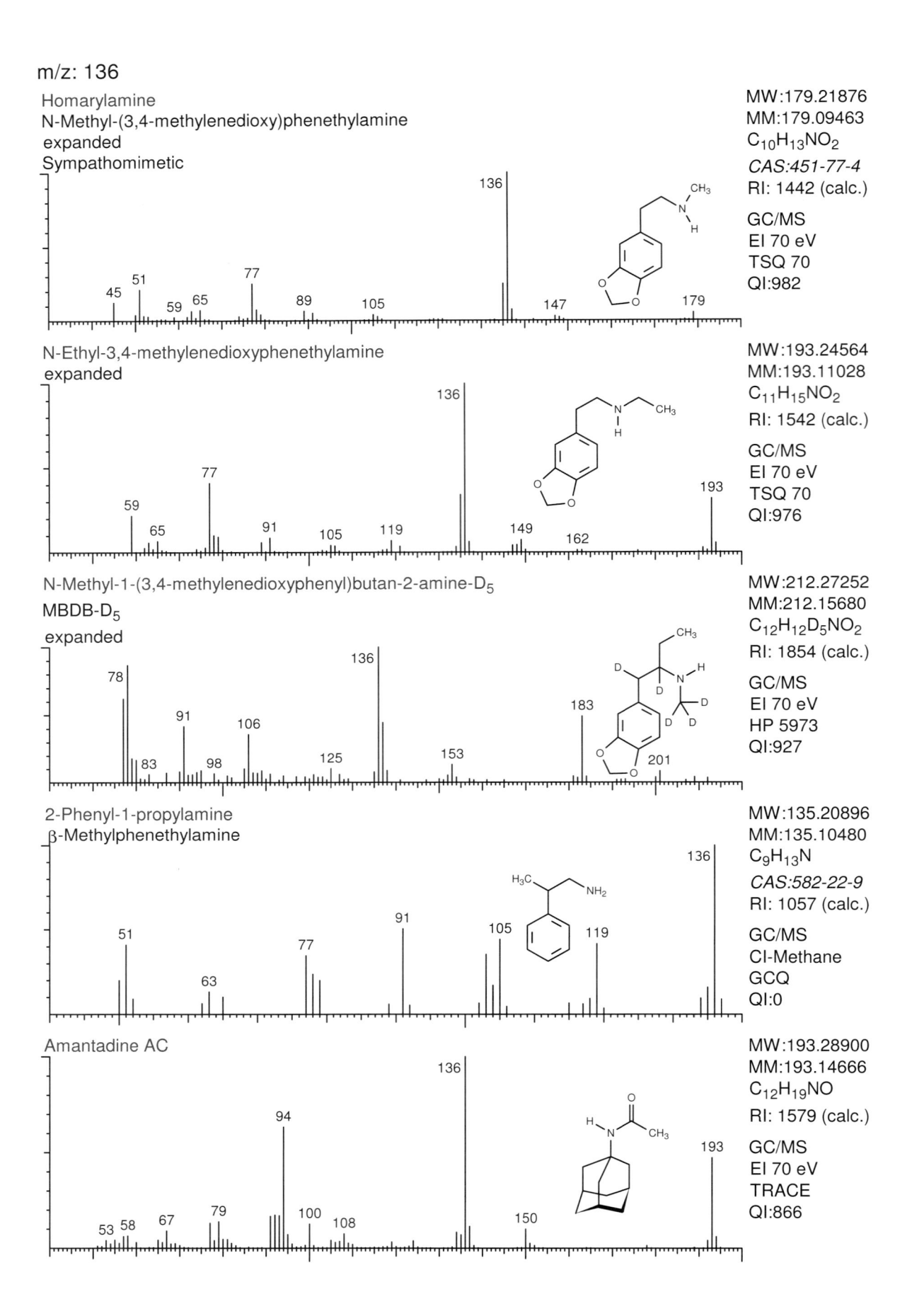

Homarylamine
N-Methyl-(3,4-methylenedioxy)phenethylamine
expanded
Sympathomimetic

MW:179.21876
MM:179.09463
$C_{10}H_{13}NO_2$
CAS:451-77-4
RI: 1442 (calc.)

GC/MS
EI 70 eV
TSQ 70
QI:982

N-Ethyl-3,4-methylenedioxyphenethylamine
expanded

MW:193.24564
MM:193.11028
$C_{11}H_{15}NO_2$
RI: 1542 (calc.)

GC/MS
EI 70 eV
TSQ 70
QI:976

N-Methyl-1-(3,4-methylenedioxyphenyl)butan-2-amine-D_5
MBDB-D_5
expanded

MW:212.27252
MM:212.15680
$C_{12}H_{12}D_5NO_2$
RI: 1854 (calc.)

GC/MS
EI 70 eV
HP 5973
QI:927

2-Phenyl-1-propylamine
β-Methylphenethylamine

MW:135.20896
MM:135.10480
$C_9H_{13}N$
CAS:582-22-9
RI: 1057 (calc.)

GC/MS
CI-Methane
GCQ
QI:0

Amantadine AC

MW:193.28900
MM:193.14666
$C_{12}H_{19}NO$
RI: 1579 (calc.)

GC/MS
EI 70 eV
TRACE
QI:866

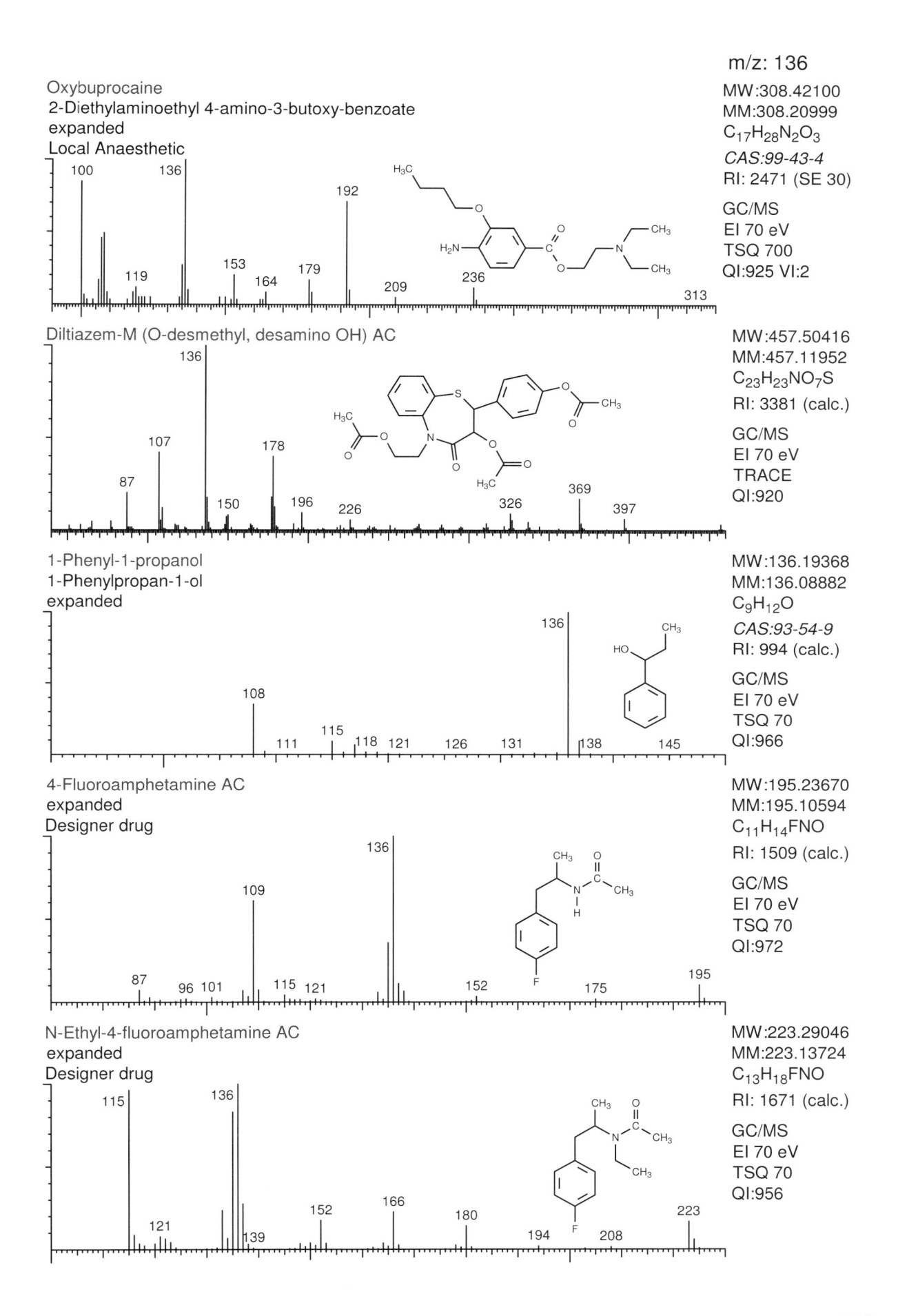

Oxybuprocaine
2-Diethylaminoethyl 4-amino-3-butoxy-benzoate
expanded
Local Anaesthetic

m/z: 136
MW:308.42100
MM:308.20999
$C_{17}H_{28}N_2O_3$
CAS:99-43-4
RI: 2471 (SE 30)

GC/MS
EI 70 eV
TSQ 700
QI:925 VI:2

Peaks: 100, 119, 136, 153, 164, 179, 192, 209, 236, 313

Diltiazem-M (O-desmethyl, desamino OH) AC

MW:457.50416
MM:457.11952
$C_{23}H_{23}NO_7S$
RI: 3381 (calc.)

GC/MS
EI 70 eV
TRACE
QI:920

Peaks: 87, 107, 136, 150, 178, 196, 226, 326, 369, 397

1-Phenyl-1-propanol
1-Phenylpropan-1-ol
expanded

MW:136.19368
MM:136.08882
$C_9H_{12}O$
CAS:93-54-9
RI: 994 (calc.)

GC/MS
EI 70 eV
TSQ 70
QI:966

Peaks: 108, 111, 115, 118, 121, 126, 131, 136, 138, 145

4-Fluoroamphetamine AC
expanded
Designer drug

MW:195.23670
MM:195.10594
$C_{11}H_{14}FNO$
RI: 1509 (calc.)

GC/MS
EI 70 eV
TSQ 70
QI:972

Peaks: 87, 96, 101, 109, 115, 121, 136, 152, 175, 195

N-Ethyl-4-fluoroamphetamine AC
expanded
Designer drug

MW:223.29046
MM:223.13724
$C_{13}H_{18}FNO$
RI: 1671 (calc.)

GC/MS
EI 70 eV
TSQ 70
QI:956

Peaks: 115, 121, 136, 139, 152, 166, 180, 194, 208, 223

m/z: 136

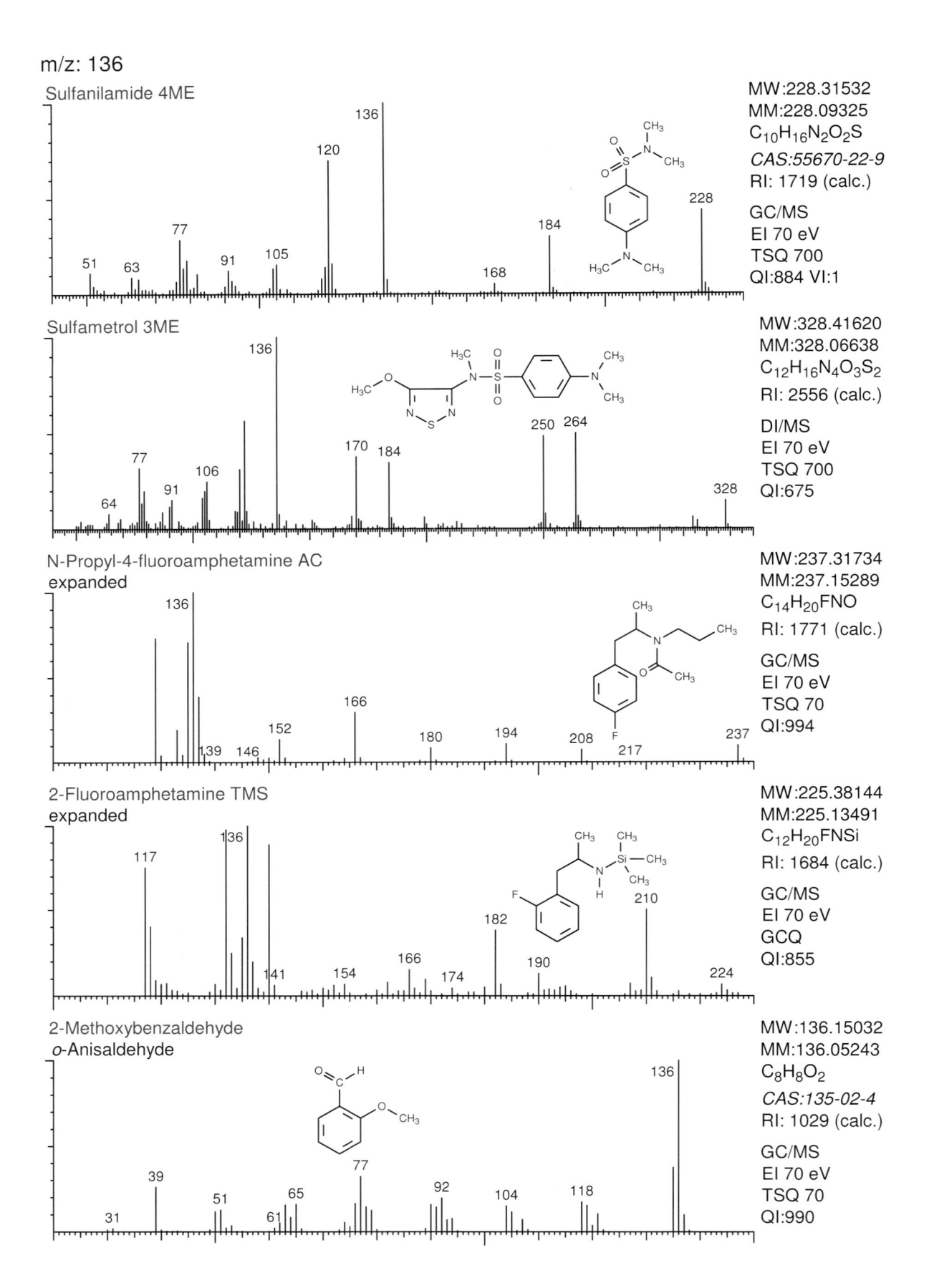

Sulfanilamide 4ME

MW:228.31532
MM:228.09325
$C_{10}H_{16}N_2O_2S$
CAS:55670-22-9
RI: 1719 (calc.)

GC/MS
EI 70 eV
TSQ 700
QI:884 VI:1

Peaks: 51, 63, 77, 91, 105, 120, 136, 168, 184, 228

Sulfametrol 3ME

MW:328.41620
MM:328.06638
$C_{12}H_{16}N_4O_3S_2$
RI: 2556 (calc.)

DI/MS
EI 70 eV
TSQ 700
QI:675

Peaks: 64, 77, 91, 106, 136, 170, 184, 250, 264, 328

N-Propyl-4-fluoroamphetamine AC
expanded

MW:237.31734
MM:237.15289
$C_{14}H_{20}FNO$
RI: 1771 (calc.)

GC/MS
EI 70 eV
TSQ 70
QI:994

Peaks: 136, 139, 146, 152, 166, 180, 194, 208, 217, 237

2-Fluoroamphetamine TMS
expanded

MW:225.38144
MM:225.13491
$C_{12}H_{20}FNSi$
RI: 1684 (calc.)

GC/MS
EI 70 eV
GCQ
QI:855

Peaks: 117, 136, 141, 154, 166, 174, 182, 190, 210, 224

2-Methoxybenzaldehyde
o-Anisaldehyde

MW:136.15032
MM:136.05243
$C_8H_8O_2$
CAS:135-02-4
RI: 1029 (calc.)

GC/MS
EI 70 eV
TSQ 70
QI:990

Peaks: 31, 39, 51, 61, 65, 77, 92, 104, 118, 136

m/z: 136

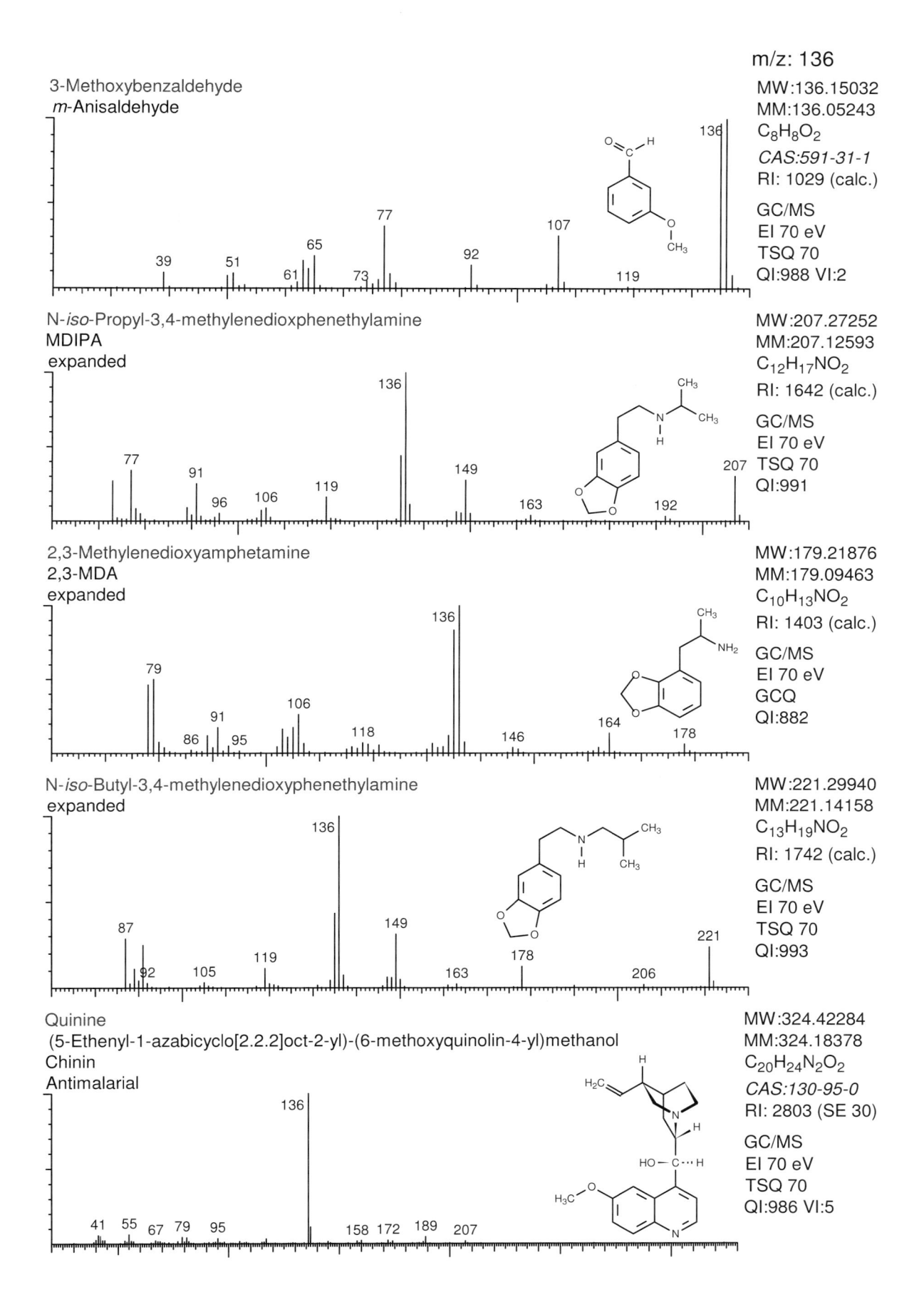

3-Methoxybenzaldehyde
m-Anisaldehyde

MW:136.15032
MM:136.05243
$C_8H_8O_2$
CAS:591-31-1
RI: 1029 (calc.)

GC/MS
EI 70 eV
TSQ 70
QI:988 VI:2

Peaks: 39, 51, 61, 65, 73, 77, 92, 107, 119, 136

N-*iso*-Propyl-3,4-methylenedioxphenethylamine
MDIPA
expanded

MW:207.27252
MM:207.12593
$C_{12}H_{17}NO_2$
RI: 1642 (calc.)

GC/MS
EI 70 eV
TSQ 70
QI:991

Peaks: 77, 91, 96, 106, 119, 136, 149, 163, 192, 207

2,3-Methylenedioxyamphetamine
2,3-MDA
expanded

MW:179.21876
MM:179.09463
$C_{10}H_{13}NO_2$
RI: 1403 (calc.)

GC/MS
EI 70 eV
GCQ
QI:882

Peaks: 79, 86, 91, 95, 106, 118, 136, 146, 164, 178

N-*iso*-Butyl-3,4-methylenedioxyphenethylamine
expanded

MW:221.29940
MM:221.14158
$C_{13}H_{19}NO_2$
RI: 1742 (calc.)

GC/MS
EI 70 eV
TSQ 70
QI:993

Peaks: 87, 92, 105, 119, 136, 149, 163, 178, 206, 221

Quinine
(5-Ethenyl-1-azabicyclo[2.2.2]oct-2-yl)-(6-methoxyquinolin-4-yl)methanol
Chinin
Antimalarial

MW:324.42284
MM:324.18378
$C_{20}H_{24}N_2O_2$
CAS:130-95-0
RI: 2803 (SE 30)

GC/MS
EI 70 eV
TSQ 70
QI:986 VI:5

Peaks: 41, 55, 67, 79, 95, 136, 158, 172, 189, 207

m/z: 136

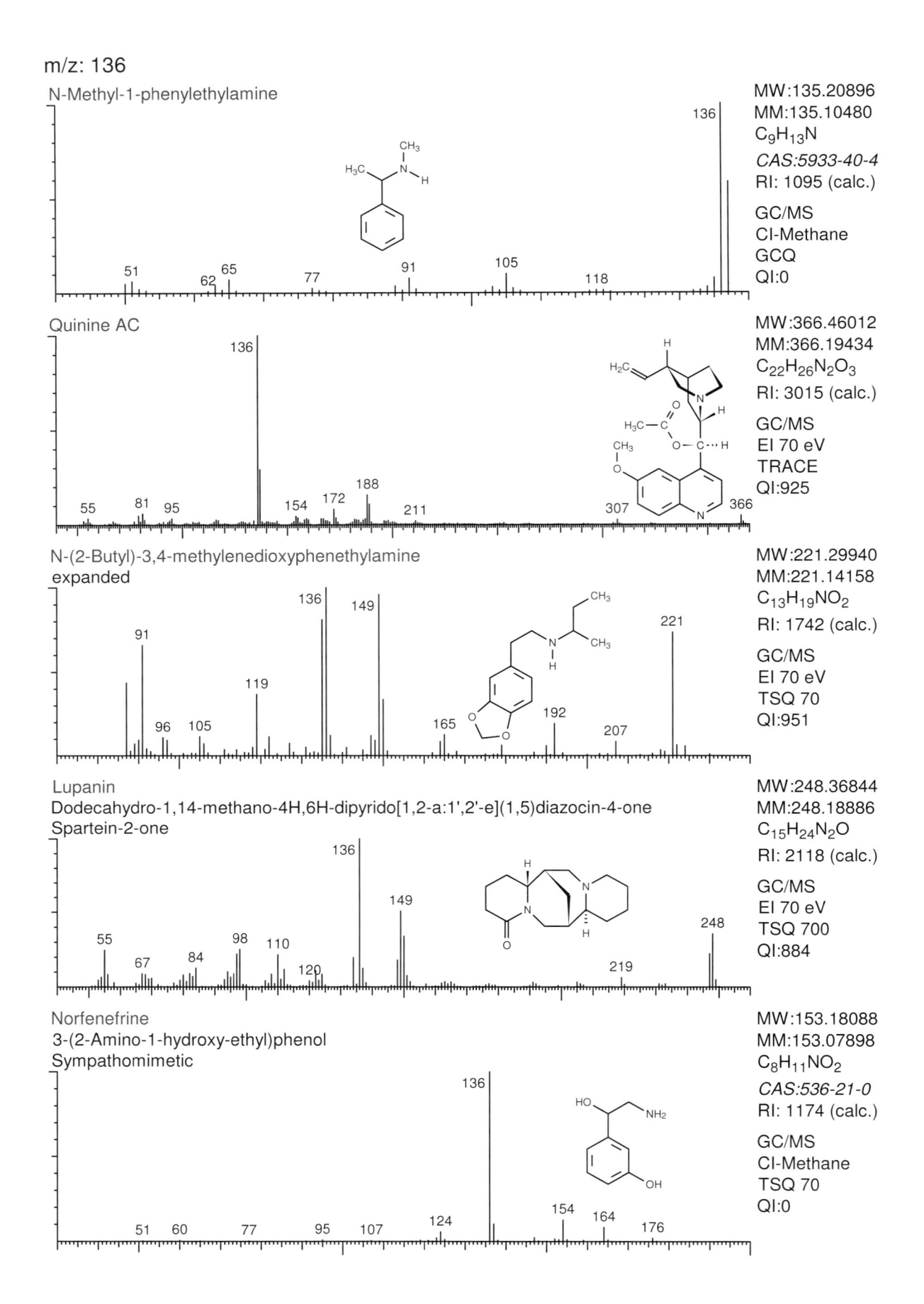

N-Methyl-1-phenylethylamine

MW: 135.20896
MM: 135.10480
$C_9H_{13}N$
CAS: 5933-40-4
RI: 1095 (calc.)

GC/MS
CI-Methane
GCQ
QI: 0

Quinine AC

MW: 366.46012
MM: 366.19434
$C_{22}H_{26}N_2O_3$
RI: 3015 (calc.)

GC/MS
EI 70 eV
TRACE
QI: 925

N-(2-Butyl)-3,4-methylenedioxyphenethylamine
expanded

MW: 221.29940
MM: 221.14158
$C_{13}H_{19}NO_2$
RI: 1742 (calc.)

GC/MS
EI 70 eV
TSQ 70
QI: 951

Lupanin
Dodecahydro-1,14-methano-4H,6H-dipyrido[1,2-a:1',2'-e](1,5)diazocin-4-one
Spartein-2-one

MW: 248.36844
MM: 248.18886
$C_{15}H_{24}N_2O$
RI: 2118 (calc.)

GC/MS
EI 70 eV
TSQ 700
QI: 884

Norfenefrine
3-(2-Amino-1-hydroxy-ethyl)phenol
Sympathomimetic

MW: 153.18088
MM: 153.07898
$C_8H_{11}NO_2$
CAS: 536-21-0
RI: 1174 (calc.)

GC/MS
CI-Methane
TSQ 70
QI: 0

m/z: 136

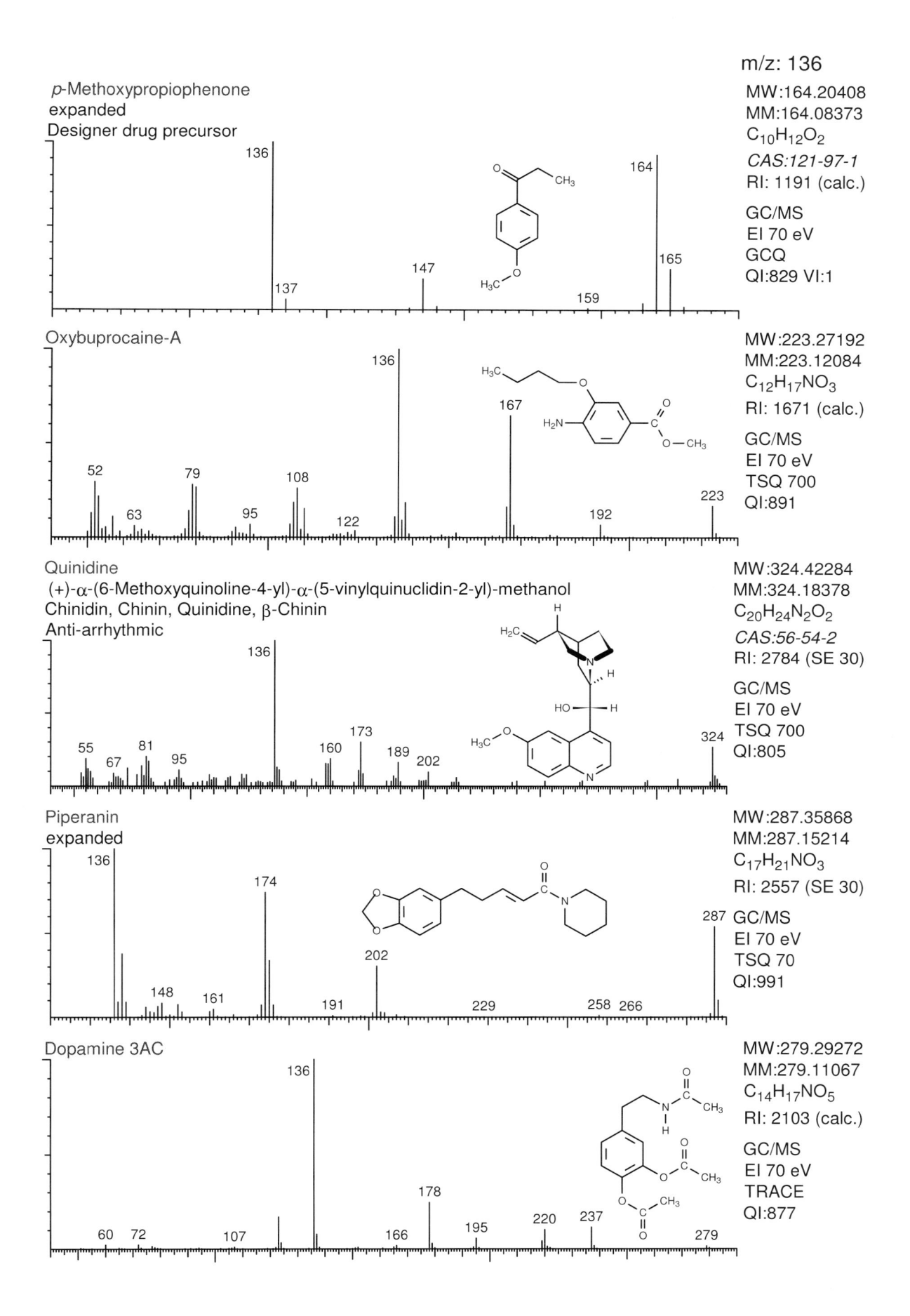

p-Methoxypropiophenone
expanded
Designer drug precursor

Peaks: 136, 137, 147, 159, 164, 165

MW: 164.20408
MM: 164.08373
$C_{10}H_{12}O_2$
CAS: 121-97-1
RI: 1191 (calc.)

GC/MS
EI 70 eV
GCQ
QI:829 VI:1

Oxybuprocaine-A

Peaks: 52, 63, 79, 95, 108, 122, 136, 167, 192, 223

MW: 223.27192
MM: 223.12084
$C_{12}H_{17}NO_3$
RI: 1671 (calc.)

GC/MS
EI 70 eV
TSQ 700
QI:891

Quinidine
(+)-α-(6-Methoxyquinoline-4-yl)-α-(5-vinylquinuclidin-2-yl)-methanol
Chinidin, Chinin, Quinidine, β-Chinin
Anti-arrhythmic

Peaks: 55, 67, 81, 95, 136, 160, 173, 189, 202, 324

MW: 324.42284
MM: 324.18378
$C_{20}H_{24}N_2O_2$
CAS: 56-54-2
RI: 2784 (SE 30)

GC/MS
EI 70 eV
TSQ 700
QI:805

Piperanin
expanded

Peaks: 136, 148, 161, 174, 191, 202, 229, 258, 266, 287

MW: 287.35868
MM: 287.15214
$C_{17}H_{21}NO_3$
RI: 2557 (SE 30)

GC/MS
EI 70 eV
TSQ 70
QI:991

Dopamine 3AC

Peaks: 60, 72, 107, 136, 166, 178, 195, 220, 237, 279

MW: 279.29272
MM: 279.11067
$C_{14}H_{17}NO_5$
RI: 2103 (calc.)

GC/MS
EI 70 eV
TRACE
QI:877

m/z: 136

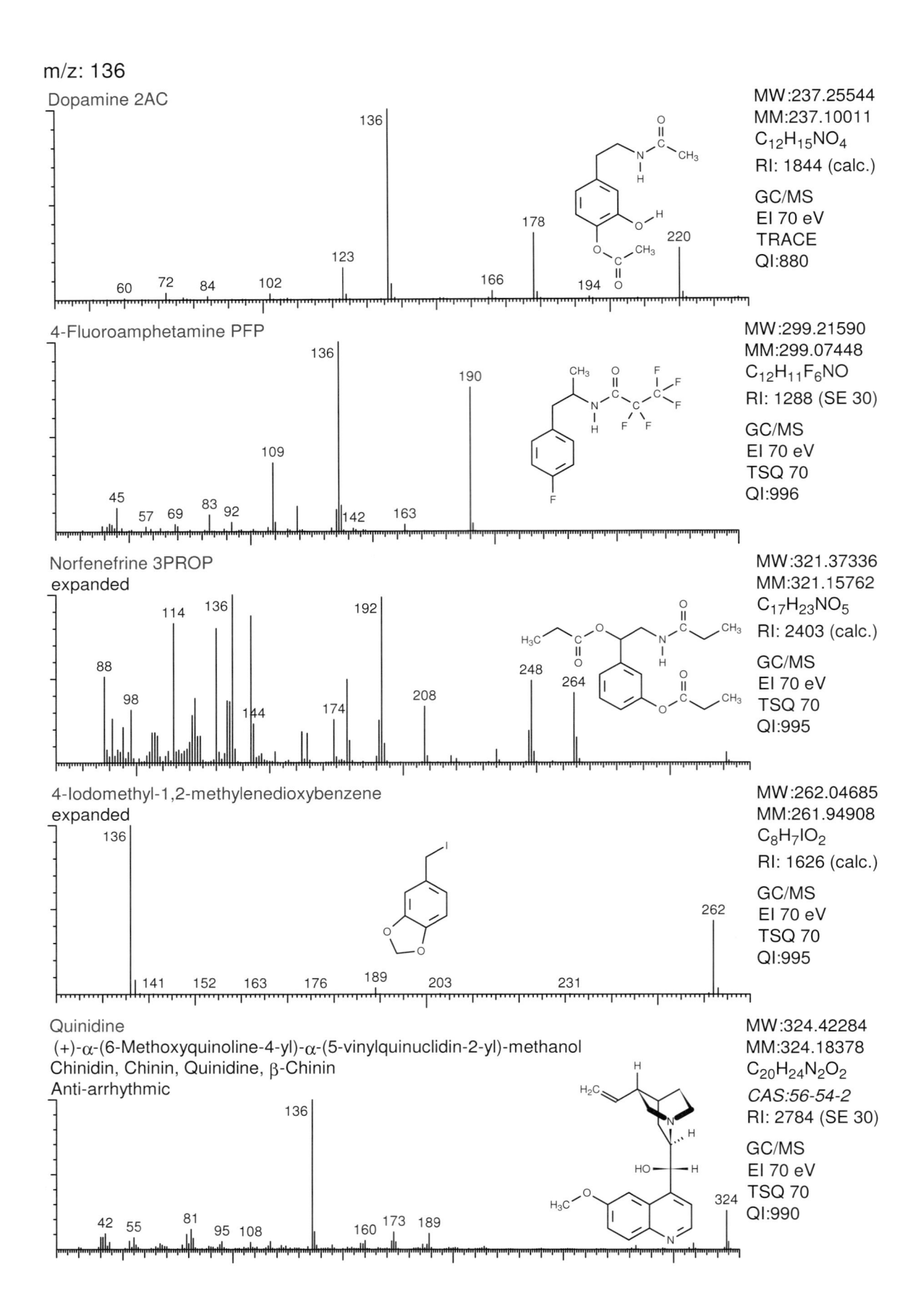

Dopamine 2AC

MW:237.25544
MM:237.10011
$C_{12}H_{15}NO_4$
RI: 1844 (calc.)

GC/MS
EI 70 eV
TRACE
QI:880

4-Fluoroamphetamine PFP

MW:299.21590
MM:299.07448
$C_{12}H_{11}F_6NO$
RI: 1288 (SE 30)

GC/MS
EI 70 eV
TSQ 70
QI:996

Norfenefrine 3PROP
expanded

MW:321.37336
MM:321.15762
$C_{17}H_{23}NO_5$
RI: 2403 (calc.)

GC/MS
EI 70 eV
TSQ 70
QI:995

4-Iodomethyl-1,2-methylenedioxybenzene
expanded

MW:262.04685
MM:261.94908
$C_8H_7IO_2$
RI: 1626 (calc.)

GC/MS
EI 70 eV
TSQ 70
QI:995

Quinidine
(+)-α-(6-Methoxyquinoline-4-yl)-α-(5-vinylquinuclidin-2-yl)-methanol
Chinidin, Chinin, Quinidine, β-Chinin
Anti-arrhythmic

MW:324.42284
MM:324.18378
$C_{20}H_{24}N_2O_2$
CAS:56-54-2
RI: 2784 (SE 30)

GC/MS
EI 70 eV
TSQ 70
QI:990

Diltiazem-M (O-desmethyldesamino, OH -H₂O) AC

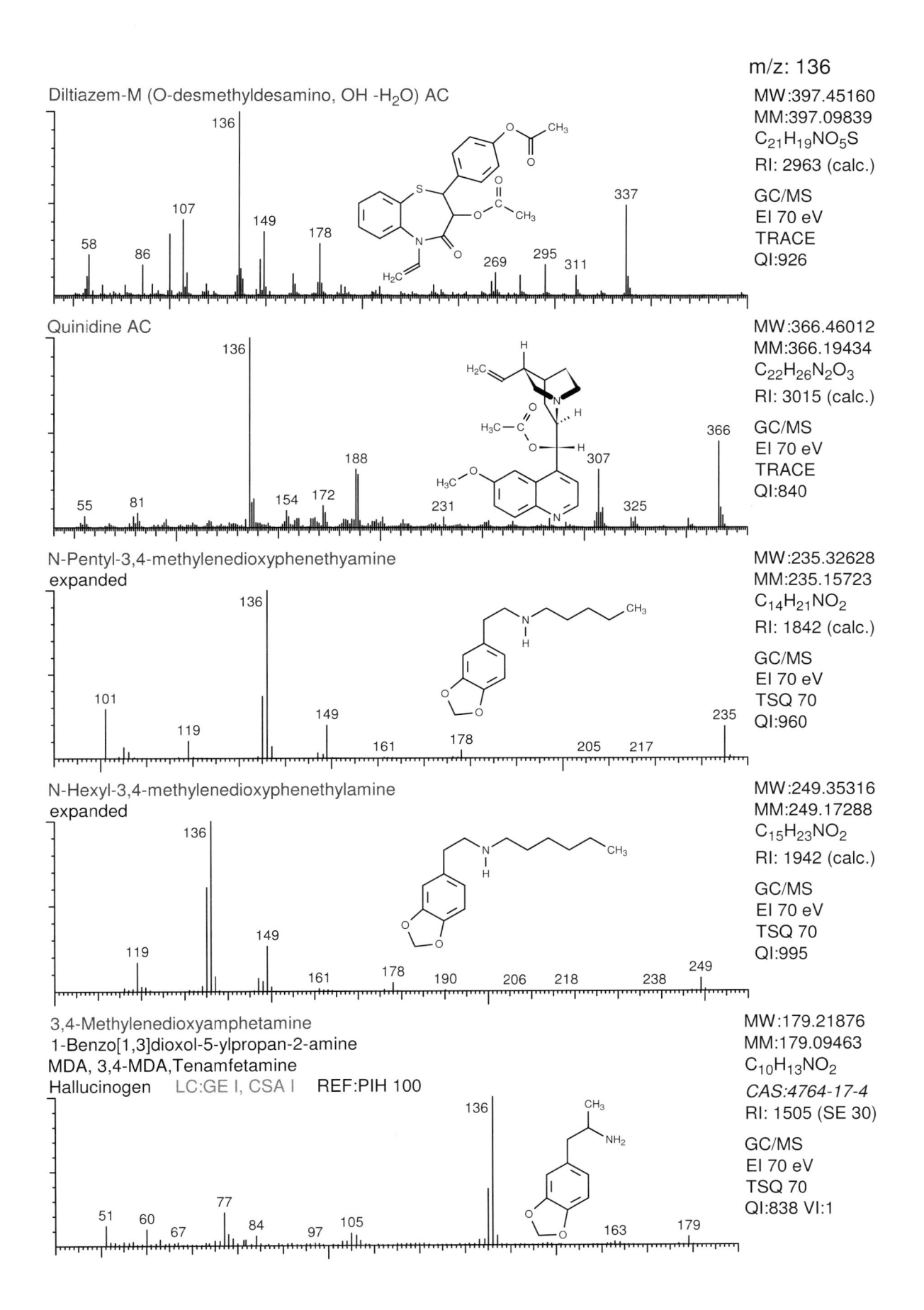

m/z: 136
MW:397.45160
MM:397.09839
$C_{21}H_{19}NO_5S$
RI: 2963 (calc.)

GC/MS
EI 70 eV
TRACE
QI:926

Peaks: 58, 86, 107, 136, 149, 178, 269, 295, 311, 337

Quinidine AC

MW:366.46012
MM:366.19434
$C_{22}H_{26}N_2O_3$
RI: 3015 (calc.)

GC/MS
EI 70 eV
TRACE
QI:840

Peaks: 55, 81, 136, 154, 172, 188, 231, 307, 325, 366

N-Pentyl-3,4-methylenedioxyphenethyamine expanded

MW:235.32628
MM:235.15723
$C_{14}H_{21}NO_2$
RI: 1842 (calc.)

GC/MS
EI 70 eV
TSQ 70
QI:960

Peaks: 101, 119, 136, 149, 161, 178, 205, 217, 235

N-Hexyl-3,4-methylenedioxyphenethylamine expanded

MW:249.35316
MM:249.17288
$C_{15}H_{23}NO_2$
RI: 1942 (calc.)

GC/MS
EI 70 eV
TSQ 70
QI:995

Peaks: 119, 136, 149, 161, 178, 190, 206, 218, 238, 249

3,4-Methylenedioxyamphetamine
1-Benzo[1,3]dioxol-5-ylpropan-2-amine
MDA, 3,4-MDA, Tenamfetamine
Hallucinogen   LC:GE I, CSA I   REF:PIH 100

MW:179.21876
MM:179.09463
$C_{10}H_{13}NO_2$
CAS:4764-17-4
RI: 1505 (SE 30)

GC/MS
EI 70 eV
TSQ 70
QI:838 VI:1

Peaks: 51, 60, 67, 77, 84, 97, 105, 136, 163, 179

m/z: 136

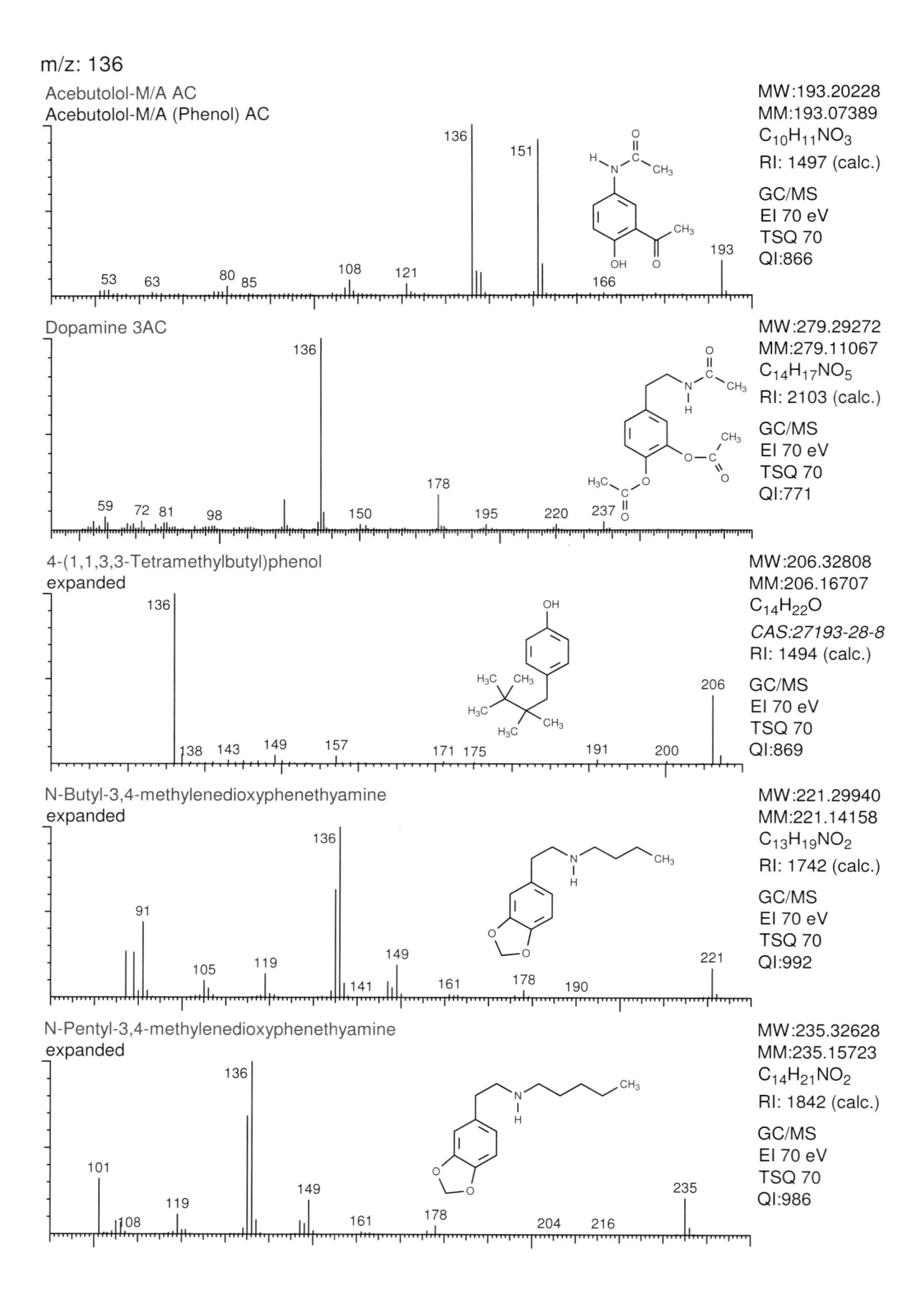

Acebutolol-M/A AC
Acebutolol-M/A (Phenol) AC

peaks: 53, 63, 80, 85, 108, 121, 136, 151, 166, 193

MW: 193.20228
MM: 193.07389
$C_{10}H_{11}NO_3$
RI: 1497 (calc.)

GC/MS
EI 70 eV
TSQ 70
QI: 866

Dopamine 3AC

peaks: 59, 72, 81, 98, 136, 150, 178, 195, 220, 237

MW: 279.29272
MM: 279.11067
$C_{14}H_{17}NO_5$
RI: 2103 (calc.)

GC/MS
EI 70 eV
TSQ 70
QI: 771

4-(1,1,3,3-Tetramethylbutyl)phenol
expanded

peaks: 136, 138, 143, 149, 157, 171, 175, 191, 200, 206

MW: 206.32808
MM: 206.16707
$C_{14}H_{22}O$
CAS: 27193-28-8
RI: 1494 (calc.)

GC/MS
EI 70 eV
TSQ 70
QI: 869

N-Butyl-3,4-methylenedioxyphenethyamine
expanded

peaks: 91, 105, 119, 136, 141, 149, 161, 178, 190, 221

MW: 221.29940
MM: 221.14158
$C_{13}H_{19}NO_2$
RI: 1742 (calc.)

GC/MS
EI 70 eV
TSQ 70
QI: 992

N-Pentyl-3,4-methylenedioxyphenethyamine
expanded

peaks: 101, 108, 119, 136, 149, 161, 178, 204, 216, 235

MW: 235.32628
MM: 235.15723
$C_{14}H_{21}NO_2$
RI: 1842 (calc.)

GC/MS
EI 70 eV
TSQ 70
QI: 986

m/z: 136

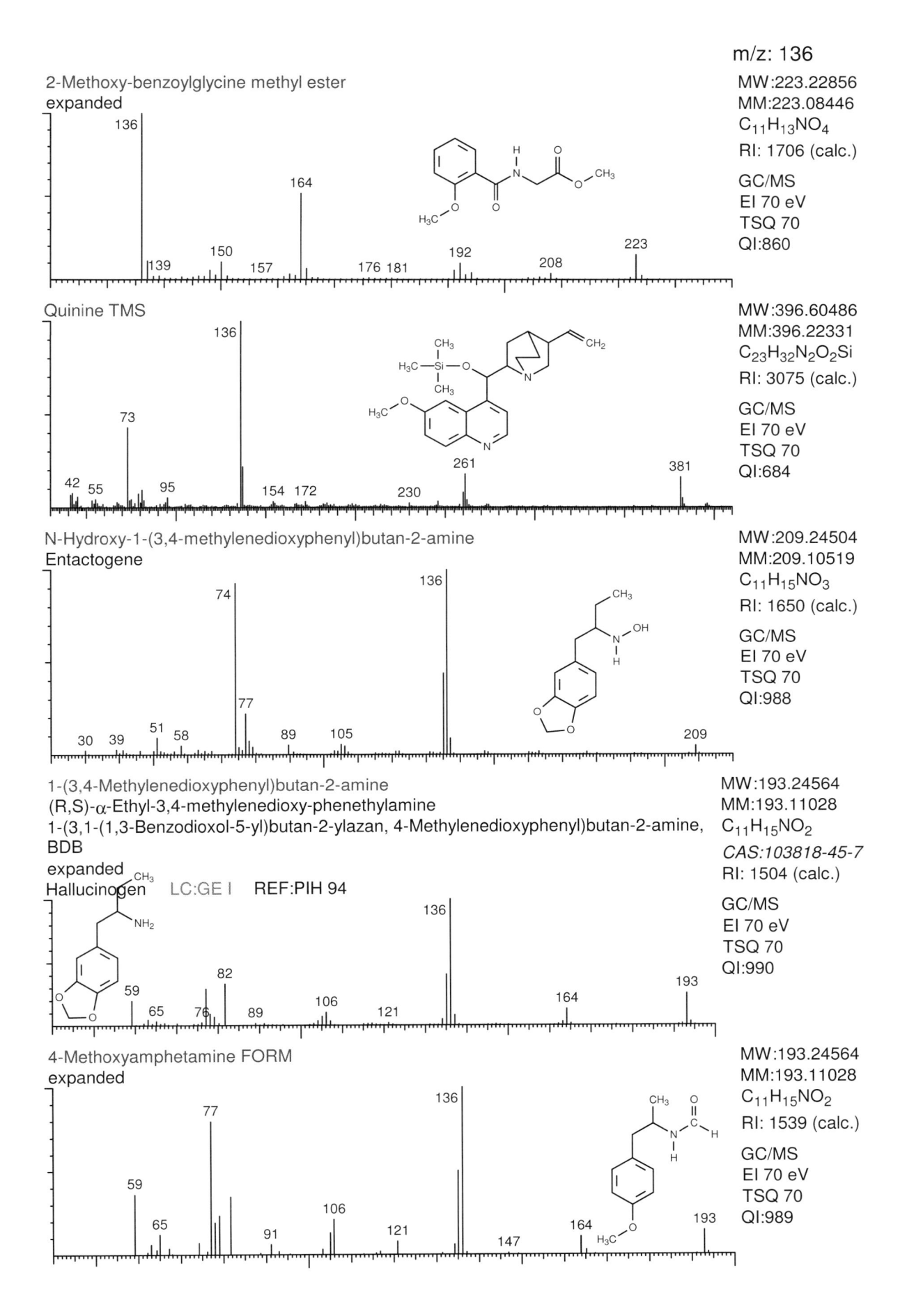

2-Methoxy-benzoylglycine methyl ester
expanded

MW: 223.22856
MM: 223.08446
$C_{11}H_{13}NO_4$
RI: 1706 (calc.)

GC/MS
EI 70 eV
TSQ 70
QI: 860

Peaks: 136, 139, 150, 157, 164, 176, 181, 192, 208, 223

Quinine TMS

MW: 396.60486
MM: 396.22331
$C_{23}H_{32}N_2O_2Si$
RI: 3075 (calc.)

GC/MS
EI 70 eV
TSQ 70
QI: 684

Peaks: 42, 55, 73, 95, 136, 154, 172, 230, 261, 381

N-Hydroxy-1-(3,4-methylenedioxyphenyl)butan-2-amine
Entactogene

MW: 209.24504
MM: 209.10519
$C_{11}H_{15}NO_3$
RI: 1650 (calc.)

GC/MS
EI 70 eV
TSQ 70
QI: 988

Peaks: 30, 39, 51, 58, 74, 77, 89, 105, 136, 209

1-(3,4-Methylenedioxyphenyl)butan-2-amine
(R,S)-α-Ethyl-3,4-methylenedioxy-phenethylamine
1-(3,1-(1,3-Benzodioxol-5-yl)butan-2-ylazan, 4-Methylenedioxyphenyl)butan-2-amine, BDB
expanded
Hallucinogen   LC:GE I   REF:PIH 94

MW: 193.24564
MM: 193.11028
$C_{11}H_{15}NO_2$
CAS: 103818-45-7
RI: 1504 (calc.)

GC/MS
EI 70 eV
TSQ 70
QI: 990

Peaks: 59, 65, 76, 82, 89, 106, 121, 136, 164, 193

4-Methoxyamphetamine FORM
expanded

MW: 193.24564
MM: 193.11028
$C_{11}H_{15}NO_2$
RI: 1539 (calc.)

GC/MS
EI 70 eV
TSQ 70
QI: 989

Peaks: 59, 65, 77, 91, 106, 121, 136, 147, 164, 193

m/z: 136

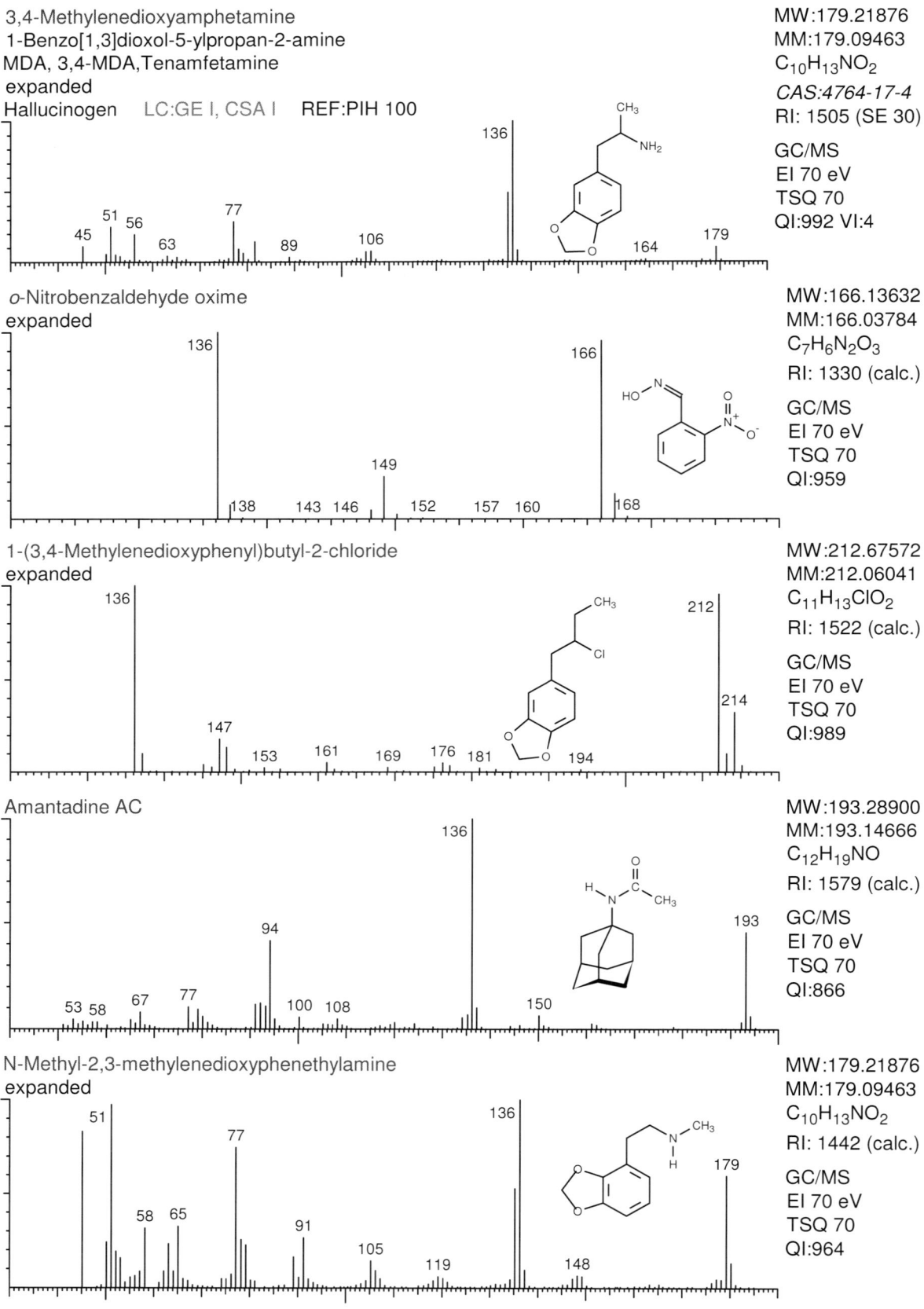

3,4-Methylenedioxyamphetamine
1-Benzo[1,3]dioxol-5-ylpropan-2-amine
MDA, 3,4-MDA, Tenamfetamine
expanded
Hallucinogen LC:GE I, CSA I REF:PIH 100

MW: 179.21876
MM: 179.09463
$C_{10}H_{13}NO_2$
CAS: 4764-17-4
RI: 1505 (SE 30)

GC/MS
EI 70 eV
TSQ 70
QI: 992 VI: 4

Peaks: 45, 51, 56, 63, 77, 89, 106, 136, 164, 179

o-Nitrobenzaldehyde oxime
expanded

MW: 166.13632
MM: 166.03784
$C_7H_6N_2O_3$
RI: 1330 (calc.)

GC/MS
EI 70 eV
TSQ 70
QI: 959

Peaks: 136, 138, 143, 146, 149, 152, 157, 160, 166, 168

1-(3,4-Methylenedioxyphenyl)butyl-2-chloride
expanded

MW: 212.67572
MM: 212.06041
$C_{11}H_{13}ClO_2$
RI: 1522 (calc.)

GC/MS
EI 70 eV
TSQ 70
QI: 989

Peaks: 136, 147, 153, 161, 169, 176, 181, 194, 212, 214

Amantadine AC

MW: 193.28900
MM: 193.14666
$C_{12}H_{19}NO$
RI: 1579 (calc.)

GC/MS
EI 70 eV
TSQ 70
QI: 866

Peaks: 53, 58, 67, 77, 94, 100, 108, 136, 150, 193

N-Methyl-2,3-methylenedioxyphenethylamine
expanded

MW: 179.21876
MM: 179.09463
$C_{10}H_{13}NO_2$
RI: 1442 (calc.)

GC/MS
EI 70 eV
TSQ 70
QI: 964

Peaks: 51, 58, 65, 77, 91, 105, 119, 136, 148, 179

m/z: 136-137

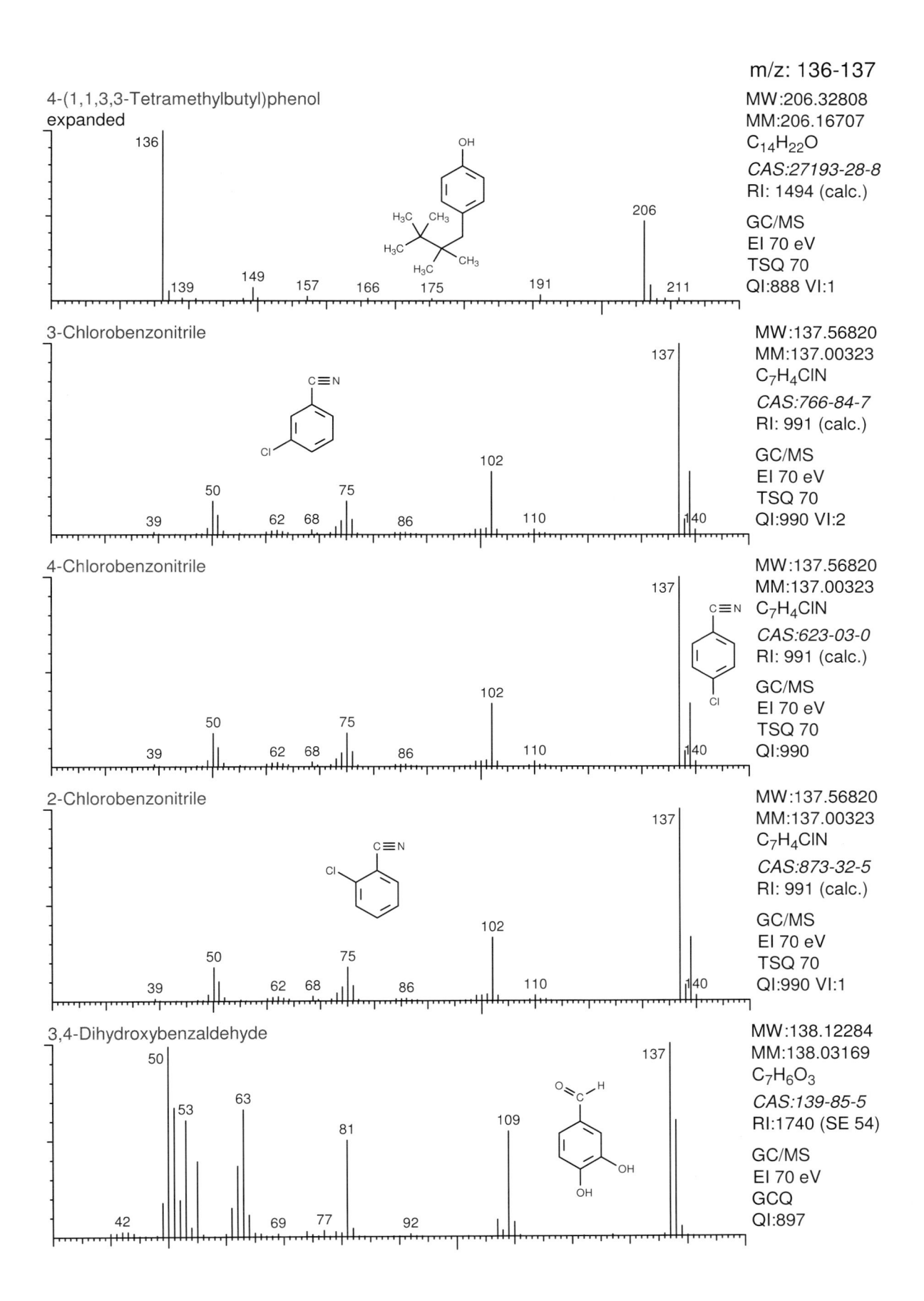

4-(1,1,3,3-Tetramethylbutyl)phenol expanded

Peaks: 136, 139, 149, 157, 166, 175, 191, 206, 211

MW: 206.32808
MM: 206.16707
$C_{14}H_{22}O$
CAS: 27193-28-8
RI: 1494 (calc.)

GC/MS
EI 70 eV
TSQ 70
QI: 888 VI:1

3-Chlorobenzonitrile

Peaks: 39, 50, 62, 68, 75, 86, 102, 110, 137, 140

MW: 137.56820
MM: 137.00323
C_7H_4ClN
CAS: 766-84-7
RI: 991 (calc.)

GC/MS
EI 70 eV
TSQ 70
QI: 990 VI:2

4-Chlorobenzonitrile

Peaks: 39, 50, 62, 68, 75, 86, 102, 110, 137, 140

MW: 137.56820
MM: 137.00323
C_7H_4ClN
CAS: 623-03-0
RI: 991 (calc.)

GC/MS
EI 70 eV
TSQ 70
QI: 990

2-Chlorobenzonitrile

Peaks: 39, 50, 62, 68, 75, 86, 102, 110, 137, 140

MW: 137.56820
MM: 137.00323
C_7H_4ClN
CAS: 873-32-5
RI: 991 (calc.)

GC/MS
EI 70 eV
TSQ 70
QI: 990 VI:1

3,4-Dihydroxybenzaldehyde

Peaks: 42, 50, 53, 63, 69, 77, 81, 92, 109, 137

MW: 138.12284
MM: 138.03169
$C_7H_6O_3$
CAS: 139-85-5
RI: 1740 (SE 54)

GC/MS
EI 70 eV
GCQ
QI: 897

m/z: 137

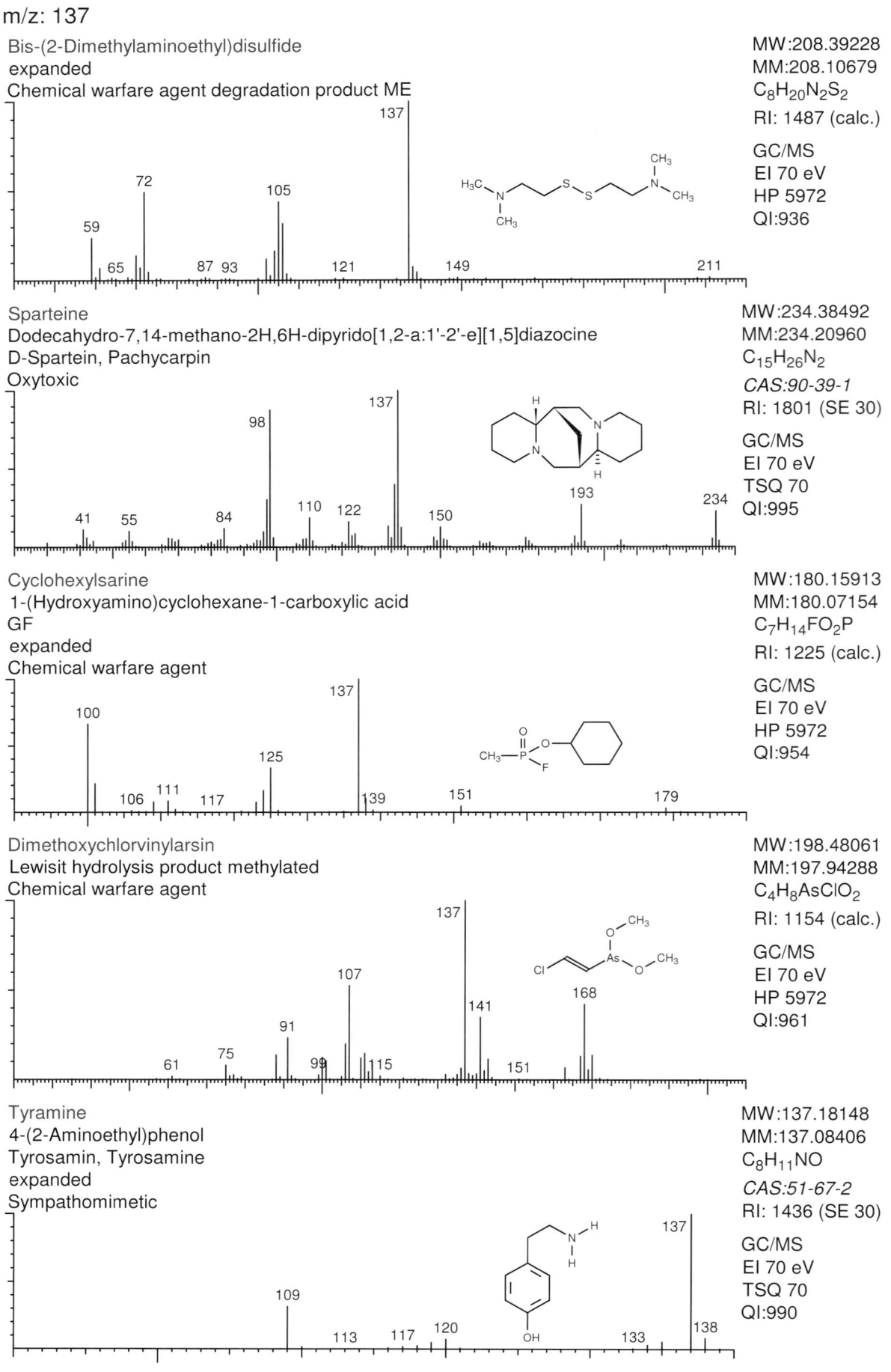

Bis-(2-Dimethylaminoethyl)disulfide
expanded
Chemical warfare agent degradation product ME

MW:208.39228
MM:208.10679
$C_8H_{20}N_2S_2$
RI: 1487 (calc.)

GC/MS
EI 70 eV
HP 5972
QI:936

Peaks: 59, 65, 72, 87, 93, 105, 121, 137, 149, 211

Sparteine
Dodecahydro-7,14-methano-2H,6H-dipyrido[1,2-a:1'-2'-e][1,5]diazocine
D-Spartein, Pachycarpin
Oxytoxic

MW:234.38492
MM:234.20960
$C_{15}H_{26}N_2$
CAS:90-39-1
RI: 1801 (SE 30)

GC/MS
EI 70 eV
TSQ 70
QI:995

Peaks: 41, 55, 84, 98, 110, 122, 137, 150, 193, 234

Cyclohexylsarine
1-(Hydroxyamino)cyclohexane-1-carboxylic acid
GF
expanded
Chemical warfare agent

MW:180.15913
MM:180.07154
$C_7H_{14}FO_2P$
RI: 1225 (calc.)

GC/MS
EI 70 eV
HP 5972
QI:954

Peaks: 100, 106, 111, 117, 125, 137, 139, 151, 179

Dimethoxychlorvinylarsin
Lewisit hydrolysis product methylated
Chemical warfare agent

MW:198.48061
MM:197.94288
$C_4H_8AsClO_2$
RI: 1154 (calc.)

GC/MS
EI 70 eV
HP 5972
QI:961

Peaks: 61, 75, 91, 99, 107, 115, 137, 141, 151, 168

Tyramine
4-(2-Aminoethyl)phenol
Tyrosamin, Tyrosamine
expanded
Sympathomimetic

MW:137.18148
MM:137.08406
$C_8H_{11}NO$
CAS:51-67-2
RI: 1436 (SE 30)

GC/MS
EI 70 eV
TSQ 70
QI:990

Peaks: 109, 113, 117, 120, 133, 137, 138

m/z: 137

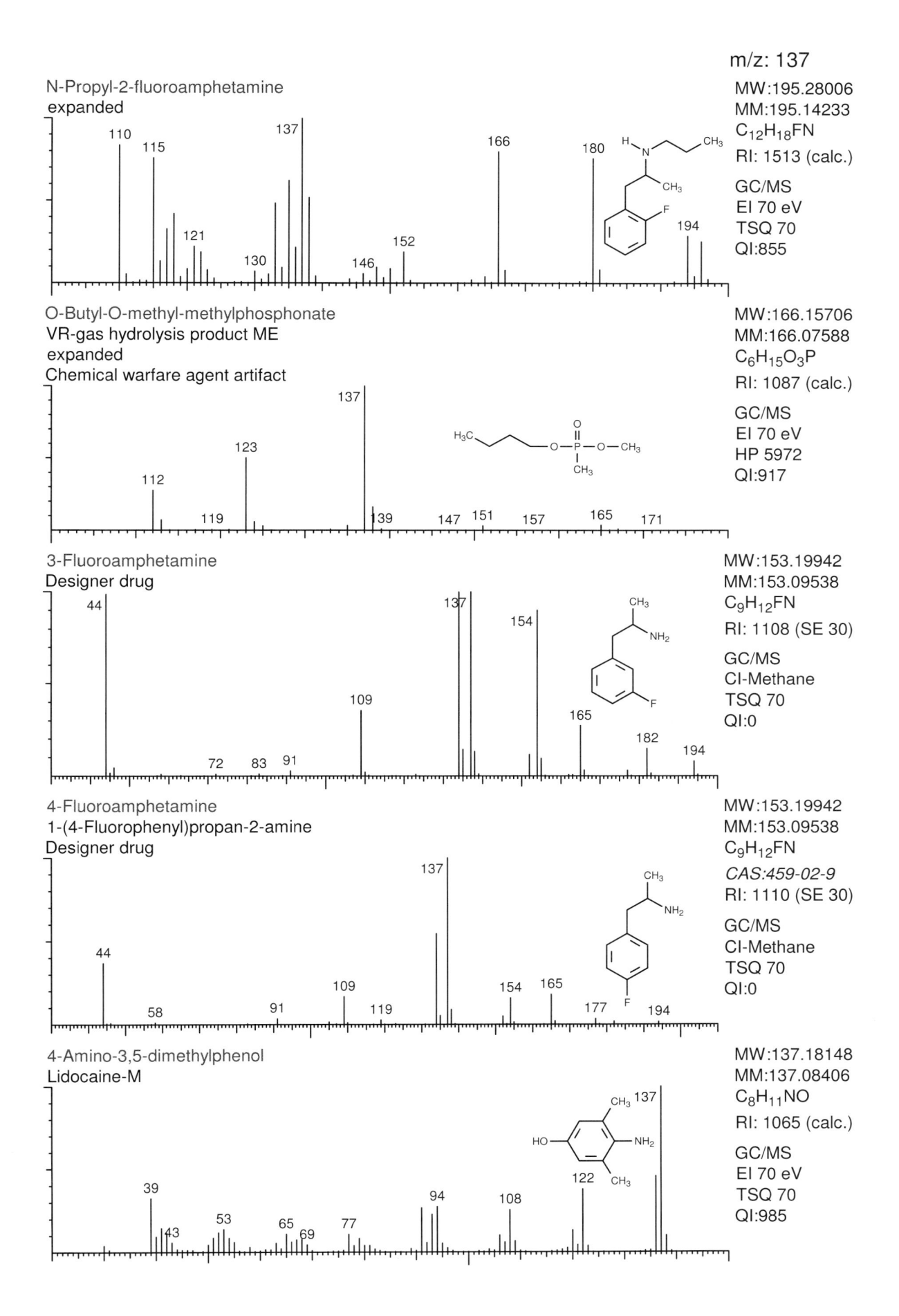

N-Propyl-2-fluoroamphetamine
expanded

MW: 195.28006
MM: 195.14233
$C_{12}H_{18}FN$
RI: 1513 (calc.)

GC/MS
EI 70 eV
TSQ 70
QI: 855

O-Butyl-O-methyl-methylphosphonate
VR-gas hydrolysis product ME
expanded
Chemical warfare agent artifact

MW: 166.15706
MM: 166.07588
$C_6H_{15}O_3P$
RI: 1087 (calc.)

GC/MS
EI 70 eV
HP 5972
QI: 917

3-Fluoroamphetamine
Designer drug

MW: 153.19942
MM: 153.09538
$C_9H_{12}FN$
RI: 1108 (SE 30)

GC/MS
CI-Methane
TSQ 70
QI: 0

4-Fluoroamphetamine
1-(4-Fluorophenyl)propan-2-amine
Designer drug

MW: 153.19942
MM: 153.09538
$C_9H_{12}FN$
CAS: 459-02-9
RI: 1110 (SE 30)

GC/MS
CI-Methane
TSQ 70
QI: 0

4-Amino-3,5-dimethylphenol
Lidocaine-M

MW: 137.18148
MM: 137.08406
$C_8H_{11}NO$
RI: 1065 (calc.)

GC/MS
EI 70 eV
TSQ 70
QI: 985

m/z: 137

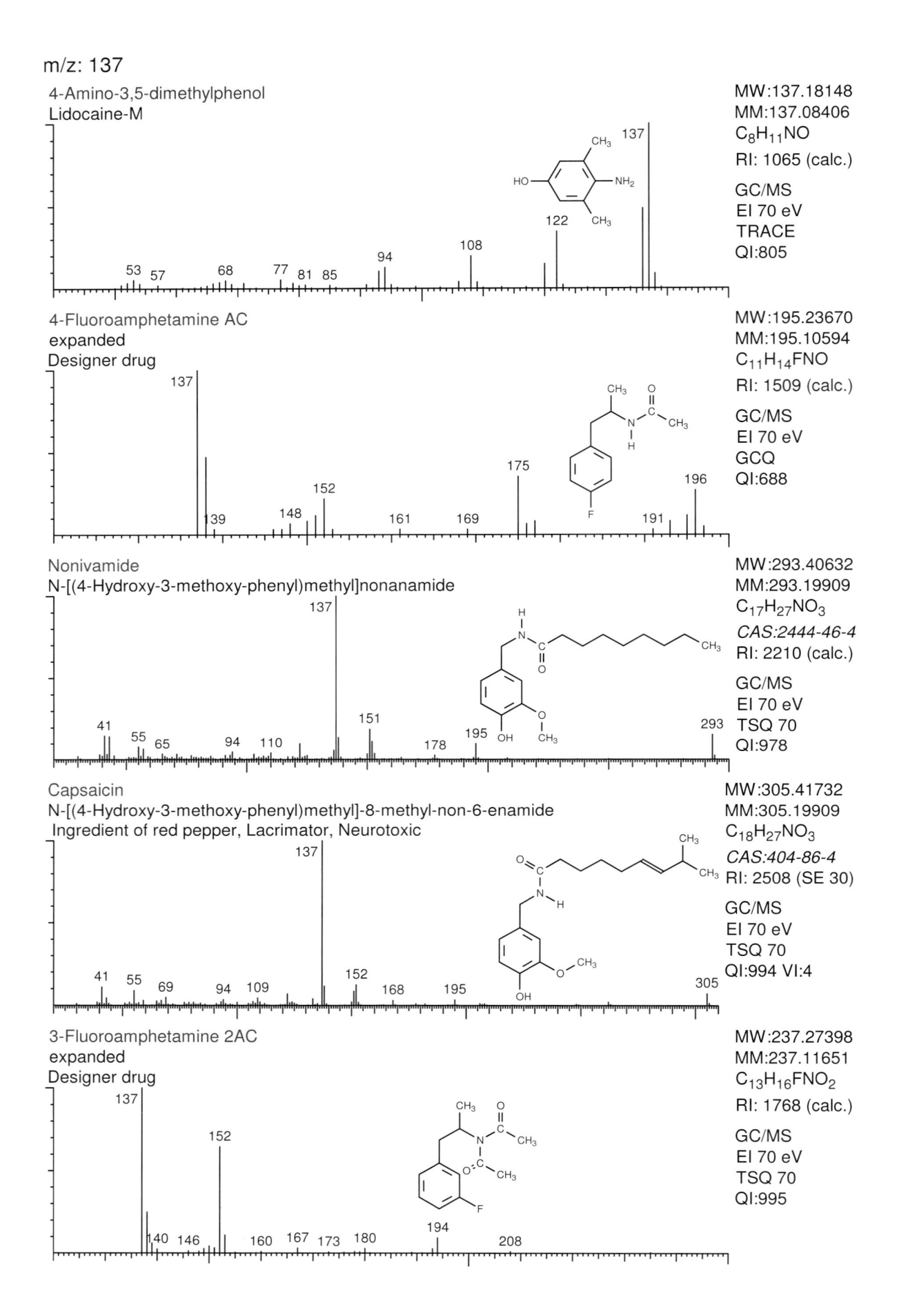

4-Amino-3,5-dimethylphenol
Lidocaine-M

MW:137.18148
MM:137.08406
$C_8H_{11}NO$
RI: 1065 (calc.)

GC/MS
EI 70 eV
TRACE
QI:805

4-Fluoroamphetamine AC
expanded
Designer drug

MW:195.23670
MM:195.10594
$C_{11}H_{14}FNO$
RI: 1509 (calc.)

GC/MS
EI 70 eV
GCQ
QI:688

Nonivamide
N-[(4-Hydroxy-3-methoxy-phenyl)methyl]nonanamide

MW:293.40632
MM:293.19909
$C_{17}H_{27}NO_3$
CAS:2444-46-4
RI: 2210 (calc.)

GC/MS
EI 70 eV
TSQ 70
QI:978

Capsaicin
N-[(4-Hydroxy-3-methoxy-phenyl)methyl]-8-methyl-non-6-enamide
Ingredient of red pepper, Lacrimator, Neurotoxic

MW:305.41732
MM:305.19909
$C_{18}H_{27}NO_3$
CAS:404-86-4
RI: 2508 (SE 30)

GC/MS
EI 70 eV
TSQ 70
QI:994 VI:4

3-Fluoroamphetamine 2AC
expanded
Designer drug

MW:237.27398
MM:237.11651
$C_{13}H_{16}FNO_2$
RI: 1768 (calc.)

GC/MS
EI 70 eV
TSQ 70
QI:995

m/z: 137

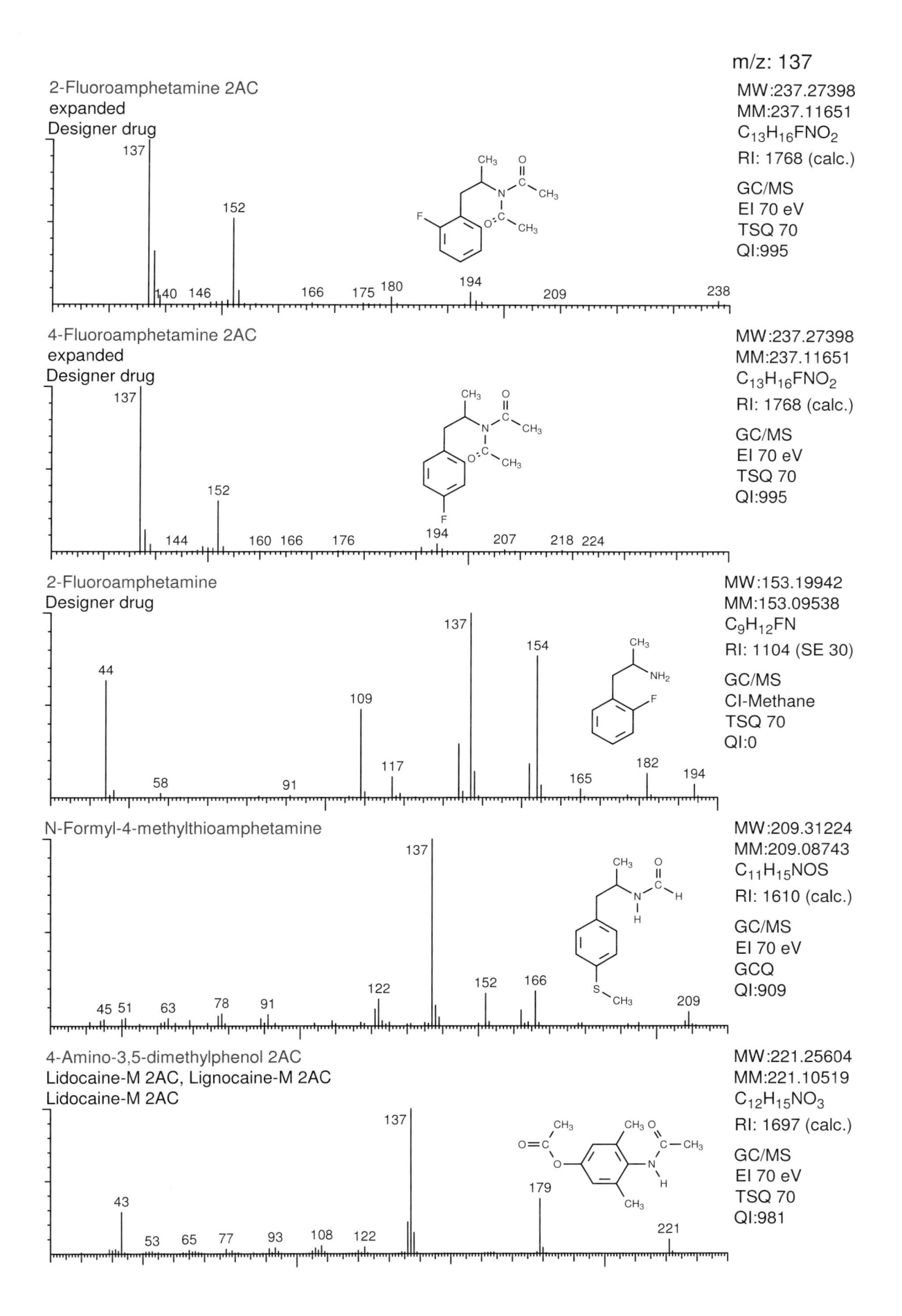

2-Fluoroamphetamine 2AC
expanded
Designer drug

MW: 237.27398
MM: 237.11651
$C_{13}H_{16}FNO_2$
RI: 1768 (calc.)

GC/MS
EI 70 eV
TSQ 70
QI: 995

4-Fluoroamphetamine 2AC
expanded
Designer drug

MW: 237.27398
MM: 237.11651
$C_{13}H_{16}FNO_2$
RI: 1768 (calc.)

GC/MS
EI 70 eV
TSQ 70
QI: 995

2-Fluoroamphetamine
Designer drug

MW: 153.19942
MM: 153.09538
$C_9H_{12}FN$
RI: 1104 (SE 30)

GC/MS
CI-Methane
TSQ 70
QI: 0

N-Formyl-4-methylthioamphetamine

MW: 209.31224
MM: 209.08743
$C_{11}H_{15}NOS$
RI: 1610 (calc.)

GC/MS
EI 70 eV
GCQ
QI: 909

4-Amino-3,5-dimethylphenol 2AC
Lidocaine-M 2AC, Lignocaine-M 2AC
Lidocaine-M 2AC

MW: 221.25604
MM: 221.10519
$C_{12}H_{15}NO_3$
RI: 1697 (calc.)

GC/MS
EI 70 eV
TSQ 70
QI: 981

755

m/z: 137

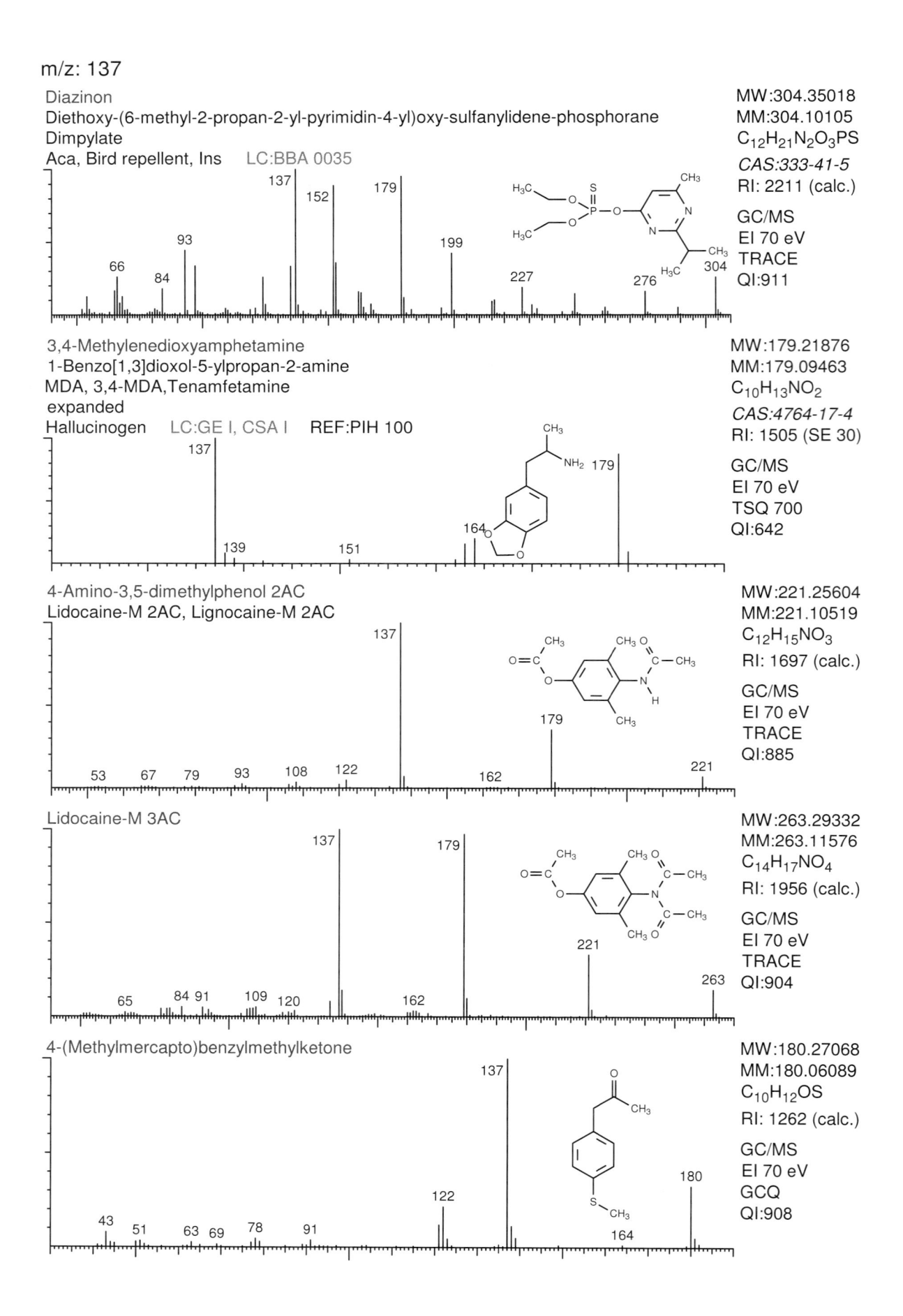

Diazinon
Diethoxy-(6-methyl-2-propan-2-yl-pyrimidin-4-yl)oxy-sulfanylidene-phosphorane
Dimpylate
Aca, Bird repellent, Ins   LC:BBA 0035

MW:304.35018
MM:304.10105
$C_{12}H_{21}N_2O_3PS$
CAS:333-41-5
RI: 2211 (calc.)

GC/MS
EI 70 eV
TRACE
QI:911

3,4-Methylenedioxyamphetamine
1-Benzo[1,3]dioxol-5-ylpropan-2-amine
MDA, 3,4-MDA, Tenamfetamine
expanded
Hallucinogen   LC:GE I, CSA I   REF:PIH 100

MW:179.21876
MM:179.09463
$C_{10}H_{13}NO_2$
CAS:4764-17-4
RI: 1505 (SE 30)

GC/MS
EI 70 eV
TSQ 700
QI:642

4-Amino-3,5-dimethylphenol 2AC
Lidocaine-M 2AC, Lignocaine-M 2AC

MW:221.25604
MM:221.10519
$C_{12}H_{15}NO_3$
RI: 1697 (calc.)

GC/MS
EI 70 eV
TRACE
QI:885

Lidocaine-M 3AC

MW:263.29332
MM:263.11576
$C_{14}H_{17}NO_4$
RI: 1956 (calc.)

GC/MS
EI 70 eV
TRACE
QI:904

4-(Methylmercapto)benzylmethylketone

MW:180.27068
MM:180.06089
$C_{10}H_{12}OS$
RI: 1262 (calc.)

GC/MS
EI 70 eV
GCQ
QI:908

m/z: 137

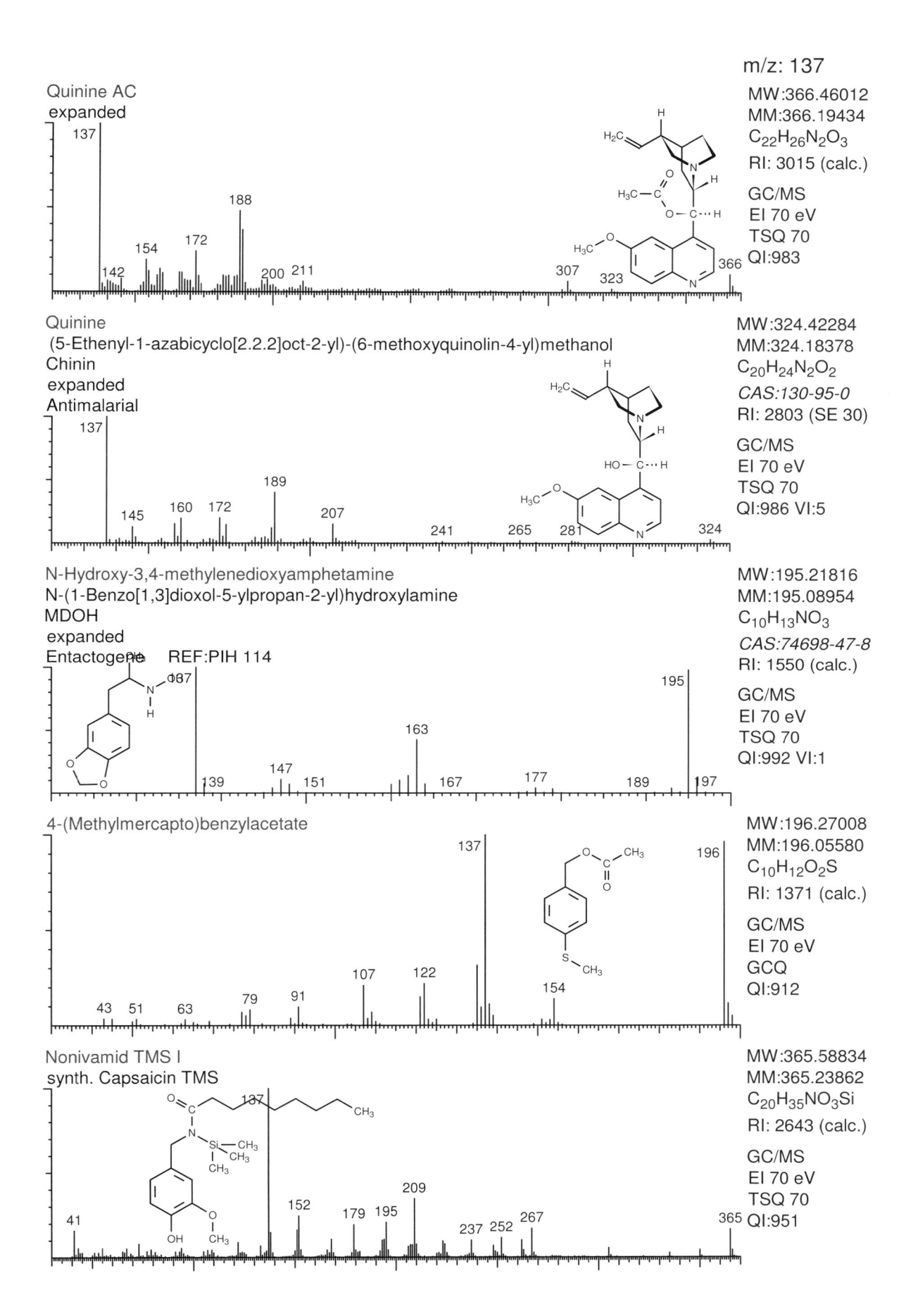

Quinine AC
expanded

MW: 366.46012
MM: 366.19434
$C_{22}H_{26}N_2O_3$
RI: 3015 (calc.)

GC/MS
EI 70 eV
TSQ 70
QI: 983

Quinine
(5-Ethenyl-1-azabicyclo[2.2.2]oct-2-yl)-(6-methoxyquinolin-4-yl)methanol
Chinin
expanded
Antimalarial

MW: 324.42284
MM: 324.18378
$C_{20}H_{24}N_2O_2$
CAS: 130-95-0
RI: 2803 (SE 30)

GC/MS
EI 70 eV
TSQ 70
QI: 986 VI: 5

N-Hydroxy-3,4-methylenedioxyamphetamine
N-(1-Benzo[1,3]dioxol-5-ylpropan-2-yl)hydroxylamine
MDOH
expanded
Entactogene   REF: PIH 114

MW: 195.21816
MM: 195.08954
$C_{10}H_{13}NO_3$
CAS: 74698-47-8
RI: 1550 (calc.)

GC/MS
EI 70 eV
TSQ 70
QI: 992 VI: 1

4-(Methylmercapto)benzylacetate

MW: 196.27008
MM: 196.05580
$C_{10}H_{12}O_2S$
RI: 1371 (calc.)

GC/MS
EI 70 eV
GCQ
QI: 912

Nonivamid TMS I
synth. Capsaicin TMS

MW: 365.58834
MM: 365.23862
$C_{20}H_{35}NO_3Si$
RI: 2643 (calc.)

GC/MS
EI 70 eV
TSQ 70
QI: 951

m/z: 137

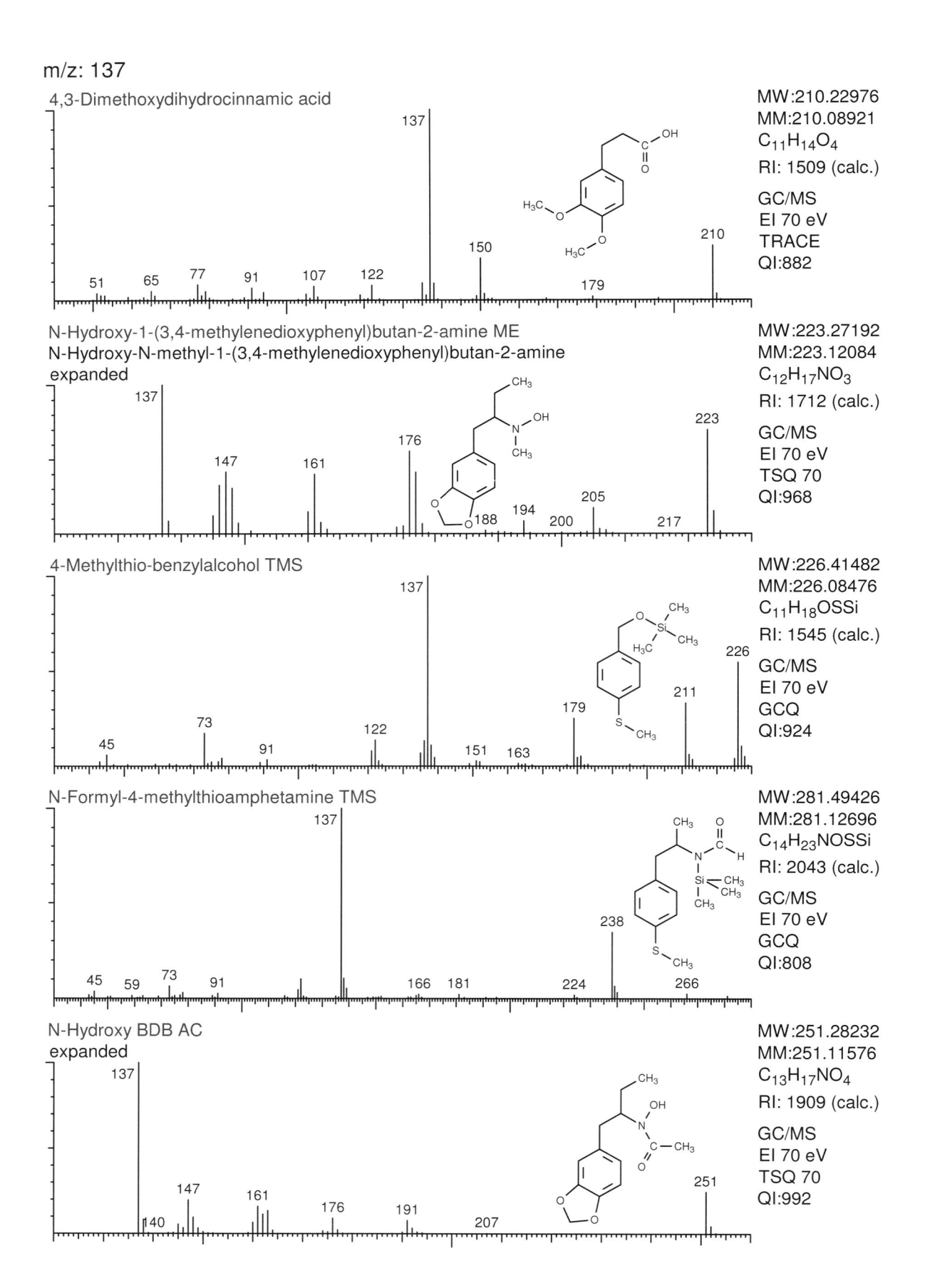

4,3-Dimethoxydihydrocinnamic acid

MW: 210.22976
MM: 210.08921
$C_{11}H_{14}O_4$
RI: 1509 (calc.)

GC/MS
EI 70 eV
TRACE
QI: 882

Peaks: 51, 65, 77, 91, 107, 122, 137, 150, 179, 210

N-Hydroxy-1-(3,4-methylenedioxyphenyl)butan-2-amine ME
N-Hydroxy-N-methyl-1-(3,4-methylenedioxyphenyl)butan-2-amine
expanded

MW: 223.27192
MM: 223.12084
$C_{12}H_{17}NO_3$
RI: 1712 (calc.)

GC/MS
EI 70 eV
TSQ 70
QI: 968

Peaks: 137, 147, 161, 176, 188, 194, 200, 205, 217, 223

4-Methylthio-benzylalcohol TMS

MW: 226.41482
MM: 226.08476
$C_{11}H_{18}OSSi$
RI: 1545 (calc.)

GC/MS
EI 70 eV
GCQ
QI: 924

Peaks: 45, 73, 91, 122, 137, 151, 163, 179, 211, 226

N-Formyl-4-methylthioamphetamine TMS

MW: 281.49426
MM: 281.12696
$C_{14}H_{23}NOSSi$
RI: 2043 (calc.)

GC/MS
EI 70 eV
GCQ
QI: 808

Peaks: 45, 59, 73, 91, 137, 166, 181, 224, 238, 266

N-Hydroxy BDB AC
expanded

MW: 251.28232
MM: 251.11576
$C_{13}H_{17}NO_4$
RI: 1909 (calc.)

GC/MS
EI 70 eV
TSQ 70
QI: 992

Peaks: 137, 140, 147, 161, 176, 191, 207, 251

m/z: 137

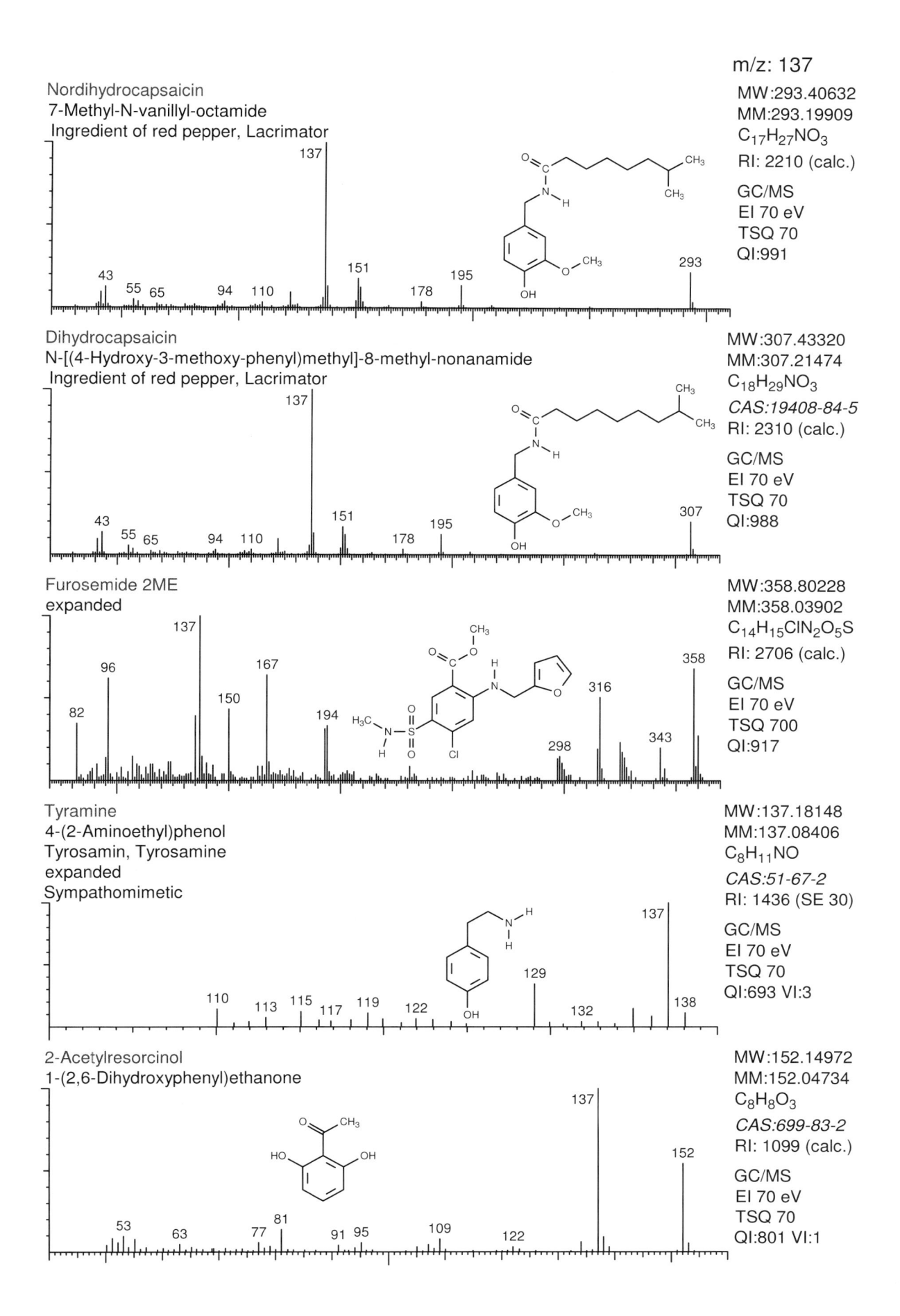

Nordihydrocapsaicin
7-Methyl-N-vanillyl-octamide
Ingredient of red pepper, Lacrimator

MW:293.40632
MM:293.19909
$C_{17}H_{27}NO_3$
RI: 2210 (calc.)

GC/MS
EI 70 eV
TSQ 70
QI:991

Dihydrocapsaicin
N-[(4-Hydroxy-3-methoxy-phenyl)methyl]-8-methyl-nonanamide
Ingredient of red pepper, Lacrimator

MW:307.43320
MM:307.21474
$C_{18}H_{29}NO_3$
CAS:19408-84-5
RI: 2310 (calc.)

GC/MS
EI 70 eV
TSQ 70
QI:988

Furosemide 2ME
expanded

MW:358.80228
MM:358.03902
$C_{14}H_{15}ClN_2O_5S$
RI: 2706 (calc.)

GC/MS
EI 70 eV
TSQ 700
QI:917

Tyramine
4-(2-Aminoethyl)phenol
Tyrosamin, Tyrosamine
expanded
Sympathomimetic

MW:137.18148
MM:137.08406
$C_8H_{11}NO$
CAS:51-67-2
RI: 1436 (SE 30)

GC/MS
EI 70 eV
TSQ 70
QI:693 VI:3

2-Acetylresorcinol
1-(2,6-Dihydroxyphenyl)ethanone

MW:152.14972
MM:152.04734
$C_8H_8O_3$
CAS:699-83-2
RI: 1099 (calc.)

GC/MS
EI 70 eV
TSQ 70
QI:801 VI:1

m/z: 137

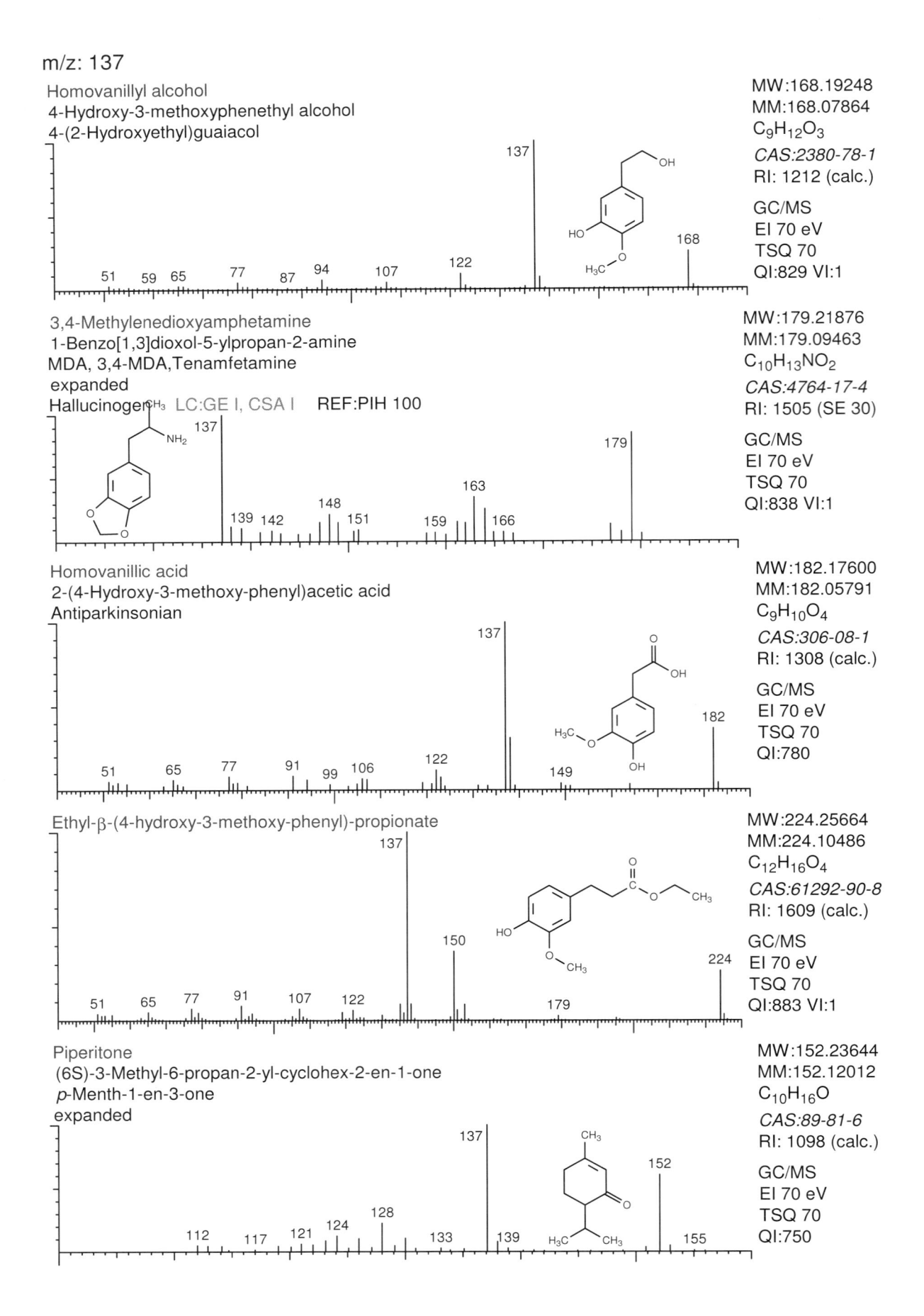

Homovanillyl alcohol
4-Hydroxy-3-methoxyphenethyl alcohol
4-(2-Hydroxyethyl)guaiacol

MW:168.19248
MM:168.07864
$C_9H_{12}O_3$
CAS:2380-78-1
RI: 1212 (calc.)
GC/MS
EI 70 eV
TSQ 70
QI:829 VI:1

3,4-Methylenedioxyamphetamine
1-Benzo[1,3]dioxol-5-ylpropan-2-amine
MDA, 3,4-MDA, Tenamfetamine
expanded
Hallucinogen LC:GE I, CSA I   REF:PIH 100

MW:179.21876
MM:179.09463
$C_{10}H_{13}NO_2$
CAS:4764-17-4
RI: 1505 (SE 30)
GC/MS
EI 70 eV
TSQ 70
QI:838 VI:1

Homovanillic acid
2-(4-Hydroxy-3-methoxy-phenyl)acetic acid
Antiparkinsonian

MW:182.17600
MM:182.05791
$C_9H_{10}O_4$
CAS:306-08-1
RI: 1308 (calc.)
GC/MS
EI 70 eV
TSQ 70
QI:780

Ethyl-β-(4-hydroxy-3-methoxy-phenyl)-propionate

MW:224.25664
MM:224.10486
$C_{12}H_{16}O_4$
CAS:61292-90-8
RI: 1609 (calc.)
GC/MS
EI 70 eV
TSQ 70
QI:883 VI:1

Piperitone
(6S)-3-Methyl-6-propan-2-yl-cyclohex-2-en-1-one
p-Menth-1-en-3-one
expanded

MW:152.23644
MM:152.12012
$C_{10}H_{16}O$
CAS:89-81-6
RI: 1098 (calc.)
GC/MS
EI 70 eV
TSQ 70
QI:750

m/z: 137-138

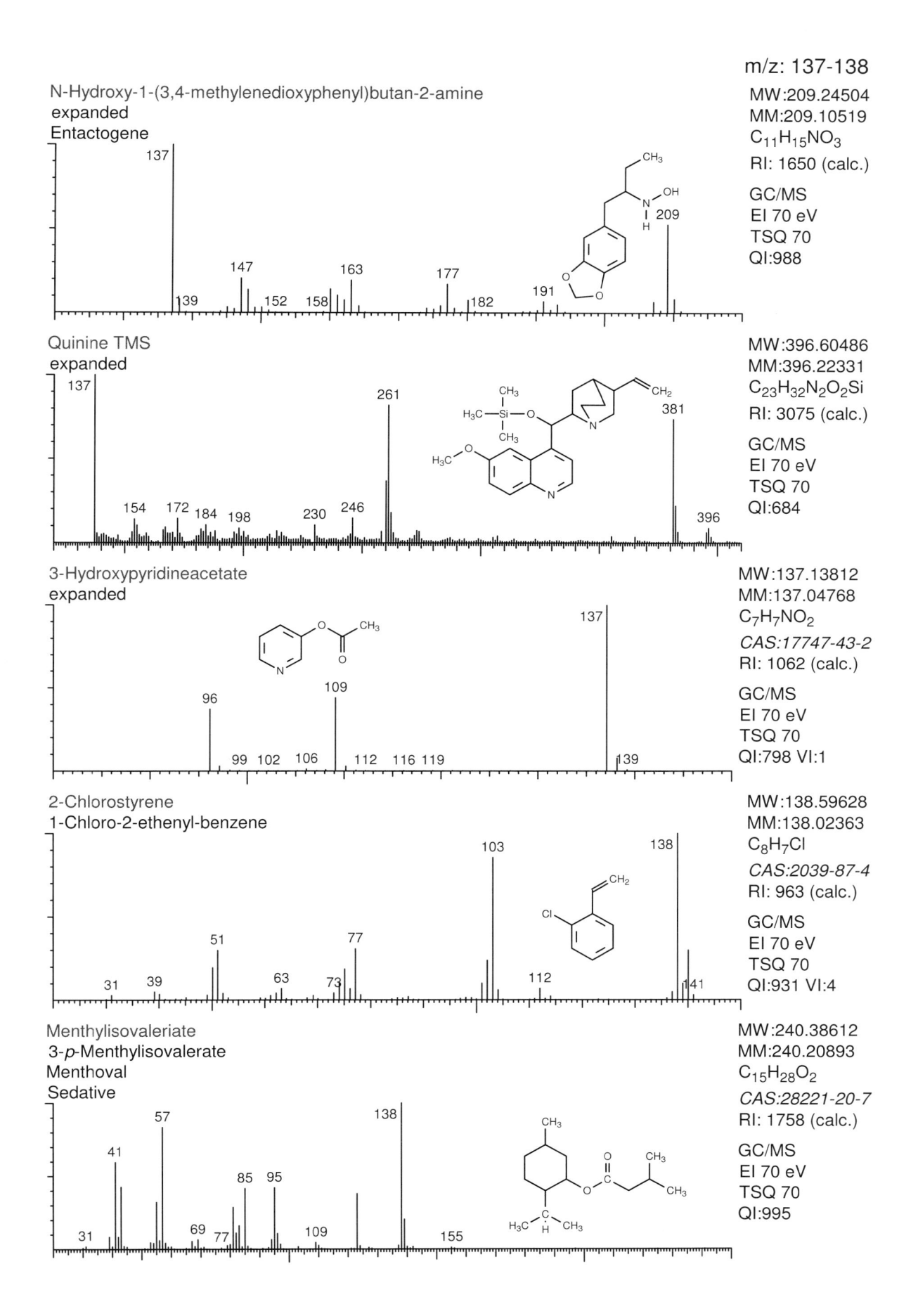

N-Hydroxy-1-(3,4-methylenedioxyphenyl)butan-2-amine
expanded
Entactogene

Peaks: 137, 139, 147, 152, 158, 163, 177, 182, 191, 209

MW: 209.24504
MM: 209.10519
$C_{11}H_{15}NO_3$
RI: 1650 (calc.)

GC/MS
EI 70 eV
TSQ 70
QI: 988

Quinine TMS
expanded

Peaks: 137, 154, 172, 184, 198, 230, 246, 261, 381, 396

MW: 396.60486
MM: 396.22331
$C_{23}H_{32}N_2O_2Si$
RI: 3075 (calc.)

GC/MS
EI 70 eV
TSQ 70
QI: 684

3-Hydroxypyridineacetate
expanded

Peaks: 96, 99, 102, 106, 109, 112, 116, 119, 137, 139

MW: 137.13812
MM: 137.04768
$C_7H_7NO_2$
CAS: 17747-43-2
RI: 1062 (calc.)

GC/MS
EI 70 eV
TSQ 70
QI: 798 VI: 1

2-Chlorostyrene
1-Chloro-2-ethenyl-benzene

Peaks: 31, 39, 51, 63, 73, 77, 103, 112, 138, 141

MW: 138.59628
MM: 138.02363
C_8H_7Cl
CAS: 2039-87-4
RI: 963 (calc.)

GC/MS
EI 70 eV
TSQ 70
QI: 931 VI: 4

Menthylisovaleriate
3-p-Menthylisovalerate
Menthoval
Sedative

Peaks: 31, 41, 57, 69, 77, 85, 95, 109, 138, 155

MW: 240.38612
MM: 240.20893
$C_{15}H_{28}O_2$
CAS: 28221-20-7
RI: 1758 (calc.)

GC/MS
EI 70 eV
TSQ 70
QI: 995

m/z: 138

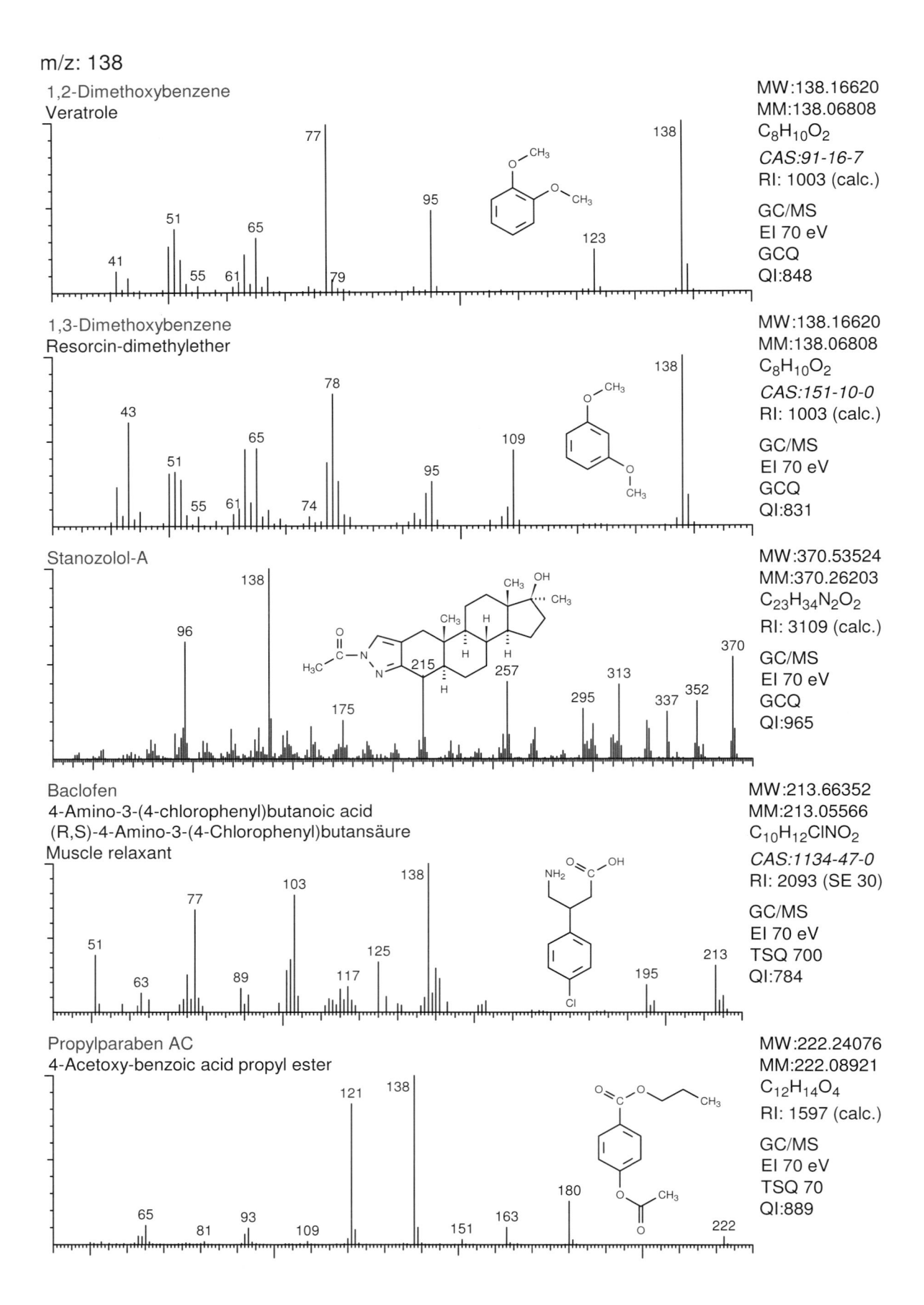

1,2-Dimethoxybenzene
Veratrole

MW:138.16620
MM:138.06808
$C_8H_{10}O_2$
CAS:91-16-7
RI: 1003 (calc.)

GC/MS
EI 70 eV
GCQ
QI:848

1,3-Dimethoxybenzene
Resorcin-dimethylether

MW:138.16620
MM:138.06808
$C_8H_{10}O_2$
CAS:151-10-0
RI: 1003 (calc.)

GC/MS
EI 70 eV
GCQ
QI:831

Stanozolol-A

MW:370.53524
MM:370.26203
$C_{23}H_{34}N_2O_2$
RI: 3109 (calc.)

GC/MS
EI 70 eV
GCQ
QI:965

Baclofen
4-Amino-3-(4-chlorophenyl)butanoic acid
(R,S)-4-Amino-3-(4-Chlorophenyl)butansäure
Muscle relaxant

MW:213.66352
MM:213.05566
$C_{10}H_{12}ClNO_2$
CAS:1134-47-0
RI: 2093 (SE 30)

GC/MS
EI 70 eV
TSQ 700
QI:784

Propylparaben AC
4-Acetoxy-benzoic acid propyl ester

MW:222.24076
MM:222.08921
$C_{12}H_{14}O_4$
RI: 1597 (calc.)

GC/MS
EI 70 eV
TSQ 70
QI:889

m/z: 138

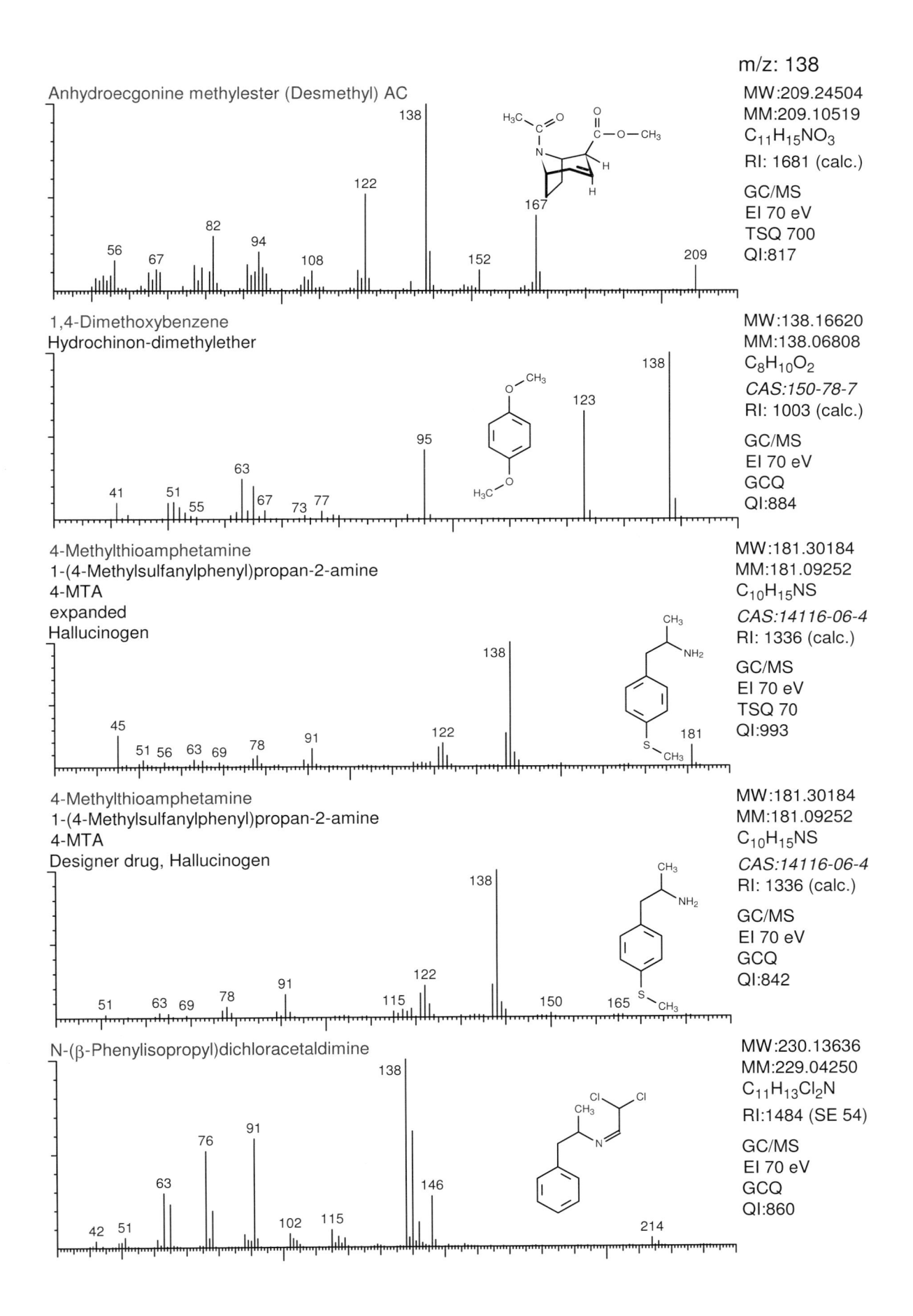

Anhydroecgonine methylester (Desmethyl) AC

MW: 209.24504
MM: 209.10519
$C_{11}H_{15}NO_3$
RI: 1681 (calc.)

GC/MS
EI 70 eV
TSQ 700
QI: 817

Peaks: 56, 67, 82, 94, 108, 122, 138, 152, 167, 209

1,4-Dimethoxybenzene
Hydrochinon-dimethylether

MW: 138.16620
MM: 138.06808
$C_8H_{10}O_2$
CAS: 150-78-7
RI: 1003 (calc.)

GC/MS
EI 70 eV
GCQ
QI: 884

Peaks: 41, 51, 55, 63, 67, 73, 77, 95, 123, 138

4-Methylthioamphetamine
1-(4-Methylsulfanylphenyl)propan-2-amine
4-MTA
expanded
Hallucinogen

MW: 181.30184
MM: 181.09252
$C_{10}H_{15}NS$
CAS: 14116-06-4
RI: 1336 (calc.)

GC/MS
EI 70 eV
TSQ 70
QI: 993

Peaks: 45, 51, 56, 63, 69, 78, 91, 122, 138, 181

4-Methylthioamphetamine
1-(4-Methylsulfanylphenyl)propan-2-amine
4-MTA
Designer drug, Hallucinogen

MW: 181.30184
MM: 181.09252
$C_{10}H_{15}NS$
CAS: 14116-06-4
RI: 1336 (calc.)

GC/MS
EI 70 eV
GCQ
QI: 842

Peaks: 51, 63, 69, 78, 91, 115, 122, 138, 150, 165

N-(β-Phenylisopropyl)dichloracetaldimine

MW: 230.13636
MM: 229.04250
$C_{11}H_{13}Cl_2N$
RI: 1484 (SE 54)

GC/MS
EI 70 eV
GCQ
QI: 860

Peaks: 42, 51, 63, 76, 91, 102, 115, 138, 146, 214

m/z: 138

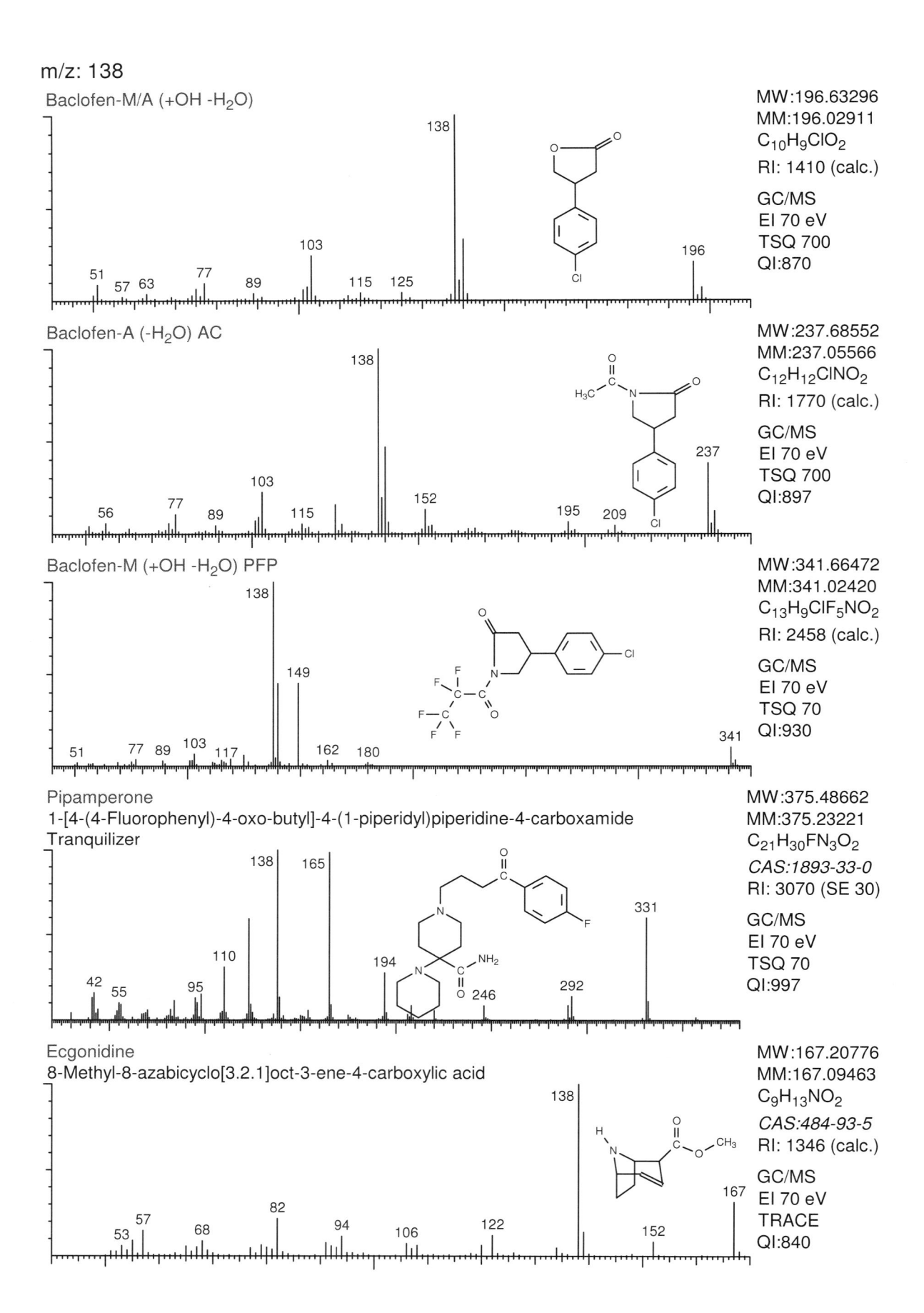

Baclofen-M/A (+OH -H₂O)

MW:196.63296
MM:196.02911
$C_{10}H_9ClO_2$
RI: 1410 (calc.)

GC/MS
EI 70 eV
TSQ 700
QI:870

Baclofen-A (-H₂O) AC

MW:237.68552
MM:237.05566
$C_{12}H_{12}ClNO_2$
RI: 1770 (calc.)

GC/MS
EI 70 eV
TSQ 700
QI:897

Baclofen-M (+OH -H₂O) PFP

MW:341.66472
MM:341.02420
$C_{13}H_9ClF_5NO_2$
RI: 2458 (calc.)

GC/MS
EI 70 eV
TSQ 70
QI:930

Pipamperone
1-[4-(4-Fluorophenyl)-4-oxo-butyl]-4-(1-piperidyl)piperidine-4-carboxamide
Tranquilizer

MW:375.48662
MM:375.23221
$C_{21}H_{30}FN_3O_2$
CAS:1893-33-0
RI: 3070 (SE 30)

GC/MS
EI 70 eV
TSQ 70
QI:997

Ecgonidine
8-Methyl-8-azabicyclo[3.2.1]oct-3-ene-4-carboxylic acid

MW:167.20776
MM:167.09463
$C_9H_{13}NO_2$
CAS:484-93-5
RI: 1346 (calc.)

GC/MS
EI 70 eV
TRACE
QI:840

m/z: 138

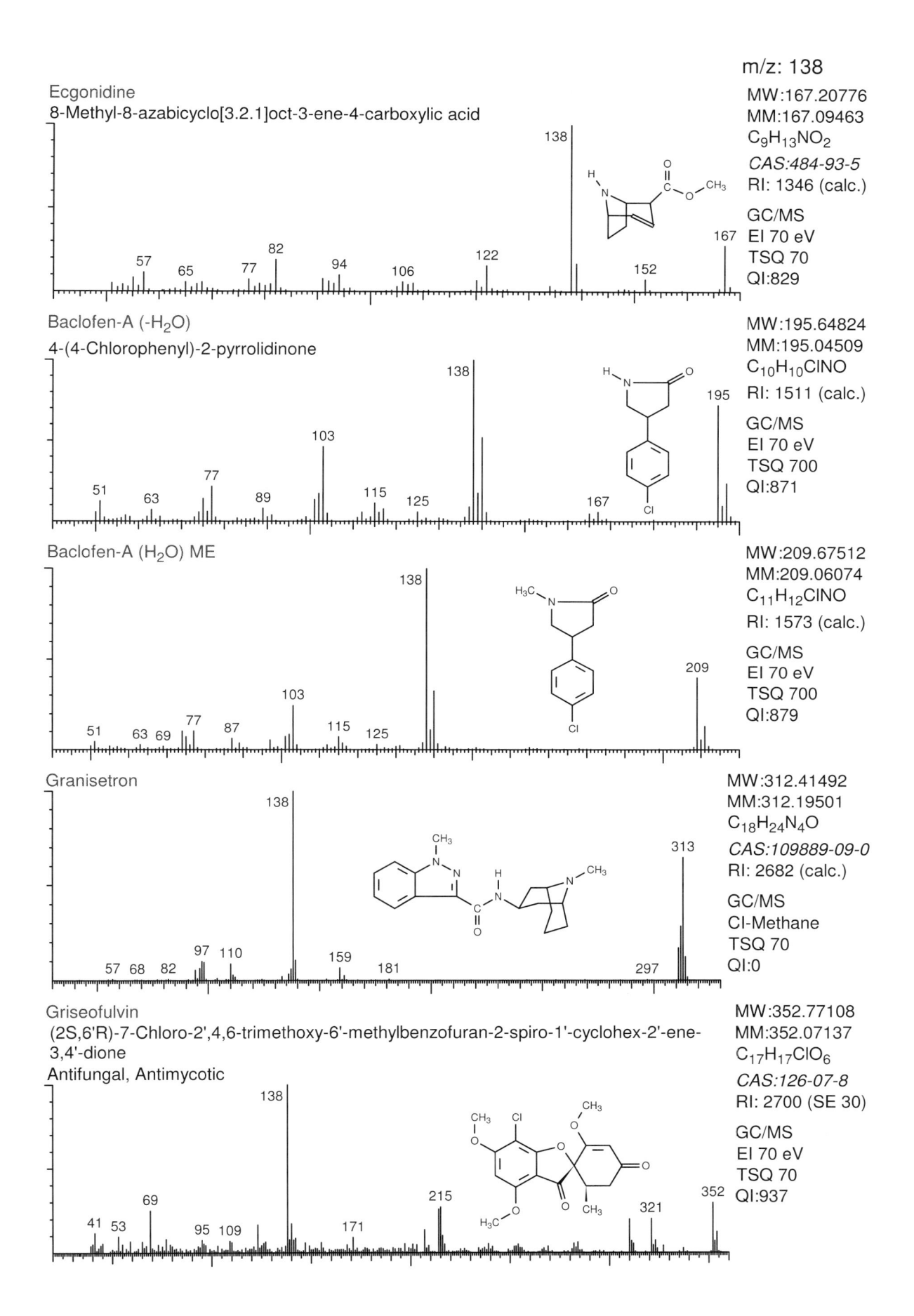

Ecgonidine
8-Methyl-8-azabicyclo[3.2.1]oct-3-ene-4-carboxylic acid

MW: 167.20776
MM: 167.09463
$C_9H_{13}NO_2$
CAS: 484-93-5
RI: 1346 (calc.)

GC/MS
EI 70 eV
TSQ 70
QI: 829

Peaks: 57, 65, 77, 82, 94, 106, 122, 138, 152, 167

Baclofen-A (-H₂O)
4-(4-Chlorophenyl)-2-pyrrolidinone

MW: 195.64824
MM: 195.04509
$C_{10}H_{10}ClNO$
RI: 1511 (calc.)

GC/MS
EI 70 eV
TSQ 700
QI: 871

Peaks: 51, 63, 77, 89, 103, 115, 125, 138, 167, 195

Baclofen-A (H₂O) ME

MW: 209.67512
MM: 209.06074
$C_{11}H_{12}ClNO$
RI: 1573 (calc.)

GC/MS
EI 70 eV
TSQ 700
QI: 879

Peaks: 51, 63, 69, 77, 87, 103, 115, 125, 138, 209

Granisetron

MW: 312.41492
MM: 312.19501
$C_{18}H_{24}N_4O$
CAS: 109889-09-0
RI: 2682 (calc.)

GC/MS
CI-Methane
TSQ 70
QI: 0

Peaks: 57, 68, 82, 97, 110, 138, 159, 181, 297, 313

Griseofulvin
(2S,6'R)-7-Chloro-2',4,6-trimethoxy-6'-methylbenzofuran-2-spiro-1'-cyclohex-2'-ene-3,4'-dione
Antifungal, Antimycotic

MW: 352.77108
MM: 352.07137
$C_{17}H_{17}ClO_6$
CAS: 126-07-8
RI: 2700 (SE 30)

GC/MS
EI 70 eV
TSQ 70
QI: 937

Peaks: 41, 53, 69, 95, 109, 138, 171, 215, 321, 352

m/z: 138

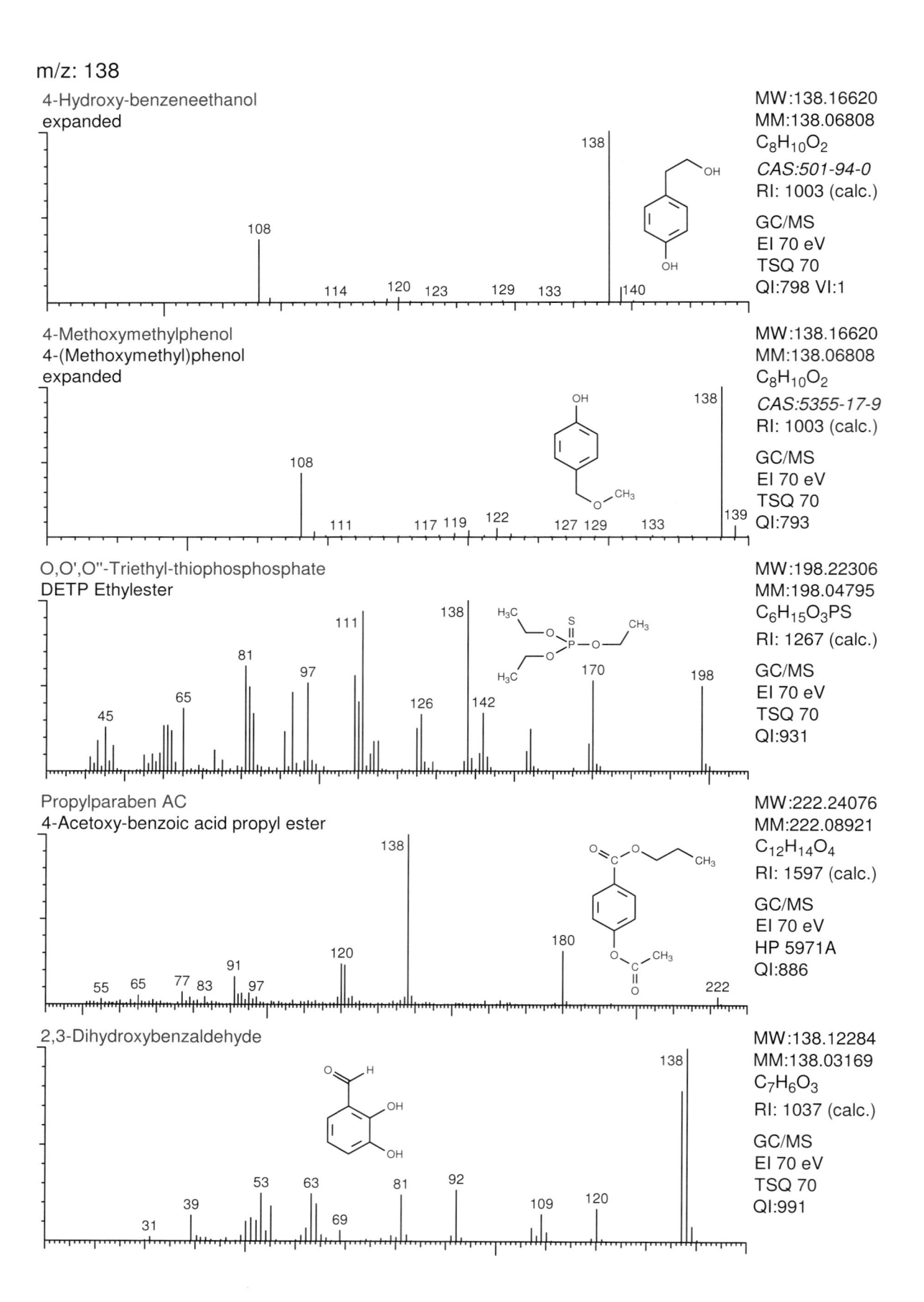

4-Hydroxy-benzeneethanol expanded

MW:138.16620
MM:138.06808
$C_8H_{10}O_2$
CAS:501-94-0
RI: 1003 (calc.)

GC/MS
EI 70 eV
TSQ 70
QI:798 VI:1

4-Methoxymethylphenol
4-(Methoxymethyl)phenol expanded

MW:138.16620
MM:138.06808
$C_8H_{10}O_2$
CAS:5355-17-9
RI: 1003 (calc.)

GC/MS
EI 70 eV
TSQ 70
QI:793

O,O',O''-Triethyl-thiophosphate
DETP Ethylester

MW:198.22306
MM:198.04795
$C_6H_{15}O_3PS$
RI: 1267 (calc.)

GC/MS
EI 70 eV
TSQ 70
QI:931

Propylparaben AC
4-Acetoxy-benzoic acid propyl ester

MW:222.24076
MM:222.08921
$C_{12}H_{14}O_4$
RI: 1597 (calc.)

GC/MS
EI 70 eV
HP 5971A
QI:886

2,3-Dihydroxybenzaldehyde

MW:138.12284
MM:138.03169
$C_7H_6O_3$
RI: 1037 (calc.)

GC/MS
EI 70 eV
TSQ 70
QI:991

m/z: 138-139

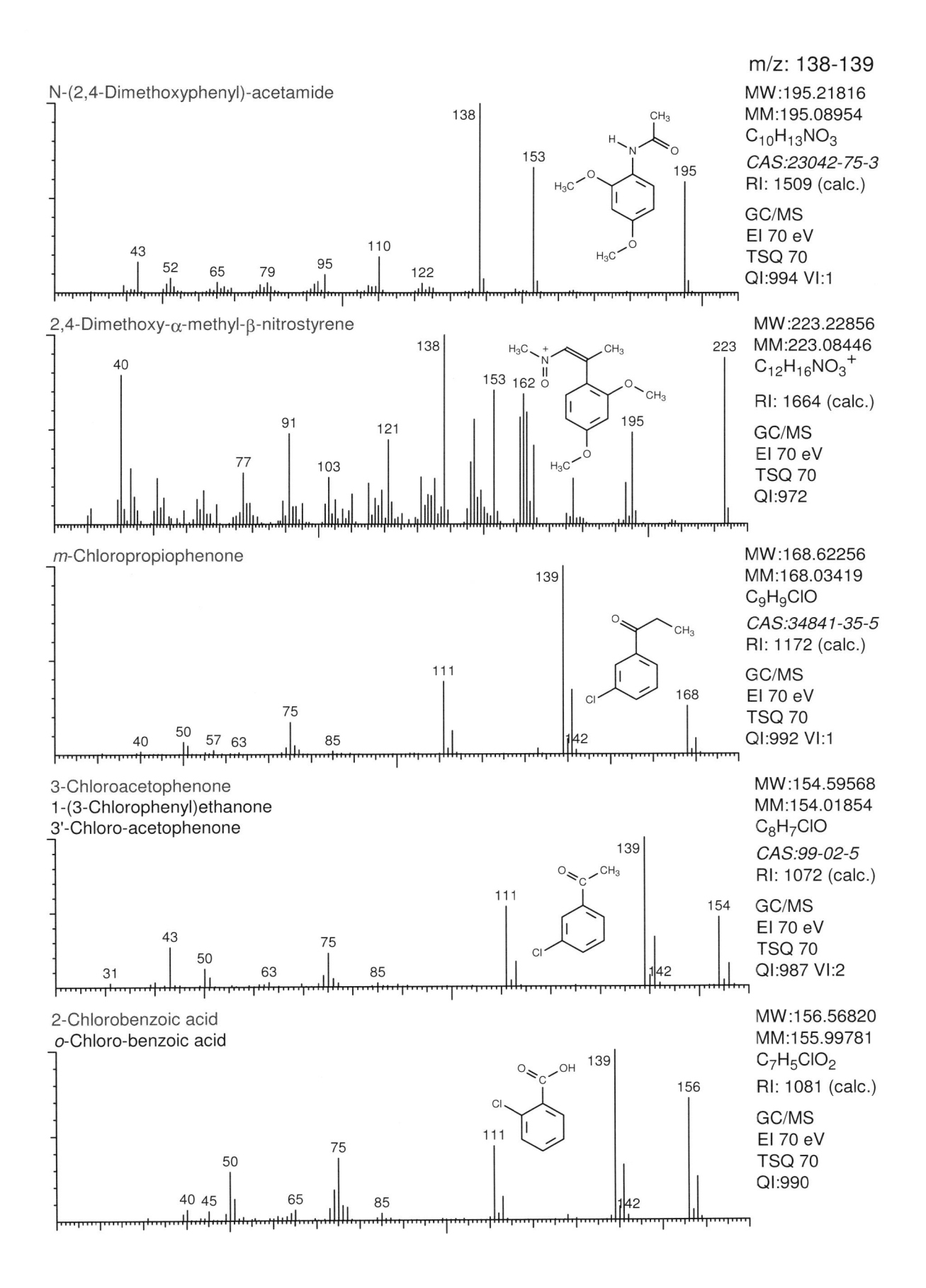

N-(2,4-Dimethoxyphenyl)-acetamide

MW: 195.21816
MM: 195.08954
$C_{10}H_{13}NO_3$
CAS: 23042-75-3
RI: 1509 (calc.)

GC/MS
EI 70 eV
TSQ 70
QI: 994 VI: 1

2,4-Dimethoxy-α-methyl-β-nitrostyrene

MW: 223.22856
MM: 223.08446
$C_{12}H_{16}NO_3^+$

RI: 1664 (calc.)

GC/MS
EI 70 eV
TSQ 70
QI: 972

m-Chloropropiophenone

MW: 168.62256
MM: 168.03419
C_9H_9ClO
CAS: 34841-35-5
RI: 1172 (calc.)

GC/MS
EI 70 eV
TSQ 70
QI: 992 VI: 1

3-Chloroacetophenone
1-(3-Chlorophenyl)ethanone
3'-Chloro-acetophenone

MW: 154.59568
MM: 154.01854
C_8H_7ClO
CAS: 99-02-5
RI: 1072 (calc.)

GC/MS
EI 70 eV
TSQ 70
QI: 987 VI: 2

2-Chlorobenzoic acid
o-Chloro-benzoic acid

MW: 156.56820
MM: 155.99781
$C_7H_5ClO_2$
RI: 1081 (calc.)

GC/MS
EI 70 eV
TSQ 70
QI: 990

m/z: 139

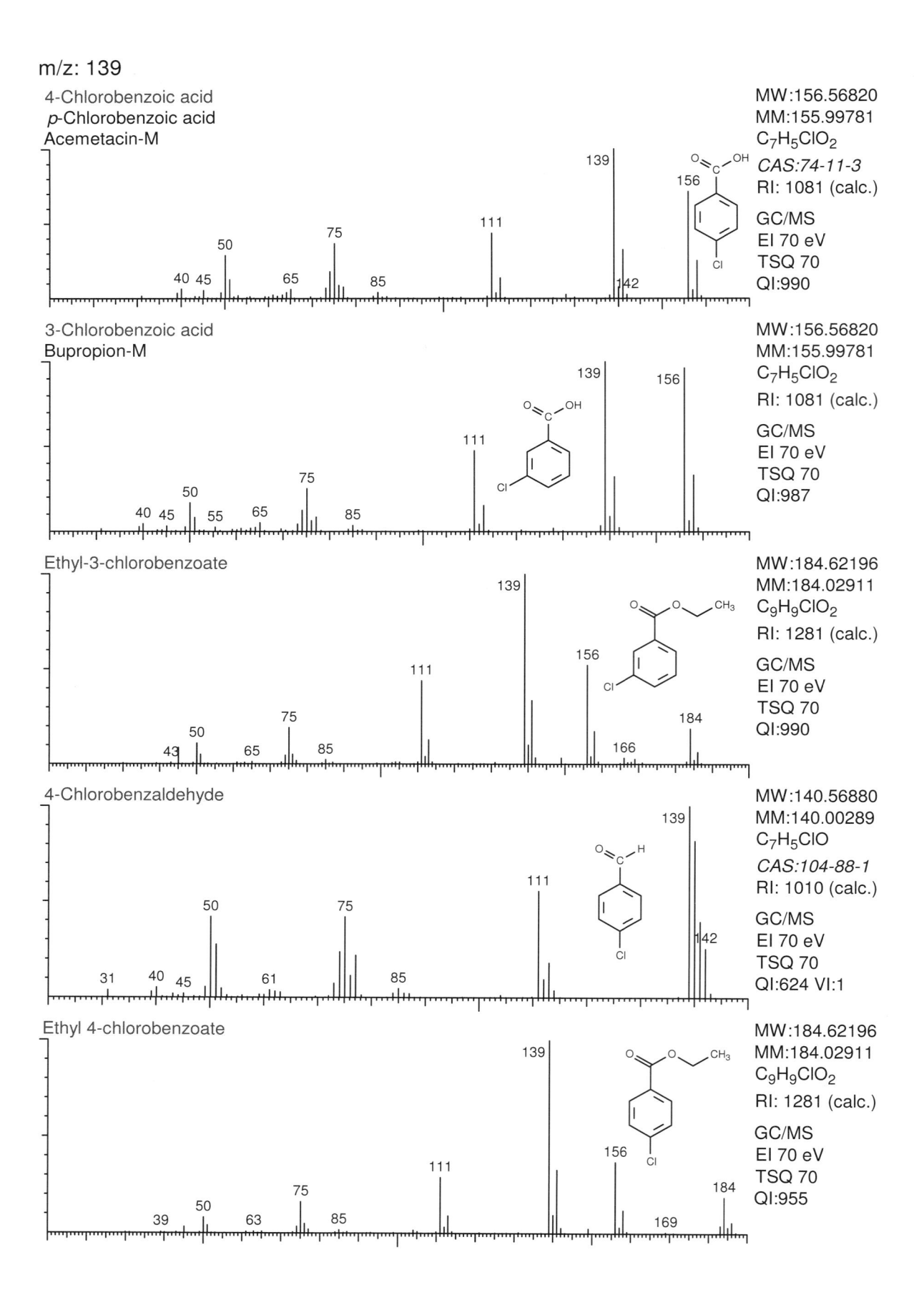

4-Chlorobenzoic acid
p-Chlorobenzoic acid
Acemetacin-M

MW:156.56820
MM:155.99781
$C_7H_5ClO_2$
CAS:74-11-3
RI: 1081 (calc.)

GC/MS
EI 70 eV
TSQ 70
QI:990

3-Chlorobenzoic acid
Bupropion-M

MW:156.56820
MM:155.99781
$C_7H_5ClO_2$
RI: 1081 (calc.)

GC/MS
EI 70 eV
TSQ 70
QI:987

Ethyl-3-chlorobenzoate

MW:184.62196
MM:184.02911
$C_9H_9ClO_2$
RI: 1281 (calc.)

GC/MS
EI 70 eV
TSQ 70
QI:990

4-Chlorobenzaldehyde

MW:140.56880
MM:140.00289
C_7H_5ClO
CAS:104-88-1
RI: 1010 (calc.)

GC/MS
EI 70 eV
TSQ 70
QI:624 VI:1

Ethyl 4-chlorobenzoate

MW:184.62196
MM:184.02911
$C_9H_9ClO_2$
RI: 1281 (calc.)

GC/MS
EI 70 eV
TSQ 70
QI:955

m/z: 139

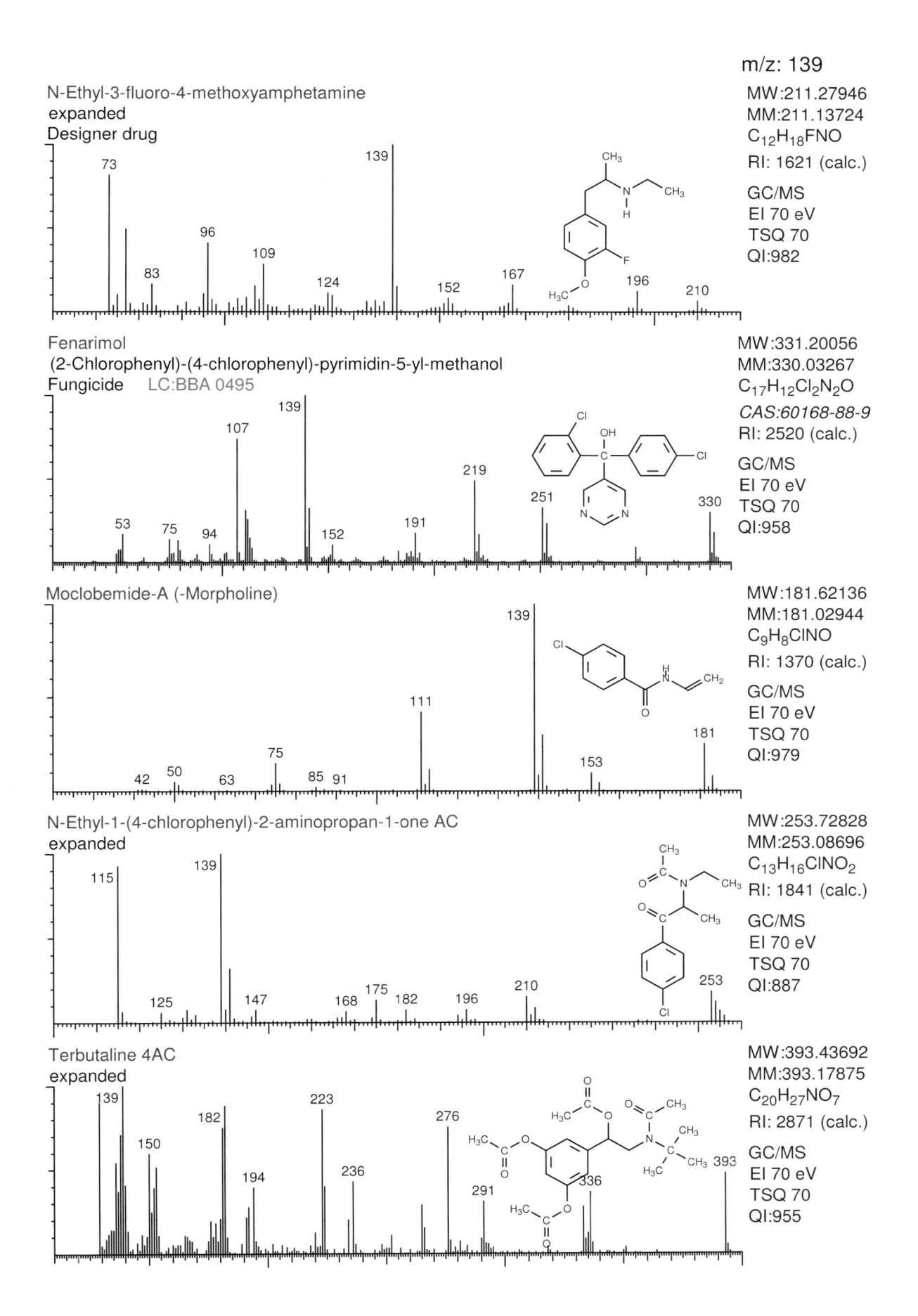

N-Ethyl-3-fluoro-4-methoxyamphetamine
expanded
Designer drug

MW:211.27946
MM:211.13724
$C_{12}H_{18}FNO$
RI: 1621 (calc.)

GC/MS
EI 70 eV
TSQ 70
QI:982

Peaks: 73, 83, 96, 109, 124, 139, 152, 167, 196, 210

Fenarimol
(2-Chlorophenyl)-(4-chlorophenyl)-pyrimidin-5-yl-methanol
Fungicide   LC:BBA 0495

MW:331.20056
MM:330.03267
$C_{17}H_{12}Cl_2N_2O$
CAS:60168-88-9
RI: 2520 (calc.)

GC/MS
EI 70 eV
TSQ 70
QI:958

Peaks: 53, 75, 94, 107, 139, 152, 191, 219, 251, 330

Moclobemide-A (-Morpholine)

MW:181.62136
MM:181.02944
C_9H_8ClNO
RI: 1370 (calc.)

GC/MS
EI 70 eV
TSQ 70
QI:979

Peaks: 42, 50, 63, 75, 85, 91, 111, 139, 153, 181

N-Ethyl-1-(4-chlorophenyl)-2-aminopropan-1-one AC
expanded

MW:253.72828
MM:253.08696
$C_{13}H_{16}ClNO_2$
RI: 1841 (calc.)

GC/MS
EI 70 eV
TSQ 70
QI:887

Peaks: 115, 125, 139, 147, 168, 175, 182, 196, 210, 253

Terbutaline 4AC
expanded

MW:393.43692
MM:393.17875
$C_{20}H_{27}NO_7$
RI: 2871 (calc.)

GC/MS
EI 70 eV
TSQ 70
QI:955

Peaks: 139, 150, 182, 194, 223, 236, 276, 291, 336, 393

m/z: 139

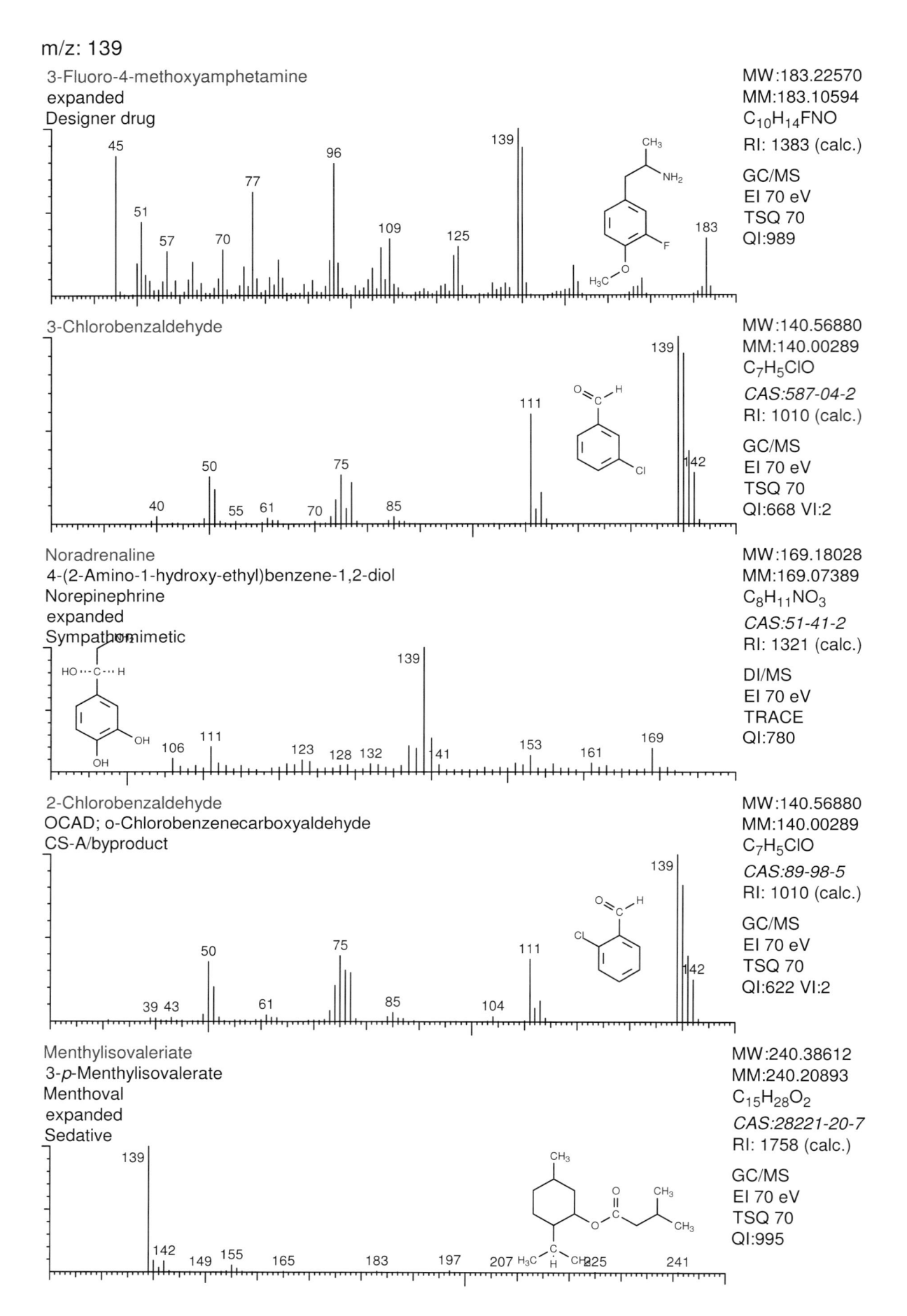

3-Fluoro-4-methoxyamphetamine
expanded
Designer drug

MW:183.22570
MM:183.10594
$C_{10}H_{14}FNO$
RI: 1383 (calc.)

GC/MS
EI 70 eV
TSQ 70
QI:989

3-Chlorobenzaldehyde

MW:140.56880
MM:140.00289
C_7H_5ClO
CAS:587-04-2
RI: 1010 (calc.)

GC/MS
EI 70 eV
TSQ 70
QI:668 VI:2

Noradrenaline
4-(2-Amino-1-hydroxy-ethyl)benzene-1,2-diol
Norepinephrine
expanded
Sympathomimetic

MW:169.18028
MM:169.07389
$C_8H_{11}NO_3$
CAS:51-41-2
RI: 1321 (calc.)

DI/MS
EI 70 eV
TRACE
QI:780

2-Chlorobenzaldehyde
OCAD; o-Chlorobenzenecarboxyaldehyde
CS-A/byproduct

MW:140.56880
MM:140.00289
C_7H_5ClO
CAS:89-98-5
RI: 1010 (calc.)

GC/MS
EI 70 eV
TSQ 70
QI:622 VI:2

Menthylisovaleriate
3-p-Menthylisovalerate
Menthoval
expanded
Sedative

MW:240.38612
MM:240.20893
$C_{15}H_{28}O_2$
CAS:28221-20-7
RI: 1758 (calc.)

GC/MS
EI 70 eV
TSQ 70
QI:995

m/z: 139

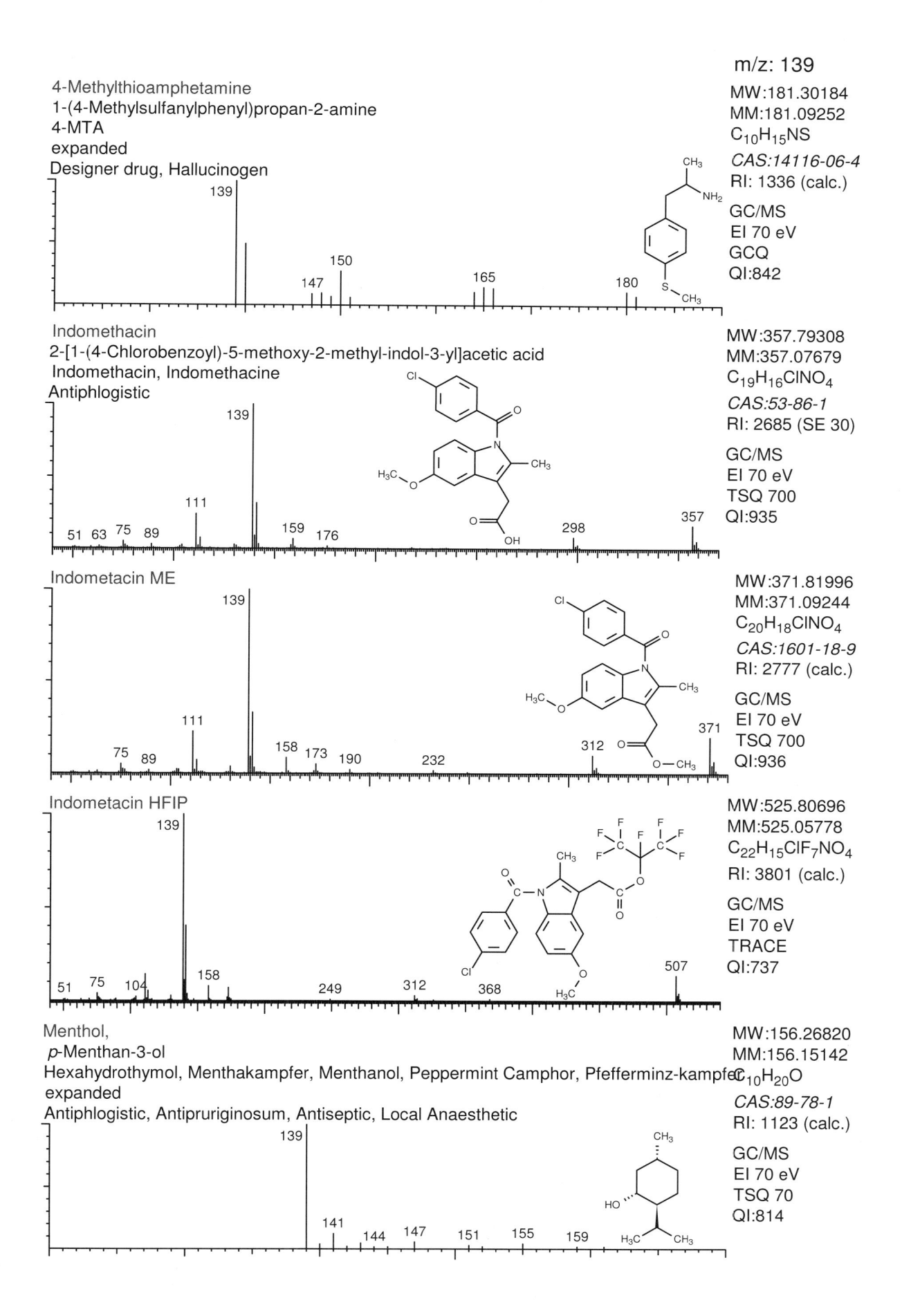

4-Methylthioamphetamine
1-(4-Methylsulfanylphenyl)propan-2-amine
4-MTA
expanded
Designer drug, Hallucinogen

MW: 181.30184
MM: 181.09252
$C_{10}H_{15}NS$
CAS: 14116-06-4
RI: 1336 (calc.)

GC/MS
EI 70 eV
GCQ
QI: 842

Indomethacin
2-[1-(4-Chlorobenzoyl)-5-methoxy-2-methyl-indol-3-yl]acetic acid
Indomethacin, Indomethacine
Antiphlogistic

MW: 357.79308
MM: 357.07679
$C_{19}H_{16}ClNO_4$
CAS: 53-86-1
RI: 2685 (SE 30)

GC/MS
EI 70 eV
TSQ 700
QI: 935

Indometacin ME

MW: 371.81996
MM: 371.09244
$C_{20}H_{18}ClNO_4$
CAS: 1601-18-9
RI: 2777 (calc.)

GC/MS
EI 70 eV
TSQ 700
QI: 936

Indometacin HFIP

MW: 525.80696
MM: 525.05778
$C_{22}H_{15}ClF_7NO_4$
RI: 3801 (calc.)

GC/MS
EI 70 eV
TRACE
QI: 737

Menthol,
p-Menthan-3-ol
Hexahydrothymol, Menthakampfer, Menthanol, Peppermint Camphor, Pfefferminz-kampfer
expanded
Antiphlogistic, Antipruriginosum, Antiseptic, Local Anaesthetic

MW: 156.26820
MM: 156.15142
$C_{10}H_{20}O$
CAS: 89-78-1
RI: 1123 (calc.)

GC/MS
EI 70 eV
TSQ 70
QI: 814

m/z: 139

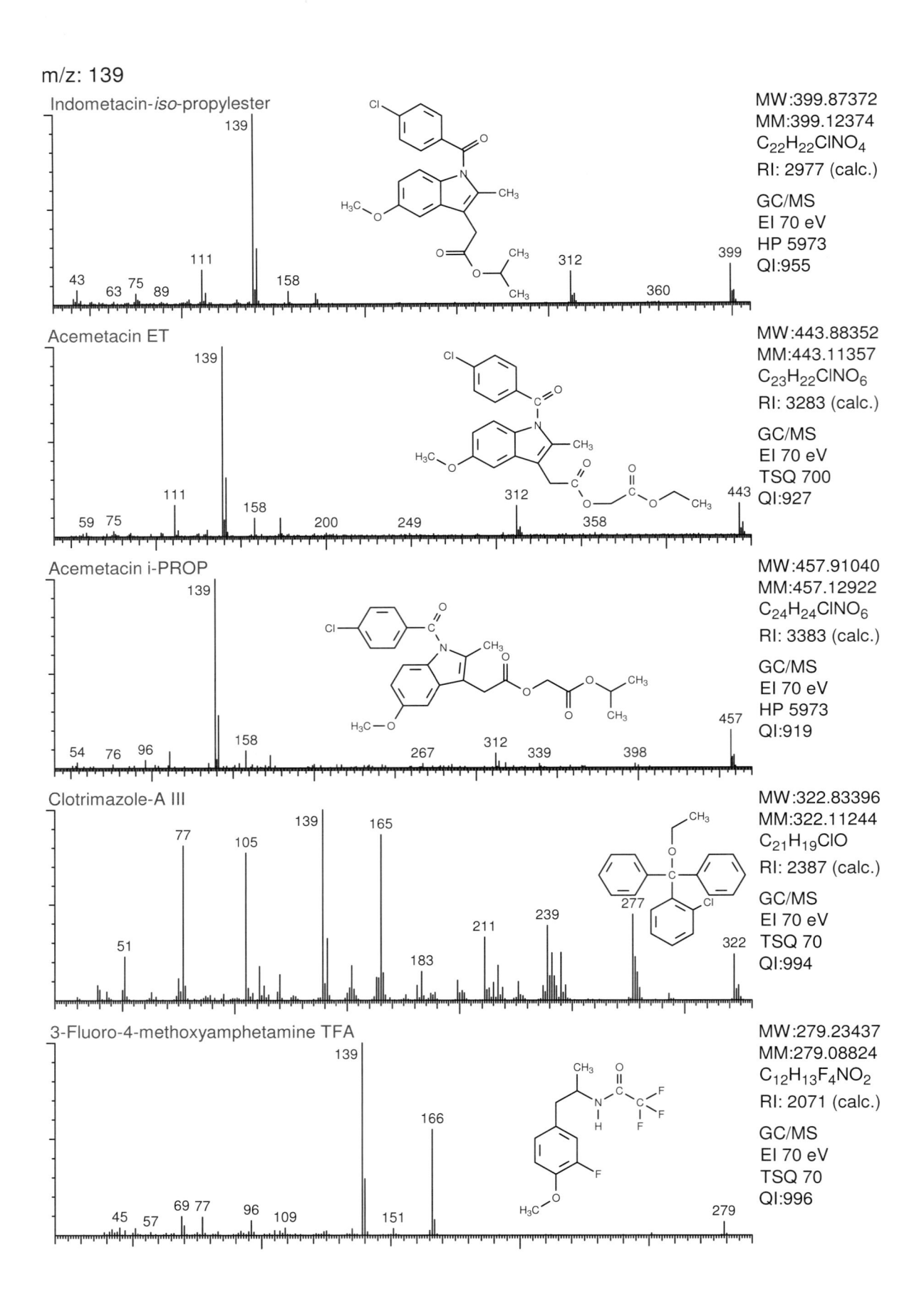

Indometacin-*iso*-propylester

MW:399.87372
MM:399.12374
$C_{22}H_{22}ClNO_4$
RI: 2977 (calc.)

GC/MS
EI 70 eV
HP 5973
QI:955

Acemetacin ET

MW:443.88352
MM:443.11357
$C_{23}H_{22}ClNO_6$
RI: 3283 (calc.)

GC/MS
EI 70 eV
TSQ 700
QI:927

Acemetacin i-PROP

MW:457.91040
MM:457.12922
$C_{24}H_{24}ClNO_6$
RI: 3383 (calc.)

GC/MS
EI 70 eV
HP 5973
QI:919

Clotrimazole-A III

MW:322.83396
MM:322.11244
$C_{21}H_{19}ClO$
RI: 2387 (calc.)

GC/MS
EI 70 eV
TSQ 70
QI:994

3-Fluoro-4-methoxyamphetamine TFA

MW:279.23437
MM:279.08824
$C_{12}H_{13}F_4NO_2$
RI: 2071 (calc.)

GC/MS
EI 70 eV
TSQ 70
QI:996

m/z: 139

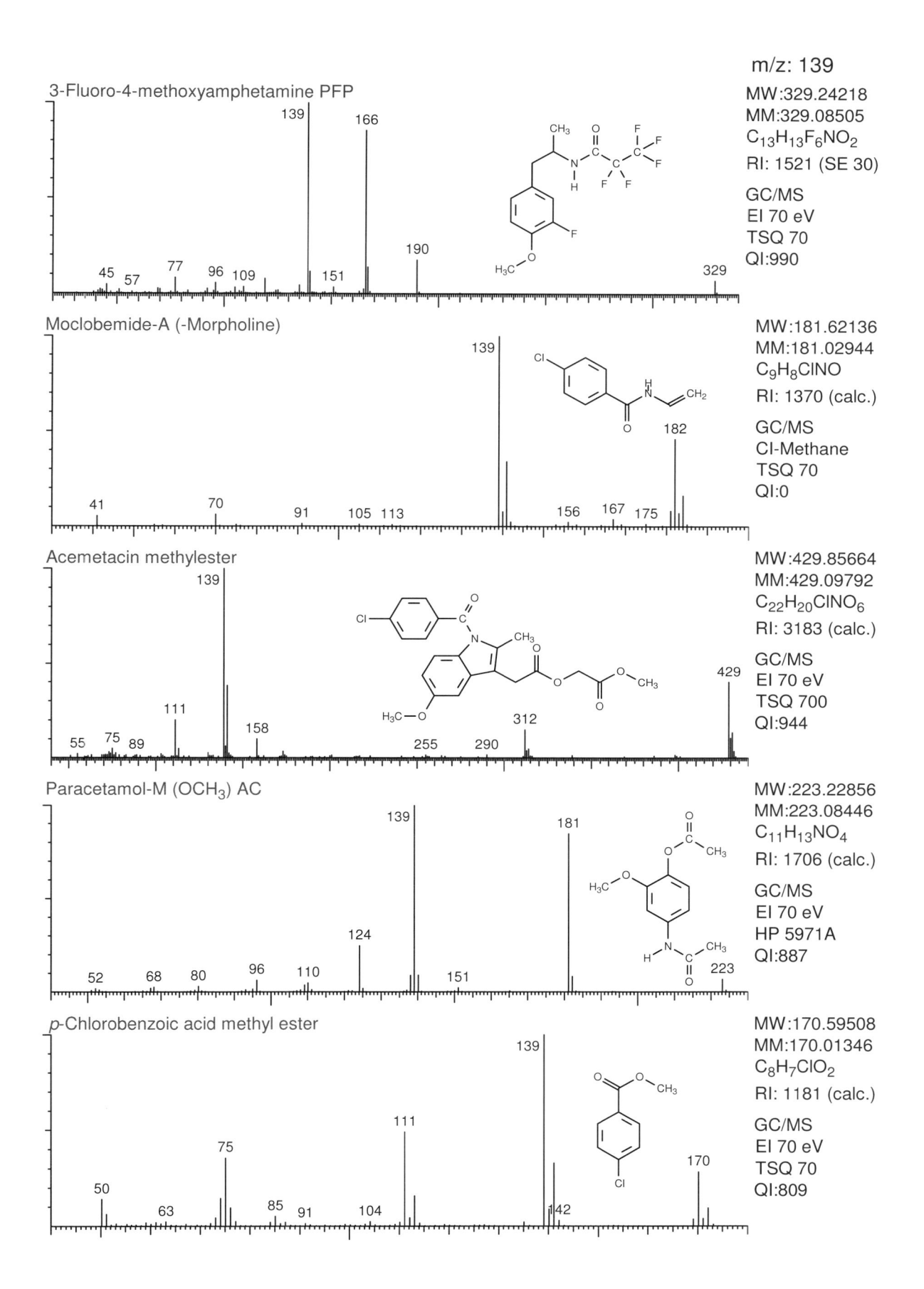

3-Fluoro-4-methoxyamphetamine PFP

MW:329.24218
MM:329.08505
$C_{13}H_{13}F_6NO_2$
RI: 1521 (SE 30)

GC/MS
EI 70 eV
TSQ 70
QI:990

Peaks: 45, 57, 77, 96, 109, 139, 151, 166, 190, 329

Moclobemide-A (-Morpholine)

MW:181.62136
MM:181.02944
C_9H_8ClNO
RI: 1370 (calc.)

GC/MS
CI-Methane
TSQ 70
QI:0

Peaks: 41, 70, 91, 105, 113, 139, 156, 167, 175, 182

Acemetacin methylester

MW:429.85664
MM:429.09792
$C_{22}H_{20}ClNO_6$
RI: 3183 (calc.)

GC/MS
EI 70 eV
TSQ 700
QI:944

Peaks: 55, 75, 89, 111, 139, 158, 255, 290, 312, 429

Paracetamol-M (OCH$_3$) AC

MW:223.22856
MM:223.08446
$C_{11}H_{13}NO_4$
RI: 1706 (calc.)

GC/MS
EI 70 eV
HP 5971A
QI:887

Peaks: 52, 68, 80, 96, 110, 124, 139, 151, 181, 223

p-Chlorobenzoic acid methyl ester

MW:170.59508
MM:170.01346
$C_8H_7ClO_2$
RI: 1181 (calc.)

GC/MS
EI 70 eV
TSQ 70
QI:809

Peaks: 50, 63, 75, 85, 91, 104, 111, 139, 142, 170

m/z: 139-140

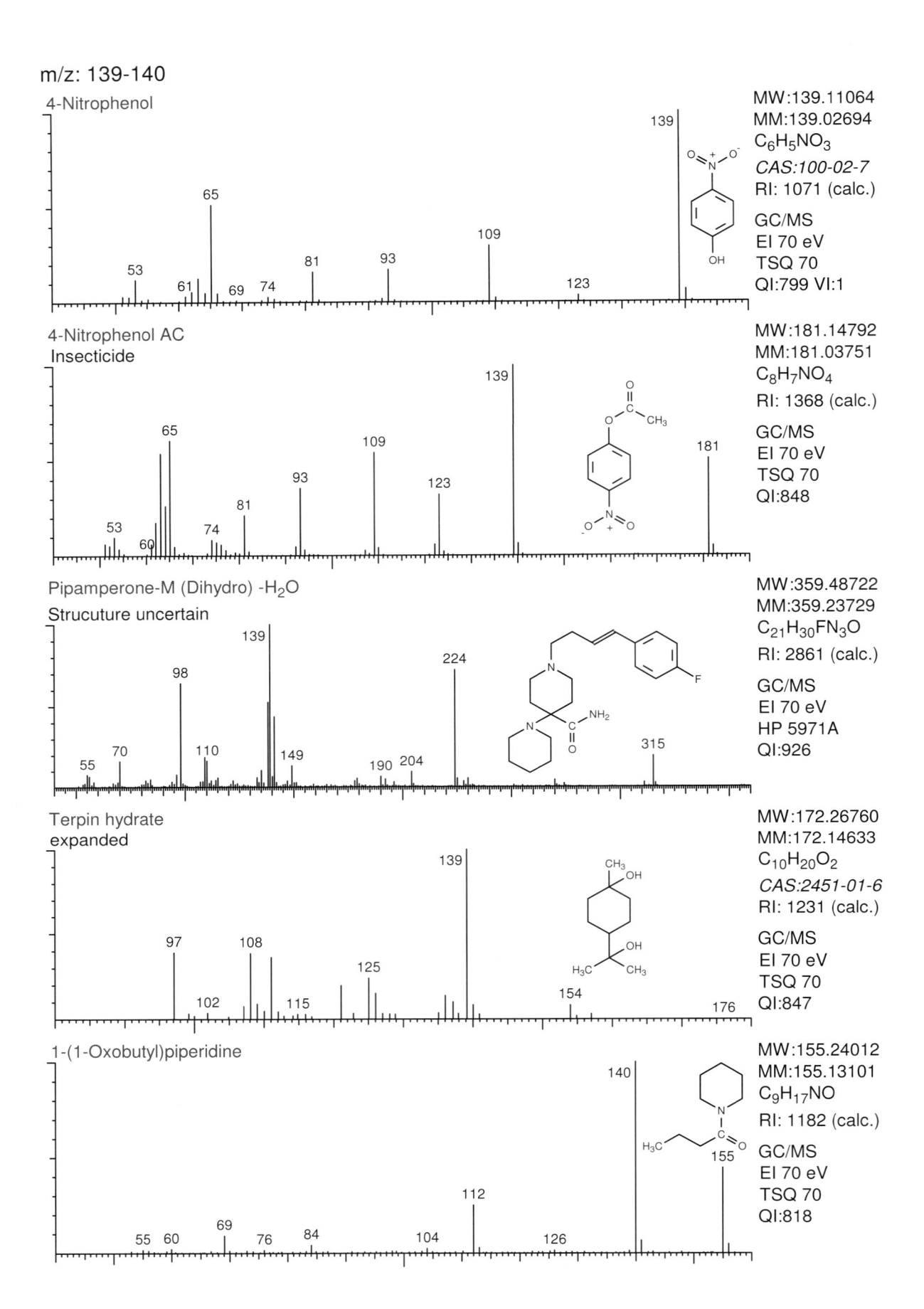

4-Nitrophenol

Peaks: 53, 61, 65, 69, 74, 81, 93, 109, 123, 139

MW: 139.11064
MM: 139.02694
$C_6H_5NO_3$
CAS: 100-02-7
RI: 1071 (calc.)

GC/MS
EI 70 eV
TSQ 70
QI: 799 VI: 1

4-Nitrophenol AC
Insecticide

Peaks: 53, 60, 65, 74, 81, 93, 109, 123, 139, 181

MW: 181.14792
MM: 181.03751
$C_8H_7NO_4$
RI: 1368 (calc.)

GC/MS
EI 70 eV
TSQ 70
QI: 848

Pipamperone-M (Dihydro) -H₂O
Strucuture uncertain

Peaks: 55, 70, 98, 110, 139, 149, 190, 204, 224, 315

MW: 359.48722
MM: 359.23729
$C_{21}H_{30}FN_3O$
RI: 2861 (calc.)

GC/MS
EI 70 eV
HP 5971A
QI: 926

Terpin hydrate
expanded

Peaks: 97, 102, 108, 115, 125, 139, 154, 176

MW: 172.26760
MM: 172.14633
$C_{10}H_{20}O_2$
CAS: 2451-01-6
RI: 1231 (calc.)

GC/MS
EI 70 eV
TSQ 70
QI: 847

1-(1-Oxobutyl)piperidine

Peaks: 55, 60, 69, 76, 84, 104, 112, 126, 140, 155

MW: 155.24012
MM: 155.13101
$C_9H_{17}NO$
RI: 1182 (calc.)

GC/MS
EI 70 eV
TSQ 70
QI: 818

m/z: 140

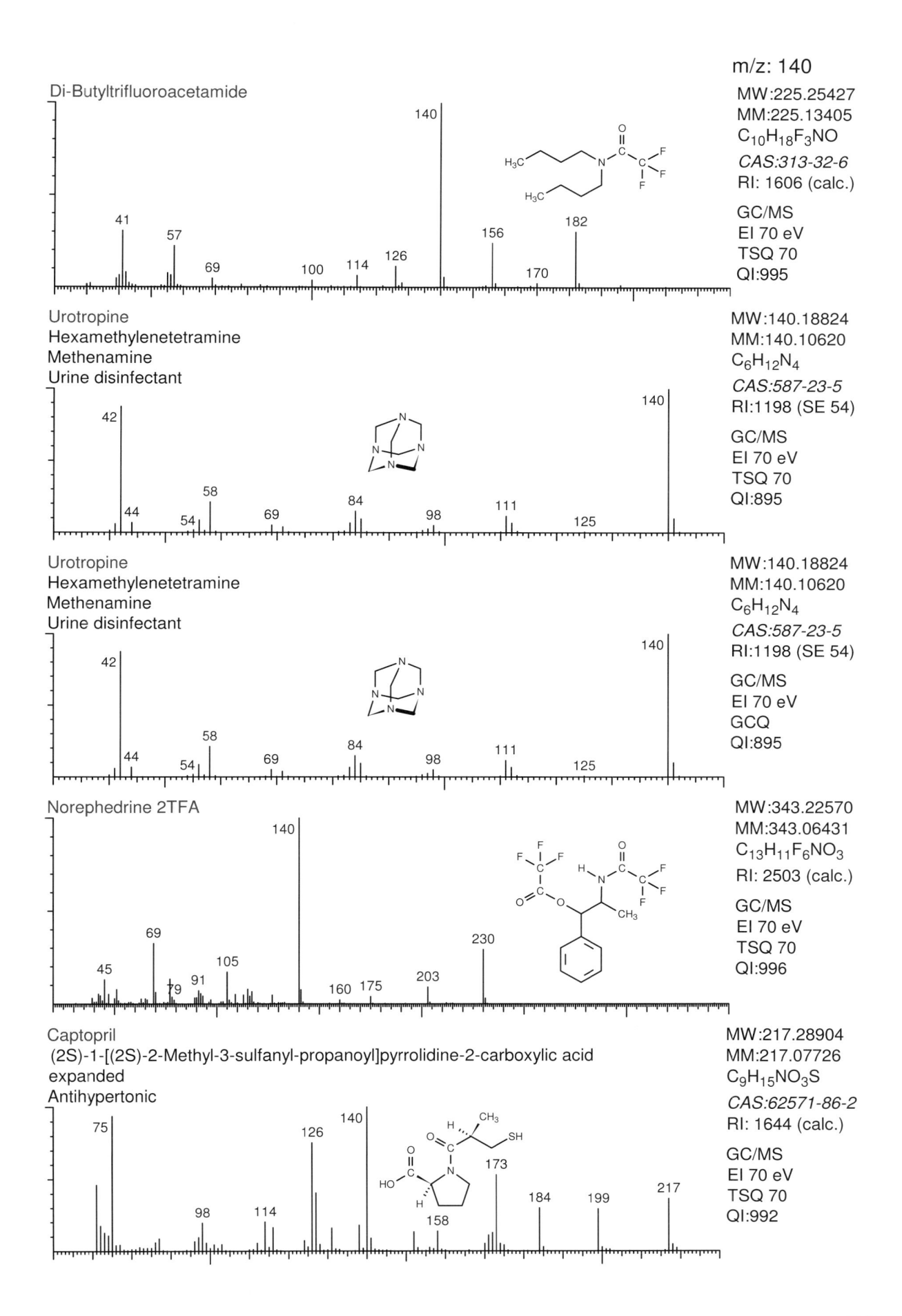

Di-Butyltrifluoroacetamide

MW:225.25427
MM:225.13405
$C_{10}H_{18}F_3NO$
CAS:313-32-6
RI: 1606 (calc.)

GC/MS
EI 70 eV
TSQ 70
QI:995

Peaks: 41, 57, 69, 100, 114, 126, 140, 156, 170, 182

Urotropine
Hexamethylenetetramine
Methenamine
Urine disinfectant

MW:140.18824
MM:140.10620
$C_6H_{12}N_4$
CAS:587-23-5
RI:1198 (SE 54)

GC/MS
EI 70 eV
TSQ 70
QI:895

Peaks: 42, 44, 54, 58, 69, 84, 98, 111, 125, 140

Urotropine
Hexamethylenetetramine
Methenamine
Urine disinfectant

MW:140.18824
MM:140.10620
$C_6H_{12}N_4$
CAS:587-23-5
RI:1198 (SE 54)

GC/MS
EI 70 eV
GCQ
QI:895

Peaks: 42, 44, 54, 58, 69, 84, 98, 111, 125, 140

Norephedrine 2TFA

MW:343.22570
MM:343.06431
$C_{13}H_{11}F_6NO_3$
RI: 2503 (calc.)

GC/MS
EI 70 eV
TSQ 70
QI:996

Peaks: 45, 69, 79, 91, 105, 140, 160, 175, 203, 230

Captopril
(2S)-1-[(2S)-2-Methyl-3-sulfanyl-propanoyl]pyrrolidine-2-carboxylic acid
expanded
Antihypertonic

MW:217.28904
MM:217.07726
$C_9H_{15}NO_3S$
CAS:62571-86-2
RI: 1644 (calc.)

GC/MS
EI 70 eV
TSQ 70
QI:992

Peaks: 75, 98, 114, 126, 140, 158, 173, 184, 199, 217

m/z: 140

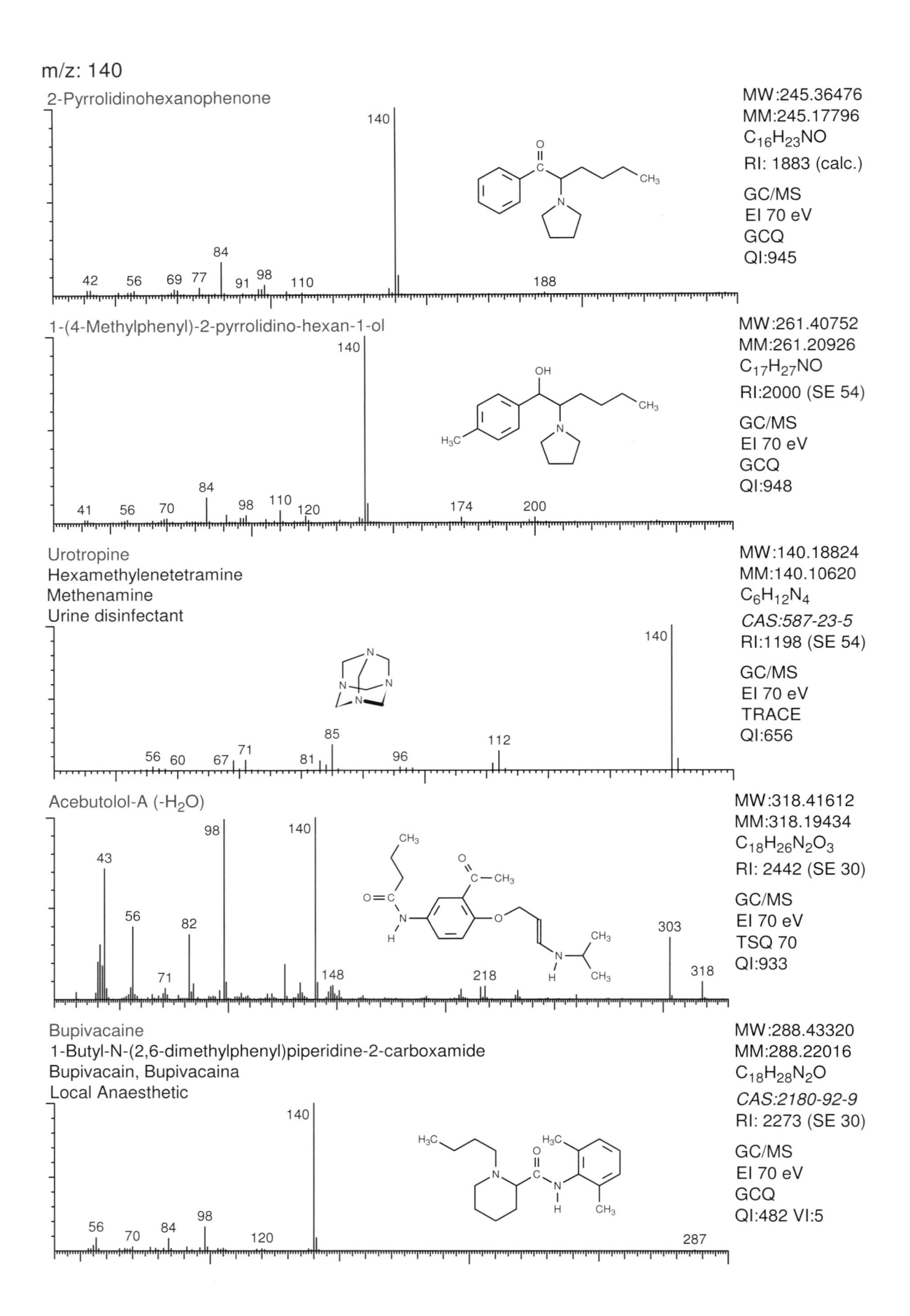

2-Pyrrolidinohexanophenone

MW: 245.36476
MM: 245.17796
$C_{16}H_{23}NO$
RI: 1883 (calc.)

GC/MS
EI 70 eV
GCQ
QI: 945

Peaks: 42, 56, 69, 77, 84, 91, 98, 110, 140, 188

1-(4-Methylphenyl)-2-pyrrolidino-hexan-1-ol

MW: 261.40752
MM: 261.20926
$C_{17}H_{27}NO$
RI: 2000 (SE 54)

GC/MS
EI 70 eV
GCQ
QI: 948

Peaks: 41, 56, 70, 84, 98, 110, 120, 140, 174, 200

Urotropine
Hexamethylenetetramine
Methenamine
Urine disinfectant

MW: 140.18824
MM: 140.10620
$C_6H_{12}N_4$
CAS: 587-23-5
RI: 1198 (SE 54)

GC/MS
EI 70 eV
TRACE
QI: 656

Peaks: 56, 60, 67, 71, 81, 85, 96, 112, 140

Acebutolol-A (-H$_2$O)

MW: 318.41612
MM: 318.19434
$C_{18}H_{26}N_2O_3$
RI: 2442 (SE 30)

GC/MS
EI 70 eV
TSQ 70
QI: 933

Peaks: 43, 56, 71, 82, 98, 140, 148, 218, 303, 318

Bupivacaine
1-Butyl-N-(2,6-dimethylphenyl)piperidine-2-carboxamide
Bupivacain, Bupivacaina
Local Anaesthetic

MW: 288.43320
MM: 288.22016
$C_{18}H_{28}N_2O$
CAS: 2180-92-9
RI: 2273 (SE 30)

GC/MS
EI 70 eV
GCQ
QI: 482 VI:5

Peaks: 56, 70, 84, 98, 120, 140, 287

m/z: 140

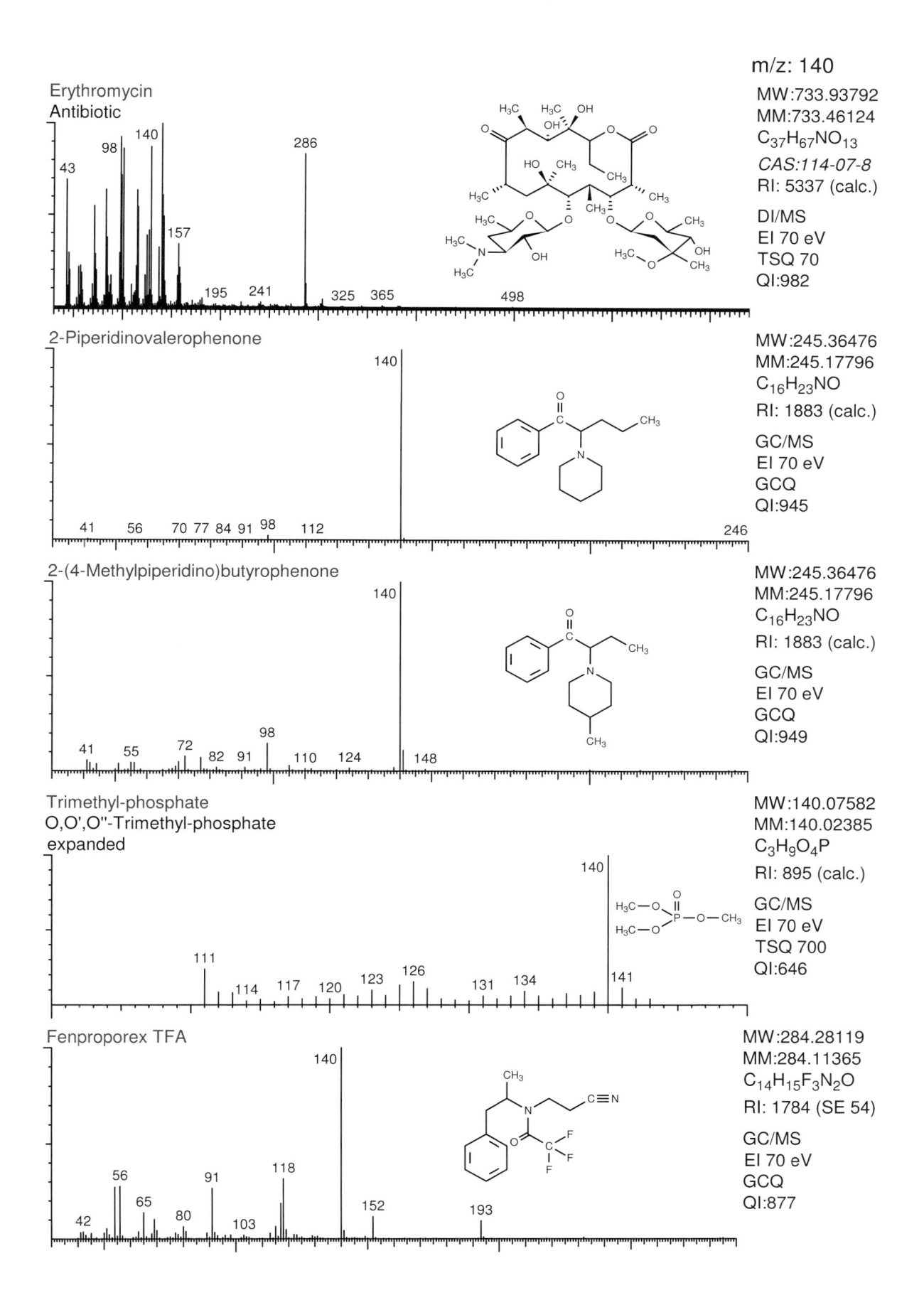

Erythromycin — Antibiotic

Peaks: 43, 98, 140, 157, 195, 241, 286, 325, 365, 498

MW: 733.93792
MM: 733.46124
$C_{37}H_{67}NO_{13}$
CAS: 114-07-8
RI: 5337 (calc.)

DI/MS
EI 70 eV
TSQ 70
QI: 982

2-Piperidinovalerophenone

Peaks: 41, 56, 70, 77, 84, 91, 98, 112, 140, 246

MW: 245.36476
MM: 245.17796
$C_{16}H_{23}NO$
RI: 1883 (calc.)

GC/MS
EI 70 eV
GCQ
QI: 945

2-(4-Methylpiperidino)butyrophenone

Peaks: 41, 55, 72, 82, 91, 98, 110, 124, 140, 148

MW: 245.36476
MM: 245.17796
$C_{16}H_{23}NO$
RI: 1883 (calc.)

GC/MS
EI 70 eV
GCQ
QI: 949

Trimethyl-phosphate
O,O',O''-Trimethyl-phosphate
expanded

Peaks: 111, 114, 117, 120, 123, 126, 131, 134, 140, 141

MW: 140.07582
MM: 140.02385
$C_3H_9O_4P$
RI: 895 (calc.)

GC/MS
EI 70 eV
TSQ 700
QI: 646

Fenproporex TFA

Peaks: 42, 56, 65, 80, 91, 103, 118, 140, 152, 193

MW: 284.28119
MM: 284.11365
$C_{14}H_{15}F_3N_2O$
RI: 1784 (SE 54)

GC/MS
EI 70 eV
GCQ
QI: 877

m/z: 140

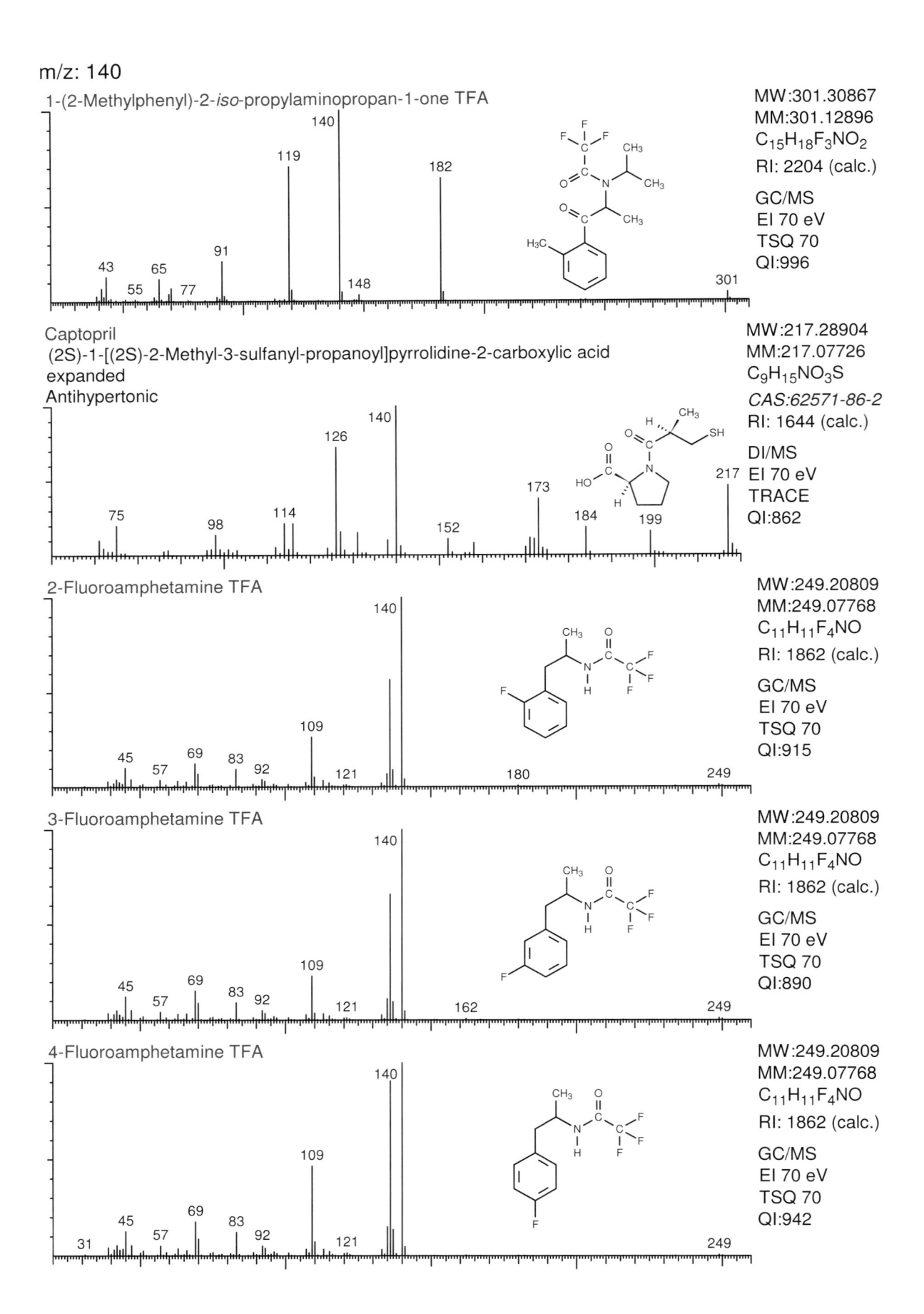

1-(2-Methylphenyl)-2-*iso*-propylaminopropan-1-one TFA

Peaks: 43, 55, 65, 77, 91, 119, 140, 148, 182, 301

MW:301.30867
MM:301.12896
$C_{15}H_{18}F_3NO_2$
RI: 2204 (calc.)

GC/MS
EI 70 eV
TSQ 70
QI:996

Captopril
(2S)-1-[(2S)-2-Methyl-3-sulfanyl-propanoyl]pyrrolidine-2-carboxylic acid
expanded
Antihypertonic

Peaks: 75, 98, 114, 126, 140, 152, 173, 184, 199, 217

MW:217.28904
MM:217.07726
$C_9H_{15}NO_3S$
CAS:62571-86-2
RI: 1644 (calc.)

DI/MS
EI 70 eV
TRACE
QI:862

2-Fluoroamphetamine TFA

Peaks: 45, 57, 69, 83, 92, 109, 121, 140, 180, 249

MW:249.20809
MM:249.07768
$C_{11}H_{11}F_4NO$
RI: 1862 (calc.)

GC/MS
EI 70 eV
TSQ 70
QI:915

3-Fluoroamphetamine TFA

Peaks: 45, 57, 69, 83, 92, 109, 121, 140, 162, 249

MW:249.20809
MM:249.07768
$C_{11}H_{11}F_4NO$
RI: 1862 (calc.)

GC/MS
EI 70 eV
TSQ 70
QI:890

4-Fluoroamphetamine TFA

Peaks: 31, 45, 57, 69, 83, 92, 109, 121, 140, 249

MW:249.20809
MM:249.07768
$C_{11}H_{11}F_4NO$
RI: 1862 (calc.)

GC/MS
EI 70 eV
TSQ 70
QI:942

m/z: 140

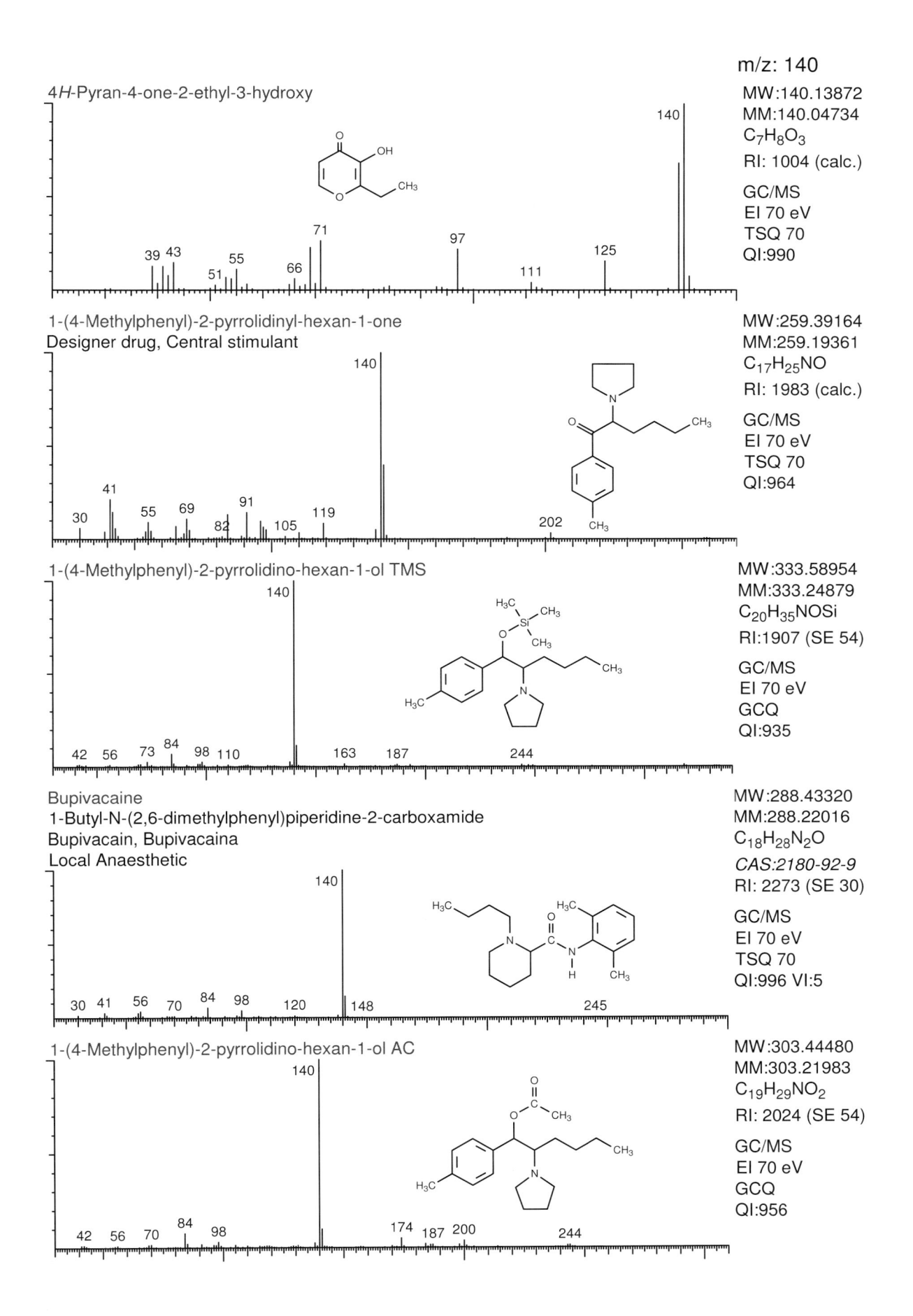

4H-Pyran-4-one-2-ethyl-3-hydroxy

MW: 140.13872
MM: 140.04734
$C_7H_8O_3$
RI: 1004 (calc.)

GC/MS
EI 70 eV
TSQ 70
QI: 990

Peaks: 39, 43, 51, 55, 66, 71, 97, 111, 125, 140

1-(4-Methylphenyl)-2-pyrrolidinyl-hexan-1-one
Designer drug, Central stimulant

MW: 259.39164
MM: 259.19361
$C_{17}H_{25}NO$
RI: 1983 (calc.)

GC/MS
EI 70 eV
TSQ 70
QI: 964

Peaks: 30, 41, 55, 69, 82, 91, 105, 119, 140, 202

1-(4-Methylphenyl)-2-pyrrolidino-hexan-1-ol TMS

MW: 333.58954
MM: 333.24879
$C_{20}H_{35}NOSi$
RI: 1907 (SE 54)

GC/MS
EI 70 eV
GCQ
QI: 935

Peaks: 42, 56, 73, 84, 98, 110, 140, 163, 187, 244

Bupivacaine
1-Butyl-N-(2,6-dimethylphenyl)piperidine-2-carboxamide
Bupivacain, Bupivacaina
Local Anaesthetic

MW: 288.43320
MM: 288.22016
$C_{18}H_{28}N_2O$
CAS: 2180-92-9
RI: 2273 (SE 30)

GC/MS
EI 70 eV
TSQ 70
QI: 996 VI: 5

Peaks: 30, 41, 56, 70, 84, 98, 120, 140, 148, 245

1-(4-Methylphenyl)-2-pyrrolidino-hexan-1-ol AC

MW: 303.44480
MM: 303.21983
$C_{19}H_{29}NO_2$
RI: 2024 (SE 54)

GC/MS
EI 70 eV
GCQ
QI: 956

Peaks: 42, 56, 70, 84, 98, 140, 174, 187, 200, 244

m/z: 140

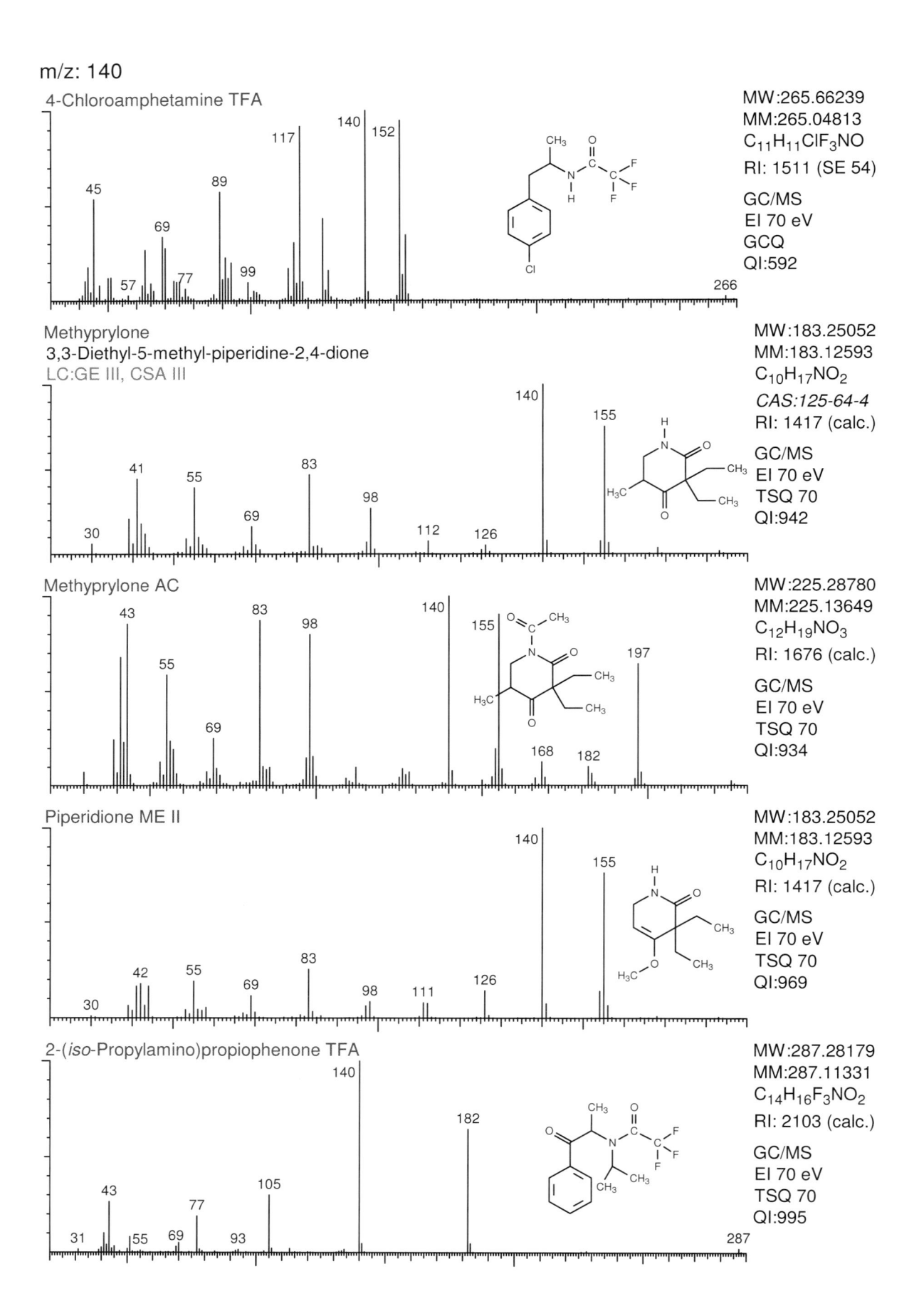

4-Chloroamphetamine TFA

MW: 265.66239
MM: 265.04813
$C_{11}H_{11}ClF_3NO$
RI: 1511 (SE 54)

GC/MS
EI 70 eV
GCQ
QI: 592

Methyprylone
3,3-Diethyl-5-methyl-piperidine-2,4-dione
LC: GE III, CSA III

MW: 183.25052
MM: 183.12593
$C_{10}H_{17}NO_2$
CAS: 125-64-4
RI: 1417 (calc.)

GC/MS
EI 70 eV
TSQ 70
QI: 942

Methyprylone AC

MW: 225.28780
MM: 225.13649
$C_{12}H_{19}NO_3$
RI: 1676 (calc.)

GC/MS
EI 70 eV
TSQ 70
QI: 934

Piperidione ME II

MW: 183.25052
MM: 183.12593
$C_{10}H_{17}NO_2$
RI: 1417 (calc.)

GC/MS
EI 70 eV
TSQ 70
QI: 969

2-(iso-Propylamino)propiophenone TFA

MW: 287.28179
MM: 287.11331
$C_{14}H_{16}F_3NO_2$
RI: 2103 (calc.)

GC/MS
EI 70 eV
TSQ 70
QI: 995

m/z: 140

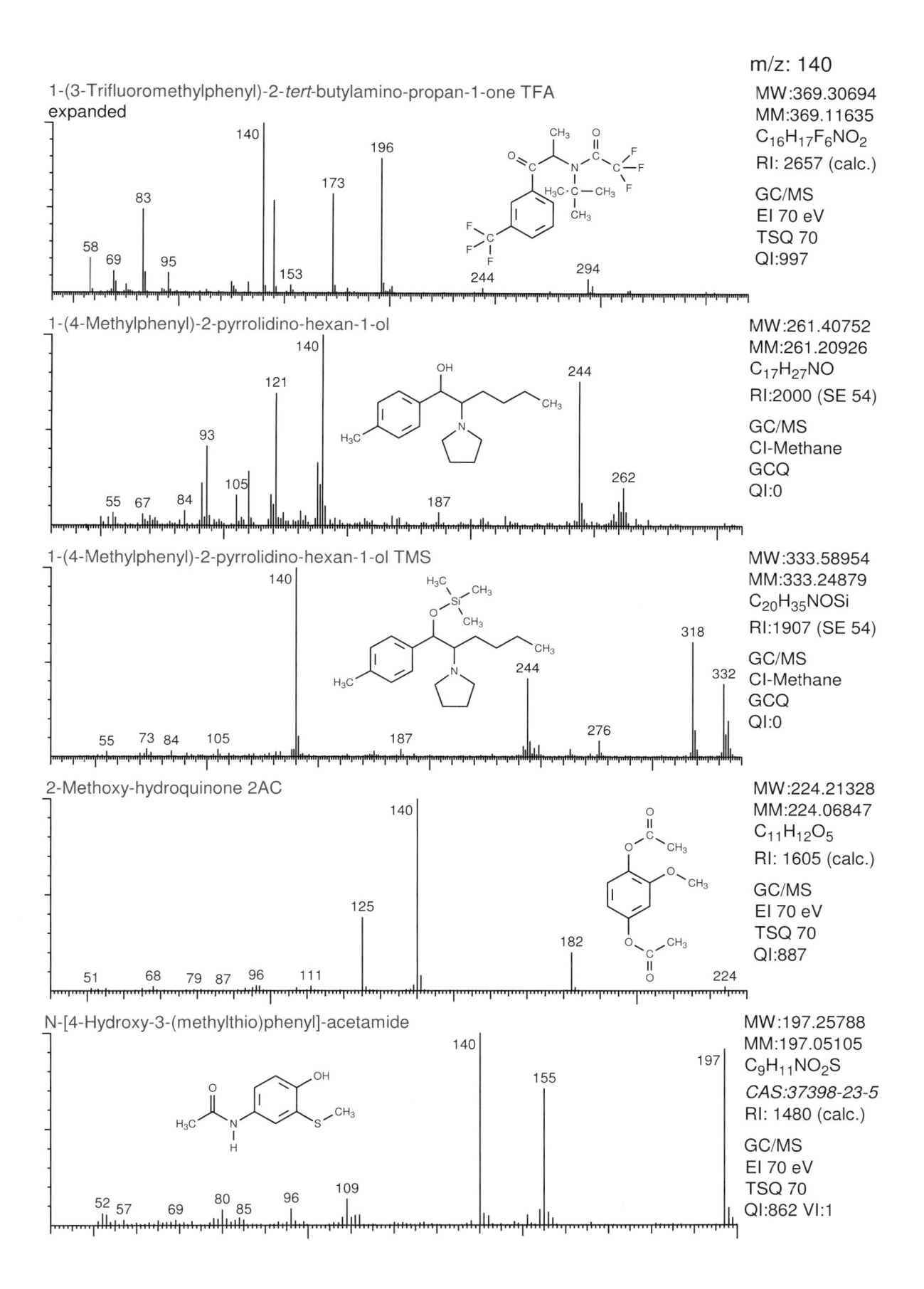

1-(3-Trifluoromethylphenyl)-2-*tert*-butylamino-propan-1-one TFA
expanded

MW: 369.30694
MM: 369.11635
$C_{16}H_{17}F_6NO_2$
RI: 2657 (calc.)

GC/MS
EI 70 eV
TSQ 70
QI: 997

Peaks: 58, 69, 83, 95, 140, 153, 173, 196, 244, 294

1-(4-Methylphenyl)-2-pyrrolidino-hexan-1-ol

MW: 261.40752
MM: 261.20926
$C_{17}H_{27}NO$
RI: 2000 (SE 54)

GC/MS
CI-Methane
GCQ
QI: 0

Peaks: 55, 67, 84, 93, 105, 121, 140, 187, 244, 262

1-(4-Methylphenyl)-2-pyrrolidino-hexan-1-ol TMS

MW: 333.58954
MM: 333.24879
$C_{20}H_{35}NOSi$
RI: 1907 (SE 54)

GC/MS
CI-Methane
GCQ
QI: 0

Peaks: 55, 73, 84, 105, 140, 187, 244, 276, 318, 332

2-Methoxy-hydroquinone 2AC

MW: 224.21328
MM: 224.06847
$C_{11}H_{12}O_5$
RI: 1605 (calc.)

GC/MS
EI 70 eV
TSQ 70
QI: 887

Peaks: 51, 68, 79, 87, 96, 111, 125, 140, 182, 224

N-[4-Hydroxy-3-(methylthio)phenyl]-acetamide

MW: 197.25788
MM: 197.05105
$C_9H_{11}NO_2S$
CAS: 37398-23-5
RI: 1480 (calc.)

GC/MS
EI 70 eV
TSQ 70
QI: 862 VI:1

Peaks: 52, 57, 69, 80, 85, 96, 109, 140, 155, 197

m/z: 140-141

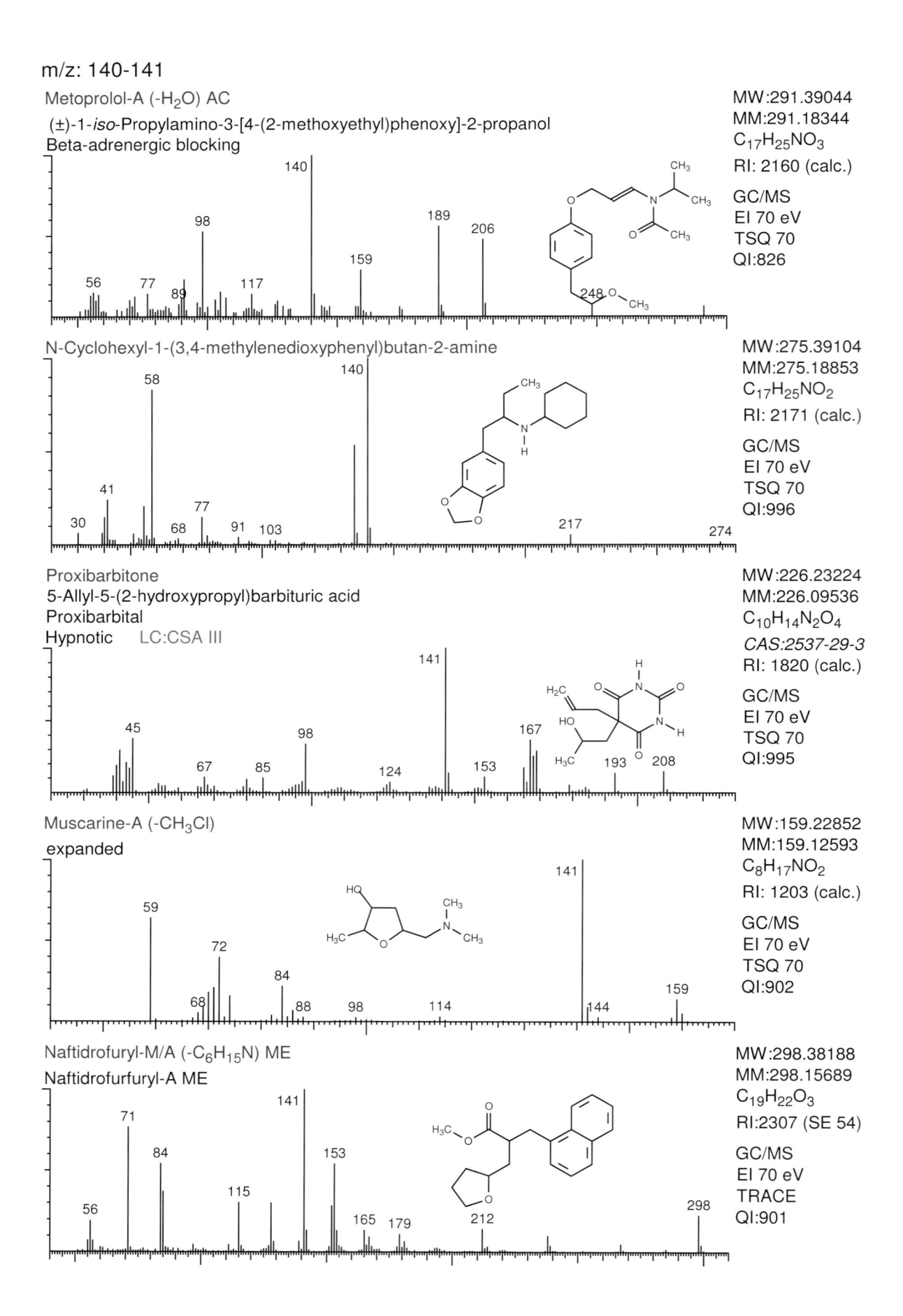

Metoprolol-A (-H₂O) AC
(±)-1-*iso*-Propylamino-3-[4-(2-methoxyethyl)phenoxy]-2-propanol
Beta-adrenergic blocking

MW: 291.39044
MM: 291.18344
$C_{17}H_{25}NO_3$
RI: 2160 (calc.)

GC/MS
EI 70 eV
TSQ 70
QI: 826

N-Cyclohexyl-1-(3,4-methylenedioxyphenyl)butan-2-amine

MW: 275.39104
MM: 275.18853
$C_{17}H_{25}NO_2$
RI: 2171 (calc.)

GC/MS
EI 70 eV
TSQ 70
QI: 996

Proxibarbitone
5-Allyl-5-(2-hydroxypropyl)barbituric acid
Proxibarbital
Hypnotic   LC:CSA III

MW: 226.23224
MM: 226.09536
$C_{10}H_{14}N_2O_4$
CAS: 2537-29-3
RI: 1820 (calc.)

GC/MS
EI 70 eV
TSQ 70
QI: 995

Muscarine-A (-CH₃Cl)
expanded

MW: 159.22852
MM: 159.12593
$C_8H_{17}NO_2$
RI: 1203 (calc.)

GC/MS
EI 70 eV
TSQ 70
QI: 902

Naftidrofuryl-M/A (-C₆H₁₅N) ME
Naftidrofurfuryl-A ME

MW: 298.38188
MM: 298.15689
$C_{19}H_{22}O_3$
RI: 2307 (SE 54)

GC/MS
EI 70 eV
TRACE
QI: 901

m/z: 141

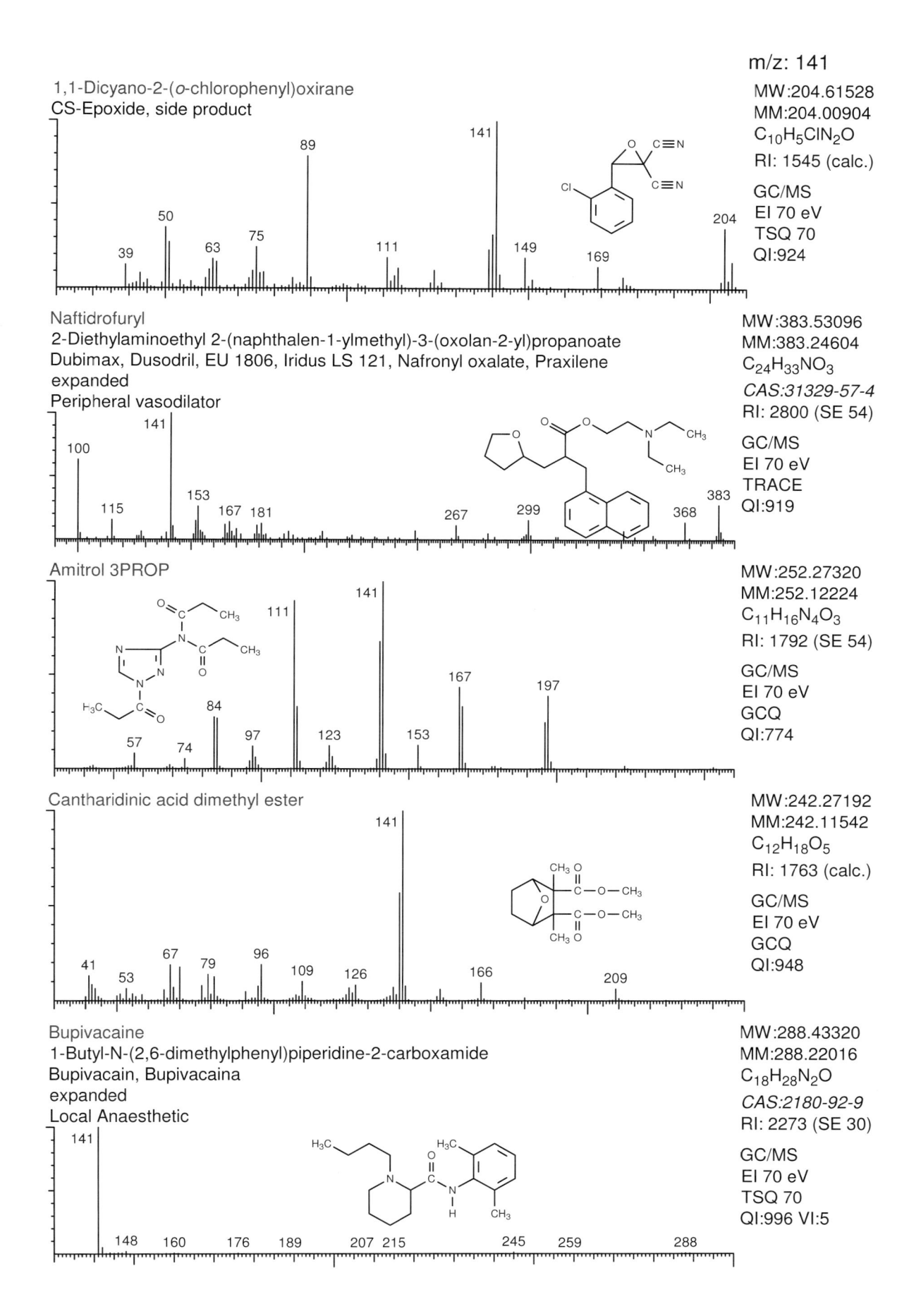

1,1-Dicyano-2-(*o*-chlorophenyl)oxirane
CS-Epoxide, side product

MW: 204.61528
MM: 204.00904
$C_{10}H_5ClN_2O$
RI: 1545 (calc.)

GC/MS
EI 70 eV
TSQ 70
QI: 924

Peaks: 39, 50, 63, 75, 89, 111, 141, 149, 169, 204

Naftidrofuryl
2-Diethylaminoethyl 2-(naphthalen-1-ylmethyl)-3-(oxolan-2-yl)propanoate
Dubimax, Dusodril, EU 1806, Iridus LS 121, Nafronyl oxalate, Praxilene
expanded
Peripheral vasodilator

MW: 383.53096
MM: 383.24604
$C_{24}H_{33}NO_3$
CAS: 31329-57-4
RI: 2800 (SE 54)

GC/MS
EI 70 eV
TRACE
QI: 919

Peaks: 100, 115, 141, 153, 167, 181, 267, 299, 368, 383

Amitrol 3PROP

MW: 252.27320
MM: 252.12224
$C_{11}H_{16}N_4O_3$
RI: 1792 (SE 54)

GC/MS
EI 70 eV
GCQ
QI: 774

Peaks: 57, 74, 84, 97, 111, 123, 141, 153, 167, 197

Cantharidinic acid dimethyl ester

MW: 242.27192
MM: 242.11542
$C_{12}H_{18}O_5$
RI: 1763 (calc.)

GC/MS
EI 70 eV
GCQ
QI: 948

Peaks: 41, 53, 67, 79, 96, 109, 126, 141, 166, 209

Bupivacaine
1-Butyl-N-(2,6-dimethylphenyl)piperidine-2-carboxamide
Bupivacain, Bupivacaina
expanded
Local Anaesthetic

MW: 288.43320
MM: 288.22016
$C_{18}H_{28}N_2O$
CAS: 2180-92-9
RI: 2273 (SE 30)

GC/MS
EI 70 eV
TSQ 70
QI: 996 VI: 5

Peaks: 141, 148, 160, 176, 189, 207, 215, 245, 259, 288

m/z: 141

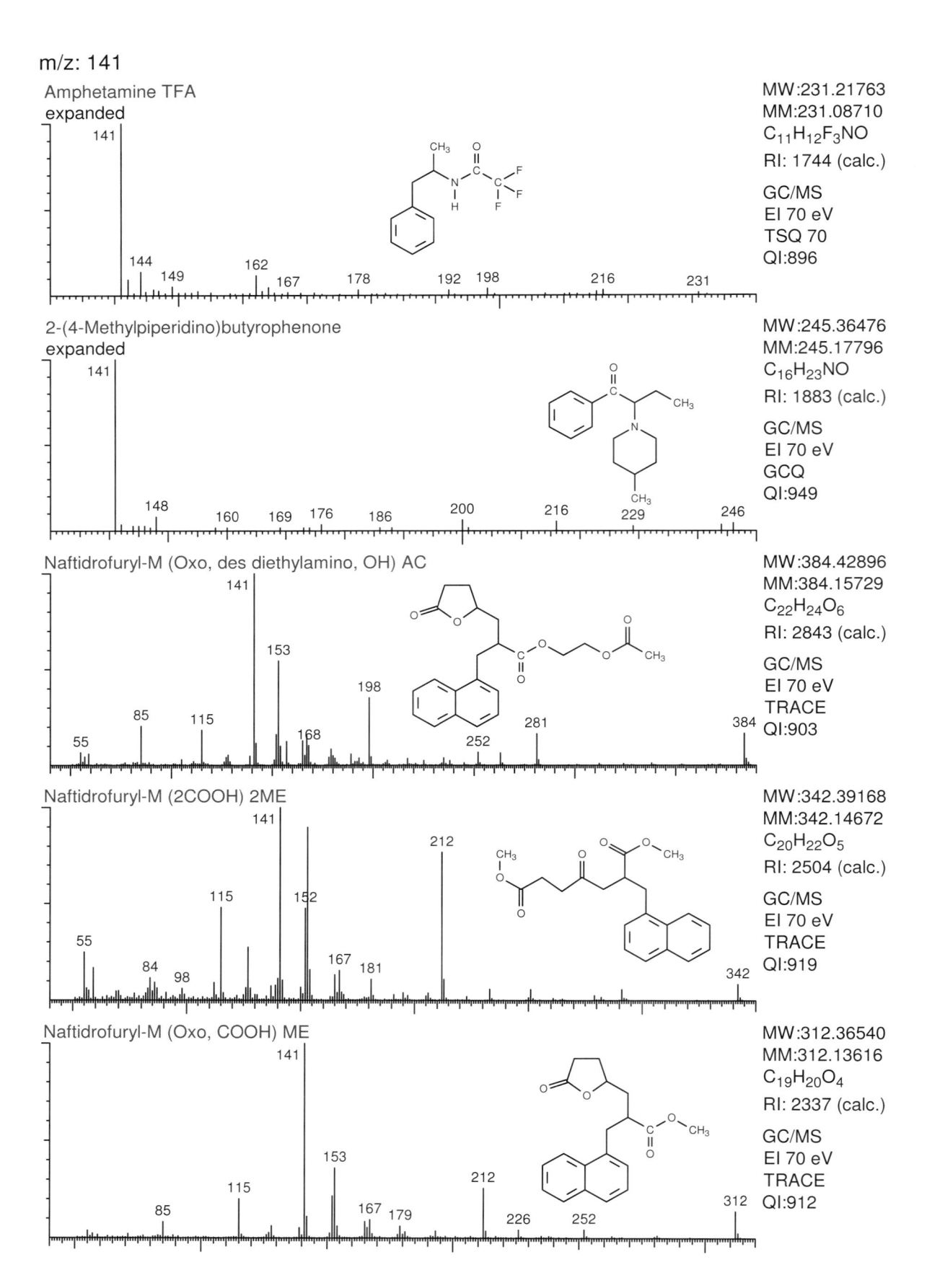

Amphetamine TFA expanded

MW: 231.21763
MM: 231.08710
$C_{11}H_{12}F_3NO$
RI: 1744 (calc.)

GC/MS
EI 70 eV
TSQ 70
QI: 896

2-(4-Methylpiperidino)butyrophenone expanded

MW: 245.36476
MM: 245.17796
$C_{16}H_{23}NO$
RI: 1883 (calc.)

GC/MS
EI 70 eV
GCQ
QI: 949

Naftidrofuryl-M (Oxo, des diethylamino, OH) AC

MW: 384.42896
MM: 384.15729
$C_{22}H_{24}O_6$
RI: 2843 (calc.)

GC/MS
EI 70 eV
TRACE
QI: 903

Naftidrofuryl-M (2COOH) 2ME

MW: 342.39168
MM: 342.14672
$C_{20}H_{22}O_5$
RI: 2504 (calc.)

GC/MS
EI 70 eV
TRACE
QI: 919

Naftidrofuryl-M (Oxo, COOH) ME

MW: 312.36540
MM: 312.13616
$C_{19}H_{20}O_4$
RI: 2337 (calc.)

GC/MS
EI 70 eV
TRACE
QI: 912

m/z: 141

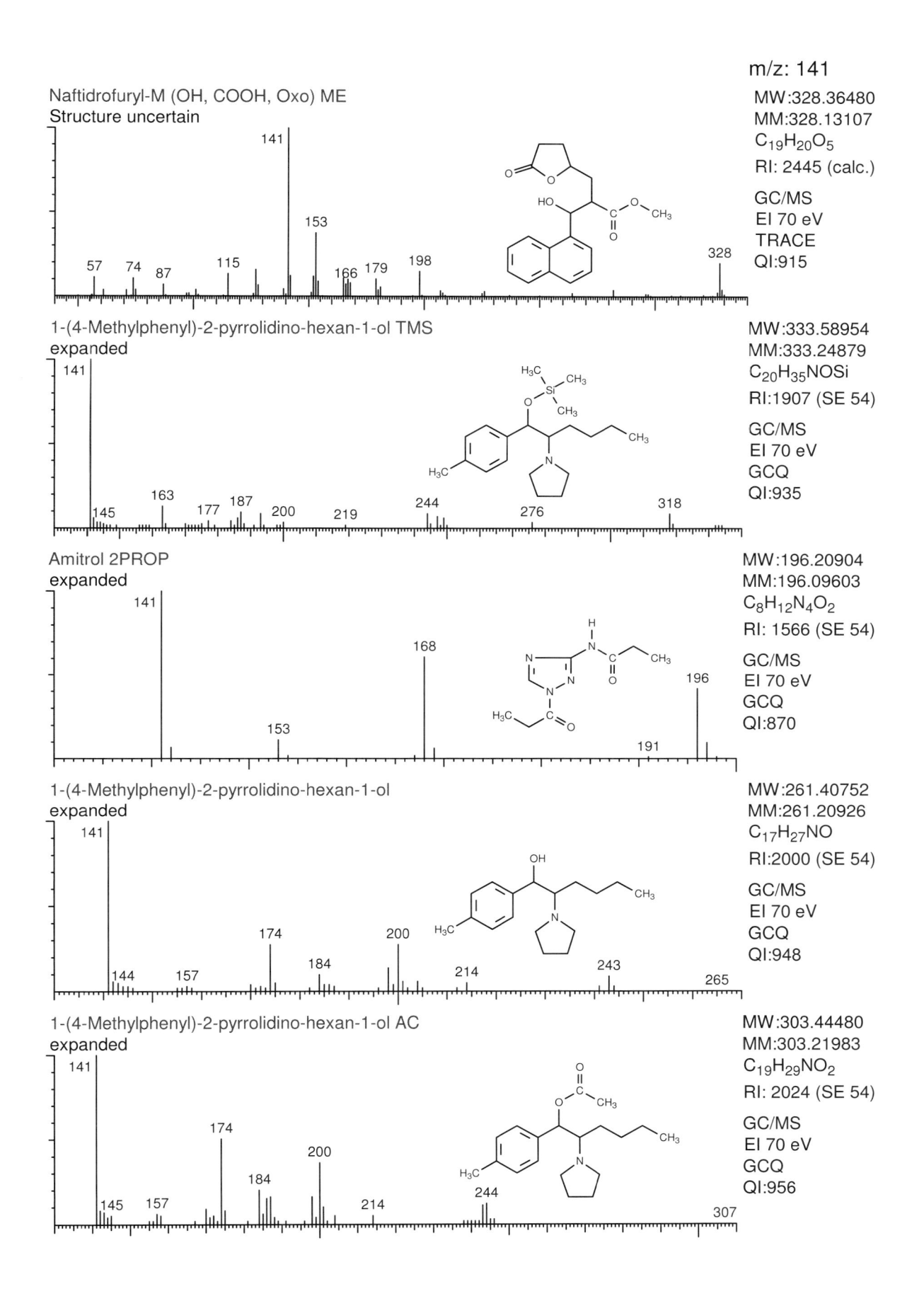

Naftidrofuryl-M (OH, COOH, Oxo) ME
Structure uncertain

MW: 328.36480
MM: 328.13107
$C_{19}H_{20}O_5$
RI: 2445 (calc.)

GC/MS
EI 70 eV
TRACE
QI:915

Peaks: 57, 74, 87, 115, 141, 153, 166, 179, 198, 328

1-(4-Methylphenyl)-2-pyrrolidino-hexan-1-ol TMS
expanded

MW: 333.58954
MM: 333.24879
$C_{20}H_{35}NOSi$
RI: 1907 (SE 54)

GC/MS
EI 70 eV
GCQ
QI:935

Peaks: 141, 145, 163, 177, 187, 200, 219, 244, 276, 318

Amitrol 2PROP
expanded

MW: 196.20904
MM: 196.09603
$C_8H_{12}N_4O_2$
RI: 1566 (SE 54)

GC/MS
EI 70 eV
GCQ
QI:870

Peaks: 141, 153, 168, 191, 196

1-(4-Methylphenyl)-2-pyrrolidino-hexan-1-ol
expanded

MW: 261.40752
MM: 261.20926
$C_{17}H_{27}NO$
RI: 2000 (SE 54)

GC/MS
EI 70 eV
GCQ
QI:948

Peaks: 141, 144, 157, 174, 184, 200, 214, 243, 265

1-(4-Methylphenyl)-2-pyrrolidino-hexan-1-ol AC
expanded

MW: 303.44480
MM: 303.21983
$C_{19}H_{29}NO_2$
RI: 2024 (SE 54)

GC/MS
EI 70 eV
GCQ
QI:956

Peaks: 141, 145, 157, 174, 184, 200, 214, 244, 307

m/z: 141

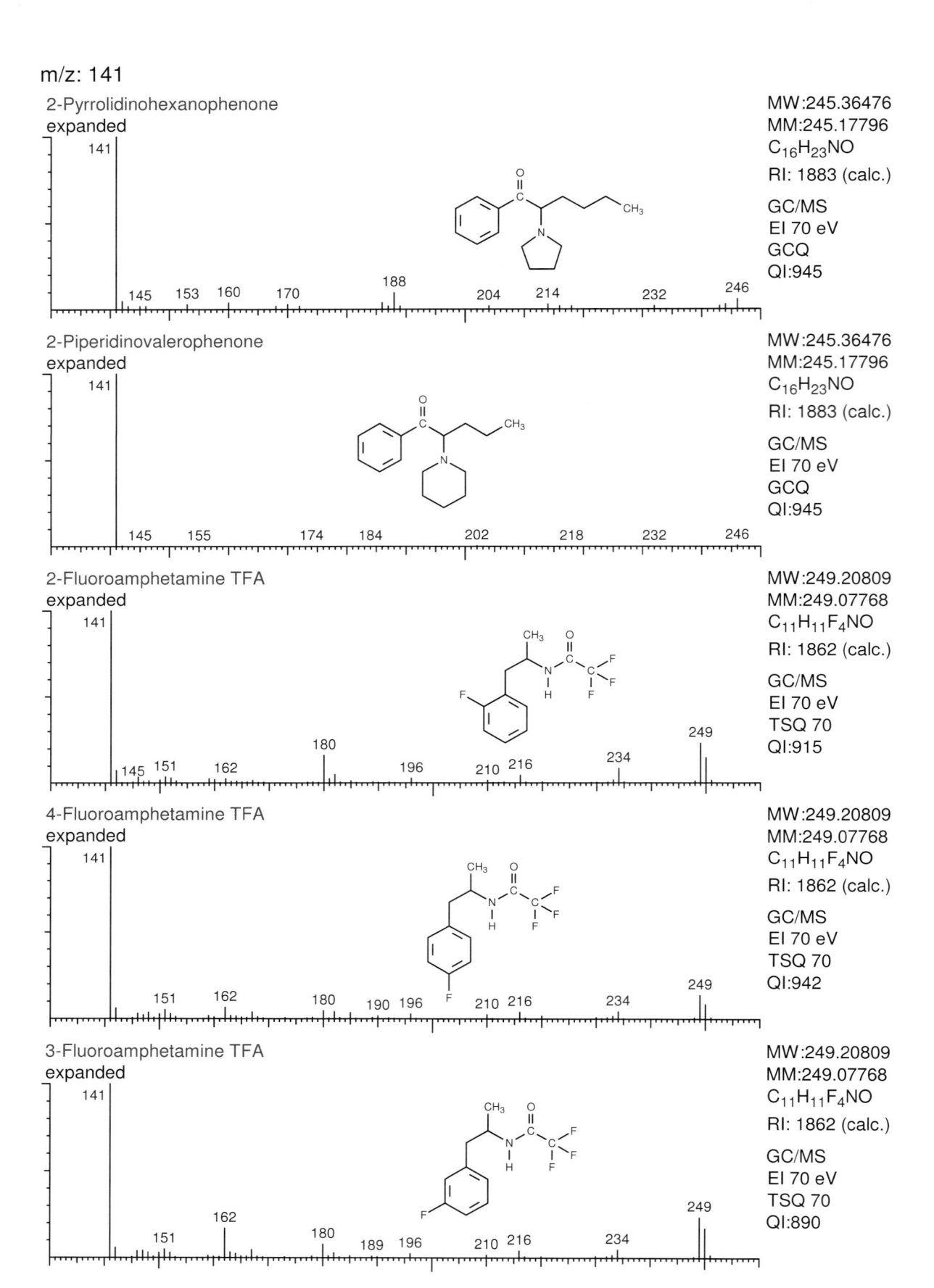

2-Pyrrolidinohexanophenone expanded

MW: 245.36476
MM: 245.17796
$C_{16}H_{23}NO$
RI: 1883 (calc.)

GC/MS
EI 70 eV
GCQ
QI: 945

2-Piperidinovalerophenone expanded

MW: 245.36476
MM: 245.17796
$C_{16}H_{23}NO$
RI: 1883 (calc.)

GC/MS
EI 70 eV
GCQ
QI: 945

2-Fluoroamphetamine TFA expanded

MW: 249.20809
MM: 249.07768
$C_{11}H_{11}F_4NO$
RI: 1862 (calc.)

GC/MS
EI 70 eV
TSQ 70
QI: 915

4-Fluoroamphetamine TFA expanded

MW: 249.20809
MM: 249.07768
$C_{11}H_{11}F_4NO$
RI: 1862 (calc.)

GC/MS
EI 70 eV
TSQ 70
QI: 942

3-Fluoroamphetamine TFA expanded

MW: 249.20809
MM: 249.07768
$C_{11}H_{11}F_4NO$
RI: 1862 (calc.)

GC/MS
EI 70 eV
TSQ 70
QI: 890

m/z: 141

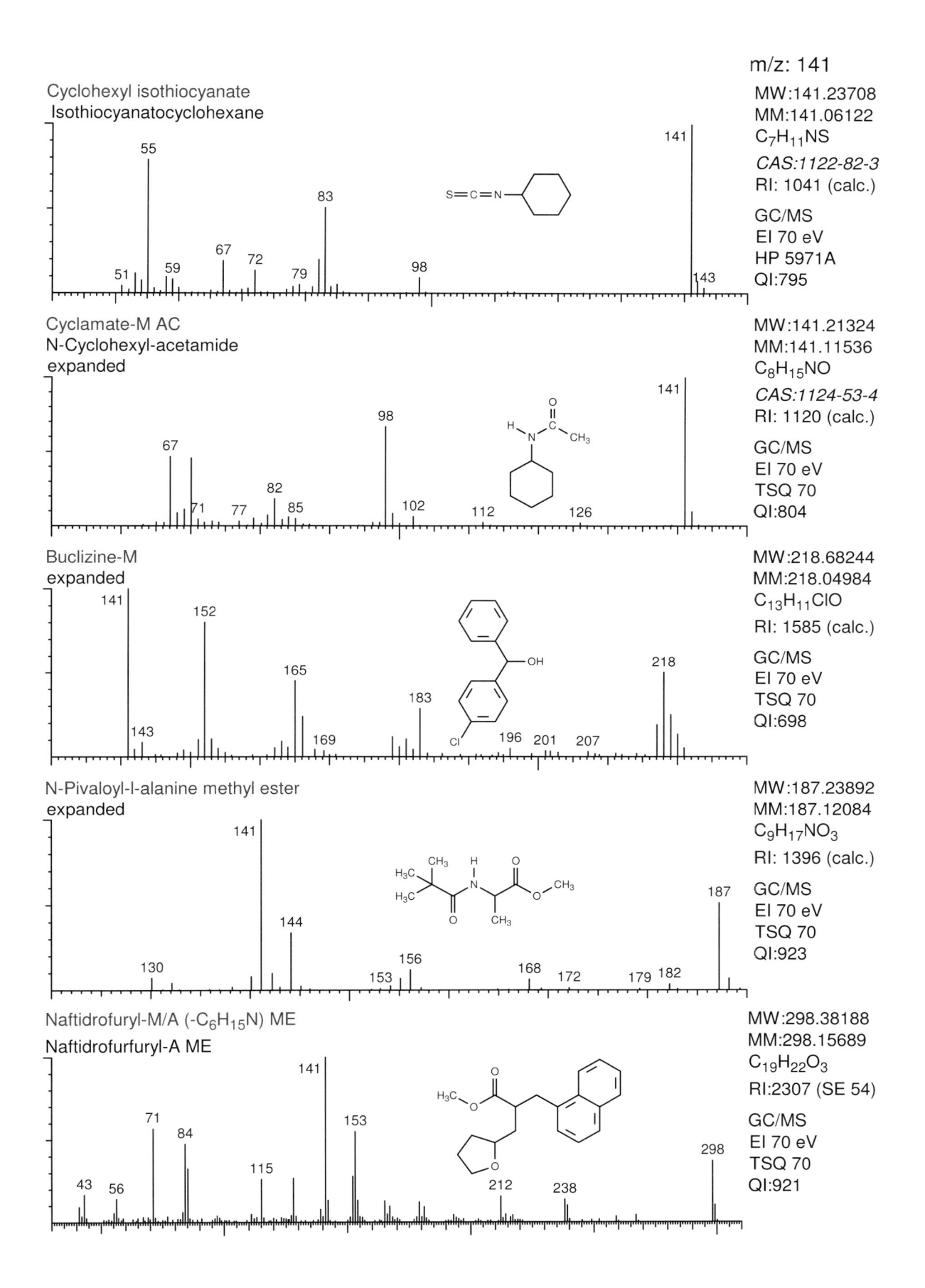

Cyclohexyl isothiocyanate
Isothiocyanatocyclohexane

MW: 141.23708
MM: 141.06122
$C_7H_{11}NS$
CAS: 1122-82-3
RI: 1041 (calc.)

GC/MS
EI 70 eV
HP 5971A
QI: 795

Peaks: 51, 55, 59, 67, 72, 79, 83, 98, 141, 143

Cyclamate-M AC
N-Cyclohexyl-acetamide
expanded

MW: 141.21324
MM: 141.11536
$C_8H_{15}NO$
CAS: 1124-53-4
RI: 1120 (calc.)

GC/MS
EI 70 eV
TSQ 70
QI: 804

Peaks: 67, 71, 77, 82, 85, 98, 102, 112, 126, 141

Buclizine-M
expanded

MW: 218.68244
MM: 218.04984
$C_{13}H_{11}ClO$
RI: 1585 (calc.)

GC/MS
EI 70 eV
TSQ 70
QI: 698

Peaks: 141, 143, 152, 165, 169, 183, 196, 201, 207, 218

N-Pivaloyl-l-alanine methyl ester
expanded

MW: 187.23892
MM: 187.12084
$C_9H_{17}NO_3$
RI: 1396 (calc.)

GC/MS
EI 70 eV
TSQ 70
QI: 923

Peaks: 130, 141, 144, 153, 156, 168, 172, 179, 182, 187

Naftidrofuryl-M/A (-$C_6H_{15}N$) ME
Naftidrofurfuryl-A ME

MW: 298.38188
MM: 298.15689
$C_{19}H_{22}O_3$
RI: 2307 (SE 54)

GC/MS
EI 70 eV
TSQ 70
QI: 921

Peaks: 43, 56, 71, 84, 115, 141, 153, 212, 238, 298

m/z: 141-142

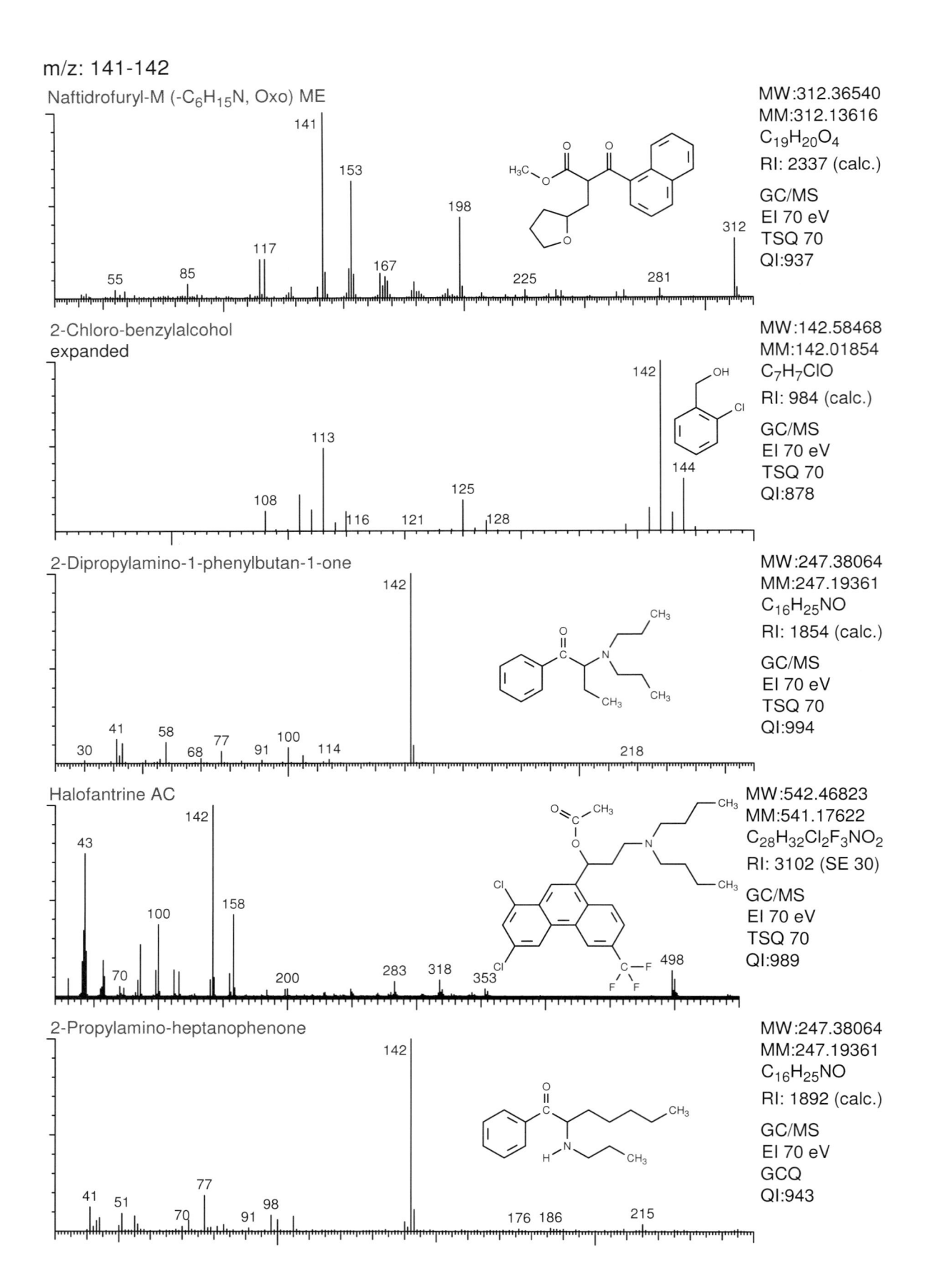

Naftidrofuryl-M (-C$_6$H$_{15}$N, Oxo) ME

MW:312.36540
MM:312.13616
C$_{19}$H$_{20}$O$_4$
RI: 2337 (calc.)

GC/MS
EI 70 eV
TSQ 70
QI:937

2-Chloro-benzylalcohol
expanded

MW:142.58468
MM:142.01854
C$_7$H$_7$ClO
RI: 984 (calc.)

GC/MS
EI 70 eV
TSQ 70
QI:878

2-Dipropylamino-1-phenylbutan-1-one

MW:247.38064
MM:247.19361
C$_{16}$H$_{25}$NO
RI: 1854 (calc.)

GC/MS
EI 70 eV
TSQ 70
QI:994

Halofantrine AC

MW:542.46823
MM:541.17622
C$_{28}$H$_{32}$Cl$_2$F$_3$NO$_2$
RI: 3102 (SE 30)

GC/MS
EI 70 eV
TSQ 70
QI:989

2-Propylamino-heptanophenone

MW:247.38064
MM:247.19361
C$_{16}$H$_{25}$NO
RI: 1892 (calc.)

GC/MS
EI 70 eV
GCQ
QI:943

m/z: 142

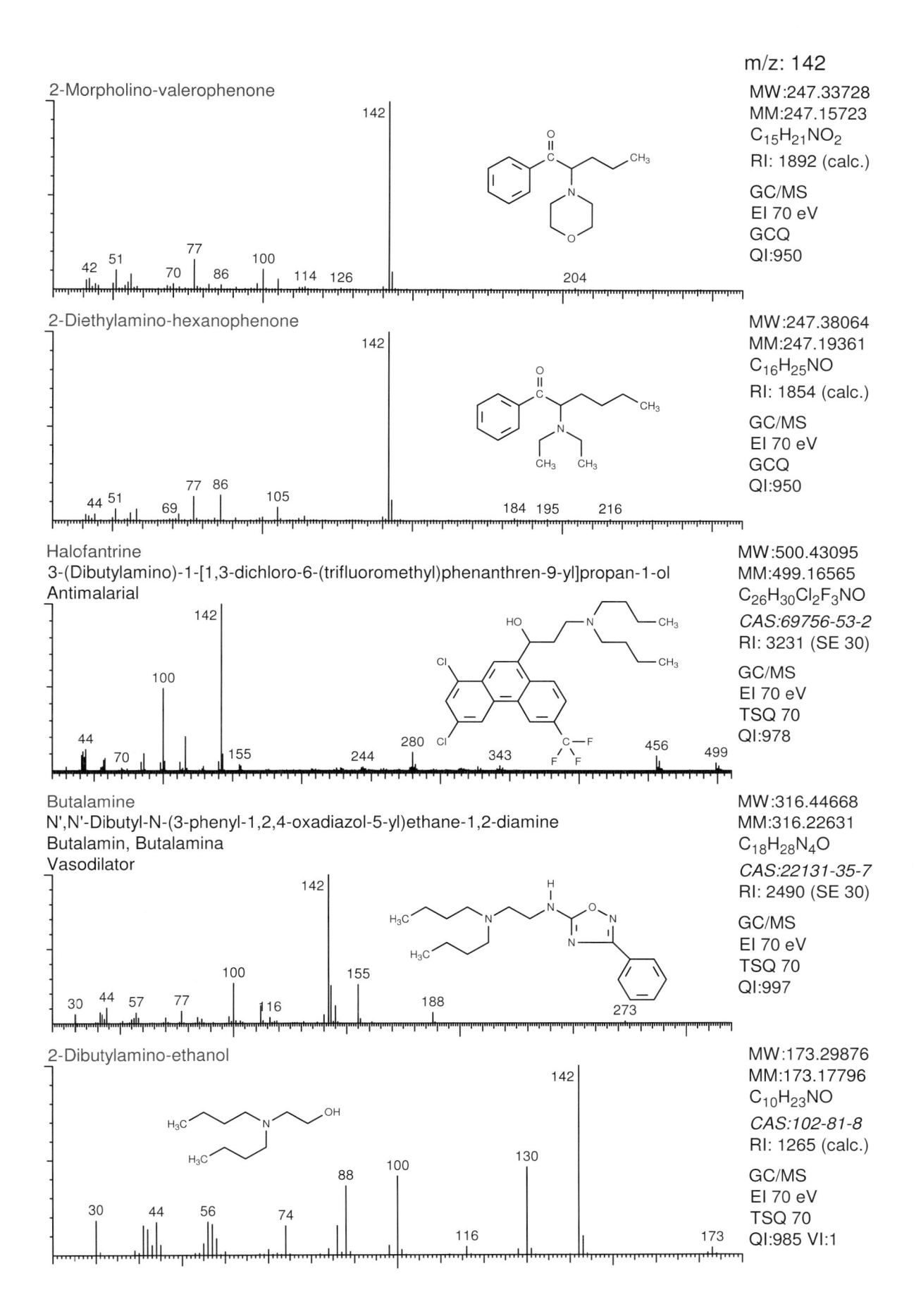

2-Morpholino-valerophenone

MW: 247.33728
MM: 247.15723
$C_{15}H_{21}NO_2$
RI: 1892 (calc.)

GC/MS
EI 70 eV
GCQ
QI: 950

Peaks: 42, 51, 70, 77, 86, 100, 114, 126, 142, 204

2-Diethylamino-hexanophenone

MW: 247.38064
MM: 247.19361
$C_{16}H_{25}NO$
RI: 1854 (calc.)

GC/MS
EI 70 eV
GCQ
QI: 950

Peaks: 44, 51, 69, 77, 86, 105, 142, 184, 195, 216

Halofantrine
3-(Dibutylamino)-1-[1,3-dichloro-6-(trifluoromethyl)phenanthren-9-yl]propan-1-ol
Antimalarial

MW: 500.43095
MM: 499.16565
$C_{26}H_{30}Cl_2F_3NO$
CAS: 69756-53-2
RI: 3231 (SE 30)

GC/MS
EI 70 eV
TSQ 70
QI: 978

Peaks: 44, 70, 100, 142, 155, 244, 280, 343, 456, 499

Butalamine
N',N'-Dibutyl-N-(3-phenyl-1,2,4-oxadiazol-5-yl)ethane-1,2-diamine
Butalamin, Butalamina
Vasodilator

MW: 316.44668
MM: 316.22631
$C_{18}H_{28}N_4O$
CAS: 22131-35-7
RI: 2490 (SE 30)

GC/MS
EI 70 eV
TSQ 70
QI: 997

Peaks: 30, 44, 57, 77, 100, 116, 142, 155, 188, 273

2-Dibutylamino-ethanol

MW: 173.29876
MM: 173.17796
$C_{10}H_{23}NO$
CAS: 102-81-8
RI: 1265 (calc.)

GC/MS
EI 70 eV
TSQ 70
QI: 985 VI:1

Peaks: 30, 44, 56, 74, 88, 100, 116, 130, 142, 173

m/z: 142

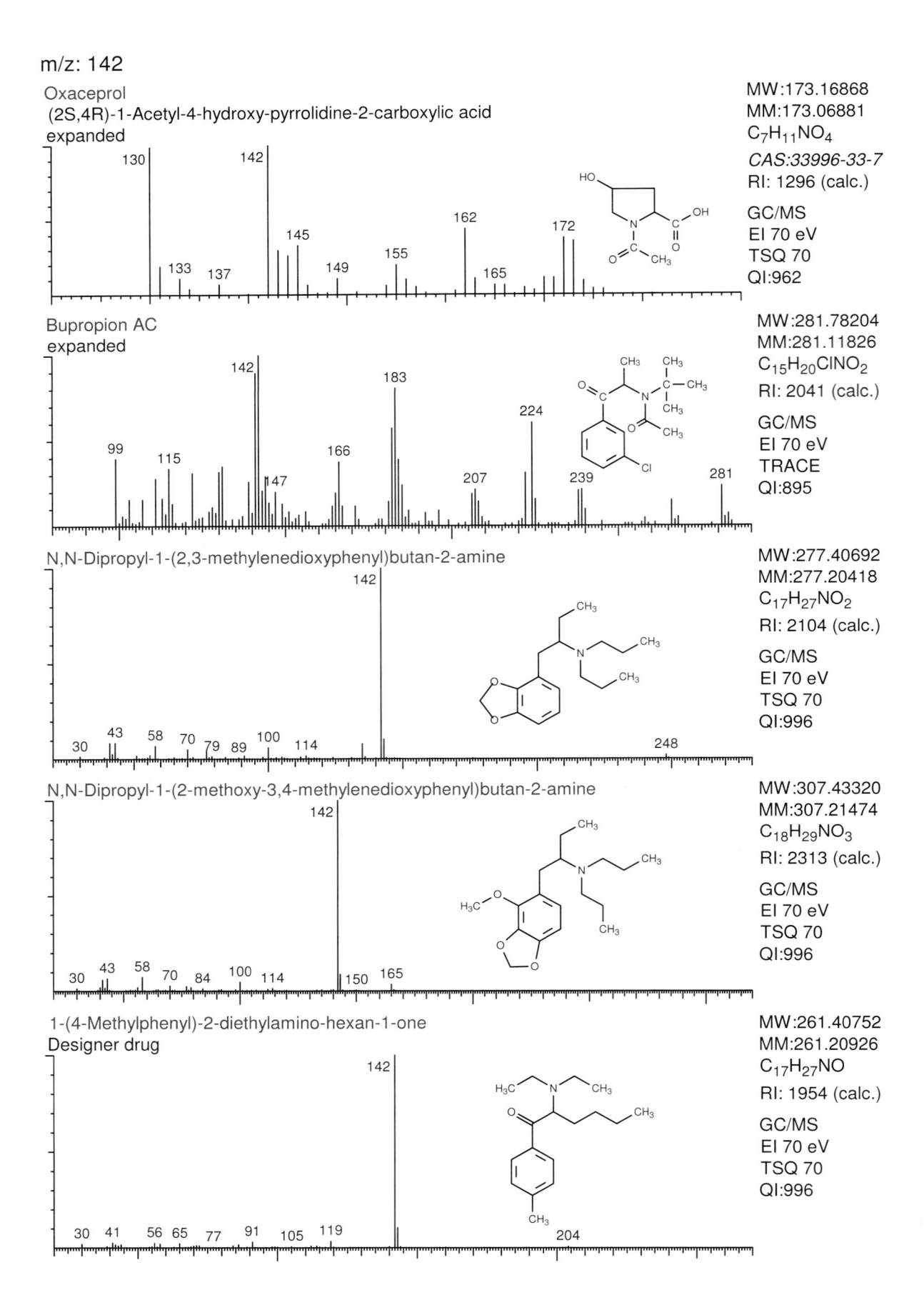

Oxaceprol
(2S,4R)-1-Acetyl-4-hydroxy-pyrrolidine-2-carboxylic acid
expanded

MW:173.16868
MM:173.06881
C$_7$H$_{11}$NO$_4$
CAS:33996-33-7
RI: 1296 (calc.)

GC/MS
EI 70 eV
TSQ 70
QI:962

Bupropion AC
expanded

MW:281.78204
MM:281.11826
C$_{15}$H$_{20}$ClNO$_2$
RI: 2041 (calc.)

GC/MS
EI 70 eV
TRACE
QI:895

N,N-Dipropyl-1-(2,3-methylenedioxyphenyl)butan-2-amine

MW:277.40692
MM:277.20418
C$_{17}$H$_{27}$NO$_2$
RI: 2104 (calc.)

GC/MS
EI 70 eV
TSQ 70
QI:996

N,N-Dipropyl-1-(2-methoxy-3,4-methylenedioxyphenyl)butan-2-amine

MW:307.43320
MM:307.21474
C$_{18}$H$_{29}$NO$_3$
RI: 2313 (calc.)

GC/MS
EI 70 eV
TSQ 70
QI:996

1-(4-Methylphenyl)-2-diethylamino-hexan-1-one
Designer drug

MW:261.40752
MM:261.20926
C$_{17}$H$_{27}$NO
RI: 1954 (calc.)

GC/MS
EI 70 eV
TSQ 70
QI:996

m/z: 142

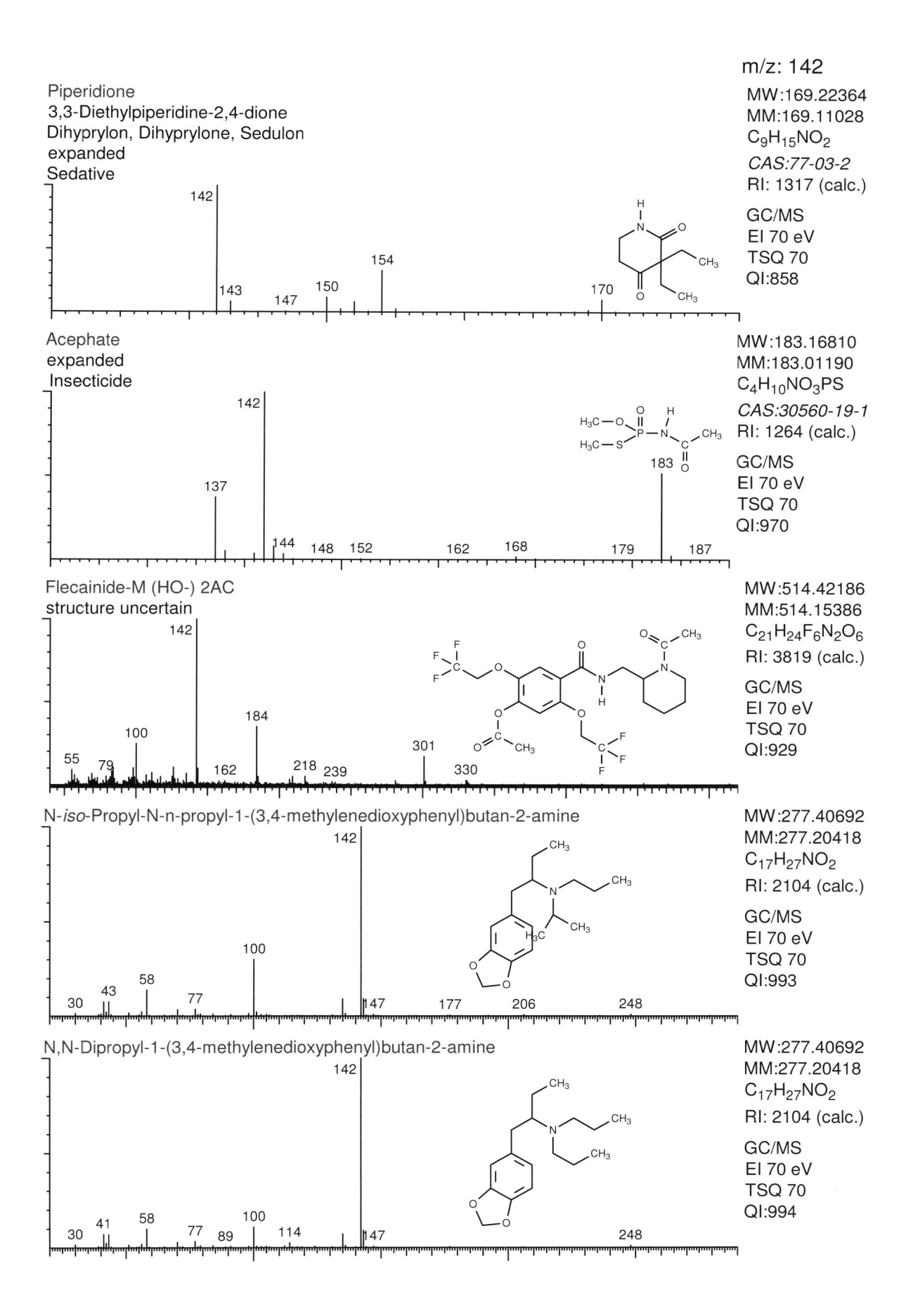

Piperidione
3,3-Diethylpiperidine-2,4-dione
Dihyprylon, Dihyprylone, Sedulon
expanded
Sedative

MW: 169.22364
MM: 169.11028
$C_9H_{15}NO_2$
CAS: 77-03-2
RI: 1317 (calc.)

GC/MS
EI 70 eV
TSQ 70
QI: 858

Acephate
expanded
Insecticide

MW: 183.16810
MM: 183.01190
$C_4H_{10}NO_3PS$
CAS: 30560-19-1
RI: 1264 (calc.)

GC/MS
EI 70 eV
TSQ 70
QI: 970

Flecainide-M (HO-) 2AC
structure uncertain

MW: 514.42186
MM: 514.15386
$C_{21}H_{24}F_6N_2O_6$
RI: 3819 (calc.)

GC/MS
EI 70 eV
TSQ 70
QI: 929

N-iso-Propyl-N-n-propyl-1-(3,4-methylenedioxyphenyl)butan-2-amine

MW: 277.40692
MM: 277.20418
$C_{17}H_{27}NO_2$
RI: 2104 (calc.)

GC/MS
EI 70 eV
TSQ 70
QI: 993

N,N-Dipropyl-1-(3,4-methylenedioxyphenyl)butan-2-amine

MW: 277.40692
MM: 277.20418
$C_{17}H_{27}NO_2$
RI: 2104 (calc.)

GC/MS
EI 70 eV
TSQ 70
QI: 994

m/z: 142

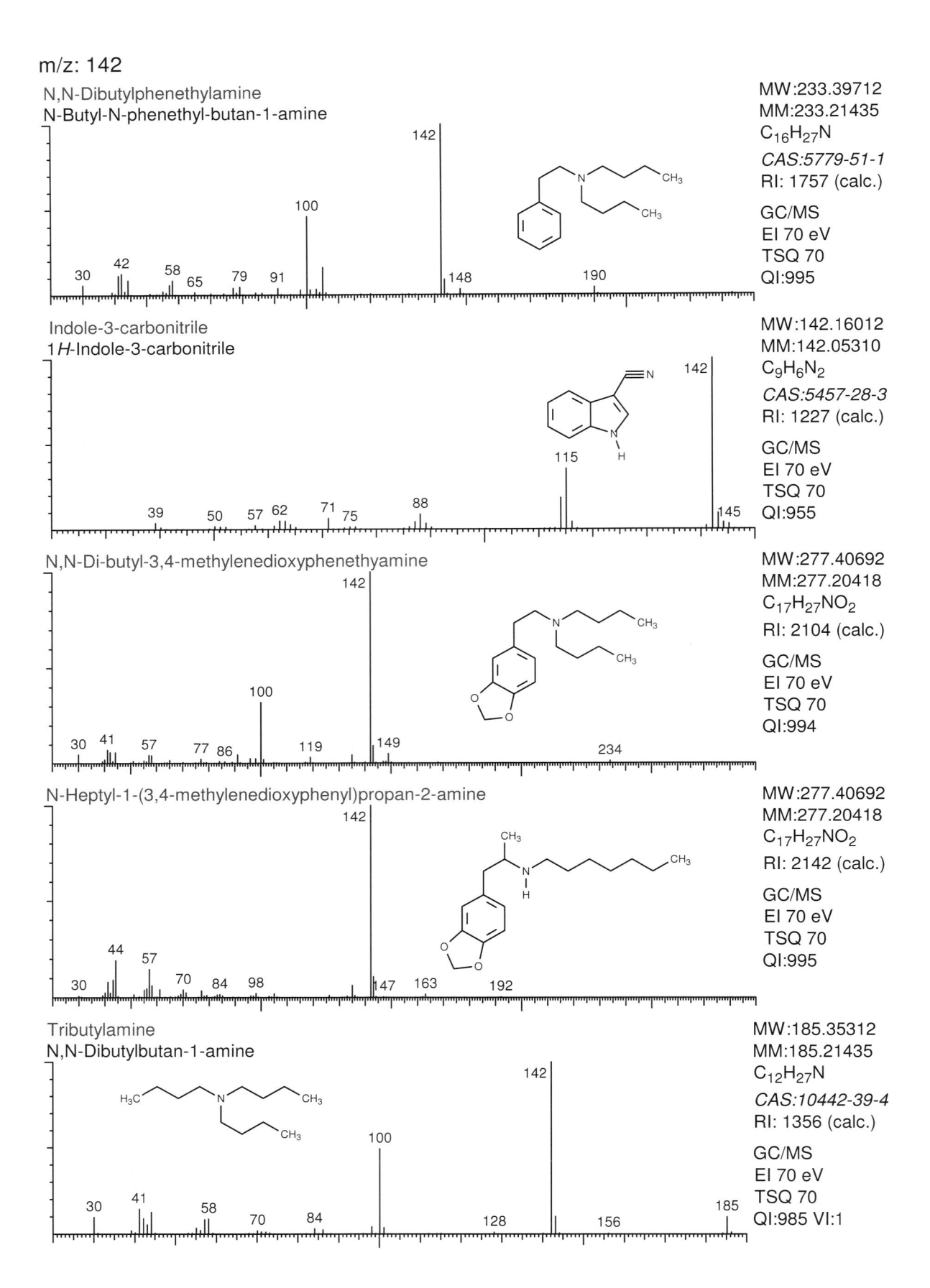

N,N-Dibutylphenethylamine
N-Butyl-N-phenethyl-butan-1-amine

MW: 233.39712
MM: 233.21435
$C_{16}H_{27}N$
CAS: 5779-51-1
RI: 1757 (calc.)

GC/MS
EI 70 eV
TSQ 70
QI: 995

Indole-3-carbonitrile
1H-Indole-3-carbonitrile

MW: 142.16012
MM: 142.05310
$C_9H_6N_2$
CAS: 5457-28-3
RI: 1227 (calc.)

GC/MS
EI 70 eV
TSQ 70
QI: 955

N,N-Di-butyl-3,4-methylenedioxyphenethyamine

MW: 277.40692
MM: 277.20418
$C_{17}H_{27}NO_2$
RI: 2104 (calc.)

GC/MS
EI 70 eV
TSQ 70
QI: 994

N-Heptyl-1-(3,4-methylenedioxyphenyl)propan-2-amine

MW: 277.40692
MM: 277.20418
$C_{17}H_{27}NO_2$
RI: 2142 (calc.)

GC/MS
EI 70 eV
TSQ 70
QI: 995

Tributylamine
N,N-Dibutylbutan-1-amine

MW: 185.35312
MM: 185.21435
$C_{12}H_{27}N$
CAS: 10442-39-4
RI: 1356 (calc.)

GC/MS
EI 70 eV
TSQ 70
QI: 985 VI:1

m/z: 142

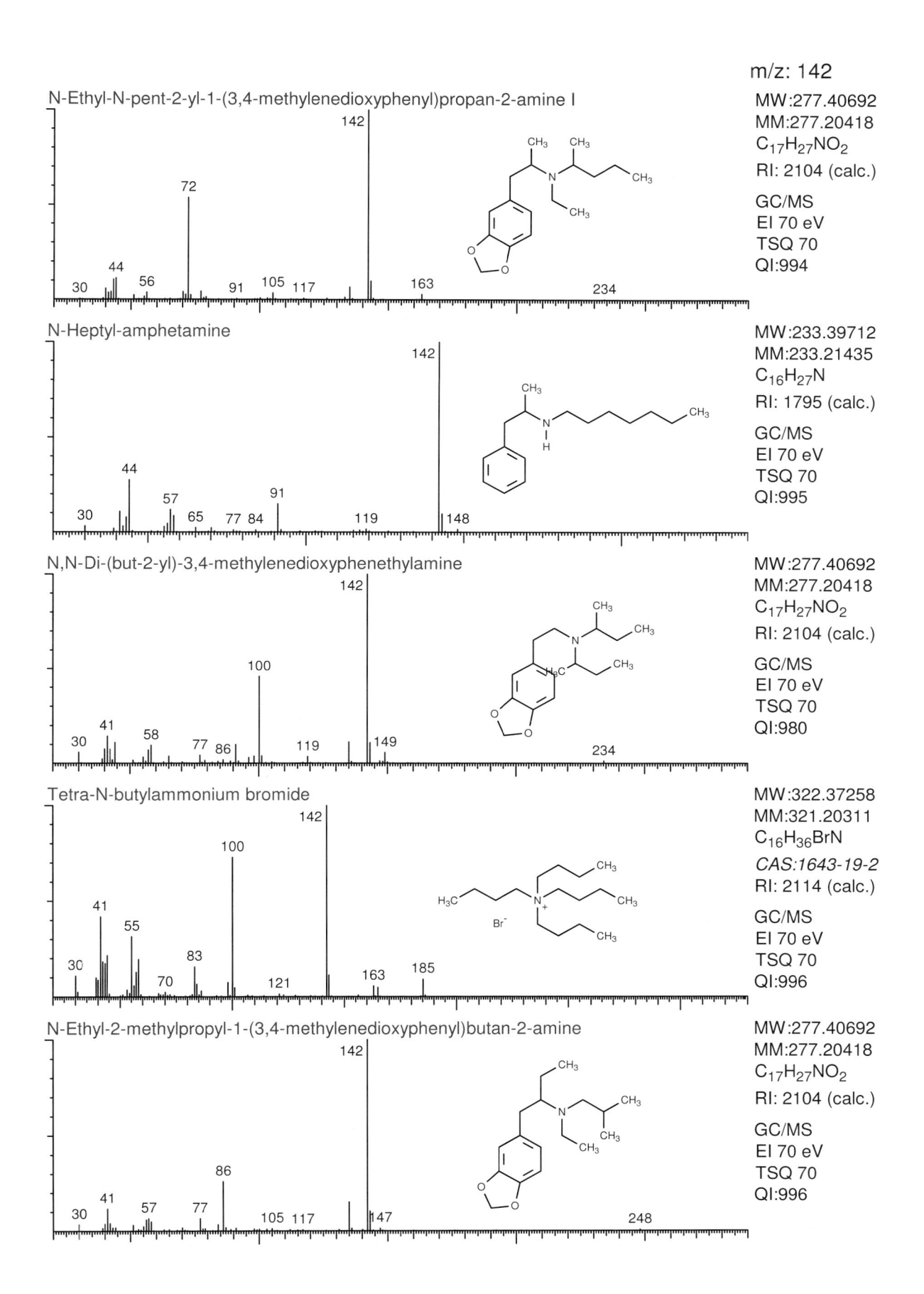

N-Ethyl-N-pent-2-yl-1-(3,4-methylenedioxyphenyl)propan-2-amine I

MW: 277.40692
MM: 277.20418
$C_{17}H_{27}NO_2$
RI: 2104 (calc.)

GC/MS
EI 70 eV
TSQ 70
QI: 994

Peaks: 30, 44, 56, 72, 91, 105, 117, 142, 163, 234

N-Heptyl-amphetamine

MW: 233.39712
MM: 233.21435
$C_{16}H_{27}N$
RI: 1795 (calc.)

GC/MS
EI 70 eV
TSQ 70
QI: 995

Peaks: 30, 44, 57, 65, 77, 84, 91, 119, 142, 148

N,N-Di-(but-2-yl)-3,4-methylenedioxyphenethylamine

MW: 277.40692
MM: 277.20418
$C_{17}H_{27}NO_2$
RI: 2104 (calc.)

GC/MS
EI 70 eV
TSQ 70
QI: 980

Peaks: 30, 41, 58, 77, 86, 100, 119, 142, 149, 234

Tetra-N-butylammonium bromide

MW: 322.37258
MM: 321.20311
$C_{16}H_{36}BrN$
CAS: 1643-19-2
RI: 2114 (calc.)

GC/MS
EI 70 eV
TSQ 70
QI: 996

Peaks: 30, 41, 55, 70, 83, 100, 121, 142, 163, 185

N-Ethyl-2-methylpropyl-1-(3,4-methylenedioxyphenyl)butan-2-amine

MW: 277.40692
MM: 277.20418
$C_{17}H_{27}NO_2$
RI: 2104 (calc.)

GC/MS
EI 70 eV
TSQ 70
QI: 996

Peaks: 30, 41, 57, 77, 86, 105, 117, 142, 147, 248

m/z: 142

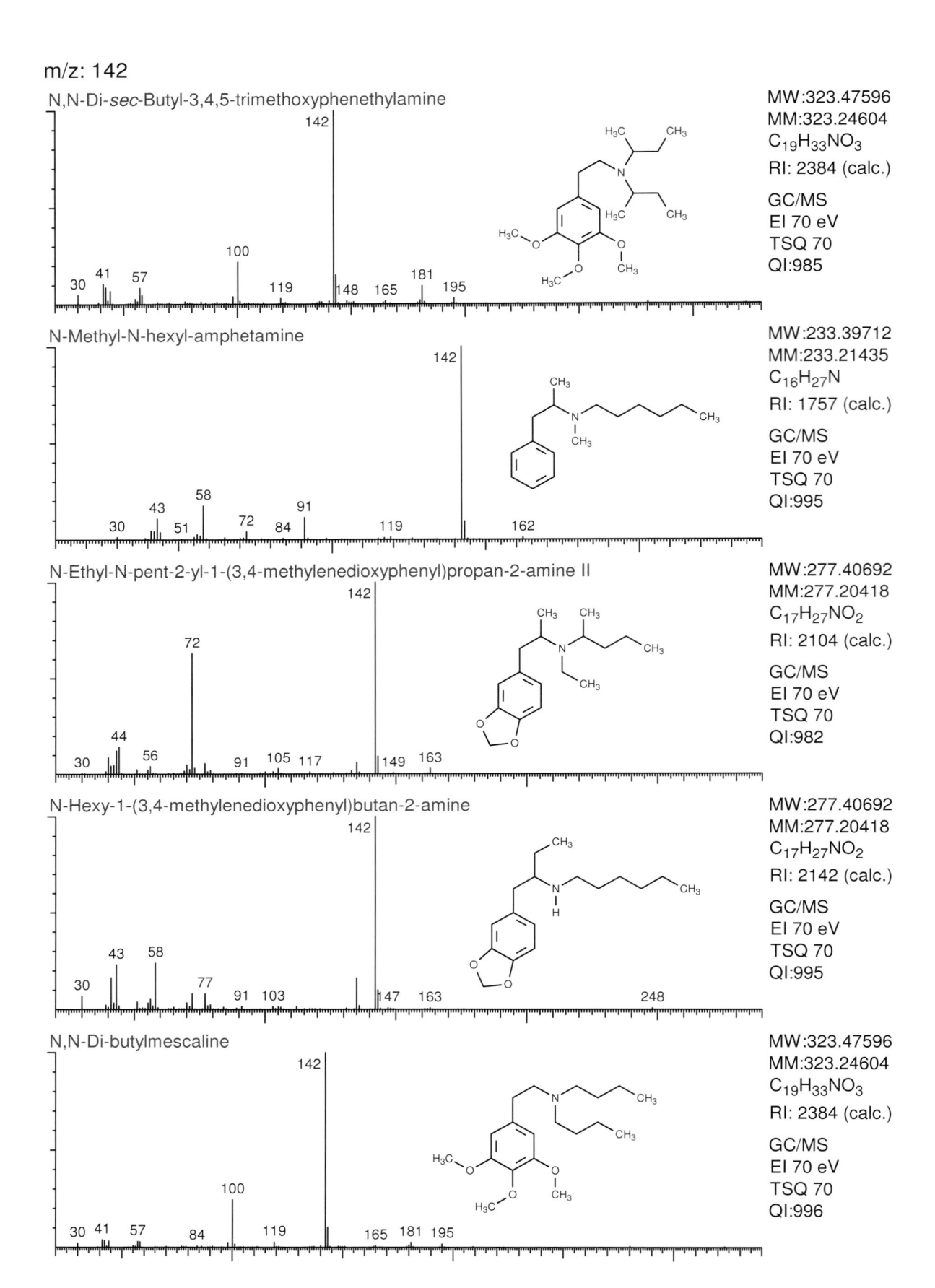

N,N-Di-*sec*-Butyl-3,4,5-trimethoxyphenethylamine

MW: 323.47596
MM: 323.24604
C₁₉H₃₃NO₃
RI: 2384 (calc.)

GC/MS
EI 70 eV
TSQ 70
QI: 985

Peaks: 30, 41, 57, 100, 119, 142, 148, 165, 181, 195

N-Methyl-N-hexyl-amphetamine

MW: 233.39712
MM: 233.21435
C₁₆H₂₇N
RI: 1757 (calc.)

GC/MS
EI 70 eV
TSQ 70
QI: 995

Peaks: 30, 43, 51, 58, 72, 84, 91, 119, 142, 162

N-Ethyl-N-pent-2-yl-1-(3,4-methylenedioxyphenyl)propan-2-amine II

MW: 277.40692
MM: 277.20418
C₁₇H₂₇NO₂
RI: 2104 (calc.)

GC/MS
EI 70 eV
TSQ 70
QI: 982

Peaks: 30, 44, 56, 72, 91, 105, 117, 142, 149, 163

N-Hexy-1-(3,4-methylenedioxyphenyl)butan-2-amine

MW: 277.40692
MM: 277.20418
C₁₇H₂₇NO₂
RI: 2142 (calc.)

GC/MS
EI 70 eV
TSQ 70
QI: 995

Peaks: 30, 43, 58, 77, 91, 103, 142, 147, 163, 248

N,N-Di-butylmescaline

MW: 323.47596
MM: 323.24604
C₁₉H₃₃NO₃
RI: 2384 (calc.)

GC/MS
EI 70 eV
TSQ 70
QI: 996

Peaks: 30, 41, 57, 84, 100, 119, 142, 165, 181, 195

m/z: 142-143

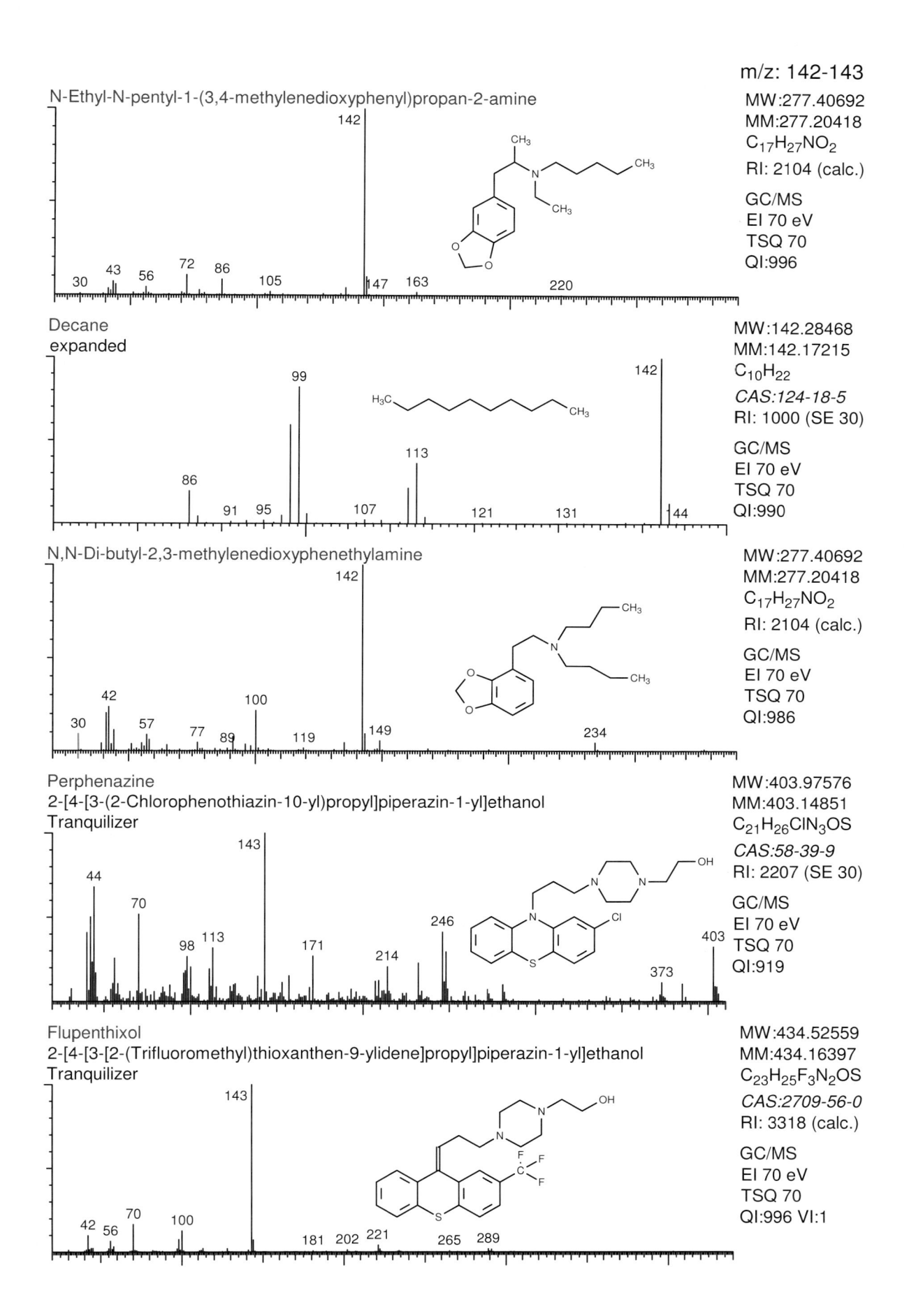

N-Ethyl-N-pentyl-1-(3,4-methylenedioxyphenyl)propan-2-amine

MW: 277.40692
MM: 277.20418
$C_{17}H_{27}NO_2$
RI: 2104 (calc.)

GC/MS
EI 70 eV
TSQ 70
QI: 996

Peaks: 30, 43, 56, 72, 86, 105, 142, 147, 163, 220

Decane
expanded

MW: 142.28468
MM: 142.17215
$C_{10}H_{22}$
CAS: 124-18-5
RI: 1000 (SE 30)

GC/MS
EI 70 eV
TSQ 70
QI: 990

Peaks: 86, 91, 95, 99, 107, 113, 121, 131, 142, 144

N,N-Di-butyl-2,3-methylenedioxyphenethylamine

MW: 277.40692
MM: 277.20418
$C_{17}H_{27}NO_2$
RI: 2104 (calc.)

GC/MS
EI 70 eV
TSQ 70
QI: 986

Peaks: 30, 42, 57, 77, 89, 100, 119, 142, 149, 234

Perphenazine
2-[4-[3-(2-Chlorophenothiazin-10-yl)propyl]piperazin-1-yl]ethanol
Tranquilizer

MW: 403.97576
MM: 403.14851
$C_{21}H_{26}ClN_3OS$
CAS: 58-39-9
RI: 2207 (SE 30)

GC/MS
EI 70 eV
TSQ 70
QI: 919

Peaks: 44, 70, 98, 113, 143, 171, 214, 246, 373, 403

Flupenthixol
2-[4-[3-[2-(Trifluoromethyl)thioxanthen-9-ylidene]propyl]piperazin-1-yl]ethanol
Tranquilizer

MW: 434.52559
MM: 434.16397
$C_{23}H_{25}F_3N_2OS$
CAS: 2709-56-0
RI: 3318 (calc.)

GC/MS
EI 70 eV
TSQ 70
QI: 996 VI:1

Peaks: 42, 56, 70, 100, 143, 181, 202, 221, 265, 289

m/z: 143

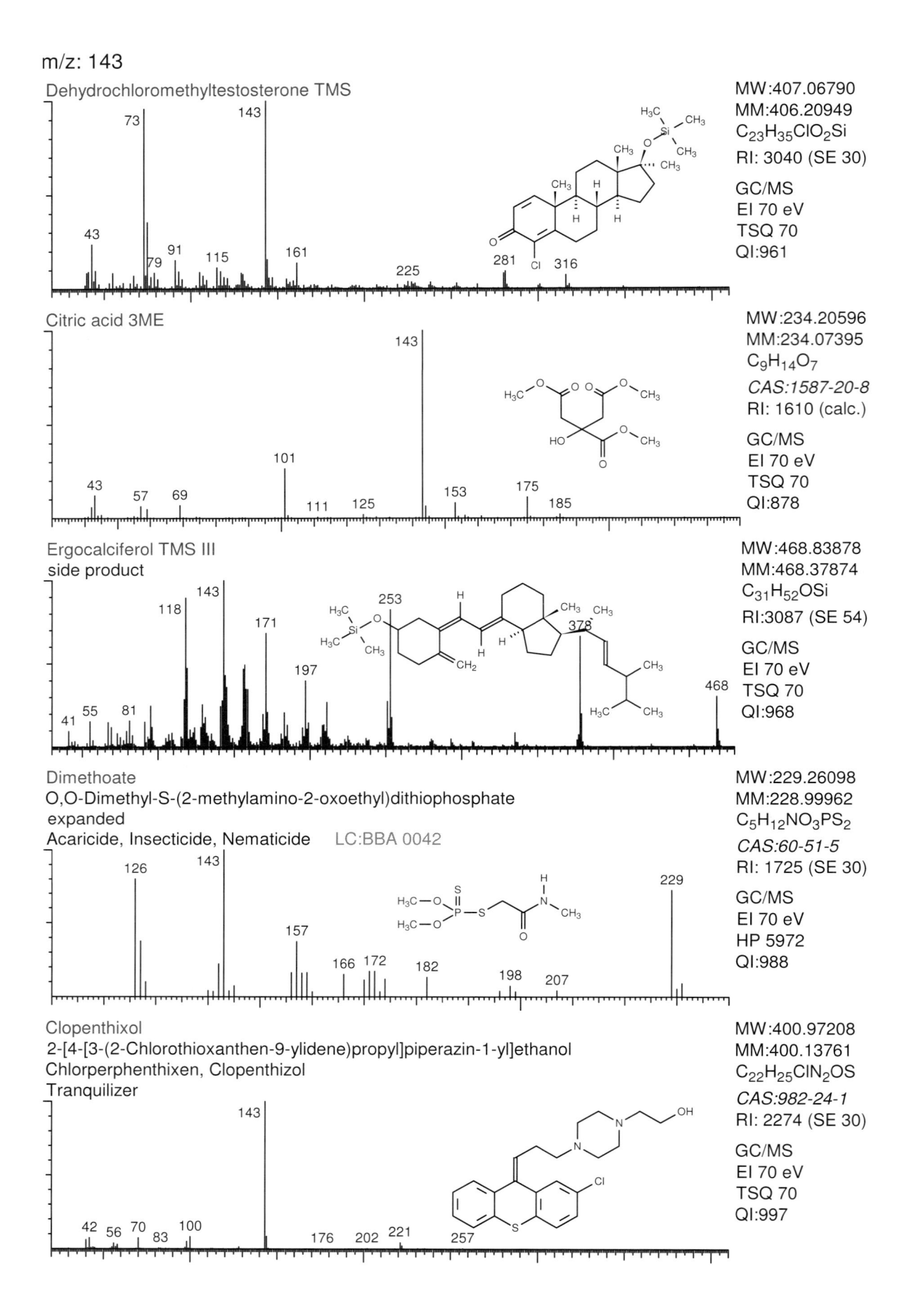

Dehydrochloromethyltestosterone TMS

MW: 407.06790
MM: 406.20949
$C_{23}H_{35}ClO_2Si$
RI: 3040 (SE 30)

GC/MS
EI 70 eV
TSQ 70
QI: 961

Peaks: 43, 73, 79, 91, 115, 143, 161, 225, 281, 316

Citric acid 3ME

MW: 234.20596
MM: 234.07395
$C_9H_{14}O_7$
CAS: 1587-20-8
RI: 1610 (calc.)

GC/MS
EI 70 eV
TSQ 70
QI: 878

Peaks: 43, 57, 69, 101, 111, 125, 143, 153, 175, 185

Ergocalciferol TMS III
side product

MW: 468.83878
MM: 468.37874
$C_{31}H_{52}OSi$
RI: 3087 (SE 54)

GC/MS
EI 70 eV
TSQ 70
QI: 968

Peaks: 41, 55, 81, 118, 143, 171, 197, 253, 378, 468

Dimethoate
O,O-Dimethyl-S-(2-methylamino-2-oxoethyl)dithiophosphate
expanded
Acaricide, Insecticide, Nematicide   LC: BBA 0042

MW: 229.26098
MM: 228.99962
$C_5H_{12}NO_3PS_2$
CAS: 60-51-5
RI: 1725 (SE 30)

GC/MS
EI 70 eV
HP 5972
QI: 988

Peaks: 126, 143, 157, 166, 172, 182, 198, 207, 229

Clopenthixol
2-[4-[3-(2-Chlorothioxanthen-9-ylidene)propyl]piperazin-1-yl]ethanol
Chlorperphenthixen, Clopenthizol
Tranquilizer

MW: 400.97208
MM: 400.13761
$C_{22}H_{25}ClN_2OS$
CAS: 982-24-1
RI: 2274 (SE 30)

GC/MS
EI 70 eV
TSQ 70
QI: 997

Peaks: 42, 56, 70, 83, 100, 143, 176, 202, 221, 257

m/z: 143

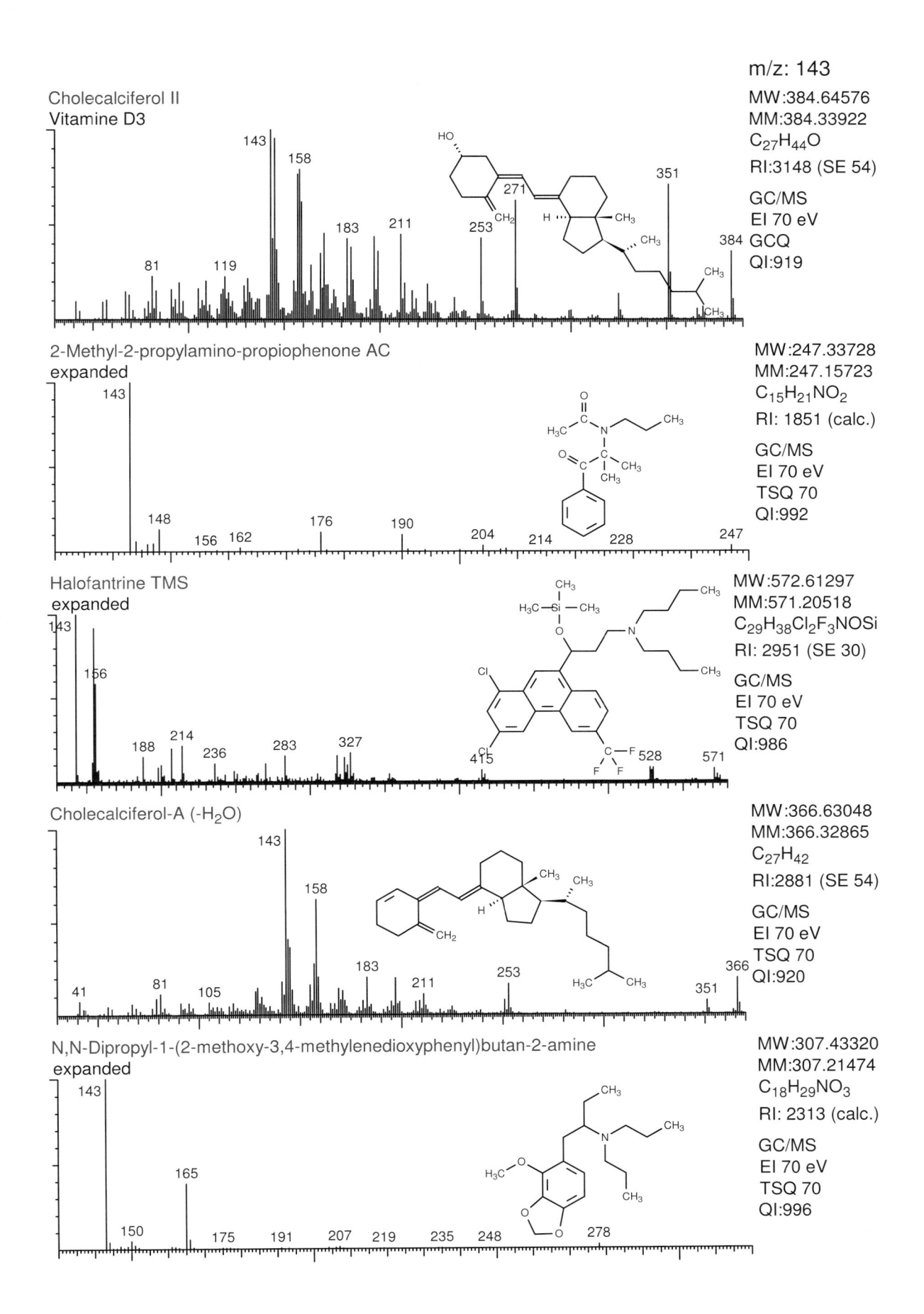

Cholecalciferol II
Vitamine D3

MW: 384.64576
MM: 384.33922
$C_{27}H_{44}O$
RI: 3148 (SE 54)

GC/MS
EI 70 eV
GCQ
QI: 919

Peaks: 81, 119, 143, 158, 183, 211, 253, 271, 351, 384

2-Methyl-2-propylamino-propiophenone AC
expanded

MW: 247.33728
MM: 247.15723
$C_{15}H_{21}NO_2$
RI: 1851 (calc.)

GC/MS
EI 70 eV
TSQ 70
QI: 992

Peaks: 143, 148, 156, 162, 176, 190, 204, 214, 228, 247

Halofantrine TMS
expanded

MW: 572.61297
MM: 571.20518
$C_{29}H_{38}Cl_2F_3NOSi$
RI: 2951 (SE 30)

GC/MS
EI 70 eV
TSQ 70
QI: 986

Peaks: 143, 156, 188, 214, 236, 283, 327, 415, 528, 571

Cholecalciferol-A (-H₂O)

MW: 366.63048
MM: 366.32865
$C_{27}H_{42}$
RI: 2881 (SE 54)

GC/MS
EI 70 eV
TSQ 70
QI: 920

Peaks: 41, 81, 105, 143, 158, 183, 211, 253, 351, 366

N,N-Dipropyl-1-(2-methoxy-3,4-methylenedioxyphenyl)butan-2-amine
expanded

MW: 307.43320
MM: 307.21474
$C_{18}H_{29}NO_3$
RI: 2313 (calc.)

GC/MS
EI 70 eV
TSQ 70
QI: 996

Peaks: 143, 150, 165, 175, 191, 207, 219, 235, 248, 278

m/z: 143

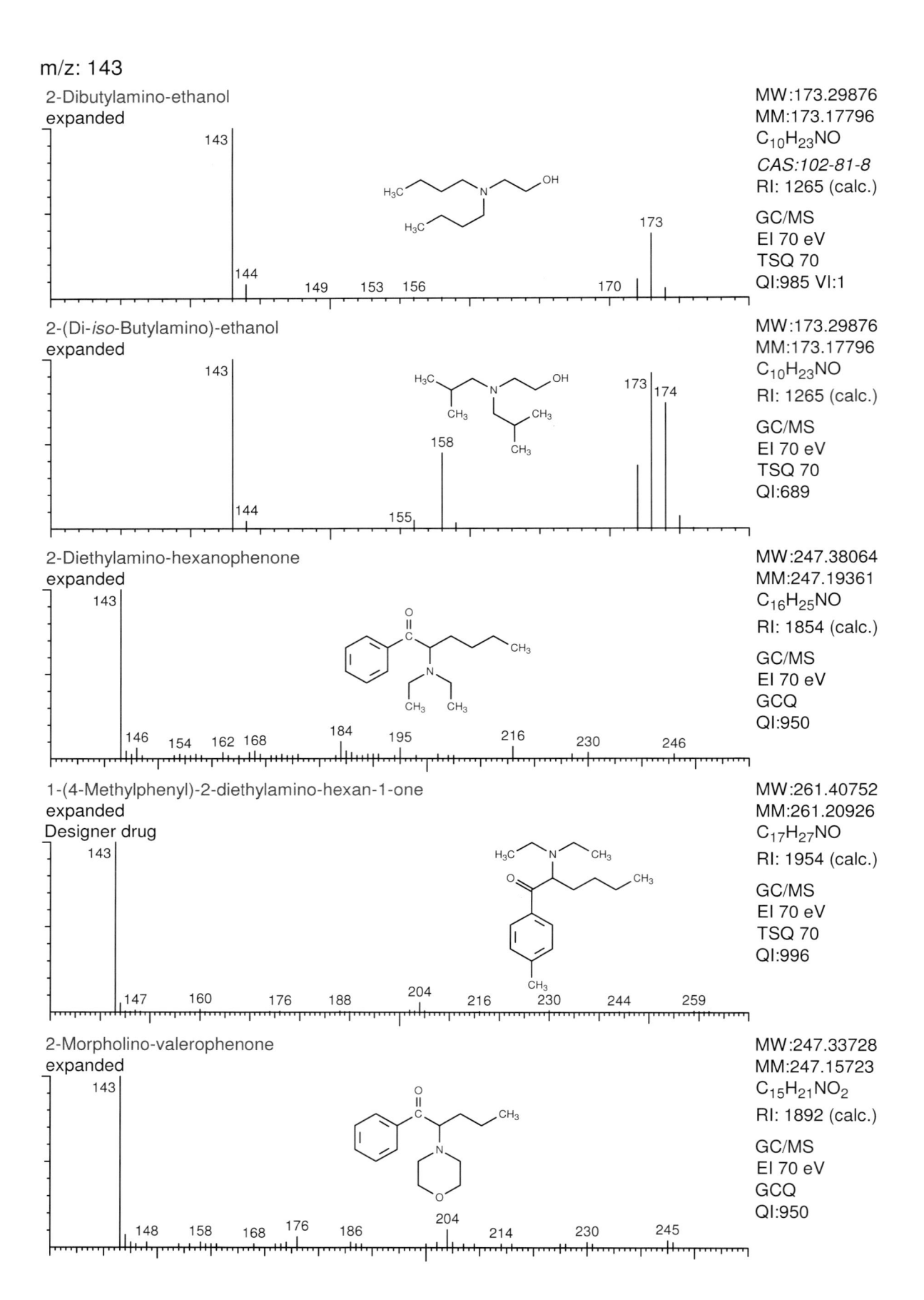

2-Dibutylamino-ethanol
expanded

Peaks: 143, 144, 149, 153, 156, 170, 173

MW: 173.29876
MM: 173.17796
$C_{10}H_{23}NO$
CAS: 102-81-8
RI: 1265 (calc.)

GC/MS
EI 70 eV
TSQ 70
QI: 985 VI:1

2-(Di-*iso*-Butylamino)-ethanol
expanded

Peaks: 143, 144, 155, 158, 173, 174

MW: 173.29876
MM: 173.17796
$C_{10}H_{23}NO$
RI: 1265 (calc.)

GC/MS
EI 70 eV
TSQ 70
QI: 689

2-Diethylamino-hexanophenone
expanded

Peaks: 143, 146, 154, 162, 168, 184, 195, 216, 230, 246

MW: 247.38064
MM: 247.19361
$C_{16}H_{25}NO$
RI: 1854 (calc.)

GC/MS
EI 70 eV
GCQ
QI: 950

1-(4-Methylphenyl)-2-diethylamino-hexan-1-one
expanded
Designer drug

Peaks: 143, 147, 160, 176, 188, 204, 216, 230, 244, 259

MW: 261.40752
MM: 261.20926
$C_{17}H_{27}NO$
RI: 1954 (calc.)

GC/MS
EI 70 eV
TSQ 70
QI: 996

2-Morpholino-valerophenone
expanded

Peaks: 143, 148, 158, 168, 176, 186, 204, 214, 230, 245

MW: 247.33728
MM: 247.15723
$C_{15}H_{21}NO_2$
RI: 1892 (calc.)

GC/MS
EI 70 eV
GCQ
QI: 950

m/z: 143

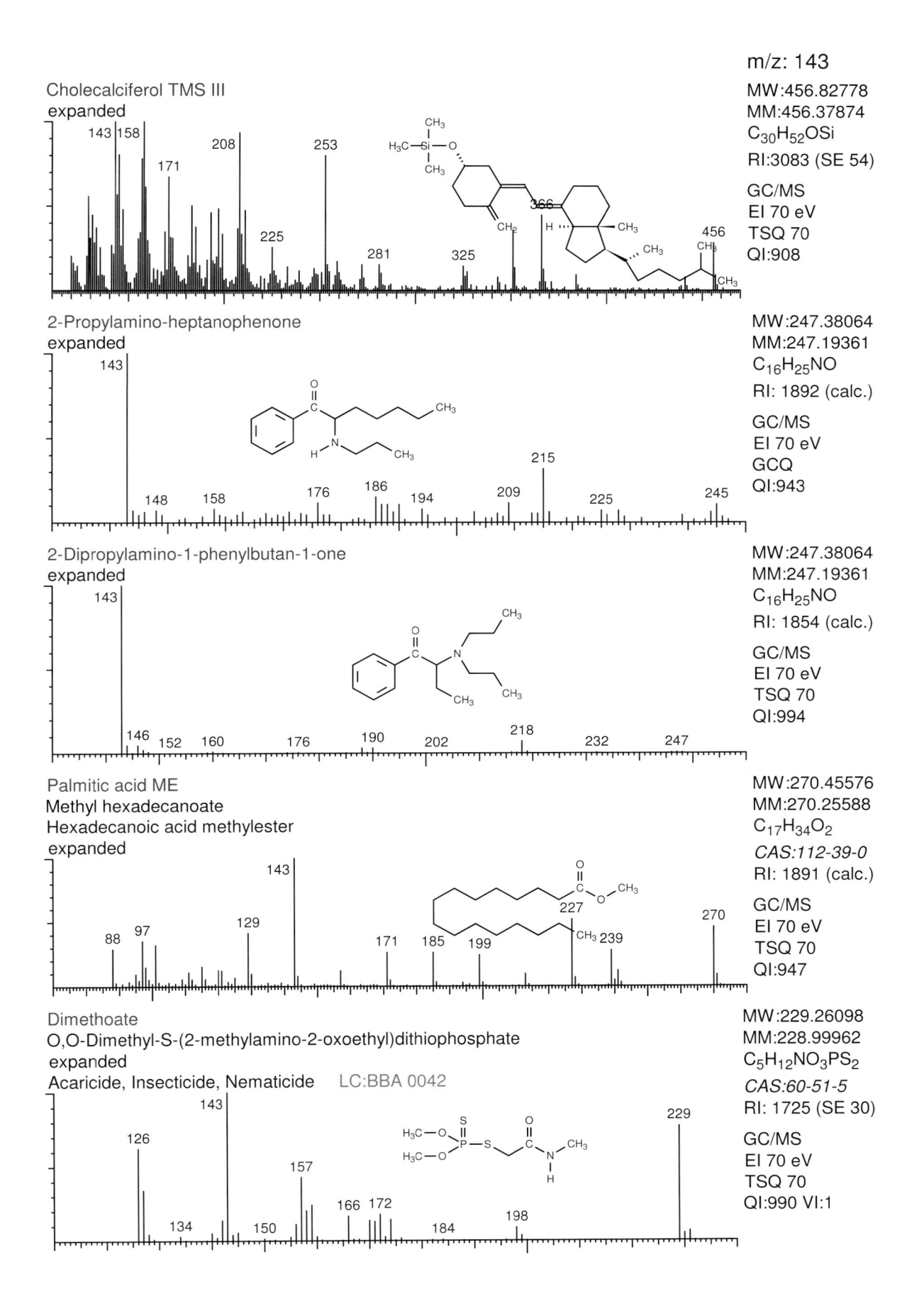

Cholecalciferol TMS III
expanded

peaks: 143, 158, 171, 208, 225, 253, 281, 325, 366, 456

MW: 456.82778
MM: 456.37874
$C_{30}H_{52}OSi$
RI: 3083 (SE 54)

GC/MS
EI 70 eV
TSQ 70
QI: 908

2-Propylamino-heptanophenone
expanded

peaks: 143, 148, 158, 176, 186, 194, 209, 215, 225, 245

MW: 247.38064
MM: 247.19361
$C_{16}H_{25}NO$
RI: 1892 (calc.)

GC/MS
EI 70 eV
GCQ
QI: 943

2-Dipropylamino-1-phenylbutan-1-one
expanded

peaks: 143, 146, 152, 160, 176, 190, 202, 218, 232, 247

MW: 247.38064
MM: 247.19361
$C_{16}H_{25}NO$
RI: 1854 (calc.)

GC/MS
EI 70 eV
TSQ 70
QI: 994

Palmitic acid ME
Methyl hexadecanoate
Hexadecanoic acid methylester
expanded

peaks: 88, 97, 129, 143, 171, 185, 199, 227, 239, 270

MW: 270.45576
MM: 270.25588
$C_{17}H_{34}O_2$
CAS: 112-39-0
RI: 1891 (calc.)

GC/MS
EI 70 eV
TSQ 70
QI: 947

Dimethoate
O,O-Dimethyl-S-(2-methylamino-2-oxoethyl)dithiophosphate
expanded
Acaricide, Insecticide, Nematicide   LC:BBA 0042

peaks: 126, 134, 143, 150, 157, 166, 172, 184, 198, 229

MW: 229.26098
MM: 228.99962
$C_5H_{12}NO_3PS_2$
CAS: 60-51-5
RI: 1725 (SE 30)

GC/MS
EI 70 eV
TSQ 70
QI: 990 VI:1

m/z: 143

Zopiclone
[8-(5-Chloropyridin-2-yl)-7-oxo-2,5,8-triazabicyclo[4.3.0]nona-1,3,5-trien-9-yl] 4-methyl-piperazine-1-carboxylate
Hypnotic

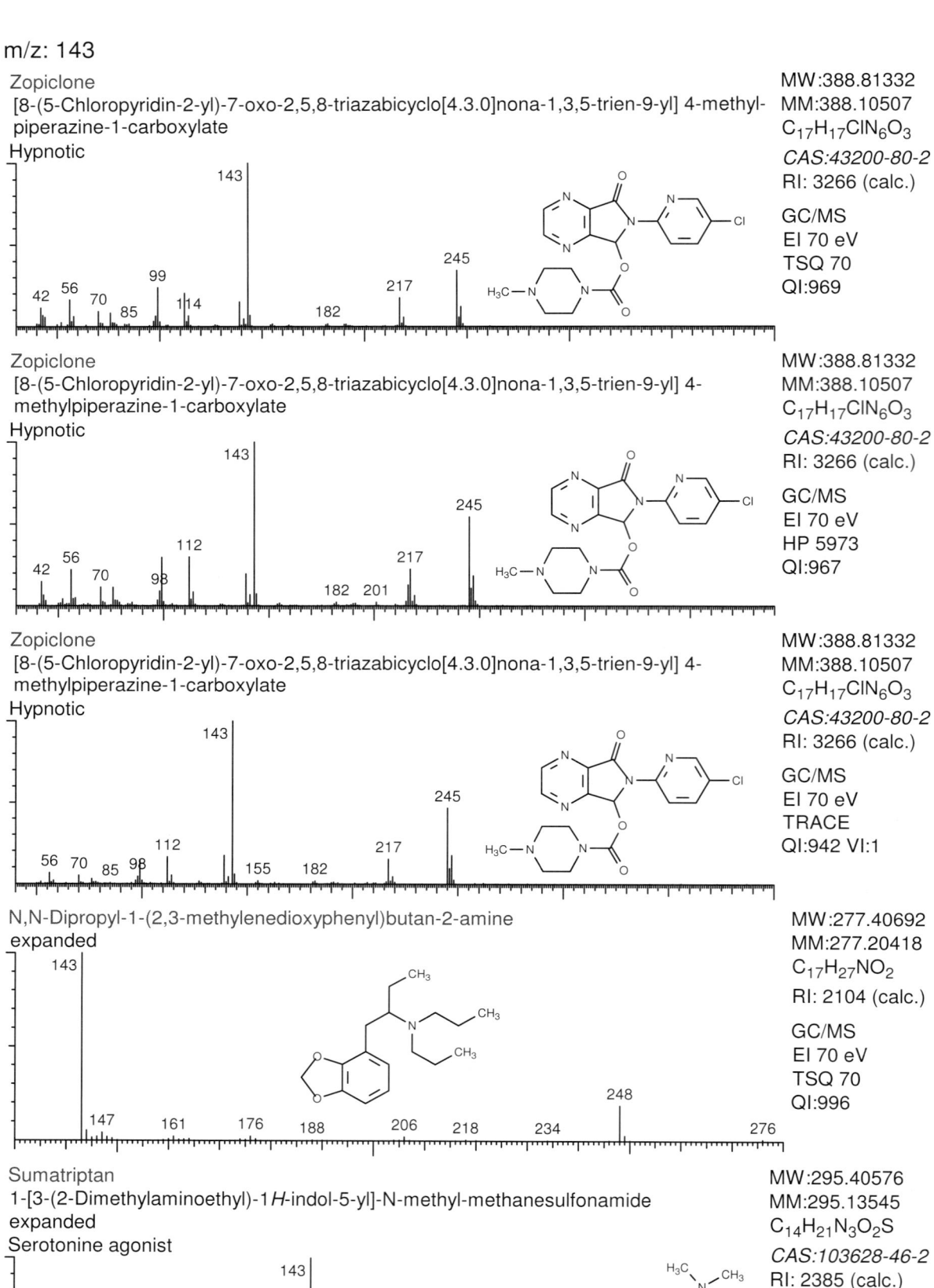

MW:388.81332
MM:388.10507
$C_{17}H_{17}ClN_6O_3$
CAS:43200-80-2
RI: 3266 (calc.)

GC/MS
EI 70 eV
TSQ 70
QI:969

Peaks: 42, 56, 70, 85, 99, 114, 143, 182, 217, 245

Zopiclone
[8-(5-Chloropyridin-2-yl)-7-oxo-2,5,8-triazabicyclo[4.3.0]nona-1,3,5-trien-9-yl] 4-methylpiperazine-1-carboxylate
Hypnotic

MW:388.81332
MM:388.10507
$C_{17}H_{17}ClN_6O_3$
CAS:43200-80-2
RI: 3266 (calc.)

GC/MS
EI 70 eV
HP 5973
QI:967

Peaks: 42, 56, 70, 98, 112, 143, 182, 201, 217, 245

Zopiclone
[8-(5-Chloropyridin-2-yl)-7-oxo-2,5,8-triazabicyclo[4.3.0]nona-1,3,5-trien-9-yl] 4-methylpiperazine-1-carboxylate
Hypnotic

MW:388.81332
MM:388.10507
$C_{17}H_{17}ClN_6O_3$
CAS:43200-80-2
RI: 3266 (calc.)

GC/MS
EI 70 eV
TRACE
QI:942 VI:1

Peaks: 56, 70, 85, 98, 112, 143, 155, 182, 217, 245

N,N-Dipropyl-1-(2,3-methylenedioxyphenyl)butan-2-amine
expanded

MW:277.40692
MM:277.20418
$C_{17}H_{27}NO_2$
RI: 2104 (calc.)

GC/MS
EI 70 eV
TSQ 70
QI:996

Peaks: 143, 147, 161, 176, 188, 206, 218, 234, 248, 276

Sumatriptan
1-[3-(2-Dimethylaminoethyl)-1H-indol-5-yl]-N-methyl-methanesulfonamide
expanded
Serotonine agonist

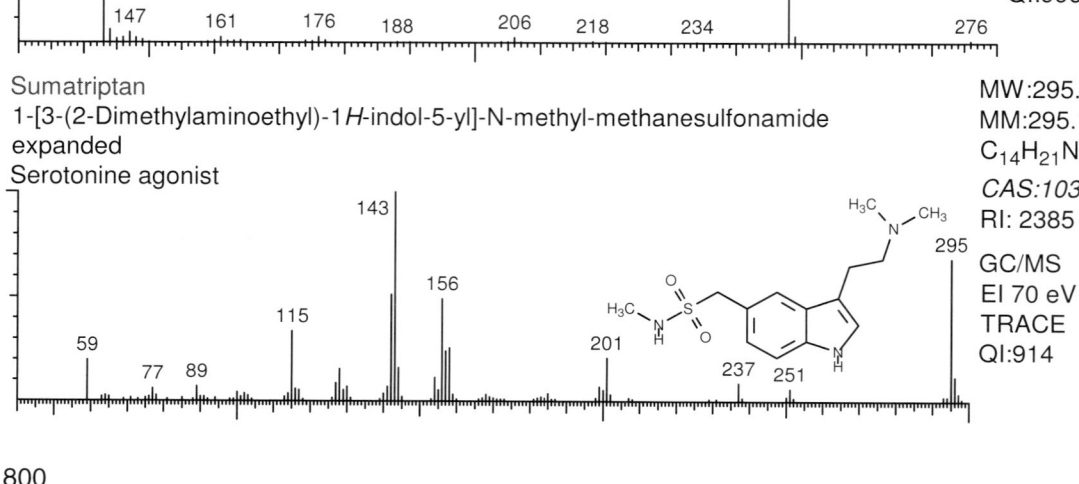

MW:295.40576
MM:295.13545
$C_{14}H_{21}N_3O_2S$
CAS:103628-46-2
RI: 2385 (calc.)

GC/MS
EI 70 eV
TRACE
QI:914

Peaks: 59, 77, 89, 115, 143, 156, 201, 237, 251, 295

m/z: 143

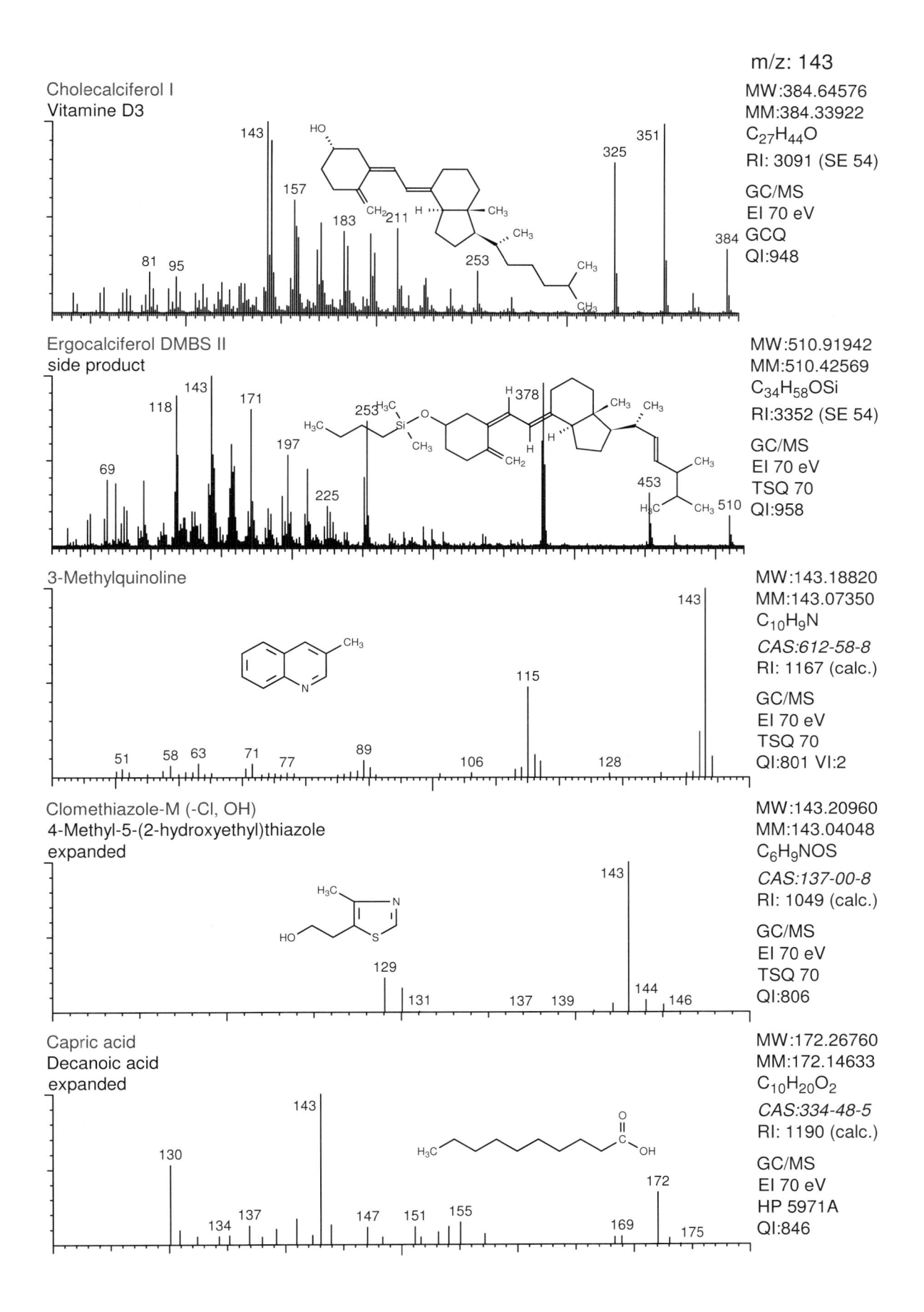

Cholecalciferol I
Vitamine D3

MW: 384.64576
MM: 384.33922
$C_{27}H_{44}O$
RI: 3091 (SE 54)

GC/MS
EI 70 eV
GCQ
QI: 948

Peaks: 81, 95, 143, 157, 183, 211, 253, 325, 351, 384

Ergocalciferol DMBS II
side product

MW: 510.91942
MM: 510.42569
$C_{34}H_{58}OSi$
RI: 3352 (SE 54)

GC/MS
EI 70 eV
TSQ 70
QI: 958

Peaks: 69, 118, 143, 171, 197, 225, 253, 378, 453, 510

3-Methylquinoline

MW: 143.18820
MM: 143.07350
$C_{10}H_9N$
CAS: 612-58-8
RI: 1167 (calc.)

GC/MS
EI 70 eV
TSQ 70
QI: 801 VI:2

Peaks: 51, 58, 63, 71, 77, 89, 106, 115, 128, 143

Clomethiazole-M (-Cl, OH)
4-Methyl-5-(2-hydroxyethyl)thiazole
expanded

MW: 143.20960
MM: 143.04048
C_6H_9NOS
CAS: 137-00-8
RI: 1049 (calc.)

GC/MS
EI 70 eV
TSQ 70
QI: 806

Peaks: 129, 131, 137, 139, 143, 144, 146

Capric acid
Decanoic acid
expanded

MW: 172.26760
MM: 172.14633
$C_{10}H_{20}O_2$
CAS: 334-48-5
RI: 1190 (calc.)

GC/MS
EI 70 eV
HP 5971A
QI: 846

Peaks: 130, 134, 137, 143, 147, 151, 155, 169, 172, 175

m/z: 143

Lauric acid ME
Methyldodecanoate
Dodecanoic acid methyl ester
expanded

MW:214.34824
MM:214.19328
$C_{13}H_{26}O_2$
CAS:111-82-0
RI: 1490 (calc.)
GC/MS
EI 70 eV
TSQ 70
QI:872

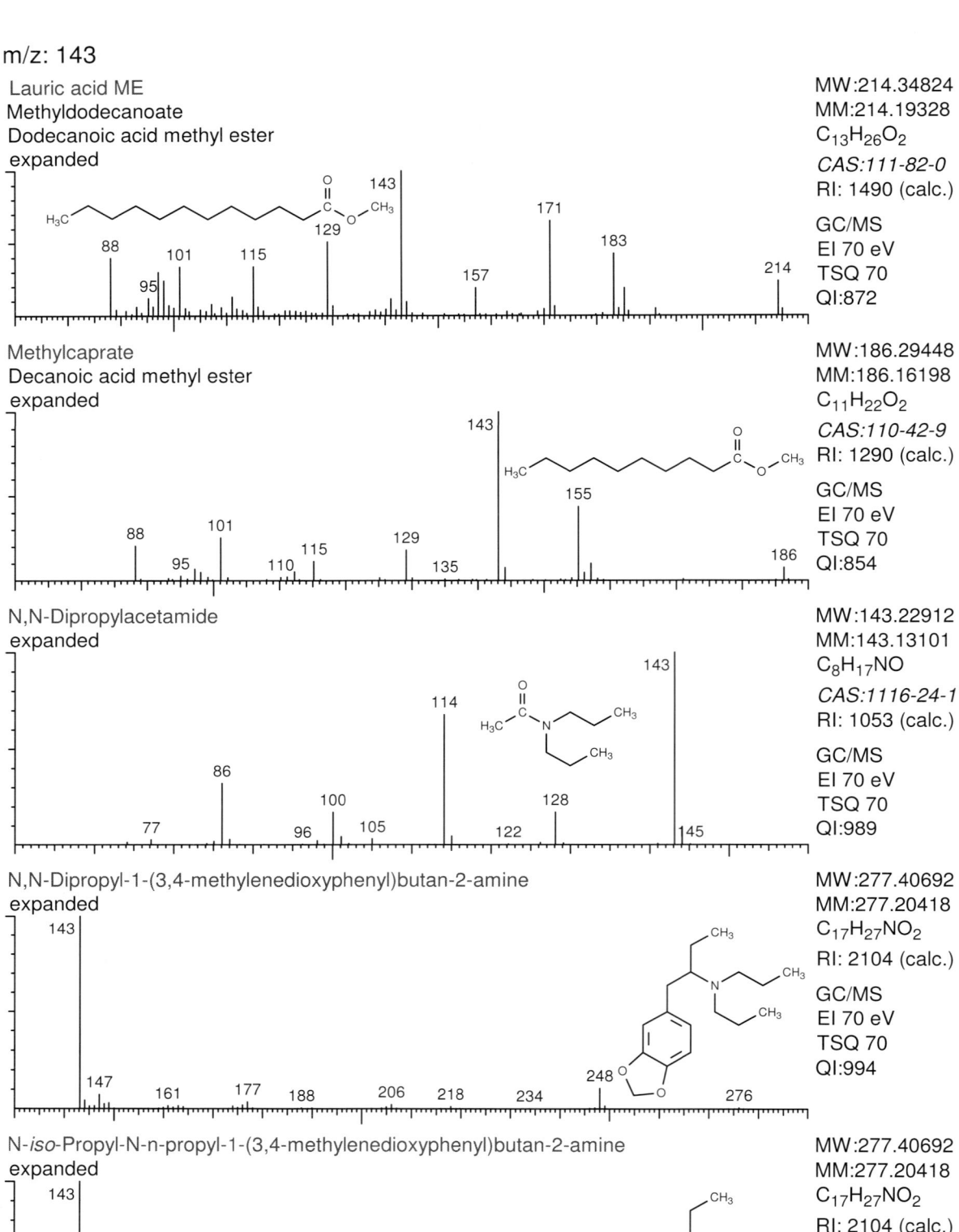

Methylcaprate
Decanoic acid methyl ester
expanded

MW:186.29448
MM:186.16198
$C_{11}H_{22}O_2$
CAS:110-42-9
RI: 1290 (calc.)
GC/MS
EI 70 eV
TSQ 70
QI:854

N,N-Dipropylacetamide
expanded

MW:143.22912
MM:143.13101
$C_8H_{17}NO$
CAS:1116-24-1
RI: 1053 (calc.)
GC/MS
EI 70 eV
TSQ 70
QI:989

N,N-Dipropyl-1-(3,4-methylenedioxyphenyl)butan-2-amine
expanded

MW:277.40692
MM:277.20418
$C_{17}H_{27}NO_2$
RI: 2104 (calc.)
GC/MS
EI 70 eV
TSQ 70
QI:994

N-*iso*-Propyl-N-n-propyl-1-(3,4-methylenedioxyphenyl)butan-2-amine
expanded

MW:277.40692
MM:277.20418
$C_{17}H_{27}NO_2$
RI: 2104 (calc.)
GC/MS
EI 70 eV
TSQ 70
QI:993

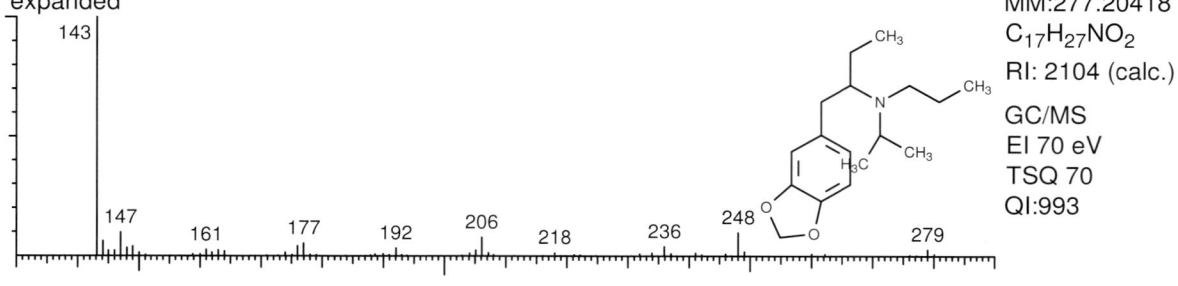

m/z: 143

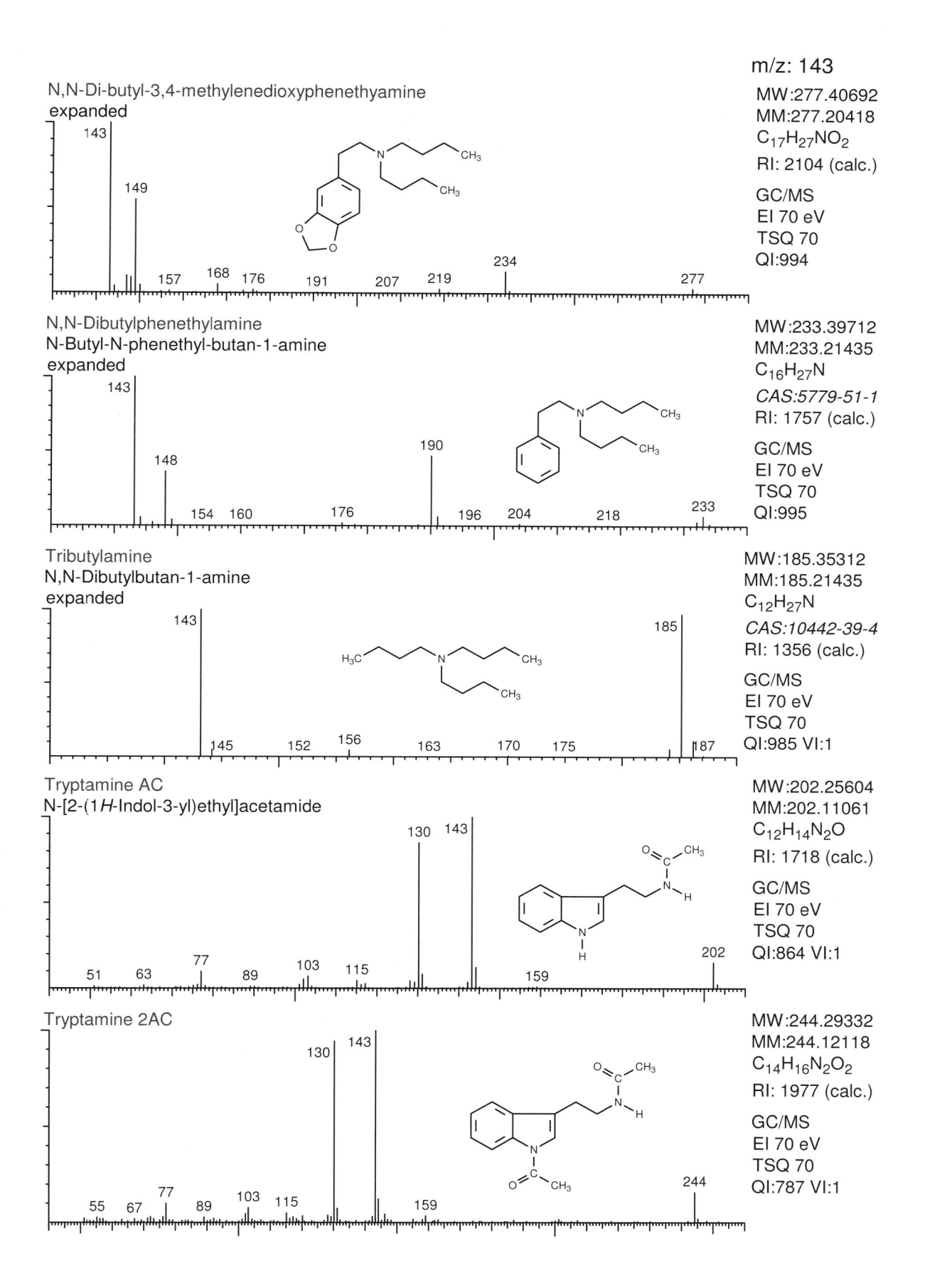

N,N-Di-butyl-3,4-methylenedioxyphenethyamine
expanded

Peaks: 143, 149, 157, 168, 176, 191, 207, 219, 234, 277

MW: 277.40692
MM: 277.20418
$C_{17}H_{27}NO_2$
RI: 2104 (calc.)

GC/MS
EI 70 eV
TSQ 70
QI: 994

N,N-Dibutylphenethylamine
N-Butyl-N-phenethyl-butan-1-amine
expanded

Peaks: 143, 148, 154, 160, 176, 190, 196, 204, 218, 233

MW: 233.39712
MM: 233.21435
$C_{16}H_{27}N$
CAS: 5779-51-1
RI: 1757 (calc.)

GC/MS
EI 70 eV
TSQ 70
QI: 995

Tributylamine
N,N-Dibutylbutan-1-amine
expanded

Peaks: 143, 145, 152, 156, 163, 170, 175, 185, 187

MW: 185.35312
MM: 185.21435
$C_{12}H_{27}N$
CAS: 10442-39-4
RI: 1356 (calc.)

GC/MS
EI 70 eV
TSQ 70
QI: 985 VI:1

Tryptamine AC
N-[2-(1H-Indol-3-yl)ethyl]acetamide

Peaks: 51, 63, 77, 89, 103, 115, 130, 143, 159, 202

MW: 202.25604
MM: 202.11061
$C_{12}H_{14}N_2O$
RI: 1718 (calc.)

GC/MS
EI 70 eV
TSQ 70
QI: 864 VI:1

Tryptamine 2AC

Peaks: 55, 67, 77, 89, 103, 115, 130, 143, 159, 244

MW: 244.29332
MM: 244.12118
$C_{14}H_{16}N_2O_2$
RI: 1977 (calc.)

GC/MS
EI 70 eV
TSQ 70
QI: 787 VI:1

m/z: 143

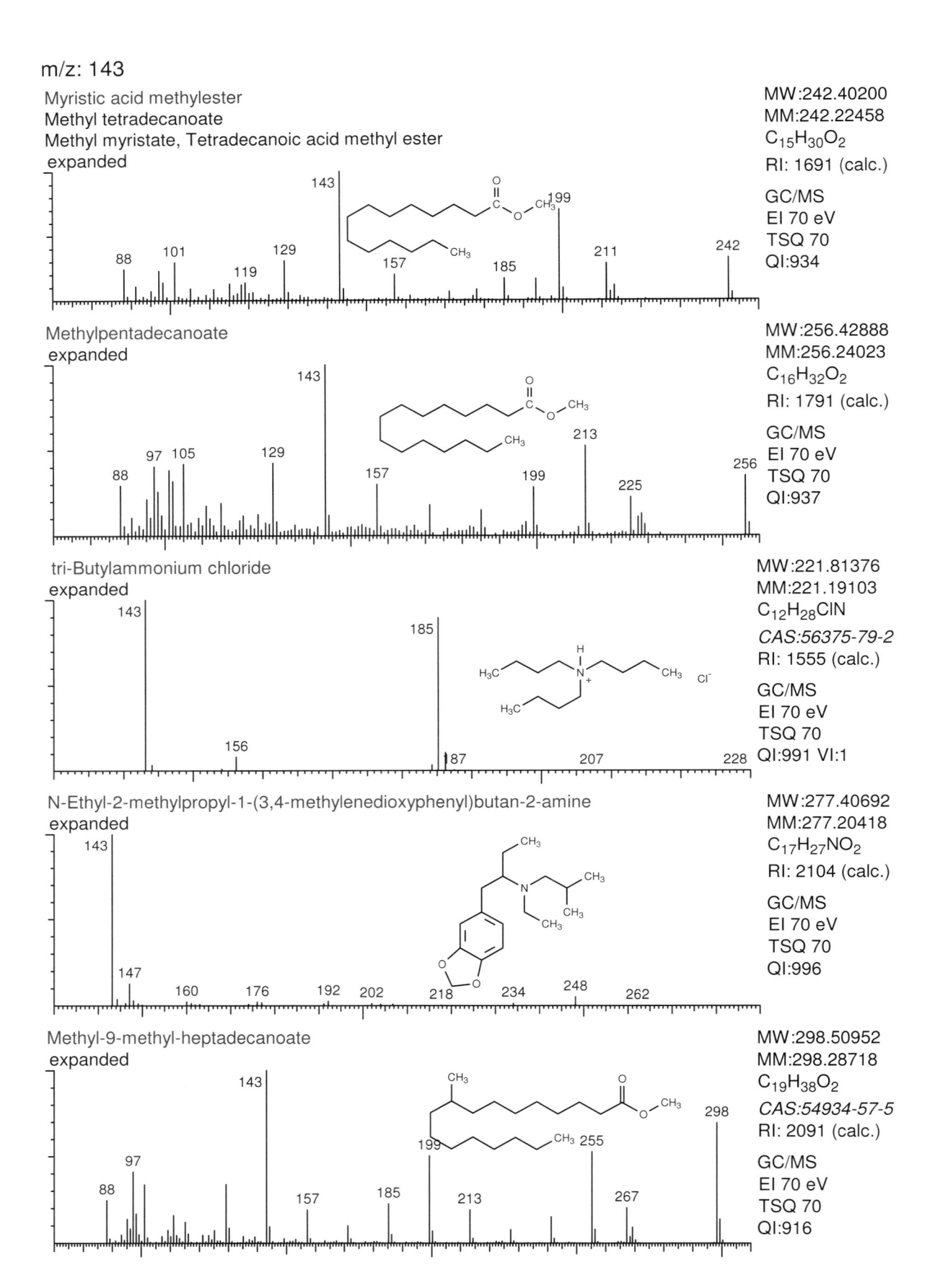

Myristic acid methylester
Methyl tetradecanoate
Methyl myristate, Tetradecanoic acid methyl ester
expanded

MW:242.40200
MM:242.22458
$C_{15}H_{30}O_2$
RI: 1691 (calc.)

GC/MS
EI 70 eV
TSQ 70
QI:934

Methylpentadecanoate
expanded

MW:256.42888
MM:256.24023
$C_{16}H_{32}O_2$
RI: 1791 (calc.)

GC/MS
EI 70 eV
TSQ 70
QI:937

tri-Butylammonium chloride
expanded

MW:221.81376
MM:221.19103
$C_{12}H_{28}ClN$
CAS:56375-79-2
RI: 1555 (calc.)

GC/MS
EI 70 eV
TSQ 70
QI:991 VI:1

N-Ethyl-2-methylpropyl-1-(3,4-methylenedioxyphenyl)butan-2-amine
expanded

MW:277.40692
MM:277.20418
$C_{17}H_{27}NO_2$
RI: 2104 (calc.)

GC/MS
EI 70 eV
TSQ 70
QI:996

Methyl-9-methyl-heptadecanoate
expanded

MW:298.50952
MM:298.28718
$C_{19}H_{38}O_2$
CAS:54934-57-5
RI: 2091 (calc.)

GC/MS
EI 70 eV
TSQ 70
QI:916

m/z: 143

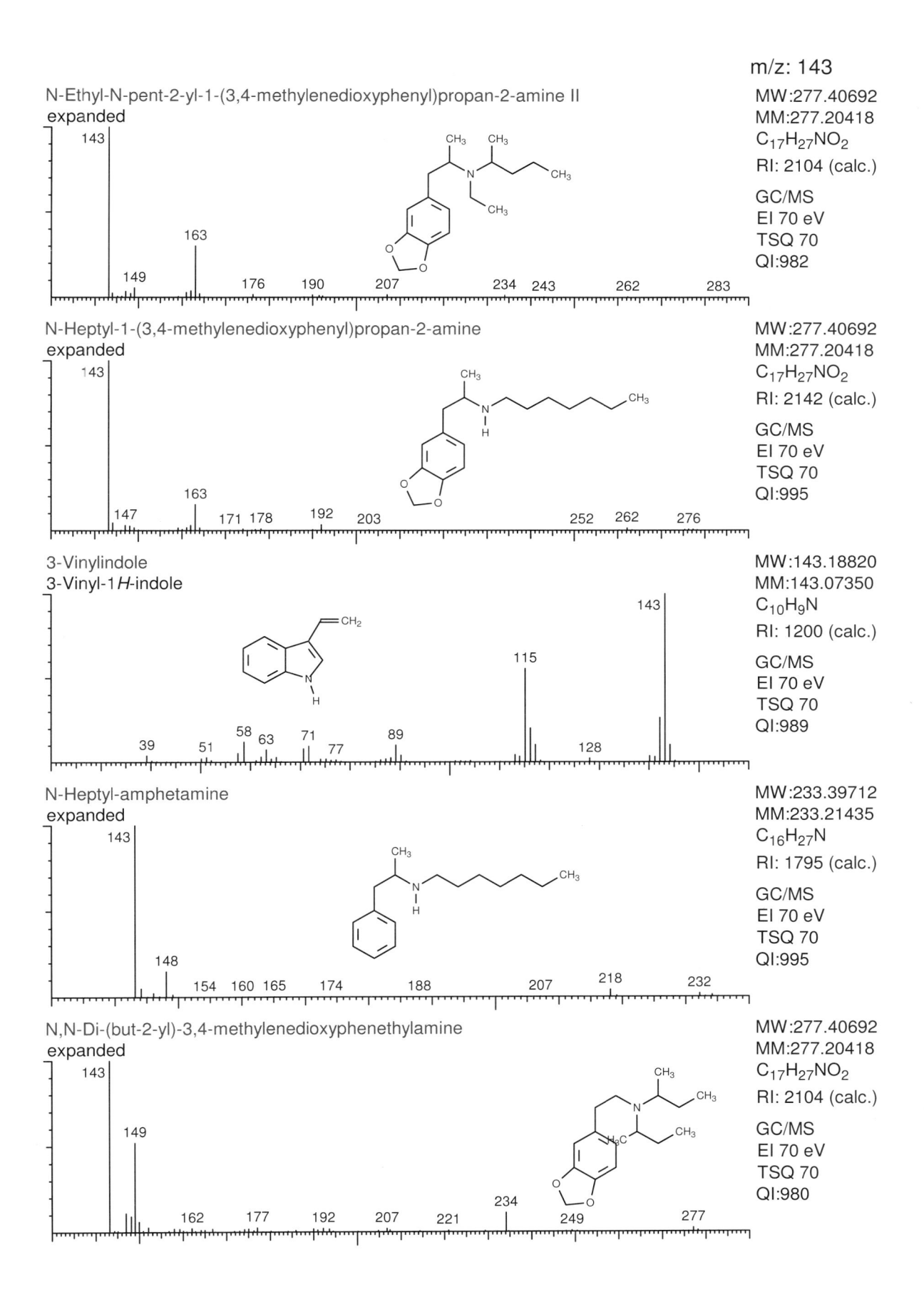

N-Ethyl-N-pent-2-yl-1-(3,4-methylenedioxyphenyl)propan-2-amine II
expanded

MW: 277.40692
MM: 277.20418
$C_{17}H_{27}NO_2$
RI: 2104 (calc.)

GC/MS
EI 70 eV
TSQ 70
QI: 982

N-Heptyl-1-(3,4-methylenedioxyphenyl)propan-2-amine
expanded

MW: 277.40692
MM: 277.20418
$C_{17}H_{27}NO_2$
RI: 2142 (calc.)

GC/MS
EI 70 eV
TSQ 70
QI: 995

3-Vinylindole
3-Vinyl-1H-indole

MW: 143.18820
MM: 143.07350
$C_{10}H_9N$
RI: 1200 (calc.)

GC/MS
EI 70 eV
TSQ 70
QI: 989

N-Heptyl-amphetamine
expanded

MW: 233.39712
MM: 233.21435
$C_{16}H_{27}N$
RI: 1795 (calc.)

GC/MS
EI 70 eV
TSQ 70
QI: 995

N,N-Di-(but-2-yl)-3,4-methylenedioxyphenethylamine
expanded

MW: 277.40692
MM: 277.20418
$C_{17}H_{27}NO_2$
RI: 2104 (calc.)

GC/MS
EI 70 eV
TSQ 70
QI: 980

m/z: 143

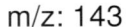

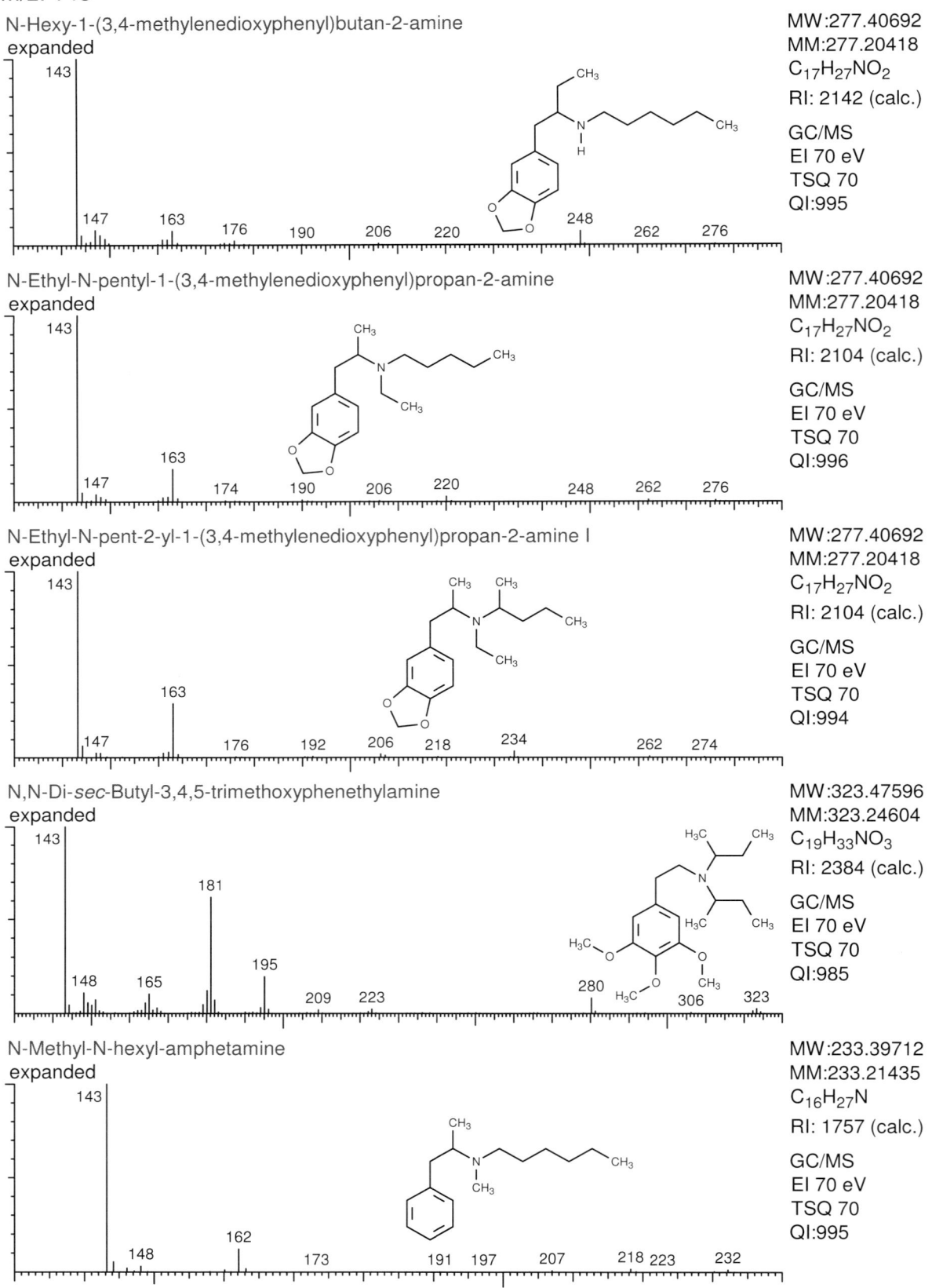

N-Hexy-1-(3,4-methylenedioxyphenyl)butan-2-amine
expanded

MW:277.40692
MM:277.20418
$C_{17}H_{27}NO_2$
RI: 2142 (calc.)

GC/MS
EI 70 eV
TSQ 70
QI:995

N-Ethyl-N-pentyl-1-(3,4-methylenedioxyphenyl)propan-2-amine
expanded

MW:277.40692
MM:277.20418
$C_{17}H_{27}NO_2$
RI: 2104 (calc.)

GC/MS
EI 70 eV
TSQ 70
QI:996

N-Ethyl-N-pent-2-yl-1-(3,4-methylenedioxyphenyl)propan-2-amine I
expanded

MW:277.40692
MM:277.20418
$C_{17}H_{27}NO_2$
RI: 2104 (calc.)

GC/MS
EI 70 eV
TSQ 70
QI:994

N,N-Di-sec-Butyl-3,4,5-trimethoxyphenethylamine
expanded

MW:323.47596
MM:323.24604
$C_{19}H_{33}NO_3$
RI: 2384 (calc.)

GC/MS
EI 70 eV
TSQ 70
QI:985

N-Methyl-N-hexyl-amphetamine
expanded

MW:233.39712
MM:233.21435
$C_{16}H_{27}N$
RI: 1757 (calc.)

GC/MS
EI 70 eV
TSQ 70
QI:995

m/z: 143-144

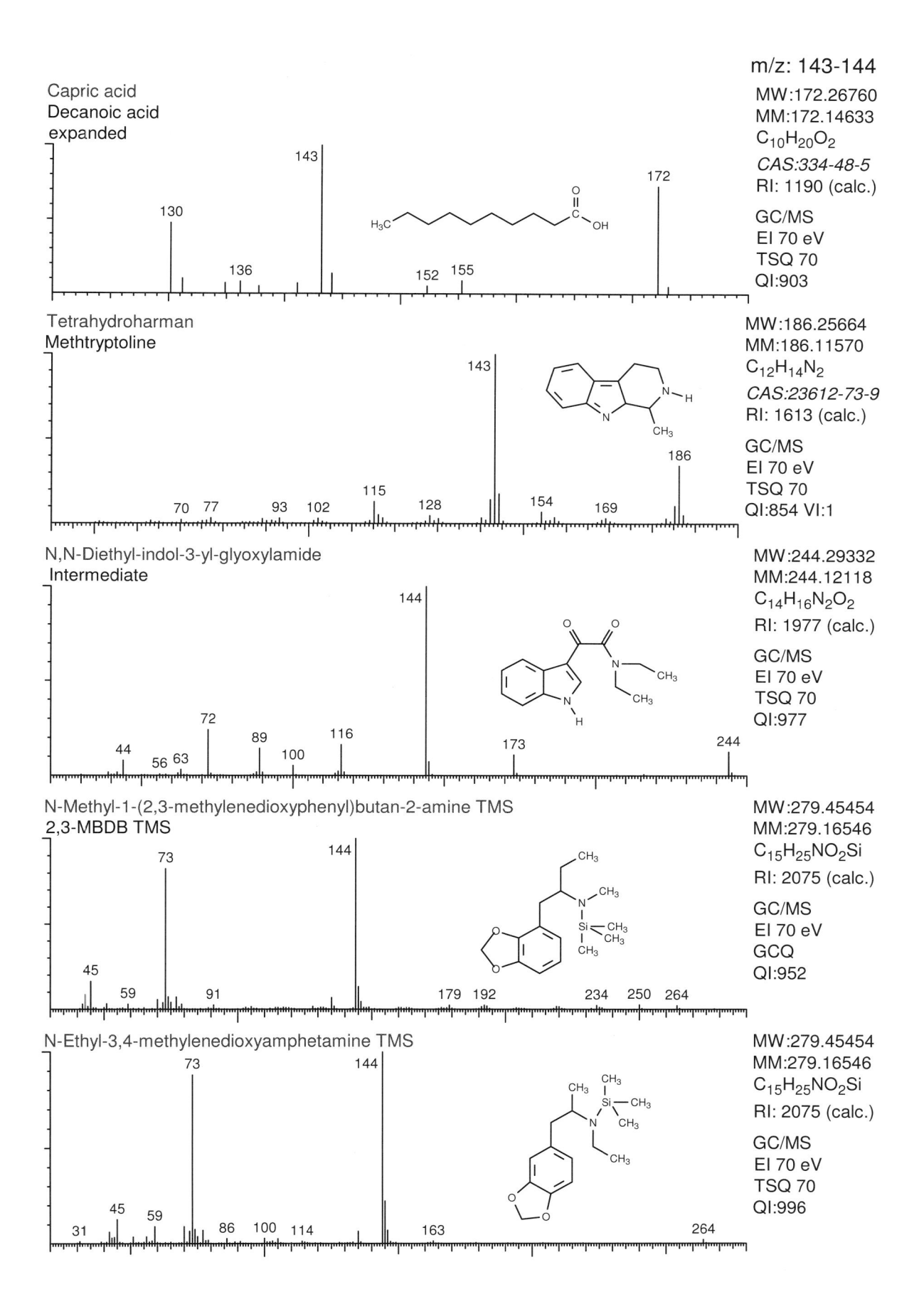

Capric acid
Decanoic acid
expanded

Peaks: 130, 136, 143, 152, 155, 172

MW:172.26760
MM:172.14633
$C_{10}H_{20}O_2$
CAS:334-48-5
RI: 1190 (calc.)

GC/MS
EI 70 eV
TSQ 70
QI:903

Tetrahydroharman
Methtryptoline

Peaks: 70, 77, 93, 102, 115, 128, 143, 154, 169, 186

MW:186.25664
MM:186.11570
$C_{12}H_{14}N_2$
CAS:23612-73-9
RI: 1613 (calc.)

GC/MS
EI 70 eV
TSQ 70
QI:854 VI:1

N,N-Diethyl-indol-3-yl-glyoxylamide
Intermediate

Peaks: 44, 56, 63, 72, 89, 100, 116, 144, 173, 244

MW:244.29332
MM:244.12118
$C_{14}H_{16}N_2O_2$
RI: 1977 (calc.)

GC/MS
EI 70 eV
TSQ 70
QI:977

N-Methyl-1-(2,3-methylenedioxyphenyl)butan-2-amine TMS
2,3-MBDB TMS

Peaks: 45, 59, 73, 91, 144, 179, 192, 234, 250, 264

MW:279.45454
MM:279.16546
$C_{15}H_{25}NO_2Si$
RI: 2075 (calc.)

GC/MS
EI 70 eV
GCQ
QI:952

N-Ethyl-3,4-methylenedioxyamphetamine TMS

Peaks: 31, 45, 59, 73, 86, 100, 114, 144, 163, 264

MW:279.45454
MM:279.16546
$C_{15}H_{25}NO_2Si$
RI: 2075 (calc.)

GC/MS
EI 70 eV
TSQ 70
QI:996

m/z: 144

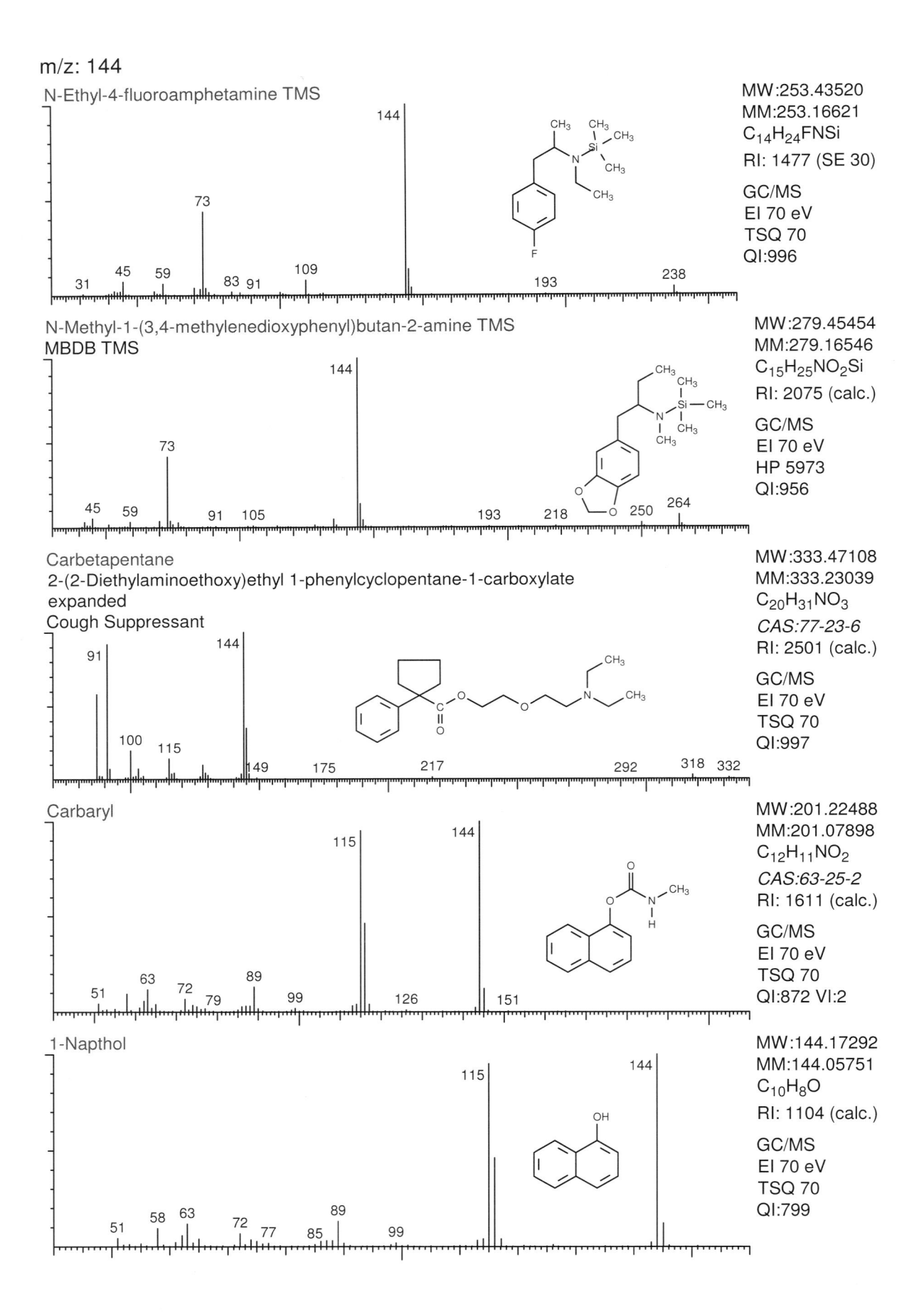

N-Ethyl-4-fluoroamphetamine TMS

MW:253.43520
MM:253.16621
$C_{14}H_{24}FNSi$
RI: 1477 (SE 30)

GC/MS
EI 70 eV
TSQ 70
QI:996

Peaks: 31, 45, 59, 73, 83, 91, 109, 144, 193, 238

N-Methyl-1-(3,4-methylenedioxyphenyl)butan-2-amine TMS
MBDB TMS

MW:279.45454
MM:279.16546
$C_{15}H_{25}NO_2Si$
RI: 2075 (calc.)

GC/MS
EI 70 eV
HP 5973
QI:956

Peaks: 45, 59, 73, 91, 105, 144, 193, 218, 250, 264

Carbetapentane
2-(2-Diethylaminoethoxy)ethyl 1-phenylcyclopentane-1-carboxylate
expanded
Cough Suppressant

MW:333.47108
MM:333.23039
$C_{20}H_{31}NO_3$
CAS:77-23-6
RI: 2501 (calc.)

GC/MS
EI 70 eV
TSQ 70
QI:997

Peaks: 91, 100, 115, 144, 149, 175, 217, 292, 318, 332

Carbaryl

MW:201.22488
MM:201.07898
$C_{12}H_{11}NO_2$
CAS:63-25-2
RI: 1611 (calc.)

GC/MS
EI 70 eV
TSQ 70
QI:872 VI:2

Peaks: 51, 63, 72, 79, 89, 99, 115, 126, 144, 151

1-Napthol

MW:144.17292
MM:144.05751
$C_{10}H_8O$
RI: 1104 (calc.)

GC/MS
EI 70 eV
TSQ 70
QI:799

Peaks: 51, 58, 63, 72, 77, 85, 89, 99, 115, 144

m/z: 144

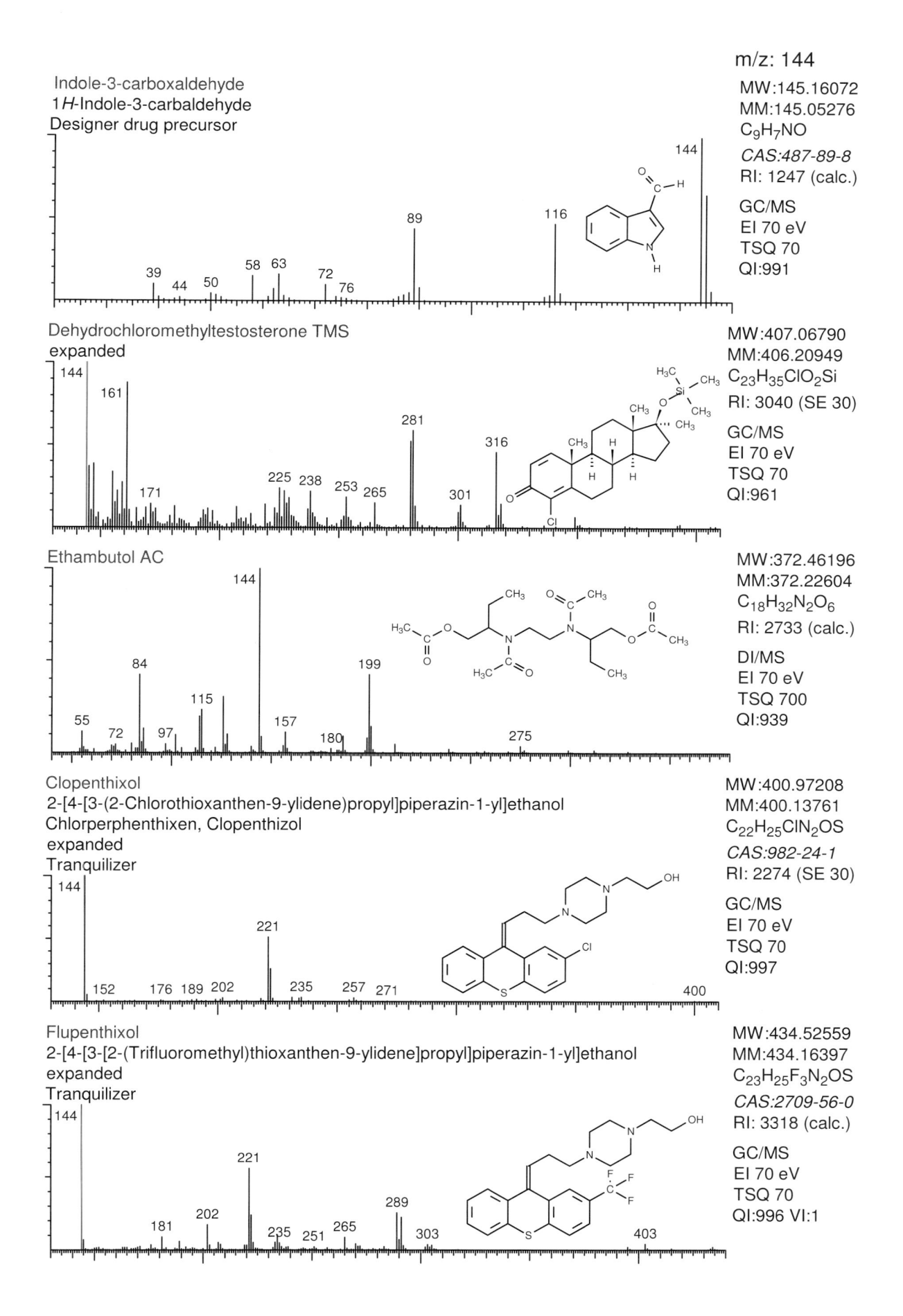

Indole-3-carboxaldehyde
1H-Indole-3-carbaldehyde
Designer drug precursor

MW:145.16072
MM:145.05276
C_9H_7NO
CAS:487-89-8
RI: 1247 (calc.)

GC/MS
EI 70 eV
TSQ 70
QI:991

Dehydrochloromethyltestosterone TMS
expanded

MW:407.06790
MM:406.20949
$C_{23}H_{35}ClO_2Si$
RI: 3040 (SE 30)

GC/MS
EI 70 eV
TSQ 70
QI:961

Ethambutol AC

MW:372.46196
MM:372.22604
$C_{18}H_{32}N_2O_6$
RI: 2733 (calc.)

DI/MS
EI 70 eV
TSQ 700
QI:939

Clopenthixol
2-[4-[3-(2-Chlorothioxanthen-9-ylidene)propyl]piperazin-1-yl]ethanol
Chlorperphenthixen, Clopenthizol
expanded
Tranquilizer

MW:400.97208
MM:400.13761
$C_{22}H_{25}ClN_2OS$
CAS:982-24-1
RI: 2274 (SE 30)

GC/MS
EI 70 eV
TSQ 70
QI:997

Flupenthixol
2-[4-[3-[2-(Trifluoromethyl)thioxanthen-9-ylidene]propyl]piperazin-1-yl]ethanol
expanded
Tranquilizer

MW:434.52559
MM:434.16397
$C_{23}H_{25}F_3N_2OS$
CAS:2709-56-0
RI: 3318 (calc.)

GC/MS
EI 70 eV
TSQ 70
QI:996 VI:1

m/z: 144

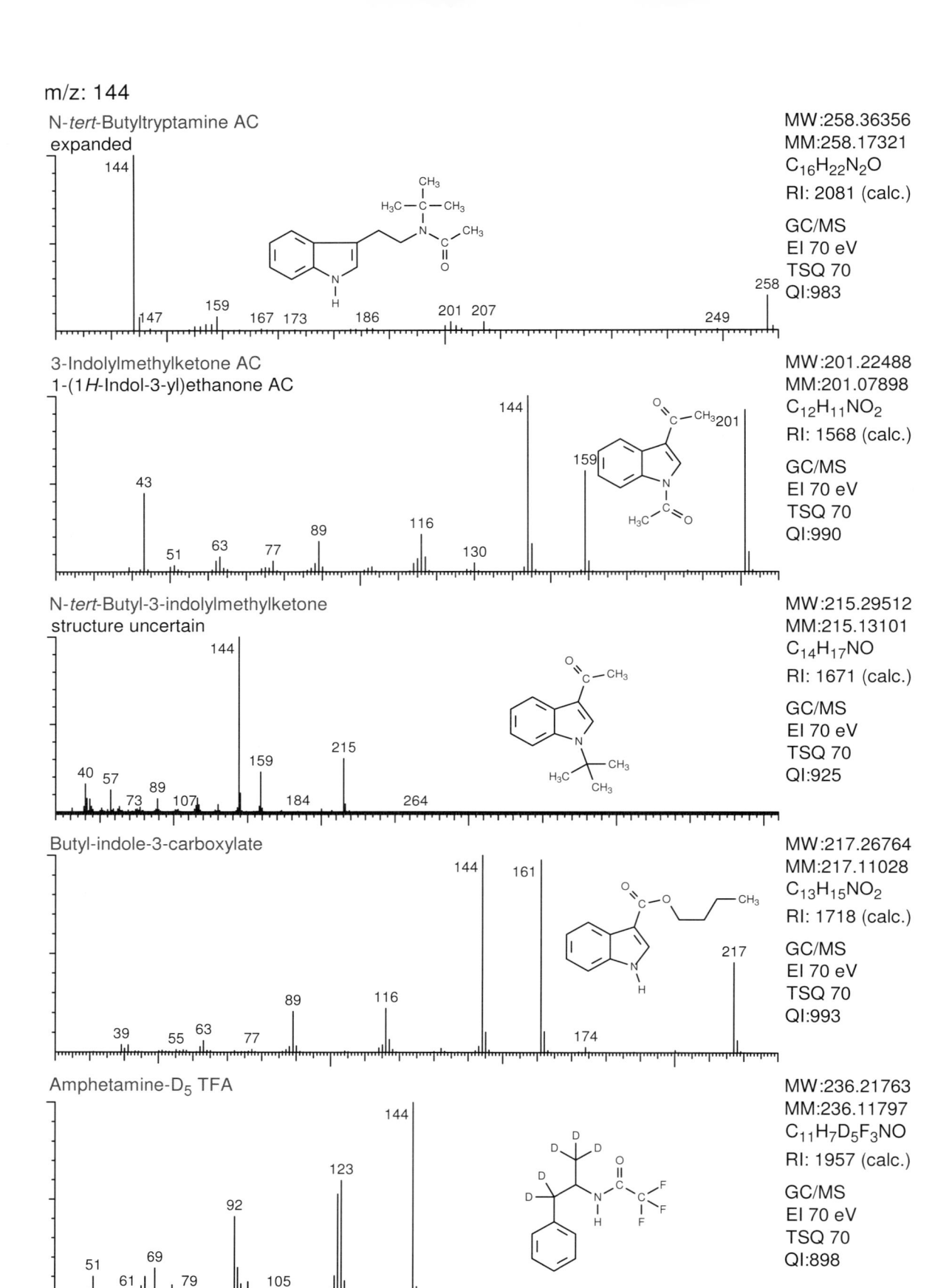

N-*tert*-Butyltryptamine AC
expanded

MW: 258.36356
MM: 258.17321
$C_{16}H_{22}N_2O$
RI: 2081 (calc.)

GC/MS
EI 70 eV
TSQ 70
QI: 983

Peaks: 144, 147, 159, 167, 173, 186, 201, 207, 249, 258

3-Indolylmethylketone AC
1-(1*H*-Indol-3-yl)ethanone AC

MW: 201.22488
MM: 201.07898
$C_{12}H_{11}NO_2$
RI: 1568 (calc.)

GC/MS
EI 70 eV
TSQ 70
QI: 990

Peaks: 43, 51, 63, 77, 89, 116, 130, 144, 159, 201

N-*tert*-Butyl-3-indolylmethylketone
structure uncertain

MW: 215.29512
MM: 215.13101
$C_{14}H_{17}NO$
RI: 1671 (calc.)

GC/MS
EI 70 eV
TSQ 70
QI: 925

Peaks: 40, 57, 73, 89, 107, 144, 159, 184, 215, 264

Butyl-indole-3-carboxylate

MW: 217.26764
MM: 217.11028
$C_{13}H_{15}NO_2$
RI: 1718 (calc.)

GC/MS
EI 70 eV
TSQ 70
QI: 993

Peaks: 39, 55, 63, 77, 89, 116, 144, 161, 174, 217

Amphetamine-D_5 TFA

MW: 236.21763
MM: 236.11797
$C_{11}H_7D_5F_3NO$
RI: 1957 (calc.)

GC/MS
EI 70 eV
TSQ 70
QI: 898

Peaks: 51, 61, 69, 79, 92, 105, 123, 144

m/z: 144-145

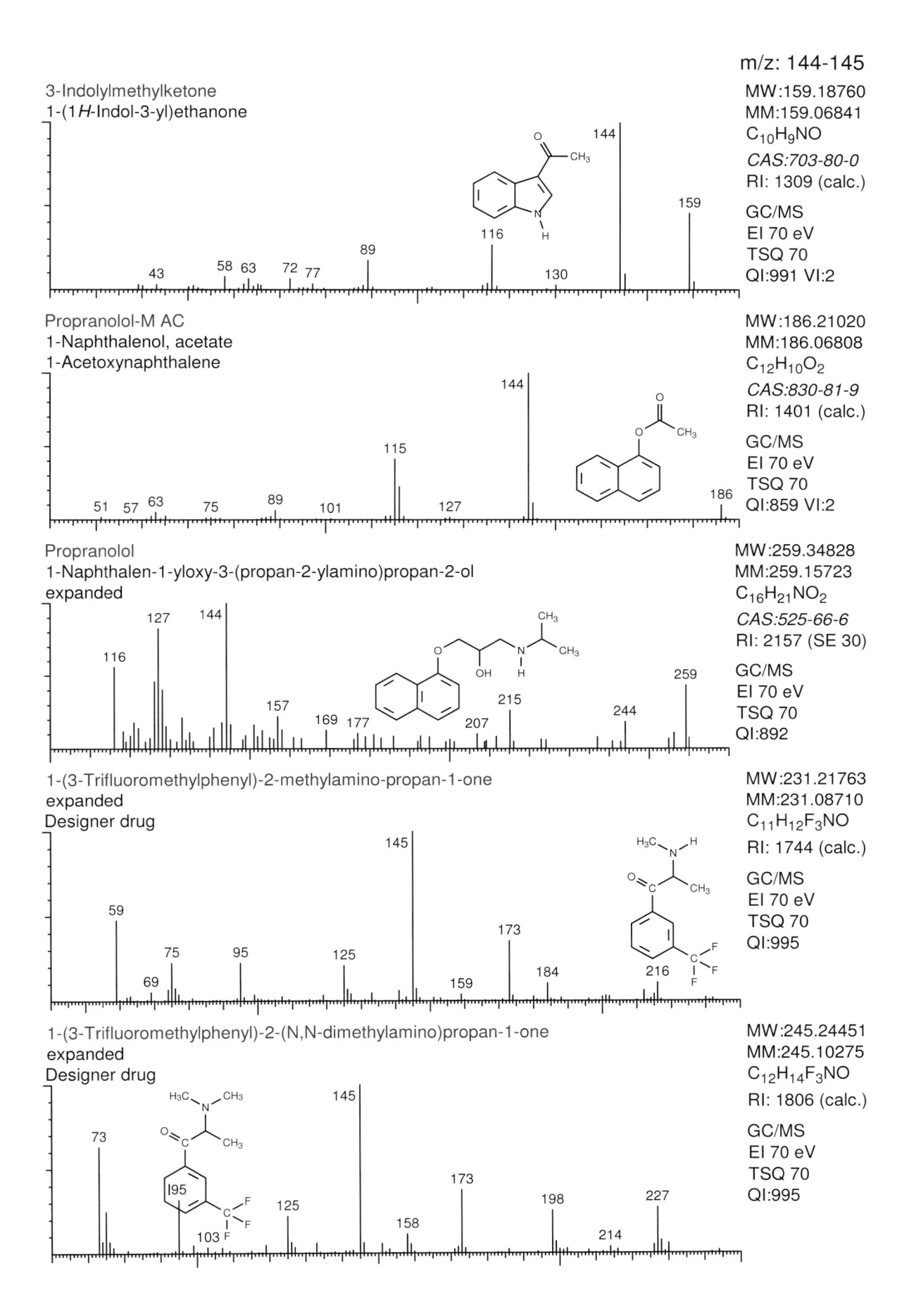

3-Indolylmethylketone
1-(1H-Indol-3-yl)ethanone

MW: 159.18760
MM: 159.06841
$C_{10}H_9NO$
CAS: 703-80-0
RI: 1309 (calc.)

GC/MS
EI 70 eV
TSQ 70
QI: 991 VI: 2

Peaks: 43, 58, 63, 72, 77, 89, 116, 130, 144, 159

Propranolol-M AC
1-Naphthalenol, acetate
1-Acetoxynaphthalene

MW: 186.21020
MM: 186.06808
$C_{12}H_{10}O_2$
CAS: 830-81-9
RI: 1401 (calc.)

GC/MS
EI 70 eV
TSQ 70
QI: 859 VI: 2

Peaks: 51, 57, 63, 75, 89, 101, 115, 127, 144, 186

Propranolol
1-Naphthalen-1-yloxy-3-(propan-2-ylamino)propan-2-ol
expanded

MW: 259.34828
MM: 259.15723
$C_{16}H_{21}NO_2$
CAS: 525-66-6
RI: 2157 (SE 30)

GC/MS
EI 70 eV
TSQ 70
QI: 892

Peaks: 116, 127, 144, 157, 169, 177, 207, 215, 244, 259

1-(3-Trifluoromethylphenyl)-2-methylamino-propan-1-one
expanded
Designer drug

MW: 231.21763
MM: 231.08710
$C_{11}H_{12}F_3NO$
RI: 1744 (calc.)

GC/MS
EI 70 eV
TSQ 70
QI: 995

Peaks: 59, 69, 75, 95, 125, 145, 159, 173, 184, 216

1-(3-Trifluoromethylphenyl)-2-(N,N-dimethylamino)propan-1-one
expanded
Designer drug

MW: 245.24451
MM: 245.10275
$C_{12}H_{14}F_3NO$
RI: 1806 (calc.)

GC/MS
EI 70 eV
TSQ 70
QI: 995

Peaks: 73, 95, 103, 125, 145, 158, 173, 198, 214, 227

m/z: 145

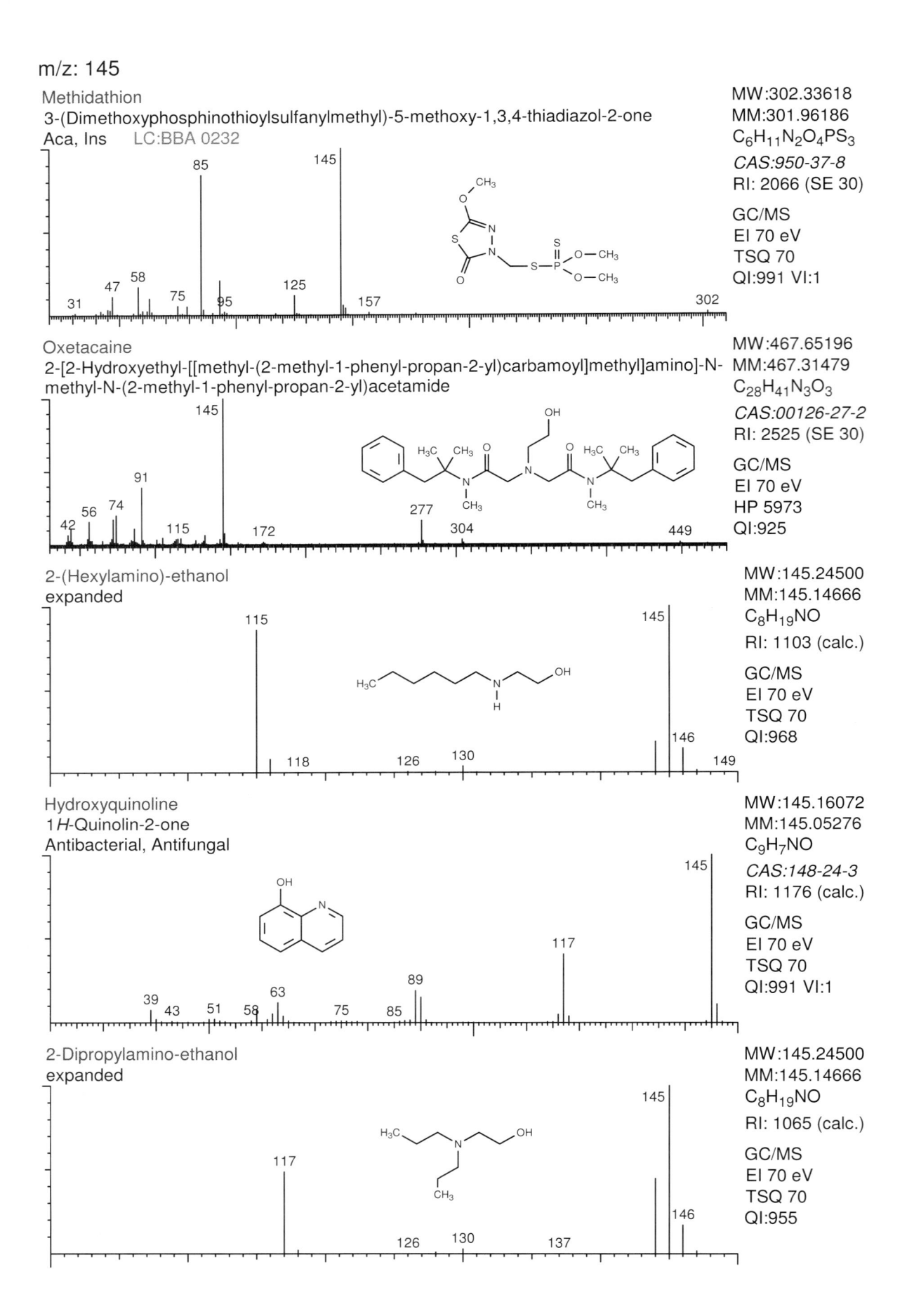

Methidathion
3-(Dimethoxyphosphinothioylsulfanylmethyl)-5-methoxy-1,3,4-thiadiazol-2-one
Aca, Ins   LC:BBA 0232

MW:302.33618
MM:301.96186
$C_6H_{11}N_2O_4PS_3$

CAS:950-37-8
RI: 2066 (SE 30)

GC/MS
EI 70 eV
TSQ 70
QI:991 VI:1

Oxetacaine
2-[2-Hydroxyethyl-[[methyl-(2-methyl-1-phenyl-propan-2-yl)carbamoyl]methyl]amino]-N-methyl-N-(2-methyl-1-phenyl-propan-2-yl)acetamide

MW:467.65196
MM:467.31479
$C_{28}H_{41}N_3O_3$

CAS:00126-27-2
RI: 2525 (SE 30)

GC/MS
EI 70 eV
HP 5973
QI:925

2-(Hexylamino)-ethanol
expanded

MW:145.24500
MM:145.14666
$C_8H_{19}NO$

RI: 1103 (calc.)

GC/MS
EI 70 eV
TSQ 70
QI:968

Hydroxyquinoline
1H-Quinolin-2-one
Antibacterial, Antifungal

MW:145.16072
MM:145.05276
C_9H_7NO

CAS:148-24-3
RI: 1176 (calc.)

GC/MS
EI 70 eV
TSQ 70
QI:991 VI:1

2-Dipropylamino-ethanol
expanded

MW:145.24500
MM:145.14666
$C_8H_{19}NO$

RI: 1065 (calc.)

GC/MS
EI 70 eV
TSQ 70
QI:955

m/z: 145

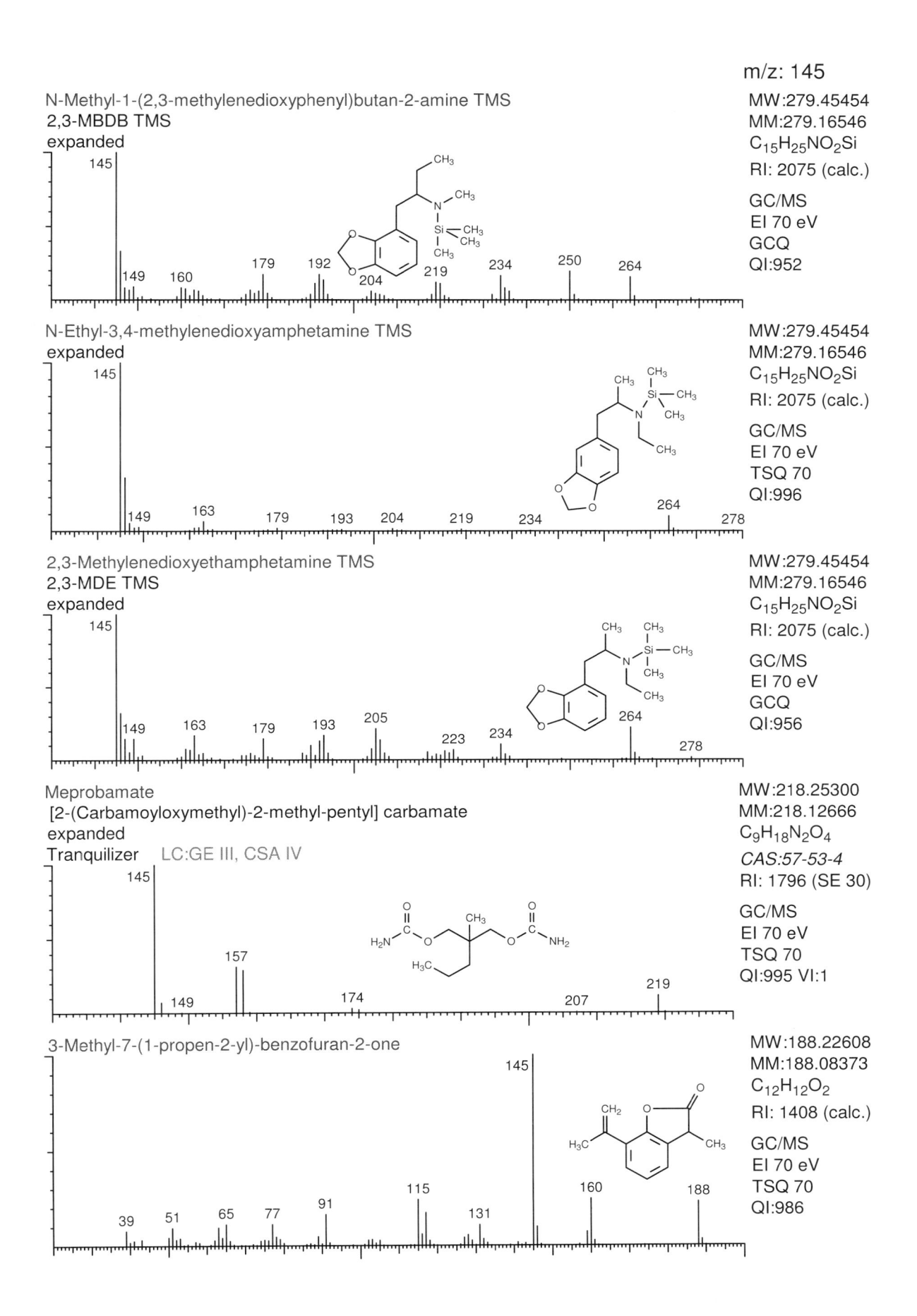

N-Methyl-1-(2,3-methylenedioxyphenyl)butan-2-amine TMS
2,3-MBDB TMS
expanded

MW: 279.45454
MM: 279.16546
$C_{15}H_{25}NO_2Si$
RI: 2075 (calc.)

GC/MS
EI 70 eV
GCQ
QI: 952

N-Ethyl-3,4-methylenedioxyamphetamine TMS
expanded

MW: 279.45454
MM: 279.16546
$C_{15}H_{25}NO_2Si$
RI: 2075 (calc.)

GC/MS
EI 70 eV
TSQ 70
QI: 996

2,3-Methylenedioxyethamphetamine TMS
2,3-MDE TMS
expanded

MW: 279.45454
MM: 279.16546
$C_{15}H_{25}NO_2Si$
RI: 2075 (calc.)

GC/MS
EI 70 eV
GCQ
QI: 956

Meprobamate
[2-(Carbamoyloxymethyl)-2-methyl-pentyl] carbamate
expanded
Tranquilizer   LC:GE III, CSA IV

MW: 218.25300
MM: 218.12666
$C_9H_{18}N_2O_4$
CAS: 57-53-4
RI: 1796 (SE 30)

GC/MS
EI 70 eV
TSQ 70
QI: 995 VI:1

3-Methyl-7-(1-propen-2-yl)-benzofuran-2-one

MW: 188.22608
MM: 188.08373
$C_{12}H_{12}O_2$
RI: 1408 (calc.)

GC/MS
EI 70 eV
TSQ 70
QI: 986

m/z: 145

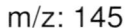

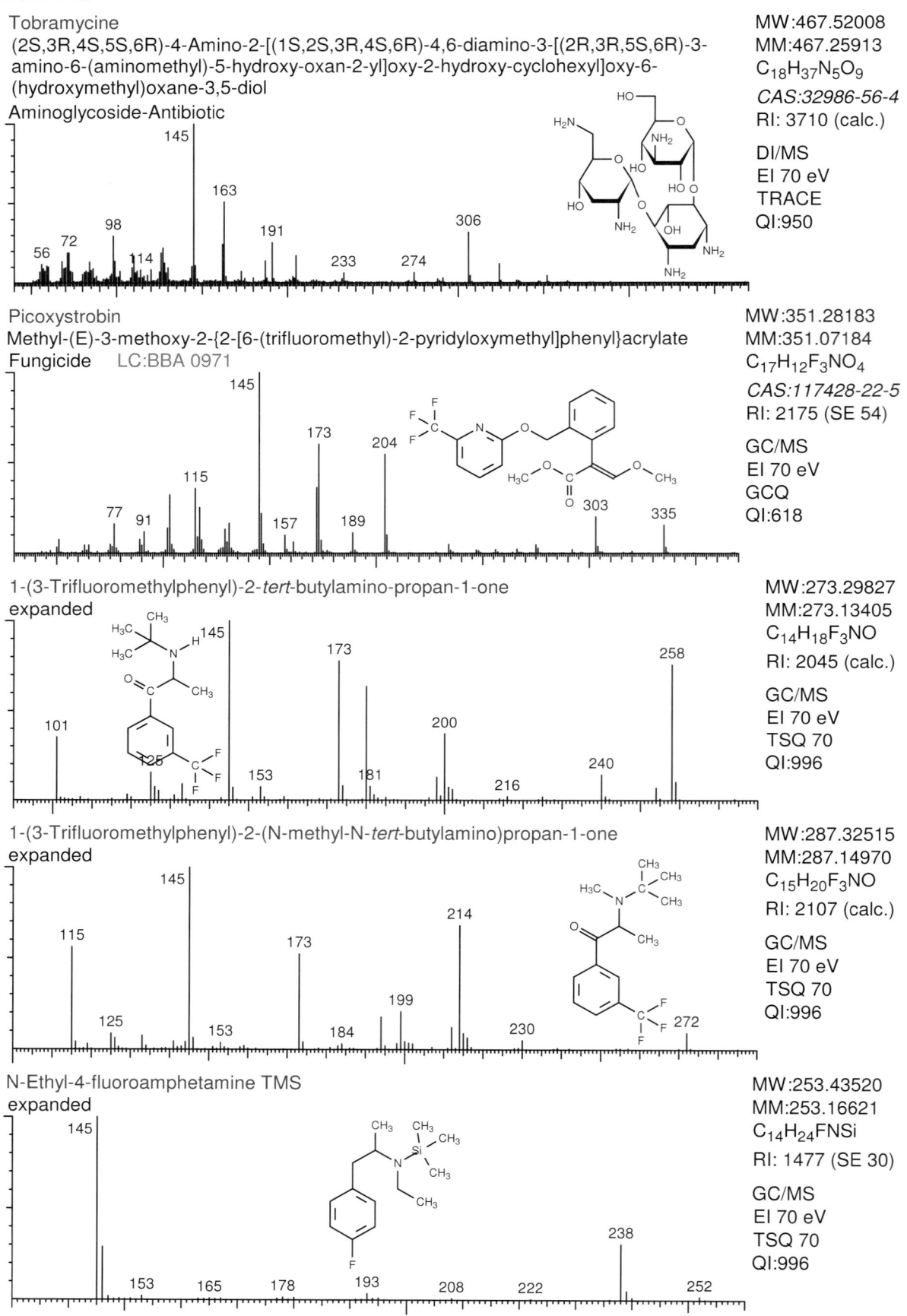

Tobramycine
(2S,3R,4S,5S,6R)-4-Amino-2-[(1S,2S,3R,4S,6R)-4,6-diamino-3-[(2R,3R,5S,6R)-3-amino-6-(aminomethyl)-5-hydroxy-oxan-2-yl]oxy-2-hydroxy-cyclohexyl]oxy-6-(hydroxymethyl)oxane-3,5-diol
Aminoglycoside-Antibiotic

MW:467.52008
MM:467.25913
$C_{18}H_{37}N_5O_9$
CAS:32986-56-4
RI: 3710 (calc.)

DI/MS
EI 70 eV
TRACE
QI:950

Picoxystrobin
Methyl-(E)-3-methoxy-2-{2-[6-(trifluoromethyl)-2-pyridyloxymethyl]phenyl}acrylate
Fungicide   LC:BBA 0971

MW:351.28183
MM:351.07184
$C_{17}H_{12}F_3NO_4$
CAS:117428-22-5
RI: 2175 (SE 54)

GC/MS
EI 70 eV
GCQ
QI:618

1-(3-Trifluoromethylphenyl)-2-*tert*-butylamino-propan-1-one
expanded

MW:273.29827
MM:273.13405
$C_{14}H_{18}F_3NO$
RI: 2045 (calc.)

GC/MS
EI 70 eV
TSQ 70
QI:996

1-(3-Trifluoromethylphenyl)-2-(N-methyl-N-*tert*-butylamino)propan-1-one
expanded

MW:287.32515
MM:287.14970
$C_{15}H_{20}F_3NO$
RI: 2107 (calc.)

GC/MS
EI 70 eV
TSQ 70
QI:996

N-Ethyl-4-fluoroamphetamine TMS
expanded

MW:253.43520
MM:253.16621
$C_{14}H_{24}FNSi$
RI: 1477 (SE 30)

GC/MS
EI 70 eV
TSQ 70
QI:996

m/z: 145

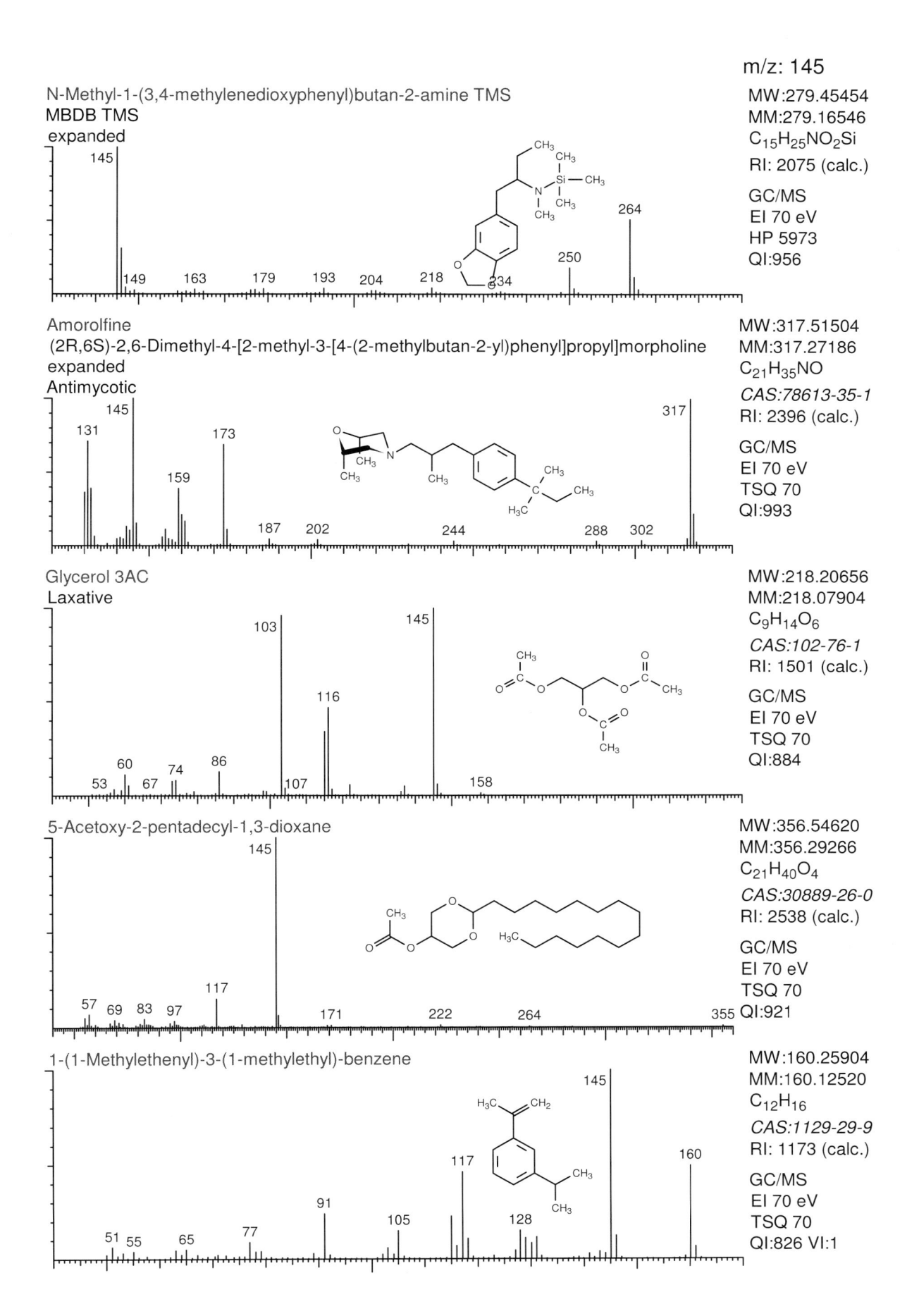

N-Methyl-1-(3,4-methylenedioxyphenyl)butan-2-amine TMS
MBDB TMS
expanded

MW:279.45454
MM:279.16546
$C_{15}H_{25}NO_2Si$
RI: 2075 (calc.)

GC/MS
EI 70 eV
HP 5973
QI:956

Amorolfine
(2R,6S)-2,6-Dimethyl-4-[2-methyl-3-[4-(2-methylbutan-2-yl)phenyl]propyl]morpholine
expanded
Antimycotic

MW:317.51504
MM:317.27186
$C_{21}H_{35}NO$
CAS:78613-35-1
RI: 2396 (calc.)

GC/MS
EI 70 eV
TSQ 70
QI:993

Glycerol 3AC
Laxative

MW:218.20656
MM:218.07904
$C_9H_{14}O_6$
CAS:102-76-1
RI: 1501 (calc.)

GC/MS
EI 70 eV
TSQ 70
QI:884

5-Acetoxy-2-pentadecyl-1,3-dioxane

MW:356.54620
MM:356.29266
$C_{21}H_{40}O_4$
CAS:30889-26-0
RI: 2538 (calc.)

GC/MS
EI 70 eV
TSQ 70
QI:921

1-(1-Methylethenyl)-3-(1-methylethyl)-benzene

MW:160.25904
MM:160.12520
$C_{12}H_{16}$
CAS:1129-29-9
RI: 1173 (calc.)

GC/MS
EI 70 eV
TSQ 70
QI:826 VI:1

m/z: 145-146

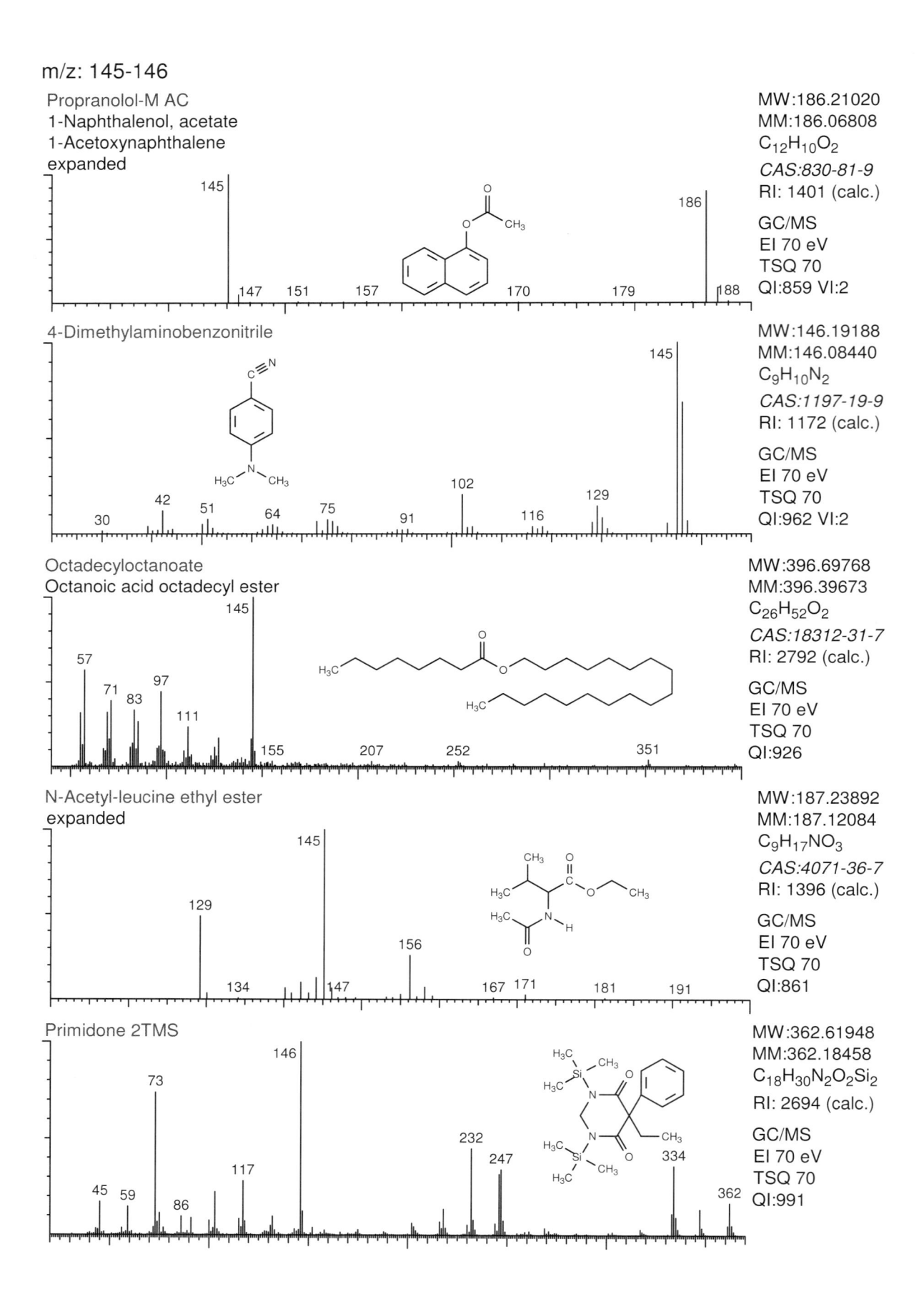

Propranolol-M AC
1-Naphthalenol, acetate
1-Acetoxynaphthalene
expanded

MW: 186.21020
MM: 186.06808
$C_{12}H_{10}O_2$
CAS: 830-81-9
RI: 1401 (calc.)

GC/MS
EI 70 eV
TSQ 70
QI: 859 VI: 2

4-Dimethylaminobenzonitrile

MW: 146.19188
MM: 146.08440
$C_9H_{10}N_2$
CAS: 1197-19-9
RI: 1172 (calc.)

GC/MS
EI 70 eV
TSQ 70
QI: 962 VI: 2

Octadecyloctanoate
Octanoic acid octadecyl ester

MW: 396.69768
MM: 396.39673
$C_{26}H_{52}O_2$
CAS: 18312-31-7
RI: 2792 (calc.)

GC/MS
EI 70 eV
TSQ 70
QI: 926

N-Acetyl-leucine ethyl ester
expanded

MW: 187.23892
MM: 187.12084
$C_9H_{17}NO_3$
CAS: 4071-36-7
RI: 1396 (calc.)

GC/MS
EI 70 eV
TSQ 70
QI: 861

Primidone 2TMS

MW: 362.61948
MM: 362.18458
$C_{18}H_{30}N_2O_2Si_2$
RI: 2694 (calc.)

GC/MS
EI 70 eV
TSQ 70
QI: 991

m/z: 146

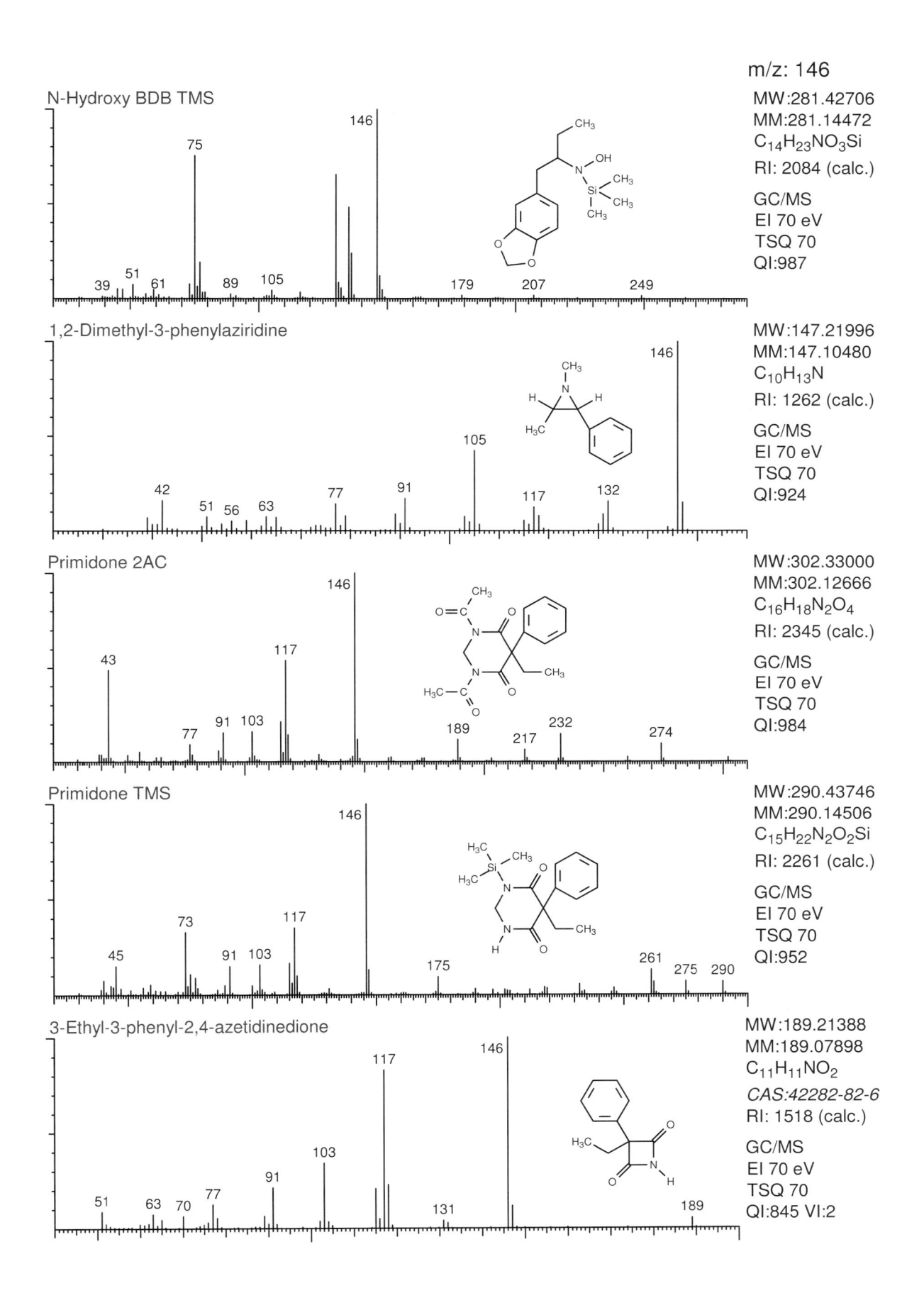

N-Hydroxy BDB TMS

MW: 281.42706
MM: 281.14472
$C_{14}H_{23}NO_3Si$
RI: 2084 (calc.)

GC/MS
EI 70 eV
TSQ 70
QI: 987

1,2-Dimethyl-3-phenylaziridine

MW: 147.21996
MM: 147.10480
$C_{10}H_{13}N$
RI: 1262 (calc.)

GC/MS
EI 70 eV
TSQ 70
QI: 924

Primidone 2AC

MW: 302.33000
MM: 302.12666
$C_{16}H_{18}N_2O_4$
RI: 2345 (calc.)

GC/MS
EI 70 eV
TSQ 70
QI: 984

Primidone TMS

MW: 290.43746
MM: 290.14506
$C_{15}H_{22}N_2O_2Si$
RI: 2261 (calc.)

GC/MS
EI 70 eV
TSQ 70
QI: 952

3-Ethyl-3-phenyl-2,4-azetidinedione

MW: 189.21388
MM: 189.07898
$C_{11}H_{11}NO_2$
CAS: 42282-82-6
RI: 1518 (calc.)

GC/MS
EI 70 eV
TSQ 70
QI: 845 VI: 2

m/z: 146

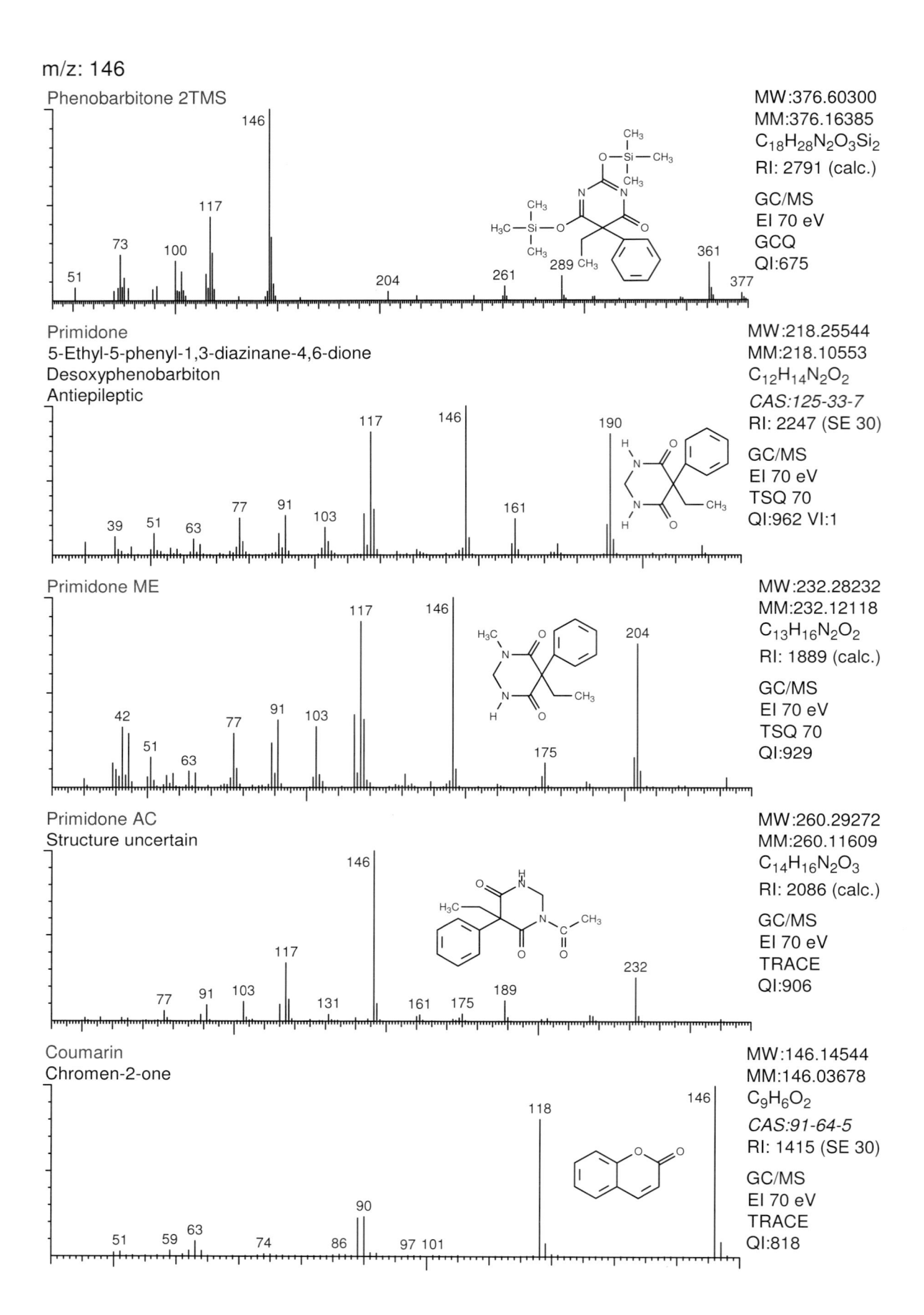

Phenobarbitone 2TMS

MW:376.60300
MM:376.16385
$C_{18}H_{28}N_2O_3Si_2$
RI: 2791 (calc.)

GC/MS
EI 70 eV
GCQ
QI:675

Peaks: 51, 73, 100, 117, 146, 204, 261, 289, 361, 377

Primidone
5-Ethyl-5-phenyl-1,3-diazinane-4,6-dione
Desoxyphenobarbiton
Antiepileptic

MW:218.25544
MM:218.10553
$C_{12}H_{14}N_2O_2$
CAS:125-33-7
RI: 2247 (SE 30)

GC/MS
EI 70 eV
TSQ 70
QI:962 VI:1

Peaks: 39, 51, 63, 77, 91, 103, 117, 146, 161, 190

Primidone ME

MW:232.28232
MM:232.12118
$C_{13}H_{16}N_2O_2$
RI: 1889 (calc.)

GC/MS
EI 70 eV
TSQ 70
QI:929

Peaks: 42, 51, 63, 77, 91, 103, 117, 146, 175, 204

Primidone AC
Structure uncertain

MW:260.29272
MM:260.11609
$C_{14}H_{16}N_2O_3$
RI: 2086 (calc.)

GC/MS
EI 70 eV
TRACE
QI:906

Peaks: 77, 91, 103, 117, 131, 146, 161, 175, 189, 232

Coumarin
Chromen-2-one

MW:146.14544
MM:146.03678
$C_9H_6O_2$
CAS:91-64-5
RI: 1415 (SE 30)

GC/MS
EI 70 eV
TRACE
QI:818

Peaks: 51, 59, 63, 74, 86, 90, 97, 101, 118, 146

m/z: 146

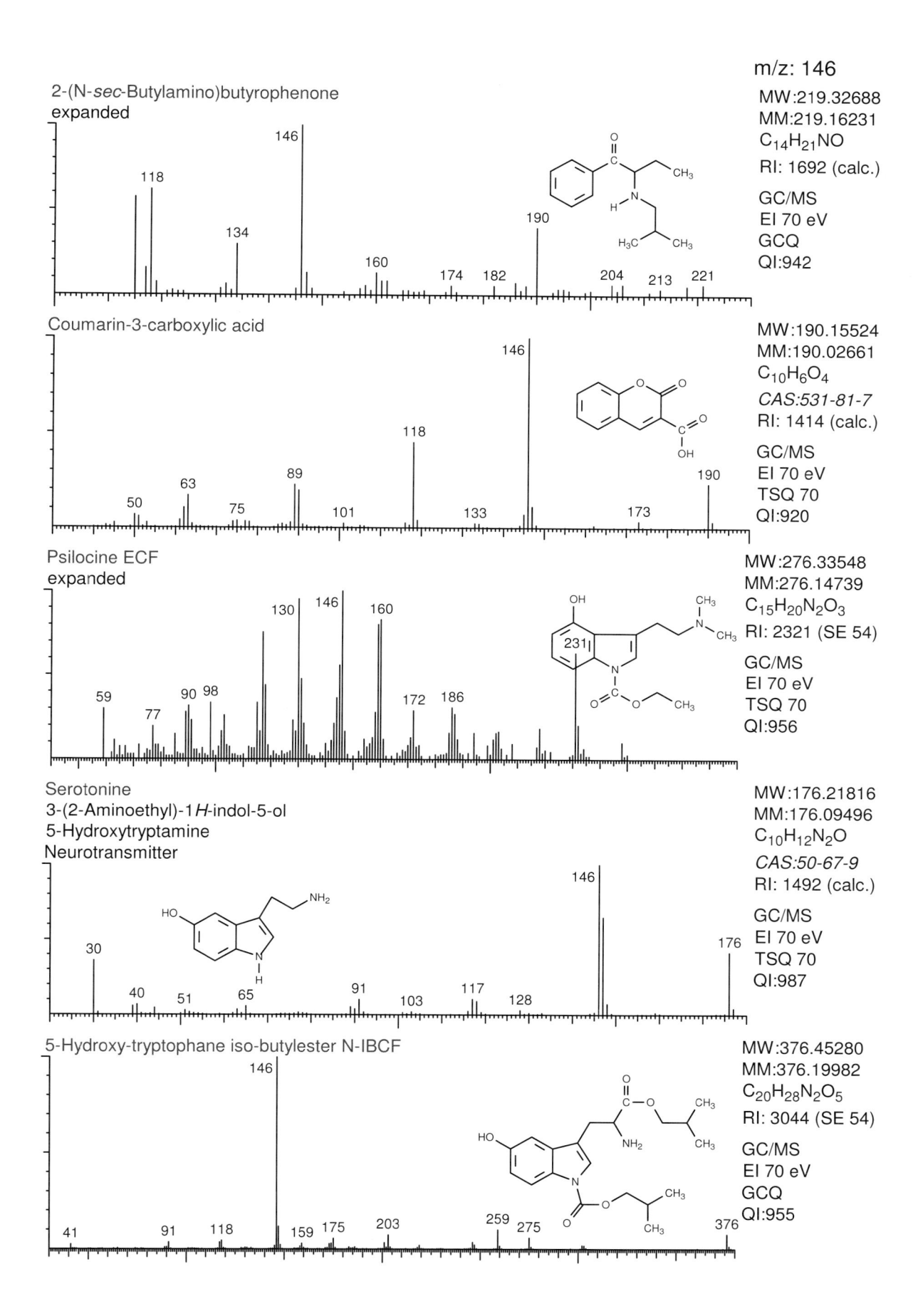

2-(N-sec-Butylamino)butyrophenone
expanded

Peaks: 118, 134, 146, 160, 174, 182, 190, 204, 213, 221

MW: 219.32688
MM: 219.16231
$C_{14}H_{21}NO$
RI: 1692 (calc.)

GC/MS
EI 70 eV
GCQ
QI: 942

Coumarin-3-carboxylic acid

Peaks: 50, 63, 75, 89, 101, 118, 133, 146, 173, 190

MW: 190.15524
MM: 190.02661
$C_{10}H_6O_4$
CAS: 531-81-7
RI: 1414 (calc.)

GC/MS
EI 70 eV
TSQ 70
QI: 920

Psilocine ECF
expanded

Peaks: 59, 77, 90, 98, 130, 146, 160, 172, 186, 231

MW: 276.33548
MM: 276.14739
$C_{15}H_{20}N_2O_3$
RI: 2321 (SE 54)

GC/MS
EI 70 eV
TSQ 70
QI: 956

Serotonine
3-(2-Aminoethyl)-1H-indol-5-ol
5-Hydroxytryptamine
Neurotransmitter

Peaks: 30, 40, 51, 65, 91, 103, 117, 128, 146, 176

MW: 176.21816
MM: 176.09496
$C_{10}H_{12}N_2O$
CAS: 50-67-9
RI: 1492 (calc.)

GC/MS
EI 70 eV
TSQ 70
QI: 987

5-Hydroxy-tryptophane iso-butylester N-IBCF

Peaks: 41, 91, 118, 146, 159, 175, 203, 259, 275, 376

MW: 376.45280
MM: 376.19982
$C_{20}H_{28}N_2O_5$
RI: 3044 (SE 54)

GC/MS
EI 70 eV
GCQ
QI: 955

m/z: 146

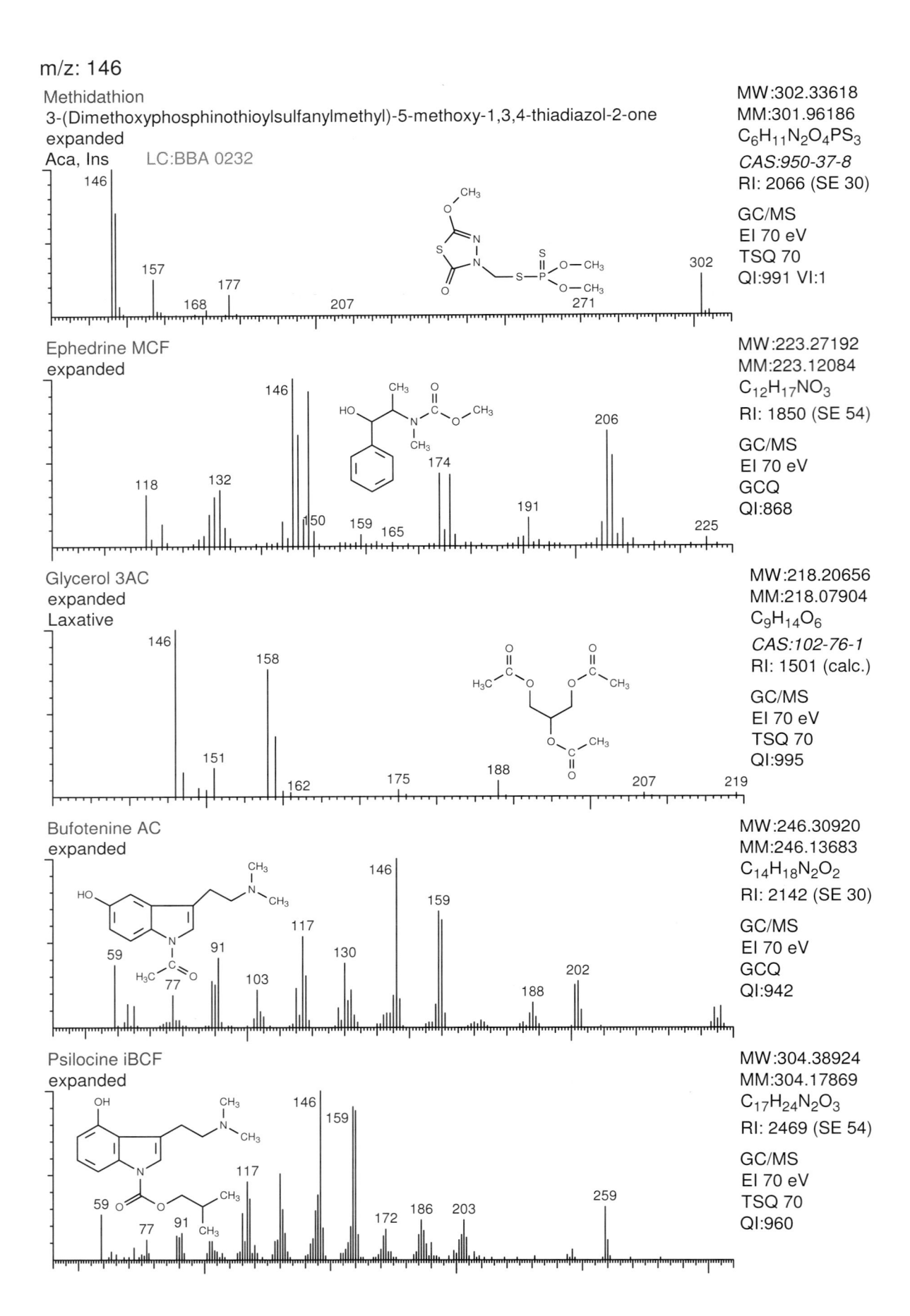

Methidathion
3-(Dimethoxyphosphinothioylsulfanylmethyl)-5-methoxy-1,3,4-thiadiazol-2-one
expanded
Aca, Ins   LC:BBA 0232

Peaks: 146, 157, 168, 177, 207, 271, 302

MW:302.33618
MM:301.96186
$C_6H_{11}N_2O_4PS_3$
CAS:950-37-8
RI: 2066 (SE 30)

GC/MS
EI 70 eV
TSQ 70
QI:991 VI:1

Ephedrine MCF
expanded

Peaks: 118, 132, 146, 150, 159, 165, 174, 191, 206, 225

MW:223.27192
MM:223.12084
$C_{12}H_{17}NO_3$
RI: 1850 (SE 54)

GC/MS
EI 70 eV
GCQ
QI:868

Glycerol 3AC
expanded
Laxative

Peaks: 146, 151, 158, 162, 175, 188, 207, 219

MW:218.20656
MM:218.07904
$C_9H_{14}O_6$
CAS:102-76-1
RI: 1501 (calc.)

GC/MS
EI 70 eV
TSQ 70
QI:995

Bufotenine AC
expanded

Peaks: 59, 77, 91, 103, 117, 130, 146, 159, 188, 202

MW:246.30920
MM:246.13683
$C_{14}H_{18}N_2O_2$
RI: 2142 (SE 30)

GC/MS
EI 70 eV
GCQ
QI:942

Psilocine iBCF
expanded

Peaks: 59, 77, 91, 117, 146, 159, 172, 186, 203, 259

MW:304.38924
MM:304.17869
$C_{17}H_{24}N_2O_3$
RI: 2469 (SE 54)

GC/MS
EI 70 eV
TSQ 70
QI:960

m/z: 146

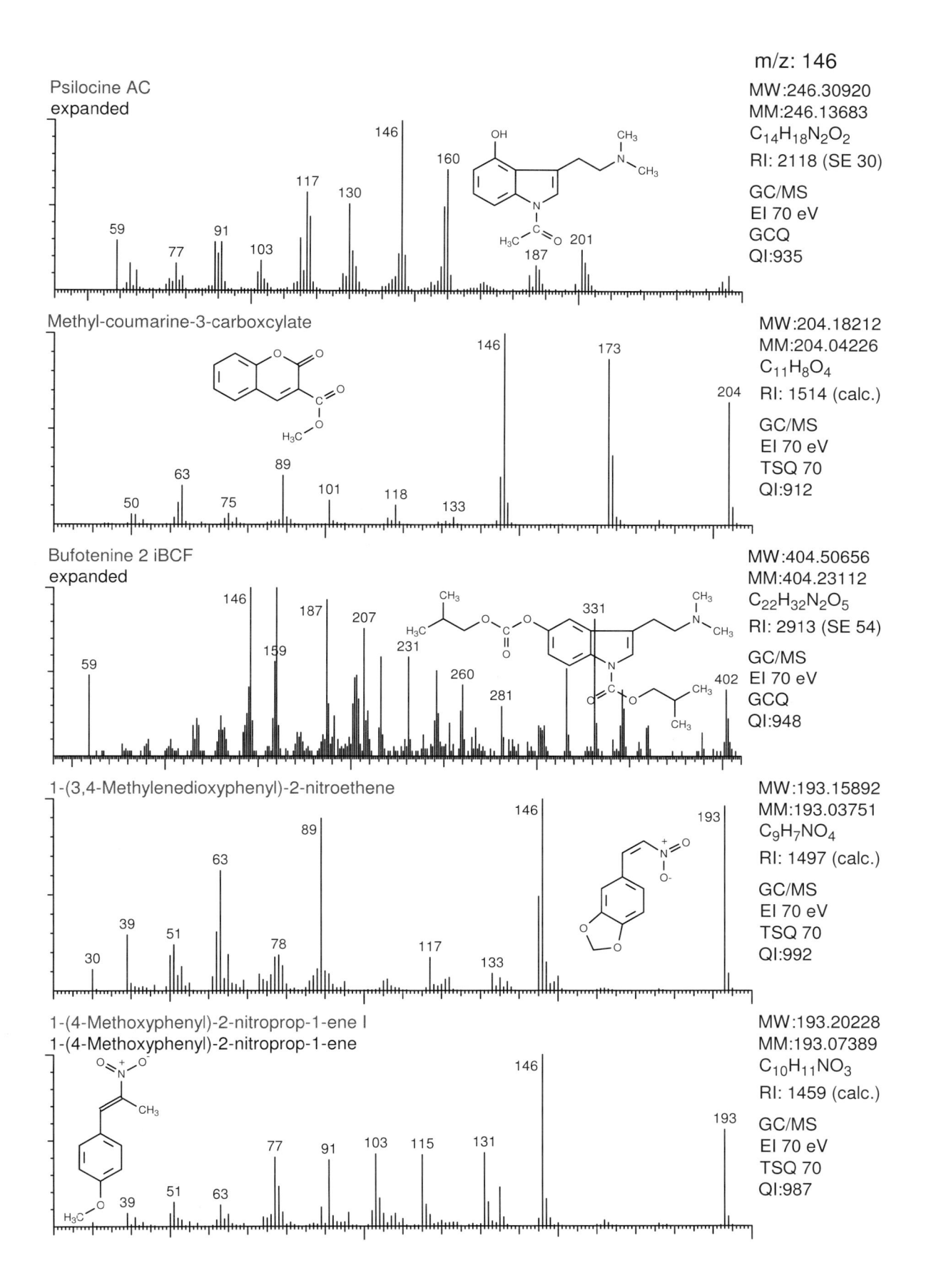

Psilocine AC expanded

MW: 246.30920
MM: 246.13683
$C_{14}H_{18}N_2O_2$
RI: 2118 (SE 30)

GC/MS
EI 70 eV
GCQ
QI: 935

Peaks: 59, 77, 91, 103, 117, 130, 146, 160, 187, 201

Methyl-coumarine-3-carboxylate

MW: 204.18212
MM: 204.04226
$C_{11}H_8O_4$
RI: 1514 (calc.)

GC/MS
EI 70 eV
TSQ 70
QI: 912

Peaks: 50, 63, 75, 89, 101, 118, 133, 146, 173, 204

Bufotenine 2 iBCF expanded

MW: 404.50656
MM: 404.23112
$C_{22}H_{32}N_2O_5$
RI: 2913 (SE 54)

GC/MS
EI 70 eV
GCQ
QI: 948

Peaks: 59, 146, 159, 187, 207, 231, 260, 281, 331, 402

1-(3,4-Methylenedioxyphenyl)-2-nitroethene

MW: 193.15892
MM: 193.03751
$C_9H_7NO_4$
RI: 1497 (calc.)

GC/MS
EI 70 eV
TSQ 70
QI: 992

Peaks: 30, 39, 51, 63, 78, 89, 117, 133, 146, 193

1-(4-Methoxyphenyl)-2-nitroprop-1-ene I
1-(4-Methoxyphenyl)-2-nitroprop-1-ene

MW: 193.20228
MM: 193.07389
$C_{10}H_{11}NO_3$
RI: 1459 (calc.)

GC/MS
EI 70 eV
TSQ 70
QI: 987

Peaks: 39, 51, 63, 77, 91, 103, 115, 131, 146, 193

m/z: 146

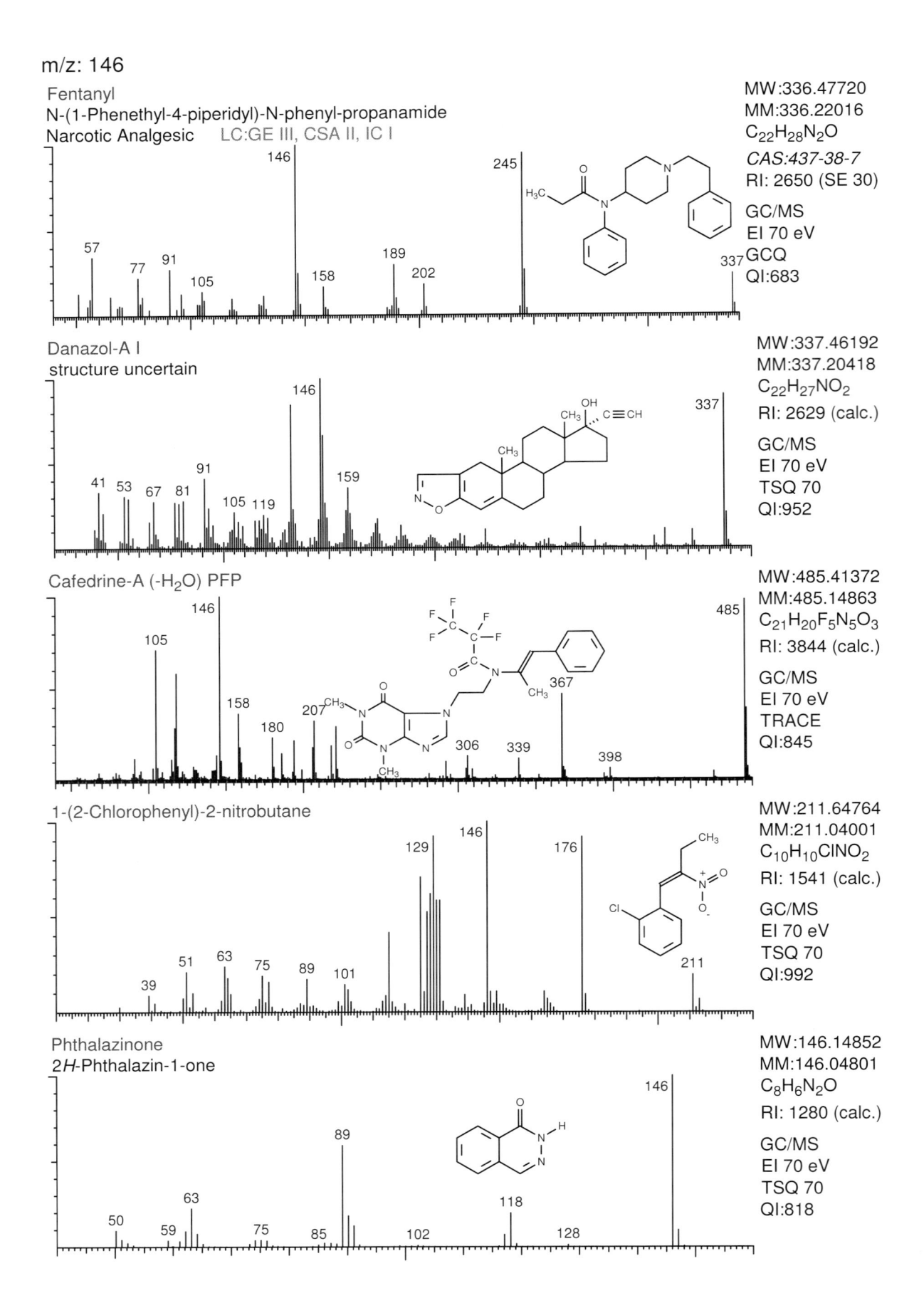

Fentanyl
N-(1-Phenethyl-4-piperidyl)-N-phenyl-propanamide
Narcotic Analgesic   LC:GE III, CSA II, IC I

MW:336.47720
MM:336.22016
$C_{22}H_{28}N_2O$
CAS:437-38-7
RI: 2650 (SE 30)

GC/MS
EI 70 eV
GCQ
QI:683

Peaks: 57, 77, 91, 105, 146, 158, 189, 202, 245, 337

Danazol-A I
structure uncertain

MW:337.46192
MM:337.20418
$C_{22}H_{27}NO_2$
RI: 2629 (calc.)

GC/MS
EI 70 eV
TSQ 70
QI:952

Peaks: 41, 53, 67, 81, 91, 105, 119, 146, 159, 337

Cafedrine-A (-H$_2$O) PFP

MW:485.41372
MM:485.14863
$C_{21}H_{20}F_5N_5O_3$
RI: 3844 (calc.)

GC/MS
EI 70 eV
TRACE
QI:845

Peaks: 105, 146, 158, 180, 207, 306, 339, 367, 398, 485

1-(2-Chlorophenyl)-2-nitrobutane

MW:211.64764
MM:211.04001
$C_{10}H_{10}ClNO_2$
RI: 1541 (calc.)

GC/MS
EI 70 eV
TSQ 70
QI:992

Peaks: 39, 51, 63, 75, 89, 101, 129, 146, 176, 211

Phthalazinone
2H-Phthalazin-1-one

MW:146.14852
MM:146.04801
$C_8H_6N_2O$
RI: 1280 (calc.)

GC/MS
EI 70 eV
TSQ 70
QI:818

Peaks: 50, 59, 63, 75, 85, 89, 102, 118, 128, 146

m/z: 146

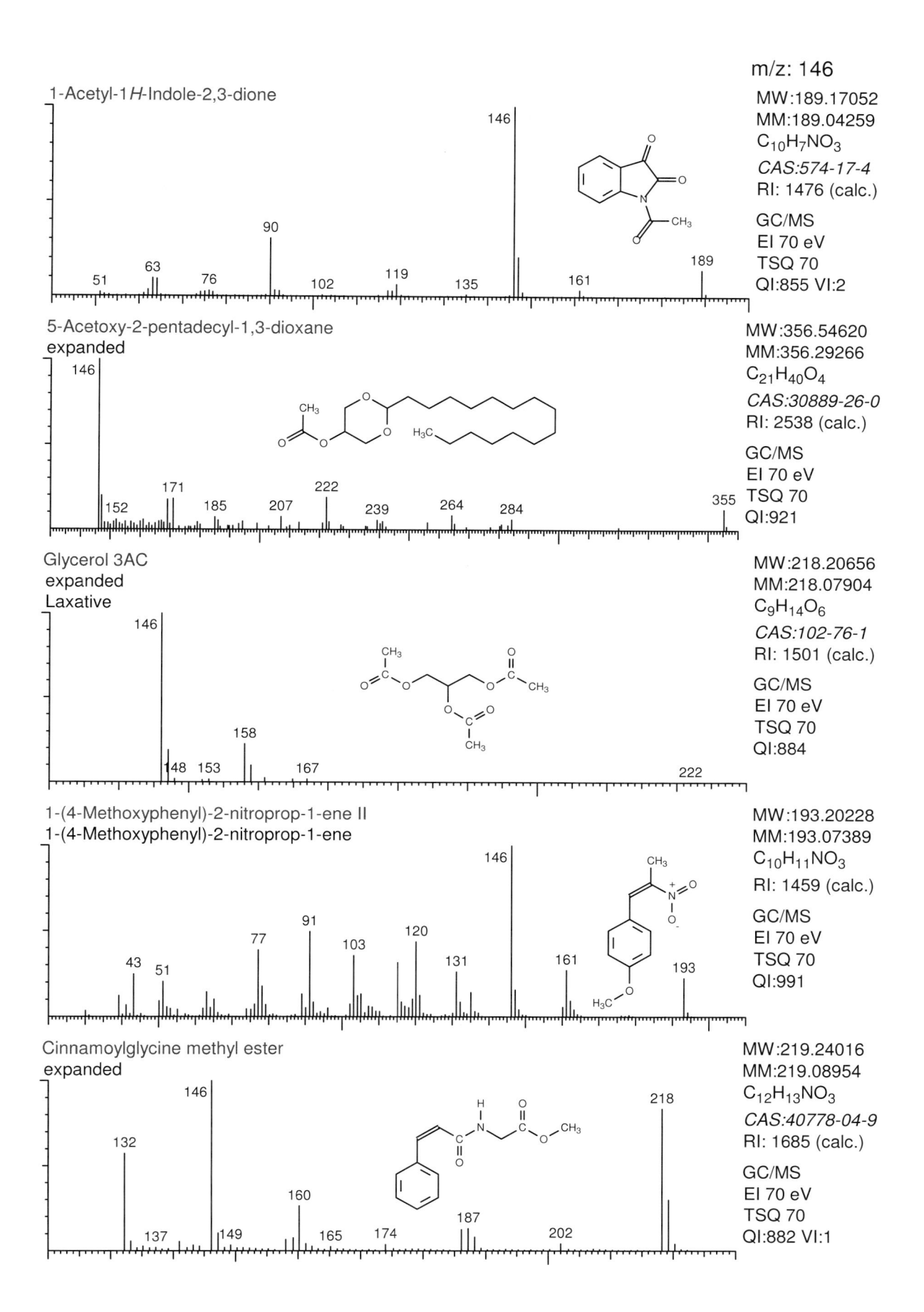

1-Acetyl-1H-Indole-2,3-dione

MW:189.17052
MM:189.04259
$C_{10}H_7NO_3$
CAS:574-17-4
RI: 1476 (calc.)

GC/MS
EI 70 eV
TSQ 70
QI:855 VI:2

5-Acetoxy-2-pentadecyl-1,3-dioxane
expanded

MW:356.54620
MM:356.29266
$C_{21}H_{40}O_4$
CAS:30889-26-0
RI: 2538 (calc.)

GC/MS
EI 70 eV
TSQ 70
QI:921

Glycerol 3AC
expanded
Laxative

MW:218.20656
MM:218.07904
$C_9H_{14}O_6$
CAS:102-76-1
RI: 1501 (calc.)

GC/MS
EI 70 eV
TSQ 70
QI:884

1-(4-Methoxyphenyl)-2-nitroprop-1-ene II
1-(4-Methoxyphenyl)-2-nitroprop-1-ene

MW:193.20228
MM:193.07389
$C_{10}H_{11}NO_3$
RI: 1459 (calc.)

GC/MS
EI 70 eV
TSQ 70
QI:991

Cinnamoylglycine methyl ester
expanded

MW:219.24016
MM:219.08954
$C_{12}H_{13}NO_3$
CAS:40778-04-9
RI: 1685 (calc.)

GC/MS
EI 70 eV
TSQ 70
QI:882 VI:1

m/z: 146-147

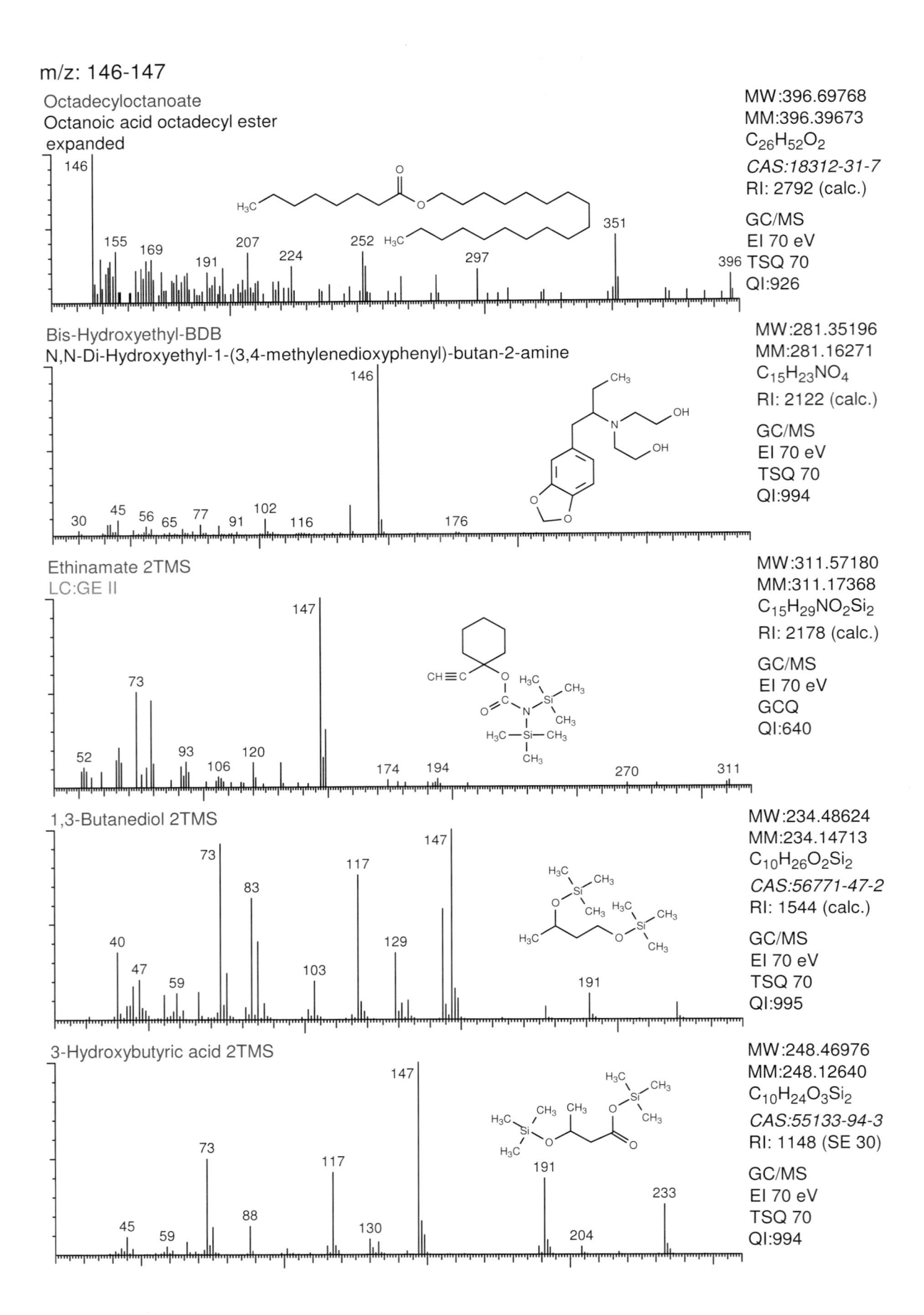

Octadecyloctanoate
Octanoic acid octadecyl ester
expanded

MW:396.69768
MM:396.39673
$C_{26}H_{52}O_2$
CAS:18312-31-7
RI: 2792 (calc.)

GC/MS
EI 70 eV
TSQ 70
QI:926

Peaks: 146, 155, 169, 191, 207, 224, 252, 297, 351, 396

Bis-Hydroxyethyl-BDB
N,N-Di-Hydroxyethyl-1-(3,4-methylenedioxyphenyl)-butan-2-amine

MW:281.35196
MM:281.16271
$C_{15}H_{23}NO_4$
RI: 2122 (calc.)

GC/MS
EI 70 eV
TSQ 70
QI:994

Peaks: 30, 45, 56, 65, 77, 91, 102, 116, 146, 176

Ethinamate 2TMS
LC:GE II

MW:311.57180
MM:311.17368
$C_{15}H_{29}NO_2Si_2$
RI: 2178 (calc.)

GC/MS
EI 70 eV
GCQ
QI:640

Peaks: 52, 73, 93, 106, 120, 147, 174, 194, 270, 311

1,3-Butanediol 2TMS

MW:234.48624
MM:234.14713
$C_{10}H_{26}O_2Si_2$
CAS:56771-47-2
RI: 1544 (calc.)

GC/MS
EI 70 eV
TSQ 70
QI:995

Peaks: 40, 47, 59, 73, 83, 103, 117, 129, 147, 191

3-Hydroxybutyric acid 2TMS

MW:248.46976
MM:248.12640
$C_{10}H_{24}O_3Si_2$
CAS:55133-94-3
RI: 1148 (SE 30)

GC/MS
EI 70 eV
TSQ 70
QI:994

Peaks: 45, 59, 73, 88, 117, 130, 147, 191, 204, 233

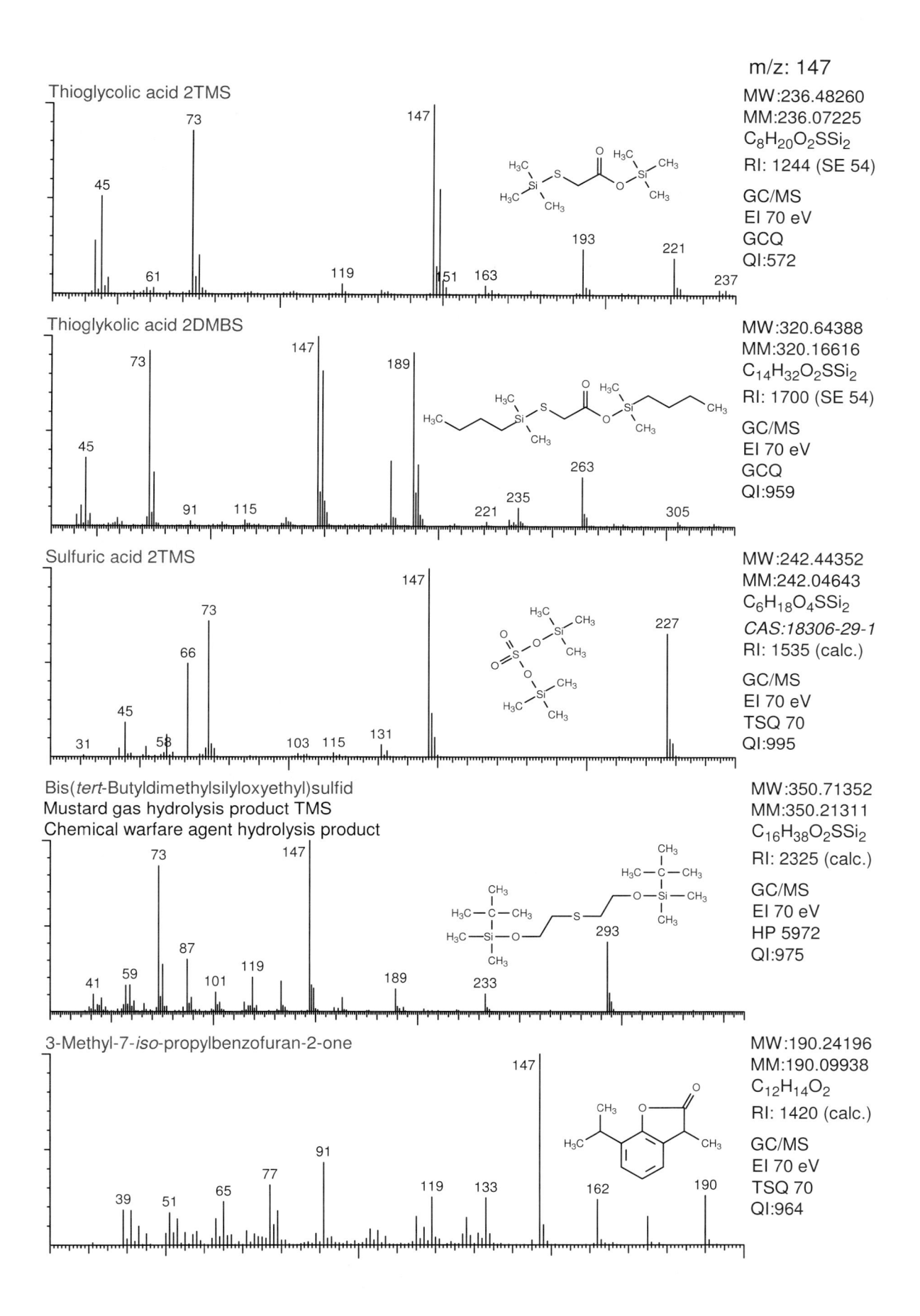

m/z: 147

Thioglycolic acid 2TMS

MW: 236.48260
MM: 236.07225
$C_8H_{20}O_2SSi_2$
RI: 1244 (SE 54)

GC/MS
EI 70 eV
GCQ
QI: 572

Peaks: 45, 73, 61, 119, 147, 51, 163, 193, 221, 237

Thioglykolic acid 2DMBS

MW: 320.64388
MM: 320.16616
$C_{14}H_{32}O_2SSi_2$
RI: 1700 (SE 54)

GC/MS
EI 70 eV
GCQ
QI: 959

Peaks: 45, 73, 91, 115, 147, 189, 221, 235, 263, 305

Sulfuric acid 2TMS

MW: 242.44352
MM: 242.04643
$C_6H_{18}O_4SSi_2$
CAS: 18306-29-1
RI: 1535 (calc.)

GC/MS
EI 70 eV
TSQ 70
QI: 995

Peaks: 31, 45, 58, 66, 73, 103, 115, 131, 147, 227

Bis(*tert*-Butyldimethylsilyloxyethyl)sulfid
Mustard gas hydrolysis product TMS
Chemical warfare agent hydrolysis product

MW: 350.71352
MM: 350.21311
$C_{16}H_{38}O_2SSi_2$
RI: 2325 (calc.)

GC/MS
EI 70 eV
HP 5972
QI: 975

Peaks: 41, 59, 73, 87, 101, 119, 147, 189, 233, 293

3-Methyl-7-*iso*-propylbenzofuran-2-one

MW: 190.24196
MM: 190.09938
$C_{12}H_{14}O_2$
RI: 1420 (calc.)

GC/MS
EI 70 eV
TSQ 70
QI: 964

Peaks: 39, 51, 65, 77, 91, 119, 133, 147, 162, 190

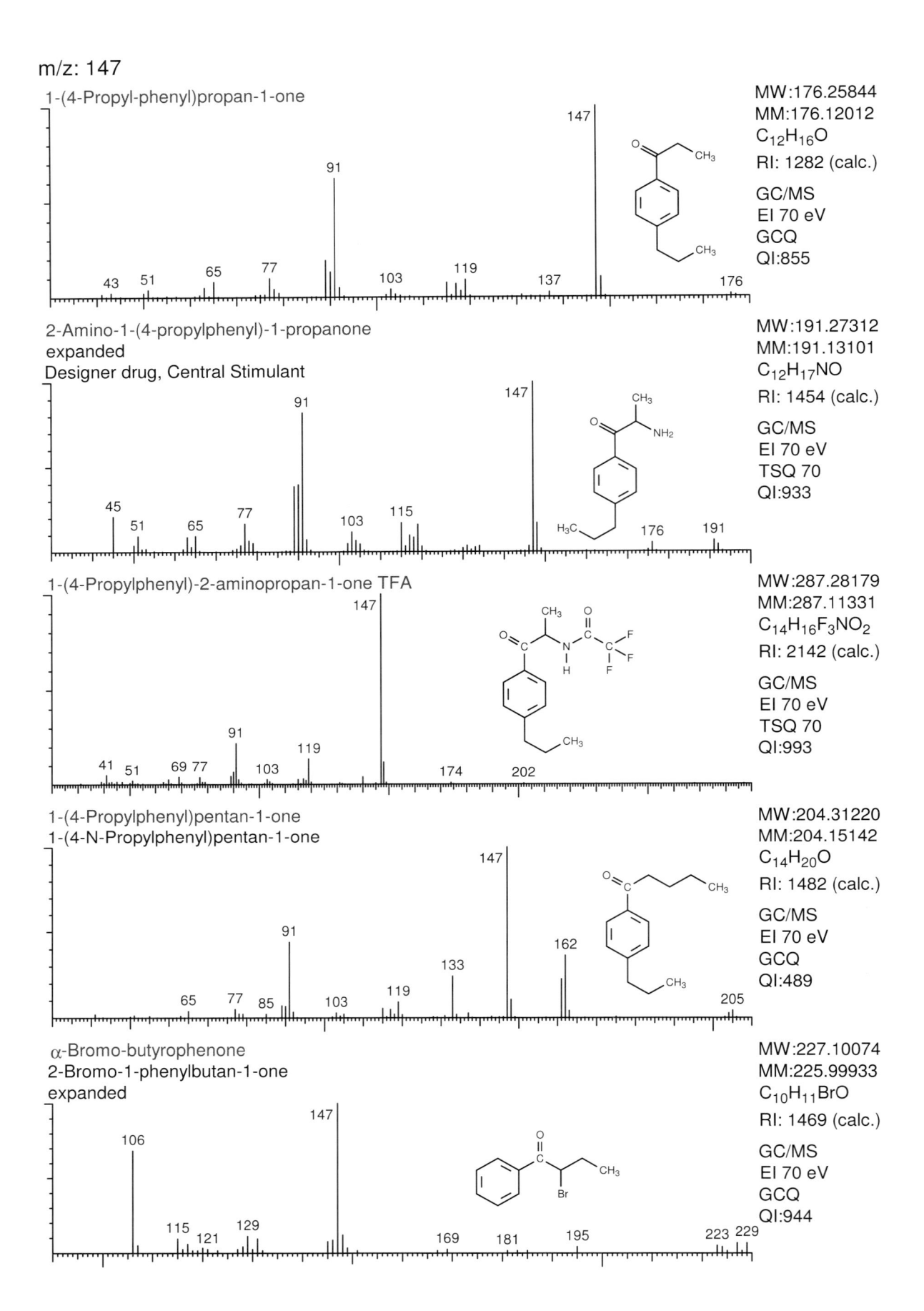

m/z: 147

1-(4-Propyl-phenyl)propan-1-one

MW:176.25844
MM:176.12012
$C_{12}H_{16}O$
RI: 1282 (calc.)

GC/MS
EI 70 eV
GCQ
QI:855

Peaks: 43, 51, 65, 77, 91, 103, 119, 137, 147, 176

2-Amino-1-(4-propylphenyl)-1-propanone
expanded
Designer drug, Central Stimulant

MW:191.27312
MM:191.13101
$C_{12}H_{17}NO$
RI: 1454 (calc.)

GC/MS
EI 70 eV
TSQ 70
QI:933

Peaks: 45, 51, 65, 77, 91, 103, 115, 147, 176, 191

1-(4-Propylphenyl)-2-aminopropan-1-one TFA

MW:287.28179
MM:287.11331
$C_{14}H_{16}F_3NO_2$
RI: 2142 (calc.)

GC/MS
EI 70 eV
TSQ 70
QI:993

Peaks: 41, 51, 69, 77, 91, 103, 119, 147, 174, 202

1-(4-Propylphenyl)pentan-1-one
1-(4-N-Propylphenyl)pentan-1-one

MW:204.31220
MM:204.15142
$C_{14}H_{20}O$
RI: 1482 (calc.)

GC/MS
EI 70 eV
GCQ
QI:489

Peaks: 65, 77, 85, 91, 103, 119, 133, 147, 162, 205

α-Bromo-butyrophenone
2-Bromo-1-phenylbutan-1-one
expanded

MW:227.10074
MM:225.99933
$C_{10}H_{11}BrO$
RI: 1469 (calc.)

GC/MS
EI 70 eV
GCQ
QI:944

Peaks: 106, 115, 121, 129, 147, 169, 181, 195, 223, 229

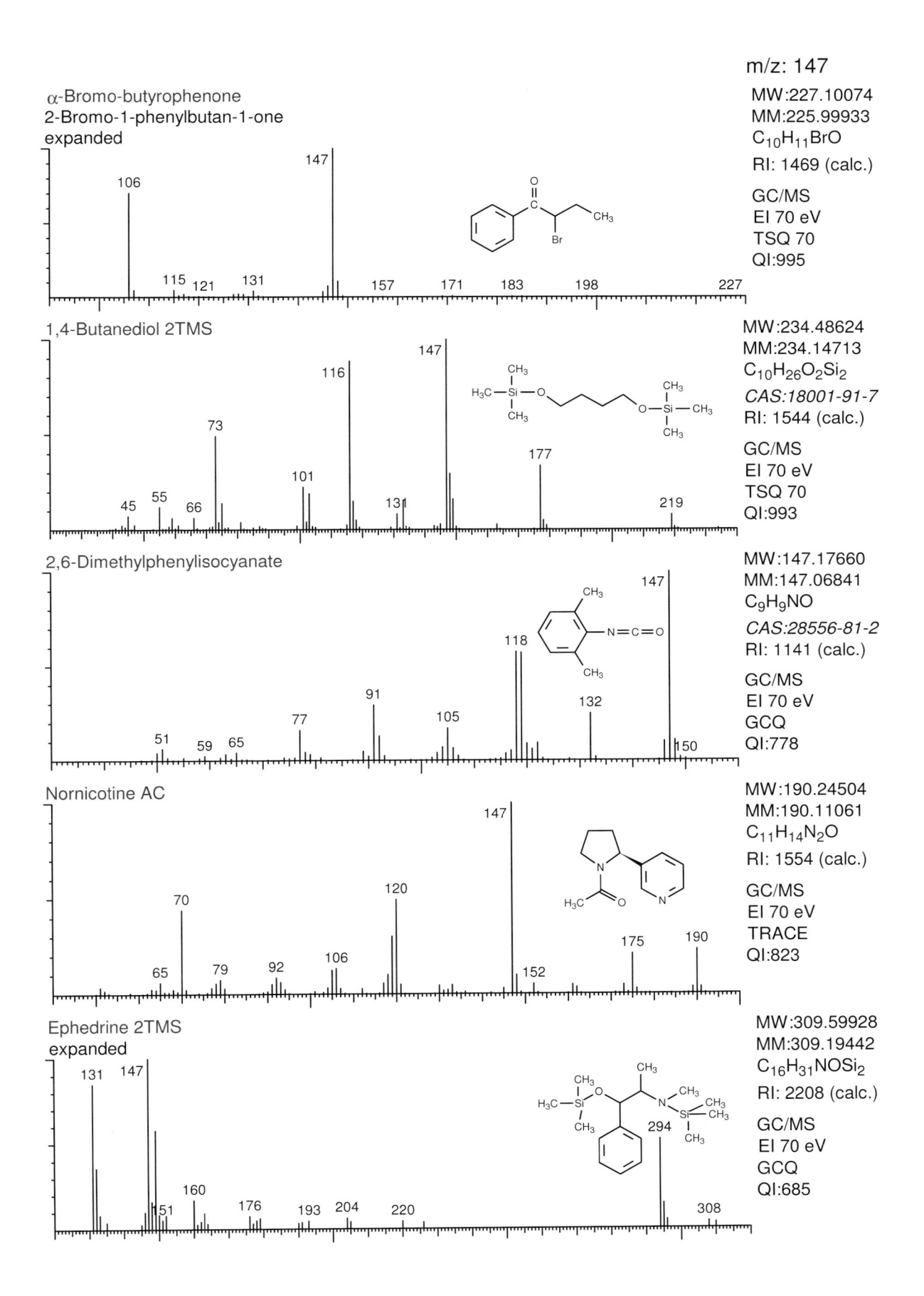

m/z: 147

α-Bromo-butyrophenone
2-Bromo-1-phenylbutan-1-one
expanded

Peaks: 106, 115, 121, 131, 147, 157, 171, 183, 198, 227

MW: 227.10074
MM: 225.99933
$C_{10}H_{11}BrO$
RI: 1469 (calc.)

GC/MS
EI 70 eV
TSQ 70
QI: 995

1,4-Butanediol 2TMS

Peaks: 45, 55, 66, 73, 101, 116, 131, 147, 177, 219

MW: 234.48624
MM: 234.14713
$C_{10}H_{26}O_2Si_2$
CAS: 18001-91-7
RI: 1544 (calc.)

GC/MS
EI 70 eV
TSQ 70
QI: 993

2,6-Dimethylphenylisocyanate

Peaks: 51, 59, 65, 77, 91, 105, 118, 132, 147, 150

MW: 147.17660
MM: 147.06841
C_9H_9NO
CAS: 28556-81-2
RI: 1141 (calc.)

GC/MS
EI 70 eV
GCQ
QI: 778

Nornicotine AC

Peaks: 65, 70, 79, 92, 106, 120, 147, 152, 175, 190

MW: 190.24504
MM: 190.11061
$C_{11}H_{14}N_2O$
RI: 1554 (calc.)

GC/MS
EI 70 eV
TRACE
QI: 823

Ephedrine 2TMS
expanded

Peaks: 131, 147, 51, 160, 176, 193, 204, 220, 294, 308

MW: 309.59928
MM: 309.19442
$C_{16}H_{31}NOSi_2$
RI: 2208 (calc.)

GC/MS
EI 70 eV
GCQ
QI: 685

m/z: 147

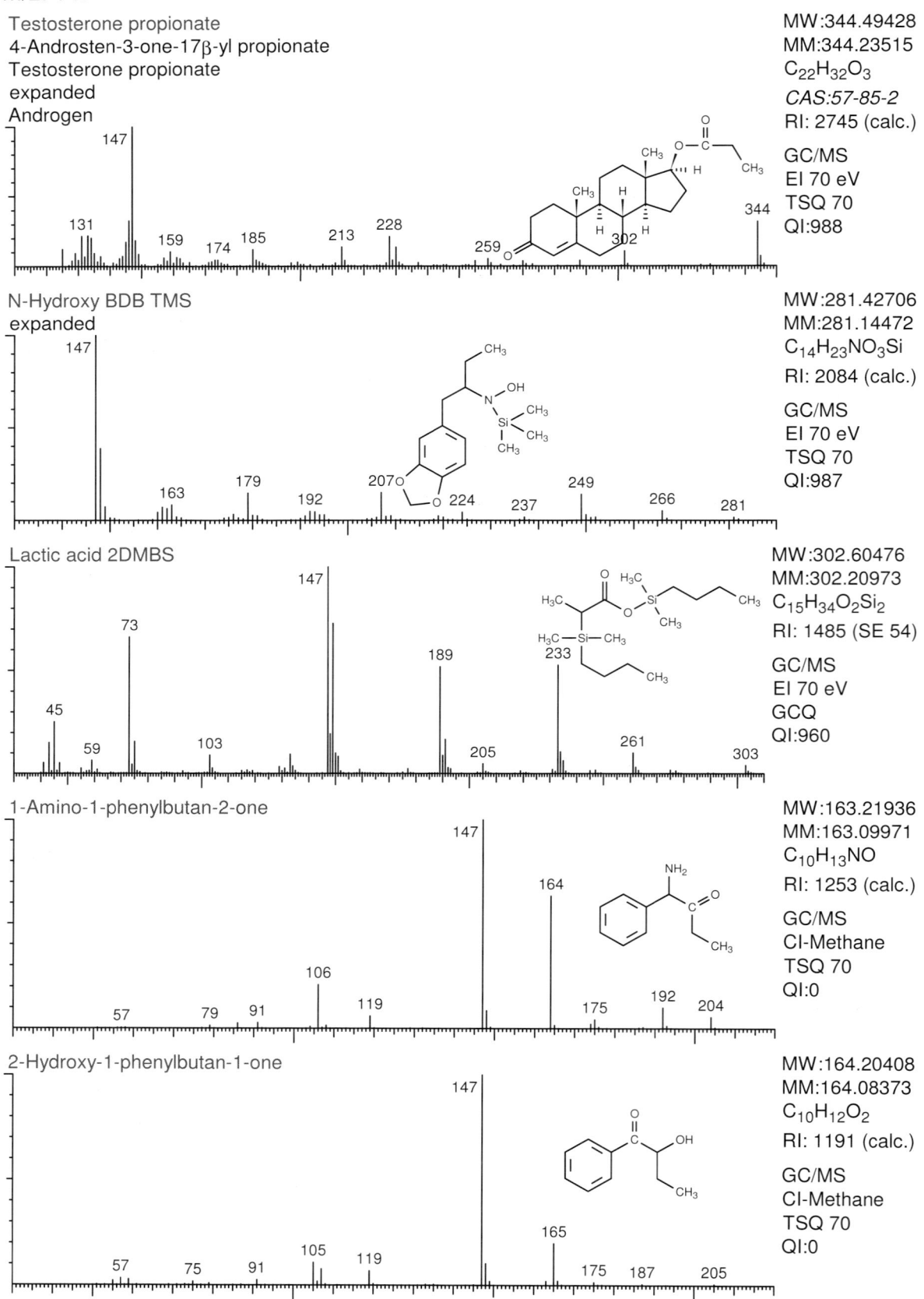

Testosterone propionate
4-Androsten-3-one-17β-yl propionate
Testosterone propionate
expanded
Androgen

MW:344.49428
MM:344.23515
$C_{22}H_{32}O_3$
CAS:57-85-2
RI: 2745 (calc.)

GC/MS
EI 70 eV
TSQ 70
QI:988

Peaks: 131, 147, 159, 174, 185, 213, 228, 259, 302, 344

N-Hydroxy BDB TMS
expanded

MW:281.42706
MM:281.14472
$C_{14}H_{23}NO_3Si$
RI: 2084 (calc.)

GC/MS
EI 70 eV
TSQ 70
QI:987

Peaks: 147, 163, 179, 192, 207, 224, 237, 249, 266, 281

Lactic acid 2DMBS

MW:302.60476
MM:302.20973
$C_{15}H_{34}O_2Si_2$
RI: 1485 (SE 54)

GC/MS
EI 70 eV
GCQ
QI:960

Peaks: 45, 59, 73, 103, 147, 189, 205, 233, 261, 303

1-Amino-1-phenylbutan-2-one

MW:163.21936
MM:163.09971
$C_{10}H_{13}NO$
RI: 1253 (calc.)

GC/MS
CI-Methane
TSQ 70
QI:0

Peaks: 57, 79, 91, 106, 119, 147, 164, 175, 192, 204

2-Hydroxy-1-phenylbutan-1-one

MW:164.20408
MM:164.08373
$C_{10}H_{12}O_2$
RI: 1191 (calc.)

GC/MS
CI-Methane
TSQ 70
QI:0

Peaks: 57, 75, 91, 105, 119, 147, 165, 175, 187, 205

m/z: 147

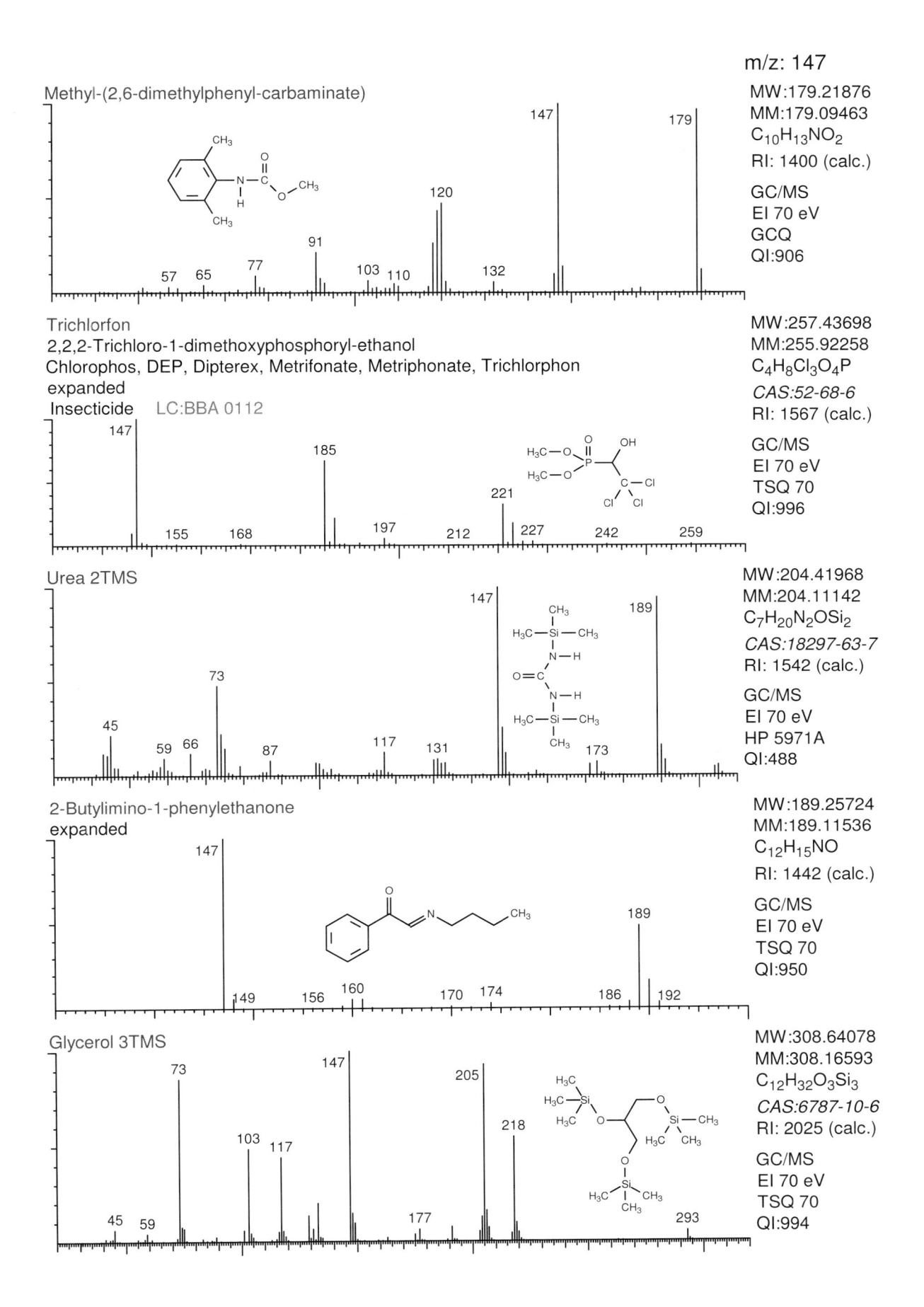

Methyl-(2,6-dimethylphenyl-carbaminate)

MW: 179.21876
MM: 179.09463
$C_{10}H_{13}NO_2$
RI: 1400 (calc.)

GC/MS
EI 70 eV
GCQ
QI: 906

Peaks: 57, 65, 77, 91, 103, 110, 120, 132, 147, 179

Trichlorfon
2,2,2-Trichloro-1-dimethoxyphosphoryl-ethanol
Chlorophos, DEP, Dipterex, Metrifonate, Metriphonate, Trichlorphon
expanded
Insecticide   LC:BBA 0112

MW: 257.43698
MM: 255.92258
$C_4H_8Cl_3O_4P$
CAS: 52-68-6
RI: 1567 (calc.)

GC/MS
EI 70 eV
TSQ 70
QI: 996

Peaks: 147, 155, 168, 185, 197, 212, 221, 227, 242, 259

Urea 2TMS

MW: 204.41968
MM: 204.11142
$C_7H_{20}N_2OSi_2$
CAS: 18297-63-7
RI: 1542 (calc.)

GC/MS
EI 70 eV
HP 5971A
QI: 488

Peaks: 45, 59, 66, 73, 87, 117, 131, 147, 173, 189

2-Butylimino-1-phenylethanone
expanded

MW: 189.25724
MM: 189.11536
$C_{12}H_{15}NO$
RI: 1442 (calc.)

GC/MS
EI 70 eV
TSQ 70
QI: 950

Peaks: 147, 149, 156, 160, 170, 174, 186, 189, 192

Glycerol 3TMS

MW: 308.64078
MM: 308.16593
$C_{12}H_{32}O_3Si_3$
CAS: 6787-10-6
RI: 2025 (calc.)

GC/MS
EI 70 eV
TSQ 70
QI: 994

Peaks: 45, 59, 73, 103, 117, 147, 177, 205, 218, 293

m/z: 147

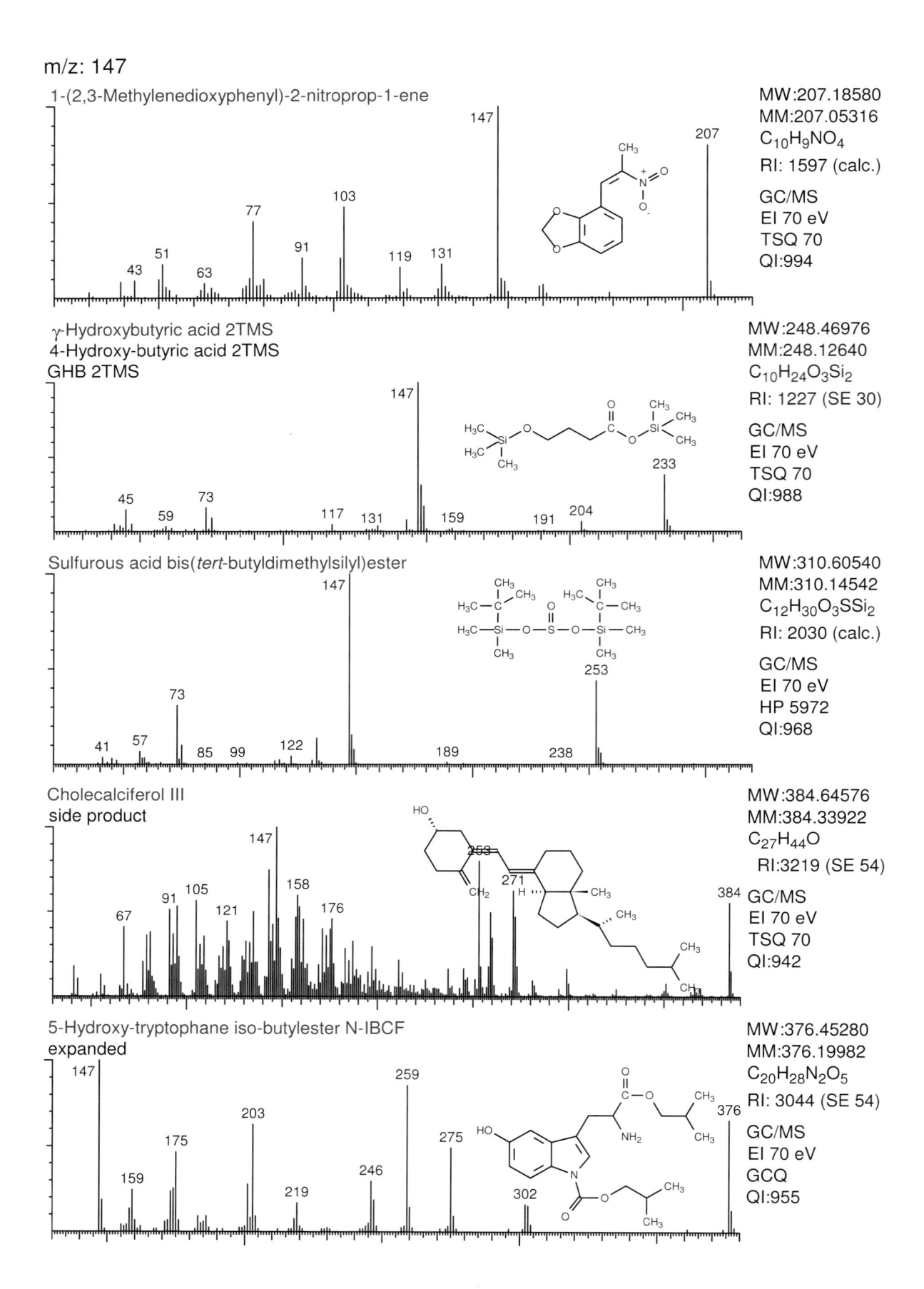

1-(2,3-Methylenedioxyphenyl)-2-nitroprop-1-ene

MW: 207.18580
MM: 207.05316
$C_{10}H_9NO_4$
RI: 1597 (calc.)

GC/MS
EI 70 eV
TSQ 70
QI: 994

Peaks: 43, 51, 63, 77, 91, 103, 119, 131, 147, 207

γ-Hydroxybutyric acid 2TMS
4-Hydroxy-butyric acid 2TMS
GHB 2TMS

MW: 248.46976
MM: 248.12640
$C_{10}H_{24}O_3Si_2$
RI: 1227 (SE 30)

GC/MS
EI 70 eV
TSQ 70
QI: 988

Peaks: 45, 59, 73, 117, 131, 147, 159, 191, 204, 233

Sulfurous acid bis(*tert*-butyldimethylsilyl)ester

MW: 310.60540
MM: 310.14542
$C_{12}H_{30}O_3SSi_2$
RI: 2030 (calc.)

GC/MS
EI 70 eV
HP 5972
QI: 968

Peaks: 41, 57, 73, 85, 99, 122, 147, 189, 238, 253

Cholecalciferol III side product

MW: 384.64576
MM: 384.33922
$C_{27}H_{44}O$
RI: 3219 (SE 54)

GC/MS
EI 70 eV
TSQ 70
QI: 942

Peaks: 67, 91, 105, 121, 147, 158, 176, 253, 271, 384

5-Hydroxy-tryptophane iso-butylester N-IBCF expanded

MW: 376.45280
MM: 376.19982
$C_{20}H_{28}N_2O_5$
RI: 3044 (SE 54)

GC/MS
EI 70 eV
GCQ
QI: 955

Peaks: 147, 159, 175, 203, 219, 246, 259, 275, 302, 376

m/z: 147

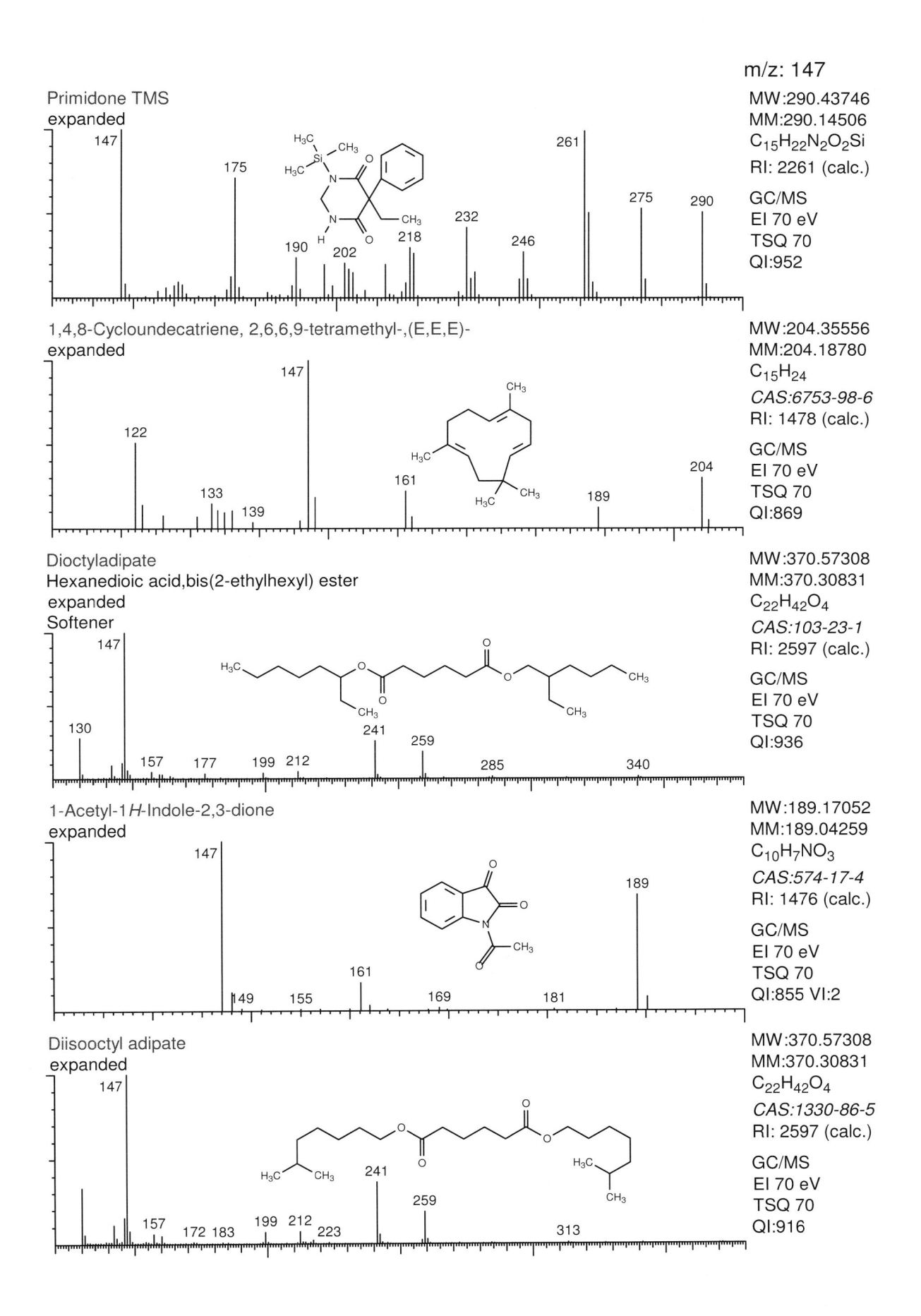

Primidone TMS
expanded

MW: 290.43746
MM: 290.14506
$C_{15}H_{22}N_2O_2Si$
RI: 2261 (calc.)

GC/MS
EI 70 eV
TSQ 70
QI: 952

Peaks: 147, 175, 190, 202, 218, 232, 246, 261, 275, 290

1,4,8-Cycloundecatriene, 2,6,6,9-tetramethyl-,(E,E,E)-
expanded

MW: 204.35556
MM: 204.18780
$C_{15}H_{24}$
CAS: 6753-98-6
RI: 1478 (calc.)

GC/MS
EI 70 eV
TSQ 70
QI: 869

Peaks: 122, 133, 139, 147, 161, 189, 204

Dioctyladipate
Hexanedioic acid, bis(2-ethylhexyl) ester
expanded
Softener

MW: 370.57308
MM: 370.30831
$C_{22}H_{42}O_4$
CAS: 103-23-1
RI: 2597 (calc.)

GC/MS
EI 70 eV
TSQ 70
QI: 936

Peaks: 130, 147, 157, 177, 199, 212, 241, 259, 285, 340

1-Acetyl-1H-Indole-2,3-dione
expanded

MW: 189.17052
MM: 189.04259
$C_{10}H_7NO_3$
CAS: 574-17-4
RI: 1476 (calc.)

GC/MS
EI 70 eV
TSQ 70
QI: 855 VI:2

Peaks: 147, 149, 155, 161, 169, 181, 189

Diisooctyl adipate
expanded

MW: 370.57308
MM: 370.30831
$C_{22}H_{42}O_4$
CAS: 1330-86-5
RI: 2597 (calc.)

GC/MS
EI 70 eV
TSQ 70
QI: 916

Peaks: 147, 157, 172, 183, 199, 212, 223, 241, 259, 313

m/z: 147-148

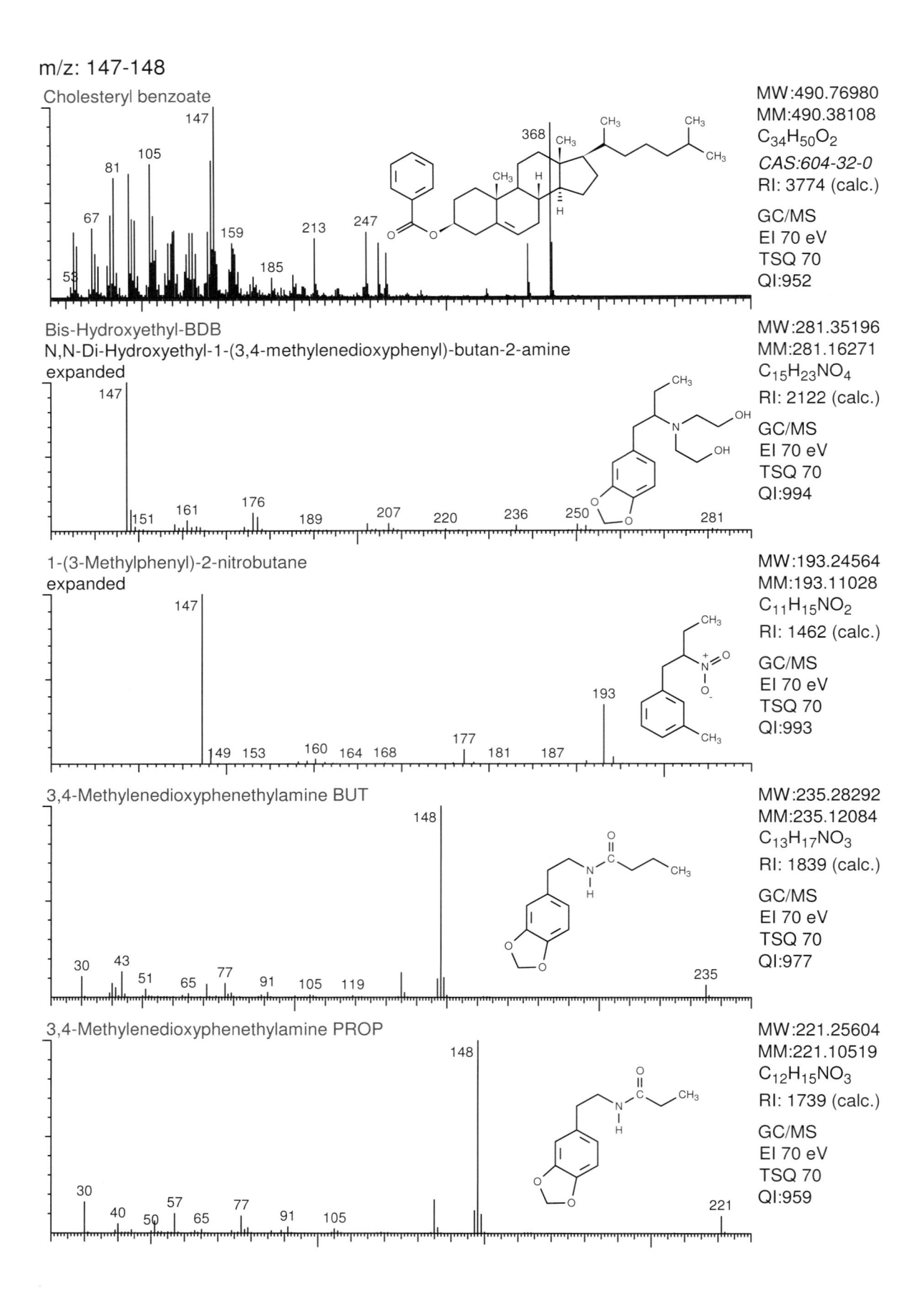

Cholesteryl benzoate

MW: 490.76980
MM: 490.38108
$C_{34}H_{50}O_2$
CAS: 604-32-0
RI: 3774 (calc.)

GC/MS
EI 70 eV
TSQ 70
QI: 952

Bis-Hydroxyethyl-BDB
N,N-Di-Hydroxyethyl-1-(3,4-methylenedioxyphenyl)-butan-2-amine
expanded

MW: 281.35196
MM: 281.16271
$C_{15}H_{23}NO_4$
RI: 2122 (calc.)

GC/MS
EI 70 eV
TSQ 70
QI: 994

1-(3-Methylphenyl)-2-nitrobutane
expanded

MW: 193.24564
MM: 193.11028
$C_{11}H_{15}NO_2$
RI: 1462 (calc.)

GC/MS
EI 70 eV
TSQ 70
QI: 993

3,4-Methylenedioxyphenethylamine BUT

MW: 235.28292
MM: 235.12084
$C_{13}H_{17}NO_3$
RI: 1839 (calc.)

GC/MS
EI 70 eV
TSQ 70
QI: 977

3,4-Methylenedioxyphenethylamine PROP

MW: 221.25604
MM: 221.10519
$C_{12}H_{15}NO_3$
RI: 1739 (calc.)

GC/MS
EI 70 eV
TSQ 70
QI: 959

m/z: 148

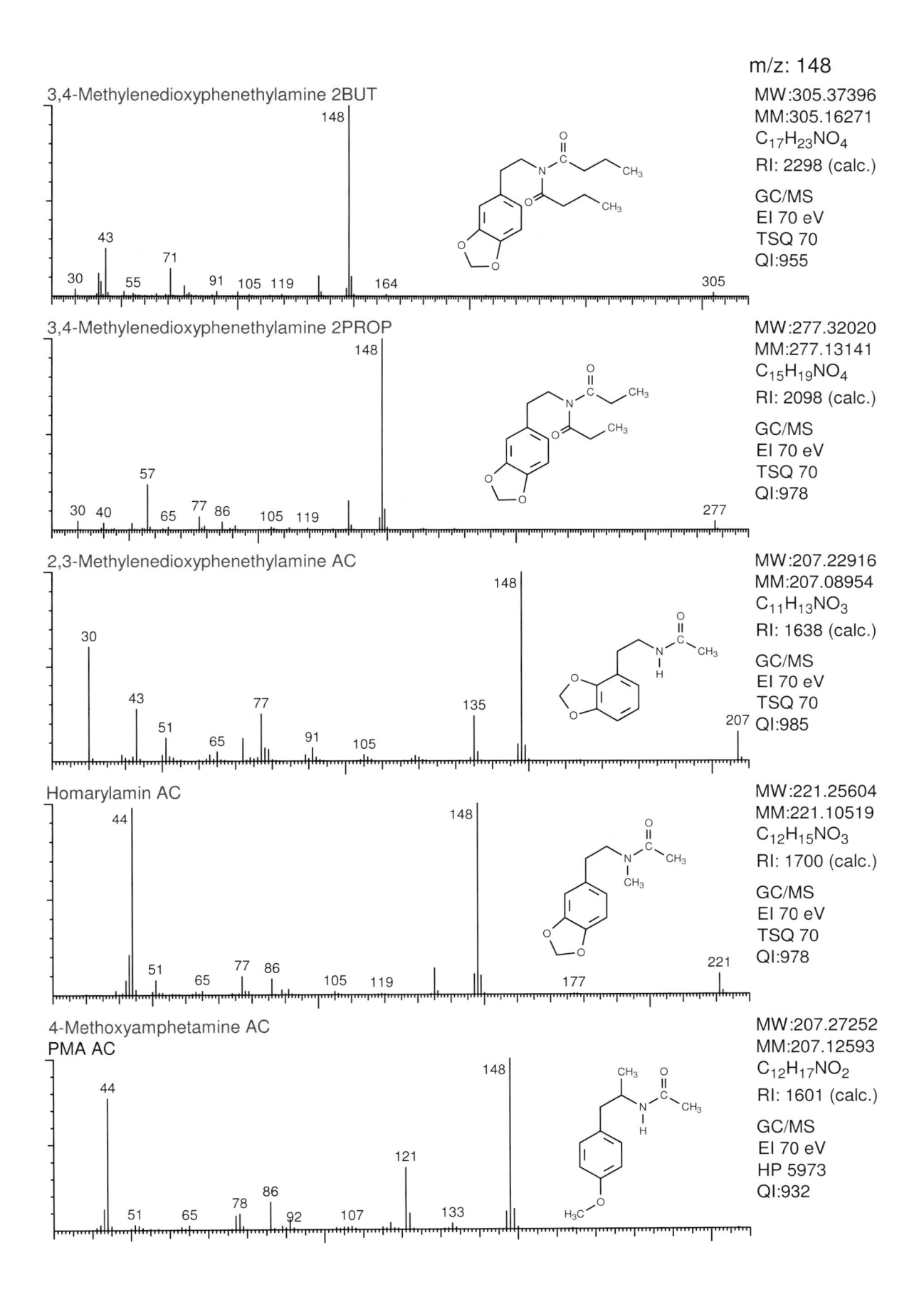

3,4-Methylenedioxyphenethylamine 2BUT

MW: 305.37396
MM: 305.16271
$C_{17}H_{23}NO_4$
RI: 2298 (calc.)

GC/MS
EI 70 eV
TSQ 70
QI: 955

3,4-Methylenedioxyphenethylamine 2PROP

MW: 277.32020
MM: 277.13141
$C_{15}H_{19}NO_4$
RI: 2098 (calc.)

GC/MS
EI 70 eV
TSQ 70
QI: 978

2,3-Methylenedioxyphenethylamine AC

MW: 207.22916
MM: 207.08954
$C_{11}H_{13}NO_3$
RI: 1638 (calc.)

GC/MS
EI 70 eV
TSQ 70
QI: 985

Homarylamin AC

MW: 221.25604
MM: 221.10519
$C_{12}H_{15}NO_3$
RI: 1700 (calc.)

GC/MS
EI 70 eV
TSQ 70
QI: 978

4-Methoxyamphetamine AC
PMA AC

MW: 207.27252
MM: 207.12593
$C_{12}H_{17}NO_2$
RI: 1601 (calc.)

GC/MS
EI 70 eV
HP 5973
QI: 932

m/z: 148

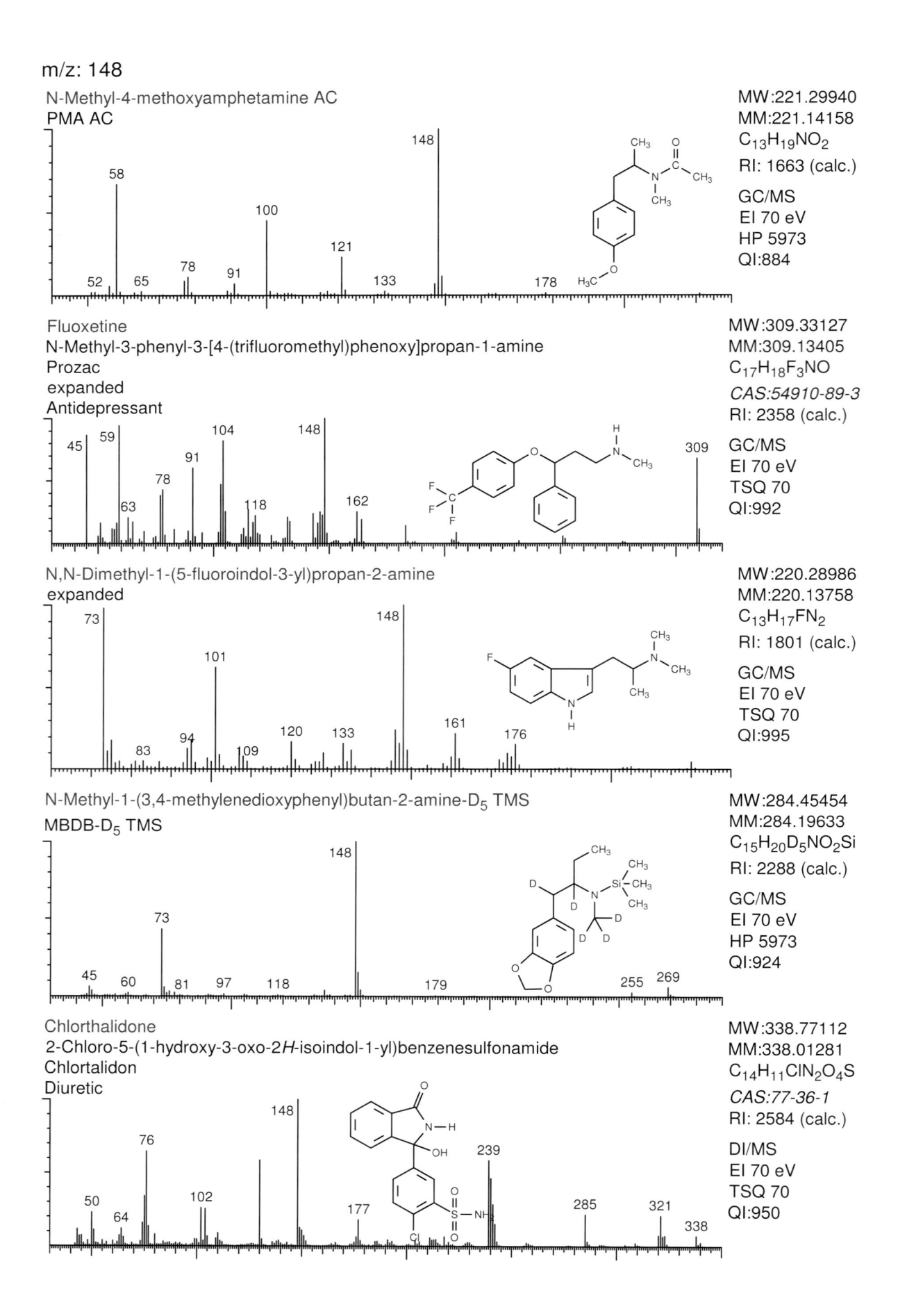

N-Methyl-4-methoxyamphetamine AC
PMA AC

MW:221.29940
MM:221.14158
$C_{13}H_{19}NO_2$
RI: 1663 (calc.)

GC/MS
EI 70 eV
HP 5973
QI:884

Fluoxetine
N-Methyl-3-phenyl-3-[4-(trifluoromethyl)phenoxy]propan-1-amine
Prozac
expanded
Antidepressant

MW:309.33127
MM:309.13405
$C_{17}H_{18}F_3NO$
CAS:54910-89-3
RI: 2358 (calc.)

GC/MS
EI 70 eV
TSQ 70
QI:992

N,N-Dimethyl-1-(5-fluoroindol-3-yl)propan-2-amine
expanded

MW:220.28986
MM:220.13758
$C_{13}H_{17}FN_2$
RI: 1801 (calc.)

GC/MS
EI 70 eV
TSQ 70
QI:995

N-Methyl-1-(3,4-methylenedioxyphenyl)butan-2-amine-D_5 TMS
MBDB-D_5 TMS

MW:284.45454
MM:284.19633
$C_{15}H_{20}D_5NO_2Si$
RI: 2288 (calc.)

GC/MS
EI 70 eV
HP 5973
QI:924

Chlorthalidone
2-Chloro-5-(1-hydroxy-3-oxo-2H-isoindol-1-yl)benzenesulfonamide
Chlortalidon
Diuretic

MW:338.77112
MM:338.01281
$C_{14}H_{11}ClN_2O_4S$
CAS:77-36-1
RI: 2584 (calc.)

DI/MS
EI 70 eV
TSQ 70
QI:950

m/z: 148

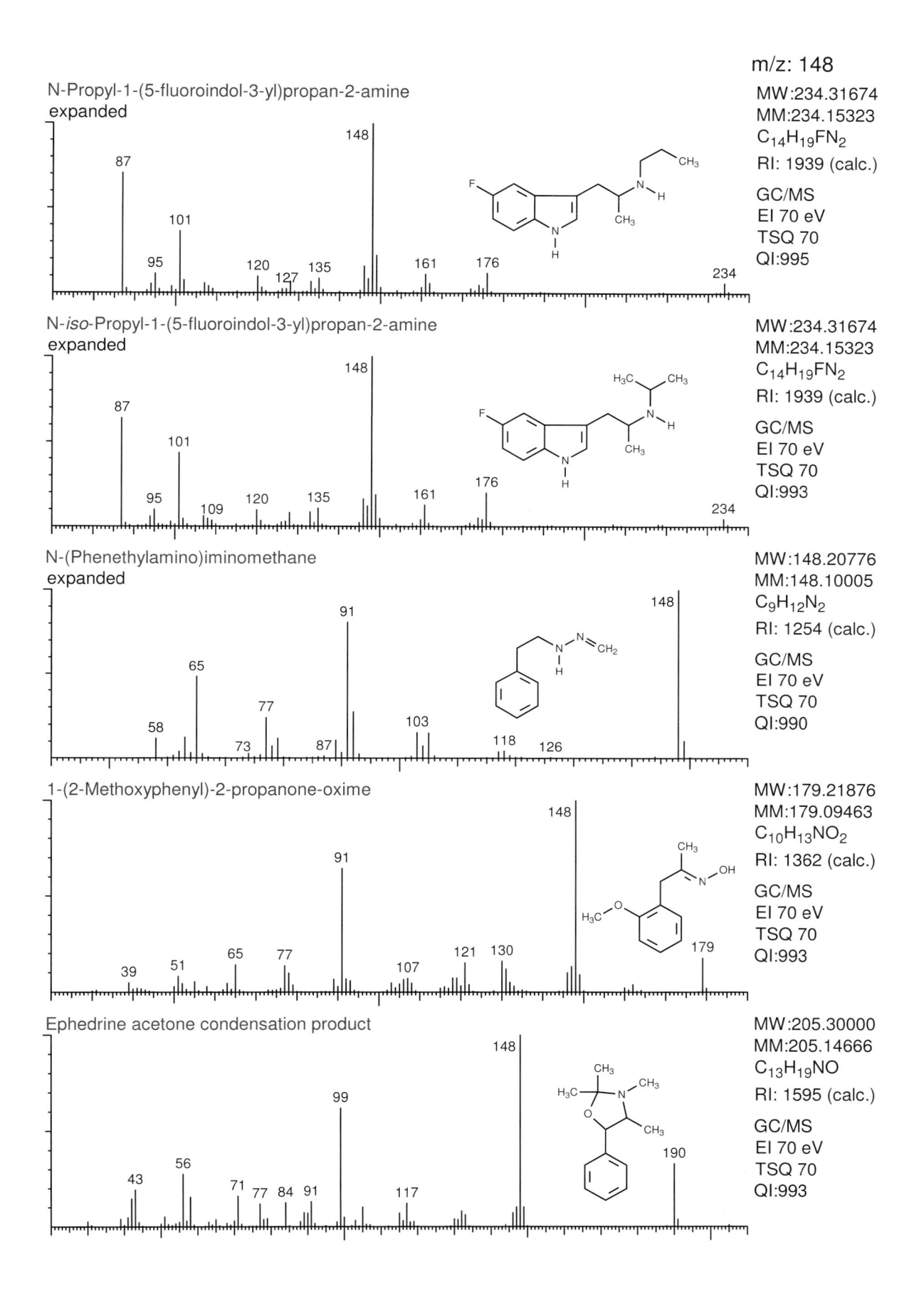

N-Propyl-1-(5-fluoroindol-3-yl)propan-2-amine
expanded

Peaks: 87, 101, 95, 120, 127, 135, 148, 161, 176, 234

MW: 234.31674
MM: 234.15323
$C_{14}H_{19}FN_2$
RI: 1939 (calc.)

GC/MS
EI 70 eV
TSQ 70
QI: 995

N-iso-Propyl-1-(5-fluoroindol-3-yl)propan-2-amine
expanded

Peaks: 87, 101, 95, 109, 120, 135, 148, 161, 176, 234

MW: 234.31674
MM: 234.15323
$C_{14}H_{19}FN_2$
RI: 1939 (calc.)

GC/MS
EI 70 eV
TSQ 70
QI: 993

N-(Phenethylamino)iminomethane
expanded

Peaks: 58, 65, 73, 77, 87, 91, 103, 118, 126, 148

MW: 148.20776
MM: 148.10005
$C_9H_{12}N_2$
RI: 1254 (calc.)

GC/MS
EI 70 eV
TSQ 70
QI: 990

1-(2-Methoxyphenyl)-2-propanone-oxime

Peaks: 39, 51, 65, 77, 91, 107, 121, 130, 148, 179

MW: 179.21876
MM: 179.09463
$C_{10}H_{13}NO_2$
RI: 1362 (calc.)

GC/MS
EI 70 eV
TSQ 70
QI: 993

Ephedrine acetone condensation product

Peaks: 43, 56, 71, 77, 84, 91, 99, 117, 148, 190

MW: 205.30000
MM: 205.14666
$C_{13}H_{19}NO$
RI: 1595 (calc.)

GC/MS
EI 70 eV
TSQ 70
QI: 993

m/z: 148

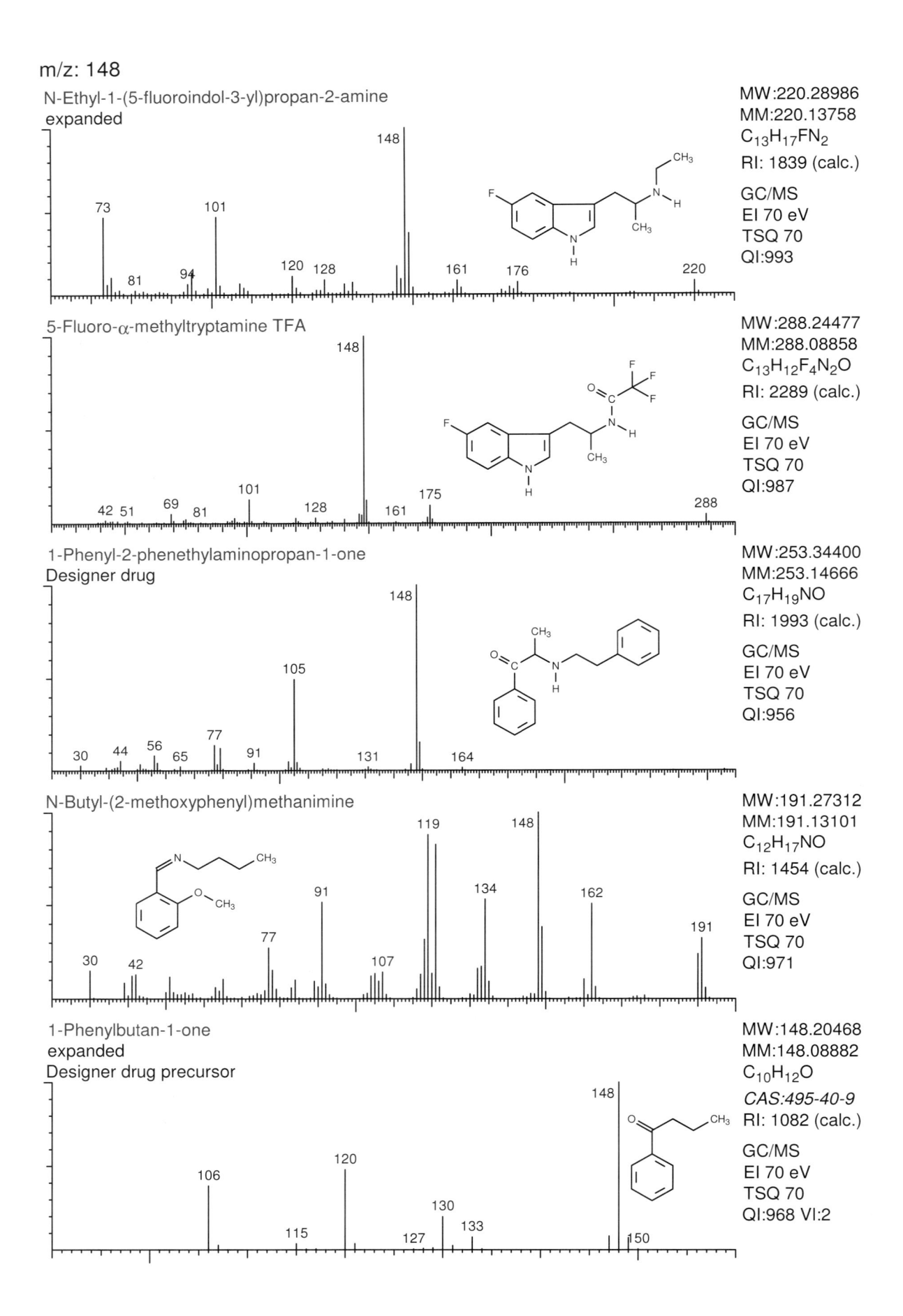

N-Ethyl-1-(5-fluoroindol-3-yl)propan-2-amine
expanded

MW: 220.28986
MM: 220.13758
$C_{13}H_{17}FN_2$
RI: 1839 (calc.)

GC/MS
EI 70 eV
TSQ 70
QI: 993

5-Fluoro-α-methyltryptamine TFA

MW: 288.24477
MM: 288.08858
$C_{13}H_{12}F_4N_2O$
RI: 2289 (calc.)

GC/MS
EI 70 eV
TSQ 70
QI: 987

1-Phenyl-2-phenethylaminopropan-1-one
Designer drug

MW: 253.34400
MM: 253.14666
$C_{17}H_{19}NO$
RI: 1993 (calc.)

GC/MS
EI 70 eV
TSQ 70
QI: 956

N-Butyl-(2-methoxyphenyl)methanimine

MW: 191.27312
MM: 191.13101
$C_{12}H_{17}NO$
RI: 1454 (calc.)

GC/MS
EI 70 eV
TSQ 70
QI: 971

1-Phenylbutan-1-one
expanded
Designer drug precursor

MW: 148.20468
MM: 148.08882
$C_{10}H_{12}O$
CAS: 495-40-9
RI: 1082 (calc.)

GC/MS
EI 70 eV
TSQ 70
QI: 968 VI:2

m/z: 148

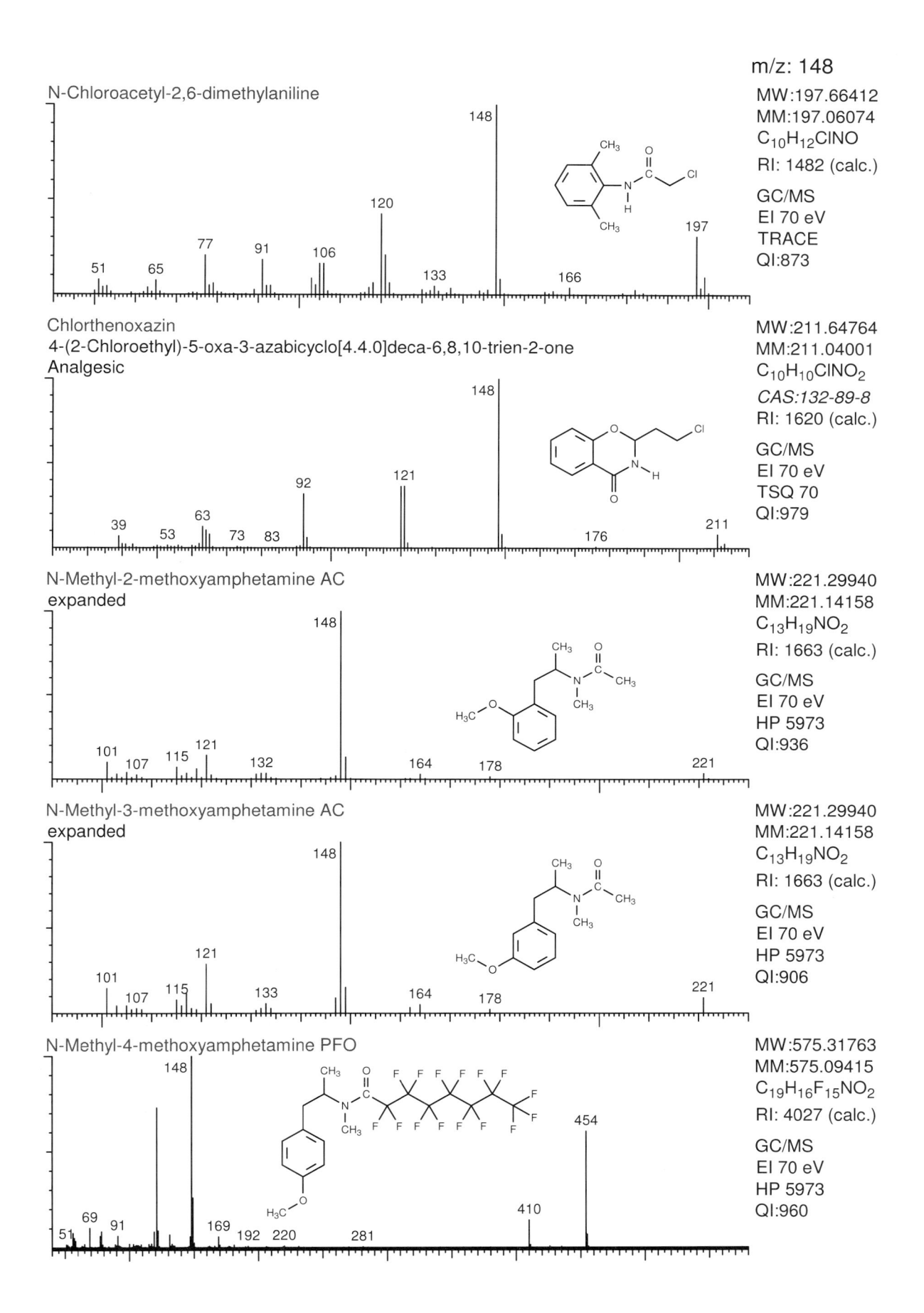

N-Chloroacetyl-2,6-dimethylaniline

MW: 197.66412
MM: 197.06074
C$_{10}$H$_{12}$ClNO

RI: 1482 (calc.)

GC/MS
EI 70 eV
TRACE
QI: 873

Peaks: 51, 65, 77, 91, 106, 120, 133, 148, 166, 197

Chlorthenoxazin
4-(2-Chloroethyl)-5-oxa-3-azabicyclo[4.4.0]deca-6,8,10-trien-2-one
Analgesic

MW: 211.64764
MM: 211.04001
C$_{10}$H$_{10}$ClNO$_2$
CAS: 132-89-8
RI: 1620 (calc.)

GC/MS
EI 70 eV
TSQ 70
QI: 979

Peaks: 39, 53, 63, 73, 83, 92, 121, 148, 176, 211

N-Methyl-2-methoxyamphetamine AC
expanded

MW: 221.29940
MM: 221.14158
C$_{13}$H$_{19}$NO$_2$
RI: 1663 (calc.)

GC/MS
EI 70 eV
HP 5973
QI: 936

Peaks: 101, 107, 115, 121, 132, 148, 164, 178, 221

N-Methyl-3-methoxyamphetamine AC
expanded

MW: 221.29940
MM: 221.14158
C$_{13}$H$_{19}$NO$_2$
RI: 1663 (calc.)

GC/MS
EI 70 eV
HP 5973
QI: 906

Peaks: 101, 107, 115, 121, 133, 148, 164, 178, 221

N-Methyl-4-methoxyamphetamine PFO

MW: 575.31763
MM: 575.09415
C$_{19}$H$_{16}$F$_{15}$NO$_2$
RI: 4027 (calc.)

GC/MS
EI 70 eV
HP 5973
QI: 960

Peaks: 51, 69, 91, 148, 169, 192, 220, 281, 410, 454

m/z: 148

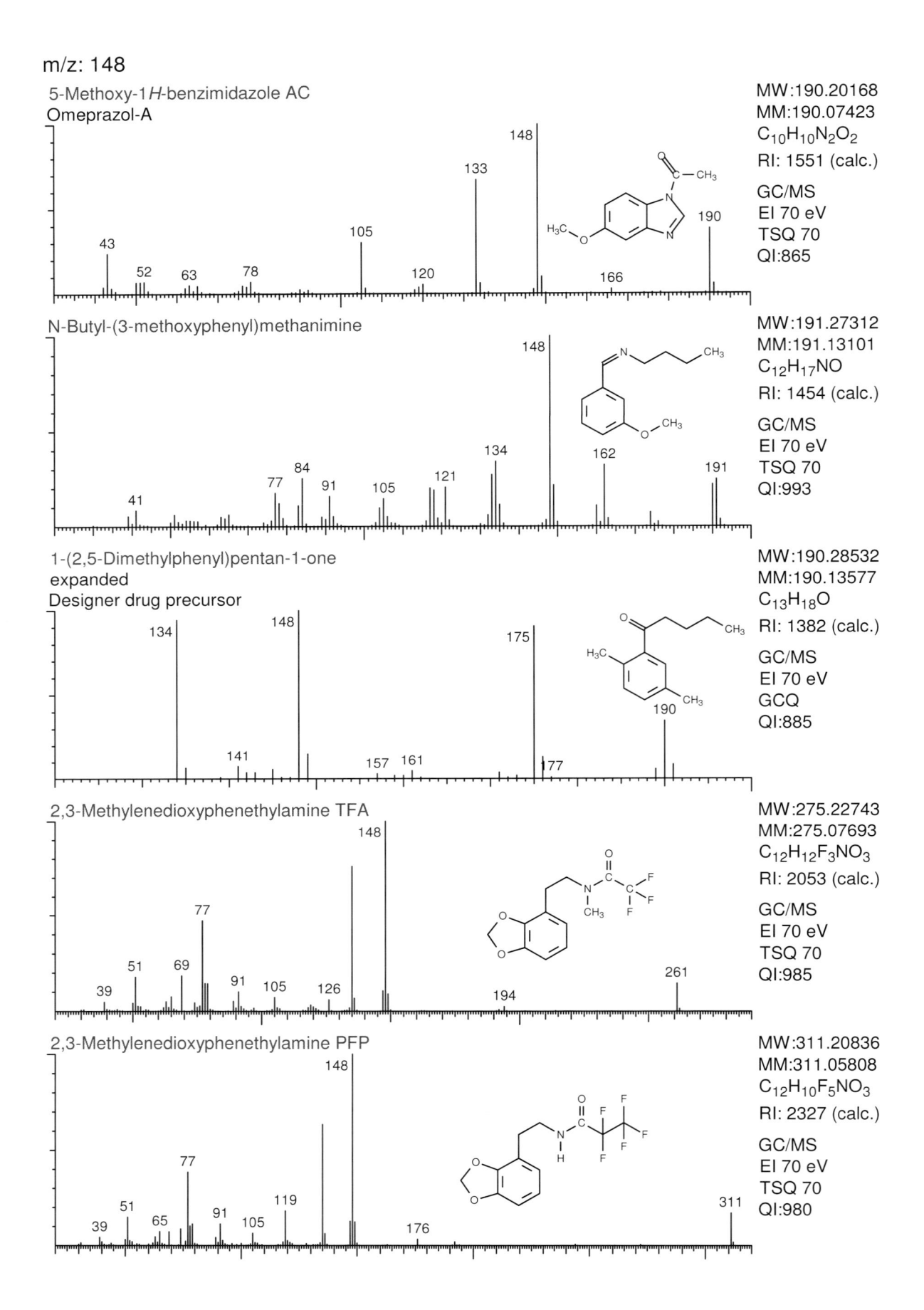

5-Methoxy-1H-benzimidazole AC
Omeprazol-A

MW:190.20168
MM:190.07423
$C_{10}H_{10}N_2O_2$
RI: 1551 (calc.)

GC/MS
EI 70 eV
TSQ 70
QI:865

N-Butyl-(3-methoxyphenyl)methanimine

MW:191.27312
MM:191.13101
$C_{12}H_{17}NO$
RI: 1454 (calc.)

GC/MS
EI 70 eV
TSQ 70
QI:993

1-(2,5-Dimethylphenyl)pentan-1-one
expanded
Designer drug precursor

MW:190.28532
MM:190.13577
$C_{13}H_{18}O$
RI: 1382 (calc.)

GC/MS
EI 70 eV
GCQ
QI:885

2,3-Methylenedioxyphenethylamine TFA

MW:275.22743
MM:275.07693
$C_{12}H_{12}F_3NO_3$
RI: 2053 (calc.)

GC/MS
EI 70 eV
TSQ 70
QI:985

2,3-Methylenedioxyphenethylamine PFP

MW:311.20836
MM:311.05808
$C_{12}H_{10}F_5NO_3$
RI: 2327 (calc.)

GC/MS
EI 70 eV
TSQ 70
QI:980

m/z: 148

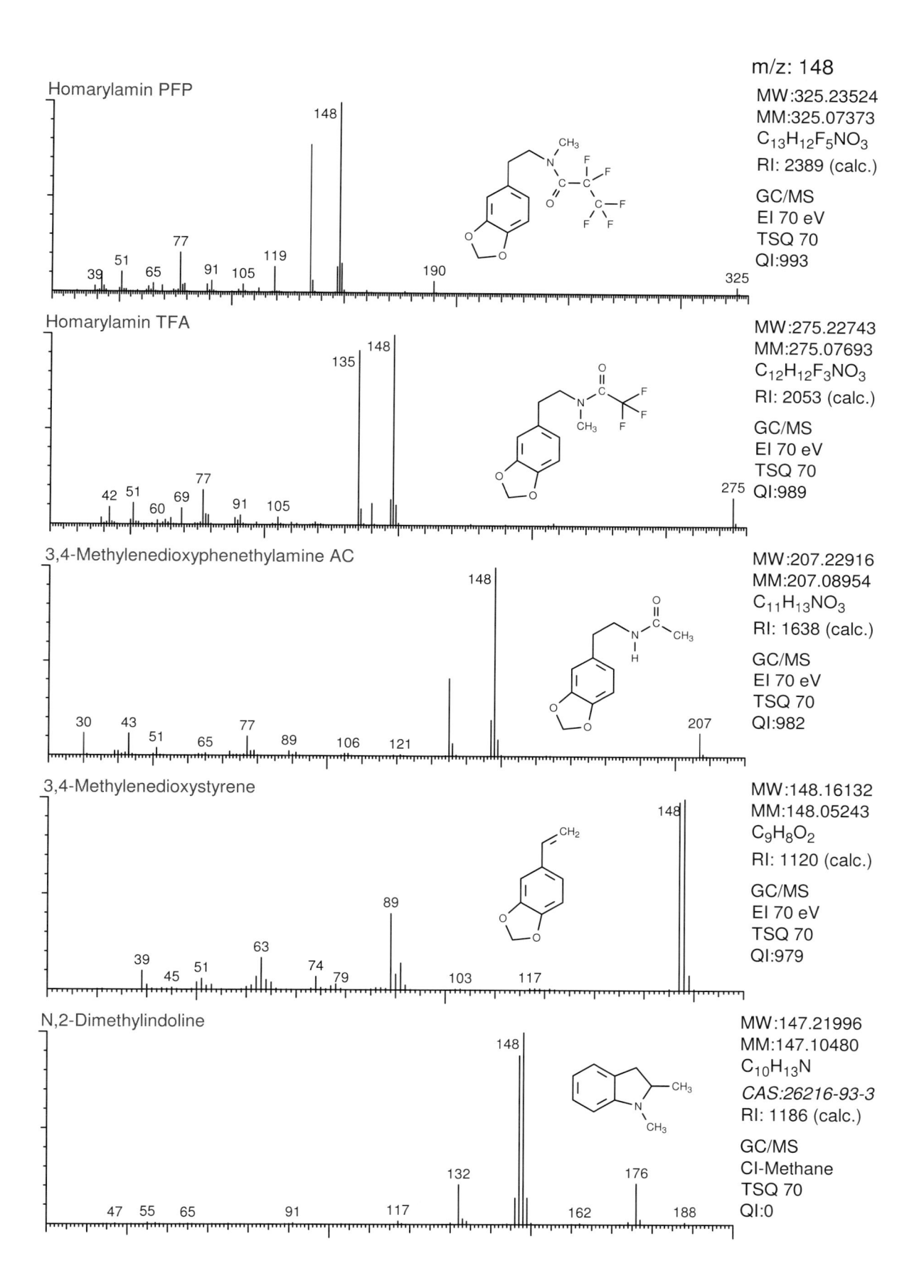

Homarylamin PFP

MW: 325.23524
MM: 325.07373
$C_{13}H_{12}F_5NO_3$
RI: 2389 (calc.)

GC/MS
EI 70 eV
TSQ 70
QI: 993

Peaks: 39, 51, 65, 77, 91, 105, 119, 148, 190, 325

Homarylamin TFA

MW: 275.22743
MM: 275.07693
$C_{12}H_{12}F_3NO_3$
RI: 2053 (calc.)

GC/MS
EI 70 eV
TSQ 70
QI: 989

Peaks: 42, 51, 60, 69, 77, 91, 105, 135, 148, 275

3,4-Methylenedioxyphenethylamine AC

MW: 207.22916
MM: 207.08954
$C_{11}H_{13}NO_3$
RI: 1638 (calc.)

GC/MS
EI 70 eV
TSQ 70
QI: 982

Peaks: 30, 43, 51, 65, 77, 89, 106, 121, 148, 207

3,4-Methylenedioxystyrene

MW: 148.16132
MM: 148.05243
$C_9H_8O_2$
RI: 1120 (calc.)

GC/MS
EI 70 eV
TSQ 70
QI: 979

Peaks: 39, 45, 51, 63, 74, 79, 89, 103, 117, 148

N,2-Dimethylindoline

MW: 147.21996
MM: 147.10480
$C_{10}H_{13}N$
CAS: 26216-93-3
RI: 1186 (calc.)

GC/MS
CI-Methane
TSQ 70
QI: 0

Peaks: 47, 55, 65, 91, 117, 132, 148, 162, 176, 188

m/z: 148

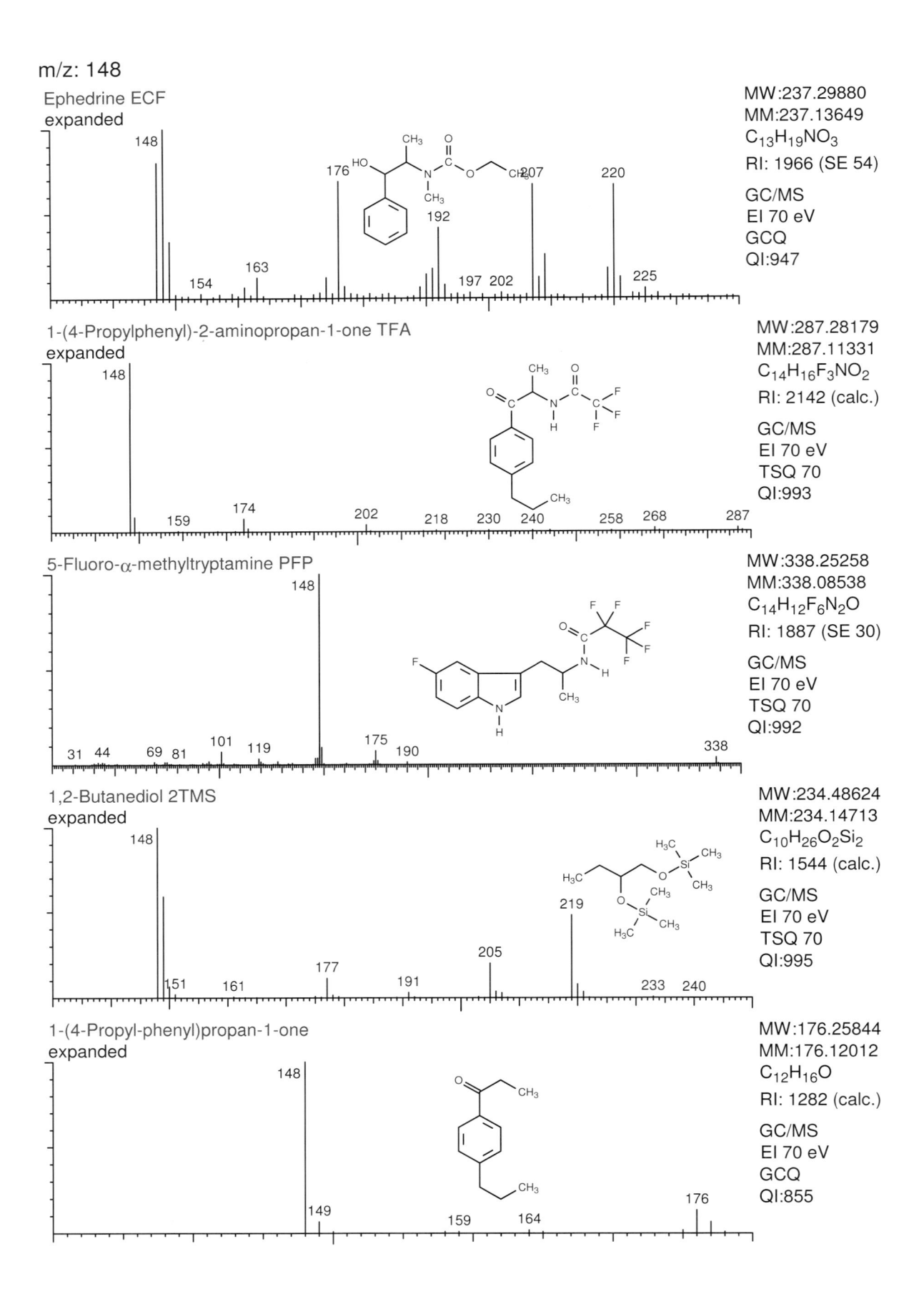

Ephedrine ECF expanded

MW: 237.29880
MM: 237.13649
$C_{13}H_{19}NO_3$
RI: 1966 (SE 54)

GC/MS
EI 70 eV
GCQ
QI: 947

1-(4-Propylphenyl)-2-aminopropan-1-one TFA expanded

MW: 287.28179
MM: 287.11331
$C_{14}H_{16}F_3NO_2$
RI: 2142 (calc.)

GC/MS
EI 70 eV
TSQ 70
QI: 993

5-Fluoro-α-methyltryptamine PFP

MW: 338.25258
MM: 338.08538
$C_{14}H_{12}F_6N_2O$
RI: 1887 (SE 30)

GC/MS
EI 70 eV
TSQ 70
QI: 992

1,2-Butanediol 2TMS expanded

MW: 234.48624
MM: 234.14713
$C_{10}H_{26}O_2Si_2$
RI: 1544 (calc.)

GC/MS
EI 70 eV
TSQ 70
QI: 995

1-(4-Propyl-phenyl)propan-1-one expanded

MW: 176.25844
MM: 176.12012
$C_{12}H_{16}O$
RI: 1282 (calc.)

GC/MS
EI 70 eV
GCQ
QI: 855

m/z: 148

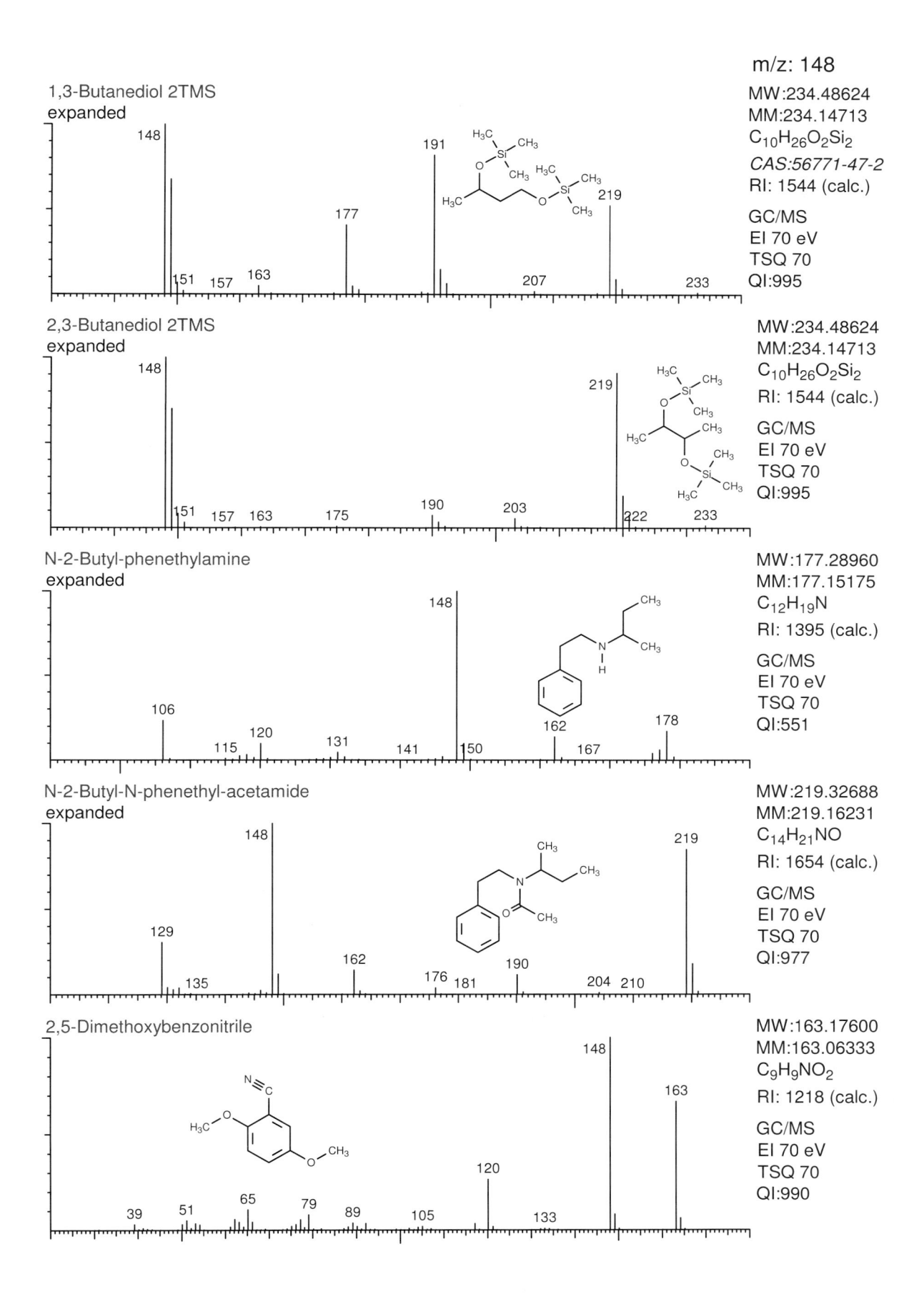

1,3-Butanediol 2TMS expanded

MW: 234.48624
MM: 234.14713
$C_{10}H_{26}O_2Si_2$
CAS: 56771-47-2
RI: 1544 (calc.)

GC/MS
EI 70 eV
TSQ 70
QI: 995

Peaks: 148, 151, 157, 163, 177, 191, 207, 219, 233

2,3-Butanediol 2TMS expanded

MW: 234.48624
MM: 234.14713
$C_{10}H_{26}O_2Si_2$
RI: 1544 (calc.)

GC/MS
EI 70 eV
TSQ 70
QI: 995

Peaks: 148, 151, 157, 163, 175, 190, 203, 219, 222, 233

N-2-Butyl-phenethylamine expanded

MW: 177.28960
MM: 177.15175
$C_{12}H_{19}N$
RI: 1395 (calc.)

GC/MS
EI 70 eV
TSQ 70
QI: 551

Peaks: 106, 115, 120, 131, 141, 148, 150, 162, 167, 178

N-2-Butyl-N-phenethyl-acetamide expanded

MW: 219.32688
MM: 219.16231
$C_{14}H_{21}NO$
RI: 1654 (calc.)

GC/MS
EI 70 eV
TSQ 70
QI: 977

Peaks: 129, 135, 148, 162, 176, 181, 190, 204, 210, 219

2,5-Dimethoxybenzonitrile

MW: 163.17600
MM: 163.06333
$C_9H_9NO_2$
RI: 1218 (calc.)

GC/MS
EI 70 eV
TSQ 70
QI: 990

Peaks: 39, 51, 65, 79, 89, 105, 120, 133, 148, 163

m/z: 148

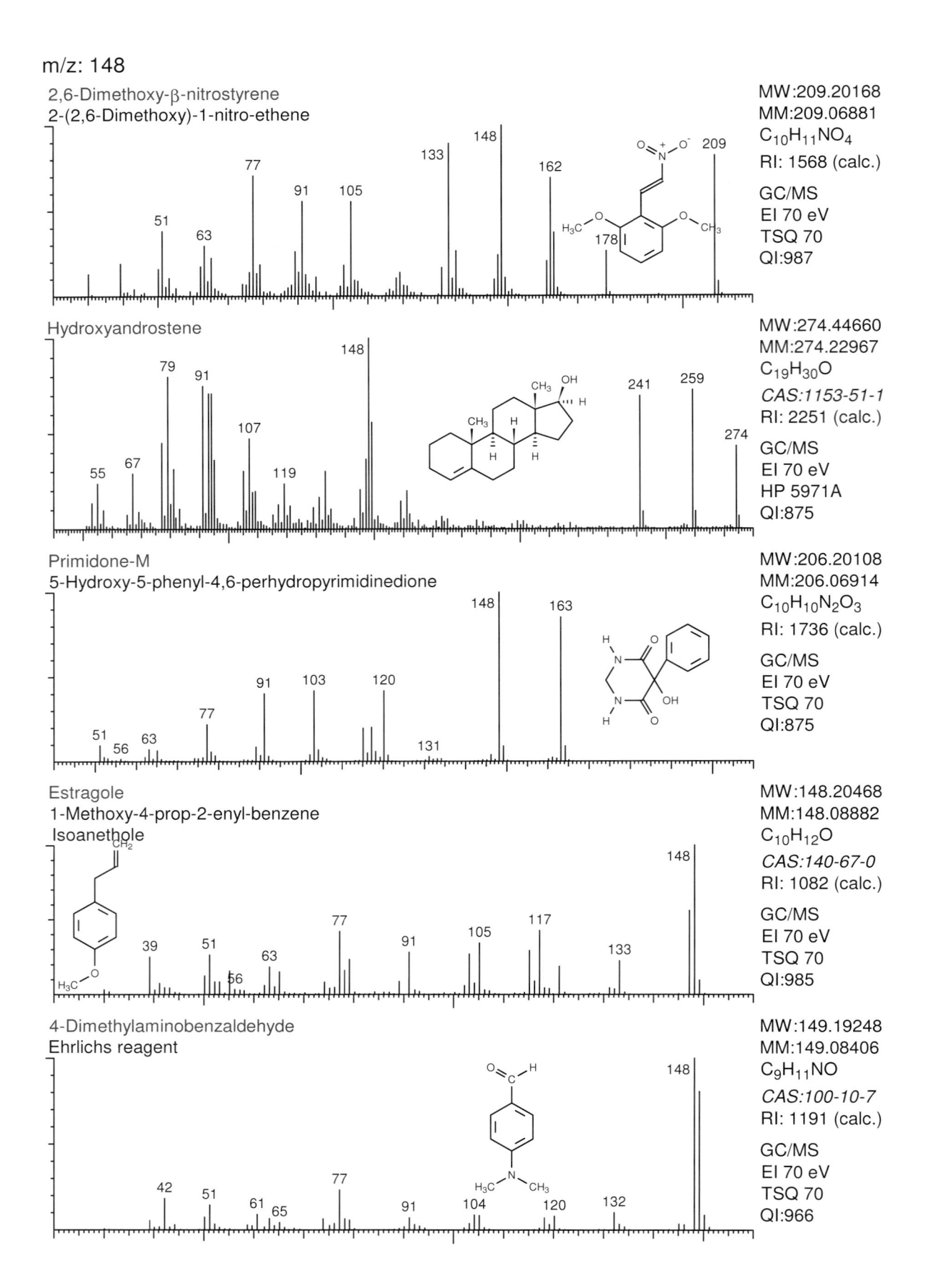

2,6-Dimethoxy-β-nitrostyrene
2-(2,6-Dimethoxy)-1-nitro-ethene

MW: 209.20168
MM: 209.06881
$C_{10}H_{11}NO_4$
RI: 1568 (calc.)

GC/MS
EI 70 eV
TSQ 70
QI: 987

Hydroxyandrostene

MW: 274.44660
MM: 274.22967
$C_{19}H_{30}O$
CAS: 1153-51-1
RI: 2251 (calc.)

GC/MS
EI 70 eV
HP 5971A
QI: 875

Primidone-M
5-Hydroxy-5-phenyl-4,6-perhydropyrimidinedione

MW: 206.20108
MM: 206.06914
$C_{10}H_{10}N_2O_3$
RI: 1736 (calc.)

GC/MS
EI 70 eV
TSQ 70
QI: 875

Estragole
1-Methoxy-4-prop-2-enyl-benzene
Isoanethole

MW: 148.20468
MM: 148.08882
$C_{10}H_{12}O$
CAS: 140-67-0
RI: 1082 (calc.)

GC/MS
EI 70 eV
TSQ 70
QI: 985

4-Dimethylaminobenzaldehyde
Ehrlichs reagent

MW: 149.19248
MM: 149.08406
$C_9H_{11}NO$
CAS: 100-10-7
RI: 1191 (calc.)

GC/MS
EI 70 eV
TSQ 70
QI: 966

m/z: 149

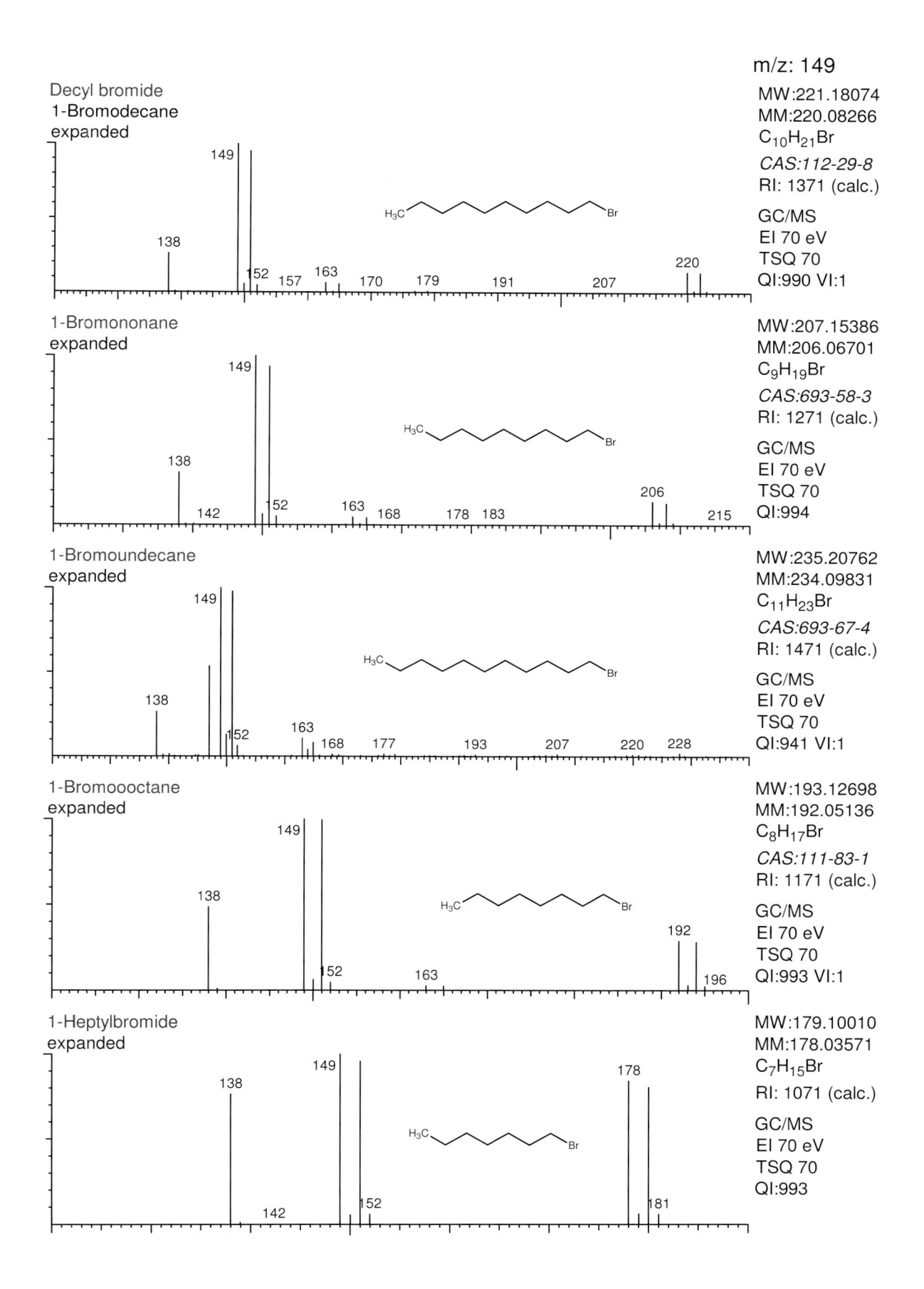

Decyl bromide
1-Bromodecane
expanded

MW: 221.18074
MM: 220.08266
$C_{10}H_{21}Br$
CAS: 112-29-8
RI: 1371 (calc.)

GC/MS
EI 70 eV
TSQ 70
QI: 990 VI: 1

Peaks: 138, 149, 152, 157, 163, 170, 179, 191, 207, 220

1-Bromononane
expanded

MW: 207.15386
MM: 206.06701
$C_9H_{19}Br$
CAS: 693-58-3
RI: 1271 (calc.)

GC/MS
EI 70 eV
TSQ 70
QI: 994

Peaks: 138, 142, 149, 152, 163, 168, 178, 183, 206, 215

1-Bromoundecane
expanded

MW: 235.20762
MM: 234.09831
$C_{11}H_{23}Br$
CAS: 693-67-4
RI: 1471 (calc.)

GC/MS
EI 70 eV
TSQ 70
QI: 941 VI: 1

Peaks: 138, 149, 152, 163, 168, 177, 193, 207, 220, 228

1-Bromooctane
expanded

MW: 193.12698
MM: 192.05136
$C_8H_{17}Br$
CAS: 111-83-1
RI: 1171 (calc.)

GC/MS
EI 70 eV
TSQ 70
QI: 993 VI: 1

Peaks: 138, 149, 152, 163, 192, 196

1-Heptylbromide
expanded

MW: 179.10010
MM: 178.03571
$C_7H_{15}Br$
RI: 1071 (calc.)

GC/MS
EI 70 eV
TSQ 70
QI: 993

Peaks: 138, 142, 149, 152, 178, 181

m/z: 149

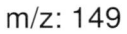

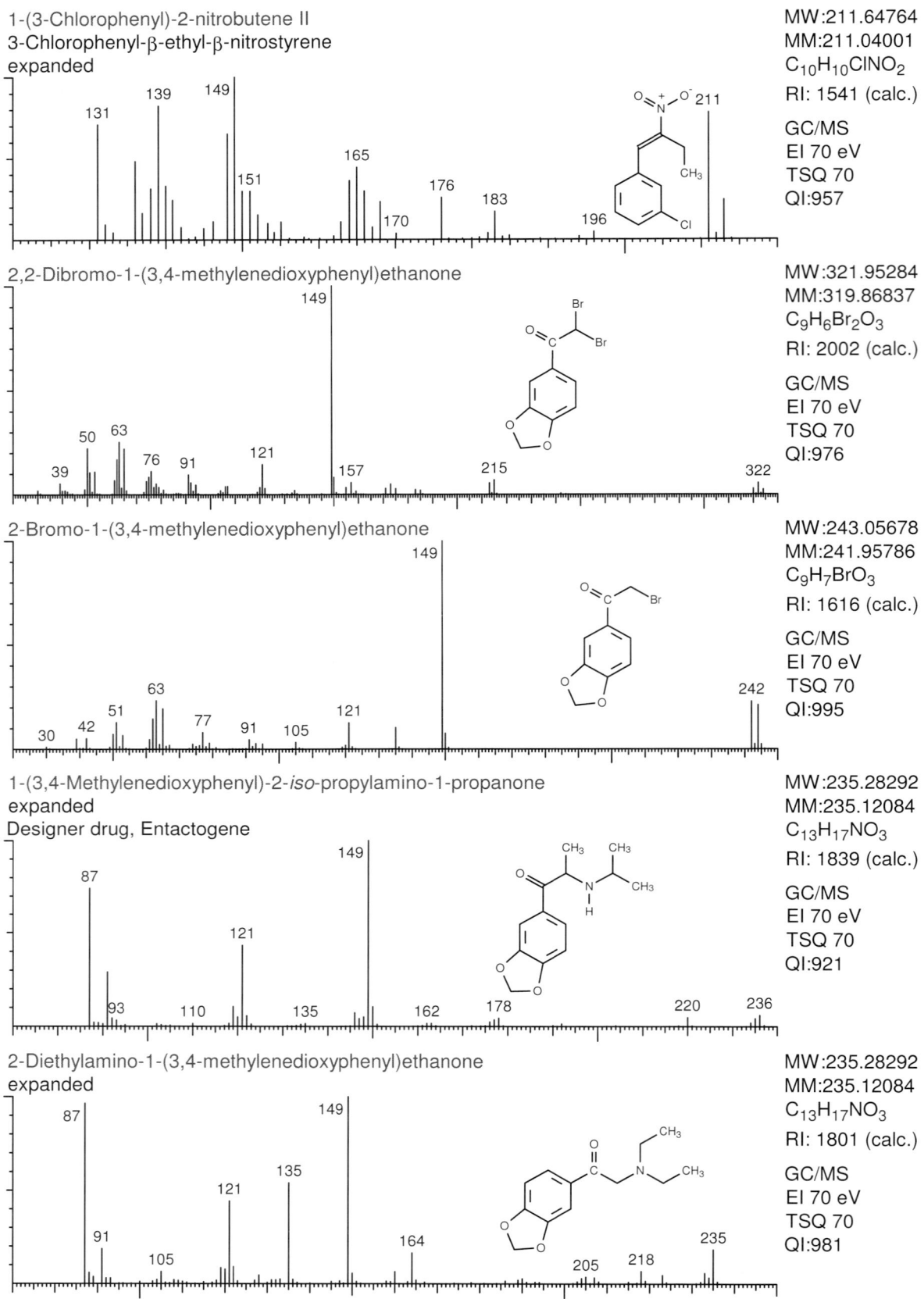

1-(3-Chlorophenyl)-2-nitrobutene II
3-Chlorophenyl-β-ethyl-β-nitrostyrene
expanded

MW: 211.64764
MM: 211.04001
$C_{10}H_{10}ClNO_2$
RI: 1541 (calc.)

GC/MS
EI 70 eV
TSQ 70
QI: 957

2,2-Dibromo-1-(3,4-methylenedioxyphenyl)ethanone

MW: 321.95284
MM: 319.86837
$C_9H_6Br_2O_3$
RI: 2002 (calc.)

GC/MS
EI 70 eV
TSQ 70
QI: 976

2-Bromo-1-(3,4-methylenedioxyphenyl)ethanone

MW: 243.05678
MM: 241.95786
$C_9H_7BrO_3$
RI: 1616 (calc.)

GC/MS
EI 70 eV
TSQ 70
QI: 995

1-(3,4-Methylenedioxyphenyl)-2-*iso*-propylamino-1-propanone
expanded
Designer drug, Entactogene

MW: 235.28292
MM: 235.12084
$C_{13}H_{17}NO_3$
RI: 1839 (calc.)

GC/MS
EI 70 eV
TSQ 70
QI: 921

2-Diethylamino-1-(3,4-methylenedioxyphenyl)ethanone
expanded

MW: 235.28292
MM: 235.12084
$C_{13}H_{17}NO_3$
RI: 1801 (calc.)

GC/MS
EI 70 eV
TSQ 70
QI: 981

m/z: 149

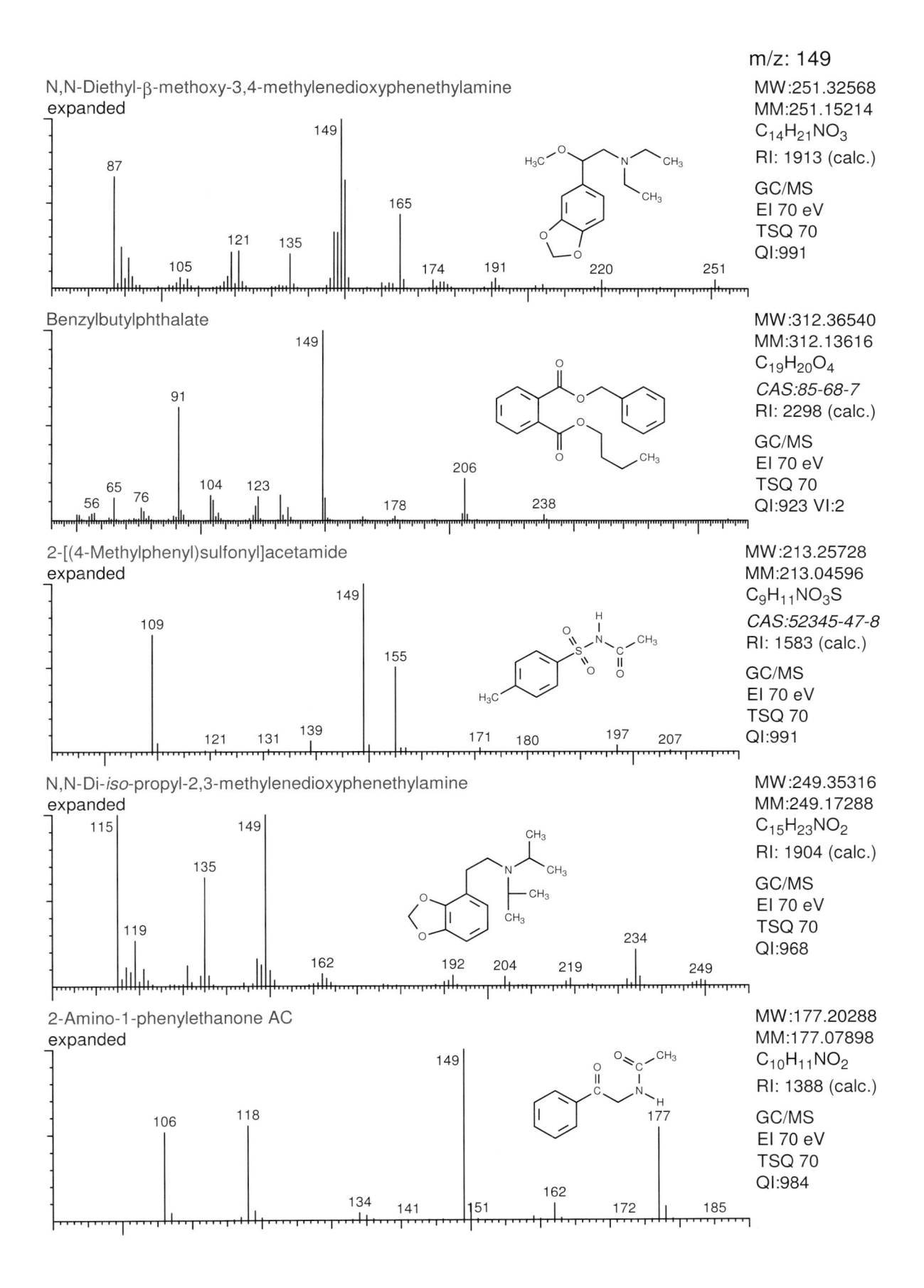

N,N-Diethyl-β-methoxy-3,4-methylenedioxyphenethylamine
expanded

MW: 251.32568
MM: 251.15214
$C_{14}H_{21}NO_3$
RI: 1913 (calc.)

GC/MS
EI 70 eV
TSQ 70
QI: 991

Benzylbutylphthalate

MW: 312.36540
MM: 312.13616
$C_{19}H_{20}O_4$
CAS: 85-68-7
RI: 2298 (calc.)

GC/MS
EI 70 eV
TSQ 70
QI: 923 VI:2

2-[(4-Methylphenyl)sulfonyl]acetamide
expanded

MW: 213.25728
MM: 213.04596
$C_9H_{11}NO_3S$
CAS: 52345-47-8
RI: 1583 (calc.)

GC/MS
EI 70 eV
TSQ 70
QI: 991

N,N-Di-iso-propyl-2,3-methylenedioxyphenethylamine
expanded

MW: 249.35316
MM: 249.17288
$C_{15}H_{23}NO_2$
RI: 1904 (calc.)

GC/MS
EI 70 eV
TSQ 70
QI: 968

2-Amino-1-phenylethanone AC
expanded

MW: 177.20288
MM: 177.07898
$C_{10}H_{11}NO_2$
RI: 1388 (calc.)

GC/MS
EI 70 eV
TSQ 70
QI: 984

m/z: 149

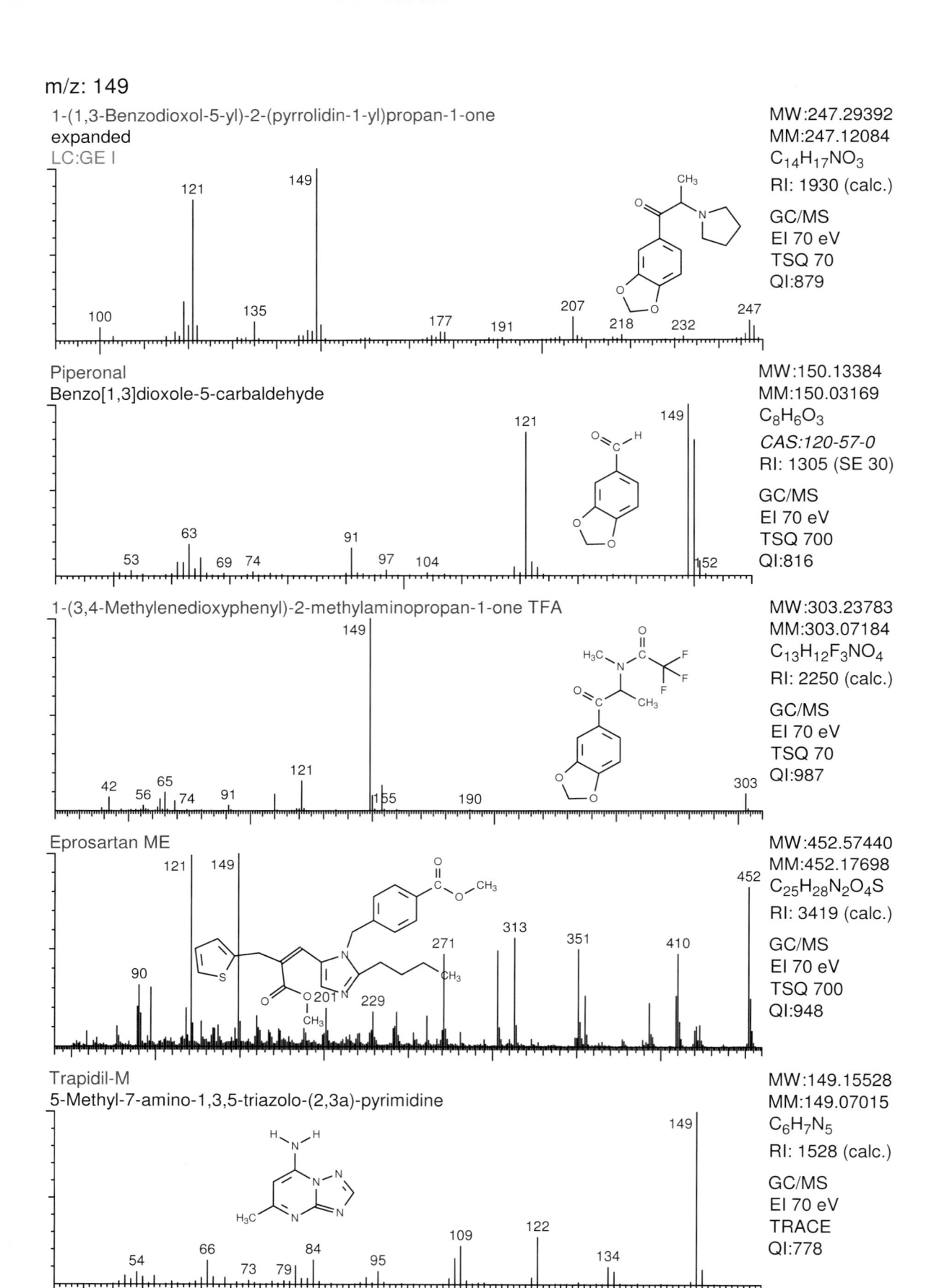

1-(1,3-Benzodioxol-5-yl)-2-(pyrrolidin-1-yl)propan-1-one
expanded
LC:GE I

MW:247.29392
MM:247.12084
$C_{14}H_{17}NO_3$
RI: 1930 (calc.)

GC/MS
EI 70 eV
TSQ 70
QI:879

Piperonal
Benzo[1,3]dioxole-5-carbaldehyde

MW:150.13384
MM:150.03169
$C_8H_6O_3$
CAS:120-57-0
RI: 1305 (SE 30)

GC/MS
EI 70 eV
TSQ 700
QI:816

1-(3,4-Methylenedioxyphenyl)-2-methylaminopropan-1-one TFA

MW:303.23783
MM:303.07184
$C_{13}H_{12}F_3NO_4$
RI: 2250 (calc.)

GC/MS
EI 70 eV
TSQ 70
QI:987

Eprosartan ME

MW:452.57440
MM:452.17698
$C_{25}H_{28}N_2O_4S$
RI: 3419 (calc.)

GC/MS
EI 70 eV
TSQ 700
QI:948

Trapidil-M
5-Methyl-7-amino-1,3,5-triazolo-(2,3a)-pyrimidine

MW:149.15528
MM:149.07015
$C_6H_7N_5$
RI: 1528 (calc.)

GC/MS
EI 70 eV
TRACE
QI:778

m/z: 149

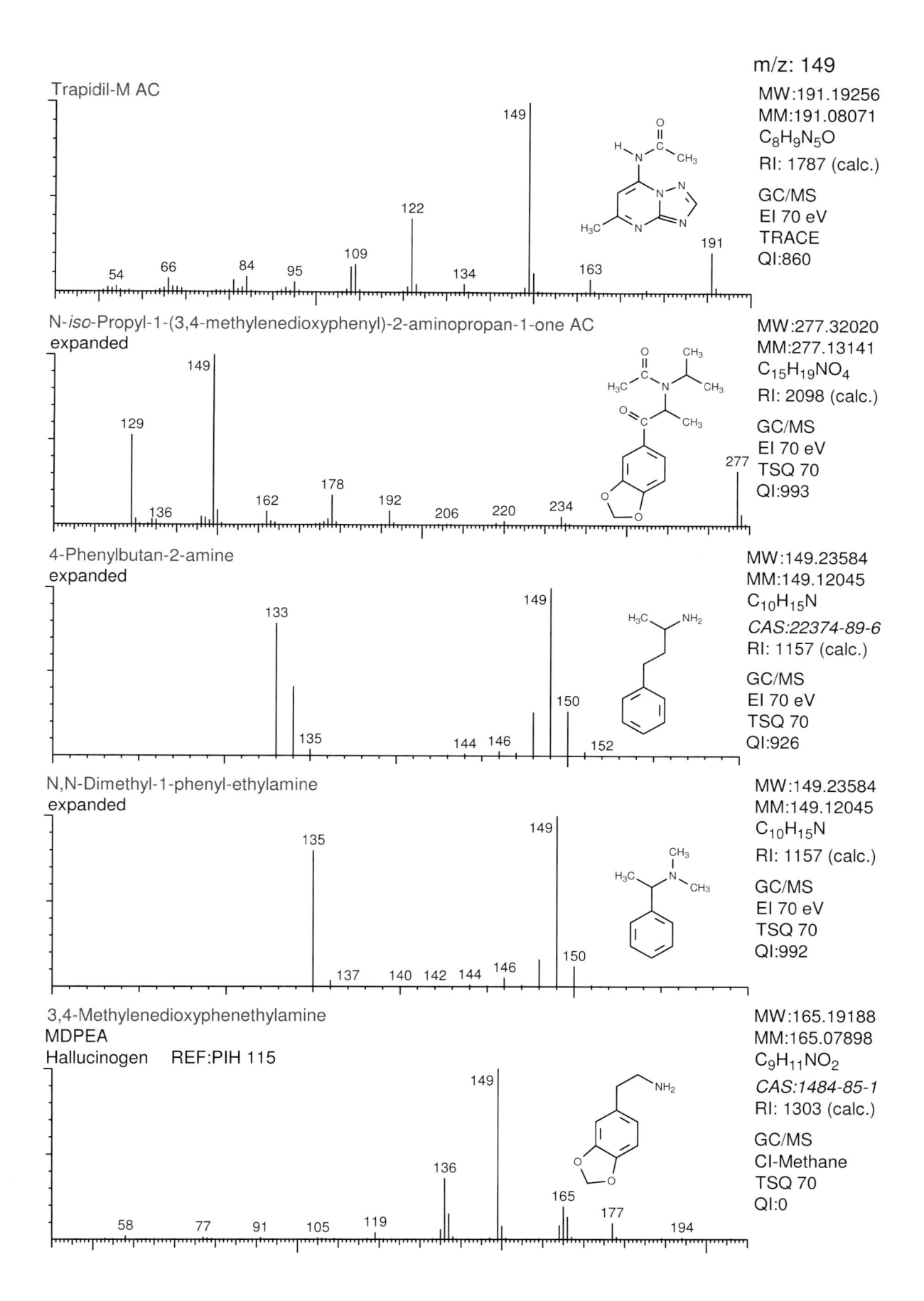

Trapidil-M AC

MW: 191.19256
MM: 191.08071
$C_8H_9N_5O$
RI: 1787 (calc.)

GC/MS
EI 70 eV
TRACE
QI: 860

Peaks: 54, 66, 84, 95, 109, 122, 134, 149, 163, 191

N-iso-Propyl-1-(3,4-methylenedioxyphenyl)-2-aminopropan-1-one AC
expanded

MW: 277.32020
MM: 277.13141
$C_{15}H_{19}NO_4$
RI: 2098 (calc.)

GC/MS
EI 70 eV
TSQ 70
QI: 993

Peaks: 129, 136, 149, 162, 178, 192, 206, 220, 234, 277

4-Phenylbutan-2-amine
expanded

MW: 149.23584
MM: 149.12045
$C_{10}H_{15}N$
CAS: 22374-89-6
RI: 1157 (calc.)

GC/MS
EI 70 eV
TSQ 70
QI: 926

Peaks: 133, 135, 144, 146, 149, 150, 152

N,N-Dimethyl-1-phenyl-ethylamine
expanded

MW: 149.23584
MM: 149.12045
$C_{10}H_{15}N$
RI: 1157 (calc.)

GC/MS
EI 70 eV
TSQ 70
QI: 992

Peaks: 135, 137, 140, 142, 144, 146, 149, 150

3,4-Methylenedioxyphenethylamine
MDPEA
Hallucinogen   REF: PIH 115

MW: 165.19188
MM: 165.07898
$C_9H_{11}NO_2$
CAS: 1484-85-1
RI: 1303 (calc.)

GC/MS
CI-Methane
TSQ 70
QI: 0

Peaks: 58, 77, 91, 105, 119, 136, 149, 165, 177, 194

m/z: 149

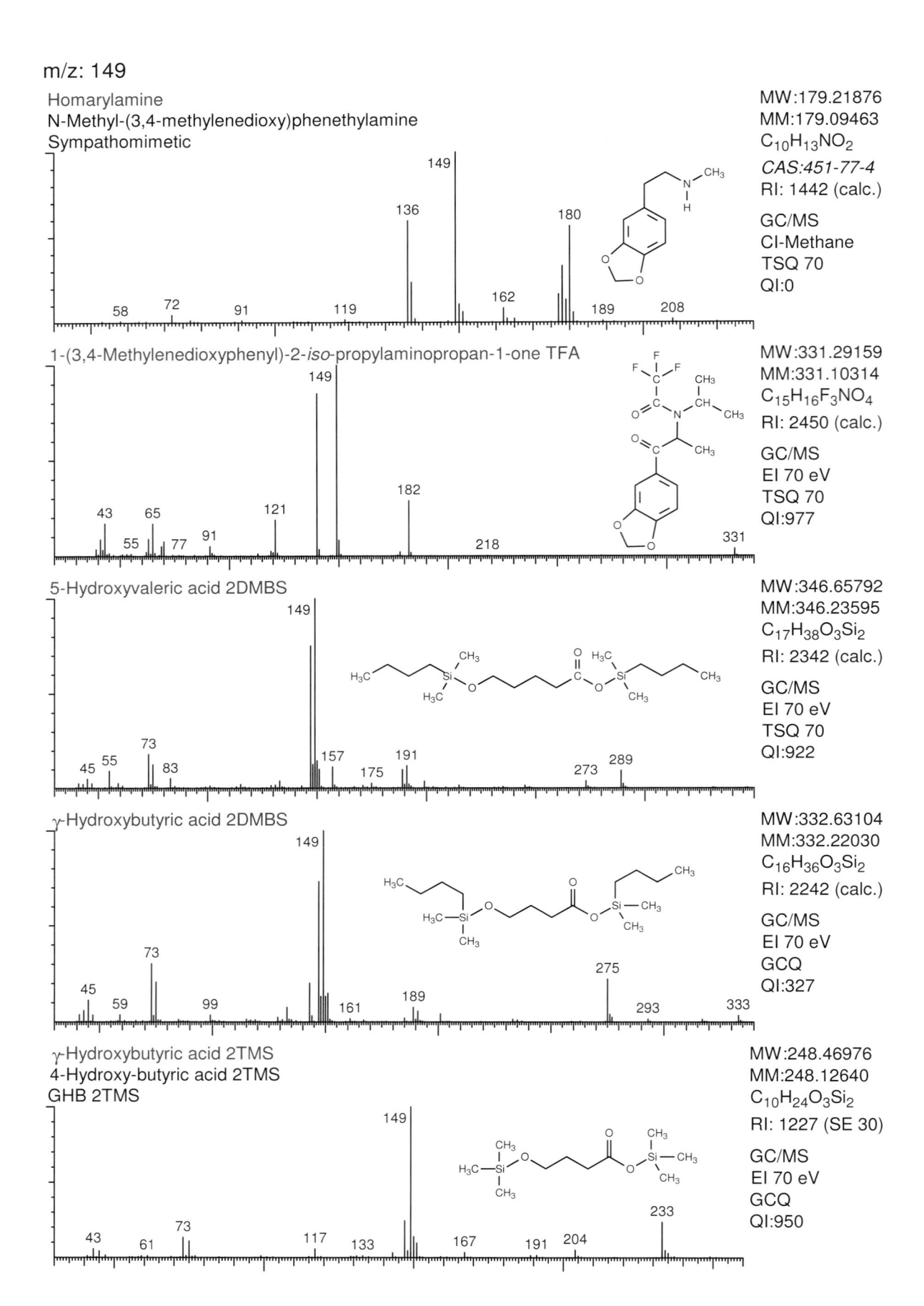

Homarylamine
N-Methyl-(3,4-methylenedioxy)phenethylamine
Sympathomimetic

Peaks: 58, 72, 91, 119, 136, 149, 162, 180, 189, 208

MW: 179.21876
MM: 179.09463
$C_{10}H_{13}NO_2$
CAS: 451-77-4
RI: 1442 (calc.)

GC/MS
CI-Methane
TSQ 70
QI: 0

1-(3,4-Methylenedioxyphenyl)-2-iso-propylaminopropan-1-one TFA

Peaks: 43, 55, 65, 77, 91, 121, 149, 182, 218, 331

MW: 331.29159
MM: 331.10314
$C_{15}H_{16}F_3NO_4$
RI: 2450 (calc.)

GC/MS
EI 70 eV
TSQ 70
QI: 977

5-Hydroxyvaleric acid 2DMBS

Peaks: 45, 55, 73, 83, 149, 157, 175, 191, 273, 289

MW: 346.65792
MM: 346.23595
$C_{17}H_{38}O_3Si_2$
RI: 2342 (calc.)

GC/MS
EI 70 eV
TSQ 70
QI: 922

γ-Hydroxybutyric acid 2DMBS

Peaks: 45, 59, 73, 99, 149, 161, 189, 275, 293, 333

MW: 332.63104
MM: 332.22030
$C_{16}H_{36}O_3Si_2$
RI: 2242 (calc.)

GC/MS
EI 70 eV
GCQ
QI: 327

γ-Hydroxybutyric acid 2TMS
4-Hydroxy-butyric acid 2TMS
GHB 2TMS

Peaks: 43, 61, 73, 117, 133, 149, 167, 191, 204, 233

MW: 248.46976
MM: 248.12640
$C_{10}H_{24}O_3Si_2$
RI: 1227 (SE 30)

GC/MS
EI 70 eV
GCQ
QI: 950

m/z: 149

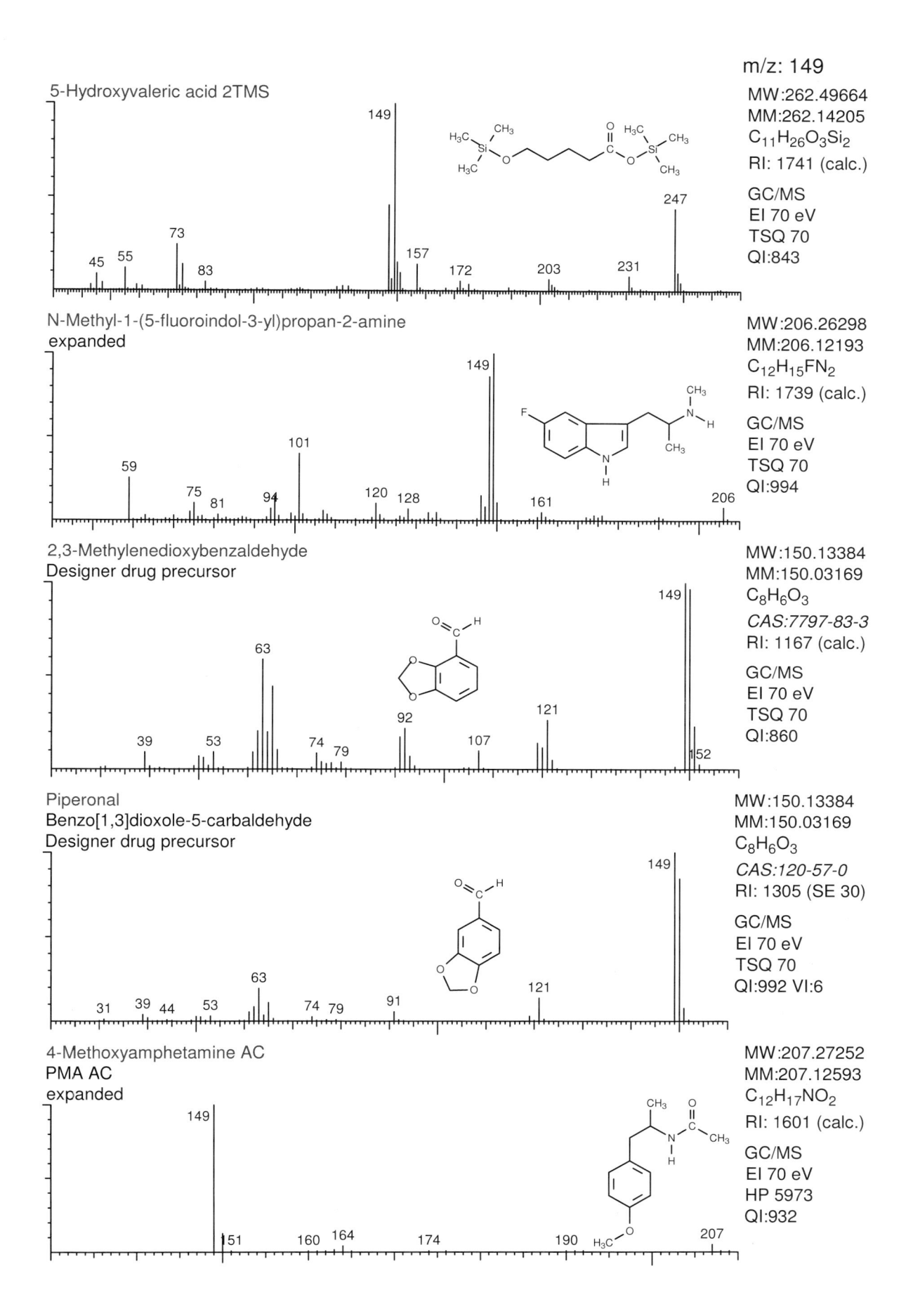

5-Hydroxyvaleric acid 2TMS

MW:262.49664
MM:262.14205
$C_{11}H_{26}O_3Si_2$
RI: 1741 (calc.)

GC/MS
EI 70 eV
TSQ 70
QI:843

Peaks: 45, 55, 73, 83, 149, 157, 172, 203, 231, 247

N-Methyl-1-(5-fluoroindol-3-yl)propan-2-amine
expanded

MW:206.26298
MM:206.12193
$C_{12}H_{15}FN_2$
RI: 1739 (calc.)

GC/MS
EI 70 eV
TSQ 70
QI:994

Peaks: 59, 75, 81, 94, 101, 120, 128, 149, 161, 206

2,3-Methylenedioxybenzaldehyde
Designer drug precursor

MW:150.13384
MM:150.03169
$C_8H_6O_3$
CAS:7797-83-3
RI: 1167 (calc.)

GC/MS
EI 70 eV
TSQ 70
QI:860

Peaks: 39, 53, 63, 74, 79, 92, 107, 121, 149, 152

Piperonal
Benzo[1,3]dioxole-5-carbaldehyde
Designer drug precursor

MW:150.13384
MM:150.03169
$C_8H_6O_3$
CAS:120-57-0
RI: 1305 (SE 30)

GC/MS
EI 70 eV
TSQ 70
QI:992 VI:6

Peaks: 31, 39, 44, 53, 63, 74, 79, 91, 121, 149

4-Methoxyamphetamine AC
PMA AC
expanded

MW:207.27252
MM:207.12593
$C_{12}H_{17}NO_2$
RI: 1601 (calc.)

GC/MS
EI 70 eV
HP 5973
QI:932

Peaks: 149, 151, 160, 164, 174, 190, 207

m/z: 149

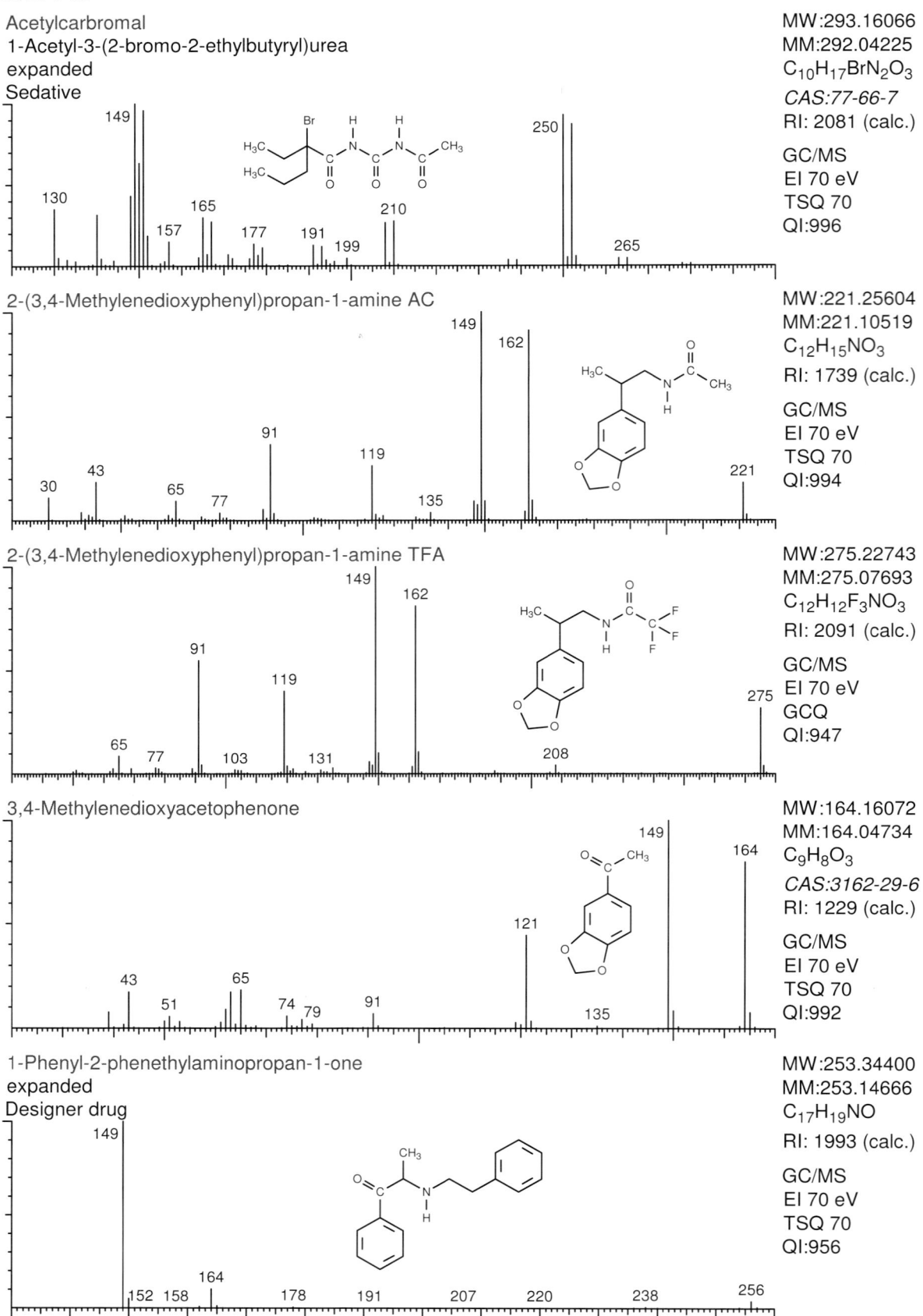

Acetylcarbromal
1-Acetyl-3-(2-bromo-2-ethylbutyryl)urea
expanded
Sedative

MW:293.16066
MM:292.04225
C$_{10}$H$_{17}$BrN$_2$O$_3$
CAS:77-66-7
RI: 2081 (calc.)

GC/MS
EI 70 eV
TSQ 70
QI:996

Peaks: 130, 149, 157, 165, 177, 191, 199, 210, 250, 265

2-(3,4-Methylenedioxyphenyl)propan-1-amine AC

MW:221.25604
MM:221.10519
C$_{12}$H$_{15}$NO$_3$
RI: 1739 (calc.)

GC/MS
EI 70 eV
TSQ 70
QI:994

Peaks: 30, 43, 65, 77, 91, 119, 135, 149, 162, 221

2-(3,4-Methylenedioxyphenyl)propan-1-amine TFA

MW:275.22743
MM:275.07693
C$_{12}$H$_{12}$F$_3$NO$_3$
RI: 2091 (calc.)

GC/MS
EI 70 eV
GCQ
QI:947

Peaks: 65, 77, 91, 103, 119, 131, 149, 162, 208, 275

3,4-Methylenedioxyacetophenone

MW:164.16072
MM:164.04734
C$_9$H$_8$O$_3$
CAS:3162-29-6
RI: 1229 (calc.)

GC/MS
EI 70 eV
TSQ 70
QI:992

Peaks: 43, 51, 65, 74, 79, 91, 121, 135, 149, 164

1-Phenyl-2-phenethylaminopropan-1-one
expanded
Designer drug

MW:253.34400
MM:253.14666
C$_{17}$H$_{19}$NO
RI: 1993 (calc.)

GC/MS
EI 70 eV
TSQ 70
QI:956

Peaks: 149, 152, 158, 164, 178, 191, 207, 220, 238, 256

m/z: 149

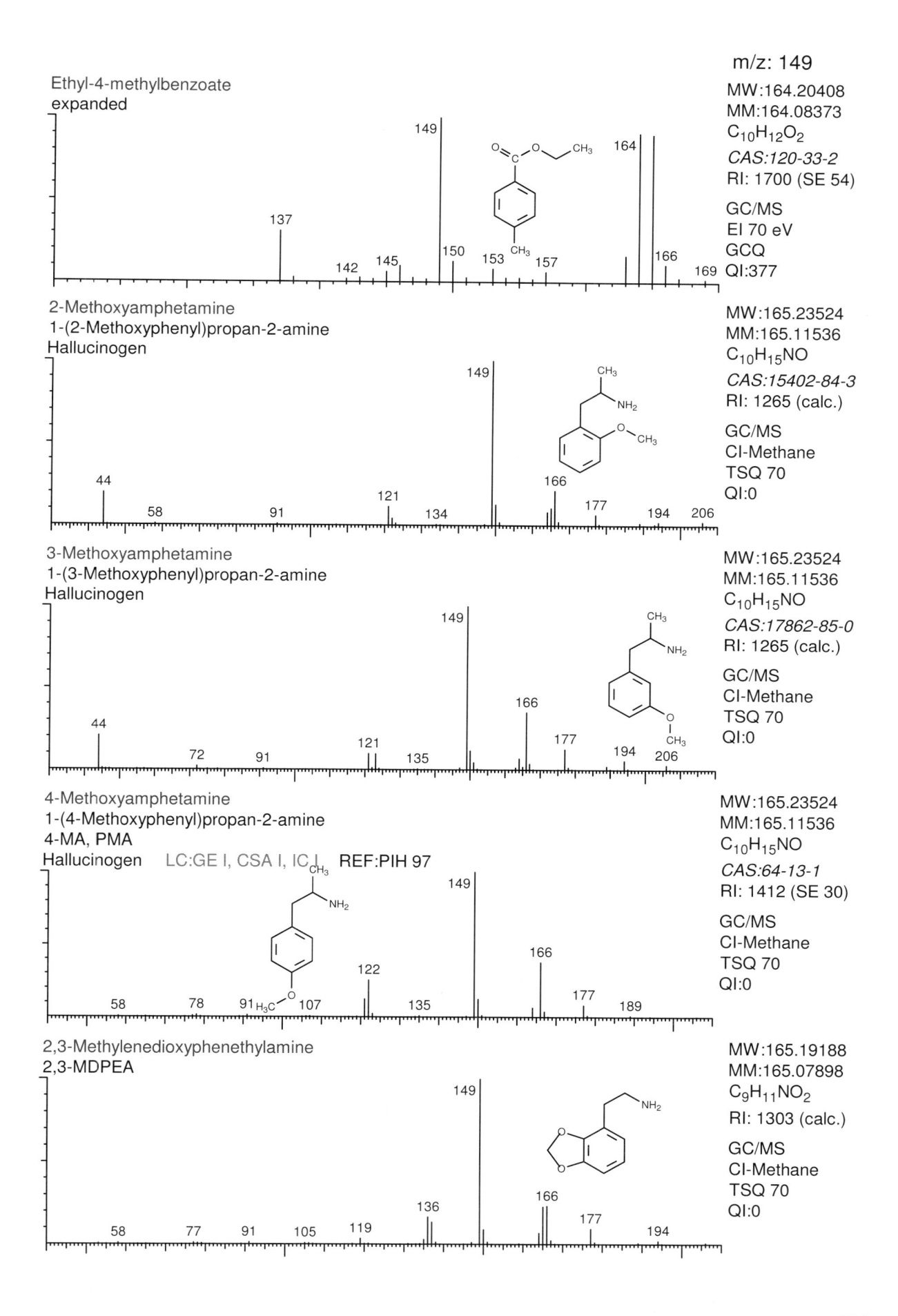

Ethyl-4-methylbenzoate
expanded

MW:164.20408
MM:164.08373
$C_{10}H_{12}O_2$
CAS:120-33-2
RI: 1700 (SE 54)

GC/MS
EI 70 eV
GCQ
QI:377

2-Methoxyamphetamine
1-(2-Methoxyphenyl)propan-2-amine
Hallucinogen

MW:165.23524
MM:165.11536
$C_{10}H_{15}NO$
CAS:15402-84-3
RI: 1265 (calc.)

GC/MS
CI-Methane
TSQ 70
QI:0

3-Methoxyamphetamine
1-(3-Methoxyphenyl)propan-2-amine
Hallucinogen

MW:165.23524
MM:165.11536
$C_{10}H_{15}NO$
CAS:17862-85-0
RI: 1265 (calc.)

GC/MS
CI-Methane
TSQ 70
QI:0

4-Methoxyamphetamine
1-(4-Methoxyphenyl)propan-2-amine
4-MA, PMA
Hallucinogen   LC:GE I, CSA I, IC I   REF:PIH 97

MW:165.23524
MM:165.11536
$C_{10}H_{15}NO$
CAS:64-13-1
RI: 1412 (SE 30)

GC/MS
CI-Methane
TSQ 70
QI:0

2,3-Methylenedioxyphenethylamine
2,3-MDPEA

MW:165.19188
MM:165.07898
$C_9H_{11}NO_2$
RI: 1303 (calc.)

GC/MS
CI-Methane
TSQ 70
QI:0

m/z: 149

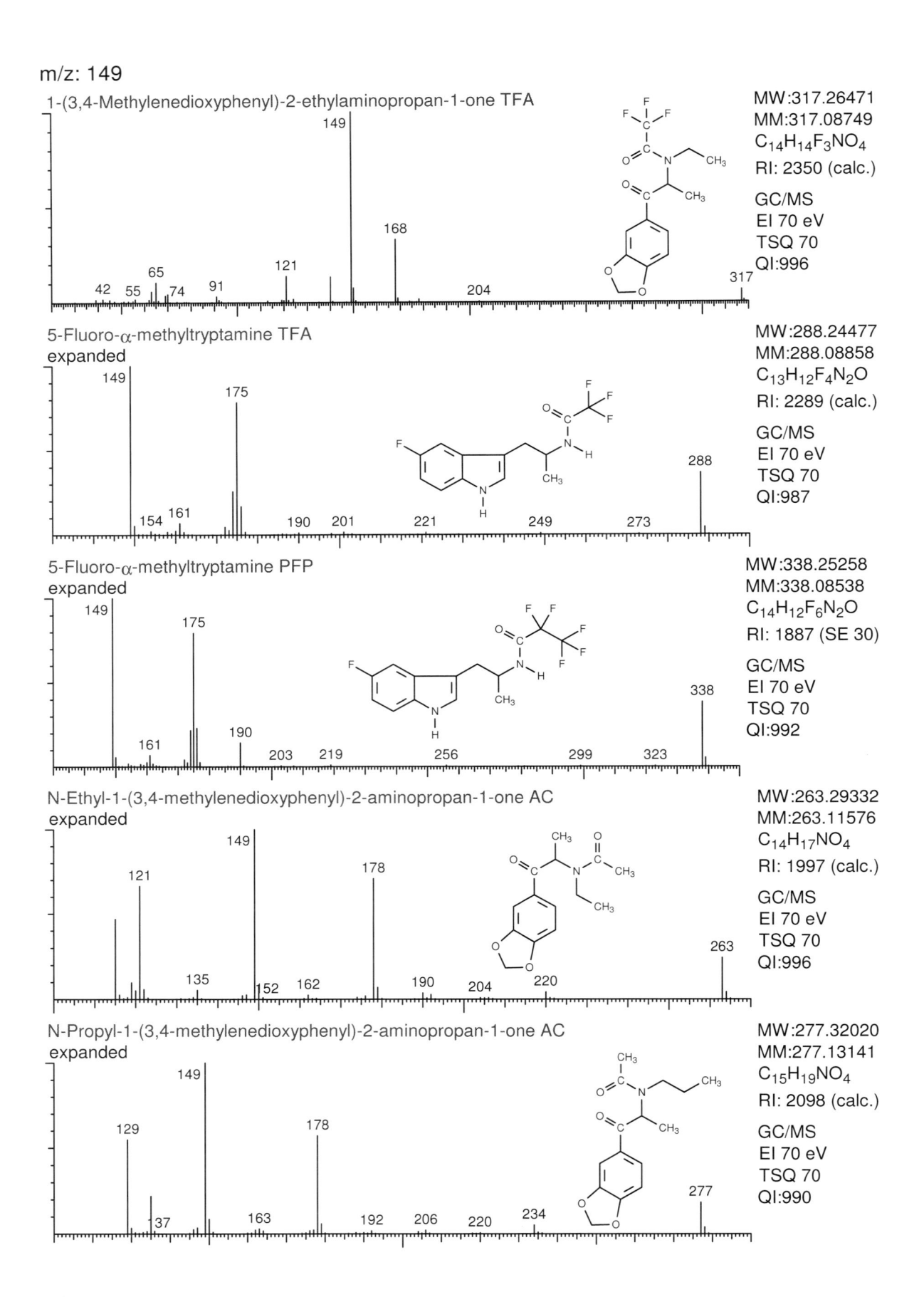

1-(3,4-Methylenedioxyphenyl)-2-ethylaminopropan-1-one TFA

Peaks: 42, 55, 65, 74, 91, 121, 149, 168, 204, 317

MW: 317.26471
MM: 317.08749
$C_{14}H_{14}F_3NO_4$
RI: 2350 (calc.)

GC/MS
EI 70 eV
TSQ 70
QI: 996

5-Fluoro-α-methyltryptamine TFA
expanded

Peaks: 149, 154, 161, 175, 190, 201, 221, 249, 273, 288

MW: 288.24477
MM: 288.08858
$C_{13}H_{12}F_4N_2O$
RI: 2289 (calc.)

GC/MS
EI 70 eV
TSQ 70
QI: 987

5-Fluoro-α-methyltryptamine PFP
expanded

Peaks: 149, 161, 175, 190, 203, 219, 256, 299, 323, 338

MW: 338.25258
MM: 338.08538
$C_{14}H_{12}F_6N_2O$
RI: 1887 (SE 30)

GC/MS
EI 70 eV
TSQ 70
QI: 992

N-Ethyl-1-(3,4-methylenedioxyphenyl)-2-aminopropan-1-one AC
expanded

Peaks: 121, 135, 149, 152, 162, 178, 190, 204, 220, 263

MW: 263.29332
MM: 263.11576
$C_{14}H_{17}NO_4$
RI: 1997 (calc.)

GC/MS
EI 70 eV
TSQ 70
QI: 996

N-Propyl-1-(3,4-methylenedioxyphenyl)-2-aminopropan-1-one AC
expanded

Peaks: 129, 37, 149, 163, 178, 192, 206, 220, 234, 277

MW: 277.32020
MM: 277.13141
$C_{15}H_{19}NO_4$
RI: 2098 (calc.)

GC/MS
EI 70 eV
TSQ 70
QI: 990

m/z: 149

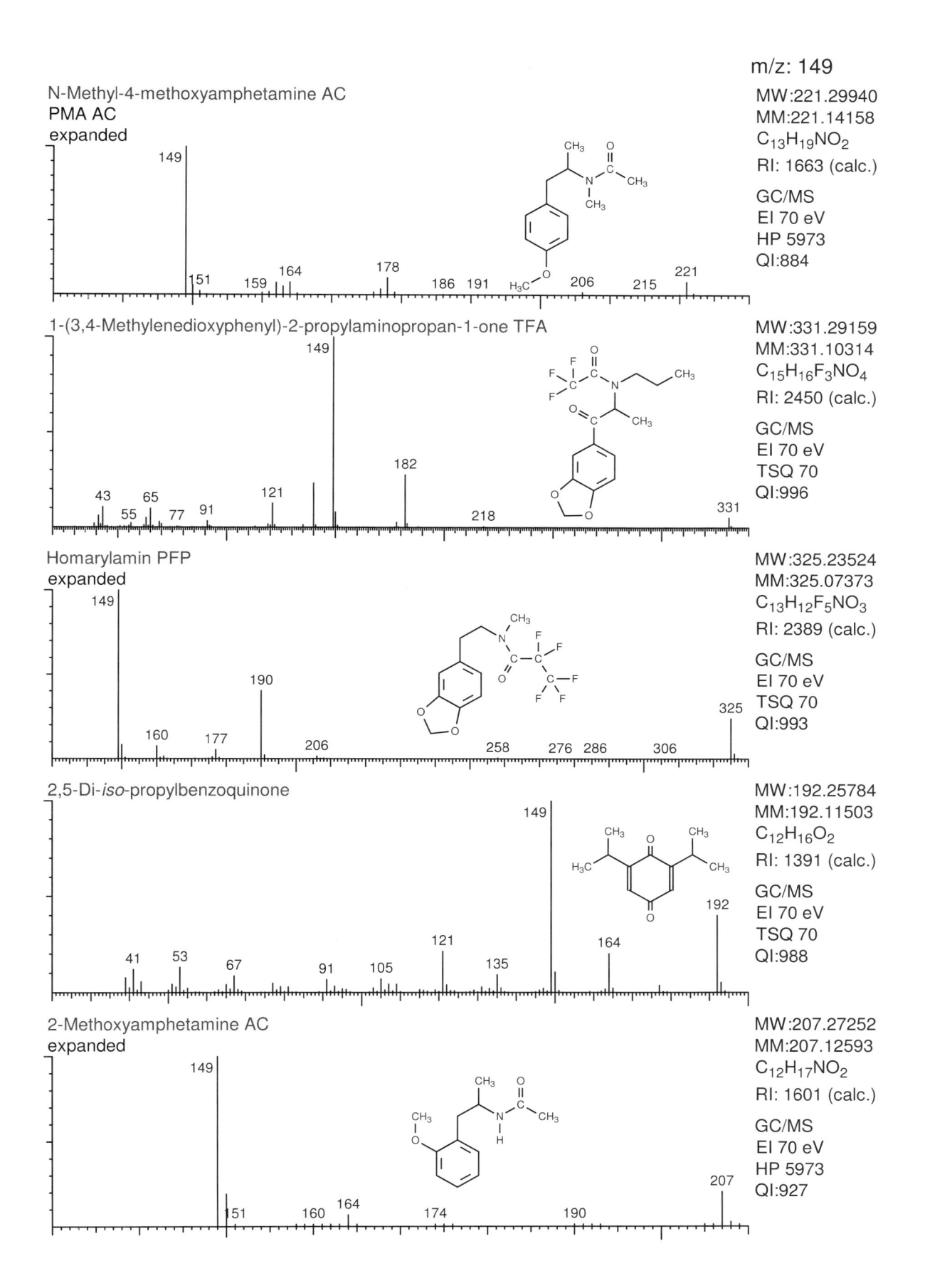

N-Methyl-4-methoxyamphetamine AC
PMA AC
expanded

Peaks: 149, 151, 159, 164, 178, 186, 191, 206, 215, 221

MW: 221.29940
MM: 221.14158
$C_{13}H_{19}NO_2$
RI: 1663 (calc.)

GC/MS
EI 70 eV
HP 5973
QI: 884

1-(3,4-Methylenedioxyphenyl)-2-propylaminopropan-1-one TFA

Peaks: 43, 55, 65, 77, 91, 121, 149, 182, 218, 331

MW: 331.29159
MM: 331.10314
$C_{15}H_{16}F_3NO_4$
RI: 2450 (calc.)

GC/MS
EI 70 eV
TSQ 70
QI: 996

Homarylamin PFP
expanded

Peaks: 149, 160, 177, 190, 206, 258, 276, 286, 306, 325

MW: 325.23524
MM: 325.07373
$C_{13}H_{12}F_5NO_3$
RI: 2389 (calc.)

GC/MS
EI 70 eV
TSQ 70
QI: 993

2,5-Di-iso-propylbenzoquinone

Peaks: 41, 53, 67, 91, 105, 121, 135, 149, 164, 192

MW: 192.25784
MM: 192.11503
$C_{12}H_{16}O_2$
RI: 1391 (calc.)

GC/MS
EI 70 eV
TSQ 70
QI: 988

2-Methoxyamphetamine AC
expanded

Peaks: 149, 151, 160, 164, 174, 190, 207

MW: 207.27252
MM: 207.12593
$C_{12}H_{17}NO_2$
RI: 1601 (calc.)

GC/MS
EI 70 eV
HP 5973
QI: 927

m/z: 149

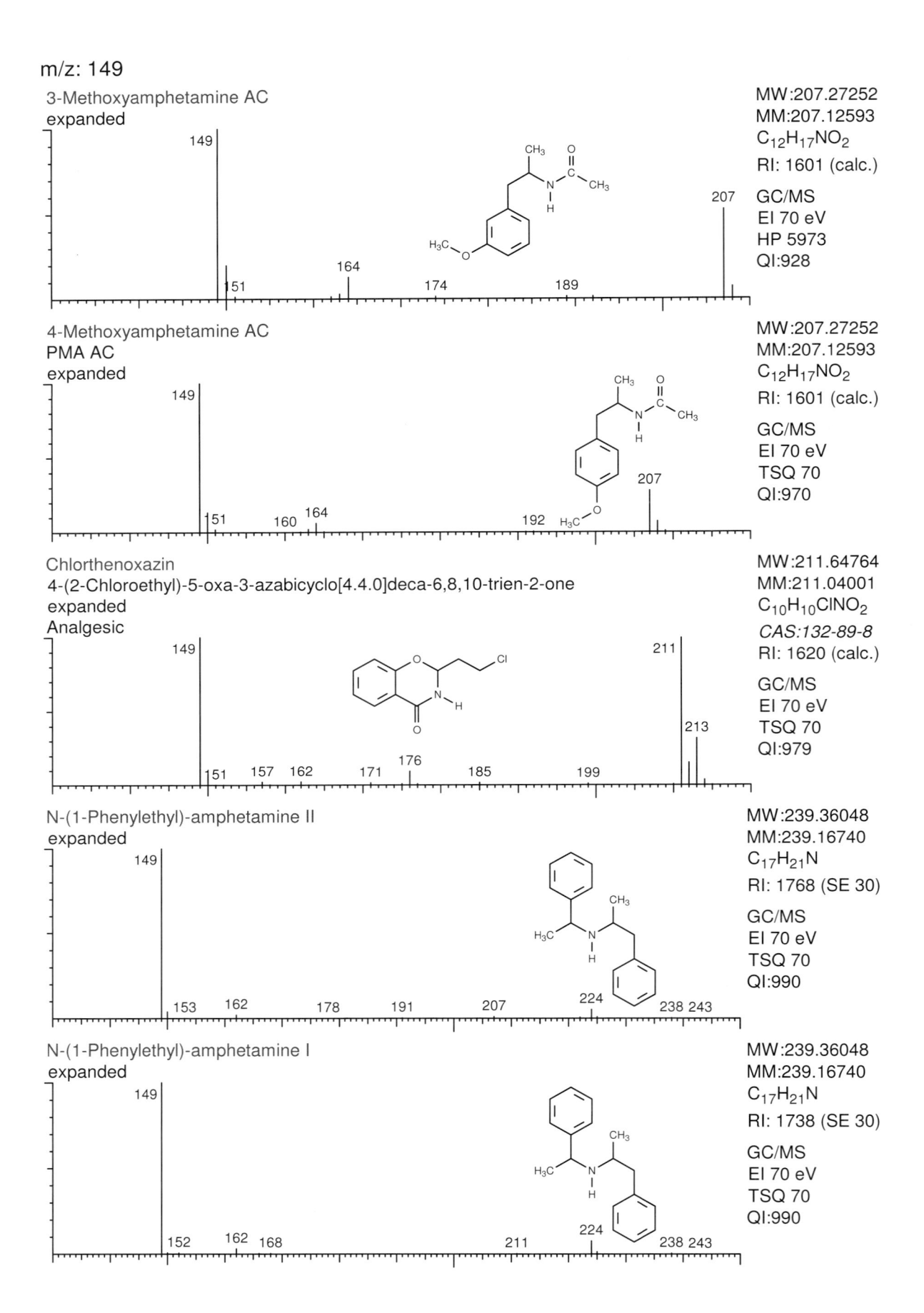

3-Methoxyamphetamine AC
expanded

Peaks: 149, 151, 164, 174, 189, 207

MW:207.27252
MM:207.12593
$C_{12}H_{17}NO_2$
RI: 1601 (calc.)

GC/MS
EI 70 eV
HP 5973
QI:928

4-Methoxyamphetamine AC
PMA AC
expanded

Peaks: 149, 151, 160, 164, 192, 207

MW:207.27252
MM:207.12593
$C_{12}H_{17}NO_2$
RI: 1601 (calc.)

GC/MS
EI 70 eV
TSQ 70
QI:970

Chlorthenoxazin
4-(2-Chloroethyl)-5-oxa-3-azabicyclo[4.4.0]deca-6,8,10-trien-2-one
expanded
Analgesic

Peaks: 149, 151, 157, 162, 171, 176, 185, 199, 211, 213

MW:211.64764
MM:211.04001
$C_{10}H_{10}ClNO_2$
CAS:132-89-8
RI: 1620 (calc.)

GC/MS
EI 70 eV
TSQ 70
QI:979

N-(1-Phenylethyl)-amphetamine II
expanded

Peaks: 149, 153, 162, 178, 191, 207, 224, 238, 243

MW:239.36048
MM:239.16740
$C_{17}H_{21}N$
RI: 1768 (SE 30)

GC/MS
EI 70 eV
TSQ 70
QI:990

N-(1-Phenylethyl)-amphetamine I
expanded

Peaks: 149, 152, 162, 168, 211, 224, 238, 243

MW:239.36048
MM:239.16740
$C_{17}H_{21}N$
RI: 1738 (SE 30)

GC/MS
EI 70 eV
TSQ 70
QI:990

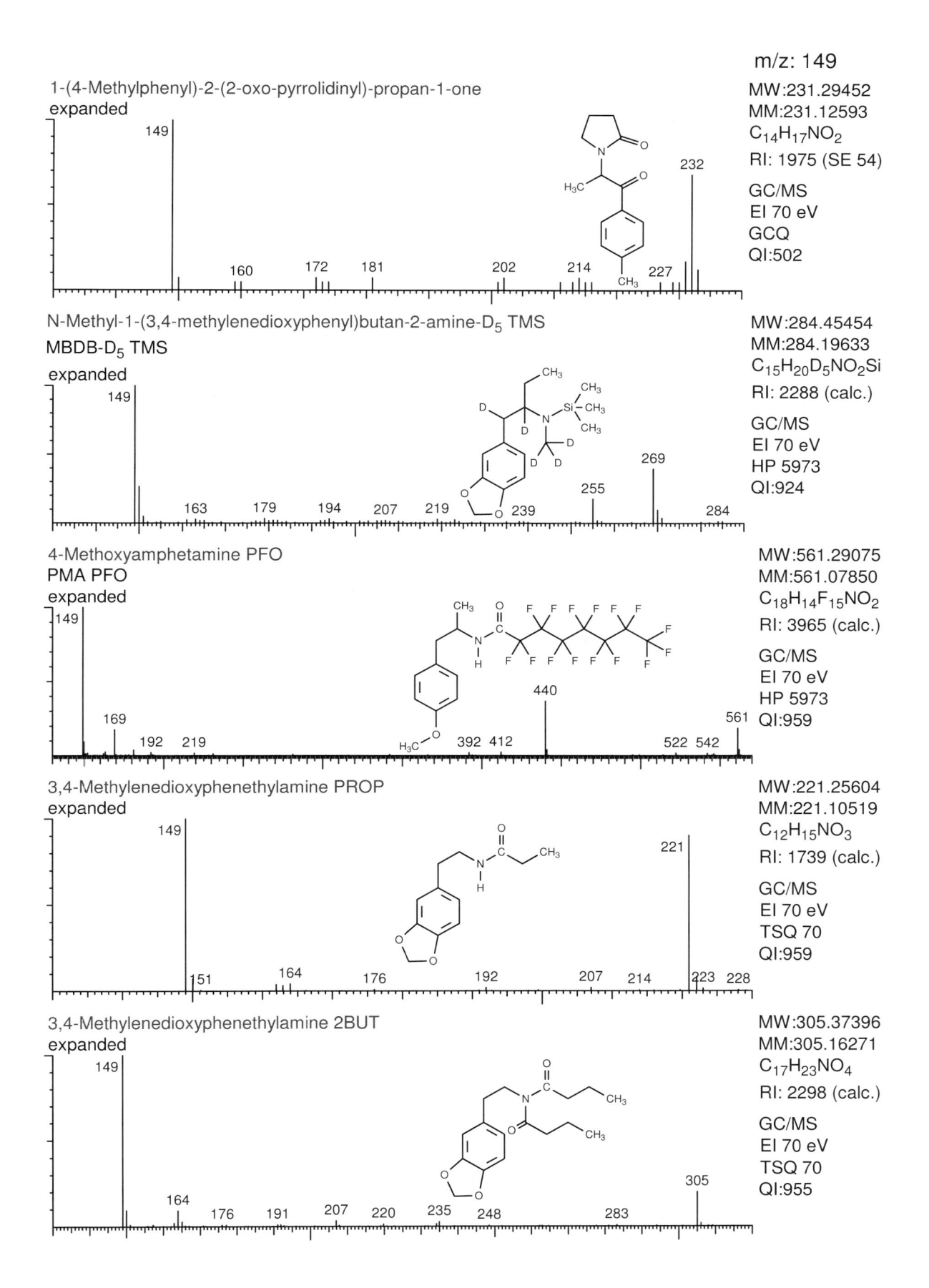

1-(4-Methylphenyl)-2-(2-oxo-pyrrolidinyl)-propan-1-one
expanded

m/z: 149
MW: 231.29452
MM: 231.12593
$C_{14}H_{17}NO_2$
RI: 1975 (SE 54)

GC/MS
EI 70 eV
GCQ
QI: 502

Peaks: 149, 160, 172, 181, 202, 214, 227, 232

N-Methyl-1-(3,4-methylenedioxyphenyl)butan-2-amine-D_5 TMS
MBDB-D_5 TMS
expanded

MW: 284.45454
MM: 284.19633
$C_{15}H_{20}D_5NO_2Si$
RI: 2288 (calc.)

GC/MS
EI 70 eV
HP 5973
QI: 924

Peaks: 149, 163, 179, 194, 207, 219, 239, 255, 269, 284

4-Methoxyamphetamine PFO
PMA PFO
expanded

MW: 561.29075
MM: 561.07850
$C_{18}H_{14}F_{15}NO_2$
RI: 3965 (calc.)

GC/MS
EI 70 eV
HP 5973
QI: 959

Peaks: 149, 169, 192, 219, 392, 412, 440, 522, 542, 561

3,4-Methylenedioxyphenethylamine PROP
expanded

MW: 221.25604
MM: 221.10519
$C_{12}H_{15}NO_3$
RI: 1739 (calc.)

GC/MS
EI 70 eV
TSQ 70
QI: 959

Peaks: 149, 151, 164, 176, 192, 207, 214, 221, 223, 228

3,4-Methylenedioxyphenethylamine 2BUT
expanded

MW: 305.37396
MM: 305.16271
$C_{17}H_{23}NO_4$
RI: 2298 (calc.)

GC/MS
EI 70 eV
TSQ 70
QI: 955

Peaks: 149, 164, 176, 191, 207, 220, 235, 248, 283, 305

m/z: 149

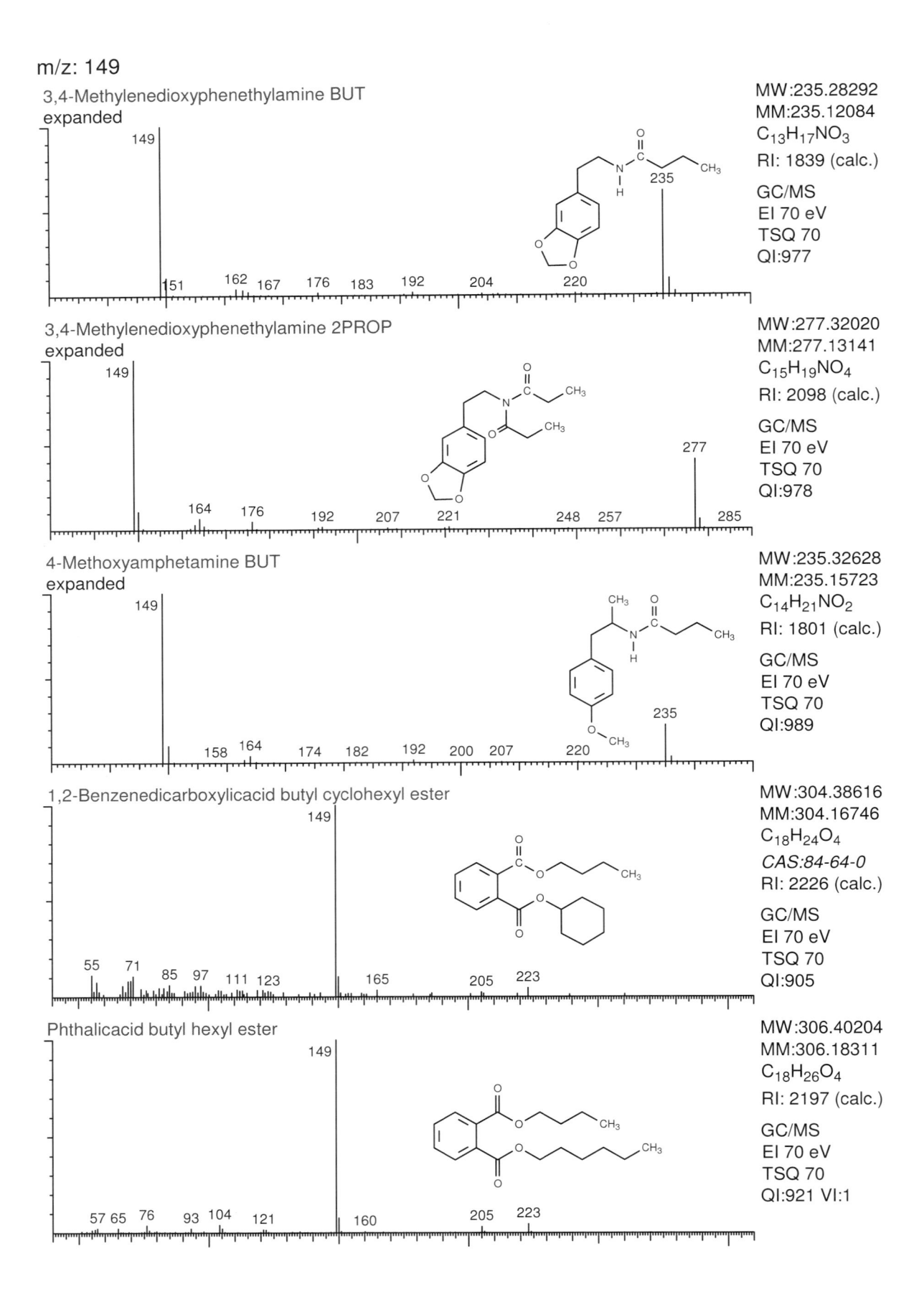

3,4-Methylenedioxyphenethylamine BUT expanded

MW:235.28292
MM:235.12084
$C_{13}H_{17}NO_3$
RI: 1839 (calc.)

GC/MS
EI 70 eV
TSQ 70
QI:977

3,4-Methylenedioxyphenethylamine 2PROP expanded

MW:277.32020
MM:277.13141
$C_{15}H_{19}NO_4$
RI: 2098 (calc.)

GC/MS
EI 70 eV
TSQ 70
QI:978

4-Methoxyamphetamine BUT expanded

MW:235.32628
MM:235.15723
$C_{14}H_{21}NO_2$
RI: 1801 (calc.)

GC/MS
EI 70 eV
TSQ 70
QI:989

1,2-Benzenedicarboxylicacid butyl cyclohexyl ester

MW:304.38616
MM:304.16746
$C_{18}H_{24}O_4$
CAS:84-64-0
RI: 2226 (calc.)

GC/MS
EI 70 eV
TSQ 70
QI:905

Phthalicacid butyl hexyl ester

MW:306.40204
MM:306.18311
$C_{18}H_{26}O_4$
RI: 2197 (calc.)

GC/MS
EI 70 eV
TSQ 70
QI:921 VI:1

m/z: 149

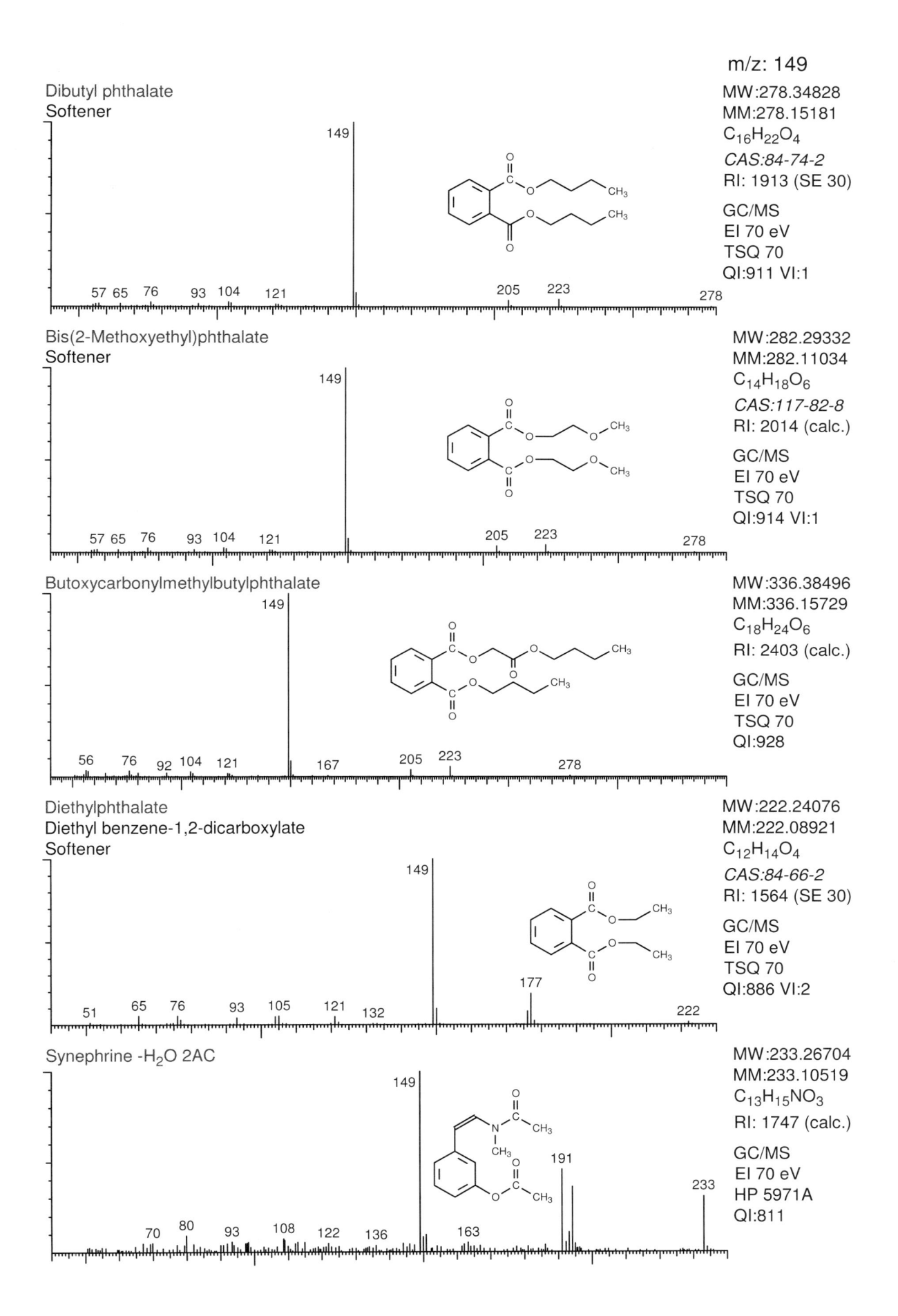

Dibutyl phthalate
Softener

MW:278.34828
MM:278.15181
$C_{16}H_{22}O_4$
CAS:84-74-2
RI: 1913 (SE 30)

GC/MS
EI 70 eV
TSQ 70
QI:911 VI:1

Bis(2-Methoxyethyl)phthalate
Softener

MW:282.29332
MM:282.11034
$C_{14}H_{18}O_6$
CAS:117-82-8
RI: 2014 (calc.)

GC/MS
EI 70 eV
TSQ 70
QI:914 VI:1

Butoxycarbonylmethylbutylphthalate

MW:336.38496
MM:336.15729
$C_{18}H_{24}O_6$
RI: 2403 (calc.)

GC/MS
EI 70 eV
TSQ 70
QI:928

Diethylphthalate
Diethyl benzene-1,2-dicarboxylate
Softener

MW:222.24076
MM:222.08921
$C_{12}H_{14}O_4$
CAS:84-66-2
RI: 1564 (SE 30)

GC/MS
EI 70 eV
TSQ 70
QI:886 VI:2

Synephrine -H$_2$O 2AC

MW:233.26704
MM:233.10519
$C_{13}H_{15}NO_3$
RI: 1747 (calc.)

GC/MS
EI 70 eV
HP 5971A
QI:811

m/z: 149

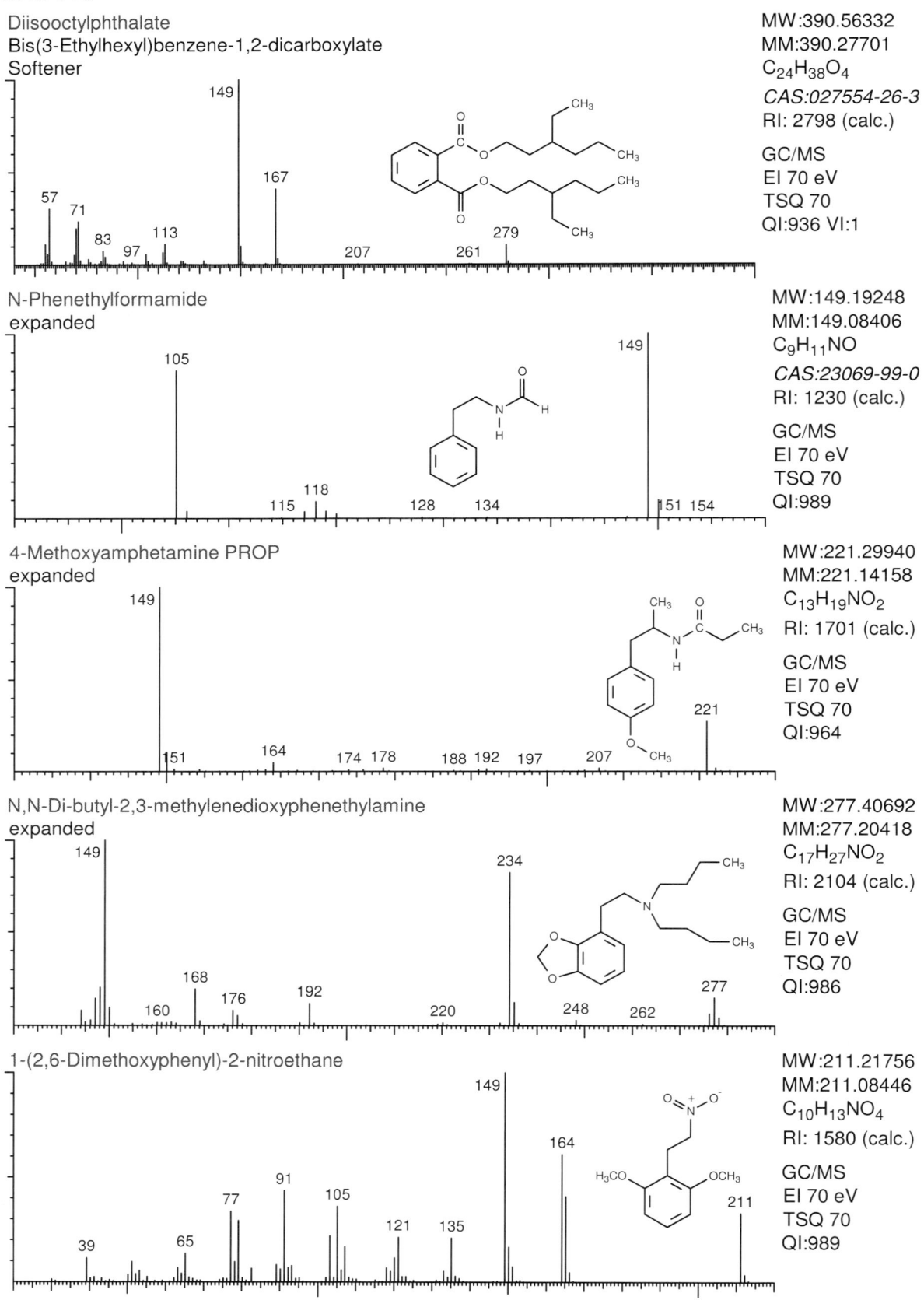

Diisooctylphthalate
Bis(3-Ethylhexyl)benzene-1,2-dicarboxylate
Softener

Peaks: 57, 71, 83, 97, 113, 149, 167, 207, 261, 279

MW: 390.56332
MM: 390.27701
$C_{24}H_{38}O_4$
CAS: 027554-26-3
RI: 2798 (calc.)

GC/MS
EI 70 eV
TSQ 70
QI: 936 VI: 1

N-Phenethylformamide
expanded

Peaks: 105, 115, 118, 128, 134, 149, 151, 154

MW: 149.19248
MM: 149.08406
$C_9H_{11}NO$
CAS: 23069-99-0
RI: 1230 (calc.)

GC/MS
EI 70 eV
TSQ 70
QI: 989

4-Methoxyamphetamine PROP
expanded

Peaks: 149, 151, 164, 174, 178, 188, 192, 197, 207, 221

MW: 221.29940
MM: 221.14158
$C_{13}H_{19}NO_2$
RI: 1701 (calc.)

GC/MS
EI 70 eV
TSQ 70
QI: 964

N,N-Di-butyl-2,3-methylenedioxyphenethylamine
expanded

Peaks: 149, 160, 168, 176, 192, 220, 234, 248, 262, 277

MW: 277.40692
MM: 277.20418
$C_{17}H_{27}NO_2$
RI: 2104 (calc.)

GC/MS
EI 70 eV
TSQ 70
QI: 986

1-(2,6-Dimethoxyphenyl)-2-nitroethane

Peaks: 39, 65, 77, 91, 105, 121, 135, 149, 164, 211

MW: 211.21756
MM: 211.08446
$C_{10}H_{13}NO_4$
RI: 1580 (calc.)

GC/MS
EI 70 eV
TSQ 70
QI: 989

m/z: 149

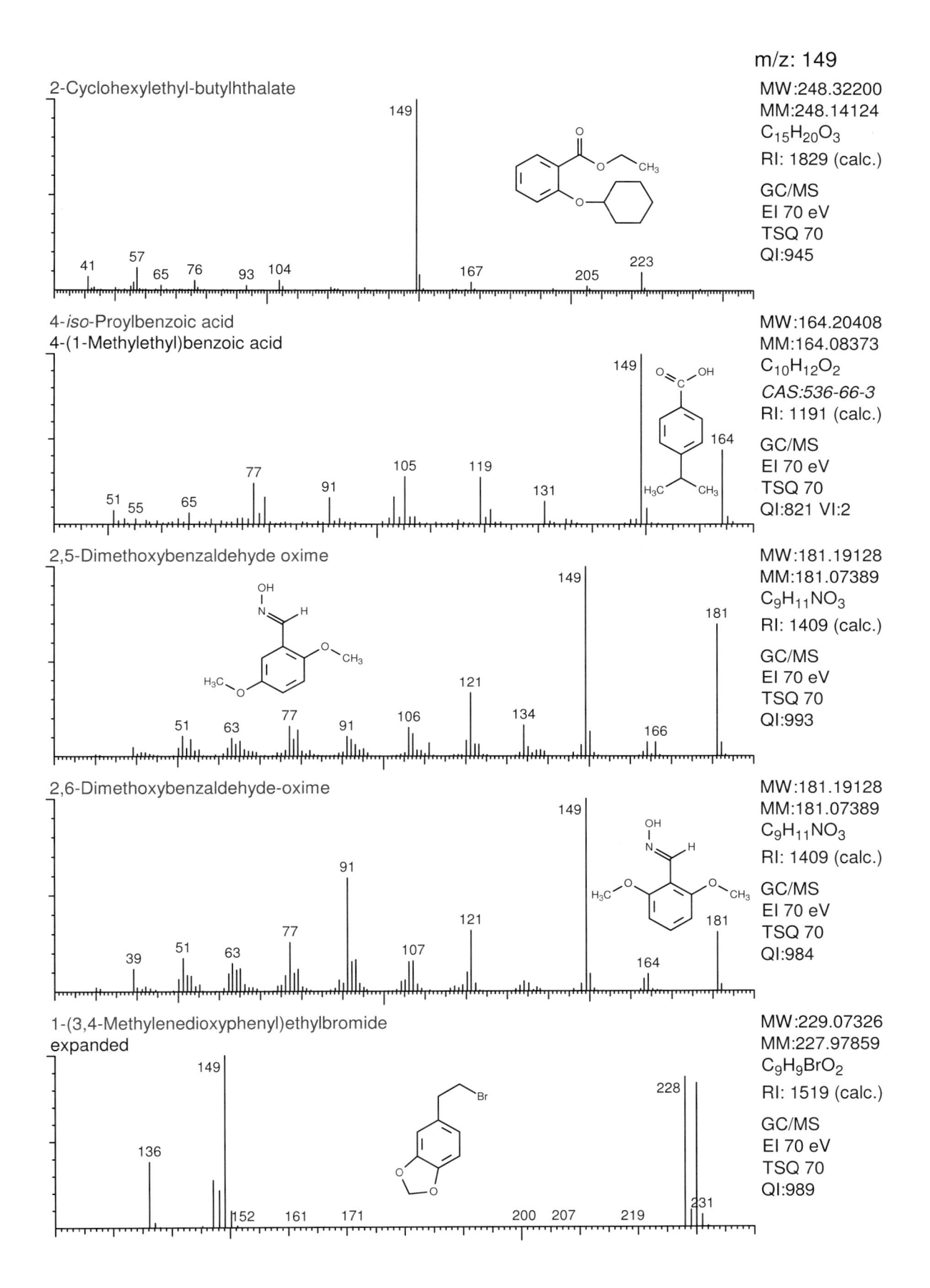

2-Cyclohexylethyl-butylhthalate

MW: 248.32200
MM: 248.14124
$C_{15}H_{20}O_3$
RI: 1829 (calc.)

GC/MS
EI 70 eV
TSQ 70
QI: 945

4-iso-Proylbenzoic acid
4-(1-Methylethyl)benzoic acid

MW: 164.20408
MM: 164.08373
$C_{10}H_{12}O_2$
CAS: 536-66-3
RI: 1191 (calc.)

GC/MS
EI 70 eV
TSQ 70
QI: 821 VI:2

2,5-Dimethoxybenzaldehyde oxime

MW: 181.19128
MM: 181.07389
$C_9H_{11}NO_3$
RI: 1409 (calc.)

GC/MS
EI 70 eV
TSQ 70
QI: 993

2,6-Dimethoxybenzaldehyde-oxime

MW: 181.19128
MM: 181.07389
$C_9H_{11}NO_3$
RI: 1409 (calc.)

GC/MS
EI 70 eV
TSQ 70
QI: 984

1-(3,4-Methylenedioxyphenyl)ethylbromide
expanded

MW: 229.07326
MM: 227.97859
$C_9H_9BrO_2$
RI: 1519 (calc.)

GC/MS
EI 70 eV
TSQ 70
QI: 989

m/z: 149

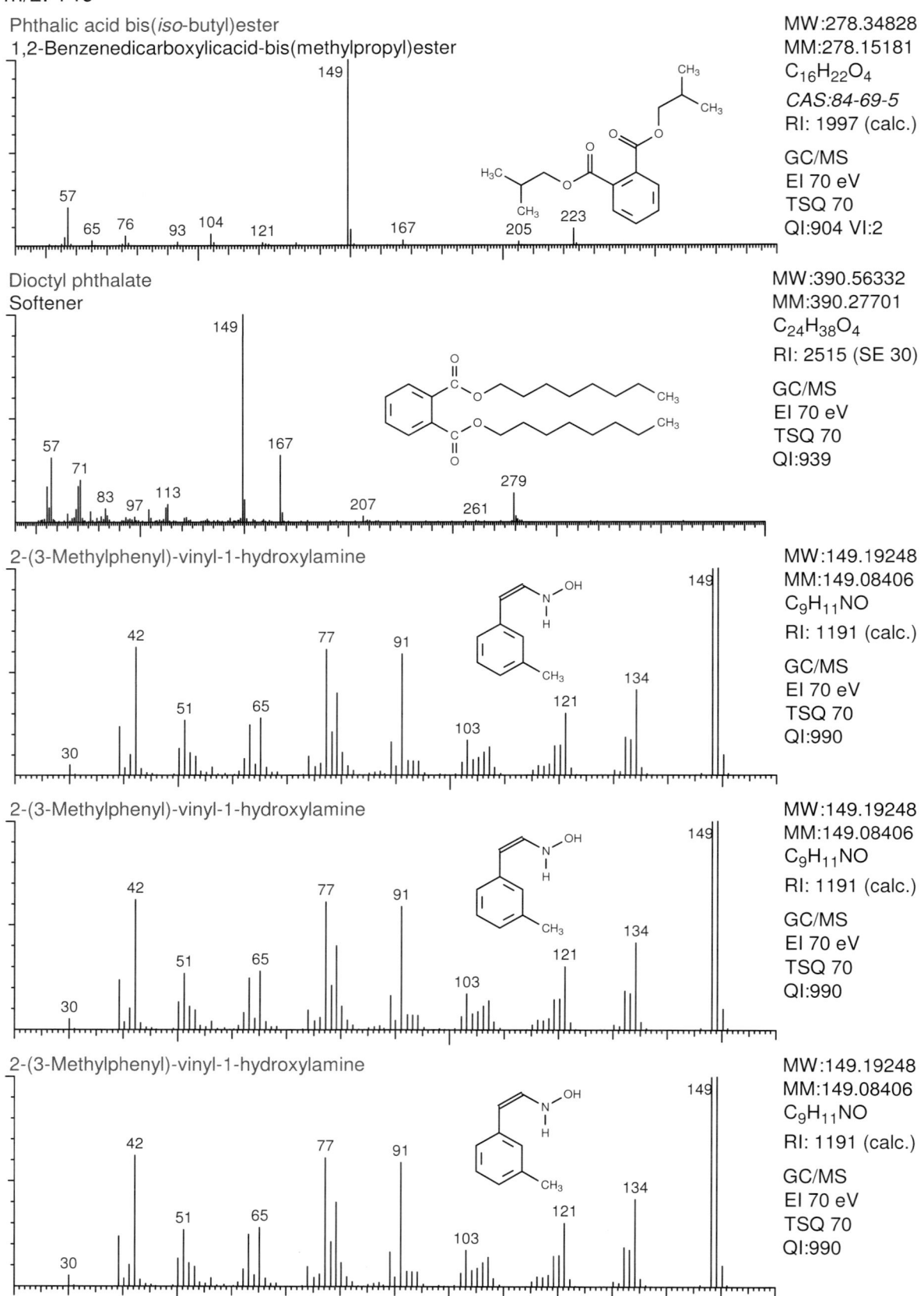

Phthalic acid bis(*iso*-butyl)ester
1,2-Benzenedicarboxylicacid-bis(methylpropyl)ester

MW:278.34828
MM:278.15181
$C_{16}H_{22}O_4$
CAS:84-69-5
RI: 1997 (calc.)

GC/MS
EI 70 eV
TSQ 70
QI:904 VI:2

Dioctyl phthalate
Softener

MW:390.56332
MM:390.27701
$C_{24}H_{38}O_4$
RI: 2515 (SE 30)

GC/MS
EI 70 eV
TSQ 70
QI:939

2-(3-Methylphenyl)-vinyl-1-hydroxylamine

MW:149.19248
MM:149.08406
$C_9H_{11}NO$
RI: 1191 (calc.)

GC/MS
EI 70 eV
TSQ 70
QI:990

2-(3-Methylphenyl)-vinyl-1-hydroxylamine

MW:149.19248
MM:149.08406
$C_9H_{11}NO$
RI: 1191 (calc.)

GC/MS
EI 70 eV
TSQ 70
QI:990

2-(3-Methylphenyl)-vinyl-1-hydroxylamine

MW:149.19248
MM:149.08406
$C_9H_{11}NO$
RI: 1191 (calc.)

GC/MS
EI 70 eV
TSQ 70
QI:990

m/z: 150

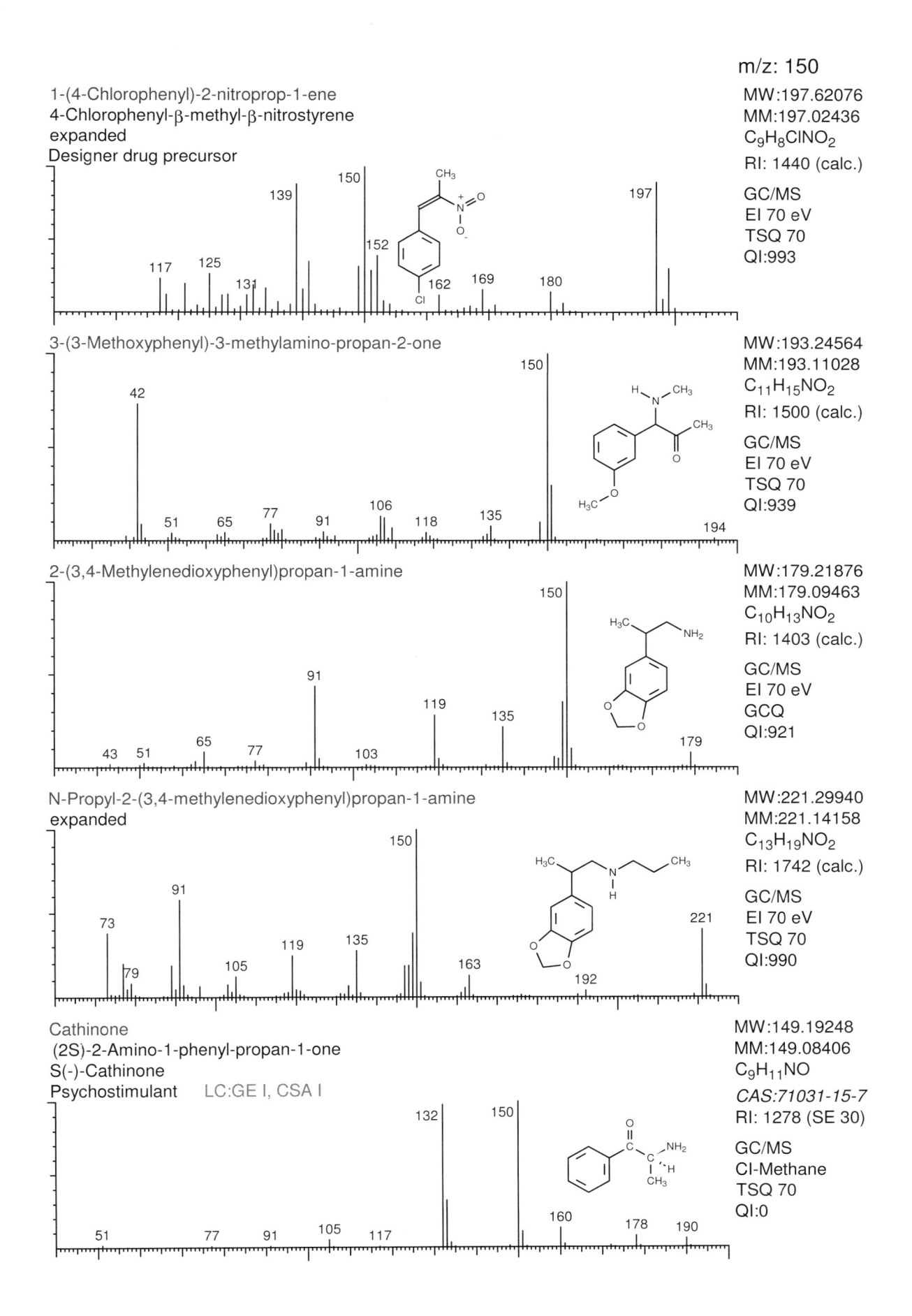

1-(4-Chlorophenyl)-2-nitroprop-1-ene
4-Chlorophenyl-β-methyl-β-nitrostyrene
expanded
Designer drug precursor

MW: 197.62076
MM: 197.02436
$C_9H_8ClNO_2$
RI: 1440 (calc.)

GC/MS
EI 70 eV
TSQ 70
QI: 993

Peaks: 117, 125, 131, 139, 150, 152, 162, 169, 180, 197

3-(3-Methoxyphenyl)-3-methylamino-propan-2-one

MW: 193.24564
MM: 193.11028
$C_{11}H_{15}NO_2$
RI: 1500 (calc.)

GC/MS
EI 70 eV
TSQ 70
QI: 939

Peaks: 42, 51, 65, 77, 91, 106, 118, 135, 150, 194

2-(3,4-Methylenedioxyphenyl)propan-1-amine

MW: 179.21876
MM: 179.09463
$C_{10}H_{13}NO_2$
RI: 1403 (calc.)

GC/MS
EI 70 eV
GCQ
QI: 921

Peaks: 43, 51, 65, 77, 91, 103, 119, 135, 150, 179

N-Propyl-2-(3,4-methylenedioxyphenyl)propan-1-amine
expanded

MW: 221.29940
MM: 221.14158
$C_{13}H_{19}NO_2$
RI: 1742 (calc.)

GC/MS
EI 70 eV
TSQ 70
QI: 990

Peaks: 73, 79, 91, 105, 119, 135, 150, 163, 192, 221

Cathinone
(2S)-2-Amino-1-phenyl-propan-1-one
S(-)-Cathinone
Psychostimulant   LC: GE I, CSA I

MW: 149.19248
MM: 149.08406
$C_9H_{11}NO$
CAS: 71031-15-7
RI: 1278 (SE 30)

GC/MS
CI-Methane
TSQ 70
QI: 0

Peaks: 51, 77, 91, 105, 117, 132, 150, 160, 178, 190

m/z: 150

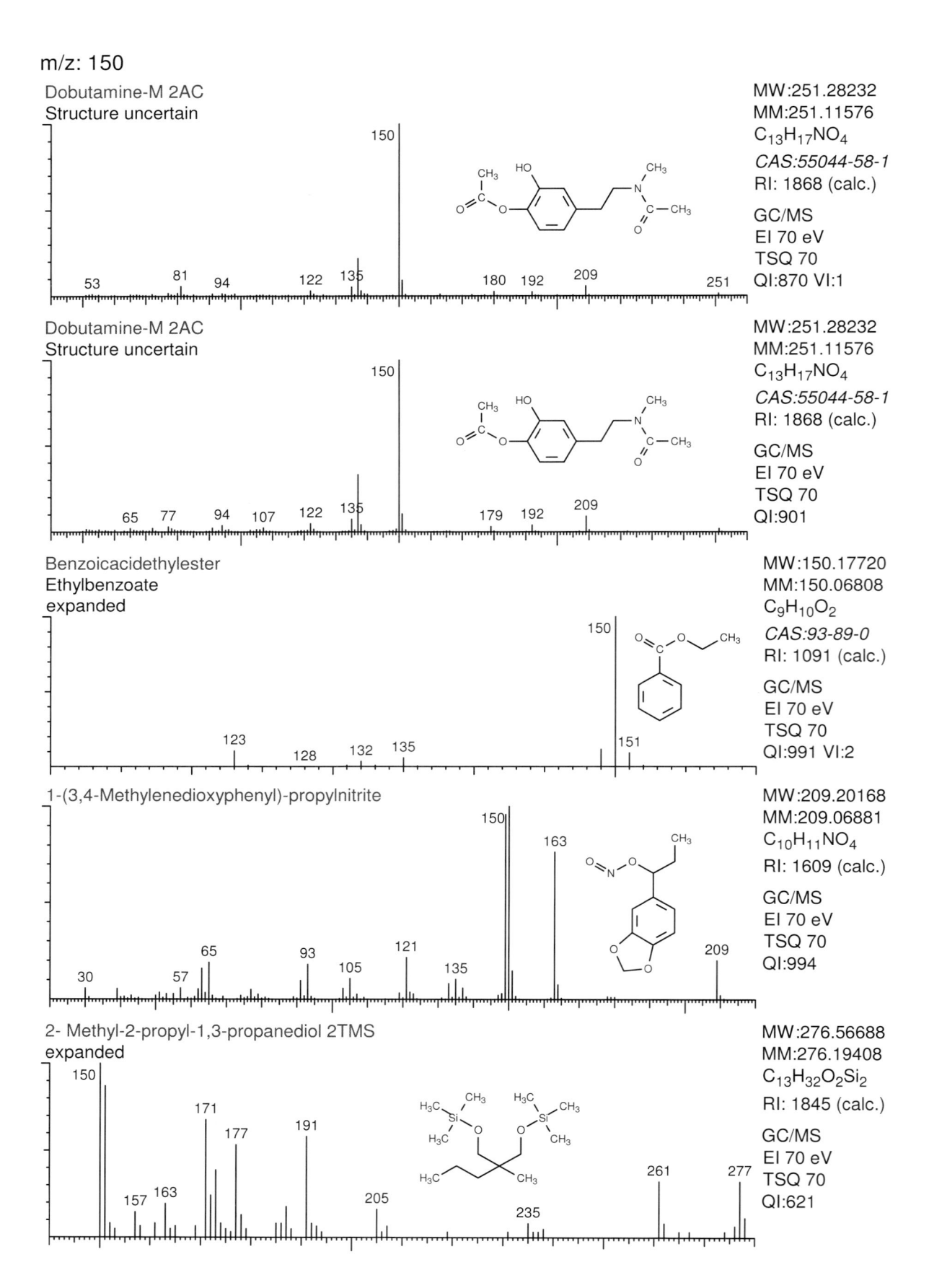

Dobutamine-M 2AC
Structure uncertain

MW:251.28232
MM:251.11576
C$_{13}$H$_{17}$NO$_4$
CAS:55044-58-1
RI: 1868 (calc.)

GC/MS
EI 70 eV
TSQ 70
QI:870 VI:1

Peaks: 53, 81, 94, 122, 135, 150, 180, 192, 209, 251

Dobutamine-M 2AC
Structure uncertain

MW:251.28232
MM:251.11576
C$_{13}$H$_{17}$NO$_4$
CAS:55044-58-1
RI: 1868 (calc.)

GC/MS
EI 70 eV
TSQ 70
QI:901

Peaks: 65, 77, 94, 107, 122, 135, 150, 179, 192, 209

Benzoicacidethylester
Ethylbenzoate
expanded

MW:150.17720
MM:150.06808
C$_9$H$_{10}$O$_2$
CAS:93-89-0
RI: 1091 (calc.)

GC/MS
EI 70 eV
TSQ 70
QI:991 VI:2

Peaks: 123, 128, 132, 135, 150, 151

1-(3,4-Methylenedioxyphenyl)-propylnitrite

MW:209.20168
MM:209.06881
C$_{10}$H$_{11}$NO$_4$
RI: 1609 (calc.)

GC/MS
EI 70 eV
TSQ 70
QI:994

Peaks: 30, 57, 65, 93, 105, 121, 135, 150, 163, 209

2-Methyl-2-propyl-1,3-propanediol 2TMS
expanded

MW:276.56688
MM:276.19408
C$_{13}$H$_{32}$O$_2$Si$_2$
RI: 1845 (calc.)

GC/MS
EI 70 eV
TSQ 70
QI:621

Peaks: 150, 157, 163, 171, 177, 191, 205, 235, 261, 277

m/z: 150

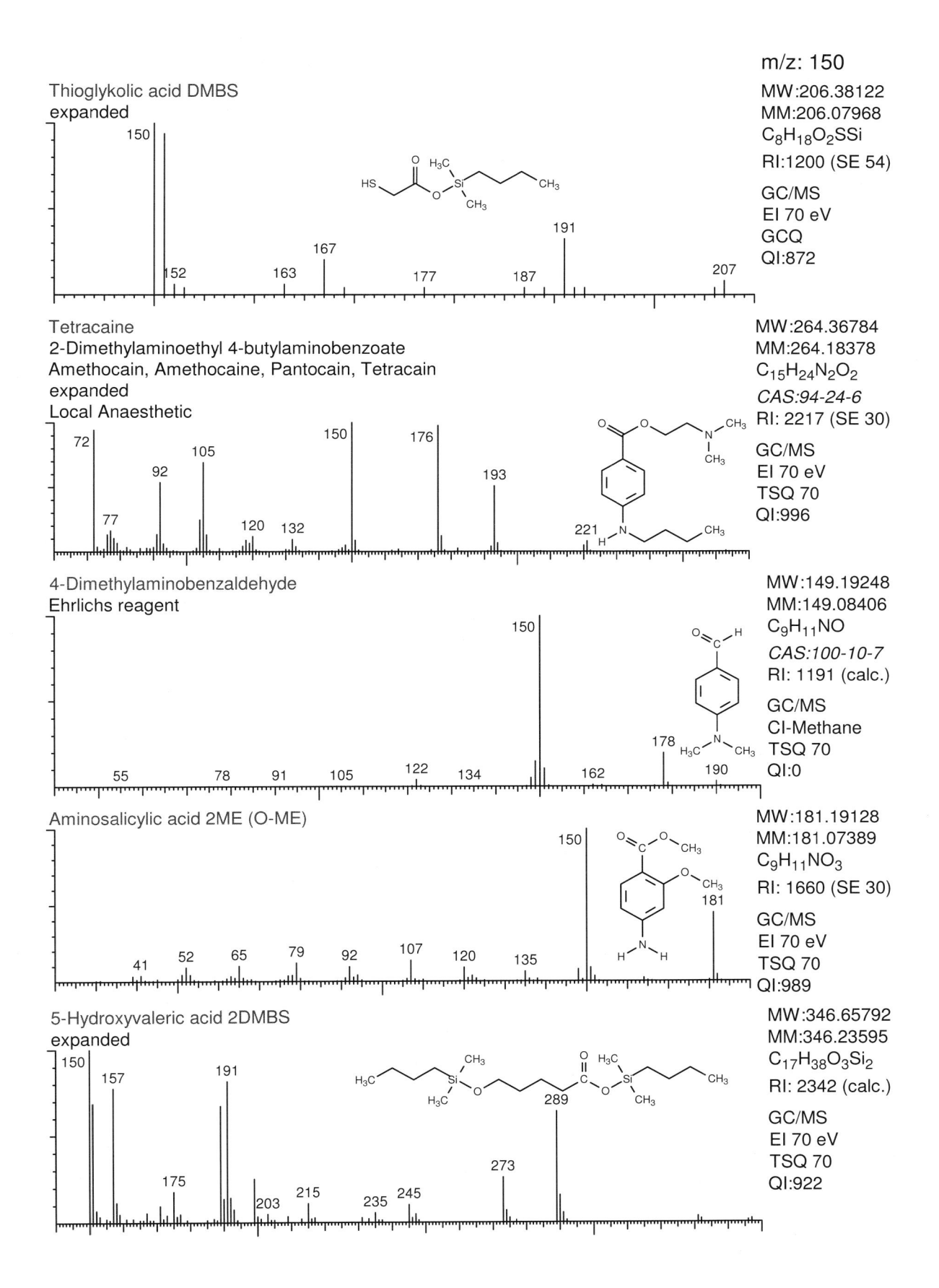

Thioglykolic acid DMBS
expanded

MW: 206.38122
MM: 206.07968
$C_8H_{18}O_2SSi$
RI: 1200 (SE 54)

GC/MS
EI 70 eV
GCQ
QI: 872

Tetracaine
2-Dimethylaminoethyl 4-butylaminobenzoate
Amethocain, Amethocaine, Pantocain, Tetracain
expanded
Local Anaesthetic

MW: 264.36784
MM: 264.18378
$C_{15}H_{24}N_2O_2$
CAS: 94-24-6
RI: 2217 (SE 30)

GC/MS
EI 70 eV
TSQ 70
QI: 996

4-Dimethylaminobenzaldehyde
Ehrlichs reagent

MW: 149.19248
MM: 149.08406
$C_9H_{11}NO$
CAS: 100-10-7
RI: 1191 (calc.)

GC/MS
CI-Methane
TSQ 70
QI: 0

Aminosalicylic acid 2ME (O-ME)

MW: 181.19128
MM: 181.07389
$C_9H_{11}NO_3$
RI: 1660 (SE 30)

GC/MS
EI 70 eV
TSQ 70
QI: 989

5-Hydroxyvaleric acid 2DMBS
expanded

MW: 346.65792
MM: 346.23595
$C_{17}H_{38}O_3Si_2$
RI: 2342 (calc.)

GC/MS
EI 70 eV
TSQ 70
QI: 922

m/z: 150

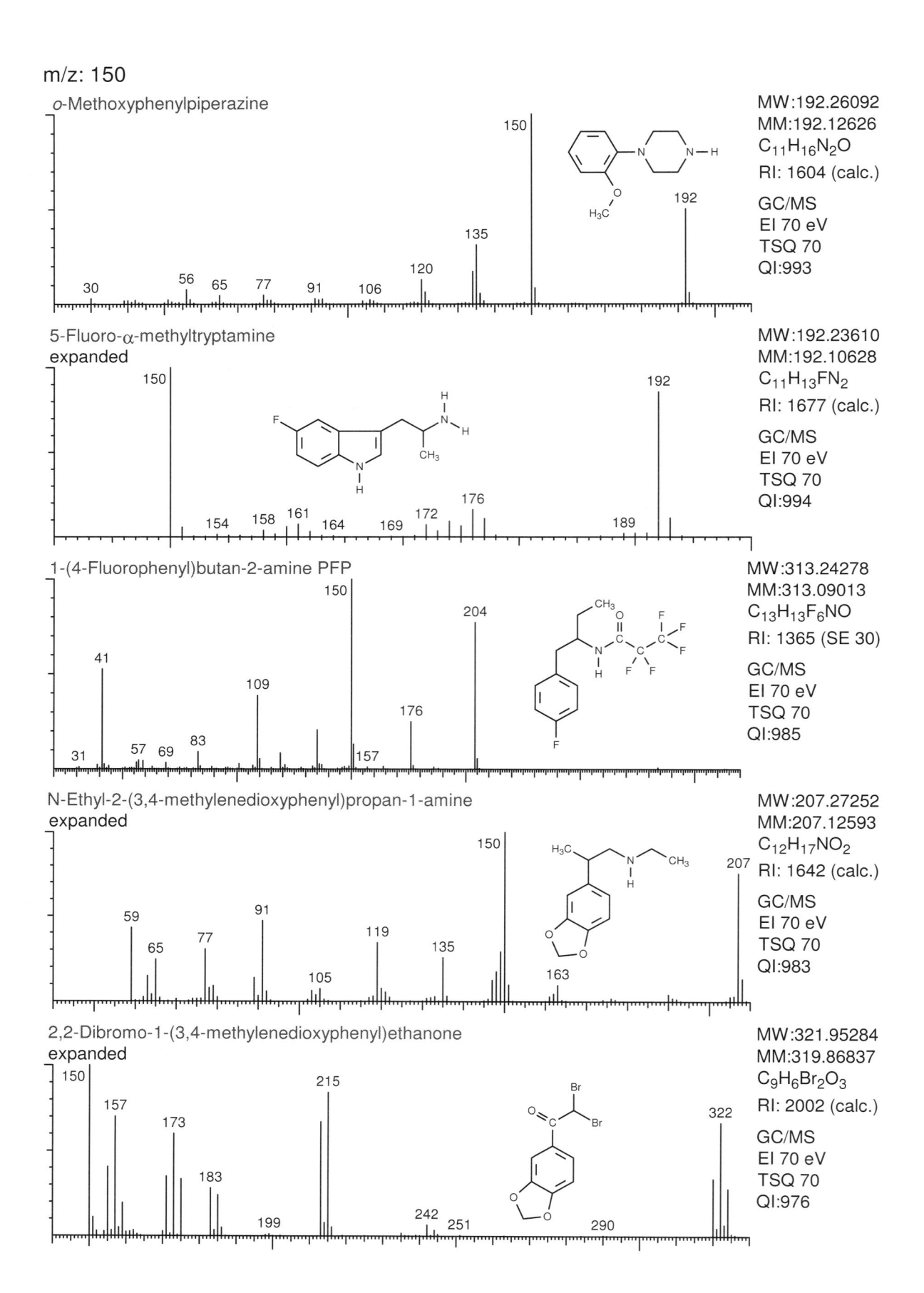

o-Methoxyphenylpiperazine

MW: 192.26092
MM: 192.12626
$C_{11}H_{16}N_2O$
RI: 1604 (calc.)

GC/MS
EI 70 eV
TSQ 70
QI: 993

5-Fluoro-α-methyltryptamine expanded

MW: 192.23610
MM: 192.10628
$C_{11}H_{13}FN_2$
RI: 1677 (calc.)

GC/MS
EI 70 eV
TSQ 70
QI: 994

1-(4-Fluorophenyl)butan-2-amine PFP

MW: 313.24278
MM: 313.09013
$C_{13}H_{13}F_6NO$
RI: 1365 (SE 30)

GC/MS
EI 70 eV
TSQ 70
QI: 985

N-Ethyl-2-(3,4-methylenedioxyphenyl)propan-1-amine expanded

MW: 207.27252
MM: 207.12593
$C_{12}H_{17}NO_2$
RI: 1642 (calc.)

GC/MS
EI 70 eV
TSQ 70
QI: 983

2,2-Dibromo-1-(3,4-methylenedioxyphenyl)ethanone expanded

MW: 321.95284
MM: 319.86837
$C_9H_6Br_2O_3$
RI: 2002 (calc.)

GC/MS
EI 70 eV
TSQ 70
QI: 976

m/z: 150

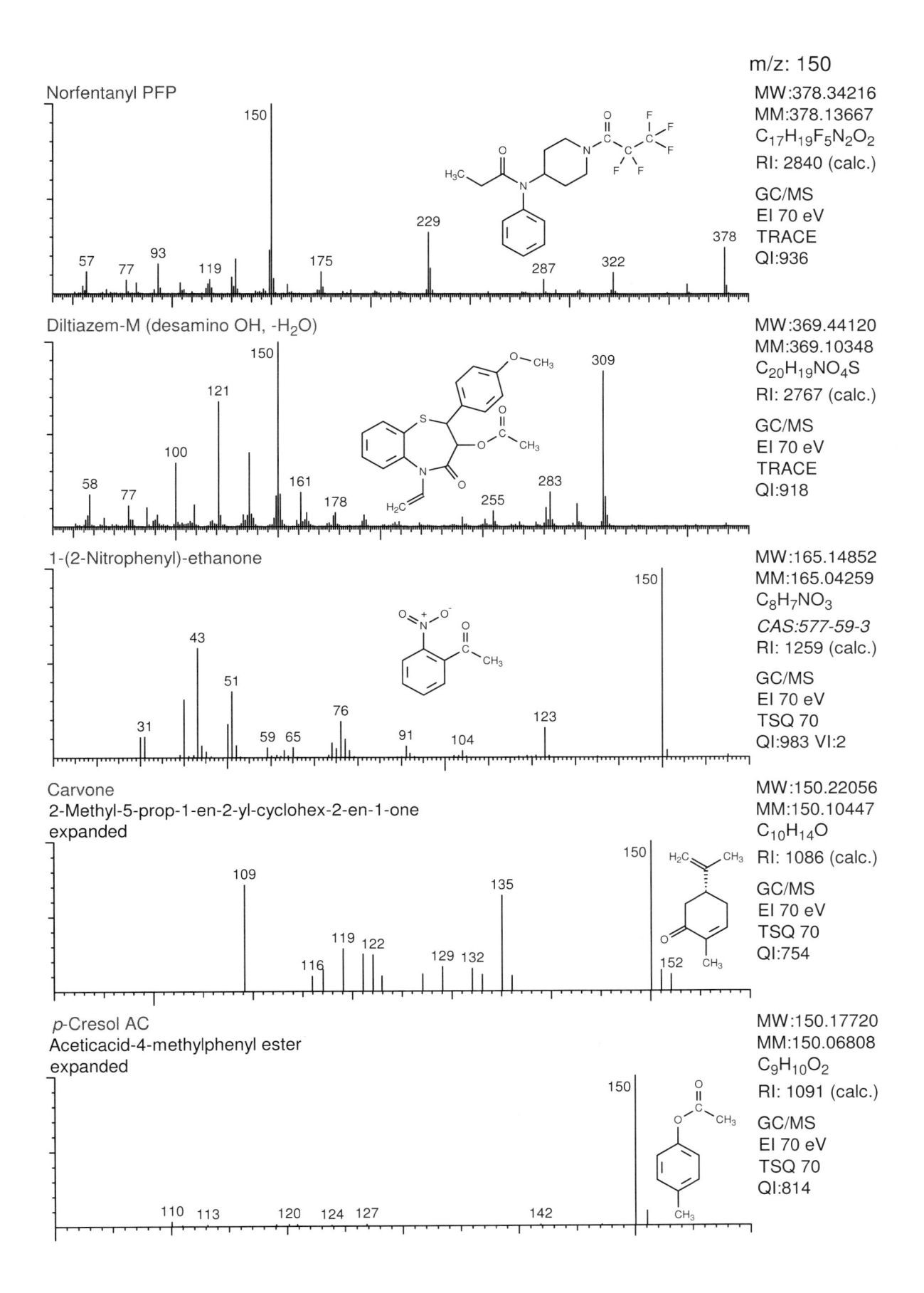

Norfentanyl PFP

MW: 378.34216
MM: 378.13667
$C_{17}H_{19}F_5N_2O_2$
RI: 2840 (calc.)

GC/MS
EI 70 eV
TRACE
QI: 936

Diltiazem-M (desamino OH, -H₂O)

MW: 369.44120
MM: 369.10348
$C_{20}H_{19}NO_4S$
RI: 2767 (calc.)

GC/MS
EI 70 eV
TRACE
QI: 918

1-(2-Nitrophenyl)-ethanone

MW: 165.14852
MM: 165.04259
$C_8H_7NO_3$
CAS: 577-59-3
RI: 1259 (calc.)

GC/MS
EI 70 eV
TSQ 70
QI: 983 VI: 2

Carvone
2-Methyl-5-prop-1-en-2-yl-cyclohex-2-en-1-one
expanded

MW: 150.22056
MM: 150.10447
$C_{10}H_{14}O$
RI: 1086 (calc.)

GC/MS
EI 70 eV
TSQ 70
QI: 754

p-Cresol AC
Aceticacid-4-methylphenyl ester
expanded

MW: 150.17720
MM: 150.06808
$C_9H_{10}O_2$
RI: 1091 (calc.)

GC/MS
EI 70 eV
TSQ 70
QI: 814

m/z: 150

1,2-Benzenedicarboxylicacid butyl cyclohexyl ester
expanded

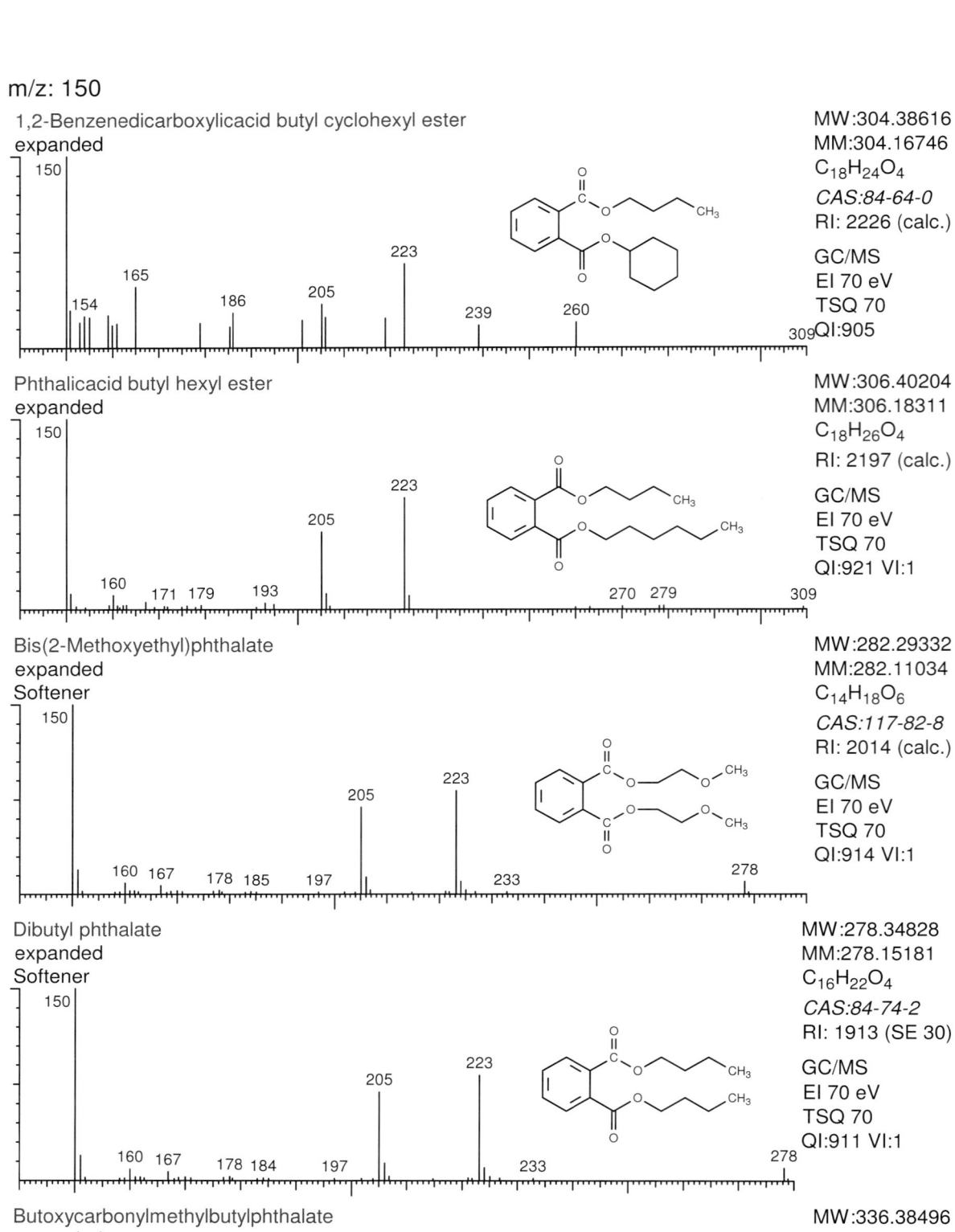

Peaks: 150, 154, 165, 186, 205, 223, 239, 260, 309

MW: 304.38616
MM: 304.16746
$C_{18}H_{24}O_4$
CAS: 84-64-0
RI: 2226 (calc.)

GC/MS
EI 70 eV
TSQ 70
QI: 905

Phthalicacid butyl hexyl ester
expanded

Peaks: 150, 160, 171, 179, 193, 205, 223, 270, 279, 309

MW: 306.40204
MM: 306.18311
$C_{18}H_{26}O_4$
RI: 2197 (calc.)

GC/MS
EI 70 eV
TSQ 70
QI: 921 VI:1

Bis(2-Methoxyethyl)phthalate
expanded
Softener

Peaks: 150, 160, 167, 178, 185, 197, 205, 223, 233, 278

MW: 282.29332
MM: 282.11034
$C_{14}H_{18}O_6$
CAS: 117-82-8
RI: 2014 (calc.)

GC/MS
EI 70 eV
TSQ 70
QI: 914 VI:1

Dibutyl phthalate
expanded
Softener

Peaks: 150, 160, 167, 178, 184, 197, 205, 223, 233, 278

MW: 278.34828
MM: 278.15181
$C_{16}H_{22}O_4$
CAS: 84-74-2
RI: 1913 (SE 30)

GC/MS
EI 70 eV
TSQ 70
QI: 911 VI:1

Butoxycarbonylmethylbutylphthalate
expanded

Peaks: 150, 157, 167, 178, 193, 205, 223, 236, 256, 278

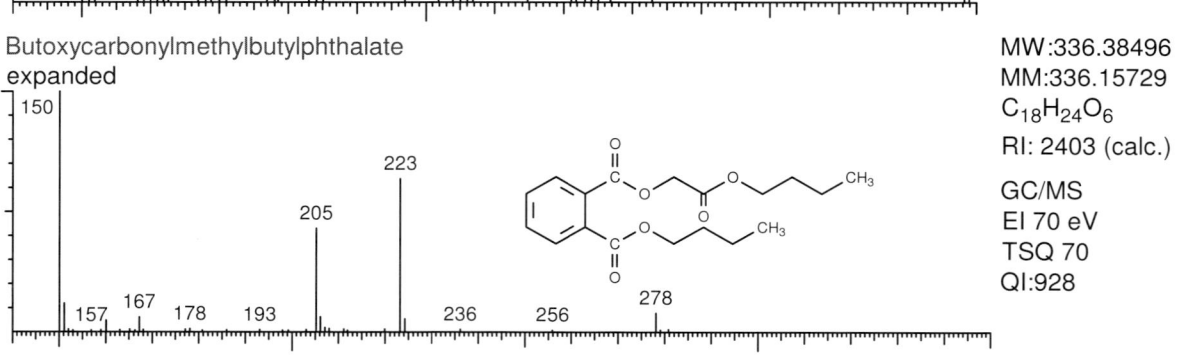

MW: 336.38496
MM: 336.15729
$C_{18}H_{24}O_6$
RI: 2403 (calc.)

GC/MS
EI 70 eV
TSQ 70
QI: 928

m/z: 150

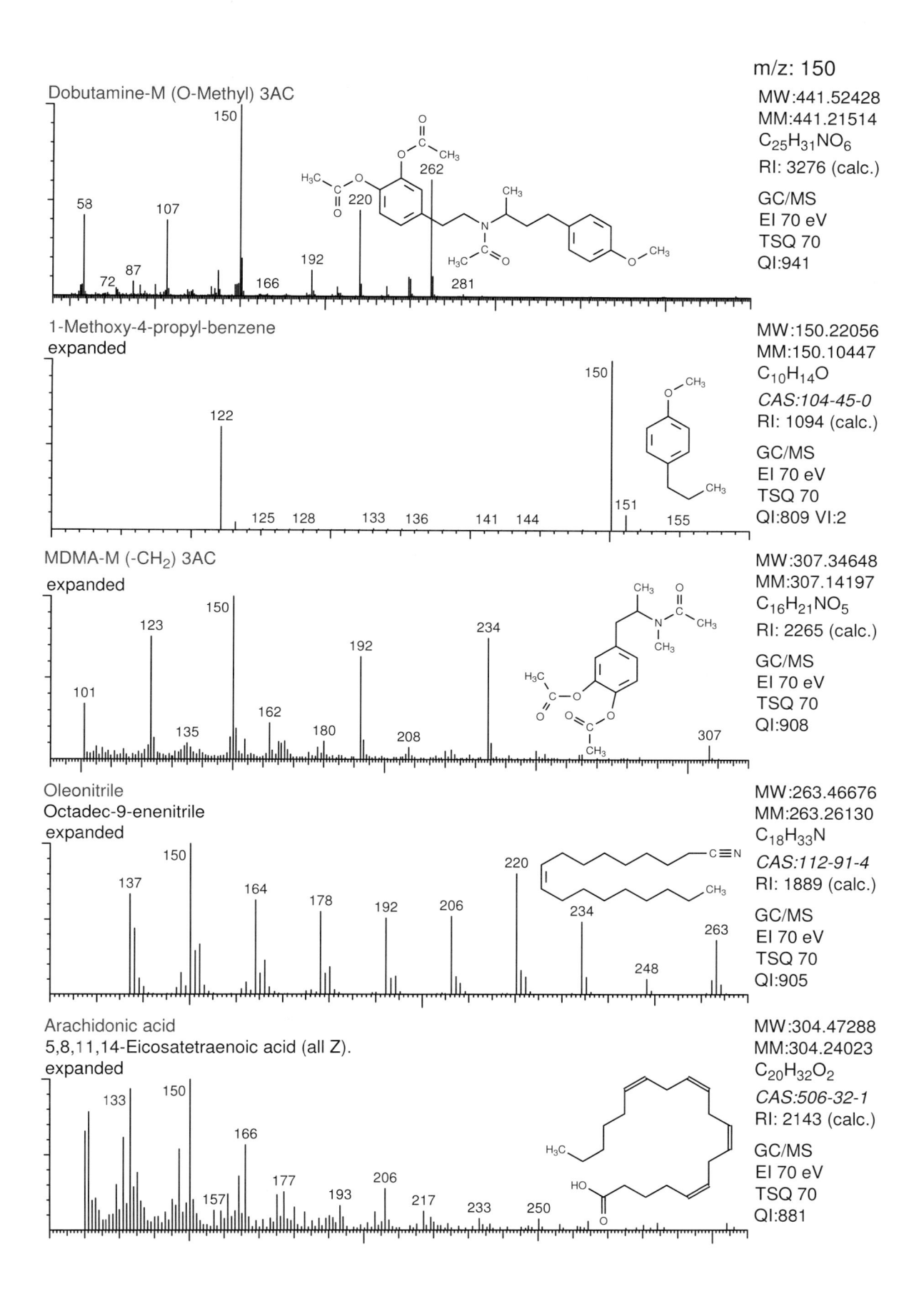

Dobutamine-M (O-Methyl) 3AC

Peaks: 58, 72, 87, 107, 150, 166, 192, 220, 262, 281

MW: 441.52428
MM: 441.21514
$C_{25}H_{31}NO_6$
RI: 3276 (calc.)

GC/MS
EI 70 eV
TSQ 70
QI: 941

1-Methoxy-4-propyl-benzene
expanded

Peaks: 122, 125, 128, 133, 136, 141, 144, 150, 151, 155

MW: 150.22056
MM: 150.10447
$C_{10}H_{14}O$
CAS: 104-45-0
RI: 1094 (calc.)

GC/MS
EI 70 eV
TSQ 70
QI: 809 VI:2

MDMA-M (-CH$_2$) 3AC
expanded

Peaks: 101, 123, 135, 150, 162, 180, 192, 208, 234, 307

MW: 307.34648
MM: 307.14197
$C_{16}H_{21}NO_5$
RI: 2265 (calc.)

GC/MS
EI 70 eV
TSQ 70
QI: 908

Oleonitrile
Octadec-9-enenitrile
expanded

Peaks: 137, 150, 164, 178, 192, 206, 220, 234, 248, 263

MW: 263.46676
MM: 263.26130
$C_{18}H_{33}N$
CAS: 112-91-4
RI: 1889 (calc.)

GC/MS
EI 70 eV
TSQ 70
QI: 905

Arachidonic acid
5,8,11,14-Eicosatetraenoic acid (all Z).
expanded

Peaks: 133, 150, 157, 166, 177, 193, 206, 217, 233, 250

MW: 304.47288
MM: 304.24023
$C_{20}H_{32}O_2$
CAS: 506-32-1
RI: 2143 (calc.)

GC/MS
EI 70 eV
TSQ 70
QI: 881

m/z: 150-151

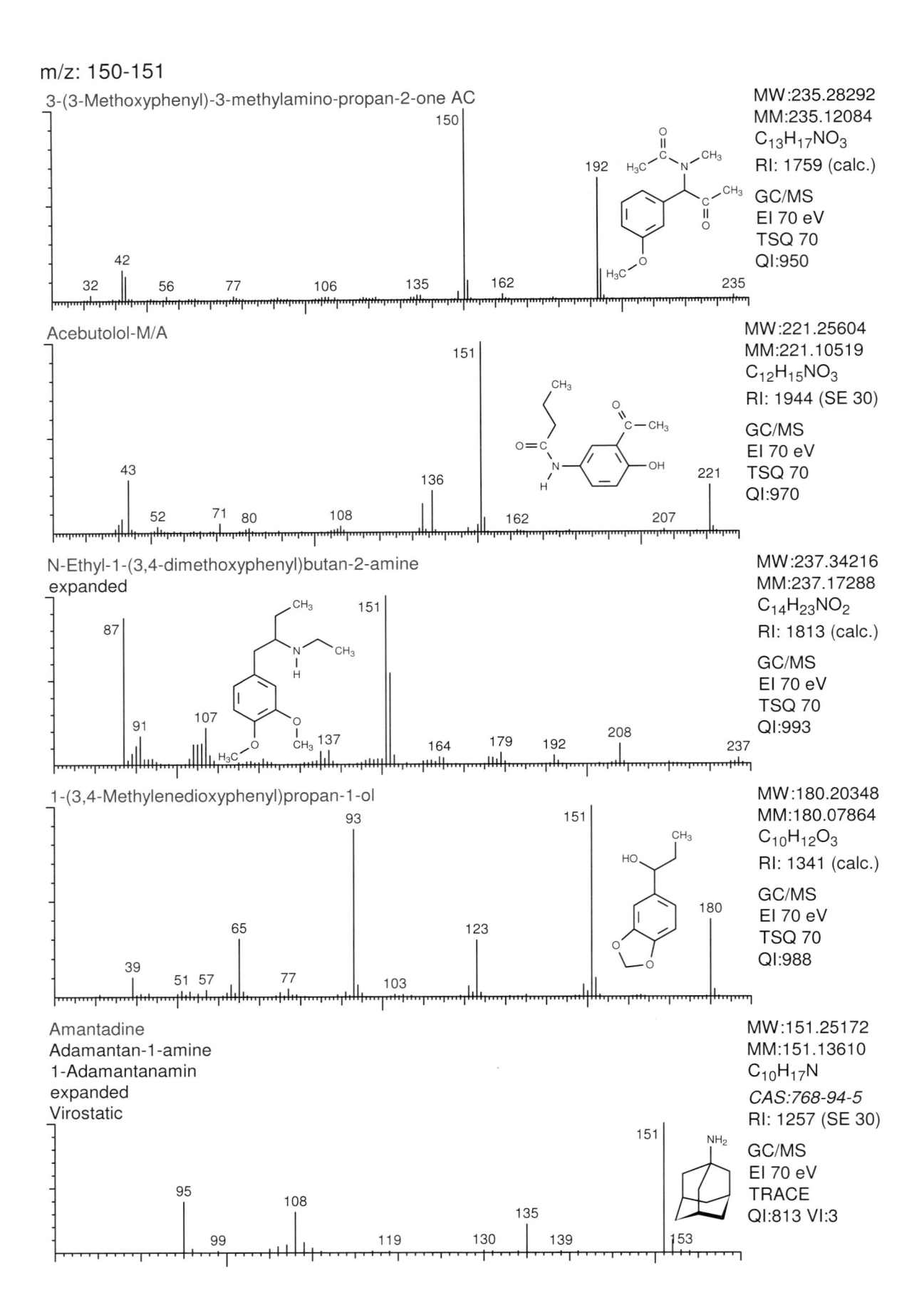

3-(3-Methoxyphenyl)-3-methylamino-propan-2-one AC

MW:235.28292
MM:235.12084
$C_{13}H_{17}NO_3$
RI: 1759 (calc.)

GC/MS
EI 70 eV
TSQ 70
QI:950

Acebutolol-M/A

MW:221.25604
MM:221.10519
$C_{12}H_{15}NO_3$
RI: 1944 (SE 30)

GC/MS
EI 70 eV
TSQ 70
QI:970

N-Ethyl-1-(3,4-dimethoxyphenyl)butan-2-amine
expanded

MW:237.34216
MM:237.17288
$C_{14}H_{23}NO_2$
RI: 1813 (calc.)

GC/MS
EI 70 eV
TSQ 70
QI:993

1-(3,4-Methylenedioxyphenyl)propan-1-ol

MW:180.20348
MM:180.07864
$C_{10}H_{12}O_3$
RI: 1341 (calc.)

GC/MS
EI 70 eV
TSQ 70
QI:988

Amantadine
Adamantan-1-amine
1-Adamantanamin
expanded
Virostatic

MW:151.25172
MM:151.13610
$C_{10}H_{17}N$
CAS:768-94-5
RI: 1257 (SE 30)

GC/MS
EI 70 eV
TRACE
QI:813 VI:3

m/z: 151

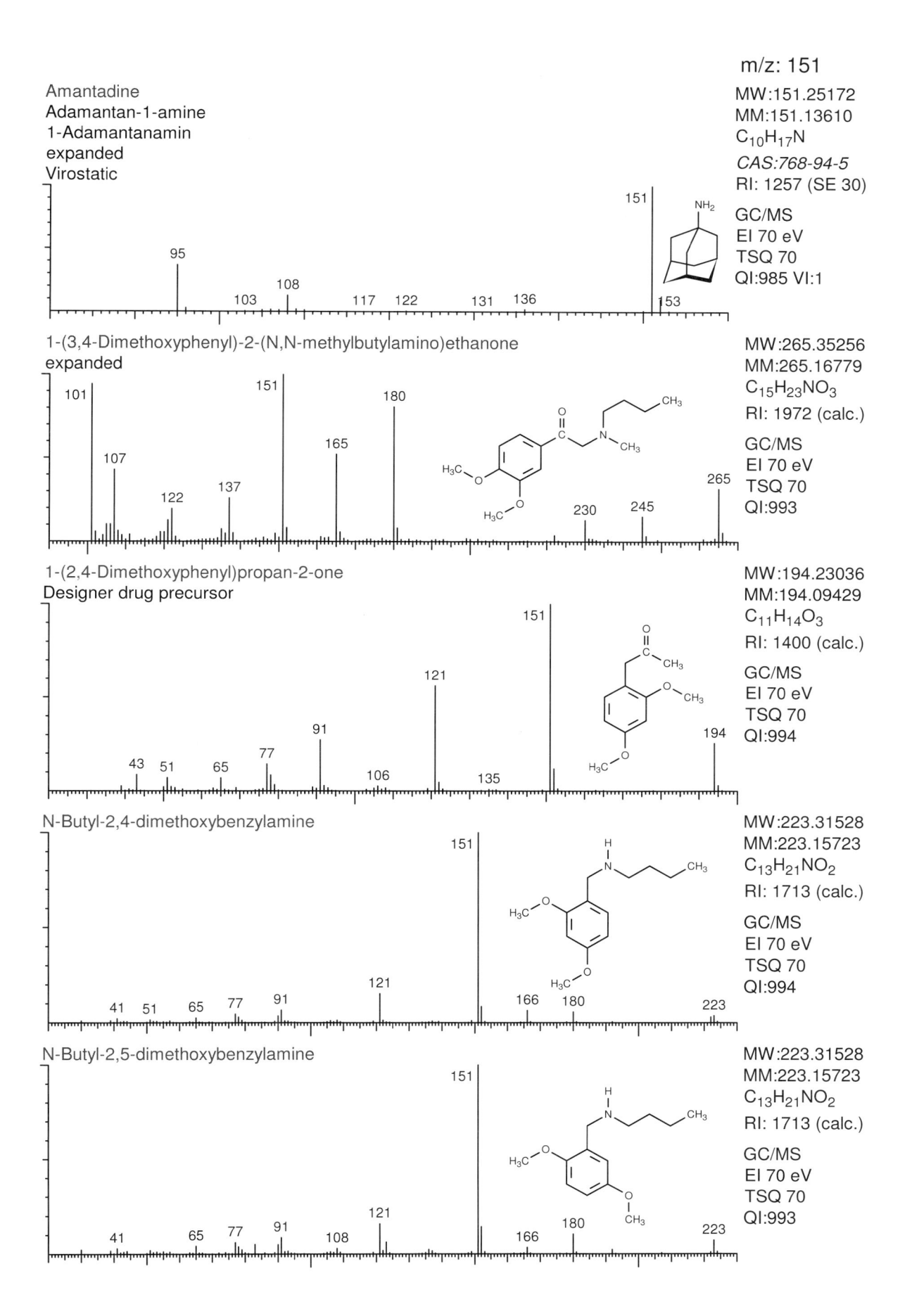

Amantadine
Adamantan-1-amine
1-Adamantanamin
expanded
Virostatic

MW: 151.25172
MM: 151.13610
$C_{10}H_{17}N$
CAS: 768-94-5
RI: 1257 (SE 30)

GC/MS
EI 70 eV
TSQ 70
QI: 985 VI: 1

Peaks: 95, 103, 108, 117, 122, 131, 136, 151, 153

1-(3,4-Dimethoxyphenyl)-2-(N,N-methylbutylamino)ethanone
expanded

MW: 265.35256
MM: 265.16779
$C_{15}H_{23}NO_3$
RI: 1972 (calc.)

GC/MS
EI 70 eV
TSQ 70
QI: 993

Peaks: 101, 107, 122, 137, 151, 165, 180, 230, 245, 265

1-(2,4-Dimethoxyphenyl)propan-2-one
Designer drug precursor

MW: 194.23036
MM: 194.09429
$C_{11}H_{14}O_3$
RI: 1400 (calc.)

GC/MS
EI 70 eV
TSQ 70
QI: 994

Peaks: 43, 51, 65, 77, 91, 106, 121, 135, 151, 194

N-Butyl-2,4-dimethoxybenzylamine

MW: 223.31528
MM: 223.15723
$C_{13}H_{21}NO_2$
RI: 1713 (calc.)

GC/MS
EI 70 eV
TSQ 70
QI: 994

Peaks: 41, 51, 65, 77, 91, 121, 151, 166, 180, 223

N-Butyl-2,5-dimethoxybenzylamine

MW: 223.31528
MM: 223.15723
$C_{13}H_{21}NO_2$
RI: 1713 (calc.)

GC/MS
EI 70 eV
TSQ 70
QI: 993

Peaks: 41, 65, 77, 91, 108, 121, 151, 166, 180, 223

m/z: 151

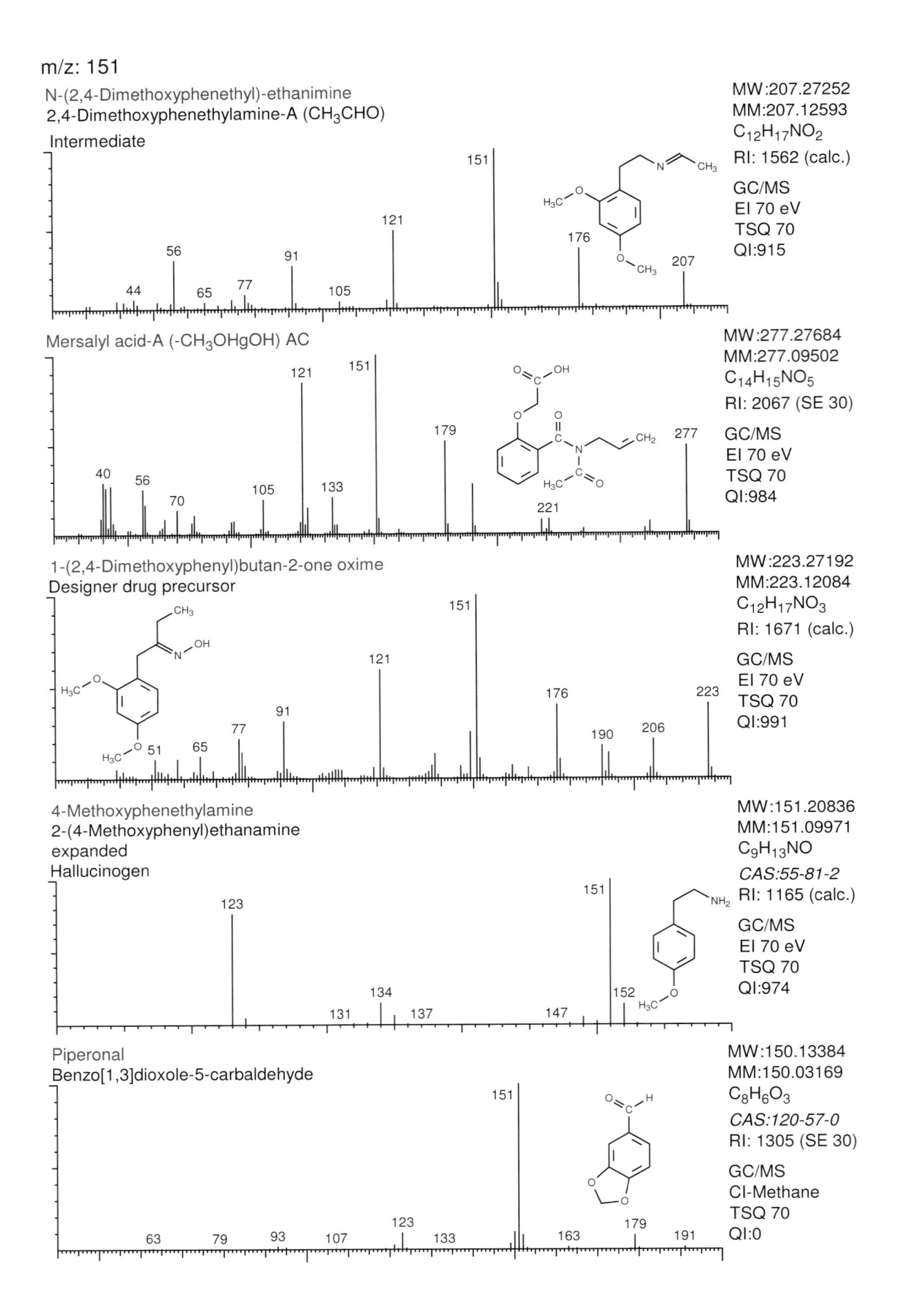

N-(2,4-Dimethoxyphenethyl)-ethanimine
2,4-Dimethoxyphenethylamine-A (CH$_3$CHO)
Intermediate

MW: 207.27252
MM: 207.12593
C$_{12}$H$_{17}$NO$_2$
RI: 1562 (calc.)

GC/MS
EI 70 eV
TSQ 70
QI: 915

Mersalyl acid-A (-CH$_3$OHgOH) AC

MW: 277.27684
MM: 277.09502
C$_{14}$H$_{15}$NO$_5$
RI: 2067 (SE 30)

GC/MS
EI 70 eV
TSQ 70
QI: 984

1-(2,4-Dimethoxyphenyl)butan-2-one oxime
Designer drug precursor

MW: 223.27192
MM: 223.12084
C$_{12}$H$_{17}$NO$_3$
RI: 1671 (calc.)

GC/MS
EI 70 eV
TSQ 70
QI: 991

4-Methoxyphenethylamine
2-(4-Methoxyphenyl)ethanamine
expanded
Hallucinogen

MW: 151.20836
MM: 151.09971
C$_9$H$_{13}$NO
CAS: 55-81-2
RI: 1165 (calc.)

GC/MS
EI 70 eV
TSQ 70
QI: 974

Piperonal
Benzo[1,3]dioxole-5-carbaldehyde

MW: 150.13384
MM: 150.03169
C$_8$H$_6$O$_3$
CAS: 120-57-0
RI: 1305 (SE 30)

GC/MS
CI-Methane
TSQ 70
QI: 0

m/z: 151

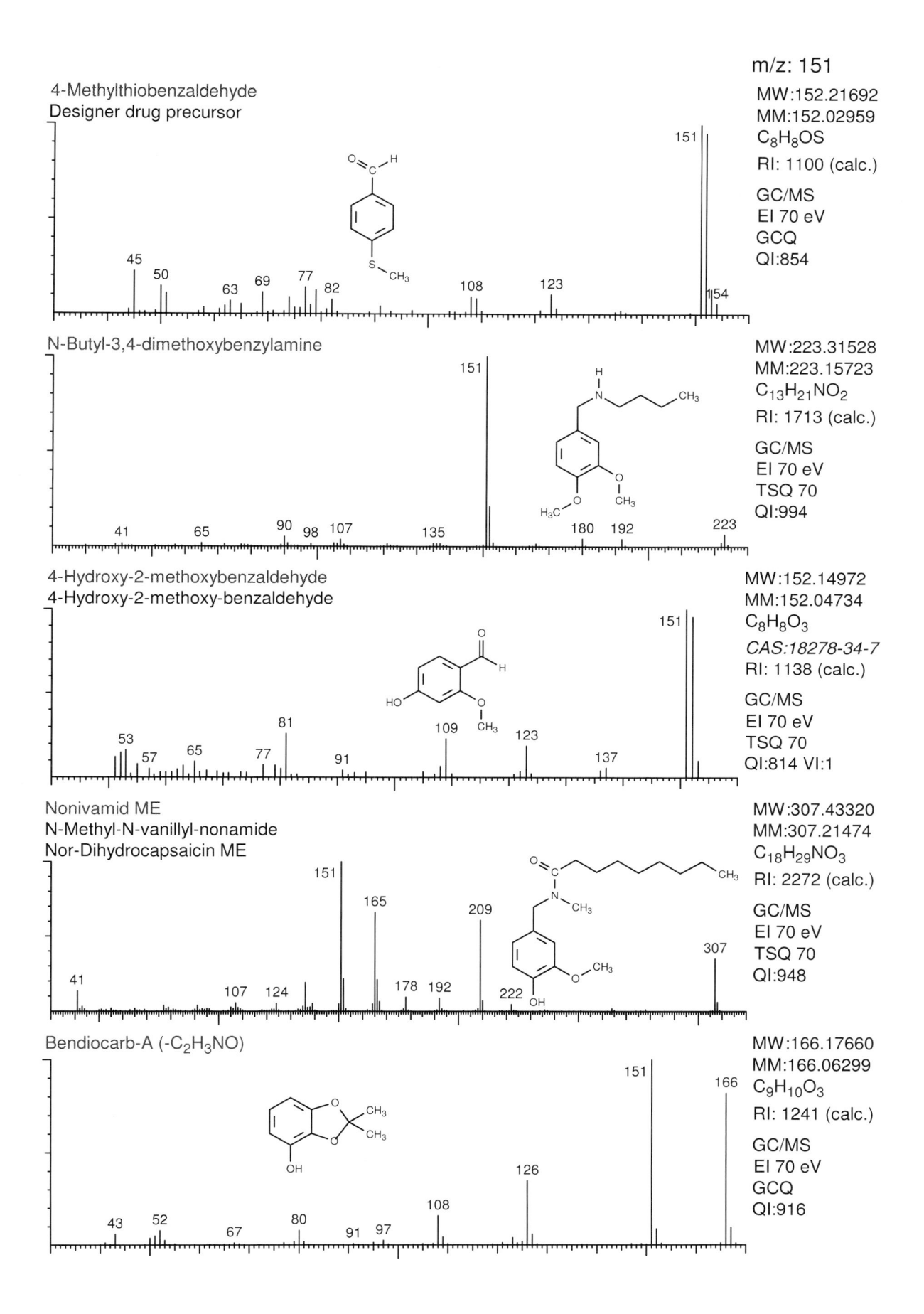

4-Methylthiobenzaldehyde
Designer drug precursor

MW: 152.21692
MM: 152.02959
C_8H_8OS
RI: 1100 (calc.)

GC/MS
EI 70 eV
GCQ
QI: 854

Peaks: 45, 50, 63, 69, 77, 82, 108, 123, 151, 154

N-Butyl-3,4-dimethoxybenzylamine

MW: 223.31528
MM: 223.15723
$C_{13}H_{21}NO_2$
RI: 1713 (calc.)

GC/MS
EI 70 eV
TSQ 70
QI: 994

Peaks: 41, 65, 90, 98, 107, 135, 151, 180, 192, 223

4-Hydroxy-2-methoxybenzaldehyde
4-Hydroxy-2-methoxy-benzaldehyde

MW: 152.14972
MM: 152.04734
$C_8H_8O_3$
CAS: 18278-34-7
RI: 1138 (calc.)

GC/MS
EI 70 eV
TSQ 70
QI: 814 VI: 1

Peaks: 53, 57, 65, 77, 81, 91, 109, 123, 137, 151

Nonivamid ME
N-Methyl-N-vanillyl-nonamide
Nor-Dihydrocapsaicin ME

MW: 307.43320
MM: 307.21474
$C_{18}H_{29}NO_3$
RI: 2272 (calc.)

GC/MS
EI 70 eV
TSQ 70
QI: 948

Peaks: 41, 107, 124, 151, 165, 178, 192, 209, 222, 307

Bendiocarb-A (-C_2H_3NO)

MW: 166.17660
MM: 166.06299
$C_9H_{10}O_3$
RI: 1241 (calc.)

GC/MS
EI 70 eV
GCQ
QI: 916

Peaks: 43, 52, 67, 80, 91, 97, 108, 126, 151, 166

m/z: 151

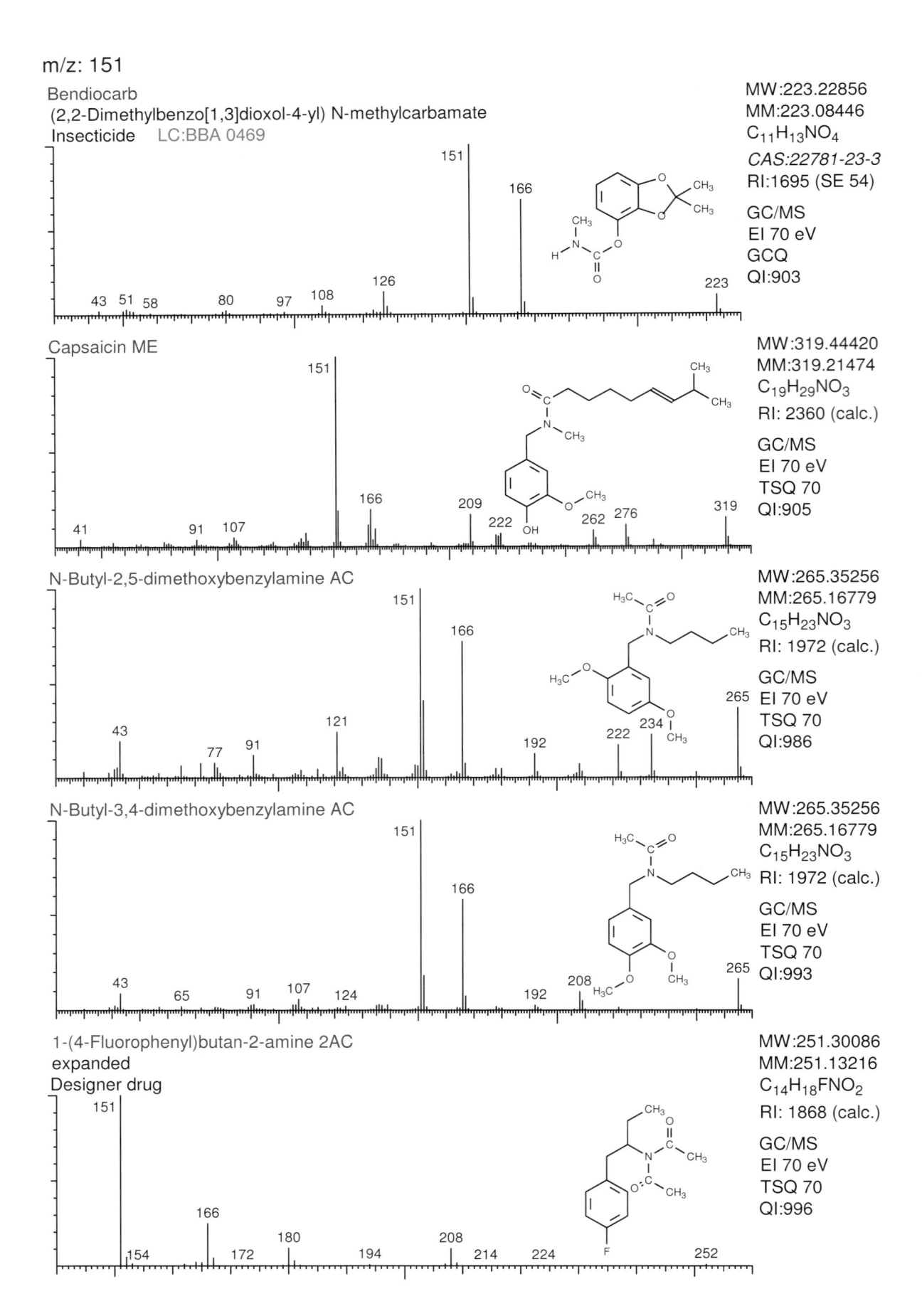

Bendiocarb
(2,2-Dimethylbenzo[1,3]dioxol-4-yl) N-methylcarbamate
Insecticide   LC:BBA 0469

MW:223.22856
MM:223.08446
$C_{11}H_{13}NO_4$
CAS:22781-23-3
RI:1695 (SE 54)

GC/MS
EI 70 eV
GCQ
QI:903

Peaks: 43, 51, 58, 80, 97, 108, 126, 151, 166, 223

Capsaicin ME

MW:319.44420
MM:319.21474
$C_{19}H_{29}NO_3$
RI: 2360 (calc.)

GC/MS
EI 70 eV
TSQ 70
QI:905

Peaks: 41, 91, 107, 151, 166, 209, 222, 262, 276, 319

N-Butyl-2,5-dimethoxybenzylamine AC

MW:265.35256
MM:265.16779
$C_{15}H_{23}NO_3$
RI: 1972 (calc.)

GC/MS
EI 70 eV
TSQ 70
QI:986

Peaks: 43, 77, 91, 121, 151, 166, 192, 222, 234, 265

N-Butyl-3,4-dimethoxybenzylamine AC

MW:265.35256
MM:265.16779
$C_{15}H_{23}NO_3$
RI: 1972 (calc.)

GC/MS
EI 70 eV
TSQ 70
QI:993

Peaks: 43, 65, 91, 107, 124, 151, 166, 192, 208, 265

1-(4-Fluorophenyl)butan-2-amine 2AC
expanded
Designer drug

MW:251.30086
MM:251.13216
$C_{14}H_{18}FNO_2$
RI: 1868 (calc.)

GC/MS
EI 70 eV
TSQ 70
QI:996

Peaks: 151, 154, 166, 172, 180, 194, 208, 214, 224, 252

m/z: 151

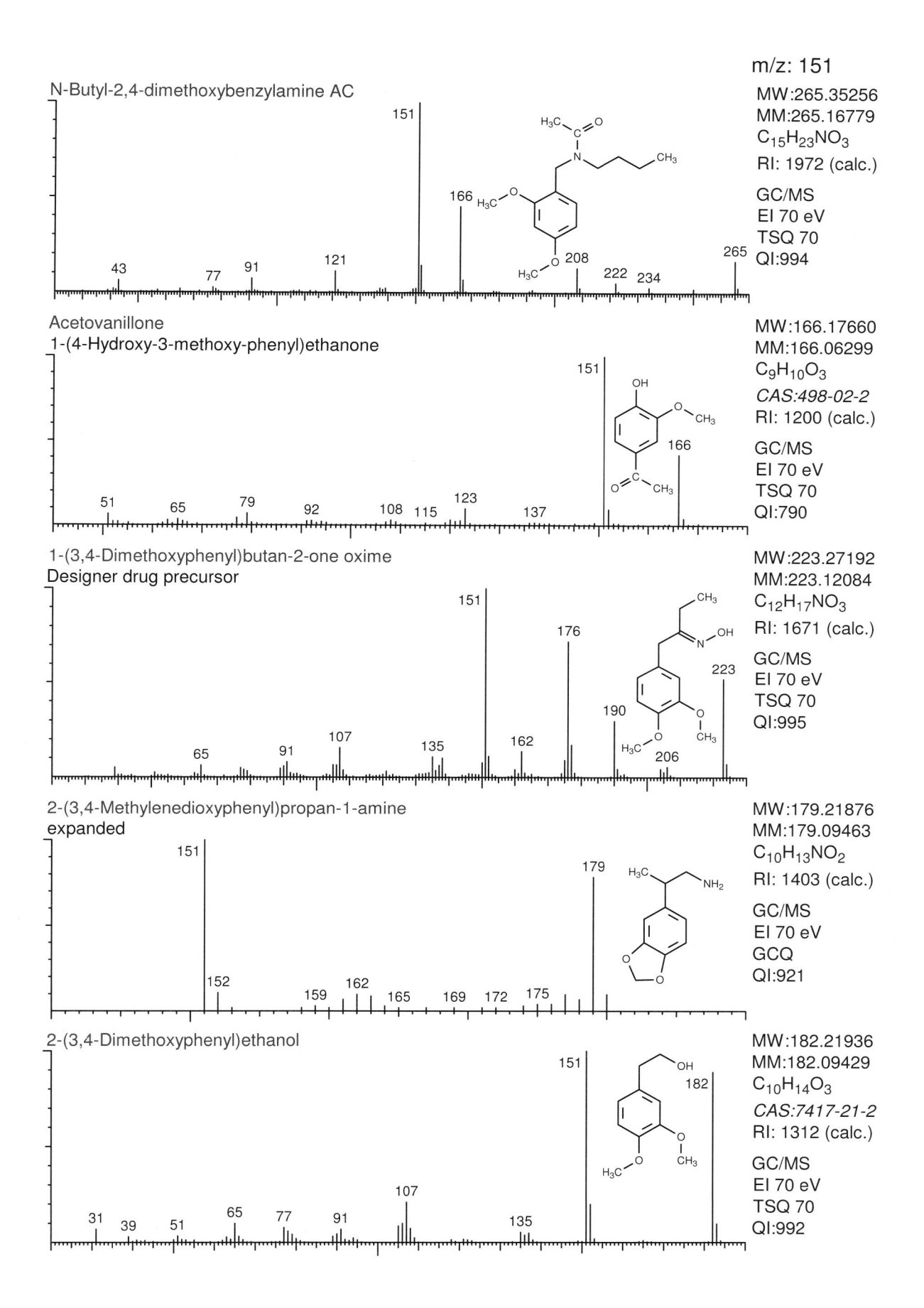

N-Butyl-2,4-dimethoxybenzylamine AC

MW: 265.35256
MM: 265.16779
$C_{15}H_{23}NO_3$
RI: 1972 (calc.)

GC/MS
EI 70 eV
TSQ 70
QI: 994

Peaks: 43, 77, 91, 121, 151, 166, 208, 222, 234, 265

Acetovanillone
1-(4-Hydroxy-3-methoxy-phenyl)ethanone

MW: 166.17660
MM: 166.06299
$C_9H_{10}O_3$
CAS: 498-02-2
RI: 1200 (calc.)

GC/MS
EI 70 eV
TSQ 70
QI: 790

Peaks: 51, 65, 79, 92, 108, 115, 123, 137, 151, 166

1-(3,4-Dimethoxyphenyl)butan-2-one oxime
Designer drug precursor

MW: 223.27192
MM: 223.12084
$C_{12}H_{17}NO_3$
RI: 1671 (calc.)

GC/MS
EI 70 eV
TSQ 70
QI: 995

Peaks: 65, 91, 107, 135, 151, 162, 176, 190, 206, 223

2-(3,4-Methylenedioxyphenyl)propan-1-amine
expanded

MW: 179.21876
MM: 179.09463
$C_{10}H_{13}NO_2$
RI: 1403 (calc.)

GC/MS
EI 70 eV
GCQ
QI: 921

Peaks: 151, 152, 159, 162, 165, 169, 172, 175, 179

2-(3,4-Dimethoxyphenyl)ethanol

MW: 182.21936
MM: 182.09429
$C_{10}H_{14}O_3$
CAS: 7417-21-2
RI: 1312 (calc.)

GC/MS
EI 70 eV
TSQ 70
QI: 992

Peaks: 31, 39, 51, 65, 77, 91, 107, 135, 151, 182

m/z: 151

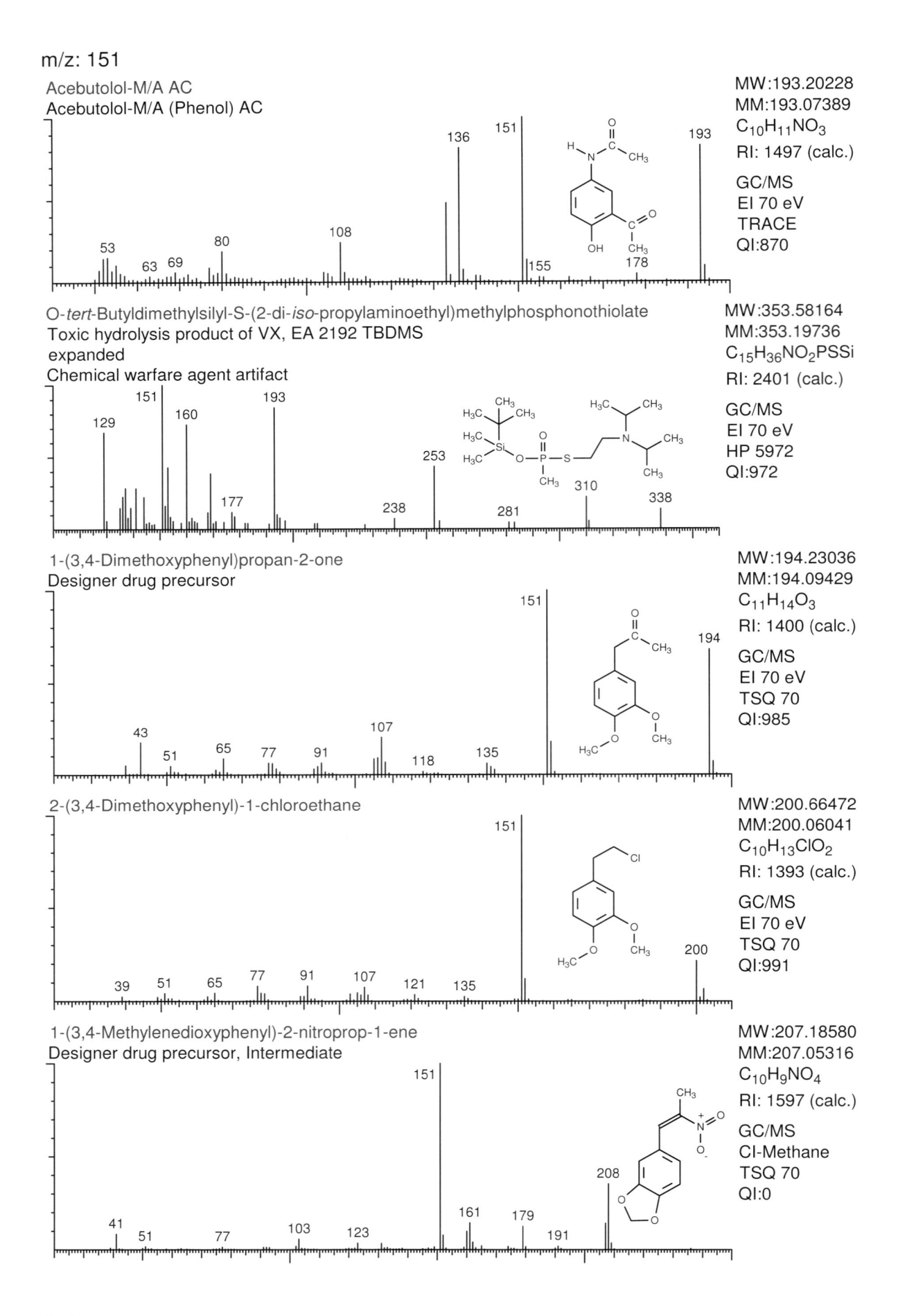

Acebutolol-M/A AC
Acebutolol-M/A (Phenol) AC

MW: 193.20228
MM: 193.07389
$C_{10}H_{11}NO_3$
RI: 1497 (calc.)

GC/MS
EI 70 eV
TRACE
QI: 870

O-*tert*-Butyldimethylsilyl-S-(2-di-*iso*-propylaminoethyl)methylphosphonothiolate
Toxic hydrolysis product of VX, EA 2192 TBDMS
expanded
Chemical warfare agent artifact

MW: 353.58164
MM: 353.19736
$C_{15}H_{36}NO_2PSSi$
RI: 2401 (calc.)

GC/MS
EI 70 eV
HP 5972
QI: 972

1-(3,4-Dimethoxyphenyl)propan-2-one
Designer drug precursor

MW: 194.23036
MM: 194.09429
$C_{11}H_{14}O_3$
RI: 1400 (calc.)

GC/MS
EI 70 eV
TSQ 70
QI: 985

2-(3,4-Dimethoxyphenyl)-1-chloroethane

MW: 200.66472
MM: 200.06041
$C_{10}H_{13}ClO_2$
RI: 1393 (calc.)

GC/MS
EI 70 eV
TSQ 70
QI: 991

1-(3,4-Methylenedioxyphenyl)-2-nitroprop-1-ene
Designer drug precursor, Intermediate

MW: 207.18580
MM: 207.05316
$C_{10}H_9NO_4$
RI: 1597 (calc.)

GC/MS
CI-Methane
TSQ 70
QI: 0

m/z: 151

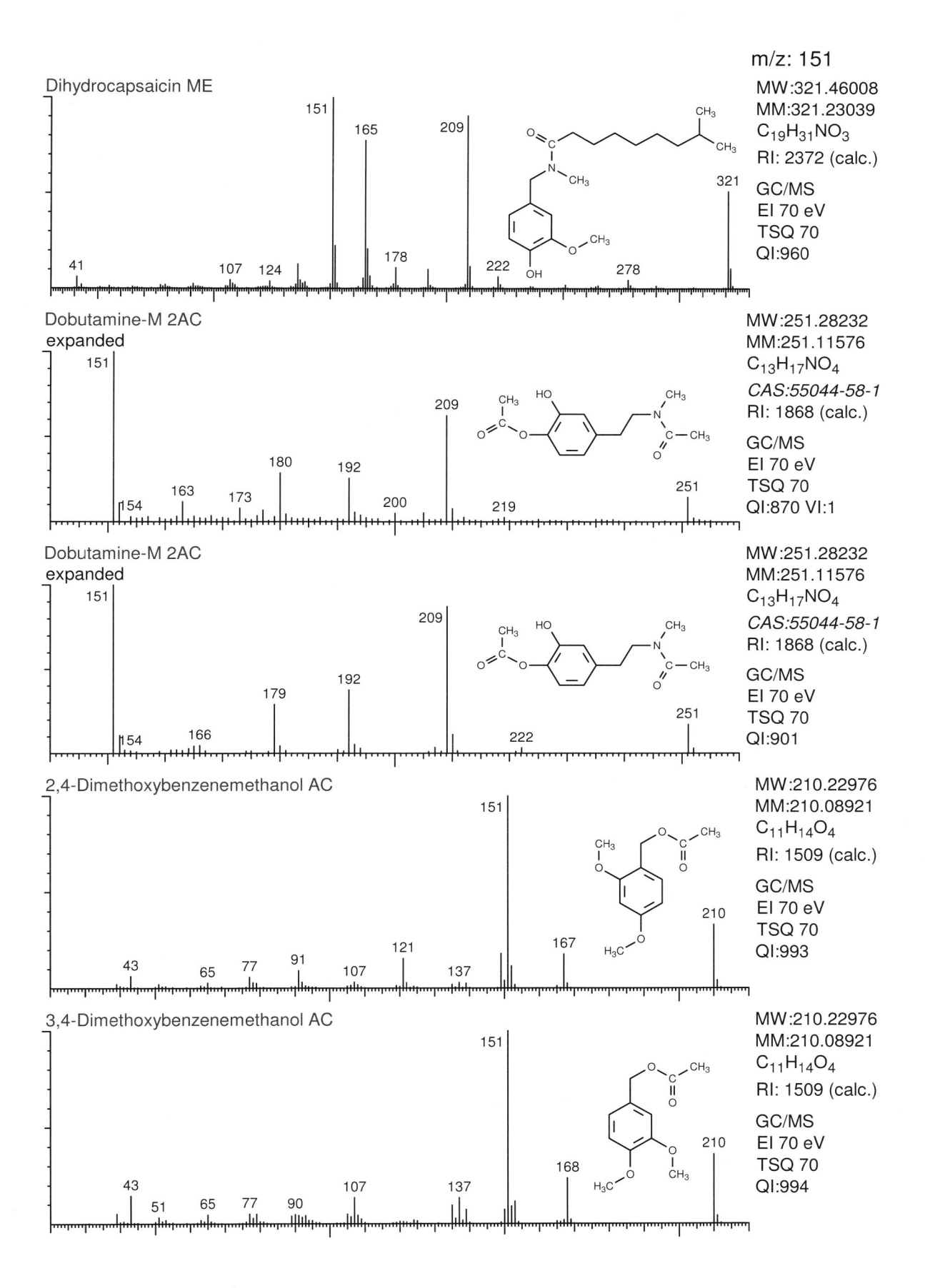

Dihydrocapsaicin ME

MW: 321.46008
MM: 321.23039
$C_{19}H_{31}NO_3$
RI: 2372 (calc.)

GC/MS
EI 70 eV
TSQ 70
QI: 960

Peaks: 41, 107, 124, 151, 165, 178, 209, 222, 278, 321

Dobutamine-M 2AC expanded

MW: 251.28232
MM: 251.11576
$C_{13}H_{17}NO_4$
CAS: 55044-58-1
RI: 1868 (calc.)

GC/MS
EI 70 eV
TSQ 70
QI: 870 VI:1

Peaks: 151, 154, 163, 173, 180, 192, 200, 209, 219, 251

Dobutamine-M 2AC expanded

MW: 251.28232
MM: 251.11576
$C_{13}H_{17}NO_4$
CAS: 55044-58-1
RI: 1868 (calc.)

GC/MS
EI 70 eV
TSQ 70
QI: 901

Peaks: 151, 154, 166, 179, 192, 209, 222, 251

2,4-Dimethoxybenzenemethanol AC

MW: 210.22976
MM: 210.08921
$C_{11}H_{14}O_4$
RI: 1509 (calc.)

GC/MS
EI 70 eV
TSQ 70
QI: 993

Peaks: 43, 65, 77, 91, 107, 121, 137, 151, 167, 210

3,4-Dimethoxybenzenemethanol AC

MW: 210.22976
MM: 210.08921
$C_{11}H_{14}O_4$
RI: 1509 (calc.)

GC/MS
EI 70 eV
TSQ 70
QI: 994

Peaks: 43, 51, 65, 77, 90, 107, 137, 151, 168, 210

m/z: 151

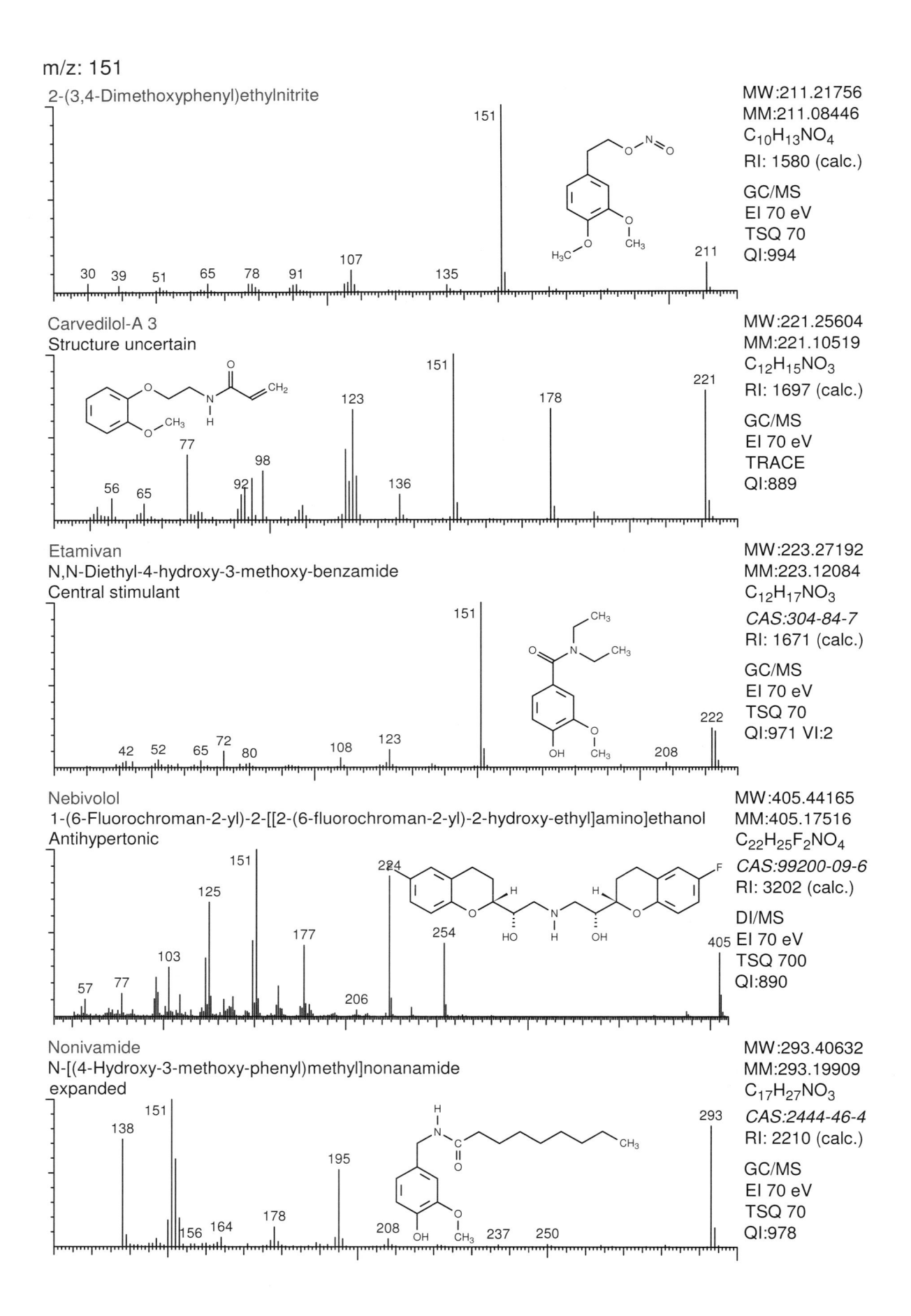

2-(3,4-Dimethoxyphenyl)ethylnitrite

MW:211.21756
MM:211.08446
$C_{10}H_{13}NO_4$
RI: 1580 (calc.)

GC/MS
EI 70 eV
TSQ 70
QI:994

Carvedilol-A 3
Structure uncertain

MW:221.25604
MM:221.10519
$C_{12}H_{15}NO_3$
RI: 1697 (calc.)

GC/MS
EI 70 eV
TRACE
QI:889

Etamivan
N,N-Diethyl-4-hydroxy-3-methoxy-benzamide
Central stimulant

MW:223.27192
MM:223.12084
$C_{12}H_{17}NO_3$
CAS:304-84-7
RI: 1671 (calc.)

GC/MS
EI 70 eV
TSQ 70
QI:971 VI:2

Nebivolol
1-(6-Fluorochroman-2-yl)-2-[[2-(6-fluorochroman-2-yl)-2-hydroxy-ethyl]amino]ethanol
Antihypertonic

MW:405.44165
MM:405.17516
$C_{22}H_{25}F_2NO_4$
CAS:99200-09-6
RI: 3202 (calc.)

DI/MS
EI 70 eV
TSQ 700
QI:890

Nonivamide
N-[(4-Hydroxy-3-methoxy-phenyl)methyl]nonanamide
expanded

MW:293.40632
MM:293.19909
$C_{17}H_{27}NO_3$
CAS:2444-46-4
RI: 2210 (calc.)

GC/MS
EI 70 eV
TSQ 70
QI:978

m/z: 151

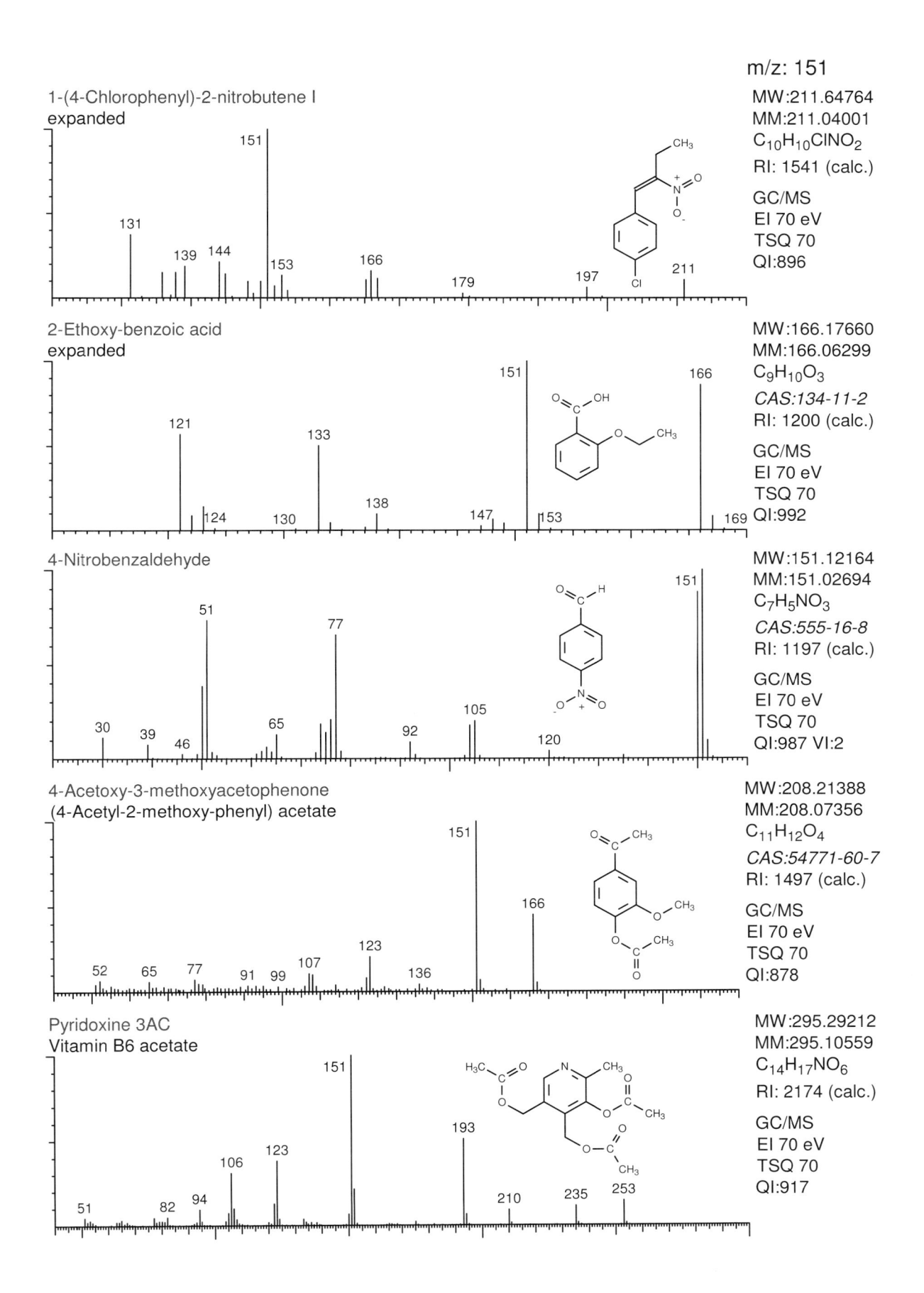

1-(4-Chlorophenyl)-2-nitrobutene I
expanded

MW: 211.64764
MM: 211.04001
$C_{10}H_{10}ClNO_2$
RI: 1541 (calc.)

GC/MS
EI 70 eV
TSQ 70
QI: 896

Peaks: 131, 139, 144, 151, 153, 166, 179, 197, 211

2-Ethoxy-benzoic acid
expanded

MW: 166.17660
MM: 166.06299
$C_9H_{10}O_3$
CAS: 134-11-2
RI: 1200 (calc.)

GC/MS
EI 70 eV
TSQ 70
QI: 992

Peaks: 121, 124, 130, 133, 138, 147, 151, 153, 166, 169

4-Nitrobenzaldehyde

MW: 151.12164
MM: 151.02694
$C_7H_5NO_3$
CAS: 555-16-8
RI: 1197 (calc.)

GC/MS
EI 70 eV
TSQ 70
QI: 987 VI: 2

Peaks: 30, 39, 46, 51, 65, 77, 92, 105, 120, 151

4-Acetoxy-3-methoxyacetophenone
(4-Acetyl-2-methoxy-phenyl) acetate

MW: 208.21388
MM: 208.07356
$C_{11}H_{12}O_4$
CAS: 54771-60-7
RI: 1497 (calc.)

GC/MS
EI 70 eV
TSQ 70
QI: 878

Peaks: 52, 65, 77, 91, 99, 107, 123, 136, 151, 166

Pyridoxine 3AC
Vitamin B6 acetate

MW: 295.29212
MM: 295.10559
$C_{14}H_{17}NO_6$
RI: 2174 (calc.)

GC/MS
EI 70 eV
TSQ 70
QI: 917

Peaks: 51, 82, 94, 106, 123, 151, 193, 210, 235, 253

m/z: 151

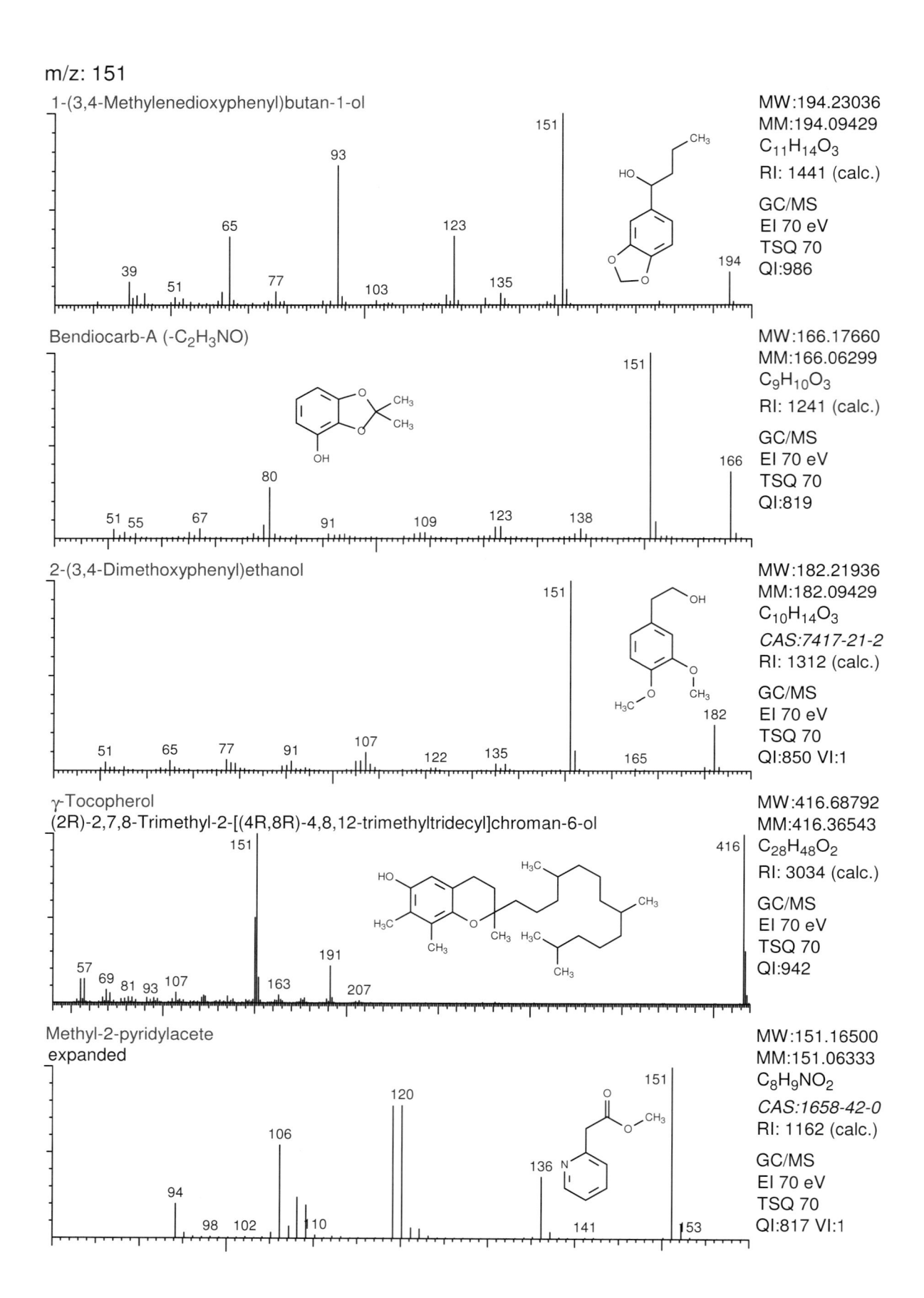

1-(3,4-Methylenedioxyphenyl)butan-1-ol

MW: 194.23036
MM: 194.09429
$C_{11}H_{14}O_3$
RI: 1441 (calc.)

GC/MS
EI 70 eV
TSQ 70
QI: 986

Bendiocarb-A (-C_2H_3NO)

MW: 166.17660
MM: 166.06299
$C_9H_{10}O_3$
RI: 1241 (calc.)

GC/MS
EI 70 eV
TSQ 70
QI: 819

2-(3,4-Dimethoxyphenyl)ethanol

MW: 182.21936
MM: 182.09429
$C_{10}H_{14}O_3$
CAS: 7417-21-2
RI: 1312 (calc.)

GC/MS
EI 70 eV
TSQ 70
QI: 850 VI:1

γ-Tocopherol
(2R)-2,7,8-Trimethyl-2-[(4R,8R)-4,8,12-trimethyltridecyl]chroman-6-ol

MW: 416.68792
MM: 416.36543
$C_{28}H_{48}O_2$
RI: 3034 (calc.)

GC/MS
EI 70 eV
TSQ 70
QI: 942

Methyl-2-pyridylacete
expanded

MW: 151.16500
MM: 151.06333
$C_8H_9NO_2$
CAS: 1658-42-0
RI: 1162 (calc.)

GC/MS
EI 70 eV
TSQ 70
QI: 817 VI:1

m/z: 151

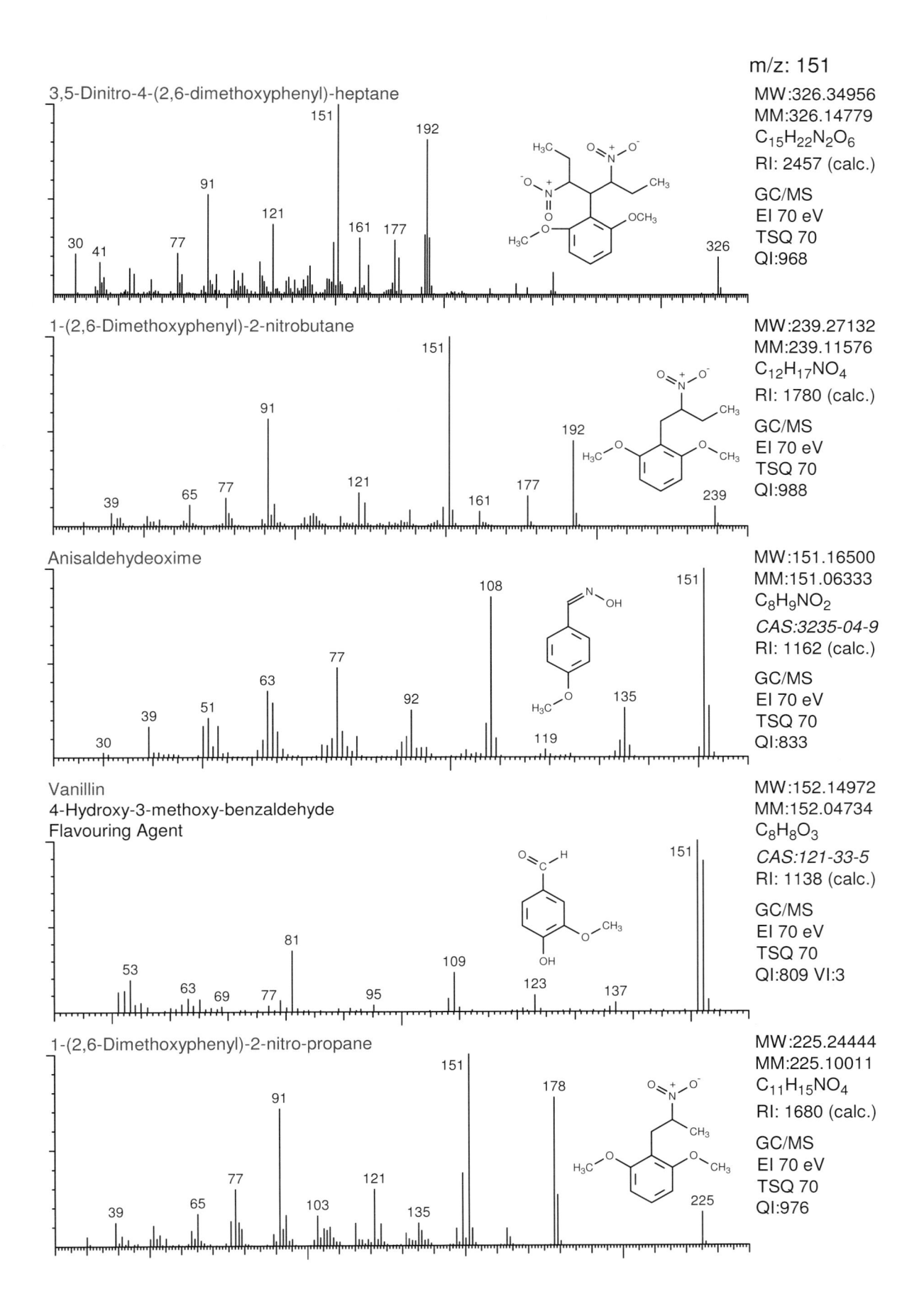

3,5-Dinitro-4-(2,6-dimethoxyphenyl)-heptane

MW: 326.34956
MM: 326.14779
$C_{15}H_{22}N_2O_6$
RI: 2457 (calc.)

GC/MS
EI 70 eV
TSQ 70
QI: 968

Peaks: 30, 41, 77, 91, 121, 151, 161, 177, 192, 326

1-(2,6-Dimethoxyphenyl)-2-nitrobutane

MW: 239.27132
MM: 239.11576
$C_{12}H_{17}NO_4$
RI: 1780 (calc.)

GC/MS
EI 70 eV
TSQ 70
QI: 988

Peaks: 39, 65, 77, 91, 121, 151, 161, 177, 192, 239

Anisaldehydeoxime

MW: 151.16500
MM: 151.06333
$C_8H_9NO_2$
CAS: 3235-04-9
RI: 1162 (calc.)

GC/MS
EI 70 eV
TSQ 70
QI: 833

Peaks: 30, 39, 51, 63, 77, 92, 108, 119, 135, 151

Vanillin
4-Hydroxy-3-methoxy-benzaldehyde
Flavouring Agent

MW: 152.14972
MM: 152.04734
$C_8H_8O_3$
CAS: 121-33-5
RI: 1138 (calc.)

GC/MS
EI 70 eV
TSQ 70
QI: 809 VI:3

Peaks: 53, 63, 69, 77, 81, 95, 109, 123, 137, 151

1-(2,6-Dimethoxyphenyl)-2-nitro-propane

MW: 225.24444
MM: 225.10011
$C_{11}H_{15}NO_4$
RI: 1680 (calc.)

GC/MS
EI 70 eV
TSQ 70
QI: 976

Peaks: 39, 65, 77, 91, 103, 121, 135, 151, 178, 225

m/z: 151-152

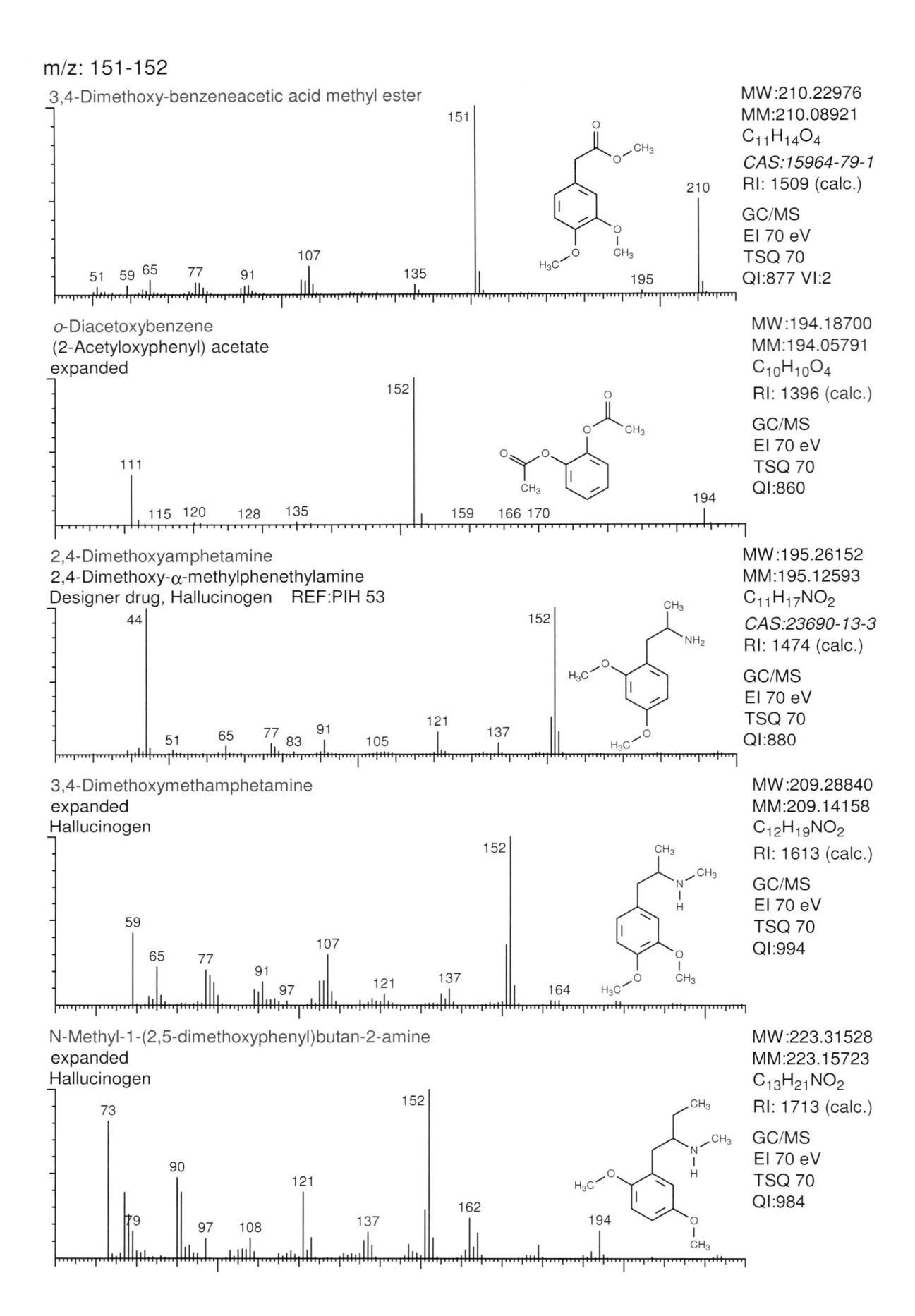

3,4-Dimethoxy-benzeneacetic acid methyl ester

MW: 210.22976
MM: 210.08921
$C_{11}H_{14}O_4$
CAS: 15964-79-1
RI: 1509 (calc.)

GC/MS
EI 70 eV
TSQ 70
QI: 877 VI: 2

Peaks: 51, 59, 65, 77, 91, 107, 135, 151, 195, 210

o-Diacetoxybenzene
(2-Acetyloxyphenyl) acetate
expanded

MW: 194.18700
MM: 194.05791
$C_{10}H_{10}O_4$
RI: 1396 (calc.)

GC/MS
EI 70 eV
TSQ 70
QI: 860

Peaks: 111, 115, 120, 128, 135, 152, 159, 166, 170, 194

2,4-Dimethoxyamphetamine
2,4-Dimethoxy-α-methylphenethylamine
Designer drug, Hallucinogen   REF: PIH 53

MW: 195.26152
MM: 195.12593
$C_{11}H_{17}NO_2$
CAS: 23690-13-3
RI: 1474 (calc.)

GC/MS
EI 70 eV
TSQ 70
QI: 880

Peaks: 44, 51, 65, 77, 83, 91, 105, 121, 137, 152

3,4-Dimethoxymethamphetamine
expanded
Hallucinogen

MW: 209.28840
MM: 209.14158
$C_{12}H_{19}NO_2$
RI: 1613 (calc.)

GC/MS
EI 70 eV
TSQ 70
QI: 994

Peaks: 59, 65, 77, 91, 97, 107, 121, 137, 152, 164

N-Methyl-1-(2,5-dimethoxyphenyl)butan-2-amine
expanded
Hallucinogen

MW: 223.31528
MM: 223.15723
$C_{13}H_{21}NO_2$
RI: 1713 (calc.)

GC/MS
EI 70 eV
TSQ 70
QI: 984

Peaks: 73, 79, 90, 97, 108, 121, 137, 152, 162, 194

m/z: 152

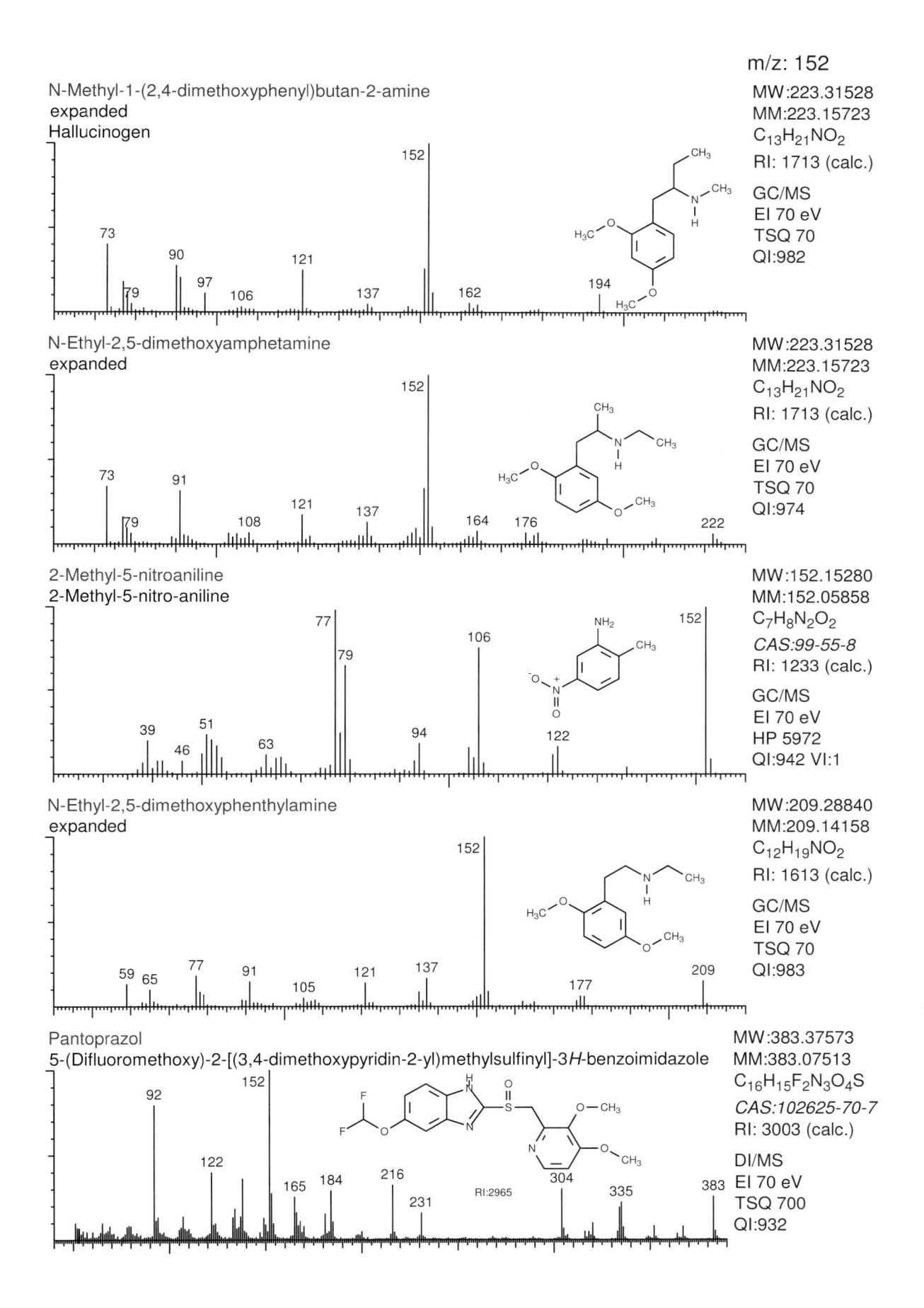

N-Methyl-1-(2,4-dimethoxyphenyl)butan-2-amine
expanded
Hallucinogen

MW: 223.31528
MM: 223.15723
$C_{13}H_{21}NO_2$
RI: 1713 (calc.)

GC/MS
EI 70 eV
TSQ 70
QI: 982

Peaks: 73, 90, 79, 97, 106, 121, 137, 152, 162, 194

N-Ethyl-2,5-dimethoxyamphetamine
expanded

MW: 223.31528
MM: 223.15723
$C_{13}H_{21}NO_2$
RI: 1713 (calc.)

GC/MS
EI 70 eV
TSQ 70
QI: 974

Peaks: 73, 79, 91, 108, 121, 137, 152, 164, 176, 222

2-Methyl-5-nitroaniline
2-Methyl-5-nitro-aniline

MW: 152.15280
MM: 152.05858
$C_7H_8N_2O_2$
CAS: 99-55-8
RI: 1233 (calc.)

GC/MS
EI 70 eV
HP 5972
QI: 942 VI: 1

Peaks: 39, 46, 51, 63, 77, 79, 94, 106, 122, 152

N-Ethyl-2,5-dimethoxyphenthylamine
expanded

MW: 209.28840
MM: 209.14158
$C_{12}H_{19}NO_2$
RI: 1613 (calc.)

GC/MS
EI 70 eV
TSQ 70
QI: 983

Peaks: 59, 65, 77, 91, 105, 121, 137, 152, 177, 209

Pantoprazol
5-(Difluoromethoxy)-2-[(3,4-dimethoxypyridin-2-yl)methylsulfinyl]-3H-benzoimidazole

MW: 383.37573
MM: 383.07513
$C_{16}H_{15}F_2N_3O_4S$
CAS: 102625-70-7
RI: 3003 (calc.)

DI/MS
EI 70 eV
TSQ 700
QI: 932

Peaks: 92, 122, 152, 165, 184, 216, 231, RI:2965, 304, 335, 383

m/z: 152

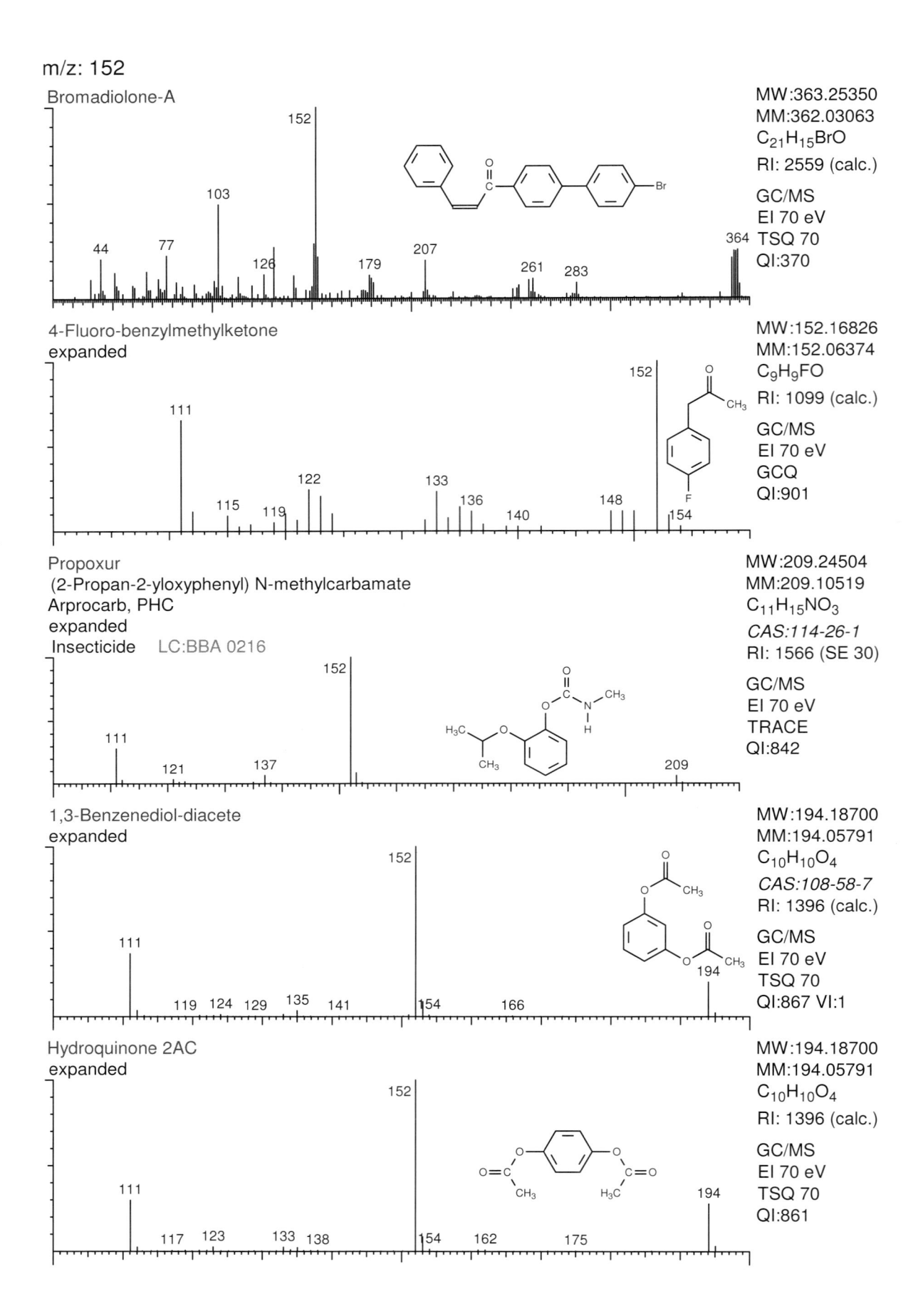

Bromadiolone-A

MW: 363.25350
MM: 362.03063
$C_{21}H_{15}BrO$
RI: 2559 (calc.)

GC/MS
EI 70 eV
TSQ 70
QI: 370

Peaks: 44, 77, 103, 126, 152, 179, 207, 261, 283, 364

4-Fluoro-benzylmethylketone
expanded

MW: 152.16826
MM: 152.06374
C_9H_9FO
RI: 1099 (calc.)

GC/MS
EI 70 eV
GCQ
QI: 901

Peaks: 111, 115, 119, 122, 133, 136, 140, 148, 152, 154

Propoxur
(2-Propan-2-yloxyphenyl) N-methylcarbamate
Arprocarb, PHC
expanded
Insecticide   LC:BBA 0216

MW: 209.24504
MM: 209.10519
$C_{11}H_{15}NO_3$
CAS: 114-26-1
RI: 1566 (SE 30)

GC/MS
EI 70 eV
TRACE
QI: 842

Peaks: 111, 121, 137, 152, 209

1,3-Benzenediol-diacete
expanded

MW: 194.18700
MM: 194.05791
$C_{10}H_{10}O_4$
CAS: 108-58-7
RI: 1396 (calc.)

GC/MS
EI 70 eV
TSQ 70
QI: 867 VI:1

Peaks: 111, 119, 124, 129, 135, 141, 152, 154, 166, 194

Hydroquinone 2AC
expanded

MW: 194.18700
MM: 194.05791
$C_{10}H_{10}O_4$
RI: 1396 (calc.)

GC/MS
EI 70 eV
TSQ 70
QI: 861

Peaks: 111, 117, 123, 133, 138, 152, 154, 162, 175, 194

m/z: 152

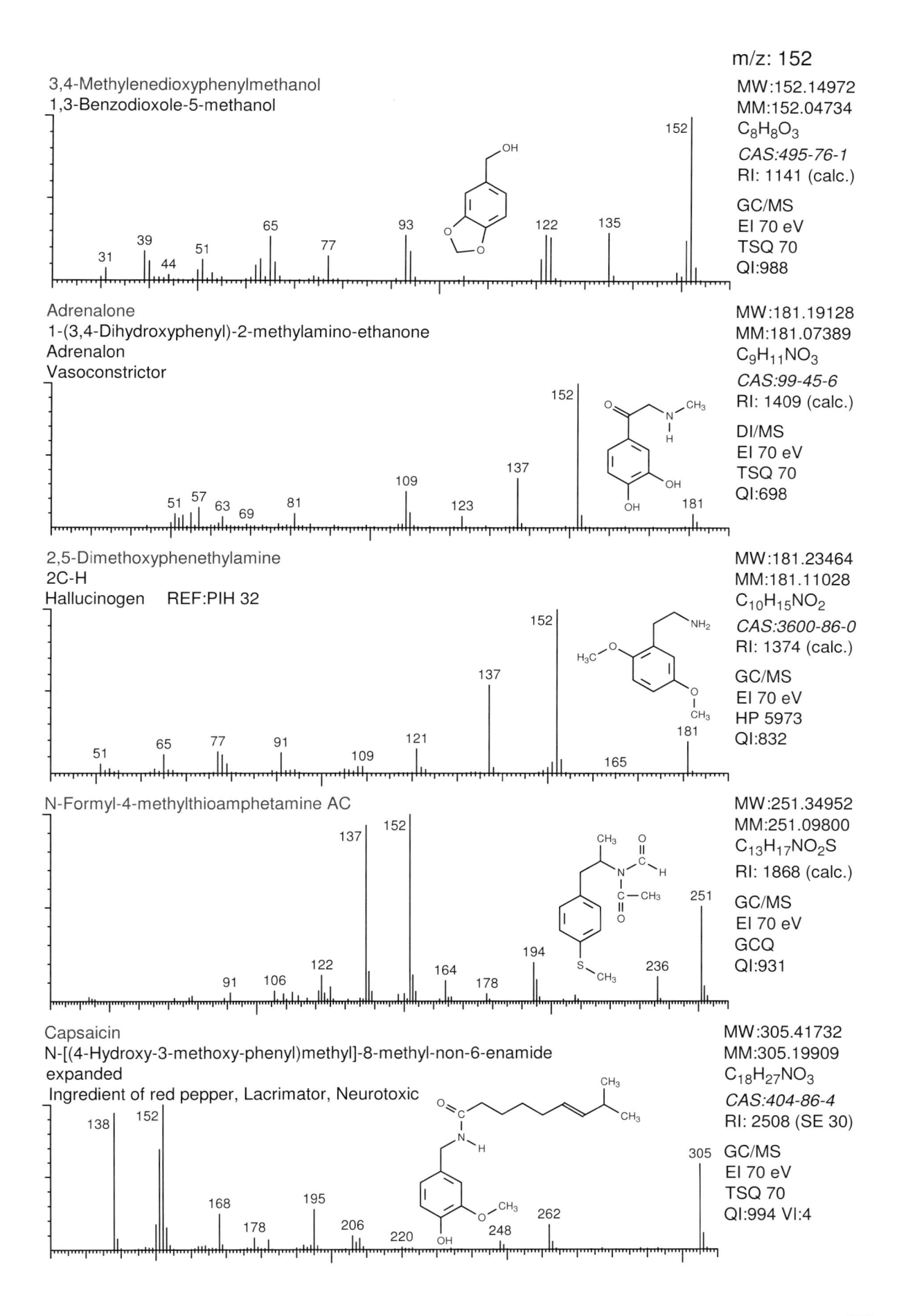

3,4-Methylenedioxyphenylmethanol
1,3-Benzodioxole-5-methanol

MW:152.14972
MM:152.04734
$C_8H_8O_3$
CAS:495-76-1
RI: 1141 (calc.)

GC/MS
EI 70 eV
TSQ 70
QI:988

Peaks: 31, 39, 44, 51, 65, 77, 93, 122, 135, 152

Adrenalone
1-(3,4-Dihydroxyphenyl)-2-methylamino-ethanone
Adrenalon
Vasoconstrictor

MW:181.19128
MM:181.07389
$C_9H_{11}NO_3$
CAS:99-45-6
RI: 1409 (calc.)

DI/MS
EI 70 eV
TSQ 70
QI:698

Peaks: 51, 57, 63, 69, 81, 109, 123, 137, 152, 181

2,5-Dimethoxyphenethylamine
2C-H
Hallucinogen   REF:PIH 32

MW:181.23464
MM:181.11028
$C_{10}H_{15}NO_2$
CAS:3600-86-0
RI: 1374 (calc.)

GC/MS
EI 70 eV
HP 5973
QI:832

Peaks: 51, 65, 77, 91, 109, 121, 137, 152, 165, 181

N-Formyl-4-methylthioamphetamine AC

MW:251.34952
MM:251.09800
$C_{13}H_{17}NO_2S$
RI: 1868 (calc.)

GC/MS
EI 70 eV
GCQ
QI:931

Peaks: 91, 106, 122, 137, 152, 164, 178, 194, 236, 251

Capsaicin
N-[(4-Hydroxy-3-methoxy-phenyl)methyl]-8-methyl-non-6-enamide
expanded
Ingredient of red pepper, Lacrimator, Neurotoxic

MW:305.41732
MM:305.19909
$C_{18}H_{27}NO_3$
CAS:404-86-4
RI: 2508 (SE 30)

GC/MS
EI 70 eV
TSQ 70
QI:994 VI:4

Peaks: 138, 152, 168, 178, 195, 206, 220, 248, 262, 305

m/z: 152

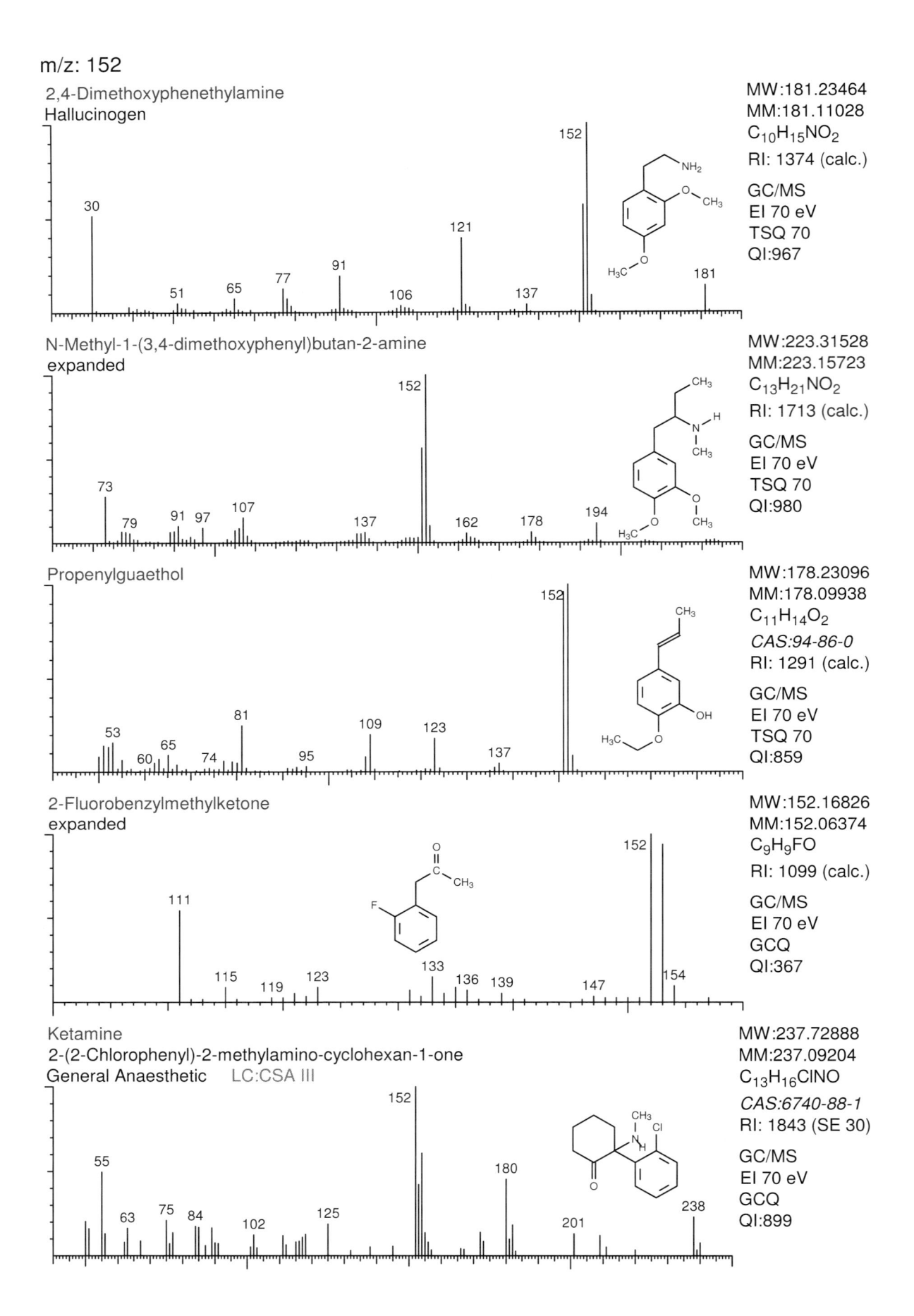

2,4-Dimethoxyphenethylamine
Hallucinogen

MW:181.23464
MM:181.11028
$C_{10}H_{15}NO_2$
RI: 1374 (calc.)

GC/MS
EI 70 eV
TSQ 70
QI:967

N-Methyl-1-(3,4-dimethoxyphenyl)butan-2-amine
expanded

MW:223.31528
MM:223.15723
$C_{13}H_{21}NO_2$
RI: 1713 (calc.)

GC/MS
EI 70 eV
TSQ 70
QI:980

Propenylguaethol

MW:178.23096
MM:178.09938
$C_{11}H_{14}O_2$
CAS:94-86-0
RI: 1291 (calc.)

GC/MS
EI 70 eV
TSQ 70
QI:859

2-Fluorobenzylmethylketone
expanded

MW:152.16826
MM:152.06374
C_9H_9FO
RI: 1099 (calc.)

GC/MS
EI 70 eV
GCQ
QI:367

Ketamine
2-(2-Chlorophenyl)-2-methylamino-cyclohexan-1-one
General Anaesthetic   LC:CSA III

MW:237.72888
MM:237.09204
$C_{13}H_{16}ClNO$
CAS:6740-88-1
RI: 1843 (SE 30)

GC/MS
EI 70 eV
GCQ
QI:899

m/z: 152

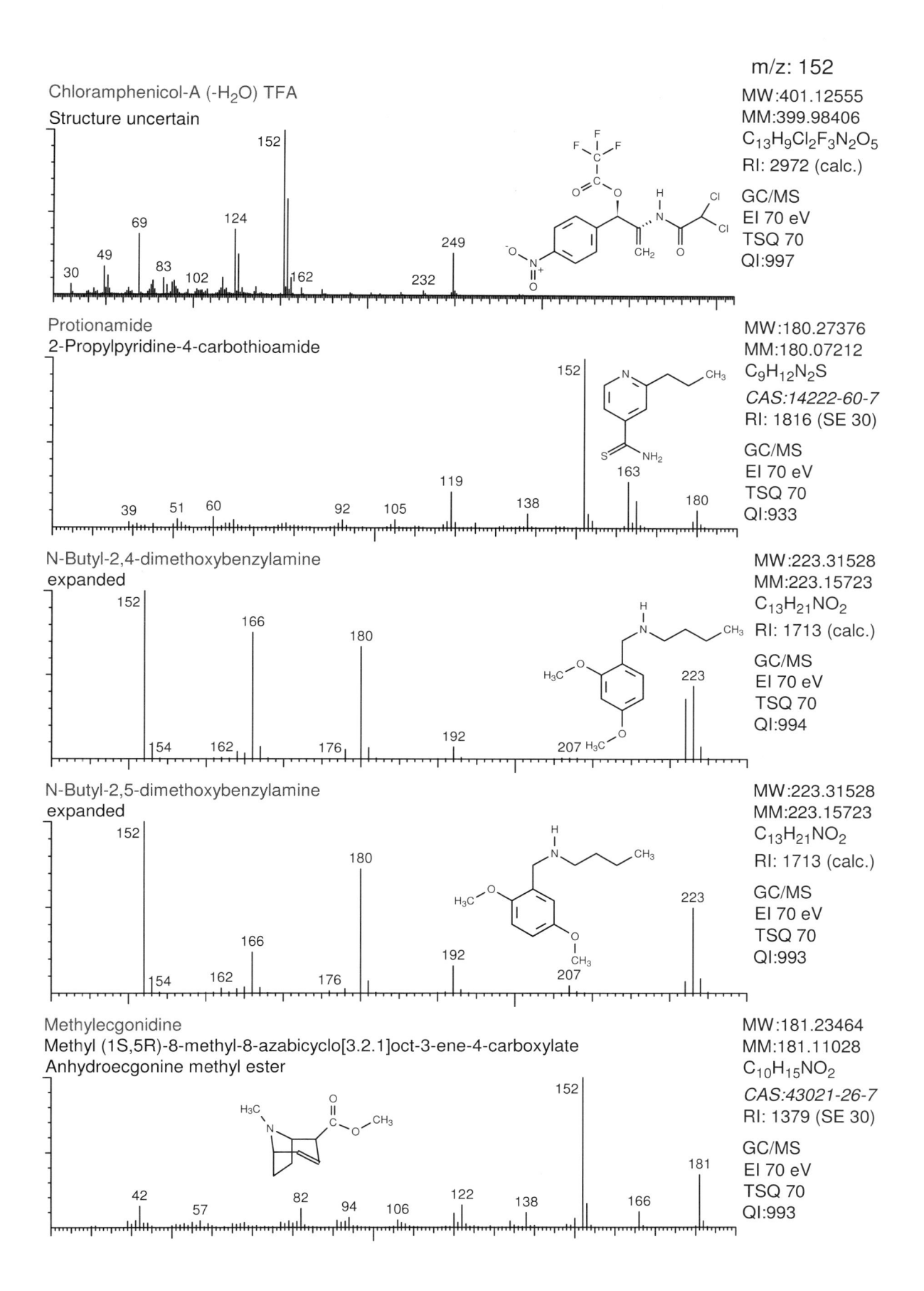

Chloramphenicol-A (-H₂O) TFA
Structure uncertain

MW: 401.12555
MM: 399.98406
$C_{13}H_9Cl_2F_3N_2O_5$
RI: 2972 (calc.)

GC/MS
EI 70 eV
TSQ 70
QI: 997

Peaks: 30, 49, 69, 83, 102, 124, 152, 162, 232, 249

Protionamide
2-Propylpyridine-4-carbothioamide

MW: 180.27376
MM: 180.07212
$C_9H_{12}N_2S$
CAS: 14222-60-7
RI: 1816 (SE 30)

GC/MS
EI 70 eV
TSQ 70
QI: 933

Peaks: 39, 51, 60, 92, 105, 119, 138, 152, 163, 180

N-Butyl-2,4-dimethoxybenzylamine
expanded

MW: 223.31528
MM: 223.15723
$C_{13}H_{21}NO_2$
RI: 1713 (calc.)

GC/MS
EI 70 eV
TSQ 70
QI: 994

Peaks: 152, 154, 162, 166, 176, 180, 192, 207, 223

N-Butyl-2,5-dimethoxybenzylamine
expanded

MW: 223.31528
MM: 223.15723
$C_{13}H_{21}NO_2$
RI: 1713 (calc.)

GC/MS
EI 70 eV
TSQ 70
QI: 993

Peaks: 152, 154, 162, 166, 176, 180, 192, 207, 223

Methylecgonidine
Methyl (1S,5R)-8-methyl-8-azabicyclo[3.2.1]oct-3-ene-4-carboxylate
Anhydroecgonine methyl ester

MW: 181.23464
MM: 181.11028
$C_{10}H_{15}NO_2$
CAS: 43021-26-7
RI: 1379 (SE 30)

GC/MS
EI 70 eV
TSQ 70
QI: 993

Peaks: 42, 57, 82, 94, 106, 122, 138, 152, 166, 181

m/z: 152

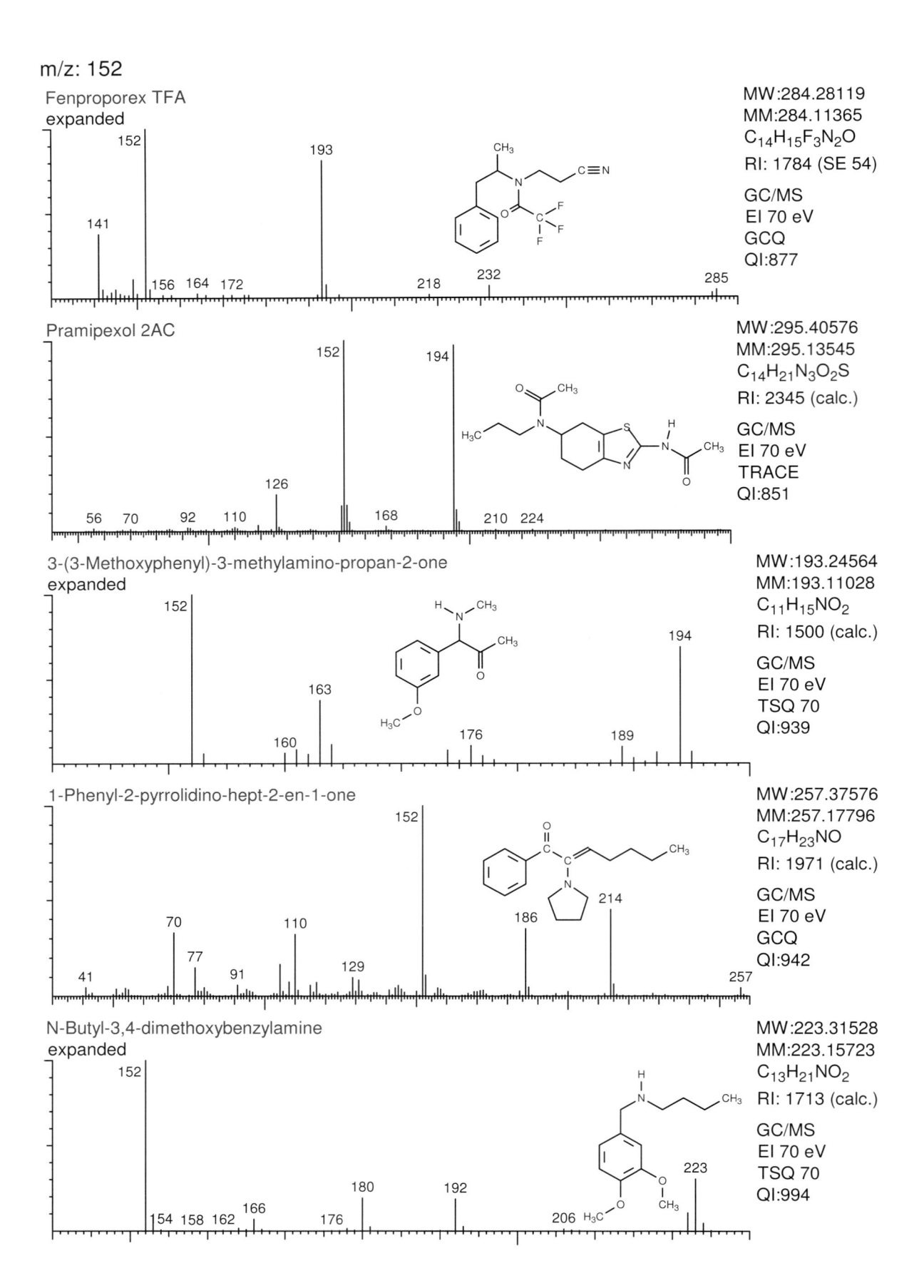

Fenproporex TFA expanded
Peaks: 141, 152, 156, 164, 172, 193, 218, 232, 285

MW: 284.28119
MM: 284.11365
$C_{14}H_{15}F_3N_2O$
RI: 1784 (SE 54)

GC/MS
EI 70 eV
GCQ
QI: 877

Pramipexol 2AC
Peaks: 56, 70, 92, 110, 126, 152, 168, 194, 210, 224

MW: 295.40576
MM: 295.13545
$C_{14}H_{21}N_3O_2S$
RI: 2345 (calc.)

GC/MS
EI 70 eV
TRACE
QI: 851

3-(3-Methoxyphenyl)-3-methylamino-propan-2-one expanded
Peaks: 152, 160, 163, 176, 189, 194

MW: 193.24564
MM: 193.11028
$C_{11}H_{15}NO_2$
RI: 1500 (calc.)

GC/MS
EI 70 eV
TSQ 70
QI: 939

1-Phenyl-2-pyrrolidino-hept-2-en-1-one
Peaks: 41, 70, 77, 91, 110, 129, 152, 186, 214, 257

MW: 257.37576
MM: 257.17796
$C_{17}H_{23}NO$
RI: 1971 (calc.)

GC/MS
EI 70 eV
GCQ
QI: 942

N-Butyl-3,4-dimethoxybenzylamine expanded
Peaks: 152, 154, 158, 162, 166, 176, 180, 192, 206, 223

MW: 223.31528
MM: 223.15723
$C_{13}H_{21}NO_2$
RI: 1713 (calc.)

GC/MS
EI 70 eV
TSQ 70
QI: 994

Pirimicarb-M/A (desmethyl) FORM
expanded

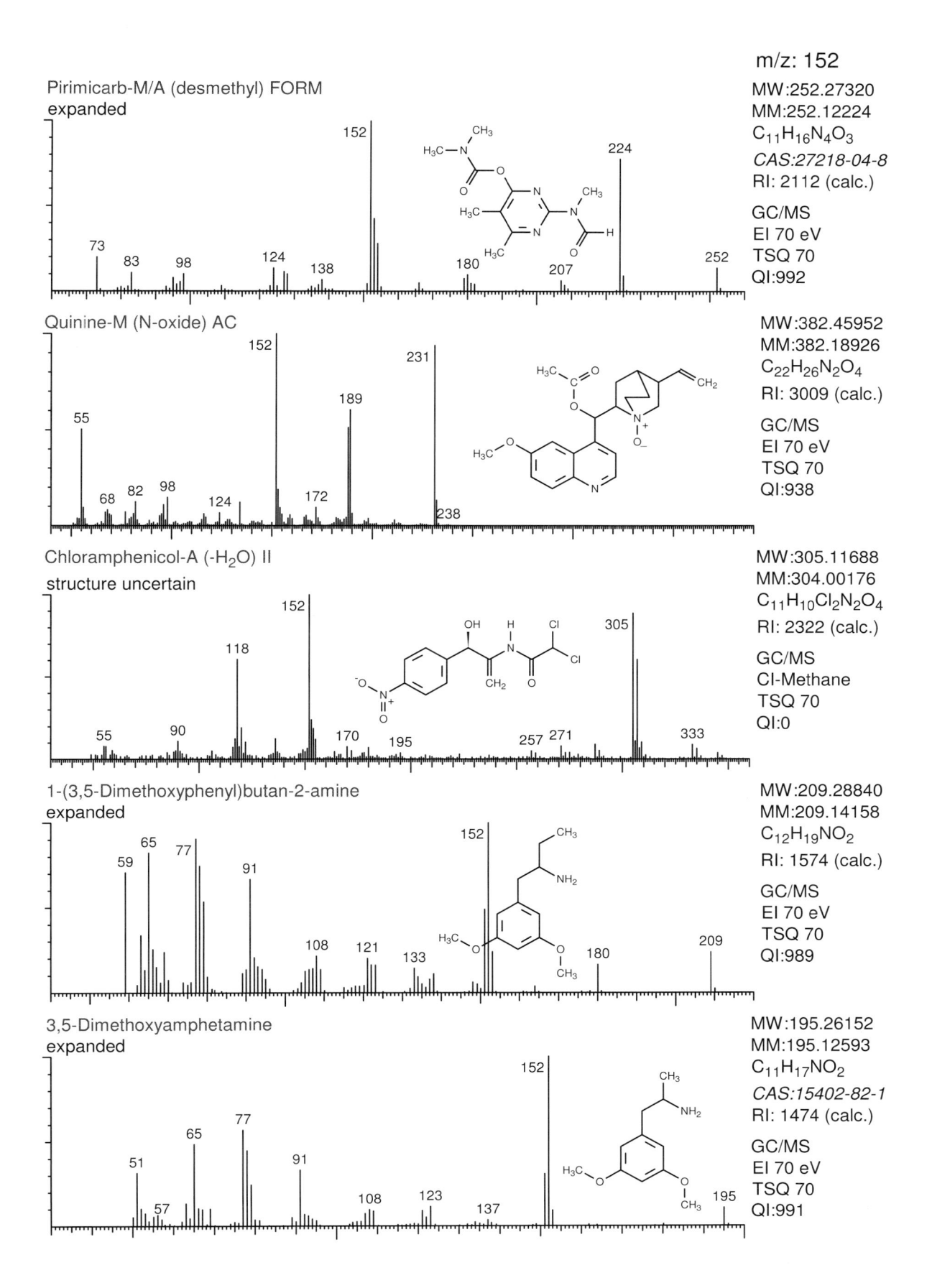

m/z: 152
MW:252.27320
MM:252.12224
$C_{11}H_{16}N_4O_3$
CAS:27218-04-8
RI: 2112 (calc.)

GC/MS
EI 70 eV
TSQ 70
QI:992

Quinine-M (N-oxide) AC

MW:382.45952
MM:382.18926
$C_{22}H_{26}N_2O_4$
RI: 3009 (calc.)

GC/MS
EI 70 eV
TSQ 70
QI:938

Chloramphenicol-A (-H₂O) II
structure uncertain

MW:305.11688
MM:304.00176
$C_{11}H_{10}Cl_2N_2O_4$
RI: 2322 (calc.)

GC/MS
CI-Methane
TSQ 70
QI:0

1-(3,5-Dimethoxyphenyl)butan-2-amine
expanded

MW:209.28840
MM:209.14158
$C_{12}H_{19}NO_2$
RI: 1574 (calc.)

GC/MS
EI 70 eV
TSQ 70
QI:989

3,5-Dimethoxyamphetamine
expanded

MW:195.26152
MM:195.12593
$C_{11}H_{17}NO_2$
CAS:15402-82-1
RI: 1474 (calc.)

GC/MS
EI 70 eV
TSQ 70
QI:991

m/z: 152

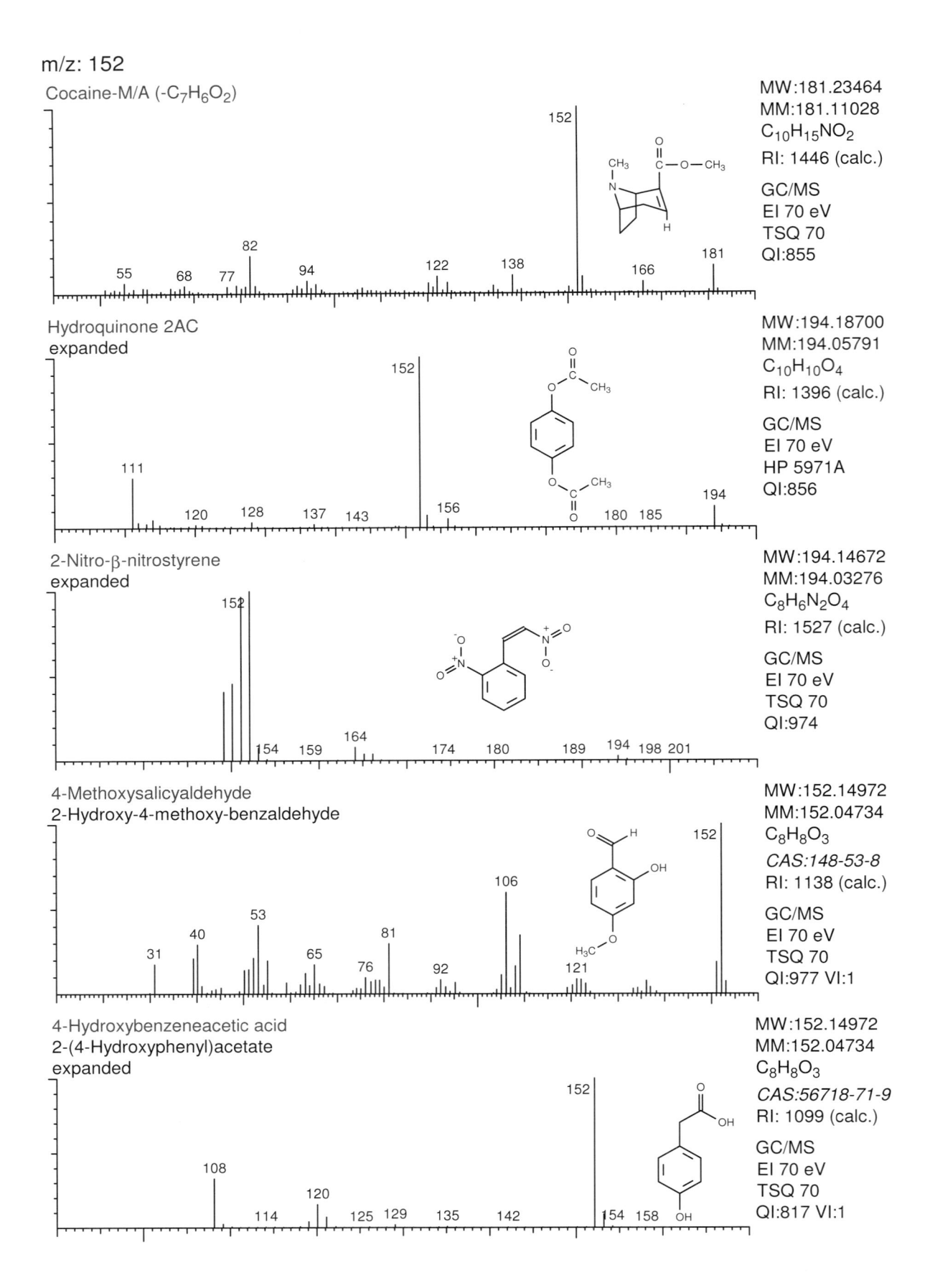

Cocaine-M/A (-C7H6O2)

MW: 181.23464
MM: 181.11028
C10H15NO2
RI: 1446 (calc.)

GC/MS
EI 70 eV
TSQ 70
QI:855

Hydroquinone 2AC
expanded

MW: 194.18700
MM: 194.05791
C10H10O4
RI: 1396 (calc.)

GC/MS
EI 70 eV
HP 5971A
QI:856

2-Nitro-β-nitrostyrene
expanded

MW: 194.14672
MM: 194.03276
C8H6N2O4
RI: 1527 (calc.)

GC/MS
EI 70 eV
TSQ 70
QI:974

4-Methoxysalicyaldehyde
2-Hydroxy-4-methoxy-benzaldehyde

MW: 152.14972
MM: 152.04734
C8H8O3
CAS: 148-53-8
RI: 1138 (calc.)

GC/MS
EI 70 eV
TSQ 70
QI:977 VI:1

4-Hydroxybenzeneacetic acid
2-(4-Hydroxyphenyl)acetate
expanded

MW: 152.14972
MM: 152.04734
C8H8O3
CAS: 56718-71-9
RI: 1099 (calc.)

GC/MS
EI 70 eV
TSQ 70
QI:817 VI:1

m/z: 152-153

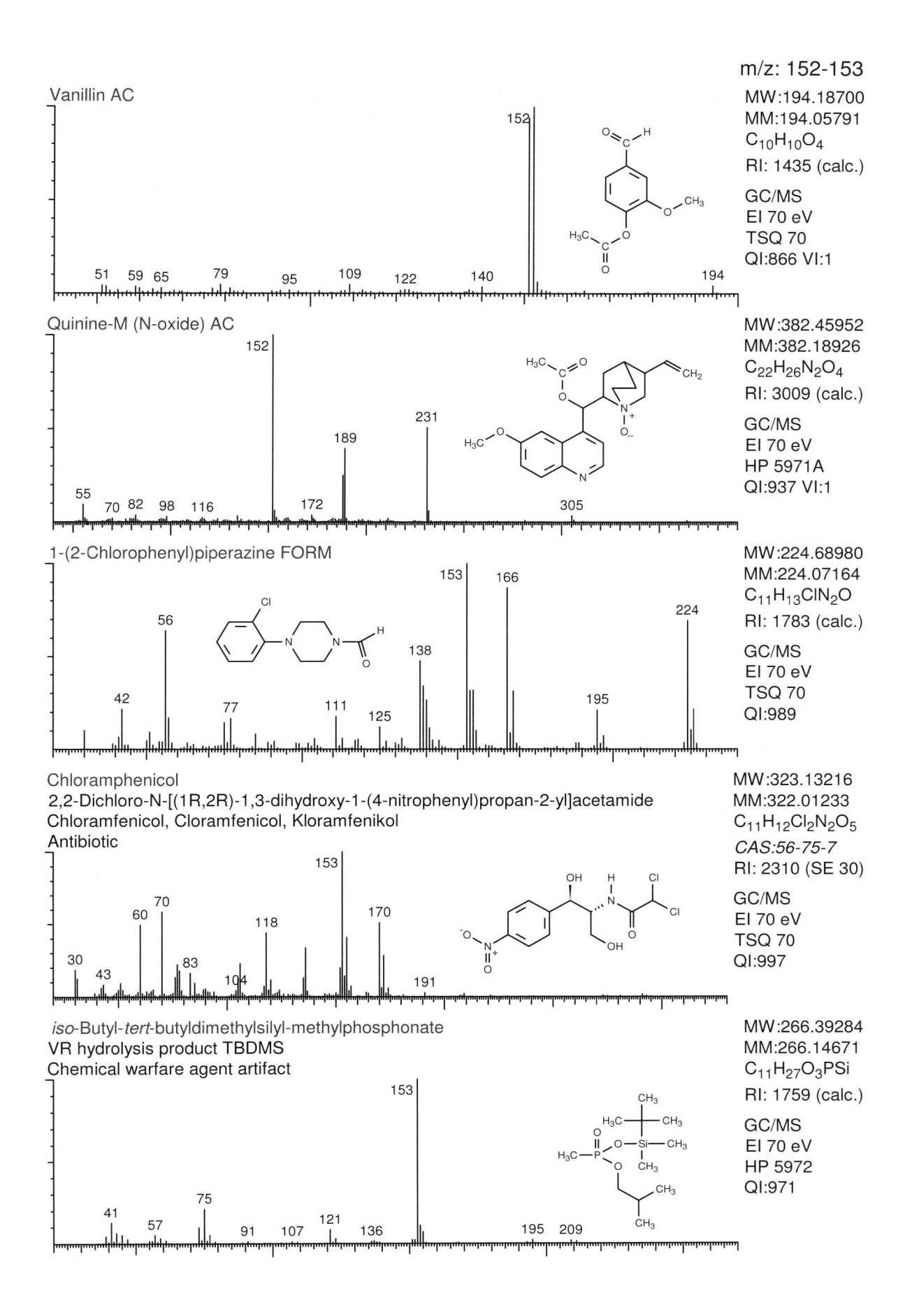

Vanillin AC

MW: 194.18700
MM: 194.05791
$C_{10}H_{10}O_4$
RI: 1435 (calc.)

GC/MS
EI 70 eV
TSQ 70
QI:866 VI:1

Quinine-M (N-oxide) AC

MW: 382.45952
MM: 382.18926
$C_{22}H_{26}N_2O_4$
RI: 3009 (calc.)

GC/MS
EI 70 eV
HP 5971A
QI:937 VI:1

1-(2-Chlorophenyl)piperazine FORM

MW: 224.68980
MM: 224.07164
$C_{11}H_{13}ClN_2O$
RI: 1783 (calc.)

GC/MS
EI 70 eV
TSQ 70
QI:989

Chloramphenicol
2,2-Dichloro-N-[(1R,2R)-1,3-dihydroxy-1-(4-nitrophenyl)propan-2-yl]acetamide
Chloramfenicol, Cloramfenicol, Kloramfenikol
Antibiotic

MW: 323.13216
MM: 322.01233
$C_{11}H_{12}Cl_2N_2O_5$
CAS: 56-75-7
RI: 2310 (SE 30)

GC/MS
EI 70 eV
TSQ 70
QI:997

iso-Butyl-tert-butyldimethylsilyl-methylphosphonate
VR hydrolysis product TBDMS
Chemical warfare agent artifact

MW: 266.39284
MM: 266.14671
$C_{11}H_{27}O_3PSi$
RI: 1759 (calc.)

GC/MS
EI 70 eV
HP 5972
QI:971

m/z: 153

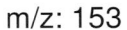

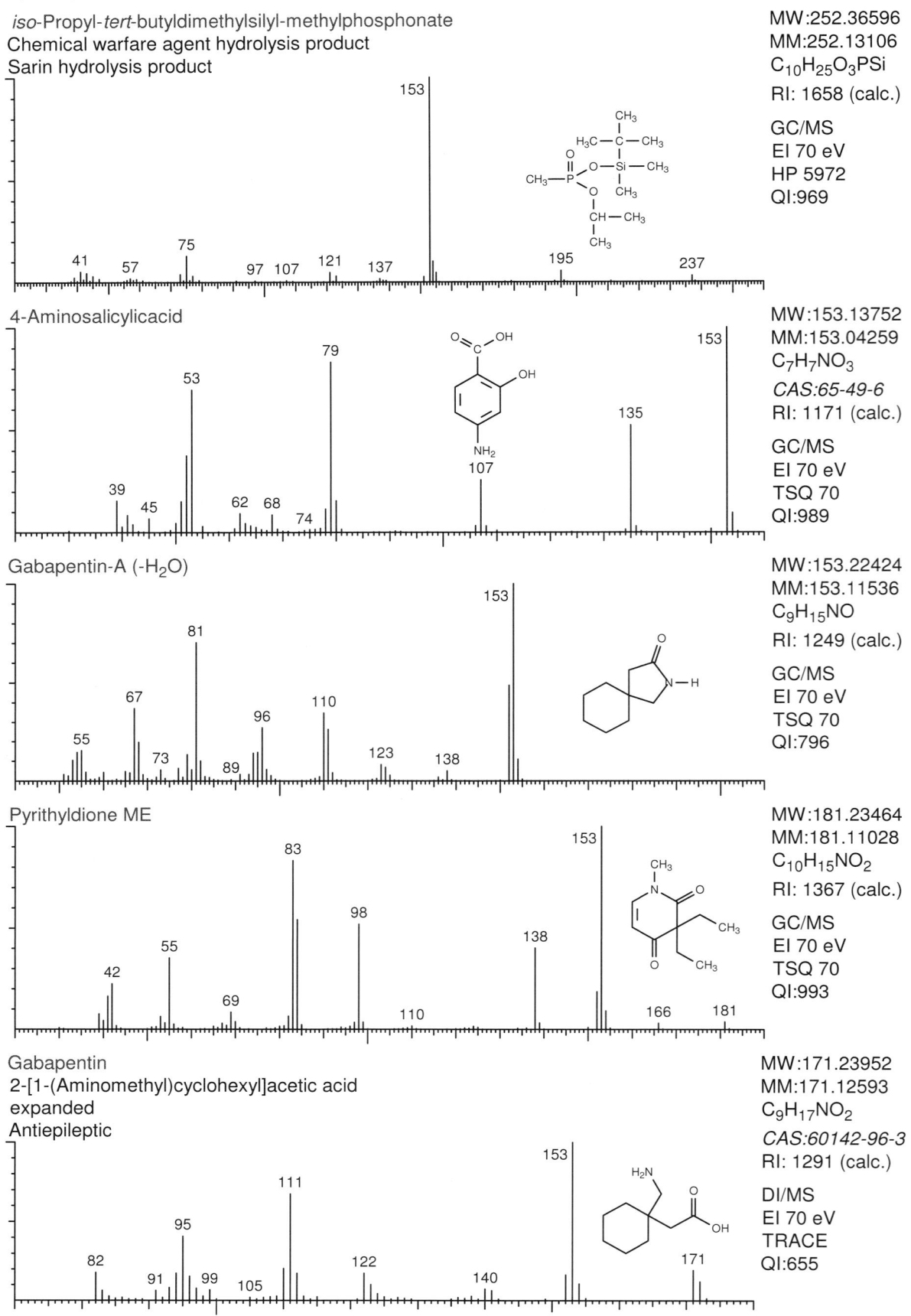

iso-Propyl-*tert*-butyldimethylsilyl-methylphosphonate
Chemical warfare agent hydrolysis product
Sarin hydrolysis product

MW:252.36596
MM:252.13106
C$_{10}$H$_{25}$O$_3$PSi
RI: 1658 (calc.)

GC/MS
EI 70 eV
HP 5972
QI:969

4-Aminosalicylicacid

MW:153.13752
MM:153.04259
C$_7$H$_7$NO$_3$
CAS:65-49-6
RI: 1171 (calc.)

GC/MS
EI 70 eV
TSQ 70
QI:989

Gabapentin-A (-H$_2$O)

MW:153.22424
MM:153.11536
C$_9$H$_{15}$NO
RI: 1249 (calc.)

GC/MS
EI 70 eV
TSQ 70
QI:796

Pyrithyldione ME

MW:181.23464
MM:181.11028
C$_{10}$H$_{15}$NO$_2$
RI: 1367 (calc.)

GC/MS
EI 70 eV
TSQ 70
QI:993

Gabapentin
2-[1-(Aminomethyl)cyclohexyl]acetic acid
expanded
Antiepileptic

MW:171.23952
MM:171.12593
C$_9$H$_{17}$NO$_2$
CAS:60142-96-3
RI: 1291 (calc.)

DI/MS
EI 70 eV
TRACE
QI:655

m/z: 153

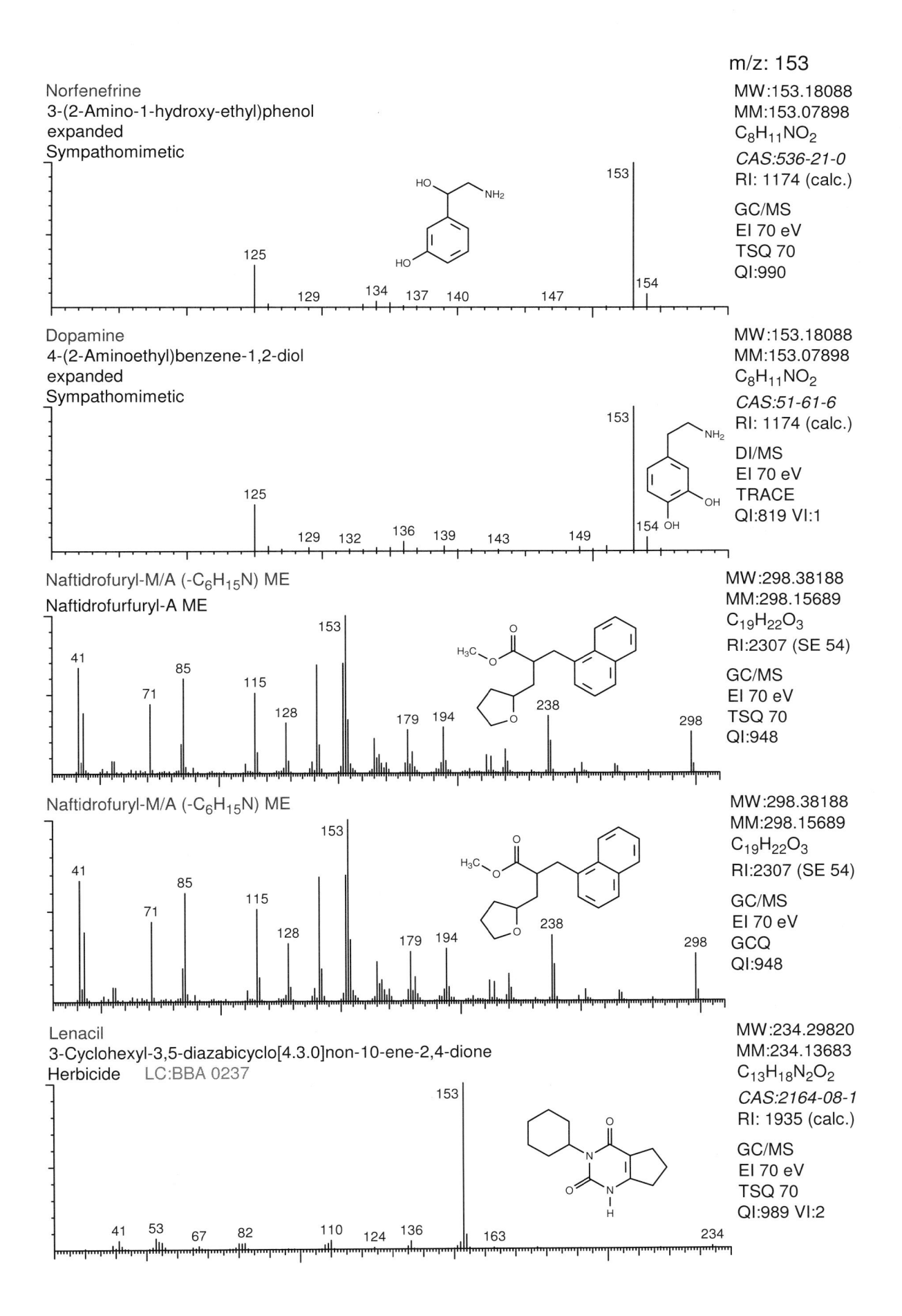

Norfenefrine
3-(2-Amino-1-hydroxy-ethyl)phenol
expanded
Sympathomimetic

MW:153.18088
MM:153.07898
C$_8$H$_{11}$NO$_2$
CAS:536-21-0
RI: 1174 (calc.)

GC/MS
EI 70 eV
TSQ 70
QI:990

Dopamine
4-(2-Aminoethyl)benzene-1,2-diol
expanded
Sympathomimetic

MW:153.18088
MM:153.07898
C$_8$H$_{11}$NO$_2$
CAS:51-61-6
RI: 1174 (calc.)

DI/MS
EI 70 eV
TRACE
QI:819 VI:1

Naftidrofuryl-M/A (-C$_6$H$_{15}$N) ME
Naftidrofurfuryl-A ME

MW:298.38188
MM:298.15689
C$_{19}$H$_{22}$O$_3$
RI:2307 (SE 54)

GC/MS
EI 70 eV
TSQ 70
QI:948

Naftidrofuryl-M/A (-C$_6$H$_{15}$N) ME

MW:298.38188
MM:298.15689
C$_{19}$H$_{22}$O$_3$
RI:2307 (SE 54)

GC/MS
EI 70 eV
GCQ
QI:948

Lenacil
3-Cyclohexyl-3,5-diazabicyclo[4.3.0]non-10-ene-2,4-dione
Herbicide   LC:BBA 0237

MW:234.29820
MM:234.13683
C$_{13}$H$_{18}$N$_2$O$_2$
CAS:2164-08-1
RI: 1935 (calc.)

GC/MS
EI 70 eV
TSQ 70
QI:989 VI:2

m/z: 153

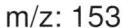

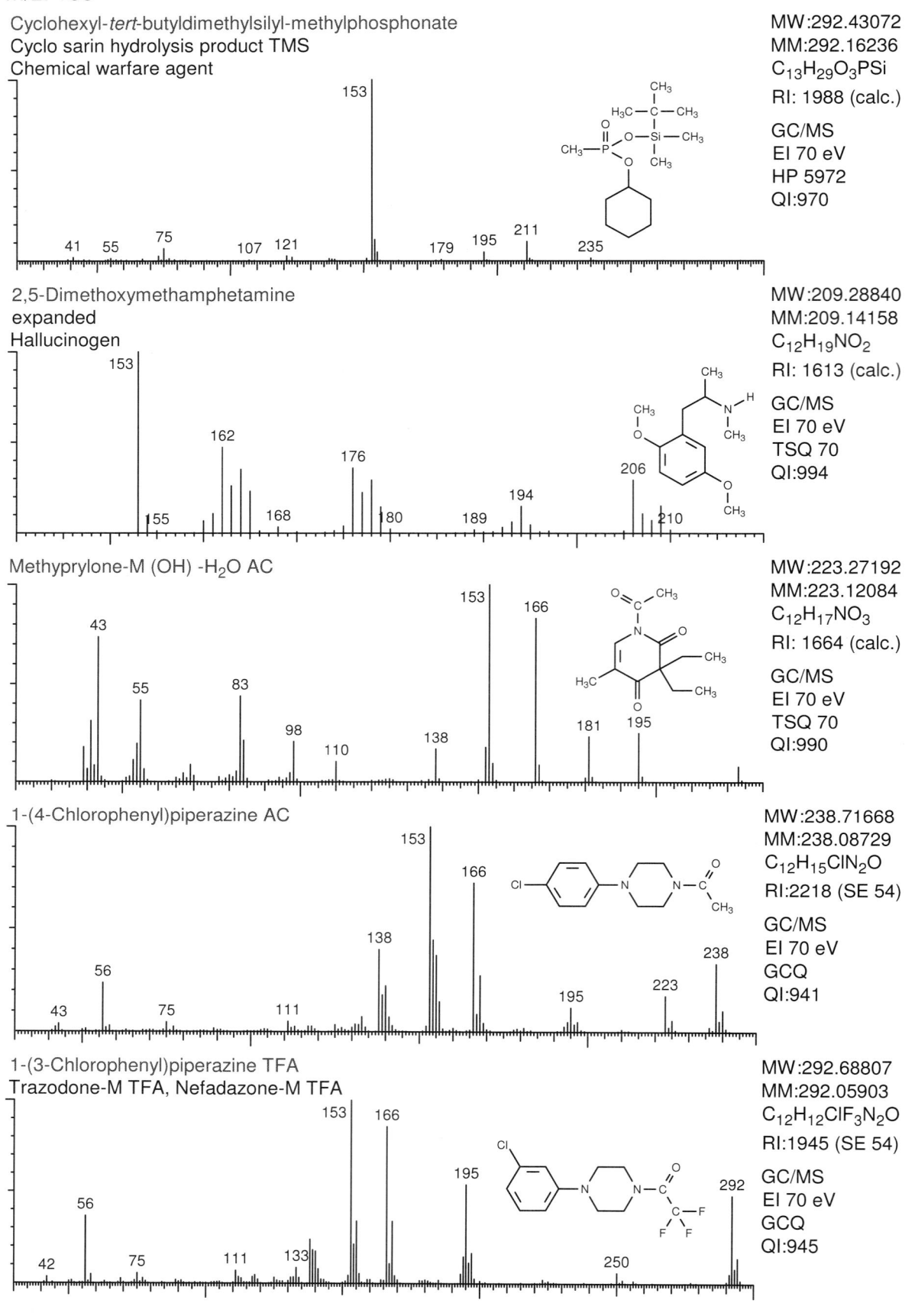

Cyclohexyl-*tert*-butyldimethylsilyl-methylphosphonate
Cyclo sarin hydrolysis product TMS
Chemical warfare agent

MW:292.43072
MM:292.16236
$C_{13}H_{29}O_3PSi$
RI: 1988 (calc.)

GC/MS
EI 70 eV
HP 5972
QI:970

Peaks: 41, 55, 75, 107, 121, 153, 179, 195, 211, 235

2,5-Dimethoxymethamphetamine
expanded
Hallucinogen

MW:209.28840
MM:209.14158
$C_{12}H_{19}NO_2$
RI: 1613 (calc.)

GC/MS
EI 70 eV
TSQ 70
QI:994

Peaks: 153, 155, 162, 168, 176, 180, 189, 194, 206, 210

Methyprylone-M (OH) -H_2O AC

MW:223.27192
MM:223.12084
$C_{12}H_{17}NO_3$
RI: 1664 (calc.)

GC/MS
EI 70 eV
TSQ 70
QI:990

Peaks: 43, 55, 83, 98, 110, 138, 153, 166, 181, 195

1-(4-Chlorophenyl)piperazine AC

MW:238.71668
MM:238.08729
$C_{12}H_{15}ClN_2O$
RI:2218 (SE 54)

GC/MS
EI 70 eV
GCQ
QI:941

Peaks: 43, 56, 75, 111, 138, 153, 166, 195, 223, 238

1-(3-Chlorophenyl)piperazine TFA
Trazodone-M TFA, Nefadazone-M TFA

MW:292.68807
MM:292.05903
$C_{12}H_{12}ClF_3N_2O$
RI:1945 (SE 54)

GC/MS
EI 70 eV
GCQ
QI:945

Peaks: 42, 56, 75, 111, 133, 153, 166, 195, 250, 292

m/z: 153

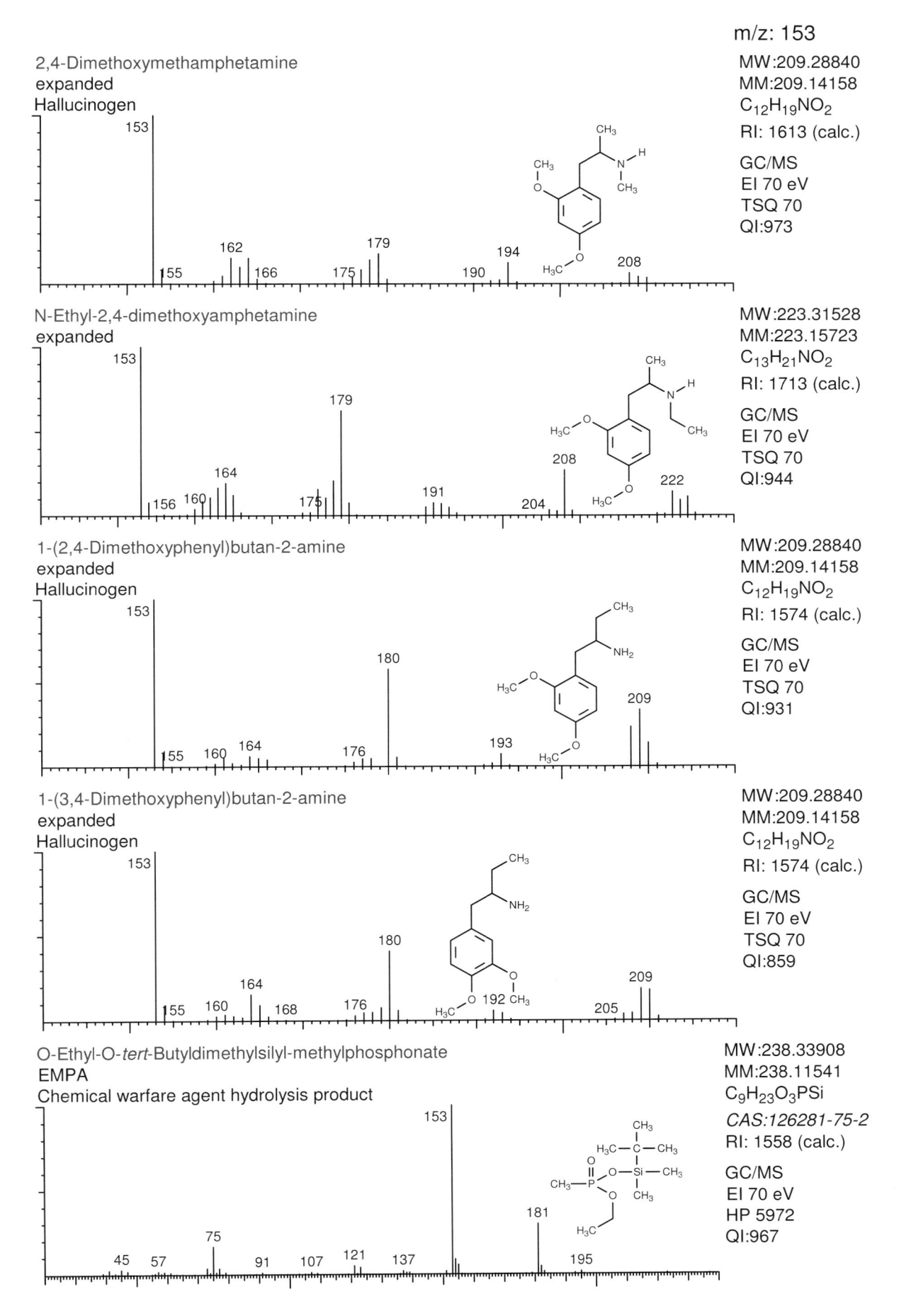

2,4-Dimethoxymethamphetamine
expanded
Hallucinogen

Peaks: 153, 155, 162, 166, 175, 179, 190, 194, 208

MW: 209.28840
MM: 209.14158
$C_{12}H_{19}NO_2$
RI: 1613 (calc.)

GC/MS
EI 70 eV
TSQ 70
QI: 973

N-Ethyl-2,4-dimethoxyamphetamine
expanded

Peaks: 153, 156, 160, 164, 175, 179, 191, 204, 208, 222

MW: 223.31528
MM: 223.15723
$C_{13}H_{21}NO_2$
RI: 1713 (calc.)

GC/MS
EI 70 eV
TSQ 70
QI: 944

1-(2,4-Dimethoxyphenyl)butan-2-amine
expanded
Hallucinogen

Peaks: 153, 155, 160, 164, 176, 180, 193, 209

MW: 209.28840
MM: 209.14158
$C_{12}H_{19}NO_2$
RI: 1574 (calc.)

GC/MS
EI 70 eV
TSQ 70
QI: 931

1-(3,4-Dimethoxyphenyl)butan-2-amine
expanded
Hallucinogen

Peaks: 153, 155, 160, 164, 168, 176, 180, 192, 205, 209

MW: 209.28840
MM: 209.14158
$C_{12}H_{19}NO_2$
RI: 1574 (calc.)

GC/MS
EI 70 eV
TSQ 70
QI: 859

O-Ethyl-O-*tert*-Butyldimethylsilyl-methylphosphonate
EMPA
Chemical warfare agent hydrolysis product

Peaks: 45, 57, 75, 91, 107, 121, 137, 153, 181, 195

MW: 238.33908
MM: 238.11541
$C_9H_{23}O_3PSi$
CAS: 126281-75-2
RI: 1558 (calc.)

GC/MS
EI 70 eV
HP 5972
QI: 967

m/z: 153

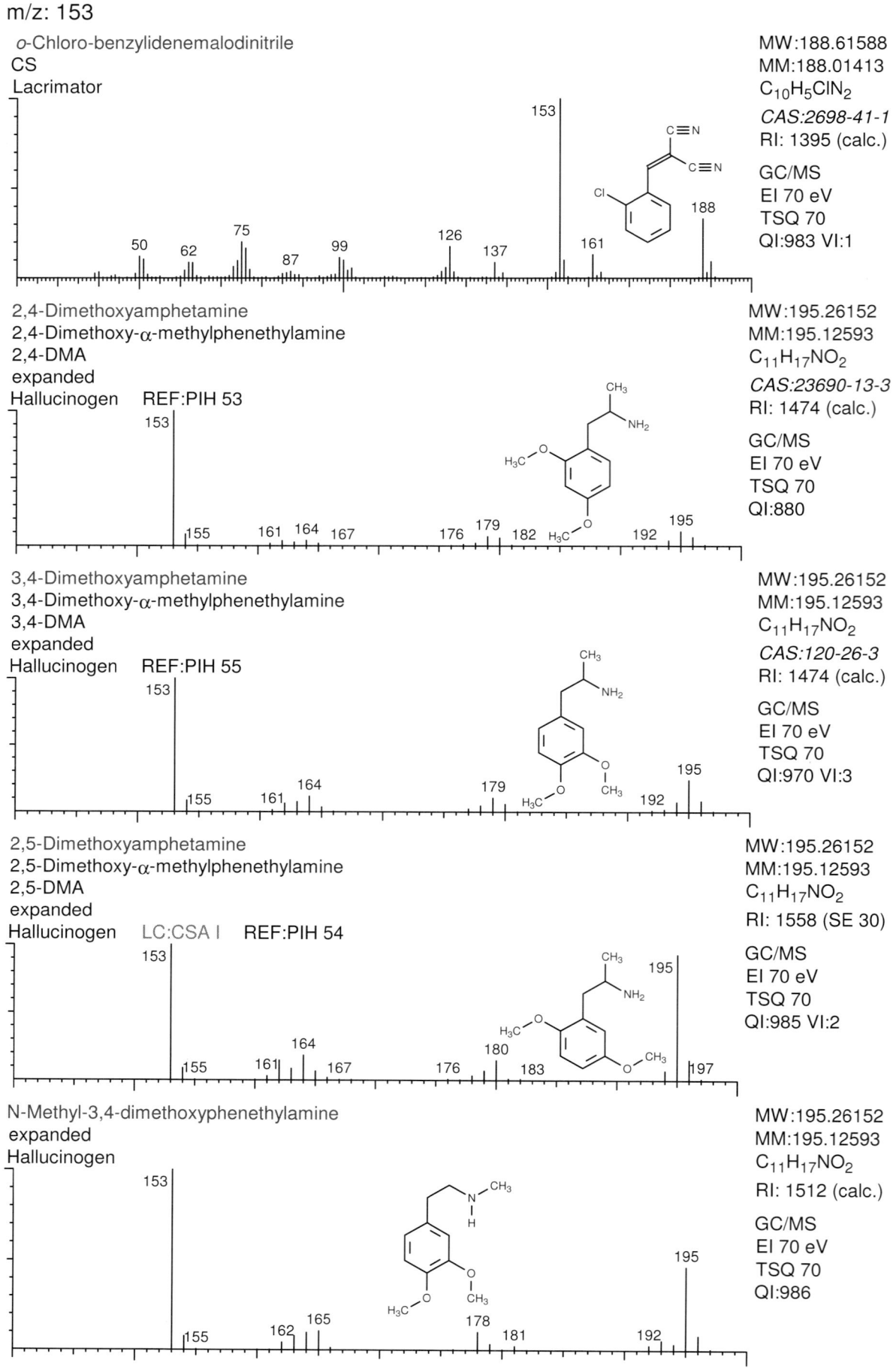

o-Chloro-benzylidenemalodinitrile
CS
Lacrimator

MW:188.61588
MM:188.01413
$C_{10}H_5ClN_2$
CAS:2698-41-1
RI: 1395 (calc.)

GC/MS
EI 70 eV
TSQ 70
QI:983 VI:1

2,4-Dimethoxyamphetamine
2,4-Dimethoxy-α-methylphenethylamine
2,4-DMA
expanded
Hallucinogen   REF:PIH 53

MW:195.26152
MM:195.12593
$C_{11}H_{17}NO_2$
CAS:23690-13-3
RI: 1474 (calc.)

GC/MS
EI 70 eV
TSQ 70
QI:880

3,4-Dimethoxyamphetamine
3,4-Dimethoxy-α-methylphenethylamine
3,4-DMA
expanded
Hallucinogen   REF:PIH 55

MW:195.26152
MM:195.12593
$C_{11}H_{17}NO_2$
CAS:120-26-3
RI: 1474 (calc.)

GC/MS
EI 70 eV
TSQ 70
QI:970 VI:3

2,5-Dimethoxyamphetamine
2,5-Dimethoxy-α-methylphenethylamine
2,5-DMA
expanded
Hallucinogen   LC:CSA I   REF:PIH 54

MW:195.26152
MM:195.12593
$C_{11}H_{17}NO_2$
RI: 1558 (SE 30)

GC/MS
EI 70 eV
TSQ 70
QI:985 VI:2

N-Methyl-3,4-dimethoxyphenethylamine
expanded
Hallucinogen

MW:195.26152
MM:195.12593
$C_{11}H_{17}NO_2$
RI: 1512 (calc.)

GC/MS
EI 70 eV
TSQ 70
QI:986

m/z: 153

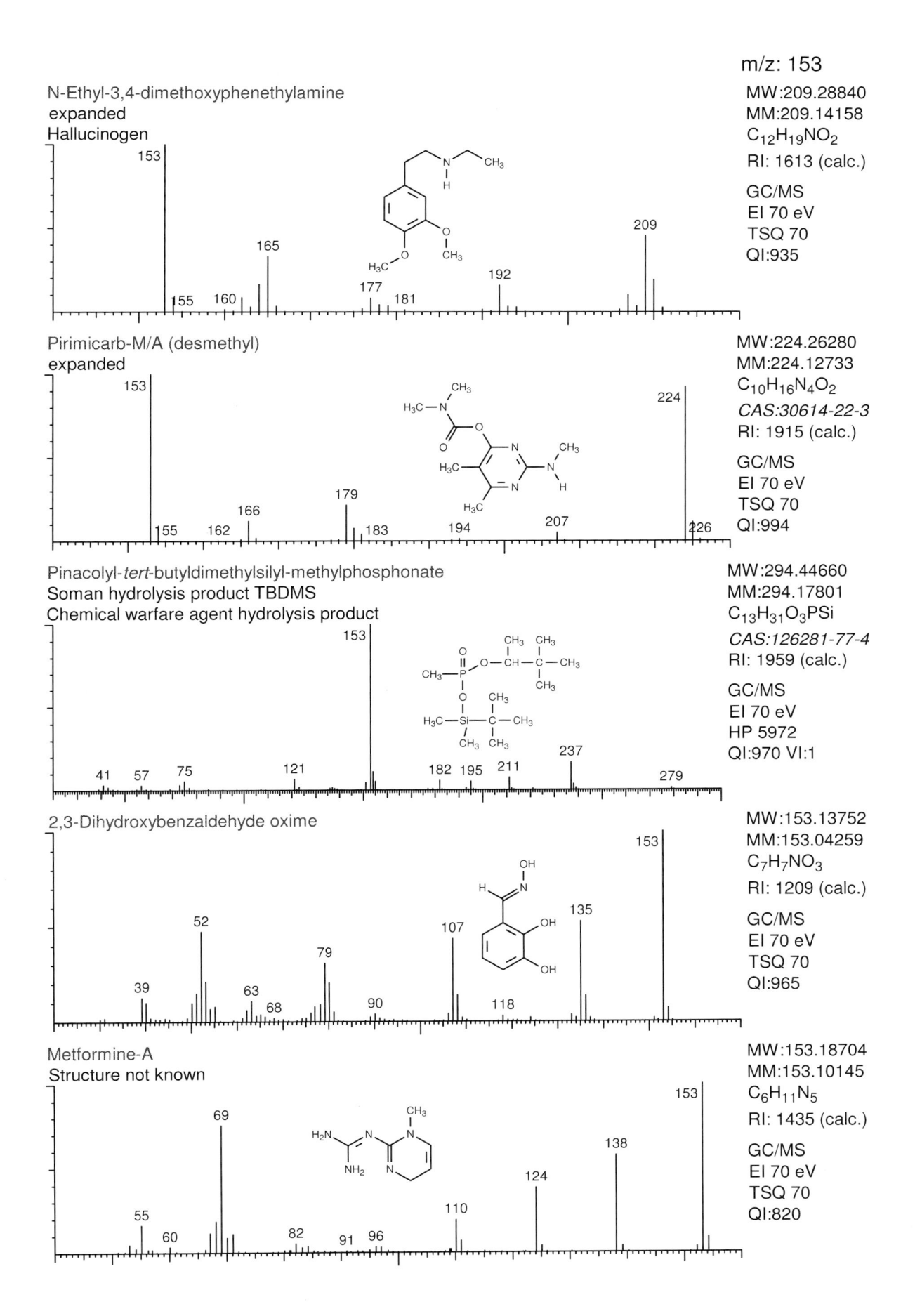

N-Ethyl-3,4-dimethoxyphenethylamine
expanded
Hallucinogen

MW: 209.28840
MM: 209.14158
$C_{12}H_{19}NO_2$
RI: 1613 (calc.)

GC/MS
EI 70 eV
TSQ 70
QI: 935

Pirimicarb-M/A (desmethyl)
expanded

MW: 224.26280
MM: 224.12733
$C_{10}H_{16}N_4O_2$
CAS: 30614-22-3
RI: 1915 (calc.)

GC/MS
EI 70 eV
TSQ 70
QI: 994

Pinacolyl-*tert*-butyldimethylsilyl-methylphosphonate
Soman hydrolysis product TBDMS
Chemical warfare agent hydrolysis product

MW: 294.44660
MM: 294.17801
$C_{13}H_{31}O_3PSi$
CAS: 126281-77-4
RI: 1959 (calc.)

GC/MS
EI 70 eV
HP 5972
QI: 970 VI: 1

2,3-Dihydroxybenzaldehyde oxime

MW: 153.13752
MM: 153.04259
$C_7H_7NO_3$
RI: 1209 (calc.)

GC/MS
EI 70 eV
TSQ 70
QI: 965

Metformine-A
Structure not known

MW: 153.18704
MM: 153.10145
$C_6H_{11}N_5$
RI: 1435 (calc.)

GC/MS
EI 70 eV
TSQ 70
QI: 820

m/z: 153-154

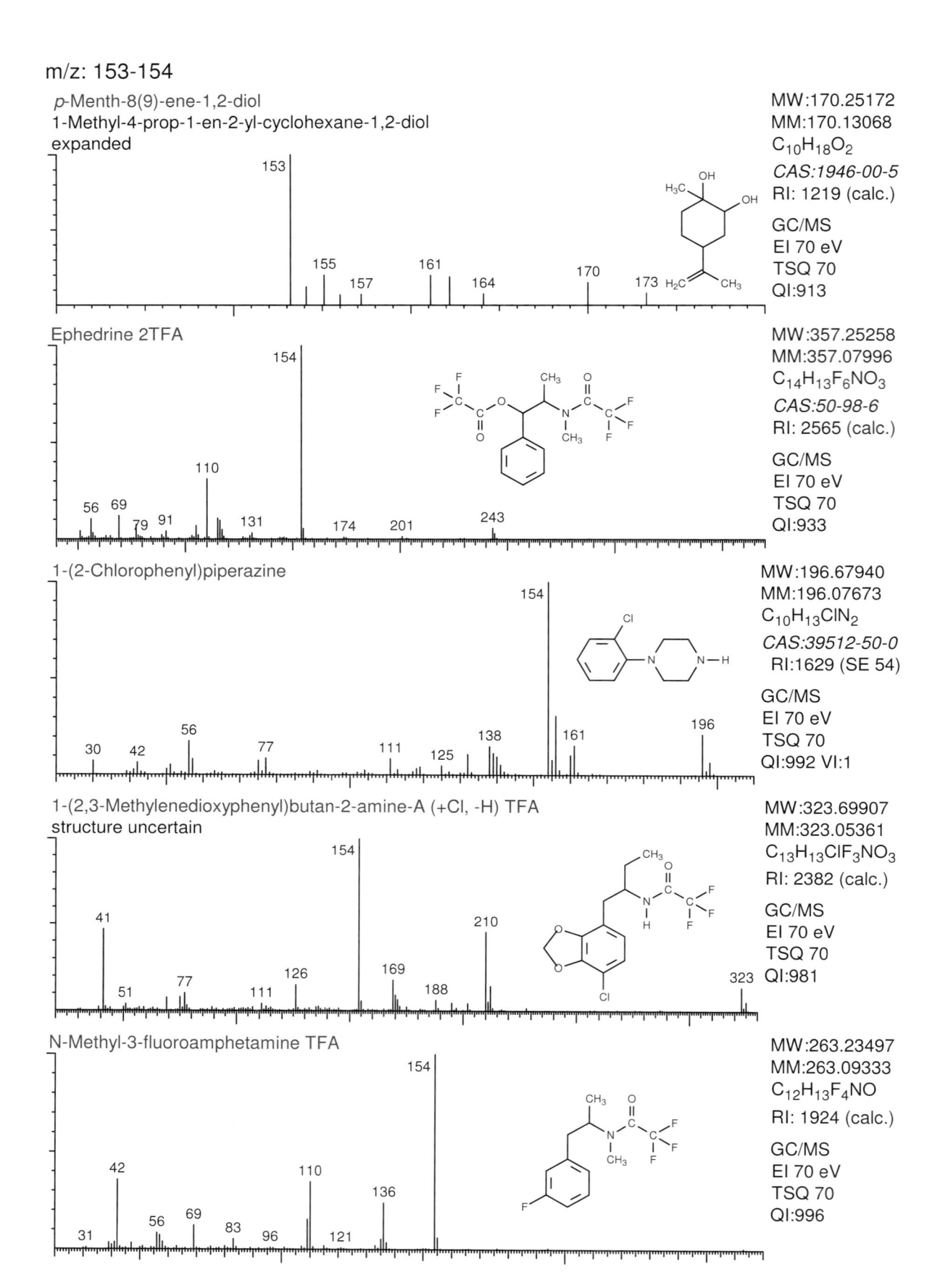

p-Menth-8(9)-ene-1,2-diol
1-Methyl-4-prop-1-en-2-yl-cyclohexane-1,2-diol
expanded

MW:170.25172
MM:170.13068
$C_{10}H_{18}O_2$
CAS:1946-00-5
RI: 1219 (calc.)

GC/MS
EI 70 eV
TSQ 70
QI:913

Ephedrine 2TFA

MW:357.25258
MM:357.07996
$C_{14}H_{13}F_6NO_3$
CAS:50-98-6
RI: 2565 (calc.)

GC/MS
EI 70 eV
TSQ 70
QI:933

1-(2-Chlorophenyl)piperazine

MW:196.67940
MM:196.07673
$C_{10}H_{13}ClN_2$
CAS:39512-50-0
RI:1629 (SE 54)

GC/MS
EI 70 eV
TSQ 70
QI:992 VI:1

1-(2,3-Methylenedioxyphenyl)butan-2-amine-A (+Cl, -H) TFA
structure uncertain

MW:323.69907
MM:323.05361
$C_{13}H_{13}ClF_3NO_3$
RI: 2382 (calc.)

GC/MS
EI 70 eV
TSQ 70
QI:981

N-Methyl-3-fluoroamphetamine TFA

MW:263.23497
MM:263.09333
$C_{12}H_{13}F_4NO$
RI: 1924 (calc.)

GC/MS
EI 70 eV
TSQ 70
QI:996

m/z: 154

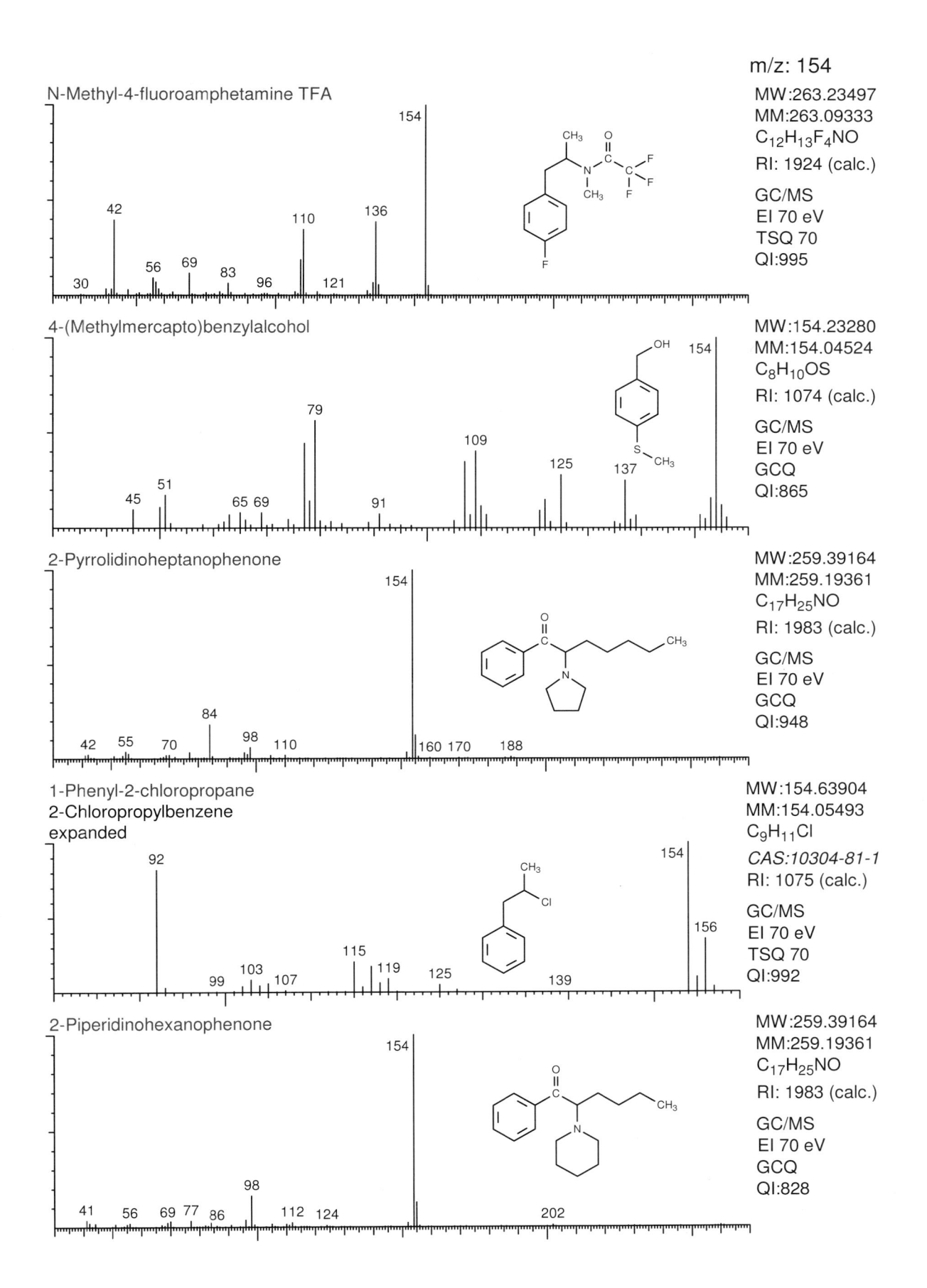

N-Methyl-4-fluoroamphetamine TFA

Peaks: 30, 42, 56, 69, 83, 96, 110, 121, 136, 154

MW: 263.23497
MM: 263.09333
$C_{12}H_{13}F_4NO$
RI: 1924 (calc.)

GC/MS
EI 70 eV
TSQ 70
QI: 995

4-(Methylmercapto)benzylalcohol

Peaks: 45, 51, 65, 69, 79, 91, 109, 125, 137, 154

MW: 154.23280
MM: 154.04524
$C_8H_{10}OS$
RI: 1074 (calc.)

GC/MS
EI 70 eV
GCQ
QI: 865

2-Pyrrolidinoheptanophenone

Peaks: 42, 55, 70, 84, 98, 110, 154, 160, 170, 188

MW: 259.39164
MM: 259.19361
$C_{17}H_{25}NO$
RI: 1983 (calc.)

GC/MS
EI 70 eV
GCQ
QI: 948

1-Phenyl-2-chloropropane
2-Chloropropylbenzene
expanded

Peaks: 92, 99, 103, 107, 115, 119, 125, 139, 154, 156

MW: 154.63904
MM: 154.05493
$C_9H_{11}Cl$
CAS: 10304-81-1
RI: 1075 (calc.)

GC/MS
EI 70 eV
TSQ 70
QI: 992

2-Piperidinohexanophenone

Peaks: 41, 56, 69, 77, 86, 98, 112, 124, 154, 202

MW: 259.39164
MM: 259.19361
$C_{17}H_{25}NO$
RI: 1983 (calc.)

GC/MS
EI 70 eV
GCQ
QI: 828

m/z: 154

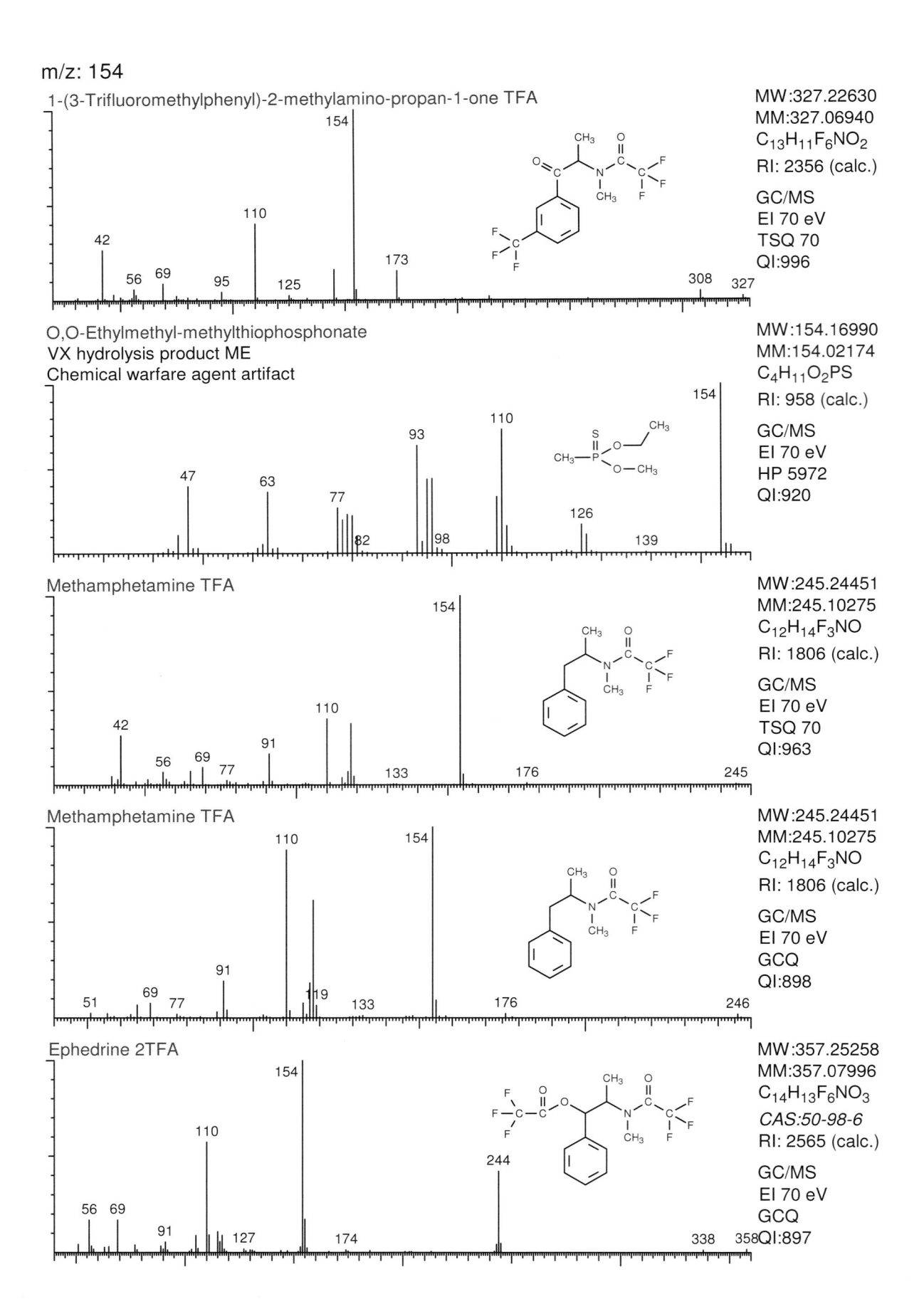

1-(3-Trifluoromethylphenyl)-2-methylamino-propan-1-one TFA

Peaks: 42, 56, 69, 95, 110, 125, 154, 173, 308, 327

MW: 327.22630
MM: 327.06940
$C_{13}H_{11}F_6NO_2$
RI: 2356 (calc.)

GC/MS
EI 70 eV
TSQ 70
QI: 996

O,O-Ethylmethyl-methylthiophosphonate
VX hydrolysis product ME
Chemical warfare agent artifact

Peaks: 47, 63, 77, 82, 93, 98, 110, 126, 139, 154

MW: 154.16990
MM: 154.02174
$C_4H_{11}O_2PS$
RI: 958 (calc.)

GC/MS
EI 70 eV
HP 5972
QI: 920

Methamphetamine TFA

Peaks: 42, 56, 69, 77, 91, 110, 133, 154, 176, 245

MW: 245.24451
MM: 245.10275
$C_{12}H_{14}F_3NO$
RI: 1806 (calc.)

GC/MS
EI 70 eV
TSQ 70
QI: 963

Methamphetamine TFA

Peaks: 51, 69, 77, 91, 110, 119, 133, 154, 176, 246

MW: 245.24451
MM: 245.10275
$C_{12}H_{14}F_3NO$
RI: 1806 (calc.)

GC/MS
EI 70 eV
GCQ
QI: 898

Ephedrine 2TFA

Peaks: 56, 69, 91, 110, 127, 154, 174, 244, 338, 358

MW: 357.25258
MM: 357.07996
$C_{14}H_{13}F_6NO_3$
CAS: 50-98-6
RI: 2565 (calc.)

GC/MS
EI 70 eV
GCQ
QI: 897

m/z: 154

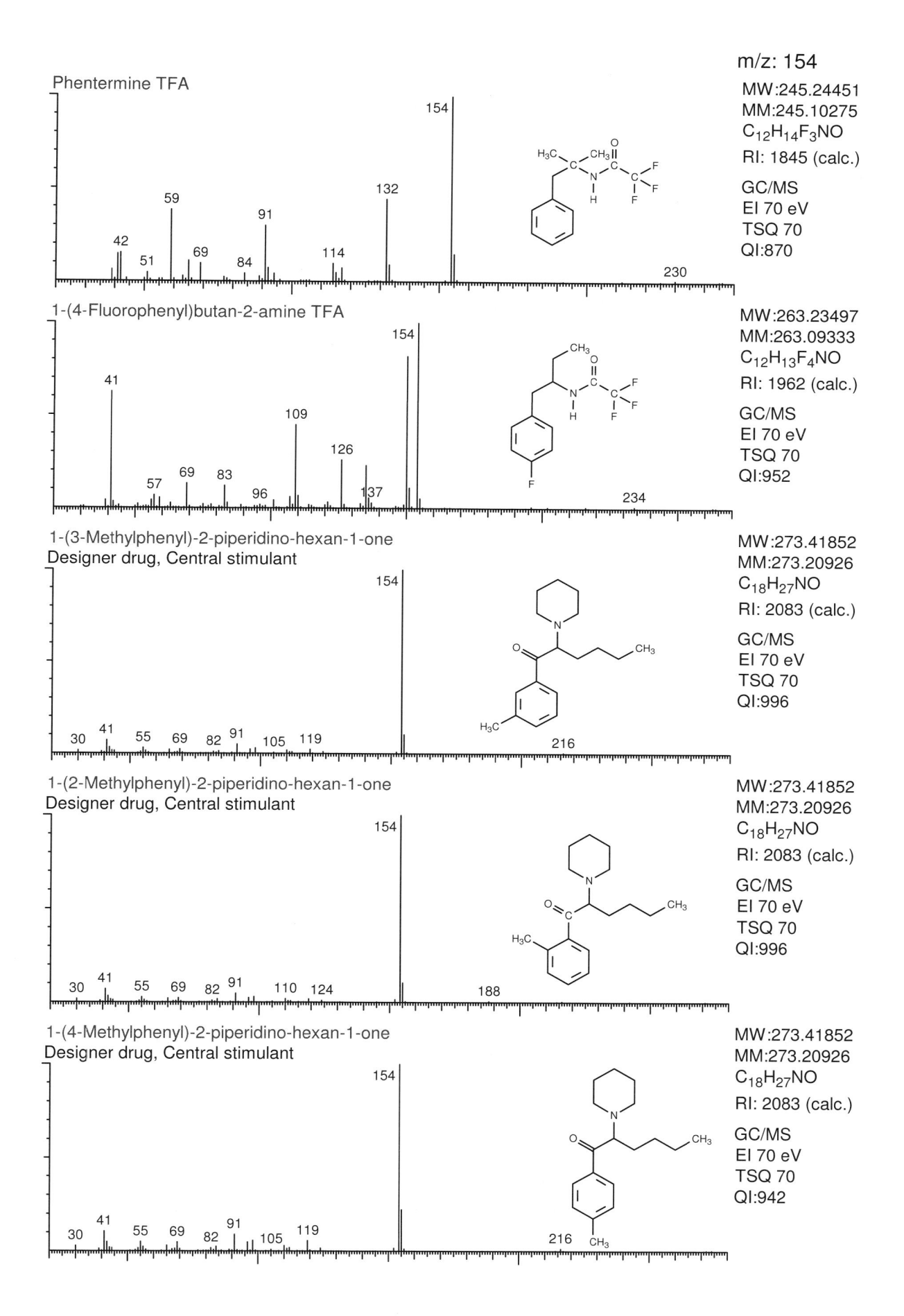

Phentermine TFA

MW: 245.24451
MM: 245.10275
C$_{12}$H$_{14}$F$_3$NO
RI: 1845 (calc.)

GC/MS
EI 70 eV
TSQ 70
QI: 870

Peaks: 42, 51, 59, 69, 84, 91, 114, 132, 154, 230

1-(4-Fluorophenyl)butan-2-amine TFA

MW: 263.23497
MM: 263.09333
C$_{12}$H$_{13}$F$_4$NO
RI: 1962 (calc.)

GC/MS
EI 70 eV
TSQ 70
QI: 952

Peaks: 41, 57, 69, 83, 96, 109, 126, 137, 154, 234

1-(3-Methylphenyl)-2-piperidino-hexan-1-one
Designer drug, Central stimulant

MW: 273.41852
MM: 273.20926
C$_{18}$H$_{27}$NO
RI: 2083 (calc.)

GC/MS
EI 70 eV
TSQ 70
QI: 996

Peaks: 30, 41, 55, 69, 82, 91, 105, 119, 154, 216

1-(2-Methylphenyl)-2-piperidino-hexan-1-one
Designer drug, Central stimulant

MW: 273.41852
MM: 273.20926
C$_{18}$H$_{27}$NO
RI: 2083 (calc.)

GC/MS
EI 70 eV
TSQ 70
QI: 996

Peaks: 30, 41, 55, 69, 82, 91, 110, 124, 154, 188

1-(4-Methylphenyl)-2-piperidino-hexan-1-one
Designer drug, Central stimulant

MW: 273.41852
MM: 273.20926
C$_{18}$H$_{27}$NO
RI: 2083 (calc.)

GC/MS
EI 70 eV
TSQ 70
QI: 942

Peaks: 30, 41, 55, 69, 82, 91, 105, 119, 154, 216

m/z: 154

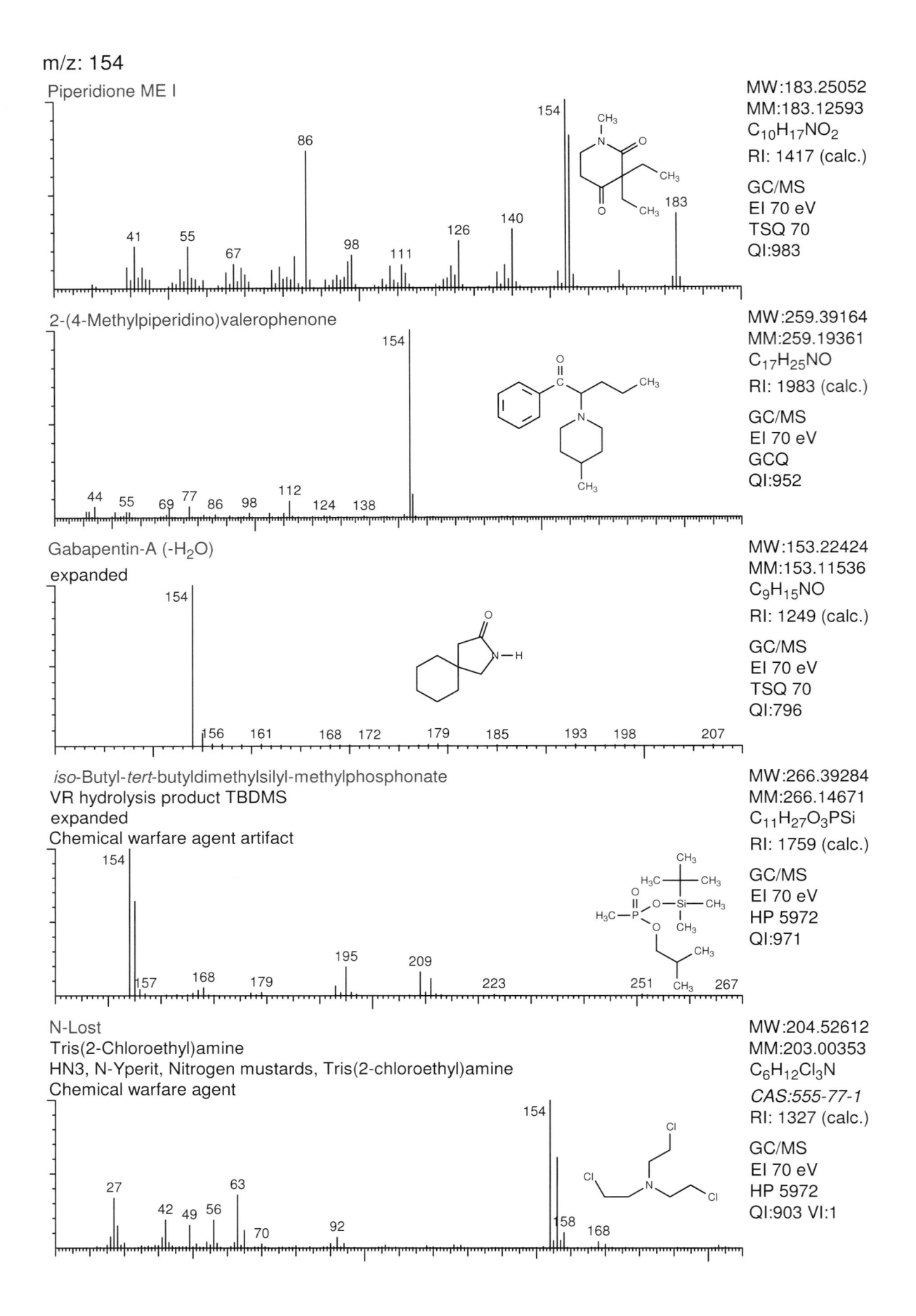

Piperidione ME I

MW:183.25052
MM:183.12593
$C_{10}H_{17}NO_2$
RI: 1417 (calc.)

GC/MS
EI 70 eV
TSQ 70
QI:983

Peaks: 41, 55, 67, 86, 98, 111, 126, 140, 154, 183

2-(4-Methylpiperidino)valerophenone

MW:259.39164
MM:259.19361
$C_{17}H_{25}NO$
RI: 1983 (calc.)

GC/MS
EI 70 eV
GCQ
QI:952

Peaks: 44, 55, 69, 77, 86, 98, 112, 124, 138, 154

Gabapentin-A (-H₂O)
expanded

MW:153.22424
MM:153.11536
$C_9H_{15}NO$
RI: 1249 (calc.)

GC/MS
EI 70 eV
TSQ 70
QI:796

Peaks: 154, 156, 161, 168, 172, 179, 185, 193, 198, 207

iso-Butyl-tert-butyldimethylsilyl-methylphosphonate
VR hydrolysis product TBDMS
expanded
Chemical warfare agent artifact

MW:266.39284
MM:266.14671
$C_{11}H_{27}O_3PSi$
RI: 1759 (calc.)

GC/MS
EI 70 eV
HP 5972
QI:971

Peaks: 154, 157, 168, 179, 195, 209, 223, 251, 267

N-Lost
Tris(2-Chloroethyl)amine
HN3, N-Yperit, Nitrogen mustards, Tris(2-chloroethyl)amine
Chemical warfare agent

MW:204.52612
MM:203.00353
$C_6H_{12}Cl_3N$
CAS:555-77-1
RI: 1327 (calc.)

GC/MS
EI 70 eV
HP 5972
QI:903 VI:1

Peaks: 27, 42, 49, 56, 63, 70, 92, 154, 158, 168

900

m/z: 154

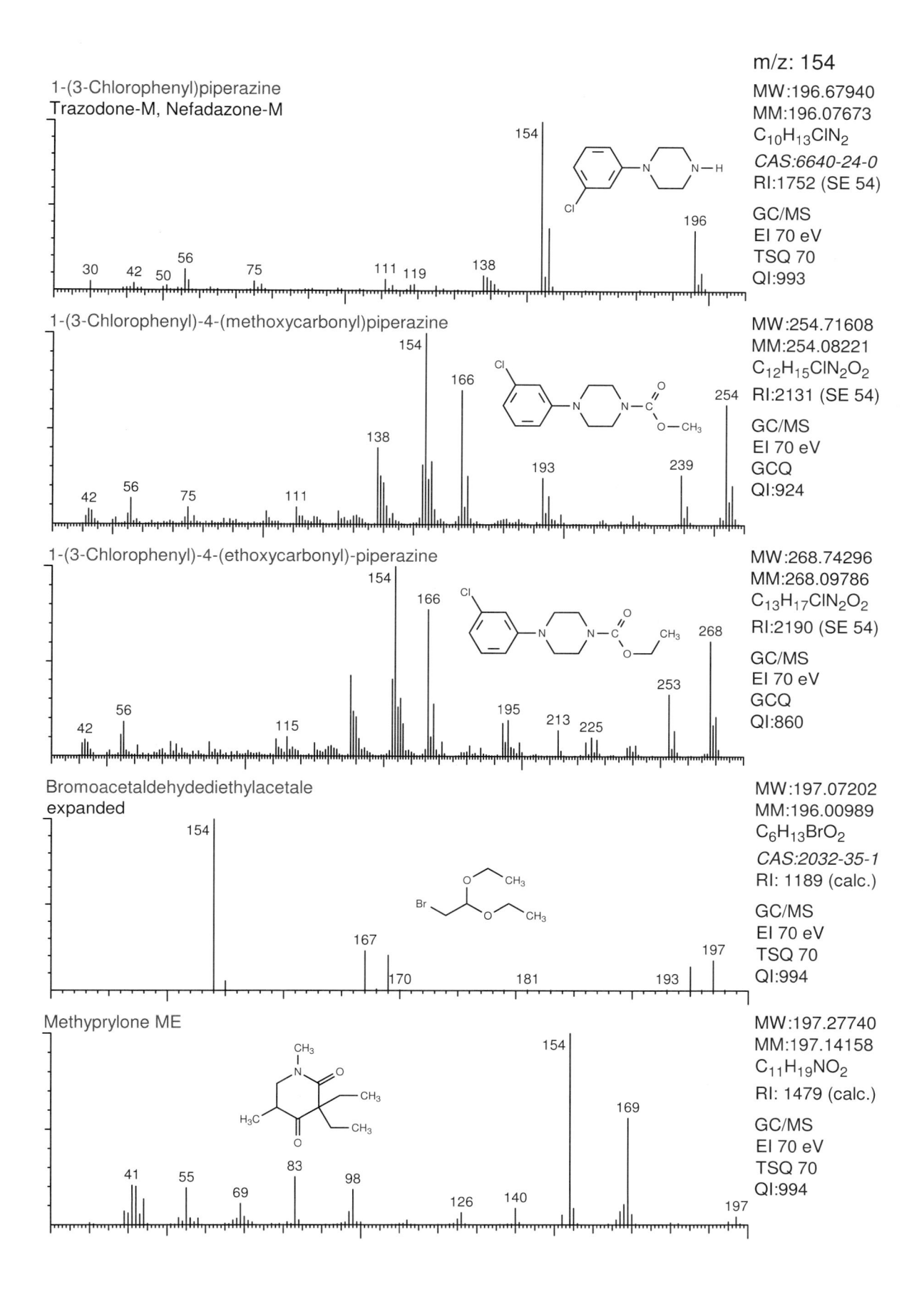

1-(3-Chlorophenyl)piperazine
Trazodone-M, Nefadazone-M

MW: 196.67940
MM: 196.07673
$C_{10}H_{13}ClN_2$
CAS: 6640-24-0
RI: 1752 (SE 54)

GC/MS
EI 70 eV
TSQ 70
QI: 993

Peaks: 30, 42, 50, 56, 75, 111, 119, 138, 154, 196

1-(3-Chlorophenyl)-4-(methoxycarbonyl)piperazine

MW: 254.71608
MM: 254.08221
$C_{12}H_{15}ClN_2O_2$
RI: 2131 (SE 54)

GC/MS
EI 70 eV
GCQ
QI: 924

Peaks: 42, 56, 75, 111, 138, 154, 166, 193, 239, 254

1-(3-Chlorophenyl)-4-(ethoxycarbonyl)-piperazine

MW: 268.74296
MM: 268.09786
$C_{13}H_{17}ClN_2O_2$
RI: 2190 (SE 54)

GC/MS
EI 70 eV
GCQ
QI: 860

Peaks: 42, 56, 115, 154, 166, 195, 213, 225, 253, 268

Bromoacetaldehydediethylacetale
expanded

MW: 197.07202
MM: 196.00989
$C_6H_{13}BrO_2$
CAS: 2032-35-1
RI: 1189 (calc.)

GC/MS
EI 70 eV
TSQ 70
QI: 994

Peaks: 154, 167, 170, 181, 193, 197

Methyprylone ME

MW: 197.27740
MM: 197.14158
$C_{11}H_{19}NO_2$
RI: 1479 (calc.)

GC/MS
EI 70 eV
TSQ 70
QI: 994

Peaks: 41, 55, 69, 83, 98, 126, 140, 154, 169, 197

m/z: 154

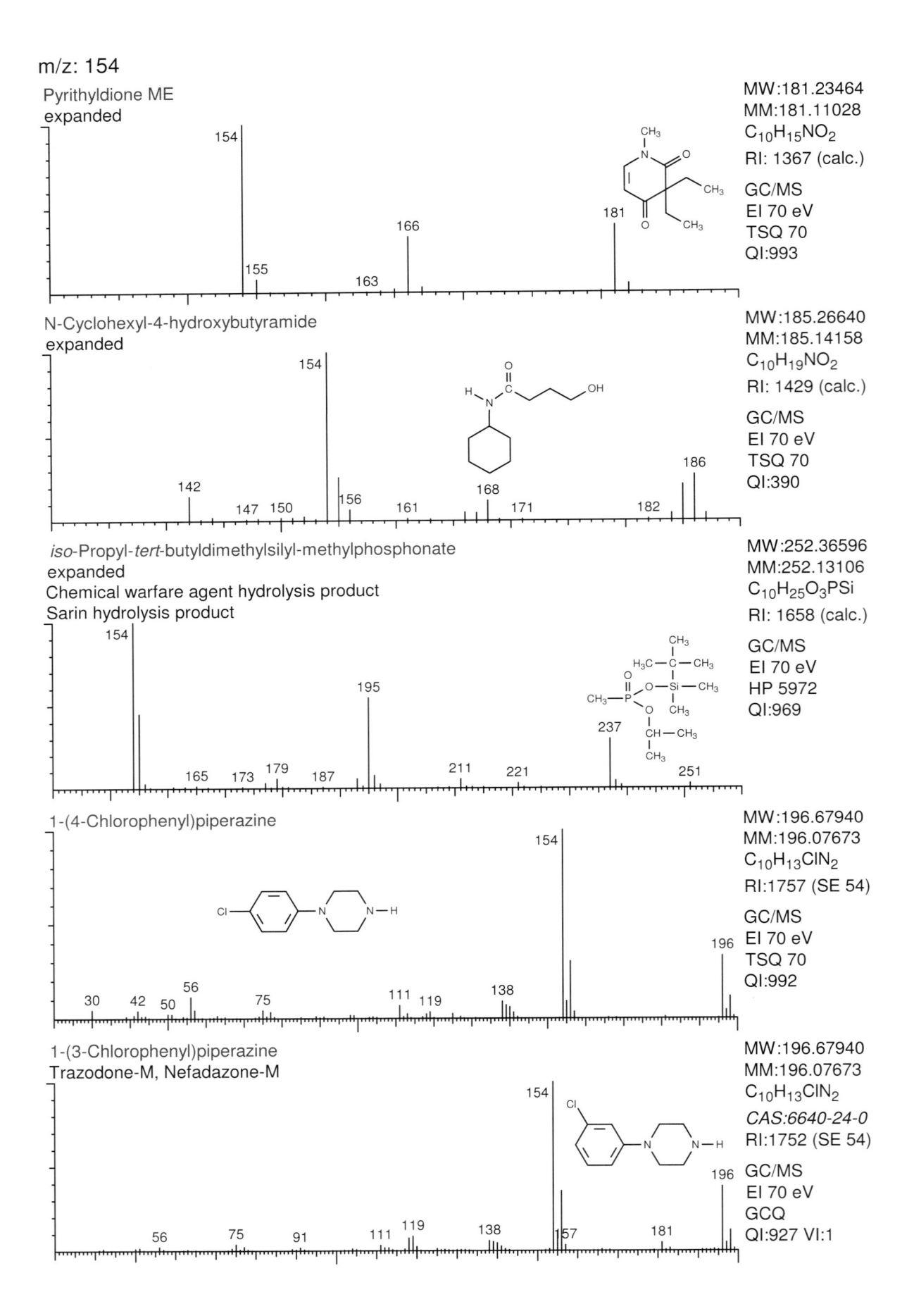

Pyrithyldione ME
expanded

MW:181.23464
MM:181.11028
$C_{10}H_{15}NO_2$
RI: 1367 (calc.)

GC/MS
EI 70 eV
TSQ 70
QI:993

N-Cyclohexyl-4-hydroxybutyramide
expanded

MW:185.26640
MM:185.14158
$C_{10}H_{19}NO_2$
RI: 1429 (calc.)

GC/MS
EI 70 eV
TSQ 70
QI:390

***iso*-Propyl-*tert*-butyldimethylsilyl-methylphosphonate**
expanded
Chemical warfare agent hydrolysis product
Sarin hydrolysis product

MW:252.36596
MM:252.13106
$C_{10}H_{25}O_3PSi$
RI: 1658 (calc.)

GC/MS
EI 70 eV
HP 5972
QI:969

1-(4-Chlorophenyl)piperazine

MW:196.67940
MM:196.07673
$C_{10}H_{13}ClN_2$
RI:1757 (SE 54)

GC/MS
EI 70 eV
TSQ 70
QI:992

1-(3-Chlorophenyl)piperazine
Trazodone-M, Nefadazone-M

MW:196.67940
MM:196.07673
$C_{10}H_{13}ClN_2$
CAS:6640-24-0
RI:1752 (SE 54)

GC/MS
EI 70 eV
GCQ
QI:927 VI:1

m/z: 154

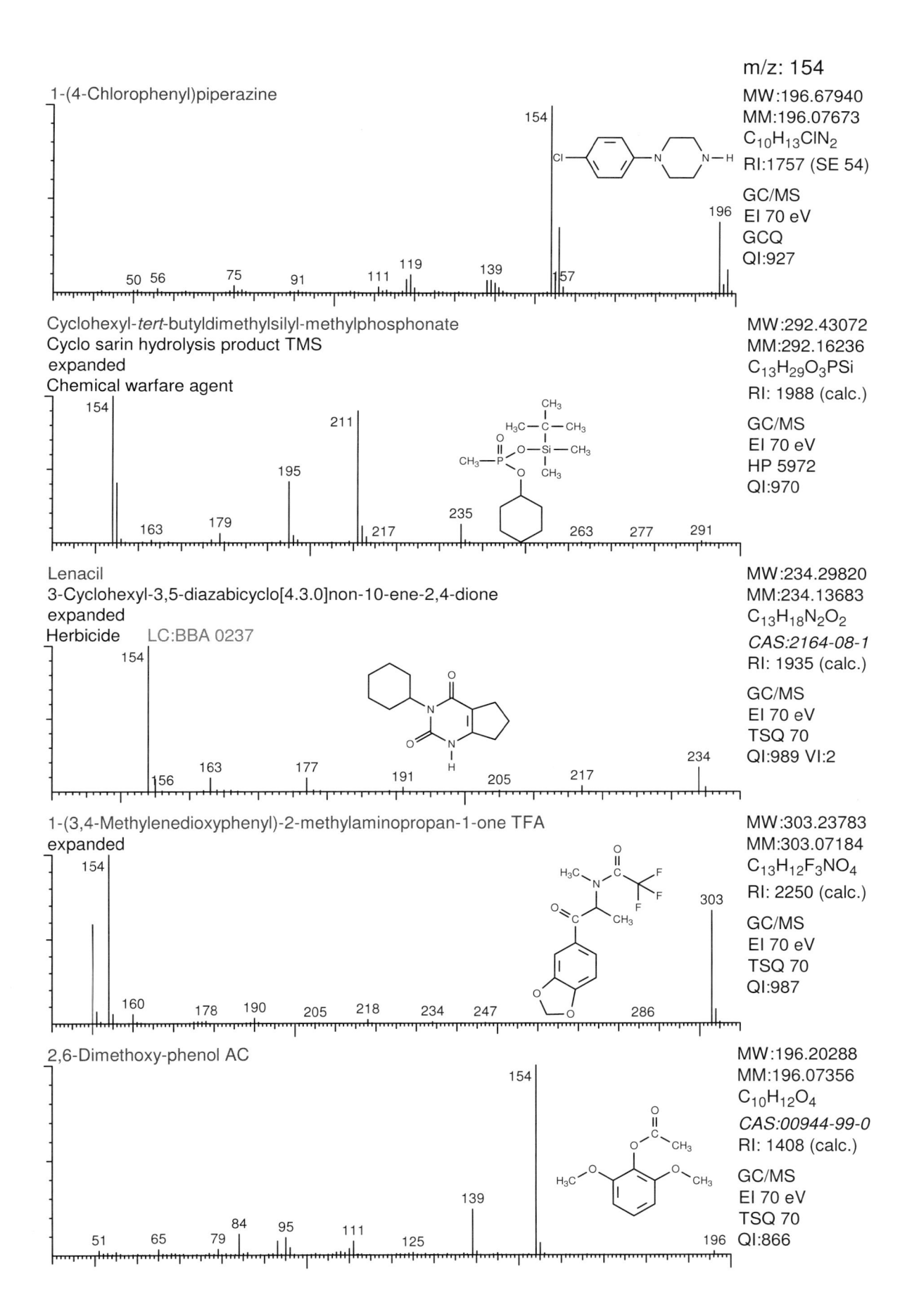

1-(4-Chlorophenyl)piperazine

MW: 196.67940
MM: 196.07673
$C_{10}H_{13}ClN_2$
RI: 1757 (SE 54)

GC/MS
EI 70 eV
GCQ
QI: 927

Cyclohexyl-*tert*-butyldimethylsilyl-methylphosphonate
Cyclo sarin hydrolysis product TMS
expanded
Chemical warfare agent

MW: 292.43072
MM: 292.16236
$C_{13}H_{29}O_3PSi$
RI: 1988 (calc.)

GC/MS
EI 70 eV
HP 5972
QI: 970

Lenacil
3-Cyclohexyl-3,5-diazabicyclo[4.3.0]non-10-ene-2,4-dione
expanded
Herbicide   LC:BBA 0237

MW: 234.29820
MM: 234.13683
$C_{13}H_{18}N_2O_2$
CAS: 2164-08-1
RI: 1935 (calc.)

GC/MS
EI 70 eV
TSQ 70
QI: 989 VI:2

1-(3,4-Methylenedioxyphenyl)-2-methylaminopropan-1-one TFA
expanded

MW: 303.23783
MM: 303.07184
$C_{13}H_{12}F_3NO_4$
RI: 2250 (calc.)

GC/MS
EI 70 eV
TSQ 70
QI: 987

2,6-Dimethoxy-phenol AC

MW: 196.20288
MM: 196.07356
$C_{10}H_{12}O_4$
CAS: 00944-99-0
RI: 1408 (calc.)

GC/MS
EI 70 eV
TSQ 70
QI: 866

m/z: 154

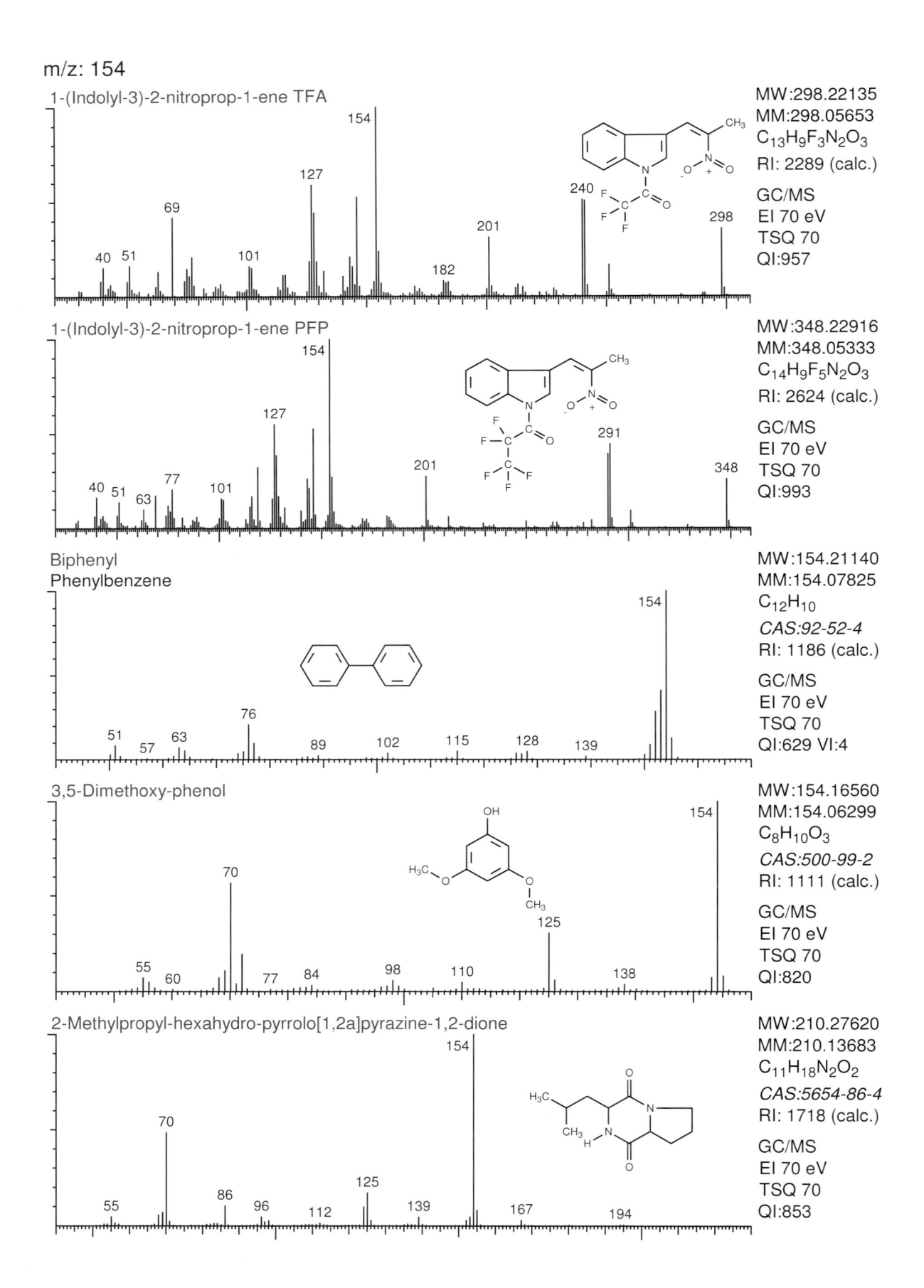

1-(Indolyl-3)-2-nitroprop-1-ene TFA

MW: 298.22135
MM: 298.05653
$C_{13}H_9F_3N_2O_3$
RI: 2289 (calc.)

GC/MS
EI 70 eV
TSQ 70
QI: 957

Peaks: 40, 51, 69, 101, 127, 154, 182, 201, 240, 298

1-(Indolyl-3)-2-nitroprop-1-ene PFP

MW: 348.22916
MM: 348.05333
$C_{14}H_9F_5N_2O_3$
RI: 2624 (calc.)

GC/MS
EI 70 eV
TSQ 70
QI: 993

Peaks: 40, 51, 63, 77, 101, 127, 154, 201, 291, 348

Biphenyl
Phenylbenzene

MW: 154.21140
MM: 154.07825
$C_{12}H_{10}$
CAS: 92-52-4
RI: 1186 (calc.)

GC/MS
EI 70 eV
TSQ 70
QI: 629 VI: 4

Peaks: 51, 57, 63, 76, 89, 102, 115, 128, 139, 154

3,5-Dimethoxy-phenol

MW: 154.16560
MM: 154.06299
$C_8H_{10}O_3$
CAS: 500-99-2
RI: 1111 (calc.)

GC/MS
EI 70 eV
TSQ 70
QI: 820

Peaks: 55, 60, 70, 77, 84, 98, 110, 125, 138, 154

2-Methylpropyl-hexahydro-pyrrolo[1,2a]pyrazine-1,2-dione

MW: 210.27620
MM: 210.13683
$C_{11}H_{18}N_2O_2$
CAS: 5654-86-4
RI: 1718 (calc.)

GC/MS
EI 70 eV
TSQ 70
QI: 853

Peaks: 55, 70, 86, 96, 112, 125, 139, 154, 167, 194

m/z: 154-155

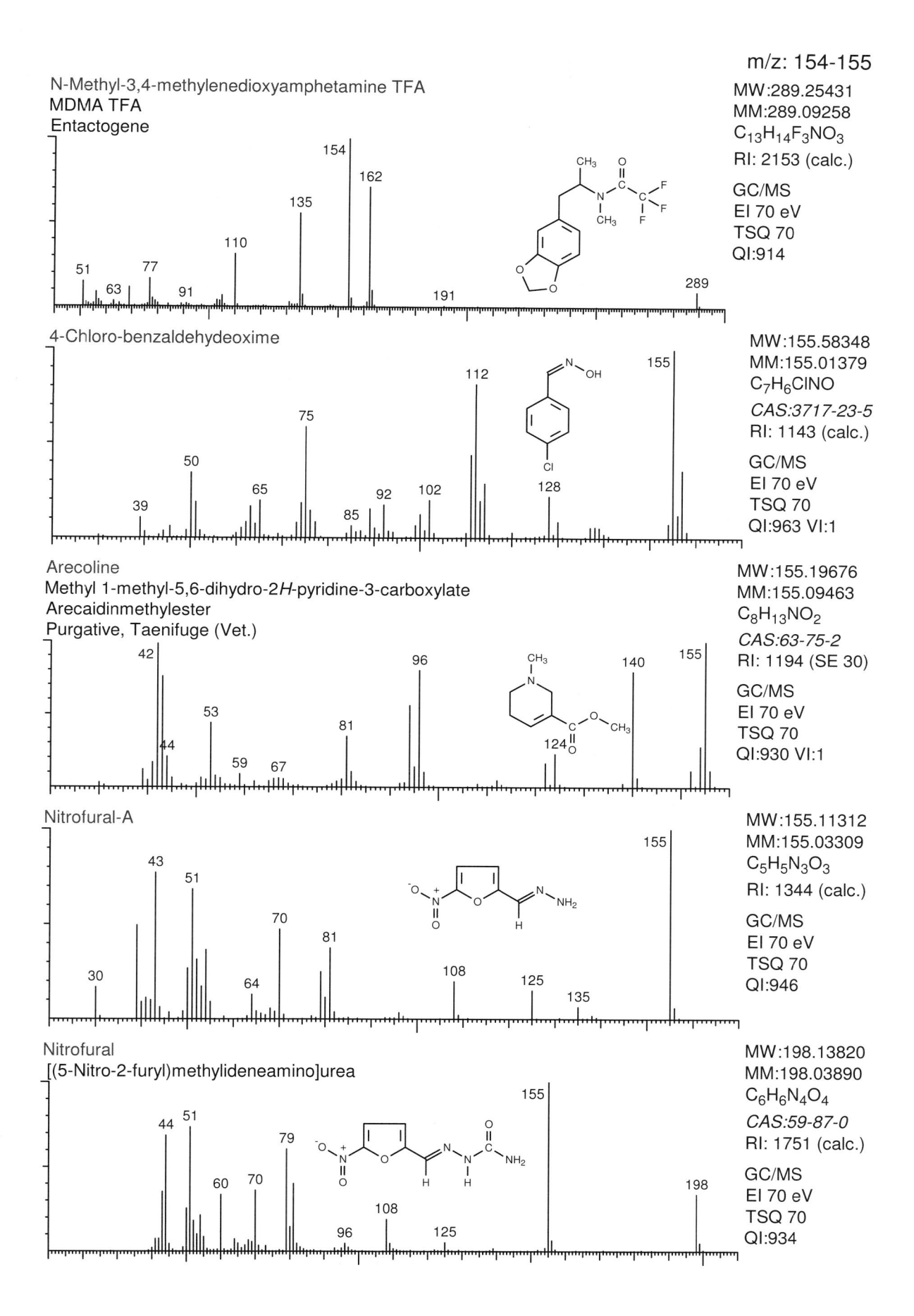

N-Methyl-3,4-methylenedioxyamphetamine TFA
MDMA TFA
Entactogene

Peaks: 51, 63, 77, 91, 110, 135, 154, 162, 191, 289

MW: 289.25431
MM: 289.09258
$C_{13}H_{14}F_3NO_3$
RI: 2153 (calc.)

GC/MS
EI 70 eV
TSQ 70
QI: 914

4-Chloro-benzaldehydeoxime

Peaks: 39, 50, 65, 75, 85, 92, 102, 112, 128, 155

MW: 155.58348
MM: 155.01379
C_7H_6ClNO
CAS: 3717-23-5
RI: 1143 (calc.)

GC/MS
EI 70 eV
TSQ 70
QI: 963 VI:1

Arecoline
Methyl 1-methyl-5,6-dihydro-2*H*-pyridine-3-carboxylate
Arecaidinmethylester
Purgative, Taenifuge (Vet.)

Peaks: 42, 44, 53, 59, 67, 81, 96, 124, 140, 155

MW: 155.19676
MM: 155.09463
$C_8H_{13}NO_2$
CAS: 63-75-2
RI: 1194 (SE 30)

GC/MS
EI 70 eV
TSQ 70
QI: 930 VI:1

Nitrofural-A

Peaks: 30, 43, 51, 64, 70, 81, 108, 125, 135, 155

MW: 155.11312
MM: 155.03309
$C_5H_5N_3O_3$
RI: 1344 (calc.)

GC/MS
EI 70 eV
TSQ 70
QI: 946

Nitrofural
[(5-Nitro-2-furyl)methylideneamino]urea

Peaks: 44, 51, 60, 70, 79, 96, 108, 125, 155, 198

MW: 198.13820
MM: 198.03890
$C_6H_6N_4O_4$
CAS: 59-87-0
RI: 1751 (calc.)

GC/MS
EI 70 eV
TSQ 70
QI: 934

m/z: 155

Tributylphosphate
1-Dibutoxyphosphoryloxybutane
Phosphoric acid tributylester
expanded

MW:266.31774
MM:266.16470
$C_{12}H_{27}O_4P$
CAS:126-73-8
RI: 1796 (calc.)

GC/MS
EI 70 eV
HP 5972
QI:868

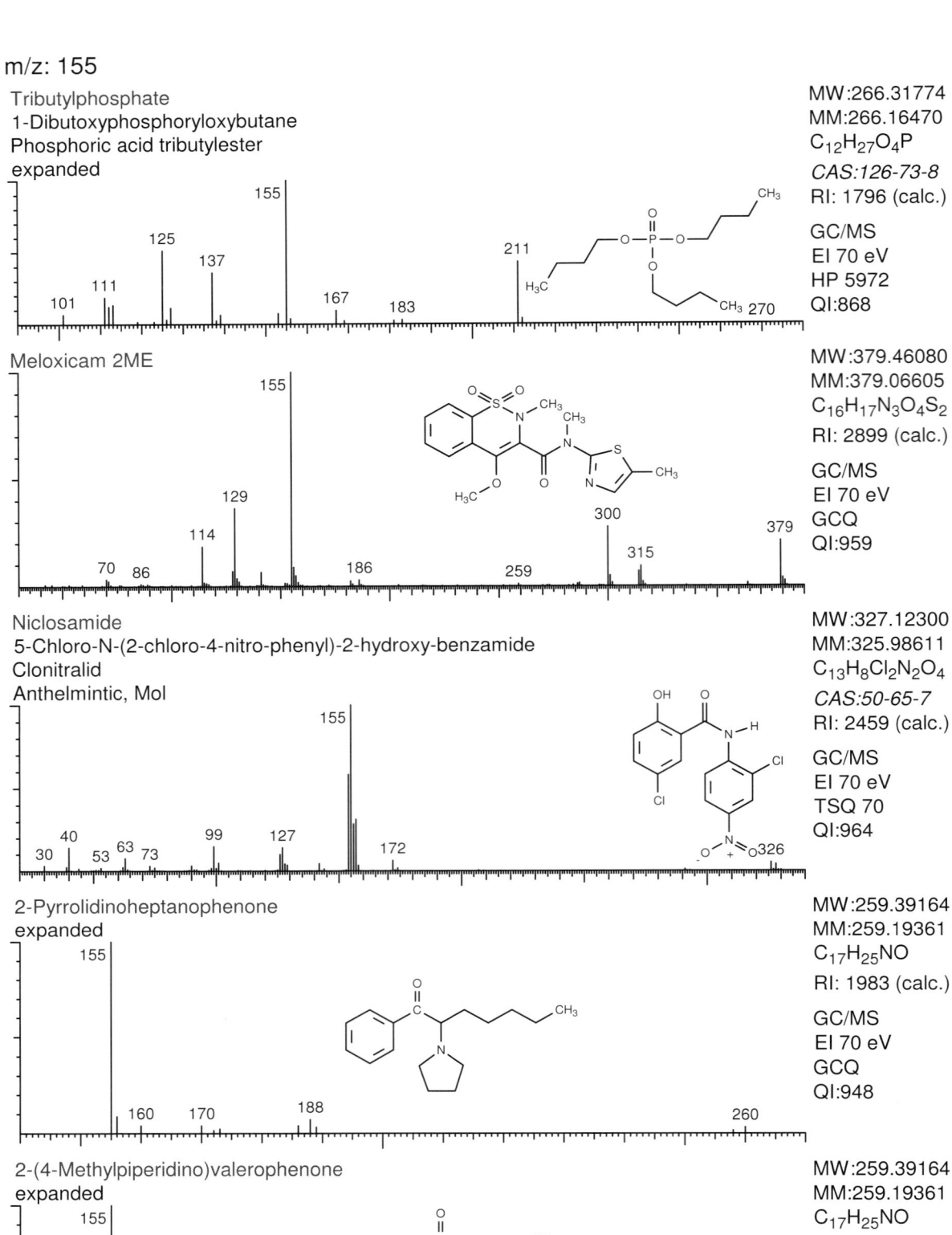

Meloxicam 2ME

MW:379.46080
MM:379.06605
$C_{16}H_{17}N_3O_4S_2$
RI: 2899 (calc.)

GC/MS
EI 70 eV
GCQ
QI:959

Niclosamide
5-Chloro-N-(2-chloro-4-nitro-phenyl)-2-hydroxy-benzamide
Clonitralid
Anthelmintic, Mol

MW:327.12300
MM:325.98611
$C_{13}H_8Cl_2N_2O_4$
CAS:50-65-7
RI: 2459 (calc.)

GC/MS
EI 70 eV
TSQ 70
QI:964

2-Pyrrolidinoheptanophenone
expanded

MW:259.39164
MM:259.19361
$C_{17}H_{25}NO$
RI: 1983 (calc.)

GC/MS
EI 70 eV
GCQ
QI:948

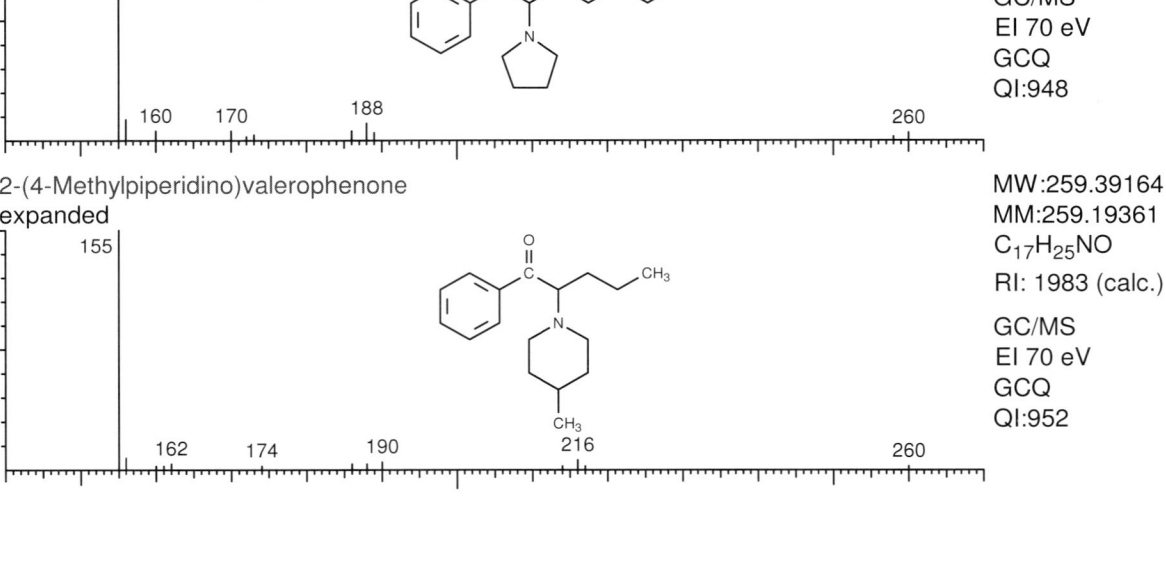

2-(4-Methylpiperidino)valerophenone
expanded

MW:259.39164
MM:259.19361
$C_{17}H_{25}NO$
RI: 1983 (calc.)

GC/MS
EI 70 eV
GCQ
QI:952

m/z: 155

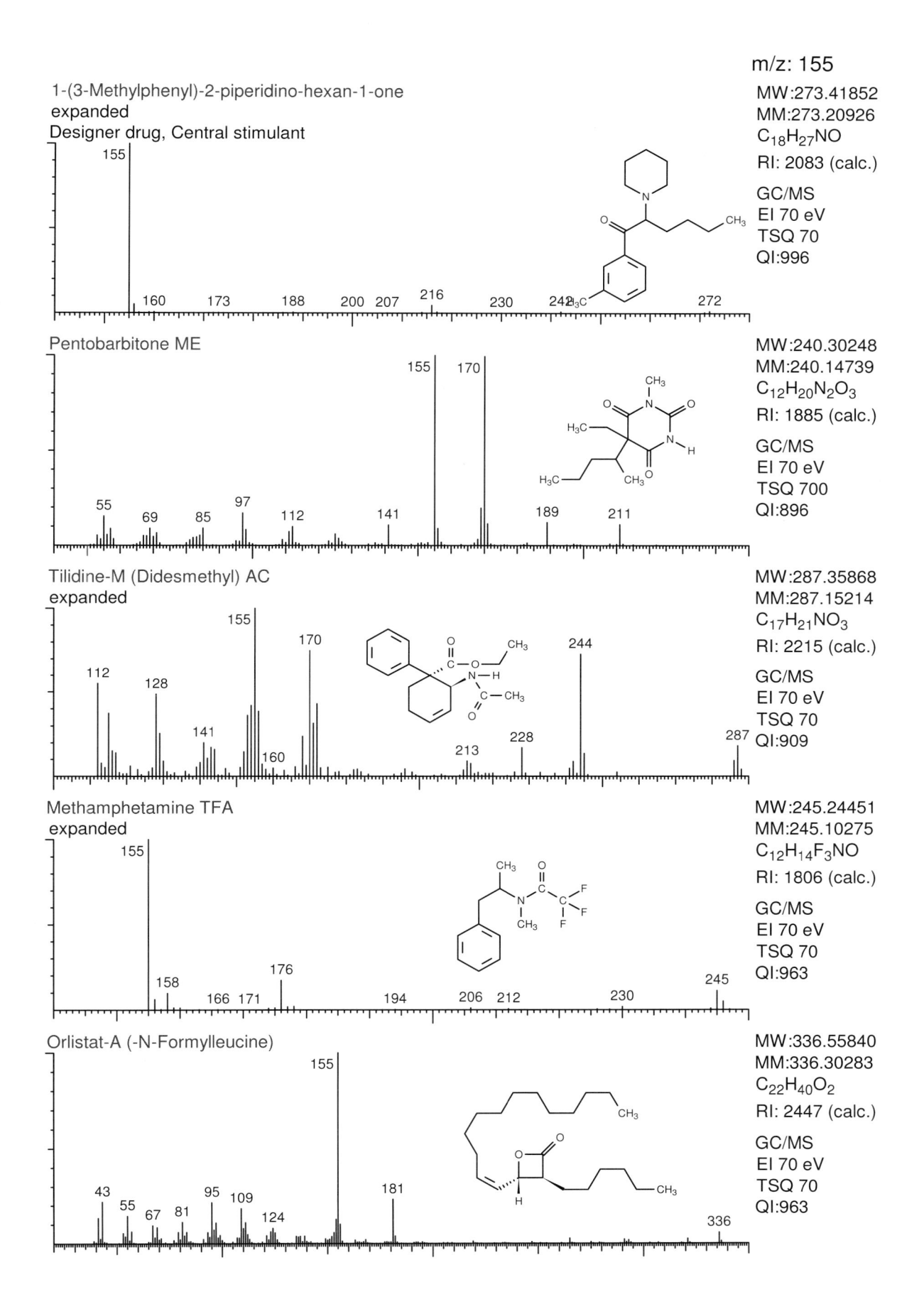

1-(3-Methylphenyl)-2-piperidino-hexan-1-one expanded
Designer drug, Central stimulant

MW:273.41852
MM:273.20926
$C_{18}H_{27}NO$
RI: 2083 (calc.)

GC/MS
EI 70 eV
TSQ 70
QI:996

Peaks: 155, 160, 173, 188, 200, 207, 216, 230, 242, 272

Pentobarbitone ME

MW:240.30248
MM:240.14739
$C_{12}H_{20}N_2O_3$
RI: 1885 (calc.)

GC/MS
EI 70 eV
TSQ 700
QI:896

Peaks: 55, 69, 85, 97, 112, 141, 155, 170, 189, 211

Tilidine-M (Didesmethyl) AC expanded

MW:287.35868
MM:287.15214
$C_{17}H_{21}NO_3$
RI: 2215 (calc.)

GC/MS
EI 70 eV
TSQ 70
QI:909

Peaks: 112, 128, 141, 155, 160, 170, 213, 228, 244, 287

Methamphetamine TFA expanded

MW:245.24451
MM:245.10275
$C_{12}H_{14}F_3NO$
RI: 1806 (calc.)

GC/MS
EI 70 eV
TSQ 70
QI:963

Peaks: 155, 158, 166, 171, 176, 194, 206, 212, 230, 245

Orlistat-A (-N-Formylleucine)

MW:336.55840
MM:336.30283
$C_{22}H_{40}O_2$
RI: 2447 (calc.)

GC/MS
EI 70 eV
TSQ 70
QI:963

Peaks: 43, 55, 67, 81, 95, 109, 124, 155, 181, 336

m/z: 155

1-(2-Methylphenyl)-2-piperidino-hexan-1-one
expanded
Designer drug, Central stimulant

MW: 273.41852
MM: 273.20926
$C_{18}H_{27}NO$
RI: 2083 (calc.)

GC/MS
EI 70 eV
TSQ 70
QI: 996

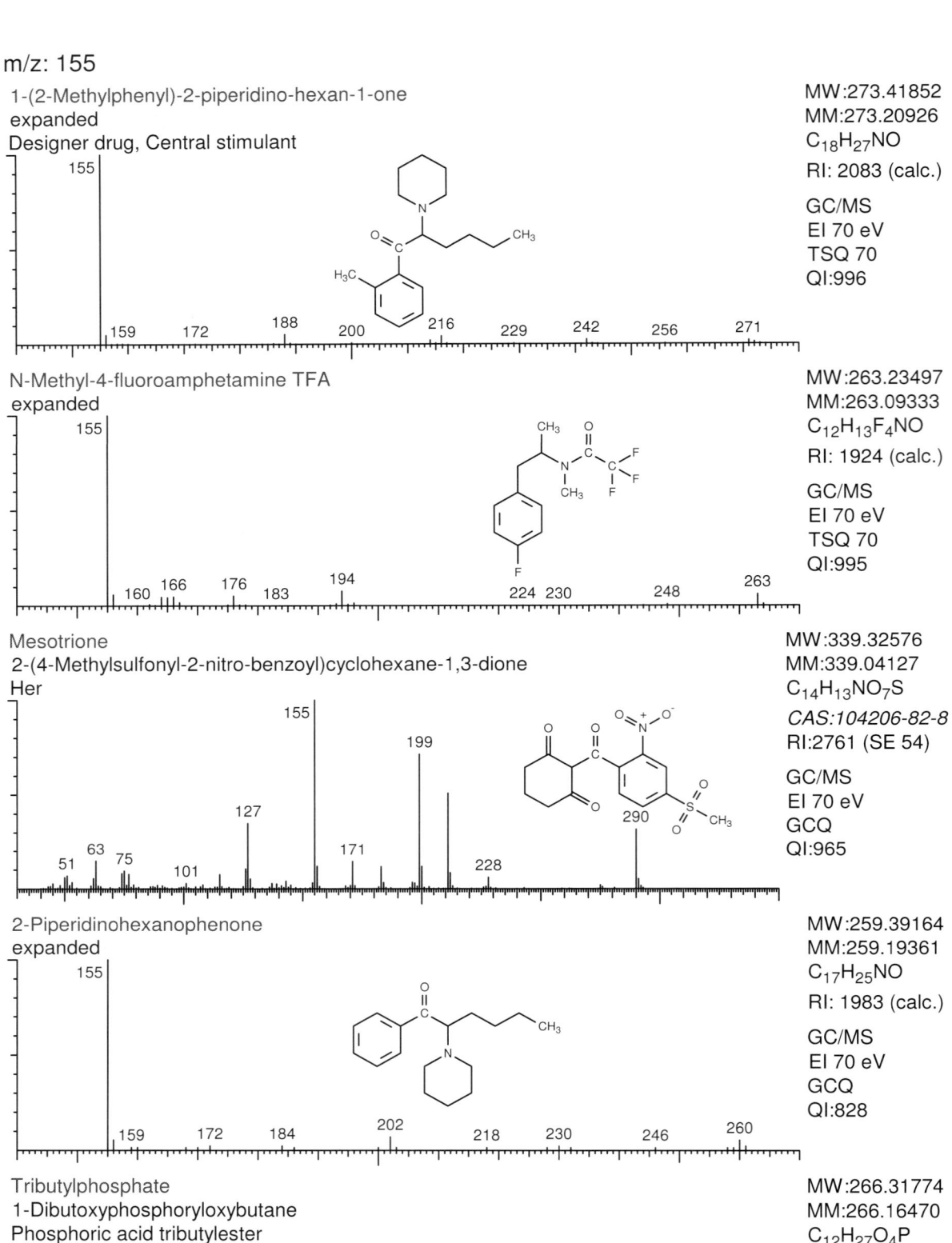

N-Methyl-4-fluoroamphetamine TFA
expanded

MW: 263.23497
MM: 263.09333
$C_{12}H_{13}F_4NO$
RI: 1924 (calc.)

GC/MS
EI 70 eV
TSQ 70
QI: 995

Mesotrione
2-(4-Methylsulfonyl-2-nitro-benzoyl)cyclohexane-1,3-dione
Her

MW: 339.32576
MM: 339.04127
$C_{14}H_{13}NO_7S$
CAS: 104206-82-8
RI: 2761 (SE 54)

GC/MS
EI 70 eV
GCQ
QI: 965

2-Piperidinohexanophenone
expanded

MW: 259.39164
MM: 259.19361
$C_{17}H_{25}NO$
RI: 1983 (calc.)

GC/MS
EI 70 eV
GCQ
QI: 828

Tributylphosphate
1-Dibutoxyphosphoryloxybutane
Phosphoric acid tributylester
expanded

MW: 266.31774
MM: 266.16470
$C_{12}H_{27}O_4P$
CAS: 126-73-8
RI: 1796 (calc.)

GC/MS
EI 70 eV
TSQ 70
QI: 907 VI: 1

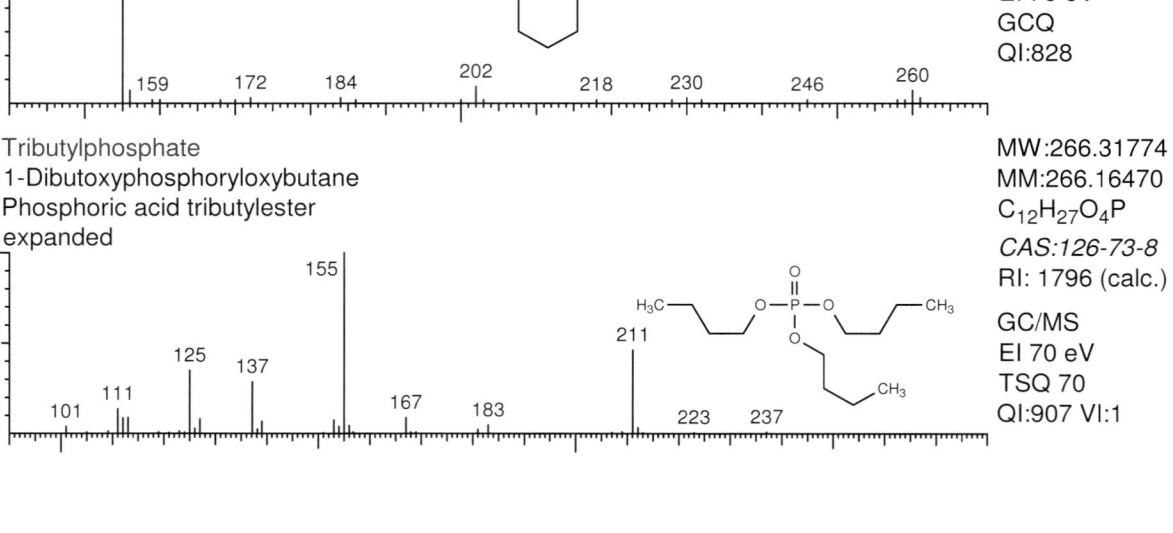

m/z: 155

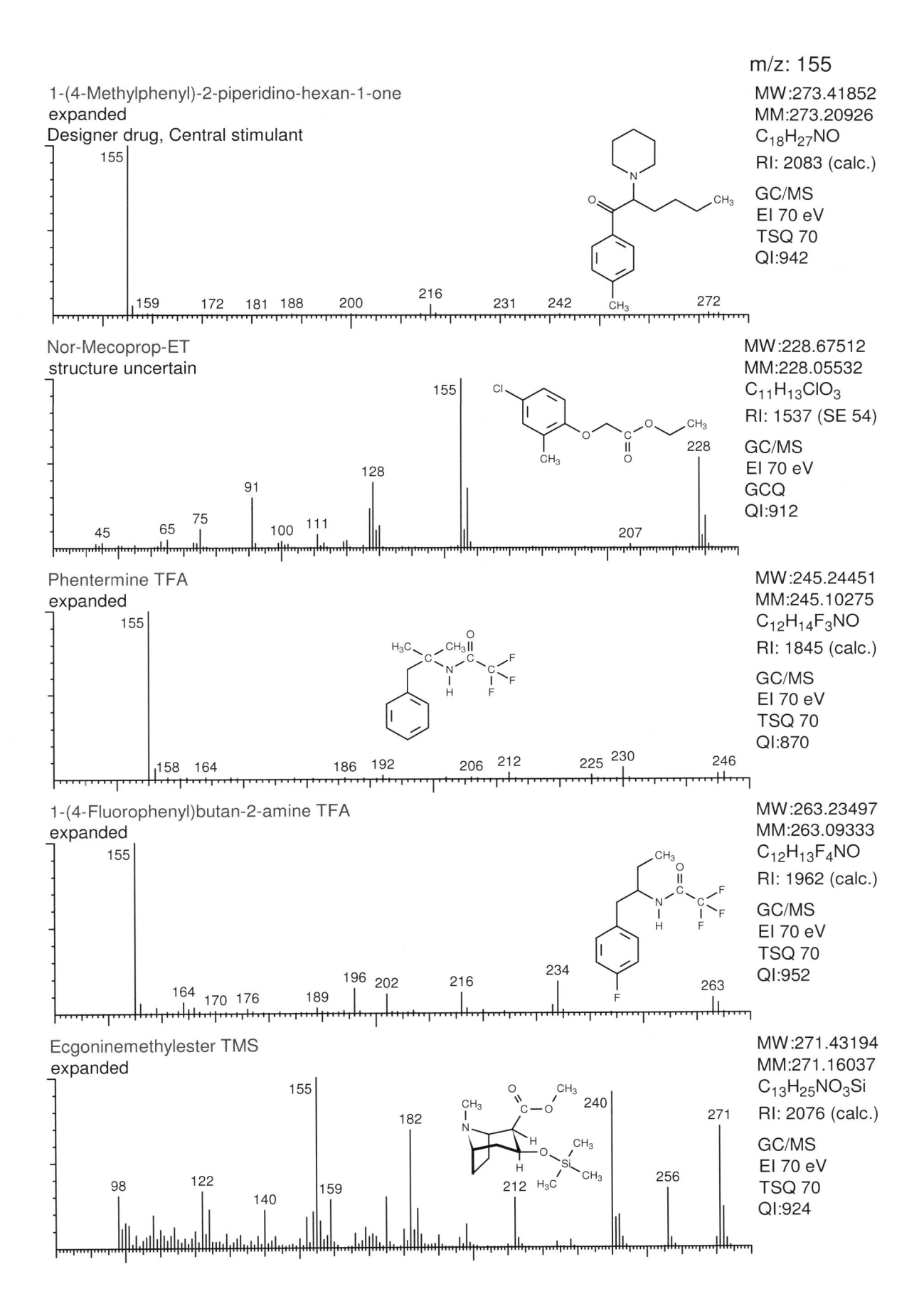

1-(4-Methylphenyl)-2-piperidino-hexan-1-one
expanded
Designer drug, Central stimulant

MW: 273.41852
MM: 273.20926
$C_{18}H_{27}NO$
RI: 2083 (calc.)

GC/MS
EI 70 eV
TSQ 70
QI: 942

Peaks: 155, 159, 172, 181, 188, 200, 216, 231, 242, 272

Nor-Mecoprop-ET
structure uncertain

MW: 228.67512
MM: 228.05532
$C_{11}H_{13}ClO_3$
RI: 1537 (SE 54)

GC/MS
EI 70 eV
GCQ
QI: 912

Peaks: 45, 65, 75, 91, 100, 111, 128, 155, 207, 228

Phentermine TFA
expanded

MW: 245.24451
MM: 245.10275
$C_{12}H_{14}F_3NO$
RI: 1845 (calc.)

GC/MS
EI 70 eV
TSQ 70
QI: 870

Peaks: 155, 158, 164, 186, 192, 206, 212, 225, 230, 246

1-(4-Fluorophenyl)butan-2-amine TFA
expanded

MW: 263.23497
MM: 263.09333
$C_{12}H_{13}F_4NO$
RI: 1962 (calc.)

GC/MS
EI 70 eV
TSQ 70
QI: 952

Peaks: 155, 164, 170, 176, 189, 196, 202, 216, 234, 263

Ecgoninemethylester TMS
expanded

MW: 271.43194
MM: 271.16037
$C_{13}H_{25}NO_3Si$
RI: 2076 (calc.)

GC/MS
EI 70 eV
TSQ 70
QI: 924

Peaks: 98, 122, 140, 155, 159, 182, 212, 240, 256, 271

m/z: 155

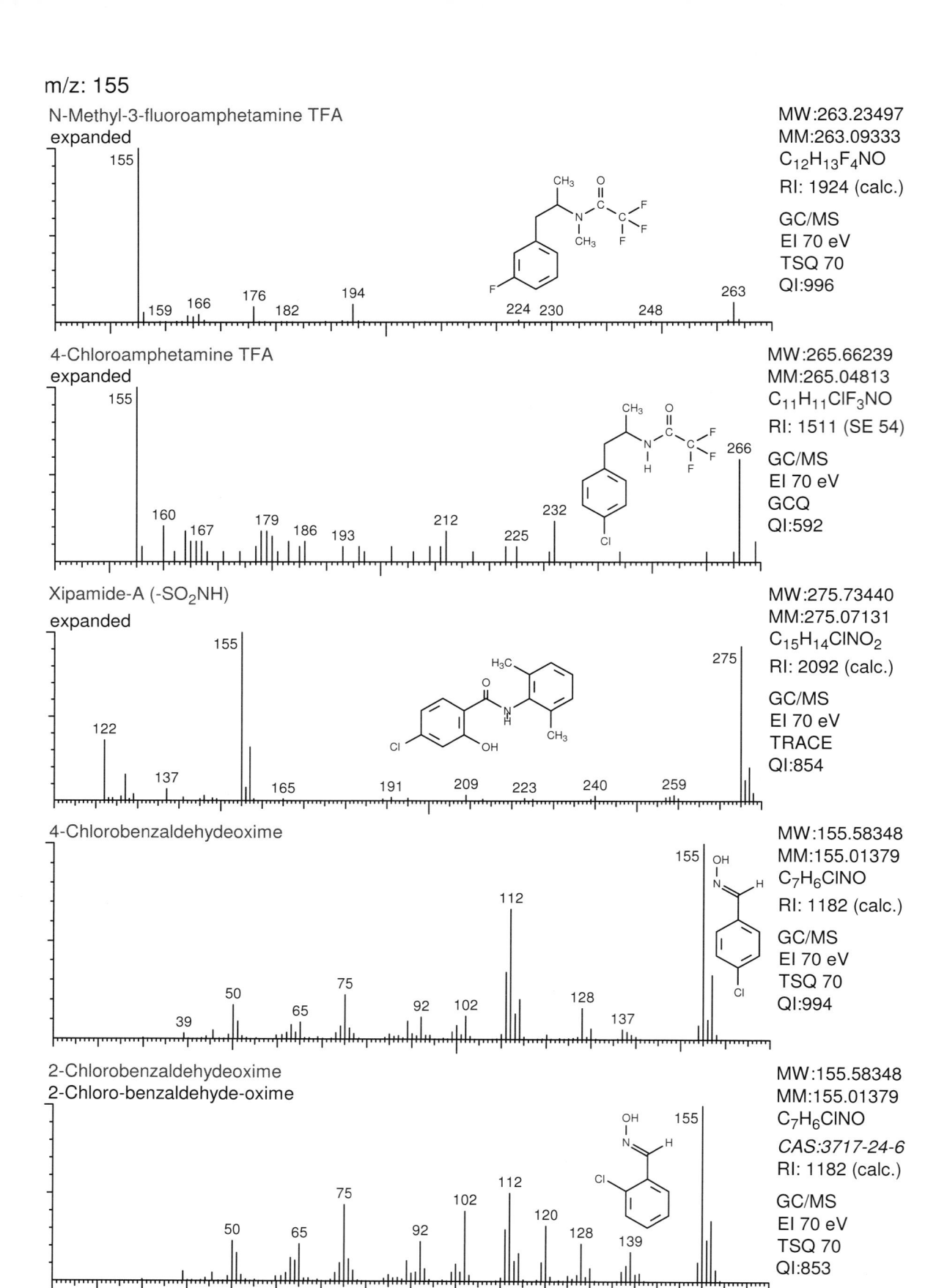

N-Methyl-3-fluoroamphetamine TFA
expanded

Peaks: 155, 159, 166, 176, 182, 194, 224, 230, 248, 263

MW:263.23497
MM:263.09333
$C_{12}H_{13}F_4NO$
RI: 1924 (calc.)

GC/MS
EI 70 eV
TSQ 70
QI:996

4-Chloroamphetamine TFA
expanded

Peaks: 155, 160, 167, 179, 186, 193, 212, 225, 232, 266

MW:265.66239
MM:265.04813
$C_{11}H_{11}ClF_3NO$
RI: 1511 (SE 54)

GC/MS
EI 70 eV
GCQ
QI:592

Xipamide-A (-SO$_2$NH)
expanded

Peaks: 122, 137, 155, 165, 191, 209, 223, 240, 259, 275

MW:275.73440
MM:275.07131
$C_{15}H_{14}ClNO_2$
RI: 2092 (calc.)

GC/MS
EI 70 eV
TRACE
QI:854

4-Chlorobenzaldehydeoxime

Peaks: 39, 50, 65, 75, 92, 102, 112, 128, 137, 155

MW:155.58348
MM:155.01379
C_7H_6ClNO
RI: 1182 (calc.)

GC/MS
EI 70 eV
TSQ 70
QI:994

2-Chlorobenzaldehydeoxime
2-Chloro-benzaldehyde-oxime

Peaks: 50, 65, 75, 92, 102, 112, 120, 128, 139, 155

MW:155.58348
MM:155.01379
C_7H_6ClNO
CAS:3717-24-6
RI: 1182 (calc.)

GC/MS
EI 70 eV
TSQ 70
QI:853

m/z: 155-156

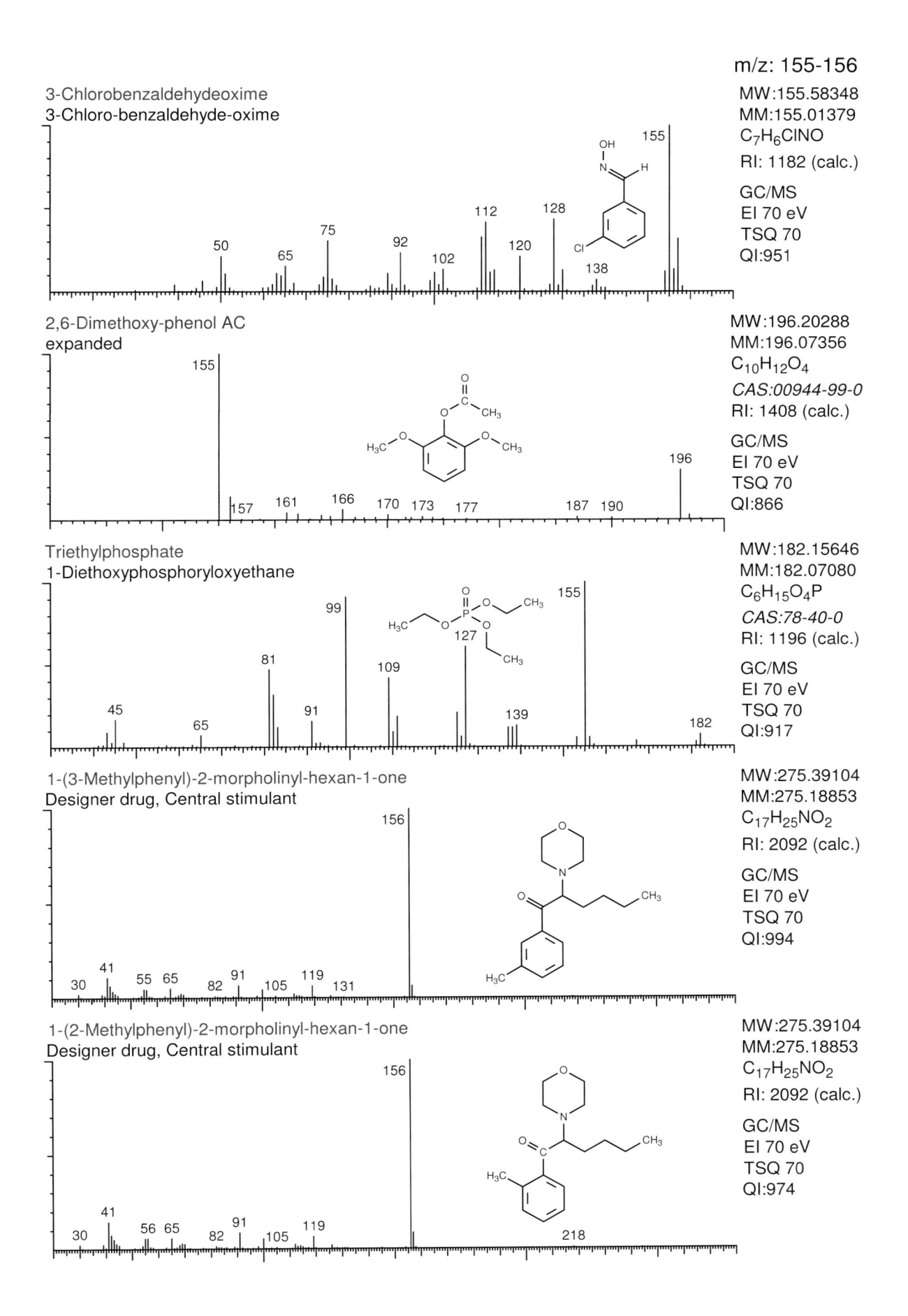

3-Chlorobenzaldehydeoxime
3-Chloro-benzaldehyde-oxime

MW: 155.58348
MM: 155.01379
C_7H_6ClNO
RI: 1182 (calc.)

GC/MS
EI 70 eV
TSQ 70
QI: 951

2,6-Dimethoxy-phenol AC
expanded

MW: 196.20288
MM: 196.07356
$C_{10}H_{12}O_4$
CAS: 00944-99-0
RI: 1408 (calc.)

GC/MS
EI 70 eV
TSQ 70
QI: 866

Triethylphosphate
1-Diethoxyphosphoryloxyethane

MW: 182.15646
MM: 182.07080
$C_6H_{15}O_4P$
CAS: 78-40-0
RI: 1196 (calc.)

GC/MS
EI 70 eV
TSQ 70
QI: 917

1-(3-Methylphenyl)-2-morpholinyl-hexan-1-one
Designer drug, Central stimulant

MW: 275.39104
MM: 275.18853
$C_{17}H_{25}NO_2$
RI: 2092 (calc.)

GC/MS
EI 70 eV
TSQ 70
QI: 994

1-(2-Methylphenyl)-2-morpholinyl-hexan-1-one
Designer drug, Central stimulant

MW: 275.39104
MM: 275.18853
$C_{17}H_{25}NO_2$
RI: 2092 (calc.)

GC/MS
EI 70 eV
TSQ 70
QI: 974

m/z: 156

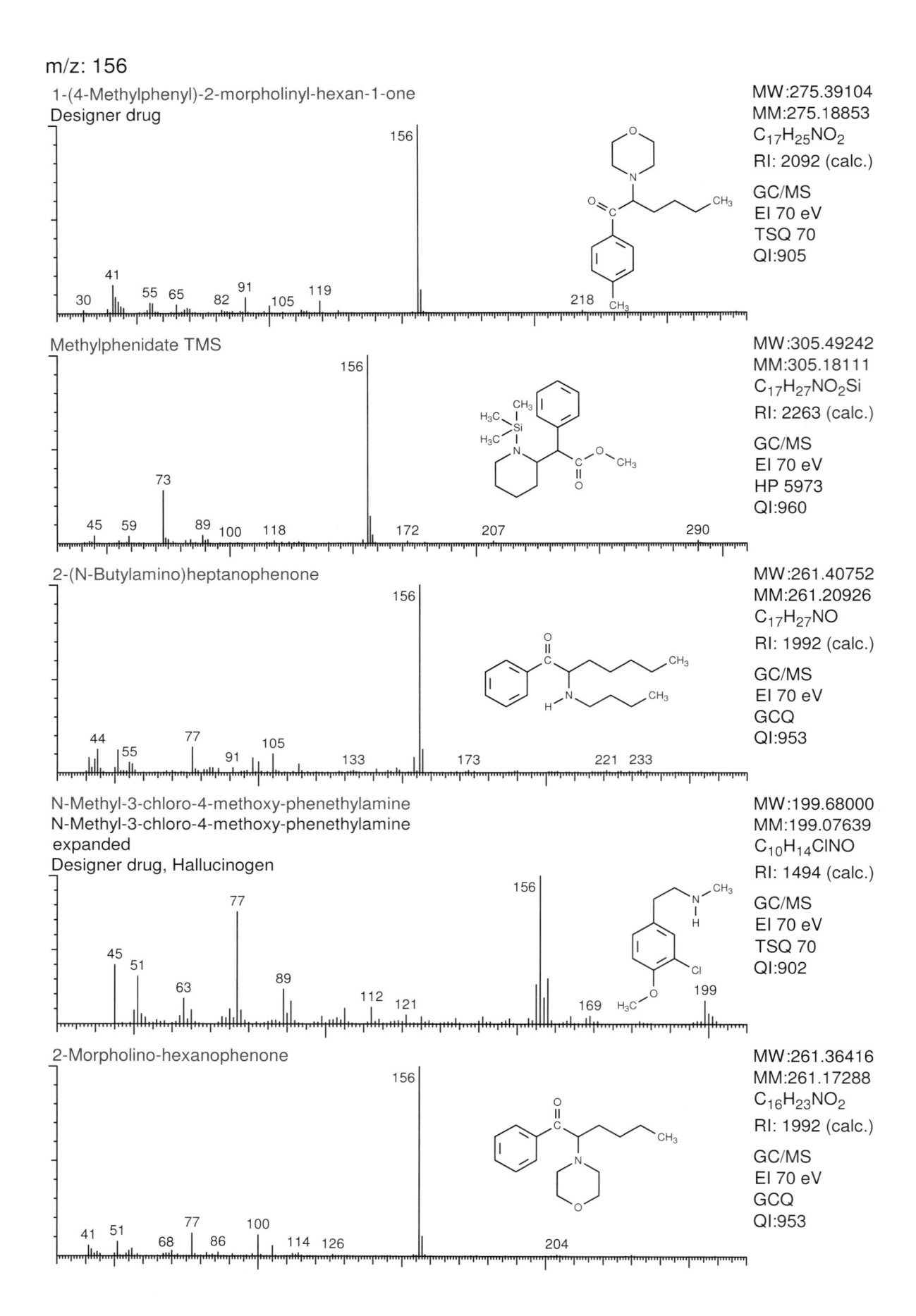

1-(4-Methylphenyl)-2-morpholinyl-hexan-1-one
Designer drug

MW:275.39104
MM:275.18853
$C_{17}H_{25}NO_2$
RI: 2092 (calc.)

GC/MS
EI 70 eV
TSQ 70
QI:905

Methylphenidate TMS

MW:305.49242
MM:305.18111
$C_{17}H_{27}NO_2Si$
RI: 2263 (calc.)

GC/MS
EI 70 eV
HP 5973
QI:960

2-(N-Butylamino)heptanophenone

MW:261.40752
MM:261.20926
$C_{17}H_{27}NO$
RI: 1992 (calc.)

GC/MS
EI 70 eV
GCQ
QI:953

N-Methyl-3-chloro-4-methoxy-phenethylamine
N-Methyl-3-chloro-4-methoxy-phenethylamine
expanded
Designer drug, Hallucinogen

MW:199.68000
MM:199.07639
$C_{10}H_{14}ClNO$
RI: 1494 (calc.)

GC/MS
EI 70 eV
TSQ 70
QI:902

2-Morpholino-hexanophenone

MW:261.36416
MM:261.17288
$C_{16}H_{23}NO_2$
RI: 1992 (calc.)

GC/MS
EI 70 eV
GCQ
QI:953

m/z: 156

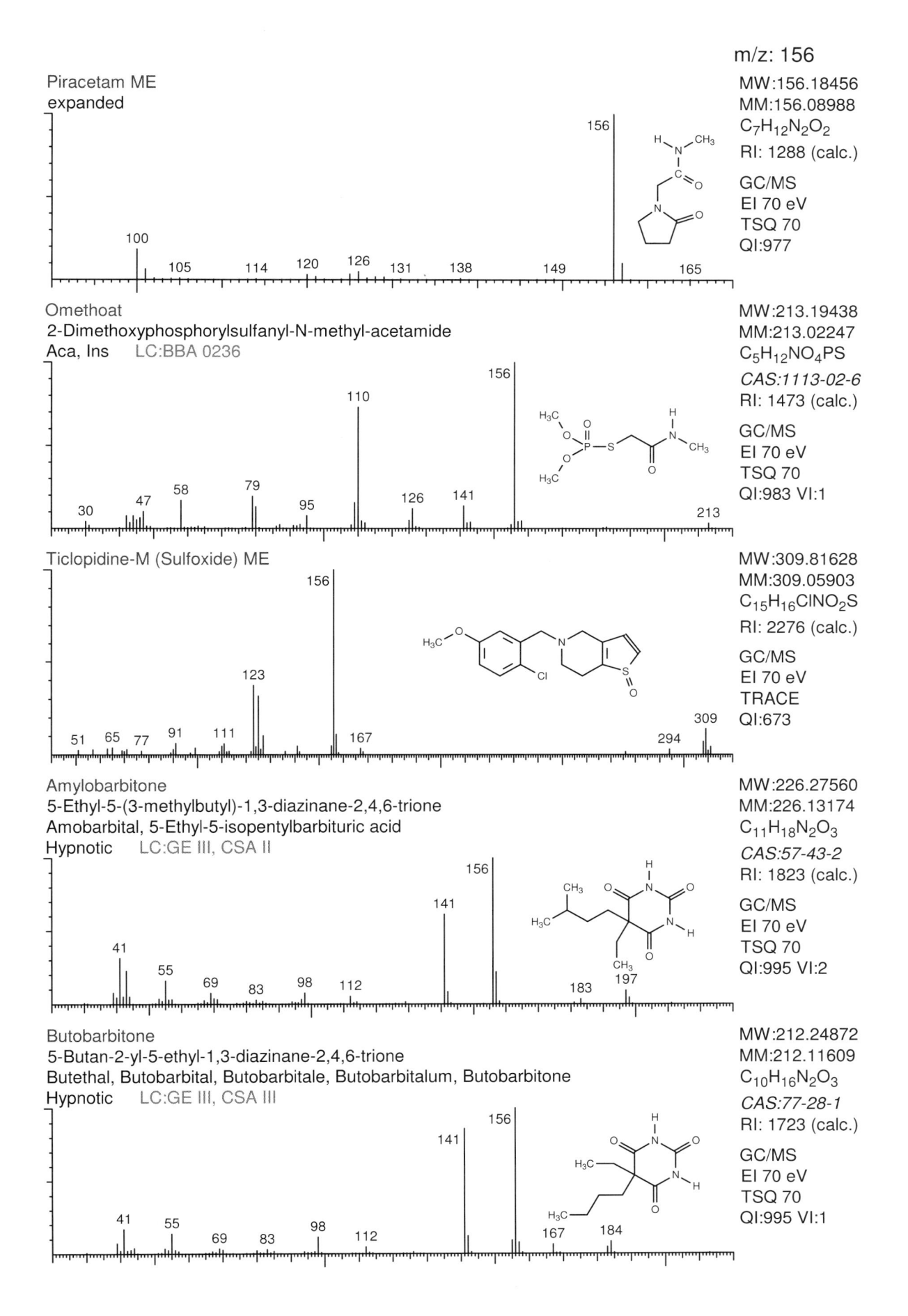

Piracetam ME
expanded

MW: 156.18456
MM: 156.08988
C$_7$H$_{12}$N$_2$O$_2$
RI: 1288 (calc.)

GC/MS
EI 70 eV
TSQ 70
QI: 977

Omethoat
2-Dimethoxyphosphorylsulfanyl-N-methyl-acetamide
Aca, Ins   LC:BBA 0236

MW: 213.19438
MM: 213.02247
C$_5$H$_{12}$NO$_4$PS
CAS: 1113-02-6
RI: 1473 (calc.)

GC/MS
EI 70 eV
TSQ 70
QI: 983 VI:1

Ticlopidine-M (Sulfoxide) ME

MW: 309.81628
MM: 309.05903
C$_{15}$H$_{16}$ClNO$_2$S
RI: 2276 (calc.)

GC/MS
EI 70 eV
TRACE
QI: 673

Amylobarbitone
5-Ethyl-5-(3-methylbutyl)-1,3-diazinane-2,4,6-trione
Amobarbital, 5-Ethyl-5-isopentylbarbituric acid
Hypnotic   LC:GE III, CSA II

MW: 226.27560
MM: 226.13174
C$_{11}$H$_{18}$N$_2$O$_3$
CAS: 57-43-2
RI: 1823 (calc.)

GC/MS
EI 70 eV
TSQ 70
QI: 995 VI:2

Butobarbitone
5-Butan-2-yl-5-ethyl-1,3-diazinane-2,4,6-trione
Butethal, Butobarbital, Butobarbitale, Butobarbitalum, Butobarbitone
Hypnotic   LC:GE III, CSA III

MW: 212.24872
MM: 212.11609
C$_{10}$H$_{16}$N$_2$O$_3$
CAS: 77-28-1
RI: 1723 (calc.)

GC/MS
EI 70 eV
TSQ 70
QI: 995 VI:1

m/z: 156

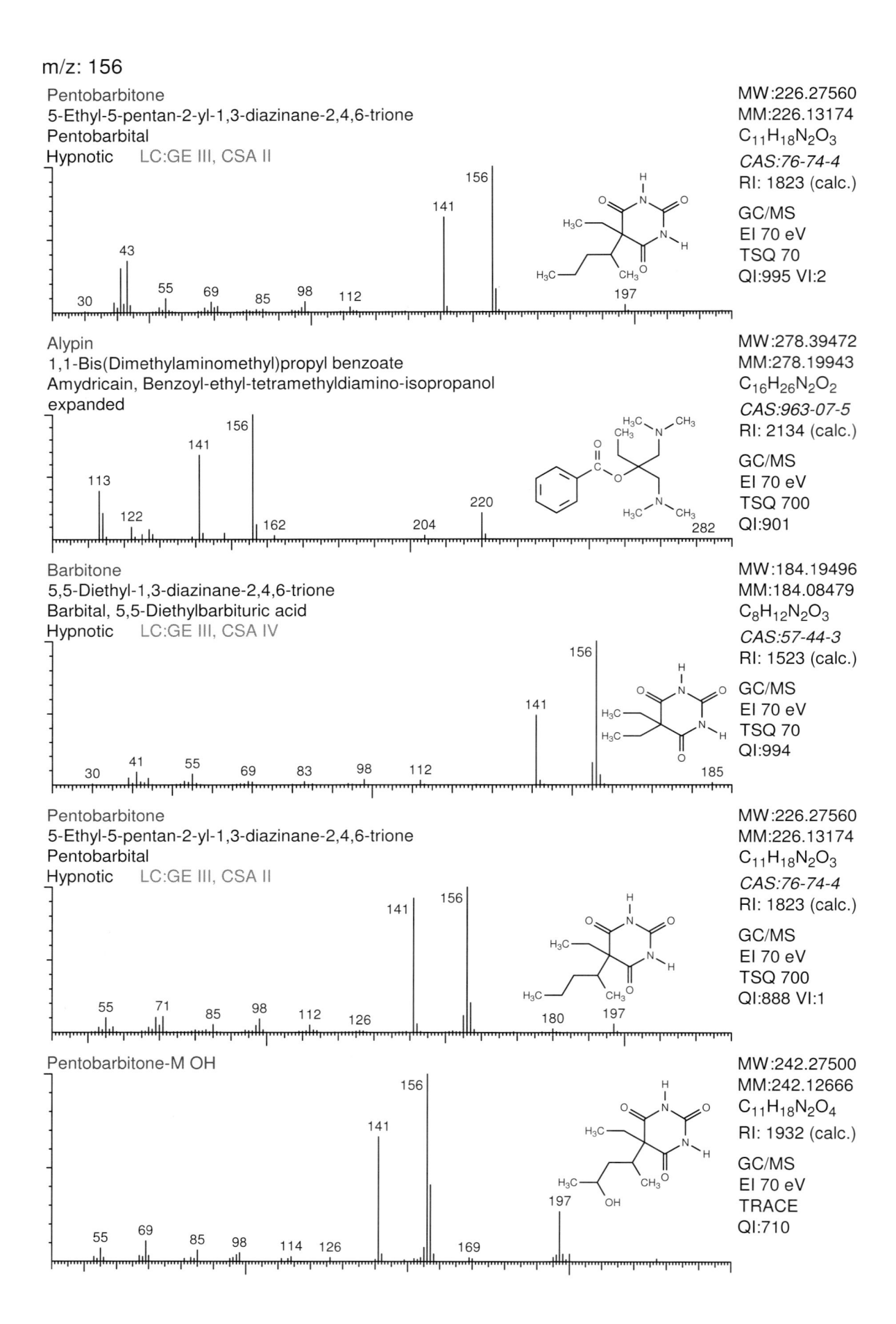

Pentobarbitone
5-Ethyl-5-pentan-2-yl-1,3-diazinane-2,4,6-trione
Pentobarbital
Hypnotic   LC:GE III, CSA II

MW:226.27560
MM:226.13174
$C_{11}H_{18}N_2O_3$
CAS:76-74-4
RI: 1823 (calc.)

GC/MS
EI 70 eV
TSQ 70
QI:995 VI:2

Alypin
1,1-Bis(Dimethylaminomethyl)propyl benzoate
Amydricain, Benzoyl-ethyl-tetramethyldiamino-isopropanol
expanded

MW:278.39472
MM:278.19943
$C_{16}H_{26}N_2O_2$
CAS:963-07-5
RI: 2134 (calc.)

GC/MS
EI 70 eV
TSQ 700
QI:901

Barbitone
5,5-Diethyl-1,3-diazinane-2,4,6-trione
Barbital, 5,5-Diethylbarbituric acid
Hypnotic   LC:GE III, CSA IV

MW:184.19496
MM:184.08479
$C_8H_{12}N_2O_3$
CAS:57-44-3
RI: 1523 (calc.)

GC/MS
EI 70 eV
TSQ 70
QI:994

Pentobarbitone
5-Ethyl-5-pentan-2-yl-1,3-diazinane-2,4,6-trione
Pentobarbital
Hypnotic   LC:GE III, CSA II

MW:226.27560
MM:226.13174
$C_{11}H_{18}N_2O_3$
CAS:76-74-4
RI: 1823 (calc.)

GC/MS
EI 70 eV
TSQ 700
QI:888 VI:1

Pentobarbitone-M OH

MW:242.27500
MM:242.12666
$C_{11}H_{18}N_2O_4$
RI: 1932 (calc.)

GC/MS
EI 70 eV
TRACE
QI:710

2-Diethylaminoheptanophenone

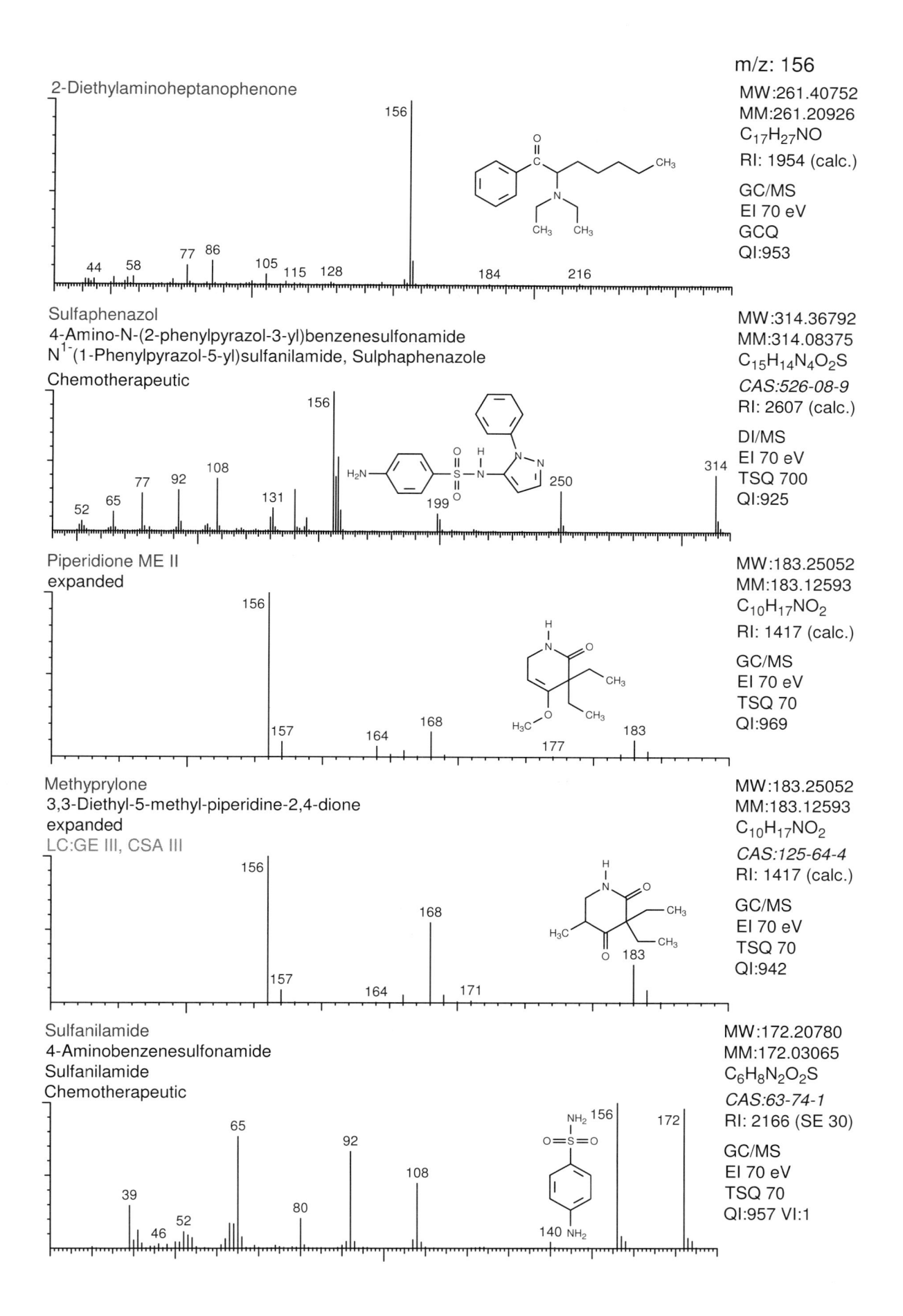

m/z: 156
MW: 261.40752
MM: 261.20926
$C_{17}H_{27}NO$
RI: 1954 (calc.)

GC/MS
EI 70 eV
GCQ
QI: 953

Sulfaphenazol
4-Amino-N-(2-phenylpyrazol-3-yl)benzenesulfonamide
N^{1-}(1-Phenylpyrazol-5-yl)sulfanilamide, Sulphaphenazole
Chemotherapeutic

MW: 314.36792
MM: 314.08375
$C_{15}H_{14}N_4O_2S$
CAS: 526-08-9
RI: 2607 (calc.)

DI/MS
EI 70 eV
TSQ 700
QI: 925

Piperidione ME II
expanded

MW: 183.25052
MM: 183.12593
$C_{10}H_{17}NO_2$
RI: 1417 (calc.)

GC/MS
EI 70 eV
TSQ 70
QI: 969

Methyprylone
3,3-Diethyl-5-methyl-piperidine-2,4-dione
expanded
LC:GE III, CSA III

MW: 183.25052
MM: 183.12593
$C_{10}H_{17}NO_2$
CAS: 125-64-4
RI: 1417 (calc.)

GC/MS
EI 70 eV
TSQ 70
QI: 942

Sulfanilamide
4-Aminobenzenesulfonamide
Sulfanilamide
Chemotherapeutic

MW: 172.20780
MM: 172.03065
$C_6H_8N_2O_2S$
CAS: 63-74-1
RI: 2166 (SE 30)

GC/MS
EI 70 eV
TSQ 70
QI: 957 VI: 1

m/z: 156

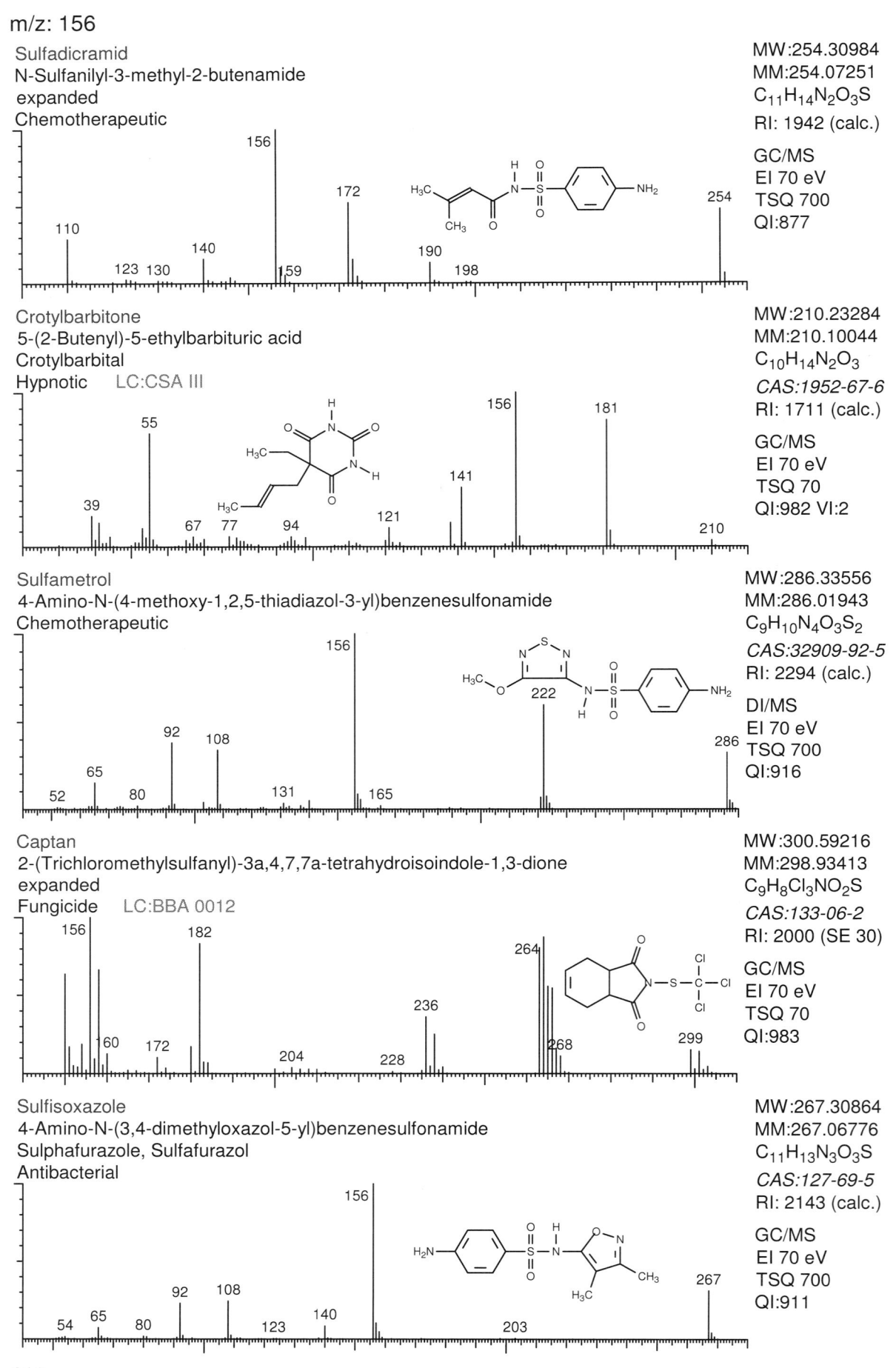

Sulfadicramid
N-Sulfanilyl-3-methyl-2-butenamide
expanded
Chemotherapeutic

MW:254.30984
MM:254.07251
$C_{11}H_{14}N_2O_3S$
RI: 1942 (calc.)

GC/MS
EI 70 eV
TSQ 700
QI:877

Peaks: 110, 123, 130, 140, 156, 159, 172, 190, 198, 254

Crotylbarbitone
5-(2-Butenyl)-5-ethylbarbituric acid
Crotylbarbital
Hypnotic   LC:CSA III

MW:210.23284
MM:210.10044
$C_{10}H_{14}N_2O_3$
CAS:1952-67-6
RI: 1711 (calc.)

GC/MS
EI 70 eV
TSQ 70
QI:982 VI:2

Peaks: 39, 55, 67, 77, 94, 121, 141, 156, 181, 210

Sulfametrol
4-Amino-N-(4-methoxy-1,2,5-thiadiazol-3-yl)benzenesulfonamide
Chemotherapeutic

MW:286.33556
MM:286.01943
$C_9H_{10}N_4O_3S_2$
CAS:32909-92-5
RI: 2294 (calc.)

DI/MS
EI 70 eV
TSQ 700
QI:916

Peaks: 52, 65, 80, 92, 108, 131, 156, 165, 222, 286

Captan
2-(Trichloromethylsulfanyl)-3a,4,7,7a-tetrahydroisoindole-1,3-dione
expanded
Fungicide   LC:BBA 0012

MW:300.59216
MM:298.93413
$C_9H_8Cl_3NO_2S$
CAS:133-06-2
RI: 2000 (SE 30)

GC/MS
EI 70 eV
TSQ 70
QI:983

Peaks: 156, 160, 172, 182, 204, 228, 236, 264, 268, 299

Sulfisoxazole
4-Amino-N-(3,4-dimethyloxazol-5-yl)benzenesulfonamide
Sulphafurazole, Sulfafurazol
Antibacterial

MW:267.30864
MM:267.06776
$C_{11}H_{13}N_3O_3S$
CAS:127-69-5
RI: 2143 (calc.)

GC/MS
EI 70 eV
TSQ 700
QI:911

Peaks: 54, 65, 80, 92, 108, 123, 140, 156, 203, 267

m/z: 156

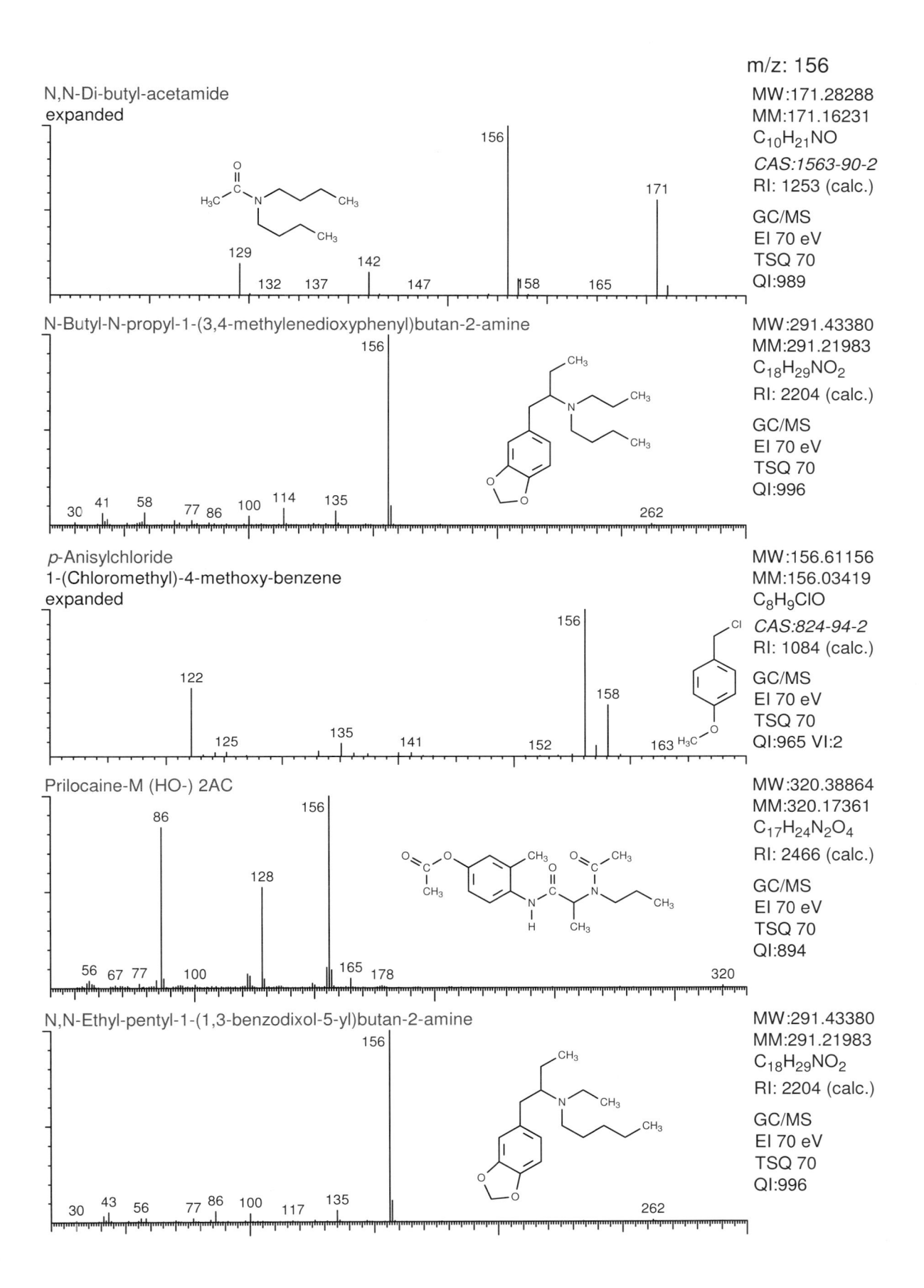

N,N-Di-butyl-acetamide
expanded

MW:171.28288
MM:171.16231
$C_{10}H_{21}NO$
CAS:1563-90-2
RI: 1253 (calc.)

GC/MS
EI 70 eV
TSQ 70
QI:989

N-Butyl-N-propyl-1-(3,4-methylenedioxyphenyl)butan-2-amine

MW:291.43380
MM:291.21983
$C_{18}H_{29}NO_2$
RI: 2204 (calc.)

GC/MS
EI 70 eV
TSQ 70
QI:996

p-Anisylchloride
1-(Chloromethyl)-4-methoxy-benzene
expanded

MW:156.61156
MM:156.03419
C_8H_9ClO
CAS:824-94-2
RI: 1084 (calc.)

GC/MS
EI 70 eV
TSQ 70
QI:965 VI:2

Prilocaine-M (HO-) 2AC

MW:320.38864
MM:320.17361
$C_{17}H_{24}N_2O_4$
RI: 2466 (calc.)

GC/MS
EI 70 eV
TSQ 70
QI:894

N,N-Ethyl-pentyl-1-(1,3-benzodixol-5-yl)butan-2-amine

MW:291.43380
MM:291.21983
$C_{18}H_{29}NO_2$
RI: 2204 (calc.)

GC/MS
EI 70 eV
TSQ 70
QI:996

m/z: 156

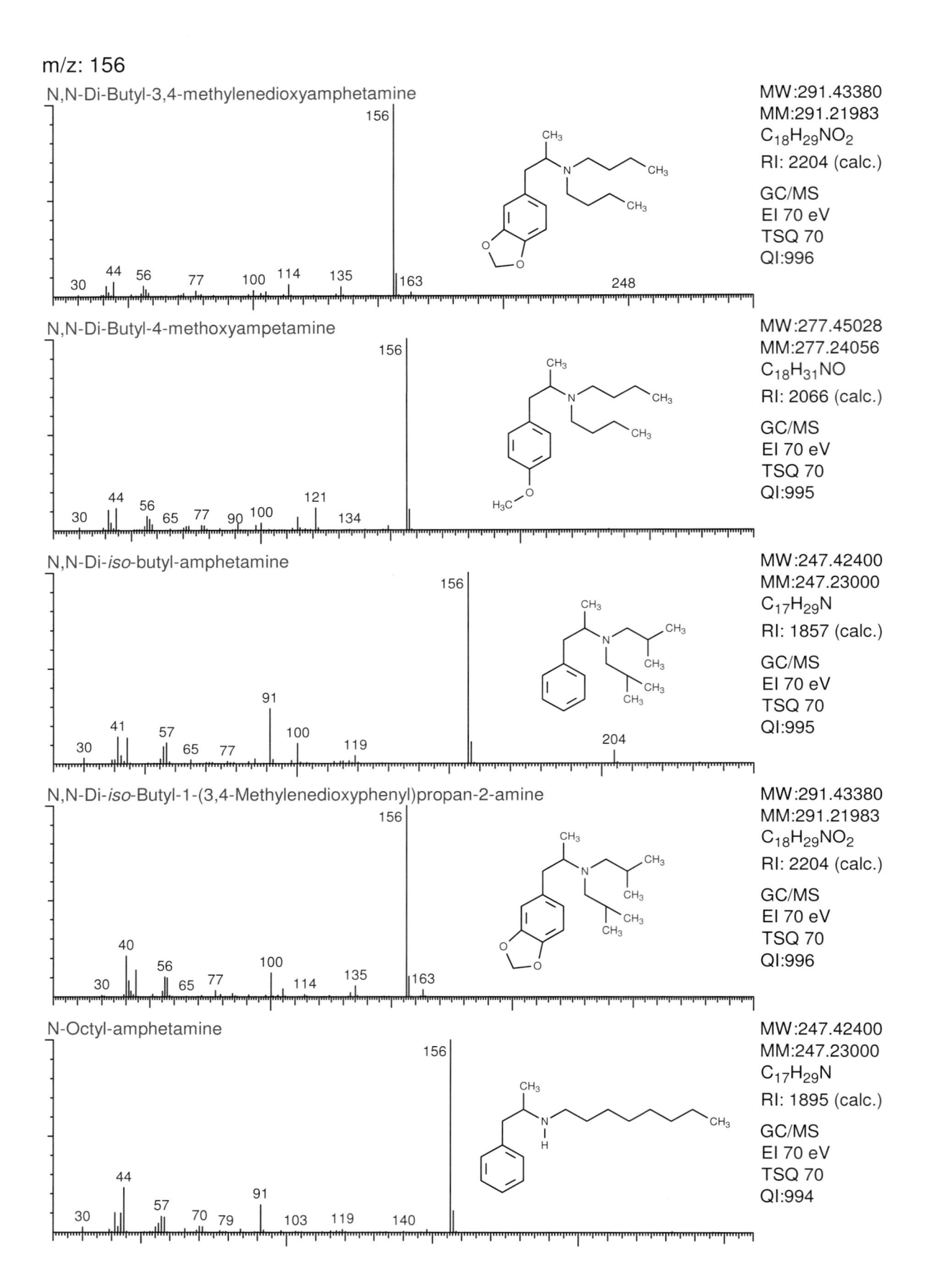

N,N-Di-Butyl-3,4-methylenedioxyamphetamine

Peaks: 30, 44, 56, 77, 100, 114, 135, 156, 163, 248

MW: 291.43380
MM: 291.21983
$C_{18}H_{29}NO_2$
RI: 2204 (calc.)

GC/MS
EI 70 eV
TSQ 70
QI: 996

N,N-Di-Butyl-4-methoxyampetamine

Peaks: 30, 44, 56, 65, 77, 90, 100, 121, 134, 156

MW: 277.45028
MM: 277.24056
$C_{18}H_{31}NO$
RI: 2066 (calc.)

GC/MS
EI 70 eV
TSQ 70
QI: 995

N,N-Di-*iso*-butyl-amphetamine

Peaks: 30, 41, 57, 65, 77, 91, 100, 119, 156, 204

MW: 247.42400
MM: 247.23000
$C_{17}H_{29}N$
RI: 1857 (calc.)

GC/MS
EI 70 eV
TSQ 70
QI: 995

N,N-Di-*iso*-Butyl-1-(3,4-Methylenedioxyphenyl)propan-2-amine

Peaks: 30, 40, 56, 65, 77, 100, 114, 135, 156, 163

MW: 291.43380
MM: 291.21983
$C_{18}H_{29}NO_2$
RI: 2204 (calc.)

GC/MS
EI 70 eV
TSQ 70
QI: 996

N-Octyl-amphetamine

Peaks: 30, 44, 57, 70, 79, 91, 103, 119, 140, 156

MW: 247.42400
MM: 247.23000
$C_{17}H_{29}N$
RI: 1895 (calc.)

GC/MS
EI 70 eV
TSQ 70
QI: 994

m/z: 156

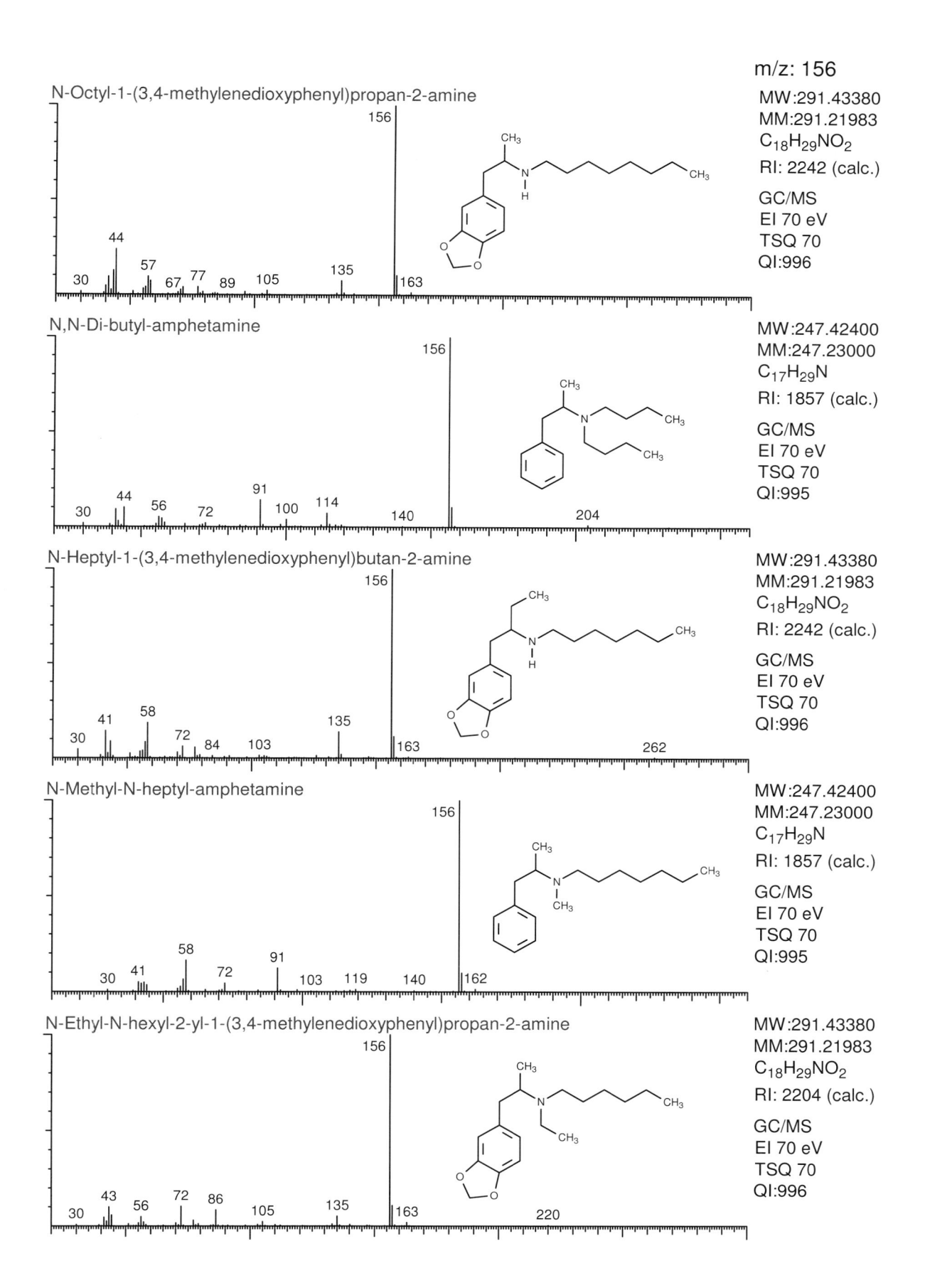

N-Octyl-1-(3,4-methylenedioxyphenyl)propan-2-amine

MW: 291.43380
MM: 291.21983
$C_{18}H_{29}NO_2$
RI: 2242 (calc.)

GC/MS
EI 70 eV
TSQ 70
QI: 996

N,N-Di-butyl-amphetamine

MW: 247.42400
MM: 247.23000
$C_{17}H_{29}N$
RI: 1857 (calc.)

GC/MS
EI 70 eV
TSQ 70
QI: 995

N-Heptyl-1-(3,4-methylenedioxyphenyl)butan-2-amine

MW: 291.43380
MM: 291.21983
$C_{18}H_{29}NO_2$
RI: 2242 (calc.)

GC/MS
EI 70 eV
TSQ 70
QI: 996

N-Methyl-N-heptyl-amphetamine

MW: 247.42400
MM: 247.23000
$C_{17}H_{29}N$
RI: 1857 (calc.)

GC/MS
EI 70 eV
TSQ 70
QI: 995

N-Ethyl-N-hexyl-2-yl-1-(3,4-methylenedioxyphenyl)propan-2-amine

MW: 291.43380
MM: 291.21983
$C_{18}H_{29}NO_2$
RI: 2204 (calc.)

GC/MS
EI 70 eV
TSQ 70
QI: 996

m/z: 156-157

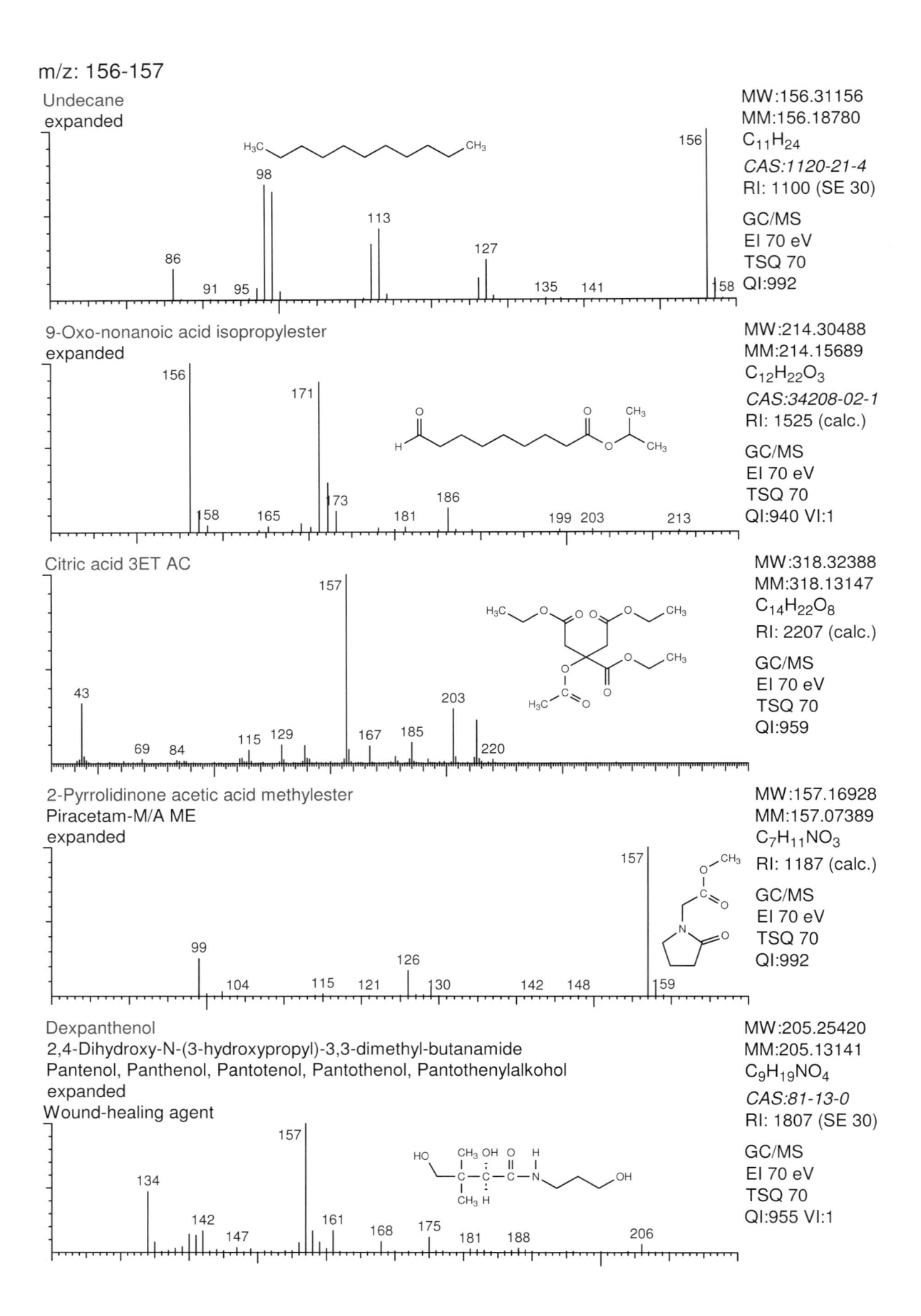

Undecane expanded

MW: 156.31156
MM: 156.18780
$C_{11}H_{24}$
CAS: 1120-21-4
RI: 1100 (SE 30)

GC/MS
EI 70 eV
TSQ 70
QI: 992

Peaks: 86, 91, 95, 98, 113, 127, 135, 141, 156, 158

9-Oxo-nonanoic acid isopropylester expanded

MW: 214.30488
MM: 214.15689
$C_{12}H_{22}O_3$
CAS: 34208-02-1
RI: 1525 (calc.)

GC/MS
EI 70 eV
TSQ 70
QI: 940 VI: 1

Peaks: 156, 158, 165, 171, 173, 181, 186, 199, 203, 213

Citric acid 3ET AC

MW: 318.32388
MM: 318.13147
$C_{14}H_{22}O_8$
RI: 2207 (calc.)

GC/MS
EI 70 eV
TSQ 70
QI: 959

Peaks: 43, 69, 84, 115, 129, 157, 167, 185, 203, 220

2-Pyrrolidinone acetic acid methylester
Piracetam-M/A ME
expanded

MW: 157.16928
MM: 157.07389
$C_7H_{11}NO_3$
RI: 1187 (calc.)

GC/MS
EI 70 eV
TSQ 70
QI: 992

Peaks: 99, 104, 115, 121, 126, 130, 142, 148, 157, 159

Dexpanthenol
2,4-Dihydroxy-N-(3-hydroxypropyl)-3,3-dimethyl-butanamide
Pantenol, Panthenol, Pantotenol, Pantothenol, Pantothenylalkohol
expanded
Wound-healing agent

MW: 205.25420
MM: 205.13141
$C_9H_{19}NO_4$
CAS: 81-13-0
RI: 1807 (SE 30)

GC/MS
EI 70 eV
TSQ 70
QI: 955 VI: 1

Peaks: 134, 142, 147, 157, 161, 168, 175, 181, 188, 206

m/z: 157

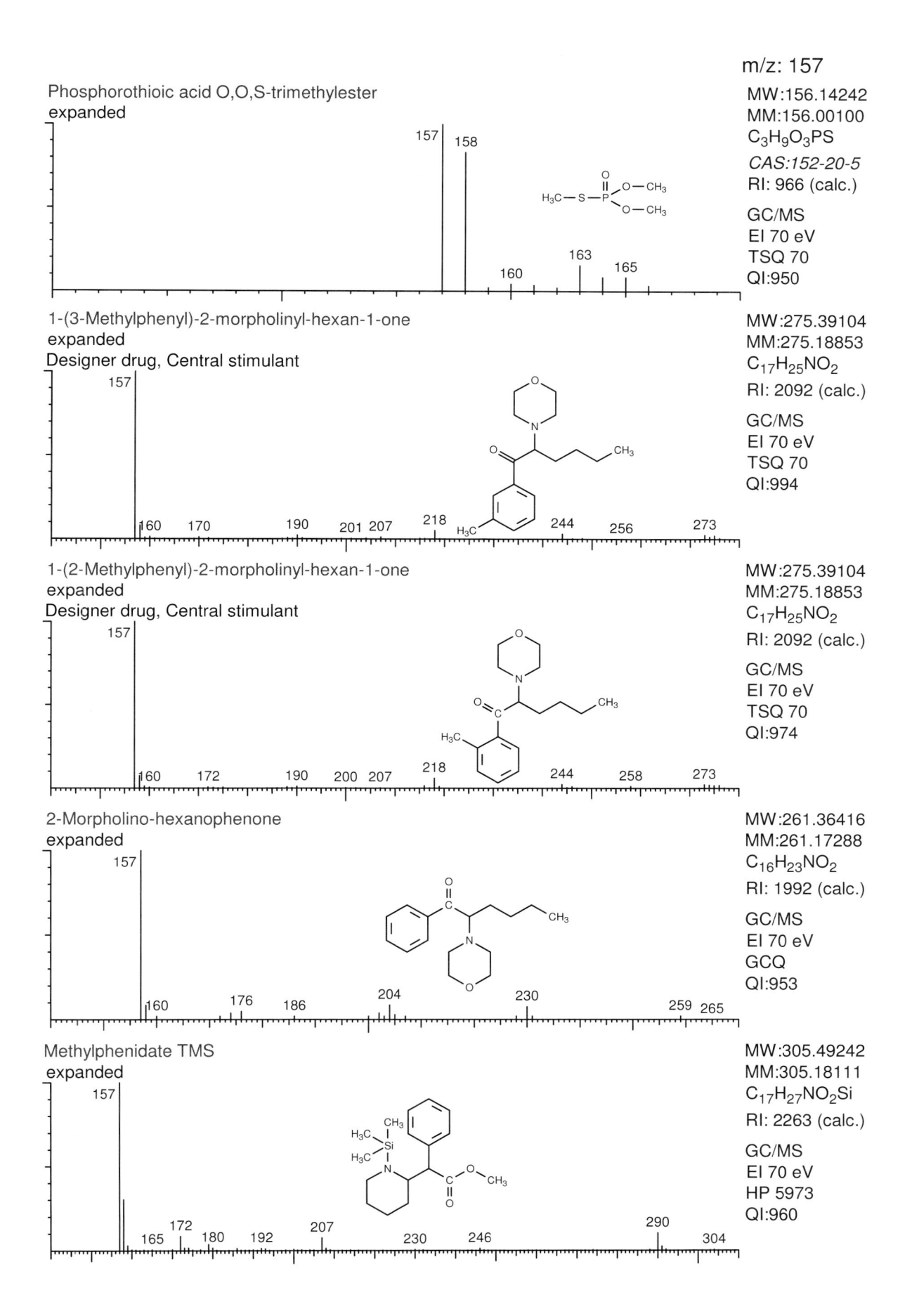

Phosphorothioic acid O,O,S-trimethylester
expanded

MW: 156.14242
MM: 156.00100
$C_3H_9O_3PS$
CAS: 152-20-5
RI: 966 (calc.)

GC/MS
EI 70 eV
TSQ 70
QI: 950

1-(3-Methylphenyl)-2-morpholinyl-hexan-1-one
expanded
Designer drug, Central stimulant

MW: 275.39104
MM: 275.18853
$C_{17}H_{25}NO_2$
RI: 2092 (calc.)

GC/MS
EI 70 eV
TSQ 70
QI: 994

1-(2-Methylphenyl)-2-morpholinyl-hexan-1-one
expanded
Designer drug, Central stimulant

MW: 275.39104
MM: 275.18853
$C_{17}H_{25}NO_2$
RI: 2092 (calc.)

GC/MS
EI 70 eV
TSQ 70
QI: 974

2-Morpholino-hexanophenone
expanded

MW: 261.36416
MM: 261.17288
$C_{16}H_{23}NO_2$
RI: 1992 (calc.)

GC/MS
EI 70 eV
GCQ
QI: 953

Methylphenidate TMS
expanded

MW: 305.49242
MM: 305.18111
$C_{17}H_{27}NO_2Si$
RI: 2263 (calc.)

GC/MS
EI 70 eV
HP 5973
QI: 960

m/z: 157

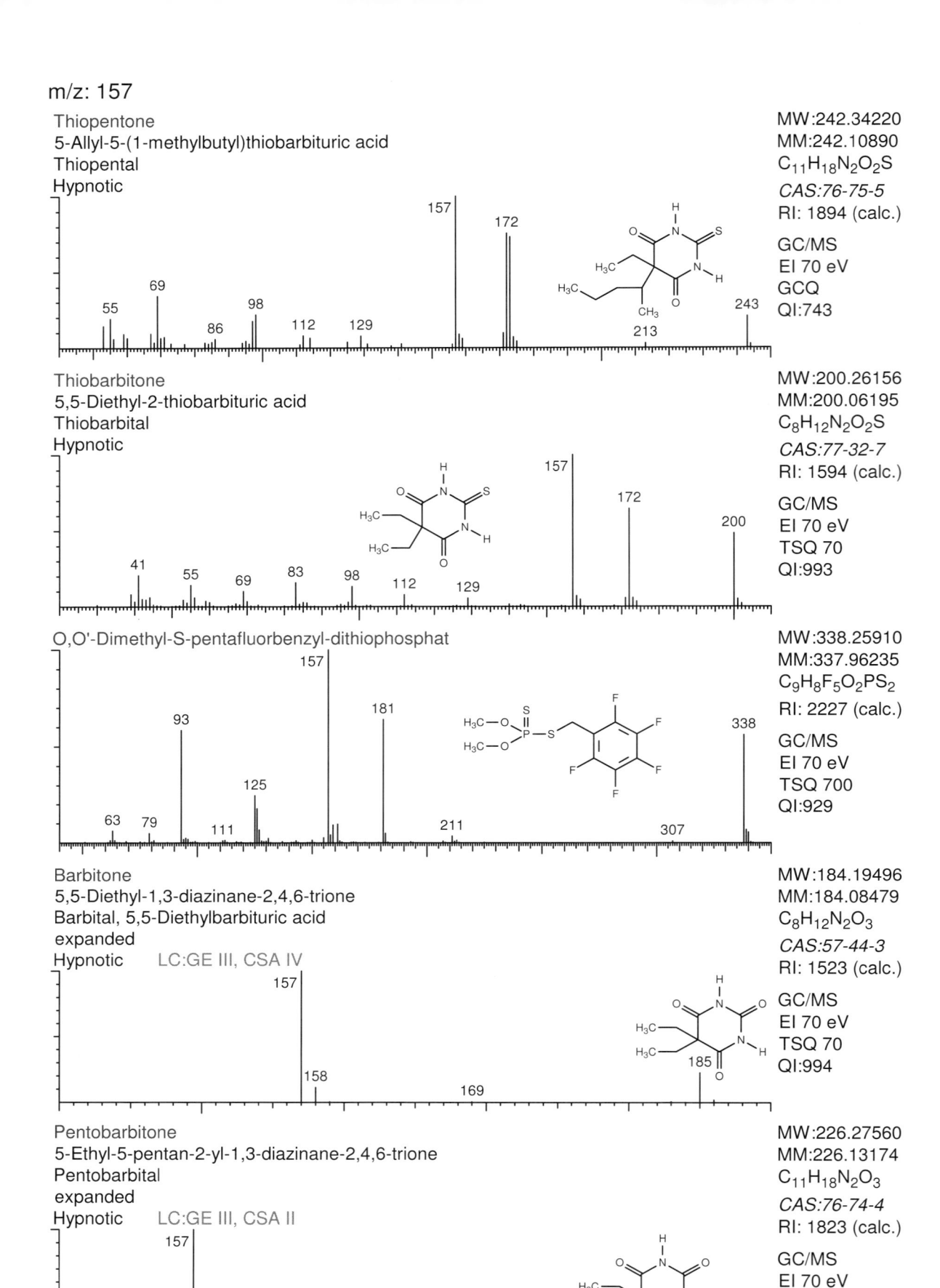

Thiopentone
5-Allyl-5-(1-methylbutyl)thiobarbituric acid
Thiopental
Hypnotic

MW:242.34220
MM:242.10890
C$_{11}$H$_{18}$N$_2$O$_2$S
CAS:76-75-5
RI: 1894 (calc.)

GC/MS
EI 70 eV
GCQ
QI:743

Thiobarbitone
5,5-Diethyl-2-thiobarbituric acid
Thiobarbital
Hypnotic

MW:200.26156
MM:200.06195
C$_8$H$_{12}$N$_2$O$_2$S
CAS:77-32-7
RI: 1594 (calc.)

GC/MS
EI 70 eV
TSQ 70
QI:993

O,O'-Dimethyl-S-pentafluorbenzyl-dithiophosphat

MW:338.25910
MM:337.96235
C$_9$H$_8$F$_5$O$_2$PS$_2$
RI: 2227 (calc.)

GC/MS
EI 70 eV
TSQ 700
QI:929

Barbitone
5,5-Diethyl-1,3-diazinane-2,4,6-trione
Barbital, 5,5-Diethylbarbituric acid
expanded
Hypnotic   LC:GE III, CSA IV

MW:184.19496
MM:184.08479
C$_8$H$_{12}$N$_2$O$_3$
CAS:57-44-3
RI: 1523 (calc.)

GC/MS
EI 70 eV
TSQ 70
QI:994

Pentobarbitone
5-Ethyl-5-pentan-2-yl-1,3-diazinane-2,4,6-trione
Pentobarbital
expanded
Hypnotic   LC:GE III, CSA II

MW:226.27560
MM:226.13174
C$_{11}$H$_{18}$N$_2$O$_3$
CAS:76-74-4
RI: 1823 (calc.)

GC/MS
EI 70 eV
TSQ 70
QI:995 VI:2

m/z: 157

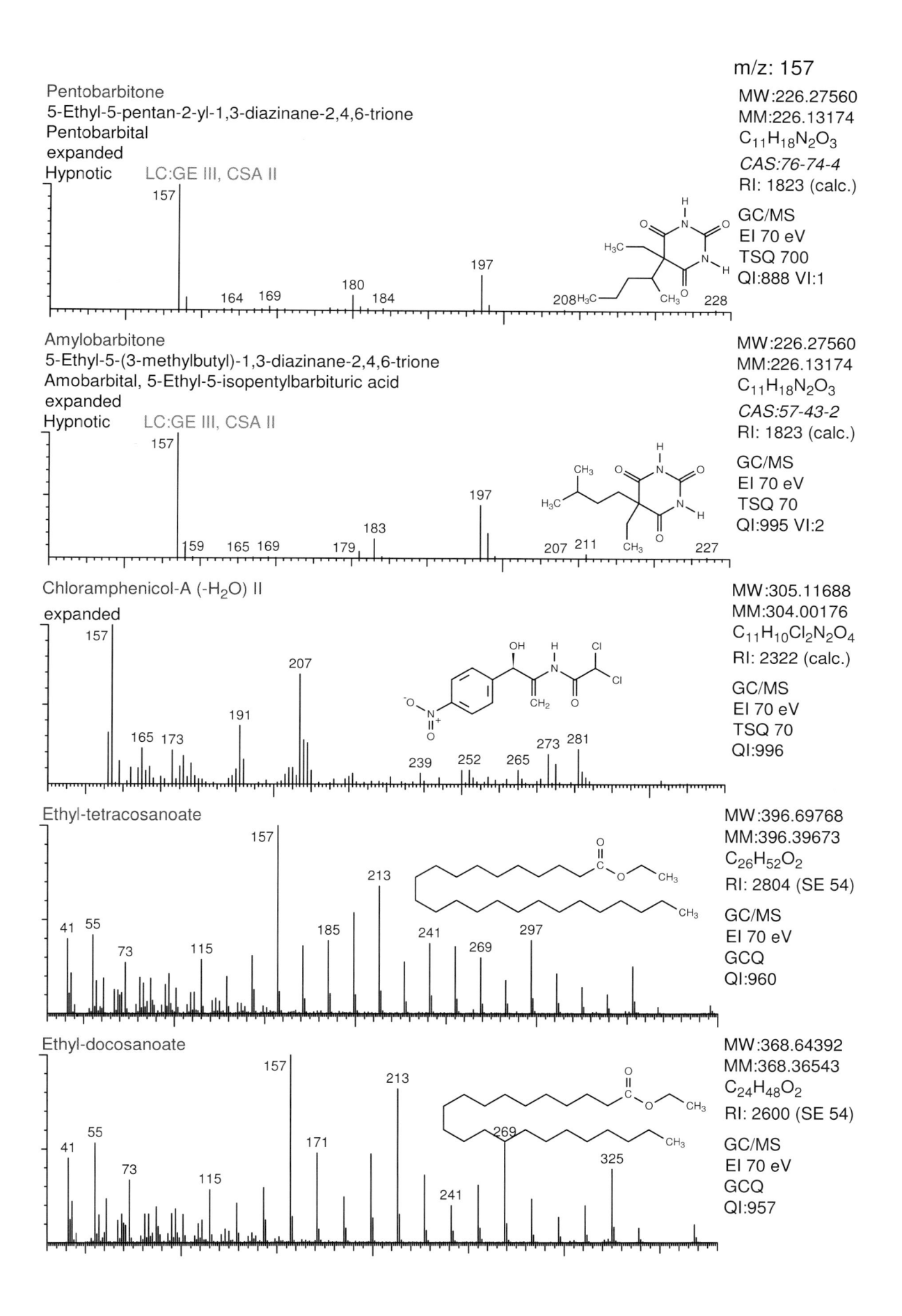

Pentobarbitone
5-Ethyl-5-pentan-2-yl-1,3-diazinane-2,4,6-trione
Pentobarbital
expanded
Hypnotic   LC:GE III, CSA II

Peaks: 157, 164, 169, 180, 184, 197, 208, 228

MW: 226.27560
MM: 226.13174
$C_{11}H_{18}N_2O_3$
CAS: 76-74-4
RI: 1823 (calc.)

GC/MS
EI 70 eV
TSQ 700
QI: 888 VI:1

Amylobarbitone
5-Ethyl-5-(3-methylbutyl)-1,3-diazinane-2,4,6-trione
Amobarbital, 5-Ethyl-5-isopentylbarbituric acid
expanded
Hypnotic   LC:GE III, CSA II

Peaks: 157, 159, 165, 169, 179, 183, 197, 207, 211, 227

MW: 226.27560
MM: 226.13174
$C_{11}H_{18}N_2O_3$
CAS: 57-43-2
RI: 1823 (calc.)

GC/MS
EI 70 eV
TSQ 70
QI: 995 VI:2

Chloramphenicol-A (-H₂O) II
expanded

Peaks: 157, 165, 173, 191, 207, 239, 252, 265, 273, 281

MW: 305.11688
MM: 304.00176
$C_{11}H_{10}Cl_2N_2O_4$
RI: 2322 (calc.)

GC/MS
EI 70 eV
TSQ 70
QI: 996

Ethyl-tetracosanoate

Peaks: 41, 55, 73, 115, 157, 185, 213, 241, 269, 297

MW: 396.69768
MM: 396.39673
$C_{26}H_{52}O_2$
RI: 2804 (SE 54)

GC/MS
EI 70 eV
GCQ
QI: 960

Ethyl-docosanoate

Peaks: 41, 55, 73, 115, 157, 171, 213, 241, 269, 325

MW: 368.64392
MM: 368.36543
$C_{24}H_{48}O_2$
RI: 2600 (SE 54)

GC/MS
EI 70 eV
GCQ
QI: 957

m/z: 157

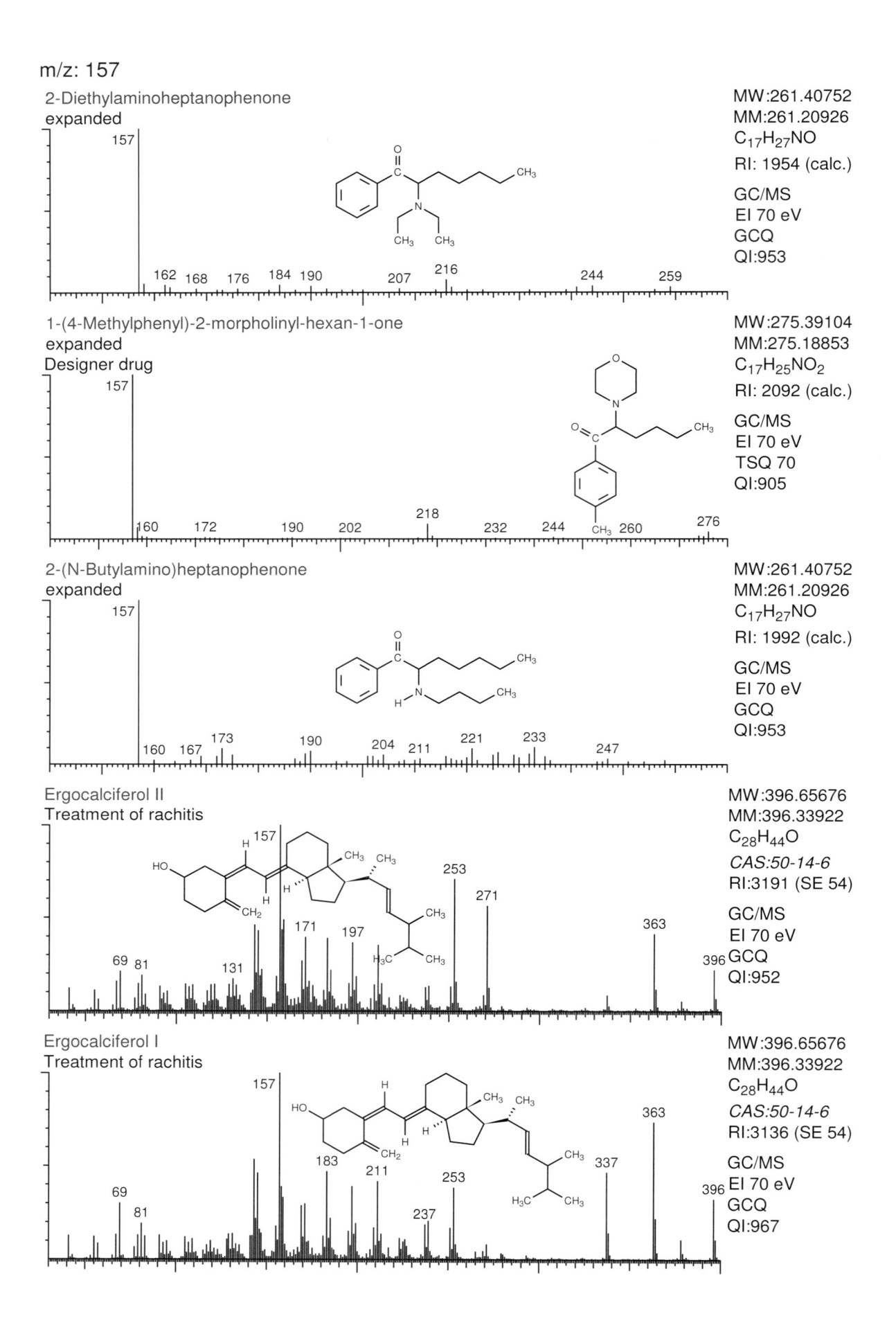

2-Diethylaminoheptanophenone
expanded

157, 162, 168, 176, 184, 190, 207, 216, 244, 259

MW:261.40752
MM:261.20926
$C_{17}H_{27}NO$
RI: 1954 (calc.)

GC/MS
EI 70 eV
GCQ
QI:953

1-(4-Methylphenyl)-2-morpholinyl-hexan-1-one
expanded
Designer drug

157, 160, 172, 190, 202, 218, 232, 244, 260, 276

MW:275.39104
MM:275.18853
$C_{17}H_{25}NO_2$
RI: 2092 (calc.)

GC/MS
EI 70 eV
TSQ 70
QI:905

2-(N-Butylamino)heptanophenone
expanded

157, 160, 167, 173, 190, 204, 211, 221, 233, 247

MW:261.40752
MM:261.20926
$C_{17}H_{27}NO$
RI: 1992 (calc.)

GC/MS
EI 70 eV
GCQ
QI:953

Ergocalciferol II
Treatment of rachitis

69, 81, 131, 157, 171, 197, 253, 271, 363, 396

MW:396.65676
MM:396.33922
$C_{28}H_{44}O$
CAS:50-14-6
RI:3191 (SE 54)

GC/MS
EI 70 eV
GCQ
QI:952

Ergocalciferol I
Treatment of rachitis

69, 81, 157, 183, 211, 237, 253, 337, 363, 396

MW:396.65676
MM:396.33922
$C_{28}H_{44}O$
CAS:50-14-6
RI:3136 (SE 54)

GC/MS
EI 70 eV
GCQ
QI:967

m/z: 157

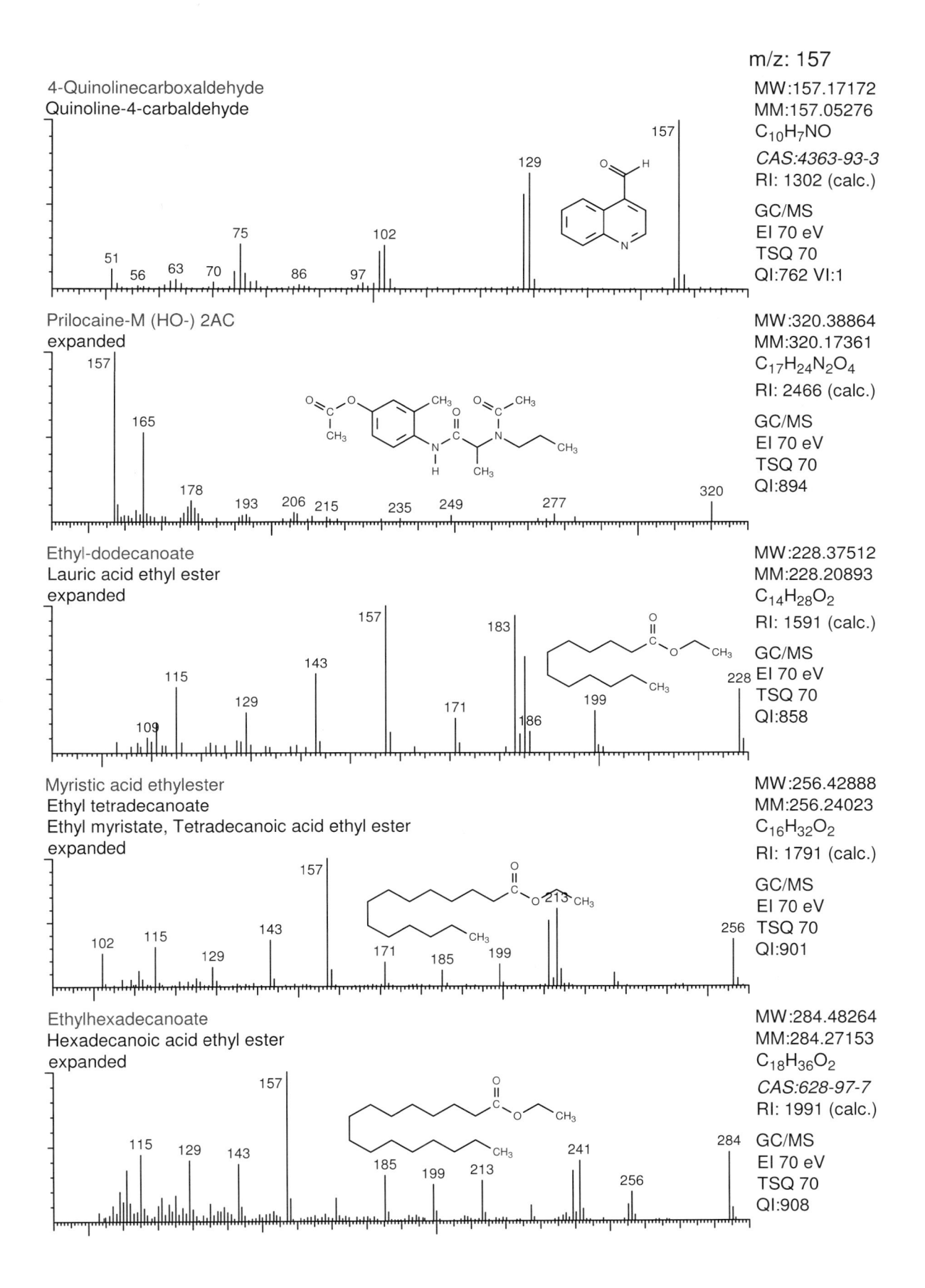

4-Quinolinecarboxaldehyde
Quinoline-4-carbaldehyde

MW: 157.17172
MM: 157.05276
$C_{10}H_7NO$
CAS: 4363-93-3
RI: 1302 (calc.)

GC/MS
EI 70 eV
TSQ 70
QI: 762 VI:1

Peaks: 51, 56, 63, 70, 75, 86, 97, 102, 129, 157

Prilocaine-M (HO-) 2AC
expanded

MW: 320.38864
MM: 320.17361
$C_{17}H_{24}N_2O_4$
RI: 2466 (calc.)

GC/MS
EI 70 eV
TSQ 70
QI: 894

Peaks: 157, 165, 178, 193, 206, 215, 235, 249, 277, 320

Ethyl-dodecanoate
Lauric acid ethyl ester
expanded

MW: 228.37512
MM: 228.20893
$C_{14}H_{28}O_2$
RI: 1591 (calc.)

GC/MS
EI 70 eV
TSQ 70
QI: 858

Peaks: 109, 115, 129, 143, 157, 171, 183, 186, 199, 228

Myristic acid ethylester
Ethyl tetradecanoate
Ethyl myristate, Tetradecanoic acid ethyl ester
expanded

MW: 256.42888
MM: 256.24023
$C_{16}H_{32}O_2$
RI: 1791 (calc.)

GC/MS
EI 70 eV
TSQ 70
QI: 901

Peaks: 102, 115, 129, 143, 157, 171, 185, 199, 213, 256

Ethylhexadecanoate
Hexadecanoic acid ethyl ester
expanded

MW: 284.48264
MM: 284.27153
$C_{18}H_{36}O_2$
CAS: 628-97-7
RI: 1991 (calc.)

GC/MS
EI 70 eV
TSQ 70
QI: 908

Peaks: 115, 129, 143, 157, 185, 199, 213, 241, 256, 284

m/z: 157

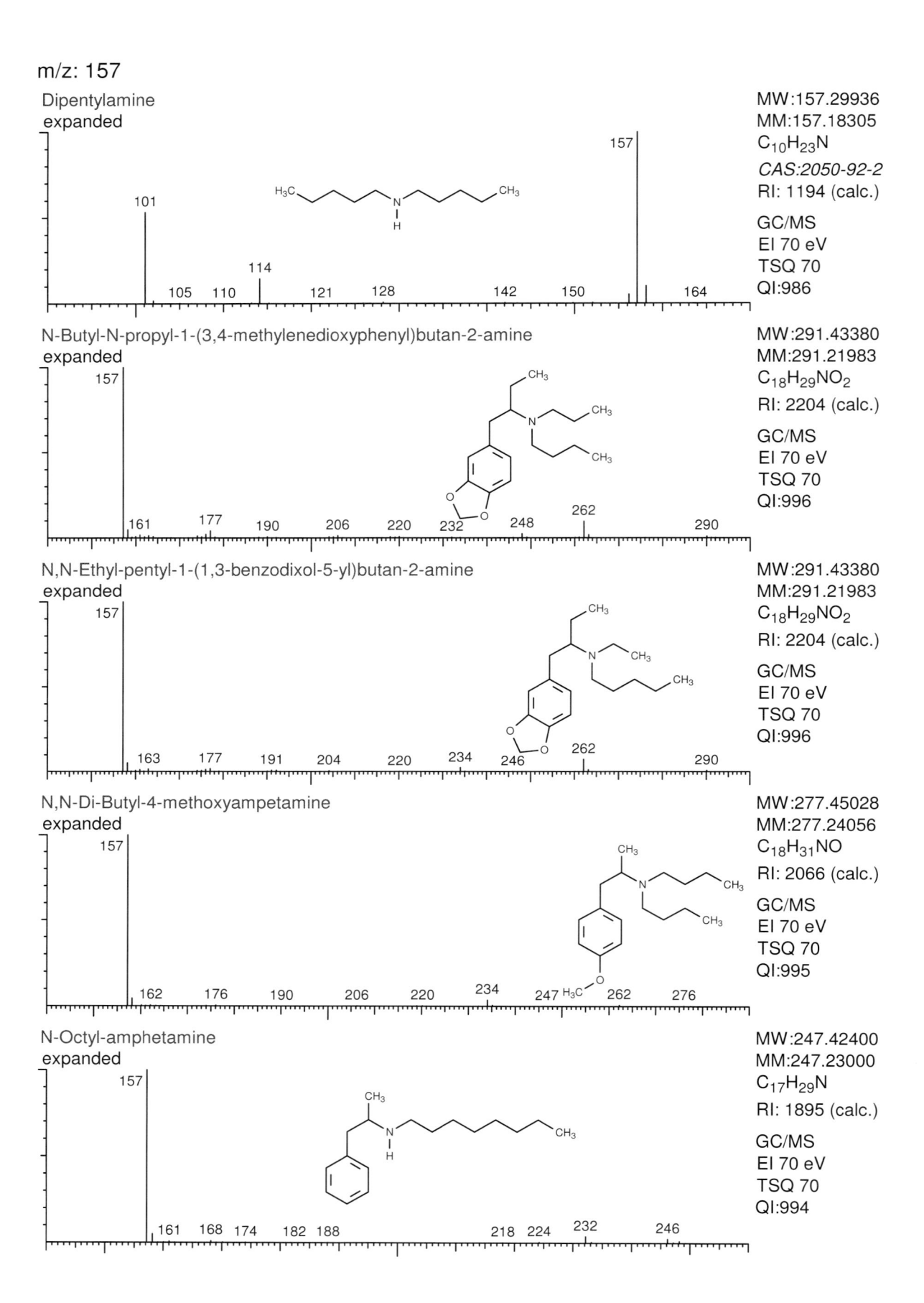

Dipentylamine
expanded

Peaks: 101, 105, 110, 114, 121, 128, 142, 150, 157, 164

MW:157.29936
MM:157.18305
$C_{10}H_{23}N$
CAS:*2050-92-2*
RI: 1194 (calc.)

GC/MS
EI 70 eV
TSQ 70
QI:986

N-Butyl-N-propyl-1-(3,4-methylenedioxyphenyl)butan-2-amine
expanded

Peaks: 157, 161, 177, 190, 206, 220, 232, 248, 262, 290

MW:291.43380
MM:291.21983
$C_{18}H_{29}NO_2$
RI: 2204 (calc.)

GC/MS
EI 70 eV
TSQ 70
QI:996

N,N-Ethyl-pentyl-1-(1,3-benzodixol-5-yl)butan-2-amine
expanded

Peaks: 157, 163, 177, 191, 204, 220, 234, 246, 262, 290

MW:291.43380
MM:291.21983
$C_{18}H_{29}NO_2$
RI: 2204 (calc.)

GC/MS
EI 70 eV
TSQ 70
QI:996

N,N-Di-Butyl-4-methoxyampetamine
expanded

Peaks: 157, 162, 176, 190, 206, 220, 234, 247, 262, 276

MW:277.45028
MM:277.24056
$C_{18}H_{31}NO$
RI: 2066 (calc.)

GC/MS
EI 70 eV
TSQ 70
QI:995

N-Octyl-amphetamine
expanded

Peaks: 157, 161, 168, 174, 182, 188, 218, 224, 232, 246

MW:247.42400
MM:247.23000
$C_{17}H_{29}N$
RI: 1895 (calc.)

GC/MS
EI 70 eV
TSQ 70
QI:994

m/z: 157-158

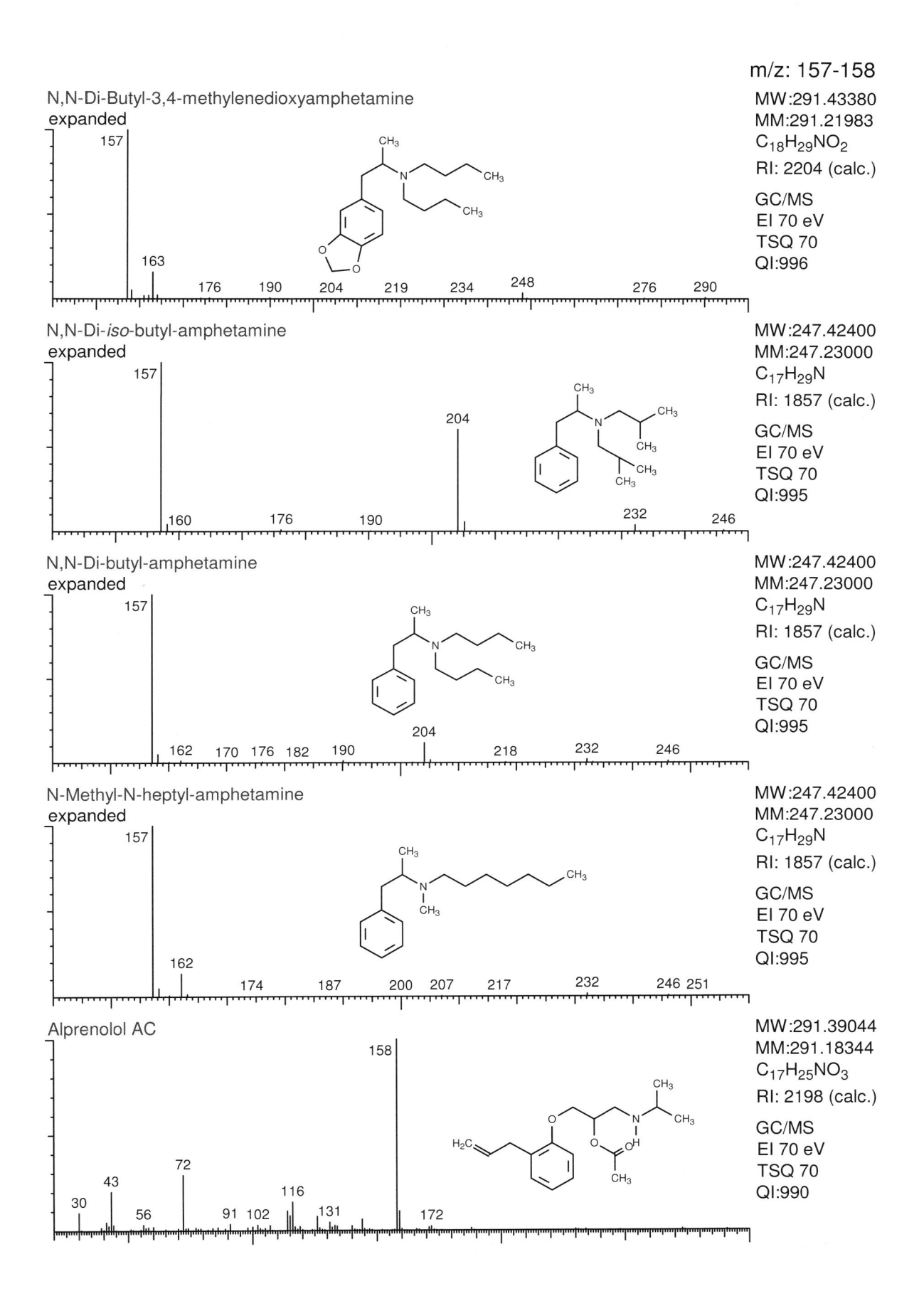

N,N-Di-Butyl-3,4-methylenedioxyamphetamine
expanded

Peaks: 157, 163, 176, 190, 204, 219, 234, 248, 276, 290

MW: 291.43380
MM: 291.21983
$C_{18}H_{29}NO_2$
RI: 2204 (calc.)

GC/MS
EI 70 eV
TSQ 70
QI: 996

N,N-Di-*iso*-butyl-amphetamine
expanded

Peaks: 157, 160, 176, 190, 204, 232, 246

MW: 247.42400
MM: 247.23000
$C_{17}H_{29}N$
RI: 1857 (calc.)

GC/MS
EI 70 eV
TSQ 70
QI: 995

N,N-Di-butyl-amphetamine
expanded

Peaks: 157, 162, 170, 176, 182, 190, 204, 218, 232, 246

MW: 247.42400
MM: 247.23000
$C_{17}H_{29}N$
RI: 1857 (calc.)

GC/MS
EI 70 eV
TSQ 70
QI: 995

N-Methyl-N-heptyl-amphetamine
expanded

Peaks: 157, 162, 174, 187, 200, 207, 217, 232, 246, 251

MW: 247.42400
MM: 247.23000
$C_{17}H_{29}N$
RI: 1857 (calc.)

GC/MS
EI 70 eV
TSQ 70
QI: 995

Alprenolol AC

Peaks: 30, 43, 56, 72, 91, 102, 116, 131, 158, 172

MW: 291.39044
MM: 291.18344
$C_{17}H_{25}NO_3$
RI: 2198 (calc.)

GC/MS
EI 70 eV
TSQ 70
QI: 990

m/z: 158

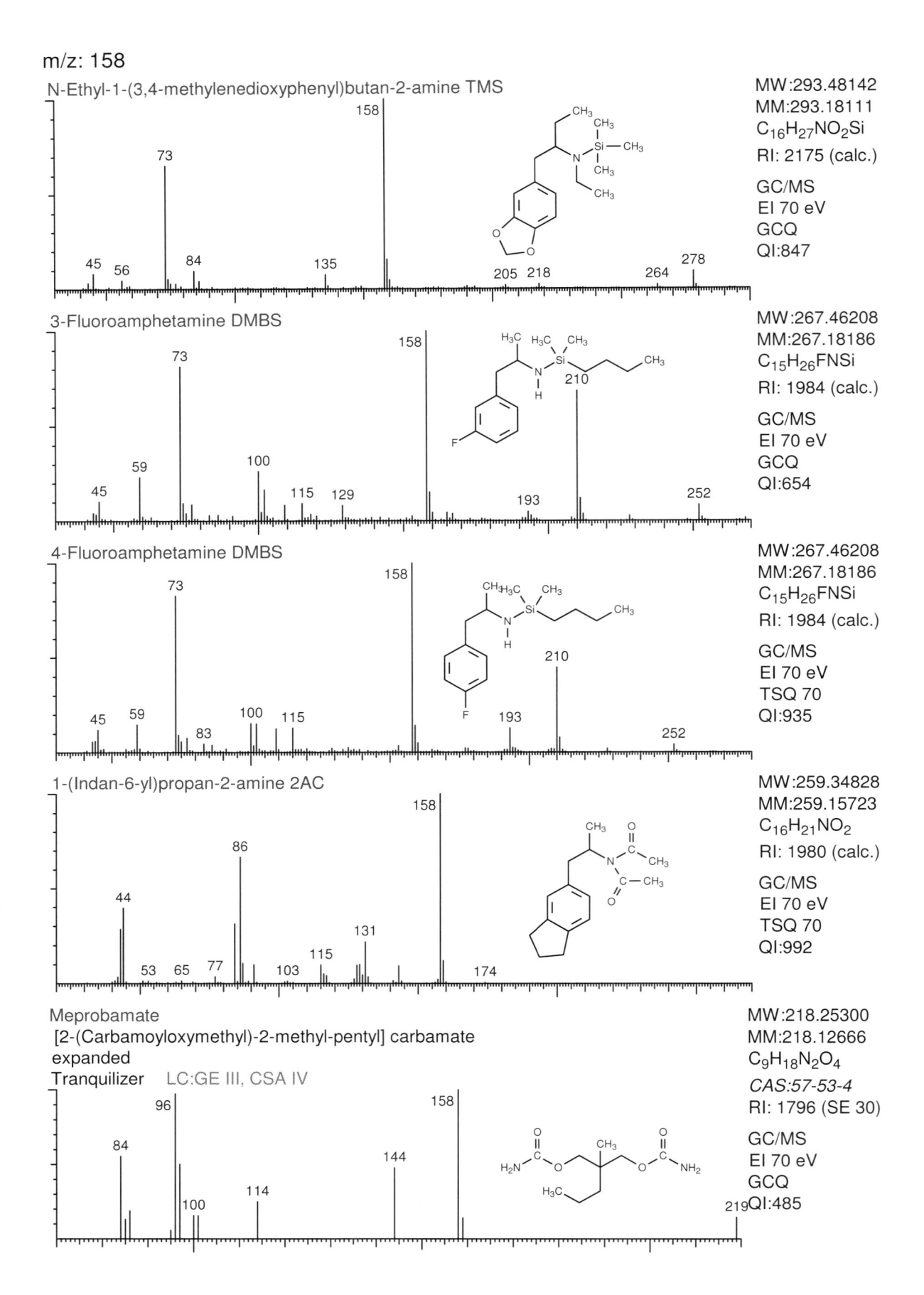

N-Ethyl-1-(3,4-methylenedioxyphenyl)butan-2-amine TMS

MW: 293.48142
MM: 293.18111
$C_{16}H_{27}NO_2Si$
RI: 2175 (calc.)

GC/MS
EI 70 eV
GCQ
QI: 847

3-Fluoroamphetamine DMBS

MW: 267.46208
MM: 267.18186
$C_{15}H_{26}FNSi$
RI: 1984 (calc.)

GC/MS
EI 70 eV
GCQ
QI: 654

4-Fluoroamphetamine DMBS

MW: 267.46208
MM: 267.18186
$C_{15}H_{26}FNSi$
RI: 1984 (calc.)

GC/MS
EI 70 eV
TSQ 70
QI: 935

1-(Indan-6-yl)propan-2-amine 2AC

MW: 259.34828
MM: 259.15723
$C_{16}H_{21}NO_2$
RI: 1980 (calc.)

GC/MS
EI 70 eV
TSQ 70
QI: 992

Meprobamate
[2-(Carbamoyloxymethyl)-2-methyl-pentyl] carbamate
expanded
Tranquilizer   LC:GE III, CSA IV

MW: 218.25300
MM: 218.12666
$C_9H_{18}N_2O_4$
CAS: 57-53-4
RI: 1796 (SE 30)

GC/MS
EI 70 eV
GCQ
QI: 485

m/z: 158

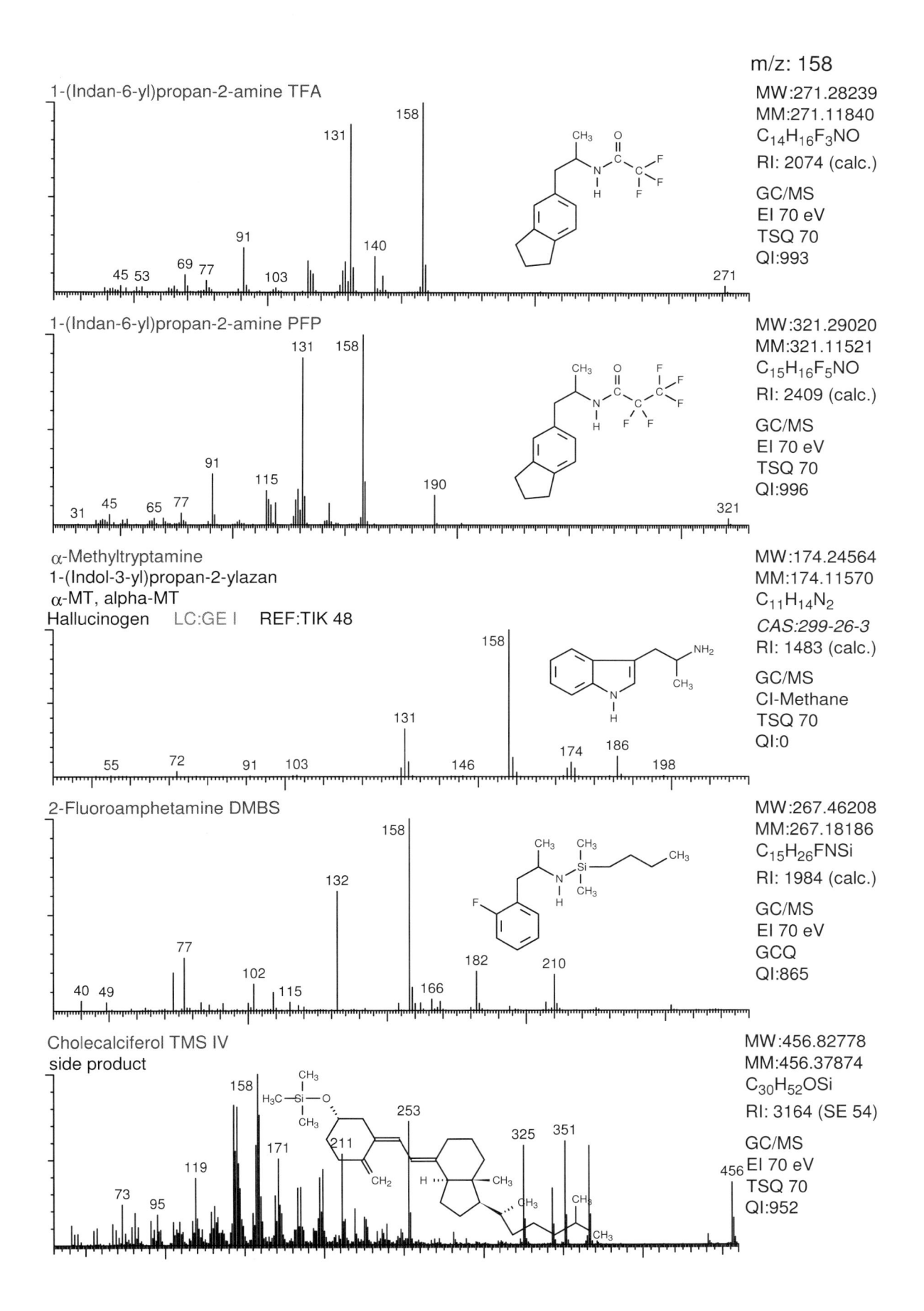

1-(Indan-6-yl)propan-2-amine TFA

MW: 271.28239
MM: 271.11840
$C_{14}H_{16}F_3NO$
RI: 2074 (calc.)

GC/MS
EI 70 eV
TSQ 70
QI: 993

Peaks: 45, 53, 69, 77, 91, 103, 131, 140, 158, 271

1-(Indan-6-yl)propan-2-amine PFP

MW: 321.29020
MM: 321.11521
$C_{15}H_{16}F_5NO$
RI: 2409 (calc.)

GC/MS
EI 70 eV
TSQ 70
QI: 996

Peaks: 31, 45, 65, 77, 91, 115, 131, 158, 190, 321

α-Methyltryptamine
1-(Indol-3-yl)propan-2-ylazan
α-MT, alpha-MT
Hallucinogen   LC:GE I   REF:TIK 48

MW: 174.24564
MM: 174.11570
$C_{11}H_{14}N_2$
CAS: 299-26-3
RI: 1483 (calc.)

GC/MS
CI-Methane
TSQ 70
QI: 0

Peaks: 55, 72, 91, 103, 131, 146, 158, 174, 186, 198

2-Fluoroamphetamine DMBS

MW: 267.46208
MM: 267.18186
$C_{15}H_{26}FNSi$
RI: 1984 (calc.)

GC/MS
EI 70 eV
GCQ
QI: 865

Peaks: 40, 49, 77, 102, 115, 132, 158, 166, 182, 210

Cholecalciferol TMS IV side product

MW: 456.82778
MM: 456.37874
$C_{30}H_{52}OSi$
RI: 3164 (SE 54)

GC/MS
EI 70 eV
TSQ 70
QI: 952

Peaks: 73, 95, 119, 158, 171, 211, 253, 325, 351, 456

m/z: 158

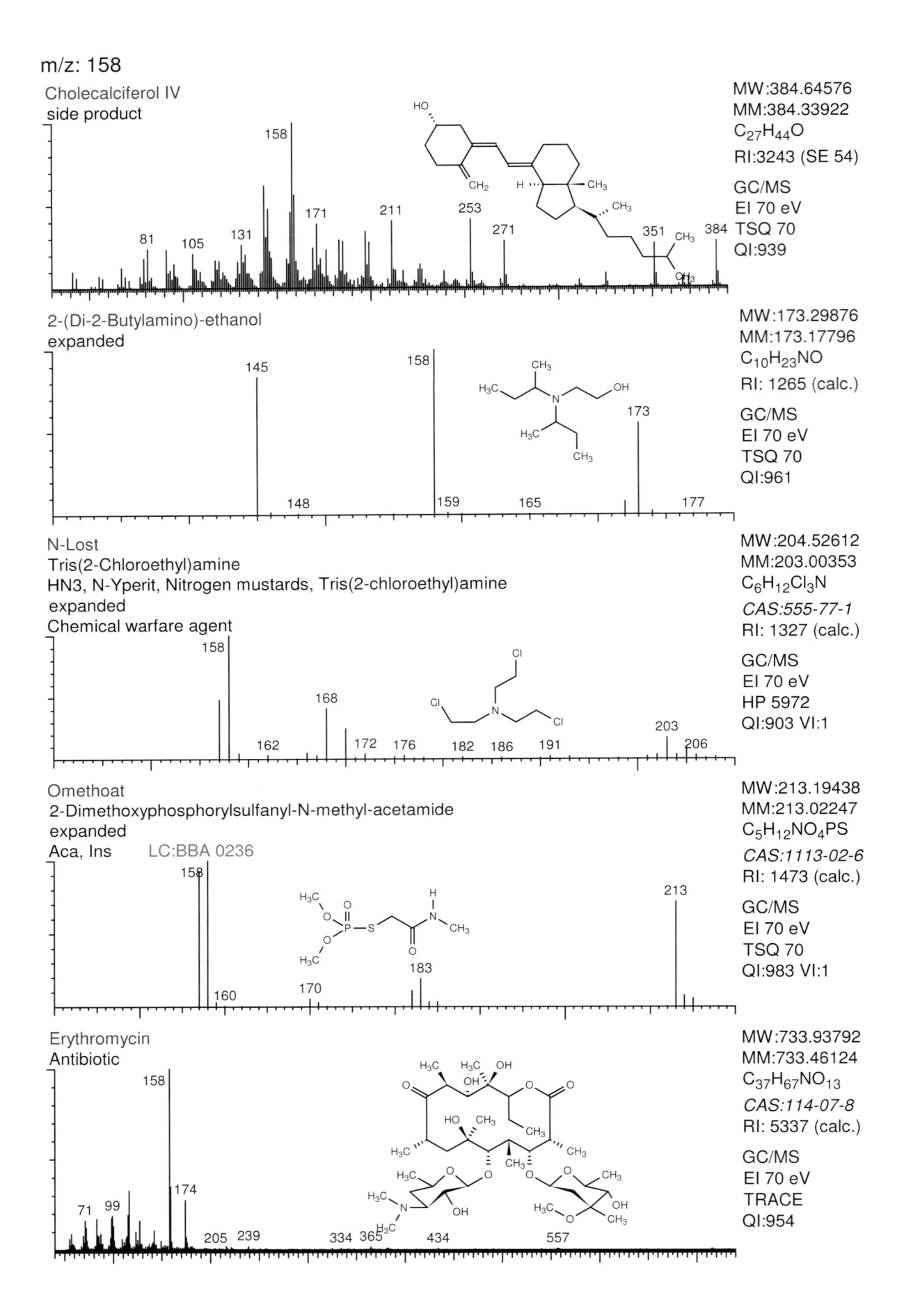

Cholecalciferol IV
side product

MW:384.64576
MM:384.33922
$C_{27}H_{44}O$
RI:3243 (SE 54)

GC/MS
EI 70 eV
TSQ 70
QI:939

Peaks: 81, 105, 131, 158, 171, 211, 253, 271, 351, 384

2-(Di-2-Butylamino)-ethanol
expanded

MW:173.29876
MM:173.17796
$C_{10}H_{23}NO$
RI: 1265 (calc.)

GC/MS
EI 70 eV
TSQ 70
QI:961

Peaks: 145, 148, 158, 159, 165, 173, 177

N-Lost
Tris(2-Chloroethyl)amine
HN3, N-Yperit, Nitrogen mustards, Tris(2-chloroethyl)amine
expanded
Chemical warfare agent

MW:204.52612
MM:203.00353
$C_6H_{12}Cl_3N$
CAS:555-77-1
RI: 1327 (calc.)

GC/MS
EI 70 eV
HP 5972
QI:903 VI:1

Peaks: 158, 162, 168, 172, 176, 182, 186, 191, 203, 206

Omethoat
2-Dimethoxyphosphorylsulfanyl-N-methyl-acetamide
expanded
Aca, Ins   LC:BBA 0236

MW:213.19438
MM:213.02247
$C_5H_{12}NO_4PS$
CAS:1113-02-6
RI: 1473 (calc.)

GC/MS
EI 70 eV
TSQ 70
QI:983 VI:1

Peaks: 158, 160, 170, 183, 213

Erythromycin
Antibiotic

MW:733.93792
MM:733.46124
$C_{37}H_{67}NO_{13}$
CAS:114-07-8
RI: 5337 (calc.)

GC/MS
EI 70 eV
TRACE
QI:954

Peaks: 71, 99, 158, 174, 205, 239, 334, 365, 434, 557

m/z: 158

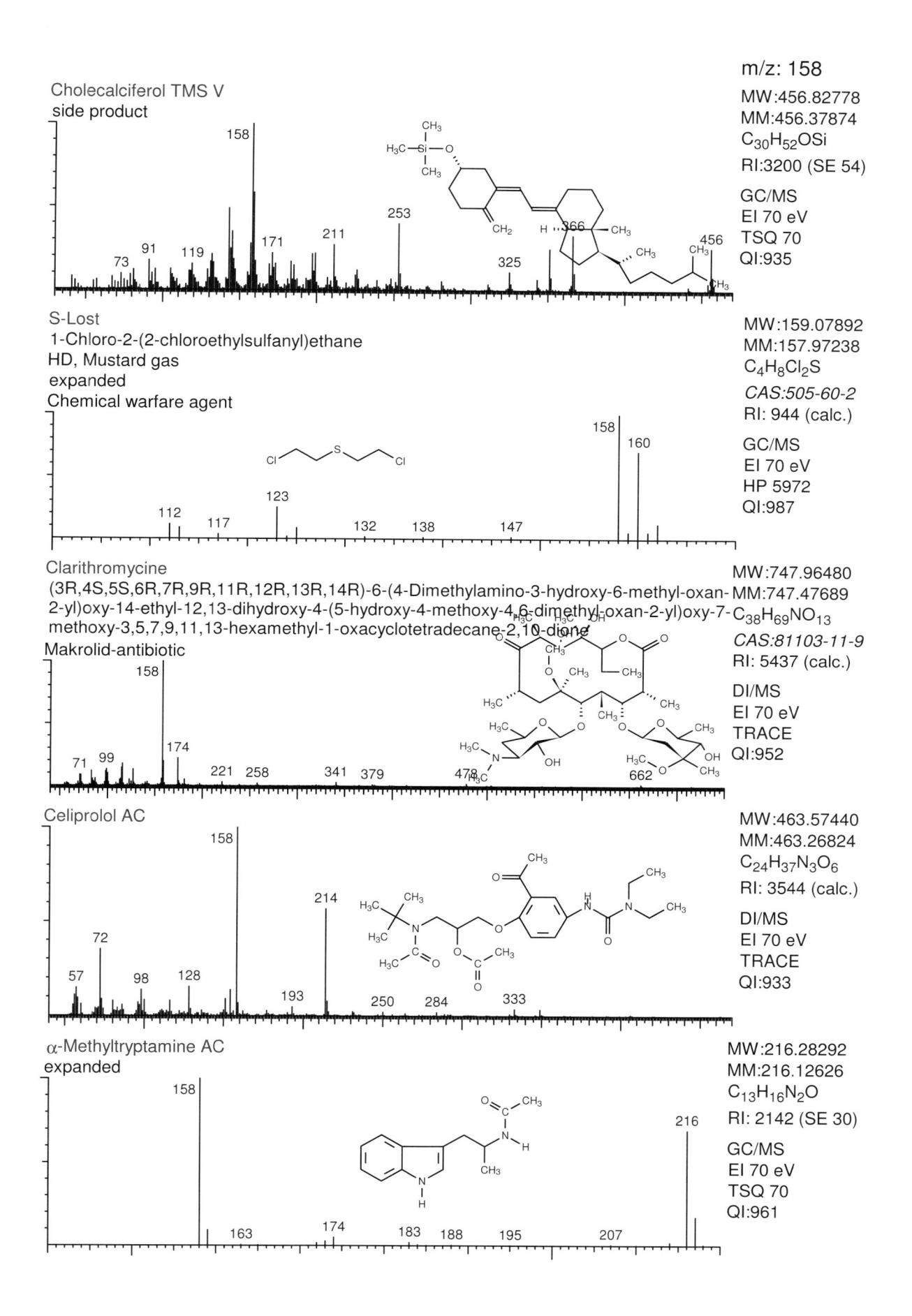

Cholecalciferol TMS V
side product

MW: 456.82778
MM: 456.37874
$C_{30}H_{52}OSi$
RI: 3200 (SE 54)

GC/MS
EI 70 eV
TSQ 70
QI: 935

Peaks: 73, 91, 119, 158, 171, 211, 253, 325, 366, 456

S-Lost
1-Chloro-2-(2-chloroethylsulfanyl)ethane
HD, Mustard gas
expanded
Chemical warfare agent

MW: 159.07892
MM: 157.97238
$C_4H_8Cl_2S$
CAS: 505-60-2
RI: 944 (calc.)

GC/MS
EI 70 eV
HP 5972
QI: 987

Peaks: 112, 117, 123, 132, 138, 147, 158, 160

Clarithromycine
(3R,4S,5S,6R,7R,9R,11R,12R,13R,14R)-6-(4-Dimethylamino-3-hydroxy-6-methyl-oxan-2-yl)oxy-14-ethyl-12,13-dihydroxy-4-(5-hydroxy-4-methoxy-4,6-dimethyl-oxan-2-yl)oxy-7-methoxy-3,5,7,9,11,13-hexamethyl-1-oxacyclotetradecane-2,10-dione
Makrolid-antibiotic

MW: 747.96480
MM: 747.47689
$C_{38}H_{69}NO_{13}$
CAS: 81103-11-9
RI: 5437 (calc.)

DI/MS
EI 70 eV
TRACE
QI: 952

Peaks: 71, 99, 158, 174, 221, 258, 341, 379, 478, 662

Celiprolol AC

MW: 463.57440
MM: 463.26824
$C_{24}H_{37}N_3O_6$
RI: 3544 (calc.)

DI/MS
EI 70 eV
TRACE
QI: 933

Peaks: 57, 72, 98, 128, 158, 193, 214, 250, 284, 333

α-Methyltryptamine AC
expanded

MW: 216.28292
MM: 216.12626
$C_{13}H_{16}N_2O$
RI: 2142 (SE 30)

GC/MS
EI 70 eV
TSQ 70
QI: 961

Peaks: 158, 163, 174, 183, 188, 195, 207, 216

m/z: 158-159

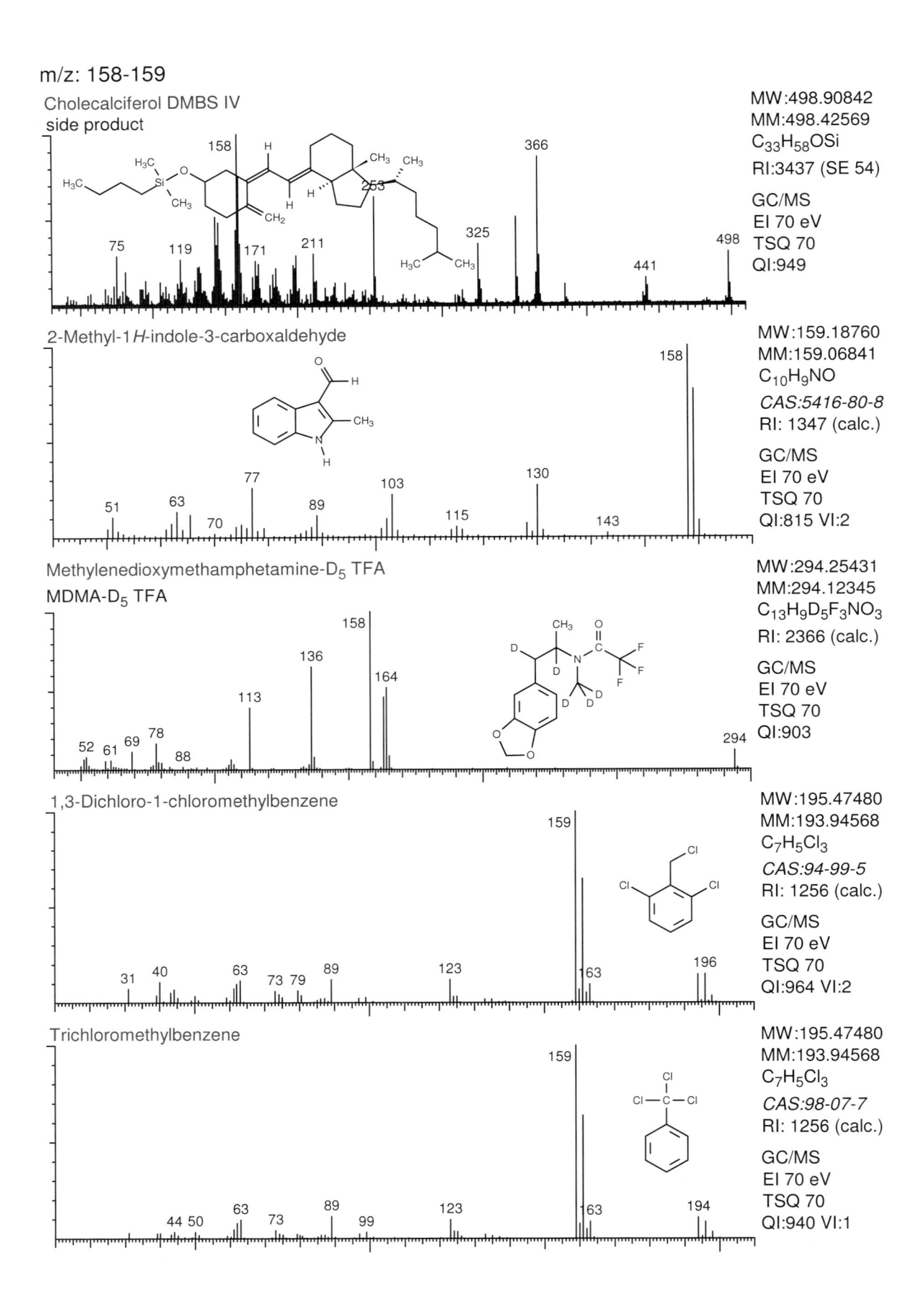

Cholecalciferol DMBS IV side product

MW:498.90842
MM:498.42569
C$_{33}$H$_{58}$OSi
RI:3437 (SE 54)

GC/MS
EI 70 eV
TSQ 70
QI:949

Peaks: 75, 119, 158, 171, 211, 253, 325, 366, 441, 498

2-Methyl-1H-indole-3-carboxaldehyde

MW:159.18760
MM:159.06841
C$_{10}$H$_9$NO
CAS:5416-80-8
RI: 1347 (calc.)

GC/MS
EI 70 eV
TSQ 70
QI:815 VI:2

Peaks: 51, 63, 70, 77, 89, 103, 115, 130, 143, 158

Methylenedioxymethamphetamine-D$_5$ TFA
MDMA-D$_5$ TFA

MW:294.25431
MM:294.12345
C$_{13}$H$_9$D$_5$F$_3$NO$_3$
RI: 2366 (calc.)

GC/MS
EI 70 eV
TSQ 70
QI:903

Peaks: 52, 61, 69, 78, 88, 113, 136, 158, 164, 294

1,3-Dichloro-1-chloromethylbenzene

MW:195.47480
MM:193.94568
C$_7$H$_5$Cl$_3$
CAS:94-99-5
RI: 1256 (calc.)

GC/MS
EI 70 eV
TSQ 70
QI:964 VI:2

Peaks: 31, 40, 63, 73, 79, 89, 123, 159, 163, 196

Trichloromethylbenzene

MW:195.47480
MM:193.94568
C$_7$H$_5$Cl$_3$
CAS:98-07-7
RI: 1256 (calc.)

GC/MS
EI 70 eV
TSQ 70
QI:940 VI:1

Peaks: 44, 50, 63, 73, 89, 99, 123, 159, 163, 194

m/z: 159

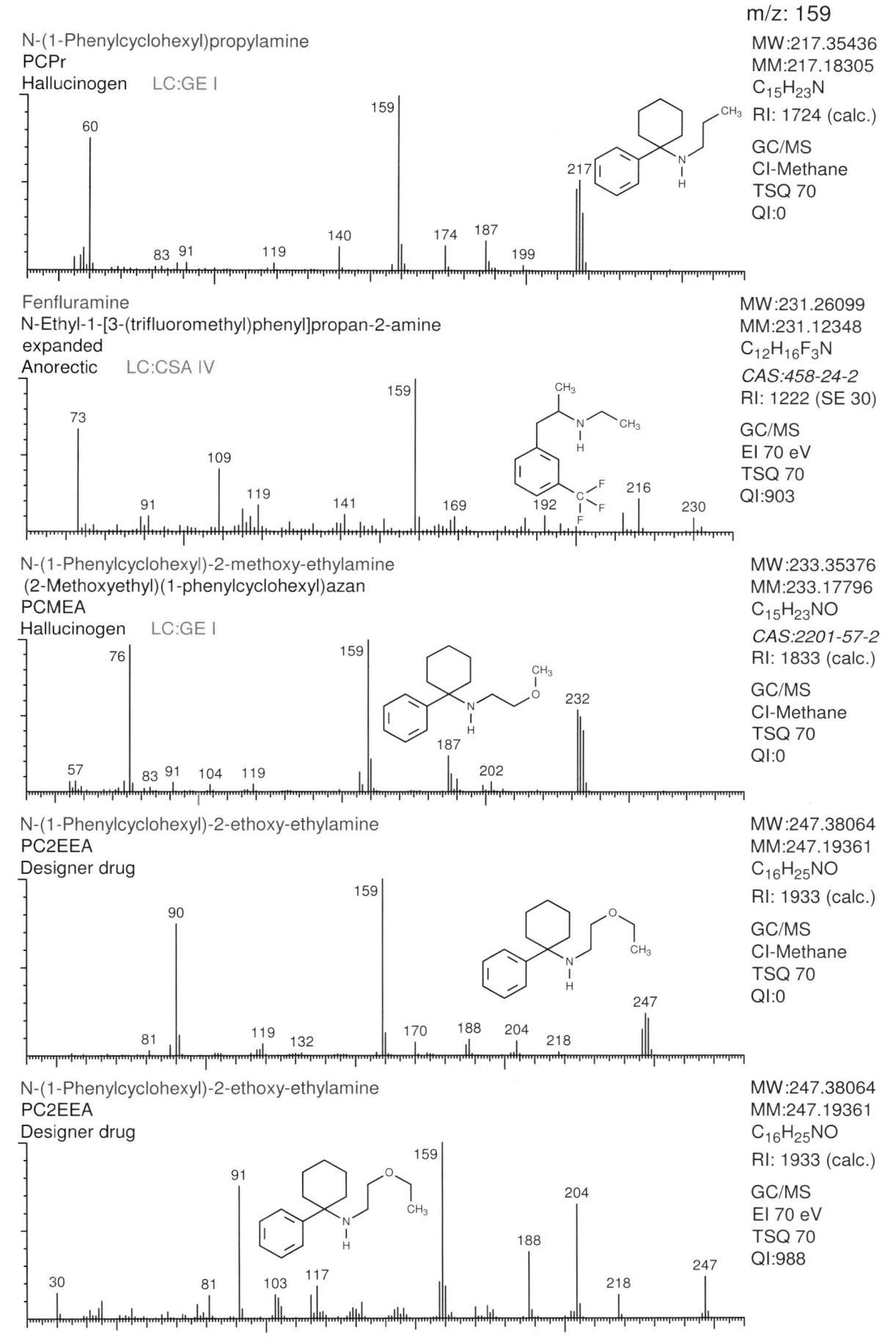

N-(1-Phenylcyclohexyl)propylamine
PCPr
Hallucinogen   LC:GE I

MW: 217.35436
MM: 217.18305
$C_{15}H_{23}N$
RI: 1724 (calc.)

GC/MS
CI-Methane
TSQ 70
QI:0

Peaks: 60, 83, 91, 119, 140, 159, 174, 187, 199, 217

Fenfluramine
N-Ethyl-1-[3-(trifluoromethyl)phenyl]propan-2-amine
expanded
Anorectic   LC:CSA IV

MW: 231.26099
MM: 231.12348
$C_{12}H_{16}F_3N$
CAS: 458-24-2
RI: 1222 (SE 30)

GC/MS
EI 70 eV
TSQ 70
QI:903

Peaks: 73, 91, 109, 119, 141, 159, 169, 192, 216, 230

N-(1-Phenylcyclohexyl)-2-methoxy-ethylamine
(2-Methoxyethyl)(1-phenylcyclohexyl)azan
PCMEA
Hallucinogen   LC:GE I

MW: 233.35376
MM: 233.17796
$C_{15}H_{23}NO$
CAS: 2201-57-2
RI: 1833 (calc.)

GC/MS
CI-Methane
TSQ 70
QI:0

Peaks: 57, 76, 83, 91, 104, 119, 159, 187, 202, 232

N-(1-Phenylcyclohexyl)-2-ethoxy-ethylamine
PC2EEA
Designer drug

MW: 247.38064
MM: 247.19361
$C_{16}H_{25}NO$
RI: 1933 (calc.)

GC/MS
CI-Methane
TSQ 70
QI:0

Peaks: 81, 90, 119, 132, 159, 170, 188, 204, 218, 247

N-(1-Phenylcyclohexyl)-2-ethoxy-ethylamine
PC2EEA
Designer drug

MW: 247.38064
MM: 247.19361
$C_{16}H_{25}NO$
RI: 1933 (calc.)

GC/MS
EI 70 eV
TSQ 70
QI:988

Peaks: 30, 81, 91, 103, 117, 159, 188, 204, 218, 247

m/z: 159

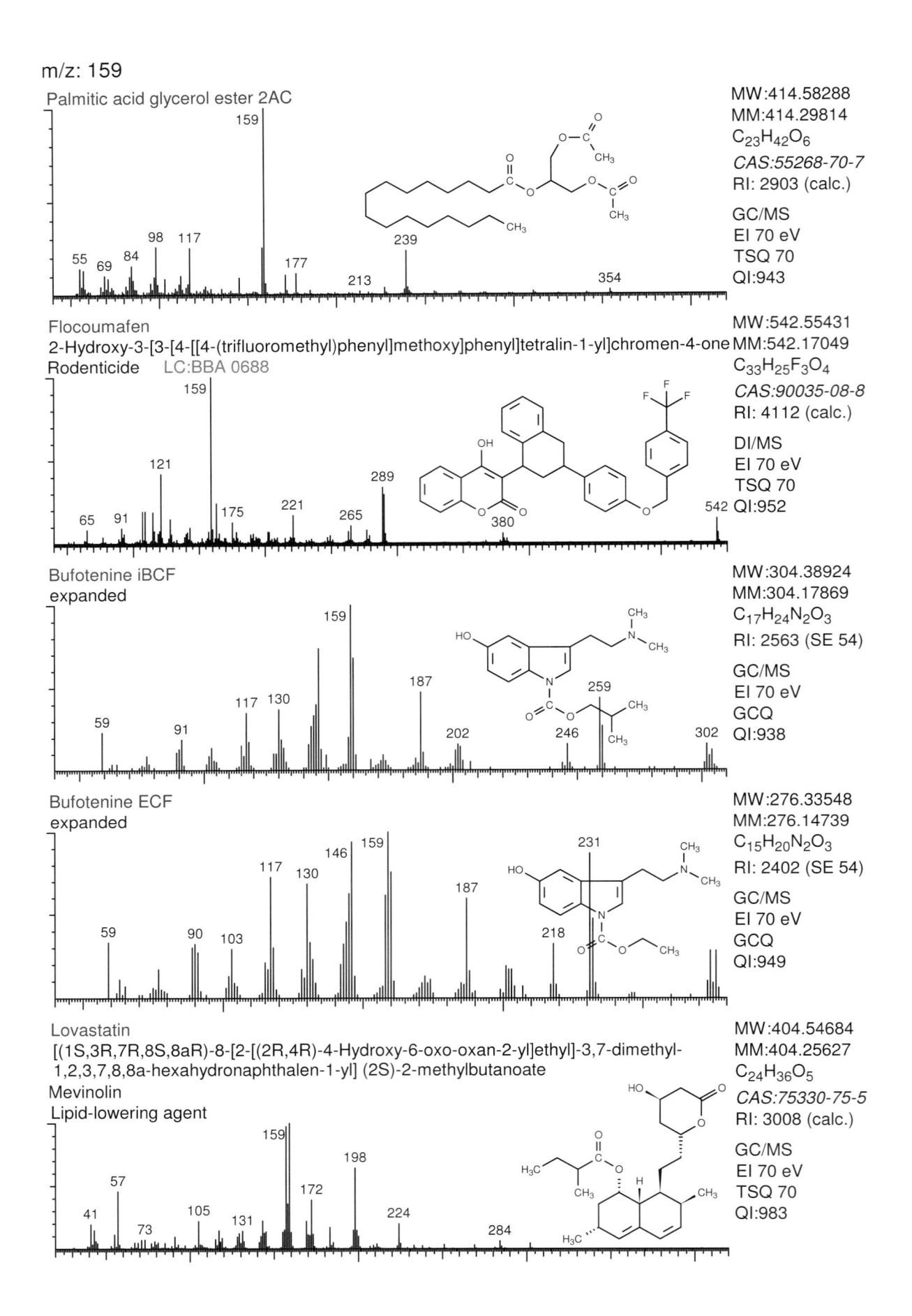

Palmitic acid glycerol ester 2AC

MW:414.58288
MM:414.29814
$C_{23}H_{42}O_6$
CAS:55268-70-7
RI: 2903 (calc.)

GC/MS
EI 70 eV
TSQ 70
QI:943

Flocoumafen
2-Hydroxy-3-[3-[4-[[4-(trifluoromethyl)phenyl]methoxy]phenyl]tetralin-1-yl]chromen-4-one
Rodenticide   LC:BBA 0688

MW:542.55431
MM:542.17049
$C_{33}H_{25}F_3O_4$
CAS:90035-08-8
RI: 4112 (calc.)

DI/MS
EI 70 eV
TSQ 70
QI:952

Bufotenine iBCF
expanded

MW:304.38924
MM:304.17869
$C_{17}H_{24}N_2O_3$
RI: 2563 (SE 54)

GC/MS
EI 70 eV
GCQ
QI:938

Bufotenine ECF
expanded

MW:276.33548
MM:276.14739
$C_{15}H_{20}N_2O_3$
RI: 2402 (SE 54)

GC/MS
EI 70 eV
GCQ
QI:949

Lovastatin
[(1S,3R,7R,8S,8aR)-8-[2-[(2R,4R)-4-Hydroxy-6-oxo-oxan-2-yl]ethyl]-3,7-dimethyl-
1,2,3,7,8,8a-hexahydronaphthalen-1-yl] (2S)-2-methylbutanoate
Mevinolin
Lipid-lowering agent

MW:404.54684
MM:404.25627
$C_{24}H_{36}O_5$
CAS:75330-75-5
RI: 3008 (calc.)

GC/MS
EI 70 eV
TSQ 70
QI:983

m/z: 159

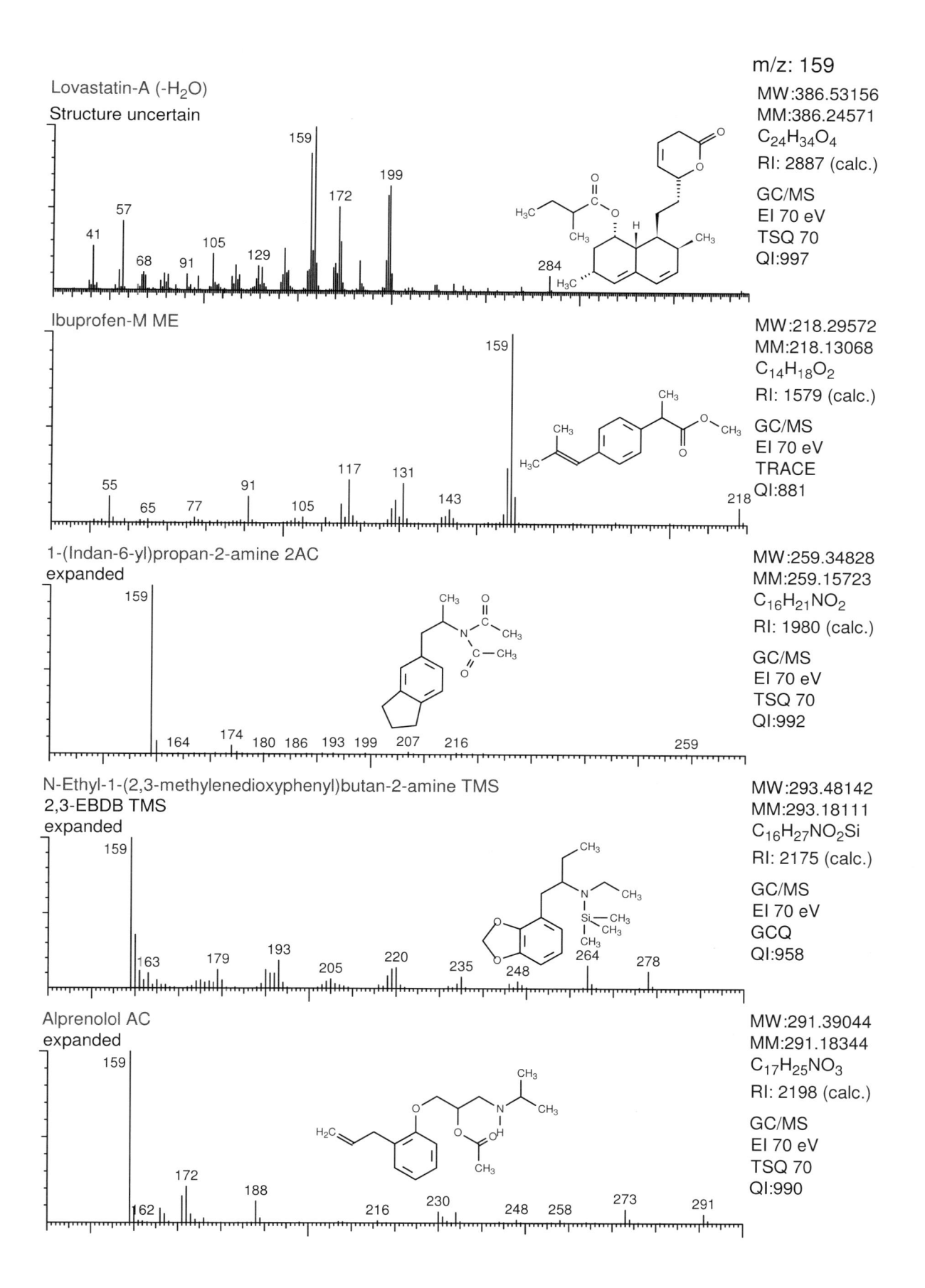

Lovastatin-A (-H₂O)
Structure uncertain

MW:386.53156
MM:386.24571
$C_{24}H_{34}O_4$
RI: 2887 (calc.)

GC/MS
EI 70 eV
TSQ 70
QI:997

Ibuprofen-M ME

MW:218.29572
MM:218.13068
$C_{14}H_{18}O_2$
RI: 1579 (calc.)

GC/MS
EI 70 eV
TRACE
QI:881

1-(Indan-6-yl)propan-2-amine 2AC
expanded

MW:259.34828
MM:259.15723
$C_{16}H_{21}NO_2$
RI: 1980 (calc.)

GC/MS
EI 70 eV
TSQ 70
QI:992

N-Ethyl-1-(2,3-methylenedioxyphenyl)butan-2-amine TMS
2,3-EBDB TMS
expanded

MW:293.48142
MM:293.18111
$C_{16}H_{27}NO_2Si$
RI: 2175 (calc.)

GC/MS
EI 70 eV
GCQ
QI:958

Alprenolol AC
expanded

MW:291.39044
MM:291.18344
$C_{17}H_{25}NO_3$
RI: 2198 (calc.)

GC/MS
EI 70 eV
TSQ 70
QI:990

m/z: 159

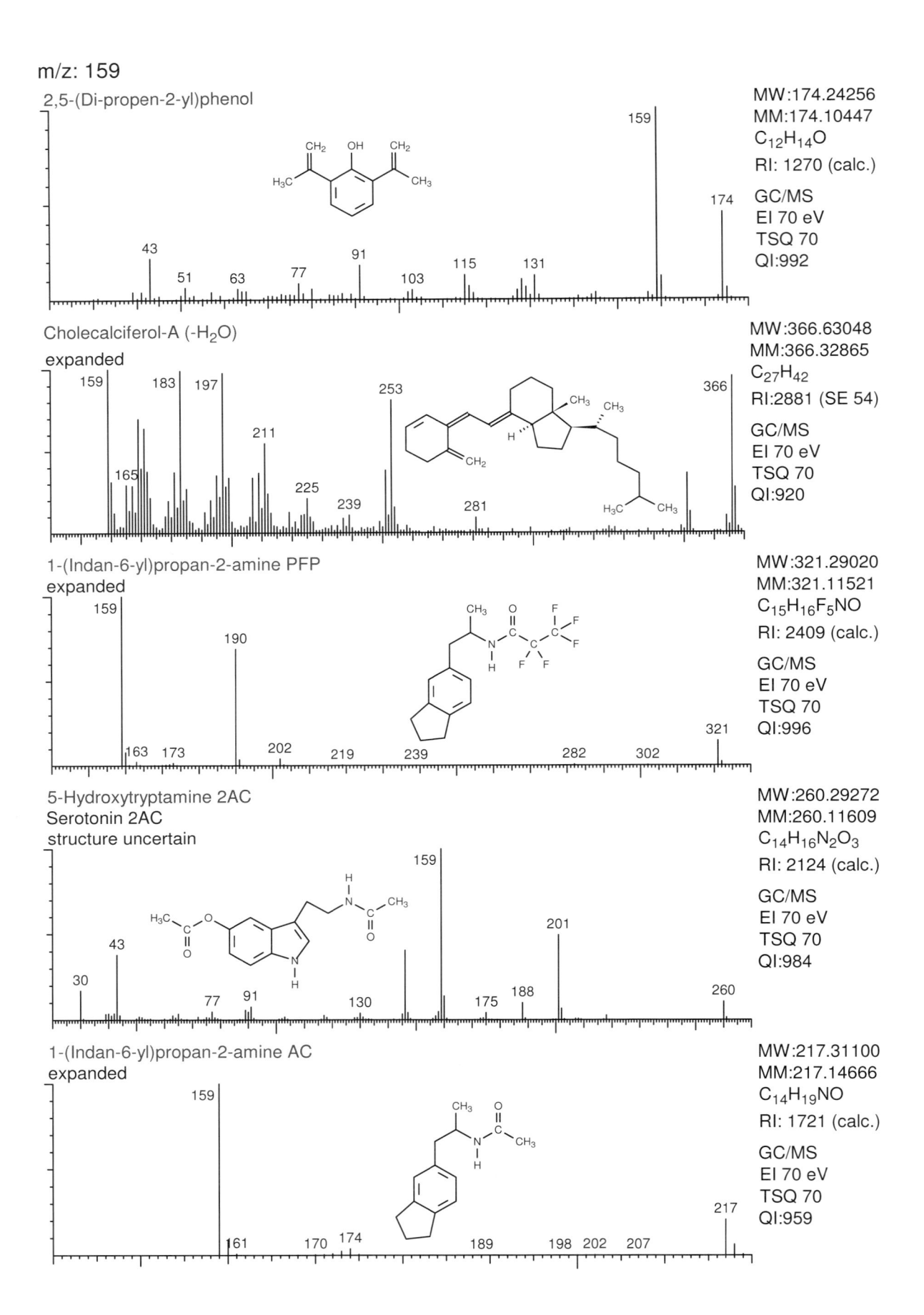

2,5-(Di-propen-2-yl)phenol

MW: 174.24256
MM: 174.10447
$C_{12}H_{14}O$
RI: 1270 (calc.)

GC/MS
EI 70 eV
TSQ 70
QI: 992

Cholecalciferol-A (-H$_2$O)
expanded

MW: 366.63048
MM: 366.32865
$C_{27}H_{42}$
RI: 2881 (SE 54)

GC/MS
EI 70 eV
TSQ 70
QI: 920

1-(Indan-6-yl)propan-2-amine PFP
expanded

MW: 321.29020
MM: 321.11521
$C_{15}H_{16}F_5NO$
RI: 2409 (calc.)

GC/MS
EI 70 eV
TSQ 70
QI: 996

5-Hydroxytryptamine 2AC
Serotonin 2AC
structure uncertain

MW: 260.29272
MM: 260.11609
$C_{14}H_{16}N_2O_3$
RI: 2124 (calc.)

GC/MS
EI 70 eV
TSQ 70
QI: 984

1-(Indan-6-yl)propan-2-amine AC
expanded

MW: 217.31100
MM: 217.14666
$C_{14}H_{19}NO$
RI: 1721 (calc.)

GC/MS
EI 70 eV
TSQ 70
QI: 959

m/z: 159

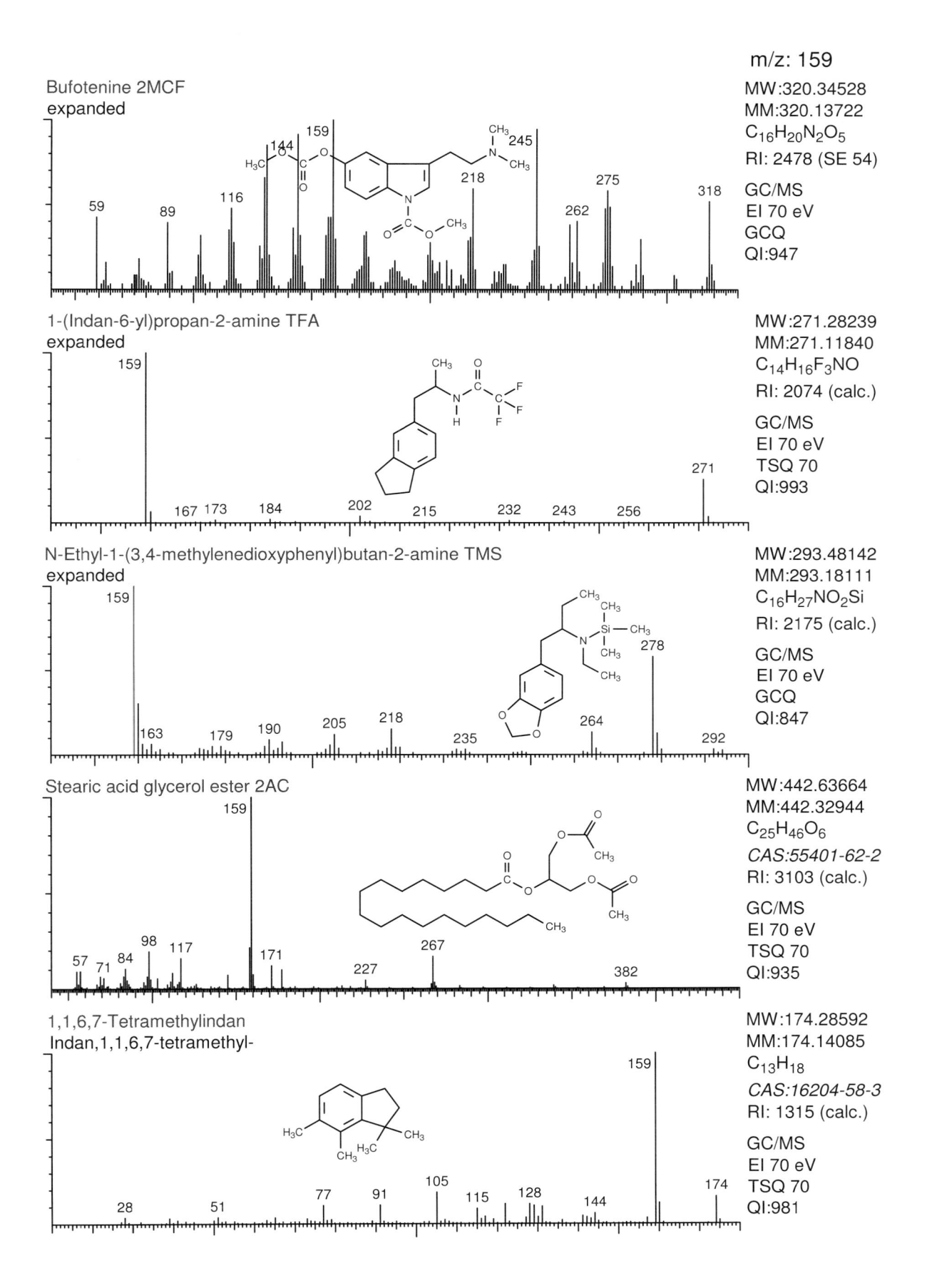

Bufotenine 2MCF expanded

MW:320.34528
MM:320.13722
$C_{16}H_{20}N_2O_5$
RI: 2478 (SE 54)

GC/MS
EI 70 eV
GCQ
QI:947

Peaks: 59, 89, 116, 144, 159, 218, 245, 262, 275, 318

1-(Indan-6-yl)propan-2-amine TFA expanded

MW:271.28239
MM:271.11840
$C_{14}H_{16}F_3NO$
RI: 2074 (calc.)

GC/MS
EI 70 eV
TSQ 70
QI:993

Peaks: 159, 167, 173, 184, 202, 215, 232, 243, 256, 271

N-Ethyl-1-(3,4-methylenedioxyphenyl)butan-2-amine TMS expanded

MW:293.48142
MM:293.18111
$C_{16}H_{27}NO_2Si$
RI: 2175 (calc.)

GC/MS
EI 70 eV
GCQ
QI:847

Peaks: 159, 163, 179, 190, 205, 218, 235, 264, 278, 292

Stearic acid glycerol ester 2AC

MW:442.63664
MM:442.32944
$C_{25}H_{46}O_6$
CAS:55401-62-2
RI: 3103 (calc.)

GC/MS
EI 70 eV
TSQ 70
QI:935

Peaks: 57, 71, 84, 98, 117, 159, 171, 227, 267, 382

1,1,6,7-Tetramethylindan
Indan,1,1,6,7-tetramethyl-

MW:174.28592
MM:174.14085
$C_{13}H_{18}$
CAS:16204-58-3
RI: 1315 (calc.)

GC/MS
EI 70 eV
TSQ 70
QI:981

Peaks: 28, 51, 77, 91, 105, 115, 128, 144, 159, 174

m/z: 159

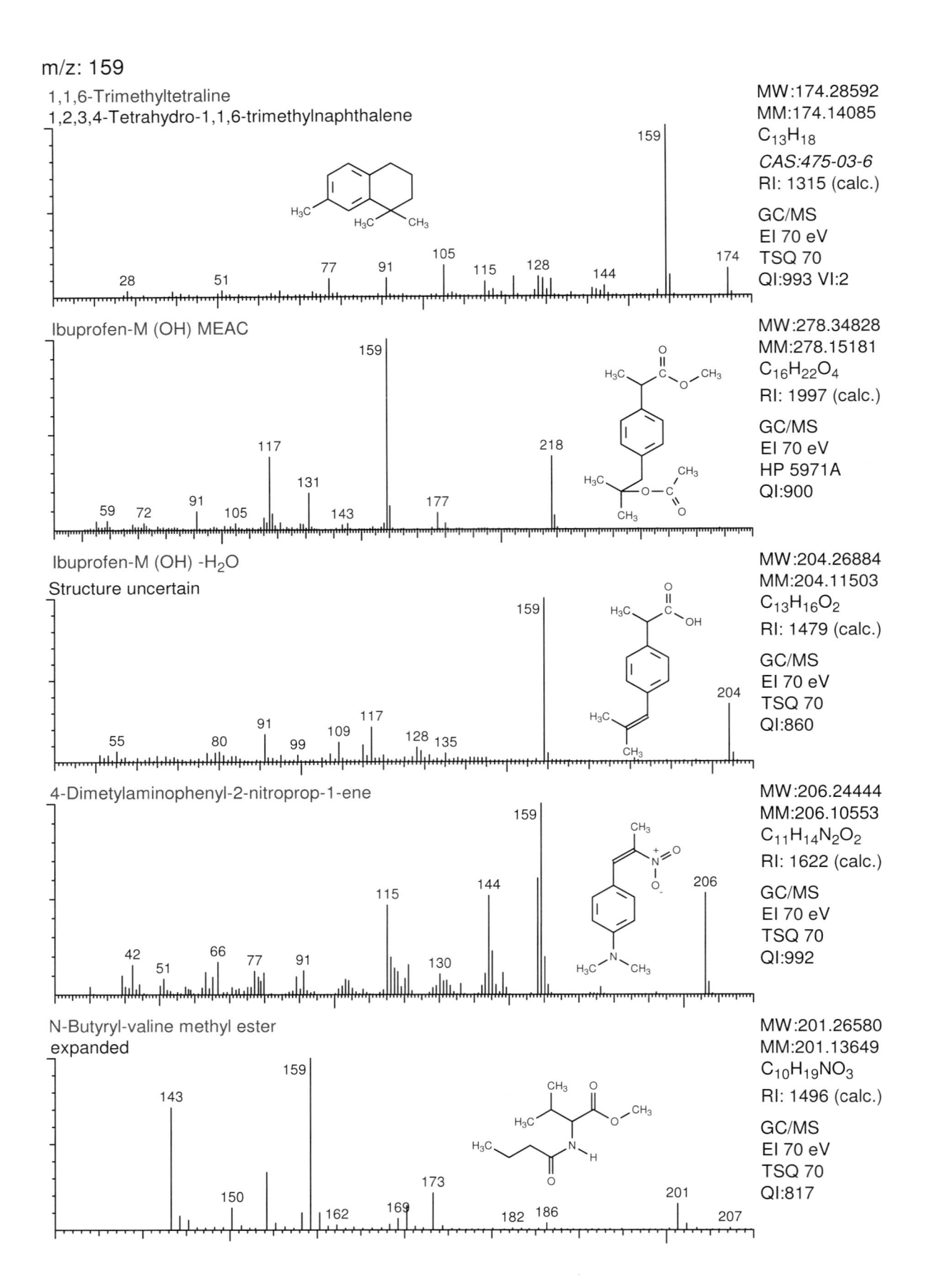

1,1,6-Trimethyltetraline
1,2,3,4-Tetrahydro-1,1,6-trimethylnaphthalene

MW:174.28592
MM:174.14085
$C_{13}H_{18}$
CAS:475-03-6
RI: 1315 (calc.)

GC/MS
EI 70 eV
TSQ 70
QI:993 VI:2

Ibuprofen-M (OH) MEAC

MW:278.34828
MM:278.15181
$C_{16}H_{22}O_4$
RI: 1997 (calc.)

GC/MS
EI 70 eV
HP 5971A
QI:900

Ibuprofen-M (OH) -H$_2$O
Structure uncertain

MW:204.26884
MM:204.11503
$C_{13}H_{16}O_2$
RI: 1479 (calc.)

GC/MS
EI 70 eV
TSQ 70
QI:860

4-Dimetylaminophenyl-2-nitroprop-1-ene

MW:206.24444
MM:206.10553
$C_{11}H_{14}N_2O_2$
RI: 1622 (calc.)

GC/MS
EI 70 eV
TSQ 70
QI:992

N-Butyryl-valine methyl ester
expanded

MW:201.26580
MM:201.13649
$C_{10}H_{19}NO_3$
RI: 1496 (calc.)

GC/MS
EI 70 eV
TSQ 70
QI:817

m/z: 160

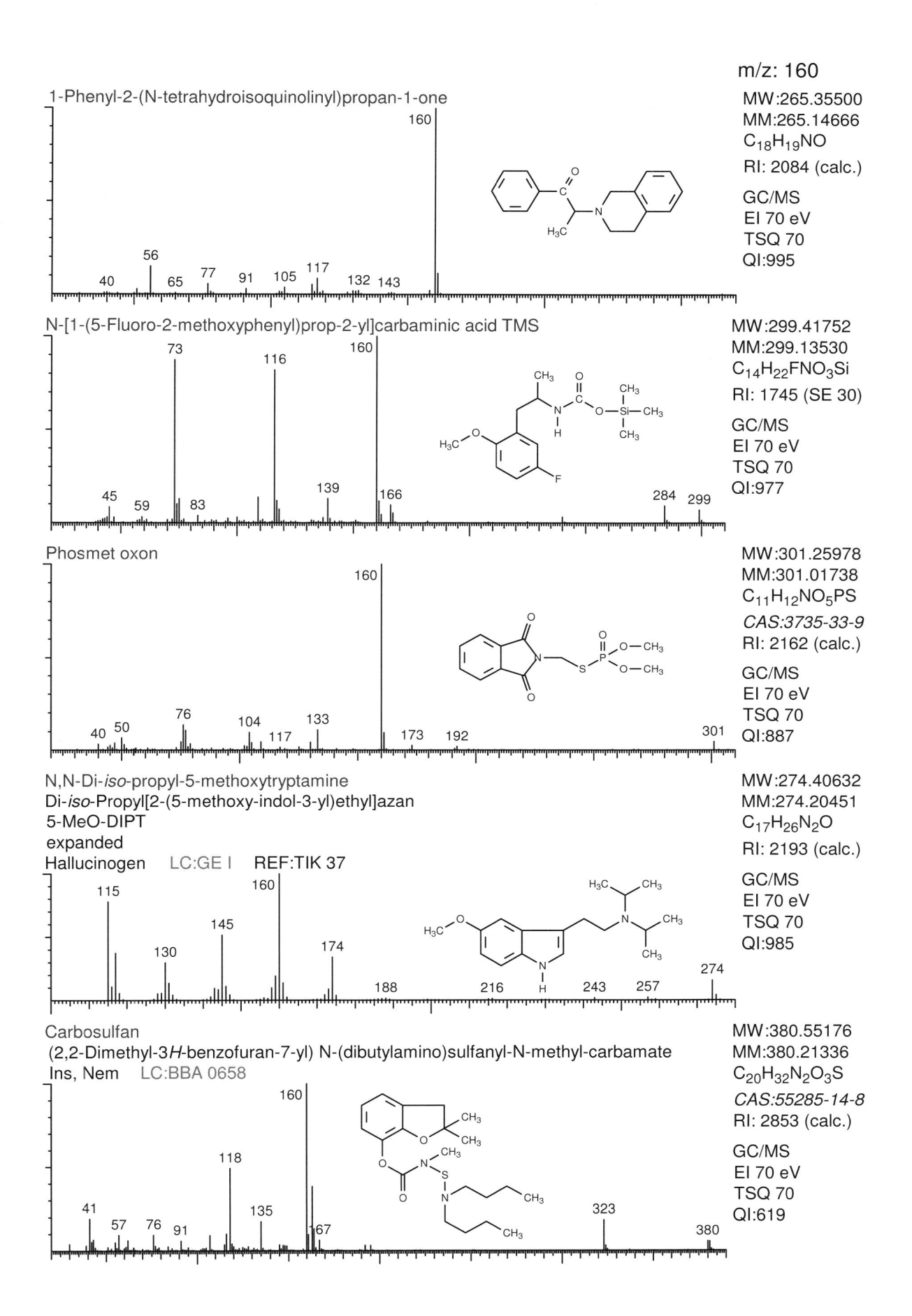

1-Phenyl-2-(N-tetrahydroisoquinolinyl)propan-1-one

MW: 265.35500
MM: 265.14666
$C_{18}H_{19}NO$
RI: 2084 (calc.)

GC/MS
EI 70 eV
TSQ 70
QI: 995

Peaks: 40, 56, 65, 77, 91, 105, 117, 132, 143, 160

N-[1-(5-Fluoro-2-methoxyphenyl)prop-2-yl]carbaminic acid TMS

MW: 299.41752
MM: 299.13530
$C_{14}H_{22}FNO_3Si$
RI: 1745 (SE 30)

GC/MS
EI 70 eV
TSQ 70
QI: 977

Peaks: 45, 59, 73, 83, 116, 139, 160, 166, 284, 299

Phosmet oxon

MW: 301.25978
MM: 301.01738
$C_{11}H_{12}NO_5PS$
CAS: 3735-33-9
RI: 2162 (calc.)

GC/MS
EI 70 eV
TSQ 70
QI: 887

Peaks: 40, 50, 76, 104, 117, 133, 160, 173, 192, 301

N,N-Di-iso-propyl-5-methoxytryptamine
Di-iso-Propyl[2-(5-methoxy-indol-3-yl)ethyl]azan
5-MeO-DIPT
expanded
Hallucinogen   LC:GE I   REF:TIK 37

MW: 274.40632
MM: 274.20451
$C_{17}H_{26}N_2O$
RI: 2193 (calc.)

GC/MS
EI 70 eV
TSQ 70
QI: 985

Peaks: 115, 130, 145, 160, 174, 188, 216, 243, 257, 274

Carbosulfan
(2,2-Dimethyl-3H-benzofuran-7-yl) N-(dibutylamino)sulfanyl-N-methyl-carbamate
Ins, Nem   LC:BBA 0658

MW: 380.55176
MM: 380.21336
$C_{20}H_{32}N_2O_3S$
CAS: 55285-14-8
RI: 2853 (calc.)

GC/MS
EI 70 eV
TSQ 70
QI: 619

Peaks: 41, 57, 76, 91, 118, 135, 160, 167, 323, 380

m/z: 160

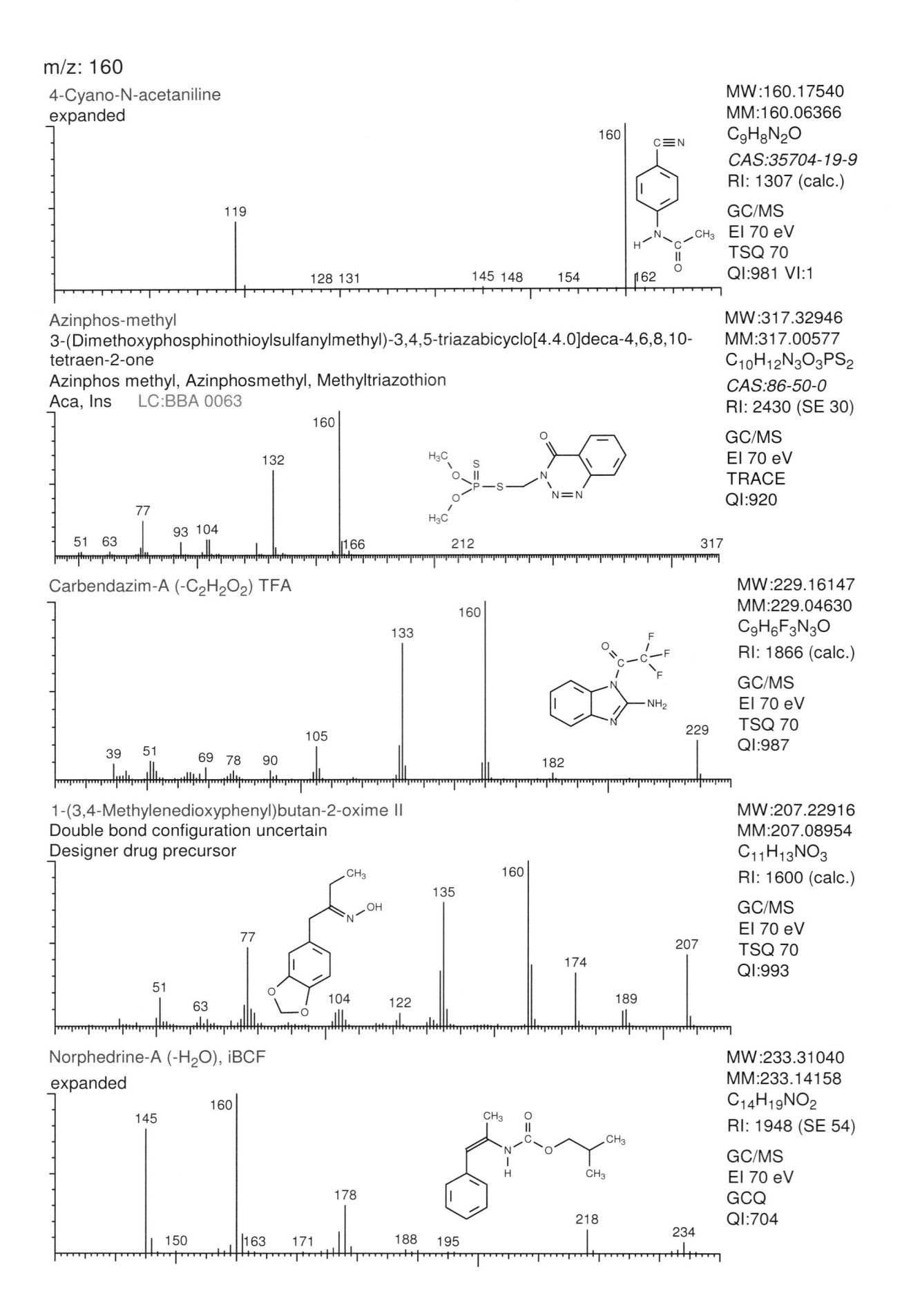

4-Cyano-N-acetaniline
expanded

MW:160.17540
MM:160.06366
$C_9H_8N_2O$
CAS:35704-19-9
RI: 1307 (calc.)

GC/MS
EI 70 eV
TSQ 70
QI:981 VI:1

Azinphos-methyl
3-(Dimethoxyphosphinothioylsulfanylmethyl)-3,4,5-triazabicyclo[4.4.0]deca-4,6,8,10-tetraen-2-one
Azinphos methyl, Azinphosmethyl, Methyltriazothion
Aca, Ins   LC:BBA 0063

MW:317.32946
MM:317.00577
$C_{10}H_{12}N_3O_3PS_2$
CAS:86-50-0
RI: 2430 (SE 30)

GC/MS
EI 70 eV
TRACE
QI:920

Carbendazim-A ($-C_2H_2O_2$) TFA

MW:229.16147
MM:229.04630
$C_9H_6F_3N_3O$
RI: 1866 (calc.)

GC/MS
EI 70 eV
TSQ 70
QI:987

1-(3,4-Methylenedioxyphenyl)butan-2-oxime II
Double bond configuration uncertain
Designer drug precursor

MW:207.22916
MM:207.08954
$C_{11}H_{13}NO_3$
RI: 1600 (calc.)

GC/MS
EI 70 eV
TSQ 70
QI:993

Norphedrine-A ($-H_2O$), iBCF
expanded

MW:233.31040
MM:233.14158
$C_{14}H_{19}NO_2$
RI: 1948 (SE 54)

GC/MS
EI 70 eV
GCQ
QI:704

m/z: 160

Psilocine 2PROP expanded

MW: 316.40024
MM: 316.17869
$C_{18}H_{24}N_2O_3$
RI: 2448 (calc.)

GC/MS
EI 70 eV
GCQ
QI: 915

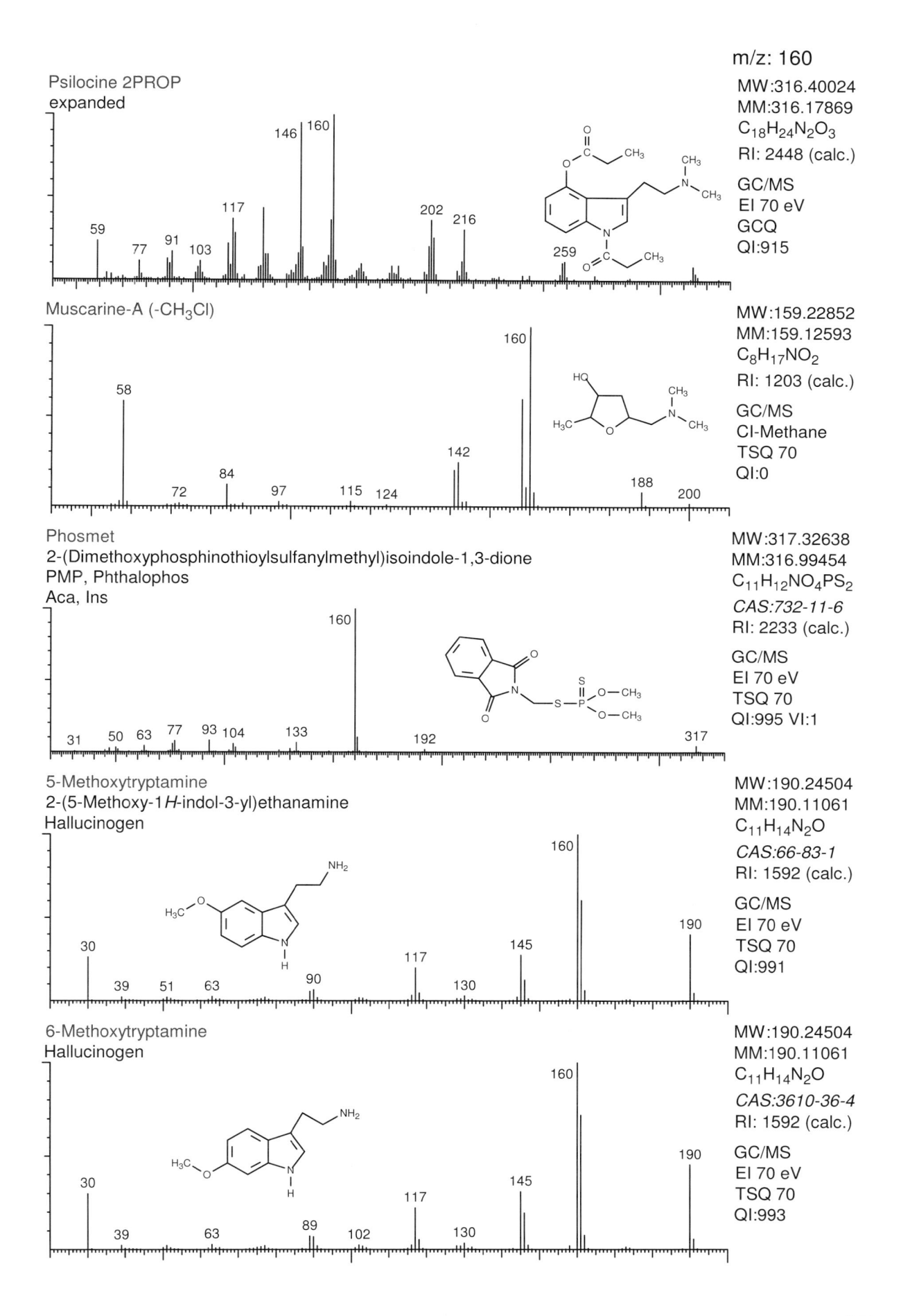

Peaks: 59, 77, 91, 103, 117, 146, 160, 202, 216, 259

Muscarine-A (-CH₃Cl)

MW: 159.22852
MM: 159.12593
$C_8H_{17}NO_2$
RI: 1203 (calc.)

GC/MS
CI-Methane
TSQ 70
QI: 0

Peaks: 58, 72, 84, 97, 115, 124, 142, 160, 188, 200

Phosmet
2-(Dimethoxyphosphinothioylsulfanylmethyl)isoindole-1,3-dione
PMP, Phthalophos
Aca, Ins

MW: 317.32638
MM: 316.99454
$C_{11}H_{12}NO_4PS_2$
CAS: 732-11-6
RI: 2233 (calc.)

GC/MS
EI 70 eV
TSQ 70
QI: 995 VI: 1

Peaks: 31, 50, 63, 77, 93, 104, 133, 160, 192, 317

5-Methoxytryptamine
2-(5-Methoxy-1H-indol-3-yl)ethanamine
Hallucinogen

MW: 190.24504
MM: 190.11061
$C_{11}H_{14}N_2O$
CAS: 66-83-1
RI: 1592 (calc.)

GC/MS
EI 70 eV
TSQ 70
QI: 991

Peaks: 30, 39, 51, 63, 90, 117, 130, 145, 160, 190

6-Methoxytryptamine
Hallucinogen

MW: 190.24504
MM: 190.11061
$C_{11}H_{14}N_2O$
CAS: 3610-36-4
RI: 1592 (calc.)

GC/MS
EI 70 eV
TSQ 70
QI: 993

Peaks: 30, 39, 63, 89, 102, 117, 130, 145, 160, 190

m/z: 160

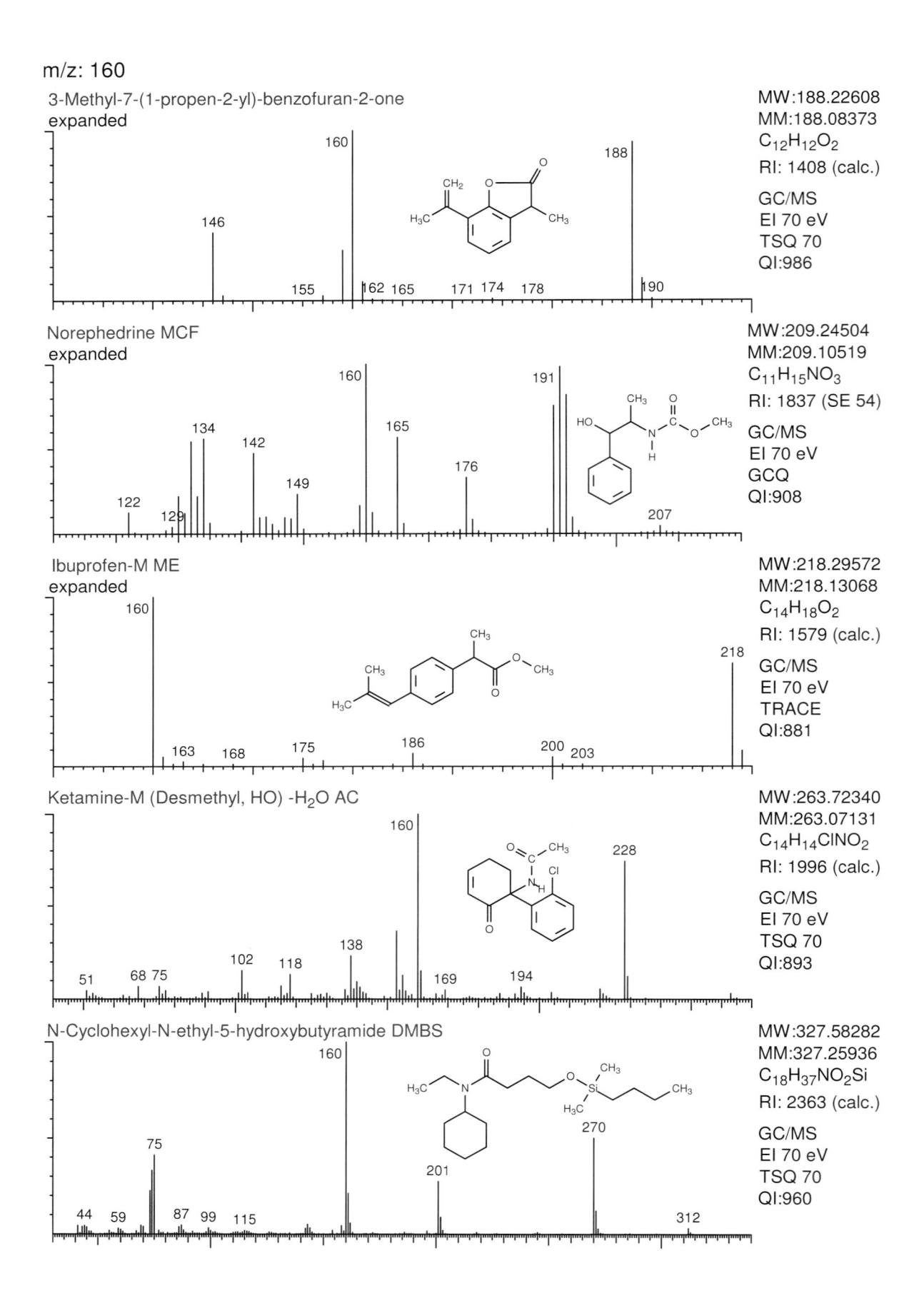

3-Methyl-7-(1-propen-2-yl)-benzofuran-2-one expanded

MW: 188.22608
MM: 188.08373
$C_{12}H_{12}O_2$
RI: 1408 (calc.)

GC/MS
EI 70 eV
TSQ 70
QI: 986

Norephedrine MCF expanded

MW: 209.24504
MM: 209.10519
$C_{11}H_{15}NO_3$
RI: 1837 (SE 54)

GC/MS
EI 70 eV
GCQ
QI: 908

Ibuprofen-M ME expanded

MW: 218.29572
MM: 218.13068
$C_{14}H_{18}O_2$
RI: 1579 (calc.)

GC/MS
EI 70 eV
TRACE
QI: 881

Ketamine-M (Desmethyl, HO) -H₂O AC

MW: 263.72340
MM: 263.07131
$C_{14}H_{14}ClNO_2$
RI: 1996 (calc.)

GC/MS
EI 70 eV
TSQ 70
QI: 893

N-Cyclohexyl-N-ethyl-5-hydroxybutyramide DMBS

MW: 327.58282
MM: 327.25936
$C_{18}H_{37}NO_2Si$
RI: 2363 (calc.)

GC/MS
EI 70 eV
TSQ 70
QI: 960

m/z: 160

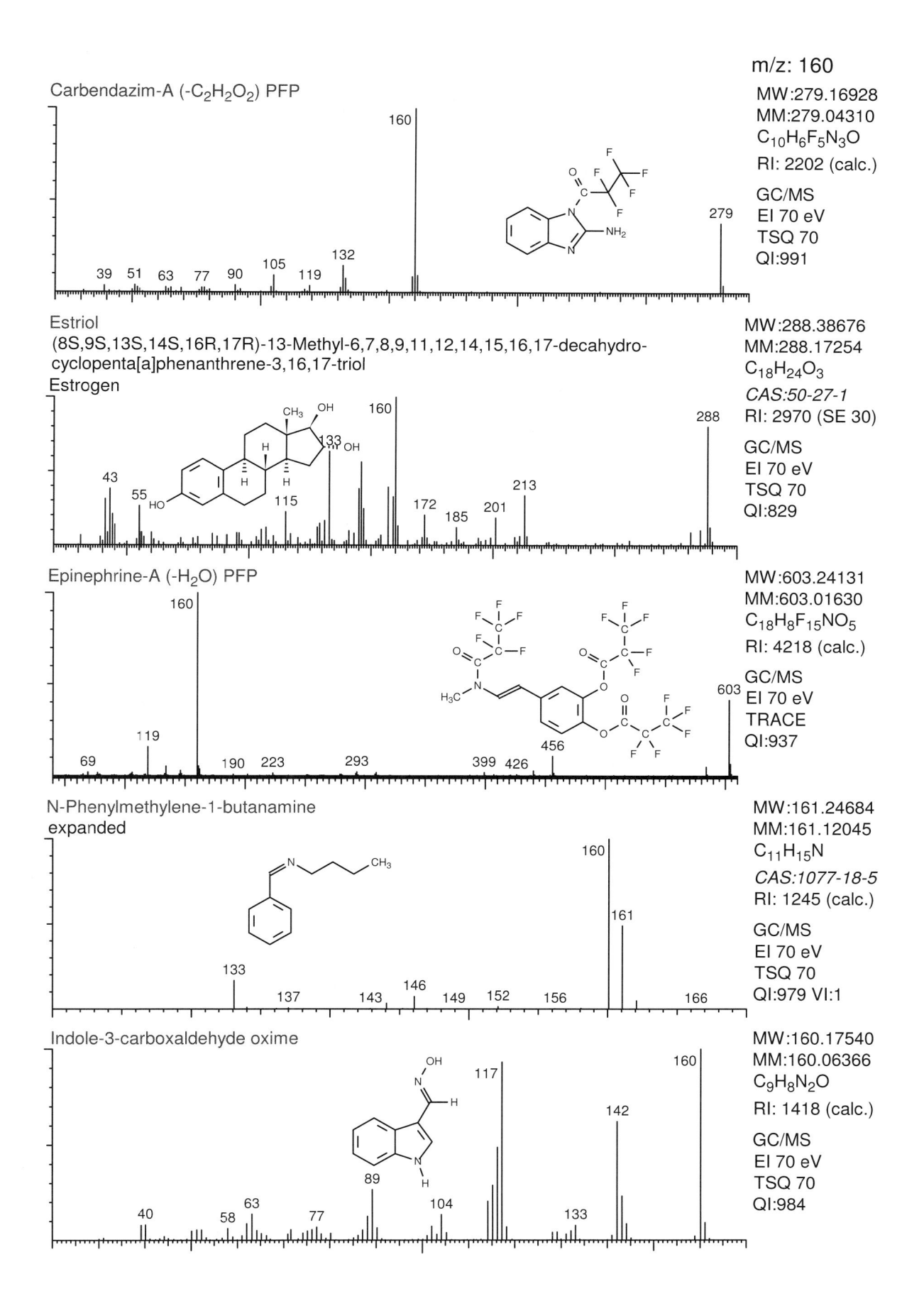

Carbendazim-A (-C₂H₂O₂) PFP

MW: 279.16928
MM: 279.04310
$C_{10}H_6F_5N_3O$
RI: 2202 (calc.)

GC/MS
EI 70 eV
TSQ 70
QI: 991

Peaks: 39, 51, 63, 77, 90, 105, 119, 132, 160, 279

Estriol
(8S,9S,13S,14S,16R,17R)-13-Methyl-6,7,8,9,11,12,14,15,16,17-decahydro-cyclopenta[a]phenanthrene-3,16,17-triol
Estrogen

MW: 288.38676
MM: 288.17254
$C_{18}H_{24}O_3$
CAS: 50-27-1
RI: 2970 (SE 30)

GC/MS
EI 70 eV
TSQ 70
QI: 829

Peaks: 43, 55, 115, 133, 160, 172, 185, 201, 213, 288

Epinephrine-A (-H₂O) PFP

MW: 603.24131
MM: 603.01630
$C_{18}H_8F_{15}NO_5$
RI: 4218 (calc.)

GC/MS
EI 70 eV
TRACE
QI: 937

Peaks: 69, 119, 160, 190, 223, 293, 399, 426, 456, 603

N-Phenylmethylene-1-butanamine
expanded

MW: 161.24684
MM: 161.12045
$C_{11}H_{15}N$
CAS: 1077-18-5
RI: 1245 (calc.)

GC/MS
EI 70 eV
TSQ 70
QI: 979 VI: 1

Peaks: 133, 137, 143, 146, 149, 152, 156, 160, 161, 166

Indole-3-carboxaldehyde oxime

MW: 160.17540
MM: 160.06366
$C_9H_8N_2O$
RI: 1418 (calc.)

GC/MS
EI 70 eV
TSQ 70
QI: 984

Peaks: 40, 58, 63, 77, 89, 104, 117, 133, 142, 160

m/z: 160-161

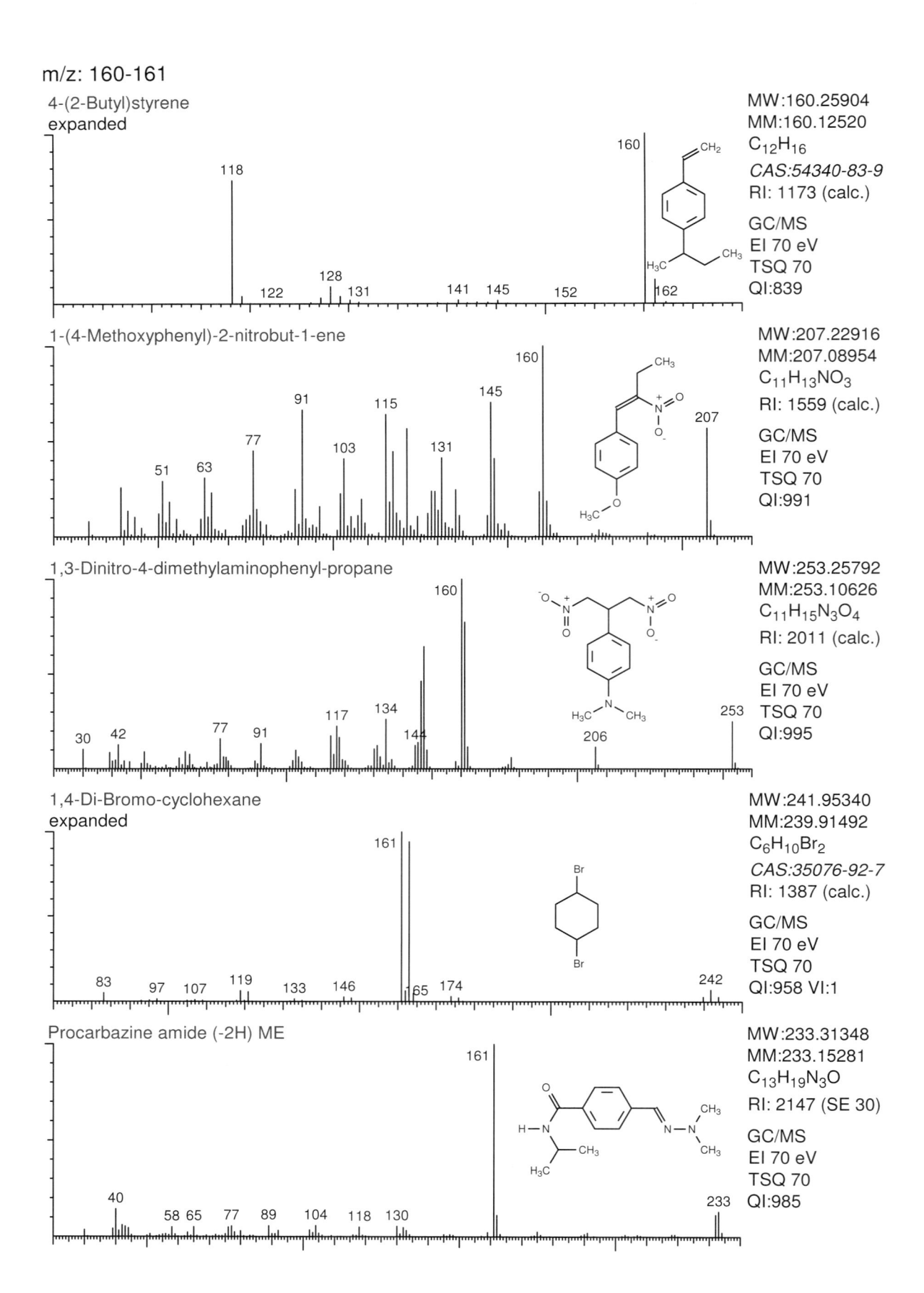

4-(2-Butyl)styrene expanded

Peaks: 118, 122, 128, 131, 141, 145, 152, 160, 162

MW: 160.25904
MM: 160.12520
$C_{12}H_{16}$
CAS: 54340-83-9
RI: 1173 (calc.)

GC/MS
EI 70 eV
TSQ 70
QI: 839

1-(4-Methoxyphenyl)-2-nitrobut-1-ene

Peaks: 51, 63, 77, 91, 103, 115, 131, 145, 160, 207

MW: 207.22916
MM: 207.08954
$C_{11}H_{13}NO_3$
RI: 1559 (calc.)

GC/MS
EI 70 eV
TSQ 70
QI: 991

1,3-Dinitro-4-dimethylaminophenyl-propane

Peaks: 30, 42, 77, 91, 117, 134, 144, 160, 206, 253

MW: 253.25792
MM: 253.10626
$C_{11}H_{15}N_3O_4$
RI: 2011 (calc.)

GC/MS
EI 70 eV
TSQ 70
QI: 995

1,4-Di-Bromo-cyclohexane expanded

Peaks: 83, 97, 107, 119, 133, 146, 161, 165, 174, 242

MW: 241.95340
MM: 239.91492
$C_6H_{10}Br_2$
CAS: 35076-92-7
RI: 1387 (calc.)

GC/MS
EI 70 eV
TSQ 70
QI: 958 VI:1

Procarbazine amide (-2H) ME

Peaks: 40, 58, 65, 77, 89, 104, 118, 130, 161, 233

MW: 233.31348
MM: 233.15281
$C_{13}H_{19}N_3O$
RI: 2147 (SE 30)

GC/MS
EI 70 eV
TSQ 70
QI: 985

m/z: 161

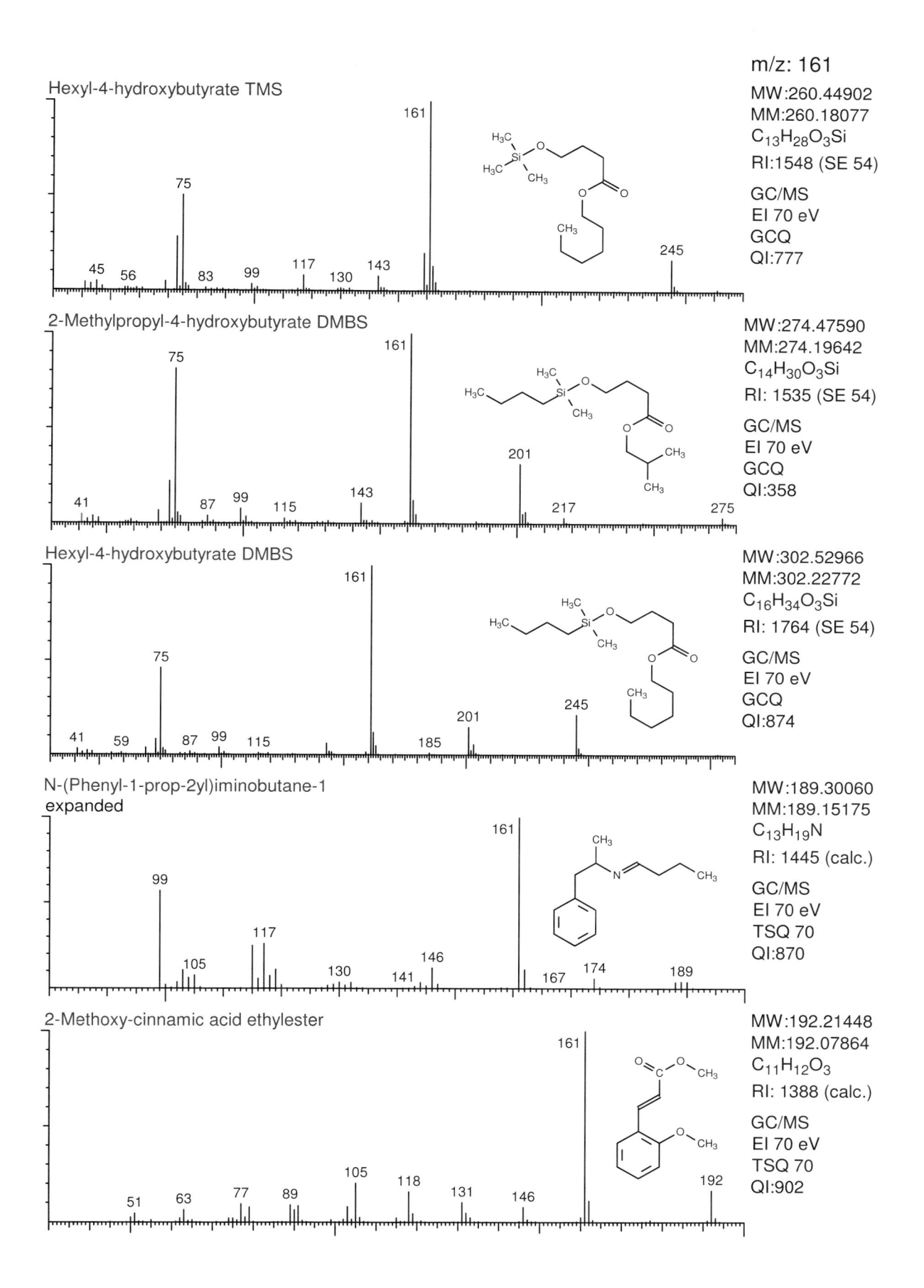

Hexyl-4-hydroxybutyrate TMS

MW:260.44902
MM:260.18077
$C_{13}H_{28}O_3Si$
RI:1548 (SE 54)

GC/MS
EI 70 eV
GCQ
QI:777

Peaks: 45, 56, 75, 83, 99, 117, 130, 143, 161, 245

2-Methylpropyl-4-hydroxybutyrate DMBS

MW:274.47590
MM:274.19642
$C_{14}H_{30}O_3Si$
RI: 1535 (SE 54)

GC/MS
EI 70 eV
GCQ
QI:358

Peaks: 41, 75, 87, 99, 115, 143, 161, 201, 217, 275

Hexyl-4-hydroxybutyrate DMBS

MW:302.52966
MM:302.22772
$C_{16}H_{34}O_3Si$
RI: 1764 (SE 54)

GC/MS
EI 70 eV
GCQ
QI:874

Peaks: 41, 59, 75, 87, 99, 115, 161, 185, 201, 245

N-(Phenyl-1-prop-2yl)iminobutane-1
expanded

MW:189.30060
MM:189.15175
$C_{13}H_{19}N$
RI: 1445 (calc.)

GC/MS
EI 70 eV
TSQ 70
QI:870

Peaks: 99, 105, 117, 130, 141, 146, 161, 167, 174, 189

2-Methoxy-cinnamic acid ethylester

MW:192.21448
MM:192.07864
$C_{11}H_{12}O_3$
RI: 1388 (calc.)

GC/MS
EI 70 eV
TSQ 70
QI:902

Peaks: 51, 63, 77, 89, 105, 118, 131, 146, 161, 192

m/z: 161

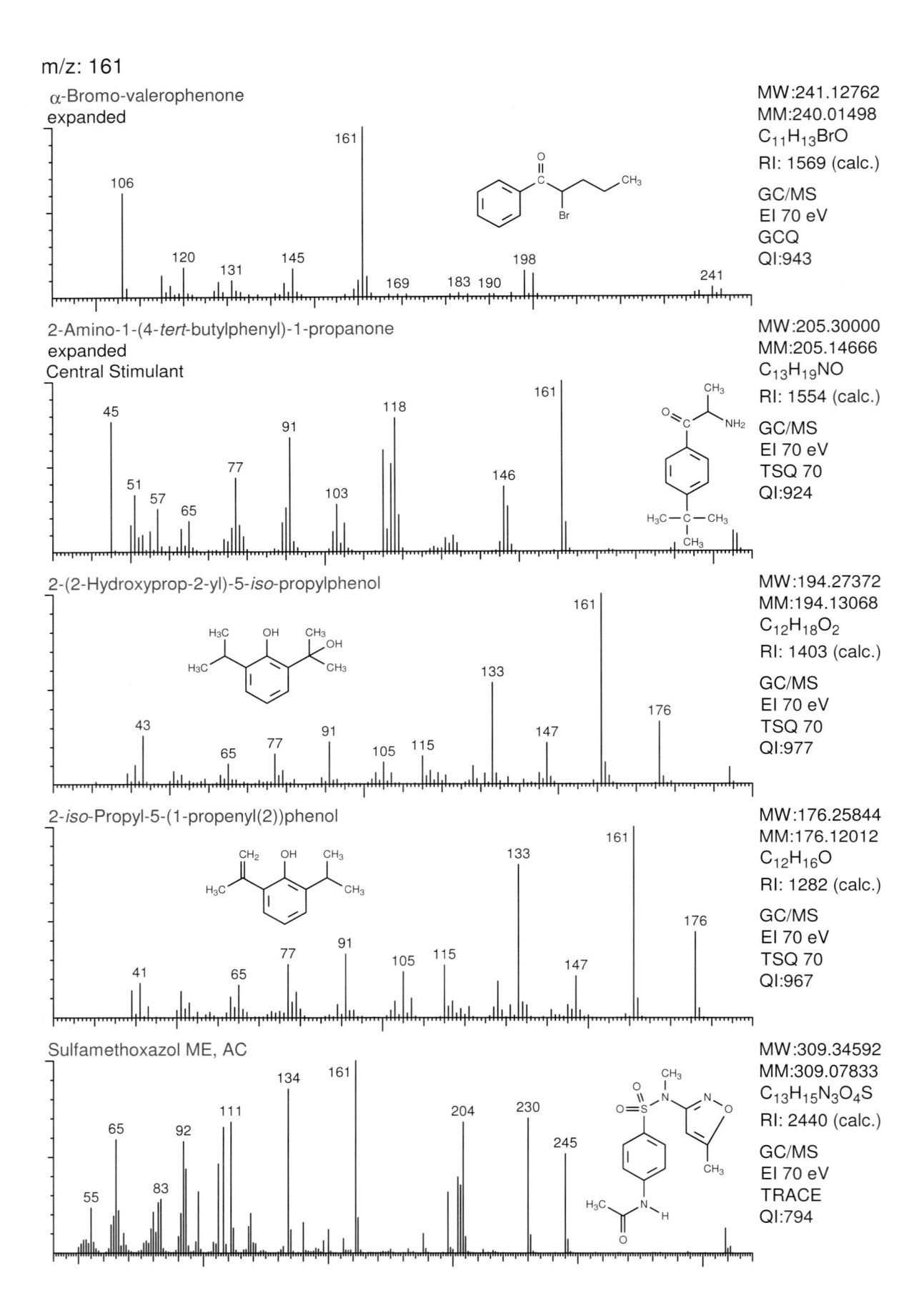

α-Bromo-valerophenone
expanded

Peaks: 106, 120, 131, 145, 161, 169, 183, 190, 198, 241

MW: 241.12762
MM: 240.01498
$C_{11}H_{13}BrO$
RI: 1569 (calc.)

GC/MS
EI 70 eV
GCQ
QI: 943

2-Amino-1-(4-*tert*-butylphenyl)-1-propanone
expanded
Central Stimulant

Peaks: 45, 51, 57, 65, 77, 91, 103, 118, 146, 161

MW: 205.30000
MM: 205.14666
$C_{13}H_{19}NO$
RI: 1554 (calc.)

GC/MS
EI 70 eV
TSQ 70
QI: 924

2-(2-Hydroxyprop-2-yl)-5-*iso*-propylphenol

Peaks: 43, 65, 77, 91, 105, 115, 133, 147, 161, 176

MW: 194.27372
MM: 194.13068
$C_{12}H_{18}O_2$
RI: 1403 (calc.)

GC/MS
EI 70 eV
TSQ 70
QI: 977

2-*iso*-Propyl-5-(1-propenyl(2))phenol

Peaks: 41, 65, 77, 91, 105, 115, 133, 147, 161, 176

MW: 176.25844
MM: 176.12012
$C_{12}H_{16}O$
RI: 1282 (calc.)

GC/MS
EI 70 eV
TSQ 70
QI: 967

Sulfamethoxazol ME, AC

Peaks: 55, 65, 83, 92, 111, 134, 161, 204, 230, 245

MW: 309.34592
MM: 309.07833
$C_{13}H_{15}N_3O_4S$
RI: 2440 (calc.)

GC/MS
EI 70 eV
TRACE
QI: 794

m/z: 161

2-Amino-1-(4-*tert*-butylphenyl)-1-propanone TFA

MW: 301.30867
MM: 301.12896
C$_{15}$H$_{18}$F$_3$NO$_2$
RI: 2242 (calc.)

GC/MS
EI 70 eV
TSQ 70
QI: 991

Peaks: 41, 57, 69, 78, 91, 105, 118, 133, 161, 286

1-Phenyl-2-(N-tetrahydroisoquinolinyl)propan-1-one
expanded

MW: 265.35500
MM: 265.14666
C$_{18}$H$_{19}$NO
RI: 2084 (calc.)

GC/MS
EI 70 eV
TSQ 70
QI: 995

Peaks: 161, 165, 178, 191, 202, 207, 220, 234, 250, 265

Ibuprofen
2-[4-(2-Methylpropyl)phenyl]propanoic acid
2-(4-(But-2-yl)phenyl)propanoic acid
Antiphlogistic

MW: 206.28472
MM: 206.13068
C$_{13}$H$_{18}$O$_2$
CAS: 61054-06-6
RI: 1616 (SE 30)

GC/MS
EI 70 eV
TSQ 70
QI: 993 VI: 1

Peaks: 41, 51, 57, 65, 77, 91, 107, 119, 161, 206

Clonidine-A AC
N-(2,6-Dichlorophenyl)acetamide

MW: 204.05512
MM: 202.99047
C$_8$H$_7$Cl$_2$NO
CAS: 17700-54-8
RI: 1472 (calc.)

GC/MS
EI 70 eV
TSQ 70
QI: 869 VI: 1

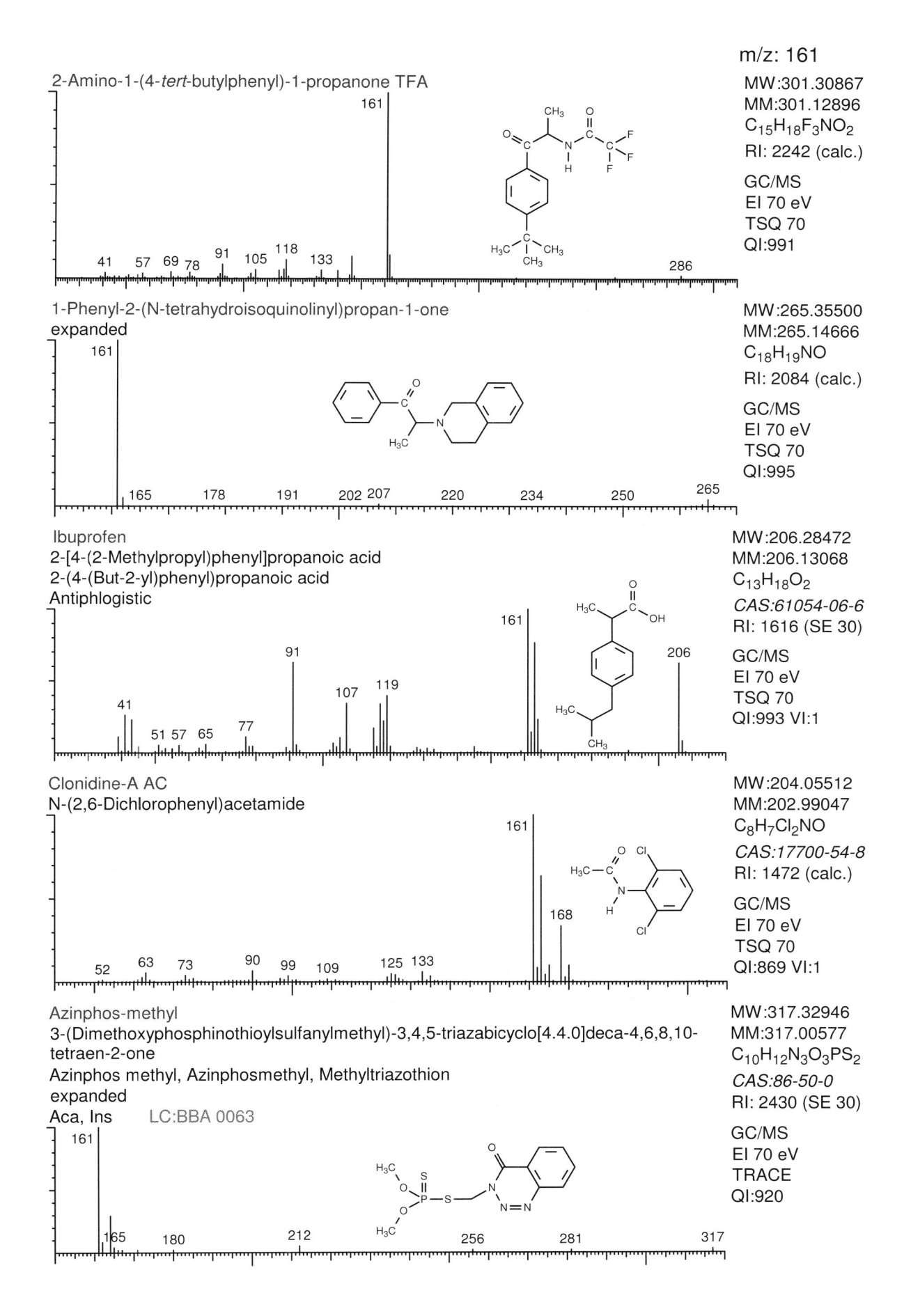

Peaks: 52, 63, 73, 90, 99, 109, 125, 133, 161, 168

Azinphos-methyl
3-(Dimethoxyphosphinothioylsulfanylmethyl)-3,4,5-triazabicyclo[4.4.0]deca-4,6,8,10-tetraen-2-one
Azinphos methyl, Azinphosmethyl, Methyltriazothion
expanded
Aca, Ins   LC: BBA 0063

MW: 317.32946
MM: 317.00577
C$_{10}$H$_{12}$N$_3$O$_3$PS$_2$
CAS: 86-50-0
RI: 2430 (SE 30)

GC/MS
EI 70 eV
TRACE
QI: 920

Peaks: 161, 165, 180, 212, 256, 281, 317

m/z: 161

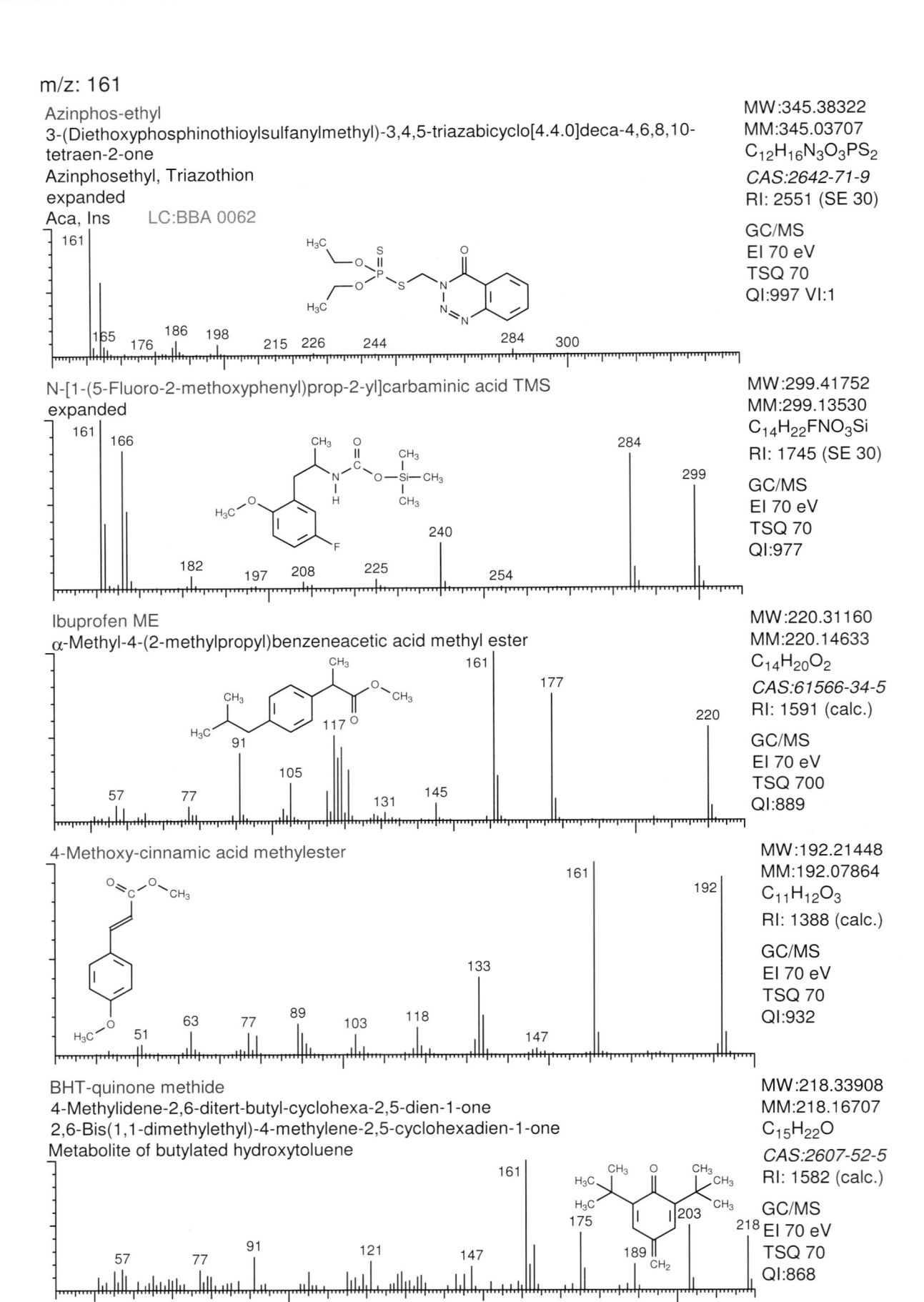

Azinphos-ethyl
3-(Diethoxyphosphinothioylsulfanylmethyl)-3,4,5-triazabicyclo[4.4.0]deca-4,6,8,10-tetraen-2-one
Azinphosethyl, Triazothion
expanded
Aca, Ins   LC:BBA 0062

MW:345.38322
MM:345.03707
$C_{12}H_{16}N_3O_3PS_2$
CAS:2642-71-9
RI: 2551 (SE 30)

GC/MS
EI 70 eV
TSQ 70
QI:997 VI:1

N-[1-(5-Fluoro-2-methoxyphenyl)prop-2-yl]carbaminic acid TMS
expanded

MW:299.41752
MM:299.13530
$C_{14}H_{22}FNO_3Si$
RI: 1745 (SE 30)

GC/MS
EI 70 eV
TSQ 70
QI:977

Ibuprofen ME
α-Methyl-4-(2-methylpropyl)benzeneacetic acid methyl ester

MW:220.31160
MM:220.14633
$C_{14}H_{20}O_2$
CAS:61566-34-5
RI: 1591 (calc.)

GC/MS
EI 70 eV
TSQ 700
QI:889

4-Methoxy-cinnamic acid methylester

MW:192.21448
MM:192.07864
$C_{11}H_{12}O_3$
RI: 1388 (calc.)

GC/MS
EI 70 eV
TSQ 70
QI:932

BHT-quinone methide
4-Methylidene-2,6-ditert-butyl-cyclohexa-2,5-dien-1-one
2,6-Bis(1,1-dimethylethyl)-4-methylene-2,5-cyclohexadien-1-one
Metabolite of butylated hydroxytoluene

MW:218.33908
MM:218.16707
$C_{15}H_{22}O$
CAS:2607-52-5
RI: 1582 (calc.)

GC/MS
EI 70 eV
TSQ 70
QI:868

m/z: 161

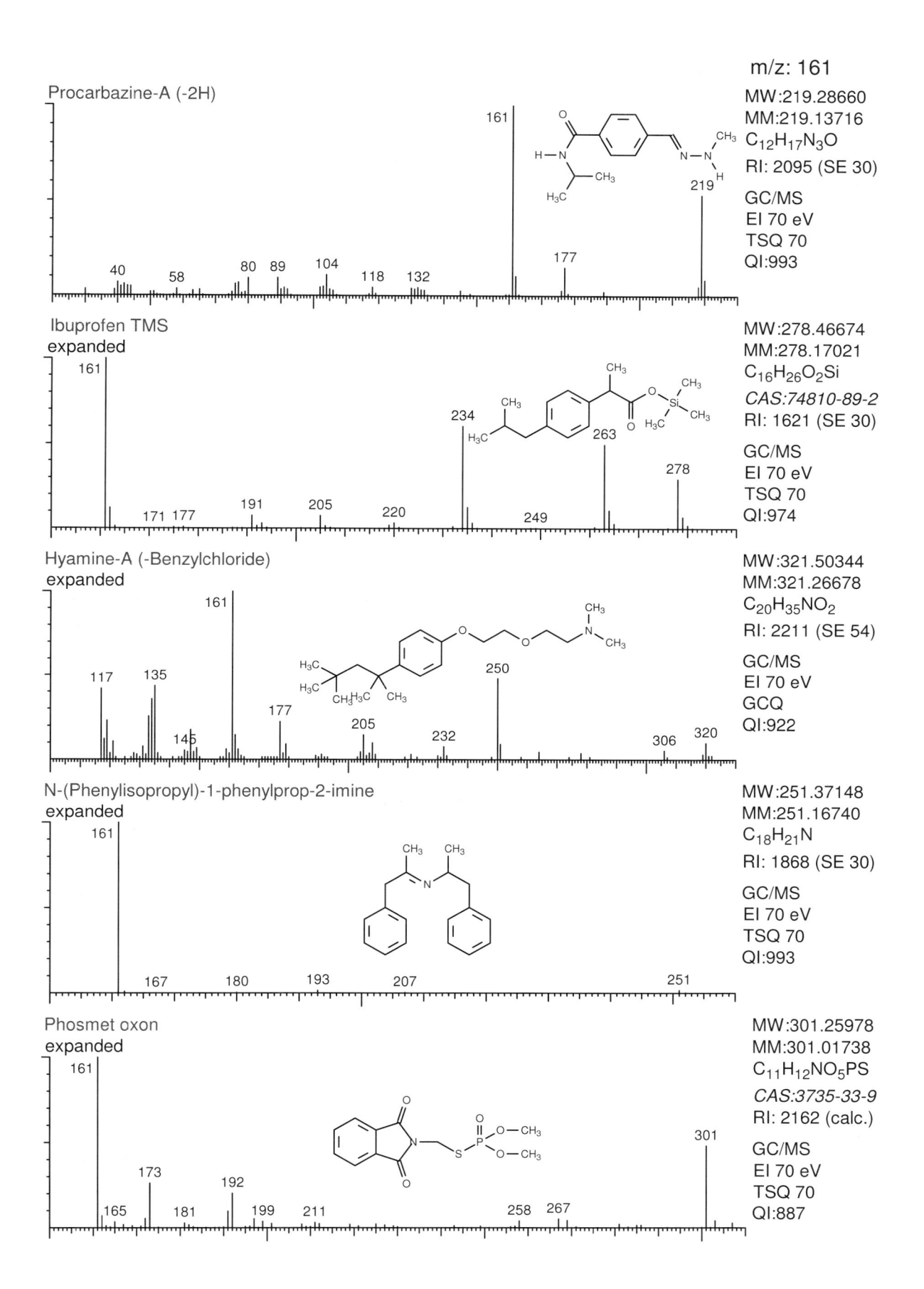

Procarbazine-A (-2H)

MW: 219.28660
MM: 219.13716
$C_{12}H_{17}N_3O$
RI: 2095 (SE 30)

GC/MS
EI 70 eV
TSQ 70
QI: 993

Ibuprofen TMS expanded

MW: 278.46674
MM: 278.17021
$C_{16}H_{26}O_2Si$
CAS: 74810-89-2
RI: 1621 (SE 30)

GC/MS
EI 70 eV
TSQ 70
QI: 974

Hyamine-A (-Benzylchloride) expanded

MW: 321.50344
MM: 321.26678
$C_{20}H_{35}NO_2$
RI: 2211 (SE 54)

GC/MS
EI 70 eV
GCQ
QI: 922

N-(Phenylisopropyl)-1-phenylprop-2-imine expanded

MW: 251.37148
MM: 251.16740
$C_{18}H_{21}N$
RI: 1868 (SE 30)

GC/MS
EI 70 eV
TSQ 70
QI: 993

Phosmet oxon expanded

MW: 301.25978
MM: 301.01738
$C_{11}H_{12}NO_5PS$
CAS: 3735-33-9
RI: 2162 (calc.)

GC/MS
EI 70 eV
TSQ 70
QI: 887

m/z: 161

Phosmet
2-(Dimethoxyphosphinothioylsulfanylmethyl)isoindole-1,3-dione
PMP, Phthalophos
expanded
Aca, Ins

MW: 317.32638
MM: 316.99454
$C_{11}H_{12}NO_4PS_2$
CAS: 732-11-6
RI: 2233 (calc.)

GC/MS
EI 70 eV
TSQ 70
QI: 995 VI: 1

α-Methyl-4-(2-methylpropyl)-benzeneacetaldehyde

MW: 190.28532
MM: 190.13577
$C_{13}H_{18}O$
CAS: 51407-46-6
RI: 1420 (calc.)

GC/MS
EI 70 eV
TSQ 70
QI: 859 VI: 1

1H-Indole-3-ethanol
expanded

MW: 161.20348
MM: 161.08406
$C_{10}H_{11}NO$
CAS: 526-55-6
RI: 1321 (calc.)

GC/MS
EI 70 eV
TSQ 70
QI: 828 VI: 1

2,6-Dimethoxy-β-ethyl-β-nitrostyrene II

MW: 237.25544
MM: 237.10011
$C_{12}H_{15}NO_4$
RI: 1768 (calc.)

GC/MS
EI 70 eV
TSQ 70
QI: 991

2,6-Dimethoxy-β-ethyl-β-nitrostyrene I

MW: 237.25544
MM: 237.10011
$C_{12}H_{15}NO_4$
RI: 1768 (calc.)

GC/MS
EI 70 eV
TSQ 70
QI: 990

m/z: 161

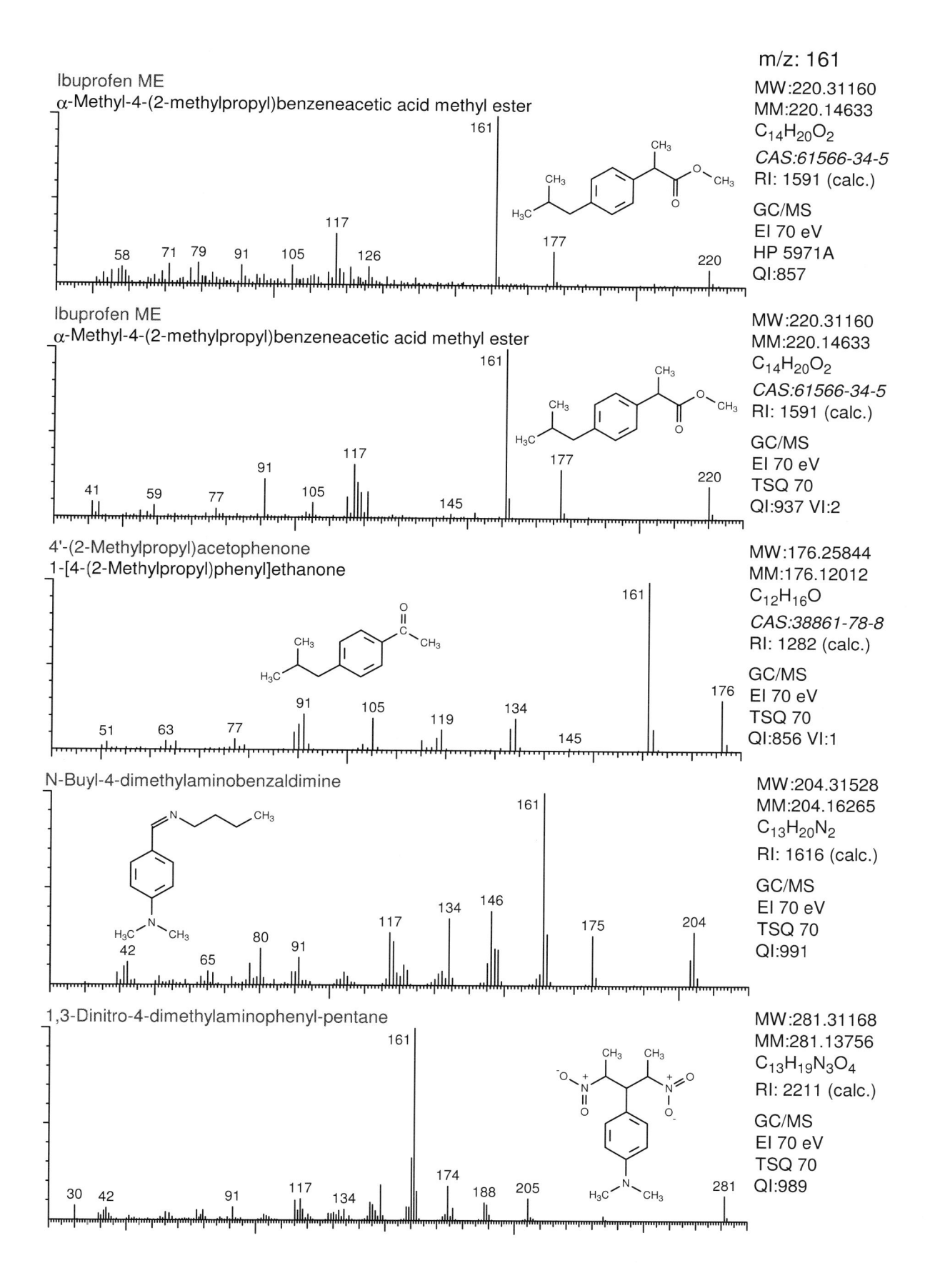

Ibuprofen ME
α-Methyl-4-(2-methylpropyl)benzeneacetic acid methyl ester

Peaks: 58, 71, 79, 91, 105, 117, 126, 161, 177, 220

MW: 220.31160
MM: 220.14633
$C_{14}H_{20}O_2$
CAS: 61566-34-5
RI: 1591 (calc.)

GC/MS
EI 70 eV
HP 5971A
QI: 857

Ibuprofen ME
α-Methyl-4-(2-methylpropyl)benzeneacetic acid methyl ester

Peaks: 41, 59, 77, 91, 105, 117, 145, 161, 177, 220

MW: 220.31160
MM: 220.14633
$C_{14}H_{20}O_2$
CAS: 61566-34-5
RI: 1591 (calc.)

GC/MS
EI 70 eV
TSQ 70
QI: 937 VI:2

4'-(2-Methylpropyl)acetophenone
1-[4-(2-Methylpropyl)phenyl]ethanone

Peaks: 51, 63, 77, 91, 105, 119, 134, 145, 161, 176

MW: 176.25844
MM: 176.12012
$C_{12}H_{16}O$
CAS: 38861-78-8
RI: 1282 (calc.)

GC/MS
EI 70 eV
TSQ 70
QI: 856 VI:1

N-Buyl-4-dimethylaminobenzaldimine

Peaks: 42, 65, 80, 91, 117, 134, 146, 161, 175, 204

MW: 204.31528
MM: 204.16265
$C_{13}H_{20}N_2$
RI: 1616 (calc.)

GC/MS
EI 70 eV
TSQ 70
QI: 991

1,3-Dinitro-4-dimethylaminophenyl-pentane

Peaks: 30, 42, 91, 117, 134, 161, 174, 188, 205, 281

MW: 281.31168
MM: 281.13756
$C_{13}H_{19}N_3O_4$
RI: 2211 (calc.)

GC/MS
EI 70 eV
TSQ 70
QI: 989

m/z: 162

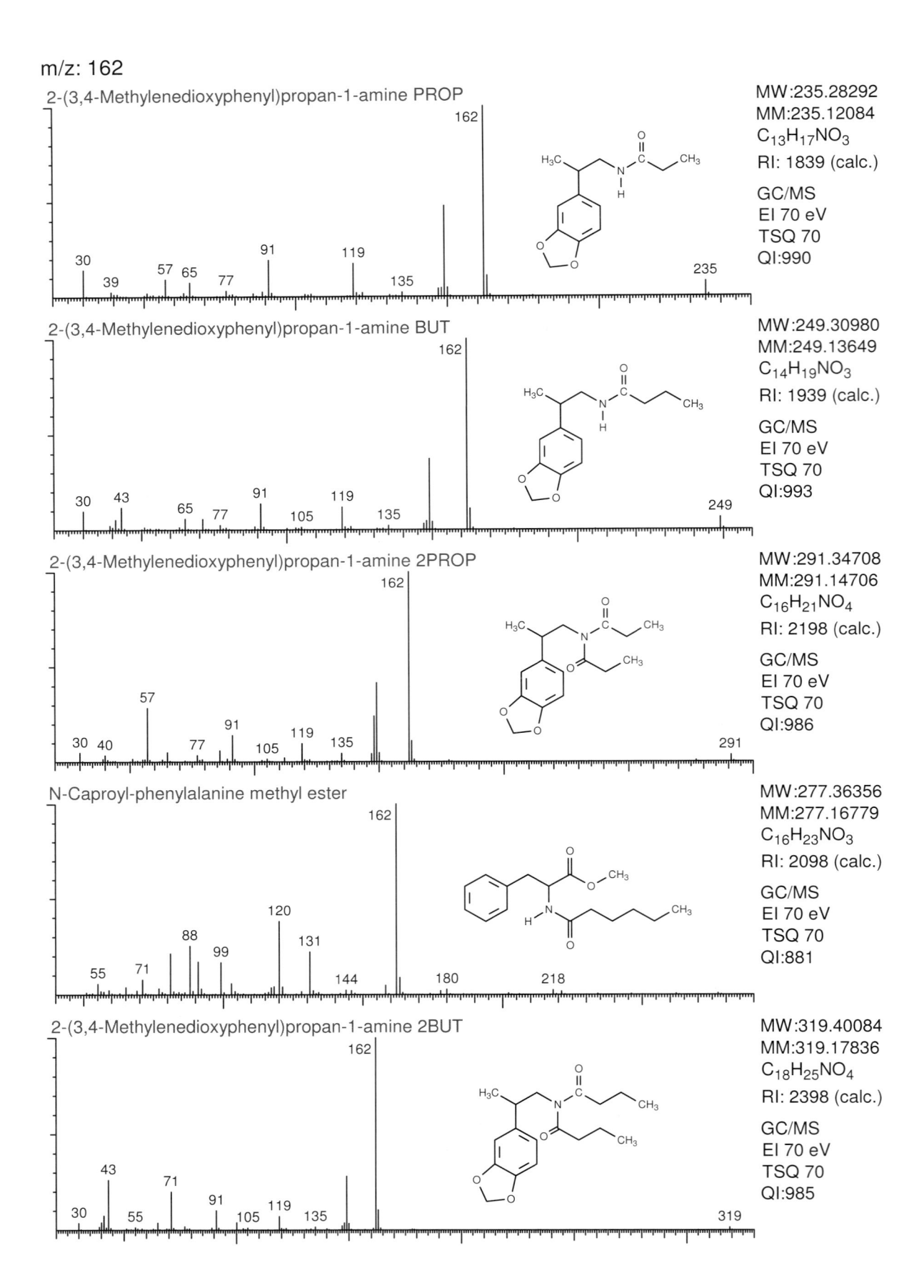

2-(3,4-Methylenedioxyphenyl)propan-1-amine PROP

MW: 235.28292
MM: 235.12084
$C_{13}H_{17}NO_3$
RI: 1839 (calc.)

GC/MS
EI 70 eV
TSQ 70
QI: 990

2-(3,4-Methylenedioxyphenyl)propan-1-amine BUT

MW: 249.30980
MM: 249.13649
$C_{14}H_{19}NO_3$
RI: 1939 (calc.)

GC/MS
EI 70 eV
TSQ 70
QI: 993

2-(3,4-Methylenedioxyphenyl)propan-1-amine 2PROP

MW: 291.34708
MM: 291.14706
$C_{16}H_{21}NO_4$
RI: 2198 (calc.)

GC/MS
EI 70 eV
TSQ 70
QI: 986

N-Caproyl-phenylalanine methyl ester

MW: 277.36356
MM: 277.16779
$C_{16}H_{23}NO_3$
RI: 2098 (calc.)

GC/MS
EI 70 eV
TSQ 70
QI: 881

2-(3,4-Methylenedioxyphenyl)propan-1-amine 2BUT

MW: 319.40084
MM: 319.17836
$C_{18}H_{25}NO_4$
RI: 2398 (calc.)

GC/MS
EI 70 eV
TSQ 70
QI: 985

m/z: 162

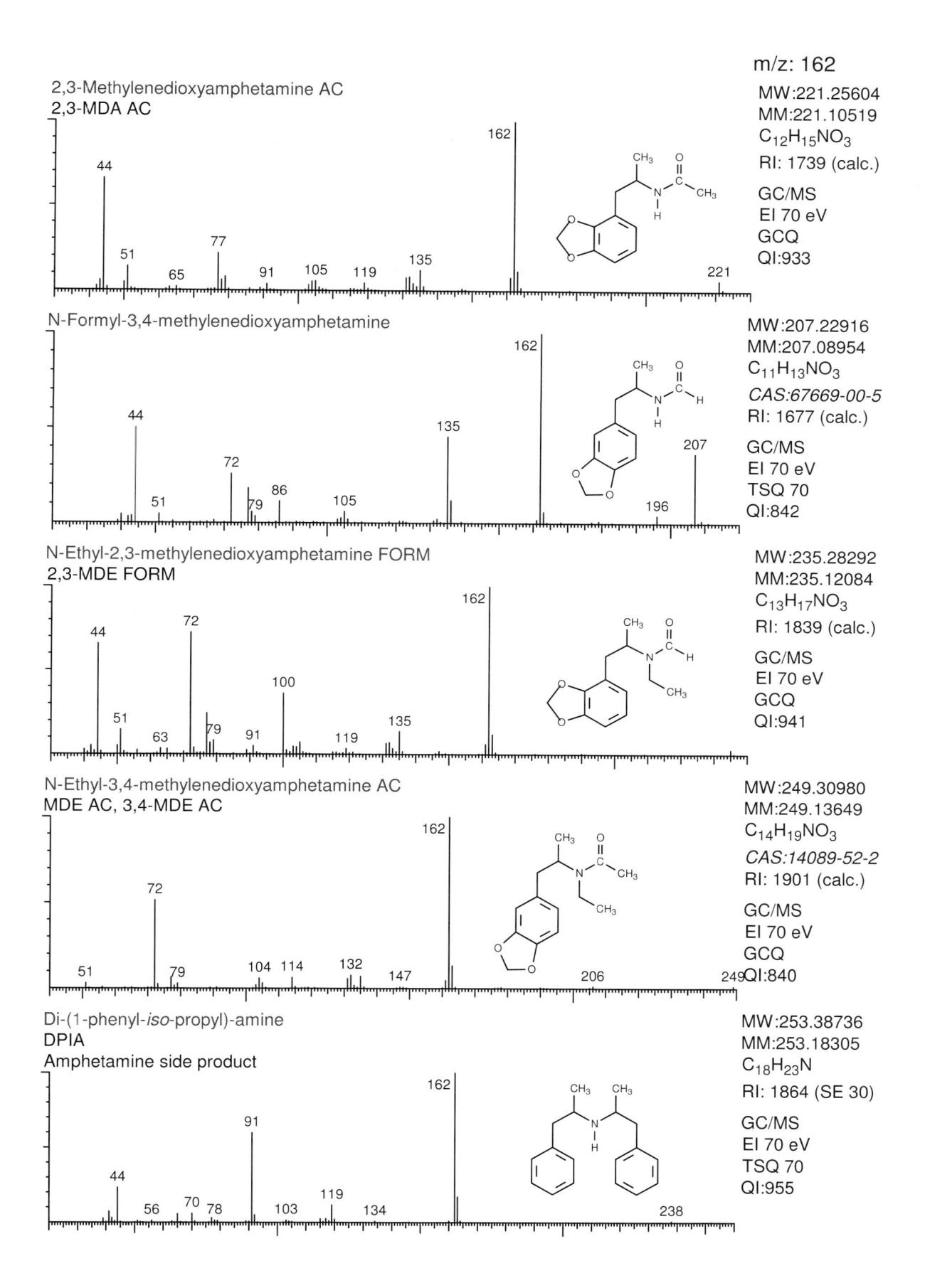

2,3-Methylenedioxyamphetamine AC
2,3-MDA AC

Peaks: 44, 51, 65, 77, 91, 105, 119, 135, 162, 221

MW: 221.25604
MM: 221.10519
$C_{12}H_{15}NO_3$
RI: 1739 (calc.)

GC/MS
EI 70 eV
GCQ
QI: 933

N-Formyl-3,4-methylenedioxyamphetamine

Peaks: 44, 51, 72, 79, 86, 105, 135, 162, 196, 207

MW: 207.22916
MM: 207.08954
$C_{11}H_{13}NO_3$
CAS: 67669-00-5
RI: 1677 (calc.)

GC/MS
EI 70 eV
TSQ 70
QI: 842

N-Ethyl-2,3-methylenedioxyamphetamine FORM
2,3-MDE FORM

Peaks: 44, 51, 63, 72, 79, 91, 100, 119, 135, 162

MW: 235.28292
MM: 235.12084
$C_{13}H_{17}NO_3$
RI: 1839 (calc.)

GC/MS
EI 70 eV
GCQ
QI: 941

N-Ethyl-3,4-methylenedioxyamphetamine AC
MDE AC, 3,4-MDE AC

Peaks: 51, 72, 79, 104, 114, 132, 147, 162, 206, 249

MW: 249.30980
MM: 249.13649
$C_{14}H_{19}NO_3$
CAS: 14089-52-2
RI: 1901 (calc.)

GC/MS
EI 70 eV
GCQ
QI: 840

Di-(1-phenyl-*iso*-propyl)-amine
DPIA
Amphetamine side product

Peaks: 44, 56, 70, 78, 91, 103, 119, 134, 162, 238

MW: 253.38736
MM: 253.18305
$C_{18}H_{23}N$
RI: 1864 (SE 30)

GC/MS
EI 70 eV
TSQ 70
QI: 955

m/z: 162

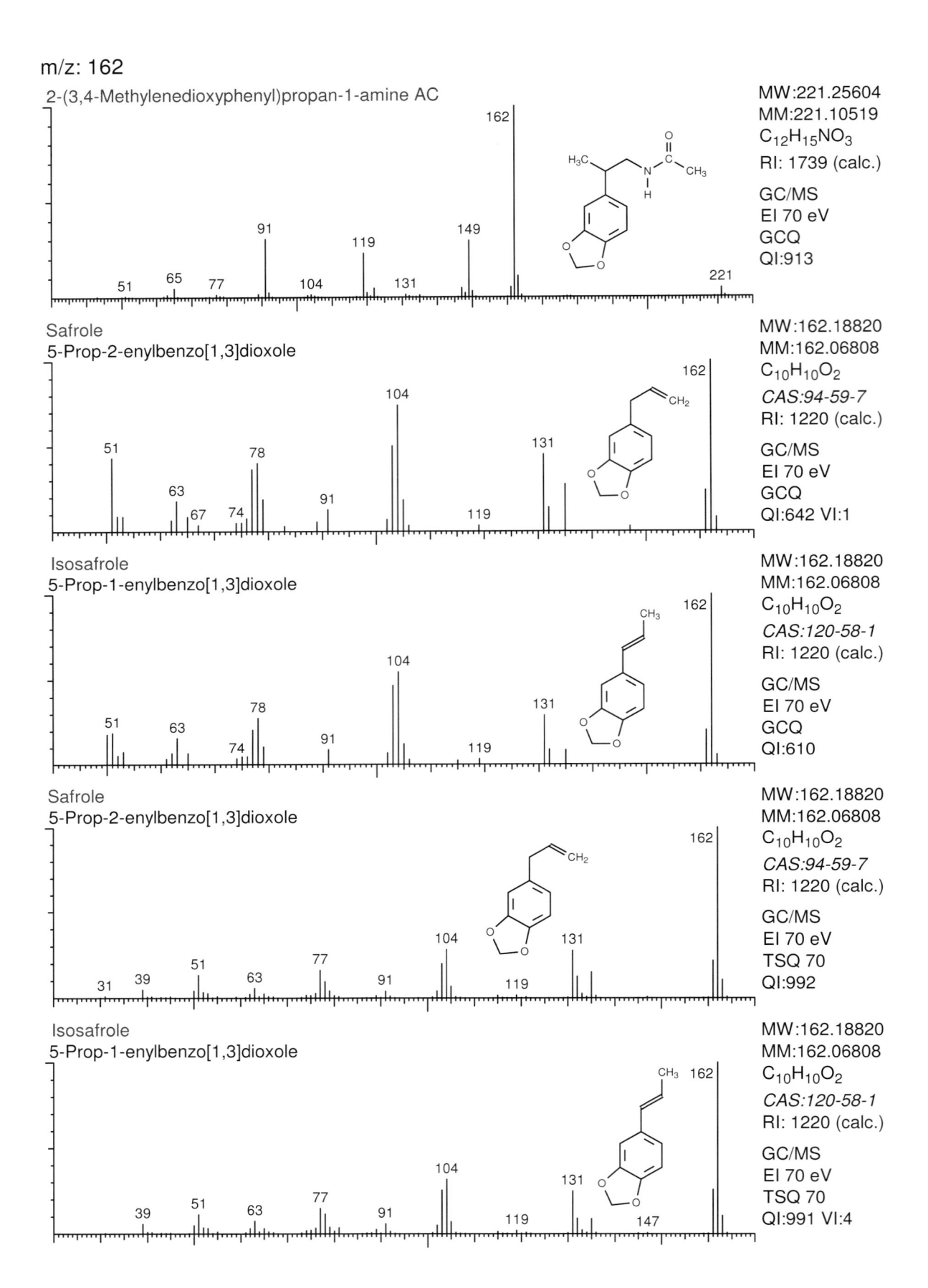

2-(3,4-Methylenedioxyphenyl)propan-1-amine AC

Peaks: 51, 65, 77, 91, 104, 119, 131, 149, 162, 221

MW: 221.25604
MM: 221.10519
$C_{12}H_{15}NO_3$
RI: 1739 (calc.)

GC/MS
EI 70 eV
GCQ
QI: 913

Safrole
5-Prop-2-enylbenzo[1,3]dioxole

Peaks: 51, 63, 67, 74, 78, 91, 104, 119, 131, 162

MW: 162.18820
MM: 162.06808
$C_{10}H_{10}O_2$
CAS: 94-59-7
RI: 1220 (calc.)

GC/MS
EI 70 eV
GCQ
QI: 642 VI:1

Isosafrole
5-Prop-1-enylbenzo[1,3]dioxole

Peaks: 51, 63, 74, 78, 91, 104, 119, 131, 162

MW: 162.18820
MM: 162.06808
$C_{10}H_{10}O_2$
CAS: 120-58-1
RI: 1220 (calc.)

GC/MS
EI 70 eV
GCQ
QI: 610

Safrole
5-Prop-2-enylbenzo[1,3]dioxole

Peaks: 31, 39, 51, 63, 77, 91, 104, 119, 131, 162

MW: 162.18820
MM: 162.06808
$C_{10}H_{10}O_2$
CAS: 94-59-7
RI: 1220 (calc.)

GC/MS
EI 70 eV
TSQ 70
QI: 992

Isosafrole
5-Prop-1-enylbenzo[1,3]dioxole

Peaks: 39, 51, 63, 77, 91, 104, 119, 131, 147, 162

MW: 162.18820
MM: 162.06808
$C_{10}H_{10}O_2$
CAS: 120-58-1
RI: 1220 (calc.)

GC/MS
EI 70 eV
TSQ 70
QI: 991 VI:4

m/z: 162

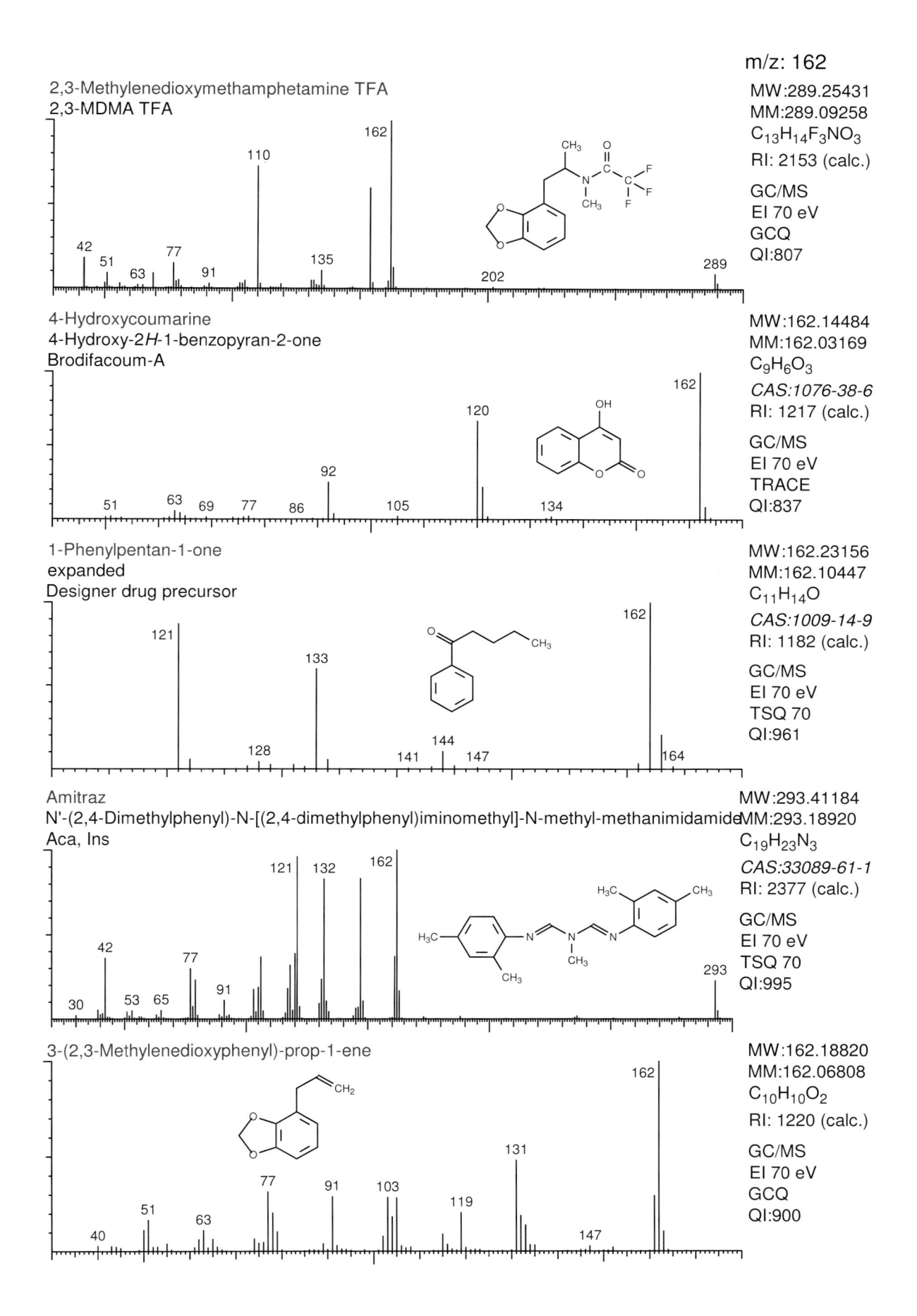

2,3-Methylenedioxymethamphetamine TFA
2,3-MDMA TFA

MW:289.25431
MM:289.09258
$C_{13}H_{14}F_3NO_3$
RI: 2153 (calc.)

GC/MS
EI 70 eV
GCQ
QI:807

4-Hydroxycoumarine
4-Hydroxy-2H-1-benzopyran-2-one
Brodifacoum-A

MW:162.14484
MM:162.03169
$C_9H_6O_3$
CAS:1076-38-6
RI: 1217 (calc.)

GC/MS
EI 70 eV
TRACE
QI:837

1-Phenylpentan-1-one
expanded
Designer drug precursor

MW:162.23156
MM:162.10447
$C_{11}H_{14}O$
CAS:1009-14-9
RI: 1182 (calc.)

GC/MS
EI 70 eV
TSQ 70
QI:961

Amitraz
N'-(2,4-Dimethylphenyl)-N-[(2,4-dimethylphenyl)iminomethyl]-N-methyl-methanimidamide
Aca, Ins

MW:293.41184
MM:293.18920
$C_{19}H_{23}N_3$
CAS:33089-61-1
RI: 2377 (calc.)

GC/MS
EI 70 eV
TSQ 70
QI:995

3-(2,3-Methylenedioxyphenyl)-prop-1-ene

MW:162.18820
MM:162.06808
$C_{10}H_{10}O_2$
RI: 1220 (calc.)

GC/MS
EI 70 eV
GCQ
QI:900

m/z: 162

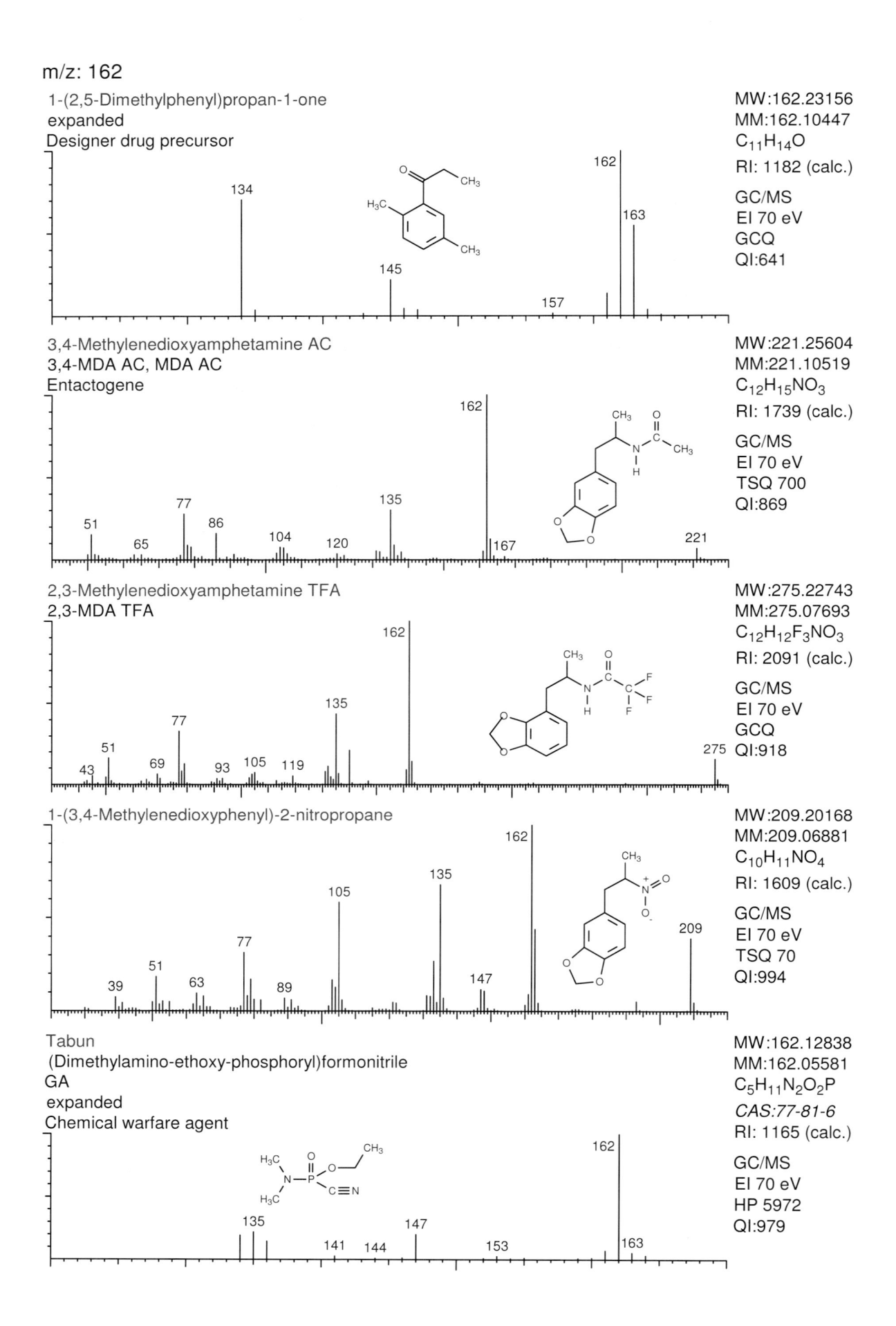

1-(2,5-Dimethylphenyl)propan-1-one
expanded
Designer drug precursor

MW: 162.23156
MM: 162.10447
$C_{11}H_{14}O$
RI: 1182 (calc.)

GC/MS
EI 70 eV
GCQ
QI: 641

3,4-Methylenedioxyamphetamine AC
3,4-MDA AC, MDA AC
Entactogene

MW: 221.25604
MM: 221.10519
$C_{12}H_{15}NO_3$
RI: 1739 (calc.)

GC/MS
EI 70 eV
TSQ 700
QI: 869

2,3-Methylenedioxyamphetamine TFA
2,3-MDA TFA

MW: 275.22743
MM: 275.07693
$C_{12}H_{12}F_3NO_3$
RI: 2091 (calc.)

GC/MS
EI 70 eV
GCQ
QI: 918

1-(3,4-Methylenedioxyphenyl)-2-nitropropane

MW: 209.20168
MM: 209.06881
$C_{10}H_{11}NO_4$
RI: 1609 (calc.)

GC/MS
EI 70 eV
TSQ 70
QI: 994

Tabun
(Dimethylamino-ethoxy-phosphoryl)formonitrile
GA
expanded
Chemical warfare agent

MW: 162.12838
MM: 162.05581
$C_5H_{11}N_2O_2P$
CAS: 77-81-6
RI: 1165 (calc.)

GC/MS
EI 70 eV
HP 5972
QI: 979

m/z: 162

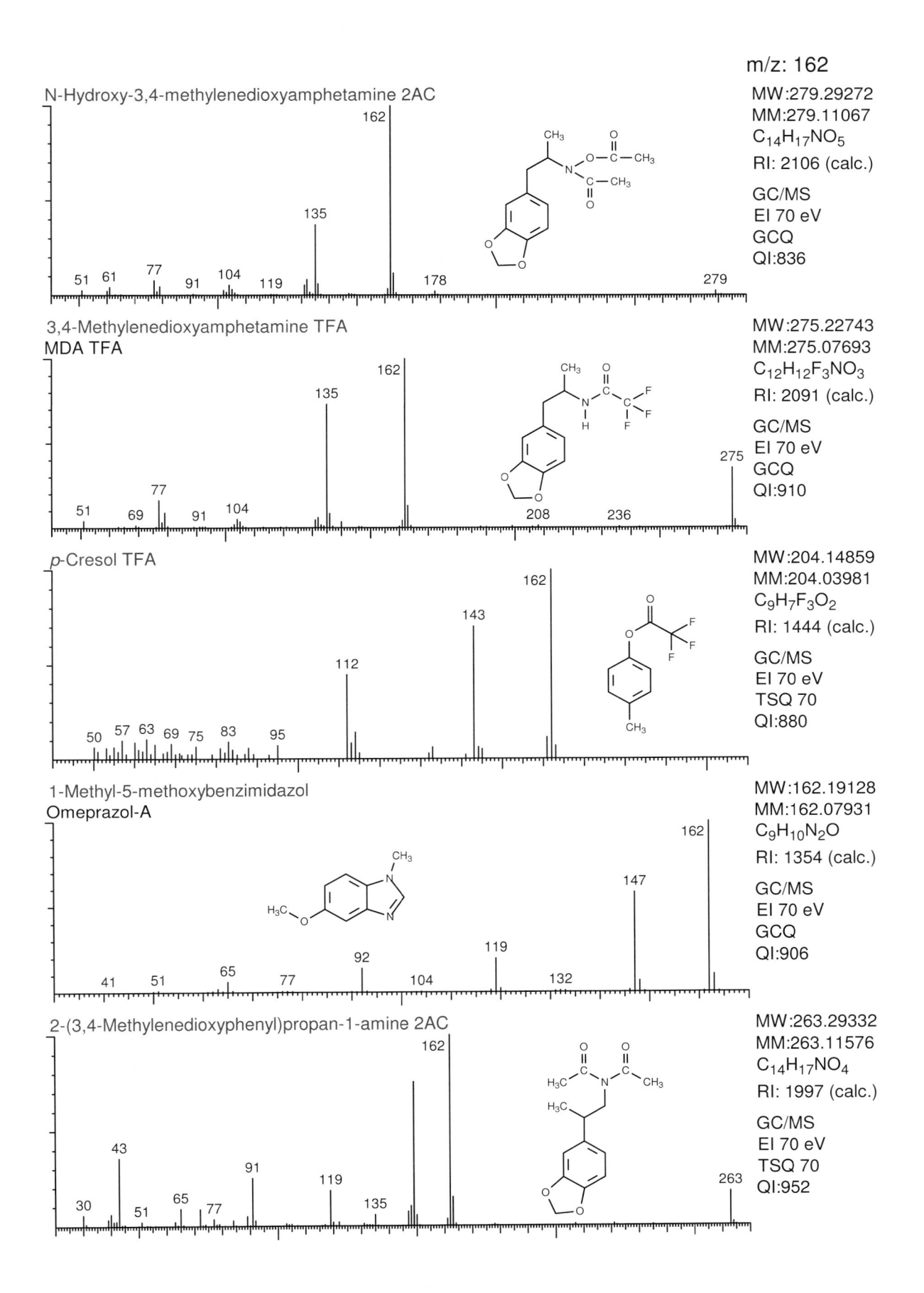

N-Hydroxy-3,4-methylenedioxyamphetamine 2AC

Peaks: 51, 61, 77, 91, 104, 119, 135, 162, 178, 279

MW: 279.29272
MM: 279.11067
C$_{14}$H$_{17}$NO$_5$
RI: 2106 (calc.)

GC/MS
EI 70 eV
GCQ
QI: 836

3,4-Methylenedioxyamphetamine TFA
MDA TFA

Peaks: 51, 69, 77, 91, 104, 135, 162, 208, 236, 275

MW: 275.22743
MM: 275.07693
C$_{12}$H$_{12}$F$_3$NO$_3$
RI: 2091 (calc.)

GC/MS
EI 70 eV
GCQ
QI: 910

p-Cresol TFA

Peaks: 50, 57, 63, 69, 75, 83, 95, 112, 143, 162

MW: 204.14859
MM: 204.03981
C$_9$H$_7$F$_3$O$_2$
RI: 1444 (calc.)

GC/MS
EI 70 eV
TSQ 70
QI: 880

1-Methyl-5-methoxybenzimidazol
Omeprazol-A

Peaks: 41, 51, 65, 77, 92, 104, 119, 132, 147, 162

MW: 162.19128
MM: 162.07931
C$_9$H$_{10}$N$_2$O
RI: 1354 (calc.)

GC/MS
EI 70 eV
GCQ
QI: 906

2-(3,4-Methylenedioxyphenyl)propan-1-amine 2AC

Peaks: 30, 43, 51, 65, 77, 91, 119, 135, 162, 263

MW: 263.29332
MM: 263.11576
C$_{14}$H$_{17}$NO$_4$
RI: 1997 (calc.)

GC/MS
EI 70 eV
TSQ 70
QI: 952

m/z: 162

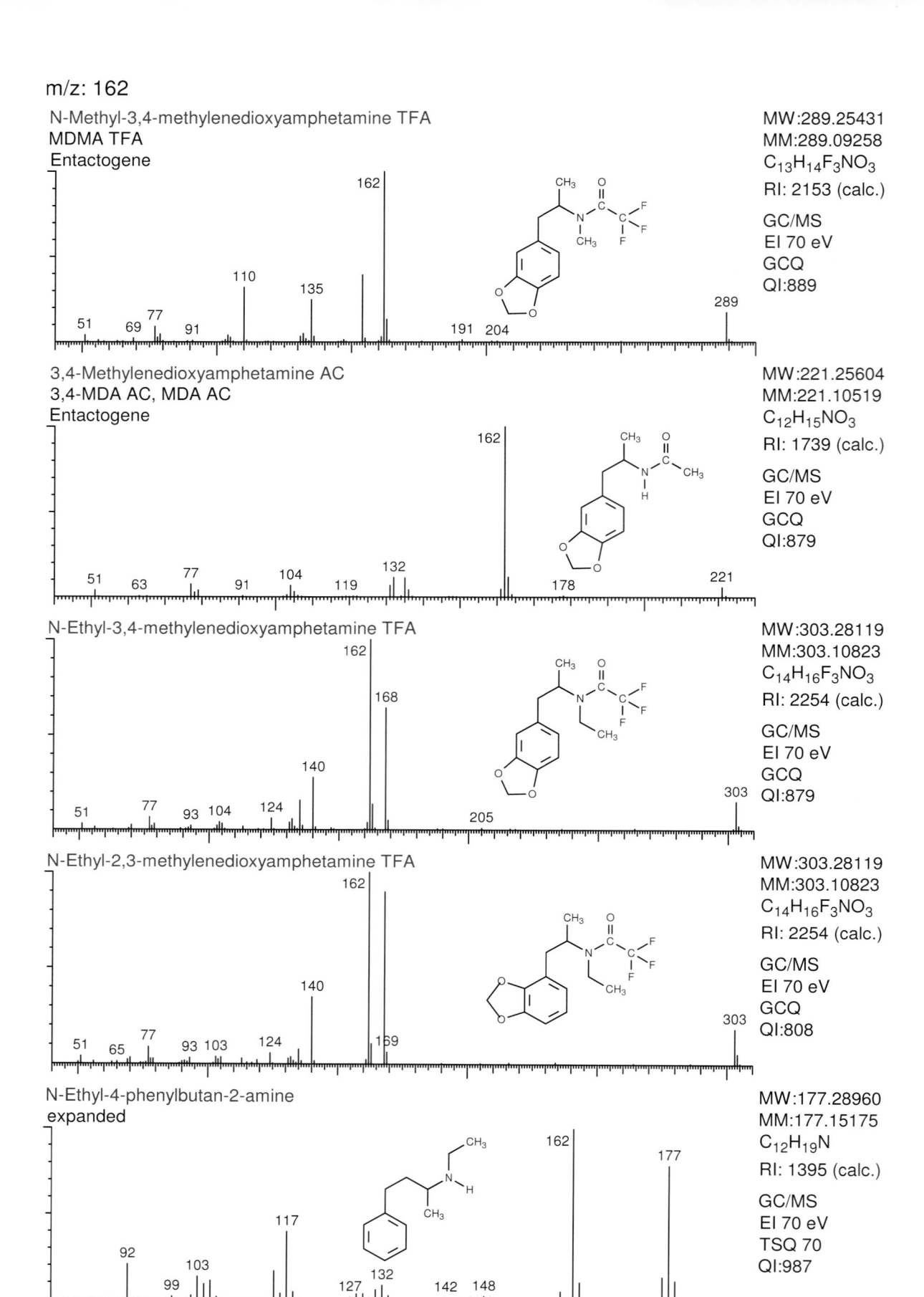

N-Methyl-3,4-methylenedioxyamphetamine TFA
MDMA TFA
Entactogene

MW: 289.25431
MM: 289.09258
C$_{13}$H$_{14}$F$_3$NO$_3$
RI: 2153 (calc.)

GC/MS
EI 70 eV
GCQ
QI: 889

3,4-Methylenedioxyamphetamine AC
3,4-MDA AC, MDA AC
Entactogene

MW: 221.25604
MM: 221.10519
C$_{12}$H$_{15}$NO$_3$
RI: 1739 (calc.)

GC/MS
EI 70 eV
GCQ
QI: 879

N-Ethyl-3,4-methylenedioxyamphetamine TFA

MW: 303.28119
MM: 303.10823
C$_{14}$H$_{16}$F$_3$NO$_3$
RI: 2254 (calc.)

GC/MS
EI 70 eV
GCQ
QI: 879

N-Ethyl-2,3-methylenedioxyamphetamine TFA

MW: 303.28119
MM: 303.10823
C$_{14}$H$_{16}$F$_3$NO$_3$
RI: 2254 (calc.)

GC/MS
EI 70 eV
GCQ
QI: 808

N-Ethyl-4-phenylbutan-2-amine
expanded

MW: 177.28960
MM: 177.15175
C$_{12}$H$_{19}$N
RI: 1395 (calc.)

GC/MS
EI 70 eV
TSQ 70
QI: 987

m/z: 162

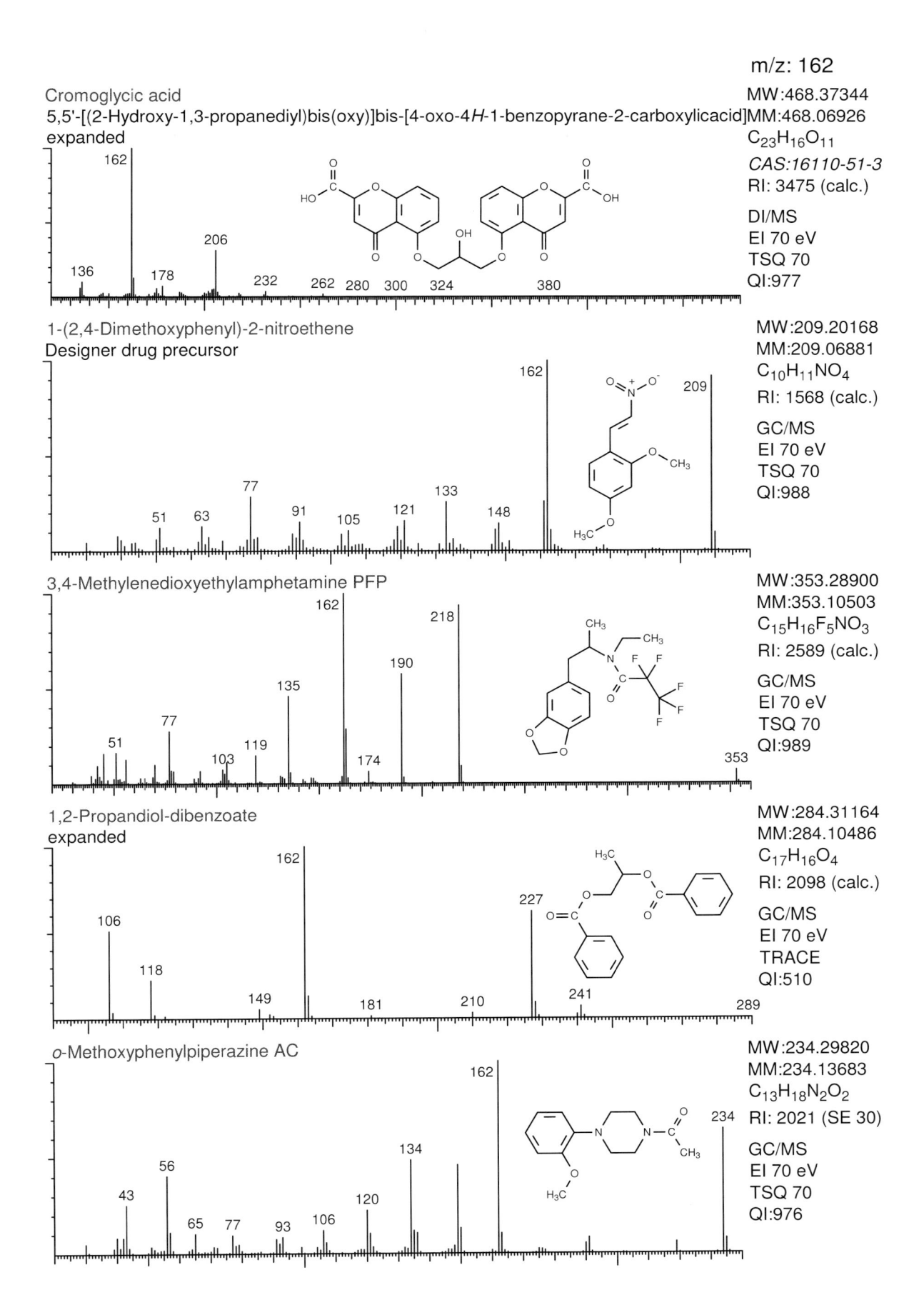

Cromoglycic acid
5,5'-[(2-Hydroxy-1,3-propanediyl)bis(oxy)]bis-[4-oxo-4H-1-benzopyrane-2-carboxylicacid]
expanded

MW: 468.37344
MM: 468.06926
$C_{23}H_{16}O_{11}$
CAS: 16110-51-3
RI: 3475 (calc.)

DI/MS
EI 70 eV
TSQ 70
QI: 977

1-(2,4-Dimethoxyphenyl)-2-nitroethene
Designer drug precursor

MW: 209.20168
MM: 209.06881
$C_{10}H_{11}NO_4$
RI: 1568 (calc.)

GC/MS
EI 70 eV
TSQ 70
QI: 988

3,4-Methylenedioxyethylamphetamine PFP

MW: 353.28900
MM: 353.10503
$C_{15}H_{16}F_5NO_3$
RI: 2589 (calc.)

GC/MS
EI 70 eV
TSQ 70
QI: 989

1,2-Propandiol-dibenzoate
expanded

MW: 284.31164
MM: 284.10486
$C_{17}H_{16}O_4$
RI: 2098 (calc.)

GC/MS
EI 70 eV
TRACE
QI: 510

o-Methoxyphenylpiperazine AC

MW: 234.29820
MM: 234.13683
$C_{13}H_{18}N_2O_2$
RI: 2021 (SE 30)

GC/MS
EI 70 eV
TSQ 70
QI: 976

m/z: 162

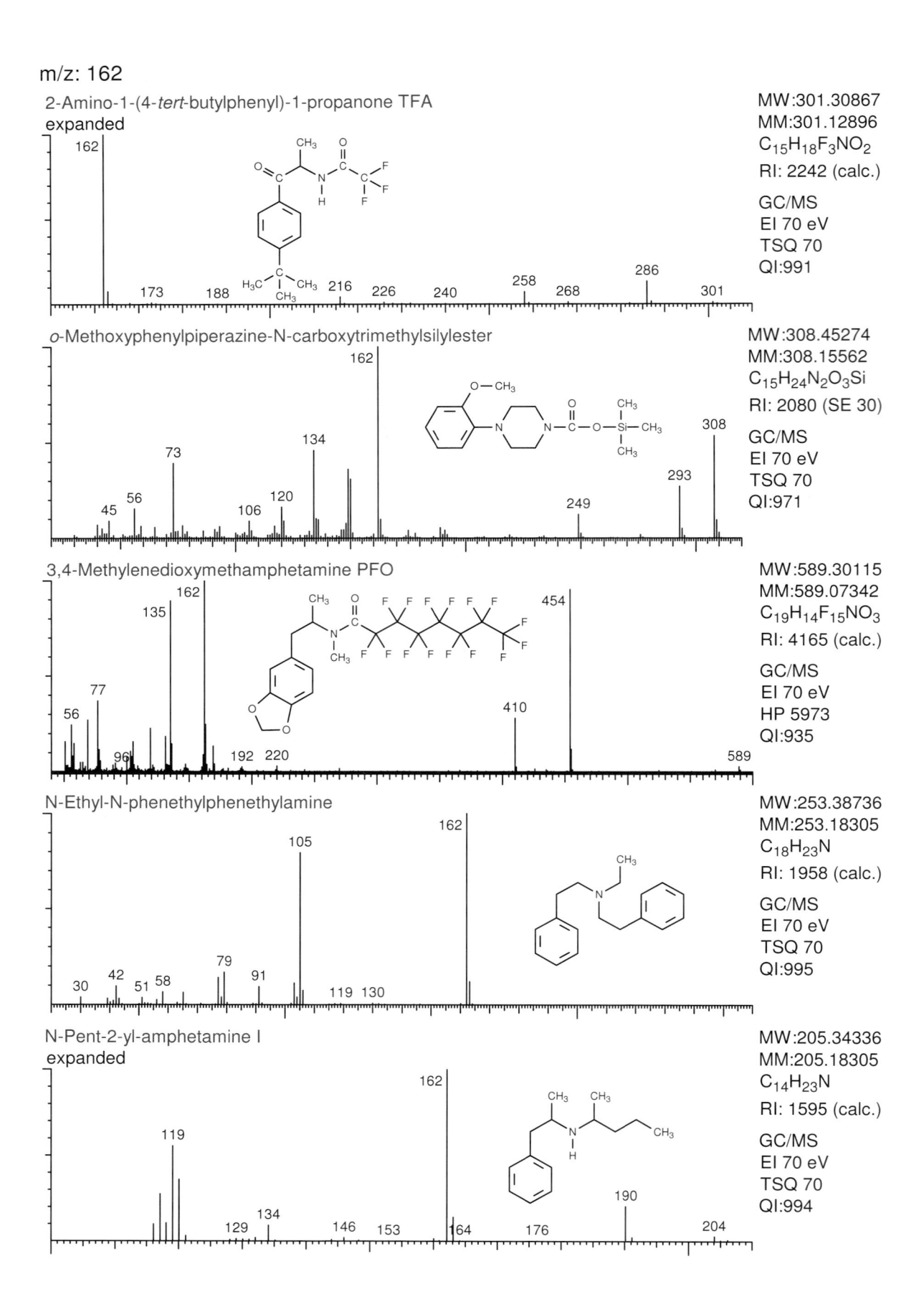

2-Amino-1-(4-tert-butylphenyl)-1-propanone TFA
expanded

MW: 301.30867
MM: 301.12896
$C_{15}H_{18}F_3NO_2$
RI: 2242 (calc.)

GC/MS
EI 70 eV
TSQ 70
QI: 991

o-Methoxyphenylpiperazine-N-carboxytrimethylsilylester

MW: 308.45274
MM: 308.15562
$C_{15}H_{24}N_2O_3Si$
RI: 2080 (SE 30)

GC/MS
EI 70 eV
TSQ 70
QI: 971

3,4-Methylenedioxymethamphetamine PFO

MW: 589.30115
MM: 589.07342
$C_{19}H_{14}F_{15}NO_3$
RI: 4165 (calc.)

GC/MS
EI 70 eV
HP 5973
QI: 935

N-Ethyl-N-phenethylphenethylamine

MW: 253.38736
MM: 253.18305
$C_{18}H_{23}N$
RI: 1958 (calc.)

GC/MS
EI 70 eV
TSQ 70
QI: 995

N-Pent-2-yl-amphetamine I
expanded

MW: 205.34336
MM: 205.18305
$C_{14}H_{23}N$
RI: 1595 (calc.)

GC/MS
EI 70 eV
TSQ 70
QI: 994

m/z: 162

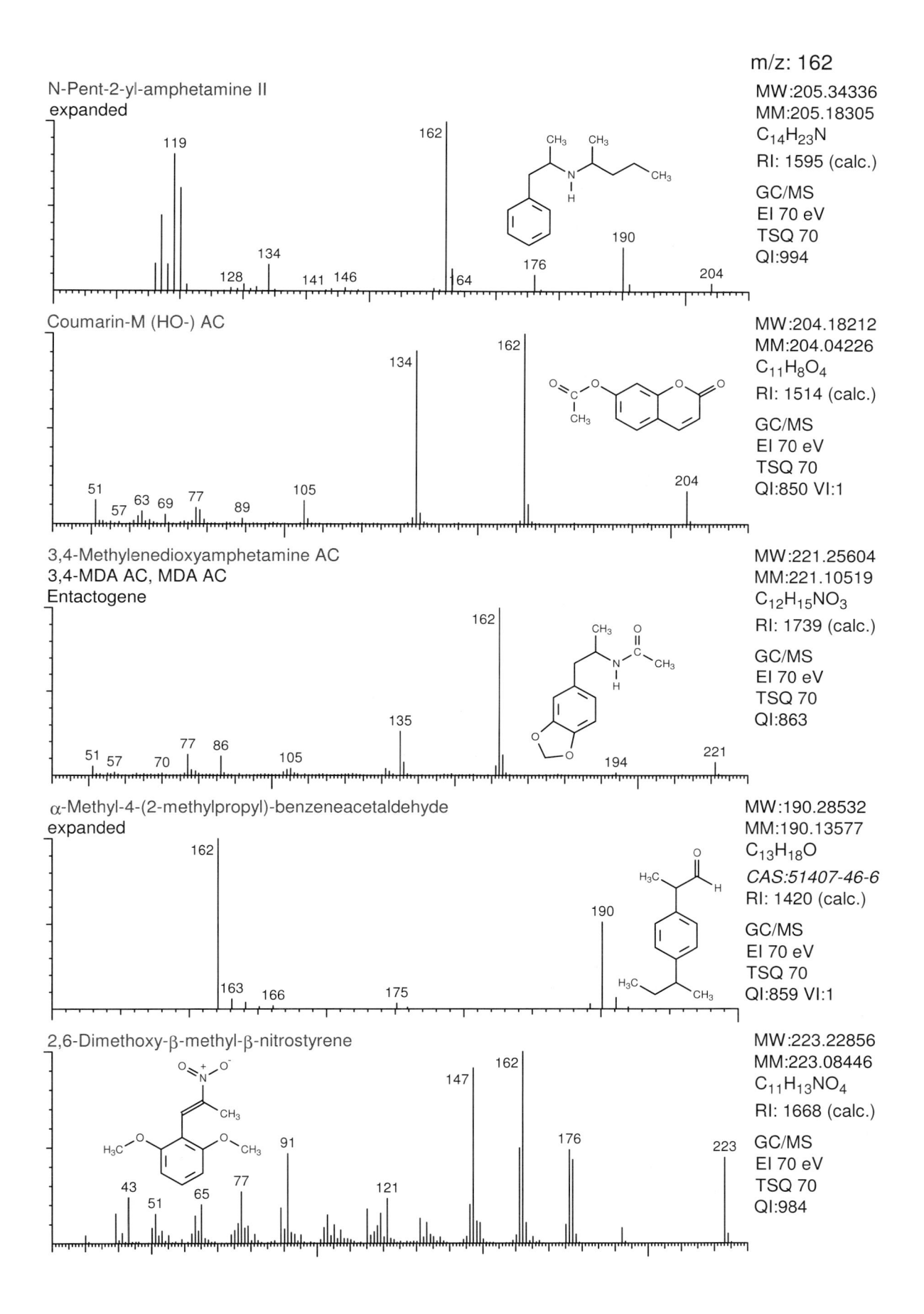

N-Pent-2-yl-amphetamine II
expanded

MW: 205.34336
MM: 205.18305
$C_{14}H_{23}N$
RI: 1595 (calc.)

GC/MS
EI 70 eV
TSQ 70
QI: 994

Coumarin-M (HO-) AC

MW: 204.18212
MM: 204.04226
$C_{11}H_8O_4$
RI: 1514 (calc.)

GC/MS
EI 70 eV
TSQ 70
QI: 850 VI:1

3,4-Methylenedioxyamphetamine AC
3,4-MDA AC, MDA AC
Entactogene

MW: 221.25604
MM: 221.10519
$C_{12}H_{15}NO_3$
RI: 1739 (calc.)

GC/MS
EI 70 eV
TSQ 70
QI: 863

α-Methyl-4-(2-methylpropyl)-benzeneacetaldehyde
expanded

MW: 190.28532
MM: 190.13577
$C_{13}H_{18}O$
CAS: 51407-46-6
RI: 1420 (calc.)

GC/MS
EI 70 eV
TSQ 70
QI: 859 VI:1

2,6-Dimethoxy-β-methyl-β-nitrostyrene

MW: 223.22856
MM: 223.08446
$C_{11}H_{13}NO_4$
RI: 1668 (calc.)

GC/MS
EI 70 eV
TSQ 70
QI: 984

m/z: 162-163

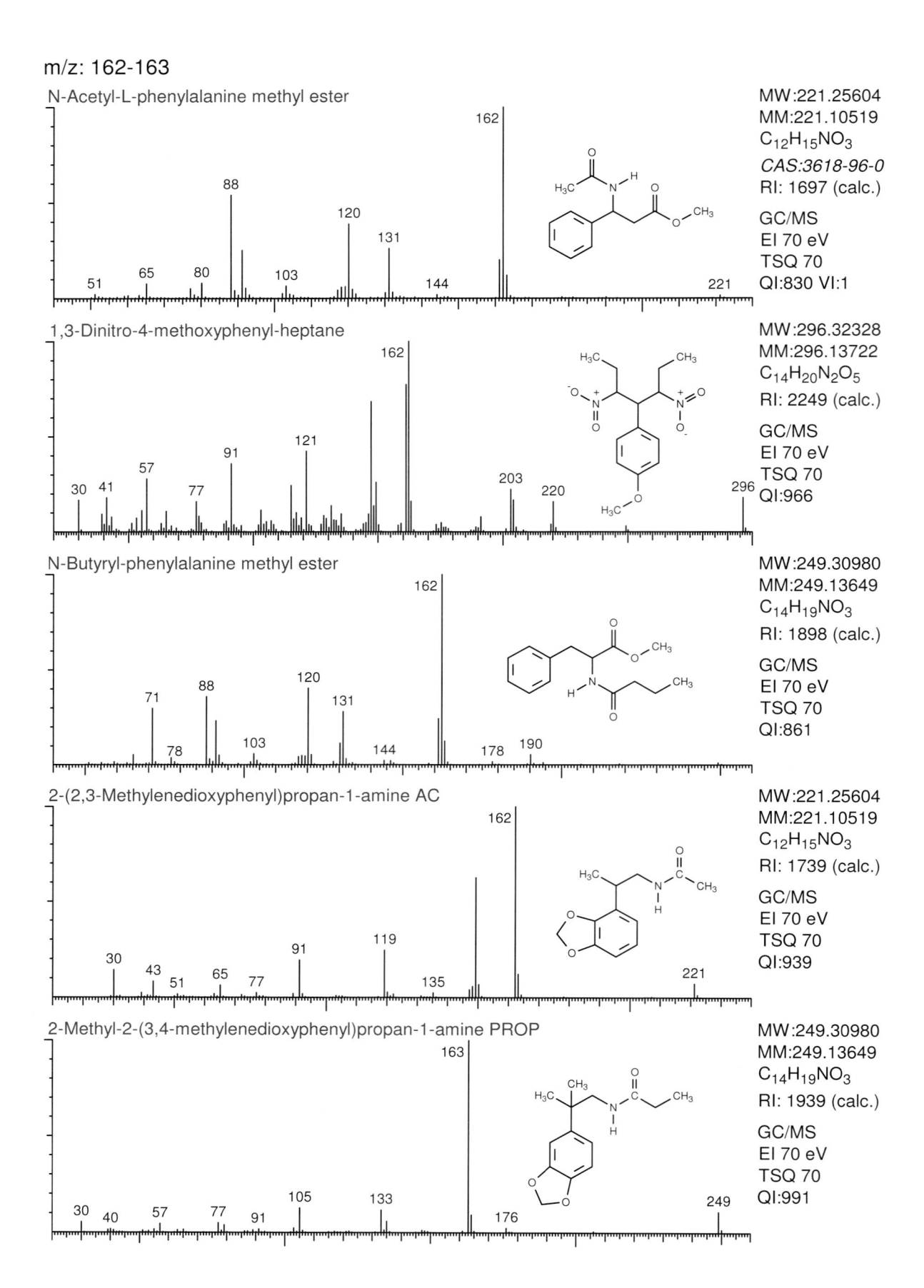

N-Acetyl-L-phenylalanine methyl ester

MW:221.25604
MM:221.10519
$C_{12}H_{15}NO_3$
CAS:3618-96-0
RI: 1697 (calc.)

GC/MS
EI 70 eV
TSQ 70
QI:830 VI:1

1,3-Dinitro-4-methoxyphenyl-heptane

MW:296.32328
MM:296.13722
$C_{14}H_{20}N_2O_5$
RI: 2249 (calc.)

GC/MS
EI 70 eV
TSQ 70
QI:966

N-Butyryl-phenylalanine methyl ester

MW:249.30980
MM:249.13649
$C_{14}H_{19}NO_3$
RI: 1898 (calc.)

GC/MS
EI 70 eV
TSQ 70
QI:861

2-(2,3-Methylenedioxyphenyl)propan-1-amine AC

MW:221.25604
MM:221.10519
$C_{12}H_{15}NO_3$
RI: 1739 (calc.)

GC/MS
EI 70 eV
TSQ 70
QI:939

2-Methyl-2-(3,4-methylenedioxyphenyl)propan-1-amine PROP

MW:249.30980
MM:249.13649
$C_{14}H_{19}NO_3$
RI: 1939 (calc.)

GC/MS
EI 70 eV
TSQ 70
QI:991

m/z: 163

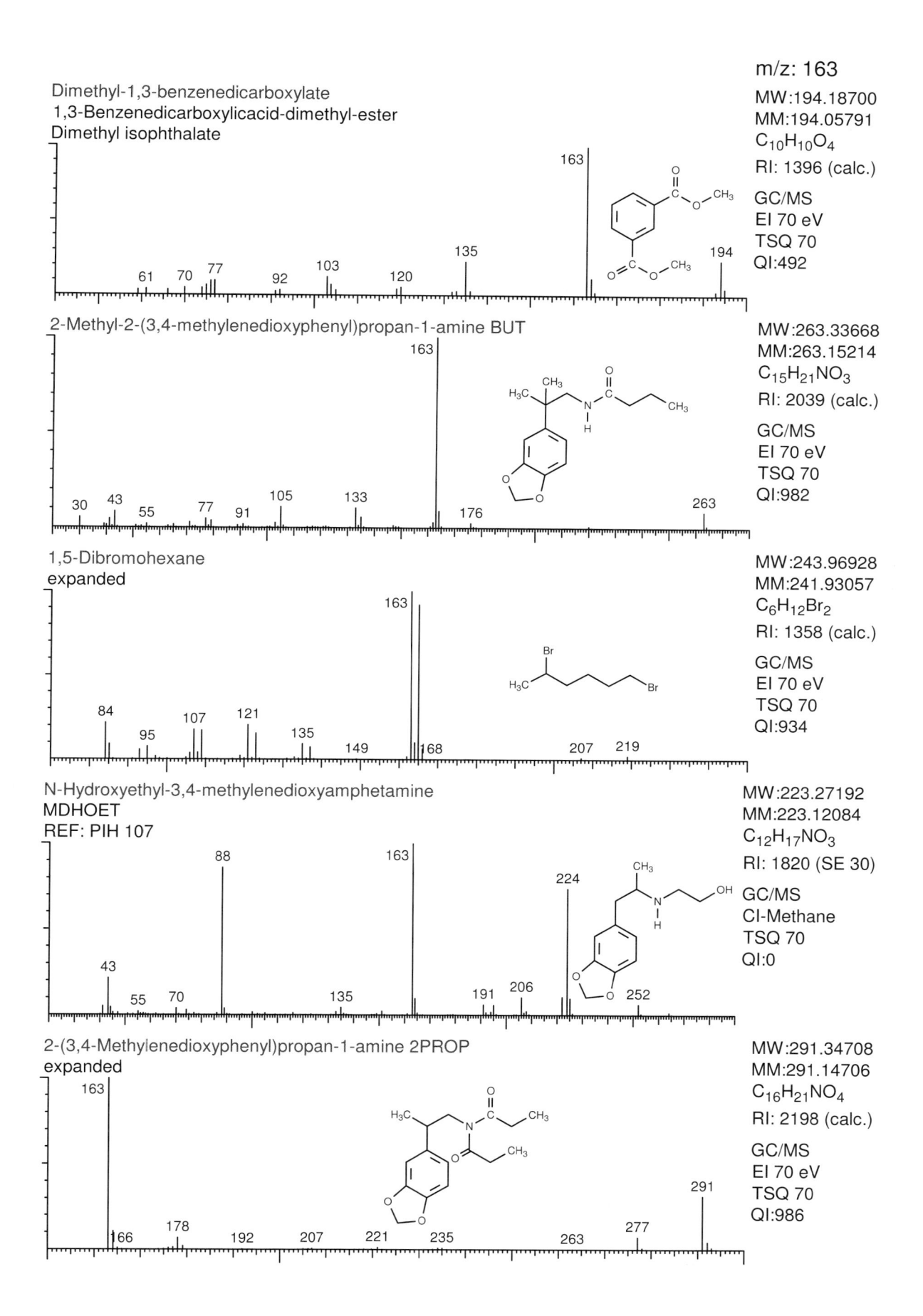

Dimethyl-1,3-benzenedicarboxylate
1,3-Benzenedicarboxylicacid-dimethyl-ester
Dimethyl isophthalate

MW: 194.18700
MM: 194.05791
$C_{10}H_{10}O_4$
RI: 1396 (calc.)

GC/MS
EI 70 eV
TSQ 70
QI: 492

Peaks: 61, 70, 77, 92, 103, 120, 135, 163, 194

2-Methyl-2-(3,4-methylenedioxyphenyl)propan-1-amine BUT

MW: 263.33668
MM: 263.15214
$C_{15}H_{21}NO_3$
RI: 2039 (calc.)

GC/MS
EI 70 eV
TSQ 70
QI: 982

Peaks: 30, 43, 55, 77, 91, 105, 133, 163, 176, 263

1,5-Dibromohexane
expanded

MW: 243.96928
MM: 241.93057
$C_6H_{12}Br_2$
RI: 1358 (calc.)

GC/MS
EI 70 eV
TSQ 70
QI: 934

Peaks: 84, 95, 107, 121, 135, 149, 163, 168, 207, 219

N-Hydroxyethyl-3,4-methylenedioxyamphetamine
MDHOET
REF: PIH 107

MW: 223.27192
MM: 223.12084
$C_{12}H_{17}NO_3$
RI: 1820 (SE 30)

GC/MS
CI-Methane
TSQ 70
QI: 0

Peaks: 43, 55, 70, 88, 135, 163, 191, 206, 224, 252

2-(3,4-Methylenedioxyphenyl)propan-1-amine 2PROP
expanded

MW: 291.34708
MM: 291.14706
$C_{16}H_{21}NO_4$
RI: 2198 (calc.)

GC/MS
EI 70 eV
TSQ 70
QI: 986

Peaks: 163, 166, 178, 192, 207, 221, 235, 263, 277, 291

m/z: 163

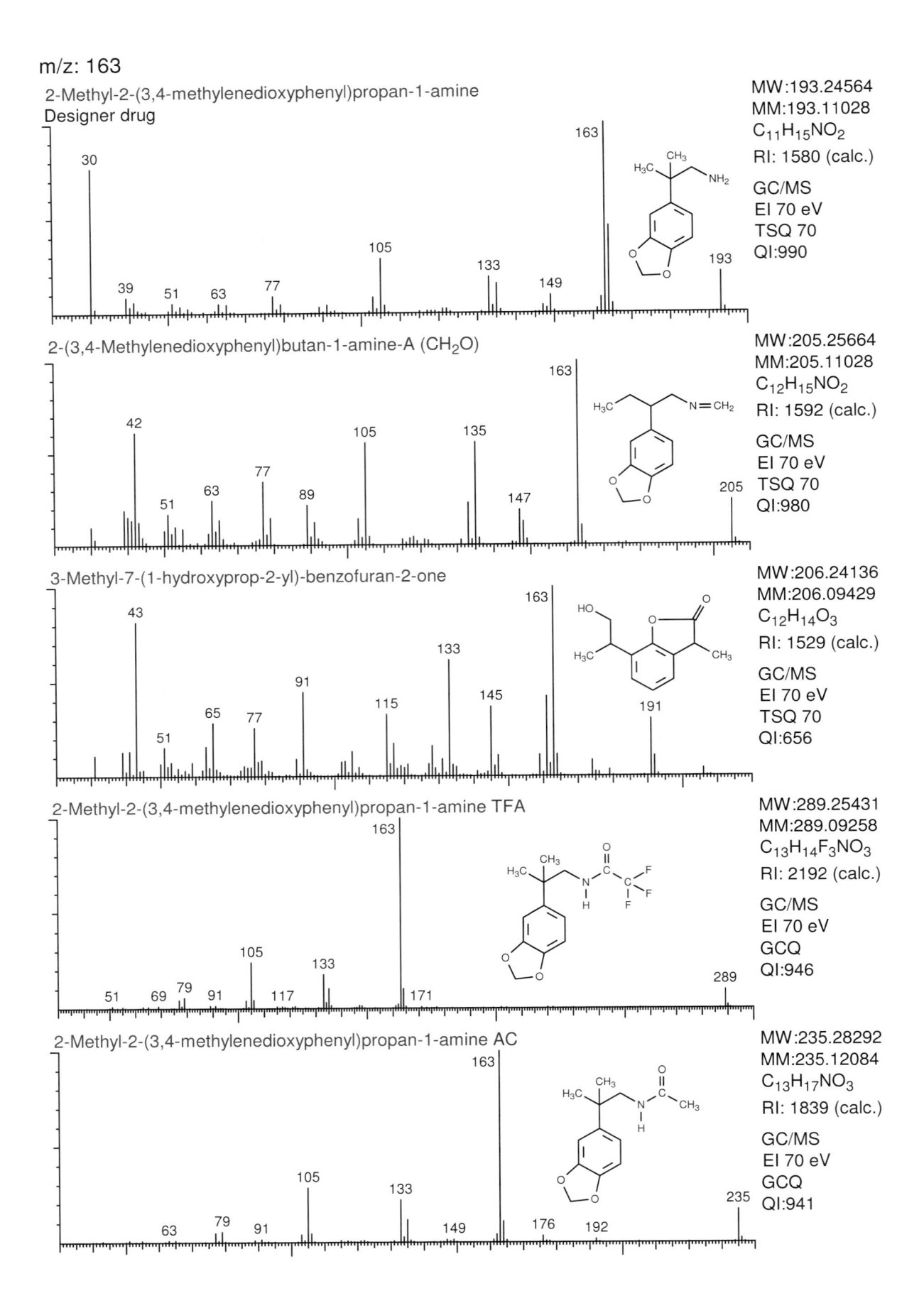

2-Methyl-2-(3,4-methylenedioxyphenyl)propan-1-amine
Designer drug

MW: 193.24564
MM: 193.11028
$C_{11}H_{15}NO_2$
RI: 1580 (calc.)

GC/MS
EI 70 eV
TSQ 70
QI: 990

2-(3,4-Methylenedioxyphenyl)butan-1-amine-A (CH_2O)

MW: 205.25664
MM: 205.11028
$C_{12}H_{15}NO_2$
RI: 1592 (calc.)

GC/MS
EI 70 eV
TSQ 70
QI: 980

3-Methyl-7-(1-hydroxyprop-2-yl)-benzofuran-2-one

MW: 206.24136
MM: 206.09429
$C_{12}H_{14}O_3$
RI: 1529 (calc.)

GC/MS
EI 70 eV
TSQ 70
QI: 656

2-Methyl-2-(3,4-methylenedioxyphenyl)propan-1-amine TFA

MW: 289.25431
MM: 289.09258
$C_{13}H_{14}F_3NO_3$
RI: 2192 (calc.)

GC/MS
EI 70 eV
GCQ
QI: 946

2-Methyl-2-(3,4-methylenedioxyphenyl)propan-1-amine AC

MW: 235.28292
MM: 235.12084
$C_{13}H_{17}NO_3$
RI: 1839 (calc.)

GC/MS
EI 70 eV
GCQ
QI: 941

1-(3,4-Methylenedioxyphenyl)-1-nitropropane

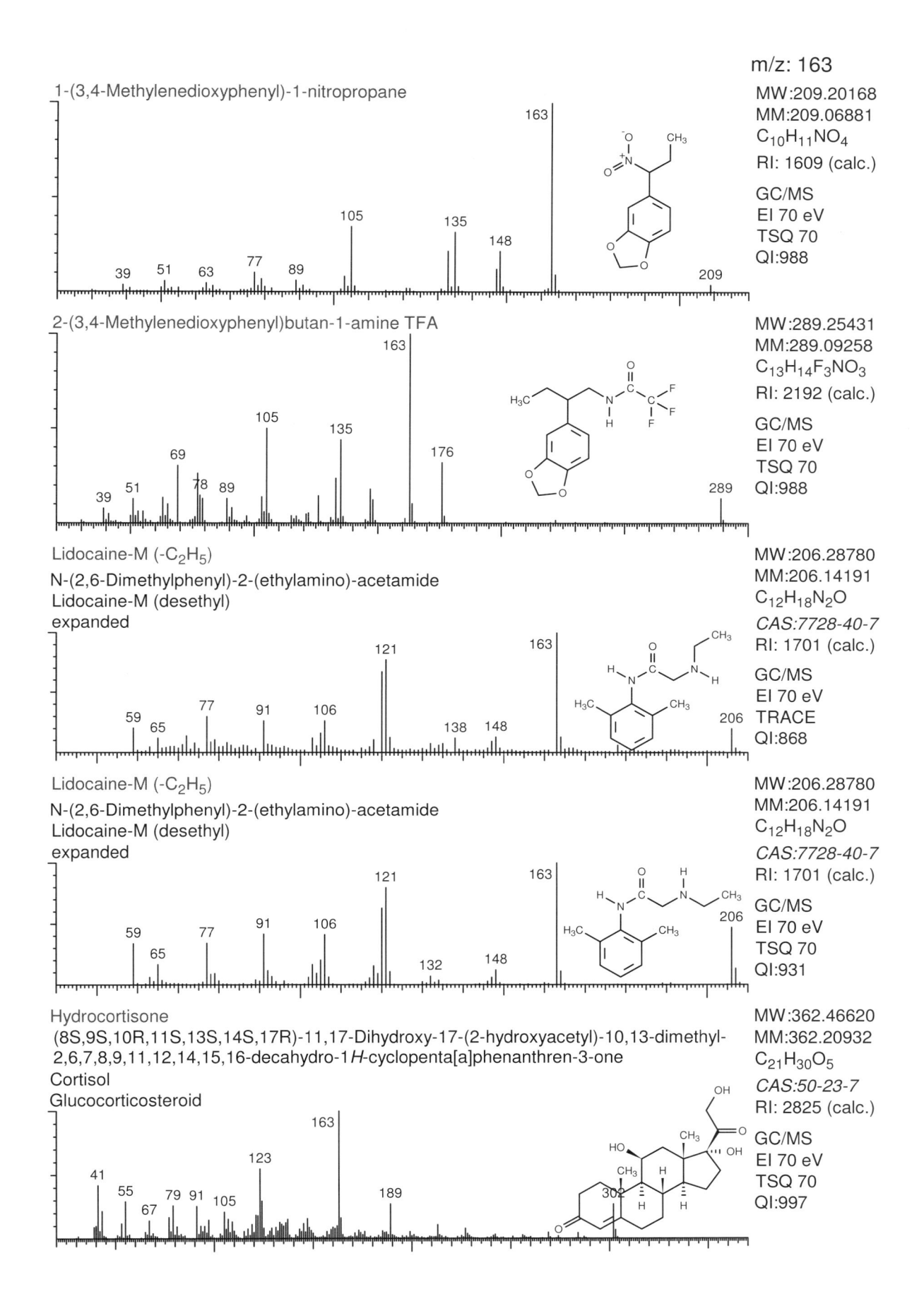

m/z: 163
MW: 209.20168
MM: 209.06881
$C_{10}H_{11}NO_4$
RI: 1609 (calc.)

GC/MS
EI 70 eV
TSQ 70
QI: 988

2-(3,4-Methylenedioxyphenyl)butan-1-amine TFA

MW: 289.25431
MM: 289.09258
$C_{13}H_{14}F_3NO_3$
RI: 2192 (calc.)

GC/MS
EI 70 eV
TSQ 70
QI: 988

Lidocaine-M (-C_2H_5)
N-(2,6-Dimethylphenyl)-2-(ethylamino)-acetamide
Lidocaine-M (desethyl)
expanded

MW: 206.28780
MM: 206.14191
$C_{12}H_{18}N_2O$
CAS: 7728-40-7
RI: 1701 (calc.)

GC/MS
EI 70 eV
TRACE
QI: 868

Lidocaine-M (-C_2H_5)
N-(2,6-Dimethylphenyl)-2-(ethylamino)-acetamide
Lidocaine-M (desethyl)
expanded

MW: 206.28780
MM: 206.14191
$C_{12}H_{18}N_2O$
CAS: 7728-40-7
RI: 1701 (calc.)

GC/MS
EI 70 eV
TSQ 70
QI: 931

Hydrocortisone
(8S,9S,10R,11S,13S,14S,17R)-11,17-Dihydroxy-17-(2-hydroxyacetyl)-10,13-dimethyl-2,6,7,8,9,11,12,14,15,16-decahydro-1H-cyclopenta[a]phenanthren-3-one
Cortisol
Glucocorticosteroid

MW: 362.46620
MM: 362.20932
$C_{21}H_{30}O_5$
CAS: 50-23-7
RI: 2825 (calc.)

GC/MS
EI 70 eV
TSQ 70
QI: 997

m/z: 163

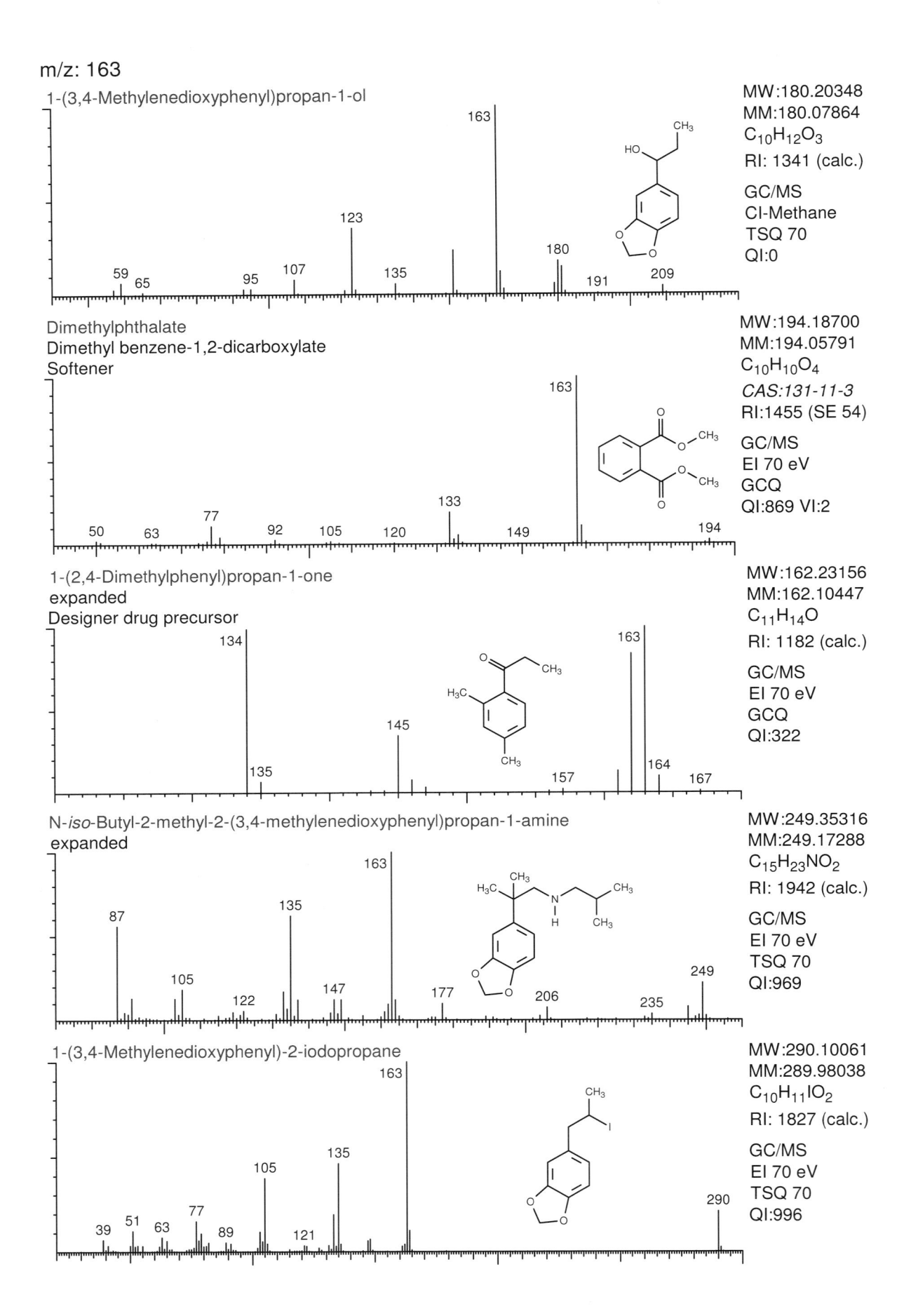

1-(3,4-Methylenedioxyphenyl)propan-1-ol

MW: 180.20348
MM: 180.07864
$C_{10}H_{12}O_3$
RI: 1341 (calc.)

GC/MS
CI-Methane
TSQ 70
QI:0

Peaks: 59, 65, 95, 107, 123, 135, 163, 180, 191, 209

Dimethylphthalate
Dimethyl benzene-1,2-dicarboxylate
Softener

MW: 194.18700
MM: 194.05791
$C_{10}H_{10}O_4$
CAS: 131-11-3
RI: 1455 (SE 54)

GC/MS
EI 70 eV
GCQ
QI:869 VI:2

Peaks: 50, 63, 77, 92, 105, 120, 133, 149, 163, 194

1-(2,4-Dimethylphenyl)propan-1-one
expanded
Designer drug precursor

MW: 162.23156
MM: 162.10447
$C_{11}H_{14}O$
RI: 1182 (calc.)

GC/MS
EI 70 eV
GCQ
QI:322

Peaks: 134, 135, 145, 157, 163, 164, 167

N-iso-Butyl-2-methyl-2-(3,4-methylenedioxyphenyl)propan-1-amine
expanded

MW: 249.35316
MM: 249.17288
$C_{15}H_{23}NO_2$
RI: 1942 (calc.)

GC/MS
EI 70 eV
TSQ 70
QI:969

Peaks: 87, 105, 122, 135, 147, 163, 177, 206, 235, 249

1-(3,4-Methylenedioxyphenyl)-2-iodopropane

MW: 290.10061
MM: 289.98038
$C_{10}H_{11}IO_2$
RI: 1827 (calc.)

GC/MS
EI 70 eV
TSQ 70
QI:996

Peaks: 39, 51, 63, 77, 89, 105, 121, 135, 163, 290

m/z: 163

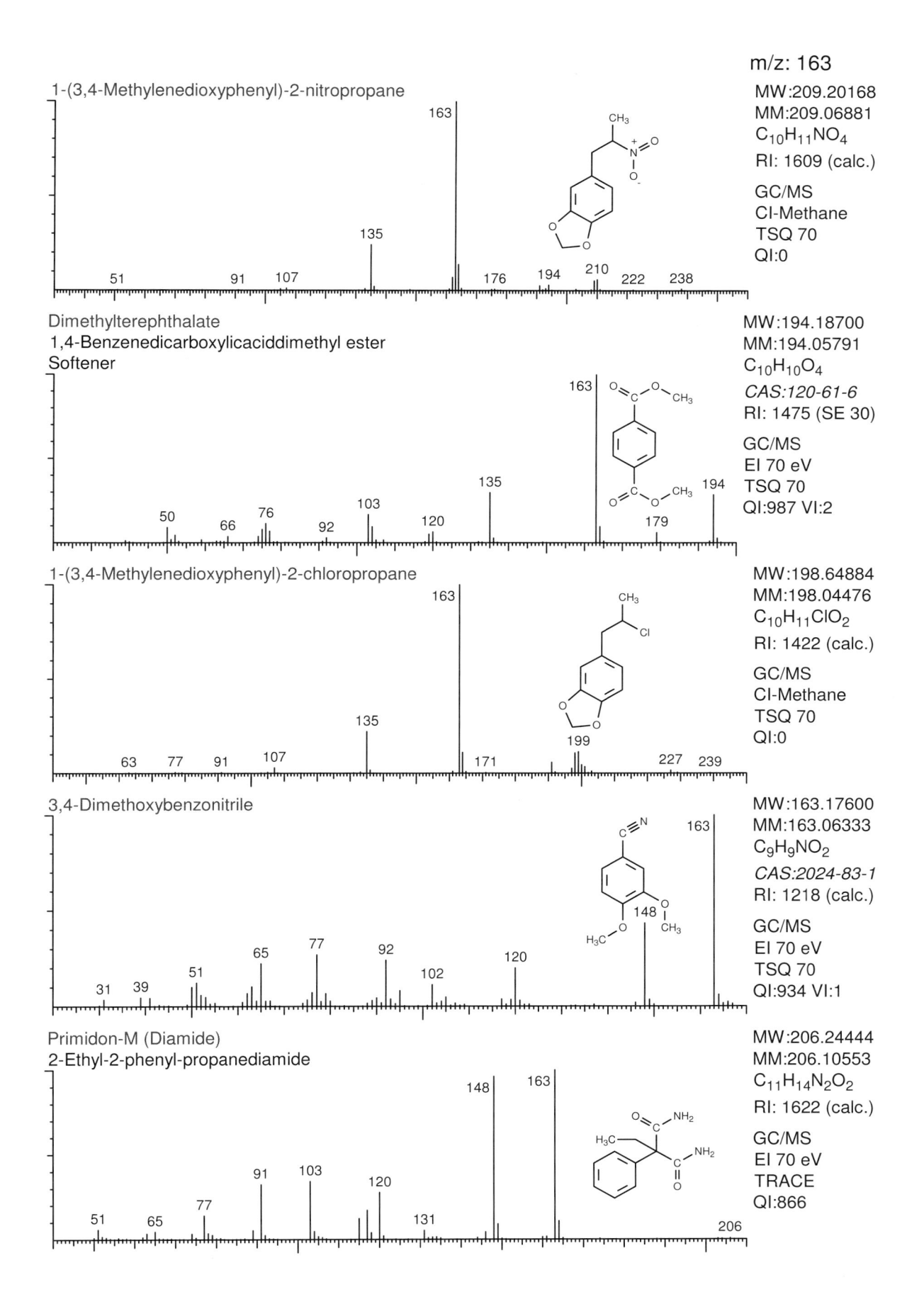

1-(3,4-Methylenedioxyphenyl)-2-nitropropane

MW: 209.20168
MM: 209.06881
$C_{10}H_{11}NO_4$
RI: 1609 (calc.)

GC/MS
CI-Methane
TSQ 70
QI:0

Peaks: 51, 91, 107, 135, 163, 176, 194, 210, 222, 238

Dimethylterephthalate
1,4-Benzenedicarboxylicaciddimethyl ester
Softener

MW: 194.18700
MM: 194.05791
$C_{10}H_{10}O_4$
CAS: 120-61-6
RI: 1475 (SE 30)

GC/MS
EI 70 eV
TSQ 70
QI:987 VI:2

Peaks: 50, 66, 76, 92, 103, 120, 135, 163, 179, 194

1-(3,4-Methylenedioxyphenyl)-2-chloropropane

MW: 198.64884
MM: 198.04476
$C_{10}H_{11}ClO_2$
RI: 1422 (calc.)

GC/MS
CI-Methane
TSQ 70
QI:0

Peaks: 63, 77, 91, 107, 135, 163, 171, 199, 227, 239

3,4-Dimethoxybenzonitrile

MW: 163.17600
MM: 163.06333
$C_9H_9NO_2$
CAS: 2024-83-1
RI: 1218 (calc.)

GC/MS
EI 70 eV
TSQ 70
QI:934 VI:1

Peaks: 31, 39, 51, 65, 77, 92, 102, 120, 148, 163

Primidon-M (Diamide)
2-Ethyl-2-phenyl-propanediamide

MW: 206.24444
MM: 206.10553
$C_{11}H_{14}N_2O_2$
RI: 1622 (calc.)

GC/MS
EI 70 eV
TRACE
QI:866

Peaks: 51, 65, 77, 91, 103, 120, 131, 148, 163, 206

m/z: 163

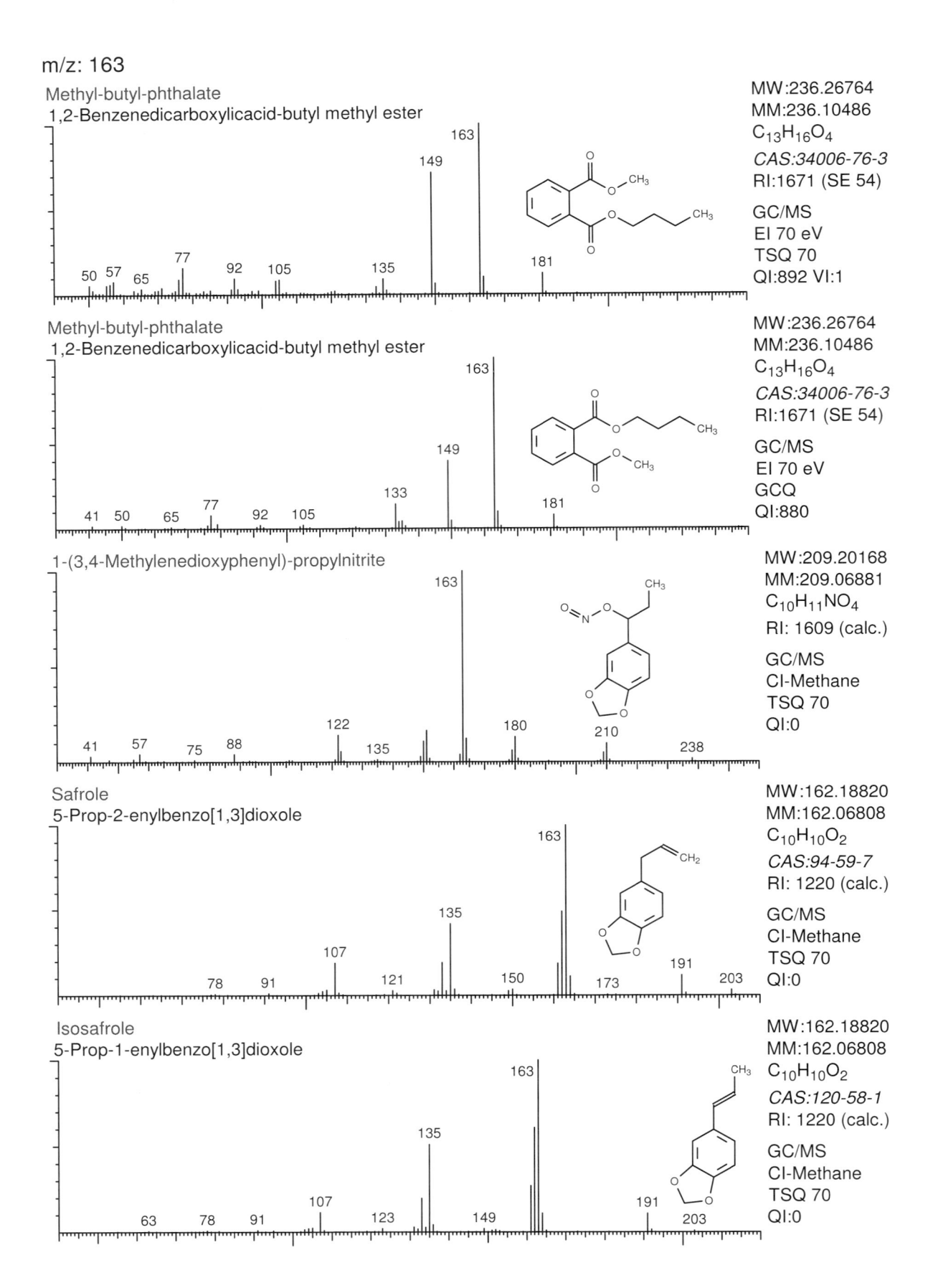

Methyl-butyl-phthalate
1,2-Benzenedicarboxylicacid-butyl methyl ester

MW:236.26764
MM:236.10486
$C_{13}H_{16}O_4$
CAS:34006-76-3
RI:1671 (SE 54)

GC/MS
EI 70 eV
TSQ 70
QI:892 VI:1

Methyl-butyl-phthalate
1,2-Benzenedicarboxylicacid-butyl methyl ester

MW:236.26764
MM:236.10486
$C_{13}H_{16}O_4$
CAS:34006-76-3
RI:1671 (SE 54)

GC/MS
EI 70 eV
GCQ
QI:880

1-(3,4-Methylenedioxyphenyl)-propylnitrite

MW:209.20168
MM:209.06881
$C_{10}H_{11}NO_4$
RI: 1609 (calc.)

GC/MS
CI-Methane
TSQ 70
QI:0

Safrole
5-Prop-2-enylbenzo[1,3]dioxole

MW:162.18820
MM:162.06808
$C_{10}H_{10}O_2$
CAS:94-59-7
RI: 1220 (calc.)

GC/MS
CI-Methane
TSQ 70
QI:0

Isosafrole
5-Prop-1-enylbenzo[1,3]dioxole

MW:162.18820
MM:162.06808
$C_{10}H_{10}O_2$
CAS:120-58-1
RI: 1220 (calc.)

GC/MS
CI-Methane
TSQ 70
QI:0

m/z: 163

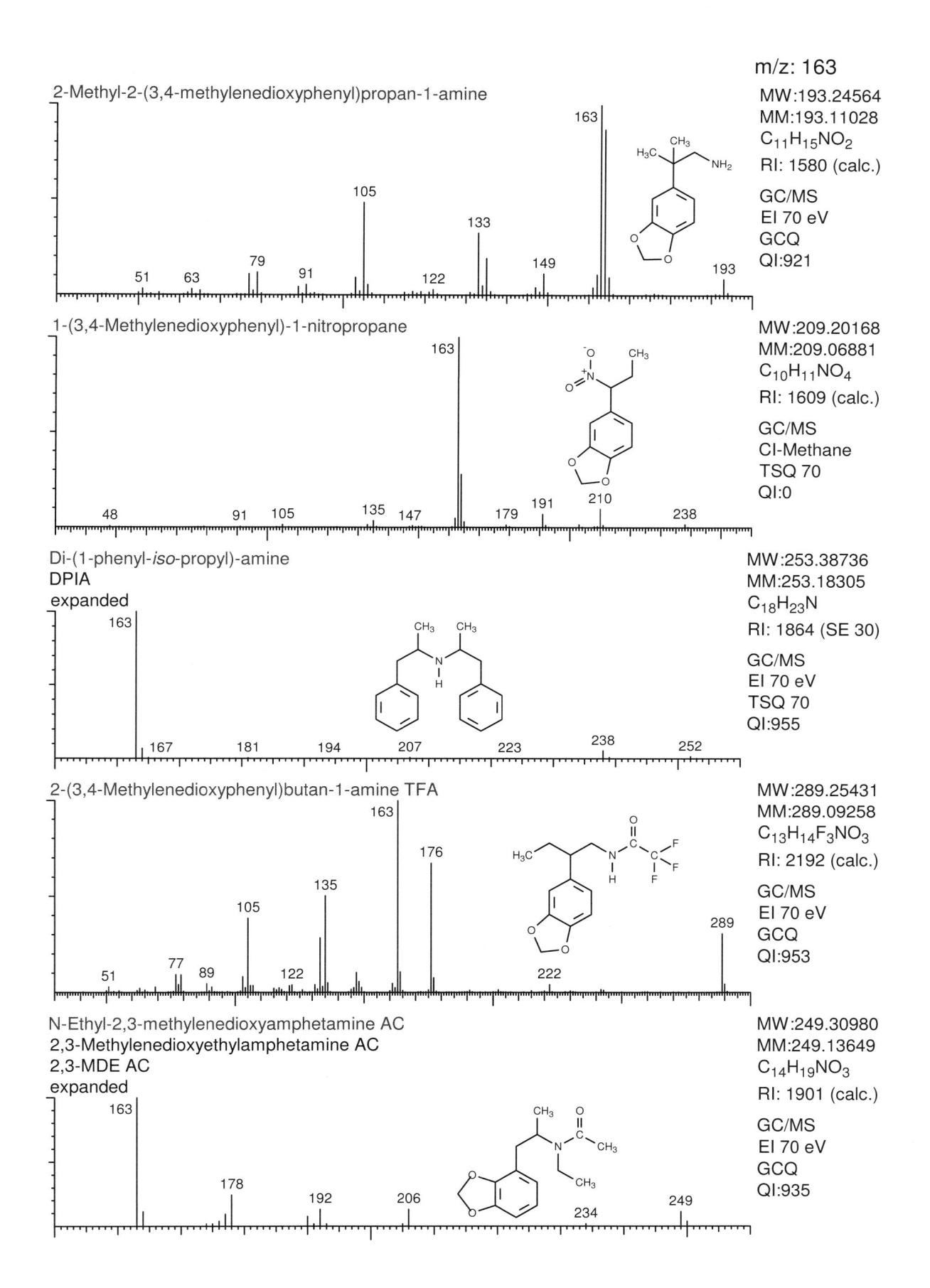

2-Methyl-2-(3,4-methylenedioxyphenyl)propan-1-amine

Peaks: 51, 63, 79, 91, 105, 122, 133, 149, 163, 193

MW: 193.24564
MM: 193.11028
$C_{11}H_{15}NO_2$
RI: 1580 (calc.)

GC/MS
EI 70 eV
GCQ
QI: 921

1-(3,4-Methylenedioxyphenyl)-1-nitropropane

Peaks: 48, 91, 105, 135, 147, 163, 179, 191, 210, 238

MW: 209.20168
MM: 209.06881
$C_{10}H_{11}NO_4$
RI: 1609 (calc.)

GC/MS
CI-Methane
TSQ 70
QI: 0

Di-(1-phenyl-*iso*-propyl)-amine
DPIA
expanded

Peaks: 163, 167, 181, 194, 207, 223, 238, 252

MW: 253.38736
MM: 253.18305
$C_{18}H_{23}N$
RI: 1864 (SE 30)

GC/MS
EI 70 eV
TSQ 70
QI: 955

2-(3,4-Methylenedioxyphenyl)butan-1-amine TFA

Peaks: 51, 77, 89, 105, 122, 135, 163, 176, 222, 289

MW: 289.25431
MM: 289.09258
$C_{13}H_{14}F_3NO_3$
RI: 2192 (calc.)

GC/MS
EI 70 eV
GCQ
QI: 953

N-Ethyl-2,3-methylenedioxyamphetamine AC
2,3-Methylenedioxyethylamphetamine AC
2,3-MDE AC
expanded

Peaks: 163, 178, 192, 206, 234, 249

MW: 249.30980
MM: 249.13649
$C_{14}H_{19}NO_3$
RI: 1901 (calc.)

GC/MS
EI 70 eV
GCQ
QI: 935

m/z: 163

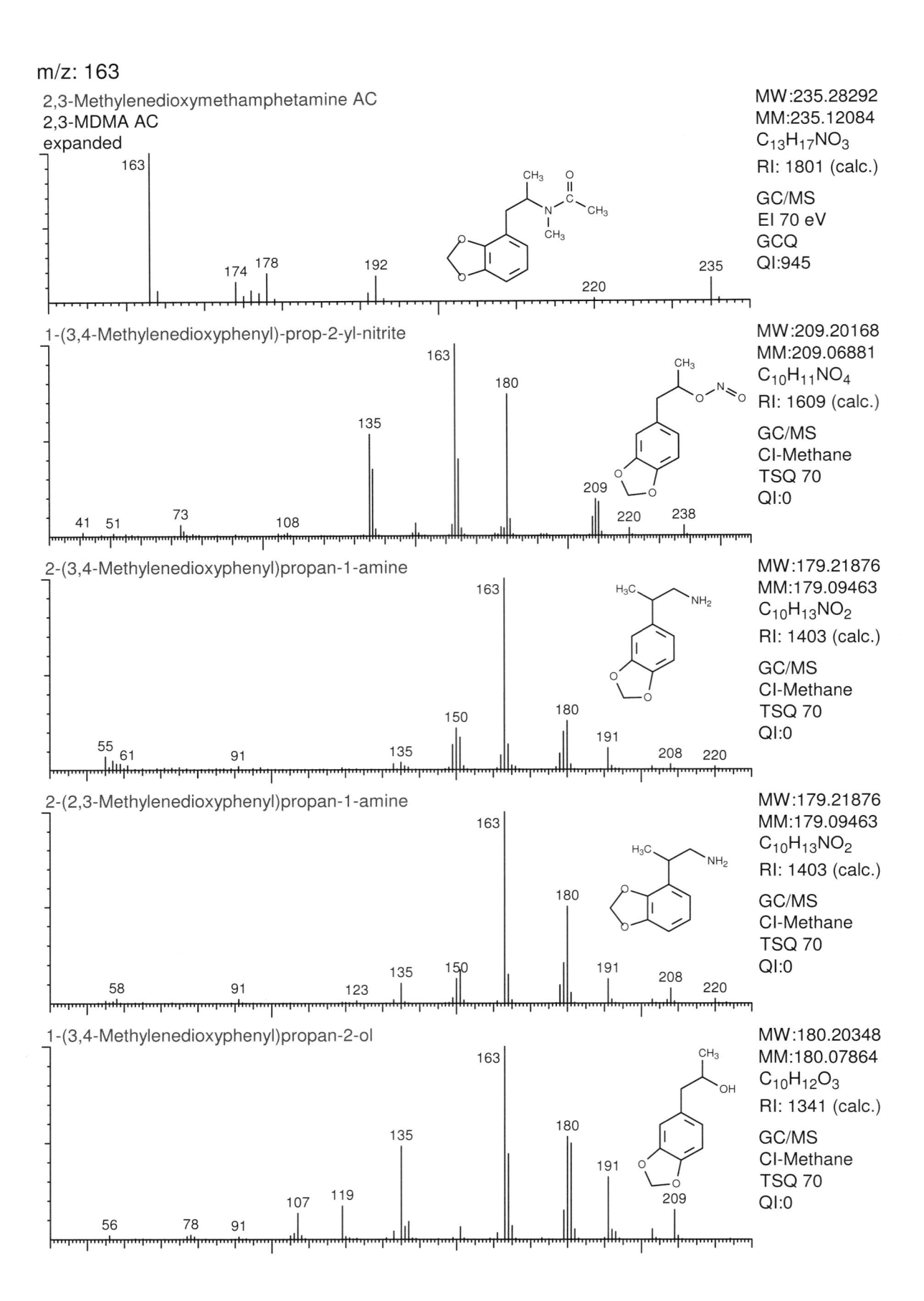

2,3-Methylenedioxymethamphetamine AC
2,3-MDMA AC
expanded

MW: 235.28292
MM: 235.12084
$C_{13}H_{17}NO_3$
RI: 1801 (calc.)

GC/MS
EI 70 eV
GCQ
QI: 945

Peaks: 163, 174, 178, 192, 220, 235

1-(3,4-Methylenedioxyphenyl)-prop-2-yl-nitrite

MW: 209.20168
MM: 209.06881
$C_{10}H_{11}NO_4$
RI: 1609 (calc.)

GC/MS
CI-Methane
TSQ 70
QI: 0

Peaks: 41, 51, 73, 108, 135, 163, 180, 209, 220, 238

2-(3,4-Methylenedioxyphenyl)propan-1-amine

MW: 179.21876
MM: 179.09463
$C_{10}H_{13}NO_2$
RI: 1403 (calc.)

GC/MS
CI-Methane
TSQ 70
QI: 0

Peaks: 55, 61, 91, 135, 150, 163, 180, 191, 208, 220

2-(2,3-Methylenedioxyphenyl)propan-1-amine

MW: 179.21876
MM: 179.09463
$C_{10}H_{13}NO_2$
RI: 1403 (calc.)

GC/MS
CI-Methane
TSQ 70
QI: 0

Peaks: 58, 91, 123, 135, 150, 163, 180, 191, 208, 220

1-(3,4-Methylenedioxyphenyl)propan-2-ol

MW: 180.20348
MM: 180.07864
$C_{10}H_{12}O_3$
RI: 1341 (calc.)

GC/MS
CI-Methane
TSQ 70
QI: 0

Peaks: 56, 78, 91, 107, 119, 135, 163, 180, 191, 209

m/z: 163

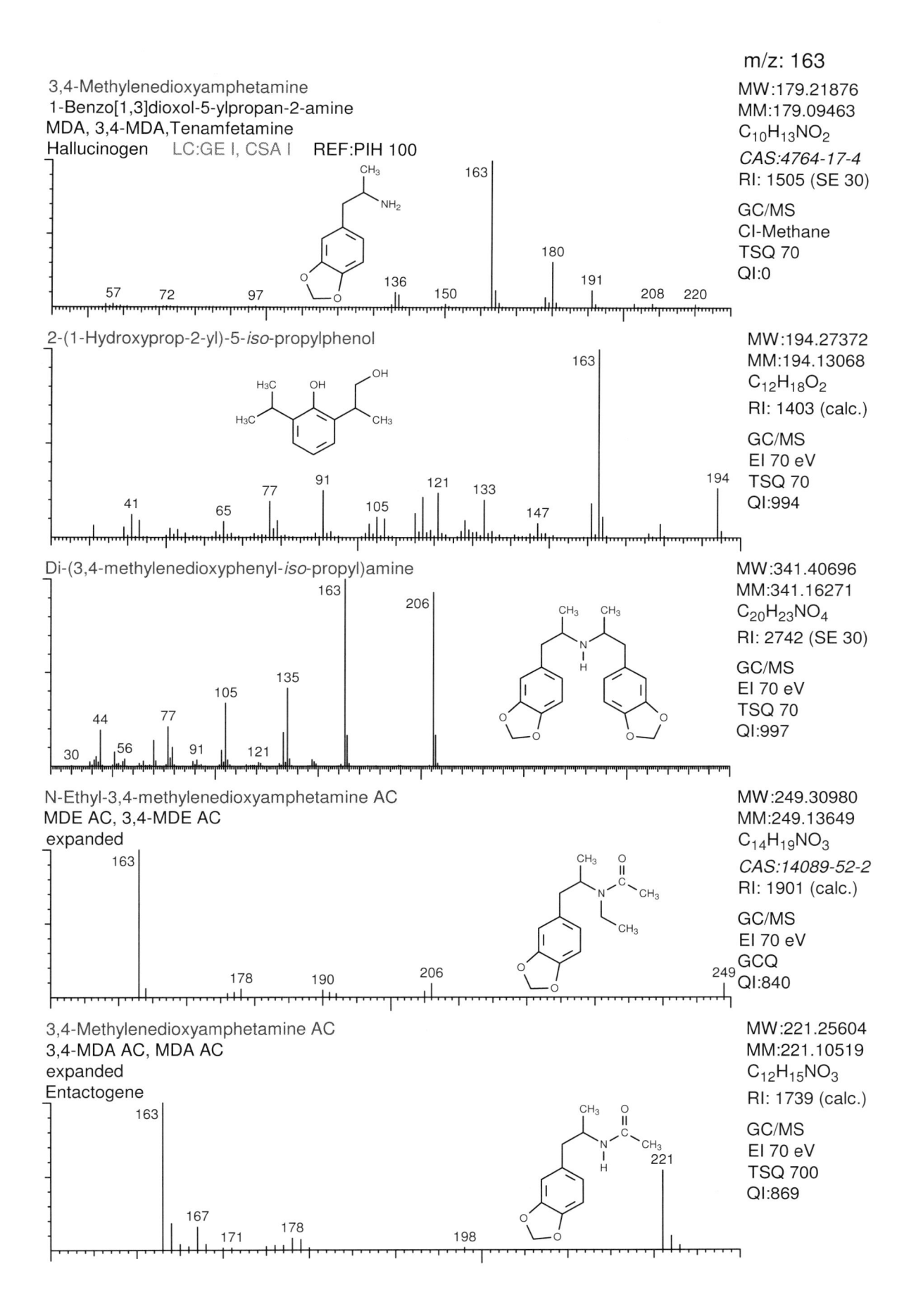

3,4-Methylenedioxyamphetamine
1-Benzo[1,3]dioxol-5-ylpropan-2-amine
MDA, 3,4-MDA, Tenamfetamine
Hallucinogen   LC:GE I, CSA I   REF:PIH 100

Peaks: 57, 72, 97, 136, 150, 163, 180, 191, 208, 220

MW: 179.21876
MM: 179.09463
$C_{10}H_{13}NO_2$
CAS: 4764-17-4
RI: 1505 (SE 30)

GC/MS
CI-Methane
TSQ 70
QI: 0

2-(1-Hydroxyprop-2-yl)-5-iso-propylphenol

Peaks: 41, 65, 77, 91, 105, 121, 133, 147, 163, 194

MW: 194.27372
MM: 194.13068
$C_{12}H_{18}O_2$
RI: 1403 (calc.)

GC/MS
EI 70 eV
TSQ 70
QI: 994

Di-(3,4-methylenedioxyphenyl-iso-propyl)amine

Peaks: 30, 44, 56, 77, 91, 105, 121, 135, 163, 206

MW: 341.40696
MM: 341.16271
$C_{20}H_{23}NO_4$
RI: 2742 (SE 30)

GC/MS
EI 70 eV
TSQ 70
QI: 997

N-Ethyl-3,4-methylenedioxyamphetamine AC
MDE AC, 3,4-MDE AC
expanded

Peaks: 163, 178, 190, 206, 249

MW: 249.30980
MM: 249.13649
$C_{14}H_{19}NO_3$
CAS: 14089-52-2
RI: 1901 (calc.)

GC/MS
EI 70 eV
GCQ
QI: 840

3,4-Methylenedioxyamphetamine AC
3,4-MDA AC, MDA AC
expanded
Entactogene

Peaks: 163, 167, 171, 178, 198, 221

MW: 221.25604
MM: 221.10519
$C_{12}H_{15}NO_3$
RI: 1739 (calc.)

GC/MS
EI 70 eV
TSQ 700
QI: 869

m/z: 163

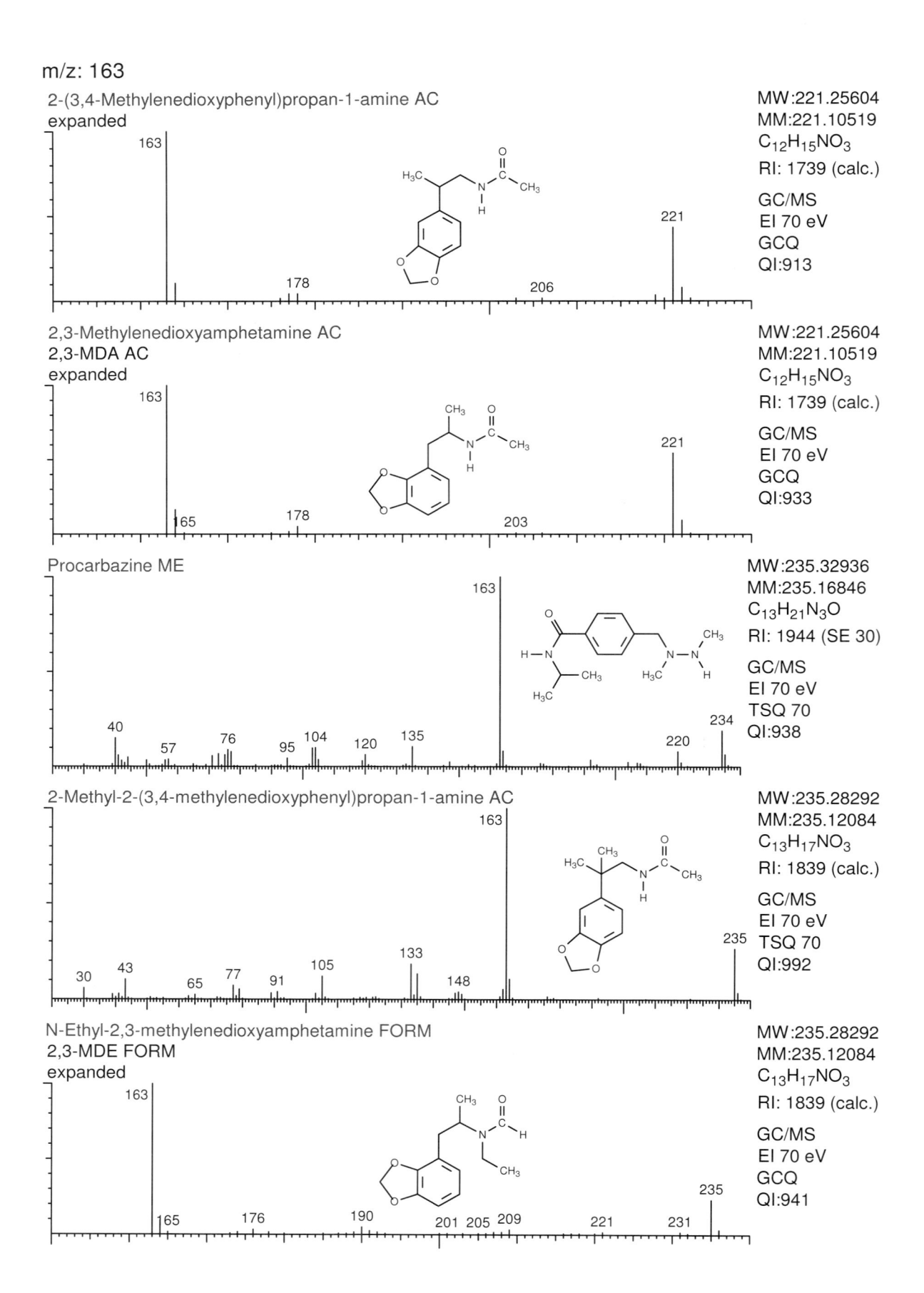

2-(3,4-Methylenedioxyphenyl)propan-1-amine AC
expanded

MW:221.25604
MM:221.10519
$C_{12}H_{15}NO_3$
RI: 1739 (calc.)

GC/MS
EI 70 eV
GCQ
QI:913

Peaks: 163, 178, 206, 221

2,3-Methylenedioxyamphetamine AC
2,3-MDA AC
expanded

MW:221.25604
MM:221.10519
$C_{12}H_{15}NO_3$
RI: 1739 (calc.)

GC/MS
EI 70 eV
GCQ
QI:933

Peaks: 163, 165, 178, 203, 221

Procarbazine ME

MW:235.32936
MM:235.16846
$C_{13}H_{21}N_3O$
RI: 1944 (SE 30)

GC/MS
EI 70 eV
TSQ 70
QI:938

Peaks: 40, 57, 76, 95, 104, 120, 135, 163, 220, 234

2-Methyl-2-(3,4-methylenedioxyphenyl)propan-1-amine AC

MW:235.28292
MM:235.12084
$C_{13}H_{17}NO_3$
RI: 1839 (calc.)

GC/MS
EI 70 eV
TSQ 70
QI:992

Peaks: 30, 43, 65, 77, 91, 105, 133, 148, 163, 235

N-Ethyl-2,3-methylenedioxyamphetamine FORM
2,3-MDE FORM
expanded

MW:235.28292
MM:235.12084
$C_{13}H_{17}NO_3$
RI: 1839 (calc.)

GC/MS
EI 70 eV
GCQ
QI:941

Peaks: 163, 165, 176, 190, 201, 205, 209, 221, 231, 235

m/z: 163

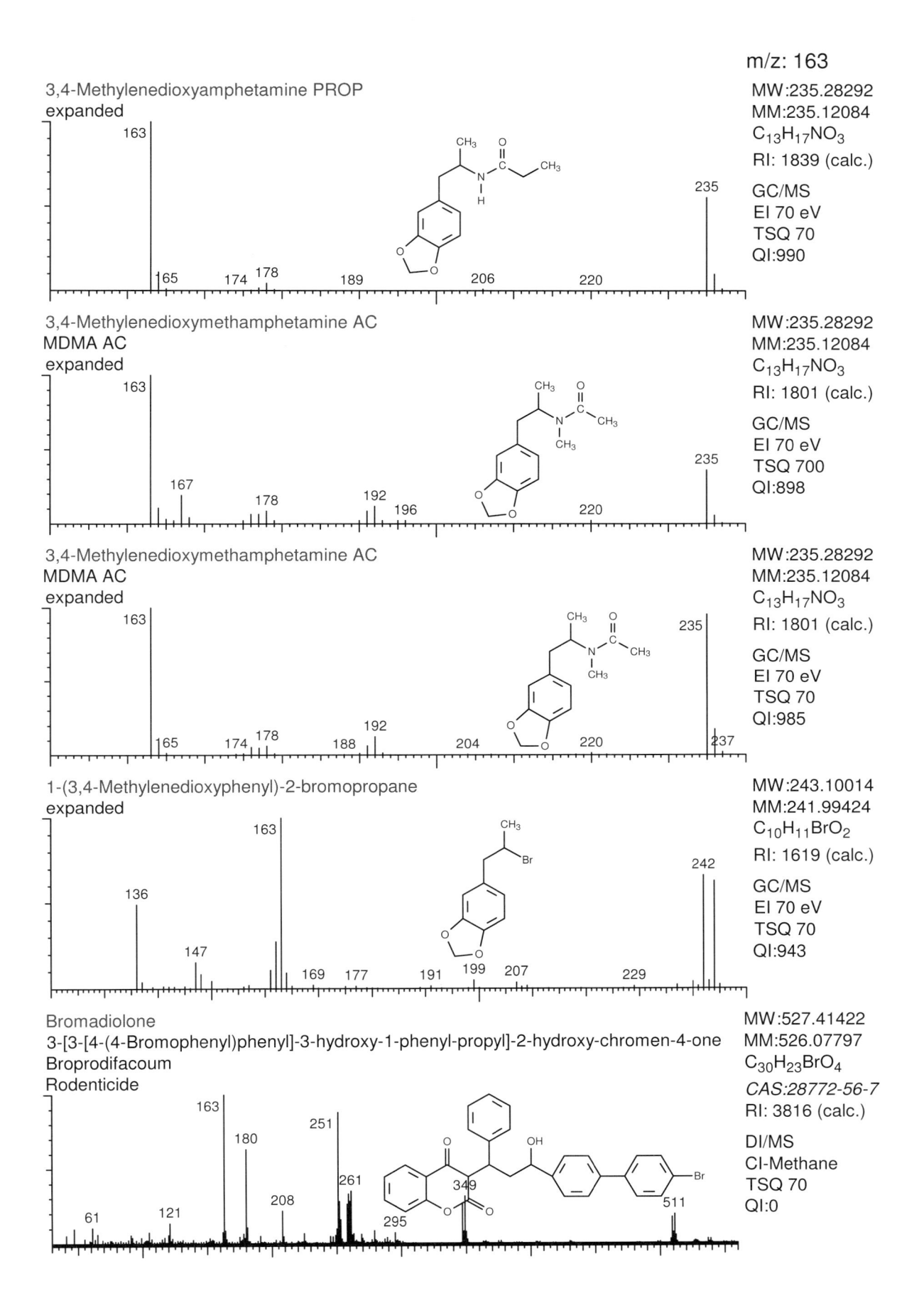

3,4-Methylenedioxyamphetamine PROP
expanded

Peaks: 163, 165, 174, 178, 189, 206, 220, 235

MW: 235.28292
MM: 235.12084
$C_{13}H_{17}NO_3$
RI: 1839 (calc.)

GC/MS
EI 70 eV
TSQ 70
QI: 990

3,4-Methylenedioxymethamphetamine AC
MDMA AC
expanded

Peaks: 163, 167, 178, 192, 196, 220, 235

MW: 235.28292
MM: 235.12084
$C_{13}H_{17}NO_3$
RI: 1801 (calc.)

GC/MS
EI 70 eV
TSQ 700
QI: 898

3,4-Methylenedioxymethamphetamine AC
MDMA AC
expanded

Peaks: 163, 165, 174, 178, 188, 192, 204, 220, 235, 237

MW: 235.28292
MM: 235.12084
$C_{13}H_{17}NO_3$
RI: 1801 (calc.)

GC/MS
EI 70 eV
TSQ 70
QI: 985

1-(3,4-Methylenedioxyphenyl)-2-bromopropane
expanded

Peaks: 136, 147, 163, 169, 177, 191, 199, 207, 229, 242

MW: 243.10014
MM: 241.99424
$C_{10}H_{11}BrO_2$
RI: 1619 (calc.)

GC/MS
EI 70 eV
TSQ 70
QI: 943

Bromadiolone
3-[3-[4-(4-Bromophenyl)phenyl]-3-hydroxy-1-phenyl-propyl]-2-hydroxy-chromen-4-one
Broprodifacoum
Rodenticide

Peaks: 61, 121, 163, 180, 208, 251, 261, 295, 349, 511

MW: 527.41422
MM: 526.07797
$C_{30}H_{23}BrO_4$
CAS: 28772-56-7
RI: 3816 (calc.)

DI/MS
CI-Methane
TSQ 70
QI: 0

m/z: 163

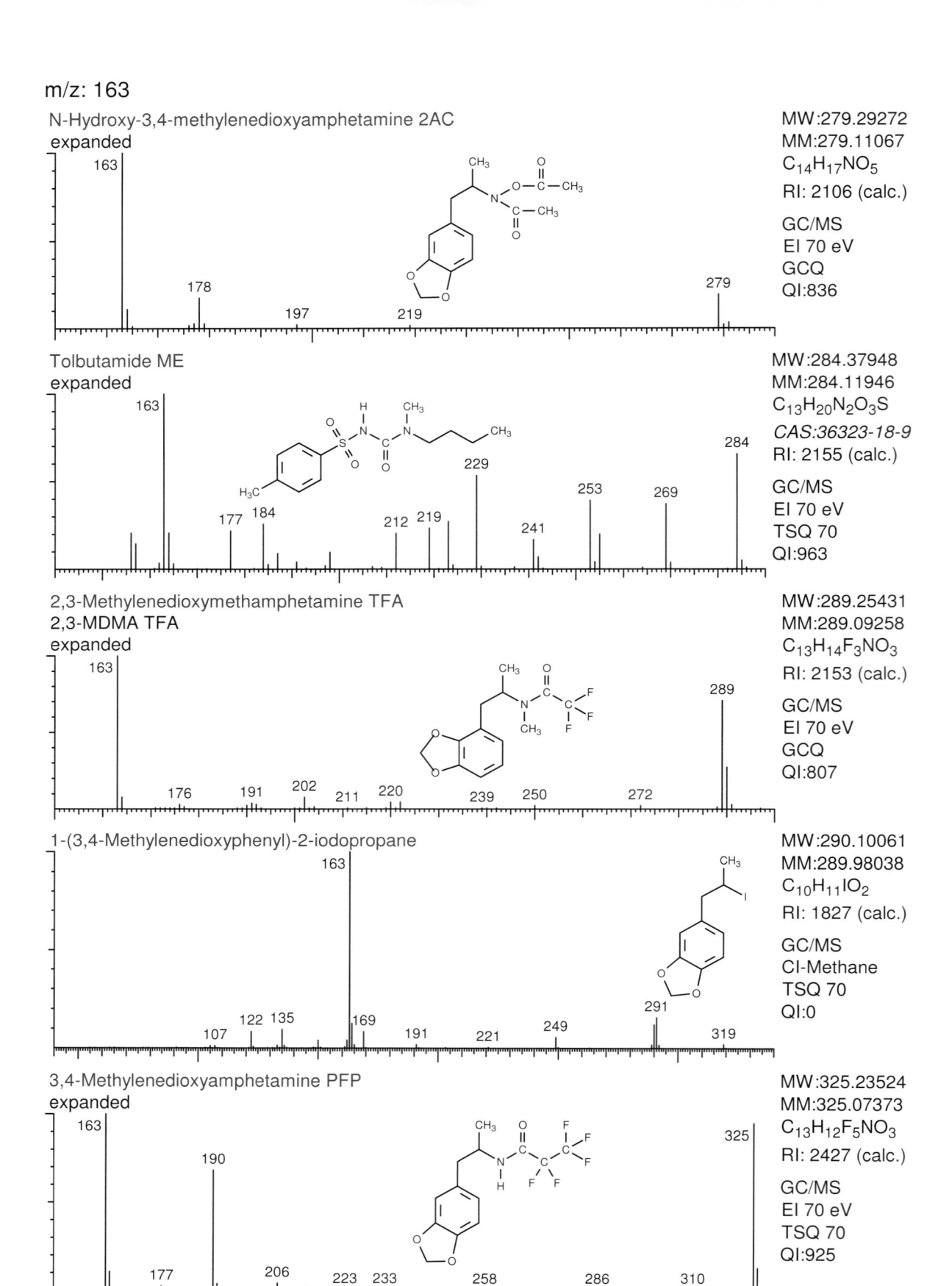

N-Hydroxy-3,4-methylenedioxyamphetamine 2AC
expanded

MW:279.29272
MM:279.11067
$C_{14}H_{17}NO_5$
RI: 2106 (calc.)

GC/MS
EI 70 eV
GCQ
QI:836

Tolbutamide ME
expanded

MW:284.37948
MM:284.11946
$C_{13}H_{20}N_2O_3S$
CAS:36323-18-9
RI: 2155 (calc.)

GC/MS
EI 70 eV
TSQ 70
QI:963

2,3-Methylenedioxymethamphetamine TFA
2,3-MDMA TFA
expanded

MW:289.25431
MM:289.09258
$C_{13}H_{14}F_3NO_3$
RI: 2153 (calc.)

GC/MS
EI 70 eV
GCQ
QI:807

1-(3,4-Methylenedioxyphenyl)-2-iodopropane

MW:290.10061
MM:289.98038
$C_{10}H_{11}IO_2$
RI: 1827 (calc.)

GC/MS
CI-Methane
TSQ 70
QI:0

3,4-Methylenedioxyamphetamine PFP
expanded

MW:325.23524
MM:325.07373
$C_{13}H_{12}F_5NO_3$
RI: 2427 (calc.)

GC/MS
EI 70 eV
TSQ 70
QI:925

m/z: 163

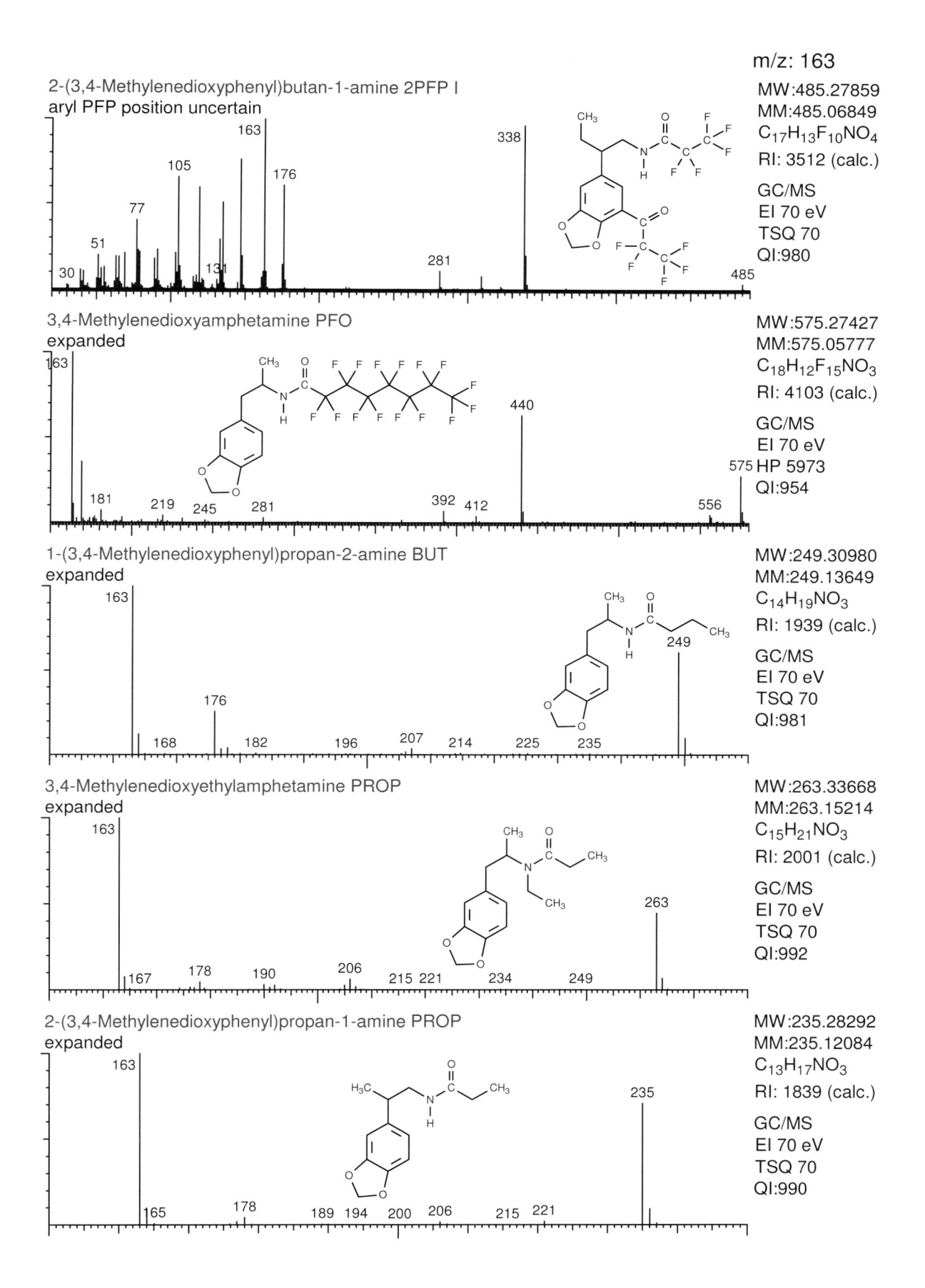

2-(3,4-Methylenedioxyphenyl)butan-1-amine 2PFP I
aryl PFP position uncertain

Peaks: 30, 51, 77, 105, 131, 163, 176, 281, 338, 485

MW:485.27859
MM:485.06849
$C_{17}H_{13}F_{10}NO_4$
RI: 3512 (calc.)

GC/MS
EI 70 eV
TSQ 70
QI:980

3,4-Methylenedioxyamphetamine PFO
expanded

Peaks: 163, 181, 219, 245, 281, 392, 412, 440, 556, 575

MW:575.27427
MM:575.05777
$C_{18}H_{12}F_{15}NO_3$
RI: 4103 (calc.)

GC/MS
EI 70 eV
HP 5973
QI:954

1-(3,4-Methylenedioxyphenyl)propan-2-amine BUT
expanded

Peaks: 163, 168, 176, 182, 196, 207, 214, 225, 235, 249

MW:249.30980
MM:249.13649
$C_{14}H_{19}NO_3$
RI: 1939 (calc.)

GC/MS
EI 70 eV
TSQ 70
QI:981

3,4-Methylenedioxyethylamphetamine PROP
expanded

Peaks: 163, 167, 178, 190, 206, 215, 221, 234, 249, 263

MW:263.33668
MM:263.15214
$C_{15}H_{21}NO_3$
RI: 2001 (calc.)

GC/MS
EI 70 eV
TSQ 70
QI:992

2-(3,4-Methylenedioxyphenyl)propan-1-amine PROP
expanded

Peaks: 163, 165, 178, 189, 194, 200, 206, 215, 221, 235

MW:235.28292
MM:235.12084
$C_{13}H_{17}NO_3$
RI: 1839 (calc.)

GC/MS
EI 70 eV
TSQ 70
QI:990

m/z: 163

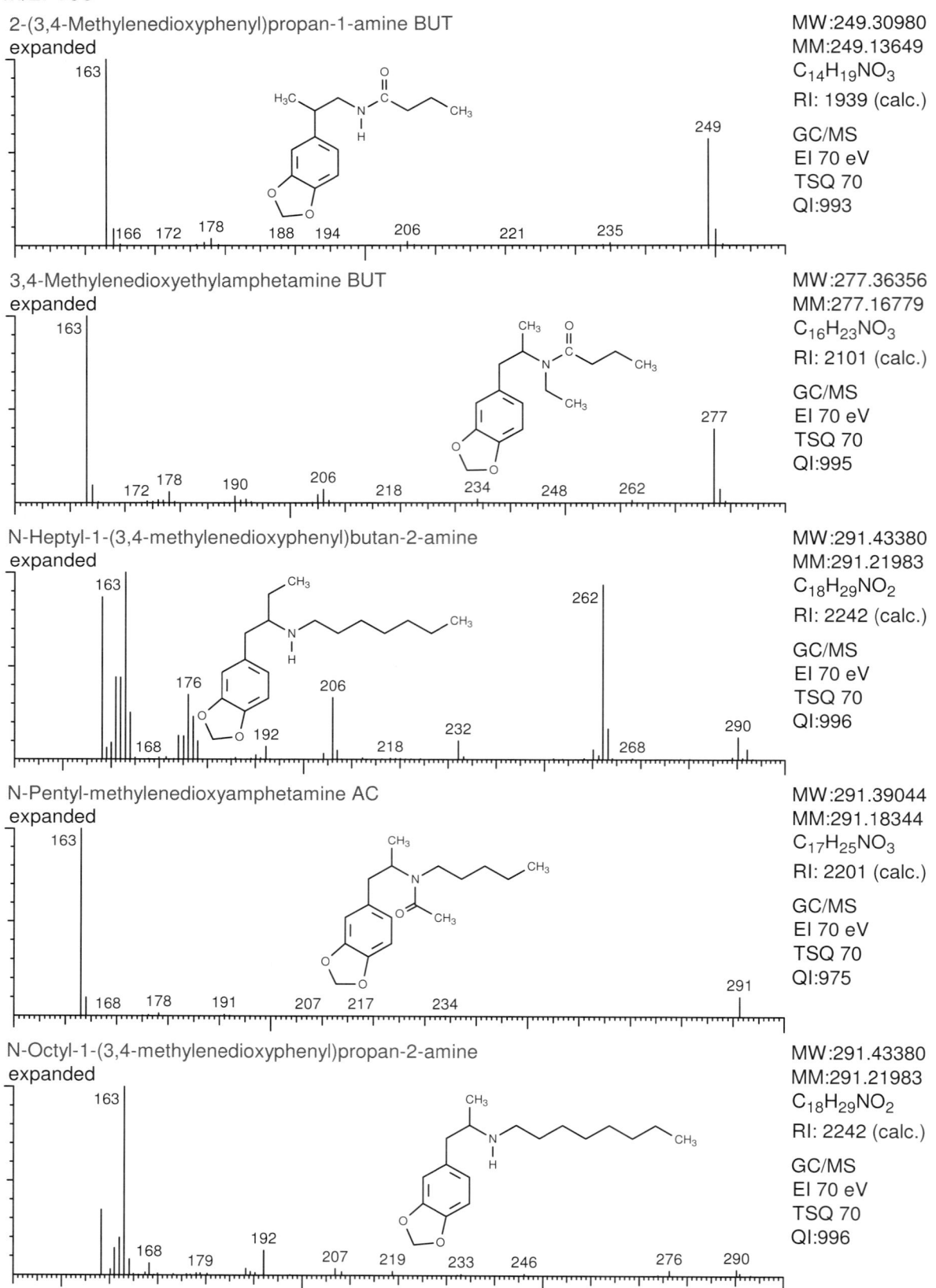

2-(3,4-Methylenedioxyphenyl)propan-1-amine BUT
expanded

MW:249.30980
MM:249.13649
$C_{14}H_{19}NO_3$
RI: 1939 (calc.)

GC/MS
EI 70 eV
TSQ 70
QI:993

3,4-Methylenedioxyethylamphetamine BUT
expanded

MW:277.36356
MM:277.16779
$C_{16}H_{23}NO_3$
RI: 2101 (calc.)

GC/MS
EI 70 eV
TSQ 70
QI:995

N-Heptyl-1-(3,4-methylenedioxyphenyl)butan-2-amine
expanded

MW:291.43380
MM:291.21983
$C_{18}H_{29}NO_2$
RI: 2242 (calc.)

GC/MS
EI 70 eV
TSQ 70
QI:996

N-Pentyl-methylenedioxyamphetamine AC
expanded

MW:291.39044
MM:291.18344
$C_{17}H_{25}NO_3$
RI: 2201 (calc.)

GC/MS
EI 70 eV
TSQ 70
QI:975

N-Octyl-1-(3,4-methylenedioxyphenyl)propan-2-amine
expanded

MW:291.43380
MM:291.21983
$C_{18}H_{29}NO_2$
RI: 2242 (calc.)

GC/MS
EI 70 eV
TSQ 70
QI:996

m/z: 163

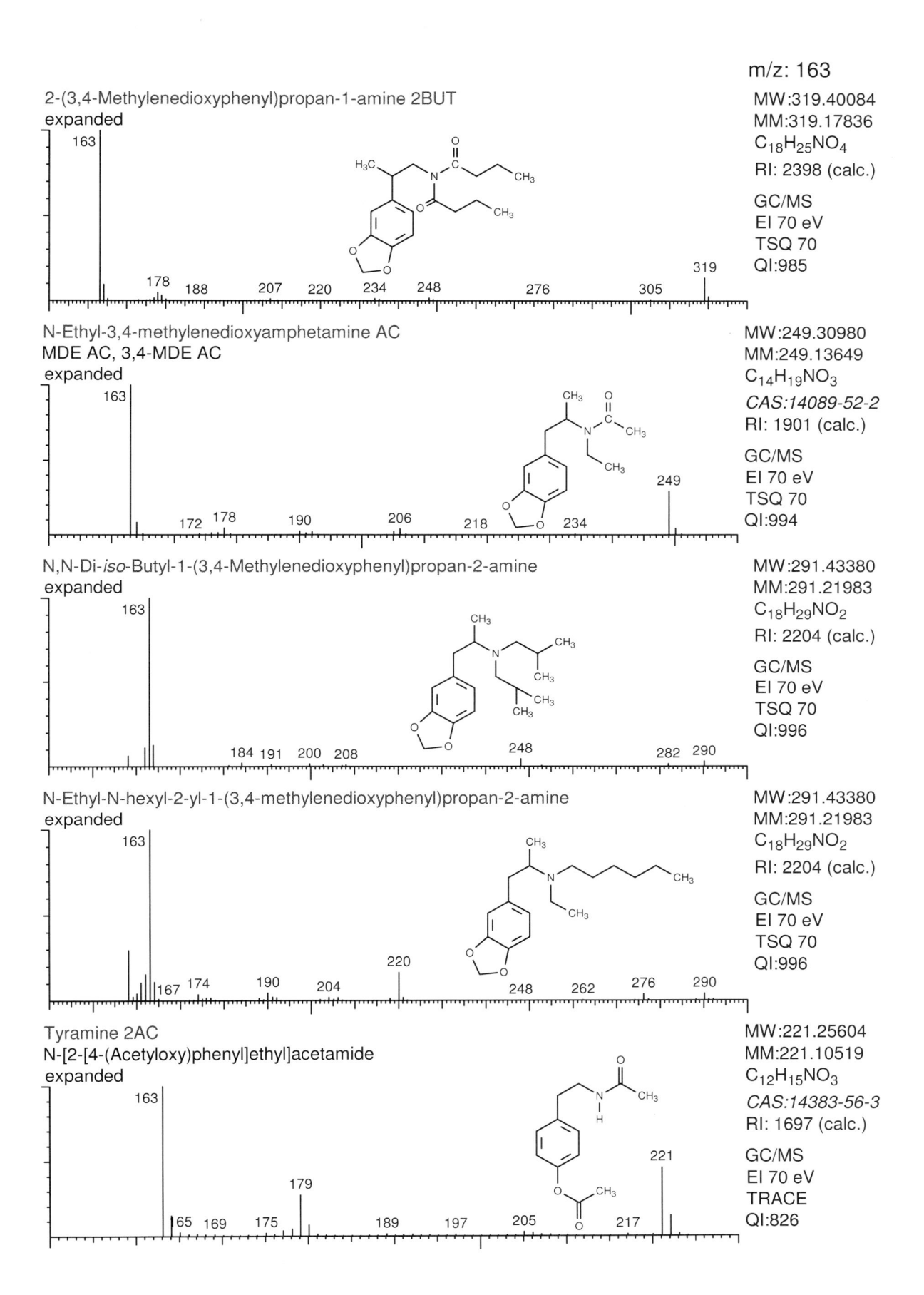

2-(3,4-Methylenedioxyphenyl)propan-1-amine 2BUT
expanded

MW: 319.40084
MM: 319.17836
$C_{18}H_{25}NO_4$
RI: 2398 (calc.)

GC/MS
EI 70 eV
TSQ 70
QI: 985

Peaks: 163, 178, 188, 207, 220, 234, 248, 276, 305, 319

N-Ethyl-3,4-methylenedioxyamphetamine AC
MDE AC, 3,4-MDE AC
expanded

MW: 249.30980
MM: 249.13649
$C_{14}H_{19}NO_3$
CAS: 14089-52-2
RI: 1901 (calc.)

GC/MS
EI 70 eV
TSQ 70
QI: 994

Peaks: 163, 172, 178, 190, 206, 218, 234, 249

N,N-Di-iso-Butyl-1-(3,4-Methylenedioxyphenyl)propan-2-amine
expanded

MW: 291.43380
MM: 291.21983
$C_{18}H_{29}NO_2$
RI: 2204 (calc.)

GC/MS
EI 70 eV
TSQ 70
QI: 996

Peaks: 163, 184, 191, 200, 208, 248, 282, 290

N-Ethyl-N-hexyl-2-yl-1-(3,4-methylenedioxyphenyl)propan-2-amine
expanded

MW: 291.43380
MM: 291.21983
$C_{18}H_{29}NO_2$
RI: 2204 (calc.)

GC/MS
EI 70 eV
TSQ 70
QI: 996

Peaks: 163, 167, 174, 190, 204, 220, 248, 262, 276, 290

Tyramine 2AC
N-[2-[4-(Acetyloxy)phenyl]ethyl]acetamide
expanded

MW: 221.25604
MM: 221.10519
$C_{12}H_{15}NO_3$
CAS: 14383-56-3
RI: 1697 (calc.)

GC/MS
EI 70 eV
TRACE
QI: 826

Peaks: 163, 165, 169, 175, 179, 189, 197, 205, 217, 221

m/z: 163

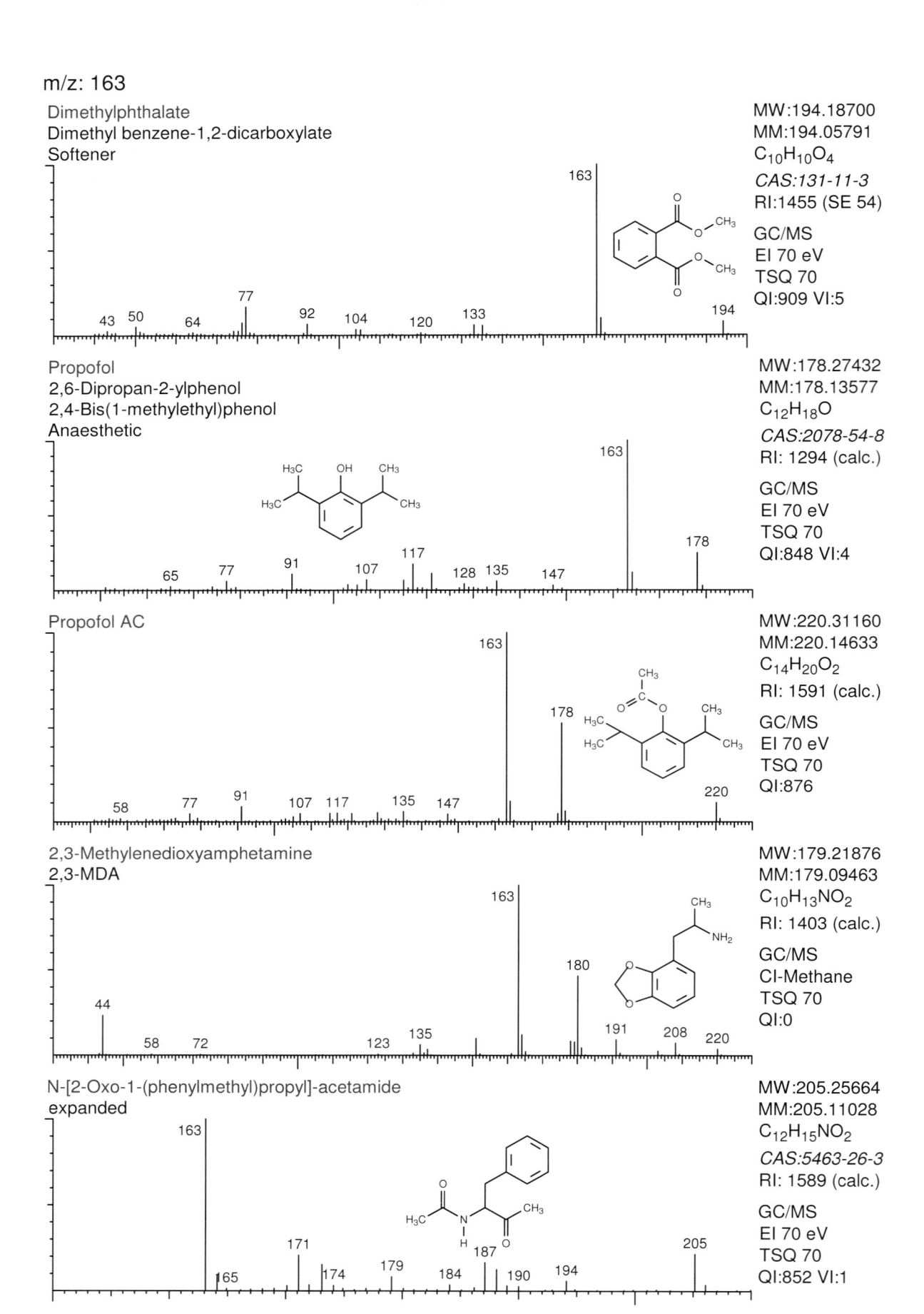

Dimethylphthalate
Dimethyl benzene-1,2-dicarboxylate
Softener

MW:194.18700
MM:194.05791
$C_{10}H_{10}O_4$
CAS:131-11-3
RI:1455 (SE 54)

GC/MS
EI 70 eV
TSQ 70
QI:909 VI:5

Peaks: 43, 50, 64, 77, 92, 104, 120, 133, 163, 194

Propofol
2,6-Dipropan-2-ylphenol
2,4-Bis(1-methylethyl)phenol
Anaesthetic

MW:178.27432
MM:178.13577
$C_{12}H_{18}O$
CAS:2078-54-8
RI: 1294 (calc.)

GC/MS
EI 70 eV
TSQ 70
QI:848 VI:4

Peaks: 65, 77, 91, 107, 117, 128, 135, 147, 163, 178

Propofol AC

MW:220.31160
MM:220.14633
$C_{14}H_{20}O_2$
RI: 1591 (calc.)

GC/MS
EI 70 eV
TSQ 70
QI:876

Peaks: 58, 77, 91, 107, 117, 135, 147, 163, 178, 220

2,3-Methylenedioxyamphetamine
2,3-MDA

MW:179.21876
MM:179.09463
$C_{10}H_{13}NO_2$
RI: 1403 (calc.)

GC/MS
CI-Methane
TSQ 70
QI:0

Peaks: 44, 58, 72, 123, 135, 163, 180, 191, 208, 220

N-[2-Oxo-1-(phenylmethyl)propyl]-acetamide
expanded

MW:205.25664
MM:205.11028
$C_{12}H_{15}NO_2$
CAS:5463-26-3
RI: 1589 (calc.)

GC/MS
EI 70 eV
TSQ 70
QI:852 VI:1

Peaks: 163, 165, 171, 174, 179, 184, 187, 190, 194, 205

m/z: 163

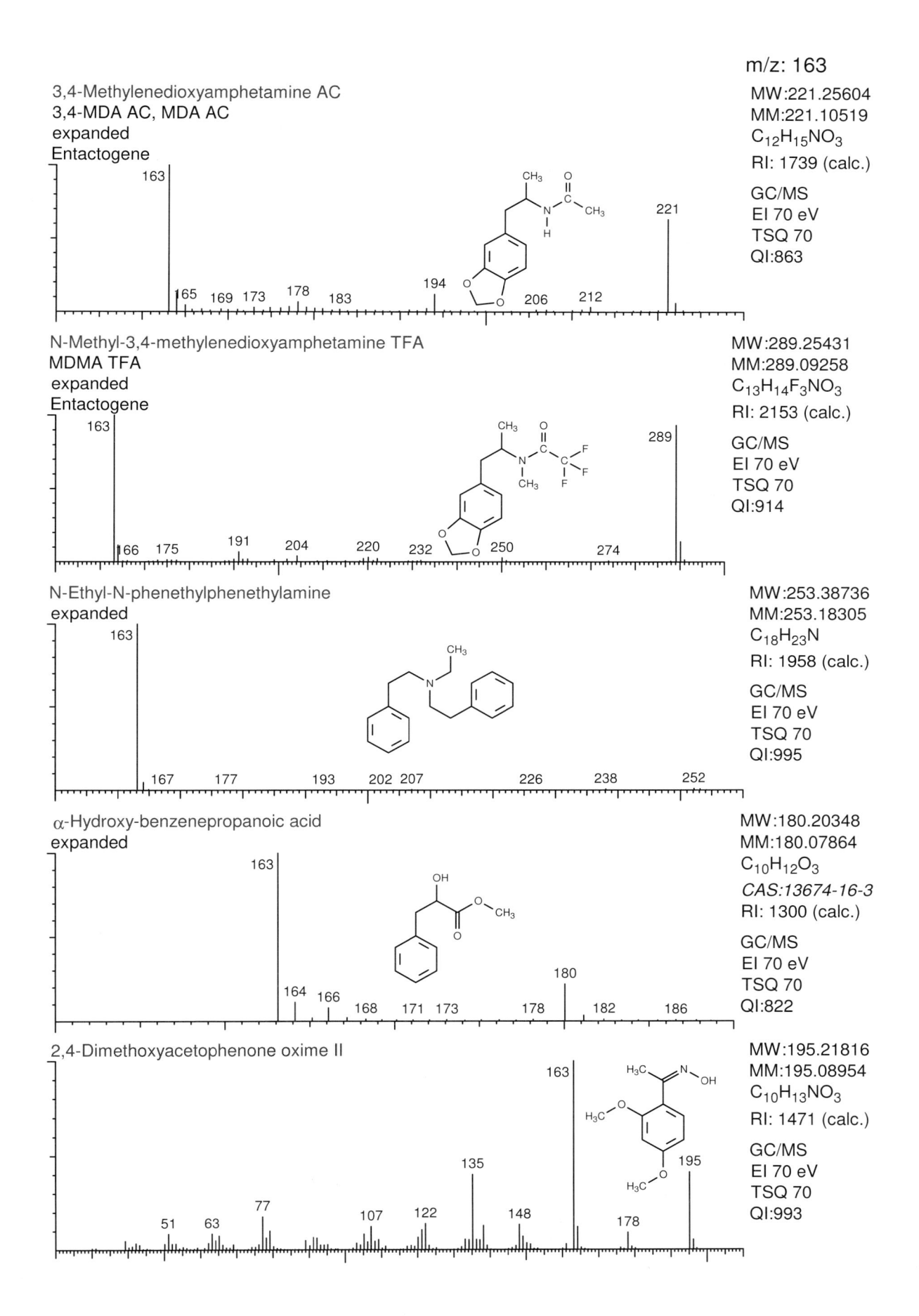

3,4-Methylenedioxyamphetamine AC
3,4-MDA AC, MDA AC
expanded
Entactogene

MW: 221.25604
MM: 221.10519
$C_{12}H_{15}NO_3$
RI: 1739 (calc.)

GC/MS
EI 70 eV
TSQ 70
QI: 863

N-Methyl-3,4-methylenedioxyamphetamine TFA
MDMA TFA
expanded
Entactogene

MW: 289.25431
MM: 289.09258
$C_{13}H_{14}F_3NO_3$
RI: 2153 (calc.)

GC/MS
EI 70 eV
TSQ 70
QI: 914

N-Ethyl-N-phenethylphenethylamine
expanded

MW: 253.38736
MM: 253.18305
$C_{18}H_{23}N$
RI: 1958 (calc.)

GC/MS
EI 70 eV
TSQ 70
QI: 995

α-Hydroxy-benzenepropanoic acid
expanded

MW: 180.20348
MM: 180.07864
$C_{10}H_{12}O_3$
CAS: 13674-16-3
RI: 1300 (calc.)

GC/MS
EI 70 eV
TSQ 70
QI: 822

2,4-Dimethoxyacetophenone oxime II

MW: 195.21816
MM: 195.08954
$C_{10}H_{13}NO_3$
RI: 1471 (calc.)

GC/MS
EI 70 eV
TSQ 70
QI: 993

m/z: 163

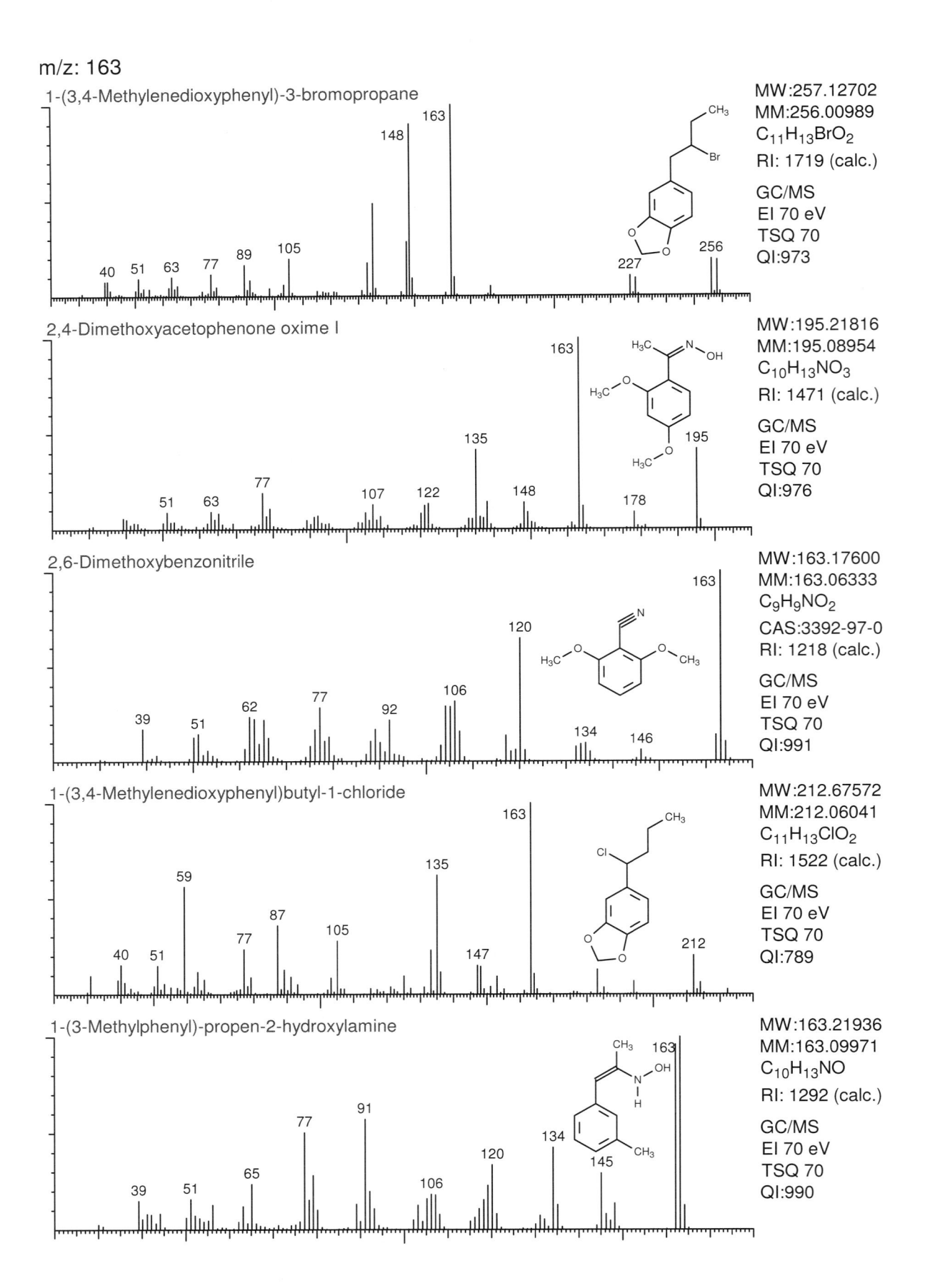

1-(3,4-Methylenedioxyphenyl)-3-bromopropane

MW: 257.12702
MM: 256.00989
$C_{11}H_{13}BrO_2$
RI: 1719 (calc.)

GC/MS
EI 70 eV
TSQ 70
QI: 973

Peaks: 40, 51, 63, 77, 89, 105, 148, 163, 227, 256

2,4-Dimethoxyacetophenone oxime I

MW: 195.21816
MM: 195.08954
$C_{10}H_{13}NO_3$
RI: 1471 (calc.)

GC/MS
EI 70 eV
TSQ 70
QI: 976

Peaks: 51, 63, 77, 107, 122, 135, 148, 163, 178, 195

2,6-Dimethoxybenzonitrile

MW: 163.17600
MM: 163.06333
$C_9H_9NO_2$
CAS: 3392-97-0
RI: 1218 (calc.)

GC/MS
EI 70 eV
TSQ 70
QI: 991

Peaks: 39, 51, 62, 77, 92, 106, 120, 134, 146, 163

1-(3,4-Methylenedioxyphenyl)butyl-1-chloride

MW: 212.67572
MM: 212.06041
$C_{11}H_{13}ClO_2$
RI: 1522 (calc.)

GC/MS
EI 70 eV
TSQ 70
QI: 789

Peaks: 40, 51, 59, 77, 87, 105, 135, 147, 163, 212

1-(3-Methylphenyl)-propen-2-hydroxylamine

MW: 163.21936
MM: 163.09971
$C_{10}H_{13}NO$
RI: 1292 (calc.)

GC/MS
EI 70 eV
TSQ 70
QI: 990

Peaks: 39, 51, 65, 77, 91, 106, 120, 134, 145, 163

m/z: 163-164

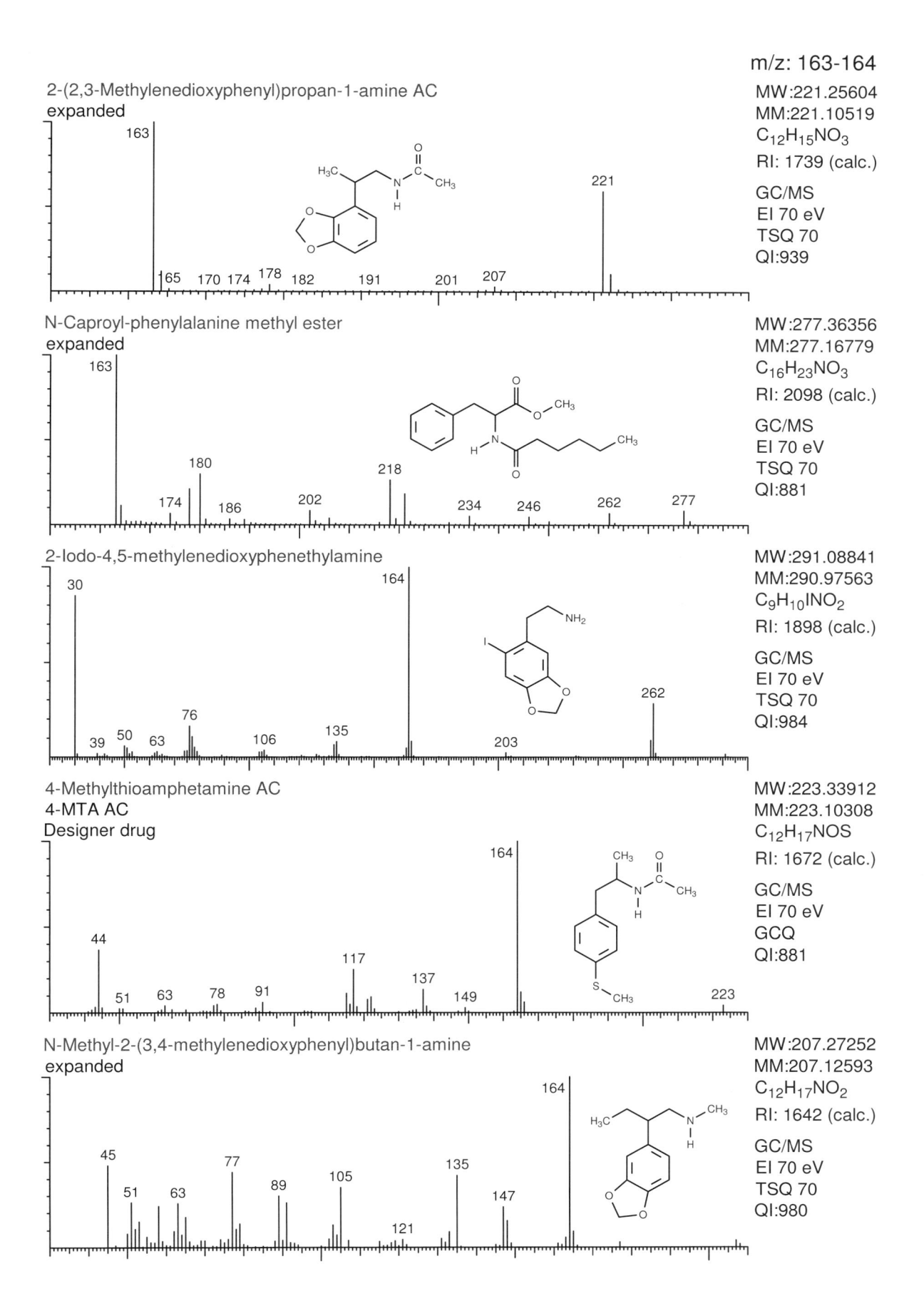

2-(2,3-Methylenedioxyphenyl)propan-1-amine AC
expanded

MW: 221.25604
MM: 221.10519
$C_{12}H_{15}NO_3$
RI: 1739 (calc.)

GC/MS
EI 70 eV
TSQ 70
QI: 939

Peaks: 163, 165, 170, 174, 178, 182, 191, 201, 207, 221

N-Caproyl-phenylalanine methyl ester
expanded

MW: 277.36356
MM: 277.16779
$C_{16}H_{23}NO_3$
RI: 2098 (calc.)

GC/MS
EI 70 eV
TSQ 70
QI: 881

Peaks: 163, 174, 180, 186, 202, 218, 234, 246, 262, 277

2-Iodo-4,5-methylenedioxyphenethylamine

MW: 291.08841
MM: 290.97563
$C_9H_{10}INO_2$
RI: 1898 (calc.)

GC/MS
EI 70 eV
TSQ 70
QI: 984

Peaks: 30, 39, 50, 63, 76, 106, 135, 164, 203, 262

4-Methylthioamphetamine AC
4-MTA AC
Designer drug

MW: 223.33912
MM: 223.10308
$C_{12}H_{17}NOS$
RI: 1672 (calc.)

GC/MS
EI 70 eV
GCQ
QI: 881

Peaks: 44, 51, 63, 78, 91, 117, 137, 149, 164, 223

N-Methyl-2-(3,4-methylenedioxyphenyl)butan-1-amine
expanded

MW: 207.27252
MM: 207.12593
$C_{12}H_{17}NO_2$
RI: 1642 (calc.)

GC/MS
EI 70 eV
TSQ 70
QI: 980

Peaks: 45, 51, 63, 77, 89, 105, 121, 135, 147, 164

m/z: 164

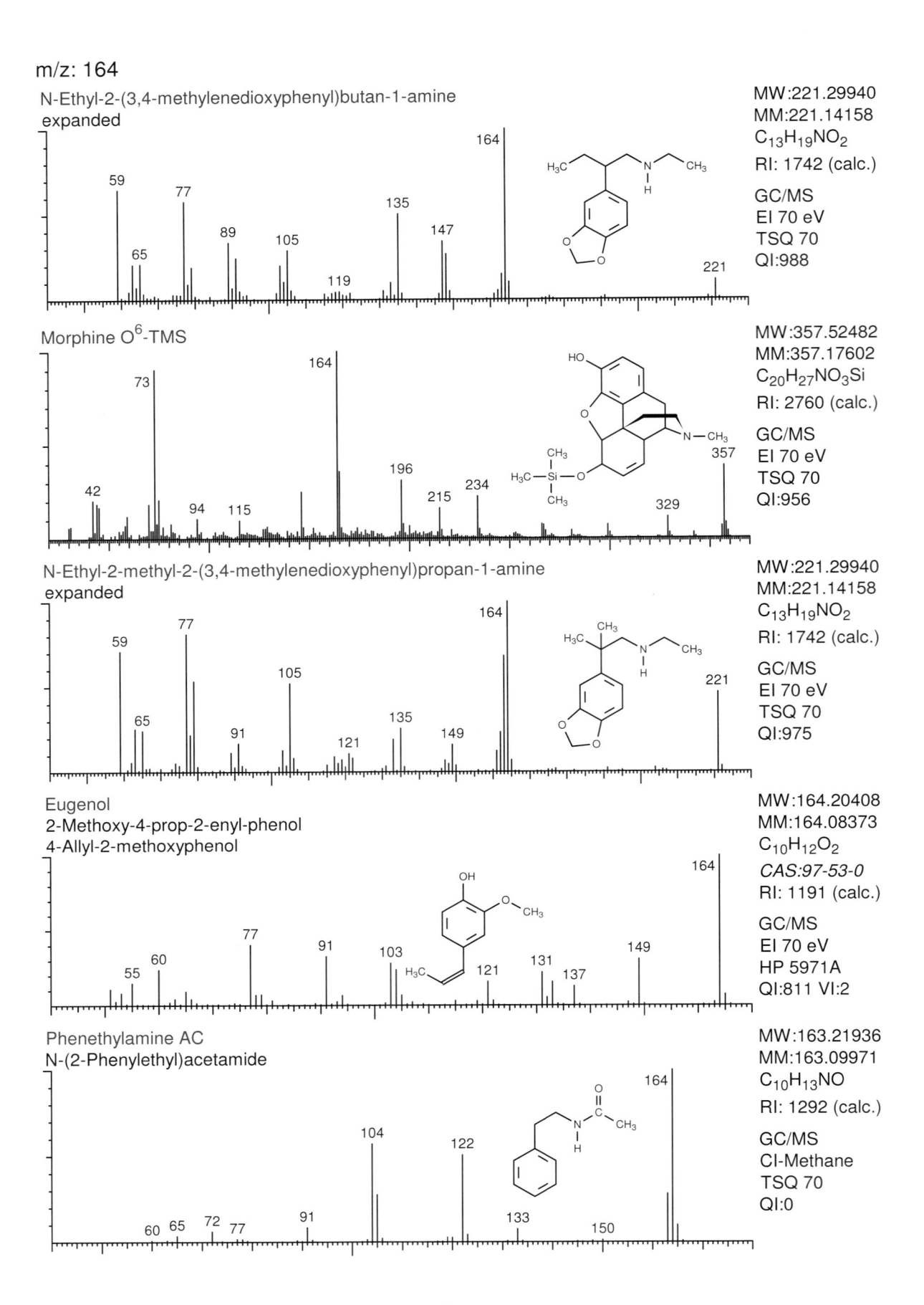

N-Ethyl-2-(3,4-methylenedioxyphenyl)butan-1-amine
expanded

MW: 221.29940
MM: 221.14158
$C_{13}H_{19}NO_2$
RI: 1742 (calc.)

GC/MS
EI 70 eV
TSQ 70
QI: 988

Peaks: 59, 65, 77, 89, 105, 119, 135, 147, 164, 221

Morphine O^6-TMS

MW: 357.52482
MM: 357.17602
$C_{20}H_{27}NO_3Si$
RI: 2760 (calc.)

GC/MS
EI 70 eV
TSQ 70
QI: 956

Peaks: 42, 73, 94, 115, 164, 196, 215, 234, 329, 357

N-Ethyl-2-methyl-2-(3,4-methylenedioxyphenyl)propan-1-amine
expanded

MW: 221.29940
MM: 221.14158
$C_{13}H_{19}NO_2$
RI: 1742 (calc.)

GC/MS
EI 70 eV
TSQ 70
QI: 975

Peaks: 59, 65, 77, 91, 105, 121, 135, 149, 164, 221

Eugenol
2-Methoxy-4-prop-2-enyl-phenol
4-Allyl-2-methoxyphenol

MW: 164.20408
MM: 164.08373
$C_{10}H_{12}O_2$
CAS: 97-53-0
RI: 1191 (calc.)

GC/MS
EI 70 eV
HP 5971A
QI: 811 VI: 2

Peaks: 55, 60, 77, 91, 103, 121, 131, 137, 149, 164

Phenethylamine AC
N-(2-Phenylethyl)acetamide

MW: 163.21936
MM: 163.09971
$C_{10}H_{13}NO$
RI: 1292 (calc.)

GC/MS
CI-Methane
TSQ 70
QI: 0

Peaks: 60, 65, 72, 77, 91, 104, 122, 133, 150, 164

m/z: 164

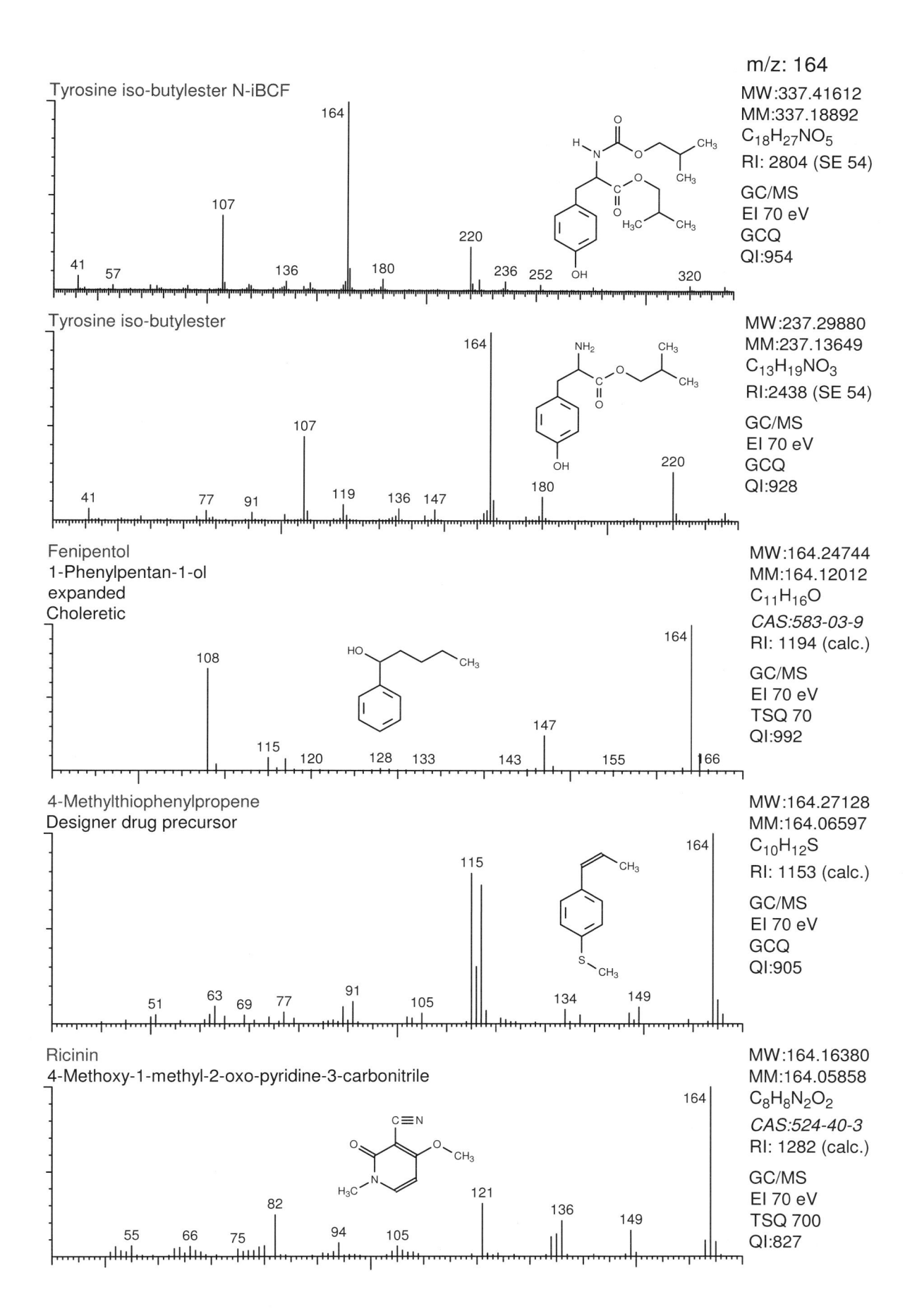

Tyrosine iso-butylester N-iBCF

MW: 337.41612
MM: 337.18892
$C_{18}H_{27}NO_5$
RI: 2804 (SE 54)

GC/MS
EI 70 eV
GCQ
QI: 954

Peaks: 41, 57, 107, 136, 164, 180, 220, 236, 252, 320

Tyrosine iso-butylester

MW: 237.29880
MM: 237.13649
$C_{13}H_{19}NO_3$
RI: 2438 (SE 54)

GC/MS
EI 70 eV
GCQ
QI: 928

Peaks: 41, 77, 91, 107, 119, 136, 147, 164, 180, 220

Fenipentol
1-Phenylpentan-1-ol
expanded
Choleretic

MW: 164.24744
MM: 164.12012
$C_{11}H_{16}O$
CAS: 583-03-9
RI: 1194 (calc.)

GC/MS
EI 70 eV
TSQ 70
QI: 992

Peaks: 108, 115, 120, 128, 133, 143, 147, 155, 164, 166

4-Methylthiophenylpropene
Designer drug precursor

MW: 164.27128
MM: 164.06597
$C_{10}H_{12}S$
RI: 1153 (calc.)

GC/MS
EI 70 eV
GCQ
QI: 905

Peaks: 51, 63, 69, 77, 91, 105, 115, 134, 149, 164

Ricinin
4-Methoxy-1-methyl-2-oxo-pyridine-3-carbonitrile

MW: 164.16380
MM: 164.05858
$C_8H_8N_2O_2$
CAS: 524-40-3
RI: 1282 (calc.)

GC/MS
EI 70 eV
TSQ 700
QI: 827

Peaks: 55, 66, 75, 82, 94, 105, 121, 136, 149, 164

m/z: 164

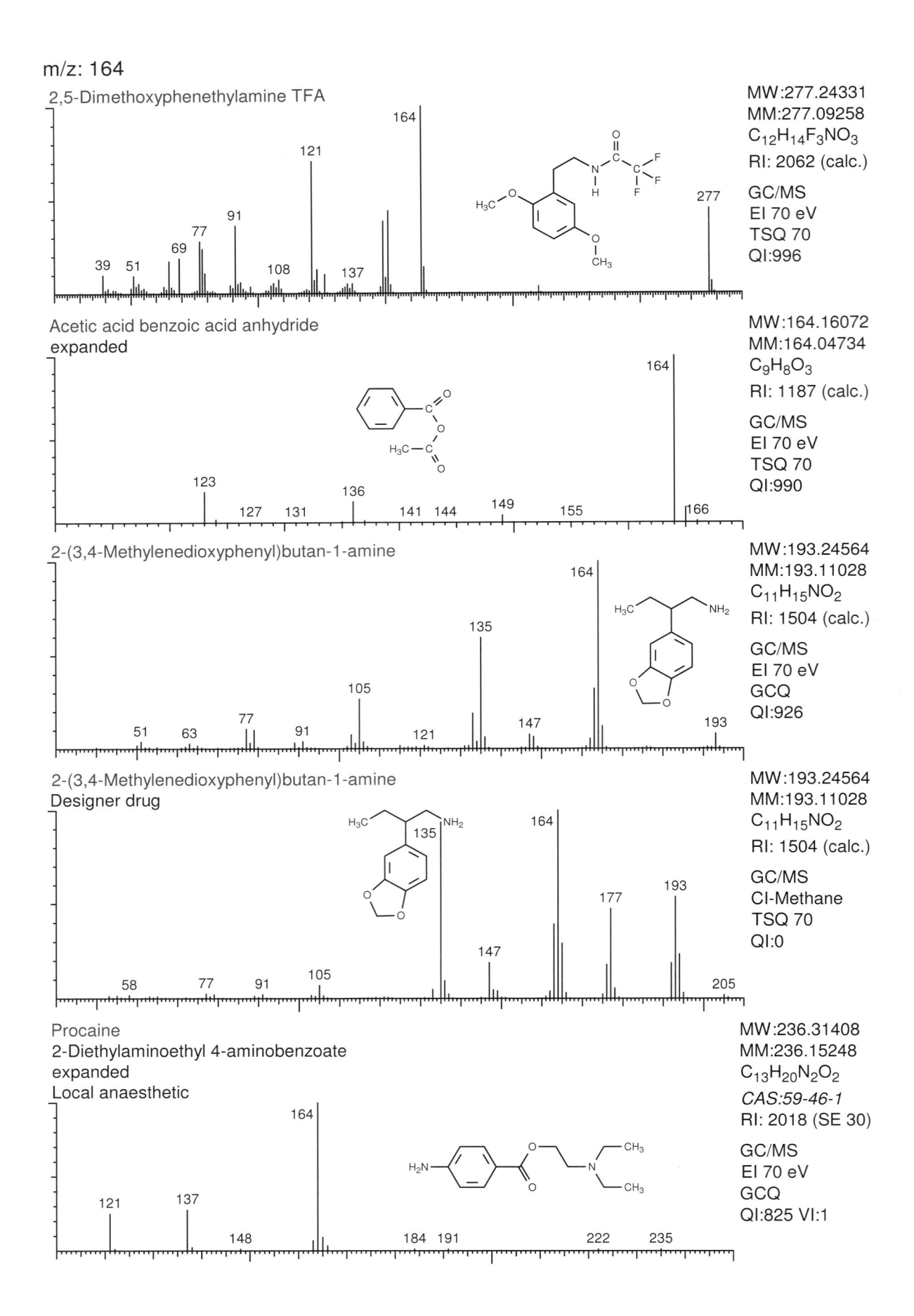

2,5-Dimethoxyphenethylamine TFA

MW:277.24331
MM:277.09258
$C_{12}H_{14}F_3NO_3$
RI: 2062 (calc.)

GC/MS
EI 70 eV
TSQ 70
QI:996

Peaks: 39, 51, 69, 77, 91, 108, 121, 137, 164, 277

Acetic acid benzoic acid anhydride
expanded

MW:164.16072
MM:164.04734
$C_9H_8O_3$
RI: 1187 (calc.)

GC/MS
EI 70 eV
TSQ 70
QI:990

Peaks: 123, 127, 131, 136, 141, 144, 149, 155, 164, 166

2-(3,4-Methylenedioxyphenyl)butan-1-amine

MW:193.24564
MM:193.11028
$C_{11}H_{15}NO_2$
RI: 1504 (calc.)

GC/MS
EI 70 eV
GCQ
QI:926

Peaks: 51, 63, 77, 91, 105, 121, 135, 147, 164, 193

2-(3,4-Methylenedioxyphenyl)butan-1-amine
Designer drug

MW:193.24564
MM:193.11028
$C_{11}H_{15}NO_2$
RI: 1504 (calc.)

GC/MS
CI-Methane
TSQ 70
QI:0

Peaks: 58, 77, 91, 105, 135, 147, 164, 177, 193, 205

Procaine
2-Diethylaminoethyl 4-aminobenzoate
expanded
Local anaesthetic

MW:236.31408
MM:236.15248
$C_{13}H_{20}N_2O_2$
CAS:59-46-1
RI: 2018 (SE 30)

GC/MS
EI 70 eV
GCQ
QI:825 VI:1

Peaks: 121, 137, 148, 164, 184, 191, 222, 235

m/z: 164

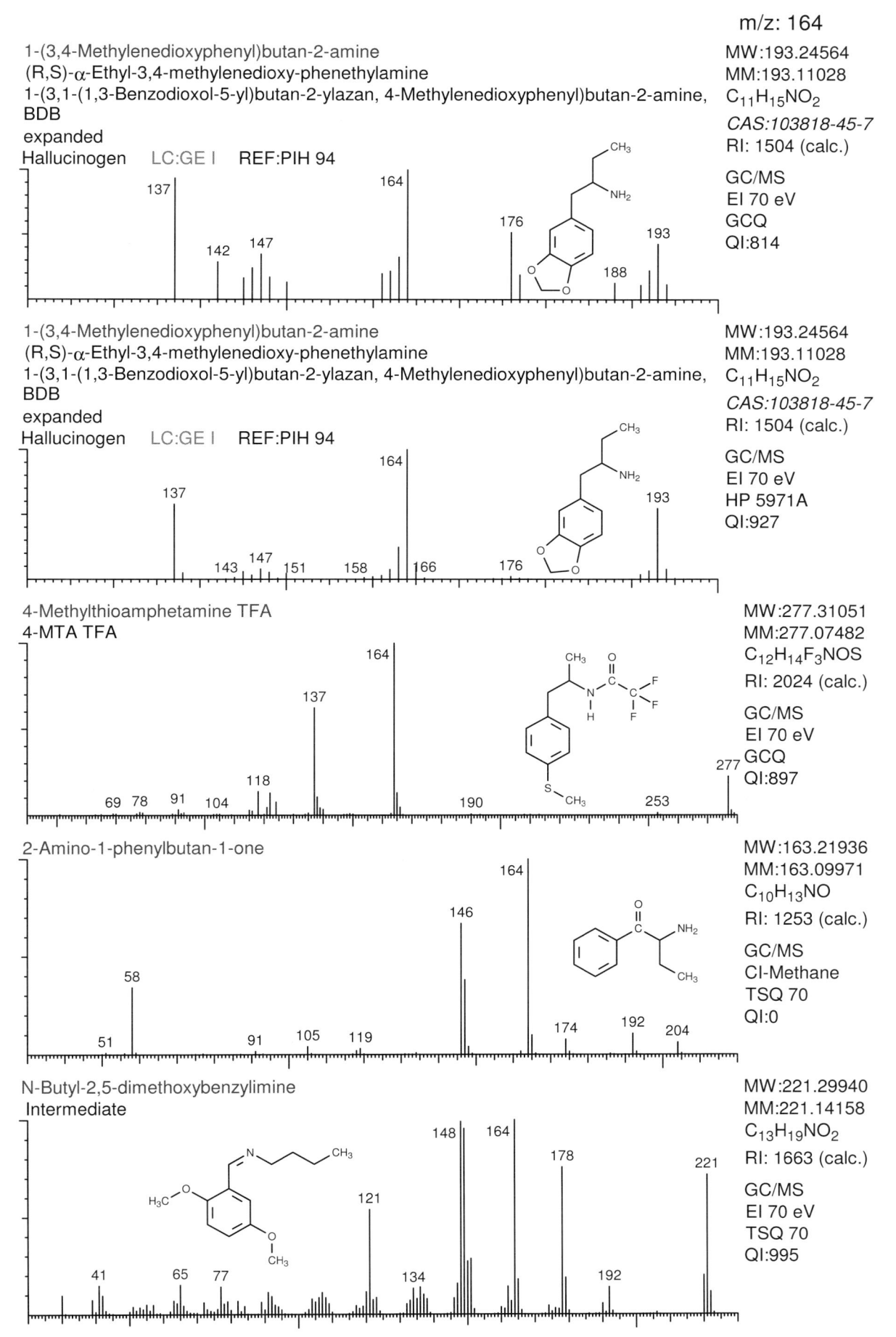

1-(3,4-Methylenedioxyphenyl)butan-2-amine
(R,S)-α-Ethyl-3,4-methylenedioxy-phenethylamine
1-(3,1-(1,3-Benzodioxol-5-yl)butan-2-ylazan, 4-Methylenedioxyphenyl)butan-2-amine, BDB
expanded
Hallucinogen LC:GE I   REF:PIH 94

MW:193.24564
MM:193.11028
$C_{11}H_{15}NO_2$
CAS:103818-45-7
RI: 1504 (calc.)

GC/MS
EI 70 eV
GCQ
QI:814

Peaks: 137, 142, 147, 164, 176, 188, 193

1-(3,4-Methylenedioxyphenyl)butan-2-amine
(R,S)-α-Ethyl-3,4-methylenedioxy-phenethylamine
1-(3,1-(1,3-Benzodioxol-5-yl)butan-2-ylazan, 4-Methylenedioxyphenyl)butan-2-amine, BDB
expanded
Hallucinogen LC:GE I   REF:PIH 94

MW:193.24564
MM:193.11028
$C_{11}H_{15}NO_2$
CAS:103818-45-7
RI: 1504 (calc.)

GC/MS
EI 70 eV
HP 5971A
QI:927

Peaks: 137, 143, 147, 151, 158, 166, 176, 164, 193

4-Methylthioamphetamine TFA
4-MTA TFA

MW:277.31051
MM:277.07482
$C_{12}H_{14}F_3NOS$
RI: 2024 (calc.)

GC/MS
EI 70 eV
GCQ
QI:897

Peaks: 69, 78, 91, 104, 118, 137, 164, 190, 253, 277

2-Amino-1-phenylbutan-1-one

MW:163.21936
MM:163.09971
$C_{10}H_{13}NO$
RI: 1253 (calc.)

GC/MS
CI-Methane
TSQ 70
QI:0

Peaks: 51, 58, 91, 105, 119, 146, 164, 174, 192, 204

N-Butyl-2,5-dimethoxybenzylimine
Intermediate

MW:221.29940
MM:221.14158
$C_{13}H_{19}NO_2$
RI: 1663 (calc.)

GC/MS
EI 70 eV
TSQ 70
QI:995

Peaks: 41, 65, 77, 121, 134, 148, 164, 178, 192, 221

m/z: 164

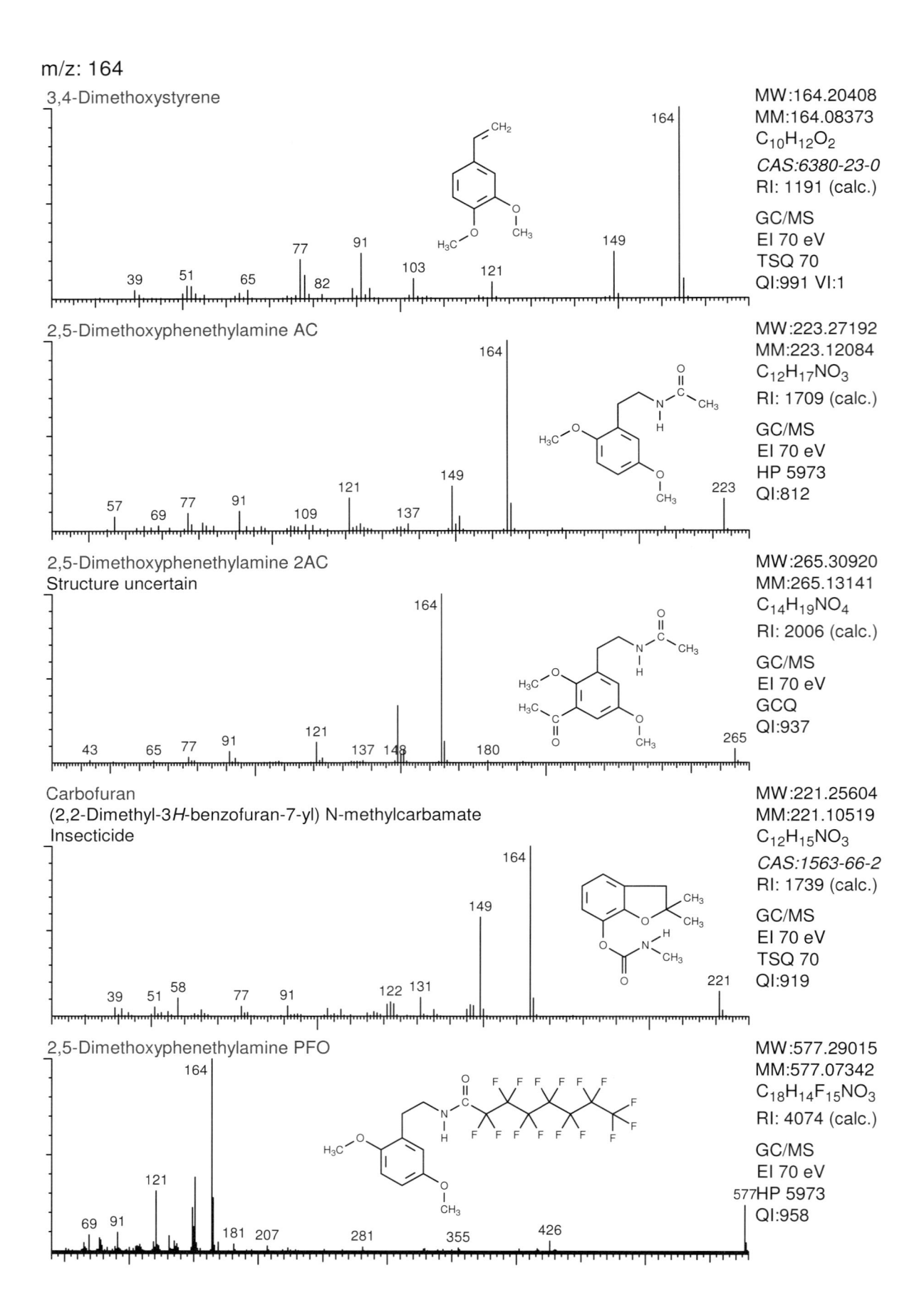

3,4-Dimethoxystyrene

MW: 164.20408
MM: 164.08373
$C_{10}H_{12}O_2$
CAS: 6380-23-0
RI: 1191 (calc.)

GC/MS
EI 70 eV
TSQ 70
QI: 991 VI:1

2,5-Dimethoxyphenethylamine AC

MW: 223.27192
MM: 223.12084
$C_{12}H_{17}NO_3$
RI: 1709 (calc.)

GC/MS
EI 70 eV
HP 5973
QI: 812

2,5-Dimethoxyphenethylamine 2AC
Structure uncertain

MW: 265.30920
MM: 265.13141
$C_{14}H_{19}NO_4$
RI: 2006 (calc.)

GC/MS
EI 70 eV
GCQ
QI: 937

Carbofuran
(2,2-Dimethyl-3H-benzofuran-7-yl) N-methylcarbamate
Insecticide

MW: 221.25604
MM: 221.10519
$C_{12}H_{15}NO_3$
CAS: 1563-66-2
RI: 1739 (calc.)

GC/MS
EI 70 eV
TSQ 70
QI: 919

2,5-Dimethoxyphenethylamine PFO

MW: 577.29015
MM: 577.07342
$C_{18}H_{14}F_{15}NO_3$
RI: 4074 (calc.)

GC/MS
EI 70 eV
HP 5973
QI: 958

m/z: 164

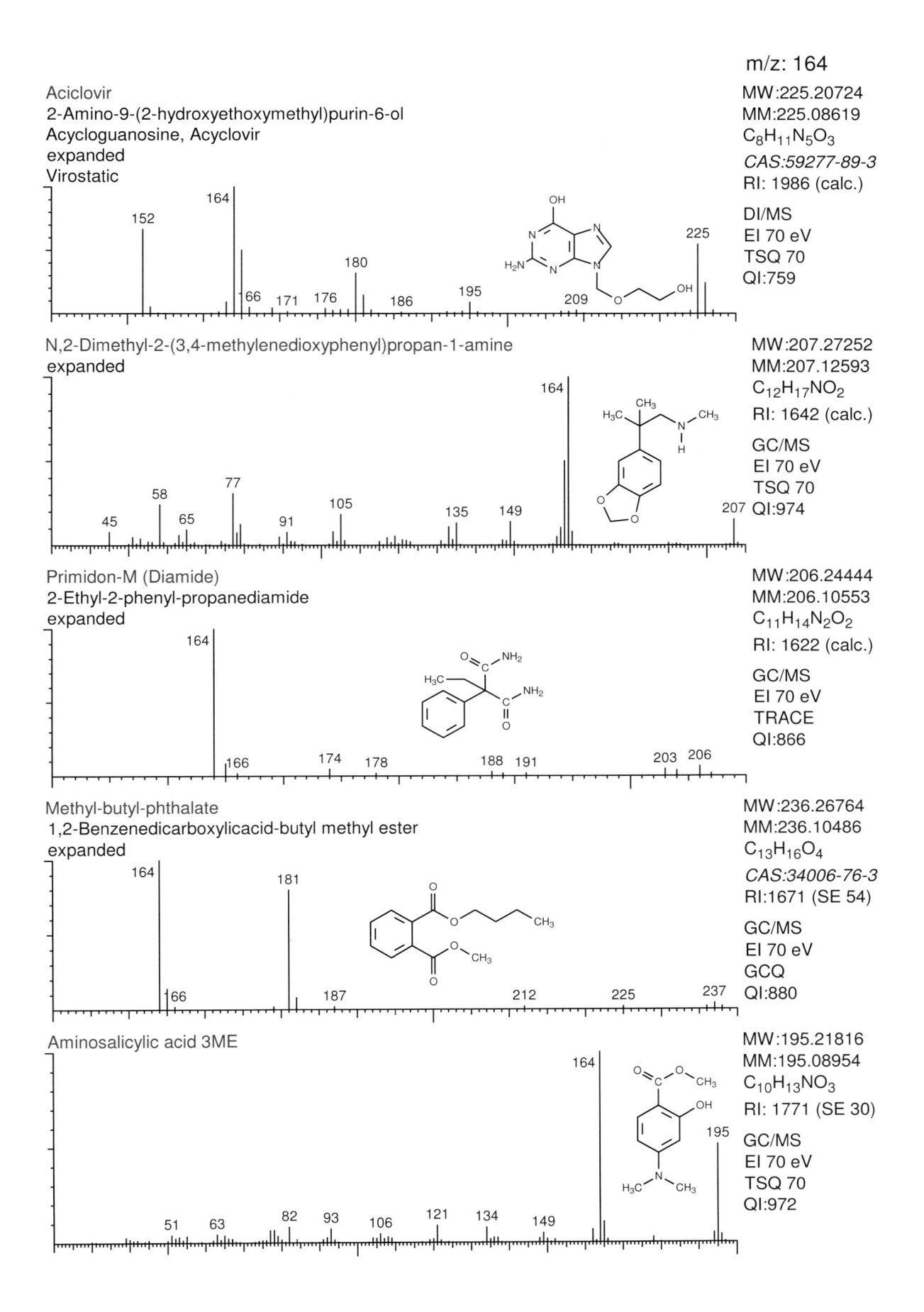

Aciclovir
2-Amino-9-(2-hydroxyethoxymethyl)purin-6-ol
Acycloguanosine, Acyclovir
expanded
Virostatic

MW:225.20724
MM:225.08619
$C_8H_{11}N_5O_3$
CAS:59277-89-3
RI: 1986 (calc.)

DI/MS
EI 70 eV
TSQ 70
QI:759

Peaks: 152, 164, 166, 171, 176, 180, 186, 195, 209, 225

N,2-Dimethyl-2-(3,4-methylenedioxyphenyl)propan-1-amine
expanded

MW:207.27252
MM:207.12593
$C_{12}H_{17}NO_2$
RI: 1642 (calc.)

GC/MS
EI 70 eV
TSQ 70
QI:974

Peaks: 45, 58, 65, 77, 91, 105, 135, 149, 164, 207

Primidon-M (Diamide)
2-Ethyl-2-phenyl-propanediamide
expanded

MW:206.24444
MM:206.10553
$C_{11}H_{14}N_2O_2$
RI: 1622 (calc.)

GC/MS
EI 70 eV
TRACE
QI:866

Peaks: 164, 166, 174, 178, 188, 191, 203, 206

Methyl-butyl-phthalate
1,2-Benzenedicarboxylicacid-butyl methyl ester
expanded

MW:236.26764
MM:236.10486
$C_{13}H_{16}O_4$
CAS:34006-76-3
RI:1671 (SE 54)

GC/MS
EI 70 eV
GCQ
QI:880

Peaks: 164, 166, 181, 187, 212, 225, 237

Aminosalicylic acid 3ME

MW:195.21816
MM:195.08954
$C_{10}H_{13}NO_3$
RI: 1771 (SE 30)

GC/MS
EI 70 eV
TSQ 70
QI:972

Peaks: 51, 63, 82, 93, 106, 121, 134, 149, 164, 195

m/z: 164

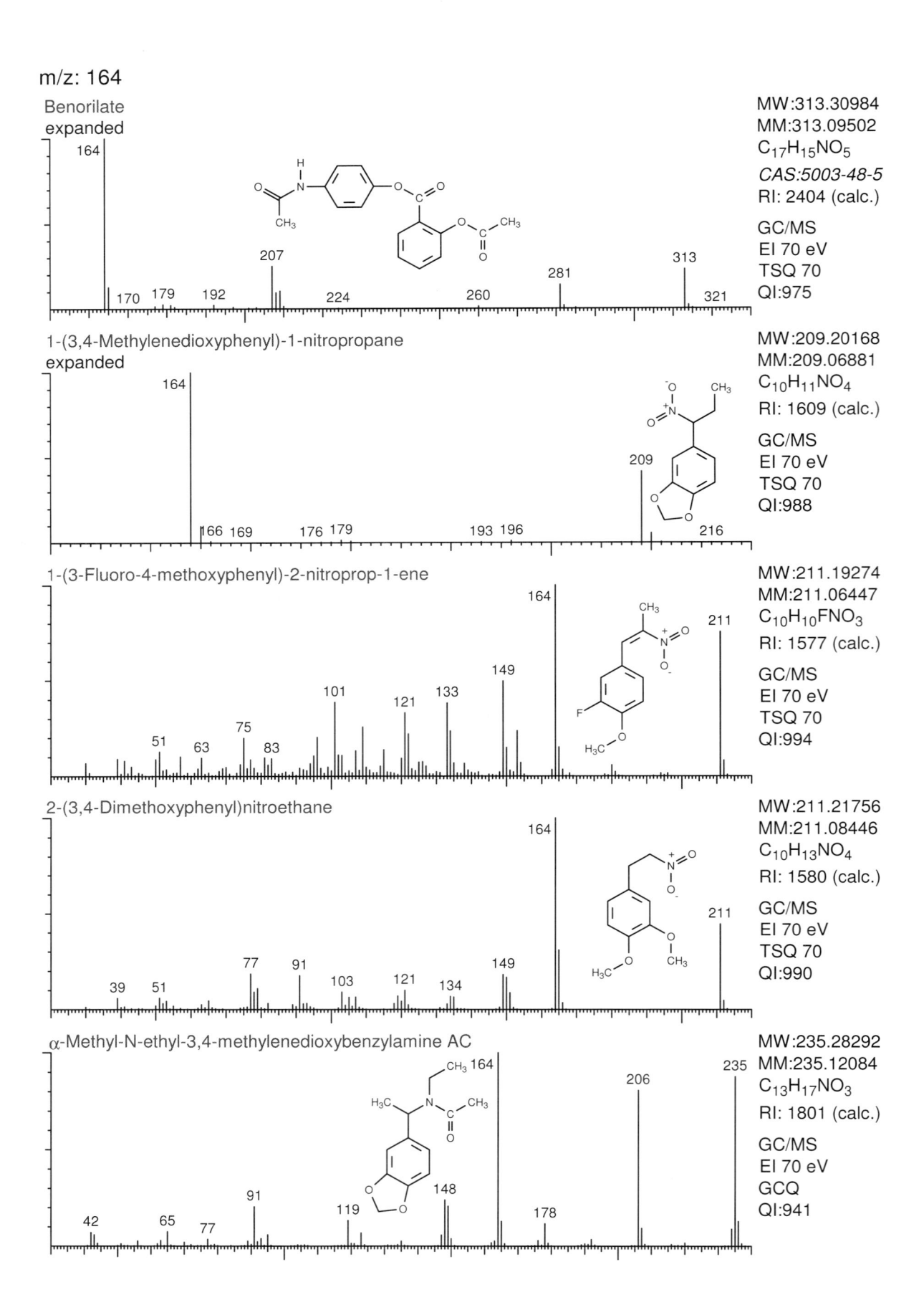

Benorilate expanded

164, 170, 179, 192, 207, 224, 260, 281, 313, 321

MW:313.30984
MM:313.09502
$C_{17}H_{15}NO_5$
CAS:5003-48-5
RI: 2404 (calc.)

GC/MS
EI 70 eV
TSQ 70
QI:975

1-(3,4-Methylenedioxyphenyl)-1-nitropropane expanded

164, 166, 169, 176, 179, 193, 196, 209, 216

MW:209.20168
MM:209.06881
$C_{10}H_{11}NO_4$
RI: 1609 (calc.)

GC/MS
EI 70 eV
TSQ 70
QI:988

1-(3-Fluoro-4-methoxyphenyl)-2-nitroprop-1-ene

51, 63, 75, 83, 101, 121, 133, 149, 164, 211

MW:211.19274
MM:211.06447
$C_{10}H_{10}FNO_3$
RI: 1577 (calc.)

GC/MS
EI 70 eV
TSQ 70
QI:994

2-(3,4-Dimethoxyphenyl)nitroethane

39, 51, 77, 91, 103, 121, 134, 149, 164, 211

MW:211.21756
MM:211.08446
$C_{10}H_{13}NO_4$
RI: 1580 (calc.)

GC/MS
EI 70 eV
TSQ 70
QI:990

α-Methyl-N-ethyl-3,4-methylenedioxybenzylamine AC

42, 65, 77, 91, 119, 148, 164, 178, 206, 235

MW:235.28292
MM:235.12084
$C_{13}H_{17}NO_3$
RI: 1801 (calc.)

GC/MS
EI 70 eV
GCQ
QI:941

m/z: 164

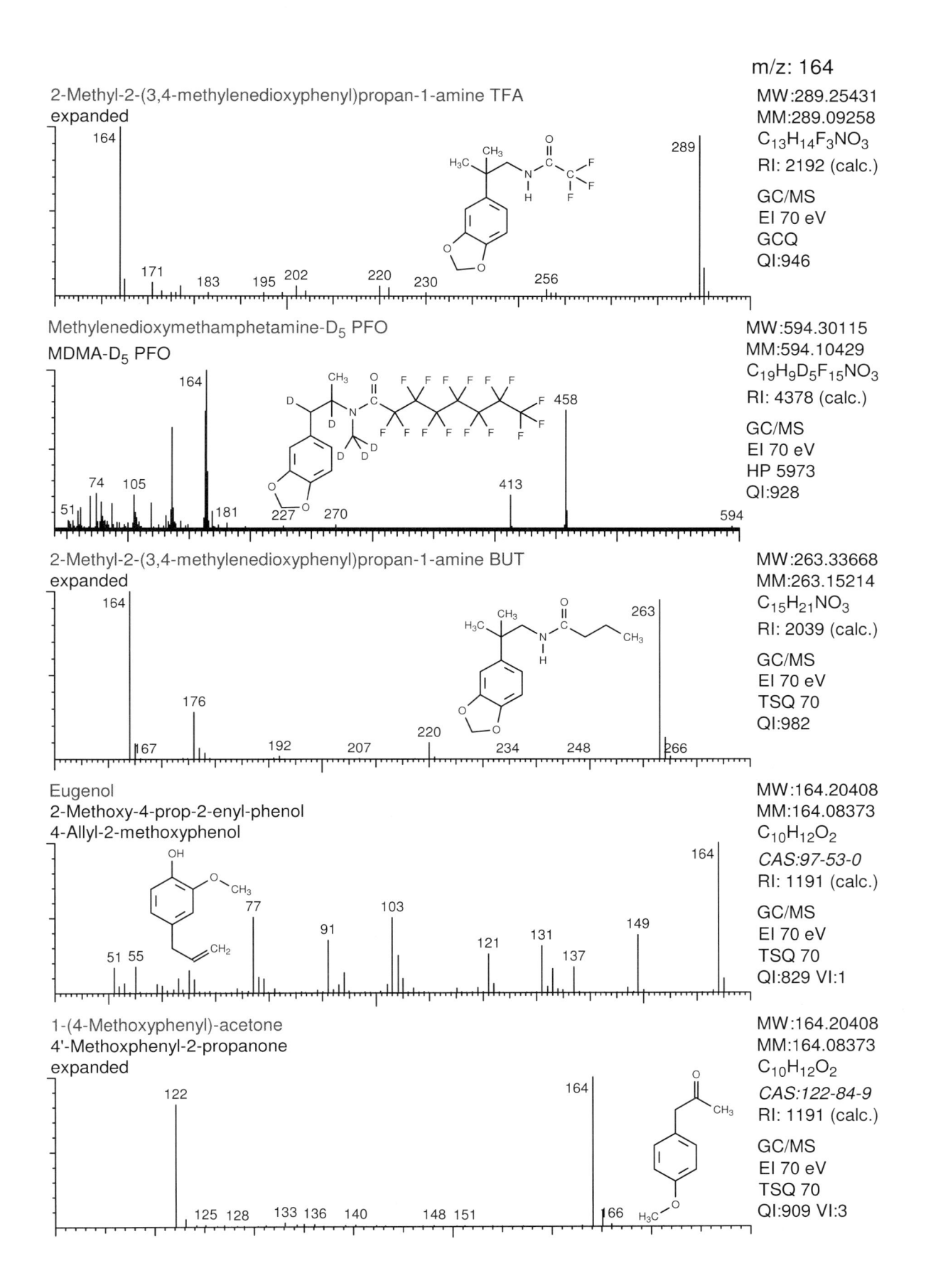

2-Methyl-2-(3,4-methylenedioxyphenyl)propan-1-amine TFA
expanded

Peaks: 164, 171, 183, 195, 202, 220, 230, 256, 289

MW: 289.25431
MM: 289.09258
$C_{13}H_{14}F_3NO_3$
RI: 2192 (calc.)

GC/MS
EI 70 eV
GCQ
QI: 946

Methylenedioxymethamphetamine-D$_5$ PFO
MDMA-D$_5$ PFO

Peaks: 51, 74, 105, 164, 181, 227, 270, 413, 458, 594

MW: 594.30115
MM: 594.10429
$C_{19}H_9D_5F_{15}NO_3$
RI: 4378 (calc.)

GC/MS
EI 70 eV
HP 5973
QI: 928

2-Methyl-2-(3,4-methylenedioxyphenyl)propan-1-amine BUT
expanded

Peaks: 164, 167, 176, 192, 207, 220, 234, 248, 263, 266

MW: 263.33668
MM: 263.15214
$C_{15}H_{21}NO_3$
RI: 2039 (calc.)

GC/MS
EI 70 eV
TSQ 70
QI: 982

Eugenol
2-Methoxy-4-prop-2-enyl-phenol
4-Allyl-2-methoxyphenol

Peaks: 51, 55, 77, 91, 103, 121, 131, 137, 149, 164

MW: 164.20408
MM: 164.08373
$C_{10}H_{12}O_2$
CAS: 97-53-0
RI: 1191 (calc.)

GC/MS
EI 70 eV
TSQ 70
QI: 829 VI: 1

1-(4-Methoxyphenyl)-acetone
4'-Methoxphenyl-2-propanone
expanded

Peaks: 122, 125, 128, 133, 136, 140, 148, 151, 164, 166

MW: 164.20408
MM: 164.08373
$C_{10}H_{12}O_2$
CAS: 122-84-9
RI: 1191 (calc.)

GC/MS
EI 70 eV
TSQ 70
QI: 909 VI: 3

m/z: 164

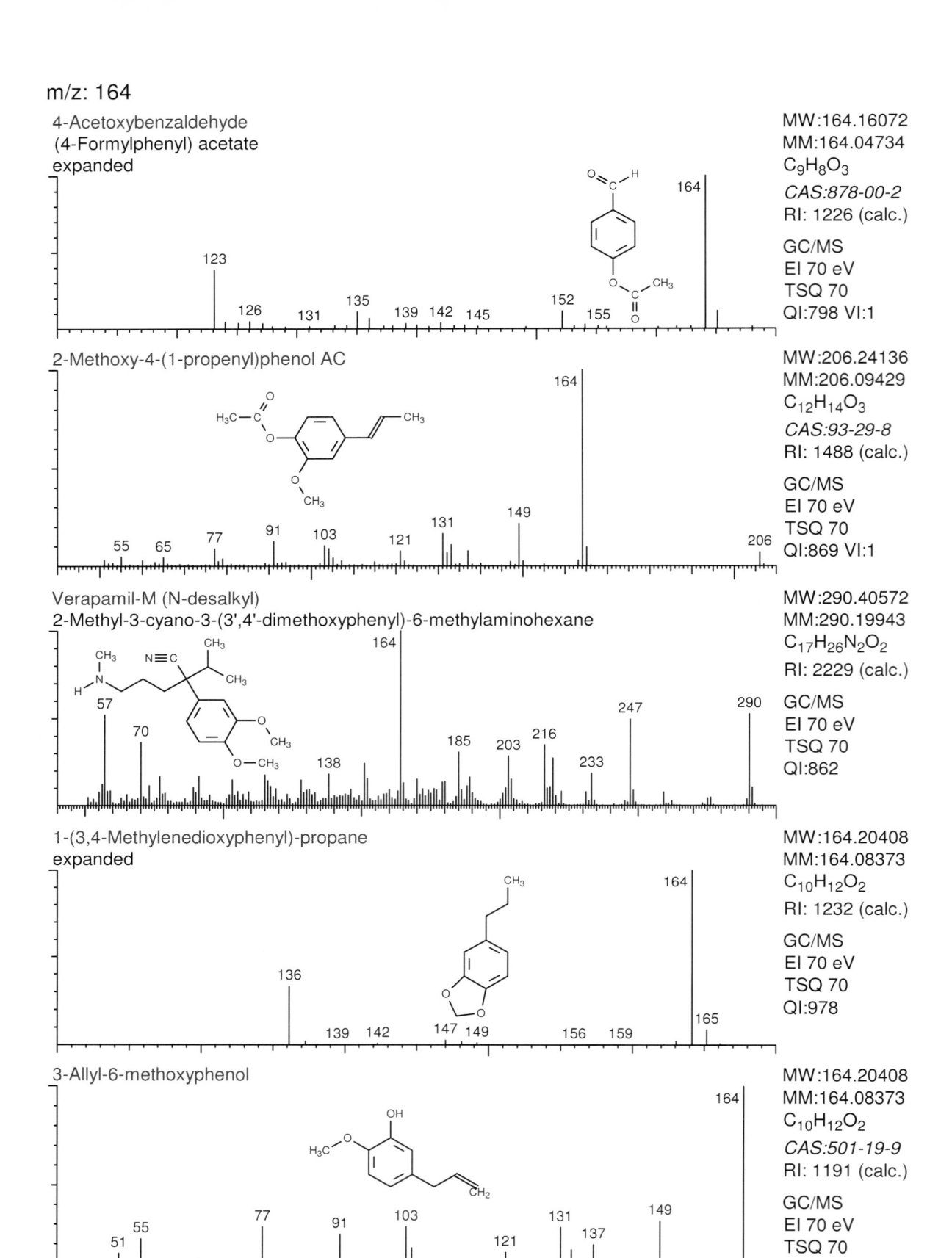

4-Acetoxybenzaldehyde
(4-Formylphenyl) acetate
expanded

MW:164.16072
MM:164.04734
$C_9H_8O_3$
CAS:878-00-2
RI: 1226 (calc.)

GC/MS
EI 70 eV
TSQ 70
QI:798 VI:1

2-Methoxy-4-(1-propenyl)phenol AC

MW:206.24136
MM:206.09429
$C_{12}H_{14}O_3$
CAS:93-29-8
RI: 1488 (calc.)

GC/MS
EI 70 eV
TSQ 70
QI:869 VI:1

Verapamil-M (N-desalkyl)
2-Methyl-3-cyano-3-(3',4'-dimethoxyphenyl)-6-methylaminohexane

MW:290.40572
MM:290.19943
$C_{17}H_{26}N_2O_2$
RI: 2229 (calc.)

GC/MS
EI 70 eV
TSQ 70
QI:862

1-(3,4-Methylenedioxyphenyl)-propane
expanded

MW:164.20408
MM:164.08373
$C_{10}H_{12}O_2$
RI: 1232 (calc.)

GC/MS
EI 70 eV
TSQ 70
QI:978

3-Allyl-6-methoxyphenol

MW:164.20408
MM:164.08373
$C_{10}H_{12}O_2$
CAS:501-19-9
RI: 1191 (calc.)

GC/MS
EI 70 eV
TSQ 70
QI:843 VI:1

m/z: 164-165

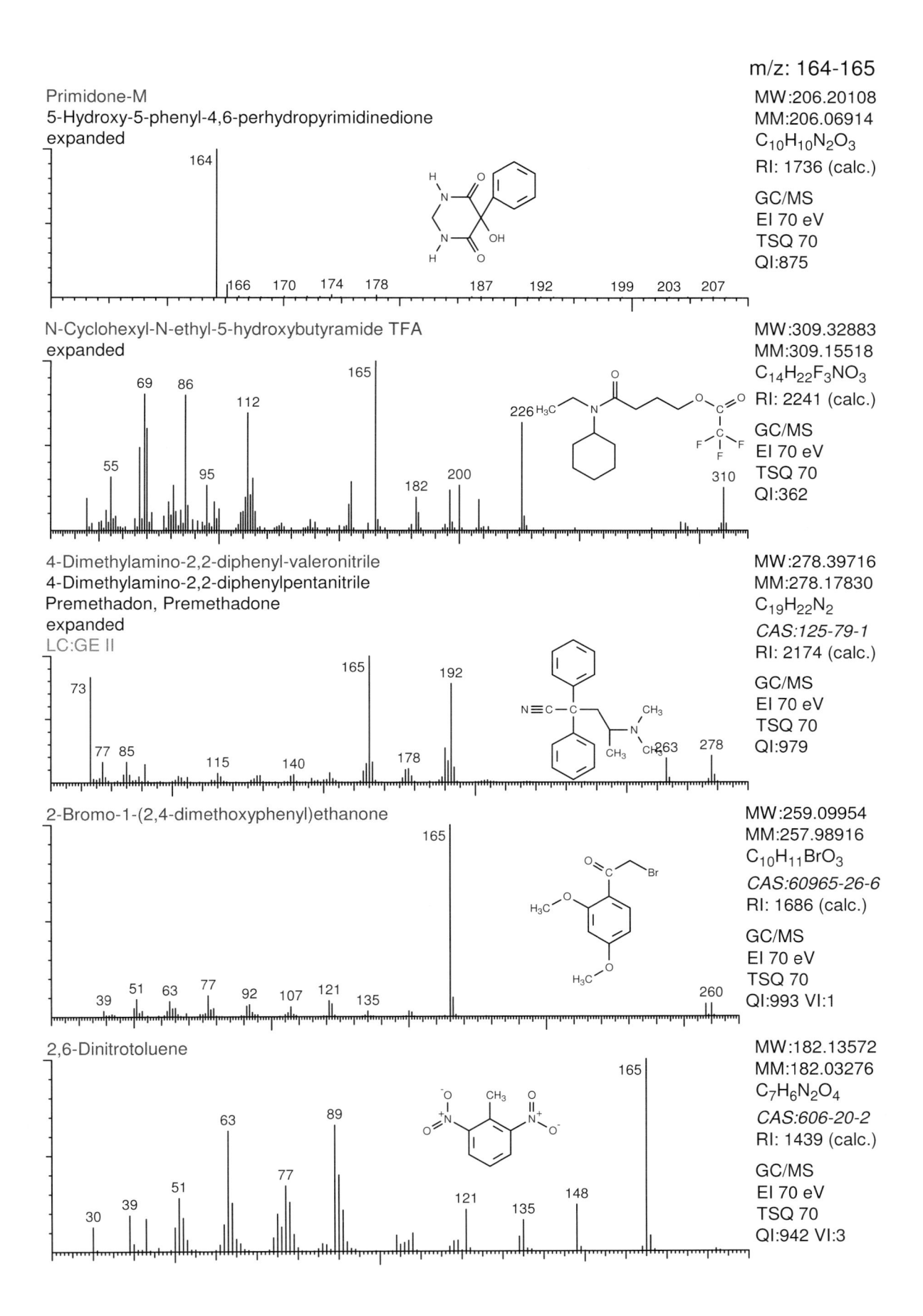

Primidone-M
5-Hydroxy-5-phenyl-4,6-perhydropyrimidinedione
expanded

MW: 206.20108
MM: 206.06914
$C_{10}H_{10}N_2O_3$
RI: 1736 (calc.)

GC/MS
EI 70 eV
TSQ 70
QI: 875

N-Cyclohexyl-N-ethyl-5-hydroxybutyramide TFA
expanded

MW: 309.32883
MM: 309.15518
$C_{14}H_{22}F_3NO_3$
RI: 2241 (calc.)

GC/MS
EI 70 eV
TSQ 70
QI: 362

4-Dimethylamino-2,2-diphenyl-valeronitrile
4-Dimethylamino-2,2-diphenylpentanitrile
Premethadon, Premethadone
expanded
LC:GE II

MW: 278.39716
MM: 278.17830
$C_{19}H_{22}N_2$
CAS: 125-79-1
RI: 2174 (calc.)

GC/MS
EI 70 eV
TSQ 70
QI: 979

2-Bromo-1-(2,4-dimethoxyphenyl)ethanone

MW: 259.09954
MM: 257.98916
$C_{10}H_{11}BrO_3$
CAS: 60965-26-6
RI: 1686 (calc.)

GC/MS
EI 70 eV
TSQ 70
QI: 993 VI:1

2,6-Dinitrotoluene

MW: 182.13572
MM: 182.03276
$C_7H_6N_2O_4$
CAS: 606-20-2
RI: 1439 (calc.)

GC/MS
EI 70 eV
TSQ 70
QI: 942 VI:3

m/z: 165

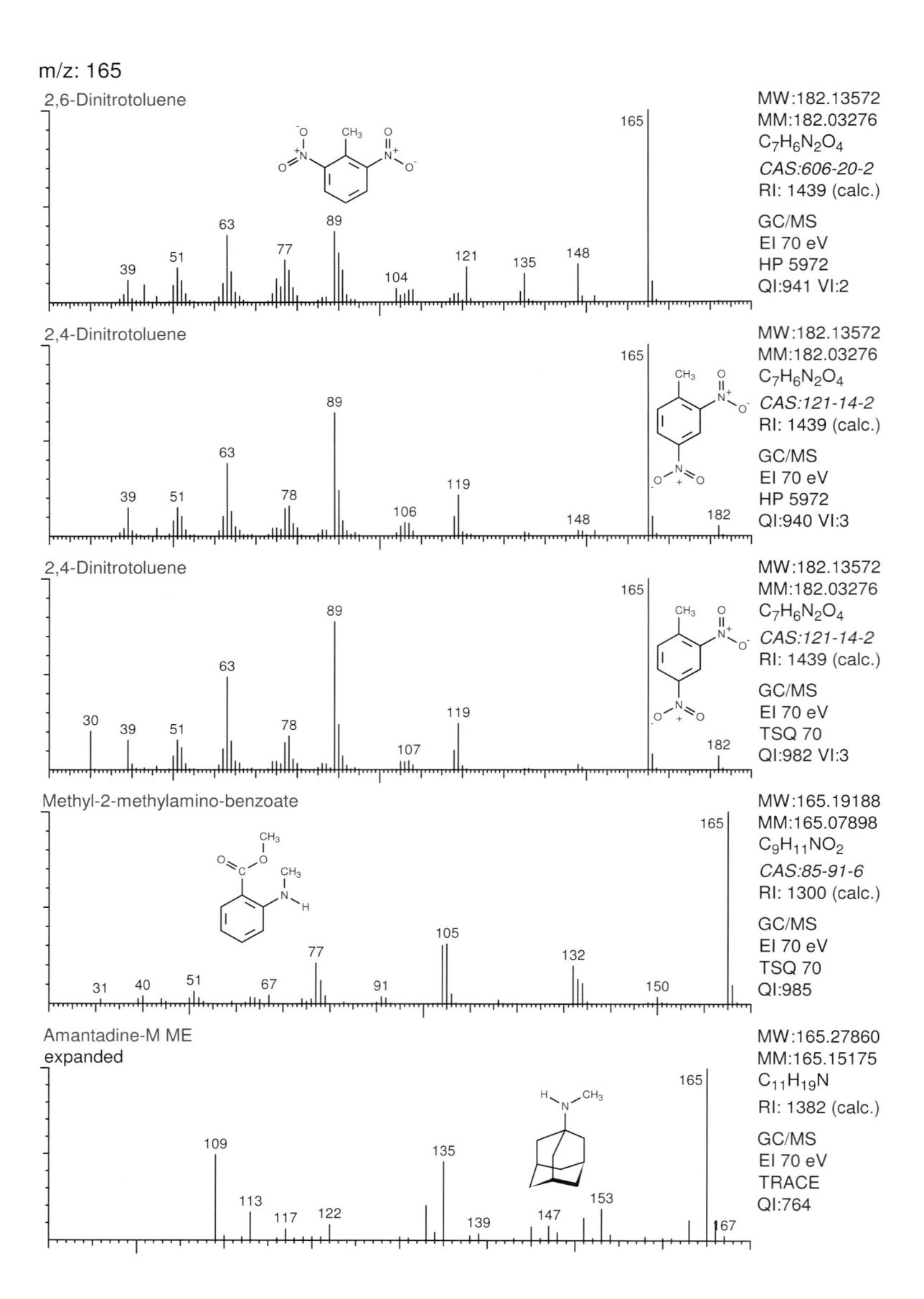

2,6-Dinitrotoluene

MW:182.13572
MM:182.03276
$C_7H_6N_2O_4$
CAS:606-20-2
RI: 1439 (calc.)

GC/MS
EI 70 eV
HP 5972
QI:941 VI:2

2,4-Dinitrotoluene

MW:182.13572
MM:182.03276
$C_7H_6N_2O_4$
CAS:121-14-2
RI: 1439 (calc.)

GC/MS
EI 70 eV
HP 5972
QI:940 VI:3

2,4-Dinitrotoluene

MW:182.13572
MM:182.03276
$C_7H_6N_2O_4$
CAS:121-14-2
RI: 1439 (calc.)

GC/MS
EI 70 eV
TSQ 70
QI:982 VI:3

Methyl-2-methylamino-benzoate

MW:165.19188
MM:165.07898
$C_9H_{11}NO_2$
CAS:85-91-6
RI: 1300 (calc.)

GC/MS
EI 70 eV
TSQ 70
QI:985

Amantadine-M ME expanded

MW:165.27860
MM:165.15175
$C_{11}H_{19}N$
RI: 1382 (calc.)

GC/MS
EI 70 eV
TRACE
QI:764

m/z: 165

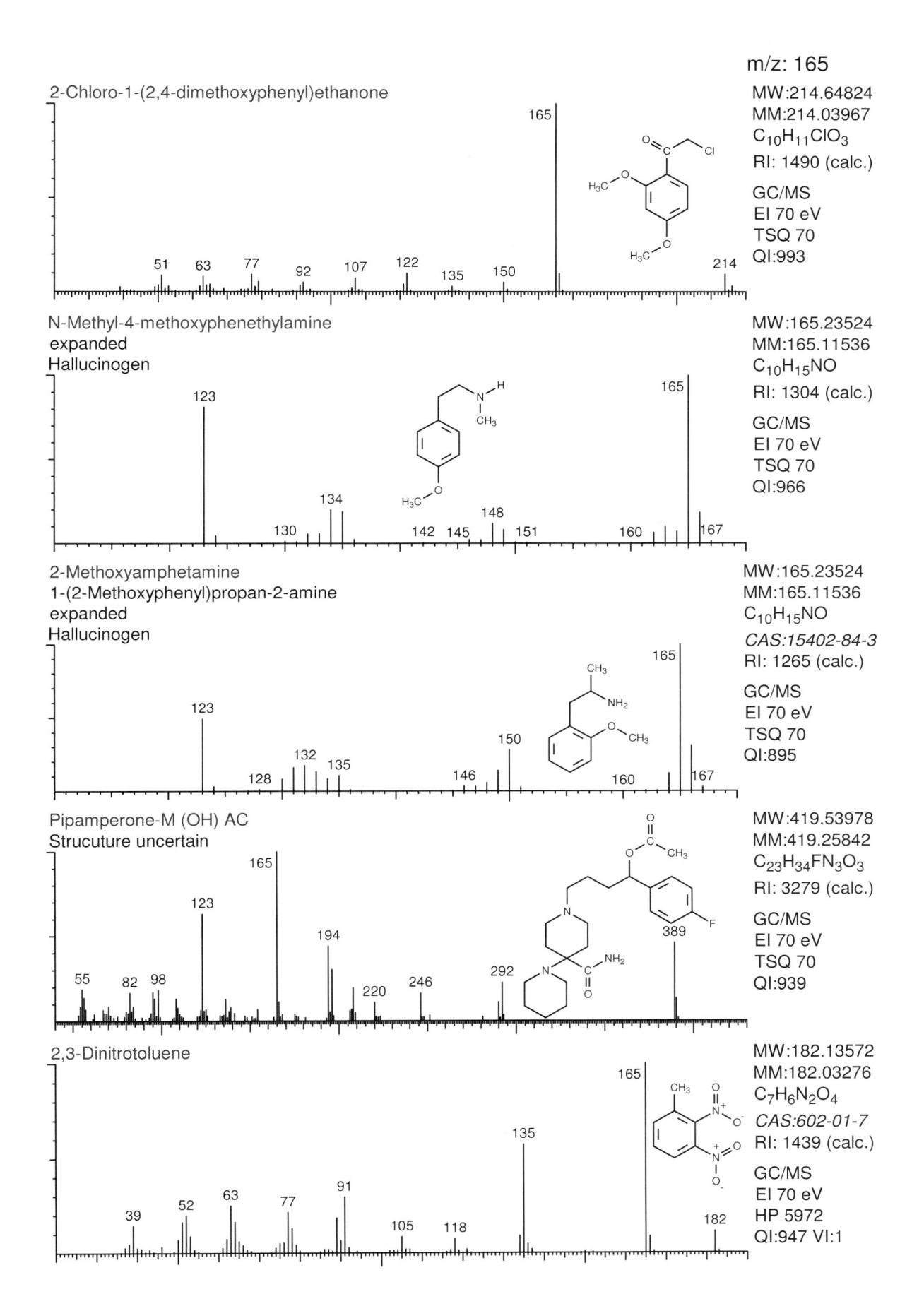

2-Chloro-1-(2,4-dimethoxyphenyl)ethanone

MW: 214.64824
MM: 214.03967
$C_{10}H_{11}ClO_3$
RI: 1490 (calc.)

GC/MS
EI 70 eV
TSQ 70
QI: 993

Peaks: 51, 63, 77, 92, 107, 122, 135, 150, 165, 214

N-Methyl-4-methoxyphenethylamine
expanded
Hallucinogen

MW: 165.23524
MM: 165.11536
$C_{10}H_{15}NO$
RI: 1304 (calc.)

GC/MS
EI 70 eV
TSQ 70
QI: 966

Peaks: 123, 130, 134, 142, 145, 148, 151, 160, 165, 167

2-Methoxyamphetamine
1-(2-Methoxyphenyl)propan-2-amine
expanded
Hallucinogen

MW: 165.23524
MM: 165.11536
$C_{10}H_{15}NO$
CAS: 15402-84-3
RI: 1265 (calc.)

GC/MS
EI 70 eV
TSQ 70
QI: 895

Peaks: 123, 128, 132, 135, 146, 150, 160, 165, 167

Pipamperone-M (OH) AC
Strucuture uncertain

MW: 419.53978
MM: 419.25842
$C_{23}H_{34}FN_3O_3$
RI: 3279 (calc.)

GC/MS
EI 70 eV
TSQ 70
QI: 939

Peaks: 55, 82, 98, 123, 165, 194, 220, 246, 292, 389

2,3-Dinitrotoluene

MW: 182.13572
MM: 182.03276
$C_7H_6N_2O_4$
CAS: 602-01-7
RI: 1439 (calc.)

GC/MS
EI 70 eV
HP 5972
QI: 947 VI:1

Peaks: 39, 52, 63, 77, 91, 105, 118, 135, 165, 182

m/z: 165

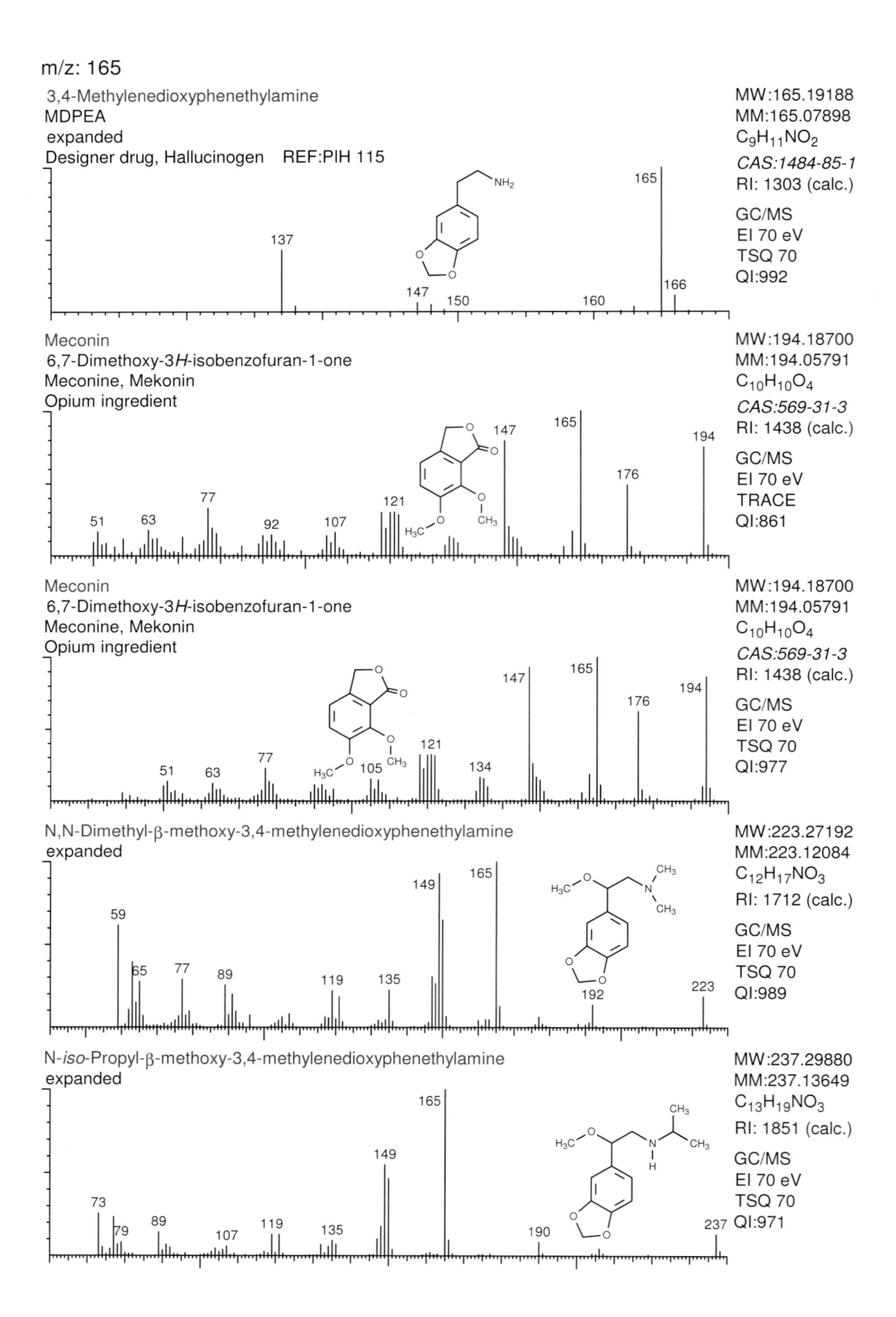

3,4-Methylenedioxyphenethylamine
MDPEA
expanded
Designer drug, Hallucinogen   REF:PIH 115

MW:165.19188
MM:165.07898
$C_9H_{11}NO_2$
CAS:1484-85-1
RI: 1303 (calc.)

GC/MS
EI 70 eV
TSQ 70
QI:992

Meconin
6,7-Dimethoxy-3H-isobenzofuran-1-one
Meconine, Mekonin
Opium ingredient

MW:194.18700
MM:194.05791
$C_{10}H_{10}O_4$
CAS:569-31-3
RI: 1438 (calc.)

GC/MS
EI 70 eV
TRACE
QI:861

Meconin
6,7-Dimethoxy-3H-isobenzofuran-1-one
Meconine, Mekonin
Opium ingredient

MW:194.18700
MM:194.05791
$C_{10}H_{10}O_4$
CAS:569-31-3
RI: 1438 (calc.)

GC/MS
EI 70 eV
TSQ 70
QI:977

N,N-Dimethyl-β-methoxy-3,4-methylenedioxyphenethylamine
expanded

MW:223.27192
MM:223.12084
$C_{12}H_{17}NO_3$
RI: 1712 (calc.)

GC/MS
EI 70 eV
TSQ 70
QI:989

N-iso-Propyl-β-methoxy-3,4-methylenedioxyphenethylamine
expanded

MW:237.29880
MM:237.13649
$C_{13}H_{19}NO_3$
RI: 1851 (calc.)

GC/MS
EI 70 eV
TSQ 70
QI:971

m/z: 165

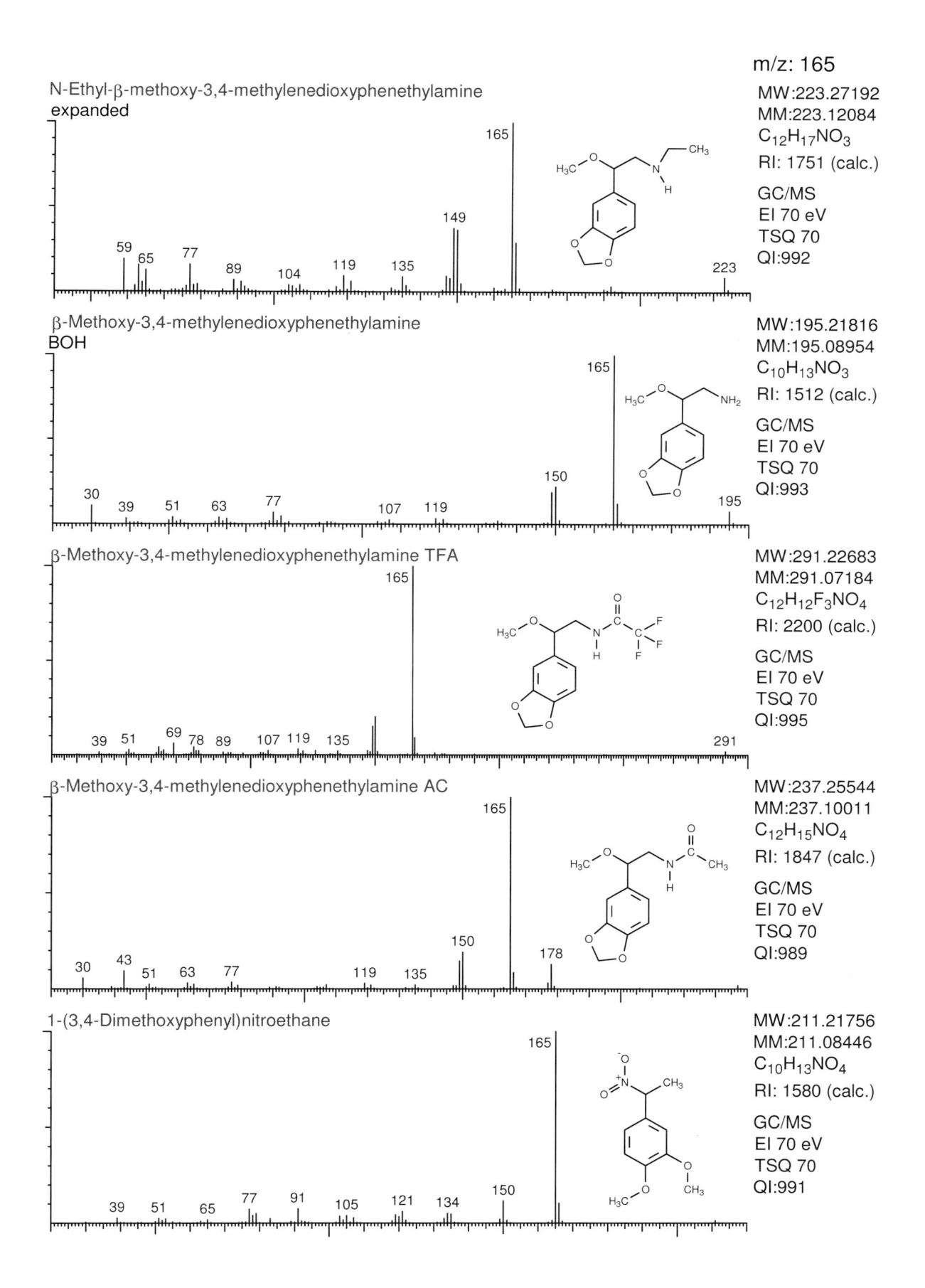

N-Ethyl-β-methoxy-3,4-methylenedioxyphenethylamine
expanded

MW: 223.27192
MM: 223.12084
$C_{12}H_{17}NO_3$
RI: 1751 (calc.)

GC/MS
EI 70 eV
TSQ 70
QI: 992

β-Methoxy-3,4-methylenedioxyphenethylamine
BOH

MW: 195.21816
MM: 195.08954
$C_{10}H_{13}NO_3$
RI: 1512 (calc.)

GC/MS
EI 70 eV
TSQ 70
QI: 993

β-Methoxy-3,4-methylenedioxyphenethylamine TFA

MW: 291.22683
MM: 291.07184
$C_{12}H_{12}F_3NO_4$
RI: 2200 (calc.)

GC/MS
EI 70 eV
TSQ 70
QI: 995

β-Methoxy-3,4-methylenedioxyphenethylamine AC

MW: 237.25544
MM: 237.10011
$C_{12}H_{15}NO_4$
RI: 1847 (calc.)

GC/MS
EI 70 eV
TSQ 70
QI: 989

1-(3,4-Dimethoxyphenyl)nitroethane

MW: 211.21756
MM: 211.08446
$C_{10}H_{13}NO_4$
RI: 1580 (calc.)

GC/MS
EI 70 eV
TSQ 70
QI: 991

m/z: 165

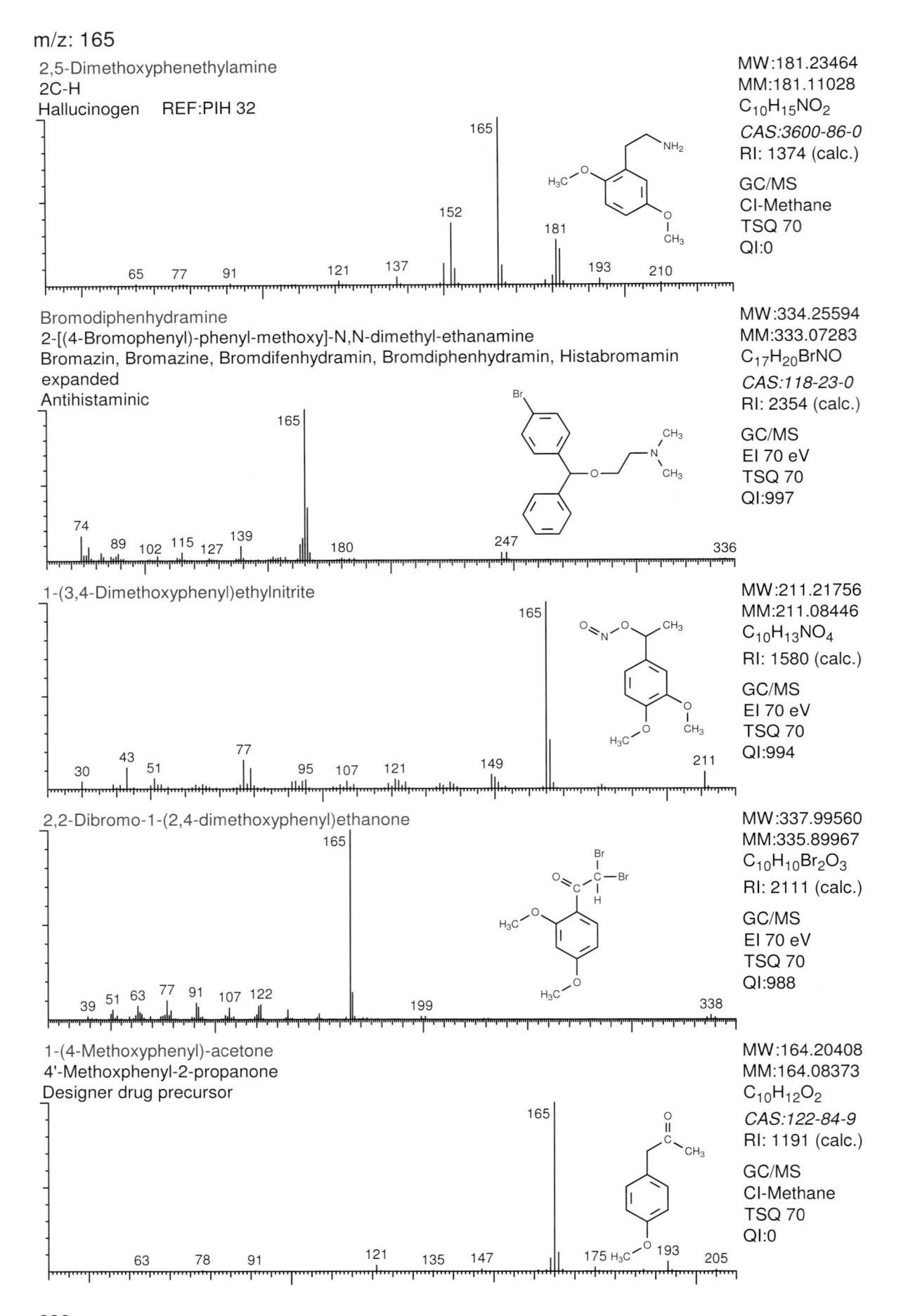

2,5-Dimethoxyphenethylamine
2C-H
Hallucinogen   REF:PIH 32

MW:181.23464
MM:181.11028
$C_{10}H_{15}NO_2$
CAS:3600-86-0
RI: 1374 (calc.)

GC/MS
CI-Methane
TSQ 70
QI:0

Bromodiphenhydramine
2-[(4-Bromophenyl)-phenyl-methoxy]-N,N-dimethyl-ethanamine
Bromazin, Bromazine, Bromdifenhydramin, Bromdiphenhydramin, Histabromamin
expanded
Antihistaminic

MW:334.25594
MM:333.07283
$C_{17}H_{20}BrNO$
CAS:118-23-0
RI: 2354 (calc.)

GC/MS
EI 70 eV
TSQ 70
QI:997

1-(3,4-Dimethoxyphenyl)ethylnitrite

MW:211.21756
MM:211.08446
$C_{10}H_{13}NO_4$
RI: 1580 (calc.)

GC/MS
EI 70 eV
TSQ 70
QI:994

2,2-Dibromo-1-(2,4-dimethoxyphenyl)ethanone

MW:337.99560
MM:335.89967
$C_{10}H_{10}Br_2O_3$
RI: 2111 (calc.)

GC/MS
EI 70 eV
TSQ 70
QI:988

1-(4-Methoxyphenyl)-acetone
4'-Methoxphenyl-2-propanone
Designer drug precursor

MW:164.20408
MM:164.08373
$C_{10}H_{12}O_2$
CAS:122-84-9
RI: 1191 (calc.)

GC/MS
CI-Methane
TSQ 70
QI:0

m/z: 165

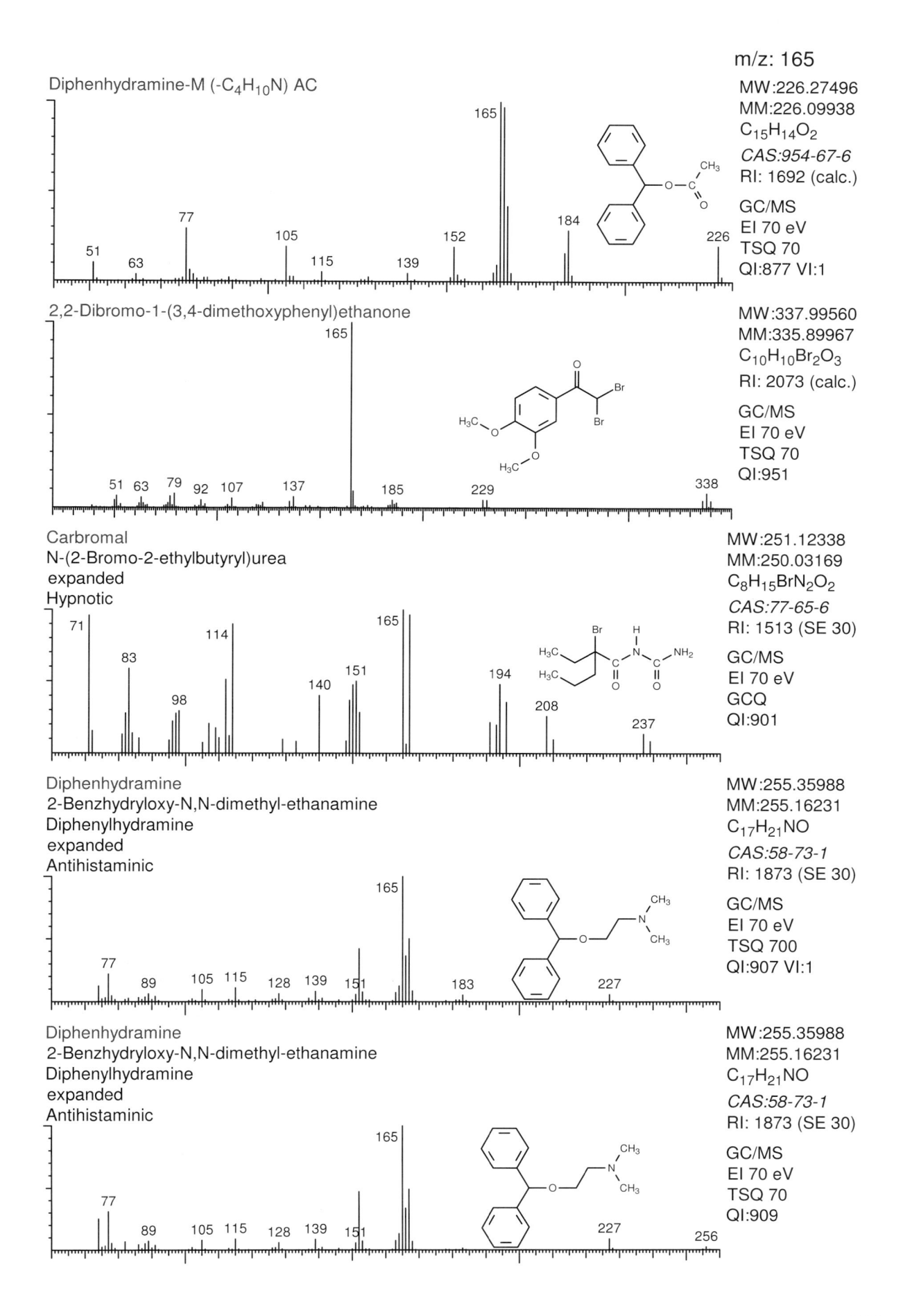

Diphenhydramine-M (-C$_4$H$_{10}$N) AC

Peaks: 51, 63, 77, 105, 115, 139, 152, 165, 184, 226

MW: 226.27496
MM: 226.09938
C$_{15}$H$_{14}$O$_2$
CAS: 954-67-6
RI: 1692 (calc.)

GC/MS
EI 70 eV
TSQ 70
QI: 877 VI:1

2,2-Dibromo-1-(3,4-dimethoxyphenyl)ethanone

Peaks: 51, 63, 79, 92, 107, 137, 165, 185, 229, 338

MW: 337.99560
MM: 335.89967
C$_{10}$H$_{10}$Br$_2$O$_3$
RI: 2073 (calc.)

GC/MS
EI 70 eV
TSQ 70
QI: 951

Carbromal
N-(2-Bromo-2-ethylbutyryl)urea
expanded
Hypnotic

Peaks: 71, 83, 98, 114, 140, 151, 165, 194, 208, 237

MW: 251.12338
MM: 250.03169
C$_8$H$_{15}$BrN$_2$O$_2$
CAS: 77-65-6
RI: 1513 (SE 30)

GC/MS
EI 70 eV
GCQ
QI: 901

Diphenhydramine
2-Benzhydryloxy-N,N-dimethyl-ethanamine
Diphenylhydramine
expanded
Antihistaminic

Peaks: 77, 89, 105, 115, 128, 139, 151, 165, 183, 227

MW: 255.35988
MM: 255.16231
C$_{17}$H$_{21}$NO
CAS: 58-73-1
RI: 1873 (SE 30)

GC/MS
EI 70 eV
TSQ 700
QI: 907 VI:1

Diphenhydramine
2-Benzhydryloxy-N,N-dimethyl-ethanamine
Diphenylhydramine
expanded
Antihistaminic

Peaks: 77, 89, 105, 115, 128, 139, 151, 165, 227, 256

MW: 255.35988
MM: 255.16231
C$_{17}$H$_{21}$NO
CAS: 58-73-1
RI: 1873 (SE 30)

GC/MS
EI 70 eV
TSQ 70
QI: 909

m/z: 165

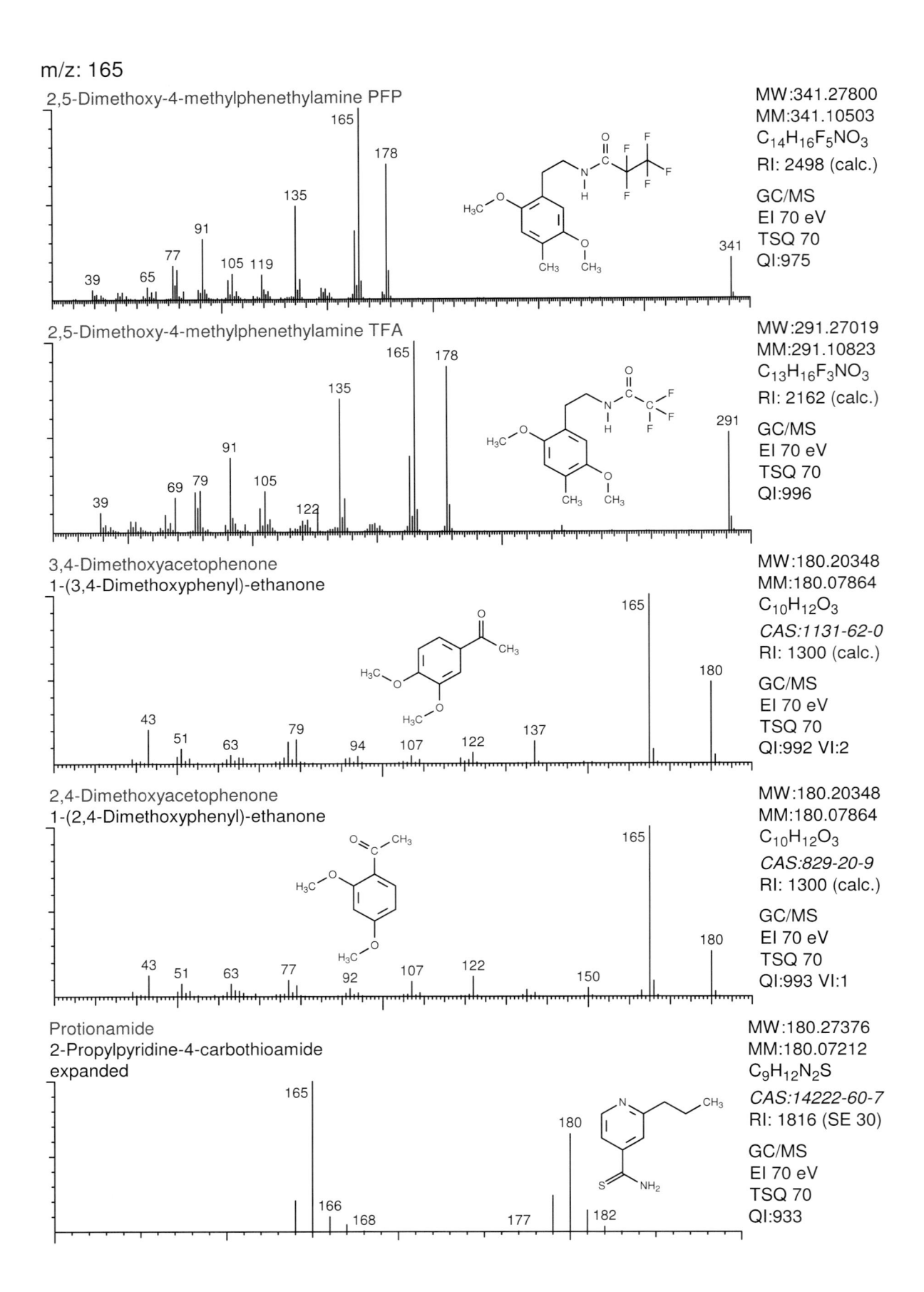

2,5-Dimethoxy-4-methylphenethylamine PFP

MW: 341.27800
MM: 341.10503
$C_{14}H_{16}F_5NO_3$
RI: 2498 (calc.)

GC/MS
EI 70 eV
TSQ 70
QI: 975

Peaks: 39, 65, 77, 91, 105, 119, 135, 165, 178, 341

2,5-Dimethoxy-4-methylphenethylamine TFA

MW: 291.27019
MM: 291.10823
$C_{13}H_{16}F_3NO_3$
RI: 2162 (calc.)

GC/MS
EI 70 eV
TSQ 70
QI: 996

Peaks: 39, 69, 79, 91, 105, 122, 135, 165, 178, 291

3,4-Dimethoxyacetophenone
1-(3,4-Dimethoxyphenyl)-ethanone

MW: 180.20348
MM: 180.07864
$C_{10}H_{12}O_3$
CAS: 1131-62-0
RI: 1300 (calc.)

GC/MS
EI 70 eV
TSQ 70
QI: 992 VI: 2

Peaks: 43, 51, 63, 79, 94, 107, 122, 137, 165, 180

2,4-Dimethoxyacetophenone
1-(2,4-Dimethoxyphenyl)-ethanone

MW: 180.20348
MM: 180.07864
$C_{10}H_{12}O_3$
CAS: 829-20-9
RI: 1300 (calc.)

GC/MS
EI 70 eV
TSQ 70
QI: 993 VI: 1

Peaks: 43, 51, 63, 77, 92, 107, 122, 150, 165, 180

Protionamide
2-Propylpyridine-4-carbothioamide
expanded

MW: 180.27376
MM: 180.07212
$C_9H_{12}N_2S$
CAS: 14222-60-7
RI: 1816 (SE 30)

GC/MS
EI 70 eV
TSQ 70
QI: 933

Peaks: 165, 166, 168, 177, 180, 182

2,5-Dimethoxy-4-methylamphetamine PFO
DOM PFO

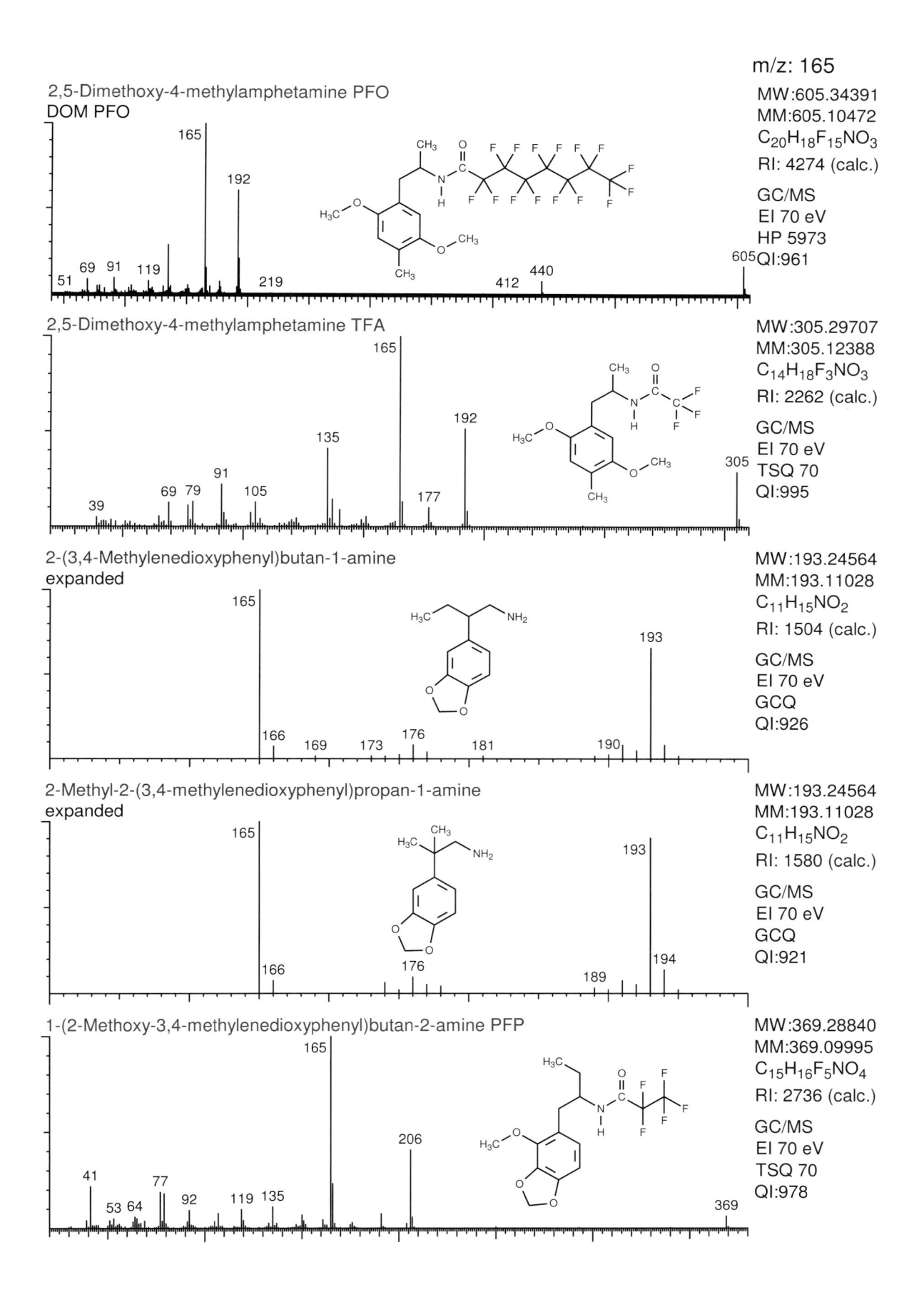

m/z: 165
MW: 605.34391
MM: 605.10472
$C_{20}H_{18}F_{15}NO_3$
RI: 4274 (calc.)

GC/MS
EI 70 eV
HP 5973
QI: 961

Peaks: 51, 69, 91, 119, 165, 192, 219, 412, 440, 605

2,5-Dimethoxy-4-methylamphetamine TFA

MW: 305.29707
MM: 305.12388
$C_{14}H_{18}F_3NO_3$
RI: 2262 (calc.)

GC/MS
EI 70 eV
TSQ 70
QI: 995

Peaks: 39, 69, 79, 91, 105, 135, 165, 177, 192, 305

2-(3,4-Methylenedioxyphenyl)butan-1-amine
expanded

MW: 193.24564
MM: 193.11028
$C_{11}H_{15}NO_2$
RI: 1504 (calc.)

GC/MS
EI 70 eV
GCQ
QI: 926

Peaks: 165, 166, 169, 173, 176, 181, 190, 193

2-Methyl-2-(3,4-methylenedioxyphenyl)propan-1-amine
expanded

MW: 193.24564
MM: 193.11028
$C_{11}H_{15}NO_2$
RI: 1580 (calc.)

GC/MS
EI 70 eV
GCQ
QI: 921

Peaks: 165, 166, 176, 189, 193, 194

1-(2-Methoxy-3,4-methylenedioxyphenyl)butan-2-amine PFP

MW: 369.28840
MM: 369.09995
$C_{15}H_{16}F_5NO_4$
RI: 2736 (calc.)

GC/MS
EI 70 eV
TSQ 70
QI: 978

Peaks: 41, 53, 64, 77, 92, 119, 135, 165, 206, 369

m/z: 165

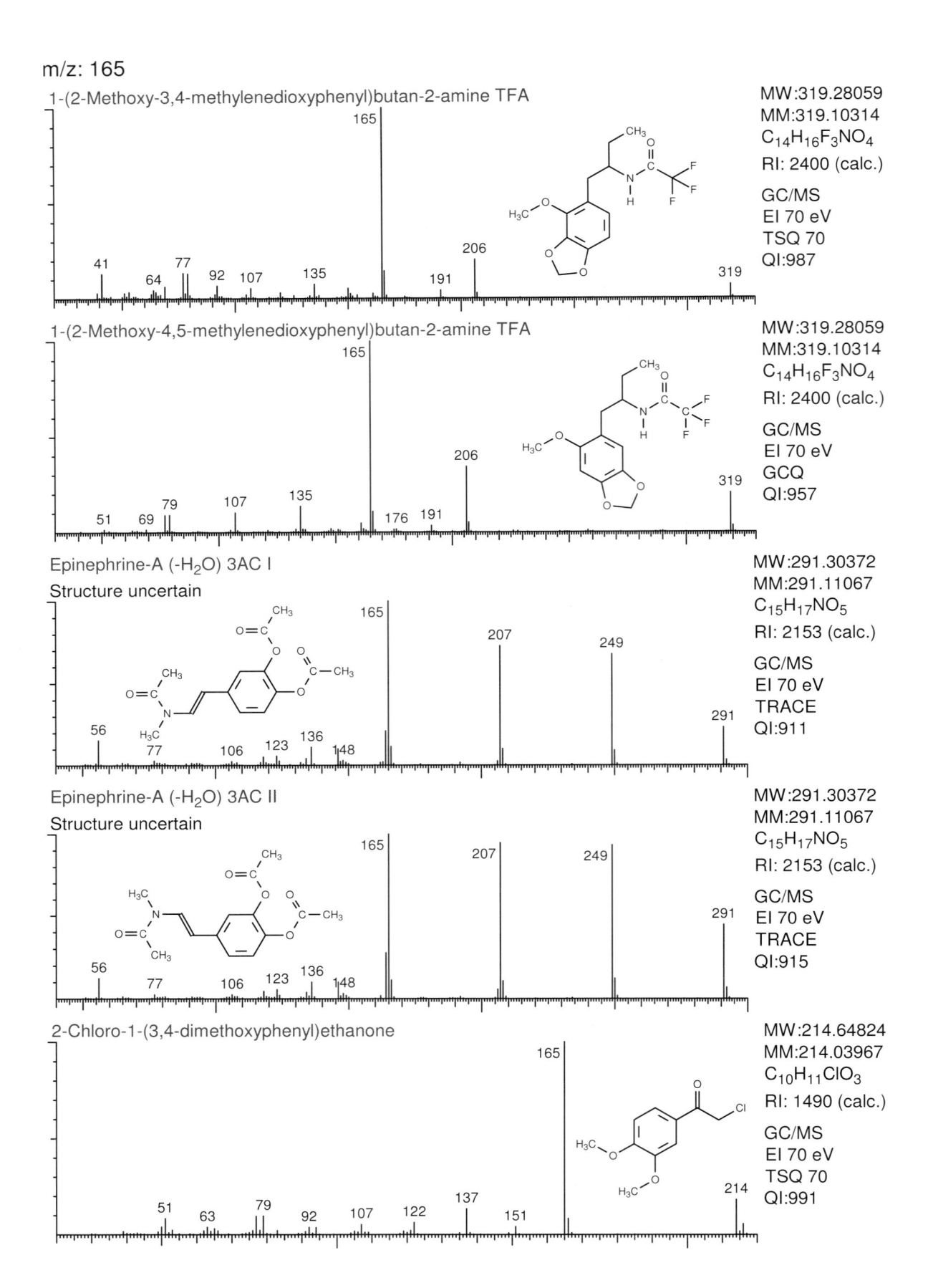

1-(2-Methoxy-3,4-methylenedioxyphenyl)butan-2-amine TFA

Peaks: 41, 64, 77, 92, 107, 135, 165, 191, 206, 319

MW: 319.28059
MM: 319.10314
$C_{14}H_{16}F_3NO_4$
RI: 2400 (calc.)

GC/MS
EI 70 eV
TSQ 70
QI: 987

1-(2-Methoxy-4,5-methylenedioxyphenyl)butan-2-amine TFA

Peaks: 51, 69, 79, 107, 135, 165, 176, 191, 206, 319

MW: 319.28059
MM: 319.10314
$C_{14}H_{16}F_3NO_4$
RI: 2400 (calc.)

GC/MS
EI 70 eV
GCQ
QI: 957

Epinephrine-A (-H₂O) 3AC I
Structure uncertain

Peaks: 56, 77, 106, 123, 136, 148, 165, 207, 249, 291

MW: 291.30372
MM: 291.11067
$C_{15}H_{17}NO_5$
RI: 2153 (calc.)

GC/MS
EI 70 eV
TRACE
QI: 911

Epinephrine-A (-H₂O) 3AC II
Structure uncertain

Peaks: 56, 77, 106, 123, 136, 148, 165, 207, 249, 291

MW: 291.30372
MM: 291.11067
$C_{15}H_{17}NO_5$
RI: 2153 (calc.)

GC/MS
EI 70 eV
TRACE
QI: 915

2-Chloro-1-(3,4-dimethoxyphenyl)ethanone

Peaks: 51, 63, 79, 92, 107, 122, 137, 151, 165, 214

MW: 214.64824
MM: 214.03967
$C_{10}H_{11}ClO_3$
RI: 1490 (calc.)

GC/MS
EI 70 eV
TSQ 70
QI: 991

m/z: 165

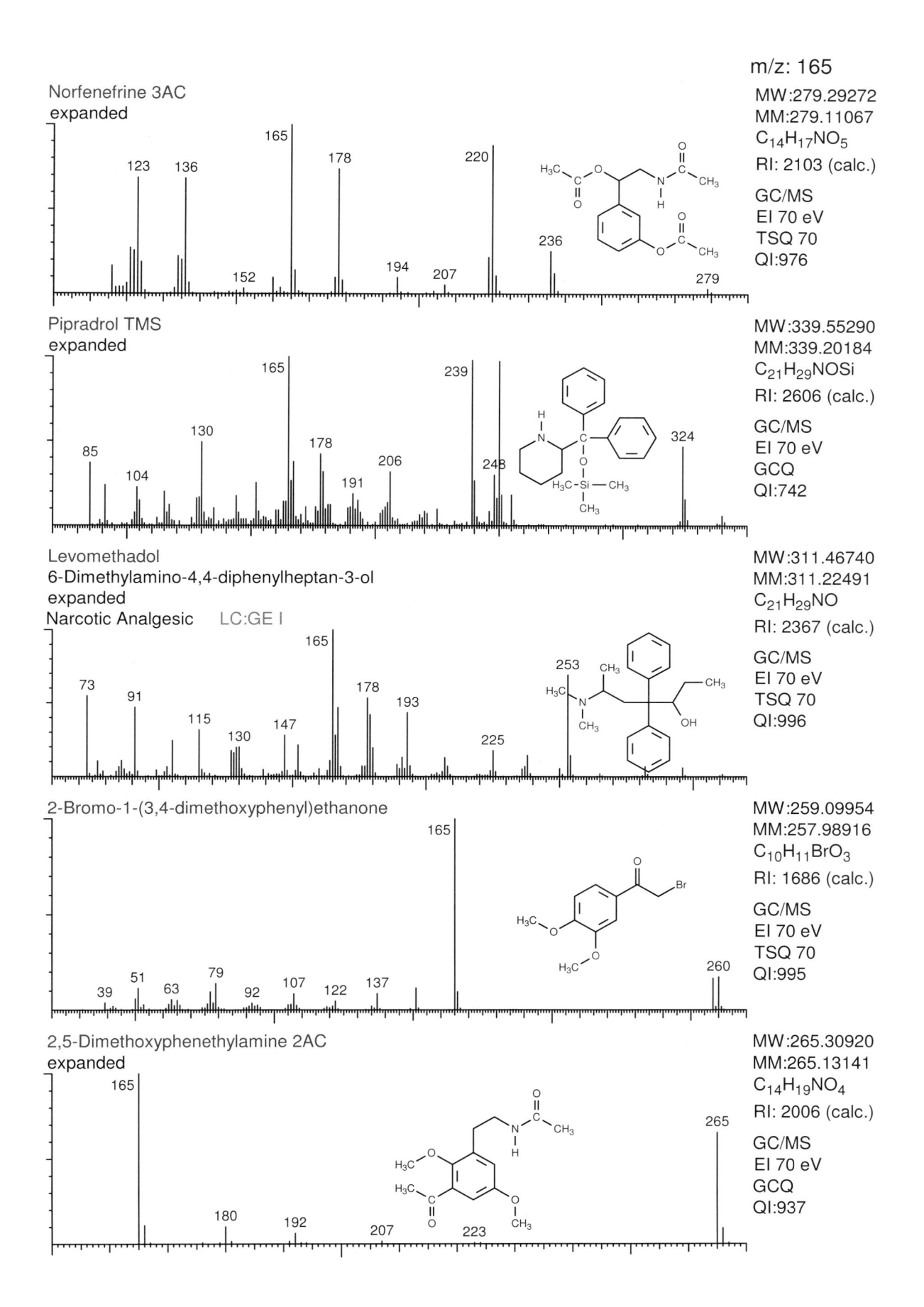

Norfenefrine 3AC expanded

Peaks: 123, 136, 165, 152, 178, 194, 207, 220, 236, 279

MW: 279.29272
MM: 279.11067
$C_{14}H_{17}NO_5$
RI: 2103 (calc.)

GC/MS
EI 70 eV
TSQ 70
QI:976

Pipradrol TMS expanded

Peaks: 85, 104, 130, 165, 178, 191, 206, 239, 248, 324

MW: 339.55290
MM: 339.20184
$C_{21}H_{29}NOSi$
RI: 2606 (calc.)

GC/MS
EI 70 eV
GCQ
QI:742

Levomethadol
6-Dimethylamino-4,4-diphenylheptan-3-ol
expanded
Narcotic Analgesic   LC:GE I

Peaks: 73, 91, 115, 130, 147, 165, 178, 193, 225, 253

MW: 311.46740
MM: 311.22491
$C_{21}H_{29}NO$
RI: 2367 (calc.)

GC/MS
EI 70 eV
TSQ 70
QI:996

2-Bromo-1-(3,4-dimethoxyphenyl)ethanone

Peaks: 39, 51, 63, 79, 92, 107, 122, 137, 165, 260

MW: 259.09954
MM: 257.98916
$C_{10}H_{11}BrO_3$
RI: 1686 (calc.)

GC/MS
EI 70 eV
TSQ 70
QI:995

2,5-Dimethoxyphenethylamine 2AC expanded

Peaks: 165, 180, 192, 207, 223, 265

MW: 265.30920
MM: 265.13141
$C_{14}H_{19}NO_4$
RI: 2006 (calc.)

GC/MS
EI 70 eV
GCQ
QI:937

m/z: 165

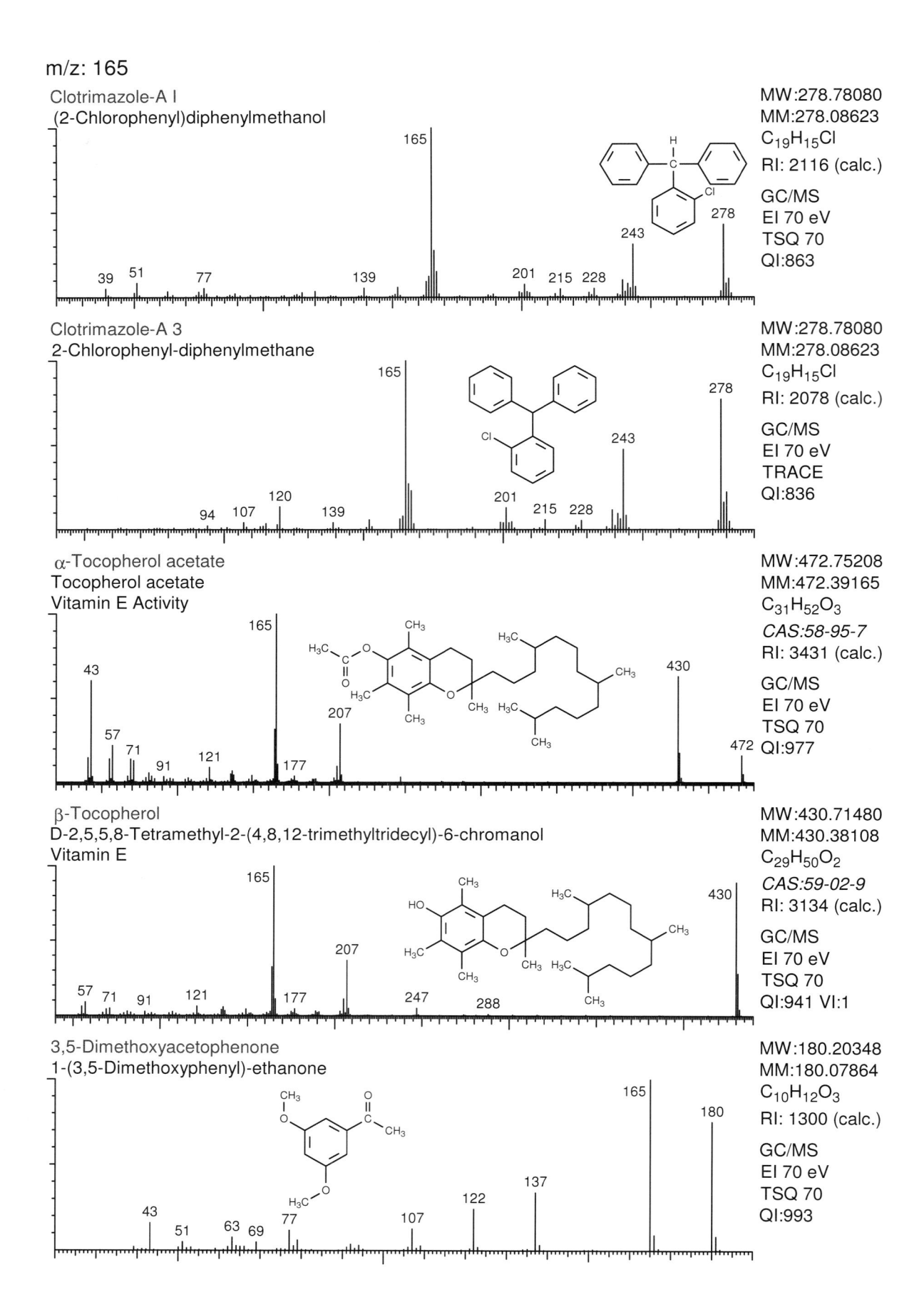

Clotrimazole-A 1
(2-Chlorophenyl)diphenylmethanol

MW:278.78080
MM:278.08623
$C_{19}H_{15}Cl$
RI: 2116 (calc.)

GC/MS
EI 70 eV
TSQ 70
QI:863

Clotrimazole-A 3
2-Chlorophenyl-diphenylmethane

MW:278.78080
MM:278.08623
$C_{19}H_{15}Cl$
RI: 2078 (calc.)

GC/MS
EI 70 eV
TRACE
QI:836

α-Tocopherol acetate
Tocopherol acetate
Vitamin E Activity

MW:472.75208
MM:472.39165
$C_{31}H_{52}O_3$
CAS:58-95-7
RI: 3431 (calc.)

GC/MS
EI 70 eV
TSQ 70
QI:977

β-Tocopherol
D-2,5,5,8-Tetramethyl-2-(4,8,12-trimethyltridecyl)-6-chromanol
Vitamin E

MW:430.71480
MM:430.38108
$C_{29}H_{50}O_2$
CAS:59-02-9
RI: 3134 (calc.)

GC/MS
EI 70 eV
TSQ 70
QI:941 VI:1

3,5-Dimethoxyacetophenone
1-(3,5-Dimethoxyphenyl)-ethanone

MW:180.20348
MM:180.07864
$C_{10}H_{12}O_3$
RI: 1300 (calc.)

GC/MS
EI 70 eV
TSQ 70
QI:993

m/z: 165

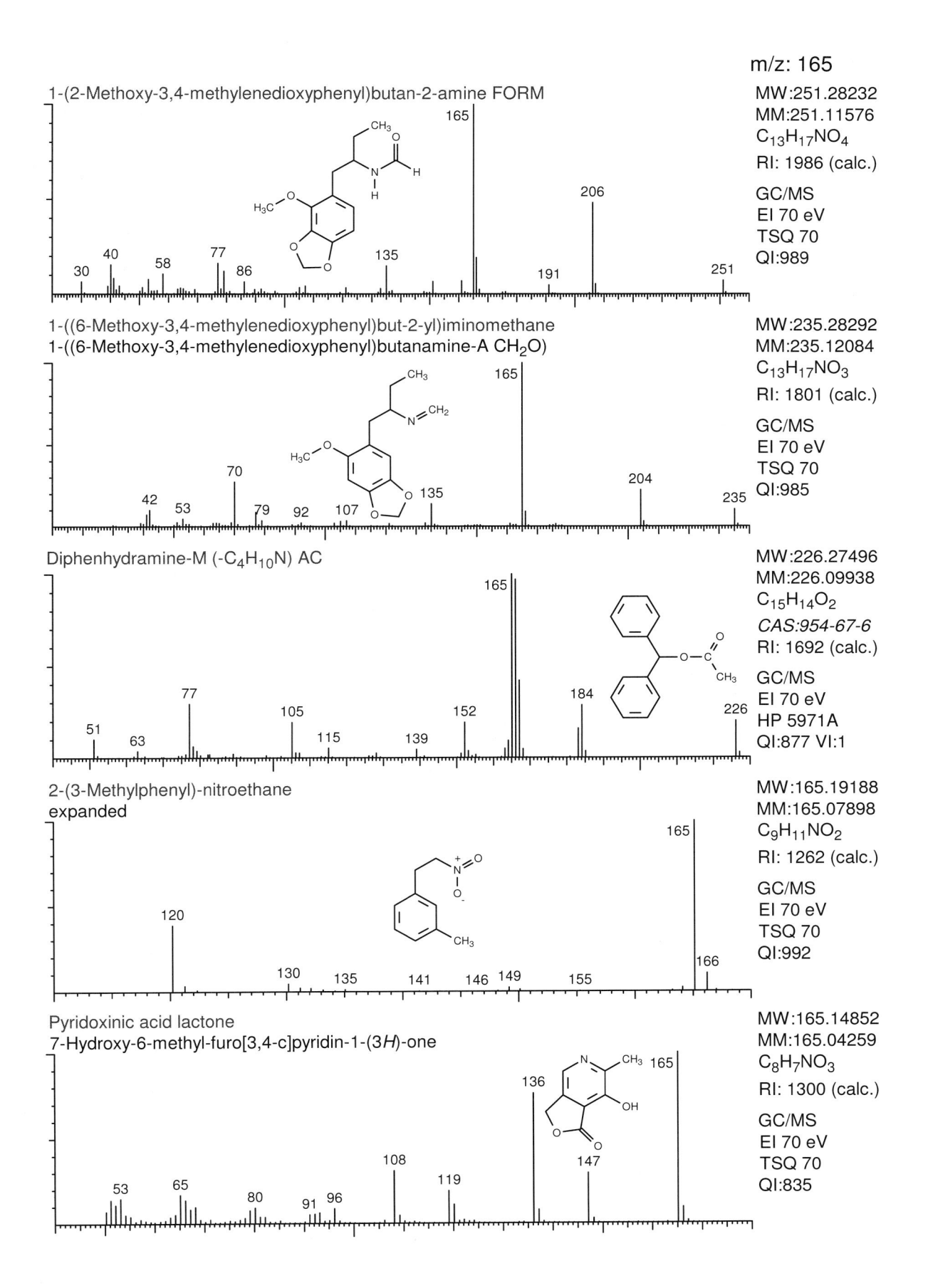

1-(2-Methoxy-3,4-methylenedioxyphenyl)butan-2-amine FORM

MW: 251.28232
MM: 251.11576
$C_{13}H_{17}NO_4$
RI: 1986 (calc.)

GC/MS
EI 70 eV
TSQ 70
QI: 989

Peaks: 30, 40, 58, 77, 86, 135, 165, 191, 206, 251

1-((6-Methoxy-3,4-methylenedioxyphenyl)but-2-yl)iminomethane
1-((6-Methoxy-3,4-methylenedioxyphenyl)butanamine-A CH_2O)

MW: 235.28292
MM: 235.12084
$C_{13}H_{17}NO_3$
RI: 1801 (calc.)

GC/MS
EI 70 eV
TSQ 70
QI: 985

Peaks: 42, 53, 70, 79, 92, 107, 135, 165, 204, 235

Diphenhydramine-M (-$C_4H_{10}N$) AC

MW: 226.27496
MM: 226.09938
$C_{15}H_{14}O_2$
CAS: 954-67-6
RI: 1692 (calc.)

GC/MS
EI 70 eV
HP 5971A
QI: 877 VI:1

Peaks: 51, 63, 77, 105, 115, 139, 152, 165, 184, 226

2-(3-Methylphenyl)-nitroethane
expanded

MW: 165.19188
MM: 165.07898
$C_9H_{11}NO_2$
RI: 1262 (calc.)

GC/MS
EI 70 eV
TSQ 70
QI: 992

Peaks: 120, 130, 135, 141, 146, 149, 155, 165, 166

Pyridoxinic acid lactone
7-Hydroxy-6-methyl-furo[3,4-c]pyridin-1-(3H)-one

MW: 165.14852
MM: 165.04259
$C_8H_7NO_3$
RI: 1300 (calc.)

GC/MS
EI 70 eV
TSQ 70
QI: 835

Peaks: 53, 65, 80, 91, 96, 108, 119, 136, 147, 165

m/z: 165-166

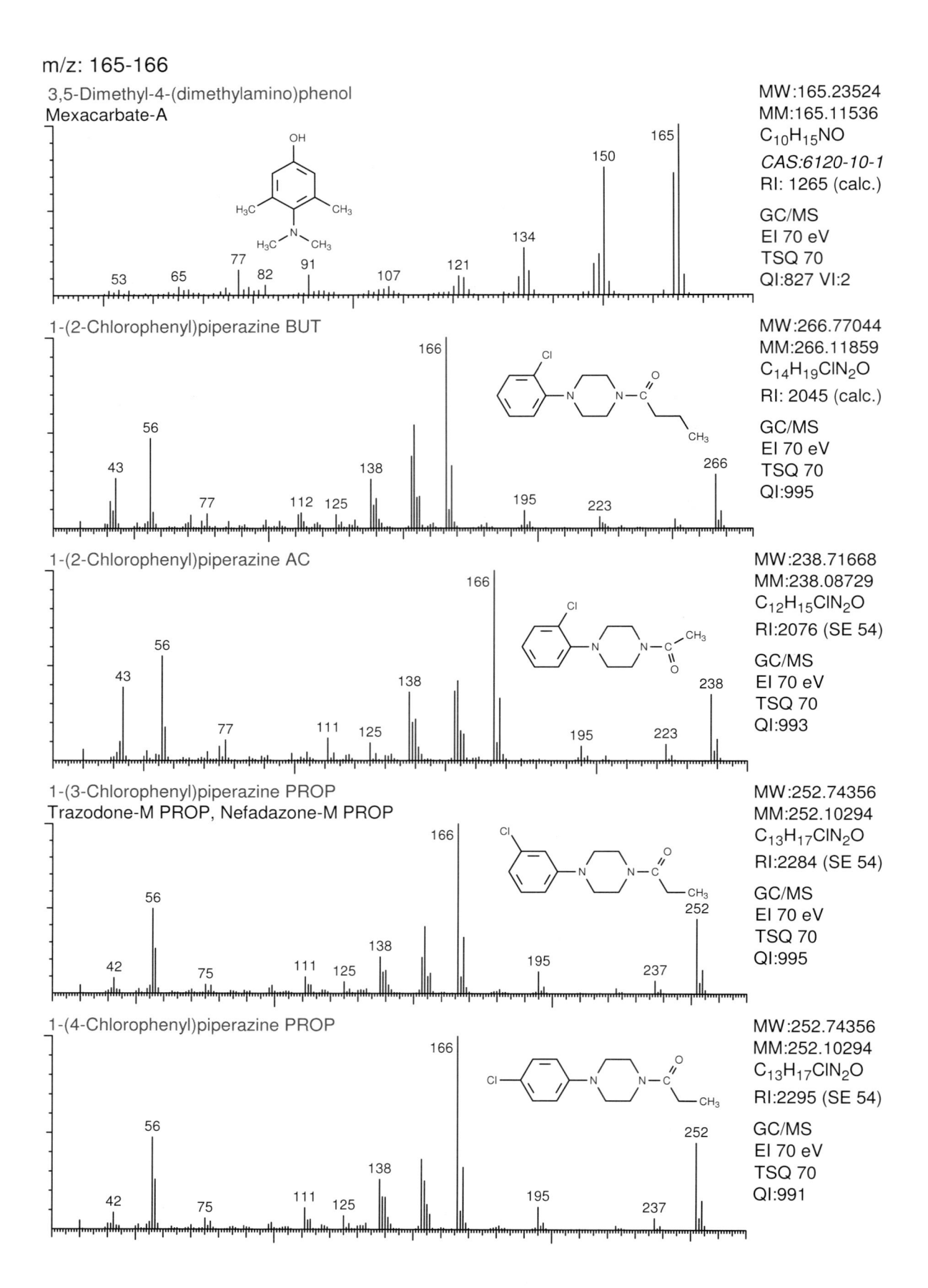

3,5-Dimethyl-4-(dimethylamino)phenol
Mexacarbate-A

MW:165.23524
MM:165.11536
$C_{10}H_{15}NO$
CAS:6120-10-1
RI: 1265 (calc.)

GC/MS
EI 70 eV
TSQ 70
QI:827 VI:2

Peaks: 53, 65, 77, 82, 91, 107, 121, 134, 150, 165

1-(2-Chlorophenyl)piperazine BUT

MW:266.77044
MM:266.11859
$C_{14}H_{19}ClN_2O$
RI: 2045 (calc.)

GC/MS
EI 70 eV
TSQ 70
QI:995

Peaks: 43, 56, 77, 112, 125, 138, 166, 195, 223, 266

1-(2-Chlorophenyl)piperazine AC

MW:238.71668
MM:238.08729
$C_{12}H_{15}ClN_2O$
RI:2076 (SE 54)

GC/MS
EI 70 eV
TSQ 70
QI:993

Peaks: 43, 56, 77, 111, 125, 138, 166, 195, 223, 238

1-(3-Chlorophenyl)piperazine PROP
Trazodone-M PROP, Nefadazone-M PROP

MW:252.74356
MM:252.10294
$C_{13}H_{17}ClN_2O$
RI:2284 (SE 54)

GC/MS
EI 70 eV
TSQ 70
QI:995

Peaks: 42, 56, 75, 111, 125, 138, 166, 195, 237, 252

1-(4-Chlorophenyl)piperazine PROP

MW:252.74356
MM:252.10294
$C_{13}H_{17}ClN_2O$
RI:2295 (SE 54)

GC/MS
EI 70 eV
TSQ 70
QI:991

Peaks: 42, 56, 75, 111, 125, 138, 166, 195, 237, 252

m/z: 166

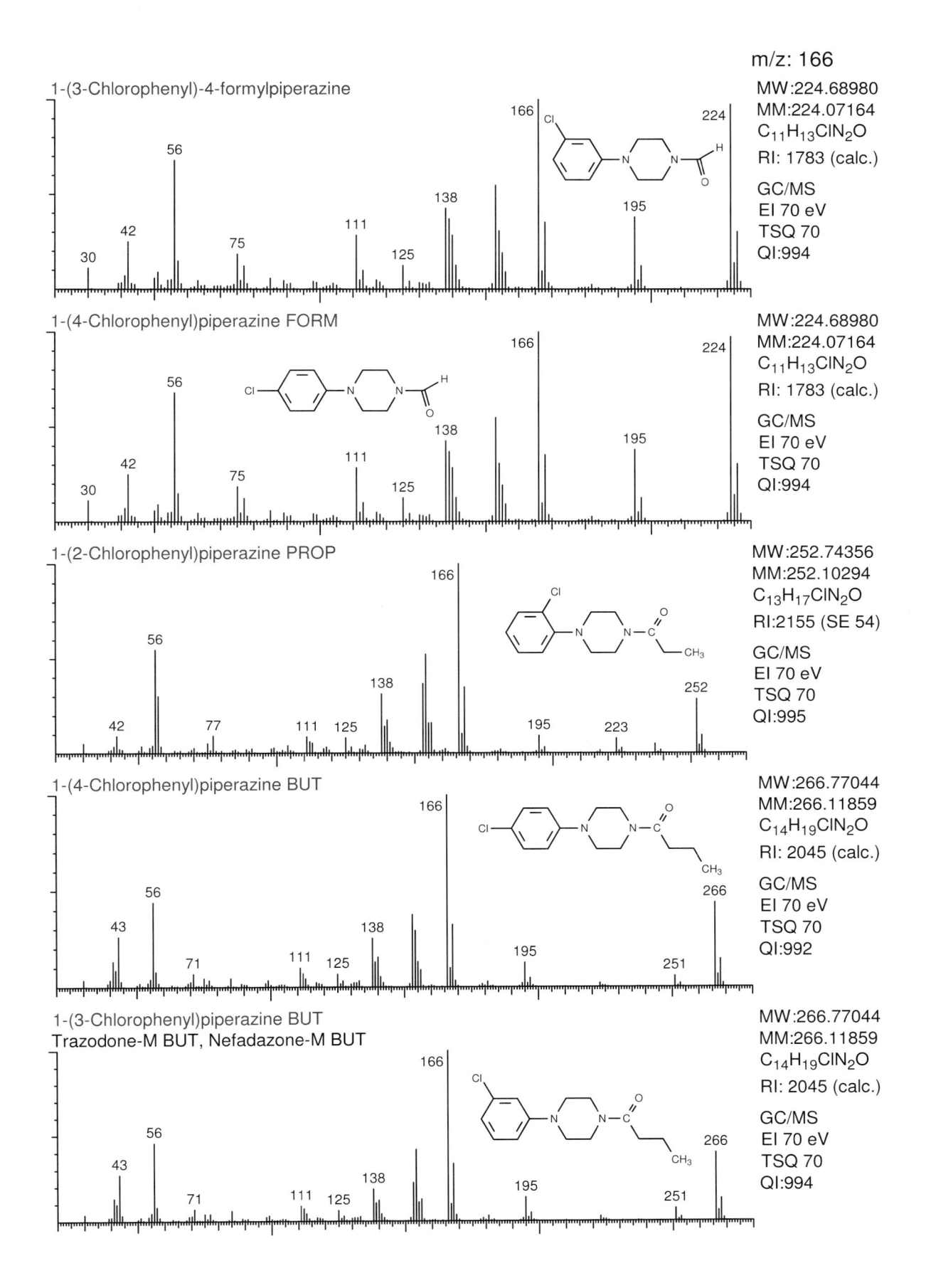

1-(3-Chlorophenyl)-4-formylpiperazine

MW: 224.68980
MM: 224.07164
$C_{11}H_{13}ClN_2O$
RI: 1783 (calc.)

GC/MS
EI 70 eV
TSQ 70
QI: 994

Peaks: 30, 42, 56, 75, 111, 125, 138, 166, 195, 224

1-(4-Chlorophenyl)piperazine FORM

MW: 224.68980
MM: 224.07164
$C_{11}H_{13}ClN_2O$
RI: 1783 (calc.)

GC/MS
EI 70 eV
TSQ 70
QI: 994

Peaks: 30, 42, 56, 75, 111, 125, 138, 166, 195, 224

1-(2-Chlorophenyl)piperazine PROP

MW: 252.74356
MM: 252.10294
$C_{13}H_{17}ClN_2O$
RI: 2155 (SE 54)

GC/MS
EI 70 eV
TSQ 70
QI: 995

Peaks: 42, 56, 77, 111, 125, 138, 166, 195, 223, 252

1-(4-Chlorophenyl)piperazine BUT

MW: 266.77044
MM: 266.11859
$C_{14}H_{19}ClN_2O$
RI: 2045 (calc.)

GC/MS
EI 70 eV
TSQ 70
QI: 992

Peaks: 43, 56, 71, 111, 125, 138, 166, 195, 251, 266

1-(3-Chlorophenyl)piperazine BUT
Trazodone-M BUT, Nefadazone-M BUT

MW: 266.77044
MM: 266.11859
$C_{14}H_{19}ClN_2O$
RI: 2045 (calc.)

GC/MS
EI 70 eV
TSQ 70
QI: 994

Peaks: 43, 56, 71, 111, 125, 138, 166, 195, 251, 266

m/z: 166

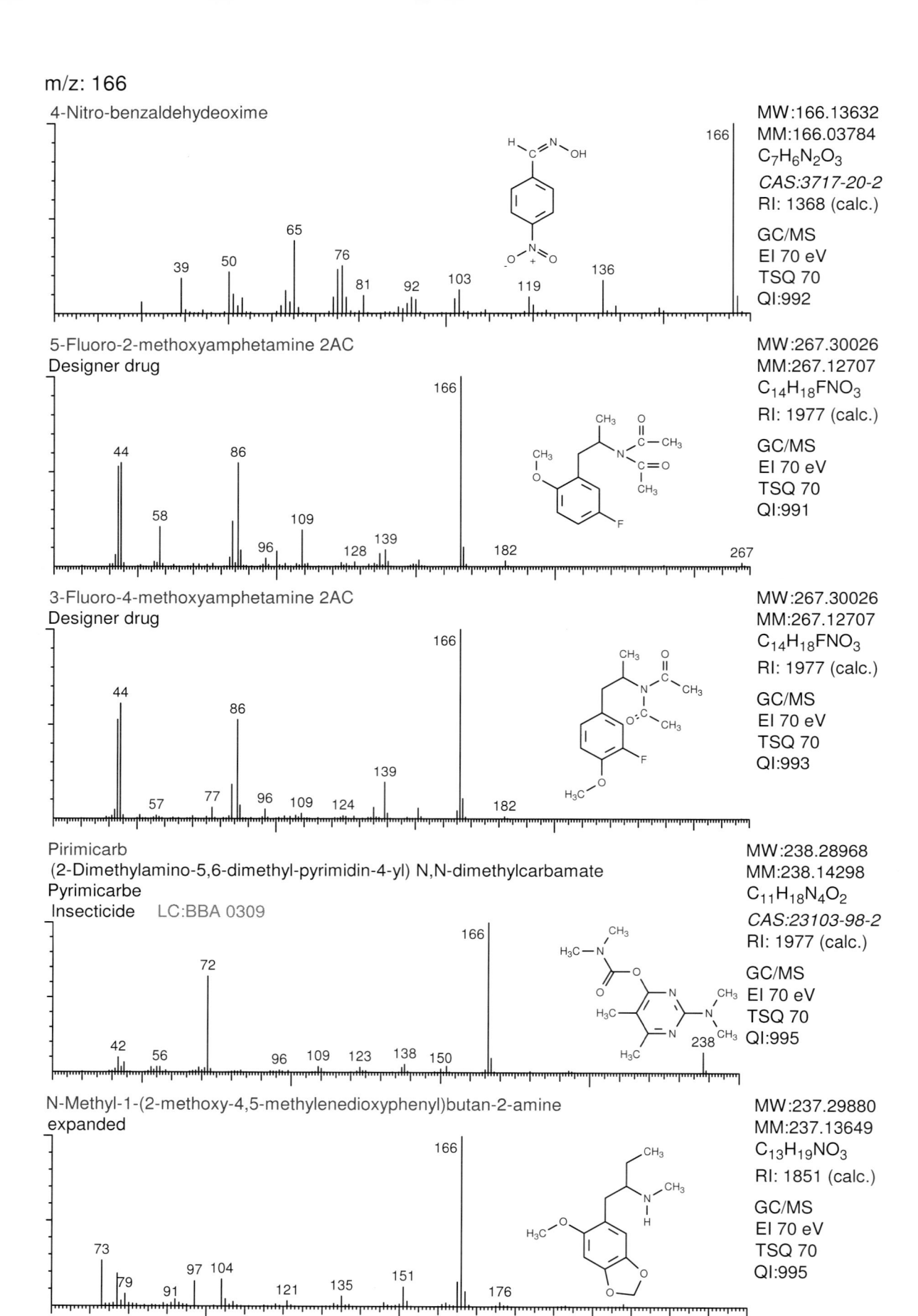

4-Nitro-benzaldehydeoxime

MW: 166.13632
MM: 166.03784
$C_7H_6N_2O_3$
CAS: 3717-20-2
RI: 1368 (calc.)

GC/MS
EI 70 eV
TSQ 70
QI: 992

5-Fluoro-2-methoxyamphetamine 2AC
Designer drug

MW: 267.30026
MM: 267.12707
$C_{14}H_{18}FNO_3$
RI: 1977 (calc.)

GC/MS
EI 70 eV
TSQ 70
QI: 991

3-Fluoro-4-methoxyamphetamine 2AC
Designer drug

MW: 267.30026
MM: 267.12707
$C_{14}H_{18}FNO_3$
RI: 1977 (calc.)

GC/MS
EI 70 eV
TSQ 70
QI: 993

Pirimicarb
(2-Dimethylamino-5,6-dimethyl-pyrimidin-4-yl) N,N-dimethylcarbamate
Pyrimicarbe
Insecticide   LC:BBA 0309

MW: 238.28968
MM: 238.14298
$C_{11}H_{18}N_4O_2$
CAS: 23103-98-2
RI: 1977 (calc.)

GC/MS
EI 70 eV
TSQ 70
QI: 995

N-Methyl-1-(2-methoxy-4,5-methylenedioxyphenyl)butan-2-amine
expanded

MW: 237.29880
MM: 237.13649
$C_{13}H_{19}NO_3$
RI: 1851 (calc.)

GC/MS
EI 70 eV
TSQ 70
QI: 995

m/z: 166

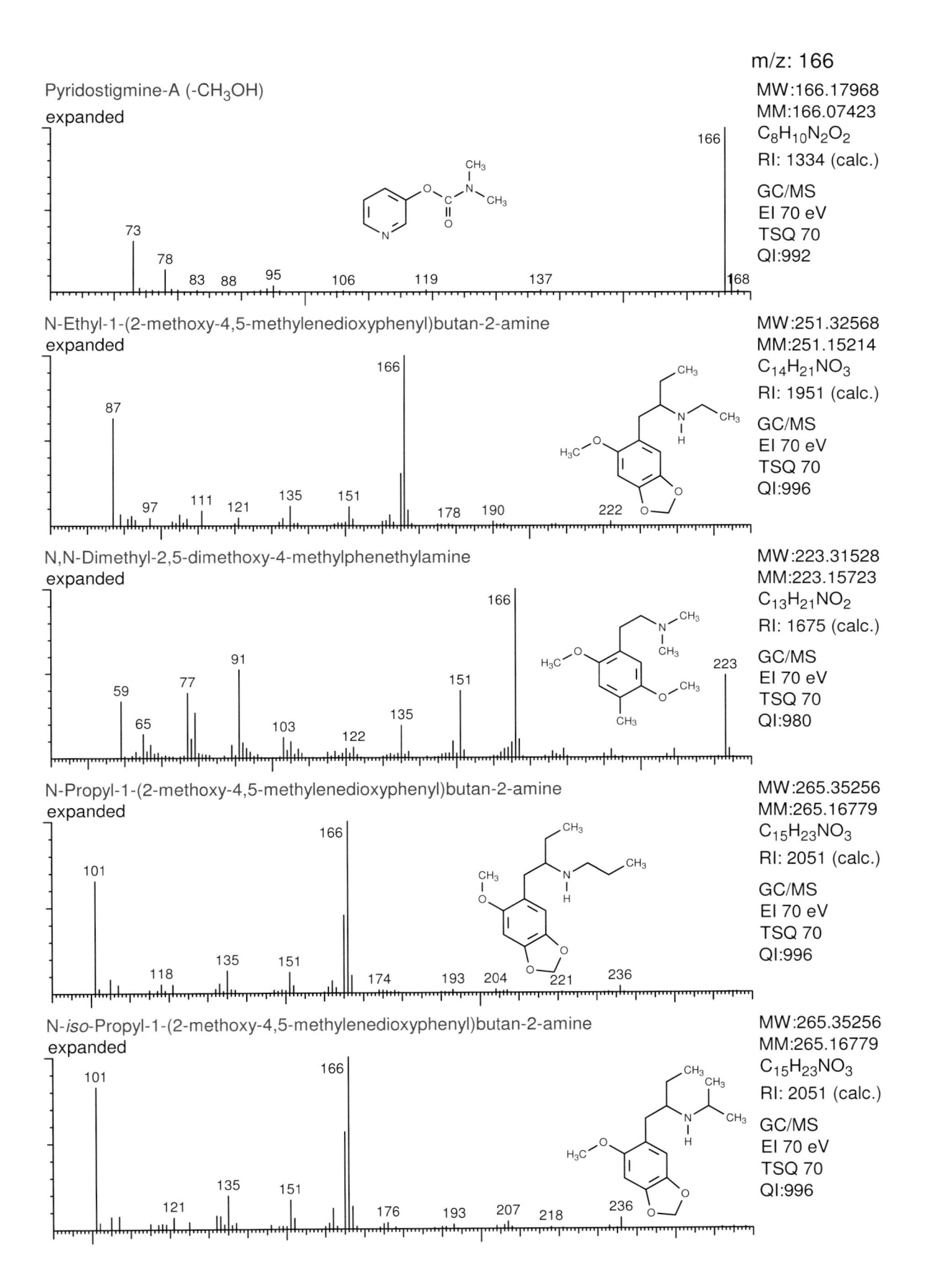

Pyridostigmine-A (-CH₃OH) expanded

MW: 166.17968
MM: 166.07423
$C_8H_{10}N_2O_2$
RI: 1334 (calc.)

GC/MS
EI 70 eV
TSQ 70
QI: 992

N-Ethyl-1-(2-methoxy-4,5-methylenedioxyphenyl)butan-2-amine expanded

MW: 251.32568
MM: 251.15214
$C_{14}H_{21}NO_3$
RI: 1951 (calc.)

GC/MS
EI 70 eV
TSQ 70
QI: 996

N,N-Dimethyl-2,5-dimethoxy-4-methylphenethylamine expanded

MW: 223.31528
MM: 223.15723
$C_{13}H_{21}NO_2$
RI: 1675 (calc.)

GC/MS
EI 70 eV
TSQ 70
QI: 980

N-Propyl-1-(2-methoxy-4,5-methylenedioxyphenyl)butan-2-amine expanded

MW: 265.35256
MM: 265.16779
$C_{15}H_{23}NO_3$
RI: 2051 (calc.)

GC/MS
EI 70 eV
TSQ 70
QI: 996

N-iso-Propyl-1-(2-methoxy-4,5-methylenedioxyphenyl)butan-2-amine expanded

MW: 265.35256
MM: 265.16779
$C_{15}H_{23}NO_3$
RI: 2051 (calc.)

GC/MS
EI 70 eV
TSQ 70
QI: 996

m/z: 166

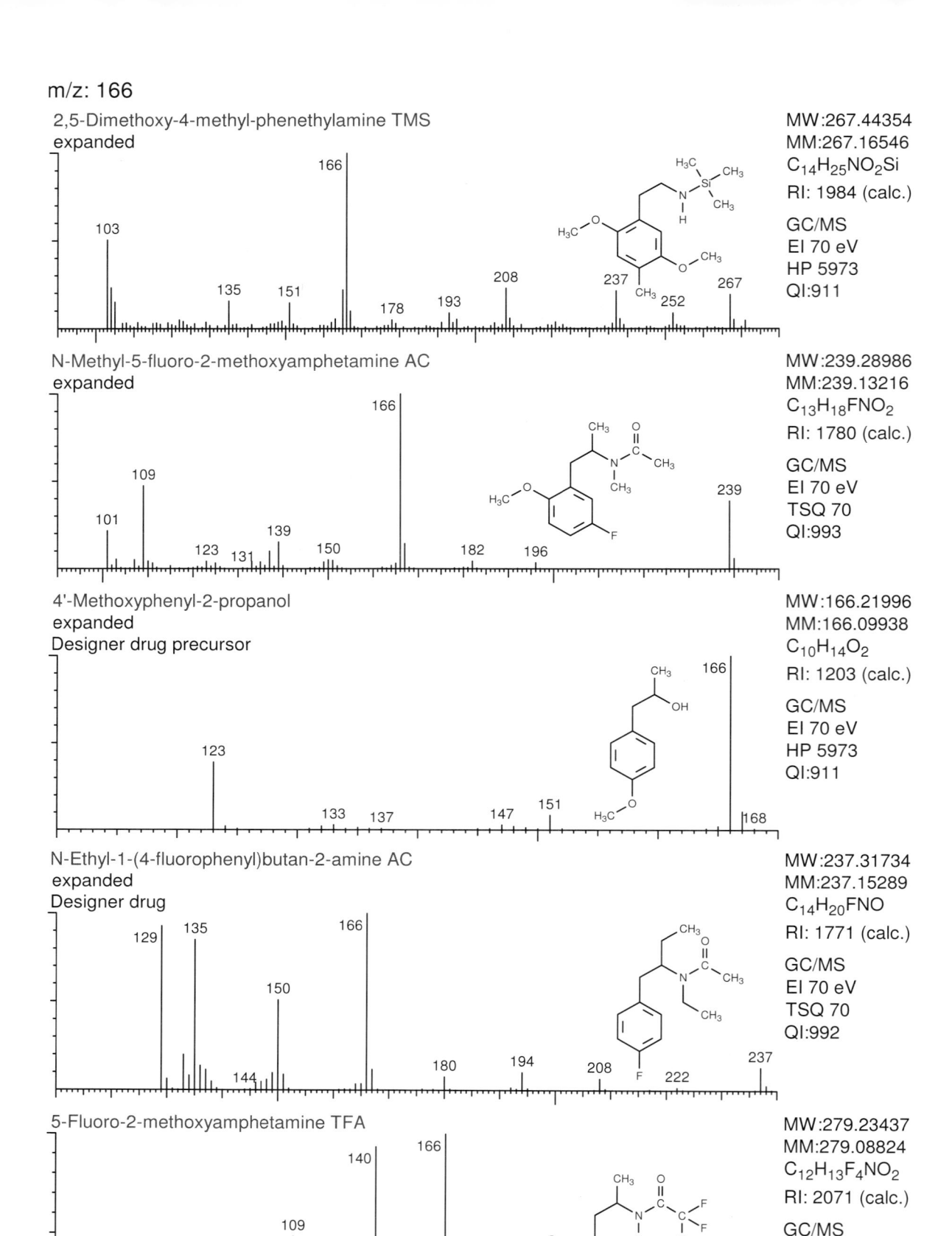

2,5-Dimethoxy-4-methyl-phenethylamine TMS
expanded

MW: 267.44354
MM: 267.16546
$C_{14}H_{25}NO_2Si$
RI: 1984 (calc.)

GC/MS
EI 70 eV
HP 5973
QI: 911

N-Methyl-5-fluoro-2-methoxyamphetamine AC
expanded

MW: 239.28986
MM: 239.13216
$C_{13}H_{18}FNO_2$
RI: 1780 (calc.)

GC/MS
EI 70 eV
TSQ 70
QI: 993

4'-Methoxyphenyl-2-propanol
expanded
Designer drug precursor

MW: 166.21996
MM: 166.09938
$C_{10}H_{14}O_2$
RI: 1203 (calc.)

GC/MS
EI 70 eV
HP 5973
QI: 911

N-Ethyl-1-(4-fluorophenyl)butan-2-amine AC
expanded
Designer drug

MW: 237.31734
MM: 237.15289
$C_{14}H_{20}FNO$
RI: 1771 (calc.)

GC/MS
EI 70 eV
TSQ 70
QI: 992

5-Fluoro-2-methoxyamphetamine TFA

MW: 279.23437
MM: 279.08824
$C_{12}H_{13}F_4NO_2$
RI: 2071 (calc.)

GC/MS
EI 70 eV
TSQ 70
QI: 996

m/z: 166

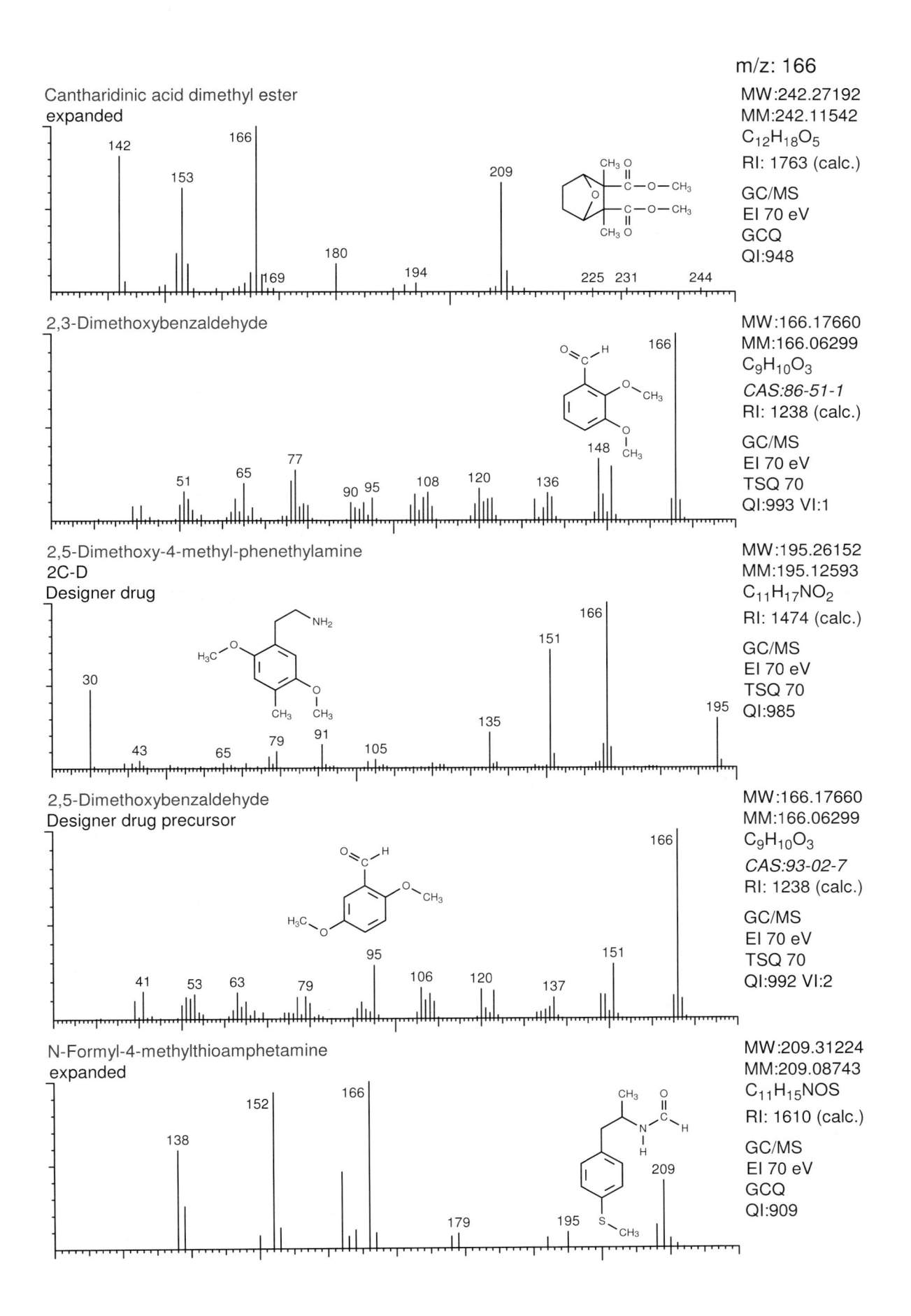

Cantharidinic acid dimethyl ester
expanded

Peaks: 142, 153, 166, 169, 180, 194, 209, 225, 231, 244

MW: 242.27192
MM: 242.11542
$C_{12}H_{18}O_5$
RI: 1763 (calc.)

GC/MS
EI 70 eV
GCQ
QI: 948

2,3-Dimethoxybenzaldehyde

Peaks: 51, 65, 77, 90, 95, 108, 120, 136, 148, 166

MW: 166.17660
MM: 166.06299
$C_9H_{10}O_3$
CAS: 86-51-1
RI: 1238 (calc.)

GC/MS
EI 70 eV
TSQ 70
QI: 993 VI: 1

2,5-Dimethoxy-4-methyl-phenethylamine
2C-D
Designer drug

Peaks: 30, 43, 65, 79, 91, 105, 135, 151, 166, 195

MW: 195.26152
MM: 195.12593
$C_{11}H_{17}NO_2$
RI: 1474 (calc.)

GC/MS
EI 70 eV
TSQ 70
QI: 985

2,5-Dimethoxybenzaldehyde
Designer drug precursor

Peaks: 41, 53, 63, 79, 95, 106, 120, 137, 151, 166

MW: 166.17660
MM: 166.06299
$C_9H_{10}O_3$
CAS: 93-02-7
RI: 1238 (calc.)

GC/MS
EI 70 eV
TSQ 70
QI: 992 VI: 2

N-Formyl-4-methylthioamphetamine
expanded

Peaks: 138, 152, 166, 179, 195, 209

MW: 209.31224
MM: 209.08743
$C_{11}H_{15}NOS$
RI: 1610 (calc.)

GC/MS
EI 70 eV
GCQ
QI: 909

m/z: 166

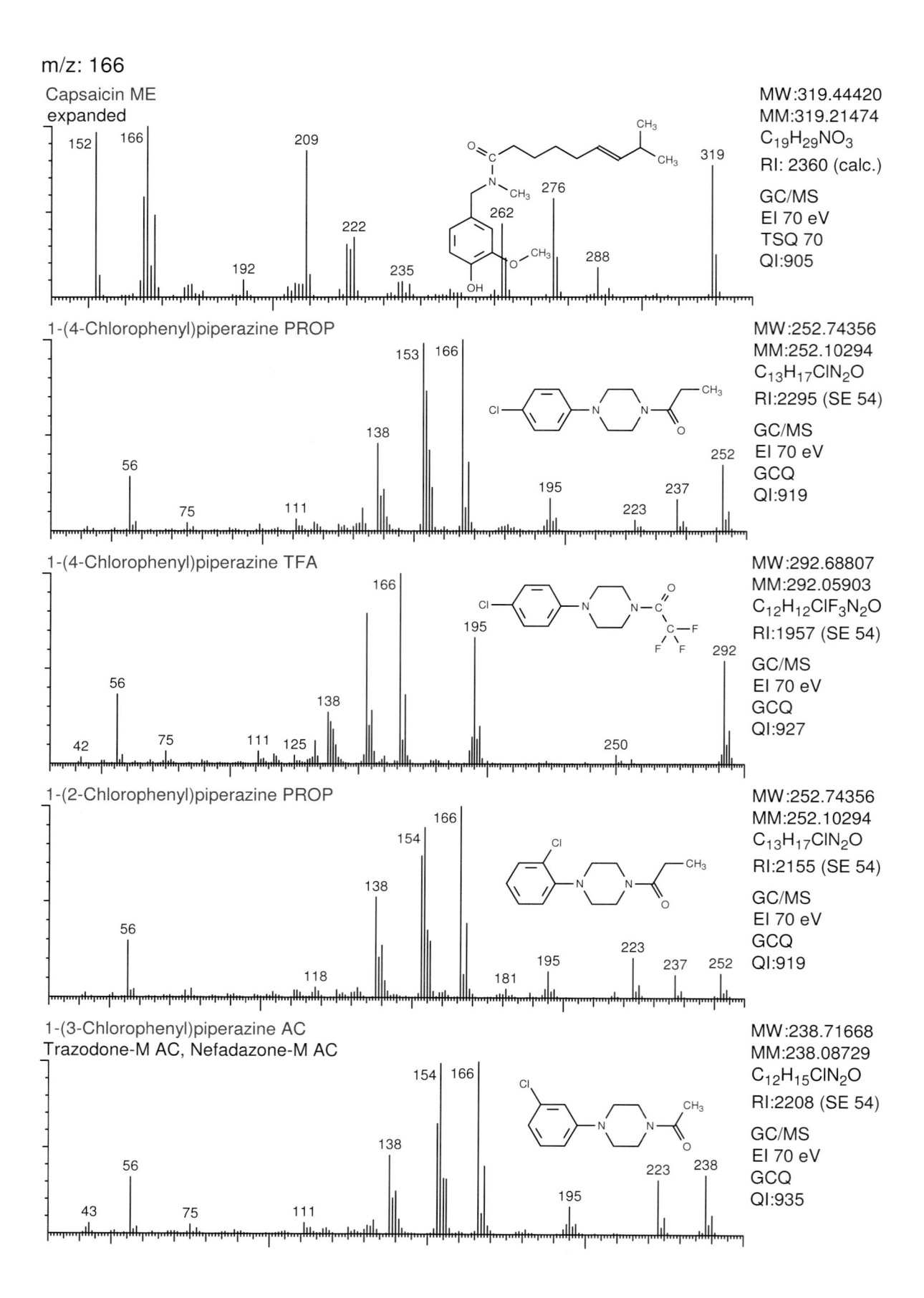

Capsaicin ME expanded

Peaks: 152, 166, 209, 222, 192, 235, 262, 276, 288, 319

MW:319.44420
MM:319.21474
$C_{19}H_{29}NO_3$
RI: 2360 (calc.)

GC/MS
EI 70 eV
TSQ 70
QI:905

1-(4-Chlorophenyl)piperazine PROP

Peaks: 56, 75, 111, 138, 153, 166, 195, 223, 237, 252

MW:252.74356
MM:252.10294
$C_{13}H_{17}ClN_2O$
RI:2295 (SE 54)

GC/MS
EI 70 eV
GCQ
QI:919

1-(4-Chlorophenyl)piperazine TFA

Peaks: 42, 56, 75, 111, 125, 138, 166, 195, 250, 292

MW:292.68807
MM:292.05903
$C_{12}H_{12}ClF_3N_2O$
RI:1957 (SE 54)

GC/MS
EI 70 eV
GCQ
QI:927

1-(2-Chlorophenyl)piperazine PROP

Peaks: 56, 118, 138, 154, 166, 181, 195, 223, 237, 252

MW:252.74356
MM:252.10294
$C_{13}H_{17}ClN_2O$
RI:2155 (SE 54)

GC/MS
EI 70 eV
GCQ
QI:919

1-(3-Chlorophenyl)piperazine AC
Trazodone-M AC, Nefadazone-M AC

Peaks: 43, 56, 75, 111, 138, 154, 166, 195, 223, 238

MW:238.71668
MM:238.08729
$C_{12}H_{15}ClN_2O$
RI:2208 (SE 54)

GC/MS
EI 70 eV
GCQ
QI:935

m/z: 166

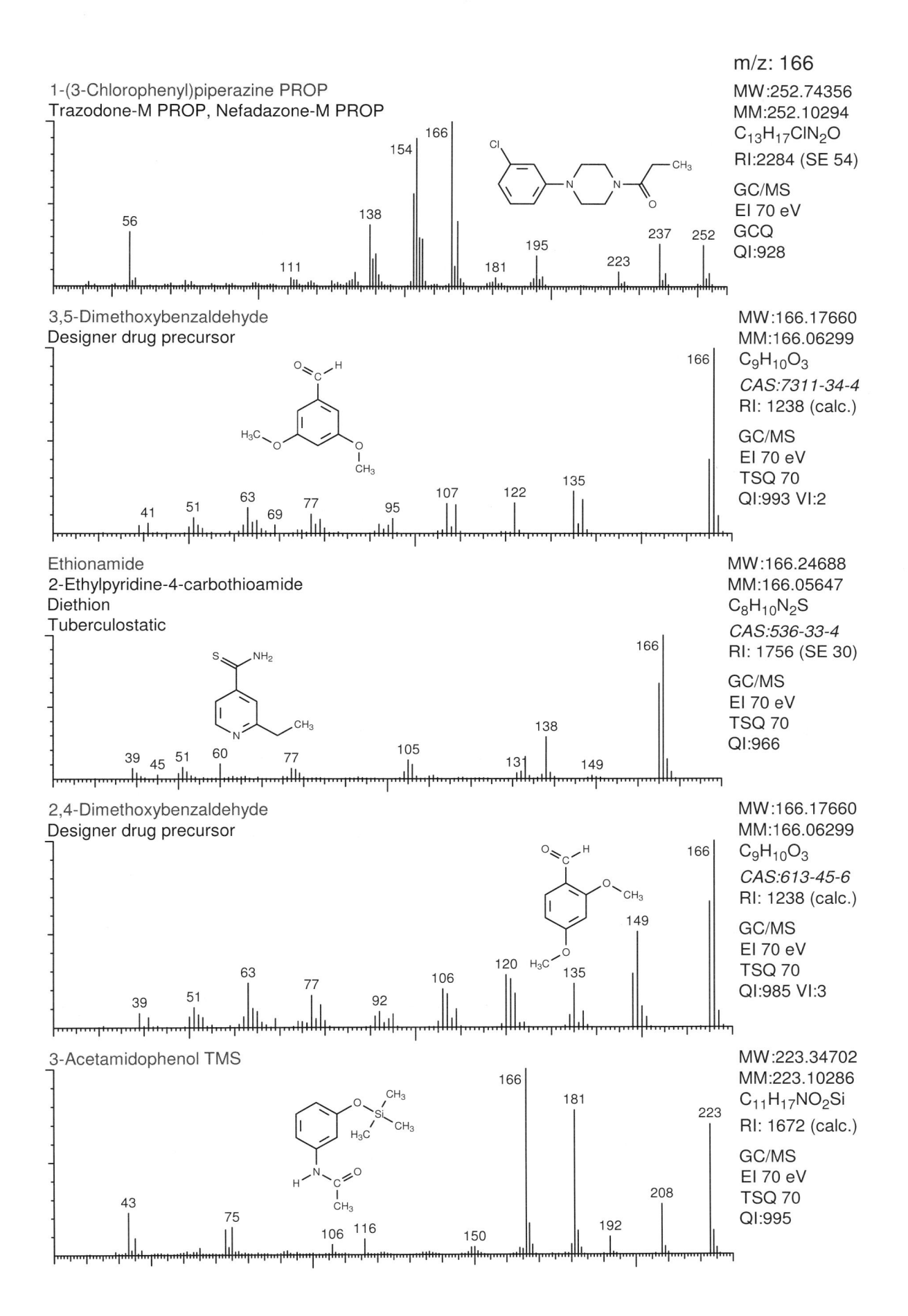

1-(3-Chlorophenyl)piperazine PROP
Trazodone-M PROP, Nefadazone-M PROP

MW:252.74356
MM:252.10294
$C_{13}H_{17}ClN_2O$
RI:2284 (SE 54)

GC/MS
EI 70 eV
GCQ
QI:928

3,5-Dimethoxybenzaldehyde
Designer drug precursor

MW:166.17660
MM:166.06299
$C_9H_{10}O_3$
CAS:7311-34-4
RI: 1238 (calc.)

GC/MS
EI 70 eV
TSQ 70
QI:993 VI:2

Ethionamide
2-Ethylpyridine-4-carbothioamide
Diethion
Tuberculostatic

MW:166.24688
MM:166.05647
$C_8H_{10}N_2S$
CAS:536-33-4
RI: 1756 (SE 30)

GC/MS
EI 70 eV
TSQ 70
QI:966

2,4-Dimethoxybenzaldehyde
Designer drug precursor

MW:166.17660
MM:166.06299
$C_9H_{10}O_3$
CAS:613-45-6
RI: 1238 (calc.)

GC/MS
EI 70 eV
TSQ 70
QI:985 VI:3

3-Acetamidophenol TMS

MW:223.34702
MM:223.10286
$C_{11}H_{17}NO_2Si$
RI: 1672 (calc.)

GC/MS
EI 70 eV
TSQ 70
QI:995

m/z: 166

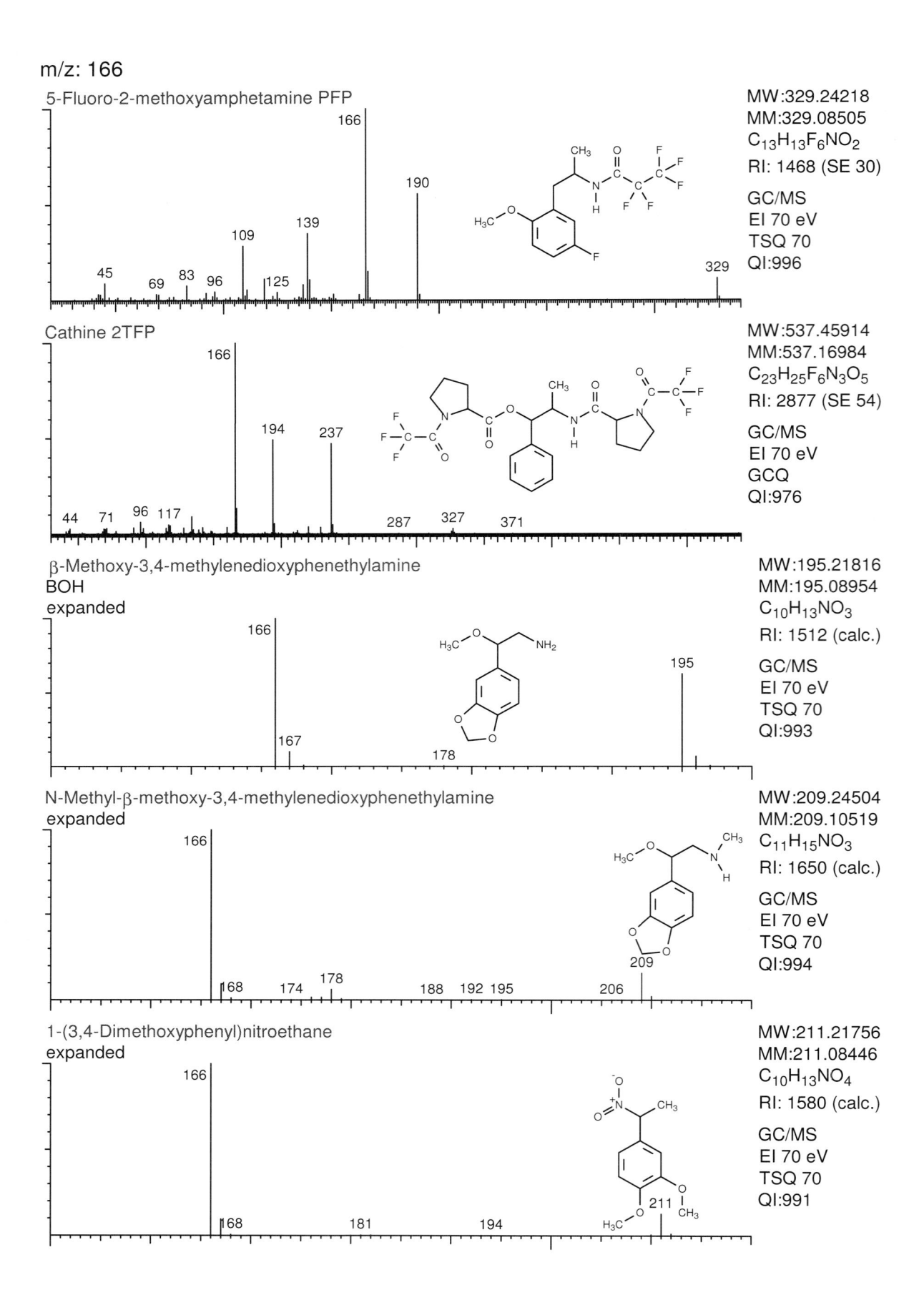

5-Fluoro-2-methoxyamphetamine PFP

Peaks: 45, 69, 83, 96, 109, 125, 139, 166, 190, 329

MW: 329.24218
MM: 329.08505
$C_{13}H_{13}F_6NO_2$
RI: 1468 (SE 30)

GC/MS
EI 70 eV
TSQ 70
QI: 996

Cathine 2TFP

Peaks: 44, 71, 96, 117, 166, 194, 237, 287, 327, 371

MW: 537.45914
MM: 537.16984
$C_{23}H_{25}F_6N_3O_5$
RI: 2877 (SE 54)

GC/MS
EI 70 eV
GCQ
QI: 976

β-Methoxy-3,4-methylenedioxyphenethylamine BOH
expanded

Peaks: 166, 167, 178, 195

MW: 195.21816
MM: 195.08954
$C_{10}H_{13}NO_3$
RI: 1512 (calc.)

GC/MS
EI 70 eV
TSQ 70
QI: 993

N-Methyl-β-methoxy-3,4-methylenedioxyphenethylamine
expanded

Peaks: 166, 168, 174, 178, 188, 192, 195, 206, 209

MW: 209.24504
MM: 209.10519
$C_{11}H_{15}NO_3$
RI: 1650 (calc.)

GC/MS
EI 70 eV
TSQ 70
QI: 994

1-(3,4-Dimethoxyphenyl)nitroethane
expanded

Peaks: 166, 168, 181, 194, 211

MW: 211.21756
MM: 211.08446
$C_{10}H_{13}NO_4$
RI: 1580 (calc.)

GC/MS
EI 70 eV
TSQ 70
QI: 991

m/z: 166

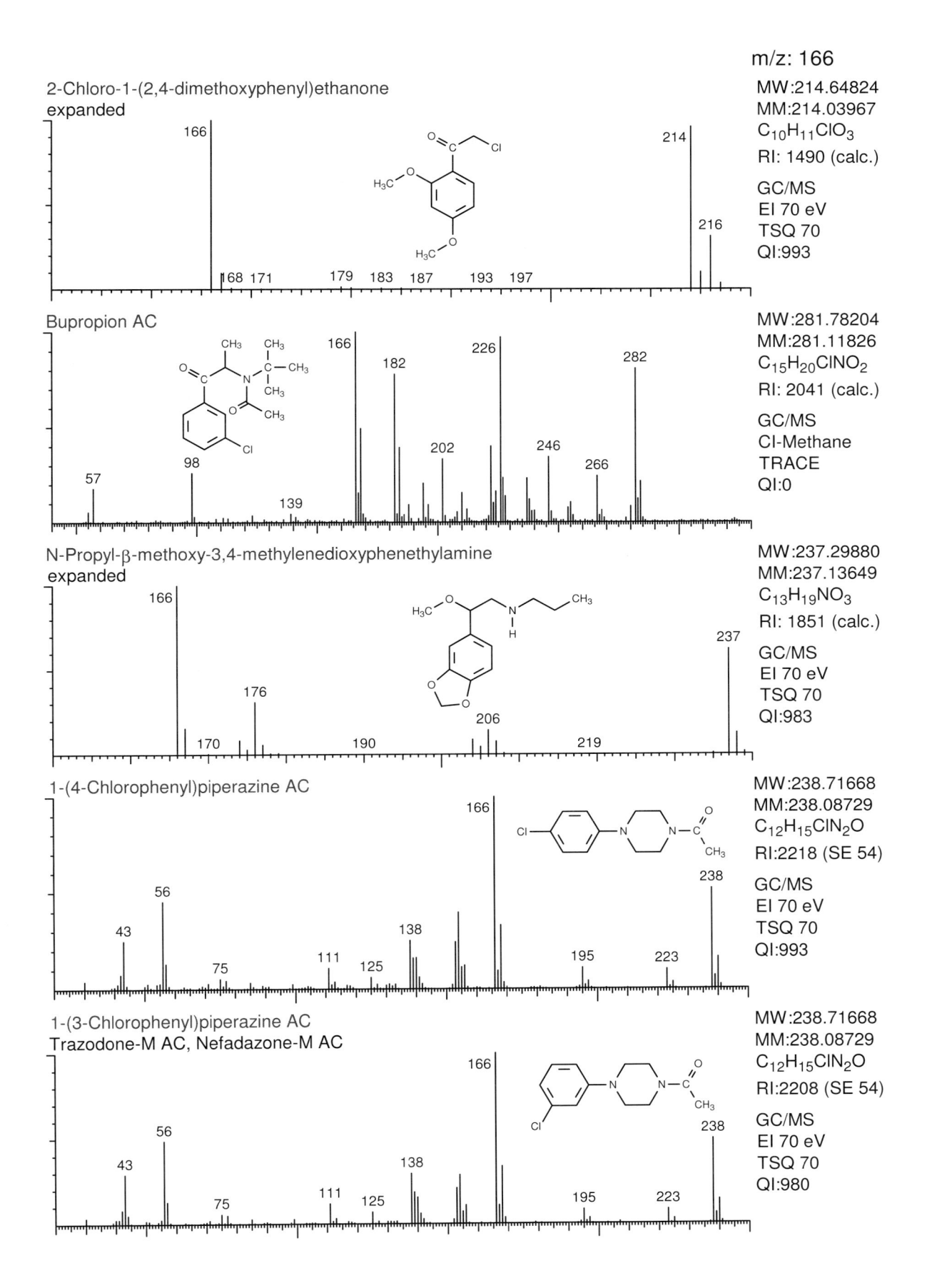

2-Chloro-1-(2,4-dimethoxyphenyl)ethanone
expanded

MW: 214.64824
MM: 214.03967
$C_{10}H_{11}ClO_3$
RI: 1490 (calc.)

GC/MS
EI 70 eV
TSQ 70
QI: 993

Bupropion AC

MW: 281.78204
MM: 281.11826
$C_{15}H_{20}ClNO_2$
RI: 2041 (calc.)

GC/MS
CI-Methane
TRACE
QI: 0

N-Propyl-β-methoxy-3,4-methylenedioxyphenethylamine
expanded

MW: 237.29880
MM: 237.13649
$C_{13}H_{19}NO_3$
RI: 1851 (calc.)

GC/MS
EI 70 eV
TSQ 70
QI: 983

1-(4-Chlorophenyl)piperazine AC

MW: 238.71668
MM: 238.08729
$C_{12}H_{15}ClN_2O$
RI: 2218 (SE 54)

GC/MS
EI 70 eV
TSQ 70
QI: 993

1-(3-Chlorophenyl)piperazine AC
Trazodone-M AC, Nefadazone-M AC

MW: 238.71668
MM: 238.08729
$C_{12}H_{15}ClN_2O$
RI: 2208 (SE 54)

GC/MS
EI 70 eV
TSQ 70
QI: 980

m/z: 166

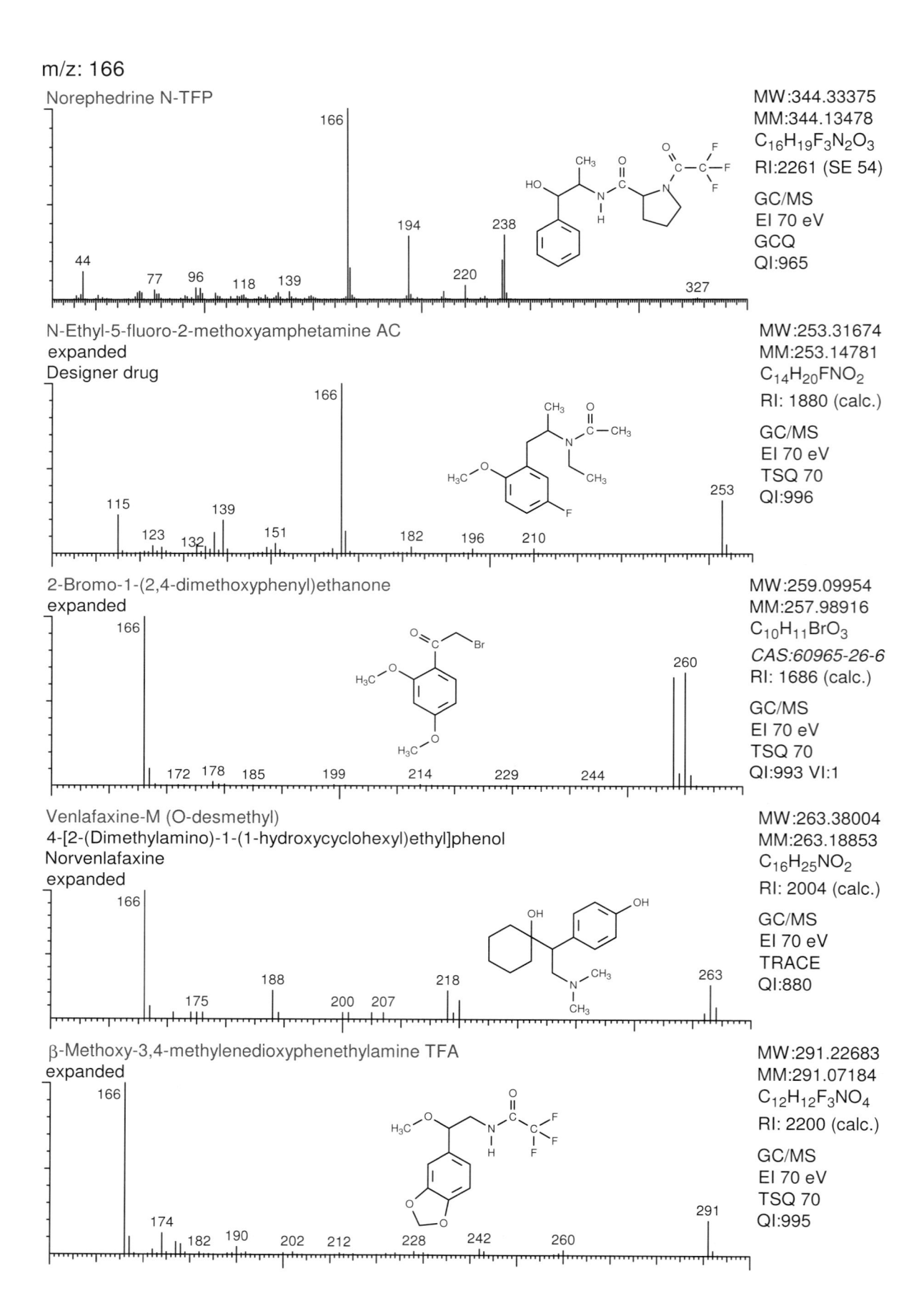

Norephedrine N-TFP

MW: 344.33375
MM: 344.13478
C$_{16}$H$_{19}$F$_3$N$_2$O$_3$
RI: 2261 (SE 54)

GC/MS
EI 70 eV
GCQ
QI: 965

Peaks: 44, 77, 96, 118, 139, 166, 194, 220, 238, 327

N-Ethyl-5-fluoro-2-methoxyamphetamine AC
expanded
Designer drug

MW: 253.31674
MM: 253.14781
C$_{14}$H$_{20}$FNO$_2$
RI: 1880 (calc.)

GC/MS
EI 70 eV
TSQ 70
QI: 996

Peaks: 115, 123, 132, 139, 151, 166, 182, 196, 210, 253

2-Bromo-1-(2,4-dimethoxyphenyl)ethanone
expanded

MW: 259.09954
MM: 257.98916
C$_{10}$H$_{11}$BrO$_3$
CAS: 60965-26-6
RI: 1686 (calc.)

GC/MS
EI 70 eV
TSQ 70
QI: 993 VI:1

Peaks: 166, 172, 178, 185, 199, 214, 229, 244, 260

Venlafaxine-M (O-desmethyl)
4-[2-(Dimethylamino)-1-(1-hydroxycyclohexyl)ethyl]phenol
Norvenlafaxine
expanded

MW: 263.38004
MM: 263.18853
C$_{16}$H$_{25}$NO$_2$
RI: 2004 (calc.)

GC/MS
EI 70 eV
TRACE
QI: 880

Peaks: 166, 175, 188, 200, 207, 218, 263

β-Methoxy-3,4-methylenedioxyphenethylamine TFA
expanded

MW: 291.22683
MM: 291.07184
C$_{12}$H$_{12}$F$_3$NO$_4$
RI: 2200 (calc.)

GC/MS
EI 70 eV
TSQ 70
QI: 995

Peaks: 166, 174, 182, 190, 202, 212, 228, 242, 260, 291

m/z: 166

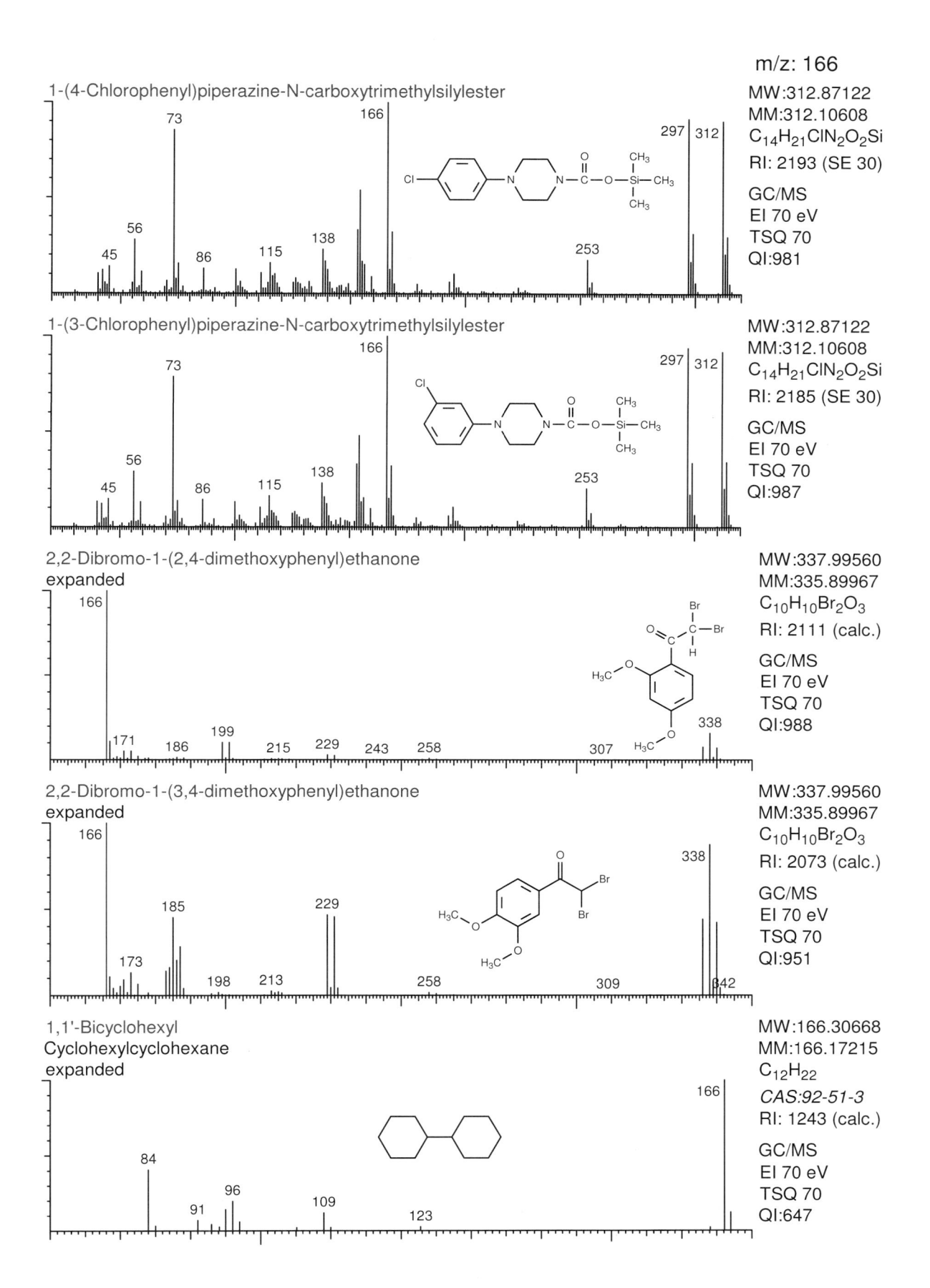

1-(4-Chlorophenyl)piperazine-N-carboxytrimethylsilylester

Peaks: 45, 56, 73, 86, 115, 138, 166, 253, 297, 312

MW: 312.87122
MM: 312.10608
$C_{14}H_{21}ClN_2O_2Si$
RI: 2193 (SE 30)

GC/MS
EI 70 eV
TSQ 70
QI: 981

1-(3-Chlorophenyl)piperazine-N-carboxytrimethylsilylester

Peaks: 45, 56, 73, 86, 115, 138, 166, 253, 297, 312

MW: 312.87122
MM: 312.10608
$C_{14}H_{21}ClN_2O_2Si$
RI: 2185 (SE 30)

GC/MS
EI 70 eV
TSQ 70
QI: 987

2,2-Dibromo-1-(2,4-dimethoxyphenyl)ethanone
expanded

Peaks: 166, 171, 186, 199, 215, 229, 243, 258, 307, 338

MW: 337.99560
MM: 335.89967
$C_{10}H_{10}Br_2O_3$
RI: 2111 (calc.)

GC/MS
EI 70 eV
TSQ 70
QI: 988

2,2-Dibromo-1-(3,4-dimethoxyphenyl)ethanone
expanded

Peaks: 166, 173, 185, 198, 213, 229, 258, 309, 338, 342

MW: 337.99560
MM: 335.89967
$C_{10}H_{10}Br_2O_3$
RI: 2073 (calc.)

GC/MS
EI 70 eV
TSQ 70
QI: 951

1,1'-Bicyclohexyl
Cyclohexylcyclohexane
expanded

Peaks: 84, 91, 96, 109, 123, 166

MW: 166.30668
MM: 166.17215
$C_{12}H_{22}$
CAS: 92-51-3
RI: 1243 (calc.)

GC/MS
EI 70 eV
TSQ 70
QI: 647

m/z: 166

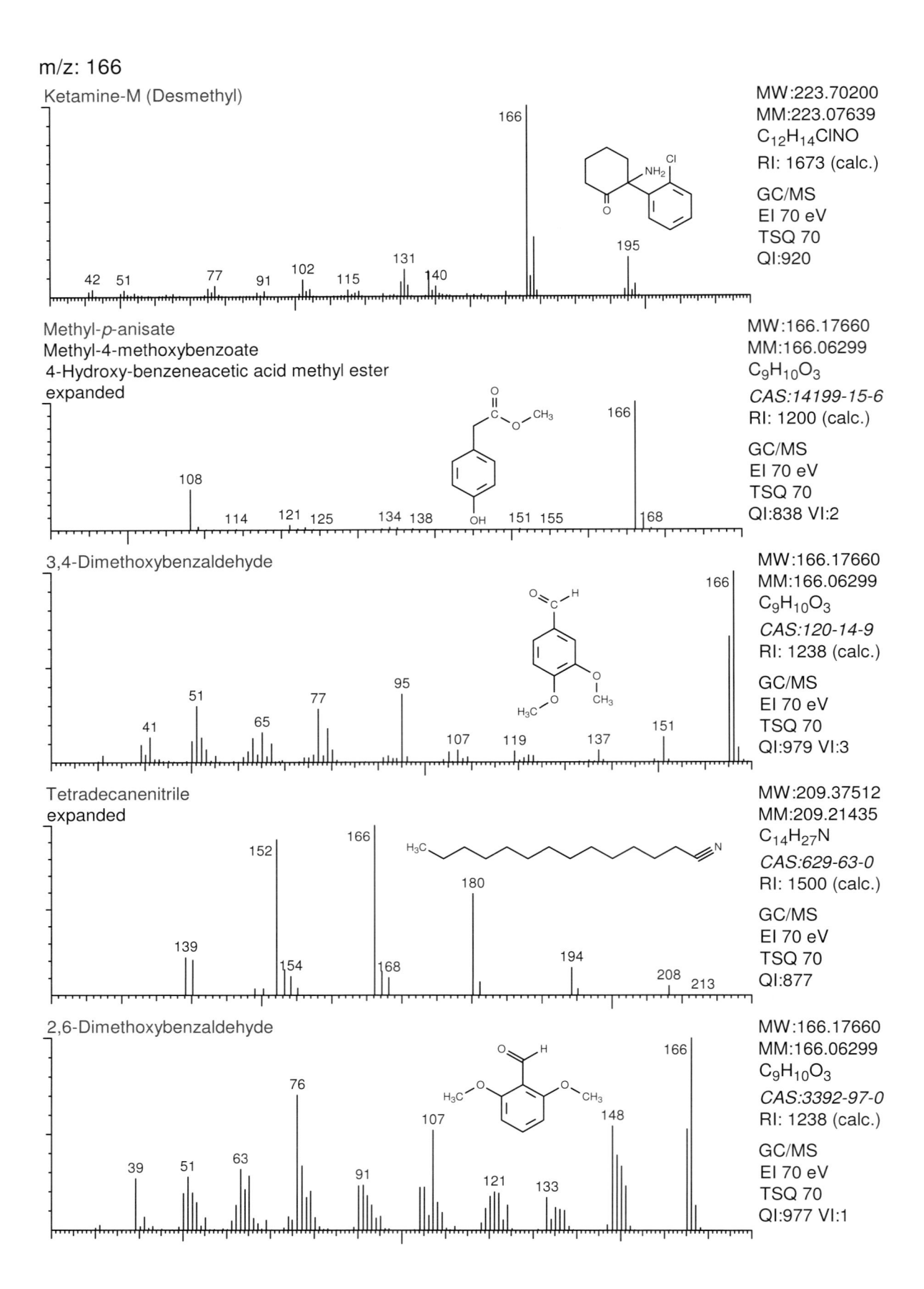

Ketamine-M (Desmethyl)

MW: 223.70200
MM: 223.07639
C$_{12}$H$_{14}$ClNO
RI: 1673 (calc.)

GC/MS
EI 70 eV
TSQ 70
QI: 920

Peaks: 42, 51, 77, 91, 102, 115, 131, 140, 166, 195

Methyl-p-anisate
Methyl-4-methoxybenzoate
4-Hydroxy-benzeneacetic acid methyl ester
expanded

MW: 166.17660
MM: 166.06299
C$_9$H$_{10}$O$_3$
CAS: 14199-15-6
RI: 1200 (calc.)

GC/MS
EI 70 eV
TSQ 70
QI: 838 VI: 2

Peaks: 108, 114, 121, 125, 134, 138, 151, 155, 166, 168

3,4-Dimethoxybenzaldehyde

MW: 166.17660
MM: 166.06299
C$_9$H$_{10}$O$_3$
CAS: 120-14-9
RI: 1238 (calc.)

GC/MS
EI 70 eV
TSQ 70
QI: 979 VI: 3

Peaks: 41, 51, 65, 77, 95, 107, 119, 137, 151, 166

Tetradecanenitrile
expanded

MW: 209.37512
MM: 209.21435
C$_{14}$H$_{27}$N
CAS: 629-63-0
RI: 1500 (calc.)

GC/MS
EI 70 eV
TSQ 70
QI: 877

Peaks: 139, 152, 154, 166, 168, 180, 194, 208, 213

2,6-Dimethoxybenzaldehyde

MW: 166.17660
MM: 166.06299
C$_9$H$_{10}$O$_3$
CAS: 3392-97-0
RI: 1238 (calc.)

GC/MS
EI 70 eV
TSQ 70
QI: 977 VI: 1

Peaks: 39, 51, 63, 76, 91, 107, 121, 133, 148, 166

m/z: 167

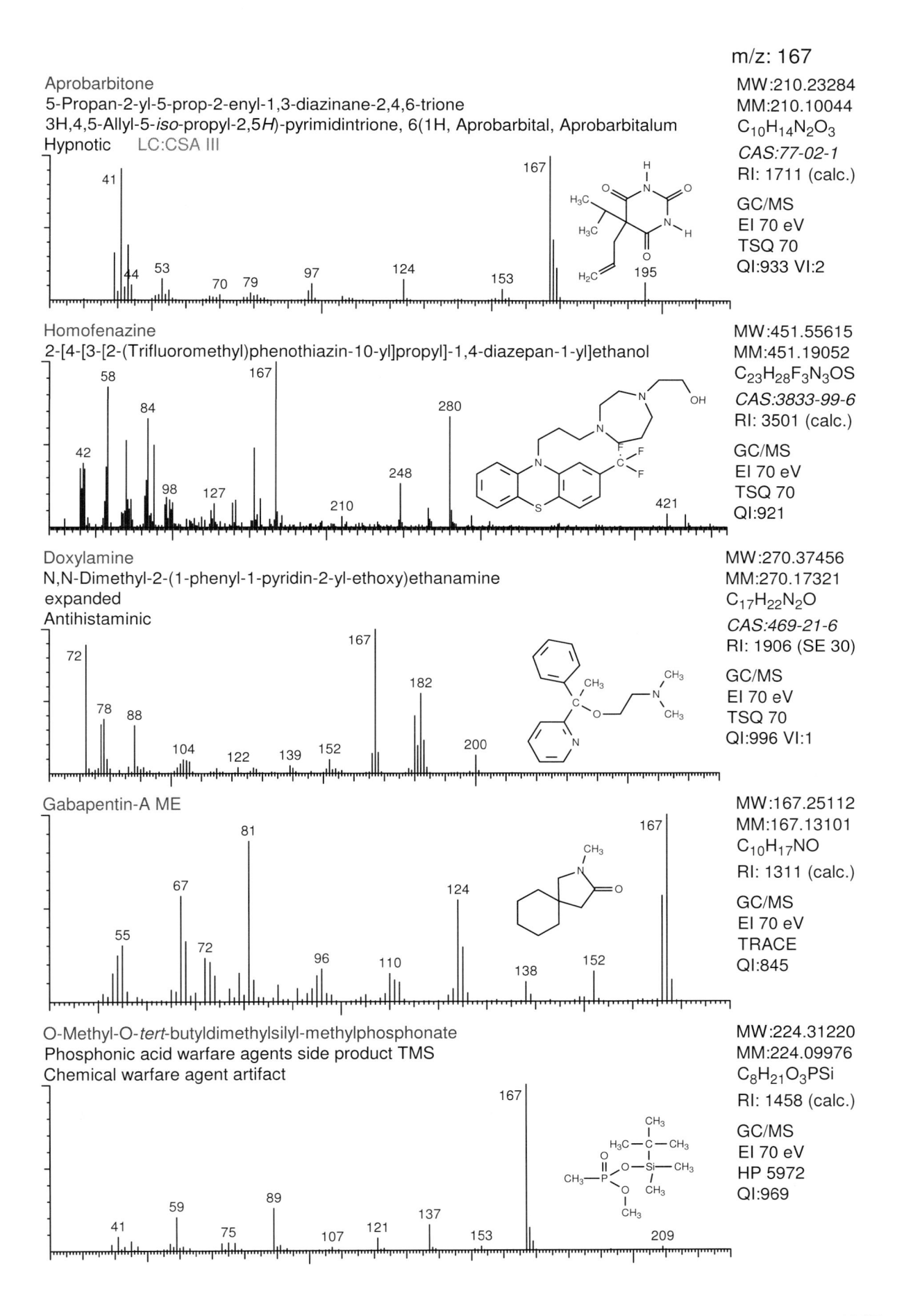

Aprobarbitone
5-Propan-2-yl-5-prop-2-enyl-1,3-diazinane-2,4,6-trione
3H,4,5-Allyl-5-*iso*-propyl-2,5*H*)-pyrimidintrione, 6(1H, Aprobarbital, Aprobarbitalum
Hypnotic   LC:CSA III

MW:210.23284
MM:210.10044
$C_{10}H_{14}N_2O_3$
CAS:77-02-1
RI: 1711 (calc.)

GC/MS
EI 70 eV
TSQ 70
QI:933 VI:2

Peaks: 41, 44, 53, 70, 79, 97, 124, 153, 167, 195

Homofenazine
2-[4-[3-[2-(Trifluoromethyl)phenothiazin-10-yl]propyl]-1,4-diazepan-1-yl]ethanol

MW:451.55615
MM:451.19052
$C_{23}H_{28}F_3N_3OS$
CAS:3833-99-6
RI: 3501 (calc.)

GC/MS
EI 70 eV
TSQ 70
QI:921

Peaks: 42, 58, 84, 98, 127, 167, 210, 248, 280, 421

Doxylamine
N,N-Dimethyl-2-(1-phenyl-1-pyridin-2-yl-ethoxy)ethanamine
expanded
Antihistaminic

MW:270.37456
MM:270.17321
$C_{17}H_{22}N_2O$
CAS:469-21-6
RI: 1906 (SE 30)

GC/MS
EI 70 eV
TSQ 70
QI:996 VI:1

Peaks: 72, 78, 88, 104, 122, 139, 152, 167, 182, 200

Gabapentin-A ME

MW:167.25112
MM:167.13101
$C_{10}H_{17}NO$
RI: 1311 (calc.)

GC/MS
EI 70 eV
TRACE
QI:845

Peaks: 55, 67, 72, 81, 96, 110, 124, 138, 152, 167

O-Methyl-O-*tert*-butyldimethylsilyl-methylphosphonate
Phosphonic acid warfare agents side product TMS
Chemical warfare agent artifact

MW:224.31220
MM:224.09976
$C_8H_{21}O_3PSi$
RI: 1458 (calc.)

GC/MS
EI 70 eV
HP 5972
QI:969

Peaks: 41, 59, 75, 89, 107, 121, 137, 153, 167, 209

m/z: 167

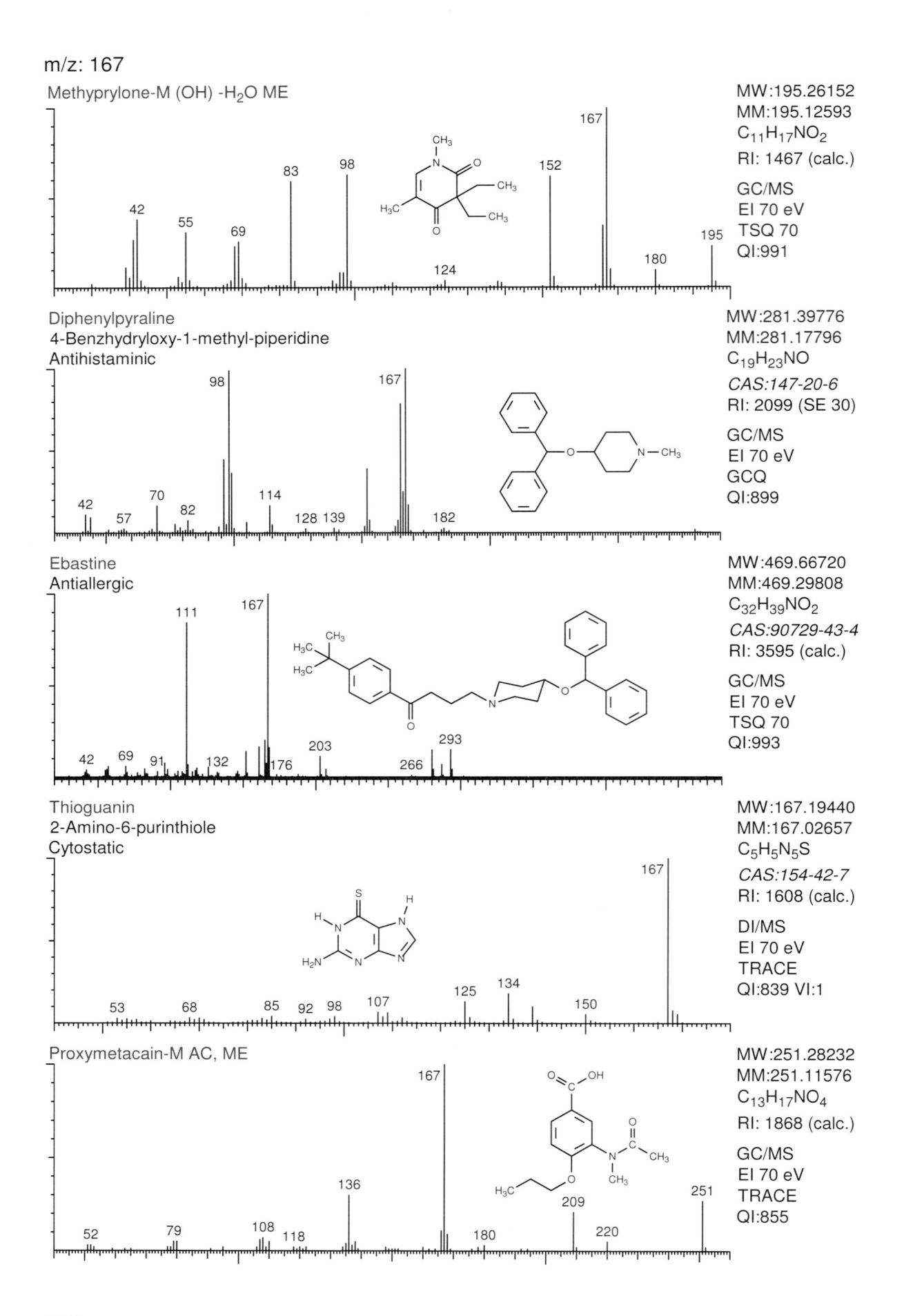

Methyprylone-M (OH) -H₂O ME

MW:195.26152
MM:195.12593
$C_{11}H_{17}NO_2$
RI: 1467 (calc.)

GC/MS
EI 70 eV
TSQ 70
QI:991

Diphenylpyraline
4-Benzhydryloxy-1-methyl-piperidine
Antihistaminic

MW:281.39776
MM:281.17796
$C_{19}H_{23}NO$
CAS:147-20-6
RI: 2099 (SE 30)

GC/MS
EI 70 eV
GCQ
QI:899

Ebastine
Antiallergic

MW:469.66720
MM:469.29808
$C_{32}H_{39}NO_2$
CAS:90729-43-4
RI: 3595 (calc.)

GC/MS
EI 70 eV
TSQ 70
QI:993

Thioguanin
2-Amino-6-purinthiole
Cytostatic

MW:167.19440
MM:167.02657
$C_5H_5N_5S$
CAS:154-42-7
RI: 1608 (calc.)

DI/MS
EI 70 eV
TRACE
QI:839 VI:1

Proxymetacain-M AC, ME

MW:251.28232
MM:251.11576
$C_{13}H_{17}NO_4$
RI: 1868 (calc.)

GC/MS
EI 70 eV
TRACE
QI:855

m/z: 167

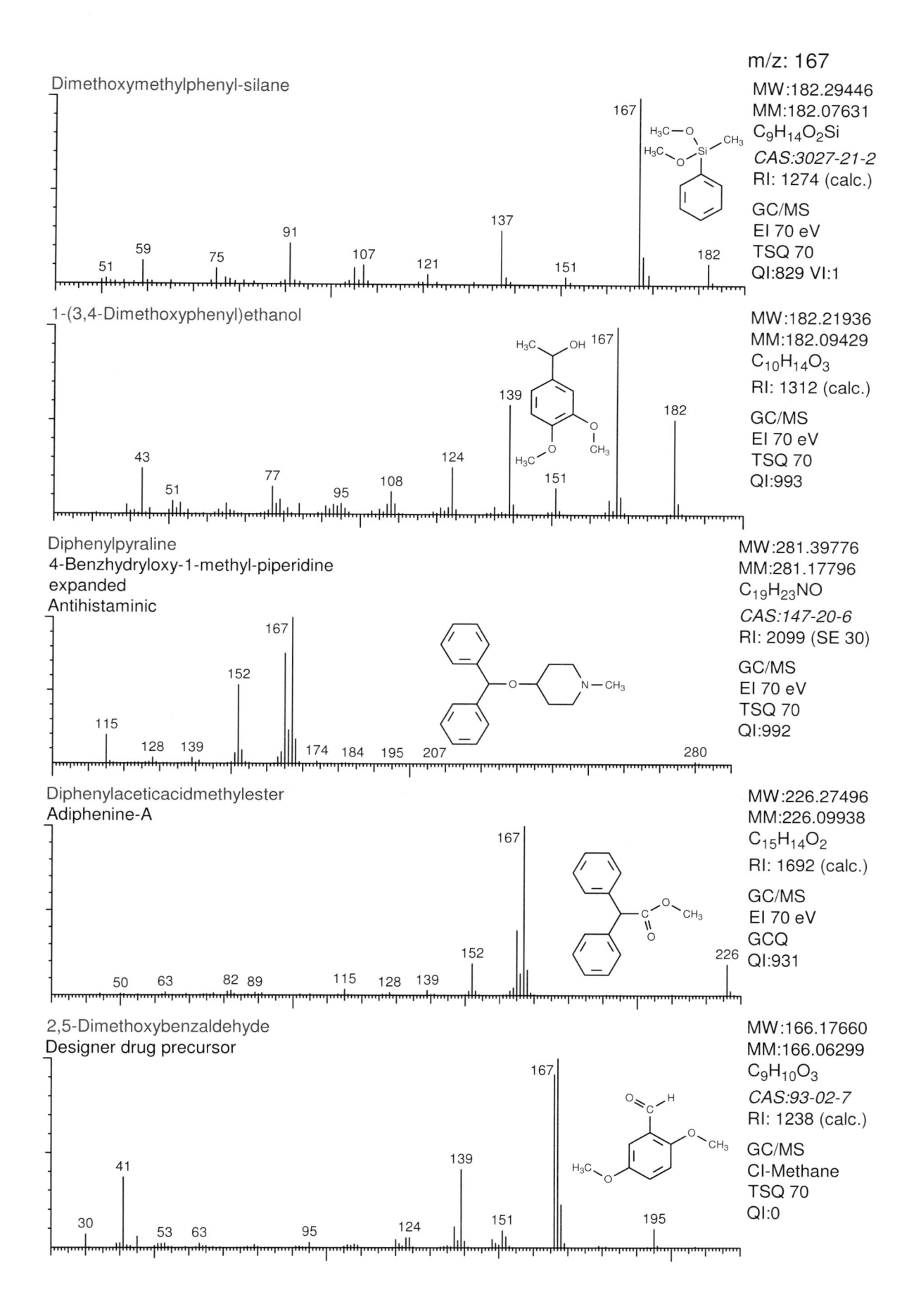

Dimethoxymethylphenyl-silane

MW: 182.29446
MM: 182.07631
$C_9H_{14}O_2Si$
CAS: 3027-21-2
RI: 1274 (calc.)

GC/MS
EI 70 eV
TSQ 70
QI: 829 VI:1

Peaks: 51, 59, 75, 91, 107, 121, 137, 151, 167, 182

1-(3,4-Dimethoxyphenyl)ethanol

MW: 182.21936
MM: 182.09429
$C_{10}H_{14}O_3$
RI: 1312 (calc.)

GC/MS
EI 70 eV
TSQ 70
QI: 993

Peaks: 43, 51, 77, 95, 108, 124, 139, 151, 167, 182

Diphenylpyraline
4-Benzhydryloxy-1-methyl-piperidine
expanded
Antihistaminic

MW: 281.39776
MM: 281.17796
$C_{19}H_{23}NO$
CAS: 147-20-6
RI: 2099 (SE 30)

GC/MS
EI 70 eV
TSQ 70
QI: 992

Peaks: 115, 128, 139, 152, 167, 174, 184, 195, 207, 280

Diphenylaceticacidmethylester
Adiphenine-A

MW: 226.27496
MM: 226.09938
$C_{15}H_{14}O_2$
RI: 1692 (calc.)

GC/MS
EI 70 eV
GCQ
QI: 931

Peaks: 50, 63, 82, 89, 115, 128, 139, 152, 167, 226

2,5-Dimethoxybenzaldehyde
Designer drug precursor

MW: 166.17660
MM: 166.06299
$C_9H_{10}O_3$
CAS: 93-02-7
RI: 1238 (calc.)

GC/MS
CI-Methane
TSQ 70
QI: 0

Peaks: 30, 41, 53, 63, 95, 124, 139, 151, 167, 195

m/z: 167

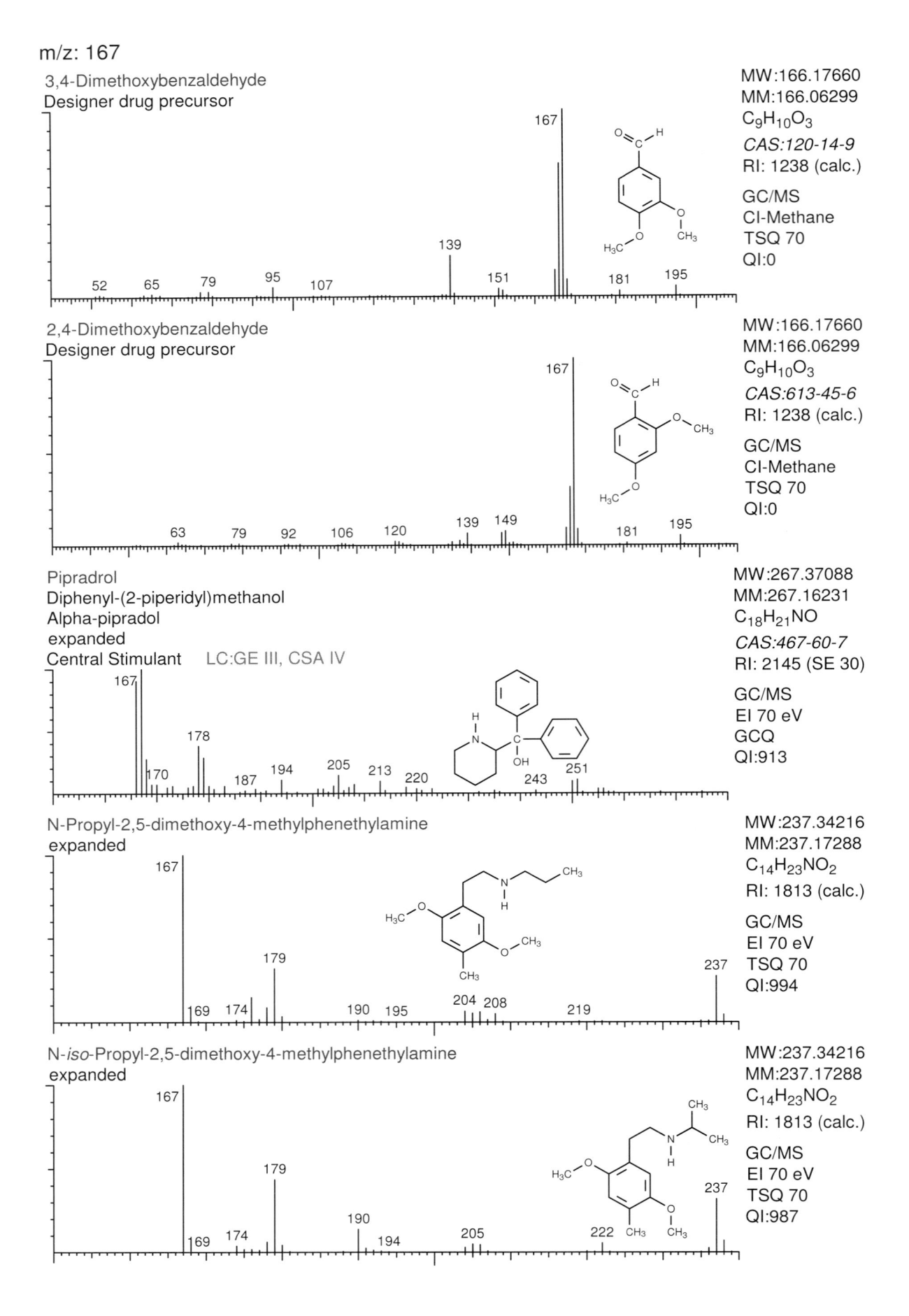

3,4-Dimethoxybenzaldehyde
Designer drug precursor

MW:166.17660
MM:166.06299
$C_9H_{10}O_3$
CAS:120-14-9
RI: 1238 (calc.)

GC/MS
CI-Methane
TSQ 70
QI:0

Peaks: 52, 65, 79, 95, 107, 139, 151, 167, 181, 195

2,4-Dimethoxybenzaldehyde
Designer drug precursor

MW:166.17660
MM:166.06299
$C_9H_{10}O_3$
CAS:613-45-6
RI: 1238 (calc.)

GC/MS
CI-Methane
TSQ 70
QI:0

Peaks: 63, 79, 92, 106, 120, 139, 149, 167, 181, 195

Pipradrol
Diphenyl-(2-piperidyl)methanol
Alpha-pipradol
expanded
Central Stimulant   LC:GE III, CSA IV

MW:267.37088
MM:267.16231
$C_{18}H_{21}NO$
CAS:467-60-7
RI: 2145 (SE 30)

GC/MS
EI 70 eV
GCQ
QI:913

Peaks: 167, 170, 178, 187, 194, 205, 213, 220, 243, 251

N-Propyl-2,5-dimethoxy-4-methylphenethylamine
expanded

MW:237.34216
MM:237.17288
$C_{14}H_{23}NO_2$
RI: 1813 (calc.)

GC/MS
EI 70 eV
TSQ 70
QI:994

Peaks: 167, 169, 174, 179, 190, 195, 204, 208, 219, 237

N-iso-Propyl-2,5-dimethoxy-4-methylphenethylamine
expanded

MW:237.34216
MM:237.17288
$C_{14}H_{23}NO_2$
RI: 1813 (calc.)

GC/MS
EI 70 eV
TSQ 70
QI:987

Peaks: 167, 169, 174, 179, 190, 194, 205, 222, 237

m/z: 167

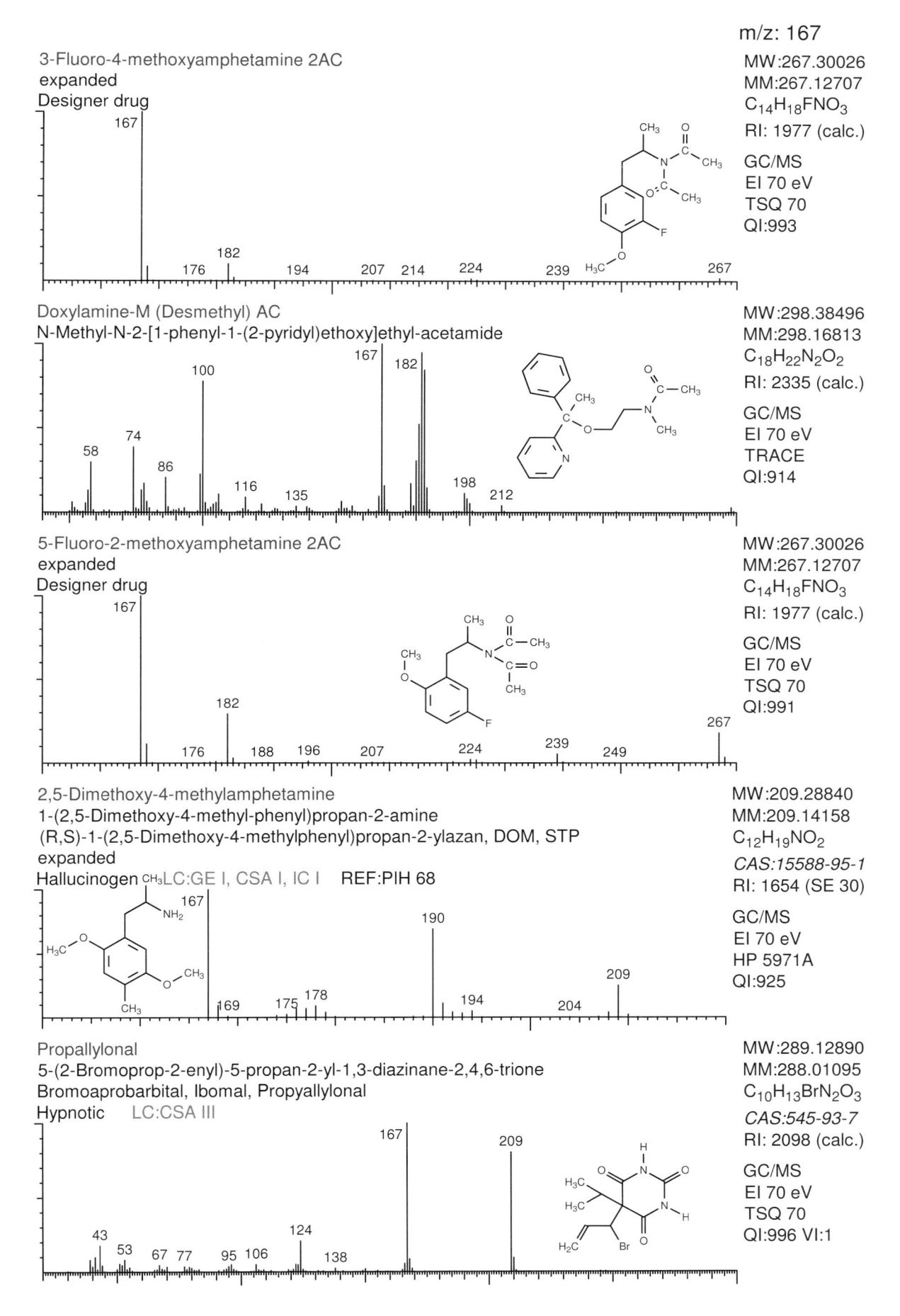

3-Fluoro-4-methoxyamphetamine 2AC
expanded
Designer drug

MW: 267.30026
MM: 267.12707
$C_{14}H_{18}FNO_3$
RI: 1977 (calc.)

GC/MS
EI 70 eV
TSQ 70
QI: 993

Peaks: 167, 176, 182, 194, 207, 214, 224, 239, 267

Doxylamine-M (Desmethyl) AC
N-Methyl-N-2-[1-phenyl-1-(2-pyridyl)ethoxy]ethyl-acetamide

MW: 298.38496
MM: 298.16813
$C_{18}H_{22}N_2O_2$
RI: 2335 (calc.)

GC/MS
EI 70 eV
TRACE
QI: 914

Peaks: 58, 74, 86, 100, 116, 135, 167, 182, 198, 212

5-Fluoro-2-methoxyamphetamine 2AC
expanded
Designer drug

MW: 267.30026
MM: 267.12707
$C_{14}H_{18}FNO_3$
RI: 1977 (calc.)

GC/MS
EI 70 eV
TSQ 70
QI: 991

Peaks: 167, 176, 182, 188, 196, 207, 224, 239, 249, 267

2,5-Dimethoxy-4-methylamphetamine
1-(2,5-Dimethoxy-4-methyl-phenyl)propan-2-amine
(R,S)-1-(2,5-Dimethoxy-4-methylphenyl)propan-2-ylazan, DOM, STP
expanded
Hallucinogen   LC:GE I, CSA I, IC I   REF:PIH 68

MW: 209.28840
MM: 209.14158
$C_{12}H_{19}NO_2$
CAS: 15588-95-1
RI: 1654 (SE 30)

GC/MS
EI 70 eV
HP 5971A
QI: 925

Peaks: 167, 169, 175, 178, 190, 194, 204, 209

Propallylonal
5-(2-Bromoprop-2-enyl)-5-propan-2-yl-1,3-diazinane-2,4,6-trione
Bromoaprobarbital, Ibomal, Propyallylonal
Hypnotic   LC:CSA III

MW: 289.12890
MM: 288.01095
$C_{10}H_{13}BrN_2O_3$
CAS: 545-93-7
RI: 2098 (calc.)

GC/MS
EI 70 eV
TSQ 70
QI: 996 VI:1

Peaks: 43, 53, 67, 77, 95, 106, 124, 138, 167, 209

m/z: 167

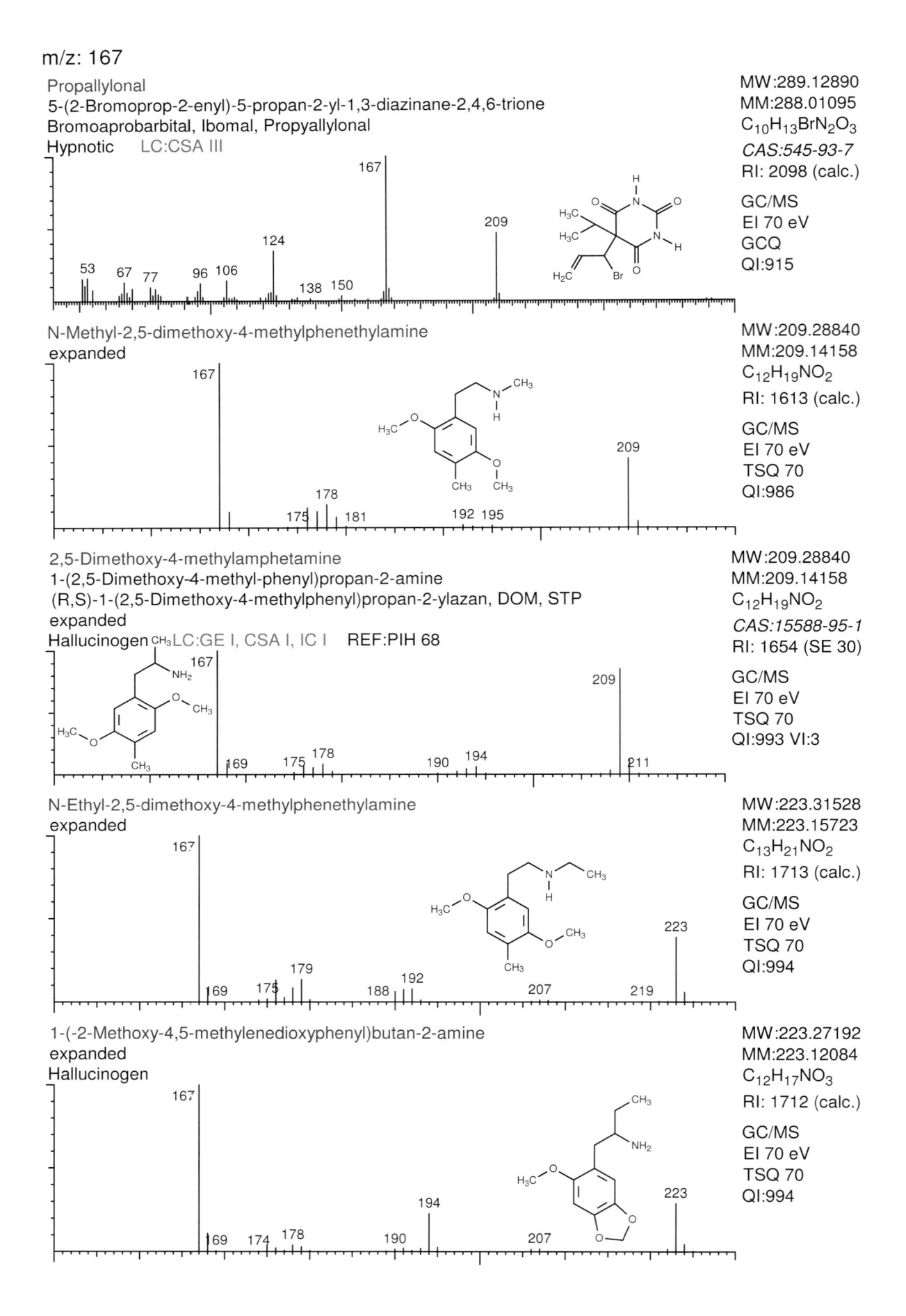

Propallylonal
5-(2-Bromoprop-2-enyl)-5-propan-2-yl-1,3-diazinane-2,4,6-trione
Bromoaprobarbital, Ibomal, Propyallylonal
Hypnotic   LC:CSA III

MW: 289.12890
MM: 288.01095
$C_{10}H_{13}BrN_2O_3$
CAS: 545-93-7
RI: 2098 (calc.)

GC/MS
EI 70 eV
GCQ
QI: 915

N-Methyl-2,5-dimethoxy-4-methylphenethylamine
expanded

MW: 209.28840
MM: 209.14158
$C_{12}H_{19}NO_2$
RI: 1613 (calc.)

GC/MS
EI 70 eV
TSQ 70
QI: 986

2,5-Dimethoxy-4-methylamphetamine
1-(2,5-Dimethoxy-4-methyl-phenyl)propan-2-amine
(R,S)-1-(2,5-Dimethoxy-4-methylphenyl)propan-2-ylazan, DOM, STP
expanded
Hallucinogen   LC:GE I, CSA I, IC I   REF:PIH 68

MW: 209.28840
MM: 209.14158
$C_{12}H_{19}NO_2$
CAS: 15588-95-1
RI: 1654 (SE 30)

GC/MS
EI 70 eV
TSQ 70
QI: 993 VI:3

N-Ethyl-2,5-dimethoxy-4-methylphenethylamine
expanded

MW: 223.31528
MM: 223.15723
$C_{13}H_{21}NO_2$
RI: 1713 (calc.)

GC/MS
EI 70 eV
TSQ 70
QI: 994

1-(-2-Methoxy-4,5-methylenedioxyphenyl)butan-2-amine
expanded
Hallucinogen

MW: 223.27192
MM: 223.12084
$C_{12}H_{17}NO_3$
RI: 1712 (calc.)

GC/MS
EI 70 eV
TSQ 70
QI: 994

m/z: 167

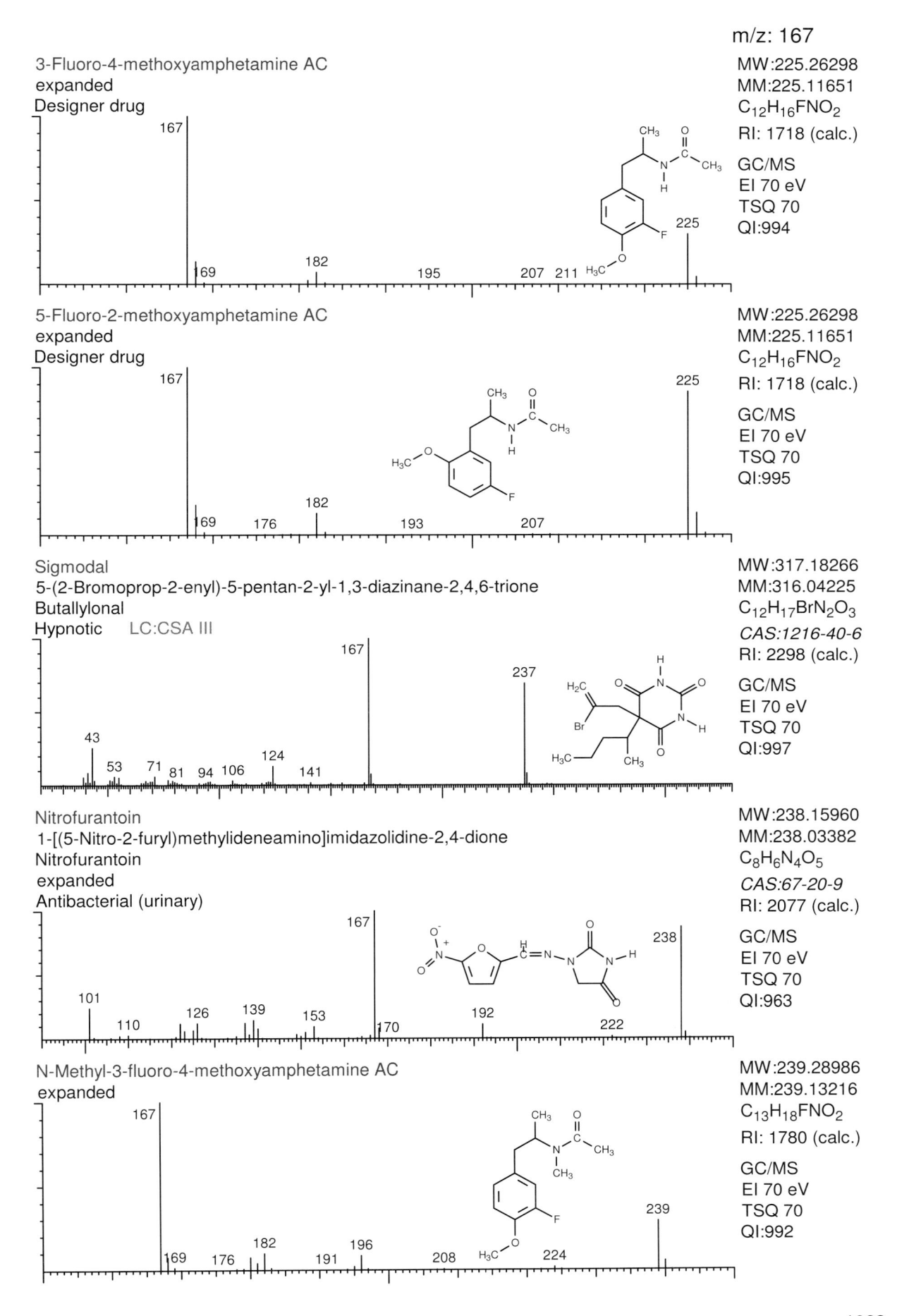

3-Fluoro-4-methoxyamphetamine AC
expanded
Designer drug

MW:225.26298
MM:225.11651
$C_{12}H_{16}FNO_2$
RI: 1718 (calc.)

GC/MS
EI 70 eV
TSQ 70
QI:994

5-Fluoro-2-methoxyamphetamine AC
expanded
Designer drug

MW:225.26298
MM:225.11651
$C_{12}H_{16}FNO_2$
RI: 1718 (calc.)

GC/MS
EI 70 eV
TSQ 70
QI:995

Sigmodal
5-(2-Bromoprop-2-enyl)-5-pentan-2-yl-1,3-diazinane-2,4,6-trione
Butallylonal
Hypnotic   LC:CSA III

MW:317.18266
MM:316.04225
$C_{12}H_{17}BrN_2O_3$
CAS:1216-40-6
RI: 2298 (calc.)

GC/MS
EI 70 eV
TSQ 70
QI:997

Nitrofurantoin
1-[(5-Nitro-2-furyl)methylideneamino]imidazolidine-2,4-dione
Nitrofurantoin
expanded
Antibacterial (urinary)

MW:238.15960
MM:238.03382
$C_8H_6N_4O_5$
CAS:67-20-9
RI: 2077 (calc.)

GC/MS
EI 70 eV
TSQ 70
QI:963

N-Methyl-3-fluoro-4-methoxyamphetamine AC
expanded

MW:239.28986
MM:239.13216
$C_{13}H_{18}FNO_2$
RI: 1780 (calc.)

GC/MS
EI 70 eV
TSQ 70
QI:992

m/z: 167

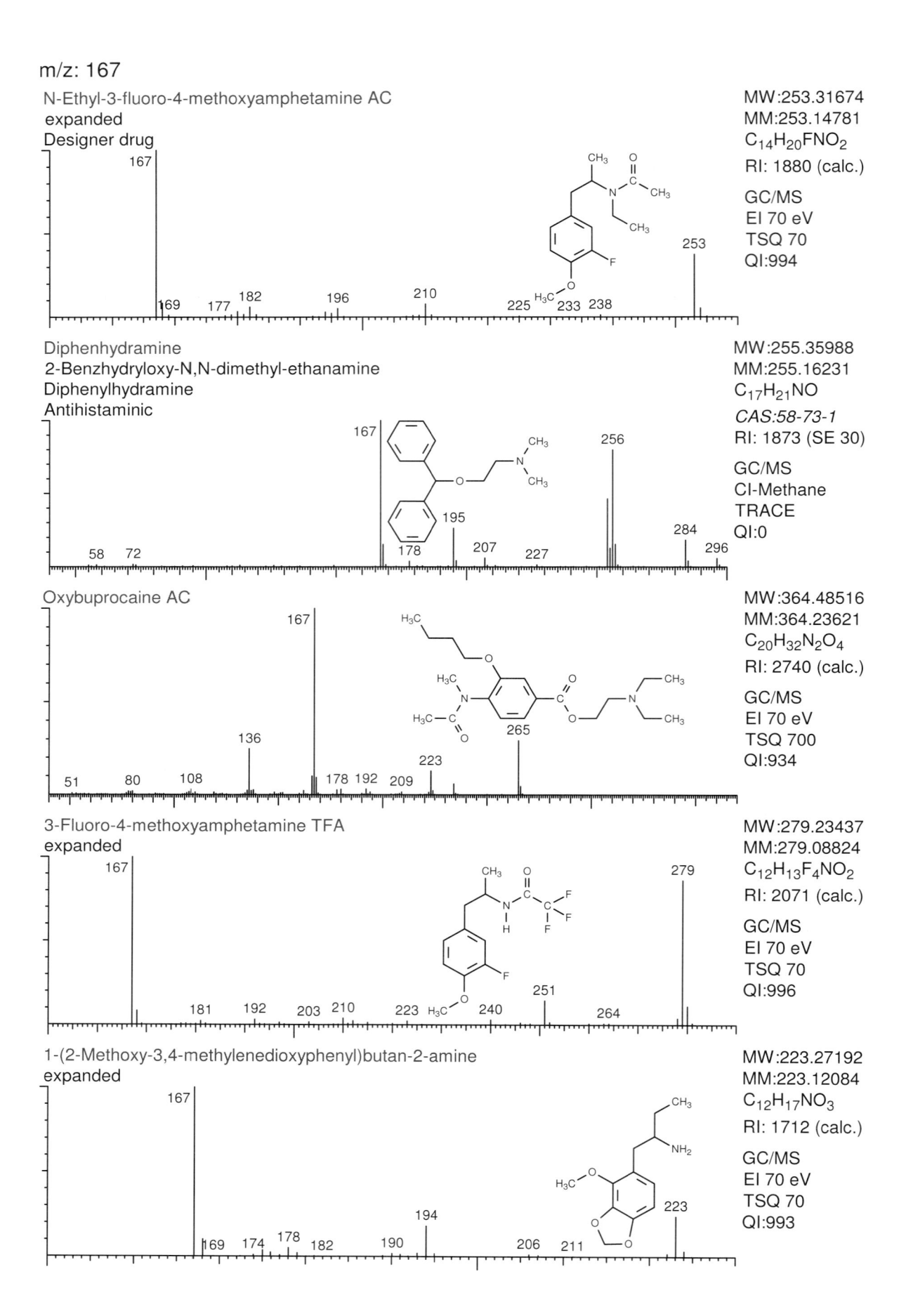

N-Ethyl-3-fluoro-4-methoxyamphetamine AC
expanded
Designer drug

MW: 253.31674
MM: 253.14781
$C_{14}H_{20}FNO_2$
RI: 1880 (calc.)

GC/MS
EI 70 eV
TSQ 70
QI: 994

Diphenhydramine
2-Benzhydryloxy-N,N-dimethyl-ethanamine
Diphenylhydramine
Antihistaminic

MW: 255.35988
MM: 255.16231
$C_{17}H_{21}NO$
CAS: 58-73-1
RI: 1873 (SE 30)

GC/MS
CI-Methane
TRACE
QI: 0

Oxybuprocaine AC

MW: 364.48516
MM: 364.23621
$C_{20}H_{32}N_2O_4$
RI: 2740 (calc.)

GC/MS
EI 70 eV
TSQ 700
QI: 934

3-Fluoro-4-methoxyamphetamine TFA
expanded

MW: 279.23437
MM: 279.08824
$C_{12}H_{13}F_4NO_2$
RI: 2071 (calc.)

GC/MS
EI 70 eV
TSQ 70
QI: 996

1-(2-Methoxy-3,4-methylenedioxyphenyl)butan-2-amine
expanded

MW: 223.27192
MM: 223.12084
$C_{12}H_{17}NO_3$
RI: 1712 (calc.)

GC/MS
EI 70 eV
TSQ 70
QI: 993

m/z: 167

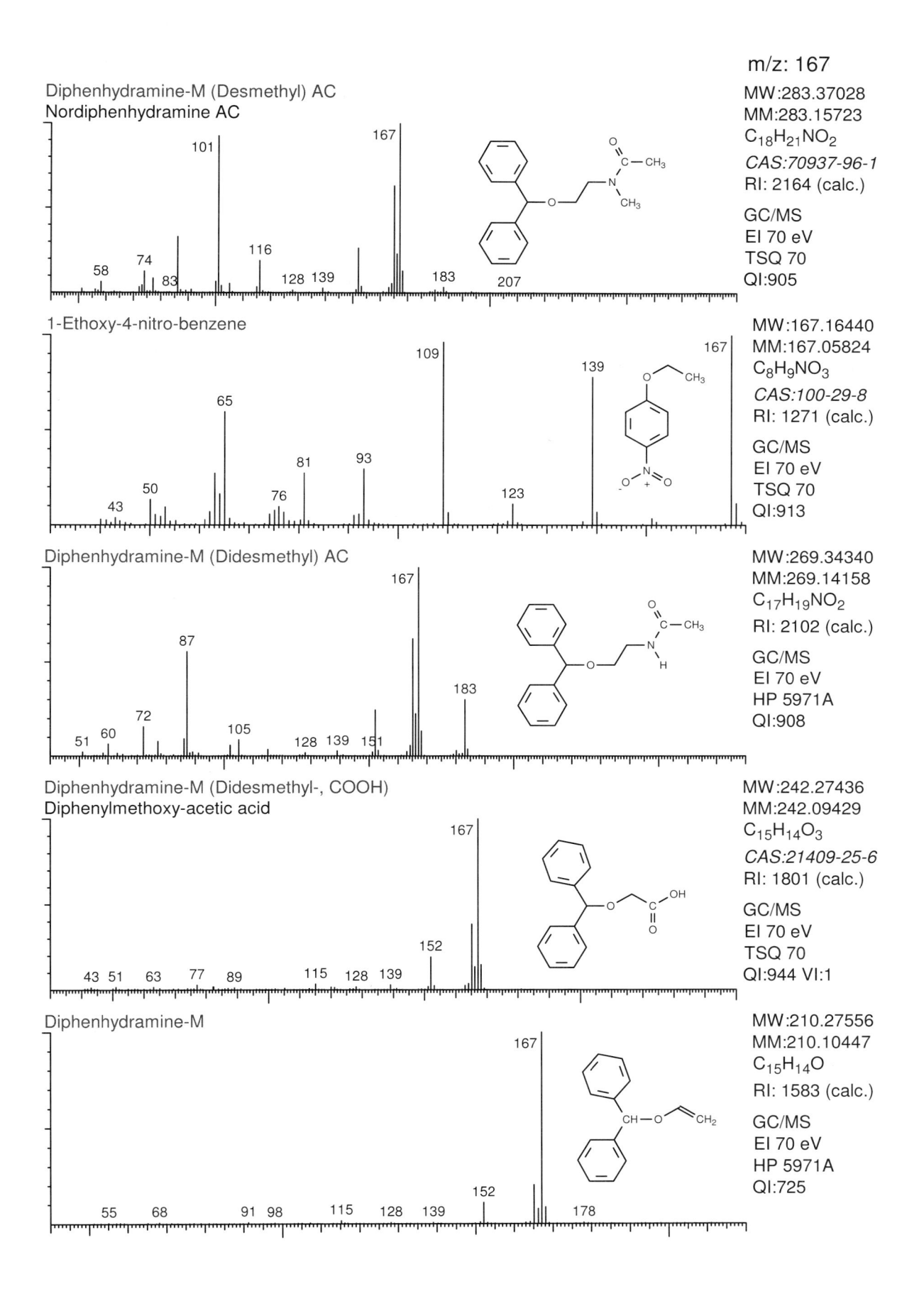

Diphenhydramine-M (Desmethyl) AC
Nordiphenhydramine AC

Peaks: 58, 74, 83, 101, 116, 128, 139, 167, 183, 207

MW: 283.37028
MM: 283.15723
$C_{18}H_{21}NO_2$
CAS: 70937-96-1
RI: 2164 (calc.)

GC/MS
EI 70 eV
TSQ 70
QI: 905

1-Ethoxy-4-nitro-benzene

Peaks: 43, 50, 65, 76, 81, 93, 109, 123, 139, 167

MW: 167.16440
MM: 167.05824
$C_8H_9NO_3$
CAS: 100-29-8
RI: 1271 (calc.)

GC/MS
EI 70 eV
TSQ 70
QI: 913

Diphenhydramine-M (Didesmethyl) AC

Peaks: 51, 60, 72, 87, 105, 128, 139, 151, 167, 183

MW: 269.34340
MM: 269.14158
$C_{17}H_{19}NO_2$
RI: 2102 (calc.)

GC/MS
EI 70 eV
HP 5971A
QI: 908

Diphenhydramine-M (Didesmethyl-, COOH)
Diphenylmethoxy-acetic acid

Peaks: 43, 51, 63, 77, 89, 115, 128, 139, 152, 167

MW: 242.27436
MM: 242.09429
$C_{15}H_{14}O_3$
CAS: 21409-25-6
RI: 1801 (calc.)

GC/MS
EI 70 eV
TSQ 70
QI: 944 VI:1

Diphenhydramine-M

Peaks: 55, 68, 91, 98, 115, 128, 139, 152, 167, 178

MW: 210.27556
MM: 210.10447
$C_{15}H_{14}O$
RI: 1583 (calc.)

GC/MS
EI 70 eV
HP 5971A
QI: 725

m/z: 167

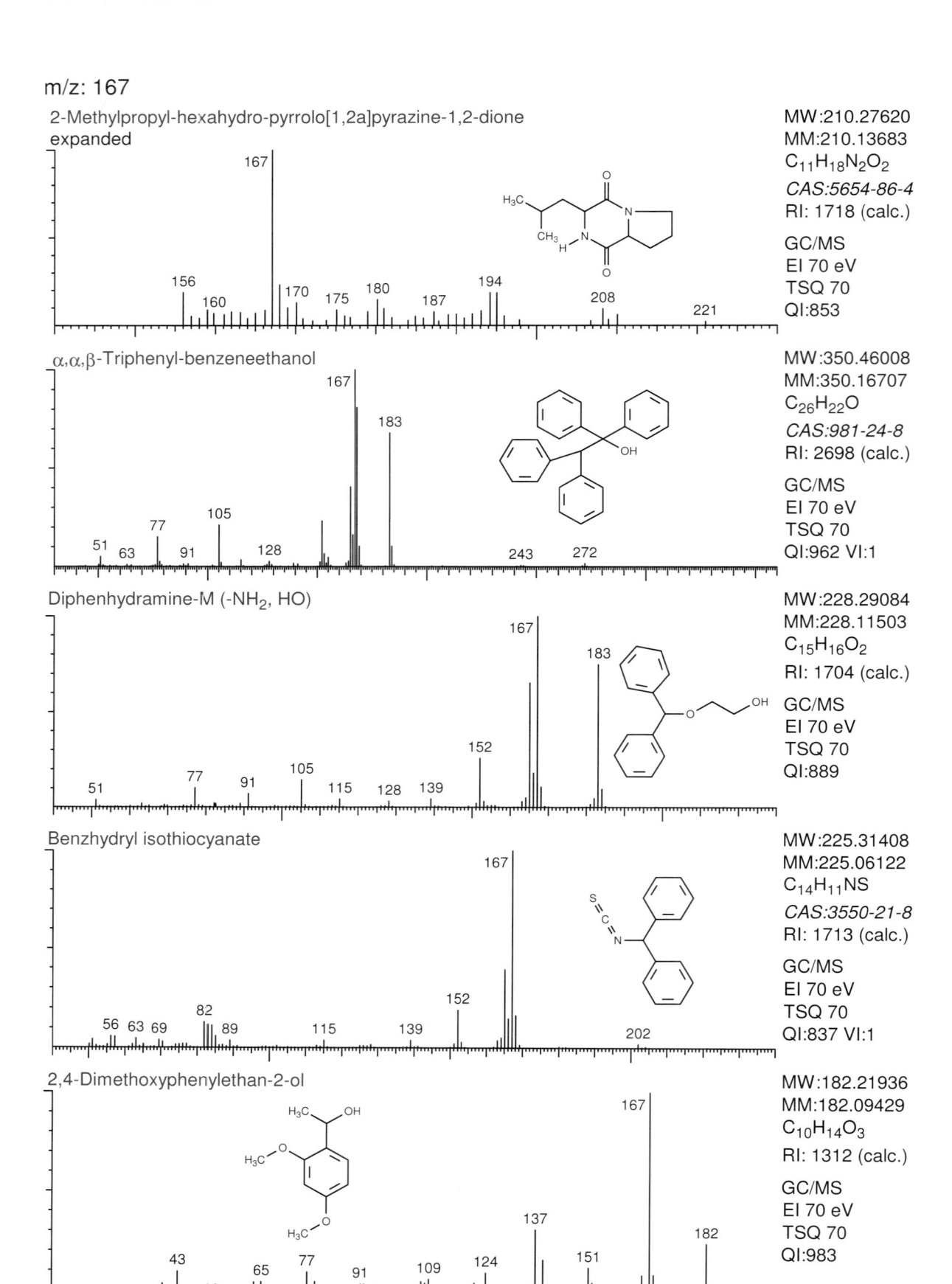

2-Methylpropyl-hexahydro-pyrrolo[1,2a]pyrazine-1,2-dione expanded

MW: 210.27620
MM: 210.13683
$C_{11}H_{18}N_2O_2$
CAS: 5654-86-4
RI: 1718 (calc.)

GC/MS
EI 70 eV
TSQ 70
QI: 853

α,α,β-Triphenyl-benzeneethanol

MW: 350.46008
MM: 350.16707
$C_{26}H_{22}O$
CAS: 981-24-8
RI: 2698 (calc.)

GC/MS
EI 70 eV
TSQ 70
QI: 962 VI:1

Diphenhydramine-M (-NH$_2$, HO)

MW: 228.29084
MM: 228.11503
$C_{15}H_{16}O_2$
RI: 1704 (calc.)

GC/MS
EI 70 eV
TSQ 70
QI: 889

Benzhydryl isothiocyanate

MW: 225.31408
MM: 225.06122
$C_{14}H_{11}NS$
CAS: 3550-21-8
RI: 1713 (calc.)

GC/MS
EI 70 eV
TSQ 70
QI: 837 VI:1

2,4-Dimethoxyphenylethan-2-ol

MW: 182.21936
MM: 182.09429
$C_{10}H_{14}O_3$
RI: 1312 (calc.)

GC/MS
EI 70 eV
TSQ 70
QI: 983

m/z: 168

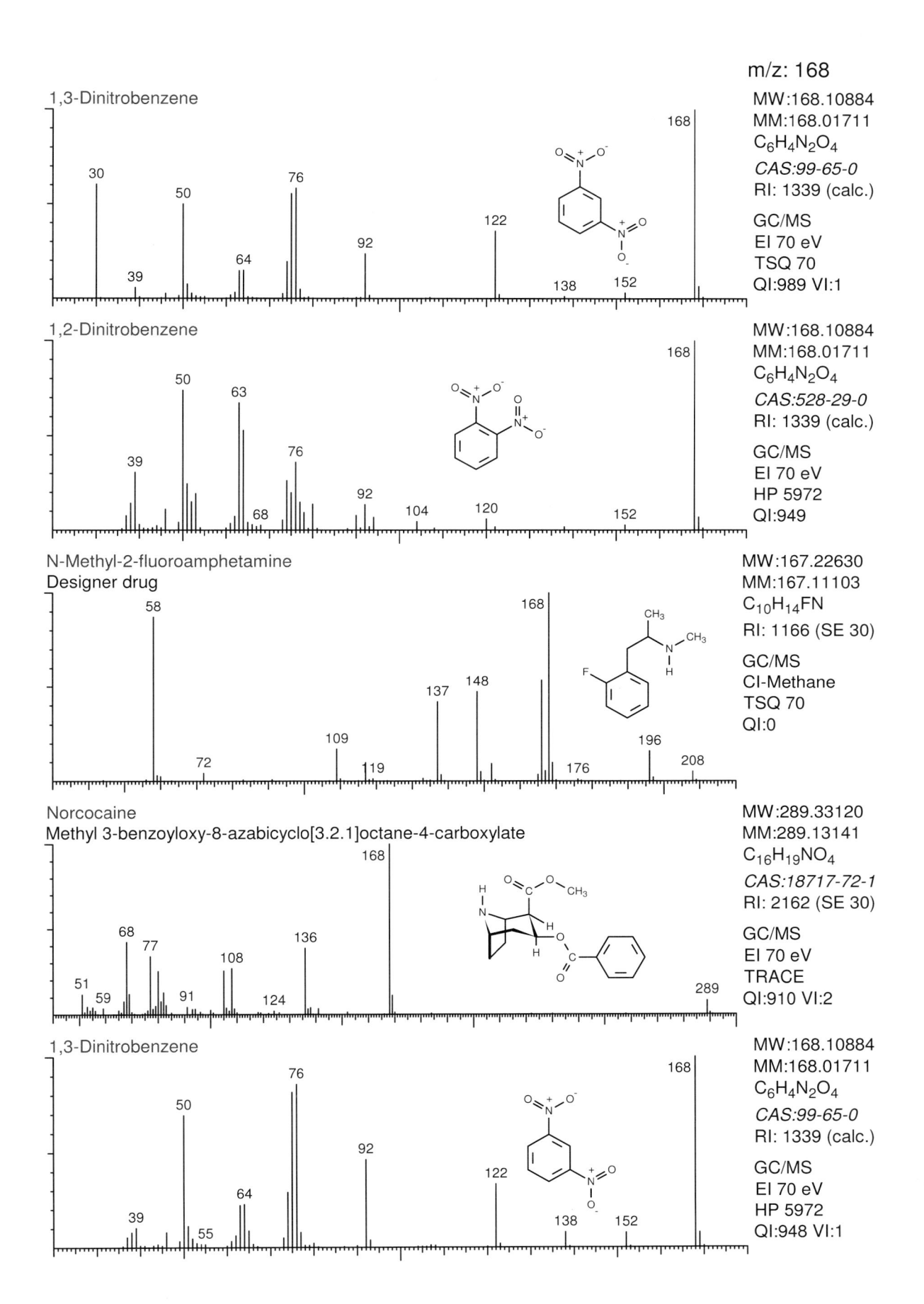

1,3-Dinitrobenzene

Peaks: 30, 39, 50, 64, 76, 92, 122, 138, 152, 168

MW: 168.10884
MM: 168.01711
$C_6H_4N_2O_4$
CAS: 99-65-0
RI: 1339 (calc.)

GC/MS
EI 70 eV
TSQ 70
QI: 989 VI: 1

1,2-Dinitrobenzene

Peaks: 39, 50, 63, 68, 76, 92, 104, 120, 152, 168

MW: 168.10884
MM: 168.01711
$C_6H_4N_2O_4$
CAS: 528-29-0
RI: 1339 (calc.)

GC/MS
EI 70 eV
HP 5972
QI: 949

N-Methyl-2-fluoroamphetamine
Designer drug

Peaks: 58, 72, 109, 119, 137, 148, 168, 176, 196, 208

MW: 167.22630
MM: 167.11103
$C_{10}H_{14}FN$
RI: 1166 (SE 30)

GC/MS
CI-Methane
TSQ 70
QI: 0

Norcocaine
Methyl 3-benzoyloxy-8-azabicyclo[3.2.1]octane-4-carboxylate

Peaks: 51, 59, 68, 77, 91, 108, 124, 136, 168, 289

MW: 289.33120
MM: 289.13141
$C_{16}H_{19}NO_4$
CAS: 18717-72-1
RI: 2162 (SE 30)

GC/MS
EI 70 eV
TRACE
QI: 910 VI: 2

1,3-Dinitrobenzene

Peaks: 39, 50, 55, 64, 76, 92, 122, 138, 152, 168

MW: 168.10884
MM: 168.01711
$C_6H_4N_2O_4$
CAS: 99-65-0
RI: 1339 (calc.)

GC/MS
EI 70 eV
HP 5972
QI: 948 VI: 1

m/z: 168

1-(2-Methylphenyl)-2-cyclohexylamino-hexan-1-one
Designer drug, Central stimulant

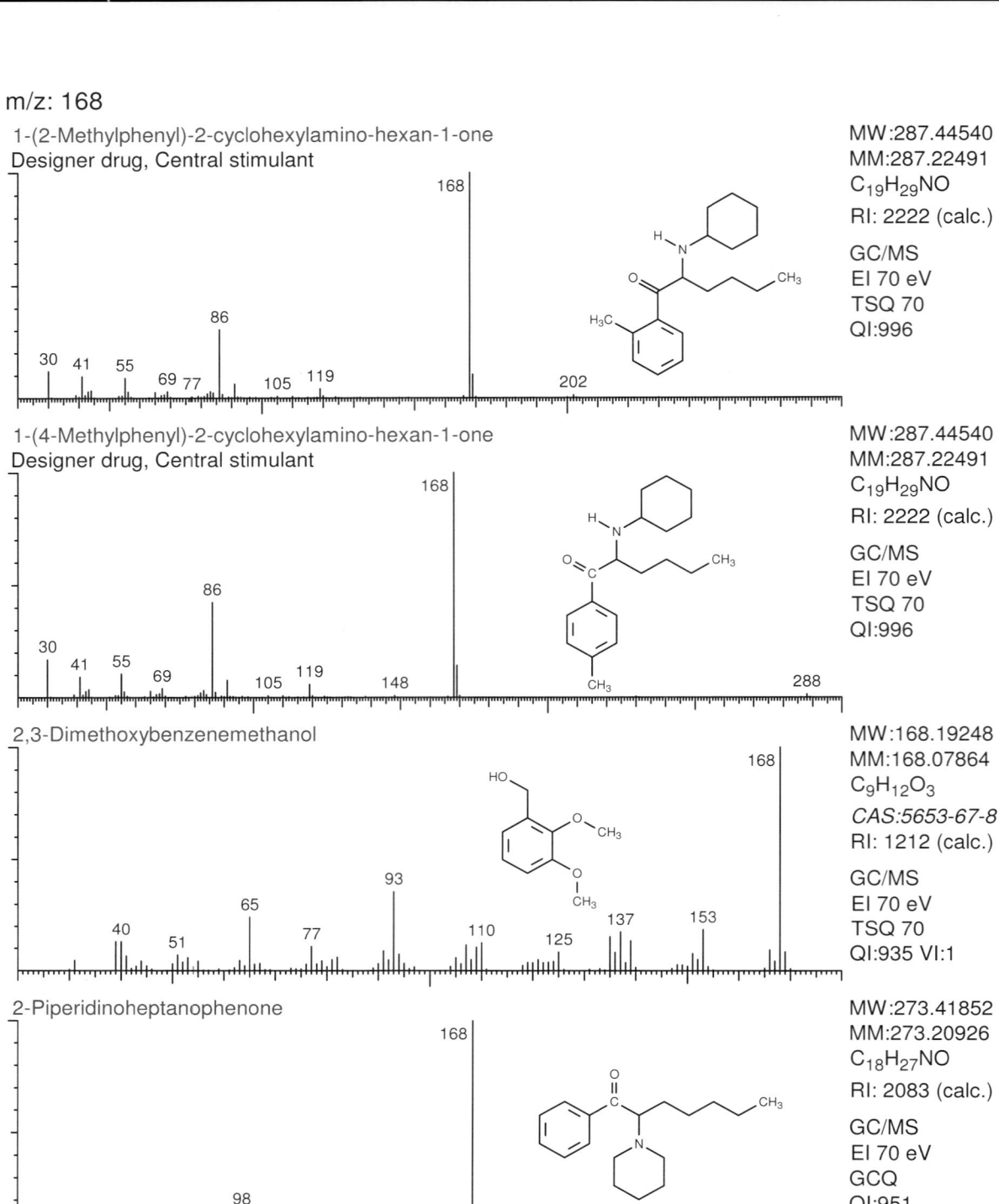

MW:287.44540
MM:287.22491
$C_{19}H_{29}NO$
RI: 2222 (calc.)

GC/MS
EI 70 eV
TSQ 70
QI:996

1-(4-Methylphenyl)-2-cyclohexylamino-hexan-1-one
Designer drug, Central stimulant

MW:287.44540
MM:287.22491
$C_{19}H_{29}NO$
RI: 2222 (calc.)

GC/MS
EI 70 eV
TSQ 70
QI:996

2,3-Dimethoxybenzenemethanol

MW:168.19248
MM:168.07864
$C_9H_{12}O_3$
CAS:5653-67-8
RI: 1212 (calc.)

GC/MS
EI 70 eV
TSQ 70
QI:935 VI:1

2-Piperidinoheptanophenone

MW:273.41852
MM:273.20926
$C_{18}H_{27}NO$
RI: 2083 (calc.)

GC/MS
EI 70 eV
GCQ
QI:951

Norcocaine AC

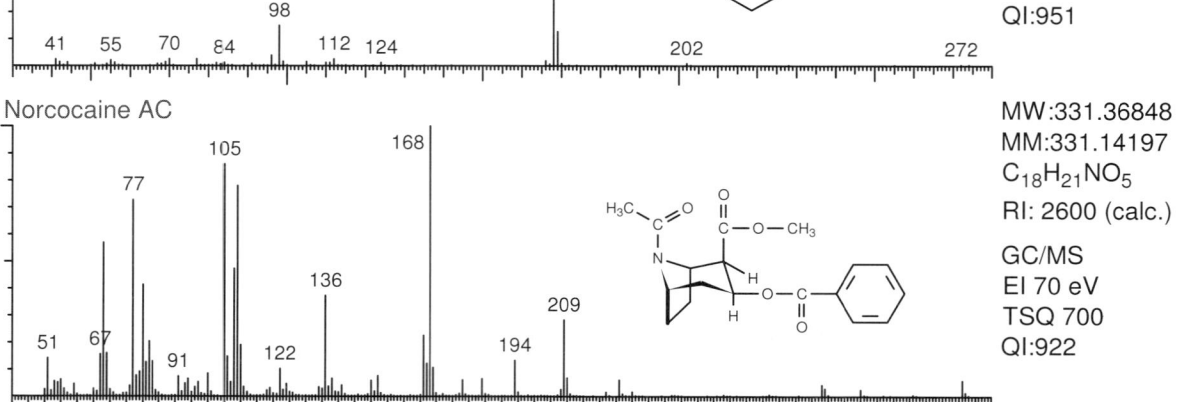

MW:331.36848
MM:331.14197
$C_{18}H_{21}NO_5$
RI: 2600 (calc.)

GC/MS
EI 70 eV
TSQ 700
QI:922

m/z: 168

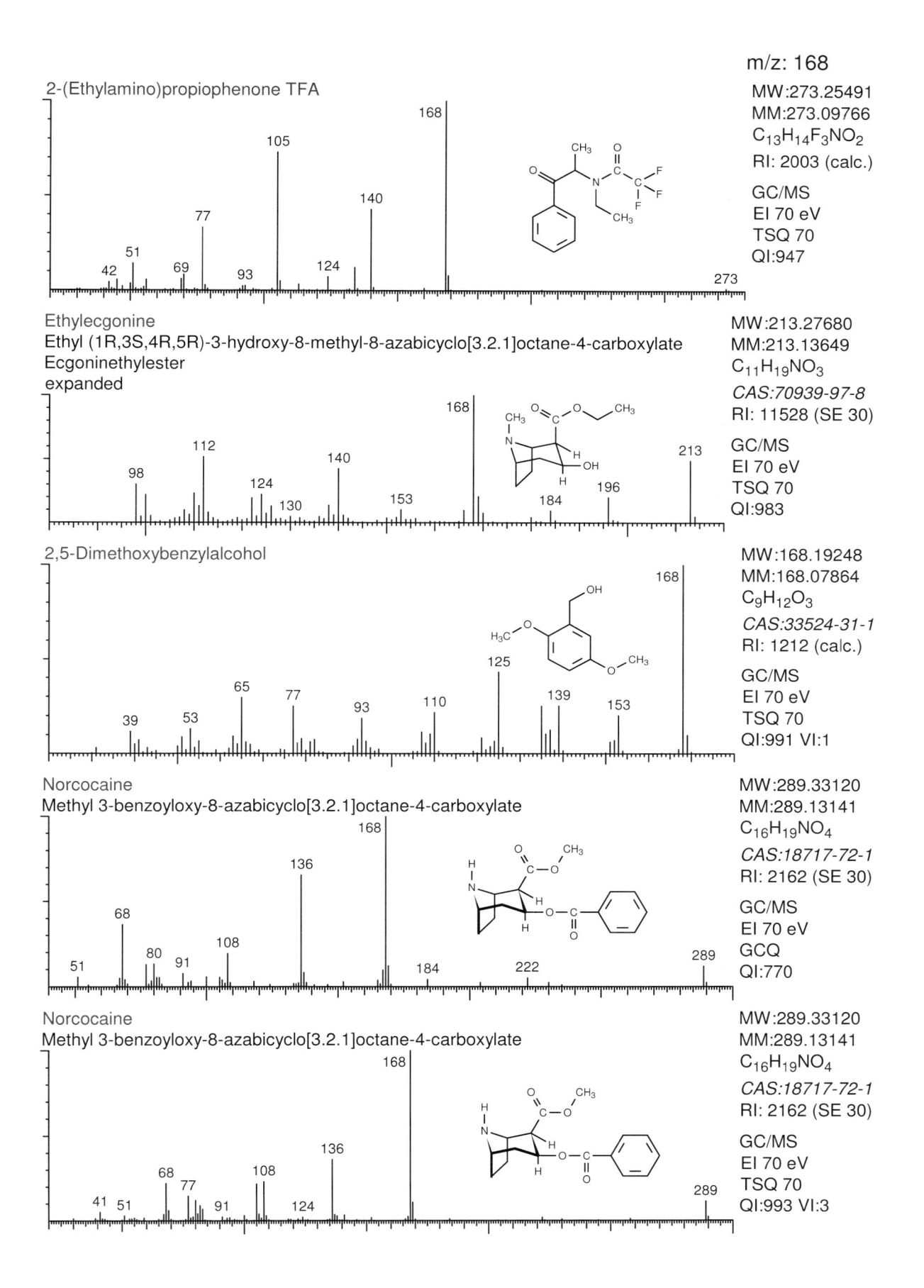

2-(Ethylamino)propiophenone TFA

MW:273.25491
MM:273.09766
$C_{13}H_{14}F_3NO_2$
RI: 2003 (calc.)

GC/MS
EI 70 eV
TSQ 70
QI:947

Ethylecgonine
Ethyl (1R,3S,4R,5R)-3-hydroxy-8-methyl-8-azabicyclo[3.2.1]octane-4-carboxylate
Ecgoninethylester
expanded

MW:213.27680
MM:213.13649
$C_{11}H_{19}NO_3$
CAS:70939-97-8
RI: 11528 (SE 30)

GC/MS
EI 70 eV
TSQ 70
QI:983

2,5-Dimethoxybenzylalcohol

MW:168.19248
MM:168.07864
$C_9H_{12}O_3$
CAS:33524-31-1
RI: 1212 (calc.)

GC/MS
EI 70 eV
TSQ 70
QI:991 VI:1

Norcocaine
Methyl 3-benzoyloxy-8-azabicyclo[3.2.1]octane-4-carboxylate

MW:289.33120
MM:289.13141
$C_{16}H_{19}NO_4$
CAS:18717-72-1
RI: 2162 (SE 30)

GC/MS
EI 70 eV
GCQ
QI:770

Norcocaine
Methyl 3-benzoyloxy-8-azabicyclo[3.2.1]octane-4-carboxylate

MW:289.33120
MM:289.13141
$C_{16}H_{19}NO_4$
CAS:18717-72-1
RI: 2162 (SE 30)

GC/MS
EI 70 eV
TSQ 70
QI:993 VI:3

m/z: 168

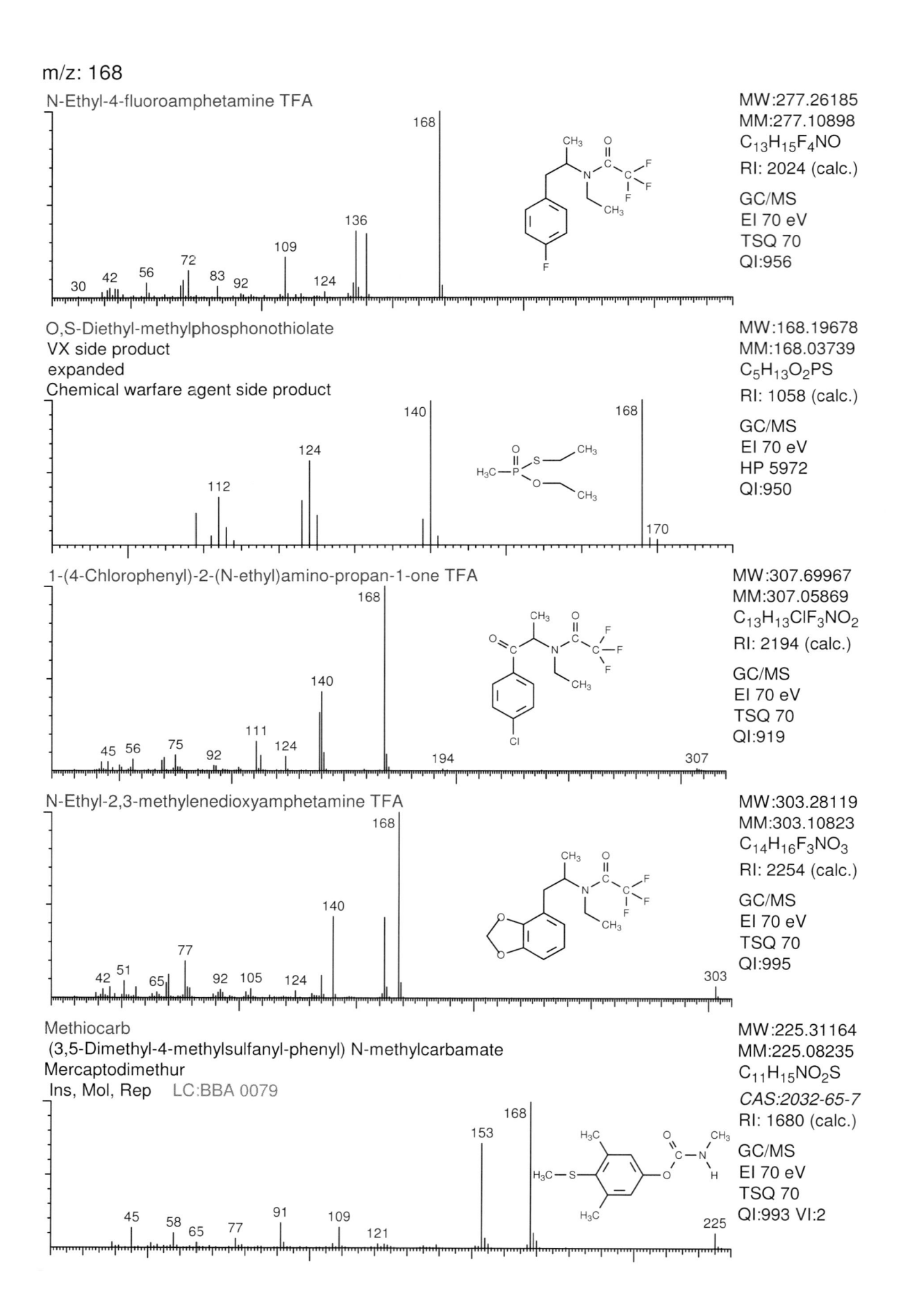

N-Ethyl-4-fluoroamphetamine TFA

MW: 277.26185
MM: 277.10898
$C_{13}H_{15}F_4NO$
RI: 2024 (calc.)

GC/MS
EI 70 eV
TSQ 70
QI: 956

O,S-Diethyl-methylphosphonothiolate
VX side product
expanded
Chemical warfare agent side product

MW: 168.19678
MM: 168.03739
$C_5H_{13}O_2PS$
RI: 1058 (calc.)

GC/MS
EI 70 eV
HP 5972
QI: 950

1-(4-Chlorophenyl)-2-(N-ethyl)amino-propan-1-one TFA

MW: 307.69967
MM: 307.05869
$C_{13}H_{13}ClF_3NO_2$
RI: 2194 (calc.)

GC/MS
EI 70 eV
TSQ 70
QI: 919

N-Ethyl-2,3-methylenedioxyamphetamine TFA

MW: 303.28119
MM: 303.10823
$C_{14}H_{16}F_3NO_3$
RI: 2254 (calc.)

GC/MS
EI 70 eV
TSQ 70
QI: 995

Methiocarb
(3,5-Dimethyl-4-methylsulfanyl-phenyl) N-methylcarbamate
Mercaptodimethur
Ins, Mol, Rep   LC:BBA 0079

MW: 225.31164
MM: 225.08235
$C_{11}H_{15}NO_2S$
CAS: 2032-65-7
RI: 1680 (calc.)

GC/MS
EI 70 eV
TSQ 70
QI: 993 VI:2

m/z: 168

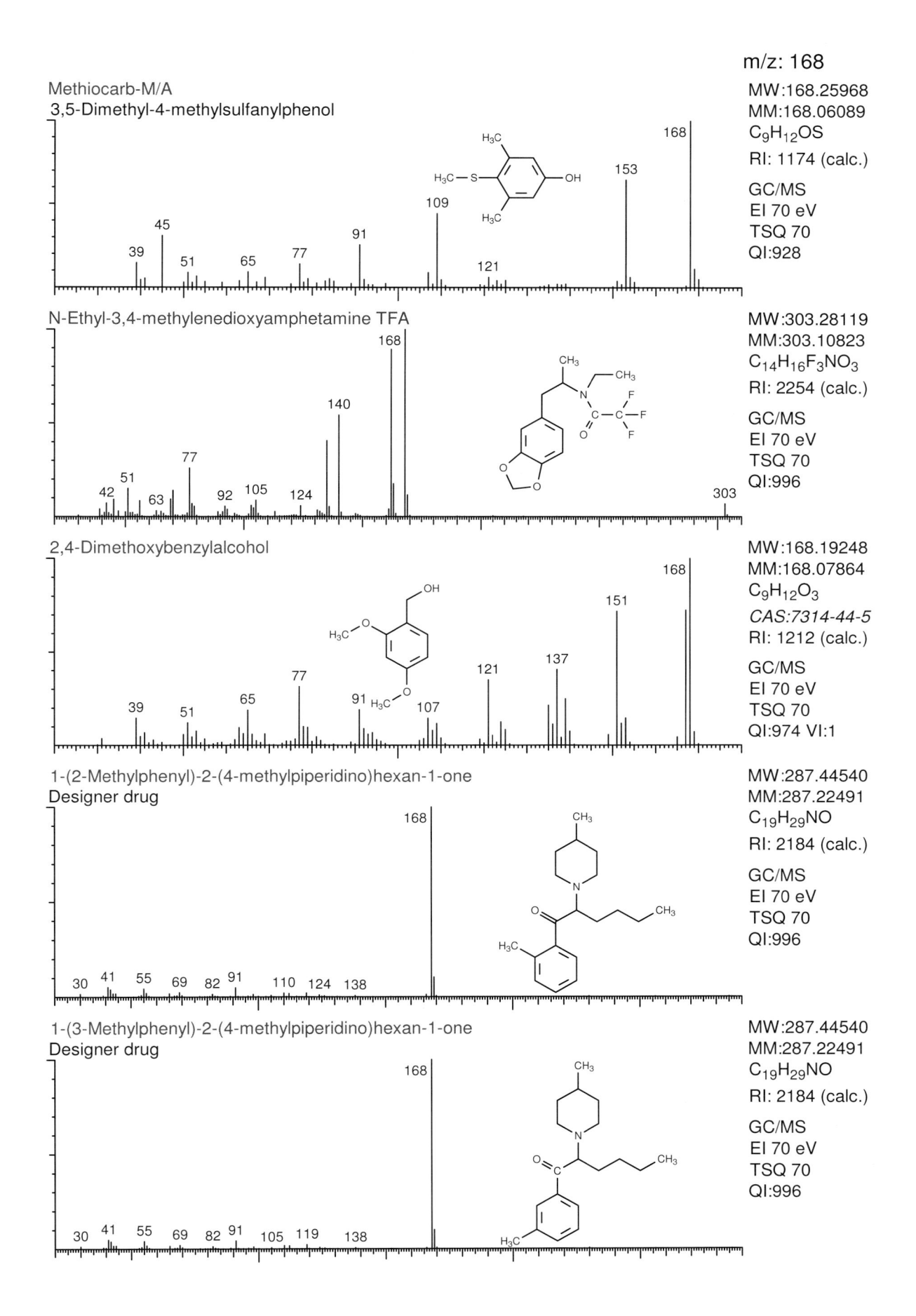

Methiocarb-M/A
3,5-Dimethyl-4-methylsulfanylphenol

MW: 168.25968
MM: 168.06089
$C_9H_{12}OS$
RI: 1174 (calc.)

GC/MS
EI 70 eV
TSQ 70
QI: 928

N-Ethyl-3,4-methylenedioxyamphetamine TFA

MW: 303.28119
MM: 303.10823
$C_{14}H_{16}F_3NO_3$
RI: 2254 (calc.)

GC/MS
EI 70 eV
TSQ 70
QI: 996

2,4-Dimethoxybenzylalcohol

MW: 168.19248
MM: 168.07864
$C_9H_{12}O_3$
CAS: 7314-44-5
RI: 1212 (calc.)

GC/MS
EI 70 eV
TSQ 70
QI: 974 VI:1

1-(2-Methylphenyl)-2-(4-methylpiperidino)hexan-1-one
Designer drug

MW: 287.44540
MM: 287.22491
$C_{19}H_{29}NO$
RI: 2184 (calc.)

GC/MS
EI 70 eV
TSQ 70
QI: 996

1-(3-Methylphenyl)-2-(4-methylpiperidino)hexan-1-one
Designer drug

MW: 287.44540
MM: 287.22491
$C_{19}H_{29}NO$
RI: 2184 (calc.)

GC/MS
EI 70 eV
TSQ 70
QI: 996

m/z: 168

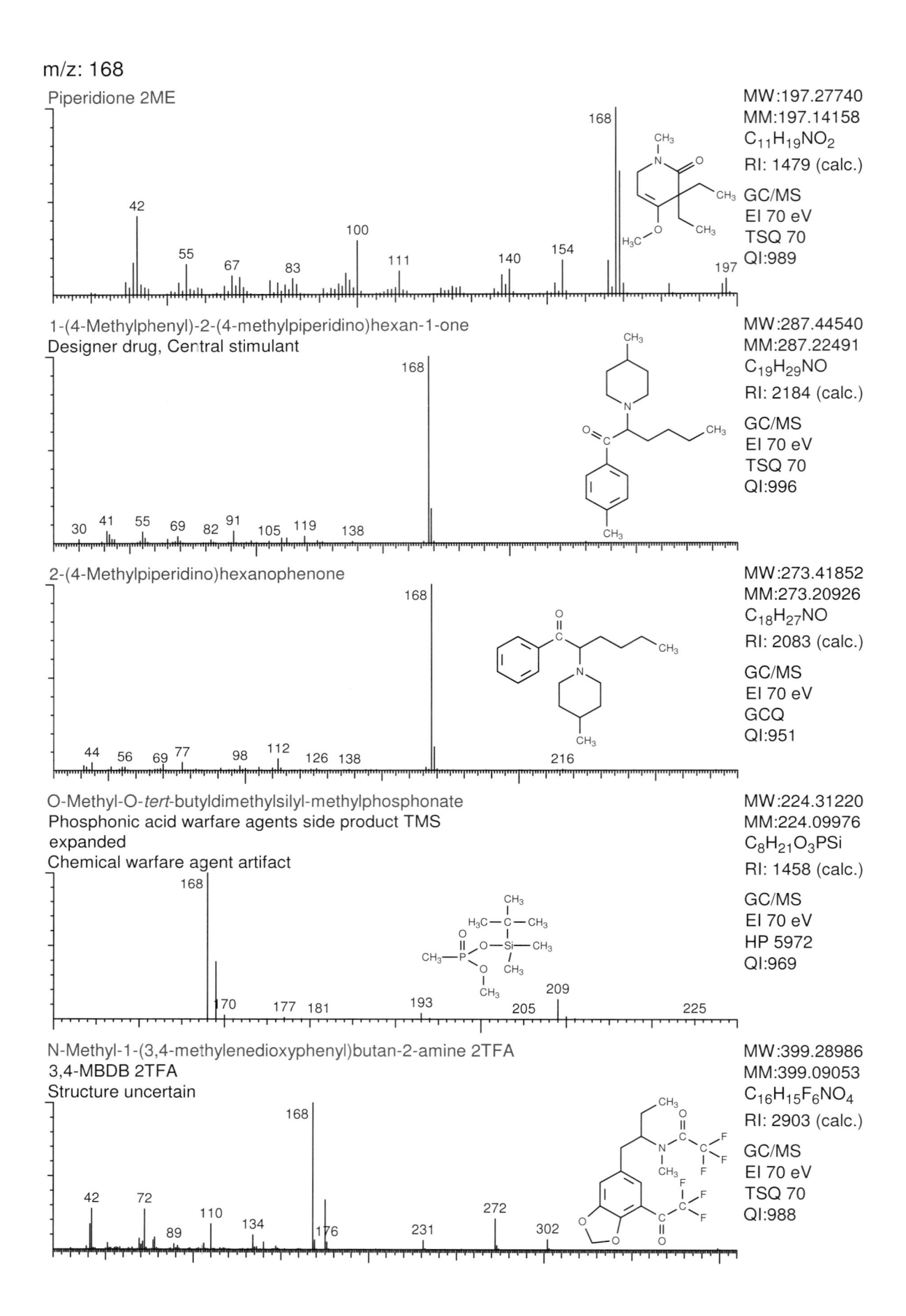

Piperidione 2ME

MW: 197.27740
MM: 197.14158
$C_{11}H_{19}NO_2$
RI: 1479 (calc.)

GC/MS
EI 70 eV
TSQ 70
QI: 989

1-(4-Methylphenyl)-2-(4-methylpiperidino)hexan-1-one
Designer drug, Central stimulant

MW: 287.44540
MM: 287.22491
$C_{19}H_{29}NO$
RI: 2184 (calc.)

GC/MS
EI 70 eV
TSQ 70
QI: 996

2-(4-Methylpiperidino)hexanophenone

MW: 273.41852
MM: 273.20926
$C_{18}H_{27}NO$
RI: 2083 (calc.)

GC/MS
EI 70 eV
GCQ
QI: 951

O-Methyl-O-*tert*-butyldimethylsilyl-methylphosphonate
Phosphonic acid warfare agents side product TMS
expanded
Chemical warfare agent artifact

MW: 224.31220
MM: 224.09976
$C_8H_{21}O_3PSi$
RI: 1458 (calc.)

GC/MS
EI 70 eV
HP 5972
QI: 969

N-Methyl-1-(3,4-methylenedioxyphenyl)butan-2-amine 2TFA
3,4-MBDB 2TFA
Structure uncertain

MW: 399.28986
MM: 399.09053
$C_{16}H_{15}F_6NO_4$
RI: 2903 (calc.)

GC/MS
EI 70 eV
TSQ 70
QI: 988

m/z: 168

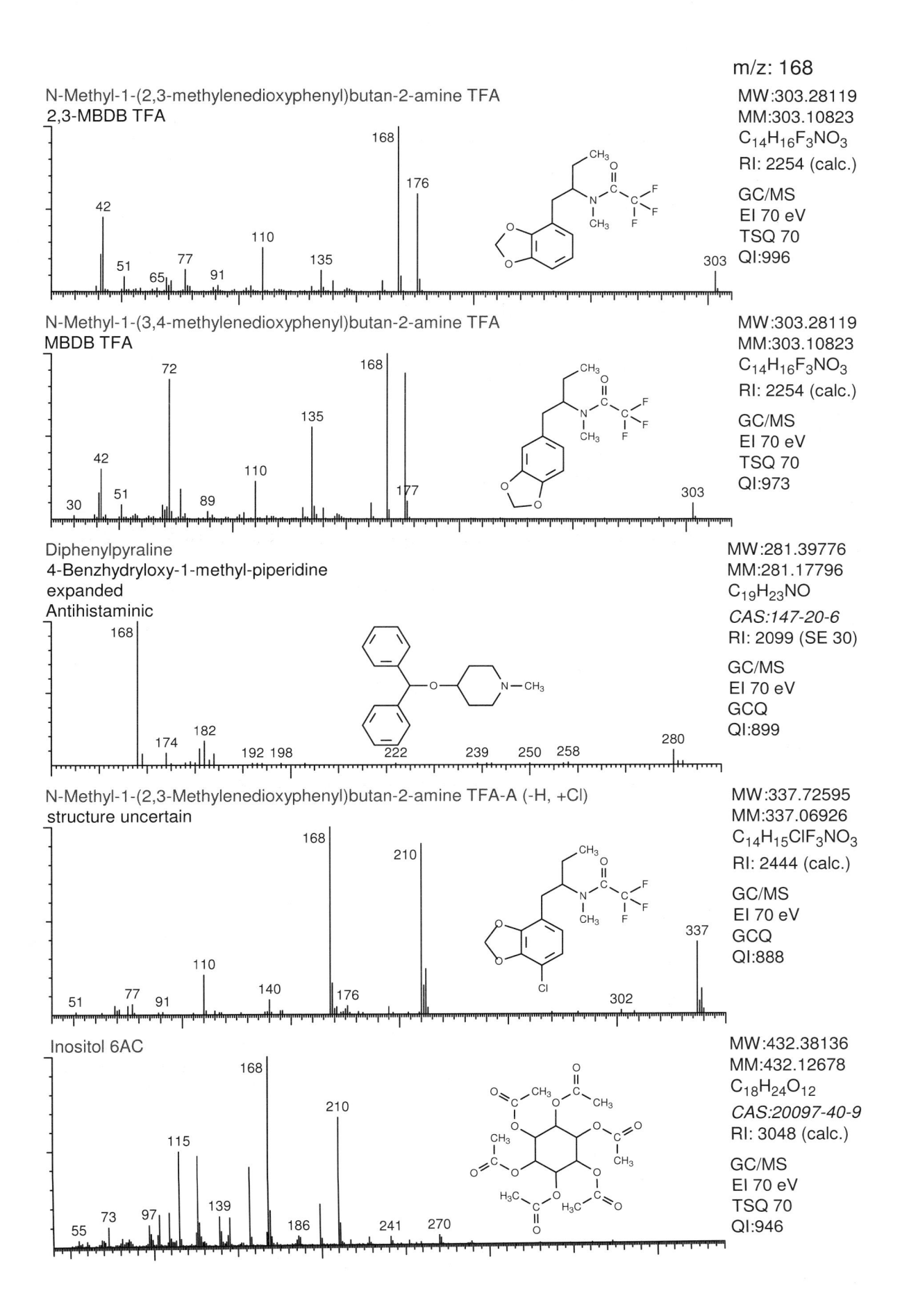

N-Methyl-1-(2,3-methylenedioxyphenyl)butan-2-amine TFA
2,3-MBDB TFA

Peaks: 42, 51, 65, 77, 91, 110, 135, 168, 176, 303

MW: 303.28119
MM: 303.10823
$C_{14}H_{16}F_3NO_3$
RI: 2254 (calc.)

GC/MS
EI 70 eV
TSQ 70
QI: 996

N-Methyl-1-(3,4-methylenedioxyphenyl)butan-2-amine TFA
MBDB TFA

Peaks: 30, 42, 51, 72, 89, 110, 135, 168, 177, 303

MW: 303.28119
MM: 303.10823
$C_{14}H_{16}F_3NO_3$
RI: 2254 (calc.)

GC/MS
EI 70 eV
TSQ 70
QI: 973

Diphenylpyraline
4-Benzhydryloxy-1-methyl-piperidine
expanded
Antihistaminic

Peaks: 168, 174, 182, 192, 198, 222, 239, 250, 258, 280

MW: 281.39776
MM: 281.17796
$C_{19}H_{23}NO$
CAS: 147-20-6
RI: 2099 (SE 30)

GC/MS
EI 70 eV
GCQ
QI: 899

N-Methyl-1-(2,3-Methylenedioxyphenyl)butan-2-amine TFA-A (-H, +Cl)
structure uncertain

Peaks: 51, 77, 91, 110, 140, 168, 176, 210, 302, 337

MW: 337.72595
MM: 337.06926
$C_{14}H_{15}ClF_3NO_3$
RI: 2444 (calc.)

GC/MS
EI 70 eV
GCQ
QI: 888

Inositol 6AC

Peaks: 55, 73, 97, 115, 139, 168, 186, 210, 241, 270

MW: 432.38136
MM: 432.12678
$C_{18}H_{24}O_{12}$
CAS: 20097-40-9
RI: 3048 (calc.)

GC/MS
EI 70 eV
TSQ 70
QI: 946

m/z: 168

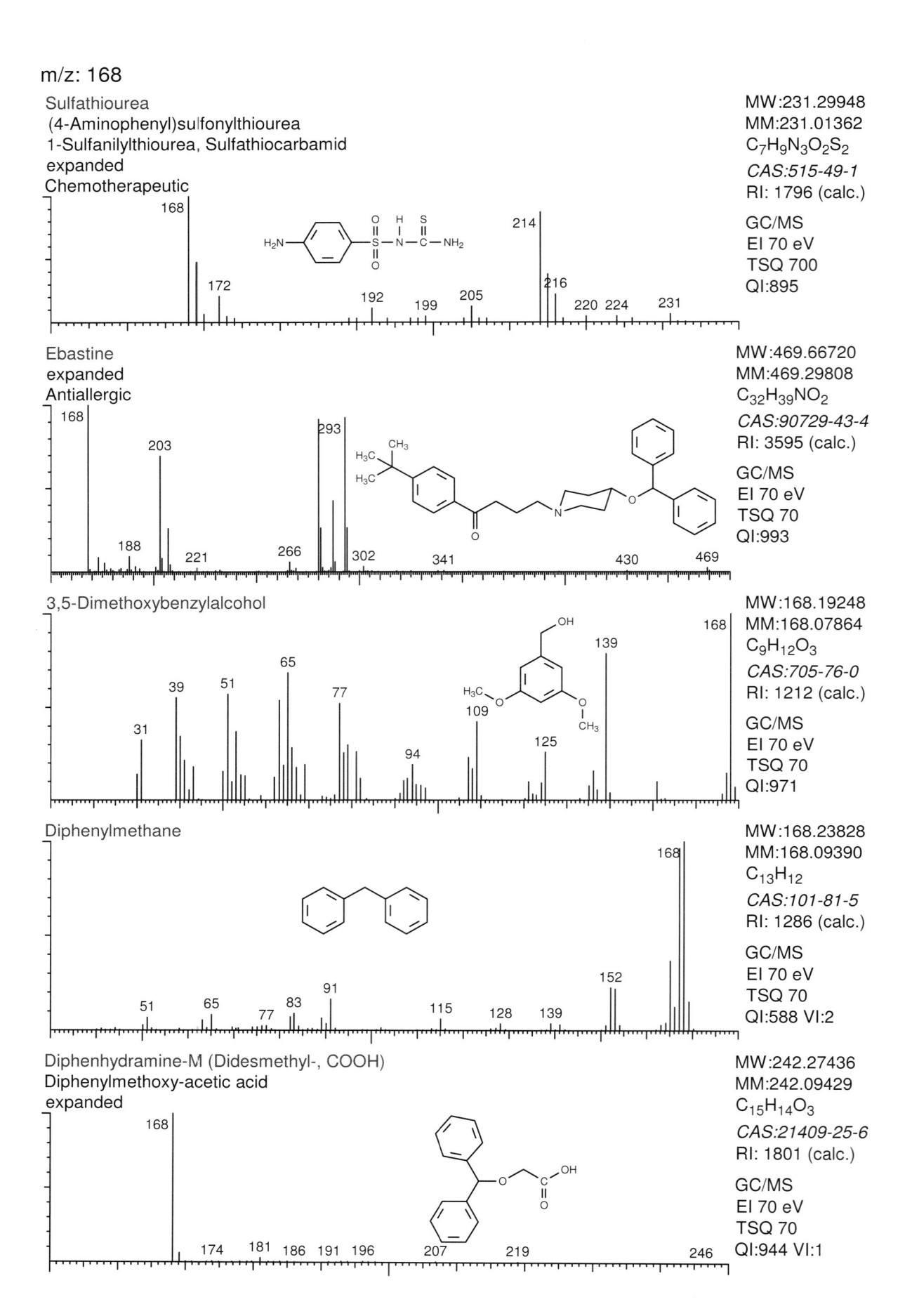

Sulfathiourea
(4-Aminophenyl)sulfonylthiourea
1-Sulfanilylthiourea, Sulfathiocarbamid
expanded
Chemotherapeutic

MW: 231.29948
MM: 231.01362
$C_7H_9N_3O_2S_2$
CAS: 515-49-1
RI: 1796 (calc.)

GC/MS
EI 70 eV
TSQ 700
QI: 895

Ebastine
expanded
Antiallergic

MW: 469.66720
MM: 469.29808
$C_{32}H_{39}NO_2$
CAS: 90729-43-4
RI: 3595 (calc.)

GC/MS
EI 70 eV
TSQ 70
QI: 993

3,5-Dimethoxybenzylalcohol

MW: 168.19248
MM: 168.07864
$C_9H_{12}O_3$
CAS: 705-76-0
RI: 1212 (calc.)

GC/MS
EI 70 eV
TSQ 70
QI: 971

Diphenylmethane

MW: 168.23828
MM: 168.09390
$C_{13}H_{12}$
CAS: 101-81-5
RI: 1286 (calc.)

GC/MS
EI 70 eV
TSQ 70
QI: 588 VI: 2

Diphenhydramine-M (Didesmethyl-, COOH)
Diphenylmethoxy-acetic acid
expanded

MW: 242.27436
MM: 242.09429
$C_{15}H_{14}O_3$
CAS: 21409-25-6
RI: 1801 (calc.)

GC/MS
EI 70 eV
TSQ 70
QI: 944 VI: 1